Jürgen Holtstiege, Christoph Köster, Michael Ribbert, Thorsten Ridder

Microsoft Dynamics NAV 2013 –
Geschäftsprozesse richtig abbilden

Jürgen Holtstiege, Christoph Köster, Michael Ribbert, Thorsten Ridder

Microsoft Dynamics NAV 2013 – Geschäftsprozesse richtig abbilden

Jürgen Holtstiege, Christoph Köster, Michael Ribbert, Thorsten Ridder:
Microsoft Dynamics NAV 2013 – Geschäftsprozesse richtig abbilden
Copyright © 2013 O'Reilly Verlag GmbH & Co. KG

Das in diesem Buch enthaltene Programmmaterial ist mit keiner Verpflichtung oder Garantie irgendeiner Art verbunden. Autor, Übersetzer und der Verlag übernehmen folglich keine Verantwortung und werden keine daraus folgende oder sonstige Haftung übernehmen, die auf irgendeine Art aus der Benutzung dieses Programmmaterials oder Teilen davon entsteht.

Das Werk einschließlich aller Teile ist urheberrechtlich geschützt. Jede Verwertung außerhalb der engen Grenzen des Urheberrechtsgesetzes ist ohne Zustimmung des Verlags unzulässig und strafbar. Das gilt insbesondere für Vervielfältigungen, Übersetzungen, Mikroverfilmungen und die Einspeicherung und Verarbeitung in elektronischen Systemen.

Die in den Beispielen verwendeten Namen von Firmen, Organisationen, Produkten, Domänen, Personen, Orten, Ereignissen sowie E-Mail-Adressen und Logos sind frei erfunden, soweit nichts anderes angegeben ist. Jede Ähnlichkeit mit tatsächlichen Firmen, Organisationen, Produkten, Domänen, Personen, Orten, Ereignissen, E-Mail-Adressen und Logos ist rein zufällig.

Kommentare und Fragen können Sie gerne an uns richten:

Microsoft Press Deutschland
Konrad-Zuse-Straße 1
85716 Unterschleißheim
E-Mail: *mspressde@oreilly.de*

15 14 13 12 11 10 9 8 7 6 5 4 3 2 1
15 14 13

ISBN 978-3-86645-569-6   PDF-ISBN 978-3-8483-3022-5
EPUB-ISBN 978-3-8483-0135-5 MOBI-ISBN 978-3-8483-1157-6

© 2013 O'Reilly Verlag GmbH & Co. KG
Balthasarstr. 81, 50670 Köln
Alle Rechte vorbehalten

Fachlektorat: Georg Weiherer, Münzenberg
Korrektorat: Karin Baeyens, Dorothee Klein, Siegen
Layout und Satz: Cordula Winkler, mediaService, Siegen (www.mediaservice.tv)
Umschlaggestaltung: Hommer Design GmbH, Haar (www.HommerDesign.com)
Gesamtherstellung: Kösel, Krugzell (www.KoeselBuch.de)

Inhaltsverzeichnis

	Einleitung	13
	Motivation – Der Geschäftsprozess im Fokus	14
	Zielgruppe	15
	Inhalt und Aufbau des Buchs	15
	Methodisches Vorgehen	17
	Danksagung	19
1	**Risikomanagement, internes Kontrollsystem und Prüfung**	**21**
	Grundlagen des Risikomanagements	22
	Das interne Kontrollsystem	24
	COSO und COBIT als relevante Bezugsrahmen	25
	COSO Enterprise Risk Management Framework	25
	COSO Internal Control – Integrated Framework	26
	COBIT	27
	Integration des COSO-Ansatzes mit COBIT-Informationsanforderungen	29
	Compliance-Prüfung IT-gestützter Prozesse	30
	Rechtliche Grundlagen	32
	Das KonTraG (Gesetz für mehr Kontrolle und Transparenz im Unternehmensbereich)	32
	Auswahl wichtiger gesetzlicher Anforderungen	33
	SOX (Sarbanes Oxley Act)	38
2	**Technische Grundlagen**	**41**
	Kurzüberblick zu Dynamics NAV	42
	Einführung	42
	Applikationsstruktur	42
	Benutzeroberfläche und Terminologie	43
	Rollenbasiertes Bedienkonzept	44
	Rollencenter	45
	Grundlagen der Bedienung	54
	Entwicklungsumgebung und NAV-Objekte	66
	Tabellen	67
	Pages	70
	Reports	73
	Codeunits	104
	Queries	104
	XMLports	114
	Navigationspfade und Prüfungshandlungen	114
	Links und Navigationspfade	114
	Feldzugriff auf Tabelleninhalte	116

Personalisierung und Technologie ... 126
    Personalisierung und Konfiguration ... 127
    Benutzeroberfläche personalisieren ... 127
    Personalisierung aus Compliance-Sicht ... 135
    Systemarchitektur ... 136
    Zugriffsarten ... 140
    Cloud Computing ... 142
Sicherheit und Datenbankadministration ... 144
    Sicherheitssystem ... 145
    Zugriffsrechte auf Feld- und Aktionsebene ... 152
    Prozessorientierte Berechtigungen ... 156
    NAV Easy Security im Überblick ... 157
    Datenbankadministration ... 158
    RapidStart-Dienste ... 165
    Objektänderungsprozess ... 175
Systemintegration und Visualisierung ... 183
    Integrationsmöglichkeiten im Überblick ... 183
    Webdienste ... 184
    Microsoft Office-Integration ... 186
    Lync/Skype-Integration ... 192
    Systemintegration aus Compliance-Sicht ... 194
    Visualisierung ... 194

3 Beispielszenario ... 201
Allgemeine Unternehmensinformationen ... 202
Einkauf ... 203
Lager und Logistik ... 204
Verkauf ... 204
Finanzbuchhaltung ... 206

4 Basisfunktionalitäten ... 207
Softwarebereitstellung ... 208
    Cloud Computing ... 208
Grundeinrichtung ... 211
    Organisationseinheiten ... 212
    Kontenplan und Dimensionen ... 219
    Nummernkreise ... 221
Belegfluss und Beleggenehmigung ... 226
    Belegbegriff und Belegaufbau ... 226
    Offene und gebuchte Belege ... 228
    Belegarchivierung ... 229
    Belegstatus ... 232
    Belegdruck ... 232
    Belegfluss und Postenerstellung ... 237
    Beleggenehmigung ... 240
Dimensionen ... 254
    Dimensionen und Dimensionswerte ... 255
    Dimensionsarten ... 257

Vorgabedimensionen	259
Dimensionskombinationen	264
Speicherung von Dimensionen	266
Buchungsprozess	271
Belegdatumsangaben	271
Buchungsgruppen	272
Kontenfindung	273
Buchungskontrolle	277
Hintergrundbuchungen	281
Benutzerzugriffsrechte	290
Benutzerzugriffsrechtsätze	291
Benutzeranpassung	293
Benutzer Einrichtung	294
Benutzerzugriffsrechte aus Compliance-Sicht	295
Änderungsprotokoll	297
Funktion des Änderungsprotokolls	297
Einrichtung des Änderungsprotokolls	297
Auswertung des Änderungsprotokolls	302
Archivieren von Änderungsprotokollposten	302
Änderungsprotokoll aus Compliance-Sicht	303

5 Einkauf 305

Organisationseinheiten des Einkaufs	306
Darstellung der Einkaufsorganisation	306
Einkaufsorganisation aus Compliance-Sicht	311
Einrichtung des Einkaufs	312
Einrichtungsparameter für Kreditoren und Einkauf	312
Einrichtungsparameter für Kreditoren und Einkauf aus Compliance-Sicht	315
Stammdaten im Einkauf	316
Der Prozess im Überblick	316
Kreditoren- und Artikelstammdaten aus Compliance-Sicht	330
Einrichtung von Kreditoren-Stammdatenvorlagen	333
Der Einkaufsprozess und Belegfluss im Überblick	335
Einkaufsanfrage und Einkaufsbestellung	338
Der Prozess im Überblick	338
Einkaufsanfrage/Einkaufsbestellung aus Compliance-Sicht	342
Preise und Preisfindung	344
Preisfindung – Der Prozess im Überblick	344
Ablauf und Einrichtung der Preise und Preisfindung	345
Preise und Preisfindung aus Compliance-Sicht	351
Zeilen- und Rechnungsrabatte	352
Der Prozess im Überblick	352
Ablauf und Einrichtung von Zeilen- und Rechnungsrabatten	353
Zeilen- und Rechnungsrabatte aus Compliance-Sicht	361
Beschaffungszeiten	363
Der Prozess im Überblick	363
Beschaffungszeiten aus Compliance-Sicht	365
Vorauszahlungen	366
Der Prozess im Überblick	366

Ablauf und Einrichtung der Vorauszahlung 367
Vorauszahlung aus Compliance-Sicht 370
Lieferung und Rechnungseingang 370
Der Prozess im Überblick 370
Ablauf und Einrichtung des Lieferungs- und Fakturierungsprozesses 372
Lieferung und Fakturierungsprozess aus Compliance-Sicht 375
Artikel Zu-/Abschläge 377
Zahlungsausgang für offene Verbindlichkeiten 377
Der Prozess im Überblick 377
Ablauf und Einrichtung des Zahlungsausgangs 379
Zahlungsausgang aus Compliance-Sicht 390
Lieferanten-Mahnwesen 394
Der Prozess im Überblick 394
Ablauf und Einrichtung des Mahnwesens 396
Lieferanten-Mahnwesen aus Compliance-Sicht 401
Einkaufsreklamation und Gutschriften 402
Der Prozess im Überblick 402
Ablauf und Einrichtung von Reklamationen und Gutschriften 404
Reklamationen und Gutschriften aus Compliance-Sicht 411

6 Logistik 413

Organisationseinheiten der Logistik 414
Darstellung der Logistikorganisation 415
Logistikorganisation aus Compliance-Sicht 422
Einrichtung der Logistik 423
Lagereinrichtung 423
Logistikeinrichtung 428
Lagerorteinrichtung 431
Prozesse der Lagerverwaltung 450
Standardprozesse bei Wareneingang und Einlagerung 452
Standardprozesse bei Kommissionierung und Warenausgang 471
Prozesse der Lagerverwaltung aus Compliance-Sicht 484
Artikelverfügbarkeit, Artikelverfolgung, Reservierung und Zuordnung von Artikeln
(Crossdocking) 488
Artikelverfügbarkeit 489
Artikelverfolgung 492
Reservierung, Bedarfsverursacher und Zuordnung von Artikeln (Crossdocking) 498
Artikelverfügbarkeit, Artikelverfolgung, Reservierung und Zuordnung von Artikeln
(Crossdocking) aus Compliance-Sicht 506
Umlagerung, Umbuchung und Korrektur von Lagerbeständen 507
Umlagerung von Lagerbeständen 507
Umbuchung und Korrektur von Lagerbeständen 529
Umlagerung, Umbuchung und Korrektur von Lagerbeständen aus Compliance-Sicht 534
Montageaufträge 538
Nutzung von Montageaufträgen 538
Montageaufträge aus Compliance-Sicht 543
Inventur 544
Manuelle Durchführung der Inventur 544
Inventurauftrag, Inventurerfassung, zyklische Inventuren 549

Inventur aus Compliance-Sicht	558
Lagerbewertung	561
Herausforderung der Lagerbewertung	562
Lagerabgangsmethoden	565
Buchungen in der Materialwirtschaft und Finanzbuchhaltung	569
Lagerbewertung aus Compliance-Sicht	586
Methodik der automatischen Wiederbeschaffung	591

7 Verkauf — 595

Organisationseinheiten des Verkaufs	596
Darstellung der Verkaufsorganisation	596
Verkaufsorganisation aus Compliance-Sicht	600
Einrichtung des Verkaufs	602
Einrichtungsparameter Marketing & Vertrieb (Kontaktdaten)	602
Einrichtungsparameter Marketing & Vertrieb aus Compliance-Sicht	606
Einrichtungsparameter zu Debitoren & Verkauf	606
Einrichtungsparameter zu Debitoren & Verkauf aus Compliance-Sicht	611
Stammdaten im Verkauf	612
Der Prozess im Überblick	612
Anlage und Pflege von Kontaktstammdaten	613
Anlage und Pflege von Debitorenstammdaten	619
Anlage und Pflege von Kontakt- und Debitorenstammdaten aus Compliance-Sicht	624
Einrichtung von Stammdatenvorlagen	627
Der Verkaufsprozess und Belegfluss im Überblick	630
Kundenbestellung und Bonitätsprüfung	632
Der Prozess im Überblick	632
Ablauf und Einrichtung der Bonitätsprüfung	634
Bonitätsprüfung aus Compliance-Sicht	636
Kundenangebot und Kundenauftrag	637
Der Prozess im Überblick	637
Ablauf und Einrichtung des Angebots/Auftrags	638
Ablauf und Einrichtung des Auftrags aus Compliance-Sicht	641
Exkurs Montageaufträge	642
Montageaufträge aus Compliance-Sicht	648
Kreditlimit	649
Der Prozess im Überblick	649
Ablauf und Einrichtung des Kreditlimits	651
Kreditlimit aus Compliance-Sicht	653
Vorauszahlungen	654
Der Prozess im Überblick	655
Ablauf und Einrichtung der Vorauszahlung	656
Vorauszahlung aus Compliance-Sicht	660
Preise und Preisfindung	660
Der Prozess im Überblick	660
Ablauf und Einrichtung der Preise und Preisfindung	662
Verkaufsarten – Debitorenpreisgruppen und Kampagnen	666
Preise und Preisfindung aus Compliance-Sicht	668

Zeilen- und Rechnungsrabatte 670
    Der Prozess im Überblick 670
    Ablauf und Einrichtung von Zeilen- und Rechnungsrabatten 671
    Debitoren-, Artikelrabattgruppen und Kampagnen 679
    Prioritäten bei der Vergabe und Berechnung von Zeilen- und Rechnungsrabatten 681
    Zeilen- und Rechnungsrabatte aus Compliance-Sicht 681
Lieferung und Fakturierung 683
    Der Prozess im Überblick 683
    Ablauf und Einrichtung des Lieferungs- und Fakturierungsprozesses 685
    Exkurs: Verkaufsaufträge stornieren 688
    Lieferung und Fakturierungsprozesses aus Compliance-Sicht 696
Artikel-Zu-/Abschläge 698
    Der Prozess im Überblick 698
    Ablauf und Einrichtung von Zu- und Abschlägen 699
    Kontenfindung für Zu-/Abschlagsartikel 703
    Zu-/Abschlagsartikel aus Compliance-Sicht 703
Forderungen und offene Posten 704
    Der Prozess im Überblick 705
    Ablauf und Einrichtung der Forderungsüberwachung 706
    Forderungen und offene Posten aus Compliance-Sicht 708
Zahlungseingang 711
    Der Prozess im Überblick 711
    Ablauf und Einrichtung des Zahlungseingangs 713
    Zahlungseingang aus Compliance-Sicht 723
Mahnwesen 726
    Der Prozess im Überblick 726
    Ablauf und Einrichtung des Mahnwesens 727
    Mahnwesen aus Compliance-Sicht 733
Reklamation und Gutschriften 735
    Der Prozess im Überblick 735
    Ablauf und Einrichtung von Reklamationen und Gutschriften 737
    Reklamationen und Gutschriften aus Compliance-Sicht 741
Intercompany-Transaktionen 743
    Einrichtung 743
    Intercompany-Belege 749
    Intercompany-Buch.-Blätter 764

8 Finanzmanagement 769

Grundeinrichtungen 770
    Finanzbuchhaltung Einrichtung 771
    Buchhaltungsperioden 775
Kontenplan und Sachkonten 779
    Kontenplan 780
    Sachkontokarte 782
    Kontenplan und Sachkontokarte aus Compliance-Sicht 784
Verwendung von Buchungsgruppen 785
    Allgemeine Buchungsgruppen 785
    Spezielle Buchungsgruppen 790

Mehrwertsteuer-Buchungsgruppen	795
Die Verwendung von Buchungsgruppen aus Compliance-Sicht	799
Dimensionen	800
Dimensionen und Dimensionswerte	801
Dimensionsarten	802
Vorgabedimensionen	805
Analyse nach Dimensionen	806
Sonstige Einrichtungen und Stammdaten	809
Verfolgungscodes	809
Buch.-Blattvorlagen	810
MwSt.-Abrechnung Vorlagen	812
Währungen	812
Datenexport	812
Das Arbeiten mit Buch.-Blättern	813
Buchungssätze erfassen und buchen	814
Buchungssätze erfassen und buchen aus Compliance-Sicht	820
Storno- und Korrekturbuchungen	823
Ablauf und Einrichtung von Storno- und Korrekturbuchungen	823
Storno- und Korrekturbuchungen aus Compliance-Sicht	830
Die Anlagenbuchhaltung	830
Einrichtungen und Stammdaten der Anlagenbuchhaltung	832
Anschaffung und Abschreibung einer Anlage	840
Stornierungen in der Anlagenbuchhaltung	843
Anschaffung und Abschreibung einer Anlage aus Compliance-Sicht	845
Bankmanagement	848
Einrichten eines Bankkontos	848
SEPA	850
Einrichtung eines Bankkontos aus Compliance-Sicht	850
Arbeiten mit Währungen	851
Einrichtung und Ablauf beim Arbeiten mit Fremdwährungen	852
Beispiel für Fremdwährungsrechnungen	859
Arbeiten mit Fremdwährungen aus Compliance-Sicht	862
Periodische Aktivitäten	863
Monatsabschlussarbeiten	864
Umsatzsteuer-Voranmeldungen und zusammenfassende Meldungen	866
Jahresabschlussarbeiten	894
Konsolidierung	899
GDPdU	906
E-Bilanz	924

A Begleitmaterial zum Buch 927

Verwenden der Objekte des Begleitmaterials	928
Lizenzierung der Objekte des Begleitmaterials	928
Importieren der Objekte des Begleitmaterials	930
Starten der Objekte des Begleitmaterials	930
Support zum Begleitmaterial	931
Kritische Benutzerrechtskombinationen	931
Einrichtung zu prüfender Zugriffsrechtskombinationen	931
Superbenutzerprüfung	933

Tabellenzugriffsrechts-Übersicht 934
Dublettensuche für Debitoren und Kreditoren 935
    Einrichtung der Dublettensuche 936
Konsistenzanalyse 937
    Abweichende Zahlungsbedingungen 937
Analyse von kurzfristigen Änderungen 938
Reports 940
    Gelieferte, nicht fakturierte Verkaufspositionen 940
    Kreditlimit Überschreitungen 941
    Obligo Analyse 942
    Wertgutschriften Analyse 942
    Artikel-ABC-Analyse 943
Modifizierte Lager – Sachpostenabstimmung 945
Analyse der Logistikbelegverwendung 946
Fehlende Postennummern 947
Übersicht der lizenzierten Objekte 950

B **Glossar** **951**

Stichwortverzeichnis **973**

Über die Autoren **989**

Einleitung

In dieser Einleitung:

Motivation – Der Geschäftsprozess im Fokus	14
Zielgruppe	15
Inhalt und Aufbau des Buchs	15
Methodisches Vorgehen	17
Danksagung	19

Es ist unbestritten, dass die effiziente Gestaltung von Geschäftsprozessen eine der zentralen Aufgaben eines jeden Unternehmens ist und einen entscheidenden Faktor für den Erfolg oder Misserfolg einer Unternehmung darstellt. Die anhaltende Diskussion in den Bereichen Reorganisation, Kostencontrolling und Qualitätsmanagement unter Schlagwörtern wie Business Process Reengineering, Business Process Management, Zero Base Budgeting, Activity Based Costing, Prozesskostenrechnung, Total Quality Management oder Shared Services verdeutlicht, welcher Stellenwert der Geschäftsprozessoptimierung und -kontrolle beigemessen wird. Effiziente und sichere Abläufe steigern die Qualität von Produkten und Informationen, sichern Kundenzufriedenheit und sind Ausgangspunkt für Kostenoptimierung.

Motivation – Der Geschäftsprozess im Fokus

In jüngerer Vergangenheit wird die Gestaltung von Prozessen zunehmend auch unter dem Gesichtspunkt der Compliance betrachtet. Der Begriff Compliance beinhaltet dabei die Einhaltung von Gesetzen, anerkannten Rechnungslegungsstandards und Verhaltenskodexen sowie weiteren vertraglichen Vereinbarungen und internen Richtlinien, deren Berücksichtigung in den Unternehmensabläufen erfolgen muss.

Vor dem Hintergrund bedeutender Zusammenbrüche und spektakulärer Korruptionsfälle international agierender Unternehmen sowie der Finanzkrise im Jahr 2009 und deren aktuell immer noch spürbaren Auswirkungen wird deutlich, wie wichtig Compliance-konforme Geschäftsprozesse und Unternehmensabläufe für das individuelle Unternehmen wie auch für die gesamte Volkswirtschaft sind. Die Vermeidung von Fehlern und absichtlichen Manipulationen durch entsprechend eingerichtete Kontrollen sowie die Transparenz und Kontrolle der Unternehmensrisiken sind dabei von zentraler Bedeutung.

Im Zuge des Einsatzes von Informations- und insbesondere ERP-Systemen sowie der massiven IT-Durchdringung von Geschäftsprozessen werden große Teile der Unternehmensabläufe unterstützt oder vollständig automatisiert. Insofern kommt der Kontrolle der IT-Systeme sowie der Implementierung systembezogener Kontrollen eine immer größere Bedeutung zu. Insbesondere präventive Kontrollen, also solche Kontrollen, die Fehler- und Manipulationsmöglichkeiten verhindern oder ausschließen, sollten schon bei der Implementierung von Informationssystemen in die Prozesse integriert werden. Während des laufenden operativen (System-)Betriebs können darüber hinaus zusätzlich kompensierende, aufdeckende Kontrollinstanzen dort eingesetzt werden, wo präventive Kontrollen nicht möglich sind. Die Etablierung systembetriebener Geschäftsprozesse ist somit untrennbar mit der Einrichtung systeminhärenter und organisatorischer Kontrollen verbunden.

Das Buch liefert einen Leitfaden für den Einsatz von Kontrollen und zeigt auf, in welchen Prozessen diese angewendet werden können. Dazu werden einerseits die systemseitigen Einstellungsmöglichkeiten aus allgemeiner und Compliance-Sicht erörtert, andererseits Auswertungen und Vorgehensweisen beschrieben, die Kontrollen während des operativen Systembetriebs betreffen. Die folgenden Ausführungen betreffen dabei Standardprozesse des ERP-Systems Microsoft Dynamics NAV 2013 und haben den Charakter eines Leitfadens ohne den Anspruch auf Vollständigkeit. In Abhängigkeit der individuell spezifizierten Unternehmensabläufe ist es wahrscheinlich, dass es zu Abweichungen zu den hier dargestellten Standardprozessen kommt. Darüber hinaus werden die Anforderungen an Prozesskontrollen unternehmensindividuell abweichen. Eine vollumfängliche Darstellung aller potenziell möglichen Compliance-Anforderungen oder Prüfungshandlungen ist weder definierbar noch Sinn und Zweck des vorliegenden Buchs. Ziel ist es vielmehr, Ihnen ein strukturiertes Rahmenwerk und Werkzeug auf Grundlage von Standardprozessen mit Einstellungs- und Prüfungsbeispielen an die Hand zu geben, das gegebenenfalls an die Unternehmensanforderungen angepasst bzw. erweitert werden kann.

Zielgruppe

Das Buch richtet sich sowohl an Leser, die für die Abbildung bzw. systemseitige Implementierung von Geschäftsprozessen in Dynamics NAV verantwortlich sind, als auch an interne und externe Prüfer (Wirtschaftsprüfer, Interne Revision), die sich mit der Prüfung der Ordnungsmäßigkeit von Systemen und Geschäftsprozessen sowie der Funktionsfähigkeit des internen Kontrollsystems befassen. Im Einzelnen sind folgende Personenkreise zu nennen:

- Verantwortliche Mitarbeiter der IT-Abteilung und des Rechnungswesens/Controllings
- Beratungsgesellschaften
- Dynamics-Partner
- Systemadministratoren
- Wirtschaftsprüfer und Steuerberater, Interne Revision

Darüber hinaus bietet das Buch auch für den interessierten Anwender nützliche Hintergrundinformationen über die Einrichtung, Funktionen und Standardprozesse von Dynamics NAV.

Grundlagen zur Bedienung werden in diesem Buch hingegen vorausgesetzt und nicht detailliert erläutert. Weiterführende Informationen zu Grundlagen des Systems und zur operativen Abwicklung von Geschäftsprozessen bietet die entsprechende Microsoft Official Courseware (MOC-Kurse).

In diesem Zusammenhang verweisen wir auch auf das bei Microsoft Press erschienene Buch »Microsoft Dynamics NAV 2013 – Grundlagen: Kompaktes Anwenderwissen zur Abwicklung von Geschäftsprozessen« von Andreas Luszczak, Robert Singer und Michaela Gayer (ISBN-13: 978-3-86645-568-9).

Inhalt und Aufbau des Buchs

Das vorliegende Buch gliedert die acht Kapitel in jeweils beschreibende und Compliance-orientierte Abschnitte. Grundsätzlich ist die Betrachtung bzw. Prüfung von Systemen aus Compliance-Gesichtspunkten nicht ohne ein grundlegendes Verständnis der Systemfunktionen und Prozesse möglich. Die beschreibenden Kapitelabschnitte stellen die auf Dynamics NAV bezogenen Geschäftsprozesse und Funktionsweisen ausführlich dar und legen damit die Basis für eine effektive Gestaltung, Einrichtung, Analyse und Prüfung des Systems. Im Anschluss werden die beschriebenen Einrichtungsmöglichkeiten, Funktionen und Prozesse aus Compliance-Sicht betrachtet und mögliche Empfehlungen zu Kontrollen und Analysen abgeleitet. Durch den modularen und prozessorientierten Aufbau gelingt zum einen die Trennung zwischen Beschreibung und Prüfung, zum anderen wird sichergestellt, dass einzelne Kapitel (z. B. Einkauf, Lager, Verkauf) isoliert betrachtet werden können. Die Inhalte des Buchs können Sie der Abbildung E.1 entnehmen.

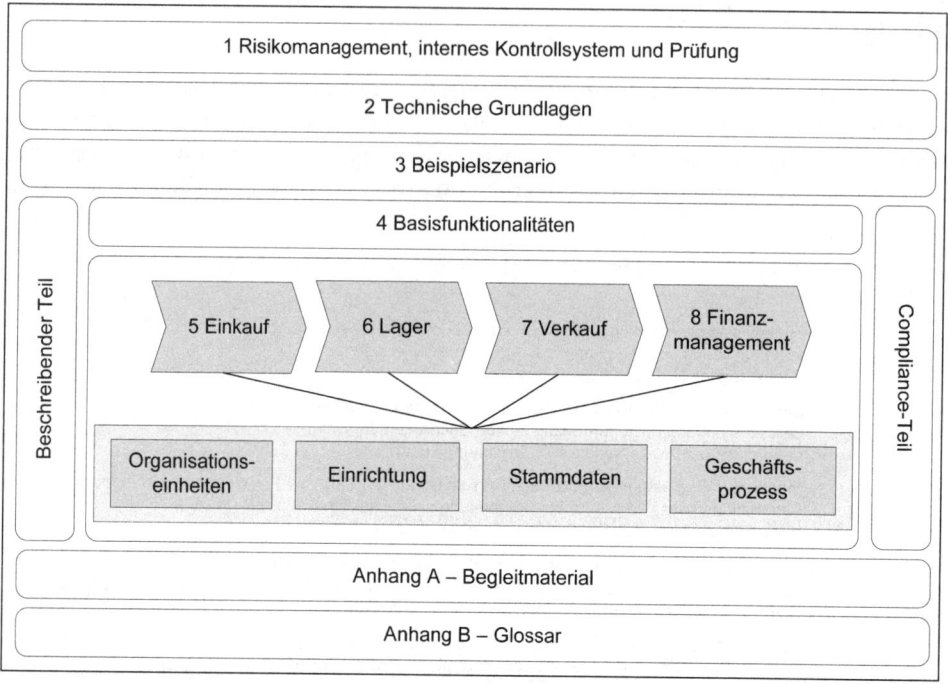

Abbildung E.1 Die Struktur dieses Buchs

Da die einzelnen Kapitel grundsätzlich in sich abgeschlossen sind und isoliert voneinander gelesen werden können, bleibt es Ihnen überlassen, an welcher Stelle des Buchs Sie einsteigen bzw. welche Kapitel von besonderem Interesse für Sie sind. Das Kapitel 1 beschreibt grundsätzliche Vorgehensweisen zur Sicherheit und Prüfung von Informationssystemen und bettet das Vorgehen in die international anerkannten Rahmenwerke COSO und COBIT ein. Darüber hinaus enthält es eine Auswahl gesetzlicher Anforderungen und relevanter Prüfungsstandards. Insofern liefert dieses Kapitel das Rahmenwerk zur Prüfung von Informationssystemen, ist indes nicht Voraussetzung für das Verständnis der folgenden Kapitel. Hingegen enthalten Kapitel 2 und 4 grundlegende Informationen beispielsweise zu Technologie, Aufbau, Funktionsweise, Anwendung und Handhabung sowie Informationsbereitstellung des Systems. Die darauf folgenden prozessorientierten Kapitel 5 bis 8 setzen diese grundsätzlichen Themen als bekannt voraus und referenzieren an unterschiedlichen Stellen lediglich auf diese Inhalte. Je nach Kenntnisstand des Lesers sind diese Kapitel vorbereitend zu lesen. In Kapitel 3 werden das fiktive Beispielunternehmen und die Mandantenkonfiguration dargestellt, in dem die Geschäftsprozessbeispiele gebucht werden.

WICHTIG   In jedem Fall sind in Kapitel 2 der Abschnitt »Navigationspfade und Prüfungshandlungen« und dort insbesondere die Abschnitte »Feldzugriff auf Tabelleninhalte« und »Feldzugriff über selbst erstellte NAV-Seiten« zu beachten. Die in den späteren Kapiteln dargestellten Feldzugriffe sollten aus Sicherheits- und Effizienzgründen auf der dort vorgestellten Vorgehensweise basieren.

Hinweise und Feedback zu den im Begleitmaterial enthaltenen Tools oder allgemein zum Inhalt und zur Struktur des Buchs sind unter folgender E-Mail-Adresse jederzeit willkommen: *tools@nav-compliance.de*

Methodisches Vorgehen

Der in diesem Buch verfolgte Ansatz ist prozessorientiert und nimmt den jeweiligen Standardprozess als Ausgangsbasis. Im Sinne eines einfachen Verständnisses werden die betrachteten Prozesse zu Beginn der Abschnitte grafisch dargestellt. Dazu wird auf die Modellierungstechnik der ereignisgesteuerten Prozessketten (EPK) zurückgegriffen. Die Abbildung E.2 stellt die verwendeten Symbole der EPK dar.

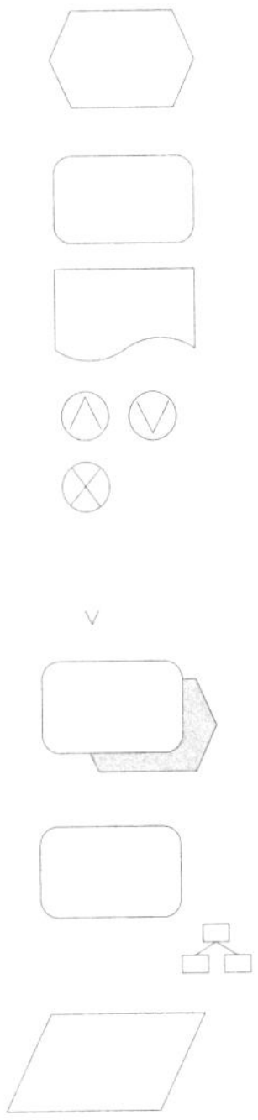

Bezeichnung	Symbol	Definition
Ereignis		Ein Ereignis beschreibt das Eintreten eines Zustands, der eine Folge von Funktionen auslösen kann (z.B. "Auftrag ist eingegangen", "Monatserster ist erreicht").
Funktion		Eine Funktion (Aktivität) ist die Transformation eines Input- in ein Outputdatum und hat einen Bezug zu den Sachzielen der Unternehmung (z.B. "Auftrag erfassen", "Rechnung kontrollieren").
Input-/Output-Objekt		Input- bzw. Outputobjekte (Fachbegriffe) sind Dokumente, Informationen etc., welche für die Bearbeitung einer Funktion notwendig sind bzw. als Ergebnis der Bearbeitung resultieren.
Konnektoren		Die Konnektoren beschreiben unterschiedliche Formen der Prozessverzweigung. Es ist hierbei zwischen dem UND ∧, dem INKLUSIVEN ODER ∨ und dem EXKLUSIVEN ODER ⊗ zu unterscheiden.
Kontrollfluss		Der Kontrollfluss gibt den zeitlich-sachlogischen Ablauf von Ereignissen und Funktionen wieder, d.h. er verdeutlicht, in welcher Reihenfolge die Funktionen ausgeführt werden.
Prozess-schnittstelle		Die Prozessschnittstelle verweist auf einen vorhergehenden oder nachfolgenden Prozess. Ergänzend können die Objekte angegeben werden, die von einem Prozess an einen anderen Prozess übertragen werden.
Prozess-verfeinerung		Die Prozessverfeinerung verweist auf eine Funktion, die durch ein weiteres Modell detailliert bzw. hierarchisiert wird.
Daten		Daten symbolisieren Tabellen, Systemreports oder andere Datenbestandteile, die innerhalb der Anwendung genutzt werden.

Abbildung E.2 Darstellung der verwendeten Symbole der EPK-Notation

Anhand eines kurzen Beispiels wird erläutert, wie ein realer Geschäftsprozess mithilfe der EPK-Notation modelliert werden kann. Gegeben ist folgendes Prozessbeispiel: Der Einkauf soll zwei Artikel A und B bestellen, wobei diese Artikel von zwei Lieferanten im Sortiment geführt werden. Die Bestellung ist dazu im System zu erfassen, der Lieferant ist auszuwählen, die Artikel sind zu erfassen und anschließend ist die Bestellung an den Lieferanten zu senden. In der EPK-Notation stellt sich der Prozess folgendermaßen dar:

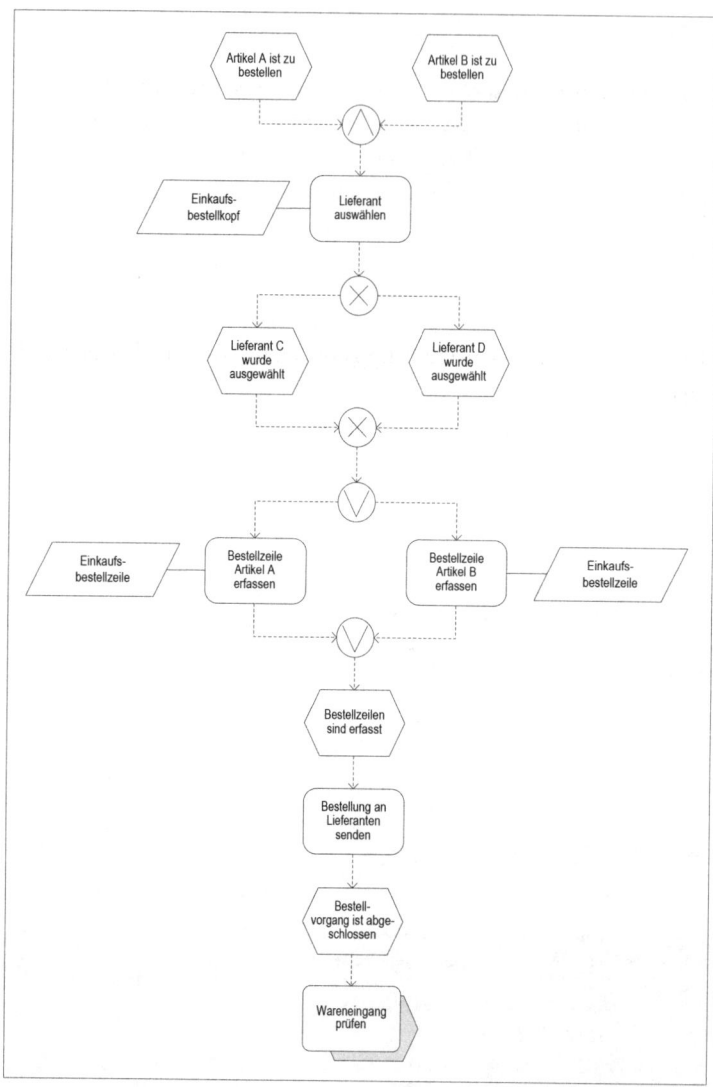

Abbildung E.3 Prozessbeispiel in der EPK-Notation

Der erste Konnektor UND bedeutet, dass beide Artikel bestellt werden sollen, das darauf folgende XOR bei der Auswahl des Lieferanten symbolisiert ein exklusives ODER und weist darauf hin, dass nur einer der beiden potenziellen Lieferanten, nicht aber beide für die Ausführung der Bestellung auszuwählen ist. Im Gegensatz dazu spiegelt das inklusive ODER bei der Erfassung der Bestellzeile für die beiden Artikel die Tatsache wider, dass entweder beide Artikel oder nur der jeweils verfügbare Artikel in der Bestellung erfasst werden soll. Daraus folgt, dass entweder Artikel A oder Artikel B oder beide Artikel in den Bestellzeilen erfasst werden. Nach der Erfassung ist die Bestellung an den Lieferanten zu übermitteln und der Prozess an dieser Stelle abgeschlossen. Die Prozessschnittstelle »Wareneingang prüfen« verweist auf den sich anschließenden Prozess.[1]

---

[1] Zugunsten der Lesbarkeit wird bei der Darstellung einzelner Geschäftsprozesse auf die exakten, wissenschaftlich korrekten Modellierungskonventionen verzichtet und eine vereinfachte Form genutzt.

Danksagung

Unser Dank gilt in besonderer Weise Thomas Braun-Wiesholler sowie Sylvia Hasselbach von Microsoft Press, die von Beginn an durch ihre engagierte, kompetente und zeitnahe Unterstützung maßgeblich zur Neuauflage des Buchs beigetragen haben.

Ferner möchten wir uns für die unkomplizierte und immer zeitnahe Unterstützung bedanken, die wir durch das Lektorat von Georg Weiherer erhielten.

In gleicher Weise bedanken wir uns bei Mareike Friedenberger für die wertvolle Unterstützung des Autorenteams.

Für die Erstellung der Prüfungstools, aber auch für die vielen Praxistipps bedanken wir uns bei den mitwirkenden Mitarbeitern der anaptis GmbH.

Münster, im Mai 2013

Jürgen Holtstiege
Christoph Köster
Michael Ribbert
Thorsten Ridder

Kapitel 1

Risikomanagement, internes Kontrollsystem und Prüfung

In diesem Kapitel:

Grundlagen des Risikomanagements	22
Das interne Kontrollsystem	24
COSO und COBIT als relevante Bezugsrahmen	25
Compliance-Prüfung IT-gestützter Prozesse	30
Rechtliche Grundlagen	32

Compliance beinhaltet die Sicherstellung von Maßnahmen, die das regelkonforme Verhalten eines Unternehmens, seiner Organisationsmitglieder und seiner Mitarbeiter im Hinblick auf festgelegte Regeln betreffen. Das wesentliche Instrument zur Erreichung dieses Ziels ist neben der klaren Definition der Vorgaben (Sollzustand) die Etablierung von Kontrollen und die Bereitstellung von Informationen, welche Abweichungen von den Vorgaben effektiv messen und dokumentieren.

Abweichungen von den Vorgaben bergen verschiedenste Risiken, die den Unternehmenserfolg nachhaltig beeinträchtigen können. Daraus ergibt sich die enge Verzahnung von Compliance- und Risikomanagement: wesentliche, aus Compliance-Verstößen resultierende Unternehmensrisiken sind zwingende Bestandteile eines effektiven Risikomanagementsystems; die Risikobewertung als inhärenter Bestandteil des Risikomanagementsystems stellt wiederum die Basis für ein effektives und vor allem effizientes Compliance-Management. Compliance sollte damit an ein effektives Risikomanagement gekoppelt werden, was im Folgenden erläutert wird.

Grundlagen des Risikomanagements

Unter *Risiko* wird generell die Möglichkeit verstanden, dass ein künftiges Ereignis die Erreichung der Unternehmensziele negativ beeinflusst.[1]

Risikomanagement wird definiert als Risikofrüherkennung (Identifikation, Bewertung und Kommunikation von Risiken) und die Risikosteuerung sowie deren Überwachung.

Dem folgend wird ein *Risikomanagementsystem* definiert als die Gesamtheit aller dafür notwendigen organisatorischen Regeln und Maßnahmen.

Als Ziele des Risikomanagements werden, neben der Erfüllung gesetzlicher oder kodifizierter Anforderungen, die Maximierung des Unternehmenswerts einhergehend mit der Minimierung der Risikokosten genannt. Hierzu ist zunächst eine übergeordnete *Risikomanagementstrategie* zu definieren, die beispielsweise die Bildung einer Risikokultur im Unternehmen beinhaltet. Die Risikomanagementstrategie umfasst darüber hinaus:

- funktionale Aspekte, wie die Festlegung organisatorischer und prozessorientierter Merkmale,
- institutionelle Aspekte, wie die Vergabe von Aufgaben, Kompetenzen und Verantwortungsbereichen,
- instrumentale Aspekte, wie Techniken und Methoden zur Risikoidentifikation, -bewertung, -steuerung, und zum Risikocontrolling.

Die Risikomanagementstrategie dient als konzeptioneller Bezugsrahmen der Umsetzung des Risikomanagements, das auch als *Risikomanagementprozess* oder Risikomanagement im engeren Sinne bezeichnet wird. Der Risikomanagementprozess umfasst die Phasen der Risikoidentifikation, -steuerung sowie -dokumentation und -überwachung. Die Phasen werden in einem sich wiederholenden Prozess durchlaufen, die Ergebnisse des Prozesses werden darüber hinaus bei der Definition der Risikomanagementstrategie rückkoppelnd berücksichtigt (siehe Abbildung 1.1).

Ziel der Phase der *Risikoidentifikation* ist die umfassende, einheitliche und systematische Erkennung und Erfassung aller relevanten, bestehenden und potenziellen Risiken sowie deren Interdependenzen.

---

[1] Vgl. Wolf, K. 2003. Risikomanagement im Kontext der wertorientierten Unternehmensführung. Wiesbaden: s.n., 2003, S. 49 ff.

Grundlagen des Risikomanagements

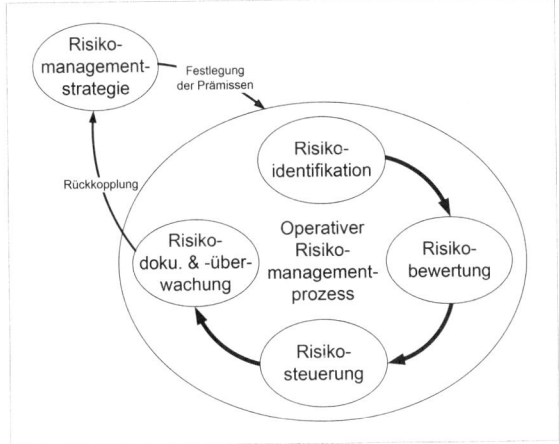

Abbildung 1.1 Bereiche des Risikomanagements im Risikomanagementkreislauf[2]

Die Phase der *Risikobewertung* dient der Quantifizierung der Bedeutung der Risiken für das Unternehmen. Der ermittelte Wert wird als Risk Exposure bezeichnet und stellt den Indikator zur Darstellung der Dringlichkeit der Risikohandhabung dar. Der Wert ergibt sich häufig aus den Komponenten Wahrscheinlichkeit und Schadenshöhe. Die Kopplung der Wahrscheinlichkeit mit der Schadenshöhe des Risikos ergibt den in der Praxis häufig berücksichtigten Schadenserwartungswert. Allerdings sind nicht immer alle Risiken im Vorgriff quantifizierbar. Zur Bemessung dieser Risiken können Kriterien wie Reputationsschaden o.Ä. herangezogen werden. Die Qualität der Bestimmung des Risk Exposure hängt von der Güte der Risikoidentifikation und der Qualität der zur Verfügung stehenden Daten ab. Die Qualität der Daten wird von der Verfügbarkeit, Aktualität, Detaillierung und den Erhebungskosten bestimmt. Eine effektive Risikobewertung beinhaltet die Aggregation von Einzelrisiken. Da es in der Regel zu Wechselwirkungen zwischen den Risiken kommt, ist das Gesamtrisiko einer Unternehmung kleiner als die Summe der Einzelrisiken.

In der Phase der *Risikosteuerung* werden, aufbauend auf den erkannten und bewerteten Risiken, geeignete Risikobewältigungsmaßnahmen (Risk Mitigation) identifiziert. Die Maßnahmen lassen sich in Strategien zur Vermeidung, Verminderung, Begrenzung, Versicherung und Inkaufnahme unterteilen. Während die ersten drei Strategien aktive Vorgehensweisen zur Risikosteuerung darstellen, handelt es sich bei der Versicherung und Inkaufnahme von Risiken um passive Risikosteuerungsmaßnahmen.

Die *Risikodokumentation und -überwachung* dient der Kontrolle und Steuerung der ausgewählten Risikobewältigungsmaßnahmen bzgl. ihrer Entwicklung und Auswirkung auf die Unternehmensziele. Der Aspekt der Risikodokumentation umfasst dabei zum einen die Art der Dokumentation der eingegangenen Risiken, zum anderen die Art des Risikoreportings an die verantwortlichen Stellen. In der Regel beinhaltet dies eine Risikodarstellung vor und nach Gegenmaßnahmen sowie eine Erläuterung der Gegenmaßnahmen. Die Risikoüberwachung beinhaltet die fortlaufende Beobachtung der Unternehmensrisiken sowie der etablierten Gegenmaßnahmen auf deren Wirksamkeit.

Die Aufgaben der internen Revision beinhalten die Erbringung von unabhängigen und objektiven Prüfungs- und Beratungsdienstleistungen. Im Rahmen des Risikomanagements impliziert dies zum einen die Identifikation von Risiken, zum anderen die Sicherstellung der Effektivität des Risikomanagementsystems sowie die Überprüfung der Ergebnisse des Risikomanagementsystems.

---

[2] Vgl. Becker, J., Köster, C., Ribbert, M. 2005. Geschäftsprozessorientiertes Risikomanagement. Controlling. Dezember 2005, 17. Jahrgang, S. 709–718.

Die interne Revision mit ihrer Aufgabe der Überwachung des internen Kontrollsystems (IKS) bildet mit dem IKS das interne Überwachungssystem einer Unternehmung. Das IKS wird als »Gesamtheit aller prozessbezogenen Überwachungsmaßnahmen einer Organisation«[3] bezeichnet und beinhaltet neben den organisatorischen Richtlinien des operativen Managements (Topdown) auch die Überwachungsaufgaben der Prozessverantwortlichen (Risk Owner). Damit ist das IKS ein wesentlicher Teil des operativen Risikomanagements, da die Kontrollen Hinweise auf Risikoentwicklungen sowie auf die Effektivität der etablierten Gegenmaßnahmen liefern.

Organisatorisch sind neben der internen Revision folgende Einheiten zu nennen, die im Risikomanagement wesentlichen Einfluss haben:

- **Top Management** Definition der Risikostrategie, Schaffung eines effektiven Umfelds und wirksamer Strukturen, Kommunikation mit den Stakeholdern
- **Mittleres Management** Umsetzung der strategischen Vorgaben
- **Risk Owner** Risikoverantwortlicher eines bestimmten Bereichs, über alle Hierarchiestufen hinweg (vom Top Management bis zum Prozessverantwortlichen)
- **Controlling** Unterstützung des Managements bei strategischen (Früherkennung, Analyse und Überwachung des Chancen- und Risikoprofils einer Unternehmung, Entwicklung des Risikomanagementsystems) und operativen Aufgaben (Abweichungsanalysen) des Risikomanagements.
- **Risiko-Manager** Erstellt eine klare und objektive Beschreibung der Risiken, Gegenmaßnahmen und Kontrollen und ist für die Umsetzung und den Betrieb des Risikomanagementsystems und des IKS inklusive Berichterstattung verantwortlich

Ein effektives und effizientes Risikomanagementsystem erfordert die Integration aller genannten Einheiten, wobei die funktionale Trennung von Risikoverantwortung und Risikobewertung/Berichterstattung zu gewährleisten ist. Neben der so sicherzustellenden objektiven Berichterstattung erfordert ein effektives Risikomanagement jedoch vor allem und zwingend, die wesentlichen Unternehmensrisiken kontinuierlich anhand des Risikomanagementprozesses zu identifizieren und zu überwachen. Das IKS ist entsprechend der kontinuierlichen Risikoausrichtung fortlaufend zu überprüfen und anzupassen. Nur so können die Gegenmaßnahmen und das IKS regelmäßig auf deren Wirksamkeit überprüft und garantiert werden, dass die wesentlichen Risiken des Unternehmens erkannt und adäquat adressiert werden.

Das interne Kontrollsystem

Das IKS wird als Gesamtheit aller prozessbezogenen Überwachungsmaßnahmen einer Organisation bezeichnet und beinhaltet neben den organisatorischen Richtlinien des operativen Managements (Top down) auch die Überwachungsaufgaben der Prozessverantwortlichen (Risk Owner). Ziel eines operativen internen Kontrollsystems ist es nicht, das natürliche Risiko unternehmerischen Handelns zu eliminieren, sondern Prozessrisiken, also Risiken in operativen Geschäftsvorgängen, zu kontrollieren. Als Beispiel sei hier das Risiko des Verlustes eines Warenbestands beispielsweise durch eine Naturkatastrophe genannt: Dem Risiko kann mit einer Versicherung des Warenbestands begegnet werden (Risk Mitigation oder Gegenmaßnahme). Das IKS muss sicherstellen, dass der Wert der im Lager befindlichen Waren durch die Versicherung abgedeckt wird. Die entsprechende Kontrolle würde beispielsweise regelmäßig den Lagerwert mit dem Versicherungswert ver-

---

[3] Institut für Interne Revision Österreich. 2006. Das Risikomanagement aus Sicht der internen Revision. Wien: s.n. 2006.

gleichen. Durch die regelmäßige Meldung des Lagerwerts würde zum einen regelmäßig das Risiko eines potenziellen Warenverlustes überwacht, durch den Abgleich des Lagerwerts mit dem Versicherungswert erfolgt die Kontrolle der Effektivität der Gegenmaßnahme. Eine somit effektive Kontrolle bedeutet allerdings nicht, dass das gesamte Risiko eliminiert wurde. Beispielsweise kann es aus Wirtschaftlichkeitsaspekten sinnvoll sein, einen Selbstbehalt zu vereinbaren. Damit ist eine integrierte Berichterstattung von Risiken und IKS zu fordern, denn verbleibende Risiken sind im Rahmen des Risikomanagementsystems zu berichten.

Um ein effektives IKS etablieren zu können, ist weiterhin die integrative Betrachtung der Organisationseinheiten und Unternehmensabläufe sowie der eingesetzten Anwendungssysteme erforderlich. Basierend auf den wesentlichen Geschäftsrisiken ist damit der Geschäftsprozess der Ausgangspunkt der Gestaltung des IKS.

Da das operative Geschäft eines jeden Unternehmens – insbesondere bei hoch repetitiven Prozessen im Massengütergeschäft – in der Regel über mehr oder minder standardisierte und IT-gestützte, automatisierte Geschäftsprozesse gesteuert wird, kommt systeminhärenten Kontrollmechanismen eine immer größere Bedeutung zu. Zudem werden heute in der Regel sämtliche relevanten Unternehmensdaten in ERP-Systemen vorgehalten und verarbeitet, unzählige rechnungslegungsrelevante Datensätze und Belege erzeugt und eine erhebliche Anzahl von Prozessinstanzen bzw. Vorgängen durchlaufen.

Die Qualität der erzeugten Daten ist von den zugrunde liegenden Prozessen und den implementierten Kontrollsystemen und -aktivitäten – auch in den genutzten IT-Systemen – abhängig. Die Prüfung der internen Revision und externen Wirtschaftsprüfer sollte sich speziell in Geschäftsfeldern mit hoch repetitiven Prozessen vor dem Hintergrund der durch die Systeme bereitgestellten Masse an Daten auf die Struktur der Prozesse konzentrieren, nicht nur im Hinblick auf ein funktionierendes IKS, sondern auch im Hinblick auf die Ordnungsmäßigkeit der Buchführung bzw. des Jahresabschlusses. Eine Jahresabschlussprüfung ohne die Prüfung der zugrunde liegenden Geschäftsprozesse macht deshalb ebenso wenig Sinn wie die isolierte Betrachtung der Geschäftsprozesse ohne Berücksichtigung der genutzten IT-Systeme.

COSO und COBIT als relevante Bezugsrahmen

Um ein effektives und effizientes Risikomanagement aufzubauen, bietet es sich an, auf bereits etablierte und in der Praxis bewährte Bezugsrahmen zurückzugreifen. Für den Zweck dieses Buchs werden COSO und COBIT als relevante Modelle verwendet und im Folgenden näher erläutert.

COSO Enterprise Risk Management Framework

Das COSO Enterprise Risk Management Framework (COSO-ERMF oder auch COSO II) stellt einen vom Committee of Sponsoring Organizations of the Treadway Commission (COSO) ausgearbeiteten Bezugsrahmen zum Aufbau eines Risikomanagementsystems dar. Die Anwendung des Rahmenwerks soll die Qualität und die Vergleichbarkeit der Berichte sowie eine qualitativ und quantitativ konstante Bewertung sicherstellen. Das Rahmenwerk ist als Vorgehensmodell generell akzeptiert und strukturiert die Umsetzung des Risikomanagementsystems anhand der Kategorien *Unternehmensziele*, *Komponenten* und *Geltungsbereiche*. Ein wesentlicher Punkt des COSO-ERMF ist die Identifikation besonders unternehmensziel- und risikorelevanter Funktionen und Ereignisse (Kategorie *Komponenten*), welche sich anhand der *Unternehmensziele* für verschiedene *Geltungsbereiche* definieren lassen. Vollkommen neu war die Ausrichtung des Prozessmanagements. Stand bis dato die Optimierung der Geschäftsabläufe vor dem Hintergrund interner, monetärer Ziele (Kostenreduktion, Rentabilitätsmaximierung etc.) mit internem Adressatenkreis im Vordergrund der Diskussion, müssen die Ziele nun auch unter Berücksichtigung der Anforderungen von SOX und BilMoG um eine unternehmensexterne Komponente erweitert werden. Prozesse sind damit Bestandteil der externen Unternehmenspublizität. Mit der Integration von unterschiedlichsten Systemen in Geschäftsprozesse von Unternehmen gewinnen systemseitige Kontrollmechanismen innerhalb des Prozessdurchlaufs erheblich an Bedeutung und leisten damit einen entscheidenden Beitrag zur Einrichtung und Aufrechterhaltung eines adäquaten Risikomanagementsystems.

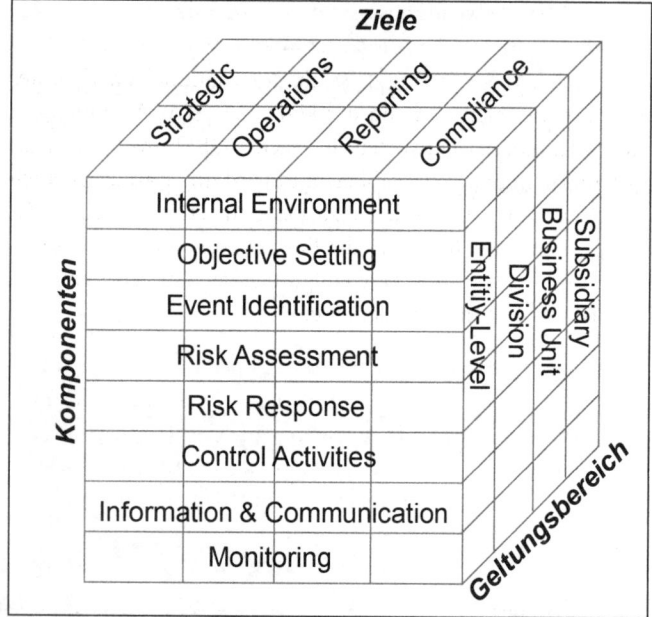

Abbildung 1.2   COSO-ERMF[4]

COSO Internal Control – Integrated Framework

1992 veröffentlichte COSO das »Internal Control – Integrated Framework« oder auch COSO I. Das allgemein anerkannte Rahmenwerk befasst sich mit der Ausgestaltung, Implementierung und Anwendung von internen Kontrollen sowie der Beurteilung der Wirksamkeit des internen Kontrollsystems insgesamt. Aufgrund der deutlich gestiegenen Komplexität in einer globalen Wirtschaft und dem dramatischen Wandel wirtschaftlicher und technischer Rahmenbedingungen wurde der Bezugsrahmen in 2012 überarbeitet und im Mai 2013 das aktualisierte Rahmenwerk veröffentlicht. Dieses strukturiert die Umsetzung des internen Kontrollsystems – analog zum COSO ERMF für das Risikomanagementsystem – anhand der Kategorien *Unternehmensziele*, *Komponenten* und *Geltungsbereiche*. Aus Sicht des internen Kontrollsystems wird die Unternehmenszielkategorie *Strategie* nicht betrachtet. Die Kontrollkomponenten setzen sich aus den Bereichen Control Environment, Risk Assessment, Control Activities, Information & Communication sowie Monitoring Activities zusammen. Neu ist, dass den Komponenten insgesamt 17 konkrete Kontrollprinzipien zugeordnet werden, deren Einhaltung gemäß COSO ein effektives internes Kontrollsystem gewährleisten sollen.[5] Neben dieser ver-

---

[4] COSO. 2008. Enterprise Risk Management – Internal Control – Integrated Framework – Executive Summary (www.coso.org [Online] August 2008.
[5] Vgl. dazu ausführlich Internal Control – Integrated Framework, COSO 2013. (www.coso.org)

stärkten Formalisierung zur verbesserten Anwendbarkeit des Rahmenwerks wurden die konkreten Inhalte dem sich seit 1992 stark veränderten Umfeld angepasst. Speziell die Themenbereiche strengere und komplexere Regulierungslandschaft, Globalisierung, Kompetenzen und Verantwortung, Change-Management, Betrug und technologische Entwicklung gelangen verstärkt in den Fokus. Last but not least wurde die Komponente *Reporting* inhaltlich weiter gefasst und umfasst zusätzlich zur Finanzberichterstattung auch die Berichterstattung in nicht-rechnungslegungsbezogenen Bereichen.[6]

COBIT

COBIT (Control Objectives for Information and Related Technology) ist ein international anerkanntes Framework zur IT-Compliance, das 1993 vom internationalen Verband der IT-Prüfer (ISACA) entwickelt wurde. Ursprünglich als Werkzeug für IT-Prüfer (Auditoren) entworfen, hat sich COBIT inzwischen als ganzheitliches Steuerungsinstrument der IT aus Unternehmenssicht etabliert und wird unter anderem auch als Modell zur Sicherstellung der Einhaltung gesetzlicher Compliance-Anforderungen eingesetzt. Mit COBIT 5 als neuem Rahmen für die IT-Governance[7] wurde im Juni 2011 der Entwurf zur Ablösung des bislang gültigen COBIT 4.1-Rahmenwerks vorgestellt und im April 2012 die endgültige Version veröffentlicht. Die wesentlichen Inhalte präsentiert das ISACA anhand von fünf Kernelementen:[8]

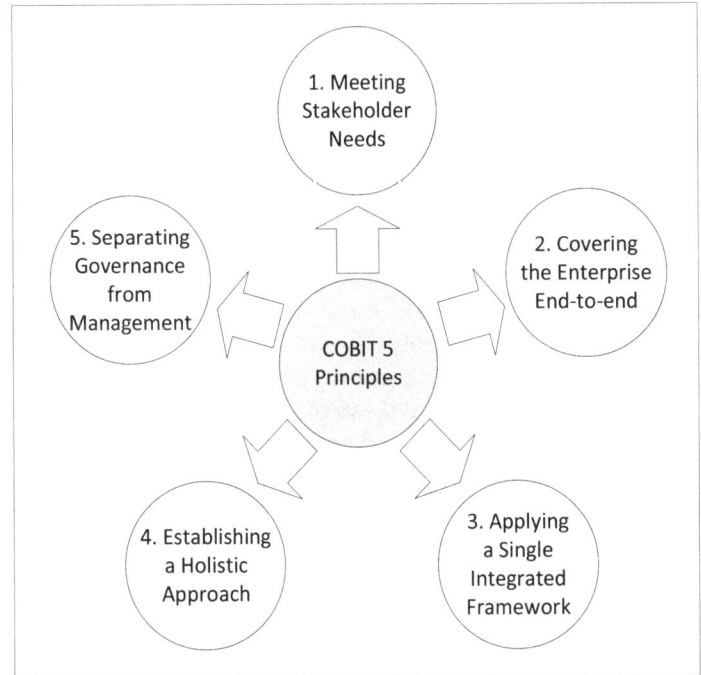

Abbildung 1.3 Kernelemente von COBIT 5[8]

---

[6] Vgl. COSO. 2013. COSO Releases the 2013 Internal Control – Integrated Framework (http://www.coso.org/documents/COSO%202013%20ICFR%20Executive_Summary.pdf)

[7] Unter Governance verstehen wir in Anlehnung an den Deutschen Corporate Governance Kodex Vorschriften bzw. Anforderungen für eine gute und verantwortungsvolle Unternehmensführung. Vgl. Deutscher Corporate Governance Kodex. 2013, S. 1. (http://www.corporate-governance-code.de/ger/download/kodex_2013/D_CorGov_Endfassung_Mai_2013.pdf)

[8] ISACA. 2012. Control Objectives for Information and related Technology (COBIT 5). 2012, S. 13.

- **Meeting Stakeholder Needs**   Ziel des Unternehmens ist die Schaffung von Werten für ihre Anspruchsgruppen durch effiziente Ressourcennutzung bei gleichzeitiger Optimierung und Kontrolle des Risikos. Dabei ist auf einen Interessensausgleich der einzelnen Stakeholdergruppen zu achten.

- **Covering the Enterprise End-to-end**   COBIT 5 leitet die Anforderungen an die Informationstechnologie aus den Unternehmenszielen und geschäftlichen Anforderungen ab und fokussiert sich damit nicht allein auf die Funktion der IT, sondern interpretiert Informationen und Informationssysteme als Vermögensgegenstände.

- **Applying a Single Integrated Framework**   Eines der wesentlichen Ziele ist es, die ISACA-Rahmenwerke zur Identifizierung, Messung und Steuerung der IT-bezogenen Risiken (Risk IT) sowie zur Steuerung und Messung des Wertbetrags der IT an das Business (VAL IT) in ein gemeinsames Framework zu integrieren.

- **Enabling a Holistic Approach**   Gemäß COBIT 5 lassen sich sieben Schlüsselkomponenten (Enablers) für eine effektive und effiziente IT-Governance identifizieren: Prinzipien und Grundsätze, Prozesse, Organisationsstrukturen, Kultur/Ethik/Verhalten, Informationen, Services/Infrastruktur/Applikationen, Fähigkeiten und Kompetenzen

- **Separating Governance from Management**   COBIT 5 unterscheidet im neuen Prozessmodell klar zwischen Governance- und Management-Prozessen, wobei die Governance-Prozesse den Rahmen darstellen, denen die Management-Prozesse folgen. Die Governance-Prozesse stellen sich wie folgt dar:

  - Erstellung und Pflege eines Governance-Framework
  - Sicherstellung der Wertoptimierung
  - Sicherstellung der Risikooptimierung
  - Sicherstellung der Ressourcenoptimierung
  - Sicherstellung der Stakeholder-Transparenz

Konzentriert man sich im Rahmen der Governance-Ziele auf den Risikooptimierungsprozess, der mit den anderen Governance-Prozessen untrennbar verbunden ist bzw. deren inhärenter Bestandteil ist, stellt sich die Frage nach einer konkreten Umsetzung und nach einer Messung des Risikos für Geschäftsprozesse. Dazu liefert das Risk IT Framework der ISACA eine Konkretisierung, indem es IT-Risiken in Geschäftsrisiken transformiert bzw. übersetzt (RISK IT, S. 23)[9]. Eine Möglichkeit besteht darin, IT-Risiken in Form von Informationsrisiken darzustellen. Das COBIT 4.1 Framework definiert dazu unternehmensspezifische Anforderungen an Informationen. In COBIT 5 werden im Rahmen des Informationsmodells Informationskriterien des Product and Service Performance Model for Information Quality (PSP/IQ)[10] und ein Mapping zu den bisher gültigen Kriterien hergestellt.[11]

- **Effectiveness (Wirksamkeit)**   Behandelt die Relevanz und Angemessenheit von Informationen für den Geschäftsprozess sowie die angemessene Bereitstellung hinsichtlich Zeit, Richtigkeit, Konsistenz und Verwendbarkeit (ISP/IQ: Usefulness)

- **Efficiency (Wirtschaftlichkeit)**   Behandelt die Bereitstellung von Informationen durch die optimale Verwendung von Ressourcen (ISP/IQ: Usability)

---

[9] Vgl. ISACA. 2009. The Risk IT Framework. 2009, S. 23
[10] Vgl. ISACA. 2012. Control Objectives for Information and related Technology (COBIT 5). 2012, S. 70 ff.
[11] COBIT 5 stellt ein komplexes Rahmenwerk zur Governance und zum Management der unternehmensweiten Informationstechnologie dar. Für den Zweck dieses Buchs wird allerdings lediglich der Ansatz zur Risikooptimierung im Rahmen der Governance-Prozesse betrachtet und in den Zusammenhang der Compliance von Geschäftsprozessen gestellt.

- **Confidentiality (Vertraulichkeit)** Behandelt den Schutz von sensitiven Informationen gegen unberechtigte Offenlegung (ISP/IQ: Security)
- **Integrity (Integrität)** Bezieht sich auf die Richtigkeit und Vollständigkeit von Informationen (ISP/IQ: Free-of-Error)
- **Availability (Verfügbarkeit)** Bezieht sich darauf, dass Informationen derzeit und in Zukunft für den Geschäftsprozess verfügbar sind (ISP/IQ: Accessibility)
- **Compliance (Einhaltung, Befolgung)** Behandelt die Einhaltung von Gesetzen, Regulativen und vertraglichen Vereinbarungen, welche der Geschäftsprozess berücksichtigen muss (ISP/IQ: Conforms to Specifications)
- **Reliability (Verlässlichkeit)** Bezieht sich auf die Angemessenheit bereitgestellter Informationen, die vom Management verwendet werden, um die Gesellschaft zu leiten und seine Treue- und Governance-Pflichten ausüben zu können (ISP/IQ: Believability)

Um den Governance-Prozess der Risikooptimierung auf alle operativen Geschäftsprozesse anzuwenden, werden die Informationsanforderungen mit Kontrollerfordernissen innerhalb der Prozesse verknüpft.

Integration des COSO-Ansatzes mit COBIT-Informationsanforderungen

Um den geschäftsprozessorientierten Compliance- und Prüfungsansatz mit Daten und Anwendungssystemen zu verknüpfen, werden Grundsätze des COSO- und COBIT-Frameworks in den Prüfungsansatz integriert. Liefert COSO den inhaltlich-organisatorischen Rahmen zur Ausgestaltung des Risiko- und internen Kontrollsystems, bietet die Integration von COBIT den Bezugsrahmen für die zu integrierende Perspektive der Informationssysteme und Informationsanforderungen.

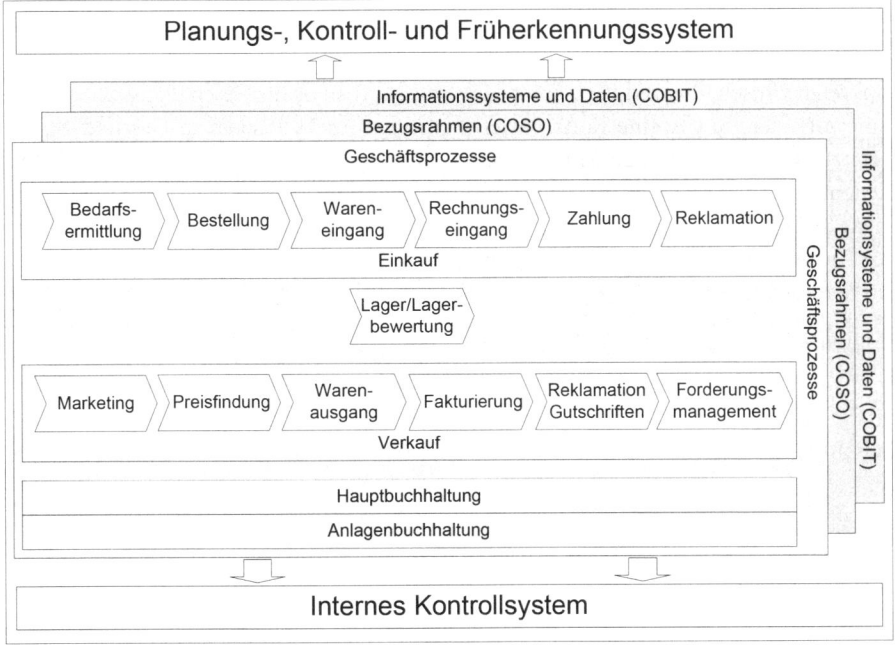

Abbildung 1.4 Integration von COSO und COBIT in den geschäftsprozessorientierten Prüfungsansatz

Aus der Perspektive des COSO-Framework beziehen sich die Inhalte der folgenden Kapitel auf die Komponenten Risk Assessment, Risk Response und Control Activities des operativen Bereichs (Dimension *Ziel*) für den Bereich des Unternehmens (Dimension *Geltungsbereich*). Die Verknüpfung zum COBIT-Framework wird hergestellt, indem die Prozessrisiken vor dem Hintergrund der Anforderungsmerkmale an Informationssysteme und Daten erläutert werden.

Das vorliegende Buch gliedert Unternehmensprozesse in die klassischen Bereiche Einkauf, Verkauf und Lagermanagement sowie in die dazu erforderlichen administrativen Prozesse in der Buchhaltung, die durch ERP-Systeme unterstützt werden.

Compliance-Prüfung IT-gestützter Prozesse

Die Prüfung des Risikomanagementsystems und des internen Kontrollsystems seitens der internen Revision bzw. extern bestellter Wirtschaftsprüfer ergibt sich insbesondere aus dem Revisionsstandard Nr. 2 des Deutschen Instituts für Interne Revision (IIR) »Prüfung des Risikomanagements durch die Interne Revision« sowie den Prüfungsstandards (PS) 261, 330 und 340 des Instituts Deutscher Wirtschaftsprüfer (IDW). Während sich PS 261 mit der Feststellung und Beurteilung von Fehlerrisiken und Reaktionen des Abschlussprüfers beschäftigt (Informationsgewinnung als wesentlicher Bestandteil der Prüfungshandlungen zur Risikobeurteilung, Verstehen der Einheit und des Umfelds als Grundlage zur Beurteilung von Risiken fehlerhafter Angaben auf Abschluss und Aussageebene. Die Risikobeurteilungen müssen sich in der Prüfungsplanung und Durchführung widerspiegeln.) und PS 340 die Prüfung des Risikofrüherkennungssystems im Allgemeinen behandelt, bezieht sich PS 330 explizit auf die Prüfung bei Einsatz von Informationstechnologie.

Prüfungsgegenstand nach PS 330 sind alle IT-Systeme, die damit verbundenen Geschäftsprozesse, Anwendungssysteme und die IT-Infrastruktur, sofern sie Bezug zu rechnungslegungsrelevanten Sachverhalten haben. Abschnitt 23 des PS 330 bezieht sich dabei insbesondere auf IT-Geschäftsprozesse:

»IT-Geschäftsprozessrisiken entstehen, wenn sich Sicherheits- und Ordnungsmäßigkeitsanalysen nicht auf Geschäftsprozesse erstrecken, sondern nur auf die Kontrollelemente einer funktional ausgerichteten Organisation. Dabei können Risiken aus dem geschäftsprozessbedingten Datenaustausch zwischen Teilsystemen, etwa unzureichende Transparenz der Datenflüsse, unzureichende Integration der Systeme oder mangelhafte Abstimm- und Kontrollverfahren in Schnittstellen zwischen Teilprozessen nicht erkannt werden. Es besteht die Gefahr, dass IT-Kontrollen beispielsweise Zugriffsrechte, Datensicherungsmaßnahmen, nur hinsichtlich der Teilprozesse, jedoch nicht hinsichtlich der Gesamtprozesse wirksam werden«.[12]

Das vorliegende Buch konzentriert sich auf die ERP-Anwendung Dynamics NAV 2013 sowie die Geschäftsprozesse, die durch das System abgebildet bzw. unterstützt werden. Es sei an dieser Stelle erwähnt, dass die Sicherheit des eingesetzten ERP-Systems sowie die Ordnungsmäßigkeit der abgebildeten Geschäftsprozesse ebenso von der IT-Infrastruktur, der IT-Organisation etc. abhängen, deren Prüfung jedoch nicht Bestandteil dieses Buchs sind. Typische Beispiele – ohne Anspruch auf Vollständigkeit – hierfür sind physische Zugangsbeschränkungen, Brandschutz, Stromversorgung und Notbetrieb, Netzwerksicherheit und -performance, Kennwortsicherheit etc.

---

[12] IDW. IDW PS 330 – Abschlussprüfung bei Einsatz von Informationstechnologie. WPg. 21/2002, S. 1167 ff.

Compliance-Prüfung IT-gestützter Prozesse

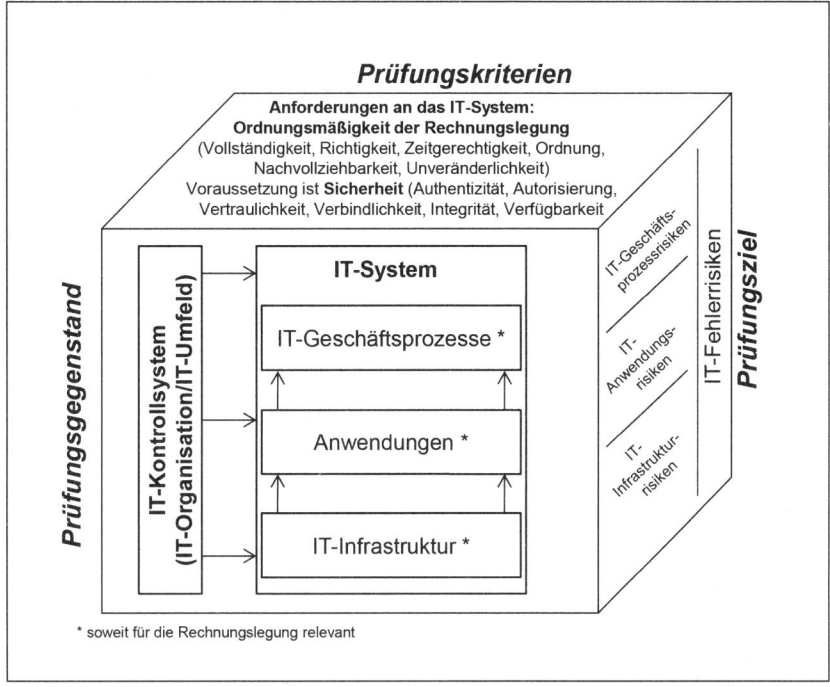

Abbildung 1.5 Prüfungsbereiche des IDW PS 330[13]

Der PS 330 unterscheidet bei der Prüfung IT-spezifischer Geschäftsprozesse zwischen der Aufbauprüfung und der Prüfung anwendungsbezogener Kontrollen:

Die Aufbauprüfung umfasst Prozessaufnahmen, die dokumentieren,

- in welchen Prozessschritten IT-Anwendungen integriert sind und/oder manuelle Tätigkeiten ausgeführt werden,
- wie und welche rechnungslegungsrelevanten Daten aus dem Geschäftsprozess in die Rechnungslegung übergeleitet werden (Daten-, Belegfluss, Schnittstellen) und
- welche anwendungs- und prozessbezogenen Kontrollen bei der Erfassung und Verarbeitung von Geschäftsvorfällen bestehen.

Anwendungsbezogene Kontrollen betreffen sowohl manuelle, in der Verantwortung der Fachbereiche liegende Kontrollen, als auch anwendungssystemseitige Kontrollen wie

- zutreffende Einstellung der Steuerungsparameter,
- richtige Belegaufbereitung (z. B. sachliche und rechnerische Prüfung, Vorkontierung),
- verlässliche Plausibilitätskontrollen bei der Belegerfassung,
- wirksame Kontroll- und Abstimmverfahren zwischen Teilprozessen,
- zeitnahe Bearbeitung von Fehlermeldungen und -protokollen.[14]

---

[13] Ebd., S. 1167 ff.
[14] IDW. IDW PS 330 – Abschlussprüfung bei Einsatz von Informationstechnologie. WPg. 21/2002, S. 1167 ff.

In Übereinstimmung mit den Anforderungen des PS 330, Absatz 84 und 85, widmet sich das Buch einerseits den übergreifenden System- und Parametereinstellungen (Customizing), die grundsätzlich festzulegen sind, um die Ordnungsmäßigkeit des Systems und der Geschäftsprozesse sicherzustellen. Andererseits sollen auch Möglichkeiten, Methoden und Werkzeuge dargestellt werden, wie das Produktivsystem auf mögliche operative Schwachstellen oder Unregelmäßigkeiten überprüft werden kann.

Rechtliche Grundlagen

Bei der Implementierung und Prüfung von Risikomanagementsystemen sowie der Erstellung und Prüfung von Rechnungslegungsinformationen sind eine erhebliche Anzahl von nationalen und internationalen Gesetzen und Vorschriften zu berücksichtigen, die im Rahmen dieses Buchs nicht vollständig behandelt werden können. Im Folgenden wird aus diesem Grund eine Auswahl der wichtigsten Rechtsnormen vorgestellt, auf die in den einzelnen Kapiteln gegebenenfalls Bezug genommen wird.

Das KonTraG (Gesetz für mehr Kontrolle und Transparenz im Unternehmensbereich)

Im Jahr 1998 wurde das Gesetz zu mehr Kontrolle und Transparenz im Unternehmensbereich (KonTraG) erlassen, um Fehler und Gesetzeslücken im System der Unternehmenskontrolle auszubessern bzw. zu beseitigen. Ohne auf alle Änderungen im Einzelnen einzugehen, seien die wichtigsten Reformen kurz zusammengefasst, wobei im Rahmen des Risikomanagementsystems insbesondere § 317 Abs. 4 HGB zu nennen ist:

- § 111 Abs. 2 AktG verpflichtet Aufsichtsrat und Abschlussprüfer zu einer engeren Zusammenarbeit
- Gemäß § 91 Abs. 2 AktG ist der Vorstand börsennotierter Aktiengesellschaften zur Einführung eines umfangreichen Überwachungssystems im Rahmen des Risikomanagements verpflichtet
- § 316 bis 324 HGB erweitern die Aufgaben der Abschlussprüfung, speziell ist nach § 317 Abs. 4 HGB das Risikofrüherkennungs- und Überwachungssystem im Hinblick auf Existenz, Eignung und Funktionsfähigkeit zu prüfen. Nach § 321 Abs. 4 HGB ist das Prüfungsergebnis in einem gesonderten Teil des Prüfberichts darzustellen.
- § 90 Abs. 1 AktG erweitert die Berichtspflichten des Vorstands an den Aufsichtsrat wesentlich

Auch wenn das KonTraG als wesentlicher Fortschritt im Bereich der Unternehmenskontrolle bezeichnet werden konnte, deckten die Vorschriften nicht die Forderung aller Interessensgruppen ab. Private Zusammenschlüsse und Institutionen wie beispielsweise die Frankfurter Grundsatzkommission Corporate Governance oder der Berliner Initiativkreis German Code of Corporate Governance, die sich mit Ergänzungs- und Verbesserungsvorschlägen befassten, versuchten diese Lücke zwischen Anspruch und Wirklichkeit des KonTraG zu schließen. Als Vereinheitlichung und Optimierung der Forderungen der unterschiedlichen Zusammenschlüsse wurde in 2002 ein von einer Regierungskommission erarbeiteter Deutscher Corporate Governance Kodex (DCGK) an das Bundesministerium der Justiz übergeben und seitdem kontinuierlich weiterentwickelt (aktuelle Fassung vom Mai 2013). Der DCGK in seiner Originalfassung unterstellt dabei die Verabschiedung des Transparenz- und Publizitätsgesetzes (TransPuG), welches am 19. Juli 2002 erlassen wurde. Wesentliche Neuerungen des TransPuG sind die Entsprechungserklärung im § 161 AktG, die Stärkung der Rechte der Hauptversammlung, die Stärkung der Rechte und der Kontrollfunktion des Aufsichtsrats durch verbesserte Informationsversorgung, die erweiterten Auskunftspflichten seitens der Unternehmen und der Abschlussprüfer sowie weitere Regelungen im Sinne einer verbesserten Transparenz des Unternehmens gegenüber den Stakeholdern.

Auswahl wichtiger gesetzlicher Anforderungen

Neben den allgemeinen Vorschriften zum Risikomanagement finden sich im dritten Buch des Handelsgesetzbuchs (HGB) einzelne Vorschriften, die für die Prüfung von ERP-Systemen und ERP-gestützten Geschäftsprozessen von Bedeutung sind und direkte Auswirkungen auf vorzunehmende Prüfungshandlungen haben. Im Folgenden werden die wichtigsten dieser Vorschriften kurz aufgeführt und die abzuleitenden Konsequenzen für die Systemprüfung kurz erwähnt. Eine detaillierte Auseinandersetzung mit einzelnen Prüfungshandlungen erfolgt im späteren Verlaufe des Buchs.

§ 238 Abs. 1 HGB – Buchführungspflicht

(1) Jeder Kaufmann ist verpflichtet, Bücher zu führen und in diesen seine Handelsgeschäfte und die Lage seines Vermögens nach den Grundsätzen ordnungsmäßiger Buchführung ersichtlich zu machen. Die Buchführung muss so beschaffen sein, dass sie einem sachverständigen Dritten innerhalb angemessener Zeit einen Überblick über die Geschäftsvorfälle und über die Lage des Unternehmens vermitteln kann. Die Geschäftsvorfälle müssen sich in ihrer Entstehung und Abwicklung verfolgen lassen.

Grundsätzlich sollte für jede Art von Geschäftsvorfall/Geschäftsprozess eine Ablaufdokumentation existieren, die den Prozess aus fachlich-organisatorischer Sicht unter Berücksichtigung der genutzten Anwendungssysteme beschreibt.

§ 239 Abs. 2 ff. HGB – Radierverbot

(2) Die Eintragungen in Büchern und die sonst erforderlichen Aufzeichnungen müssen vollständig, richtig, zeitgerecht und geordnet vorgenommen werden.

(3) Eine Eintragung oder eine Aufzeichnung darf nicht in einer Weise verändert werden, dass der ursprüngliche Inhalt nicht mehr feststellbar ist. Auch solche Veränderungen dürfen nicht vorgenommen werden, deren Beschaffenheit es ungewiss lässt, ob sie ursprünglich oder erst später gemacht worden sind.

(4) Die Handelsbücher und die sonst erforderlichen Aufzeichnungen können auch in der geordneten Ablage von Belegen bestehen oder auf Datenträgern geführt werden, soweit diese Formen der Buchführung einschließlich des dabei angewandten Verfahrens den Grundsätzen ordnungsmäßiger Buchführung entsprechen. Bei der Führung der Handelsbücher und der sonst erforderlichen Aufzeichnungen auf Datenträgern muss insbesondere sichergestellt sein, dass die Daten während der Dauer der Aufbewahrungsfrist verfügbar sind und jederzeit innerhalb angemessener Frist lesbar gemacht werden können. Absätze 1 bis 3 gelten sinngemäß.

Die Sicherstellung einer vollständigen, richtigen und zeitgerechten Aufzeichnung von buchhaltungsrelevanten Daten ist eher organisatorisch als relevant zu betrachten, da ERP-Systeme diese Funktionalität in der Regel beinhalten. Dennoch können gewisse Einstellungen im Customizing relevant werden, wenn beispielsweise gewisse Belegarten nicht in der Finanzbuchhaltung verarbeitet werden. Auch die Möglichkeiten nachträglicher Manipulation von Daten kann durch die entsprechenden IT-Systeme gesteuert werden. So sollten die systemtechnischen Parameter im Hinblick auf die Systemberechtigungen sowie die Protokollierung von Änderungen an Systemparametern oder Datenbanktabellen sachgerecht eingestellt werden. Zudem sollte grundsätzlich ein Konzept zur Datensicherung existieren, dass einerseits die gesetzlichen Aufbewahrungsfristen berücksichtigt und andererseits eine zeitnahe Reproduktion der Daten erlaubt.

§ 240 Abs. 4 und § 241 HGB – Inventar und Inventur

§ 240 Abs. 4: Gleichartige Vermögensgegenstände des Vorratsvermögens sowie andere gleichartige oder annähernd gleichwertige bewegliche Vermögensgegenstände und Schulden können jeweils zu einer Gruppe zusammengefasst und mit dem gewogenen Durchschnittswert angesetzt werden.

§ 241 Abs. 1: Bei der Aufstellung des Inventars darf der Bestand der Vermögensgegenstände nach Art, Menge und Wert auch mithilfe anerkannter mathematisch-statistischer Methoden auf Grund von Stichproben ermittelt werden. Das Verfahren muss den Grundsätzen ordnungsmäßiger Buchführung entsprechen. Der Aussagewert des auf diese Weise aufgestellten Inventars muss dem Aussagewert eines auf Grund einer körperlichen Bestandsaufnahme aufgestellten Inventars gleichkommen.

§ 241 Abs. 2: Bei der Aufstellung des Inventars für den Schluss eines Geschäftsjahrs bedarf es einer körperlichen Bestandsaufnahme der Vermögensgegenstände für diesen Zeitpunkt nicht, soweit durch Anwendung eines den Grundsätzen ordnungsmäßiger Buchführung entsprechenden anderen Verfahrens gesichert ist, dass der Bestand der Vermögensgegenstände nach Art, Menge und Wert auch ohne die körperliche Bestandsaufnahme für diesen Zeitpunkt festgestellt werden kann.

§ 241 Abs. 3: In dem Inventar für den Schluss eines Geschäftsjahrs brauchen Vermögensgegenstände nicht verzeichnet zu werden, wenn

1. der Kaufmann ihren Bestand auf Grund einer körperlichen Bestandsaufnahme oder auf Grund eines nach Absatz 2 zulässigen anderen Verfahrens nach Art, Menge und Wert in einem besonderen Inventar verzeichnet hat, das für einen Tag innerhalb der letzten drei Monate vor oder der ersten beiden Monate nach dem Schluss des Geschäftsjahrs aufgestellt ist, und
2. auf Grund des besonderen Inventars durch Anwendung eines den Grundsätzen ordnungsmäßiger Buchführung entsprechenden Fortschreibungs- oder Rückrechnungsverfahrens gesichert ist, dass der am Schluss des Geschäftsjahrs vorhandene Bestand der Vermögensgegenstände für diesen Zeitpunkt ordnungsgemäß bewertet werden kann.

Die für die Berechnung des Lagerbestandswerts notwendigen Parameter und Verfahren werden ganz oder teilweise im ERP-System hinterlegt und gepflegt. Jede ERP-Standardsoftware ist heute in der Lage, die fortlaufende mengen- und wertmäßige Bestandsführung automatisch vorzunehmen. Entscheidend ist, dass die entsprechenden Systemparameter für Verbrauchsfolge- und Bewertungsverfahren richtig hinterlegt sind. Grundsätzlich sollte deshalb eine Dokumentation der im Unternehmen anzuwendenden Verfahren vorhanden sein, die mit den im System hinterlegten Methoden übereinstimmen muss.

§ 252 HGB – Allgemeine Bewertungsgrundsätze

(1) Bei der Bewertung der im Jahresabschluss ausgewiesenen Vermögensgegenstände und Schulden gilt insbesondere Folgendes:

1. Die Wertansätze in der Eröffnungsbilanz des Geschäftsjahrs müssen mit denen der Schlussbilanz des vorhergehenden Geschäftsjahrs übereinstimmen.
2. Bei der Bewertung ist von der Fortführung der Unternehmenstätigkeit auszugehen, sofern dem nicht tatsächliche oder rechtliche Gegebenheiten entgegenstehen.
3. Die Vermögensgegenstände und Schulden sind zum Abschlussstichtag einzeln zu bewerten.
4. Es ist vorsichtig zu bewerten, namentlich sind alle vorhersehbaren Risiken und Verluste, die bis zum Abschlussstichtag entstanden sind, zu berücksichtigen, selbst wenn diese erst zwischen dem Abschlussstichtag und dem Tag der Aufstellung des Jahresabschlusses bekannt geworden sind; Gewinne sind nur zu berücksichtigen, wenn sie am Abschlussstichtag realisiert sind.

Rechtliche Grundlagen

5. Aufwendungen und Erträge des Geschäftsjahrs sind unabhängig von den Zeitpunkten der entsprechenden Zahlungen im Jahresabschluss zu berücksichtigen.
6. Die auf den vorhergehenden Jahresabschluss angewandten Bewertungsmethoden sollen beibehalten werden.

(2) Von den Grundsätzen des Absatzes 1 darf nur in begründeten Ausnahmefällen abgewichen werden.

Die im Unternehmen anzuwendenden Bewertungsmethoden (beispielsweise für die Berechnung von Rückstellungen, Festlegung von Nutzungsdauern und Abschreibungsverfahren, Lagerbewertungsverfahren etc.) sollten vollständig und in schriftlicher Form dokumentiert sein. Sind im System bestimmte Bewertungsmethoden hinterlegt, so müssen die entsprechenden Parameter mit den Vorgaben verglichen werden. Darüber hinaus ist sicherzustellen, dass derartige Einstellungen nicht versehentlich oder mit Intention durch unberechtigte Personen geändert werden können.

§ 257 HGB – Aufbewahrungsfristen

(1) Jeder Kaufmann ist verpflichtet, die folgenden Unterlagen geordnet aufzubewahren:
1. Handelsbücher, Inventare, Eröffnungsbilanzen, Jahresabschlüsse, Einzelabschlüsse nach § 325 Abs. 2a, Lageberichte, Konzernabschlüsse, Konzernlageberichte sowie die zu ihrem Verständnis erforderlichen Arbeitsanweisungen und sonstigen Organisationsunterlagen,
2. die empfangenen Handelsbriefe,
3. Wiedergaben der abgesandten Handelsbriefe,
4. Belege für Buchungen in den von ihm nach § 238 Abs. 1 zu führenden Büchern (Buchungsbelege).

(2) Handelsbriefe sind nur Schriftstücke, die ein Handelsgeschäft betreffen.

(3) Mit Ausnahme der Eröffnungsbilanzen und Abschlüsse können die in Absatz 1 aufgeführten Unterlagen auch als Wiedergabe auf einem Bildträger oder auf anderen Datenträgern aufbewahrt werden, wenn dies den Grundsätzen ordnungsmäßiger Buchführung entspricht und sichergestellt ist, dass die Wiedergabe oder die Daten
1. mit den empfangenen Handelsbriefen und den Buchungsbelegen bildlich und mit den anderen Unterlagen inhaltlich übereinstimmen, wenn sie lesbar gemacht werden,
2. während der Dauer der Aufbewahrungsfrist verfügbar sind und jederzeit innerhalb angemessener Frist lesbar gemacht werden können.

Sind Unterlagen auf Grund des § 239 Abs. 4 Satz 1 auf Datenträgern hergestellt worden, können statt des Datenträgers die Daten auch ausgedruckt aufbewahrt werden; die ausgedruckten Unterlagen können auch nach Satz 1 aufbewahrt werden.

(4) Die in Absatz 1 Nr. 1 und 4 aufgeführten Unterlagen sind zehn Jahre, die sonstigen in Absatz 1 aufgeführten Unterlagen sechs Jahre aufzubewahren.

(5) Die Aufbewahrungsfrist beginnt mit dem Schluss des Kalenderjahrs, in dem die letzte Eintragung in das Handelsbuch gemacht, das Inventar aufgestellt, die Eröffnungsbilanz oder der Jahresabschluss festgestellt, der Einzelabschluss nach § 325 Abs. 2a oder der Konzernabschluss aufgestellt, der Handelsbrief empfangen oder abgesandt worden oder der Buchungsbeleg entstanden ist.

Für Daten, die im System verarbeitet und vorgehalten werden, muss das Datenverarbeitungs- und -sicherungskonzept – wie schon zuvor erläutert – die gesetzlichen Aufbewahrungsfristen berücksichtigen. Eine Dokumentation des Sicherungsprozesses und der Sicherungshistorie sollte im Unternehmen vorgehalten werden. Darüber hinaus ist sicherzustellen, dass die Lagerung der Datenträger ordnungsgemäß erfolgt und eine Wiederherstellung der gesicherten Daten jederzeit kurzfristig möglich ist. In diesem Zusammenhang ist auch die Nutzung von Cloudcomputing-Dienstleistungen kritisch zu hinterfragen.

§§ 140 – 147 Abgabenordnung (AO)

Die allgemeinen Mitwirkungs- und Aufzeichnungspflichten gemäß §§ 140-147 AO umfassen insbesondere die Buchführungs-, Aufzeichnungs- und Aufbewahrungspflichten für jeden, der nach anderen Gesetzen als den Steuergesetzen Bücher und Aufzeichnungen zu führen hat, die für die Besteuerung von Bedeutung sind. § 147 AO regelt darüber hinaus Ordnungsvorschriften für die Aufbewahrung von Unterlagen, sofern sie für die Besteuerung relevant sind.

Aus Prüfungssicht ergeben sich die gleichen Anforderungen an die Sicherung und Wiederherstellung der Daten wie bereits oben erwähnt.

§ 146, § 147 AO in Verbindung mit § 239, § 257 HGB – Revisionssichere Archivierung

Elektronische Archivsysteme müssen eine revisionssichere Datenspeicherung gewährleisten, die den Anforderungen des Handelsgesetzbuchs (§ 239, § 257 HGB), der Abgabenordnung (§ 146, § 147 AO), der GoBS und ggf. anderer rechtlicher Vorgaben entsprechen. Dazu gehören insbesondere drei Kernkriterien:

- die Inhalte werden unverändert (originär) und fälschungssicher gespeichert,
- die Inhalte sind durch eine Suche wiederfindbar,
- alle Aktionen im Archiv werden aus Gründen der Nachvollziehbarkeit protokolliert.

Der Verband der Organisations- und Informationssysteme (VOI) hat diese drei Kriterien zu konkretisieren versucht, indem er daraus zehn Einzelkriterien entwickelt hat:

- Jedes Dokument wird unveränderbar archiviert
- Es darf kein Dokument auf dem Weg ins Archiv oder im Archiv selbst verloren gehen
- Jedes Dokument muss mit geeigneten Retrievaltechniken (zum Beispiel durch das Indexieren mit Metadaten) wieder auffindbar sein
- Es muss genau das Dokument wiedergefunden werden, das gesucht worden ist
- Kein Dokument darf während seiner vorgesehenen Lebenszeit zerstört werden können
- Jedes Dokument muss in genau der gleichen Form, wie es erfasst wurde, wieder angezeigt und gedruckt werden können
- Alle Inhalte müssen zeitnah wiedergefunden werden können
- Alle Aktionen im Archiv, die Veränderungen in der Organisation und Struktur bewirken, sind derart zu protokollieren, dass die Wiederherstellung des ursprünglichen Zustands möglich ist
- Elektronische Archive sind so auszulegen, dass eine Migration auf neue Plattformen, Medien, Softwareversionen und Komponenten ohne Informationsverlust möglich ist

- Das System muss dem Anwender die Möglichkeit bieten, die gesetzlichen Bestimmungen (BDSG, HGB, AO etc.) sowie die betrieblichen Bestimmungen des Anwenders hinsichtlich Datensicherheit und Datenschutz über die Lebensdauer des Archivs sicherzustellen.

Der VOI hat dazu einen entsprechenden Prüfleitfaden herausgegeben.[15] Im Rahmen der Archivierung personenbezogener Daten sind darüber hinaus datenschutzrechtliche Bestimmungen zu berücksichtigen.

Bilanzmodernisierungsgesetz (BilMoG)

In Europa wurde zur Stärkung der Corporate Governance in der 4. und 7. sowie 8. EU-Richtlinie Anforderungen definiert, die in Deutschland im Rahmen des Bilanzrechtsmodernisierungsgesetzes (BilMoG) in 2009 umgesetzt wurden. Die im HGB und im AktG umgesetzten Anpassungen beinhalten die folgenden Punkte:

- Etablierung eines Prüfungsausschusses (§ 324 (1) HGB) sowie eines unabhängigen Finanzexperten im Aufsichtsrat (AR) (§§ 100 Abs. 5, 107 Abs. 4 AktG, 324 Abs. 2 Satz 2 HGB)
- Die Überwachung durch den externen Wirtschaftsprüfer wurde durch erweiterte Berichtspflichten gestärkt (§ 171 Abs. 1 Satz 2, 3 AktG). Bei der Benennung des Wirtschaftsprüfers hat der Prüfungsausschuss/Aufsichtsrat ein Vorschlagsrecht (§ 124 Abs. 3 Satz 2 AktG),
- Über die Einhaltung des DCGK ist eine schriftliche Erklärung abzugeben (§ 289a HGB, § 161 AktG)
- Der Lagebericht hat eine Beschreibung des internen Kontrollsystems (IKS) und des Risikomanagementsystems (RMS) im Hinblick auf den Rechnungslegungsprozess zu enthalten (§§ 289 Abs. 5, 315 Abs. 2 Nr. 5 HGB)
- Die Aufsichtspflichten des AR bzw. des Prüfungsausschusses wurden konkretisiert, indem die Überwachung der Wirksamkeit (d. h. der Funktionsfähigkeit, also die Eignung zur Zielerreichung ohne wesentliche Systemschwächen) des IKS, des RMS und des internen Revisionssystems (IRS) explizit aufgeführt wird (§ 107 Abs. 3 AktG)

In der Praxis sorgten speziell die seit 2009 umzusetzenden Anforderungen des § 107 Abs. 3 AktG für erhöhten Handlungsbedarf im Bereich der RMS- und IKS-Berichterstattung und der IKS-Prozessdokumentation als dessen Grundlage. Auch wenn die Umsetzung nach § 93 Abs. 1 AktG bzw. (Sorgfaltspflicht) bzw. § 111 Abs. 1 AktG (Überwachungspflicht) einem organisatorischen Ermessen unterliegt und damit nicht, wie das Risikofrüherkennungssystem, zur Identifizierung bestandsgefährdender Risiken (§ 91 Abs. 2 AktG) zwingend einzurichten ist, ist die Umsetzung für diversifizierte Konzerne faktisch verpflichtend.

Die im Rahmen des SOA und des § 107 Abs. 3 zu erfüllenden Anforderungen lassen sich analog auf die Anforderungen von Compliance und Code of Conduct übertragen. Im Sinne einer effektiven Compliance muss sichergestellt werden, dass unternehmerische Risiken erkannt, bewertet und durch die Implementierung entsprechender Kontrollmaßnahmen minimiert werden. Die Basis beschränkt sich allerdings nicht nur auf gesetzliche Anforderungen, sondern ebenso auf interne Verhaltensregeln beispielsweise in Form eines Verhaltenskodex (Code of Conduct), also eine Aufstellung von Verhaltensregeln auf Basis einer freiwilligen Selbstverpflichtung eines Unternehmens. Unabhängig davon, ob betriebliche oder gesetzliche Bestimmungen als Ausgangspunkt für die Überprüfung der Compliance herangezogen werden, bleibt ein effektives Risikomanagement der entscheidende Faktor in der Umsetzung.

---

[15] Vgl. VOI. Prüfkriterien für Dokumentenmanagement- und Enterprise Content Management-Lösungen (PK-DML). 2008

Empfehlungen zur praktischen Umsetzung von internen Kontroll- und Risikomanagementsystemen enthalten weder der SOA noch die Anforderung nach BilMoG. Vielmehr müssen die Anforderungen unternehmensindividuell umgesetzt werden. Unternehmen stehen vor der Herausforderung, gesetzliche Regelungen und interne Verhaltensvorschriften in die täglichen Unternehmensabläufe zu integrieren um damit ein effizientes Risikomanagement und Kontrollsystem zu gewährleisten.

§ 43 Abs. 1 GmbHG – Haftung des Geschäftsführers

(1) Die Geschäftsführer haben in den Angelegenheiten der Gesellschaft die Sorgfalt eines ordentlichen Geschäftsmannes anzuwenden.

Aus Compliance-Sicht hat der Geschäftsführer damit direkt für die Einhaltung gesetzlicher Bestimmungen Sorge zu tragen.

§ 130 OwiG

(1) Wer als Inhaber eines Betriebes oder Unternehmens vorsätzlich oder fahrlässig die Aufsichtsmaßnahmen unterlässt, die erforderlich sind, um in dem Betrieb oder Unternehmen Zuwiderhandlungen gegen Pflichten zu verhindern, die den Inhaber treffen und deren Verletzung mit Strafe oder Geldbuße bedroht ist, handelt ordnungswidrig, wenn eine solche Zuwiderhandlung begangen wird, die durch gehörige Aufsicht verhindert oder wesentlich erschwert worden wäre. Zu den erforderlichen Aufsichtsmaßnahmen gehören auch die Bestellung, sorgfältige Auswahl und Überwachung von Aufsichtspersonen.

(3) Die Ordnungswidrigkeit kann, wenn die Pflichtverletzung mit Strafe bedroht ist, mit einer Geldbuße bis zu einer Million Euro geahndet werden. Ist die Pflichtverletzung mit Geldbuße bedroht, so bestimmt sich das Höchstmaß der Geldbuße wegen der Aufsichtspflichtverletzung nach dem für die Pflichtverletzung angedrohten Höchstmaß der Geldbuße. Satz 2 gilt auch im Falle einer Pflichtverletzung, die gleichzeitig mit Strafe und Geldbuße bedroht ist, wenn das für die Pflichtverletzung angedrohte Höchstmaß der Geldbuße das Höchstmaß nach Satz 1 übersteigt.

Durch § 130 OwiG drohen Inhabern oder Geschäftsführern von Betrieben Bußgelder, wenn Aufsichtspflichten verletzt werden. Ein effektives Risikomanagement- und Internes Kontrollsystem ist vor diesem Hintergrund zwingend erforderlich.

SOX (Sarbanes Oxley Act)

Die Vorschriften des im Juli 2002 verabschiedeten Sarbanes Oxley Act (SOX oder auch SOA), der als Reaktion auf Manipulationen und Fehler in der externen Berichterstattung US-amerikanischer Großunternehmen wie Enron oder WorldCom zu verstehen ist, ist auch für eine Vielzahl deutscher Unternehmen Pflichtbestandteil der Unternehmenspublizität. SOX ist in den USA gesetzlich verankert und gilt für alle Unternehmen, die an der Securities Exchange Commission (SEC) registrierungspflichtig sind und deren Aufsicht unterstehen. Ab 2006 zählen dazu auch diejenigen deutschen Unternehmen, deren Aktien an einer der amerikanischen Börsen (NYSE, NASDAQ, AMEX) oder anderweitig öffentlich in den USA angeboten werden. Die wohl wichtigste Anforderung an die Unternehmen in Bezug auf die Implementierung eines geeigneten Risikomanagementsystems leitet sich aus der Section 404 (Management Assessment of Internal Controls) ab. Danach muss ein internes Kontrollsystem (IKS) installiert werden, das jährlich das Finanzberichtswesen überprüft und bewertet. Dies mündet in die explizite Bestätigung der Wirksamkeit des IKS für die Finanzberichterstattung durch den CEO, CFO und einen unabhängigen Wirtschaftsprüfer.

Damit Unternehmensrisiken effektiv erkannt, behandelt und den Share- und Stakeholdern aufgezeigt werden können, reicht die Einrichtung eines IKS allein jedoch nicht aus. Vielmehr müssen die Informationen des IKS im Rahmen eines unternehmensweiten Risikomanagements genutzt werden. Ziele und Anforderungen des Risikomanagements ordnen sich dem Hauptziel des Unternehmens unter. Als Ziele werden, neben der Erfüllung der gesetzlichen oder kodifizierten Anforderungen, die Maximierung des Unternehmenswerts sowie die Minimierung der Risikokosten genannt.

Kapitel 2
Technische Grundlagen

In diesem Kapitel:

Kurzüberblick zu Dynamics NAV	42
Benutzeroberfläche und Terminologie	43
Entwicklungsumgebung und NAV-Objekte	66
Navigationspfade und Prüfungshandlungen	114
Personalisierung und Technologie	126
Sicherheit und Datenbankadministration	144
Systemintegration und Visualisierung	183

In diesem Kapitel werden technische und anwendungsspezifische Kenntnisse für die nachfolgenden Kapitel vermittelt und neue Funktionen in Dynamics NAV 2013 vorgestellt. Nach einem Kurzüberblick über Dynamics NAV werden die Benutzeroberfläche und Terminologie des Windows-Clients sowie einige grundlegende Aspekte der Bedienung vorgestellt, bevor auf die Entwicklungsumgebung eingegangen wird.

> **HINWEIS** Der Abschnitt »Navigationspfade und Prüfungshandlungen« weiter hinten in diesem Kapitel ist wesentliche Voraussetzung für die Nachvollziehbarkeit der Prüfungshandlungen der späteren prozessorientierten Kapitel. Die darauf folgenden Abschnitte enthalten vorwiegend technische Erläuterungen im Bereich der Datenbankadministration, insbesondere der Berechtigungen sowie der Systemintegration.

Kurzüberblick zu Dynamics NAV

Um einen Überblick zu Dynamics NAV zu geben, geben die folgenden Abschnitte einen kurzen Abriss über die Geschichte sowie einen Einblick in die Applikationsstruktur der ERP-Lösung.

Einführung

Seit 1984 stellt Microsoft mit Dynamics NAV eine Standard-Unternehmenssoftware für mittelständische Unternehmen zur Verfügung. Einfache Bedienung, vollständige Integration und Flexibilität stehen bei dem Produkt im Vordergrund. Im Jahr 2002 übernahm Microsoft den dänischen Softwarehersteller Navision Software A/S und dessen 1996 eingeführte, Windows-basierte ERP-Software Navision Financials. Heute ist Microsoft Dynamics NAV in über 43 Landesversionen und 29 Sprachen verfügbar und hat laut Herstellerangaben weltweit mehr als 94.000 Kunden (Stand: Januar 2013). Mit dem Release von Microsoft Dynamics NAV 2009 im November 2008 wurde das rollenbasierte Bedienkonzept in Form eines zusätzlich zum klassischen Client verfügbaren rollenbasierten Client eingeführt, das die individuellen bzw. tätigkeitsspezifischen Anforderungen des jeweiligen Benutzers (angelehnt an Microsoft Office Fluent) in den Vordergrund stellt. Das soll die Produktivität und Effizienz im Umgang mit dem ERP-System steigern. In Dynamics NAV 2013 (verfügbar seit Oktober 2012) wurde sowohl der Classic-Client als auch die native Datenbankoption eingestellt. Diese bestand bis dato neben der Microsoft SQL Server-Option. Die Umstellung markiert einen Meilenstein in der technologischen Entwicklung des Produkts, dessen Nutzeranwendung nun ausschließlich auf Microsoft .NET basiert. Durch Dynamics NAV 2013 kommt dem Thema Deployment eine neue Bedeutung zu: Mit dem Internet Explorer, Google Chrome, Mozilla Firefox und Safari ist Dynamics NAV 2013 gleich auf vier der wichtigsten Webbrowser lauffähig, und auch durch die SharePoint-Integration soll Dynamics NAV neue Nutzergruppen erreichen. Neu ist auch, dass neben der traditionellen Nutzung auf dem firmeneigenen Server auch eine gehostete Cloudlösung (z. B. Windows Azure) zur Auswahl steht und ClickOnce-Bereitstellungstechnologie (Installation unter minimaler Benutzerinteraktion) genutzt werden kann.

Applikationsstruktur

Zum Anwendungsumfang gehören neben der sich im Kern befindlichen Finanzbuchhaltung die Module Einkauf, Verkauf & Marketing (inkl. CRM), Service sowie Produktion. Diese Module sind sowohl in die Finanzbuchhaltung als auch in das Lagermodul voll integriert. Ergänzend gibt es ein teilintegriertes Projekt- und Ressourcenmanagement sowie ein Logistikmodul, das das Lagermodul erweitert. Die gegenseitige Verzahnung der Module sowie deren Besprechung im vorliegenden Buch sind Abbildung 2.1 zu entnehmen.

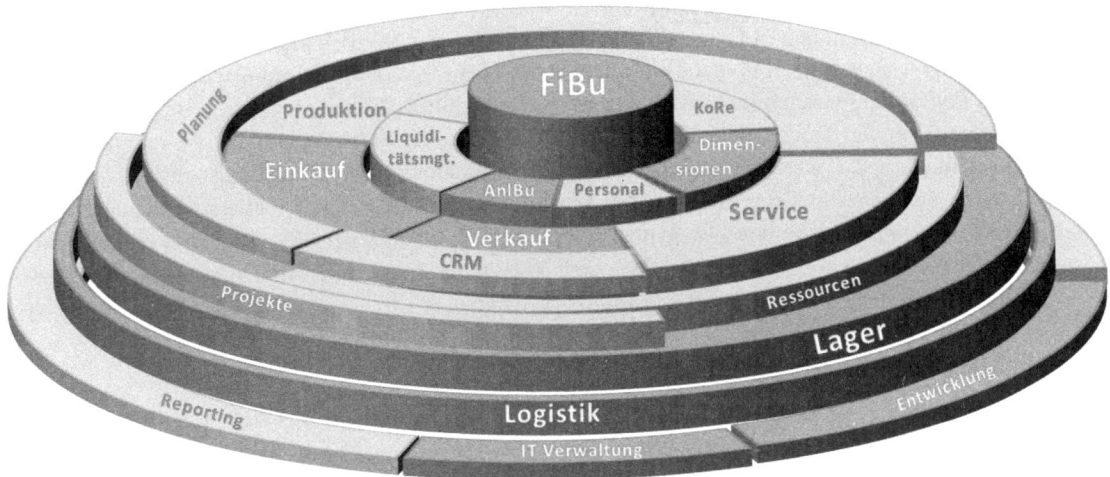

Abbildung 2.1 Schematische Applikationsstruktur von Microsoft Dynamics NAV 2013

Die unterschiedlichen Module sind mit den Granules in kleinere Einheiten strukturiert. Welche Module und Granules in einer Dynamics NAV-Installation zur Verfügung stehen, kann den Lizenzinformationen in der Entwicklungsumgebung (Menübefehl *Extras/Lizenzinformationen*) entnommen werden. Die Einteilung in Module und Granules diente in der Vergangenheit der bedarfsgerechten Strukturierung in kleine lizenzierbare Einheiten, um nur diejenige Funktionalität lizenzieren zu müssen, die auch tatsächlich benötigt wurde. Für Dynamics NAV 2013 existieren mit dem Starter Pack und dem Extended Pack zwei Lizenzpakete, in denen viele bzw. alle Module und Granules vorkonfiguriert sind. Über die Standardmodule hinaus gibt es eine Vielzahl von vertikalen/branchenspezifischen und horizontalen/branchenübergreifenden Speziallösungen. Diese wurden von Dynamics-Partnern entwickelt, um Funktionalitäten abzubilden, die Dynamics NAV Standard nicht oder nur teilweise abdeckt. Offiziell zertifizierte, internationale Branchenlösungen tragen das von Microsoft nach einem eingehenden Prüfungsprozess verliehene Qualitätssiegel »Certified for Microsoft Dynamics« (CfMD).

Benutzeroberfläche und Terminologie

In diesem Abschnitt werden die für die späteren Kapitel wesentlichen Funktionen der Benutzeroberfläche von Dynamics NAV 2013 erläutert und die zugehörige Terminologie eingeführt. Weiterführende Informationen zu den Grundlagen des Systems und zur operativen Abwicklung von Geschäftsprozessen bietet die entsprechende »Microsoft Official Courseware« (MOC-Kurse). In diesem Zusammenhang verweisen wir auch auf das bei Microsoft Press erschienene Buch »Microsoft Dynamics NAV 2013 – Grundlagen: Kompaktes Anwenderwissen zur Abwicklung von Geschäftsprozessen« von Andreas Luszczak, Robert Singer und Michaela Gayer (ISBN-13: 978-3-86645-568-9).

Rollenbasiertes Bedienkonzept

Die Oberfläche von Dynamics NAV passt sich dem *Profil* (Benutzerrolle) des angemeldeten Anwenders an und stellt im *Rollencenter* (Dynamics NAV-Startseite) hauptsächlich tätigkeitsspezifische Informationen und Funktionalitäten zur Verfügung, die für die Ausführung der Rolle notwendig sind. Die *Aktivitäten* einer Rolle (siehe Abbildung 2.3) werden beispielsweise in Form von Dokumentenstapeln visualisiert. Damit wird auf anstehende Aufgaben im Verantwortungsbereich hingewiesen. In gleicher Weise sind der *Navigationsbereich* und das *Menüband* auf die vorwiegenden Tätigkeiten des Benutzerprofils zugeschnitten. Das rollenbasierte Bedienkonzept reduziert somit die Komplexität der zu überblickenden Informationen auf die für die jeweilige Rolle wesentlichen Daten und Funktionen.

Microsoft Office Fluent-Benutzeroberfläche

Die Benutzeroberfläche von Microsoft Dynamics NAV 2013 wurde mit dem Ziel einer möglichst einfachen, intuitiven und effizienten Bedienung an »Microsoft Office Fluent« angelehnt. Anstatt sich an der Datenbankstruktur zu orientieren, stellt Dynamics NAV 2013 Funktionen und Daten im Kontext des Prozesses zur Verfügung. Als ein an Office 2010 angelehntes Facelift kann das überarbeitete Menüband angesehen werden: Funktionen werden nach der Häufigkeit der Verwendung von links nach rechts angeordnet und deren Symbole entsprechend der Wichtigkeit groß oder klein dargestellt.

Profilzuordnung

Zur Umsetzung des rollenbasierten Bedienkonzepts wurden im Rahmen des sogenannten Microsoft Dynamics Customer Model umfangreiche Forschungen zur Arbeitsweise von Menschen und Abteilungen in Unternehmen betrieben und daraus 61 Stellen definiert, die sich auf 15 Abteilungen und 33 Prozessgruppen verteilen. Daraus wurden 21 Standardbenutzerprofile abgeleitet, die Mitarbeitern zugeordnet werden können, um einen schnellen Zugriff auf die jeweils wichtigsten Informationen und Funktionalitäten zu ermöglichen. In Dynamics NAV 2013 wurde diesen Profilen jeweils eine rollenspezifische Konfiguration der Übersichtsfenster (Listenplätze) hinzugefügt, damit deren Funktionen (Aktionen) entsprechend der Aufgabe des jeweiligen Benutzers platziert sind. Dies bedeutet, dass das Menüband z. B. der Auftragsübersicht in verschiedenen Rollen ein unterschiedliches Layout haben kann.

Die Zuordnung von Profilen zu Benutzern erfolgt über den Link *Benutzeranpassung*, der über das *Suchfeld* [Strg]+[F3] selektiert werden kann (siehe Abbildung 2.2). Durch Doppelklick oder die Aktion *Bearbeiten* gelangen Sie zur Kartendarstellung des selektieren Datensatzes.

HINWEIS Für Benutzer ohne hinterlegtes Profil gilt automatisch das als *Standardrollencenter* gekennzeichnete Profil, welches im CRONUS-Mandanten dem Profil *AUFTRAGSVERARBEITUNG* entspricht. Nach Auswahl des Profils ist die *Benutzeranpassungskarte* mit *OK* zu verlassen und der Windows-Client neu zu starten, damit das Rollencenter des neuen Profils geladen wird.

Benutzeroberfläche und Terminologie

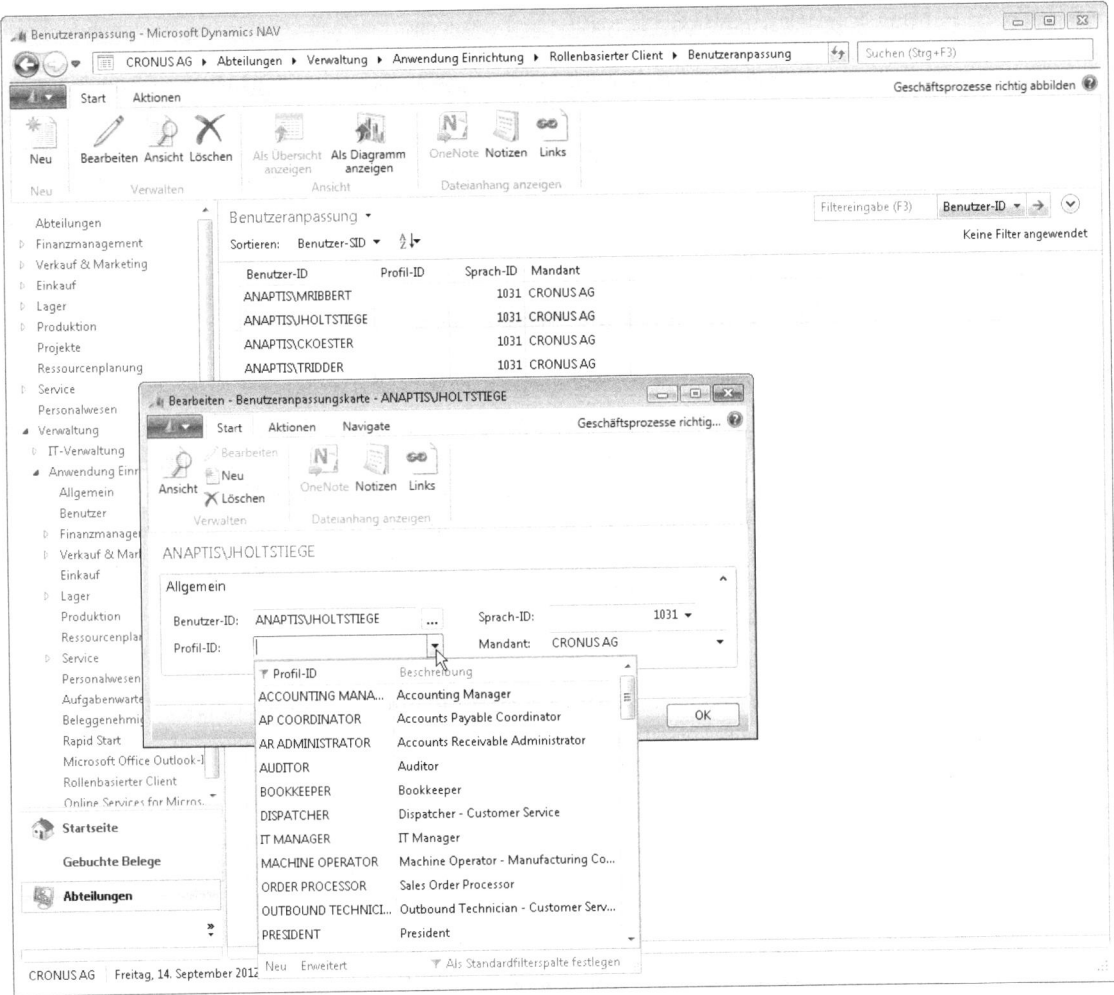

Abbildung 2.2 Zuweisung eines von 21 Standardbenutzerprofilen zu einem Benutzer

Rollencenter

Das Rollencenter in Abbildung 2.3 stellt eine von den in Dynamics NAV 2013 Standard enthaltenen fünfzehn benutzerrollenbezogenen Startseiten dar, zu denen Benutzer jederzeit über den Link *Startseite/Rollencenter* oder die Tastenkombination ⇧+F12 zurückkehren können. Das Rollencenter setzt sich aus konfigurierbaren Teilen (*Info Parts*) zusammen, die im Seitenbereich des Windows-Clients dargestellt werden. Daneben und darüber gibt es zahlreiche Menüoptionen (vertikal angeordnete Listenlinks und horizontal angeordnete Aktionen), die im Navigationsbereich beziehungsweise im Menüband zur Verfügung stehen.

Kapitel 2: Technische Grundlagen

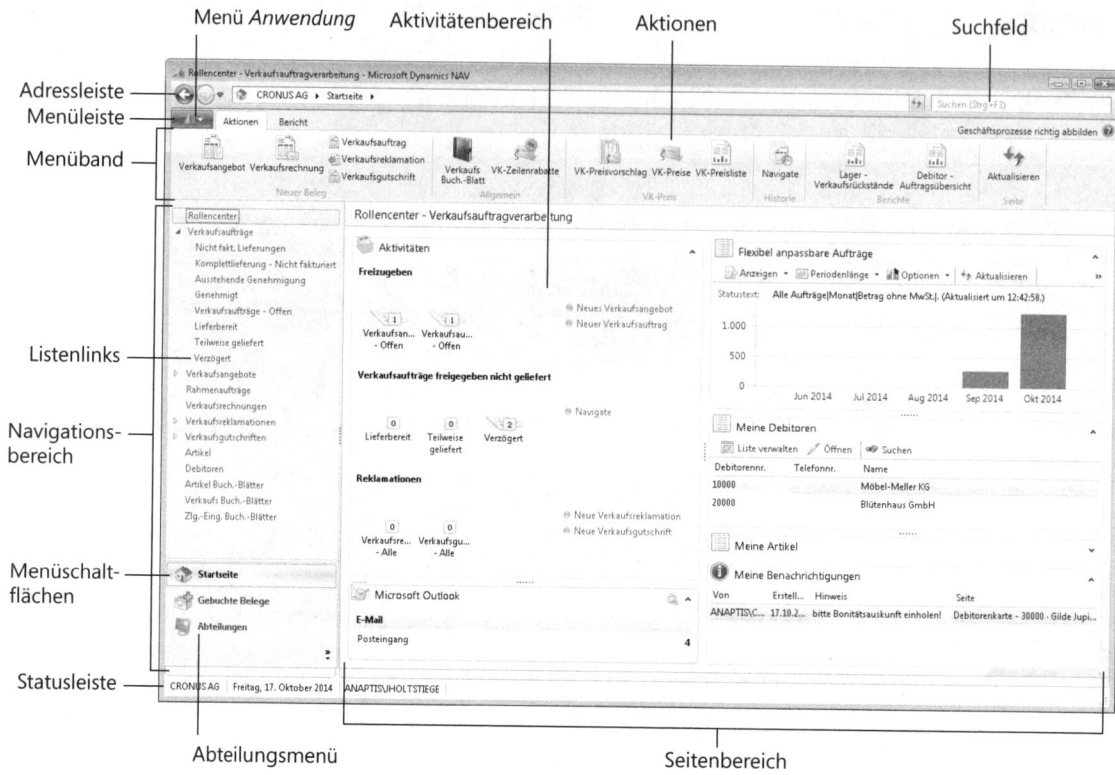

Abbildung 2.3 Aufbau der Benutzeroberfläche für das Rollencenter *AUFTRAGSVERARBEITUNG*

> **HINWEIS** Die Anwendungsfenster, die in früheren Versionen von Dynamics NAV Forms oder auch Formulare genannt wurden, heißen seit Einführung des rollenbasierten Clients Pages oder Seiten. Im Sinne einer einheitlichen und eindeutigen Terminologie verwenden wir in den weiteren Erläuterungen den Begriff NAV-Seite. Der ebenfalls aus der Historie stammende Begriff Subform als Fenster in einem Anwendungsfenster (z. B. Verkaufszeilen) wurde hingegen nicht geändert und wird auch im Buch so genutzt.

Die Benutzeroberfläche teilt sich in einen Menü- und einen Seitenbereich auf. Der Menübereich strukturiert sich vertikal in *Adressleiste*, *Menüleiste*, *Menüband*, *Navigationsbereich* und *Statusleiste*. Im Seitenbereich werden *Listenplätze* (Tabellen-/Übersichtsdarstellungen) und die *Info Parts* des *Rollencenters* dargestellt. Die Abbildung 2.3 enthält die wichtigsten Begriffe in Bezug auf die Startseite des Windows-Clients. Neben der prozessorientierten Informationsaufbereitung lässt das Rollencenter des Windows-Clients eine Vielzahl von benutzerdefinierten Anpassungen zu, um für den Anwender eine individuelle Schaltzentrale zu erstellen, die neben verschiedenen Diagrammen auch den direkten Zugriff auf Microsoft Office Outlook-E-Mails, -Aufgaben und den Kalender ermöglicht. Mehr zum Thema benutzerdefinierte Anpassungen finden Sie im Abschnitt »Personalisierung und Konfiguration«. Für die weiteren Erläuterungen kommt dem Rollencenter nur untergeordnete Bedeutung zu, da das Buch eine rollenübergreifende Perspektive verfolgt und daher bei Verweisen auf das rollenunabhängige Abteilungsmenü Bezug nimmt.

Listenplätze

Listenplätze sind Übersichtsseiten, die neben der eigentlichen Tabellendarstellung kontextbezogene Daten und Funktionen bereitstellen. Kontextbezogene Daten werden in Form der Infoboxen angezeigt, während kontextbezogene Funktionen in Form der Aktionen des Menübands, strukturiert in Registerkarten und Gruppen, bereitgestellt werden.

TIPP Standardmäßig werden Listenplätze im Seitenbereich (über dem Rollencenter) gestartet. Wenn mit mehreren Bildschirmen gearbeitet wird, kann es jedoch von Vorteil sein, den Kontextmenübefehl *Im neuen Fenster öffnen* zu benutzen, um alle relevanten Informationen auf einen Blick zu haben.

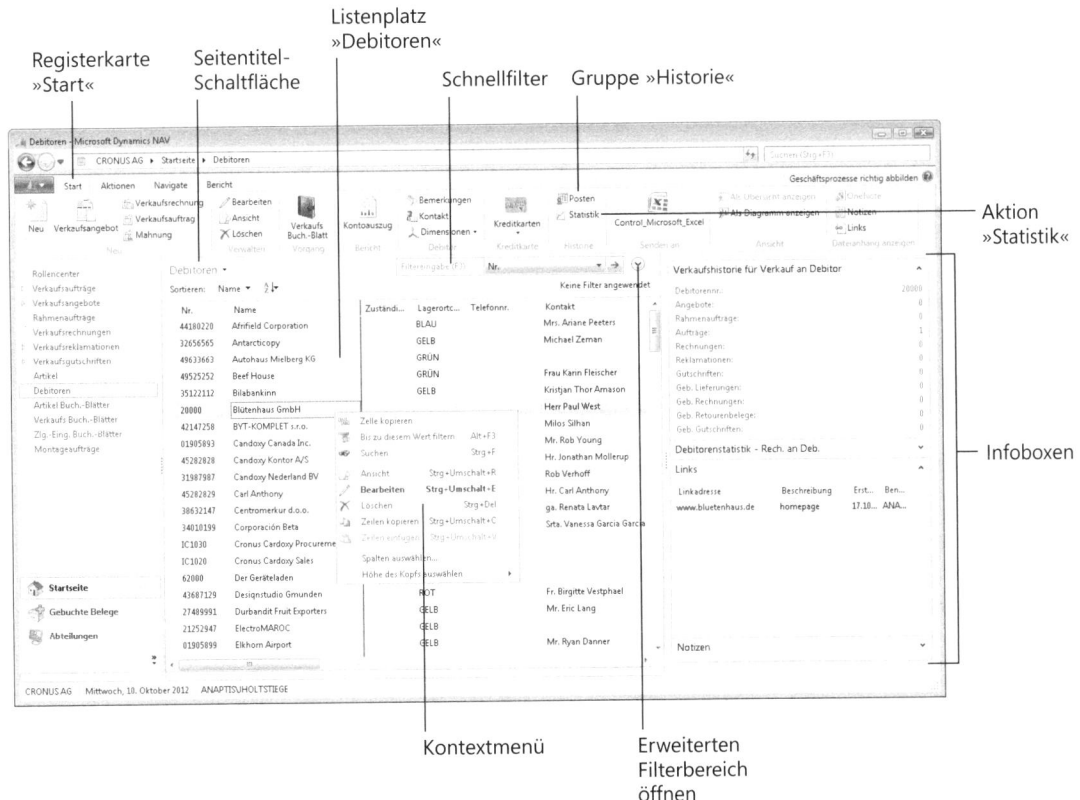

Abbildung 2.4 Aufbau der Benutzeroberfläche für den Listenplatz *Debitoren*

Die Listenplätze bilden den Ausgangspunkt für die Ansicht und Bearbeitung von Datensätzen in den Aufgabenseiten, die per Doppelklick, Rechtsklick oder die *Verwalten*-Aktionen im Menüband geöffnet werden können. Standardmäßig wird die geöffnete Aufgabenseite im Bearbeitungsmodus geöffnet [Strg]+[⇧]+[E]. Alternativ kann die NAV-Seite im Ansichtsmodus mit [Strg]+[⇧]+[R] gestartet werden.

TIPP   Teilweise werden Listenplätze (z. B. Verkaufsaufträge) in Rollencentern in verschiedenen Ansichten zur Verfügung gestellt. Ansichten sind gespeicherte Filter auf den Listenplatz, die im Navigationsbereich als eingerückte Listenlinks unter dem eigentlichen Listenplatz dargestellt werden. Sie können eigene Ansichten über die Seitentitel-Schaltfläche (siehe Abbildung 2.5) des Listenplatzes hinzufügen, indem Sie die durchgeführte Filterung über *Ansicht speichern unter* unter Angabe eines Namens in die Startseite Ihres Rollencenters integrieren.

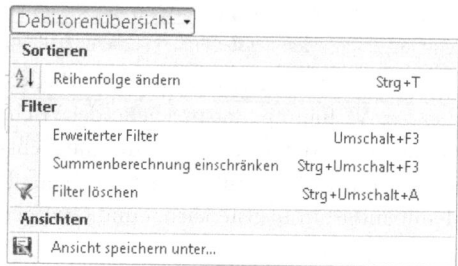

Abbildung 2.5   Seitentitel-Schaltfläche der Debitorenübersicht

Sie finden gespeicherte Ansichten unter den gespeicherten Namen auch im Suchfeld der Adressleiste wieder (siehe Abbildung 2.11).

Neben Infoboxen mit strukturierten, kontextbezogenen Informationen zum jeweiligen Datensatz gibt es für unstrukturierte Informationen die *Notizen*-Infobox. Hier werden Bemerkungen zum jeweiligen Datensatz angezeigt, die auf den Aufgabenseiten hinterlegt wurden. Dort steht auch eine Benachrichtigungsoption für spezielle Benutzer zur Verfügung, die diese Notiz daraufhin im Rollencenter angezeigt bekommt (siehe Rollencenterabschnitt *Meine Benachrichtigungen* in Abbildung 2.3).

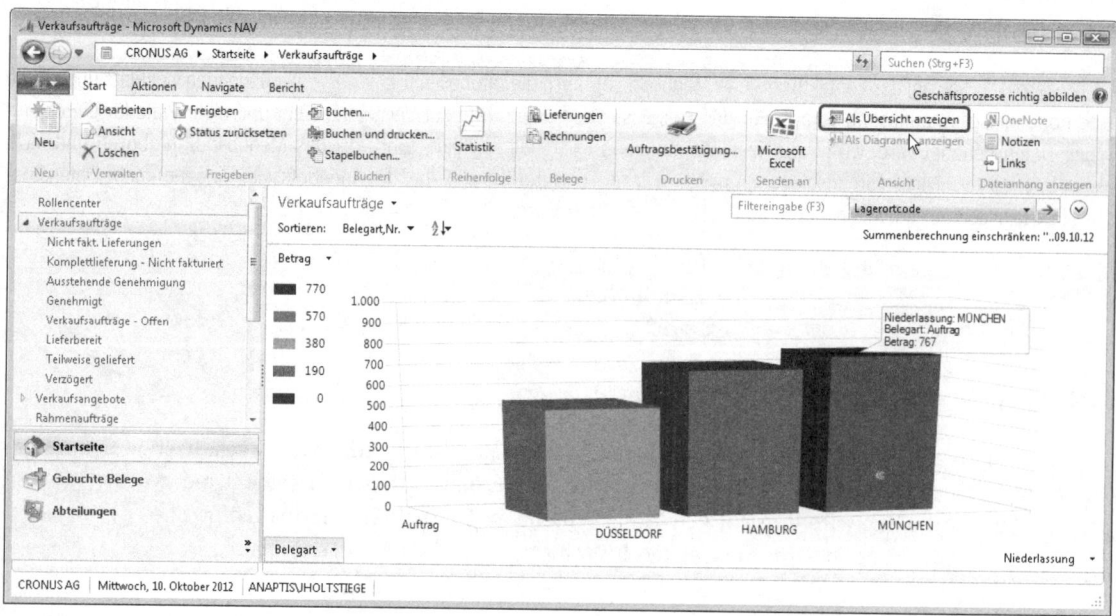

Abbildung 2.6   Darstellung des Verkaufsaufträge-Listenplatzes als Diagramm

Listenplätze können über *Ansicht/Als Diagramm anzeigen* oder `Strg`+`⇧`+`F2` in ein bis zu dreidimensionales *Generisches Diagramm* umgewandelt werden (siehe Abbildung 2.6). Durch Rechtsklick auf der Diagrammfläche und *Anpassen* gelangt man in die Darstellungsparameter, in denen sich der Diagrammtyp, die anzuzeigenden Daten und Achsenbeschriftungen spezifizieren lassen.

> **HINWEIS** Mehr Informationen zu Diagrammen finden Sie auch im Abschnitt »Visualisierung«.

Menüband und Aktionen

Das in Dynamics NAV 2013 in Anlehnung an die Microsoft Office Fluent-Benutzeroberfläche überarbeitete Menüband stellt mit seinen Aktionen kontextbezogene Funktionen zur Verfügung. Entsprechend der Wichtigkeit bzw. Häufigkeit der Verwendung werden Symbole groß oder klein dargestellt, um eine möglichst intuitive Verwendung zu bewirken. Die Anordnung der Aktionen von links nach rechts entspricht ebenfalls der Häufigkeit der Verwendung bzw. dem Prozessverlauf. Das Menüband ist in Registerkarten und Gruppen gegliedert. Die Standardregisterkarten sind *Start*, *Aktionen*, *Navigate* und *Bericht*.

> **HINWEIS** Die Registerkarten *Start* und *Aktionen* enthalten zunächst automatisch die Basis-Aktionen wie beispielsweise *Neu*, *Löschen*, *Links* oder *Aktualisieren*. Zusätzlich werden in der Registerkarte *Start* die heraufgestuften (promoted) Aktionen platziert. Die Registerkarten *Navigate* und *Bericht* sind nur dann sichtbar, wenn es auf der NAV-Seite Aktionen des *SubTypes* »RelatedInformation« bzw. »Reports« gibt.

Zur weiteren Strukturierung der Menüfläche wurden Gruppen eingeführt, mit denen sich die Aktionen inhaltlich gruppieren und konfigurieren lassen. Wird beispielsweise eine Gruppe von Aktionen nicht benötigt, lässt sich diese komplett verschieben oder ausblenden. Alle Aktionen, deren Darstellung und Anordnung lassen sich benutzerdefiniert mit dem Kontextmenübefehl *Menüband anpassen* konfigurieren. Wenn es der Darstellung dient, kann das gesamte Menüband über `Strg`+`F1` ein- und ausgeblendet werden.

> **TIPP** Sowohl das kontextbezogene Menüband als auch die Infoboxen und Inforegister benötigen viel Platz und setzen eine hohe Bildschirmauflösung voraus. Für den Fall, dass dieser Platz nicht zur Verfügung steht und mehr Platz für die eigentlichen Daten benötigt wird, wurde die Tastenkombination `Alt`+`F12` eingeführt, die das Menüband, Infoboxen und nicht aktive Inforegister gleichzeitig ausblendet, um bei gleicher Fenstergröße (z. B. bei der Angebotszeileneingabe) mehr Datensätze oder Felder anzeigen zu können.

Abbildung 2.7 Menüband des Artikel-Listenplatzes nach Aktivierung der Zugriffstasteninformation über `Alt`

Registerkarten werden dabei auch als Menü bezeichnet. Im Menüband des *Artikel-Listenplatzes* (siehe Abbildung 2.7) gibt es neben drei Standardmenüs beispielsweise fünf Menüs, um die Berichte nach Funktionsbereichen zu gliedern. Beim Skalieren der Fenstergröße werden die Aktionen teilweise auf deren Symbole reduziert, wenn nicht genügend Platz für die Symbolbeschriftungen zur Verfügung steht. Über die `Alt`-Taste können die Zugriffstasteninformationen für das Menüband eingeblendet werden.

HINWEIS Im Gegensatz zu Tastenkombinationen, bei denen die [Alt]-Taste beteiligt ist, bleibt die [Alt]-Taste bei den KeyTips oder Zugriffstasteninformationen nicht gedrückt. Im Buch wird dies durch ein Komma in der Angabe angedeutet. So lautet beispielsweise die Angabe für die Tastenkombination zum Ein- und Ausblenden der Infoboxen [Alt] + [F2], während die Zugriffstasteninformation für die *Gehe-zu*-Aktion aus dem Menüband mit [Alt], [A], [G] angegeben wird (in Kartendarstellungen verfügbar).

Aufgabenseiten

Aufgabenseiten werden benutzt, um Daten zu erfassen oder zu editieren. Aufgabenseiten öffnen sich über dem Listenplatz als eigenes Fenster analog zum sogenannten Single Document Interface in Microsoft Office Outlook, wenn eine E-Mail oder Termin geöffnet wird. Das Öffnen der Aufgabenseiten in einem separaten Fenster trägt dazu bei, einen besseren Überblick über noch nicht abgeschlossene Vorgänge zu behalten. Aufgabenseiten enthalten im Unterschied zu Listenplätzen eine *OK*-Schaltfläche, mit der z. B. eine Änderung gespeichert und das Fenster geschlossen wird. Aufgabenseiten enthalten neben einem Menüband und Infoboxen auch Inforegister. Inforegister sind Registerkarten, die Aufgabenseiten vertikal strukturieren. Diese auch als Bänder bezeichneten Register können auf- und zugeklappt, gleichzeitig angezeigt oder durch optionale Felder erweitert werden. Im minimierten Zustand können sie Feldwerte enthalten, die auch ohne Feldbeschreibung Sinn ergeben und dafür im Sinne einer Personalisierung als *Heraufgestuft* markiert werden (siehe Abbildung 2.8).

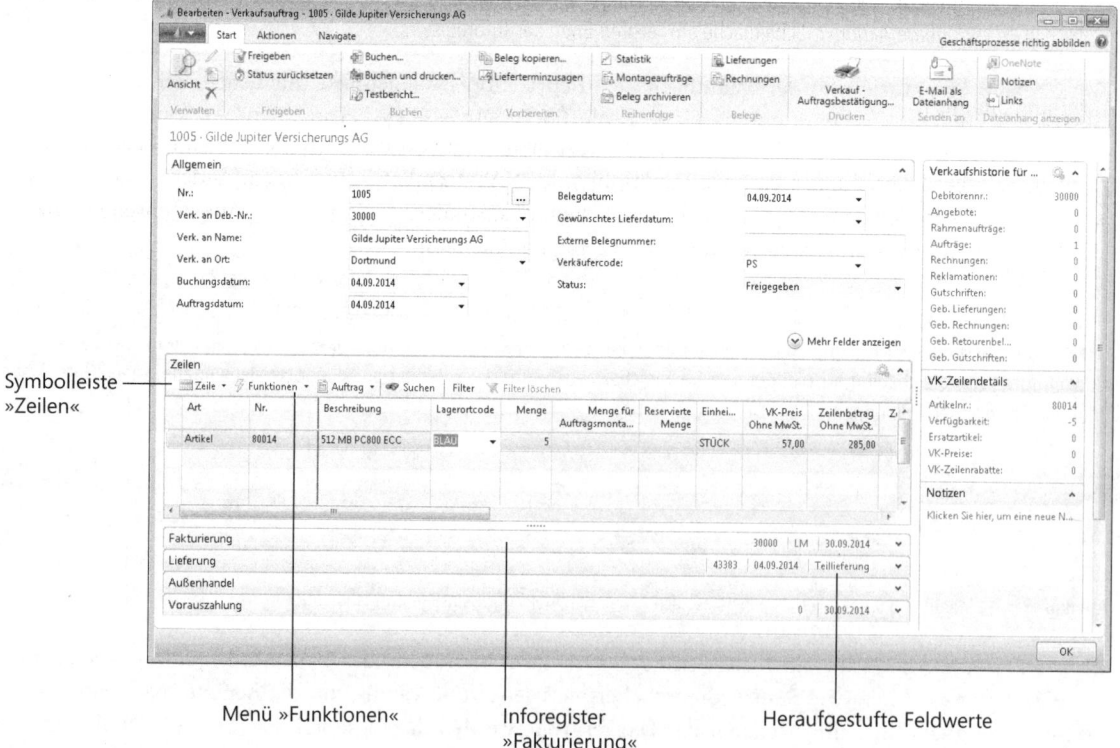

Abbildung 2.8 Aufgabenseite *Verkaufsauftrag*

Die wichtigsten Seitentypen bei den Aufgabenseiten sind *Card*, *Document* sowie *Worksheet*. Die Kartendarstellung (*Card*) dient zur Anzeige und Bearbeitung eines Datensatzes (Beispiel: Debitorenkarte). Die Belegdarstellung (*Document*) dient zur Anzeige und Bearbeitung eines Kopfdatensatzes, der eine 1:n Bezie-

Benutzeroberfläche und Terminologie

hung zu untergeordneten Zeilen hat (Beispiel: Verkaufsauftrag). Die Arbeitsblattdarstellung (*Worksheet*) dient zur Anzeige und Bearbeitung mehrerer Datensätze (Beispiel: *Zahlungseingangs Buch.-Blatt*).

Viele Felder verfügen über einen nach unten zeigenden Pfeil am rechten Rand. Durch Klick auf diesen Pfeil oder über die F4-Taste öffnet sich eine Liste, Dropdownliste oder eine neue NAV-Seite mit den Werten, die in das Feld eingetragen werden können. Analog zu früheren Versionen von Dynamics NAV wird diese Pfeilschaltfläche als Lookup bezeichnet, wenn es sich um eine Tabellenrelation handelt – die möglichen Werte also aus einer anderen Tabelle stammen (z. B. *Verk. an Deb.-Nr.* im Verkaufskopf). Sind die möglichen Werte im Feld selbst definiert (z. B. *Status* im Verkaufskopf), heißt die Pfeilschaltfläche »Dropdown«. Diese für die Nutzung unerhebliche Unterscheidung soll lediglich die Terminologie für spätere Erläuterungen klären. Der Begriff »Drilldown« bezeichnet den Klick auf ein berechnetes Feld, um z. B. die zugrunde liegenden Einzeltransaktionen zu analysieren. Die Möglichkeit eines Drilldowns, der wie beim Lookup und Dropdown über die F4-Taste angezeigt werden kann, wird durch eine Unterstreichung des Feldinhalts angedeutet.

HINWEIS Seit Dynamics NAV 2009 R2 ist es möglich, auf Aufgabenseiten über Strg+Bild↑ und Strg+Bild↓ durch die Datensätze zu navigieren, also beispielsweise durch verschiedene Aufträge eines Kunden zu springen, nachdem der Listenplatz zuvor auf den Debitor gefiltert wurde.

Seit Dynamics NAV 2013 gibt es auch für Inforegister eine horizontale Symbolleiste (Action Pane Strip) wie die *Symbolleiste Zeilen* im Verkaufsauftrag (siehe Abbildung 2.8), über die zeilenbezogene Aktionen wesentlich komfortabler erreichbar sind, als über die auch noch verfügbare *Aktionen*-Schaltfläche am rechten Ende des Inforegisters.

Abteilungsmenü

Während das Rollencenter die für den Benutzer wesentlichen Funktionen filtert, werden auf dem (in jedem Profil enthaltenen) Abteilungsmenü alle Funktionen der NAV-Installation angezeigt. Anders als im Navigationsbereich des Rollencenters stehen nicht nur Listenlinks, sondern auch Links zu Aufgabenseiten (inklusive der Einrichtungs- und Historienseiten) zur Verfügung (siehe Abbildung 2.9).

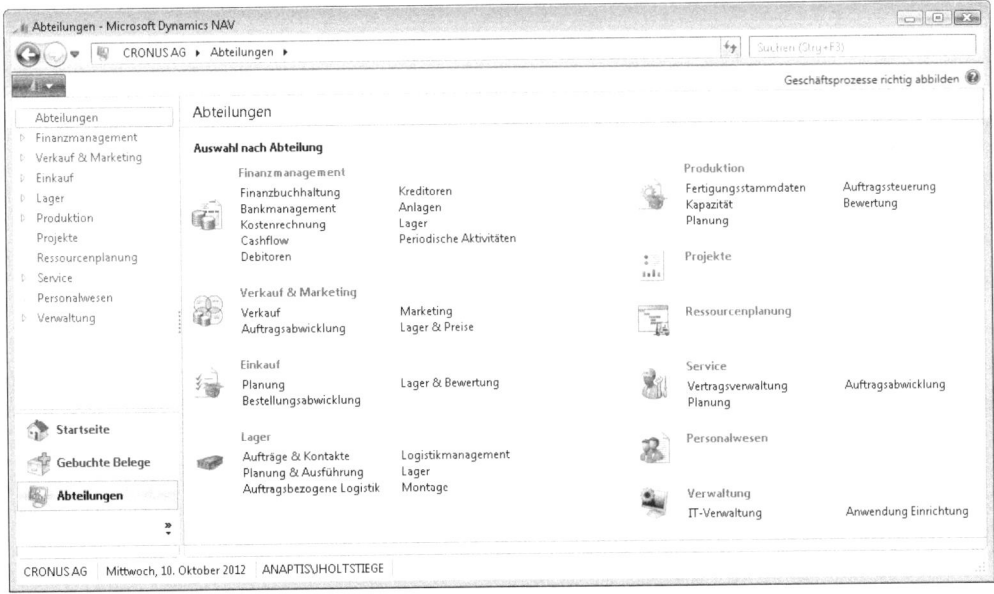

Abbildung 2.9 Funktional orientiertes Abteilungsmenü in Dynamics NAV 2013

Das Abteilungsmenü gliedert sich nach Funktionsbereichen in entsprechende Abteilungen, wie das Menü *Lager* in Abbildung 2.10. Auf den Unterabteilungsseiten können wiederum weitere Menüseiten nach Unterabteilung oder nach Kategorie gegliedert aufgerufen werden.

Link: *Abteilungen/Lager*

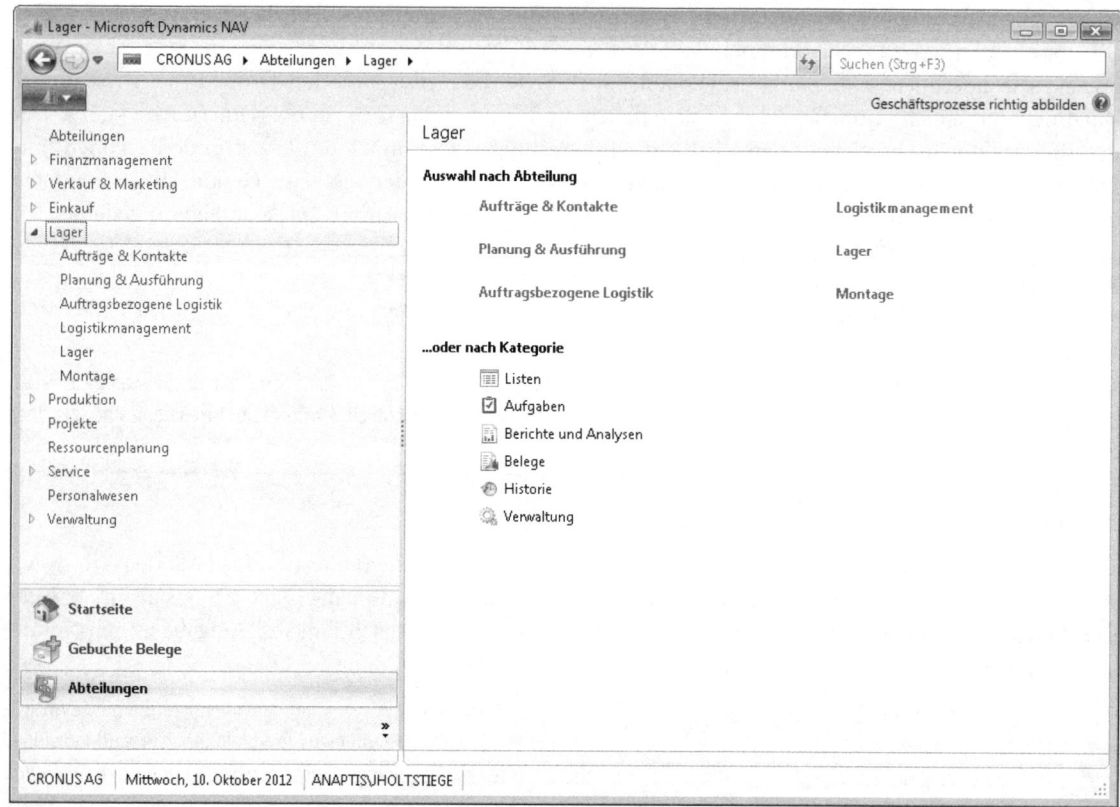

Abbildung 2.10 Abteilung *Lager* mit Links zu Unterabteilungen und Links nach Kategorien

Steht ein benötigter Link im Menüband und im Navigationsbereich des jeweiligen Benutzerprofils nicht zur Verfügung, kann dieser über das Fenster *Abteilungen* aufgerufen werden und (falls permanent benötigt) über das Kontextmenü der eigenen Startseite (entsprechend des Seitentyps im Navigationsbereich oder Menüband) hinzugefügt werden.

HINWEIS Das Fenster *Abteilungen* orientiert sich an den *MenuSuite*-Objekten des früheren Classic-Clients, die über die Entwicklungsumgebung im Zugriff sind. Während die einzelnen Menüoptionen im Navigationsbereich des Classic-Clients in Abhängigkeit von Berechtigung und Lizenzumfang dynamisch ein- bzw. ausgeblendet wurden, ist dieses beim Windows-Client von NAV 2013 nicht der Fall. Es werden auch Menüoptionen dargestellt, die (als Modul bzw. Granule) nicht lizenziert sind oder für die der Benutzer keine Zugriffsberechtigung besitzt. Beim Aufruf erscheint eine entsprechende Fehlermeldung. In den Eigenschaften der *MenuSuite*-Menügruppen kann spezifiziert werden, welche Gruppe im Abteilungsmenü als *Abteilung* angezeigt wird. Das Kontrollkästchen ist dabei fälschlicherweise aus dem englischen *Department Page* mit *Kostenstellenseite* übersetzt.

Suchfeld der Adressleiste

Im rechten Bereich der Adressleiste befindet sich das über [Strg]+[F3] erreichbare Suchfeld. Darin kann per Textsuche nach Funktionalitäten des Abteilungsmenüs gesucht werden, was das Auffinden der entsprechenden Links erheblich erleichtert. Für das Arbeiten mit dem Buch ist das Suchfeld in den weiteren Kapiteln von zentraler Bedeutung (siehe hierzu auch den Abschnitt »Links und Navigationspfade«).

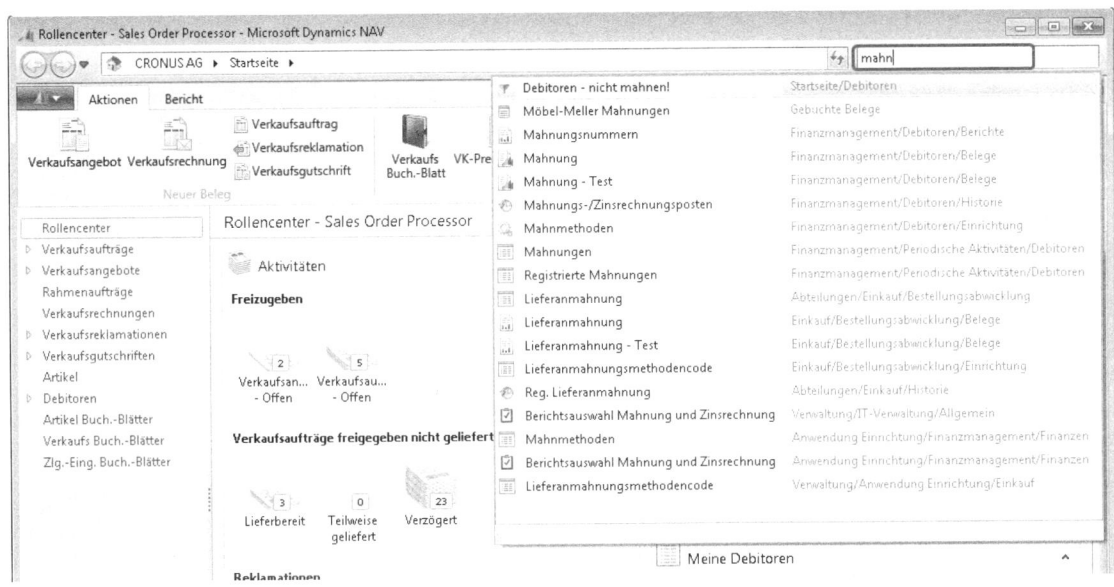

Abbildung 2.11 Suchfeldauswahl für die Sucheingabe »mahn«

TIPP Im Auswahlfenster des Suchfelds werden neben Standardseiten und -berichten auch benutzerdefinierte Ansichten angeboten. Ansichten wie »Debitoren – nicht mahnen!« und »Möbel-Meller Mahnungen« in Abbildung 2.11 sind individuell gefilterte Listenplätze, die zur Wiederverwendung abgespeichert wurden (siehe Funktion *Ansicht speichern unter* der *Seitentitel*-Schaltfläche der Listenplätze).

Rechts neben dem Linknamen findet sich der Navigationspfad, der ebenfalls als Aufruf genutzt werden kann. Der Aufruf über den Navigationspfad wird empfohlen, wenn die gesuchte NAV-Seite als neues Fenster geöffnet werden soll. Das bietet sich beispielsweise an, wenn Daten aus dem aktuellen Listenplatz benötigt werden.

Die Symbole auf der linken Seite geben die Linkkategorie wieder (siehe auch Tabelle 2.1).

Linkkategorie	Symbol	Erläuterung
Listen		Der Link führt auf einen Listenplatz
Aufgaben		Der Link führt auf eine Aufgabenseite
Berichte und Analysen		Der Link führt zu einem Auswertungs- oder Analysebericht
Belege		Der Link führt zu einem Dokument-ähnlichen Bericht

Tabelle 2.1 Link-Kategorien und deren Symbole

Linkkategorie	Symbol	Erläuterung
Historie		Der Link führt zu gebuchten oder archivierten Transaktionen (gebuchte Belege, Posten, Archiv und Journale)
Verwaltung		Der Link führt zu Aufgabenseiten, die im Zusammenhang mit der Einrichtung der Anwendung stehen
Gespeicherte Ansicht		Der Link führt auf eine gespeicherte Ansicht eines Listenplatzes aus dem Navigationsbereich

Tabelle 2.1 Link-Kategorien und deren Symbole *(Fortsetzung)*

ACHTUNG Genauso wie im Menü *Abteilungen* bleiben auch in der Anzeige der Links über das Suchfeld Benutzerrechte und die jeweilige Anwenderlizenz unberücksichtigt.

Grundlagen der Bedienung

Bis auf einige Ausnahmen werden alle Daten, die in Dynamics NAV eingegeben werden, direkt beim Verlassen des Datensatzes in die Datenbank geschrieben; daher finden sich keine Funktionen zum Speichern von Eingaben. Geschlossen werden alle Anwendungselemente über die `Esc`-Taste.

Suchen und Filtern von Datensätzen

Die Windows-typische Suchfunktion `Strg`+`F` wurde in Dynamics NAV 2013 weitestgehend analog zur gewohnten Suchfunktion aus dem früheren Classic-Client erweitert. Tatsächlich kommt dem Filtern von Datensätzen als Alternative zur Suche jedoch größere Bedeutung in Dynamics NAV zu. Im folgenden Abschnitt wird das Filtern von Datensätzen erläutert und damit die Basis für jede weitere Analyse in Dynamics NAV gelegt. Es wird zwischen dem *Erweiterten Filter* und dem *Schnellfilter* unterschieden.

Schnellfilter

Der Schnellfilter `Alt`+`F3` kann auf allen Tabellendarstellungen in Dynamics NAV 2013 (neu: auch auf Zeilen-Inforegistern) eingesetzt werden. Die meisten Tabellendarstellungen haben einen Filterbereich mit *Seitentitel*-Schaltfläche wie in Abbildung 2.12, der standardmäßig eingeblendet ist oder wie bei Buchungsblattfenstern (über den Menübefehl *Anpassen/Filterbereich* im Anwendungsmenü) zusätzlich eingeblendet werden kann.

Wenn der Filterbereich (Fläche oberhalb der Spaltenköpfe in Abbildung 2.12) eingeblendet ist, befindet sich der Schnellfilterbereich im rechten Teil bestehend aus dem Feld *Filtereingabe*, der *Schnellfilter-Feldauswahl* und der *Schnellfilter*-Schaltfläche → bzw. ✕. Die Schnellfilter-Feldauswahl bezieht sich lediglich auf die aktuell eingeblendeten Spalten. Die Aktivierung erfolgt, indem ein Filterkriterium `F3` für die ausgewählte Spalte/Filterfeld eingegeben wird und über `⇆`, `↵` oder die *Schnellfilter*-Schaltfläche angewendet wird. Deutlich effizienter ist jedoch die Funktion *Bis zu diesem Wert filtern* aus dem Kontextmenü, die auch über `Alt`+`F3` verfügbar ist. Dabei wird der aktuelle Feldwert automatisch als Schnellfilterkriterium und die aktuelle Spalte als Schnellfilterfeld übernommen.

Benutzeroberfläche und Terminologie

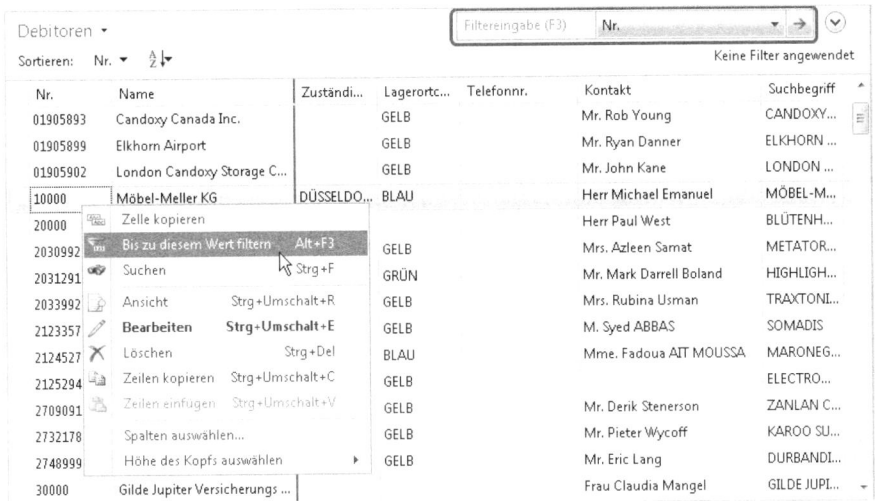

Abbildung 2.12 Listenplatz Debitoren mit eingeblendetem Filterbereich

HINWEIS Wenn ein Filterkriterium über den Schnellfilterbereich [F3] eingegeben wird, wird dem Filterkriterium automatisch ein unsichtbares * (als Platzhalter-Filteranweisung für beliebig viele, unbekannte Zeichen) angefügt. Wird dagegen *Bis zu diesem Wert filtern* bzw. [Alt]+[F3] verwendet, wird nur der exakte Feldwert gefiltert und kein * angefügt. Groß-/Kleinschreibung wird vom Schnellfilter im Bezug auf Textfelder nicht beachtet (übertragen auf die Syntax des erweiterten Filters also ein »@« vorangestellt). Der Schnellfilter arbeitet diesbezüglich etwas anders als der erweiterte Filter, auf den im nächsten Abschnitt eingegangen wird.

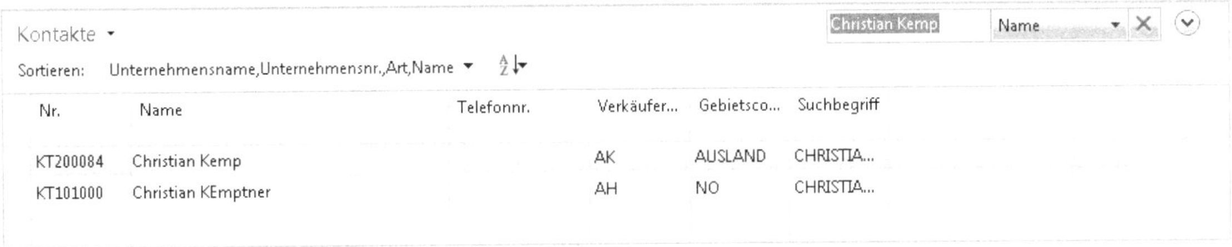

Abbildung 2.13 Filtertreffer über die Eingabe im Schnellfilterbereich

Zur Verdeutlichung wurde in den Kontakten der CRONUS AG in Abbildung 2.13 ein »Christian Kemptner« inklusive eines Schreibfehlers ergänzt. Dieser wird bei der Schnellfilterung »Christian Kemp« über die [F3]-Taste gefunden, jedoch nicht, wenn man auf »Christian Kemp« [Alt]+[F3] anwendet. Wird im Schnellfilter »Kemp« eingegeben, erhält man keine Treffer, da ein * als Platzhalter am Beginn des Filterkriteriums manuell angegeben werden muss.

Bei der Suche über [Strg]+[F], bei der die Trefferergebnisse sequenziell durchlaufen werden können, wird dem Filterkriterium am Beginn und am Ende ein unsichtbares * angefügt und Groß-/Kleinschreibung wird – wie beim Schnellfilter – ignoriert. Anwender früherer Versionen werden neben der automatischen Suchaktivierung auf nicht editierbaren NAV-Seiten auch die Suchen und Ersetzen-Funktion vermissen. Auf Kartendarstellungen steht eine *Gehe zu*-Funktion in der Gruppe *Seite* zur Verfügung ([Alt],[A],[G]). Diese ermöglicht es, analog zur Suche auf Tabellendarstellungen, die Kartendarstellung für entsprechende Treffer zu durchlaufen.

Dropdownlistenfelder

Für Felder mit Tabellenrelationen gibt es vielfach sogenannte Dropdownlisten, die verkürzte Übersichten darstellen. Sie dienen dem schnelleren Auffinden von Datensätzen, weil sie eine Filterung während der Eingabe erlauben. Wenn man z. B. im Verkaufsauftrag nach der Angabe der *Art* »Artikel« im Feld *Nr.* ein Zeichen eingibt, öffnet sich die Dropdownliste und filtert den Artikelstamm über das Feld *Nr.* nach dem eingegebenen Kriterium (siehe Abbildung 2.14). Die Filterlogik orientiert sich am Schnellfilter: Es werden alle Artikel angezeigt, deren *Nr.* mit dem eingegebenen Zeichen beginnen. Die Eingabe eines weiteren Zeichens grenzt die Auswahl sofort weiter ein. Ein * als Platzhalter am Beginn des Filterkriteriums muss gegebenenfalls manuell angegeben werden.

Soll (wie in Abbildung 2.14) nicht nach der *Nr.* gefiltert werden, sondern nach der *Beschreibung*, wird deren Spaltenkopf angeklickt und das Filtersymbol wird links neben dem Spaltenkopfnamen angezeigt. Über die Tastatur kann dieser Feldfilterwechsel auch über die Tasten ↓+→ erfolgen.

Abbildung 2.14 Dropdownliste des Felds *Nr.* in der Verkaufszeile

Über den Link *Erweitert* kann man in die eigentliche Übersichtsseite wechseln, wenn beispielsweise die zur Verfügung stehenden Spalten zur Suche nach dem Datensatz nicht ausreichen. Über den Link *Neu* gelangt man direkt in die entsprechende Aufgabenseite, um einen neuen Datensatz anzulegen.

Wenn regelmäßig nach der Beschreibung gesucht wird, kann diese Spalte als Standardfilterspalte festgelegt werden (rechts unten in der Dropdownliste), damit der Schritt des Feldfilterwechsels entfällt. Ist die Nummer z. B. eines Artikels komplett bekannt, kann diese selbstverständlich trotz der Standardfilterspalte *Beschreibung* im Feld *Nr.* eingegeben werden, auch wenn die sich öffnende Dropdownliste keinen Artikel anzeigt.

> **TIPP** Die Dropdownliste ist dazu gedacht, sich bei Eingabe selbsttätig zu öffnen. Trotzdem kann es sinnvoll sein, diese vor der Eingabe durch die F4-Taste zunächst zu öffnen, um als Nutzer die Filterlogik zu kennen, bevor durch die Eingabe Filterkriterien vorgegeben werden. Muss eine andere Spalte gefiltert werden, kann dies durch ↓ und → erfolgen. Obwohl dann die Einfügemarke nicht im ursprünglichen Feld steht, erfolgt eine Tastatureingabe aber für dieses Feld. Soll die Dropdownliste übersprungen werden, kann man statt der F4-Taste auch die Tastenkombination Strg+F4 verwenden, damit sich die Übersichtsseite direkt öffnet.

Benutzeroberfläche und Terminologie

HINWEIS Nicht jede Spalte in einer Dropdownliste ist standardmäßig filterbar. Bei den nicht filterbaren Feldern ist der Spaltenkopf grau dargestellt. Um eine solche Spalte filterbar zu machen, muss auf der entsprechenden Tabelle ein Datenbankschlüssel für das Feld erstellt werden. FlowFields können in einer Dropdownliste nicht gefiltert werden.

Erweiterter Filter

Der erweiterte Filter (siehe Abbildung 2.15) kommt dann zum Einsatz, wenn über mehrere Felder gefiltert werden soll, oder das Feld nicht in der Tabellendarstellung als Spalte enthalten ist. Zum Aktivieren verwenden Sie die *Seitentitel*-Schaltfläche (hier »Kontakte«), die Schaltfläche zum Aufklappen/Zuklappen ⊙ oder die Tastenkombination ⇧+F3.

Abbildung 2.15 Listenplatz Kontakte mit erweitertem Filter

Der erweiterte Filter wird (wie in Abbildung 2.16) zeilenweise aufgebaut. Im fortgeführten, fiktiven Beispiel soll ein englischsprachiger »Christian« ausfindig gemacht werden, dessen Nachname mit »K« beginnt.

Abbildung 2.16 Kombinierter Filter aus Namen und Sprachcode

Groß-/Kleinschreibung wird beim erweiterten Filter auf Textfelder über die »@«-Filteranweisung ignoriert. Obwohl der Sprachcode nicht als Spalte vorkommt, kann dieser Filter über die Schaltfläche *Filter hinzufügen* ergänzt werden. Bei der CRONUS AG gibt es mehrere englische Sprachcodes, sodass hier auf ein Werteintervall gefiltert wurde (ENA = Australisches bis ENZ = Neuseeländisches Englisch).

HINWEIS Ein aktiver Filter wird (nachdem der erweiterte Filter geschlossen wurde) unterhalb des Schnellfilterbereichs angezeigt (siehe Abbildung 2.17).

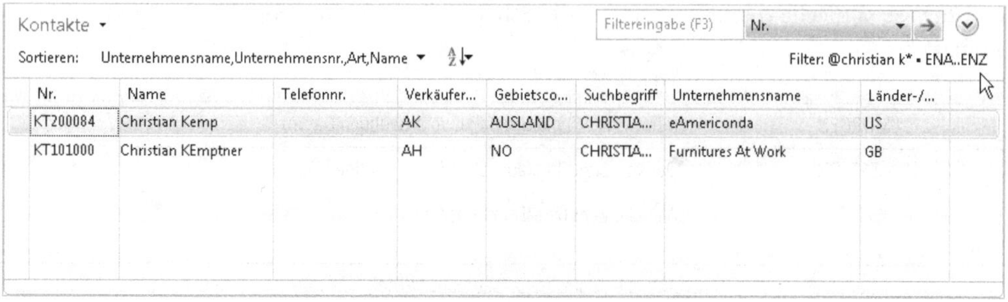

Abbildung 2.17 Anzeige eines aktiven Filters bei geschlossenem erweiterten Filterbereich

Für die Filterung stehen verschiedene Filterausdrücke zur Verfügung (siehe Tabelle 2.2), um relative oder erweiterte Filteroperationen durchzuführen.

Art der Filterung	Filtereingabe	Erläuterung
Intervall	Wert 1..Wert 2	Werte zw. Wert 1 und Wert 2 (gegebenenfalls Sortierung von SQL Server-Datenbank beachten)
	..Wert 2	Werte bis Wert 2
	Wert 1..	Werte ab Wert 1
Oder-Verknüpfungen	Wert1|Wert2	Entweder Wert 1 oder Wert 2
Ungleich	<>Wert1	Werte außer Wert 1
	<>Wert1&<>Wert2	Werte außer Wert 1 und Wert 2
	<>W*	Werte, die nicht mit W beginnen
Größer	>Wert1	Werte größer als Wert 1
Kleiner/Gleich	<=Wert2	Werte kleiner oder gleich Wert 2
Teilweise bekannt	*Teilstring*	Texte, die »Teilstring« enthalten
	Teil*	Texte, die mit »Teil« beginnen
	@teil	Texte, die »Teil« oder »teil« enthalten, dabei jedoch Groß-/Kleinschreibung bei Feldtypen = *Text* ignorieren
	?	Ein unbekannter Buchstabe
Datumsfilter	h oder HEUTE	Heutiges Datum (alternativ: JETZT)

Tabelle 2.2 Dynamics NAV-Filterausdrücke und deren Anwendung

Art der Filterung	Filtereingabe	Erläuterung
	a oder ARBEITSDATUM	Gewähltes und ggf. abweichendes Arbeitsdatum
	p oder PERIODE	Aktuelle Periode ausgehend vom Arbeitsdatum. Auch möglich: p-1, p-2 usw. für Vorperioden bzw. p+1, p+2 für Folgeperioden
	j oder JAHR	Aktuelles Jahr ausgehend vom Arbeitsdatum. Auch möglich: j-1, j-2 usw. für Vorjahre bzw. j+1, j+2 für Folgejahre
	QUARTAL	Aktuelles Quartal
	MONAT	Aktueller Monat
	WOCHE	Aktuelle Woche
	MORGEN	Der nächste Tag, ausgehend vom heutigen Datum
	GESTERN	Der vorherige Tag, ausgehend vom heutigen Datum
Filter-Variablen (nicht im Schnellfilter verfügbar)	%ich	Aktuelle Benutzer-ID (alternativ: %me)
	%benutzer	Aktuelle Benutzer-ID (alternativ: %user)
	%mandant	Aktueller Mandantenname (alternativ: %company)
	%meinedebitoren (kurz: %mei)	Liste meiner Debitoren (Oder-Verknüpfung) (alternativ: %mycustomers oder kurz %my)
	%meineartikel (kurz: %meinea)	Liste meiner Artikel (Oder-Verknüpfung) (alternativ: %myitems oder kurz %myi)
	%meinekreditoren (kurz %meinek)	Liste meiner Kreditoren (Oder-Verknüpfung) (alternativ: %myvendors oder kurz %myv)

Tabelle 2.2 Dynamics NAV-Filterausdrücke und deren Anwendung *(Fortsetzung)*

TIPP Der erweiterte Filter kann jeweils mit einem zusätzlichen Schnellfilter kombiniert werden, um beispielsweise aus einer Trefferliste bestimmte Datensätze auszuschließen. Wenn noch ein weiterer Schnellfilter nötig wird, muss der erste Schnellfilter zunächst manuell in den erweiterten Filter übertragen werden. Durch eine beliebige Anpassung der NAV-Seite (Rechtsklick auf den Spaltenkopf und *Spalten auswählen*) erfolgt dies automatisch. Ändern Sie z. B. die Reihenfolge oder fügen Sie eine Fixierung hinzu. Nach dem automatischen Neustart der NAV-Seite ist der letzte aktive Schnellfilter im erweiterten Filter enthalten.

Filtervariablen

Seit NAV 2013 gibt es die Möglichkeit, Filtervariablen im erweiterten Filter zu verwenden (Beispiel: *%MEINEDEBITOREN*, siehe auch Tabelle 2.2). Der Variablentext »%MEINEDEBITOREN« wird durch eine mit der ODER-Filteranweisung versehene Reihe von Debitorennummern ersetzt, die in der entsprechenden Tabelle im Rollencenter gepflegt werden können. In Abbildung 2.18 sind zwei Debitoren (10000 und 20000) im Rollencenter-Teil *Meine Debitoren* enthalten. Wird im erweiterten Filter der Debitorenübersicht z. B. »%mei« eingegeben, erkennt die Anwendung daraus die Filtervariable »%MEINEDEBITOREN« und ersetzt die Variable durch das Filterkriterium »10000|20000«. Die jeweils kürzeste Form des Aufrufs können Sie der Tabelle 2.2 entnehmen.

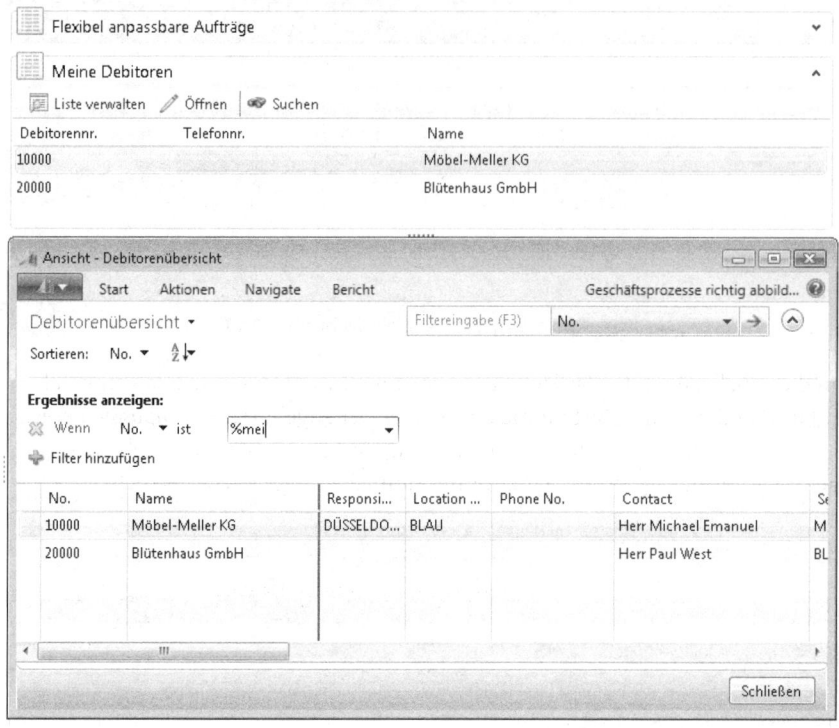

Abbildung 2.18 Verwendung des Variablen-Filters »%MEINEDEBITOREN«

In gleicher Weise funktionieren die im Standard ebenfalls enthaltenen Filtervariablen »%MEINEARTIKEL« und »%MEINEKREDITOREN«.

TIPP   Die technische Definition der Filtervariablen erfolgt in Codeunit 41 »TextManagement« (siehe *Ansicht/C/AL Globals/Text Constants* sowie *Ansicht/C/AL Globals/Functions/MakeTextFilter* in der Entwicklungsumgebung). Damit können durch Programmierung weitere Filtervariablen ergänzt werden, die individuell auf den Bedarf des Unternehmens oder Nutzers abgestimmt sind. Werden z. B. unterschiedliche Kundengruppen verwaltet, könnten dafür Filtervariablen wie »A-Kunden« oder »Händler« erweitert werden. Das erlaubt einen komfortablen Zugriff, selbst wenn die Felder nicht in der zu filternden Tabelle (Beispiel: Verkaufskopf) enthalten sind.

FlowFilter/Summenberechnungen einschränken

Einige Felder in Dynamics NAV-Tabellen (z. B. Summendarstellungen) sind dynamisch berechnete Felder und werden FlowFields genannt. FlowFields werden zur Laufzeit berechnet und erlauben den Drilldown auf die jeweilige Berechnungsgrundlage, optisch angedeutet durch Unterstreichung des Feldwerts. Auch auf diese Felder lassen sich die bereits erläuterten Filter anwenden. Mit speziellen FlowFiltern lässt sich außerdem die Summenberechnung der FlowFields einschränken, um beispielsweise nur Summen für einen bestimmten Betrachtungszeitraum berechnen zu lassen (siehe Abbildung 2.19). Aktiviert wird der FlowFilter über die Seitentitel-Schaltfläche (wenn vorhanden) oder [Strg]+[⇧]+[F3].

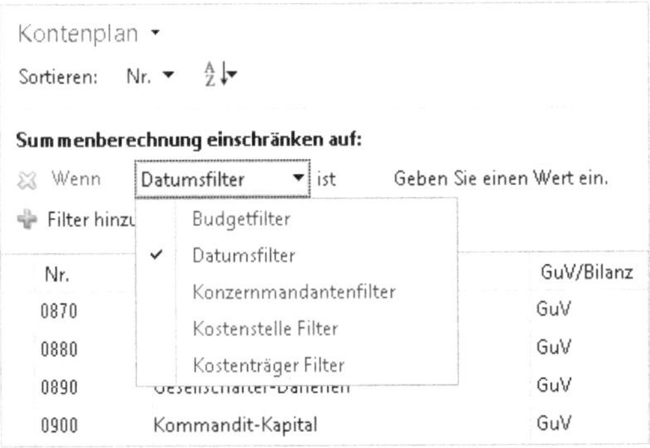

Benutzeroberfläche und Terminologie

Abbildung 2.19 Auswahl der FlowFilter im Kontenplan

Der FlowFilter wirkt dabei auf die Tabelle, über die das FlowField berechnet wird. Der Kontenplan enthält beispielsweise mit *Bewegung* ein FlowField, welches die Summe der Beträge der zugehörigen *Sachposten* berechnet. Wendet man mit dem *Datumsfilter* einen FlowFilter auf den Kontenplan an, wird das FlowField *Bewegung* nur noch Werte für die Betrachtungsperiode anzeigen und zwar für sämtliche Konten in der Ansicht.

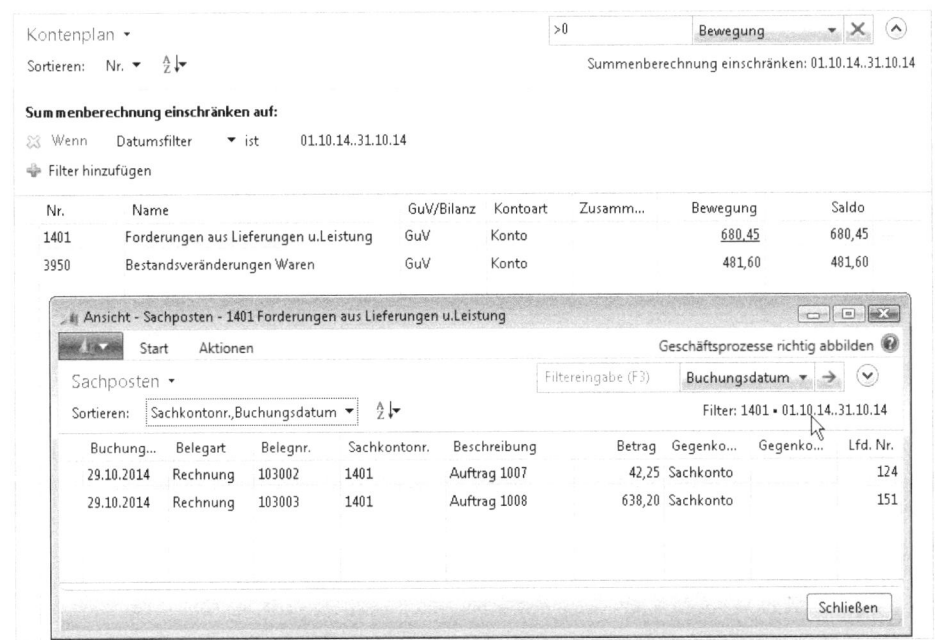

Abbildung 2.20 Drilldown auf Bewegung: Die NAV-Seite weist einen Filter auf das Buchungsdatum auf

Führt man den Drilldown ([F4]-Taste) auf dem Feld *Bewegung* aus, werden die zugrunde liegenden Sachposten angezeigt (siehe Abbildung 2.20). Die Filteranzeige zeigt, dass der Datumsfilter aus dem Kontenplan auf das *Sachposten*-Feld *Buchungsdatum* transportiert wurde. In Abbildung 2.20 wurde der FlowFilter und der Schnellfilter kombiniert, sodass nur diejenigen zwei Konten angezeigt werden, die im Oktober 2014 einen Sollbetrag ungleich Null aufweisen. Ob ein FlowFilter-Feld zur Verfügung steht, ist von der Definition des jeweiligen FlowFields abhängig.

ACHTUNG   Im FlowFilter werden immer alle auf der Tabelle vorhandenen FlowFilter-Felder angeboten, auch wenn nicht alle auf sämtliche FlowFields wirken. So wirkt z. B. der *Datumsfilter* wohl auf das FlowField *Bewegung*, nicht aber auf das FlowField *Saldo*. Ob und welche FlowFilter auf ein FlowField wirken, kann letztlich nur der FlowField-Definition der Tabelle (Feldeigenschaft *Calculation Formula*) in der Entwicklungsumgebung (siehe Abbildung 2.21) entnommen werden.

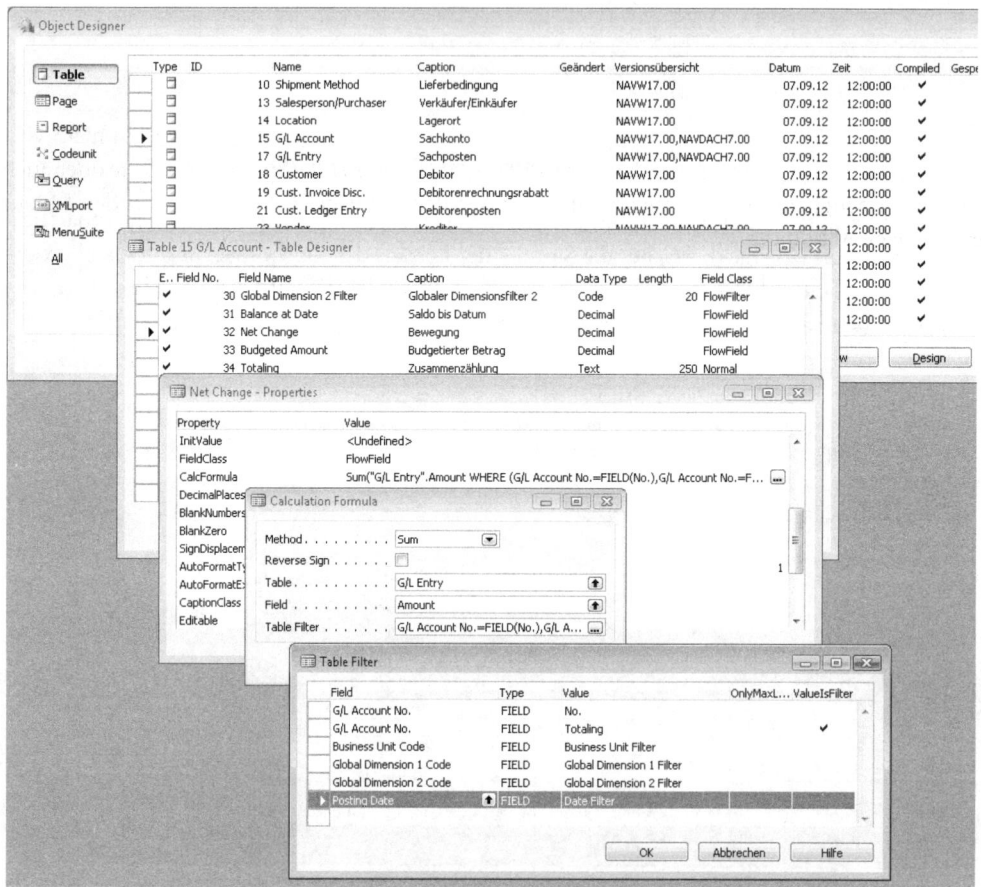

Abbildung 2.21   Definition der CalcFormula für das FlowField Bewegung im Sachkonto

Dazu ist in der Dynamics NAV-Entwicklungsumgebung über den *Object Designer* die betreffende Tabelle (hier: Tabelle 15 *Sachkonto*) im Designmodus aufzurufen und die Zeile des betreffenden FlowFields zu markieren. Über ⇧+F4 werden die Feldeigenschaften aufgerufen, dann können in der *CalcFormula*-Feldeigenschaft über F6 und danach erneut auf dem *Table Filter*-Feld alle Filterkriterien der FlowField-Definition angezeigt werden.

Sortieren von Datensätzen vor dem Filtern

Um in Tabellen mit vielen Datensätzen lange Antwortzeiten zu vermeiden, sollte geprüft werden, ob das oder die zu filternden Felder in der aktuellen Sortierung Strg+T enthalten sind, oder ob gegebenenfalls vorher eine passende Sortierung gewählt werden kann. Die Sortierung kann jedoch nur auf vorhandenen bzw. angebotenen Datenbankschlüsseln für die jeweilige Tabelle erfolgen. Die Datenbankschlüssel können aus mehreren Feldern zusammengesetzt sein.

Benutzeroberfläche und Terminologie

TIPP   Noch immer gehen einige, häufig aus vielen Feldern bestehende Schlüssel in Dynamics NAV auf die Bedürfnisse der weggefallenen nativen Datenbank zurück und sind für den SQL Server nicht optimal. Um Antwortzeiten zu optimieren, sollte ein möglichst kurzer Schlüssel ausgewählt werden, in dem das oder die zu filternde(n) Feld(er) vorkommen. Dies gilt selbst dann, wenn das Feld am Anfang eines langen Schlüssels steht. Unter Umständen ist auch die Verwendung des Primärschlüssels sinnvoller, wenn alternativ nur ein sehr langer Schlüssel zur Verfügung steht.

Alle Felder eines Datensatzes einsehen

Auf den NAV-Seiten wird in der Regel nur eine Untermenge der Tabellenfelder angezeigt. Häufig können die benötigten Felder über *Anpassen* hinzugefügt werden, für manche Felder ist die Anzeige dagegen nicht vorgesehen. Im Menü *Anwendung* (ganz links in der Menüleiste) gibt es unter *Hilfe/Info zu dieser Seite* oder auch [Strg]+[Alt]+[F1] die Möglichkeit für Benutzer mit Superuser-Rechten, jedes Feld des betreffenden Datensatzes anzuzeigen (siehe Abbildung 2.22).

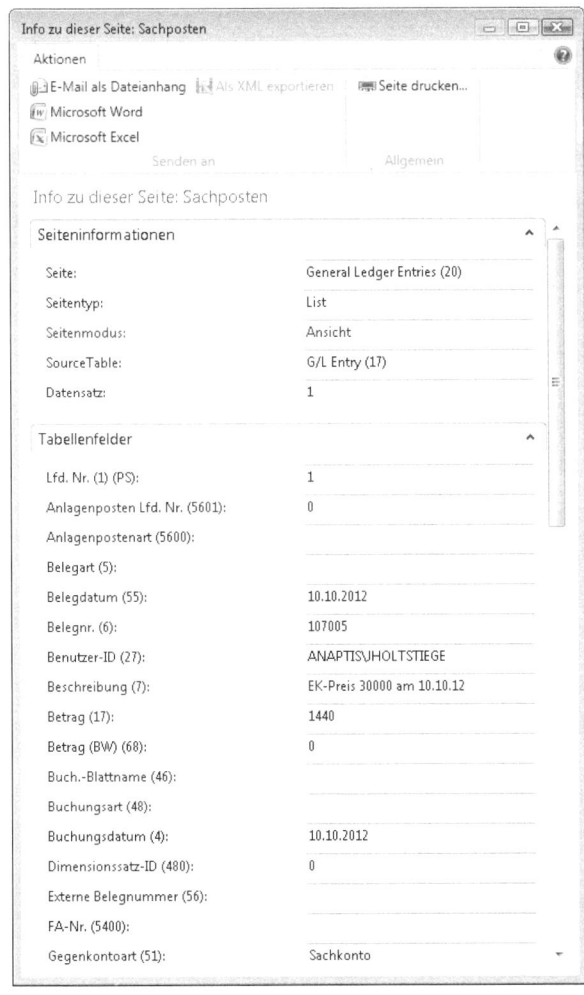

Abbildung 2.22   Info zu dieser Seite (hier Sachposten)

Das Inforegister *Seiteninformationen* gibt dabei zum einen die Objekt ID der NAV-Seite an (hier: Page ID 20), zum anderen die Herkunftstabelle (hier: Tabelle 17 *Sachposten*), auf der die NAV-Seite fußt. Neben den *Tabellenfeldern* und *Seiteninformationen* stehen außerdem Informationen über aktive *Filter* und *FlowFilter* sowie *Quellausdrücke* zur Verfügung. Die Informationen können über die *Senden an*-Aktionen z. B. an Excel gesendet werden, um die Feldwerte verschiedener Datensätze zu vergleichen.

HINWEIS Um das Inforegister *Tabellenfelder* öffnen zu können, muss der Benutzer über die Rolle SUPER verfügen. Die Rolle SUPER(DATEN) reicht dagegen nicht aus.

Wichtige Tastenkombinationen und Zugriffstasteninformationen

Mit der Einführung des rollenbasierten Clients in Dynamics NAV 2009 wurden die Tastenkombinationen analog zum Windows-Standard definiert und unterschieden sich dadurch deutlich zum Classic-Client. Die Tabelle 2.3 stellt ausgewählte Tastenkombinationen aus NAV 2009 Classic-Client und dem Windows-Client unter 2013 gegenüber, während die Tabelle 2.4 einige hilfreiche neue Tastenkombinationen aufführt.

Mit dem NAV 2013-Release und dessen Anlehnung an die Office 2010-Benutzeroberfläche gibt es nun neben Tastenkombinationen (Shortcuts) zusätzlich KeyTips oder Zugriffstasteninformationen, die mit der [Alt]-Taste aktiviert werden. Dabei bleibt die [Alt]-Taste jedoch nicht gedrückt. Im Buch wird das mit einem Komma angezeigt (siehe beispielsweise [Alt], [A], [G] in Tabelle 2.3).

NAV 2009 Classic-Client	NAV 2013 Windows-Client	Erläuterung
[Strg]+[F]	[Strg]+[F]	Aktivierung der feldbezogenen Datensatzsuche (auf Tabellenseiten)
[Alt], [A], [G]	[Strg]+[F]	Aktivierung der Gehe-zu-Funktion/Suche (auf Kartenseiten)
[F3]	[Strg]+[F2] oder [Strg]+[N]	Beleg oder Datensatz einfügen
[F3]	[Strg]+[Einfg]	Zeile einfügen
[F4]	[Strg]+[Entf]	Datensatz löschen
[F5]	Keine Entsprechung	Übersicht von der Karte aufrufen
[⇧]+[F5]	[Strg]+[⇧]+[R]	Öffnen der Karte (im Ansichtsmodus)
[⇧]+[F5]	[Strg]+[⇧]+[E]	Öffnen der Karte (im Bearbeitenmodus)
[Strg]+[F5]	[Strg]+[F7]	Posten anzeigen
[F6]	[F4] oder [Strg]+[F4]	Drilldown, Dropdown, Lookup bzw. erweiterter Lookup
[F7]	[F3] oder [Alt]+[F3]	Feldfilter bzw. Schnellfilter (bis zu diesem Wert)
[⇧]+[F7]	[⇧]+[F3]	Tabellenfilter (bzw. Erweiterter Filter)
[Strg]+[F7]	[Strg]+[⇧]+[F3]	FlowFilter (bzw. Summenberechnung einschränken)
[Strg]+[⇧]+[F7]	[Strg]+[⇧]+[A]	Alle anzeigen bzw. Filter löschen
[F8]	[F8]	Obigen Feldwert kopieren
[Strg]+[F8]	[Strg]+[Alt]+[F1]	Zoom bzw. *Über diese Seite*
[F9]	[F7]	Statistik aufrufen

Tabelle 2.3 Gegenüberstellung Tastenkombinationen im Classic-Client und Windows-Client

Benutzeroberfläche und Terminologie

NAV 2009 Classic-Client	NAV 2013 Windows-Client	Erläuterung
`F11`	`F9`	Buchen
`⇧`+`F11`	`⇧`+`F9`	Buchen und Drucken
`Strg`+`F11`	`Strg`+`F9`	Beleg freigeben
`F12`	`F12`	Navigationsbereich/Hauptfenster aktivieren
`Bild↓`	`Strg`+`Bild↓`	Nächster Datensatz der Karte
`Bild↑`	`Strg`+`Bild↑`	Vorheriger Datensatz der Karte
`Strg`+`↵`	`Strg`+`⇧`+`W`	Im neuen Fenster öffnen
`Strg`+`Bild↓`	`F6`	Zur nächsten Registerkarte wechseln
`Strg`+`Bild↑`	`⇧`+`F6`	Zur vorhergehenden Registerkarte wechseln
`⇧`+`F8`	`Strg`+`T`	Sortierung ändern
`Strg`+`E`	`Strg`+`E`	Übergabe nach Excel
`Strg`+`W`	`Strg`+`W`	Übergabe nach Word

Tabelle 2.3 Gegenüberstellung Tastenkombinationen im Classic-Client und Windows-Client *(Fortsetzung)*

Daneben gibt es einige Tastenkombinationen für neue Funktionen des Windows-Clients, die im Classic-Client keine Entsprechung finden. Die Tabelle 2.4 listet einige ausgewählte Tastenkombinationen auf.

Neue Tastenkombinationen	Erläuterung
`⇧`+`F1`	Anzeigen von Fehlermeldungen
`Strg`+`F1`	Menüband auf- und zuklappen
`Alt`+`F2`	Infoboxen auf- und zuklappen
`Strg`+`F3`	Suchfeld aktivieren
`F5`	Aktualisieren
`Alt`+`F6`	Inforegister auf- und zuklappen
`Alt`+`F7`	Neue OneNote-Notiz
`⇧`+`F10`	Rechtsklick- oder Kontextmenü starten
`Strg`+`F10`	Seitentitel-Schaltfläche aktivieren
`⇧`+`F12`	Zurück zum Rollencenter
`Alt`+`F12`	Maximiert den Platz für die aktuelle NAV-Seite bzw. Subform
`Alt`,`Z`	Aktiviert die Symbolleiste Zeilen
`Strg`+`⇧`+`D`	Anzeige von Dimensionsinformationen
`Strg`+`⇧`+`K`	Liste bearbeiten
`Strg`+`P`	Seite drucken

Tabelle 2.4 Neue Tastenkombinationen im Windows-Client

Neue Tastenkombinationen	Erläuterung
Strg + ⇧ + C	Zeilen kopieren (Kontextmenü, nicht durchgängig vorhanden)
Strg + ⇧ + V	Zeilen einfügen (Kontextmenü, nicht durchgängig vorhanden)
Strg + ↵	Schließen von Aufgabenseiten (bei vorhandener OK-Taste)
Strg + ⇧ + ↵	Speichern und neuer Datensatz auf Aufgabenseiten (bei vorhandener OK-Taste)
⇧ + F4	AssistEdit (wenn AssistEdit und Drilldown auf demselben Feld möglich)
⇧ + F8	Drilldown (wenn AssistEdit und Drilldown auf demselben Feld möglich)

Tabelle 2.4 Neue Tastenkombinationen im Windows-Client *(Fortsetzung)*

Entwicklungsumgebung und NAV-Objekte

Dynamics NAV unterscheidet sich vor allem durch seine integrierte, objekt-basierte Entwicklungsumgebung von anderen ERP-Systemen. Die gesamte Dynamics NAV-Anwendung besteht aus vielen kleinen Einheiten, den Datenbankobjekten. In den Datenbankobjekten ist der gesamte, ereignisgesteuerte Quellcode für die Geschäftslogik enthalten, der damit (entsprechende Lizenzierung vorausgesetzt) vollständig anpassbar ist.

Die Dynamics NAV-Datenbankobjekte sind:

- Tables
- Pages
- Reports
- Codeunits
- Queries
- XMLports
- MenuSuites

Die Entwicklungsumgebung selbst ist eine eigene Client/Server-Anwendung (*finsql.exe*), mit der über *Datei/Datenbank/Öffnen* eine Verbindung zum Dynamics NAV-Server hergestellt wird.

Abbildung 2.23 Programmsymbol der Entwicklungsumgebung

Die Schaltzentrale der Entwicklungsumgebung ist der *Object Designer* (siehe Abbildung 2.24), von dem aus sowohl alle Datenbankobjekte zugänglich sind als auch neue erstellt werden können (Menübefehl: *Extras/Object Designer* oder ⇧ + F12).

ACHTUNG Damit die Entwicklungsumgebung im Zugriff ist, muss der Benutzer Mitglied in der SQL-Datenbankrolle »db_owner« sein. Damit besitzt dieser auf SQL-Ebene alle Rechte, auf die Datenbank zuzugreifen.

Das Wissen über die Dynamics NAV-Datenbankobjekte ist von wesentlicher Bedeutung für das Implementieren und spätere Arbeiten mit der Applikation sowie für die Prüfung von Dynamics NAV-Systemen und die Datenanalyse. Durch die Strukturierung der Dynamics NAV-Funktionalität in derzeit über 4.000 Datenbankobjekte (954 Tables, 1.776 Pages, 638 Reports, 592 Codeunits, 17 Queries, 16 XMLports und 3 MenuSuites) können Funktionsanpassungen über den *Object Designer* genau dort vorgenommen werden, wo sie nötig sind.

Entwicklungsumgebung und NAV-Objekte

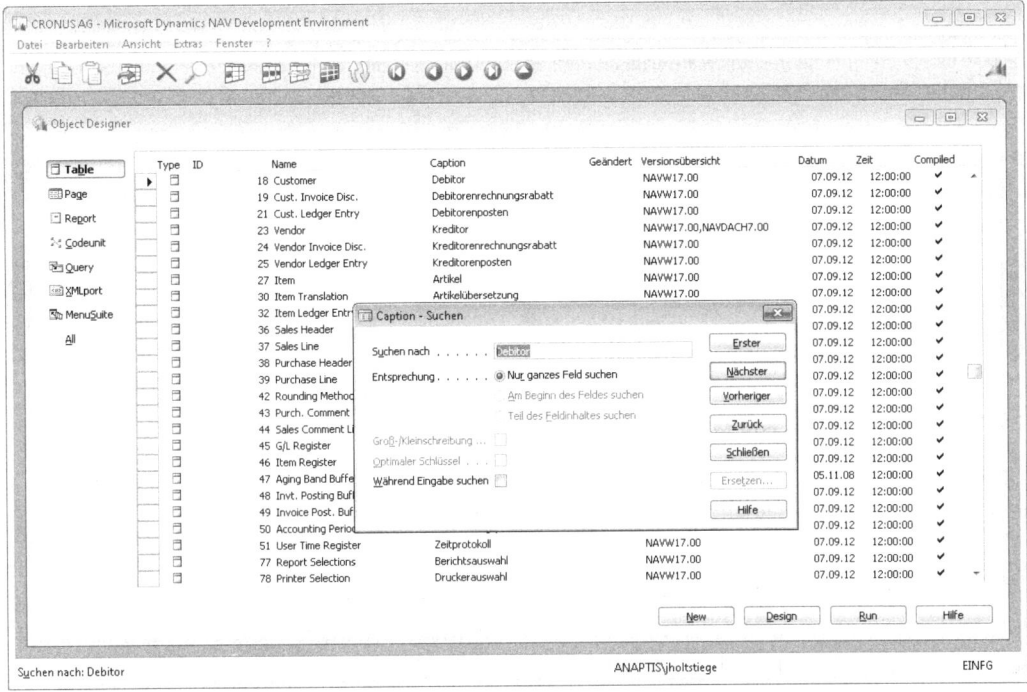

Abbildung 2.24 Object Designer in der Entwicklungsumgebung von Dynamics NAV 2013

In den Tabellen werden die Datensätze gespeichert, die über Pages eingegeben und angezeigt oder über Reports ausgegeben werden. Die Pages und Reports zeigen in der Regel nur eine Untermenge der in der Tabelle vorhandenen Felder und Datensätze an. Der Benutzer kann auf Pages bestimmte Felder bei Bedarf zusätzlich einblenden. XMLports dienen zum Importierten und Exportieren von Datensätzen. Codeunits enthalten Großteile der in C/AL programmierten Businesslogik. Die MenuSuites werden benutzt, um den linken Navigationsbereich sowie das Abteilungsfenster für die Menüführung zur Verfügung zu stellen. Ein neuer Objekttyp ist die Query, mit der SQL-JOIN-Operationen aus mehreren Tabellen durchgeführt werden können.

Im Folgenden werden die einzelnen Objekttypen vertiefend behandelt und einige aus Compliance-Sicht relevante Properties erläutert. Da NAV 2013 weitreichende Änderungen im Bereich der Reports mit sich bringt, werden diesem Objekttyp, genauso wie der Query, umfangreichere Erläuterungen gewidmet.

Tabellen

Dynamics NAV arbeitet auf Basis einer relationalen Datenbank. Das heißt Datensätze werden in einer Vielzahl von Tabellen gespeichert. Bei entsprechender Zugriffsberechtigung des Benutzers werden die Datensätze über Pages sowie Reports angezeigt. In Tabellen werden die Felder und Sortierschlüssel definiert. Darüber hinaus enthalten Tabellen neben den *Properties* auch »C/AL-Trigger«, in denen ereignisgesteuerte Businesslogik in Form von C/AL-Code hinterlegt ist.

Dynamics NAV ist mehrmandantenfähig, es kann Tabellen für mehrere z. B. rechtlich selbstständige Firmen in derselben Datenbank getrennt verwalten. Neben einigen Systemtabellen sind die meisten Tabellen mandantenabhängig, sie zeigen nur die Daten des Mandanten an, bei dem der Benutzer angemeldet ist.

HINWEIS In den Standardeinstellungen wird die deutsche Bezeichnung der Tabelle (*Caption*) nicht angezeigt. Dies kann geändert werden, indem man mit der rechten Maustaste auf den Spaltenkopf klickt und dort *Spalte anzeigen* und das Feld *Caption* auswählt. Auf die Caption kann gefiltert und gesucht werden (ab Build-Nr. 7.00.34082).

Die Datensätze einer Tabelle können angezeigt werden, indem die Tabelle markiert und mit der rechten Maustaste über *Run* geöffnet wird. Die Anzeige erfolgt im Windows-Client (somit nicht im selben Windows-Task), wo sich die entsprechende NAV-Seite automatisch im Bearbeitenmodus öffnet.

ACHTUNG Diese Art des Tabellenzugriffs sollte nur angewendet werden, wenn die zugeordneten Benutzerrechte lediglich Leserechte beinhalten, da im Run-Modus Tabelleninhalte (versehentlich) manipuliert oder gelöscht werden könnten. Wir empfehlen stattdessen den Tabellenzugriff über selbst erstellte, nicht editierbare NAV-Seiten, die lediglich die gewünschten Felder anzeigen, wie im Abschnitt »Feldzugriff über selbst erstellte NAV-Seiten« erläutert wird.

Eigenschaften von Tabellenfeldern

Jede Tabelle besteht aus einem oder mehreren Feldern, von denen ein Feld oder mehrere Felder als Primärschlüssel definiert sind. Der Primärschlüssel bezeichnet in relationalen Datenbanken das oder die Datenfeld(er), die diesen Datensatz eindeutig beschreiben und von anderen Datensätzen abgrenzen. Jedes Feld in der Tabelle hat darüber hinaus Feldeigenschaften, die die Nutzung und Möglichkeiten der Feldbelegung charakterisieren. Am Beispiel der Kundenstammdaten soll dies verdeutlicht werden. Die Feldeigenschaften zu einer Tabelle können durch folgende Vorgehensweise angezeigt werden:

Object Designer: *Design* Tabelle 18 *Debitor* (siehe Abbildung 2.25)

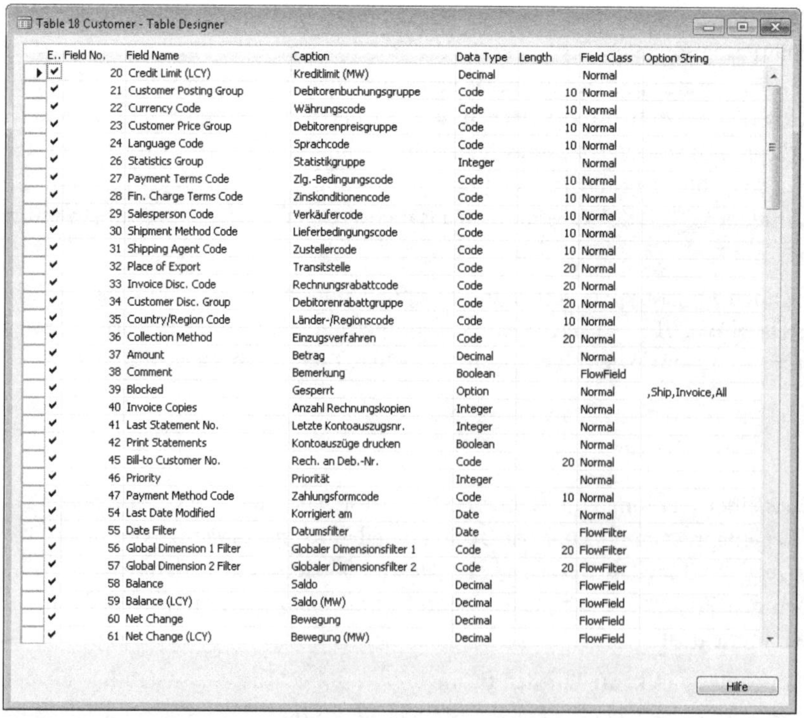

Table 18 Customer - Table Designer

E..	Field No.	Field Name	Caption	Data Type	Length	Field Class	Option String
✔	20	Credit Limit (LCY)	Kreditlimit (MW)	Decimal		Normal	
✔	21	Customer Posting Group	Debitorenbuchungsgruppe	Code	10	Normal	
✔	22	Currency Code	Währungscode	Code	10	Normal	
✔	23	Customer Price Group	Debitorenpreisgruppe	Code	10	Normal	
✔	24	Language Code	Sprachcode	Code	10	Normal	
✔	26	Statistics Group	Statistikgruppe	Integer		Normal	
✔	27	Payment Terms Code	Zlg.-Bedingungscode	Code	10	Normal	
✔	28	Fin. Charge Terms Code	Zinskonditionencode	Code	10	Normal	
✔	29	Salesperson Code	Verkäufercode	Code	10	Normal	
✔	30	Shipment Method Code	Lieferbedingungscode	Code	10	Normal	
✔	31	Shipping Agent Code	Zustellercode	Code	10	Normal	
✔	32	Place of Export	Transitstelle	Code	20	Normal	
✔	33	Invoice Disc. Code	Rechnungsrabattcode	Code	20	Normal	
✔	34	Customer Disc. Group	Debitorenrabattgruppe	Code	20	Normal	
✔	35	Country/Region Code	Länder-/Regionscode	Code	10	Normal	
✔	36	Collection Method	Einzugsverfahren	Code	20	Normal	
✔	37	Amount	Betrag	Decimal		Normal	
✔	38	Comment	Bemerkung	Boolean		FlowField	
✔	39	Blocked	Gesperrt	Option		Normal	,Ship,Invoice,All
✔	40	Invoice Copies	Anzahl Rechnungskopien	Integer		Normal	
✔	41	Last Statement No.	Letzte Kontoauszugsnr.	Integer		Normal	
✔	42	Print Statements	Kontoauszüge drucken	Boolean		Normal	
✔	45	Bill-to Customer No.	Rech. an Deb.-Nr.	Code	20	Normal	
✔	46	Priority	Priorität	Integer		Normal	
✔	47	Payment Method Code	Zahlungsformcode	Code	10	Normal	
✔	54	Last Date Modified	Korrigiert am	Date		Normal	
✔	55	Date Filter	Datumsfilter	Date		FlowFilter	
✔	56	Global Dimension 1 Filter	Globaler Dimensionsfilter 1	Code	20	FlowFilter	
✔	57	Global Dimension 2 Filter	Globaler Dimensionsfilter 2	Code	20	FlowFilter	
✔	58	Balance	Saldo	Decimal		FlowField	
✔	59	Balance (LCY)	Saldo (MW)	Decimal		FlowField	
✔	60	Net Change	Bewegung	Decimal		FlowField	
✔	61	Net Change (LCY)	Bewegung (MW)	Decimal		FlowField	

Hilfe

Abbildung 2.25 Table Designer am Beispiel der Tabelle 18 (Debitor)

Entwicklungsumgebung und NAV-Objekte

Feldname	Beschreibung
Enabled	Bei Nichtaktivierung ist das Feld *disabled*, also nicht nutzbar
Field No.	Feldnummer in der Tabelle (unternehmensindividuelle Felder können nur im Bereich ab 50000 angelegt werden)
Field Name	Bezeichnung des Felds
Caption	Deutsche (bzw. multilinguale) Bezeichnung des Felds
Data Type	Datentyp (Integer, Dezimalzahl, Text, Boolean, Code, Option etc.)
Length	Länge der Zeichenkette, die für Text- oder Codefelder vorgesehen sind
Field Class	Unterscheidet normale Felder von berechneten FlowFields und FlowFiltern
Option String	Englische Auswahlwerte bei Optionsfeldern

Tabelle 2.5 Wesentliche Feldeigenschaften in Dynamics NAV-Tabellen

Darüber hinaus ist jedes einzelne Feld mit weiteren Steuerungsparametern versehen, die über den Menübefehl *Ansicht/Properties* oder ⇧+F4 aufgerufen werden können (dazu muss das entsprechende Feld markiert sein bzw. muss die Einfügemarke sich in der Zeile des Felds befinden).

Object Designer: *Design* Tabelle 18 *Debitor*/Feld 20 *Kreditlimit (MW)*/*Properties* (siehe Abbildung 2.26)

Abbildung 2.26 Feldeigenschaften im Properties-Fenster

Über *Properties* lassen sich neben den vorab dargestellten Parametern weitere Einstellungen definieren, von denen eine Auswahl in Tabelle 2.6 dargestellt wird.

Feldeigenschaft	Bedeutung
InitValue	Vorgabe eines Initialwerts, der bei Anlage jedes neuen Datensatzes Anwendung findet
MinValue	Vorgabe eines Minimalwerts
MaxValue	Vorgabe eines Maximalwerts
CharAllowed	Vorgabe, welche Zeichen oder Zeichenbereiche erlaubt sind
Numeric	Vorgabe, ob in einem Code-/Textfeld nur numerische Werte eingegeben werden können
Editable	Vorgabe, ob ein Feldwert manuell geändert werden darf
NotBlank	Vorgabe, ob ein Feld nach einer Eingabe leer bleiben darf
ValuesAllowed	Vorgabe, welche Werte akzeptiert werden sollen (durch Semikolon getrennte Angabe der Werte)
ValidateTableRelation	Vorgabe, ob eingegebene Codes/Werte in der über die Relation definierten Auswahltabelle vorhanden sein müssen

Tabelle 2.6 Feldeigenschaften für Konsistenzprüfungen

Alternativ zur Feldeigenschaft »InitValue« können die *Stammdatenvorlagen* zur Vorgabe von Standardwerten verwendet werden (siehe hierzu auch den Abschnitt »Stammdatenvorlagen«).

Feldeigenschaften aus Compliance-Sicht

Pflichtfelder lassen sich in Dynamics NAV nur durch Programmanpassung umsetzen. Eine häufig vorgenommene und aus Compliance-Sicht sinnvolle Anpassung ist das automatische Sperren von Stammdaten, bis alle definierten Pflichtfelder einen Wert enthalten. Erst dann erlaubt die Anpassung, das Feld *Gesperrt* zu deaktivieren und die neuen Stammdaten in Transaktionen zu verwenden.

Pages

Bei den Pages bzw. NAV-Seiten handelt es sich um Eingabe- und Anzeigemasken, in denen Daten zur weiteren Verarbeitung erfasst und analysiert werden können. Pages können in drei verschiedenen Modi gestartet werden (Ansichts-, Bearbeitungs- oder Anlegemodus), die standardmäßig in der Gruppe *Verwalten* des Menüs *Start* ausgewählt werden können. Unterschieden wird zwischen Karten- und Tabellendarstellungen sowie Mischformen (Main/Subform-Darstellungen). Ein Beispiel für eine solche Mischform ist der Verkaufsauftrag in Abbildung 2.27.

Die in der Page erfassten Kopf- und Positionsdaten werden in den Tabellen *Verkaufskopf* und *Verkaufszeile* (Tabelle 36 und 37) strukturiert abgelegt und gespeichert.

Entwicklungsumgebung und NAV-Objekte

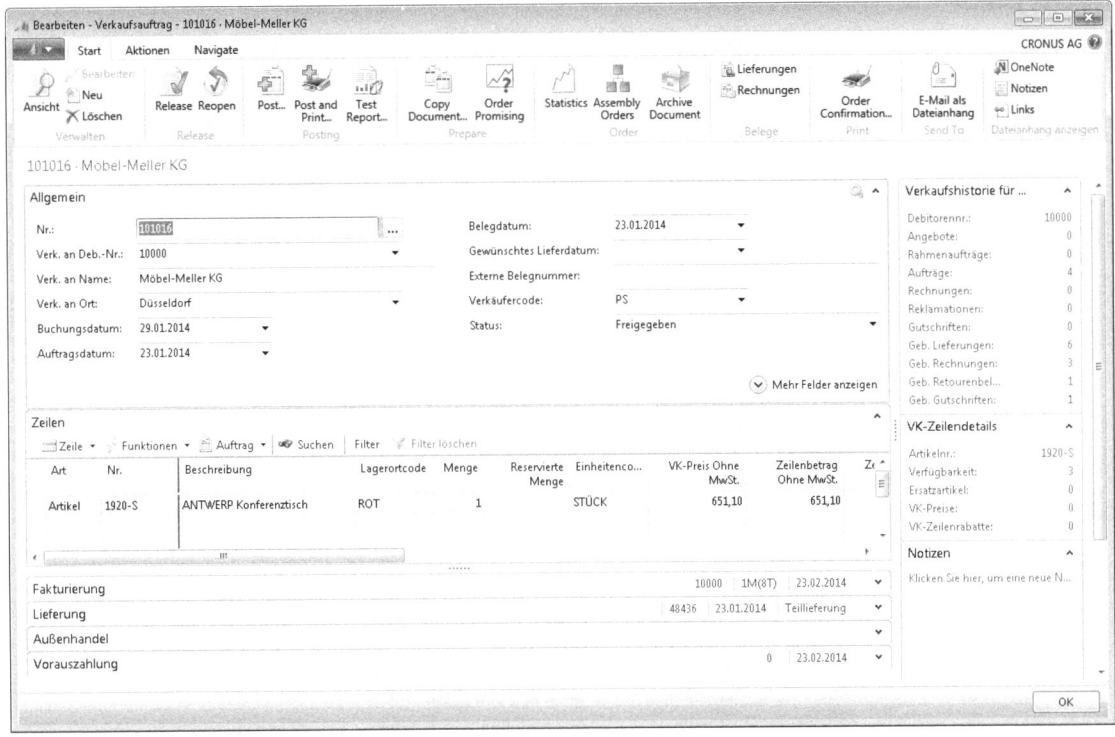

Abbildung 2.27 Main/Subform-Darstellung im Verkaufsauftrag (Inforegister Zeilen)

Aus technischer Sicht werden noch weitere Typen von Pages (PageTypes) unterschieden, die in Tabelle 2.7 erläutert werden.

Darstellungsform	PageType	Erläuterung
Kartendarstellung	Card	PageType für das Anzeigen und Bearbeiten eines Datensatzes (Beispiel: Debitorenkarte)
	CardPart	PageType für das Anzeigen von Infoboxen (Beispiel: Verkaufshistorie im Verkaufsauftrag)
	ConfirmationDialog	PageType für das Anzeigen von Ja/Nein Rückfragen (Beispiel: Verfügbarkeitswarnung bei der Auftragserfassung)
	StandardDialog	PageType für einen Dialog, bei dem der Benutzer Daten eingeben muss (Beispiel: Wechselkurs ändern)
Tabellendarstellung	List	PageType für Übersichtsfenster/Listenplätze
	ListPart	PageType für die Anzeige von Tabellendarstellungen in anderen NAV-Seiten (Beispiel: Meine Debitoren im Rollencenter)
	Worksheet	PageType für das Bearbeiten von Buch.-Blattzeilen
Mischformen	Document	PageType für das Anzeigen und Bearbeiten von Belegen (Beispiel: Verkaufsauftrag)
	ListPlus	PageType für das Anzeigen und Bearbeiten von Daten mit 1:n Beziehungen (Beispiel: Budget)
	NavigatePage	PageType für die Anzeige eines Assistenten (Beispiel: Aktivität erstellen für Kontakt)

Tabelle 2.7 PageTypes in NAV 2013

Page Designer

Die Anpassung von Pages erfolgt über den Page Designer (siehe Abbildung 2.28), der über den *Design*-Befehl im *Object Designer* gestartet wird.

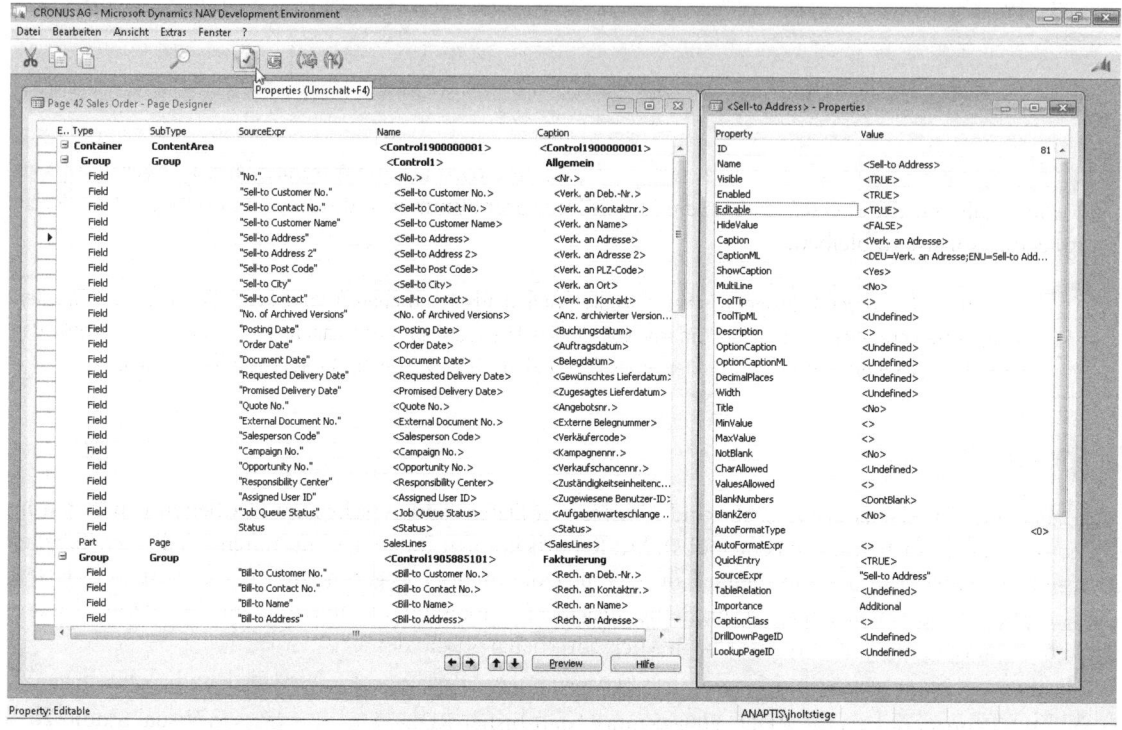

Abbildung 2.28 Verkaufsauftrags-Seite im Page Designer mit Feldeigenschaften des Adressfelds

Die durch die Properties definierbaren Einstellungen betreffen zum Teil Eigenschaften, die auch auf Tabellenebene definiert sind. Die Eigenschaften der Tabelle können auf Page-Ebene teilweise übersteuert werden. So ist es denkbar, dass ein Feld auf Page-Ebene nicht editierbar gemacht wird, obwohl es auf Tabellenebene als editierbar definiert ist. Dagegen kann ein Feld auf Page-Ebene nicht editierbar gemacht werden, wenn es auf der Tabelle als nicht editierbar definiert wurde.

TIPP Um schnell das richtige Page-Element (»Control«) zu finden, kann über *Ansicht/Preview* eine grafische Vorschau der Page gestartet werden, in der sich die Controls anklicken lassen. Das jeweils blau umrandete Control ist damit gleichzeitig im Page Designer ausgewählt.

Feldeigenschaften aus Compliance-Sicht

Aus Compliance-Sicht können über die Properties wichtige Einstellungen vorgenommen werden, die eine kontrollierte Dateneingabe und transparente Belegverarbeitung ermöglichen. Bei der Stammdatenerfassung kann z. B. die Eingabe für bestimmte Felder erzwungen werden, indem zum einen der »InitValue« für das Feld vorgegeben wird und gleichzeitig die Feldeigenschaft »Not-Blank« aktiviert wird. Voraussetzung ist allerdings, dass der Benutzer den Vorgabewert des Felds auch tatsächlich ändert, da diese Prüfung nach erfolgter Feldeingabe erfolgt. Ein weiteres, aus Compliance-Sicht bestehendes Problem, ergibt sich in der

Belegverarbeitung (z. B. Einkaufsbestellungen oder Verkaufsaufträge), was anhand von Zahlungsbedingungen erläutert werden soll. Dynamics NAV ermöglicht die Definition unterschiedlicher Zahlungsbedingungen, die kundenindividuell hinterlegt werden können. Zahlungsbedingungen werden einem Zahlungsbedingungscode zugeordnet (Tabelle 3) und anschließend in der Registerkarte Zahlung des Kundenstammsatzes (Tabelle 18) hinterlegt. Wird im Rahmen eines standardisierten Verkaufsprozesses ein Auftrag erzeugt, kopiert die Anwendung die Zahlungsbedingungen aus den Stammdaten in den Verkaufsbelegkopf. In der Standardauftragsseite ist der Zahlungsbedingungscode aber, genauso wie die abhängigen Felder *Fälligkeitsdatum* und *Skontobedingungen*, manuell überschreibbar. Durch Anpassung der Feldeigenschaft »Editable« im Verkaufsauftrag ist der Feldwert im Beleg nicht mehr änderbar. Feldeigenschaften können somit einen Beitrag zur konsistenten Belegverarbeitung leisten. Dasselbe trifft auf die Adressfelder im Verkaufskopf zu. Auch diese sollten nicht überschreibbar sein, damit Debitorennummer und Adressen in Bezug auf die Rechnungslegung konsistent bleiben.

> **HINWEIS** Die Prüfung von Feldeigenschaften bezüglich Änderbarkeit und anderer Vorgaben sollte zuerst auf Tabellenebene und danach auf Formebene stattfinden. Um eine vollständige Liste der Pages zu erhalten, die eine bestimmte Tabelle darstellen, muss im Zweifel auf externe Tools (z. B. Mergetool, Object Manager Advanced u.a.) zurückgegriffen werden.

Reports

Reports dienen einerseits der Ausgabe und Analyse von Daten, andererseits zum Bearbeiten von Daten im Sinne von Stapelverarbeitungen (Batchjobs). Mit Reports können Datensätze aus unterschiedlichen Tabellen in Listen strukturiert und zusammengefasst oder als Dokument ausgegeben werden. Der Aufbau unterteilt sich in ein logisches Dataset und eine grafische Ausgabe. Der logische Aufbau erfolgt im NAV-Report Dataset Designer, während die grafische Ausgabe in Microsoft Visual Studio definiert wird.

Im Vergleich zu NAV 2009 sind Reports in NAV 2013 weitreichenden Änderungen unterworfen worden. NAV 2013-Reports nutzen die RDLC 2008-Syntax (statt bisher RDLC 2005) und das in Visual Studio 2010 erstellte Layout wird im Microsoft Report Viewer 2010 ausgegeben. Neben ca. 200 neuen Reports mussten zu diesem Zweck fast 600 NAV-Standardreports von den Microsoft-Entwicklern neu gestaltet werden.

> **HINWEIS** RDLC ist die Berichtsdefinitionssprache (Report Definition Language Client-side) für lokale (nicht Server-Side) Reports und entspricht dem XML-Schema einer SQL Server Reporting Services-Berichtsdefinition (SSRS). Sichtbar wird dies, wenn ein NAV 2013-Report als Textdatei exportiert und analysiert wird. Der Report selbst wird auf dem NAV Service Tier ausgeführt.

Aufgrund des bisherigen Fehlens eines Report-Assistenten nach dem Vorbild des Report Wizards im Classic-Client von NAV 2009, gestaltet sich die Reporterstellung unter NAV 2013 auch für einfache Listen deutlich komplexer. Im folgenden Abschnitt werden zunächst die neuen Gestaltungsmöglichkeiten erläutert, um danach am Beispiel eines Auswertungsreports einen technischen Einblick in die Erstellung von NAV 2013-Reports zu geben.

Reports-Ausgabeoptionen

Aus der Vorschau können Reports unter NAV 2013 standardmäßig als Excel-, PDF- und neuerdings auch als Word-Datei gespeichert werden (siehe Abbildung 2.29). Die teilweise neuen und im Folgenden beschriebenen Interaktionsmöglichkeiten bleiben dabei auch außerhalb von NAV 2013 weitgehend erhalten.

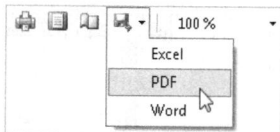

Abbildung 2.29 Speichern unter-Optionen bei NAV 2013-Reports

Zur Erläuterung der neuen Gestaltungsoptionen wurde der Report *Debitoren mit fälligen Posten* erstellt. Die Abbildung 2.30 zeigt den Report in der Vorschau. Dieser enthält unter anderem die folgenden Funktionen:

- Dokumentenstruktur
- Interaktive Sortierungen
- Optionale Detailebenen
- Diagrammvisualisierungen
- Drillthrough-Reportlinks
- NAV-Seitenlinks
- Mail-to-Funktion

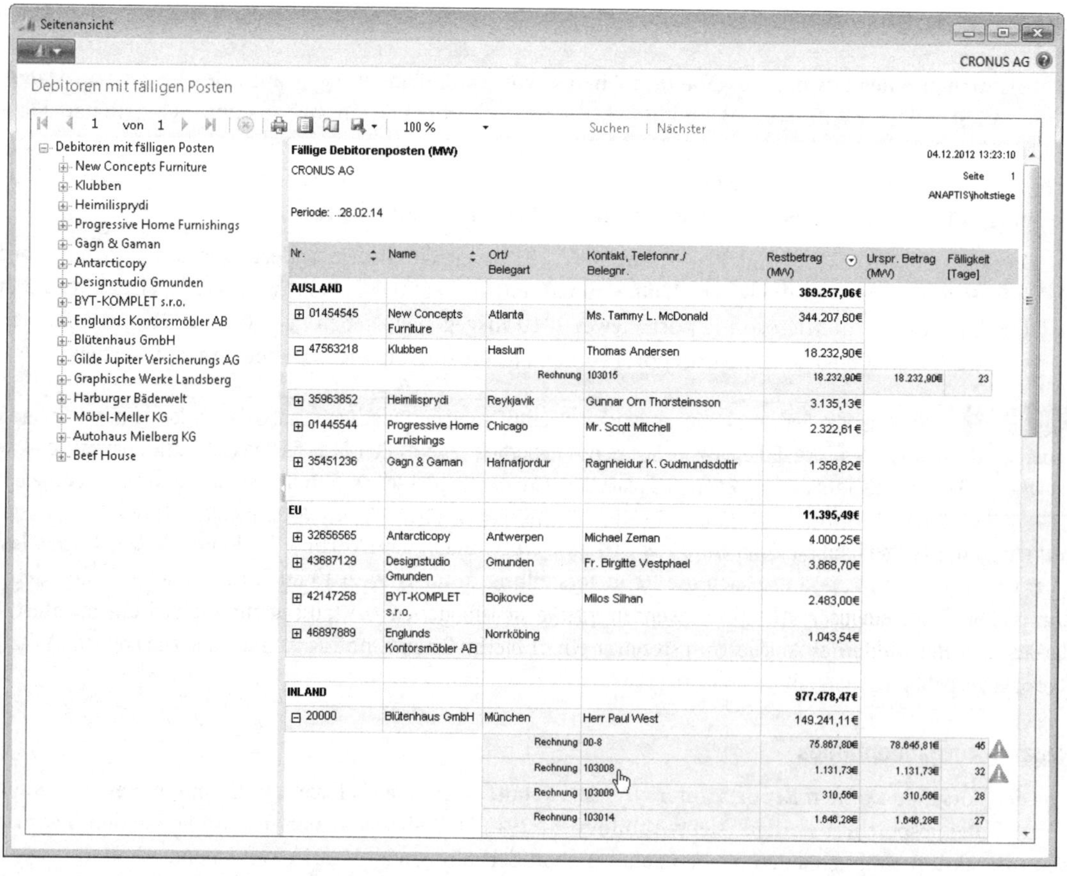

Abbildung 2.30 NAV 2013-Report in der Vorschau

Entwicklungsumgebung und NAV-Objekte

> **HINWEIS** In der Vorschau werden keine Seitenumbrüche dargestellt. Dies erfolgt erst im Drucklayout, in das über die Schaltfläche ▣ gewechselt werden kann, welches auch Reportinteraktionen in der Vorschau berücksichtigt.

In der Reportvorschau in Abbildung 2.30 wurde durch Interaktion die Sortierung auf »absteigenden Restbetrag« geändert und für die Debitoren »Klubben« und »Blütenhaus GmbH« die Postenebene über die Umschaltfläche eingeblendet, bevor der Report als PDF- und als Excel-Datei gespeichert wurde (siehe Abbildung 2.31 und Abbildung 2.32).

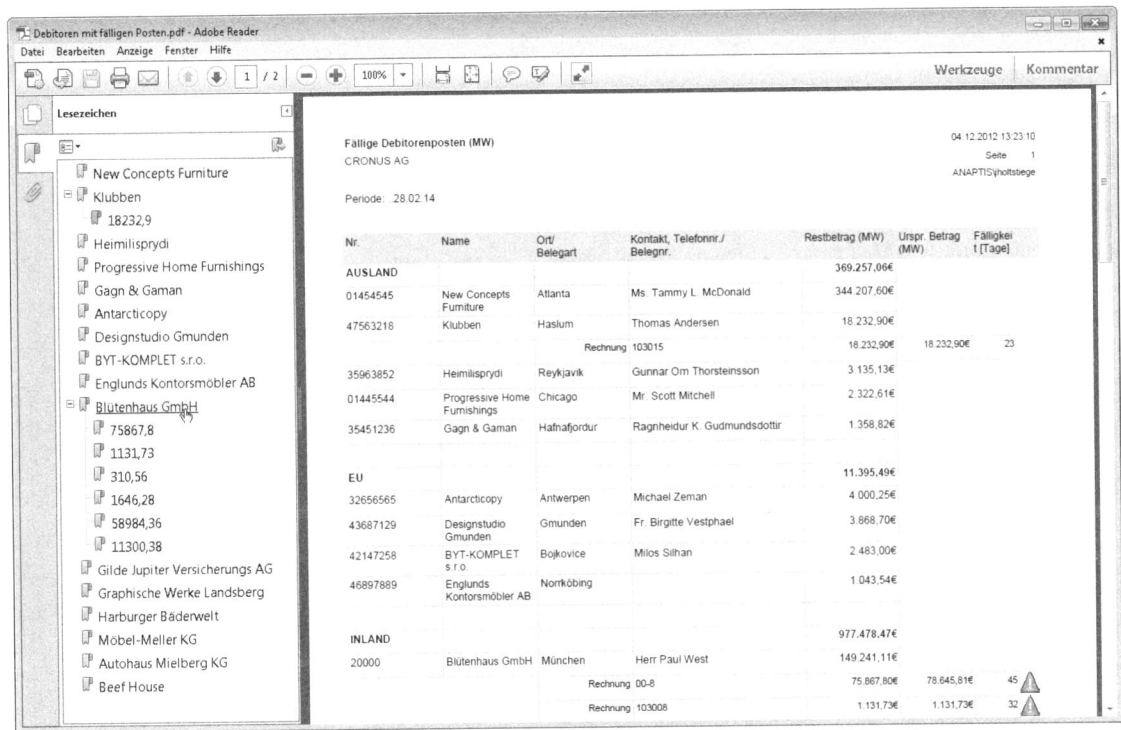

Abbildung 2.31 NAV 2013-Report als PDF-Datei

Sofern der Report optionale Detailebenen bzw. interaktive Gruppierungen enthält, stehen diese in Excel anders als in der PDF-Datei auch weiter zur Verfügung.

> **ACHTUNG** Wenn optionale Detailebenen und interaktive Sortierung in einem Report gleichzeitig zur Anwendung kommen, kann es zu unerwünschten Inkompatibilitäten kommen. Auch wenn im Beispielreport beides zur Veranschaulichung zur Anwendung kommt, wird dies grundsätzlich nicht empfohlen.

Kapitel 2: Technische Grundlagen

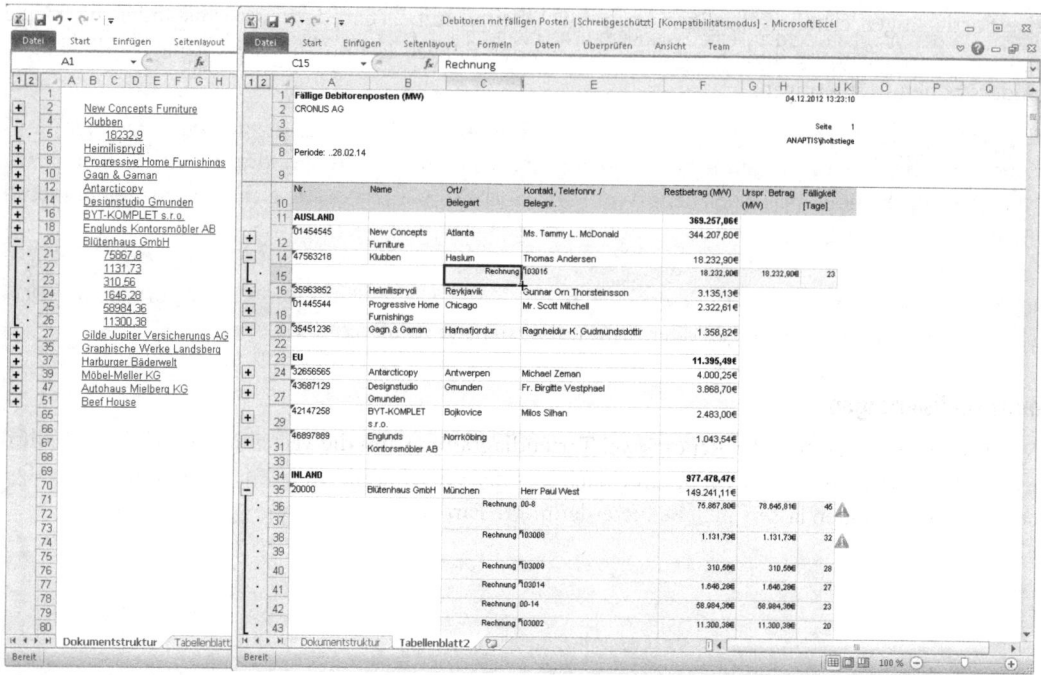

Abbildung 2.32 NAV 2013-Report als Excel-Datei

Dokumentenstruktur

Die Dokumentenstruktur, die sowohl in der NAV Reportvorschau als auch in der PDF- und Excel-Datei erhalten bleibt, vereinfacht bei sehr langen Listen das Navigieren im Report. Die Dokumentenstruktur enthält Hyperlinks, die den Report wie ein Inhaltsverzeichnis strukturieren und automatisch zur gewünschten Gliederungsebene springen lassen. In diesem Fall hat der Report eine zweistufige Dokumentenstruktur, die zum einen den Debitornamen, zum anderen die Restbeträge aus der Debitorenpostenebene enthält.

Interaktive Sortierungen

In Abbildung 2.33 wurde im Report für die Spaltenköpfe *Nr.*, *Name* und *Restbetrag (MW)* jeweils eine interaktive Sortierung definiert. In der Vorschau wurde die standardmäßige Sortierung nach *Nr.* auf *Restbetrag (MW)* (absteigend) geändert, was durch die Pfeilschaltfläche angezeigt wird.

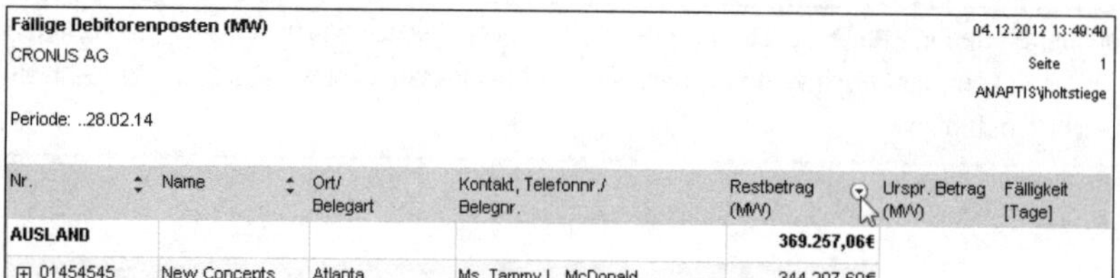

Abbildung 2.33 Interaktive Sortierung für die Spalten *Nr.*, *Name* und *Restbestrag (MW)*

Entwicklungsumgebung und NAV-Objekte

Interaktive Sortierungen erhöhen die Effizienz beim Arbeiten mit Listen, da unter Umständen nicht alle Datensätze dieselbe Beachtung finden, sondern, wie bei den fälligen Debitorenposten, zunächst diejenigen mit besonders hohen Restbeträgen.

Optionale Detailebenen

Über die ⊞-Umschaltflächen (ToggleItems) können Detailebenen des Reports optional für einzelne Elemente bzw. Datensätze eingeblendet werden, wenn eine tiefer gehende Analyse der Detaildaten gewünscht wird. Diese optionalen Detailebenen verbinden die Übersichtlichkeitsvorteile der Datenverdichtung mit den Vorteilen der Drilldown-Option. Der Nutzer muss zur Weiterbearbeitung der Liste den Report nicht verlassen, um beispielsweise weitere Abfragen oder Anwendungsfenster zu öffnen.

Diagrammvisualisierungen

Unter dem Datenbereich enthält der Report zwei Tortendiagramme, um die Verteilung der fälligen Debitorenposten nach *Debitorenbuchungsgruppe* und nach *Debitor* zu visualisieren (siehe Abbildung 2.34). Die neuen Diagrammfunktionen lassen auch benutzerdefinierte Farben zu.

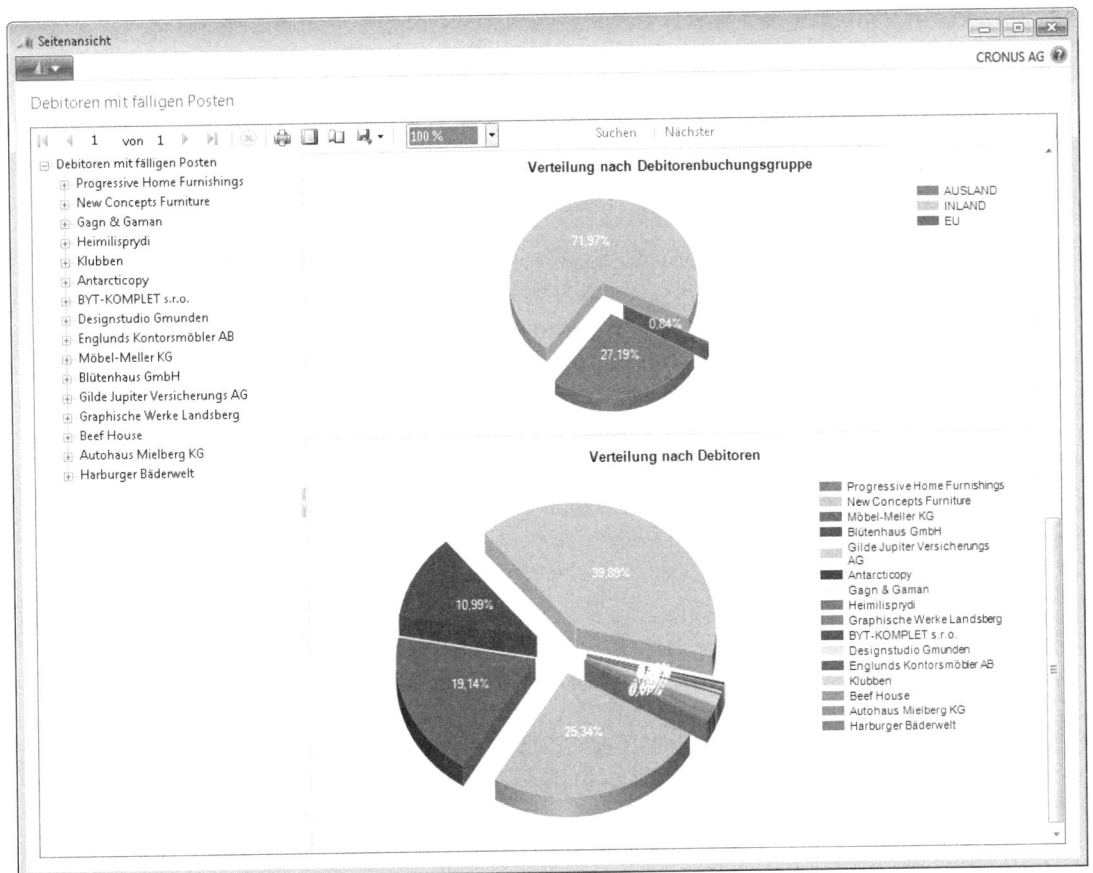

Abbildung 2.34 Tortendiagramme zur Visualisierung von Reportdaten

In NAV 2013-Reports können eingebettete Bilder verwendet werden, um die Aufmerksamkeit auf bestimmte Datensätze zu lenken. In Abbildung 2.35 erscheint ein Warnhinweis sowie ein erläuternder QuickInfo-Text.

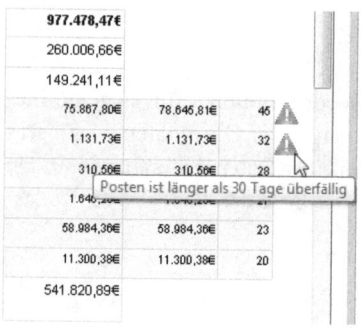

Abbildung 2.35 Ein Warnhinweis erscheint, wenn der Posten mehr als 30 Tage überfällig ist

Drillthrough-Reports

Drillthrough-Reports werden per Hyperlink aus einem anderen Report geöffnet, um weiterführende Details zu einem Element aus dem Ursprungsreport anzuzeigen. In Abbildung 2.36 ist dies eine Ausgangsrechnung, die per Klick auf den *Ursprungsbetrag (MW)* eines Debitorenpostens erscheint.

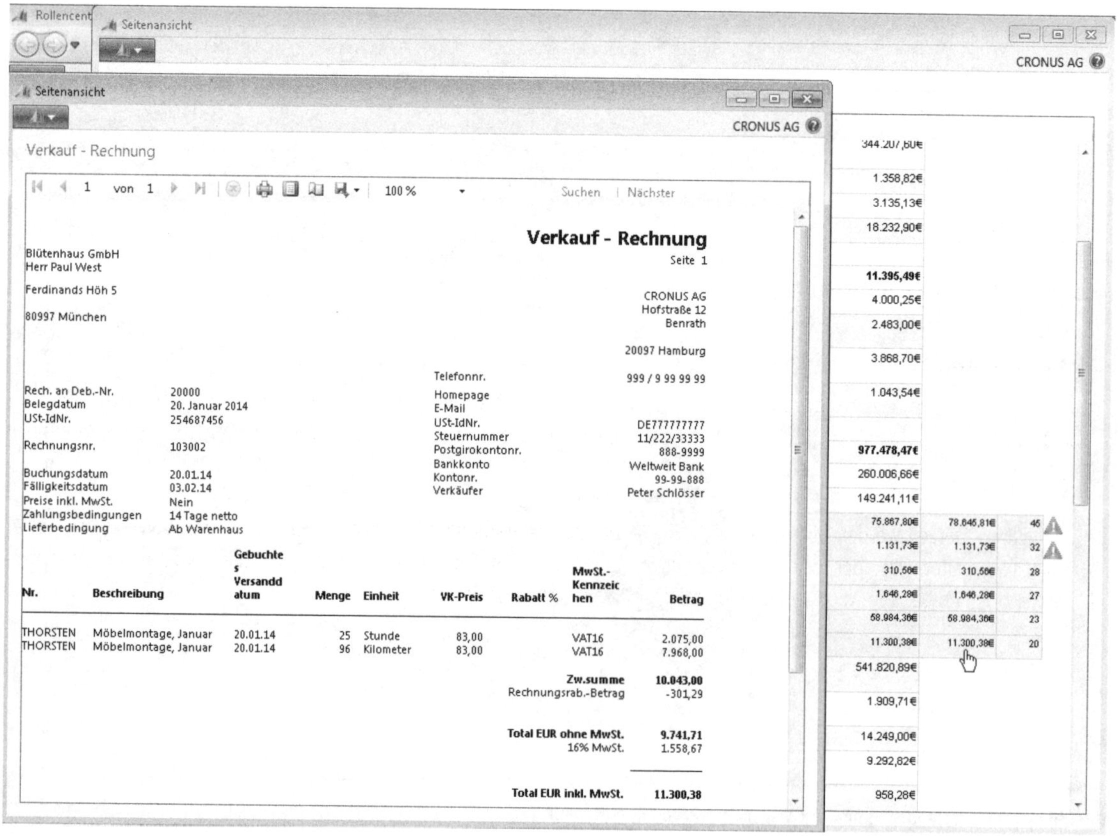

Abbildung 2.36 Aufruf eines Drillthrough-Reports

NAV-Seitenlinks

Analog zu den Drillthrough-Reports können per Hyperlink auch NAV-Seiten mit den entsprechenden Datensätzen aus einem NAV 2013 Reportdatensatz geöffnet werden. Im Beispiel (Abbildung 2.37) ist dies die gebuchte Verkaufsrechnung als NAV-Seite, die per Klick auf die Belegnummer erscheint. Genauso wie Drillthrough-Reports haben auch die NAV-Seitenlinks das Ziel, das Arbeiten mit Reports effizienter zu machen.

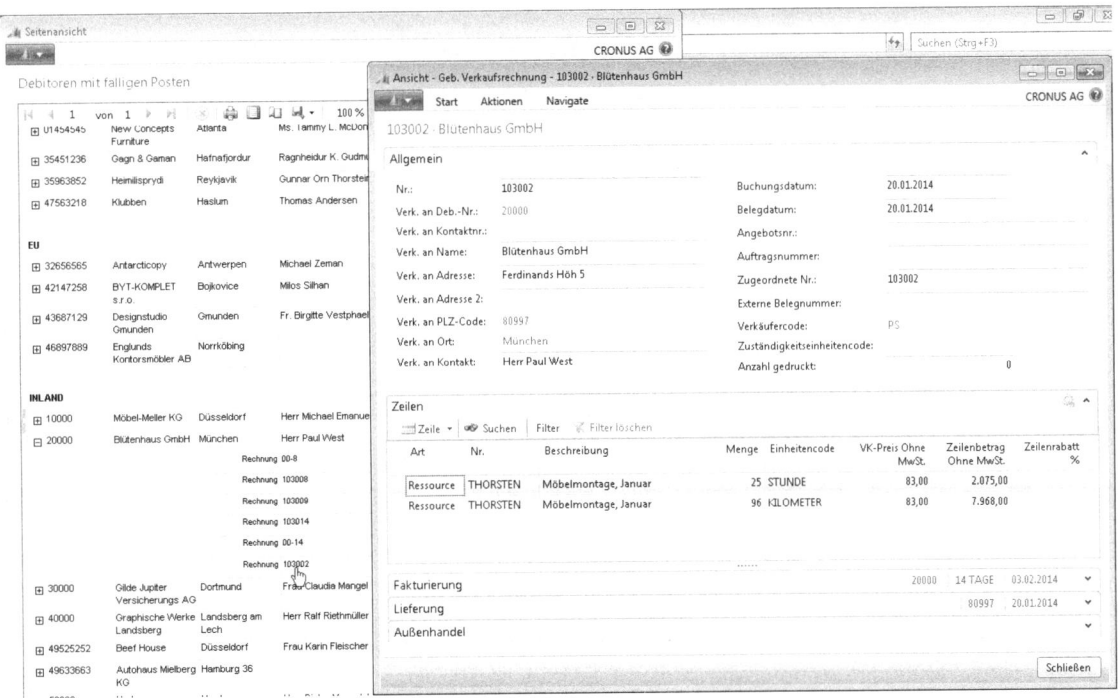

Abbildung 2.37 Aufruf einer NAV-Seite aus dem Report

Mail-to-Funktion

Ergibt sich aus den Reportdaten, wie beispielsweise bei fälligen Debitorenposten, ein Kommunikationsbedarf, kann auch das Erstellen von E-Mails über Links (»mailto: HREF tag«) unterstützt werden (siehe Abbildung 2.38).

> **HINWEIS** Derzeit werden Microsoft Lync 2010-Befehlszeilenparameter wie »callto:«, »sip:« oder »im:« vom Report Viewer noch nicht verarbeitet, was aber für die nächste Version zu erwarten ist. Darüber wäre es möglich, Telefonnummern per Hyperlink aus Reports heraus über Microsoft Lync oder Skype direkt wählen zu lassen.

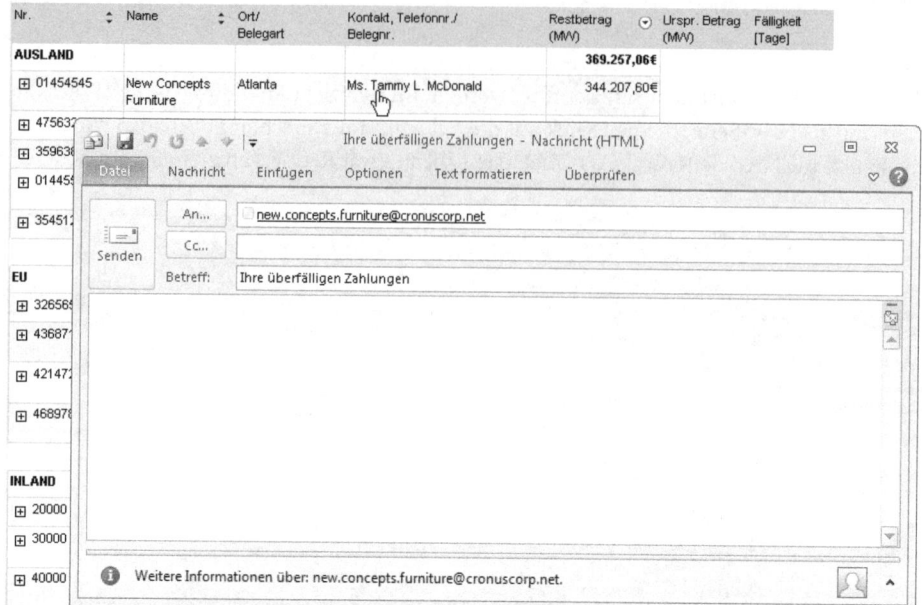

Abbildung 2.38 Per Klick auf den Kontakt öffnet sich eine E-Mail-Nachricht an den Kontakt

Report Dataset Designer

Der neue Report Dataset Designer definiert den logischen Aufbau des Reports und enthält neben den Data-Items (Tabellen und deren Filterung) auch die Columns (Felder, Captions und Variablen), die im Report benötigt werden. Durch den Wegfall der Classic-Reports, mit deren hierarchischer Anordnung sequenziell zu durchlaufender Tabellendatensätze, kann nun ein Dataset definiert werden, das (unabhängig von Sichtbarkeit auf Classic Report Sections, durch die in NAV 2009 das Dataset definiert wurde) eine große Rohdatentabelle repräsentiert (siehe Abbildung 2.39), aus der sich der Report bedient.

Im Gegensatz zu NAV 2009 enthält das Dataset nur die im Report benötigten Rohdaten und keine *Captions* (Feldnamen), die nun als *Report Parameter* bzw. *Labels* übergeben werden. Das erhöht sowohl die Übersichtlichkeit als auch die Performance des Reports. Allerdings wird das dafür verantwortliche neue Feature *Include Captions* von der Mehrheit der Standardreports in NAV 2013 noch nicht benutzt. Das *Include Captions*-Feature ist in Multi-Language-Szenarien problematisch, wenn der Report dynamisch (abhängig z. B. vom jeweiligen Debitor) die Sprache wechseln muss, da die Captions »OnInitReport« übergeben werden. Im Header sind also keine Informationen über Gruppenwechsel im Body verfügbar.

HINWEIS Das aus Left Joins generierte Dataset kann aus der Vorschau des Reports über `Strg`+`Alt`+`F1` eingesehen werden und von dort auch als XML exportiert werden. Über diese Funktion kann ein Report auch als Abfrage-Generator, ähnlich der noch zu erläuternden Query, fungieren.

Wie das neue Query-Objekt als DataSet in einen Report eingebunden werden kann, erfahren Sie im Abschnitt »Einsatz in C/AL-Programmierung«.

Entwicklungsumgebung und NAV-Objekte

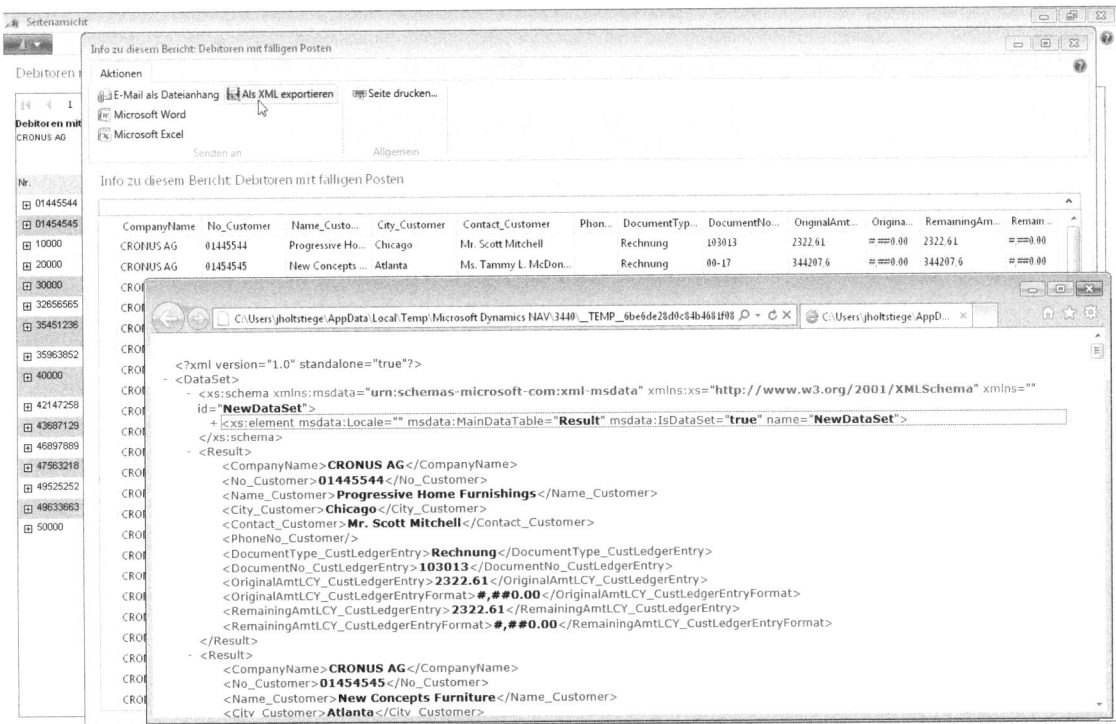

Abbildung 2.39 Info zu diesem Bericht, Reportrohdaten können analysiert und z. B. per XML exportiert werden

NAV 2013-Reporterstellung am Beispiel

Nachdem die neuen Gestaltungsmöglichkeiten durch RDLC 2008 am Beispiel des Reports *Debitoren mit fälligen Posten* vorgestellt wurden, soll nun anhand einer vereinfachten Version die Erstellung eines solchen Reports detailliert erläutert werden. In der vereinfachten Version sollen Debitoren mit fälligen Salden angedruckt werden und die zugrunde liegenden Debitorenposten als optionale Detailebene einzublenden sein. Das Dataset wird somit aus zwei DataItems (Tabelle 18, Debitor und Tabelle 21, Debitorenposten) gebildet.

ACHTUNG   Für die Definition des Report-Layouts muss entweder Microsoft Visual Studio 2010 zur Verfügung stehen oder die Visual Studio Web Developer 2010 Express Edition inklusive »Microsoft Visual Studio 2010 Shell (Integrated) Redistributable Package«.

Report Dataset Designer

Um den Report Dataset Designer in Abbildung 2.40 zu öffnen, klicken Sie im Object Designer auf *Report* und *New*. Um das erste DataItem zu definieren, geben Sie die TableID 18 in das Feld *Data Source* ein.

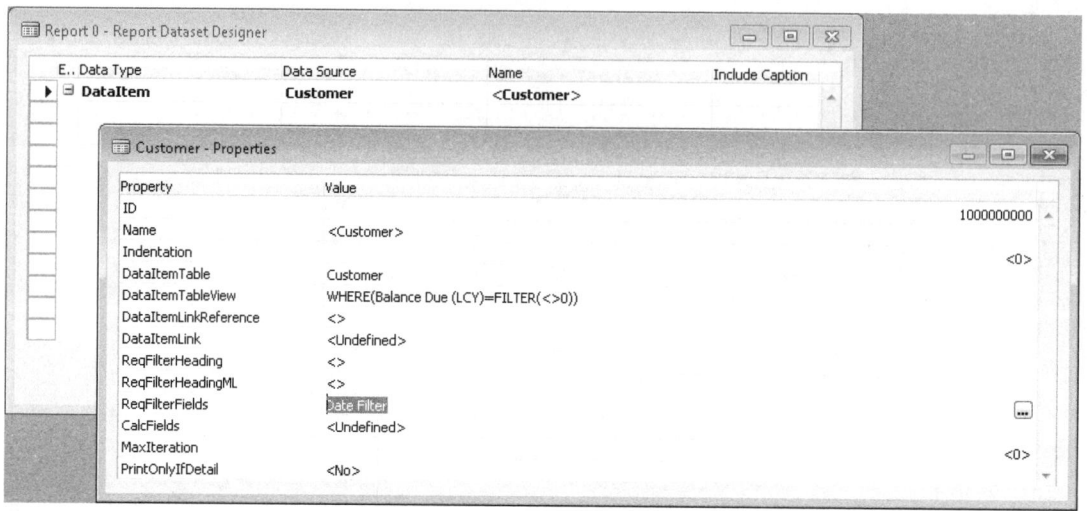

Abbildung 2.40 DataItem-Properties für die Tabelle *Debitor*

Folgende Zuweisungen sind in den Properties ⇧+F4 zum *Customer DataItem* vorzunehmen:

Properties	Value	Erläuterung
DataItemTableView	WHERE(Balance Due (LCY)=FILTER(<>0))	Es sollen nur Debitoren erscheinen, für die das FlowField *Fälliger Saldo (MW)* ungleich Null ist
ReqFilterFields	Date Filter	Datumsfilter wird auf der Request Page als Filterkriterium vorgeschlagen

Tabelle 2.8 DataItem-Properties für den Beispielreport

Danach sind über das *Field Menu* Alt, A, F die Felder *Nr.*, *Name*, *Ort*, *Kontakt* und *Telefonnr.* auszuwählen. Nach dem Aktivieren des Dataset Designers erscheint eine Rückfrage, die bestätigt werden muss (siehe Abbildung 2.41).

TIPP Die Verwendung des *Field Menu* hat den Vorteil, dass der *Column Name* automatisch vergeben wird. Wenn diese manuell vergeben werden, empfiehlt sich eine konsistente Namensvergabe, die auch das DataItem in Visual Studio noch erkennen lässt (z. B. »Cust_Name« oder »CLE_PostingDate«).

Entwicklungsumgebung und NAV-Objekte

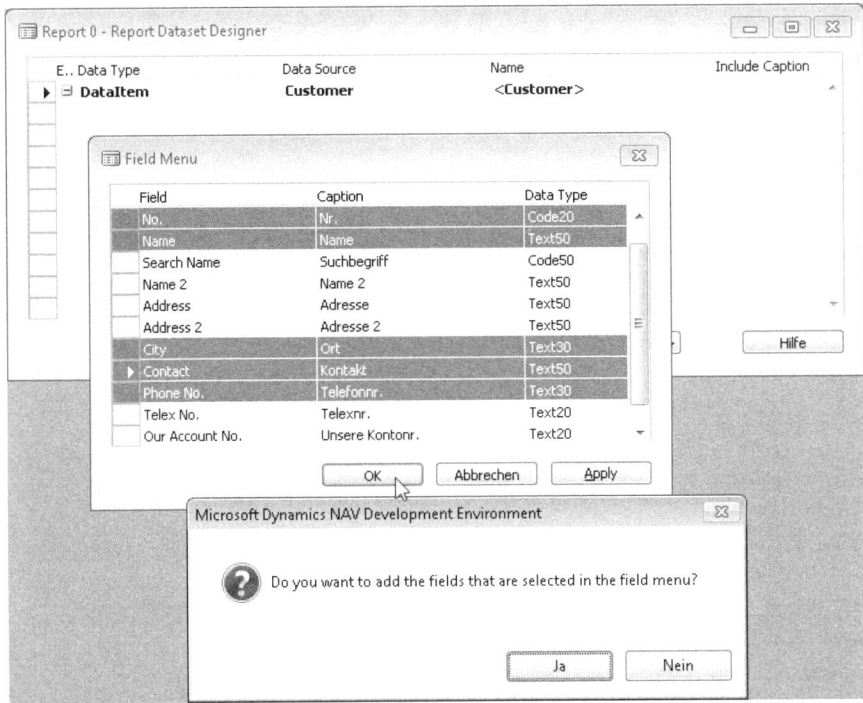

Abbildung 2.41 Auswahl der Felder für das erste DataItem (Customer)

Für die fünf ausgewählten Columns ist jeweils das Kontrollkästchen *Include Caption* zu aktivieren, um die *Field Caption* per Parameter automatisch an den Report zu übergeben.

Im zweiten DataItem wird die TableID 21 im Feld *Data Source* angegeben und folgende Properties (wie in Abbildung 2.42 ersichtlich) zugewiesen:

Properties	Value	Erläuterung
DataItemLink	Customer No.=FIELD(No.),Due Date=FIELD(Date Filter)	Verbindet das neue DataItem mit dem bestehenden Customer DataItem und transportiert einen Datumsfilter (Betrachtungszeitraum bzw. Stichtag) auf das Fälligkeitsdatum im Debitorenposten
DataItemTableView	SORTING(Customer No.,Open,Positive,Due Date,Currency Code) WHERE(Remaining Amt. (LCY)=FILTER(<>0))	Legt die Sortierung fest und filtert die Debitorenposten auf *Restbetrag (MW)* ungleich Null
CalcFields	Remaining Amt. (LCY), Original Amt. (LCY)	Sorgt für die Berechnung der beiden FlowFields

Tabelle 2.9 Properties für *DataItem Cust. Ledger Entry*

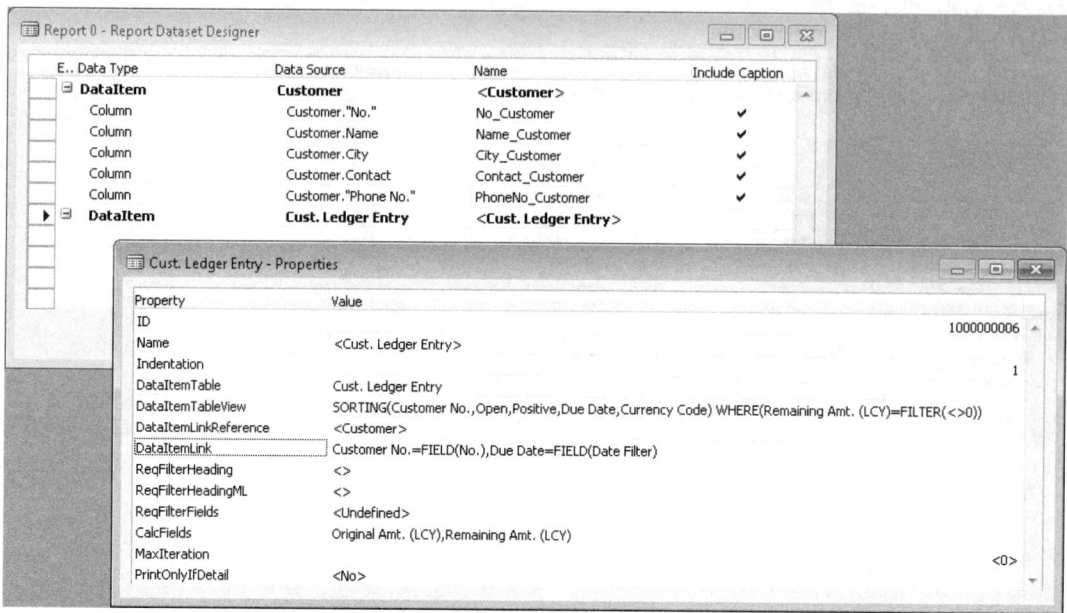

Abbildung 2.42 Properties des zweiten DataItems für das Dataset

Über das *Field Menu* sind für das zweite DataItem die Felder *Belegart, Belegnr., Ursprungsbetrag (MW)* und *Restbetrag (MW)* auszuwählen (siehe Abbildung 2.43). Nach der Rückkehr zum Dataset Designer wird die Rückfrage bestätigt. Wie zuvor ist jeweils das Kontrollkästchen *Include Caption* zu aktivieren.

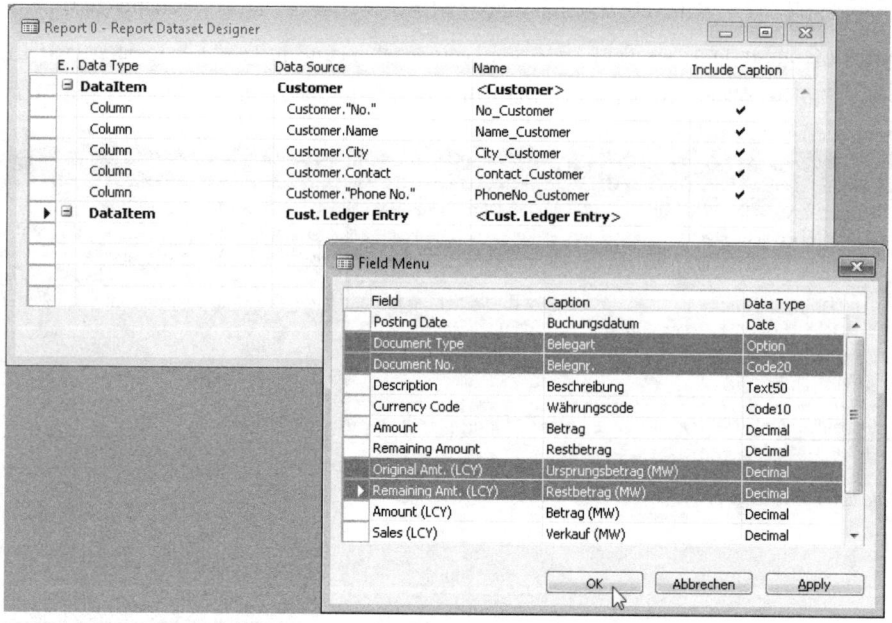

Abbildung 2.43 Feldauswahl für das zweite DataItem

Entwicklungsumgebung und NAV-Objekte

Label Designer

Nachdem die Tabellenfelder für das Dataset definiert sind, ist über [Alt]+[A]+[L] in den Label Designer zu wechseln, um dort die beiden Textkonstanten aus Abbildung 2.44 für den Report zu definieren.

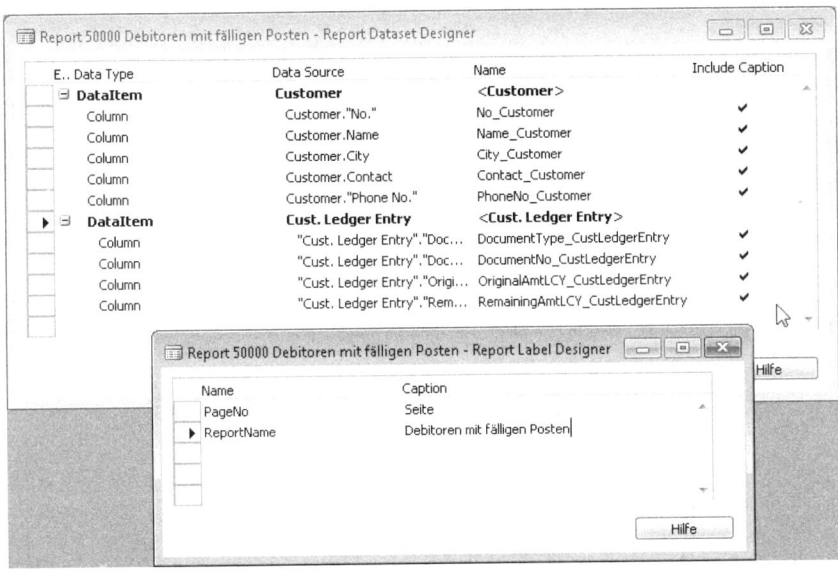

Abbildung 2.44 Label Designer

Über die Properties ([⇧]+[F4]) können dem Label auch Übersetzungen hinzugefügt werden. An dieser Stelle ist der Report mit Angabe des Namens unter einer freien Objektnummer (*Datei/Save as*) abzuspeichern.

Visual Studio 2010 Report Designer

Über *Ansicht/Layout* oder [Alt]+[A]+[Y] öffnet sich Microsoft Visual Studio 2010, wo nun das grafische Layout des Beispielreports definiert wird.

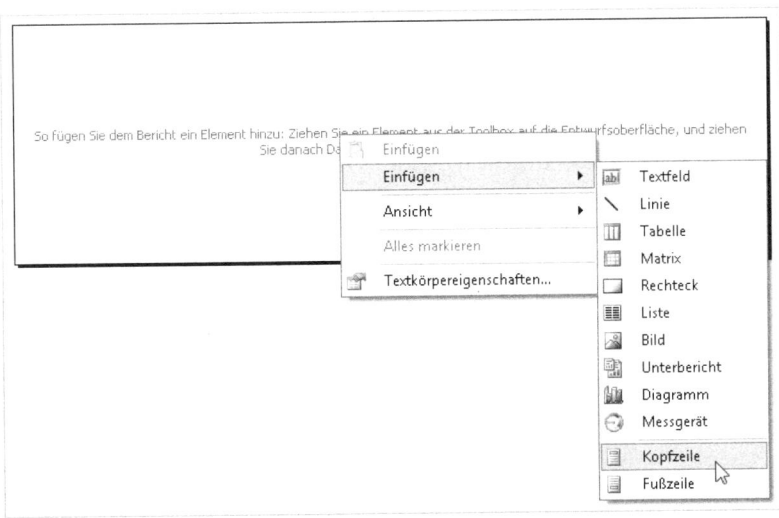

Abbildung 2.45 Strukturieren der Entwurfsoberfläche in Kopfzeile und Textkörper

Um die Entwurfsoberfläche zu strukturieren, wird dem Report (wie in Abbildung 2.45) eine Kopfzeile hinzugefügt, bevor eine Tabelle auf dem Textkörper (Body) platziert wird. Um in der neuen Tabelle Spalten zu ergänzen, (wie in Abbildung 2.46) rechts auf einen der Spaltenköpfe klicken, um die benötigten zusätzlichen Spalten hinzuzufügen.

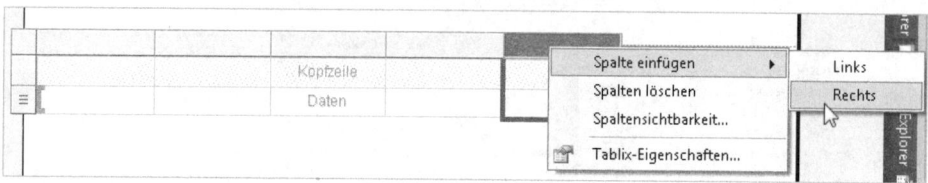

Abbildung 2.46   Hinzufügen von Spalten zu einer Tabelle

Auf die gleiche Weise gelangt man in die Eigenschaften, wo die Tabelle mit dem Dataset verbunden wird (Abbildung 2.47 und Abbildung 2.48).

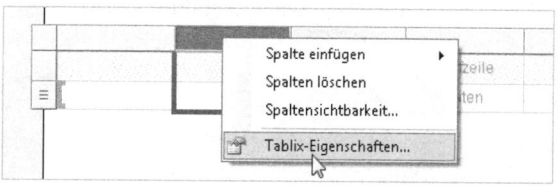

Abbildung 2.47   Tabellen-Eigenschaften definieren

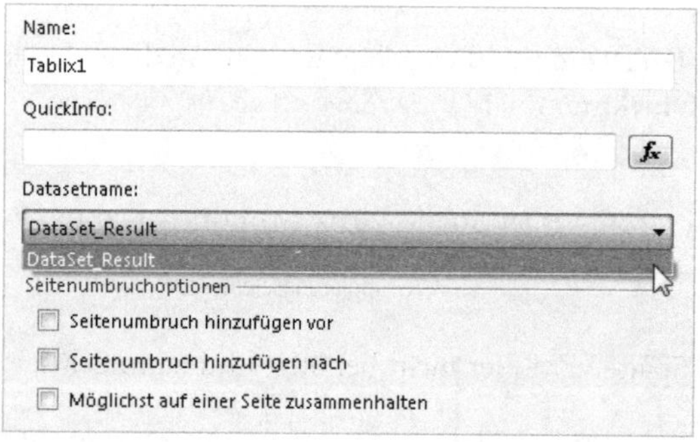

Abbildung 2.48   Verknüpfung der Tabelle mit dem Dataset

Die eingefügte Tabelle enthält nun eine Kopfzeile und eine (Detail-)Datenzeile, die durch drei waagerechte Striche gekennzeichnet ist (siehe Abbildung 2.46). Diese Zeile wird die optional einblendbare Debitorenpostenebene (unterste Datenebene) aufnehmen, sodass nun noch eine Zeile für das erste DataItem, die Debitorenebene (Gruppierungsebene), benötigt wird.

Entwicklungsumgebung und NAV-Objekte

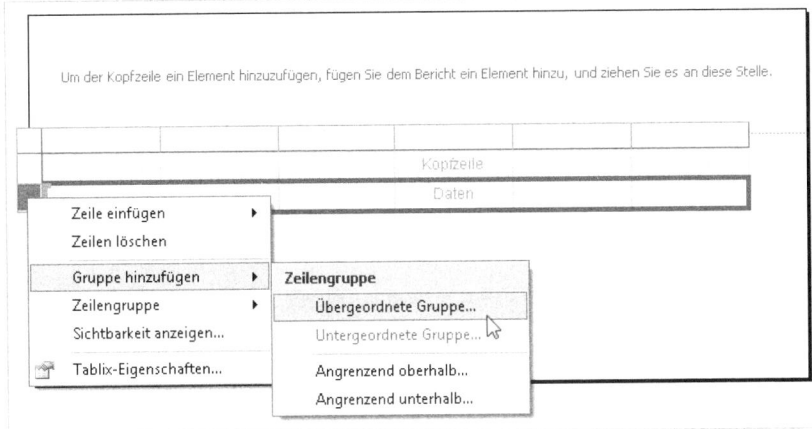

Abbildung 2.49 Hinzufügen einer übergeordneten Gruppenebene

Dazu wird die Datenzeile wie in Abbildung 2.49 markiert, über das Kontextmenü eine *Übergeordnete Gruppe* hinzugefügt und in diesem Fall eine Gruppierung nach *Debitorennr.* festgelegt (siehe Abbildung 2.50).

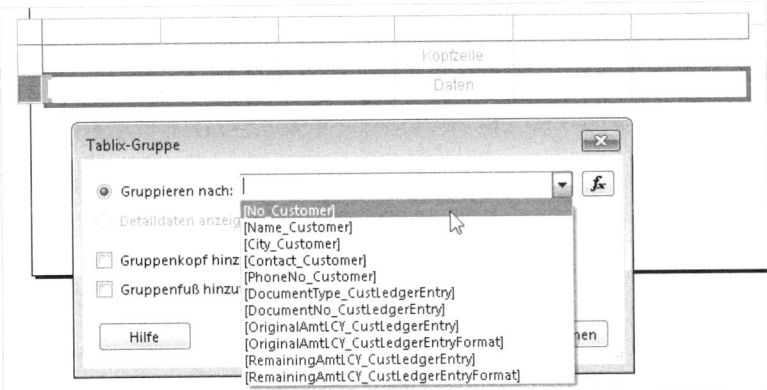

Abbildung 2.50 Festlegung des Gruppierungselements

Die durch Einfügen der Gruppe automatisch eingesetzte Spalte wird hier nicht benötigt und kann gelöscht bzw. über die *Hidden*-Eigenschaft ausgeblendet werden.

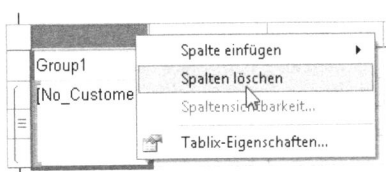

Abbildung 2.51 Löschen nicht benötigter Gruppenspalten

Nachdem je eine Zeile für die beiden DataItems (»Customer« und »CustLedgerEntry«) existiert, können die Felder per Dropdownmenü im rechten oberen Bereich der Textfelder (siehe Abbildung 2.52) zugewiesen werden. Alternativ kann das *Berichtsdaten*-Fenster über [Strg]+[Alt]+[D] eingeblendet und für Drag & Drop-Aktionen verwendet werden.

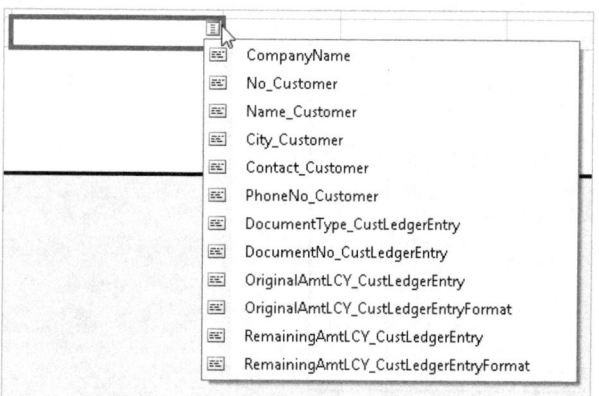

Abbildung 2.52 Dropdownmenü auf Textfeldern

Da die Debitorenpostenebene nur optional eingeblendet werden soll, wird die *Sichtbarkeit* dieser Zeile auf »im Ausgangszustand ausgeblendet« eingestellt (siehe Abbildung 2.53 und Abbildung 2.54).

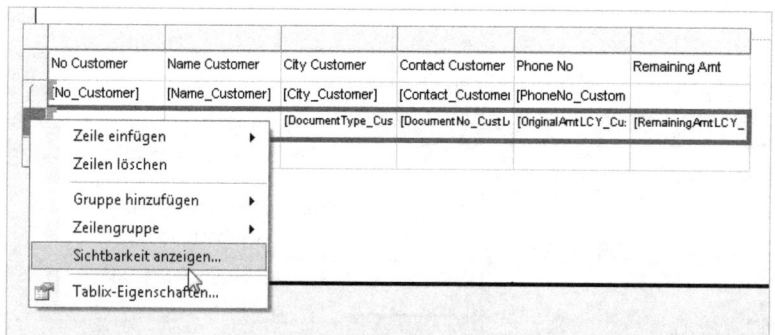

Abbildung 2.53 Sichtbarkeit für optionale Detailebene definieren

Um die Sichtbarkeit von der übergeordneten Gruppenzeile (Debitorenebene) steuern zu können, soll eine Umschaltfläche (»ToggleItem«) bei der *Debitorennr.* (hier »No_Customer«) verfügbar sein, mit der die Detaildaten in der Reportvorschau ein- und ausgeblendet werden können (Abbildung 2.54).

Das Debitorenpostenfeld *Restbetrag (MW)* soll in der Debitorenzeile aufsummiert werden. Dazu kann das *Ausdruck*-Menü (Abbildung 2.56) verwendet werden, das im Kontextmenü über den Befehl *Ausdruck* geöffnet wird (Abbildung 2.55).

TIPP Wenn Ihre Tastatur links neben der rechten `Strg`-Taste eine Eigenschaftstaste hat, können Sie diese in Visual Studio 2010 benutzen, um das häufig benötigte Kontextmenü eines Textfelds schneller über die Tastatur zu öffnen (sonst: `⇧`+`F10`). Von dort gelangt man über drei Mal `A` und `↵` in das *Ausdruck*-Menü.

Entwicklungsumgebung und NAV-Objekte

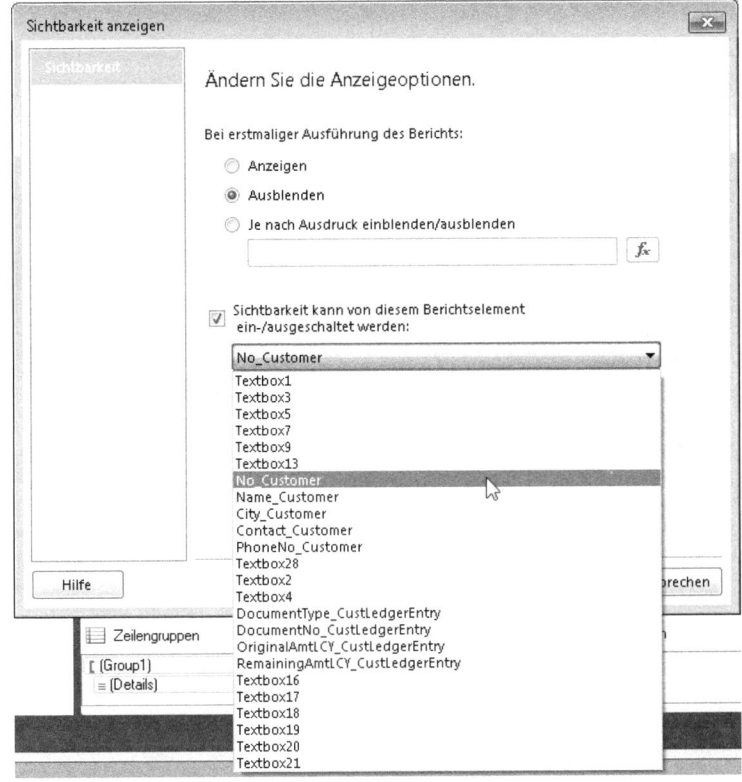

Abbildung 2.54 Festlegen der Sichtbarkeitsoptionen

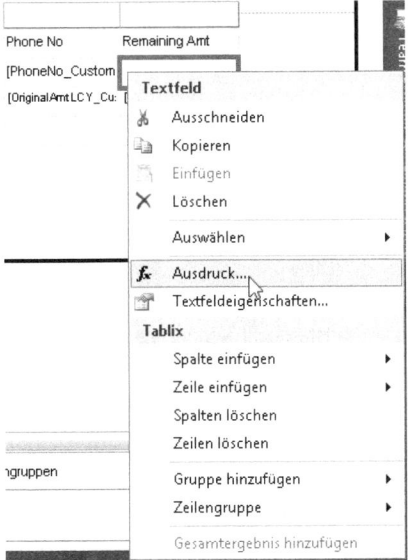

Abbildung 2.55 Kontextmenü eines Textfelds

Im *Ausdruck*-Dialogfeld ist in der Kategorie *Felder (DataSet_Result)* das Dataset-Element »RemainingAmtLCY_CustLedgerEntry« per Doppelklick auszuwählen und dem Ausdruck der Befehl *Sum* inklusive der Klammern voranzustellen (siehe Abbildung 2.56).

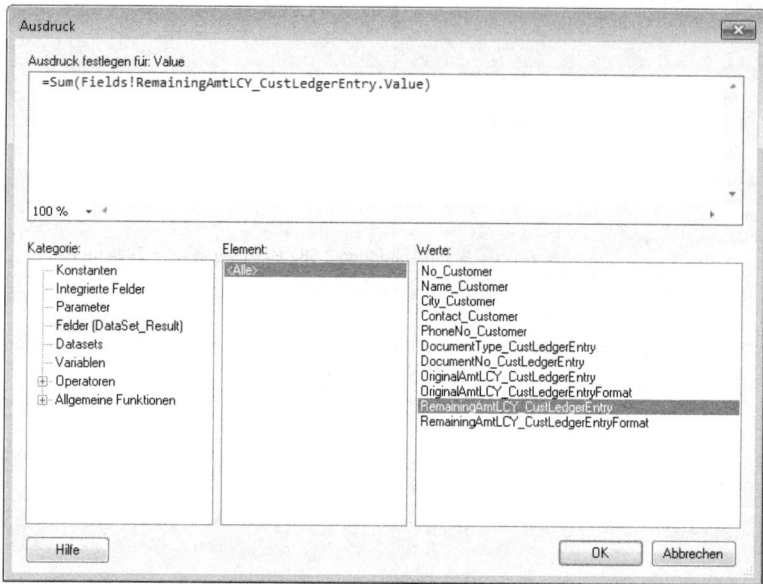

Abbildung 2.56 Dialogfeld *Ausdruck* des Textfelds *Restbetrag (MW)*

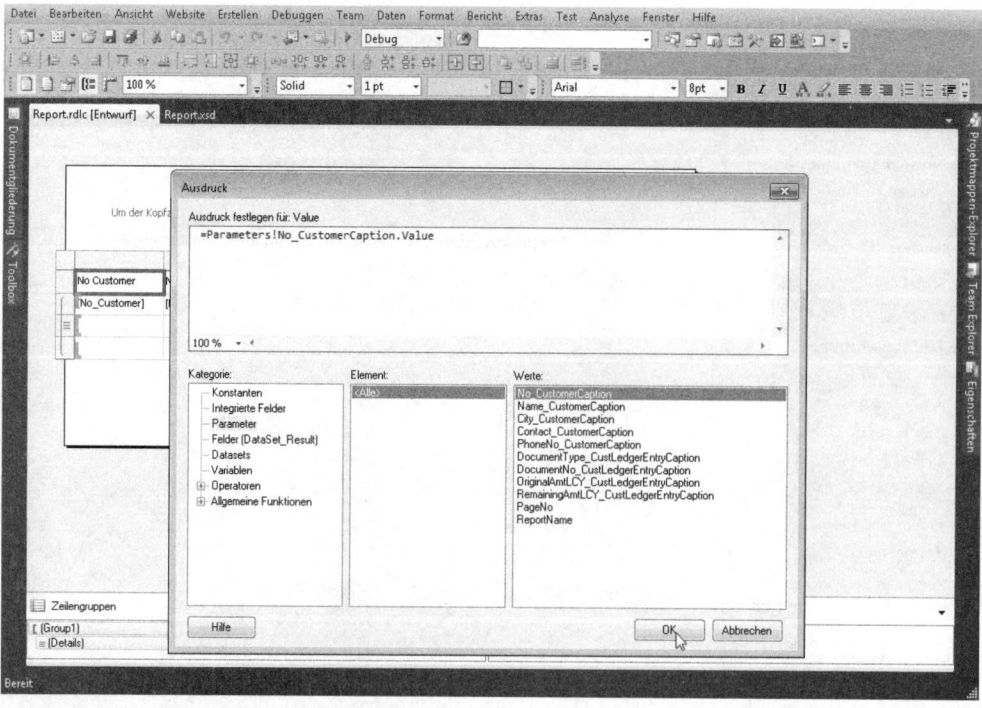

Abbildung 2.57 Zuweisung der NAV-Captions über die Reportparameter

Entwicklungsumgebung und NAV-Objekte

Durch die *Include Caption*-Option stehen die Feldnamen (*Captions*) für die ausgewählten Tabellenfelder als Report-Parameter zur Verfügung. Die Zuweisung erfolgt ebenfalls über das Dialogfeld *Ausdruck*, wo diese unter der Kategorie *Parameter* zur Verfügung stehen (siehe Abbildung 2.57).

Um ein Gesamtergebnis für den Report auszugeben, ist in den Zeilengruppen im Fußbereich des Entwurfsfensters die Debitorenebene (hier »Group1«) zu markieren und über das Kontextmenü (Abbildung 2.58) unter der Datenzeile des Reports eine Zeile für das Gesamtergebnis einzufügen.

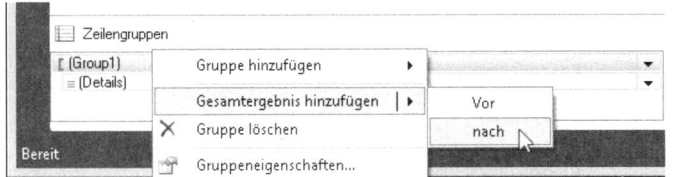

Abbildung 2.58 Hinzufügen einer Zeile für das Gesamtergebnis

Das Textfeld wird als fett/unterstrichen formatiert, und in den Textfeldeigenschaften wird ein währungsspezifisches Zahlenformat ausgewählt (siehe Abbildung 2.59 und Abbildung 2.60).

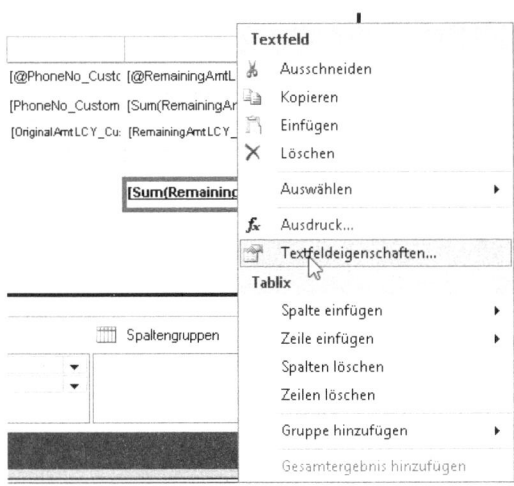

Abbildung 2.59 Textfeldeigenschaften im Kontextmenü

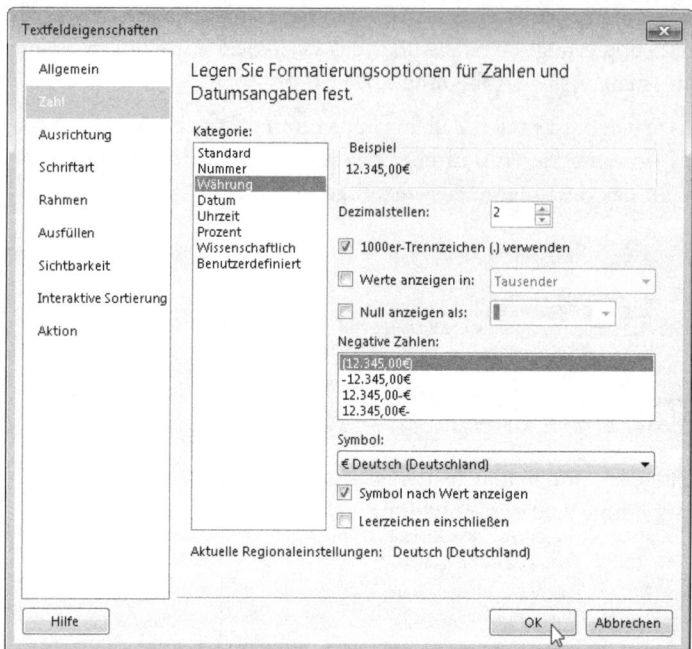

Abbildung 2.60 Zahlenformateinstellungen für das Textfeld

Diese Formatierung wird auch auf die anderen Betragsfelder übertragen.

TIPP Um das gewählte Zahlenformat schnell und einfach auf andere Textfelder zu übertragen, kann der Wert der *Format*-Eigenschaft kopiert und auf anderen Textfeldern eingefügt werden. Zum Einfügen reicht es, die Eigenschaftszeile (wie in Abbildung 2.61) zu aktivieren und [Strg]+[V] zu drücken.

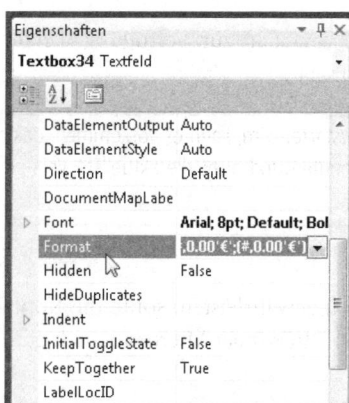

Abbildung 2.61 Formateinstellungen lassen sich per Ziehen/Ablegen übertragen

Gegebenenfalls ist das dazu notwendige Eigenschaftenfenster zunächst über [Strg]+[W]+[P] einzublenden.

Die vorgenommenen Einstellungen sollten an dieser Stelle gespeichert werden, indem Visual Studio verlassen wird. Sicherheitshalber sollte der Datensatz einmal gewechselt werden, bevor auch der DataSet Designer verlassen wird. Die Frage, ob das geänderte RDLC-Layout in den Report geladen werden soll, ist zu bestätigen und der Bericht in NAV zu speichern, bevor dieser per *Run* aus dem Object Designer gestartet wird (siehe Abbildung 2.62).

Entwicklungsumgebung und NAV-Objekte

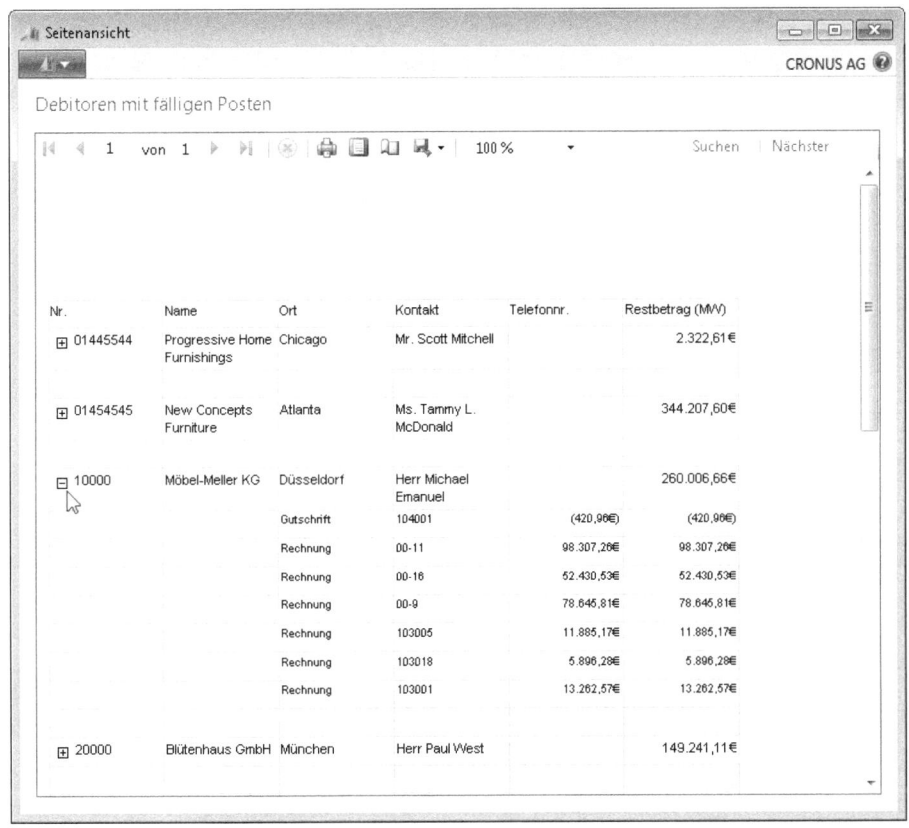

Abbildung 2.62 Erste Vorschau des neuen Reports

Der Textkörperbereich mit der optionalen Detailebene steht nun in der Vorschau zur Verfügung. Letzte Schritte sind die Bearbeitung der Kopfzeile sowie die farblichen Formatierungen.

ACHTUNG Wenn der Report direkt nach Änderungen aus dem Report Designer gestartet wird, kann es vorkommen, dass die Änderungen noch nicht vollständig in die Datenbank zurückgeschrieben werden konnten und nicht die aktuellste Version gestartet wird.

Formatierungen

Um ein möglichst konsistentes grafisches Layout der NAV 2013-Reports zu gewährleisten, sollte die Kopfzeile des Reports an das Layout der NAV-Standardreports angelehnt werden. Hierzu hat Microsoft auch eine entsprechende Report UX Guideline herausgegeben.

HINWEIS Die NAV 2013 Report Design Guidelines finden Sie im Microsoft Developer Network unter dem Link *http://msdn.microsoft.com/en-us/library/jj651616(v=nav.70).aspx*.

Für eine einheitliche Formatierung wird unter anderem der Mandantenname für den Andruck oben links benötigt. Der Mandantenname kann dem Dataset über das Dialogfeld *C/AL Symbol Menu* (F5 -Taste) zugewiesen werden (Abbildung 2.63). Benennen Sie die neue Column analog zum C/AL-Befehl in »CompanyName«.

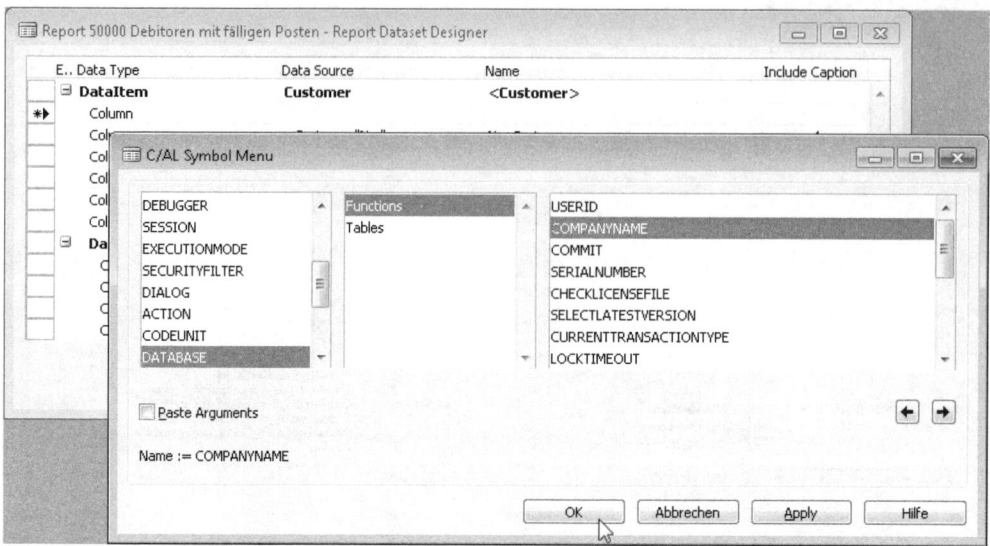

Abbildung 2.63   Zuweisung des Mandantennamens in das Report-Dataset

Um die für die Kopfzeile benötigten Textfelder nicht manuell entsprechend der UX Guideline bearbeiten zu müssen, werden diese wie in Abbildung 2.64 der Einfachheit halber aus einem Standardreport (hier Report ID 5) kopiert und in die Kopfzeile des neuen Reports eingefügt.

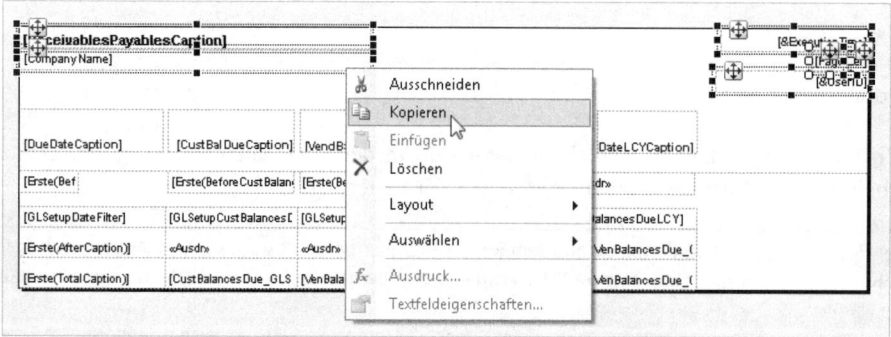

Abbildung 2.64   Markieren und Kopieren der Textfelder aus einem NAV-Standardreport

> **HINWEIS**   In RDLC 2008 ist es möglich, Kopf- und Fußzeilenfelder, die sich aus dem Dataset ergeben, direkt zuzuweisen. Der relativ aufwendige Workaround unter NAV 2009 bzw. RDLC 2005 über versteckte Felder und die SetData/GetData-Programmierung entfällt damit für solche Kopfinformationen, die sich im Reportdruck nicht dynamisch ändern. Noch immer notwendig ist der Workaround z. B. beim Rechnungsreport, bei dem Kopfinformationen von Seite zu Seite variieren.

Für die drei eingefügten Textfelder werden dann die Ausdrücke aktualisiert: Für den Reporttitel ist dies der Parameter »ReportName« (siehe Abbildung 2.65), für den Mandantennamen die neue *Column* »CompanyName« aus dem Dataset (siehe Abbildung 2.66) und für die »PageNo« der gleichnamige Reportparameter (siehe Abbildung 2.67).

Entwicklungsumgebung und NAV-Objekte

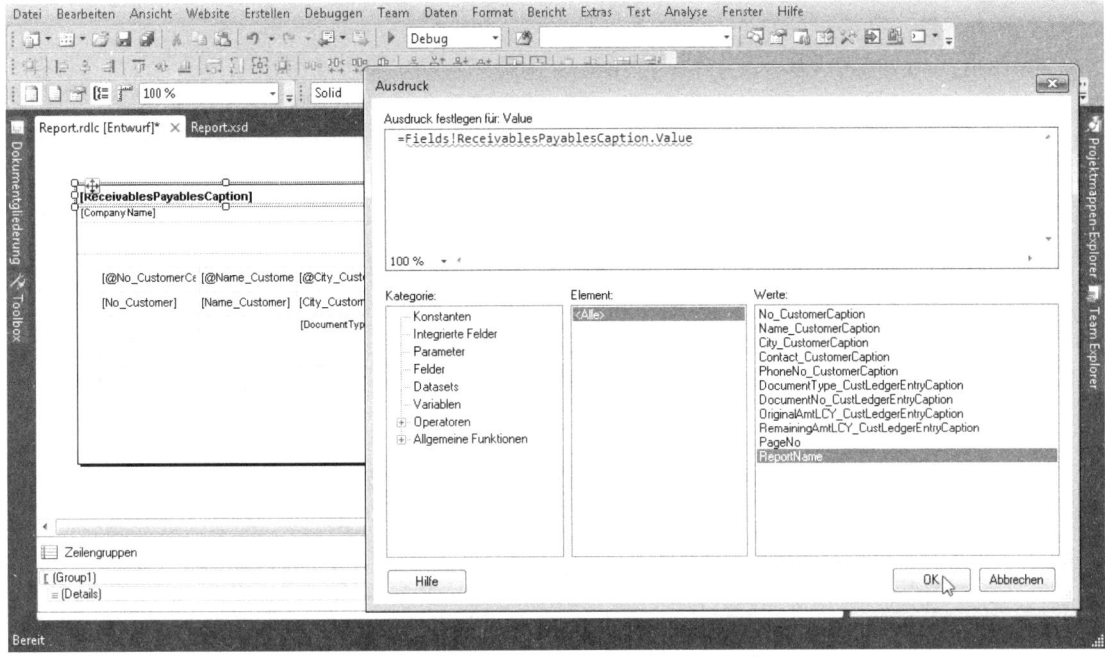

Abbildung 2.65 Zuweisung des Reporttitels als Reportparameter über das *Ausdruck*-Dialogfeld

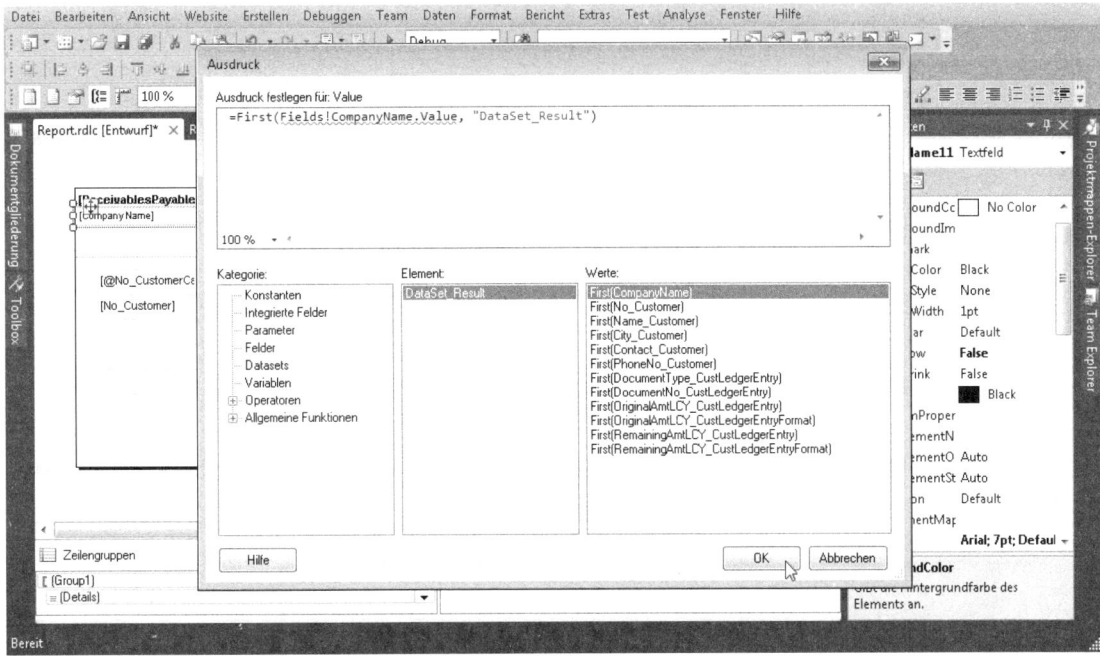

Abbildung 2.66 Zuweisung des Mandantennamens über die Dataset-Column *CompanyName*

Kapitel 2: Technische Grundlagen

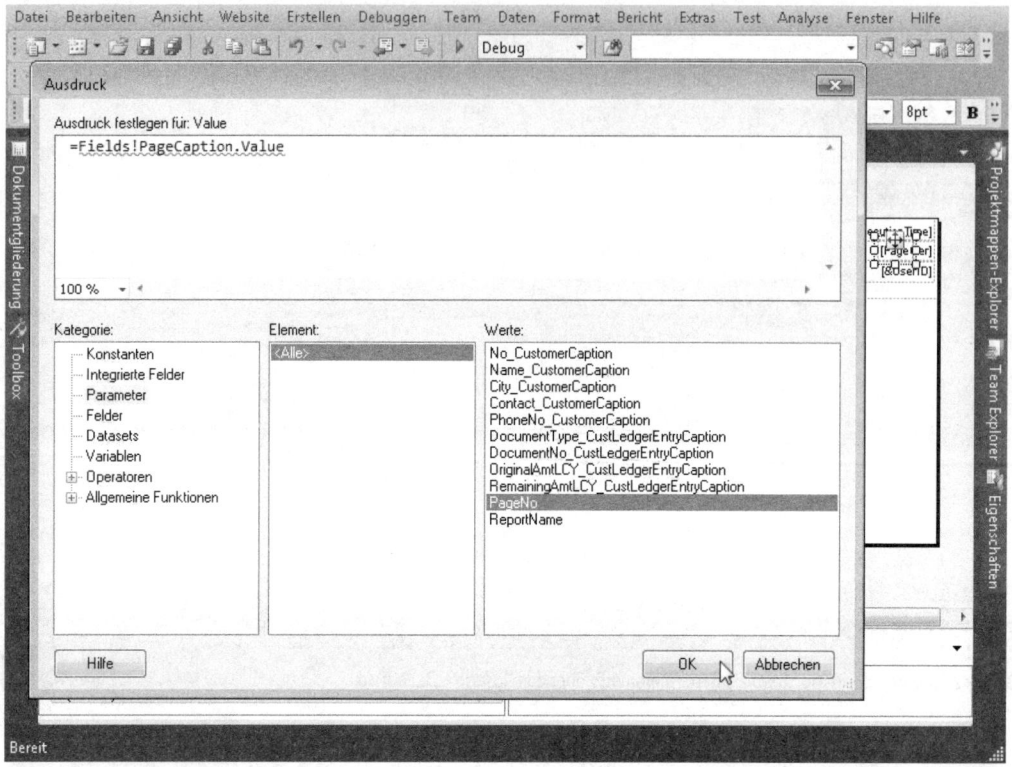

Abbildung 2.67 Zuweisen der *PageNo*-Caption

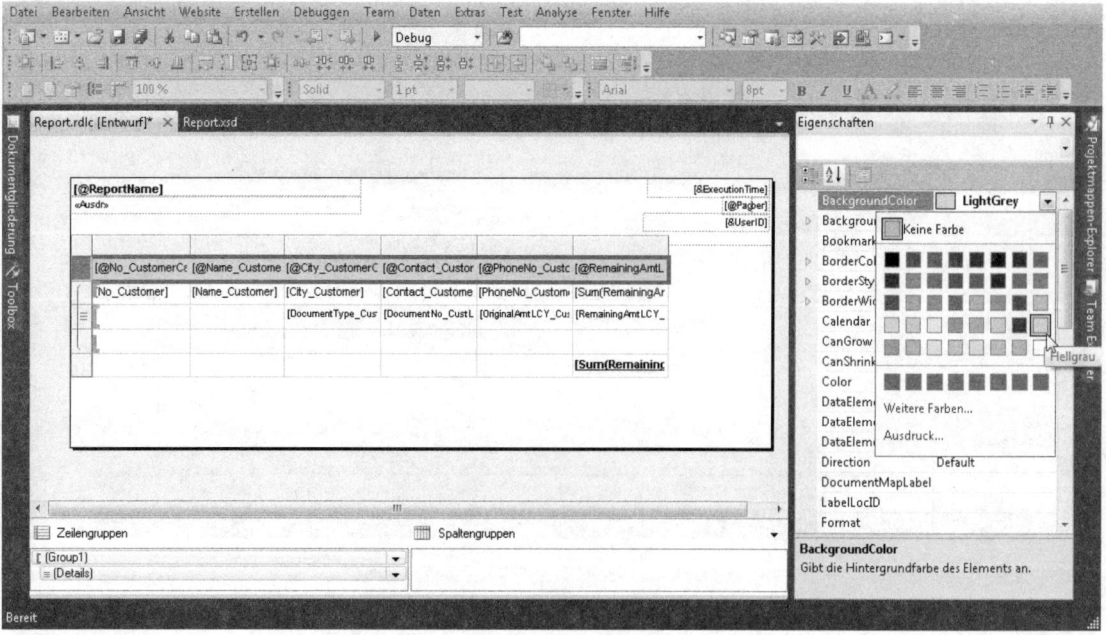

Abbildung 2.68 Formatierung der Spaltenköpfe

Die restlichen Textfelder (&*ExecutionTime*, &*PageNumber* und &*UserID*) enthalten globale Variablen, die nicht geändert werden müssen. Damit ist die Kopfzeile konsistent formatiert und es folgt die farbliche Formatierung: Die Spaltenköpfe sollen hellgrau und die Zeilen in einem Zebrastreifenmuster formatiert werden, um das Erkennen und Lesen der einzelnen Zeilen zu erleichtern. Blenden Sie dazu ggf. über [Strg]+[W]+[P] das Eigenschaftenfenster ein.

Durch Markieren der gesamten Zeile (über den Zeilenkopf) und Zuweisung der Hintergrundfarbe (»BackgroundColor«) wird diese Eigenschaft auf alle Textfelder übertragen. Dies bezieht sich auch auf die bedingte Formatierung, die für die Datenzeilen erweitert werden soll (siehe Abbildung 2.69).

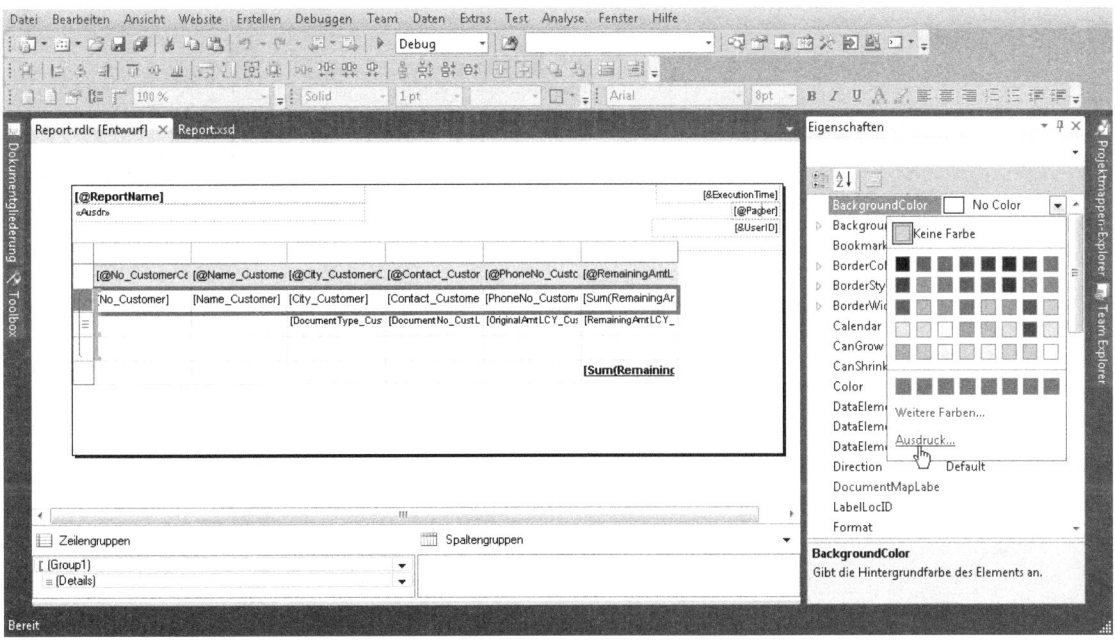

Abbildung 2.69 Hinterlegen einer bedingten Formatierung für die Zeilen über das *Ausdruck*-Menü

Erneut wird die gesamte Zeile markiert und die Eigenschaft *Hintergrundfarbe* geöffnet, dieses Mal jedoch der Ausdruck (*IIF*-Anweisung«) für die Eigenschaft »BackgroundColor« hinterlegt (siehe Abbildung 2.70). Die *IIF*-Anweisung ist eine vereinfachte *IF*-Anweisung vergleichbar mit der WENN()-Funktion von Excel.

TIPP   Innerhalb von Visual Studio können Änderungen mit [⇧]+[F6] oder *Erstellen/Website erstellen* auf Fehler überprüft werden, die ansonsten erst mit dem Speichern und Kompilieren des NAV-Reports auftreten.

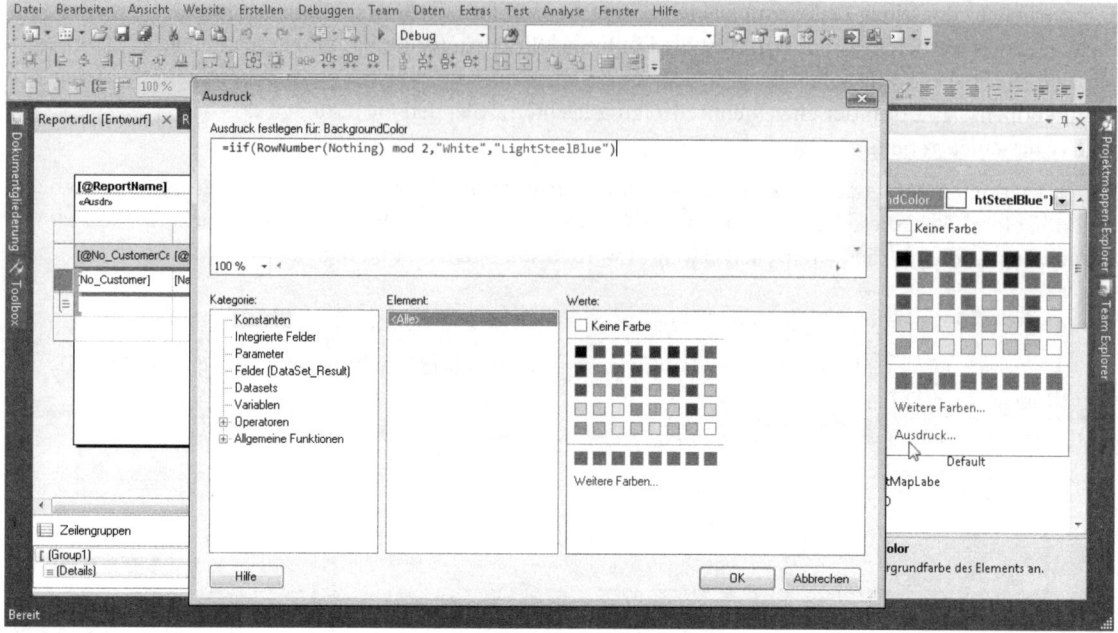

Abbildung 2.70 Anweisung für die bedingte Formatierung abhängig von der Zeilennummer

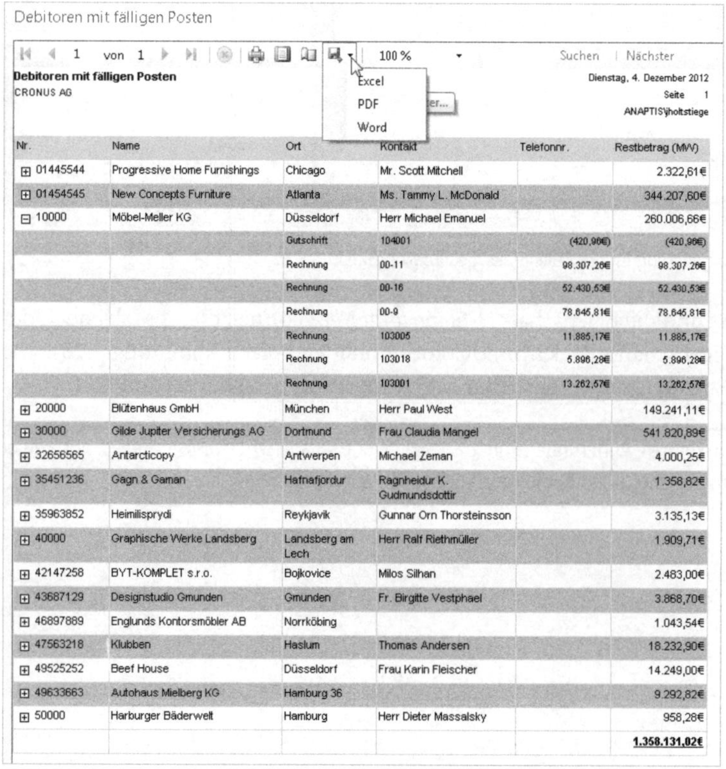

Abbildung 2.71 Vorschau des neuen Reports *Debitoren mit fälligen Posten*

Entwicklungsumgebung und NAV-Objekte

Für die Debitorenposten-Zeile kann, wenn gewünscht, ebenfalls die bedingte Formatierung zugewiesen werden (ggf. mit vertauschten Farben »LightSteelBlue«, »White«). Visual Studio wird mit Speichern verlassen, das Laden der Änderungen in den NAV-Report bestätigt und der Report ebenfalls mit Speichern verlassen. Der Report hat nun das Aussehen wie in Abbildung 2.71.

Die Optionen zur Reportausgabe in Excel, Word und PDF stehen automatisch zur Verfügung.

HINWEIS Einige der zuvor dargestellten Gestaltungsmöglichkeiten (Dokumentenstruktur, interaktive Sortierung, NAV-Seitenlinks, Drillthrough-Reports und Mail-to-Funktion) blieben in der vereinfachten Version des Reports aus Übersichtlichkeitsgründen unberücksichtigt, deren technische Aspekte sollen daher im Folgenden skizziert werden.

Dokumentenstruktur

Die Dokumentenstruktur wird über die erweiterten Gruppeneigenschaften (hier Kontextmenü der Zeilengruppe »Group1«) definiert (siehe Abbildung 2.72).

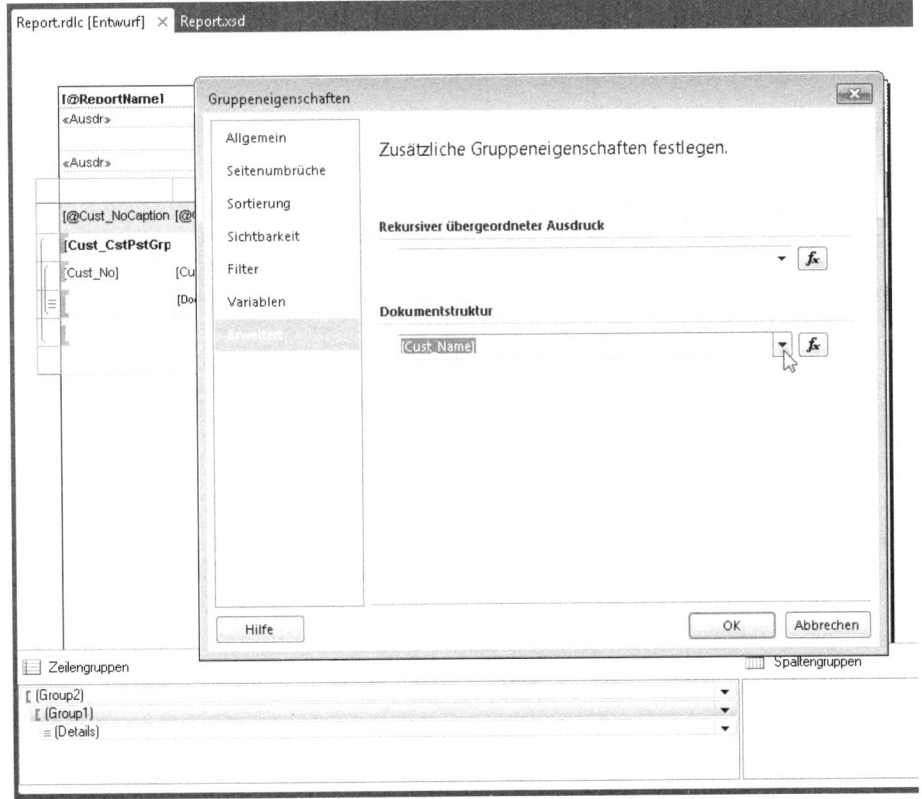

Abbildung 2.72 Definition des Felds für die Dokumentenstruktur in den Gruppeneigenschaften

Interaktive Sortierung

Die interaktive Sortierung ist üblicherweise eine Textfeldeigenschaft im Spaltenkopf, die folgendermaßen parametrisiert wird (siehe Abbildung 2.73).

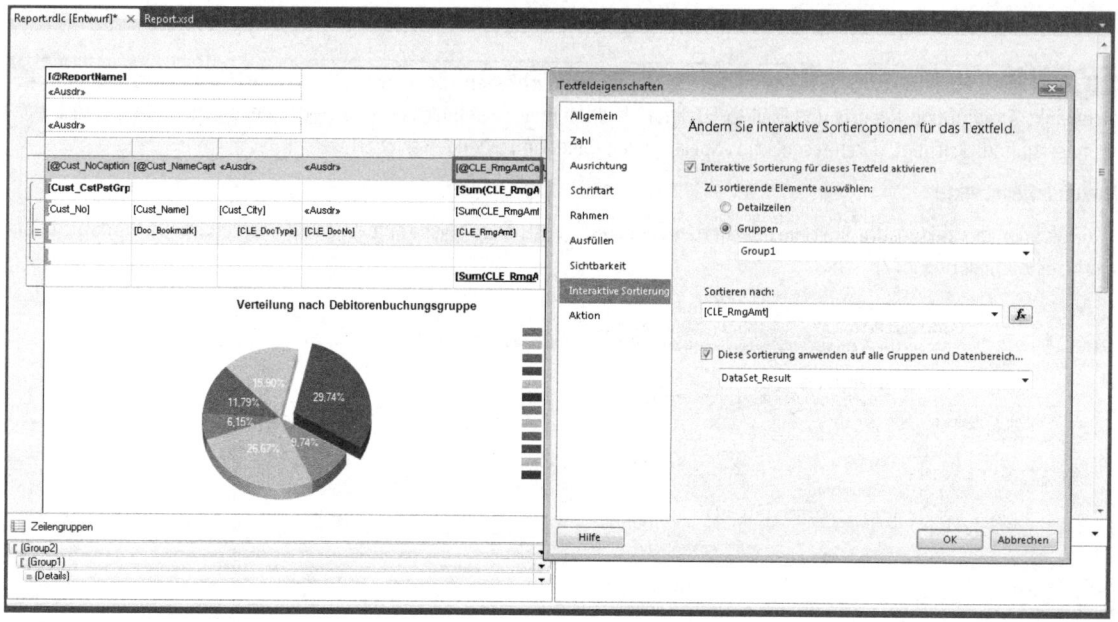

Abbildung 2.73 Beispiel für eine interaktive Sortierung

Die Verwendung des Diagramm-Berichtselements aus der Toolbox ist weitgehend selbsterklärend und analog zu Excel-Diagrammen zu bedienen.

NAV-Seitenlinks

Im vorliegenden Report werden die fälligen Debitorenposten in der optionalen Detailebene dargestellt. Dies können neben Rechnungen auch Gutschriften sein. Um per NAV-Seitenlink auf die jeweilige NAV-Seite (PageID 132 bzw. 134) zu gelangen, wird eine weitere *Dataset Column* benötigt (hier: »Doc_Bookmark«). Über die C/AL-RecRef-Funktionen (in Abbildung 2.74) wird diese Column mit der *RecordID* des jeweiligen Belegs gefüllt und an den Report übergeben.

Diese *RecordID* wird in Visual Studio als *Gehe zu URL*-Aktion auf einem Textfeld verwendet. Der entsprechende Ausdruck kann der Abbildung 2.75 entnommen werden.

Damit Hyperlinks in einem NAV-Report verwendet werden können, muss das gleichlautende Report-Property (»EnableHyperlinks«), wie im rechten Fenster zu sehen, aktiviert werden. Außerdem wird die Hyperlinkanweisung »DynamicsNAV:////« benötigt, die dem Report über ein neues Label »DynamicsNAVURL« übergeben wurde.

Entwicklungsumgebung und NAV-Objekte

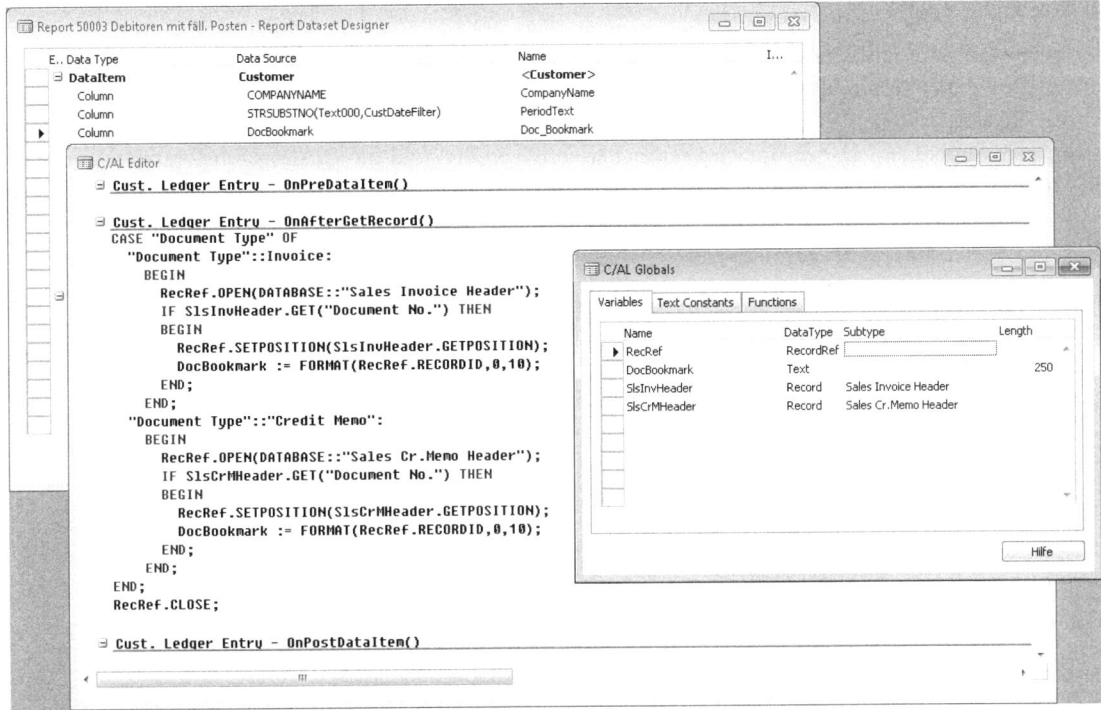

Abbildung 2.74 C/AL-Code zum Erstellen eines Document Bookmarks

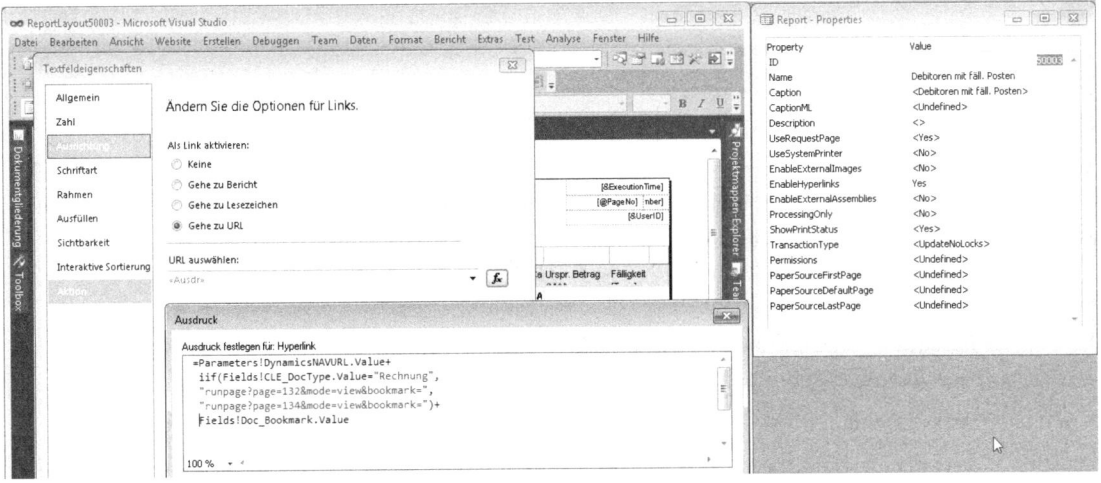

Abbildung 2.75 Verwendung des Doc_Bookmark für den NAV-Seitenlink

Drillthrough-Reports

Für einen Drillthrough-Report erfolgt der Link in ähnlicher Form wie beim NAV-Seitenlink. Statt einer RecordID wird die Verbindung zu der entsprechenden Verkaufsrechnung (ReportID 206) bzw. Verkaufsgutschrift (ReportID 207) über einen Filter auf das primäre DataItem des Drillthrough-Reports hergestellt (siehe Abbildung 2.76). Dabei müssen Leerzeichen durch »%20« und die C/AL-Anführungszeichen durch »%22« ersetzt werden.

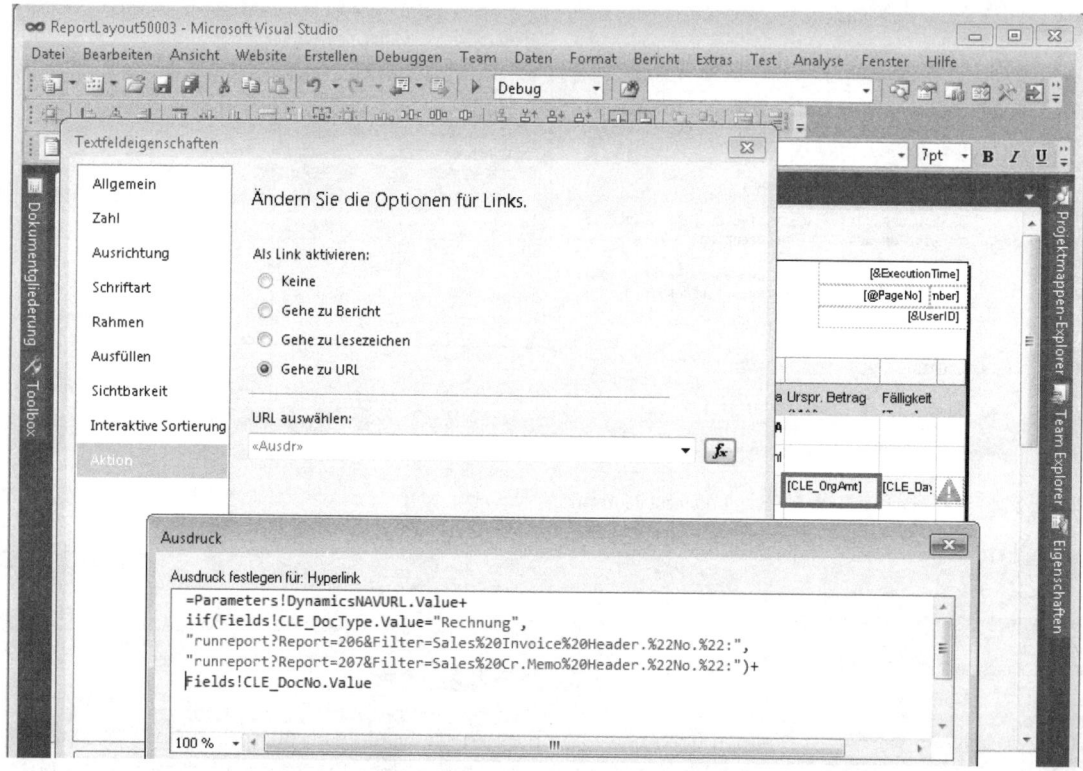

Abbildung 2.76   Ausdruck für einen Drillthrough-Reportlink

Mail-to-Funktion

Die Mail-to-Funktion ist ebenfalls eine *Gehe-zu-URL*-Aktion auf einem Textfeld. Die E-Mail-Adresse wurde zu diesem Zweck in das Dataset integriert (»Cust_Email«) und die Betreffzeile in diesem Fall fest codiert:

="mailto:"+Fields!Cust_Email.Value+"?subject="+"Ihre überfälligen Zahlungen"

Abschließend sei noch erwähnt, dass FlowFilter wie der im Report verwendete Datumsfilter als Textvariable an das Dataset übergeben werden müssen. Zu diesem Zweck wurde eine globale Variable vom Typ »Text« angelegt, die über den C/AL-GETFILTER-Befehl gefüllt und zusammen mit einer Textkonstanten als Caption in das Dataset integriert wurde (siehe Abbildung 2.77).

Entwicklungsumgebung und NAV-Objekte

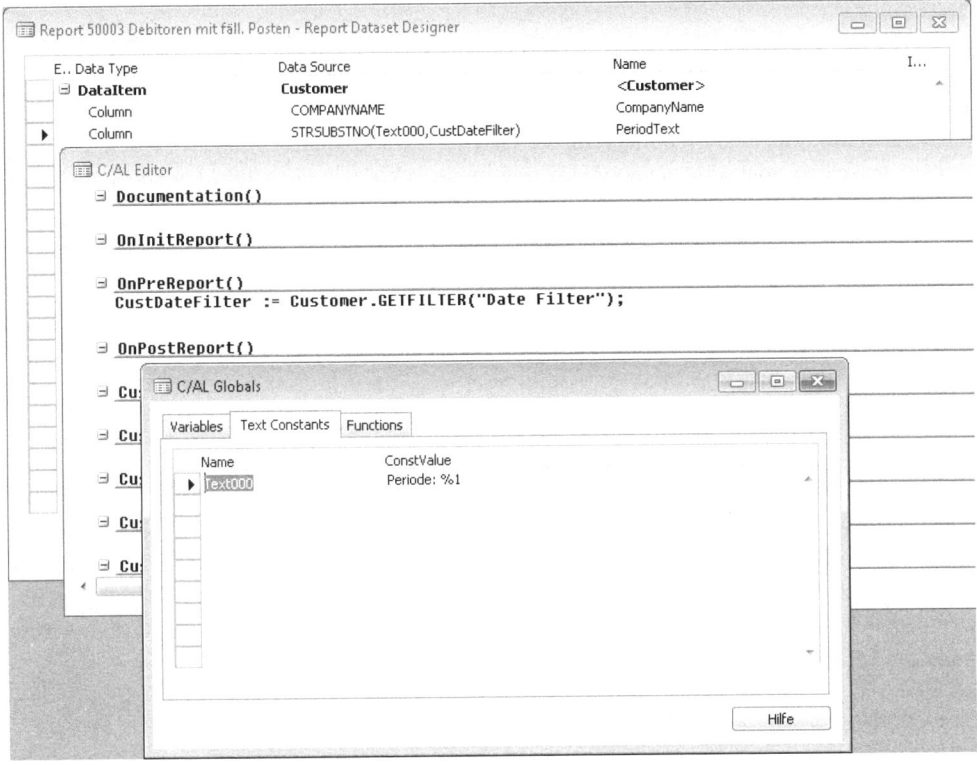

Abbildung 2.77 Integration des Datumsfilters in das Dataset

Reports aus Compliance-Sicht

Datenkonsistenz bei Reports

In der SQL Server-Datenbank kann es zu sogenannten Dirty reads kommen. Dies sind Datensätze, die gerade geschrieben werden, die jedoch noch nicht komplett an die Datenbank übergeben sind. Es ist somit denkbar, dass in einen Report Daten einfließen, die z. B. aus einem großen Buchungslauf stammen, der noch nicht abgeschlossen ist. So kann es sein, dass der Datensatz auf dem Report erscheint, jedoch nachträglich aus der Datenbank gelöscht wird, wenn der Buchungslauf auf einen Fehler gelaufen ist und ein Rollback ausführt.

ACHTUNG Es sei darauf hingewiesen, dass dies in den NAV-Standardreports nicht der Fall ist. Das dafür zuständige Report-Property »TransactionType« ist bei den Standardreports und neuen Reports auf den Wert »UpdateNoLocks« eingestellt, bei dem »Dirty reads« vorkommen können. Um dies zu verhindern, können die Optionen »Snapshot« oder auch »Update« gewählt werden, bei der alle gelesenen Datensätze gesperrt werden (»Repeatable Read« Isolationsstufe). So wird verhindert, dass diese von einer parallelen Transaktion aktualisiert, gelöscht oder neue Datensätze eingefügt werden. Entsprechend erscheint nach einem Timeout eine Fehlermeldung, dass die Tabelle gesperrt ist und der Report neu gestartet werden muss. Diese Änderungen können sich allerdings negativ auf das Laufzeitverhalten des Reports auswirken. Mehr zu dem Thema Isolationsstufen und den auch unter »Update« und »Snapshot« möglichen, aber speziell für NAV-Postentabellen zu vernachlässigenden »Phantom reads« erfahren Sie unter dem Link *http://msdn.microsoft.com/de-de/library/ms189122(v=sql.105).aspx*.

Codeunits

Sämtlicher C/AL-Quellcode in Dynamics NAV wird ereignisgesteuert ausgeführt, sodass die Trigger und der C/AL-Code grundsätzlich in allen Datenbankobjekten – Tabelle, Page oder Report – zu finden sind. Aus C/AL-Code bestehende Funktionen, die von mehreren Objekten aus benutzt werden sollen, werden in Codeunits abgelegt. Statt denselben oder ähnlichen C/AL-Code in einer Vielzahl von Objekten zu hinterlegen, greifen die verschiedenen Objekte auf die Codeunits zu.

Queries

Dieses in NAV 2013 neu eingeführte Datenbankobjekt fungiert als ein Abfrage-Generator innerhalb der Entwicklungsumgebung von NAV 2013. In diesem Abschnitt werden zunächst die Einsatzmöglichkeiten von Queries anhand von Beispielen vorgestellt, bevor detaillierter auf die technischen Aspekte des Query Designers eingegangen wird.

In Sinne eines SQL-Statement-Assistenten können Abfragen über einzelne Felder in der Regel aus mehreren NAV-Tabellen über SQL-Joins in hoch performanter Form ausgelesen und in einem neuen Tabellenschema zusammengeführt werden. Das Query-Objekt wird zur Laufzeit auf dem Service Tier in ein SQL-Statement konvertiert und kann derzeit nur lesend verwendet werden. In Abbildung 2.78 ist exemplarisch eine Query dargestellt, die tabellendatenbezogene Benutzerzugriffsrechte aus den drei relationalen Tabellen »Access Control«, »Permission Set« und »Permission« zusammenführt.

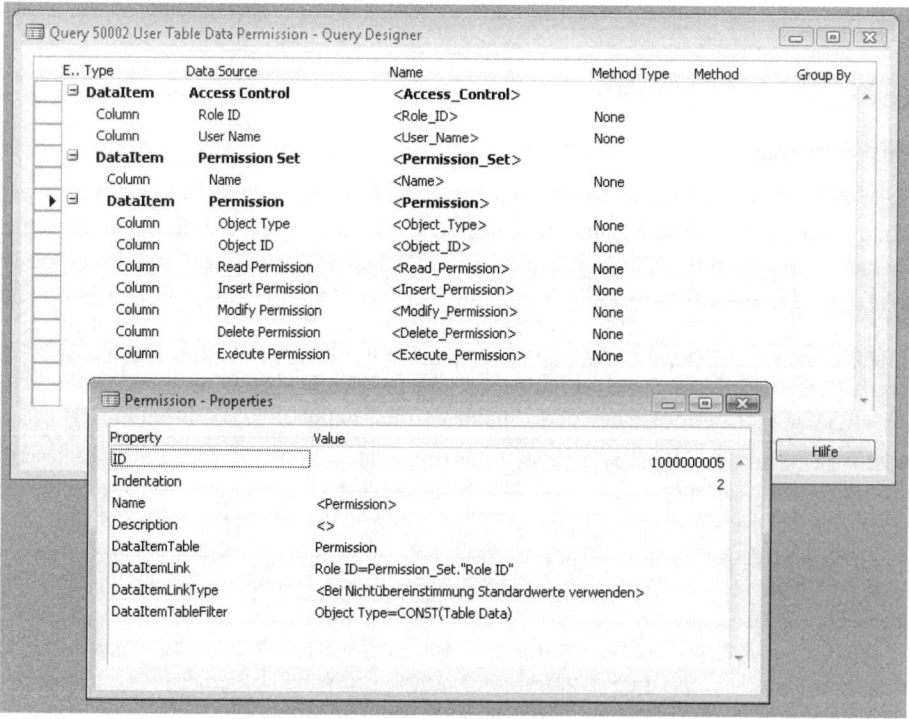

Abbildung 2.78 Query zur Anzeige der tabellendatenbezogenen Benutzerzugriffsrechte

Entwicklungsumgebung und NAV-Objekte

Queries können nach der Ausführung an Word oder Excel gesendet sowie als XML- oder HTML-Dokument exportiert werden, um die extrahierten Daten weiterzuverarbeiten (siehe Abbildung 2.79).

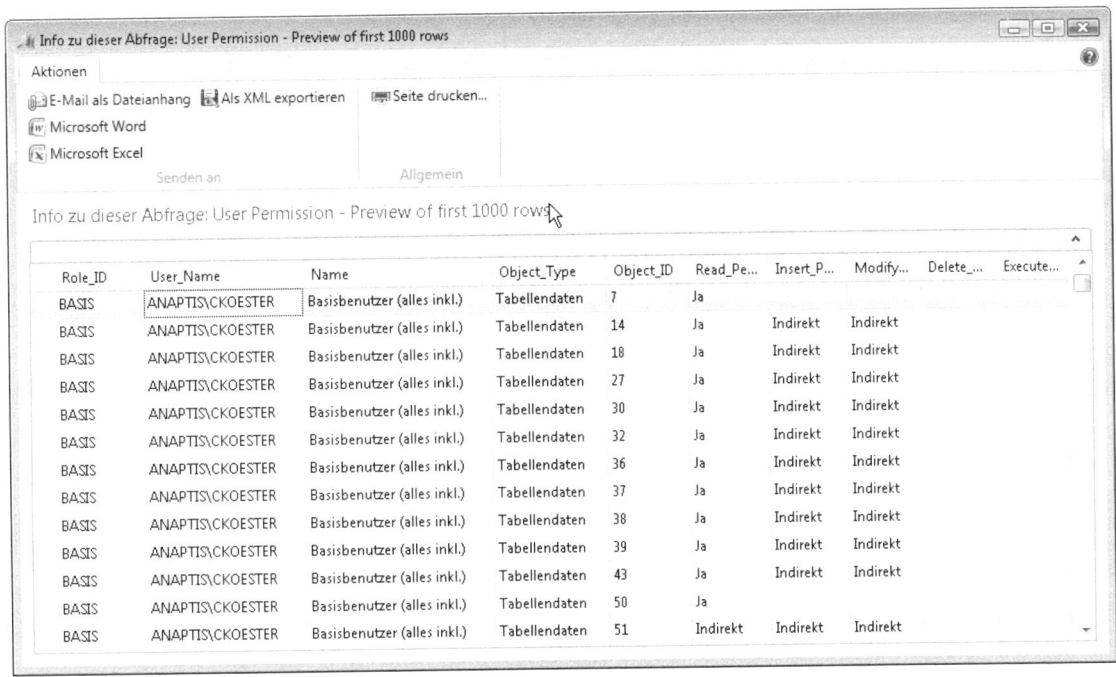

Abbildung 2.79   Im Object Designer per *Run* ausgeführte Query

Einsatzmöglichkeiten von Queries

Queries werden derzeit in NAV 2013 Standard hauptsächlich für Diagramme verwendet, können aber per C/AL-Programmierung auch in Pages und Reports oder den sogenannten OData-Webdiensten eingesetzt werden.

Einsatz in OData-Webdiensten

Das Open Data-Protokoll (OData) ist ein HTTP-basiertes Webprotokoll für den Datenzugriff auf Tabellendaten über sogenannte URIs (Unified Resource Identifiers), welches in NAV 2013 zusätzlich zum SOAP-Protokoll unterstützt wird. OData Feeds ermöglichen performantes Adhoc-Reporting z. B. durch PowerPivot – ein Business Intelligence (BI) Tool für Excel 2010/2013.

> **TIPP**   Das Datenanalysetool »Microsoft SQL Server PowerPivot für Microsoft Excel 2010« steht kostenfrei unter www.powerpivot.com zum Download bereit und ist als flexibles BI-Werkzeug für große Datenmengen aus unterschiedlichen Datenquellen gedacht.

In einem Beispiel (siehe Abbildung 2.80) soll in Microsoft Excel eine Auswertung kundenbezogener Deckungsbeiträge erfolgen. Die benötigten Daten werden aus der Debitoren- und Debitorenpostentabelle durch die folgende Query zusammengetragen:

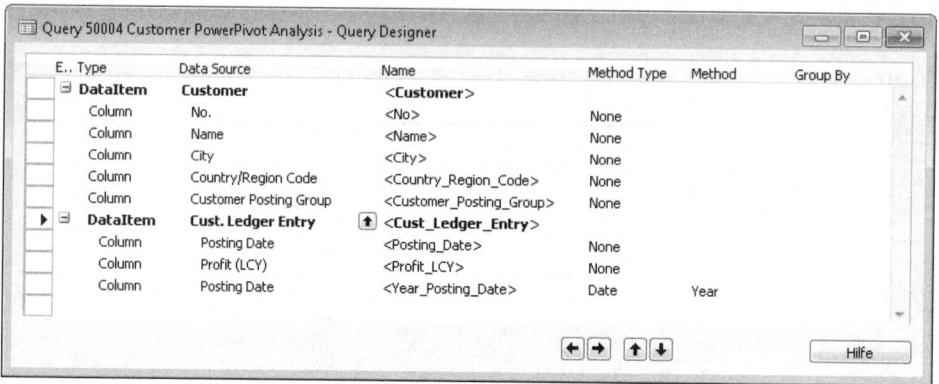

Abbildung 2.80   Query-Beispiel für die Nutzung in PowerPivot

Um die Query in PowerPivot für Excel verwenden zu können, muss diese als Webdienst veröffentlicht werden. Dazu wird die Query in die Tabelle »Web Services« unter Angabe eines Dienstnamens eingetragen und das Kontrollkästchen *Veröffentlicht* aktiviert (siehe Abbildung 2.81).

Link: *Abteilungen/Verwaltung/IT-Verwaltung/Allgemein/Web Services*

HINWEIS   Nach der Veröffentlichung der Query als Webdienst kann dessen Verfügbarkeit über den Browser überprüft werden, indem die URI in folgendem Format eingegeben wird:

http://<Server>:<WebServicePort>/<ServerInstance>/OData

Bei einer lokalen Client/Serverinstallation würde die URI beispielsweise lauten:

http://localhost:7048/DynamicsNAV70/OData

In dem sich öffnenden XML-Dokument sollte der OData-Webdienst unter dem Servicenamen zur Verfügung stehen (hier *http://localhost:7048/DynamicsNAV70/OData/CustomerAnalysis*).

Nach der Installation von PowerPivot steht dieses Add-In als neue Registerkarte in Microsoft Excel 2010/2013 zur Verfügung. Über die Schaltfläche *PowerPivot-Fenster* wird das Tool gestartet (siehe Abbildung 2.81), mit dem sich der veröffentlichte OData-Webdienst bzw. die Query als Datenfeed auslesen lässt (siehe Befehl *Aus Datenfeeds* in der Gruppe *Externe Daten abrufen*).

Über die PivotChart-Tools von Excel 2010/2013 können die Daten nun mittels interaktiver Charts visualisiert und ausgewertet werden. Wie in Abbildung 2.82 zu sehen ist, dienen horizontale (*Year_Posting_Date* und *Customer_Posting_Group*) und vertikale Datenschnitte (*Slicers*) als interaktive Filterschaltflächen, mit denen sich die Daten transparent eingrenzen lassen, während sich die PivotCharts automatisch aktualisieren.

Entwicklungsumgebung und NAV-Objekte

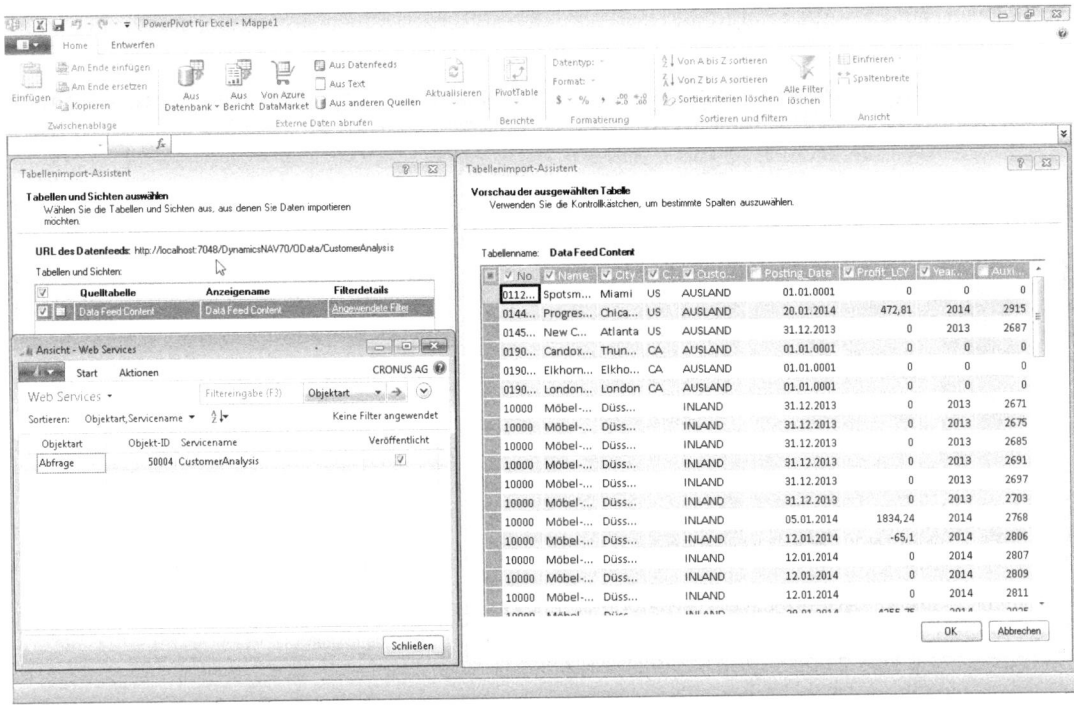

Abbildung 2.81 Zugriff auf den neuen OData-Webdienst *CustomerAnalysis*

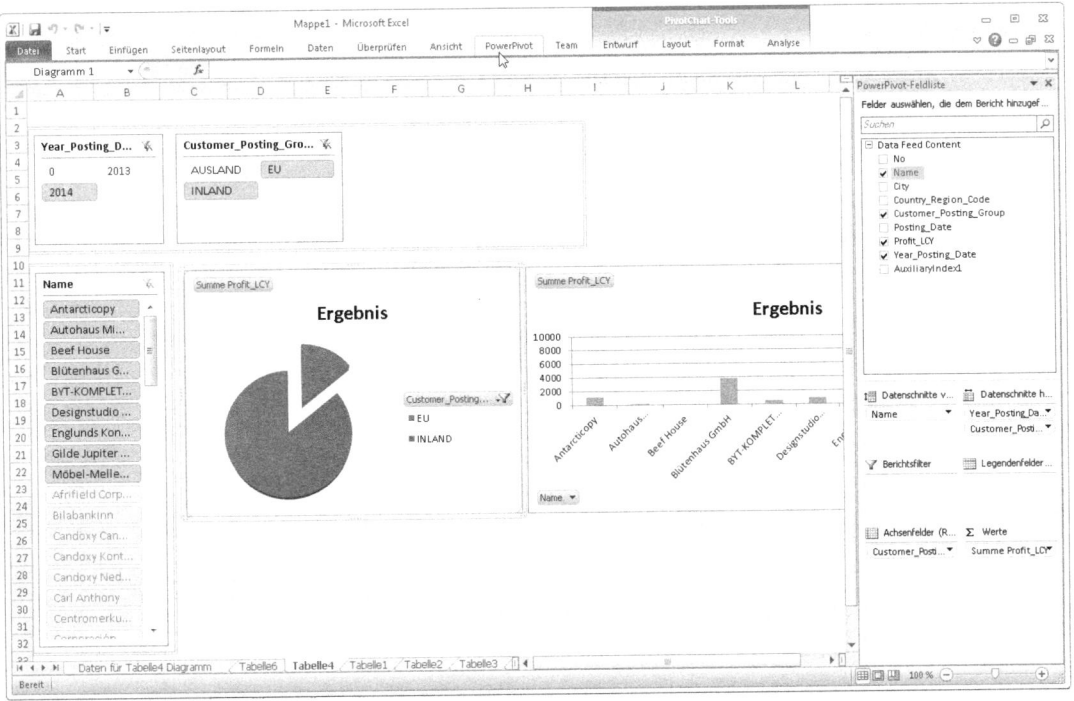

Abbildung 2.82 Interaktive PivotChart-Darstellung in Excel 2010

Einsatz in Diagrammen

Ein Beispiel für die Verwendung von Queries in Diagrammen ist das generische Standarddiagramm *Q9150-01, Debitorenverkäufe und DB* (siehe Abbildung 2.83). In diesem Diagramm kommen nur die unter dem Teil *Meine Debitoren* hinterlegten Debitoren vor (hier Nr. 10000, 20000 und 30000).

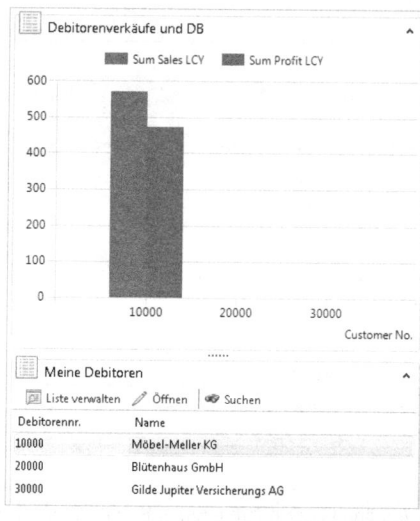

Abbildung 2.83 Generisches Diagramm: *Debitorenverkäufe und DB*

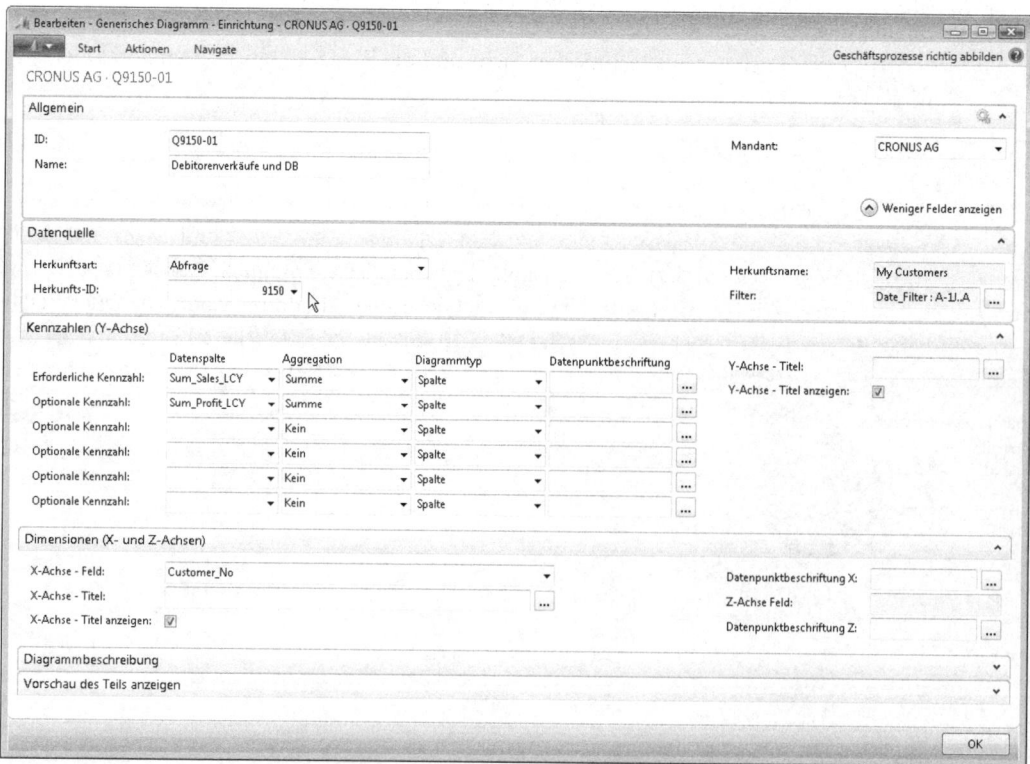

Abbildung 2.84 Einrichtung des generischen Diagramms *Q9150-01*

Entwicklungsumgebung und NAV-Objekte

Das Diagramm basiert nicht auf einer Tabelle, sondern auf der Abfrage (Query) »9150« (siehe *Herkunfts-ID* in Abbildung 2.84).

Die Query (Abbildung 2.85) besteht aus zwei DataItems (»My Customer« und »Customer«), um die in der Debitorentabelle verfügbaren FlowFields »Sales (LCY)« und »Profit (LCY)« mit den in *Meine Debitoren* hinterlegten Debitorennummern zusammenzuführen (JOIN-Vorgang).

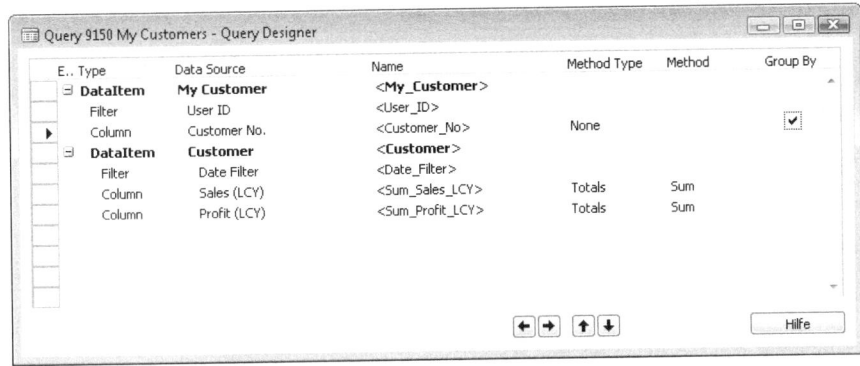

Abbildung 2.85 Query 9150 im Query Designer

HINWEIS Derzeit ist es nicht möglich, mit Queries sogenannte UNION-Vorgänge auszuführen, um z. B. die Datensätze aus der Tabelle Verkaufsrechnungskopf und Verkaufsgutschriftskopf in einer Tabelle zusammenzuführen.

Im Folgenden wird der Query Designer aus technischer Sicht und die Einsatzmöglichkeiten von Queries in der C/AL-Programmierung erläutert.

Query Designer

Analog zu den anderen Objekttypen lässt sich aus dem Object Designer über die *Design*-Schaltfläche ein Query Designer starten, in dem definiert wird, aus welchen Tabellen (*DataItems*) und welchen Feldern (*Columns*) das Abfrageergebnis (*ResultSet*) bestehen soll. Daneben ist es möglich, Verdichtungen und Berechnungen über die definierten Datensätze durchzuführen (siehe auch Abbildung 2.86). Die Query-Definition erfolgt in den vier Eigenschaftsebenen, die in Tabelle 2.10, Tabelle 2.11, Tabelle 2.12 und Tabelle 2.13 näher erläutert werden:

- Query Designer
- DataItem Properties
- Column Properties
- Query Properties

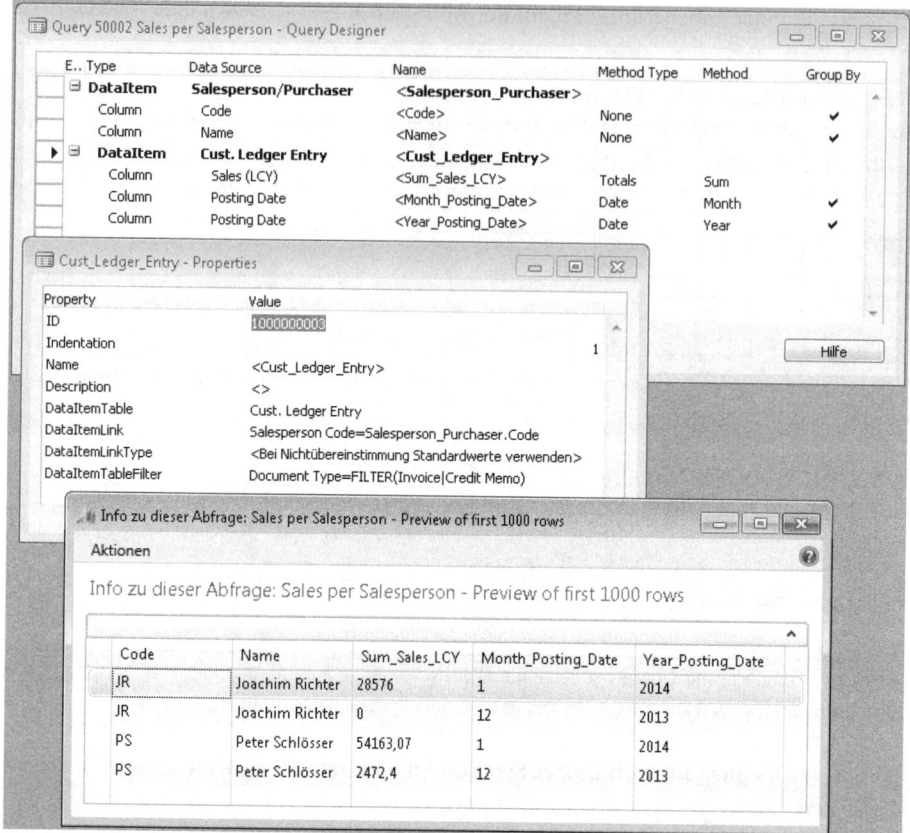

Abbildung 2.86 Query-Beispiel *Umsatz (MW) pro Verkäufer*

Spalte im Query Designer	Erläuterung
Expanded	Aufgeklapptes/Zugeklapptes Hierarchieelement
Type	Definiert den Zeilentyp *DataItem* (Tabelle), *Column* (Feld) oder *Filter*. Bei *Type = Filter* wird der Feldwert nicht in das »ResultSet« übergeben.
Data Source	Definiert für *DataItems* die Herkunftstabelle (Property: DataItemTable) und für *Columns* das Herkunftsfeld (Property: DataSource)
Name	Definiert den Namen des *DataItems*, der *Column* oder des *Filters*
Method Type	Erlaubt das Aggregieren/Gruppieren von Datensätzen. *Date*-Methode für Datumsfelder, *Totals*-Methode für Dezimalfelder.
Method	Spezifiziert die Aggregationsmethode je nach Methoden/Feldtyp: Method Type = *Date*: Day, Month, Year (Verdichtung als Integer), Method Type = *Totals*: Sum, Count, Average, Min, Max (Wertberechnung von Datensätzen innerhalb einer Gruppe, wie in *Group By* angezeigt). Aggregieren ist auch für FlowFields möglich, da FlowFields innerhalb von Queries automatisch eine Subquery an das SQL-Statement übergeben.

Tabelle 2.10 Spalten im Query Designer

Entwicklungsumgebung und NAV-Objekte

Spalte im Query Designer	Erläuterung
Group By	Zeigt an, dass Datensätze nach einer oder mehrerer Spalten gruppiert werden. Die Gruppierung selbst ergibt sich aus der Verwendung der Aggregationsmethode *Totals*. Alle *Columns* ohne *Totals Method* werden automatisch in der Gruppierung berücksichtigt.
Indentation	Definiert die Hierarchie der Query-Elemente *DataItem*, *Column* und *Filter* sichtbar in der Einrückung von *Type* und *Data Source*. Die Einrückung erfolgt grundsätzlich automatisch, kann aber über die Pfeilschaltflächen im Query Designer gesteuert werden. Das erste *DataItem* darf nicht eingerückt sein und *Columns* sind eine Stufe weiter eingerückt, als das entsprechende *DataItem*.

Tabelle 2.10 Spalten im Query Designer *(Fortsetzung)*

Weitere wichtige Einstellungen für die Query finden sich in den Properties ⇧+F4. Unterschieden werden Properties für *DataItems*, *Columns* und das *Query*-Objekt (Zugriff auf die Query Properties über die nächste leere Query Designer-Zeile):

DataItem Properties	Erläuterung
DataItemLink	Spezifiziert die Beziehung zwischen zwei Tabellen innerhalb einer Query, die durch ein oder mehrere Felder der beiden Tabellen ausgedrückt werden kann
DataItemLinkType	Definiert die Art der auszuführenden SQL Joins. *Bei Nichtübereinstimmung Standardwert verwenden* (Standardeinstellung): Führt technisch einen *Left Outer Join* aus: Das ResultSet enthält alle Datensätze der »Parent Table (upper DataItem/SQL Statement: left)«, auch wenn es keine korrespondierenden Datensätze in der »Child Table (lower DataItem/SQL Statement: right)« gibt. In so einem Fall werden *Default Values* zurückgegeben. *Bei Nichtübereinstimmung Zeile ausschließen*: Führt technisch einen Inner Join aus: Das ResultSet enthält nur Datensätze der »Parent Table«, für die es auch korrespondierende Datensätze in der »Child Table« gibt, die durch den DataItemLink definiert wurden. *Erweiterte SQL-Optionen*: Definiert den auszuführenden SQL Join über das gleichnamige Property.
SQLJoinType	*Left Outer Join*: Wird verwendet, wenn aus der übergeordneten Tabelle alle Datensätze geholt werden sollen – unabhängig davon, ob es korrespondierende Datensätze in der untergeordneten Tabelle gibt. *Inner Join*: Wird verwendet, wenn aus einer übergeordneten Tabelle nur Datensätze geholt werden sollen, zu denen es korrespondierende Datensätze in der untergeordneten Tabelle gibt. *Right Outer Join*: Wird verwendet, wenn aus der untergeordneten Tabelle alle Datensätze geholt werden sollen – unabhängig davon, ob es korrespondierende Datensätze in der übergeordneten Tabelle gibt. *Full Outer Join*: Wird verwendet, wenn alle Datensätze sowohl aus der übergeordneten als auch untergeordneten Tabelle unabhängig von DataItemLink geholt werden sollen. *Cross Join*: Wird verwendet, wenn ein »kartesisches Produkt« (Kombination aller Zeilen beider Tabellen) erzeugt werden soll, bei dem das DataItemLink Property folglich leer gelassen werden muss.
DataItemTableFilter	Definiert feste (ResultSet-reduzierende WHERE-Klausel) Filter auf der der Abfrage zugrunde liegenden Tabelle und kann sich daher auf Felder beziehen, die nicht im ResultSet vorkommen (kann im Unterschied zum ColumnFilter nicht benutzerdefiniert übersteuert werden).

Tabelle 2.11 Ausgewählte DataItem Properties

Column Properties	Erläuterung
ReverseSign	Ändert das Vorzeichen für numerische ResultSet-Zeilen
ColumnFilter	Gib einen Filter für die Spalte aus dem Abfrageergebnis vor, der zur Laufzeit bzw. benutzerdefiniert übersteuert werden kann (reduziert die Anzeige, nicht das ResultSet)

Tabelle 2.12 Ausgewählte Column Properties

Query Properties	Erläuterung
Permission	Setzt analog zu anderen NAV-Objekten objektbezogene Zugriffsrechte für den Fall, dass dem Nutzer nur indirekter Zugriff auf Tabellendaten eingeräumt werden darf
OrderBy	Legt innerhalb des ResultSets eine hierarchische Sortierreihenfolge fest
TopNumberOfRows	Definiert die maximale Anzahl der zurückgegebenen Datensätze, um beispielsweise eine Top 10 zurückzuliefern. Standardmäßig werden die ersten 1.000 Datensätze zurückgegeben. Mit dem Property lässt sich die Anzahl der Datensätze auf <1.000 limitieren. Eine Einstellung in diesem Property kann durch den C/AL-Befehl TOPNUMBEROFROWS() übersteuert werden. Wird eine Query per C/AL gestartet, werden grundsätzlich alle Datensätze (auch >1.000 Datensätze) zurückgegeben, falls keine Limitation durch das Property vorliegt.
ReadState	Legt fest, ob nur abgeschlossene Transaktionen von der Query als gültige Datensätze angesehen werden oder auch im Schreiben befindliche Datensätze berücksichtigt werden (vgl. auch Ausführungen zur *TransactionType*-Report-Property weiter vorne in diesem Kapitel). *ReadUncommitted* (Standardeinstellung): Alle, auch nicht vollständig an die Datenbank zurückgeschriebenen, Datensätze werden berücksichtigt. Sogenannte Dirty reads sind demnach möglich. *ReadShared*: Nur vollständig zurückgeschriebene Datensätze werden gelesen. Die Query sperrt zu diesem Zweck Datensätze (»Repeatable-Read« Isolationsstufe), was das Laufzeitverhalten beeinträchtigen kann. *ReadExclusive*: Nur vollständig zurückgeschriebene Datensätze werden gelesen. Die Query sperrt zu diesem Zweck Datensätze (»Serializable« Isolationsstufe), was das Laufzeitverhalten beeinträchtigen kann.

Tabelle 2.13 Ausgewählte Query Properties

HINWEIS Ein weiteres Query-Anwendungsbeispiel und einen Trick zur Konsistenzprüfung finden Sie im Abschnitt »Prüfungshandlung *Datenbankabfrage*« weiter hinten in diesem Kapitel.

Einsatz in C/AL-Programmierung

Durch ihr überlegenes Laufzeitverhalten können Queries in C/AL auch zur Performance-Steigerung eingesetzt werden, um z. B. verschachtelte Schleifen durch Tabellen mit vielen Datensätzen abzulösen. Die Einbindung in den C/AL-Code kann wie im folgenden Beispiel erfolgen.

Beispiel für die Verwendung in C/AL:

```
MyQuery.SETFILTER(MyQuery.Field,'%1',FilterExpression);
MyQuery.OPEN;
WHILE MyQuery.READ DO
BEGIN
  //Verwendung der Columnwerte oder Aggregationen
END;
MyQuery.CLOSE;
```

Entwicklungsumgebung und NAV-Objekte

> **HINWEIS** Wenn Queries in C/AL-Programmierung verwendet werden, werden der Query alle Datensätze zurückgegeben und nicht nur die obersten 1.000 Datensätze wie beim *Run* der Query aus dem Object Designer. Das »TopNumberOfRows«-Query-Property wird berücksichtigt.

Für den Einsatz von Queries in der C/AL-Programmierung wurden C/AL-Befehle hinzugefügt, von denen einige ausgewählte Befehle in Tabelle 2.14 erläutert werden.

C/AL Query Functions	Erläuterung
SETFILTER Function	Setzt einen Filter auf eine Spalte der Abfrage analog zur Record-API. Query-Filter müssen vor dem OPEN bzw. SAVEASXML oder SAVEASCSV abgesetzt werden. Syntax: *MyQuery.SETFILTER(Column, String[, Value],...)*
SETRANGE Function	Setzt einen Filter auf eine Spalte der Abfrage analog zur Record API. Query-Filter müssen vor dem OPEN bzw. SAVEASXML oder SAVEASCSV abgesetzt werden. Syntax: *MyQuery.SETRANGE(Column[, FromValue][, ToValue])*
SECURITYFILTERING (Query Variable Property)	Definiert, wie Sicherheitsfilter bei der Query berücksichtigt werden. *Filtered* (Standardeinstellung): Alle Sicherheitsfilter werden angewendet. *Ignored*: Sicherheitsfilter werden ignoriert. *Disallowed*: Sicherheitsfilter werden nicht akzeptiert. Falls Sicherheitsfilter definiert sind, bricht die Query mit einer Fehlermeldung ab. Syntax: *[SecurityFiltering :=] MyQuery.SECURITYFILTERING([SecurityFiltering])*
OPEN Function	Führt die Query bzw. das resultierende SQL-Statement aus und generiert das ResultSet Syntax: *[Ok :=] MyQuery.OPEN*
READ Function	Gibt einzelne Zeilen des ResultSets einer geöffneten Query zurück Syntax: *[Ok :=] MyQuery.READ*
CLOSE Function	Schließt das Query-Objekt Syntax: *MyQuery.CLOSE*
SAVEASXML Function	Speichert das ResultSet eines Query-Objekts als XML-Datei. Syntax: *[Ok :=] MyQuery.SAVEASXML(FileName)* Der Befehl enthält ein implizites OPEN, READ und CLOSE.
SAVEASCSV Function	Speichert das ResultSet eines Query-Objekts als CSV-Datei. Syntax: *[OK :=] MyQuery.SAVEASCSV (FileName[, Format][, FormatArgument])* Der Befehl enthält ein implizites OPEN, READ und CLOSE
TOPNUMBEROFROWS Function	Legt die maximale Anzahl von Datensätzen fest, die die Query zurückgeben soll. Ohne Angabe des Parameters »NewRows« wird die maximale Anzahl aus dem Query Property verwendet. Wenn dort nichts spezifiziert ist oder NewRows = 0 ist, werden alle Datensätze zurückgegeben. Syntax: *[CurrRows :=] TOPNUMBEROFROWS([NewRows])*

Tabelle 2.14 Ausgewählte C/AL-Funktionen für die Nutzung von Queries

Beispiel für die Verwendung in einem Report:

Die in NAV 2013 noch nicht zur Verfügung stehende Integration der Queries in Reports kann über einen einfachen Workaround erreicht werden: Der Report wird auf Basis des DataItems Integer (als DataSource) mit dem Namen »LoopMyQuery« aufgebaut. Öffnen und Auslesen des Query-Objekts kann über den folgenden C/AL-Code erreicht werden:

LoopMyQuery – OnPreDataItem()

MyQuery.OPEN;

LoopMyQuery – OnAfterGetRecord()

IF NOT MyQuery.READ THEN

CurrReport.BREAK;

LoopMyQuery – OnPostDataItem()

MyQuery.CLOSE;

Die Query wird im obigen Beispiel als C/AL-Global »MyQuery« (vom DataType Query) angelegt. Als Columns können daraufhin die Query-ColumnNames über das C/AL-Symbolmenü ausgewählt werden.

> **HINWEIS** Bei Options- und Boolean-Feldern muss das jeweilige Feld in der DataSource mit einem FORMAT-Befehl versehen werden, da sonst der interne Wert (Integer bzw. TRUE/FALSE) an den Report übergeben wird.

Queries aus Compliance-Sicht

Datenkonsistenz bei Queries

Analog zu den Ausführungen zur Datenkonsistenz bei Reports gilt auch für Queries, dass »Dirty reads« bei kritischen Auswertungen verhindert werden sollten. Das »ReadState«-Property sollte also abweichend von der Standardeinstellung auf *ReadShared* oder *ReadExclusive* gestellt werden, sofern durch die dadurch ausgelösten Sperren keine negativen Auswirkungen für konkurrierende Prozesse entstehen. Es wird eine Namenskonvention für Query-Objekte empfohlen, bei denen eine Einstellung im Query-Property »TopNumberOfRows« vorgenommen wird. Eine Top-100-Abfrage mit entsprechender Limitierung im Query-Property sollte sich beispielsweise im Objektnamen widerspiegeln, damit die Query nicht versehentlich im C/AL wiederverwendet wird, wo eine Limitierung nicht gewünscht ist.

XMLports

XMLports werden in Dynamics NAV für den Import und Export von Datensätzen benutzt, die entweder in Form von »Flat Files« (ASCII-Textdateien oder CSV-Dateien) oder XML-Dokumenten vorliegen oder erzeugt werden sollen. Auf die Erstellung der XMLports wird hier nicht näher eingegangen.

Navigationspfade und Prüfungshandlungen

Im Rahmen der weiteren Erläuterungen wird vielfach auf Links und Prüfungshandlungen Bezug genommen. In diesem Abschnitt wird erläutert, wie man die Navigationshilfen des Buchs richtig nutzt und wie Systemabfragen durchgeführt werden, um die Prüfungshandlungen ausführen und deren Ergebnisse auswerten zu können.

Links und Navigationspfade

Alle in diesem Buch behandelten Links (im Sinne von Menüaufrufen) werden in Form einheitlicher Navigationspfade angegeben. Wird beispielsweise die Lagereinrichtung behandelt, wird der Navigationspfad in dieser Form angegeben:

Link: *Abteilungen/Finanzmanagement/Lager/Einrichtung/Lager Einrichtung*.

Alle Navigationspfade beginnen mit *Abteilungen*, da über dieses Menü auf die überwiegende Anzahl der Links unabhängig vom aktuellen Nutzerprofil und Rollencenter zugegriffen werden kann.

TIPP Nutzer der E-Book-Variante dieses Buchs können den Link durch Kopieren und Einfügen in die Dynamics NAV-Adressleiste direkt ausführen. Klicken Sie dazu in den rechten (leeren) Bereich der Adressleiste, sodass der Navigationspfad zur aktuell geöffneten NAV-Seite blau markiert ist. Dann fügen Sie den Navigationspfad über *Einfügen* ein. Der aktuelle Mandantenname wird automatisch ergänzt.

Alternativ kann das Suchfeld in der Dynamics NAV-Adressleiste verwendet werden, um den Link *Lager Einrichtung* dort suchen und ausführen zu lassen. Da die Treffer während der Eingabe aktualisiert werden, genügt häufig die Eingabe eines Teils der Beschreibung, um den gewünschten Link starten zu können.

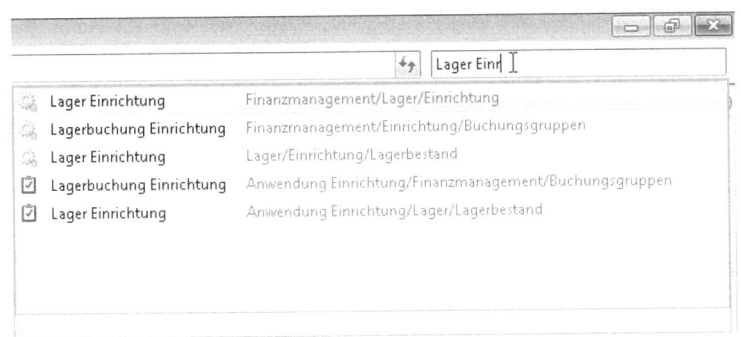

Abbildung 2.87 Aufruf von »Lager Einrichtung« über das Suchfeld der Adressleiste

HINWEIS Teilweise kommt derselbe Link aus Gründen des Bedienkomforts in verschiedenen Abteilungsmenüs vor und kann auch durch unterschiedliche Symbole dargestellt werden, obwohl dieselbe NAV-Seite geöffnet wird (siehe *Lager Einrichtung* in Abbildung 2.87). Eine Übersicht der Symbole finden Sie im Abschnitt »Suchfeld der Adressleiste« weiter vorne in diesem Kapitel.

Mehrstufiger Navigationspfad

Nicht jede NAV-Seite kann über das Abteilungsmenü oder das Suchfeld unmittelbar geöffnet werden. Der im Buch angegebene Navigationspfad kann daher auch Seitenaktionen (Menüoptionen auf der zu öffnenden NAV-Seite) beinhalten. Wenn beispielsweise die tabellenspezifische Einrichtung des Änderungsprotokolls behandelt wird, wird der Navigationspfad folgendermaßen angegeben:

Link: *Abteilungen/Verwaltung/IT-Verwaltung/Allgemein/**Änderungsprotokoll Einrichtung**/Aktionen/Tabellen*

Es wird zunächst die NAV-Seite *Änderungsprotokoll Einrichtung* geöffnet und dort im Menüband die Aktion *Tabellen* ausgewählt, wodurch die zweite NAV-Seite, zu sehen im Vordergrund der Abbildung 2.88, geöffnet wird. In der Linkangabe ist dann der **Teil fett hervorgehoben**, der zunächst geöffnet bzw. in das Suchfeld eingegeben wird. Nutzer der E-Book-Variante dieses Buchs können dennoch den kompletten Navigationspfad kopieren und in die Adressleiste einfügen, da die angefügten Seitenaktionen dort ignoriert werden. Nach dem hervorgehobenen Teil folgt der Name der Registerkarte (z. B. *Start*, *Aktionen* oder *Navigate*), in der die aufzurufende Aktion zu finden ist. Eine Angabe der Gruppe erfolgt nicht.

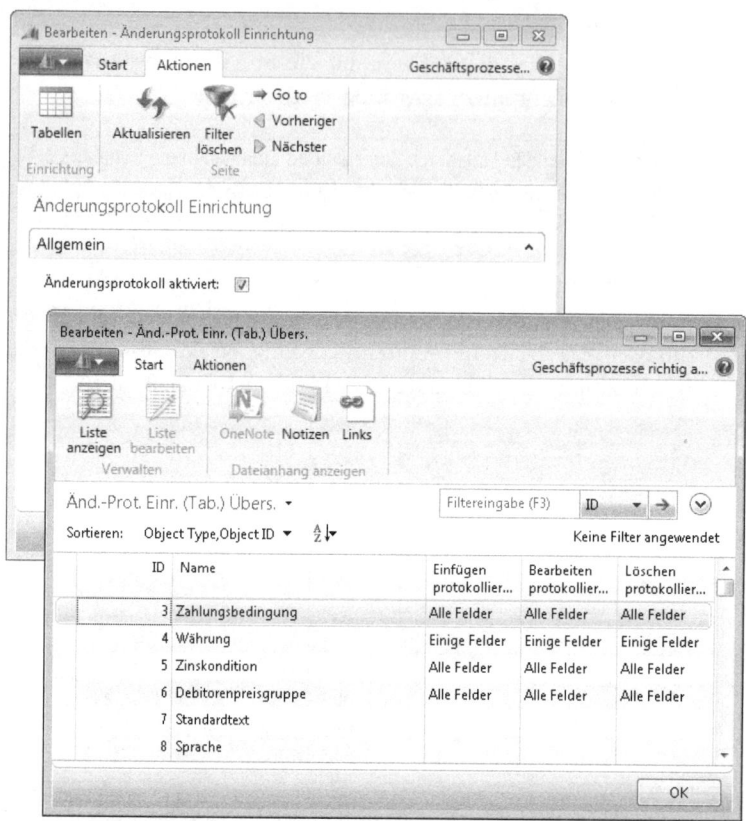

Abbildung 2.88 Tabellenspezifische Einrichtung des Änderungsprotokolls

Navigationspfad mit Subform-Aktionen

Seit Dynamics NAV 2013 gibt es auch für Inforegister eine horizontale Symbolleiste (wie die *Symbolleiste Zeilen* im Verkaufsauftrag). Enthält die zu öffnende NAV-Seite eine solche Subform und bezieht sich die Aktion (Beispiel *Funktion/Textbaustein einfügen*) auf die Symbolleiste *Zeilen*, erfolgt die Linkangabe in folgender Form:

Abteilungen/Verkauf & *Marketing/Auftragsabwicklung/**Aufträge**/Zeilen/Funktion/Textbaustein einfügen*

Feldzugriff auf Tabelleninhalte

Für die in diesem Buch erläuterten Prüfungshandlungen wird sowohl der Zugriff auf die Entwicklungsumgebung von Dynamics NAV 2013 als auch auf den Windows-Client benötigt. Soll im Rahmen der weiteren Erläuterungen für Prüfungshandlungen auf NAV-Tabellendaten zugegriffen werden, werden die Tabelle sowie die erforderlichen Tabellenfelder für die Abfrage im Object Designer der Dynamics NAV-Entwicklungsumgebung in folgender Form vorgegeben:

Feldzugriff: *Tabelle 32 Artikelposten/Felder Artikelnr., Buchungsdatum, Postenart, Belegnummer*

Es soll eine ungefilterte Abfrage der Artikelpostenfelder Artikelnummer, Buchungsdatum, Postenart und Belegnummer in Tabellenform erfolgen. Filter werden in Form von eckigen Klammern hinter dem jeweiligen Feld angegeben.

Navigationspfade und Prüfungshandlungen

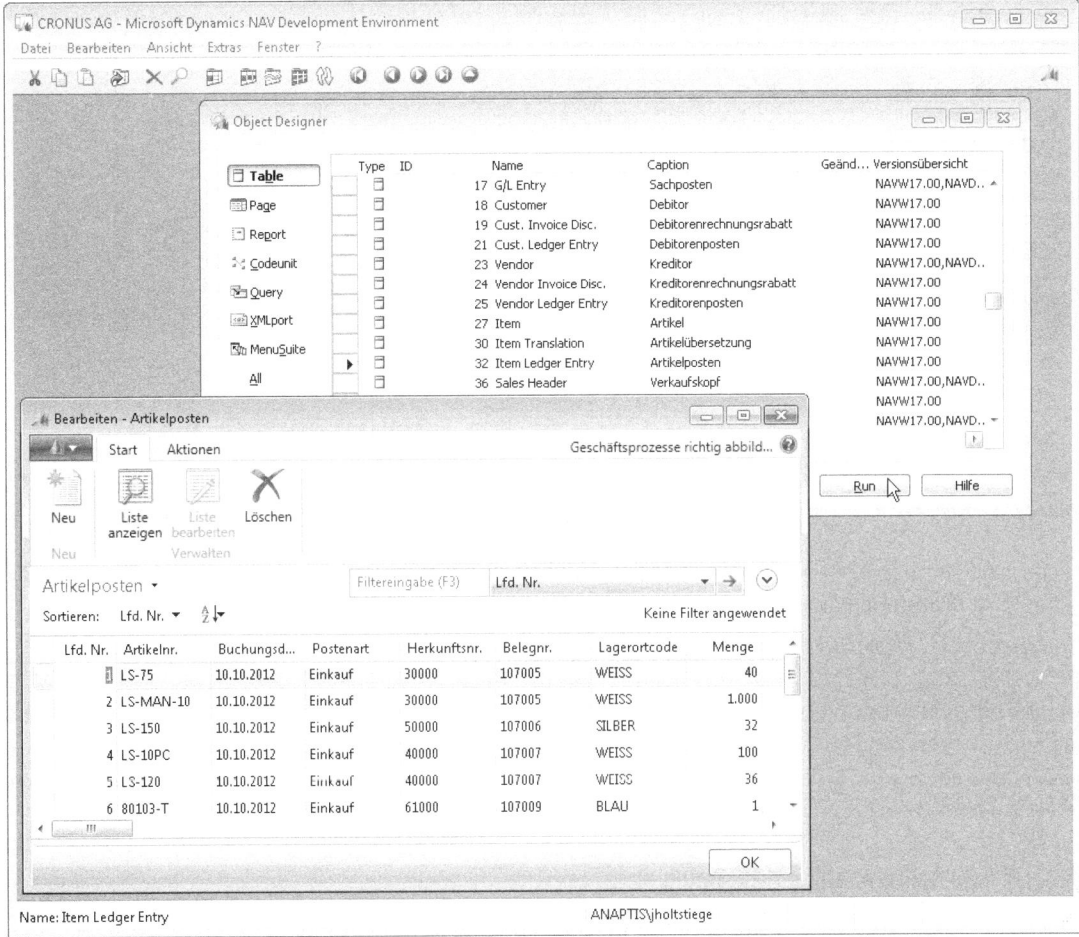

Abbildung 2.89 Beim *Run Table*-Befehl im Object Designer der Entwicklungsumgebung wird eine NAV-Seite im Windows-Client im Bearbeitenmodus gestartet

Nach einem Klick auf die *Run*-Schaltfläche im Object Designer wird die jeweilige NAV-Seite daraufhin im Windows-Client standardmäßig im Bearbeitenmodus geöffnet. Zwar kann im Menüband über *Start/Liste anzeigen* in den Ansichtsmodus gewechselt werden, jedoch können Datensätze bei entsprechender Berechtigung auch in diesem Modus gelöscht werden. Außerdem werden im Ansichtsmodus alle Felder der Tabelle angezeigt, was speziell bei Postentabellen zu Unübersichtlichkeit führt.

HINWEIS Grundsätzlich sollten einem Prüfer in Dynamics NAV nur Leserechte für Tabellendaten eingeräumt werden. Im Falle einer Superberechtigung ist der *Run Table*-Zugriff in der Entwicklungsumgebung von Dynamics NAV über den Object Designer insofern als kritisch zu betrachten, da Daten versehentlich gelöscht oder verändert werden können. Damit die Entwicklungsumgebung im Zugriff ist, muss der Prüfer Mitglied in der SQL Datenbankrolle »db_owner« sein. Damit besitzt er auf SQL-Ebene alle Rechte für die Datenbank. In Dynamics NAV 2013 genügen jedoch lesende Zugriffsrechte auf alle Tabellendaten sowie das ausführende Systemzugriffsrecht 5210 »Extras, Object Designer«.

Link: *Abteilungen/Verwaltung/IT-Verwaltung/Allgemein/Zugriffsrechtsätze*

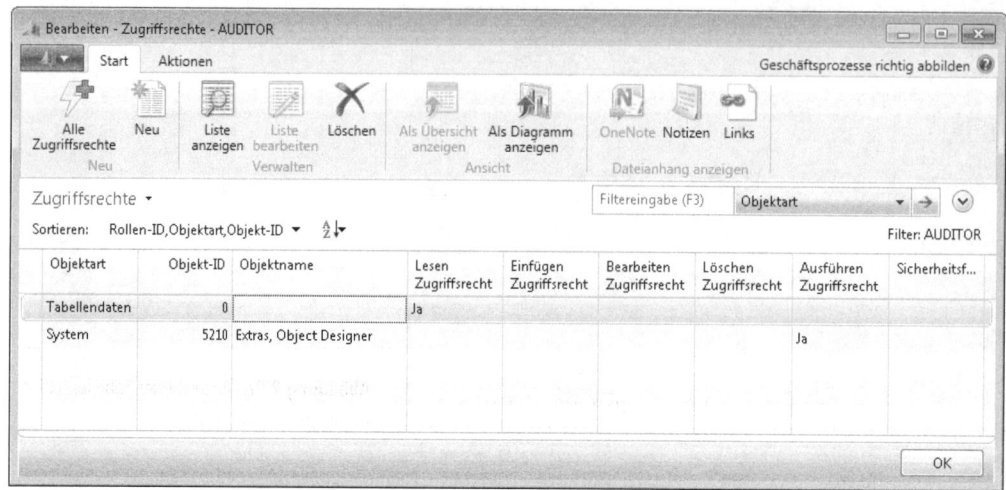

Abbildung 2.90 Nötige Zugriffsrechte für die Prüfungshandlungen in diesem Buch

Es empfiehlt sich beispielsweise einen Zugriffsrechtsatz AUDITOR wie in Abbildung 2.90 zu erzeugen, der zusammen mit dem Zugriffsrechtsatz BASIS entsprechenden Benutzern zugeordnet werden kann.

Link: *Abteilungen/Verwaltung/IT-Verwaltung/Allgemein/**Benutzer**/Benutzerzugriffsrechtsätze*

Wir empfehlen anstatt des *Run Table*-Befehls das Selektieren und Auslesen von Tabelleninhalten über selbst erstellte (nicht editierbare) NAV-Seiten oder alternativ über Queries durchzuführen, wenn mehr als eine Tabelle abgefragt werden soll. Beide im Folgenden erläuterten Darstellungsformen können per Assistent erstellt, problemlos nach Excel exportiert und dort detailliert analysiert werden.

Feldzugriff über selbst erstellte NAV-Seiten

Um den Feldzugriff aus dem Beispiel (*Tabelle 32 Artikelposten/Felder Artikelnr., Buchungsdatum, Postenart, Belegnummer*) über eine selbst erstellte NAV-Seite durchzuführen, ist wie folgt vorzugehen:

In der Entwicklungsumgebung von Dynamics NAV 2013 ist über *Extras/Designer* der Object Designer aufzurufen, die Objektart *Page* zu wählen und auf *New* zu klicken. Die Tabellennummer 32 ist anzugeben und der Assistent zu starten, in dem *List* selektiert und mit *OK* bestätigt wird (siehe Abbildung 2.91).

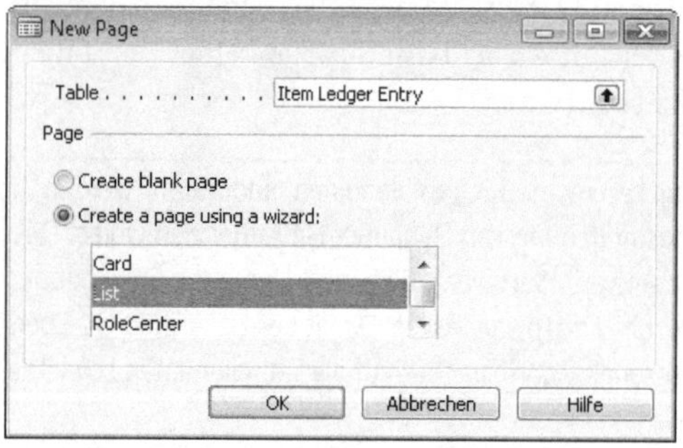

Abbildung 2.91 Page Wizard zur Erstellung neuer NAV-Seiten

Die betreffenden Felder werden ausgewählt, indem die Felder auf der linken Seite selektiert und über die [>]-Schaltfläche übernommen werden (siehe Abbildung 2.92). Dieser Schritt ist mit *Finish* abzuschließen.

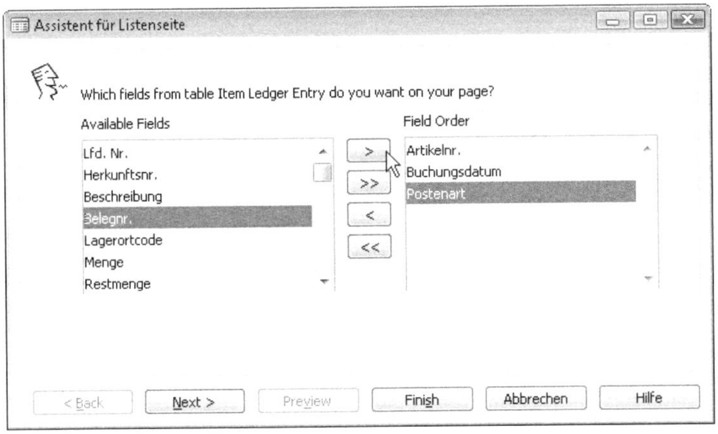

Navigationspfade und Prüfungshandlungen

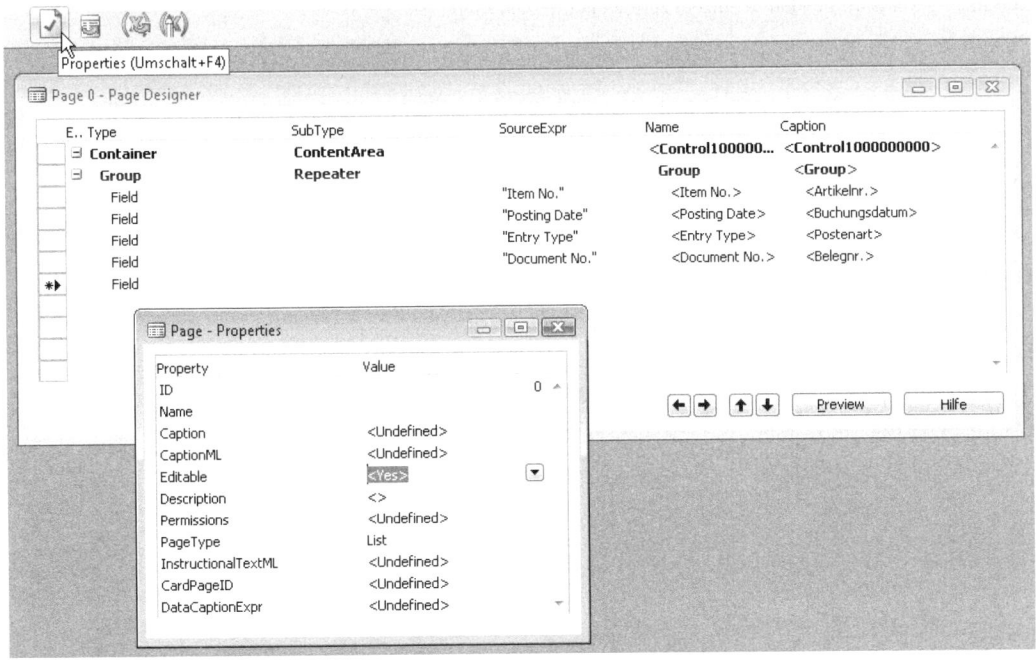

Abbildung 2.92 Auswahl der Tabellenfelder für die neue Listenseite

Vorsichtshalber sollte die neue Listenseite (List Page) auf »nicht editierbar« gestellt werden. Dazu werden die Page Properties über ⇧+F4 aufgerufen, nachdem die Einfügemarke in der nächsten leeren Zeile positioniert und der Property *Editable* der Wert »No« zugewiesen wurde (siehe Abbildung 2.93).

Abbildung 2.93 Aufruf der Page Properties, um Schreibschutz zu gewährleisten

Die erstellte Listenseite wird über *Datei/Save as* unter Angabe einer freien Objekt-ID und eines Namens abgespeichert und danach per *Run* aus dem Object Designer gestartet.

HINWEIS   Für die zu erstellenden NAV-Seiten wird ein Objektnummernbereich im Anwenderbereich ab ID 50000 benötigt, da die NAV-Seiten im Gegensatz zu den Forms der früheren NAV-Versionen in der Datenbank gespeichert werden müssen und nicht aus dem Designmodus heraus gestartet werden können. Da die Erstellung nicht zeitaufwendig ist, reicht grundsätzlich eine freie Objektnummer für den Prüfer aus, die immer mit der jeweiligen NAV-Seite/Abfrage überschrieben wird.

Falls erforderlich, kann die Listenseite über den Schnellfilter oder den erweiterten Filter auf die Anzeige selektierter Datensätze begrenzt werden (siehe hierzu auch den Abschnitt »Suchen und Filtern von Datensätzen« in diesem Kapitel). Mit Strg+E können die Datensätze anschließend direkt an Microsoft Excel übergeben werden.

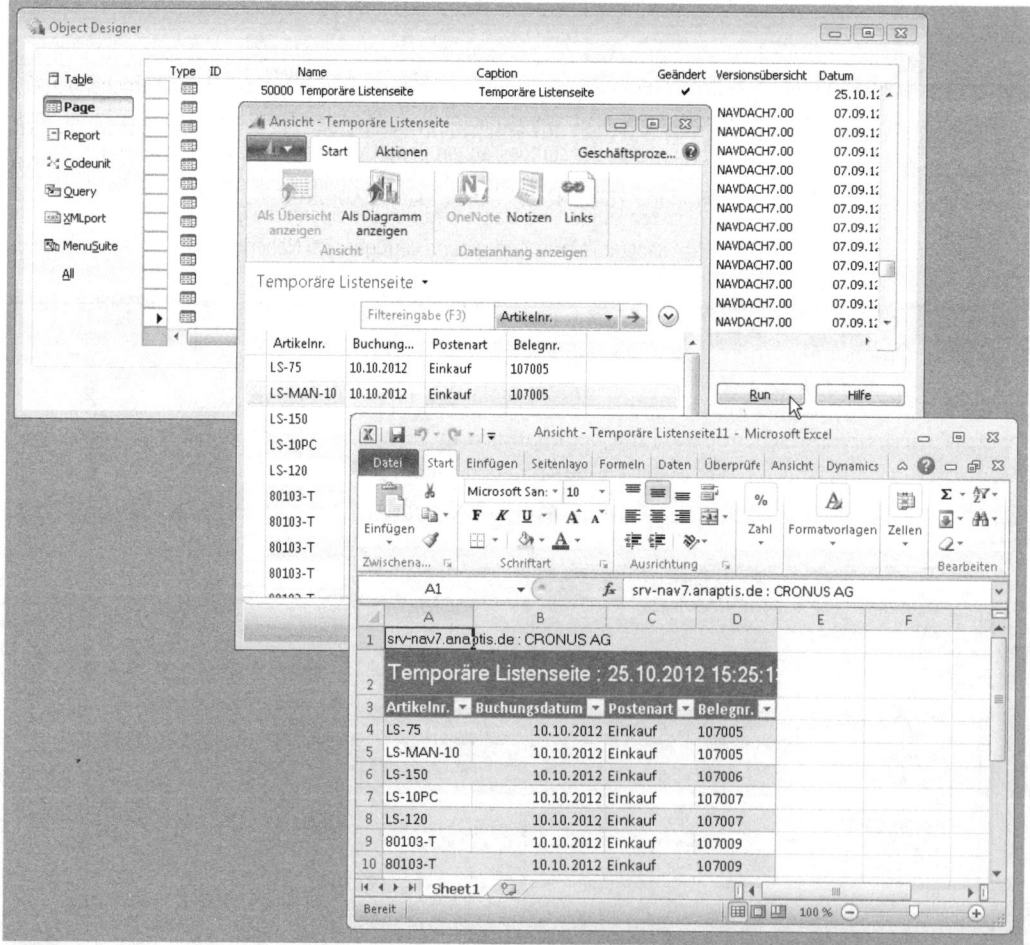

Abbildung 2.94   Starten einer selbst erstellten Listenseite und Übergabe in Microsoft Excel

HINWEIS   Enthält die Feldzugriffsanweisung eine eckige Klammer hinter einem Feld, soll dieses Feld über den angegebenen Wert gefiltert werden. Im folgenden Feldzugriff soll das Feld *Postenart* in der Tabelle *Artikelposten* auf den Wert *Verkauf* gefiltert werden:

Tabelle 32 Artikelposten/Felder Artikelnr., Buchungsdatum, Postenart [Wert Verkauf], Belegnummer

Datenbankabfragen mit Queries

Bei einigen Prüfungshandlungen müssen Datensätze aus mehr als einer Tabelle abgefragt werden. Angegeben wird diese Datenbankabfrage im Rahmen einer Prüfungshandlung folgendermaßen:

Abfrage:

Tabelle 36 Verkaufskopf/Felder Belegart[Wert Auftrag], Nr., Rech. an Deb.-Nr., Zlg.-Bedingungscode

in Verbindung mit

Tabelle 18 Debitor/Felder Zlg.-Bedingungscode[DIL Rech. an Deb.-Nr.]

Die Tabellenrelation (angedeutet durch die Abkürzung *DIL* für DataItemLink) zwischen Verkaufskopf und Debitorenstamm wird hier über die Rechnungsdebitorennummer (Feld *Rech. an Deb.-Nr.* aus dem Verkaufskopf) hergestellt.

> **HINWEIS** Eine im Object Designer per *Run* gestartete Query liefert automatisch die sich aus der Abfrage ergebenden ersten 1.000 Datensätze in einer System-Page im Windows-Client. Werden mehr als 1.000 Datensätze als Rückgabe erwartet, muss die Query in anderer Form (z. B. PowerPivot) konsumiert oder stattdessen ein Report verwendet werden. Einstellungen im Property »TopNumberOfRows« werden bei einer per *Run* gestarteten Query nicht berücksichtigt. Über einen Report lässt sich eine Datenbankabfrage in ähnlicher Form erstellen, die nicht limitiert ist. Dabei wird nur das eigentliche Dataset verwendet, welches aus der Reportvorschau über *Hilfe/Info zu diesem Bericht* im Menü *Anwendung* verfügbar ist. Näheres hierzu finden Sie auch im Abschnitt »Report Dataset Designer« in diesem Kapitel.

Prüfungshandlung *Datenbankabfrage*

Beispielszenario

Es soll geprüft werden, ob abweichende Zahlungsbedingungen in Verkaufsaufträgen gewährt wurden. Dazu müssen Daten aus der Verkaufskopf- sowie der Debitorentabelle verglichen werden.

Abfrage: *Tabelle 36 Verkaufskopf/Felder Belegart[Wert Auftrag], Nr., Rech. an Deb.-Nr., Zlg.-Bedingungscode*

in Verbindung mit:

Tabelle 18 Debitor/Felder Zlg.-Bedingungscode[DIL Rech. an Deb.-Nr.]

Erstellung der Query

In der Entwicklungsumgebung von Dynamics NAV 2013 rufen Sie über *Extras/Designer* den Object Designer auf, wählen die Objektart *Query* und klicken *New*.

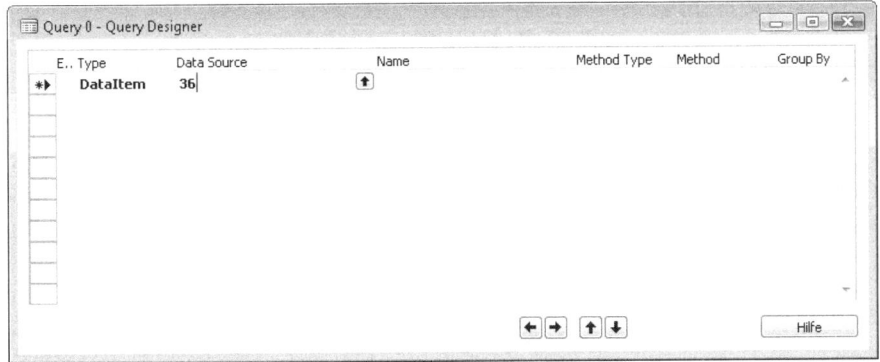

Abbildung 2.95 Erstellen einer neuen Abfrage für Tabelle 36, Verkaufskopf

In der *DataItem*-Zeile wird die Tabellennummer im Feld *Data Source* angegeben. Die Felder werden darunter in jeweils einer *Column* Zeile über die *Lookup*-Schaltfläche ausgewählt (siehe Abbildung 2.96).

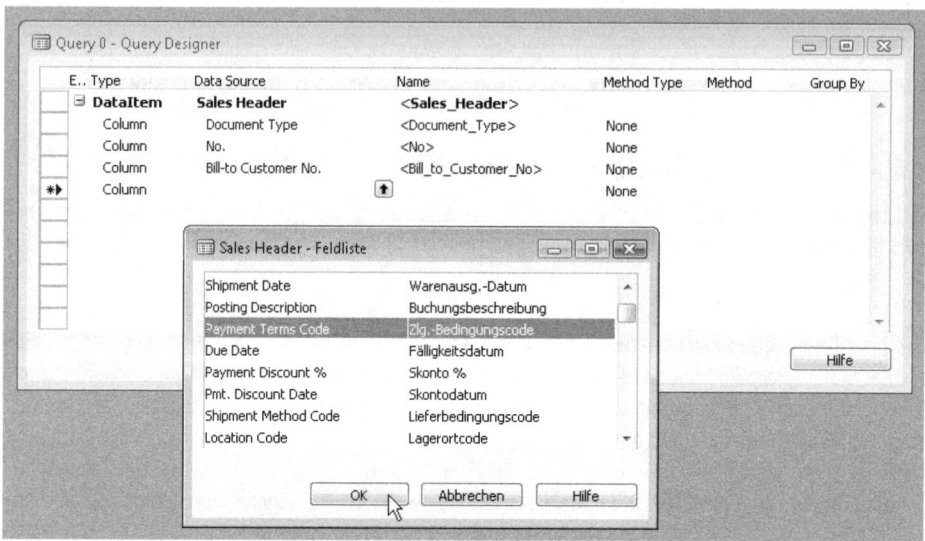

Abbildung 2.96 Auswahl der Verkaufskopffelder

Danach wird die zweite Tabelle (siehe Tabelle 18, *Debitor*) als eingerücktes *DataItem* hinterlegt. Die Einrückung erfolgt automatisch bei der Erfassung von oben nach unten.

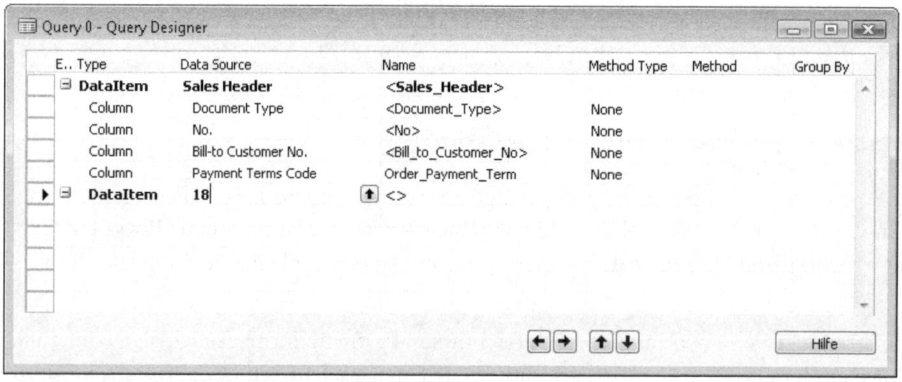

Abbildung 2.97 Hinterlegung der Tabelle *Debitor* als eingerücktes DataItem

Aus dem Hinweis *DIL* (= DataItemLink) in den eckigen Klammern der Prüfungsanweisung geht hervor, dass die Verbindung zur Debitorentabelle über das Verkaufskopf-Feld *Rech. an Deb.-Nr.* erfolgen soll. Diese Verbindung zwischen den beiden Tabellen wird in den *DataItem Properties* (Tastenkombination ⇧+F4) bei der gleichlautenden Eigenschaft hinterlegt (siehe Abbildung 2.98).

Navigationspfade und Prüfungshandlungen

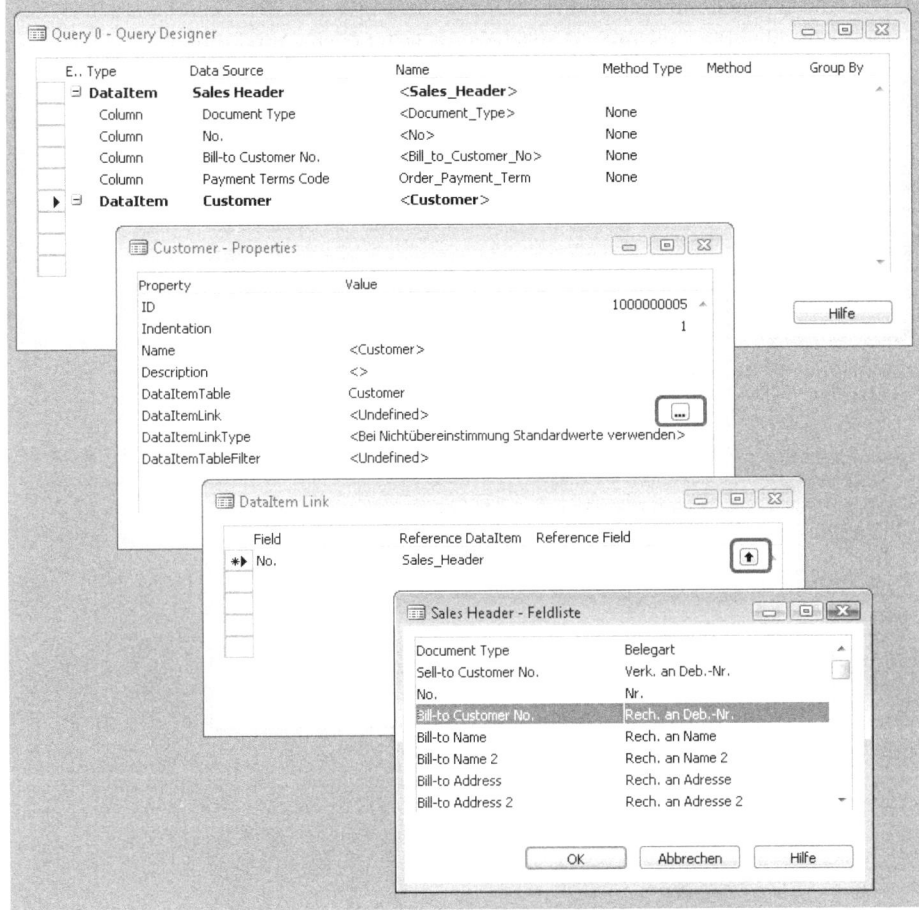

Abbildung 2.98 Hinterlegung der DataItem-Links zwischen Verkaufskopf- und Debitorentabelle

Über die Assist-Schaltfläche ([...] in Abbildung 2.98) gelangen Sie zur *DataItem Link*-Tabelle und können dort über die *Lookup*-Schaltflächen die betreffenden Felder (*Field*, *Reference DataItem* und *Reference Field*) auswählen. Für das nun verbundene *DataItem* »Customer« wird als *Column*-Zeile das Feld *Zlg.-Bedingungscode* benötigt.

Da das Feld *Zlg.-Bedingungscode* in seiner englischen Bezeichnung »Payment Terms Code« als Name nicht doppelt vorkommen darf, ändern Sie es von »<Default Name>« in einen eindeutigen Namen (siehe in Abbildung 2.99 »Order_Payment_Term« und »Cust_Payment_Term«).

Die Query kann nun unter Angabe einer ID und eines Namens gespeichert werden (hier »50000« und »Temporäre Abfrage«) und danach über *Datei/Run* oder [Strg]+[R] gestartet werden. Es öffnet sich eine Systemlistenseite im Windows-Client, die über [Strg]+[E] an Microsoft Excel übergeben werden kann (siehe Abbildung 2.100).

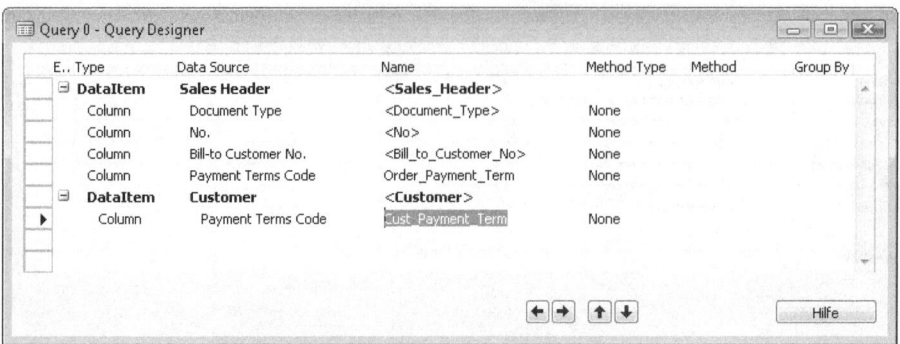

Abbildung 2.99 Werte in der Spalte *Name* einer Query müssen eindeutig sein

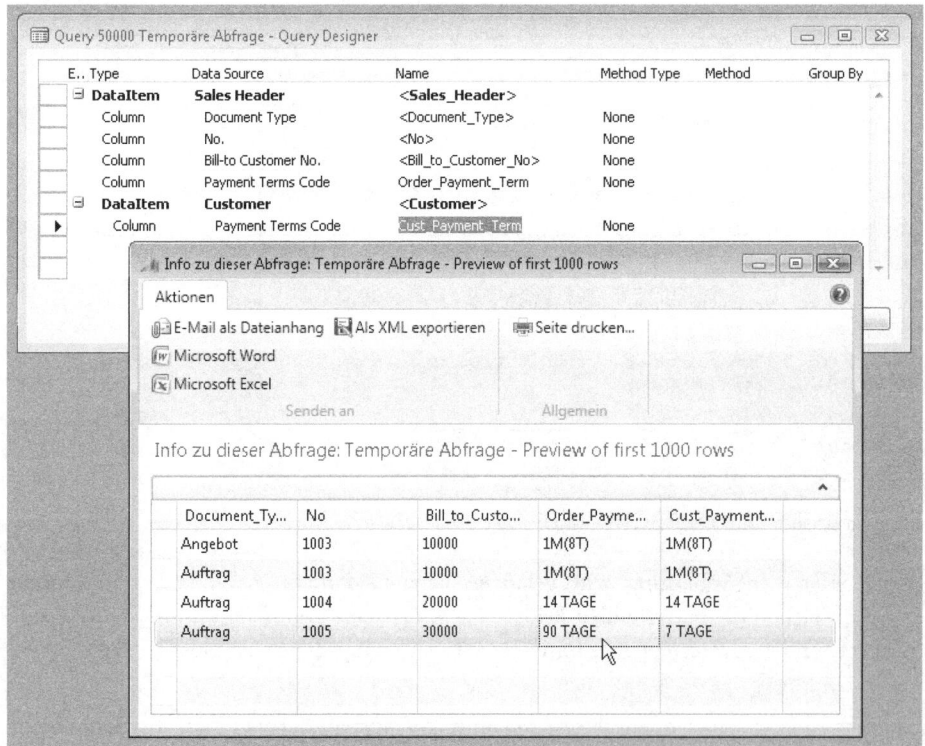

Abbildung 2.100 Start der neu erstellten Query (nach Speicherung in der Datenbank)

TIPP Trick zur Konsistenzprüfung

Wenn im Rahmen der Prüfungshandlung lediglich Datensätze angezeigt werden sollen, bei denen die Zahlungsbedingung im Verkaufsauftrag von der im Debitorenstamm abweicht, kann dies durch ein weiteres DataItem auf die Tabelle 18 *Customer* erreicht werden.

Da auch die Namen der *DataItems* eindeutig sein müssen, wurde hier »Cust_PaymTerm« als Name gewählt. Das weitere *DataItem* wird sowohl über den Rechnungsdebitoren als auch über den Zahlungsbedingungscode verknüpft *[DIL Rech. an Deb.-Nr., Zlg.-Bedingungscode]*, was bei Abweichungen dazu führt, dass keine Daten gefunden werden.

Navigationspfade und Prüfungshandlungen

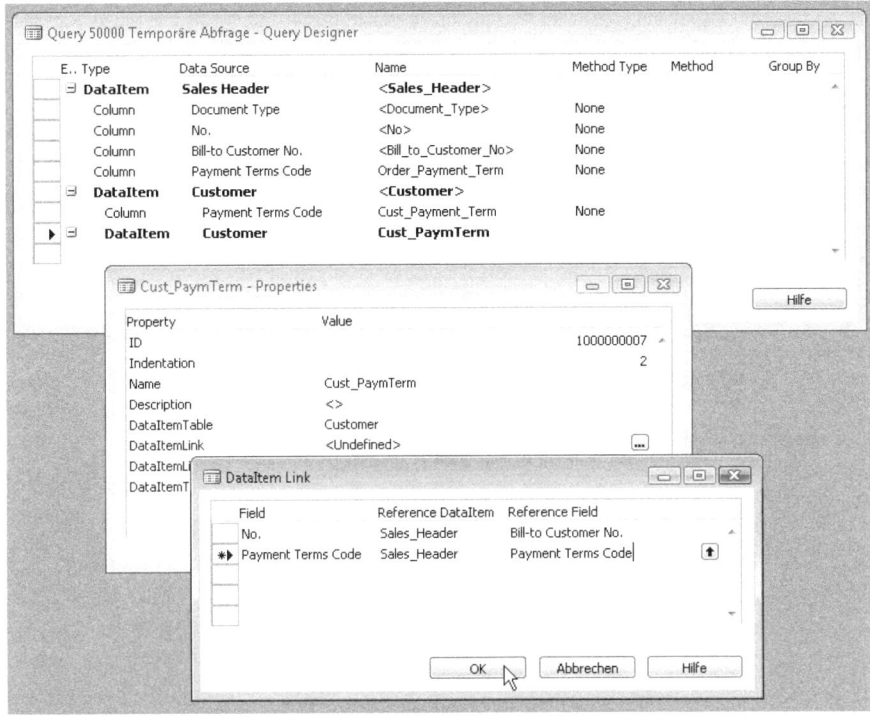

Abbildung 2.101 Verlinkung eines weiteren DataItems auf die Tabelle Debitor

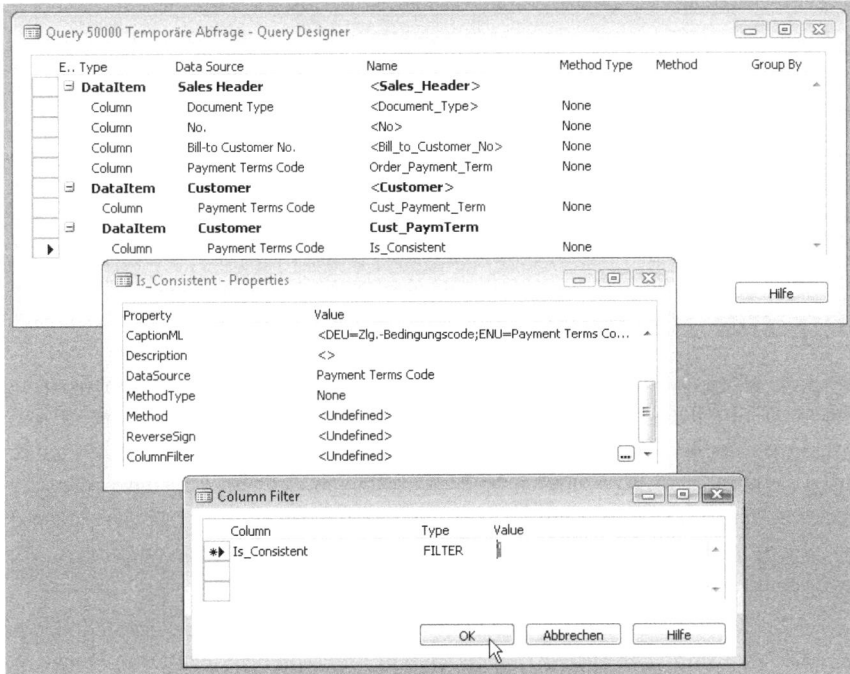

Abbildung 2.102 Hinterlegung eines Filters auf eine Query Column (Abfragefeld)

Im neuen *DataItem* wird ebenfalls das Feld *Zlg.-Bedingungscode* als *Column* ausgewählt und mit einem eindeutigen Namen (hier: »Is_Consistent«) versehen. Diese Spalte zeigt nur bei Übereinstimmung der Zahlungsbedingung zwischen Verkaufskopf und Debitorenstamm einen Wert an. Bei Abweichungen wird »leer« zurückgegeben, was nun als Filterkriterium für diese Spalte im *ColumnFilter* (siehe »Is_Consistent« = FILTER('')) verwendet werden kann.

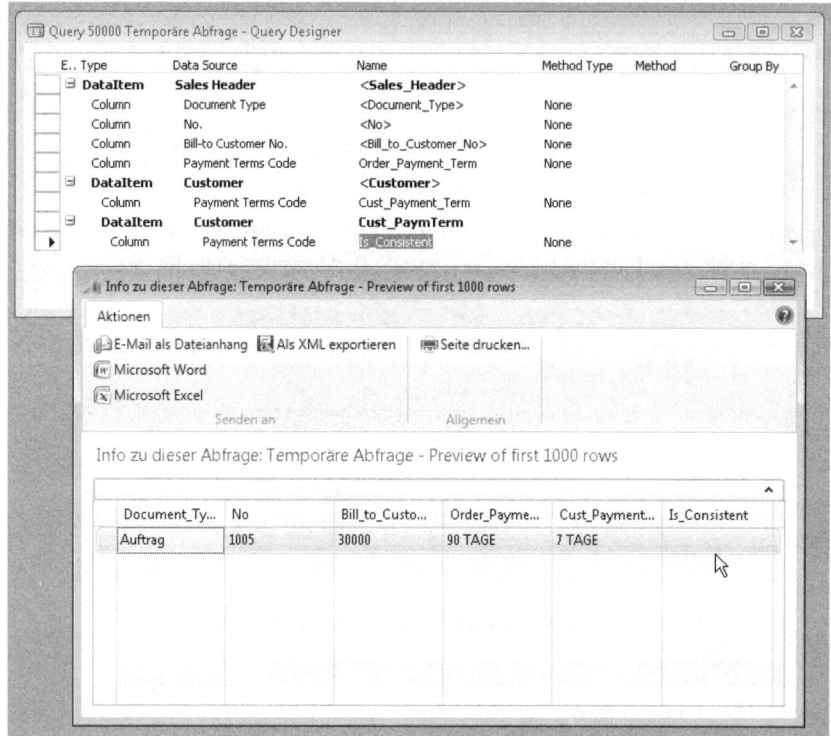

Abbildung 2.103   Die neue Abfrage zeigt nur Abweichungen von Zahlungsbedingungen

Die nach dem Speichern gestartete Abfrage zeigt lediglich jenen Auftrag im Demomandanten an, bei dem die Zahlungsbedingung im Auftrag abgeändert wurde.

Personalisierung und Technologie

Seit Einführung des rollenbasierten Clients und den damit verbundenen Möglichkeiten der Personalisierung können Unternehmen die Benutzeroberfläche von Dynamics NAV für ihre Anwendungszwecke optimieren, ohne dass dafür zwangsläufig Programmierung notwendig ist. Die Möglichkeit von benutzer- und rollendefinierten Anpassungen ohne Objektänderungen bedeuten bessere Updatefähigkeit bzw. geringere Updatekosten. Im Vergleich zu früheren Versionen von Dynamics NAV werden nahezu alle Personalisierungen in der Datenbank gespeichert (zuvor in der *fin.zup*-Datei) und gehen damit weder beim Kompilieren von Objekten verloren, noch sind sie nur lokal verfügbar.

In diesem Abschnitt werden zunächst die Möglichkeiten und Objekte der Personalisierung dargestellt, bevor im Anschluss mit der Systemarchitektur und den Systemzugriffsarten technologische Aspekte von Dynamics NAV behandelt werden.

Personalisierung und Konfiguration

Mit Personalisierung werden in Dynamics NAV Anpassungen bezeichnet, die der Benutzer an seiner Anwendungsoberfläche vornimmt und für seinen Benutzerlogin speichert. Das kann beispielsweise das Ändern von Spaltengrößen, Einblenden von Infoboxen oder benutzerdefinierte Ändern im Menüband oder dem Navigationsbereich sein. Von Konfiguration wird hingegen gesprochen, wenn solche Anpassungen für ein Profil und somit einer Gruppe von Benutzern vorgenommen werden.

HINWEIS Um ein Profil zu konfigurieren, muss Dynamics NAV im Konfigurationsmodus gestartet werden. Der Benutzer, der die Konfiguration vornimmt, muss über Superuser-Rechte verfügen und als Besitzer des Profils eingetragen sein.

Link: *Abteilungen/Verwaltung/Anwendung Einrichtung/Rollenbasierter Client/Profile*

Um den Windows-Client im Konfigurationsmodus zu starten, muss der Anwendungsaufruf um den Parameter *-configure -profile:"PROFILNAME"* erweitert werden. Es empfiehlt sich beispielsweise eine separate Desktopverknüpfung für diesen Aufruf zu erstellen, die wie folgt aussehen könnte:

"C:\Program Files\Microsoft Dynamics NAV\70\RoleTailored Client\Microsoft.Dynamics.Nav.Client.exe" -configure -profile:"PROFILNAME"

Wenn der Windows-Client im Konfigurationsmodus läuft, wird dies durch einen entsprechenden Hinweis unterhalb des Suchfelds angezeigt (siehe Abbildung 2.104).

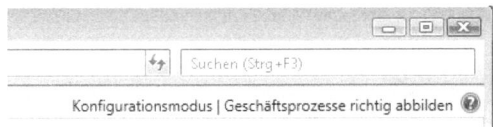

Abbildung 2.104 Anzeige des Konfigurationsmodus

Alle durchgeführten Anpassungen werden in das Profil und damit auf alle Benutzer übertragen, denen das konfigurierte Profil zugeordnet ist.

Benutzeroberfläche personalisieren

Bis auf einige Ausnahmen werden alle Personalisierungen über *Anpassen* im Menü *Anwendung* vorgenommen (siehe Abbildung 2.105).

In NAV 2013 lassen sich viele Elemente der Benutzeroberfläche personalisieren. Im Folgenden werden die wichtigsten Anpassungen für

- Listenplätze
- Kartendarstellungen
- Rollencenter

tabellarisch dargestellt. Da sie für die weiteren Erläuterungen keine Bedeutung haben, wird auf eine detaillierte Beschreibung der einzelnen Schritte zur Personalisierung verzichtet.

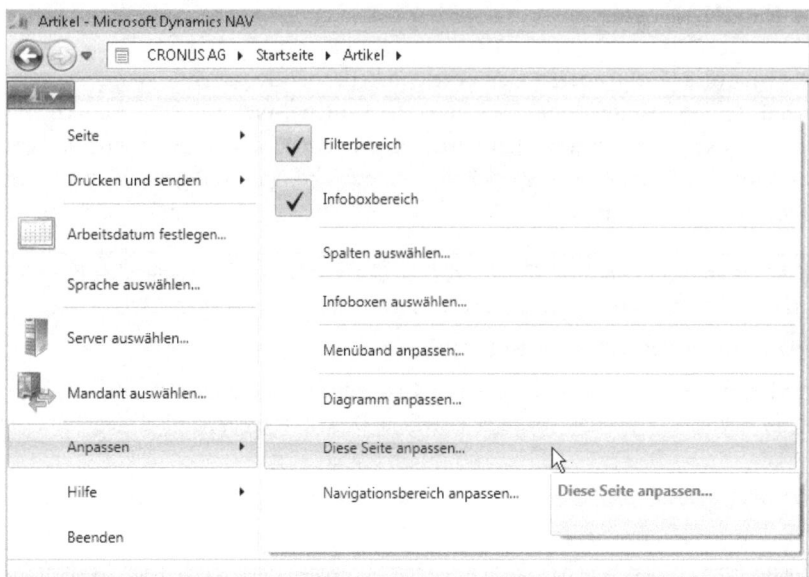

Abbildung 2.105 Anpassen-Optionen im Menü *Anwendung* für den Listenplatz *Artikel*

Die Tabelle 2.15 listet die Personalisierungsoptionen für einen Listenplatz auf.

Zugriff	Element	Erläuterung
Anpassen	Filterbereich	Ein- und Ausblenden des gesamten Filterbereichs (Schnellfilter und erweiterter Filter)
Anpassen	Infoboxbereich	Ein- und Ausblenden der Infoboxen am rechten Rand
Anpassen	Spalten auswählen	Auswählen der anzuzeigenden Spalten aus einem über die NAV-Seite definierten, maximalen Feldumfang. Festlegung der Feldreihenfolge sowie einer Fixierung, die dann sinnvoll ist, wenn horizontal geblättert werden muss.
Anpassen	Infoboxen auswählen	Auswahl der anzuzeigenden Infoboxen und Festlegung der Anzeigereihenfolge. Anordnung und Auswahl der Felder in den Infoboxen über *Teil anpassen*.
Anpassen	Menüband anpassen	Ein- und Ausblenden von Aktionen bzw. Gruppen. Positionierung der Aktionen bzw. Gruppen. Festlegung der Darstellungsgröße sowie Umbenennung von Aktionen. Definition neuer Registerkarten, Aktionsmenüs und -gruppen.
Anpassen	Diagramm anpassen	Generische Diagrammanpassung (siehe auch den Abschnitt »Generische Diagramme«)
Diese Seite anpassen/ Anzeigeoptionen	Automatischen Filter in Lookupfeldern aktivieren	Aktiveren einer eingabeparallelen Filterung auf Feldern mit Dropdownliste (siehe auch den Abschnitt »Dropdownlistenfelder«)
Diese Seite anpassen	Anordnen nach	Festlegung einer alternativen Sortierung auf Basis vorhandener Tabellenschlüssel
Spalten auswählen	Fixierung hinzufügen	Einfügen und Positionieren einer vertikalen Fixierung, um die Spalten links davon vom Scrollen auszuschließen
Drag & Drop	Spaltenbreite	Festlegung der Spaltenbreite durch Ziehen der Spaltenkopftrennlinie

Tabelle 2.15 Personalisierungsoptionen für einen Listenplatz

Personalisierung und Technologie

Zugriff	Element	Erläuterung
Kontextmenü	Höhe des Kopfs auswählen	Festlegung der Höhe des Spaltenkopfs (ein-, zwei- oder dreizeilig)
Seitentitel-Schaltfläche	Erweiterter Filter	Ein- und Ausblenden des erweiterten Filterbereichs
Seitentitel-Schaltfläche	Ansicht speichern unter	Häufig benötigte Filterungen von Listenplätzen können als benutzerdefinierte Ansicht im Navigationsbereich abgespeichert werden
Hilfe	Seitennotizen	Personalisierung von Hilfetexten auf Basis von OneNote-Seitennotizen (siehe auch den Abschnitt »Seitennotizen« in diesem Kapitel)

Tabelle 2.15 Personalisierungsoptionen für einen Listenplatz *(Fortsetzung)*

TIPP Mittels einer mehrzeiligen Spaltenkopfhöhe werden Feldnamen, die aus mehreren Wörtern bestehen, automatisch umgebrochen. Über das Kontextmenü lässt sich diese Personalisierung für die aktuelle oder alle NAV-Seiten (*Auf alle Listen anwenden*) einstellen (siehe Abbildung 2.106).

Abbildung 2.106 Anpassen der Spaltenkopfhöhe über das Kontextmenü

Die Tabelle 2.16 listet die Personalisierungsoptionen für eine Kartendarstellung auf.

Zugriff	Element	Erläuterung
Anpassen	Infoboxbereich	Ein- und Ausblenden der Infoboxen am rechten Rand
Anpassen	Summenberechnung einschränken auf	Ein- und Ausblenden des FlowFilter-Bereichs (z. B. Datumsfilter), um auf die Summenberechnung von FlowFields Einfluss zu nehmen
Anpassen	Menüband anpassen	Ein- und Ausblenden von Aktionen bzw. Gruppen. Positionierung der Aktionen bzw. Gruppen. Festlegung der Darstellungsgröße sowie Umbenennung von Aktionen. Definition neuer Registerkarten, Aktionsmenüs und -gruppen.

Tabelle 2.16 Personalisierungsoptionen für eine Kartendarstellung

Zugriff	Element	Erläuterung
Diese Seite anpassen/ Anzeigeoptionen	Automatischen Filter in Lookupfeldern aktivieren	Aktiveren einer eingabeparallelen Filterung auf Feldern mit Dropdownliste (siehe auch den Abschnitt »Dropdownlistenfelder« in diesem Kapitel)
Diese Seite anpassen	Inforegister	Ein- und Ausblenden von Inforegistern sowie deren vertikale Positionierung.
Diese Seite anpassen/ Inforegister/ Inforegister anpassen	Wichtigkeit	Festlegen der Darstellungsart des angezeigten Felds (Standard, Heraufgestuft, Zusätzlich). Heraufgestuft: Feldwert wird im zugeklappten Zustand auf dem Inforegister-Band angezeigt (Wichtig: Feldname wird nicht angezeigt – nur sinnvoll, wenn die Bedeutung des Feldwerts eindeutig ist). Zusätzlich: Feld wird nur angezeigt, wenn *Mehr Felder anzeigen* (rechts unten im Inforegister) angeklickt wird.
Diese Seite anpassen	Infoboxen	Auswahl der anzuzeigenden Infoboxen und Festlegung der Anzeigereihenfolge. Anordnung und Auswahl der Felder in den Infoboxen über *Teil anpassen*.
Subform *Aktionen*		Der Zugriff auf die Subform-bezogenen Personalisierungsoptionen erfolgt über die Aktionen-Schaltfläche (Tastenkombination [Alt]+[F10]) auf dem Inforegister, das das Subform beinhaltet (z. B. die Verkaufszeilen).
(Subform) Inforegister Aktionen/Anpassen	Anordnen nach	Festlegung einer alternativen Sortierung auf Basis vorhandener Tabellenschlüssel
Inforegister Aktionen/Anpassen	Spalten auswählen	Auswählen der anzuzeigenden Spalten aus einem über das Subform definierten, maximalen Feldumfang sowie Festlegung der Feldreihenfolge
Inforegister Aktionen/Anpassen/ Spalten auswählen	Fixierung	Festlegung einer Fixierung, die dann sinnvoll ist, wenn horizontal geblättert werden muss
Inforegister Aktionen/Anpassen/ Spalten auswählen	Schnelleingabe	Festlegung eines optimalen Wegs (mithilfe der Enter-Taste) durch den Datensatz. Felder, die angezeigt, aber nicht zwingend immer gefüllt werden müssen, können dadurch übersprungen werden.
Drag & Drop	Spaltenbreite	Festlegung der Spaltenbreite durch Ziehen der Spaltenkopf-Trennlinie
Kontextmenü	Höhe der Spaltenköpfe	Festlegung der Höhe des Spaltenkopfs (ein-, zwei- oder dreizeilig)
Dropdownlisten	Als Standardfilterspalte festlegen	Festlegung, auf welches Feld einer Dropdownliste ein Filterkriterium standardmäßig angewendet werden soll. Beispiel: *Nr.* in der Verkaufszeile. Hier kann es sinnvoll sein, in der Dropdownliste *Beschreibung* ([F4]) als Standardfilterspalte anzugeben, um z. B. einen Artikel im Feld *Nr.* über den Namen suchen zu können (siehe Abbildung 2.107 sowie den Abschnitt »Dropdownlistenfelder« in diesem Kapitel)
Hilfe	Seitennotizen	Personalisierung von Hilfetexten auf Basis von OneNote-Seitennotizen (siehe auch den Abschnitt »Seitennotizen« in diesem Kapitel)
Drag & Drop	Fenstergröße	Festlegung der Fenstergröße von Aufgabenseiten Windows-typisch über Drag & Drop

Tabelle 2.16 Personalisierungsoptionen für eine Kartendarstellung *(Fortsetzung)*

Personalisierung und Technologie

Abbildung 2.107 Standardfilterspalte in Dropdownlisten festlegen

Ein weiteres Objekt für Personalisierung ist das Rollencenter und deren Inhalte bzw. Rollencenter-*Teile* sowie der Navigationsbereich und das Menüband des Rollencenters (siehe Abbildung 2.108). Das Layout des Rollencenters wird ebenfalls über die Option *Anpassen/Diese Seite anpassen* im Menü *Anwendung* definiert.

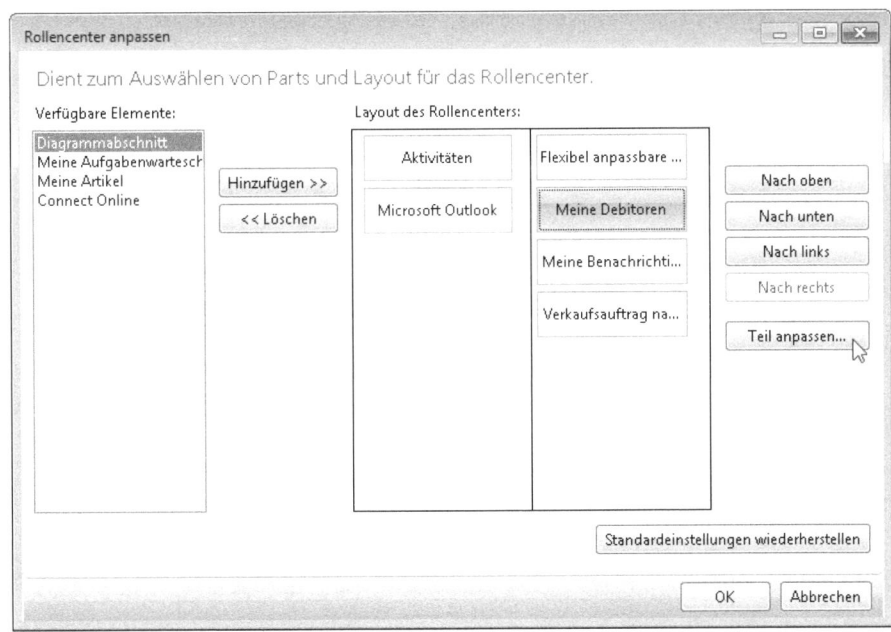

Abbildung 2.108 Anpassen des Rollencenter-Layouts

Die Tabelle 2.17 stellt die Personalisierungsoptionen für Rollencenter dar.

Zugriff	Element	Erläuterung
Anpassen	Menüband anpassen	Ein- und Ausblenden von Aktionen bzw. Gruppen. Positionierung der Aktionen bzw. Gruppen. Festlegung der Darstellungsgröße sowie Umbenennung von Aktionen. Definition neuer Registerkarten, Aktionsmenüs und -gruppen.
Anpassen	Diese Seite anpassen	Ein- und Ausblenden von Teilen sowie Festlegen der Positionierung in den zwei Spalten des Seitenbereichs
Anpassen/ Diese Seite anpassen	Teil anpassen (Aktivitäten)	Ein- und Ausblenden der im Teil *Aktivitäten* angezeigten (Papier-)Stapel (Stacks) sowie deren Positionierung
Anpassen/ Diese Seite anpassen	Teil anpassen (Outlook)	Definition der Outlook-Elemente, die im Rollencenter angezeigt werden sollen (E-Mail-Ordner, Kalender und Aufgaben)
Anpassen/ Diese Seite anpassen	Teil anpassen (Meine Debitoren)	Definition der Sortierung und angezeigten Spalten im Teil *Meine Debitoren*, Pflege der Tabelle über die Teilaktionen *Liste verwalten* ([Alt]+[F10])
Anpassen/ Diese Seite anpassen	Teil anpassen (Meine Artikel)	Definition der Sortierung und angezeigten Spalten im Teil *Meine Artikel*, Pflege der Tabelle über die Teilaktionen *Liste verwalten* ([Alt]+[F10])
Anpassen/ Diese Seite anpassen	Teil anpassen (Diagrammabschnitt)	Auswahl eines vordefinierten generischen Diagramms (siehe auch den Abschnitt »Generische Diagramme«)
Anpassen	Navigationsbereich anpassen	Definition und Positionierung der Schaltflächen im Navigationsbereich sowie der Listenlinks
Anpassen	Vom Benutzer angegebene Einstellungen zurücksetzen	Löschen der benutzerdefinierten Personalisierungen sowie Entscheidungen zum Zugriff auf Dateien und Add-Ins (siehe auch Abbildung 2.110)
Drag & Drop	Größe der Teile	Vertikale und horizontale Definition der Fenstergröße jedes Teils
Aufklappen/Zuklappen	Teil	Festlegung der normalen oder minimierten Darstellung
Business-Chart	Chart-Menüleiste	Festlegung der Anzeigeoptionen (abhängig vom Chart) über die Menüleiste des Charts

Tabelle 2.17 Personalisierungsoptionen für ein Rollencenter

ACHTUNG Benutzerdefinierte Personalisierungen wie Spaltenbreiten, Spaltenkopfhöhe und Fenstergrößen werden abhängig von der benutzten Bildschirmauflösung außerhalb der Datenbank gespeichert, damit Anpassungen der Benutzeroberfläche für unterschiedliche Endgeräte möglich sind. Die betreffende *PersonalizationStore-XML-Datei* befindet sich standardmäßig im Ordner *AppData\Roaming\Microsoft\Microsoft Dynamics NAV* des Benutzers.

Unterbinden von Personalisierungsmöglichkeiten

Nicht für jeden Benutzer oder jede Benutzergruppe ist die Personalisierung der Dynamics NAV-Benutzeroberfläche sinnvoll oder gewollt. Es gibt daher auch zwei Möglichkeiten, die Personalisierungsmöglichkeiten in Dynamics NAV zu unterbinden:

- Unterbinden der Personalisierung auf Profilebene (siehe Abbildung 2.109)
- Unterbinden der Personalisierung über den Clientaufruf im Windows-Betriebssystem

Personalisierung und Technologie

Link: *Abteilungen/Verwaltung/Anwendung Einrichtung/Rollenbasierter Client/Profile*

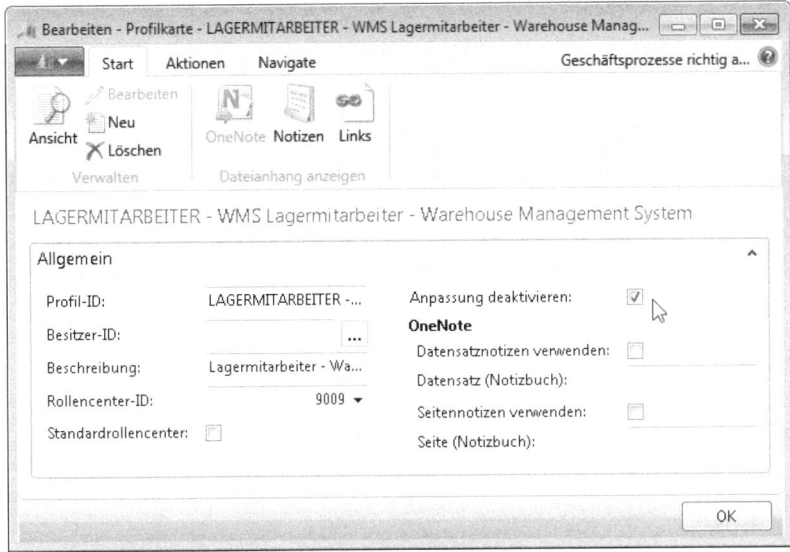

Abbildung 2.109 Personalisierung deaktivieren auf Profilebene

Wenn das Feld *Anpassung deaktivieren* aktiviert ist, können Benutzer mit diesem Profil keine Personalisierungsoptionen nutzen und Personalisierungen, die im Vorfeld vorgenommen wurden, werden ab der Sperre (und Anwendungsneustart) ignoriert. Wenn innerhalb eines Benutzerprofils nur für bestimmte Benutzer die Personalisierung unterbunden werden soll, kann der Windows-Programmaufruf für Dynamics NAV entsprechend über Parameter konfiguriert werden.

HINWEIS Um den Windows-Client von Dynamics NAV 2013 für ein bestimmtes Profil und unter Ausschaltung der Personalisierungsoptionen zu starten, kann folgender Aufrufbefehl am Beispiel des Lagermitarbeiter-Profils genutzt werden:

Microsoft.Dynamics.Nav.Client.exe -disablepersonalization -profile:"LAGERMITARBEITER-WMS"

Derartige Befehlszeilenparameter sind nicht möglich, wenn die Windows-Clientinstallation über ClickOnce-Technologie zur Softwareverteilung bereitgestellt wurde.

Zurücksetzen von Personalisierungen

Über die Option *Anpassen/Von Benutzer angegebene Einstellungen zurücksetzen* im Menü *Anwendung* (ganz links in der Menüleiste) können Personalisierungen rückgängig gemacht werden. Neben Personalisierungen der Oberfläche können hier auch Entscheidungen über den Zugriff auf Dateien und Automatisierungsobjekte (z. B. Automation Server) zurückgenommen werden, die auf Rückfragen des Dynamics NAV-Servers getroffen wurden, um die Ausführung unbekannter Software aus Sicherheitsgründen zu bestätigen (siehe Abbildung 2.110).

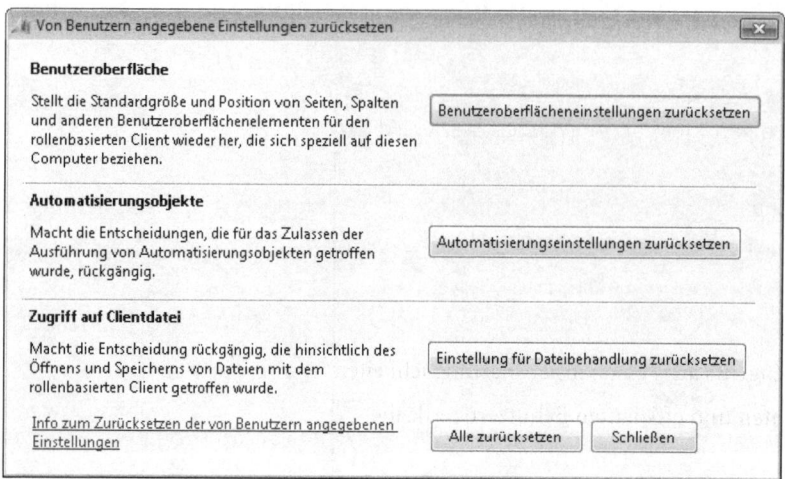

Abbildung 2.110 Optionsfenster für das Zurücksetzen der benutzerdefinierten Einstellungen

Schaltfläche	Erläuterung
Benutzeroberflächeneinstellungen zurücksetzen	Setzt Personalisierungen der Benutzeroberfläche auf den Originalzustand bzw. den über die Objekte definierten Zustand zurück
Automatisierungseinstellungen zurücksetzen	Bei der ersten Ausführung eines Automatisierungsobjekts fordert der Dynamics NAV-Server den Benutzer auf, die Ausführung zu genehmigen. Die Optionen dabei sind: Für diese Clientsession zulassen, aber bei der nächsten Clientsession erneut fragen (Standardeinstellung) Immer zulassen Für diese Clientsession nicht zulassen, aber bei der nächsten Clientsession erneut fragen Eine Entscheidung für »Immer zulassen« wird in der Datenbank gespeichert, damit keine neuen Eingabeaufforderungen erscheinen. Mit der Rücksetzen-Option wird diese Entscheidung zurücksetzt und beim nächsten Aufruf erscheinen entsprechende Eingabeaufforderungen wieder.
Einstellung für Dateibehandlung zurücksetzen	Beim Ausführen oder Downloaden einer Datei auf den Computer können in Dynamics NAV Eingabeaufforderungen zur Bestätigung erscheinen. Wenn eine andere Option als die standardmäßig vorbelegte »Immer fragen, wenn eine Datei dieses Typs geöffnet werden soll« ausgewählt wird, wird dieses benutzerbezogen in der Datenbank gespeichert. Diese Rücksetzen-Option löscht derartige Einstellungen, sodass die Eingabeaufforderungen erneut erscheinen.
Alle zurücksetzen	Rücksetzen aller oben genannten Optionen

Tabelle 2.18 Optionen beim Rücksetzen von benutzerdefinierten Einstellungen

HINWEIS   Eine weitere Möglichkeit zur Personalisierung der Benutzeroberfläche ist der *Systemindikator*, der unter dem Link *Abteilungen/Verwaltung/Anwendung Einrichtung/Allgemein/Firmendaten* eingerichtet werden kann. Der Systemindikator, der rechts oben unter dem Suchfeld erscheint, zeigt an, in welcher Instanz von Dynamics NAV der Benutzer arbeitet (z. B. Test- oder Produktionsdatenbank). Neben verschiedenen automatischen Optionen kann auch ein benutzerdefinierter Text eingegeben werden.

Personalisierung aus Compliance-Sicht

Potenzielle Risiken

- Nicht autorisierte Änderungen von Menüoptionen oder anderen Benutzeroberflächenelementen (Compliance, Integrity)
- Prozessineffizienzen durch ungewollte Personalisierung (Efficiency, Integrity, Reliability)
- Gefährdung eines effizienten Benutzersupports durch Umbenennung oder Ausblenden von Menüoptionen (Efficiency, Integrity)

Prüfungsziel

- Sicherstellung autorisierten Zugriffs auf Personalisierungsmöglichkeiten
- Sicherstellung einer konsistenten und effizienten Benutzeroberfläche

Prüfungshandlungen

Sicherstellung autorisierten Zugriffs auf Personalisierungsmöglichkeiten

- Der Prüfer muss einen Überblick erhalten, welche User Personalisierungen vornehmen können und welche nicht.
  Über das Feld *Anpassung deaktivieren*
  Link: *Abteilungen/Verwaltung/Anwendung Einrichtung/Rollenbasierter Client/Profile* Filter: *Anpassung deaktivieren* = Ja
  Bei Aufruf des Clients:
  Werden »Disablepersonalization«-Parameter beim Aufruf des Windows-Clients benutzt?
  Der Prüfer muss dann hinterfragen, ob die Möglichkeiten zur Personalisierung den Anforderungen entsprechen, oder ob Benutzer existieren, denen die Rechte entzogen werden sollten

- Die Einstellungen zur Personalisierung müssen durch einen Benutzer mit Superuser-Rechten erfolgen (bzgl. der Prüfung der Benutzerrechte verweisen wir auf Kapitel 4. Die Vergabe von Superuser-Rechten sollte möglichst stark limitiert werden). Es ist sicherzustellen, dass der konfigurierende Benutzer ausreichend überwacht wird. Beispielsweise kann ein dedizierter Benutzer angelegt werden, dessen Passwort nur gegen autorisierte Anforderung entsprechend des Vieraugenprinzips herausgegeben wird. Auch bei der weiteren Verwendung kann organisatorisch sichergestellt werden, dass die Aktionen beispielsweise im Rahmen des Vieraugenprinzips und durch Protokollieren des Benutzers/der Tätigkeiten überwacht werden bzw. nachverfolgt werden können (siehe hierzu die Ausführungen in Kapitel 4).

Sicherstellung einer konsistenten und effizienten Benutzeroberfläche

- Es sollte ein Prozess etabliert sein, der sicherstellt, dass Personalisierungen nur erfolgen, wenn eine Kosten-Nutzen-Analyse erfolgt ist. Hierzu sind seitens der IT-Abteilung die Kosten der Personalisierung zu beurteilen (beispielsweise kann ein effizienter Nutzersupport trotz Personalisierung gewährleistet werden) und mit dem Nutzen abzugleichen. Alle Personalisierungen sollten dokumentiert autorisiert werden.

Systemarchitektur

Mit dem Wegfall des klassischen Dynamics NAV-Clients weist Dynamics NAV 2013 eine einheitliche Drei-Schicht-Architektur auf. Diese drei Schichten bilden zusammen mit einigen Zusatzkomponenten die Dynamics NAV-Systemarchitektur. Der folgende Abschnitt erläutert diese Elemente aus technischer Sicht und weist auf Unterschiede zur Systemarchitektur unter NAV 2009 hin, bevor mit der Client-Extensibility ein Überblick über die Erweiterungsmöglichkeiten außerhalb der Dynamics NAV-Entwicklungsumgebung gegeben wird.

Clientschicht

Die Client- oder Präsentationsschicht wird in NAV 2013 aus insgesamt fünf Clientarten gebildet, die mit der NAV-Datenbank über den Dynamics NAV-Server kommunizieren:

- Microsoft Dynamics NAV Windows-Client (rollenbasiert)
- Microsoft Dynamics NAV Web-Client (rollenbasiert)
- Microsoft Dynamics Portal Framework for SharePoint 2010
- Webdienst-Clients (SOAP und OData für Systemintegration, externe Benutzeroberfläche)
- NAS-Services-Client (Task Scheduling & Batchjobs, ohne Benutzeroberfläche)

Serviceschicht

Die Dynamics NAV-Serviceschicht (NST) besteht aus Dynamics NAV-Server und den Microsoft-Komponenten Internetinformationsdienste (IIS) und SharePoint Foundation.

Die gesamte Dynamics NAV-Businesslogik wird auf dem NST ausgeführt. Um entsprechende C/AL-Prozesse zu starten, sendet der Client Anfragen in Form von Webdiensten zur Serviceschicht. Die Steuerung der Webdienstkommunikation übernehmen die Internetinformationsdienste (IIS).

Der Dynamics NAV-Server selbst ist ein .NET-basierender Windows-Dienst, der die Kommunikation zwischen den Clients und der Dynamics NAV-Datenbank in SQL Server mithilfe des Windows Communication Framework (WCF) steuert (siehe Abbildung 2.111). Für die Kommunikation mit Microsoft SQL Server nutzt NAV 2013 ADO.NET anstatt ODBC in NAV 2009. ADO.NET unterstützt SQL Server Connection Pooling, was für die Optimierung der SQL-Verbindungen durch erneute Nutzung gleich konfigurierter, bestehender Verbindungen steht. Mit diesem Verfahren reduziert sich die Speichernutzung des Dynamics NAV-Servers deutlich. Außerdem unterstützt Dynamics NAV 2013 nun die neueste Windows Server Collation und weist damit eine durchgehend konsistente Zeichenverwaltung und Sortierverhalten zwischen NST, SQL Server und Windows-API auf. Zugleich findet für Text- und Codefelder der Unicode-Zeichensatz Anwendung.

> **HINWEIS** Die Unterstützung des Unicode-Zeichensatzes für Daten (Text- und Codefelder) bedeutet nicht, dass die Anwendung selbst (also Captions, Objektnamen usw.) Unicode unterstützt.

Die Abbildung 2.111 zeigt weitere Unterschiede in der Serverarchitektur zwischen Dynamics NAV 2009 und Dynamics NAV 2013 auf.

Personalisierung und Technologie

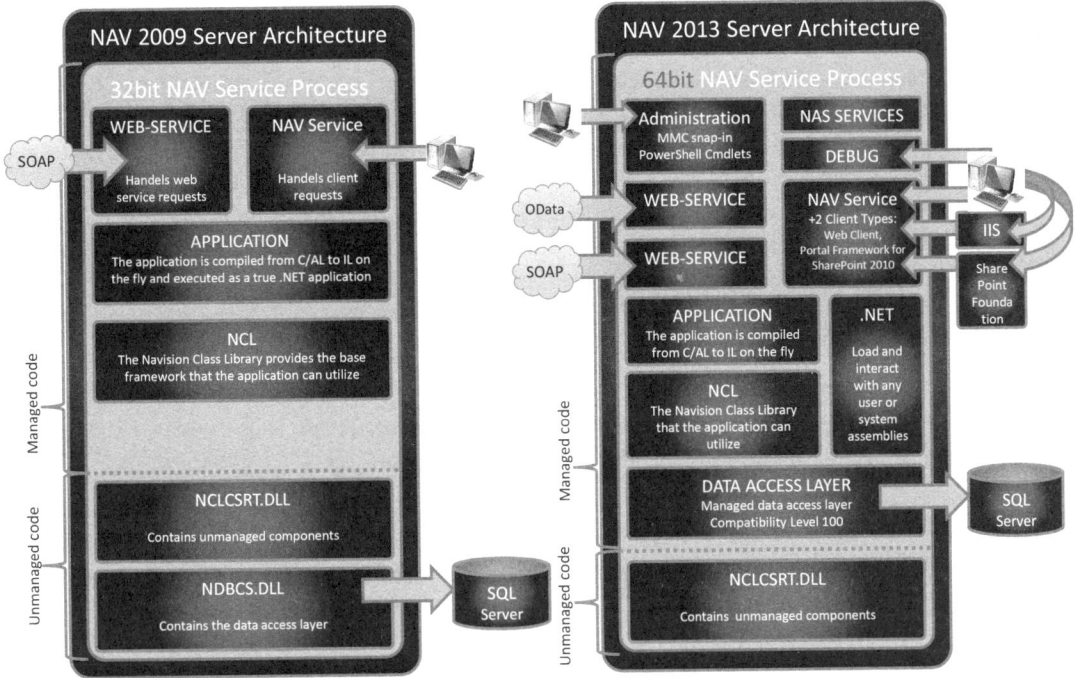

Abbildung 2.111 Serverarchitektur NAV 2009 und NAV 2013 im Vergleich (Quelle: Microsoft)

Wegfall redundanter Zugriffsrechte

Die aus Compliance-Sicht wohl wichtigste Änderung der Systemarchitektur von NAV 2013 betrifft den neuen Data Access Layer. Bisher wurde für jede Clientsession eine SQL Server-Verbindung benötigt. In NAV 2013 gibt es nur noch einen SQL Service Account. Das bringt zum einen Performancevorteile durch weniger Speichernutzung und zum anderen mehr Sicherheit durch den Wegfall der redundanten Zugriffsrechte mit sich.

ACHTUNG Bei der Installation des Dynamics NAV-Servers wird automatisch das Netzwerkdienstkonto *NT-Autorität\Netzwerkdienst* für das vorgenannte SQL-Dienstkonto verwendet. Herstellerseitig wird aus Sicherheitsgründen jedoch empfohlen, diese Konfiguration zu modifizieren, sodass stattdessen ein dedizierter Windows-Domänenbenutzer verwendet wird, der nicht zugleich über Administrationsrechte verfügt und nur für Dynamics NAV-Komponenten verwendet wird. Diese Empfehlung gilt grundsätzlich, insbesondere aber dann, wenn der SQLServer und der NAV-Server auf unterschiedlichen Maschinen laufen. Diesem Benutzerkonto sind unter NAV 2013 darüber hinaus »db_owner«-Rechte auf Datenbankebene einzuräumen.

HINWEIS Zugriffsrechte werden in NAV 2013 nur noch auf dem NST geprüft, sodass der Synchronisationsprozess für Zugriffsrechte zwischen NAV und dem SQL Server-Sicherheitssystem entfällt. Damit entfällt auch die Einstellungsmöglichkeit auf Datenbankebene zwischen erweitertem Sicherheitsmodell bzw. Standardsicherheitsmodell.

Geänderter SQL-Datenzugriff

In NAV 2013 wurden einige Eingriffe in die Systemarchitektur möglich, die das Laufzeitverhalten verbessern, weil auf native Datenbank und klassischen Client keine Rücksicht mehr genommen werden muss. So werden beispielsweise keine Server Cursors (SQL untypische sequenzielle Ergebnismengenzugriffsmethode) mehr benutzt, um auf Datensätze in einer Ergebnismenge zuzugreifen. Stattdessen kommen nun die SQL-typischen Multiple Active Result Sets (MARS) zum Einsatz, wenn C/AL-Befehle wie FIND oder NEXT abgesetzt werden, was die Antwortzeiten vom SQL-Server deutlich verbessert. Bestehende Serververbindungen können mehrfach für aktive Abfragen verwendet werden, und Datenmanipulationen gleichzeitig auf alle Datensätze der Ergebnismenge erfolgen, anstatt bisher Datensatz für Datensatz.

Datenschicht

Die Datenschicht in NAV 2013 bildet ausschließlich der Microsoft SQL Server (2008 R2 oder 2012) mit den Microsoft Dynamics NAV-Datenbankkomponenten. Diese Komponenten nehmen technische Konfigurationen des SQL-Servers für die Nutzung als Datenbank unter Dynamics NAV vor.

Zusatzkomponenten

Neben den Kernkomponenten der Drei-Schicht-Architektur umfasst die Systemarchitektur von Dynamics NAV noch einige Zusatzkomponenten, die der Tabelle 2.19 entnommen werden können.

Zusatzkomponente	Erläuterung
Microsoft Dynamics NAV Server Administration Tool	Konsole zum Konfigurieren und Verwalten des Microsoft Dynamics NAV-Servers
Microsoft Dynamics NAV Portal Framework for Microsoft SharePoint	Komponenten zum Erstellen von SharePoint-Seiten, in denen NAV-Seiten und Reports angezeigt werden
Development Environment (C/SIDE)	Entwicklungsumgebung für Dynamics NAV
Microsoft Office Outlook Integration	Komponenten zum Synchronisieren von Daten (z. B. Kontakte, Aufgaben und Termine) zwischen Microsoft Dynamics NAV und Microsoft Office Outlook
Automated Data Capture System	Komponente für die Nutzung von mobilen Endgeräten z. B. im Zusammenhang mit der Lagerverwaltung
Web Server Components	Komponenten, die das Anmelden über einen Browser an Dynamics NAV ermöglichen
ClickOne Installer Tools	Methode für eine vereinfachte Softwareverteilung des Windows-Clients

Tabelle 2.19 Zusatzkomponenten der Dynamics NAV-Systemarchitektur

Technologien zur Erweiterung von Dynamics NAV

Zur Erweiterung des Funktionsumfangs von Dynamics NAV außerhalb der Dynamics NAV Entwicklungsumgebung (Client-Extensibility) stehen verschiedene Technologien zur Verfügung, deren Nutzung derzeit noch auf den Windows-Client beschränkt bleibt.

Automation Server

Eine bereits auslaufende Technologie für Funktionserweiterungen in Dynamics NAV sind die Component Object Model Technologies (COM). Der Windows-Client unterstützt die Einbindung sogenannter Automation Server-Variablen, die entweder direkt angesprochen oder über benutzerdefinierte OCX-Objekte bereitgestellt werden können.

> **HINWEIS** Ab Dynamics NAV 2013 können COM-Objekte nicht mehr serverseitig eingebunden werden.

.NET-Datentyp

Dynamics NAV kann auch durch bestehende Funktionalität aus .NET Framework erweitert werden. Durch den in NAV 2009 R2 eingeführten .NET-Datentyp können in Dynamics NAV .NET Framework-Objekte direkt verwendet werden (in NAV 2013 ist dies die Version .NET 4.0). Außerdem können auf diesem Wege eigene, unter .NET entwickelte Komponenten, direkt in Dynamics NAV implementiert werden.

> **HINWEIS** Über die .NET Interop-Technologie können auch bestehende Automation Server, die bereits in .NET Framework entwickelt worden sind, einfach in den neuen .NET-Datentypen umgewandelt werden.

Control-Add-Ins

Grafische Erweiterungen in der Benutzeroberfläche von Dynamics NAV werden durch sogenannte Control-Add-Ins ermöglicht, die z. B. unter .NET entwickelt werden können. Dabei werden NAV-Seiten oder Rollencenter durch eigene grafische Elemente/Controls erweitert, um Daten anzuzeigen oder zu visualisieren. Dynamics NAV verfügt zu diesem Zweck über die sogenannte Client-Extensibility-API.

Die in NAV 2013 eingeführten Custom Interfaces for Client Add-Ins ermöglichen mehr Interaktion zwischen dem Add-In und C/SIDE. So können Events aus einer Add-In-Klasse für NAV veröffentlicht werden (ApplicationVisible), sodass diese in C/SIDE zu Triggern werden, die per C/AL angesprochen werden können. Ferner stehen auch Methoden und Properties des Add-Ins in C/SIDE zur Verfügung.

> **ACHTUNG** Control-Add-Ins können auch verwendet werden, um in NAV Daten direkt zu schreiben. Hierbei muss das Berechtigungskonzept entsprechend definiert werden, da durch direktes Schreiben keine Validierung seitens Dynamics NAV stattfindet (es können Dateninkonsistenzen auftreten).

SQL-Programmierung

Eine weitere Möglichkeit der Funktionserweiterung (oder -verlagerung aus Performancegründen) ist die Programmierbarkeit innerhalb des SQL-Servers. Zum einen können durch SQL Views, die per LinkedObject-Verfahren in NAV-Tabellen eingebunden werden, Datenstrukturen abweichend von der NAV-Datenstruktur modelliert werden. Zum anderen können durch SQL Stored Procedures parametrisierte Datenstrukturen aufgebaut und verändert werden, die in Dynamics NAV-Seiten präsentiert werden.

> **ACHTUNG** Durch die Nutzung von SQL Stored Procedures für Dynamics NAV wird in aller Regel Businesslogik aus NAV in SQL verlagert, was neben Performancevorteilen mit einigen Nachteilen verbunden ist: Das Hauptproblem ist das Unterlaufen des Berechtigungskonzepts, da alle Daten durch die Stored Procedure auf dem SQL-Server zusammengestellt werden, ohne dass die Zugriffsrechte des ausführenden Benutzers geprüft werden. Neben technischen Herausforderungen wie dem Handling von NULL-Werten, Datentypkonvertierungen, überschriebenen SQL-Triggern oder fehlenden Debuggingmöglichkeiten leidet vor allem die Wartbarkeit der Anwendung. Aus Compliance-Sicht muss auch bei der Nutzung von Stored Procedures gewährleistet bleiben, dass nur autorisierter Zugriff erfolgen kann und keine unvalidierten Datenänderungen außerhalb von Dynamics NAV erfolgen dürfen.

Zugriffsarten

Neben dem Microsoft Dynamics NAV-Windows-Client gibt es weitere Zugriffsarten, die im folgenden Abschnitt in aller Kürze erläutert werden, weil sie für die weiteren Ausführungen nicht von Bedeutung sind.

Microsoft Dynamics NAV Web Client

Microsoft Dynamics NAV 2013 beinhaltet eine Webbrowser-Funktion, die Benutzern einen rollenbasierten Zugriff auf Dynamics NAV über das Internet gewährt, ohne dass der Windows-Client auf dem PC installiert sein muss. Der Zugriff erfolgt über einen der folgenden Webbrowser:

- Internet Explorer 8/9/10
- Google Chrome 16 (Windows 7)
- Mozilla Firefox 9 (Windows 7)
- Safari 5.1.2 (iOS)

Limitationen

Der Webclient weist gegenüber dem Windows-Client einige Einschränkungen auf. Folgende Funktionen stehen derzeit im Webclient nicht zur Verfügung:

- Abteilungsmenü
- Navigate-Funktion
- Diagramme
- Outlook Web Part
- Meine Benachrichtigungen
- System-Infoboxen (Notizen, Links)
- Record-Links
- Kontextsensitive Hilfe
- Office-Integration
- Queries und XMLPorts
- Auswahl des Mandanten, des Servers und des Sprachlayers (über Konfigurationsdatei möglich)
- Auswahl des Arbeitsdatums
- Pages mit Control-Add-Ins, OCX-Integration oder .NET-Interoperabilität

HINWEIS Die Personalisierungsmöglichkeiten des Windows-Clients stehen im Webclient zwar nicht zur Verfügung, die im Windows-Client durchgeführten Personalisierungen übertragen sich aber auf das Rollencenter des Webclients.

Für die Nutzung von Webclients kommen als Webserver die Internetinformationsdienste (IIS) 7.0 zum Einsatz, ergänzt um Microsoft Dynamics NAV-Webserver-Komponenten.

Personalisierung und Technologie

Dynamics NAV-Webclient aus Compliance-Sicht

Aus Compliance-Sicht sollten Verbindungen über den Dynamics NAV-Webclient verschlüsselt werden. Es wird allgemein empfohlen, die Kommunikation über das Internet durch das SSL-Webprotokoll zu verschlüsseln. Dadurch wird statt der normalen HTTP-Kommunikation das HTTPS-Kommunikationsprotokoll (Hypertext Transfer Protocol Secure) verwendet und die Verbindung durch den Austausch einer Zertifikatsdatei als sicher eingestuft.

Microsoft Dynamics NAV-SharePoint-Client

Durch die Installation des Microsoft Dynamics NAV Portal Framework for Microsoft SharePoint können SharePoint-Seiten beispielsweise für das Intranet gestaltet werden, die Dynamics NAV-Inhalte durch die direkte Einbindung der NAV-Seiten und -Reports wiedergeben. Insofern ist der Dynamics NAV-SharePoint-Client als ein stark limitierter Client zu verstehen, der für Nutzer gedacht ist, die ansonsten nicht zwingend über einen Zugang zu Dynamics NAV verfügen würden. Die Einbindung setzt technisch Microsoft SharePoint Foundation 2010 und Microsoft SharePoint Server 2010 voraus.

Service-Type Dynamics NAV-Clients

Neben den beschriebenen Dynamics NAV-Clients (Windows-Client, Webclient und SharePoint-Client) existieren außerdem die nachfolgend aufgeführten Zugriffsarten, die eher Dienstcharakter aufweisen und unter NAV 2013 keine Benutzerschnittstelle aufweisen.

SOAP-Webdienstclient

SOAP-Webdienste repräsentieren einen Industriestandard für die Systemintegration. Diese Zugriffsart wird für Webapplikationen genauso wie für die Systemintegration genutzt. Unter anderem werden SOAP-Dienste vom Windows Communication Framework (WCF) unterstützt, um die Entwicklung von Webapplikationen zu vereinfachen. Mehr Informationen finden Sie im Abschnitt »Webdienste«.

OData-Webdienstclient

OData-Webdienste werden in Dynamics NAV hauptsächlich für Auswertungszwecke/BI verwendet. OData stellt »Epresentational State Transfer (REST)-protokollbasierte Datendienste zur Verfügung, die über Uniform Resource Identifiers (URIs) aufgerufen werden können. Eine Beispielanwendung ist Microsoft SQL Server PowerPivot für Microsoft Excel 2010 (siehe auch die Abschnitte »Einsatzmöglichkeiten von Queries« und »Webdienste« in diesem Kapitel).

NAS-Diensteclient

Die NAS-Dienste sind eine Komponente des Dynamics NAV-Servers, mit der Businesslogik ohne Benutzerschnittstelle ausgeführt wird. Ein Anwendungsbeispiel ist die unter NAV 2013 neue Hintergrundbuchungsfunktion, bei der ein Benutzer einen Beleg nur als zu buchen kennzeichnet und die Buchungsroutine über den NAS angestoßen und ausgeführt wird. In Verbindung mit der Aufgabenwarteschlange (Job Queue) kann der NAS auch für die zeitliche Steuerung von Stapelverarbeitungen (Batch Jobs) genutzt werden. Nähere Informationen zur Aufgabenwarteschlange finden Sie auch im Abschnitt »Hintergrundbuchungen« in Kapitel 4.

> **HINWEIS** Die NAS Services in NAV 2013 ersetzen den zuvor eigenständigen NAV Application Server (NAS-Dienst). Die Verwaltung erfolgt nunmehr über das neue Microsoft Dynamics NAV-Server Administration Tool.

Cloud Computing

Microsoft hat 2,3 Mrd. Dollar in den Aufbau von Datacentern rund um die Welt investiert. Ein hohes Investment, das das noch größere Einsparpotenzial andeutet, welches beim Betrieb von Servern in Unternehmen und Organisationen weltweit existiert. Beim Thema Cloud Computing geht es naturgemäß um den Standort der Infrastruktur, über die eine Software und Daten zur Verfügung gestellt werden. Folgende Unterscheidungen sind üblich:

- On Premise (Server wird im eigenen Netzwerk selbst betrieben)
- Private Cloud (ein Dienstleister übernimmt das Hosting eines vom Kunden spezifizierten Servers)
- Public Cloud (ein Dienstleister übernimmt das Hosting ohne Serverspezifikation)

Die Motivationsfaktoren für die Auslagerung in die Cloud sind im Wesentlichen:

- Kosteneinsparung (z. B. Anschaffung, Kühlung, Zugangskontrollen, IT-Mitarbeiter etc.)
- Lastverteilung/Skalierbarkeit (z. B. bei stark schwankender Nutzung oder Benutzerzahlen)
- Sicherheit (z. B. gegen Feuer oder Naturkatastrophen)
- Verfügbarkeit (z. B. 24x7 Support, bis zu 99,9 % garantierte Hochverfügbarkeit)
- Integration (z. B. B2B-Kommunikation oder Onlineinformationen)

Bezogen auf die zur Verfügung gestellte Software ist folgende Differenzierung üblich:

- Infrastructure-as-a-Service »IaaS« (Networking, Storage, Servers, Virtualization)
- Platform-as-a-Service »PaaS« (IaaS + O/S, Middleware & Runtime)
- Software-as-a-Service »SaaS« (PaaS + Data, Applications)

Windows Azure

Die Windows Azure ist die Cloud Computing Service-Plattform, die von Microsoft in den eigenen Datacentern betrieben wird. Die Plattform stellt vielfältige Funktionalitäten zur Verfügung, um Lösungen sowohl für Unternehmen wie Konsumenten zu entwickeln und zu betreiben. Die Windows Azure-Plattform umfasst dazu neben dem eigentlichen Cloud-Betriebssystem Azure auch SQL Azure sowie die Entwicklungsumgebung Windows Azure AppFabric.

Dynamics NAV 2013 auf Windows Azure

Mit Microsoft Dynamics NAV 2013 stellt Microsoft die Weichen für eine Bereitstellung der Anwendung auf Windows Azure, der Cloud-Plattform von Microsoft. Die allgemeine Verfügbarkeit von Dynamics NAV 2013 unter Windows Azure ist für Juni 2013 angekündigt. Zur Drucklegung liegt lediglich eine Preview im Rahmen der Microsoft-Veranstaltung »Convergence 2013« vor. Die Abbildung 2.112 zeigt das ClickOnce-Installationsfenster, mit dem der Windows-Client über Windows Azure lokal automatisch installiert werden kann.

Nach der Schaffung der Installationsvoraussetzungen durch Installation des Report Viewers und der .NET Chart Controls kann der Windows-Client automatisiert installiert werden, ohne dass der Benutzer Konfigurationen vornehmen muss. Der Download der dazu notwendigen Installationsdateien (in diesem Falle lediglich 21 MB) erfolgt, genauso wie die ClickOnce-Installation, automatisch (siehe Abbildung 2.113).

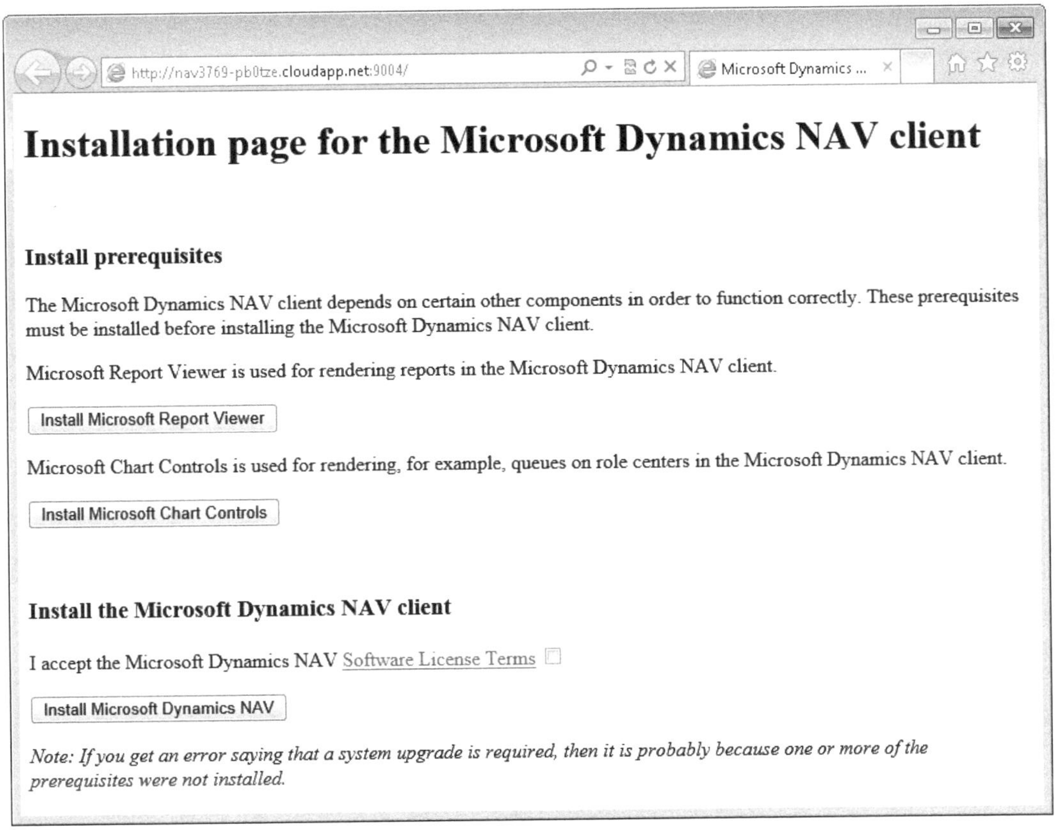

Personalisierung und Technologie

Installation page for the Microsoft Dynamics NAV client

Install prerequisites

The Microsoft Dynamics NAV client depends on certain other components in order to function correctly. These prerequisites must be installed before installing the Microsoft Dynamics NAV client.

Microsoft Report Viewer is used for rendering reports in the Microsoft Dynamics NAV client.

[Install Microsoft Report Viewer]

Microsoft Chart Controls is used for rendering, for example, queues on role centers in the Microsoft Dynamics NAV client.

[Install Microsoft Chart Controls]

Install the Microsoft Dynamics NAV client

I accept the Microsoft Dynamics NAV Software License Terms ☐

[Install Microsoft Dynamics NAV]

Note: If you get an error saying that a system upgrade is required, then it is probably because one or more of the prerequisites were not installed.

Abbildung 2.112 Bereitstellung des Windows-Clients über Windows Azure

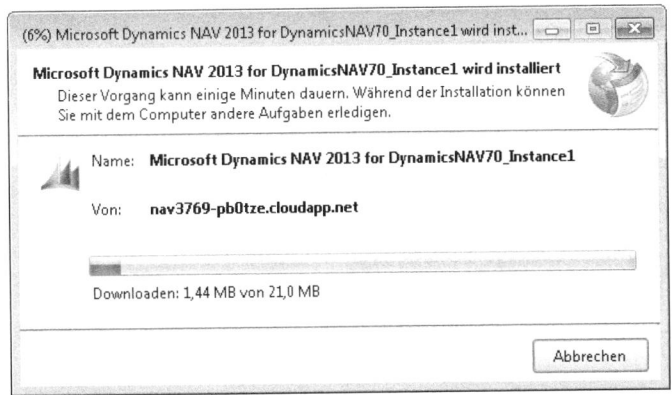

Abbildung 2.113 ClickOnce-Installationsprozess von Windows Azure

HINWEIS   Die Authentifizierung der Convergence Trial Version (siehe Abbildung 2.114) erfolgte per *NAV-Kennwort-Authentifizierung*.

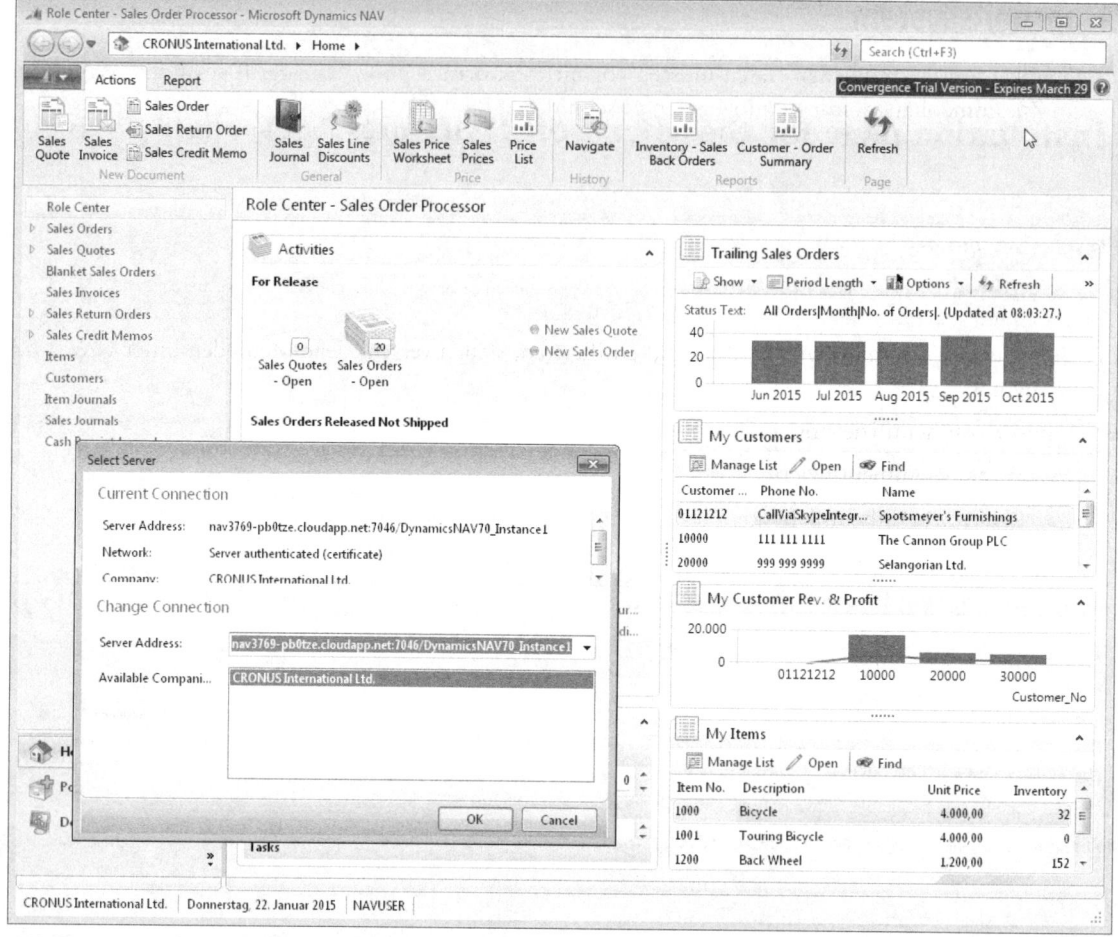

Abbildung 2.114   Dynamics NAV 2013 bereitgestellt über Windows Azure

Aus Compliance-Sicht gibt es eine Vielzahl von Faktoren, die bei der Auslagerung von Daten aus ERP-Systemen in die Cloud zu berücksichtigen sind. Daher ist diesem Punkt ein eigener Abschnitt in Kapitel 4 gewidmet.

Sicherheit und Datenbankadministration

Vielfach wird in ERP-Softwareprojekten das Augenmerk vornehmlich auf die Funktionalität gerichtet und Themen wie Berechtigungen und Datenbankadministration hinten angestellt. Aus Compliance-Sicht hingegen kommt diesen Themen herausragende Bedeutung zu. In diesem Kapitel werden die technischen Grundlagen des Berechtigungssystems behandelt, eine ausführliche inhaltliche Betrachtung des Themas finden Sie in Kapitel 4. Als Erweiterung der technischen Möglichkeiten wird mit NAV Easy Security eine zertifizierte Speziallösung für Dynamics NAV 2013 vorgestellt, mit der Berechtigungsvorgaben auf Feld- und Funktionsebene möglich werden.

Sicherheitssystem

Datenbanken mit vertraulichen Daten müssen vor nicht autorisiertem Systemzugriff geschützt werden. In diesem Zusammenhang werden im folgenden Abschnitt drei Punkte erläutert:

- Authentifizierung
- Sicherheitsstufen
- Berechtigungssystem

Authentifizierung

Um Benutzer in Dynamics NAV 2013 zu authentifizieren, stehen verschiedene Methoden unter NAV 2013 zur Verfügung:

- Windows-Authentifizierung
- Benutzername-Authentifizierung
- NAV-Kennwort-Authentifizierung
- ACS-Authentifizierung

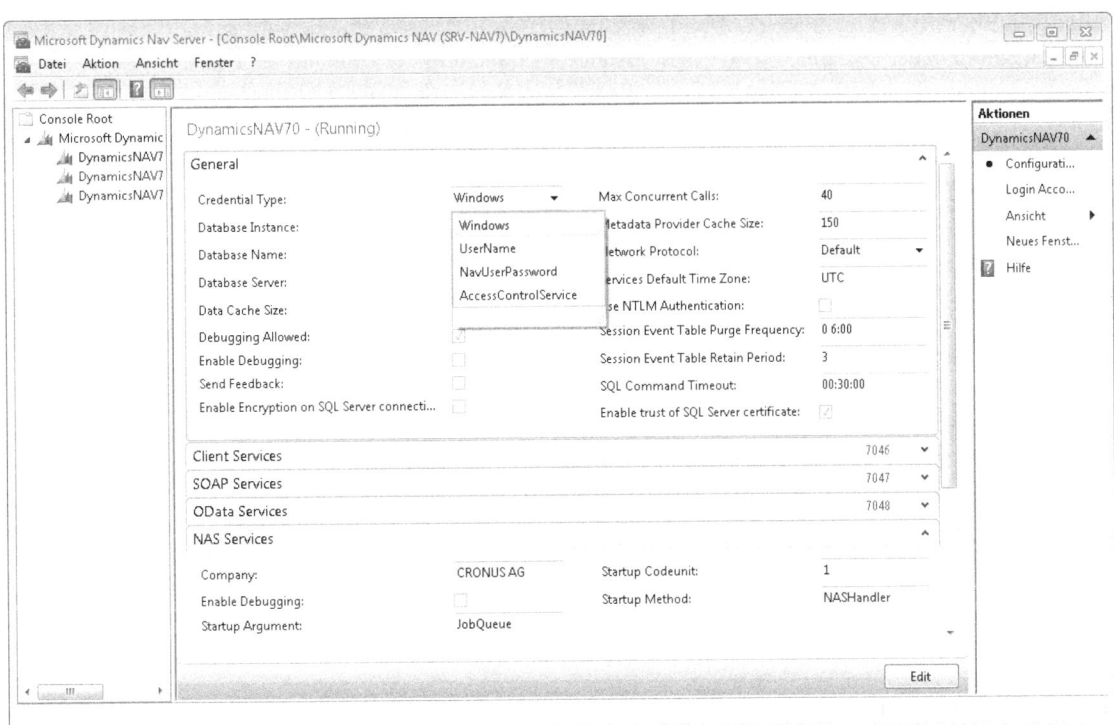

Abbildung 2.115 Festlegung der Authentifizierungsmethode für die Dynamics NAV-Serverinstanz

Die Entscheidung für eine der Authentifizierungsmethoden fällt dabei zentral in der Managementkonsole (siehe Abbildung 2.115). Alle Benutzer, die auf diese Dynamics NAV-Serverinstanz zugreifen, müssen dieselbe Authentifizierungsmethode verwenden. Der Dynamics NAV-Server verwendet dabei den Authentifizierungsdienst aus der Windows Communication Foundation (WCF). Die Festlegung (siehe Parameter »ClientServicesCredentialType«) erfolgt auf Benutzerseite in der Clientkonfigurationsdatei (zu finden im Ordner *C:\Users\Username\AppData\Roaming\Microsoft\Microsoft Dynamics NAV\70\ClientUserSettings.config*). Auf der Benutzerkarte in Dynamics NAV (siehe Abbildung 2.116) können allerdings Merkmale für verschiedene Authentifizierungsmethoden hinterlegt werden.

> **HINWEIS** Um die Verwendung von SOAP- und OData/REST-Webdienste zu authentifizieren, können alle vier Methoden verwendet werden. Da bei NAV-Kennwort- und ACS-Authentifizierung Benutzerdaten und Webdienstschlüssel über das Internet ausgetauscht werden, wird eine SSL-Verschlüsselung (Secure Sockets Layer) empfohlen.

Windows-Authentifizierung

Wenn die Windows-Authentifizierung (Integrated Kerberos/NTLM) genutzt wird, entfällt die gesonderte Anmeldung des Benutzers beim Starten von Dynamics NAV, weil dieser bereits durch die Windows-Anmeldung authentifiziert ist (Single Sign-On).

Benutzername-Authentifizierung

Bei der Verwendung der Benutzername-Authentifizierung (Kerberos/NTLM) muss der Benutzer bei der Anmeldung seinen Windows-Benutzernamen und sein Kennwort eingeben. Der Dynamics NAV-Server prüft die Authentifizierung gegen das Windows-Benutzerkonto. Diese Methode wird gewählt, wenn sich das Endgerät, auf dem der Dynamics NAV-Client installiert ist, nicht in der Domäne des Dynamics NAV-Servers befindet. Um eine gesicherte Verbindung aus öffentlichen Netzwerken zu gewährleisten, ist die Verwendung von Sicherheitszertifikaten Voraussetzung.

NAV-Kennwort-Authentifizierung

Bei dieser für Hostingszenarien gedachten Authentifizierungsmethode muss der Benutzer nicht gleichzeitig über ein Windows-Benutzerkonto verfügen. Die Authentifizierung erfolgt nur über den Dynamics NAV-Server. Der Benutzer muss seinen NAV-Benutzernamen und das dort hinterlegte Kennwort (siehe Abbildung 2.116) bei der Anmeldung angeben. Auch hier werden Sicherheitszertifikate benötigt, um die Authentifizierungsdaten geschützt zu übermitteln.

> **HINWEIS** Das in der NAV-Benutzerkarte hinterlegte Kennwort muss mindestens acht Zeichen lang sein, mindestens einen Großbuchstaben, einen Kleinbuchstaben und eine Zahl enthalten. Es kann definiert werden, dass der Benutzer das Initial-Kennwort bei der nächsten Anmeldung ändern muss. Kennwortänderungsregeln (z. B. nach vier Wochen) können hingegen nicht definiert werden und auch eine Kontosperre nach Eingabe eines ungültigen Kennworts ist hier im Gegensatz zur Windows-Authentifizierung nicht möglich.

Link: *Abteilungen/Verwaltung/IT-Verwaltung/Allgemein/Benutzer*

Sicherheit und Datenbankadministration

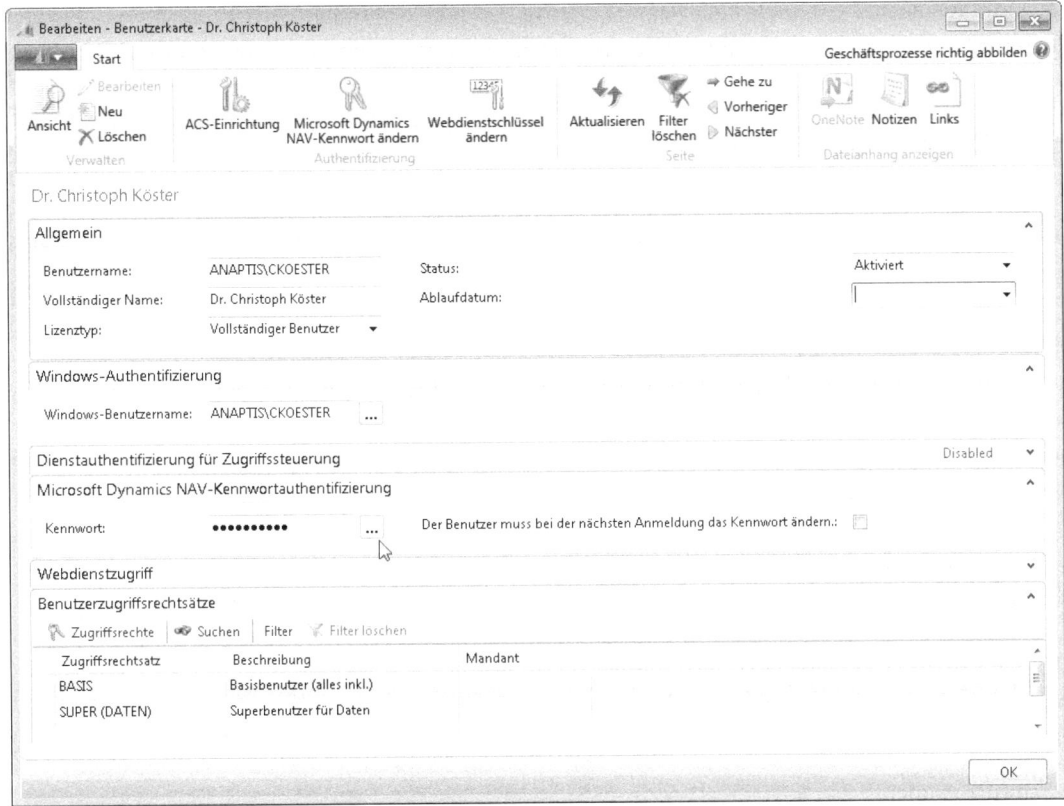

Abbildung 2.116 Auf der Benutzerkarte können Merkmale für verschiedene Authentifizierungsmethoden hinterlegt werden

ACS-Authentifizierung

Bei der ACS-Authentifizierung wird der Benutzer über den cloudbasierten Windows Azure Access Control Service (ACS) authentifiziert. ACS fungiert als Integrationsdienst für unterschiedliche Authentifizierungsverfahren wie Active Directory, aber auch webbasierte Verfahren wie Windows Live ID oder andere ID-Provider (Google, Yahoo! oder Facebook).

Authentifizierung aus Compliance-Sicht

Potenzielle Risiken

- Unberechtigter Systemzugriff (Integrity, Compliance, Effectiveness, Reliability)
- Systemintegritätsprobleme und Datenmanipulationen (Integrity, Compliance, Efficiency)
- Datenverlust (Integrity, Compliance)

Prüfungsziel

- Sicherstellung eines autorisierten Systemzugriffs

Prüfungshandlungen

Im Rahmen der Prüfungshandlungen sollten folgende Fragestellungen beantwortet und dokumentiert werden:

- Welche Authentifizierungsmethode wird angewendet? Werden an verschiedenen NAV-Serverinstanzen unterschiedliche Authentifizierungsmethoden angewendet?

  Die möglichen Authentifizierungsverfahren sind über die Serverkonsole ersichtlich. Die Konsole ist in Windows über *Start/Alle Programme/ Microsoft Dynamics NAV Administration* zu öffnen (falls die Berechtigungen vorliegen). Da je ein Authentifizierungsverfahren pro Serverinstanz eingerichtet werden kann, sind auch mehrere Authentifizierungsverfahren möglich. Die etablierten Serverinstanzen sind entweder in der Serverkonsole oder in der Tabelle *Serverinstanz* ersichtlich.

  Feldzugriff: *Tabelle 2000000112 Serverinstanz*

  Die Authentifizierungsverfahren werden je Anwender lokal abgelegt (*C:\Users\Username\AppData\Roaming\Microsoft\Microsoft Dynamics NAV\70\ClientUserSettings.config*).

- Gibt es eine Kennwortrichtlinie (z. B. Mindestanforderung an Kennwörter und regelmäßige Änderung)? Wie wird die Einhaltung der Richtlinie sichergestellt? Gibt es Logins ohne Kennwort?

  Bei Windows-Authentifizierung ist über den Systemadministrator zu erfragen, wie die Einhaltung der Kennwortrichtlinie sichergestellt wird.

  Bei einer NAV-Authentifizierung mit eigenem Kennwort können die Benutzerkarten analysiert werden. Zu hinterfragen sind Benutzer, bei denen keine Windows-Authentifizierung aktiviert wurde und somit die Anmeldung in NAV erfolgen muss. Hierzu sollte ein Kennwort hinterlegt sein.

  Link: *Abteilungen/Verwaltung/IT-Verwaltung/Allgemein/***Benutzer***,* Inforegister *Windows-Authentifizierung,* Feld *Windows-Benutzername* <leer> und Inforegister *Microsoft Dynamics NAV-Kennwortauthentifizierung,* Feld *Kennwort*

  Häufig wird ein mindestens achtstelliges Kennwort mit Sonderzeichen gefordert, was regelmäßig geändert werden muss (in der Regel alle vier Wochen).

- Gibt es Systemanmeldungen, die nicht personenbezogen sind (z. B. »sa« als SQL-Systemadministrator)?

  Die Analyse der Benutzertabelle ermöglicht die Identifikation auffälliger User. So kann eine Analyse der Benutzernamen mögliche Sammeluser (beispielsweise Vertrieb, Einkauf), Mehrfachanmeldungen (HOLTST1, HOLTST2, HOLTST3) o.ä. (beispielsweise Test, Admin) identifizieren.

  Feldzugriff: *Tabelle 2000000120 Benutzer/Felder Benutzername/Vollständiger Name*

- Gibt es ein standardisiertes Initialkennwort oder werden Initialkennwörter individuell zugewiesen?

  Die Vergabe der Initialkennwörter ist beim entsprechenden Administrator zu erfragen.

- Müssen die Initialkennwörter beim ersten Login zwingend geändert werden?

  Link: *Abteilungen/Verwaltung/IT-Verwaltung/Allgemein/***Benutzer** und Kontrollkästchen *Der Benutzer muss bei der nächsten Anmeldung das Kennwort ändern*

- Ist gewährleistet, dass ein Dynamics NAV-Client nach einer bestimmten Zeit ohne Benutzereingabe den Zugriff automatisch sperrt?

  Die Umsetzung erfolgt beispielsweise über eine Active Directory-Gruppenrichtlinie oder spezifische Tools. Der entsprechende Administrator ist anzusprechen.

Sicherheit und Datenbankadministration

- Gibt es eine Verfahrensanweisung zum Ausscheiden eines Mitarbeiters, bei dem auch der Systemzugriff geregelt ist?
  Die Effektivität der Richtlinie kann anhand eines Abgleichs der Systembenutzer mit Organisationscharts und/oder der Personalliste aus der Personalabteilung erfolgen.
  Link: *Abteilungen/Verwaltung/IT-Verwaltung/Allgemein/Benutzer*
- Wird das Produktivsystem zu Supportzwecken externen Dienstleistern zugänglich gemacht und wenn ja, welche Art von Zugriff wird gewährt (Fernwartungsprogramme etc.)? Ist sichergestellt, dass kein permanenter Zugriff auf das Produktivsystem erlaubt wird und wie wird der Systemzugriff erteilt?

Sicherheitsstufen

Im Dynamics NAV Standard werden drei Sicherheitsstufen unterschieden:

- Datenbankebene (Mindestsicherheitsstufe)
- Tabellenebene (Mittlere Sicherheitsstufe)
- Datensatzebene (Hohe Sicherheitsstufe)

Die Datenbankebene oder Mindestsicherheitsstufe wird durch eine kennwortgeschützte Benutzerauthentifizierung erreicht, bei der alle Benutzer Vollzugriff erhalten. In der mittleren Sicherheitsstufe wird der Benutzerzugriff auf bestimmte Anwendungsbereiche begrenzt, indem Benutzern Zugriffsrechtsätze zugewiesen werden, die wiederum Zugriffsrechte auf Objektebene (meist Tabellenebene) beinhalten. Bei der hohen Sicherheitsstufe (Datensatzebene) ist der Zugriff für den Benutzer auf bestimmte Datensätze einer Tabelle begrenzt. Diese Sicherheitsstufe kann in Dynamics NAV erreicht werden, indem der sogenannte Sicherheitsfilter auf Tabellendaten eingerichtet wird.

ACHTUNG Eine Zugriffssteuerung auf Feld- oder Funktionsebene kann in Dynamics NAV nur durch Zusatz-Werkzeuge oder Anpassungsprogrammierung zur Verfügung gestellt werden. Im Abschnitt »Zugriffsrechte auf Feld- und Aktionsebene« wird mit NAV Easy Security eine solche Lösung exemplarisch vorgestellt.

Berechtigungssystem

In Dynamics NAV werden authentifizierten Benutzern Berechtigungen auf verschiedenen Ebenen zugewiesen. In Analogie zu den Sicherheitsstufen werden diese Berechtigungen in folgenden Ebenen getrennt dargestellt:

- Tabellenebene
- Datensatzebene

HINWEIS Bis zur Version 2009 wurden Zugriffsrechte doppelt in Dynamics NAV und dem SQL-Server verwaltet und entsprechend der Einstellung des Sicherheitsmodells synchronisiert. In Dynamics NAV 2013 ist diese Redundanz sowie die Unterscheidung des Sicherheitsmodells entfallen, da alle Zugriffsrechte vom Service Tier (NST) verwaltet werden und dieser einen dedizierten Account zur SQL Server-Verbindung nutzt.

Tabellenebene

Die Vergabe von Benutzerberechtigungen auf Anwendungsbereiche erfolgt über ein zweistufiges Verfahren:

- Zugriffsrechtsätze bündeln tabellenbezogene Zugriffsrechte nach funktionalen Gesichtspunkten
- Benutzern werden mandantenbezogen Zugriffsrechtsätze zugewiesen

Link: *Abteilungen/Verwaltung/IT-Verwaltung/Allgemein/Zugriffsrechtsätze* (siehe Abbildung 2.117)

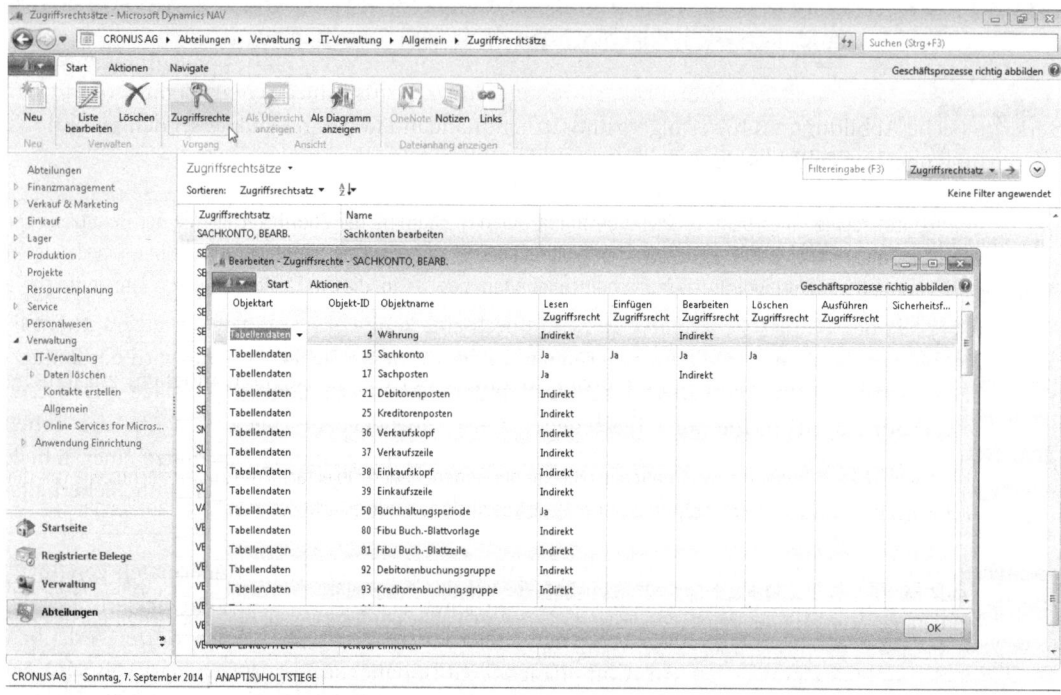

Abbildung 2.117 Zugriffsrechtsätze und deren Zugriffsrechte

Die Zugriffsrechtsätze enthalten objektbezogene Zugriffsrechte, für die folgende Zugriffsarten unterschieden werden:

- Lesen
- Einfügen
- Bearbeiten
- Löschen
- Ausführen

Bis auf *Ausführen* kann jede der Zugriffsarten direkt (*Ja*) oder *Indirekt* gewährt werden. Indirekter Zugriff bedeutet, dass ein Benutzer beispielsweise Daten nur über ein weiteres Datenbankobjekt (z. B. eine Codeunit) einfügen kann, das seinerseits über entsprechende Berechtigungen in Bezug auf die Tabelle verfügt. Somit kann gewährleistet werden, dass Datensätze nicht direkt vom Benutzer eingefügt werden können, die aber z. B. durch Buchungen indirekt erzeugt werden müssen. In diesen Fällen erhält die Codeunit die notwendigen Permissions für die Tabelle und der Benutzer lediglich die Benutzerrechte zum Ausführen der Codeunit sowie indirekte Rechte zum Zugriff auf die Tabellendaten.

Sicherheit und Datenbankadministration

> **HINWEIS** Dynamics NAV wird mit Standardzugriffsrechtsätzen und -zugriffsrechten ausgeliefert, die in der Praxis teilweise an die individuellen Bedürfnisse des Unternehmens angepasst werden. Es ist jedoch häufig sinnvoller, Zugriffsrechte von Grund auf individuell zu gestalten (siehe auch »Prozessorientierte Berechtigungen«). Eine Übersicht ausgewählter Zugriffsrechtsätze finden Sie in Kapitel 4.

Die Zugriffsrechte werden standardmäßig auf Ebene der *Tabellendaten* vergeben (siehe Abbildung 2.117). Der Zugriff auf die anderen Objektarten (Pages, Reports usw.) wird dagegen im Standardberechtigungskonzept komplett freigegeben, da die Zugriffsberechtigung am Zugriff auf die Tabellendaten festgemacht wird. So darf ein Benutzer grundsätzlich alle Pages ausführen, weil das System die Zugriffsberechtigung auf die angezeigten Tabellendaten zusätzlich prüft. Die Zuweisung von Zugriffsrechtsätzen zu Benutzern auf der Benutzerkarte (siehe Abbildung 2.116) erfolgt grundsätzlich mandantenübergreifend, es sei denn, es erfolgt eine Eingrenzung über das Feld *Mandant*.

> **ACHTUNG** Die Zugriffsrechte eines Benutzers sind bestimmt durch die Summe der Zugriffsrechte, die der Benutzer über die Zuordnung eines oder mehrerer Zugriffsrechtsätze erfährt. Somit kann es sein, dass ein Benutzer für dieselben Tabellendaten mehrere (in der Ausprägung unterschiedliche) Zugriffsberechtigungen besitzt. In diesen Fällen findet das umfangreichere Zugriffsrecht Anwendung.

Zugriffsrechte könnten in Dynamics NAV nur positiv definiert werden. Es ist nicht möglich, zusätzliche Parameter zu hinterlegen, um bestimmte Rechte zu entziehen.

> **ACHTUNG** Die *Objekt-ID* »0« bedeutet Zugriff auf alle Objekte der angegebenen Objektart. Eine Zugriffsrechtszeile mit der *Objektart = Tabellendaten* und *Objekt-ID* »0« räumt das in der Zeile spezifizierte Zugriffsrecht somit auf alle Tabellendaten ein.

Einige Tabellendaten wie die Tabelle *Sachposten* sind zusätzlich systemseitig gegen Änderungen geschützt, sofern mit der Unternehmenslizenz für Dynamics NAV gearbeitet wird. Sogenannte »Entwicklerlizenzen«, die exklusiv durch zertifizierte Mitarbeiter von Dynamics-Partnern verwendet werden dürfen, erlauben dagegen uneingeschränkten Datenzugriff. Aus Compliance-Sicht ist daher sicherzustellen, dass kein Nutzerzugriff auf Dynamics NAV über Entwicklerlizenzen erfolgt. Wird es im Rahmen von Supportdienstleistungen notwendig, dass sich NAV-Partnermitarbeiter Zugriff über Entwicklerlizenzen verschaffen, muss sichergestellt sein, dass die Entwicklerlizenz lediglich für die Dauer des Zugriffs (Menübefehl *Extras/Lizenzinformationen/Ändern* in der Entwicklungsumgebung) und durch autorisierte Partnermitarbeiter genutzt wird.

Datensatzebene

Mit dem Sicherheitsfilter kann der Zugriff auf Datensatzebene durch einen Feldfilter eingeschränkt werden. So kann beispielsweise der Lesezugriff auf Sachposten so beschränkt werden, dass nur Datensätze einer bestimmten Kostenstelle angezeigt werden.

In Sicherheitsfilter können Operatoren wie >, <, .., | sowie & verwendet werden. Die maximale Länge eines Sicherheitsfilterkriteriums sind 504 Zeichen. Platzhalter wie * und ? sind nicht zulässig. Bezieht sich der Sicherheitsfilter auf ein Unicode-fähiges Feld, werden auch Unicodezeichen als Filter akzeptiert. Die Verwendung von Sicherheitsfiltern muss bei der Programmierung Berücksichtigung finden. Es wurde ein Security Filter-Modus für C/AL-Variablen eingeführt (Ignored, Filtered, Validated & Disallowed), die auch dynamisch gesetzt werden können.

Zugriffsrechte auf Feld- und Aktionsebene

Dynamics NAV-Benutzer, die auf eine Tabelle bzw. einen Datensatz zugreifen können, haben grundsätzlich Zugriff auf jedes beschreibbare Feld des Datensatzes. Eine Einschränkung der Zugriffsrechte auf bestimmte Felder ist im Dynamics NAV Standard aufgrund des tabellenorientierten Zugriffsrechtskonzepts nicht möglich. In ähnlicher Weise gilt dies auch für Funktionen bzw. Aktionen der jeweiligen NAV-Seiten. Häufig wird Anpassungsprogrammierung nötig, um diese detaillierten Zugriffsrechte im System zu implementieren. Da feldbezogene Zugriffsrechte bei nahezu jeder Dynamics NAV-Installation notwendig oder wünschenswert sind, stellen wir mit NAV Easy Security eine Zusatzsoftware des Microsoft-ERP-Partners Mergetool.com (Atlanta, USA) vor, mit der es möglich ist, derartige Zugriffsrechte zu implementieren.

> **HINWEIS** Die Zusatzsoftware NAV Easy Security« ist eine für Dynamics NAV 2013 mit dem CfMD-Logo zertifizierte Speziallösung, die über die Dynamics NAV-Partner vertrieben wird. Die Lösung ist auch für frühere Versionen von Dynamics NAV (ab Version 3.70) verfügbar. Neben der kostenpflichtigen ist auch eine kostenlose Light-Variante verfügbar, die einige ausgewählte Features enthält. Weitere Informationen finden Sie unter dem Link *http://mergetool.com/easysecurity.html*.

Easy Security-Beispielszenario

Eine Gruppe von Benutzern im Innendienst soll Verkaufsaufträge erfassen, jedoch nicht buchen können. Die Erfassung soll mit *Freigeben* abgeschlossen werden, alle weiteren Funktionen im Verkaufsauftrag sollen nicht zur Verfügung stehen. Auf Verkaufskopfebene sollen lediglich folgende Felder editiert werden können:

- *Verk. an Deb.-Nr.*
- *Auftragsdatum*
- *Externe Belegnummer*
- *Gewünschtes Lieferdatum*
- *Lief. an Code.*

Auf Verkaufszeilenebene sollen folgende Felder nicht editiert werden können:

- *Beschreibung*
- *VK-Preis*
- *Zeilenrabatt %*
- *Zeilenrabattbetrag*
- *Zeilenbetrag.*

Das Feld *Einstandspreis (MW)* soll nicht angezeigt werden.

> **HINWEIS** Mit dem Szenario wird auf die Problematik angespielt, dass die Adressfelder im Verkaufskopf standardmäßig editierbar sind. Besonders mit Hinblick auf die Rechnungsadresse wird diese Tatsache aus Compliance-Sicht als problematisch angesehen. In ähnlicher Weise gilt dies für die Beschreibung in der Verkaufszeile. Diese sollte für Artikelpositionen ebenfalls nicht geändert werden können. Da im Szenario eine automatische Preisfindung vorausgesetzt wird, sollen die relevanten Felder nicht editierbar sein.

Sicherheit und Datenbankadministration

Nachdem eine entsprechende Konfiguration in NAV Easy Security vorgenommen wurde, ergibt sich folgende Einstellung (siehe Abbildung 2.118).

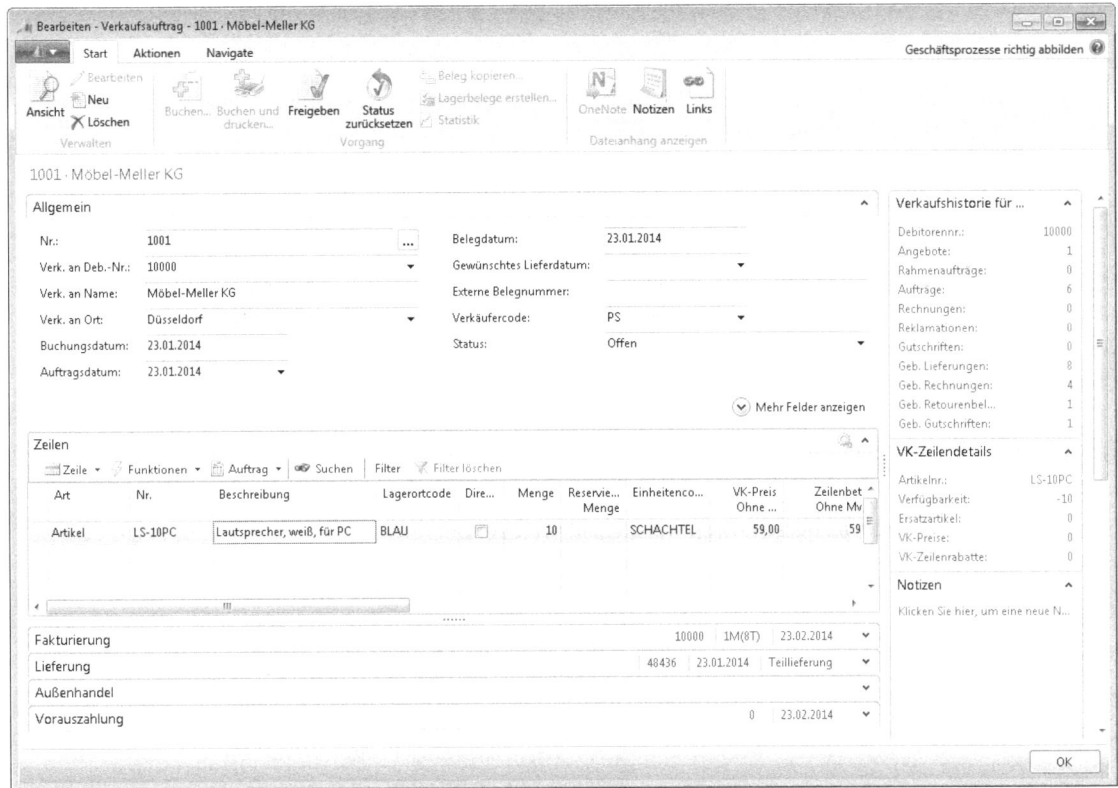

Abbildung 2.118 Durch Konfiguration sind nur bestimmte Felder und Aktionen der Auftragsmaske editierbar

- **Menüband** Außer den Systemaktionen (*Ansicht*, *Neu*, *Löschen*, *Notizen* und *Links*) sind nur *Freigeben* und *Status zurücksetzen* verfügbar. Die nicht verfügbaren Aktionen sind abgeblendet dargestellt und somit als nicht verfügbar erkennbar.

- **Kopfbereich** Es sind nur die weiß hinterlegten Felder editierbar. Der Rest (grau hinterlegt) kann nicht editiert werden.

- **Zeichenbereich** Einige Felder (z. B. Beschreibung) sind nicht editierbar

Erreicht werden diese Zugriffsrechtsebenen durch das Implementieren einer zusätzlichen Sicherheits-Schicht für bestimmte *Herkunftstabellen* (hier 36 *Verkaufskopf* und 37 *Verkaufszeile*). Die NAV-Seiten müssen zu diesem Zweck um einige Funktionsaufrufe erweitert werden. Dies erfolgt über eine Installer Engine, mit deren Hilfe sich die notwendigen C/AL-Codeerweiterungen automatisiert in die Objekte einbringen und auch wieder entfernen lassen.

HINWEIS Technisch erfolgt eine Quellcodeanalyse auf Basis eines Textexports der NAV-Objekte. Durch die Installer Engine werden die benötigten Funktionsaufrufe (siehe ESACC_-Kennzeichnung) in die Objekte implementiert und eine modifizierte Textdatei ausgegeben. Diese wird über den Object Designer der Entwicklungsumgebung importiert und danach alle geänderten Objekte neu kompiliert. Über die Uninstall Engine kann dieser Vorgang jederzeit rückgängig gemacht werden.

Nachdem der Easy Security Layer in die Objekte eingebracht ist, erfolgt die Konfiguration der Feldebenensicherheit. Nach der Anlage eines *Feldebenensicherheit Codes* »SO-BASIC« für die *Herkunftstabellen-ID* 36 werden die betroffenen NAV-Seiten (Page 42 – *Verkaufsauftrag*) mit diesem verknüpft. Die Abbildung 2.119 zeigt die Konfiguration der Felder und Aktionen der NAV-Seite 42.

Link: *Abteilungen/Easy Security/Feldebenen- & Datensicherheit/**Feldebenensicherheit Codes**/Navigate/Objekte/Start/Karte*

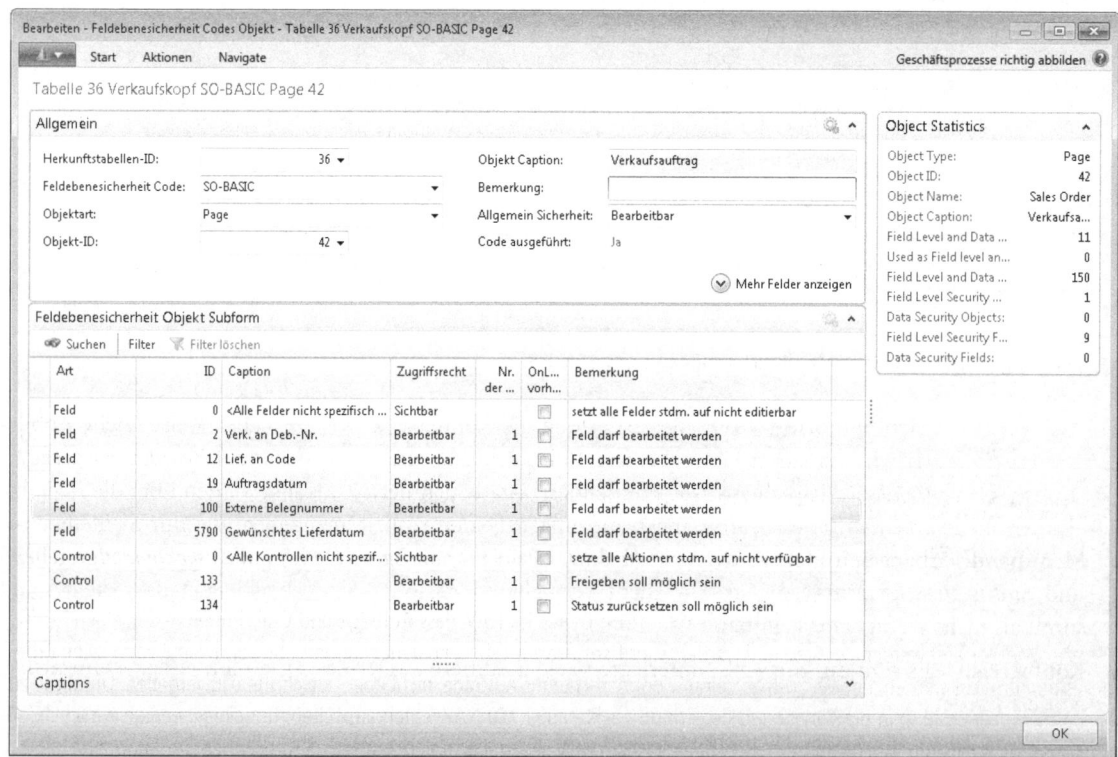

Abbildung 2.119 NAV Easy Security-Konfiguration für den Verkaufskopf

Im Kopfbereich (siehe Abbildung 2.119) wird zunächst im Feld *Allgemeine Sicherheit* definiert, dass die NAV-Seite 42 teilweise *Bearbeitbar* ist. Im Positionsbereich werden dann zunächst alle Felder (über die *ID* Null) auf nur *Sichtbar* und damit nicht editierbar gestellt, um danach diejenigen Felder als *Bearbeitbar* zu definieren, die durch die Innendienstmitarbeiter erfasst werden sollen. Danach werden alle *Controls* (Aktionen der NAV-Seite) auf *Sichtbar* und damit nicht verfügbar gestellt, um im Anschluss lediglich die Aktionen *Freigeben* (*ID* 133) und *Status zurücksetzen* (*ID* 134) auf *Bearbeitbar* zu stellen. Die feld- und aktionsspezifischen Zugriffsrechte für den Verkaufskopf wurden also positiv definiert, nachdem diese zunächst komplett auf Read-only gesetzt wurden.

Sicherheit und Datenbankadministration

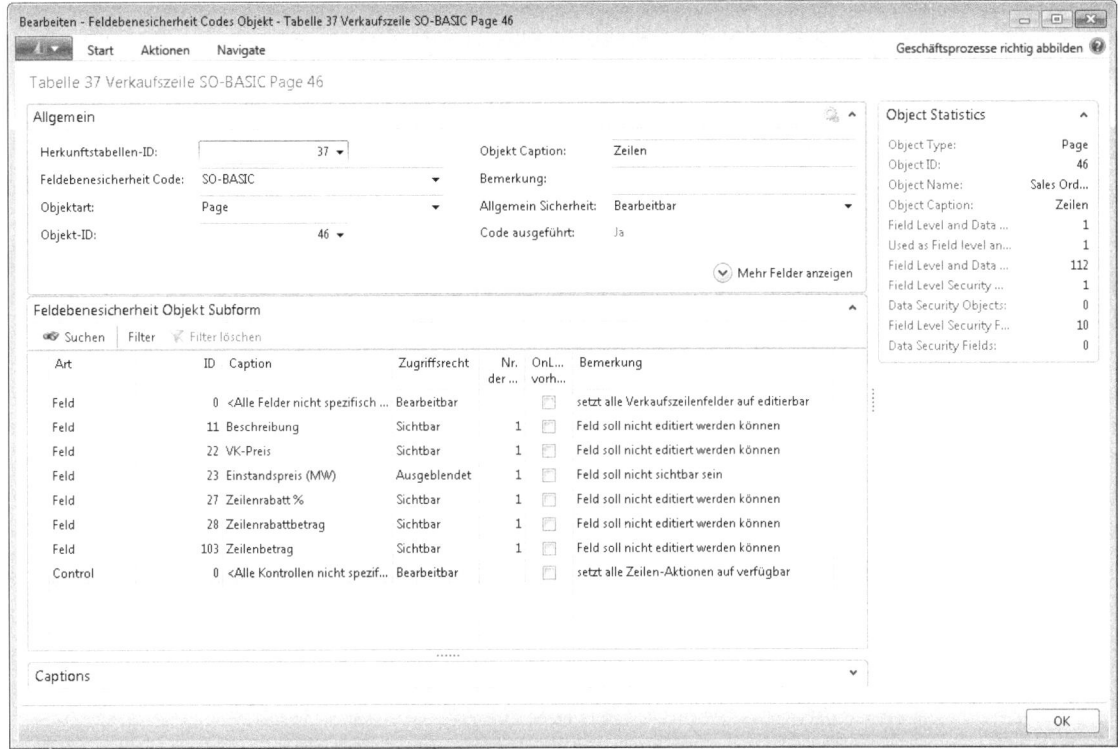

Abbildung 2.120 NAV Easy Security-Konfiguration für die Verkaufszeile

Für das Verkaufszeilen-Subform (NAV-Seite 46) erfolgt die Konfiguration in ähnlicher Weise (siehe Abbildung 2.120). Wieder wird zunächst die NAV-Seite 46 im Feld *Allgemeine Sicherheit* auf *Bearbeitbar* gesetzt. Die Definition der Feldzugriffsrechte wurde hier jedoch negativ definiert: Zunächst werden über die *ID* Null alle Felder auf *Bearbeitbar* gesetzt, um danach diejenigen Felder explizit anzugeben, die nur *Sichtbar* und somit nicht editierbar sein sollen. Außerdem wurde das Feld *Einstandspreis (MW)* auf *Ausgeblendet* gestellt.

TIPP Es ergibt sich aus der Tabellenstruktur von Dynamics NAV, dass Aufträge und Gutschriften in derselben Tabelle (Verkaufskopf) erfasst werden. Im Standard werden Zugriffsrechte auf Tabellendatenebene vergeben und damit kann keine Differenzierung erreicht werden, um beispielsweise nur Zugriffsrechte für Aufträge, nicht aber Gutschriften zu vergeben. Um diese zu unterscheiden, müsste man die Verwaltung der Zugriffsrechte auf 1.776 NAV-Seiten ausweiten, um einige wenige ausschließen zu können. Hier setzt die Objektebenen-Sicherheit von NAV Easy Security an, mit der sich eine Ausweitung der Zugriffsrechte auf andere Objekttypen komfortabel handhaben lässt.

Prozessorientierte Berechtigungen

Wenn man Zugriffsrechte in Dynamics NAV neu definiert, sollten vorab verschiedene Fragestellungen geklärt werden:

- Was soll der Benutzer/die Benutzerrolle dürfen und was nicht?
- Wie sieht der Prozess in Dynamics NAV aus?
- Welche Datenbankobjekte sind daran beteiligt?
- Welche Art von Zugriffsrechten müssen für die Objekte vergeben werden?

Je komplexer der Prozess, desto zahlreicher sind die Datenbankobjekte, die berücksichtigt werden müssen. Ohne zu großzügig mit den Zugriffsrechten umzugehen, endet der Versuch, diese im Standard manuell aufzubauen, häufig in einem langwierigen Try & Error-Verfahren. Ist der Prozess definiert, den der Benutzer durchführen können soll, kann eine mittels »SQL Server Profiler« erstellte XML-Ablaufverfolgungsdatei in Verbindung mit NAV Easy Security eine zeitsparende Alternative darstellen. Dazu wird zunächst der SQL Server Profiler mit der Easy Security-Vorlage gestartet und danach der zu protokollierende Prozess im System durchgeführt (siehe Abbildung 2.121). Die Ablaufverfolgung wird als XML-Datei gespeichert.

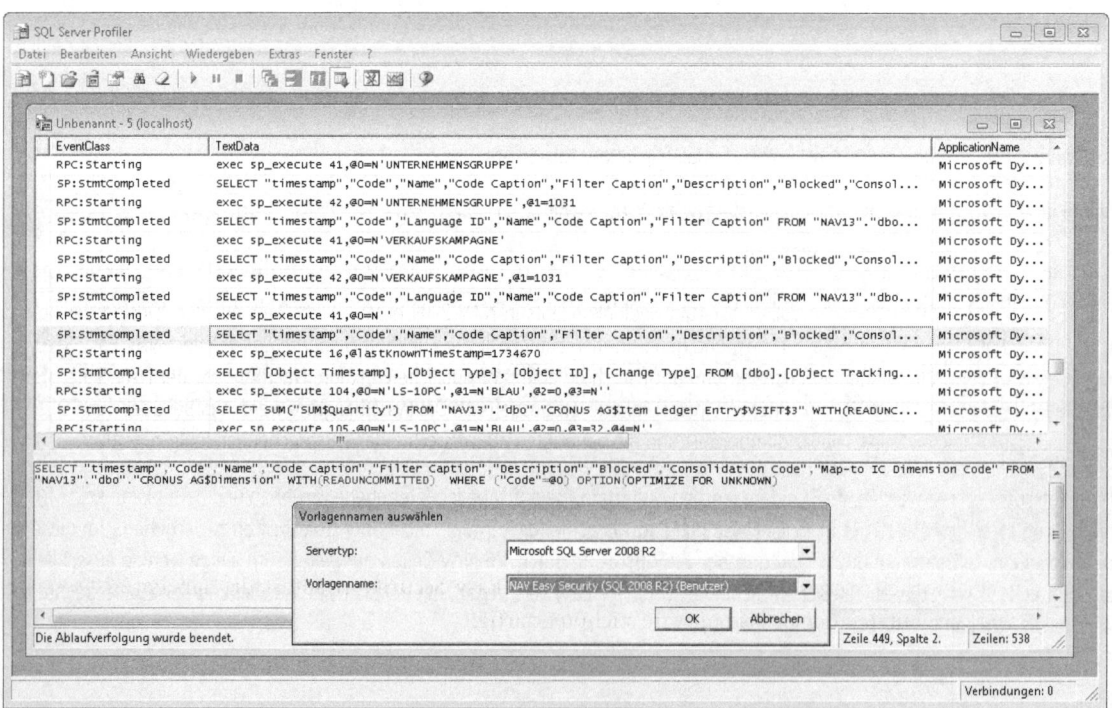

Abbildung 2.121 Aufzeichnen der prozessbedingten Systemzugriffe im SQL Server Profiler

In NAV Easy Security wird eine neue Aufnahme (im Sinne einer Zugriffsrechtsaufzeichnung) angelegt und der Pfad zur Ablaufverfolgungsdatei hinterlegt. Über die Aktion *SQL Profiler Trace importieren* werden dann die benötigten Zugriffe analysiert und gespeichert (siehe Abbildung 2.122).

Link: *Abteilungen/Easy Security/Rollen und Benutzer/**Aufnahmen**/Start/Zugriffsrechte*

Sicherheit und Datenbankadministration

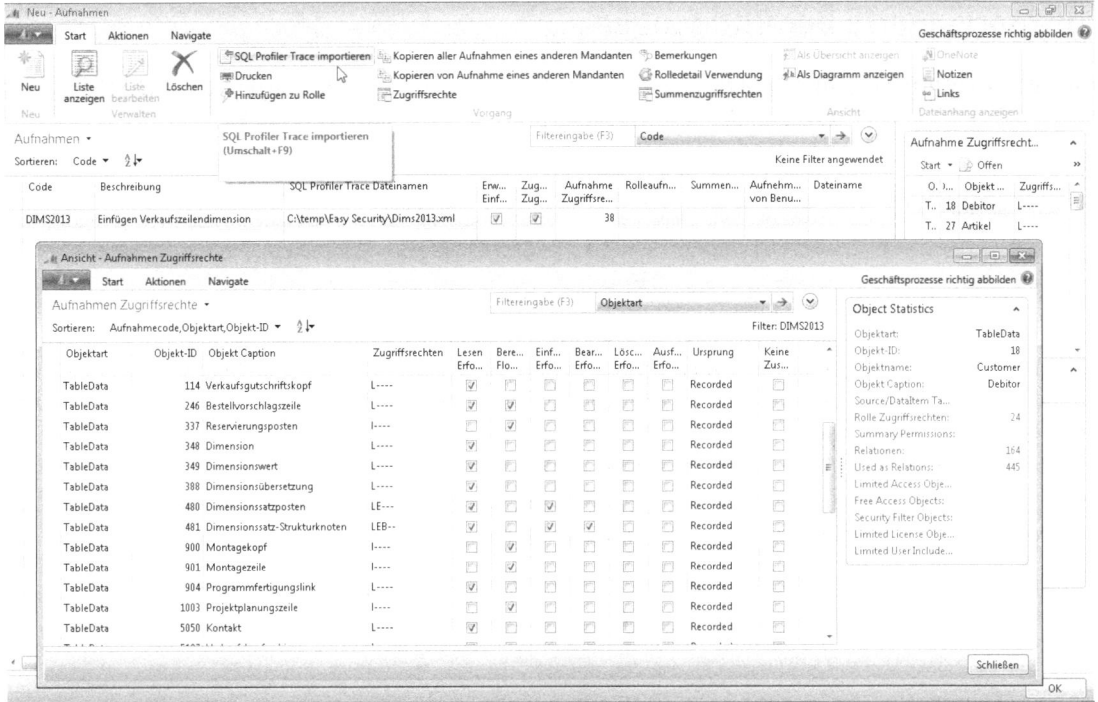

Abbildung 2.122 Import der SQL Profiler-Ablaufverfolgung in NAV Easy Security

Über die Aktion *Hinzufügen zu Rolle* können die aufgezeichneten Zugriffsrechte nun einer oder mehreren Rollen automatisch zugefügt werden.

> **TIPP** Mit Einführung des rollenbasierten Bedienkonzepts in NAV 2009 ergibt sich bereits aus dem Design der unterschiedlichen Rollencenter eine Fülle von notwendigen Zugriffsrechten. Mit der Funktion *Geplante Rollen* liefert NAV Easy Security aufbauend auf dem Aufzeichnen von benötigten Zugriffsrechten eine sehr nützliche Funktion: Nach Angabe der NAV-Seite(n) des Rollencenters werden alle damit verbundenen Links automatisiert ausgeführt. Die Systemzugriffe werden dabei über den SQL Server Profiler aufgezeichnet, anschließend importiert und die benötigten Zugriffsrechte der entsprechenden Rolle zugeführt.

NAV Easy Security im Überblick

Neben den ausführlich vorgestellten Funktionen in NAV Easy Security erläutert die Tabelle 2.20 weitere nützliche Funktionalitäten der Zusatzsoftware stichpunktartig:

Funktionalität NAV Easy Security	Erläuterung
Gruppenebenen für Zugriffsrechtsätze	Möglichkeit der Verwaltung von Rollengruppen und Zugriffsrechten über mehrere Mandanten für bessere Übersichtlichkeit und Prüfbarkeit
Rechte wie Benutzer-ID	Vererbung von Zugriffsrechtsänderungen an andere Benutzer
Wiederherstellungszeitpunkte	Durch sogenannte Restore Points werden Zugriffsrechte als Momentaufnahme dokumentiert. Diese können geprüft, verglichen und gegebenenfalls wiederhergestellt werden.

Tabelle 2.20 NAV Easy Security-Funktionalität im Überblick

Funktionalität NAV Easy Security	Erläuterung
Aufzeichnen von Zugriffsrechten	Mit dem SQL Server Profiler können Ablaufverfolgungen von Prozessen in NAV durchgeführt und in NAV Easy Security importiert werden, um neue oder zusätzlich benötigte Zugriffsrechte automatisch zu erzeugen
Quellcodeanalyse	Die Quellcodeanalyse hat die Aufgabe, die Zugriffe durch C/AL-Code oder z. B. FlowFields zu analysieren und notwendige Zugriffsrechte zu identifizieren, die ggf. durch die Aufnahme der Ablaufverfolgung nicht identifiziert wurden
Objektverwendung	Möglichkeit von Where-used-Analysen für Objekte und Rollen sowie Mandanten
Autostart-Objekte/Geplante Rollen	Möglichkeit, ausgehend z. B. von einem Rollencenter alle benötigten Links automatisiert für die Aufzeichnung im Profiler zu starten
Veröffentlichen von Zugriffsrechten	NAV Easy Security verwaltet die Zugriffsrechte redundant und enthält daher einen Veröffentlichungsprozess für zuvor offline erstellte Zugriffsrechte
Zugriffsrechtsadministrator	Mittels Veröffentlichung per NAS kann es einen Zugriffsrechteadministrator ohne eigene Superrechte geben
Zugriffsrechte auf Objektebene	Vereinfacht die Ausweitung des Zugriffsrechtskonzepts auf Objekte außerhalb der Tabellendaten (alternativ zum ID-Zero-Zugriffskonzept)
Negativdefinition von Zugriffsrechten	Möglichkeit, Zugriffsrechte im Ausschlussprinzip zu definieren
Feld- und Aktionsebene	Implementieren von Zugriffsrechten auf Feld- und Aktionsebene

Tabelle 2.20 NAV Easy Security-Funktionalität im Überblick *(Fortsetzung)*

Datenbankadministration

Die überwiegende Zahl der Dynamics NAV-Installationen sind heute fortwährenden Änderungen unterzogen, weil die Anforderungen eines Unternehmens an die ERP-Software dynamisch sind – so dynamisch wie der Markt, in dem sich das Unternehmen bewegt. Insbesondere weil Dynamics NAV technisch leicht anpassbar ist, bedarf es Regeln für die Datenbankadministration und das Change Management, um einerseits Compliance-Anforderungen zu erfüllen und andererseits die Updatefähigkeit zu wirtschaftlich vertretbaren Konditionen zu gewährleisten. In diesem Zusammenhang werden folgende Punkte behandelt:

- Allgemeine Datenbankverwaltung
- Datensicherungen und Datenbank prüfen
- RapidStart-Dienste
- Objektänderungsprozess
- Automatisierte Tests

Allgemeine Datenbankverwaltung

Datenbankinformationen

In der Entwicklungsumgebung lässt sich über das Fenster *Datenbankinformationen* neben Informationen zu Server- und Datenbanknamen auch eine Tabellenübersicht anzeigen. Diese Tabelle enthält Informationen zur Anzahl der Datensätze oder die durchschnittliche Datensatzgröße pro Tabelle und Mandant (siehe Abbildung 2.123).

Sicherheit und Datenbankadministration

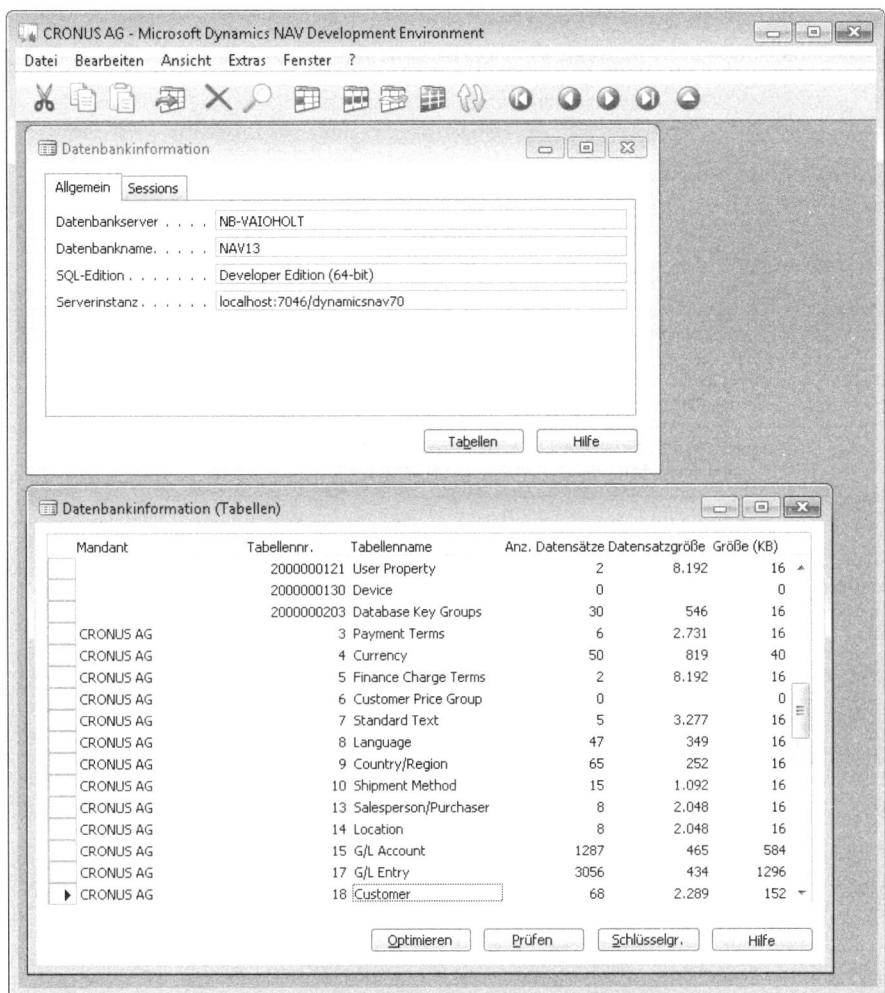

Abbildung 2.123 Tabellenübersicht in den Datenbankinformationen der Entwicklungsumgebung

Menübefehl: *Datei/Datenbank/Informationen/Tabellen*

HINWEIS Über die Schaltfläche *Optimieren* lassen sich die Sekundärschlüssel der Tabelle neu aufbauen und die SIFT-Informationen für FlowFields optimieren. Informationen zum Prüfen der Datenbank finden Sie im Abschnitt »Datensicherungen und Datenbank prüfen« weiter hinten in diesem Kapitel. Auf der Registerkarte *Sessions* wird die Anzahl der lizenzierten Sessions (gleichzeitige Anmeldungen an der Datenbank) angezeigt. In früheren Versionen von Dynamics NAV konnte den Datenbankinformationen auch entnommen werden, wie viele Sessions aktuell belegt sind. Diese Information kann nun im Windows-Client unter folgendem Link abgerufen werden: *Abteilungen/Verwaltung/IT-Verwaltung/Allgemein/Sessionverwaltung*.

Datenbankeigenschaften

Die Datenbankeigenschaften können über den Menübefehl *Datei/Datenbank/Ändern* angezeigt werden (siehe Abbildung 2.124).

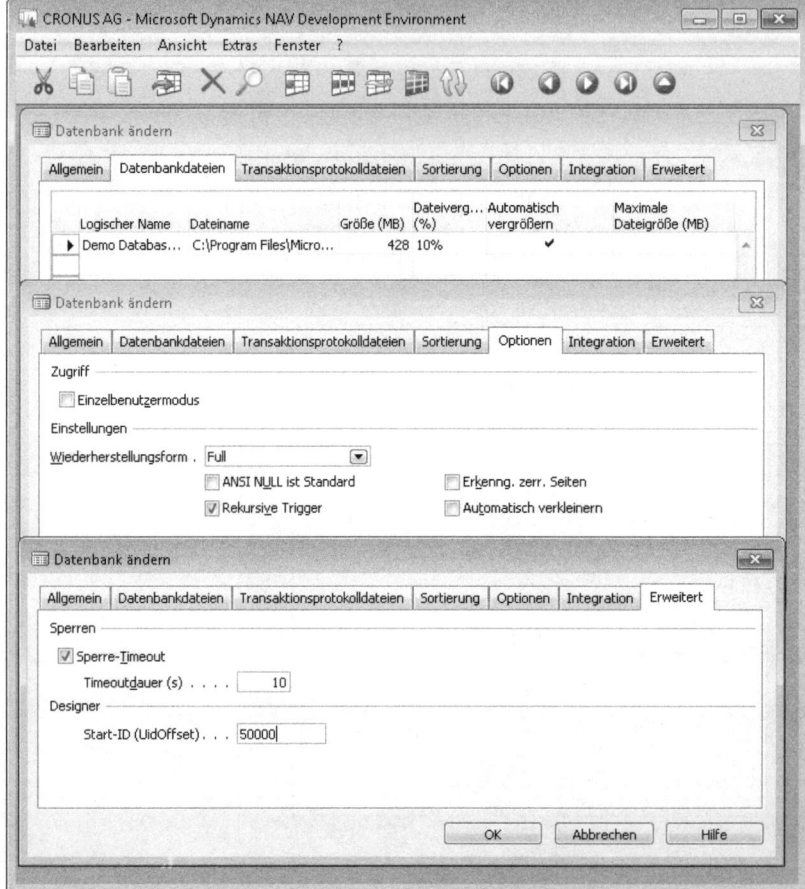

Abbildung 2.124 Ausgewählte Registerkarten der Datenbankeigenschaften in der Entwicklungsumgebung

Die einzelnen Eigenschaften werden in Tabelle 2.21 erläutert:

Registerkarte	Feld	Erläuterung
Allgemein	Servername	Dynamics NAV-Servername
	Datenbankname	Logischer Dynamics NAV Datenbankname
Datenbankdateien	Tabelle der Datenbankteile	In der Tabelle lässt sich die Datenbank vergrößern, indem Teile hinzugefügt oder vergrößert werden. Wenn es mehr als einen Datenbankteil gibt, ist der primäre Teil für die Speicherung der Objekte und der oder die sekundären Teile für die Speicherung der Daten vorgesehen. Eine Verkleinerung der Datenbank kann nur über das SQL Server Management Studio erfolgen.

Tabelle 2.21 Dynamics NAV-Datenbankeigenschaften

Sicherheit und Datenbankadministration

Registerkarte	Feld	Erläuterung
Transaktions-protokolldateien	Tabelle der Transaktionsprotokolldateien	In der Tabelle lässt sich das Transaktionsprotokolls vergrößern oder neue Dateien anlegen. In der Standard-Wiederherstellungsform »Full« speichert das Transaktionsprotokoll Datenbanktransaktionen zwischen, bis der SQL Server eine Datenbanksicherung oder eine Sicherung des Transaktionsprotokolls durchgeführt hat.
Sortierung	Sprache, Binär, Groß-/Kleinschreibung, Akzent beachten	Auswahl der sogenannten Collation-Attribute (Sprache, Binär, Groß-/Kleinschreibung sowie Akzent beachten). Eine Collation definiert die Zeichencodierung, nach der Daten sortiert werden können.
Optionen	Einzelbenutzermodus	Definition eines erzwungenen Einzelbenutzermodus für den Datenbankzugriff zu Wartungszwecken
	Wiederherstellungsform	Definiert den Umfang, den das Transaktionsprotokoll aufnimmt. *Full:* Jede Transaktion wird detailliert im Transaktionsprotokoll gespeichert, um eine volle Wiederherstellbarkeit aller abgeschlossenen Transaktionen zu gewährleisten. *Bulk-Logged:* Wie *Full*, nur dass bestimmte Stapelverarbeitungen aus Performance- und Platzgründen nicht protokolliert werden. *Simple:* Das Transaktionsprotokoll enthält nur nicht abgeschlossene Transaktionen. Wiederherstellbar ist hier nur die letzte Datenbanksicherung.
	ANSI Null ist Standard	Erlaubt NULL-Werte für benutzerdefinierte Datentypen und Spalten auf dem SQL-Server
	Erkenng. Zerr. Seiten	Ermöglicht dem SQL-Server, unvollständige Ausführungen zu erkennen
	Rekursive Trigger	Erlaubt direkt und indirekt rekursive (nested) Trigger bis zu 32 Rekursionen
	Automatisch verkleinern	Definiert, ob der SQL-Server regelmäßig Datenbankteile und Transaktionsprotokolle verkleinern soll
Integration	Sichten aktualisieren	Möglichkeit, Sichten pro Sprach-ID zu verwalten, damit die Multi-Language-Eigenschaften von Dynamics NAV auch bei externen Zugriffen auf dem SQL-Server zur Verfügung stehen
	Standards aktualisieren	Definiert, ob der SQL-Server Standardwerte für NAV-Tabellen verwalten soll
	Verbindungen aktualisieren	Definiert, ob der SQL-Server Fremdschlüssel für jede Tabellenrelation verwalten soll. Die Synchronisieren-Option dient in diesem Zusammenhang der Behebung von Fehlern in Tabellenrelationen.
	Ausdrücke werden konvertiert	Definiert Zeichen, die für die Verwaltung von Objekten auf dem SQL-Server in einen Unterstrich konvertiert werden
	Lizenz in Datenbank speichern	Definiert, ob die Dynamics NAV-Lizenzdatei in der Datenbank anstatt auf dem Server gespeichert wird, wenn mehrere Datenbanklizenzen existieren
Erweitert	Sperre-Timeout	Definiert, ob eine Session mit einer Sperre warten soll, wenn die Serverressource (Datensatz, Page oder Tabelle) bereits durch eine andere Session gesperrt ist
	Timeoutdauer (s)	Definiert die maximale Zeitdauer in Sekunden, die eine Session für eine Sperre warten soll. Der Standardwert ist 10 Sekunden.
	Start-ID (Uid Offset)	Definiert die Start-ID für Objektelemente wie Variablen, Funktionen, Aktionen, Container, Textkonstanten usw.

Tabelle 2.21 Dynamics NAV-Datenbankeigenschaften *(Fortsetzung)*

Datensicherungen und Datenbank prüfen

Datensicherungen dienen allgemein der Wiederherstellbarkeit des Produktivsystems nach Systemausfällen. Dementsprechend müssen Häufigkeit und Art der Datensicherung die unternehmensindividuellen Anforderungen an die Systemverfügbarkeit berücksichtigen. Neben den SQL Server-Sicherungsfunktionen enthält die Entwicklungsumgebung von Dynamics NAV eine eigene Möglichkeit der Datensicherung.

Weitere Anforderungen zu Datensicherungen ergeben sich beispielsweise aus den Grundsätzen ordnungsmäßiger DV-gestützter Buchführungssysteme (GoBS).

Dynamics NAV-Datensicherung

Dynamics NAV verfügt über eine integrierte, clientseitige Datensicherungsfunktionalität, mit der folgende Sicherungen auch während des laufenden Betriebs durchgeführt werden können:

- Ganze Datenbank
- Alle Mandanten (nur Daten)
- Benutzerdefiniert
    - Nur einzelne oder alle Mandanten
    - Mit oder ohne mandantenübergreifende Daten
    - Mit oder ohne Applikationsobjekte

Menübefehl: *Extras/Datensicherung erstellen*

ACHTUNG Microsoft empfiehlt, Datensicherungen des Produktivsystems über die Sicherungsfunktionen des SQL-Servers durchzuführen. Zum einen sind Sicherung und Rücksicherung deutlich effizienter, zum anderen können LinkedObjects (die beispielsweise für die Integration von SQL View in NAV genutzt werden) in der NAV-Datensicherung dazu führen, dass diese nicht rückgesichert werden können. Hochverfügbarkeitsanforderungen können ebenso auf Basis der NAV-Sicherung nicht erfüllt werden. Sinnvoll ist eine NAV-Datensicherung dann, wenn außerhalb einer täglichen Routine beispielsweise nur ein einzelner Mandant gesichert werden soll.

SQL Server-Datensicherung

Die SQL Server-Datensicherungsfunktionen umfassen unter anderem:

- Datenbanksicherung
- Transaktionsprotokollsicherung
- Differenzielle Datensicherung (inkrementelles Backup aller abgeschlossenen Transaktionen seit der letzten Datenbanksicherung)
- Datei- und Dateigruppensicherung (Sicherung der einzelnen Dateien oder Dateigruppen innerhalb der Datenbank)

HINWEIS Mit der Wiederherstellungsform *Full* kann das Transaktionsprotokoll als inkrementelle Datensicherung für die versetzte Wiederherstellung auf einem Backupserver (auch Log shipping genannt) benutzt werden.

Datensicherungen aus Compliance-Sicht

Potenzielle Risiken

- Datenverlust (Integrity, Compliance, Efficiency)
- Unzureichende Systemverfügbarkeit (Availability)
- Verlust von Anpassungsprogrammierung (Effectiveness, Compliance)

Prüfungsziel

- Sicherstellung eines effektiven Datensicherungskonzepts
- Sicherstellung einer angemessenen Systemverfügbarkeit

Prüfungshandlungen

Im Rahmen der Prüfungshandlungen sollten folgende Fragestellungen beantwortet und dokumentiert werden:

- Gibt es ein Datensicherungskonzept und eine entsprechende Verfahrensdokumentation zu Datensicherungen?
- Wie und wo werden Datensicherungen aufbewahrt?

  Es ist darauf zu achten, dass Daten und Sicherungen verteilt gelagert werden. Bei einem Verlust des Operativsystems beispielsweise durch Brand- oder Wasserschaden ist eine Sicherung des Systems und der Daten an einem anderen Ort eine effektive Gegenmaßnahme.

- Welche gesetzlichen Aufbewahrungsfristen sind zu berücksichtigen?
- Wir verweisen auf Kapitel 1, Abschnitt »Rechtliche Grundlagen«
- Auf welchen Medien wird gespeichert und wo werden die Medien gelagert?
- Über welchen Zeitraum soll die Wiederherstellbarkeit des Systems gewährleistet werden?
- Ist gewährleistet, dass die vollständige Wiederherstellbarkeit der Daten jederzeit möglich ist?

  Dies sollte regelmäßig getestet werden. Eine Dokumentation der Testergebnisse ermöglicht die Nachvollziehbarkeit der Ergebnisse.

- Wird regelmäßig das Rücksichern einer Datensicherung getestet?

  Auch hier sollten die Ergebnisse der Tests dokumentiert sein.

- Wie häufig wird am Tag gesichert und in welcher Form?
- Wie hoch sind die maximalen Ausfallzeiten durch das Wiederherstellen einer Datensicherung und steht dies in Übereinstimmung mit den Geschäftserfordernissen?
- Werden neben den Datensicherungen auch separate und Objektsicherungen vorgenommen und dauerhaft archiviert, um bei Objektänderungen die jeweilige Businesslogik zu dokumentieren?

Datenbank prüfen

Die Entwicklungsumgebung ermöglicht es, die Datenbank einer Konsistenzprüfung zu unterziehen. Auf die zu testende Datenbank sollte im Einzelbenutzermodus zugegriffen werden. Der Umfang der Prüfung kann anhand verschiedener Parameter spezifiziert werden (siehe Abbildung 2.125).

Menübefehl: *Datei/Datenbank/Prüfen*

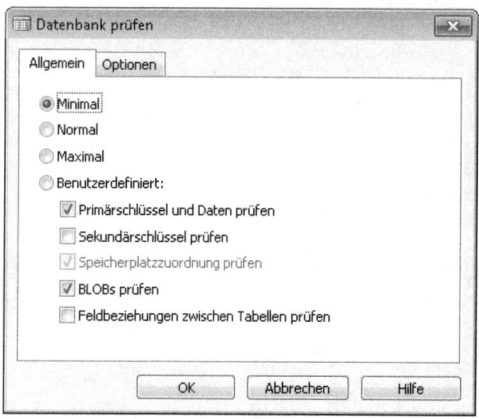

Abbildung 2.125 Datenbank prüfen in der Dynamics NAV-Entwicklungsumgebung

Die meisten Prüfungsschritte setzen den SQL Server Database Consistency Checker (DBCC) voraus. Die Tabelle 2.22 erläutert die einzelnen Prüfungsschritte und den entsprechend ausgeführten DBCC-Test.

Prüfungsoption	Prüfungsinhalt
Primärschlüssel und Daten prüfen	Können alle Tabellendatensätze gelesen werden? Sind die Datensätze aufsteigend entsprechend ihres Primärschlüssels sortiert? Entsprechen alle Feldwerte dem Feldtyp? DBCC CHECKTABLE (table_name, NOINDEX)
Sekundärschlüssel prüfen	Können alle Sekundärschlüssel gelesen werden? Können alle Tabellendatensätze nach den Sekundärschlüsseln in aufsteigender Form sortiert werden? Entsprechen alle Feldwerte dem Feldtyp? DBCC CHECKTABLE (table_name)
Speicherplatzzuordnung prüfen	Ist gewährleistet, dass Speicherplatz entweder frei oder belegt durch einen Sortierschlüssel ist? DBCC CHECKALLOC (database_name)
BLOBs prüfen	Können alle BLOB-Felder gelesen werden? DBCC CHECKTABLE (table_name, NOINDEX)
Feldbeziehungen zwischen Tabellen prüfen	Ist die Beziehung zwischen Primär- und Sekundärschlüssel korrekt? Kann auf alle Felder, die Relationen zu anderen Tabellen aufweisen, von der Tabelle, auf die sie sich beziehen, zugegriffen werden?

Tabelle 2.22 Erläuterung der *Datenbank prüfen*-Optionen

Unter *Optionen* kann die Ausgabe der Prüfergebnisse spezifiziert werden. Zur Auswahl stehen:

- Bildschirm (Anzeige jedes einzelnen Fehlers, der mit *OK* bestätigt werden muss)
- Ereignisprotokoll (Fehler werden im Ereignisprotokoll des Betriebssystems dokumentiert)
- Datei (Ausgabe in eine anzugebende Textdatei)

RapidStart-Dienste

Die in NAV 2013 neu verfügbaren RapidStart-Dienste sind die Weiterentwicklung des Rapid Implementation Toolkits (RIM) und ersetzen zugleich die bisherige Einrichtungscheckliste. RapidStart unterstützt die Einrichtungsarbeiten mit einigen praktischen Funktionen, von denen die wichtigsten im Folgenden erläutert werden:

- RapidStart-Rollencenter
- Konfigurationsvorschlag
- Konfigurationsfragebögen
- Konfigurationspakete
- RapidStart-Excel-Vorlagen
- Stammdatenvorlagen

RapidStart Rollencenter

Für die RapidStart-Dienste steht ein eigenes Profil und Rollencenter zur Verfügung (RapidStart Services Implementer), welches einen guten Überblick über die Planung, Durchführung und Zuständigkeiten für einzelne Einrichtungsaufgaben bzw. ganze Konfigurationsbereiche während einer Dynamics NAV-Implementation bietet.

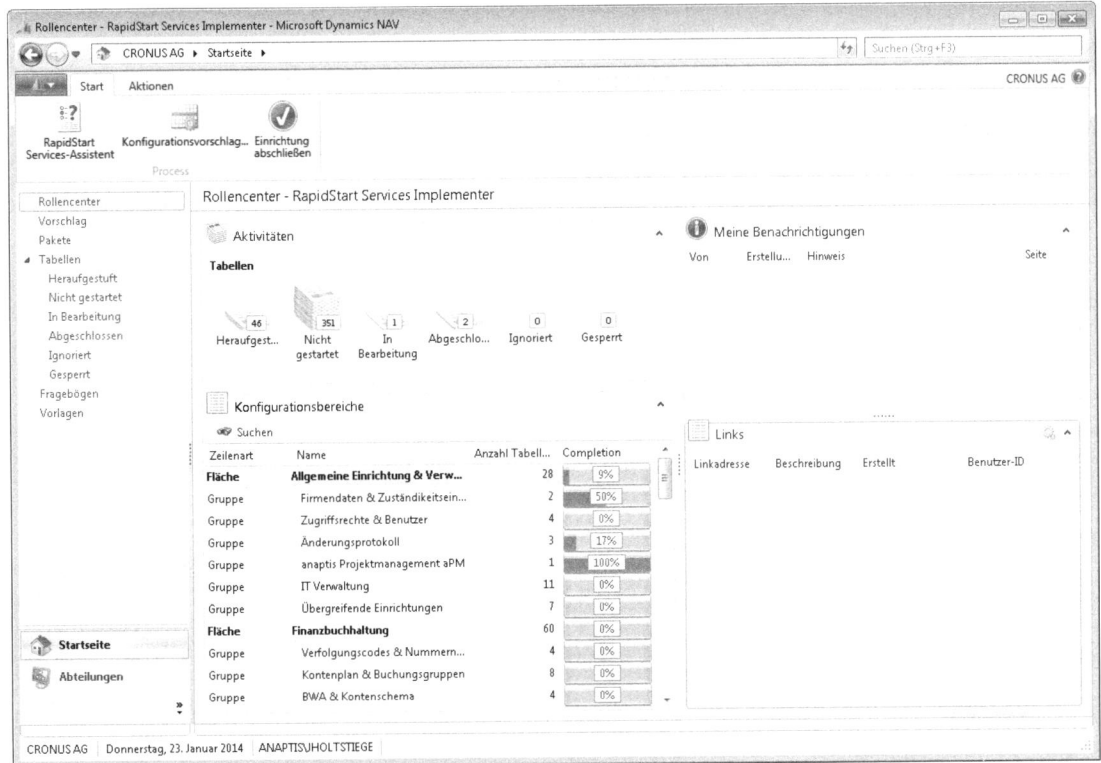

Abbildung 2.126 Rollencenter *RapidStart Services Implementer*

Im Teil *Aktivitäten* werden die einzurichtenden Tabellen im *Konfigurationsvorschlag* in Form von Stapeln nach Bearbeitungsstatus visualisiert. Im Teil *Konfigurationsbereiche* wird der Fortschritt der Einrichtungsarbeiten auf Gruppen- und Bereichsebene dargestellt.

HINWEIS Da einige Feldübersetzungen ins Deutsche irreführend bzw. unvollständig sind, werden diese bei den Erläuterungen nicht berücksichtigt. Wir verwenden beispielsweise für die Strukturierungsebene »Area« (siehe Zeilenart im Teil *Konfigurationsbereiche* in Abbildung 2.126) die Übersetzung »Bereich« anstatt »Fläche«.

Wenn das Rollencenter nicht verwendet werden soll, steht im Abteilungsmenü über *Verwaltung/Anwendung Einrichtung/RapidStart Services for Microsoft Dynamics NAV* ein entsprechendes Untermenü zur Verfügung.

Konfigurationsvorschlag

Der Konfigurationsvorschlag dient als neue Einrichtungscheckliste dazu, die Einrichtungsarbeiten zu strukturieren, kontrollieren und effizienter zu gestalten. Die Daten für den Konfigurationsvorschlag, also die Checkliste selbst, werden vom NAV-Partner geliefert und sinnvollerweise projektindividuell angepasst. Mithilfe der *Zeilenart* können die *Konfigurationsbereiche* in *Bereiche* und *Gruppen* z. B. nach funktionalen Kriterien strukturiert werden (siehe Abbildung 2.127). Die einzurichtenden Tabellen können über die Pfeiltasten im Menüband entsprechend ihrer Reihenfolge angeordnet werden. Der für die vorzunehmenden Einrichtungen zuständige Benutzer wird im Feld *ID des Verantwortlichen* hinterlegt, der den Fortschritt der Einrichtung über das Feld *Status* in die Checkliste zurückmeldet.

Link: *Abteilungen/Verwaltung/Anwendung Einrichtung/RapidStart Services for Microsoft Dynamics NAV/Konfigurationsvorschlag*

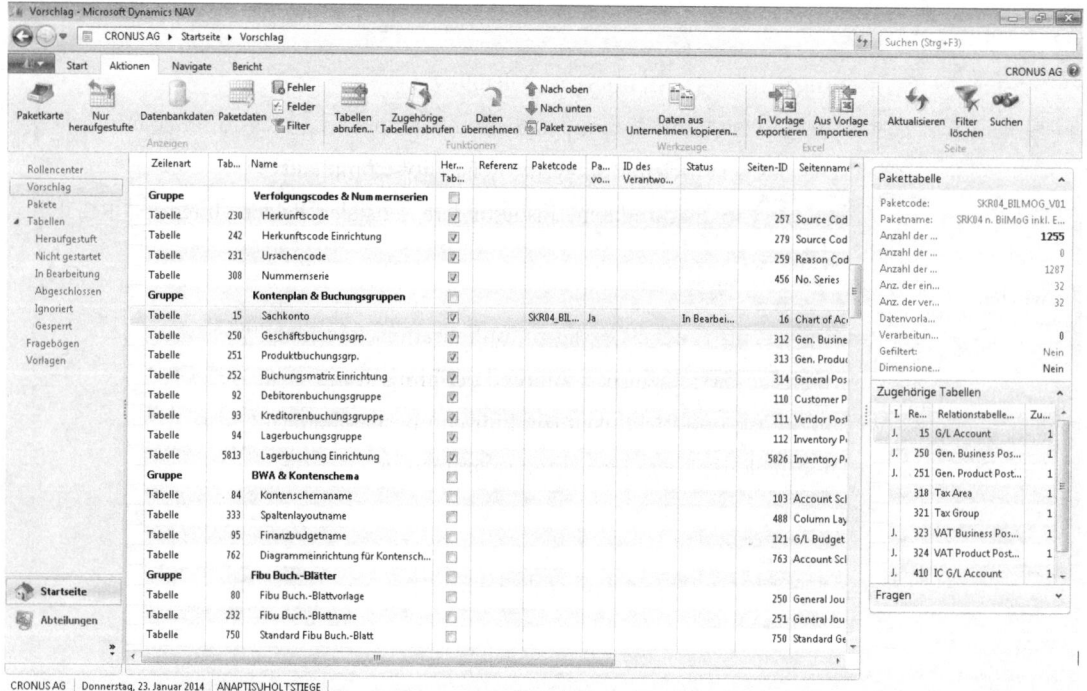

Abbildung 2.127 Beispiel eines Konfigurationsvorschlags

Im Feld *Seiten-ID* wird die NAV-Seite angegeben, über die der Benutzer auf die jeweilige Tabelle zugreifen soll. Der Aufruf selbst erfolgt komfortabel über die *Datenbankdaten*-Aktion im Menüband.

TIPP Für die meisten Tabellen wird die *Seiten-ID* automatisch vorgegeben, für andere muss diese manuell zugewiesen werden. Um die *Seiten-ID* herauszufinden, rufen Sie die NAV-Seite über das Suchfeld auf und lassen sich die *Info zu dieser Seite* im *Anwendungsmenü* und *Hilfe* anzeigen. Sie finden die *Seiten-ID* unter der Registerkarte *Seiteninformationen* im Feld *Seite* in Klammern angegeben.

In der Infobox *Zugehörige Tabellen* werden Tabellen angezeigt, zu denen eine Tabellenrelation besteht, und auch, ob diese im Vorschlag bereits enthalten sind. Ist dies nicht der Fall, können die Tabellen durch die Aktion *Zugehörige Tabellen abrufen* in den Konfigurationsvorschlag integriert werden.

Konfigurationsfragebögen

Über die Konfigurationsfragebögen lässt sich das Ausfüllen von NAV-Einrichtungstabellen (Tabellen, die nur einen Datensatz enthalten) vereinfachen. Es können feldbezogene Fragen vorgegeben werden, deren Antworten automatisch als Feldwert übernommen werden können. Auf diese Weise kann die Einrichtungstätigkeit besser strukturiert und qualifizierter durchgeführt werden. Darüber hinaus ist es durch den Einsatz der Fragebögen möglich, die Antworten und damit die festgelegten Einrichtungsparameter im System zu dokumentieren. Die Fragen erscheinen im Konfigurationsvorschlag für die jeweilige Einrichtungstabelle in der gleichlautenden Infobox. Leider stellt Microsoft, genauso wie für den Konfigurationsvorschlag, auch für die Konfigurationsfragebögen keine deutschen Vorlagen oder Standards zur Verfügung, sodass die Inhalte der RapidStart-Dienste vom jeweiligen NAV-Partner entwickelt und geliefert werden müssen.

RapidStart-Konfigurationsvorschlag aus Compliance-Sicht
Potenzielle Risiken

- Unvollständige Einrichtung (Effectiveness, Integrity, Reliability, Compliance)
- Nicht autorisierte Festlegungen von Einrichtungsparametern (Compliance, Integrity, Effectiveness)
- Unvollständige und falsche Daten (Efficiency, Integrity, Reliability, Compliance)
- Nicht autorisierte Änderung von Stammdaten, insbesondere sensibler Felder (Integrity, Reliability, Compliance)

Prüfungsziel

- Sicherstellung eines angemessenen und vollständigen Konfigurationsvorschlags
- Sicherstellung eines autorisierten Systemzugriffs während der Einrichtung
- Sicherstellung der Vollständigkeit und Richtigkeit von Einrichtungsparametern
- Sicherstellung der Nachvollziehbarkeit von Einrichtungsparametern

Prüfungshandlungen

Im Rahmen der Prüfungshandlungen sollten folgende Fragestellungen beantwortet und dokumentiert werden:

Sicherstellung eines angemessenen und vollständigen Konfigurationsvorschlags

- Gibt es einen standardisierten Konfigurationsvorschlag bzw. eine Einrichtungscheckliste seitens des NAV-Partners und wurde dieser an die individuellen Unternehmensanforderungen angepasst?
  Link: *Abteilungen/Verwaltung/Anwendung Einrichtung/RapidStart Services for Microsoft Dynamics NAV/ Konfigurationsvorschlag*
- Nach welchen Kriterien wurde der Konfigurationsvorschlag gegebenenfalls selbst erstellt und dessen Vollständigkeit sichergestellt?

Sicherstellung eines autorisierten Systemzugriffs während der Einrichtung

- Ist gewährleistet, dass die Benutzerzugriffsrechte vor der Bearbeitung des Konfigurationsvorschlags korrekt eingerichtet sind, damit Einrichtungsparameter z. B. im Bereich der Finanzbuchhaltung nur durch autorisierte Nutzer festgelegt werden?
- Wenn dies nicht durch die zuständigen Benutzer erfolgt, ist gewährleistet, dass vor der produktiven Nutzung eine vollständige und dokumentierte Prüfung durch die zuständigen Benutzer erfolgt?

Sicherstellung der Vollständigkeit und Richtigkeit von Einrichtungsparametern

- Wie wird gewährleistet, dass die Einrichtungen vollständig, richtig und ausreichend dokumentiert erfolgen?
- Erfolgte eine Prüfung der Einrichtungen durch die Verantwortlichen?
- Wie und wo werden Einrichtungsparameter hinsichtlich der Auswirkungen auf die Prozesse getestet?

Sicherstellung der Nachvollziehbarkeit von Einrichtungsparametern

- Ist das Änderungsprotokoll aktiviert und werden die Einrichtungsarbeiten dort vollständig protokolliert?
  Link: *Abteilungen/Verwaltung/IT-Verwaltung/Allgemein/Änderungsprotokoll Einrichtung*
- Wird die Festlegung von Einrichtungsparametern und deren Begründung aus Gründen der Nachvollziehbarkeit dokumentiert? In welcher Form erfolgt die Dokumentation (*Konfigurationsfragebögen, Bemerkungen, RecordLinks,* außerhalb von NAV)?

Konfigurationspakete

Mit den Konfigurationspaketen können Standardtabellendaten (z. B. der Standardkontenrahmen SKR04 in Abbildung 2.128) von NAV-Partnern aus einer Referenzdatenbank exportiert und als *.rapidstart*-Datei zur Verfügung gestellt werden, die über die Importfunktionen der RapidStart-Dienste einfach und komfortabel übernommen werden können.

Link: *Abteilungen/Verwaltung/Anwendung Einrichtung/RapidStart Services for Microsoft Dynamics NAV/ Konfigurationspakete/Tabellen/Tabelle/Paketdaten*

Der Import erfolgt dabei nicht direkt in die Zieltabellen, sondern in Zwischentabellen, sodass die Paketdaten vor der eigentlichen Zuweisung geprüft und gegebenenfalls geändert oder selektiert werden können. Dazu kann der Drilldown auf dem Feld *Anzahl der Paketdatensätze* (siehe Abbildung 2.128) oder alternativ die Aktion *Tabelle/Paketdaten* in der Symbolleiste *Tabellen* verwendet werden.

Sicherheit und Datenbankadministration

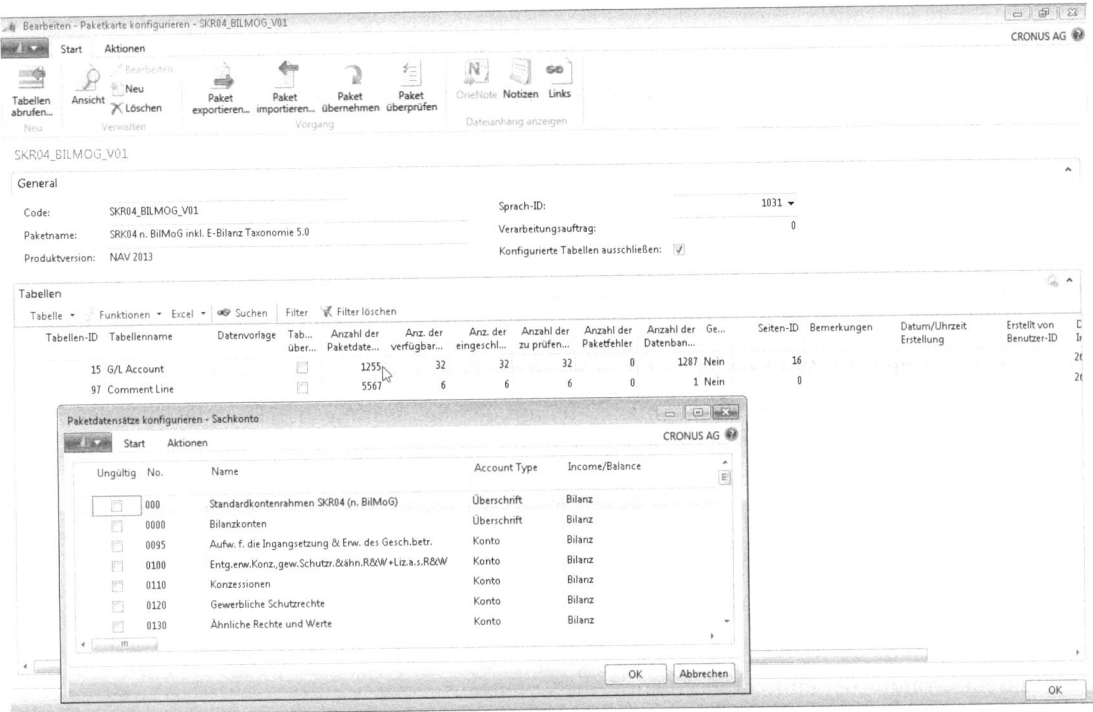

Abbildung 2.128 Paketdaten vor dem Import prüfen am Beispiel des SKR04

ACHTUNG Das Filtern von Datensätzen wird nur beim Erstellen (Exportieren) von Paketdaten berücksichtigt. Beim Import müssen nicht erwünschte Paketdatensätze (vor der Anwendung auf die Zieltabelle) aus der Zwischentabelle gelöscht werden.

Die geprüften Datensätze können über die Aktion *Paket übernehmen* auf der Registerkarte *Start* für das gesamte Paket oder in der *Tabellen*-Symbolleiste über *Funktionen/Daten übernehmen* einzeln auf die Zieltabellen angewendet werden.

Die Paketdaten können auch dazu genutzt werden, um Daten zwischen Datenbanken (z. B. Test- und Produktivdatenbank) zu transferieren. Dazu wird zunächst ein neues Konfigurationspaket angelegt.

Link: *Abteilungen/Verwaltung/Anwendung Einrichtung/RapidStart Services for Microsoft Dynamics NAV/ Konfigurationspakete*

- Wählen Sie die Aktion *Neu* und geben Sie die Kopfdaten mit *Code*, *Paketname* und *Sprach-ID* an
- Aktivieren Sie das Kontrollkästchen *Konfigurierte Tabellen ausschließen*, um zu vermeiden, dass die Tabelleninhalte der RapidStart-Dienste in das Konfigurationspaket übernommen werden
- Schließen Sie die Paketkarte und kehren Sie zum Konfigurationsvorschlag zurück. Dort markieren Sie die Tabellen, deren Datensätze exportiert werden sollen und wählen in der Gruppe *Funktionen* des Menüs *Aktionen* die Option *Paket zuweisen*.

- Auf der Paketkarte können gegebenenfalls vor dem Export in der Symbolleiste *Tabellen* über *Tabelle/Filter* Datensätze für den Export selektiert werden und/oder einzelne Felder über *Tabelle/Felder* ein- oder ausgeschlossen werden
- Danach kann das Konfigurationspaket vom Listenplatz *Pakete* über die Aktion *Paket exportieren* in eine *rapidstart*-Datei (siehe Abbildung 2.129) umgewandelt werden, die in eine andere Datenbank oder einen anderen Mandanten importiert werden kann

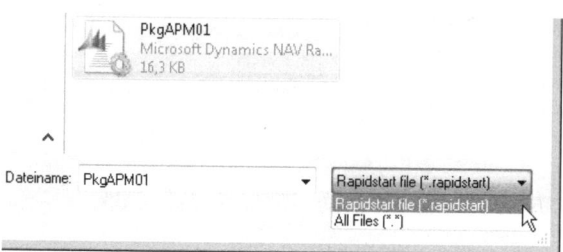

Abbildung 2.129 Beispiel einer Microsoft Dynamics NAV RapidStart Services-Konfigurationsdatei

TIPP Befinden sich Test- und Produktivumgebung in derselben Datenbank und soll ein kompletter Tabelleninhalt übernommen werden, kann alternativ die Aktion *Daten aus Unternehmen kopieren* genutzt werden, die im Konfigurationsvorschlag im *Aktionen*-Menü zur Verfügung steht. Mit dieser Funktion können Tabellen, die im Konfigurationsvorschlag vorkommen, aus einem anderen Mandanten kopiert werden.

RapidStart-Excel-Vorlagen

Konfigurationspakete können auch genutzt werden, um beispielsweise Stammdaten in einer Excel-Vorlage erfassen und danach als Datenpaket in RapidStart importieren zu können. In Abbildung 2.130 wurde ein Konfigurationspaket angelegt und die Tabellen 18 *Debitor* und 287 *Debitor Bankkonto* zugewiesen. Über die Aktion *Tabelle/Felder* in der *Tabellen*-Symbolleiste wurden jeweils nur einige ausgewählte Felder für die Pflege in Excel selektiert. Die markierten Tabellen lassen sich über die Aktion *Excel/In Excel exportieren* in eine Excel-Arbeitsmappe übergeben, die dann beide Tabellen als Tabellenblätter enthält.

Um die in Excel erfassten Datensätze in NAV zu importieren, muss vor dem Speichern die Tabellengröße angepasst werden (Option *Tabellengröße ändern* in der Registerkarte *Entwurf*, Gruppe *Eigenschaften* oder per Drag & Drop über die Tabellenrahmenmarkierung in der rechten unteren Ecke der Zelle *F4* in Abbildung 2.130).

Sicherheit und Datenbankadministration

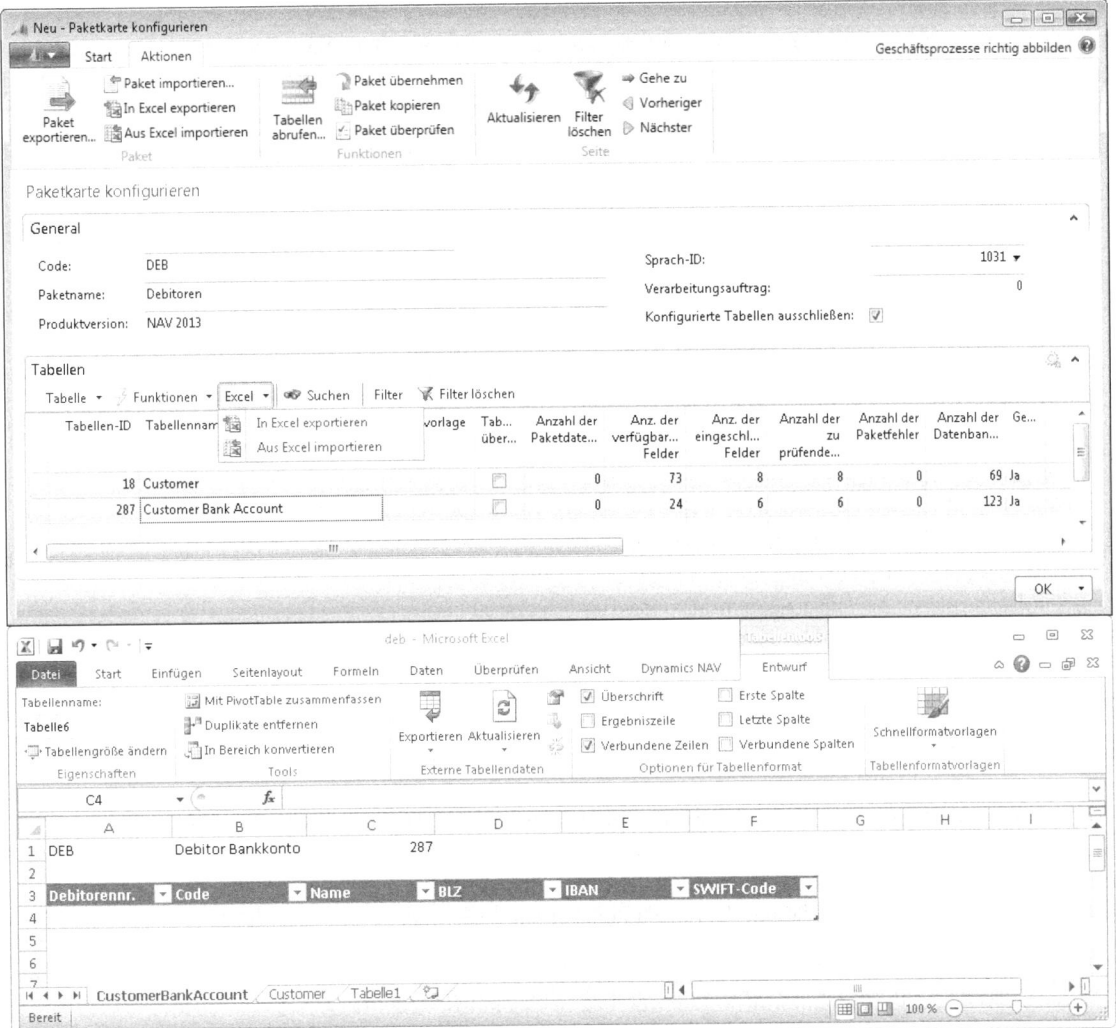

Abbildung 2.130 Exportieren eines Konfigurationspakets nach Excel am Beispiel der Debitor-Stammdaten

Da in der Regel weder in Excel noch beim Import eine Datenvalidierung aus NAV-Sicht stattfindet, können beim Importieren der Excel-Mappe Fehler auftreten. Da auch der Excel-Import über Zwischentabellen erfolgt, kann dieser mit Fehlern durchgeführt, und in RapidStart geprüft und gegebenenfalls korrigiert werden. Tabellen mit Paketfehlern werden rot eingefärbt (siehe Abbildung 2.131) und die entsprechenden Paketdatensätze als ungültig gekennzeichnet (Drilldown auf *Anzahl der Paketfehler*).

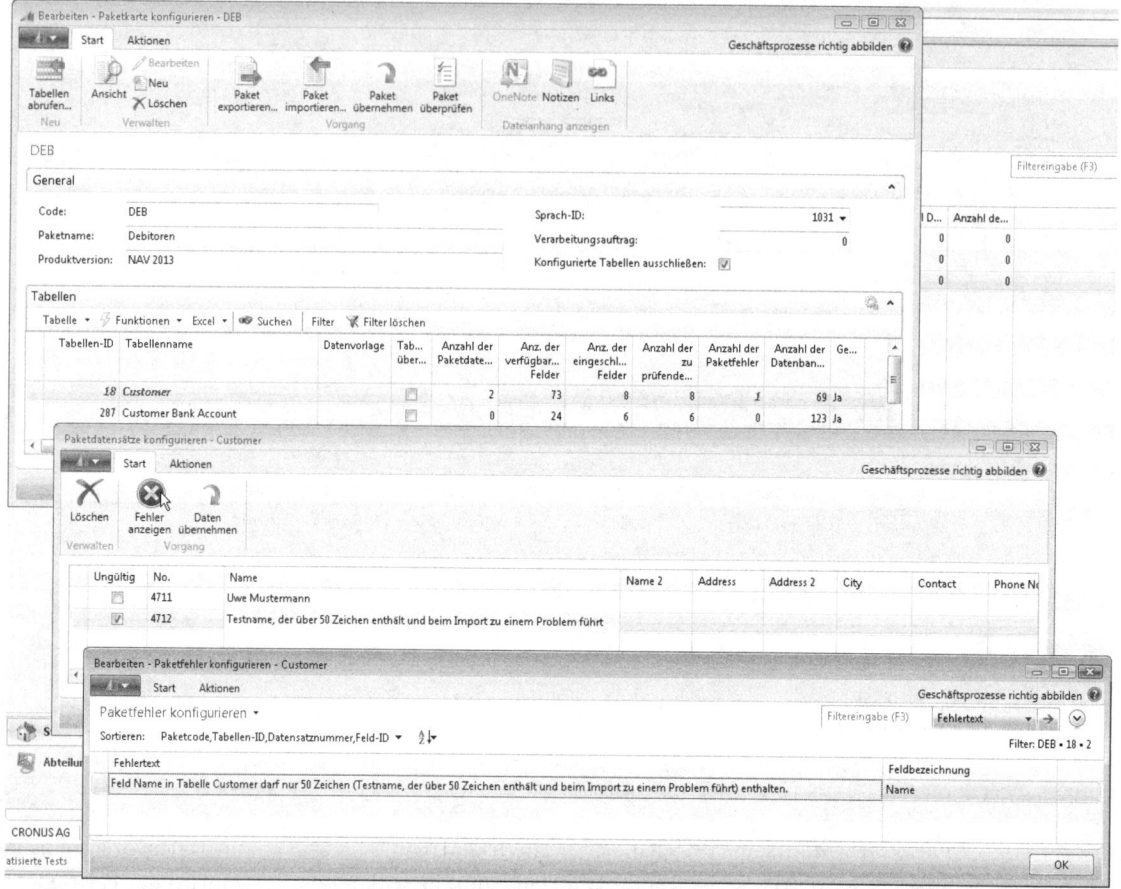

Abbildung 2.131 Fehleranalyse beim Importieren von Excel-Konfigurationspaketen

Über die Aktion *Fehler anzeigen* lässt sich der Fehlertext und damit die Fehlerursache feldbezogen anzeigen. Im Beispiel wurden nur ausgewählte Felder der Tabelle *Debitor* für die Pflege in Excel selektiert. Häufig gibt es Felder, bei denen eine Standard-Vorgabe sinnvoll sein kann. Hier bietet RapidStart zusätzlich die Möglichkeit, Stammdatenvorlagen beim Import der Paketdaten zu berücksichtigen.

Stammdatenvorlagen

Über die Stammdatenvorlagen können Standardfeldinhalte für neue Datensätze vorgegeben werden.

Link: *Abteilungen/Verwaltung/Anwendung Einrichtung/Allgemein/Stammdatenvorlagen einrichten*

In Kombination mit Konfigurationspaketen können somit beim Anwenden des Pakets auf die Zieltabellen Feldinhalte standardmäßig vorgegeben werden, die nicht in der Excel-Arbeitsmappe enthalten waren. Als Beispiel (siehe Abbildung 2.132) wurde vor dem Anwenden des Pakets für Tabelle 18 eine Datenvorlage zugewiesen, die das Feld *Kreditlimit* auf den Wert 10.000 vorbelegt.

Sicherheit und Datenbankadministration

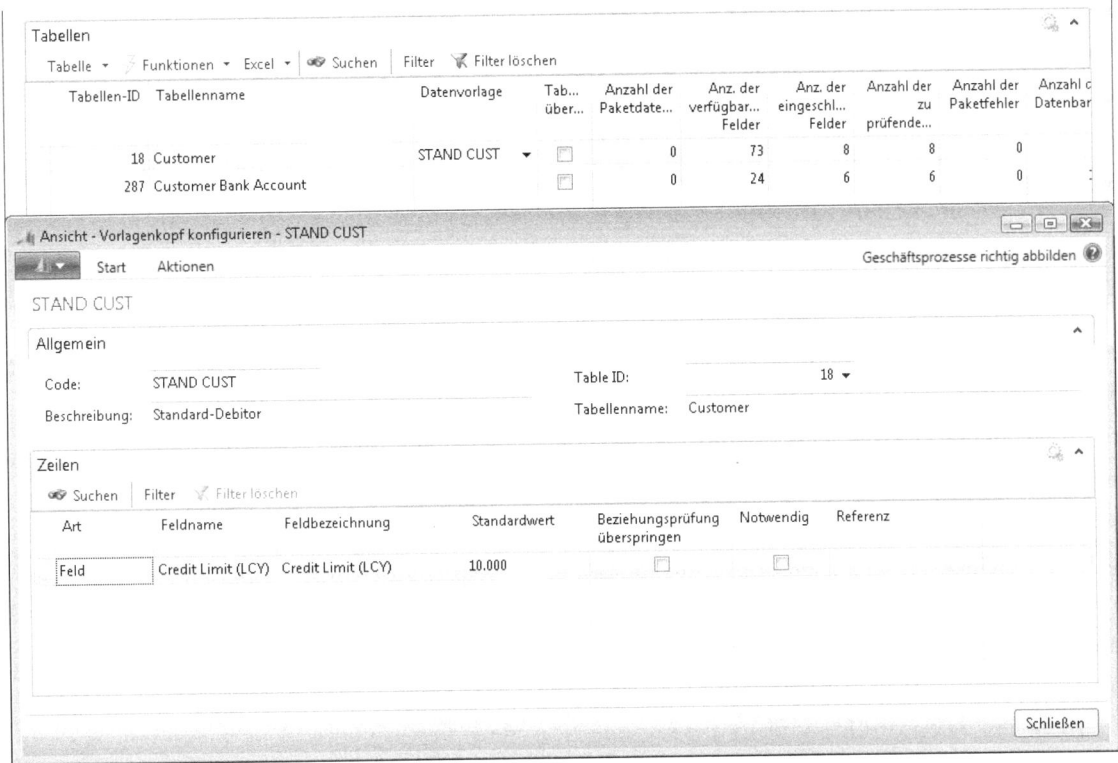

Abbildung 2.132 Datenvorlage beim Import von Debitorenstammdaten

Wenn die Standardwerte nicht für alle Paketdatensätze gleich sind, können auch mehrere Datenvorlagen nacheinander für die jeweils partiell angewendeten Paketdaten zum Einsatz kommen. Dazu wird das Paket mehrmals importiert und jeweils die nicht gewünschten Paketdatensätze gelöscht und so in mehreren Schritten auf die Zieltabelle angewendet.

Stapelverarbeitung *Buch.-Blattzeilen* erstellen

Nachdem die Stammdaten Sachkonto, Debitor, Kreditor und Artikel übernommen sind, können grundsätzlich auch Bewegungsdaten mittels RapidStart-Diensten übernommen werden. Dazu gibt es vier Routinen, um jeweils Buch.-Blattzeilen für Sachkonten, Debitoren, Kreditoren und Artikel zu erzeugen (Link: *Abteilungen/Verwaltung/Anwendung Einrichtung/RapidStart Services for Microsoft Dynamics NAV*). Nachdem die Buch.-Blattzeilen z. B. pro Sachkonto erstellt wurden, werden diese in eine Excel-Vorlage exportiert, um dort bearbeitet und anschließend importiert zu werden. Da eine komplette manuelle Erfassung in NAV nicht oder nur mit unwesentlich höherem Aufwand verbunden ist, wird die Verwendung nicht empfohlen, da bei der direkten Erfassung gleichzeitig ein Schulungseffekt zum Tragen kommt.

RapidStart-Konfigurationspakete aus Compliance-Sicht

Potenzielle Risiken

- Unvollständige und falsche Daten (Efficiency, Integrity, Reliability, Compliance)
- Doppelanlage von Stammdaten (Efficiency, Integrity, Reliability)
- Nicht autorisierte Festlegungen von Einrichtungsparametern (Compliance, Integrity, Effectiveness)
- Nicht autorisierte Änderung von Stammdaten, insbesondere sensibler Felder (Integrity, Reliability, Compliance)

Prüfungsziel

- Sicherstellung der korrekten Übernahme von Stammdaten
- Sicherstellung eines autorisierten Systemzugriffs bei Anwendung von Konfigurationspaketen
- Sicherstellung der Vollständigkeit und Richtigkeit von Stammdaten und Einrichtungsparametern
- Sicherstellung der Nachvollziehbarkeit von Stammdaten und Einrichtungsparametern

Prüfungshandlungen

Im Rahmen der Prüfungshandlungen sollten folgende Fragestellungen beantwortet und dokumentiert werden:

Sicherstellung der korrekten Übernahme von Stammdaten

- Wie wird gewährleistet, dass Stammdaten vollständig und ohne Redundanzen übernommen werden? Es ist ein Abgleich der Stammdaten des Alt- und Neusystems durchzuführen. Differenzen sind zu klären. Ein Dublettencheck der Stammdaten kann auf verschiedenen Kriterien beruhen, beispielsweise auf Name, Adresse, Kontonummer, Steuernummer. In jedem Fall sind die identifizierten Dubletten zu prüfen, da regelmäßig plausible Gründe für Mehrfachanlagen vorliegen können.

Online Im Begleitmaterial enthalten ist ein Tool zur Analyse von Debitoren- und Kreditorendubletten, mit dem auf Redundanzen bei den Personenkonten geprüft werden kann.

Die Begleitdateien stehen als Download zur Verfügung. Sie können diese wahlweise entweder von der Seite *www.microsoft-press.de/support/9783866455696* oder von der Seite *msp.oreilly.de/support/2272/803* herunterladen.

Sicherstellung eines autorisierten Systemzugriffs bei Anwendung von Konfigurationspaketen

- Ist gewährleistet, dass die Benutzerzugriffsrechte vor der Anwendung von Konfigurationspaketen korrekt eingerichtet sind, damit Stammdaten nur durch autorisierte Nutzer angelegt werden?
- Wenn dies nicht durch die zuständigen Benutzer erfolgt, ist gewährleistet, dass vor der produktiven Nutzung eine vollständige und dokumentierte Prüfung durch die zuständigen Benutzer erfolgt?

Sicherstellung der Vollständigkeit und Richtigkeit von Stammdaten und Einrichtungsparametern

- Wie wird gewährleistet, dass die Einrichtungen vollständig, richtig und ausreichend dokumentiert erfolgen? Die Migration sollte in allen wesentlichen Punkten dokumentiert werden, es sollte ein Migrationsplan vorliegen. Die Einrichtungsparameter sind hinsichtlich der Auswirkungen auf die Prozesse zu testen.

Sicherheit und Datenbankadministration

> **HINWEIS** Bei der Migration von Stammdaten ist zu beachten, dass die Validierung eines Felds Auswirkungen auf andere Felder derselben Tabellen haben kann. Diese Beziehungen zwischen Feldern ergeben sich durch C/AL-Programmierung auf dem sogenannten *OnValidate*-Feldtrigger und sind außerhalb des Objekts nicht ausführlich dokumentiert. Aus diesen Feldbeziehungen ergibt sich in einigen Fällen eine logische Reihenfolge, mit der Felder bei Datenmigrationen importiert werden müssen, da sonst Feldwerte fälschlicherweise überschrieben werden können. Obwohl sich die Verarbeitungsreihenfolge innerhalb der Konfigurationspaketfelder verändern lässt, kann dieses nicht ohne Wissen um die aus NAV-Sicht richtige Validierungsreihenfolge geschehen, die sich letztlich allein aus dem C/AL-Code ergibt. Aus diesem Grunde sollte dies nur durch qualifizierte Personen erfolgen. Dasselbe gilt für *Feld prüfen* in der NAV-Seite *Paketfelder konfigurieren* und das Feld *Tabellentrigger überspringen* im Subform der NAV-Seite *Paketkarte konfigurieren*. Wenn das Kontrollkästchen deaktiviert bzw. aktiviert wird, erfolgt keine Konsistenzprüfung, die auf dem *OnValidate*-Feldtrigger programmiert sein kann. Da dies zu Dateninkonsistenzen führen kann, wird eine Änderung dieser Felder ausdrücklich nicht empfohlen.

Zur Sicherstellung einer korrekten und vollständigen Datenübernahme und der Funktionstüchtigkeit des neuen Systems kann ein paralleles Arbeiten in den Systemen für einen begrenzten Zeitraum sinnvoll sein.

Sicherstellung der Nachvollziehbarkeit von Stammdaten und Einrichtungsparametern

- Ist das Änderungsprotokoll aktiviert und werden die Einrichtungsarbeiten dort vollständig protokolliert? Link: *Abteilungen/Verwaltung/IT-Verwaltung/Allgemein/Änderungsprotokoll Einrichtung*
- Sind insbesondere die Tabellen 8612..8616, 8618..8619, 8622..8623 sowie 8626..8627 für eine ausreichende Protokollierung aktiviert? Link: *Abteilungen/Verwaltung/IT-Verwaltung/Allgemein/Änderungsprotokoll Einrichtung/Aktionen/Tabellen*

> **ACHTUNG** Wird mit Konfigurationspaketen und mehreren Stammdatenvorlagen gearbeitet, um Stammdaten zu migrieren, wird dringend empfohlen, für Tabelle 8615 (*Paketdaten konfigurieren*) auch das Löschen mit der Option *Alle Felder* zu protokollieren, da nur so im NAV Standard nachvollziehbar bleibt, welcher Stammdatensatz mit welcher Stammdatenvorlage angelegt wurde.

Objektänderungsprozess

Dynamics NAV ist durch seine integrierte Entwicklungsumgebung verhältnismäßig leicht an die Anforderungen eines Unternehmens anzupassen. Häufig ist in Unternehmen zu beobachten, dass diese Flexibilität die Kreativität der Mitarbeiter noch erhöht und mitunter ein Gewöhnungseffekt eintritt, Strukturen und Prozesse immer wieder neu zu hinterfragen und Optimierungen anzustreben. Gleichzeitig ist festzustellen, dass Anforderungen an das ERP-System zunehmend auch von außen definiert werden. Markt- und Unternehmensdynamik führen dazu, dass Dynamics NAV über den gesamten Nutzungszeitraum hinweg weiterentwickelt und angepasst wird. Die Anpassungsfähigkeit von Dynamics NAV kann aber nur dann nachhaltigen Nutzen stiften, wenn der Prozess der Objektänderungen klar geregelt ist und dessen Einhaltung nachprüfbar bleibt. Besonderes Augenmerk ist darauf zu legen, dass die Updatefähigkeit des Systems in einem sinnvollen Kosten-/Nutzenverhältnis gewährleistet bleibt. Mit Objektänderungen sind diejenigen Änderungen gemeint, die über den Object Designer erfolgen und für die gesamte Datenbank gelten. Jede Objektänderung sollte grundsätzlich »geplant«, also auf Basis von dokumentierten Funktionsanforderungen (z. B. in Form einer User Story oder eines Functional Requirements Document) während der Implementierung oder Änderungsanforderungen nach Go-Live (Change Request:Document) erfolgen.

Der Objektänderungsprozess im Überblick

Der Objektänderungsprozess durchläuft in der Regel eine Reihe von standardisierten Bearbeitungsschritten, die sich in folgende Phasen aufteilen lassen:

- Analyse
- Design
- Entwicklung
- Testen
- Auslieferung

Die Abbildung 2.133 stellt einen beispielhaften Prozess für die Bearbeitung eines Change Requests dar, wobei von der Existenz eines Ticketingsystems (eigenständiges oder in Dynamics NAV integriertes Helpdesksystem) und eines Release-Managements für Objektänderungen ausgegangen wird. Der Prozess muss dabei unternehmensindividuelle Rahmenbedingungen sowie die Häufigkeit von Objektänderungen berücksichtigen.

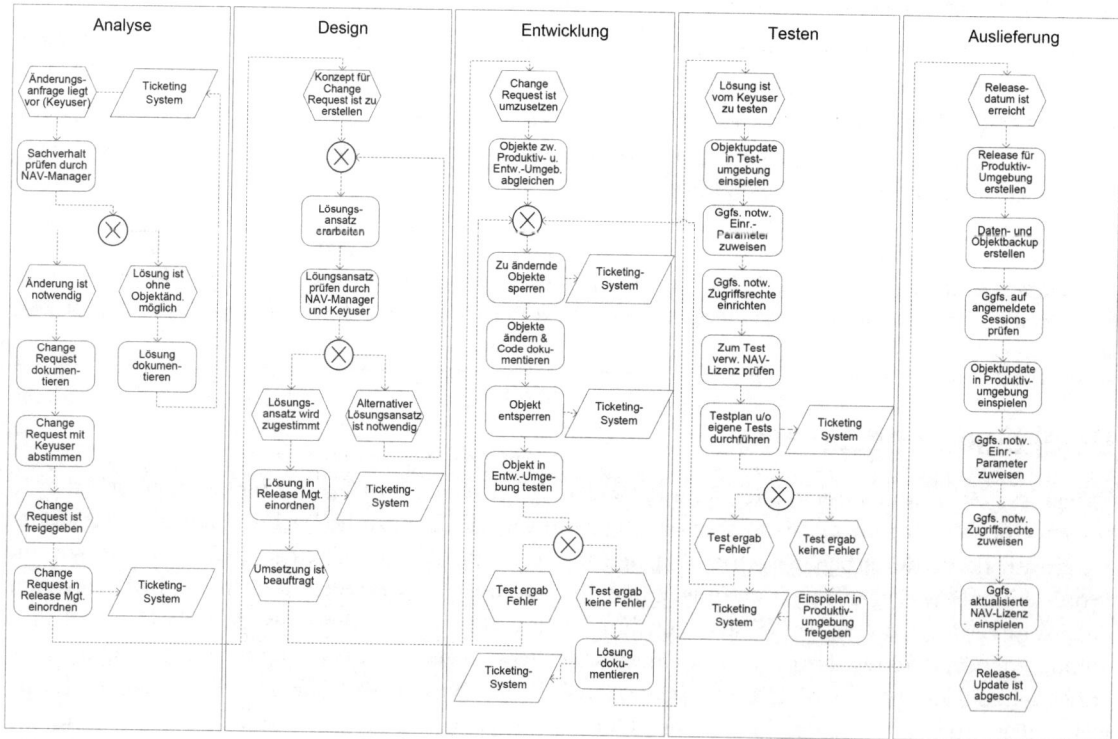

Abbildung 2.133 Der Objektänderungsprozess am Beispiel eines Change Requests

Change Request

Gängige Praxis für Change Requests ist die Definition der Anforderung in der Fachabteilung durch einen verantwortlichen Keyuser, der die Anforderung gegebenenfalls über den Abteilungsleiter an den internen Dynamics NAV-Manager (z. B. den EDV-Leiter) weiterleitet. Bei Einsatz eines Ticketingsystems (bzw. Helpdesksystems) werden die Anfragen zentral verwaltet und gegebenenfalls in ein Change Request umgewandelt. Nach den jeweiligen Freigaben erstellt der Dynamics-Partner oder verantwortliche Mitarbeiter ein Lösungs-

Sicherheit und Datenbankadministration

konzept, das durch Dynamics NAV-Manager und Keyuser geprüft wird. Sinnvollerweise gibt es ein internes Release-Management, in dem die Umsetzung des Change Requests zeitlich eingeordnet wird. Das Release-Management regelt, wann Objektupdates in der Produktivdatenbank vorgenommen werden und welche inhaltlichen und funktionalen Veränderungen mit dem Release verbunden sind.

Entwicklung

Nach Freigabe zur Umsetzung wird die Entwicklung auf einer separaten Entwicklungsdatenbank vorgenommen. Vor der Änderung von Objekten sollte ein Abgleich (unterstützt durch entsprechende Tools) zwischen dem Objektstand der Entwicklungs- und Produktivdatenbank erfolgen, um sicherzustellen, dass die Entwicklung auf dem aktuellen Objektstand der Produktivdatenbank erfolgt. Außerdem sollte das jeweilige Objekt gesichert werden, bevor das Objekt geändert wird. Dieses kann im Rahmen der Sperrung des Objekts erfolgen. Objekte werden vom Entwickler im Object Designer über das Kontextmenü gesperrt und entsperrt, um zu verhindern, dass andere Entwickler das Objekt gleichzeitig bearbeiten.

Sperren von NAV-Datenbankobjekten

Seit NAV 2009 R2 können NAV-Datenbankobjekte im Object Designer gesperrt werden, um zu verhindern, dass laufende Anpassungen durch andere Entwickler überschrieben werden (siehe in Abbildung 2.134 die Spalten *Gesperrt* und *Gesperrt von*).

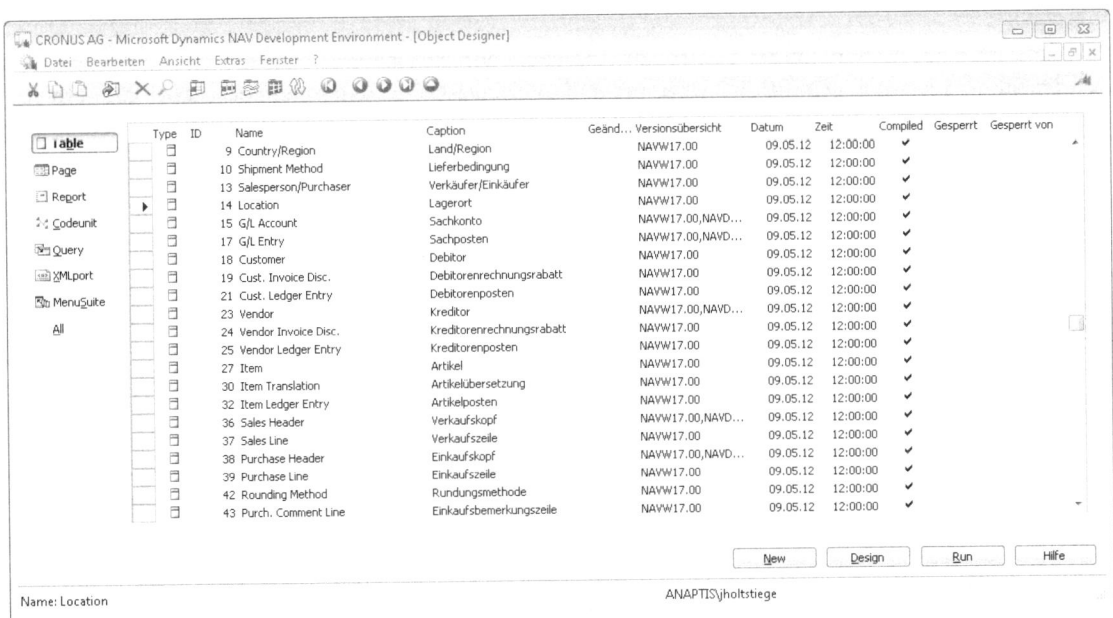

Abbildung 2.134 Object Designer der Entwicklungsumgebung

Das Sperren und Entsperren erfolgt über das Kontextmenü der entsprechenden Objektzeile. Das gesperrte Objekt kann geöffnet und kompiliert, jedoch können keine Änderungen gespeichert werden, solange das Objekt gesperrt ist. Allerdings gibt es die Möglichkeit, das Aufheben einer Sperre zu erzwingen, um ungewollte Sperrungen handhaben zu können. Die Nutzung dieser Funktion sollte organisatorisch geregelt werden. Für die Anwendung (beispielsweise das Einfügen oder Ändern von Datensätzen) ist die Sperre ohne Auswirkung.

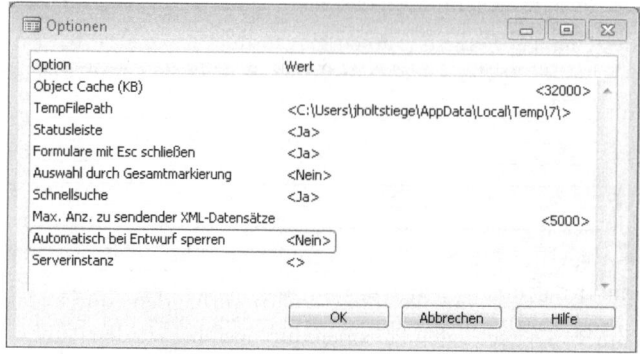

Abbildung 2.135 Option in der Entwicklungsumgebung zum automatischen Sperren von geöffneten Objekten

Sie können als Benutzer der Entwicklungsumgebung unter *Extras/Optionen* einstellen, dass Objekte beim Öffnen automatisch gesperrt werden (siehe Abbildung 2.135). Das Entsperren muss manuell über das Kontextmenü erfolgen.

Namenskonventionen innerhalb von Dynamics NAV

Es existieren innerhalb von Dynamics NAV einige Namenskonventionen, die für das Verständnis der Tabellenrelationen und beim Arbeiten mit dem Object Designer nützlich sind.

Tabellennamen

Der Name einer Tabelle wird immer im Singular vergeben. Beispiel: Tabelle 14 Location bzw. Lagerort. Dieses hat mit automatisierten Systemmeldungen zu tun und sollte auch bei Erweiterungen berücksichtigt werden.

Feldnamen

In Stammdaten- oder Einrichtungstabellen wird typischerweise der Primärschlüssel mit »No.« oder »Code« bezeichnet, während das entsprechende Feld in allen anderen Tabellen (z. B. den Bewegungsdaten) einen aus dem Tabellennamen und dem Feld zusammengesetzten Feldnamen trägt. So lautet der Feldname für die Bezeichnung des Lagerort-Codefelds durchgängig »Location Code« bzw. Lagerortcode. Die Tabellenrelationen dieser Felder verweisen aber auf das Feld »Code« in der Tabelle Location. Dieses gilt in gleicher Weise für die »Customer No.« bzw. »Debitorennr.« In der Customer-Tabelle (ID 18) heißt das entsprechende Feld »No.« bzw. »Nr.«.

Seitennamen

Zu allen Stammdatentabellen gibt es grundsätzlich eine Übersicht und eine Karte. Beispiel: NAV-Seite 15 *Location List* bzw. *Lagerortübersicht* und NAV-Seite 5703 *Location Card* bzw. *Lagerortkarte*. Gibt es keine Übersicht und Karte, gilt für den Namen der NAV-Seite grundsätzlich der Plural. Beispiel: Tabelle 8 *Language* bzw. *Sprache* und NAV-Seite 9 *Languages* bzw. *Sprachen*.

Testen

Steht eine separate Testdatenbank zur Verfügung, werden die Objektänderungen dort (unter Nutzung der gegebenenfalls zu aktualisierenden Produktions- bzw. Kundenlizenz) zunächst vom Entwickler und dann vom verantwortlichen Keyuser getestet. Generell wird empfohlen, das Testen durch eine andere Person als den Entwickler durchführen zu lassen. Neben dem Testen der isolierten Funktionalität sollte immer auch ein Integrationstest (z. B. durch vordefinierte Referenzfälle) erfolgen, um modulübergreifende negative Auswirkungen auszuschließen. Dabei sollte das Testverfahren die Realität möglichst genau abbilden, um im späteren Echtbetrieb einen reibungslosen Prozessablauf zu gewährleisten.

HINWEIS Häufige Objektupdates erzeugen wiederkehrenden Testaufwand. Dieser kann durch automatisierte Testverfahren reduziert werden. Mehr Informationen zu den Testfeatures in Dynamics NAV 2013 finden Sie unter diesem Link http://msdn.microsoft.com/en-us/library/ee414224(v=nav.70).aspx.

Eine schriftliche Echtbetriebfreigabe durch Keyuser und Dynamics NAV-Manager sollte die Voraussetzung zum Einspielen der Objektänderungen in die Produktivdatenbank sein.

Importieren von Objektänderungen in die Produktivdatenbank

Das Einspielen von Objektänderungen in die Produktivdatenbank sollte, sofern vorhanden, durch das interne Release-Management geregelt sein und nur von berechtigten Personen durchgeführt werden. Gibt es kein Release-Management, sollten alle betroffenen Abteilungen und Anwender zuvor über das Update informiert werden. Vor jedem Objektupdate muss eine Datensicherung und sollte zusätzlich eine Objektsicherung erfolgen. Es wird empfohlen, für ein Objektupdate auf die Datenbank im Einzelbenutzermodus zuzugreifen. Zu beachten ist ferner, dass mit dem Import geänderter Objekte teilweise neue Berechtigungen erteilt, neue Einrichtungsparameter zugewiesen oder eine aktualisierte NAV-Lizenz eingespielt werden muss, um den reibungslosen Ablauf zu gewährleisten. Jedes Objektupdate sollte außerdem entsprechend dokumentiert werden und einen Hinweis auf die Objektsicherungsdatei enthalten. Der Status von Change Requests bzw. Tickets ist zu aktualisieren.

Upgradefähigkeit

In Dynamics NAV sind Änderungen an Standardobjekten praktisch nicht zu vermeiden. Werden Änderungen am Originalobjekt (z. B. Tabellen und Codeunits) durchgeführt, kann es bei einer herstellerseitigen Aktualisierung desselben Objekts dazu kommen, dass die vorgenommene Änderung überschrieben wird. Davon ausgenommen sind Felderweiterungen, die vom Import Worksheet automatisch zusammengeführt werden können.

HINWEIS Es ist in Dynamics NAV möglich, neue Felder in Standardtabellen anzulegen. Der dafür freigegebene Feldnummernbereich (gilt auch für die Objektnummern neuer Tabellen) startet bei 50000 und endet bei 99999, damit es bei Upgrades nicht zu Konflikten im Feld- oder Objektbereich kommt. Dabei darf kein Objektname oder Feldname doppelt vergeben werden. Die genutzten Objekte müssen in der Dynamics NAV-Unternehmenslizenz freigeschaltet sein.

Änderungen an Standardobjekten müssen bei Upgrades also regelmäßig nachvollzogen werden. Der Aufwand dieser Migration hängt stark von der Vorgehensweise der Anpassungsprogrammierung und deren Dokumentation ab. Die Sicherstellung der Upgradefähigkeit des Dynamics NAV-Systems ist eine wesentliche Voraussetzung für die Einhaltung zukünftiger gesetzlicher Anforderungen. Um derartige gesetzliche Anforderungen umzusetzen, stellt Microsoft im Rahmen des Softwarewartungsvertrags Business Ready Enhancement Plan (BREP) neben anderen Leistungen entsprechende Produktaktualisierungen kostenlos zur Verfügung, die zeitnah in die bestehende Dynamics NAV-Lösung integrierbar sein sollten.

TIPP Notwendige Anpassungsprogrammierungen in Standardobjekten sollten, soweit möglich, in neue Objekte ausgelagert werden, um den Migrationsaufwand bei Upgrades zu minimieren. Mit der Datenbankeigenschaft *Start-ID (UidOffset)* kann definiert werden, dass für neue Objektelemente wie Funktionen, Variablen oder Aktionen automatisch eine interne ID ab z. B. 50000 vergeben wird. Damit können Objektelemente, die in Standardobjekte eingefügt werden, nicht in Konflikt mit Objektelementen in zukünftigen Updates geraten. So wird der Aufwand für die Übertragung von Anpassungen (Merge) deutlich verringert.

Objektänderungen aus Compliance-Sicht

Potenzielle Risiken

- Ineffektive und ineffiziente Abbildung von Geschäftsprozessen (Efficiency)
- Datenverlust (Integrity)
- Gefährdung der Integrität des Systems bei Upgrades (Integrity)
- Hersteller-Updates (z. B. aufgrund gesetzlicher Anforderungen) können nicht umgesetzt werden (Compliance)
- Gefährdung der Systemsicherheit durch fehlendes Patchmanagement (Integrity)
- Ineffizienz durch Nichtnutzung von Produktverbesserungen (Efficiency, Compliance)

Prüfungsziel

- Adäquater Autorisierungsprozess für Change Requests
- Adäquate System- und Änderungsdokumentation
- Sicherstellung ausreichender Tests
- Vollständige Nachvollziehbarkeit der Objektänderung

Prüfungshandlungen

Im Rahmen der Prüfungshandlungen sollten folgende Fragestellungen beantwortet und dokumentiert werden:

Change Request-Freigabeprozess

- Welche Prozesse sind definiert, um Systemänderungen anzufragen, zu veranlassen, zu testen und freizugeben?
- Werden Lösungsansätze vor der Umsetzung schriftlich dokumentiert und vom Dynamics NAV-Manager sowie gegebenenfalls dem anfordernden Keyuser freigegeben?
- Wie und wo werden Change Requests nach der Umsetzung abgelegt?

Entwicklungsprozess

- Gibt es eine separate Entwicklungs- und Testumgebung? Wenn Zugriff auf die Dynamics NAV-Verwaltungskonsole existiert, kann dort geprüft werden, ob entsprechende Service Tiers installiert und gestartet sind. Um zu prüfen, ob die Testumgebung aktiv genutzt wird, kann die Tabelle *Sessionereignis* über den Object Designer gestartet und analysiert werden, die die Anmeldedaten für diese Datenbank enthält.
- Ist gewährleistet, dass Dynamics NAV-Objekte nicht in der Produktivdatenbank geändert werden?
- Werden Tools für den Objektabgleich zwischen den verschiedenen Datenbanken eingesetzt?
- Gibt es Objekte, die in der Produktivdatenbank aktueller als in der Entwicklung sind? Sind keine Tools für einen Objektabgleich im Einsatz, können über den Object Designer stichprobenhaft alle Objekte mit einem Änderungsdatum (Spalte *Datum*) z. B. der letzten drei Monate gefiltert werden und mit den Objektdatumsangaben der Entwicklungs- bzw. Testdatenbank verglichen werden.

Sicherheit und Datenbankadministration

- Gibt es (abhängig von Umfang und Häufigkeit der Objektänderungen) ein entsprechendes Release-Management? Werden Objekte mit dem Release durch einen entsprechenden *Versionsübersicht*-Eintrag gekennzeichnet. Stichprobenprüfungen können ebenfalls im Object Designer erfolgen.
- Wer nimmt Objektänderungen vor bzw. wer ist dazu berechtigt? Sind zuletzt geänderte Objekte im Documentation-Trigger (Objekt im Designmodus öffnen, [F9], [Strg]+[Pos1]) deckungsgleich mit dem Objektdatum und ausreichend und mit Angabe des Entwicklers dokumentiert?
- Werden Objekte vor dem Modifizieren als gesperrt gekennzeichnet, was einen gleichzeitigen Zugriff durch einen anderen Entwickler verhindert und wird das jeweilige Objektdatum vor der letzten Änderung festgehalten? Hierzu kann der aktuelle Objektstand über den Object Designer der Entwicklungsumgebung analysiert werden (Spalte *Gesperrt* sowie *Gesperrt von*).

Testprozess

- Ist gewährleistet, dass neue Funktionalitäten in der Entwicklungs- bzw. Testumgebung mit der Unternehmenslizenz (und nicht etwa mit der Entwicklerlizenz) getestet werden?
- Ist gewährleistet, dass Datenbankobjekte erst dann in das Produktivsystem übertragen werden, wenn diese im Testsystem ausreichend getestet wurden?
- Gibt es für Integrationstests repräsentative, vordefinierte Testfälle, die nach entsprechenden Systemänderungen getestet werden?
- Werden automatisierte Tests eingesetzt und werden diese im Zuge der Weiterentwicklung angepasst?

Freigabeprozess

- Gibt es einen Prozess, der das Testen und Freigeben von geänderten oder neuen Funktionalitäten schriftlich dokumentiert?
- Ist gewährleistet, dass notwendige Benutzerrechte für die neue oder geänderte Funktionalität vor der Freigabe bereitgestellt werden?

Implementierungsprozess

- Wer ist für das Einspielen von Datenbankobjekten in die Produktivdatenbank verantwortlich?
- Wenn dies der Dynamics-Partner ist, ist gewährleistet, dass der Zugang zum Livesystem wieder gesperrt wird, nachdem das Update erfolgt ist? Zur Prüfung kann über den Link *Abteilungen/Verwaltung/IT-Verwaltung/Allgemein/Benutzer* und dem erweiterten Filter ([⇧]+[F3]) das Feld *Status* auf *Deaktiviert* gefiltert und die resultierenden Benutzer analysiert werden.
- Ist gewährleistet, dass vor dem Objektupdate eine Objektsicherung und eine Datensicherung erfolgt und wo werden diese abgelegt?
- Wie werden die Objekte selektiert, die in die Produktivdatenbank gespielt werden? Gibt es ein Verfahren für den Objektabgleich zwischen Entwicklungs- und Produktivdatenbank?
- Wie wird gewährleistet, dass ab dem Einspielen neuer Objekte alle Clients (und gegebenenfalls Dienste) die neuen Objekte verwenden?
- Ist gewährleistet, dass mit dem Objektupdate zu definierende Einrichtungsparameter entsprechend der Vorgaben spezifiziert werden?

Dokumentation von Änderungen

- Gibt es eine Dokumentation, welche Objekte für eine bestimmte Anforderung (Change Request bzw. Ticketnummer) geändert wurden? Diesbezüglich sollte die Versionsübersicht des Object Designers sowie der Documentation-Trigger im Objekt ([F9], [Strg]+[Pos1]) in der Entwicklungsumgebung analysiert werden.

- Werden Änderungen an allen Objekttypen dokumentiert? Gibt es eine schriftliche Vereinbarung über die Dokumentation von Objektänderungen mit den verantwortlichen Mitarbeitern und/oder Firmen?

- Wie werden Objektänderungen im Code dokumentiert und ist gewährleistet, dass keine Änderungen des Objektdatums undokumentiert bleiben? Welche Objekte wurden modifiziert und kann die Änderung anhand des Documentation-Triggers auf eine freigegebene Anforderung (Change Request) zurückverfolgt werden?

  - Menübefehl *Extras/Object Designer*
  - Selektion z. B. der geänderten Tabellen über das Feld *Modified* = Ja
  - Öffnen des Objekts im Designmodus über die Schaltfläche *Design*
  - Menübefehl *Ansicht/C/AL Code*
  - Selektion des Documentation-Triggers über [Strg]+[Pos1]
  - Prüfen der letzten dokumentierten Objektänderung mit dem Objektdatum
  - Prüfen auf Existenz einer Referenz auf ein Change Request oder ähnlicher Dokumentationen

Upgradefähigkeit

- Auf welchem Versionsstand befindet sich die Dynamics NAV-Anwendung aktuell und gibt es eine Upgrade- oder Releaseplanung? Über *Hilfe/Info zu Microsoft Dynamics NAV* im Menü *Anwendung* kann die aktuelle Version und die Buildversion (z. B. »7.0.34589.0«) festgestellt werden.

- Ist die Codedokumentation in Standardobjekten dazu geeignet, Upgrades zu erleichtern?

- Wird beim Design die Notwendigkeit der Modifikationen von Standardobjekten und damit gegebenenfalls verbundene Folgekosten bei Upgrades berücksichtigt?

- Wie viele Standardobjekte (*Objekt-ID* Bereich »0..49999«) wurden angepasst und wie ist das Verhältnis zu neuen Objekten? Wurden im Rahmen von Individualanpassungen (z. B. *Objekt-ID*-Bereich ab »50000..50099«) neue Codeunits angelegt, um C/AL-Code auszulagern? Zur Prüfung können im Object Designer pro Objekttyp (Schaltflächen links) die entsprechenden Objekte gefiltert werden, indem auf die Spalte *ID* sowie *Geändert* (bzw. auf Teile der Versionsübersicht, wenn das *Geändert* Kennzeichen mit dem Release gelöscht wird) gefiltert wird.

- Ist gewährleistet, dass Individualprogrammierung an Pages und Reports auf Kopien der Originalobjekte durchgeführt wird? Wenn nein, wie werden Pages und Reports bei Upgrades behandelt?

- Gibt es eine Anpassungsdokumentation im Objekt und außerhalb des Objekts?

- Ist gewährleistet, dass Upgrades (Service Packs, Hotfixes etc.) vom Dynamics-Partner zur Verfügung gestellt und zeitnah implementiert werden?

- Gibt es einen aktiven Microsoft Dynamics-Wartungsvertrag (Business Ready Enhancement Plan)?

Systemintegration und Visualisierung

Werden neben Dynamics NAV noch andere rechnungslegungsrelevante Systeme eingesetzt oder gibt es Geschäftspartner, mit denen Transaktionen elektronisch ausgetauscht werden, kommen häufig Schnittstellen zum Einsatz, um Stammdaten und Transaktionsdaten auszutauschen. Technologisch bietet Dynamics NAV eine Vielzahl von Integrationsmöglichkeiten, von denen im Folgenden einige ausgewählte Ansätze kurz beschrieben werden:

- Integrationsmöglichkeiten im Überblick
- Webdienste
- Microsoft Office-Integration

Integrationsmöglichkeiten im Überblick

Das Release Dynamics NAV 2013 hat einige Änderungen im Bereich der Technologie und damit im Bereich der Systemintegration mit sich gebracht. Die Tabelle 2.23 bietet eine kurze Übersicht über die bisherigen und neuen Technologien und deren Verfügbarkeit unter NAV 2013, während die Tabelle 2.24 spezielle, applikationsbezogene Integrationsmöglichkeiten aufzeigt.

Bezeichnung	Erläuterung	Verfügbarkeit
Dataports	Dataports dienen in NAV 2009 dazu, Datensätze durch sogenannte Flat Files (z. B. ASCII-Textdateien oder CSV-Dateien) zu im- oder exportieren. Die Textdateien sind dabei entweder durch Trennzeichen getrennt oder mit festen Feldlängen formatiert.	NAV 2009, nicht mehr verfügbar in NAV 2013
XMLports	XMLports wurden für das strukturierte Datenformat der XML-Dokumente ausgelegt und dienen wie Dataports zum Import oder Export von Datensätzen. In NAV 2013 übernehmen die XMLports die Aufgaben der Dataports – können also Flat Files verarbeiten.	NAV 2009 & NAV 2013
Commerce Gateway	Commerce Gateway ist ein Modul für den automatischen elektronischen Datenaustausch zwischen Dynamics NAV und anderen Systemen. Es ermöglicht den elektronischen Versand und Empfang aller im Ein- und Verkaufsprozess relevanten Belege. Die Konvertierung der jeweils verwendeten Datenformate sowie die Verwaltung der technischen Anbindung der Geschäftspartner übernimmt dabei der Microsoft BizTalk Server, für den das Commerce Gateway einen entsprechenden Adapter bereitstellt.	NAV 2009, nicht mehr fortgeführt in NAV 2013, (Upgrade-Path ist verfügbar von Microsoft)
Webdienste (SOAP)	Das XML-basierte SOAP-Internetprotokoll (Simple Object Access Protocol) ist ein weit verbreiteter Integrationsstandard zwischen Softwaresystemen und Plattformen mit einem Fokus auf Transaktionen und Methoden	NAV 2009 & NAV 2013
Webdienste:(OData/REST)	Das Open Data-Protokoll (OData) ist ein weit verbreiteter Industriestandard für den Datenaustausch über das Internet, der sich am Architekturstil des REpresentational State Transfer (REST)-Webdienst orientiert und seinen Fokus im Bereich Datenzugriff und Datentransfer hat	NAV 2013
SQL Server	Microsoft SQL Server bietet z. B. mit den SQL Server Integration Services (SSIS) weitere, umfassende Möglichkeiten für ereignis- oder zeitgesteuerte Systemintegrationen	NAV 2009 & NAV 2013
XBRL	Extensible Business Reporting Language (XBRL) ist eine XML-basierte Spezifikation für das Financial Reporting, also den Austausch von Informationen von und über Unternehmen, insbesondere von Jahresabschlüssen	NAV 2009 & NAV 2013

Tabelle 2.23 Überblick über die Integrationstechnologien in Dynamics NAV 2009/2013

Bezeichnung	Erläuterung	Verfügbarkeit
Microsoft Dynamics Mobile	Integrationsplattform für mobile Endgerät-Applikationen unter Nutzung der Mobile Sales-Plattform sowie der SQL Server Integration Services. Mehr Informationen unter: http://msdn.microsoft.com/en-us/library/bb986981.aspx	NAV 2009, nicht mehr fortgeführt in NAV 2013
Microsoft Dynamics CRM Connector	Synchronisationslösung zwischen Dynamics NAV und Dynamics CRM. Mehr Informationen unter: http://go.microsoft.com/fwlink/?LinkID=204486	NAV 2009 & NAV 2013
Microsoft Office Integration	Die bestehende Office-Integration in Microsoft Word und Excel wurden in NAV 2013 noch erweitert. Daneben gibt es Integrations- und Synchronisationsmöglichkeiten mit Outlook sowie neu auch mit Microsoft OneNote.	In diesem Umfang nur NAV 2013
Microsoft SharePoint 2010 Integration	Mit dem neuen Dynamics NAV-SharePoint-Client kann von einer SharePoint-Webseite direkt mit Dynamics NAV-Daten gearbeitet werden	NAV 2013
Employee Portal	Das Microsoft Dynamics NAV Employee Portal als Intranet-SharePoint-Lösung wurde durch das Microsoft Dynamics NAV Portal Framework für Microsoft SharePoint 2010 Integration (Dynamics NAV-SharePoint-Client) abgelöst	NAV 2009, nicht fortgeführt in NAV 2013
Microsoft Lync/Skype Integration	Felder, die Telefonnummern enthalten, werden in NAV 2013 speziell gekennzeichnet, sodass per Klick auf die Telefonnummer die installierte Kommunikationssoftware (Lync oder Skype) direkt einen Anruf startet	NAV 2013

Tabelle 2.24 Applikationsbezogene Integrationsmöglichkeiten von Dynamics NAV 2009/2013

Webdienste

Webdienste sind ein weit verbreiteter Integrationsstandard zwischen Softwaresystemen und Plattformen, der es erlaubt, zum Beispiel über das Standardinternetprotokoll (SOAP, Simple Object Access-Protokoll) zu kommunizieren. Die Webdienste-Architektur bietet Möglichkeiten für systemübergreifende Nutzung von Anwendungslogik für Echtzeit-Systemintegration. Externe Programme können über entsprechende Methoden auf C/AL-Businesslogik in Dynamics NAV zugreifen, die auf der Serviceschicht (NST) in gleicher Weise ausgeführt wird wie interne Clientanfragen. Webdienste werden in der XML-basierten Web Services Description Language (WDSL) definiert, welche von den meisten Entwicklungsplattformen und Programmiersprachen unterstützt werden. Dynamics NAV 2013 unterstützt neben dem SOAP- auch das OData/REST-Webdienstprotokoll, welches hauptsächlich für Datentransfer gedacht ist.

Link: *Abteilungen/Verwaltung/IT-Verwaltung/Allgemein/Web Services*

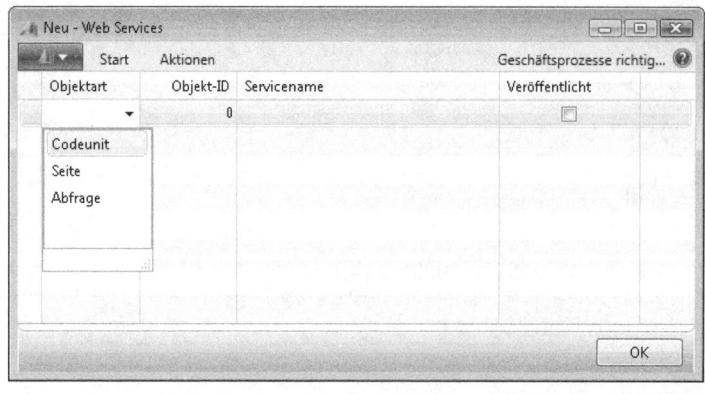

Abbildung 2.136 Veröffentlichen von NAV-Objekten als Webdienst

Um ein NAV-Objekt als Webdienst zu veröffentlichen, wird das jeweilige Objekt (Codeunit, Page oder Query) in der Tabelle »Web Services« (siehe Abbildung 2.136) unter Angabe eines Servicenamens eingetragen und durch die Aktivierung des *Veröffentlicht*-Kontrollkästchens verfügbar gemacht.

SOAP-Webdienste

Das XML-basierte SOAP-Internetprotokoll wird vorwiegend für interaktionsorientierte Kommunikation zwischen zwei Applikationen verwendet. Dabei werden Dateien im XML-Format strukturiert, um Transaktionen oder Stammdaten zwischen zwei Systemen auszutauschen. Häufig wird als transportierendes Netzwerkprotokoll HTTP verwendet, ohne darauf festgelegt zu sein. SOAP-Webdienste werden auch als methodenorientierter Integrationsstandard bezeichnet, weil die Methoden eines Objekts über den Webdienst außerhalb der Applikation verfügbar gemacht werden können. SOAP-Webdienste werden in Dynamics NAV seit dem Release 2009 voll unterstützt.

OData-Webdienste

Das Open Data-Protokoll (OData) ist ein exklusiv HTTP-basiertes Webprotokoll für den Datenzugriff auf Tabellendaten über sogenannte URIs (Unified Resource Identifiers).

http://services.odata.org/OData/OData.svc/Category(1)/Products?$top=2&$orderby=name

Das obige URI Beispiel setzt sich aus drei Teilen zusammen:

- Service root URI (*http://services.odata.org/OData/OData.svc*)
- Resource path (*Category(1)/Products*)
- Query string options *($top=2&$orderby=name)*

Hauptanwendungsgebiet der OData-Webdienste ist die anwendungsübergreifende Nutzung von tabellenorientierten Daten über XML- oder JSON-Format. Daher wird der OData-Webdienst auch als webbasiertes Pendant zur ODBC-Schnittstelle verstanden.

OData-Webdienste werden seit der Version NAV 2013 unterstützt. OData Feeds ermöglichen zum Beispiel Adhoc Reporting durch PowerPivot – einem Business Intelligence (BI)-Tool für Excel 2010. In Excel 2013 können OData Feeds bereits standardmäßig als *Externe Daten abgerufen* werden. Im NAV-Kontext können OData-Webdienste (derzeit) nur lesend und für die NAV-Objekttypen Page und Query veröffentlicht werden.

TIPP OData-Webdienste können auch als DataSet an SSRS Reports (SQL Server Reporting Services) übergeben werden. Über den SQL Server Report Builder können OData Feeds direkt als XML-Datenquelle angesprochen werden, sofern man die folgende Query in die DataSet Properties integriert:

```
<Query>
<ElementPath IgnoreNamespaces="true"> feed{}/entry{}/content{}/properties
</ElementPath>
</Query>
```

OData-Webdienste orientieren sich am Architekturstil des REpresentational State Transfer (REST)-Webdienst, der durch statusunabhängige Kommunikation zwischen Client und Server geprägt ist. Anders als beim SOAP-Webdienst kann beispielsweise die Verbindung zwischen Client und dem Server unterbrochen werden und die Kommunikation durch einen anderen Server wieder aufgenommen werden. Aus diesem Grund hat beispielsweise Microsoft das OData-Protokoll für seinen Windows Azure Data Market gewählt, um Daten in der Cloud bereitstellen zu können.

HINWEIS   Mehr zu Queries und deren Einsatz in OData-Webdiensten finden Sie auch im Abschnitt »Einsatzmöglichkeiten von Queries« in diesem Kapitel.

SOAP versus OData

Während SOAP sich an Methoden und Anwendungsschnittstellen orientiert, steht bei OData im Vordergrund, große Datenmengen zur Verfügung zu stellen und zu konsumieren. Der Einsatzzweck entscheidet darüber, welcher Standard gewählt werden sollte: sollen große Daten aus NAV gelesen werden, empfiehlt sich ein OData-Webdienst auf Basis einer Query oder Page. Sollen Daten in NAV geschrieben werden, kann dies nur durch einen SOAP-Webdienst erfolgen. Genauso, wenn auf die Methoden einer Codeunit außerhalb von NAV zugegriffen werden soll. Die Tabelle 2.25 listet die Unterschiede bezogen auf die drei NAV-Objekttypen auf.

NAV-Objekt bzw. Methode	SOAP-Webdienst	OData-Webdienst
Page (NAV-Seite)	Unterstützt (Lesen, Einfügen, Bearbeiten, Löschen)	Unterstützt (Lesen)
Codeunit	Unterstützt	Nicht unterstützt
Query (Abfrage)	Nicht unterstützt	Unterstützt (Lesen inkl. FlowFilter)

Tabelle 2.25 NAV-objektabhängige Unterstützung der Webdienstprotokolle

Microsoft Office-Integration

Dynamics NAV verfügt über eine enge Integration mit dem Microsoft Office Paket. In Dynamics NAV 2013 wurde diese Integration um Microsoft OneNote erweitert und zugleich die Integration in Microsoft Excel und Word vertieft.

Excel-Integration

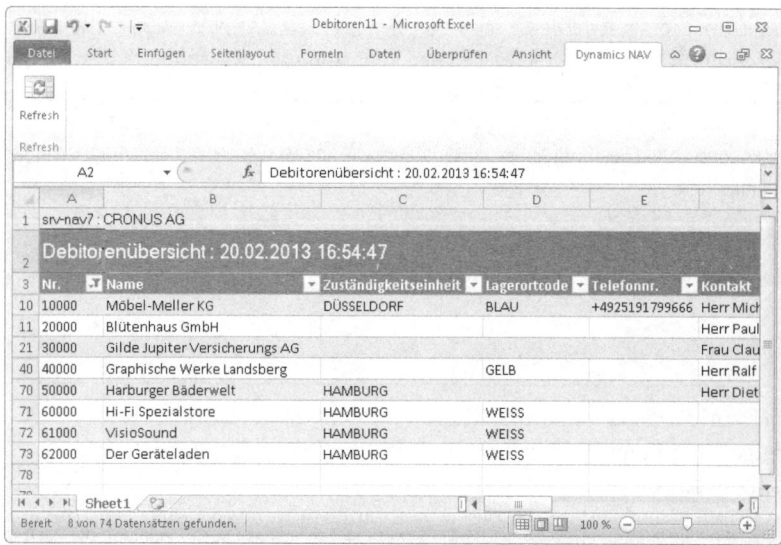

Abbildung 2.137 Dynamics NAV-Register in Microsoft Excel (mit Excel-Add-In)

Systemintegration und Visualisierung

Aus dem überwiegenden Teil der NAV-Seiten (Listenplätze, Worksheet- und ListPlus-Seitentypen) lassen sich Daten über *Drucken und Senden/Microsoft Excel* im Menü *Anwendung* oder [Strg]+[E] an Excel übergeben. Ist auf dem Clientcomputer zusätzlich das Excel-Add-In für Microsoft Dynamics NAV installiert, ist auch das Aktualisieren (Refresh) der NAV-Daten in Excel möglich. Ein Zurückschreiben von Änderungen aus Excel in Dynamics NAV ist ausgeschlossen.

HINWEIS Für das Aktualisieren der NAV-Daten in Excel muss der Benutzer über entsprechende Benutzerrechte für die NAV-Datenbank verfügen. Das Öffnen der Excel-Arbeitsmappe mit den zwischengespeicherten Daten kann dagegen nicht authentifiziert werden.

Mit Microsoft PowerPivot für Excel 2010 können NAV-Daten in Excel weiterverarbeitet werden, die aus einer Query in Dynamics NAV stammen. Mehr Informationen hierzu finden Sie auch im Abschnitt »Einsatzmöglichkeiten von Queries« in diesem Kapitel.

TIPP Seit Dynamics NAV 2013 ist es an verschiedenen Stellen im System möglich, Zeilen, z. B. in Excel, zu kopieren und in NAV einzufügen. In Abbildung 2.138 wurden zwei Zeilen aus Excel kopiert und danach in eine Einkaufsrechnung über *Zeilen einfügen* im Kontextmenü oder [Strg]+[⇧]+[V] eingefügt. Werden die Datensätze aus einer Textdatei kopiert, müssen die Felder durch die [↹]-Taste getrennt sein.

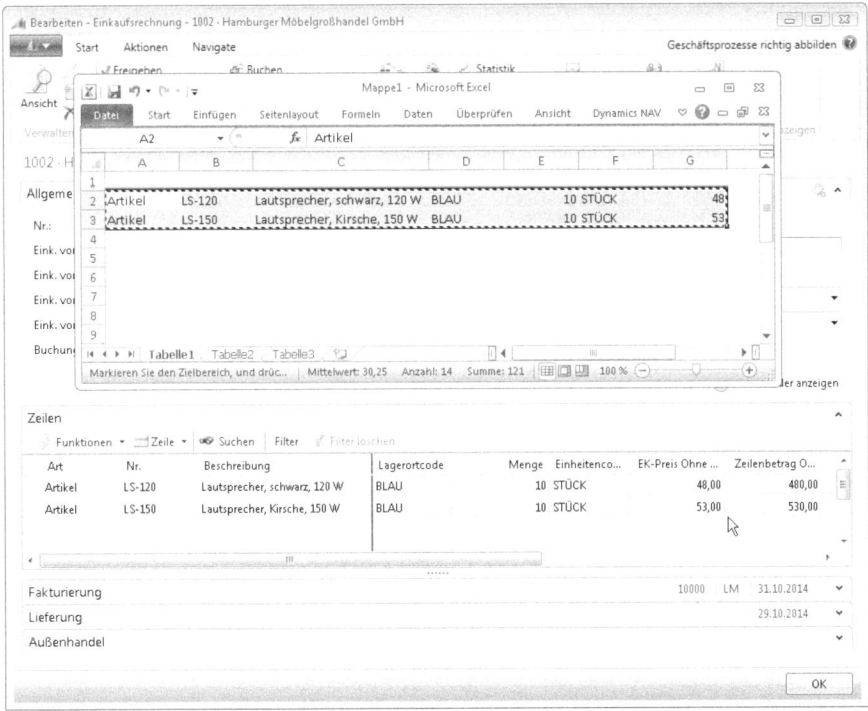

Abbildung 2.138 Einfügen von in Excel kopierten Zeilen in eine Einkaufsrechnung

Bei der Funktion *Zeilen einfügen* ist entscheidend, dass die Reihenfolge der einzufügenden Felder auf der NAV-Seite übereinstimmt (ggf. kann diese also über Personalisierung angeglichen werden). Beim Einfügen der Werte erfolgt eine Validierung der entsprechenden Tabellenfelder von links nach rechts. Im Beispiel wurden abweichende Einkaufspreise von 48 und 53 Euro eingefügt, die auch in den Zeilenbetrag übernommen wurden. Neben den Belegzeilen steht die Funktion z. B. auch in Buch.-Blättern zur Verfügung.

Word-Integration

Aus dem überwiegenden Teil der NAV-Seiten (Listenplätze, Worksheet- und ListPlus-Seitentypen) lassen sich Daten über *Drucken und Senden/Microsoft Word* im Menü *Anwendung* oder [Strg]+[W] nach Word übergeben. Stellenweise wird auch der Seriendruck-Manager aus Word z. B. für Dateianhänge in Aktivitätsvorlagen verwendet. Neu in Dynamics NAV 2013 ist die Integration einer Word-Übergabe für Reports. Durch die Verwendung von RDLC 2008 ist es möglich, Reports aus Dynamics NAV 2013 in eine Word-Datei zu speichern.

Outlook-Integration

In Dynamics NAV stehen zwei verschiedene Integrationsmöglichkeiten mit Microsoft Office Outlook zur Verfügung: der Outlook-Teil im Rollencenter und die Outlook-Synchronisierung.

Outlook-Teil im Rollencenter

Der Outlook-Teil im Rollencenter gibt einen Überblick über E-Mails, Termine und Aufgaben, ohne dass Microsoft Outlook geöffnet sein muss. Der Outlook-Teil lässt sich anpassen (siehe Abbildung 2.139), um beispielsweise festzulegen:

- Welche Outlook-Ordner angezeigt werden sollen
- Ob und für wie viele Tage in die Zukunft Termine aus dem Kalender angezeigt werden
- Ob und welche Aufgaben angezeigt werden sollen

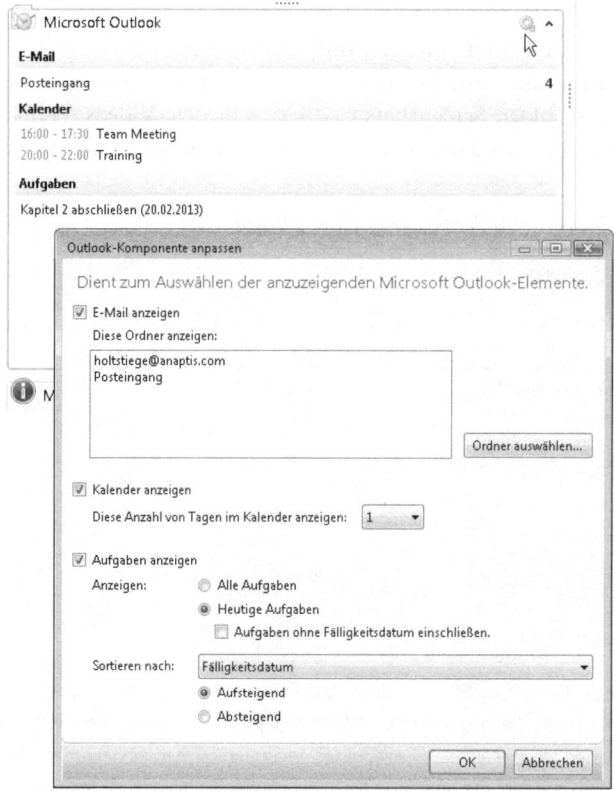

Abbildung 2.139 Anpassen der Outlook-Teile im Rollencenter

Systemintegration und Visualisierung

Synchronisieren mit Outlook

Über die Outlook-Synchronisation können Microsoft Outlook-Entitäten wie Termine, Aufgaben und Kontakte mit entsprechenden Dynamics NAV-Elementen synchronisiert werden. Die Synchronisierung kann automatisch oder manuell eingerichtet werden.

Outlook-Entität	Dynamics NAV-Element
Kontakt	Kontakte der Art *Unternehmen* bzw. *Person* oder/und *Verkäufer*
Besprechung/Termin	Aufgabe (Art *Besprechung*) für beteiligte Verkäufer
Aufgabe	Aufgabe (Art *leer* oder *Telefon*)
Outlook-Konto	E-Mail-Adresse des Verkäufers

Tabelle 2.26 Standardkonfiguration der Outlook-Synchronisierung

Link: *Abteilungen/Verwaltung/Anwendung Einrichtung/Microsoft Office Outlook-Integration*

HINWEIS Um die Outlook-Synchronisation nutzen zu können, muss das Microsoft Dynamics NAV-Synchronisierungs-Add-In auf dem Computer installiert sein, auf dem der Dynamics NAV-Windows-Client läuft. Außerdem muss die Microsoft Outlook-Integration auf dem Dynamics NAV-Server installiert sein. Bei der Microsoft Outlook-Anwendung muss es sich um die 32-Bit-Variante handeln.

OneNote 2010/2013-Integration

Microsoft Dynamics NAV 2013 unterstützt die Integration von Microsoft OneNote 2010/2013 als digitales Notizbuch für unstrukturierte, multimediale Informationen, die sich auf Datensätze oder NAV-Seiten beziehen. In OneNote lassen sich neben Texten auch Bilder, Screenshots, Audioaufnahmen, Videos, Freihandzeichnungen sowie Aufgaben verwalten, die für ein Team oder unternehmensweit freigegeben werden können.

Link: *Abteilungen/Verwaltung/Anwendung Einrichtung/Rollenbasierter Client/Profile*

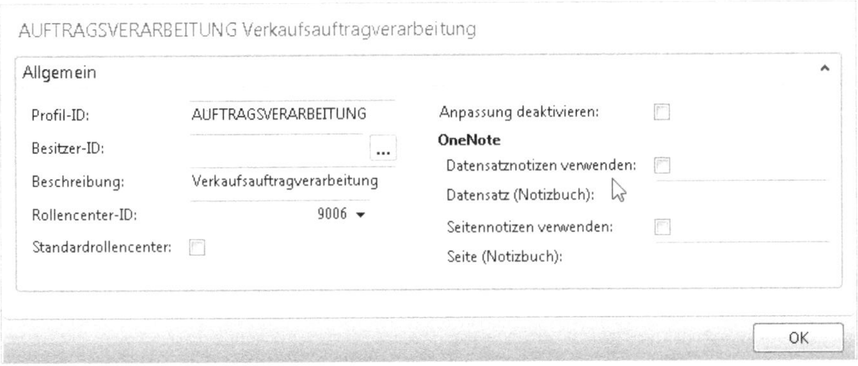

Abbildung 2.140 Einrichtung der OneNote-Integration im Profil

Datensatznotizen

Ist für das aktuell verwendete Profil im Feld *Datensatz (Notizbuch)* der Pfad zu einem OneNote-Notizbuch hinterlegt und das Kontrollkästchen *Datensatznotizen verwenden* aktiviert, steht die Aktion *OneNote* (Alt+F7) auf allen NAV-Seiten in der Gruppe *Dateianhang anzeigen* zur Verfügung (siehe Abbildung 2.140 und Abbildung 2.141). Diese Datensatznotizen erlauben es, OneNote beispielsweise für Bemerkungen zu Kunden, Artikeln oder Transaktionen zu nutzen. Das Notizbuch kann durch die Hinterlegung beim Profil beispielsweise nur für ein Team oder auch unternehmensweit freigegeben werden.

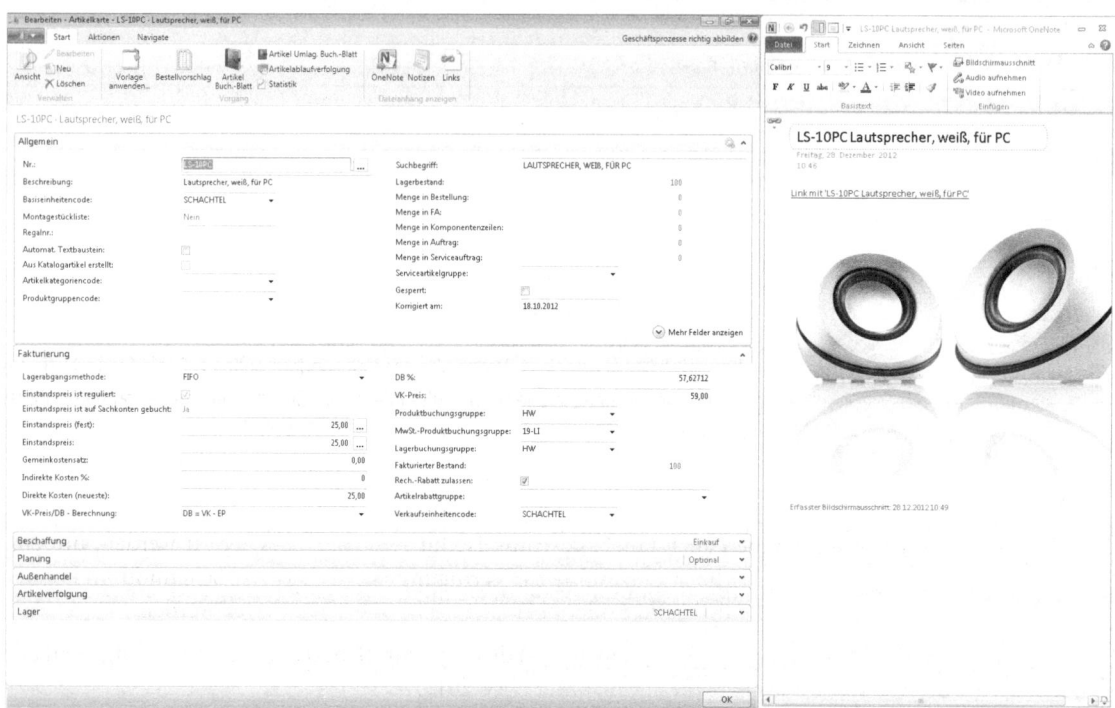

Abbildung 2.141 OneNote 2010 in der an die NAV-Seite angedockten Ansicht

HINWEIS Technisch erfolgt die OneNote-Integration über eine spezielle Datensatzverknüpfung (Record Link URL), weshalb Datensatznotizen nur für NAV-Elemente hinterlegt werden können, die in einer Tabelle gespeichert sind. Im Beispiel (Abbildung 2.141) entstand folgende URL als Datensatzverknüpfung:

onenote:///Z:\Marketing%20+%20Vertrieb\OneNoteBook\Item.one#LS-10PC%20Lautsprecher%2C%20wei%C3%9F%2C%20f%C3%BCr%20PC)

Die Seite im OneNote-Notizbuch wird automatisch mit den auf Tabellenebene definierten DataCaptionFields (hier: *Nr.*, *Beschreibung*) und der Abschnitt mit dem Tabellennamen (Item) betitelt.

Da die NAV 2013-Datensatznotizen in Form von Seiten eines OneNote-Notizbuchs abgelegt werden, können die Informationen in OneNote auch zum Recherchieren genutzt werden. In Abbildung 2.142 wird beispielsweise die Information, dass ein Lautsprecher im Weihnachtsprospekt enthalten war, in OneNote abgelegt. Über die *Suchen*-Funktion in OneNote zeigt sich, dass neben dem Lautsprecher »LS-120« auch der »LS-10PC« im Prospekt enthalten ist.

Systemintegration und Visualisierung

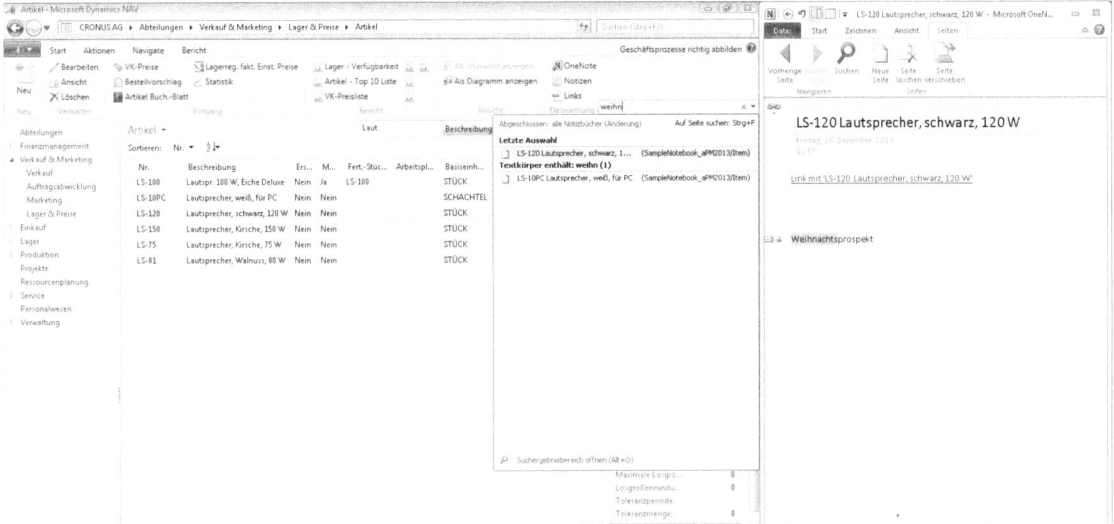

Abbildung 2.142   Recherchieren in OneNote

> **TIPP**   Wenn das OneNote-Notizbuch nicht lokal oder im Intranet abgelegt ist, sondern online z. B. als Cloud-basiertes Dokument auf Microsoft SkyDrive verfügbar ist, können beispielsweise im Außendienst per Smartphone aufgenommene Bilder einfach mit Datensätzen in NAV 2013 verknüpft werden.

Seitennotizen

Neben den Datensatznotizen können auch OneNote-Hinweise für NAV-Seiten hinterlegt werden, um eine Lösungs- oder unternehmensspezifische Benutzerhilfe zur Verfügung zu stellen. Diese Seitennotizen können entsprechend im Anwendungsmenü unter *Hilfe* oder über ⌈Strg⌉+⌈⇧⌉+⌈F1⌉ abgerufen werden.

Als Beispiel dienen in Abbildung 2.143 die OneNote-Hinweise zur Benutzung der NAV-Aufgabenkarte innerhalb der anaptis-Projektaufgabenverwaltung unter NAV 2013.

Bei der Erstellung von Anwendungshinweisen zu NAV-Seiten in OneNote erweist sich auch die Funktion *Bildausschnitt einfügen* als nützlich, weil kein weiteres Screenshot-Tool für die Erstellung von Bildschirmausschnitten notwendig wird und diese automatisch in die Notiz eingefügt werden.

> **TIPP**   Um interaktive Bildschirmausschnitte z. B. von aufgeklappten Dropdownlistenfeldern anzufertigen, die beim Verlassen der Anwendung automatisch geschlossen werden, kann die Tastenkombination ⌈⊞⌉+⌈S⌉ oder das Kontextmenü des OneNote-Infobereichssymbols genutzt werden. Der so aufgenommene Bildschirmausschnitt kann über die Schaltfläche in die Zwischenablage kopiert und danach in die OneNote-Notiz einfügt werden. Das OneNote-Symbol muss dazu im Infobereich der Taskleiste angezeigt werden. Diese Einstellung lässt sich in den OneNote-Optionen unter *Anzeige* ändern.

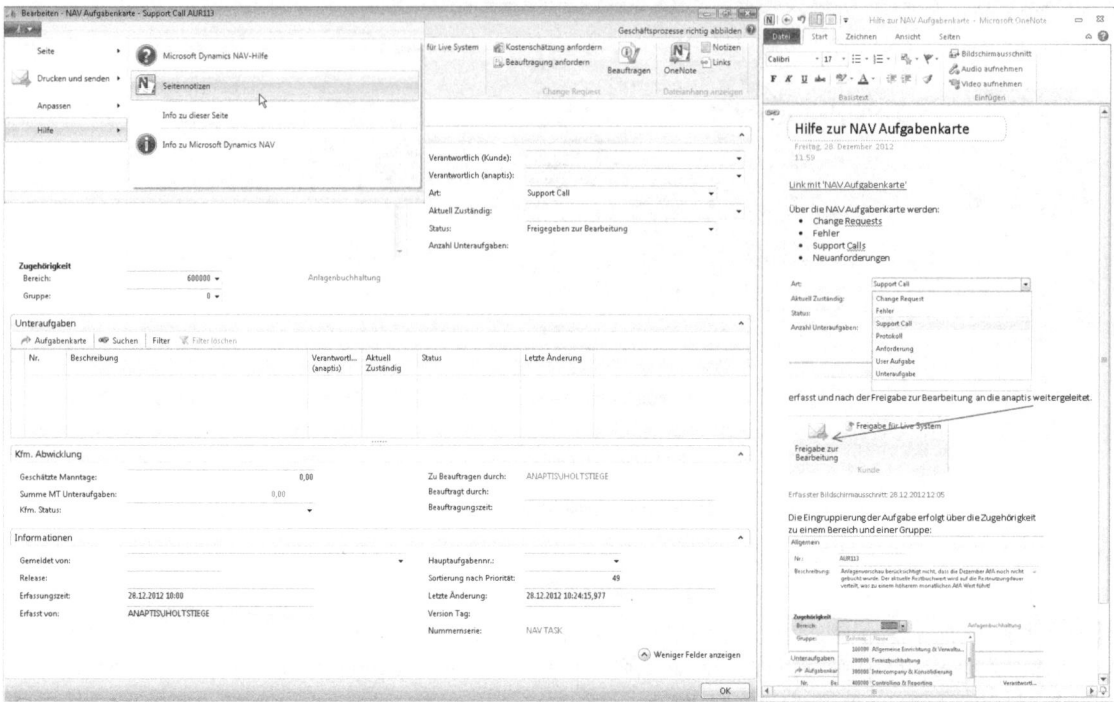

Abbildung 2.143   Seitennotizen in NAV 2013

OneNote 2010/2013-Integration aus Compliance-Sicht

Durch die OneNote-Integration könnten gegebenenfalls vertrauliche Informationen außerhalb der NAV-Datenbank gespeichert werden und damit den benutzerrechtlich geschützten Bereich verlassen. Wird OneNote beispielsweise für Bemerkungen zu Kunden genutzt, muss sichergestellt werden, dass nur Personen Zugriff auf die Bemerkungen haben, die auch über entsprechende Leserechte in NAV verfügen. Das gilt auch für unternehmensspezifische Prozessbeschreibungen oder Anwendungshinweise, die in OneNote erstellt werden. Es muss sichergestellt werden, dass nur autorisierte Personen entsprechende Prozessbeschreibungen erstellen und ändern können.

Kritisch ist auch anzumerken, dass der Benutzername unter den OneNote-Optionen änderbar ist und somit die Kennzeichnung von Änderungen irreführend sein kann. Speziell für Prozessbeschreibungen muss gewährleistet sein, dass nur autorisierte Änderungen erfolgen können.

HINWEIS   Eine Einschränkung auf Leserechte kann beispielsweise auf Betriebssystemebene erfolgen, führt aber aufgrund der OneNote-Dateistruktur dazu, dass keine vollständige (bidirektionale) Synchronisierung erfolgen kann und eine irreführende Fehlermeldung erscheint. Änderungen durch einen Benutzer mit Schreibrechten werden allerdings erfolgreich synchronisiert.

Lync/Skype-Integration

Tabellenfelder, die Telefonnummern enthalten, werden in NAV 2013 speziell gekennzeichnet, sodass per Klick auf die Telefonnummer die installierte Kommunikationssoftware (z. B. Microsoft Lync oder Skype) direkt einen Anruf über den jeweiligen Client startet (siehe Abbildung 2.144).

Systemintegration und Visualisierung

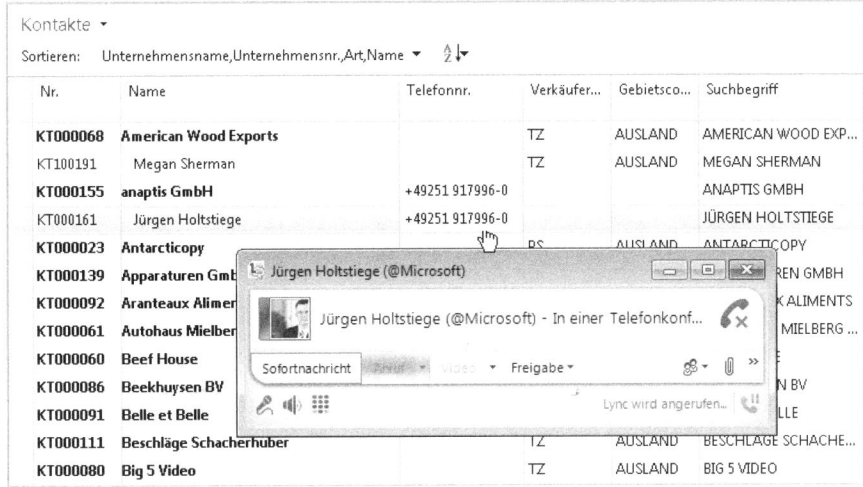

Abbildung 2.144   Lync-Integration: Per Klick auf die Telefonnummer startet der Microsoft Lync-Client

Ermöglicht wird das durch die neue Tabellenfeldeigenschaft *ExtendedDatatype* "Phone No.".

HINWEIS   Eine noch tiefere Integration von Microsoft Lync in Dynamics NAV zeigt Christian Abeln in seinem MSDN-Blog anhand eines Lync-Add-Ins für Dynamics NAV 2013. Eingebettet in ein neues Add-In-Control auf dem Verkaufsauftrag finden sich nahezu alle Funktionen des Lync 2010-Clients sowie die Präsenzinformationen des Ansprechpartners innerhalb von Dynamics NAV wieder. Auch die Lync-Suche ist auf der *Assist*-Schaltfläche integriert.

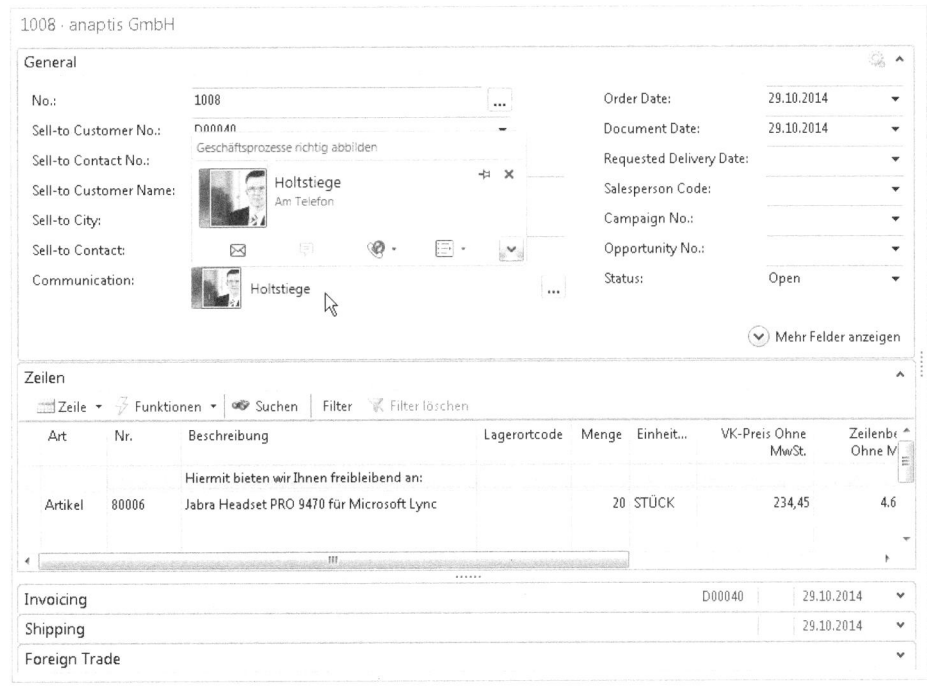

Abbildung 2.145   Microsoft Lync 2010 als Add-In für Dynamics NAV 2013

Mehr Informationen zu dem Codebeispiel und das Lync-Add-In zum Download finden Sie unter:

http://blogs.msdn.com/b/cabeln/archive/2012/11/01/source-code-release-of-the-lync-communication-addin-for-dynamics-nav-2013.aspx

Systemintegration aus Compliance-Sicht

Potenzielle Risiken

- Ungewollter Systemzugriff/Inadäquates Berechtigungskonzept (Integrity, Compliance)
- Dateninkonsistenz durch Schnittstellen (Integrity)

Prüfungsziel

- Sicherstellung einer konsistenten, dokumentierten und autorisierten Systemintegration

Prüfungshandlungen

Im Rahmen der Prüfungshandlungen sollten folgende Fragestellungen beantwortet und dokumentiert werden:

- Werden aus Fremd- oder Subsystemen rechnungslegungsrelevante Daten in Dynamics NAV importiert?
- Wenn ja, gibt es eine adäquate Schnittstellenbeschreibung?
- Welche Art der Integration/Technologie benutzt die Schnittstelle?
- Erfolgt der Anstoß der Schnittstelle manuell oder automatisch?
- Wie wird gewährleistet, dass Daten vollständig, richtig und redundanzfrei importiert oder exportiert werden?
- Wird bei Importen mit Zwischentabellen gearbeitet oder erfolgt der Import direkt in die Zieltabellen?
- Wie wird gewährleistet, dass es während Schreibtransaktionen durch Schnittstellen nicht zu Inkonsistenzen innerhalb der Datenbank kommt (Dirty reads bei SQL Server-Option)?
- Gibt es eine Protokolldatei über den Verlauf des Imports bzw. Exports?
- Ist gewährleistet, dass die Schnittstelle das Änderungsprotokoll aktualisiert, wenn dieses für geänderte Tabellenfelder aktiviert ist?

Visualisierung

Um aus einer großen Menge von Informationen die entscheidungsrelevanten Daten effizient herauszuarbeiten, leisten Visualisierungen heute einen wertvollen Beitrag in ERP-Systemen. In NAV 2013 spielen hier vor allem sogenannte Client-Add-Ins eine große Rolle, durch die beispielsweise die neuen Businessdiagramme zur Verfügung gestellt werden.

In diesem Abschnitt wird zunächst auf die generischen Diagramme eingegangen, bevor auf die über Add-Ins realisierten Businessdiagramme sowie, als weiteres Beispiel für Add-In-Visualisierungen, auf die *Artikelverfügbarkeit nach Zeitachse* eingegangen wird.

Systemintegration und Visualisierung

Generische Diagramme

Generische Diagramme sind statische, XML-basierte grafische Auswertungen, die in Rollencentern und Infoparts über die Aktion *Anpassen* angezeigt werden können. Während die generischen Diagramme bereits in NAV 2009 verfügbar waren, ist in NAV 2013 ein Assistent (*Generisches Diagramm – Einrichtung Fenster*) hinzugekommen, mit dem generische Diagramme geändert, neu angelegt oder kopiert werden können (siehe Abbildung 2.146). Diese Diagramme können entweder auf einer Tabelle oder einer Query basieren, bis zu sechs Kennzahlen aufnehmen und zwei oder drei Achsen abbilden.

Link: *Abteilungen/Verwaltung/Anwendung Einrichtung/Rollenbasierter Client/**Generische Diagramme**/Start/ Bearbeiten*

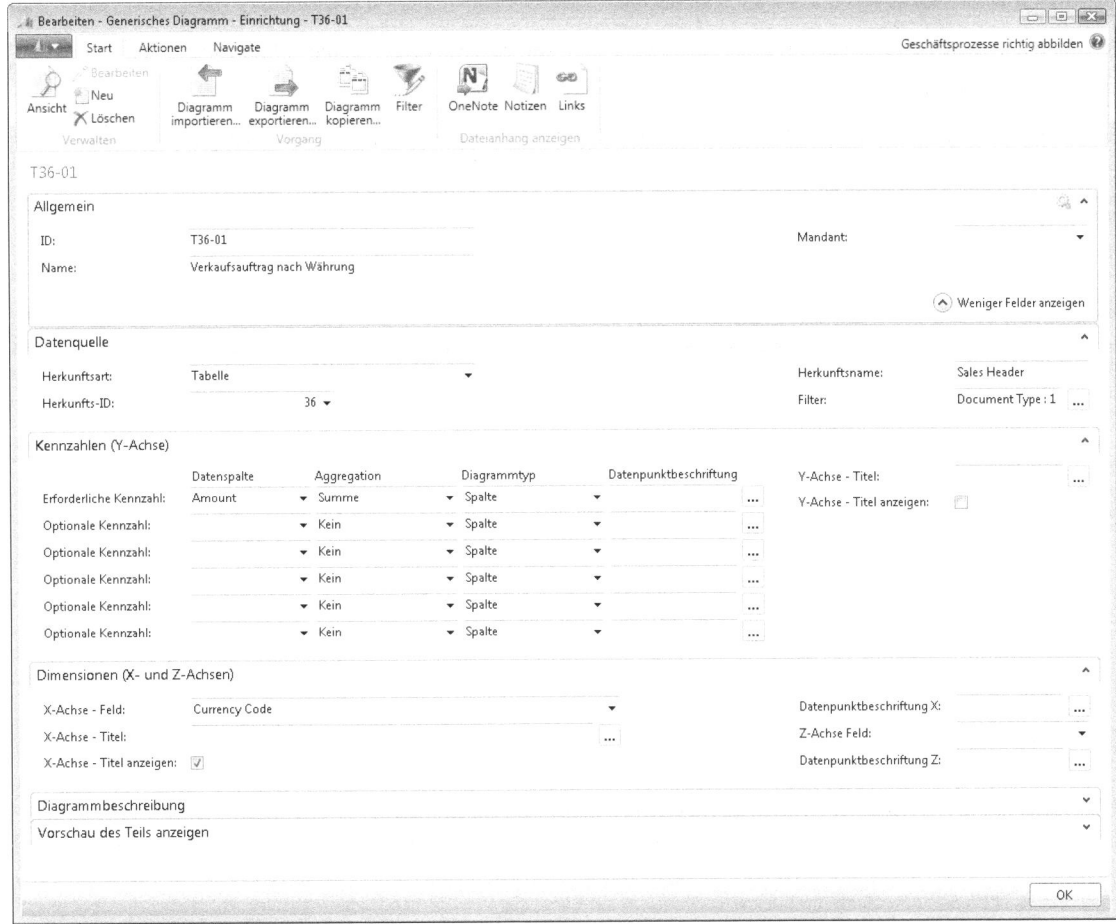

Abbildung 2.146 Generischer Diagramm-Assistent

Im zweidimensionalen Standarddiagramm »T36-01« (siehe Abbildung 2.147) wird als einzige Kennzahl die Summe (Wert) der Verkaufsaufträge (*Filter* auf *Belegart* = 1) nach *Währungscode* ausgegeben. Die Bedeutung der einzelnen Felder wird in Tabelle 2.27 näher erläutert.

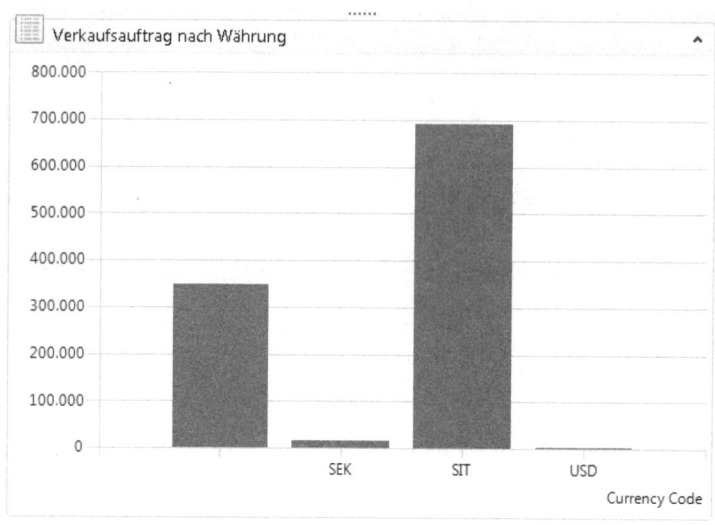

Abbildung 2.147 Generisches Diagramm T36-01: *Verkaufsauftrag nach Währung*

HINWEIS Die Farbgebung in generischen Diagrammen kann nicht beeinflusst werden. Dreidimensionale Diagramme lassen sich per Drag & Drop in benutzerdefinierte Perspektiven ziehen.

Feld	Erläuterung
ID	Primärschlüssel für die generischen Diagramme. Die vordefinierten Charts folgen einer ID-Namenskonvention, die aus der Herkunftsart (T für Tabelle oder Q für Query) und Objekt-ID (hier: »T36-01« Tabelle 36, Verkaufskopf) sowie einer mit einem Minuszeichen verbundenen, laufenden Nummer besteht
Name	Name des generischen Diagramms, der mit dem Diagramm angezeigt wird (nicht die Diagrammbeschreibung)
Mandant	Steuert, ob das Diagramm nur in bestimmten Mandanten zur Verfügung stehen soll
Herkunftsart	Definiert, ob die Daten für das Diagramm aus einer Tabelle oder einer Query bezogen werden
Herkunfts-ID	Definiert die Objekt-ID, aus der die Daten für das Diagramm bezogen werden
Filter	Über die Assist-Schaltfläche können ein oder mehrere Feldfilter definiert werden, um die Daten für das Diagramm zu selektieren
Datenspalte	Numerische Felder (Decimal und Integer) der Herkunftstabelle bzw. –abfrage (Query). Es können sowohl normale Felder als auch FlowFields verwendet werden. Es können zwischen einer und sechs Kennzahlen angegeben werden.
Aggregation	Definiert die Art der Zusammenfassung der einzelnen Werte (*Kein, Anzahl, Summe, Min, Max, Durchschn*)
Diagrammtyp	Definiert die Art des Diagramms (*Spalte, Punkt, Zeile, Gestapelte Säule, Gestapelte Säule 100, Fläche, Gestapelte Fläche, Gestapelte Fläche 100, Schrittlinie, Kreis, Ring, Bereich, Netz, Trichter*)
Datenpunktbeschriftung	Multi-Language-fähige Datenbeschreibung für die QuickInfo, die dem Benutzer angezeigt wird, wenn die Maus auf einen Datenpunkt zeigt
X-Achse – Feld	Definiert das Feld für die X-Achse (Möglichkeit der Achsenbeschriftung über *X-Achse/Titel* und *X-Achse/Titel anzeigen*)
Z-Achse – Feld	Definiert das Feld für die Z-Achse (Möglichkeit der Datenpunktbeschriftung)

Tabelle 2.27 Felder des generischen Diagramm-Assistenten

Systemintegration und Visualisierung

Feld	Erläuterung
Diagrammbeschreibung	Erläuternder Text zum Diagramm (erscheint nicht zusammen mit dem Diagramm) anstatt einer benutzerdefinierten Onlinehilfe für Diagramme
Vorschau des Teils anzeigen	Erzeugt eine Vorschau des Diagramms auf Basis von Zufallsdaten nach Kategorien (Cat) und nicht etwa nach den gleichnamigen Haustieren wie in der automatischen Übersetzung

Tabelle 2.27 Felder des generischen Diagramm-Assistenten *(Fortsetzung)*

Als Diagramm anzeigen

Listenplätze enthalten zusätzlich eine Visualisierungsfunktion (*Als Diagramm anzeigen*), mit der zwischen Tabellenansicht und Diagramm hin- und hergewechselt werden kann (Strg+⇧+F2).

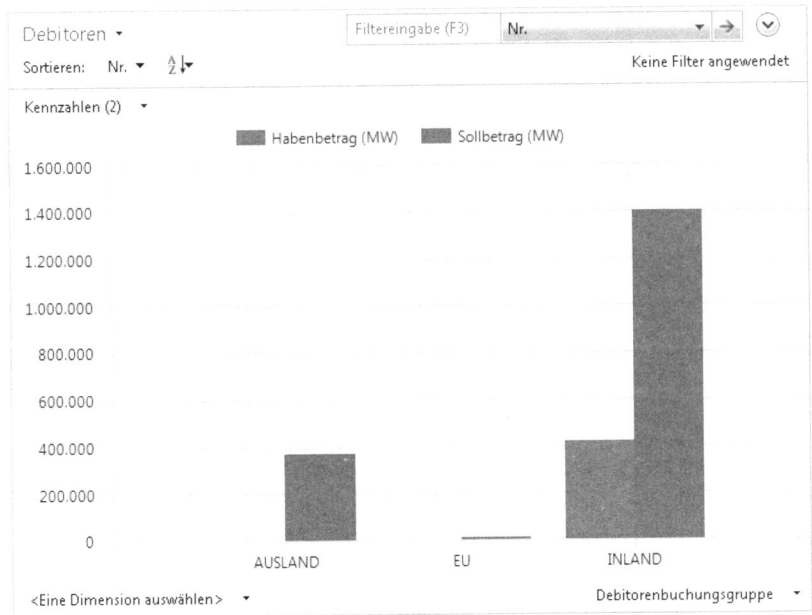

Abbildung 2.148 Debitoren-Listenplatz (*Als Diagramm anzeigen*)

In Abbildung 2.148 werden zwei Kennzahlen (*Habenbetrag (MW)* und *Sollbetrag (MW)*) für den Listenplatz *Debitoren* grafisch dargestellt. Die Auswahl erfolgt über die drei Diagrammschaltflächen (oben links für die Y-Achse (siehe *Kennzahlen (2)*), unten rechts für die X-Achse (siehe *Debitorenbuchungsgruppe*) und unten links für eine optionale Z-Achse. Alternativ kann über das Kontextmenü und *Anpassen* auch der Diagramm-Assistent aufgerufen werden, um das Diagramm zu definieren.

> **TIPP** Um Listenplatzdiagramme wiederzuverwenden, können diese über die *Seitentitel*-Schaltfläche auch als benutzerdefinierte Ansicht im Navigationsbereich abgespeichert werden.

Businessdiagramme

Als Erweiterung der bestehenden generischen Diagramme wird mit NAV 2013 ein Business Chart Control-Add-In ausgeliefert, welches mehr Flexibilität und Interaktion bei den sogenannten spezifischen Diagrammen ermöglicht. Ein Beispiel ist das spezifische Diagramm *Flexibel anpassbare Aufträge* im Rollencenter *Verkaufsauftragsverarbeitung* in Abbildung 2.149.

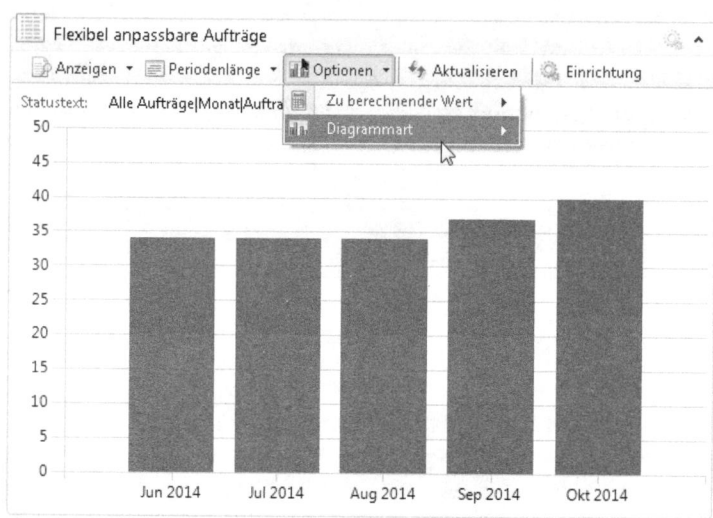

Abbildung 2.149   Spezifisches Diagramm *Flexibel anpassbare Aufträge*

> **HINWEIS**   Das Business Chart Control-Add-In wird durch die DLL-Datei *Microsoft.Dynamics.Nav.Client.BusinessChart.dll* bereitgestellt, die im Ordner *Microsoft Dynamics NAV\70\RoleTailored Client\Add-ins\BusinessChart* zu finden ist. Dieses .NET-Objekt erzeugt das Diagrammfenster auf einer NAV-Seite und kann über C/AL-Code spezifiziert werden. Als Hilfsobjekt in NAV dient die Tabelle 485 »Business Chart Buffer« dazu, die für das Diagramm notwendigen Daten und Parameter temporär aufzunehmen und an das Add-In weiterzuleiten. Die Tabelle enthält außerdem standardisierte C/AL-Funktionen wie *SetXAxis*, *AddMeasure*, *AddColumn*, *SetValue* oder *Update(dotNetChartAddIn)*, mit denen sich das Diagramm erstellen lässt (*OnFindTrigger*).

Für das oben genannte spezifische Diagramm *Flexibel anpassbare Aufträge* existiert mit der Codeunit 760 »Trailing Sales Orders Mgt.« ein eigenes Objekt, um das spezifische Diagramm zu definieren. Methoden des Add-Ins wie »Chart::DataPointClicked« stehen innerhalb der aufnehmenden NAV-Seite als Trigger zur Verfügung, um weitere Interaktionen wie z. B. Drilldowns zu ermöglichen.

Während bei den spezifischen Diagrammen lediglich einige vordefinierte Anzeigeparameter geändert werden können (nicht aber die vordefinierten Herkunftsdaten), basieren die erweiterten spezifischen Diagramme auf benutzerdefinierten Analysen wie Kontenschemata oder Analyseberichten, bei denen der Nutzer auch Einfluss auf die Datenbasis nehmen kann. Beispiele für erweiterte spezifische Diagramme finden Sie im Rollencenter *Vorsitzender*, in dem das Diagramm *Finanzleistung* (siehe Abbildung 2.150) auf einem Kontenschema basiert und das Diagramm *Verkaufsleistung* auf einem Analysebericht.

Systemintegration und Visualisierung

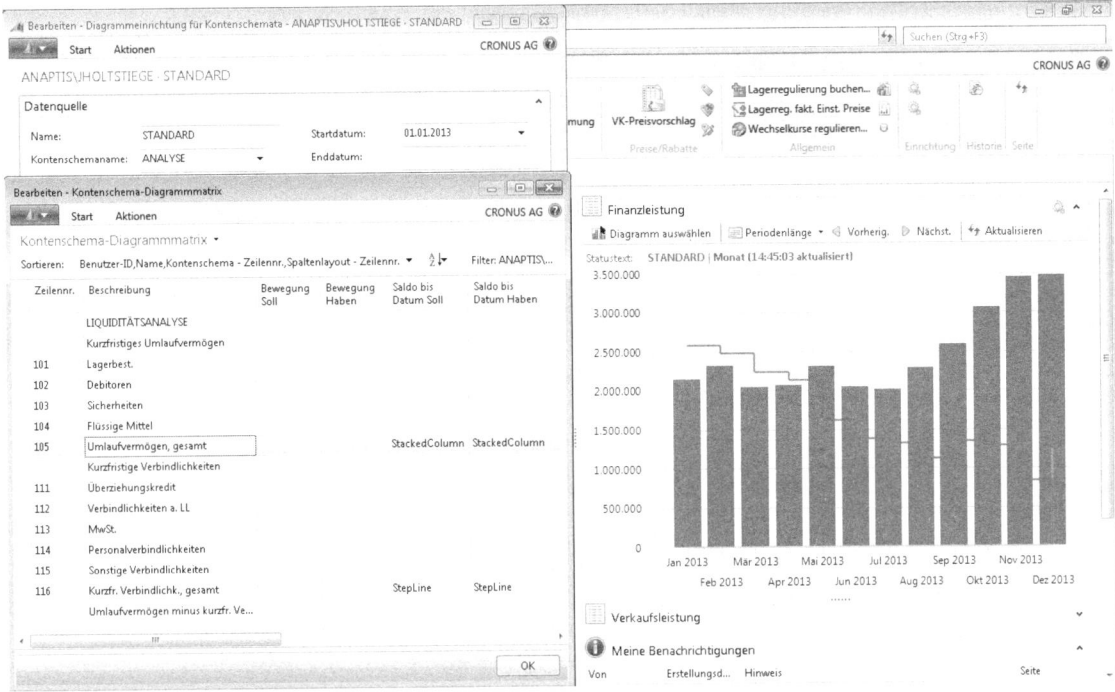

Abbildung 2.150 Erweitertes spezifisches Diagramm *Finanzleistung*

Über die Diagrammschaltfläche *Diagramm auswählen* gelangt der Benutzer zum Fenster *Kontenschema-Diagrammliste*, in dem für ein Kontenschema verschiedene Diagramme hinterlegt werden können. Über die Aktionen *Neu* oder *Bearbeiten* öffnet sich das Fenster *Diagrammeinrichtung für Kontenschemata*, über das Eckdaten wie Kontenschema und Betrachtungszeitraum spezifiziert werden.

Die Kennzahlen für die Y-Achse werden im Subform definiert. Durch *Bearbeiten* gelangt man zur *Kontenschema-Diagrammmatrix* (siehe Abbildung 2.150), wo festgelegt wird, welche Zeile und welche Spalte des Kontenschemas in welcher Form im Diagramm dargestellt werden soll. Näheres zum Thema Kontenschema finden Sie in Kapitel 8.

Artikelverfügbarkeit nach Zeitachse

Die Artikelverfügbarkeit nach Zeitachse ist eine grafische Darstellung des voraussichtlichen Lagerbestands unter Berücksichtigung von zukünftigen Bedarfs- und Verfügbarkeitsereignissen (siehe Abbildung 2.151). Die Visualisierung erfolgt über das Interactive Timeline Visualization-Add-In, welches im NAV-Standardordner \Add-ins\Timeline zu finden ist. Neben der reinen Visualisierung des erwarteten Lagerbestands sowie möglichen Engpässen können auch Daten aus Bestellvorschlägen bzw. Planungsvorschlägen berücksichtigt werden, indem das Kontrollkästchen *Planungsvorschläge einschließen* aktiviert wird. Dadurch wird im Kontextmenü des Add-In-Controls gleichzeitig die Aktion *Neuen Vorrat erstellen* aktiviert, mit der sich neue Wareneingänge simulieren und deren Auswirkungen im Zeitverlauf darstellen lassen.

Link: *Abteilungen/Einkauf/Planung/**Artikel**/Start/Artikelverfügbarkeit nach Zeitachse*

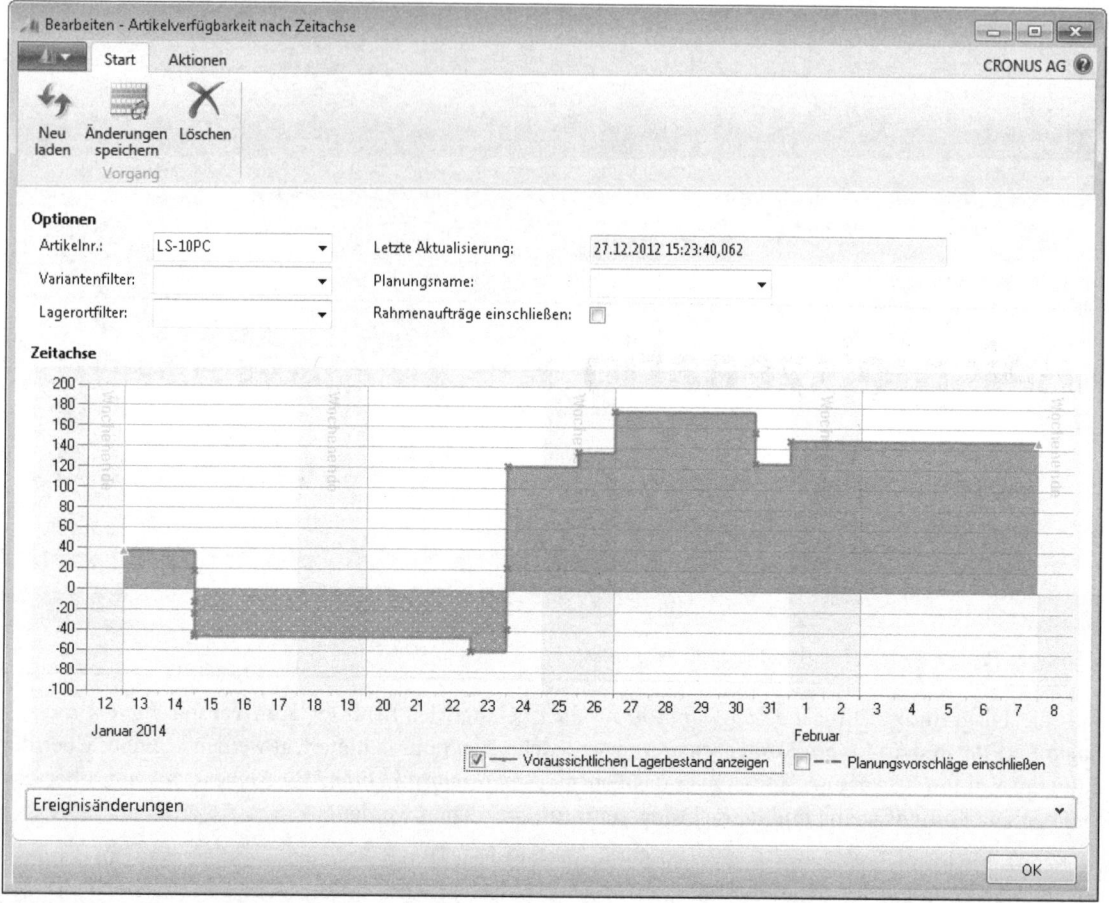

Abbildung 2.151 Artikelverfügbarkeit nach Zeitachse

Mit einem Klick auf *Änderungen speichern* können Simulationen und deren Ereignisänderungen an *Bestellvorschlag/Planungssystem* zurückgeschrieben werden.

Kapitel 3

Beispielszenario

In diesem Kapitel:

Allgemeine Unternehmensinformationen	202
Einkauf	203
Lager und Logistik	204
Verkauf	204
Finanzbuchhaltung	206

Die in den nachfolgenden Kapiteln beschriebenen Prozesse und Systemeinstellungen werden anhand eines fiktiven Unternehmens, der CRONUS AG, dargestellt. Um die Verständlichkeit zu erhöhen, erfolgen die Prozessanalysen und Systemdarstellungen mittels praxisbezogener Beispiele. Dabei wurde von einem konkreten Unternehmensmodell ausgegangen, das im Folgenden näher erläutert wird.

Allgemeine Unternehmensinformationen

Die CRONUS AG ist eine mittelständische Kapitalgesellschaft mit Sitz in Hamburg:

- Name: CRONUS AG
- Adresse: Hofstraße 12
- Postleitzahl: 20097
- Ort: Hamburg
- Telefonnr.: 040/9 99 99 90
- Faxnr.: 040/9 99 99 99
- E-Mail: info@cronus.com
- Homepage: www.cronus.com
- Steuernr.: 11/222/33333
- USt-ID: DE777777777.

Das Hauptgeschäftsmodell der CRONUS AG ist der Handel mit Waren, wobei der Handel mit Lautsprechern die tragende Säule des Unternehmens darstellt. Der Handel mit anderen Warenarten erfolgt zumeist kundengetrieben, das Unternehmen hat viele langjährige Kundenbeziehungen.

Für seine Kunden hat sich das Unternehmen im Laufe der Zeit zu einem wertvollen Handels- und Dienstleistungspartner entwickelt. Nach und nach wurde die Wertschöpfungskette ausgebaut, um ein möglichst umfangreiches und wertvolles Leistungsportfolio anbieten zu können. Zu den Unternehmenstätigkeiten gehören neben der Fachberatung zu den angebotenen Produkten auch einfachere Montagetätigkeiten beispielsweise zur Fertigung von Lautsprechern, die als Eigenmarke vertrieben werden. Komplexere Produktionsverfahren existieren nicht.

Neben Hamburg ist das Unternehmen in Düsseldorf und München niedergelassen. Diese beiden Regionen sind eigenverantwortlich für den Einkauf und Vertrieb zuständig.

Zur Lagerung der Waren bedient sich die CRONUS AG mehrerer Lagerorte, die aus verkehrstechnischen Gründen vor allem im Münsterland und Ostwestfalen positioniert sind. Die Lager schwanken bezüglich ihrer Größe und Funktion und wurden teilweise von Wettbewerbern übernommen. Die dort etablierten Prozesse sind entsprechend unterschiedlich organisiert.

Zusätzlich zur eigentlich nationalen Marktausrichtung hat sich das Geschäft in den letzten Jahren auch international entwickelt. Zum einen werden Spezialartikel teilweise nur von ausländischen Firmen angeboten, zum anderen hat sich die CRONUS AG dem nordeuropäischen Markt zugewandt, da man auf einer bestehenden Kundenbeziehung aufbauend wertvolle Kontakte knüpfen konnte.

Um die damit einhergehenden Geschäfte effizient abwickeln zu können, wurden zwei Tochtergesellschaften gegründet:

- Cronus Cardoxy Procurement, Hamburg
- Cronus Cardoxy Sales, Kopenhagen.

Zu beiden Gesellschaften werden Geschäftsbeziehungen unterhalten, die systemtechnisch in Form von Intercompany-Geschäften abgebildet werden.

Die CRONUS AG hat die Lizenzen für NAV 2013 von ihrem Softwarepartner erworben (On-Premises-Nutzung) und betreibt NAV 2013 auf eigenen Servern. Eine eigene IT-Abteilung im Haus ist für die Pflege und Änderungen an der Software verantwortlich. Das betrifft sowohl Anpassungsprogrammierungen als auch Software-Updates, die in enger Abstimmung mit dem NAV-Partner durchgeführt werden. Während der Einrichtung des Mandanten wurden der Konfigurationsvorschlag (Einrichtungscheckliste) und vom Softwarepartner zur Verfügung gestellte RapidStart-Datenpakete genutzt.

Zusammen wurden für alle Mitarbeiter der CRONUS AG, die mit NAV 2013 arbeiten, Zugriffsrechtsätze durch SQL Profiler Recordings auf Basis von Referenzgeschäftsvorfällen aufgenommen und erstellt. Für Feldberechtigungen wird NAV Easy Security verwendet.

Über das Änderungsprotokoll werden Änderungen an Stammdaten, Konfigurationstabellen sowie teilweise auch an Bewegungsdaten festgehalten.

Folgende Module von Dynamics NAV 2013 kommen zum Einsatz:

- Einkauf
- Lager
- Verkauf & Marketing
- Finanzmanagement

Die Module Produktion, Projekte, Service und Personalwesen werden nicht genutzt.

Im Folgenden werden entsprechend der Bereiche zusätzliche Informationen zu den Abläufen bereitgestellt.

Einkauf

Der Einkauf ist über Zuständigkeitseinheiten organisiert, d.h. Bedarfsermittlungen und Bestellungen werden regional erstellt. Die Pflege der Artikelstammdaten erfolgt durch ein zentrales Einkaufsteam, die Kreditorenstammdaten werden durch die Buchhaltung gepflegt. Artikel- und Kreditorennummern werden automatisch vom System vergeben, eine manuelle Eingabe ist nicht zulässig.

Zu den meisten Artikeln existieren alternative Lieferanten mit unterschiedlichen Preisen und Zahlungsbedingungen. Mit den Hauptlieferanten werden regelmäßig Preis-Mengen-Staffeln und anderweitige Bonusvereinbarungen ausgemacht, teilweise konnte eine monatliche Abrechnung vereinbart werden. Die Bonusvereinbarungen beinhalten sowohl artikelabhängige Rabatte als auch lieferantenbezogene Boni, beispielsweise einkaufsvolumenabhängige Jahresboni. Regelmäßig kommt es auch zu kurzfristig eingeräumten und nur temporär gültigen Preisvorteilen. Sämtliche Sachverhalte werden im System abgebildet.

Obwohl zu den meisten Lieferanten langfristige Beziehungen bestehen, müssen bei hochwertigen Spezialartikeln teilweise Anzahlungen geleistet werden. Aufgrund der hohen Spezialisierung im Bereich der Lautsprecher müssen zum Teil ganze Artikel-/Lieferantenkataloge im System abgebildet werden.

Die Erstellung von Anfragen, Erfassung von Bestellungen, Verbuchung der Eingangslieferungen und die Buchung der Eingangsrechnungen erfolgt durch verschiedene Abteilungen, womit eine effektive Funktionstrennung sichergestellt ist. Anfragen, Bestellungen und Eingangsrechnungen sollen archiviert werden. Es existieren Bestellgrenzen, ab denen der jeweilige Vorgesetzte und in letzter Instanz der Einkaufsleiter die Genehmigung erteilen muss.

Fällige, aber noch nicht erfolgte Lieferungen werden regelmäßig angemahnt. Reklamationen werden in der Regel zurückgesendet, im System ist ein Reklamationsgrund zu nennen.

Eingangsrechnungen werden über das System bezahlt, in den Zahlungsläufen wird nach verschiedenen Gesichtspunkten ausgewählt, welche Rechnungen überwiesen werden. Für die Ausführung der Zahlungen wird eine DTAUS-Datei erstellt, die ins externe Bankprogramm eingelesen wird.

Nebenkosten werden, wie gesetzlich zulässig bzw. gefordert, den Artikeleinstandspreisen zugeschlagen.

Lager und Logistik

Die CRONUS AG verwendet eine Vielzahl an Lagerorten, deren Abläufe sehr unterschiedlich organisiert sind. Teilweise erfolgt die Wareneingangsbuchung über die Bestellung, teilweise über den Wareneingangs- oder Einlagerungsbeleg. In den großen Lagerorten werden beide Lagerbelegarten verwendet und die gesteuerte Einlagerung und Kommissionierung ermöglicht effiziente Abläufe. Auch das Crossdocking wird eingesetzt, wenn Artikel direkt vom Wareneingang in den Warenausgang transportiert werden müssen, um einen schnellen Lagerumschlag zu garantieren. Entsprechend sind die Lagerorte in Zonen unterteilt und den einzelnen Prozessschritten wie Wareneingang, Einlagerung, Kommissionierung, Warenausgang, Crossdocking oder Montage sind Lagerplätzen zugeordnet.

Zur sicheren Lagerung von hochwertigen Artikeln wird mit Lagerklassen gearbeitet, zur individuellen Nachverfolgung von Artikeln wird speziell bei Lautsprechern mit Seriennummern gearbeitet. Die Erstellung eigener Lautsprecher erfolgt mittels Montageaufträgen.

Allen Lagerorten gemein ist die Nutzung von Lagerplätzen.

Den verschiedenen Lagerorten sind Lagermitarbeiter zugeordnet, um die Berechtigungen entsprechend des Least-Privilege-Prinzips verwalten zu können. Die Inventurdurchführung durch die Lagermitarbeiter wird durch den Wirtschaftsprüfer unterstützt und systemseitig abgebildet.

Um über eine möglichst konsistente Informationsgrundlage zu verfügen, wird über die automatische Lagerbuchung eine Synchronisierung der Materialwirtschaft und Finanzbuchhaltung erzielt. Die Lagerregulierung zur korrekten Darstellung der Lagerwerte (z. B. notwendig bei nachträglichen Lieferkosten) wird per Batchjob jede Nacht durchgeführt, da die automatische Lagerregulierung aus Performancegründen nicht verwendet wird.

Verkauf

Vertrieb und Verkauf sind in Teams organisiert, die wiederum den ihnen zugeordneten Kundenkreis bearbeiten. Sobald ein neuer Interessent bzw. potenzieller Kunde für eines der vom Unternehmen angebotenen Produkte gewonnen wird, werden die Kontaktdaten in entsprechenden Kontaktstammdaten gespeichert und die Kommunikation in der Kontakthistorie dokumentiert. Sobald eine tatsächliche Verkaufstransaktion mit dem Neukunden zustande kommt, wird aus dem Kontakt heraus ein entsprechender Kundenstammsatz erstellt. Kundenstammdaten werden nach Anforderung zentral von der Buchhaltung angelegt und verwaltet.

Bestimmte Felder des Stammsatzes, wie z. B. Adressdaten, Kreditlimit etc. sind obligatorisch zu pflegen. Die Debitorennummer wird darüber hinaus ausschließlich durch das System und nicht manuell vergeben. Zur Vereinfachung des Stammdatenanlageprozesses nutzt die CRONUS AG Stammdatenvorlagen, in denen bestimmte Felder mit vorab definierten Werten vorbelegt sind. Nachträgliche Änderungen an Stammdaten werden nur auf Anforderung vorgenommen und im Änderungsprotokoll gespeichert.

Sofern vom Kunden gewünscht, erstellt das Unternehmen kundenindividuelle Angebote, die bei Angebotsannahme in Verkaufsaufträge umgewandelt werden. Systemtechnisch wird hierfür die von NAV 2013 bereitgestellte Funktionalität genutzt. Zudem wird regelmäßig nachverfolgt, welche Angebote tatsächlich zu einem Verkaufsauftrag geführt haben. Angebote, die nicht zu Aufträgen wurden, werden archiviert und gelöscht.

Bei der Angebots- und Auftragsschreibung gibt es Genehmigungsgrenzen. Werden diese überschritten, muss vom zuständigen Vorgesetzten eine Genehmigung erteilt werden. Die Genehmigungsprozesse werden durch entsprechende systemgestützte Beleggenehmigungen gesteuert.

Bevor ein Neukunde oder Bestandskunde beliefert wird, erfolgt eine allgemeine oder anlassbezogene Bonitätsüberprüfung. Kunden, die keine ausreichende Bonität besitzen, werden entweder nicht beliefert oder nur mit bestimmten Einschränkungen (Zahlungsart nur Vorauskasse oder Vorauszahlungen). Darüber hinaus verfolgt die CRONUS AG die Strategie, die Solvenz der Kunden laufend über ein Bonitätsmonitoring zu überwachen.

Bei größeren Bestellmengen mit entsprechend hohen Auftragswerten werden Vorauszahlungsrechnungen gestellt. Dabei muss sichergestellt sein, dass sowohl buchhalterisch die Vorauszahlungen auf den entsprechenden Sachkonten gebucht als auch umsatzsteuerlich die Vorauszahlungen korrekt behandelt werden

Des Weiteren sind für alle Debitoren Kreditlimits hinterlegt. Das hinterlegte Kreditlimit soll bei der Auftragsannahme automatisch hinsichtlich der offenen Posten überprüft werden. Auch soll der Auftragsschreiber gewarnt werden, wenn der Auftragswert das hinterlegte Kreditlimit überschreitet. Die Kontrolle von Kreditlimitüberschreitungen erfolgt nach dem Vieraugenprinzip. Die entsprechende Funktionalität von Dynamics NAV 2013 wird durch das Unternehmen vollumfänglich genutzt.

Die Preisgestaltung hängt bei diversen Artikeln von der Wichtigkeit einzelner Kunden oder Kundengruppen ab. Auch individuelle und teilweise zeitlich begrenzte Artikelpreise oder Sonderpreise aufgrund von Kampagnen oder Aktionen werden von der CRONUS AG genutzt. Artikelpreise werden dazu in Artikel-/Debitoren-Kombinationen gepflegt und verwaltet. Rabatte werden artikelabhängig, kundenabhängig oder rechnungsabhängig gewährt. Die Verbuchung der Rabatte erfolgt dabei auf separate Sachkonten in der Finanzbuchhaltung.

Rechnungen werden in der Regel pro Verkaufsauftrag erstellt und an den Kunden versendet. Für bestimmte Debitoren werden am Monatsende Sammelrechnungen geschrieben, in denen die Lieferungen eines Monats zusammengefasst werden. Grundsätzlich muss es möglich sein, einen Debitor zu kennzeichnen, wenn für diesen eine Sammelrechnung erstellt werden soll.

Neben der Überweisung des Rechnungsbetrags durch den Kunden sollen Ausgangsrechnungen auch über das System eingezogen werden können. Das soll bei den Kunden möglich sein, in deren Stammdaten eine entsprechende Zahlungsform hinterlegt ist. Daher müssen die Voraussetzungen für ein SEPA-Lastschriftmandat geschaffen werden.

Die CRONUS AG gewährt ihren Kunden Skonti, sofern die im Kundenstamm hinterlegten Zahlungsziele eingehalten werden. Gewährte Skonti sollen in der Finanzbuchhaltung auf dafür vorgesehene Sachkonten gebucht werden. Sollten Rechnungen außerhalb einer Skontofrist durch den Kunden unberechtigt gekürzt werden, entscheidet der Mitarbeiter in der Buchhaltung, wie mit dem Sachverhalt im Einzelfall verfahren werden soll. Wird der Abzug toleriert, erfolgt die Verbuchung auf die für Skontobeträge vorgesehenen Konten in der Finanzbuchhaltung.

Bei Zahlungsverzug werden Kunden im Rahmen eines dreistufigen Mahnprozesses zur Zahlung des offenen Rechnungsbetrags aufgefordert, bevor ein gerichtliches Mahnverfahren eingeleitet wird. Bei sehr wichtigen und großen Kunden behält sich die CRONUS AG vor, die Mahnprozesse auszusetzen bzw. nach Abwägung Mahnstufen zurückzusetzen.

Um Kundenreklamationen angemessen zu erfassen und entsprechende Gutschriften auszustellen, nutzt die CRONUS AG den von NAV 2013 bereitgestellten Reklamationsprozess. Für jede erfasste Reklamation muss ein Reklamationsgrund hinterlegt werden können, um mögliche Qualitätsprobleme später genauer analysieren zu können.

Zwischen den einzelnen Gesellschaften der CRONUS AG werden über interne Einkaufs- und Verkaufsaufträge Warenbewegungen ausgelöst, die systemtechnisch über Intercompany-Transaktionen und -buchungen abgebildet werden.

Finanzbuchhaltung

Die CRONUS AG arbeitet mit einem Wirtschaftsjahr, das dem Kalenderjahr entspricht. Die Abschlusserstellung erfolgt in Euro, eine abweichende Berichtswährung wird nicht benötigt.

Die Firma verwendet den Standardkontenrahmen SKR 03 in der Fassung 2013, individuelle Abweichungen im Kontenplan sind die Ausnahme. Sowohl die Forderungen als auch die Verbindlichkeiten werden auf Sammelkonten ausgewiesen, Intercompany-Transaktionen werden separat dargestellt.

Für interne Auswertungszwecke werden im System Informationen über Kostenstellen, Kostenträger, Bereiche, Debitorengruppen, Einkäufer, Kraftfahrzeuge, Unternehmensgruppen, Verkäufer und Verkaufskampagnen gepflegt. Das System bietet hierbei die Möglichkeit, die entsprechenden Werte automatisch zuzuordnen.

Umsätze werden nach vereinbarten Entgelten versteuert (sogenannte Sollversteuerer). Lieferungen und sonstige Leistungen werden im Inland und der EU ausgeführt, wobei die Besteuerung mit dem Regelsteuersatz von zurzeit 19 % erfolgt. Der Wareneinkauf erfolgt sowohl im Inland als auch in der EU und im umsatzsteuerlichen Drittland, mit der Folge, dass die im Drittland erworbenen Waren der Einfuhrumsatzsteuer unterliegen.

Umsatzsteuervoranmeldungen werden monatlich aus dem System heraus generiert und versendet. Eine Dauerfristverlängerung liegt vor.

Die Zahlungsabwicklung und die Verwaltung der Bankkonten erfolgt komplett systemunterstützt. Transaktionen in Auslandswährungen finden regelmäßig statt. Auch das Anlagevermögen wird komplett im System verwaltet, die Abschreibungen erfolgen ausschließlich entsprechend der steuerrechtlich-amtlichen AfA-Tabellen.

Die Monatsabschlussarbeiten erfolgen entsprechend der gleichen Standards der Jahresabschlussarbeiten inklusive aller notwendigen Abgrenzungsbuchungen (beispielsweise aktive Rechnungsabgrenzungsposten, Rückstellungen). Der Konzernabschluss beinhaltet die Konsolidierung der Tochtergesellschaften Cronus Cardoxy Procurement und Cronus Cardoxy Sales. Zwischenergebnisse aus den Intercompany-Transaktionen sind entsprechend zu eliminieren.

Den Grundsätzen zum Datenzugriff und zur Prüfbarkeit digitaler Unterlagen (GDPdU) ist zu genügen. Zwar ist bei der CRONUS AG in naher Zukunft keine Prüfung geplant, jedoch sollen die notwendigen Grundeinrichtungen sichergestellt sein.

Kapitel 4

Basisfunktionalitäten

In diesem Kapitel:

Softwarebereitstellung	208
Grundeinrichtung	211
Belegfluss und Beleggenehmigung	226
Dimensionen	254
Buchungsprozess	271
Benutzerzugriffsrechte	290
Änderungsprotokoll	297

In diesem Kapitel werden grundlegende Einrichtungen sowie prozessübergreifende Themen wie Dimensionen, Nummernkreise, Berechtigungen oder das Änderungsprotokoll behandelt. Zuvor wird das Thema Cloud Computing aus Compliance-Sicht beleuchtet. Danach stehen der Belegfluss und Buchungsprozesse im Vordergrund. Prozessbezogene Einrichtungen, die nur in einzelnen Modulen Gültigkeit besitzen, werden in den jeweiligen Kapiteln erläutert.

Softwarebereitstellung

Das herkömmliche Modell der Softwarebereitstellung wird heute als On-Premise bezeichnet. Bei diesem Modell erwirbt ein Unternehmen Softwarelizenzen und stellt die Anwendung auf einem eigenen, lokal betriebenen Server bereit. Entscheidet sich das Unternehmen dagegen für ein Hosting- oder On-Demand-Modell, so wird dieses allgemein als Cloud Computing beschrieben. Die damit verbundenen Fragestellungen zu Compliance werden im folgenden Gastartikel von Hannes Oenning behandelt.

Cloud Computing

Seit der letzten Auflage des Buchs ist das Thema Cloud Computing noch einmal deutlich relevanter für die tägliche Unternehmens- und Prüferpraxis geworden. Zum einen ist der Umfang der angebotenen Dienstleistungen gestiegen und zum anderen wirken die möglichen Kostenersparnisse durch einen Wechsel der bisherigen IT-Lösungen in eine cloud-basierte Variante verlockend.

Der vorliegende Abschnitt kann selbstverständlich keine abschließenden oder auch nur umfassenden Empfehlungen für den praktischen Einsatz und die Prüfung von cloud-basierten Prozessen erteilen – es soll vielmehr ein prägnanter Handlungsleitfaden für Aufbauprüfungen entwickelt werden, der die spezifischen Risiken des Cloud Computing grob erfasst.

Die Schwierigkeit, spezifische Risiken des Cloud Computing zu bestimmen, besteht darin, dass es eine Vielzahl an angebotenen IT-Diensten und Geschäftsmodellen gibt und hierbei unterschiedliche technische Ansätze ohne einheitliche Standards verwendet werden. Hinzu kommt die mit steigendem Dienstleistungsumfang teilweise erhebliche Komplexität der eingesetzten Dienstleisterketten und die sich hieraus unter Umständen ergebenden rechtlichen Anforderungen.

Begriffsdefinitionen

Der Begriff der Cloud ist sprichwörtlich wolkig, da es keine verbindliche Definition gibt und er zudem ubiquitär Verwendung findet. Im Folgenden wird die Definition des Bundesamts für Sicherheit in der Informationstechnologie für Cloud Computing verwendet:

Cloud Computing bezeichnet das dynamisch an den Bedarf angepasste Anbieten, Nutzen und Abrechnen von IT-Dienstleistungen über ein Netz. Angebot und Nutzung dieser Dienstleistungen erfolgen dabei ausschließlich über definierte technische Schnittstellen und Protokolle. Die Spannbreite der im Rahmen von Cloud Computing angebotenen Dienstleistungen umfasst das komplette Spektrum der Informationstechnik und beinhaltet unter anderem Infrastruktur (z. B. Rechenleistung, Speicherplatz), Plattformen und Software. Je nach angebotenem Dienstleistungsumfang können diese drei verschiedenen Kategorien zugeordnet werden:

Infrastructure-as-a-Service (IaaS)

Der Nutzer erhält über ein Netz – regelmäßig direkt über das Internet – Zugriff auf einzelne virtuelle Ressourcen, z. B. Server, Speicher. Der Nutzer kann auf den Ressourcen Betriebssysteme und Anwendungen seiner Wahl installieren. Für die Verwaltung (z. B. Wartung, Skalierung) ist der Nutzer verantwortlich. Der Anbieter gewährleistet lediglich die Funktion der eingesetzten Infrastrukturkomponenten.

Platform-as-a-Service (PaaS)

Bei der Verwendung von PaaS wird dem Nutzer Zugriff auf eine Entwicklungs- und Ausführungsumgebung für Anwendungen auf IaaS-Basis ermöglicht. Der Anbieter macht lediglich Vorgaben hinsichtlich zu verwendender Programmiersprachen und Schnittstellen. Verwaltungs- und Wartungsarbeiten der Schichten Hardware und Betriebssystem erfolgen durch den PaaS-Anbieter.

Software-as-a-Service (SaaS)

Bei SaaS stellt der Anbieter eine vollständige Software-Anwendung zur Verfügung, welche wiederum auf PaaS und IaaS-Lösungen aufbaut. Der Nutzer hat keine direkten administrativen Zugriffe für die eingesetzten Komponenten, Systeme und Dienste.

Daneben existieren weitere As-a-Service-Angebote, welche sich jedoch regelmäßig in einer der drei Kategorien einordnen lassen und unter Risikogesichtspunkten keine wesentlichen neuen Aspekte beinhalten.

Risiken des Cloud Computings

Als Zwischenergebnis ist festzuhalten, dass der Umfang der ausgelagerten Administrationsmöglichkeiten und hiermit auch grundsätzlich von Kontrollmöglichkeiten von IaaS über PaaS zu SaaS steigt. PaaS und SaaS weisen das spezielle Risiko der Interoperabilität und Portabilität auf. Hinzu treten Risiken, welche sich aus einem webbasierten Zugriff über das Internet regelmäßig ergeben; ferner Risiken, die aus einer Virtualisierung von Hard- und Netzwerkkomponenten resultieren (insbesondere Benutzerverwaltung und Lokalität der eingesetzten Hardware).

Für die Frage, welche zusätzlichen Risiken durch den Einsatz von cloud-basierten IT-Lösungen entstehen können, spielt neben der Frage des Dienstleistungsumfangs auch der Aspekt der Organisation des Cloud Computing eine wesentliche Rolle. Zu unterscheiden ist im Wesentlichen zwischen zwei Arten: *Private Cloud* und *Public Cloud*.

Private Cloud

Eine Private Cloud zeichnet sich dadurch aus, dass die notwendige Infrastruktur nur für ein Unternehmen betrieben wird. Der Betrieb und die Organisation können durch das Unternehmen selbst oder durch einen Dritten erfolgen.

Public Cloud

Public Cloud hingegen ist durch den Umstand bestimmt, dass eine beliebige Anzahl von unabhängigen Unternehmen auf die identischen Komponenten zugreift, welche durch einen zentralen Anbieter zur Verfügung gestellt werden.

Darüber hinaus existieren weitere Unterarten, welche sich bezüglich der mit ihnen einhergehenden Risiken jedoch in eine der vorgenannten Kategorien einordnen lassen. In der Praxis finden sich zudem Nutzungskombinationen aus Public und Private Cloud sowie klassischen IT-Lösungen, selbige werden als Hybrid Clouds bezeichnet und für eine Risikobetrachtung müssen jeweils die Einzelkomponenten betrachtet werden.

ACHTUNG Während sich durch die Nutzung einer Private Cloud keine über ein normales IT-Outsourcing hinausgehenden Risiken ergeben, stellt sich dies für die Public Cloud anders dar: die Vielzahl an möglichen Nutzern einer gemeinsamen Infrastruktur führt zu Multi-Tenancy-Risiken.

Cloud Computing aus Compliance-Sicht

Neben den dargestellten spezifischen Risiken des Cloud Computing, die bei Umsetzung der IT-Prüfungskriterien entsprechend berücksichtigt werden müssen, ergeben sich für Fragen der Compliance hieraus gleichfalls Konsequenzen:

Als Beispiel soll das Risiko der weltweiten Lokation der zur Verfügung gestellten Infrastruktur dienen:

Neben durchaus komplexen Vorgaben des Bundesdatenschutzgesetzes bei der Verarbeitung von personenbezogenen Daten außerhalb des EWR, stellen z. B. auch die Regelungen der Abgabenordnung konkrete Vorgaben auf:

§ 146 Abs. 2a AO legt fest, dass es eines schriftlichen Antrags bedarf, elektronische Bücher und sonstige erforderliche elektronische Aufzeichnungen oder Teile davon außerhalb der Bundesrepublik Deutschland zu führen und aufzubewahren. Zwar sind die Anforderungen an eine solche Genehmigung durch die letzte Novellierung bereits abgesenkt worden, es wird jedoch u.a. weiterhin vorausgesetzt, dass:

- »der Steuerpflichtige der zuständigen Finanzbehörde den Standort des Datenverarbeitungssystems und bei Beauftragung eines Dritten dessen Namen und Anschrift mitteilt« und
- »eine Änderung der gemachten Angaben unverzüglich mitzuteilen ist«.

Ohne genaue Kenntnis des Unternehmens und entsprechend eindeutiger vertraglicher Abreden über Zustimmungs- oder zumindest unverzüglicher Informationspflichten mit dem Cloud-Anbieter bei einem Lokalitätswechsel besteht keine Möglichkeit, der Verpflichtung nachzukommen.

Daneben existieren branchenspezifische Vorschriften z. B. aus der Versicherungs- und Bankenbranche, die bei einer Auslagerung von Funktionen voraussetzen, dass neben einer vollständigen Dokumentation der Prozesse, auch die Kontrollmöglichkeiten der jeweils zuständigen Aufsichtsbehörde gewahrt bleiben und insgesamt eine umfassende Risikoanalyse durchgeführt wird.

Neben den sich aus einer spezifischen Lokalität etwaig ergebenden Risiken (z. B. Zugriffs- und möglicherweise Veränderungsrechte von staatlichen Stellen) muss das verantwortliche Unternehmen für eine umfassende Risikoanalyse Kenntnis der konkret eingesetzten Dienstleistungsunternehmen haben. Andernfalls ist z. B. die Frage, ob vertraglich zugesicherte Kontrollen durchgeführt wurden, nicht verifizierbar. Zudem lassen sich keine Aussagen z. B. zum Insolvenzrisiko des eingesetzten Dienstleisters treffen.

Für Daten, welche unter die EU-Verordnung »Kontrolle der Ausfuhr, der Verbringung, der Vermittlung und der Durchfuhr von Gütern mit doppeltem Verwendungszweck« (Dual-use-Verordnung) fallen, verschärft sich das Problem: Bereits der Zugriff aus Ländern außerhalb der EU z. B. in Form von Administrationszwecken kann als Übertragung und damit Export dieser Daten angesehen werden.

Gleiches gilt für personenbezogene Daten, da die umfassenden datenschutzrechtlichen Verpflichtungen des verantwortlichen Unternehmens auch dann gelten, wenn bei einem Tätigwerden des Dienstleisters zu Wartungszwecken der Zugriff auf diese Daten nicht ausgeschlossen werden kann. In den letzten beiden Fällen muss sich die Kenntnis der Unternehmen mithin auch auf die Lokalität der eingesetzten Wartungsdienstleister erstrecken.

Zusammenfassend lässt sich festhalten: Cloud Computing weist über allgemeine IT-Prozessrisiken hinaus spezifische Risikoschwerpunkte auf. Um eine zielführende Aufbauprüfung durchzuführen, ist von wesentlicher Bedeutung:

- Kenntnis über die in einer Cloud verarbeiteten Arten von Daten
- Abklärung, welche Compliance-Anforderungen für die Daten gelten (AO, BDSG etc.) und ob die Realisierung überhaupt bzw. unter welchen Voraussetzungen möglich ist
- Dokumentation der technischen Realisierung der Cloud
- Feststellung, welche vertraglichen Abreden mit dem Anbieter bestehen

HINWEIS Windows Azure ist die Microsoft-eigene Cloud Computing-Plattform. Bei Drucklegung dieses Buchs ist Dynamics NAV 2013 noch nicht in der auf Windows Azure gehosteten Version verfügbar, sodass hierauf nicht näher eingegangen werden kann. Die Verfügbarkeit ist für Juni 2013 angekündigt. In Kapitel 2 wird ein Einblick auf Basis der Testversion von Convergence Azure gegeben.

Relevante Standards für Sicherheitsprüfungen im Cloud Computing

Einige Cloud Computing-Anbieter bewerben ihre Lösungen mit Zertifizierungen gemäß der internationalen Standards SSAE 16 (Statement on Standards for Attestation Engagements) und ISAE 3402 (International Standard on Assurance), die die Prüfung von internen Kontrollen bei Dienstleistungsunternehmen betreffen (unter anderem im Bereich physische und logische Sicherheit von Informationen, operativer EDV-Betrieb). Dienstleistende Unternehmen sind danach vertraglich dazu verpflichtet, die Effektivität des Internen Kontrollsystems durch einen unabhängigen Prüfer prüfen zu lassen und das Ergebnis an den Abschlussprüfer des auslagernden Unternehmens bzw. an das auslagernde Unternehmen selbst zu kommunizieren. Die Standards lösen den SAS 70 (Statement on Auditing Standards) ab und tragen dem internationalen Harmonisierungsbedarf Rechnung.

HINWEIS Ohne auf Details der Standards einzugehen, sei angemerkt, dass diese Standards einerseits nicht explizit auf cloud-basierte Dienstleistungen abzielen, sondern ausgelagerte Dienstleistungen im Allgemeinen betreffen. Andererseits bleiben die nationalen Vorschriften, wie z. B. das BDSG (Bundesdatenschutzgesetz) oder die AO (Abgabenordnung) davon unberührt. Insofern bedeutet die Erfüllung der Anforderungen aus den Standards SSAE16 und ISAE 3402 nicht, dass Cloud-Lösungen dieser Anbieter bedenkenlos einsetzbar sind.

Grundeinrichtung

In diesem Abschnitt werden ausgewählte prozessübergreifende Einrichtungen dargestellt. Beispiele für prozessübergreifende Einrichtungen sind die Nummernkreise oder der Kontenplan. Der Kontenplan wird in diesem Abschnitt erläutert, da dieser integraler Bestandteil aller Buchungen von Geschäftsprozessen ist. Folgende Themen der Grundeinrichtung werden behandelt:

- Organisationseinheiten
- Kontenplan und Dimensionen
- Nummernkreise

Organisationseinheiten

Die Nutzung von Organisationseinheiten im Sinne von Elementen der Aufbauorganisation ist in Dynamics NAV nicht fest vorgegeben. Die in der Praxis üblicherweise verwendeten Konstrukte und deren Bedeutung werden im Folgenden vorgestellt (siehe Abbildung 4.1).

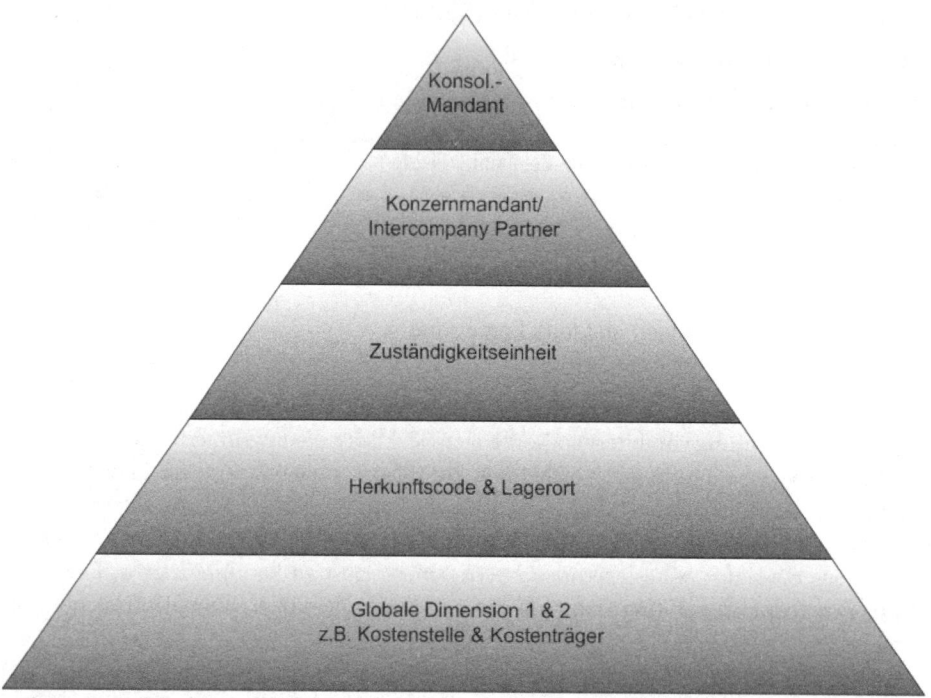

Abbildung 4.1 Beispiel einer hierarchischen Organisationsstruktur in Dynamics NAV

Konsolidierungsmandant

Dynamics NAV unterstützt die Konsolidierung von mehreren rechtlich selbstständigen (Konzern-)Mandanten in einem Konsolidierungsmandanten. Der Konsolidierungsmandant stellt dementsprechend die höchste Ebene der Organisationseinheiten dar. Zur Konsolidierung verweisen wir auch auf den Abschnitt »Konsolidierung« in Kapitel 8.

Mandant bzw. Konzernmandant

Der Mandant ist eine rechtlich selbstständige Einheit und wird typischerweise für die Abbildung einer Firma, nicht etwa einer Betriebsstätte angelegt. Dynamics NAV ist mehrmandantenfähig, sodass mehrere Mandanten in einer Datenbank verwaltet werden können. Eine Übersicht der verwalteten Mandanten erhält man über das Dialogfeld *Mandant auswählen* im Menü *Anwendung* oder [Strg]+[O].

Grundeinrichtung

ACHTUNG Es ist möglich, Tabellen mandantenübergreifend verfügbar zu machen, sodass alle Mandanten beispielsweise auf den gleichen Artikelstamm zugreifen. So kann die Mehrfachanlage von Artikeln vermieden werden. Aus Compliance-Sicht ist dies insofern kritisch, als dass unter bestimmten Umständen Stammdaten ungewollt gelöscht werden könnten. Das ist insbesondere für die Fälle relevant, in denen in einem Mandanten für einen Stammsatz keine Posten existieren und somit das Löschen vom System zugelassen würde. Für diese Fälle müssen zwingend mandantenübergreifende Prüfroutinen implementiert sein, die das Löschen von Stammdatensätzen verhindern.

Die Eckdaten des Mandanten werden in den *Firmendaten* hinterlegt (Abbildung 4.2).

Link: *Abteilungen/Verwaltung/Anwendung Einrichtung/Allgemein/Firmendaten*

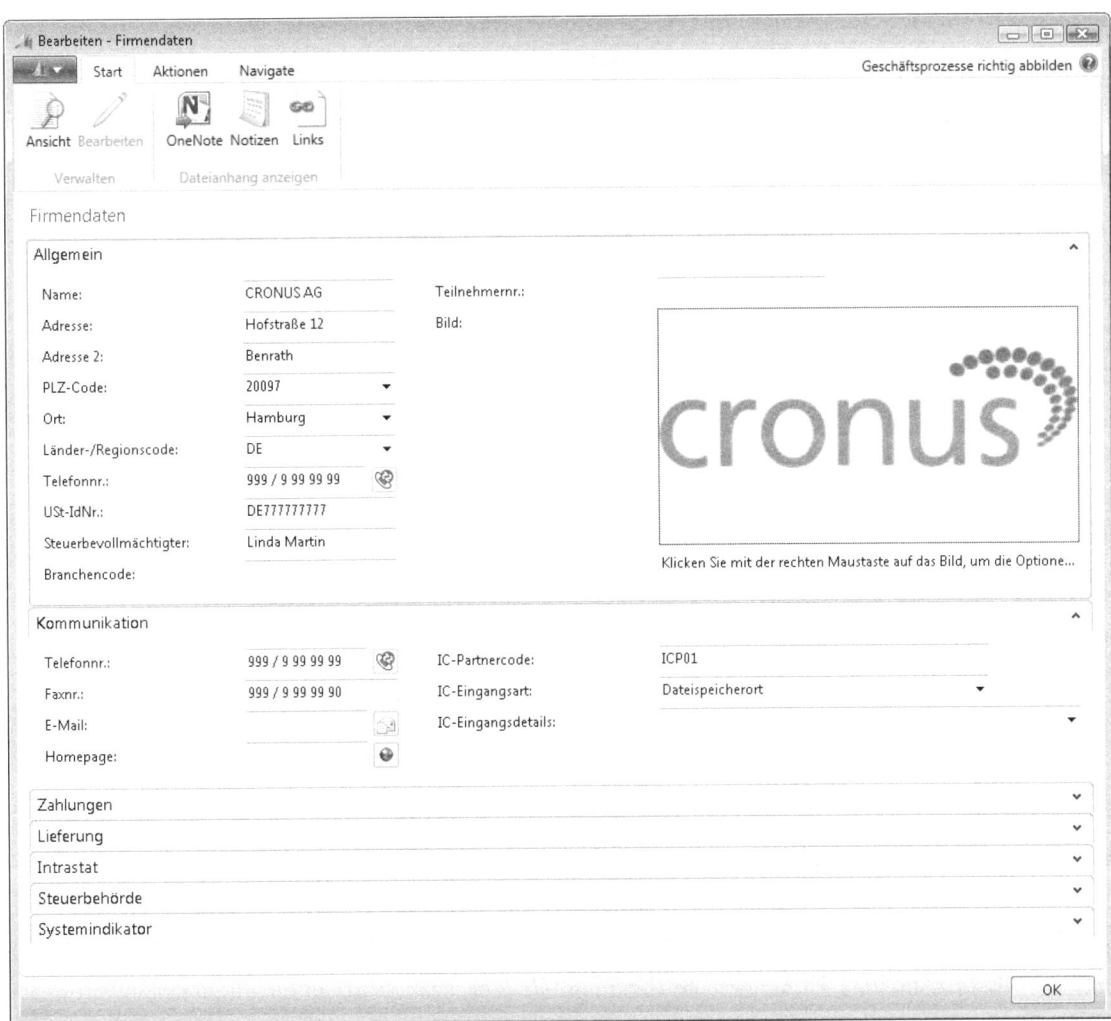

Abbildung 4.2 Firmendaten des Mandanten CRONUS AG

In Dynamics NAV konsolidierte Mandanten werden zusätzlich als Konzernmandant angelegt.

Link: *Abteilungen/Finanzmanagement/Periodische Aktivitäten/Konsolidierung/Konzernmandanten*

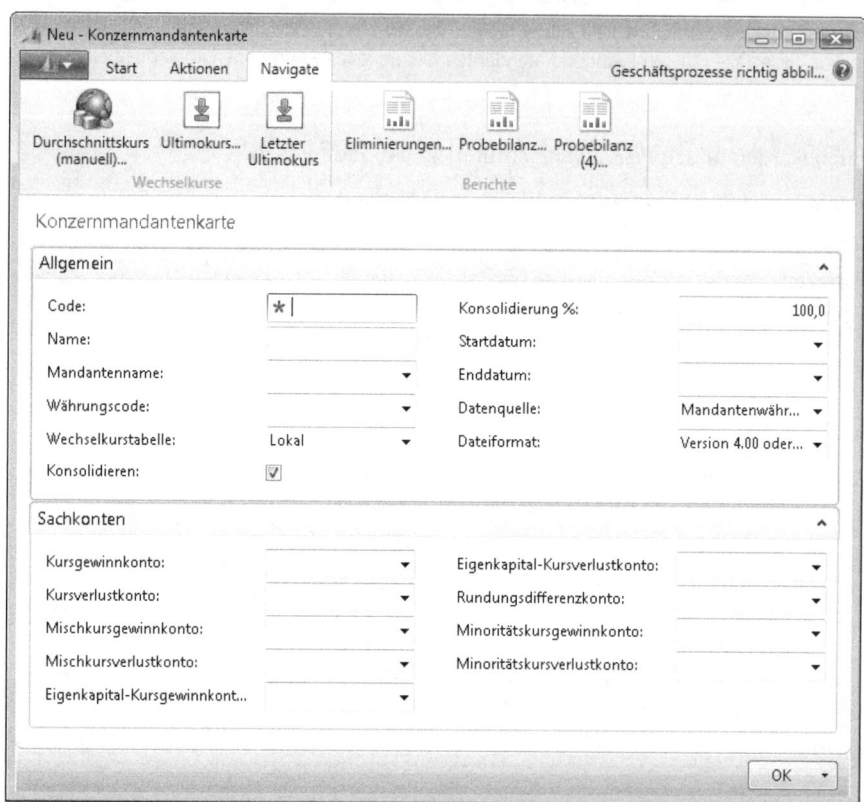

Abbildung 4.3 Konzernmandantenkarte in Dynamics NAV

> **HINWEIS** Für Mandanten, die untereinander Leistungen austauschen, gibt es in Dynamics NAV die Möglichkeit, sogenannte Intercompanybuchungen durchzuführen. Die entsprechende Funktionalität wird in Kapitel 7 erläutert. Damit Mandanten über diesen Weg Buchungen und Belege austauschen können, werden entsprechende Mandanten zusätzlich als IC-Partner angelegt.

Herkunftscodes

Der Herkunftscode bildet in Posten und Journalen die organisatorische Einheit ab, in der die Transaktion erzeugt wurde. Zusammen mit den Ursachencodes (Grund der Buchung, z. B. Storno) bilden diese Verfolgungscodes zusätzliche Dimensionen für Finanztransaktionen ab, um deren Nachverfolgbarkeit für Buchungskontrollen oder Audit-Trails zu gewährleisten (siehe hierzu auch den Abschnitt »Verfolgungscodes«). Die in Abbildung 4.4 dargestellte *Herkunftscode Einrichtung* wird automatisch als Systemvorgabe erzeugt, wenn ein Mandant erstellt wird.

Grundeinrichtung

Link: *Abteilungen/Finanzmanagement/Einrichtung/Verfolgungscodes/Herkunftscode Einrichtung*

Abbildung 4.4 Einrichtung der Herkunftscodes in Dynamics NAV

Zuständigkeitseinheit

Die Zuständigkeitseinheit ist eine organisatorische Einheit innerhalb eines Mandanten und wird dazu genutzt, Ein- und Verkaufsbelege verschiedener Sparten, Abteilungen oder Niederlassungen zu trennen. Die Zuständigkeitseinheit ist dabei keine organisatorische Einheit des externen Rechnungswesens, da die Information nicht im Sachposten, sondern nur in den Belegen vorhanden ist. Die Festlegung von Zuständigkeitseinheiten erfolgt über die Anwendungseinrichtung (Abbildung 4.5).

Link: *Abteilungen/Verwaltung/Anwendung Einrichtung/Allgemein/Zuständigkeitseinheiten*

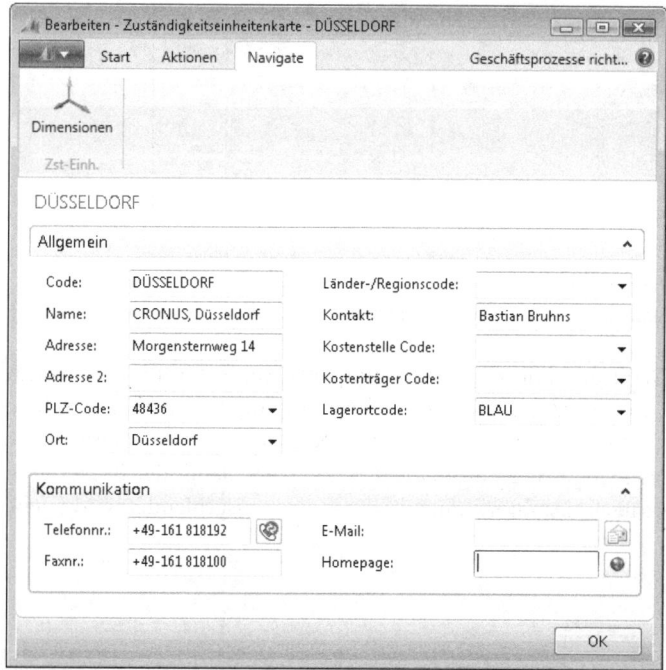

Abbildung 4.5 Zuständigkeitseinheitenkarte in Dynamics NAV

HINWEIS Da das Feld *Zuständigkeitseinheitencode* nicht in Postentabellen wie Sach- oder Artikelposten enthalten ist, können dieser Organisationseinheit *Dimensionen* zugewiesen werden, wenn die Zuständigkeitseinheit zugleich als Auswertungskriterium dient. Mehr zum Thema Dimensionen erfahren Sie im Abschnitt »Dimensionen«.

Sollen die Belege nur für die Mitarbeiter derselben Zuständigkeitseinheit bereitgestellt werden, muss in der *Benutzer Einrichtung* ein entsprechender Filter hinterlegt werden. Die Hinterlegung kann für Einkauf, Verkauf und Service getrennt erfolgen. Wird ein neuer Beleg erstellt, wird die hinterlegte Zuständigkeitseinheit automatisch zugewiesen (Abbildung 4.6).

Link: *Abteilungen/Verwaltung/Anwendung Einrichtung/Benutzer/Benutzer Einrichtung*

ACHTUNG Benutzern mit Zuständigkeitseinheitenfiltern werden nur Belege mit entsprechendem Zuständigkeitseinheitencode angezeigt. Diese Filterung bezieht sich nur auf Belege. Trotz der Zuordnung von festen Werten in den Zuständigkeitseinheitenfiltern auf Benutzerebene ist es diesen Benutzern weiterhin möglich, auf Posten anderer Zuständigkeitseinheiten zuzugreifen, sofern dies nicht durch Anpassungsprogrammierung ausgeschlossen wurde. In früheren Versionen von Dynamics NAV bezog sich der Filter lediglich auf offene Belege, gebuchte wurden trotz der Einrichtung angezeigt.

Grundeinrichtung

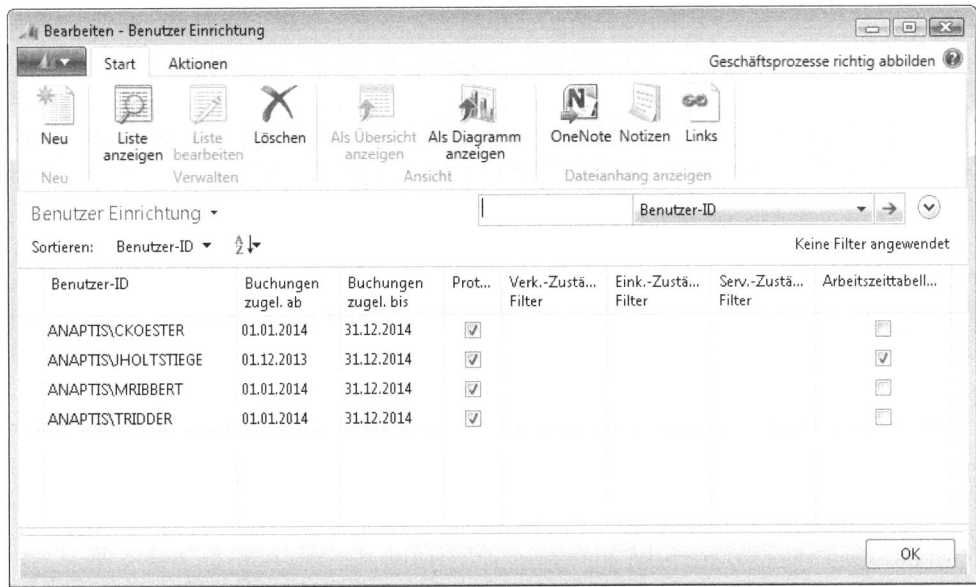

Abbildung 4.6 Aufgabenbezogene Zuständigkeitseinheitencode-Filter in der Benutzer Einrichtung

Der Zuständigkeitseinheitencode kann bei Debitoren und Kreditoren hinterlegt werden, wenn der Debitor z. B. nur von einer Zuständigkeitseinheit betreut wird. Ist eine feste Zuordnung nicht sinnvoll, kann diese jedoch belegindividuell durch den Benutzer erfolgen. Kommt es zu einem Konflikt, weil widersprüchliche Zuständigkeitseinheiten hinterlegt sind, verwendet das Programm die des Benutzers, damit der Beleg durch den Zuständigkeitseinheitenfilter nicht sofort nach der Zuordnung des Debitoren ausgeblendet wird (siehe Abbildung 4.7).

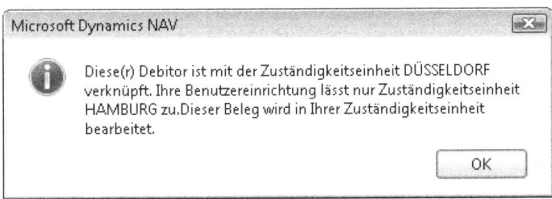

Abbildung 4.7 Hinweis bei Konflikten zwischen Debitoren- und Benutzer-Zuständigkeitseinheit

Statt der Hinterlegung der Zuständigkeitseinheit auf Benutzerebene kann dies auch auf Ebene der Firmendaten (Mandant) erfolgen, wobei wiederum die Benutzerebene Vorrang gegenüber der Firmendatenebene hat. Wenn die Mehrheit der Benutzer einer bestimmten Zuständigkeitseinheit zugeordnet sind, kann diese in den Firmendaten und die abweichenden Zuständigkeitseinheiten in der jeweiligen *Benutzer Einrichtung* hinterlegt werden.

Bei der Zuständigkeitseinheit kann ein Standardlagerortcode hinterlegt werden, der automatisch auf allen Einkaufs- und Verkaufsbelegen Anwendung findet.

Lagerort

Der Lagerort ist eine organisatorische Einheit der Warenwirtschaft, mit der Artikelbestände innerhalb des Mandanten getrennt werden können. Standardlagerorte können bei Debitoren- und Kreditoren, Zuständigkeitseinheiten und den Firmendaten hinterlegt werden. Lagerorte können ferner in Zonen und Lagerplätze unterteilt werden. Zonen und Lagerplätze sind organisatorische Einheiten der pro Lagerort optional konfigurierbaren Logistikfunktionalität. Ausführliche Informationen hierzu finden Sie in Kapitel 6.

Link: *Abteilungen/Lager/Einrichtung/Lagerorte*

Globale Dimensionen

In Dynamics NAV können zwei globale Dimensionen definiert werden, die abweichend von gegebenenfalls weiteren Dimensionen als Feld im Posten (Transaktionsdatensatz) gespeichert sind. In früheren Versionen waren diese Felder fest mit »Kostenstellencode« und »Kostenträgercode« benannt, während diese heute inhaltlich frei definierbar sind. Welche Dimensionen als global definiert sind, ergibt sich aus der *Finanzbuchhaltung Einrichtung*.

Link: *Abteilungen/Finanzmanagement/Einrichtung/Finanzbuchhaltung Einrichtung*

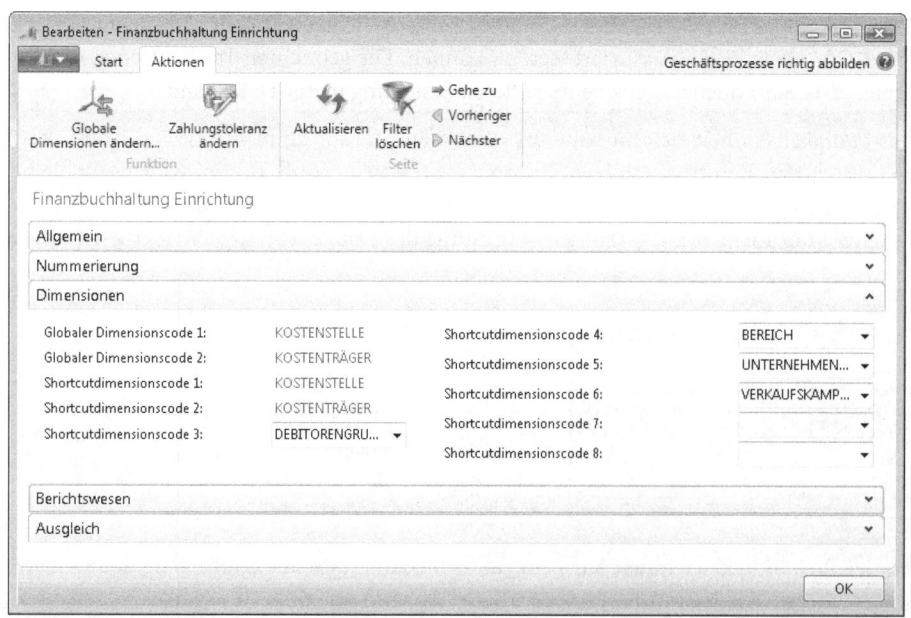

Abbildung 4.8 Einrichtung von globalen und Shortcutdimensionen in der Finanzbuchhaltung Einrichtung

Die globalen Dimensionen können also eine organisatorische Einheit des Unternehmens abbilden, ohne jedoch vom System vorgegeben zu sein.

ACHTUNG Wenn das Dynamics NAV-Zusatzmodul »Kostenrechnung« eingesetzt werden soll, müssen die globalen Dimensionen mit Kostenstelle und Kostenträger belegt werden. Zwar gibt es die Funktionalität *Globale Dimensionen ändern*, um dies entsprechend in allen betroffenen Tabellen nachzuvollziehen, jedoch ist die Nutzung nicht zu empfehlen. Aus Compliance-Sicht raten wir, auch dann Kostenstelle und Kostenträger als globale Dimensionen einzurichten, wenn die Kostenrechnung nicht eingesetzt wird, deren Einsatz zu einem späteren Zeitpunkt aber nicht auszuschließen ist.

Grundeinrichtung

Teams

Ein Team ist eine organisatorische Einheit aus dem Bereich Marketing bzw. CRM, in der Mitarbeiter in ihrer Eigenschaft als Verkäufer oder Einkäufer zusammengefasst werden. Kontaktbezogene Aufgaben können somit entweder einem als Verkäufer oder Einkäufer gekennzeichneten Mitarbeiter oder einem Team von Verkäufern oder Einkäufern zugeordnet werden.

Link: *Abteilungen/Verkauf & Marketing/Verkauf/Teams*

Kontenplan und Dimensionen

Zentrales Element einer jeden integrierten Unternehmenssoftware ist der Kontenplan, in dem alle Geschäftsvorfälle in Dynamics NAV buchhalterisch erfasst werden. Daneben erstellt jedes Unternehmen Auswertungen nach bestimmten unternehmens- oder auch branchenindividuellen Kriterien; also abstrakt ausgedrückt nach unterschiedlichen Dimensionen. Der folgende Abschnitt behandelt diese beiden Datenstrukturen aus organisatorischer Sicht. Ausführlich werden diese in Kapitel 8 behandelt.

Kontenplan

Der Kontenplan besteht aus den einzelnen Sachkonten, die in GuV- und Bilanzkonten unterschieden und durch Überschriften und Summenzeilen strukturiert werden können. Die gebuchten Transaktionen werden als Sachposten bezeichnet. Das Fibujournal dokumentiert deren Erstellung in der Datenbank.

Link: *Abteilungen/Finanzmanagement/Finanzbuchhaltung/Kontenplan*

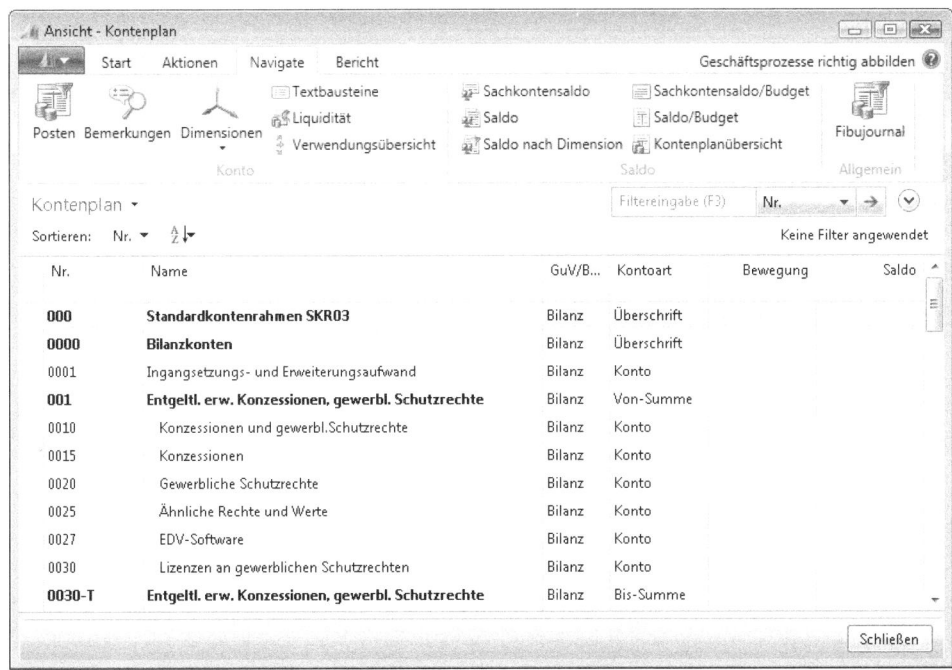

Abbildung 4.9 SKR03 Kontenplan in Dynamics NAV

Der Kontenplan (Abbildung 4.9) in Dynamics NAV enthält mit *Bewegung* und *Saldo* sogenannte FlowFields, die zur Laufzeit berechnet werden und per Drilldown die entsprechenden Sachposten zur betreffenden Summierung anzeigen.

> **HINWEIS** Alternativ zur NAV-Seite *Kontenplan* kann über die *Kontenplanübersicht* eine alternative Ansicht geöffnet werden, über die interaktiv bestimmte Detailebenen des Kontenplans ein- und ausgeblendet werden können.

Dimensionen

Die Vielzahl möglicher Auswertungskriterien ist in einer Standard-Unternehmenssoftware nicht durch fest definierte Felder abzubilden. In Dynamics NAV können deshalb Auswertungskriterien in Form von benutzerdefinierten *Dimensionen* verwaltet werden, die eine zusätzliche Detailebene zu den *Sachposten* bilden. Eine Dimension ist demnach eine Klassifizierung, die einer Transaktion hinzugefügt wird, um Posten mit gleichen Werten zu gruppieren. So gekennzeichnete Transaktionen können mehrdimensional ausgewertet werden. In *Analysen nach Dimensionen* können z. B. zu den Basisdaten der Sachposten (*Sachkontonr.* und *Buchungsdatum*) bis zu vier zusätzliche Dimensionen ausgewertet werden.

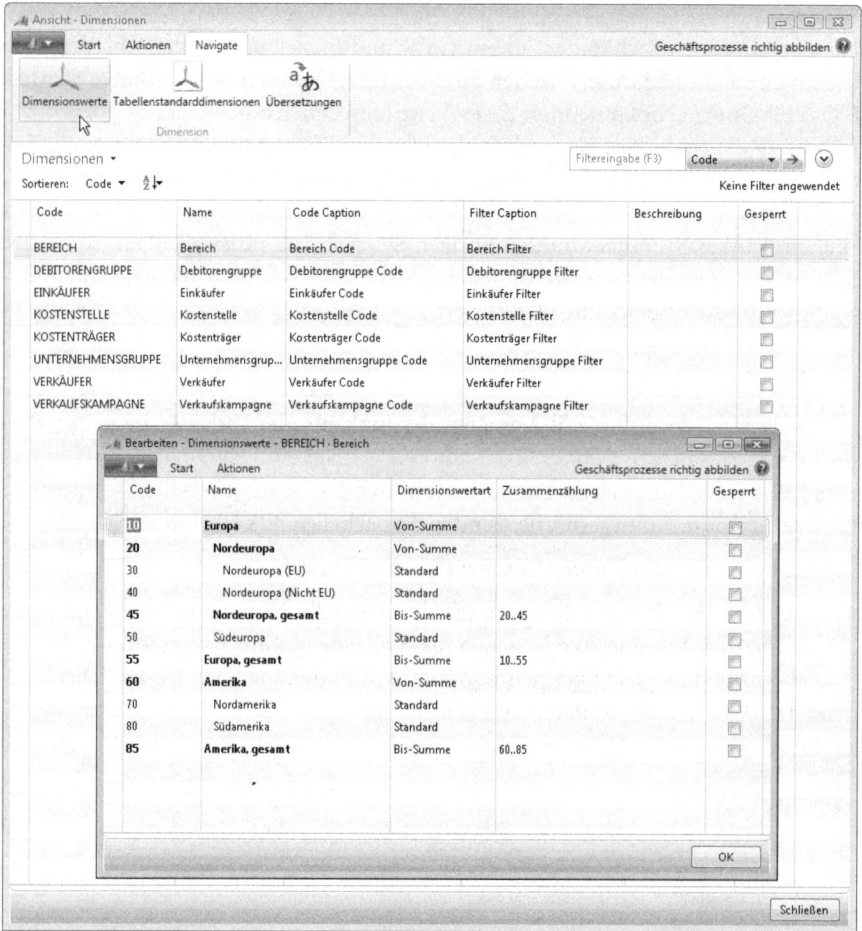

Abbildung 4.10 Dimensionen und Dimensionswerte

Jede Dimension kann beliebig viele Dimensionswerte enthalten, bei denen es sich um Ausprägungen der betreffenden Dimension handelt. Beispielsweise könnte eine Dimension mit dem Code FAHRZEUG die einzelnen Kfz-Kennzeichen als Dimensionswerte aufweisen. Die zu verwaltenden Dimensionswerte lassen sich wie im Kontenplan über Überschriften und Zwischensummen strukturieren sowie über eine Funktion entsprechend einrücken (siehe Abbildung 4.10).

Dimensionen können in allen Finanztransaktionen, also in Buchungsblättern und Belegen, sowie in Budgets verwendet werden, um in Auswertungen beispielsweise auch Budgetabweichungen darstellen zu können. Um den Erfassungsaufwand in Transaktionen zu minimieren, können Dimensionen an Stammdaten hinterlegt werden. Diese Vorgabedimensionen werden in die Belege und Buch.-Blattzeilen übernommen und können dort je nach Einrichtung vor dem Buchen geändert werden. Mittels der Vorgabedimensionen können auch Pflichtdimensionen definiert werden, ohne die eine Buchung nicht akzeptiert wird. Über die Dimensionskombinationen kann außerdem definiert werden, dass bestimmte Kombinationen von Dimensionswerten oder auch Dimensionen nicht zulässig sind.

HINWEIS Dynamics NAV stellt keine standardmäßige Dimensionseinrichtung zur Verfügung, die Einrichtung der Dimensionen ist als optional und unternehmensindividuell zu betrachten. Dimensionen werden ausführlich im Abschnitt »Dimensionen« behandelt.

Nummernkreise

Das HGB fordert in § 239 Abs. 2 ff. die eindeutige Nachvollziehbarkeit aller Buchhaltungstransaktionen. Zur Sicherstellung dieser Anforderung ist es notwendig, jeden Vorgang im System eindeutig belegbar zu machen. Aus diesem Grund wird jede Transaktion im System mit einer Belegnummer versehen. Darüber hinaus sind auch Stammdaten über eine eindeutige Nummer von den übrigen Stammdaten unterscheidbar, so besitzt beispielsweise jeder Kunde (Debitor) und Lieferant (Kreditor) eine Nummer, die ihn unabhängig von anderen Datenattributen wie Name und Adresse eindeutig identifiziert.

Einrichtung von Nummernserien

In Dynamics NAV können sowohl für Belegarten (z. B. Vorgänge des Einkaufs, des Verkaufs sowie Lagerbewegungen etc.) als auch für Stammdaten (z. B. Debitoren, Kreditoren, Artikel etc.) Nummernkreise hinterlegt werden. Darüber hinaus kann jeder Nummernkreis mit bestimmten Parametern versehen werden, die die Nummernvergabe individuell steuern. Nummernserien sind in den Tabellen 308/309 hinterlegt.

Link: *Abteilungen/Verwaltung/Anwendung Einrichtung/Allgemein/Nummernserie*

Ist für einen Nummernkreis sowohl die automatische als auch die manuelle Nummernvergabe aktiviert, kann anstatt der nächsten Nummer des Nummernkreises auch manuell eine Nummer vergeben werden. In der Tabelle *Nummernserie* (siehe Abbildung 4.11) können nummernkreisindividuell drei wesentliche Parameter gepflegt werden (siehe Tabelle 4.1), alle weiteren ergeben sich aus der Tabelle *Nr.-Serienzeile* (siehe Abbildung 4.11 sowie Tabelle 4.2), die über die Aktion *Zeilen* im Menü *Navigate* oder per Drilldown in einigen Spalten der NAV-Seite zu erreichen ist.

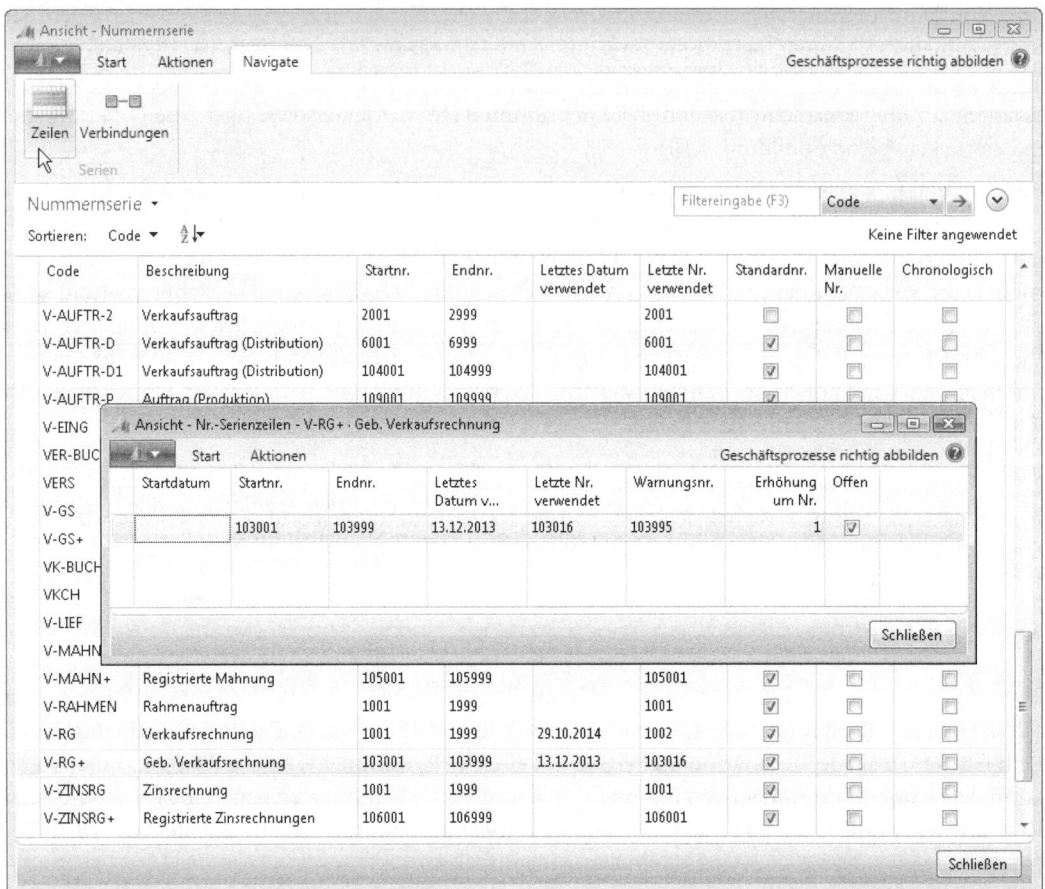

Abbildung 4.11 Nummernserien für verschiedene Belegarten

Feld	Beschreibung
Standardnummer	Nummernserien werden automatisch als Vorgabe verwendet
Manuelle Nr.	Die manuelle Eingabe von Nummern ist zulässig
Chronologisch	Die Anwendung überprüft, ob die Nummernvergabe chronologisch erfolgt. Bei Aktivierung des Felds überprüft die Anwendung beim Buchen bzw. bei der Vergabe der Nummer, ob Belegen und Buch.-Blattzeilen aufsteigende Nummern entsprechend dem Arbeitsdatum/Buchungsdatum chronologisch zugeordnet worden sind.

Tabelle 4.1 Einrichtungsparameter der Nummernserien

Feld	Beschreibung
Startdatum	Datum, ab dem die entsprechende Nummernkreiszeile verwendet werden soll. Dieses Feld wird benötigt, wenn zu Beginn einer neuen Periode eine neue Nummernserie verwendet werden soll. Ist ein Datum hinterlegt, wechselt die Anwendung automatisch die Nummernserie.
Startnummer	Erste Nummer des Nummernkreises (bis zu 20 Stellen, alphanumerisch)

Tabelle 4.2 Felder der Tabelle *Nummernserienzeile*

Grundeinrichtung

Feld	Beschreibung
Endnummer	Letzte Nummer des Nummernkreises (bis zu 20 Stellen, alphanumerisch)
Warnungsnummer	Festlegung der Nummer, bei der eine Warnmeldung über das Auslaufen einer Nummernserie durch das System ausgegeben wird
Erhöhung um Nr.	Intervall der Nummernvergabe
Letzte Nummer verwendet	Nummer des Nummernkreises, die zuletzt verwendet wurde
Offen	Das Feld hat den Status <Offen>, solange Nummern des Nummernkreises noch vergeben werden können. Das System entfernt die Markierung automatisch, sobald die Endnummer des Nummernkreises erreicht ist.
Letztes Datum verwendet	Datum, an dem zuletzt eine Nummer dieses Nummernkreises verwendet wurde

Tabelle 4.2 Felder der Tabelle *Nummernserienzeile (Fortsetzung)*

Sollte es erforderlich sein, alternative Nummernserien für eine Belegart, für Stammdaten oder für Buchungsblätter zu verwenden, bietet Dynamics NAV über die Tabelle *Nummernserienverbindungen* die Möglichkeit der Zuordnung einer oder mehrerer Nummernseriencodes zu einem Standardnummernkreis (siehe Abbildung 4.12).

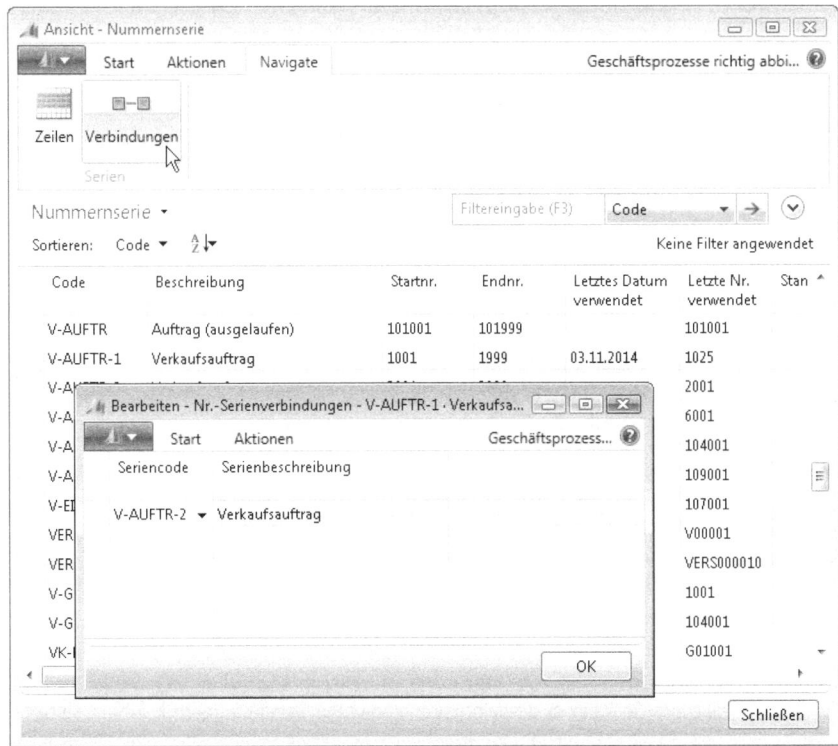

Abbildung 4.12 Nummernserienverbindung zwischen V-AUFTR-1 und V-AUFTR-2

Mittels der Nummernserienverbindung kann bei Neuanlage z. B. eines Verkaufsauftrags über die Assist-Schaltfläche des Felds *Nr.* der Nummernkreis ausgewählt werden (siehe Abbildung 4.13), aus dem die Auftragsnummer vergeben werden soll.

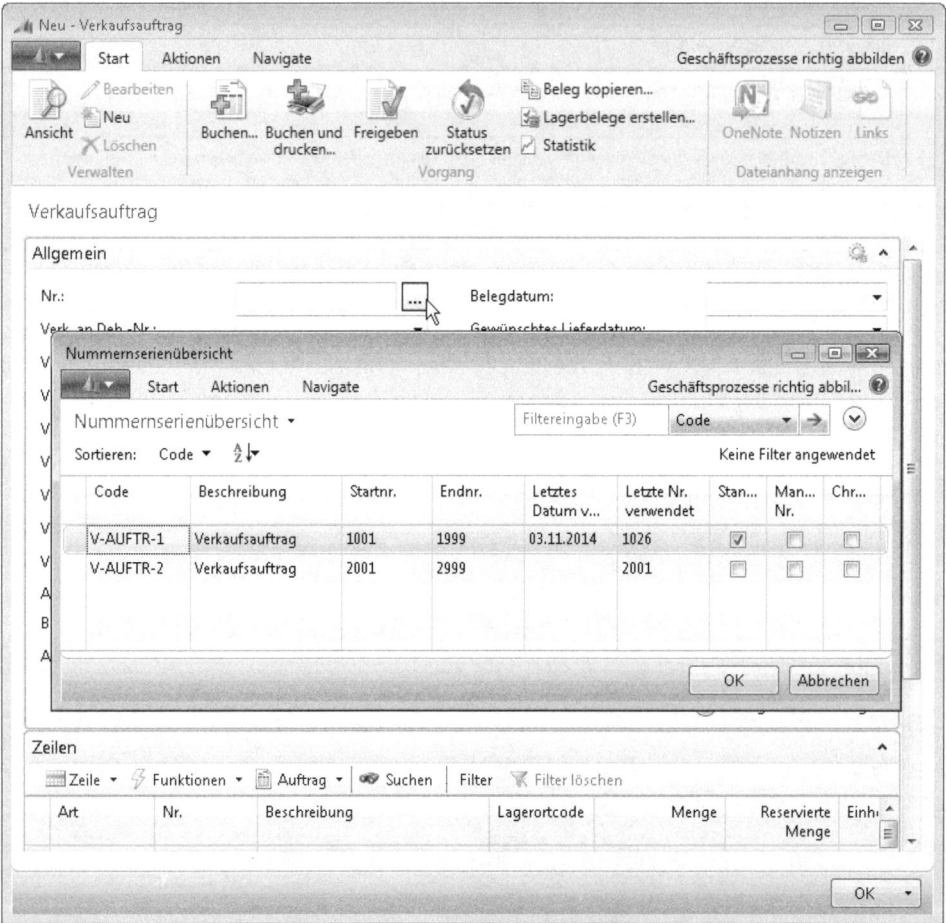

Abbildung 4.13   Auswahl der verbundenen Nummernserien im Verkaufsauftrag

HINWEIS   In offenen Belegen wie dem Verkaufskopf stellt die *Nr.* die Belegnummer des ungebuchten Belegs dar. Die aus diesem Beleg erzeugten gebuchten Belege, also z. B. die gebuchte Lieferung oder gebuchte Rechnung, bekommen im Moment des Buchens eine Nummer aus dem jeweiligen Nummernkreis für gebuchte Lieferungen bzw. gebuchte Rechnungen zugewiesen. Diese Nummern werden im Belegkopf in die im Standard ausgeblendeten Felder *Lieferungsnr.* und *Buchungsnr.* geschrieben. Wird die Buchung aufgrund einer Fehlermeldung abgebrochen, z. B. wegen Fehlens einer Buchungsmatrixkombination, bleibt die Nummernvergabe in diesen Feldern gespeichert. So kann es zu nicht chronologischen Belegnummern kommen. Entsprechende Zugriffsrechte vorausgesetzt, können diese Felder unter *Info zu dieser Seite* angezeigt werden. Wird ein solcher Beleg gelöscht, erstellt Dynamics NAV einen gebuchten Beleg, der als gelöschter Beleg gekennzeichnet ist, um die Reihenfolge des gebuchten Nummernkreises einzuhalten.

Für die Verwaltung der Nummernserien stehen verschiedene Standardberichte zur Verfügung. Mithilfe des Berichts *Nummernserie* können Informationen zu einzelnen Nummernkreisen bzw. Nummernserienzeilen ausgedruckt werden (offen oder geschlossen, automatische, manuelle und chronologische Nummernvergabe, Startdatum, Start- und Endnummer, Datum der zuletzt genutzten Belegnummer etc.). Über Filter kann die Auswahl auf einen oder mehrere Nummernkreise beschränkt werden.

Link: *Abteilungen/Finanzmanagement/Finanzbuchhaltung/Berichte/Einrichtungsübersicht/Nummernserie*

Der Bericht *Nr.-Serie prüfen* zeigt das Startdatum, die Start- und Endnummer der Serie, die letzte verwendete Nummer und den Status der Nummernserie (offen oder geschlossen) an. Die Nummernserien werden nach den Startnummern in aufsteigender Reihenfolge sortiert. Der Bericht kann dazu verwendet werden, Nummernkreise in Bezug auf Nummernserienüberschneidungen hin zu überprüfen.

Link: *Abteilungen/Finanzmanagement/Finanzbuchhaltung/Berichte/Einrichtungsübersicht/Nr.-Serie prüfen*

Der Bericht *FiBu-Belegnummern* erstellt eine Liste der Sachposten, sortiert nach Belegnummern mit den Attributen Buchungsdatum, Sachpostenbeschreibung, Sachkontonummer und Herkunftscode. Sind Belegnummernlücken vorhanden oder wurden Belege nicht in der Reihenfolge ihrer Belegnummern gebucht (Prüfung anhand des Buchungsdatums), erscheint eine Systemwarnung.

Link: *Abteilungen/Finanzmanagement/Finanzbuchhaltung/Berichte/Einrichtungsübersicht/Fibu-Belegnummern*

TIPP Wegen der Sortierlogik in der SQL Server-Datenbank sollen Nummernserien so definiert werden, dass alle vergebenen Nummern die gleiche Anzahl von Zeichen beinhalten, um eine jederzeit konsistente numerische Sortierreihenfolge zu gewährleisten.

Alphanumerische Belegnummern sind über die Tastatur weniger effizient einzugeben als rein numerische Nummern, erleichtern jedoch die Überschneidungsfreiheit der Nummernkreise und benötigen dazu eine geringere Anzahl von Zeichen.

Nummernserien aus Compliance-Sicht

Potenzielle Risiken

- Überschneidung von Belegnummernkreisen kann zu fehlender Nachvollziehbarkeit von gebuchten Belegen führen bzw. den Buchungsprozess behindern (Efficiency)
- Fehlende Kapazität freier Belegnummern behindert den reibungslosen Verbuchungsprozess (Efficiency)
- Belegnummernlücken in Buchhaltungsbelegen geben Hinweise auf Verstöße gegen das Radierverbot (Compliance, Reliability, Integrity)

Prüfungsziel

- Sicherstellung bzw. Prüfung der Überschneidungsfreiheit der einzelnen Nummernserien
- Sicherstellung bzw. Prüfung einer ausreichenden Kapazität freier Belegnummern in den jeweiligen Nummernserien
- Sicherstellung bzw. Prüfung einer lückenfreien Belegnummernvergabe in Buchhaltungsbelegen

Prüfungshandlungen

Überschneidungsfreiheit

Mit dem Bericht *Nummernserie* (Report 22) oder *Nr.-Serie prüfen* (Report 23) sollte überprüft werden, ob es zwischen Belegnummernserien zu Überschneidungen kommen kann. Gegebenenfalls müssen die Einstellungen zu den Nummernserien angepasst werden.

Link: *Abteilungen/Finanzmanagement/Finanzbuchhaltung/Berichte/Einrichtungsübersicht/Nummernserie*

Link: *Abteilungen/Finanzmanagement/Finanzbuchhaltung/Berichte/Einrichtungsübersicht/Nr.-Serie prüfen*

Freie Belegnummern

Im ersten Schritt sollte geprüft werden, ob die Einstellungen zur Ausgabe einer Warnmeldung für den Fall, dass eine Nummernserie ausläuft, angemessen gesetzt sind. Dazu ist das Feld *Warnungsnummer* der Tabelle 309 *Nr.-Serienzeile* zu überprüfen. Report 22 gibt darüber hinaus einen Überblick über den Stand einzelner Nummernkreise und liefert damit Informationen über das mögliche Auslaufen einzelner Belegnummernserien.

Belegnummernlücken

Die automatische Belegnummernvergabe in Verbindung mit einem Erhöhungsintervall von eins und der Prüfung einer chronologischen Vergabe ist aus Sicht einer konsistenten Nummernvergabe sinnvoll. Die Einstellungen zur Konfiguration der automatischen Vergabe und zur Chronologie finden sich in Tabelle 308, der Erhöhungsintervall in Tabelle 309. Ob in der Vergangenheit tatsächlich Belegnummernlücken in Buchhaltungsbelegen aufgetreten sind, lässt sich über den Report *Fibu-Belegnummern* auswerten.

Link: *Abteilungen/Finanzmanagement/Finanzbuchhaltung/Berichte/Einrichtungsübersicht/Fibu-Belegnummern*

Sollten Belegnummernlücken im System existieren, sollte eine Dokumentation darüber in der Buchhaltungsabteilung existieren. Ferner sollten Änderungen in der Einrichtung der Nummernkreise (Tabellen 308 und 309) im Änderungsprotokoll aufgezeichnet werden.

Belegfluss und Beleggenehmigung

In diesem Abschnitt wird die Grundlage für das Verständnis des Belegflusses in Dynamics NAV gelegt und folgende prozessübergreifenden Funktionen erläutert:

- Belegbegriff und Belegaufbau
- Offene und gebuchte Belege
- Belegarchivierung
- Belegstatus
- Belegdruck
- Belegfluss und Postenerstellung
- Beleggenehmigungen

Belegbegriff und Belegaufbau

Belege dienen im Allgemeinen dazu, Daten eines Geschäftsvorfalls zu dokumentieren und als Nachweis zu speichern. Insbesondere Buchhaltungsbelege unterliegen dabei gesetzlich vorgeschriebenen Aufbewahrungs- und Dokumentationspflichten. Grundsätzlich werden im System die Mehrheit der Transaktionen und die damit verbundenen Bewegungsdaten mithilfe von Belegen erfasst und gespeichert. Im Rahmen eines Geschäftsprozesses (z. B. Verkaufsprozess) können unterschiedliche Belege erzeugt und verarbeitet werden (Angebot, Auftrag, Lieferung, Rechnung, Zahlung etc.).

In der Regel werden diese Belege einer Prozessinstanz im System miteinander verknüpft, sodass der Vorgang über den Belegfluss hinweg transparent ist. Belege setzen sich in der Regel aus einem Belegkopf und einer

Belegfluss und Beleggenehmigung

oder mehreren Belegzeilen zusammen. Die Abbildung 4.14 zeigt den Aufbau eines Verkaufsauftrags, für den drei Auftragspositionen erfasst wurden. Alle Felder der NAV-Seite mit Ausnahme des Inforegisters *Zeilen* sind dabei Kopfdaten bzw. werden in der Tabelle *Verkaufskopf* gespeichert.

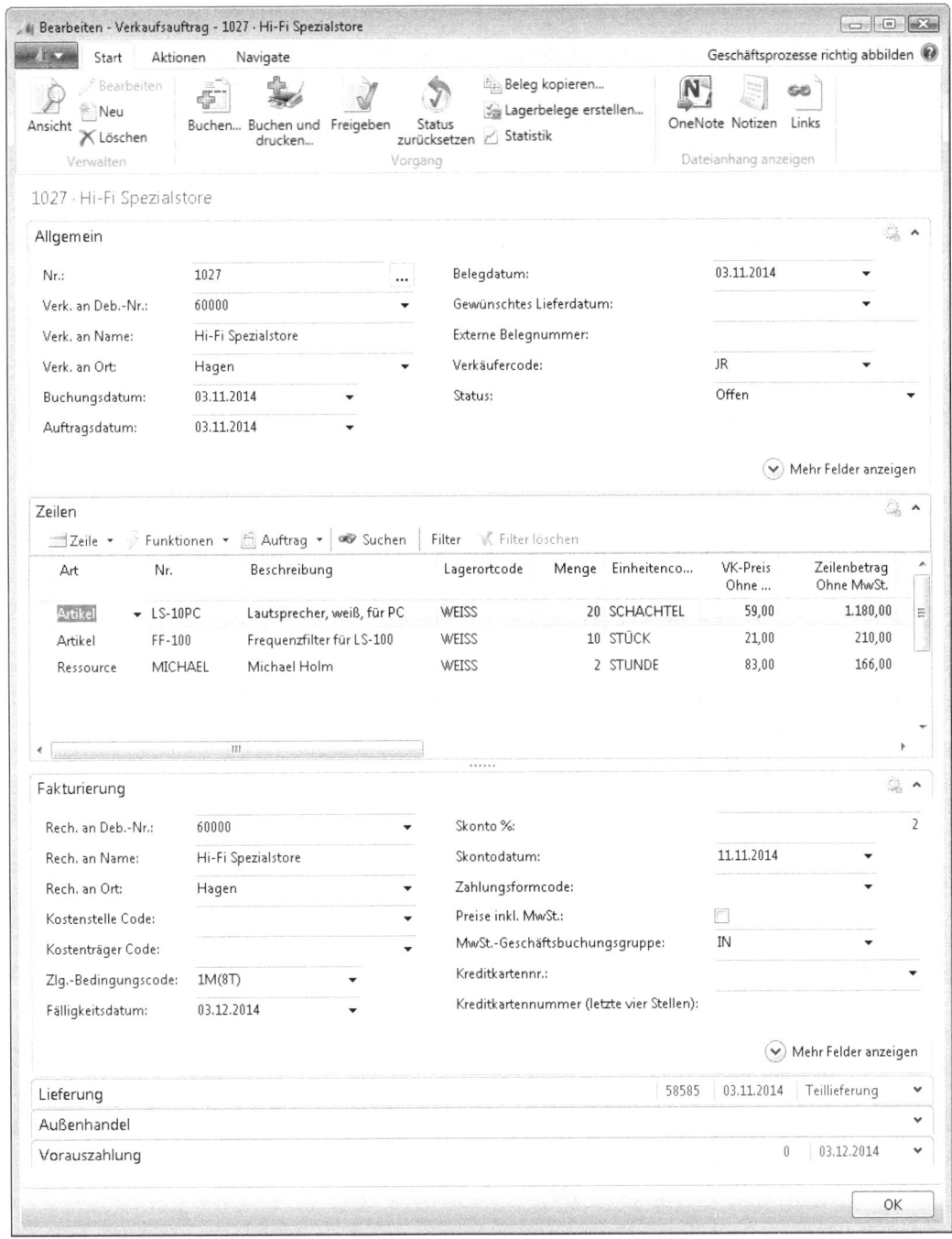

Abbildung 4.14 Kopf- und Zeilendaten des Verkaufsauftrags

Kopfdaten gelten für den gesamten Beleg, d.h. für sämtliche Zeilen dieses Auftrags. Grundsätzlich werden zunächst die Daten im Belegkopf erfasst, bevor die Belegzeilen erfasst werden. Die Belegzeilen des Auftrags werden auch als Positionsdaten bezeichnet und beinhalten in diesem Fall unterschiedliche Artikel, die dem Kunden verkauft werden sollen.

Um die Feldbelegung eines Belegs zu steuern, können bestimmte Feldvorbelegungen durch Einrichtungsparameter und Stammdaten erzeugt werden (siehe Abbildung 4.15). Wird beispielsweise eine bestimmte Zahlungsbedingung für einen Kunden in der entsprechenden Debitorenkarte festgelegt, wird diese Vorgabe in den Beleg übernommen, sobald der Kunde ausgewählt wurde. Im weiteren Verlauf dieser Abhandlung werden die entsprechenden Parameter der Einrichtung und Stammdaten ausführlich erläutert.

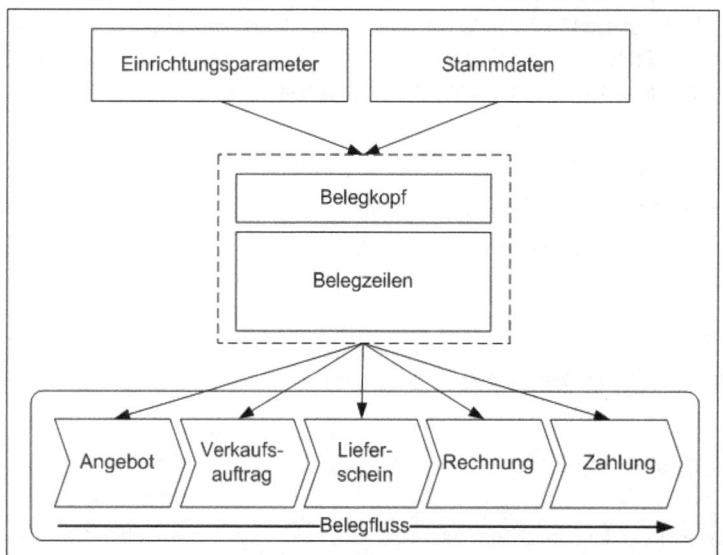

Abbildung 4.15 Belegeinrichtung und Belegfluss

Unter der Annahme, dass ein Geschäftsprozess (in diesem Fall der Verkaufsprozess) vollständig durchlaufen und gebucht wird, erzeugt das System für jede Prozessinstanz sämtliche Belege vom Angebots- bis zum Zahlungsbeleg.

Offene und gebuchte Belege

In Dynamics NAV gibt es ungebuchte (offene) Belege und gebuchte Belege. Offene Belegarten sind innerhalb des Verkaufsprozesses beispielsweise das Verkaufsangebot oder der Verkaufsauftrag. Diese beiden Belegarten werden als offen bezeichnet, da diese bis zur Buchung geändert werden können. Beim Buchen kann in der Regel zwischen *Liefern* und *Fakturieren* unterschieden werden. Die *Liefern*-Buchung erzeugt eine gebuchte Lieferung bzw. Rücklieferung, während die *Fakturieren*-Buchung eine gebuchte Rechnung oder Gutschrift erzeugt. *Liefern*- und *Fakturieren*-Buchungen können dabei mehrmals aus einem Beleg heraus erfolgen, wenn z. B. Teillieferungen und Teilrechnungen erfolgen. Generell muss in Dynamics NAV die *Liefern*-Buchung der *Fakturieren*-Buchung vorausgehen.

Belegfluss und Beleggenehmigung

HINWEIS Unter den offenen Belegarten gibt es auch die Belegart *Verkaufsrechnung* (Link: *Abteilungen/Verkauf & Marketing/Auftragsabwicklung/Verkaufsrechnungen*). Diese Belegart stellt ebenfalls einen ungebuchten Beleg dar und wird erst durch die Buchung zu einer gebuchten Rechnung. Bei Rechnungen und Gutschriften lässt sich nicht zwischen *Liefern* und *Fakturieren* unterscheiden.

Offene Belege werden durch den Buchungslauf automatisch gelöscht, sofern diese damit komplett erledigt sind. Gebuchte Belege können vom Anwender nicht mehr geändert werden. Beispiele innerhalb des Verkaufsprozesses sind die gebuchte Verkaufslieferung oder die gebuchte Verkaufsrechnung.

ACHTUNG Trotz des systemseitigen Schutzes gegen Änderungen an gebuchten Belegen können diese bei entsprechender Berechtigung gelöscht werden (gebuchte Verkaufsrechnungen können gelöscht werden, sofern diese einmalig gedruckt wurden). Zwar werden durch das Löschen keine Datensätze in Postentabellen gelöscht (sondern nur die gebuchten Kopf- und Zeilendaten), dennoch sollte das Löschen von gebuchten Belegen über die Zugriffsberechtigungen verhindert und das Löschen im Änderungsprotokoll vollständig protokolliert werden.

Aus Compliance-Sicht sollte das Löschen zusätzlich durch die Form-Eigenschaft (DeleteAllowed) verhindert werden.

Anleitung zum Entfernen der Löschmöglichkeit am Beispiel der »Geb. Verkaufsrechnung«

1. Menübefehl *Extras/Object Designer* in der Entwicklungsumgebung von Dynamics NAV
2. Selektion der Objektart *Page* und der ID 132 *Geb. Verkaufsrechnung*
3. Starten des Designmodus über die Schaltfläche *Design*
4. Die Einfügemarke über ⌈Strg⌉+⌈Ende⌉ und ⌈↓⌉ in eine leere Zeile des Page Designers positionieren
5. Menübefehl *Ansicht/Properties*
6. Selektieren der Eigenschaft *DeleteAllowed*, Wertzuweisung »No«
7. Das Customizing sollte entsprechend der Richtlinien des Unternehmens dokumentiert und die Änderung gespeichert werden. Die Regelungen zum Einspielen von Objektänderungen für Entwicklungs- und Produktivdatenbank sind dabei zu beachten.
8. Dieses Vorgehen lässt sich auf alle Forms zur Anzeige gebuchter Belege übertragen

Belegarchivierung

Offene Belege wie Einkaufsbestellungen, Verkaufsangebote oder Verkaufsaufträge können sich im Dialog mit dem Lieferanten bzw. Kunden über die Zeit verändern. Wird ein offener Beleg ausgedruckt, wird diese Momentaufnahme des Belegs zu einem Dokument und sollte daher auch in der Datenbank archiviert werden. Dynamics NAV bietet die Möglichkeit, folgende Belege in *Versionen* zu archivieren:

- Verkaufsangebote
- Verkaufsaufträge
- Rahmenaufträge
- Reklamationen
- Einkaufsanfragen
- Einkaufsbestellungen
- Rahmenbestellungen
- Reklamationen

In den beiden entsprechenden Einrichtungen (*Debitoren & Verkauf Einr.* sowie *Kreditoren & Einkauf Einr.*) kann im Inforegister *Archivierung* jeweils definiert werden, wie die Anwendung die Archivierung vornehmen soll.

Link: *Abteilungen/Verkauf & Marketing/Einrichtung/Debitoren & Verkauf Einr.*

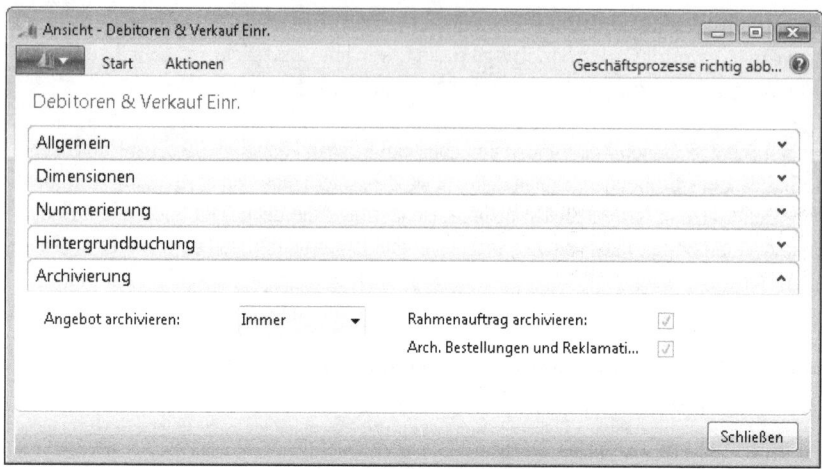

Abbildung 4.16   Archivierungsparameter in der Debitoren & Verkauf Einrichtung

TIPP   Werden Verkaufsangebote in Verkaufsaufträge umgewandelt, so wird der Angebotsbeleg gelöscht und ein neuer Verkaufsauftragsbeleg erzeugt. Angebote sollten jedoch nach der Umwandlung in Aufträge erhalten bleiben, um beispielsweise Daten für die Auswertung zu liefern, wie das Verhältnis von Angeboten zu Aufträgen ist. Damit die Anwendung das Angebot beim Umwandeln in einen Auftrag automatisch archiviert, muss das Feld *Angebot archivieren* auf *Immer* stehen.

Die Archivierung kann vom Benutzer angestoßen werden oder automatisch erfolgen. Die vollständige Nutzung der Archivierung vorausgesetzt (siehe Tabelle 4.3), wird eine automatische Archivierung in folgenden Fällen vorgenommen:

- Manuelles Löschen eines Belegs
- Umwandeln eines Angebots bzw. einer Anfrage in einen Auftrag bzw. Bestellung
- Drucken eines Angebots oder einer Auftragsbestätigung bzw. einer Anfrage oder Bestellung

ACHTUNG   Beim Druck eines Angebots oder einer Auftragsbestätigung gibt es jeweils über die Registerkarte *Optionen* die Möglichkeit, die Archivierung benutzerdefiniert zu steuern. Selbst wenn die Archivierung des Angebots auf *Immer* steht, kann diese Regel damit übersteuert werden, sodass der Beleg im Ergebnis nicht archiviert wird. Aus Compliance-Sicht sollte diese Option durch Customizing nicht verfügbar gemacht werden.

Schrittanleitung zum Entfernen der Archivierungsauswahloption

Um zu verhindern, dass die Archivierung beim Drucken eines offenen Belegs benutzerdefiniert unterbunden wird, kann am Beispiel des Verkaufsangebots wie folgt vorgegangen werden (vgl. Abbildung 4.17):

1. Menübefehl *Extras/Object Designer* in der Entwicklungsumgebung von Dynamics NAV
2. Selektion der Objektart *Report* und danach der Report *ID* 204 *Verkauf – Angebot*
3. Starten des Designmodus über die Schaltfläche *Design*

Belegfluss und Beleggenehmigung

4. Menübefehl *Ansicht/Request Page*
5. Aktivieren der Request Option Page Designer-Zeile *ArchiveDocument*
6. Menübefehl *Ansicht/Properties*
7. Selektion der Eigenschaft *Editable*, Wertzuweisung FALSE
8. Das Customizing sollte entsprechend der Richtlinien des Unternehmens dokumentiert und die Änderung gespeichert werden. Die Regelungen zum Einspielen von Objektänderungen für Entwicklungs- und Produktivdatenbank sind dabei zu beachten.

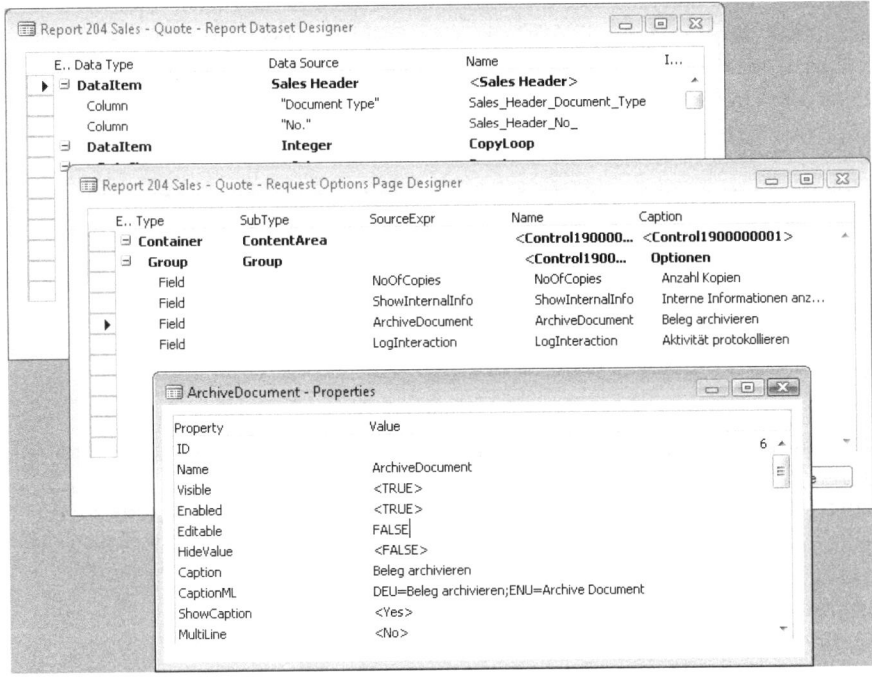

Abbildung 4.17 Entfernen der Druckoption Beleg archivieren

Aus Compliance-Sicht sollte sowohl im Einkauf als auch im Verkauf der volle Archivierungsumfang aktiviert werden (siehe Tabelle 4.3).

Einrichtungstabelle	Feld	Option
Debitoren & Verkauf Einr.	Angebot archivieren	Immer
	Rahmenauftrag archivieren	Aktiv (falls Rahmenaufträge genutzt werden)
	Arch. Aufträge und Reklamationen	Aktiv
Kreditoren & Einkauf Einr.	Anfrage archivieren	Immer
	Rahmenbestellung archivieren	Aktiv (falls Rahmenbest. genutzt werden)
	Arch. Bestellungen und Reklamationen	Aktiv

Tabelle 4.3 Parameter für die Archivierung von Ein- und Verkaufsbelegen

ACHTUNG Seit Dynamics NAV 2013 können Belege aus der *Vorschau* gedruckt werden. Dabei werden sowohl die angesprochenen Archivierungsfunktionen als auch das Hochzählen von *Anzahl gedruckt* nicht ausgeführt. Da das Drucken aus der Vorschau durch Benutzerrechte nicht unterbunden werden kann, sollte entweder die Vorschau für entsprechende Belege durch Customizing gesperrt werden oder, wenn die Vorschau für Layoutzwecke erforderlich ist, organisatorisch geregelt werden, dass aus der Vorschau nicht gedruckt werden darf.

Belegstatus

Das Feld *Status* in offenen Belegen wird zum einen dazu genutzt, Änderungen am Beleg zuzulassen oder zu verhindern, zum anderen dient das Feld dazu, die Weiterverarbeitung zu steuern, wenn beispielsweise eine Vorauszahlung offen ist oder der Beleg eine Genehmigung erfordert. Mit *Freigeben* [Strg]+[F9] wird ein offener Beleg freigegeben. Um einen freigegebenen Beleg wieder editieren zu können, ist der Status über *Status zurücksetzen* zu ändern. Weitere mögliche Status entnehmen Sie der Tabelle 4.4.

Status	Bedeutung
Offen	Anfangsstatus bei der Belegerfassung. Änderungen im Beleg sind zulässig.
Freigegeben	Die Belegerfassung ist abgeschlossen und der Beleg ist für die Weiterverarbeitung, zum Beispiel in der Logistik, freigegeben. In diesem Status können keine Änderungen mehr an Zeilen der Art *Artikel* oder *WG/Anlage* vorgenommen werden.
Genehmigung ausstehend	Der Beleg erfordert eine Genehmigung durch einen anderen Benutzer. Um diesen zu informieren, ist über die gleichnamige Aktion eine Genehmigungsanforderung zu senden. Durch die Genehmigung erfolgt der Statuswechsel auf *Freigegeben* (siehe hierzu auch den Abschnitt »Beleggenehmigung«).
Vorauszahlung ausstehend	Der Beleg wurde vom Erfasser freigegeben, jedoch muss vom Debitor eine Vorauszahlung geleistet werden, bevor eine Weiterverarbeitung möglich ist. Für diese Vorauszahlung muss eine Vorauszahlungsrechnung gebucht und der Zahlungseingang erfolgt sein, bevor der Statuswechsel auf *Freigegeben* erfolgen kann (siehe hierzu auch in Kapitel 7 den Abschnitt »Vorauszahlungen«).

Tabelle 4.4 Optionen des Belegstatusfelds

Belegdruck

In diesem Abschnitt werden die folgenden Aspekte des Belegdrucks aus Dynamics NAV erläutert:

- Drucken und Belegstatus
- Berichtsauswahl
- Druckerauswahloptionen
- Drucken im Hintergrund
- Drucken in Word

Drucken und Belegstatus

Generell ist es in Dynamics NAV möglich, Belege zu drucken, ohne dass der Status des Belegs berücksichtigt wird. Durch den Druck und Versand nicht freigegebener Belege (z. B. Verkaufsangebote oder Auftragsbestätigungen) können ungewollte, verbindliche Rechtsverhältnisse entstehen. Dieses Problem kann dadurch gelöst werden, dass im Report eine Fehlermeldung ausgegeben wird, wenn der Belegstatus entweder auf *Offen* oder *Genehmigung ausstehend* lautet (siehe Abbildung 4.18).

Belegfluss und Beleggenehmigung

HINWEIS Seit Dynamics NAV 2013 ist es möglich, Belege aus der *Vorschau* zu drucken. Daher kann aus Compliance-Sicht auch die Vorschau z. B. für nicht freigegebene Angebote nicht akzeptiert werden. In der Praxis ist jedoch gerade bei Verkaufsangeboten eine Vorschau zu Layoutzwecken (z. B. Seitenumbrüche) häufig wünschenswert. Wenn eine organisatorische Regelung bezüglich des Druckens aus der Vorschau nicht angemessen erscheint, kann der Report ggf. als Testbeleg dupliziert werden. In diesem Fall muss natürlich sichergestellt sein, dass Änderungen immer an beiden Reports durchgeführt werden.

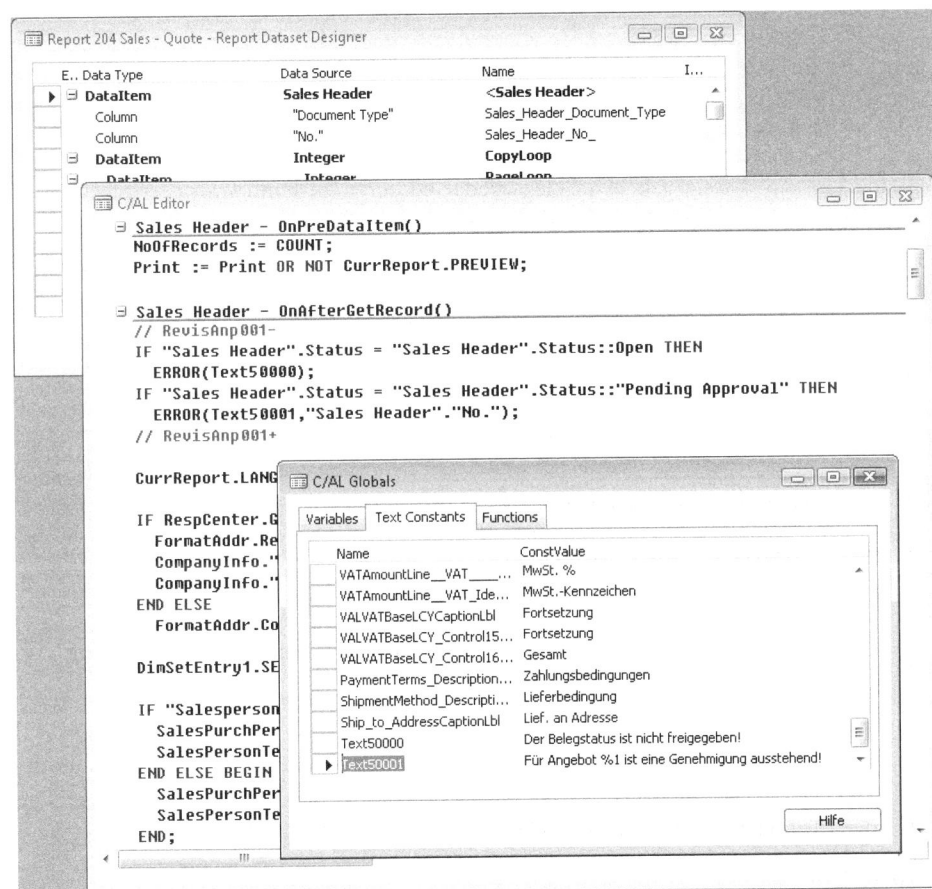

Abbildung 4.18 C/AL-Codeanpassung zur Berücksichtigung des Belegstatus

Schrittanleitung zum Einfügen der oben beschriebenen Druckfehlermeldung

Um zu verhindern, dass ein Angebot gedruckt wird, das entweder noch nicht freigegeben oder nicht genehmigt ist, kann folgendermaßen – hier am Beispiel des Verkaufsangebots erläutert – vorgegangen werden:

1. Menübefehl *Extras/Object Designer* in der Entwicklungsumgebung von Dynamics NAV
2. Selektion der Objektart *Report* und danach der Report *ID* 204 *Verkauf – Angebot*
3. Starten des Designmodus über die Schaltfläche *Design*
4. Menübefehl *Ansicht/C/AL Code*

5. Einfügen der Anpassung »RevisAnp001« aus Abbildung 4.18 im Trigger *Sales Header – OnAfterGetRecord*
6. Dokumentieren der Objektänderung entsprechend der Richtlinien des Unternehmens und Speichern der Änderung. Dabei sind die Regelungen zum Einspielen von Objektänderungen für Entwicklungs- und Produktivdatenbank zu beachten.

Diese Vorgehensweise lässt sich analog auf andere Belegarten aus dem Einkauf bzw. Verkauf übertragen.

Berichtsauswahl

In der Berichtsauswahl wird für jeden Bereich (Einkauf, Verkauf, Lager, Fertigung, Service usw.) hinterlegt, welche *Berichts-ID* für welchen Beleg genutzt wird. Es ist auch möglich, mehrere Berichte zu definieren, die nacheinander abgearbeitet werden (siehe Abbildung 4.19).

Link: *Abteilungen/Verkauf & Marketing/Auftragsabwicklung/Einrichtung/Berichtsauswahl – Vertrieb*

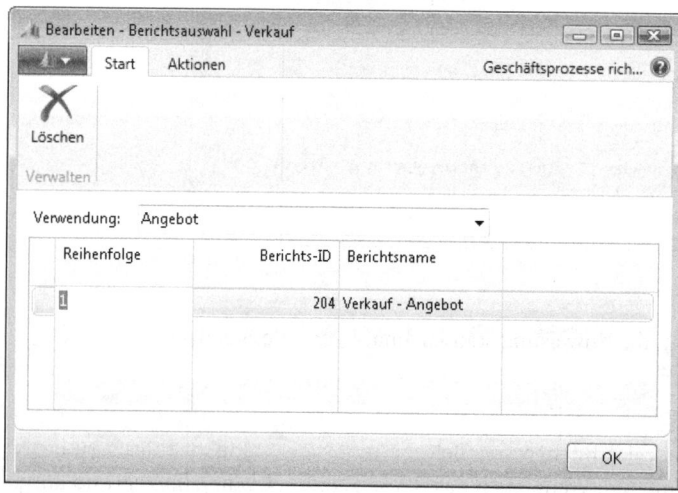

Abbildung 4.19 Tabelle *Berichtsauwahl – Verkauf*

Für den Bereich *Verkauf* können dabei für folgende Belege Berichts-IDs hinterlegt werden (siehe Abbildung 4.20):

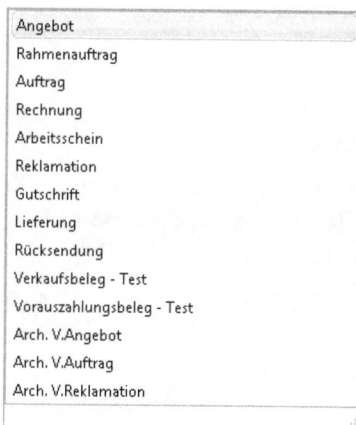

Abbildung 4.20 Verwendungsoptionen der Berichtsauswahl – Verkauf

Belegfluss und Beleggenehmigung

Druckerauswahloptionen

Über die Druckerauswahloptionen wird gesteuert, welcher Bericht auf welchem Drucker ausgegeben werden soll bzw. welcher Benutzer welchen Bericht auf welchem Drucker ausgibt (siehe Abbildung 4.21).

Link: *Abteilungen/Verwaltung/IT-Verwaltung/Allgemein/Druckerauswahloptionen*

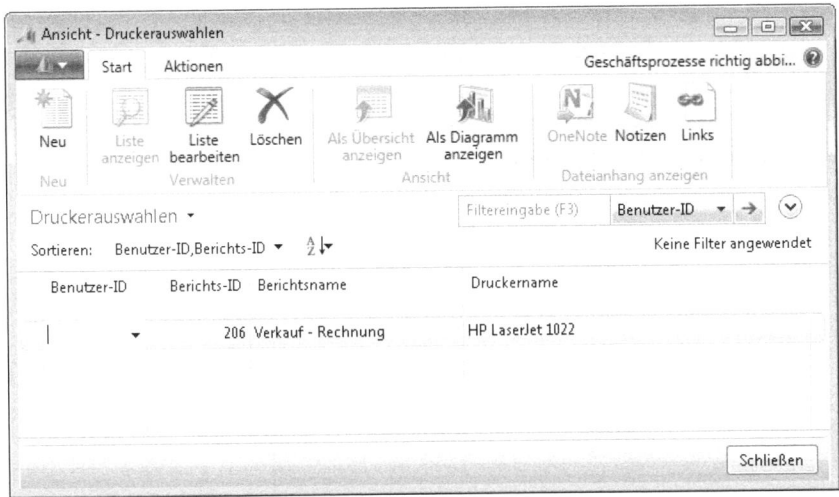

Abbildung 4.21 Berichtsbezogene Druckerauswahl

Wird das Feld *Benutzer-ID* leer gelassen, gilt die Zuweisung standardmäßig für alle Benutzer.

Drucken im Hintergrund

Dynamics NAV 2013 bietet die Möglichkeit, das Buchen von Belegen im Hintergrund ausführen zu lassen, um damit die Systemverfügbarkeit zu optimieren. Wenn auch das *Buchen & Drucken* im Hintergrund ausgeführt wird, muss der entsprechende Drucker auch auf dem Server installiert sein. Ist dies nicht der Fall, erhält der Benutzer einen entsprechenden Hinweis im Rollencenter-Abschnitt *Meine Aufgabenwarteschlange* (siehe Abbildung 4.22).

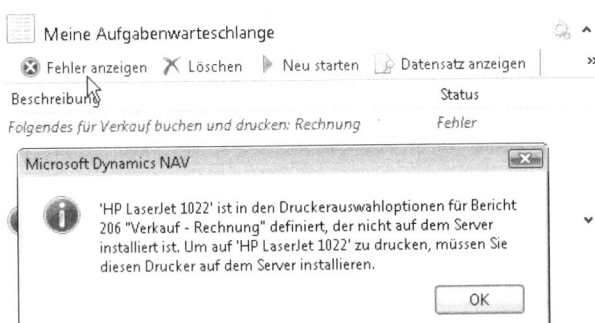

Abbildung 4.22 Fehlermeldung bei Buchen & Drucken im Hintergrund

Mehr zu diesem Thema finden Sie im Abschnitt »Hintergrundbuchungen« weiter hinten in diesem Kapitel.

Drucken in Word

Seit NAV 2013 gibt es mit dem Drucken in Microsoft Word eine neue Druckausgabeoption (siehe Abbildung 4.23).

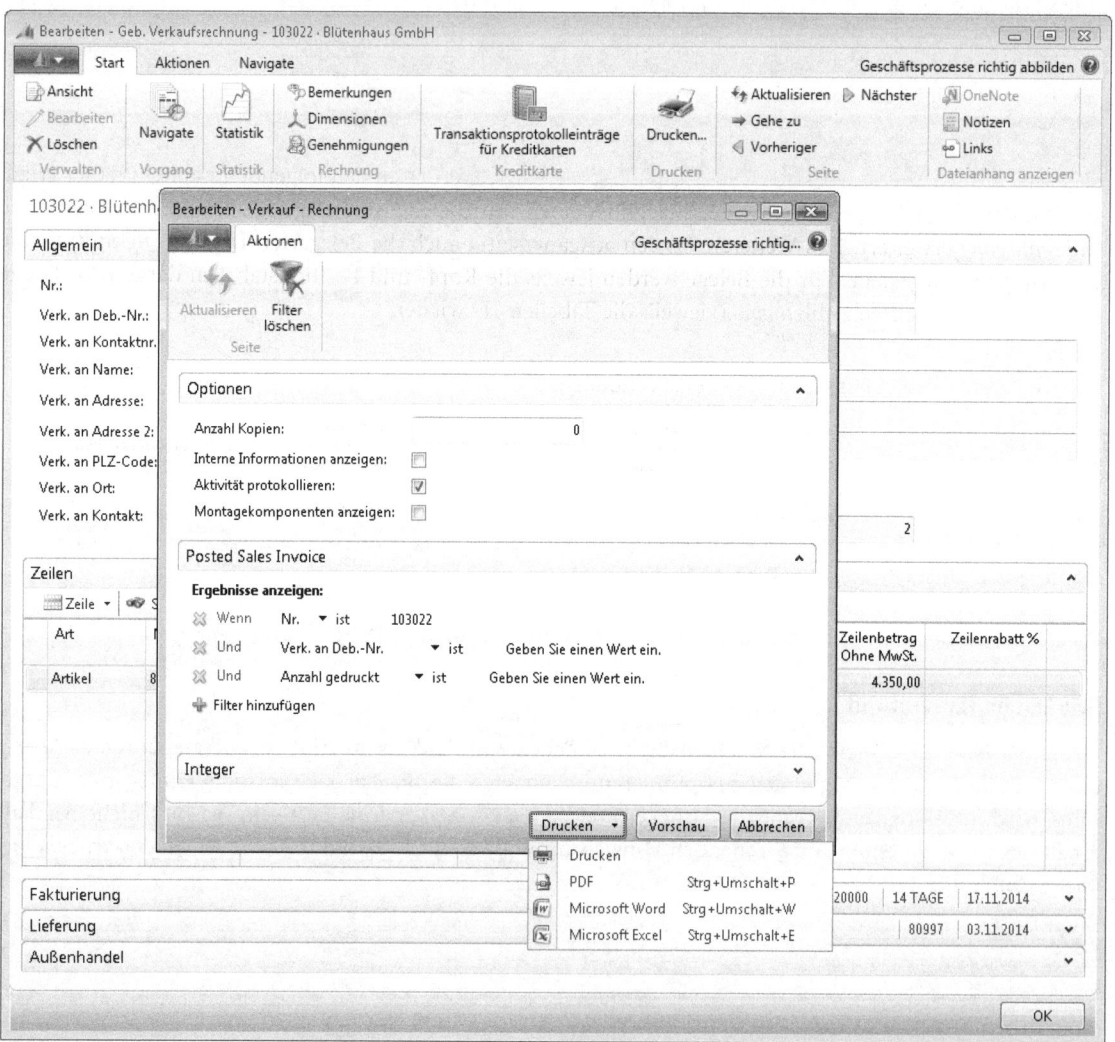

Abbildung 4.23 Drucken in Microsoft Word

ACHTUNG   Mit der Ausgabe in Microsoft Word werden die Berichtsinhalte grundsätzlich veränderbar. Daher sollte organisatorisch geregelt werden, ob und welche Belegreports in Microsoft Word gedruckt werden dürfen.

Belegfluss und Postenerstellung

Um Bewegungsdaten in Dynamics NAV zu analysieren, ist es von entscheidender Bedeutung, die im Belegfluss angesprochenen Tabellen zu kennen. Wenn ein gebuchter Beleg erzeugt wird, entstehen Posten für alle beteiligten Stammdaten. So erzeugt das *Liefern*-Buchen eines Artikels aus einem Verkaufsauftrag gleichzeitig eine gebuchte Lieferung und einen entsprechenden *Artikelposten* sowie *Wertposten*. Die vier folgenden Tabellenschemata (Abbildung 4.24 bis Abbildung 4.27) zeigen ausgangs- und eingangsseitig jeweils die aktionsbezogene Erstellung von gebuchten Belegen sowie die Erstellung der Posten am Beispiel der Belegzeilenart *Artikel*. Die Aktion bezieht sich dabei auf Buchungs- oder Registrierungsvorgänge innerhalb von Dynamics NAV, die vom Benutzer angestoßen werden. Diese Vorgänge werden in den folgenden Kapiteln näher erläutert. Abhängig vom Lagerort wird der Belegfluss noch um die Logistikbelege für *Kommissionierung* und *Warenausgang* erweitert. Des Weiteren werden ausgangsseitig auch die Belegarten *Umlagerungsauftrag* und *Serviceauftrag* dargestellt. Für die Belege werden jeweils die Kopf- und Positionstabellen dargestellt. Die in Klammern dargestellten Zahlen geben jeweils die Tabellen-ID wieder.

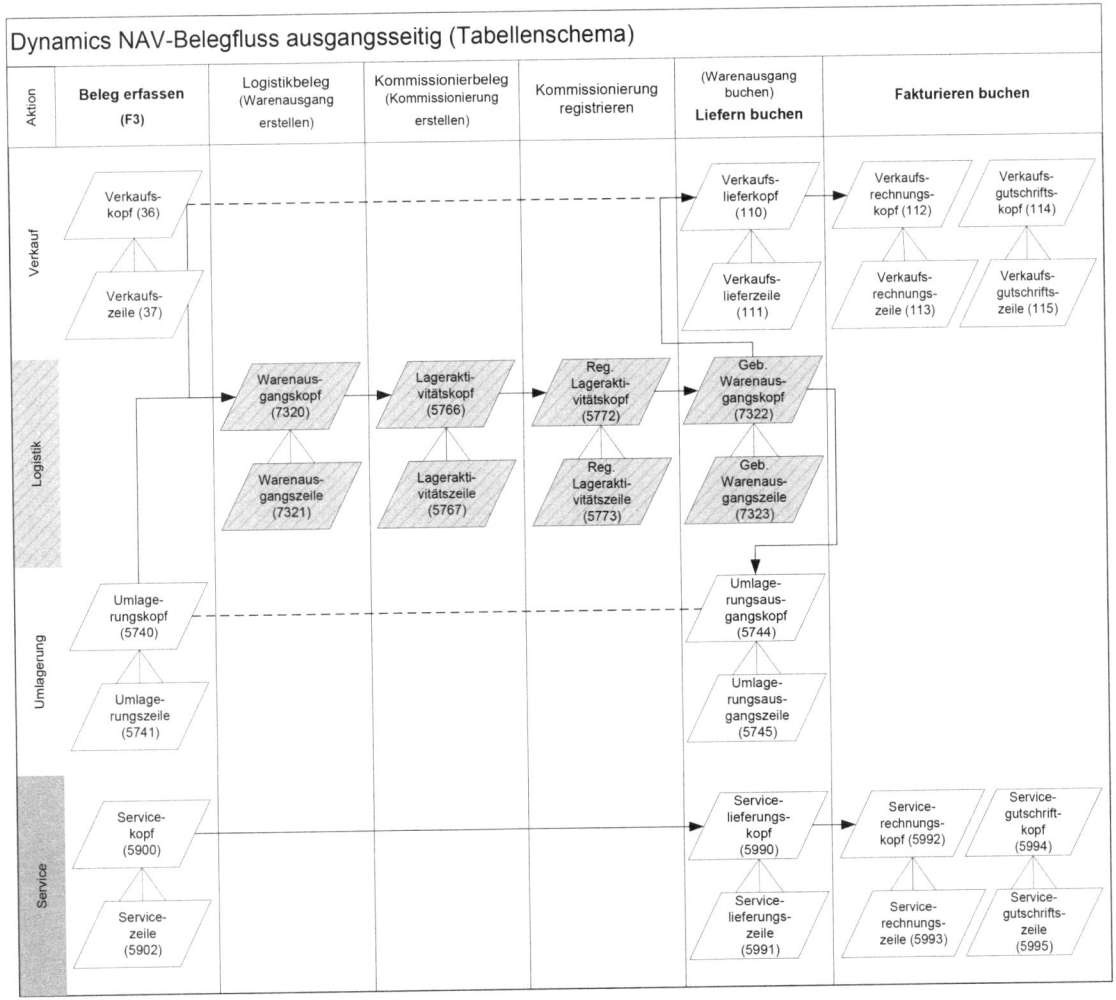

Abbildung 4.24 Tabellenschema des ausgangsseitigen Belegflusses

Analog zur Darstellung des belegbezogenen, ausgangsseitigen Tabellenschemas zeigt die Abbildung 4.25 das entsprechende Tabellenschema für die erzeugten Posten und deren Abhängigkeiten untereinander.

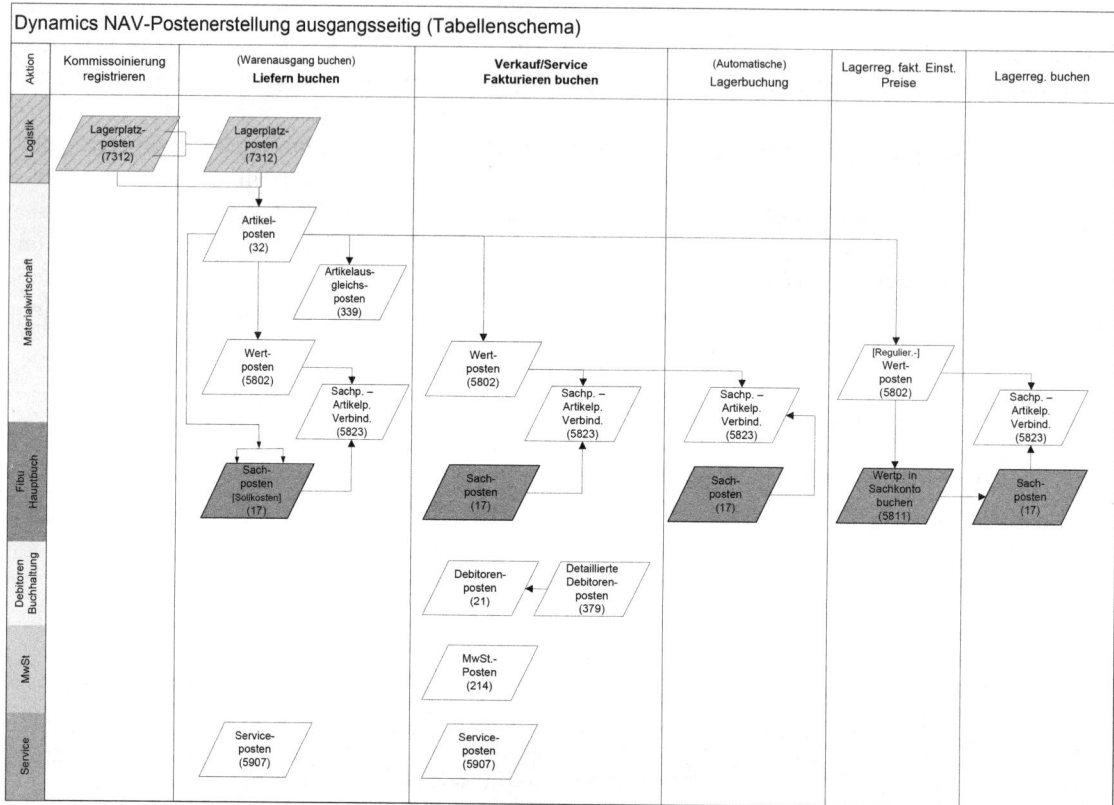

Abbildung 4.25   Tabellenschema der ausgangsseitigen Postenerstellung

Der einkaufs- oder eingangsseitige Belegfluss und die damit verbundene Postenerstellung stellen sich weitgehend analog zum verkaufs- oder ausgangsseitigen Belegfluss dar, wie in den beiden folgenden Abbildungen dargestellt wird (siehe Abbildung 4.26 und Abbildung 4.27).

Analog zur Darstellung des belegbezogenen, eingangsseitigen Tabellenschemas zeigt die Abbildung 4.27 das entsprechende Tabellenschema für die erzeugten Posten und deren Abhängigkeiten untereinander.

Die in den Tabellenschemata dargestellten Prozesse werden in den folgenden Kapiteln ausführlich behandelt und deren logische Abhängigkeiten näher erläutert.

Belegfluss und Beleggenehmigung

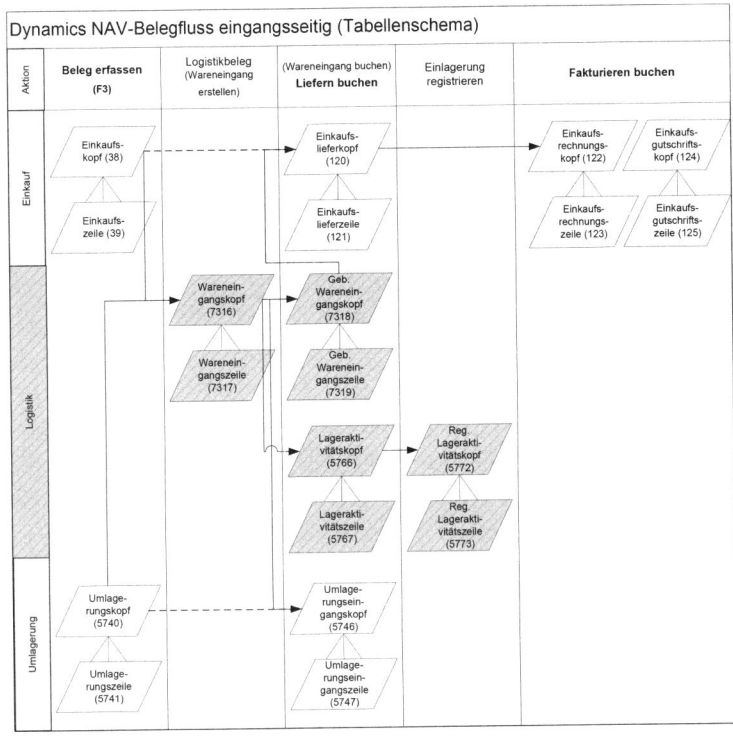

Abbildung 4.26 Tabellenschema des eingangsseitigen Belegflusses

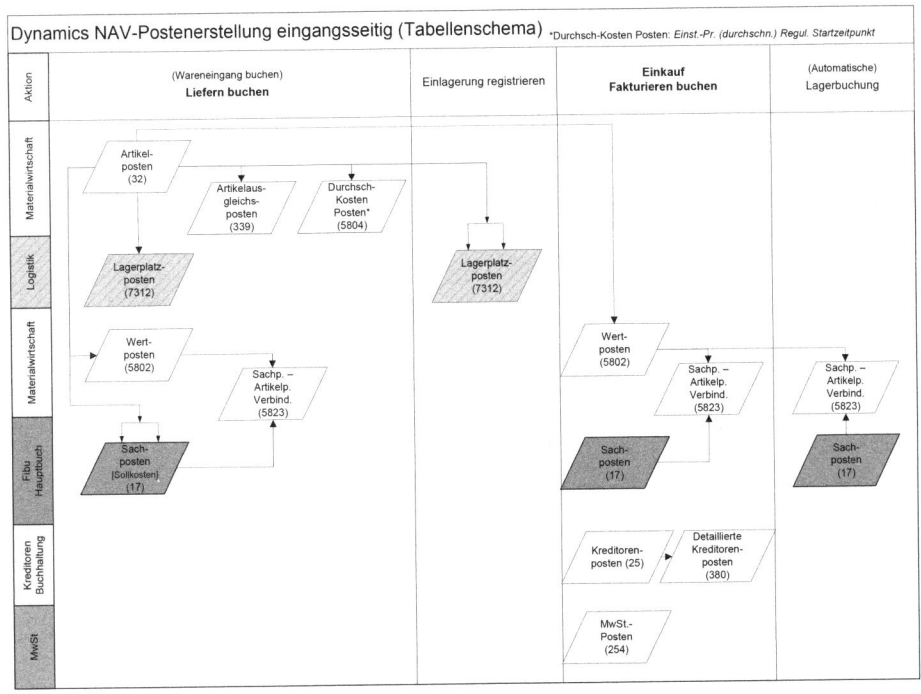

Abbildung 4.27 Tabellenschema der eingangsseitigen Postenerstellung

Belegfluss aus Compliance-Sicht

Im Rahmen des Belegflusses kann es zu Inkonsistenzen kommen, die auf Probleme in den Bereichen der operativen Prozesse, der Systemhygiene und im System nicht abgeschlossene Geschäftsprozesse hinweisen. Als Beispiele wären zu nennen:

- Nicht zeitnah bearbeitete, offene Einkaufs- bzw. Verkaufsbelege
- Gelieferte, nicht fakturierte Einkaufs- bzw. Verkaufsbelege
- Nicht verwendete Logistikbelege

Zur Prüfung verweisen wir auf die jeweiligen prozessorientierten Kapitel.

Beleggenehmigung

Dynamics NAV erlaubt die Festlegung von Regeln zur Genehmigung von Einkaufs- und Verkaufsvorgängen und integriert damit sowohl das Vieraugenprinzip als auch Genehmigungsgrenzen in den operativen Systembetrieb. Das Beleggenehmigungssystem kann durch den Systemadministrator individuell an die Anforderungen des Unternehmens angepasst werden und beinhaltet dabei insbesondere folgende Schritte:

- Allgemeine Aktivierung und Einrichtung des Genehmigungssystems
- Erstellung und Verwaltung von Genehmigungsvorlagen
- Festlegung von Benutzerhierarchien für die Genehmigung sowie Stellvertreterregelungen
- Erstellung des Benachrichtigungssystems

Grundsätzlich sind die Anforderungen an ein Beleggenehmigungssystem durch die Fachabteilungen in Zusammenarbeit mit dem Rechnungswesen bzw. der Geschäftsführung zu erarbeiten, die technische Umsetzung erfolgt anschließend durch die Systemadministration bzw. IT-Abteilung.

Allgemeine Aktivierung und Einrichtung des Genehmigungssystems

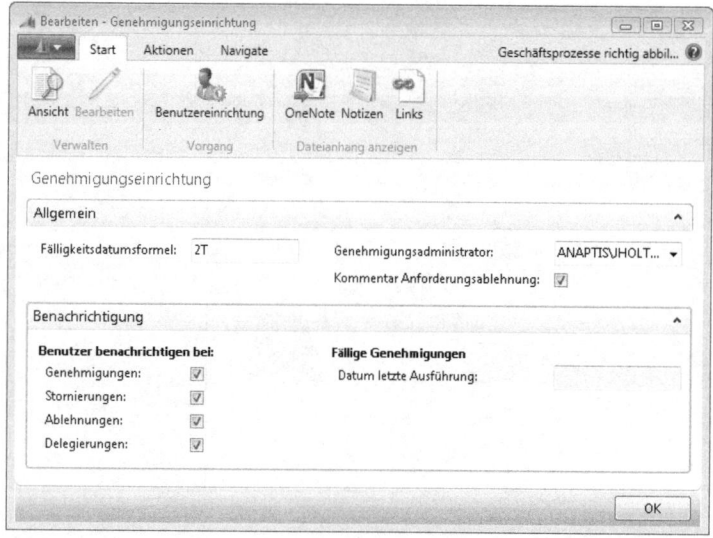

Abbildung 4.28 Genehmigungseinrichtung

Belegfluss und Beleggenehmigung

Die Einrichtung von Genehmigungsregeln erfolgt in der Anwendungseinrichtung (siehe Abbildung 4.28 und Tabelle 4.5).

Link: *Abteilungen/Verwaltung/Anwendung Einrichtung/Beleggenehmigung/Genehmigungseinrichtung*

Feld	Beschreibung
Fälligkeitsdatumsformel	Frist, innerhalb der die Genehmigung des Belegs erfolgt sein muss
Genehmigungsadministrator	Benutzer-ID mit der Berechtigung der Verwaltung des Berechtigungssystems
Kommentar Anforderungsablehnung	Soll der Freigabeberechtigte des Belegs für den Fall der Ablehnung im Fenster *Genehmigung Bemerkungen* eine Begründung angeben, ist dieses Feld zu aktivieren. Das Fenster *Genehmigung Bemerkungen* wird dann automatisch geöffnet, wenn der Freigabeberechtigte den Beleg ablehnt.

Tabelle 4.5 Felder der Genehmigungseinrichtung

Erstellung und Verwaltung von Genehmigungsvorlagen

Der Zusammenhang von Belegarten und Genehmigungsregeln wird in den *Genehmigungsvorlagen* hergestellt, in denen pro Belegart verschiedene Genehmigungsvorlagen in Abhängigkeit von *Genehmigungscode*, *Genehmigungsart* und *Einschränkungsart* hinterlegt werden können (siehe Abbildung 4.29 und Tabelle 4.6). Zunächst müssen die Genehmigungscodes in der NAV-Seite *Genehmigungscode* angelegt und den Tabellen der Belegköpfe (36 *Verkaufskopf*, 38 *Einkaufskopf*) zugeordnet werden.

Object Designer: *Run Page 657 Genehmigungscode*

Link: *Abteilungen/Verwaltung/Anwendung Einrichtung/Beleggenehmigung/Genehmigungsvorlagen*

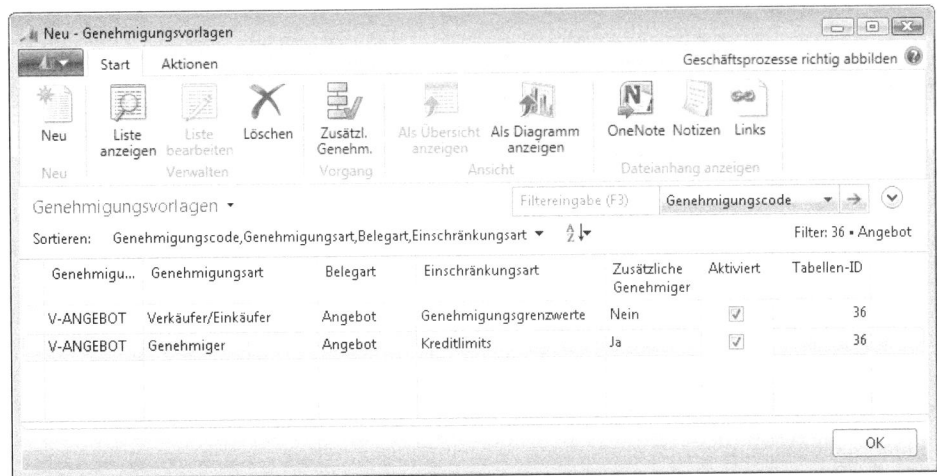

Abbildung 4.29 Genehmigungsvorlagen für Verkaufsangebote

Feld	Beschreibung
Genehmigungscode	Eindeutiger Code für die Genehmigungsregel
Genehmigungsart	Dieses Feld regelt die Identifikation des Genehmigers, wenn für einen Beleg eine Genehmigungsanforderung gesendet wird. *<Leer>* Der Genehmiger ergibt sich aus der Vorlage (*Zusätzliche Genehmiger*) und wird nicht durch den Verkäufer/Einkäufer bzw. den anfragenden Benutzer bestimmt. *<Verkäufer/Einkäufer>* Der Genehmiger ergibt sich mittels einer in NAV hinterlegten Regelung anhand des im Beleg eingegebenen Verkäufer- bzw. Einkäufercodes. *<Genehmiger>* Der Genehmiger ergibt sich mittels einer in NAV hinterlegten Regelung anhand der Benutzer-ID, welche die Genehmigungsanfrage stellt.
Belegart	Die Art des Belegs, auf den sich die Genehmigungsregel bezieht
Einschränkungsart	Die Einschränkungsart bestimmt die Bezugsgröße, anhand der die Genehmigungspflicht geprüft wird. *<Genehmigungsgrenzwerte>* Je nach Vorlage ergibt sich ein maximal zulässiger Einkaufs- oder Verkaufsbetrag. Oberhalb dieser Grenze wird eine Genehmigung verpflichtend. *<Kreditlimits>* Überschreitet ein Debitor im Verkaufsprozess sein Kreditlimit, bedarf die Kreditlimitüberschreitung einer separaten Genehmigung durch einen *Zusätzlichen Genehmiger*. Es kann darüber hinaus noch eine weitere Beleggenehmigung notwendig werden. *<Anforderungslimits>* Diese Einschränkungsart bezieht sich speziell auf Einkaufsanfragen. *<Keine Einschränkungen>* Im Rahmen des Genehmigungsvorgangs werden keine Grenzwerte berücksichtigt. Daher wird nur ein einziger Genehmiger gemäß der Einrichtung in der Tabelle *Benutzer Einrichtung* zugewiesen.
Zusätzliche Genehmiger	Ergibt sich der Genehmiger nicht durch eine hierarchische Struktur, also weder abhängig vom *Verkäufer/Einkäufer* noch vom *Benutzer*, der die Genehmigung anfordert, ist der Beleg vom zusätzlichen Genehmiger freizugeben, der in der gleichnamigen Tabelle zur Vorlage eingerichtet ist. Dieses Feld zeigt an, ob ein solcher Datensatz existiert.
Aktiviert	Dieses Feld aktiviert die Genehmigungsregel im System
Tabellen-ID	In Abhängigkeit vom Feld *Genehmigungscode* wird dieses Feld automatisch durch das System vorgegeben. Die Festlegung erfolgt in der Tabelle *Genehmigungscode*.

Tabelle 4.6 Felder der Genehmigungsvorlage

Festlegung von Benutzerhierarchien für die Genehmigung sowie Stellvertreterregelungen

Die Genehmigungshierarchie, also die betragsmäßigen Genehmigungsgrenzen sowie die notwendigen Genehmiger, die innerhalb des Genehmigungsprozesses (*Genehmigerart* ungleich *leer*) zur Anwendung kommen, werden in der *Genehmigungsbenutzereinrichtung* gepflegt. Weiterhin können Stellvertreterregelungen hinterlegt werden (siehe Abbildung 4.30 und Tabelle 4.7).

Link: *Abteilungen/Verwaltung/Anwendung Einrichtung/Beleggenehmigung/**Genehmigungseinrichtung**/Start/Benutzereinrichtung*

Belegfluss und Beleggenehmigung

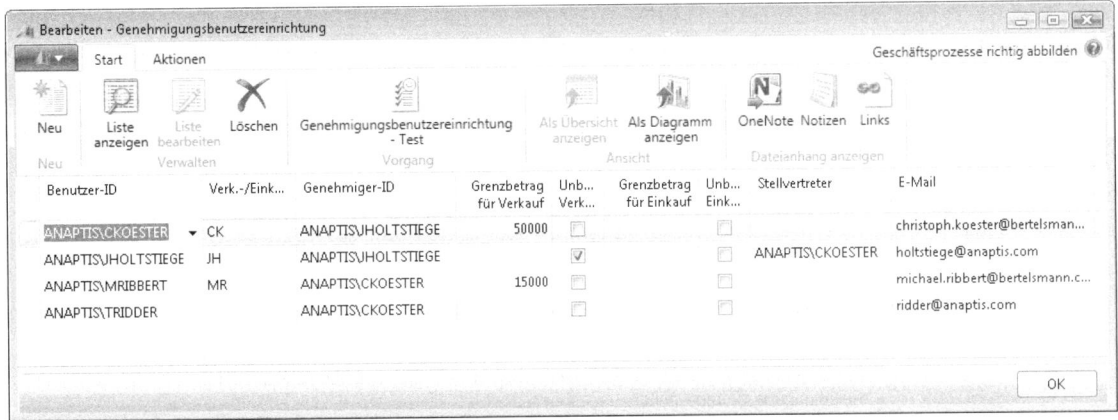

Abbildung 4.30 Einrichtung der Genehmigungshierarchie

In der *Genehmigungsbenutzereinrichtung* können die in Tabelle 4.7 aufgeführten Parameter eingerichtet werden.

Feld	Beschreibung
Benutzer-ID	Nutzerkennung des Benutzers
Verk.-/Einkäufercode	Verkäufer- bzw. Einkäufercodes des Benutzers. Mit dieser Information wird eine Zuordnung von Verkäufer- oder Einkäufercode zur Benutzer-ID hergestellt.
Genehmiger-ID	Nutzerkennung des Genehmigers
Grenzbetrag für Verkauf	Grenzbetrag für den Verkaufsbeleg, ab dessen Überschreitung der Beleg von einer anderen Person zu genehmigen ist
Unbegrenzte Verkaufsgenehmigung	Soll dem Genehmiger unbegrenzte Genehmigungshöhe für Verkäufe zugewiesen werden, ist dieses Feld zu aktivieren
Grenzbetrag für Einkauf	Grenzbetrag für den Einkaufsbeleg, ab dessen Überschreitung der Beleg von einer anderen Person zu genehmigen ist
Unbegrenzte Einkaufsgenehmigung	Soll dem Genehmiger unbegrenzte Genehmigungshöhe für Einkäufe zugewiesen werden, ist dieses Feld zu aktivieren
Grenzbetrag für Anfrageanforderung	Grenzbetrag für den Verkaufsbetrag, ab dessen Überschreitung der Beleg von einer anderen Person zu genehmigen ist
Unbegrenzte Anfrageanforderung	Soll dem Genehmiger unbegrenzte Genehmigungshöhe für Anfrageanforderungen zugewiesen werden, ist dieses Feld zu aktivieren
Stellvertreter	Nutzerkennung der Stellvertretung für den Genehmiger
E-Mail	Wird das systemseitige Benachrichtigungssystem verwendet (siehe unten), muss an dieser Stelle die E-Mail-Adresse des Genehmigers hinterlegt werden

Tabelle 4.7 Felder der Genehmigungsbenutzereinrichtung

Um die Funktionsfähigkeit und Vollständigkeit der festgelegten Genehmigungsregeln zu überprüfen, bietet Dynamics NAV eine Testfunktionalität für die Verkaufs-, Einkaufs- und Anfragegenehmigungseinrichtung. Im Feld *Benutzer-ID* kann die Benutzerkennung ausgewählt werden, für die die Einrichtung getestet werden soll. Über die Optionsfelder kann ausgewählt werden, für welche Art der Genehmigung der Test ausgeführt werden soll. Über die Schaltfläche *Vorschau* kann das Ergebnis des Tests abgerufen werden.

Link: *Abteilungen/Verwaltung/Anwendung Einrichtung/Beleggenehmigung/**Genehmigungseinrichtung**/Start/ Benutzereinrichtung Start/Genehmigungsbenutzereinrichtung – Test*

Erstellung des Benachrichtigungssystems

Um den Genehmigungsprozess im operativen Tagesgeschäft sinnvoll zu steuern und für die beteiligten Personen transparent zu machen, ist in einem letzten Schritt die Definition von Benachrichtigungsregeln bezüglich des Beleggenehmigungsstatus durchzuführen. Mit dieser optionalen Funktionalität werden Genehmiger über freizugebende Belege und Anforderer über den Status der Freigabe informiert (siehe Tabelle 4.8).

Link: *Abteilungen/Verwaltung/Anwendung Einrichtung/Beleggenehmigung/Genehmigungseinrichtung*

Feld	Beschreibung
Genehmigungen	Bei Aktivierung wird der Benutzer, der Belege zu genehmigen hat, per E-Mail informiert
Stornierungen	Bei Aktivierung werden Benutzer, die einen Beleg genehmigt haben, im Falle der späteren Stornierung des Belegs per E-Mail informiert
Ablehnungen	Bei Aktivierung werden Anforderer einer Genehmigung informiert, wenn die Genehmigung des Belegs abgelehnt wurde
Delegierungen	Bei Aktivierung werden Anforderer einer Genehmigung informiert, wenn die Beleggenehmigung an einen anderen Benutzer delegiert wurde

Tabelle 4.8 Parameter für die Benachrichtigung bzgl. Genehmigungen

Eine alternative Vorgehensweise zur E-Mail-Benachrichtigung bietet die Abfrage der *Genehmigungsposten* bzw. der *Genehmigungsanforderungsposten* in den Modulen *Einkauf* und *Verkauf & Marketing*. Dort können die Belege, die zu genehmigen sind bzw. die bereits genehmigt wurden, eingesehen werden (siehe Abbildung 4.31).

Link: *Abteilungen/Finanzmanagement/Debitoren/Genehmigungsposten*

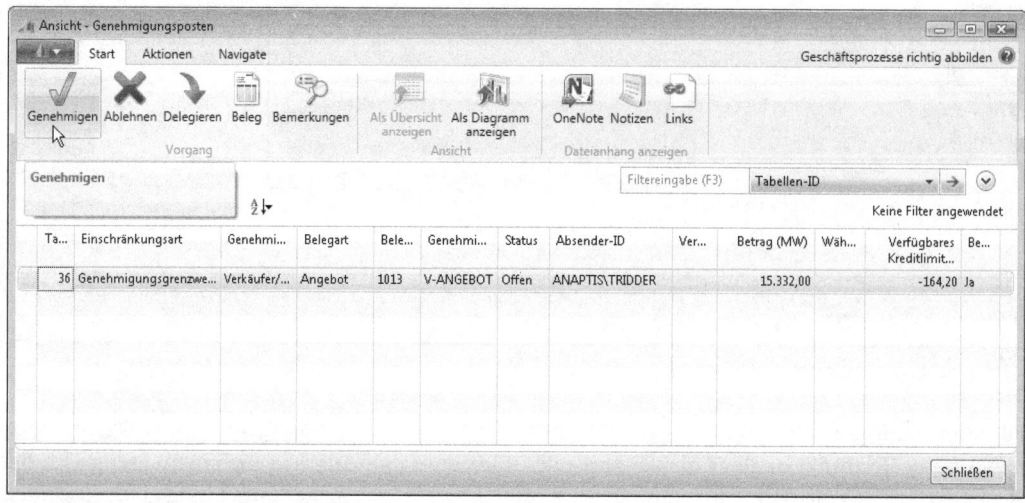

Abbildung 4.31 Genehmigungsposten

Die NAV-Seite *Genehmigungsposten* wird von Genehmigern verwendet, um eine Übersicht der von ihnen zu genehmigenden Belege (Genehmigungsposten mit deren *Genehmiger-ID* und Status *Offen*) zu erhalten. Der Genehmiger kann sich Details des Postens anzeigen lassen und erfährt, wer die Genehmigung angefordert hat und bis wann die Genehmigung erteilt werden muss. Überfällige Genehmigungen werden über ein Warnsymbol hervorgehoben. Über die Aktion *Delegieren* kann ein Beleg an einen Stellvertreter weitergeleitet werden.

Das Fenster *Genehmigungsanforderungsposten* bietet dem Benutzer, der die Genehmigungsanforderung gesendet hat, die Möglichkeit, den Status der Genehmigung zu verfolgen. Für den Benutzer, der als *Genehmigungsadministrator* definiert ist, zeigt dieses Fenster alle Genehmigungsposten im System.

Link: *Abteilungen/Finanzmanagement/Debitoren/Genehmigungsanforderungsposten*

Als Erinnerungsfunktion für ausstehende, noch nicht genehmigte Belege bietet Dynamics NAV die Funktion der Fälligkeitsbenachrichtigung, die in der Anwendungseinrichtung der Verwaltung definiert werden kann (siehe Abbildung 4.32).

Link: *Abteilungen/Verwaltung/Anwendung Einrichtung/Beleggenehmigung/**Genehmigungseinrichtung**/Navigate/Fälligkeits-E-Mails senden*

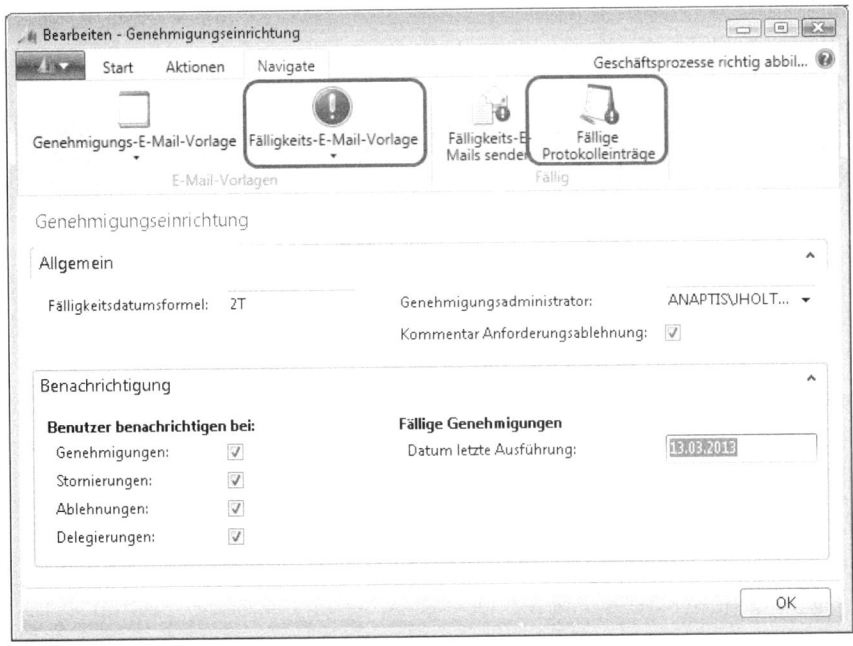

Abbildung 4.32 Einrichtung der Genehmigungsnachverfolgung

Die Fälligkeitsbenachrichtigungen werden an die Genehmiger versendet und gleichzeitig wird das Feld *Datum der letzten Ausführung* durch das System aktualisiert. Über die Aktion *Fällige Protokolleinträge* werden alle fälligen und gesendeten Posten in einer Liste zusammengestellt.

Link: *Abteilungen/Verwaltung/Anwendung Einrichtung/Beleggenehmigung/**Genehmigungseinrichtung**/Navigate/Fällige Protokolleinträge*

Für die Versendung von Fälligkeitsbenachrichtigungen liefert Dynamics NAV standardmäßig Vorlagen aus, die direkt genutzt oder individuell angepasst werden können.

Link: *Abteilungen/Verwaltung/Anwendung Einrichtung/Beleggenehmigung/**Genehmigungseinrichtung**/Navigate/Fälligkeits-E-Mail-Vorlage*

Anhand eines ausführlichen Szenarios sollen die Dynamics NAV-Funktionalität, der Beleggenehmigungsprozess und die Einrichtungsmöglichkeiten praxisbezogen erläutert werden. Es wurde ein komplexer, mehrstufiger Genehmigungsprozess ausgewählt, um die Möglichkeiten der Beleggenehmigungen möglichst umfassend darstellen zu können.

Szenario »Beleggenehmigungsprozess«

Michael Ribbert (Verkäufercode: MR, siehe Tabelle 4.9) ist als Vertriebsbeauftragter auswärts tätig. Seine Verkaufsangebote werden üblicherweise durch den Verkaufsinnendienst-Mitarbeiter Thorsten Ridder in Dynamics NAV eingegeben. Michael Ribbert muss die vom Innendienst erfassten Angebote genehmigen. In der Organisation dürfen Vertriebsbeauftragte bis zu einem Betrag von 15.000 Euro Belege genehmigen, danach muss Verkaufsleiter Christoph Köster (Verkäufercode: CK) eine Genehmigung erteilen, die seinerseits auf 50.000 Euro begrenzt ist. Alle Belege, die über diesen Betrag hinausgehen, müssen vom Verkaufsdirektor Jürgen Holtstiege (Verkäufercode: JH) genehmigt werden.

Person	Position	Verkäufercode
Michael Ribbert	Vertriebsbeauftragter	MR
Thorsten Ridder	Verkaufsinnendienst	TR
Christoph Köster	Verkaufsleiter	CK
Jürgen Holtstiege	Verkaufsdirektor	JH

Tabelle 4.9 Übersicht der am Genehmigungsprozess beteiligten Personen

Bei Kreditlimitüberschreitungen ist der jeweilige Vorgesetzte des Innendienstmitarbeiters (Christoph Köster als Vorgesetzter von Thorsten Ridder) zuständig, der gemäß des im Unternehmen praktizierten Vieraugenprinzips gemeinschaftlich mit dem Verkaufsdirektor eine entsprechende Genehmigung erteilen muss.

Für das beschriebene Szenario werden nun folgende Punkte erläutert:

- Entsprechende Einrichtung von Genehmigungsvorlagen
- Entsprechende Genehmigungsbenutzereinrichtung
- Darstellung des Genehmigungsprozesses

Die Genehmigungsregeln des Szenarios wurden in zwei Genehmigungsvorlagen (siehe Abbildung 4.33) abgebildet.

Belegfluss und Beleggenehmigung

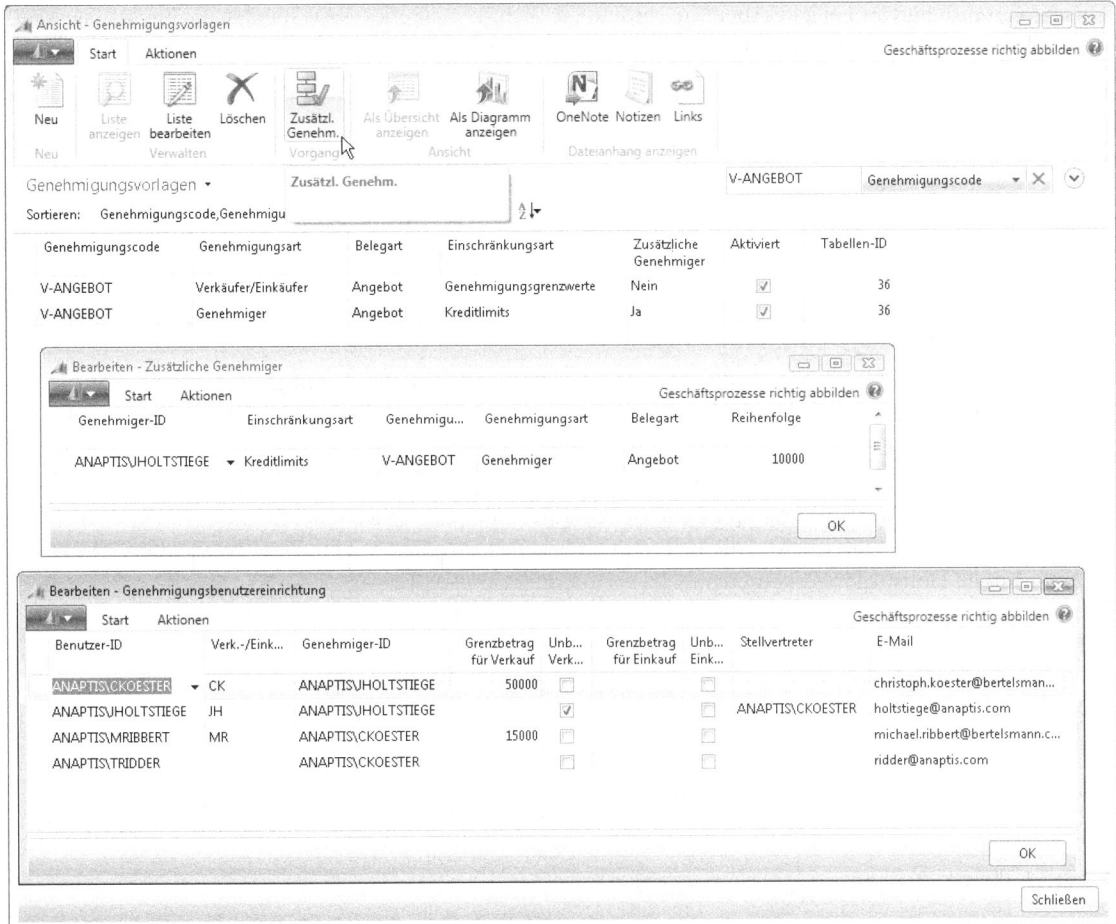

Abbildung 4.33 Überblick über die Beleggenehmigungseinrichtung für das Szenario

Genehmigungsvorlage für die Genehmigungsgrenzwerte

Da die Vertriebsbeauftragten das vom Innendienst erfasste Angebot freigeben sollen, wurde die Genehmigungsart *Verkäufer/Einkäufer* gewählt, sodass sich der Genehmiger über die Hierarchie, ausgehend vom *Verkäufercode*, bestimmt. In diesem Fall muss Michael Ribbert die erste Genehmigung vornehmen, nachdem Thorsten Ridder diese angefordert hat.

Genehmigungsvorlage für die Kreditlimitüberschreitungen

Da sich der Vertriebsbeauftragte im Beispiel nicht mit Kreditlimits befasst, sondern dies Aufgabe des Innendienstes ist, wurde für diese Vorlage die Art *Genehmiger* gewählt. Der Genehmiger ist in diesem Beispiel also immer der Vorgesetzte (Verkaufsleiter Christoph Köster) des jeweiligen Innendienstmitarbeiters. Außerdem wurde für diese Vorlage mit dem Verkaufsdirektor Jürgen Holtstiege ein *zusätzlicher Genehmiger* eingerichtet.

Genehmigungsbenutzereinrichtung

Für das Beispiel (siehe Abbildung 4.33) wurden vier Datensätze in der *Genehmigungsbenutzereinrichtung* angelegt:

- Dem Innendienstmitarbeiter TRIDDER wurde der Verkaufsleiter als *Genehmiger-ID* zugewiesen. Da er nur im Innendienst tätig ist, verfügt Thorsten Ridder nicht über einen *Verkäufercode*.
- Dem Vertriebsbeauftragten MRIBBERT wurden der Grenzbetrag 15.000 Euro und der Verkaufsleiter als *Genehmiger-ID* zugewiesen.
- Dem Verkaufsleiter CKOESTER wurden der Grenzbetrag von 50.000 Euro und der Verkaufsdirektor als *Genehmiger-ID* zugewiesen.
- Dem Verkaufsdirektor JHOLTSTIEGE wurde seine eigene Benutzer-ID als *Genehmiger-ID* zugewiesen und das Kontrollkästchen für *Unbegrenzte Verkaufsgenehmigung* wurde aktiviert.

Genehmigungsprozess

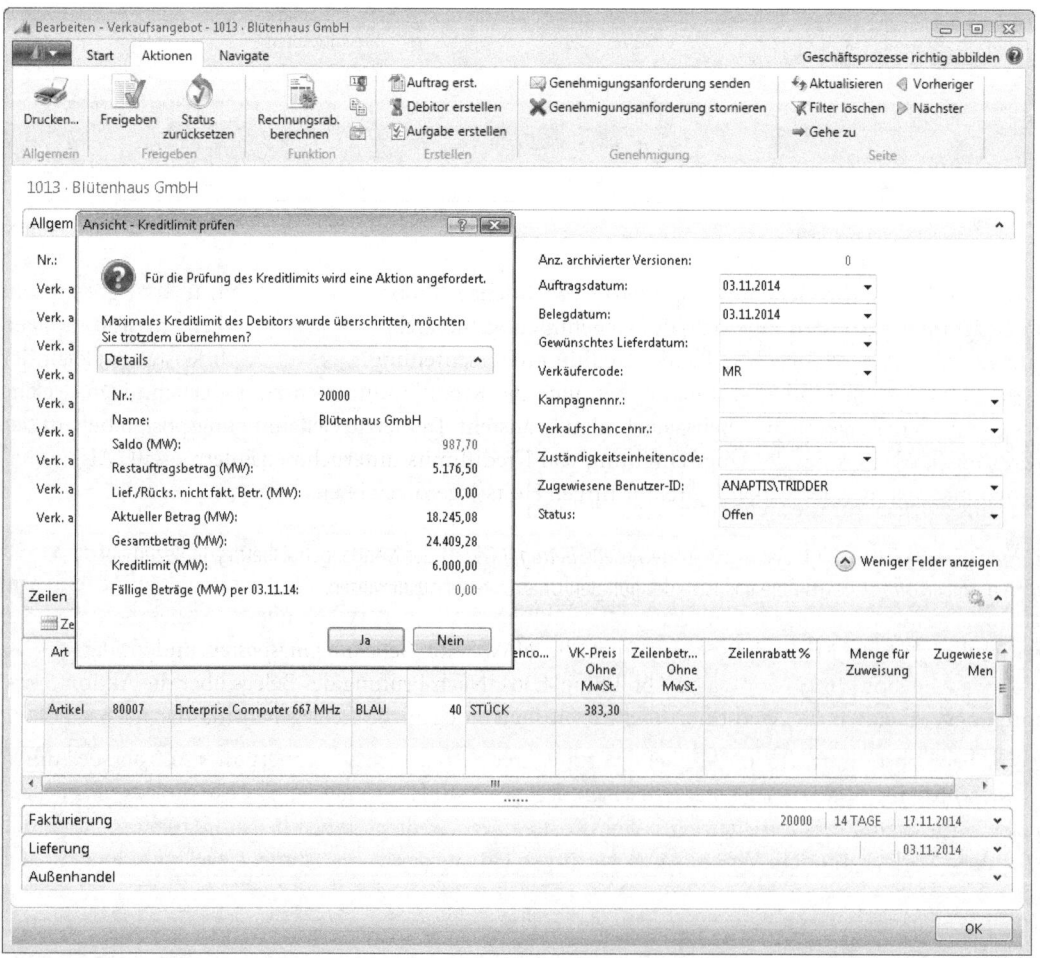

Abbildung 4.34 Beispielangebot

Belegfluss und Beleggenehmigung

Thosten Ridder erfasst ein Angebot »1013« über vierzig Computer an die Blütenhaus GmbH, einem Kunden von Michael Ribbert, dessen Kreditlimit überschritten ist. Durch Thorsten Ridder kann der Beleg nicht freigegeben werden, daher sendet er eine Genehmigungsanforderung über die gleichnamige Aktion. Dadurch entstehen vier Genehmigungsposten (siehe Abbildung 4.35), von denen der erste vom Vertriebsbeauftragten Michael Ribbert zu genehmigen ist.

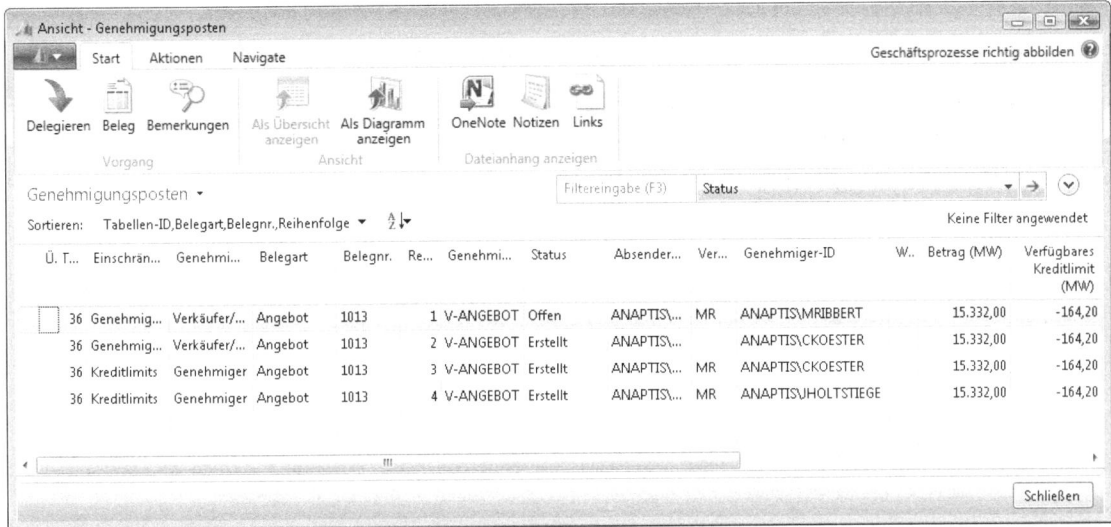

Abbildung 4.35   Genehmigungsposten

Da der Angebotsbetrag die Genehmigungsgrenze von Michael Ribbert (15.000 Euro) übersteigt, entsteht noch ein Genehmigungsposten innerhalb der Genehmigungshierarchie für Verkaufsleiter Christoph Köster. Der dritte Genehmigungsposten betrifft die Kreditlimitüberschreitung. Da Christoph Köster zugleich der Vorgesetzte von Thorsten Ridder ist, muss dieser auch die Kreditlimitüberschreitung genehmigen, welche allerdings erst nach der eigentlichen Beleggenehmigung ansteht. Der letzte Genehmigungsposten betrifft das Vieraugenprinzip, welches bei der Überschreitung von Kreditlimits unternehmensintern greift. Als zusätzlicher Genehmiger ist hier der Verkaufsdirektor Jürgen Holtstiege zugewiesen.

ACHTUNG   Der im Genehmigungsposten ausgewiesene *Betrag (MW)* ist der Nettoangebotsbetrag. In Bezug auf das Kreditlimit werden normalerweise alle Beträge inklusive der gültigen Umsatzsteuer ausgewiesen.

Der Vertriebsbeauftragte Michael Ribbert öffnet die NAV-Seite *Genehmigungsposten* und findet das zu genehmigende Angebot »1013« vor (siehe Abbildung 4.36). Nach Prüfung des Belegs über die Aktion *Start/Beleg* genehmigt er den Beleg. Dieser ist dadurch jedoch noch nicht freigegeben, da die nächst höhere Genehmigungshierarchieebene notwendig ist, um den Angebotsbetrag freizugeben. Der jeweilige Status des Genehmigungsprozesses kann in den Genehmigungsposten nachvollzogen werden (siehe Abbildung 4.37).

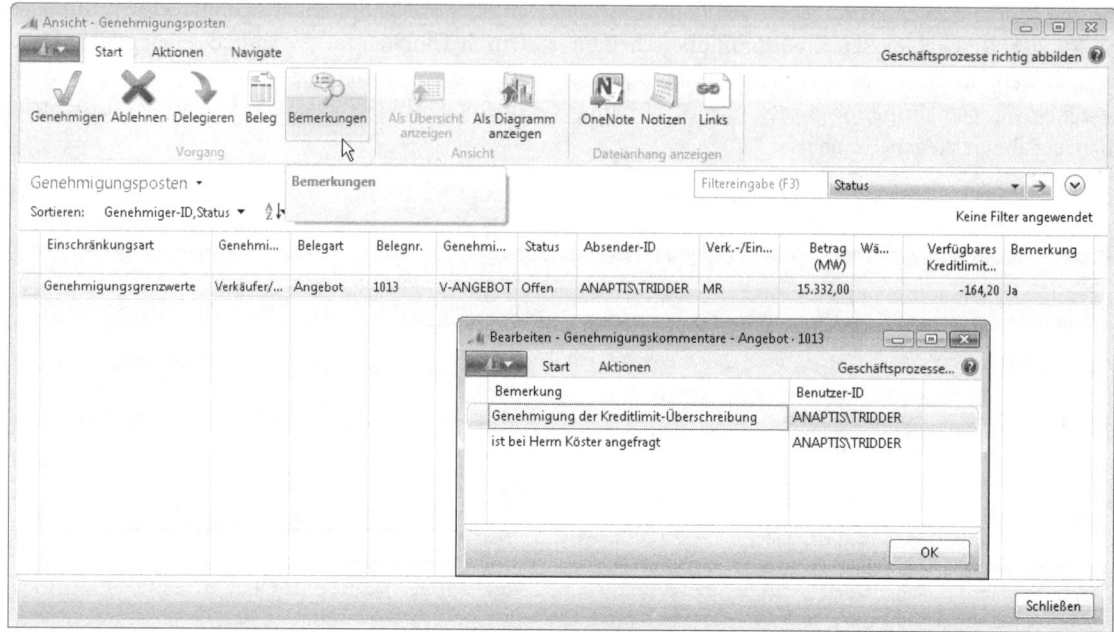

Abbildung 4.36 Genehmigungsposten für den Vertriebsbeauftragten Michael Ribbert

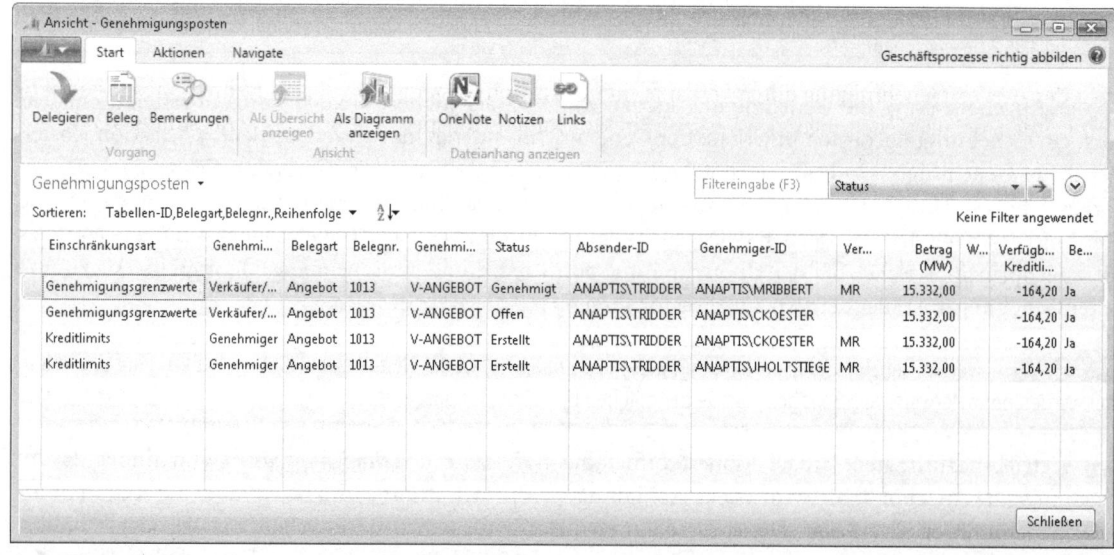

Abbildung 4.37 Die erste von insgesamt vier notwendigen Genehmigungen wurde erteilt

Durch die Genehmigung des Vertrieblers Michael Ribbert wurde der Status des nächsten Genehmigungspostens auf *Offen* geändert, sodass dieser Genehmigungsposten nun im Fenster *Genehmigungsposten* von *Genehmiger-ID* CKOESTER erscheint (siehe Abbildung 4.38).

Belegfluss und Beleggenehmigung

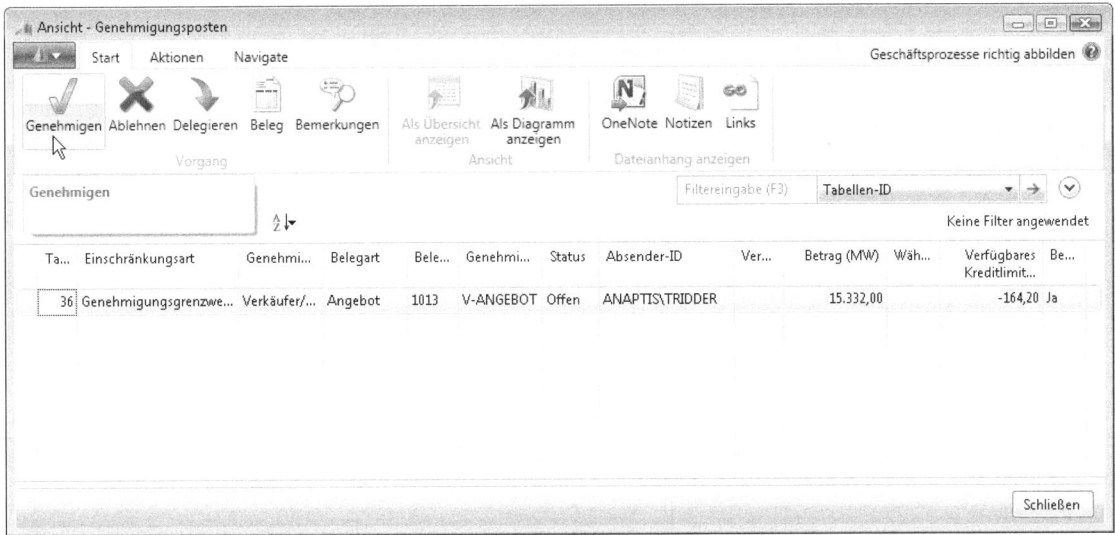

Abbildung 4.38 Genehmigungsposten (Genehmigungsgrenzwert-begründet) für Christoph Köster

HINWEIS   Obwohl es zwei Genehmigungsposten für Vertriebsleiter Christoph Köster gibt, erscheint nur der Posten mit der *Einschränkungsart = Genehmigungsgrenzwerte*, weil der Posten für die Kreditlimitüberschreitung noch nicht als *Offen* gekennzeichnet ist (Abbildung 4.38). Nach der Genehmigung erscheint der nächste Genehmigungsposten bezüglich der Kreditlimitüberschreitung, der wegen der Art *Genehmiger* direkt zwischen Thorsten Ridder und Christoph Köster (als seinem Vorgesetzten) entsteht.

Nach der zweiten Genehmigung durch Verkaufsleiter Christoph Köster ist der letzte Genehmigungsposten aktiviert worden, der als Genehmiger den Verkaufsdirektor Jürgen Holtstiege vorsieht (siehe Abbildung 4.39).

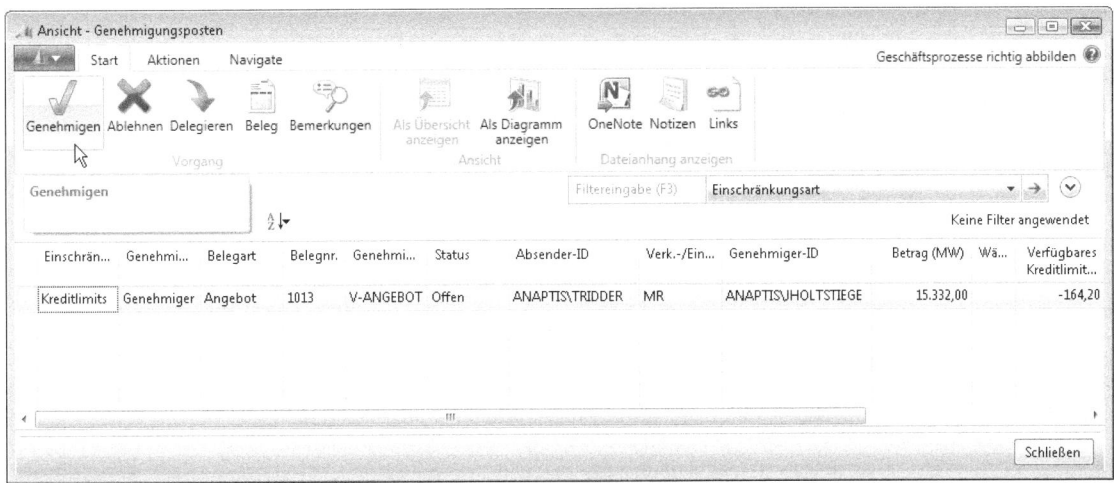

Abbildung 4.39 Genehmigungsposten (Vieraugenprinzip) für den Verkaufsdirektor

Nach Vorliegen der zusätzlichen Genehmigung (Vieraugenprinzip) ist dieser beispielhafte Genehmigungsprozess abgeschlossen und das Angebot freigegeben (siehe Abbildung 4.40).

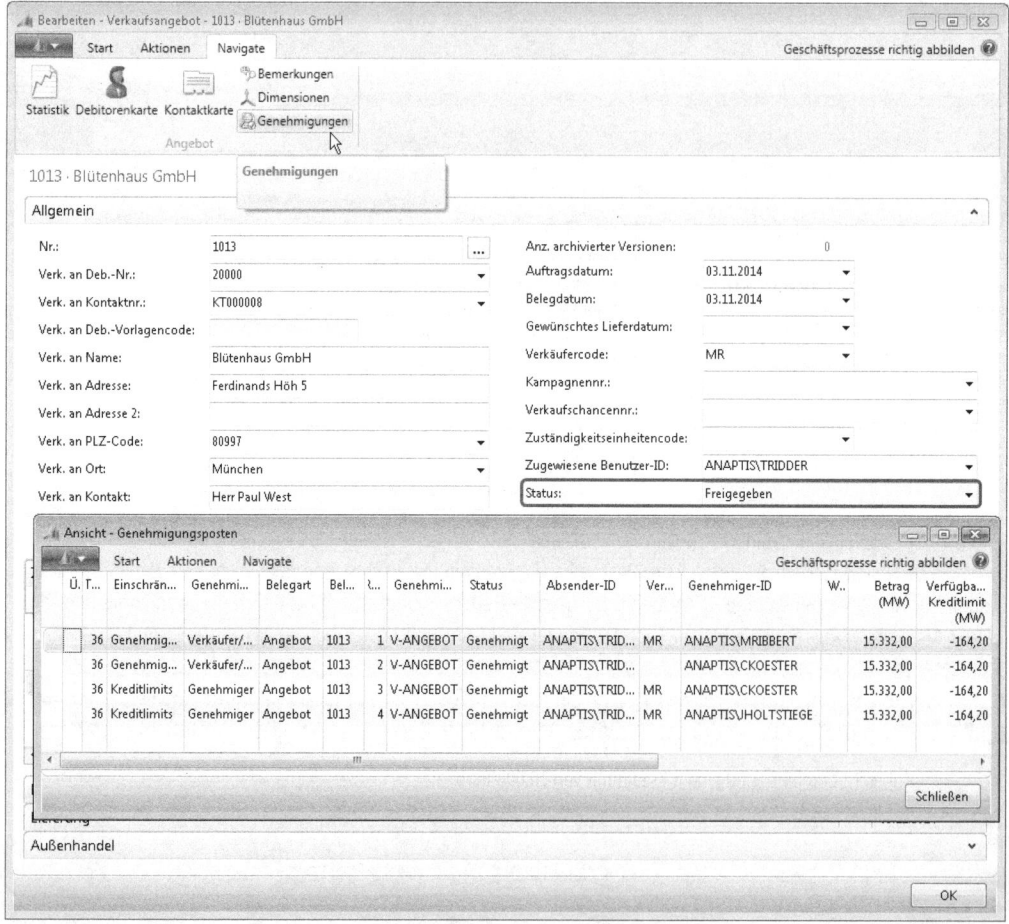

Abbildung 4.40 Verkaufsangebot »1013« nach dem durchlaufenen Genehmigungsprozess

Wird ein Beleg mit Genehmigungsposten gebucht, werden diese Posten in die Tabelle *Gebuchte Genehmigungseinträge* übertragen und mit den gebuchten Belegen verknüpft.

ACHTUNG Anders als bei der Kreditlimit-Warnung (siehe Abbildung 4.41) wird bei der *Einschränkungsart Kreditlimits* der aktuelle Angebotswert nicht zum Obligo hinzugezählt. Bei einem Kreditlimit von 10.000 Euro und einem Obligo von 6.164,20 Euro (aus einem gebuchten und einem offenen Auftrag) können 12 Computer im Wert von 5.473,52 Euro brutto angeboten werden, ohne dass eine weitere Genehmigung wegen Kreditlimitüberschreitung notwendig wird.

Wenn Thorsten Ridder die Genehmigungsanforderung sendet, entsteht nur ein offener Posten für den Vertriebsbeauftragen Michael Ribbert (siehe Abbildung 4.42).

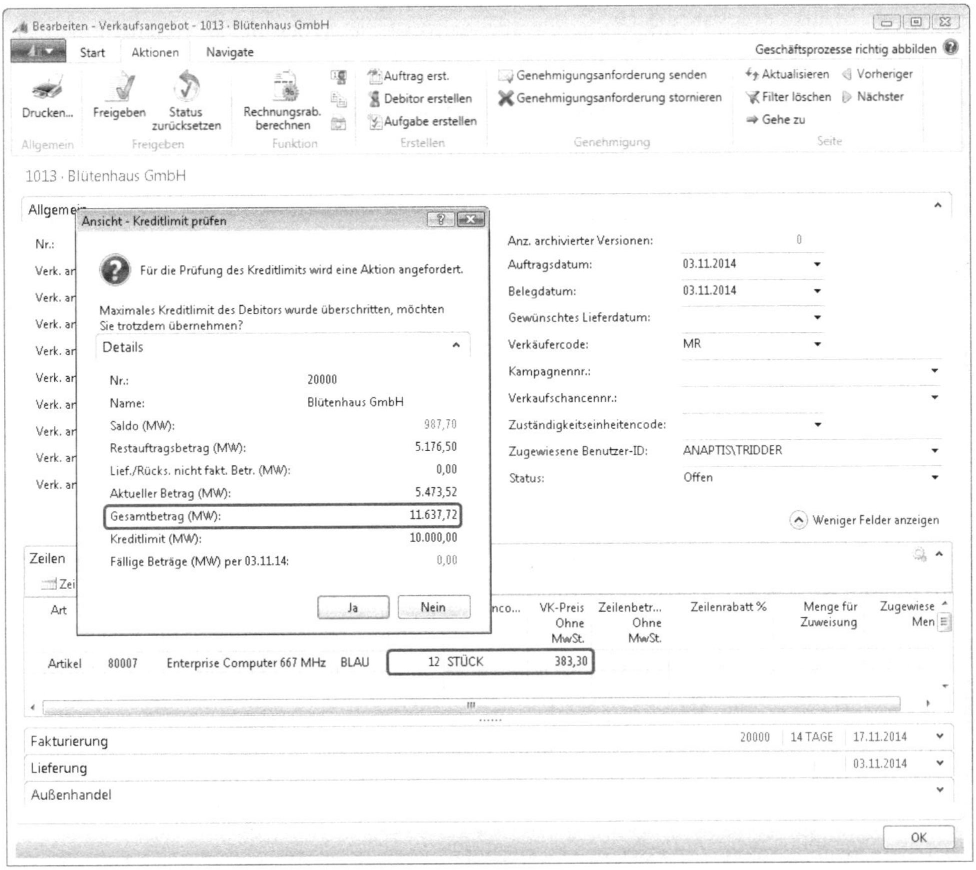

Belegfluss und Beleggenehmigung

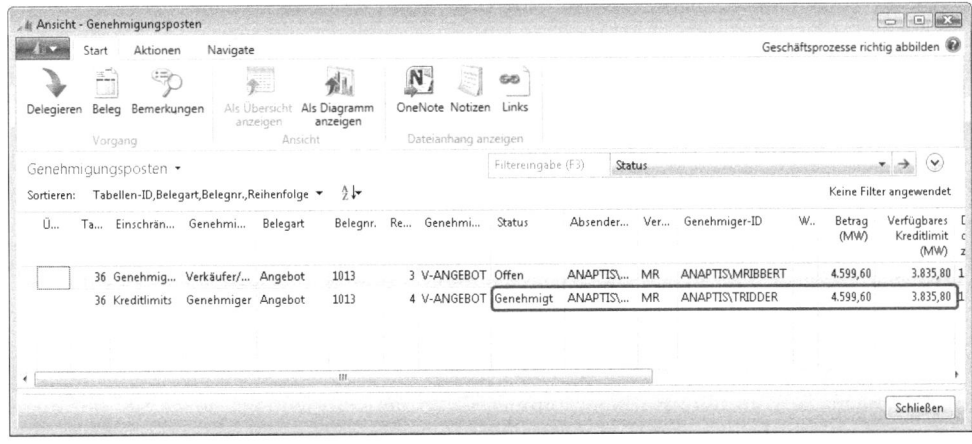

Abbildung 4.41 Angebot über 12 Computer und einem Kreditlimit von 10.000 Euro

Abbildung 4.42 Die Kreditlimitüberschreitung bedarf keiner weiteren Genehmigung

Beleggenehmigungsregeln aus Compliance-Sicht

Potenzielle Risiken

- Nicht autorisierte Einkaufs- und Verkaufsvorgänge (Efficiency, Compliance)
- Falsche oder zu hohe Genehmigungsregeln (Reliability, Integrity, Compliance)
- Fehlende Funktionstrennung (Effectiveness, Compliance)

Prüfungsziel

- Sicherstellung einer angemessenen Konfiguration der Beleggenehmigungsregeln
- Sicherstellung angemessener Wertgrenzen
- Sicherstellung der Funktionstrennung

Prüfungshandlungen

Überprüfung des Genehmigungskonzepts

Grundlage für die systemtechnische Umsetzung von Beleggenehmigungsregeln sind in der Regel Kompetenz- bzw. Autorisierungsrichtlinien, die von der Geschäftsführung abgezeichnet sind und in schriftlicher Form vorliegen sollten. Ein Abgleich mit den im System hinterlegten Parametern stellt die Einhaltung der Genehmigungskompetenzen sicher.

Link: *Abteilungen/Verwaltung/Anwendung Einrichtung/Beleggenehmigung/**Genehmigungseinrichtung**/Start/ Benutzereinrichtung*

Link: *Abteilungen/Verwaltung/Anwendung Einrichtung/Beleggenehmigung/Genehmigungsvorlagen*

Wie zuvor erläutert, bietet Dynamics NAV die Möglichkeit, das Genehmigungskonzept zu testen und sich die Ergebnisse anzeigen zu lassen.

Link: *Abteilungen/Verwaltung/Anwendung Einrichtung/Beleggenehmigung/**Genehmigungseinrichtung**/Start/ Benutzereinrichtung Start/Genehmigungsbenutzereinrichtung – Test*

Überprüfung von Beleggenehmigungen

Im Anschluss kann überprüft werden, ob Belege im System zur Genehmigung vorliegen oder solche, die bereits als genehmigt gebucht wurden, in Widerspruch zu den Unternehmensrichtlinien und den damit verbundenen Systemeinstellungen stehen. Dazu sollten die Tabellen mit den Genehmigungsposten und den gebuchten Genehmigungen analysiert werden.

Link: *Abteilungen/Finanzmanagement/Debitoren/Genehmigungsposten*

Object Designer: *Run Page 659 Gebuchte Genehmigungseinträge*

Dimensionen

Jedes Unternehmen erstellt Auswertungen nach bestimmten unternehmens- oder branchenindividuellen Kriterien oder, abstrakt ausgedrückt, nach unterschiedlichen Dimensionen. In der Vergangenheit enthielten Buchhaltungssysteme im Allgemeinen die Dimensionen Kontonummer, Kostenstelle, Kostenträger sowie das Buchungsdatum. Die Folgen solch limitierter Dimensionen waren teilweise überfrachtete Kontenpläne, in deren Nummern verschiedene Auswertungsinformationen verschlüsselt und somit vermischt wurden. Mit dem Dimensionskonzept in Dynamics NAV wird solchen Vermischungen von Auswertungskriterien entgegengewirkt.

Mit Dynamics NAV 2013 wurde das Datenhaltungskonzept für Dimensionen komplett überarbeitet. Die Handhabung in der Applikation hat sich dadurch im Vergleich zu früheren Versionen nicht spürbar verän-

Dimensionen

dert. Für den technisch interessierten Leser ist das neue Konzept im Abschnitt »Speicherung von Dimensionen« in diesem Kapitel erläutert. In diesem Abschnitt werden die folgenden Themen erläutert:

- Dimensionen und Dimensionswerte
- Dimensionsarten
- Vorgabedimensionen
- Dimensionskombinationen
- Speicherung von Dimensionen

Dimensionen und Dimensionswerte

Jede Dimension kann beliebig viele Dimensionswerte enthalten, bei denen es sich um Ausprägungen der betreffenden Dimension handelt. Beispielsweise könnte eine Dimension mit dem Code FAHRZEUG die einzelnen Kfz-Kennzeichen als Dimensionswerte aufweisen. Die zu verwaltenden Dimensionswerte lassen sich wie im Kontenplan über Überschriften und Zwischensummen strukturieren sowie über eine Funktion entsprechend einrücken (siehe Abbildung 4.43).

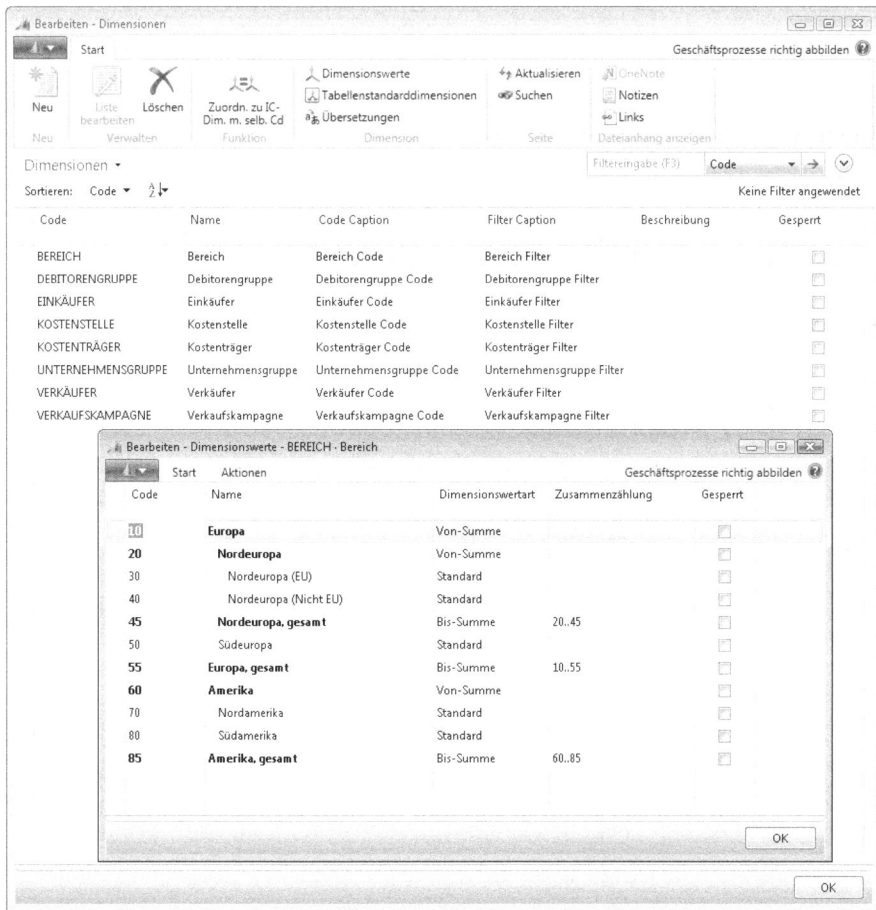

Abbildung 4.43 Dimensionen und deren Dimensionswerte

Link: *Abteilungen/Finanzmanagement/Einrichtung/Dimensionen/Dimensionen*

Dimensionswerte werden durch die folgenden Felder definiert:

Feld	Erläuterung
Code	Eindeutiger Code für den Dimensionswert mit einer Länge von maximal 20 Zeichen
Name	Beschreibender Name für den Dimensionswert
Dimensionswertart	Bestimmt die Art, in der ein Dimensionswert bei einer Buchung verwendet wird. Die folgenden Optionen sind verfügbar: *<Standard>* Zur standardmäßigen Buchung von Dimensionswerten. *<Überschrift>* Überschrift für eine Gruppe von Dimensionswerten. *<Summe>* Zum Zusammenzählen einer Reihe von Salden zu Dimensionswerten, die dem Dimensionswert Summe nicht direkt vorausgehen. *<Von-Summe>* Kennzeichnet den Beginn einer Reihe von Dimensionswerten, die zusammengezählt werden sollen. Das Ende wird durch einen Dimensionswert *Bis-Summe* gekennzeichnet. *<Bis-Summe>* Summe einer Reihe von Dimensionswerten, die mit dem Dimensionswert *Von-Summe* beginnt. Eine Buchung kann nur auf Posten mit den Werttypen *Standard* oder *Von-Summe* erfolgen.
Zusammenzählung	Identifiziert ein Dimensionswertintervall oder eine Dimensionswertliste, mit der die im Feld angezeigten Dimensionswerte für einen Gesamtsaldo zusammengezählt werden
Gesperrt	Für gesperrte Dimensionswerte ist eine Buchung nicht möglich

Tabelle 4.10 Spalten der NAV-Seite *Dimensionswerte*

Die Felder *Dimensionswertart* und *Zusammenzählung* stellen optional eine Strukturierung der Dimensionswerte (ähnlich einem Kontenplan) her, wobei die Werte im Feld *Zusammenzählung* von der Ausprägung des Felds *Dimensionswertart* abhängen. Ist die Dimensionswertart *Standard*, *Überschrift* oder *Von-Summe*, so muss das Feld leer sein. Ist *Summe* ausgewählt, muss angegeben werden, welche Dimensionswerte zusammengezählt werden sollen. Ist *Bis-Summe* ausgewählt, wird das Feld automatisch gefüllt, sobald die Funktion *Einrückung der Dimensionswerte* ausgeführt wird, die alle Dimensionswerte zwischen einer *Von-Summe* und der entsprechenden *Bis-Summe* um eine Stufe einrückt sowie alle Dimensionswerte im identischen Bereich addiert und das Feld *Zusammenzählung* für jede *Bis-Summe* aktualisiert.

Im Fenster *Dimensionen* können über die Menüschaltfläche *Dimension* neben den Dimensionswerten folgende weitere Einrichtungen vorgenommen werden:

Tabellenstandarddimensionen

Hier können Vorgaben für die Benutzung von Dimensionen auf Tabellenebene definiert werden. Zwar können hier auch Dimensionswerte hinterlegt werden, häufiger wird diese Art der Vorgabedimension aber genutzt, um Pflichtdimensionen zu definieren. So kann hier festlegt werden, dass ein Debitor nicht ohne eine bestimmte Dimension (z. B. die Debitorengruppe) gebucht werden kann (siehe Abbildung 4.44).

Link: *Abteilungen/Finanzmanagement/Einrichtung/Dimensionen/**Dimensionen**/Start/Tabellenstandarddimensionen*

Dimensionen

Übersetzungen

Hier können Übersetzungen der Dimensionen hinterlegt werden, wenn mehrere Applikationssprachen im Unternehmen benutzt werden.

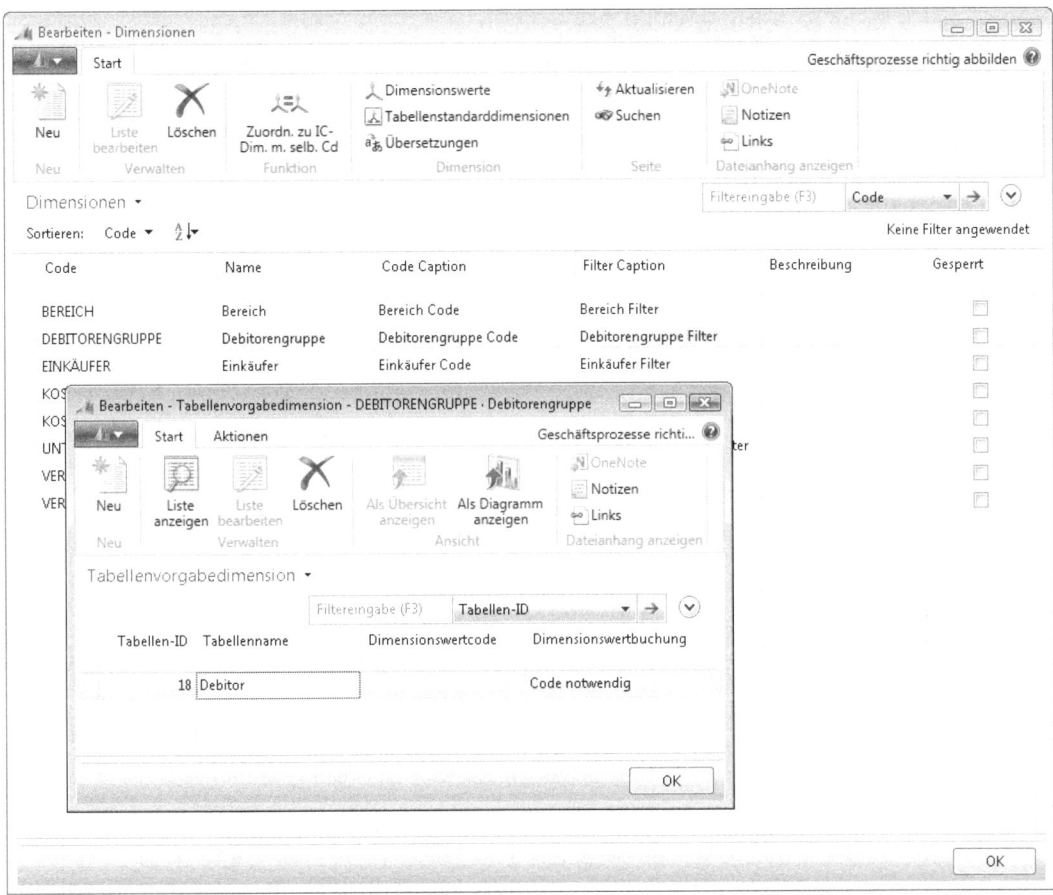

Abbildung 4.44 Vorgabe einer Pflichtdimension auf Tabellenebene

Dimensionsarten

Es gibt in Dynamics NAV drei Arten von Dimensionen:

- Globale Dimensionen
- Shortcutdimensionen
- Budgetdimensionen

Globale- und Shortcutdimensionen werden im Fenster *Finanzbuchhaltung Einrichtung* (siehe Abbildung 4.8) und Budgetdimensionen im Fenster *Finanzbudgetnamen* definiert.

Link: *Abteilungen/Finanzmanagement/Einrichtung/Finanzbuchhaltung Einrichtung*

Link: *Abteilungen/Finanzmanagement/Finanzbuchhaltung/Fibu-Budgets*

Globale Dimensionen

Die Werte der zwei globalen Dimensionen werden, anders als die anderen Dimensionen, im Postendatensatz gespeichert (siehe Abbildung 4.45) und können daher als Filter für Sachposten, Berichte, Kontenschemata und Stapelverarbeitungen verwendet werden. Die globalen Dimensionen werden automatisch zu *Shortcutdimensionen 1* und *2*, die im nächsten Abschnitt erläutert werden.

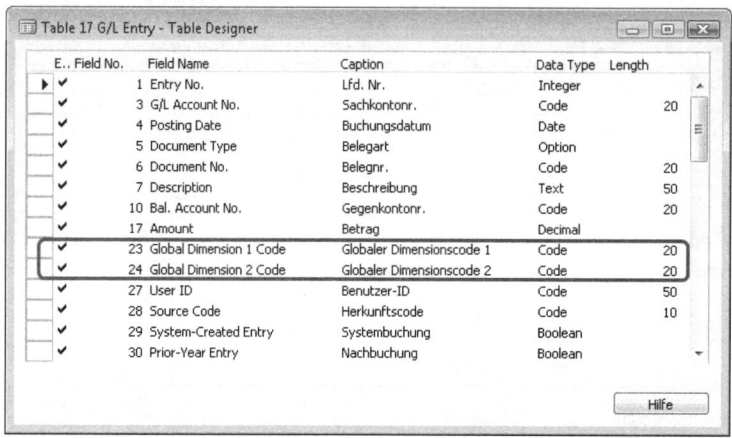

Abbildung 4.45 Sachpostenfelder für die Dimensionswerte der beiden globalen Dimensionen

Shortcutdimensionen

Da eine Beleg- oder Buch.-Blattzeile Dimensionswerte mehrerer zugeordneter Dimensionen enthalten kann, gibt es zu jeder Transaktionszeile eine Tabelle mit Dimensionszuordnungen, die über *Start/Dimensionen* Strg+⇧+D aufgerufen werden kann (siehe Abbildung 4.46). Um die Eingabe effizienter zu gestalten, wurden die *Shortcutdimensionen* etabliert.

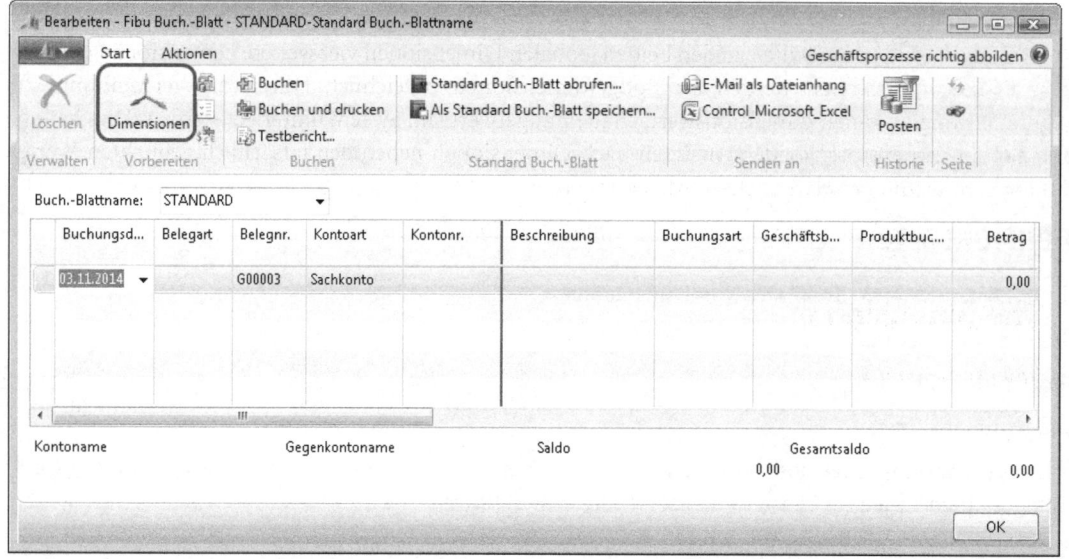

Abbildung 4.46 Eingabe von Dimensionen in einem Buchungsblatt

Dimensionen

Über Shortcutdimensionen können ausgewählte Dimensionen in Buch.-Blättern und -Belegen als Spalten eingeblendet (siehe Abbildung 4.47) und so direkt in den Zeilen eingegeben werden.

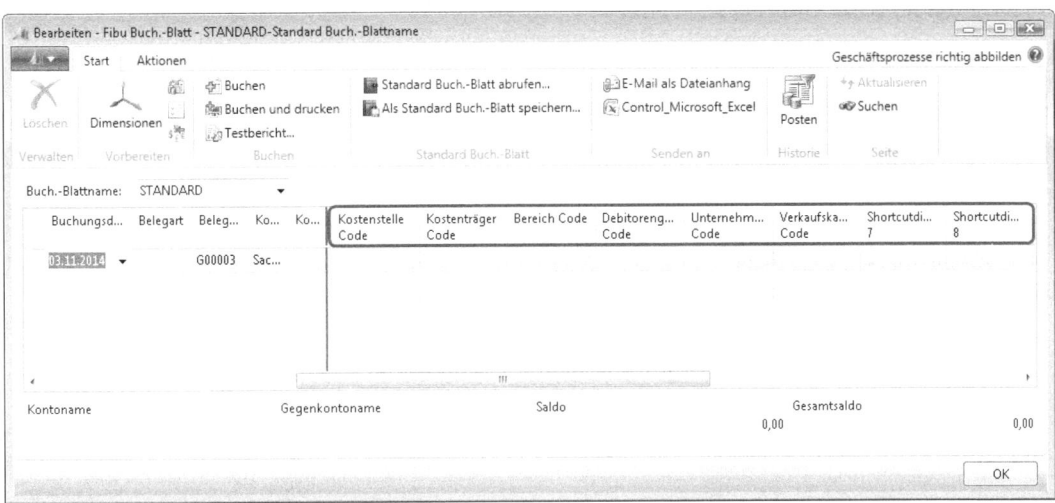

Abbildung 4.47 Shortcutdimensionsspalten im Buchungsblatt

Insgesamt sind acht Shortcutdimensionen verfügbar. Da die ersten beiden Shortcutdimensionen mit den globalen Dimensionen vorbelegt sind, stehen sechs Shortcutdimensionen zur freien Verfügung. Diese werden aus den zuvor eingerichteten Dimensionen ausgewählt und können bei Bedarf geändert werden.

TIPP Als Shortcutdimensionen sollten gegebenenfalls diejenigen Dimensionen definiert werden, die vorgangsindividuell zugeordnet werden müssen und nicht über Stammdaten vorbelegt werden können.

Budgetdimensionen

Für jedes Budget können zusätzlich zu den beiden globalen Dimensionen vier weitere Dimensionen definiert werden. Diese Dimensionen werden als Budgetdimensionen bezeichnet. Durch die Verwendung von Budgetdimensionen können dimensionswertgenaue Budgetwerte im System hinterlegt werden. Dies hat den Vorteil, dass in den entsprechenden Analysen nach Dimensionen neben den tatsächlich gebuchten Werten auch Budgetabweichungen dargestellt werden können.

Link: *Abteilungen/Finanzmanagement/Finanzbuchhaltung/Fibu-Budgets*

Vorgabedimensionen

Sind Dimensionen und Dimensionswerte eingerichtet, können Vorgabedimensionen definiert werden. Je nach Art der Dimension kann es Sinn machen, Dimensionswerte mit Stammdaten zu verknüpfen, damit die Anwendung diese Dimensionswerte für alle Transaktionen vorschlägt, in denen der Stammsatz zugewiesen wird. Je nach Einstellung kann der Vorgabedimensionswert in der Transaktion geändert werden. Die Vorgabedimension wird auch dazu genutzt, Pflichtdimensionen zu definieren, wenn kein fester Vorgabedimensionswert hinterlegt werden kann. In diesem Fall wird nur der Dimensionscode angegeben und die Buchungsregel (*Dimensionswertbuchung*) auf *Code notwendig* gestellt.

Die Vorgabedimensionen haben zwei Aufgaben:

- Vorbelegen von Dimensionswerten in Transaktionen
- Definition von Konsistenzprüfungen beim Buchen

Eine Liste der Tabellen, denen Vorgabedimensionen zugeordnet werden können, ist in Abbildung 4.48 dargestellt.

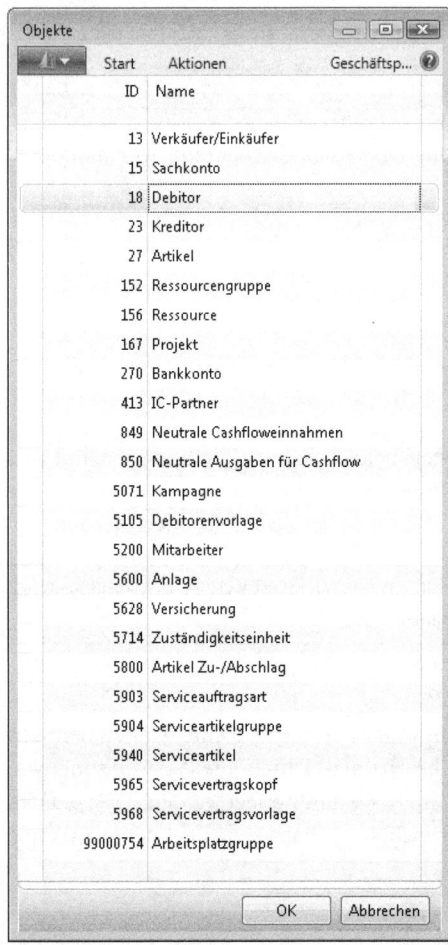

Abbildung 4.48 Tabellen, die Vorgabedimensionen beinhalten können

Die Zuweisung von Vorgabedimensionen kann über drei Wege erfolgen, die im Folgenden am Beispiel der Debitoren dargestellt werden:

- Einzelne Zuweisung
- Mehrfachzuweisung
- Tabellenzuweisung

Dimensionen

Einzelne Zuweisung

Die einzelne Zuweisung einer Vorgabedimension erfolgt über die Debitorenkarte oder den Listenplatz:

Link: *Abteilungen/Finanzmanagement/Debitoren/**Debitoren**/Navigate/Dimensionen*

Link: *Abteilungen/Finanzmanagement/Debitoren/**Debitoren**/Navigate/Dimensionen/Zuordnung für aktuellen Datensatz*

Mehrfachzuweisung

Eine zeitsparende Zuweisung von gleichen Vorgabedimensionen zu mehreren Debitoren kann über die Debitorenübersicht vorgenommen werden, indem Datensätze markiert und im Anschluss identische Vorgabedimensionen zugewiesen werden (siehe Abbildung 4.49).

Link: *Abteilungen/Finanzmanagement/Debitoren/**Debitoren**/Navigate/Dimensionen/Zuordnung für markierte Datensätze*

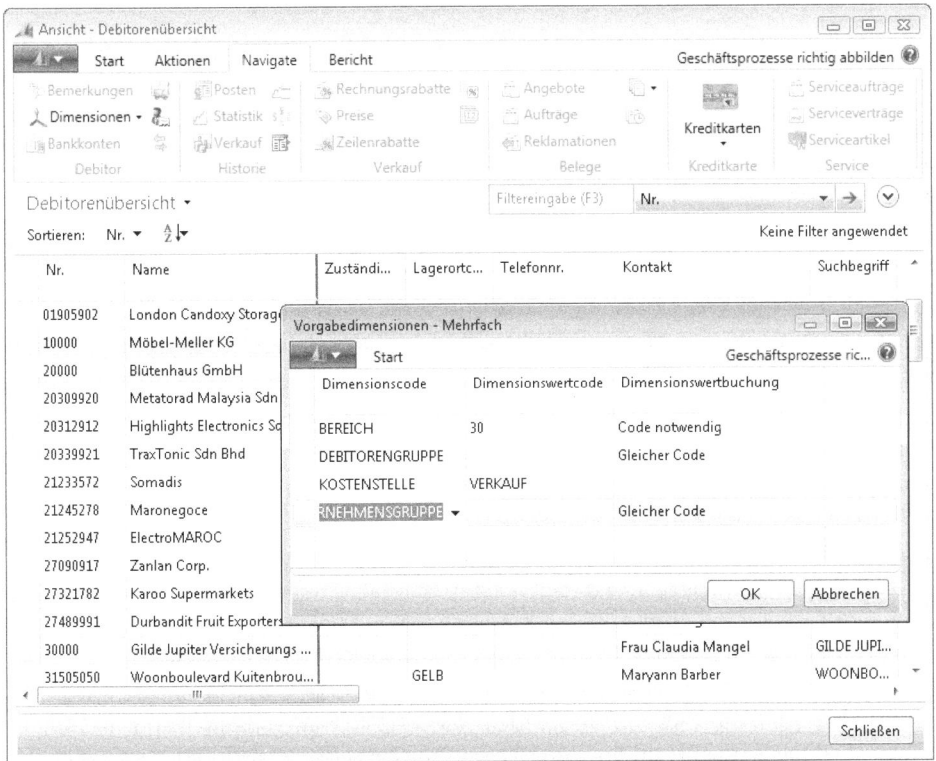

Abbildung 4.49 Vorgabedimensionszuweisung für markierte Datensätze

ACHTUNG In früheren Versionen wurde in der Mehrfachzuweisung von Vorgabedimensionen angezeigt, wenn es Konflikte bei den bestehenden Vorgabedimensionen gab. Wie zum Beispiel bei den Debitoren in Abbildung 4.49, die unterschiedliche Debitorengruppen aufweisen. Da diese Anzeige nicht mehr existiert, können Daten überschrieben werden, ohne dass der Benutzer darüber informiert wird.

Tabellenzuweisung

Ergibt sich aus der Art der Dimension die Möglichkeit, Vorgabedimensionen auf Ebene der Tabelle (im Beispiel für alle Debitoren) zu hinterlegen, erfolgt dies über das Fenster *Tabellenstandarddimension*.

Link: *Abteilungen/Finanzmanagement/Einrichtung/Dimensionen/**Dimensionen**/Start/Tabellenstandarddimensionen*

In der Praxis wird diese Funktion genutzt, um Pflichtdimensionen zu definieren. Diese Buchungsregeln werden über die Optionen des Felds *Dimensionswertbuchung* definiert (siehe Tabelle 4.11).

Feldwert	Beschreibung
<Leer>	Es gibt keine Buchungsbeschränkungen. Die Vorgabedimension für das Konto oder die Kontoart kann mit jedem Dimensionswert oder ohne Dimensionswert gebucht werden
Code notwendig	Die Vorgabedimension für das Konto oder die Kontoart muss beim Buchen einen Dimensionswert besitzen, wobei jeder beliebige Dimensionswert akzeptiert wird
Gleicher Code	Der Dimensionswert der Transaktion muss mit der Vorgabedimension übereinstimmen
Kein Code	Es darf kein Dimensionswertcode der angegebenen Dimension mit dem Konto oder der Kontoart verwendet werden

Tabelle 4.11 Buchungsregeln für Dimensionswerte

Dimensionskonflikte

Bei der Einrichtung von Vorgabedimensionen ist sicherzustellen, dass eine Transaktion keine widersprüchlichen Vorgabedimensionswerte erhält. So tritt beispielsweise ein Konflikt auf, wenn eine Debitoren-Vorgabedimension mit der Buchungsregel *Kein Code* eingerichtet wurde, die Vorgabe für die Tabelle 18 Debitor jedoch einen vorgegebenen Dimensionswertcode enthält. Um derartige Konflikte zu identifizieren und aufzulösen, bietet die Anwendung folgende Möglichkeiten:

- Die Funktion *Dimensionswertbuchung prüfen* im Fenster *Tabellenvorgabedimension* kann zur Prüfung auf inkonsistente Vorgaben zu Dimensionen genutzt werden. Link: *Abteilungen/Finanzmanagement/Einrichtung/Dimensionen/**Dimensionen**/Start/Tabellenstandarddimensionen/Aktionen/Dimensionswertbuchung prüfen*
- Konflikte zwischen Vorgabedimensionswerten für dieselbe Dimension können mithilfe von Vorgabedimensionsprioritäten aufgelöst werden (siehe Abbildung 4.50). Wurde wie im Beispiel der Tabelle *Debitor* eine höhere Priorität als der Tabelle *Artikel* eingeräumt, so wird ein Konflikt zwischen den Vorgabedimensionen des Debitoren und denen des verkauften Artikels zugunsten der Debitorenvorgabe gelöst. Die Einrichtung der Priorität erfolgt dabei auf Tabellenebene in Kombination mit dem Herkunftscode. So kann z. B. hinterlegt werden, dass für alle verkaufsbelegbezogenen Transaktionen bei widersprüchlichen Vorgabedimensionswerten immer die Vorgabe vom Debitorenkonto Vorrang hat.

Link: *Abteilungen/Finanzmanagement/Einrichtung/Dimensionen/Standarddimension Prioritäten*

HINWEIS Bei einem Konflikt zwischen den für ein einzelnes Konto eingerichteten Vorgabedimensionswerten und den für die Tabelle eingerichteten Werten hat der Vorgabedimensionswert des einzelnen Kontos immer Priorität.

Dimensionen

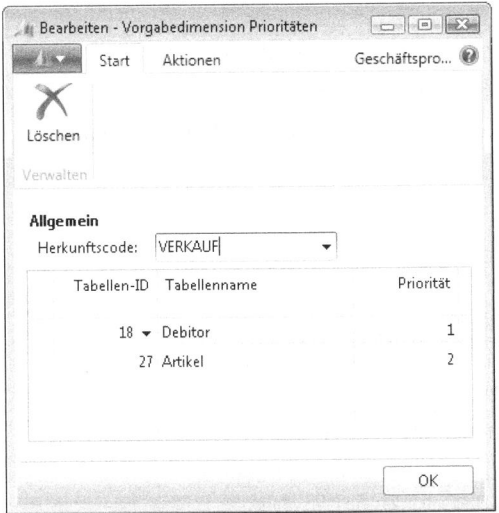

Abbildung 4.50 Priorität der Vorgabedimensionen im Verkauf

Kommt es innerhalb der gleichen Kontoart bzw. Tabelle zu einem Vorgabekonflikt oder haben die beiden Kontoarten eine identische oder keine Priorität, so überschreibt eine Vorgabe die andere. Die Vorgabedimension der zuletzt eingegebenen Kontonummer findet Anwendung. Zur Verdeutlichung ein Beispiel: In einer Buchungsblattzeile kann eine Sachkontonummer und eine Gegenkontonummer eingegeben werden. Weisen diese beiden Sachkonten widersprüchliche Vorgabedimensionswerte derselben Dimension auf, wird die zuletzt eingegebene bzw. validierte Sachkontonummer die Vorgabedimensionswerte des ersten Sachkontos überschreiben.

TIPP Ein Konflikt in einem Buchungsblatt kann auf einfache Weise gelöst werden, indem das Feld *Gegenkontonr.* nicht verwendet wird. Stattdessen wird eine separate Buchungsblattzeile mit gleicher Belegnummer und gleichem Buchungsdatum erzeugt, in der das Gegenkonto im Feld *Kontonr.* und der Betrag mit umgekehrten Vorzeichen eingegeben wird (siehe Abbildung 4.51). Eine solche Splittbuchung erlaubt es, in einer Buchung verschiedene Dimensionswerte derselben Dimension buchen zu können.

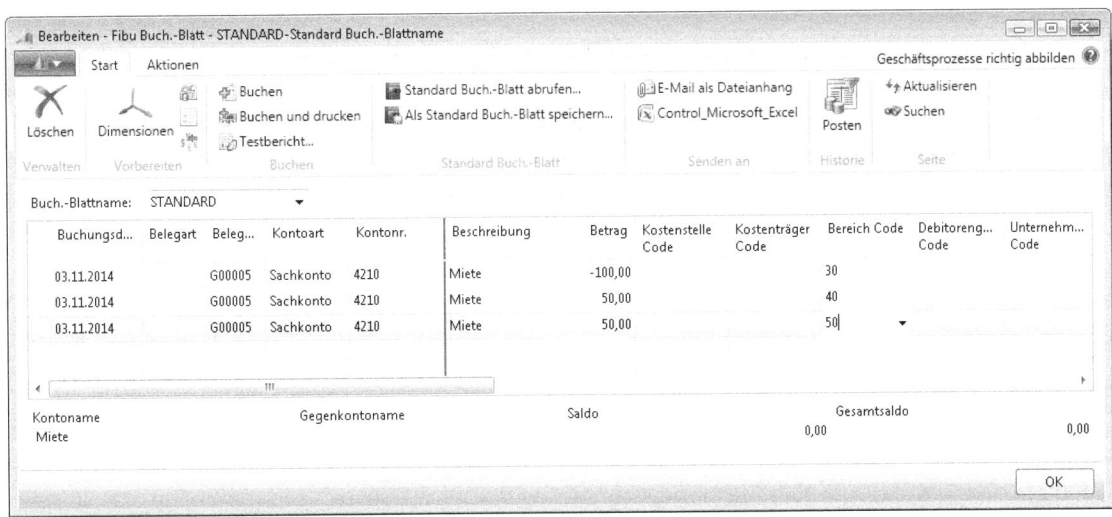

Abbildung 4.51 Dimensionswertbezogene Aufteilungsbuchung

Über den gleichen Weg können auch Aufteilungsbuchungen vorgenommen werden, indem beispielsweise der Betrag bei gleichem Sachkonto auf zwei Dimensionswerte (*Bereich Code*) aufgeteilt wird. Das Ergebnis dieser Buchung lässt sich in der NAV-Seite *Sachposten-Dimensionsmatrix* darstellen, welches im Listenplatz *Sachposten* über die Aktion *Start/Sachposten-Dimensionsmatrix* zu öffnen ist (siehe Abbildung 4.52):

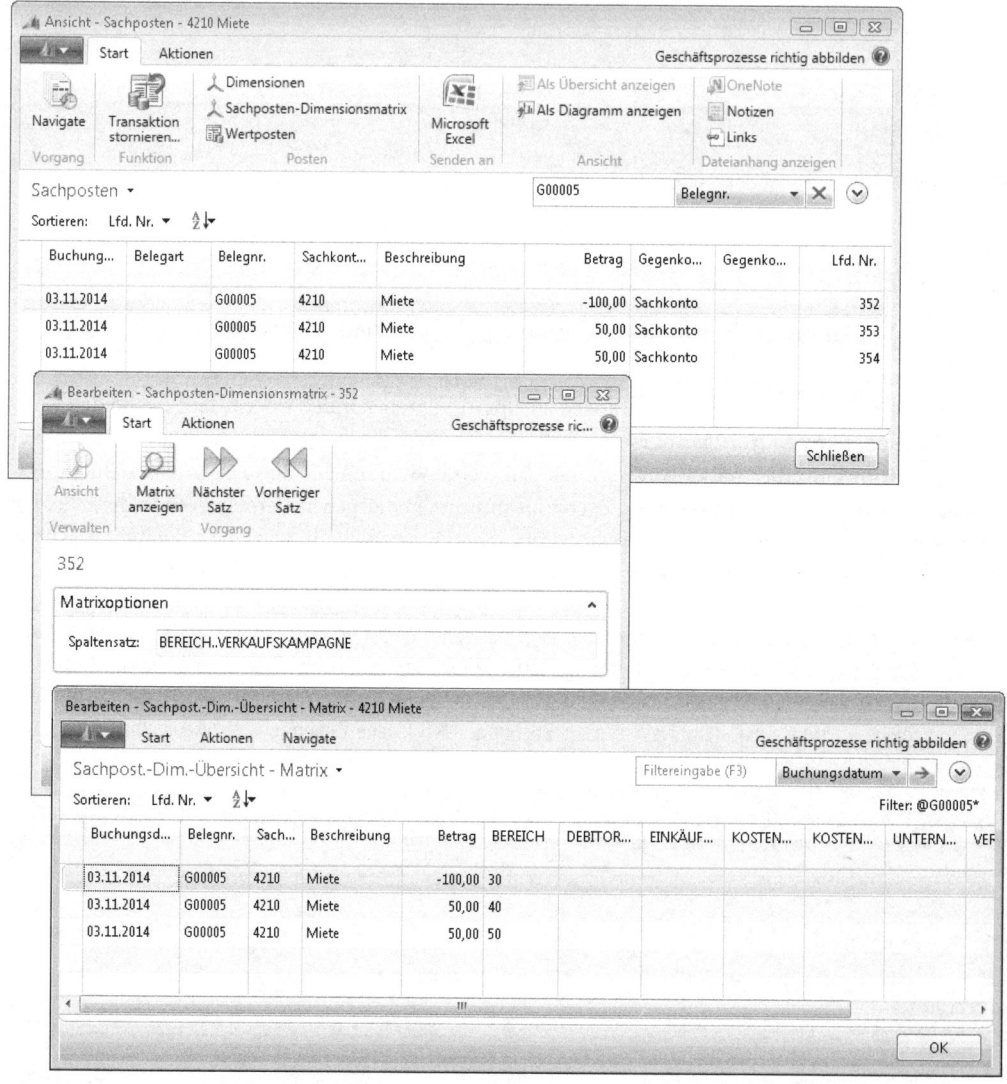

Abbildung 4.52 Anzeige der Sachposten-Dimensionsmatrix

Dimensionskombinationen

Mit Dimensionskombinationen kann die gleichzeitige Verwendung bestimmter Dimensionen in einer Transaktion gesperrt werden. Diese Kombinationsbeschränkung findet bei Dimensionen Anwendung, die in einer Transaktion nicht gleichzeitig vorkommen dürfen. Die in der Praxis häufiger anzutreffende Kombinations-

Dimensionen

beschränkung bezieht sich auf die Dimensionswerte. Dabei wird verhindert, dass bestimmte Wertekombinationen von Dimensionen gleichzeitig gebucht werden, z. B. der Verkauf durch Vertriebsmitarbeiter JR Joachim Richter im Gebiet »40« Nordeuropa (Nicht-EU). Siehe dazu auch Abbildung 4.53 sowie Tabelle 4.12.

Link: *Abteilungen/Finanzmanagement/Einrichtung/Dimensionen/Dimensionskombinationen*

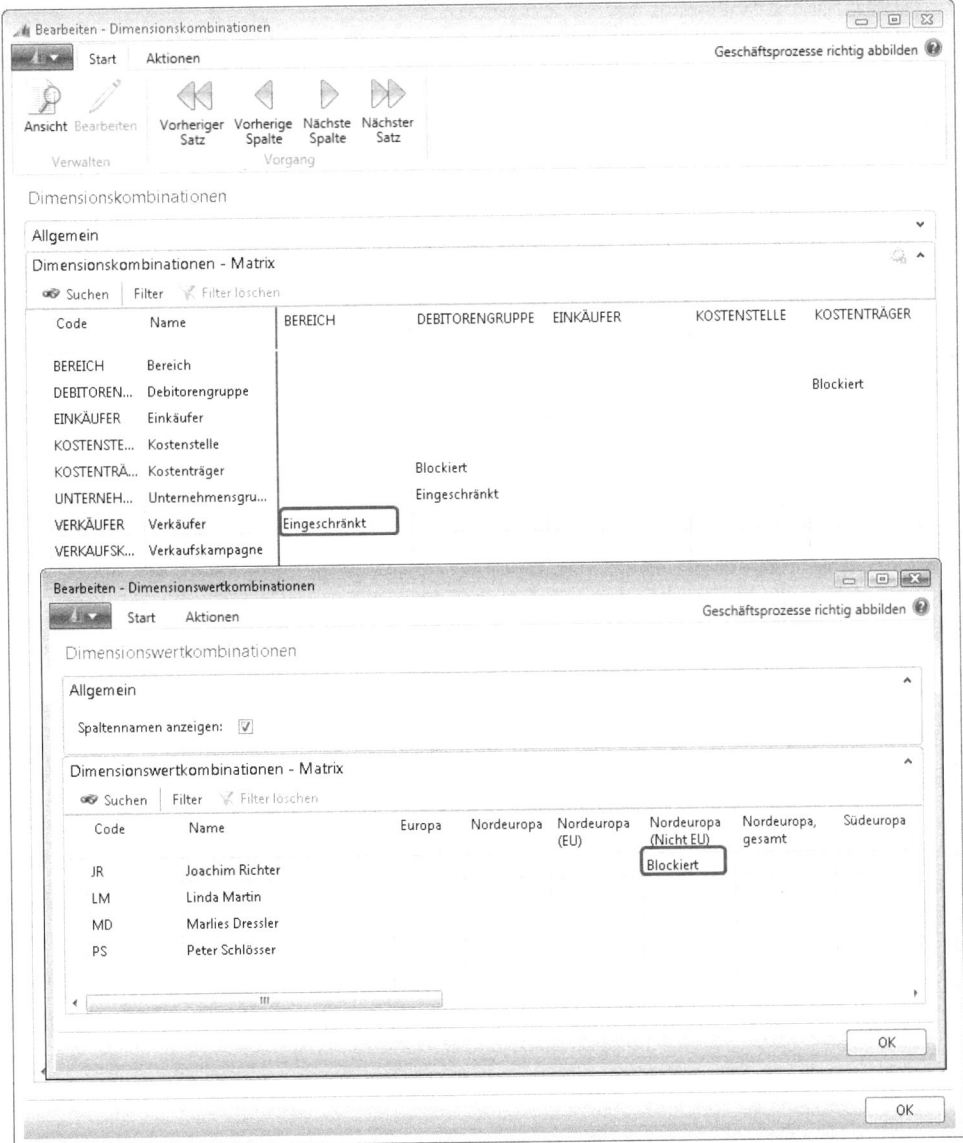

Abbildung 4.53 Sperrung der Dimensionswerte VERKÄUFER=JR und GEBIET=40, Nordeuropa (Nicht-EU)

TIPP Um in den Matrixseiten die Dimensionswertnamen anstatt der Dimensionswertcodes anzuzeigen, kann das Kontrollkästchen *Spaltennamen anzeigen* aktiviert werden. Danach muss der Fensterinhalt über die F5-Taste aktualisiert werden.

Feldwert	Beschreibung
<Leer>	Die Dimensionskombination ist zulässig (Standardeinstellung)
Eingeschränkt	Die Kombinationsbeschränkung bezieht sich auf Dimensionswerte. Die gesperrten Dimensionswertkombinationen können über den Drilldown (⇧ + F8) des Feldwerts <Eingeschränkt> eingegeben und angezeigt werden.
Blockiert	Die Verwendung der Dimensionskombination ist ausgeschlossen

Tabelle 4.12 Optionen für Dimensionskombinationen

Speicherung von Dimensionen

In Dynamics NAV 2013 wurde das Konzept der Speicherung von Dimensionen komplett überarbeitet. Für die Einrichtung und Bearbeitung der Dimensionen ist dieses Redesign ohne Konsequenzen, reduziert aber das Datenvolumen von Dimensionsinformationen erheblich. In diesem Abschnitt werden diese technischen Aspekte des neuen Konzepts dargestellt.

Dimensionssatzposten

In früheren Versionen von Dynamics NAV wurden für jeden Datensatz alle zugewiesenen Dimensionen in Form einzelner Datensätze gespeichert. Entsprechend gab es Tabellen für offene Belegdimensionen, gebuchte Belegdimensionen, Buch.-Blattzeilendimensionen, Postendimensionen sowie Finanzbudgetdimensionen. Häufig wurden dabei redundante Datensätze abgespeichert, weil viele Transaktionen identische Dimensionswertkombinationen aufweisen. Ein Verkaufsauftrag mit einer Artikelposition mit z. B. sechs Dimensionen konnte auf diese Weise während seines Buchungsprozesses mehr als 40 Dimensionsdatensätze in den verschiedenen, satzartabhängigen Dimensionstabellen erzeugen. In Dynamics NAV 2013 wurden die vorgenannten Tabellen zum Speichern von Dimensionsdaten durch eine Tabelle *Dimensionssatzposten* ersetzt (Abbildung 4.54), die als universale Dimensionsinformation für die Transaktion fungiert.

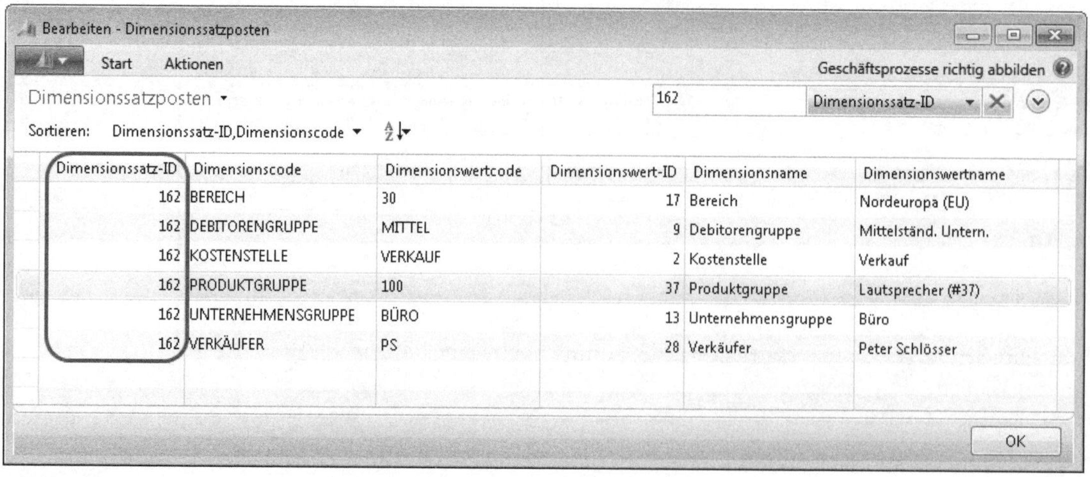

Abbildung 4.54 Tabellenansicht des Dimensionssatzpostens »162«

Dimensionen

In über 20 Standardtabellen wird über ein neues Feld *Dimensionssatz-ID* auf diese Tabelle referenziert. Durch diese *Dimensionssatz-ID* ist es möglich, identische Dimensionswertkombinationen mehrfach zu referenzieren, anstatt die Daten redundant abzuspeichern. Dies erfolgt nicht nur für dieselbe Transaktion, sondern auch für andere Transaktionen, in denen der ursprüngliche Dimensionssatz sozusagen ein Datenrecycling erfährt. Dieses soll im folgenden Beispiel erläutert werden:

In der CRONUS AG wurde eine Dimension PRODUKTGRUPPE erweitert und bei allen Lautsprecher-Artikeln der *Dimensionswert* »100« für »Lautsprecher« hinterlegt. In einem neuen Verkaufsauftrag wird dem Debitor »50000« der Artikel »LS-10PC« verkauft. Es entstehen sechs Dimensionen für die Verkaufszeile (siehe Abbildung 4.55). Über *Info zu dieser Seite* kann man die *Dimensionssatz-ID* »162« auslesen.

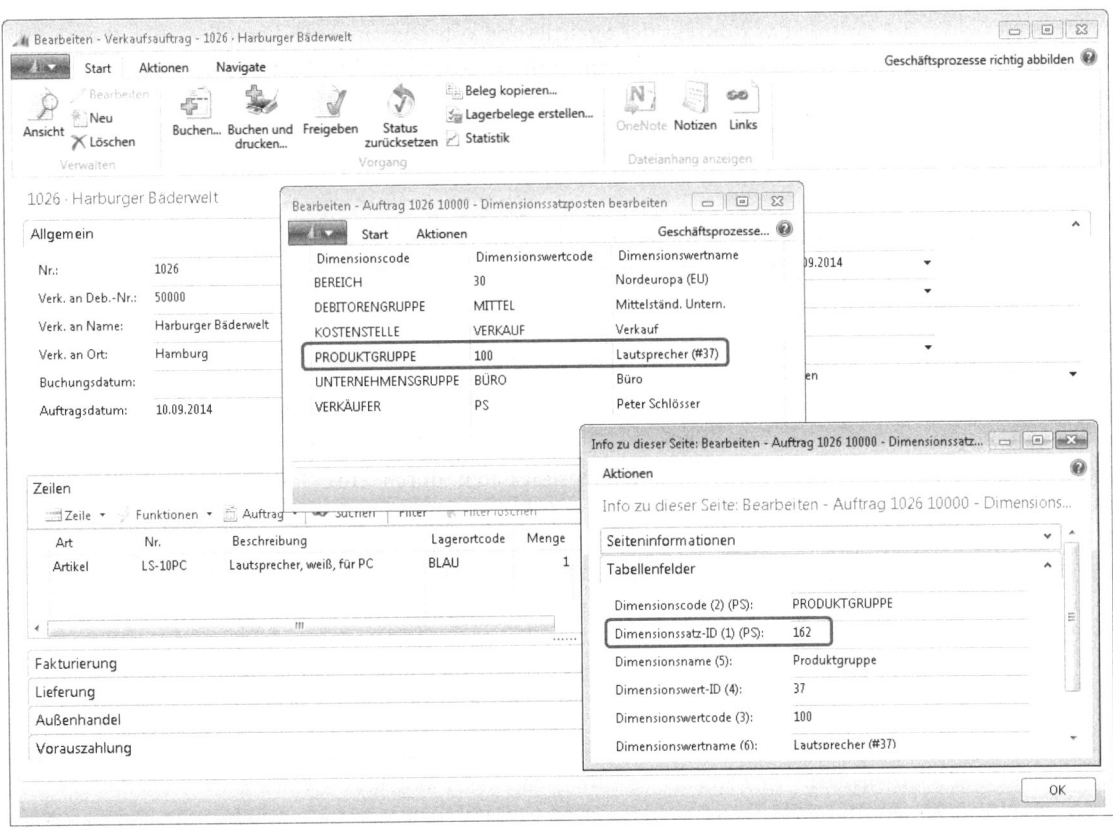

Abbildung 4.55 Dimensionen der Verkaufszeile

Da die Dimension gerade neu angelegt wurde, konnte noch keine bestehende Dimensionswertkombination vorliegen und für den Auftrag wurde ein neuer Dimensionssatz angelegt. Nachdem der Verkaufsauftrag gebucht ist, findet sich in den gebuchten Belegen sowie in den Postentabellen ebenso die Referenzierung auf diesen Dimenssionssatz (siehe Abbildung 4.56).

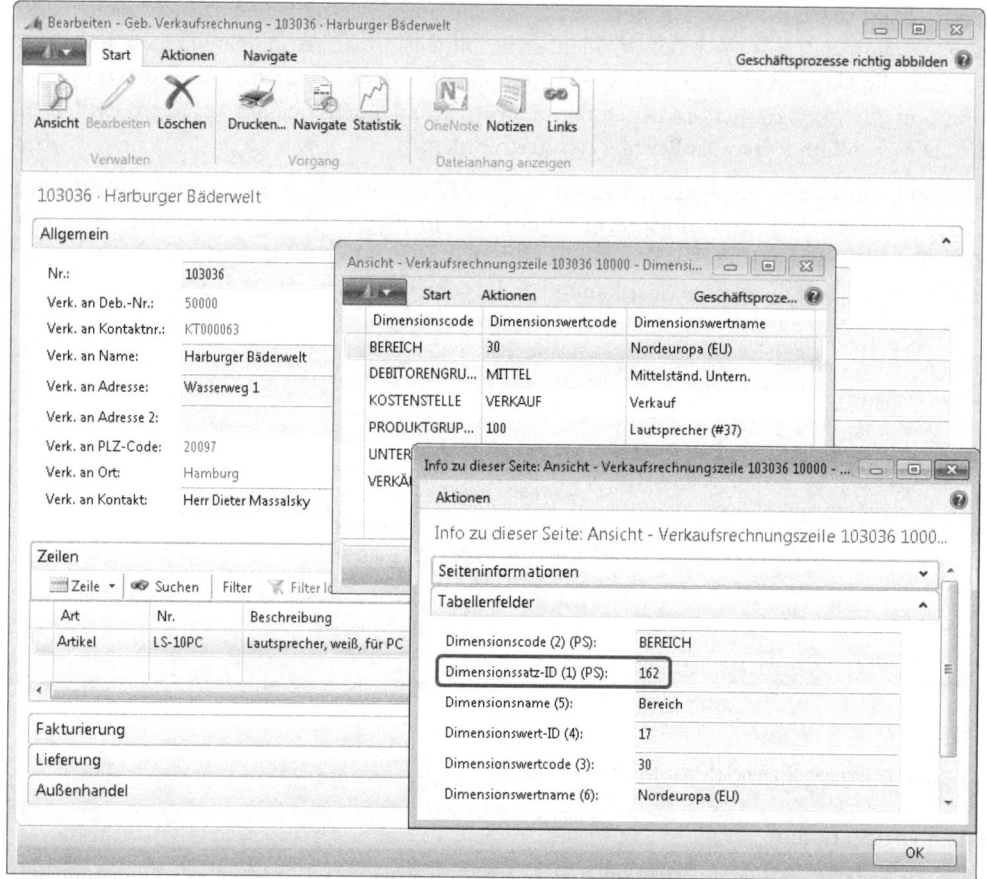

Abbildung 4.56 Referenzierung auf den im Auftrag angelegten Dimensionssatz

Im Anschluss wird ein neuer Auftrag für denselben Kunden mit einem anderen Lautsprecher erfasst. Durch die identische Kombination von Dimensionen wird erneut auf den bereits bestehenden Dimensionssatz »162« referenziert (siehe Abbildung 4.57).

Durch diese neue Art der Datenhaltung für Dimensionen konnte laut Herstellerangaben in einzelnen Fällen eine Reduktion der Datensätze für Dimensionen um den Faktor 20.000 erreicht werden. Gleichzeitig wird die Vielzahl von Schreibtransaktionen reduziert, sodass auch die Systemperformance beim Buchungsprozess steigt. Das System muss dafür allerdings bei der Eingabe prüfen, ob eine Dimensionswertkombination bereits vorhanden ist oder ein neuer Dimensionssatz angelegt werden muss. Zu diesem Zweck wurde die Tabelle *Dimensionssatz-Strukturknoten* ergänzt.

Dimensionen

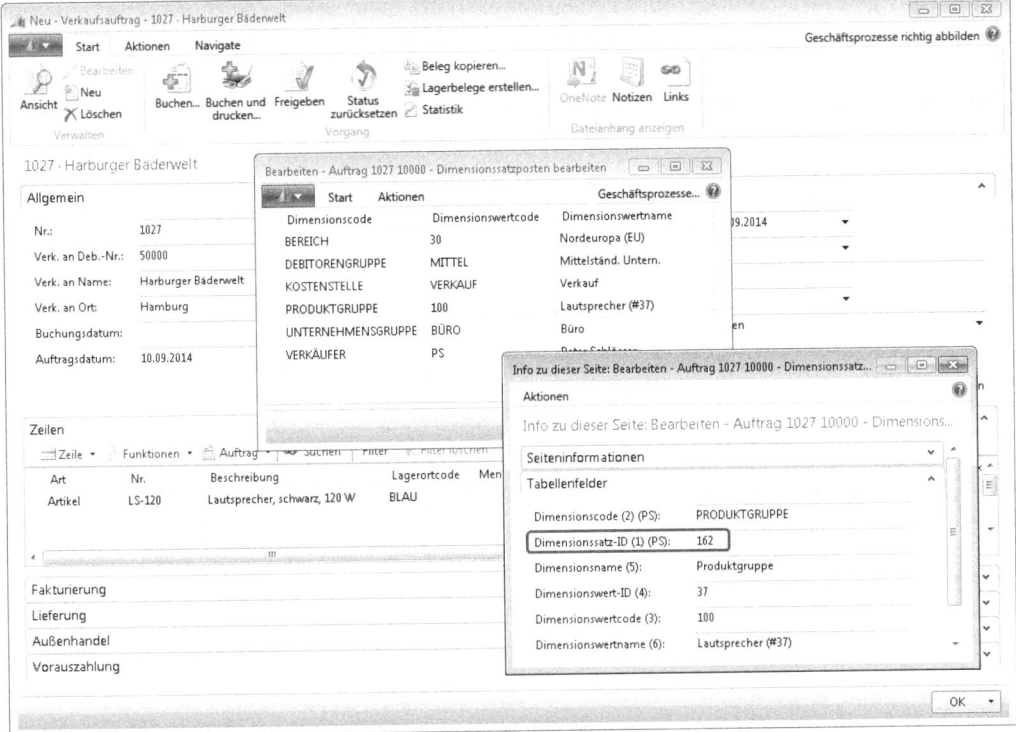

Abbildung 4.57 Daten-Recycling des ursprünglich fremden Dimensionssatzes

Dimensionssatz-Strukturknoten

Um die Verwaltung der Dimensionssätze effizient steuern zu können, wurde mit der Tabelle *Dimensionssatz-Strukturknoten* ein Hilfskonstrukt geschaffen. Über diese Tabelle kann das System in wenigen Zugriffen prüfen, ob eine Kombination von Dimensionswerten bereits existiert oder ein neuer Dimensionssatz angelegt werden muss. Um die Datenhaltung so schlank wie möglich zu halten und auch ein Umbenennen von Dimensionswertcodes zu ermöglichen, wurde außerdem das Feld *Dimensionswert-ID* erweitert, das jede Kombination aus Dimensionscode und Dimensionswertcode eindeutig beschreibt. Im Beispiel entsprechen die Lautsprecher der »PRODUKTGRUPPE = 100« und damit der *Dimensionswert-ID* »37« (siehe Abbildung 4.58).

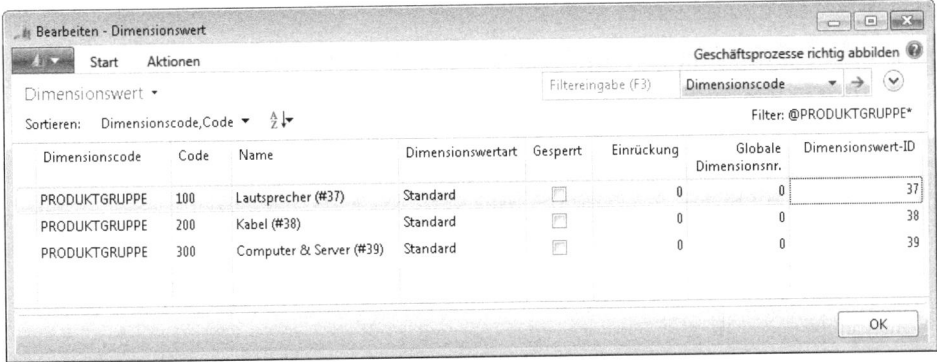

Abbildung 4.58 Dimensionswert-IDs der drei Produktgruppen

Die Kombination aus Dimensionssatz-ID und Dimensionswert-ID bildet jeweils einen Strukturknoten in der Tabelle *Dimensionssatz-Strukturknoten*. Die Baumstruktur dieser Tabelle wird bei der Prüfung rekursiv in der Häufigkeit der Anzahl der Dimensionen der Transaktion durchlaufen. Das Feld *Übergeordnete Dimensionssatz-ID* gibt dabei die Ebene des Strukturknotens wieder und zeigt dabei auf die Dimensionswert-ID des jeweils übergeordneten Strukturknotens. Die Abbildung 4.59 zeigt die Strukturknoten für das Beispiel mit den Lautsprechern.

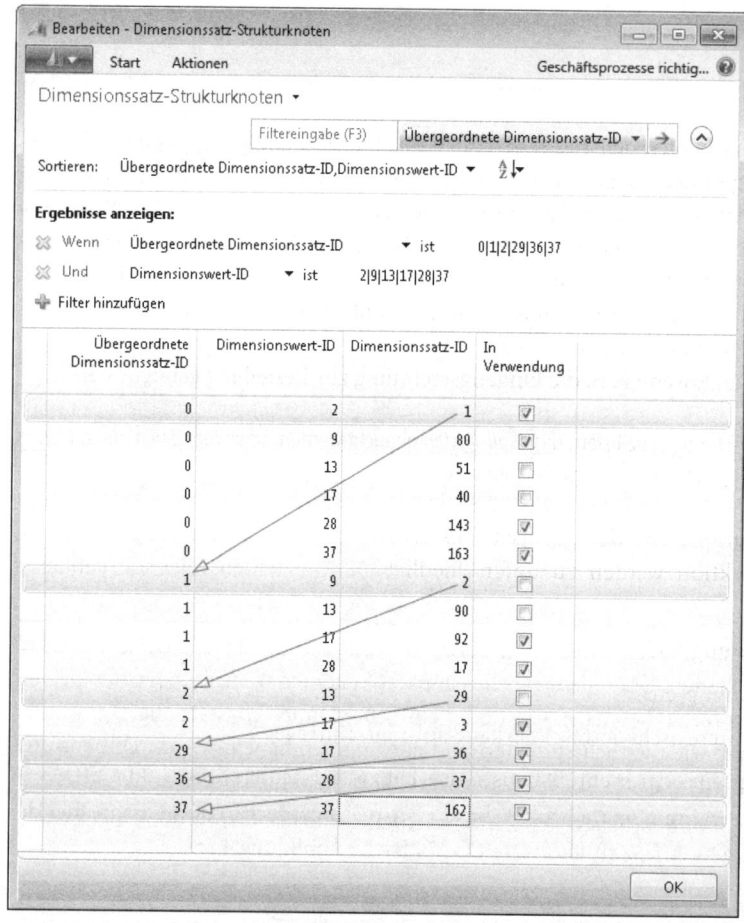

Abbildung 4.59 Dimensionssatz-Strukturknoten für das Beispiel

Bei der Prüfung der Existenz von Dimensionswertkombinationen geht das System die Dimensionswert-IDs der Transaktion (siehe Abbildung 4.54) in aufsteigender Reihenfolge durch und beginnt auf der Ebene »0« mit der Suche nach der kleinsten Dimensionswert-ID (hier »2«). Gefunden wird in diesem Fall die Dimensionssatz-ID »1«. Die nächst höhere Dimensionswert-ID aus der Transaktion (»9«) wird daraufhin in der Ebene »1« gesucht, danach »13« auf Ebene »2«, »17« auf Ebene »29« usw. Mit sechs effizienten Systemzugriffen (auf Primärschlüsselebene) ist dadurch im Beispiel bestimmt, ob die Kombination existiert oder neu angelegt werden muss.

HINWEIS Die Prüfung auf Dimensionswertkombinationen erfolgt, wenn das Fenster nach der Bearbeitung der Dimensionen geschlossen wurde.

Buchungsprozess

Aufgrund der vollständigen Integration der Dynamics NAV-Module berührt jede Buchung im Zusammenhang mit einem Geschäftsvorfall die Finanzbuchhaltung im Sinne des Hauptbuchs. Diese Buchungsprozesse sind Gegenstand der im Folgenden behandelten Punkte:

- Buchungsgruppen
- Kontenfindung
- Buchungskontrolle sowie
- Hintergrundbuchungen

Das Buchen in Dynamics NAV unterscheidet sich insofern vom reinen Erfassen der Datensätze, als dass gebuchte Transaktionen nicht mehr geändert, sondern nur durch weitere Transaktionen storniert werden können. Die Eingabe von Auftragsdaten beispielsweise wird nicht als Buchung, sondern als Erfassung verstanden, weil der Auftrag bis zur Buchung geändert werden kann. Nach dem Buchen eines Auftrags wird dieser gelöscht und findet sich als gebuchter Beleg unter *Abteilungen/Verkauf & Marketing/Historie*. Im Bereich der Belege kann beim Buchen zwischen *Liefern* und *Fakturieren* unterschieden werden. *Liefern* bucht dabei die mengenmäßigen Änderungen in der Warenwirtschaft, während *Fakturieren* die wertmäßigen Änderungen in der Finanzbuchhaltung erzeugt, wenn z. B. die Eingangsrechnung zur Bestellung gebucht wird.

> **HINWEIS** **Ausnahme**: Ist in *Lager Einrichtung* spezifiziert, dass *Soll-Kosten* gebucht werden, so werden auch durch *Liefern* Sachposten in der Finanzbuchhaltung erzeugt (siehe hierzu auch die Kapitel 6 und 8).

Ist ein Verkaufsauftrag komplett fakturiert, wird der Datensatz aus der Ansicht offener Aufträge gelöscht. Im Verlaufe der Abwicklung der Transaktion werden zu unterschiedlichen Zeitpunkten folgende gebuchte Belege erzeugt:

- Eine oder mehrere gebuchte Lieferung(en)
- Eine oder mehrere gebuchte Rechnung(en)
- (Sofern eingerichtet) ein oder mehrere archivierte(r) Verkaufsauftrag/-aufträge
- (Sofern für den Lagerort definiert) ein oder mehrere registrierte(r) bzw. gebuchte(r) Logistikbeleg(e)

Die Abbildung 4.24 bis Abbildung 4.27 verdeutlichen den Zusammenhang und die Chronologie der erstellten Datensätze.

Belegdatumsangaben

Aus offenen bzw. ungebuchten Belegen wie dem Verkaufsauftrag können mehrere Lieferbelege und mehrere Rechnungen gebucht werden. In diesem Zusammenhang kommen den Datumsangaben des Belegkopfes besondere Bedeutung zu, da diese teilweise vor der jeweiligen Buchung geändert werden müssen. Die Datumsangaben werden standardmäßig mit dem Arbeitsdatum vorbelegt, welches über die Aktion *Arbeitsdatum festlegen* im Menü *Anwendung* abweichend vom Tagesdatum gewählt werden kann.

> **TIPP** Da das tatsächliche Datum vom Arbeitsdatum abweichen kann und gleichzeitig in keinem Feld des Auftragskopfes das tatsächliche Erfassungsdatum gespeichert wird, empfiehlt sich auch für den Verkaufskopf die Aktivierung des Änderungsprotokolls für einige Felder.

Feld	Vorbelegung	Erläuterung	Anpassung
Auftrags- bzw. Bestelldatum	Arbeitsdatum bei Anlage	Datum des Auftragseingangs bzw. der Bestellung. Parameter für den Währungswechselkurs, falls der Beleg in Fremdwährung erfasst ist.	keine
Gewünschtes Lieferdatum bzw. Wareneingangsdatum	keine	Wunschlieferdatum des Kunden bzw. gegenüber dem Lieferanten	keine
Belegdatum	Arbeitsdatum bei Anlage	Datum, über das die Fälligkeit und Skontofrist berechnet wird sowie Belegdatum des jeweils zu buchenden Belegs (z. B. des Lieferscheins).	Vor Buchung
Buchungsdatum	Arbeitsdatum bei Anlage bzw. leer (je nach Einrichtung)	Datum, mit der die jeweilige Transaktion in das Hauptbuch und die Postentabellen gebucht wird (z. B. in welche Periode bei Faktura der Erlös einer Ausgangsrechnung realisiert wird)	Vor Buchung

Tabelle 4.13 Datumsangaben im Beleg

Erfolgt die Lieferung nicht am gleichen Tag wie die Auftragserfassung, muss vor der Buchung der Lieferung (aus dem Auftrag) sowohl das Belegdatum als auch das Buchungsdatum auf das aktuelle Tagesdatum geändert werden. Dies ist nicht nötig, wenn mit Warenausgangsbelegen gearbeitet wird und diese tagesaktuell erstellt werden.

ACHTUNG In der *Debitoren & Verkauf Einr.* und *Kreditoren & Einkauf Einr.* kann im Feld *Standardbuchungsdatum* definiert werden, ob das Buchungsdatum mit dem Arbeitsdatum vorbelegt werden soll oder nicht. Wenn zwischen Auftragserfassung und Buchung der Ausgangsrechnung aus dem Auftrag typischerweise einige Zeit verstreicht, kann es sinnvoll sein, keine Vorbelegung mit dem Arbeitsdatum zu wählen, damit der Benutzer das aktuelle Buchungsdatum setzen muss. Allerdings wird das Buchungsdatum z. B. nach einer Liefern-Buchung oder Teilrechnung dennoch nicht wieder geleert, sodass versehentlich mit einem alten Datum gebucht werden könnte.

Buchungsgruppen

Buchungsgruppen dienen in Dynamics NAV dazu, die Konten der Nebenbücher (Debitoren, Kreditoren, Artikel, Anlagen, Bankkonten) mit den Sachkonten des Hauptbuchs (der Finanzbuchhaltung) zu verknüpfen. So erlauben es die Buchungsgruppen, dass z. B. Einkaufs- und Verkaufsbelege in Dynamics NAV automatisch in die Finanzbuchhaltung gebucht werden, ohne dass der Anwender ein Sachkonto spezifizieren muss. Diese Kontierung wird mithilfe der Buchungsgruppen zur leichteren Pflege auf einer Gruppenebene definiert (siehe Tabelle 4.14).

Buchungsgruppe	Bedeutung
Geschäftsbuchungsgruppe	Die *Geschäftsbuchungsgruppe* fasst Debitoren und Kreditoren zu Gruppen zusammen. Die *Geschäftsbuchungsgruppen* der Debitoren entsprechen der Aufteilung der Erlöskonten. Werden beispielsweise im Bereich der GuV die Erlöskonten »Erlöse National« und »Erlöse Ausland« unterschieden, ergibt sich daraus die Notwendigkeit mindestens zweier *Geschäftsbuchungsgruppen*. Zusätzlich wird die *Geschäftsbuchungsgruppe* genutzt, um interne von externen Transaktionen trennen zu können. Zusammenfassend: Die *Geschäftsbuchungsgruppe* gibt Auskunft darüber, mit welcher Art Geschäftspartner eine Transaktion eingegangen wurde.

Tabelle 4.14 Tabelle der Buchungsgruppen in Dynamics NAV

Buchungsgruppe	Bedeutung
Produktbuchungsgruppe	Die *Produktbuchungsgruppe* fasst Artikel und Ressourcen zu Gruppen zusammen. Die *Produktbuchungsgruppen* der Artikel entsprechen der Aufteilung der Erlöskonten und Aufwandskonten. Werden im Bereich der GuV-Erlöskonten z. B. »Erlöse Ersatzteile« und »Erlöse Maschinen« unterteilt, ergibt sich daraus die Notwendigkeit von mindestens zwei *Produktbuchungsgruppen*. Zusammenfassend: Die *Produktbuchungsgruppe* gibt Auskunft darüber, welche Art von Produkten oder Dienstleistungen die Transaktion beinhaltet.
MwSt.-Geschäftsbuchungsgruppe	Die *MwSt.-Geschäftsbuchungsgruppe* fasst Debitoren und Kreditoren zusammen, die vor dem Hintergrund der Umsatzsteuerverbuchung als gleichartig zu behandeln sind, also nach dem Land des Debitoren/Kreditoren bzw. des Leistungserbringers/-empfängers. Dabei steuert die *MwSt.-Geschäftsbuchungsgruppe* in Verbindung mit der *MwSt.-Produktbuchungsgruppe* nicht nur die Kontierung für die Mehrwertsteuerbuchung, sondern auch deren Berechnung.
MwSt.-Produktbuchungsgruppe	Die *MwSt.-Produktbuchungsgruppe* fasst Artikel und Ressourcen zusammen, die vor dem Hintergrund der Mehrwertsteuerverbuchung als gleichartig zu betrachten sind, also nach den verschiedenen MwSt.-Sätzen
Debitorenbuchungsgruppe	Die *Debitorenbuchungsgruppe* verknüpft Debitoren mit Forderungs-, Skonto-, Rechnungs- und Ausgleichsrundungskonten sowie Zins- und Gebührenkonten. Die Strukturierung der *Debitorenbuchungsgruppen* muss sich an der Strukturierung der jeweiligen Bilanzkonten orientieren, um diese über die Personenkonten korrekt steuern zu können. Bezüglich der Verwendung der dort verfügbaren Skontokonten verweisen wir auf Kapitel 7. Unter der Annahme, dass mit *Geschäfts-* und *Produktbuchungsgruppen* gearbeitet wird, dient diese Buchungsgruppe im Wesentlichen der Hinterlegung des entsprechenden Sachkontos für die Forderungen.
Kreditorenbuchungsgruppe	Die *Kreditorenbuchungsgruppe* verknüpft analog zur *Debitorenbuchungsgruppe* Kreditoren mit Verbindlichkeits-, Skonto-, Rechnungs- und Ausgleichsrundungskonten sowie Zins- und Gebührenkonten. Unter der Annahme, dass mit *Geschäfts-* und *Produktbuchungsgruppen* gearbeitet wird, dient diese Buchungsgruppe im Wesentlichen der Hinterlegung des entsprechenden Sachkontos für die Verbindlichkeiten.
Lagerbuchungsgruppe	Die *Lagerbuchungsgruppe* verknüpft Artikel in Verbindung mit dem angesprochenen Lagerort mit Sachkonten des Vorratsvermögens sowie Produktionssachkonten. Die Strukturierung der *Lagerbuchungsgruppen* muss sich an der Strukturierung der Bilanzkonten im Bereich des Vorratsvermögens orientieren, um diese korrekt über die Artikel steuern zu können.
Anlagenbuchungsgruppe	Die *Anlagenbuchungsgruppe* verknüpft Anlagegüter mit den Bilanzkonten des Anlagevermögens sowie den GuV-Konten für die Abschreibung. Die Strukturierung der *Anlagenbuchungsgruppen* muss sich sowohl an der Strukturierung der Bilanzkonten des Anlagevermögens als auch der GuV-Konten für Abschreibung orientieren, um diese über die Anlagegüter korrekt steuern zu können.
Bankkontenbuchungsgruppe	Die *Bankkontenbuchungsgruppe* verknüpft das Bankkonto mit dem Banksachkonto

Tabelle 4.14 Tabelle der Buchungsgruppen in Dynamics NAV *(Fortsetzung)*

Kontenfindung

Mithilfe der Buchungsgruppen werden an verschiedenen Stellen im System Kontierungen vorgegeben, die sich entweder durch die Buchungsgruppe des Nebenkontos (Debitoren, Kreditoren, Anlagen, Bankkonto) oder durch die Kombination von Buchungsgruppen der Nebenkonten (Debitoren/Artikel, Kreditoren/Artikel, Debitoren/Ressource) ergeben.

So ist das Forderungskonto beim Buchen einer Ausgangsrechnung durch die Debitorenbuchungsgruppe des betreffenden Rechnungsdebitoren definiert, während das System das positionsbezogene Erlöskonto über die Kombination aus Geschäftsbuchungsgruppe des Debitoren und der Produktbuchungsgruppe des verkauften Artikels bestimmt.

Die Kontenfindung in Dynamics NAV erfolgt über drei Matrizen, die im Folgenden erläutert werden:

- Buchungsmatrix
- MwSt.-Buchungsmatrix
- Lagerbuchung Einrichtung

Buchungsmatrix

Die Buchungsmatrix ist eine Kontierungstabelle, in der die Konten für jede benötigte Kombination von Geschäfts- und Produktbuchungsgruppen hinterlegt werden (siehe Abbildung 4.60).

Link: *Abteilungen/Finanzmanagement/Einrichtung/Buchungsgruppen/Buchungsmatrix Einr.*

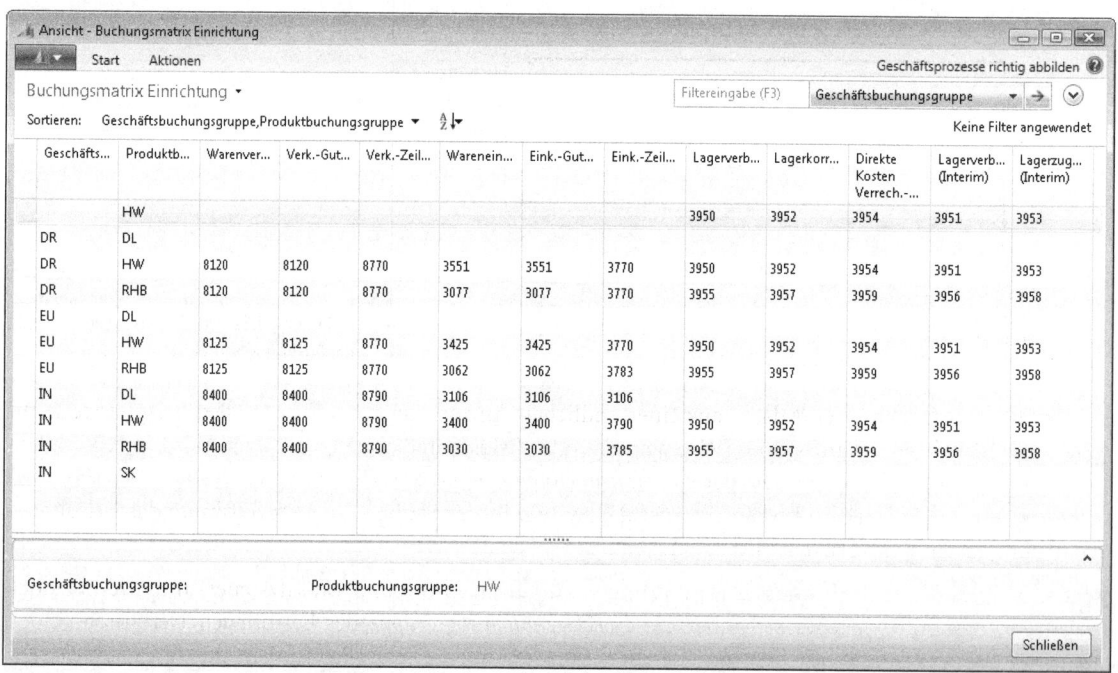

Abbildung 4.60 Einrichtung der Buchungsmatrix

Die Buchungsmatrix kombiniert Geschäftsbuchungsgruppen und Produktbuchungsgruppen und steuert in deren Kombination die Kontierung der folgenden Geschäftsvorfälle:

- Wareneinkauf und Warenverkauf
- Zeilenrabatt, Rechnungsrabatt und Skonto in Einkauf und Verkauf
- Wareneinsatz und Bestandsveränderungen
- Gutschriften in Einkauf und Verkauf

HINWEIS Die Kombination von Produktbuchungsgruppen und Geschäftsbuchungsgruppen = Leer wird benötigt, wenn Buchungen aus Artikel Buch.-Blättern erfolgen (also nicht aus Ein- oder Verkaufsbelegen heraus), bei denen kein Personenkonto angesprochen wird.

Die Buchungsmatrix kann als ein dreidimensionales Koordinatensystem verstanden werden, dessen Achsen durch Personenkonten, Produkte und Geschäftsvorfälle gebildet werden (siehe Abbildung 4.61).

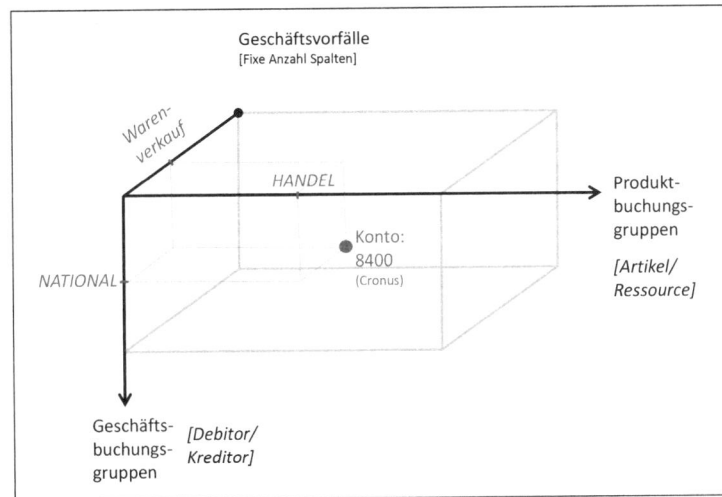

Abbildung 4.61 Dreidimensionales Schema der Buchungsmatrix

Die Geschäftsvorfallachse wird dabei aus einer endlichen Anzahl von Geschäftsvorfällen beispielsweise für Warenverkauf, Warenverkaufsstorno, Wareneinsatz oder Erlösschmälerungen gebildet. Wird im CRONUS-Mandanten einem Debitoren (hier: der *Geschäftsbuchungsgruppe* = NATIONAL) ein Artikel (der *Produktbuchungsgruppe* = HANDEL) verkauft, findet das System in der Spalte *Warenverkaufskonto* das Erlöskonto »8400«, um darauf den Verkaufserlös zu buchen.

Für den vollständigen Buchungssatz (Forderungen an Umsatzerlöse und Umsatzsteuer) muss ferner noch das Forderungskonto, welches sich über die *Debitorenbuchungsgruppe* des betroffenen Debitoren findet, sowie das Umsatzsteuerkonto bestimmt werden, welches über die ähnlich aufgebaute *MwSt.-Buchungsmatrix* gesteuert wird.

MwSt.-Buchungsmatrix

Gegenüber der (allgemeinen) Buchungsmatrix werden in der *MwSt.-Buchungsmatrix* nicht nur die Kontierung für die jeweiligen Kombinationen aus *MwSt.-Geschäftsbuchungsgruppe* und *MwSt.-Produktbuchungsgruppe* hinterlegt, sondern auch die entsprechenden Berechnungsparameter für die Mehrwertsteuer festgelegt. Dies erfolgt über die Felder *MwSt.-Prozentsatz* und *MwSt.-Berechnungsart*.

Link: *Abteilungen/Finanzmanagement/Einrichtung/MwSt.-Buchungsgruppen/MwSt.-Buchungsmatrix Einr.*

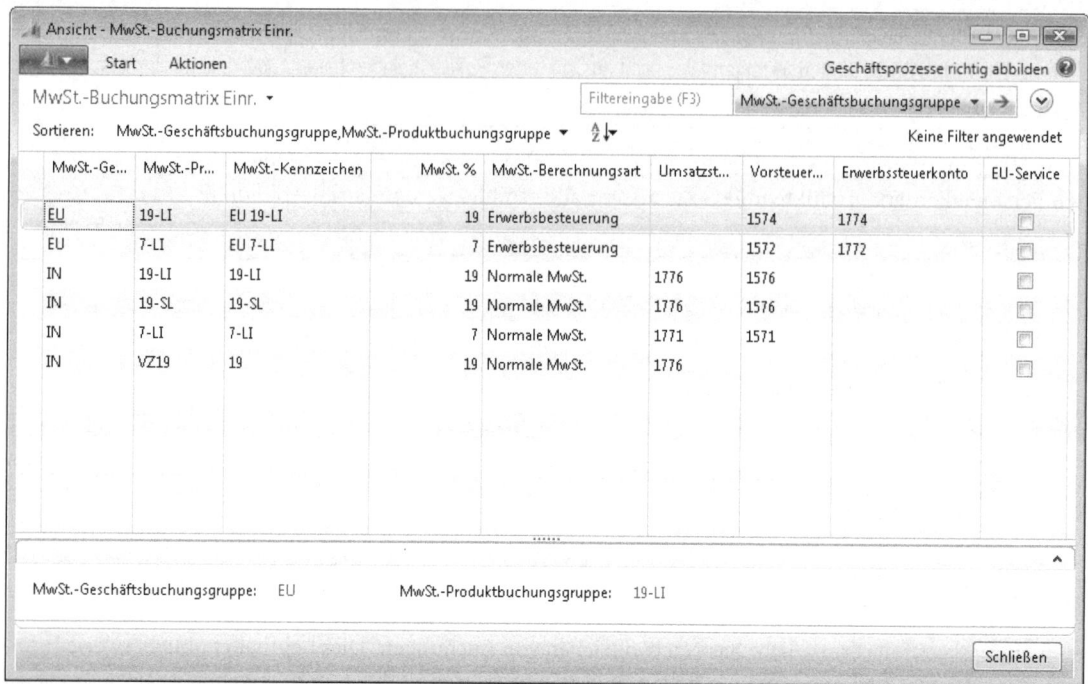

Abbildung 4.62 Einrichtung der MwSt.-Buchungsmatrix

Das Feld *MwSt.-Berechnungsart* bietet folgende Optionen:

Option	Beschreibung
Normale MwSt.	In dieser Berechnungsart wird die Mehrwertsteuer anhand des hinterlegten Prozentsatzes berechnet
Erwerbsbesteuerung	Die Einstellung betrifft Geschäfte mit Debitoren und Kreditoren im EU-Ausland. Bei dieser Berechnungsart wird verkaufsseitig keine Mehrwertsteuer berechnet. Einkaufsseitig wird die Mehrwertsteuer berechnet, im Vorsteuerkonto (im Soll) gebucht und dem Erwerbssteuerkonto (im Haben) gutgeschrieben.
Nur MwSt.	Diese Option wird bei Mehrwertsteuerkorrekturen genutzt, wenn der zu buchende Betrag nur ein MwSt.-Betrag ist und nicht etwa die MwSt.-Berechnungsgrundlage
Verkaufssteuer	Teil des US-Tax-Moduls und daher hier nicht relevant

Tabelle 4.15 Optionen des Felds *MwSt.-Berechnungsart* in der MwSt.-Buchungsmatrix Einrichtung

Lagerbuchung Einrichtung

In der *Lagerbuchung Einrichtung* werden die Lagerkonten für das Vorratsvermögen in Kombination von *Lagerbuchungsgruppencode* und *Lagerortcode* hinterlegt. Diese Einrichtung wird genutzt, um die Bilanzkonten zu hinterlegen, auf denen Dynamics NAV die Artikeltransaktionen wertmäßig nachvollzieht. Das Lagerkonto (Interim) wird nur dann benötigt, wenn Soll-Kosten gebucht werden (siehe hierzu die Kapitel 6 und 8).

Link: *Abteilungen/Finanzmanagement/Einrichtung/Buchungsgruppen/Lagerbuchung Einrichtung*

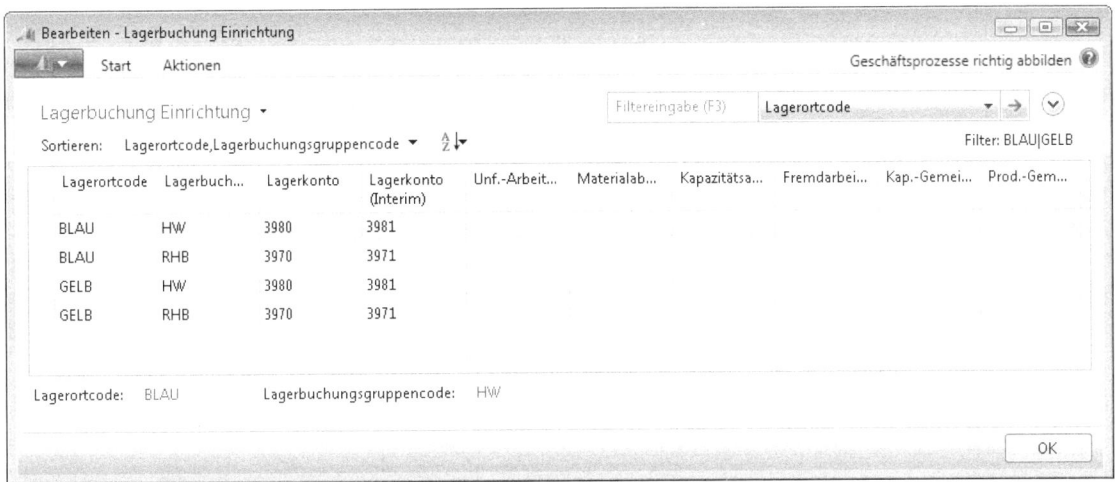

Abbildung 4.63 Einrichtung der Lagerbuchung

Buchungskontrolle

Die Buchungskontrolle ermöglicht das Nachvollziehen von Buchungen. Dies beinhaltet üblicherweise Informationen, wie eine Buchung zustande gekommen ist, durch wen und wann diese gebucht wurde sowie an welcher Stelle der Anwendung sie entstanden ist. Für diese Art von Kontrolle stellt Dynamics NAV verschiedene Funktionen und Informationen zur Verfügung. Dies sind neben der *Navigate*-Funktion vor allem die Fibujournale und die Verfolgungscodes. Daneben enthalten die meisten Postentabellen und Journale die Felder *Benutzer-ID* und *Buch.-Blattname*, anhand derer erkennbar ist, wer die Transaktion gebucht hat und in welchem Buchungsblatt die Buchung erfasst wurde.

Navigate-Funktion

Die *Navigate*-Funktion bietet die Möglichkeit, alle Posten eines Geschäftsvorfalls anzuzeigen, die im Zuge der Buchung in den verschiedenen Modulen entstanden sind (siehe Abbildung 4.64). Die *Navigate*-Funktion filtert dazu die Postentabellen anhand der beiden Felder *Buchungsdatum* und *Belegnummer*.

Link: *Abteilungen/Finanzmanagement/Finanzbuchhaltung/Historie/Navigate*

Die *Navigate*-Funktion kann in den Menügruppen *Historie* sowie in allen Postentabellen und gebuchten Belegen aufgerufen und so als Mittel der Buchungskontrolle eingesetzt werden. Zusätzlich bietet das *Navigate*-Fenster Suchen-Funktionalitäten, um die Rückverfolgbarkeit von Artikeln über die Artikelverfolgungsnummer (Seriennummern oder Chargennummern) zu gewährleisten.

> **TIPP** Die *Navigate*-Funktion eignet sich besonders für Stichprobenprüfungen beispielsweise im Rahmen des Journal Entry Testings. Für die Massendatenanalysen sind andere Zugriffsmethoden sinnvoller.

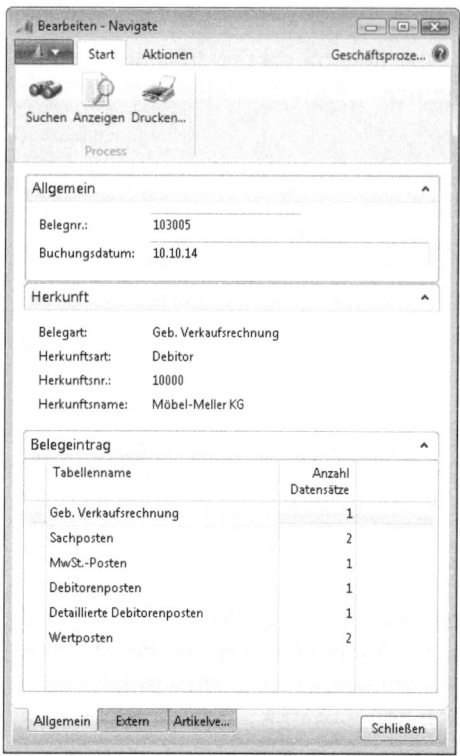

Abbildung 4.64 Navigate-Funktion

Die *Navigate*-Funktionalität wird erweitert durch das Fenster *Artikelablaufverfolgung*, über das alle gebuchten Belege nach den Artikelverfolgungsdaten durchsucht und deren Verbindungen dargestellt werden (siehe Abbildung 4.65).

Link: *Abteilungen/Lager/Historie/Artikelablaufverfolgung*

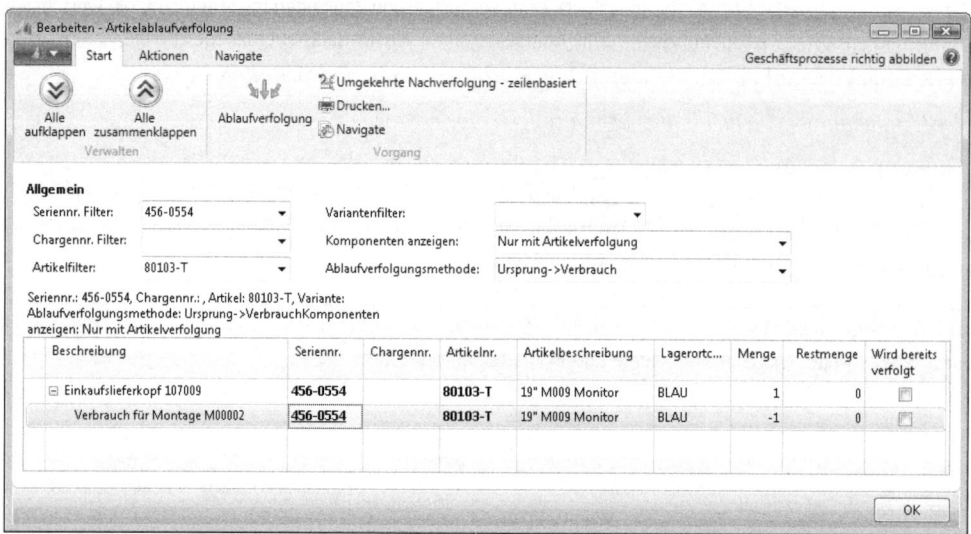

Abbildung 4.65 Artikelablaufverfolgung

Journale

Journale haben in Dynamics NAV die Aufgabe, alle Posten einer Buchungstransaktion zusammenhängend zu dokumentieren, da Buchungstransaktionen mehrere Buchungen mit unterschiedlichen Belegnummern umfassen können (z. B. bei der Verbuchung von Zahlungseingängen). Da das Buchungsdatum vom Benutzer definiert wird, muss dieses nicht das Errichtungsdatum des Postens sein. Diese möglicherweise abweichende Information wird standardmäßig nur im Journal festgehalten. Folgende Journale stehen zur Verfügung und sind jeweils in den Menügruppen *Historie* der einzelnen Module enthalten (siehe Abbildung 4.66):

Type	ID	Name	Caption
	45	G/L Register	Fibujournal
	46	Item Register	Artikeljournal
	51	User Time Register	Zeitprotokoll
	87	Date Compr. Register	Datumskompr.-Journal
	240	Resource Register	Ressourcenjournal
	241	Job Register	Projektjournal
	1105	Cost Register	Kostenjournal
	5617	FA Register	Anlagenjournal
	5636	Insurance Register	Versicherungsjournal
	5934	Service Register	Servicejournal
	5936	Service Document Register	Servicebelegjournal
	7313	Warehouse Register	Lagerplatzjournal

Abbildung 4.66 Liste der Journale in Dynamics NAV

Neben Informationen über *Herkunftscode, Benutzer-ID* und gegebenenfalls *Buch.-Blattnamen* zeigen die Journale über das Feld *Storniert* an, ob der Journaleintrag und die zugehörigen Buchungen storniert wurden.

Transaktionsnummer

Die Transaktionsnummer referenziert verschiedene Posten einer Buchung. Das Feld, welches standardmäßig nicht sichtbar ist, kann unter *Info zu dieser Seite* eingesehen und (über den erweiterten Filter) zum Filtern benutzt werden. Jede Buchung bekommt eine eigene Transaktionsnummer, auch wenn beispielsweise mehrere Buchungen in einem Buchungsblatt gebucht werden. Sachposten eines Journals können somit unterschiedliche Transaktionsnummern aufweisen.

HINWEIS Die Anwendung benutzt das Feld beispielsweise beim Verbuchen von Zahlungen mit Skonto, um die Wertposten des ausgeglichenen Debitorenpostens zu identifizieren, um positionsbezogen die Umsatzsteuerbeträge für die Korrektur zu bestimmen.

Verfolgungscodes

In Dynamics NAV gibt es mit dem *Herkunfts-* und dem *Ursachencode* zwei Felder, mit denen Transaktionen bzw. Posten-Datensätze zurückverfolgt werden können.

Link: *Abteilungen/Finanzmanagement/Einrichtung/Verfolgungscodes*

Herkunftscode

Der Herkunftscode gibt in verschiedenen Posten- und Journaltabellen Auskunft darüber, an welcher Stelle im Programm der Posten entstanden ist. Sachposten, die im CRONUS-Mandanten den Herkunftscode LWERTBUCH enthalten, sind beispielsweise durch die *Lagerregulierung* entstanden.

Die Herkunftscodes und der *Herkunftscode Einrichtung* (siehe Abbildung 4.4) werden bei der Erstellung eines Mandanten in Dynamics NAV vordefiniert und können auf die individuellen Bedürfnisse des Unternehmens angepasst werden. Gibt es zum Beispiel Schnittstellen zu anderen Programmen, die Buchungssätze für die Finanzbuchhaltung liefern, sollte dafür ein neuer Herkunftscode angelegt werden. In der Tabelle *Herkunftscode Einrichtung* wird allen Standardbuchungsarten ein Herkunftscode zugeordnet, der über die Buchungsblätter in die jeweiligen Transaktionen und so an die verschiedenen Postentabellen und Journaltabellen übergeben wird.

Link: *Abteilungen/Finanzmanagement/Einrichtung/Verfolgungscodes/Herkunftscode Einrichtung*

Ursachencode

Ursachencodes werden in Dynamics NAV angelegt, um Transaktionen mit Informationen über den Grund der Buchung (z. B. STORNO) zu ergänzen. Da die Ursachencodes in alle betroffenen Postentabellen übergeben werden, kann dieses Feld für Auswertungszwecke genutzt werden.

Journal Entry Testing

Durch die oben beschriebene *Herkunftscode Einrichtung* ergeben sich in den Journalen und Postentabellen Möglichkeiten des Journal Entry Testings. Bei dieser Massendatenanalyse werden Bewegungsdaten der Vergangenheit über bestimmte Kriterien eingegrenzt, um an den verbleibenden Datensätzen eine kritische Durchsicht vorzunehmen. Aus der *Herkunftscode Einrichtung* können entsprechende Kriterien entnommen werden (siehe Tabelle 4.16), um z. B. Artikeljournale nach dem Herkunftscode des *Artikel Buch.-Blatt* (im CRONUS-Mandanten: ARTBUCHBL) zu selektieren.

HINWEIS In *Artikel Buch.-Blättern* lassen sich mengen- und wertmäßige Bestandskorrekturen buchen, die durch die Lagerbewertung direkte Auswirkungen auf den Bilanzausweis haben. Weitere Informationen zur Verwendung von *Artikel Buch.-Blättern* finden Sie auch in Kapitel 6 im Abschnitt »Umlagerung, Umbuchung und Korrektur von Lagerbeständen«.

Wird das Artikeljournal über das Feld *Herkunftscode* und den Wert ARTBUCHBL (bzw. den zugewiesenen Code in der *Herkunftscode Einrichtung*) gefiltert, erhält man eine Übersicht über alle Artikeltransaktionen, die über *Artikel Buch.-Blätter* gebucht wurden. Über ein entsprechendes Journal Entry Testing lassen sich Korrekturen quantifizieren und in weiterführenden Prüfungshandlungen nachverfolgen. Ferner lässt sich analysieren, ob die Benutzer-IDs in Journalen und Posten in Übereinstimmung mit dem Berechtigungskonzept stehen (siehe auch den Abschnitt »Benutzerzugriffsrechte«). Bezogen auf den Lagerwert lässt sich diese Filterung auch für die Tabelle *Wertposten* durchführen.

Bereich	Herkunftscode für	Standardherkunftscode	Journalprüfung (Tabellennummer)	Postenprüfung (Tabellennummer)
Lager	Artikel Buch.-Blatt	ARTBUCHBL	Artikeljournal (46)	Wertposten (5802)
Lager	Umlagerungs Buch.-Blatt	UMLAGBUBL	Artikeljournal (46)	Wertposten (5802)
Lager	Neubewertungs Buch.-Blatt	NEUBWBUBL	Artikeljournal (46)	Wertposten (5802)
Logistik	Logistik Artikel Buch.-Blatt	LOGARTIKEL	Lagerplatzjournal (7313)	Lagerplatzposten (7312)

Tabelle 4.16 Beispielhafte Herkunftscodeauswahl im Rahmen des Journal Entry Testings

Link: *Abteilungen/Lager/Historie/Journale/Artikeljournale*

- Sortierung: *Herkunftscode, Buch.-Blattname, Errichtungsdatum*
- Feldfilter: *Herkunftscode*

Object Designer: *Run Form 5802 Wertposten*

Buchungsprozess

HINWEIS Im Gegensatz zu den Journaltabellen findet sich in den Postentabellen standardmäßig kein Sortierindex, der das Feld *Herkunftscode* beinhaltet. Werden Postentabellen nach Herkunftscodes gefiltert, sollte die Treffermenge gegebenenfalls vorher sinnvoll eingeschränkt werden, um lange Antwortzeiten zu vermeiden.

Hintergrundbuchungen

Wenn der Buchungsprozess durch die Aktion *Buchen* in einem Beleg ausgelöst wird, erscheint ein Dialog, der den Fortschritt des Buchungsprozesses anzeigt (siehe Abbildung 4.67).

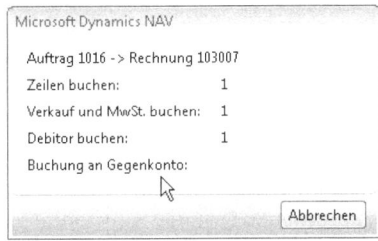

Abbildung 4.67 Dialogfeld *Buchen-Fortschritt*

Der Buchungsprozess löst neben umfangreichen Schreibtransaktionen auf dem Server auch einige für das Buchen notwendige Sperrungen aus und kann daher einige Sekunden benötigen, in denen der Benutzer nicht weiterarbeiten kann. Die Dauer hängt dabei von vielen Faktoren ab, vorrangig von der Anzahl der gleichzeitig buchenden Benutzer. Wenn es zudem Spitzenlastzeiten gibt, während denen besonders viele Aufträge gebucht werden, empfiehlt sich gegebenenfalls die Nutzung der neuen Hintergrundbuchungen.

Im Inforegister *Hintergrundbuchung* der *Debitoren & Verkauf Einrichtung* (siehe Abbildung 4.68) kann spezifiziert werden, dass der Buchungsprozess an die Aufgabenwarteschlange übergeben wird, sodass der Benutzer sofort weiterarbeiten kann und nicht auf das Abschließen des Buchungsprozesses warten muss.

Link: *Abteilungen/Finanzmanagement/Debitoren/Einrichtung/Debitoren & Verkauf Einr.*

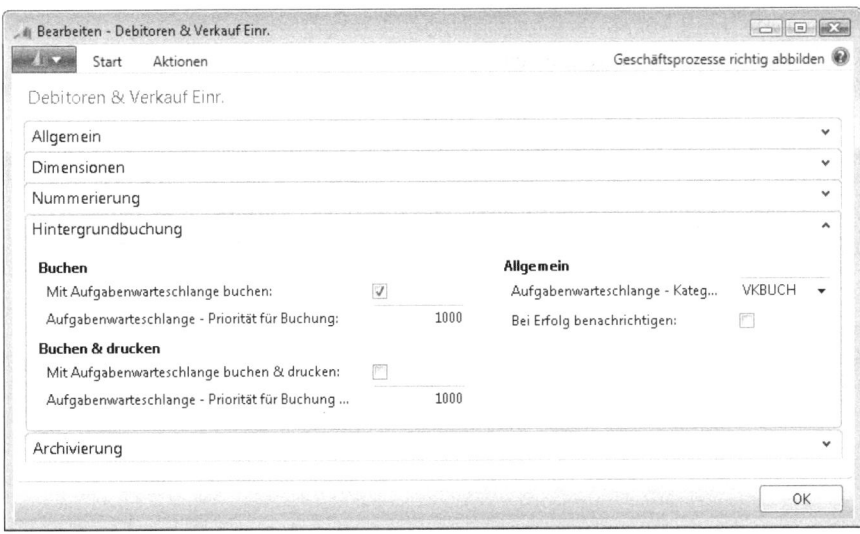

Abbildung 4.68 Aktivierung des Buchens im Hintergrund in der Debitoren & Verkauf Einrichtung

Der Benutzer erhält die Rückmeldung, dass der Beleg für die Buchung geplant wurde (siehe Beispielszenario in Abbildung 4.69).

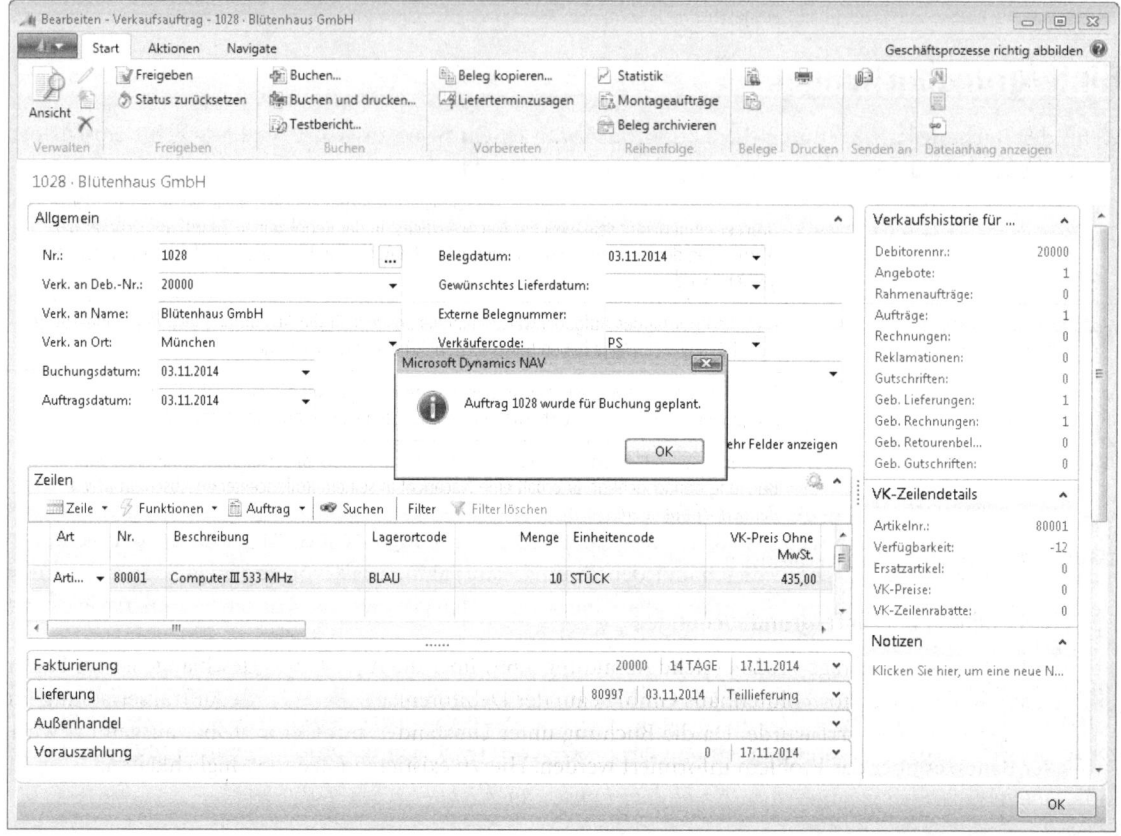

Abbildung 4.69 Rückmeldung bei Buchung im Hintergrund

Die einzelnen Parameter für die Buchung im Hintergrund werden in Tabelle 4.17 näher erläutert.

HINWEIS Die Möglichkeit, über die Aufgabenwarteschlange zu buchen, steht im Einkauf wie im Verkauf zur Verfügung und kann separat gesteuert und jeweils für *Buchen* sowie *Buchen & Drucken* unterschieden werden (siehe auch Link: *Abteilungen/Einkauf/Einrichtung/Kreditoren & Einkauf Einr.*).

HINWEIS Auch wenn der Buchungsprozess technisch durch einen anderen Benutzer durchgeführt wird, bleibt der Benutzer, der die Hintergrundbuchung veranlasst hat, entscheidend für die Prüfungen, die beim Buchungsprozess erfolgen. So werden beispielsweise der zugelassene Buchungszeitraum oder die Zugriffsrechte des veranlassenden Benutzers geprüft. Auch wird seine Benutzer-ID in die entsprechenden Felder der Postentabellen eingetragen. Entscheidend dafür ist das Feld *In Benutzersession ausführen*, welches für Aufgabenwarteschlangenposten aus Hintergrundbuchungen automatisch gesetzt wird.

Feld	Bedeutung
Mit Aufgabenwarteschlange buchen	Ist diese Funktion aktiviert, wird der Buchungsprozess (ohne gleichzeitiges Drucken) von Aufträgen, Rechnungen, Reklamationen und Gutschriften im Hintergrund über die Aufgabenwarteschlange ausgeführt
Aufgabenwarteschlange – Priorität für Buchung	Legt die Priorität des Aufgabenwarteschlangenpostens für die Ausführung fest. Der Standardwert ist 1000. Kleinere Werte haben höhere Priorität bei der Abarbeitung.
Mit Aufgabenwarteschlangen buchen & drucken	Ist diese Funktion aktiviert, wird der Buchungsprozess mit gleichzeitigem Drucken von Aufträgen, Rechnungen, Reklamationen und Gutschriften im Hintergrund über die Aufgabenwarteschlange ausgeführt. Das Drucken erfolgt dann auch über den Service Tier, sodass dort die entsprechenden Drucker eingerichtet sein müssen. Der Benutzer muss zum Drucken über den Server für den Drucker eingerichtet sein, weil der Netzwerkdienst in der Regel keinen Zugriff auf Drucker hat. Warnungen des Druckers wegen Papiermangel o.Ä. führen dazu, dass die Hintergrundsitzung gesperrt wird.
Aufgabenwarteschlange – Priorität für Buchung & Druck	Legt die Priorität des Aufgabenwarteschlangenpostens für die Ausführung fest. Der Standardwert ist 1000. Kleinere Werte haben höhere Priorität bei der Abarbeitung.
Aufgabenwarteschlange – Kategoriecode	Definiert den Kategoriecode der Aufgabenwarteschlange. Mit dieser Angabe kann die Aufgabenwarteschlange gleichartige Prozesse zusammenfassen und abarbeiten.
Bei Erfolg benachrichtigen	Ist dieses Kontrollkästchen aktiviert, wird der Benutzer über die erfolgreich abgeschlossene Buchung benachrichtigt. Er erhält eine Nachricht in seinem Rollencenter im Abschnitt *Meine Benachrichtigungen*.

Tabelle 4.17 Parameter der Hintergrundbuchung

Fehlerbehandlung bei Hintergrundbuchungen

Bei der Buchung des Auftrags »1028« (siehe Abbildung 4.69) über die Aufgabenwarteschlange ist ein Fehler aufgetreten, weil der Debitor »Blütenhaus GmbH« auf der Debitorenkarte parallel zur Auftragserfassung für weitere Lieferungen gesperrt wurde. Da die Buchung unter Umständen nicht unmittelbar ausgeführt wird, muss der Benutzer über das Problem informiert werden. Hierzu existieren folgende Möglichkeiten:

- *Status*-Feld im Listenplatz und Belegkopf
- *Notizen*-Infobox und *Meine Benachrichtigungen*-Abschnitt im Rollencenter
- *Meine Aufgabenwarteschlange*-Abschnitt im Rollencenter.

Aufgabenwarteschlange – Status

Sowohl im Belegkopf als auch auf den entsprechenden Listenplätzen wurde das Feld *Aufgabenwarteschlange – Status* erweitert, welches dem Benutzer anzeigt, ob der Beleg zur Buchung freigegeben wurde (*Geplant für Buchung*) oder ob ein Fehler vorliegt (siehe Abbildung 4.70). Eine etwaige Fehlermeldung kann über den Klick auf das Statusfeld angezeigt werden.

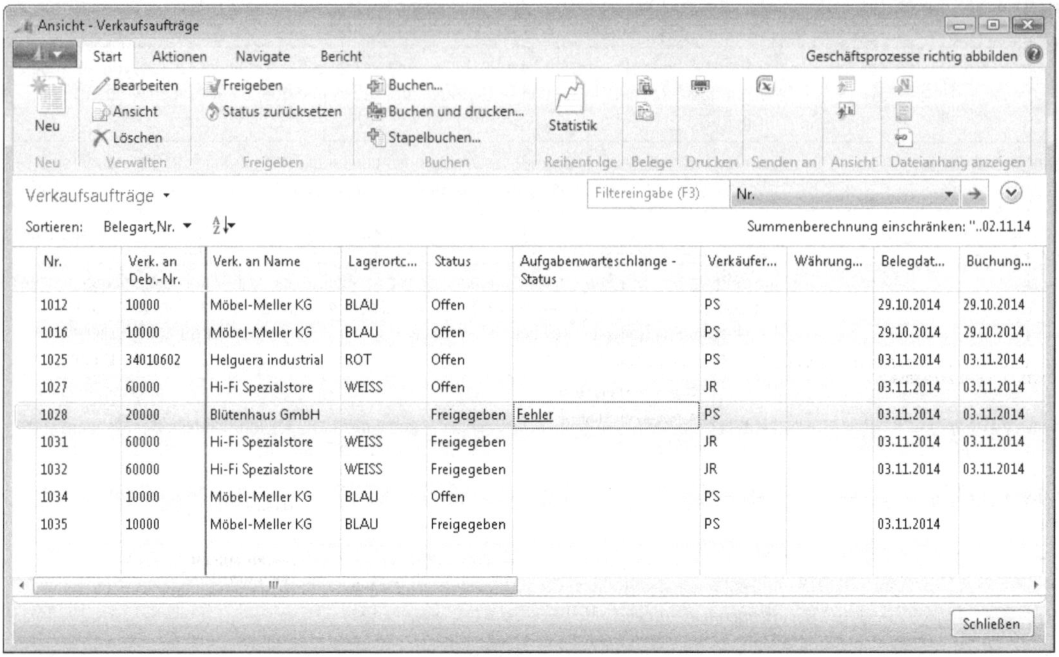

Abbildung 4.70 Status der Aufgabenwarteschlange im Listenplatz *Verkaufsaufträge*

Notizen-Infobox und Meine Benachrichtigungen-Abschnitt im Rollencenter

Vom Windows-Login des Service Tiers wird an den Benutzer, der die Buchung ausgelöst hat, eine Benachrichtigung gesendet, die in der *Notizen*-Infobox auf der Belegkarte angezeigt wird und die Fehlermeldung enthält, die beim Buchen im Hintergrund erschienen ist (siehe Abbildung 4.71).

Die Notiz wird mit der Benachrichtigungsoption an den Benutzer gesendet, der die Hintergrundbuchung veranlasst hat. Damit erscheint die Notiz auch in dessen Rollencenter im Abschnitt *Meine Benachrichtigungen* (siehe Abbildung 4.72).

HINWEIS Die an Benutzer gesendeten Benachrichtigungen – sowohl über Fehler als auch über die erfolgreiche Buchung – werden von System nicht automatisch gelöscht. Aus Gründen der Übersichtlichkeit sollte daher gegebenenfalls auf die Benachrichtigung bei Erfolg verzichtet werden.

Meine Aufgabenwarteschlange-Abschnitt im Rollencenter

Im Rollencenter ist ein neuer Abschnitt *Meine Aufgabenwarteschlange* verfügbar, der über die *Anpassen/Diese Seite anpassen* Funktionen im Menü *Anwendung* angezeigt werden kann. Dieser Abschnitt zeigt die Transaktionen (Aufgabenwarteschlangenposten) des Benutzers, die zur Buchung im Hintergrund freigegeben wurden. Nach erfolgreicher Buchung wird die Transaktion automatisch ausgeblendet. Transaktionen, die zu Fehlern geführt haben, werden rot dargestellt (siehe Abbildung 4.72).

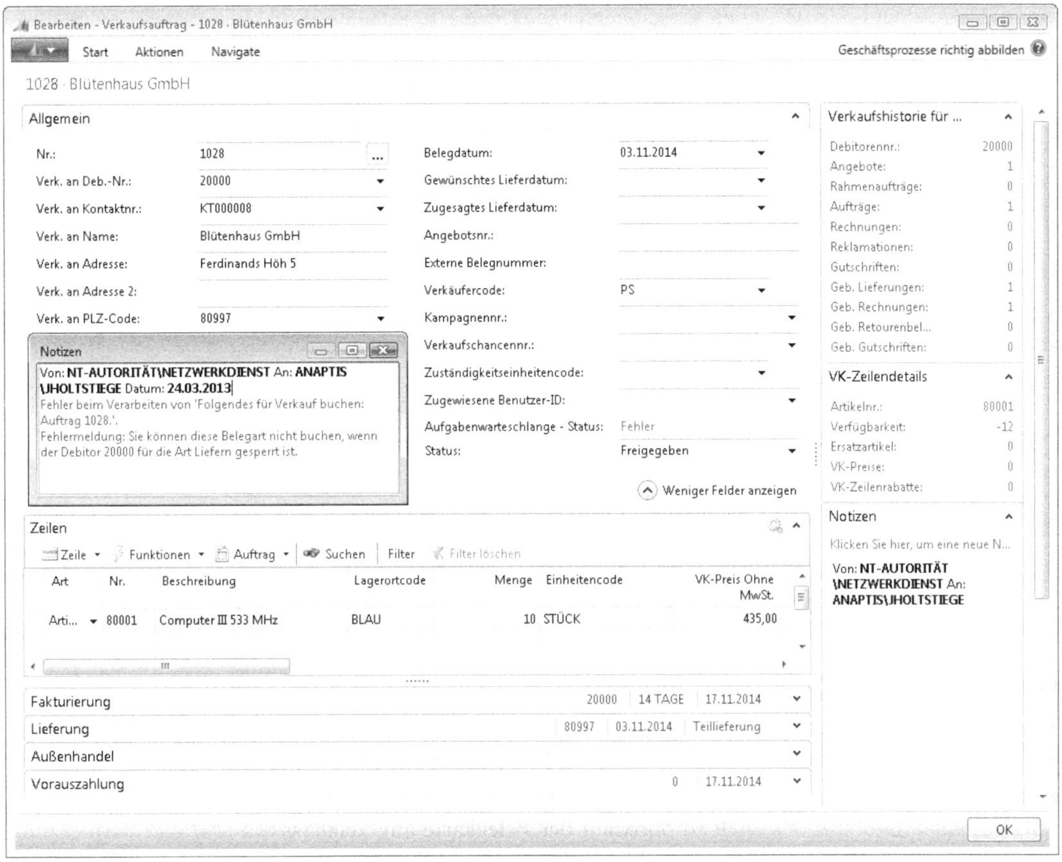

Buchungsprozess

Abbildung 4.71 Fehlermeldung beim Buchen im Hintergrund in den Beleg-Notizen

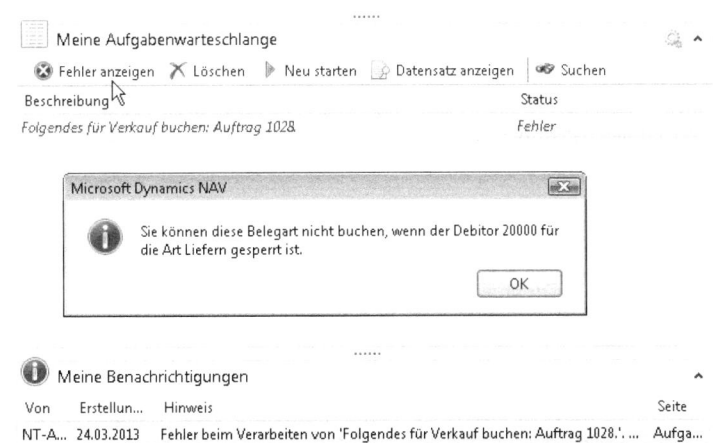

Abbildung 4.72 Rollencenter-Abschnitte *Meine Aufgabenwarteschlange* und *Meine Benachrichtigungen*

Über die *Abschnitt*-Symbolleiste stehen verschiedene Aktionen zur Verfügung, die in Tabelle 4.18 erläutert werden.

Aktion	Erläuterung
Fehler anzeigen	Zeigt die Fehlermeldung an, die beim Buchen im Hintergrund erschienen ist
Löschen	Löscht den Aufgabenwarteschlangenposten und damit den Hintergrundbuchungsauftrag. Der Benutzer muss die Buchung nach Behebung der Fehlerursache erneut veranlassen.
Neu starten	Erzwingt die Wiederholung des Buchungsprozesses. Konnte die Fehlerursache behoben werden, lässt sich hiermit die Buchung neu veranlassen, ohne den Beleg zu öffnen.
Datensatz anzeigen	Öffnet den Beleg im entsprechenden Listenplatz
Suchen	Suchen-Funktion für die Tabelle *Meine Aufgabenwarteschlange*

Tabelle 4.18 Aktionen der Symbolleiste im Abschnitt *Meine Aufgabenwarteschlange*

HINWEIS Das *Löschen* von Posten im Abschnitt *Meine Aufgabenwarteschlange* wird nicht empfohlen, da der Buchungsprozess in diesem Falle im Beleg erneut angestoßen werden muss und damit ein neuer Hintergrundprozess bzw. Aufgabenwarteschlangenposten entsteht. Sinnvoller erscheint nach einer Fehlerbehebung die Aktion *Neu starten* zu nutzen, die die erneute Buchung desselben Hintergrundprozesses veranlasst.

Aufgabenwarteschlange

Mithilfe der Aufgabenwarteschlange (englisch: Job queue) lassen sich Codeunits und Batchreports zeitgesteuert und protokolliert ausführen. Die Prozesse können einmalig oder wiederholt ausgeführt werden. Es wird empfohlen, die Aufgabenwarteschlange über einen entsprechenden NAS-Dienst auf dem NAV Service Tier auszuführen, dessen Einrichtung über die Microsoft Management Console (MMC) erfolgt. Es ist jedoch auch möglich, die Aufgabenwarteschlange manuell (in einer Benutzersession) zu starten.

Abbildung 4.73 Aufgabenwarteschlangen-Karte

HINWEIS Ab Dynamics NAV 2013 können mehrere Aufgabenwarteschlangen pro Mandant und Server nebeneinander ausgeführt werden, die Aufgabenwarteschlangenposten über Kategorienfilter selektieren und abarbeiten.

Link: *Abteilungen/Verwaltung/Anwendung Einrichtung/Aufgabenwarteschlange/Aufgabenwarteschlangen*

Ob die Aufgabenwarteschlange aktiv ist, kann den Feldern *Gestartet* und *Letzter Herzschlag* entnommen werden. Die Anwendung aktualisiert das Feld *Letzter Herzschlag* automatisch.

TIPP Um sicherzustellen, dass die Aufgabenwarteschlange aktiv ist, kann durch Drücken der [F5]-Taste die NAV-Seite aktualisiert werden, bis vom System eine neue Zeit in das Feld eingetragen wurde. Dies sollte im Wartezustand nach zehn Sekunden erfolgen.

Die auszuführenden Prozesse werden in Form der *Aufgabenwarteschlangenposten* definiert (siehe Abbildung 4.74).

Link: *Abteilungen/Verwaltung/Anwendung Einrichtung/Aufgabenwarteschlange/Aufgabenwarteschlangenposten*

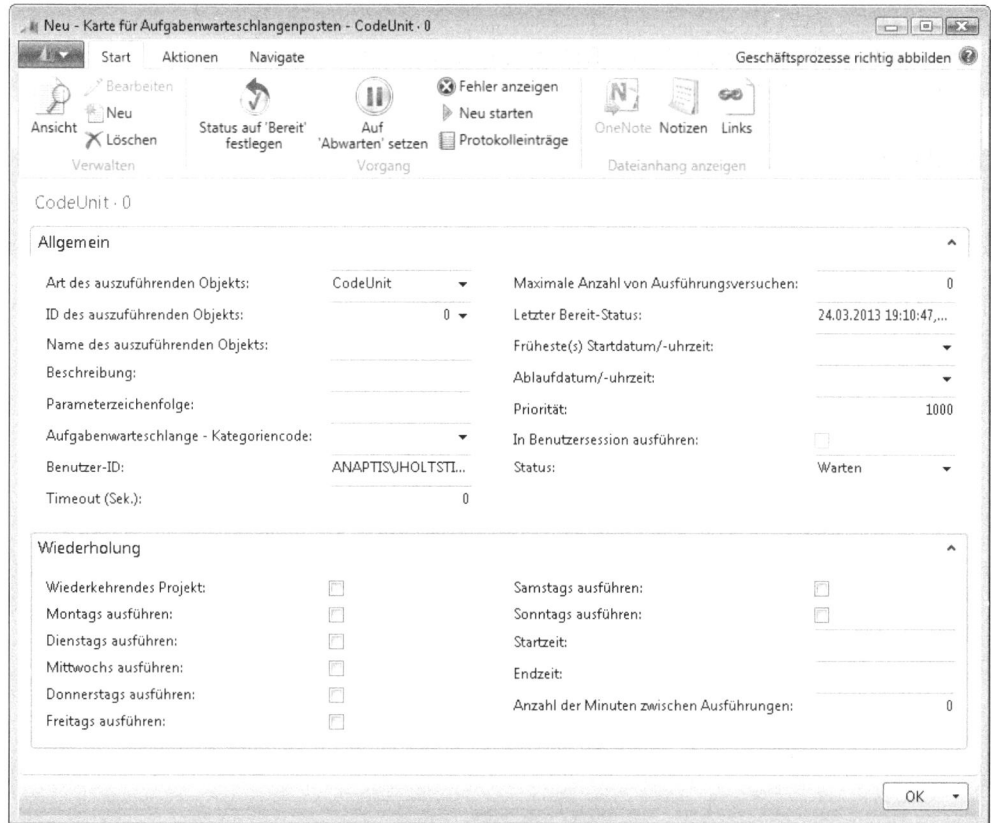

Abbildung 4.74 Aufgabenwarteschlangenposten

Mithilfe der Aufgabenwarteschlangenposten können Stapelverarbeitungen auch wiederholt durchgeführt werden. Ein weiterer Anwendungsbereich sind Systemintegrationen, bei denen die Aufgabenwarteschlange in regelmäßigen Abständen prüft, ob z. B. Daten von einem Fremdsystem zur Verfügung gestellt wurden.

Im Falle der Hintergrundbuchungen wird ein Posten für die Codeunit 88 (»Sales Post via Job Queue«) erstellt.

ACHTUNG Anders als in früheren Versionen werden über die Aufgabenwarteschlange ausgeführte Prozesse mit den Zugriffsrechten des Benutzers ausgeführt, der die Aufgabenwarteschlange gestartet hat. In aller Regel wird dies der NAS-Dienst sein und damit der Benutzer, unter dem die Serverinstanz läuft (z. B. NETZWERKDIENST). Nur wenn das Feld *In Benutzersession ausführen* aktiviert ist, werden auch die Zugriffsrechte des Benutzers geprüft, der den *Aufgabenwarteschlangenposten* erzeugt hat (siehe Feld *Benutzer-ID*).

Wird ein *Aufgabenwarteschlangenposten* ausgeführt, erfolgt eine Protokollierung in den *Aufgabenwarteschlangen-Protokolleinträgen*. Dort wird sowohl die erfolgreiche Ausführung als auch eine Fehlermeldung festgehalten, wenn wie im vorab genannten Beispiel ein Fehler bei der Verarbeitung aufgetreten ist (siehe Abbildung 4.75).

Link: *Abteilungen/Verwaltung/Anwendung Einrichtung/Aufgabenwarteschlange/Aufgabenwarteschlangen-Protokolleinträge*

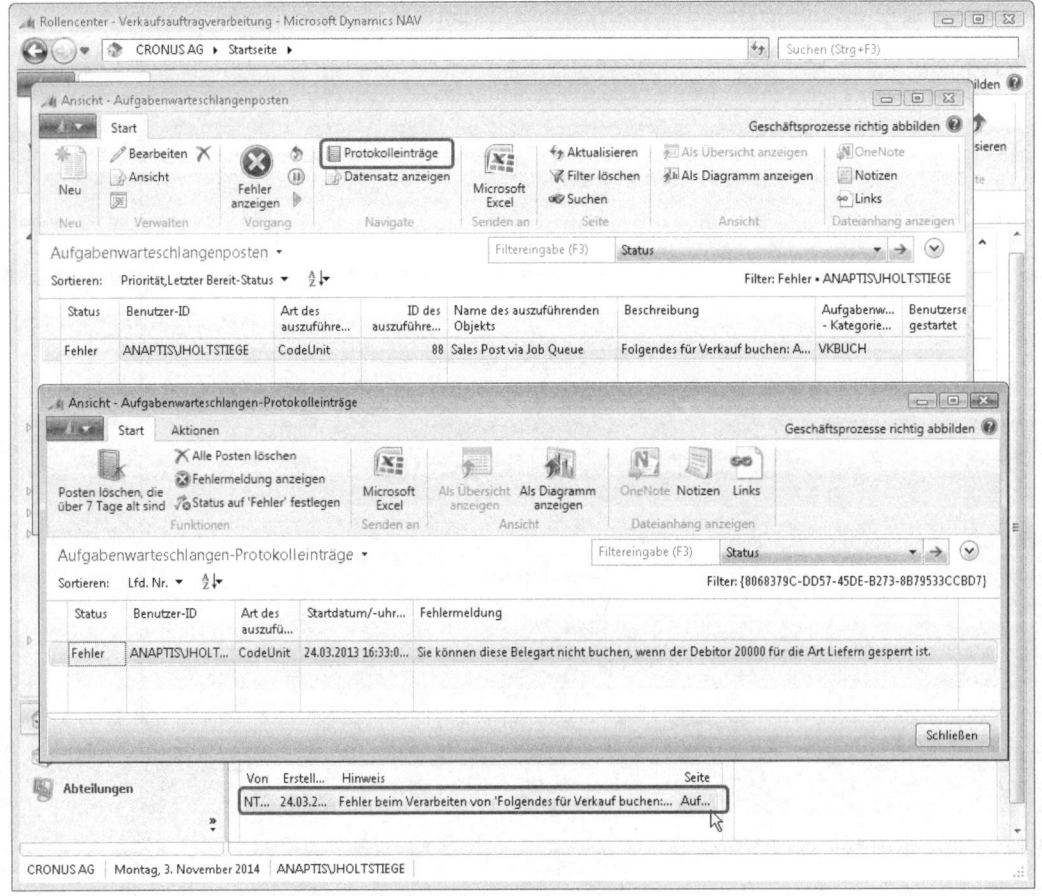

Abbildung 4.75 Aufgabenwarteschlangenposten und -Protokolleinträge

Hintergrundbuchungen aus Compliance-Sicht

Potenzielle Risiken

- Abgebrochene Buchungsvorgänge (Integrity)
- Falsche Darstellung von GuV- und Bilanzpositionen durch unvollständige Buchungen (Compliance, Integrity)
- Nicht autorisierte Buchungen (Compliance, Efficiency, Integrity)

Prüfungsziele

- Sicherstellung der vollständigen Verbuchung aller Hintergrundbuchungs-Transaktionen
- Sicherstellung ausschließlich autorisierter Hintergrundbuchungen

Prüfungshandlungen

Prüfung auf Aufgabenwarteschlangenposten mit dem Status Fehler

Es sollte geprüft werden, ob aktuell *Aufgabenwarteschlangenposten* im System existieren, die einen Fehler *Status* aufweisen, und wann diese zur Buchung freigegeben wurden. Zunächst wird dabei auf Posten gefiltert, die den Kategoriecode aufweisen, der in der *Debitoren* & *Verkauf Einr.* für die Hintergrundbuchung hinterlegt ist. In gleicher Weise sollte dies für den Kategoriecode aus der *Kreditoren* & *Einkauf Einr.* geprüft werden, falls dieser aktiviert ist.

Link: *Abteilungen/Verwaltung/Anwendung Einrichtung/Aufgabenwarteschlange/Aufgabenwarteschlangenposten*

Prüfung der Protokolleinträge

Es sollte geprüft werden, ob es für die Vergangenheit Aufgabenwarteschlangen-Protokolleinträge mit dem Status *Fehler* für Transaktionen aus Hintergrundbuchungen gibt und wann die Fehlerursache behoben wurde (also ein Protokolleintrag mit dem *Status = Erfolg* für dieselbe Transaktion existiert). Dazu werden die Protokolleinträge zunächst auf den entsprechenden Kategoriecode und den *Status = Fehler* gefiltert. Stichprobenartig wird dann über die ID des Postens bei Aufhebung des Statusfilters selektiert (siehe Abbildung 4.76). Die ID kann über die Aktion *Hilfe/Info zu dieser Seite* im Menü *Anwendung* kopiert und im erweiterten Filter eingefügt werden.

Link: *Abteilungen/Verwaltung/Anwendung Einrichtung/Aufgabenwarteschlange/Aufgabenwarteschlangen-Protokolleinträge*

Prüfung auf gelöschte Aufgabenwarteschlangenposten

Es ist möglich, Aufgabenwarteschlangenposten zu löschen, wenn diese nicht bearbeitet werden konnten. Das wird nicht empfohlen, weil der Benutzer in diesem Fall den Beleg noch einmal öffnen muss, um den Buchungsprozess erneut anzustoßen. Sinnvoller ist es, nach der Problembehebung den Aufgabenwarteschlangenposten im Abschnitt *Meine Aufgabenwarteschlange* über die gleichnamige Aktion neu zu starten. Wurde ein Posten gelöscht und der Buchungsprozess im Beleg nicht neu angestoßen, enthält der Belegkopf im Feld *Aufgabenwarteschlange – Status* den Wert *Fehler*. Existieren solche Belegköpfe, muss im zweiten Schritt geprüft werden, ob es noch einen Aufgabenwarteschlangenposten zu dem Belegkopf gibt. Hierzu kann die ID aus dem Belegkopffeld *Aufgabenwarteschlange – Posten-ID* zum Filtern genutzt werden. Diese ID kann über die Aktion *Hilfe/Info zu dieser Seite* im Menü *Anwendung* kopiert und im erweiterten Filter eingefügt werden (siehe Abbildung 4.76).

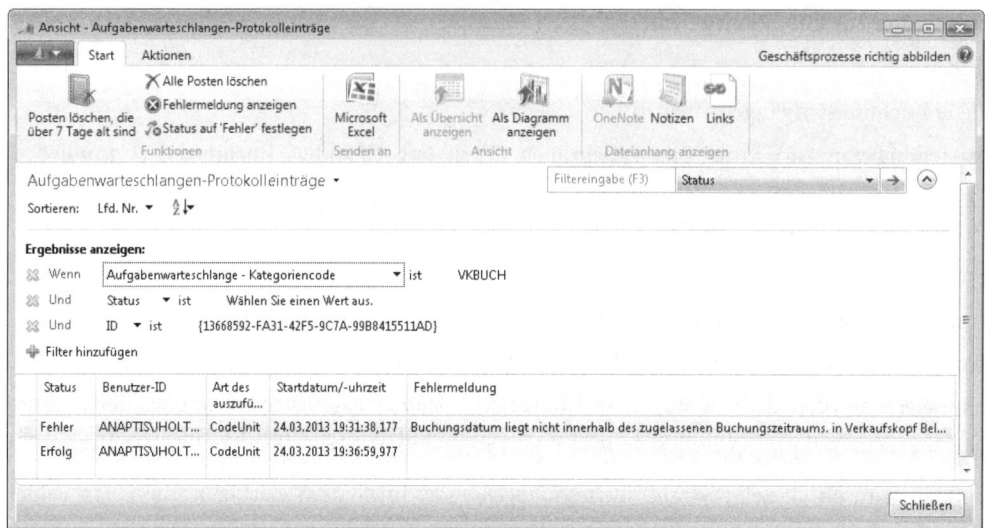

Abbildung 4.76 Prüfung auf Hintergrundbuchungsfehler und deren Behebung

Prüfung auf Verwendung des Abschnitts »Meine Aufgabenwarteschlange«

Abschließend kann geprüft werden, ob der Abschnitt *Meine Aufgabenwarteschlange* bei entsprechenden Benutzern im Rollencenter eingeblendet ist, damit Probleme bei den Hintergrundbuchungen sofort identifiziert werden können.

Prüfung auf das Unterlaufen von Benutzerrechten durch Hintergrundbuchungen

Hintergrundbuchungen werden nur dann mit den Zugriffsrechten des veranlassenden Benutzers durchgeführt, wenn das Kontrollkästchen *In Benutzersession ausführen* im Aufgabenwarteschlangenposten aktiviert ist. Dieses ist bei den Standardhintergrundbuchungen für Einkauf und Verkauf der Fall. Es sollte sichergestellt werden, dass dieses Steuerungskennzeichen nicht editiert werden kann, um Benutzerrechtsdefinitionen zu unterlaufen. Ist das Kontrollkästchen nicht aktiviert, erfolgt die Buchung mit den Zugriffsrechten desjenigen Benutzerkontos, über das die Aufgabenwarteschlange gestartet wurde (was in der Regel ein Benutzerkonto mit weitreichenden Benutzerrechten ist). Dieses sollte auch berücksichtigt werden, wenn andere Prozesse durch Anpassung im Hintergrund über die Aufgabenwarteschlange abgewickelt werden. Eine Prüfungshandlung diesbezüglich ist im Standard nicht möglich, da das neue Steuerungskennzeichen nicht in die Aufgabenwarteschlangen-Protokolleinträge übergeben wird und somit nach erfolgreicher Buchung nicht mehr nachzuvollziehen ist. Den individuellen Unternehmensanforderungen entsprechend sollte definiert werden, ob das Feld *In Benutzersession ausführen* daher beim Löschen von Aufgabenwarteschlangenposten im Änderungsprotokoll zu erfassen ist.

Benutzerzugriffsrechte

Die Vergabe von Zugriffsrechten an Benutzer in Dynamics NAV kann in folgende Elemente untergliedert werden:

- Benutzerzugriffsrechtsätze
- Benutzeranpassung
- Benutzer Einrichtung

Benutzerzugriffsrechte

> **HINWEIS** Bezüglich der technischen Aspekte des Sicherheitssystems in Dynamics NAV verweisen wir auf den Abschnitt »Sicherheitssystem« in Kapitel 2.

Benutzerzugriffsrechtsätze

Ein Zugriffsrechtsatz (in früheren Versionen als »Rolle« bezeichnet) ist eine Zusammenfassung von Zugriffsrechten, die im Rahmen der Durchführung eines bestimmten Prozesses im Unternehmen notwendig sind. Zugriffsrechtsätze strukturieren somit die Vergabe und Verwaltung von objektbezogenen Zugriffsrechten aus der Perspektive der Businesslogik.

Link: *Abteilungen/Verwaltung/IT-Verwaltung/Allgemein/Zugriffsrechtsätze*

Auf der Benutzerkarte werden dem Benutzer im Inforegister *Benutzerzugriffsrechtsätze* ein oder mehrere Zugriffsrechtsätze zugewiesen. In Abbildung 4.77 wurden dem Benutzer drei Zugriffsrechtsätze zugewiesen. Der Zugriffsrechtsatz EINKAUF-JOURNALE enthält dabei z. B. Lese-Zugriffsrechte auf die Tabellen *Kreditorenposten*, *Fibujournal* und *Detaillierte Kreditorenposten*.

Link: *Abteilungen/Verwaltung/IT-Verwaltung/Allgemein/**Benutzer**/Benutzerzugriffsrechtsätze/Zugriffsrechte*

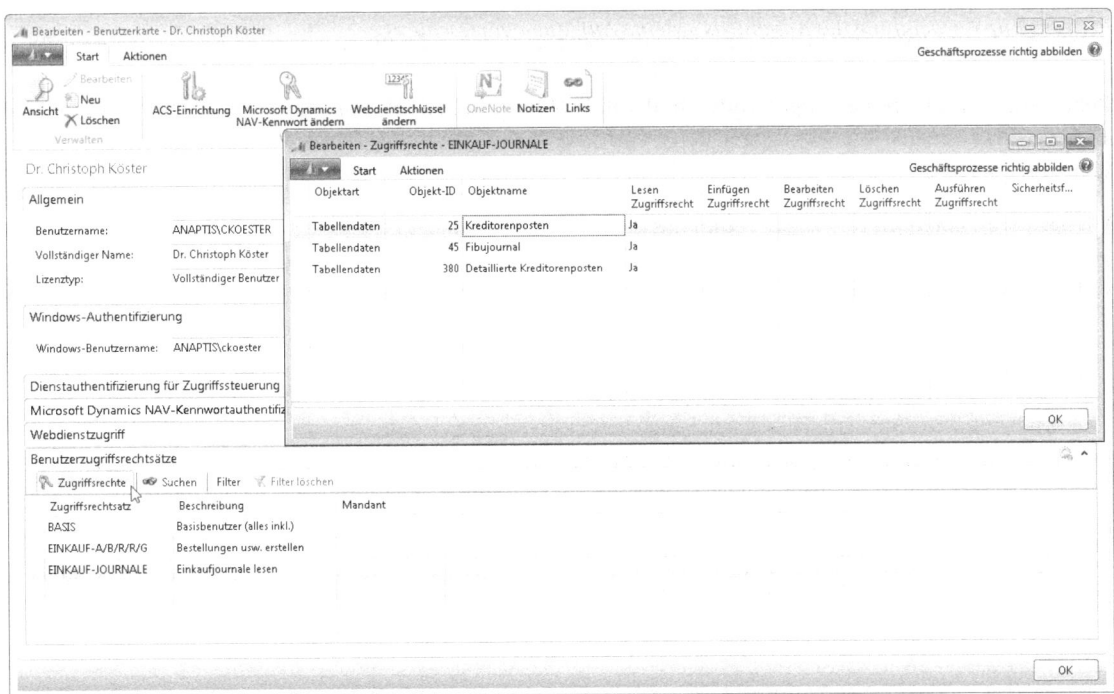

Abbildung 4.77 Zuweisung von Zugriffsrechtsätzen auf einer Benutzerkarte

Die Zuweisung von Zugriffsrechtsätzen kann in Abhängigkeit des Mandanten erfolgen. Bleibt der Mandant wie in Abbildung 4.77 leer, so gelten die Zugriffsrechte mandantenübergreifend. Zugriffsrechte können in Dynamics NAV grundsätzlich nur positiv (nicht aber im Ausschluss-Prinzip) vergeben werden.

ACHTUNG   Die Zugriffsrechte eines Benutzers sind bestimmt durch die Summe der Zugriffsrechte, die der Benutzer über die Zuordnung eines oder mehrerer Zugriffsrechtsätze erfährt. Somit kann es sein, dass ein Benutzer für dieselben Tabellendaten mehrere (in der Ausprägung aber unterschiedliche) Zugriffsberechtigungen besitzt. In diesen Fällen findet das umfangreichere Zugriffsrecht Anwendung.

Die Zugriffsrechte auf Tabellendaten können für *Lesen*, *Einfügen*, *Bearbeiten* und *Löschen* sowohl direkt (*Ja*) als auch indirekt (*Indirekt*) zugewiesen werden. Der indirekte Zugriff ist z. B. für Postentabellen wichtig, deren Datensätze nur über Buchungsroutinen angelegt werden dürfen. Jene Benutzer mit Autorisierung zum Buchen erhalten nur indirekte *Einfüge*-Rechte auf Postentabellen, damit diese Posten nur über konsistente Businesslogik angelegt werden können. Der Benutzer erhält zu diesem Zweck das *Ausführen*-Zugriffsrecht für ein Objekt, welches die notwendigen Zugriffsrechte bzw. Permissions hat, um die Datensätze einzufügen. Indirekter Zugriff bedeutet also das Zugreifen über ein NAV-Objekt auf die Tabellendaten.

Einige (unter das Radierverbot fallende) Tabellendaten wie die Tabelle *Sachposten* sind zusätzlich systemseitig gegen Änderungen geschützt, sofern mit der Unternehmenslizenz für Dynamics NAV gearbeitet wird. Sogenannte Entwicklerlizenzen, die exklusiv durch zertifizierte Mitarbeiter von Dynamics-Partnern verwendet werden dürfen, erlauben dagegen den uneingeschränkten Datenzugriff auch auf diese geschützten Tabellen.

ACHTUNG   Die Objekt-ID »0« bedeutet technisch Zugriff auf alle Objekte der angegebenen Objektart. Eine Zugriffsrechtszeile mit der *Objektart* = *Tabellendaten* und Objekt-ID »0« räumt das in der Zeile spezifizierte Zugriffsrecht somit auf alle Tabellendaten ein.

Im Folgenden werden die Zugriffsrechte einiger ausgewählter Standardzugriffsrechtsätze erläutert (siehe Tabelle 4.19).

Standardzugriffsrechtsatz	Erläuterung
BASIS	Diese Rolle fasst grundlegende und systembedingte Zugriffsrechte für die Nutzung des Windows-Clients zusammen
SUPER	Die Rolle SUPER gestattet dem Benutzer, abhängig von der verwendeten Lizenzdatei, uneingeschränkten Zugriff auf alle Daten, inklusive der Möglichkeit, Datenbankobjekte zu ändern, also Programmanpassungen vorzunehmen. Die Zugriffsrechte dieser Rolle können nicht geändert werden und sie muss mindestens einem Benutzer zugewiesen werden.
SUPER (DATEN)	Die Rolle SUPER (DATEN) gestattet ebenfalls uneingeschränkten Zugriff auf alle Daten, ist aber insofern begrenzt, als dass keine Objektänderungen durchgeführt werden können
SICHERHEIT	Diese Rolle gestattet es Benutzern, in beschränktem Maße Zugriffsrechte zu verwalten. Benutzer mit dieser Rolle können nur Zugriffsrechte zuweisen, die ihnen selbst zugeordnet sind. Mit dieser Benutzerrolle können beispielsweise Bereichsadministratoren ausgestattet werden.

Tabelle 4.19   Standardzugriffsrechtsätze in Dynamics NAV

ACHTUNG   Die SUPER- und SUPER (DATEN)-Zugriffsrechtsätze können nicht mandantenabhängig vergeben werden. Da Benutzer mit diesen Zugriffsrechten uneingeschränkten Zugriff auf Tabellendaten haben, können diese auch Benutzerrechte (inklusive ihrer eigenen) ändern. Insofern ist auch der Zugriffsrechtsatz SUPER (DATEN) nicht zielführend, da entsprechende Benutzer sich selbst das höhere Recht SUPER zuweisen können.

Die Zugriffsrechtsätze des CRONUS AG-Demomandanten können als RapidStart-Paket importiert und unternehmensindividuell angepasst werden. Wenn die Zugriffsrechtsätze individuell gestaltet werden sollen, empfiehlt sich gegebenenfalls die Nutzung von Zusatzsoftware, die Ablaufverfolgungsdateien des SQL Server Profiler auswerten und in Zugriffsrechtsätze umwandeln können. Damit können die benötigten Zugriffsrechte während eines exemplarischen Prozessdurchlaufs automatisch ermittelt werden. In Kapitel 2 wird mit NAV Easy Security eine solche Zusatzsoftware exemplarisch vorgestellt, die daneben auch die Möglichkeit von feldbezogenen Zugriffsrechten und weiteren aus Compliance-Sicht nützlichen Funktionen bietet.

Benutzeranpassung

Während die Benutzerzugriffsrechtsätze spezifizieren, welche Tabellendaten angezeigt und bearbeitet werden dürfen, wird über die Benutzeranpassungskarte gesteuert, welche Rolle der Benutzer in Dynamics NAV einnimmt, und wie sich dementsprechend seine Benutzeroberfläche präsentieren soll (siehe Abbildung 4.78). Die zugewiesene Profil-ID regelt dabei zum einen, welches Rollencenter der Benutzer als Startseite erhält, zum anderen wird das profilbezogene Layout bzw. die Konfiguration der Listenplätze auf den Benutzer angewandt.

Link: *Abteilungen/Verwaltung/Anwendung Einrichtung/Rollenbasierter Client/Benutzeranpassung*

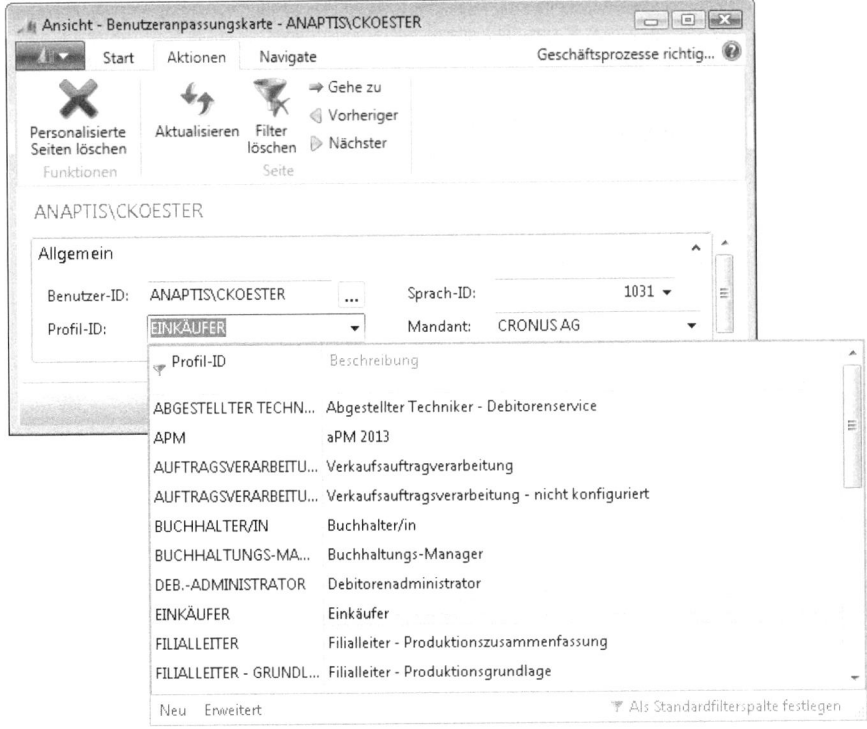

Abbildung 4.78 Zuweisung eines Profils zu einem Benutzer

ACHTUNG Die von Microsoft zur Verfügung gestellten Zugriffsrechtsätze stehen in keinem direkten Zusammenhang zu den Standardprofilen. Wird einem Benutzer beispielsweise das Profil EINKÄUFER zugewiesen, ändern sich dadurch weder seine Zugriffsrechte noch gibt es einen Zugriffsrechtsatz, um die dazu passenden Berechtigungen einzuräumen.

Benutzer Einrichtung

In der *Benutzer Einrichtung* werden standardmäßig folgende benutzerbezogenen Berechtigungen auf Datensatzebene zugewiesen (siehe Abbildung 4.79):

- Buchungszeitraum
- Verkaufs-Zuständigkeitseinheitenfilter
- Einkaufs-Zuständigkeitseinheitenfilter
- Service-Zuständigkeitseinheitenfilter
- Administrator für Arbeitszeittabellen

Link: *Abteilungen/Verwaltung/Anwendung Einrichtung/Benutzer/Benutzer Einrichtung*

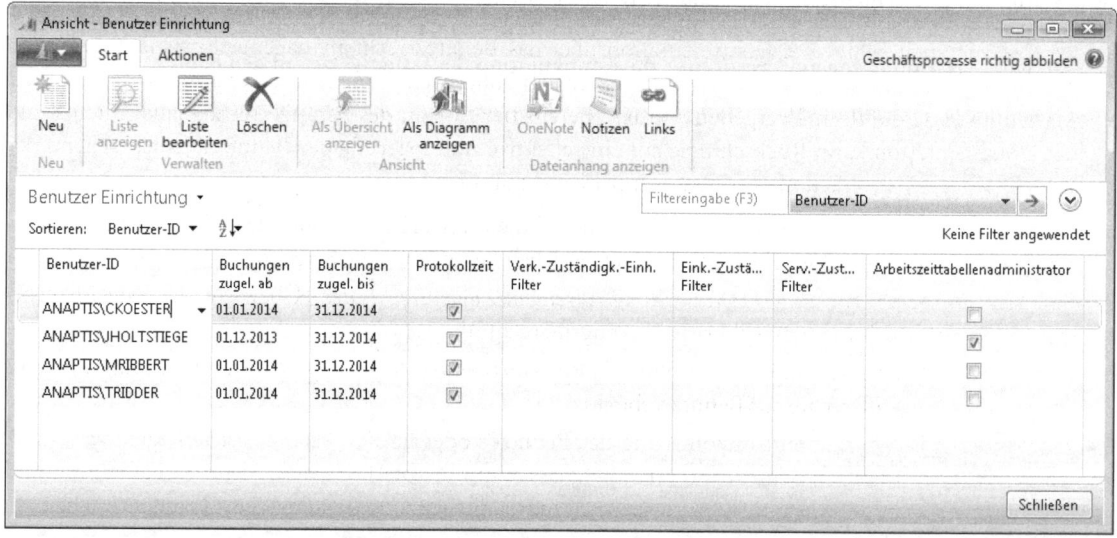

Abbildung 4.79   Tabelle *Benutzer Einrichtung*

In der Tabelle *Benutzer Einrichtung* kann der Buchungszeitraum eines Anwenders unabhängig von der Buchungszeitraumdefinition in der *Finanzbuchhaltung Einrichtung* über die Felder *Buchungen zugel. ab* und *Buchungen zugel. bis* begrenzt oder erweitert werden.

HINWEIS   Ein auf Benutzereinrichtungsebene hinterlegter Buchungszeitraum hat Priorität gegenüber der globalen Einstellung auf Finanzbuchhaltungseinrichtungsebene.

Neben dem zugelassenen Buchungszeitraum können Zuständigkeitseinheitenfilter für Einkauf, Verkauf und Service hinterlegt werden, die auf die Belege der jeweiligen Bereiche angewendet werden. Mit dem Kontrollkästchen *Protokollzeit* wird gesteuert, ob ein Zeitprotokoll für den Benutzer geführt werden soll, in dem datums- und mandantenabhängig die Systemanmeldezeit summiert wird. Das Kontrollkästchen *Arbeitszeittabellenadministrator* kennzeichnet Benutzer, die autorisiert sind, die Zeiterfassungsmasken (Time Sheets) zu administrieren.

Benutzerzugriffsrechte aus Compliance-Sicht

Potenzielle Risiken

- Unberechtigter Systemzugriff (Compliance, Integrity, Confidentiality, Efficiency)
- Fehlende Funktionstrennung/Nichteinhaltung des Vieraugenprinzips (Compliance)

Prüfungsziel

- Sicherstellung eines autorisierten Systemzugriffs
- Identifizierung potenziell kritischer Sicherheitsrollen
- Identifizierung (und sofern möglich Vermeidung) potenziell kritischer Benutzerrechtskombinationen

Prüfungshandlungen

Sicherstellung eines autorisierten Systemzugriffs

- Im Unternehmen sollte eine Dokumentation über das Benutzerrechtemanagement existieren. Anhand der Dokumentation sollte sich der Prüfer einen Überblick verschaffen, wie Benutzerrechte verwaltet werden und wie die Rechte vergeben wurden. Bereits der Aufbau des Benutzerrechtemanagements und der Dokumentation kann Rückschlüsse auf eine effektive Autorisierung der Benutzer (entsprechend der Least-Privilege-Methode und des Vieraugenprinzips) zulassen.

- Die Etablierung von »Super-Benutzer« ist in Bezug auf die Least-Privilege-Methode und das Vieraugenprinzip als kritisch zu sehen. Zum einen ist zu prüfen, welchen Benutzern diese Berechtigungen zugeteilt wurden.
  Link: *Abteilungen/Verwaltung/IT-Verwaltung/Allgemein/Zugriffsrechtsätze* (Übersicht der Zugriffsrechtsätze zur Identifikation potenziell kritischer Zugriffsrechte)
  Link: *Abteilungen/Verwaltung/IT-Verwaltung/Allgemein/**Benutzer**/Benutzerzugriffsrechtsätze/Zugriffsrechte* (Zugeordnete Zugriffsrechte auf Benutzerebene)
  Zum anderen ist über eine Protokollierung der Benutzer oder über organisatorische Regelungen (z. B. wird das Passwort für den Benutzer so verwaltet, dass es nur beispielsweise über den Geschäftsführer und den kaufmännischen Leiter in Erfahrung zu bringen ist) die Nutzung und der Zugriff zu überwachen

Identifizierung potenziell kritischer Sicherheitsrollen

Gibt es kritische Sicherheitsrollen (Zugriffsrechte auf alle Objekte einer Art durch Zuweisung der Objekt-ID »0«) und wem sind diese zugeordnet?

Feldzugriff: *Tabelle 2000000005 Zugriffsrecht/Felder Rollen-ID, Objektart [Wert Table Data], Objekt-ID [Wert 0], Lesen Zugriffsrecht, Einfügen Zugriffsrecht, Bearbeiten Zugriffsrecht, Löschen Zugriffsrecht, Sicherheitsfilter* in Verbindung mit

Feldzugriff: *Tabelle 2000000053 Zugriffssteuerung/Felder Benutzer-ID, Benutzername, Rollen-ID [Rollen-ID Werte], Mandant*

Identifizierung potenziell kritischer Benutzerrechtskombinationen

Im Rahmen der Prüfung des Berechtigungskonzepts sollte die Existenz inadäquater Kombinationen von Benutzerzugriffsrechten (z. B. das Veranlassen von Zahlungsausgängen und gleichzeitige Bearbeiten von Kreditorbankkonten) geprüft werden. Die folgenden Beispiele (siehe Tabelle 4.20) stellen eine Auswahl potenziell kritischer Berechtigungskombinationen dar. Bei der Prüfung und Bewertung müssen die unternehmensindividuellen Gegebenheiten sowohl bei der Definition der kritischen Benutzerrechtskombinationen als auch bezüglich kompensierender Kontrollen berücksichtigt werden.

Zugriffsrecht 1	Zugriffsrecht 2	Risikobewertung
Kreditorenstammdaten anlegen/ändern	Bestellungen auslösen	Es werden nicht autorisierte Rechtsverhältnisse eingegangen, Gefahr von Vermögensschädigung durch ungerechtfertigte Preise
Wareneingang buchen	Eingangsrechnung fakturieren	Vermögensschädigung durch abweichende Liefermengen bei vollständiger Zahlung
Eingangsrechnung buchen	Zahlungen auslösen	Vermögensschädigung durch unberechtigte Ausgangszahlungen
Kreditorenstammdaten anlegen/ändern	Zahlungen auslösen	Vermögensschädigung durch unberechtigte Ausgangszahlungen
Debitorenstammdaten anlegen/ändern	Aufträge erfassen	Ineffektive Kreditlimitprüfungen, nicht autorisierte Rechtsverhältnisse
Debitorenstammdaten anlegen/ändern	Verkaufsgutschriften buchen	Vermögensschädigung durch unberechtigte Gutschriften/Auszahlungen
Verkaufsgutschriften erstellen/ändern	Zahlungen freigeben	Vermögensschädigung durch ungerechtfertigte Auszahlungen/Gutschriften
Verkaufsaufträge erfassen/ändern/löschen	Warenausgang stornieren & buchen	Vermögensschädigung durch nicht autorisierten Warenausgang
Kommissionieren/Lagerentnahme	physische Lieferung durchführen	Vermögensschädigung durch nicht autorisierten Warenausgang
Beleggenehmigungssystem einrichten	Belege buchen	Nicht effektive Beleggenehmigungsregeln
Artikelbuchungsblatt erfassen/ändern	Artikelbuchungsblatt buchen	Vermögensschädigung durch nicht autorisierte Bestandskorrekturen, Ermöglichung nicht autorisierter Warenentnahmen, Manipulation des Bilanzausweises

Tabelle 4.20 Beispiele potenziell kritischer Berechtigungskombinationen

Um diese Situationen manuell zu prüfen, müssen zunächst die *Zugriffsrechtsätze* identifiziert werden, die zum entsprechenden Zugriff auf die betreffenden Tabellendaten berechtigen. Danach sollte die Tabelle *Zugriffssteuerung* auf diese Rollen gefiltert werden. Dazu sollte im manuellen Prüfungsfall ein Filter aus allen relevanten Rollen-IDs aufgebaut und jeweils mit dem ODER-Filtersymbol »|« verknüpft werden. Gegebenenfalls kann die Excel-Funktion VERKETTEN genutzt werden, um diesen Filterstring automatisch zu erzeugen. Die mit diesem Filter identifizierten Benutzernamen müssen im Anschluss einzeln auf inadäquate Zugriffsrechtsverknüpfungen geprüft werden.

Online Im Begleitmaterial zu diesem Buch ist ein Tool zur Prüfung und Identifikation potenziell kritischer Benutzerzugriffsrechtskombinationen und Standardrollen enthalten. Zu prüfende Zugriffsrechtskombinationen können auf Tabellenebene angelegt und deren Existenz im Anschluss überprüft werden.

Da die Kontrollen zum Berechtigungskonzept zeitpunktbezogen sind und nicht zwangsläufig die Vergangenheit wiedergeben, ist es zusätzlich ratsam, im Änderungsprotokoll die tatsächliche Umsetzung des Berechtigungskonzepts zeitraumbezogen zu verifizieren (siehe Abschnitt »Änderungsprotokoll«). Idealerweise gibt es historisierte Momentaufnahmen der Berechtigungen, in denen diese regelmäßig manuell oder über Zusatzsoftware z. B. in Form von Wiederherstellungszeitpunkten automatisch dokumentiert werden (siehe z. B. den Abschnitt »NAV Easy Security im Überblick« in Kapitel 2).

Über Stichproben können Zugriffsbeschränkungen außerdem verifiziert werden, indem beispielsweise Postentabellen auf Benutzer-IDs gefiltert werden, die laut Berechtigungskonzept keine Zugriffsrechte zum Erzeugen dieser Posten besitzen.

HINWEIS Je nach Größe und zu berücksichtigenden Rahmenbedingungen des Unternehmens sind organisatorische Regelungen beim Vorliegen potenziell kritischer Berechtigungskombinationen grundsätzlich dazu geeignet, ein diesbezüglich mangelhaftes Benutzerkonzept als kompensierende Kontrolle zu beheben.

Änderungsprotokoll

In rechnungslegungsrelevanten Systembereichen ist es wichtig zu wissen, wie Beleg-, Stammdaten oder Einrichtungsparameter in der Vergangenheit gebucht bzw. definiert waren und wann und durch wen Änderungen vorgenommen wurden. Aufschluss über derartige Datenänderungen liefert das Dynamics NAV-Änderungsprotokoll (Change Log). Folgende Punkte werden in diesem Abschnitt erläutert:

- Funktion des Änderungsprotokolls
- Einrichtung des Änderungsprotokolls
- Auswertung des Änderungsprotokolls

Funktion des Änderungsprotokolls

Das Änderungsprotokoll erlaubt das Protokollieren von Datenänderungen, die durch Benutzer in der Datenbank erfolgen. Die Protokollierung wird in der Tabelle 405 *Änderungsprotokollposten* abgespeichert, sofern die Protokollierung aktiv ist und für die geänderten Tabellenfelder eingerichtet wurde. Der Protokollsatz enthält jeweils den alten und den neuen Wert des geänderten Felds sowie Zeit und ausführenden Benutzer der Änderung. Analog dazu wird bei Anlage oder Löschen eines Datensatzes jedes eingefügte oder gelöschte Feld in einem separaten Protokollsatz festgehalten, sofern die Felder für die Protokollierung aktiviert wurden.

HINWEIS Anders als in früheren Versionen werden in NAV 2013 auch Änderungen durch Stapelverarbeitungen oder indirekte Änderungen protokolliert. Zuvor war dies nur der Fall, wenn die Datenänderungen direkt über die Benutzeroberfläche erfolgten. Bei einem Upgrade auf NAV 2013 von einer älteren Version sollte demnach der Zuwachs der Protokollposten überprüft und gegebenenfalls die Einrichtung optimiert werden.

Einrichtung des Änderungsprotokolls

Das Radierverbot gemäß § 239 Abs. 2 ff. HGB erfordert die Nachvollziehbarkeit von Änderungen in rechnungslegungsrelevanten Daten bzw. Tabellen. Dynamics NAV bietet die Möglichkeit, derartige Änderungen auf Feld- oder Tabellenebene mithilfe des Änderungsprotokolls aufzuzeichnen und somit transparent zu machen. Entsprechende Einstellungen in der *Änderungsprotokoll Einrichtung* ermöglichen die Aufzeichnung der datensatzbezogenen Transaktionsart (*Bearbeiten, Löschen, Einfügen*). Die Vorgehensweise soll im Folgenden anhand der Änderung von Kundenstammdaten erläutert werden. Im ersten Schritt muss die Protokollierung für den Mandanten aktiviert werden.

Link: *Abteilungen/Verwaltung/IT-Verwaltung/Allgemein/Änderungsprotokoll Einrichtung* (siehe Abbildung 4.80)

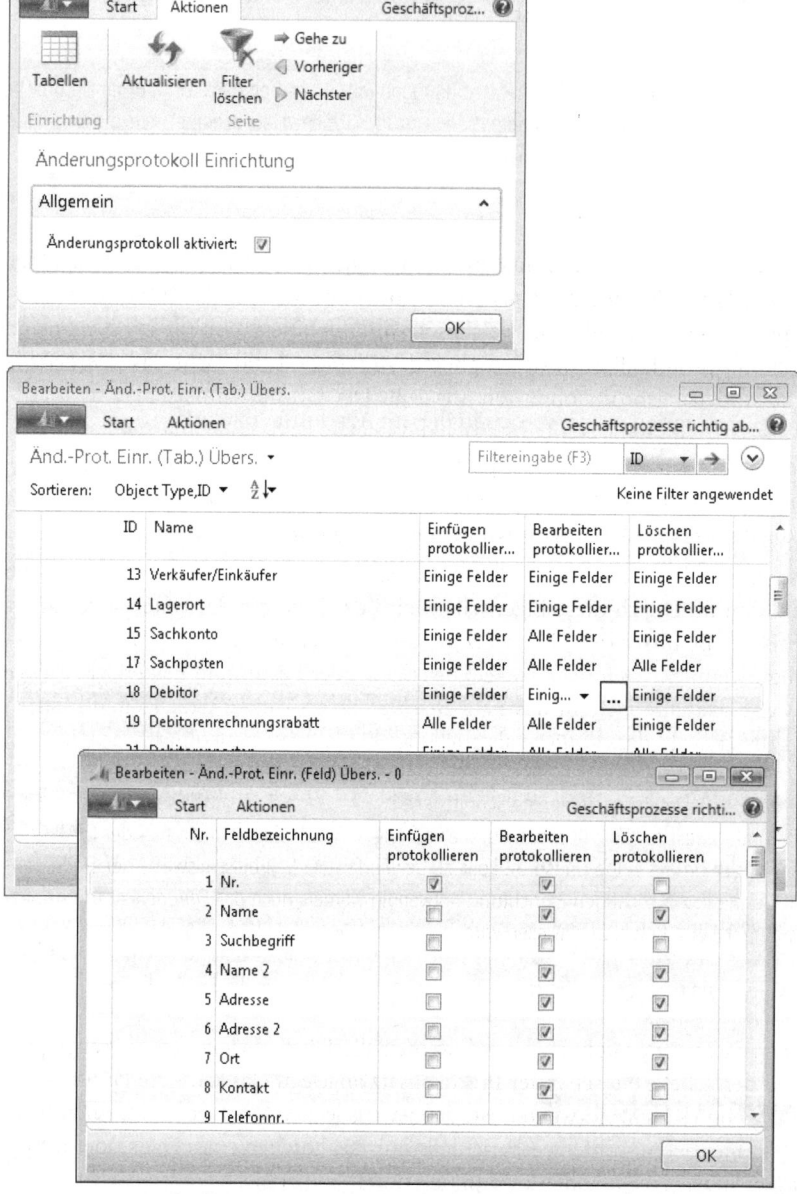

Abbildung 4.80 Einrichtung des Änderungsprotokolls

Ist die Protokollierung für den Mandanten aktiviert, müssen die Tabellen und Tabellenfelder, die im Änderungsprotokoll zu protokollieren sind, definiert werden. Für jede Tabelle kann festgelegt werden, welche Ereignisse aufgezeichnet werden sollen, wobei danach differenziert werden kann, ob *Alle Felder* oder nur *Einige Felder* der Tabelle protokolliert werden. Wird die Option *Einige Felder* gewählt, lässt sich über die Assist-Schaltfläche des Felds oder ⇧+F4 ein weiteres Fenster öffnen, in welchem alle zu der Tabelle gehörenden Felder angezeigt und einzeln für die Protokollierung aktiviert werden können.

Änderungsprotokoll

HINWEIS Einrichtung und Änderungen am Setup des Änderungsprotokolls werden ebenfalls im Änderungsprotokoll dokumentiert. Änderungen in der Einrichtung greifen jedoch erst nach erneutem Anmelden am System.

Unterschiede zwischen Einfügen und Bearbeiten

Der Unterschied zwischen *Einfügen* und *Bearbeiten* von Datensätzen ist selbsterklärend: Wird ein vorhandener Datensatz geändert, spricht man von *Bearbeiten*, wird ein Datensatz angelegt, handelt es sich um *Einfügen*. Abhängig vom Page-Objekt, über das der Datensatz angelegt wird, kann jedoch z. B. auch die Neuanlage von Stammdaten *Bearbeiten* im Sinne des Änderungsprotokolls darstellen. Entscheidend ist, wann der neue Datensatz in die Datenbank geschrieben wird. Bei Stammdatenkarten ist dies normalerweise sofort nach der Vergabe der *Nr.* der Fall, sodass bereits die Eingabe der *Beschreibung* oder des *Namens* als *Bearbeiten* protokolliert wird. Möchte man beispielsweise protokollieren, welches *Kreditlimit* einem Debitor bei Neuanlage vom Benutzer zugewiesen wurde und protokolliert dazu lediglich das *Einfügen* (und nicht das *Bearbeiten*) dieses Felds, würden dafür keine Änderungsprotokollposten angelegt. Der Grund dafür ist das standardmäßige Zurückschreiben des Datensatzes an die Datenbank, sobald das letzte Feld des Primärschlüssels eingegeben wurde. Jede weitere Feldeingabe nach diesem Zeitpunkt stellt ein *Bearbeiten* im Sinne des Änderungsprotokolls dar. Bei den meisten Stammdaten wird der Primärschüssel nur aus dem Feld *Nr.* gebildet. Bei Bewegungsdaten bilden häufig mehrere Felder zusammen den Primärschlüssel.

Ein anderer Effekt in diesem Zusammenhang ergibt sich durch die Page-Eigenschaft »Delayed Insert«, die z. B. bei Belegzeilen zum Tragen kommt. Durch diese Eigenschaft wird das *Einfügen* des Datensatzes unter Umständen solange verzögert, bis der Benutzer den Datensatz verlässt. So werden beispielsweise Verkaufsauftragszeilen erst dann eingefügt, wenn der Benutzer die Zeile verlässt oder bestimmte Felder wie *Menge* validiert. Wollte man beispielsweise festhalten, wenn das Feld *Beschreibung* für eine Artikelzeile in einem Verkaufsauftrag geändert wird, muss sowohl das *Einfügen* als auch das *Bearbeiten* protokolliert werden.

ACHTUNG Werden Stammdatensätze, z. B. Debitoren, über eine Schnittstelle angelegt, erfolgt erstmals seit NAV 2013 dafür standardmäßig eine Protokollierung im Änderungsprotokoll. Bezogen auf die vorherigen Ausführungen muss hier der C/AL-Code analysiert werden, um eine adäquate Einrichtung des Änderungsprotokolls zu gewährleisten. Soll beispielsweise der Debitorenname protokolliert werden, kann es abweichend zur sonstigen Einrichtung notwendig werden, auch das *Einfügen* zu protokollieren, wenn dieser Wert zusammen mit dem INSERT-Befehl zugewiesen wird.

Löschen protokollieren

Wenn das Löschen mit der Option *Alle Felder* protokolliert wird, werden alle Tabellenfelder beim Löschen protokolliert und somit für jedes Feld der Tabelle ein separater Protokollsatz angelegt. Das kann die Performance des Systems negativ beeinflussen. Wenn es nicht notwendig ist, den jeweils letzten Wert jedes einzelnen Felds des gelöschten Datensatzes zu dokumentieren, sollte gegebenenfalls nur das Löschen eines Felds oder ausgewählter Felder protokolliert werden. So wird protokolliert, wann und durch wen der Datensatz gelöscht wurde.

ACHTUNG Um das Löschen eines bestimmten Felds zu protokollieren (ohne dass der ganze Datensatz gelöscht wird), muss für dieses Feld das *Bearbeiten* protokolliert werden und nicht etwa das *Löschen*. Die Transaktionsart bezieht sich immer auf den ganzen Datensatz und nicht auf das einzelne Feld. Das Löschen eines Feldwerts wird also als *Bearbeiten* im Sinne einer Zuweisung von Leer oder Null verstanden.

Das Auslesen des Änderungsprotokolls ermöglicht anschließend die transparente Darstellung von vorgenommenen Änderungen gemäß der Einrichtung.

Link: *Abteilungen/Verwaltung/Anwendung Einrichtung/Allgemein/Änderungsprotokollposten*

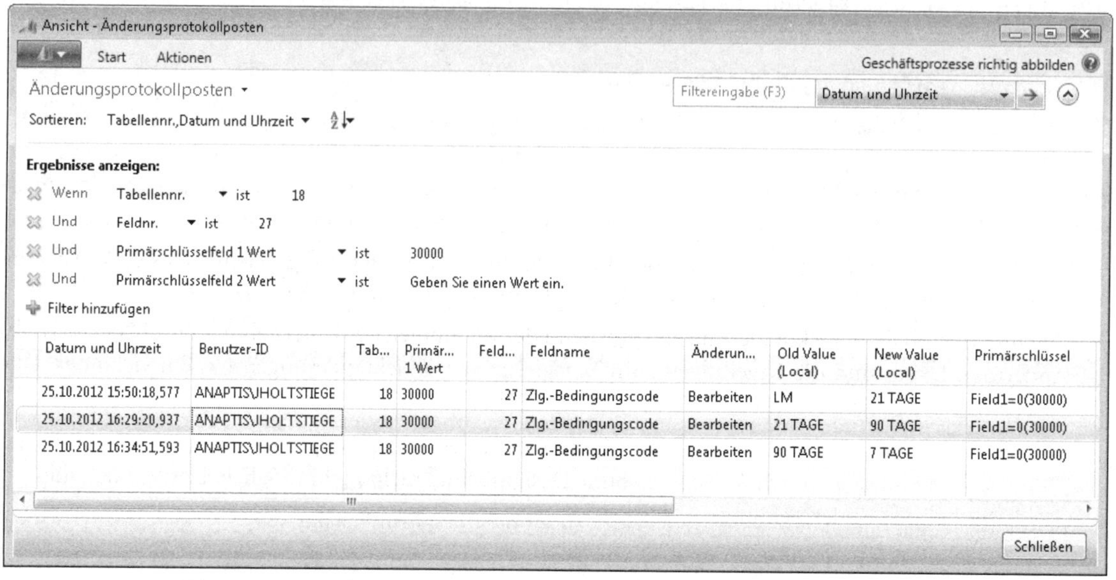

Abbildung 4.81 Auswertung der Änderungsprotokollposten

In Abbildung 4.81 wurde z. B. über den erweiterten Filter geprüft, welche Änderungen an der Zahlungsbedingung (Feldnummer 27 in Tabelle 18) bei Debitor »30000« durchgeführt wurden.

Theoretisch kann das Änderungsprotokoll für alle Tabellen und jedes Feld jeweils für Einfügen, Bearbeiten und Löschen von Datensätzen konfiguriert werden. Eine solche Einrichtung würde jedoch negative Konsequenzen für das Laufzeitverhalten der Applikation haben. Bei der Einrichtung muss deshalb berücksichtigt werden, wie viele Datensätze in der Tabelle *Änderungsprotokollposten* erzeugt werden und wie viele Sperrungen dies auf den Tabellen zur Folge hat. Bei einer besonders umfangreichen Protokollierung muss gegebenenfalls das periodische Sichern und anschließende Löschen der Änderungsprotokollposten geregelt werden, um eine optimale Datenbankperformance zu gewährleisten.

Online Da Dynamics NAV keinen Standardvorschlag bezüglich der Einrichtung des Änderungsprotokolls macht, wird im Begleitmaterial eine beispielhafte Einrichtung in Form eines RapidStart-Dienstpakets zur Verfügung gestellt. Die darin vorgenommene Einrichtung ist als Kompromiss zwischen Nachvollziehbarkeit und Systemperformance zu verstehen. Es wurde Wert darauf gelegt, alle wichtigen Felder zu protokollieren, ohne dabei exorbitant viele Änderungsprotokollposten zu erzeugen. Diese exemplarische Einrichtung soll der Orientierung dienen und ist nicht zum Einsatz im Produktivsystem bestimmt. Hinweise zur Verwendung von RapidStart-Dienstpaketen finden Sie in Kapitel 2.

Schutz der Änderungsprotokollposten

Die Datensätze in der Tabelle *Änderungsprotokollposten* sind in Dynamics NAV nicht, wie z. B. die Sachpostentabelle, gegen Änderungen geschützt. Über eine einfache Anpassung (siehe Abbildung 4.82) lässt sich die nachträgliche Änderung des Änderungsprotokolls unterbinden.

Object Designer: *Design Tabelle 405 Änderungsprotokollposten*

Änderungsprotokoll

Schrittanleitung zum Änderungsschutz der Änderungsprotokollposten

Um zu verhindern, dass Änderungsprotokollposten nachträglich geändert werden, kann wie folgt vorgegangen werden:

1. Menübefehl *Extras/Object Designer* in der Entwicklungsumgebung von Dynamics NAV
2. Selektion der Objektart Table und der Objekt-ID 405 *Änderungsprotokollposten*
3. Starten des Designmodus über die Schaltfläche *Design*
4. Menübefehl *Ansicht/C/AL Code* oder [F9], um den C/AL-Editor zu öffnen
5. Selektion der Trigger *OnModify* und *OnDelete* über [Strg]+[Pos1]
6. Einfügen eines ERROR-Befehls (siehe Abbildung 4.82) in beiden Triggern (gegebenenfalls unter Verwendung einer Textkonstante, wenn verschiedene Applikationssprachen in Gebrauch sind)
7. Dokumentieren der Objektänderung entsprechend der Richtlinien des Unternehmens und Speichern der Änderung. Dabei sind die Regelungen zum Einspielen von Objektänderungen für Entwicklungs- und Produktivdatenbank zu beachten.

Durch diese Änderung ist eine nachträgliche Manipulation des Änderungsprotokolls durch das Entfernen oder Ändern von Einträgen durch Anwender (ohne Designrechte) nicht mehr möglich. Der Versuch führt zu einer entsprechenden Fehlermeldung.

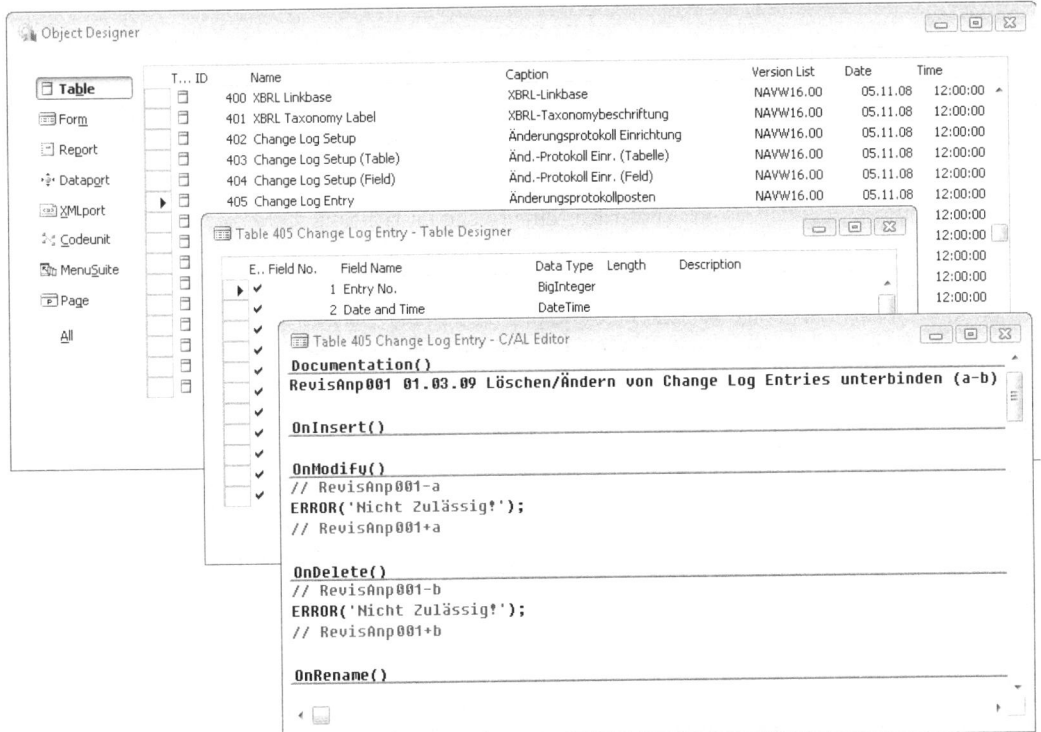

Abbildung 4.82 C/AL-Codeanpassung zum Unterbinden des Löschens/Ändern von Änderungsprotokollposten

ACHTUNG Die Verhinderung nachträglicher Manipulationen des Änderungsprotokolls durch Sperrung von Feldänderungen ist eine wesentliche Grundlage für die Revisionssicherheit des Systems.

Auswertung des Änderungsprotokolls

Auf der NAV-Seite *Änderungsprotokollposten* kann ein Report aufgerufen werden, um Protokolleinträge auszugeben (siehe Abbildung 4.83). Dieser Report übernimmt automatisch die Filter, die auf den Listenplatz *Änderungsprotokollposten* angewendet wurden.

> **TIPP** Wie bereits erwähnt, führt eine umfangreiche Änderungsprotokollierung automatisch zu einer hohen Anzahl von Datensätzen in der Tabelle Änderungsprotokollposten. Wenn diese Tabelle analysiert werden soll, kann es aufgrund des Datenvolumens zu Wartezeiten bei der Rückgabe von Filterergebnissen kommen. Daher ist neben der korrekten Filterung insbesondere die korrekte Sortierung der Daten (vor der Anwendung von Filtern) entscheidend für das optimale Laufzeitverhalten.

Link: *Abteilungen/Verwaltung/Anwendung Einrichtung/Allgemein/Änderungsprotokollposten/Start/Drucken*

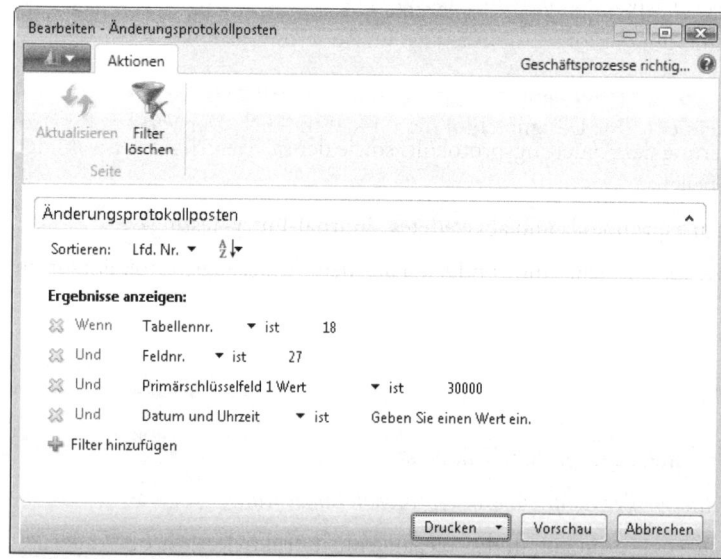

Abbildung 4.83 Bericht Änderungsprotokollposten (509)

> **TIPP** Das Feld *Primärschlüsselfeld 1 Wert* enthält den Wert des ersten Felds des Primärschlüssels. In der Tabelle *Debitor* ist *Nr.* der alleinige Primärschlüssel, in anderen Tabellen kann der Primärschlüssel aus mehreren Feldern zusammengesetzt sein. Damit die Rückgabe dieser Filterergebnisse effizient erfolgt, ist die Sortierung hinsichtlich der Filterkriterien zu ändern. Dies geschieht über die Schaltfläche *Sortierung* im rechten, unteren Bereich der Request Page. Standardmäßig wird der Report nach der *Lfd. Nr.* des Datensatzes sortiert, was einer chronologischen Reihenfolge entspricht. In diesem Beispiel sollte jedoch der zweite Schlüssel (*Tabellennr., Primärschlüsselfeld 1 Wert*) ausgewählt werden. Der Primärschlüssel einer Tabelle kann über die Sortierfunktion ermittelt werden. Der erste angebotene Sortierschlüssel der Auswahl ist der Primärschlüssel der Tabelle.

Archivieren von Änderungsprotokollposten

Abhängig vom Mengengerüst der Transaktionen und der Einrichtung des Änderungsprotokolls kann die Anzahl von Änderungsprotokollposten in kurzer Zeit sehr stark anwachsen, was unter Umständen zu den bereits genannten Laufzeitproblemen führen kann. Ein Löschen von Änderungsprotokollposten wird ausdrücklich nicht empfohlen. Wenn dieses jedoch aus Performancegründen unvermeidbar ist, sollten die Daten in nicht veränderbarer, durchsuchbarer Form z. B. in einem Dokumenten Management System

(DMS) archiviert werden. Reicht ein nicht revisionssicheres Format aus, kann von dem Bericht *Änderungsprotokoll* gegebenenfalls auch ein PDF-Dokument erzeugt werden. Es sollte in jedem Fall gemäß der rechtlichen und unternehmensspezifischen Anforderungen organisatorisch festgelegt werden, in welchen Abständen die Daten gelöscht werden und wie viele Perioden Änderungsprotokollposten für Auditzwecke in der Datenbank verfügbar gehalten werden müssen.

Änderungsprotokoll aus Compliance-Sicht

Potenzielle Risiken

- Fehlende Nachvollziehbarkeit und Transparenz von Datenerstellung, -änderung und -löschung bei fehlender Aktivierung bzw. fehlender Zugriffsbeschränkung auf Änderungsprotokollposten (Compliance, Integrity)
- Datenverlust durch nicht autorisiertes Löschen (Compliance, Integrity)
- Einschränkung der Systemperformance durch große Datenmengen im Änderungsprotokoll (Efficiency)

Prüfungsziele

- Sicherstellung der generellen Aktivierung des Änderungsprotokolls sowie der sachgerechten Auswahl der zu protokollierenden Felder bzw. Tabellen
- Regelmäßige Auswertung des Änderungsprotokolls und abgeleitetes »Journal-Entry-Testing«
- Sicherstellung eines effizienten Prozesses zur Sicherung von Daten aus dem Änderungsprotokoll (sofern notwendig)

Prüfungshandlungen

Aktivierung des Änderungsprotokolls

Es sollte zunächst geprüft werden, ob das Änderungsprotokoll aktiv ist:

Link: *Abteilungen/Verwaltung/IT-Verwaltung/Allgemein/Änderungsprotokoll Einrichtung*

Ferner sollte geprüft werden, ob das Änderungsprotokoll in der Vergangenheit deaktiviert wurde. Änderungen an der Einrichtung des Änderungsprotokolls werden automatisch protokolliert und können über die entsprechende Tabellennummer analysiert werden.

Feldzugriff: *Tabelle 405 Änderungsprotokollposten/Felder Datum und Uhrzeit, Benutzer-ID, Tabellennr. [Wert 402], Feldname, Änderungsart, Alter Wert, Neuer Wert (Sortierung: Tabellennr., Datum und Uhrzeit)*

Zusätzlich können die Änderungen an der Einrichtung des Änderungsprotokolls in der Vergangenheit analysiert werden. Dazu wird der obige Feldzugriff auf die Tabellen *403 Änd.-Protokoll Einr. (Tabelle)* und *404 Änd.-Protokoll Einr. (Feld)* wiederholt. Abschließend sollte geprüft werden, ob *Änderungsprotokollposten* gegen direkte Manipulation geschützt sind (siehe hierzu den Abschnitt »Schutz der Änderungsprotokollposten«).

Prüfung auf fehlende Änderungsprotokollposten

Es sollte geprüft werden, ob es Lücken in der laufenden Nummer (*Lfd. Nr.*) der Änderungsprotokollposten gibt. Stichprobenartig kann dieses erfolgen, indem eine Stichprobenmenge von Datensätzen an Excel übergeben werden, um dort auf Erhöhungen > 1 zu filtern.

Online Im Begleitmaterial zum Buch ist ein Objekt enthalten, das die Prüfung auf Lücken bei den laufenden Nummern von Postentabellen automatisiert.

Auswertung des Änderungsprotokolls

Ein wichtiges Prüfungsgebiet sind beispielsweise kurzfristige Änderungen von Stammdaten. Es wird geprüft, ob es Änderungen an Stammdaten gab, die kurz darauf wieder rückgängig gemacht wurden, um z. B. nur eine Transaktion auf Basis geänderter Stammdatenkonstellationen buchen zu können.

Online Derartige Kurzfriständerungen können über das Änderungsprotokoll nachvollzogen werden. Da standardmäßig keine Möglichkeit der Filterung solcher Datensätze besteht, steht innerhalb des Begleitmaterials zu diesem Buch ein Report zur Verfügung, der entsprechende Situationen ausgeben kann.

Prüfung der Anzahl der abgelegten Datensätze in der Tabelle »Änderungsprotokollposten«

Über die *Datenbank Informationen* kann in der Entwicklungsumgebung von Dynamics NAV geprüft werden, wie viele Datensätze in der Tabelle *Änderungsprotokollposten* gespeichert sind und gegebenenfalls Analysen zum periodenbezogenen Zuwachs von Protokolldatensätzen durchgeführt werden.

Link: *Datei/Datenbank/Information/Tabellen [Wert 405]*

Wenn Änderungsprotokollposten infolge eines erheblichen Aufkommens an Protokolldatensätzen gelöscht und gesichert wurden, sollte die Verfügbarkeit dieser Sicherung und das Verfahren zum Sichern und Löschen von Änderungsprotokollposten geprüft werden.

Kapitel 5

Einkauf

In diesem Kapitel:

Organisationseinheiten des Einkaufs	306
Einrichtung des Einkaufs	312
Stammdaten im Einkauf	316
Der Einkaufsprozess und Belegfluss im Überblick	335
Einkaufsanfrage und Einkaufsbestellung	338
Preise und Preisfindung	344
Zeilen- und Rechnungsrabatte	352
Beschaffungszeiten	363
Vorauszahlungen	366
Lieferung und Rechnungseingang	370
Artikel Zu-/Abschläge	377
Zahlungsausgang für offene Verbindlichkeiten	377
Lieferanten-Mahnwesen	394
Einkaufsreklamation und Gutschriften	402

In Dynamics NAV werden die Prozesse und Funktionen der Beschaffung im Modul *Einkauf* abgebildet. Im Folgenden werden die entsprechenden Organisationseinheiten, Einrichtungsparameter sowie die unterschiedlichen Einkaufsteilprozesse einschließlich des damit verbundenen Belegflusses dargestellt und unter Compliance-Gesichtspunkten analysiert.

Organisationseinheiten des Einkaufs

Um sowohl zentrale wie auch dezentrale Einkaufsorganisationen systemtechnisch abbilden zu können, bietet Dynamics NAV unterschiedliche Möglichkeiten der Strukturierung und Gliederung des Einkaufs mithilfe unterschiedlicher Organisationseinheiten, die im Folgenden erläutert werden. Es handelt sich – abgesehen vom Mandanten als eigenständig bilanzierende Einheit – um optionale Konstrukte, die nicht implementiert werden müssen, für eine sinnvolle Abbildung von Geschäftsprozessen allerdings unerlässlich sind.

Darstellung der Einkaufsorganisation

Die Einkaufsorganisation wird systemtechnisch im Wesentlichen durch Zuständigkeitseinheiten, Lagerorte und Einkäufer abgebildet. Im Folgenden werden diese Organisationseinheiten kurz dargestellt und aus Compliance-Sicht beleuchtet.

Zuständigkeitseinheit

Zuständigkeitseinheiten werden in Dynamics NAV für die Verwaltung und Strukturierung des Unternehmens eingesetzt. Aus Sicht des Einkaufs kann eine Zuständigkeitseinheit beispielsweise eine Einkaufsabteilung oder einen Einkaufsbereich inklusive zugeordneter Mitarbeiter und Benutzer repräsentieren. In der Benutzereinrichtung kann für jeden Benutzer eine entsprechende Zuständigkeit hinterlegt werden, für den Einkauf kann die Zuordnung über den entsprechenden Filter erfolgen.

Link: *Abteilungen/Verwaltung/Anwendung Einrichtung/Benutzer/Benutzer Einrichtung* Feld *Eink.-Zuständigk.-Einh. Filter* (siehe Abbildung 5.1)

Darüber hinaus kann in der Zuständigkeitseinheitenkarte selbst ein Lagerort hinterlegt werden, für den diese Zuständigkeitseinheit organisatorisch verantwortlich ist.

Link: *Abteilungen/Verwaltung/Anwendung Einrichtung/Allgemein/Zuständigkeitseinheiten* (siehe Abbildung 5.2)

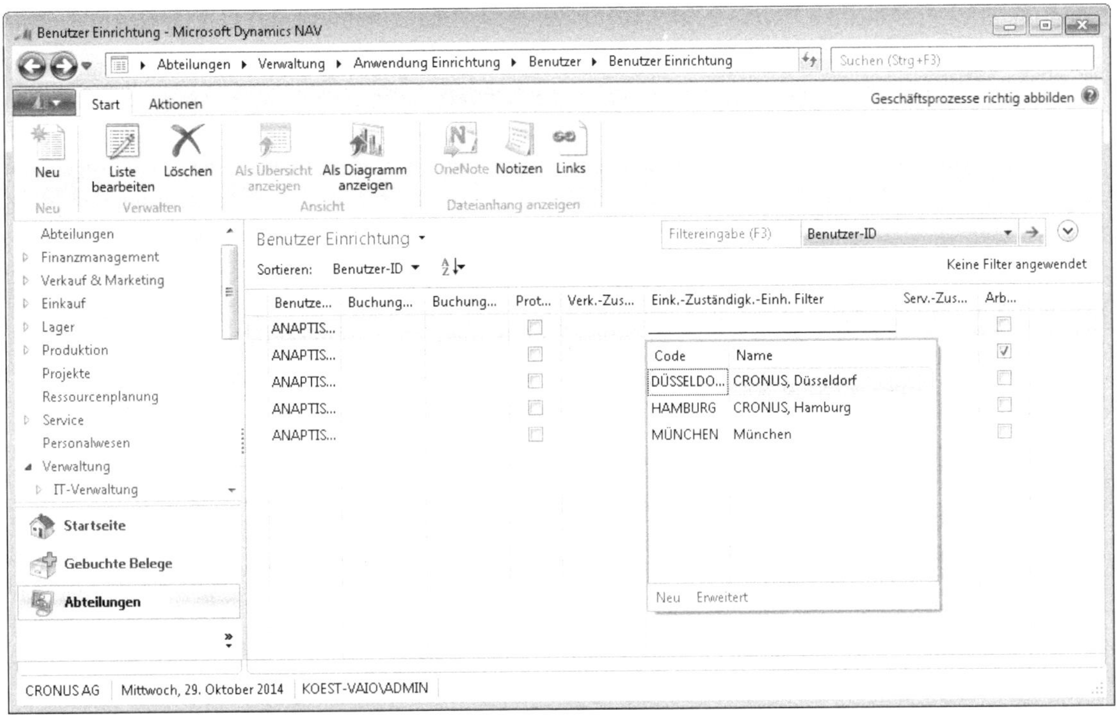

Organisationseinheiten des Einkaufs

Abbildung 5.1 Zuordnung Benutzer Zuständigkeitseinheit

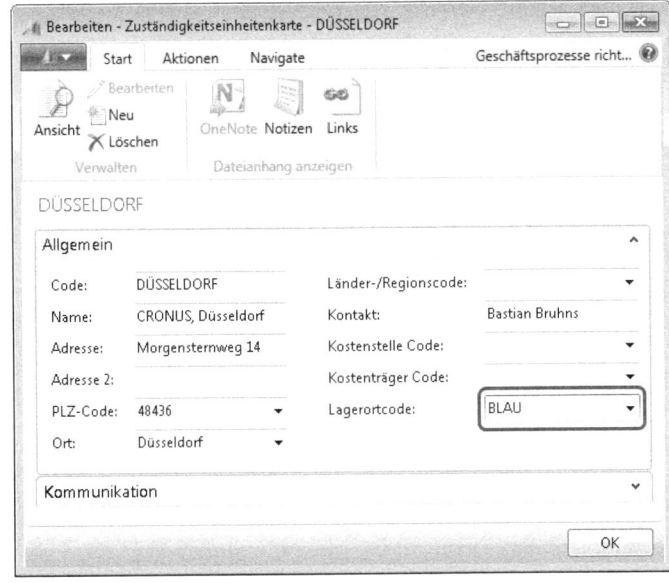

Abbildung 5.2 Zuordnung Lagerort zu Zuständigkeitseinheit

Lagerort

Der Lagerort ist definiert als ein Gebäude oder Ort, an dem Artikel physisch gelagert und ihre Mengen verwaltet werden. Lagerorte werden über die Lagerortkarte gepflegt und in der Tabelle *Lagerort* gespeichert. Neben allgemeinen Informationen wie Adresse, Ansprechpartner und Kontaktdaten werden über die Lagerortkarten auch die lagerortspezifischen Einstellungen zur Lagerverwaltung, zur Lagergestaltung inklusive Zonen und Lagerplätzen und zur Lagerplatzprüfung gepflegt (siehe in Kapitel 6 den Abschnitt »Einrichtung der Logistik«). Über die Kreditorenkarte können Lieferanten Standardlagerorte für den Einkaufsprozess zugewiesen werden. Wird der Einkaufsvorgang durch eine Zuständigkeitseinheit ausgelöst und ist dieser ebenfalls ein Standardlagerort zugeordnet, so hat dieser gegebenenfalls Vorrang vor dem Standardlagerort der Kreditorenkarte. Der Lagerortcode wird dabei aus den jeweiligen Stammdaten der Zuständigkeitseinheit respektive Kreditorenkarte in den Einkaufsbeleg kopiert und kann anschließend manuell überschrieben werden.

Link: *Abteilungen/Finanzmanagement/Kreditoren/Kreditoren* (siehe Abbildung 5.3)

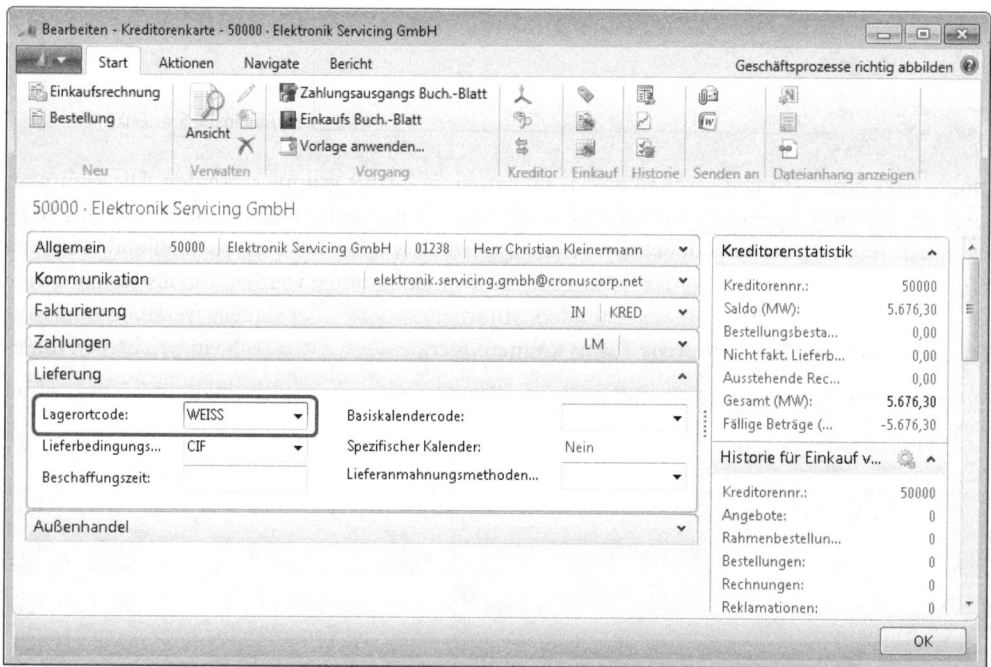

Abbildung 5.3 Lagerortcode (Kreditorenkarte)

Einkäufer

Im System lassen sich Einkäufer einrichten, um einzelne Belege bestimmten Einkäufern zuordnen, Statistiken für Einkaufsmitarbeiter erstellen und Informationen in Berichten selektieren und filtern zu können.

Link: *Abteilungen/Verwaltung/Anwendung Einrichtung/Einkauf/Einkäufer* (siehe Abbildung 5.4)

> **HINWEIS** Einkäufer und Verkäufer werden in der gleichen Tabelle gepflegt.

Organisationseinheiten des Einkaufs

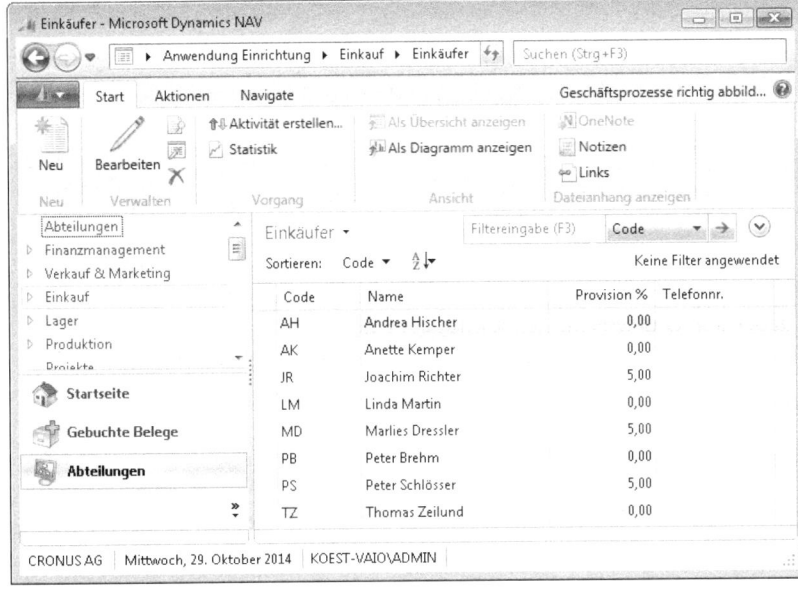

Abbildung 5.4 Einkäufer

Zu Aggregations- und Auswertungszwecken können Einkäufer zu Teams gruppiert werden. Die Hauptaufgabe von Teams besteht in der gemeinschaftlichen Zuordnung von Einkaufsaufgaben. Dazu muss im ersten Schritt der Einkäufer markiert werden, der einem Team zugeordnet werden soll und anschließend muss über das Menü *Navigate* und die Aktion *Team* das entsprechende Team aufgerufen werden. Um als Mitglied eines Teams erfasst zu werden, müssen die entsprechenden Mitarbeiter, die in der Tabelle *Verkäufer/Einkäufer* erfasst sind, als Verkäufer angelegt sein. Neue Teams können über den folgenden Link eingerichtet werden:

Link: *Abteilungen/Verkauf & Marketing/Verkauf/Verkäufer/Navigate/Teams* (siehe Abbildung 5.5 und Abbildung 5.6)

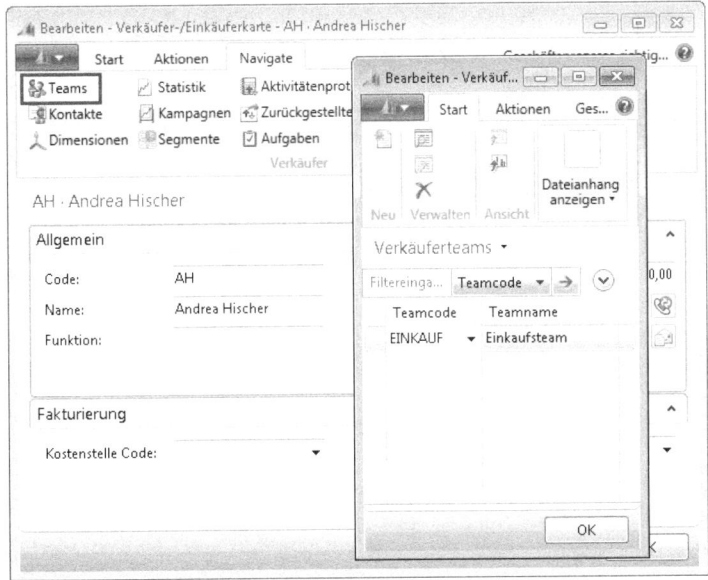

Abbildung 5.5 Zuordnung von Einkäufern zu Teams

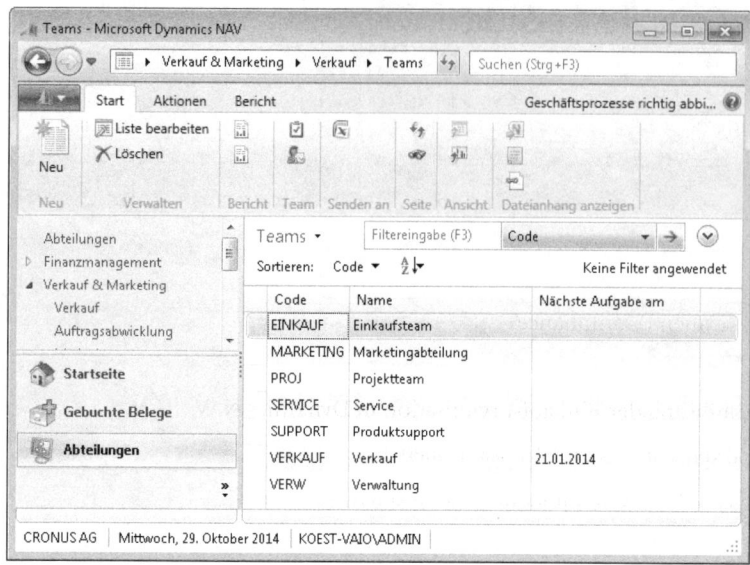

Abbildung 5.6 Übersicht der Teams

Mithilfe von sogenannten Dimensions- und Dimensionswertkombinationen kann die Berechtigung für einzelne Einkaufstransaktionen gesteuert werden. So kann beispielsweise dem Einkäufercode die Dimension *Einkäufer* zugewiesen werden, um Kombinationen einzelner Produktgruppen mit Einkäufern zu sperren. Dies ist insbesondere dann sinnvoll, wenn der Einkauf einzelner Produkte nur durch bestimmte Mitarbeiter durchgeführt werden soll. Allerdings wird dies erst bei Buchung, nicht schon bei Freigabe oder Erfassung überprüft. Für die Beleg- bzw. Prozesssteuerung sind Dimensionswertkombinationen insofern nur bedingt geeignet.

Link: *Finanzmanagement/Einrichtung/Dimensionen/Dimensionskombinationen* (siehe Abbildung 5.7)

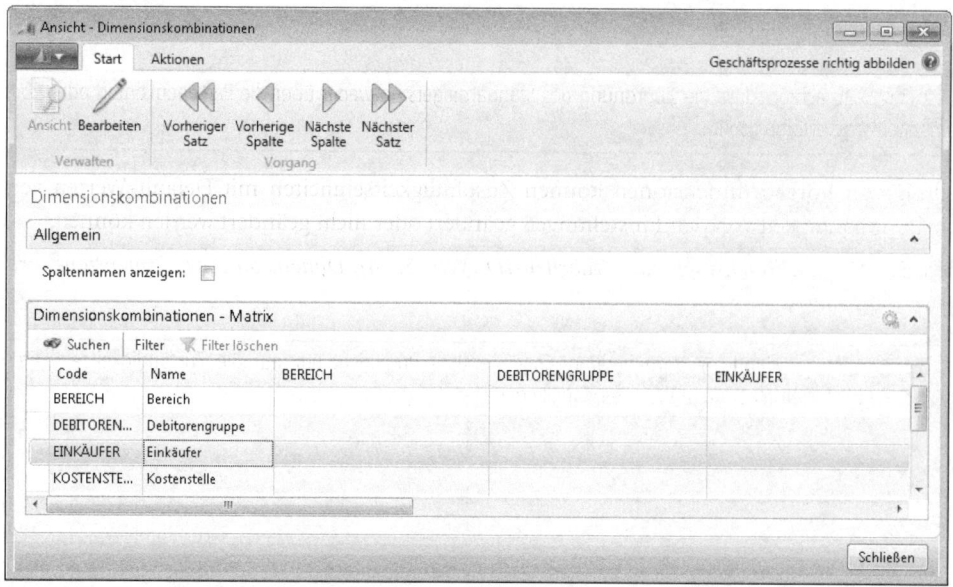

Abbildung 5.7 Dimensionskombinationen Einkäufer

Einkaufsorganisation aus Compliance-Sicht

Potenzielle Risiken

- Prozessineffizienzen durch fehlende oder falsche Einrichtung von Zuständigkeitseinheiten, fehlende oder falsche Zuordnung von Standardlagerortcodes (Efficiency)
- Fehlende Nachvollziehbarkeit von Einkaufstätigkeiten durch fehlende Einrichtung von Einkäufercodes und Teams (Integrity, Availability)
- Nicht zielgerichteter Informationsfluss im Einkauf (Efficiency)
- Nicht autorisierte Einkaufstransaktionen (Compliance)

Prüfungsziel

- Sicherstellung einer adäquaten Abbildung der Einkaufsorganisation in Dynamics NAV
- Sicherstellung der Nachvollziehbarkeit von Einkaufstransaktionen
- Sicherstellung der Berechtigung für autorisierte Einkaufstransaktionen

Prüfungshandlungen

Sicherstellung einer adäquaten Einrichtung von Zuständigkeitseinheiten

Zuständigkeitseinheiten sollten grundsätzlich vollständig gepflegt sein (Adressdaten, Ansprechpartner etc.). Darüber hinaus sollte überprüft werden, ob den Einheiten jeweils ein Standardlagerortcode zugewiesen wurde bzw. warum dies nicht erfolgt ist.

Feldzugriff: *Tabelle 5714 Zuständigkeitseinheit*

Erfolgt eine Zuweisung der Lagerorte über Kreditorenkonten, muss ebenfalls die Vollständigkeit der Zuordnung nachgewiesen werden. Gleichzeitig kann die vollständige Zuordnung von Zuständigkeitseinheiten in den Kreditorenkonten überprüft werden.

Feldzugriff: *Tabelle 23 Kreditor*

HINWEIS Es ist darauf zu achten, dass die Zuordnung des Standardlagers entweder über die Personenkonten oder über die Zuständigkeitseinheitenkarte erfolgen sollte.

Über die Einstellung von Vorgabedimensionen können Zuständigkeitseinheiten mit Default-Werten versehen werden, die in Abhängigkeit von den Einstellungen geändert oder nicht geändert werden können.

Feldzugriff: *Tabelle 352 Vorgabedimension/Felder Tabellen-ID [Wert 5714], Dimensionscode, Dimensionswertcode, Dimensionswertbuchung*

TIPP Da die *Tabelle 352* sämtliche Vorgabedimensionen enthält und nicht nur auf die Zuständigkeitseinheiten beschränkt ist, sollte das Feld *Tabellen-ID* auf den Wert der Tabelle der Zuständigkeitseinheiten (5714) beschränkt bzw. über den Schnellfilter gefiltert werden, um ausschließlich die relevanten Informationen zu erhalten.

Sicherstellung einer adäquaten Einrichtung der Einkäufer

Es sollte eine Überprüfung der Vollständigkeit und Richtigkeit der Einkäuferdaten erfolgen, d.h. es sollte kontrolliert werden, ob alle Einkäufer mit den korrekten Daten gepflegt sind.

Feldzugriff: *Tabelle 13 Verkäufer/Einkäufer*

Sicherstellung ausschließlich autorisierter Einkaufstransaktionen

Wird die Autorisierung von Einkaufstransaktionen über die *Einkäufer Dimensionswertkombinationen* eingeschränkt, sollte die Zweckmäßigkeit der vorgenommenen Beschränkungen überprüft werden.

Feldzugriff: *Tabelle 351 Dimensionswertkombination*

in Verbindung mit

Feldzugriff: *Tabelle 352 Vorgabedimension*

Link: *Abteilungen/Finanzmanagement/Einrichtung/**Dimensionen**/Dimensionswertkombinationen*

Einrichtung des Einkaufs

Um Einkaufsprozesse gemäß den individuellen Unternehmensanforderungen abzubilden, bietet das Einkaufsmodul von Dynamics NAV prozessübergreifende Einstellungsparameter, die die später abzuwickelnden Einkaufsvorgänge wesentlich beeinflussen. Im Folgenden werden die wichtigsten Parameter dargestellt und deren Einstellungsmöglichkeiten erläutert.

Einrichtungsparameter für Kreditoren und Einkauf

Die allgemeinen Einrichtungsparameter des Einkaufs in Verbindung mit den Stammdaten steuern Prozessablauf und Belegfluss, indem sie beispielsweise wichtige Felder in den Einkaufsbelegen vorbelegen und deren Steuerung übernehmen.

Link: *Abteilungen/Finanzmanagement/Kreditoren/Einrichtung/Kreditoren & Einkauf Einr.* (siehe Abbildung 5.8)

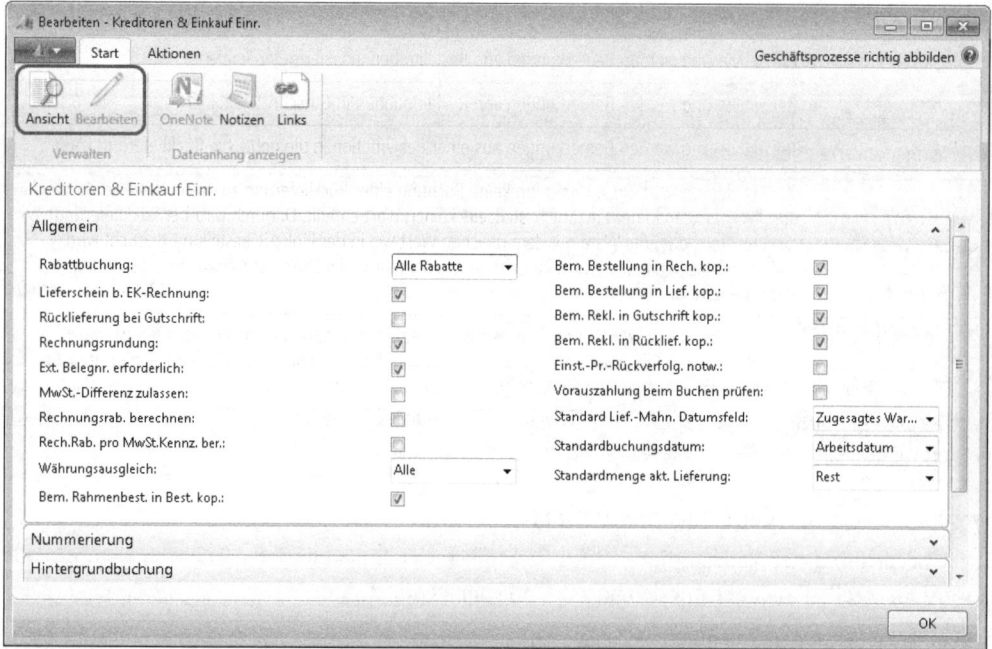

Abbildung 5.8   Einrichtung Kreditoren & Einkauf (Allgemein)

Einrichtung des Einkaufs

Die Bedeutung der einzustellenden Parameter ist in Tabelle 5.1 erläutert.

Feld	Beschreibung
Rabattbuchung	Regeln für die Verbuchung von Rabatten in der Finanzbuchhaltung. Wird hier *keine Rabatte* ausgewählt, wird kein gesondertes Rabattkonto (vgl. Buchungsmatrix) gebucht, sondern der Rabatt vor dem Buchen vom Rechnungsbetrag der Zeile abgezogen und damit der rabattierte Zeilenbetrag auf das Verbindlichkeitskonto gebucht. **Hinweis**: Durch die separate Buchung des Rabatts teilt sich auch die Mehrwertsteuerbemessungsgrundlage auf zwei oder mehr Sachposten auf.
Lieferschein b. EK-Rechnung	Bei Aktivierung wird zu einer gebuchten Rechnung automatisch ein gebuchter Lieferbeleg erstellt, ansonsten erfolgt lediglich die Buchung der Rechnung. **Hinweis**: Artikelposten werden für Zeilen der Art *Artikel* in jedem Fall gebucht.
Rücklieferung bei Gutschrift	Bei Aktivierung wird zu einer gebuchten Einkaufsgutschrift automatisch eine gebuchte Rücklieferung erstellt, ansonsten erfolgt lediglich die Buchung der Gutschrift
Rechnungsrundung	Bei Aktivierung rundet die Anwendung Beträge in Einkaufsrechnungen. Rundungsregeln werden in der Einrichtung der Finanzbuchhaltung festgelegt.
Ext. Belegnr. erforderlich	Bei Aktivierung muss eine externe Belegnummer in dem Feld *Externe Belegnummer* im Einkaufskopf bzw. in einer Fibu Buch.-Blattzeile hinterlegt werden
MwSt.-Differenz zulassen	Bei Aktivierung sind manuelle Anpassungen von MwSt.-Beträgen in Einkaufsbelegen zugelassen
Rechnungsrab. berechnen	Bei Aktivierung wird der Rechnungsrabattbetrag auf Verkaufsbelegen ausschließlich automatisch berechnet
Rech.Rab. pro MwSt.Kennz. ber.	Bei Aktivierung wird der Rechnungsrabatt pro MwSt.-Kennzeichen der Zeile berechnet
Währungsausgleich	Festlegung, in welcher Form der Postenausgleich in unterschiedlichen Währungen im Anwendungsbereich Kreditoren erfolgen kann
Bem. Rahmenbest. in Best. kop.	Bei Aktivierung werden Bemerkungen von Rahmenbestellungen in Einkaufsbestellungen kopiert
Bem. Bestellung in Rechn. kop.	Bei Aktivierung werden Bemerkungen von Einkaufsbestellungen in Einkaufsrechnungen kopiert
Bem. Bestellung in Lief. kop.	Bei Aktivierung werden Bemerkungen von Bestellungen in Lieferungen kopiert
Bem. Rekl. in Gutschrift kop.	Bei Aktivierung werden Bemerkungen von Reklamationen in Gutschriften kopiert
Bem. Rekl. in Rücklief. kop.	Bei Aktivierung werden Bemerkungen aus einer Reklamation in die gebuchte Rücklieferung kopiert
Einst.-Pr.-Rückverfolg. notw.	Bei Aktivierung lässt die Anwendung keine Buchung einer Rücklieferung zu, wenn das Feld *Ausgegl. von Artikelposten* in der Einkaufsbestellzeile keinen Wert enthält. Dadurch wird bei Rücklieferungen sichergestellt, dass die Ware mit dem gleichen Wert wie in der Einkaufsbestellung gebucht wird. Außerdem bleiben beide Transaktionen gegebenenfalls in der Durchschnittskostenberechnung unberücksichtigt.
Vorauszahlung beim Buchen prüfen	Bei Aktivierung kann ein Auftrag, für den ein unbezahlter Vorauszahlungsbetrag offen ist, nicht ausgeliefert oder fakturiert werden. Die Prüfung von Vorauszahlungen ergibt – im Gegensatz zum Verkauf – im Einkauf wenig Sinn.
Standard Lief.-Mahn. Datumsfeld	Legt die Datumsbasis für die Erstellung von Lieferantenmahnungen fest (*gewünschtes, zugesagtes oder erwartetes Wareneingangsdatum*)
Standardbuchungsdatum	Als Standardbuchungsdatum kann das Arbeitsdatum oder ein frei wählbares Datum festgelegt werden. Ist das Feld nicht vorbelegt, ist der Anwender bei der Buchung der Lieferung und Fakturierung jeweils gezwungen, das Buchungsdatum manuell einzugeben.
Standardmenge akt. Lieferung	Legt fest, ob die zu liefernde Standardmenge (z. B. nach gebuchten Teillieferungen) automatisch die Restmenge sein soll oder nicht

Tabelle 5.1 Einrichtungsparameter *Kreditoren* & *Einkauf*

Sollen Parameter angepasst werden, muss zunächst die Aktion *Bearbeiten* durchgeführt werden, andernfalls sind die Einrichtungsfelder grau unterlegt und können nicht geändert werden.

Über das Inforegister *Nummerierung* können Nummernkreise und die Art der Nummernvergabe für Stamm- und Belegdaten des Einkaufs gesteuert werden.

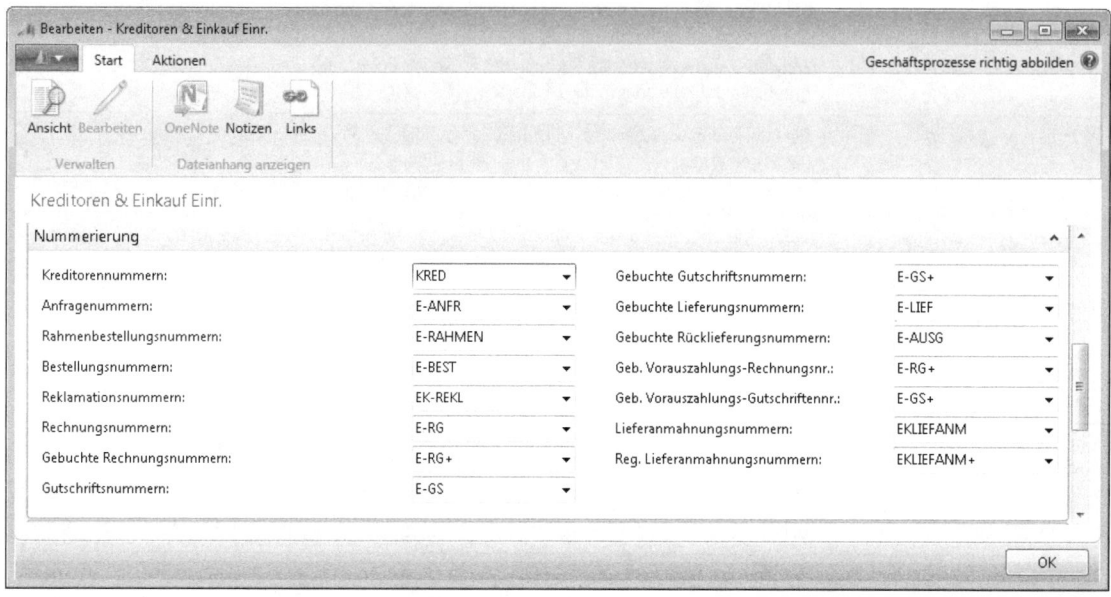

Abbildung 5.9   Einrichtung Kreditoren & Einkauf (Nummerierung)

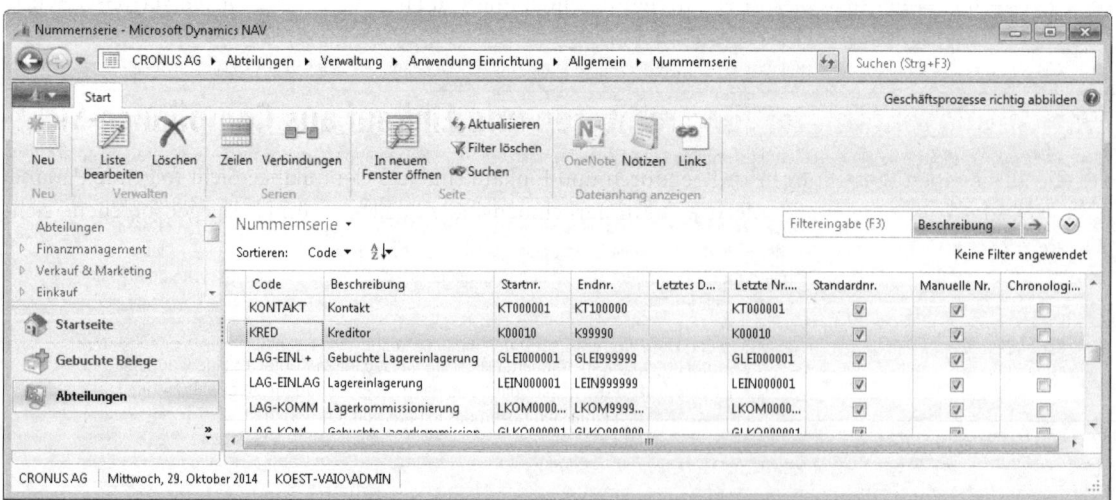

Abbildung 5.10   Nummernserien für Kreditoren

Zur detaillierten Analyse von Nummernkreisen verweisen wir in Kapitel 4 auf den Abschnitt »Grundeinrichtung«.

Einrichtung des Einkaufs

Über die Auswahl *Anfrage archivieren* (siehe Abbildung 5.11) wird festgelegt, ob Anfragen automatisch archiviert werden sollen, wenn sie nach der Umwandlung in eine Einkaufsbestellung automatisch oder manuell im Einkaufskopf gelöscht wurden. Darüber hinaus kann über die Aktivierung des Kontrollkästchens *Rahmenbestellung archivieren* gesteuert werden, ob eine Rahmenbestellung bei ihrer Löschung automatisch archiviert werden soll. Ist das Kontrollkästchen *Bestellung archivieren* markiert, werden Bestellungen automatisch archiviert, wenn diese nach der vollständigen Buchung gelöscht, abgeschlossene Bestellungen per Stapelverarbeitung gelöscht oder manuell im Bestellkopf gelöscht werden.

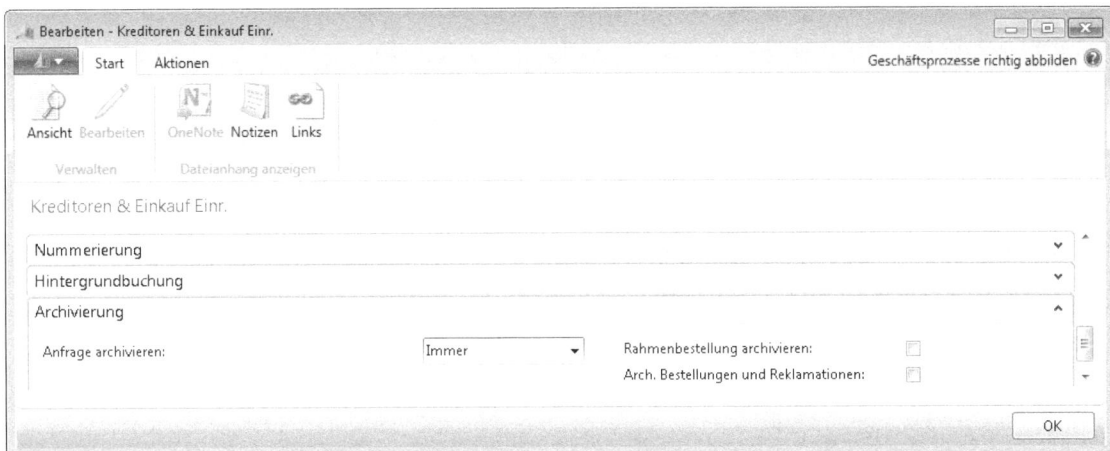

Abbildung 5.11 Einrichtung Kreditoren & Einkauf (Archivierung)

Über das Inforegister *Hintergrundbuchung* kann festgelegt werden, ob und wie Einkaufsbelege im Hintergrund gebucht werden sollen. Zur detaillierten Beschreibung von Hintergrundbuchungen verweisen wir in Kapitel 4 auf den Abschnitt »Hintergrundbuchungen«.

Einrichtungsparameter für Kreditoren und Einkauf aus Compliance-Sicht

Für die allgemeinen Einstellungen zu Kreditoren und Einkauf sind aus Compliance-Sicht folgende Parametereinstellungen vorzunehmen, sofern keine unternehmensindividuellen Gründe dagegensprechen (siehe Tabelle 5.2).

Feld	Empfehlung
Rabattbuchung	Die Verbuchung einzelner Rabattarten sollte auf separaten Konten erfolgen, um die Nachvollziehbarkeit der Rabattpolitik und der gewährten Rabatte zu gewährleisten. Ein Nettoausweis durch einfachen Abzug des Rabatts vom Bruttobetrag sollte vermieden werden.
Lieferschein b. EK-Rechnung	Gemäß den Unternehmensanforderungen, eine Aktivierung erleichtert den Prozessablauf
Rücklieferung bei Gutschrift	Gemäß den Unternehmensanforderungen, eine Aktivierung erleichtert den Prozessablauf
Rechnungsrundung	Gemäß den Unternehmensanforderungen
Ext. Belegnr. erforderlich	Zwingend erforderlich

Tabelle 5.2 Einrichtungsparameter *Kreditoren & Einkauf* aus Compliance-Sicht

Feld	Empfehlung
MwSt.-Differenz zulassen	Gemäß den Unternehmensanforderungen, jedoch nicht größer als »0,02«
Rechnungsrab. berechnen	Aktiviert
Rech.Rab. pro MwSt.Kennz. ber.	Aktiviert
Währungsausgleich	Gemäß den Unternehmensanforderungen
Bem. Rahmenbest. in Best. kop. Bem. Bestellung in Rechn. kop. Bem. Bestellung in Lief. kop. Bem. Rekl. in Gutschrift kop. Bem. Rekl. in Rücklief. kop.	Gemäß den Unternehmensanforderungen, eine Aktivierung erleichtert den Prozessablauf
Einst.-Pr.-Rückverfolg. notw.	Aktiviert
Vorauszahlung beim Buchen prüfen	Aktiviert
Standardbuchungsdatum	Nicht vorbelegen
Zu liefernde Standardmenge	Nicht vorbelegen, sofern nicht unternehmensindividuelle Gründe dagegensprechen
Standard Lief.-Mahn. Datumsfeld	Gemäß den Unternehmensanforderungen

Tabelle 5.2 Einrichtungsparameter *Kreditoren* & *Einkauf* aus Compliance-Sicht *(Fortsetzung)*

Im Rahmen der Einstellungen zu den Dimensionen und Nummernkreisen ist darauf zu achten, dass zum einen für alle Einkaufsbelegarten entsprechende Nummernserien erstellt wurden und deren Zuordnung zu den Belegarten korrekt erfolgt ist. Darüber hinaus gelten die allgemeinen Grundsätze zur Einrichtung und Pflege von Nummernserien (siehe dazu in Kapitel 4 den Abschnitt »Grundeinrichtung«). Die Parameter der Archivierung müssen sicherstellen, dass zu löschende Anfragen, Bestellungen und Rahmenbestellungen vor deren Löschung archiviert werden. Insofern bietet sich die Aktivierung der bereitgestellten Archivierungsfunktionen an.

Eine detaillierte Beschreibung einzelner Parameter (Rabatte, Mahnwesenparameter etc.) und deren Auswirkungen auf die systemseitige Revisionssicherheit erfolgt in den einzelnen Abschnitten zum Einkaufsprozess.

Stammdaten im Einkauf

Die Stammdaten des Einkaufs dienen der Identifikation und Klassifizierung von Sachverhalten bzw. Informationen, die im Gegensatz zu Bewegungsdaten einer gewissen Konstanz unterliegen und nicht permanent geändert werden. Aus Sicht des Einkaufs handelt es sich dabei insbesondere um Kreditoren- sowie Produkt- oder Artikelstammdaten. Während Lieferanten sich ausschließlich auf den Einkaufsbereich beziehen, existiert für Artikeldaten zusätzlich eine Vertriebssicht, die den Verkaufsprozess für Artikel betrifft.

Der Prozess im Überblick

Im Bereich der Einkaufsstammdaten können Kreditoren-/Lieferantenstammdaten und Artikelstammdaten gepflegt werden. Darüber hinaus können auch Kontaktdaten angelegt werden, die in der Regel im Rahmen der Initiierungsphase des Einkaufsprozesses für Lieferanten genutzt werden, um wichtige Kontaktdaten zu speichern, ohne dass für den Lieferanten bereits eine Einkaufsbestellung im System angelegt wurde. Kontaktdaten können direkt in einen Lieferantenstammsatz umgewandelt werden. So kann bspw. im Rahmen von

Preisverhandlungen mit einem potenziellen Lieferanten ein Kontakt angelegt werden, der bei erfolgreichem Ausgang in einen Kreditorenstammsatz umgewandelt und gegebenenfalls um weitere Daten ergänzt wird. Der Lieferantenstamm enthält alle relevanten Informationen sowohl aus Einkaufssicht als auch aus Sicht der Finanzbuchhaltung.

Obwohl mit einer korrekten und effizienten Verwaltung von Stammdaten der Grundstein für den Beschaffungsprozess im Allgemeinen und für ein funktionierendes Lieferantenmanagement im Besonderen gelegt wird, sind spezifische Kontrollen in diesem Bereich nicht selbstverständlich. Fehlen entsprechende Kontrollen, sind Stammdaten anfällig für Manipulationen, die das Unternehmen wirtschaftlich schädigen können. Aus diesem Grund muss der Prozess der Lieferantenstammdatenanlage und -verwaltung sicherstellen, dass nur autorisierte Lieferanten angelegt, die Daten vollständig im Stammsatz hinterlegt und ausschließlich autorisierte Stammdatenänderungen vorgenommen werden. Zudem ist darauf zu achten, dass Einkaufsbelegfelder, die durch die Stammdaten vorbelegt und in den Beleg kopiert werden, nicht nachträglich manuell überschrieben und damit systeminhärente Kontrollen ausgehebelt werden können (siehe dazu auch in Kapitel 2 den Abschnitt »Zugriffsrechte auf Feld- und Aktionsebene«).

Artikelstammdaten bestehen aus unterschiedlichen Datensegmenten, die für die Bereiche des Einkaufs, des Verkaufs, der Finanzbuchhaltung und der Logistik relevant sind. Im Rahmen dieses Abschnitts wird auf die einkaufsrelevanten Daten detailliert eingegangen (verkaufs- und lagerrelevante Daten werden in den entsprechenden Kapiteln erläutert). Ein typischer, vereinfachter Prozess der Lieferantenstammdatenanlage ist der Abbildung 5.12 zu entnehmen; dieser lässt sich auf die Anlage von Artikelstammdaten grundsätzlich übertragen.

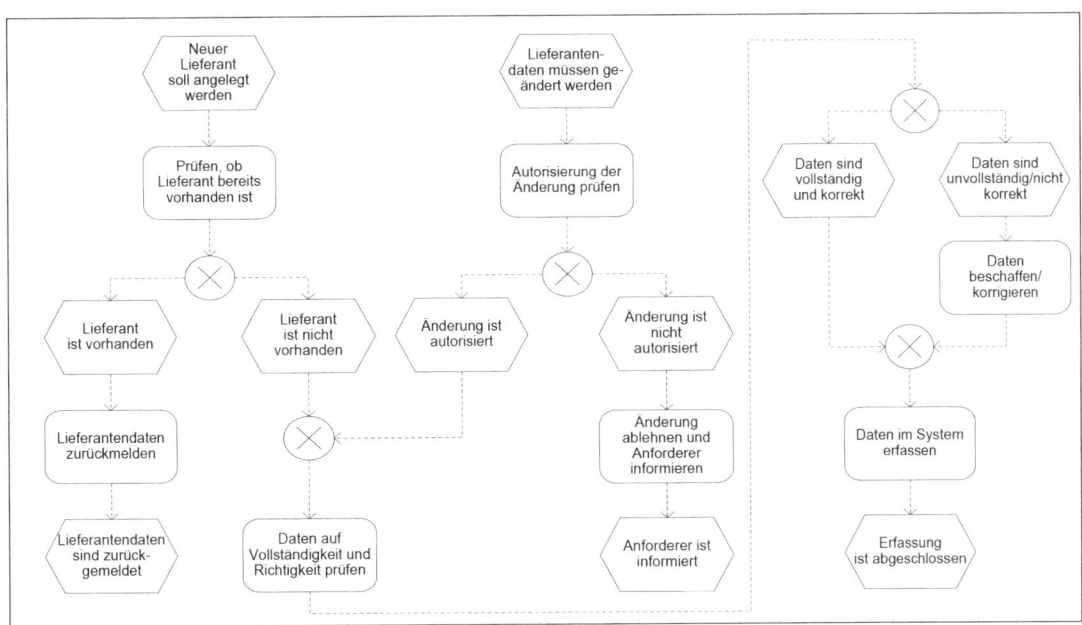

Abbildung 5.12 Kreditorenstammdatenanlage

Vergleicht man den Prozess der Stammdatenanlage von Lieferanten mit dem von Kunden, zeigt sich die generelle Strukturgleichheit des Ablaufs. Bedingt durch die Tatsache, dass es im Rahmen des Einkaufs im Gegensatz zum Vertriebsprozess zu Zahlungsmittelabflüssen kommt, ist dem Verwaltungs- und Änderungsprozess von Kreditorendaten besondere Aufmerksamkeit zu widmen.

Kreditoren

Bevor eine Einkaufstransaktion abgewickelt werden kann, muss ein Lieferant im System angelegt werden, bei dem die Ware oder Dienstleistung bestellt wird. Die Stammdatenpflege für Kreditoren erfolgt im Modul *Bestellabwicklung* des Einkaufs. Jeder Lieferantenstammsatz besteht aus sechs Datensegmenten, die in jeweils einer Infobox aufgegliedert sind. Wesentliche Elemente des Lieferantenstammsatzes werden im Folgenden kurz beschrieben, ausführlich erfolgt die Erläuterung ausgewählter Felder im Kontext des Einkaufsteilprozesses. Zunächst lässt sich eine Liste über alle im Mandant angelegten Lieferanten über den folgenden Link aufrufen:

Link: *Abteilungen/Finanzmanagement/Kreditoren/Kreditoren* (siehe Abbildung 5.13)

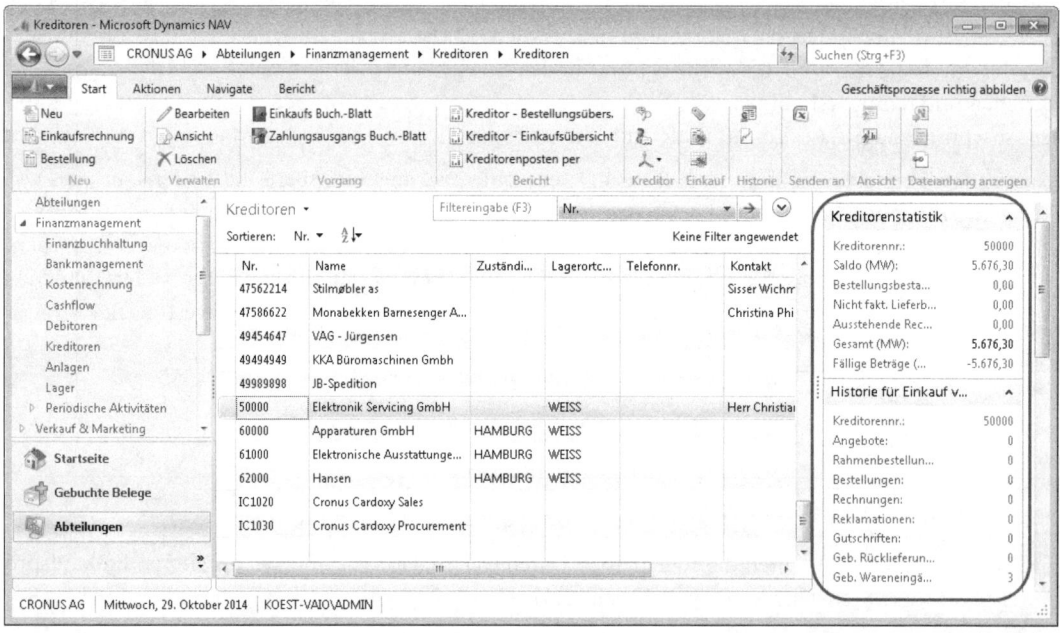

Abbildung 5.13 Kreditorenstammdaten (Übersicht)

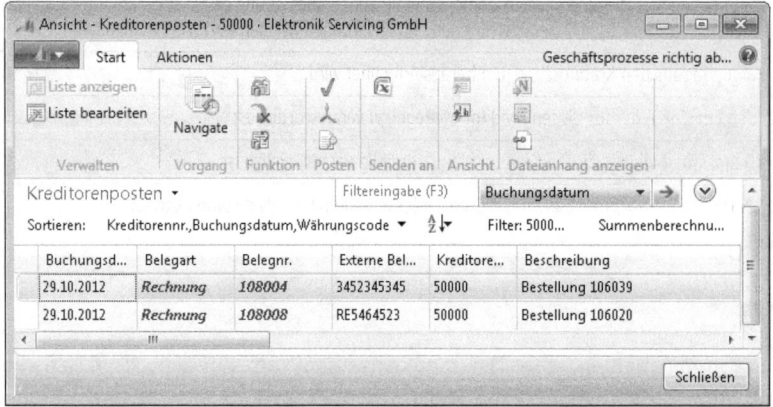

Abbildung 5.14 Drill down Kreditorenstatistik

Stammdaten im Einkauf

Sobald ein Lieferant markiert wird, werden diverse Informationen zu diesem in den Infoboxen am rechten Fensterrand angezeigt. Diese verdichteten Daten lassen sich weiter aufreißen, indem man auf den entsprechenden Wert klickt. Führt man die Aktion beispielsweise für *Fällige Beträge* in der Infobox *Kreditorenstatistik* durch, öffnet sich eine Liste mit den entsprechenden, selektierten Posten (siehe Abbildung 5.14)

Sobald für einen markierten Lieferanten die Aktion *Bearbeiten* ausgeführt wird, öffnet sich die Kreditorenkarte mit allen relevanten Stammdaten (siehe Abbildung 5.15).

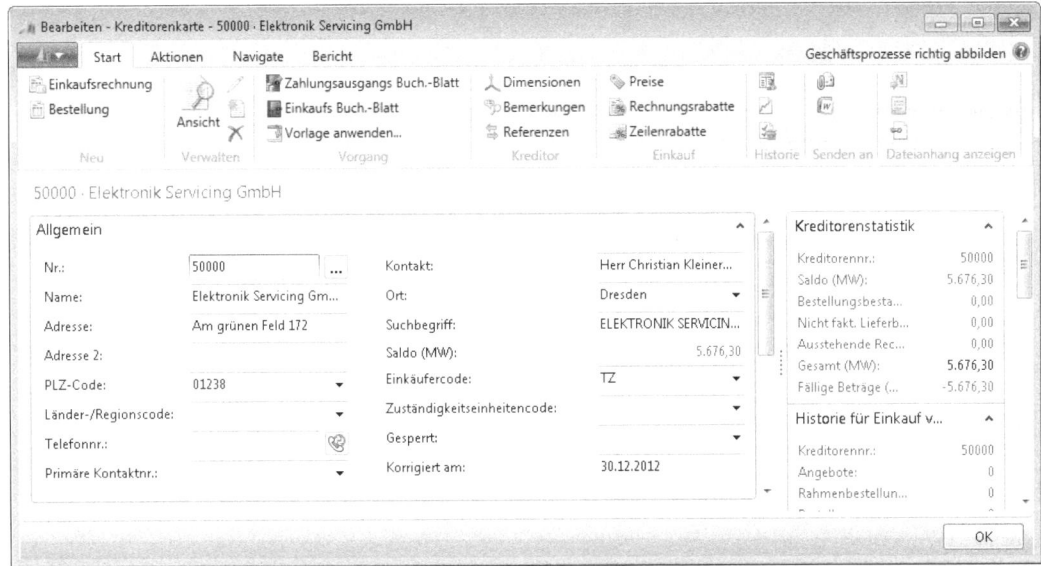

Abbildung 5.15 Kreditorenkarte (allgemeine Daten)

Neben den Kontaktdaten enthalten die allgemeinen Daten weitere Parameter, die den weiteren Einkaufsprozess mittel- oder unmittelbar steuern (siehe Tabelle 5.3).

Feld	Beschreibung
Kontakt	Name der Kontaktperson, die einem Unternehmenskontakt zugeordnet ist und an die sich das Unternehmen bei diesem Lieferanten im Regelfall bei Bestellungen und Lieferungen wenden wird (Personenkontakt)
Saldo (MW)	Offener Saldo, der aus den Kreditorenposten heraus errechnet wird
Einkäufercode	Code für den Einkäufer, der für diesen Kreditor im Regelfall verantwortlich ist
Zuständigkeitseinheitencode	Zuständigkeitseinheit, die für diesen Kreditor standardmäßig verantwortlich ist
Gesperrt	Einschränkung der Transaktionen, die mit diesem Lieferanten durchgeführt werden können *<Leer>* Keine Einschränkungen *<Zahlung>* Keine neuen Bestellungen möglich, lediglich Zahlung offener Kreditorenposten möglich *<Alle>* Keine Transaktion zulässig
Korrigiert am	Letztes Änderungsdatum des Lieferantenstammsatzes

Tabelle 5.3 Kreditorenkarte (allgemeine Daten)

Das Inforegister *Kommunikation* enthält weitere Felder zu Kommunikationsdetails, wie E-Mail oder Homepage des Lieferanten. Der IC-Partnercode wird hinterlegt, wenn es sich bei dem Kreditor um einen Intercompany-Partner handelt und Belege bzw. Buchungstransaktionen elektronisch übermittelt werden (siehe dazu in Kapitel 7 den Abschnitt »Intercompany-Transaktionen«).

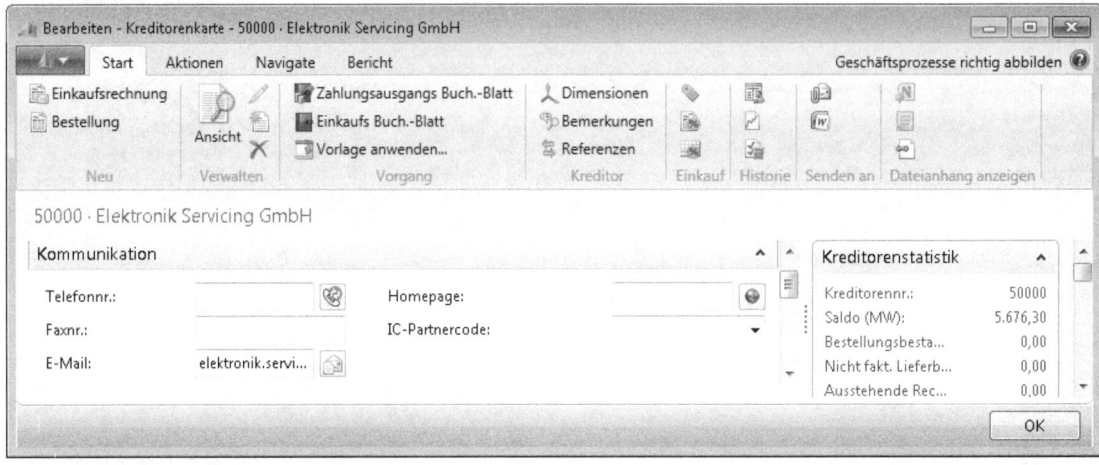

Abbildung 5.16 Kreditorenkarte (Kommunikation)

Im Inforegister *Fakturierung* werden die Parameter für den Rechnungseingangsprozess hinterlegt.

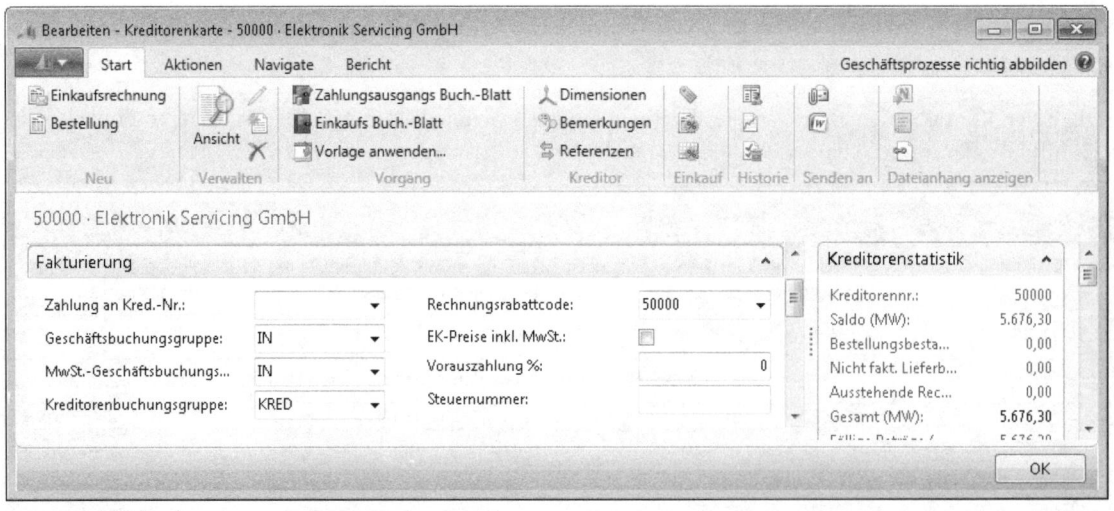

Abbildung 5.17 Kreditorenkarte (Fakturierung)

Stammdaten im Einkauf

Folgende Felder sollten gepflegt sein (siehe Tabelle 5.4):

Feld	Beschreibung
Zahlung an Kred.-Nr.	Ist der Kreditor, bei dem die Ware bestellt wird, nicht der Zahlungsempfänger, kann an dieser Stelle ein abweichender Zahlungsempfänger hinterlegt werden
Geschäftsbuchungsgruppe	Code, der Kreditoren nach bestimmten Kriterien (z. B. Gebiet oder Unternehmenstyp) segmentiert. Dieser Code dient zusammen mit der Produktbuchungsgruppe der Kontenfindung in der Buchungsmatrix.
MwSt.-Geschäftsbuchungsgruppe	In Verbindung mit der MwSt.-Produktbuchungsgruppe wird der Code dazu genutzt, den Vorsteuersatz und die Vorsteuerbuchungsart sowie die Vorsteuerkonten in der Buchungsmatrix zu ermitteln
Kreditorenbuchungsgruppe	Über die Kreditorenbuchungsgruppe wird festgelegt, auf welchen Konten in der Finanzbuchhaltung für unterschiedliche Arten von Transaktionen gebucht wird
Rechnungsrabattcode	Hinterlegung eines für den Kreditoren gültigen Einkaufrabatts
EK-Preise inkl. MwSt.	Bei Aktivierung werden die Einkaufspreise inkl. der Vorsteuer ausgewiesen
Vorauszahlung %	Vorauszahlungsprozentsatz, der unabhängig von den Artikeln oder Dienstleistungen in den Auftragszeilen, für alle Aufträge für diesen Kreditor gilt. Sollen Vorauszahlungen auf Artikelebene gepflegt werden, darf dieses Feld nicht gefüllt werden. In diesem Fall müssen die Vorauszahlungsprozentsätze über die Funktion *Einkaufsvorauszahlungs-Prozentsätze* gepflegt werden.
Steuernummer	Steuernummer des Kreditoren

Tabelle 5.4 Kreditorenkarte (Fakturierung)

Im Inforegister *Zahlungen* werden die Felder zum Zahlungsausgang für die bestellten und gelieferten Waren und Dienstleistungen hinterlegt.

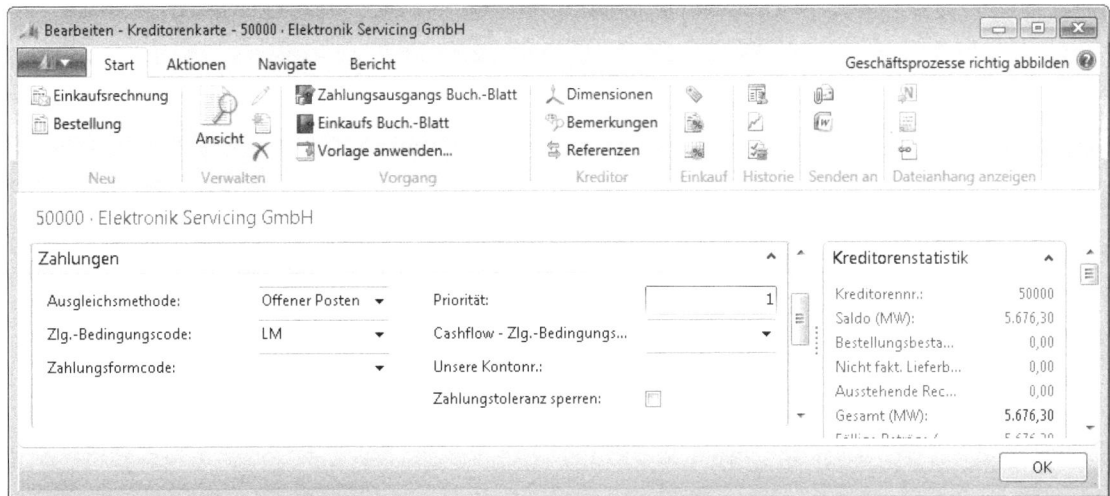

Abbildung 5.18 Kreditorenkarte (Zahlungen)

Folgende Felder können gepflegt werden (siehe Tabelle 5.5):

Feld	Beschreibung
Ausgleichsmethode	Ausgleichsmethode für offene Kreditorenposten: *<Offene Posten>* Eine auf dem Kreditorenkonto gebuchte Zahlung wird nicht automatisch mit einer Rechnung ausgeglichen, sondern verbleibt bis zum manuellen Ausgleich als offene Zahlungsposition auf dem Konto. *<Saldomethode>* Mit der Zahlung wird automatisch der älteste offene Posten des Kreditoren ausgeglichen.
Zlg.-Bedingungscode	Hinterlegung einer Zahlungsbedingung, die der Lieferant dem Unternehmen üblicherweise gewährt
Zahlungsformcode	Hinterlegung der Zahlungsform gegenüber dem Lieferanten. Sofern bei einer Zahlungsform ein Gegenkonto in der entsprechenden Tabelle *Zahlungsform* hinterlegt ist, wird der offene Posten (sowohl im Einkauf wie auch im Verkauf) sofort gegen dieses Konto ausgeziffert.
Priorität	Steht nur ein begrenzter Betrag für Zahlungszwecke zur Verfügung, kann über die Prioritätenvergabe die Kreditorenzahlung gesteuert werden. *<Leeres Feld>* Keine Priorität *<1>* Die Kreditoren mit höchster Priorität *<2>* Die Kreditoren mit zweithöchster Priorität .... Bei Ausführung der Stapelverarbeitung *Zahlungsvorschlag ausführen* werden zuerst die Kreditoren mit der höchsten Priorität berücksichtigt, wenn nur ein bestimmter Betrag für Lieferantenzahlungen zur Verfügung steht.
Cashflow-Zlg.- Bedingungscode	Zahlungsbedingungscode, der für die Cashflow-Planung herangezogen wird, wenn in der Planungskarte für den Cashflow das Kontrollkästchen *Skonto berücksichtigen* aktiviert ist
Unsere Kontonr.	Eigene Kontonummer des Unternehmens
Zahlungstoleranz sperren	Bei Aktivierung werden für diesen Lieferanten keine Zahlungstoleranzen akzeptiert (diese Prüfung ergibt – im Gegensatz zum Verkauf – im Einkauf wenig Sinn)

Tabelle 5.5 Kreditorenkarte (Zahlungen)

Der Wareneingang der bestellten Artikel wird im Inforegister *Lieferung* abgebildet.

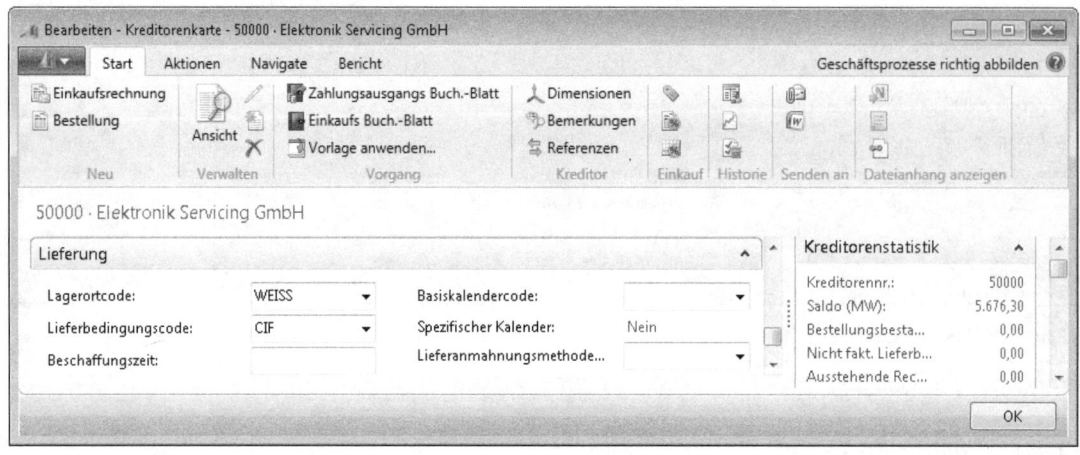

Abbildung 5.19 Kreditorenkarte (Lieferung)

Stammdaten im Einkauf

Folgende Felder können gepflegt werden (siehe Tabelle 5.6):

Feld	Beschreibung
Lagerortcode	Lagerort, an dem der Lieferant standardmäßig anliefert
Lieferbedingungscode	Code für die Lieferbedingung des Lieferanten
Beschaffungszeit	Datumsformel für die Hinterlegung der Beschaffungszeit für diesen Artikel. Das System verwendet die Formel um das geplante Wareneingangsdatum zu berechnen.
Basiskalendercode	Code für die Definition eines Kalenders (Hinterlegung von Feiertagen, Sonn- und Samstagen)
Spezifischer Kalender	Unternehmensspezifischer Kalender als Variante zum Basiskalender
Lieferantenmahnungsmethodencode	Code für die Mahnmethode, die für diesen Lieferanten hinterlegt ist

Tabelle 5.6 Kreditorenkarte (Lieferung)

Über das Menü *Navigate* und die Aktion *Bankkonten* können die Bankstammdaten für den Lieferanten hinterlegt werden. Bankdaten im Einkaufsbereich sind besonders sensibel und sollten insbesondere im Falle nicht autorisierter Änderungen intensiv analysiert werden.

Link: *Abteilungen/Finanzmanagement/Kreditoren/**Kreditoren**/Navigate/Bankkonten* (siehe Abbildung 5.20)

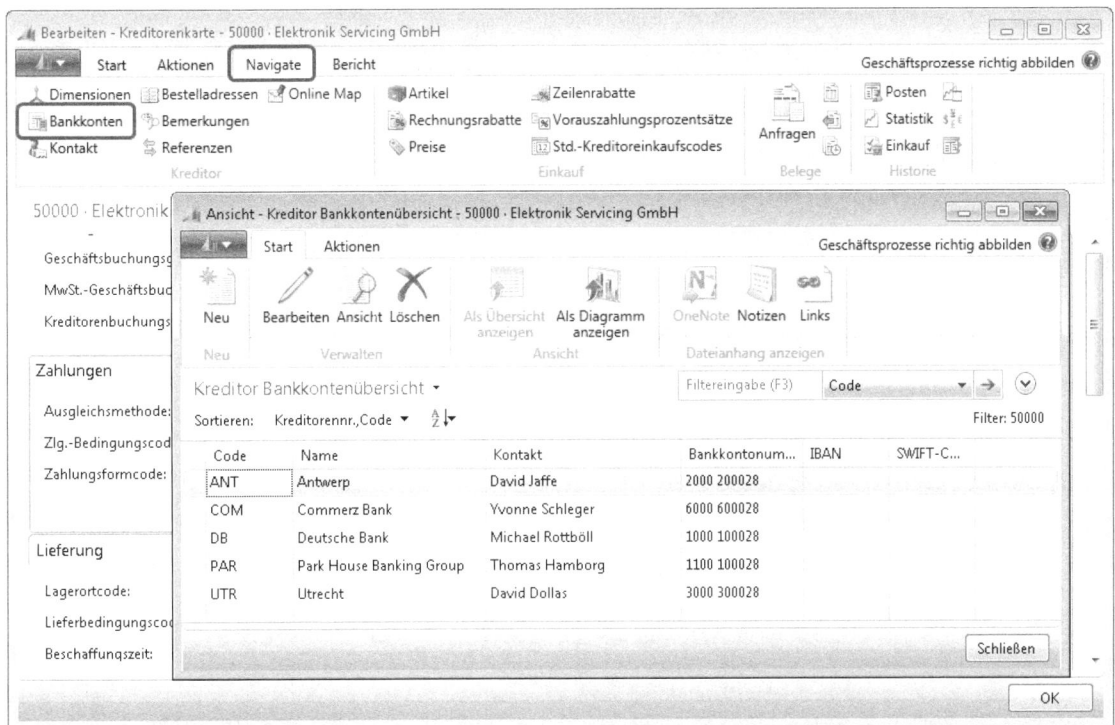

Abbildung 5.20 Kreditorenbankdaten

Artikel

Ebenso wie Kreditorenstammdaten sind Artikel durch eine Vielzahl unterschiedlicher Parameter gekennzeichnet, die in sieben unterschiedlichen Inforegistern der Artikelkarte gepflegt werden. Die mit dem Einkauf zusammenhängenden Datenfelder werden im Folgenden kurz beschrieben, um im Rahmen der Einkaufsteilprozesse wieder aufgegriffen und im Prozesskontext erläutert zu werden. Die Parameter zur *Fakturierung*, *Artikelverfolgung* sowie *Lager* betreffen den Bereich des Verkaufs und der Logistik und werden in den entsprechenden Kapiteln dieses Buchs detailliert erläutert. Auf eine Darstellung im Rahmen des Einkaufs wird an dieser Stelle verzichtet. Die Pflege der Artikelstammdaten erfolgt im Bereich *Planung* des Einkaufs.

Link: *Abteilungen/Einkauf/Planung/Artikel* (siehe Abbildung 5.21)

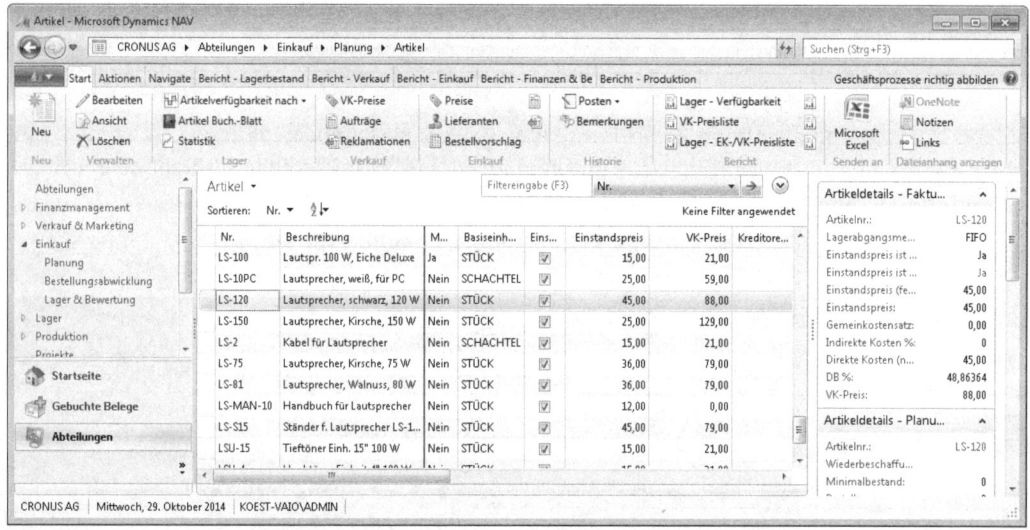

Abbildung 5.21 Artikel (Übersicht)

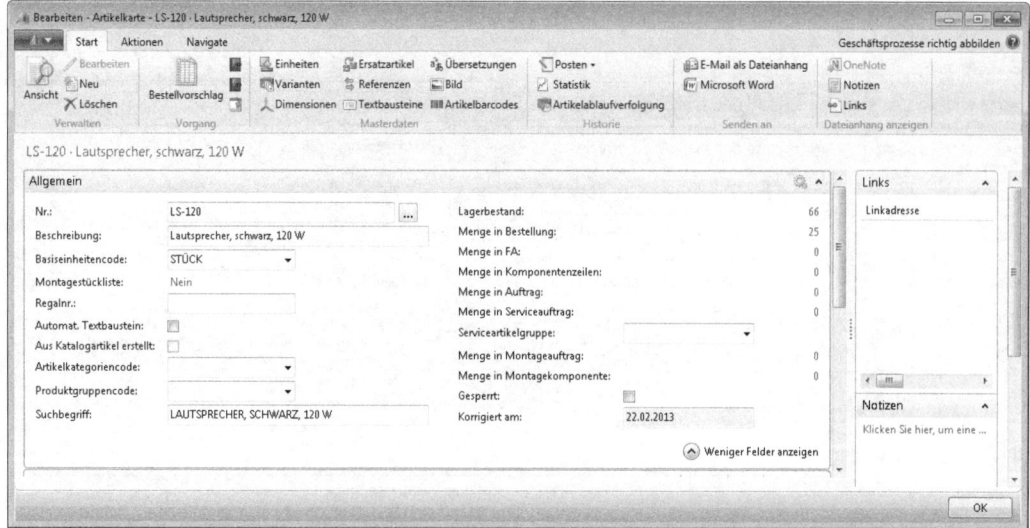

Abbildung 5.22 Artikelkarte (allgemeine Daten)

Analog zu den Kreditorenstammdaten werden diverse Informationen (Details zur Fakturierung und zur Planung) zu einem Artikel in Infoboxen angezeigt, sobald ein Artikel markiert wird. Auch hier lassen sich die verdichteten Daten weiter aufgliedern, indem man auf den entsprechenden Wert klickt. Sobald für einen markierten Artikel die Aktion *Bearbeiten* ausgeführt wird, öffnet sich die Artikelkarte mit allen relevanten Stammdaten.

Folgende Felder können gepflegt werden (siehe Tabelle 5.7):

Feld	Beschreibung
Nr.	Eindeutige (alphanumerische) Nummer des Artikels
Beschreibung	Beschreibungstext des Artikels
Basiseinheitencode	Einheit, in der der Artikel im Lager mengenmäßig verwaltet wird
Montagestückliste	Bei Aktivierung handelt es sich bei dem Artikel um eine Stückliste, also um einen Artikel, der wiederum aus anderen Artikeln besteht
Regalnr.	Standort des Artikels im Lager (nicht zu verwechseln mit dem Lagerortcode/Lagerplatzcode)
Automat. Textbaustein	Bei Aktivierung wird in Einkaufs- und Verkaufsbelegen für diesen Artikel automatisch ein pro Bereich zu definierender Textbaustein hinzugefügt
Aus Katalogartikel erstellt	Bei Aktivierung wurde der Artikel aus einem Katalogartikel erzeugt
Artikelkategoriencode	Artikelkategoriencode, der Vorschlagswerte für die Produktbuchungsgruppe, die Vorgabe *Lagerbuchungsgruppe*, die Vorgabe *MwSt.-Produktbuchungsgruppe* sowie eine Vorgabe *Lagerabgangsmethode* für den Artikel festlegt, sofern Artikelkategorien angelegt wurden
Produktgruppencode	Produktart, der der Artikel innerhalb der Artikelkategorie angehört
Suchbegriff	Suchbegriff für den Artikel (wird aus der Beschreibung automatisch übernommen, kann aber als alternative Eingabemöglichkeit für die Artikelnummer jederzeit geändert werden)
Lagerbestand	Summe der verfügbaren Artikelmengen in der Basiseinheit im Lager
Menge in Bestellung	Anzahl der Artikel, die sich gerade in der Bestellphase befinden
Menge in FA	Artikelanzahl, die für die Fertigung vorgesehen sind
Menge in Komponentenzeilen	Artikelanzahl, die für die Fertigung noch benötigt wird
Menge in Auftrag	Anzahl der Artikel, die für Aufträge bereits reserviert sind
Menge in Serviceauftrag	Anzahl der Artikel, die für Serviceaufträge bereits reserviert sind
Serviceartikelgruppe	Serviceartikelgruppe, zu der der Artikel gehört
Menge in Montageauftrag	Anzahl der Einheiten eines Artikels, die Montageaufträgen zugeordnet sind
Menge in Montagekomponente	Anzahl der Einheiten eines Artikels, die Montagekomponenten zugeordnet sind
Gesperrt	Bei Aktivierung werden Buchungsvorgänge für diesen Artikel gesperrt
Korrigiert am	Letztes Änderungsdatum der Artikelkarte

Tabelle 5.7 Artikelkarte (allgemeine Daten)

HINWEIS Das für den Einkauf relevante Feld im Inforegister *Fakturierung* ist *Direkte Kosten (neueste)*, da dieser Preis mangels alternativer Preise in die Einkaufsbelegzeilen kopiert wird, sofern im Rahmen der Preisfindung kein anderer Preis gefunden wurde. Zu beachten ist, dass es sich dabei um den unrabattierten, zuletzt gebuchten Einkaufspreis handelt, der zudem in Mandantenwährung verwaltet wird.

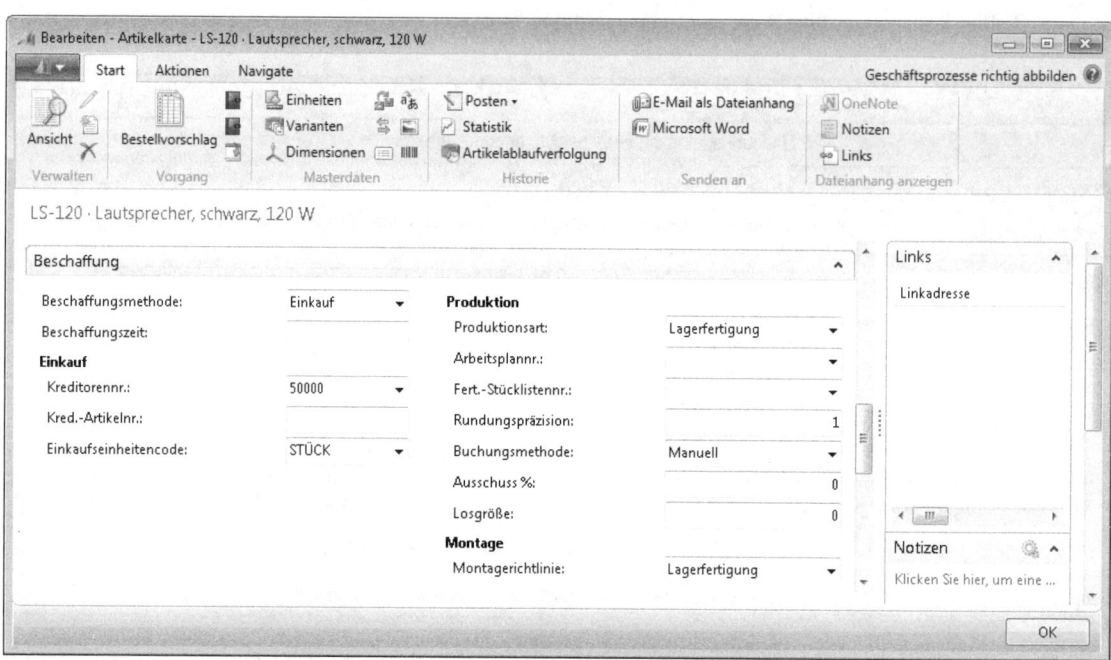

Abbildung 5.23 Artikelkarte (Beschaffung)

Folgende Felder können gepflegt werden (siehe Tabelle 5.8):

Feld	Beschreibung
Beschaffungsmethode	Art des Auftrags auswählen für den Planungslauf: *<Einkauf>* Der Artikel wird über eine Einkaufsbestellung beschafft. *<Fertigungsauftrag>* Der Artikel wird produziert und ein Fertigungsauftrag erstellt.
Beschaffungszeit	Formel für die Berechnung der Wiederbeschaffungszeit
Kreditorennr.	Nummer des Kreditoren, bei dem der Artikel standardmäßig bestellt wird. Bei vom System generierten Bestellvorschlägen (z. B. bei der Unterschreitung des Minimalbestands) wird dieser Lieferant für den Beschaffungsvorgang vorgeschlagen
Kred.-Artikelnr.	Artikelnummer, die der Lieferant für diesen Artikel verwendet (beispielsweise Herstellerteilenummer)
Einkaufseinheitencode	Gegebenenfalls abweichende Mengeneinheit, in der der Artikel eingekauft wird. Wenn das Feld *Basiseinheitencode* im Inforegister *Allgemein* gepflegt wird, wird diese Einheit in das Feld *Einkaufseinheitencode* übernommen.

Tabelle 5.8 Artikelkarte (Beschaffung)

Stammdaten im Einkauf

Neben den Beschaffungsdaten werden im gleichen Inforegister auch Parameter zur Produktion abgebildet. Obwohl die Produktion nicht Inhalt dieses Buchs ist, sollen die wesentlichen Parameter kurz in einer Übersicht dargestellt werden (siehe Tabelle 5.9). Wir verweisen in diesem Zusammenhang auf das bei Microsoft Press erschienene Buch »Microsoft Dynamics NAV 2013 – Grundlagen« von Andreas Luszczak, Robert Singer und Michaela Gayer (ISBN-13: 978-3866455689).

Feld	Beschreibung
Produktionsart	Auswahl der beiden möglichen Produktionsarten: *<Lagerfertigung>* Typische Fertigung eines einzelnen Artikels, von dem ein bestimmter Lagerbestand vorgehalten wird. *<Auftragsfertigung>* Üblicherweise ein Auftrag, der aus unterschiedlichen Leistungen/Artikeln erstellt wird und mithilfe von Stücklisten abgebildet wird.
Arbeitsplannr.	Hinterlegung einer Arbeitsplannummer, in der die einzelnen Vorgänge zur Fertigung des Auftrags hinterlegt werden können
Fert.-Stücklistennr.	Hinterlegung der Fertigungsstückliste, die die zu verarbeitenden Teile (Artikel) zur Fertigung des Auftrags enthält
Rundungspräzision	Festlegung der Rundung für die Mengenkalkulationen für diesen Artikel
Buchungsmethode	Methode für die Berechnung des Materialverbrauchs für die Fertigstellung des Auftrags. *<Manuell>* Manuelle Erfassung und Buchung der Verbräuche. *<Vorwärts>*, *<Rückwärts>* Automatische Berechnung und Buchung der Verbräuche nach unterschiedlichen Verfahren.
Ausschuss %	Voraussichtlicher Ausschussanteil der Produktion, der bei der Kalkulation des Nettobedarfs und des Verkaufspreises berücksichtigt wird
Losgröße	Menge eines Artikels, der in der Regel innerhalb eines Produktionsloses produziert wird
Montagerichtlinie	Art des Beschaffungsprozesses, um einen Montageartikel zu liefern. *<Lagerfertigung>* Montageaufträge für den Artikel werden als Beschaffungsaufträge erstellt, die für Lager gedacht sind. *<Programmfertigung>* Montageaufträge für den Artikel werden als Reaktion auf eine Verkaufsauftragszeile erstellt

Tabelle 5.9 Produktionsparameter

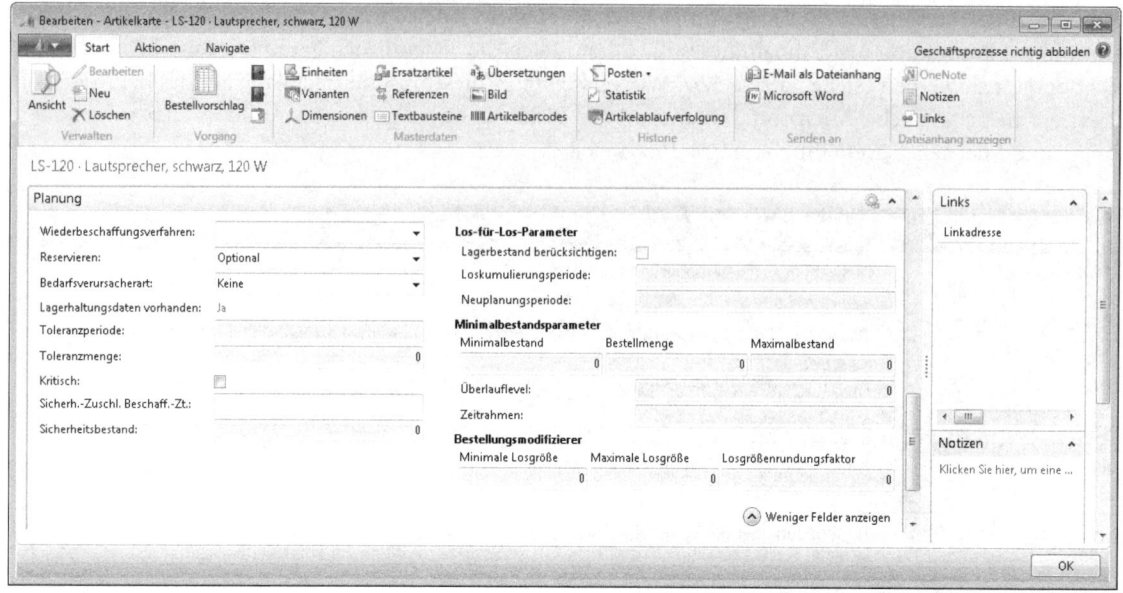

Abbildung 5.24   Artikelkarte (Planung)

Folgende Felder können gepflegt werden (siehe Tabelle 5.10):

Feld	Beschreibung
Wiederbeschaffungsverfahren	Auswahl des bei Auffüllbedarf zu verwendenden Wiederbeschaffungsverfahrens. *<Feste Bestellmenge>* Die Menge des Felds *Bestellmenge* wird als Standardlosgröße verwendet. *<Auffüllen auf Maximalbestand>* Die Menge des Felds *Maximalbestand* wird als Standardlosgröße verwendet. *<Auftrag>* Die Anwendung erzeugt für jeden einzelnen Bedarf einen Auftrag und verwendet den Bestellzyklus nicht. *<Los-für-Los>* Das System erzeugt einen Auftragsvorschlag mit einer Menge, die die Summe aller Bedarfe abdeckt, die innerhalb des Bestellzyklus fällig werden. *<Leer>* Keine automatische, sondern manuelle Planung.
Reservieren	Reservierungsregel für den Artikel. *<Nie>* Der Artikel kann nicht reserviert werden. *<Optional>* Der Artikel kann manuell reserviert werden. *<Immer>* Der Artikel wird automatisch reserviert.

Tabelle 5.10   Artikelkarte (Planung)

Stammdaten im Einkauf

Feld	Beschreibung
Bedarfsverursacherart	Eine Bedarfsverursachung liefert die Verbindung zwischen einer Bestellung/Lieferung und dem dazugehörigen Bedarf. Ereignismeldungen werden durch das System erzeugt, wenn mögliche Probleme im Verhältnis von Bedarf und Lieferung bestehen. Über das Feld *Bedarfsverursacherart* kann die Steuerung der Bedarfsverursachung und Ereignismeldungen erfolgen. *<Keine>* Es werden weder Bedarfsverursacher noch Ereignismeldungen erzeugt. *<Nur Bedarfsverursacher>* Bedarfsverursacher werden erzeugt, Ereignismeldungen nicht. *<Bedarfsverursacher & Ereignismeldung>* Sowohl Bedarfsverursacher als auch Ereignismeldungen werden erzeugt.
Lagerhaltungsdaten vorhanden	Eine Aktivierung des Felds indiziert, dass für diesen Artikel Lagerhaltungsdaten vorliegen
Toleranzperiode	Während dieses Zeitraums schlägt das Planungssystem aufgrund von späteren Bedarfszeitpunkten keine Änderungen von bestehenden Bestellungen und deren Zeitpunkten vor. Wird ein Bedarf vorverlegt, reagiert das Planungssystem stattdessen, und die Toleranzperiode wird ignoriert. Diese Einstellung reduziert den Verwaltungsaufwand für unnötige Bestelländerungstransaktionen. (Nur für Auftragsmenge- und Los-für-Los-Wiederbeschaffungsverfahren verfügbar)
Toleranzmenge	Innerhalb dieser Toleranzmenge werden Änderungen analog zur Toleranzperiode vom Planungssystem nicht vorgeschlagen. Diese Einstellung reduziert den Verwaltungsaufwand für unnötige Bestelländerungstransaktionen. (Bei Auftragsmenge-Wiederbeschaffungsverfahren nicht verfügbar)
Kritisch	Bei Aktivierung berücksichtigt das System den Artikel im Rahmen der Verfügbarkeitsberechnung während der Lieferterminzusage eines übergeordneten Artikels
Sicherh.-Zuschl. Beschaff.-Zt.	Es kann ein Zeitpuffer hinterlegt werden, der mögliche Verzögerungen in der Beschaffungszeit berücksichtigt und der in der Bedarfsplanung berücksichtigt wird (»Erwartetes WE-Datum = Geplantes WE-Datum + Pufferzeit + Eingehende Lagerdurchlaufzeit«)
Sicherheitsbestand	Bestand, der als Sicherheit für Nachfrageschwankungen während der Beschaffungszeit dienen soll
Lagerbestand berücksichtigen	Bei Aktivierung wird der Lagerbestand im Rahmen der Verfügbarkeitsprüfung berücksichtigt. Standardmäßig ist das Feld aktiviert und nicht editierbar. Ausnahmen: Für das Los-für-Los-Verfahren ist das Feld editierbar. Für das Auftragsmenge-Verfahren ist das Feld leer und nicht editierbar.
Loskumulierungsgröße	Definiert beim Los-für-Los-Wiederbeschaffungsverfahren den Zeitrahmen: Bedarfe, die innerhalb des Zeitraums fällig sind, werden in einer Bestellung zusammengefasst.
Neuplanungsperiode	Definiert beim Los-für-Los-Wiederbeschaffungsverfahren einen Zeitraum, in dem das Planungssystem für bestehende Bestellungen Änderungsvorschläge macht, anstatt diese zu löschen und neu zu erstellen
Zeitrahmen	Definiert beim Wiederbeschaffungsverfahren *Feste Bestellmenge* und *Auffüllen auf Maximalbestand* die Häufigkeit, mit der das Planungssystem überprüft, ob der voraussichtliche Lagerbestand saldiert den Minimalbestand erreicht oder unterschreitet. Die Wiederbeschaffung erfolgt am Ende des Zeitrahmens.
Minimalbestand	Der Bestand, bei dessen Unterschreitung das System den Wiederbeschaffungsvorgang anstößt
Bestellmenge	Die Bestellmenge des Artikels im Rahmen der Wiederbeschaffung, die für das Verfahren *Feste Bestellmenge* verwendet wird

Tabelle 5.10 Artikelkarte (Planung) *(Fortsetzung)*

Feld	Beschreibung
Maximalbestand	Maximaler Lagerbestand, bis zu dem das Lager aufgefüllt wird, wenn das Verfahren *Auffüllen auf Maximalbestand* ausgewählt wurde. Die Wiederbeschaffungsmenge ergibt sich dann aus dem Maximalbestand abzüglich des Sicherheitsbestands.
Minimale Losgröße	Mindestmenge für Wiederbeschaffungsvorschlagszeile
Maximale Losgröße	Höchstmenge für Wiederbeschaffungsvorschlagszeile
Losgrößenrundungsfaktor	Rundungsfaktor für die Vorschlagsmenge
Überlauflevel	Definiert beim Wiederbeschaffungsverfahren *Feste Bestellmenge* und *Auffüllen auf Maximalbestand* die Menge, die als nicht benötigte Verfügbarkeit akzeptiert wird, also keine Änderungsvorschläge vom Planungssystem unterbreitet werden, die Bestellung zu ändern oder zu stornieren

Tabelle 5.10 Artikelkarte (Planung) *(Fortsetzung)*

Bei der Nutzung mehrerer Lagerorte (z. B. ein Lager für die zentrale Beschaffung und diverse andere Lagerorte, die ihre Artikel von diesem Zentrallager über Umlagerungen beziehen) werden die Artikelparameter auf Lagerortebene mithilfe von *Lagerhaltungsdaten* gesteuert (beispielsweise beinhaltet die *Beschaffungsmethode* auf Lagerhaltungsdatenebene neben den Optionen *Einkauf* und *Fertigungsauftrag* auch die Möglichkeit der *Umlagerung*). Mehr zu Lagerhaltungsdaten erfahren Sie in Kapitel 5.

Darüber hinaus bietet Dynamics NAV das Konstrukt des Katalogartikels, um Lieferantenartikelstammdaten elektronisch in das System zu importieren und daraus bedarfsbezogen eigene Artikelstammdaten zu generieren.

Kreditoren- und Artikelstammdaten aus Compliance-Sicht

Der Anlage von Stammdaten kommt besondere Bedeutung zu, weil bestimmte Felder der Stammdaten bei Erstellung von Belegen in diese übernommen werden. Insofern steuern Stammdatenfelder mitunter indirekt den Geschäftsprozess und beeinflussen damit die Art des Belegflusses im Unternehmen.

Kreditoren

Potenzielle Risiken

- Erstellung von Stammdaten für ungewünschte Lieferanten (Effectiveness, Compliance)
- Doppelanlage von Stammdaten und damit verbunden die Aushebelung lieferantenspezifischer Kontrollen (Verwaltung offener Posten, Mahnwesen, Rabatte etc.) sowie redundante Datenhaltung (Efficiency, Integrity, Reliability)
- Unvollständige und falsche Daten (Efficiency, Integrity, Reliability, Compliance)
- Nicht autorisierte Änderung von Stammdaten, insbesondere sensibler Felder (Integrity, Reliability, Compliance)

Prüfungsziel

- Sicherstellung, dass nur gewünschte Lieferanten in der Anwendung angelegt werden
- Sicherstellung der Vollständigkeit und Richtigkeit von Stammdaten
- Sicherstellung einer konsistenten Datenhaltung und klarer Verantwortlichkeiten für das Anlegen von Stammdaten gemäß des Prinzips der Funktionstrennung

Prüfungshandlungen

Ungewünschte Lieferanten

Hierbei handelt es sich nicht nur um eine systemtechnische, sondern auch um eine organisatorische Prüfungshandlung. Der Prozess sollte bestimmte Prüfroutinen vorsehen, die sicherstellen, dass nur Lieferanten im System angelegt werden, mit denen das Unternehmen auch eine Geschäftsbeziehung eingehen will. So sollten beispielsweise grundsätzlich verfügbare Informationen über die Lieferantenqualität (Warenqualität, Preise, Liefertermintreue), Seriosität und Solvenz eingeholt und – sofern erforderlich – eine Blacklistprüfung vorgenommen werden (Embargolisten, vgl. dazu die EG-Antiterrorismusverordnung, nähere Informationen dazu finden sich beispielsweise unter *http://www.ausfuhrkontrolle.info/ausfuhrkontrolle/de/arbeitshilfen/merkblaetter/merkblatt_ebt.pdf*). In Stichproben kann geprüft werden, ob die entsprechenden Unterlagen zu Lieferanten im Unternehmen vorliegen.

Doppelanlage von Stammdaten

Eine präventive systemtechnische Kontrolle zur Vermeidung redundanter Lieferantenstammdaten existiert in Dynamics NAV nicht. Dementsprechend sind organisatorische Regelungen zu treffen (z. B. Suche nach Lieferanten im System zur Überprüfung, ob diese bereits existieren). Darüber hinaus kann die Tabelle der Lieferantenstammdaten daraufhin untersucht werden, ob sich darin potenzielle Dubletten finden (insbesondere in Bezug auf kritische Datenfelder wie z. B. Bankverbindung etc.). Dazu bietet es sich an, die Kreditorenübersicht beispielsweise über die Excel-Übergabefunktion nach Excel zu übertragen, um die dortige Dublettensuche zu nutzen.

Feldzugriff: *Tabelle 23 Kreditor*

Online Im Begleitmaterial zu diesem Buch finden Sie einen Report, der das System bezüglich doppelt angelegter Lieferantenstammdaten analysiert.

Die Begleitdateien stehen als Download zur Verfügung. Sie können diese wahlweise entweder von der Seite *www.microsoft-press.de/support/9783866455696* oder von der Seite *msp.oreilly.de/support/2272/803* herunterladen.

Vollständigkeit und Richtigkeit der Daten

Innerhalb der Stammdaten wird eine Vielzahl von kritischen Feldern mit Werten belegt, die für den späteren Einkaufsprozess mit Auswirkung auf den Cashflow von Bedeutung sind (Zahlungsbedingungen, Mahnverfahren, Rabattcodes, Preisgruppen, Aktivierung von Zeilenrabatten etc.). Die Stammdaten müssen auf Vollständigkeit und Unternehmensrichtlinienkonformität überprüft werden. Im Wesentlichen sind drei Fragen zu beantworten:

- Gibt es kritische Felder in den Stammdaten, die nicht vollständig gepflegt sind?
- Gibt es kritische Felder, die mit Werten belegt sind, die unplausibel oder nicht richtlinienkonform erscheinen?
- Gibt es Testdaten im Produktivsystem, d.h. auffällige Werte in den Namens- oder Adressfeldern (*test*, *1234*, etc.)?

Nicht autorisierte Änderung von Stammdaten

Die Prüfung von Stammdaten ist ein mehrstufiger Prozess. Zunächst ist aus organisatorischer Sicht zu klären, welche Mitarbeiter für den Änderungsprozess verantwortlich sind und ob eine festgeschriebene Vorgehensweise existiert. Diese ist anschließend mit dem aktuellen Berechtigungskonzept zu vergleichen, d.h. ist es aus Anwendungssicht gemäß des Least-Privilege-Prinzips eben nur dem oder den Mitarbeitern möglich, Stammdaten zu ändern, die für diesen Prozess verantwortlich sind (zeitpunktbezogene, präventive Kontrolle).

Da Berechtigungen im System jedoch jederzeit geändert werden können, sollte auch ein Blick in die Vergangenheit erfolgen: wer hat in einem festzulegenden Zeitraum der Vergangenheit Stammdaten tatsächlich geändert und war er dazu berechtigt (zeitraumbezogene, entdeckende Kontrolle). In diesem Zusammenhang möchten wir auf den Abschnitt »Änderungsprotokoll« in Kapitel 4 sowie das vorgestellte Easy Security-Tool in Kapitel 2 verweisen. Dort werden Wiederherstellungspunkte von Zugriffsrechten angelegt, sodass historisch geprüft werden kann, welche Zugriffsrechte zu einem bestimmten Zeitpunkt vorlagen.

Prüfung des Berechtigungskonzepts in Bezug auf Lieferantenstammdaten

Die organisatorischen Regelungen sollten mit dem Berechtigungskonzept abgeglichen werden.

Feldzugriff: *Tabelle 2000000005 Zugriffsrecht*

Die Einrichtung und Verwaltung von Berechtigungen wird ausführlich in Kapitel 4 im Abschnitt » Benutzerzugriffsrechte « erläutert.

> **Online** Innerhalb der Begleitmaterialien zu diesem Buch finden Sie ein entsprechendes Query-Objekt.
>
> Die Begleitdateien stehen als Download zur Verfügung. Sie können diese wahlweise entweder von der Seite www.microsoftpress.de/support/9783866455696 oder von der Seite msp.oreilly.de/support/2272/803 herunterladen.

Prüfung des Zeitpunkts, wann ein Stammsatz zuletzt geändert wurde

Feldzugriff: *Tabelle 23 Kreditor/Feld Korrigiert am*

Prüfung, wer den Stammsatz geändert hat

Link: *Verwaltung/Anwendung Einrichtung/Allgemein/Änderungsprotokoll*

Sofern das Änderungsprotokoll aktiv ist, kann das Feld *Tabellennr.* auf die Tabelle *23 Kreditoren* und das Feld *Primärschlüsselfeld 1 Wert* auf die Kreditorennummer gefiltert werden.

Einrichtung prüfen, ob Änderungen in Lieferantenstammdaten im Change Log aufgezeichnet werden

Link: *Abteilungen/Verwaltung/IT-Verwaltung/**Allgemein**/Änderungsprotokoll einrichten/Aktionen/Tabellen/ Tabelle 23 Kreditor: Einrichtung analysieren*

Eine detaillierte Beschreibung zur Auswertung und Einrichtung des Änderungsprotokolls finden Sie in Kapitel 4 im Abschnitt »Änderungsprotokoll«.

Artikel

Die Artikelstammdaten beinhalten aus Einkaufssicht insbesondere Beschaffungs- und Planungsparameter, die individuell für jedes Unternehmen festzulegen sind. Es ist daher aus Compliance-Sicht wenig sinnvoll, für diese Parameter Vorgaben zu empfehlen. Im Bereich der Dublettenprüfung, der vollständigen und korrekten Datenanlage und -pflege gelten die Empfehlungen zu den Kreditorenstammdaten analog.

Feldzugriff: *Tabelle 27 Artikel/Tabelle 5700 Lagerhaltungsdaten*

Einrichtung von Kreditoren-Stammdatenvorlagen

In der Regel werden bestimmte Felder von Lieferantenstammdaten mit Standardwerten besetzt, z. B. wenn das Unternehmen einheitliche Zahlungskonditionen für bestimmte Lieferanten oder Lieferantengruppen vorsieht. In solchen Fällen bietet es sich an, Vorlagen mit Standardwerten zu erstellen, aus denen die Werte bei der Neuanlage von Lieferantenstammdaten automatisch kopiert werden. Dynamics NAV bietet mit der Einrichtung von Stammdatenvorlagen eine solche Möglichkeit der Vorbelegung. Im Folgenden wird anhand von Lieferantenstammdaten (Feld *Zlg.-Bedingungscode*) beispielhaft gezeigt, wie Feldvorbelegungen erzeugt und Wertgrenzen für Felder festgelegt werden können.

Link: *Abteilungen/Verwaltung/Anwendung Einrichtung/Allgemein/**Stammdatenvorlagen** einrichten/Neu* (siehe Abbildung 5.25)

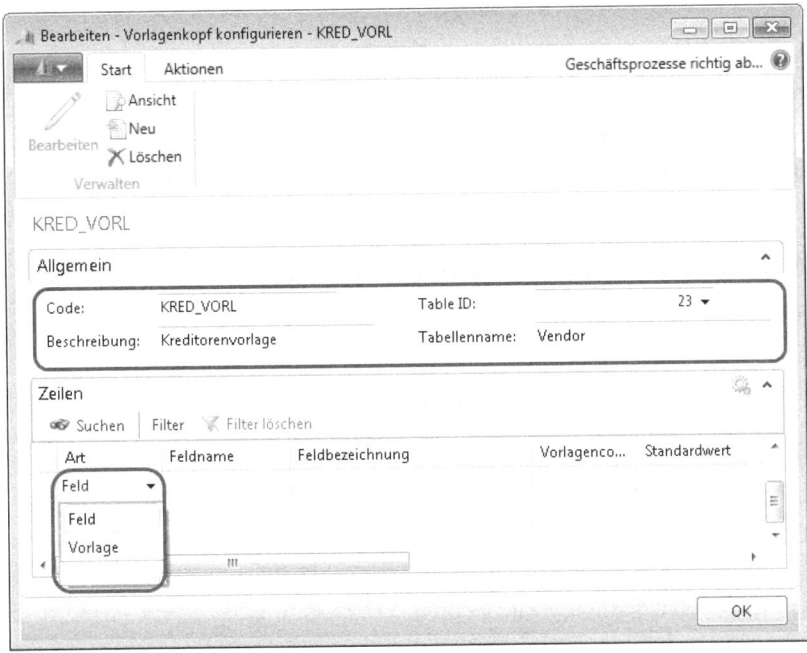

Abbildung 5.25 Kreditorenstammdatenvorlage

Dem Feld *Code* muss ein eindeutiger Schlüssel für die Stammdatenvorlage zugewiesen sein, im Feld *Beschreibung* kann ein benutzerdefinierter Text hinterlegt werden. In diesem Beispiel wurde der *Code* KRED_VOR mit der *Beschreibung* »Kreditorenvorlage« gewählt. Über das Feld *Table ID* ist auszuwählen, in welcher Tabelle sich das mit einem Wert vorzubelegende Feld befindet. Durch einen Mausklick auf die rechts daneben befindliche Lookup-Schaltfläche öffnet sich ein Fenster, das die im System definierten Objekte (Tabellen) enthält.

Über das Feld *Art* erfolgt die Auswahl, ob eine bereits bestehende Vorlage mit den darin enthaltenen vorbelegten Feldern oder ein Feld für die Vorbelegung ausgewählt werden soll. In diesem Fall soll das Feld *Zahlungsbedingungscode* aus der Tabelle *23 Kreditor* vorbelegt werden. Sobald die Tabelle ausgewählt wird, können in den Vorlagenzeilen alle Felder dieser Tabelle vorbelegt werden.

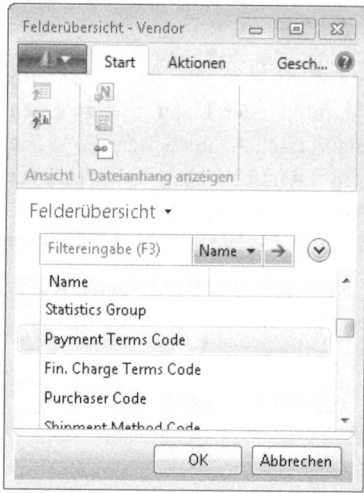

Abbildung 5.26 Vorbelegung der Feldwerte in der Stammdatenvorlage

Dazu ist über den Lookup des Felds *Feldname* das entsprechende Feld auszuwählen. Anschließend kann über das Feld *Standardwert* ein Feldwert eingetragen werden.

HINWEIS Der einzutragende Standardwert (hier der Zahlungsbedingungscode) muss bekannt sein und manuell übertragen werden, eine Lookup-Funktion ist an dieser Stelle nicht vorgesehen.

Neben dem Standardwert im Kreditorenvorlagenkopf findet sich das Feld *Notwendig*. Dieses Feld wird im Prozess der Stammdatenanlage nicht evaluiert. Das heißt, auch wenn das Kennzeichen *Notwendig* gesetzt wurde, kann der Stammsatz auch dann gespeichert und genutzt werden, wenn dem entsprechenden Feld kein Wert zugewiesen wurde. Die Bedeutung des Felds *Notwendig* beschränkt sich damit auf eine Erinnerungsfunktion in der Vorlage selbst, dass dieses Feld zu füllen ist.

Sind alle vorzubelegenden Felder definiert, kann die Stammdatenvorlage für die Neuanlage von Kreditorenstammdaten verwendet werden. Dies kann über zwei Wege erfolgen. Aus der Vorlage heraus können Stammdaten über *Aktionen/Instanz erstellen* als Instanz der Vorlage direkt angelegt werden.

Link: *Abteilungen/Verwaltung/Anwendung Einrichtung/Allgemein/Stammdatenvorlagen einrichten/Bearbeiten/Aktionen/Instanz erstellen*

Alternativ kann ein neuer Lieferant aus der Kreditorenkarte erstellt und über die Funktion *Vorlage anwenden* diese auf den anzulegenden Lieferantenstamm angewendet werden. Mit der Anlage eines Stammsatzes aus den Vorlagen heraus erstellt das System standardmäßig einen entsprechenden Kontakt im Hintergrund.

Link: *Abteilungen/Finanzmanagement/Kreditoren/**Kreditoren**/Neu* und dann über das Menü *Aktionen* die Aktion *Vorlage anwenden* auswählen.

Aus Compliance-Sicht sollten Kreditorenvorlagen daraufhin überprüft werden, ob die Defaultwerte, die bei der Erstellung einer einzelnen Instanz aus der Vorlage heraus verwendet werden, den Anforderungen des Unternehmens entsprechen. So kann die Wahrscheinlichkeit verringert werden, dass falsche Daten in den Stammsatz übernommen werden.

Der Einkaufsprozess und Belegfluss im Überblick

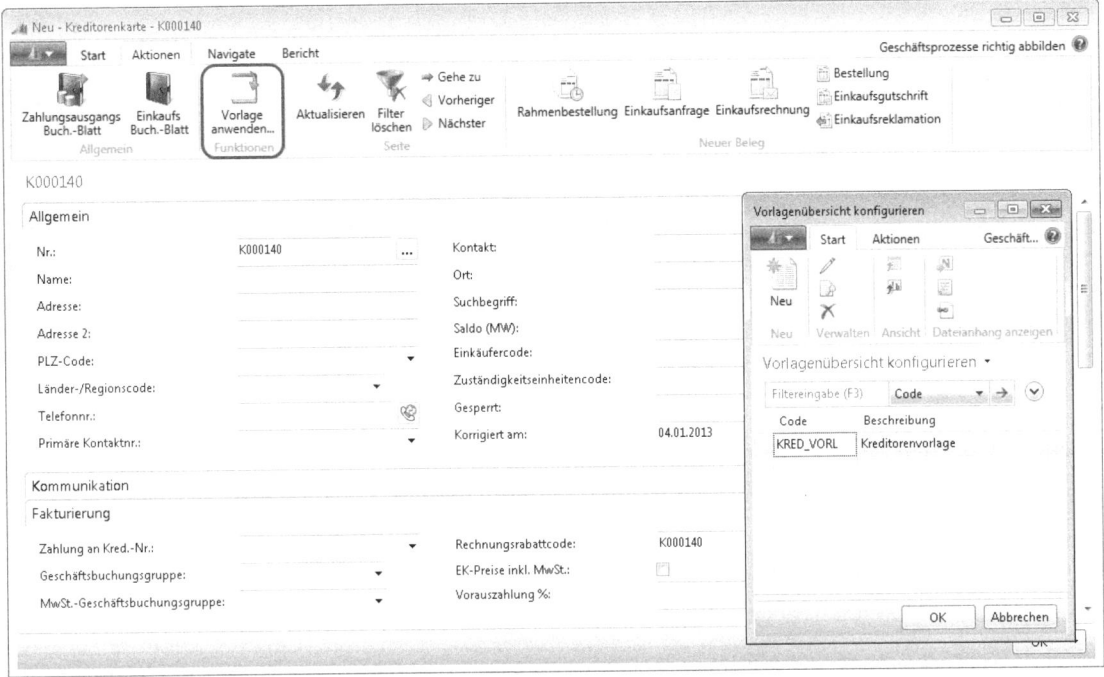

Abbildung 5.27 Vorlagen anwenden

Der Einkaufsprozess und Belegfluss im Überblick

Im Folgenden werden der Einkaufsprozess in seiner Standardvariante vorgestellt, die einzelnen Teilprozesse detailliert beschrieben sowie unterschiedliche Konfigurationsvarianten analysiert. Anschließend erfolgt jeweils die Betrachtung der Einkaufsteilprozesse aus Compliance-Sicht, die die Konsequenzen einzelner Einstellungen und mögliche Kontrollmaßnahmen während der Prozessimplementierung und des operativen Betriebs aufzeigt. Abhängig von den Anforderungen des einzelnen Unternehmens an den Einkauf können Teilprozesse von den hier beschriebenen Prozessen abweichen, entfallen oder durch entsprechendes Customizing erweitert werden.

Ein in Dynamics NAV abgebildeter Einkaufsprozess durchläuft in der Regel eine Reihe von standardisierten Bearbeitungsschritten, wobei die unterschiedlichen Anwendungsbereiche und Module des Systems interagieren. Aus den Nebenbüchern des Einkaufs, des Lagers, der Produktion und des Verkaufs und Vertriebs sowie des Services (analog zum Verkauf) werden Informationen an die Finanzbuchhaltung übergeben und umgekehrt. Die dazu erforderlichen Datenflüsse werden mithilfe von Belegen verbucht. Die Abbildung 5.28 stellt einen Standardeinkaufsprozess in Dynamics NAV in vereinfachter Form dar.

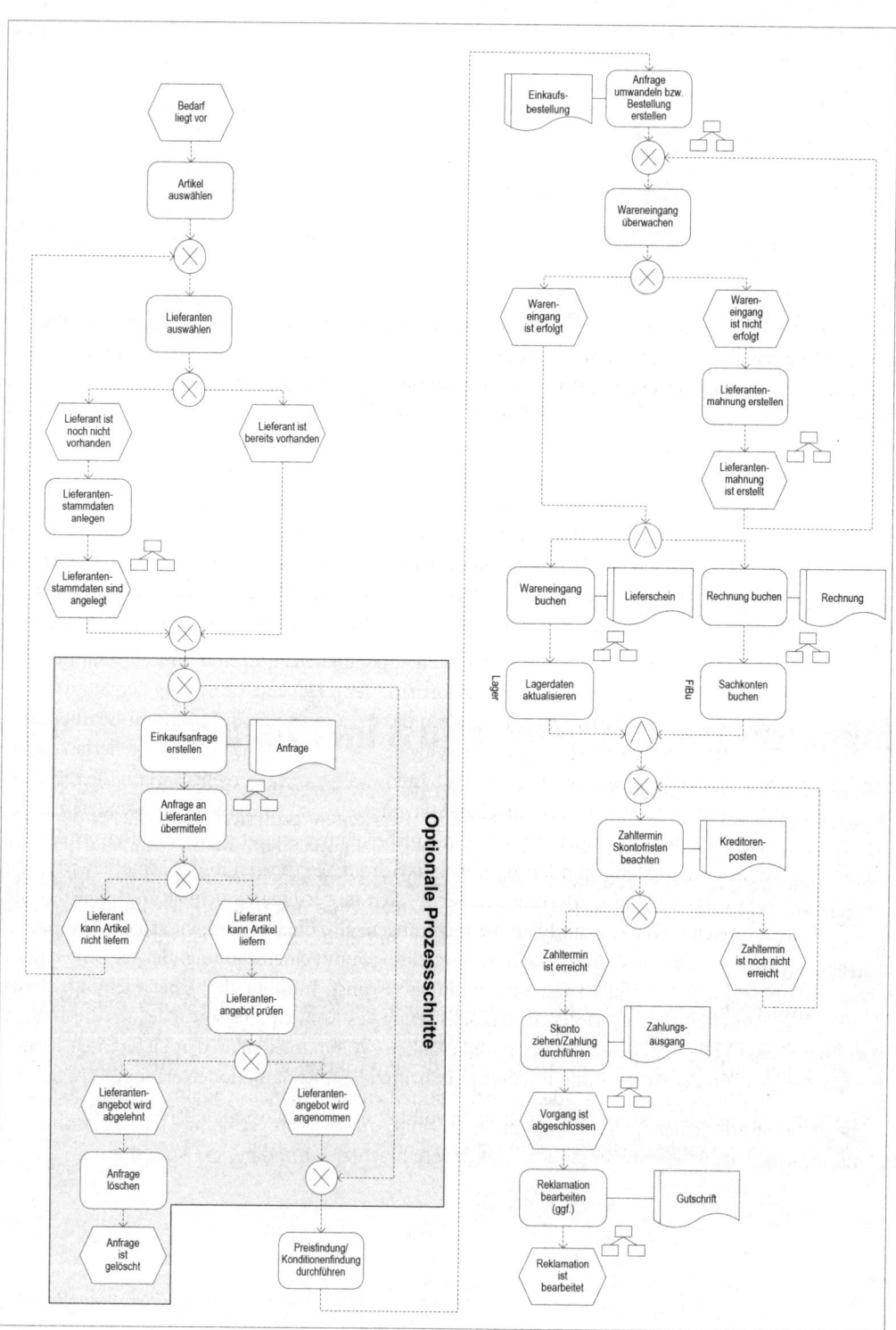

Abbildung 5.28 Der Einkaufsprozess und sein Belegfluss

Der Einkaufsprozess und Belegfluss im Überblick

Dem Prozess ist zu entnehmen, dass dem Ablauf ein Standardbelegfluss folgt, der in der Regel folgende Einzelbelege beinhaltet:

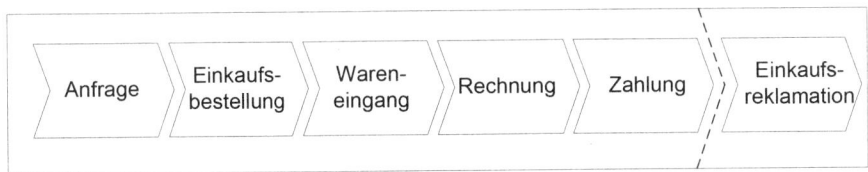

Abbildung 5.29 Belegfluss des Einkaufsprozesses

Für jeden vollständig durchlaufenden Geschäftsvorfall (Prozessinstanz) müssen mit Ausnahme des Reklamationsbelegs alle Belege erstellt und im System vorhanden sein sowie auf den jeweils zuletzt erstellten Beleg referenzieren.[1] Gutschriften werden in der Regel nur dann benötigt, wenn Lieferantenware beanstandet wurde oder der Rechnungsbetrag nicht korrekt war. Der Belegfluss beginnt mit der Einkaufsanfrage bzw. direkt mit der Einkaufsbestellung. Anfragen und Einkaufsbestellung müssen zwingend einem Lieferanten zugeordnet werden. Anfragen entsprechen dabei Bestellentwürfen. Kommt es auf Basis der Anfrage zu einem Vertragsabschluss, wird die Anfrage in eine Bestellung umgewandelt. Ebenso ist es möglich, eine separate Bestellung ohne Bezug zu der Anfrage zu erstellen (z. B. im Rahmen langfristiger Rahmenverträge mit einem Lieferanten). Soll das Konstrukt von Bestellanforderungen in den Bestellprozess integriert, d.h. Bestellungen erst nach Genehmigung durch eine zweite bzw. dritte Person ausgelöst werden, müssen entsprechende Beleggenehmigungen im System konfiguriert werden (siehe dazu auch in Kapitel 4 den Abschnitt »Belegfluss und Beleggenehmigung«).

Einkaufsbestellungen beinhalten Kopf- (Daten zum Lieferanten, Einkäufer etc. und sind für den gesamten Einkaufsbestellbeleg gültig) und Positionsdaten (z. B. Artikelinformationen). Hat eine Bestellung den Status *Offen*, kann sie beliebig geändert werden. Im Status *Freigegeben* kann die Bearbeitung in der nächsten Bearbeitungsstufe in Abhängigkeit von der Logistikeinrichtung des jeweiligen Lagerorts erfolgen, die Bestellerfassung ist damit abgeschlossen. Der Status *Freigegeben* wird durch das System automatisch vergeben, wenn die Lieferung zur Bestellung erfolgt ist. Im Folgenden wird vereinfachend davon ausgegangen, dass die verwendeten Lagerorte keine Logistikschritte enthalten. Die Buchung der Einkaufsbestellung erfolgt gewöhnlich zweistufig, im ersten Schritt erfolgt die Lieferung (Mengenänderung mit Artikel- und Wertposten in der Materialwirtschaft) und anschließend die Fakturierung (Wertänderung mit Sachposten in der Finanzbuchhaltung). Die Anwendung ermöglicht Teillieferungen sowie Teil- und Sammelrechnungen, also die Buchung mehrfacher Wareneingänge zu einer Bestellung bzw. die Abrechnung mehrerer Bestellungen mit einer Zahlung. Bei gebuchter Rechnung ermöglicht das System die Veranlassung des Zahlungsausgangs mithilfe der Überwachung offener Lieferantenposten. Bei Zahlungsausgang erfolgt die Aktualisierung des Kontenplans sowie des Kreditorenkontos. Kommt es im weiteren Verlauf zu Reklamationen und erhaltene Waren müssen an den Lieferanten zurückgeschickt werden, können von der Anwendung Einkaufsgutschriften bzw. Reklamationen erzeugt werden.

Eine vollständige Einkaufstransaktion impliziert auch einen vollständig abgeschlossenen Belegfluss, d.h. für jede Transaktion gibt es einen Einkaufsbestellbeleg (optional auch ein Anfragebeleg), einen oder bei Teillieferung mehrere Wareneingänge, einen oder mehrere Eingangsrechnungsbelege sowie einen oder mehrere Belege für den Zahlungsausgang. Bei Reklamationsvorgängen kommt, neben den Rücksendungsbelegen, gegebenenfalls der Gutschriftsbeleg hinzu. Offene Anfragen, Bestellungen, Wareneingänge ohne Rechnung oder offene Lieferantenposten, die den Zeitraum eines typischen Einkaufsprozesses überschreiten, deuten auf Prozessineffizienzen oder mangelnde Pflege offener Vorgänge hin, die letztlich bis hin zu finanziellen Verlusten führen können.

---

[1] Sofern Einkaufsanfragen nicht genutzt werden, werden diese aus der Betrachtung des Standardbelegflusses ebenso ausgeklammert.

Einkaufsanfrage und Einkaufsbestellung

Der Einkaufsprozess beginnt in der Regel mit einer Lieferantenanfrage über die zu beschaffenden Artikel. Lieferantenanfragen können auch Bestandteil eines Ausschreibungsprozesses sein, dessen Sinn in der Auswahl des günstigsten Angebots (nicht nur bezogen auf den Preis, sondern auch auf andere Kriterien wie Qualität oder Lieferzeit) liegt. Bestehen hingegen längerfristige Beziehungen mit einem Lieferanten, z. B. in Form von abgeschlossenen Rahmenverträgen, ist eine direkte Bestellung ohne Erstellung einer vorherigen Anfrage bzw. eine Rahmenbestellung üblich. Dazu müssen für den entsprechenden Lieferanten die Lieferkonditionen (hier insbesondere Beschaffungszeiten) und Preise allerdings vollständig und richtig gepflegt sein. Einkaufsanfragen können nur an Lieferanten mit einem existierenden Kreditorenstammsatz gestellt werden, Kontaktdaten ohne entsprechenden Kreditorenstammsatz reichen nicht aus und führen zu einer Fehlermeldung.

Der Prozess im Überblick

Der Prozess der Einkaufsanfrage und Einkaufsbestellung wird im Einkaufsmodul abgebildet und stellt sich wie folgt dar:

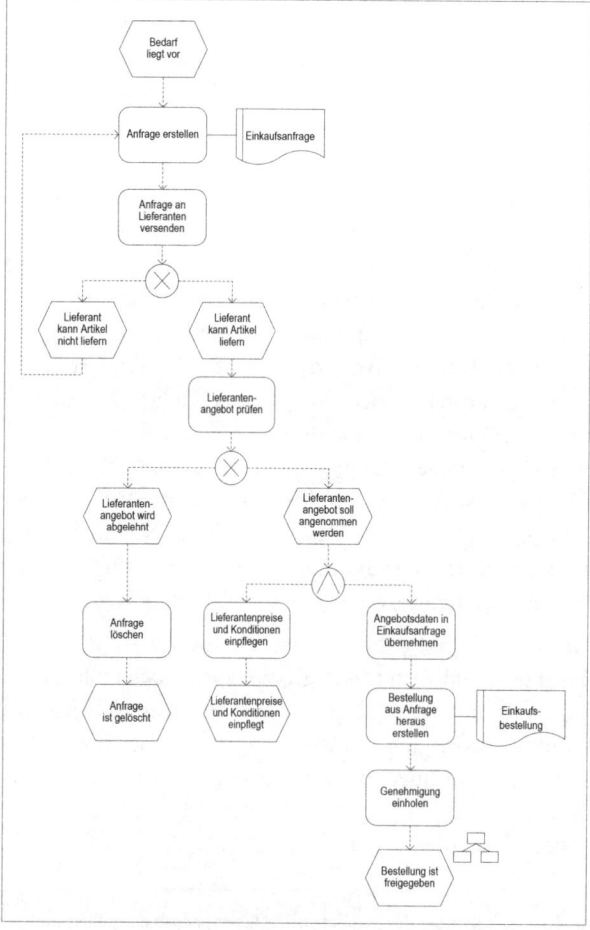

Abbildung 5.30 Lieferantenanfrage- und Bestellprozess

Einkaufsanfrage und Einkaufsbestellung

Anfragen werden vom Einkauf an potenzielle Lieferanten mit der Erwartung eines daraus resultierenden Angebots erstellt. Wird das Angebot des Lieferanten angenommen, müssen die durch den Lieferanten angebotenen Preise und Konditionen in die Einkaufsanfrage übernommen werden. Anschließend erfolgt die Umwandlung der Anfrage in eine Einkaufsbestellung und die weiteren Schritte des Einkaufsprozesses werden durchlaufen. Nicht weiterverfolgte Anfragen, die nicht zu einer Bestellung geführt haben, sollten gelöscht werden.

HINWEIS Wenn auch zukünftig bei diesem Lieferanten Bestellungen durchgeführt werden sollen, ist es wichtig, die kreditorenspezifischen Liefer- und Preiskonditionen im System zu erfassen, da dies nicht automatisch bei der Umwandlung einer Anfrage in eine Bestellung geschieht (siehe dazu ausführlich den Abschnitt »Preise und Preisfindung« weiter hinten in diesem Kapitel).

Ablauf und Einrichtung der Einkaufsanfrage/Einkaufsbestellung

Anfragen repräsentieren den ersten Schritt im regulären Einkaufsprozess. Anfragen sind optional, d.h. für die Abwicklung eines Beschaffungsvorgangs nicht zwingend erforderlich. Anfragen werden lieferantenspezifisch erstellt und haben buchhalterisch keine Auswirkungen. Vielmehr dienen sie dazu, die für das Unternehmen günstigsten Lieferanten zu ermitteln und bei diesen die Beschaffung durch Bestellvorgänge zu initiieren.

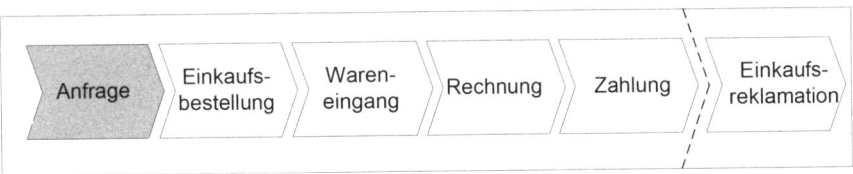

Abbildung 5.31 Beleg *Anfrage*

Anfragen werden im Einkaufsmodul erstellt.

Link: *Abteilungen/Einkauf/Bestellungsabwicklung/Einkaufsanfragen* (siehe Abbildung 5.32)

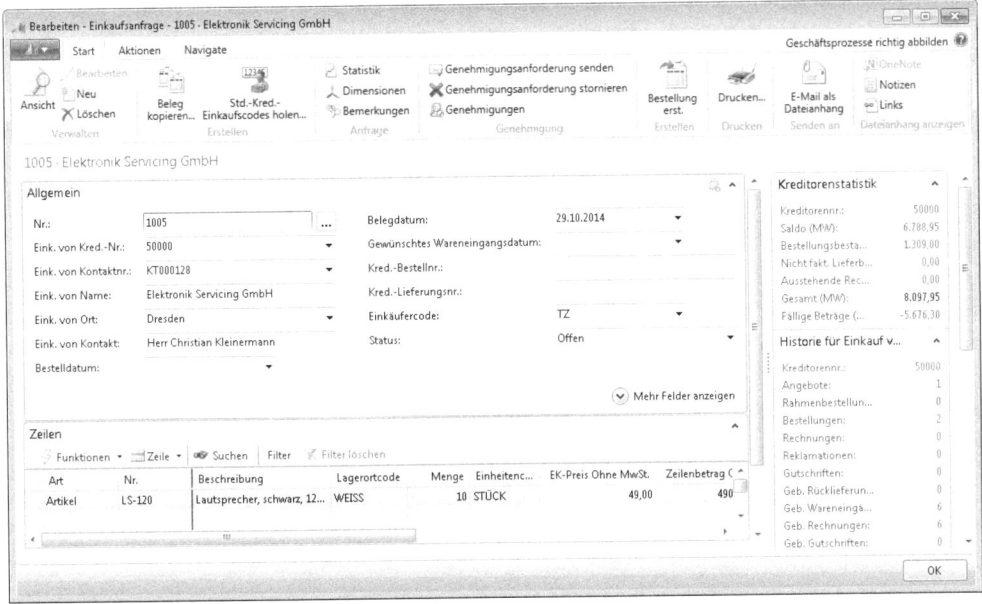

Abbildung 5.32 Einkaufsanfrage

In der Einkaufsanfrage kann eine Anfrage an einen Lieferanten in Verbindung mit einem bestimmten dazugehörigen Kontakt erfolgen. Anfragen werden insbesondere dann an einen bestimmten Kontakt gerichtet, wenn zwischen dem Unternehmen und der Kontaktperson des Lieferanten eine direkte Kommunikation besteht und die Einkaufstransaktion mit diesem Ansprechpartner (Feld *Eink. von Kontaktnr.*) abgewickelt werden soll. Nähere Informationen zum Konstrukt des Kontakts finden Sie in Kapitel 7 im Abschnitt »Stammdaten im Verkauf«. Sind die Artikel der Anfrage in den Positionszeilen erfasst, kann der Status auf *Freigegeben* gesetzt werden. Um für offene Anfragen Verantwortlichkeiten festzulegen, kann dem Beleg ein Einkäufercode, ein Benutzer und/oder eine Zuständigkeitseinheit zugeordnet werden. Auch wenn es bei der Einkaufsbestellanfrage insbesondere um die Abfrage von Preisangeboten geht, wird der zuletzt bezahlte Einkaufspreis aus der Artikelkarte in den Anfragebeleg kopiert. Beim Ausdruck der Anfrage wird dieser Preis allerdings nicht mit angedruckt.

Unabhängig vom Status kann die Anfrage direkt in eine Bestellung konvertiert werden. Es handelt sich bei diesem Vorgang um eine Umwandlung, d.h. der Anfragebeleg ist zu einem Einkaufsbestellbeleg mit neuer Belegnummer geworden und in Abhängigkeit von der Einrichtung des Einkaufs nur noch als archivierte Anfrage vorhanden. In der Praxis sollte das Angebot des Lieferanten, sofern es durch das Unternehmen angenommen wird, in die Anfrage übernommen werden, bevor die Umwandlung in eine Bestellung erfolgt. Darüber hinaus ist – wie bereits weiter oben erläutert – zu empfehlen, die Lieferantenpreise und Lieferkonditionen in den dafür vorgesehenen Dialogfeldern zu hinterlegen, sofern für den Lieferanten zukünftig weitere Bestellvorgänge geplant sind (siehe Abschnitt »Preise und Preisfindung«).

HINWEIS Der in der Praxis übliche Weg Bestellungen anzulegen, führt über den *Bestellvorschlag*. Bestellvorschläge sind Teil der Planungsfunktionalität, deren Methodik in Kapitel 6 erläutert wird. Der Bestellvorschlag bietet die Möglichkeit, auf Basis der errechneten Bedarfe für einzelne Artikelpositionen den Lieferanten auszuwählen bzw. den von der Artikelkarte in die Bestellvorschlagszeile übergebenen Kreditoren zu ändern, bevor die Bestellungen automatisch erzeugt werden.

Die Einkaufsbestellung ist im weiteren Beschaffungsprozess das zentrale Dokument, das auch den Wareneingang, Rechnungseingang und Zahlungseingang maßgeblich beeinflusst.

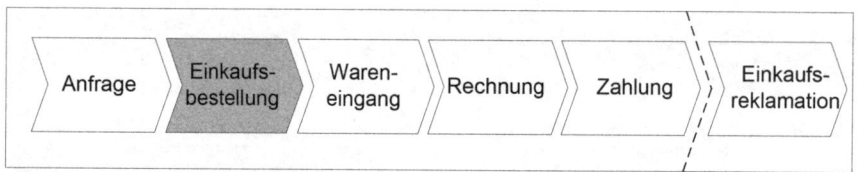

Abbildung 5.33 Beleg *Einkaufsbestellung*

Der Bestellbeleg hat im weiteren Prozessablauf direkten Einfluss auf die Finanzbuchhaltung. Um die Einkaufsbestellung für den weiteren Prozess der Bearbeitung freizugeben, müssen die entsprechenden Kopf- und Positionsdaten im Beleg erfasst und – sofern das Modul *Logistik* im Einsatz ist – der Auftragsstatus von *Offen* auf *Freigegeben* geändert werden. In dem vorliegenden Fall wird die Einkaufsanfrage in eine Einkaufsbestellung umgewandelt.

Link: *Abteilungen/Einkauf/Bestellungsabwicklung/Einkaufsanfragen/Aktionenen* (siehe Abbildung 5.34)

Einkaufsanfrage und Einkaufsbestellung

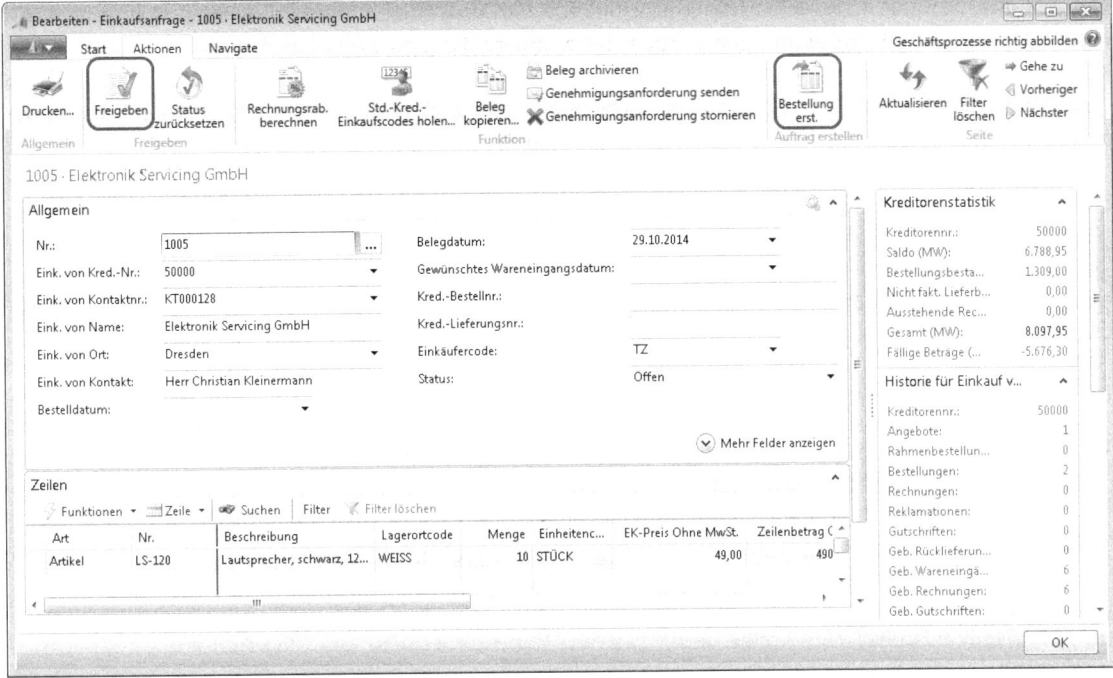

Abbildung 5.34 Einkaufsanfrage umwandeln

Nach Durchführung der beiden Aktionen *Freigeben* und *Bestellung erst.* ist der Anfragebeleg »1005« in einen Bestellbeleg mit der Nummer »106045« umgewandelt worden.

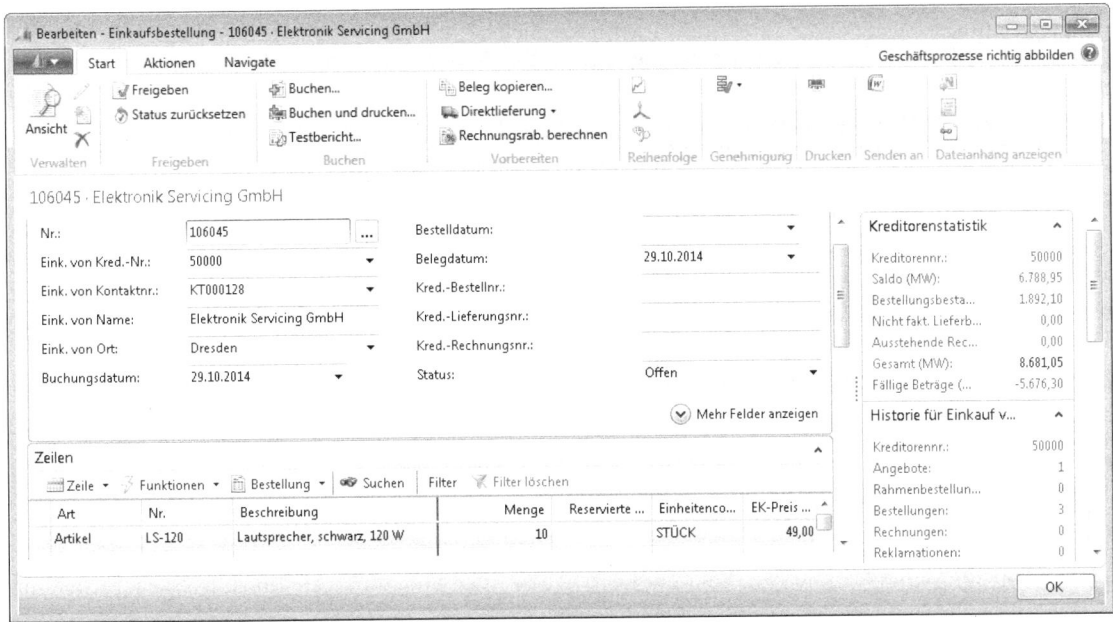

Abbildung 5.35 Einkaufsbestellung

Neben Anfragen und manuellen Bestellungen ohne Bezug können Bestellungen darüber hinaus auch das Ergebnis eines Planungslaufs bzw. Bestellvorschlags sein. Eine besondere Art von Einkaufsbestellungen stellen Rahmenbestellungen dar. Rahmenbestellungen bilden in der Regel längerfristige Vereinbarungen mit Lieferanten ab, in denen sich der Abnehmer gegenüber dem Lieferanten zur Abnahme einer bestimmten Menge eines Artikels verpflichtet. Häufig decken Rahmenbestellungen nur einen bestimmten Artikel ab, für den bestimmte Liefertermine vorgegeben sind. Dabei kann jede Lieferung als Bestellzeile in der Rahmenbestellung erfasst und zum Zeitpunkt der Bestellung in eine Einkaufsbestellung umgewandelt werden.

HINWEIS Manuell erstellte Bestellzeilen haben grundsätzlich unbeschränkte Planungsflexibiliät, das heißt der Planungslauf berücksichtigt diese Zeilen bei der Beschaffungsplanung und ändert diese im Bedarfsfall automatisch. Um dies zu verhindern, kann die Planungsflexibilität auf *Keine* eingestellt werden.

Im Rahmen der Bestellung sind einige Besonderheiten zu berücksichtigen, die im Folgenden kurz erläutert werden.

Werden Artikel im Auftrag eines Kunden bestellt und sollen diese direkt an den Kunden ausgeliefert werden, spricht man bei Dynamics NAV von Direktlieferungen oder allgemein auch von Streckengeschäft. Um sicherzustellen, dass Artikel, die zur Direktlieferung bestimmt und bestellt sind, auch entsprechend behandelt und nicht im Unternehmen eingelagert werden, müssen diese über den Verkaufsauftrag entsprechend gekennzeichnet, d.h. mit dem dazugehörigen Kundenauftrag verbunden werden (entweder durch Zuweisung eines Einkaufscodes oder direkte Aktivierung des Kontrollkästchens *Direktlieferung*).

Link: *Einkauf/Bestellungsabwicklung/Bestellungen/Bestellung/Direktlieferung/Auftrag holen*

Ist der Prozess der Beleggenehmigung für Einkaufsbestellungen aktiviert, muss vor Ausführung des Beschaffungsvorgangs die Bestellung genehmigt werden (siehe dazu auch in Kapitel 4 den Abschnitt »Belegfluss und Beleggenehmigungen«). Dazu ist eine entsprechende Genehmigungsanforderung an den Genehmiger zu senden.

Link: *Einkauf/Bestellabwicklung/Bestellungen/Aktionen/Genehmigungsanforderung senden*

HINWEIS Für den Fall, dass Artikel nur im Kundenauftrag bestellt werden sollen, der Wareneingang aber im Gegensatz zur Direktlieferung physisch beim Unternehmen erfolgt, kann das Konstrukt des Spezialauftrags genutzt werden, um Verkaufs- und Einkaufsbeleg direkt miteinander zu verknüpfen.

Einkaufsanfrage/Einkaufsbestellung aus Compliance-Sicht

Potenzielle Risiken

- Bestellungen werden nicht oder falsch erfasst bzw. nicht oder nicht zeitnah bearbeitet (Effectiveness, Efficiency)
- Daten, die aus den Lieferantenstammdaten in den Belegkopf kopiert werden (z. B. Zahlungsbedingungen), werden im Beleg manuell überschrieben bzw. entsprechen nicht den Vorgaben
- Es werden imaginäre Bestellungen angelegt, freigegeben und bezahlt, für die keine Warenlieferung erfolgt (Effectiveness, Integrity, Reliability, Compliance)

Prüfungsziel

- Sicherstellung eines Prozesses zur vollständigen, konsistenten und zeitnahen Einkaufsbestellbearbeitung, Verhinderung von Bestellungen ohne Wareneingang
- Sicherstellung der korrekten Übernahme von Stamm- in Belegdaten

Prüfungshandlungen

Vollständige und zeitnahe Bearbeitung

Es sollte überprüft werden, ob sich ältere Anfragen im System befinden, die nicht in Bestellungen umgewandelt wurden. Dazu muss zunächst die Übersicht aller Anfragen angezeigt werden.

Link: *Abteilungen/Einkauf/Bestellungsabwicklung/Einkaufsanfragen* (siehe Abbildung 5.36)

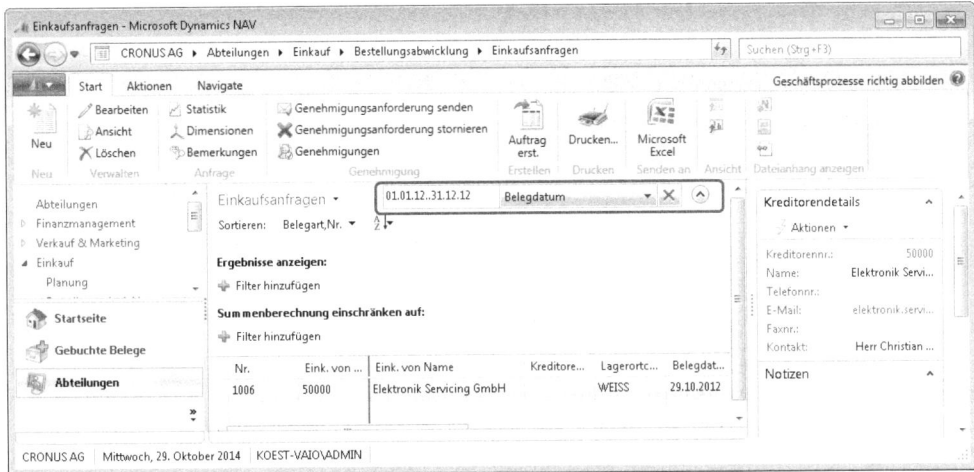

Abbildung 5.36 Übersicht zu Einkaufsanfragen

Über den Filter können Anfragen, die zu einer bestimmten Zeit (beispielsweise länger als ein Jahr zurückliegend) erstellt wurden, selektiert werden. Dazu ist eine Einschränkung des Belegdatums vorzunehmen. Weitere Filterkriterien lassen sich auch miteinander verknüpfen, wenn man den erweiterten Filterbereich aufklappt und entsprechende Filterkriterien hinterlegt. Im dargestellten Beispiel wurden Einkaufsanfragen selektiert, die zwischen dem 01.01.2012 und 31.12.2012 erstellt wurden.

Über NAV-Seiten und den Page Designer ist es grundsätzlich möglich, die Änderung von Belegen in Feldern zu steuern und auch zu unterbinden. So können Feldwerte fixiert und präventiv gegen manuelle Änderungen geschützt werden (siehe dazu auch in Kapitel 2 den Abschnitt »Dynamics NAV-Datenbankobjekte«). Darüber hinaus kann in der Tabelle der Einkaufsbelegkopfdaten geprüft werden, ob die dort enthaltenen Feldwerte für kritische Felder von denen der Stammdaten abweichen (durch Verknüpfen der Tabellen über den Primärschlüssel *Kreditorennr.*) bzw. ob Werte existieren, die eigentlich weder in den Stamm- noch in den Belegdaten existieren dürften.

Feldzugriff: *Tabelle 23 Kreditor/Feld Zlg.-Bedingungscode*

in Verbindung mit

Feldzugriff: *Tabelle 38 Einkaufskopf/Feld Zlg.-Bedingungscode [DIL Eink. an Kred.-Nr.]*

HINWEIS Wenn die Einkaufsbestellung einen abweichenden Zahlungsempfänger enthält (Feld *Zahlung an Kred.-Nr.*), muss die entsprechende Zahlungsbedingung dieses Kreditors mit den Belegdaten verglichen werden.

Online In den Begleitmaterialien zu diesem Buch befindet sich ein entsprechendes Query-Objekt.

Die Begleitdateien stehen als Download zur Verfügung. Sie können diese wahlweise entweder von der Seite *www.microsoft-press.de/support/9783866455696* oder von der Seite *msp.oreilly.de/support/2272/803* herunterladen..

Preise und Preisfindung

Die Anwendung ermöglicht die Hinterlegung lieferantenspezifischer Artikelpreise über die Gestaltung sogenannter alternativer Preise. Der Prozess der Preisfindung im Einkauf und dessen Einrichtungsmöglichkeiten werden im Folgenden erläutert.

Preisfindung – Der Prozess im Überblick

Standardmäßig gestaltet sich der Prozess der Preisfindung im System wie folgt:

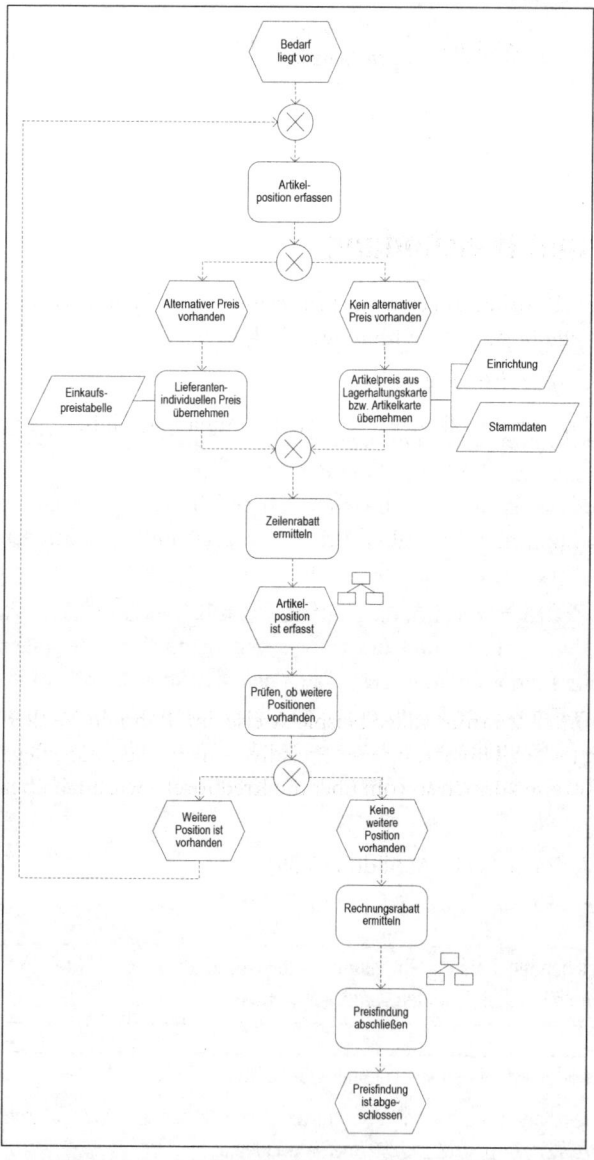

Abbildung 5.37 Preisfindungsprozess im Einkauf

Preise und Preisfindung

Dabei kann auf Positionsebene nach Preisen gemäß Artikel-/Lieferantenkombination gesucht werden, die in einer Preistabelle hinterlegt sind und unter bestimmten Rahmenbedingungen (Zeiträume, Artikelmengen etc.), die die Anwendung automatisch prüft, zur Geltung kommen. Sind keine alternativen Preise im System gepflegt, wird aus der Artikelkarte *Direkte Kosten (neueste)* in die Positionsdaten der Anfrage oder Bestellung kopiert. Dabei handelt es sich um den nicht rabattierten Einkaufspreis in der letzten gebuchten Bestellung/in der Rechnungszeile für den fraglichen Artikel.

Aus Sicht des Belegflusses erfolgt die Verwendung alternativer Preise bei der Erstellung von Anfrage- und Einkaufsbestellbelegen.

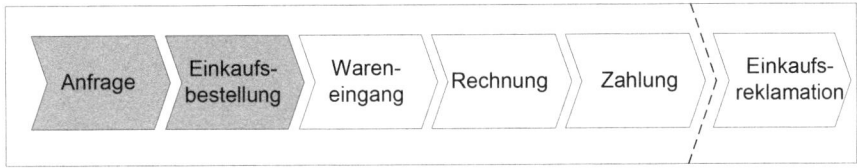

Abbildung 5.38 Belege in der Preisfindung im Einkauf

Ablauf und Einrichtung der Preise und Preisfindung

Die Preisfindung erfolgt grundsätzlich in dreistufiger Priorität. Im ersten Schritt ermittelt das System, ob lieferantenspezifische Preise für den Artikel in der Tabelle *Einkaufspreis* hinterlegt sind.

Preisfindung auf Basis alternativer EK-Preise (Einkaufspreistabelle)

In der Praxis sind unterschiedliche Artikelpreise bei unterschiedlichen Lieferanten in Abhängigkeit beispielsweise folgender Parameter üblich:

- Allgemeine Qualität der Lieferantenbeziehung
- Abgewickeltes Einkaufsvolumen mit dem Lieferanten
- Vereinbarte Mindestmengen
- Transaktionswährung
- Unterschiedliche Artikelvarianten

Darüber hinaus können Preise innerhalb bestimmter Zeitintervalle, beispielsweise im Rahmen zeitlich begrenzter Aktionen, variabel sein. Das System bietet zur Umsetzung von Preisdiversifikationen die Pflege alternativer Einkaufspreise an. Alternative Einkaufspreise können sowohl über die Kreditoren- wie auch über die Artikelkarte gepflegt werden.

Link: *Abteilungen/Einkauf/Planung/**Artikel**/Start/VK-Preise* (siehe Abbildung 5.39)

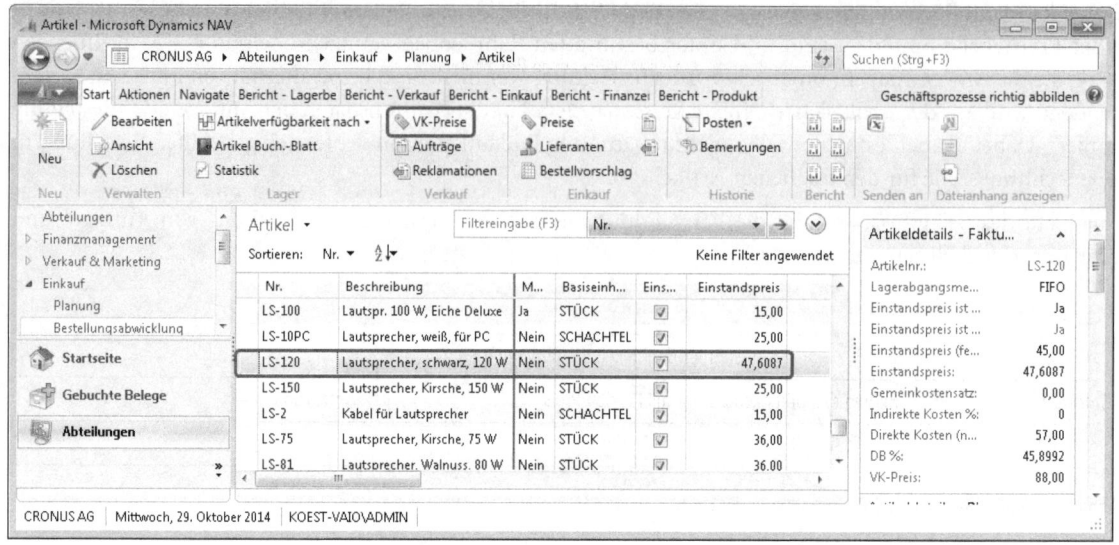

Abbildung 5.39 Lieferantenspezifische Preise ermitteln

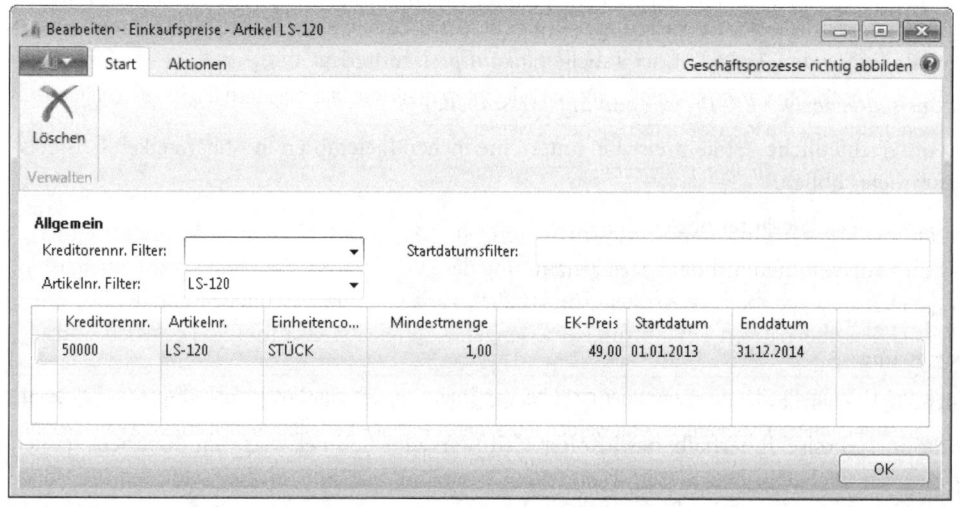

Abbildung 5.40 Einkaufspreise für Artikel

Über die Felder *Kreditorennr. Filter*, *Artikelnr. Filter* und *Startdatumsfilter* lässt sich der Bezugsrahmen der festzulegenden Preise bestimmen.

In den einzelnen Zeilen werden anschließend die Bedingungen definiert, unter deren Voraussetzung ein bestimmter Einkaufspreis für einen bestimmten Artikel in Anfragen, Einkaufsbestellungen, Rechnungen und Gutschriften gewährt wird. Folgende Bedingungen können dabei genutzt und kombiniert werden (siehe Tabelle 5.11):

Preise und Preisfindung

Feld	Beschreibung
Kreditorennr.	Nummer des Kreditoren, der einen alternativen Preis anbietet
Artikelnr.	Artikel, für den der Preis gelten soll
Variantencode	Variante, für den der Preis gelten soll. Bleibt das Feld leer, gilt der Preis für alle nicht spezifizierten Varianten des Artikels.
Währungscode	Währung, für die der Preis gelten soll
Einheitencode	Einheitencode, für den der Einkaufspreis gültig sein soll
Mindestmenge	Menge, ab der ein bestimmter Preis gilt
Einkaufspreis	Gültiger Einkaufspreis unter den gesetzten Bedingungen
Startdatum	Beginn des Gültigkeitszeitraums für den Preis
Enddatum	Ende des Gültigkeitszeitraums für den Preis

Tabelle 5.11 Einkaufspreise festlegen

Wird eine Anfrage oder Einkaufsbestellung erzeugt, erfolgt die Preisermittlung anhand der zuvor festgelegten Kriterien. In diesem Beispiel wurde aufgrund der Preisfestlegung in der Einkaufspreistabelle für den Lieferanten »50000« und den Artikel »LS-120« bei einer Mindestmenge von einer Artikeleinheit im Zuge der Erstellung der Einkaufsbestellung der EK-Preis von 49,00 Euro ermittelt.

HINWEIS   In dem Bericht *Kreditoren/Artikel Katalog* können lieferantenspezifische Informationen (Preise, Beschaffungszeiten, Kreditorenartikelnummer) gefiltert angezeigt und ausgewertet werden.

Link: *Abteilungen/Finanzmanagement/Kreditoren/Berichte/Kreditoren/Artikel Katalog*

Die Verwendung alternativer Einkaufspreise unterstützt somit den Einkäufer bei der artikelpreisorientierten Auswahl der Lieferanten. Das System geht bei der Überprüfung des Preises zweistufig vor: Es prüft zunächst, ob alternative Preise für den zu beschaffenden Artikel grundsätzlich vorliegen und anschließend ob die Bedingungen für die Gültigkeit eines alternativen Einkaufspreises (Mengen, Gültigkeitszeiträume etc.) gegeben sind.

ACHTUNG   Dynamics NAV unterstützt den Anwender nicht bei der Ermittlung des günstigsten Einkaufspreises. Da bei der Bestellung bereits der Lieferant im Bestellkopf ausgewählt werden muss, bevor einzelne Bestellpositionen erfasst werden können, berücksichtigt das System in diesem Fall nur Artikelpreise und Konditionen dieses Lieferanten. Die Einkaufspreise bei unterschiedlichen Lieferanten lassen sich über die Artikelkarte prüfen.

Link: *Abteilungen/Einkauf/Planung/**Artikel**/Start/VK-Preise*

Hier besteht allerdings der Nachteil, dass mögliche Zeilen- und Rechnungsrabatte in der Berechnung des endgültigen Preises nicht berücksichtigt werden.

Sind die entsprechenden Bedingungen erfüllt, wird der alternative Preis in das Feld *EK-Preis* in die Einkaufsbestellzeile kopiert. Andernfalls wird *Direkte Kosten (neueste)* aus der Artikelkarte in die Einkaufsbelegzeile kopiert.

Sofern es Lagerhaltungsdaten für den Artikel und den entsprechenden Lagerort gibt, hat ein abweichender Wert im Feld *Direkte Kosten (neueste)* Priorität gegenüber der Artikelkarte.

Link: *Abteilungen/Einkauf/Lager & Bewertung/**Lagerhaltungsdaten**/Start/Ansicht*

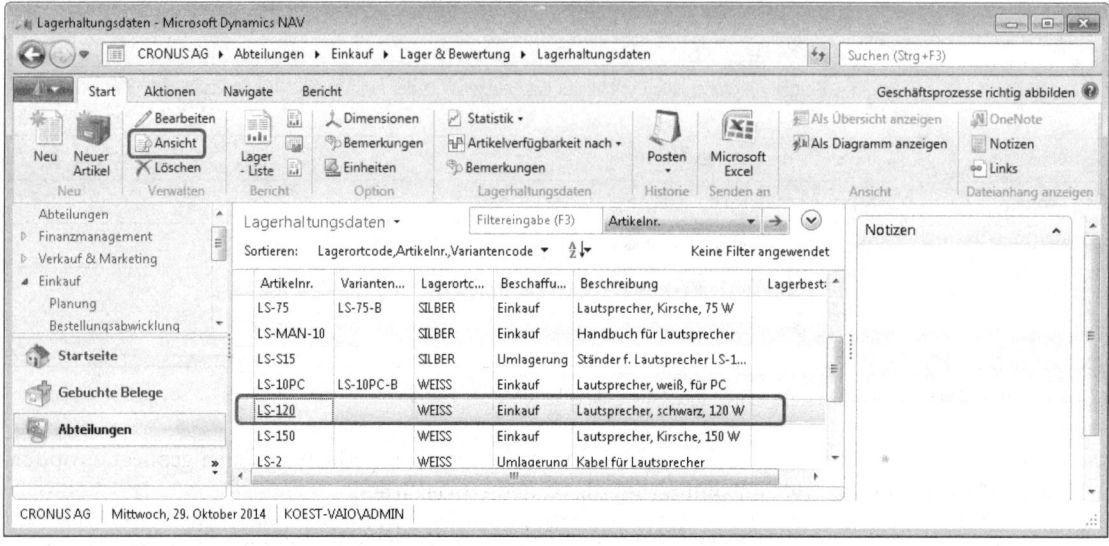

Abbildung 5.41   Preise aus Lagerhaltungsdaten

Aus der zuvor erstellten Bestellung (siehe Abbildung 5.42) ist ersichtlich, dass diese für den Lagerort *WEISS* durchgeführt wurde. Entsprechend sucht das System Lagerhaltungsdaten für eben dieses Lager.

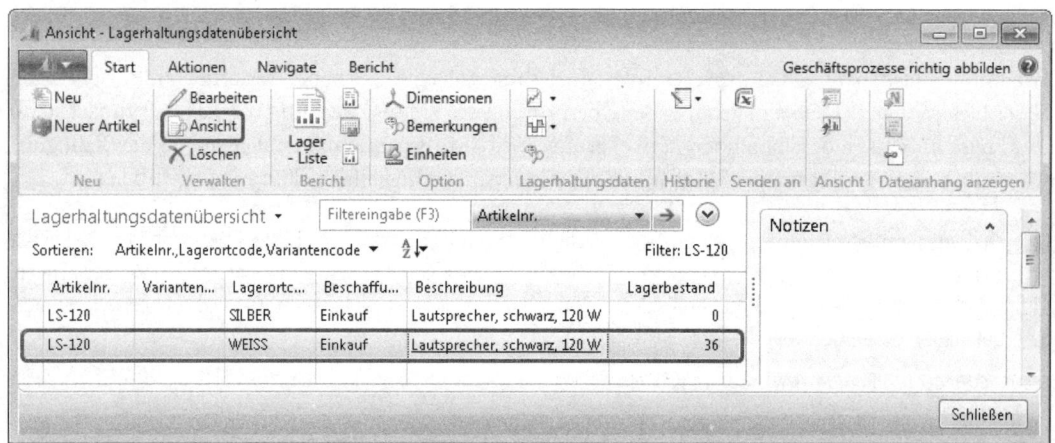

Abbildung 5.42   Lagerhaltungsdaten für Lagerort WEISS

Nach Bestätigung der Aktion *Ansicht* erhält man die lagerortspezifischen Preisinformationen für den Artikel LS-120. Bei fehlenden lieferantenspezifischen Einkaufspreisen wäre der Preis *Direkte Kosten (neueste)* aus der Lagerhaltungskarte in die Bestellung kopiert worden (siehe Abbildung 5.43). Bei diesem Preis handelt es sich um den letzten EK-Preis, der für den Artikel mit diesen Lagerhaltungsdaten fakturiert wurde.

Preise und Preisfindung

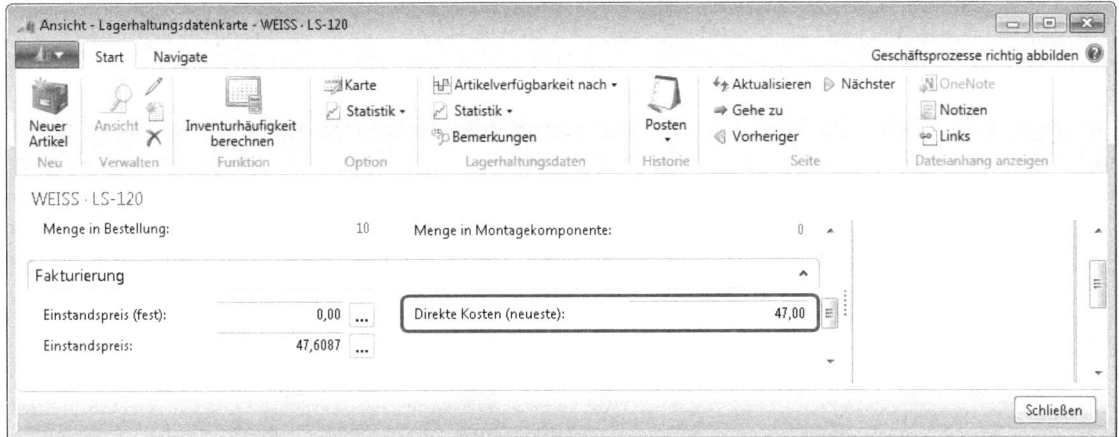

Abbildung 5.43 Direkte Kosten (neueste) auf der Lagerhaltungsdatenkarte

Sind neben lieferantenspezifischen Preisen auch keine Preise in den Lagerhaltungsdaten gepflegt, ermittelt das System den Artikelpreis aus den Fakturierungsdaten der Artikelkarte.

Link: *Abteilungen/Einkauf/Planung/**Artikel**/Bearbeiten/Fakturierung* (siehe Abbildung 5.44)

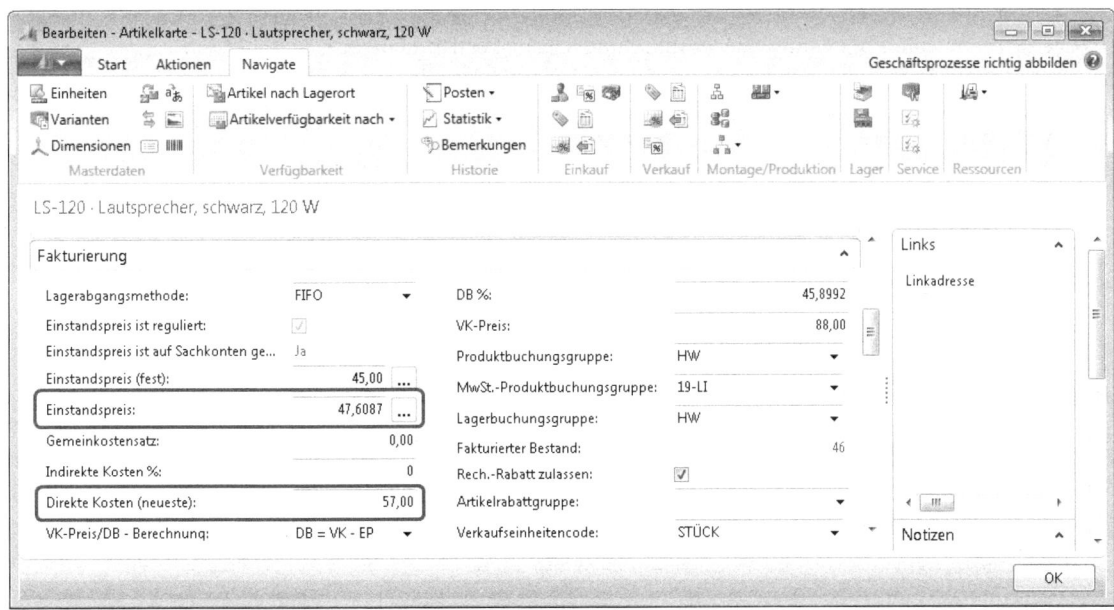

Abbildung 5.44 Preisdaten der Artikelkarte

Der Preis *Direkte Kosten (neueste)* stammt aus der Einkaufszeile der letzten fakturierten Bestellung und wird gegebenenfalls in Mandantenwährung umgerechnet. Es handelt sich dabei um den Preis vor Gewährung von Rabatten.

HINWEIS Um die Historie der Einstandspreise anzuzeigen, kann ein Drilldown im Feld *Einstandspreis* bzw. *Einstandspreis (fest)* durchgeführt werden.

Der Wert *Direkte Kosten (neueste)* auf der Artikelkarte wird weder fortgeschrieben noch kann dazu eine Historie angezeigt werden (außerhalb des Änderungsprotokolls). Der auf dieser Ebene definierte Einkaufspreis gilt somit einheitlich für alle Lieferanten des Mandanten. In dem hier vorliegenden Beispiel existiert ein lieferantenspezifischer Preis aus der Einkaufstabelle, der bei der Erstellung der Einkaufsbestellung in den Einkaufsbeleg kopiert wird.

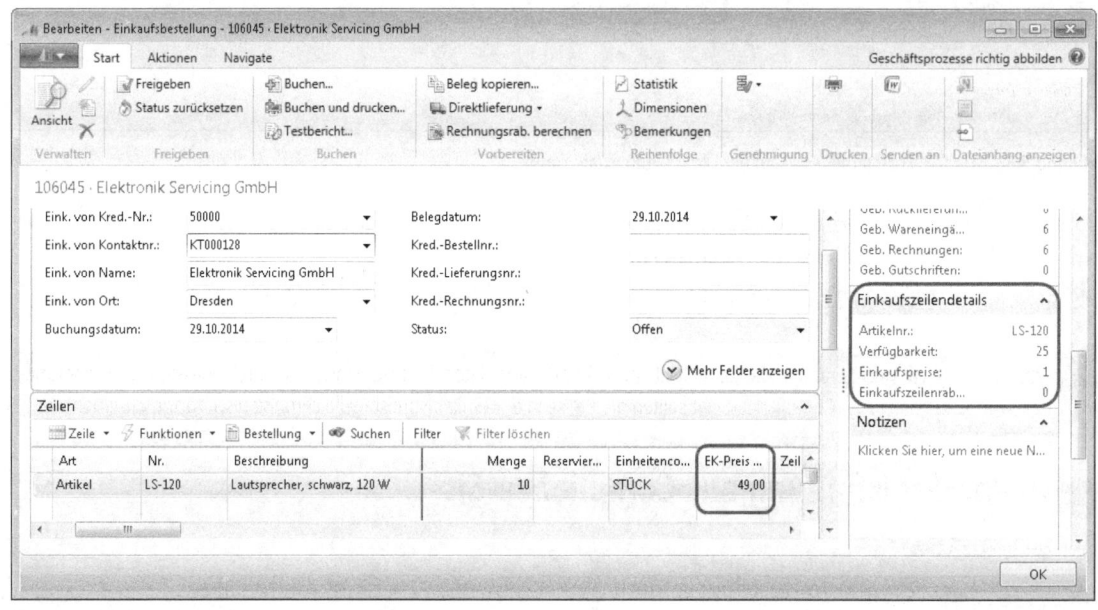

Abbildung 5.45 Einkaufspreis aus Artikelkarte kopiert

TIPP Im rechten Bereich der Einkaufsbestellung (Infoboxen) werden Informationen zum Artikel angezeigt, die neben der Artikelverfügbarkeit auch Informationen zu unterschiedlichen Einkaufspreisen für diesen Lieferanten enthalten.

Einkaufspreise unterliegen grundsätzlich Schwankungen oder langfristigen Änderungen. Dem Einkauf obliegt die Pflicht, Preise regelmäßig zu prüfen und Preisänderungen in der Anwendung zu pflegen. Dynamics NAV bietet zwei unterschiedliche Möglichkeiten der Einkaufspreisverwaltung. Mithilfe der Stapelverarbeitung *Artikelpreise justieren* können bestimmte Felder in der Artikelkarte bzw. Lagerhaltungsdatenkarte aktualisiert werden. Im Inforegister *Artikel* können die zu aktualisierenden Datensätze und im Inforegister *Optionen* die zu ändernden Wertfelder selektiert werden. Die vorgenommenen Änderungen wirken sich nicht auf die alternativen Einkaufspreise aus.

Link: *Abteilungen/Einkauf/Lager & Bewertung/Bewertung/Artikelpreise justieren* (siehe Abbildung 5.46)

Über den Korrekturfaktor kann festgelegt werden, wie sich der neue Artikelpreis ergibt (in diesem Falle eine Erhöhung von 10 % gegenüber des bisherigen Preises für alle Artikel des Lieferanten 50000), die Rundungsmethode legt gegebenenfalls fest, wie der neu ermittelte Preis zu runden ist. Über die Verknüpfung von diversen Filterkriterien können die Artikel, deren Preise neu justiert werden sollen, genau eingegrenzt werden.

Preise und Preisfindung

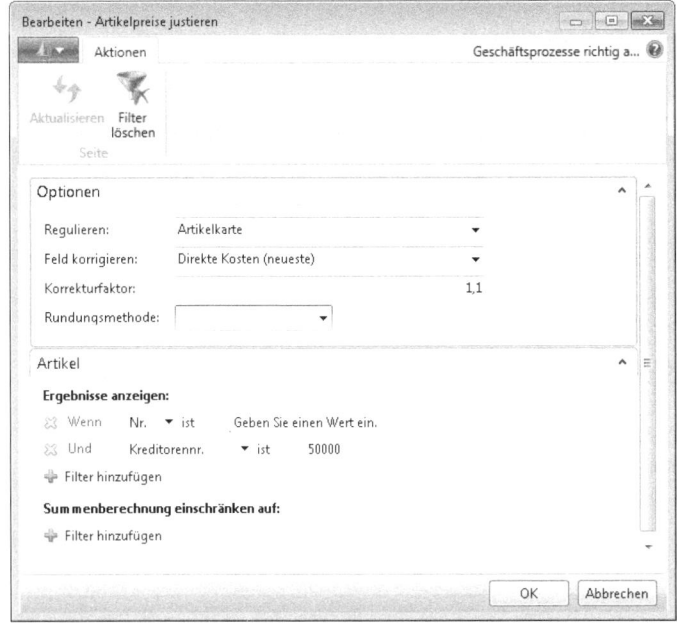

Abbildung 5.46 Artikelpreise im Einkauf justieren

HINWEIS   In der Praxis werden in der Regel XMLports oder die RapidStart-Dienste genutzt, um die Anpassung von Lieferanten-Artikelpreisen vorzunehmen. Aus Compliance-Sicht sollten die Preise in der Einkaufspreistabelle chronologisch fortgeschrieben werden.

Preise und Preisfindung aus Compliance-Sicht

Potenzielle Risiken

- Zu hohe Einkaufspreise in Bestellungen führen zu Vermögensverlust des Unternehmens
- Falsche Preise haben möglicherweise negative Auswirkungen auf die Beziehung zu Lieferanten

Prüfungsziel

- Abgleich der Preispolitik des Unternehmens mit den im System hinterlegten Preisdaten
- Vergleich der Preise in den Artikelstammdaten mit alternativen Preisen

Prüfungshandlungen

Im ersten Schritt sollte sich ein Überblick der vom Unternehmen betriebenen Einkaufspolitik verschafft werden. Dazu gehört insbesondere die Analyse der dazugehörigen Dokumentation (Preislisten, Mengenstaffelungen, gegebenenfalls Verträge mit Lieferanten, Rahmenverträge etc.). Anschließend kann geprüft werden, ob die dokumentierten Preise mit den Basispreisdaten in der Anwendung übereinstimmen.

Preisprüfung auf Basis der Artikelkarte ohne alternative EK-Preise

Feldzugriff: *Tabelle 27 Artikel/Feld Direkte Kosten (neueste)*

Preisprüfung auf Basis alternativer EK-Preise

Bei der Verwendung alternativer Einkaufspreise muss geprüft werden, ob zwischen den Einkaufspreisen in der Artikelkarte und den alternative Preisen unplausible Unterschiede existieren. Dazu müssen die Tabellen mit den Artikelstammdaten mit denen der Einkaufspreise verglichen werden.

Feldzugriff: *Tabelle 27 Artikel/Direkte Kosten (neueste)*

in Verbindung mit

Feldzugriff: *Tabelle 7012 Einkaufspeis*

Dies gilt analog zu den Preisdaten in den Lagerhaltungsdaten

Feldzugriff: *Tabelle 5700 Lagerhaltungsdaten*

> **HINWEIS** Die Tabelle *Einkaufspreis* kann gegebenenfalls Fremdwährungen enthalten, wohingegen *Direkte Kosten (neueste)* immer in Mandantenwährung geführt wird.

Zeilen- und Rechnungsrabatte

Neben der Möglichkeit, lieferantenabhängige Preise im System zu hinterlegen, bietet Dynamics NAV die Möglichkeit, in Abhängigkeit von unterschiedlichen Parametern, Zeilen- und Rechnungsrabatte für bestimmte Artikel und/oder Lieferanten zu hinterlegen. Im folgenden Abschnitt wird die Rabattlogik beschrieben und die relevanten Einstellungsmöglichkeiten im System erläutert.

Der Prozess im Überblick

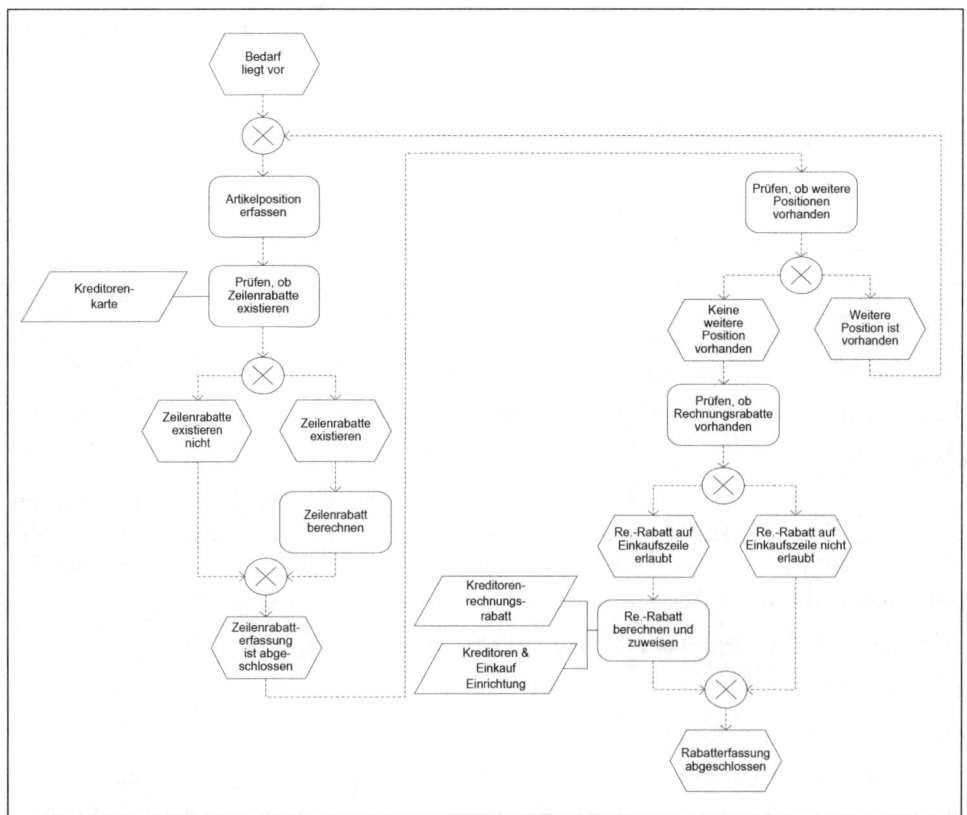

Abbildung 5.47 Rabattfindungsprozess im Einkauf

Zeilen- und Rechnungsrabatte

Die Anwendung ermöglicht die Hinterlegung lieferanten- und artikelabhängiger Rabatte auf Belegpositionsebene und auf Ebene des Rechnungsbetrags.

Aus Sicht des Belegflusses erfolgt die Rabattgewährung auf der Ebene der Anfrage und Einkaufsbestellung.

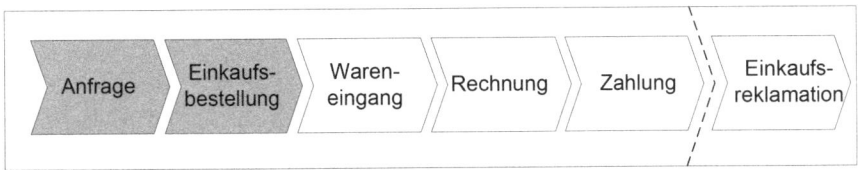

Abbildung 5.48 Belege in der Rabattfindung im Einkauf

Ablauf und Einrichtung von Zeilen- und Rechnungsrabatten

Neben lieferantenindividuellen Preisvereinbarungen durch alternative Preise bietet Dynamics NAV auch die Möglichkeit unterschiedlicher Arten der Rabattgewährung und -buchung. Dabei lassen sich drei Arten von Rabatten unterscheiden:

- **Zeilenrabatte (artikelbezogene Rabatte)** Können für Artikel-Lieferantenkombinationen gepflegt werden und sind damit ähnlich konstruiert wie alternative Einkaufspreise

- **Rechnungsrabatte** Beziehen sich nicht auf den einzelnen Artikel (Artikelpositionen), sondern werden in Abhängigkeit von der Rechnungshöhe gewährt. Es ist allerdings möglich, einzelne Einkaufsbestellpositionen vom Rechnungsrabatt auszuschließen. Rechnungsrabatte sind je Kreditor zu pflegen.

- **Skonti** Werden vom Lieferanten für den Fall gewährt, dass bestimmte Zahlungsfristen eingehalten werden. Erfolgt eine fristgerechte Zahlung, ist das Unternehmen in der Regel berechtigt, einen bestimmten Prozentsatz des Rechnungsbetrags abzuziehen. Da Skonti Bestandteil der Zahlungsbedingungen sind und erst bei Zahlungseingang gebucht werden, erfolgt eine detaillierte Betrachtung dieses Thema im Abschnitt »Zahlungsausgang für offene Verbindlichkeiten« weiter hinten in diesem Kapitel.

Um Einkaufsrabatte anwenden und buchen zu können, muss im ersten Schritt die allgemeine Rabatteinrichtung auf Ebene des Mandanten erfolgen.

Link: *Abteilungen/Einkauf/Einrichtung/Kreditoren* & *Einkauf Einr.* (siehe Abbildung 5.49)

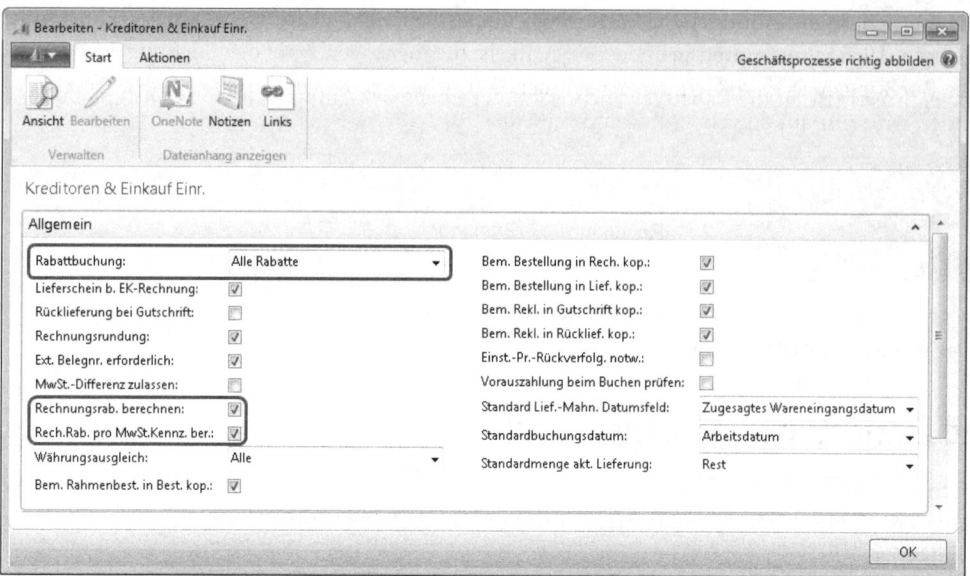

Abbildung 5.49 Rabatteinrichtung im Einkauf

Folgende Werte sind hierbei von Bedeutung (siehe Tabelle 5.12):

Feld	Beschreibung
Rechnungsrab. berechnen	Bei Aktivierung wird der Rechnungsrabattbetrag auf Einkaufsbelegen automatisch durch die Anwendung berechnet. **Hinweis**: Es muss erst die Statistik zum Einkaufsbeleg aufgerufen werden, bevor der Rechnungsrabatt in die Einkaufszeile kopiert wird.
Rech.Rab. pro MwSt.Kennz. ber.	Bei Aktivierung wird der Rechnungsrabatt pro MwSt.-Kennzeichen berechnet

Tabelle 5.12 Rabatteinrichtung im Einkauf (1/2)

Über das Feld *Rabattbuchung* können Regeln für die Buchungssteuerung festgelegt werden, wobei vier Optionen möglich sind (siehe Tabelle 5.13).

Feldwert	Beschreibung
Keine Rabatte	Rabatte werden nicht getrennt gebucht, sondern direkt vom Rechnungsbetrag abgezogen (Nettomethode). Rabattbeträge können im Kontenplan somit nicht nachvollzogen werden.
Rechnungsrabatte	Rechnungsrabatt und Rechnungsbetrag werden auf separaten Konten gebucht (Bruttomethode). Dabei wird das Rechnungsrabattkonto verwendet, das in der Buchungsmatrix eingerichtet sein muss. Rabattbeträge können so im Kontenplan auf separaten Konten nachvollzogen werden.
Zeilenrabatte	Zeilenrabatt und Rechnungsbetrag werden auf separaten Konten gebucht (Bruttomethode). Dabei wird das Zeilenrabattkonto verwendet, das in der Buchungsmatrix eingerichtet sein muss.
Alle Rabatte	Zeilenrabatt, Rechnungsrabatt und Rechnungsbetrag werden auf separaten Konten gebucht (Bruttomethode). Dabei wird das Zeilenrabattkonto verwendet, das in der Buchungsmatrix eingerichtet sein muss. Rabattbeträge können so im Kontenplan nachvollzogen werden.

Tabelle 5.13 Rabatteinrichtung im Einkauf (2/2)

Zeilen- und Rechnungsrabatte

Im Rahmen der GuV-Kontenfindung werden die allgemeine Geschäftsbuchungsgruppe des Lieferanten sowie die allgemeine Produktbuchungsgruppe des Artikels herangezogen, um die Buchung gemäß der Einrichtung der Buchungsmatrix vornehmen zu können. Wird bei der Rabatteinrichtung der Wert *Keine Rabatte* verwendet, wird nur auf das Einkaufskonto gebucht.

Link: *Abteilungen/Finanzmanagement/Einrichtung/Buchungsgruppen/Buchungsmatrix Einr.* (siehe Abbildung 5.50)

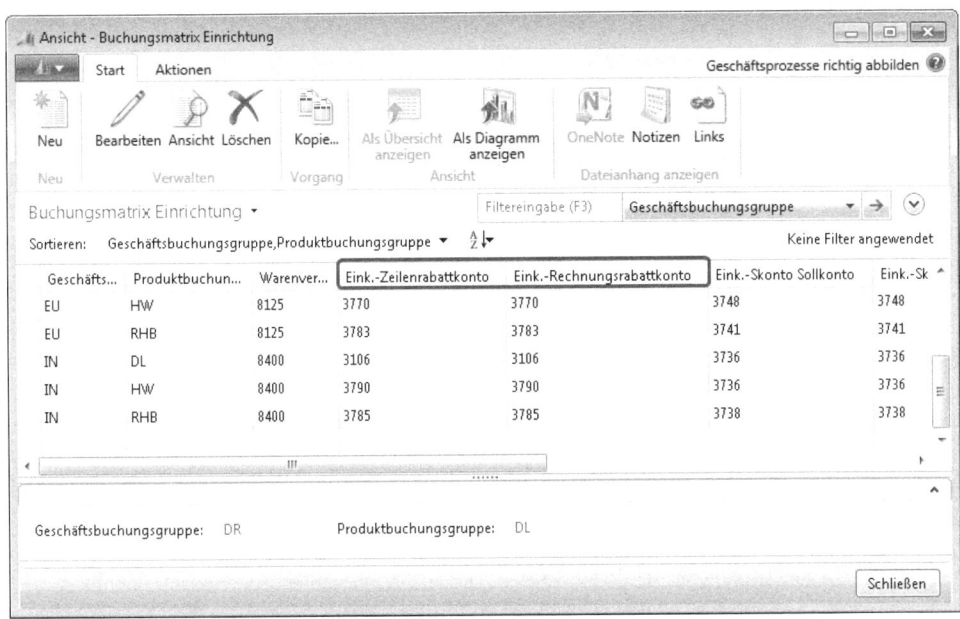

Abbildung 5.50 Buchungsmatrix Rabattkonten im Einkauf

Aktivierung der Rabatte auf Ebene der Artikel- und Kreditorenkarte (ohne Berücksichtigung alternativer EK-Preise)

Auf der Artikelkarte kann festgelegt werden, ob die Berechnung des Rechnungsrabatts erfolgt oder nicht.

Link: *Abteilungen/Einkauf/Planung/Artikel* (siehe Abbildung 5.51)

Die Definition der Einkaufsrechnungsrabatte selbst erfolgt über die Rechnungsrabattcodes im Inforegister *Fakturierung* der Kreditorenkarte. Bei der Einrichtung einer neuen Kreditorenkarte füllt Dynamics NAV dieses Feld automatisch mit der Kreditorennummer. Grundsätzlich können zwei Möglichkeiten für die Zuweisung von Rabattcodes zu Lieferanten gewählt werden.

Wird das Feld durch den Anwender nicht geändert, müssen in der Tabelle *Kreditorenrechnungsrabatt* Bedingungen für den Rechnungsrabattcode kreditorenindividuell eingerichtet werden.

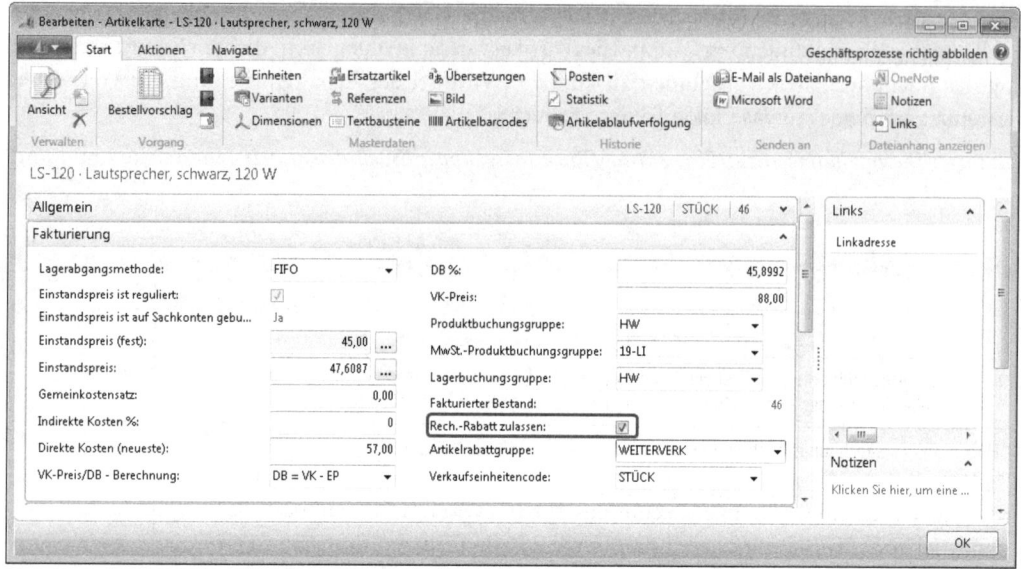

Abbildung 5.51 Rechnungsrabatte im Einkauf zulassen (Artikelkarte)

Link: *Abteilungen/Einkauf/Bestellungsabwicklung/**Kreditoren**/Navigate/Rechnungsrabatte* (siehe Abbildung 5.52)

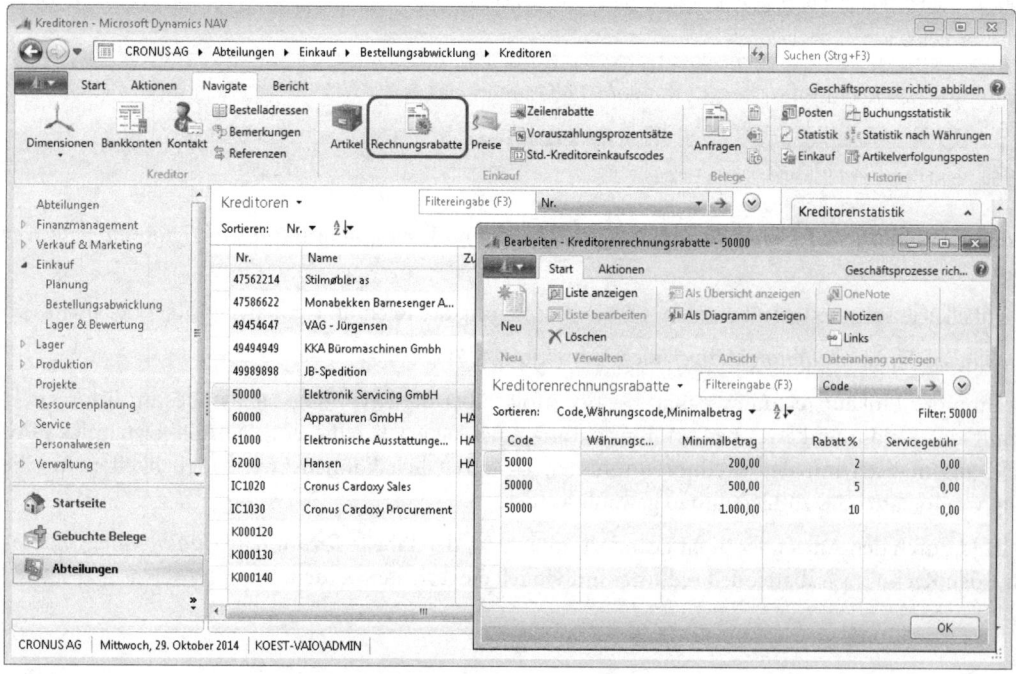

Abbildung 5.52 Definition von Kreditorenrechnungsrabatten

Soll für mehrere Kreditoren oder eine Gruppe von Kreditoren der identische Rechnungsrabatt gelten, muss der Vorgabecode durch den gewünschten ersetzt werden. Die Einrichtung von Rechnungsrabatten erfolgt

Zeilen- und Rechnungsrabatte

analog zu der oben beschriebenen Vorgehensweise. Einkaufsrabattcodes sind durch folgende Eigenschaften gekennzeichnet (siehe Tabelle 5.14).

Feld	Beschreibung
Code	Eindeutiger Code für den Rechnungsrabatt
Währungscode	Währungscode, für den die Rechnungsrabattbedingung gelten soll. Eventuelle Servicegebühren oder Minimalbeträge für diese Rechnungsrabattbedingungen werden in der entsprechenden Währung angezeigt.
Minimalbetrag	Minimalbetrag, ab dem ein bestimmter Rabattprozentsatz gelten soll
Rabatt %	Rabatt in Prozent vom Rechnungsbetrag
Servicegebühr	Servicegebühr, die entrichtet werden muss, wenn er für mindestens den Betrag im Feld Minimalbetrag gekauft wird (aber für weniger als den Minimalbetrag in der nächsten Rechnungsrabattzeile)

Tabelle 5.14 Einrichtung von Rechnungsrabatten im Einkauf

In diesem Beispiel wurde ein dreistufiger Rechnungsrabatt in den Kreditorenrabattgruppen erstellt (2 % bei einem Rechnungsbetrag von mindestens 200 Euro, 5 % bei einem Rechnungsbetrag von mindestens 500 Euro und 10 % bei einem Rechnungsbetrag von mindestens 1.000 Euro).

HINWEIS Das System validiert bei der Erstellung von Rechnungsrabatten den Minimalbetrag, d.h. die versehentliche Anlage eines gleichen Minimalbetrags mit unterschiedlichen Rabatten wird durch das System abgefangen. Andererseits ist es durchaus möglich, auf den ersten Blick nicht plausible Rabatte zu erstellen (beispielsweise bei Minimalbetrag 1.000 Euro Rabatt 10 % und Minimalbetrag 2.000 Euro Rabatt 4 %).

Die Zuordnung eines Rechnungsrabatts zu einem Lieferanten erfolgt über die Hinterlegung des Codes im Inforegister *Fakturierung* der Kreditorenkarte.

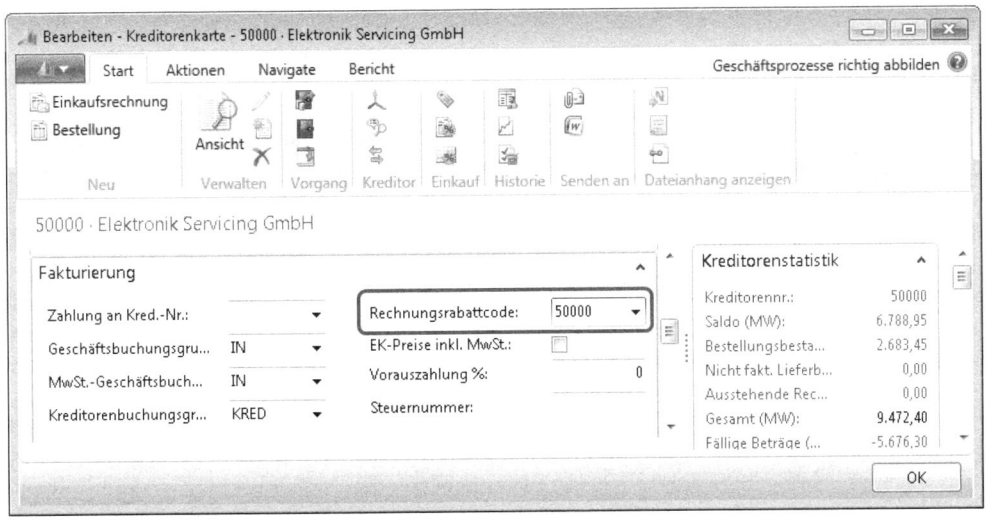

Abbildung 5.53 Rechnungsrabattcode Kreditor zuweisen

Bei der Anlage der Anfrage bzw. der Einkaufsbestellung wird gemäß den zuvor getroffenen Einstellungen überprüft, ob durch den Lieferanten ein bestimmter Rechnungsrabatt gewährt werden kann.

Definition von Zeilenrabatten

Die Definition von Zeilenrabatten erfolgt über das Inforegister *Fakturierung* entweder der Artikel- oder der Kreditorenkarte.

Link: *Abteilungen/Einkauf/Planung/**Artikel**/Navigate/Zeilenrabatte*

Link: *Abteilungen/Finanzmanagement/Kreditoren/**Kreditoren**/Navigate/Zeilenrabatte* (siehe Abbildung 5.54)

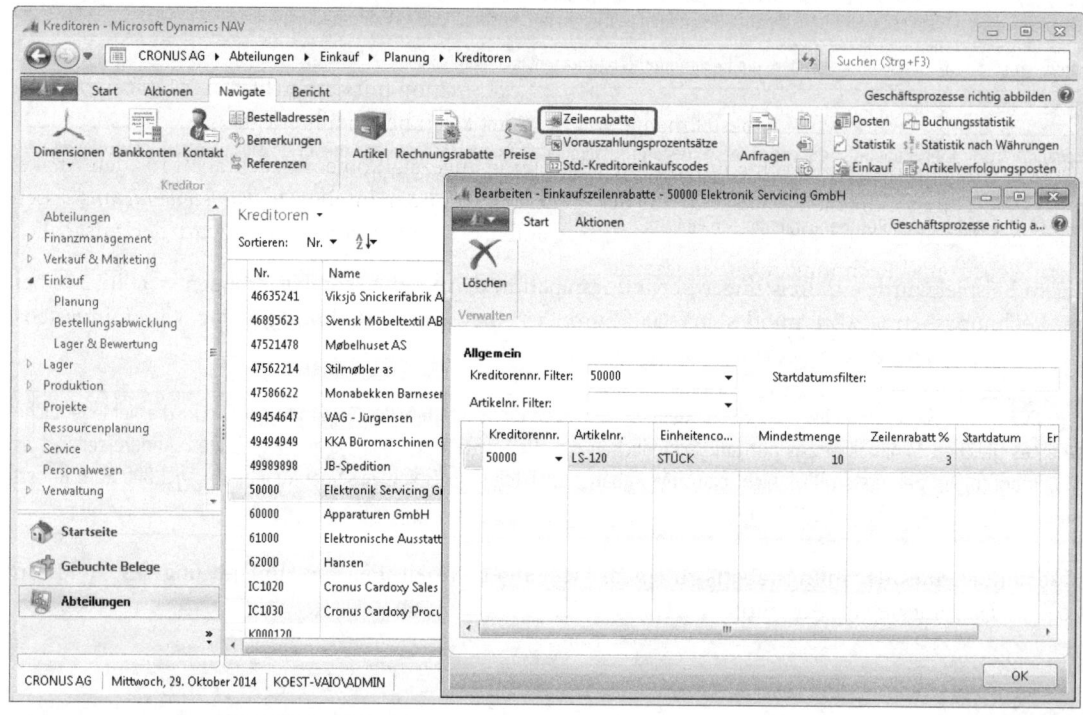

Abbildung 5.54 Definition der Einkaufszeilenrabatte

Über die Kombination aus Kreditoren- und Artikelnummer wird der Bezugsrahmen für den Zeilenrabatt festgelegt. In den einzelnen Zeilen werden anschließend die Bedingungen definiert, unter deren Voraussetzung von einem Lieferanten ein bestimmter Rabatt für einen bestimmten Artikel in Anfragen, Einkaufsbestellungen, Rechnungen und Gutschriften gewährt wird. Folgende Bedingungen können dabei genutzt und kombiniert werden (siehe Tabelle 5.15).

Feld	Beschreibung
Kreditorennummer	Nummer des Kreditoren, der einen alternativen Preis anbietet
Artikelnummer	Artikel, für den der Preis gelten soll
Variantencode	Variante, für den der Preis gelten soll. Bleibt das Feld leer, gilt der Preis für alle nicht spezifizierten Varianten des Artikels.
Währungscode	Währung, für die der Preis gelten soll
Einheiten	Einheitencode, für den der Einkaufspreis gültig sein soll

Tabelle 5.15 Definition der Einkaufszeilenrabatte

Zeilen- und Rechnungsrabatte

Feld	Beschreibung
Mindestmenge	Menge, ab der ein bestimmter Preis gilt
Einkaufspreis	Gültiger Einkaufspreis unter den gesetzten Bedingungen
Startdatum	Beginn des Gültigkeitszeitraums für den Preis
Enddatum	Ende des Gültigkeitszeitraums für den Preis

Tabelle 5.15 Definition der Einkaufszeilenrabatte *(Fortsetzung)*

Für dieses Beispiel wurde für den Lieferanten »50000« in Kombination mit dem Artikel »LS-120« ein Zeilenrabattsatz von 3 % für eine Mindestbestellmenge von zehn Artikeleinheiten hinterlegt.

Wie bei der Preisfindung wird rechts unten in der Bestellung angezeigt, ob ein Zeilenrabatt für den Artikel hinterlegt ist. Durch einfachen Mausklick auf den Zeilenrabatt in der Infobox *Einkaufszeilendetails* lassen sich alle gepflegten Zeilenrabatte anzeigen und auswählen. In den Positionsdaten wird der tatsächlich gewährte Zeilen- und Rechnungsrabatt angezeigt.

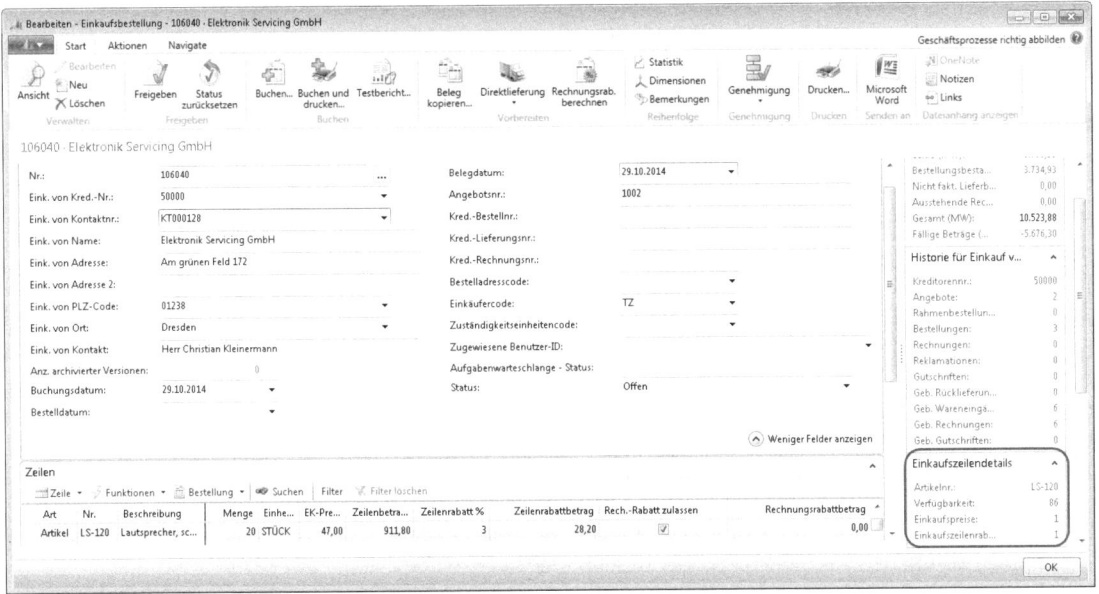

Abbildung 5.55 Rabattanzeige in der Einkaufsbestellung

Wurden in Dynamics NAV für den Artikel bzw. Lieferanten keine Zeilenrabatte erfasst, wird der Einkaufspreis aus der Artikelkarte in den Einkaufsbeleg kopiert, sofern nicht ein alternativer Einkaufspreis für diese Artikel-Lieferanten-Kombination eingerichtet ist.

Für das obige Beispiel der Bestellung von 20 Stück »LS-120« beim Lieferanten »50000« gilt nun die folgende Preis- und Rabattfindung:

Der Preis wurde – wie im Abschnitt zur Preisfindung im Einkauf bereits erläutert – aufgrund der Preishinterlegung für diese Artikel-/Lieferantenkombination in der Einkaufspreistabelle mit 47,00 Euro festgesetzt (Preis gemäß Artikelkarte: 57 Euro). Darüber hinaus wird ein Zeilenrabatt von 3 % gewährt und in den Beleg kopiert, weil die dazu erforderliche Mindestmenge von zehn Artikeleinheiten erreicht bzw. überschritten wurde.

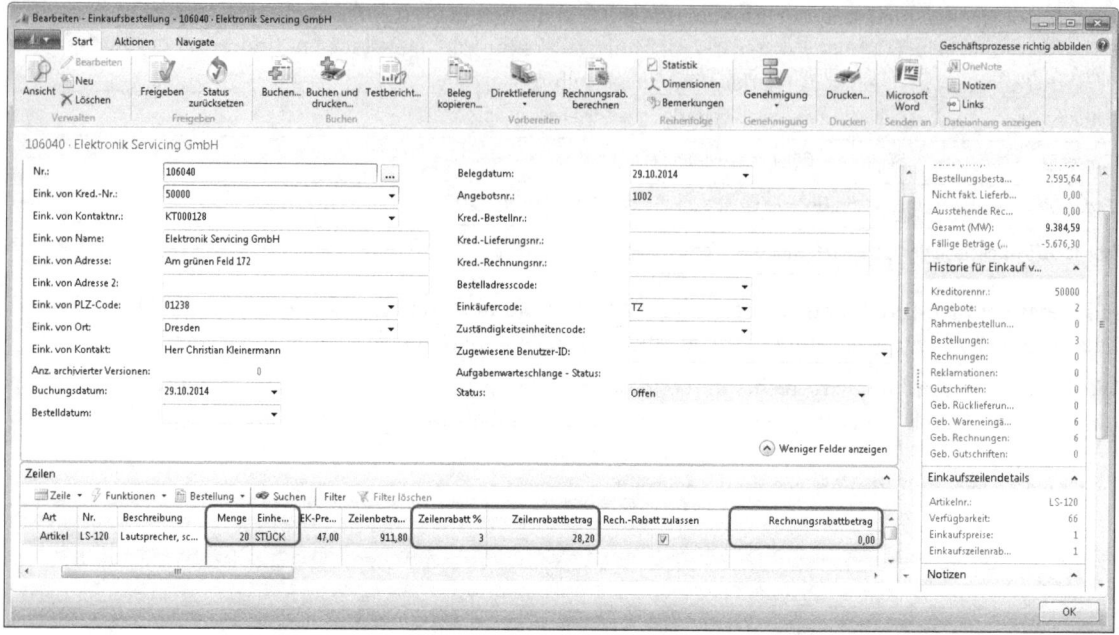

Abbildung 5.56 Zeilenrabattfindung im Einkaufsbeleg

Wie aus Abbildung 5.56 hervorgeht, ist der Rechnungsrabatt für die Einkaufsposition zugelassen, allerdings ist der Rechnungsrabattbetrag mit Null ausgewiesen, obwohl ab einem Rechnungsbetrag von über 200 Euro Rechnungsrabatte für diesen Lieferanten – wie bereits oben beschrieben – vorgesehen sind. Um auch diesen Rabatt in der Belegzeile anzeigen zu lassen, muss zunächst die Statistik des Einkaufsbelegs aufgerufen werden bzw. die Freigabe des Belegs erfolgen.

Link: *Einkauf/Bestellungsabwicklung/Bestellungen/Statistik* (siehe Abbildung 5.57)

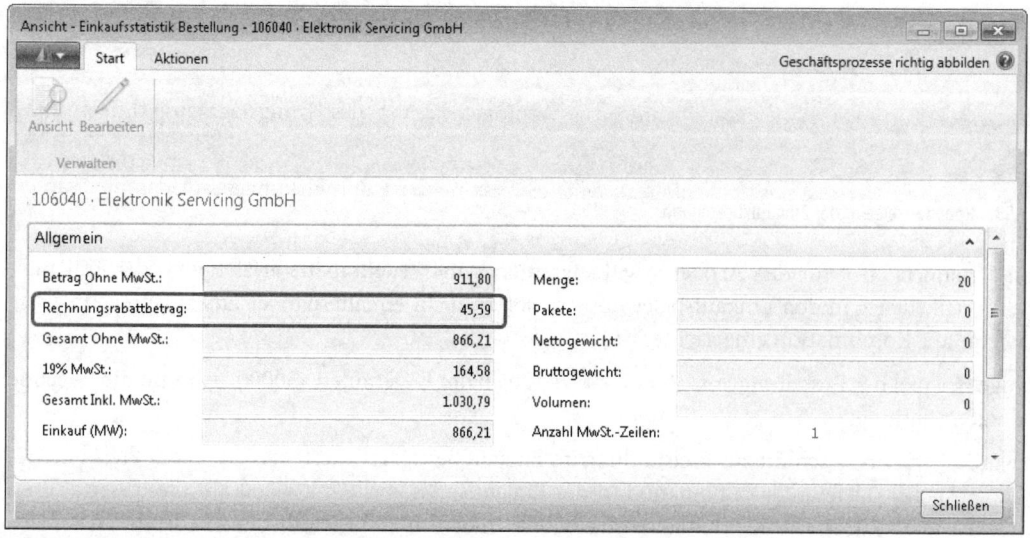

Abbildung 5.57 Einkaufsstatistik Fakturierung

Zeilen- und Rechnungsrabatte

Im Inforegister *Fakturierung* der Einkaufsstatistik zur Bestellung wird der Rechnungsrabattbetrag explizit ausgewiesen. Wird das Fenster anschließend ohne weitere Eingaben geschlossen, findet sich der Rechnungsrabattbetrag auch in der Belegzeile der Einkaufsbestellung wieder.

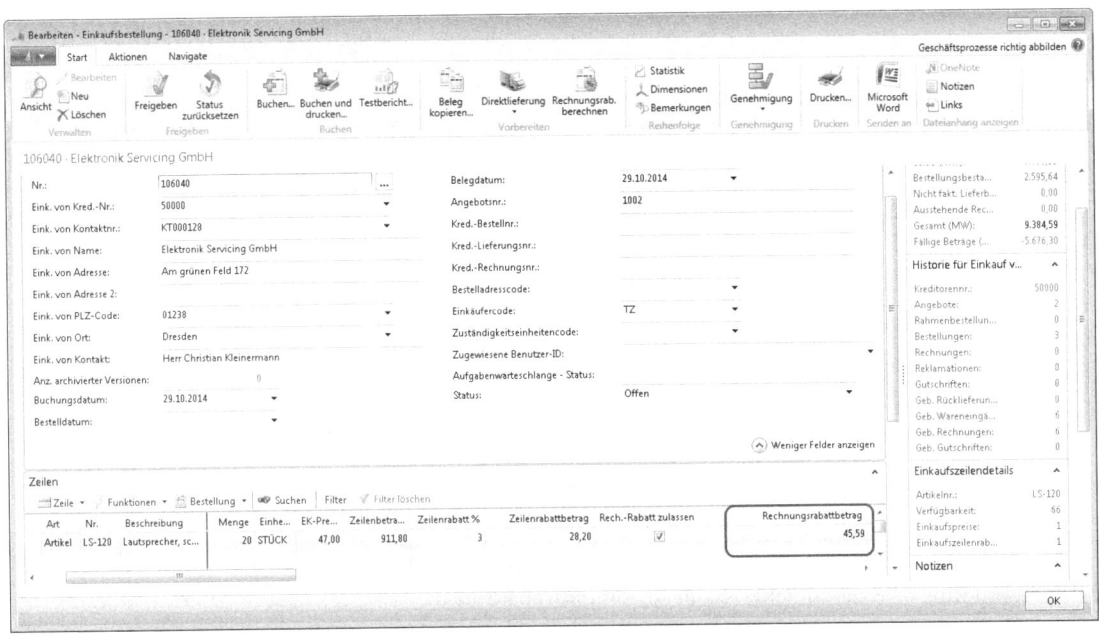

Abbildung 5.58 Ausweis von Rechnungsrabatten in der Einkaufsbestellung

Mit dem Ausweis des besten Preises, des Zeilen- und des Rechnungsrabatts ist die Preisfindung in der Einkaufsbestellung abgeschlossen.

Zeilen- und Rechnungsrabatte aus Compliance-Sicht

Potenzielle Risiken

- Falsche oder zu niedrige Rabatte führen zu Vermögensverlust des Unternehmens (Effectiveness, Compliance)
- Falsche Berechnung von Rabatten haben möglicherweise negative Auswirkungen auf das Lieferantenverhältnis (Effectiveness, Compliance)
- Nettobuchungen von Rabatten führen zu fehlender Transparenz und Nachvollziehbarkeit (Integrity)
- Falsche oder fehlende Hinterlegung von Rabattkonten führt zu falschem Ausweis in der Bilanz bzw. fehlender Transparenz (Integrity, Reliability)

Prüfungsziel

- Überprüfung der Mandanteneinstellungen zu den Rabattbuchungsprozessen
- Abgleich der Rabattpolitik des Unternehmens mit den im System hinterlegten Rabatten
- Abgleich der in den Belegen realisierten Lieferantenrabatte mit den im System eingerichteten Rabatten
- Überprüfung der Kontenfindung für die Buchung von Rabatten in der Buchungsmatrix

Prüfungshandlungen

Im ersten Schritt sollte sich ein Überblick über die vom Unternehmen betriebene Rabattpolitik verschafft werden. Dazu gehört insbesondere die Analyse der dazugehörigen Dokumentation (Rabattvereinbarungen, Mengenstaffelungen, gegebenenfalls Verträge mit Lieferanten etc.). Ebenso dazu zählen die generellen Systemeinstellungen zur Rabattpolitik (siehe Tabelle 5.16), die den gesamten Mandanten betreffen.

Link: *Abteilungen/Einkauf/Einrichtung/Kreditoren & Einkauf Einr.* (siehe Abbildung 5.59)

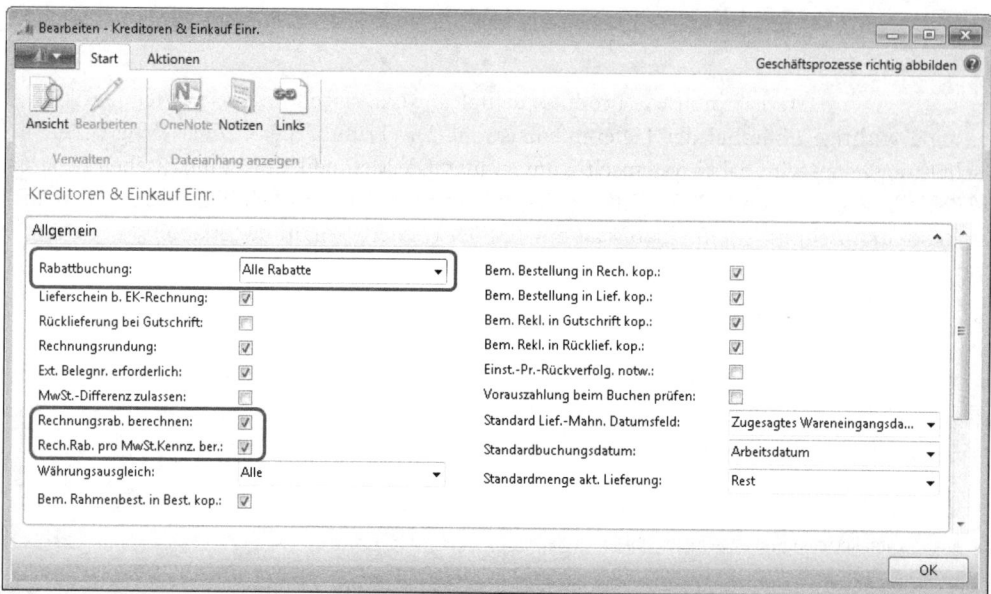

Abbildung 5.59 Einrichtung der Einkaufsrabatte aus Compliance-Sicht

Feld	Empfohlener Wert
Rabattbuchung	<Alle Rabatte> Zeilenrabatt, Rechnungsrabatt und Erlös werden auf separaten Konten gebucht (Bruttomethode). Dabei werden Rabattkonten verwendet, die in der Buchungsmatrix eingerichtet sind. Gewährte Rabattbeträge können später im Kontenplan nachvollzogen werden.
Rechnungsrab. berechnen	<Aktiviert> Der Rechnungsrabattbetrag auf Verkaufsbelegen wird automatisch durch die Anwendung berechnet. Bei Deaktivierung muss die Berechnung manuell angestoßen werden.
Rech.-Rab. pro MwSt.-Kennz. ber.	<Aktiviert> Bei Aktivierung wird der Rechnungsrabatt pro MwSt.-Kennzeichen berechnet

Tabelle 5.16 Empfohlene Einrichtung von Einkaufsrabatten aus Compliance-Sicht

Im zweiten Schritt muss geprüft werden, ob zwischen den Einkaufspreisen in der Artikelkarte bzw. in der Einkaufspreistabelle und den Einkaufspreisen in den Belegen unplausible Abweichungen existieren.

Feldzugriff: *Tabelle 27 Artikel/Feld Einstandspreis fest bzw. EK-Preis (neuester)*

Feldzugriff: *Tabelle 7012 Einkaufspreis*

Feldzugriff: *Tabelle 7014 Einkaufszeilenrabatt*

Feldzugriff: *Tabelle 24 Kreditorenrechnungsrabatt*

Feldzugriff: *Tabelle 123 Einkaufsrechnungszeile*

Die Überprüfung der Kontendefinition für Rabattbuchungen erfolgt über die Buchungsmatrix. Für die einzelnen Arten von Rabattbuchungen (Zeilen- und Rechnungsrabatte) sollten unterschiedliche Konten gepflegt sein.

Link: *Abteilungen/Finanzmanagement/Einrichtung/Buchungsgruppen/Buchungsmatrix Einr.*

Beschaffungszeiten

Neben dem Preis spielen weitere Faktoren wie Produktqualität, Zuverlässigkeit des Lieferanten, Artikelverfügbarkeit etc. eine wichtige Rolle bei der Lieferantenauswahl. Die Prüfung der Artikelverfügbarkeit im Sinne von Beschaffungszeiten wird dabei systemseitig unterstützt. Die Methodik der automatischen Bedarfsplanung und Wiederbeschaffung und die Ermittlung des damit verbundenen Bestellzeitpunkts werden ausführlich in Kapitel 6 im Abschnitt »Methodik der automatischen Wiederbeschaffung« erläutert.

Der Prozess im Überblick

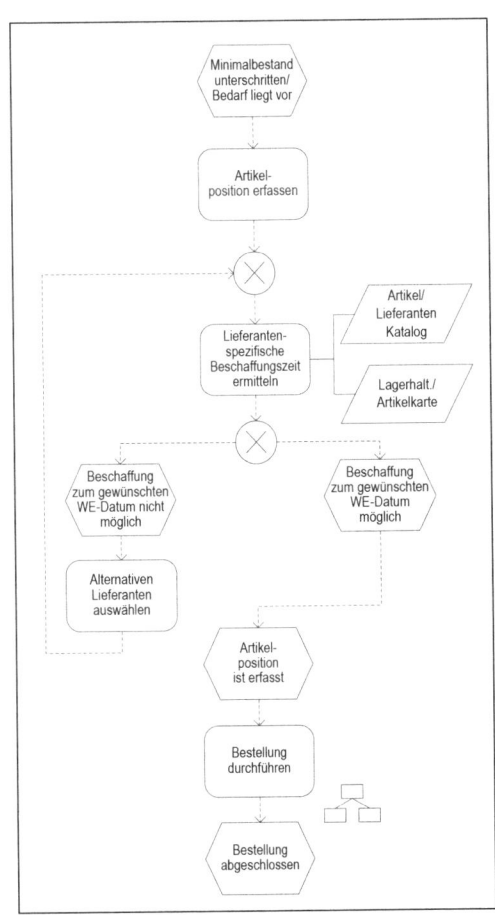

Abbildung 5.60 Prozess Bestellzeiten prüfen

Da grundsätzlich Artikel von unterschiedlichen Lieferanten bezogen werden können, müssen im System lieferantenspezifische Beschaffungszeiten hinterlegt werden. Analog zum Prozess der Preisfindung versucht das System in einem dreistufigen Prozess, die Artikelbeschaffungszeiten zu ermitteln.

Im ersten Schritt greift das System auf den sogenannten *Artikel/Lieferanten Katalog* zu, in dem lieferantenbezogene Beschaffungszeiten pro Artikel hinterlegt werden können. Sind an dieser Stelle keine Informationen gepflegt, versucht das System im zweiten Schritt die Beschaffungszeit aus den Beschaffungsdaten der Lagerhaltungsdaten und – sofern auch hier keine Daten hinterlegt sind – dann aus den Beschaffungsdaten der Artikelkarte zu ermitteln.

HINWEIS Die Kreditorenartikelnummer in Verbindung mit der Beschaffungszeit auf der Artikelkarte wird in der Bestellvorschlagszeile als Defaultwert vorgeschlagen. Sofern gleichzeitig Beschaffungszeiten im *Artikel/Lieferanten Katalog* gepflegt sind, können diese in der Bestellvorschlagszeile über die entsprechende Lookup-Schaltfläche ausgewählt werden. Es empfiehlt sich somit, den Hauptlieferanten redundant auch im *Artikel/Lieferanten Katalog* zu pflegen. Die Hinterlegung von Beschaffungszeiten auf Ebene der Lagerhaltungsdaten ergibt nur dann Sinn, wenn auf dem Lagerort nicht die gleichen Artikel von unterschiedlichen Lieferanten lagern.

Aus dem genannten Grund wird an dieser Stelle nur der *Artikel/Lieferanten Katalog* im Detail beschrieben.

Link: *Abteilungen/Einkauf/Planung/**Artikel**/Navigate/Lieferanten*

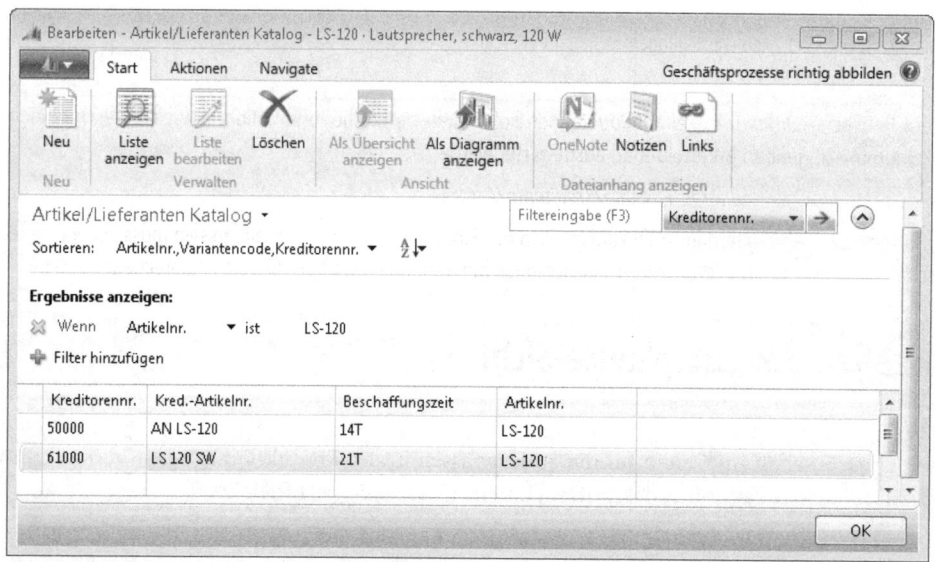

Abbildung 5.61   Artikel/Lieferanten Katalog

In dem Feld *Beschaffungszeit* wird mithilfe der Datumsformel die Beschaffungszeit des Artikels hinterlegt, um in Bestell- und Bestellvorschlagszeilen das geplante Wareneingangsdatum zu berechnen (Bestelldatum + Beschaffungszeit = Geplantes Wareneingangsdatum) bzw. das erforderliche Bestelldatum bei Angabe des gewünschten Wareneingangsdatums (Gewünschtes Wareneingangsdatum – Beschaffungszeit = Bestelldatum). Wird nun eine Einkaufsbestellung generiert, wird in diesem Beispiel die lieferantenspezifische Beschaffungszeit aus dem *Artikel/Lieferanten Katalog* in die Bestellung kopiert (siehe Abbildung 5.62).

Beschaffungszeiten

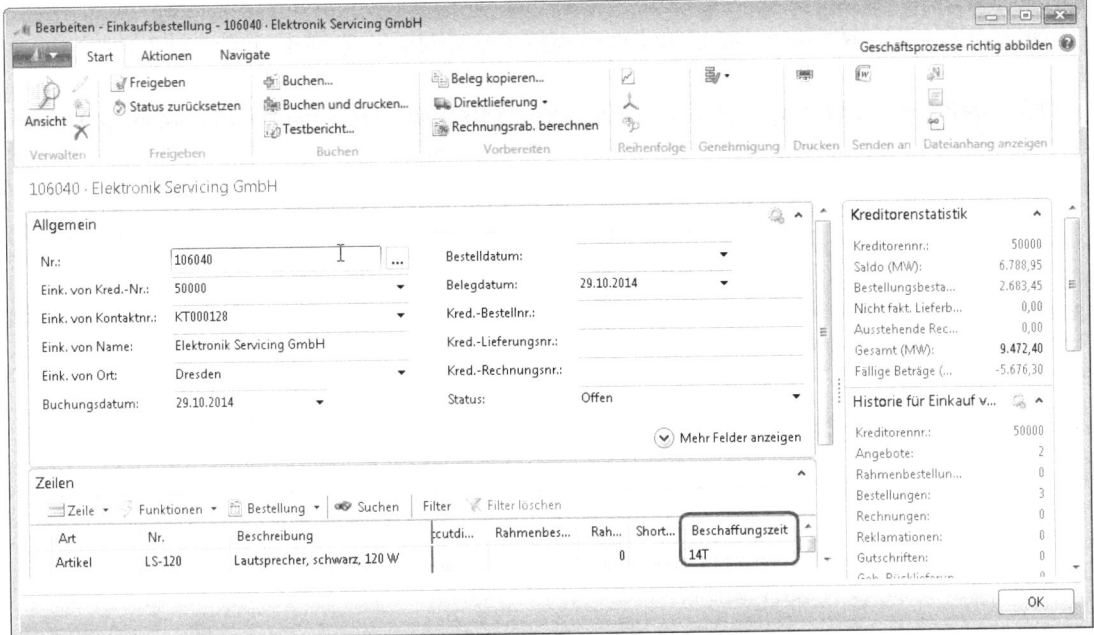

Abbildung 5.62 Beschaffungszeiten in Einkaufsbestellungen

HINWEIS In dem Bericht *Kreditoren/Artikel Katalog* können lieferantenspezifische Informationen (Preise, Beschaffungszeiten, Kreditorenartikelnummern) gefiltert angezeigt und ausgewertet werden.

Link: *Abteilungen/Finanzmanagement/Kreditoren/Berichte/Kreditoren/Artikel Katalog*

Zu beachten ist, dass für die Anzeige ein alternativer Einkaufspreis in der Einkaufspreistabelle vorhanden sein muss. Ist eine lieferantenspezifische Beschaffungszeit, aber kein alternativer Einkaufspreis hinterlegt, ignoriert der Bericht entsprechende Artikel.

Beschaffungszeiten aus Compliance-Sicht

Potenzielle Risiken

- Falsche oder fehlende Beschaffungszeiten führen zu Engpässen in der Produktion bzw. im Verkauf und damit letztendlich zu Vermögensverlust des Unternehmens (Effectiveness, Efficiency)
- Falsche oder fehlende Beschaffungszeiten führen zu falschen Beschaffungszusagen durch den Verkauf

Prüfungsziel

- Überprüfung der Beschaffungszeiten für Artikel in Verbindung mit den Kreditorenartikelnummern

Prüfungshandlungen

Regelmäßige Überprüfung der Artikelbeschaffungszeiten im *Artikel/Lieferanten Katalog* bzw. – sofern sinnvoll – in den Lagerhaltungsdaten sowie den Artikelstammdaten

Feldzugriff: *Tabelle 99 Artikellieferant/Feld Beschaffungszeit*

Feldzugriff: *Tabelle 5700 Lagerhaltungsdaten/Feld Beschaffungszeit*

Feldzugriff: *Tabelle 27 Artikel/Feld Beschaffungszeit*

Vorauszahlungen

Dynamics NAV bietet die Möglichkeit, für Kreditoren Vorauszahlungen zu definieren. Vorauszahlungen können generell für Debitoren, Kreditoren und Artikel gepflegt werden und dienen im Einkauf dazu, Anforderungen der Lieferanten über zu tätigende Vorauszahlungen abzubilden. Vorauszahlungen werden vor der Lieferung getätigt und verbucht. Erst nach der Vorauszahlung erfolgt die Lieferung des Artikels durch den Kreditoren und der Wareneingang beim Unternehmen. Um das Konstrukt der Vorauszahlung nutzen zu können, müssen die entsprechenden Sachkonten und Buchungsgruppen, Nummernserien für Vorauszahlungsbelege und die Vorauszahlungslogik (Prozentsätze, Gültigkeit für Kunden, Lieferanten und Artikel) definiert werden. Generelle Einstellungen zur Einrichtung von Sachkonten, Buchungsgruppen und Nummernserien wurden bereits im Kapitel 4 erläutert, sodass hier die Ausführungen auf die wesentlichen Parameter der Vorauszahlung beschränkt werden.

Der Prozess im Überblick

Der Prozess der Vorauszahlung wird im Einkauf über die Einkaufsbestellung gesteuert und stellt sich im Standard wie folgt dar:

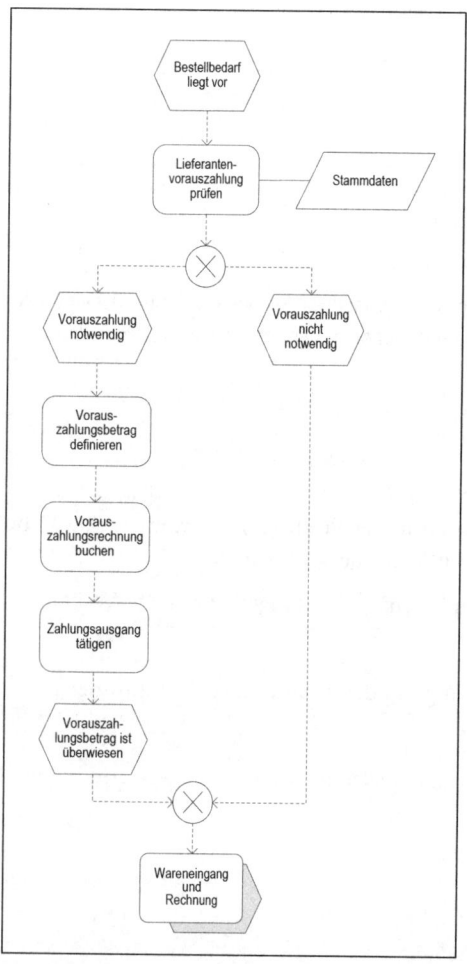

Abbildung 5.63 Vorauszahlungsprozess Einkauf

Vorauszahlungen

Aus Sicht des Belegflusses lässt sich die Vorauszahlung zwischen der Einkaufsbestellung und der Lieferung einordnen. In der Regel wird die Ware erst ausgeliefert, wenn die Vorauszahlung an den Lieferanten erfolgt ist. Die Vorauszahlung selbst ist wie ein eigener Eingangsrechnungsbeleg anzusehen, der durch den Zahlungsausgang ausgeglichen wird.

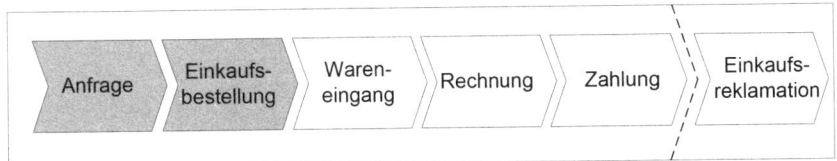

Abbildung 5.64 Beleg der Vorauszahlung

Ablauf und Einrichtung der Vorauszahlung

Will ein Unternehmen Vorauszahlungen systemseitig unterstützen, muss zunächst die Vorauszahlungsprüfung in der Einrichtung für *Kreditoren* & *Einkauf* aktiviert werden.

Link: *Abteilungen/Einkauf/Einrichtung/Kreditoren & Einkauf Einr.* (siehe Abbildung 5.65)

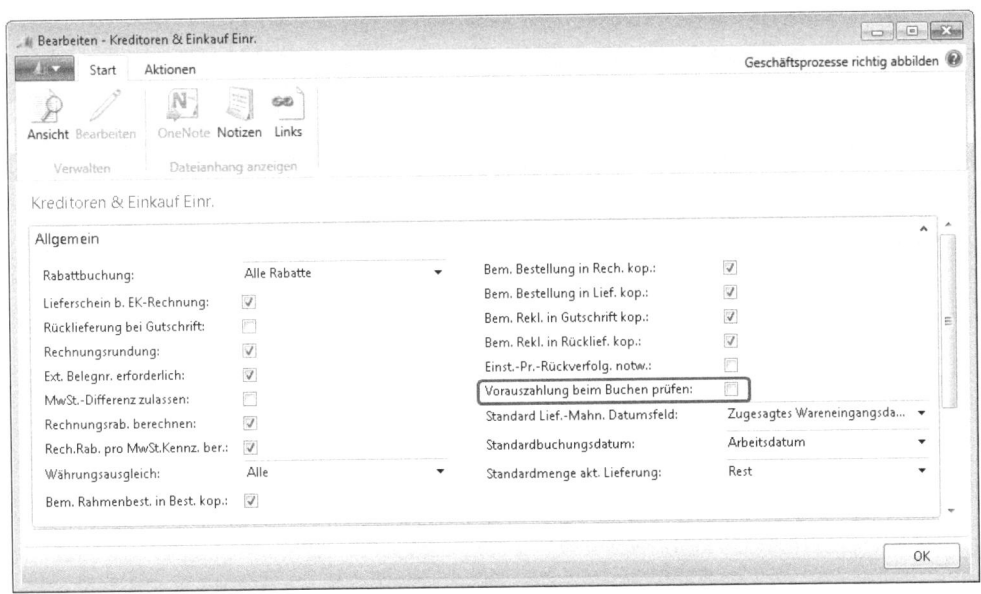

Abbildung 5.65 Einrichtung Vorauszahlungen Einkauf

Wird das Kontrollkästchen für die Prüfung der Vorauszahlung aktiviert, kann ein Wareneingang nicht verbucht werden, sofern nicht der Zahlungsausgang für die Vorauszahlung gebucht wurde. Während diese Vorgehensweise für den Verkaufsbereich sicherstellt, dass keine Auslieferung vor Kundenanzahlung erfolgt, ist der Sinn im Einkaufsbereich in erster Linie in einer Erinnerungsfunktion für die zu tätigende Anzahlung an den Lieferanten zu sehen. Ein Risiko indes besteht lediglich für den Lieferanten, nicht jedoch für das bestellende Unternehmen, wenn ein Wareneingang vor Vorauszahlungsausgang erfolgt. Insofern kann dieser Einrichtungsparameter vernachlässigt werden, zumal die Bestellung nicht gebucht werden kann, bevor die Vorauszahlungsrechnung nicht gebucht wurde.

Die eigentliche Definition der Vorauszahlungsparameter erfolgt im System an zwei unterschiedlichen Stellen. Auf der Kreditorenkarte können im Inforegister *Fakturierung*, auf der Artikelkarte über die Registerkarte *Navigate* und die Aktion *Vorauszahlungsprozentsätze* entsprechende Vorauszahlungsparameter hinterlegt werden.

Link: *Abteilungen/Einkauf/Planung/Kreditoren* (siehe Abbildung 5.66)

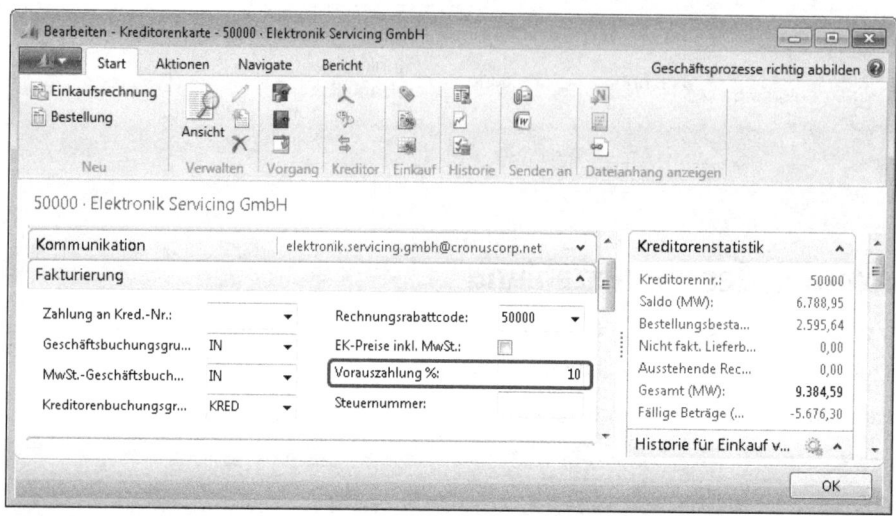

Abbildung 5.66 Vorauszahlungseinstellungen der Kreditorenkarte

Link: *Abteilungen/Einkauf/Planung/**Artikel**/Navigate/Einkaufsvorauszahlungs-Prozentsätze* (siehe Abbildung 5.67)

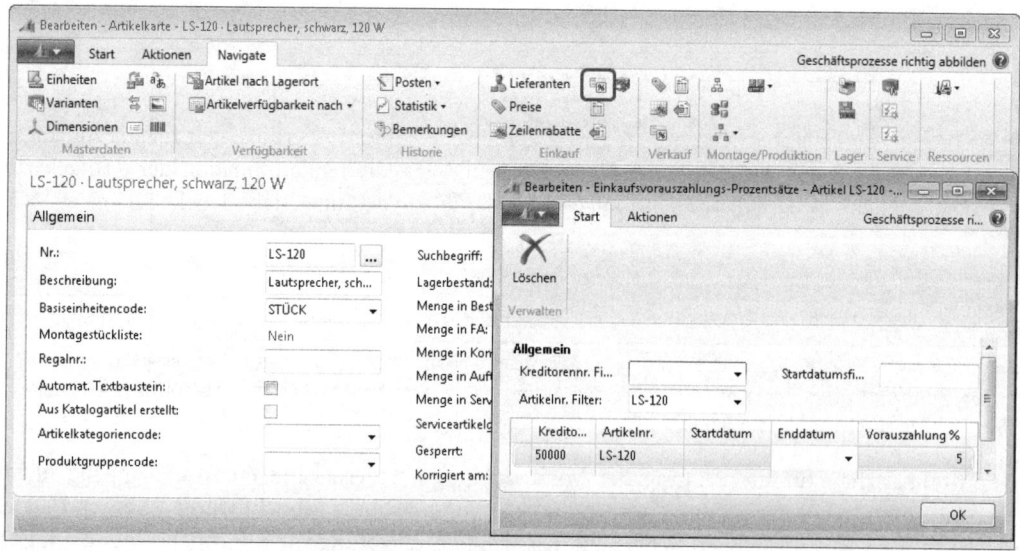

Abbildung 5.67 Vorauszahlungseinstellungen Einkauf der Artikelkarte

Die Prozentsätze auf der Artikelkarte können auf einzelne Kreditoren und Gültigkeitszeiträume beschränkt werden. Bei der Anlage einer Einkaufsbestellung werden die Vorauszahlungsprozentsätze aus den Stammdaten in den Einkaufsbeleg kopiert. Grundsätzlich ist es dabei möglich, dass die hinterlegten Prozentsätze

Vorauszahlungen

miteinander kollidieren (beispielsweise Kreditorenkarte 10 %, Artikelkarte für den Artikel und den Kreditoren 5 %). Das System wählt dann den Prozentsatz in der folgenden Prioritätenreihenfolge aus:

- Prozentsatz aus der Kombination eines Artikels und Kreditors
- Prozentsatz aus dem Einkaufskopf, der aus der Kreditorenkarte in den Beleg kopiert wird

In diesem Beispiel ist für den Kreditoren »50000« ein Prozentsatz von 10 auf der Kreditorenkarte hinterlegt, in der Artikelkarte ist für den Artikel »LS-120« in Kombination mit dem Kreditoren »50000« ein Prozentsatz von 5 hinterlegt. Wird nun ein Auftrag für diesen Artikel und diesen Kreditor angelegt, finden sich in Einkaufskopf und -zeilen folgende Einstellungen wieder:

Link: *Abteilungen/Einkauf/Planung/Bestellungen* (siehe Abbildung 5.68)

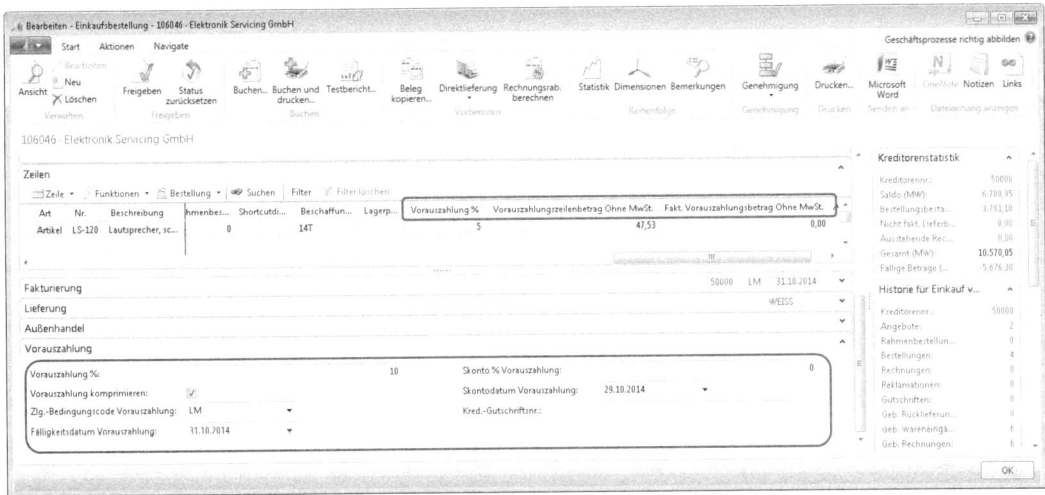

Abbildung 5.68 Vorauszahlungsprozentsätze im Einkaufsbeleg

In den Bestellkopf wurde der Prozentsatz aus der Kreditorenkarte kopiert. Allerdings gilt für die Auftragszeile (Artikel ist »LS-120«) der Prozentsatz, der aus der Artikel-/Kreditorenkombination der Artikelkarte gezogen wurde. Bezüglich des Bestellkopfs sind folgende Felder von Bedeutung (siehe Tabelle 5.17).

Feld	Beschreibung
Vorauszahlung %	Vorauszahlungsprozentsatz, der aus der Kreditorenkarte in den Belegkopf kopiert wird
Vorauszahlung komprimieren	Bei Aktivierung wird die Vorauszahlung unter zwei Voraussetzungen zu einer Position auf der Rechnung zusammengefasst; die Vorauszahlungen betreffen das identische Sachkonto und es wurden identische Dimensionen verwendet. Ist das Feld nicht aktiviert, erfolgt ein separater Ausweis für jede Zeile der Rechnung.
Zlg.-Bedingungscode Vorauszahlung	Ebenso wie für normale Rechnungen kann auch für Anzahlungen eine Zahlungsbedingung definiert werden
Fälligkeitsdatum Vorauszahlung	Hinterlegung der Fälligkeitsformel für die Berechnung der Zahlungsfälligkeit
Skonto % Vorauszahlung	Ebenso wie Rechnungen kann auch für Anzahlungen ein Skonto gewährt werden, da die Anzahlung letztendlich ein Bestandteil der Artikelfakturierung ist
Skontodatum Vorauszahlung	Datum, bis zu dem der Abzug des Skontos durch den Lieferanten gewährt wird

Tabelle 5.17 Vorauszahlungsparameter im Einkaufsbestellkopf

In der Belegzeile werden ebenfalls der Vorauszahlungsprozentsatz sowie der absolute Betrag, der bereits durch den Lieferanten fakturierte Betrag, der später von der Rechnung abzuziehende Anzahlungsbetrag und der bereits von der normalen Rechnung abgezogene Anzahlungsbetrag ausgewiesen. Eine ausstehende Vorauszahlung kann über das Statusfeld des Inforegisters *Allgemein* im Auftrag nachvollzogen werden.

Vorauszahlung aus Compliance-Sicht

Potenzielle Risiken

- Falsche oder zu hohe Vorauszahlungen und damit verbundener Zinsverlust (Compliance)

Prüfungsziel

- Abgleich der vereinbarten Vorauszahlungsmodalitäten des Unternehmens mit den im System hinterlegten Vorauszahlungsdaten
- Vergleich der Vorauszahlungsdaten in den Artikel- und Lieferantenstammdaten mit in den Belegen hinterlegten Daten

Prüfungshandlungen

Im ersten Schritt sollten die Unternehmensrichtlinien abgefragt werden, d.h. welche Lieferanten Vorauszahlungen verlangen und wie hoch die jeweiligen Vorauszahlungsprozentsätze sind. Dazu müssen die Richtlinien den Systemeinstellungen gegenübergestellt werden.

Feldzugriff: *Tabelle 23 Kreditor/Feld Vorauszahlung %*

Lieferung und Rechnungseingang

Nach Abschluss der Preisfindung und Überstellung der Einkaufsbestellung an den Lieferanten erfolgen die Überwachung des Wareneingangs und die damit verbundene Buchung der Eingangsrechnung. Im Folgenden werden die unterschiedlichen Möglichkeiten des Prozessablaufs sowie die dazu erforderlichen Einstellungsparameter beschrieben.

Der Prozess im Überblick

Grundlage für die Lieferung bzw. den Wareneingang und die Bezahlung von eingekauften Artikelpositionen ist die Einkaufsbestellung. Einkaufsbestellungen können durch mehrere Teillieferungen bzw. Teilrechnungen oder mehrere Bestellungen über eine Sammelrechnung verarbeitet werden. Die Anwendung ermöglicht es, Lieferungen und Rechnungen getrennt voneinander oder in einem Arbeitsschritt zu buchen.

HINWEIS In der Praxis ist häufig eine zentrale Eingangsrechnungserfassung vorzufinden (Rechnungseingangsbuch), in der zunächst alle eingehenden Rechnungen ohne Bezug zur Bestellung vorerfasst werden (ohne diese zu buchen). Dies dient dazu, die fristgerechte, fachliche Rechnungsprüfung sicherzustellen, und damit Skontofristen kontrollieren und einhalten zu können. Dadurch ergibt sich eine Unterbrechung des beschriebenen Belegflusses, da Rechnungen und Bestellungen zunächst nicht miteinander verknüpft sind. Nach Buchung des Wareneingangs (aus der Bestellung heraus) muss dieser Bezug manuell über die Funktion *Wareneingangszeilen holen* hergestellt werden, indem die Rechnung Bezug auf die gebuchte Lieferung der Einkaufsbestellung nimmt. In diesem Zusammenhang steht eine Stapelverarbeitung zur Verfügung, um erledigte Bestellungen zu löschen.

Lieferung und Rechnungseingang

Eine Bestellung kann dabei in beliebig viele Lieferungen und Rechnungen aufgeteilt werden. Teillieferungen und -rechnungen werden in den Feldern *Bereits gel. Menge* und *Bereits berechn. Menge* angezeigt. Um Teillieferung und Teilrechnungen zu erfassen, sind die Felder *Zu liefern* und *Zu fakturieren* zu pflegen. Ein standardisierter Lieferungs- und Fakturierungsprozess stellt sich wie folgt dar:

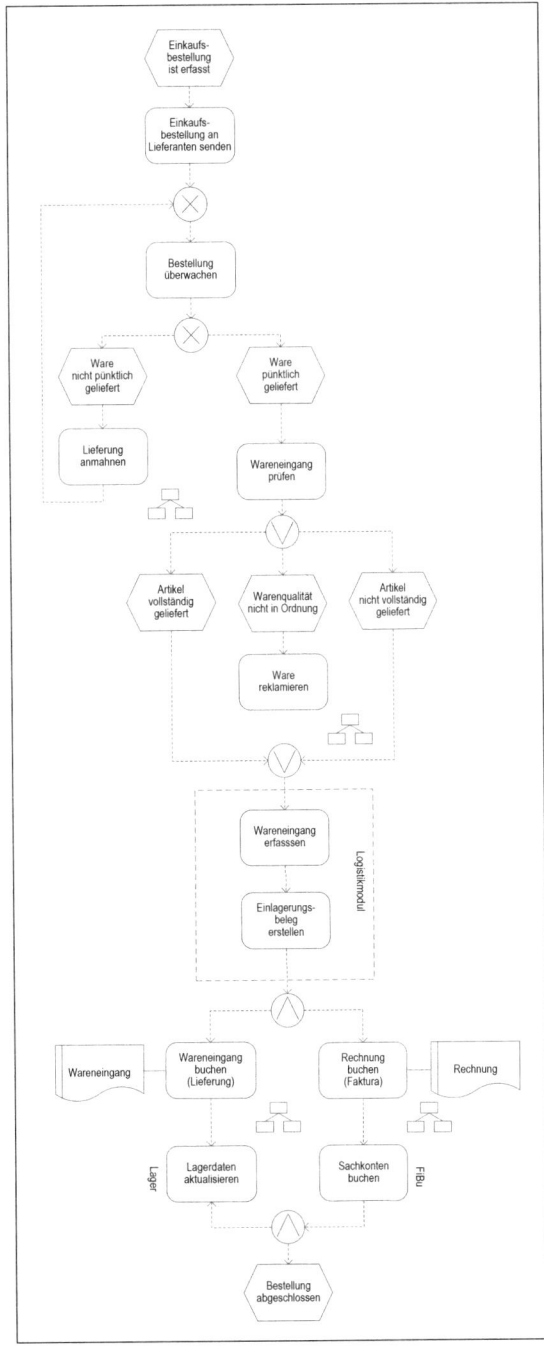

Abbildung 5.69 Wareneingangs- und Rechnungseingangsprozess

Um den Wareneingang buchen zu können, muss die Bestellung über den Belegstatus freigegeben werden, sofern das Logistikmodul im Einsatz ist. Ist der Status des Belegs hingegen *offen*, kann er noch geändert werden und ist für die nächste Bearbeitungsstufe in der Logistik gesperrt.

> **HINWEIS** Teilweise sind auch Änderungen nach der Freigabe möglich, sofern im Feld *Art* der Bestellzeile *Artikel* oder *WG/Anl.* (Wirtschaftsgut/Anlage) ausgewählt wurde, ist die entsprechende Bestellzeile allerdings gegen nachträgliche Änderungen geschützt.

Erfolgt eine Teillieferung der bestellten Ware, wird nur die entsprechende Anzahl der gelieferten Artikel erfasst.

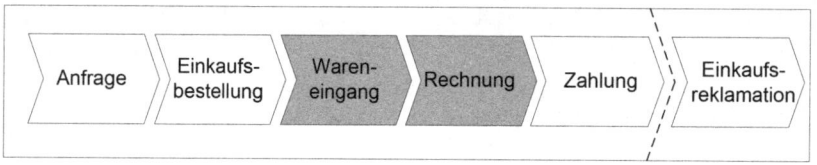

Abbildung 5.70 Belege im Wareneingangsprozess

Ablauf und Einrichtung des Lieferungs- und Fakturierungsprozesses

In Dynamics NAV werden Bestellungen in der Regel zweistufig verbucht, um eine Trennung zwischen physischem Wareneingang und Rechnungsbuchung (Fakturierung) zu erreichen. So ist auch die Buchung von Teillieferungen sowie von Teil- oder Sammelrechnungen problemlos möglich. Die Rechnungsprüfung erfolgt zweistufig. Nachdem der Wareneingang mit der Bestellung abgeglichen und sachlich geprüft wurde, wird die rechnerische Prüfung beispielsweise durch das Rechnungswesen vorgenommen. Dazu wird die entsprechende Einkaufsbestellung selektiert und über die Statistik mit dem Rechnungsbeleg abgestimmt. Bei Abweichungen ist das Vorgehen mit der Fachabteilung abzustimmen. Zusätzlich werden *Kred.-Rechnungsnr.* und *Buchungsdatum* (gemeint ist das Rechnungsdatum) erfasst.

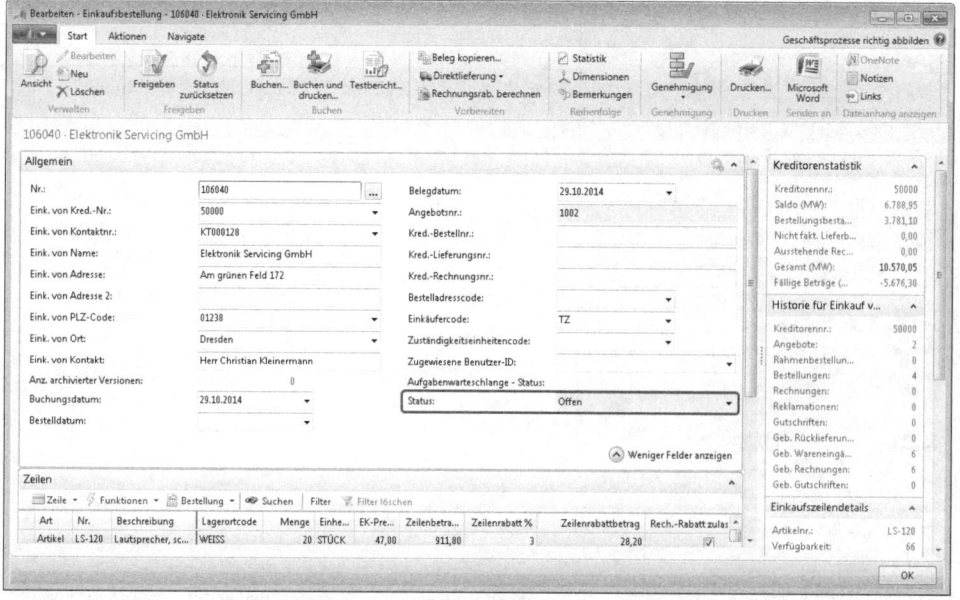

Abbildung 5.71 Einkaufsbestellung (allgemein)

Lieferung und Rechnungseingang

Link: *Abteilungen/Einkauf/Bestellungsabwicklung/Bestellungen* (siehe Abbildung 5.71)

Neben den allgemeinen Einkaufsbestelldaten enthält jede Bestellung ein eigenes Inforegister für lieferungs- und fakturarelevante Sachverhalte, wovon die wichtigsten im Folgenden erläutert werden (siehe Tabelle 5.18 und Tabelle 5.19).

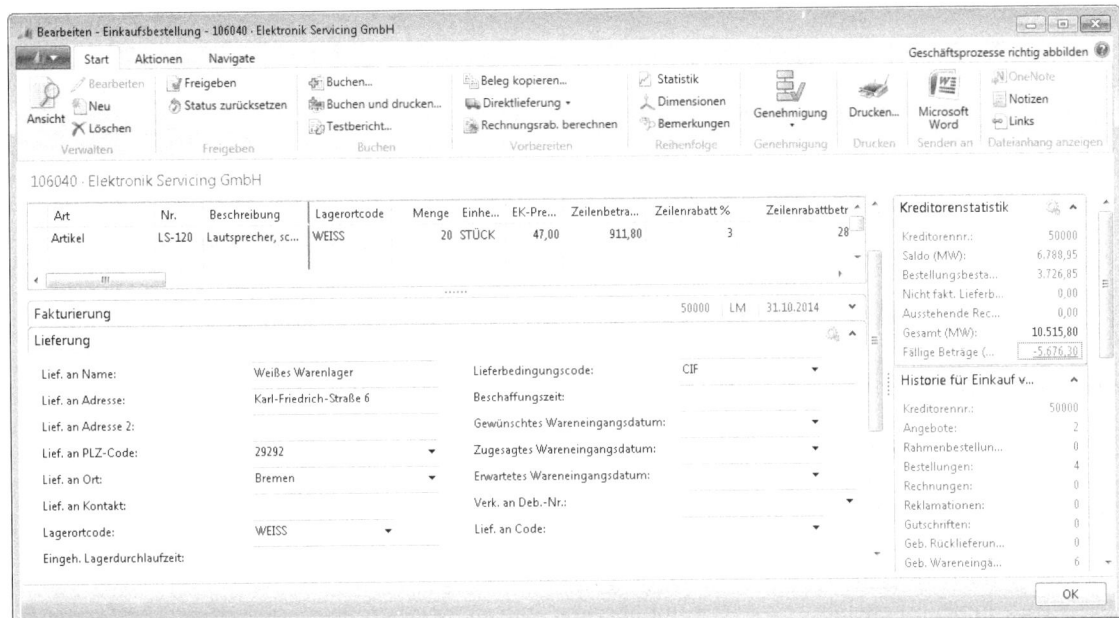

Abbildung 5.72 Lieferung (Einkaufsbestellung) (1/2)

Feld	Beschreibung
Lagerortcode	Code des Lagerorts, an dem die Lagerung des Artikels erfolgen soll
Eingeh. Lagerdurchlaufzeit	Zeitraum, der benötigt wird, um einen Artikel einzulagern, nachdem er als geliefert registriert wurde
Lieferbedingungscode	Code für Art der Lieferung (z. B. Abholung vor Ort, Kosten und Fracht, bis zur Grenze geliefert etc.)
Beschaffungszeit	Datumsformel für die Zeit, die ein Lieferant nach Bestelleingang benötigt, um die Ware auszuliefern. Die Anwendung kopiert diese Beschaffungszeit aus dem Bestellkopf in die Bestellzeile, wenn keine Beschaffungszeit aus dem *Artikel/Lieferanten Katalog*, für die Lagerhaltungsdaten oder für die Tabelle *Artikel* eingerichtet ist.
Gewünschtes Wareneingangsdatum	Das gewünschte Datum, an dem der Kreditor die Bestellung an das Unternehmen liefert. Die Anwendung verwendet das Feld, um das späteste Datum zu berechnen, an dem bestellt werden muss, um den Artikel rechtzeitig zu erhalten.
Zugesagtes Wareneingangsdatum	Durch den Lieferanten zugesagter Liefertermin

Tabelle 5.18 Lieferung (Einkaufsbestellung) (1/2)

Feld	Beschreibung
Erwartetes Wareneingangsdatum	Eingabe des erwarteten Lieferdatums der Bestellung. Die Anwendung kopiert das Datum in alle Einkaufszeilen (das erwartete Wareneingangsdatum steuert die Artikelverfügbarkeit und berechnet sich wie folgt: geplantes Wareneingangsdatum + Sicherheitszuschlag Beschaffungszeit. + Eingehende Lagerdurchlaufzeit).
Verk. an Deb.-Nr.	Im Falle einer Direktlieferung kann in diesem Feld die Nummer des Debitoren hinterlegt werden, der den/die Artikel direkt vom Kreditor geliefert bekommt
Lief. an Code	In diesem Feld kann eine abweichende Lieferadresse hinterlegt werden

Tabelle 5.18 Lieferung (Einkaufsbestellung) (1/2) *(Fortsetzung)*

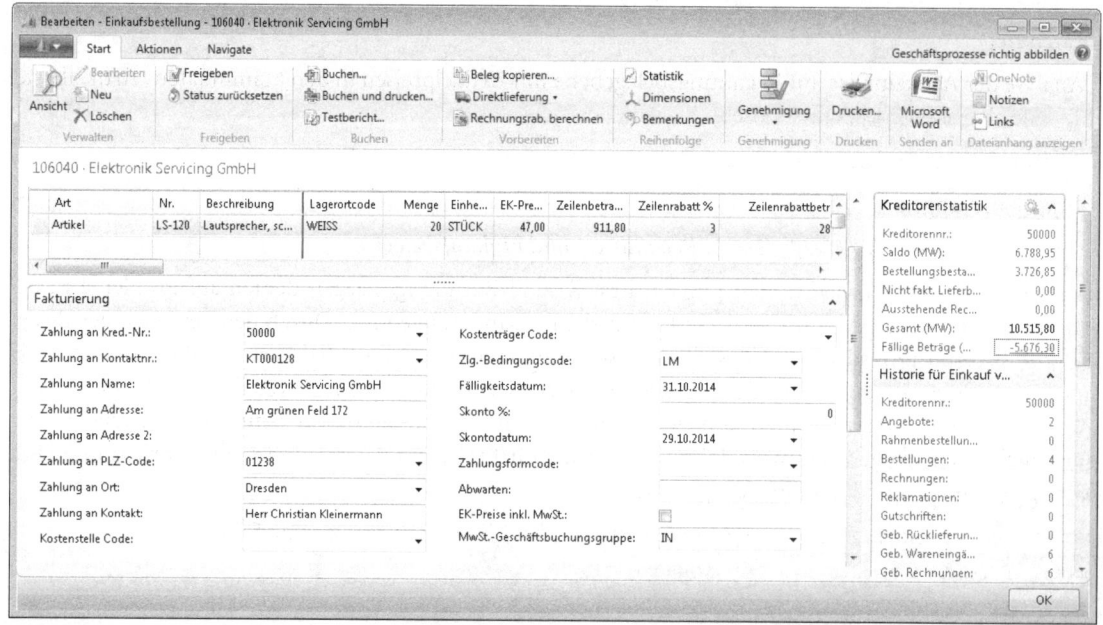

Abbildung 5.73 Fakturierung (Einkaufsbestellung) (2/2)

Feld	Beschreibung
Zahlung an Kred.-Nr.	Hier kann gegebenenfalls ein abweichender Zahlungsempfänger hinterlegt werden. Gegebenenfalls wird die Preisfindung neu durchgeführt, da für die Preisfindung der Zahlungsempfänger entscheidend ist.
Zlg.-Bedingungscode	Über die Zahlungsbedingung wird ausgehend vom Belegdatum das Fälligkeits- und gegebenenfalls das Skontodatum und der prozentuale Skontowert zugewiesen. Die Werte können allerdings standardmäßig im Belegkopf manuell überschrieben werden.
Fälligkeitsdatum	Datum, an dem die Rechnung zur Zahlung fällig wird
Skonto %	Gewährter Skontoprozentsatz, der sich aus der Zahlungsbedingung ergibt
Skontodatum	Zeitpunkt, bis zu dem Skonto gewährt wird; ergibt sich aus der Zahlungsbedingung
Zahlungsformcode	Zahlungsweg für den Lieferanten (Bar, Überweisung, Einzug etc.)
Abwarten	Wenn dieses Feld mit einem beliebigen Wert versehen wird, wird der Posten bei der Stapelverarbeitung *Zahlungsvorschlag* nicht berücksichtigt

Tabelle 5.19 Fakturierung (Einkaufsbestellung) (2/2)

Lieferung und Rechnungseingang

> **HINWEIS** Mit dem Einkaufsbuchungsblatt können Transaktionen mit Sachkonten, Bankkonten, Debitoren, Kreditoren und Anlagen auch ohne entsprechende Belege (Einkaufsbestellung und Einkaufsrechnung) gebucht werden. Damit wird allerdings der integrierte Belegfluss unterlaufen und es besteht die Gefahr, dass einzelne Vorgänge und Buchungen nicht transparent sind. Von dieser Vorgehensweise ist aus diesem Grund grundsätzlich abzuraten.

Lieferung und Fakturierungsprozess aus Compliance-Sicht

Potenzielle Risiken

- Vermögensverlust durch zu hohe Rechnungsbeträge aufgrund zu hoch fakturierter Artikelpreise

Prüfungsziel

- Analyse der Artikelpreise auf Rechnungsbelegebene mit Artikelpreisen in den Stammdaten (Artikelkarte, Tabelle alternativer Einkaufspreise)
- Analyse offener Einkaufsbestellungen

Prüfungshandlungen

Differenzen zwischen Einkaufspreisen in Rechnungs- und Einkaufsbelegen

Differenzen zwischen Preisen in den Einkaufsbestell- und Rechnungsbelegen deuten auf Probleme in der Abstimmung mit dem Lieferanten bzw. auf manuelle Preisänderungen hin. Durch den Vergleich der Belegkopf- und Belegpositionsdaten von Bestell- und Rechnungsbelegen lassen sich derartige Differenzen identifizieren. Dazu ist es allerdings erforderlich, dass die Archivierungsfunktion für Bestellbelege aktiviert ist, da nach Buchung der Lieferung und Fakturierung der Einkaufsbestellung der ursprüngliche Bestellbeleg im System nicht mehr vorgehalten wird. Die Archivierung für Einkaufsbelege wird über die Einrichtungsparameter der Kreditoren und des Einkaufs gesteuert.

Link: *Abteilungen/Einkauf/Verwaltung/Kreditoren & Einkauf Einr.* (siehe Abbildung 5.74)

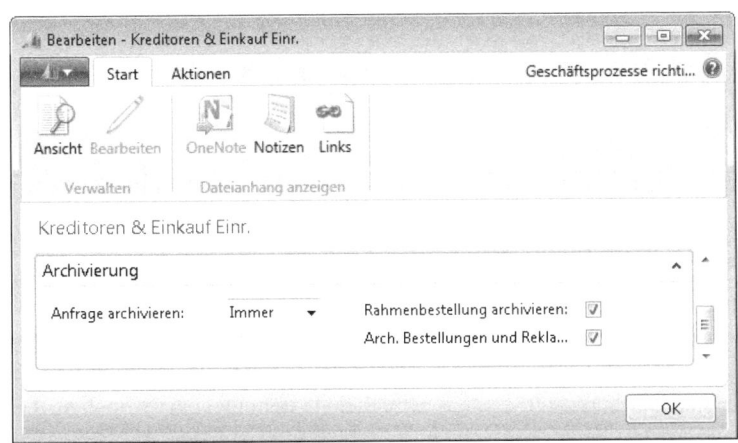

Abbildung 5.74 Archivierung von Einkaufsbelegen

Im Sinne der Belegflusstransparenz und der Systemnachvollziehbarkeit sollten Anfragen, Rahmenbestellungen und Bestellungen immer archiviert werden.

Der Vergleich der Belegdaten für Bestellungen und Rechnungen erfolgt über die Gegenüberstellung von Einkaufsrechnungsköpfen und -zeilen mit den archivierten Einkaufsköpfen und -zeilen.

Feldzugriff: *Tabelle 5109 Einkaufskopfarchiv/Feld Belegnummer, Buchungsdatum, Betrag*

in Verbindung mit

Feldzugriff: *Tabelle 5110 Einkaufszeilenarchiv/Feld Belegnummer, Buchungsdatum, Betrag*

in Verbindung mit

Feldzugriff: *Tabelle 122 Einkaufsrechnungskopf/Feld Belegnummer, Buchungsdatum, Bestelldatum, Betrag*

in Verbindung mit

Feldzugriff: *Tabelle 123 Einkaufsrechnungszeile/Feld Betrag*

Um die Verknüpfung zwischen den Bestell- und Rechnungsbelegen herzustellen (sofern aus der Bestellung fakturiert wird) muss in den Pages der Rechnungsbelege das Feld *Bestellnummer* eingeblendet werden, das auf den zugehörigen Einkaufsbeleg referenziert.

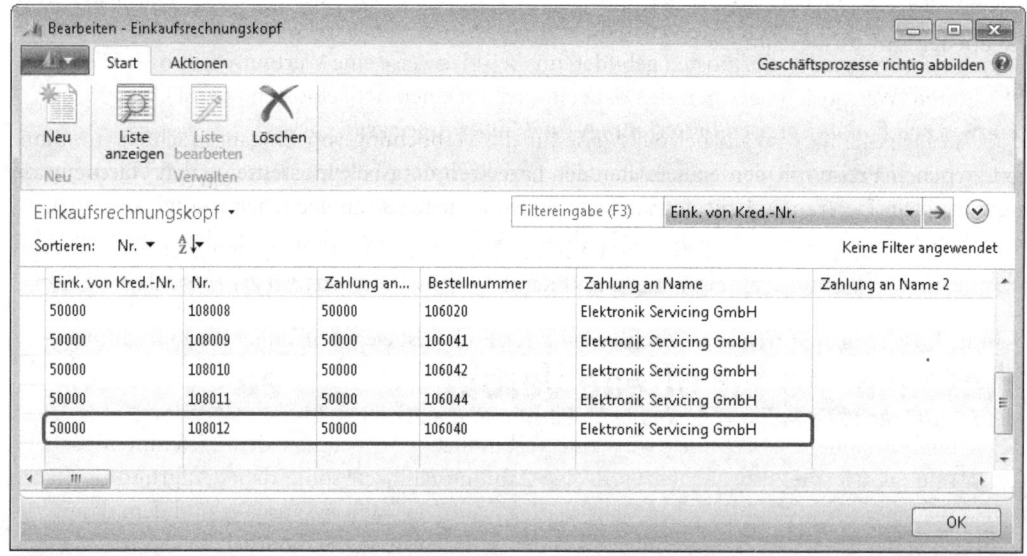

Abbildung 5.75 Einkaufsrechnungsreferenz auf Bestellbeleg

An dieser Stelle sieht man, dass das System die Einkaufsrechnungsnummer »108012« mit der Einkaufsbestellung »106040« verknüpft hat.

Fakturierung bestellter, aber nicht gelieferter Artikel

Grundsätzlich ist es denkbar, dass ein Lieferant eine geringere Stückzahl der bestellten Artikel liefert als er fakturiert. Dynamics NAV stellt in diesem Fall sicher, dass eine Faktura nur für gelieferte Artikel erfolgen kann. Bei dem Versuch, eine höhere Menge zu fakturieren, wird durch das System eine Fehlermeldung ausgegeben. Sollte der Anwender jedoch einen höheren als den tatsächlichen Wareneingang verbuchen und keine weiteren Kontrollen existieren, wird diese Systemkontrolle ausgehebelt. Ein derartiges Vorgehen fällt dann nur im Rahmen der Inventur auf, wenn die physischen Lagerbestände nicht mit den im System hinterlegten Beständen identisch sind (Inventurdifferenzen).

Zeitnahe Ausführung von Einkaufsbestellungen und Lieferrückständen

Das Alter von offenen Einkaufsbestellungen, die nie oder nur teilweise ausgeführt wurden, kann mithilfe der *Tabelle 39 Einkaufszeile* ausgewertet werden.

Feldzugriff: *Tabelle 39 Einkaufszeile/Felder Bestelldatum, Menge, Menge akt. Lieferung, Bereits gelief. Menge, Erwartetes Wareneingangsdatum*

Darüber hinaus gibt es die Möglichkeit, Lieferantenmahnungen zu erstellen. Diesem Thema ist der Abschnitt »Lieferanten-Mahnwesen« weiter hinten in diesem Kapitel gewidmet.

Artikel Zu-/Abschläge

Durch die Verwendung von Artikel Zu-/Abschlägen können in Dynamics NAV bereits gebuchte Artikelposten neu bewertet werden oder im selben Beleg Kostenpositionen auf eine oder mehrere Artikelbelegzeilen verteilt werden. Bei der Buchung von Belegzeilen der Art *Zu-/Abschlag (Artikel)* werden neue Wertposten mit Bezug auf einen oder mehrere Artikelposten gebildet, um beispielsweise eine Wertgutschrift oder Wertbelastung durchzuführen. Wertposten beziehen sich dabei immer auf einen Artikelposten (n zu 1).

Artikel Zu-/Abschläge, die im Einkauf beispielsweise für die Verbuchung von Eingangsfrachten (im Sinne von Bezugsnebenkosten) benutzt werden, erhöhen den Lagerwert des Artikelpostens und den Wareneinsatz, wenn der Artikelposten bereits aus Sicht des Verkaufs ganz oder teilweise ausgeglichen wurde.

Da diese Thematik ausführlich im Logistik- und Verkaufsbereich erläutert wird, verweisen wir an dieser Stelle auf Kapitel 6, Abschnitt »Lagerbewertung«, und Kapitel 7, Abschnitt »Artikel Zu-/Abschläge«.

Zahlungsausgang für offene Verbindlichkeiten

Mit der Verbuchung der Eingangsrechnung wird eine Verbindlichkeit gegenüber dem Lieferanten gebucht, die mit dem Zahlungsausgang ausgeglichen wird. Die Zahlungsfälligkeit sollte dabei aufgrund der Inanspruchnahme möglicher Skonti laufend überwacht werden. Mit dem Zahlungsausgang und dem damit verbundenen Ausgleich des offenen Lieferantenpostens endet in der Regel der Standardeinkaufsprozess, sofern es nicht im weiteren Verlaufe zu Reklamationen kommt.

Der Prozess im Überblick

Wesentliche Parameter zur Abwicklung des Zahlungsausgangs werden in den Einrichtungsparametern der Finanzbuchhaltung sowie in der Kreditorenkarte gepflegt. Dabei geht es insbesondere um die Festlegung von Zahlungsbedingungen, Lieferantensperren und Ausgleichsmethoden für offene Posten. Dem Bereich des Lieferanten-Mahnwesens ist der Abschnitt »Lieferanten-Mahnwesen« weiter hinten in diesem Kapitel gewidmet. Der Verbuchungsprozess von Zahlungsausgängen erfolgt über sogenannte Zahlungsausgangsbuchungsblätter. Im ersten Schritt müssen fällige Verbindlichkeiten selektiert werden, bevor der eigentliche Zahlungsprozess angestoßen wird. Standardmäßig stellt sich der Zahlungsprozess für offene Verbindlichkeiten wie folgt dar:

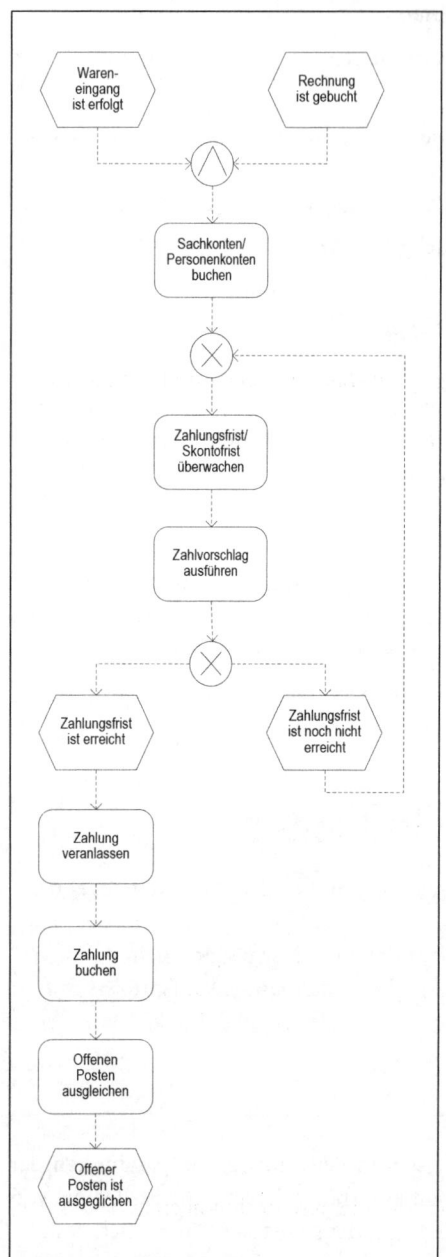

Abbildung 5.76 Zahlungsausgang für offene Verbindlichkeiten

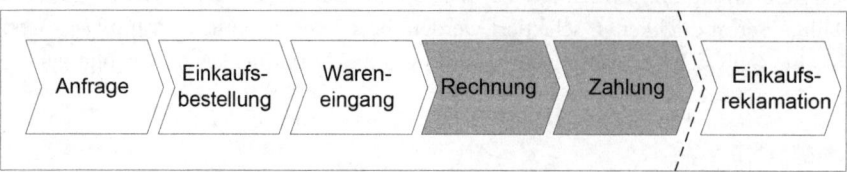

Abbildung 5.77 Belege im Zahlungsausgang

Ablauf und Einrichtung des Zahlungsausgangs

Neben dem eigentlichen Verbuchungsvorgang bietet Dynamics NAV Einstellungsmöglichkeiten zu Zahlungsbedingungen und Zahlungsformen, die sich direkt oder indirekt auf die Buchung auswirken und aus diesem Grund in den folgenden Abschnitten detailliert erläutert werden.

Verbuchung von Zahlungsausgängen

Zur Verbuchung von Lieferantenzahlungen werden Zahlungsausgangsbuchungsblätter verwendet, die entweder über das Bankmanagement oder über die Lieferanten aufgerufen werden können.

Link: *Abteilungen/Finanzmanagement/Kreditoren/Zlg.-Ausg. Buch.-Blätter*

Link: *Abteilungen/Finanzmanagement/Bankmanagement/Zlg.-Ausg. Buch.-Blätter* (siehe Abbildung 5.78)

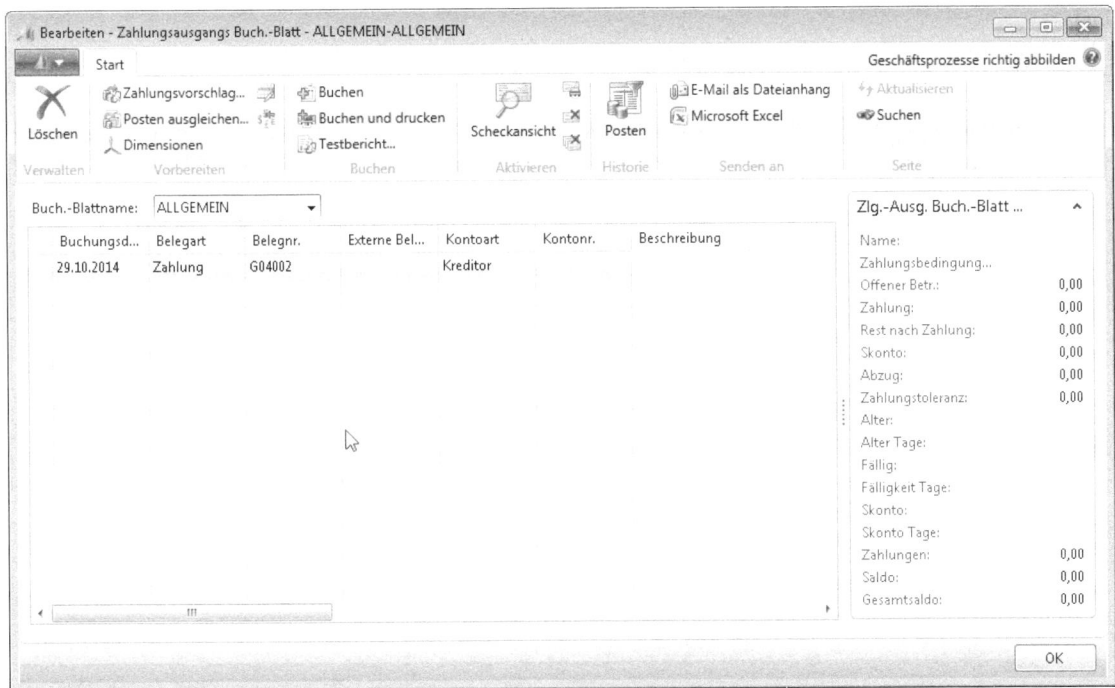

Abbildung 5.78 Zahlungsausgangsbuchungsblatt

Die zu buchende Zahlung bzw. Teilzahlung kann sich dabei auf eine oder mehrere Rechnungen beziehen. Entscheidend für einen reibungslosen Prozessablauf ist die korrekte Zuordnung der Zahlung zu den betroffenen offenen Kreditorenposten. Dies muss nicht sofort bei Zahlungsausgang erfolgen, die Zahlung kann auch zunächst ohne Bezug gebucht und in einem zweiten Schritt dem offenen Posten zugeordnet werden. Dabei existieren zwei Methoden, wie Zahlungen ohne Bezug zu einem offenen Posten zu behandeln sind. Die sogenannte Ausgleichsmethode muss hierzu auf der Kreditorenkarte festgelegt werden (siehe Abbildung 5.79).

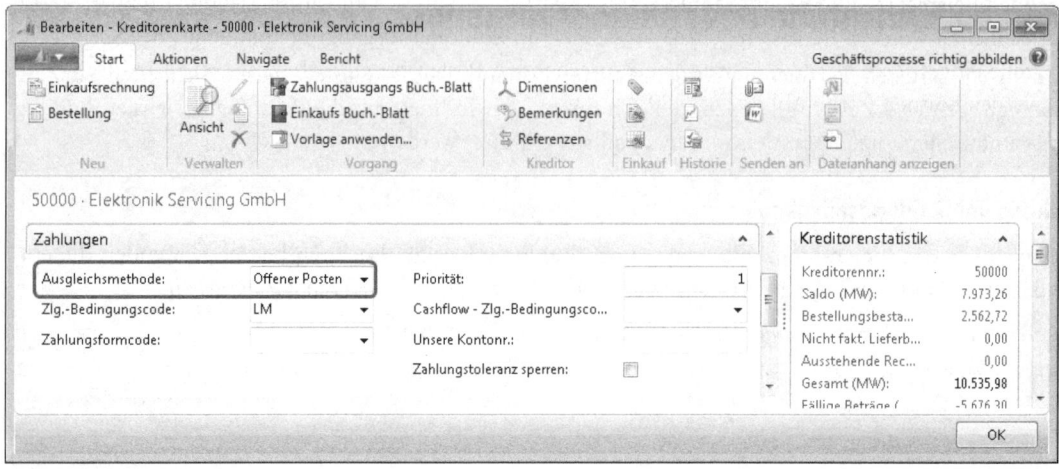

Abbildung 5.79 Ausgleichsmethoden für offene Posten

- **Offener Posten** Eine auf dem Kreditorenkonto gebuchte Zahlung wird nicht automatisch mit einer Rechnung ausgeglichen, sondern verbleibt bis zum manuellen Ausgleich als offene Zahlungsposition auf dem Konto
- **Saldomethode** Mit der Zahlung wird automatisch der älteste offene Posten des Kreditoren ausgeglichen

Um den Bezug zwischen Auszahlungen und offenen Posten herzustellen und eine entsprechende Transparenz zu schaffen, ist es grundsätzlich ratsam, die Ausgleichsmethode *Offener Posten* zu aktivieren und die Zuordnung zeitnah sicherzustellen.

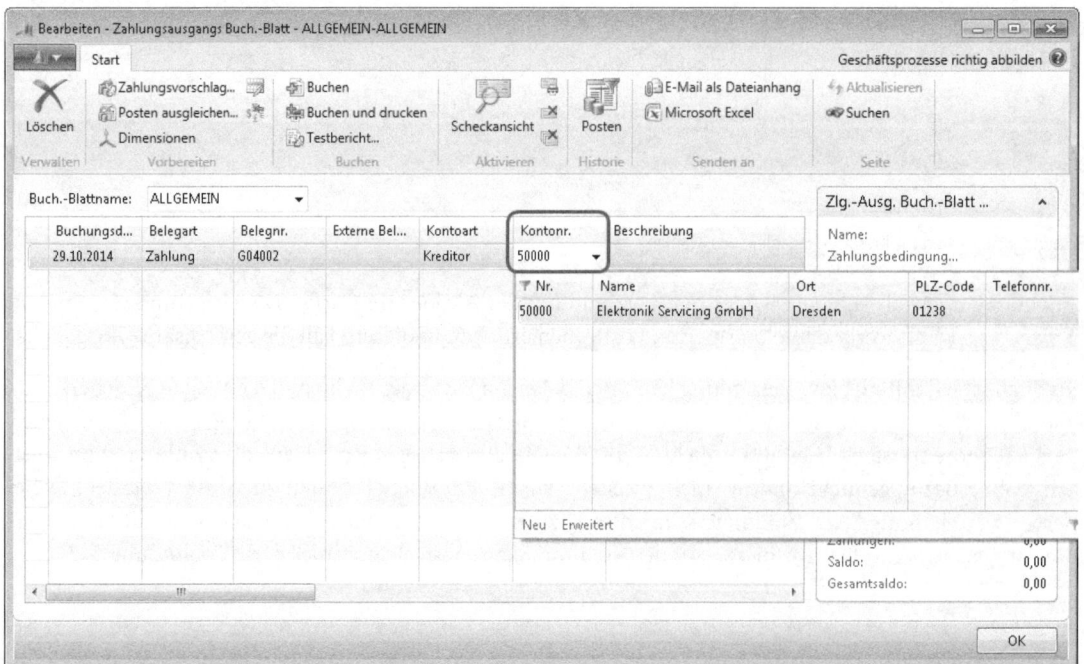

Abbildung 5.80 Auswahl Kreditor für Postenausgleich

Zahlungsausgang für offene Verbindlichkeiten

Im folgenden Beispiel soll die Kreditorenrechnung »108012«, die aus der Einkaufsbestellung »106040« resultiert, ausgeglichen werden. Im ersten Schritt muss dazu im Zahlungsausgangsbuchungsblatt der Kreditor in die Blattzeile eingetragen werden, damit die entsprechenden Posten bzw. Belege zu diesem Kreditor ausgeglichen werden können (siehe Abbildung 5.80).

Im weiteren Verlauf gibt es grundsätzlich zwei Möglichkeiten, den Ausgleich eines oder mehrerer offener Posten durchzuführen. Über die Belegnummer (es wir dann genau ein Beleg ausgeglichen) oder über die sogenannte Ausgleich-ID, mit deren Hilfe mehrere Belege über die Vergabe einer gemeinsamen Ausgleichs-ID in einem Schritt ausgeglichen werden können.

Link: *Abteilungen/Finanzmanagement/Kreditoren/Zlg.-Ausg. Buch.-Blätter/Posten ausgleichen*

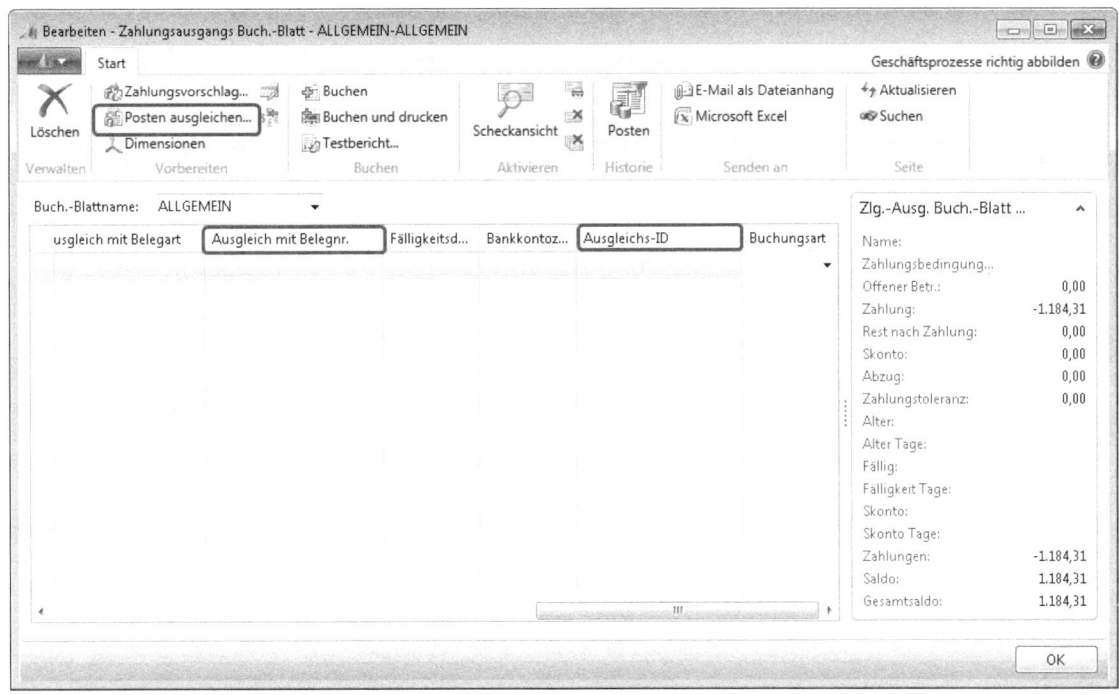

Abbildung 5.81 Posten für Kreditorenausgleich auswählen

Es können dann jeweils einzelne Belege markiert und mit der Aktion *Ausgleichs-ID setzen* zum gesammelten Ausgleich ausgewählt werden; die markierten Positionen erhalten in diesem Fall die gemeinsame Ausgleichs-ID »G04002«.

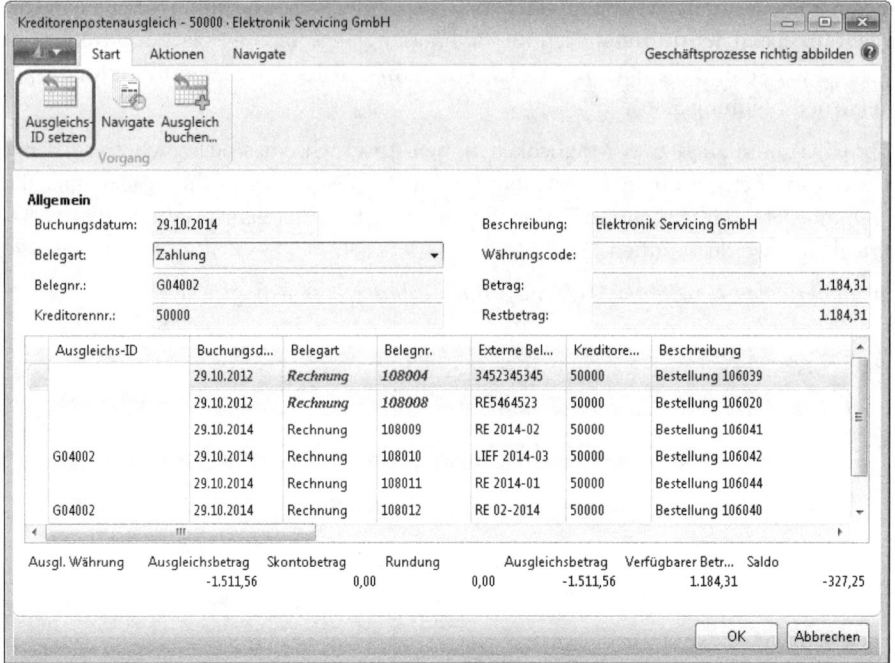

Abbildung 5.82 Ausgleichs-ID für offenen Kreditorenpostenausgleich

HINWEIS Überfällige Kreditorenposten werden in der Übersicht *Kreditorenpostenausgleich* rot und kursiv markiert.

Für das hier folgende Beispiel soll allerdings nur die Kreditorenrechnung »108012« ausgeglichen werden, sodass eine Selektion auch über das Feld *Ausgleich mit Belegnummer* im Zahlungsausgangsbuchungsblatt erfolgen kann.

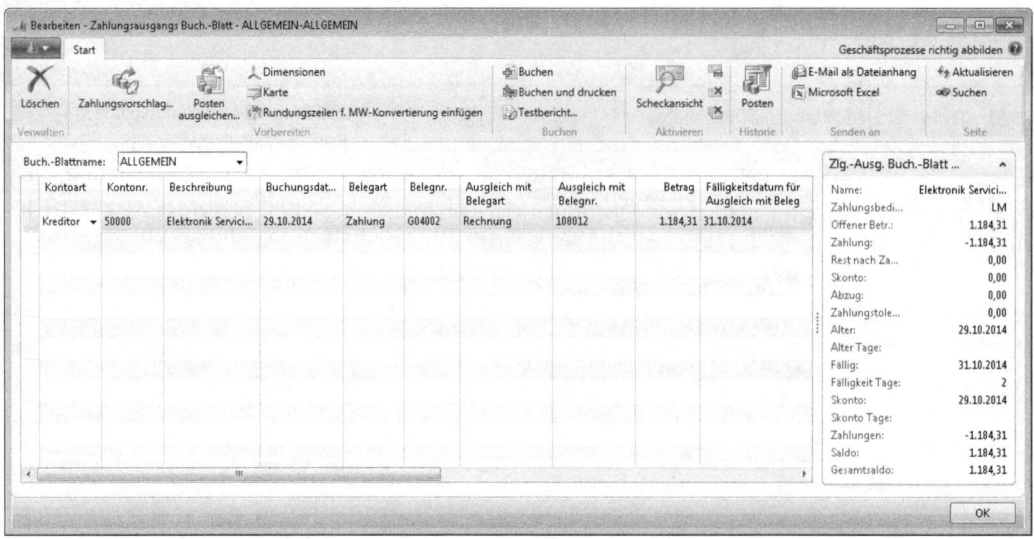

Abbildung 5.83 Zahlungsausgangsbuchungsblatt – Posten übernommen

Zahlungsausgang für offene Verbindlichkeiten

In der Praxis hingegen dürfte in der Regel der Zahlungsvorschlag genutzt werden, um fällige Lieferantenrechnungen durch das System selektieren zu lassen.

Link: *Abteilungen/Finanzmanagement/Kreditoren/Zlg.-Ausg. Buch.-Blätter/Zahlungsvorschlag* (siehe Abbildung 5.84)

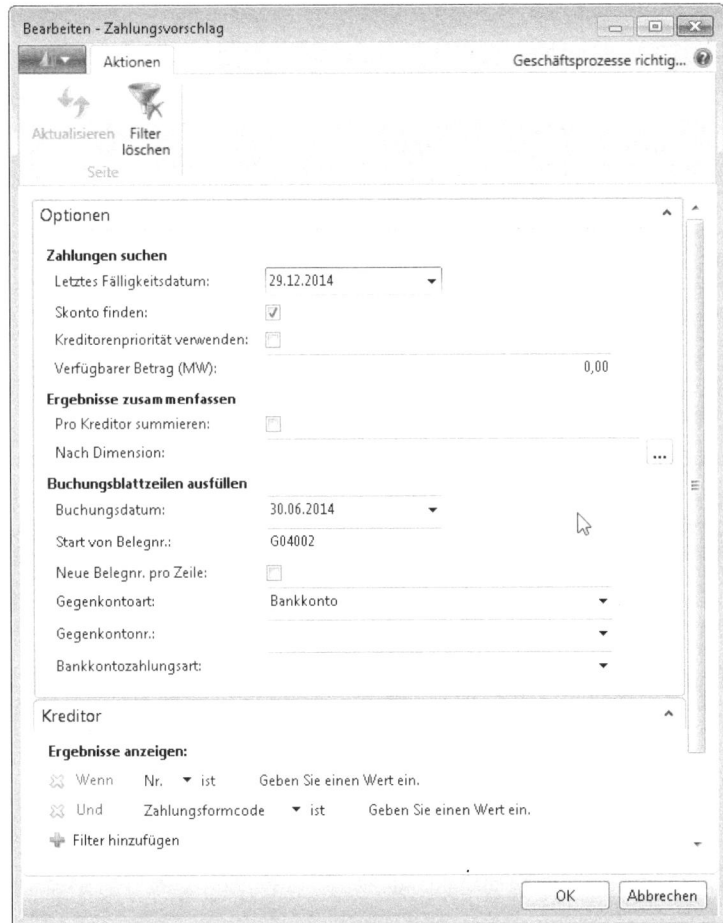

Abbildung 5.84 Zahlungsvorschlag offene Kreditorenposten (1/2)

Über das letzte Fälligkeitsdatum werden die Kreditorenposten eingegrenzt, die in die Stapelverarbeitung aufgenommen werden sollen. Nur Posten mit einem Fälligkeitsdatum oder einem Skontodatum, das vor oder an diesem Datum liegt, werden von der Stapelverarbeitung selektiert.

Steht dem Unternehmen nur ein begrenzter Betrag zur Tilgung von offenen Lieferantenrechnungen zur Verfügung, lässt sich dieser Betrag im Feld *Verfügbarer Betrag (MW)* hinterlegen. Gleichzeitig kann die Priorität für Auszahlungen über das Feld *Kreditorenpriorität verwenden* für Auszahlungen berücksichtigt werden, die für jeden Lieferanten – wie bereits im Rahmen der Stammdaten erläutert – in der Kreditorenkarte (Inforegister *Zahlung*) hinterlegbar ist. Wird das Kontrollkästchen *Skonto finden* aktiviert, bezieht die Stapelverarbeitung die Kreditorenposten mit ein, für die ein Skontoabzug bis zum Fälligkeitsdatum möglich ist. Nachdem die Selektionskriterien definiert wurden, generiert das System eine Liste mit allen Kreditorenposten, die zur Zahlung vorgeschlagen werden.

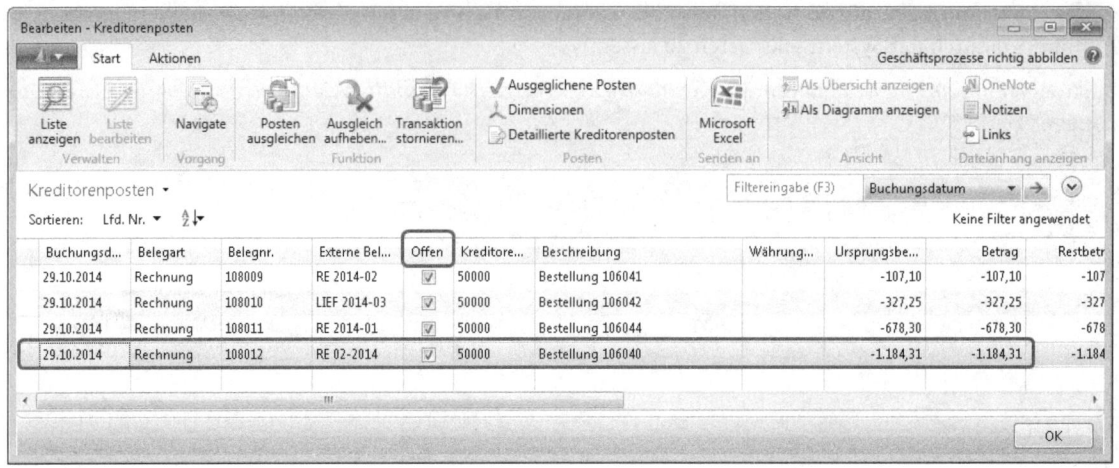

Abbildung 5.85 Zahlungsvorschlag offene Kreditorenposten (2/2)

Vor dem Ausgleich der Lieferantenrechnung kann der Status (Offen/Geschlossen) über die Kreditorenposten aus der Zahlungsvorschlagliste nachvollzogen werden.

Nach der Buchung des Zahlungsausgangs ist der Posten ausgeglichen und der Status wurde durch das System geändert.

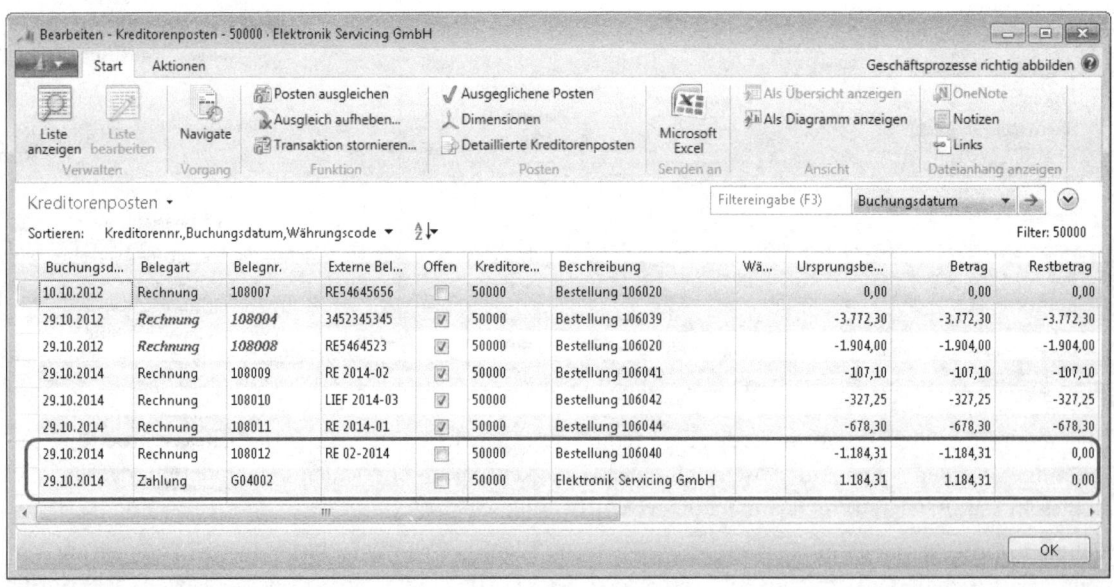

Abbildung 5.86 Geschlossene Kreditorenposten

Wurden einzelne Posten nicht korrekt ausgeglichen (beispielsweise aufgrund einer falschen Zuordnung), kann der Vorgang storniert werden und eine erneute Zuordnung des Postens erfolgen.

Link: *Abteilungen/Finanzmanagement/Kreditoren/**Kreditoren**/Posten/Funktion/Ausgleich aufheben*

Zahlungsausgang für offene Verbindlichkeiten

Die betroffene Zahlung kann markiert und anschließend der Ausgleich aufgehoben werden, wenn die Zuordnung bei der Auszifferung nicht korrekt war.

Wurde der Zahlungsbeleg nicht korrekt gebucht, muss nach der Aufhebung der Zuordnung eine Stornierung erfolgen (Transaktion stornieren).

Akontozahlungen

Zahlungsausgänge sollten grundsätzlich auf einer Leistung oder einem Wareneingang beruhen. Allerdings kann es in bestimmten Fällen aus diversen Gründen notwendig sein, eine Zahlung vor Lieferung der entsprechenden Leistung oder Ware vorzunehmen (Akontozahlungen). In diesem Fall muss die Zahlung im späteren Verlauf des Geschäftsprozesses einer Lieferung durch den Kreditoren zugeordnet werden. Dieser Vorgang wird von der Kreditorenkarte aus gesteuert.

Link: *Abteilungen/Einkauf/Planung/**Kreditoren**/Posten/Posten ausgleichen*

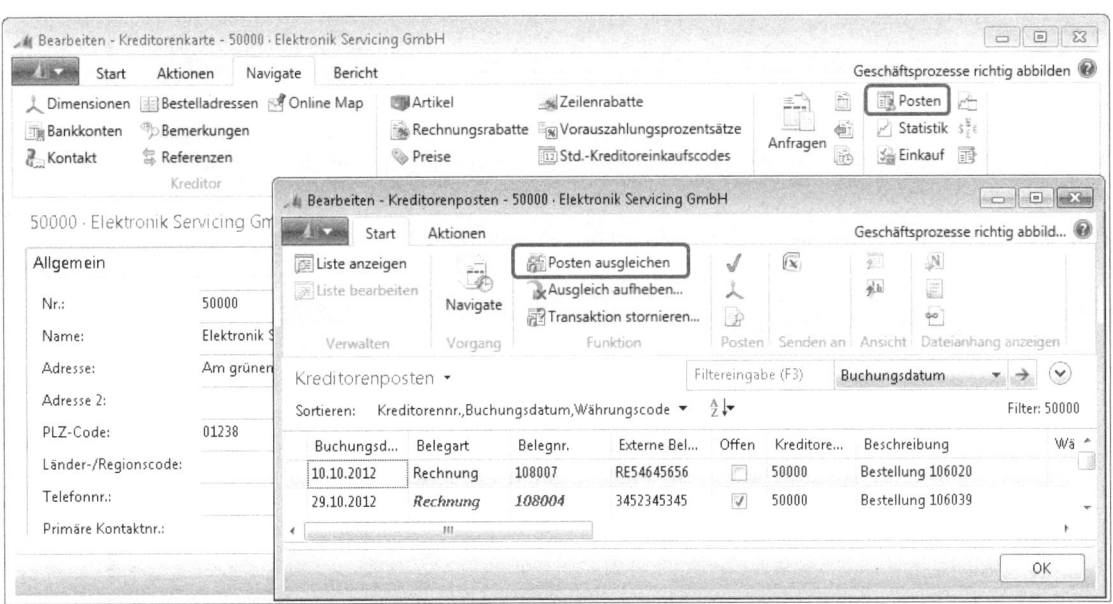

Abbildung 5.87 Posten ausgleichen

Zahlungsbedingungen

Grundlegende Parameter zu Zahlungsbedingungen, die den Einkauf betreffen, werden zum einen in den Einrichtungsparametern der Finanzbuchhaltung, zum anderen in den Stammdaten der Kreditorenkarte gepflegt und im Folgenden beschrieben.

Link: *Abteilungen/Verwaltung/Anwendung Einrichtung/Finanzmanagement/Finanzen/Finanzbuchhaltung Einrichtung* (siehe Abbildung 5.88)

In Bezug auf Skontotoleranzen bietet die Einrichtung der Finanzbuchhaltung die Einstellungsmöglichkeiten zu Warnmeldungen und Verbuchungskonten. Darüber hinaus kann eine *Skontotoleranzperiode* hinterlegt werden. Diese legt die Anzahl der Tage fest, die eine Zahlung oder Erstattung über der Skontofälligkeit liegen darf und Skonto trotzdem gewährt wird.

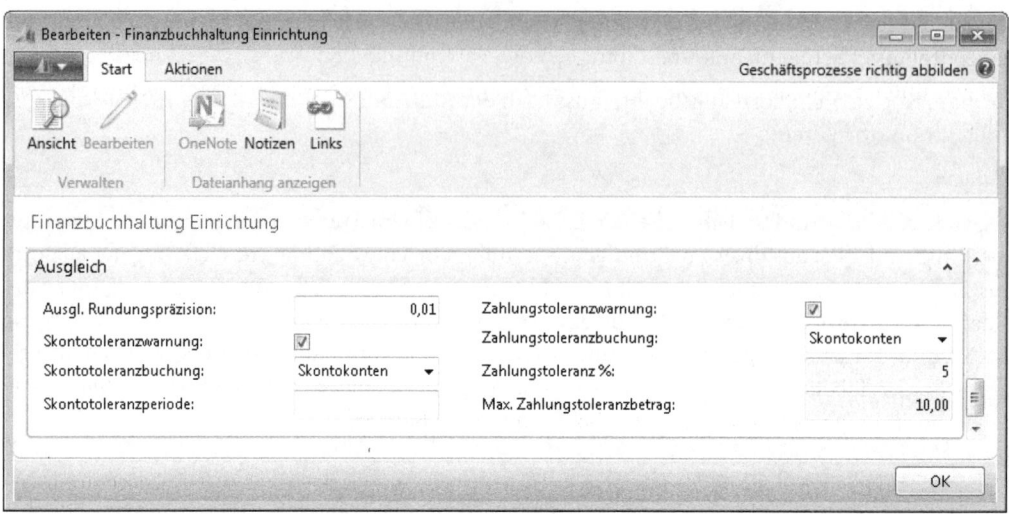

Abbildung 5.88 Einrichtung der Zahlungsbedingungen und -toleranzen im Einkauf

Auf dem Inforegister *Allgemein* der *Finanzbuchhaltung Einrichtung* finden sich zwei weitere Einstellungsparameter, die den Verbuchungsprozess von Skonti im Einkauf betreffen.

Link: *Einrichtung/Finanzmanagement/Finanzen/Finanzbuchhaltung Einrichtung* (siehe Abbildung 5.89)

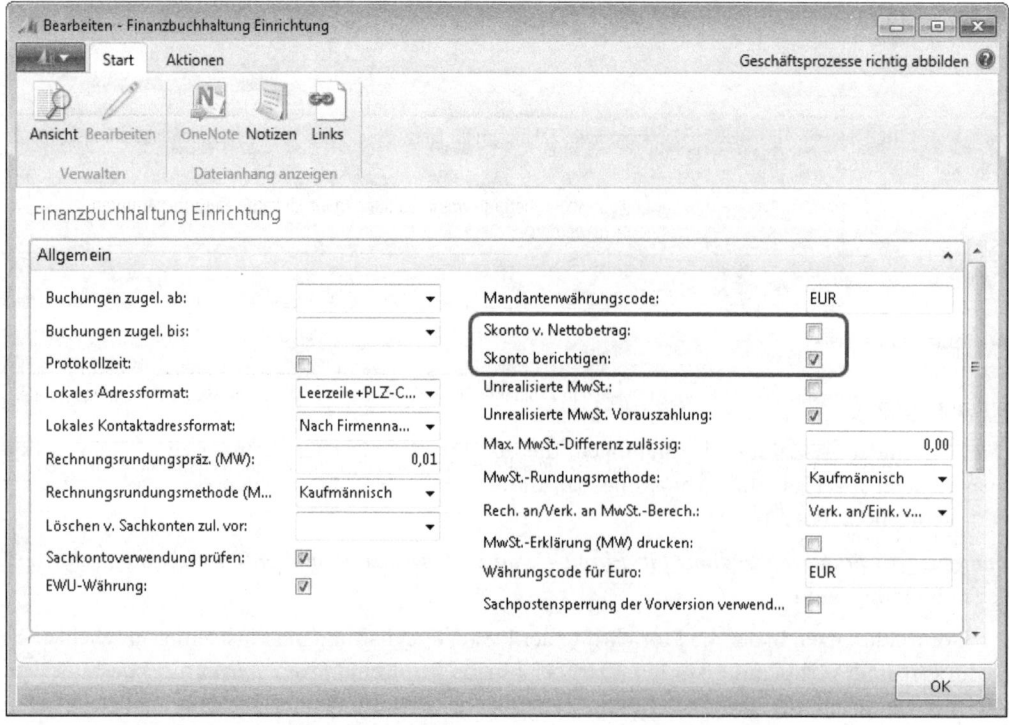

Abbildung 5.89 Verbuchungsarten von Skontobeträgen

Über die beiden Felder *Skonto v. Nettobetrag* und *Skonto berichtigen* wird festgelegt, ob der Skonto vom Brutto- oder Nettobetrag berechnet werden soll und ob die Anwendung die Steuerbeträge erneut berechnet, wenn Zahlungen unter Skontoabzug erfolgen. Wird der Skontobetrag vom Nettobetrag berechnet, werden folgende Felder in die Berechnung einbezogen:

Bei der Erstellung von Einkaufsbestellungen und -rechnungen verwendet die Anwendung den Wert aus dem Feld *Betrag* der Tabelle *Einkaufszeile*. Bei der Erfassung von Einkäufen über ein *Buch.-Blatt* zieht die Anwendung das Feld *Verkauf/Einkauf (MW)* der Tabelle *Fibu Buch.-Blattzeile* heran.

Wird das Feld *Skonto v. Nettobetrag* nicht aktiviert, erfolgt die Berechnung vom Bruttobetrag und folgende Felder werden in die Berechnung einbezogen:

Bei der Erstellung von Bestellungen und Rechnungen verwendet die Anwendung den Betrag aus dem Feld *Betrag inkl. MwSt.* der Tabelle *Einkaufszeile*. Bei der Erfassung von Einkaufsvorgängen über ein *Buch.-Blatt* verwendet die Anwendung das Feld *Betrag* der Tabelle *Fibu Buch.-Blattzeile*.

HINWEIS Das Feld *Verkauf/Einkauf (MW)* wird in der Regel nur verwendet, um die statistischen Informationen zu erhalten. Wenn jedoch das Feld *Skonto v. Nettobetrag* mit einem Häkchen versehen wird, ist es wichtig, das Feld *Verkauf/Einkauf (MW)* zu füllen, da sonst der Skontobetrag Null beträgt.

Die Option *Skonto berichtigen* kann nicht verwendet werden, wenn das Kontrollkästchen *Skonto v. Nettobetrag* aktiviert ist (wenn auf Skonto keine MwSt. berechnet wird, muss gegebenenfalls auch keine Korrektur erfolgen). Die Option *Skonto v. Nettobetrag* entspricht nicht den Grundsätzen ordnungsmäßiger Buchführung und darf daher in Deutschland nicht angewendet werden.

Abhängig von der gewählten Buchungsmethode müssen in der Buchungsmatrix unterschiedliche Konten gepflegt werden (siehe Tabelle 5.20 und Tabelle 5.21).

Feld	Beschreibung (Skonto v. Nettobetrag) – (Kreditoren- und Debitorenbuchungsgruppe)
Skonto Sollkonto	Konto für Einkaufskontobeträge, wenn Zahlungen für Einkäufe dieser bestimmten Geschäftsbuchungsgruppe gebucht werden
Skonto Habenkonto	Konto für Minderungen der Einkaufskontobeträge, wenn Zahlungen für Einkäufe dieser bestimmten Geschäftsbuchungsgruppe gebucht werden

Tabelle 5.20 Skonto von Nettobetrag

Feld	Beschreibung (Skonto berichtigen) – (Buchungsmatrix)
Eink.-Skonto Sollkonto	Konto für Einkaufskontobeträge, wenn Zahlungen für Einkäufe dieser bestimmten Geschäftsbuchungsgruppe gebucht werden
Eink.-Skonto Habenkonto	Konto für Minderungen der Einkaufskontobeträge, wenn Zahlungen für Einkäufe dieser bestimmten Geschäftsbuchungsgruppe gebucht werden

Tabelle 5.21 Skonto berichtigen

Link: *Abteilungen/Finanzmanagement/Einrichtung/Buchungsgruppen/Kreditorenbuchnungsgruppen* (siehe Abbildung 5.90)

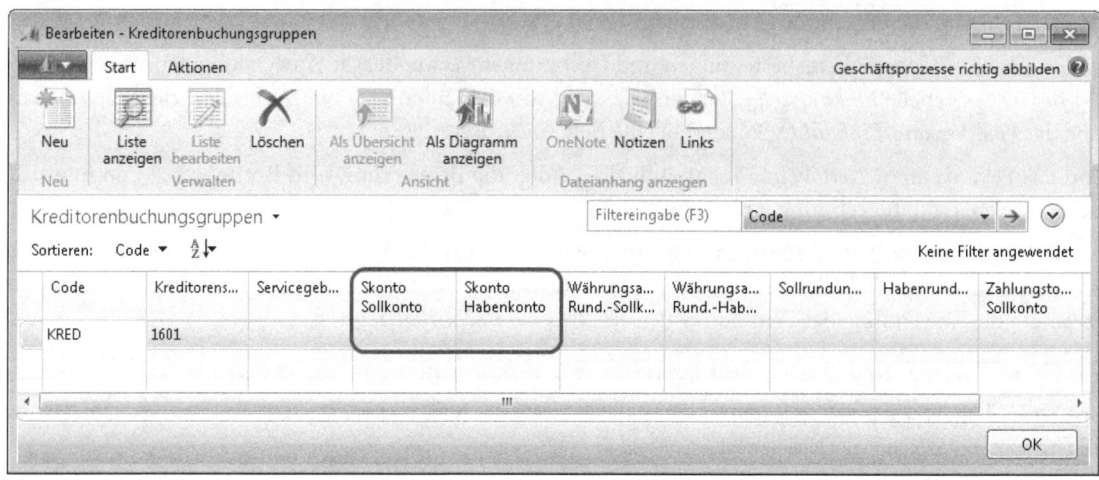

Abbildung 5.90 Skontokonten der Kreditoren

Link: *Abteilungen/Finanzmanagement/Einrichtung/Buchungsgruppen/Buchungsmatrix Einr.* (siehe Abbildung 5.91)

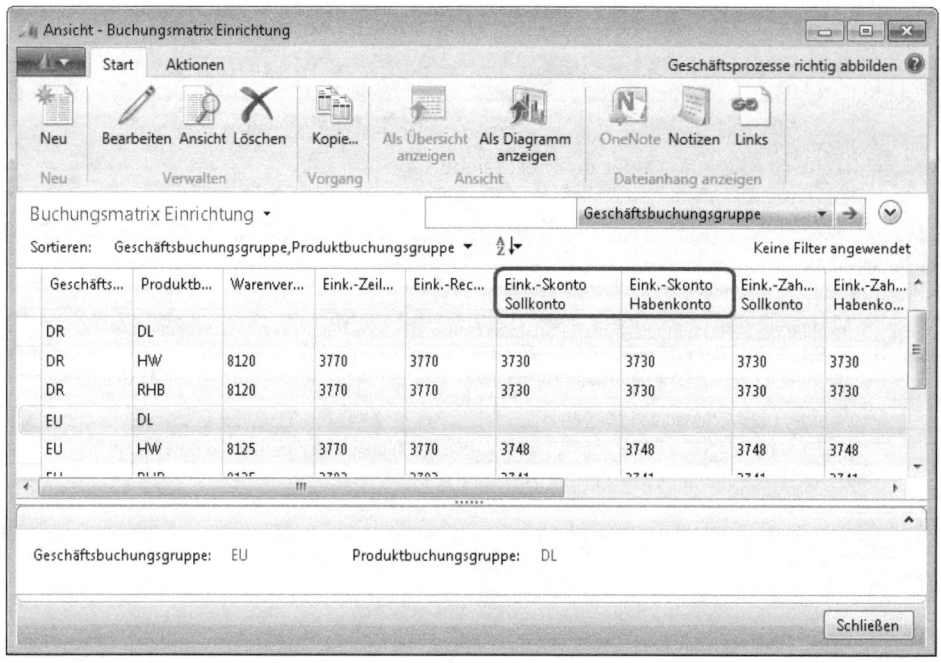

Abbildung 5.91 Skontokonten Buchungsmatrix

HINWEIS Da sich die beiden Verbuchungsmethoden gegenseitig ausschließen, können in der Buchungsmatrix immer nur die beiden Konten hinterlegt werden, die für die Methode benötigt werden.

Die eigentliche Pflege der Zahlungsbedingungen für Kreditoren erfolgt in der Einrichtung für Kreditoren.

Link: *Abteilungen/Finanzmanagement/Kreditoren/Zahlungsbedingungen* (siehe Abbildung 5.92)

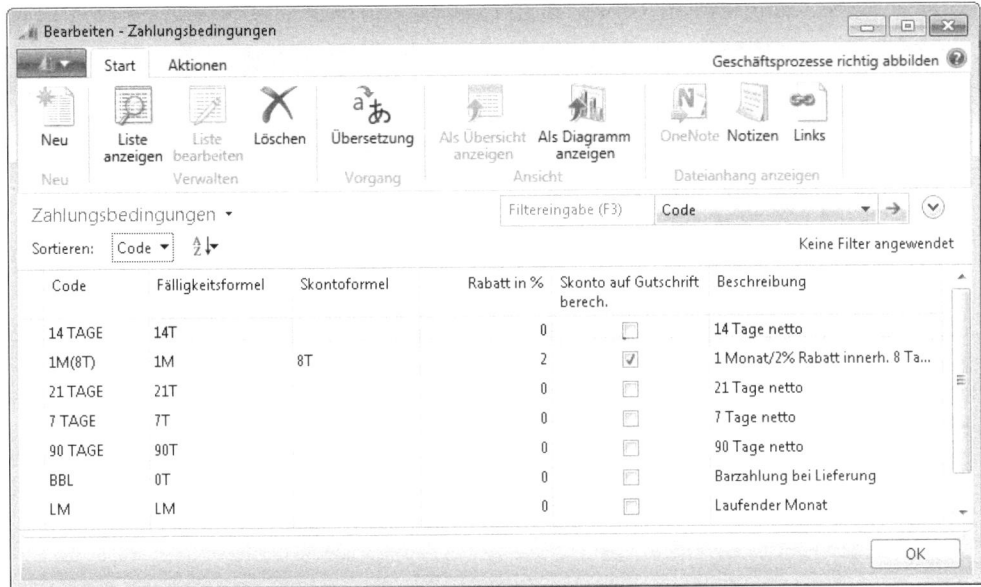

Abbildung 5.92 Zahlungsbedingungen

Jede Zahlungsbedingung ist durch folgende Felder definiert (siehe Tabelle 5.22):

Feld	Beschreibung
Code	Eindeutige Kennung für eine Zahlungsbedingung
Fälligkeitsformel	Formel für die Berechnung des Fälligkeitsdatums (z. B. »30T« für 30 Tage oder »1M« für einen Monat)
Skontoformel	Datumsformel für die Berechnung des Skontodatums (z. B. »8T« für acht Tage oder »1W« für eine Woche)
Rabatt in %	Gewährter Lieferantenskonto in Prozent
Skonto auf Gutschrift berech.	Ist dieses Feld markiert, errechnet die Anwendung auch auf Gutschriften mit dieser Zahlungsbedingung Skonto, sofern die Rechnung schon unter Abzug von Skonto bezahlt wurde
Beschreibung	Beschreibung/Umschreibung der Zahlungsbedingung

Tabelle 5.22 Einrichtung der Zahlungsbedingungen

HINWEIS Das Feld *Rabatt in %* wurde in Dynamics NAV 2009 noch korrekterweise als Skonto bezeichnet. Dieses Feld steht nicht in Zusammenhang mit den Zeilen- und Rechnungsrabatten und wird völlig unabhängig davon berechnet.

Die Zuweisung der Zahlungsbedingung erfolgt in den Kreditorenstammdaten über das Inforegister *Zahlung*. Link: *Abteilungen/Einkauf/Planung/**Kreditoren***, Feld *Zlg.-Bedingungscode* (siehe Abbildung 5.93)

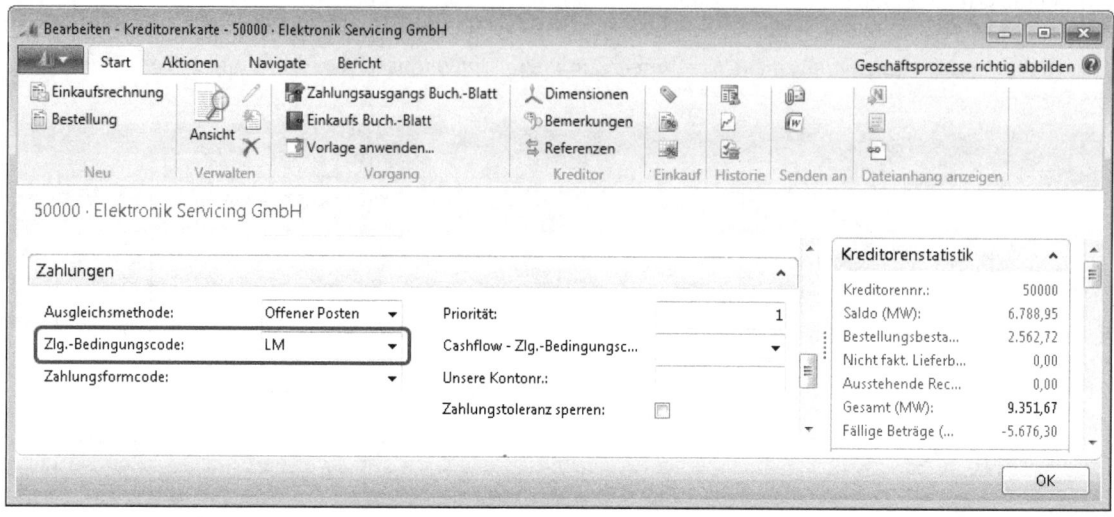

Abbildung 5.93 Zuordnung des Zahlungsbedingungscodes auf der Kreditorenkarte

Zahlungsausgang aus Compliance-Sicht

Potenzielle Risiken

- Zahlungsausgang ohne Lieferung/Rechnung (Akonto-Zahlungen) (Effectiveness, Compliance)
- Fehlende Kontrolle über Verbindlichkeiten durch fehlende oder falsche Zuordnung von Zahlungen (Effectiveness, Efficiency, Reliability)
- Vermögensverlust durch nicht durchgeführten Skontoabzug (Effectiveness, Compliance)
- Manuelles Ändern von Zahlungskonditionen (Integrity, Compliance)
- Verschlechterung der Lieferantenbeziehung durch überfällige Kreditorenposten (Efficiency, Compliance)

Prüfungsziel

- Sicherstellung ausschließlich berechtigter Zahlungsausgänge (kein Zahlungsausgang ohne Waren-/Leistungseingang)
- Sicherstellung eines effektiven und effizienten Prozesses zur Überwachung und zum Ausgleich offener Posten
- Sicherstellung eines effektiven und effizienten Prozesses zur Erstellung und Nutzung von Zahlungsbedingungen
- Sicherstellung eines ordnungsmäßigen Verbuchungsprozesses von Skontobuchungen

Prüfungshandlungen

Akontozahlungen

Zahlungsausgänge sollten grundsätzlich auf einer Leistung oder einem Wareneingang beruhen. In Dynamics NAV ist es möglich, Zahlungsausgänge ohne Bezug zu einer Bestellung bzw. Rechnung zu buchen (Akontozahlungen). Derartige Posten und die Gründe für deren Existenz im System sollten grundsätzlich einer Analyse unterzogen werden, um unberechtigte Lieferantenzahlungen auszuschließen. Dazu bietet es sich an, insbesondere Zahlungen, die offen sind, auf ihren Ursprung und ihren Zweck hin genau zu analysieren.

Link: *Einkauf/Bestellungsabwicklung/Kreditoren/Kreditor/Posten* (siehe Abbildung 5.94)

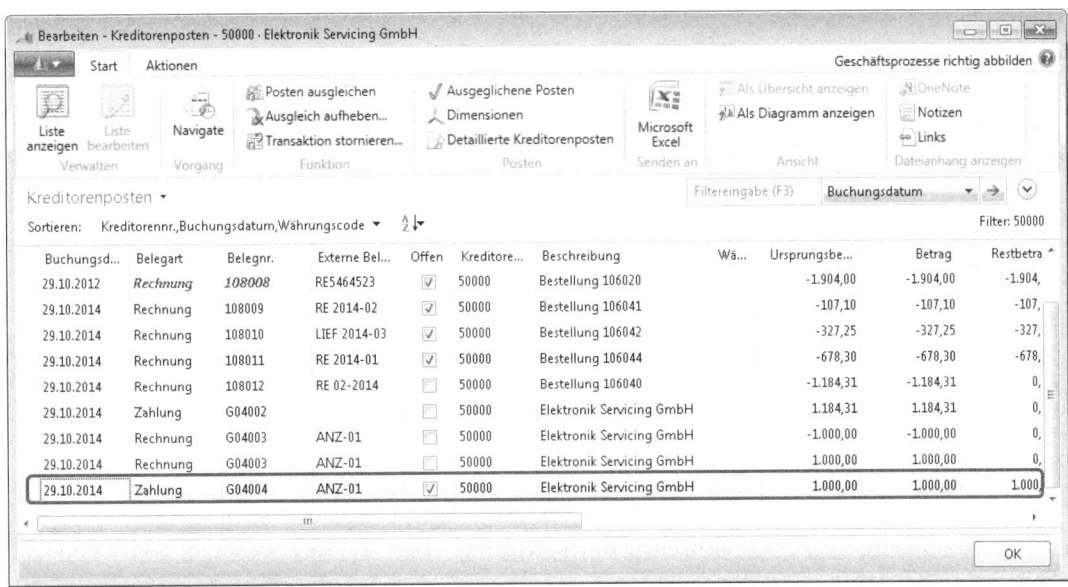

Abbildung 5.94 Analyse der Akontozahlungen

Bei dieser Prüfung handelt es sich um eine Zeitpunktbetrachtung, d.h. nachträglich ausgeglichene Posten werden mit dieser Prüfungshandlung nicht erfasst. Um eine zeitraumbezogene Auswertung durchzuführen, bietet sich folgende Vorgehensweise an:

Feldzugriff: *Tabelle 25 Kreditorenposten/Felder Kreditorennr., Buchungsdatum, Belegart, Belegnummer, Ausgleichsposten [Wert Ja]*

Werden entsprechende Posten angezeigt (Ausgleichposten mit dem Wert »Ja«), bedeutet dies, dass der Posten nachträglich (nach der Buchung) ausgeglichen wurde. Dies ist ein Indiz, dass eine Akontozahlung gebucht und nachträglich ausgeglichen wurde. Um Akontozahlungen zu identifizieren, sind diese Posten genauer zu analysieren.

Feldzugriff: *Tabelle 380 Detaillierte Kreditorenposten/Felder Kreditorennr. [Kreditorennr. Werte] Postenart, Buchungsdatum, Belegart, Belegnummer [Belegnummern Werte], Benutzer-ID, Transaktionsnummer, Betrag*

Als Ergebnis erhält man für jede Belegnummer drei Posten, den ursprünglichen Posten für die Zahlung, den Ausgleich für die Zahlung und den Ausgleich für die Rechnung. Weist der Ursprungsposten eine Transaktionsnummer auf, die mit keinem der Ausgleichsposten übereinstimmt, handelt es sich um eine Akontozahlung. Abschließend müssen die Gründe für derartige Buchungsvorgänge geklärt werden.

Analyse des Skontoabzugs

Um bei Lieferantenrechnungen den Skontoabzug realisieren zu können, muss die Zahlung innerhalb der vereinbarten Skontofristen erfolgen. Im Nachhinein kann überprüft werden, ob in der Vergangenheit die Möglichkeit des Skontoabzugs nicht genutzt wurde, obwohl dies in den Zahlungsbedingungen des Lieferanten oder Einkaufbelegs vorgesehen war.

Feldzugriff: *Tabelle 25 Kreditorenposten/Felder Belegart, Belegnummer, Urspr. Skonto möglich, Skonto erhalten (MW)*

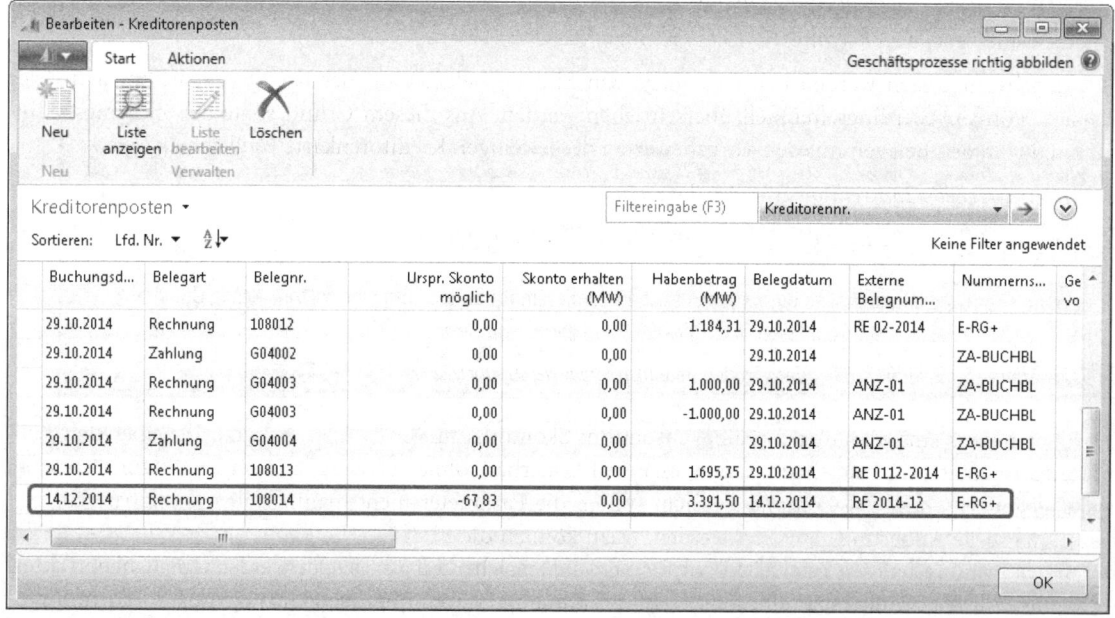

Abbildung 5.95 Analyse von Skontoabzügen

Aus der oben markierten Zeile ist ersichtlich, dass für den Beleg »108014« ein Skonto von 67,83 Euro möglich gewesen wäre, dieser aber offensichtlich nicht abgezogen wurde. Ein wesentlicher Grund für nicht gebuchte Skonti sind Zahlungen nach Ablauf des Skontodatums (einschließlich der Toleranzperiode). Einkaufsvorgänge mit nicht gezogenem Skonto sollten im weiteren Verlauf der Prüfung dokumentiert und analysiert werden. Darüber hinaus empfiehlt es sich, das Änderungsprotokoll für bestimmte Felder zu aktivieren, da sich diese nachträglich in den Kreditorenposten manuell überschreiben lassen und somit Änderungen ohne Protokollierung nicht nachvollziehbar sind:

- Fälligkeitsdatum
- Skontodatum

- Skontotoleranzdatum
- Restskonto möglich
- Maximale Zahlungstoleranz
- Abwarten
- Ebenso ist es möglich, diese Felder gegen manuelle Änderungen zu schützen

Prüfung der Zahlungsbedingungen

Im Rahmen der Prüfung sollten im ersten Schritt die im System vorhandenen Zahlungsbedingungen bezüglich falsch konfigurierter Parameter (falsche Skontoprozentsätze, Skontofristen) bzw. Zahlungsbedingungen, die nicht den Lieferantenvereinbarungen entsprechen, überprüft werden. Anschließend muss analysiert werden, welche dieser Zahlungsbedingungen den Lieferanten zugeordnet werden.

Feldauswahl: *Tabelle 3 Zahlungsbedingung*

Feldauswahl: *Tabelle 23 Kreditor/Feld Zlg.-Bedingungscode*

Zahlungsbedingungen werden bei der Anlage von Einkaufsbelegen aus der Kreditorenkarte in den Beleg kopiert, können allerdings manuell überschrieben werden. Aus diesem Grund sollte der Zahlungsbedingungscode in den Belegen mit den Vorgabewerten der jeweiligen Kreditorenkarte verglichen werden.

Feldzugriff: *Tabelle 23 Kreditor/Feld Zlg.-Bedingungscode*

Feldzugriff: *Tabelle 122 Einkaufsrechnungskopf/Feld Zlg.-Bedingungscode*

Online Im Begleitmaterial zu diesem Buch existiert zu diesem Prüfungsschritt eine entsprechende Query.

Die Begleitdateien stehen als Download zur Verfügung. Sie können diese wahlweise entweder von der Seite *www.microsoft-press.de/support/9783866455696* oder von der Seite *msp.oreilly.de/support/2272/803* herunterladen.

Darüber hinaus sind Parameter (Fälligkeitsdatum, Skontodatum, Skontoprozentsatz), die über den Zahlungsbedingungscode festgelegt werden, manuell änderbar, ohne dass der Zahlungsbedingungscode im Beleg geändert wird. Aus Compliance-Sicht sollten die Parameter nicht manuell überschreibbar sein und gegen manuelle Änderung geschützt werden. Dazu können die Felder im Einkaufskopf *Tabelle 38*, auf *Editable="No"* gesetzt werden oder ein Tool für Feldebenensicherheit verwendet werden. Im Umkehrschluss bedeutet dies allerdings auch, dass eine gewollte Änderung (z. B. im Rahmen eines speziellen Auftrags oder Vereinbarung) nur durch die Anlage und Zuordnung einer neuen Zahlungsbedingung möglich ist.

Analyse des Ausgleichs offener Posten und geblockter Rechnungen

Im Rahmen der Analyse des Ausgleichsprozesses für offene Posten sollte geprüft werden, ob offene Kreditorenrechnungen im System existieren, die bereits überfällig oder für die Auszahlung geblockt sind.

Link: *Abteilungen/Finanzmanagement/**Kreditoren**/Fällige Posten* (siehe Abbildung 5.96)

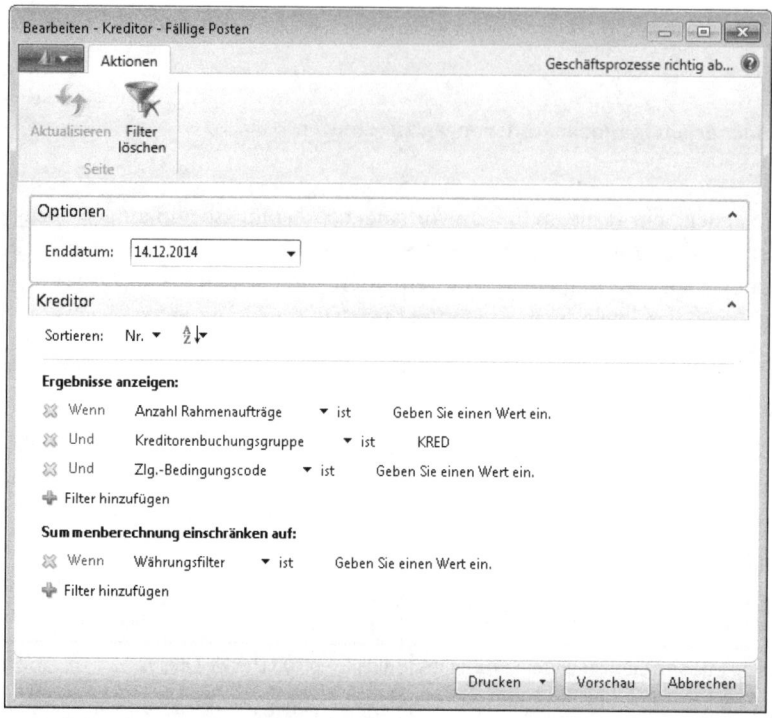

Abbildung 5.96   Kreditoren – Überfällige Posten

Feldzugriff: *Tabelle 38 Einkaufskopf/Feld Abwarten*

Lieferanten-Mahnwesen

Der Mahnprozess in Form von Erstellung und Versand von Liefererinnerungen erfolgt im Anschluss an den Bestellvorgang für den Fall, dass vereinbarte Lieferfristen nicht eingehalten werden. Im Folgenden werden der Ablauf sowie grundsätzliche Einstellungen zum automatisierten Mahnprozess erläutert.

Der Prozess im Überblick

Wurde die Einkaufsbestellung an den Lieferanten übermittelt, erfolgt die Überwachung des Wareneingangs. Geht die Lieferung fristgerecht ein, werden der Rechnungseingang sowie anschließend der Zahlungsausgang gebucht und der Prozess ist abgeschlossen. Erfolgt die Lieferung hingegen nicht fristgerecht, kann Dynamics NAV den automatisierten Lieferanten-Mahnprozess anstoßen, der sich wie folgt darstellt:

Lieferanten-Mahnwesen

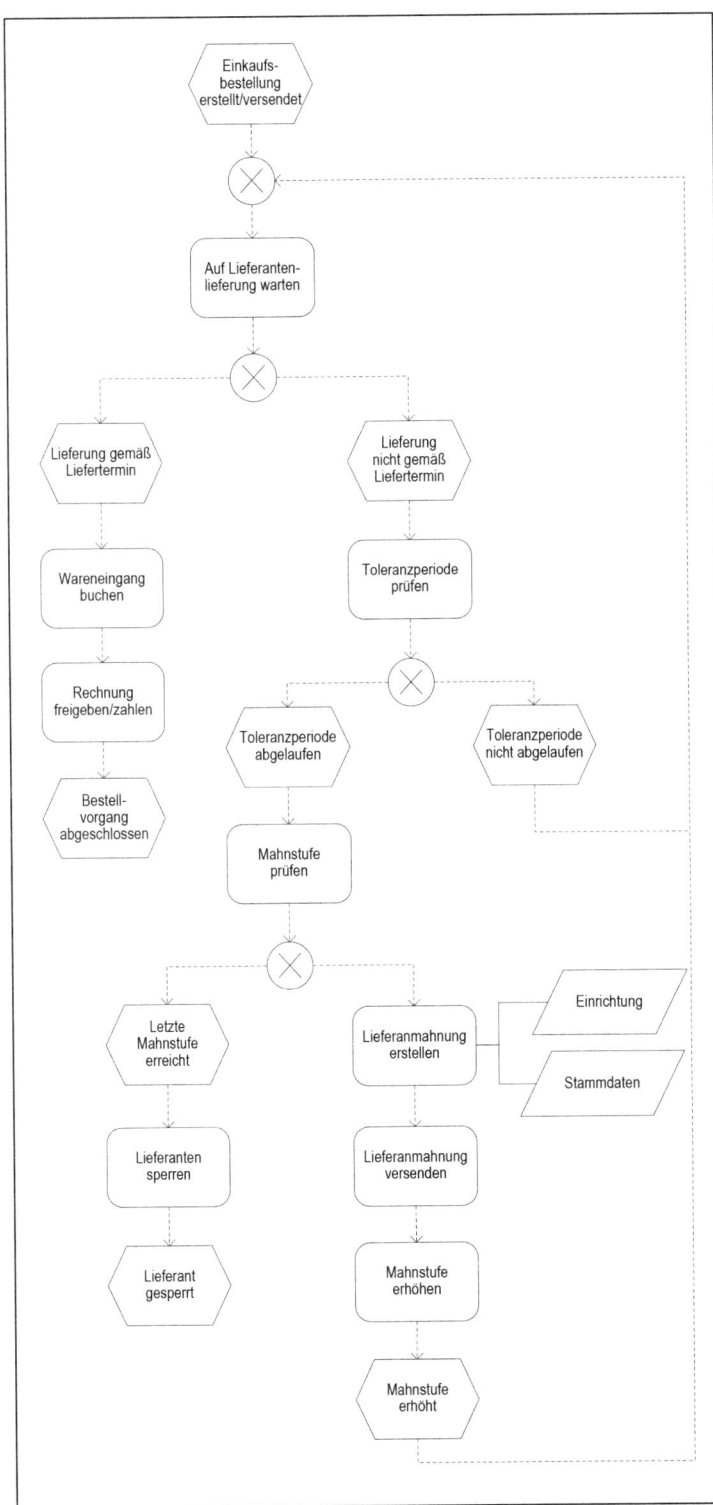

Abbildung 5.97 Lieferanten-Mahnprozess

Der Mahnbeleg ist – sofern man davon ausgeht, dass im normalen Geschäftsablauf nicht jede Lieferung gemahnt werden muss – nicht Bestandteil des standardisierten Belegflusses, sondern vielmehr ein Beleg, der in Ausnahmen erstellt wird. Er ist zwischen dem Ausgang der Einkaufsbestellung und der Lieferung einzuordnen.

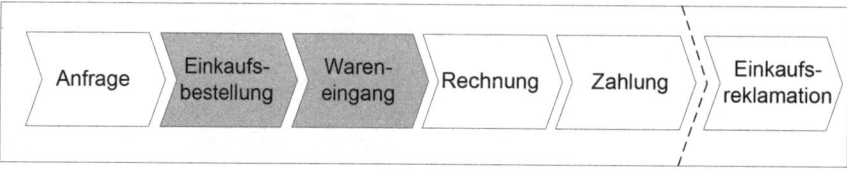

Abbildung 5.98   Belege im Mahnwesen

Ablauf und Einrichtung des Mahnwesens

Überfällige Lieferungen haben direkten Einfluss auf den Materialplanungsprozess und Materialfluss im Unternehmen und können zu Produktions- und Auslieferungsverzögerungen führen, die sich ihrerseits wiederum direkt auf die Kundenzufriedenheit und Umsätze auswirken. Dynamics NAV bietet die Möglichkeit, Lieferanten-Mahnverfahren zu definieren und den Geschäftspartnern zuzuordnen. Mittels des Mahnlaufs werden alle offenen Lieferposten der selektierten Kreditoren analysiert, die zu mahnenden Posten selektiert, die Mahnstufe ermittelt und ein entsprechender Mahnbrief generiert.

Link: *Abteilungen/Verwaltung/Anwendung Einrichtung/**Einkauf**/Lieferantenmahnungsmethodencode*   (siehe Abbildung 5.99)

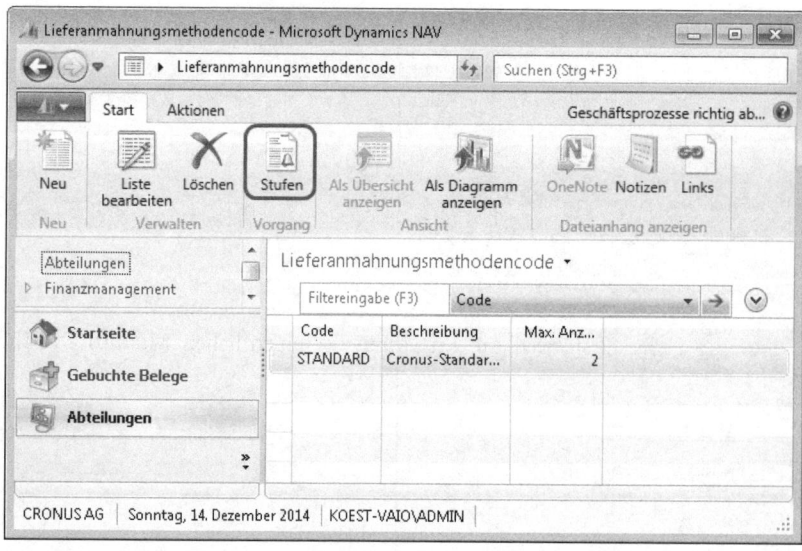

Abbildung 5.99   Lieferanten-Mahnmethoden

Im Gegensatz zum Mahnprozess im Verkaufsbereich wird die Mahnmethode ausschließlich durch maximale Anzahl der Lieferanmahnungen parametrisiert (siehe Tabelle 5.23).

Lieferanten-Mahnwesen

Feld	Beschreibung
Code	Eindeutige Kennung für eine Mahnmethode
Beschreibung	Benutzerdefinierte Bezeichnung der Mahnmethode
Max. Anzahl Lieferanmahnungen	Maximale Anzahl von Mahnungen, die für eine Lieferung erstellt werden soll

Tabelle 5.23 Einstellungen zur Mahnmethode

Jeder Mahnmethode können unterschiedliche Mahnstufen zugeordnet werden.

Link: *Abteilungen/Verwaltung/Anwendung/Einrichtung/Einkauf/**Lieferantenmahnungsmethodencode**/Stufen* (siehe Abbildung 5.100)

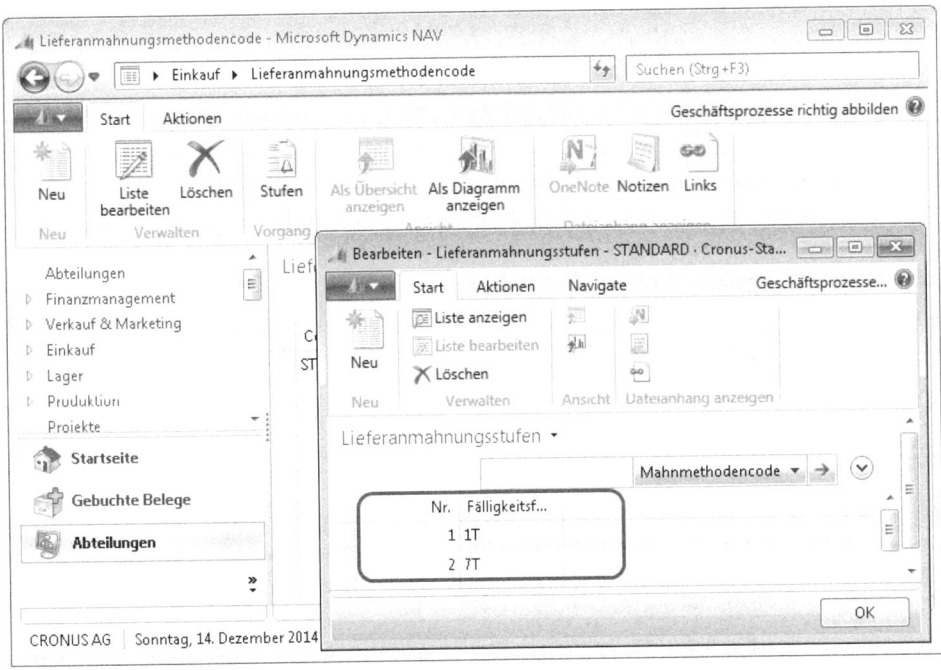

Abbildung 5.100 Mahnstufen für Lieferanmahnungen

Jede Mahnstufe steuert dann über die Fälligkeitsformel die Erstellung der eigentlichen Mahnung (siehe Tabelle 5.24).

Feld	Beschreibung
Mahnmethode	Zeigt die aktuelle Mahnmethode, auf die sich die Mahnstufe bezieht
Mahnstufe, Nr.	Bei Mahnungserstellung wird der aktuelle Mahnstatus gespeichert und beim nächsten Mahnlauf um den Wert eins erhöht. Ist die letzte Mahnstufe erreicht, gelten für alle weiteren Mahnungen die Bedingungen der letzten Mahnstufe.
Fälligkeitsformel	Formel für die Berechnung des nächsten Fälligkeitsdatums (z. B. »14T« für 14 Tage oder »2W« für zwei Wochen)

Tabelle 5.24 Einstellungen der Mahnstufe für Lieferanmahnungen

Die Fälligkeit wird aus der Addition der Fälligkeitsformel mit dem Wareneingangsdatum berechnet, das bei der Einrichtung von *Kreditoren & Einkauf* im Datumsfeld *Standard Lief.-Mahn.* hinterlegt wird.

Link: *Abteilungen/Einkauf/Einrichtung/Kreditoren & Einkauf Einr.* (siehe Abbildung 5.101)

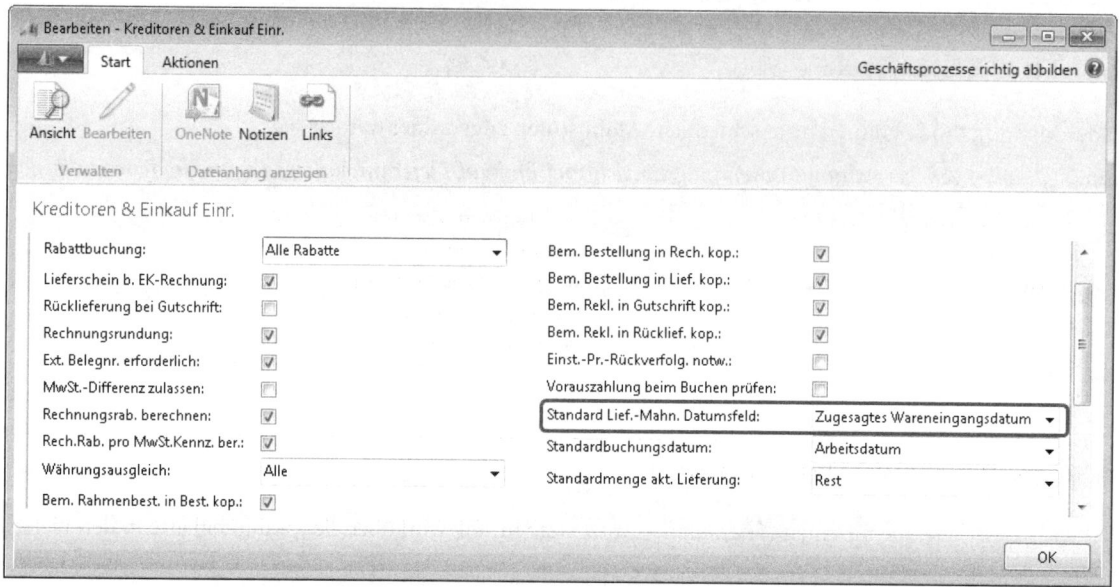

Abbildung 5.101 Berechnung des Mahndatums

Im Dropdownlistenfeld *Standard Lief.-Mahn. Datumsfeld* kann einer der folgenden Werte ausgewählt werden (siehe Tabelle 5.25):

Wert	Bedeutung und Herkunft
Gewünschtes Wareneingangsdatum	Datum, an dem die Kreditorenlieferung erfolgen soll. Der Wert wird aus dem Feld *Gewünschtes Wareneingangsdatum* des Einkaufskopfs kopiert.
Zugesagtes Wareneingangsdatum	Datum, das der Kreditor für die Lieferung zugesagt hat. Der Wert wird aus dem Feld *Zugesagtes Wareneingangsdatum* des Bestellkopfs kopiert.
Erwartetes Wareneingangsdatum	Datum, an dem das Unternehmen die Lieferung erwartet. Der Wert wird aus dem Feld *Gewünschtes Wareneingangsdatum* des Einkaufskopfs kopiert und beeinflusst direkt die Artikelverfügbarkeit, die auf der Artikelkarte hinterlegt ist. Wurde der Wert im Kopf des Einkaufsbelegs nicht gepflegt, errechnet das System das Datum aus der Addition des geplanten Wareneingangsdatums mit dem Sicherheitszuschlag für die Beschaffungszeit und der eingehenden Lagerdurchlaufzeit.

Tabelle 5.25 Standard-Liefermahnungsdatum

Für Lieferanmahnungen müssen eigene Nummernkreise in der Einrichtung der Kreditoren und des Einkaufs hinterlegt werden.

Lieferanten-Mahnwesen

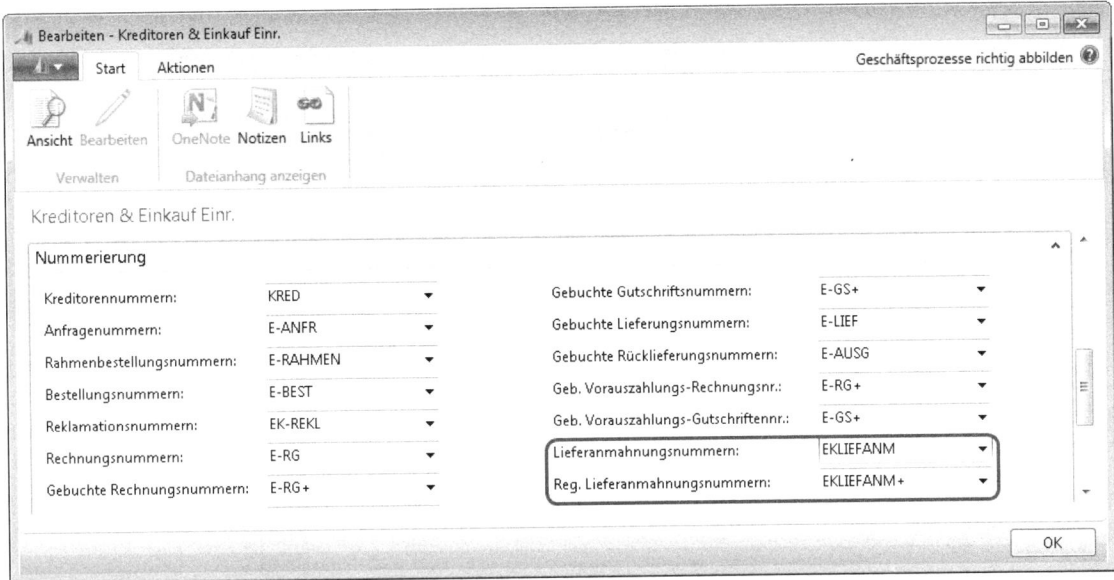

Abbildung 5.102 Nummernkreise für Lieferanmahnungen

Die Mahnmethode, die für einen Lieferanten genutzt werden soll, wird über die Kreditorenkarte in den Lieferdaten hinterlegt.

Link: *Abteilungen/Einkauf/Planung/Kreditoren* (siehe Abbildung 5.103)

Abbildung 5.103 Lieferanmahnungsmethode Kreditorenkarte

Die eigentliche Erstellung und Registrierung von Lieferanmahnungen für Kreditoren mit überfälligen Lieferungen erfolgt über die entsprechende Stapelverarbeitung. Beim Ausführen prüft das System über die Fälligkeitsformel, wann Lieferanmahnungen erstellt und versendet werden müssen. Dazu werden die offenen Bestellungen auf überfällige Lieferungen geprüft und gegebenenfalls eine Lieferanmahnungszeile erzeugt.

Link: *Abteilungen/Einkauf/Bestellungsabwicklung/Lieferanmahnung* (siehe Abbildung 5.104)

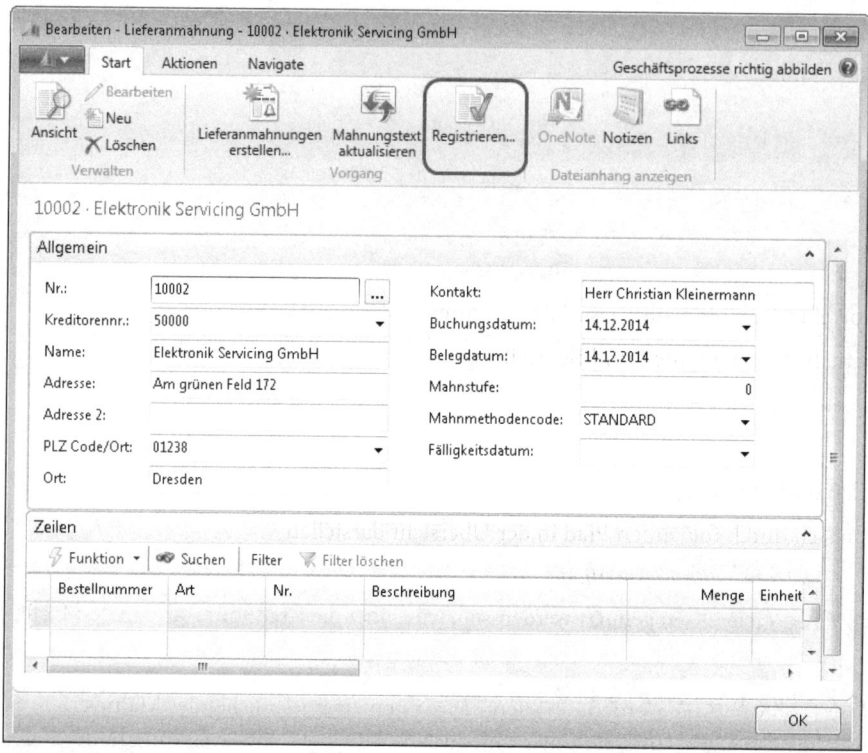

Abbildung 5.104   Lieferanmahnung erstellen (1/2)

Link: *Abteilungen/Einkauf/Bestellungsabwicklung/**Lieferanmahnung**/Neu*

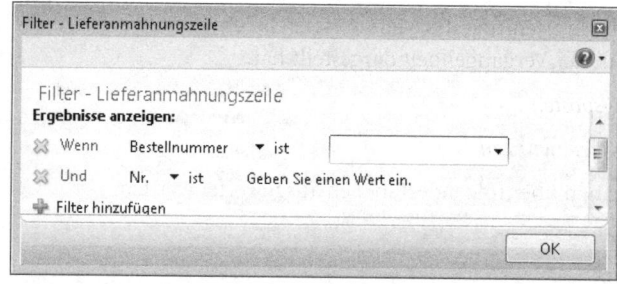

Abbildung 5.105   Lieferanmahnung erstellen (2/2)

Über den Einkaufskopf- und Einkaufszeilenfilter kann die Auswahl der zu mahnenden Lieferanten und Positionen entsprechend der Selektionskriterien eingeschränkt werden. Durch die Bestätigung mit *OK* werden die Mahnposten erzeugt und können über die Aktion *Registrieren* anschließend gedruckt und versendet werden.

Die Mahnhistorie kann anhand folgender Tabellen analysiert werden:

Feldzugriff: *Tabelle 5005272 Reg. Lieferanmahnungskopf*

Feldzugriff: *Tabelle 5005273 Reg. Lieferanmahnungszeile*

Feldzugriff: *Tabelle 5005274 Reg. Lieferanmahnungsposten*

Lieferanten-Mahnwesen aus Compliance-Sicht

Potenzielle Risiken

- Ineffektives Mahnwesen; fällige offene Lieferungen werden nicht überprüft und angemahnt, wodurch Liefer- und Produktionsengpässe entstehen können (Effectiveness)
- Fehlende Kontrolle über Mahnverfahren, falsche Konfiguration von Mahnparametern (Effectiveness, Efficiency, Compliance)

Prüfungsziele

- Analyse der organisatorischen Gestaltung des Mahnwesens
- Vollständigkeit und korrekte Durchführung des Mahnverfahrens (Mahnlauf)
- Identifikation nicht gemahnter Lieferanten und Beurteilung
- Mahnhistorie überprüfen

Prüfungshandlungen

Analyse der Mahnmethoden und Mahnstufen

Die Mahnmethoden lassen sich durch folgenden Pfad in der Übersicht darstellen:

Feldzugriff: *Tabelle 5005276 Lieferanmahnungsmethode*

Feldzugriff: *Tabelle 5005277 Lieferanmahnungsstufe*

Analyse der Vollständigkeit

In der Tabelle der Kreditoren sollte geprüft werden, ob allen Lieferanten ein entsprechendes Mahnverfahren zugeordnet wurde und welche Systematik im Falle unterschiedlicher Zuweisung von Mahnmethodencodes existiert. Im Falle einer fehlenden Zuordnung sollten die Gründe hierfür geklärt werden.

Feldzugriff: *Tabelle 23 Kreditor/Feld Lieferanmahnungsmethodencode*

Kreditorenanalyse der gemahnten Lieferungen

Die zuvor genannten Prüfungsschritte betreffen die Einrichtung des Mahnwesens, liefern aber keine Aussage darüber, wie sich das Mahnverhalten je Lieferant in der Vergangenheit dargestellt hat.

Feldzugriff: *Tabelle 5005274 Reg. Lieferanmahnungsposten*

Analyse erstellter Mahnvorschläge, die nicht registriert wurden

Mahnvorschläge, die nicht registriert wurden, können über folgende Tabellen ausgewertet werden.

Feldzugriff: *Tabelle 5005270 Lieferanmahnungskopf*

Feldzugriff: *Tabelle 5005271 Lieferanmahnungszeile*

Unregistrierte Mahnungen der Mahnvorschlagsliste können manuell durch den Anwender gelöscht werden. Aus Compliance-Sicht sollte für die Löschung von Mahnvorschlägen das Änderungsprotokoll aktiviert sein. Darüber hinaus bietet sich dem Prüfer die Möglichkeit, den Mahnlauf zu einem bestimmten Zeitpunkt erneut zu starten, um auffällige Daten zu analysieren.

Analyse der Kreditorensperre

Lieferanten, die die höchste Mahnstufe haben und die sich in der Vergangenheit als unzuverlässig erwiesen haben, sollten gegebenenfalls für die Abwicklung weiterer Geschäftsbeziehungen gesperrt werden. Eine Sperre kann auf der Kreditorenkarte hinterlegt werden.

Link: *Abteilungen/Einkauf/Bestellungsabwicklung/Kreditoren* (siehe Abbildung 5.106)

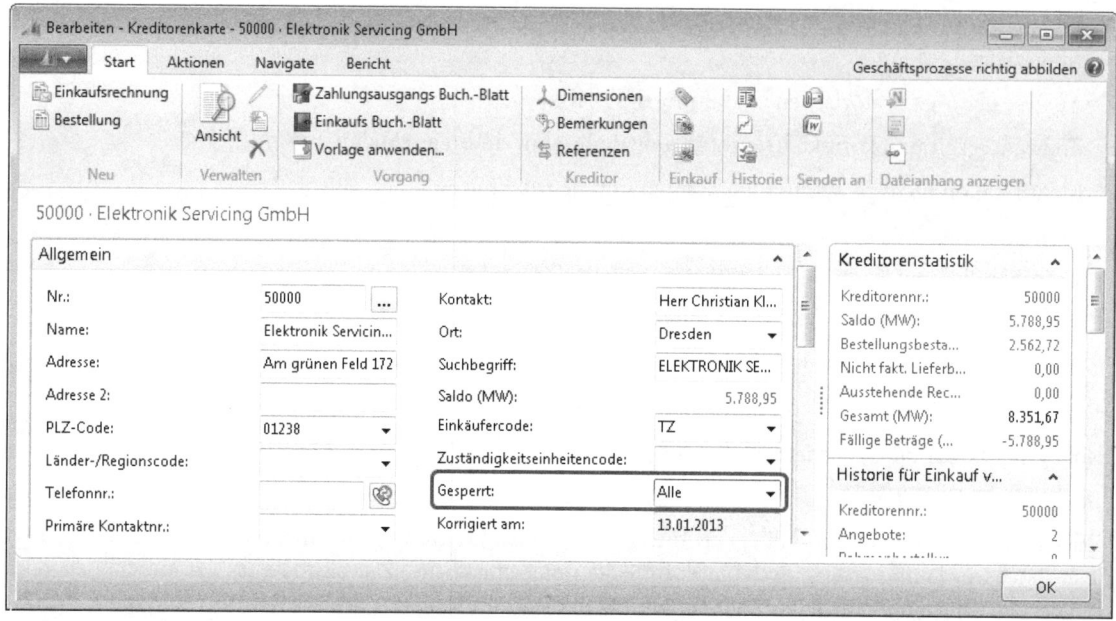

Abbildung 5.106 Lieferantensperre

Eine Übersicht aller gesperrten Kreditoren lässt sich über die Kreditorentabelle auswerten.

Feldzugriff: *Tabelle 23 Kreditor/Feld Gesperrt [Wert Alle]*

Einkaufsreklamation und Gutschriften

Der Reklamationsprozess ist im eigentlichen Sinne nicht Bestandteil des Standard-Einkaufsprozesses, da er nur in Fällen einer falschen oder mangelhaften Lieferung angestoßen wird. In diesem Fall kommt es gegebenenfalls zu einer Wandlung oder Minderung der betroffenen Bestellung bzw. der betroffenen Artikel. Im Folgenden werden der Prozess der Reklamation und der damit verbundene Gutschriftsprozess erläutert.

Der Prozess im Überblick

Die Reklamationsverwaltung bildet den Prozess des Austauschs beschädigter Artikel bzw. deren Reparatur sowie die Erstellung der entsprechenden Lieferantengutschriften ab. Innerhalb des Prozesses erfolgt die Rücksendung der Artikel, die Aktualisierung der Lagerbestandsdaten, Korrektur der Kreditorensalden sowie gegebenenfalls die Erstellung von Lieferantengutschriften.

Einkaufsreklamation und Gutschriften

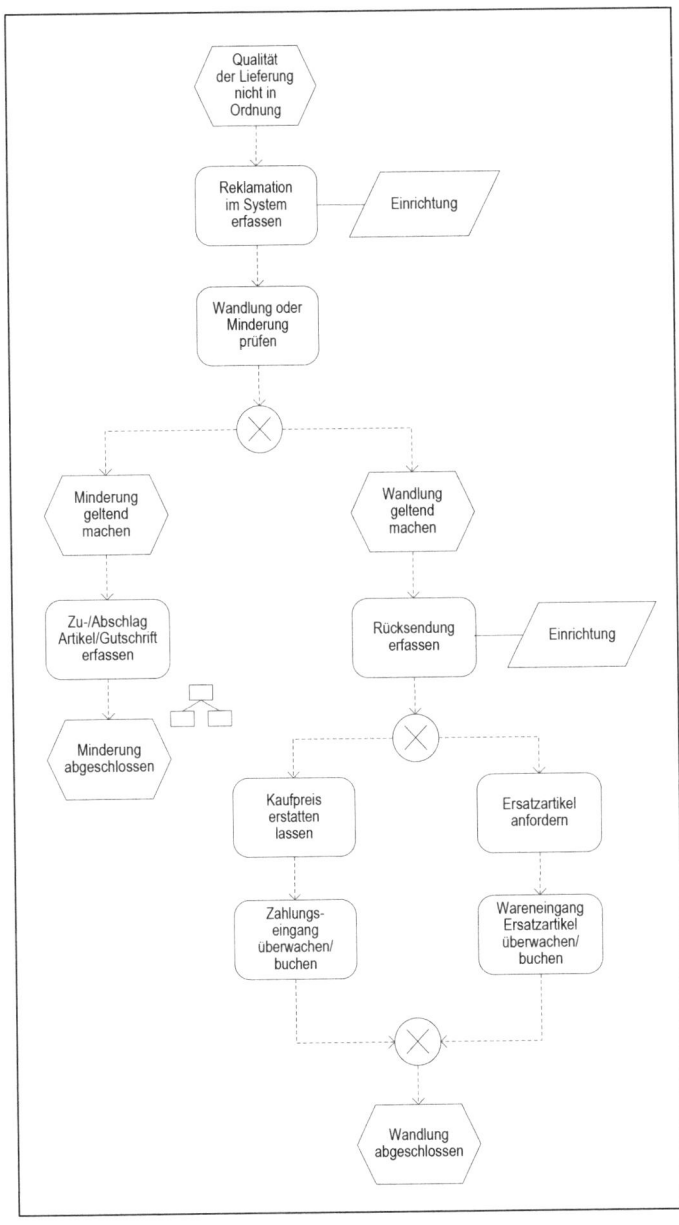

Abbildung 5.107 Reklamationsprozess im Einkauf

Erfolgt eine Rücksendung von Artikeln, wird ein Warenausgangsbeleg erzeugt und die Bestandsdaten werden aktualisiert. Anschließend erfolgt entweder eine Lieferantengutschrift für die Lieferung oder eine Reparatur/Ersatzlieferung (Wandlung). Für den Fall, dass die Ware nicht zurückgeschickt wird, sondern eine Minderung gewünscht ist, erfolgt lediglich die Buchung einer Einkaufswertgutschrift. Eine Wertgutschrift wird über einen *Zu-/Abschlag (Artikel)* erstellt und bezieht sich auf die ursprüngliche Einkaufslieferzeile. Eine Reklamation unterscheidet sich von einer Gutschrift insofern, als dass für die Reklamation die Lieferung und Fakturierung separat durchgeführt werden kann. Dadurch können die Logistikschritte in einer Reklamation – im Gegensatz zur Gutschrift – abgebildet werden.

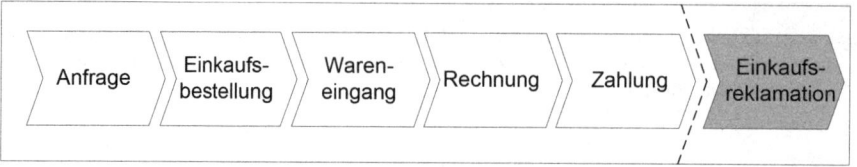

Abbildung 5.108 Belege in der Reklamationsbearbeitung im Einkauf

Ablauf und Einrichtung von Reklamationen und Gutschriften

Die allgemeine Einrichtung der Reklamationsverwaltung für Kreditoren erfolgt in der Einrichtung *Kreditoren & Einkauf*.

Link: *Abteilungen/Einkauf/Einrichtung/Kreditoren & Einkauf Einr.* (siehe Abbildung 5.109)

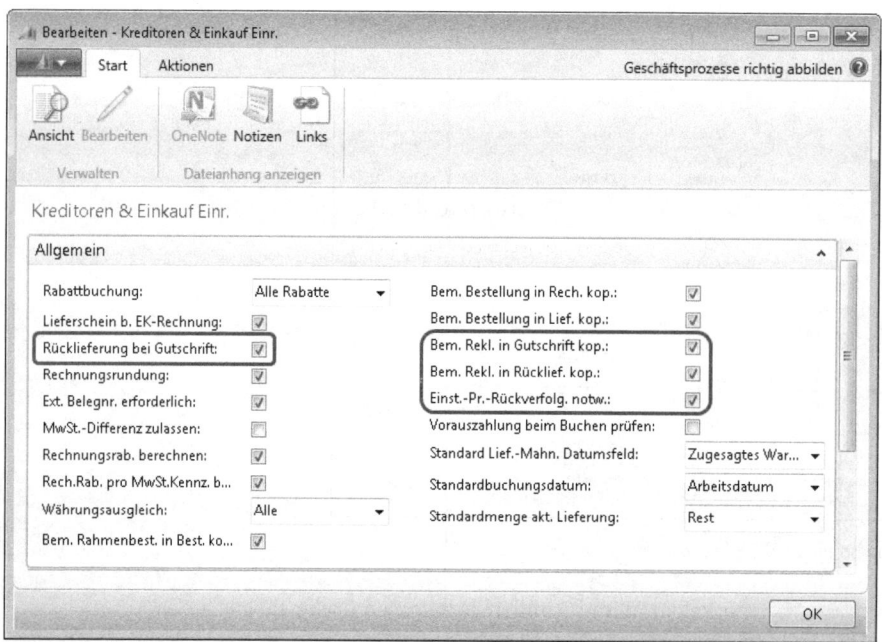

Abbildung 5.109 Allgemeine Reklamationseinrichtung im Einkauf

Die in Abbildung 5.109 markierten Felder betreffen die Einstellungen zu Reklamationen (siehe Tabelle 5.26).

Feld	Beschreibung
Rücklieferung bei Gutschrift	Bei Aktivierung wird bei der Reklamationsbuchung neben der Gutschrift automatisch eine gebuchte Rücklieferung erstellt.
Einst.-Preis-Rückverfolg. notw.	Auf diese Weise wird sichergestellt, dass die Rücklieferung den gleichen Einstandspreis wie der ursprüngliche Einkaufsbeleg erhält. Bei Aktivierung lässt das System keine Buchung einer Reklamation zu, wenn das Feld *Ausgleich mit Artikelposten* in der Einkaufsbestellzeile keinen Wert enthält.

Tabelle 5.26 Reklamationseinrichtung im Einkauf

Einkaufsreklamation und Gutschriften

Feld	Beschreibung
Bem. Rekl. in Rücklief. kop.	Bei Aktivierung kopiert die Anwendung Bemerkungen aus einer Reklamation in die gebuchte Rücklieferung
Bem. Rekl. in Gutschrift kop.	Bei Aktivierung kopiert die Anwendung Bemerkungen aus einer Reklamation in die gebuchte Gutschrift

Tabelle 5.26 Reklamationseinrichtung im Einkauf *(Fortsetzung)*

Neben der allgemeinen Einrichtung können im System Reklamationsgründe gepflegt werden, die typische Reklamationsprozesse bzw. -gründe abbilden. Im weiteren Reklamationsprozess wird der Reklamationsgrund zwecks einer erhöhten Transparenz sowie zu späteren Auswertungszwecken in die Artikelposition kopiert.

Link: *Verkauf & Marketing/Auftragsabwicklung/Einrichtung/Reklamationsgründe* (siehe Abbildung 5.110)

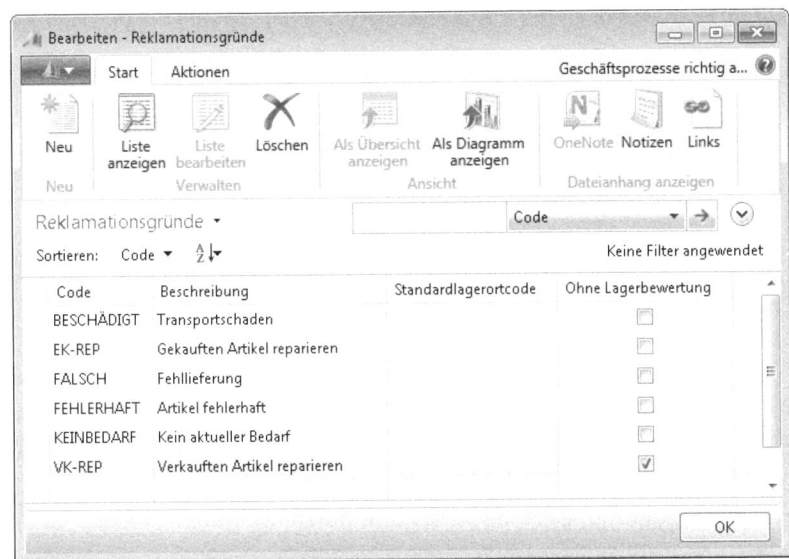

Abbildung 5.110 Reklamationsgründecodes

Folgende Einstellungen lassen sich zu Reklamationsgründen vornehmen (siehe Tabelle 5.27):

Feld	Beschreibung
Code	Eindeutiger Code des Reklamationsgrunds
Beschreibung	Frei wählbare Beschreibung des Reklamationsgrunds
Standardlagerortcode	Für den Einkauf ohne Relevanz
Ohne Lagerbewertung	Im Einkaufsmodul hat dieses Feld keine Bedeutung, das System bucht unabhängig von der hier vorgenommenen Einstellung mit Lagerbewertung. Das hängt damit zusammen, dass eine Reklamation eines Artikels erst dann gebucht werden kann, wenn der Artikel geliefert, fakturiert und damit in den Bestand gebucht wurde. Ließe das System eine Reklamation bzw. Rücksendung ohne Lagerbewertung zu, wäre der physische Warenbestand korrigiert, der wertmäßige Bestand allerdings nicht. Damit käme es zu einer fehlerhaften Bestandsbewertung.

Tabelle 5.27 Einrichtung der Reklamationsgründecodes

Die Erfassung von Reklamationen im operativen Betrieb erfolgt über die Bestellungsabwicklung.

Link: *Abteilungen/Einkauf/Bestellungsabwicklung/Einkaufsreklamationen/Neu* (siehe Abbildung 5.111)

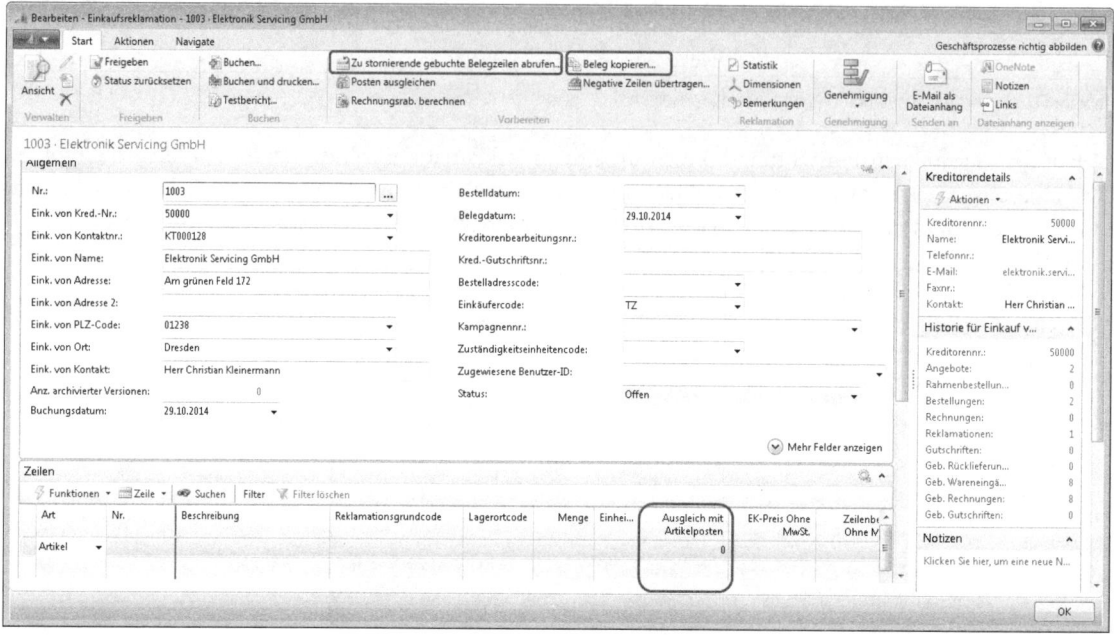

Abbildung 5.111 Erfassung von Einkaufsreklamationen

An dieser Stelle ist die Lieferung von 20 »LS-120« aus der Einkaufsrechnung »108015« aufgrund einer Falschlieferung an den Lieferanten zurückgesendet worden. Dabei sind unterschiedliche Konstellationen der Reklamation denkbar, von denen die folgenden Szenarien erläutert werden sollen:

- Die Ware wurde bestellt, durch den Kreditor geliefert, fakturiert und durch das Unternehmen bezahlt. Für die defekten Artikel soll eine Gutschrift des Lieferanten erfolgen.

- Die Ware wurde bestellt, durch den Kreditor geliefert und fakturiert, aber noch nicht bezahlt. Für die defekten Artikel soll eine Gutschrift des Lieferanten erfolgen.

- Die Ware wurde bestellt, durch den Kreditor geliefert, fakturiert und durch das Unternehmen bezahlt. Für die defekten Artikel soll eine Ersatzlieferung durch den Kreditor erfolgen.

- Die Ware wurde bestellt, durch den Kreditor geliefert, fakturiert und durch das Unternehmen bezahlt. Für die defekten Artikel soll eine Preisminderung durch den Kreditor erfolgen.

Da in den Einstellungen zu den Kreditoren und dem Verkauf die Einstandspreisrückverfolgung aktiviert wurde, ist es nicht möglich, die Reklamation ohne den Ausgleich mit einem Artikelposten durchzuführen. Ist dieser Parameter aktiviert, übernimmt die Funktion *Beleg kopieren* bzw. *Zu stornierende gebuchte Belegzeilen abrufen* automatisch die Zuweisung dieses Felds. Es wird dringend empfohlen, den Ausgleich immer mit einem Artikelposten vorzunehmen, um die korrekte Lagerbestandsbewertung sicherzustellen.

Einkaufsreklamation und Gutschriften

Link: *Abteilungen/Einkauf/Bestellungsabwicklung/**Einkaufsreklamationen**/Aktionen/Beleg kopieren*

Link: *Abteilungen/Einkauf/Bestellungsabwicklung/**Einkaufsreklamationen**/Aktionen/Zu stornierende gebuchte Belegzeilen abrufen*

Abbildung 5.112 Beleg kopieren

Im Feld *Belegart* wird hinterlegt, auf welchen Beleg sich die Reklamation bezieht, in diesem Fall also auf die bereits gebuchte Lieferantenrechnung. Über die Belegnummer wird auf den entsprechenden Rechnungsbeleg referenziert, der über die Lookup-Schaltfläche gesucht werden kann.

HINWEIS Wird bei der Funktion *Einkaufsbeleg kopieren* das Kontrollkästchen *Zeilen neu berechnen* aktiviert, wird bei der Reklamation/Gutschrift der Preisfindungsprozess neu angestoßen. Haben sich die Einkaufspreise in der Zwischenzeit geändert, werden die Preise/Rabatte des Ursprungsbelegs nicht berücksichtigt, sondern neu berechnet. Insofern ist von der Aktivierung dieser Option im Regelfall abzuraten.

Die selektierten Belegdaten werden anschließend durch das System in die Einkaufsreklamation kopiert. Anstatt der beschriebenen Funktion *Beleg kopieren* steht für Reklamationen eine spezielle Funktion *Zu stornierende gebuchte Belegzeilen abrufen*, die eine Referenz auf einen oder mehrere Ausgangsbelege erlaubt, zur Verfügung.

Link: *Abteilungen/Einkauf/Bestellungsabwicklung/Einkaufsreklamationen/Aktion/Zu stornierende gebuchte Belegzeilen abrufen* (siehe Abbildung 5.113)

HINWEIS Wurden in der ursprünglichen Einkaufsrechnung Zeilen- und Rechnungsrabatte gebucht, werden diese bei der Funktion *Zeilen kopieren* in den Reklamationsbeleg kopiert. Erfolgt dann allerdings eine Mengenanpassung, weil nicht die vollständige Lieferung, sondern nur ein Teil reklamiert werden soll, löscht das System die Rabatte aus dem Beleg. Diese müssen dann gegebenenfalls manuell nachgepflegt werden, um den richtigen Gutschriftsbetrag durch das System errechnen zu lassen.

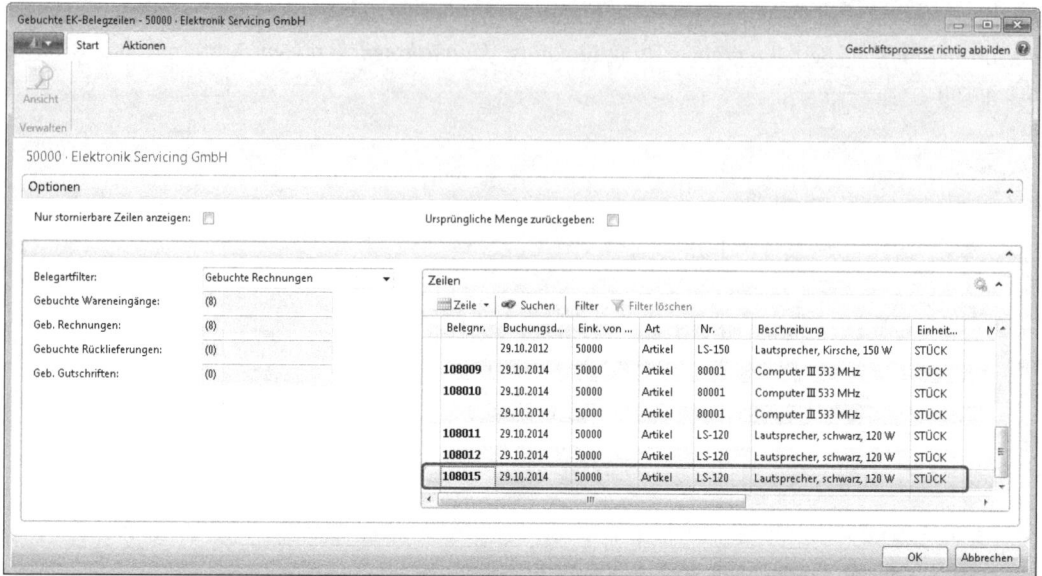

Abbildung 5.113 Kopierte Belegdaten in der Einkaufsreklamation

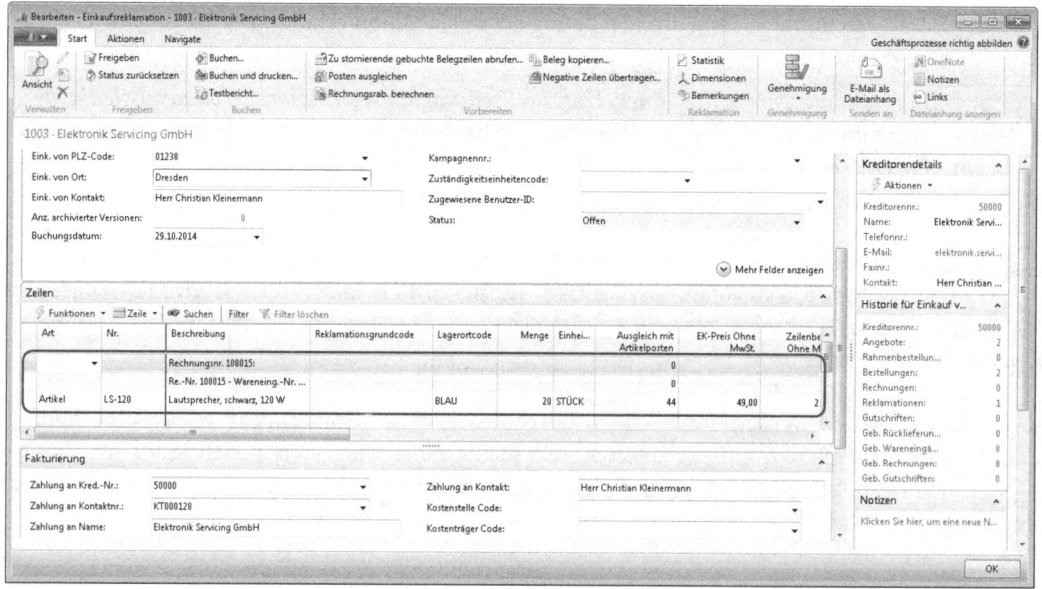

Abbildung 5.114 Abruf zu stornierender Belegzeilen

Im Feld *Kred.-Gutschriftsnr.* muss manuell eine externe Gutschriftsnummer des Lieferanten hinterlegt werden, bevor die Gutschrift gebucht werden kann. Wird nun die Funktion *Liefern und Fakturieren* ausgewählt, wird durch das System automatisch eine entsprechende Gutschrift gebucht, die durch einen Zahlungseingang des Kreditors ausgeglichen werden kann und bis dahin den Status *Offen* hat. Der entsprechende Status der Gutschrift kann in den Kreditorenposten analysiert werden.

Link: *Abteilungen/Finanzmanagement/Kreditoren/Historie/Kreditorenposten* (siehe Abbildung 5.115)

Einkaufsreklamation und Gutschriften

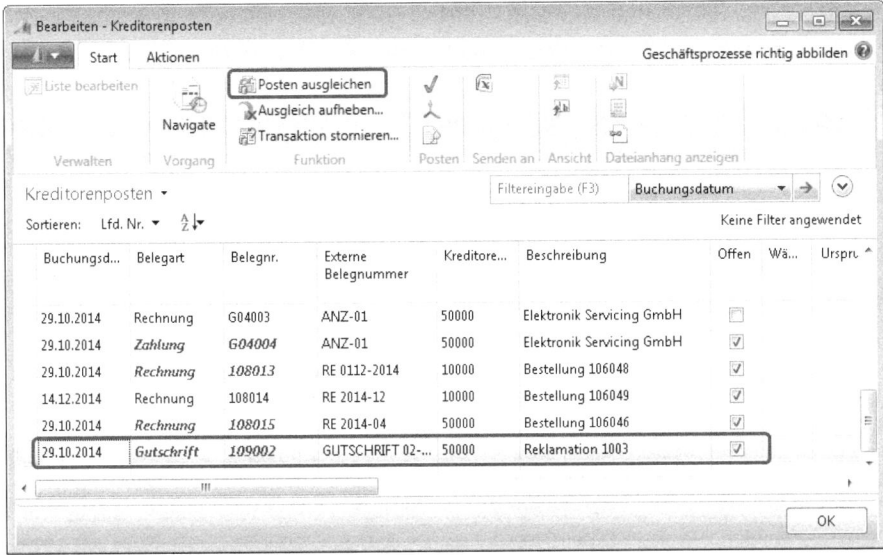

Abbildung 5.115 Gutschrift – Posten ausgleichen

Anders verhält es sich, wenn die Kreditorenrechnung noch nicht beglichen ist und die Ware reklamiert wird. In diesem Fall wird der Rechnungsbetrag um den Betrag der Reklamation gekürzt. Die Vorgehensweise entspricht dem obigen Beispiel.

Link: *Abteilungen/Finanzmanagement/Kreditoren/Historie/**Kreditorenposten**/Aktionen/Posten ausgleichen*

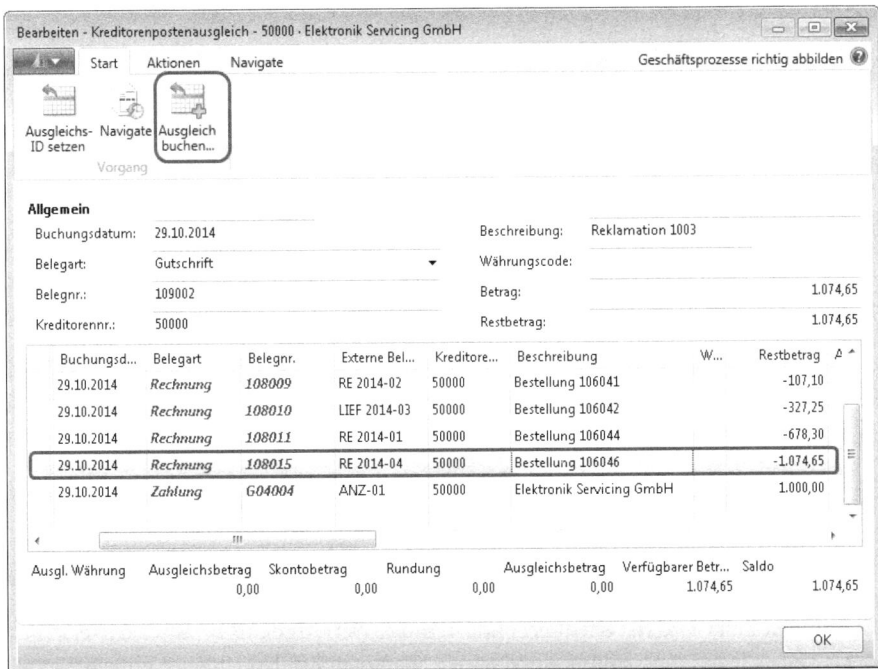

Abbildung 5.116 Reklamation – Ausgleichsdaten in der Fakturierungsansicht

Im Gegensatz zum ersten Beispiel ist der Kreditorenposten jedoch ausgeglichen, weil der ausstehende Rechnungsbetrag entsprechend gekürzt wurde.

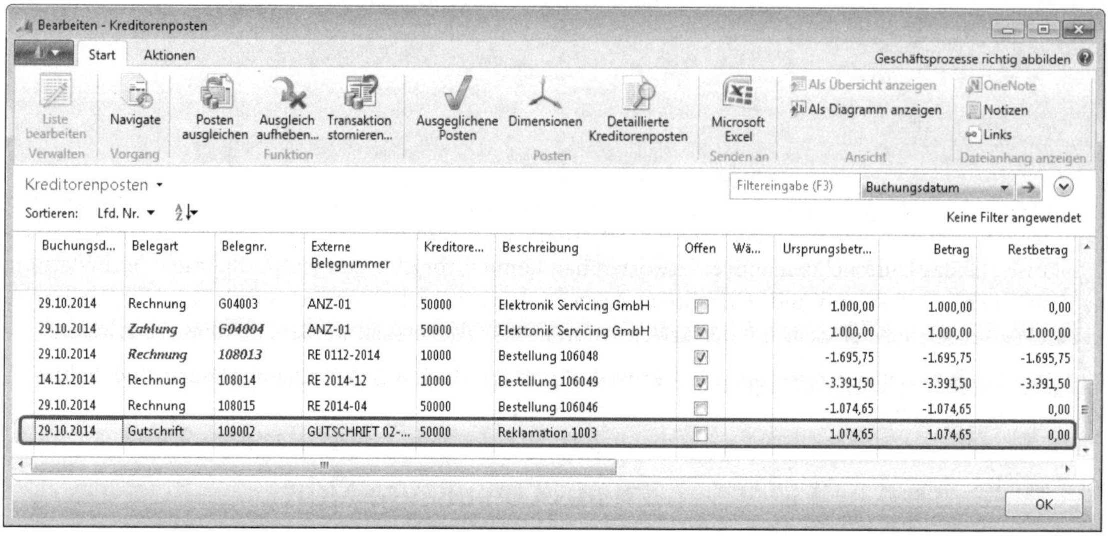

Abbildung 5.117 Kreditorenposten – Ausgleich Rechnung durch Gutschrift

In den detaillierten Kreditorenposten sieht man, dass der Ursprungsbeleg, die Einkaufsrechnung, durch die Gutschrift ausgeglichen wurde (siehe Abbildung 5.118).

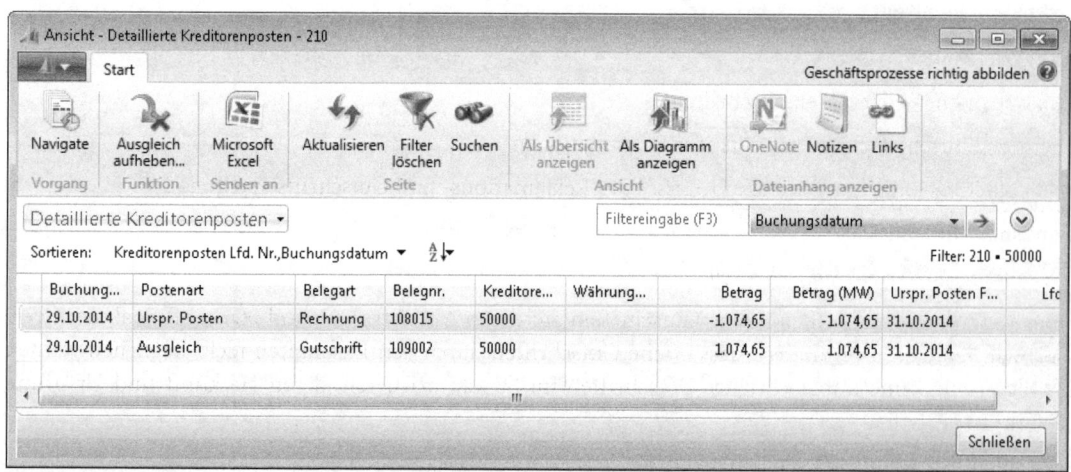

Abbildung 5.118 Detaillierte Kreditorenposten – Rechnungskürzung

Soll hingegen keine Gutschrift, sondern eine Ersatzlieferung für den zurückgesendeten Artikel erfolgen, ändert sich die Vorgehensweise. Es ist zunächst ebenfalls eine Reklamation mit den entsprechenden Positionsdaten zu erstellen. In einer zweiten Zeile wird der entsprechende negative Wert für den Austauschartikel in das Feld *Menge* eingetragen. Da keine Rechnungsstellung durch den Lieferanten erfolgt, müssen Einkaufs- und Einstandspreis identisch sein, sodass sich für den Beleg ein Nullsaldo ergibt.

Einkaufsreklamation und Gutschriften

Die letzte Möglichkeit einer Reklamation besteht in der Minderung des Einkaufspeises für die betroffenen Artikel. In diesem Fall wird eine Wertgutschrift erstellt, die über Zu- und Abschläge zu buchen ist (siehe dazu auch den Abschnitt »Artikel Zu-/Abschläge« weiter vorne in diesem Kapitel).

ACHTUNG Aus Systemsicht ist es auch möglich, eine Wertgutschrift über die Reklamation/Gutschrift zu erfassen und anstatt mit Bezug auf einen Artikel direkt auf ein Sachkonto (Wareneingangskonto) zu buchen. In diesem Fall wird allerdings der Einstandspreis des Artikels nicht korrigiert, sodass es zu einem falschen Ausweis von Lagerwerten kommt. Von dieser Möglichkeit ist vor diesem Hintergrund dringend abzuraten.

Für bestimmte Konstellationen kann es darüber hinaus erforderlich sein, neben der eigentlichen Reklamation bestimmte Zu- oder Abschläge zu erfassen. Wenn beispielsweise eine Falschlieferung eines Artikels erfolgt ist, die das Unternehmen zu verantworten hat, können vom Lieferanten im Rahmen der Erstattung der angefallenen Arbeitsaufwände Gebühren (Wiedereinlagerungsgebühren) vereinbart werden. Dazu muss in den Positionsdaten eine Zeile mit der Art *Zu-/Abschlag (Artikel)* erstellt werden, um diese zu erfassen.

Sind alle Positionsdaten erfasst, kann der Prozess durch die Buchung der entsprechenden Buchhaltungsbelege abgeschlossen werden.

Reklamationen und Gutschriften aus Compliance-Sicht

Potenzielle Risiken

- Falsche Lagerwerte durch Lieferantengutschriften, die als Wertgutschriften direkt auf Sachkonten gebucht werden ohne Aktualisierung der Artikeldaten (Integrity, Compliance)
- Fehlende Transparenz durch fehlende Informationen in den Reklamationsbelegen (Efficiency, Integrity, Availability, Reliability)

Prüfungsziele

- Analyse offener Lieferantengutschriften
- Richtige Einrichtung der Parameter für Reklamationen
- Sicherstellung eines konsistenten Prozesses der Reklamations- und Gutschriftserstellung

Prüfungshandlungen

Analyse offener Lieferantengutschriften

In den Kreditorenposten sollten offene Gutschriften auf deren Altersstruktur und Herkunft analysiert werden. So wird einerseits verhindert, dass offene Gutschriften durch den Lieferanten nicht beglichen werden und andererseits keine unberechtigten Gutschriften im System existieren, deren Herkunft und Ursprung unbekannt ist (Falschausweis).

Feldzugriff: *Tabelle 25 Kreditorenposten/Feld Buchungsdatum, Belegart [Wert Gutschrift], Offen*

Direkte Sachkontenbuchungen bei Gutschriften

Feldzugriff: *Tabelle 125 Einkaufsgutschriftszeile/Feld Art [Wert Sachkonto]*

Einrichtung der Parameter

Um eine Rückverfolgung der Artikeleinstandspreise zu gewährleisten und den Prozess durch Kopieren von Beleginformationen in die jeweiligen Folgebelege transparent zu gestalten, empfehlen sich die im Folgenden beschriebenen Werte für die Einrichtungsparameter der Reklamationsverwaltung.

Link: *Einkauf/Einrichtung/Kreditoren* & *Einkauf Einr.* (siehe Tabelle 5.28)

Feld	Empfohlener Wert
Rücklieferung bei Gutschrift	Gemäß Anforderungen
Bem. Rekl. in Gutschrift kop.	Aktiviert
Bem. Rekl. in Rücklief. kop.	Aktiviert
Einst.-Pr.-Rückverfolg. notw.	Aktiviert

Tabelle 5.28 Einrichtung der Reklamationsverwaltung im Einkauf aus Compliance-Sicht

Konsistenter Prozess der Reklamations- und Gutschriftserstellung

Um einen konsistenten Prozess der Reklamations- und Gutschriftserstellung sicherzustellen, sollte das Unternehmen gewährleisten, Reklamationen und Gutschriften immer unter Bezug auf die jeweiligen Ursprungsbelege zu erstellen. Hierbei wird empfohlen, über die Funktionen *Zu stornierende gebuchte Belegzeilen abrufen* bzw. bei eingeschalteter Einstandspreisrückverfolgung *Beleg kopieren*, auf die zugrunde liegenden Rechnungen Bezug zu nehmen, da hier die tatsächlich fakturierten Werte zur Verfügung stehen. Unberücksichtigt bleibt die tatsächliche Inanspruchnahme von Skonto, da Dynamics NAV nur den Rückgriff auf die im Beleg eingestellte Zahlungsbedingung ermöglicht. Verfahrensanweisungen sind zu prüfen, Prozessbeobachtungen können als zusätzliche Kontrolle erfolgen. Ergänzend sollte geprüft werden, ob etwaige in Einkaufsbelegen gebuchte Skonti auch für die Gutschrift korrekt zurückgebucht werden. In den Zahlungsbedingungen sollte dazu das Feld *Skonto auf Gutschrift berechnen* immer aktiviert ein.

Link: *Abteilungen/Verwaltung/Anwendung Einrichtung/Finanzmanagement/Finanzen/Zahlungsbedingungen*

Kapitel 6

Logistik

In diesem Kapitel:

Organisationseinheiten der Logistik	414
Einrichtung der Logistik	423
Prozesse der Lagerverwaltung	450
Artikelverfügbarkeit, Artikelverfolgung, Reservierung und Zuordnung von Artikeln (Crossdocking)	488
Umlagerung, Umbuchung und Korrektur von Lagerbeständen	507
Montageaufträge	538
Inventur	544
Lagerbewertung	561
Methodik der automatischen Wiederbeschaffung	591

In Dynamics NAV werden die Prozesse und Funktionen des Lagers unter dem Thema Logistik subsumiert, wobei das Lager aus Prozesssicht als Schnittstelle zwischen Einkauf und Verkauf betrachtet werden kann. Im Folgenden werden die entsprechenden Organisationseinheiten, Einrichtungsparameter sowie die unterschiedlichen Möglichkeiten zur Abbildung der Lagerprozesse – Wareneingang, Einlagerungen, Kommissionierung, Warenausgang – dargestellt und unter Compliance-Gesichtspunkten analysiert. Darauf folgend werden analog die Themen Artikelverfolgung, Reservierung, Crossdocking, Umlagerungen/Umbuchungen/Korrekturbuchungen, die neuen Montageaufträge sowie Inventur behandelt. Abschließend erfolgt eine detaillierte Erläuterung des komplexen Themenbereichs Lagerbewertung – Verbrauchsfolgeverfahren, Buchungslogiken und Abstimmung der Lagerwerte des Logistikmoduls mit dem Modul *Finanzbuchhaltung* – sowie eine kurze Darstellung der Methodik der automatischen Wiederbeschaffung.

Organisationseinheiten der Logistik

In diesem Abschnitt werden die grundlegenden Organisationseinheiten der Logistik dargestellt, die zur Abbildung der Logistikprozesse in Dynamics NAV bereitgestellt werden:

- Lagerorte
- Lagerzonen
- Lagerplätze
- Zuständigkeitseinheiten
- Lagermitarbeiter

Während die Punkte Lagerort, Lagerzonen und Lagerplätze den physischen Aufbau eines Lagerorts betreffen (siehe Abbildung 6.1), berühren die Konstrukte Zuständigkeitseinheiten und Mitarbeiter eher organisatorische Abläufe. Die weiteren Konstrukte in Abbildung 6.1 dienen der Klassifizierung der Lagerplätze, Lagerzonen und Artikel und werden im Abschnitt »Lagereinrichtung« weiter hinten in diesem Kapitel erläutert.

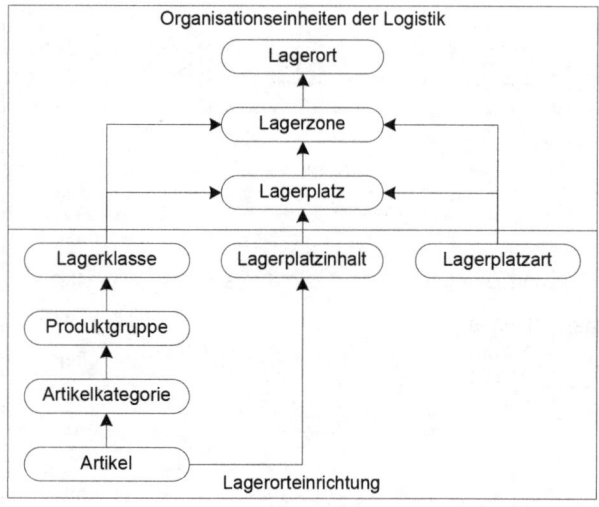

Abbildung 6.1 Organisationseinheiten und Konstrukte zum Lagerort

Darstellung der Logistikorganisation

Zur Abbildung der Aufbauorganisation von Unternehmen bietet Dynamics NAV diverse Standardkonstrukte, deren Nutzung jedoch nicht zwingend vorgeschrieben ist. Obligatorisch ist der von der Logistikorganisation unabhängige Mandant als eigenständig bilanzierende Einheit. Sämtliche weiteren Organisationseinheiten der Logistik sind diesem Mandanten zugeordnet. Die Nutzung der grundlegendsten Standardkonstrukte ergibt sich über die Anwendung des Moduls *Basis Lager*, erweiterte prozessuale Anforderungen können über die Nutzung der Funktionen *Mehrere Lagerorte* in Verbindung mit *Zuständigkeitseinheiten*, *Lagerhaltungsdaten*, *Umlagerungen*, *Lagerplatz* und *Einrichtung der Lagerplätze, Einlagerung, Wareneingang, Kommissionierung, Warenausgang* und *Artikelverfolgung* abgebildet werden. Die grundlegenden Informationen zu den Funktionsbereichen und Beschreibungen werden im Verlauf des Abschnitts »Prozesse der Lagerverwaltung« dargestellt.

Lagerorte, -zonen und -plätze, Lagerhaltungsdaten

Die grundlegenden Einstellungen zur Definition und Strukturierung der *Lagerorte*, definiert als Gebäude oder Orte, an denen Artikel physisch gelagert und ihre Mengen verwaltet werden können, erfolgt über die Lagerortkarte. Hier können Lagerorte über die in Abbildung 6.2 gekennzeichneten Aktionen im Menüband neu angelegt, bearbeitet oder gelöscht werden.

Link: *Abteilungen/Verwaltung/Anwendung Einrichtung/Lager/Lager/Lagerorte*

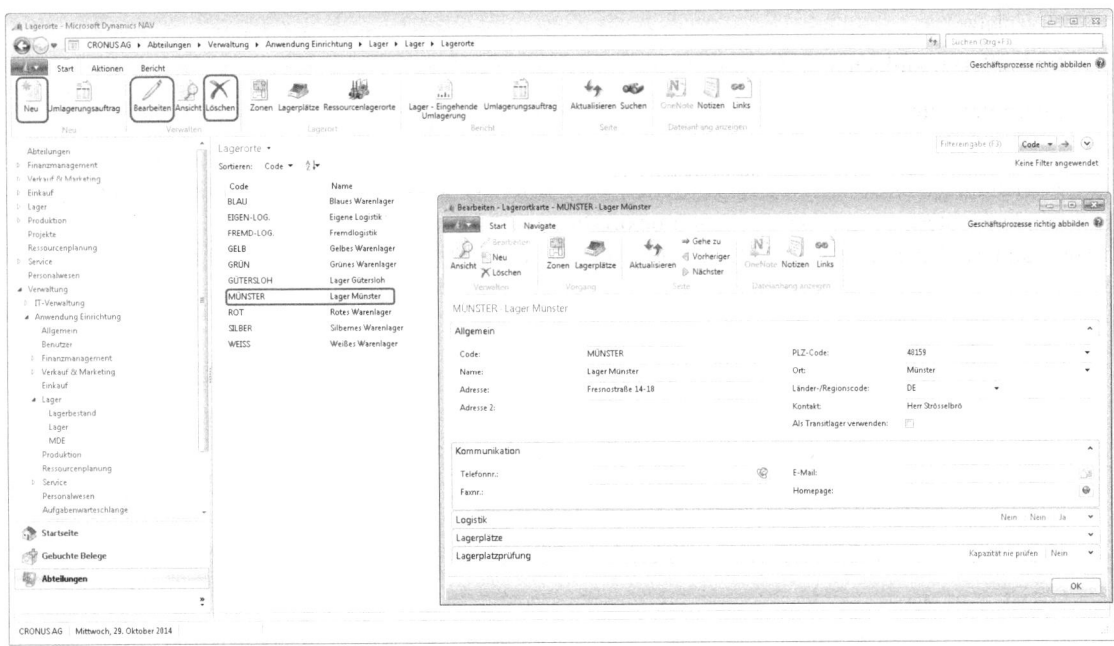

Abbildung 6.2 Übersicht Lagerorte und Lagerortkarte

Neben allgemeinen Daten wie Bezeichnung, Code (Primärschlüssel), Anschrift, Kontakt und Kommunikationsdetails wie Telefonnummer etc. können über die Lagerortkarte auch Transitlager wie Transportfahrzeuge angelegt werden, die speziell bei Umlagerungen relevant werden (siehe hierzu auch Abschnitt »Umlagerung zwischen Lagerorten«). Darüber hinaus können je Lagerort die verschiedenen Logistikfunktionen und damit die Nutzung der entsprechenden Belege und Prozesse (beispielsweise Wareneingangs-, Einlagerungs-, Kommissionier- und Warenausgangsbelege, automatische Lagerplatzvorgaben) sowie die automatische Datumsberechnung und Lieferterminzusage aktiviert werden (siehe hierzu die Erläuterungen im Abschnitt »Prozesse der Lagerverwaltung« sowie im Abschnitt »Grundlagen und Parameter der Lagerorteinrichtung«).

Ein Lagerort kann als Standardlagerort des Unternehmens sowie als Standardlagerort für Debitoren und Kreditoren definiert werden.

Link: *Abteilungen/Verwaltung/Anwendung Einrichtung/Allgemein/Firmendaten*, dort im Inforegister *Lieferung* Feld *Lagerortcode*

Link: *Abteilungen/Verkauf & Marketing/Verkauf/Debitoren*, dort durch Auswahl eines Debitoren in der Debitorenkarte im Inforegister *Lieferung* Feld *Lagerortcode*

Link: *Abteilungen/Einkauf/Bestellungsabwicklung/Kreditoren*, dort durch Auswahl eines Kreditoren in der Kreditorenkarte im Inforegister *Lieferung* Feld *Lagerortcode*

Eine weitergehende Strukturierung der Lagerorte in *Zonen* und *Lagerplätze* (kleinste Einheit des Lagers) ist möglich. Die Zonen werden in der Übersicht der Lagerorte über die Aktion *Zonen* angezeigt und dann je Lager angelegt bzw. bearbeitet (siehe Abbildung 6.3).

Link: *Abteilungen/Verwaltung/Anwendung Einrichtung/Lager/Lager/**Lagerorte**/Start/Zonen*

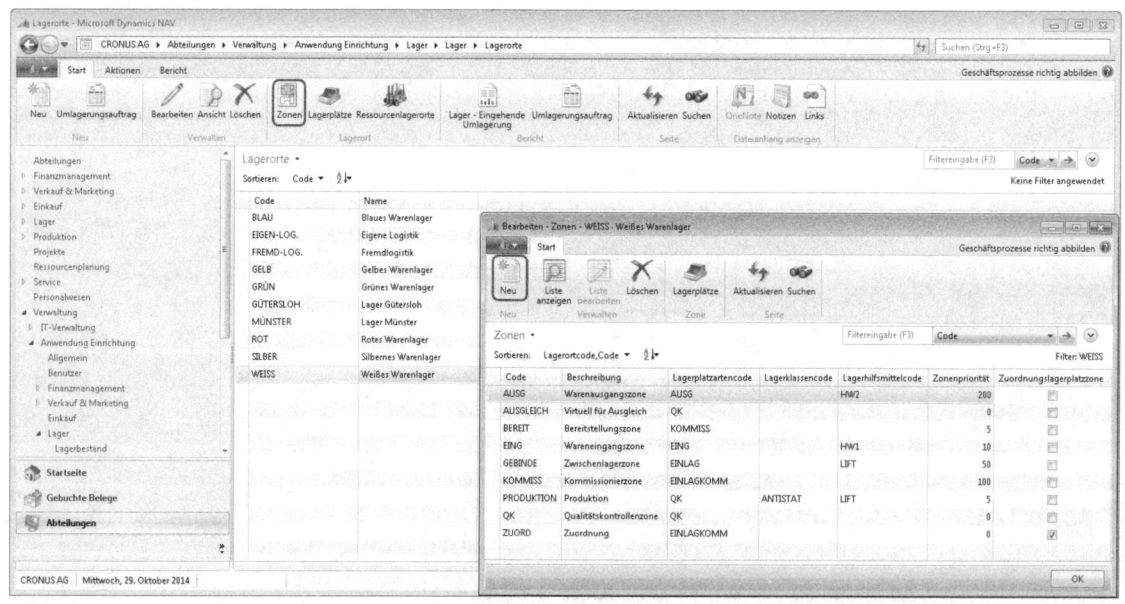

Abbildung 6.3 Lagerzonen

Zonen werden über die Kriterien *Lagerplatzart* (Zweck der Lagerplatznutzung, beispielsweise Wareneingang, Warenausgang, Kommissionierung) und *Lagerklasse* (beispielsweise geheizt, gekühlt oder antistatisch) genauer spezifiziert. Den Zonen werden dann Lagerplätze zugeordnet, die entsprechend der Lagerplatzart und Lagerklasse genutzt werden. Weitere Details werden im Abschnitt »Lagereinrichtung« in diesem Kapitel erläutert.

Organisationseinheiten der Logistik

Bei den Transaktionen können Lagerortcodes und Lagerplatzcodes angegeben werden, was die Pflege und Nachverfolgung von Artikeln und Artikelvarianten unter Berücksichtigung verschiedener Lagerorte und Lagerplätze ermöglicht. Hierzu kann speziell das Konstrukt der *Lagerhaltungsdaten* genutzt werden (optional), was einer Erweiterung der Artikelstammdaten gleichkommt. Lagerhaltungsdaten ergeben sich je Artikelvariante und/oder Artikel-Lagerortkombination und beinhalten Details wie Regalnummer, Einstandspreise, Beschaffungsmethode, Wiederbeschaffungsparameter sowie Produkt- oder Logistikinformationen. In der Praxis werden Lagerhaltungsdaten häufig verwendet, wenn ein Unternehmen mit einem Haupt- und mehreren Nebenlagerorten arbeitet, um beispielsweise neben den Planungsparametern die Beschaffungsmethode (Einkauf und Umlagerung) oder auch die Einstandspreise (unterschiedliche Transportkosten) je Lagerort differenziert hinterlegen zu können (siehe Abbildung 6.4).

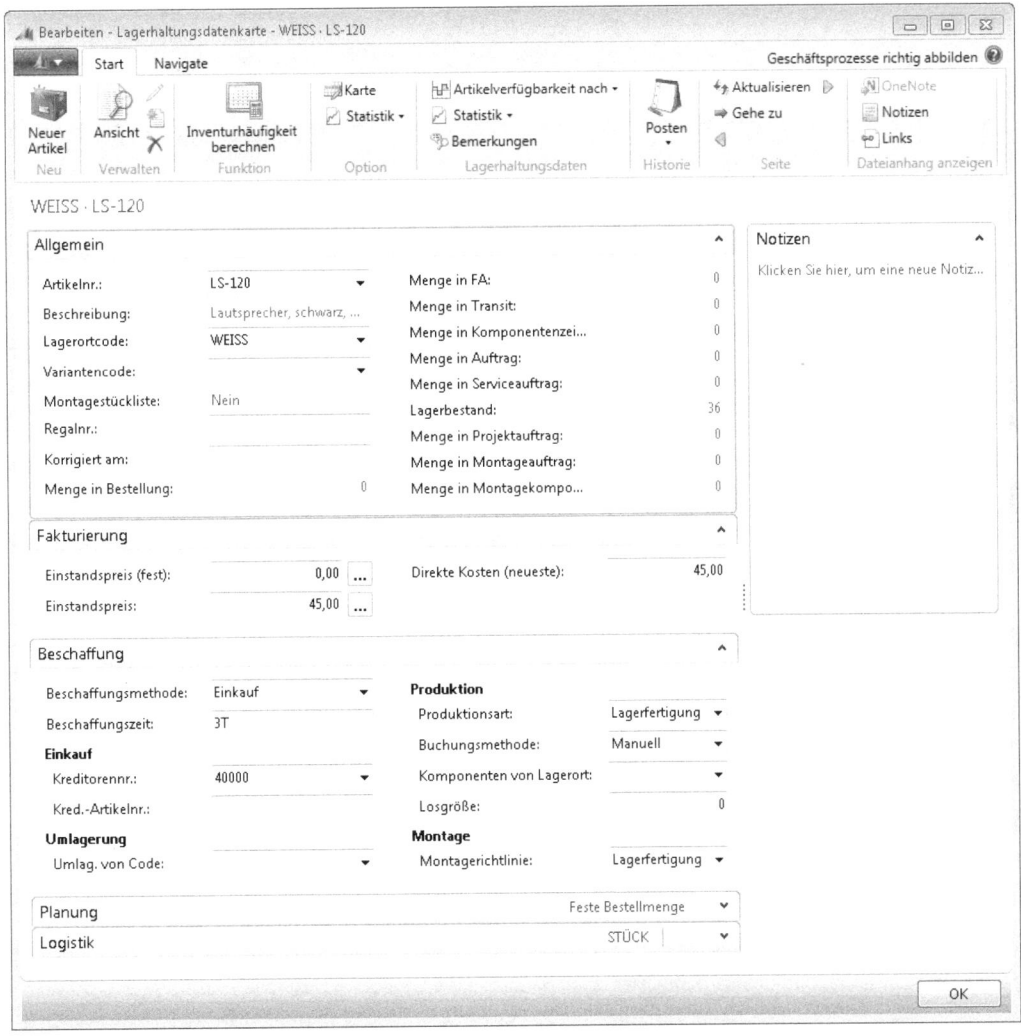

Abbildung 6.4 Lagerhaltungsdatenkarte

HINWEIS Da die Nutzung von Lagerhaltungsdaten zu einem erhöhten Pflegeaufwand führt, sollten Lagerhaltungsdaten nur verwendet werden, wenn eine Berücksichtigung unterschiedlicher Parameter je Lagerort und Artikel notwendig ist.

Lagerhaltungsdaten können in Dynamics NAV per Stapelverarbeitung für einen Artikel über die Artikelkarte (Registerkarte *Aktionen*, dort *Lagerhaltungsdaten erstellen*) oder artikelübergreifend (Link: *Abteilungen/ Lager/Einrichtung/Lagerbestand/Lagerhaltungsdaten erstellen*) erstellt werden. Das Anlegen der Lagerhaltungsdaten erfolgt entweder pro Lagerort, pro Variante oder pro Kombination von Lagerort und Variante. Die Erstellung kann auf Artikel limitiert werden, die einen Lagerbestand aufweisen (Kontrollkästchen *Nur für Artikel am Lager*). Sollen vorherige Lagerhaltungsdaten gelöscht werden, ist dies ebenfalls per Kontrollkästchen aktivierbar (siehe Abbildung 6.5).

Abbildung 6.5 Lagerhaltungsdaten erstellen

HINWEIS Die Auswahl *Lagerort* & *Variante* erzeugt einen Datensatz pro Kombination Artikelvariante-Lagerort. Sollen jeweils auch Lagerhaltungsdaten je *Lagerort* und je *Variante* erzeugt werden, ist die Stapelverarbeitung unter der entsprechenden Selektion erneut zu starten (so können maximal drei verschiedene Datensätze erzeugt werden).

Die erzeugten Lagerhaltungsdaten werden als Zeile in der *Lagerhaltungsdatentabelle* (Tabelle *Lagerhaltungsdaten 5700*) geschrieben. Die Inhalte der Tabelle können über die Lagerhaltungsdatenkarte aufgerufen werden.

Link: *Abteilungen/Lager/Planung & Ausführung/Lagerhaltungsdaten* (siehe Abbildung 6.6)

Pro Artikel sind die Lagerhaltungsdaten über die Artikelkarte abrufbar (Link: *Abteilungen/Lager/Planung & Ausführung/Artikel*, dort Auswahl des entsprechenden Artikels und im Menüband über die Registerkarte *Navigate* Aufruf der Aktion *Lagerhaltungsdaten*, siehe Abbildung 6.7).

Die Lagerhaltungsdaten haben in Dynamics NAV Priorität vor den Informationen der Artikelkarte. So werden beispielsweise zur Bewertung des Lagerbestands die Informationen der Lagerhaltungsdaten berücksichtigt (falls vorhanden).

Organisationseinheiten der Logistik

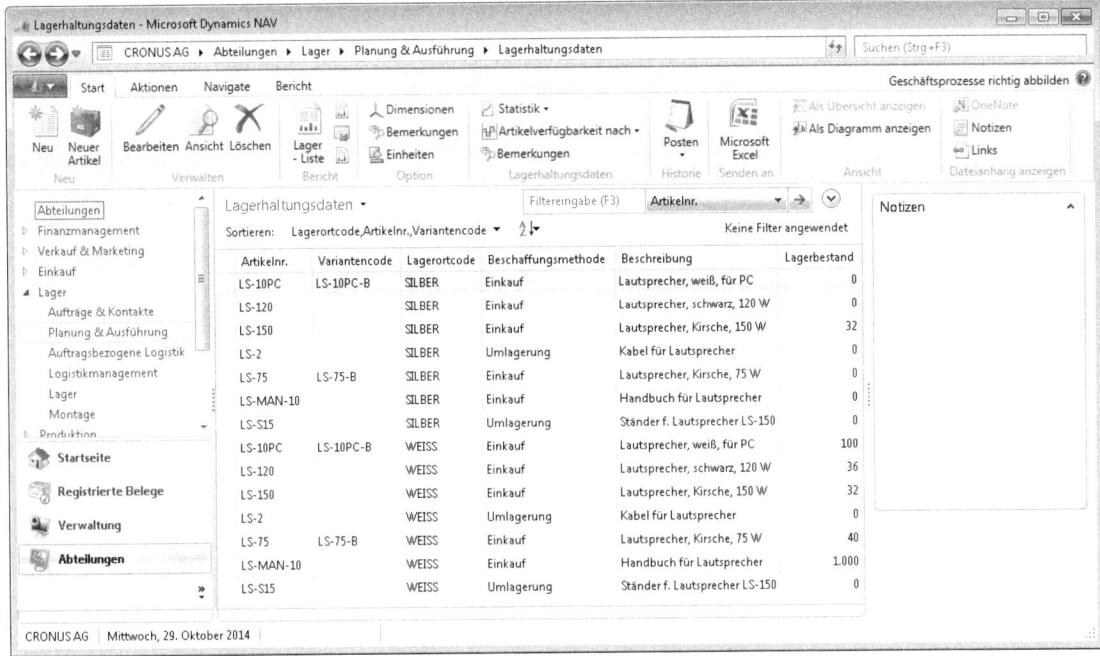

Abbildung 6.6 Lagerhaltungsdatentabelle

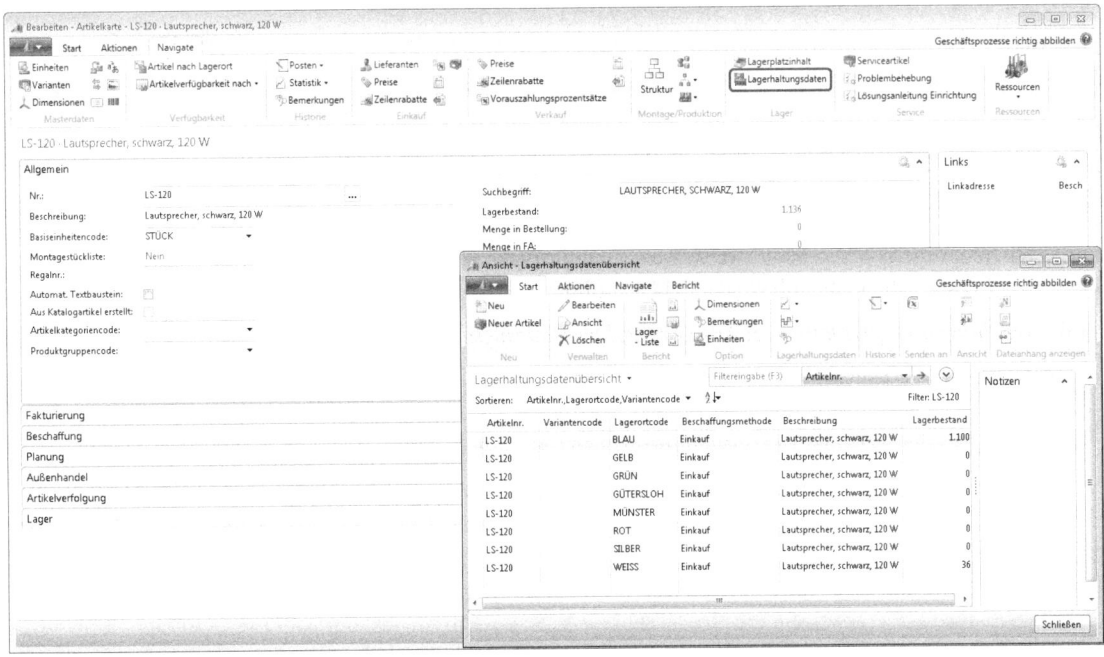

Abbildung 6.7 Artikelbezogene Lagerhaltungsdatenübersicht

Zuständigkeitseinheit

Zuständigkeitseinheiten werden in Dynamics NAV für die generelle Verwaltung und Strukturierung des Unternehmens eingesetzt. Eine Zuständigkeitseinheit kann somit auch die Ein- und Verkäufe aus Sicht der Lagerorte strukturieren. Zuständigkeitseinheiten werden Benutzern zugeordnet, um eine benutzerspezifische Trennung auf Belegebene zu erreichen (siehe hierzu auch Kapitel 4). Die Zuordnung der Lagerorte zu den Zuständigkeitseinheiten kann über die direkte Zuordnung eines Standardlagers in der Zuständigkeitseinheitenkarte erfolgen (siehe Abbildung 6.8). Das zugeordnete Lager wird dann automatisch zum Standardlagerort auf allen Einkaufs- und Verkaufsbelegen mit dieser Zuständigkeitseinheit (Standardeinstellung, kann überschrieben werden).

Link: *Abteilungen/Verwaltung/Anwendung Einrichtung/Allgemein/Zuständigkeitseinheiten*

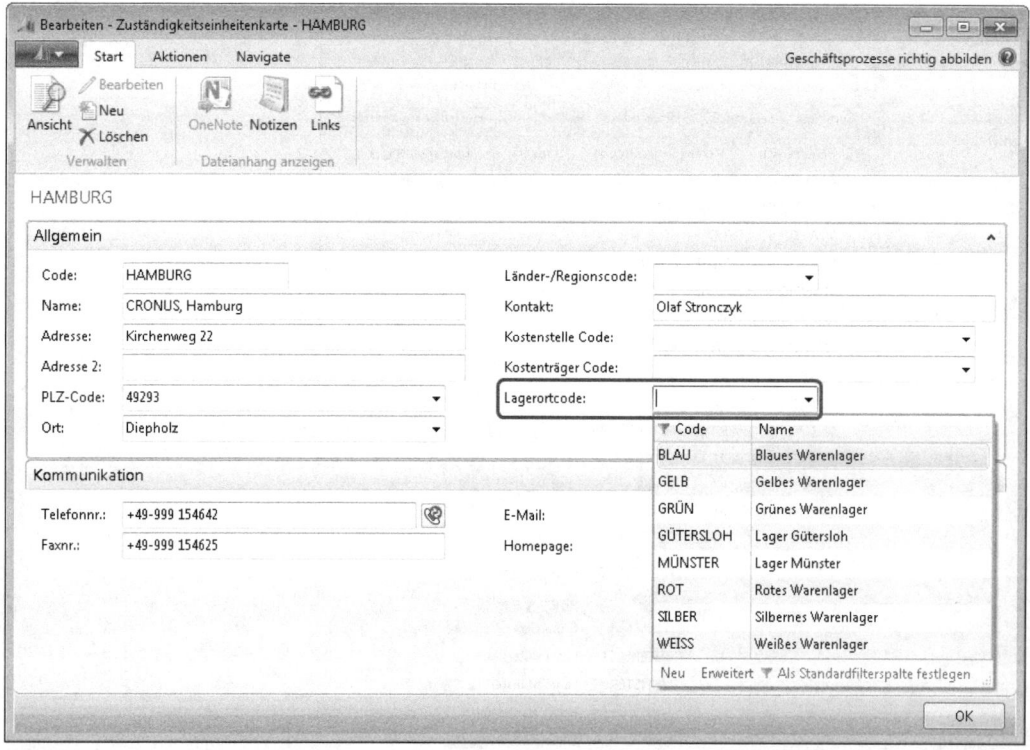

Abbildung 6.8 Zuständigkeitseinheitenkarte

Eine Zuordnung des Standardlagers kann auch über die Debitoren- und Kreditorenpersonenkonten erfolgen. Das in den Debitoren-/Kreditorenkarten hinterlegte Standardlager wird dann automatisch der dort hinterlegten Zuständigkeitseinheit zugeordnet. Weitere Details hierzu bieten die Ausführungen in Kapitel 5 und Kapitel 7 zu den Einkaufs- und Verkaufsorganisationen und den Debitoren- und Kreditorenstammdaten.

TIPP Um potenzielle Konflikte bei der Zuordnung der Standardlagerorte zu vermeiden, sollten Lagerorte entweder über die Personenkonten oder über die Zuständigkeitseinheiten zugeordnet werden. Im Zweifelsfall priorisiert Dynamics NAV jedoch die Angaben in den Personenkonten gegenüber den Angaben in den Zuständigkeitseinheiten.

Organisationseinheiten der Logistik

Lagermitarbeiter

Werden die Funktionalitäten des Lagerverwaltungssystems genutzt, müssen die entsprechenden Mitarbeiter in Dynamics NAV als Lagermitarbeiter des relevanten Lagers eingerichtet werden. Dies geschieht über das Abteilungsmenü im Bereich der Anwendungseinrichtung.

Link: *Abteilungen/Verwaltung/Anwendung Einrichtung/Lager/Lager/Lagermitarbeiter* (siehe Abbildung 6.9)

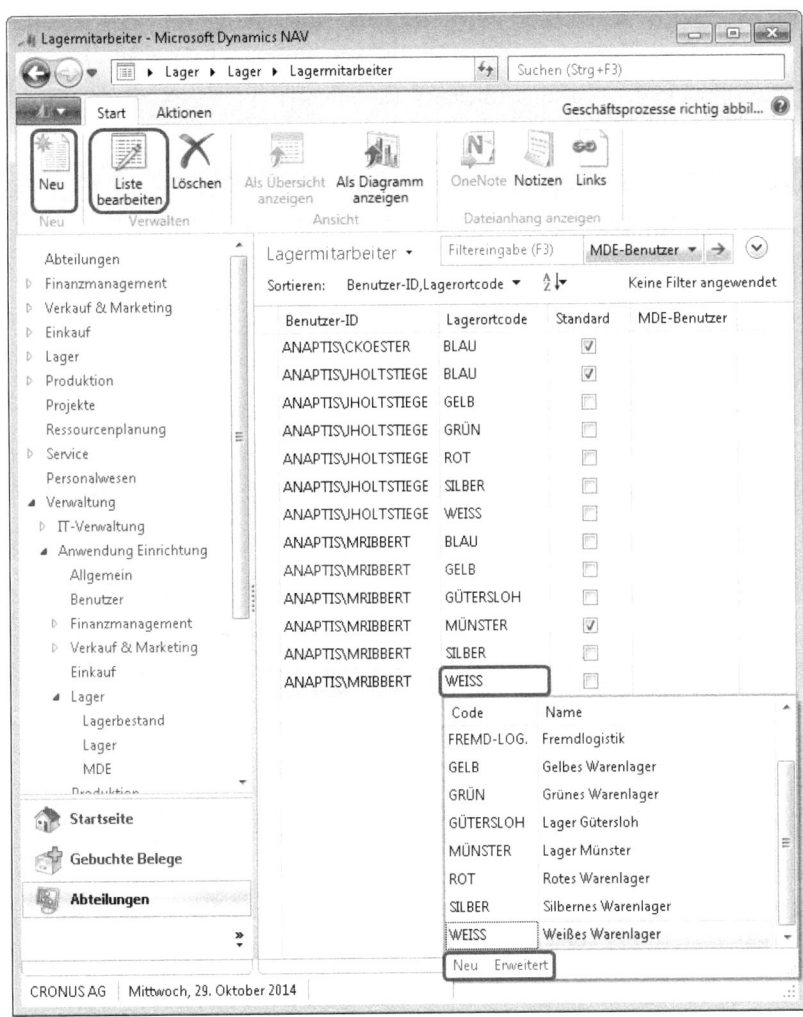

Abbildung 6.9 Benutzer als Lagermitarbeiter einrichten

Über die Aktionen im Menüband und den NAV-Seitenbereich können neue Lagermitarbeiter angelegt, Lagerorte zugeordnet und Standardlagerorte festgelegt werden. Im Dropdownlistenfeld *Lagerortcode* werden die möglichen Einträge/Lagerorte dargestellt. Über die Aktionen *Neu* und *Erweitert* kann man über die Lagerortkarte neue Lager anlegen bzw. die Lagerortübersicht öffnen. Per Klick auf eine ausgewählte Benutzer-ID öffnet sich das Fenster zur Auswahl, Bearbeitung und Erstellung von Benutzern.

Logistikorganisation aus Compliance-Sicht

Potenzielle Risiken

- Prozessineffizienzen durch fehlende oder falsche Einrichtung von Lagerorten, Zonen und Lagerplätzen, Zuständigkeitseinheiten, fehlende oder falsche Zuordnung von Standardlagerortcodes (Effectiveness, Efficiency, Integrity)
- Fehlende Nachvollziehbarkeit von Logistiktätigkeiten durch fehlende Einrichtung von individuellen Lagermitarbeitern, nicht autorisierte Logistiktransaktionen (Effectiveness, Integrity, Compliance)
- Nicht zielgerichteter Informationsfluss in der Logistik (Efficiency, Confidentiality)

Prüfungsziel

- Sicherstellung einer adäquaten Abbildung der Logistikorganisation in Dynamics NAV
- Sicherstellung der Nachvollziehbarkeit von Logistiktransaktionen
- Sicherstellung der Berechtigung für Logistiktransaktionen

Prüfungshandlungen

Lagerorte und Lagerplätze, Lagerhaltungsdaten

Die eingerichteten Lagerorte, Zonen und Lagerplätze müssen den tatsächlichen Gegebenheiten entsprechen.

Feldzugriff: *Tabelle 14 Lagerort*

Link: *Abteilungen/Lager/Logistikmanagement*, dort im Bereich *Bericht und Analysen* den Link *Lagerplatzübersicht*

Bei Nutzung von Lagerhaltungsdaten kann ein Abgleich mit den in den Artikelkarten gepflegten Daten erfolgen, wenn es im Rahmen der Lagerbewertung zur Berücksichtigung möglicherweise von der Artikelkarte abweichender Lagerhaltungsdaten gekommen ist. Dies kann der Fall sein, wenn die Standardpreisbewertung für Artikel angewendet wird oder wenn im Rahmen der Bewertung nach FIFO, LIFO oder Durchschnitt die Einstandspreisberechnungsart je Artikel-Lagerort-Variantenkombination möglich ist.

Identifikation der Artikel mit Standardpreisbewertung:

Feldzugriff: *Tabelle 27 Artikel/Felder Nr., Beschreibung, Lagerabgangsmethode [Wert Standard]*

Identifikation möglicher Abweichungen zwischen Artikel- und Lagerhaltungsdaten bei FIFO, LIFO, Durchschnittsbewertung:

Link: *Abteilungen/Lager/Einrichtung/Lagerbestand/Lager Einrichtung*

Nur wenn im Feld *Einst.-Pr.(durchschn.) Ber.-Art* die Option *Artikel & Lagerort & Variante* gewählt wurde, sind entsprechend individuelle Einstandspreise möglich.

Ergab eine der beiden Analysen Treffer/Übereinstimmungen, sind die unterschiedlichen Einstandspreise abzugleichen. Bei Differenzen zwischen den Einstandspreisen sind diese zu klären.

Link: *Abteilungen/Einkauf/Lager & Bewertung/Berichte/Lager – Einst.-Preisabweichung*

Der Bericht stellt in zwei Zeilen Einstandspreisabweichungen dar – je Einheit und gesamt für die Bestellung – und kann bedarfsgerecht über die Filtereinstellungen (beispielsweise Filter auf *Lagerabgangsmethode [Wert Standard]*) angepasst werden.

Feldzugriff: *Tabelle 5700 Lagerhaltungsdaten/Felder Felder Nr., Beschreibung, Lagerabgangsmethode, Einstandspreis, Einstandspreis (fest), Direkte Kosten (neueste)*

Sicherstellung einer adäquaten Einrichtung der Zuständigkeitseinheiten

Zuständigkeitseinheiten sollten grundsätzlich vollständig gepflegt sein (Adressdaten, Ansprechpartner etc.). Darüber hinaus sollte überprüft werden, ob den Einheiten jeweils ein Standardlagerortcode zugewiesen wurde bzw. warum dies nicht erfolgt ist.

Feldzugriff: *Tabelle 5714 Zuständigkeitseinheit*

Erfolgt eine Zuweisung der Lagerorte über Personenkonten, muss ebenfalls die Vollständigkeit der Zuordnung nachgewiesen werden. Gleichzeitig kann die vollständige Zuordnung von Zuständigkeitseinheiten in den Personenkonten überprüft werden.

Feldzugriff: *Tabelle 18 Debitor/Felder Nr., Name, Zuständigkeitseinheit, Lagerortcode*

Feldzugriff: *Tabelle 23 Kreditor/Felder Nr., Name, Zuständigkeitseinheitencode, Lagerortcode*

Es ist darauf zu achten, dass die Zuordnung des Standardlagers entweder über die Personenkonten oder über die Zuständigkeitseinheitenkarte erfolgt.

Die Überprüfung der Zuordnung von Benutzern zu Zuständigkeitseinheiten kann über die *Tabelle 91 Benutzer Einrichtung* erfolgen.

Feldzugriff: *Tabelle 91 Benutzer Einrichtung/Felder Benutzer-ID, Buchungen zugel. ab, Buchungen zugel. bis, Genehmiger-ID, Verk.-Zuständigk.-Einh. Filter, Eink.-Zuständigk.-Einh. Filter, Serv.-Zuständigk.-Einh. Filter*

Sicherstellung ausschließlich autorisierter Logistiktransaktionen

Über die Einrichtung der Mitarbeiter als Lagermitarbeiter erfolgt die Autorisierung zur Durchführung der entsprechenden Logistikfunktionalitäten. Es sollte eine Überprüfung nach der dem »Least Privilege«-Prinzip entsprechenden Rechtevergabe erfolgen.

Feldzugriff: *Tabelle 7301 Lagermitarbeiter*

Einrichtung der Logistik

In diesem Abschnitt werden die lagerortübergreifenden Aspekte der Lager- und Logistikeinrichtung behandelt:

- Lagereinrichtung
- Logistikeinrichtung
- Lagerorteinrichtung

Getrennt nach Lager- und Logistikeinstellungen erfolgt neben der Darstellung der grundlegenden Parameter die Analyse der Einstellungen aus Compliance-Sicht.

Lagereinrichtung

Zunächst werden die Grundlagen und lagerortübergreifenden Parameter zur Lagereinrichtung erläutert, bevor Compliance-relevante Fragestellungen erörtert werden.

Grundlagen und Parameter der Lagereinrichtung

Die für alle Lagerorte gültigen Einstellungen werden zentral über die Karte *Lager Einrichtung* gepflegt.

Link: *Abteilungen/Verwaltung/Anwendung Einrichtung/Lager/Lagerbestand/Lager Einrichtung* (siehe Abbildung 6.10)

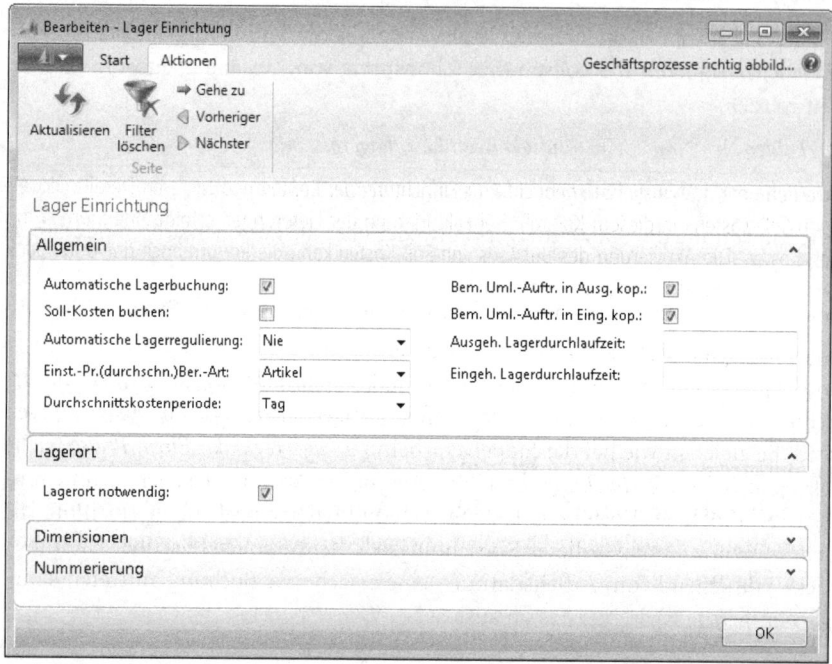

Abbildung 6.10   Lager Einrichtung (Allgemein und Lagerort)

Im Inforegister *Allgemein* werden u.a. die grundlegenden Einstellungen zur Behandlung der Lagerbuchungen im Modul der Finanzbuchhaltung gepflegt. Durch die Aktivierung des Felds *Automatische Lagerbuchung* wird bei der Buchung der Fakturierung sichergestellt, dass die im Logistikmodul erfassten *Artikel-* und *Wertposten* automatisch auch in das jeweilige Lagerkonto sowie Lagerverbrauchs- und Lagerkorrekturkonto in der Finanzbuchhaltung gebucht werden (*Sachposten*, siehe hierzu im Detail den Abschnitt »Buchungen in der Materialwirtschaft und Finanzbuchhaltung« weiter hinten in diesem Kapitel). Ist diese Option nicht aktiviert, erfolgt die Erfassung der Sachposten im Rahmen der Lagerregulierung.

Link: *Abteilungen/Finanzmanagement/Lager/Lagerreg. buchen*

Vorbereitend, damit die korrekten Preise gebucht werden, sind die Einstandspreise über den Link *Abteilungen/Finanzmanagement/Lager/Lagerreg. fakt. Eins. Preise* zu aktualisieren. Wir verweisen auch auf die nachfolgenden Ausführungen zum Feld *Automatische Lagerregulierung* sowie auf den Abschnitt »Ablauf der Lagerwertbuchungen – Lagerregulierung« weiter hinten in diesem Kapitel. Zu möglichen Bewertungsproblemen aufgrund nachträglich auftretender Kosten oder Wertänderungen verweisen wir auf Abschnitt »Lagerbewertung« in diesem Kapitel.

Einrichtung der Logistik

> **TIPP** Die automatische Lagerbuchung sollte immer aktiviert werden, um das zeitliche Auseinanderfallen zwischen der Bewertung in der Materialwirtschaft und der Finanzbuchhaltung zu minimieren.

Mit dem Feld *Soll-Kosten buchen* wird gesteuert, ob die erwarteten Kosten aus gelieferten, aber noch nicht fakturierten Positionen (d.h., dass die Transaktionen nur als Artikel- und Wertposten in der Materialwirtschaft erfasst sind, siehe Abschnitt »Buchungen in der Materialwirtschaft und Finanzbuchhaltung« sowie Abbildung 6.153 weiter hinten in diesem Kapitel) auch in der Finanzbuchhaltung gebucht werden sollen. Damit wird erreicht, dass der Lagerwert in der Finanzbuchhaltung und Materialwirtschaft identisch ist, wenn bereits geliefert, aber noch nicht fakturiert wurde.

> **HINWEIS** Die Soll-Kosten werden über Interimskonten gebucht (zur Einrichtung der Konten und weiteren Details verweisen wir auf Abschnitt »Buchung von Soll-Kosten« in diesem Kapitel). Bei Fakturierung der Lieferungen erfolgt eine Stornierung und die Buchung der tatsächlichen Kosten. Die Aktivierung des Buchens von Soll-Kosten kann die Performance der Datenbank beeinträchtigen, da je Artikelposten vier weitere Sachposten erstellt werden.

Im Feld *Automatische Lagerregulierung* kann die automatische Regulierung aller Kostenänderungen bei jeder Buchung von Lagertransaktionen konfiguriert werden. Beispielsweise können nachträglich erfasste Lieferkosten die Lagerwerte oder Einstandskosten eines bereits verkauften Artikels erhöhen. Die Auswirkungen des Regulierungsvorgangs sind die gleichen wie bei der Stapelverarbeitung *Lagerreg. fakt. Einst. Preise* (siehe die Ausführungen oben zu *Automatische Lagerbuchung* sowie den Abschnitt »Ablauf der Lagerwertbuchungen – Lagerregulierung«). Da die mögliche Kostenregulierung während jeder eingehenden Buchung die Datenbankleistung beeinträchtigen kann, umfasst dieses Einrichtungsfeld Zeitoptionen. Darüber kann festgelegt werden, wie weit zurück – ausgehend vom Arbeitsdatum – eine eingehende Buchung auftreten kann, die die Regulierung der Werte der ihr zugeordneten Posten auslöst (siehe Tabelle 6.1).

Option	Beschreibung
Nie	Es erfolgt keine automatische Lagerregulierung
Tag	Es werden Kosten von Transaktionen reguliert, die innerhalb eines Tages vom aktuellen Arbeitsdatum gebucht sind
Woche	Es werden Kosten von Transaktionen reguliert, die innerhalb einer Woche vom aktuellen Arbeitsdatum gebucht sind
Monat	Es werden Kosten von Transaktionen reguliert, die innerhalb eines Monats vom aktuellen Arbeitsdatum gebucht sind
Quartal	Es werden Kosten von Transaktionen reguliert, die innerhalb eines Quartals vom aktuellen Arbeitsdatum gebucht sind
Jahr	Es werden Kosten von Transaktionen reguliert, die innerhalb eines Jahres vom aktuellen Arbeitsdatum gebucht sind
Immer	Die Kosten aller Transaktionen werden unabhängig vom Buchungsdatum reguliert

Tabelle 6.1 Zeitoptionen zur Einrichtung der automatischen Lagerregulierung

Ein Beispiel zur Verdeutlichung: Das aktuelle Arbeitsdatum ist der 29.10.2014. Wurde die automatische Lagerregulierung für den Zeitraum *Monat* eingerichtet, erfolgt eine Regulierung aller relevanten Posten für die Belege, deren Buchungsdatum bis zum 29.09.2014 zurückreicht.

> **HINWEIS** Viele Dynamics NAV-Anwenderfirmen werden allerdings ein so hohes Transaktionsvolumen haben, dass die Option zur automatischen Lagerregulierung aufgrund der daraus resultierenden, verlängerten Sperrzeiten auf Datenbankebene nicht benutzt werden kann. Auch führt die Begrenzung des Betrachtungszeitraums zu Unschärfen, die im Rahmen der manuellen Lagerregulierung vermieden werden können. Wir empfehlen deswegen, die Stapelverarbeitung *Lagerreg. fakt. Einst. Preise* automatisiert über die Aufgabenwarteschlangen-Funktionalität (Jobqueue) in Dynamics NAV nachts zu starten.

Das Feld *Einst.-Pr.(durchschn.)Ber.-Art* enthält Informationen über die Methode, die die Anwendung verwendet, um den durchschnittlichen Einstandspreis zu berechnen. Es ist möglich, durchschnittliche Einstandspreise nur pro Artikel oder auch auf Ebene von Artikel und Lagerort und Variante zu verwalten.

Für Artikel der Lagerabgangsmethode *Durchschnitt* errechnet Dynamics NAV die durchschnittlichen Kosten mit einem periodisch gewichteten Durchschnitt, dessen Periodenlänge in der *Lager Einrichtung* festgelegt wird. Hierzu wird im Feld *Durchschnittskostenperiode* für alle Artikel definiert, für welchen Zeitraum (Tag, Woche, Monat, Buchhaltungsperiode) die Anwendung Transaktionen zu einem gewogenen Durchschnittspreis zusammenziehen und entsprechend die Wareneinsätze regulieren wird.

> **HINWEIS** Die Standardeinstellung (Tag) ist dabei rein technisch bedingt, weil der Tag der erste Optionswert des Felds ist. Die Auswahl des Zeitraums, in der sich der Durchschnittswert bilden soll, muss gemäß der Unternehmensanforderungen erfolgen.

Die Aktivierung der Felder *Bem. Uml.-Auftr. in ...* kopiert Bemerkungen aus Umlagerungsaufträgen auf die jeweiligen Lieferungsbelege (Auslieferung, Einlieferung). Die Felder *Ausgeh./Eingeh. Lagerdurchlaufzeit* ermöglicht die Angabe allgemeiner Lagerdurchlaufzeiten, die für die automatische Berechnung der Liefer- bzw. Wareneingangsdaten herangezogen werden.

Die Aktivierung des Felds *Lagerort notwendig* im Inforegister *Lagerort* erzwingt die Eingabe eines Lagerorts bei der Erfassung entsprechender Transaktionen. Für die Anwendung ist dieses Kontrollkästchen gleichermaßen ausschlaggebend dafür, ob die Planungsparameter für den Bestellvorschlag von der Artikelkarte (*Lagerort notwendig = Nein*) oder den Lagerhaltungsdaten (*Lagerort notwendig = Ja*) geholt werden.

> **HINWEIS** Ist dieses Feld nicht aktiviert, kann auch ohne Lagerort gearbeitet werden, was zu Inkonsistenzen beispielsweise bei der Anzeige der Artikelverfügbarkeit führt. Es wird deshalb empfohlen, das Kontrollkästchen *Lagerort notwendig* immer zu aktivieren.

Im Inforegister *Nummerierung* werden die für die jeweiligen Transaktionen relevanten Nummernserien gepflegt (siehe dazu auch in Kapitel 4 den Abschnitt »Grundeinrichtung«).

Die Möglichkeit, in Dynamics NAV mit negativen Artikelbeständen arbeiten zu können, wird über den Link *Abteilungen/Finanzmanagement/Debitoren & Verkauf Einr.* gesteuert (siehe Abbildung 6.11).

Generell sind negative Bestände aus Ein- und Verkaufsbelegen nur möglich, wenn das Modul *Logistik* nicht genutzt wird.

Einrichtung der Logistik

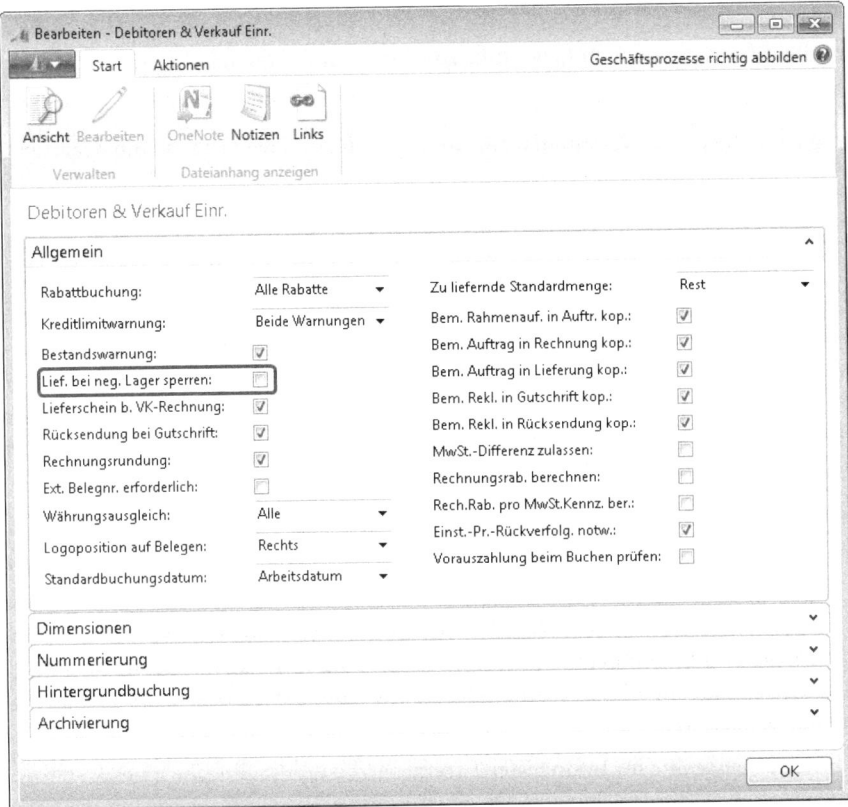

Abbildung 6.11 Lieferungen mit negativen Beständen ermöglichen

Lagereinrichtung aus Compliance-Sicht

Generell ist zu beachten, dass sich die zu wählenden Einstellungen im Rahmen der Einrichtung des Lagers auf die Prozesse und Belange des Unternehmens ausrichten. Es muss sichergestellt werden, dass die Artikel im Rahmen der Lagerbewertung für Dritte nachvollziehbar ermittelbar sind.

Potenzielle Risiken

- Inkorrekte Bewertung der Lagerbestände sowie der Wareneinsätze in der Finanzbuchhaltung (Effectiveness, Integrity, Reliability)
- Inkonsistente Darstellung der Lagerbestände (Integrity, Reliability)
- Fehlende Nachvollziehbarkeit der Lagerbewertung bezüglich Mengen (Lagerplätze) und Werten (Effectiveness, Integrity)
- Nummernkreise sind nicht überschneidungsfrei, weisen Lücken auf oder sind nicht ausreichend dimensioniert (Efficiency, Reliability, Integrity)

Prüfungsziel

- Sicherstellung einer korrekten und konsistenten Bewertung des Lagers und Wareneinsatzes
- Sicherstellung einer konsistenten Darstellung der Lagerbestände
- Nachweis eines effektiven und effizienten Verfahrens zur Lagerverwaltung sowie Lager- und Wareneinsatzbewertung
- Sicherstellung der effektiven und effizienten Verwendung von Nummernkreisen

Prüfungshandlungen

Aus Compliance-Sicht ist eine Synchronisation des Lager- und Finanzmoduls erforderlich, um konsistente Daten zu gewährleisten. Somit sollten die Felder *Automatische Lagerbuchung* und *Soll-Kosten buchen* aktiviert sein. Die Einstellung der Felder *Automatische Lagerregulierung, Einst.-Pr.(durchschn.)Ber.-Art.* und *Durchschnittskostenperiode* sollten den Unternehmensansprüchen entsprechend eingestellt werden (wann werden die Daten zur Lager- und Wareneinstandspreisbewertung benötigt, auf welcher artikelbezogenen und zeitlichen Ebene soll die Durchschnittspreisberechnung erfolgen).

Um eine konsistente Darstellung der Lagerbestände zu erreichen, ist es wichtig, dass allen Artikelposten ein Lagerort zugeordnet ist.

Link: *Abteilungen/Verwaltung/Anwendung Einrichtung/Lager/Lager/Lagerorte*, dort Auswahl der Lagerorte und prüfen, ob im Inforegister Logistik *Lagerort notwendig* aktiviert ist

Feldzugriff: *Tabelle 32 Artikelposten/Felder Lfd. Nr., Artikelnr., Buchungsdatum, Postenart, Herkunftsnr., Belegnr. Lagerortcode [Wert leer]*

Weitere Informationen über Prüfungshandlungen im Rahmen der Definition und zur Einstellung der Nummernkreise werden in Kapitel 4 dargestellt.

Logistikeinrichtung

Zunächst werden die Grundlagen und lagerortübergreifenden Parameter zur Logistikeinrichtung erläutert, bevor Compliance-relevante Fragestellungen erörtert werden.

Grundlagen und Parameter der Logistikeinrichtung

Die Einrichtung des Lagerverwaltungssystems erfolgt über die NAV-Seite *Logistik Einrichtung* (siehe Abbildung 6.12).

Link: *Abteilungen/Verwaltung/Anwendung Einrichtung/Lager/Lager/Logistik Einrichtung*

Die Karte ermöglicht die Aktivierung der einzelnen Logistikaktivitäten, die den Lagerabwicklungsprozess definieren. Die Einstellungen sind zusätzlich und unabhängig auf der/den Lagerortkarte(n) individuell für die einzelnen Lagerorte zu pflegen (siehe Abschnitt »Lagerorteinrichtung« in diesem Kapitel). Dadurch können beispielsweise Lagerhierarchien wie Haupt- und Nebenlager mit unterschiedlich komplexen Lagerprozessen abgebildet werden. Die in der *Logistik Einrichtung* gepflegten Parameter gehen somit über den Status eines Vorschlags nicht hinaus. Im Folgenden werden kurz die grundlegenden Funktionalitäten und Belegarten der Lagerverwaltung erläutert, wobei von der Nutzung von Lagerplätzen ausgegangen wird. Detailinformationen werden im Abschnitt »Prozesse der Lagerverwaltung« in diesem Kapitel dargestellt.

Einrichtung der Logistik

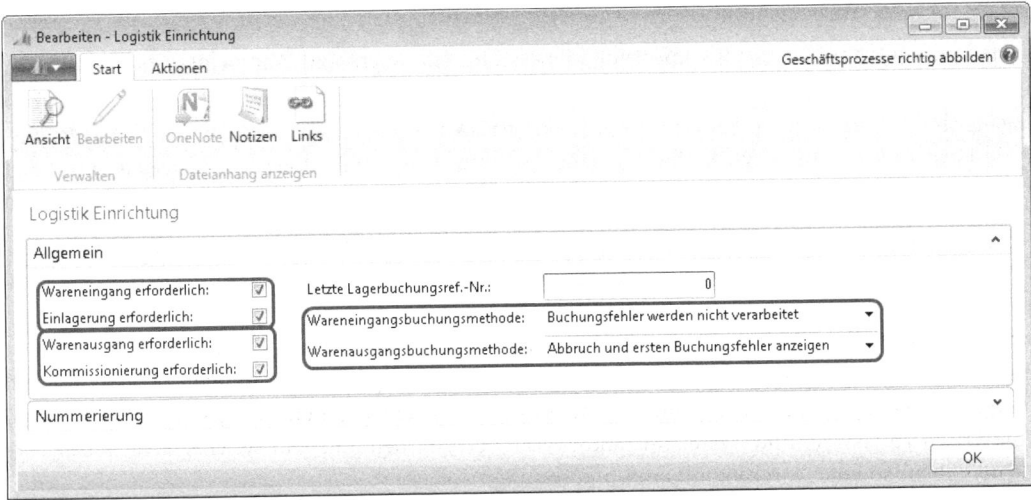

Abbildung 6.12 Logistik Einrichtung (Allgemein)

Wareneingang und Einlagerung

Über die Aktivierung *Wareneingang erforderlich* und *Einlagerung erforderlich* erfolgt die Aktivierung bestimmter Prozessschritte und Belege im Rahmen der Verarbeitung eingehender Lieferungen. Die Erstellung des *Wareneingangsbelegs* erfolgt unter Bezugnahme auf eine freigegebene Bestellung (Herkunftsbeleg). Bei Anlieferung von Artikeln im Lager werden die Wareneingangszeilen genutzt, um die tatsächlich gelieferten Mengen einzutragen.

HINWEIS Stellt der Lieferant Lieferscheine in elektronischer Form zur Verfügung, beispielsweise per BizTalk, EDI o.ä., können diese Daten in Wareneingangsbelege konvertiert werden. Da der Wareneingang dann in der Regel zeitlich nach dem Eingang des elektronischen Lieferscheins erfolgt, stehen der Warenannahme Informationen über Teillieferungen und Wareneingangszeiten frühzeitig zur Verfügung und ermöglichen eine effiziente Ressourcenplanung.

Die Buchung des Wareneingangs löst die Aktualisierung des Lagerbestands sowie die Erstellung des Einlagerungsbelegs und der Lagerplatzposten im Logistik- und Artikeljournal aus (Artikel- und Wertposten). Die Erstellung und Buchung des Wareneingangsbelegs sollte durch Mitarbeiter des Lagers erfolgen, um eine Funktionstrennung zwischen Bestellerstellung/-freigabe und der Prüfung der erhaltenen Waren zu gewährleisten.

Der durch die Buchung des Wareneingangsbelegs erstellte Einlagerungsbeleg dient als Anweisung für die Lagermitarbeiter zur Umlagerung der Artikel aus der Wareneingangszone auf die Lagerplätze (zwei Zeilen im Beleg, Entnahme- und Ziellagerplatz). Der durch die Lagermitarbeiter zu vervollständigende und zu registrierende Einlagerungsbeleg beinhaltet Informationen über die Entnahme- und Ziellagerzonen sowie -plätze. Die Registrierung des Einlagerungsbelegs führt zur Löschung der Einlagerungszeilen, es werden jedoch alle Informationen in der registrierten Einlagerung protokolliert. Darüber hinaus werden die Artikel mit der Registrierung im System zur Kommissionierung verfügbar, was durch die Buchung des Wareneingangsbelegs nicht erfolgt.

Kommissionierung und Warenausgang

Über die Aktivierung *Warenausgang erforderlich* und *Kommissionierung erforderlich* erfolgt die Aktivierung bestimmter Prozessschritte und Belege im Rahmen der Verarbeitung abgehender Aufträge. Basis für den Warenausgang sind freigegebene Verkaufsaufträge, Einkaufsrücklieferungen oder ausgehende Umlagerungsaufträge (Herkunftsbelege). Auf Basis der freigegebenen Aufträge kann anhand der Warenausgangsübersicht bzw. anhand von Kommissioniervorschlägen ein Überblick zur Planung der benötigten Ressourcen im Warenausgang gewonnen werden.

Anhand der erstellten Warenausgangsbelege, welche auch Informationen über die Ziellagerplätze beinhalten, können Kommissionierbelege generiert werden, die Informationen bezüglich des Entnahme- und des Ziellagerplatzes enthalten. Mit Registrierung der Kommissionierbelege werden entsprechend die Lagerplatzposten aktualisiert. Die Registrierung kann – wie die Einlagerung – als eine Umlagerung auf Lagerplatzebene gesehen werden und hat keine Auswirkungen auf die Artikelverfügbarkeit. Diese wird erst mit Buchung des Warenausgangs angepasst. Die Buchung des Warenausgangs erzeugt parallel die Verkaufslieferung der zugrundeliegenden Aufträge.

Wareneingangs- und Warenausgangsbuchungsmethode

Dynamics NAV bietet zwei Verfahren, wie bei Buchungsfehlern in Wareneingang und -ausgang vorgegangen wird. Zum einen besteht mit der Auswahl *Buchungsfehler werden nicht verarbeitet* die Möglichkeit, die Herkunftsbelege komplett zu erfassen und die fehlerhaften, nicht gebuchten Belege zu melden: *Anzahl gebuchter Herkunftsbelege: 1 von insgesamt 2*. Die Art des Fehlers ist in dem Fall nicht einsehbar. Zum anderen besteht mit der Auswahl *Abbruch und ersten Buchungsfehler anzeigen* die Möglichkeit, die Herkunftsbelege bis zu einem Fehler zu buchen und die Verbuchung dann abzubrechen. Der Fehler wird sichtbar, die folgenden Belege aber nicht erfasst.

Im Inforegister *Nummerierung* werden die für die jeweiligen Transaktionen relevanten Nummernserien gepflegt. Mehr darüber erfahren Sie in Kapitel 4 im Abschnitt »Grundeinrichtung«.

Logistikeinrichtung aus Compliance-Sicht

Generell ist zu beachten, dass die Auswahl der Einstellungen im Rahmen der Einrichtung der Lagerverwaltung auf die Prozesse und Belange des Unternehmens ausgerichtet ist. Es muss sichergestellt werden, dass die Artikel im Rahmen der Lagerbewertung sowie die Artikelverbräuche bei der Bewertung des Wareneinsatzes für Dritte nachvollziehbar ermittelbar sind. Vor diesem Hintergrund sollte eine effektive und effiziente Gestaltung der Lagerprozesse angestrebt werden. Empfehlenswert ist weiterhin, dass bei Beschaffung und Auftragserfüllung nach dem Vieraugenprinzip gearbeitet wird, was beispielsweise für eine personelle Trennung von Bestellerfassung und Warenannahme spricht. In diesem Sinne ist die Aktivierung der Module *Wareneingang* und *Einlagerung* bzw. auf Absatzseite der Module *Kommissionierung* und *Warenausgang* aus Compliance-Sicht ratsam. Weitergehende Prüfungshandlungen werden im Abschnitt »Prozesse der Lagerverwaltung« in diesem Kapitel vorgestellt.

Mehr Informationen über Risiken und Prüfungshandlungen im Rahmen der Definition und Einstellung der Nummernkreise werden in Kapitel 4 dargestellt.

Lagerorteinrichtung

Lagerorte werden definiert als Gebäude oder Orte, an denen Artikel physisch gelagert und ihre Mengen verwaltet werden können. Im Folgenden werden die Grundlagen und Parameter der Einrichtung von Lagerorten dargestellt, um eine Basis zu legen, die eingerichteten Lagerorte aus Compliance-Sicht zu analysieren.

Grundlagen und Parameter der Lagerorteinrichtung

Die Einrichtung der Lagerorte erfolgt über die Lagerortkarte.

Link: *Abteilungen/Verwaltung/Anwendung Einrichtung/Lager/Lager/Lagerorte* (siehe Abbildung 6.13)

Neben allgemeinen Informationen wie Adresse, Ansprechpartner und Kontaktdaten werden über die Lagerortkarten auch die lagerortspezifischen Einstellungen zur Lagerverwaltung, zur Lagergestaltung einschließlich Zonen und Lagerplätzen und zur Lagerplatzprüfung gepflegt.

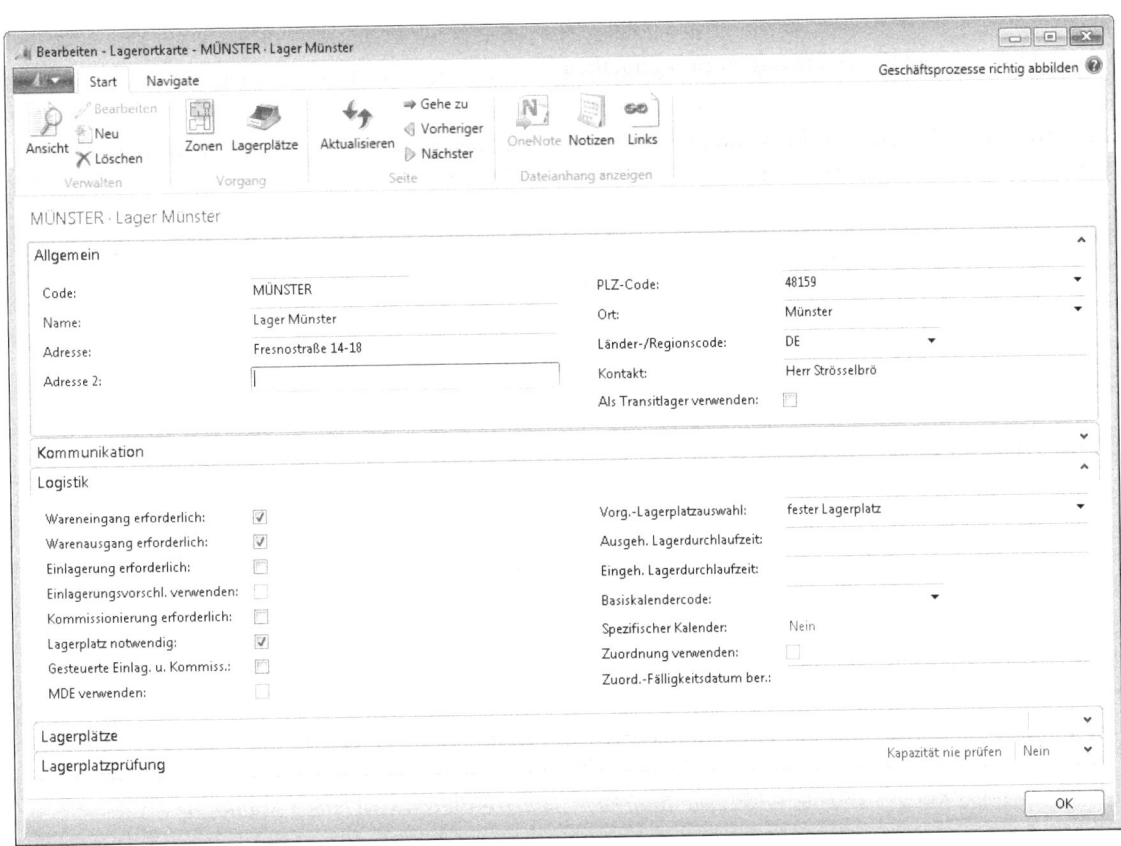

Abbildung 6.13 Lagerortkarte (Allgemein und Logistik)

Lagerorte, Transitlager

Jeder Lagerort hat einen Namen sowie einen Code, der als Schlüssel des Lagers fungiert. Über das Inforegister *Allgemein* können weitere Informationen zur Anschrift und zum Kontakt hinterlegt werden. Darüber hinaus bietet Dynamics NAV die Möglichkeit, temporäre Lagerorte (*als Transitlager verwenden*) zu definieren, die vor allem für Umlagerungsvorgänge benötigt werden. Beispielsweise können so LKW oder andere Transportfahrzeuge abgebildet werden, die zu Umlagerungen zwischen Lagerorten genutzt werden. Weitere Details werden im Abschnitt »Umlagerung zwischen Lagerorten« in diesem Kapitel erläutert.

Logistik – Lagerverwaltung

Über das Inforegister *Logistik* ist es möglich, je Lagerort getrennt die erforderlichen logistischen Schritte über die Logistikmodule festzulegen (siehe Abbildung 6.13).

Soll die komplette Funktionalität des Lagerverwaltungssystems genutzt werden, erfolgt dies über die Aktivierung des Felds *Gesteuerte Einlag. und Kommiss.*, was mit einer vorherigen Aktivierung des Felds *Lagerplatz notwendig* einhergeht. Automatisch werden die Felder *Wareneingang erforderlich*, *Warenausgang erforderlich*, *Einlagerung erforderlich*, *Kommissionierung erforderlich* aktiviert. Die gesteuerte Einlagerung und Kommissionierung ermöglicht die automatische Erstellung von Lagerplatzvorschlägen unter Berücksichtigung von Lagerplatzprioritäten und -kapazitäten (siehe dazu auch die Ausführungen unter »Lagerplätze und Lagerplatzinhalte« direkt nach Abbildung 6.20). Ist die gesteuerte Einlagerung und Kommissionierung nicht aktiviert, basieren die Vorschläge auf den Standardlagerplätzen der Artikel.

HINWEIS In diesem Zusammenhang wird der Begriff der chaotischen Lagerhaltung relevant. Die chaotische oder auch dynamische Lagerhaltung ermöglicht die optimierte Nutzung des Lagers. Es erfolgt keine feste Zuordnung von Artikeln zu Lagerplätzen, was die Übersichtlichkeit im Lager einschränkt und ein Lagerverwaltungssystem notwendig macht. Die Auswahl der Lagerplätze für ein- oder auszulagernde Artikel erfolgt viel mehr zugriffs- und fahrwegoptimiert, wobei selbstverständlich die physischen Spezifikationen der Lagerartikel (Außenabmessungen, Gewicht, Art der Artikel) berücksichtigt werden müssen.

Die Aktivierung des Felds *Einlagerungsvorschlag verwenden* ermöglicht die Bündelung von Wareneingangsbelegen zur Optimierung der Einlagerungsprozesse (siehe hierzu im Detail den Abschnitt »Buchung des Wareneingangs im Wareneingangsbeleg und Registrierung der Einlagerung im Einlagerungsbeleg«). Darüber hinaus können Lagerdurchlaufzeiten sowie der für das Unternehmen relevante Kalender (Feiertage) definiert werden, was im Rahmen der automatischen Datumsberechnung und Liefertermizusage von Bedeutung ist.

Die zwei Felder *Zuordnung verwenden* und *Zuord.-Fälligkeitsdatum ber.* ermöglichen den Transport von angelieferten Artikeln direkt in den Warenausgangsbereich, wenn wartende Verkaufsaufträge existieren (Crossdocking). Die generelle Aktivierung erfolgt über das Feld *Zuordnung verwenden*, im Feld *Zuord.-Fälligkeitsdatum ber.* wird der in die Zukunft reichende Zeitraum festgelegt, der für die Analyse herangezogen wird. Einzelne Artikel können über die Artikelkarte von der Zuordnung ausgeschlossen werden, in dem die standardmäßige Aktivierung des Felds *Zuordnung verwenden* entfernt wird (siehe Abbildung 6.14).

Link: *Abteilungen/Lager/Planung & Ausführung/Artikel*

Einrichtung der Logistik

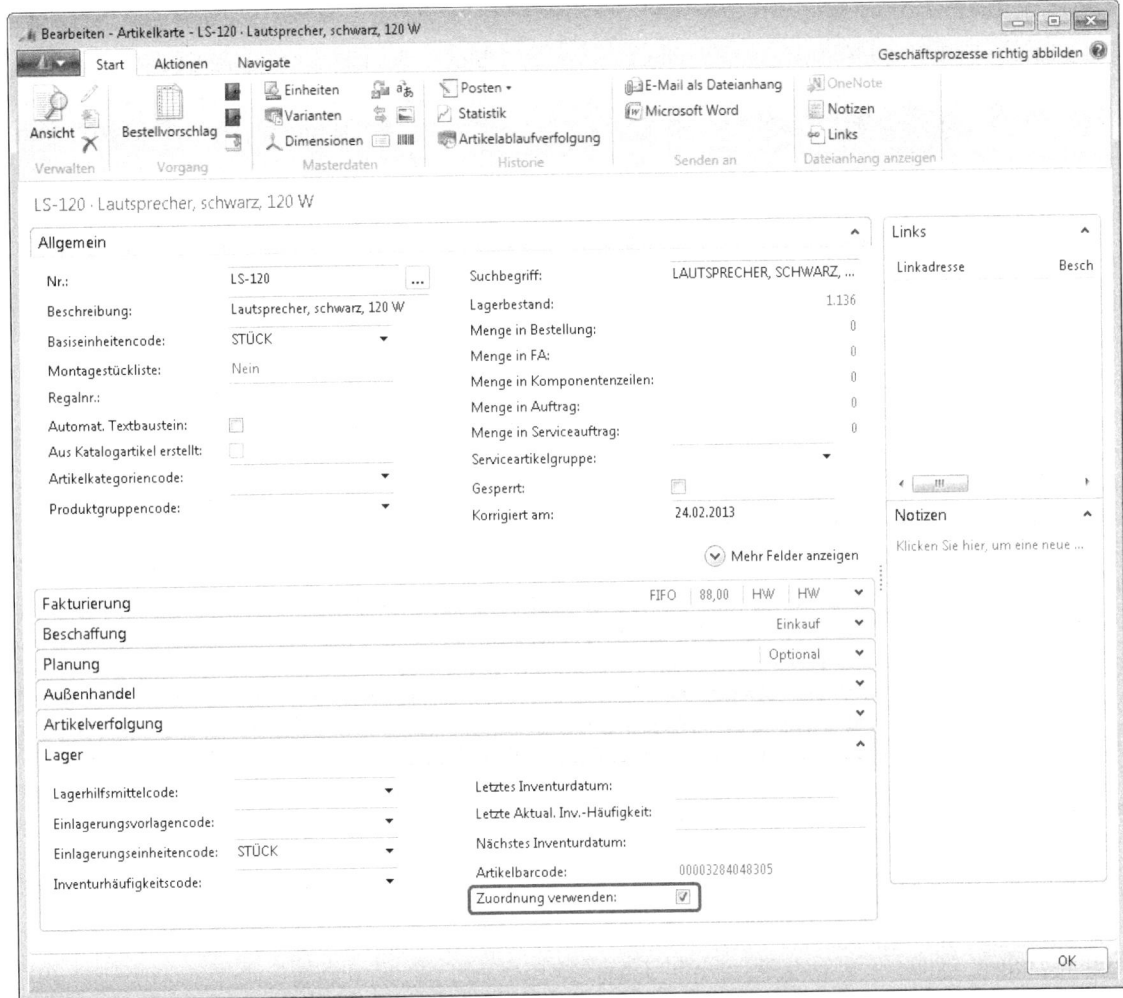

Abbildung 6.14 Artikelkarte (Lager)

Bei Verwendung der Funktionalitäten wie Wareneingang, Warenausgang kann in Dynamics NAV hinterlegt werden, welcher Lagerplatz als Standard zur jeweiligen Transaktion herangezogen wird (siehe Abbildung 6.15).

Abhängig von den zuvor definierten Parametern (insbesondere *Gesteuerte Einlag. und Kommiss.* sowie *Lagerplatz notwendig*) können über die Lagerortkarte Standardlagerplätze zugeordnet werden:

- **Wareneingang und Warenausgang** Standardlagerplatz im Wareneingangs- und -ausgangsbeleg
- **Ausgleich** Standardlagerplatz (virtuell), auf dem festgestellte Differenzen im Lagerbestand (zwischen Artikelposten und Lagerplatzposten) erfasst werden. Die hier erfassten Artikel sind nicht verfügbar und können nicht kommissioniert werden.

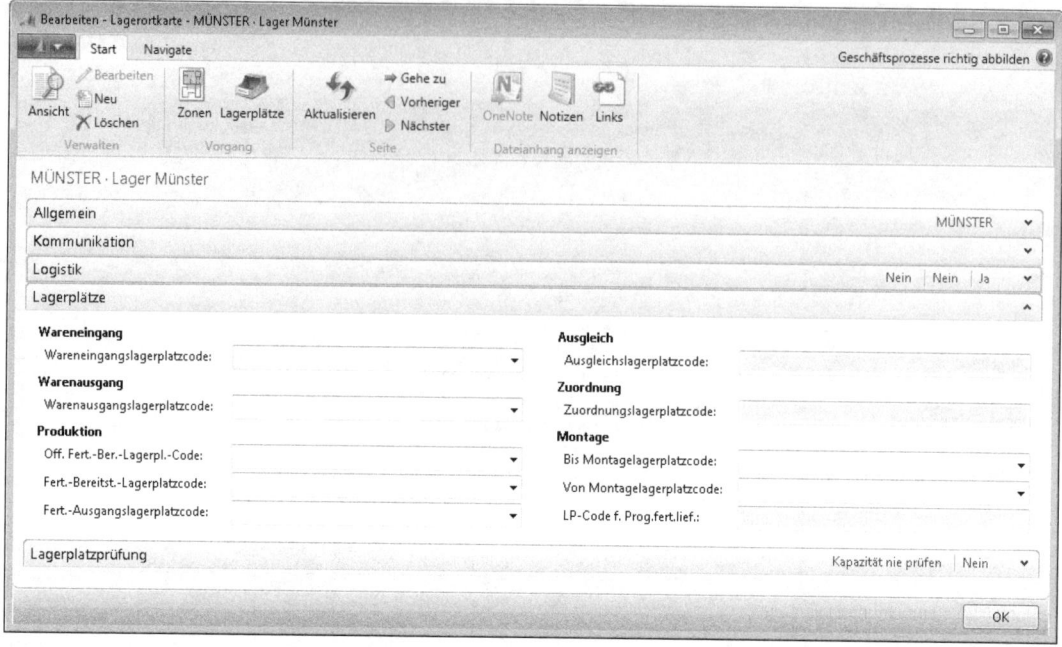

Abbildung 6.15 Lagerortkarte – Lagerplätze

- **Zuordnung** Standardlagerplatz für die direkte Bereitstellung von eingehenden Artikeln für den Warenausgang, um Lagerdurchlaufzeiten zu reduzieren (Crossdocking)
- **Produktion/Montage** Der Lagerplatz dient als Standardlagerplatz im Rahmen der Produktion bzw. Montage von Artikeln

Lagerzonen

Zur effizienten Verwaltung können Lagerorte in verschiedene Zonen unterteilt werden. Die Anzahl der Zonen ist nicht begrenzt, jedoch müssen die Lagerzonen *Wareneingang, Ausgleich, Kommissionierung* und *Warenausgang* angelegt werden. Die Anlage von Zonen erfolgt über die Aktion *Zonen* über die Lagerortkarte (siehe Abbildung 6.16).

Link: *Abteilungen/Verwaltung/Anwendung Einrichtung/Lager/Lager/**Lagerorte**/Start/Zonen*

Jede Zone hat einen eindeutigen Code. Optional können eine Beschreibung sowie die im Folgenden beschriebenen Parameter eingepflegt werden. Anzumerken ist, dass die den Zonen neu zugeordneten Lagerplätze automatisch die Parameter der Zone übernehmen. Werden Zonenparameter geändert, hat dies nur Auswirkungen auf neu zugeordnete Lagerplätze, nicht auf die bereits bestehenden.

HINWEIS Die Nutzung von Lagerzonen ist nur bei Aktivierung der gesteuerten Einlagerung und Kommissionierung möglich. Bei anderen Lagereinrichtungen ist zwar die Einrichtung von Zonen möglich, es ist aber keine weitere Funktionalität damit verknüpfbar.

Einrichtung der Logistik

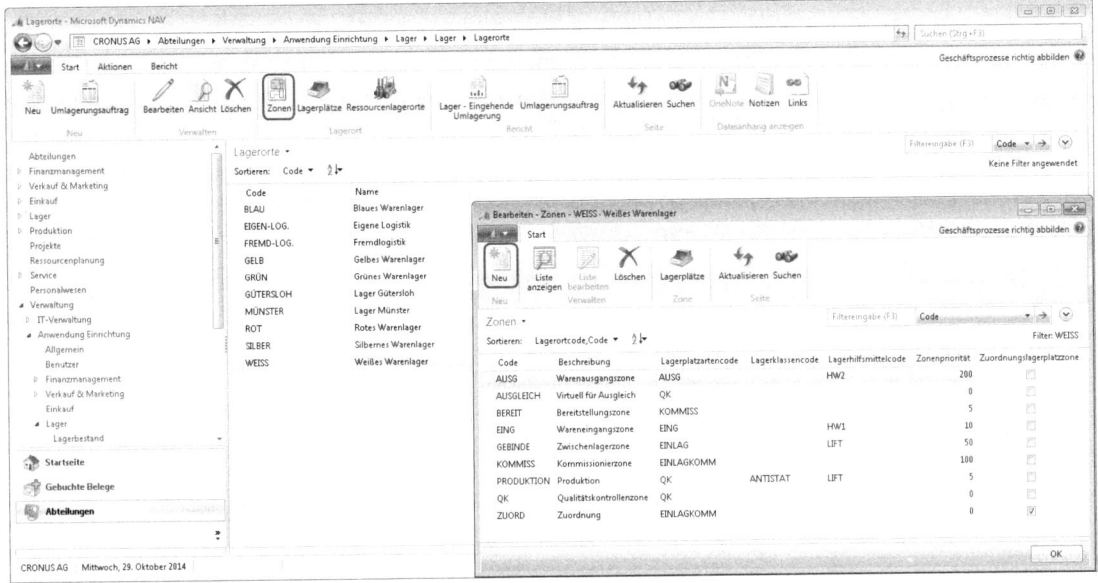

Abbildung 6.16 Einrichtung Lagerzonen

- **Lagerplatzarten** Ermöglichen die Zuordnung von Verarbeitungsschritten im Warenfluss zu Lagerplätzen und definieren die Aufgaben der Lagerzonen. Sie sind nur nutzbar, wenn die gesteuerte Kommissionierung und Einlagerung aktiviert wurde.

Link: *Abteilungen/Verwaltung/Anwendung Einrichtung/Lager/Lager/Lagerplatzarten* (siehe Abbildung 6.17)

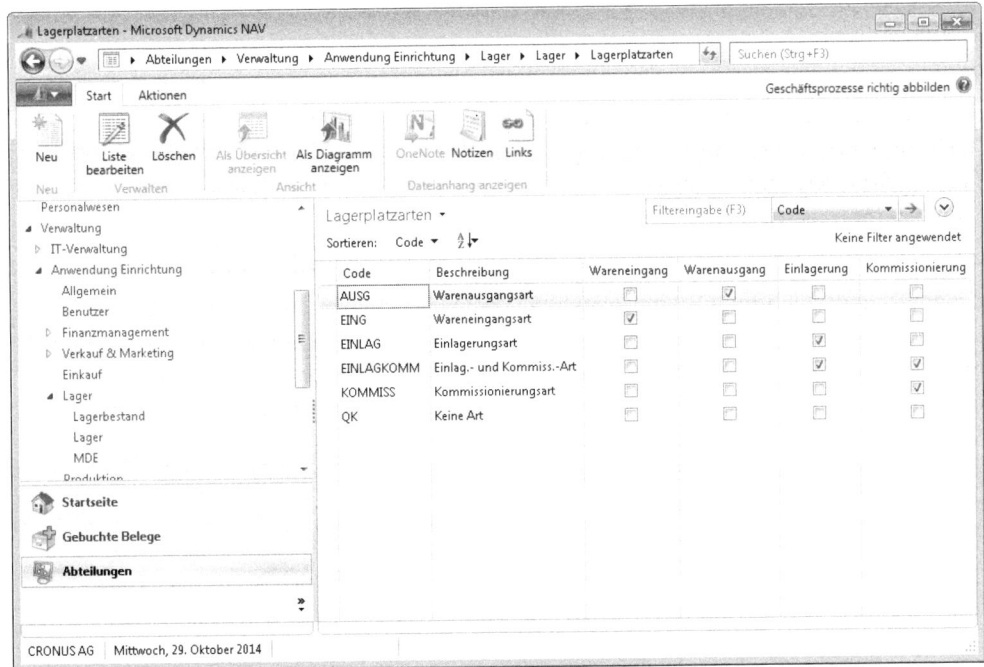

Abbildung 6.17 Einrichtung Lagerplatzarten

> **HINWEIS** Es können maximal acht Lagerplatzarten eingerichtet werden.

- **Lagerklassen** Erzwingen die Lagerung bestimmter Artikel (beispielsweise Wertartikel) in bestimmten Lagerbereichen (Lagerklassen, beispielsweise WERT)
  Link: *Abteilungen/Verwaltung/Anwendung Einrichtung/Lager/Lager/Lagerklassen* (siehe Abbildung 6.18)

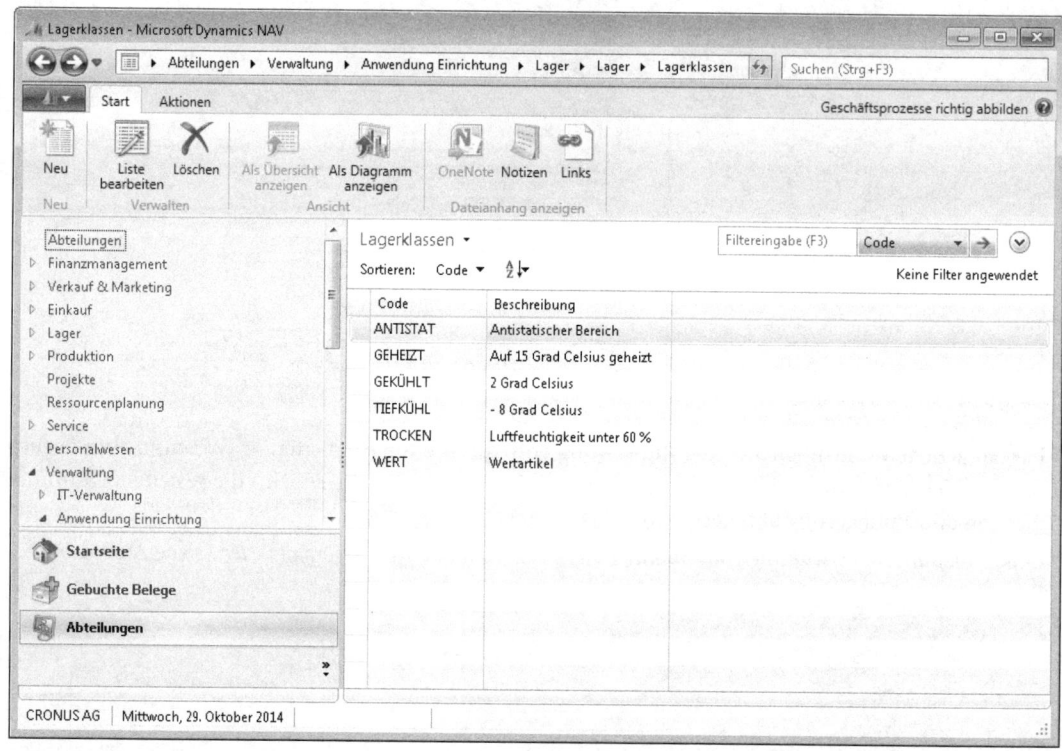

Abbildung 6.18 Einrichtung Lagerklassen

Die Zuordnung von Artikeln zu Lagerklassen erfolgt über die Artikelkarte im Feld *Produktgruppencode*. Im entsprechenden Lookup können dann Produktgruppen ausgewählt bzw. definiert werden, was gleichzeitig die Zuordnung von Produktgruppen zu Lagerklassen beinhaltet (siehe Abbildung 6.19).

Link: *Abteilungen/Lager/Planung & Ausführung/Artikel*, dort Auswahl des entsprechenden Artikels

> **HINWEIS** In der Standardeinstellung muss in der NAV-Seite *Produktgruppen* die Spalte *Lagerklassencode* eingeblendet werden.

Einrichtung der Logistik

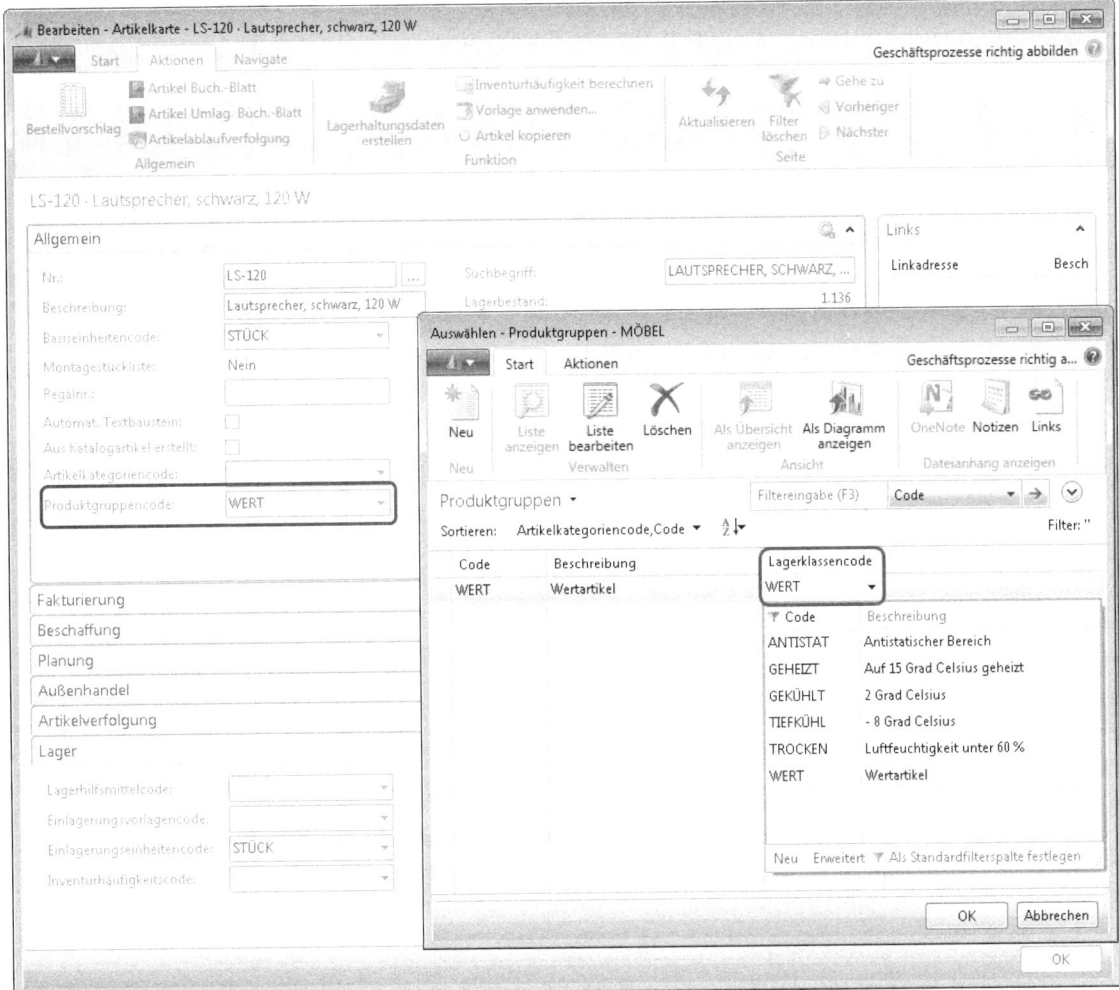

Abbildung 6.19 Zuordnung Lagerklassen

- **Zuordnungslagerplatzzone** Bei Aktivierung kann die Zone für Crossdocking-Transaktionen genutzt werden
- **Lagerhilfsmittelcode** Hinterlegung benötigter Lagerhilfsmittel wie Hubwagen etc. Über den Lookup können die Lagerhilfsmittel ausgewählt, bearbeitet oder neu angelegt werden (siehe Abbildung 6.20).

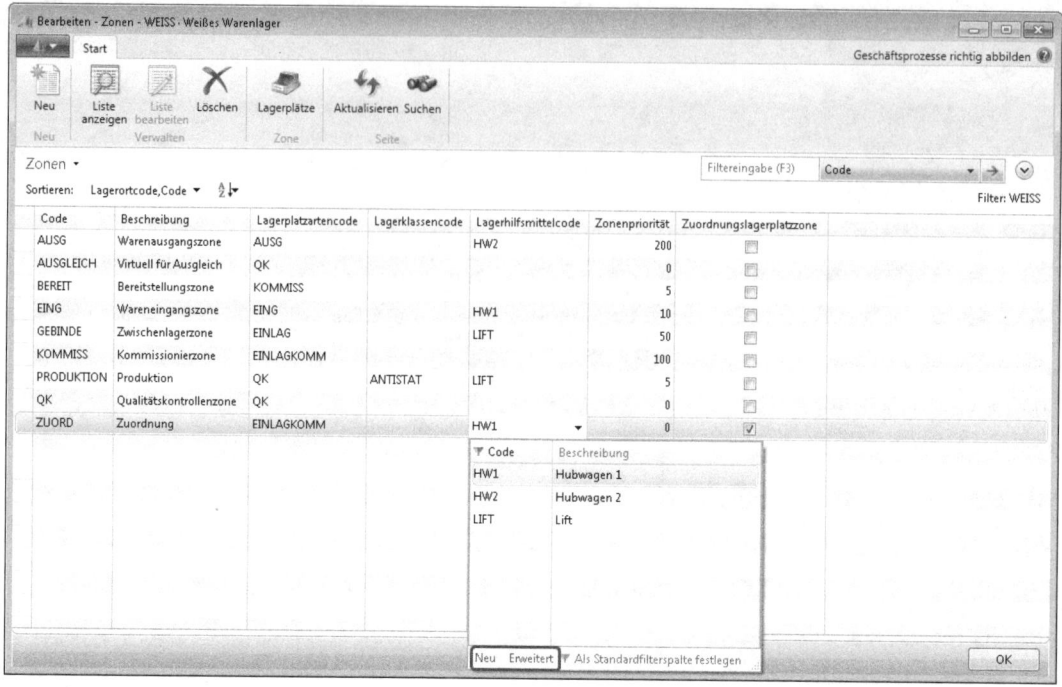

Abbildung 6.20 Lagerhilfsmittel

- **Zonenpriorität** Mithilfe von Lagerplatzprioritäten werden die Prioritäten zur Auswahl von Lagerplätzen im Hinblick auf Kommissionierung, Einlagerung und Umlagerung festgelegt. Werden Lagerplätze einer Zone neu angelegt, wird die Zonenpriorität für die einzelnen Lagerplätze übernommen. Weitere Ausführungen bezüglich der automatischen Lagerplatzauswahl finden Sie weiter unten in diesem Abschnitt unter der Überschrift »Einlagerungsvorlagen« direkt nach Abbildung 6.29.

Lagerplätze und Lagerplatzinhalte

Lagerplätze sind die grundlegenden Lagereinheiten im Lager. Die Anlage erfolgt über die Lagerortkarte.

Link: *Abteilungen/Verwaltung/Anwendung Einrichtung/Lager/Lager/Lagerorte*, dort Auswahl des entsprechenden Lagers und dann Ausführung der Aktion *Lagerplätze* (siehe Abbildung 6.21)

Neben dem zu pflegendem Code als Schlüssel (der Primärschlüssel besteht aus *Lagerortcode* und *Code*) des Lagerplatzes können die bereits im Rahmen der Beschreibung der Lagerzonen vorgestellten Parameter je Lagerplatz gepflegt werden. Das Häkchen im Kontrollkästchen *Leer* weist darauf hin, dass auf dem Lagerplatz aktuell kein Artikel gelagert wird. Das Feld *Dediziert* ermöglicht die Festlegung bestimmter Prozesse (wie Produktion und Montage; die Einrichtung erfolgt über die *Lagerortkarte*, Inforegister *Lagerplätze*) oder bestimmter Arbeitsplatzgruppen (falls die Produktion eingerichtet ist; die Einrichtung erfolgt über die *Arbeitsplatzgruppenkarte*, Inforegister *Lager*), die ausschließlich von diesem Lagerplatz entnehmen dürfen (speziell für Produktionsaufträge und Lagerorte relevant, die keine gesteuerte Einlagerung und Kommissionierung nutzen). Dort gelagerte Artikel sind dann anderweitig nur durch das Ignorieren einer entsprechenden Warnmeldung kommissionier- oder reservierbar.

Einrichtung der Logistik

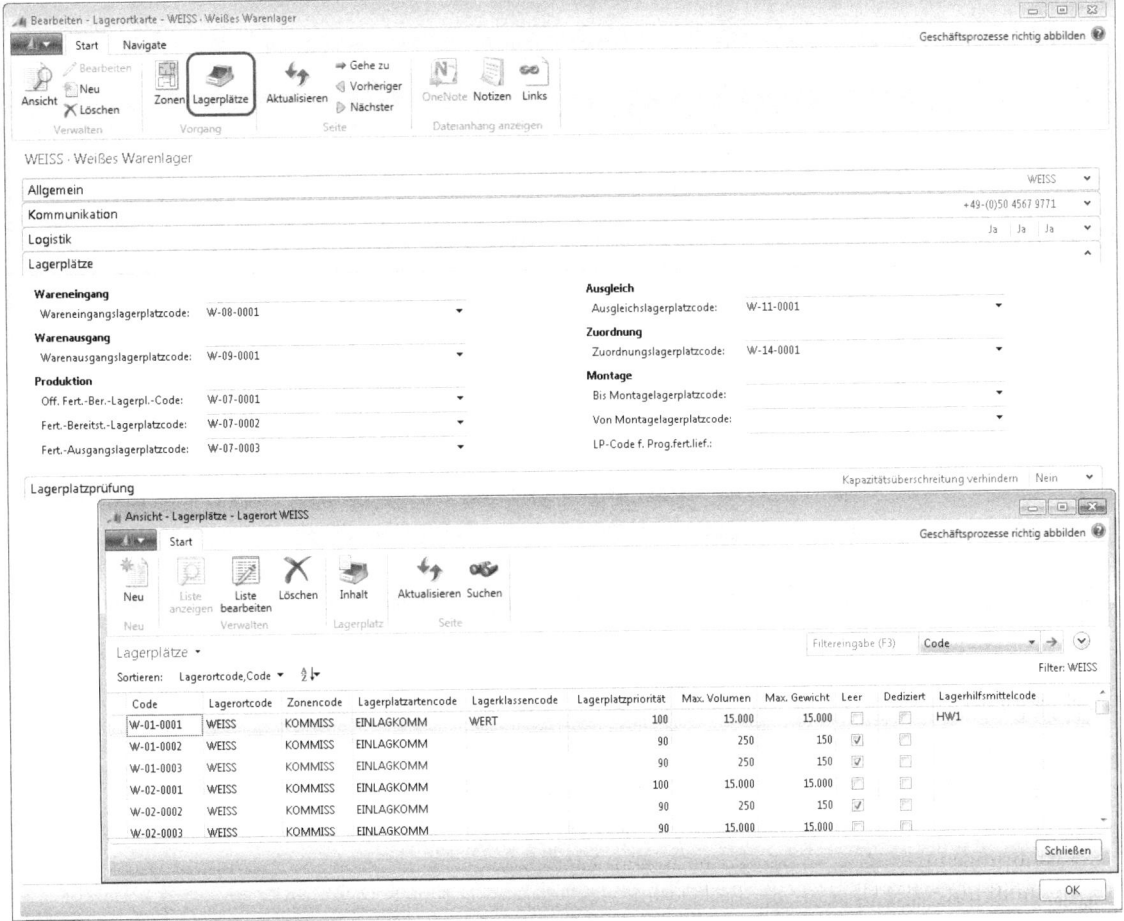

Abbildung 6.21 Einrichtung Lagerplätze

ACHTUNG Das Ignorieren der Warnmeldung hat die Konsequenz, dass der eigentliche Herkunftsbeleg ohne eine manuelle Korrektur der Lagerplatzposten nicht mehr gebucht werden kann.

Die Angaben zu den *Gewichts- und Volumengrenzen* werden bei der Berechnung der einlagerungsfähigen Artikelmengen berücksichtigt, wenn die Daten im Rahmen der Pflege der Artikeleinheiten erfasst wurden.

Link: *Abteilungen/Lager/Planung* & *Ausführung/Artikel*, dort über den entsprechenden Artikel und Auswahl der Aktion *Einheiten* (siehe Abbildung 6.22).

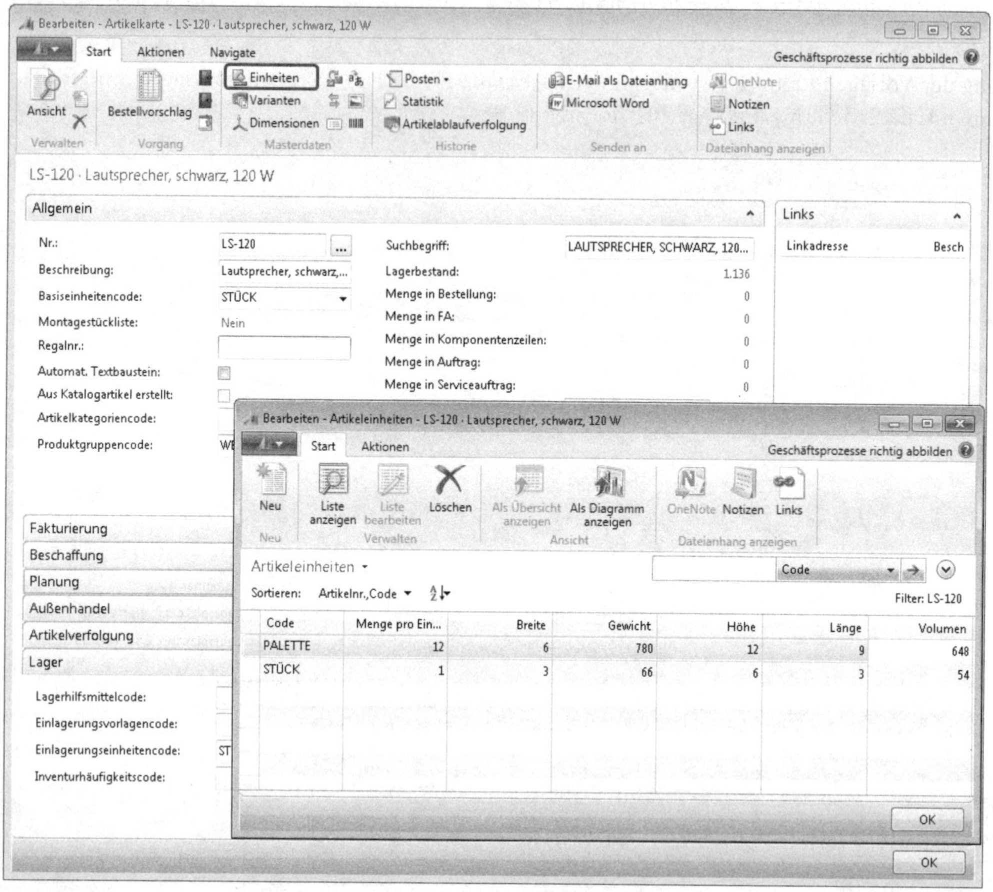

Abbildung 6.22 Einrichtung Artikeleinheiten

Die Erstellung der Lagerplätze kann zum einen in der oben dargestellten Karte manuell erfolgen. Zum anderen können Lagerplätze automatisiert erstellt werden, wozu Lagerplatzvorlagen definiert werden müssen (siehe Abbildung 6.23).

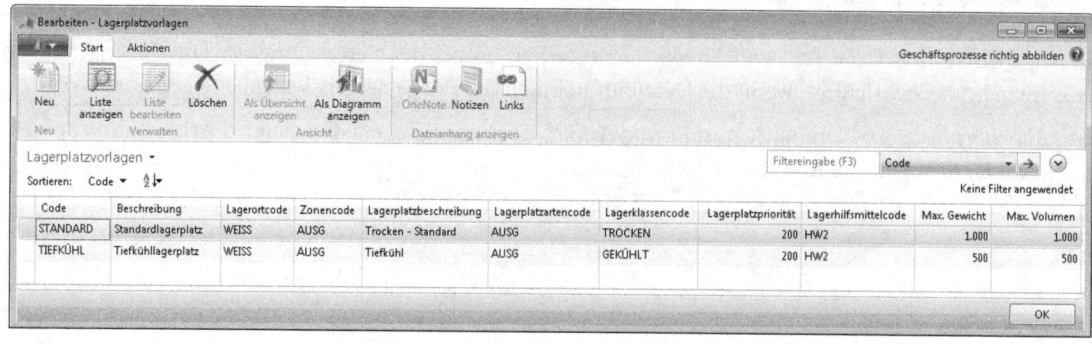

Abbildung 6.23 Einrichtung Lagerplatzvorlagen

Einrichtung der Logistik

Link: *Abteilungen/Verwaltung/Anwendung Einrichtung/Lager/Lager/Lagerplatzvorlagen*, dort Aktion *Neu* oder *Liste bearbeiten*

Unter Nutzung der Vorlagen kann mittels der in der *Lagerplatz Erstellungs-Vorschlags-Vorlagen* hinterlegten Seite die automatische Erstellung von Lagerplätzen angestoßen werden. Hierzu ist jedoch zunächst je Lagerort eine Vorlage anzulegen. Anschließend erfolgt die Definition der Lagerplätze.

Link: *Abteilungen/Verwaltung/Anwendung Einrichtung/Lager/Lager/Lagerpl. Erst.-Vorschl.-Vorlagen*, hier über die Registerkarte *Navigate* die Aktion *Namen* ausführen (siehe Abbildung 6.24)

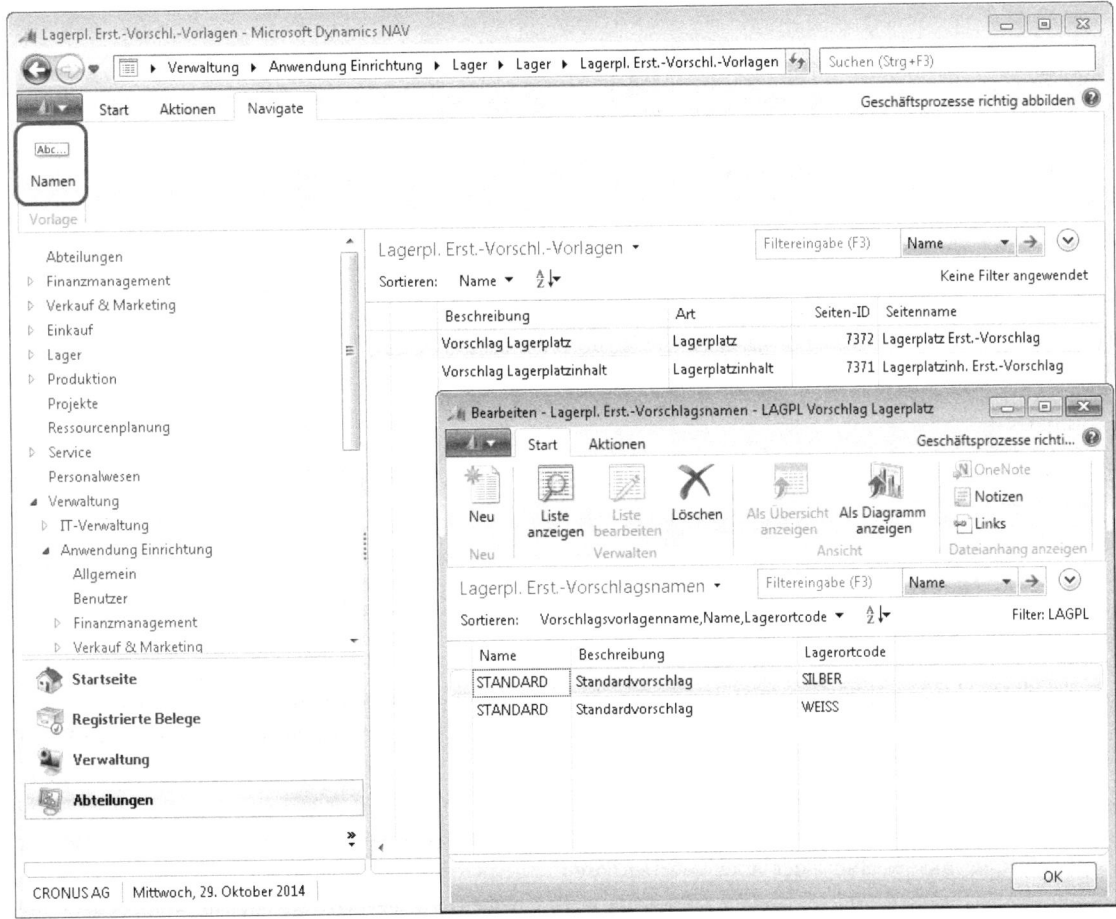

Abbildung 6.24 Erstellung einer lagerortbezogenen Lagerplatz-Erstellungsvorschlagsvorlage

Link: *Abteilungen/Lager/Logistikmanagement/Lagerplatz Erst.-Vorschlag*, über das Dropdownmenü öffnet sich die NAV-Seite *Lagerp. Erst.-Vor. Name Übers.*, mittels derer über die vorher angelegten Vorlagen die lagerplatzspezifische Vorlage geöffnet werden kann (siehe Abbildung 6.25)

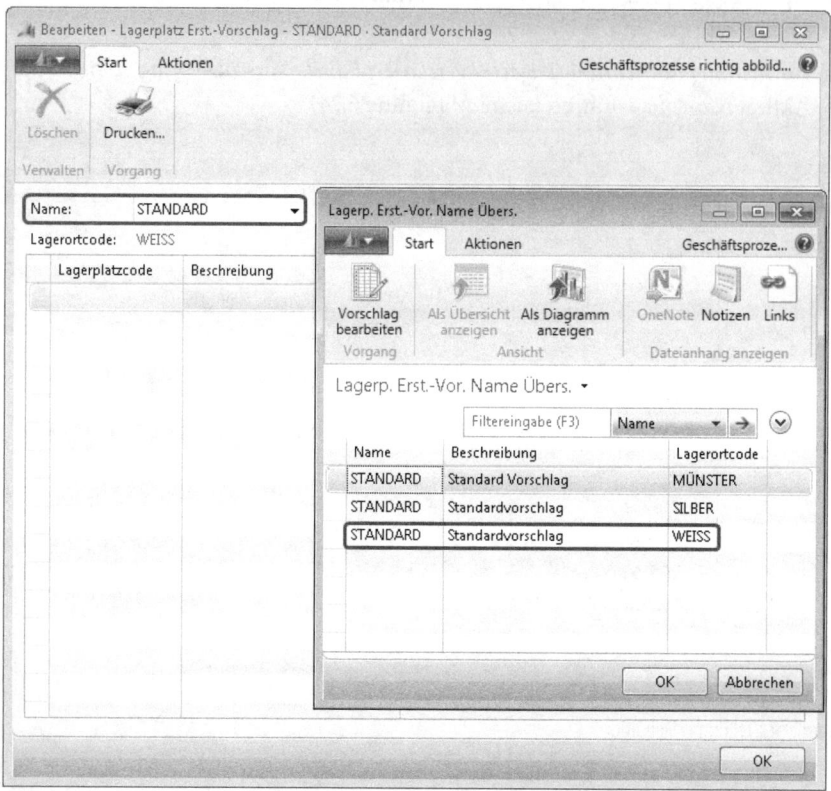

Abbildung 6.25 Auswahl der lagerplatzspezifischen Lagerplatz-Erstellungsvorschlagsvorlage

Über die Registerkarte *Aktionen* und die Aktion *Lagerplätze berechnen* können dann mittels einzugebender Kriterien automatisch Lagerplätze errechnet werden (siehe Abbildung 6.26).

Neben den aus der Vorlage übernommenen Daten werden anhand der Felder *Regal*, *Abschnitt*, *Ebene* und *Feldbegrenzung* Vorgaben für die Benennung der zu erstellenden Lagerplätze gemacht. Entsprechend der Angaben erfolgt die Erstellung der noch bearbeitbaren Lagerplatzvorschläge. Über die Registerkarte *Aktionen* und die Aktion *Lagerplätze erstellen* erfolgt dann die Anlage der Lagerplätze (siehe Abbildung 6.27), die Vorschlagsliste wird geleert.

Einrichtung der Logistik

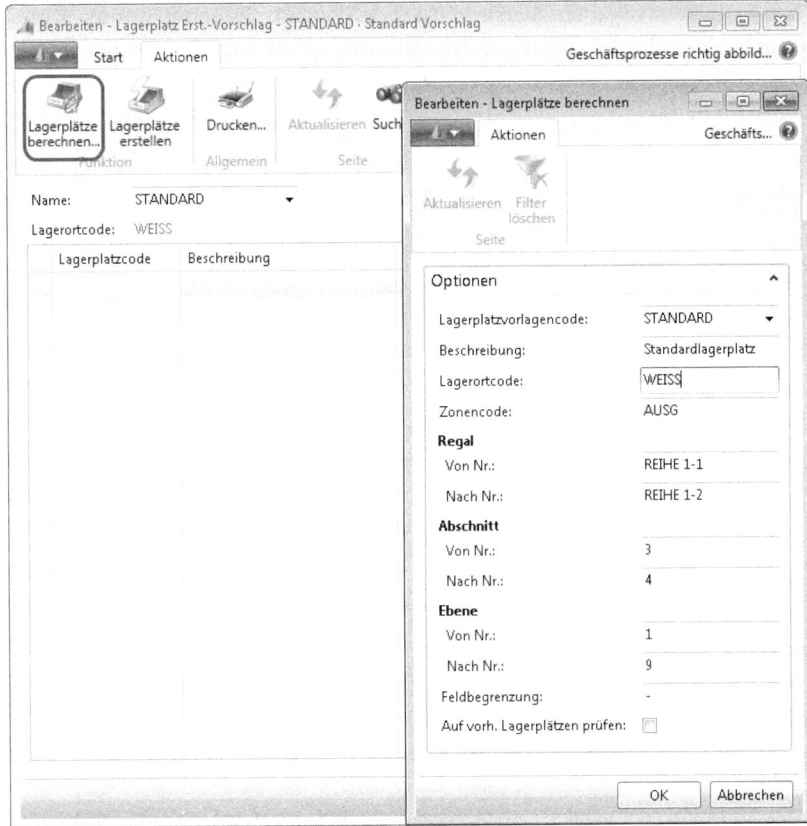

Abbildung 6.26 Automatische Lagerplatzerstellung – Definition

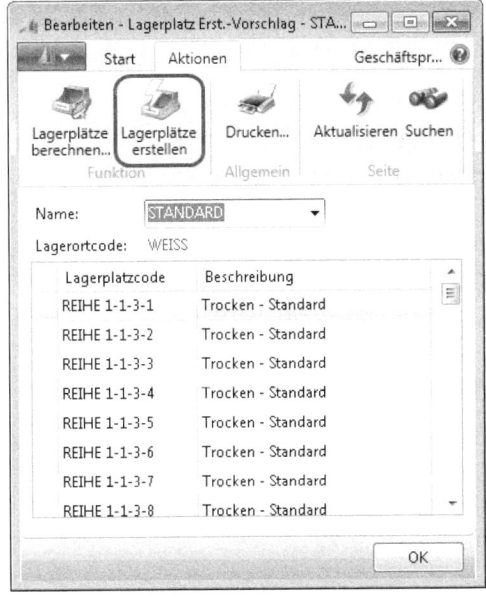

Abbildung 6.27 Automatische Lagerplatzerstellung – Vorschlag und Erstellung

Den angelegten Lagerplätzen können Inhaltsvorgaben zugeordnet werden, womit festgelegt werden kann, welche Artikel in welchem Lagerplatz aufbewahrt werden können. Dies erfolgt über die Lagerortkarte und die Aktion *Lagerplätze*. Über die sich öffnende NAV-Seite *Lagerplätze* kann man durch die Aktion *Inhalt* in der NAV-Seite *Lagerplatzinhalt* entsprechend Artikel und (Minimum- und Maximum-)Mengen zuordnen (siehe Abbildung 6.28).

Link: *Abteilungen/Verwaltung/Anwendung Einrichtung/Lager/Lagerbestand/**Lagerorte**/Start/Lagerplätze/Start/Inhalt*

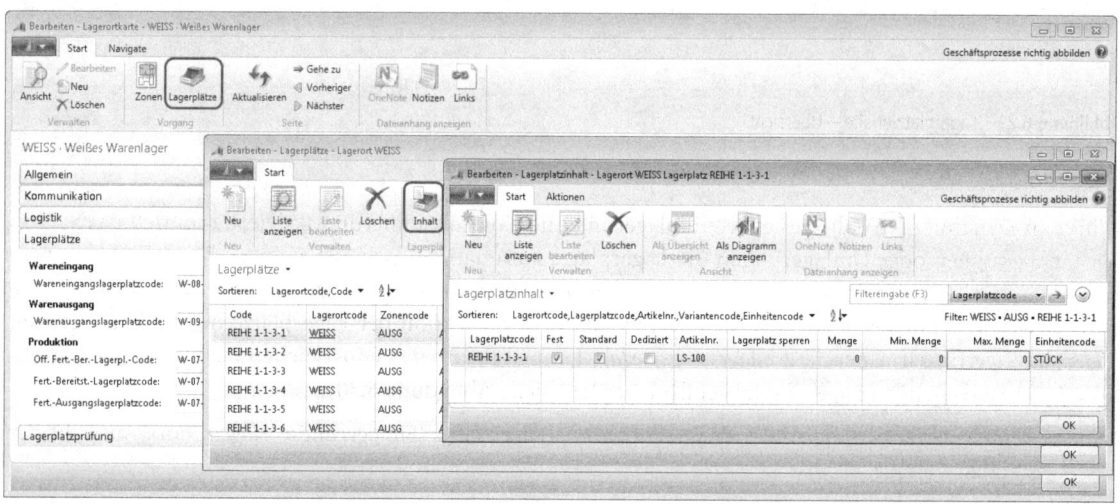

Abbildung 6.28 Einrichtung Lagerplatzinhalte

Das aktivierte Feld *Fest* sorgt dafür, dass die Lagerplatzinhaltszeile nie gelöscht wird, auch wenn die Lagermenge Null ist. Das aktivierte Feld *Standard* bedeutet, dass der Lagerplatz »Reihe 1-1-3-1« der Standardlagerplatz des Artikels »LS-100« ist. Über das Feld *Lagerplatz sperren* können eingehende, ausgehende oder alle Lagerbewegungen des Lagerplatzes gesperrt werden. Gesperrte Artikelmengen stehen für die Disposition nicht zur Verfügung. Das Feld *Menge* (FlowField) ist nicht editierbar und zeigt die aktuell eingelagerte Menge anhand der *Lagerplatzposten*. Die Vorgaben *Min. Menge* und *Max. Menge* geben die Mindestlagermenge und die maximale Lagermenge der Artikeleinheit des Felds *Einheitencode* vor.

Als Übersicht über die Lagerplätze und Lagerhaltungsdaten kann das Fenster *Lagerplatzinhalte* herangezogen werden. Dies weist neben den Lagerplätzen mit Inhaltsvorgaben auch alle Lagerplätze mit aktuellen Inhalten aus.

Link: *Abteilungen/Lager/Planung & Ausführung/Lagerplatzinhalt* (siehe Abbildung 6.29)

Lagerplätze im Bereich der chaotischen Lagerhaltung, die aktuell nicht belegt sind, werden im Fenster nicht aufgeführt.

Einrichtung der Logistik

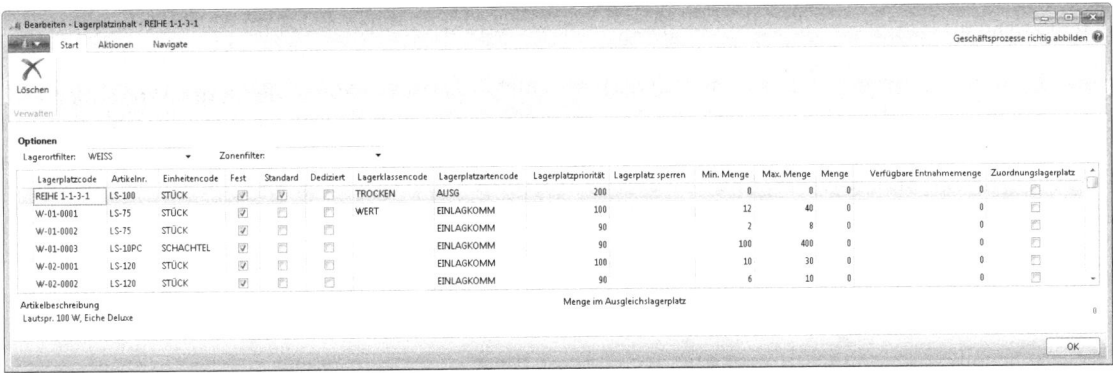

Abbildung 6.29 Lagerplatzinhalte – Übersicht

Einlagerungsvorlagen

Wurde in Dynamics NAV die gesteuerte Einlagerung und Kommissionierung aktiviert, ermittelt das System bei Einlagerungen oder Umlagerungen die Lagerplätze automatisch. Dazu ist zwingend eine Einlagerungsvorlage zu erstellen und entweder über den Lagerort oder über die Artikel zuzuweisen (zum Vorgehen siehe unten). Je nach aktueller Belegung des Lagers sind bei der Selektion der Lagerplätze nicht alle geeigneten Lagerplätze verfügbar. Über die *Einlagerungsvorlage* können Prioritäten (Ausweichempfehlungen) zur Selektion des entsprechenden Lagerplatzes gepflegt werden (siehe Abbildung 6.30).

Link: *Abteilungen/Verwaltung/Anwendung Einrichtung/Lager/Lager/Einlagerungsvorlagen*, dort Auswahl der entsprechenden Vorlage

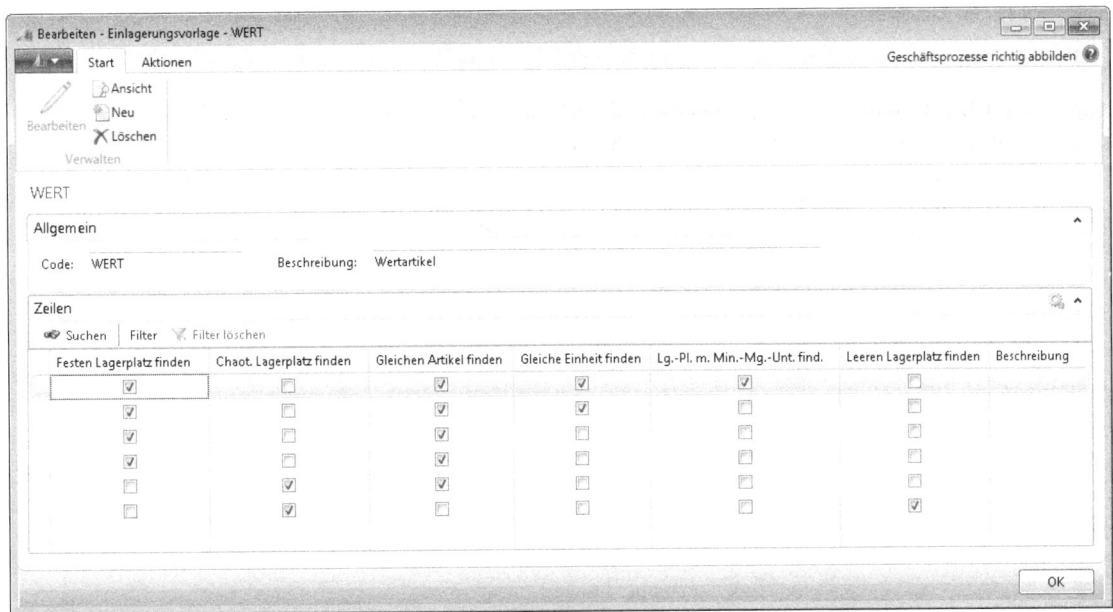

Abbildung 6.30 Einlagerungsvorlage

Dynamics NAV prüft dabei Zeile für Zeile, bis ein Lagerplatz für den einzulagernden Artikel gefunden wird, bei welchem alle Kriterien erfüllt werden. Im obigen Beispiel sucht das System zunächst nach einem Lagerplatz, der als Standardlagerplatz für den Artikel eingerichtet ist (Feld *Festen Lagerplatz finden*), auf welchem der gleiche Artikel gelagert wird (Feld *Gleichen Artikel finden*), auf welchem die gleichen Einheiten des Artikels gelagert werden (Feld *Gleiche Einheit finden*) und dessen definierte Minimummenge unterschritten ist (Feld *Lg.-Pl. m. Min.-Mg.-Unt. find.*). Ist aktuell kein solcher Lagerplatz verfügbar, prüft Dynamics NAV Zeile um Zeile, bis am Ende ein leerer Lagerplatz (Feld *Leeren Lagerplatz finden*) ohne Artikelzuordnung (Feld *Chaot. Lagerplatz finden*) zur Einlagerung verwendet wird.

Da unterschiedliche Artikel unterschiedliche Selektionskriterien zur Lagerplatzfindung benötigen können, sind verschiedene Einlagerungsvorlagen erstellbar. Hierzu ist über die Aktion *Neu* in der Einlagerungsvorlage eine neue Vorlage unter Nennung eines neuen eindeutigen Codes zu erzeugen.

Bei welchem Artikel welche Einlagerungsvorlage relevant ist, wird in der Artikelkarte hinterlegt.

Link: *Abteilungen/Lager/Planung* & *Ausführung/Artikel*, dort Auswahl des entsprechenden Artikels (siehe Abbildung 6.31)

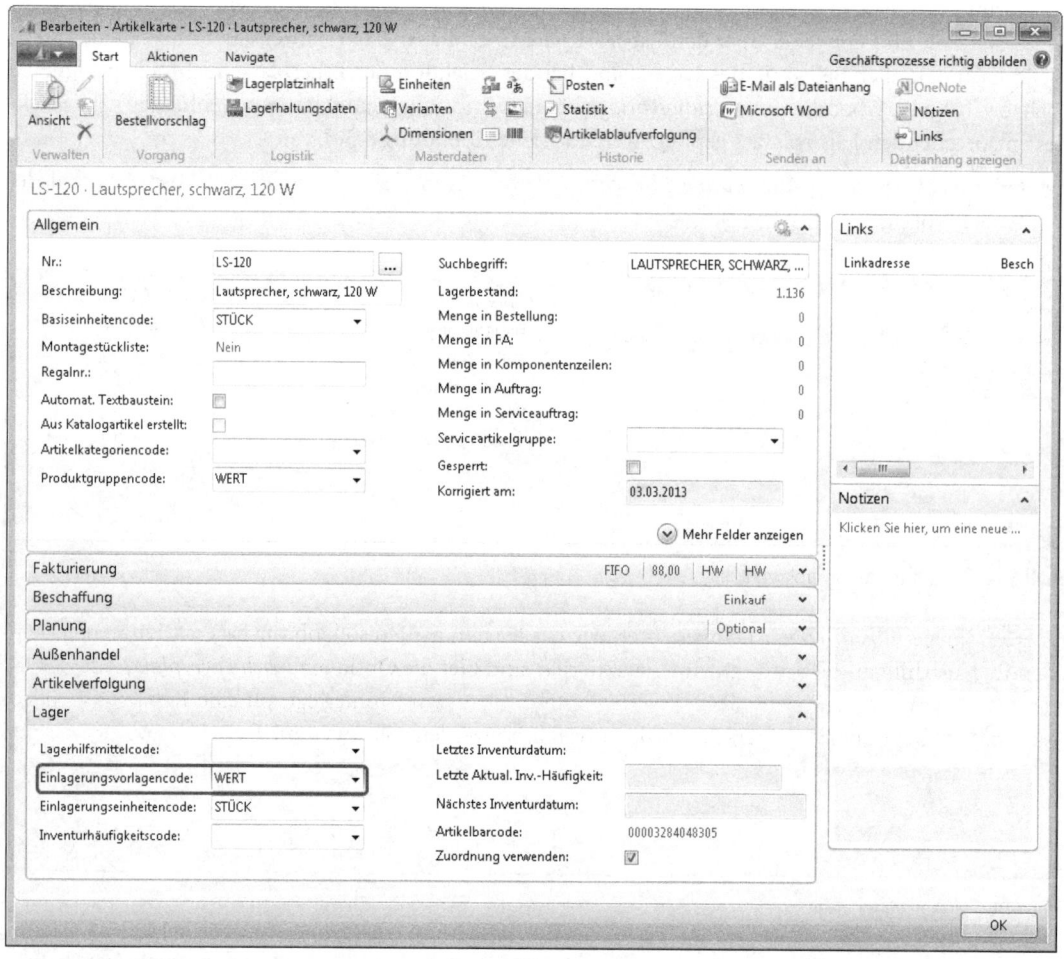

Abbildung 6.31 Zuordnung der Einlagerungsvorlage

Die bereits in diesem Abschnitt unter der Überschrift »Lagerplätze und Lagerplatzinhalte« erläuterten Lagerplatzprioritäten sind relevant, wenn mehrere Lagerplätze gleichzeitig einer Zeile der Einlagerungsvorlage entsprechen. Dann wird der Lagerplatz mit der höheren Priorität gewählt.

Lagerplatzprüfung

Über die Lagerortkarte werden die Parameter zur Lagerplatzprüfung gepflegt (siehe Abbildung 6.32).

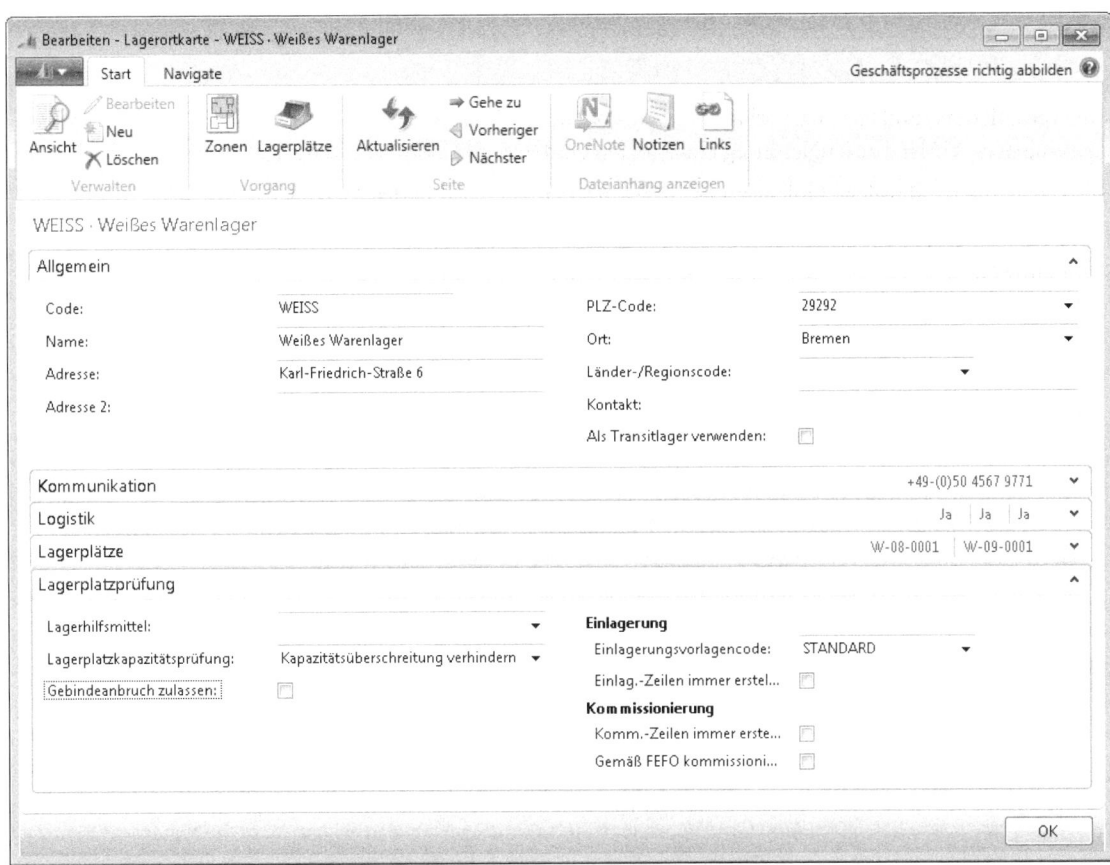

Abbildung 6.32 Lagerortkarte (Lagerplatzprüfung)

Über das Feld *Lagerhilfsmittel* wird eingerichtet, wie das System prüfen soll, ob für Lageraktivitäten ein entsprechendes Lagerhilfsmittel benötigt wird. Selektierbar sind hier die Optionen *Nach Lagerplatz*, *Nach Lagerhaltungsdaten/Artikel* oder *leer*. Im Feld *Lagerplatzkapazitätspr.* wird hinterlegt, ob eine Kapazitätsprüfung erfolgen und wie bei Kapazitätsüberschreitungen verfahren werden soll (nicht prüfen, zulassen oder verhindern). Das Feld *Einlagerungsvorlagencode* gibt die Vorlage vor, auf welche die Anwendung zurückgreift, wenn keine Einlagerungsvorlage für die Lagerhaltungsdaten oder den Artikel gefunden werden kann. Bei Aktivierung der Felder *Einlag.-Zeilen immer erstellen* und *Komm.-Zeilen immer erstellen* werden Einlagerungs-/Kommissionierzeilen auch dann erzeugt, wenn das System keine entsprechenden Lagerplätze bzw. verfügbaren Lagerplatzinhalt findet. Die Lagermitarbeiter müssen dann manuell die Zonen und Lagerplätze bestimmen. Das Feld *Gemäß FEFO kommissionieren* ist für Artikel mit Ablaufdaten relevant (siehe hierzu Abschnitt »Artikelverfolgung« weiter hinten in diesem Kapitel). Wurde das Feld aktiviert, erfolgt die Kommissionierung entsprechend der Regel »First-Expired-First-Out«. Die Option *Gebindeanbruch zulassen* ermöglicht es beispielsweise, Palettenware anzubrechen und kleinere Mengeneinheiten zur Kommissionierung zu entnehmen. Dynamics NAV erzeugt dann z. B. im Rahmen einer Kommissionierung zwei Kommissionierzeilen, die den Wechsel des Einheitencodes anzeigen (siehe Abbildung 6.33).

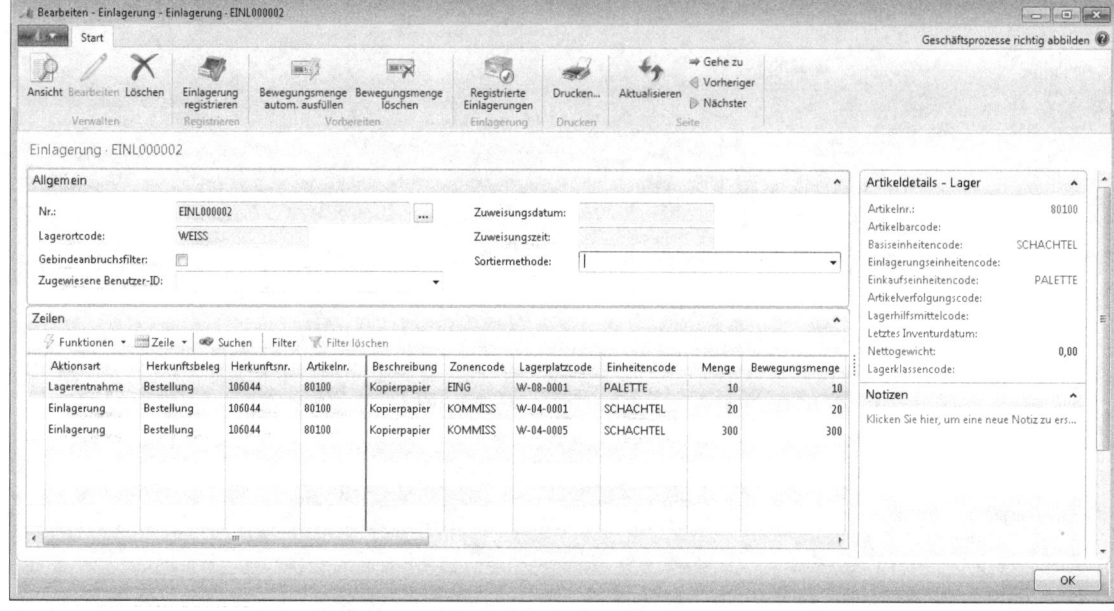

Abbildung 6.33 Wechsel der Lagereinheiten bei Gebindeanbruch

Lagerorteinrichtung aus Compliance-Sicht

Potenzielle Risiken

- Inkorrekte Abbildung bzw. suboptimale Gestaltung des Lagers sowie der Logistikprozesse führt zu Prozessineffizienzen (Effectiveness, Efficiency, Reliability)
- Artikel können nicht effizient identifiziert werden, eine Lagerbewertung ist nicht in angemessener Zeit durchführbar (Effectiveness, Efficiency, Availability, Reliability)
- Mangelhafter Schutz der Vermögensgegenstände durch falsch zugeordnete Lagerplätze (Effectiveness, Compliance)

Prüfungsziel

- Sicherstellung einer adäquaten Abbildung der Logistikorganisation in Dynamics NAV
- Sicherstellung einer optimalen Prozessgestaltung und -unterstützung
- Effektive und effiziente Nutzung der Lagerplätze

Prüfungshandlungen

Die eingerichteten Lagerorte, Zonen und Lagerplätze müssen den tatsächlichen Gegebenheiten entsprechen.

Link: *Abteilungen/Lager/Logistikmanagement*, dort im Bereich *Bericht und Analysen* den Link *Lagerplatzübersicht*

Feldzugriff: *Tabelle 7354 Lagerplatz*

Feldzugriff: *Tabelle 7300 Zone*

Feldzugriff: *Tabelle 7303 Lagerplatzart*

Feldzugriff: *Tabelle 7304 Lagerklasse*

Feldzugriff: *Tabelle 7305 Lagerhilfsmittel*

Agiert das Unternehmen mit Artikeln, die bestimmte Anforderungen an die Lagerplätze haben, ist darauf zu achten, dass die relevanten Lagerplatzinformationen wie beispielsweise Lagerklassen (wie für Wertartikel, Tiefkühlkost), Volumen-, Gewichts- oder Mengenrestriktionen gepflegt sind.

Feldzugriff: *Tabelle 7354 Lagerplatz*

Feldzugriff: *Tabelle 7302 Lagerplatzinhalt/Felder Lagerortcode, Lagerplatzcode, Lagerklassencode, Min. Menge, Max. Menge, Menge, Standard, Dediziert*

Dazu müssen auch die in den Artikeln gepflegten Informationen analysiert werden.

Feldzugriff: *Tabelle 27 Artikel/Felder Produktgruppencode, Einlagerungsvorlagencode*

Insbesondere, wenn hier Schwachstellen bei der Zuordnung der Lagerplätze identifiziert werden, sollten auch die Vorlagen zur Erstellung der Lagerplätze überprüft werden.

Feldzugriff: *Tabelle 7335 Lagerplatzvorlage*

Darüber hinaus kann geprüft werden, ob die tatsächlich eingelagerten Artikel auf dafür vorgesehenen Lagerplätzen gelagert werden. Hierbei kann neben der Analyse der Nutzung der Standardlagerplätze auch die Übereinstimmung der Lagerklassen sowie die Übereinstimmung der Volumen-, Gewichts- und Mengenrestriktionen analysiert werden (falls bei einem Unternehmen von besonderem Interesse).

Feldzugriff: *Tabelle 7302 Lagerplatzinhalt/Felder Lagerortcode, Lagerplatzcode, Artikelnr., Einheitencode, Lagerklassencode, Max. Menge, Menge, Standard,* in Verbindung mit Feldzugriff: *Tabelle 27 Artikel/Felder Nr., Beschreibung, Bruttogewicht, Nettogewicht, Volumen, Produktgruppencode, Ablaufdatum* in Verbindung mit Feldzugriff: *Tabelle 5404 Artikeleinheit*

Die zu wählenden Einstellungen im Rahmen der Lagerverwaltung müssen sich auf die Belange des Unternehmens ausrichten. Es muss sichergestellt werden, dass die Artikel im Rahmen der Lagerbewertung sowie die Artikelverbräuche bei der Bewertung des Wareneinsatzes für Dritte nachvollziehbar ermittelbar sind. Vor diesem Hintergrund sollte eine effektive und effiziente Gestaltung der Lagerprozesse angestrebt werden. Sinnvoll ist weiterhin, dass Beschaffung und Auftragserfüllung nach dem Vieraugenprinzip organisiert sind, was beispielsweise durch eine personelle Trennung von Bestellerfassung und Warenannahme realisiert werden kann. In diesem Zusammenhang ist auch die Aktivierung der Funktionen *Warenannahme* und *Einlagerung* bzw. auf Absatzseite der Funktionen *Kommissionierung* und *Warenausgang* aus Compliance-Sicht zu begrüßen.

Weichen die Logistikeinstellungen verschiedener Lagerorte voneinander ab, sind die Gründe dafür zu analysieren.

Feldzugriff: *Tabelle 14 Lagerort*

Weitergehende Prüfungshandlungen werden in den folgenden Abschnitten zur Prozessbeschreibung vorgestellt.

Prozesse der Lagerverwaltung

Je nach Einrichtung kann Dynamics NAV die Bereiche Wareneingang/Einlieferung sowie Kommissionierung/Warenausgang durch die Aktivierung der jeweiligen Funktionen unterschiedlich unterstützen und eine Vielzahl von Prozessvarianten abbilden. Die folgenden Grafiken (siehe Abbildung 6.34 bis Abbildung 6.36) bieten einen Überblick zu verschiedenen Varianten der Umsetzung, den jeweils zu aktivierenden Funktionalitäten, den involvierten Belegarten sowie den Buchabschnitten, in denen die entsprechenden Prozesse erläutert werden.

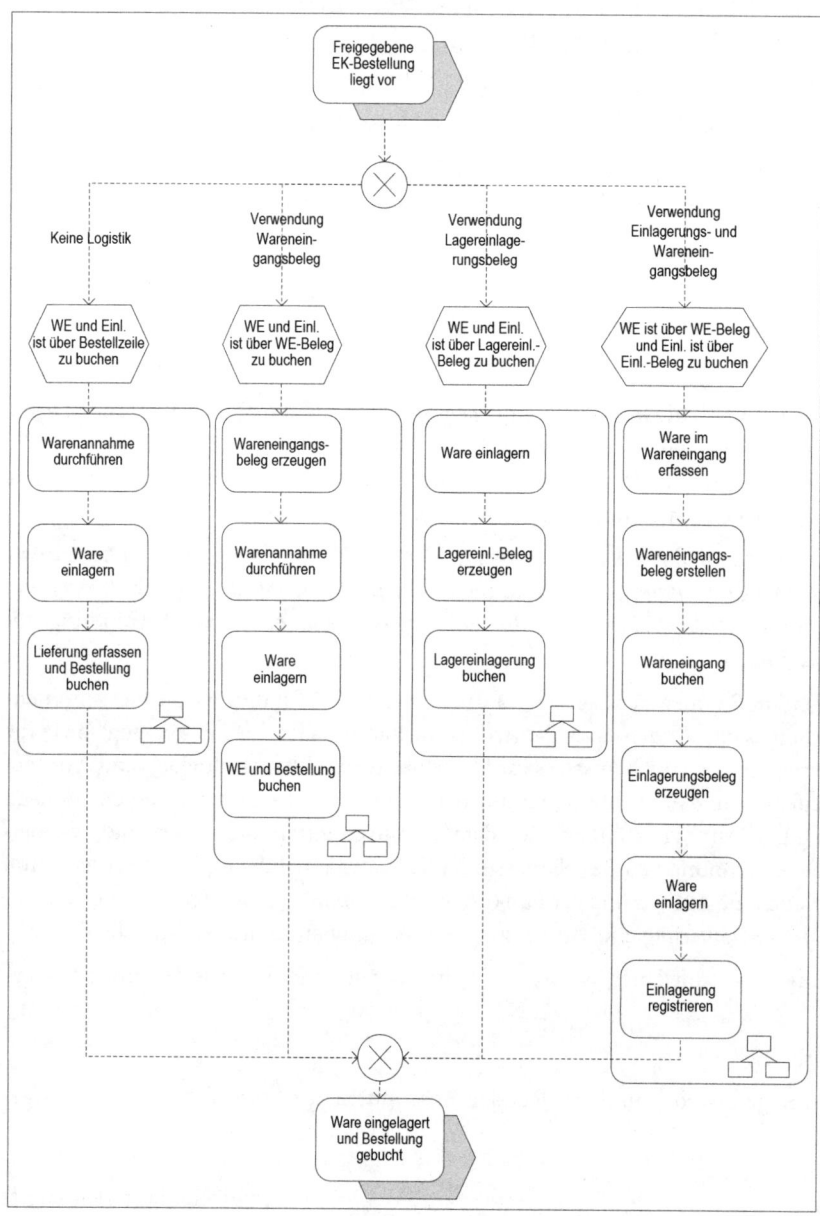

Abbildung 6.34 Mögliche Einrichtungen des Warenannahmeprozesses

Prozesse der Lagerverwaltung

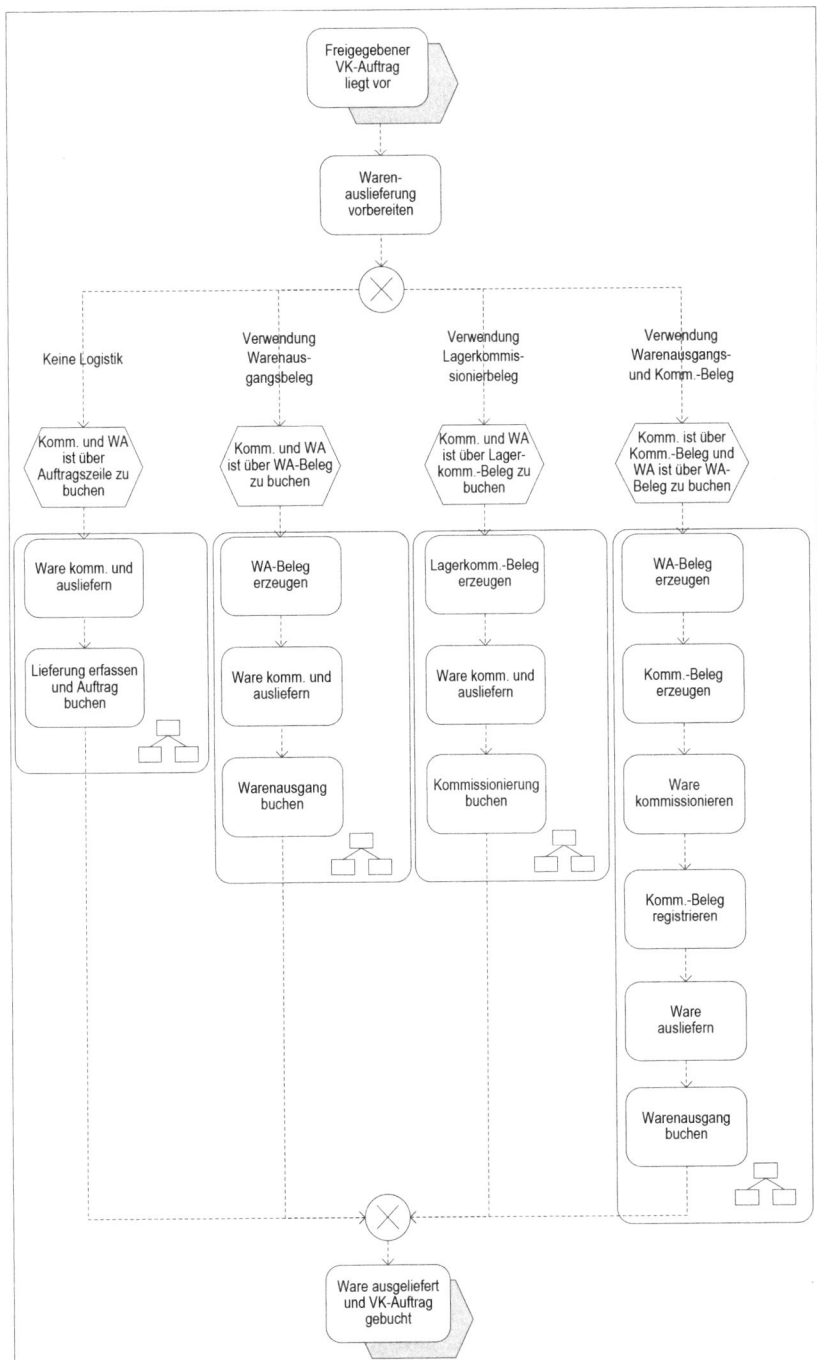

Abbildung 6.35 Mögliche Einrichtungen des Warenausgangsprozesses

Die Methoden unterscheiden sich vor allem hinsichtlich Komplexität sowie Aufgabenteilung in den Lagerprozessen und müssen je nach Anforderung der Unternehmen gestaltet werden.

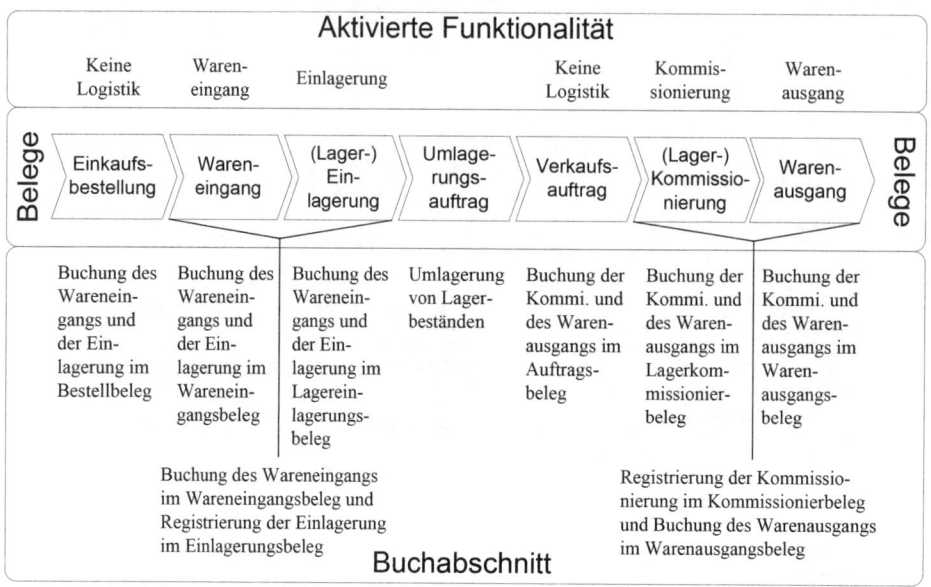

Abbildung 6.36 Belege des Logistikprozesses, Zuordnung zu den Funktionalitäten und Gliederung der Abschnitte

ACHTUNG Bei den folgenden Erläuterungen gehen wir von der Nutzung der automatischen Lagerbuchung (siehe hierzu auch den Abschnitt »Grundlagen und Parameter der Lagereinrichtung« weiter vorne in diesem Kapitel sowie den Abschnitt »Buchungen in der Materialwirtschaft und Finanzbuchhaltung« weiter hinten) und der Verwendung von Lagerplätzen aus.

Darüber hinaus ist darauf hinzuweisen, dass es bei Lagerorten, die nicht die gesteuerte Einlagerung und Kommissionierung verwenden, möglich ist, die Nutzung der Logistikbelege zu umgehen. Werden in Einkaufsbestellungen oder Verkaufsaufträgen in den Lieferzeilen im Feld *Menge akt. Lieferung* bzw. *Zu liefern* die entsprechenden Liefermengen eingetragen, erfolgt zwar ein Warnhinweis, dass die eigentlich erforderlichen Logistikbelege nicht erzeugt werden, eine Buchung der Lieferung und Fakturierung ist jedoch möglich. Wir gehen bei unseren Erläuterungen davon aus, dass die vorgesehenen Belege genutzt werden. Im Abschnitt »Prozesse der Lagerverwaltung aus Compliance-Sicht« wird eine Prüfungshandlung erläutert, die eine derartige Umgehung der Belegnutzung identifiziert.

Standardprozesse bei Wareneingang und Einlagerung

In diesem Abschnitt erfolgt die Darstellung der Standard-Wareneingangsprozesse in Dynamics NAV entsprechend Abbildung 6.34 und Abbildung 6.35, jeweils gesondert nach aktivierten Funktionalitäten.

Buchung des Wareneingangs und der Einlagerung im Bestellbeleg

Werden in einem Unternehmen die Wareneingänge je Bestellung erfasst und können die Lagermitarbeiter direkt mit den Bestellungen arbeiten, ist die Wareneingangsabwicklung allein über den Herkunftsbeleg möglich; sowohl die Lieferung als auch die Fakturierung erfolgt über die Bestellung. Ist der Lagerort in der Weise eingerichtet, dass Lagerplätze verwendet werden, erstellt Dynamics NAV neben den Artikel- und Wert- und Sachposten auch Lagerplatzposten. Der Prozess der Abwicklung des Wareneingangs über die Bestellzeile wird im Folgenden dargestellt. Ergänzend wird dargestellt, wie bei einer Aufteilung der Einlagerung auf zwei Lagerplätze vorzugehen ist (siehe Abbildung 6.37).

Prozesse der Lagerverwaltung

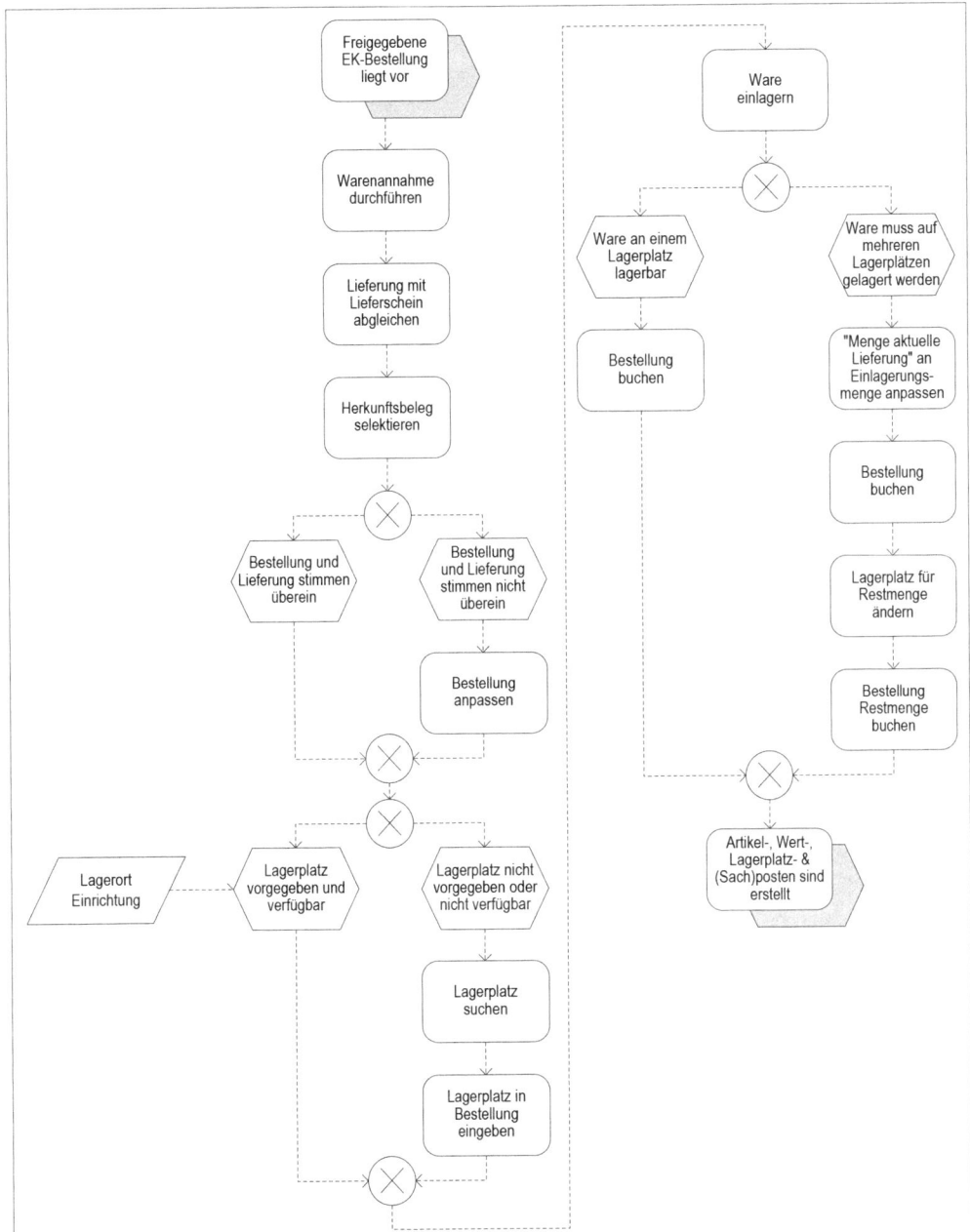

Abbildung 6.37 Wareneinlagerungsbuchung über Bestellzeile

Die Erfassung des Wareneingangs und der Einlagerung anhand der Bestellzeilen ist aus Anwendersicht die einfachste der hier vorgestellten Methoden. Wareneingangs- und Einlagerungserfassung erfolgen in einem Schritt, weitere Logistikbelege werden nicht erzeugt. Wenn eine Lieferung im Lager eintrifft, wird zunächst anhand des Lieferscheins die Vollständigkeit der Lieferung überprüft. Anschließend wird mittels des Lieferscheins der Herkunftsbeleg identifiziert. Dies kann mithilfe der Bestellübersicht erfolgen.

Link: *Abteilungen/Einkauf/Bestellungsabwicklung/Bestellungen* (siehe Abbildung 6.38)

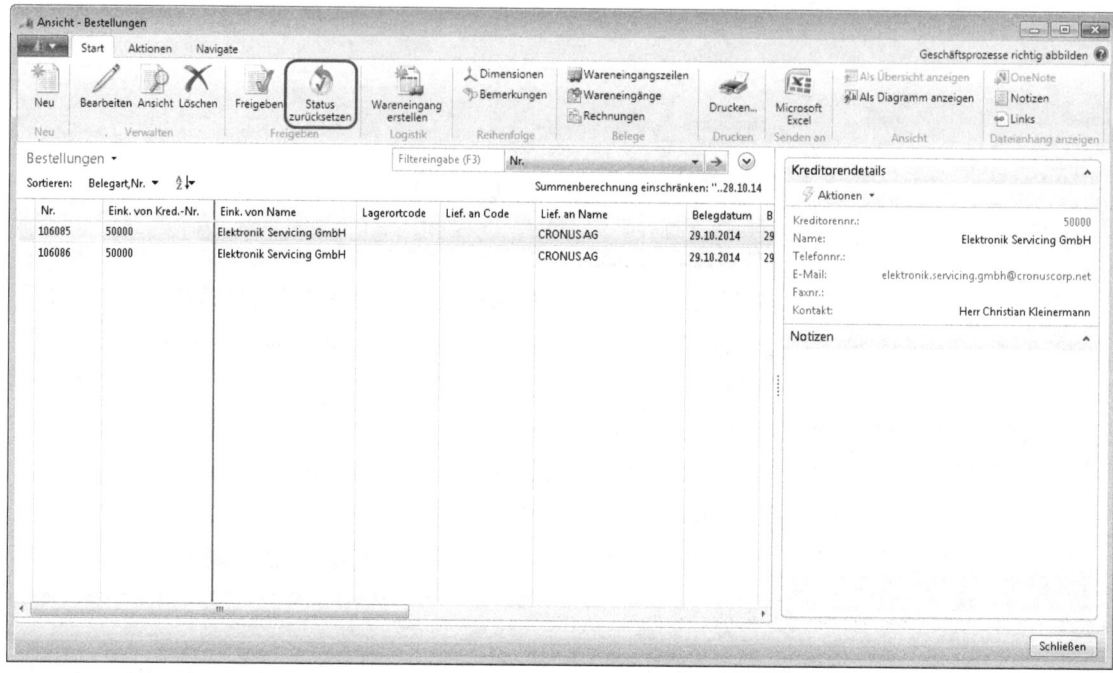

Abbildung 6.38   Übersicht Einkaufsbestellungen

TIPP   Bei nicht vorliegender Bestellnummer oder einer unübersichtlichen Anzahl an Bestellungen kann beispielsweise über den Schnellfilter nach Kreditorennamen oder Lagerorten selektiert werden. Dabei ist zu beachten, dass die Übersicht den Lagerort anzeigt, der in der Bestellungsregisterkarte *Lieferung* im Feld *Lagerortcode* angegeben wurde und nicht den, der in der Bestellzeile angegeben wurde.

Nach der Auswahl der relevanten Bestellung erfolgt ein Abgleich zwischen Lieferung und Bestellung. Bei Abweichungen ist die Bestellung anzupassen, beispielsweise ist die *Menge akt. Lieferung* den Liefermengen anzupassen. Eine Anpassung der Artikelnummer erfordert einen Statuswechsel der Bestellung auf *Offen*. Dies kann über die Aktion *Status zurücksetzen* erfolgen (siehe Abbildung 6.38).

Sofern hinterlegt, schlägt Dynamics NAV den Standardlagerplatz vor, bei Bedarf muss dieser angepasst werden. Erfolgt die Lieferung auf mehrere Lagerplätze, wird dies über die Anpassung der *Menge akt. Lieferung* nach der Buchung der ersten Teillieferung abgebildet (siehe Abbildung 6.39).

Es wird die Bestellung inklusive der reduzierten Menge gebucht (*Liefern*, d.h. Artikel-, Wert- und Lagerplatzposten werden erfasst). Die auf einem anderen Lagerplatz einzulagernde Restmenge kann dann unter Nennung des entsprechenden Lagerplatzes ebenfalls gebucht werden (*Liefern*). Wurde die Einkaufsrechnung geprüft und stimmen Bestellung, Lieferung und Rechnung überein, kann *Fakturieren* oder *Liefern und fakturieren* gebucht werden, d.h. Artikel-, Wert-, Lagerplatz- und Sachposten werden erfasst.

Prozesse der Lagerverwaltung

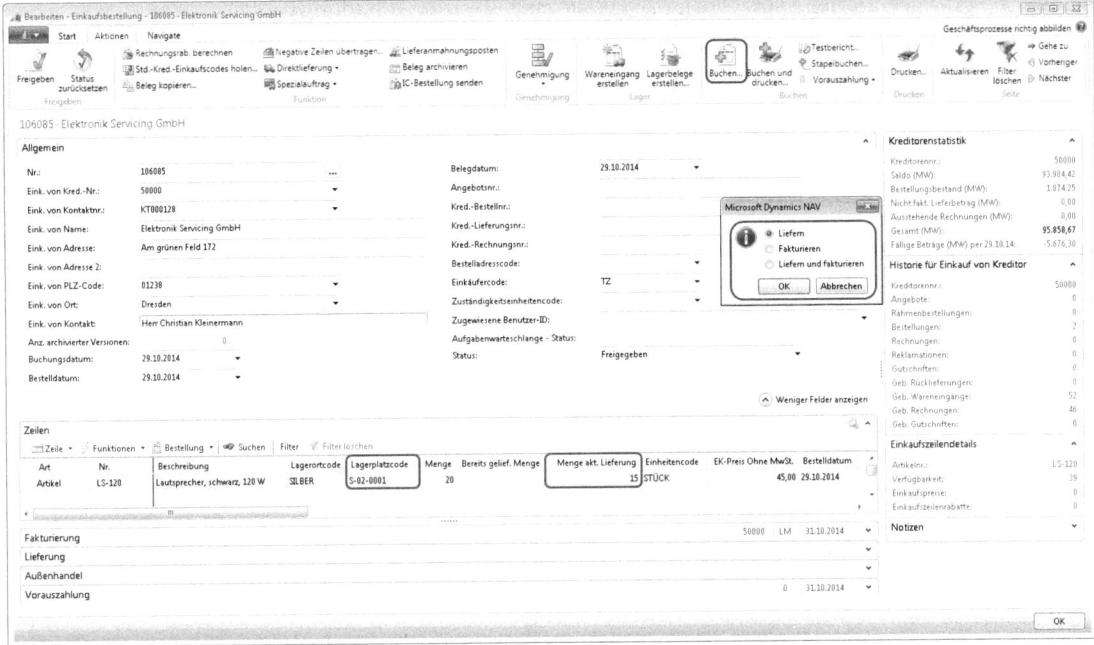

Abbildung 6.39 Einkaufsbestellungen mit Teileinlagerung

Link: *Abteilungen/Einkauf/Bestellungsabwicklung/Bestellungen*, dort über die Auswahl der Bestellung im Menüband die Registerkarte *Aktionen* die Aktion *Buchen* (siehe Abbildung 6.40)

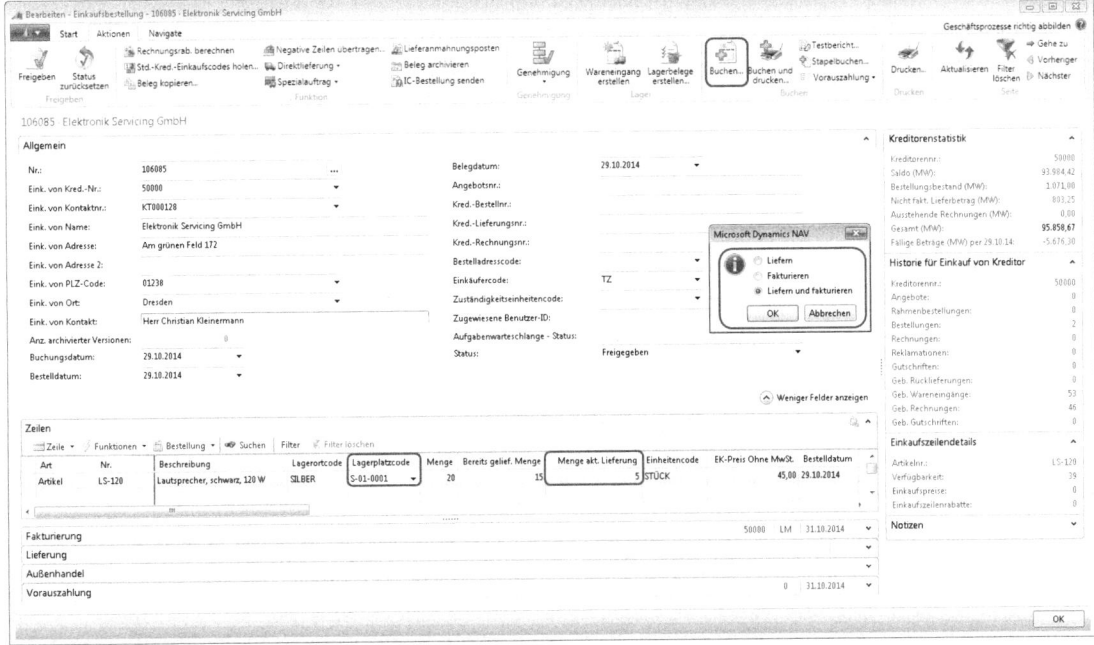

Abbildung 6.40 Buchung Resteinlagerung Einkaufsbestellung

Eine Übersicht der generierten Lagerplatzposten erhält man über das Lagerplatzjournal.

Link: *Abteilungen/Lager/Logistikmanagement/Berichte/Lagerplatzjournal – Menge* (siehe Abbildung 6.41)

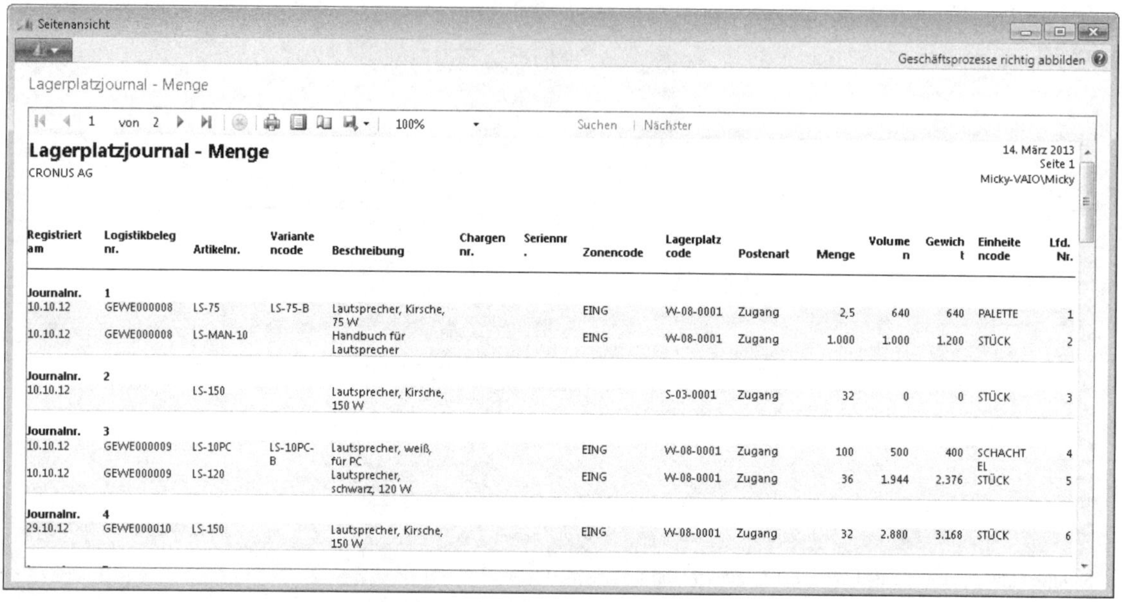

Lagerplatzjournal - Menge

CRONUS AG

14. März 2013
Seite 1
Micky-VAIO\Micky

Registriert am	Logistikbeleg nr.	Artikelnr.	Variante ncode	Beschreibung	Chargen nr.	Seriennr.	Zonencode	Lagerplatz code	Postenart	Menge	Volumen	Gewicht	Einheite ncode	Lfd. Nr.
Journalnr.	**1**													
10.10.12	GEWE000008	LS-75	LS-75-B	Lautsprecher, Kirsche, 75 W			EING	W-08-0001	Zugang	2,5	640	640	PALETTE	1
10.10.12	GEWE000008	LS-MAN-10		Handbuch für Lautsprecher			EING	W-08-0001	Zugang	1.000	1.000	1.200	STÜCK	2
Journalnr.	**2**													
10.10.12		LS-150		Lautsprecher, Kirsche, 150 W				S-03-0001	Zugang	32	0	0	STÜCK	3
Journalnr.	**3**													
10.10.12	GEWE000009	LS-10PC	LS-10PC-B	Lautsprecher, weiß, für PC			EING	W-08-0001	Zugang	100	500	400	SCHACHTEL	4
10.10.12	GEWE000009	LS-120		Lautsprecher, schwarz, 120 W			EING	W-08-0001	Zugang	36	1.944	2.376	STÜCK	5
Journalnr.	**4**													
29.10.12	GEWE000010	LS-150		Lautsprecher, Kirsche, 150 W			EING	W-08-0001	Zugang	32	2.880	3.168	STÜCK	6

Abbildung 6.41 Lagerplatzposten dargestellt im Lagerplatzjournal

Durch die Aktivierung der automatischen Lagerbuchung ist bei Fakturierung die Erhöhung der Vorräte in der Finanzbuchhaltung gebucht worden (Sachposten, zusätzlich zur Erfassung der Verbindlichkeiten).

Stornierung von Wareneingängen

Wurde eine Bestellung als geliefert, aber noch nicht fakturiert gebucht, kann die Funktionalität des Wareneingangsstornos genutzt werden, wenn Wareneingang und Einlagerung über die Bestellzeilen erfasst wurden. Hierzu sind zunächst der gebuchte Wareneingang und die entsprechende Lieferzeile zu selektieren, die dann über die Zeilenaktion *Funktion/Wareneingang stornieren* storniert werden kann.

Link: *Abteilungen/Lager/Historie/Gebuchte Belege/Geb. Einkaufslieferungen*

Dynamics NAV erstellt eine negative Warenlieferungszeile, aktualisiert die entsprechenden Felder in der Bestellung und storniert die Einlagerung durch Lagerplatzposten mit negativer Menge.

HINWEIS Je nach Benutzerrechten können gebuchte Belege – keine Posten – in Dynamics NAV gelöscht werden. Wir verweisen auf Kapitel 4 »Offene und gebuchte Belege«, in welchem auf diese Möglichkeit detailliert eingegangen wird. Eine Anleitung, wie das Löschen gebuchter Belege zu verhindern ist, wird ebenfalls dargestellt.

Buchung des Wareneingangs und der Einlagerung im Wareneingangsbeleg

Werden in einem Unternehmen neben den Bestellungen auch Wareneingangsbelege verwendet, muss die Option *Wareneingang* aktiviert werden und die Buchung der Artikel- und Wertposten erfolgt als Kombination des Wareneingangs- und Einlagerungsvorgangs über den Wareneingangsbeleg. Dies ermöglicht es, den Wareneingang optimiert für mehrere Bestellungen zu planen und durchzuführen. Ist der Lagerort so eingerichtet, dass Lagerplätze verwendet werden, erstellt Dynamics NAV neben den Artikel- und Wertposten auch

Prozesse der Lagerverwaltung

Lagerplatzposten. Durch Verwendung des Wareneingangsbelegs wird eine Funktionstrennung zwischen Bestellung und Wareneingangserfassung möglich. Zur Fakturierung wird der Einkaufsbestellbeleg genutzt, womit die Buchung der Sachposten einhergeht. Der Prozess der Abwicklung wird im Folgenden dargestellt, dabei wird die Verwendung von Lagerplätzen vorausgesetzt. Ergänzend wird dargestellt, wie bei einer Aufteilung der Einlagerung auf zwei Lagerplätze vorzugehen ist (siehe Abbildung 6.42).

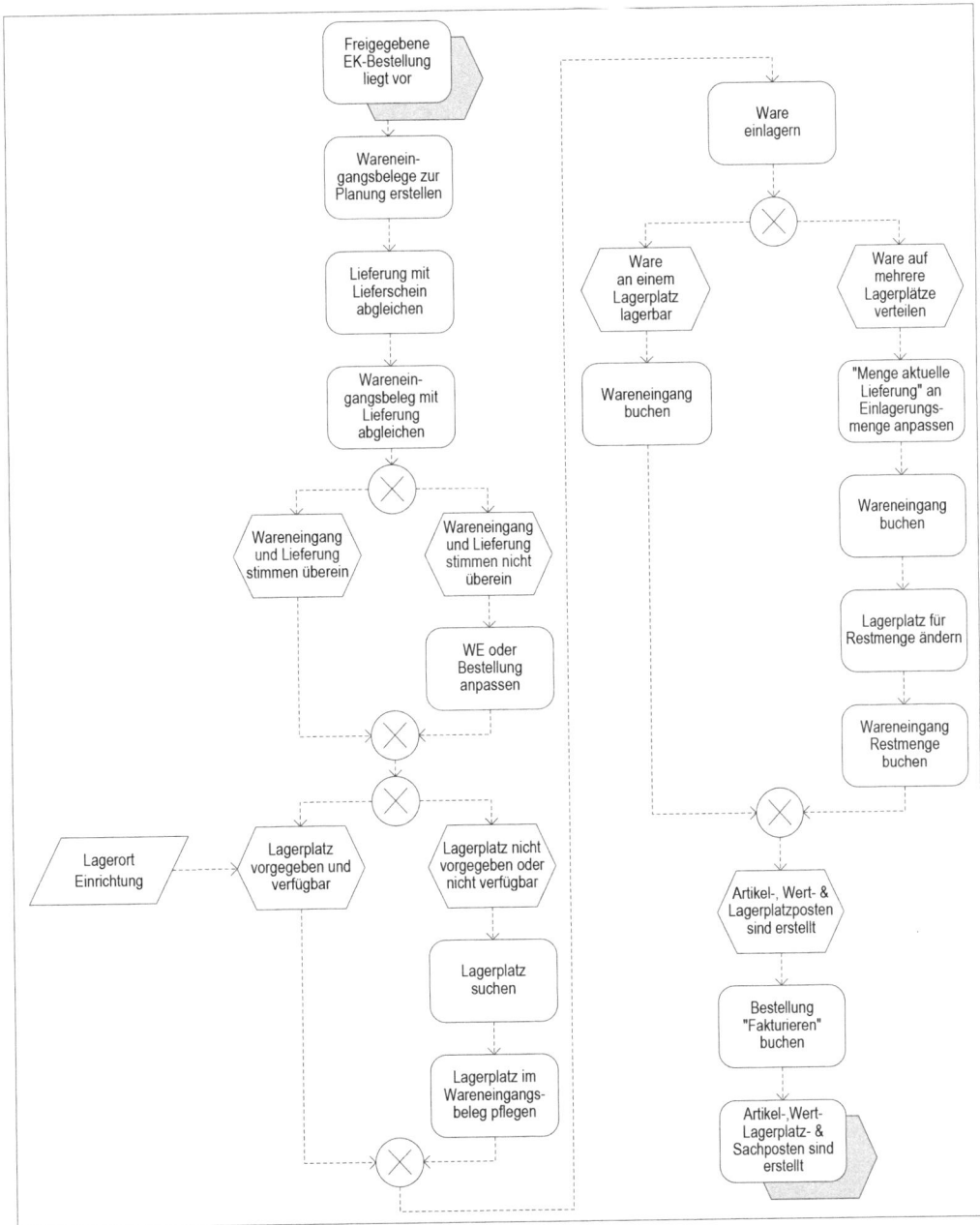

Abbildung 6.42 Wareneingang mit Wareneingangsbeleg

Die Planung des Wareneingangs erfolgt je Lagerort und Zeitpunkt über die Erstellung des Wareneingangsbelegs als Bündelung von Wareneingangstransaktionen.

Link: *Abteilungen/Lager/Planung & Ausführung/Wareneingänge* dann über die Aktion *Neu* und durch ⏎-Taste im Feld *Nr.* den Wareneingangsbeleg erstellen (siehe Abbildung 6.43)

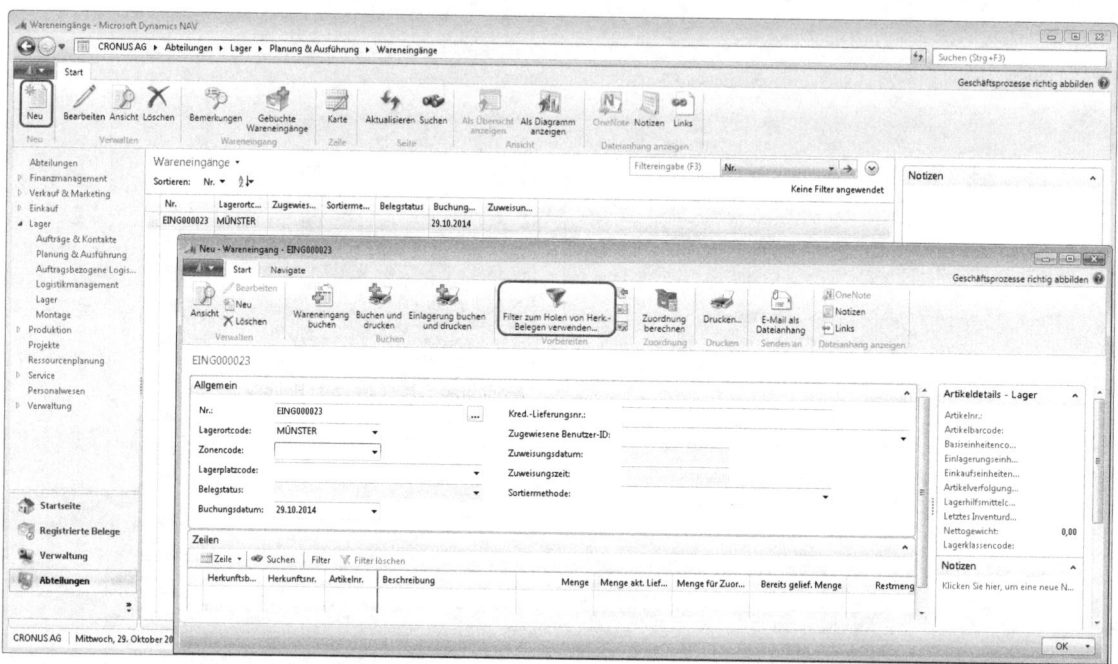

Abbildung 6.43 Wareneingangsbeleg

Um die entsprechenden Einkaufsvorgänge für den Wareneingangsbeleg zu identifizieren, werden die relevanten Einkaufsbestellungen (beispielsweise alle freigegebenen Bestellungen eines bestimmten Lieferdatums) selektiert und im Wareneingangsbeleg erfasst. Dies erfolgt über die Aktion *Filter zum Holen von Herk.-Belegen verwenden* (siehe Abbildung 6.43).

Um Filter zur Selektion der Herkunftsbelege verwenden zu können, müssen diese zunächst angelegt werden (siehe Abbildung 6.44). Hierzu ist im Feld *Code* ein Schlüssel und im Feld *Beschreibung* eine entsprechende Beschreibung einzutragen. Über die Aktion *Bearbeiten* wird der Filter mittels diverser Kriterien definiert (siehe Abbildung 6.45).

Prozesse der Lagerverwaltung

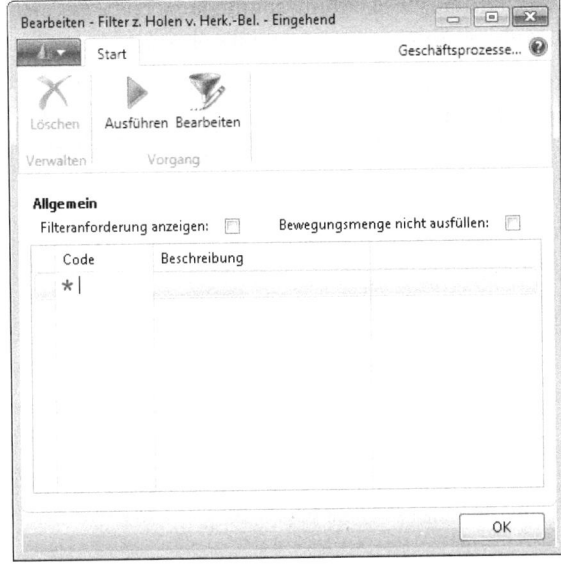

Abbildung 6.44 Filter zum Holen von Herkunftsbelegen

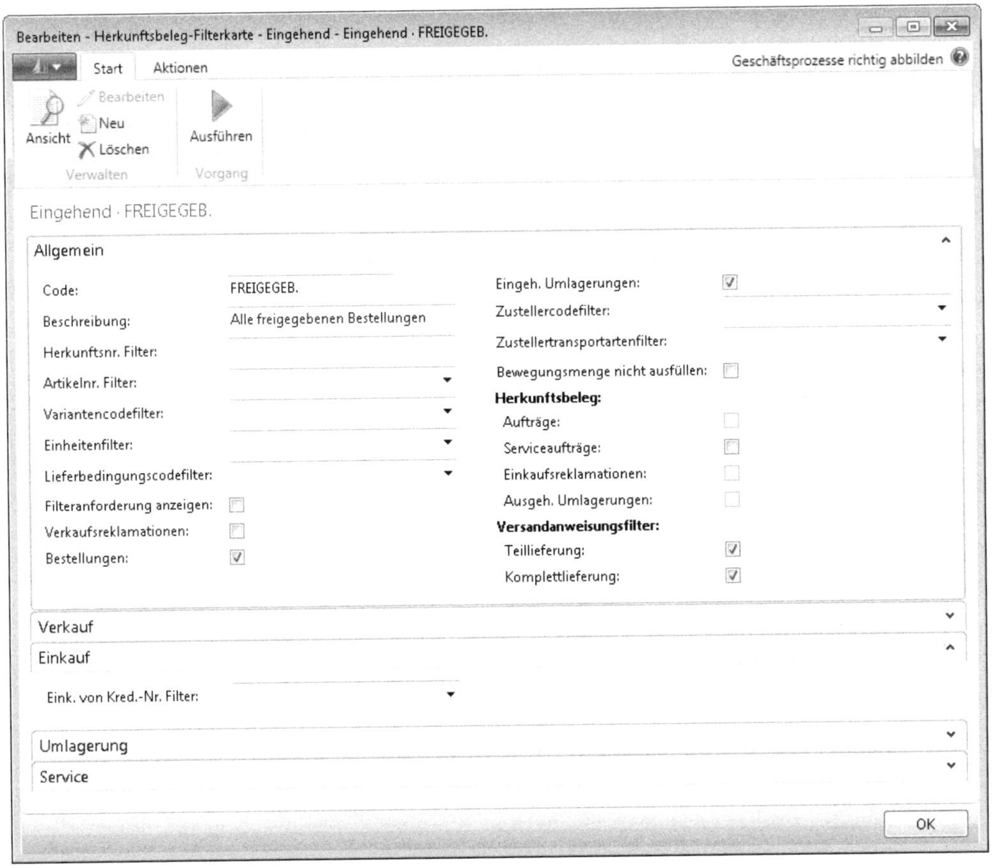

Abbildung 6.45 Filter zum Holen von Herkunftsbelegen erstellen

Über die Aktion *Ausführen* identifiziert Dynamics NAV die relevanten Bestellungen und kopiert die entsprechenden Bestellzeilen in den Wareneingangsbeleg (siehe Abbildung 6.46). Ist ein Standardlagerplatz gepflegt, wird dieser in den Wareneingangsbeleg übernommen.

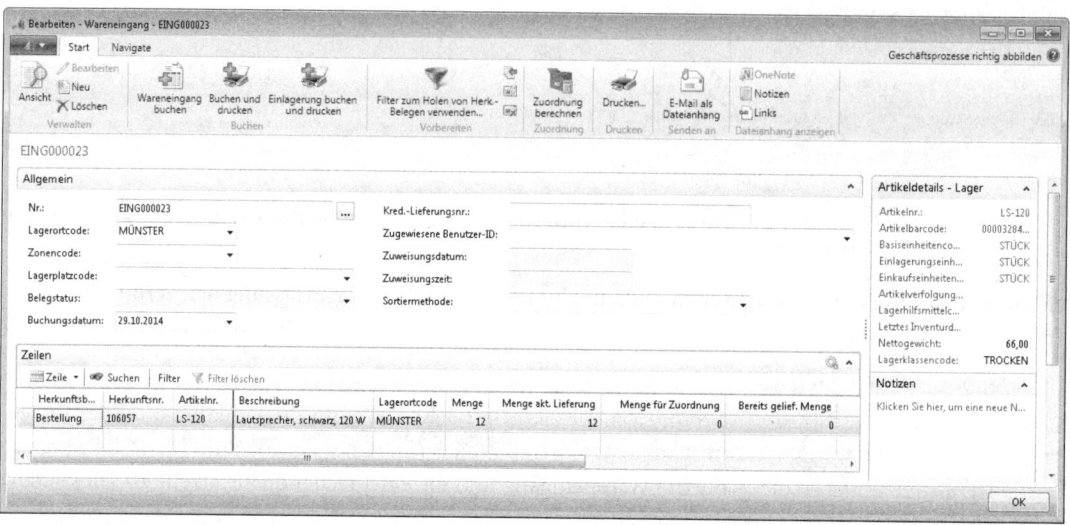

Abbildung 6.46 Erstellter Wareneingangsbeleg

Alternativ kann der Wareneingangsbeleg direkt aus einer Bestellung erzeugt werden (siehe Abbildung 6.47), wobei im Beleg entsprechend dem oben erläuterten Vorgehen Bestellungen hinzugefügt werden können.

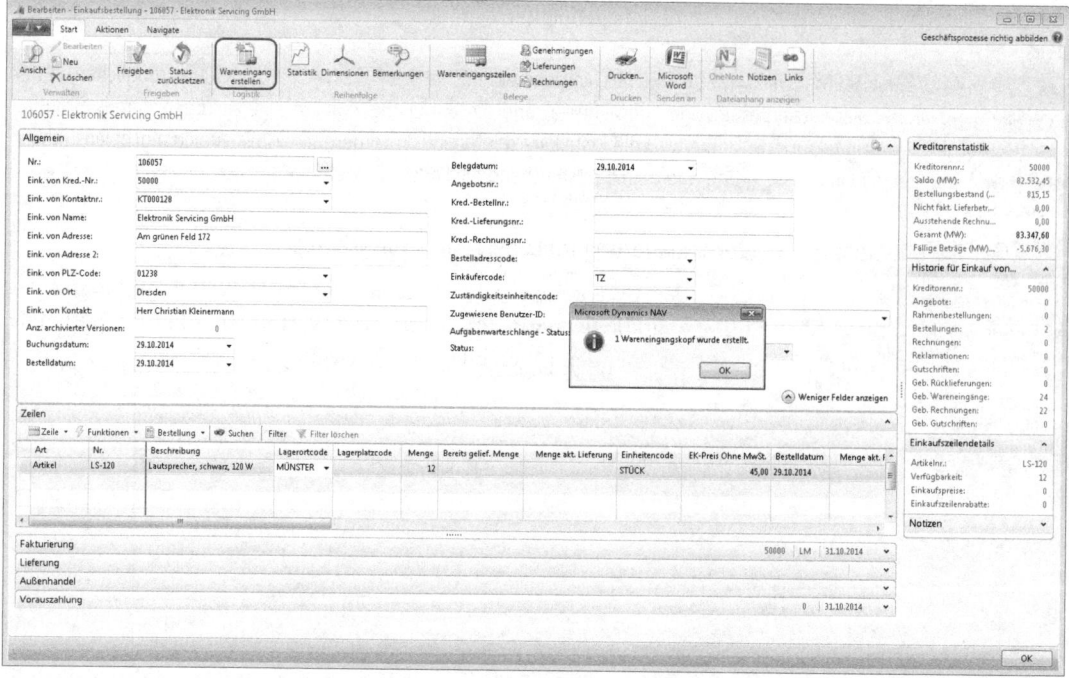

Abbildung 6.47 Erzeugung eines Wareneingangsbelegs aus der Bestellung

Link: *Abteilungen/Einkauf/Bestellungsabwicklung/Bestellungen*, dort Auswahl der Bestellung und Aktion *Wareneingang erstellen*

Der Wareneingangsbeleg kann zum Abgleich von Wareneingang und Bestellung und als Beleg für die physische Einlagerung verwendet werden. Ergeben sich beim Abgleich von Lieferung und Bestellung Abweichungen, sind diese im Wareneingangsbeleg oder in der Bestellung anzupassen, wie bereits im vorangegangenen Abschnitt erläutert. Ebenso ist gemäß obiger Ausführungen bei notwendigen Lagerplatzergänzungen oder -änderungen und bei Lagerung auf mehreren Lagerplätzen zu verfahren. Anschließend wird der Wareneingang über den Wareneingangsbeleg durch die Aktion *Wareneingang buchen* gebucht (siehe Abbildung 6.46). Dadurch erfolgt die Erfassung der Artikel-, Wert- und Lagerplatzposten.

Die Erfassung der Sachposten erfolgt über die Fakturierung der Einkaufsbestellung oder einer Sammel-Einkaufsrechnung.

Durch die Aktivierung der automatischen Lagerbuchung ist zusätzlich zur Erfassung der Verbindlichkeiten die Erhöhung der Vorräte in Höhe der Belegwerte in der Finanzbuchhaltung gebucht worden (Sachposten).

Stornierung von Wareneingängen

Wurde eine Bestellung als geliefert, aber noch nicht fakturiert gebucht, kann die Funktionalität des Wareneingangsstornos genutzt werden, wenn Wareneingang und Einlagerung über den Wareneingangsbeleg erfasst wurden. Hierzu sind zunächst der gebuchte Wareneingang und die entsprechende Lieferzeile zu selektieren.

Link: *Abteilungen/Lager/Historie/Gebuchte Belege/Geb. Einkaufslieferungen*, dort die entsprechende Einkaufslieferung auswählen und über das Inforegister *Zeilen* und *Funktionen* im Dropdownlistenfeld *Wareneingang stornieren* wählen

Dynamics NAV erstellt dann eine negative Warenlieferungszeile, aktualisiert die entsprechenden Felder in der Bestellung und storniert die Einlagerung durch Lagerplatzposten mit negativer Menge. Parallel dazu erzeugt das System eine negative Zeile im bereits gebuchten Wareneingangsbeleg.

> **HINWEIS** Wurde ein Storno eines Wareneingangs vorgenommen, hat das System die in der ursprünglichen Wareneingangszeile gepflegten Lagerplatzinformationen übernommen und die Bestellung kann, wie bereits oben dargestellt, direkt gebucht werden (geliefert und fakturiert). Damit wird die Erstellung des eigentlich vorgesehenen Wareneingangsbelegs umgangen. Das System erstellt eine Einkaufslieferung und damit entsprechend die Lager-, Artikel-, Wertposten.

Buchung des Wareneingangs und der Einlagerung im Lagereinlagerungsbeleg

Werden in einem Unternehmen neben den Bestellungen auch Lagereinlagerungsbelege verwendet, ist die Option *Einlagerung* notwendig und es erfolgt die Buchung der Artikel- und Wertposten als Kombination des Wareneingangs- und Einlagerungsvorgangs über den Lagereinlagerungsbeleg.

> **HINWEIS** Die Umsetzung wird in Dynamics NAV unter dem Link *Auftragsbezogene Logistik* zusammengefasst und darf nicht mit den Belegen der Einlagerung verwechselt werden. Diese setzen die Nutzung von Wareneingangsbelegen voraus und werden unter dem Link *Logistikmanagement* aufgeführt.

Wurden für den Lagerort Lagerplätze eingerichtet, erstellt Dynamics NAV neben den Artikel- und Wertposten auch Lagerplatzposten. Durch die Verwendung des Lagereinlagerungsbelegs ist eine Funktionstrennung zwischen Bestellung und Wareneingangserfassung möglich. Im Gegensatz zum Wareneingangsbeleg ist es bei der Erstellung des Lagereinlagerungsbelegs nicht möglich, mehrere Einkaufsbestellungen zusammenzufassen. Der Lagereinlagerungsbeleg ist mehr oder weniger eine Kopie des Bestellbelegs. Zur Fakturierung wird der Einkaufsbestellbeleg genutzt, womit die Buchung der Sachposten einhergeht. Der Prozess der Abwicklung wird im Folgenden dargestellt. Bei den Ausführungen wird die Verwendung von Lagerplätzen vorausgesetzt. Ergänzend wird erläutert, wie das Vorgehen bei einer Aufteilung der Einlagerung auf zwei Lagerplätze ist (siehe Abbildung 6.48).

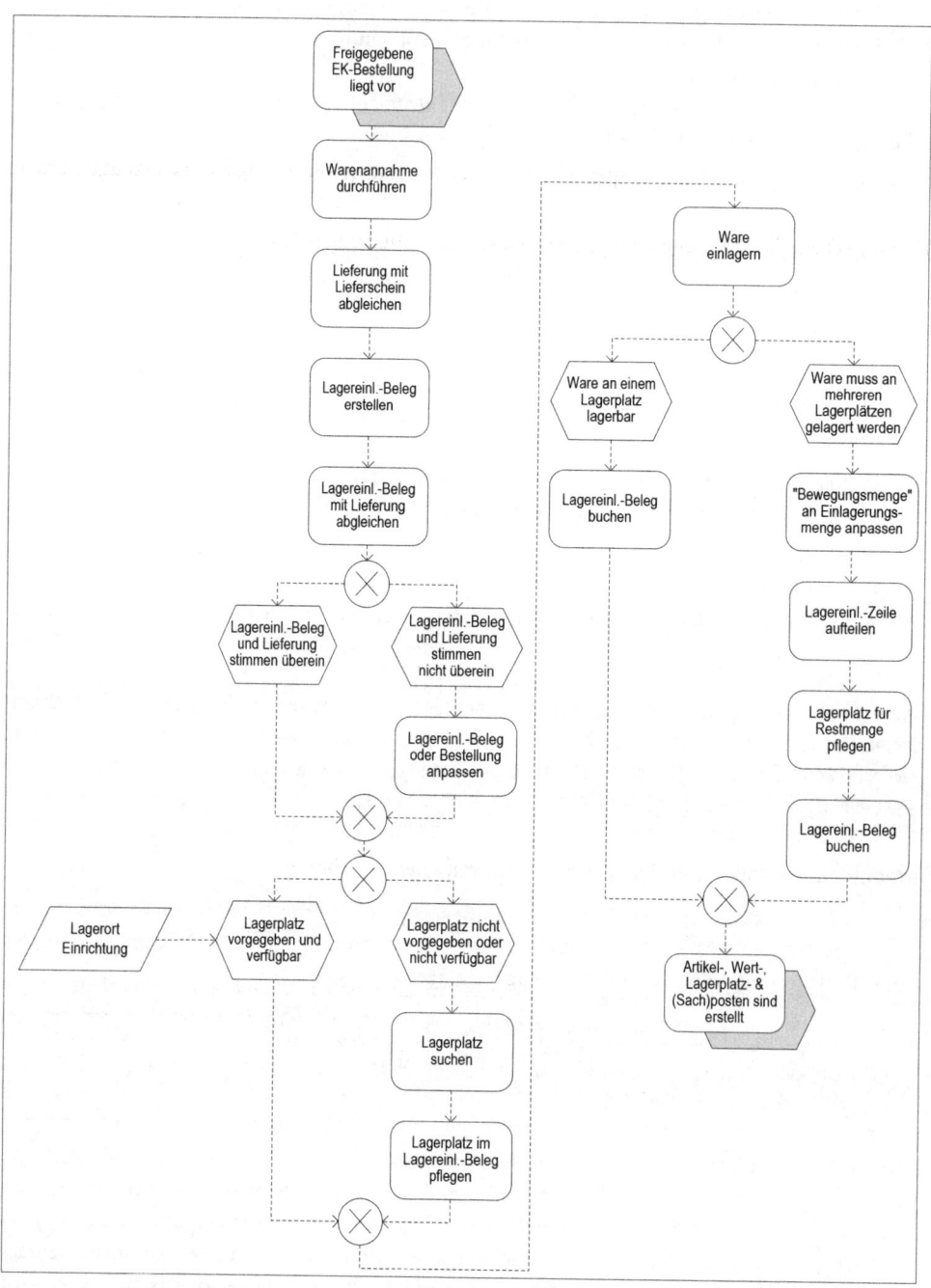

Abbildung 6.48 Wareneingang mit Lagereinlagerungsbeleg

Prozesse der Lagerverwaltung

Die Erstellung des Lagereinlagerungsbelegs kann in Dynamics NAV auf drei Arten durchgeführt werden:

- Erstellung anhand der Einkaufsbestellung:
  Link: *Abteilungen/Einkauf/Bestellungsabwicklung/Bestellungen* dort für die jeweils auszuwählende Bestellung in der Registerkarte *Aktionen* die Aktion *Lagerbelege erstellen*

- Erstellung im Menü *Lager*:
  Link: *Abteilungen/Lager/Auftragsbezogene Logistik/Lagereinlagerungen*
  Hier kann über die Aktion *Neu* ein Lagereinlagerungsbeleg erstellt werden, in welchem über das Feld *Herkunftsbeleg* und *Herkunftsnr.:* die entsprechende Bestellung ausgewählt werden kann.

- Erstellung mithilfe der Stapelverarbeitung, speziell wenn mehrere Lagereinlagerungsbelege erzeugt werden müssen:
  Link: *Lager/Planung & Ausführung/Lagerbelege erstellen* (siehe Abbildung 6.49)

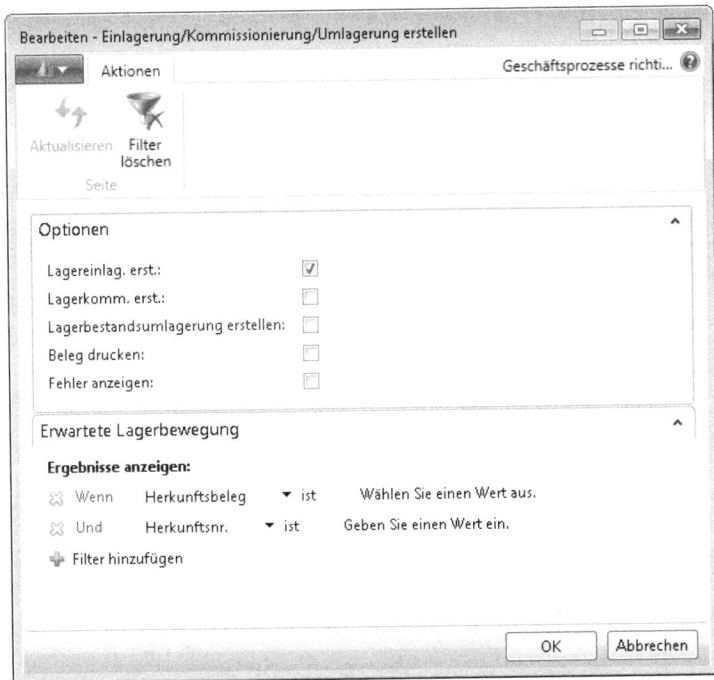

Abbildung 6.49 Stapelverarbeitung Lagerbelege erstellen

Soll der Lagereinlagerungsbeleg über das Lagermenü generiert werden, ist zunächst ein neuer Einlagerungsbeleg durch Drücken der ⏎-Taste im Feld *Nr.* zu erstellen. Der entsprechende Lagerort und die Art des Herkunftsbelegs müssen angegeben werden, um dann per Lookup im Feld *Herkunftsnummer* nach dem relevanten Herkunftsbeleg suchen zu können (siehe Abbildung 6.50).

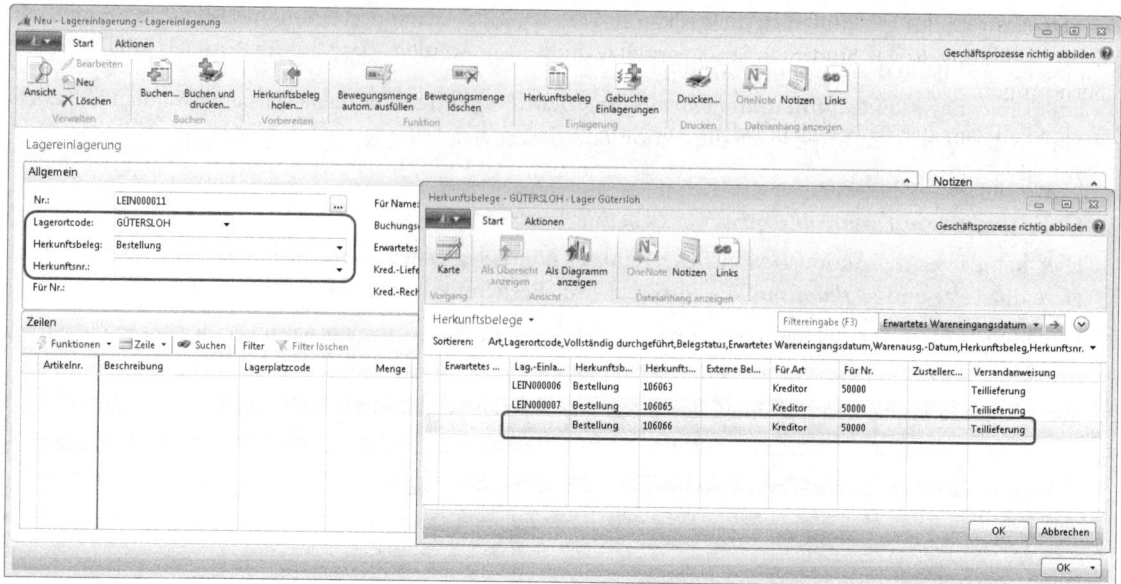

Abbildung 6.50   Lagereinlagerungsbeleg erstellen

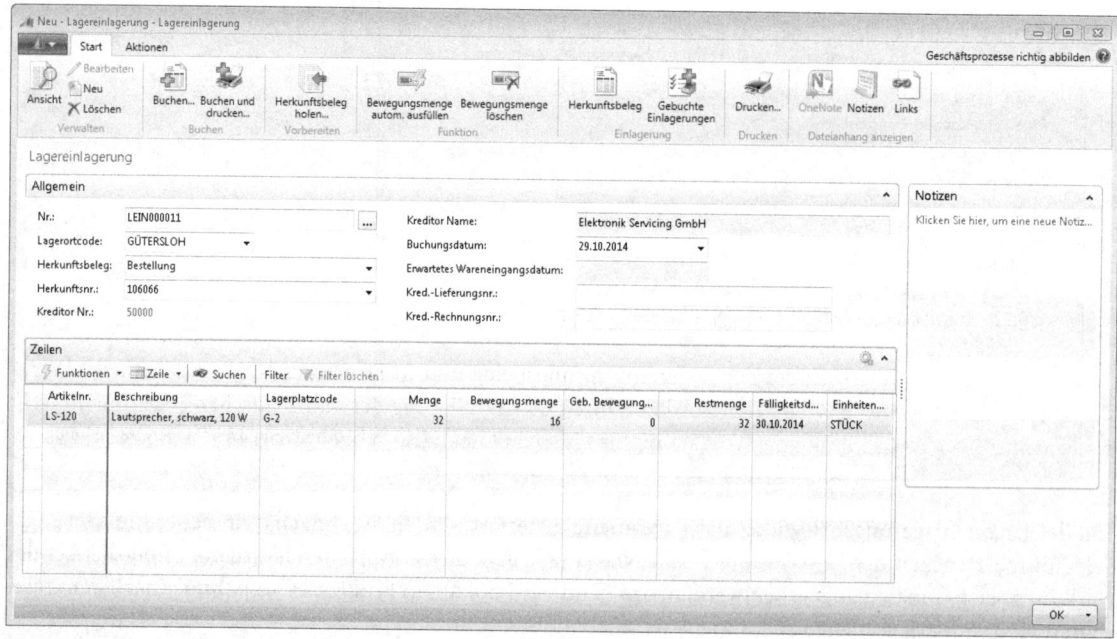

Abbildung 6.51   Lagereinlagerungsbeleg

Prozesse der Lagerverwaltung

Mit der Auswahl des Herkunftsbelegs werden die Bestellzeilen in den Lagereinlagerungsbeleg übernommen (siehe Abbildung 6.51). Sind Standardlagerplätze hinterlegt, werden diese automatisch als Ziellagerplatz übernommen.

Für den Fall, dass der Artikel nicht vollständig auf einem Lagerplatz gelagert werden kann, ist die Bewegungsmenge entsprechend der auf dem Ziellagerplatz einlagerbaren Menge anzupassen (hier 16 Stück). Über das Inforegister *Zeilen* und *Funktionen* im Dropdownlistenfeld *Zeile aufteilen* erzeugt Dynamics NAV eine weitere Zeile, wobei automatisch die Restmenge als Bewegungsmenge vorgeschlagen wird. Nachdem der entsprechende Lagerplatz gepflegt wurde, kann die Lagereinlagerung gebucht werden (siehe Abbildung 6.52).

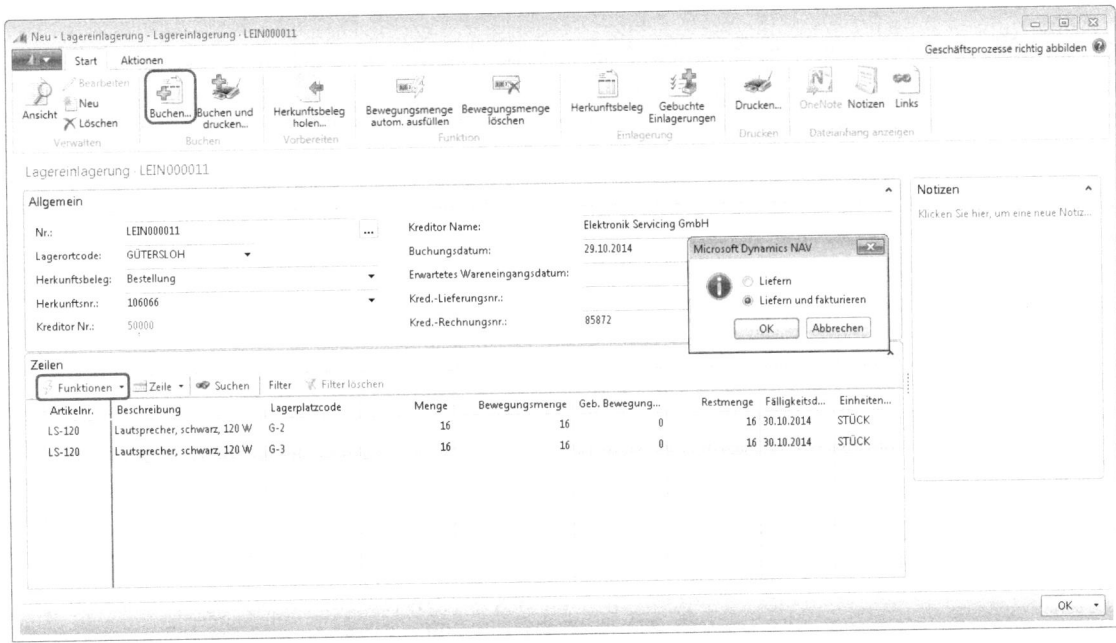

Abbildung 6.52 Lagereinlagerungsbeleg mit aufgeteilter Zeile buchen

Durch die Buchung verschwindet der Lagereinlagerungsbeleg und in Dynamics NAV sind Artikel-, Wert-, Lagerplatz- und Sachposten generiert worden. Durch die Aktivierung der automatischen Lagerbuchung ist bei Fakturierung die Erhöhung der Vorräte in der Finanzbuchhaltung gebucht worden (Sachposten, zusätzlich zur Erfassung der Verbindlichkeiten).

Stornierung von Wareneingängen

Das Stornieren von Lagereinlagerungen ist in Dynamics NAV nicht möglich. Die Posten können nur über negative Bewegungsmengen ausgeglichen werden.

Buchung des Wareneingangs im Wareneingangsbeleg und Registrierung der Einlagerung im Einlagerungsbeleg

Werden in einem Unternehmen neben den Bestellungen auch Wareneingangs- und Einlagerungsbelege verwendet, sind die Logistikoptionen *Wareneingang* und *Einlagerung* zu aktivieren. Mit dem Wareneingang erfolgt die Erfassung der erhaltenen Waren vor der eigentlichen Einlagerung. Dies ist beispielsweise erforderlich, wenn ein Unternehmen die Waren auf einem gesonderten Wareneingangslagerplatz zwischenlagert und hier die Wareneingangsprüfung durchführt. Wird der Wareneingang gebucht, erstellt das System automatisch einen Einlagerungsbeleg, anhand dessen die Lagermitarbeiter die Waren aus dem Wareneingangsbereich auf die Lager- oder Kommissionierplätze transportieren können. Ist die Funktion *Einlagerungsvorschl. verwenden* aktiviert, müssen zunächst Wareneingänge selektiert werden, bevor entsprechende Einlagerungsbelege erzeugt werden können (siehe unten die Erläuterungen zu Einlagerungsvorschläge). Die Registrierung des Einlagerungsbelegs zeigt dann die durchgeführte Umlagerung an und die eingelagerten Artikel sind für die weitere Verwendung in Kommissionierungen verfügbar.

Ist der Lagerort so eingerichtet, dass Lagerplätze verwendet werden, erstellt Dynamics NAV neben den Artikel- und Wertposten auch Lagerplatzposten. Zur abschließenden Fakturierung wird der Einkaufsbestellbeleg genutzt, womit auch die Buchung der Sachposten einhergeht. Durch die Verwendung des Wareneingangs- und Einlagerungsbelegs ist die Funktionstrennung zwischen Bestellung, Wareneingangserfassung und Einlagerung möglich. Im Folgenden wird der Prozess der Abwicklung dargestellt, dabei wird von der Verwendung von Lagerplätzen ausgegangen. Ergänzend wird dargestellt, wie bei einer Aufteilung der Einlagerung auf zwei Lagerplätze vorzugehen ist (siehe Abbildung 6.53).

Die Erstellung des Wareneingangsbelegs kann, wie im Abschnitt »Buchung des Wareneingangs und der Einlagerung im Wareneingangsbeleg« erläutert, entweder aus dem Lagermenü oder direkt aus der Einkaufsbestellung erfolgen.

Link: *Abteilungen/Lager/Planung & Ausführung/Wareneingänge*

Link: *Abteilungen/Einkauf/Bestellungsabwicklung/Bestellungen*

Mit der Buchung des Wareneingangs erfolgt die Erstellung der Artikel-, Wert- und Lagerplatzposten, ohne dass die Artikel bereits für die weitere Verwendung in Kommissionierungen verfügbar sind. Parallel erstellt das System automatisch den oder die Einlagerungsbelege, falls nicht die Nutzung von Einlagerungsvorschlägen aktiviert wurde (siehe Abschnitt unten).

Die Einlagerungsbelege können von den Lagermitarbeitern eingesehen werden, sodass anhand dieser Informationen der Transport der Artikel aus dem Wareneingangsbereich in das Lager organisiert werden kann. Technisch sind sie als Umlagerungen zu betrachten, weshalb je Bestellzeile mindestens zwei Einlagerungszeilen existieren: eine unter Nennung des Entnahme- und eine unter Nennung des Ziellagerplatzes. Die Lagermitarbeiter können sich anhand der Übersicht einen Überblick über die noch durchzuführenden Einlagerungen verschaffen und von dort relevante Einlagerungsaufträge inkl. der Informationen durch einen Doppelklick in der relevanten Zeile selektieren.

Prozesse der Lagerverwaltung

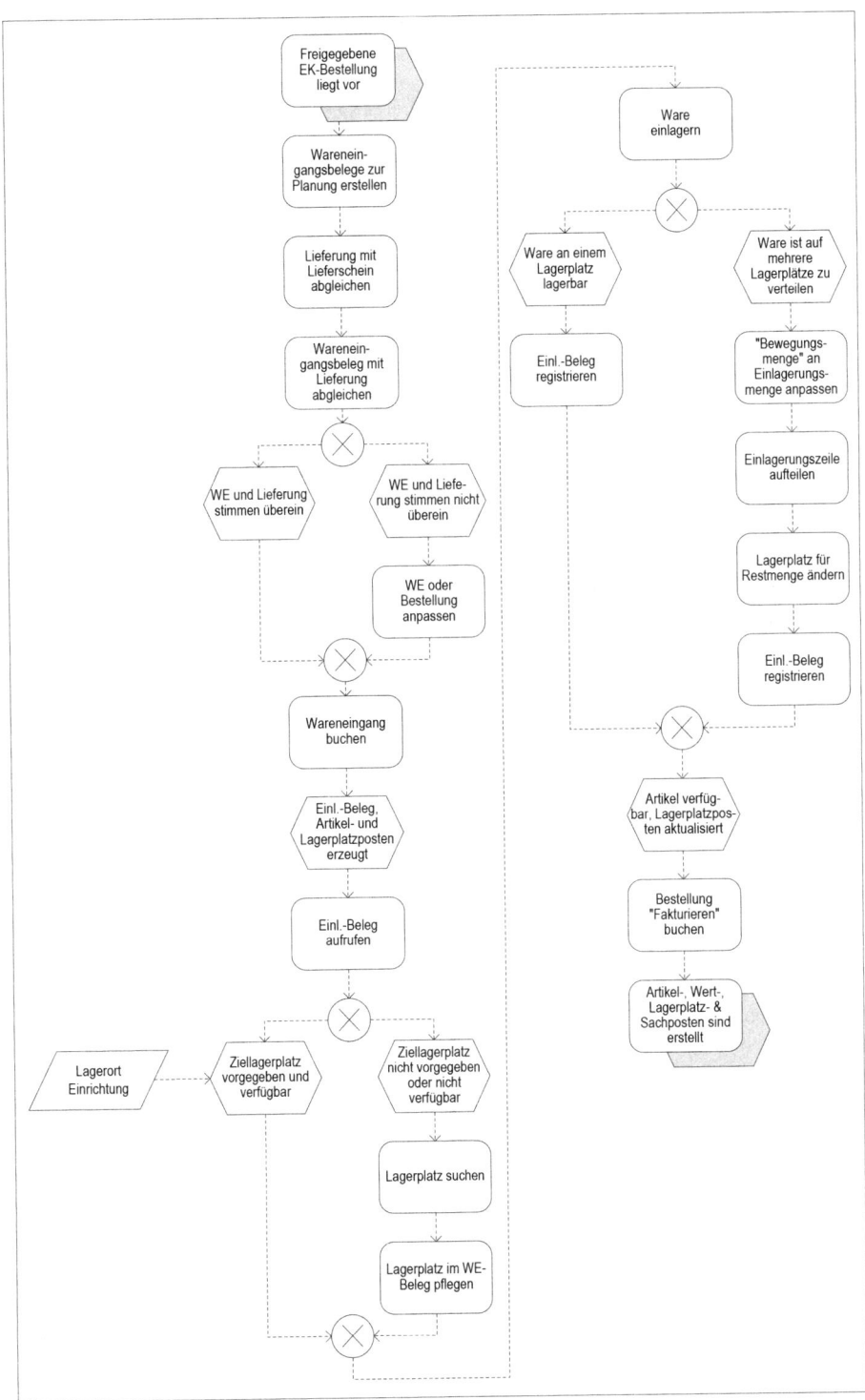

Abbildung 6.53 Wareneingang mit Wareneingangs- und Einlagerungsbeleg

Link: *Abteilungen/Lager/Logistikmanagement/Einlagerungen* (siehe Abbildung 6.54 und Abbildung 6.55)

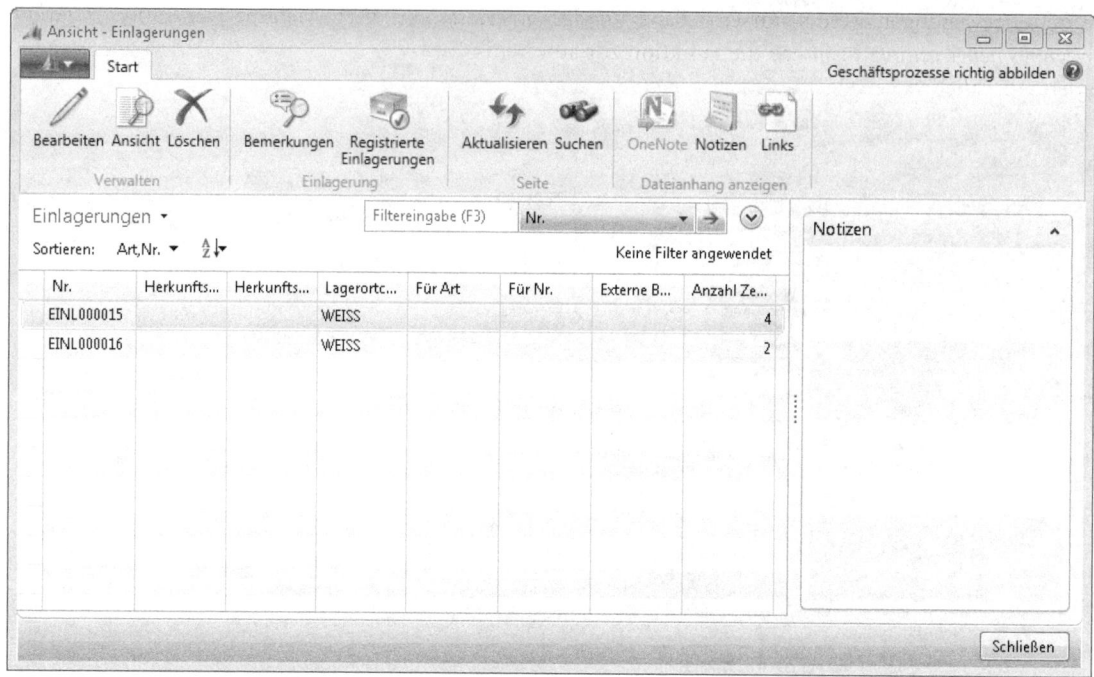

Abbildung 6.54   Einlagerungsübersicht

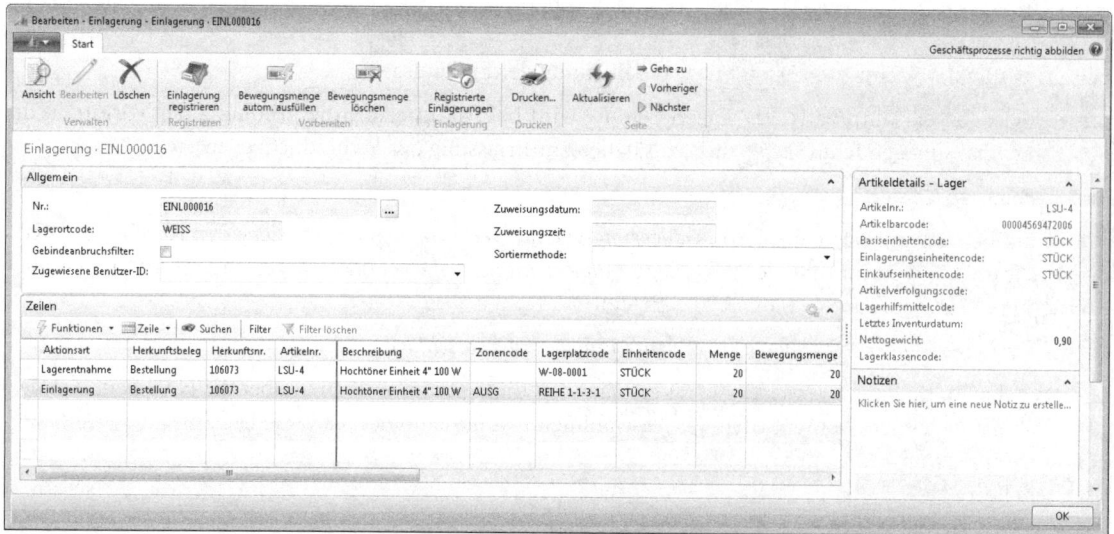

Abbildung 6.55   Einlagerungsbeleg mit Ursprungs- (»W-08-0001«) und Ziellagerplatzzeile (»Reihe 1-1-3-1«)

Prozesse der Lagerverwaltung

Die weiteren Funktionalitäten bezüglich der Pflege von Ziellagerplätzen und der Aufteilung von Einlagerungszeilen bei der Einlagerung auf mehrere Lagerplätze wurden bereits im vorherigen Abschnitt erläutert. Die Warenbewegungen werden im Feld *Bewegungsmenge* erfasst; zur Vereinfachung kann über *Funktion/Bewegungsmenge autom. ausfüllen* die Funktion zur automatischen Erfassung der Bewegungsmenge genutzt werden. Abschließend erfolgt die Registrierung des Einlagerungsbelegs (siehe Abbildung 6.56). Dies beinhaltet die Aktualisierung der Lagerplatzposten sowie die Löschung der Einlagerungszeilen, es werden jedoch alle Informationen in der registrierten Einlagerung protokolliert.

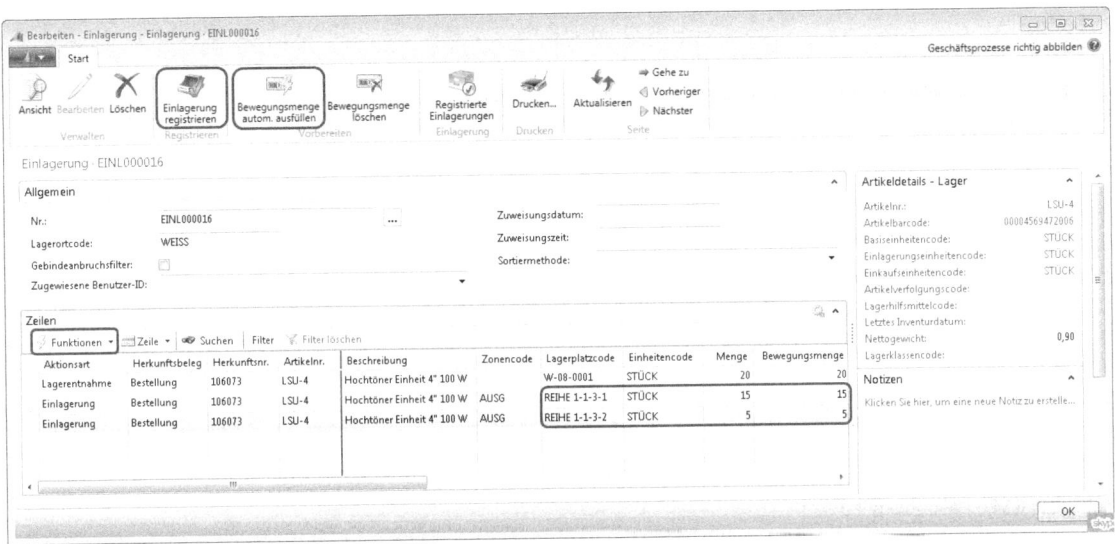

Abbildung 6.56 Aufteilung der Einlagerungszeile und Registrierung der Einlagerung

Die Erstellung der Sachposten erfolgt über die Buchung der Einkaufsbestellung.

Mit Aktivierung der automatischen Lagerbuchung wird bei Fakturierung die Erhöhung der Vorräte in der Finanzbuchhaltung gebucht (Sachposten, zusätzlich zur Erfassung der Verbindlichkeiten).

Einlagerungsvorschläge

Wurde auf der Lagerortkarte das Feld *Einlagerungsvorschl. verwenden* aktiviert (siehe den Abschnitt »Lagerorteinrichtung«), wird mithilfe der NAV-Seite *Einlagerungsvorschläge* eine Einlagerungsanforderung – auch für mehrere Wareneingänge – geplant und erstellt.

Link: *Abteilungen/Lager/Planung & Ausführung/Einlagerungsvorschläge*

Die über die Wareneingangsbuchungen zu erstellenden Einlagerungen können über die NAV-Seite *Einlagerungsvorschlag* selektiert werden. Über das Auswahlmenü *Name* kann der relevante Lagerort ausgewählt werden (zur Einrichtung von Vorschlagsvorlagen siehe Abschnitt »Einrichtung von Vorschlagsvorlagen« direkt nach Abbildung 6.71). Über die Aktion *Logistikbeleg holen* können die relevanten Wareneingänge selektiert werden. Die Artikel sind dann auf mehrere unterschiedliche Arten sortierbar (beispielsweise nach Artikel, Beleg, Fälligkeitsdatum).

Link: *Abteilungen/Lager/Planung & Ausführung* (siehe Abbildung 6.57 und Abbildung 6.58)

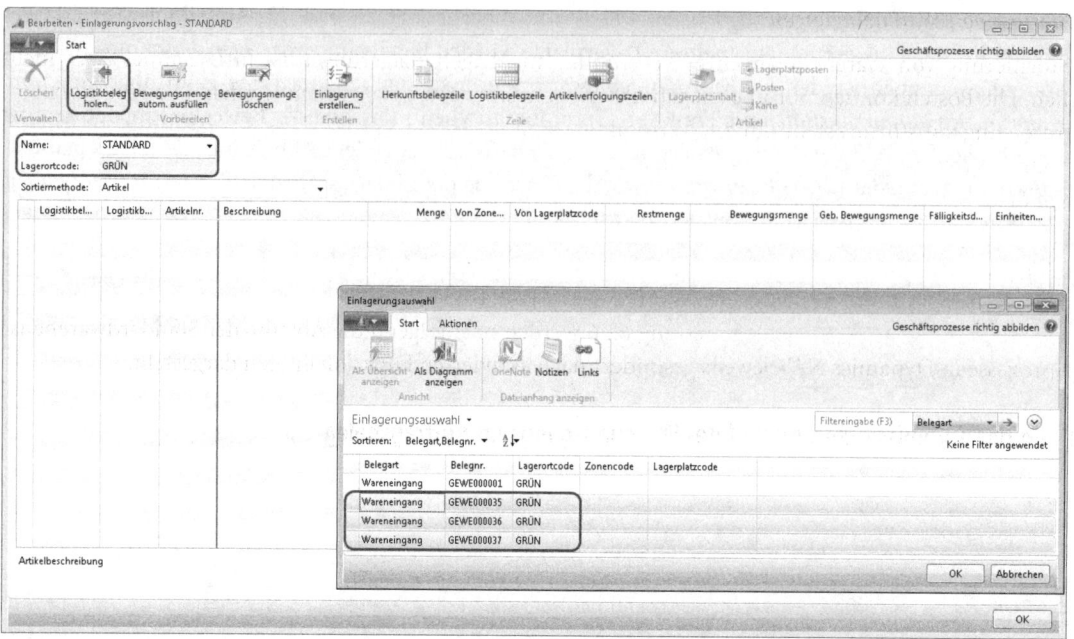

Abbildung 6.57 Auswahl der gebuchten Wareneingänge für den Einlagerungsvorschlag und Einlagerungsvorschlag für drei gebuchte Wareneingänge

Der Einlagerungsvorschlag ist dann über die Aktion *Einlagerung erstellen* in einen Einlagerungsbeleg zu überführen (siehe Abbildung 6.58).

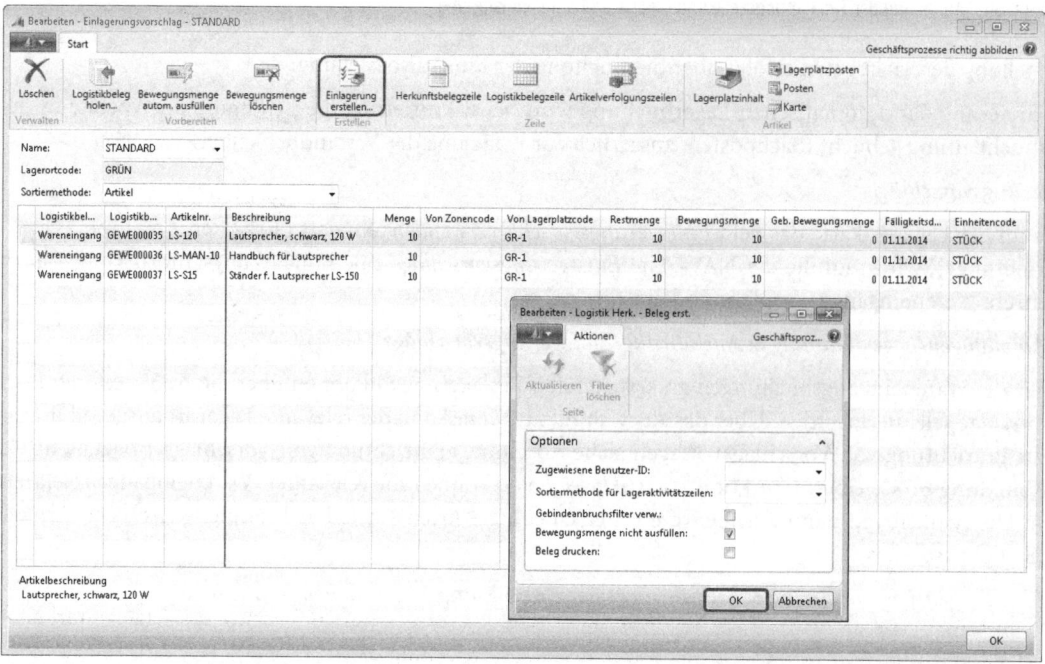

Abbildung 6.58 Erstellung des Einlagerungsbelegs

Prozesse der Lagerverwaltung

Stornierung von Wareneingängen

Die Stornierung von Wareneingängen in Verbindung mit Lagereinlagerungen ist in Dynamics NAV nicht möglich. Die Posten können nur über negative Bewegungsmengen ausgeglichen werden. Die Funktionalität des Wareneingangsstornos steht nur zur Verfügung, wenn die Einlagerungszeilen noch nicht registriert sind und somit noch gelöscht werden können. In diesem Fall kann der Wareneingangsstorno – wie bereits erläutert – genutzt werden.

Standardprozesse bei Kommissionierung und Warenausgang

Entsprechend Abbildung 6.35 und Abbildung 6.36 werden nachfolgend die Abläufe der Standardwarenausgangsprozesse in Dynamics NAV jeweils gesondert nach aktivierten Funktionalitäten dargestellt.

Buchung der Kommissionierung und des Warenausgangs im Auftragsbeleg

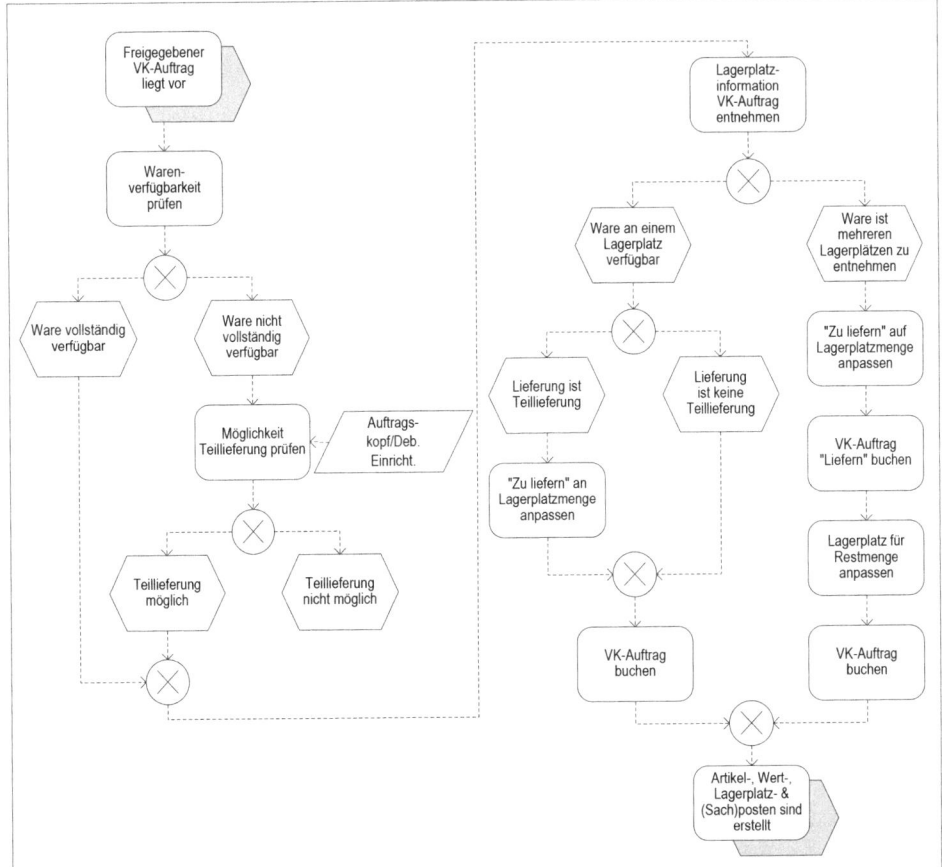

Abbildung 6.59 Warenausgang über Verkaufsauftrag

Werden in einem Unternehmen die Warenausgänge je Auftrag erfasst und können die Lagermitarbeiter direkt mit den Aufträgen arbeiten, ist die Warenausgangsabwicklung allein über den Herkunftsbeleg möglich; sowohl die Auslieferung als auch die Fakturierung erfolgt über den Auftrag. Ist der Lagerort in der Weise eingerichtet, dass Lagerplätze verwendet werden, gibt Dynamics NAV die entsprechenden Lagerplatzinformationen in den Auftragszeilen an. Entsprechend der Erläuterungen zum Wareneingang generiert das System dann neben den Artikel- und Wertposten auch die entsprechenden Lagerplatzposten. Der Prozess der Abwicklung wird im Folgenden dargestellt. Bei den Darstellungen wird von der Verwendung von Lagerplätzen und der automatischen Lagerbuchung ausgegangen. Ergänzend wird dargestellt, wie vorzugehen ist, wenn ein Artikel von zwei Lagerplätzen entnommen werden muss (siehe Abbildung 6.59).

Das Prinzip hinter der Funktionalität des Warenausgangs von der Auftragszeile aus wird hier nicht näher erläutert, da es identisch mit dem auf der Wareneingangsseite ist und dort detailliert beschrieben wurde (siehe den Abschnitt »Buchung des Wareneingangs und der Einlagerung im Bestellbeleg«). Erwähnt sei, dass die Versandanweisung zur Teillieferung bzw. Komplettlieferung zum einen in der Debitorenkarte, zum anderen im Verkaufsauftrag gepflegt wird.

Link: *Verkauf und Marketing/Verkauf/Debitoren*, dort den entsprechenden Debitor auswählen und Eingabe im Inforegister *Lieferung* im Feld *Versandanweisung*, ob Teil- oder Komplettlieferung

Link: *Abteilungen/Verkauf & Marketing/Auftragsabwicklung/Aufträge*, dort entsprechenden Auftrag auswählen und Eingabe im Inforegister *Lieferung* im Feld *Versandanweisung*, ob Teil- oder Komplettlieferung

Notwendige Anpassungen der Liefermengen beispielsweise bei Teillieferungen oder Teilentnahmen von verschiedenen Lagerplätzen erfolgen über den Verkaufsauftrag.

Link: *Abteilungen/Verkauf & Marketing/Auftragsabwicklung/Aufträge*, dort Auswahl des entsprechenden Auftrags und Anpassung der Menge im Inforegister *Zeilen* im Feld *Zu liefern* (siehe Abbildung 6.60)

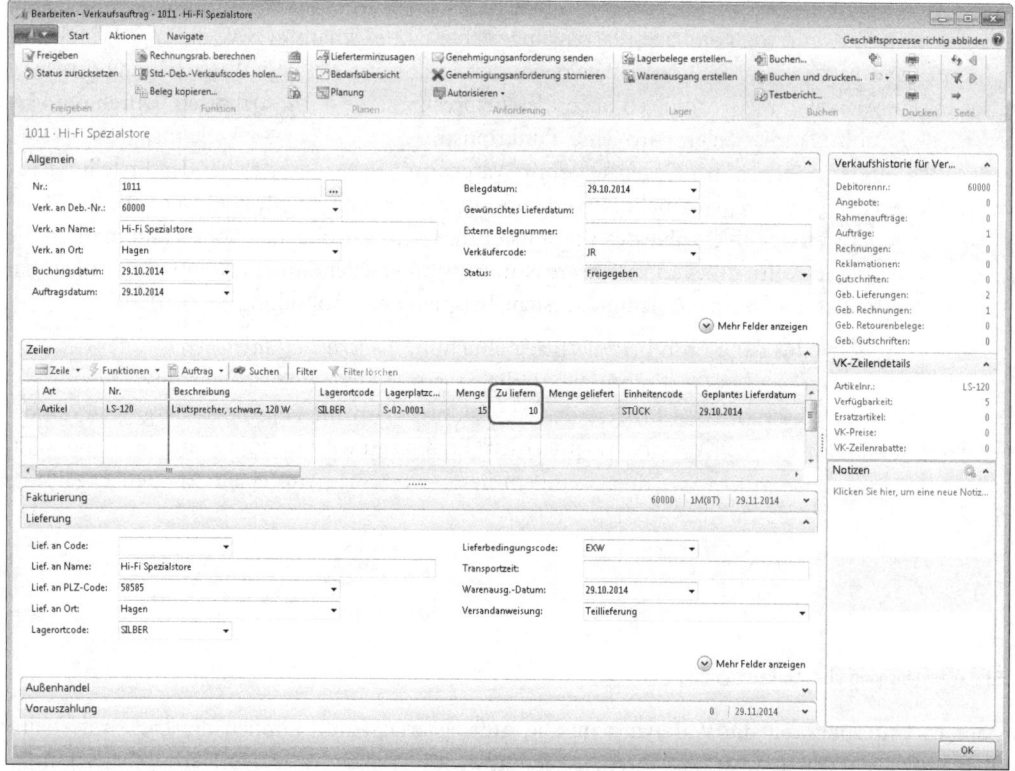

Abbildung 6.60 Anpassung Auslieferungsmengen im Verkaufsauftrag

Prozesse der Lagerverwaltung

Stornierung von Warenausgängen

Wurde ein Verkaufsauftrag als geliefert, aber noch nicht fakturiert gebucht, kann die Funktionalität des Warenausgangsstornos genutzt werden. Voraussetzung dafür ist, dass Kommissionierung und Warenausgang über die Auftragszeile und die Einlagerung nicht mithilfe des Logistikbelegs *Einlagerung* erfasst wurden. Zum Stornieren muss zunächst die gebuchte Verkaufslieferung und die entsprechende Lieferzeile selektiert und anschließend storniert werden.

Link: *Abteilungen/Verkauf & Marketing/Historie/Geb. Verkaufslieferungen*, dort die entsprechende Verkaufslieferung selektieren und über das Inforegister *Zeilen* und *Funktionen* im Dropdownlistenfeld *Wareneingang stornieren* auswählen

Dynamics NAV erstellt eine negative Lieferzeile, aktualisiert die entsprechenden Felder im Auftrag und storniert die Auslieferung durch Lagerplatzposten mit negativer Menge.

Buchung der Kommissionierung und des Warenausgangs im Lagerkommissionierbeleg

Werden in einem Unternehmen neben den Verkaufsaufträgen auch Kommissionierbelege verwendet, ist die Option *Kommissionierung* zu verwenden und es erfolgt die Buchung der Artikel- und Wertposten als Kombination des Kommissionier- und Warenausgangsvorgangs über den Lagerkommissionierbeleg.

> **HINWEIS** Die Umsetzung wird in Dynamics NAV unter dem Link *Auftragsbezogene Logistik* zusammengefasst und darf nicht mit den Belegen der Kommissionierung verwechselt werden, welche die Nutzung der Warenausgangsbelege voraussetzen und unter dem Link *Logistikmanagement* aufgeführt werden.

Ist für den Lagerort die Verwendung von Lagerplätzen eingerichtet, gibt Dynamics NAV die Lagerplatzinformationen in den Lagerkommissionierzeilen an. Analog zu den Erläuterungen zum Wareneingang generiert das System neben den Artikel- und Wertposten auch die entsprechenden Lagerplatzposten. Durch die Verwendung des Lagerkommissionierbelegs wird eine Funktionstrennung zwischen Verkaufsauftrags- und Warenausgangserfassung ermöglicht. Im Gegensatz zum Warenausgangsbeleg ist es bei der Erstellung des Lagerkommissionierbelegs nicht möglich, mehrere Verkaufsaufträge zusammenzufassen. Der Lagerkommissionierbeleg ist mehr oder weniger eine Kopie des Verkaufsauftragsbelegs, wobei das System automatisch die Lagerplätze vorgibt und eine Auftragszeile in mehrere Kommissionierzeilen aufteilt, wenn ein Artikel von mehreren Lagerplätzen kommissioniert werden muss (siehe beispielsweise Abbildung 6.62).

Zur Fakturierung wird entweder der Kommissionierbeleg (Buchung *Liefern und fakturieren*) oder der Verkaufsauftragsbeleg (dann wird auf dem Kommissionierbeleg nur *Liefern* gebucht) genutzt, womit die Buchung der Sachposten einhergeht. Der Prozess der Abwicklung wird im Folgenden dargestellt, wobei davon ausgegangen wird, dass Lagerplätze verwendet werden. Ergänzend wird im Prozessmodell dargestellt, wie vorzugehen ist, wenn ein Artikel trotz anderweitigem Systemvorschlag von einem zweiten Lagerplatz entnommen werden muss (siehe Abbildung 6.61).

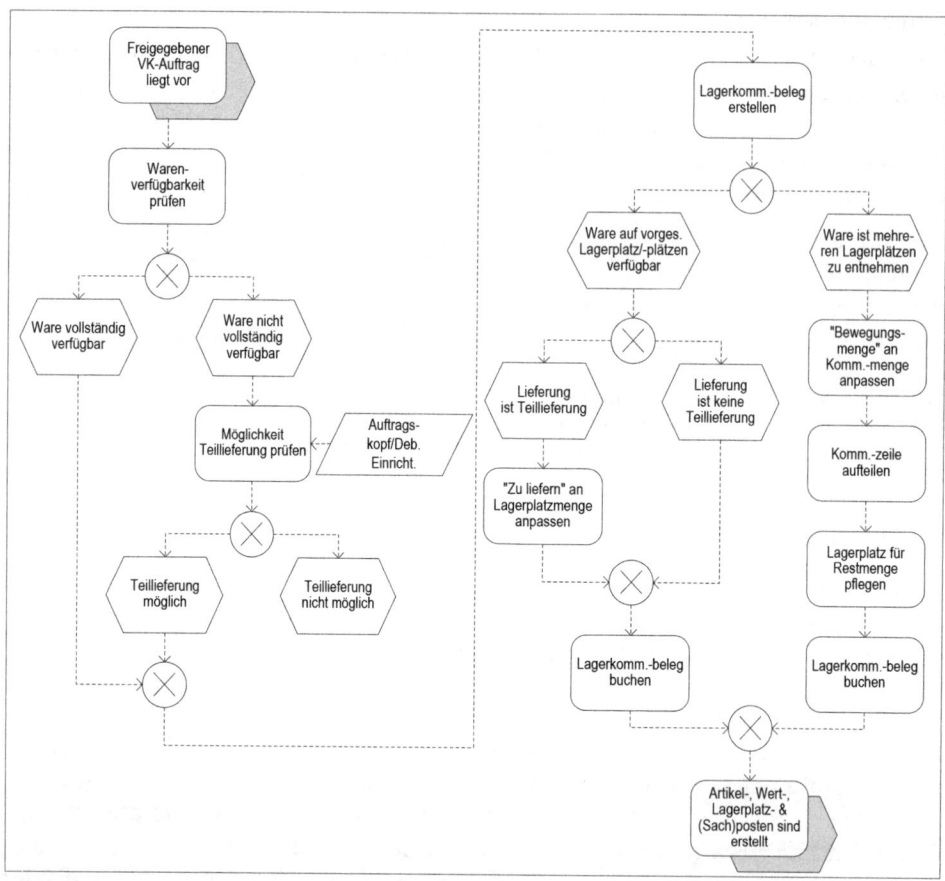

Abbildung 6.61   Warenausgang mit Lagerkommissionierbeleg

Der Prozess des Warenausgangs mithilfe des Lagerkommissionierbelegs sowie die Abbildung des Prozesses in Dynamics NAV wird hier nicht im Detail erläutert, da er analog zum Prozess des Wareneingangs mithilfe des Lagereinlagerungsbelegs umgesetzt ist. Dieser ist detailliert im Abschnitt »Buchung des Wareneingangs und der Einlagerung im Lagereinlagerungsbeleg« beschrieben. Nachfolgend werden die Pfade dargestellt, die für die Erstellung und den Abruf von Lagerkommissionierbelegen gewählt werden können.

- Erstellung anhand des Verkaufsauftrags:

    Link: *Abteilungen/Verkauf & Marketing/Auftragsabwicklung/Aufträge*, dort den entsprechenden Auftrag auswählen und in der Registerkarte *Aktionen* die Aktion *Lagerbelege erstellen*

- Erstellung im Link *Lager*:

    Link: *Abteilungen/Lager/Auftragsbezogene Logistik/Lagerkommissionierungen*, dort Erstellung eines Lagerkommissionierbelegs über die Aktion *Neu*

- Erstellung mithilfe der Stapelverarbeitung, speziell wenn mehrere Lagerkommissionierbelege erzeugt werden müssen:

    Link: *Abteilungen/Lager/Planung & Ausführung/Lagerbelege erstellen*

Prozesse der Lagerverwaltung

- Aufruf eines Kommissionierbelegs:

    Link: *Abteilungen/Lager/Auftragsbezogene Logistik/Lagerkommissionierungen* und dort Auswahl eines Kommissionierbelegs (siehe Abbildung 6.62)

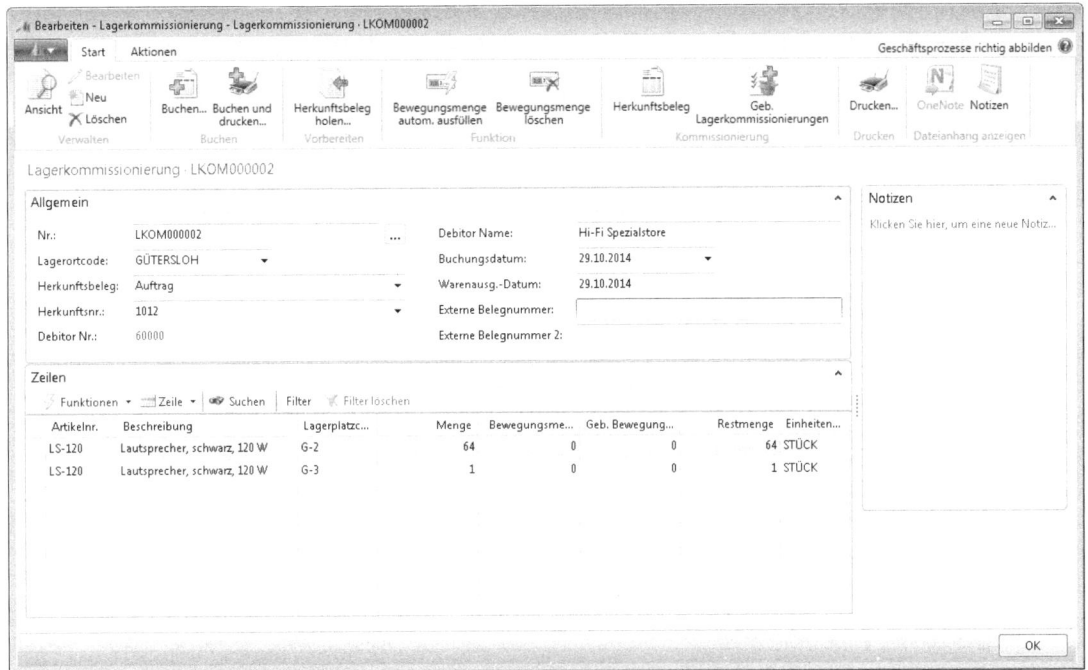

Abbildung 6.62 Lagerkommissionierbeleg

Stornierung von Warenausgängen

Eine Stornierung der Auslieferung ist nicht möglich, die Posten können nur über negative Bewegungsmengen ausgeglichen werden.

Buchung der Kommissionierung und des Warenausgangs im Warenausgangsbeleg

Werden in einem Unternehmen neben den Verkaufsaufträgen auch Warenausgangsbelege verwendet, ist die Auswahl der Logistikoption *Warenausgang* notwendig und es erfolgt die Buchung der Artikel- und Wertposten als Kombination des Kommissionier- und Warenausgangsvorgangs über den Warenausgangsbeleg. Dies ermöglicht, den Warenausgang optimiert für mehrere Verkaufsaufträge zu planen und durchzuführen. Ist der Lagerort so eingerichtet, dass Lagerplätze verwendet werden, gibt Dynamics NAV die entsprechenden Lagerplatzinformationen in den Warenausgangszeilen an. Entsprechend der Erläuterungen zum Wareneingang generiert das System dann neben der Artikel- und Wertposten auch die entsprechenden Lagerplatzposten.

Die Verwendung des Warenausgangsbelegs ermöglicht eine Funktionstrennung zwischen Verkaufsauftragserfassung und Warenausgangserfassung. Zur Fakturierung wird entweder der Warenausgangsbeleg (Buchung *Liefern und fakturieren*) oder der Verkaufsauftragsbeleg (dann wird auf dem Warenausgangsbeleg nur *Liefern* gebucht) genutzt, womit die Buchung der Sachposten einhergeht. Der Prozess der Abwicklung wird im Folgenden dargestellt, wobei davon ausgegangen wird, dass Lagerplätze verwendet werden. Ergänzend wird darauf eingegangen, wie vorzugehen ist, wenn ein Artikel von einem zweiten Lagerplatz entnommen werden muss (siehe Abbildung 6.63).

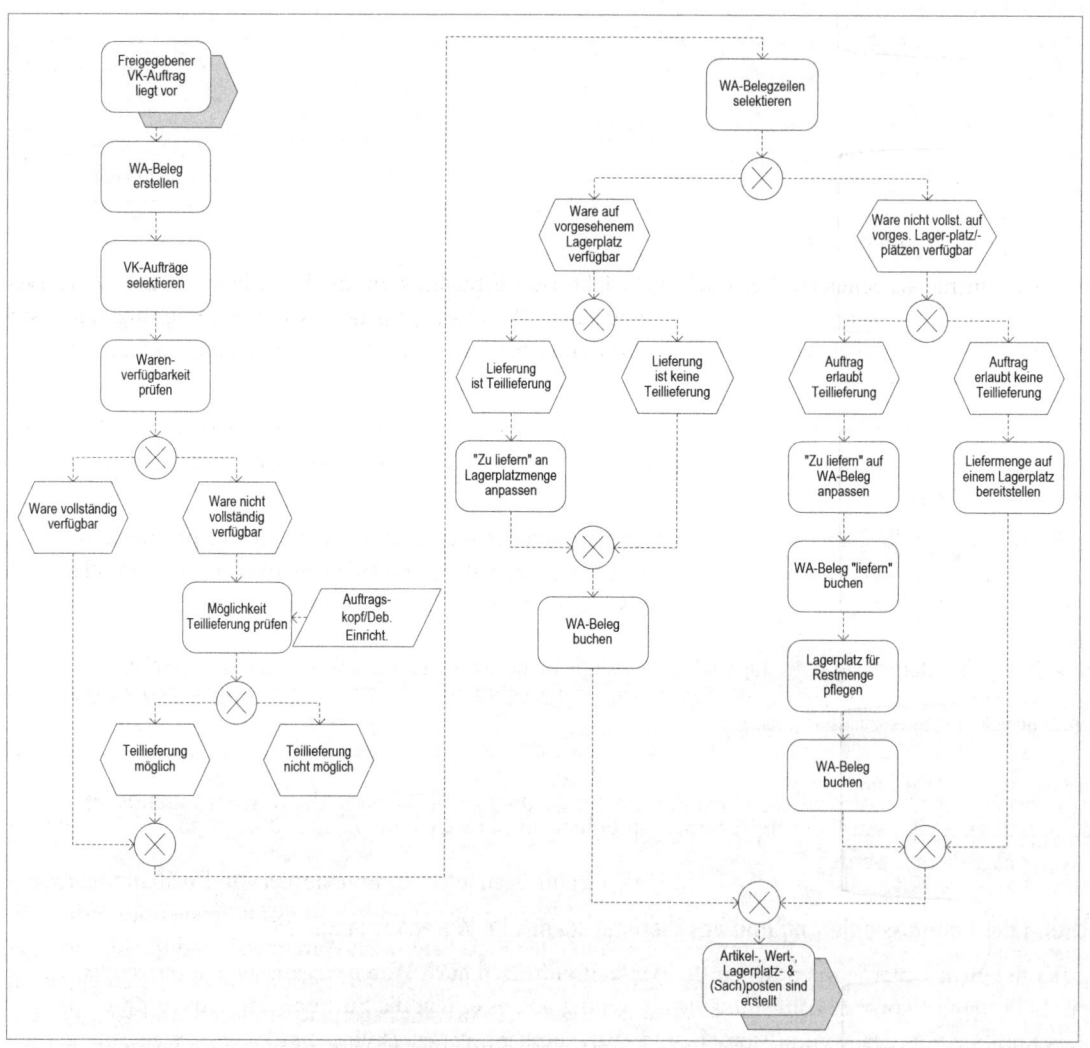

Abbildung 6.63 Warenausgang mit Warenausgangsbeleg

Im ersten Schritt wird der Warenausgangsbeleg erstellt, was über die Unterabteilung *Lager* oder aus einem Verkaufsauftrag heraus geschehen kann.

Link: *Abteilungen/Lager/Planung & Ausführung/Warenausgänge*, dort in der Registerkarte *Start* die Aktion *Neu*

Link: *Abteilungen/Verkauf & Marketing/Auftragsabwicklung/Aufträge*, dort den entsprechenden Verkaufsauftrag selektieren und über die Registerkarte *Start* die Aktion *Warenausgang erstellen* auswählen

Analog zu den Erläuterungen im Abschnitt »Buchung des Wareneingangs und der Einlagerung im Wareneingangsbeleg« erfolgt dann die Selektion der relevanten Verkaufsaufträge und der Verkaufsauftragszeilen (über die Aktionen *Filter zum Holen von Herk.-Belegen verwenden* bzw. *Herkunftsbelege holen*).

> **HINWEIS** Von Bedeutung bei der Verwendung von Warenausgangsbelegen ist, dass bei Debitorenaufträgen, bei denen keine Teillieferungen erfolgen sollen, zunächst die Lieferbarkeit der Artikel geprüft werden muss. Dies kann im Verkaufsauftrag über das Inforegister *Zeilen* erfolgen, indem man das Dropdownlistenfeld *Lagerplatzcode* nutzt und sich die verfügbaren Lagerbestände je Lagerplatz anzeigen lässt. Es ist darauf zu achten, dass nur Auftragszeilen mit ausreichendem Lagerbestand im Warenausgangsbeleg aufgenommen werden.

Wichtig ist außerdem, dass die Artikel auf einem Lagerplatz gelagert werden, da Dynamics NAV keine Möglichkeit bietet, die Warenausgangszeile aufzuteilen und bei nicht ausreichendem Lagerplatzbestand die Buchung der Verkaufszeile nicht erlaubt ist. In diesem Fall muss beispielsweise eine Umlagerung erfolgen. Ist kein ausreichender Bestand auf Lager, müssen Warenausgangszeile und -kopf gelöscht werden, um den Auftragsstatus auf *Offen* ändern zu können und den Auftrag anzupassen.

Stornierung von Warenausgängen

Wurde ein Auftrag als geliefert, aber noch nicht fakturiert gebucht, kann die Funktionalität des Warenausgangsstornos genutzt werden. Voraussetzung ist, dass Warenausgang und Kommissionierung über den Warenausgangsbeleg erfasst wurden. Hierzu sind zunächst der gebuchte Warenausgang und die entsprechende Zeile zu selektieren.

Link: *Abteilungen/Lager/Historie/Gebuchte Belege/Geb. Verkaufslieferungen*, dort die entsprechende Verkaufslieferung selektieren und über das Inforegister *Zeilen* und *Funktionen* im Dropdownlistenfeld *Warenausgang stornieren* auswählen.

Dynamics NAV erstellt dann eine negative Warenauslieferungszeile, aktualisiert die entsprechenden Felder im Auftrag und storniert den Warenausgang durch Lagerplatzposten mit negativer Menge. Parallel dazu erzeugt das System eine negative Zeile im bereits gebuchten Warenausgangsbeleg.

> **HINWEIS** Die Stornierung erzeugt einen Warnhinweis, nach dessen Aussage die Artikel auf dem Lagerplatz im Versandbereich verbleiben und separat umgelagert werden müssen. Tatsächlich erfolgt der Zugang auf dem Lagerplatz der stornierten Lieferzeile, der im Versandbereich liegen kann, aber nicht muss.

Registrierung der Kommissionierung im Kommissionierbeleg und Buchung des Warenausgangs im Warenausgangsbeleg

Werden in einem Unternehmen neben den Verkaufsaufträgen auch Kommissionier- und Warenausgangsbelege verwendet, ist die Auswahl der Logistikoptionen *Warenausgang* und *Kommissionierung* notwendig. Mit dem Warenausgang erfolgt die Planung und Buchung der auszuliefernden Waren, während die Kommissionierung die Umlagerungen der Artikel innerhalb des Lagers erfasst. Dies ist beispielsweise notwendig, wenn ein Unternehmen die Waren aus dem Lager auf einen Warenausgangslagerplatz umlagert und vom Warenausgangslagerplatz aus die Auslieferung durchführt. Basierend auf den Verkaufsaufträgen werden zunächst die Warenausgänge erstellt, auf denen die Kommissionierbelege beruhen. Die Kommissionierbelege können technisch als Lagerplatz-Umlagerung gesehen werden, die Registrierung des Kommissionierbelegs zeigt die durchgeführte Umlagerung an. Die eigentliche Auslieferung wird über die Buchung des Warenausgangsbelegs erfasst, was die Erstellung der Artikel- und Wertposten nach sich zieht. Wurden für den Lagerort Lagerplätze eingerichtet, gibt Dynamics NAV die entsprechenden Lagerplatzinformationen in den Kommissionier- und Warenausgangszeilen an. Entsprechend der Erläuterungen zum Wareneingang generiert das System dann neben den Artikel- und Wertposten auch Lagerplatzposten.

Durch Verwendung des Warenausgangs- und Kommissionierbelegs ist eine Funktionstrennung zwischen Auftrags-, Warenausgangserfassung und Kommissionierung möglich. Zur abschließenden Fakturierung wird der Verkaufsauftragsbeleg genutzt, womit die Buchung der Sachposten einhergeht. Der Prozess wird im Folgenden dargestellt, wobei von der Verwendung von Lagerplätzen ausgegangen wird. Ergänzend wird dargestellt, wie vorzugehen ist, wenn ein Artikel trotz anderweitigem Systemvorschlag von einem zweiten Lagerplatz entnommen werden muss (siehe Abbildung 6.64).

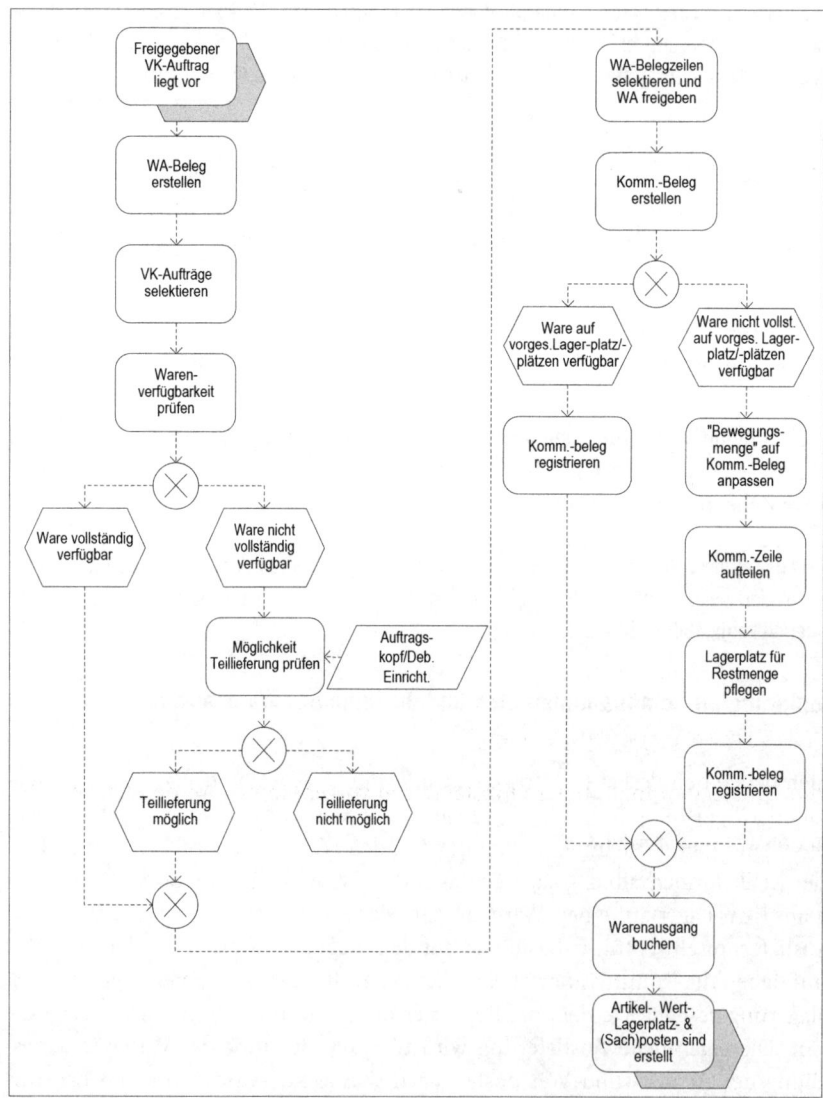

Abbildung 6.64 Kommissionierung mit Kommissionierungs- und Warenausgang mit Warenausgangbeleg

Die Erstellung des Warenausgangsbelegs sowie die Selektion der relevanten Verkaufsaufträge können über die im vorherigen Abschnitt bzw. im Abschnitt »Buchung des Wareneingangs und der Einlagerung im Wareneingangsbeleg« erläuterten Wege erfolgen. Anschließend müssen die relevanten Belegzeilen selektiert werden. Nach Freigabe des Warenausgangsbelegs kann die Erstellung des Kommissionierbelegs erfolgen. Bei

Prozesse der Lagerverwaltung

der Erstellung des Kommissionierbelegs über den Warenausgang (siehe Abbildung 6.65) erfolgt die Freigabe des Warenausgangs automatisch; zu freigegebenen Warenausgängen lassen sich keine weiteren Auftragszeilen mehr zuordnen. Dabei prüft Dynamics NAV bei nicht ausreichender Artikelmenge die Möglichkeit der Teillieferung (Versandanweisung im Verkaufsauftrag) und verhindert gegebenenfalls die Erstellung eines Kommissionierbelegs. Ist die Teillieferung möglich, wird im Kommissionierbeleg die lieferbare Menge angegeben; nach Registrierung verbleibt die entsprechende Restmenge im Warenausgangsbeleg.

Link: *Abteilungen/Lager/Planung & Ausführung/Warenausgänge*, dort in der Registerkarte *Start* die Aktionen *Freigeben* und *Kommissionierung erstellen* wählen (siehe Abbildung 6.65).

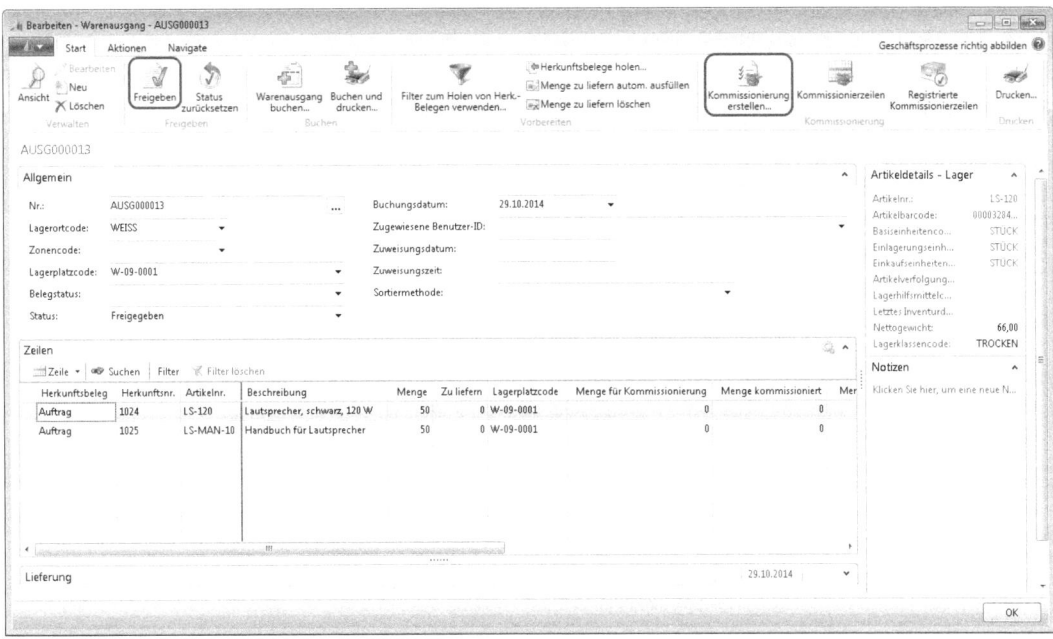

Abbildung 6.65 Kommissionierbeleg über den Warenausgangsbeleg erstellen

Zur Erstellung des Kommissionierbelegs können weitere Einstellungen vorgenommen werden (siehe Abbildung 6.66).

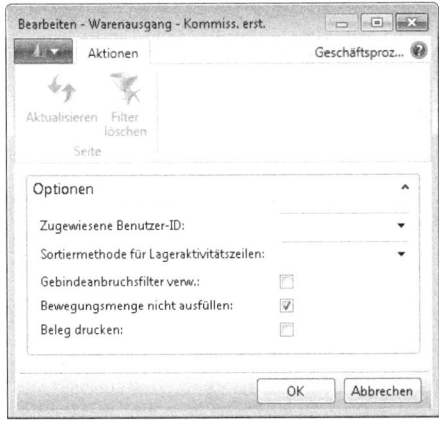

Abbildung 6.66 Optionen zur Erstellung von Kommissionierbelegen

So kann ein Benutzer angegeben werden, der die Kommissionierung ausführen soll. Auch eine Sortierreihenfolge der Kommissionierzeilen, beispielsweise nach Artikel oder Lagerplatz zur Wegeoptimierung, ist selektierbar. Wird das Kontrollkästchen *Gebindeanbruchsfilter verw.* aktiviert, werden die Zwischenzeilen für die Konvertierung einer größeren Mengeneinheit in eine kleinere nicht angezeigt. Über die Aktivierung des Kontrollkästchens *Bewegungsmenge nicht ausfüllen* wird erreicht, dass die Mitarbeiter jede Zeile manuell ausfüllen müssen.

Der generierte Kommissionierbeleg kann über die Unterabteilung *Lager* angezeigt werden.

Link: *Abteilungen/Lager/Logistikmanagement/Kommissionierungen* (siehe Abbildung 6.67)

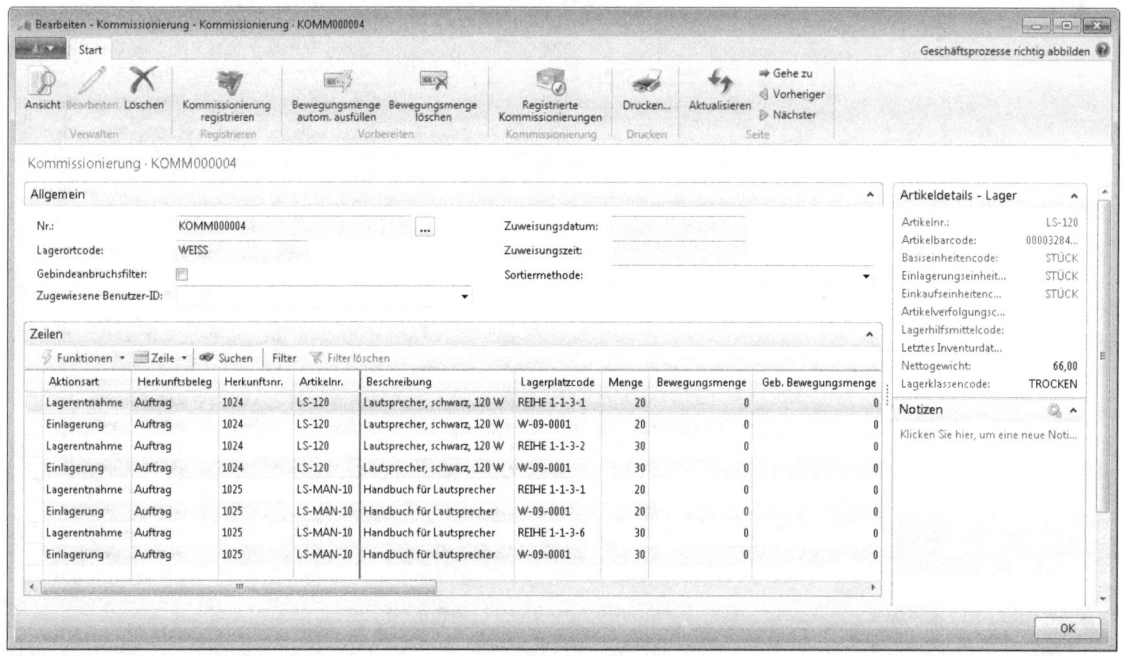

Abbildung 6.67 Kommissionierbeleg

Der Kommissionierbeleg enthält je Auftragszeile zwei Kommissionierzeilen, um die Abgangs- und Eingangsmengen mit Lagerplatz darstellen zu können. Die Bewegungsmengen können manuell im Feld *Bewegungsmenge* oder automatisch über die Aktion *Bewegungsmenge autom. ausfüllen* erfasst werden (siehe hierzu Abbildung 6.68).

Wird bei der Kommissionierung festgestellt, dass Artikel nicht vollständig auf dem angegebenen Lagerplatz verfügbar sind, kann die Kommissionierzeile aufgeteilt (Inforegister *Zeilen,* Dropdownlistenfeld *Funktionen*) und der entsprechende Ersatzlagerplatz ergänzt werden.

Nachdem die Artikel auf die angegebenen Warenausgangsplätze transportiert wurden, ist der Kommissionierbeleg zu registrieren.

Prozesse der Lagerverwaltung

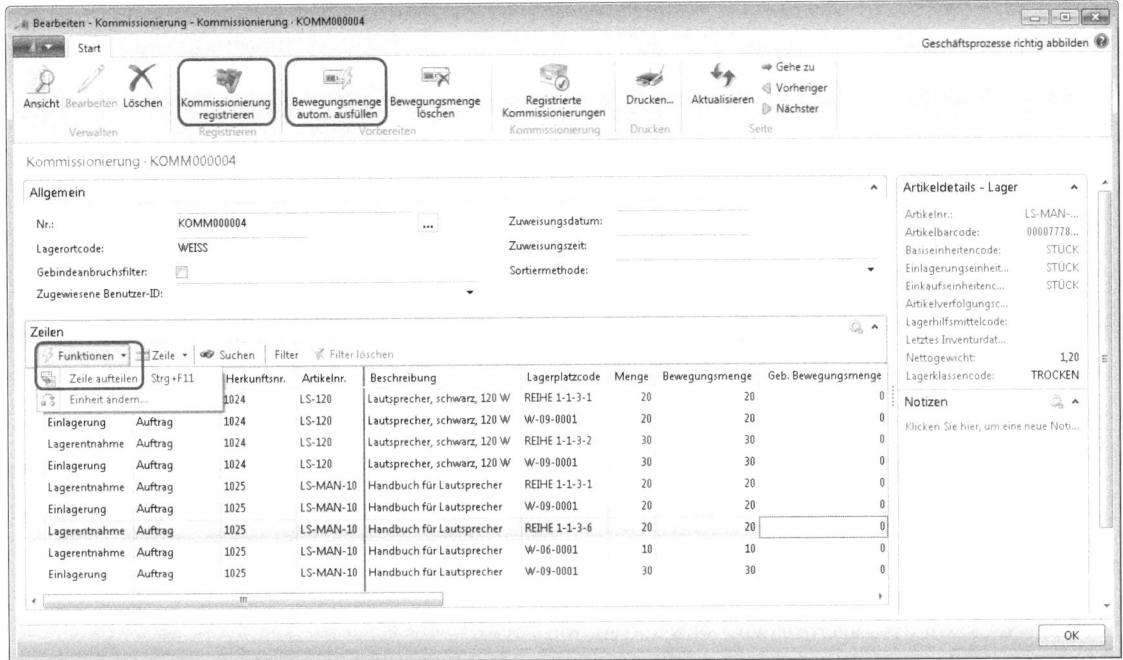

Abbildung 6.68 Kommissionierbeleg mit aufgeteilter Kommissionierzeile

Wurde die Ware ausgeliefert, ist der Warenausgang zu buchen.

Link: *Abteilungen/Lager/Planung & Ausführung/Warenausgänge*, dort den entsprechenden Warenausgang und über die Registerkarte *Start* die Funktion *Warenausgang buchen* wählen

Je nachdem, ob nur *Lieferung* oder *Lieferung und Fakturierung* gebucht wurde, muss noch der Verkaufsauftrag gebucht werden, um die Sachposten zu erstellen. Durch die Aktivierung der automatischen Lagerbuchung wird bei Fakturierung die Verminderung der Vorräte in der Finanzbuchhaltung gebucht (Sachposten, zusätzlich zur Erfassung der Forderungen und Umsatzerlöse).

Stornierung von Warenausgängen und Kommissionierungen

Eine Stornierung der Auslieferung und der registrierten Kommissionierung ist nicht möglich, die Posten können nur über negative Bewegungsmengen ausgeglichen werden.

Kommissioniervorschläge

Dynamics NAV bietet über Kommissioniervorschläge die Möglichkeit, die Kommissionierungsdurchführung für mehrere Warenausgänge zu planen und zu erstellen.

Link: *Abteilungen/Lager/Planung & Ausführung/Kommissioniervorschläge*

Über den Lookup im Feld *Buch.-Blattname* ist das Fenster *Vorschlagsnamen Übersicht* zu öffnen, anhand dessen der entsprechende Lagerort selektiert werden kann (siehe Abbildung 6.69; die Erstellung der Vorschlagsvorlagen wird im Anschluss dargestellt).

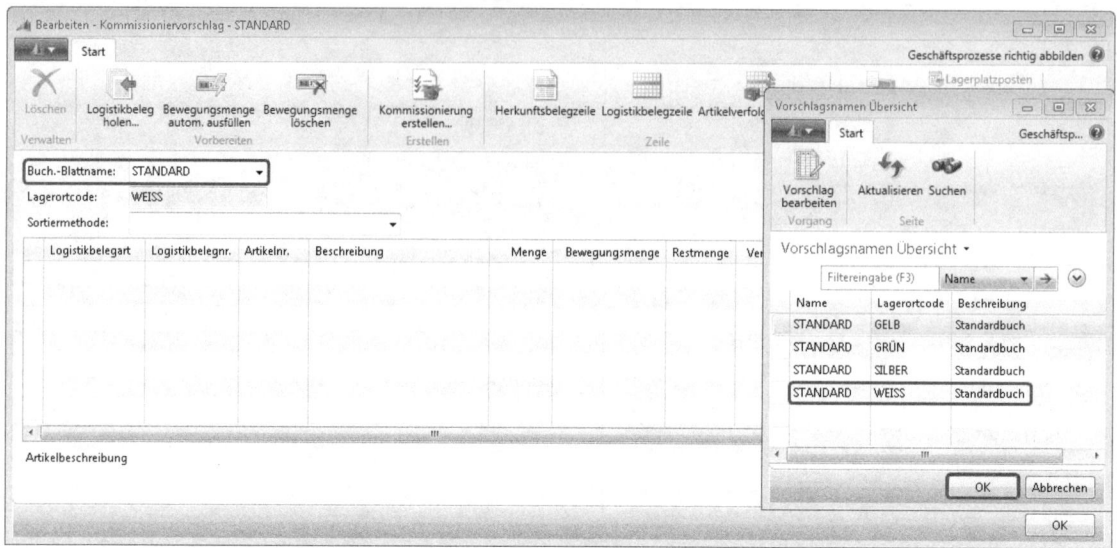

Abbildung 6.69   Selektion des relevanten Lagerorts für den Kommissioniervorschlag über den Vorschlagsnamen

Nach der Selektion des Lagerorts wird über die Aktion *Logistikbeleg holen* das Fenster Kommissionierauswahl geöffnet. Hier erfolgt die Auswahl der Warenausgänge für die Erstellung des Kommissioniervorschlags. Nach der Selektion wird über die Aktion *Kommissionierung erstellen* der Kommissionierbeleg generiert (siehe Abbildung 6.70).

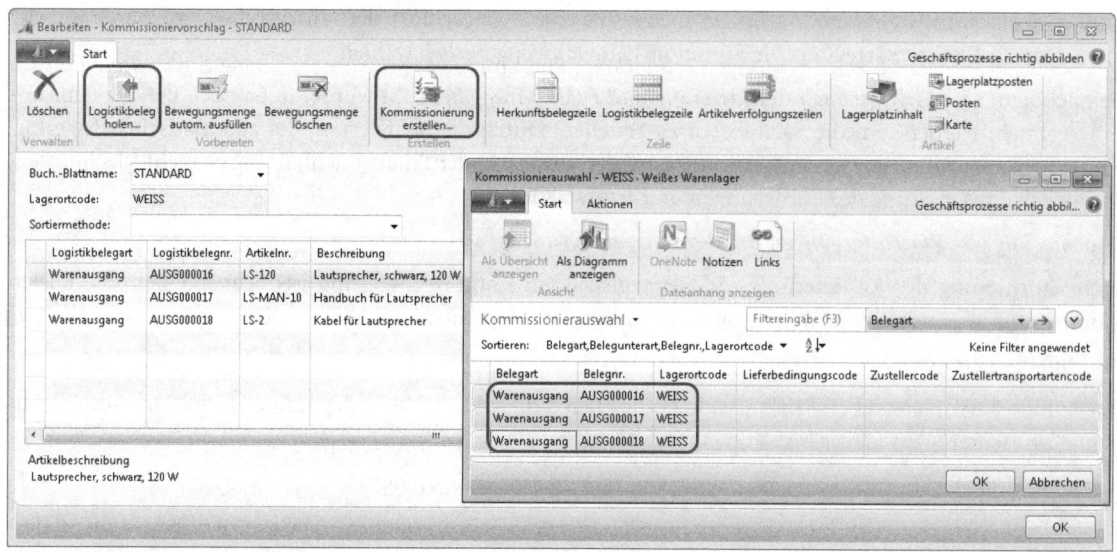

Abbildung 6.70   Selektion der Warenausgangsbelege und Erstellung des Kommissioniervorschlags

Nach Definition der für die Kommissionierung relevanten Aufbereitungskriterien (siehe Abbildung 6.71) erstellt Dynamics NAV den Kommissionierbeleg.

Prozesse der Lagerverwaltung

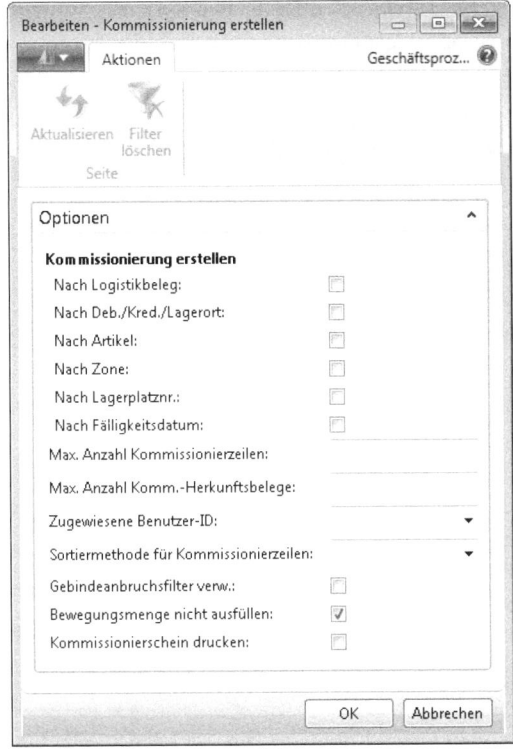

Abbildung 6.71 Aufbereitungskriterien für die Erstellung des Kommissionierbelegs

Einrichtung von Vorschlagsvorlagen

Die Einrichtung der Vorschlagsvorlagen erfolgt über den Link: *Abteilungen/Verwaltung/Anwendung Einrichtung/Lager/Lager/Logistik Vorschlagsvorlagen* (siehe Abbildung 6.72).

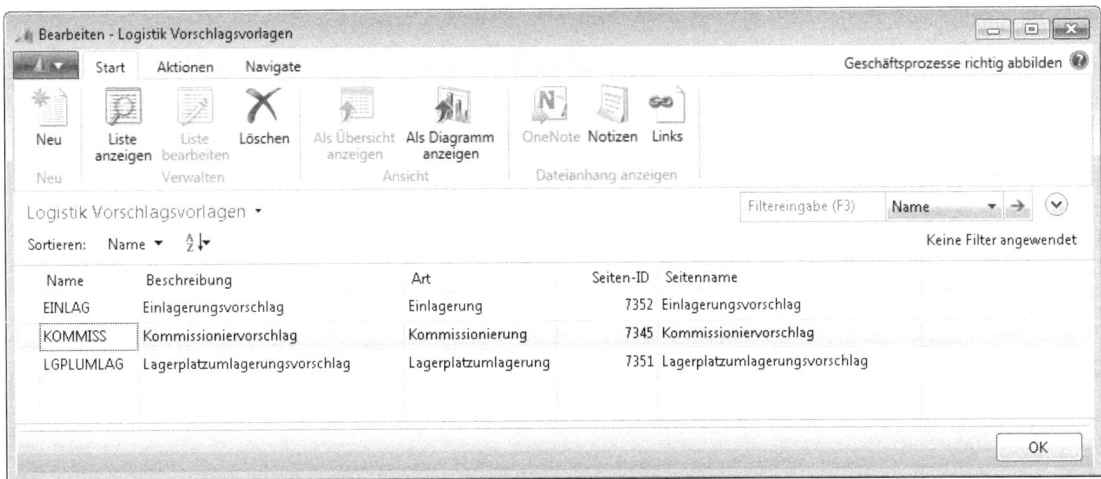

Abbildung 6.72 Einrichtung Vorschlagsvorlagen (1/2)

Nach Auswahl der entsprechenden Vorschlagsvorlage (hier KOMMISS) kann über die Registerkarte *Navigate* und die Funktion *Namen* eine Vorlage für den relevanten Lagerort erzeugt werden (siehe Abbildung 6.73).

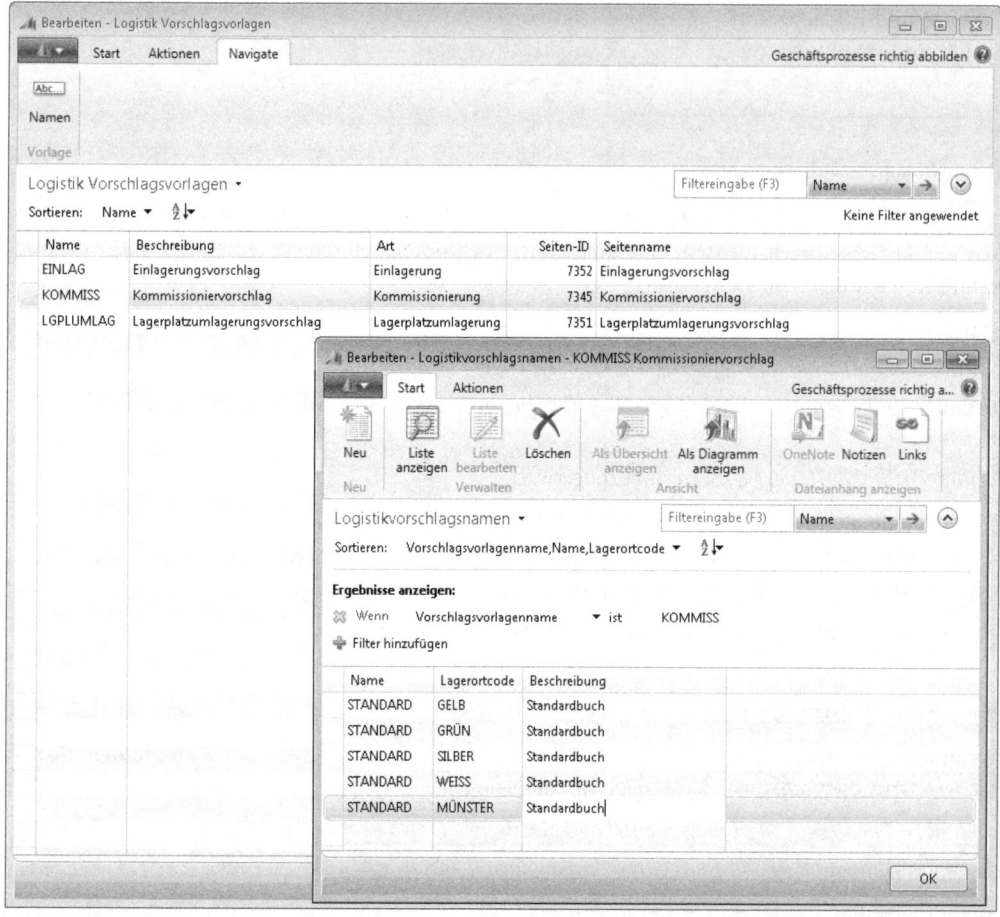

Abbildung 6.73   Einrichtung Vorschlagsvorlagen (2/2)

Prozesse der Lagerverwaltung aus Compliance-Sicht

Potenzielle Risiken

- Ineffizient und ineffektiv gestaltete Lagerprozesse (Effectiveness, Efficiency, Integrity, Compliance)
- Ineffektive Kontrollen und Funktionstrennung (Effectiveness, Compliance)
- Inkorrekte Abbildung der Lagerbestände in der Finanzbuchhaltung (Effectiveness, Integrity, Compliance, Reliability)

Prüfungsziele

- Implementierte Lagerprozesse und Systemeinstellungen auf Effizienz und Effektivität prüfen
- Effektivität der Kontrollen und der Funktionstrennung beurteilen
- Korrekte Abbildung der Lagerbestände im Reporting sicherstellen

Prüfungshandlungen

Implementierte Lagerprozesse und Systemeinstellungen auf Effizienz und Effektivität prüfen

Um die Effektivität und Effizienz von Lagerprozessen beurteilen zu können, ist zunächst ein Überblick zu erlangen, wie die Prozesse aktuell implementiert sind und welche Arten von Produkten in welchen Mengen verarbeitet werden. Neben einer direkten Befragung der Verantwortlichen und der Sichtung der vorhandenen Dokumentationen zu den Prozessabläufen sind Analysen der Bestands- und Bewegungsdaten in Einkauf, Lager und Verkauf heranzuziehen. Je nach Unternehmensabläufen sind die Analysen übergreifend und beispielsweise auch produktgruppenspezifisch durchzuführen, insbesondere wenn Lagerprozesse sich unterscheiden, beispielsweise bei Wertartikeln, Standardartikeln, Artikeln, die rechtlichen Anforderungen wie der Einhaltung der Kühlkette genügen müssen. Nachfolgend werden potenziell relevante Reports und Analysewerkzeuge unterteilt nach Bereichen aufgeführt.

- Lagerbestand

    Link: *Abteilungen/Finanzmanagement/Lager/Aktuellen Lagerwert ermitteln*

    Link: *Abteilungen/Finanzmanagement/Lager/Lagerbewertung – Aktiviert* (unfertige Arbeiten, Fertigungsaufträge)

    Link: *Abteilungen/Einkauf/Lager & Bewertung/Lagerwert*

    Link: *Abteilungen/Einkauf/Lager & Bewertung/Lager – Verfügbarkeit*

    Link: *Abteilungen/Einkauf/Lager & Bewertung/Lager – Eingehende Umlagerungen*

    Link: *Abteilungen/Einkauf/Lager & Bewertung/Lager – Liste*

    Link: *Abteilungen/Einkauf/Lager & Bewertung/Artikellagerzeit – Menge*

    Link: *Abteilungen/Einkauf/Lager & Bewertung/Artikellagerzeit – Wert*

    Link: *Abteilungen/Einkauf/Lager & Bewertung/Lagerhaltungsdaten*

- Lagerbewegungen

    Link: *Abteilungen/Lager/Logistikmanagement/Geb. Wareneingang* und *Geb. Warenausgang*

    Link: *Abteilungen/Lager/Logistikmanagement/Lagerplatzjournal – Menge*

    Link: *Abteilungen/Einkauf/Lager & Bewertung/Artikeljournal – Menge*

    Link: *Abteilungen/Einkauf/Lager & Bewertung/Artikeljournal – Wert*

    Link: *Abteilungen/Einkauf/Lager & Bewertung/Artikel-ABC-Analyse* (siehe Hinweis unten)

    Link: *Abteilungen/Verkauf & Marketing/Lager & Preise/Lager – Verkaufsstatistik*

    Link: *Abteilungen/Verkauf & Marketing/Lager & Preise/Artikel – Top 10 Liste*

    Link: *Abteilungen/Verkauf & Marketing/Lager & Preise/Artikel-ABC-Analyse*

    Feldzugriff: *Tabelle 5772 Reg. Lageraktivitätskopf*

    Feldzugriff: *Tabelle 5773 Reg. Lageraktivitätszeile*

    Mehr Details zu den Umlagerungsvorgängen, die anhand der folgenden Abfragen analysiert werden können, erfahren Sie im Abschnitt »Umlagerung von Lagerbeständen«.

    Feldzugriff: *Tabelle 5742 Umlagerungsroute*

    Feldzugriff: *Tabelle 5744 Umlagerungsausgangskopf*

    Feldzugriff: *Tabelle 5745 Umlagerungsausgangszeile*

    Feldzugriff: *Tabelle 5746 Umlagerungseingangskopf*

    Feldzugriff: *Tabelle 5747 Umlagerungseingangszeile*

- **Offene Belege**

    Link: *Abteilungen/Lager/Planung & Ausführung/Warenausgangsstatus*

    Link: *Abteilungen/Lager/Auftragsbezogene Logistik/Lagereinlagerungsliste*

    Link: *Abteilungen/Lager/Logistikmanagement/Einlagerungsliste*

    Link: *Abteilungen/Lager/Logistikmanagement/Kommissionierliste*

    Link: *Abteilungen/Lager/Auftragsbezogene Logistik/Lagerplatzumlagerung*

    Link: *Abteilungen/Lager/Logistikmanagement/Wareneingang* und *Warenausgang*

HINWEIS Beim Report *Artikel-ABC-Analyse* ist auf einige Besonderheiten am Ende des Reports hinzuweisen. Zum einen handelt es sich um Fehlübersetzungen in den Spalten *Aktie* und *Nein* (aus dem Englischen *Share* – Anteil und *No* – Anzahl). Zum anderen handelt es sich bei den Einträgen in der Spalte *von Summe* nicht um den Wert der entsprechenden Artikelkategorie, sondern um den Gesamtwert multipliziert mit der Verhältnisprozentzahl der mengenmäßig größeren Kategorie(n).

Online Um den Nutzen der Artikel-ABC-Analyse zu steigern, haben wir die Auswertungsmöglichkeiten um das Kriterium *Lagerwert* sowie um die Darstellung der Einstandspreishistorie und von Einstandspreisschwankungen ab einer gewissen Höhe ergänzt. Die entsprechend angepasste Analyse steht zum Import im Begleitmaterial zu diesem Buch zur Verfügung (siehe in Anhang A den Abschnitt »Artikel-ABC-Analyse«).

Die Begleitdateien stehen als Download zur Verfügung. Sie können diese wahlweise entweder von der Seite *www.microsoftpress.de/support/9783866455696* oder von der Seite *msp.oreilly.de/support/2272/803* herunterladen.

Auf Basis der Auswertungen sollten Prozessdurchläufe für repräsentative Artikel unter Berücksichtigung der einzelnen Produktgruppen durchgeführt werden, um die Prozessbeschreibungen mit den etablierten Prozessen abgleichen zu können. Die Prüfung sollte die Analyse der implementierten Kontrollen im Bereich des Wareneingangs, der Einlagerungen, der Kommissionierung und des Warenausgangs, die eingebundenen Personen sowie die genutzten Belege beinhalten. Anschließend sollte ein Abgleich der in Dynamics NAV implementierten Abläufe mit den Anforderungen und Abläufen im Lager erfolgen. Beispielsweise sollte analysiert werden, ob der Belegfluss in Dynamics NAV, die Verwendung von Lagerplatzposten und Lagerhaltungsdaten den Anforderungen entsprechen.

Über die Analyse der offenen Belege kann die Verwendung und Bearbeitung der durch das System bereitgestellten Belege geprüft werden. Eine hohe Anzahl offener Belege unter Beachtung der Belegdaten lassen Rückschlüsse auf die korrekte Bearbeitung zu. Beispielsweise können offene Umlagerungsbelege daraus resultieren, dass die Einlagerung im Ziellager nicht durchgeführt wurde, Bestandsbuchungen aber dennoch möglich sind, weil die Funktionalitäten der Logistik nicht aktiviert sind (siehe hierzu den Abschnitt »Umlagerung von Lagerbeständen«).

Im Rahmen der Prüfung der vollständigen Verarbeitung und Erfassung der Lagervorgänge ist die Lückenlosigkeit der Belegnummern zu prüfen. In Verbindung mit den offenen Belegen ist eine Überprüfung anhand der oben genannten Reports durchzuführen, Belegnummernlücken sind zu klären.

Weiterhin ist es denkbar, dass über die Nutzung von Umlagerungen notwendige Einlagerungs- und Kommissionierbelege übergangen werden (siehe den Abschnitt »Umlagerung zwischen Lagerorten«). Die entsprechenden Kontrollen inklusive der Funktionstrennungen werden damit unter Umständen umgangen. Diesbezügliche Prüfungshandlungen werden im Abschnitt Umlagerung, Umbuchung und Korrektur von Lagerbeständen erläutert.

Darüber hinaus sind spezielle Anforderungen beispielsweise im Bereich der Serien- oder Chargennummernvergabe und der Verwendung des Garantie- und Ablaufdatums zu beachten, falls es sich bei Produkten um Artikel mit Garantien oder Haltbarkeitsdaten handelt. Zu den entsprechenden Fragestellungen und Prüfungshandlungen verweisen wir auf Abschnitt »Artikelverfügbarkeit, Artikelverfolgung, Reservierung und Zuordnung von Artikeln (Crossdocking) aus Compliance-Sicht«.

Effektivität der Kontrollen und der Funktionstrennung beurteilen

Als Überblick über die Effektivität der etablierten Kontrollen können zunächst die Inventurergebnisse der letzten Jahre dienen, die speziell Schwächen von Kontrollen im physischen Warenfluss widerspiegeln. Dies setzt voraus, dass eine effektive Durchführung der Inventur sichergestellt ist (wir verweisen auf Abschnitt »Montageaufträge«).

Generell ist es aus Compliance-Sicht wichtig, eine ausreichende Funktionstrennung zu gewährleisten. Durch die Verwendung von Wareneingangs-, Einlagerungs-, Kommissionier- und Warenausgangsbelegen in Verbindung mit einer entsprechenden personellen Funktionstrennung im Sinne des Vieraugenprinzips kann dies gewährleistet werden. Die etablierten Prozesse und Kontrollen, die verwendeten Belege und Dokumentationen (beispielsweise sollten durchgeführte Kontrollen schriftlich dokumentiert werden) sind diesbezüglich zu hinterfragen, wobei die Größe des Unternehmens sowie die Art der verarbeiteten Artikel beachtet werden müssen. Beispielhaft werden Fragestellungen im Rahmen des Wareneingangs aufgeführt, die im Rahmen der Prozessanalyse zu hinterfragen sind:

- Wer führt die Wareneingangskontrollen durch, was wird geprüft (Eingangsmenge im Vergleich zu Lieferschein und Bestellung)? Gibt es entsprechende Richtlinien, die neben den Prüftätigkeiten und Dokumentationsanforderungen auch Regelungen bei Abweichungen enthalten?
- Erfolgt die Einlagerung durch personell getrennte Mitarbeiter? Wird damit eine Überprüfung der im Wareneingang erfassten Mengen erreicht?
- Erfolgt die Buchung des Wareneingangs durch Personen, die nicht die Bestellung und/oder den Wareneingang erfasst haben? Erfolgt eine Überprüfung der Preise anhand der Bestellungen? Wie wird bei Abweichungen verfahren?
- Liegen die erforderlichen Dokumente vor?

Als systemorientierte Prüfungshandlung ist die Analyse der entsprechenden Benutzerberechtigungen zu nennen. Wir verweisen in diesem Zusammenhang auf Kapitel 4 sowie auf das Benutzerrechte-Analysetool, welches im Begleitmaterial enthalten ist. Zusätzlich sind die Beleggenehmigungsregeln zu beachten, die weitere Berechtigungseinschränkungen beinhalten können.

Darüber hinaus ist darauf hinzuweisen, dass es bei Lagerorten ohne gesteuerte Einlagerung und Kommissionierung möglich ist, Warenzu- und -abgänge in der entsprechenden Einkaufsbestellung bzw. dem entsprechenden Verkaufsauftrag zu buchen, ohne dass die eigentlich je nach Lagerorteinstellung erforderlichen Wareneingangs-, Einlagerungs-, Kommissionier- und Warenausgangsbelege erzeugt werden (das System weist lediglich mit einer Warnmeldung darauf hin, dass die erforderlichen Belege nicht erzeugt werden). Durch ein derartiges Vorgehen werden die mittels der verschiedenen Belege etablierten Kontrollen umgangen.

Online Eine Überprüfung, in welchen Fällen Buchungen direkt über die Bestell- oder Auftragszeile erfolgt sind, ist über die im Begleitmaterial zu diesem Buch enthaltenen Reports möglich (siehe in Anhang A den Abschnitt »Analyse der Logistikbelegverwendung«).

Die Begleitdateien stehen als Download zur Verfügung. Sie können diese wahlweise entweder von der Seite *www.microsoft-press.de/support/9783866455696* oder von der Seite *msp.oreilly.de/support/2272/803* herunterladen.

Korrekte Abbildung der Lagerbestände in der Finanzbuchhaltung sicherstellen

Im Rahmen der Analyse der korrekten Abbildung der Lagerbestände in der Finanzbuchhaltung ist auf die Analyse der Einrichtung der Lagerbuchungen zu verweisen (Link: *Abteilungen/Verwaltung/Anwendung Einrichtung/Finanzmanagement/Buchungsgruppen/Lagerbuchungsgruppen* und *Lagerbuchung Einrichtung*, siehe hierzu und zu weiteren Details den Abschnitt »Lagerbewertung aus Compliance-Sicht«, den Abschnitt »Buchungsprozesse« in Kapitel 4 und die Ausführungen in Kapitel 7). Darüber hinaus ist zu prüfen, ob es im Einzelfall zu einer Änderung der Lager- oder Produktbuchungsgruppe gekommen ist.

Negative Bestandsmengen können in Lagerorten auftreten, in denen keine Logistikaktivitäten aktiviert wurden. Anhand der Artikelposten können negative Mengen identifiziert und näher analysiert werden.

Link: *Abteilungen/Lager/Planung & Ausführung/Artikel*, dort in der Registerkarte *Navigate* die Aktion *Artikel nach Lagerort* wählen. Im sich dann öffnenden Fenster *Artikel nach Lagerort* in der Registerkarte *Start* die Aktion *Matrix anzeigen* aufrufen und den Tabellenfilter definieren [*Lagerbestand* »<0«] (siehe Abbildung 6.74).

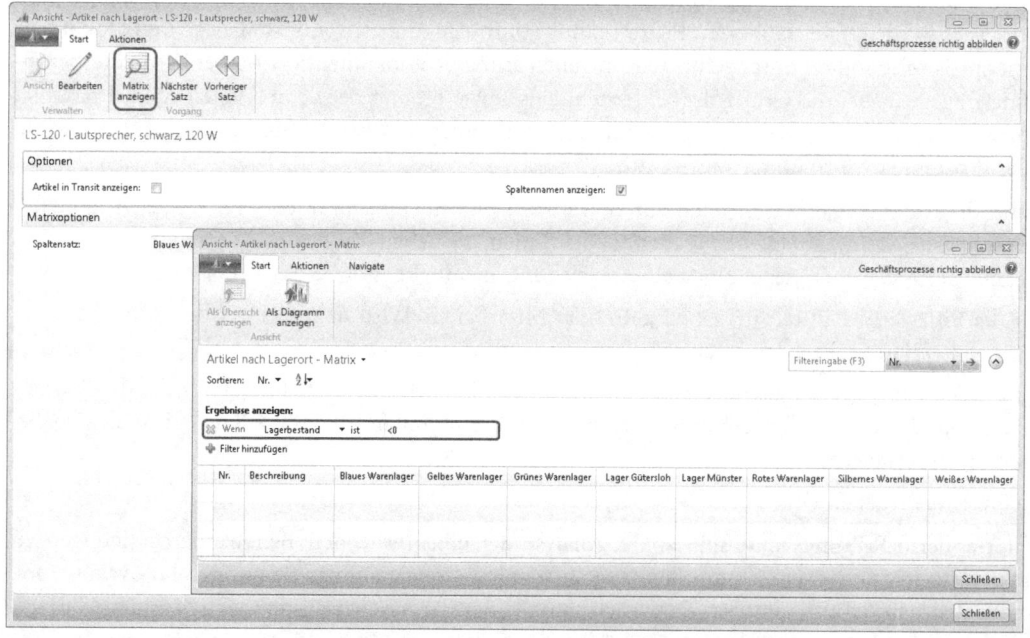

Abbildung 6.74 Artikel nach Lagerort – Matrix mit Filter Lagerbestand kleiner Null

Artikelverfügbarkeit, Artikelverfolgung, Reservierung und Zuordnung von Artikeln (Crossdocking)

Die folgenden Themen betreffen die Planung sowie die Prüfung und Umsetzung von Kundenaufträgen und werden in der dargestellten Reihenfolge erläutert:

- Artikelverfügbarkeit
- Artikelverfolgung
- Reservierung
- Zuordnung (Crossdocking)

Artikelverfügbarkeit

Dynamics NAV bietet Unternehmen die Möglichkeit, aktuelle Informationen über Lagerdaten und Verfügbarkeit von Artikeln zu generieren. Die Berechnung der aktuellen Artikelverfügbarkeit erfolgt über die Elemente Lagerbestand zuzüglich offener, eingehender Aufträge abzüglich Zuordnungen[1]. Der Lagerbestand ergibt sich aus der Summe aller gebuchten Artikelzugänge abzüglich aller gebuchten Abgänge und entspricht der Menge der in den Lagerorten verfügbaren Artikel. Über die Artikelkarte oder die Artikelübersicht kann mittels einer Matrix der lagerortübergreifend verfügbare Lagerbestand abgerufen werden (siehe Abbildung 6.75).

Link: *Abteilungen/Lager/Planung* & *Ausführung/Artikel*, dort Auswahl eines Artikels

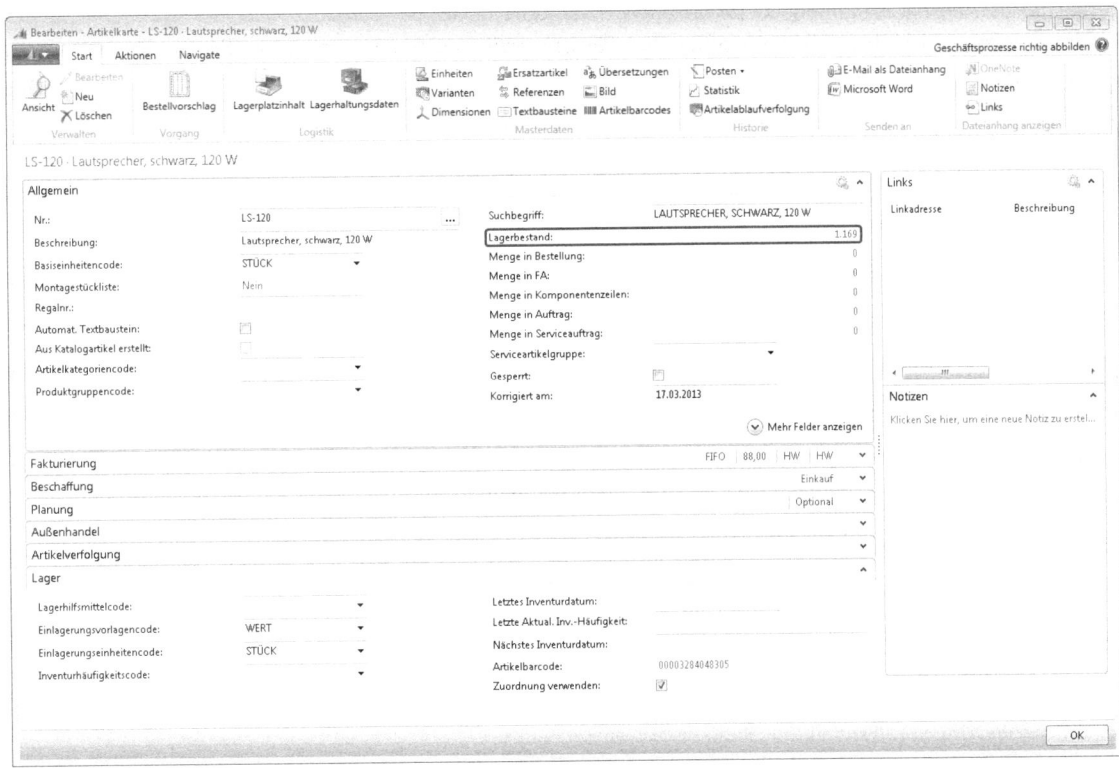

Abbildung 6.75 Artikelkarte mit Lagerbestand

Der Lagerbestand je Lagerort kann über die Registerkarte *Navigate* und die Aktion *Artikel nach Lagerort* abgerufen werden. Dazu ist im sich öffnenden Fenster *Artikel nach Lagerort* in der Registerkarte *Start* die Aktion *Matrix anzeigen* auszuwählen (siehe Abbildung 6.76).

---

[1] An dieser Stelle weisen wir auf eine definitorische Ungenauigkeit in der deutschen Dynamics NAV-Terminologie hin. Neben der hier relevanten Definition der Zuordnungen als temporäre oder dauerhafte Artikelzurückstellungen wird der Begriff »Zuordnung« auch im Rahmen von Crossdocking-Prozessen verwendet. In diesem Zusammenhang geht es um die Verwendung von bestimmten Lagerplätzen, um die Artikellogistik im Lager zu beschleunigen. Um in der Begriffswelt von Dynamics NAV bleiben zu können, wird im Bereich Crossdocking der Ausdruck »Zuordnung« durch den englischen Begriff »Crossdocking« ersetzt.

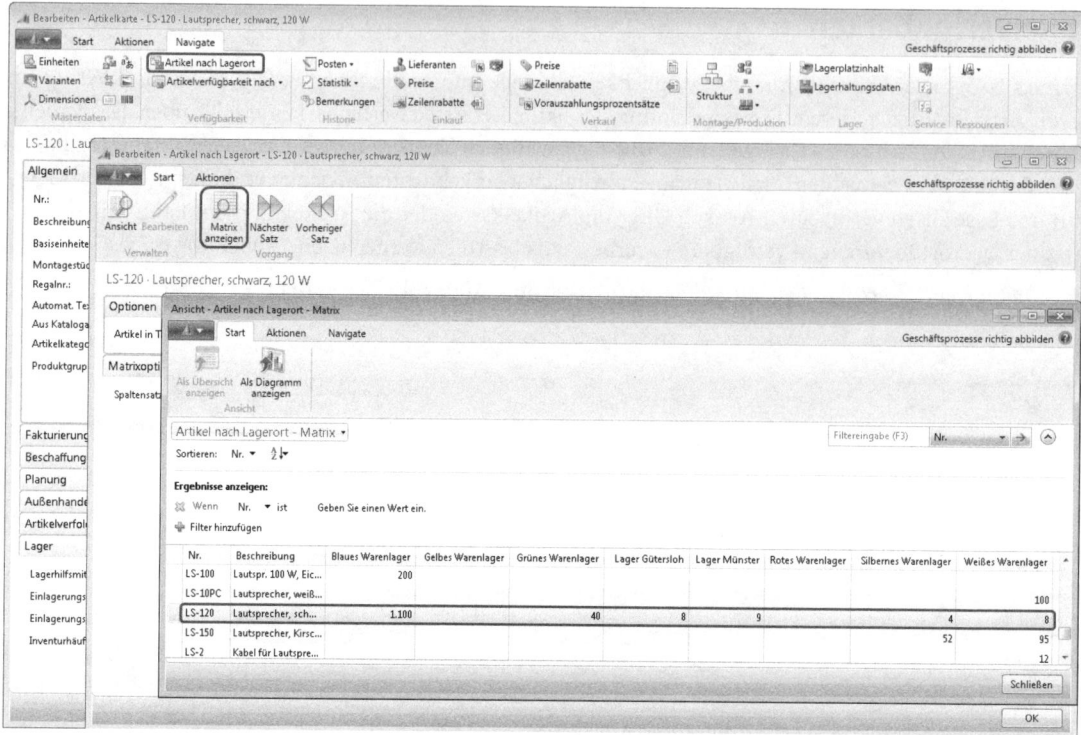

Abbildung 6.76 Lagerbestand je Lagerort

Auf der Artikelkarte weiterhin ersichtlich sind Artikelmengen, die:

- bestellt aber noch nicht geliefert wurden (*Menge in Bestellungen*)
- über Fertigungsauftragszeilen im Zulauf sind (*Menge in FA*)
- als Fertigungsauftragskomponenten benötigt werden (*Menge in Komponentenzeile*)
- in Verkaufsaufträgen erfasst sind, aber noch nicht geliefert wurden (*Menge in Auftrag* – zum Thema Reservierung von Artikeln und Bedarfsverursacher siehe auch die Ausführungen in den Abschnitten »Reservierung von Artikeln« und »Bedarfsverursacher«)
- für Serviceauftragszeilen erfasst, aber noch nicht geliefert wurden (*Menge in Serviceauftrag*).

Daneben können folgende FlowFields eingeblendet werden:

- *Menge in Montageauftrag* (zu montierende Mengen im Zulauf)
- *Menge in Montagekomponente* (benötigte Menge für Montage).

Zuordnungen ergeben sich über temporäre oder dauerhafte Artikelzurückstellungen in Form von Reservierungen, Sicherheitsbeständen, Lagerentnahmen, Lieferungen oder bei Reparaturbedarf. Artikel können bereits zugeordnet werden, wenn sie als Bestellung erfasst, aber noch nicht eingelagert wurden.

Selektionskriterien zur Artikelverfügbarkeit sind Ereignisse, Perioden, Varianten, Lagerorte, Stücklistenebenen und die Zeitachse (siehe Abbildung 6.77).

Link: *Abteilungen/Lager/Planung & Ausführung/Artikel*, dort einen Artikel und dann in der Registerkarte *Navigate* über das Dropdownmenü der Aktion *Artikelverfügbarkeit* nach das Kriterium auswählen.

Artikelverfügbarkeit, Artikelverfolgung, Reservierung und Zuordnung von Artikeln (Crossdocking)

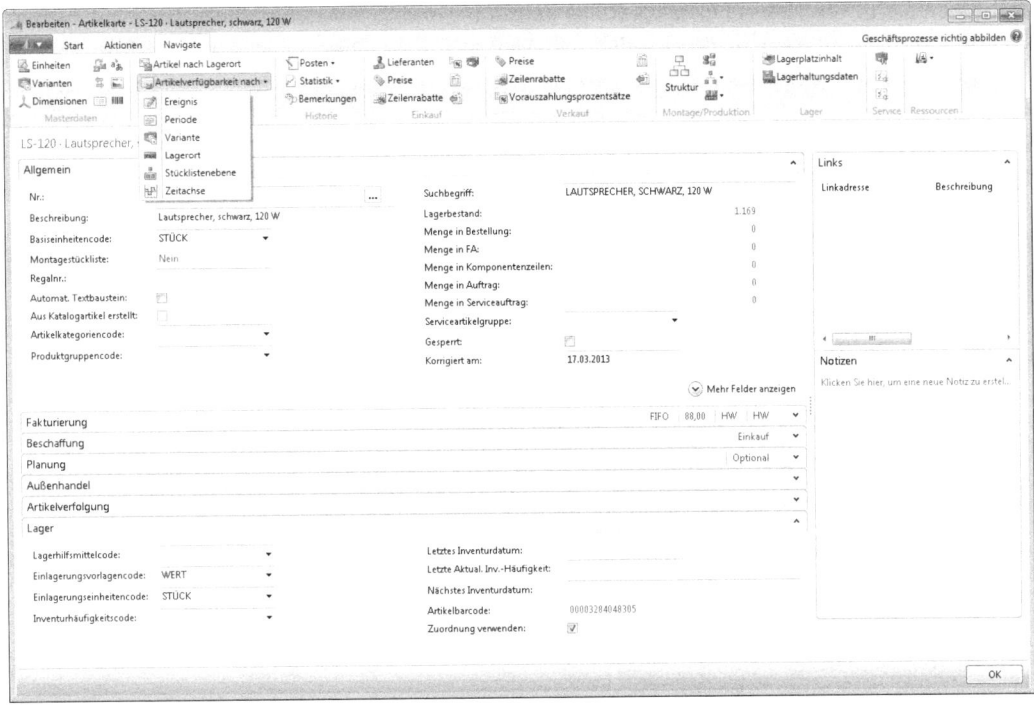

Abbildung 6.77   Selektionskriterien zur Artikelverfügbarkeit nach Lagerort

Das sich öffnende Fenster zeigt je Selektionskriterium die Artikelverfügbarkeit (hier am Beispiel der Selektion nach Lagerort, siehe Abbildung 6.78).

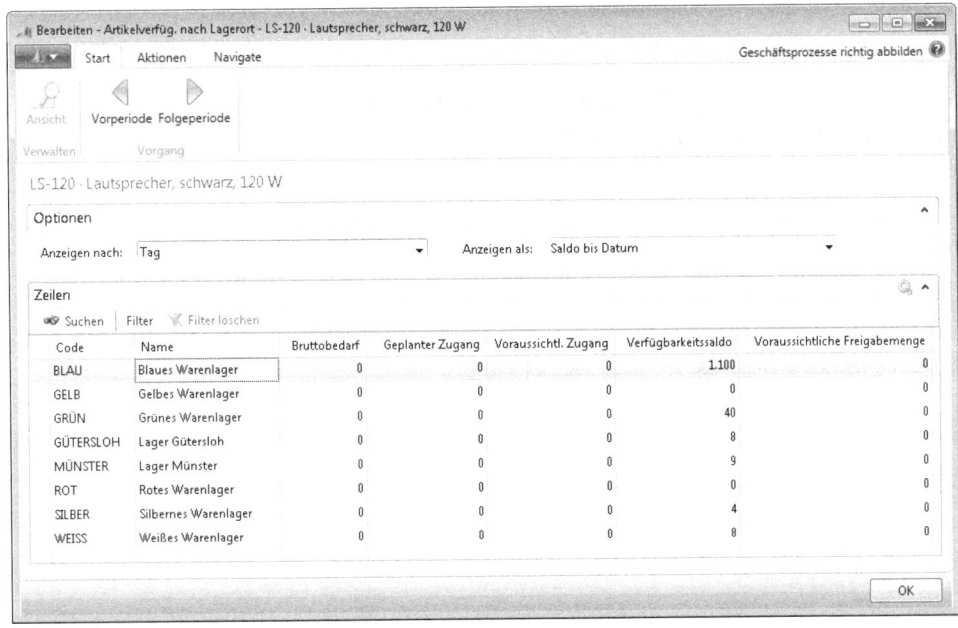

Abbildung 6.78   Artikelverfügbarkeit nach Lagerort

Über die Kriterien des Inforegisters *Optionen* können Zeiträume und Salden definiert werden. Über das Feld *Anzeigen nach* wird der Zeitraum (beispielsweise *Tag, Monat*) für die Bewegungssalden wie Bruttobedarf, geplanter Zugang definiert. Über das Feld *Anzeigen als* wird der Verfügbarkeitssaldo definiert, entweder als Veränderung im ausgewählten Zeitraum (*Bewegung*) oder als Verfügbarkeit am letzten Tag des ausgewählten Intervalls (*Saldo bis Datum*). Die Inhalte der einzelnen Spalten im Inforegister *Zeilen* werden in Tabelle 6.2 erläutert.

Feld	Beschreibung
Bruttobedarf	Summe des gesamten Bedarfs eines Artikels. Besteht aus unabhängigem Bedarf (Verkaufsaufträge, Serviceaufträge, Umlagerungsaufträge, Absatzplanungen) und abhängigem Bedarf (FA-Komponenten aus geplanten, fest geplanten und freigegebenen Fertigungsaufträgen, Montagekomponenten sowie aus Bestellvorschlägen und Planungsvorschlägen)
Geplanter Zugang	Summe der Artikel aus Zugängen. Enthalten sind fest geplante und freigegebene Fertigungsaufträge, Montageaufträge, Einkaufsbestellungen und Umlagerungsaufträge.
Voraussichtl. Zugang	Summe der Artikel aus Auftragsvorschlägen. Enthalten sind geplante Fertigungsaufträge, Montageaufträge, Planungsvorschläge und Bestellvorschläge.
Verfügbarkeitssaldo	Verfügbarer Lagerbestand
Voraussichtliche Freigabemenge	Summe aus voraussichtlichen Lagerzugängen (geplante Fertigungsaufträge, Planungsvorschläge und Bestellvorschläge) berechnet auf Basis des Startdatums (in Planungsvorschlägen, Fertigungs- und Montageaufträgen) oder Bestelldatums (im Bestellvorschlag). Summe ist nicht im verfügbaren Lagerbestand enthalten.

Tabelle 6.2 Tabellenfelder der Karte *Artikelverfügbarkeit nach Lagerort*

Artikelverfolgung

Das Konstrukt der Artikelverfügbarkeit ermöglicht zwar den Überblick über die verfügbaren Artikel, nicht jedoch eine artikel- oder chargengenaue Artikelverfolgung. Ist dies seitens des Unternehmens erforderlich, da beispielsweise Verfalls- oder Garantiedaten berücksichtigt werden müssen, kann das über die Artikelverfolgung anhand von Serien- und Chargennummern umgesetzt werden.

Grundlagen und Parameter der Artikelverfolgung

Um die Artikelverfolgung anhand von Serien- oder Chargennummern in Dynamics NAV nutzen zu können, müssen Artikelverfolgungscodes angelegt werden, denen (gegebenenfalls automatisch) Nummernserien zugeordnet werden können. Die Artikelverfolgungscodes werden dann den entsprechenden Artikeln zugeordnet. Die Artikelverfolgungscodes werden über den Link *Verwaltung* eingerichtet.

Link: *Abteilungen/Verwaltung/Anwendung Einrichtung/Lager/Lagerbestand/Artikelverfolgungscodes* (siehe Abbildung 6.79)

Über die Funktion *Artikelverfolgung/Karte* können Einstellungen zu den Artikelverfolgungscodes vorgenommen werden (siehe Abbildung 6.80).

Artikelverfügbarkeit, Artikelverfolgung, Reservierung und Zuordnung von Artikeln (Crossdocking)

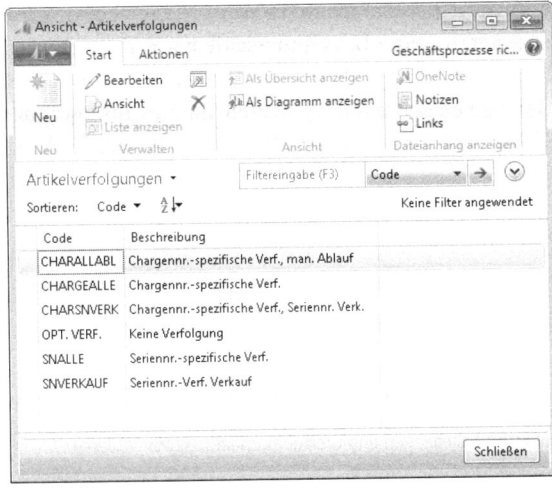

Abbildung 6.79 Artikelverfolgungscodes

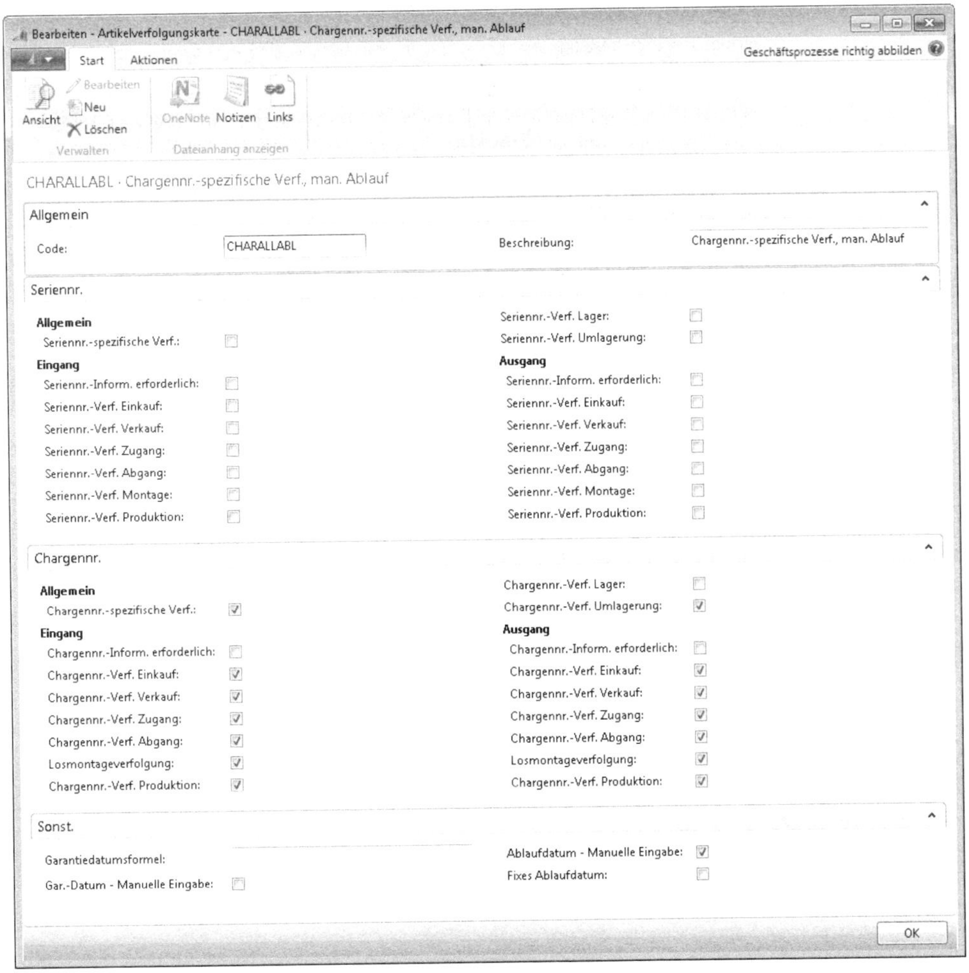

Abbildung 6.80 Einstellungen der Artikelverfolgungscodes

Zu beachten ist, dass Artikeln sowohl Seriennummern als auch Chargennummern zugeordnet werden können. Während Seriennummern eine 1:1-Verfolgung eines Artikels ermöglichen, werden bei der Nutzung von Chargennummern in der Regel mehrere Artikel einer Charge zugeordnet (beispielsweise notwendig bei Farben oder Chemikalien). Die möglichen Einstellungen in den Registerkarten werden in Tabelle 6.3 dargestellt.

Feld	Beschreibung
Code	Eindeutiger Schlüssel des Artikelverfolgungscodes
Beschreibung	Beschreibung des Artikelverfolgungscodes
Seriennr./Chargennr.-spezifische Verf.	Wenn aktiviert, muss bei Artikelbewegungen angegeben werden, welche Serien-/Chargennummer verwendet werden soll. Wurde einem Artikel bei Wareneingang eine Nummer zugewiesen, muss diese auch bei Warenausgang angegeben werden.
Seriennr./Chargennr.-Inform. erforderlich	Falls aktiviert, können Artikel nur gebucht werden (Eingang und/oder Ausgang), wenn die Serien-/Chargennummer angegeben wurde
Seriennr./Chargennr.-Verf. Einkauf, Verkauf, Zugang, Abgang, Montage, Produktion, Lager, Umlagerung	Hier kann selektiert werden, bei welchen Prozessschritten im Warenein- und -ausgang die Serien-/Chargennummer verwendet werden muss. Wurde das Feld *Seriennr./Chargennr.-spezifische Verf.* aktiviert, sind auch diese Felder aktiviert.
Garantiedatumsformel	Hier kann eine Formel zur Berechnung des Garantiedatums hinterlegt werden. Beispiele zur Definition der Formel werden in der Onlinehilfe zum Stichwort *Datumswerte, Formeln* gegeben.
Gar.-Datum – Manuelle Eingabe	Bei Aktivierung muss ein Garantiedatum manuell eingegeben werden
Ablaufdatum Manuelle Eingabe	Bei Aktivierung muss ein Ablaufdatum manuell eingegeben werden
Fixes Ablaufdatum	Das zugeordnete Ablaufdatum muss beim Warenausgang berücksichtigt werden. Ist das Ablaufdatum überschritten, kann systemtechnisch nicht mehr ausgeliefert werden. Dieses Feld steht in Verbindung zur Artikelkarte und der dort angegebenen Ablaufdatumsformel.

Tabelle 6.3 Einstellungsmöglichkeiten im Rahmen der Artikelverfolgung

Mehr über die Einrichtung von Nummernserien für die Artikelverfolgung erfahren Sie in Kapitel 4 im Abschnitt »Grundeinrichtung«. Anwendbar ist die automatische Zuordnung von Serien- oder Chargennummern beispielsweise, wenn die Artikel ohne entsprechende Nummern vom Lieferanten geliefert wurden oder wenn eigens erstellte Produkte eine solche Nummerierung benötigen.

Die Zuordnung der zu nutzenden Artikelverfolgungscodes zu Artikeln erfolgt über die Artikelkarte.

Link: *Abteilungen/Lager/Planung* & *Ausführung/Artikel*, dort Auswahl des Artikels und in der Artikelkarte im Inforegister *Artikelverfolgung* den Artikelverfolgungscode angeben (siehe Abbildung 6.81)

Neben den zu pflegenden Angaben zum Artikelverfolgungscode und der zu wählenden Nummernserie kann im Feld *Ablaufdatumsformel* eine Formel hinterlegt werden, welche auf Basis des Belegdatums das entsprechende Ablaufdatum errechnet (Beispiele zur Definition der Formel werden in der Onlinehilfe zum Stichwort »Datumswerte, Formeln« gegeben).

Artikelverfügbarkeit, Artikelverfolgung, Reservierung und Zuordnung von Artikeln (Crossdocking)

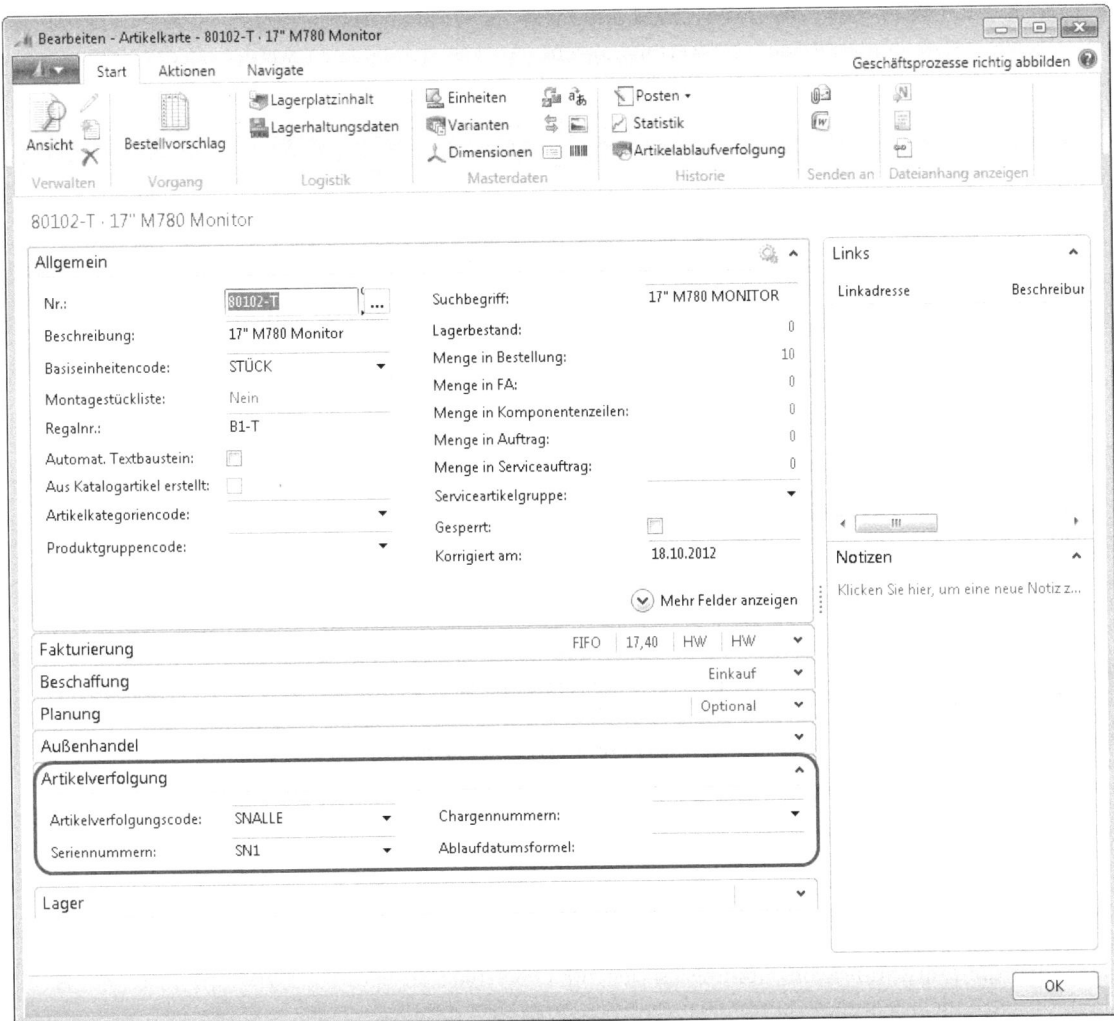

Abbildung 6.81 Einrichtung der Artikelverfolgung auf der Artikelkarte

Zuordnung von Serien- und Chargennummern

Hat ein Unternehmen die Anforderung, Artikel per Serien- oder Chargennummer verfolgen zu können, sind die entsprechenden Nummern beim Eingang zuzuweisen. Da sich das Vorgehen bei der Verwendung der verschiedenen Belegarten Bestell-, Wareneingangs-, Einlagerungs- oder Wareneingangs- und Einlagerungsbelege im Grunde nicht unterscheidet, wird im Folgenden die Zuordnung von Serien- oder Chargennummern am Beispiel der Nutzung der Bestellung als Wareneingangsbeleg beschrieben. Eine Buchung des gelieferten Artikels kann erst erfolgen, wenn dem Artikel eine Serien- oder Chargennummer zugewiesen wurde.

Link: *Abteilungen/Einkauf/Bestellungsabwicklung/Bestellungen*, dort die Bestellung und im Inforegister *Zeilen* im Dropdownmenü der Aktion *Zeile* die Aktion *Artikelverfolgungszeile* auswählen (siehe Abbildung 6.82)

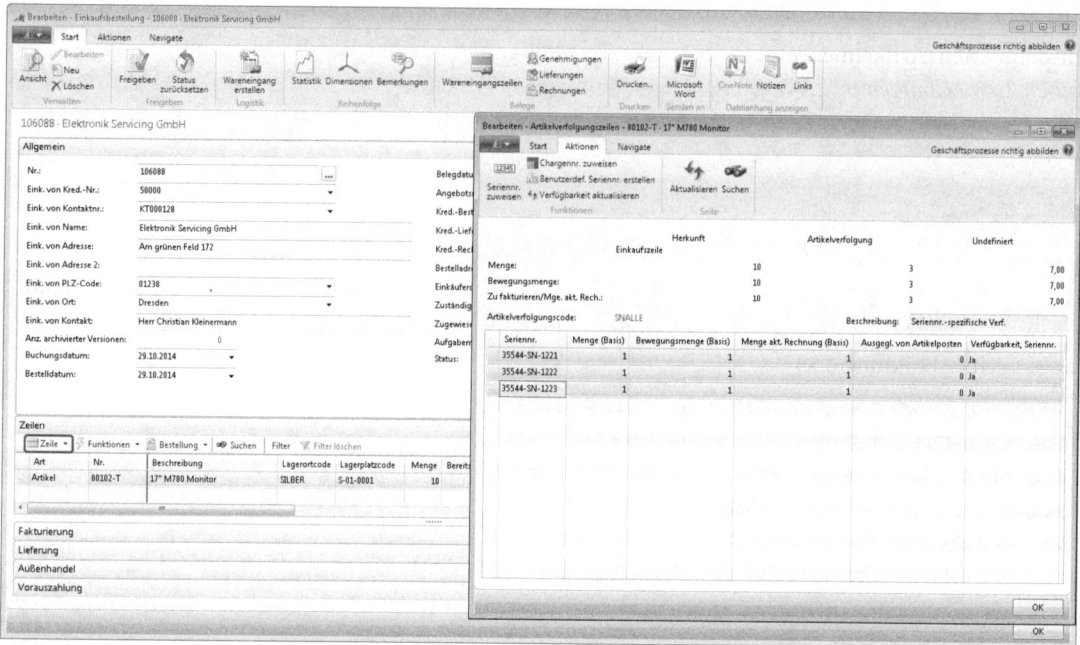

Abbildung 6.82 Serien- und Chargennummern – manuell zugeordnet

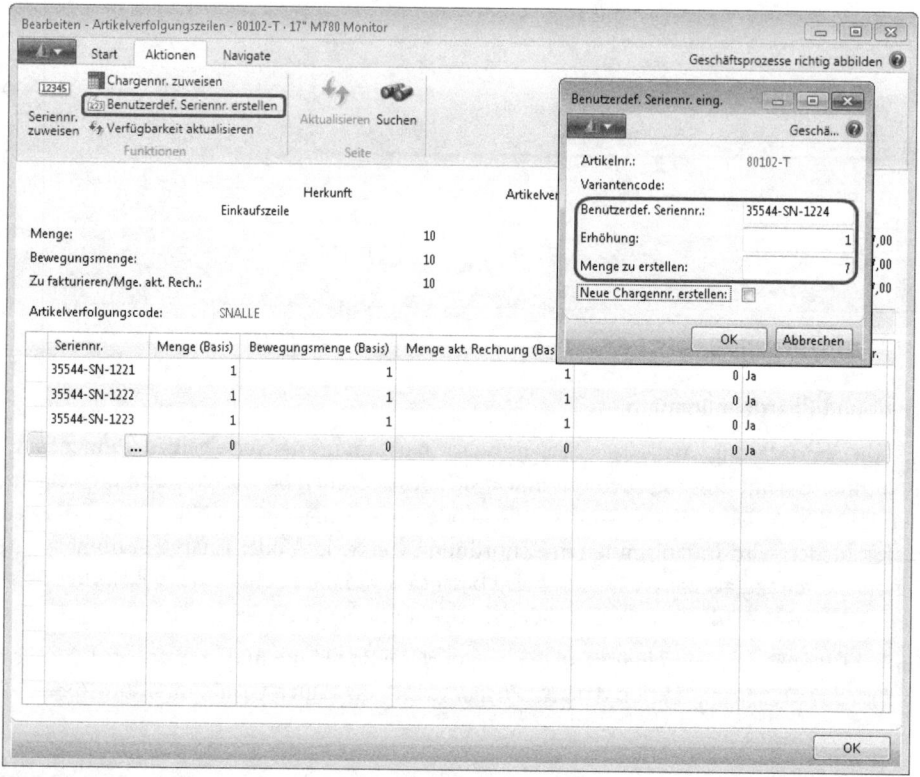

Abbildung 6.83 Benutzerdefinierte Seriennummer definieren

Im Kopf des Fensters *Artikelverfolgungszeilen* sind die Bestellmengen, die bereits zugeordneten und die noch nicht definierten Artikelmengen sowie der Artikelverfolgungscode aufgeführt. Über die Aktion *Seriennr. zuweisen* bzw. *Chargennr. zuweisen* werden automatisch Zeileneinträge in den Artikelverfolgungszeilen erstellt, welche sich aus den definierten Nummernserien ergeben (hier entsprechend der Seriennummerndefinition SN1). Ist keine Nummernserie zugeordnet oder soll die Nummernvergabe nach anderen Kriterien erfolgen, kann dies manuell im oben dargestellten Fenster erfolgen oder die Aktion *Benutzerdef. Seriennr. erstellen* genutzt werden. Die Seriennummern sind im sich dann öffnenden Fenster zu definieren (siehe Abbildung 6.83).

Das System erlaubt es, die Art der Seriennummer in Form des ersten Eintrags, der schrittweisen Erhöhung sowie die zu erstellende Menge zu definieren und erstellt auf Basis der Angaben die entsprechenden Zeileneinträge (siehe Abbildung 6.84).

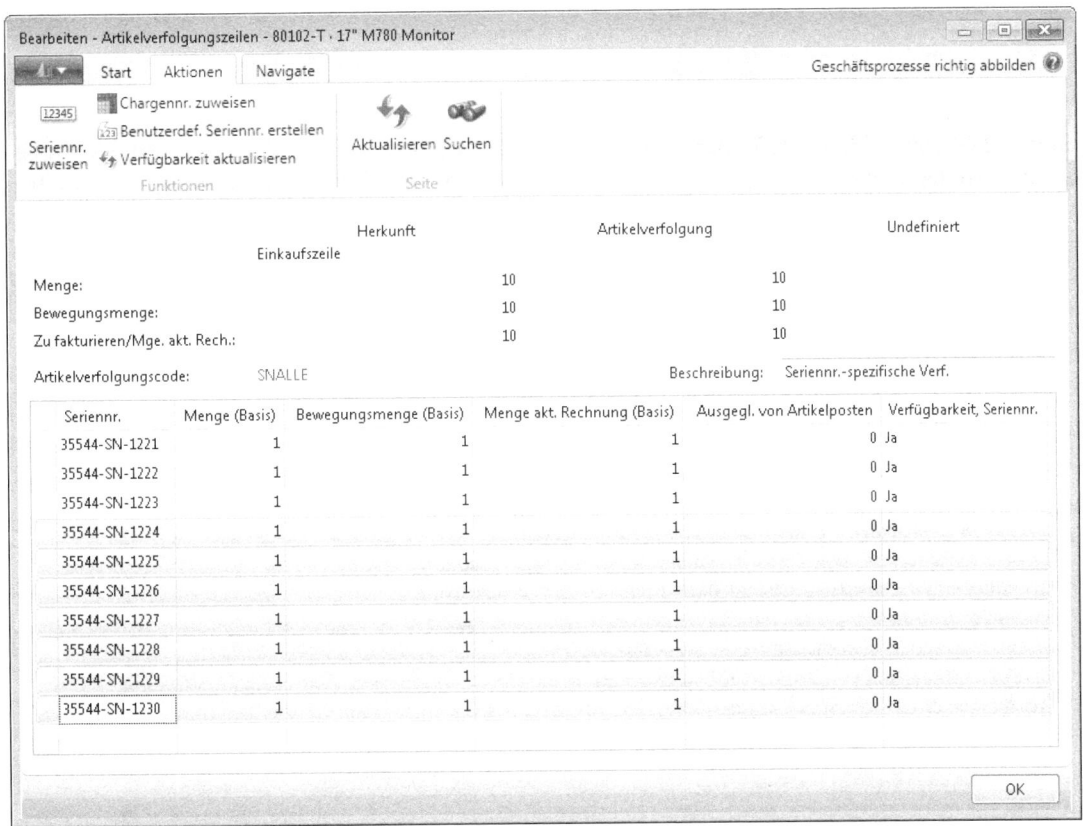

Abbildung 6.84   Benutzerdefinierte Serien- und Chargennummern erstellen

Die Bestellung ist dann buchbar. Eine Nachverfolgung der Artikel ist in Dynamics NAV je Artikelverfolgungsposten und über Debitoren/Kreditoren möglich.

Link: *Abteilungen/Lager/Planung & Ausführung/Artikel*, dort Auswahl des Artikels und in der Registerkarte *Navigate* über das Dropdownmenü der Aktion *Posten* den Befehl *Artikelverfolgungsposten* aufrufen

Link: *Abteilungen/Einkauf/Bestellungsabwicklung/Kreditoren*, dort den Kreditor und anschließend in der Registerkarte *Navigate* die Aktion *Artikelverfolgungsposten* auswählen

TIPP Die Erfassung der Serien- und/oder Chargennummern sollte immer erst nach der Erfassung des Lagerorts erfolgen, da eine Änderung des Lagerorts eine Neuerfassung mit sich zieht.

HINWEIS Die Verwendung der Artikelverfolgung hat direkte Auswirkungen auf die Lagerbewertung, da das für die Artikel hinterlegte Verbrauchsfolgeverfahren (beispielsweise Durchschnittsbewertung) durch eine direkte Zuordnung der eingehenden und ausgehenden Artikel bei der Lagerregulierung ersetzt wird (Einzelbewertung).

Reservierung, Bedarfsverursacher und Zuordnung von Artikeln (Crossdocking)

Eine Verknüpfung zwischen Beschaffung und Verkaufsaufträgen wird über die Konstrukte Reservierung, Bedarfsverursacher und Zuordnung ermöglicht. Diese Konstrukte werden im Folgenden vorgestellt.

Reservierung von Artikeln

Dynamics NAV ermöglicht es Verkäufern, Lagerbestand (Artikelposten), Bestellzeilen, Fertigungsauftragszeilen oder Montageaufträge zu reservieren und somit die Lieferbarkeit des Verkaufsauftrags zu gewährleisten. Durch die Reservierung erfolgt eine feste Verknüpfung zwischen Artikelverfügbarkeit und Bedarf. Reservierungen werden typischerweise manuell angelegt und auch manuell angepasst, falls sich beispielsweise im Auftrag die Menge ändert. Lediglich wenn der Grund einer Reservierung nicht mehr vorhanden ist, erfolgt automatisch die Anpassung der Reservierung, z. B. wenn ein Auftrag gelöscht wird.

Neben der manuellen Reservierung ist auch eine automatische Reservierung möglich. Dazu ist dies sowohl für den Artikel als auch für den Debitoren in den Stammdaten zu hinterlegen.

Link: *Abteilungen/Lager/Planung & Ausführung/Artikel*, dort den Artikel und im Inforegister *Planung* im Feld *Reservieren* den Eintrag »Immer« auswählen (siehe Abbildung 6.85)

Link: *Abteilungen/Verkauf & Marketing/Verkauf/Debitoren*, dort den Debitor und im Inforegister *Lieferung* im Feld *Reservieren* den Eintrag »Immer« auswählen

Soll manuell reserviert werden, erfolgt dies über den Verkaufsauftrag.

Link: *Abteilungen/Verkauf & Marketing/Auftragsabwicklung/Aufträge*, dort den entsprechenden Verkaufsauftrag selektieren und im Inforegister *Zeilen* im Dropdownmenü der Aktion *Funktionen* die Aktion *Reservieren* auswählen (siehe Abbildung 6.86)

Artikelverfügbarkeit, Artikelverfolgung, Reservierung und Zuordnung von Artikeln (Crossdocking)

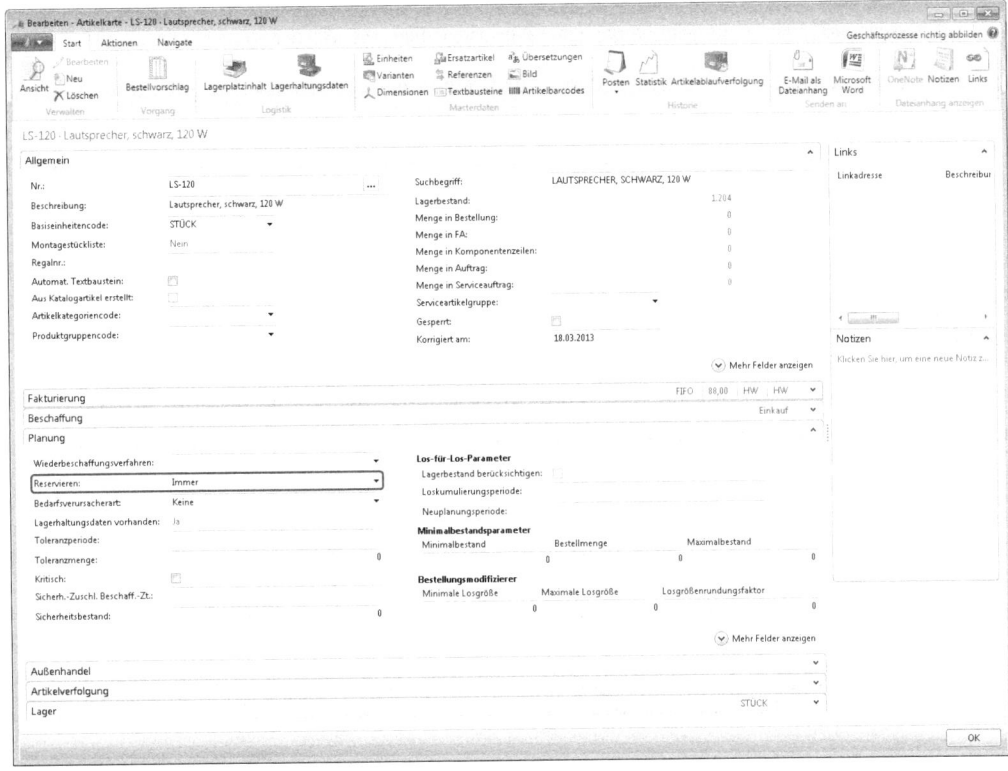

Abbildung 6.85 Automatisches Reservieren über die Artikelkarte

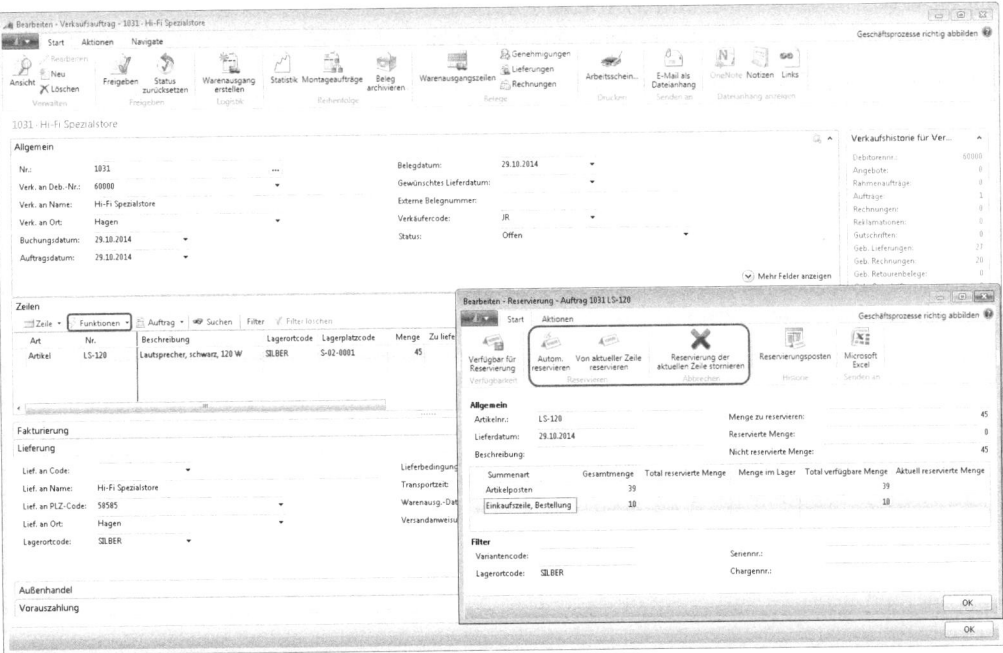

Abbildung 6.86 Auflistung und Reservierung der verfügbaren Posten

Wie im Beispiel zu sehen ist, können vom aktuellen Lagerbestand 39 Mengeneinheiten reserviert werden. Die restlichen sechs Mengeneinheiten müssen auf Basis einer Bestellzeile reserviert werden, deren Wareneingang noch erwartet wird. Das System selektiert dabei nur Bestellzeilen, deren Lieferdatum vor dem Lieferdatum des Auftrags liegt.

Über die Registerkarte *Start* kann die Reservierung anhand der Aktion *Autom. reservieren* erfolgen, wobei das System immer die Reihenfolge »erst Lagerbestand, dann Einkaufsbestellzeile« einhält. Dynamics NAV würde im oben beschriebenen Fall automatisch 39 Lagerartikel und sechs Einheiten aus der Bestellung reservieren. Eine andere Möglichkeit ist eine manuelle Reservierung. Dazu muss im Fenster *Reservierung* je Zeile reserviert werden. Dies erfolgt in der Registerkarte *Start* über die Funktion *Von aktueller Zeile reservieren*. Reservierungen können entsprechend je Zeile storniert werden (siehe Abbildung 6.86). Die Spalte *Total verfügbare Menge* zeigt die noch für die Reservierung bzw. nach der Reservierung für eine anderweitige Verwendung verfügbaren Mengen.

Die Reservierung wird dann im Verkaufsauftrag angezeigt. Über einen Drilldown auf dem Feld *Reservierte Menge* können die erstellten Reservierungsposten abgerufen werden (siehe Abbildung 6.87).

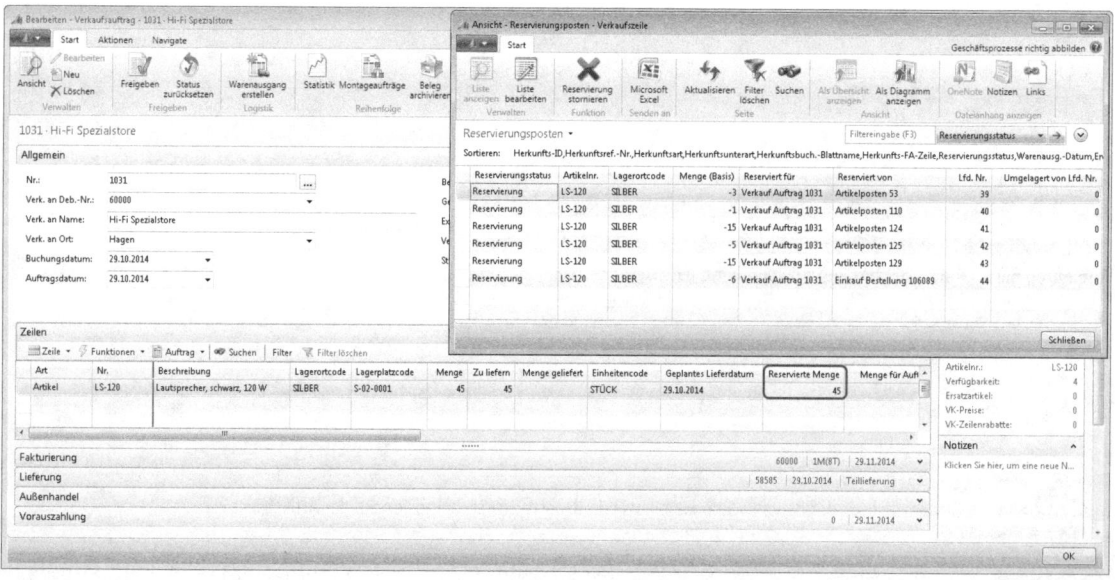

Abbildung 6.87 Anzeige der Reservierung im Verkaufsauftrag und Abruf der Reservierungsposten

Bedarfsverursacher

Analog zur Reservierung erstellt der Bedarfsverursacher eine Verbindung zwischen einem Bedarf und einem dazu passenden Angebot und liefert somit Informationen über eine mögliche Auftragserfüllung. Zwischen Bedarfsverursachern und Reservierungen bestehen jedoch auch Unterschiede. So sind Reservierungen nur von Aufträgen aus möglich, die ein Teil der Verfügbarkeitsberechnung sind und die einen höheren Status als den Status *Geplant* aufweisen. Bedarfsverursacherverknüpfungen sind dagegen mit allen Aufträgen möglich, die in der Nettobedarfsberechnung der Planungsfunktionalität berücksichtigt werden. Dies umfasst reine Auftragsvorschläge und geplante Fertigungsaufträge. Darüber hinaus erfolgt die Verbindungsherstellung automatisch, entweder dynamisch durch das Verfügbarkeitssystem oder anhand einer konkreten Planung:

- Über das Inforegister *Planung* der Artikelkarte kann anhand den Dropdownlistenfeld *Bedarfsverursacherart* mithilfe der Option *Nur Bedarfsverursacher* bzw. *Bedarfsverurs. & Ereignismeld.* die dynamische Bedarfsverursacherverfolgung eingerichtet werden (siehe Abbildung 6.88)

Link: *Abteilungen/Lager/Planung & Ausführung/Artikel*, dort den Artikel und in der Artikelkarte im Inforegister *Planung* das Feld *Bedarfsverursacherart* auswählen

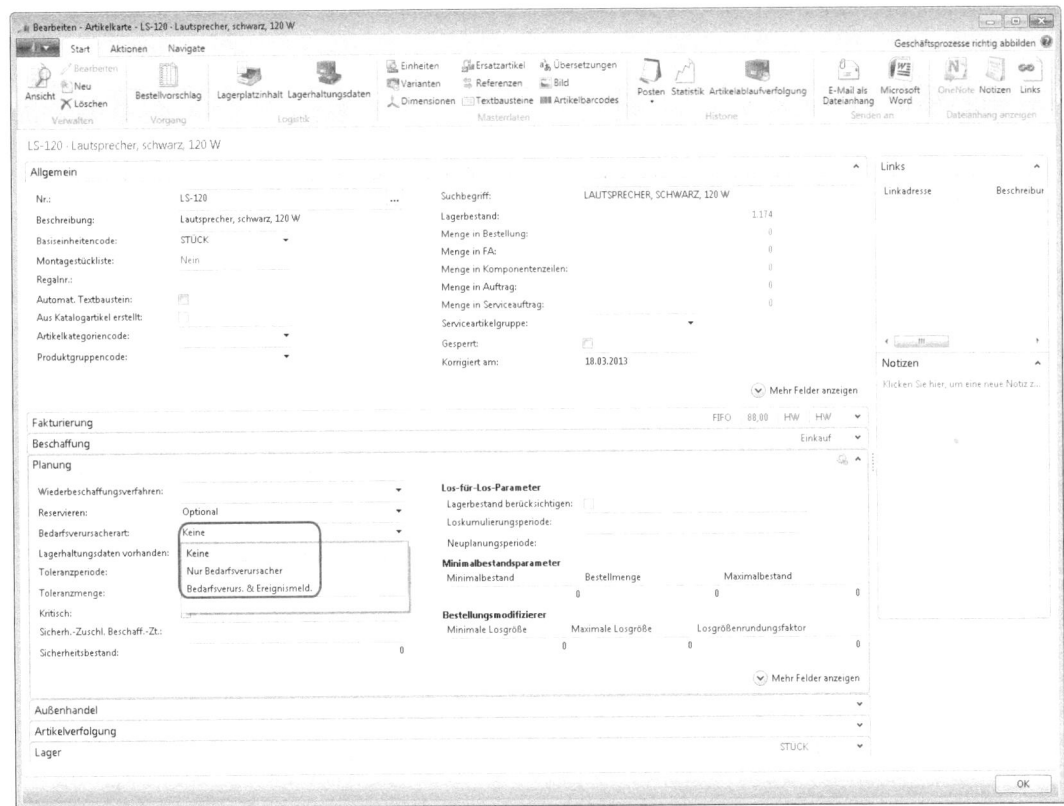

Abbildung 6.88 Einstellung des dynamischen Erstellens von Bedarfsverursacherposten auf der Artikelkarte

Wurde die Einstellung *Nur Bedarfsverursacher* gewählt, erfolgt die Verknüpfung, sobald ein erfüllbarer Auftrag für den Artikel angelegt wird. Die Verknüpfung ist jedoch lediglich als Information innerhalb des Verfügbarkeitssystems über eine mögliche Erfüllung des Auftrags zu verstehen und kann als einfaches Planungswerkzeug verwendet werden. Über die Einstellung *Bedarfsverursacher & Ereignismeldung* werden darüber hinaus automatisiert Ereignismeldungen (Aktionsvorschläge) erzeugt, die im Rahmen des Planungssystems für die automatisierte Erzeugung von Bestellvorschlägen genutzt werden. Lesen Sie hierzu auch den Abschnitt »Methodik der automatischen Wiederbeschaffung«.

- Die Anwendung erzeugt auch durch Planungsläufe dynamische Verknüpfungen zwischen Bedarf und Angebot. Ein typisches Beispiel hierfür ist der Bedarfsverursacherposten, der erstellt wurde, da ein Verkaufsauftrag den Planungslauf dazu veranlasst hat, eine Bestellung zu erstellen. Nach dem gleichen Prinzip erzeugen Lagerauffüllungen Bedarfsverursacherverknüpfungen. Weitere Informationen zum Planungssystem, Planungsläufen und zu Bestellvorschlägen werden im Abschnitt »Methodik der automatischen Wiederbeschaffung« erläutert.

Zuordnung von Artikeln (Crossdocking)

Die Funktionalität *Zuordnung* – aus dem Englischen Crossdocking übersetzt – ist verfügbar, wenn im Lager die Verwendung von Wareneingängen und Einlagerungen aktiviert wurde. Darüber hinaus müssen sowohl die Lagerorte als auch die Artikel für die Verwendung zum Crossdocking aktiviert werden. Einzelne Lagerplätze werden als Crossdocking-Lagerplätze definiert, indem sie der entsprechenden Lagerzone zugeordnet werden. Die dazu notwendigen Einstellungen werden im Abschnitt »Grundlagen und Parameter der Lagerorteinrichtung« erläutert.

Crossdocking ermöglicht es, Vorschläge für die Zuordnung von Mengen im Wareneingang durch Dynamics NAV definieren zu lassen und diese Mengen direkt für die Kommissionierung ohne Zwischeneinlagerung zur Verfügung zu stellen. Existieren Verkaufsaufträge, die über noch ausstehende Bestellungen erfüllt werden sollen, ist es möglich, im Wareneingangsbeleg die Zuordnung automatisch berechnen zu lassen; die Vorschläge können manuell angepasst werden.

Link: *Abteilungen/Lager/Planung* & *Ausführung/Wareneingänge* und dort den entsprechenden Wareneingang auswählen. In der Registerkarte *Start* dann die Aktion *Zuordnung berechnen* aufrufen (siehe Abbildung 6.89)

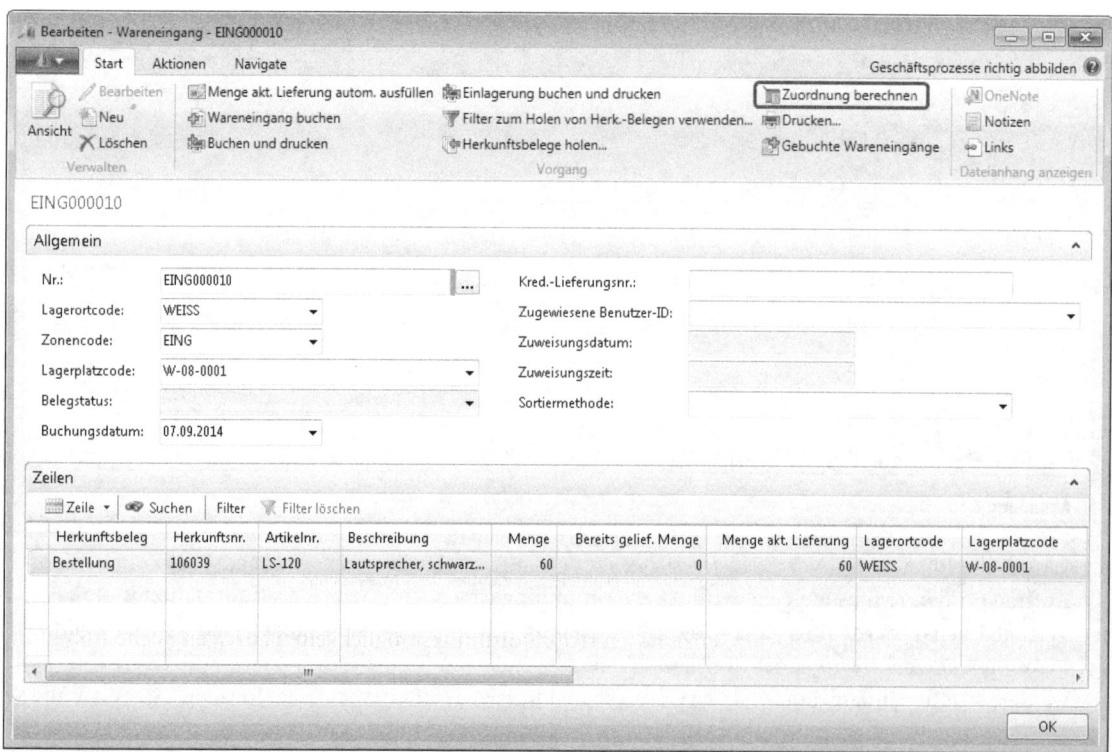

Abbildung 6.89 Erstellung von Zuordnungen im Rahmen des Crossdockings

Artikelverfügbarkeit, Artikelverfolgung, Reservierung und Zuordnung von Artikeln (Crossdocking)

Über einen Drilldown im Feld *Menge für Zuordnung* lassen sich individuelle Herkunftsbelegzeilen anzeigen, die die Basis zur Berechnung der Zuordnungsmöglichkeiten bilden (siehe Abbildung 6.90).

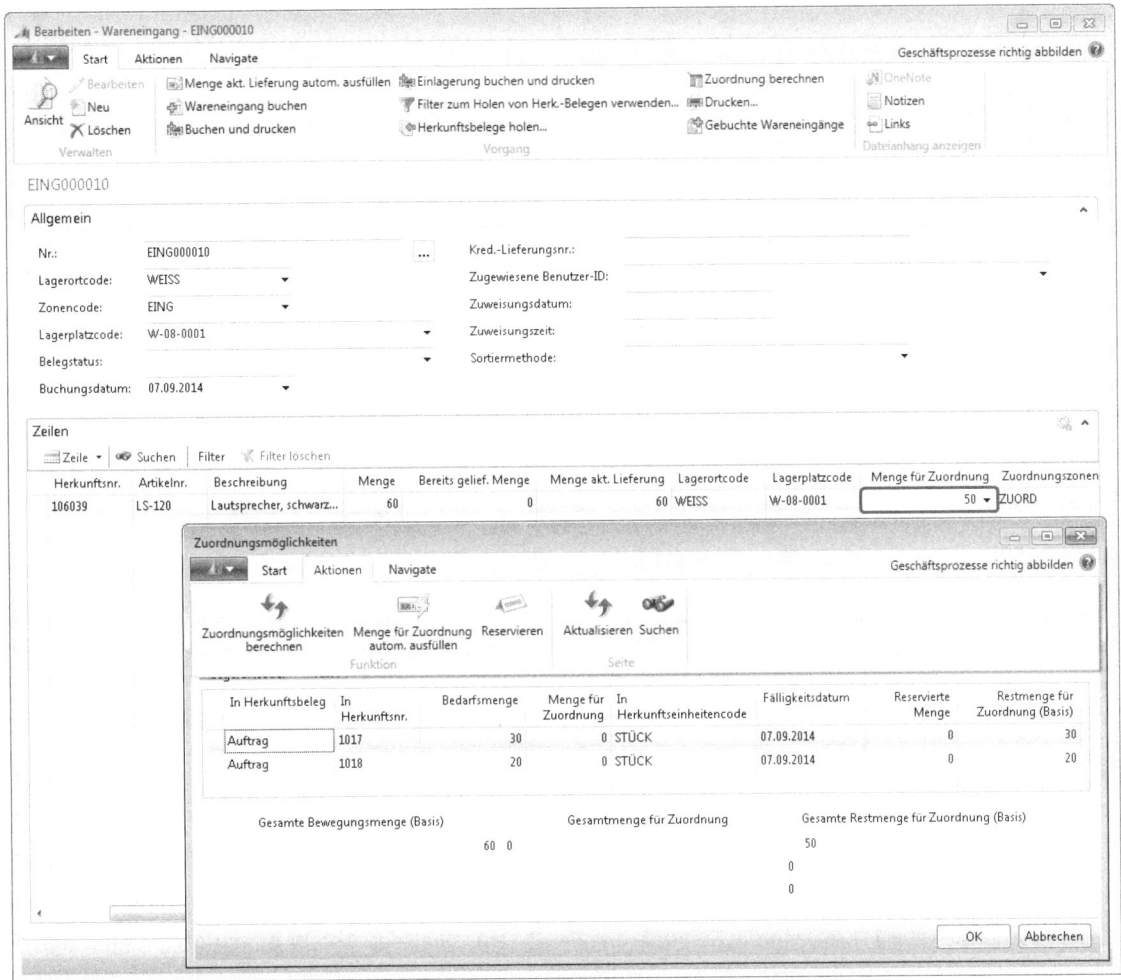

Abbildung 6.90 Auswahl und Auflistung der Zuordnungsmöglichkeiten im Rahmen des Crossdockings

Über das Fenster *Zuordnungsmöglichkeiten* lassen sich Zuordnungsmöglichkeiten anzeigen (siehe Abbildung 6.91).

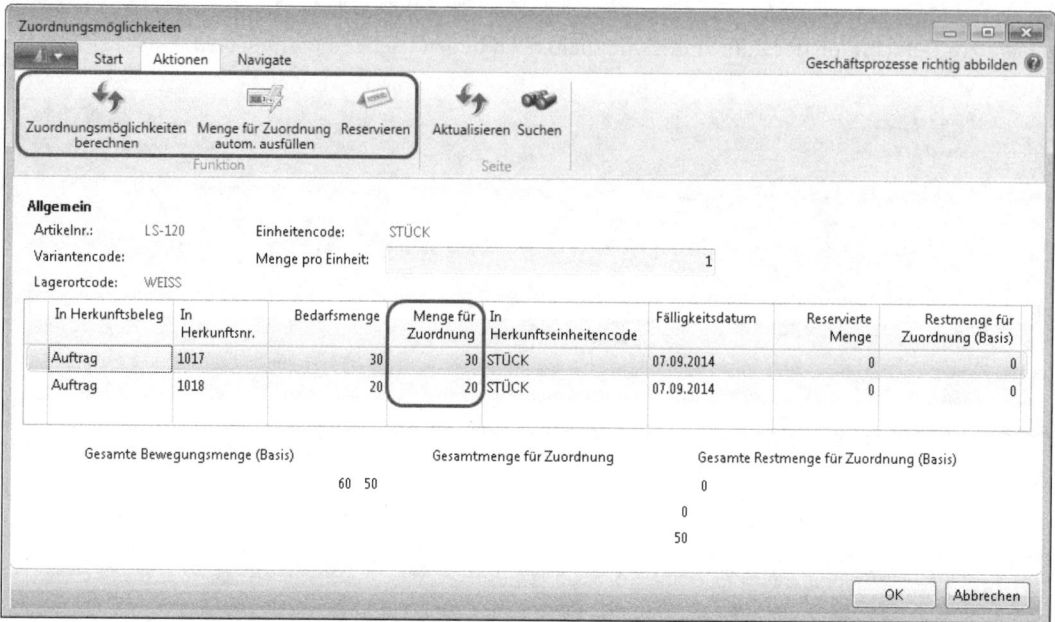

Abbildung 6.91 Zuordnung für Crossdocking erstellen

Die Aktion *Zuordnungsmöglichkeiten berechnen* dient der erneuten Ermittlung der Aufträge, denen die Artikel des Wareneingangs im Rahmen des Crossdockings zugeordnet werden können. Die Aktion *Menge für Zuordnung autom. ausfüllen* erstellt automatisch die Zuordnungen, was anhand des Felds *Menge für Zuordnung* überwacht werden kann. Über das Feld kann auch die manuelle Pflege der Zuordnungsmengen erfolgen.

HINWEIS Wurde über die Aktion *Zuordnung berechnen* die Menge für die Zuordnung bestimmt, ist eine weitere Pflege der Infos im Fenster *Zuordnungsmöglichkeiten* wie oben beschrieben nicht notwendig. Das Fenster *Zuordnungsmöglichkeiten* ermöglicht also die Pflege der Daten, der Aufruf des Fensters und die Aktion *Menge für Zuordnung autom. Ausfüllen* ist aber nicht zwingend notwendig.

Die Aktion *Reservieren* ermöglicht die Reservierung der Posten (siehe den Abschnitt »Reservierung von Artikeln«).

Die Berechnung der für die Zuordnungen zu berücksichtigenden Crossdocking-Artikel erfolgt für den Zeitraum, der auf der Lagerortkarte im Feld *Zuord.-Fälligkeitsdatum ber.* definiert wurde. Potenzielle Anforderungszeilen, für die bereits Kommissionierzeilen erzeugt wurden, werden bei der Berechnung nicht berücksichtigt.

HINWEIS Es ist zu beachten, dass die Zuordnungsmöglichkeiten nur statisch berechnet und beispielsweise bei einer nach der Berechnung erstellten Kommissionierung nicht automatisch aktualisiert werden. Weiterhin ist zu beachten, dass die Zuordnungsberechnung bereits reservierte Artikel nicht berücksichtigt.

Nach der Buchung des Wareneingangs erfolgt die Bereitstellung der Artikel über die Crossdocking-Lagerplätze, wie in der folgenden Einlagerungskarte und der entsprechenden Kommissionierungskarte ersichtlich ist (siehe Abbildung 6.92 und Abbildung 6.93).

Artikelverfügbarkeit, Artikelverfolgung, Reservierung und Zuordnung von Artikeln (Crossdocking)

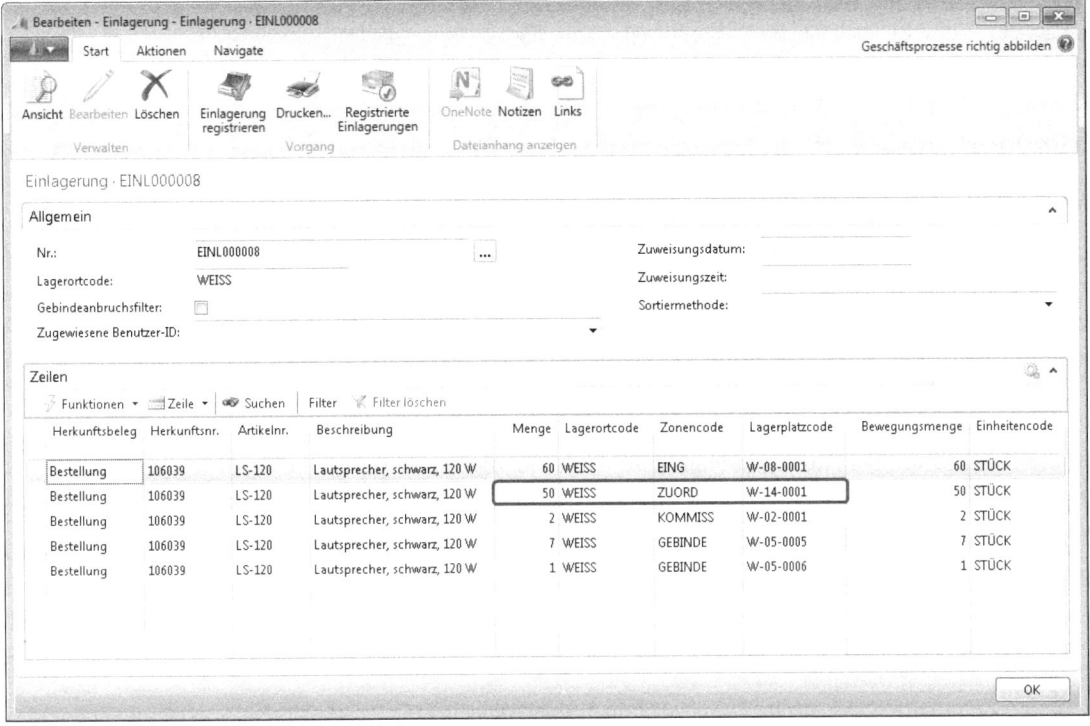

Abbildung 6.92 Einlagerungskarte mit Zuordnung von Crossdocking-Positionen

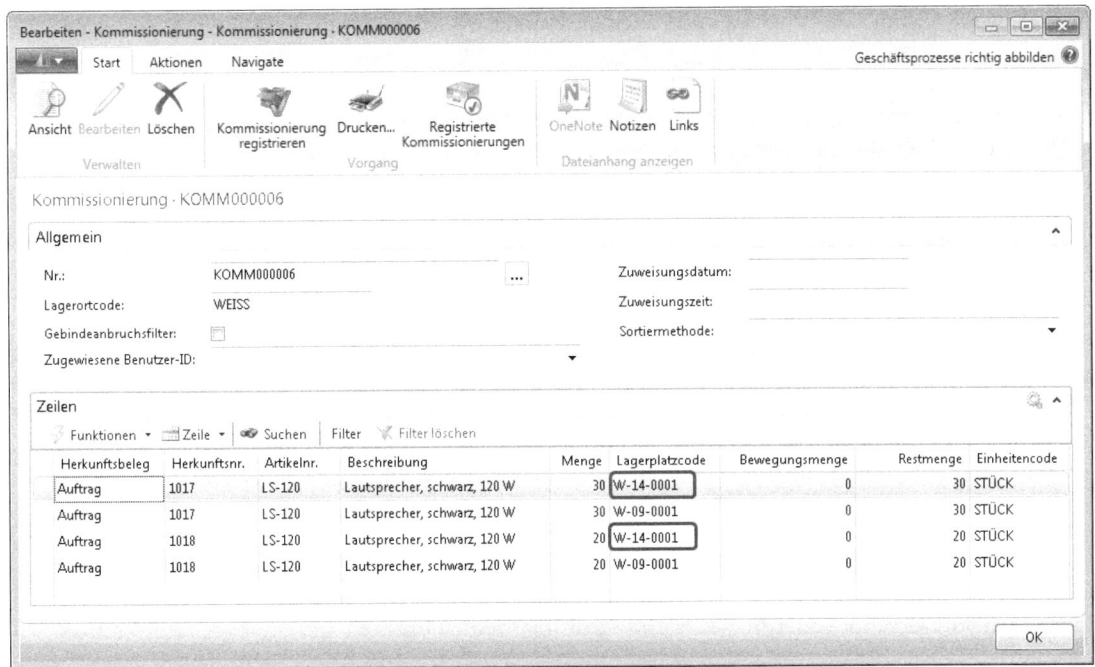

Abbildung 6.93 Kommissionierungskarte für zugeordnete Crossdocking-Positionen

> **HINWEIS** Eine Zuordnung wird nach der Buchung des Warenausgangs aufgehoben. Falls abweichende Artikel verwendet wurden, sind die ursprünglich zugeordneten Artikel somit wieder verfügbar.

Artikelverfügbarkeit, Artikelverfolgung, Reservierung und Zuordnung von Artikeln (Crossdocking) aus Compliance-Sicht

Die Funktionalitäten und Informationen, die im Rahmen der Artikelverfügbarkeit, Reservierung/Bedarfsverursacher und des Crossdockings angeboten werden, dienen der effizienten Durchführung des operativen Tagesgeschäfts und sollten den verantwortlichen Mitarbeitern bekannt sein. Anhand der Überprüfung der Geschäftsprozesse (siehe den Abschnitt »Prozesse der Lagerverwaltung«) sollte der jeweilige Prüfer ein Gefühl für die etablierten Prozesse und verwendeten Funktionalitäten und Informationen von Dynamics NAV bekommen haben und gegebenenfalls auf die Potenziale des Systems hinweisen.

Über diese eher generellen Hinweise hinaus kann vor allem die Verwendung von Serien- und Chargennummern in Verbindung mit Garantie- und Ablaufdaten aus Compliance-Sicht relevant werden, wenn das betrachtete Unternehmen mit entsprechenden Artikeln handelt.

Potenzielle Risiken

- Fehlende oder inkorrekte Abbildung von Serien-/Chargennummern in Verbindung mit Garantie- und Ablaufdaten (Compliance, Integrity)

Prüfungsziel

- Beurteilung der korrekten Abbildung von Serien-/Chargennummern in Verbindung mit Garantie- und Ablaufdaten

Prüfungshandlungen

Analyse der Einrichtung und der tatsächlichen Zuordnung von Serien- und Chargennummern inklusive des Garantie- und Ablaufdatums

Eine Übersicht der im System eingerichteten Serien- und Chargennummern inklusive der Einstellungen zu Garantie- und Ablaufdatum wird über den Feldzugriff *Tabelle 6502 Artikelverfolgung* dargestellt. Die in den Artikeln hinterlegten diesbezüglichen Einstellungen lassen sich folgendermaßen abrufen:

Feldzugriff: *Tabelle 27 Artikel/Felder Nr., Beschreibung, Artikelverfolgungscode [eingerichtete Serien-/Chargennummern Werte], Seriennummern, Chargennummern, Ablaufdatumsformel, Haltbarkeit*

Über die Artikelposten kann anhand entsprechender Filterkriterien (Filtern der oben identifizierten Artikel, Filtern von Artikelposten mit Eintragungen in den Feldern Serien-, Chargennummer, Ablauf- oder Garantiedatum) analysiert werden, ob den entsprechenden Artikeln die erforderlichen Nummern und Daten zugeordnet wurden und ob Artikel mit Serien- oder Chargennummern bzw. Garantie- und Ablaufdatum existieren, denen im Artikelstamm keine entsprechenden Nummernkreise oder Datumsangaben zugeordnet wurden.

Feldzugriff: *Tabelle 32 Artikelposten/Felder Artikelnr., Buchungsdatum, Postenart, Seriennr., Chargennr., Garantiedatum, Ablaufdatum* (siehe auch die nächste Tabellenabfrage, die weitere Daten beinhaltet)

Abschließend kann in der Artikelliste überprüft werden, ob weitere Artikel existieren, denen Serien-, Chargennummern oder Garantie- oder Ablaufdaten zugeordnet werden müssten.

Analyse der Artikelposten bezüglich Änderungen von Serien- und Chargennummern oder Garantie- und Ablaufdaten (beispielsweise über Umlagerungen)

Unregelmäßigkeiten können über die Analyse der Artikelposten der Artikel mit Serien- oder Chargennummern bzw. mit Garantie- oder Ablaufdatum aufgedeckt werden. Beispielsweise sind Änderungen von Serien- und Chargennummer sowie des Garantiedatums im Rahmen von Umlagerungsbuchungen oder Artikelbuchungsblatt-Transaktionen denkbar. Speziell Artikelposten mit den Postenarten *Abgang*, *Zugang*, *Umlagerungen etc.* in Verbindung mit fehlenden Herkunftsnummern sollten analysiert werden, um zu erkennen, warum umgebucht wurde und ob es zu Änderungen im Bereich der Serien- oder Chargennummer und des Garantiedatums gekommen ist.

Feldzugriff: *Tabelle 32 Artikelposten/Felder Artikelnr. [Artikelnr. Werte], Buchungsdatum, Postenart, Lagerortcode, Menge, Herkunftsnummer, Belegnummer, Ausgleich mit Lfd. Nr., Seriennummer, Chargennummer, Garantiedatum, Ablaufdatum, Artikelverfolgung*

Durch eine entsprechende Auswertung des Änderungsprotokolls kann darüber hinaus untersucht werden, ob und zu welchen manuellen Änderungen es in diesem Bereich gekommen ist (siehe hierzu auch Kapitel 4).

Umlagerung, Umbuchung und Korrektur von Lagerbeständen

Grundsätzlich wird im Folgenden zwischen der Umlagerung, Umbuchung und Korrektur von Lagerbeständen unterschieden. Während die Umlagerung physische Warenbewegungen betrifft, deckt die Umbuchung sowie die Korrektur rein buchhalterische Transaktionen im Rahmen der Lagerbestandsführung und -bewertung ab. Im Gegensatz zur Korrektur nimmt die Umbuchung hierbei keine Änderung am Bestand vor, sie bucht lediglich Artikel beispielsweise von einem auf einen anderen Lagerplatz.

Umlagerung von Lagerbeständen

Dynamics NAV unterscheidet vom Vorgehen her die Umlagerung zwischen Lagerorten und die Umlagerung zwischen Lagerplätzen eines Lagerorts. Je nach Umlagerung werden unterschiedliche Belege genutzt, wie die Tabelle 6.4 darstellt:

Umlagerungsart	Lagerorteinrichtung	Belegart
Zwischen Lagerorten	Egal	*Umlagerungsauftrag*
An einem Lagerort, zwischen Lagerplätzen	Ohne Logistik (nur Lagerplatz notwendig, keine weiteren Belege)	*Umlagerungs-Buchungs-Blatt* oder *Interne Umlagerung*
	Mit Logistik (Wareneingangs-, Einlagerungs-, Kommissionierungs- oder Warenausgangsbelege sind notwendig)	*Interne Umlagerung* oder *Lagerplatzumlagerungs-Vorschläge*
	Mit Logistik und gesteuerter Einlagerung und Kommissionierung	*Lagerplatzumlagerungs-Vorschläge*

Tabelle 6.4 Je Umlagerungsart zu nutzende Belegarten

Darüber hinaus existiert die Möglichkeit der internen Kommissionierung und Einlagerung, welche die Entnahme von Lagerartikeln ohne Herkunftsbeleg ermöglicht, um beispielsweise die temporäre Bereitstellung von Ausstellungsstücken oder Stichproben abbilden zu können.

Umlagerung zwischen Lagerorten

Werden in einem Unternehmen mehrere Lagerorte verwendet (Nutzung des Granules *Mehrere Lagerorte*), bietet Dynamics NAV über das Granule *Umlagerungen* die Möglichkeit, Artikelbewegungen zwischen Lagerorten verfolgen zu können. Durch die Verwendung von Umlagerungsaufträgen erfolgt eine Klassifizierung der Artikel als »Lagerbestand in Transit«. Hierzu müssen zunächst Transitlagerorte eingerichtet werden. Über die Nutzung von Umlagerungsrouten ermöglicht Dynamics NAV die Hinterlegung von Zustellern, Transportarten und Transportzeiten, anhand derer die Wareneingangszeiten berechnet werden können.

Einrichtung von Transitlagerorten

Um Artikel, die sich auf dem Transportweg zwischen Lagerorten befinden, nachverfolgen zu können, bietet Dynamics NAV über die Lagerortkarte die Möglichkeit, Lagerorte speziell als »Transitlager« zu definieren. Beispielsweise handelt es sich dabei um Transportfahrzeuge, die im eigenen Bestand geführt oder durch externe Anbieter bereitgestellt werden.

Link: *Abteilungen/Verwaltung/Anwendung Einrichtung/Lager/Lager/Lagerorte* (siehe Abbildung 6.94)

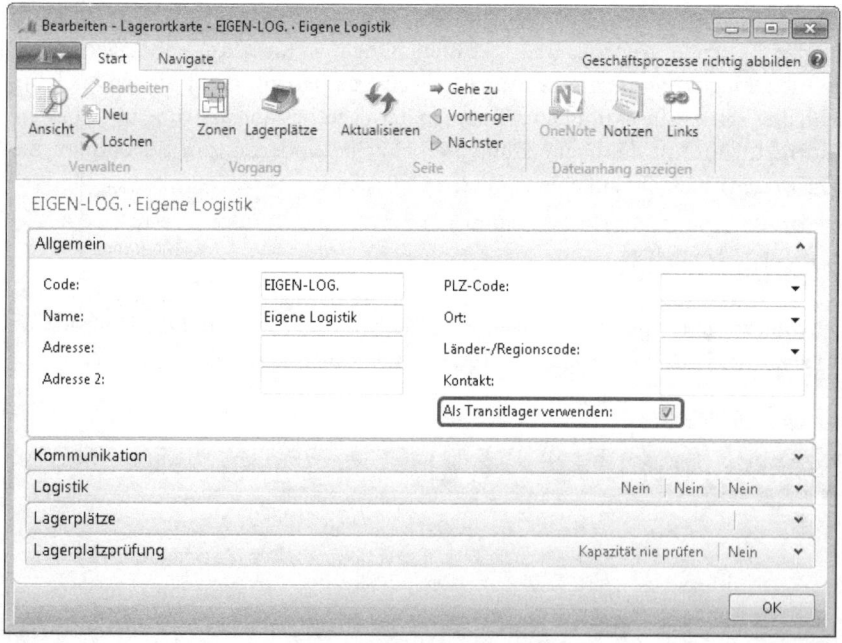

Abbildung 6.94 Einrichtung eines Transitlagerorts über die Lagerortkarte

Umlagerung, Umbuchung und Korrektur von Lagerbeständen

Einrichtung von Umlagerungsrouten

Umlagerungsrouten definieren sich über die Angabe des Ursprungslagerorts (*Umlagerung von Lagerort*) und des Ziellagerorts (*Umlagerung nach Lagerort*).

Link: *Abteilungen/Verwaltung/Anwendung Einrichtung/Lager/Lagerbestand/Umlagerungsrouten*, dort in der Registerkarte *Start* die Aktion *Matrix anzeigen* wählen (siehe Abbildung 6.95)

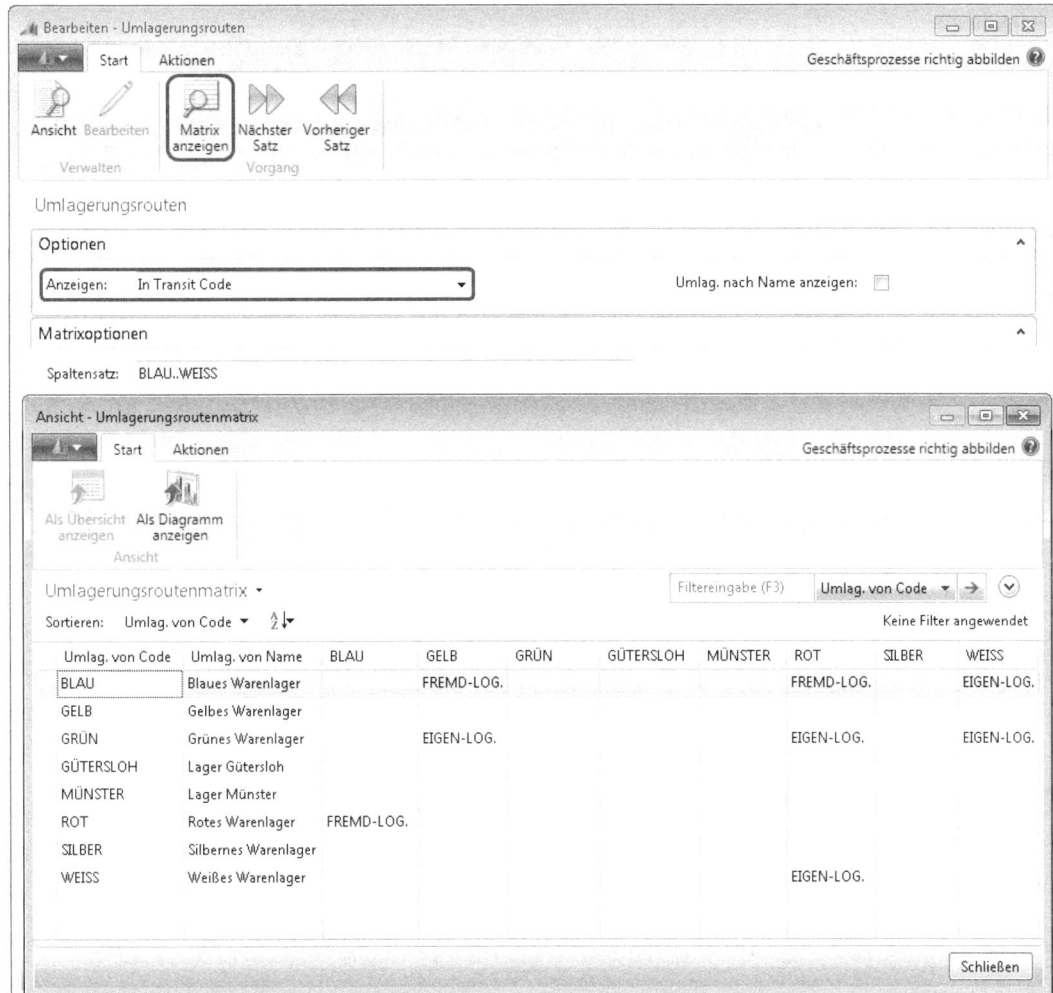

Abbildung 6.95 Matrix mit über »In Transit Code« definierten Umlagerungsrouten

Jeder zu definierenden Umlagerungsroute wird ein *In Transit Code*, *Zustellercode* und *Zustellertransportartencode* zugeordnet. Die drei Codearten werden in Tabelle 6.5 erläutert.

Codeart	Erläuterung
In Transit Code	Der *In Transit Code* verweist auf den über die Lagerortkarte definierten Lagerort, welcher der entsprechenden Umlagerungsroute zugeordnet wird (siehe Matrix *Umlagerungsrouten*)
Zustellercode	Falls mit verschiedenen Transportdienstleistern oder Zustellern gearbeitet wird, kann je Zusteller ein Code angegeben werden, anhand dessen der Zusteller eindeutig identifiziert werden kann. Jeder Umlagerungsroute kann ein *Zustellercode* zugeordnet werden. Link: *Abteilungen/Verkauf & Marketing/Auftragsabwicklung/Einrichtung/Zusteller*
Zustellertransportartencode	Jedem *Zustellercode* – und damit auch jeder Umlagerungsroute – können Transportarten, denen wiederum Transportzeiten sowie Kalender mit Transporttagen zugeordnet werden, um eine automatische Wareneingangszeitenermittlung zu ermöglichen Link: *Abteilungen/Verwaltung/Anwendung Einrichtung/Verkauf & Marketing/Verkauf/Zusteller*, hier in der Registerkarte *Start* Aktion *Zustellertransportarten* wählen

Tabelle 6.5 Erläuterung der Codearten zur Definition der Umlagerungsrouten

Somit ermöglicht das System, je Umlagerungsroute Informationen zum Lagerort, Zusteller und zur Transportzeit zu hinterlegen. In der Umlagerungsmatrix können diese Informationen über einen Drilldown auf dem jeweiligen Routenfeld angezeigt werden (siehe Abbildung 6.96).

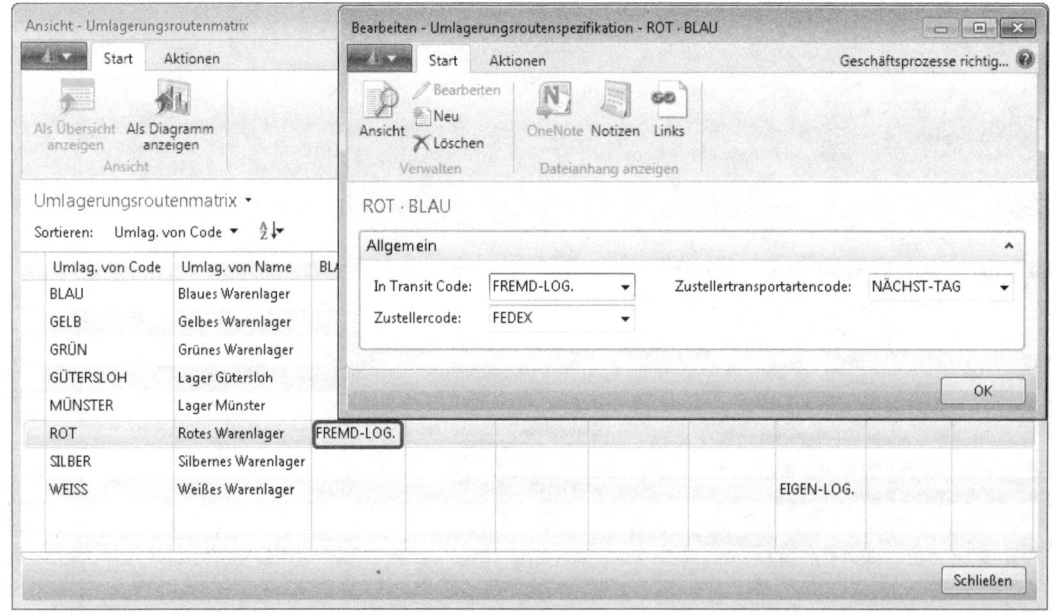

Abbildung 6.96 Je Umlagerungsroute hinterlegte Transportspezifikation

Nutzung von Umlagerungsaufträgen

Über den Umlagerungsauftrag erfolgt die Verbuchung des Warenein- und -ausgangs in den verschiedenen Lagerorten und -plätzen. Im Umlagerungsauftrag sind Informationen über bereits gelieferte Mengen und aktuelle Liefermengen, wie aus den Auftrags- und Bestellungsbelegen bekannt, ersichtlich. Neben der im Folgenden beschriebenen manuellen Umlagerungsauftragserstellung bietet Dynamics NAV auch die Möglichkeit der automatischen Erstellung von Umlagerungsaufträgen, die jedoch nicht weiter dargestellt und analysiert wird.

Umlagerung, Umbuchung und Korrektur von Lagerbeständen

Die Erstellung eines neuen Umlagerungsauftrags erfolgt über die Karte *Umlagerungsauftrag*:

Link: *Abteilungen/Lager/Aufträge* & *Kontakte/Umlagerungsaufträge*, hier in der Registerkarte *Start* die Aktion *Neu* wählen und im Feld *Nr.* die ⏎-Taste drücken

Beispielhaft wurde im neu angelegten Umlagerungsauftrag »1003« die Umlagerung von 100 Stück des Artikels »LS-120 Lautsprecher, schwarz, 120 W« vom Lagerort *Blau* nach *Gelb* hinterlegt. Entsprechend der gepflegten Umlagerungsroute wird automatisch der *In Transit Code* inklusive *Zustellercode* und *Zustellertransportartencode* gepflegt. Das sich anhand der *ausgehenden Lagerdurchlaufzeit* des Ursprungslagers (Null Tage) ergebende Warenausgangsdatum zuzüglich der sich anhand der Umlagerungsroute ergebenden Lieferdauer (*Transportzeit*, zwei Tage) und der *eingehenden Lagerdurchlaufzeit* am Ziellagerort (ein Tag) ergibt das erwartete Wareneingangsdatum am Ziellagerort (siehe Abbildung 6.97).

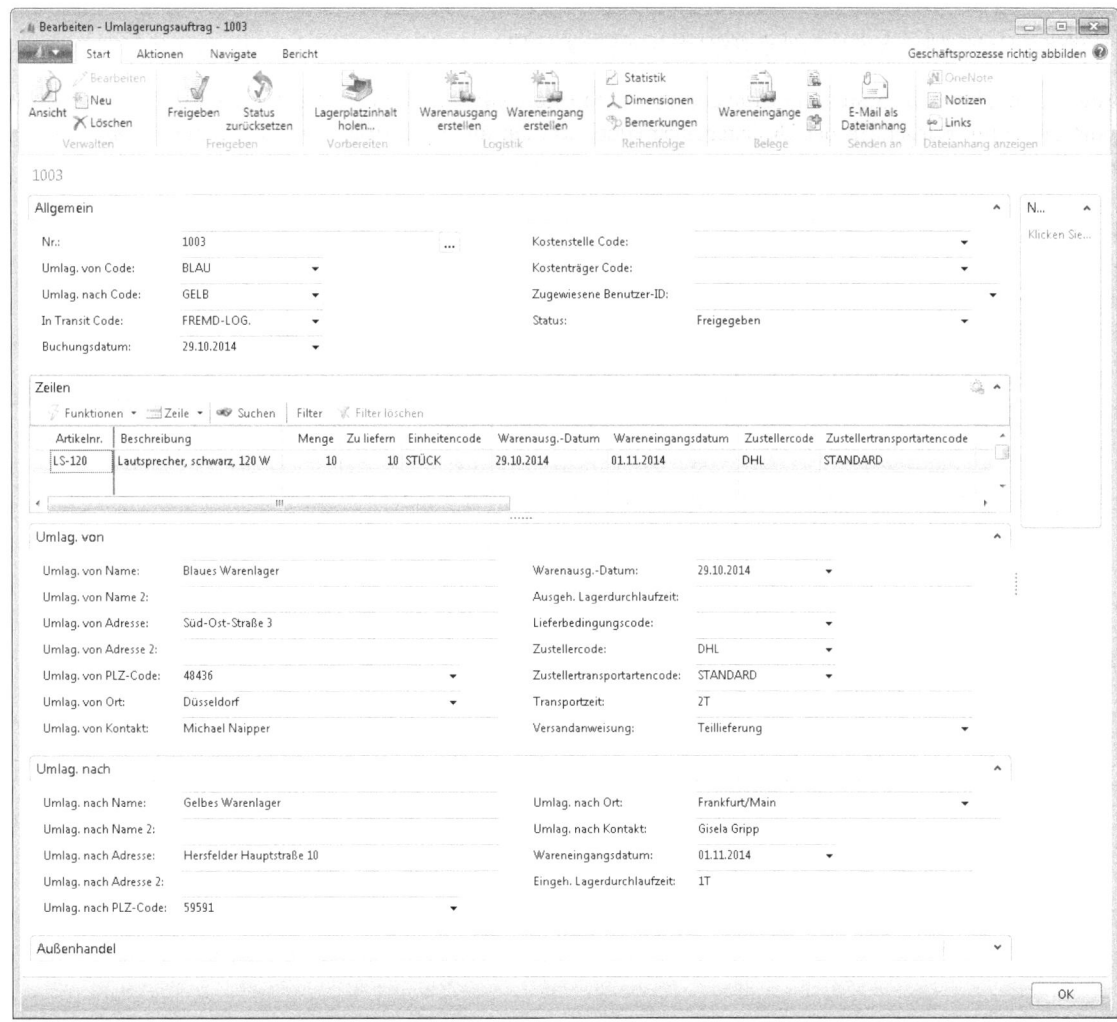

Abbildung 6.97 Erstellung eines Umlagerungsauftrags

HINWEIS Wird eine Umlagerung zwischen Lagerorten notwendig, für die keine Umlagerungsroute definiert ist, müssen die Angaben in den Feldern *In Transit Code* sowie gegebenenfalls *Zustellercode* und *Zusteller* oder *Transportzeit* manuell gepflegt werden, sofern eine korrekte Ermittlung des erwarteten Wareneingangs erfolgen soll.

Zur weiteren Bearbeitung muss der Umlagerungsauftrag freigegeben worden sein. Dies erfolgt entweder im Umlagerungsauftrag über die Registerkarte *Start* mit der Aktion *Freigeben* oder über die Umlagerungsübersicht und eine entsprechende Selektion der Aufträge, dann über die Registerkarte *Start* oder *Aktion* und die Aktion *Freigeben*.

Link: *Abteilungen/Lager/Aufträge & Kontakte/Umlagerungsaufträge*

Die Freigabe ermöglicht es den autorisierten Personen am Lagerort, die entsprechenden Artikel zu liefern. Abgeschlossen werden die Lieferungen zum einen über die Buchung des Warenausgangs am Ursprungslagerort (siehe Abbildung 6.98), zum anderen über die Buchung des entsprechenden Wareneingangs am Ziellagerort. Die Buchung des Warenausgangs und des Wareneingangs beinhaltet jeweils die Buchung der Artikel-, Lagerplatz-, Wert- und Sachposten (wenn Lagerplätze notwendig sind und in der Lagereinrichtung die Option *Automatische Lagerbuchung* aktiviert wurde. Da wir diese Einstellungen empfehlen, gehen wir im Folgenden von einer automatischen Lagerplatz- und Sachpostenerstellung aus. Alternativ werden die Sachposten im Rahmen der Lagerregulierung erfasst. Wir verweisen auf Abschnitt »Buchungen in der Materialwirtschaft und Finanzbuchhaltung«.). Je nach Einrichtung des Lagerorts sind Warenausgänge, Kommissionierungen, Einlagerungen und Wareneingänge zu erstellen. Die jeweiligen Belege sind über die Registerkarte *Aktionen* und die entsprechenden Funktionen in der Gruppe *Funktion* erzeugbar. Siehe hierzu auch den nachfolgenden Hinweis.

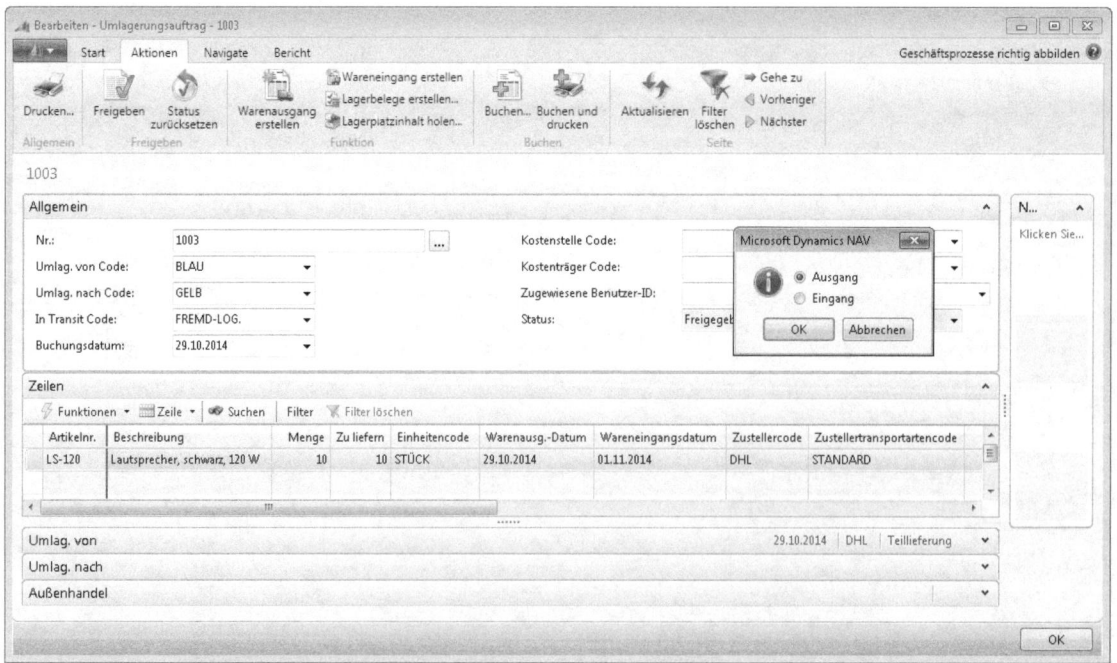

Abbildung 6.98 Buchung des Warenausgangs/Wareneingangs von Umlagerungsaufträgen

Nach der Buchung des Ausgangs ist der Beleg als gebuchter Umlagerungsauftrag abrufbar.

Link: *Abteilungen/Lager/Historie/Gebuchte Belege/Geb. Umlag.-Ausgänge*

Nach Buchung des Wareneingangs (oder des je nach Einrichtung des Lagerorts notwendigen Belegs) wird der Umlagerungsauftrag in Dynamics NAV gelöscht. Der Auftrag wird als gebuchter Umlagerungseingang abgelegt.

Link: *Abteilungen/Lager/Historie/Gebuchte Belege/Geb. Umlag.-Eingänge*

HINWEIS Falls bei einem Umlagerungsauftrag ein Ursprungslagerort gewählt wurde, bei dem die Kommissionierung aktiviert wurde, oder falls ein Ziellagerort definiert wurde, bei dem Wareneingang und/oder Wareneinlagerung aktiviert wurde, und wenn die gesteuerte Einlagerung und Kommissionierung nicht gewählt wurde, erfolgt eine Warnmeldung, sofern in den Feldern *Zu liefern/Menge akt. Lieferung* die Liefermengen eingetragen werden. Wird diese Warnmeldung akzeptiert, werden die eigentlich erforderlichen Logistikbelege nicht erzeugt und die implementierten Kontrollen würden umgangen (analog zum Hinweis im Abschnitt »Prozesse der Lagerverwaltung«).

Darüber hinaus ist darauf zu achten, dass bei der Nutzung von Dimensionen in Umlagerungsaufträgen keine ausgangs- und eingangsbezogenen Belegdimensionen zur Verfügung stehen. Das bedeutet, dass Dimensionswerte, die beispielsweise unter Berücksichtigung des Lagerorts definiert werden, nach der Ausgangsbuchung für die Eingangsbuchung aktualisiert werden müssen. Zusätzlich wird in diesen Fällen der Ausgleich mit unterschiedlichen Dimensionswerten aufgelöst, sodass sich dieser in einer Dimensionswertbetrachtung nicht ausgleicht.

Des Weiteren wird darauf hingewiesen, dass Umlagerungen mit erfassten Warenausgangsbuchungen zeitnah durch die Buchung des Wareneingangs geschlossen werden sollten. Speziell bei Lagern ohne Aktivierung der Logistik ist es denkbar, dass Wareneingänge aus Umlagerungen nicht erfasst werden, da Artikelverkäufe über negativen Lagerbestand realisiert werden können. Erfolgen dann Anpassungsbuchungen beispielsweise im Rahmen der Inventur, ohne die offene Umlagerungen zu beachten, kommt es zu späterem Korrekturbedarf, bei dem es auch zu Bilanz- und GuV-Wirkungen kommen kann, die zu einem nicht periodengerechten Ausweis führen.

Außerdem verweisen wir in diesem Zusammenhang auf den Abschnitt »Artikelverfügbarkeit, Artikelverfolgung, Reservierung und Zuordnung von Artikeln (Crossdocking) aus Compliance-Sicht«, in welchem die Möglichkeiten der Änderungen von Serien-/Chargennummern und Garantie-/Ablaufdaten im Rahmen der Umlagerungen dargelegt werden.

Berichtigen von Mengen und Werten bei Umlagerungen

Kommt es bei Umlagerungen zu Differenzen zwischen Warenausgang und Wareneingang, beispielsweise durch Schwund oder Beschädigung beim Transport, ist in Dynamics NAV ein zweistufiges Vorgehen erforderlich. Zunächst ist entsprechend der etablierten Wareneingangsprozesse die tatsächlich gelieferte Menge zu erfassen. Da Umlagerungsaufträge jedoch nur geschlossen und die Transaktionen in den Eingangsbelegen nur gebucht werden können, wenn die gesamte Menge des Umlagerungsbelegs erfasst wurde, müssen Korrekturbuchungen angestoßen werden, die möglichst im Rahmen des Vieraugenprinzips durch gesonderte und geeignete Mitarbeiter erfolgen sollten. Es muss zunächst der Eingang der noch ausstehenden Mengen gebucht werden, dann folgt die Mengen- und Wertkorrektur der Artikel-, Lagerplatz-, Wert- und Sachposten. Hier eine beispielhafte Darstellung des Ablaufs:

- Erstellung des Umlagerungsauftrags:

    Link: *Abteilungen/Lager/Aufträge* & *Kontakte/Umlagerungsaufträge*, hier in der Registerkarte *Start* die Aktion *Neu* wählen und im Feld *Nr.* die ⏎ -Taste drücken

- Freigabe des Umlagerungsauftrags und Buchung des Warenausgangs (siehe Abbildung 6.99)

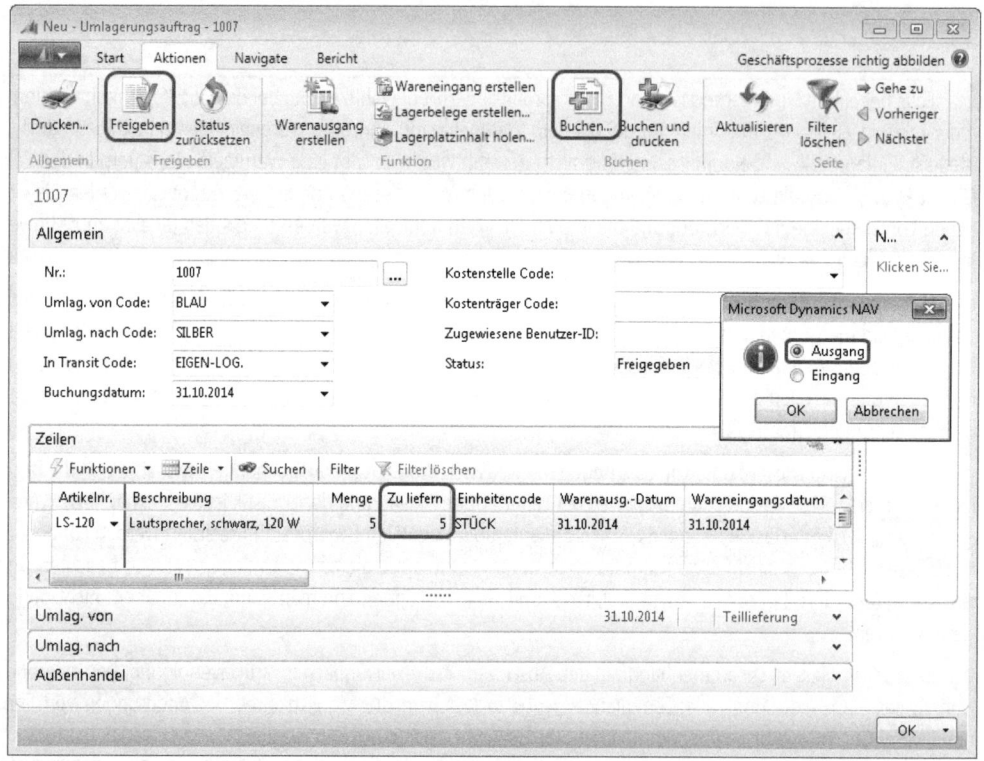

Abbildung 6.99 Buchung des Warenausgangs zum Umlagerungsauftrag

- Buchung der verringerten Wareneingangsmenge: Anpassung der Menge im Feld *Menge akt. Lieferung*, Buchung über die Aktion *Buchen* (siehe Abbildung 6.100)

- Buchung der fehlenden Menge gemäß vorab dem beschriebenen Vorgehen, um den Umlagerungsauftrag abzuschließen (siehe Abbildung 6.101)

Umlagerung, Umbuchung und Korrektur von Lagerbeständen

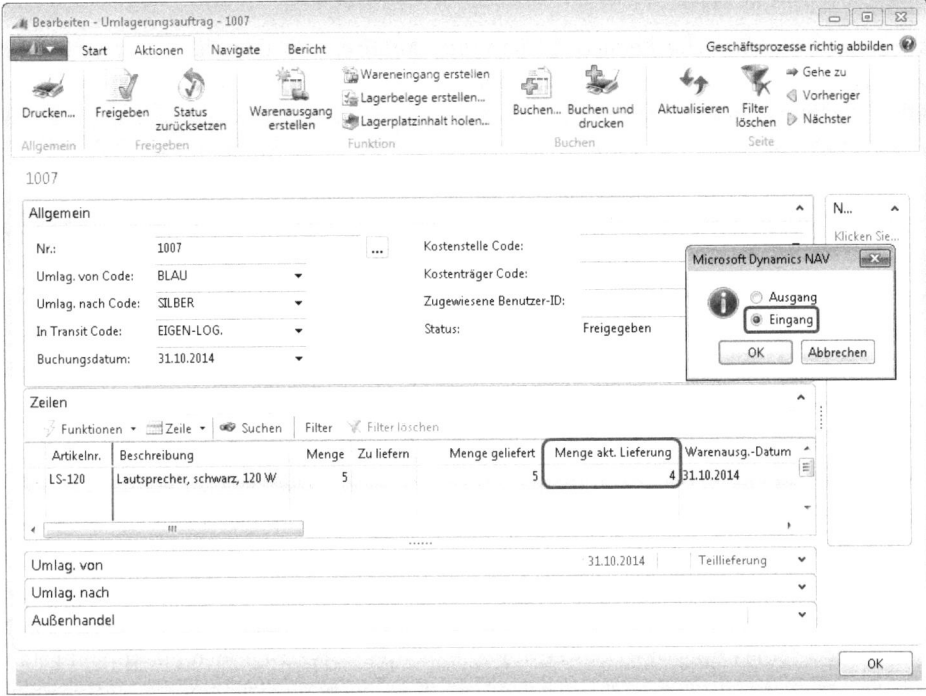

Abbildung 6.100 Buchung des Wareneingangs mit abweichender Menge

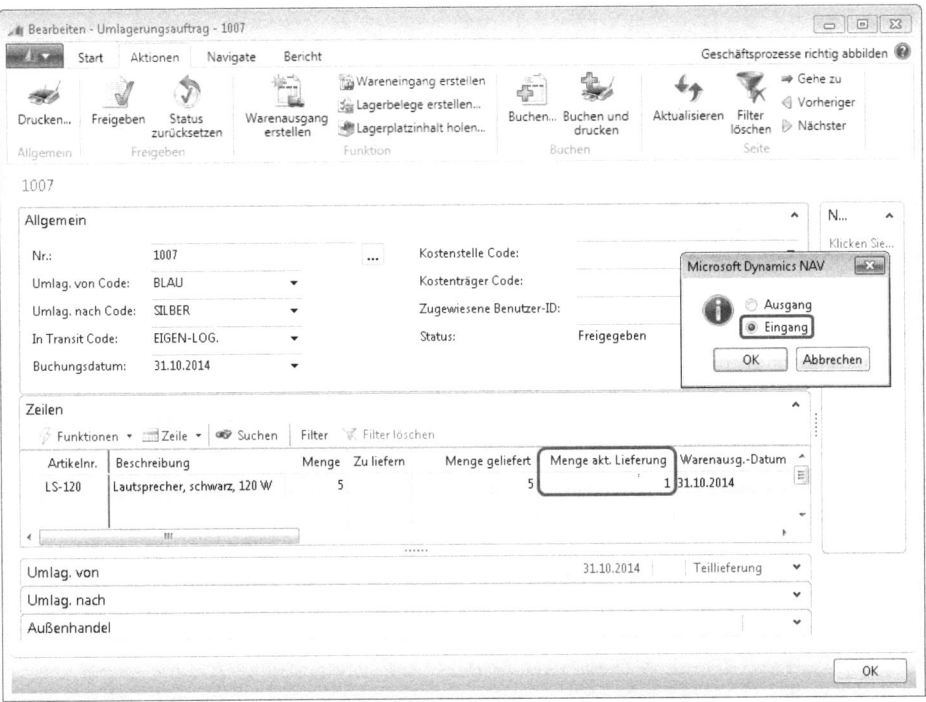

Abbildung 6.101 Eingangsbuchung der Umlagerungsauftrags-Fehlmenge/Abschluss des Umlagerungsauftrags

- Korrekturbuchung der Fehlmenge:

Zunächst ist über das *Artikel Buchungs-Blatt* die Postenart *Abgang* zu wählen, da es sich im Beispielfall um eine Verringerung des Artikelbestands handelt. Entsprechend müssen dann die Artikeldaten und die Verlustmenge gepflegt werden.

Link: *Abteilungen/Einkauf/Lager & Bewertung/Artikel Buch.-Blätter* (siehe Abbildung 6.102)

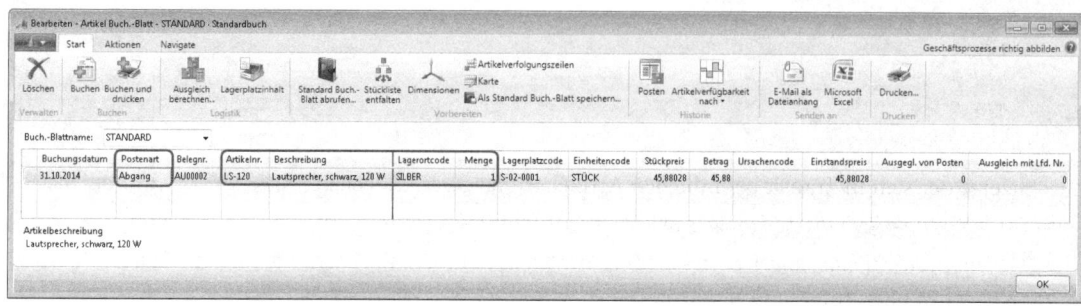

Abbildung 6.102 Korrekturbuchung der Fehlmenge über das Artikel Buchungs-Blatt

Die Definition der *Artikel Buchungs-Blätter* erfolgt über den Lookup im Feld *Buch.-Blattname* unter Angabe der Nummern- und Buchungsnummernserie. Eine Verknüpfung der Korrekturbuchung mit der originären Eingangsbuchung erfolgt über das Feld *Ausgleich mit Lfd. Nr.* Über den Lookup im Feld *Ausgleich mit Lfd. Nr.* wird das Fenster *Artikelposten* geöffnet, in welchem die Selektion des entsprechenden Postens erfolgt (siehe Abbildung 6.103).

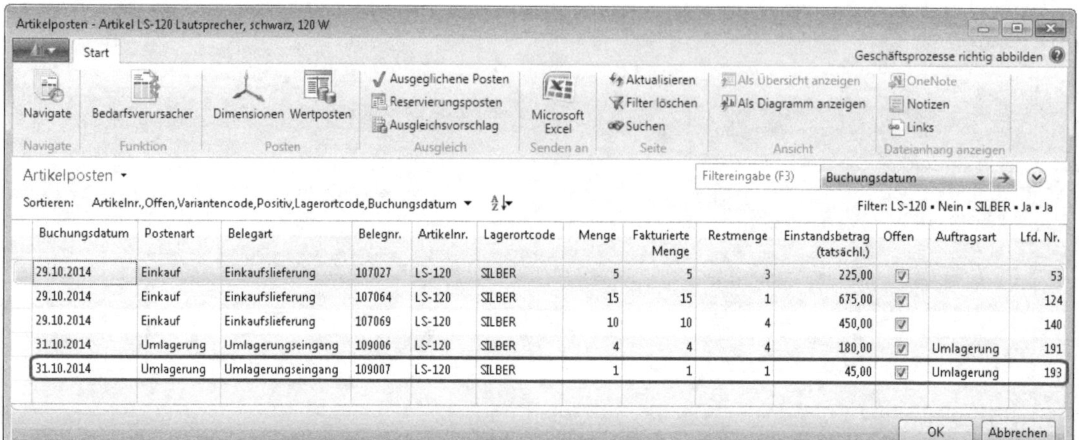

Abbildung 6.103 Selektion des zu korrigierenden Artikelpostens

Das System übernimmt die entsprechende Ausgleichsnummer, was im *Artikel Buchungs-Blatt* im Feld *Ausgleich mit Lfd. Nr.* angezeigt wird. Mit Buchung des *Artikel Buchungs-Blatts* erfolgt dann die Korrektur der Artikel-, Lagerplatz-, Wert- und Sachposten.

Umlagerung, Umbuchung und Korrektur von Lagerbeständen

HINWEIS Das vorgestellte Vorgehen zur Korrekturbuchung über das *Artikel Buchungs-Blatt* ist nur bei Lagerorten möglich, die keine gesteuerte Einlagerung und Kommissionierung verwenden. Wird die gesteuerte Einlagerung und Kommissionierung verwendet, muss über das *Logistik Artikel Buchungs-Blatt* erfolgen, was im Abschnitt »Umbuchung und Korrektur von Lagerbeständen« dargestellt wird.

TIPP Bei der Korrektur von Artikelposten sollte darauf geachtet werden, dass die Buchung mit demselben Datum und derselben Belegnummer wie die Umlagerung erfolgt, damit über die *Navigate*-Funktion die Transaktionen zusammen dargestellt werden können. Über das Feld *Ausgleich mit Lfd. Nr.* ist immer der Bezug zum Ursprungsbeleg herzustellen.

Anzeigen von Artikeln in Transit

Die Anzeige der sich in Transit befindlichen Artikel erfolgt über das Fenster *Artikel nach Lagerort* nach Auswahl der Option *Artikel in Transit anzeigen* (siehe Abbildung 6.104).

Link: *Abteilungen/Einkauf/Lager & Bewertung/Artikel*, hier in der Registerkarte *Navigate* die Aktion *Artikel nach Lagerort* wählen. Im sich öffnenden Fenster *Artikel nach Lagerort* ist die Option *Artikel in Transit anzeigen* zu aktivieren. Über die Aktion *Matrix anzeigen* kann dann die Matrix der Artikel nach Lagerort abgerufen werden.

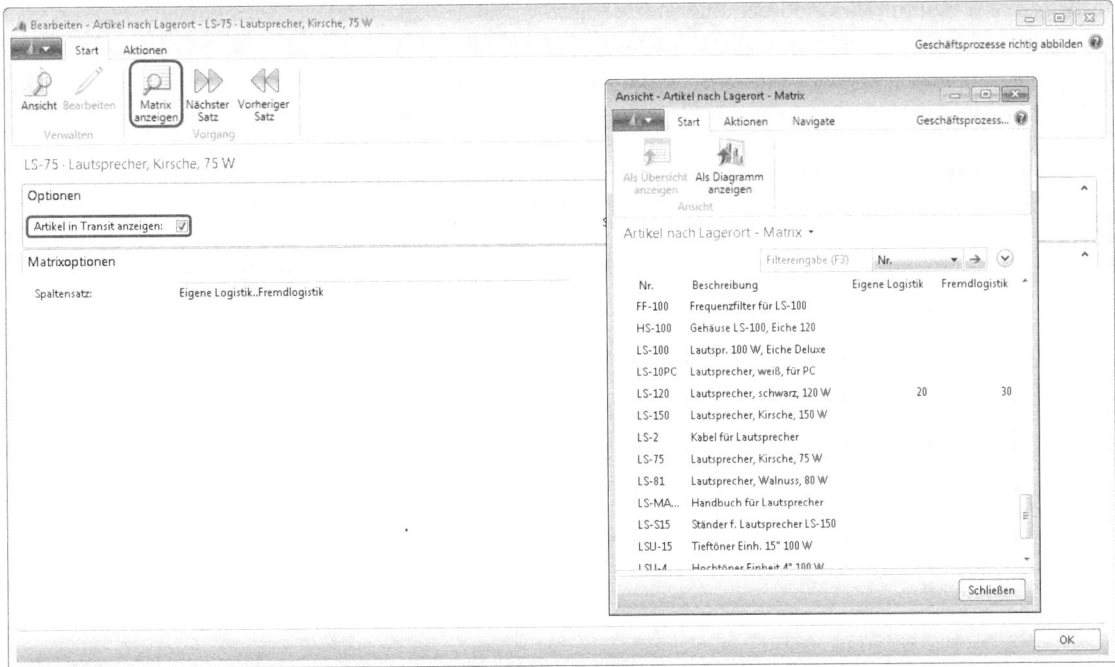

Abbildung 6.104 Anzeige der Artikel, die auf einem Transitlagerplatz geführt werden

Die sich in Transit befindlichen Artikel sind im Bericht zur Lagerbewertung enthalten. Der Bericht kann über den folgenden Pfad geöffnet werden. Es stehen verschiedene Selektionskriterien wie Datum, Artikelnummer, Lagerortfilter zur Auswahl.

Link: *Abteilungen/Einkauf/Lager & Bewertung/Berichte/Lagerwert*

Umlagerung zwischen Lagerplätzen

Bei der lagerortinternen Umlagerung von Artikeln zwischen Lagerplätzen erfolgt lediglich eine Änderung der physischen Platzierung, also eine Veränderung auf Lagerplatzposten-Ebene. Der Prozess unterscheidet sich für Lagerorte, bei denen Logistik im Einsatz ist (hierbei handelt es sich um einen mehrstufigen, auch automatisch umsetzbaren Prozess), und bei Lagerorten ohne Logistik (einstufiger, manueller Prozess).

Umlagerung zwischen Lagerplätzen in Lagerorten ohne Einsatz der Logistik

Da gemäß der Einstellungen des Lagerorts keine weiteren Belege für die Bearbeitung im Lager zu erstellen sind, kann die Umlagerung auf zwei Arten erfolgen:

- Über das *Umlagerungs-Buchungs-Blatt* (die Spalten *Lagerplatzcode* und *Neuer Lagerplatzcode* müssen eingeblendet sein; herkömmliches Verfahren; faktisch eine reine Umbuchung)
- Über die *interne Umlagerung* (ein gegenüber Dynamics NAV 2009 neues Verfahren, es wird ein Beleg erzeugt)

Umlagerung über das Umlagerungs Buchungs-Blatt

Link: *Abteilungen/Lager/Planung & Ausführung/Umlagerungs Buch.-Blätter*

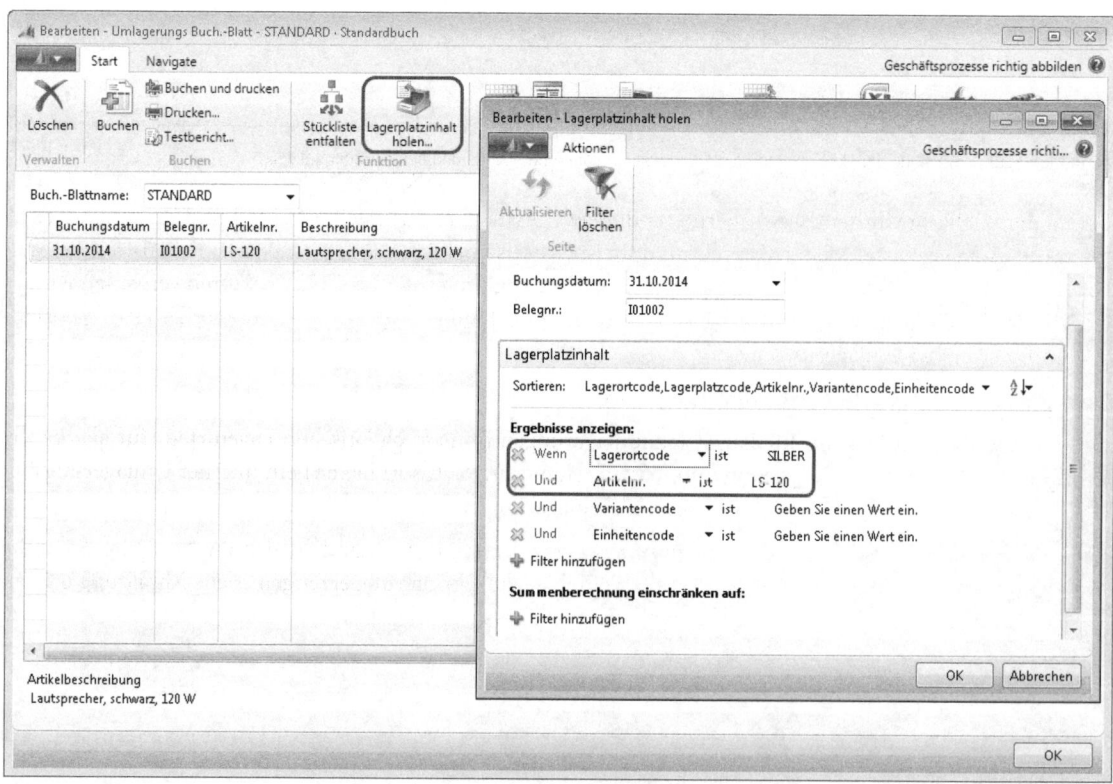

Abbildung 6.105 Eingabe der umzulagernden Artikel über die Funktion »Lagerplatz holen«

Umlagerung, Umbuchung und Korrektur von Lagerbeständen

Die Definition von Buchungsblättern mit Angabe der Nummernserie und Buchungsnummernserie erfolgt über den Lookup im Feld *Buch.-Blattname*. Über die Aktion *Lagerplatzinhalt holen* ermöglicht das Buchungsblatt die Ermittlung des Lagerplatzes und der dort eingelagerten Menge der Artikel, die umgelagert werden sollen (siehe Abbildung 6.105). Die manuelle Pflege der Informationen im Buchungsblatt ist alternativ ebenfalls möglich.

Entsprechend kann nun die Eingabe der Umlagerungsmenge und des Ziellagerplatzes erfolgen. Die Buchung des Umlagerungsvorgangs erfolgt dann über die Registerkarte *Start* mit der Aktion *Buchen* (siehe Abbildung 6.106).

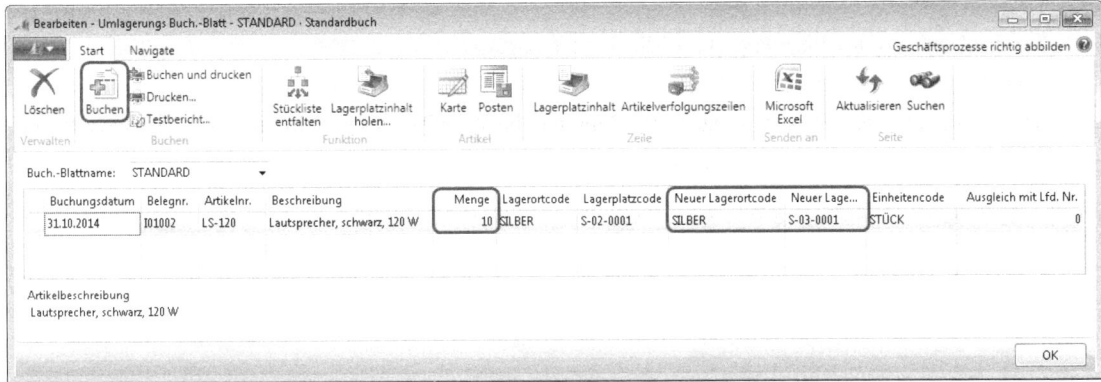

Abbildung 6.106 Buchung der Umlagerung nach Pflege der Umlagerungsmenge und des Ziellagerplatzes

Durch die Buchung wurden zwei Lagerplatz- und zwei Artikelposten erstellt (Abgang und Zugang der Artikel vom/am Lagerplatz). Mengenkorrekturen, beispielsweise bei Schwund oder Bruch, ziehen weitere Artikel-, Lagerplatz-, Wert- und Sachposten nach sich. Zur Erstellung von Mengenkorrekturen verweisen wir auf den Abschnitt »Umlagerung zwischen Lagerorten« und dort auf den Unterabschnitt »Berichtigen von Mengen und Werten bei Umlagerungen«.

Umlagerung über den internen Umlagerungsbeleg

In Dynamics NAV 2013 kann für Lagerplatzumlagerungen in nicht chaotischen Lagerorten (für alle Lagerorte, die keine gesteuerte Einlagerung und Kommissionierung aktiviert haben) ein interner Umlagerungsbeleg erzeugt werden, der dann eine Lagerbestandsumlagerung erzeugt.

Link: *Abteilungen/Lager/Planung & Ausführung/Interne Umlagerungen* und in der Registerkarte *Start* die Aktion *Neu* und über die ⏎-Taste im Feld *Nr.* eine interne Umlagerung erzeugen (siehe Abbildung 6.107)

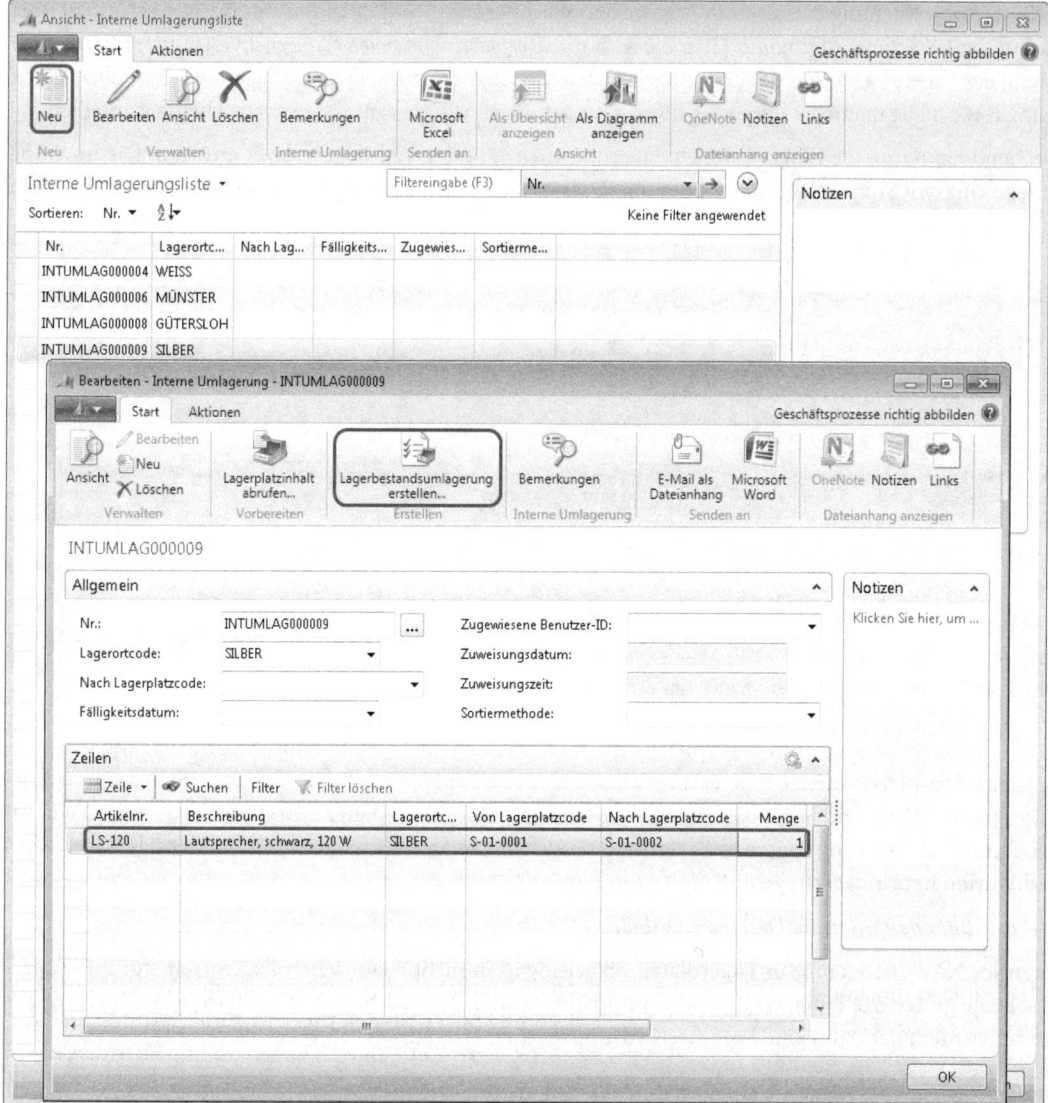

Abbildung 6.107 Erstellung einer internen Umlagerung

Durch die Aktion *Lagerbestandsumlagerung erstellen* wird entsprechend die Lagerbestandsumlagerung erstellt, die nach der Umlagerung zu registrieren ist (siehe Abbildung 6.108).

Die registrierten Lagerbestandsumlagerungen können über den Link: *Abteilungen/Lager/Historie/Registrierte Belege/Registrierte Lagerbestandsumlagerung* abgerufen werden. Die Umlagerung mündet in der Erzeugung von Lagerplatzposten, weitere Posten werden nicht erzeugt.

Umlagerung, Umbuchung und Korrektur von Lagerbeständen

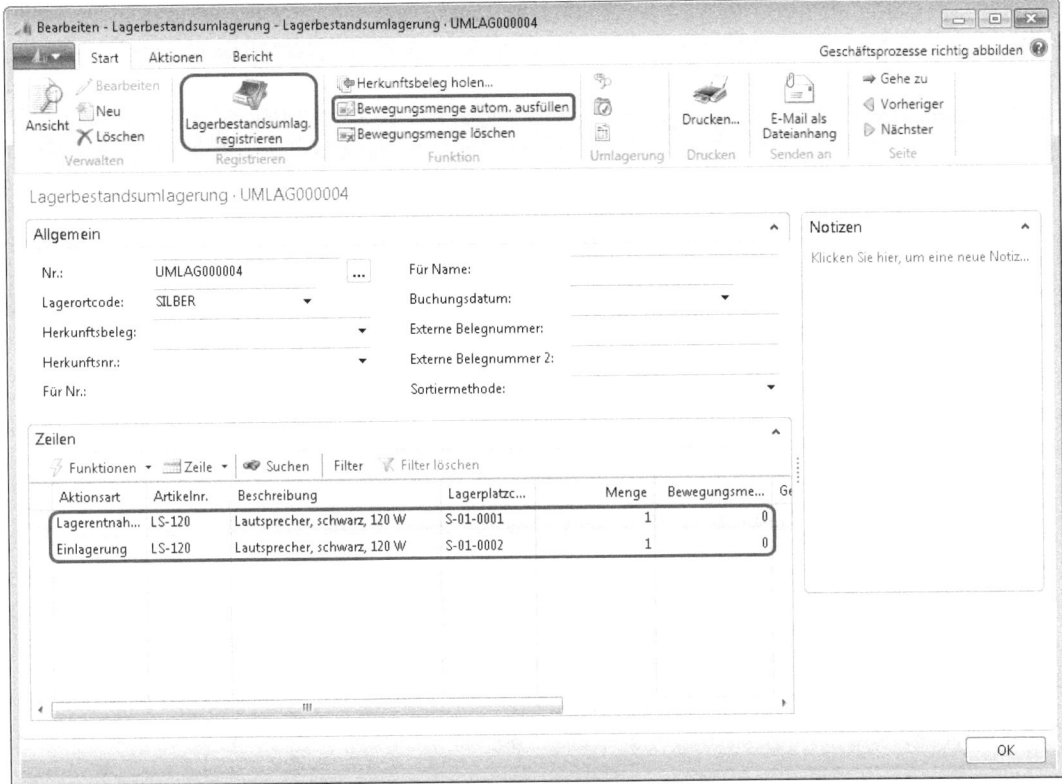

Abbildung 6.108 Vervollständigung und Registrierung der Lagerbestandsumlagerung

Manuelle Umlagerung zwischen Lagerplätzen in Lagerorten mit Einsatz der Logistik – mit und ohne gesteuerte Einlagerung und Kommissionierung

Werden Umlagerungen in Lagerorten notwendig, in denen das Logistikmodul aktiv ist, jedoch nicht die gesteuerte Einlagerung und Kommissionierung, erfolgt die Initiierung der Umlagerung von Artikeln entweder über die oben dargestellte Nutzung der internen Umlagerung oder über den Lagerplatzumlagerungsvorschlag. Ist die gesteuerte Einlagerung und Kommissionierung aktiviert, kann eine Umlagerung nur über den Lagerplatzumlagerungsvorschlag erfolgen. Da der Prozess der internen Umlagerung bereits im vorangegangenen Abschnitt beschrieben wurde, wird nun die Nutzung des Lagerplatzumlagerungsvorschlags zur Umlagerung von Artikeln beschrieben. Der Prozess ist wie die Nutzung der internen Umlagerung mehrstufig (Erstellung des Umlagerungsvorschlags, Erstellung der Umlagerung, Registrierung der Umlagerung). Artikelposten werden analog nicht erzeugt, da die Umlagerung keinen Einfluss auf den Lagerbestand hat.

Wurde die gesteuerte Einlagerung und Kommissionierung aktiviert, kann auch eine automatische Lagerplatzauffüllung erzeugt werden.

Um Vorschläge für Umlagerungen eines Lagerorts generieren zu können, ist zunächst über *Logistik Vorschlagsvorlagen* ein Blattname für den entsprechenden Lagerort anzulegen.

Link: *Abteilungen/Verwaltung/Anwendung Einrichtung/Lager/Lager/Logistik Vorschlagsvorlagen* (siehe Abbildung 6.109)

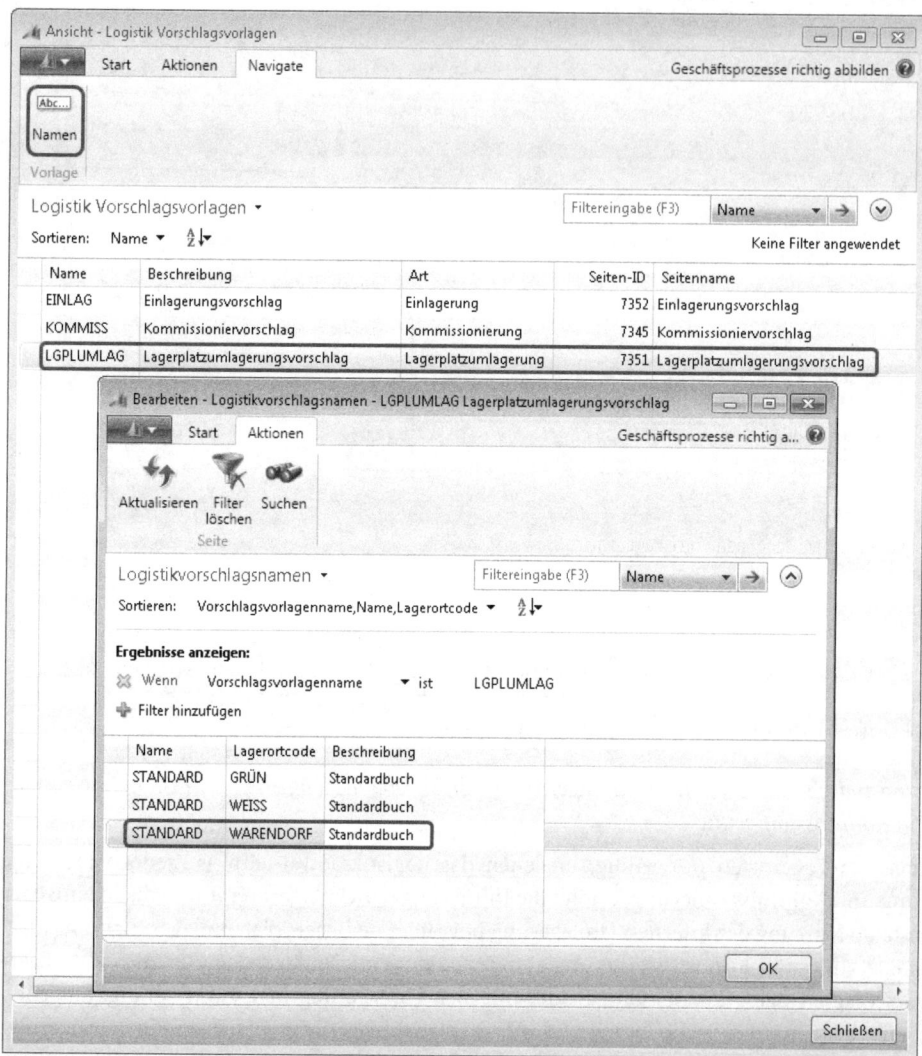

Abbildung 6.109   Einrichtung eines Lagerorts (Logistikvorschlagsnamens) als Grundlage der Erstellung von Lagerplatzumlagerungsvorschlägen

Für die eigentliche (manuelle) Erstellung des Lagerplatzumlagerungsvorschlags erfolgt dann über den Lookup im Feld *Name* zunächst die Auswahl des Lagerorts, wie in Abbildung 6.110 dargestellt.

Link: *Abteilungen/Lager/Planung & Ausführung/Lagerplatzumlag.-Vorschläge*

Umlagerung, Umbuchung und Korrektur von Lagerbeständen

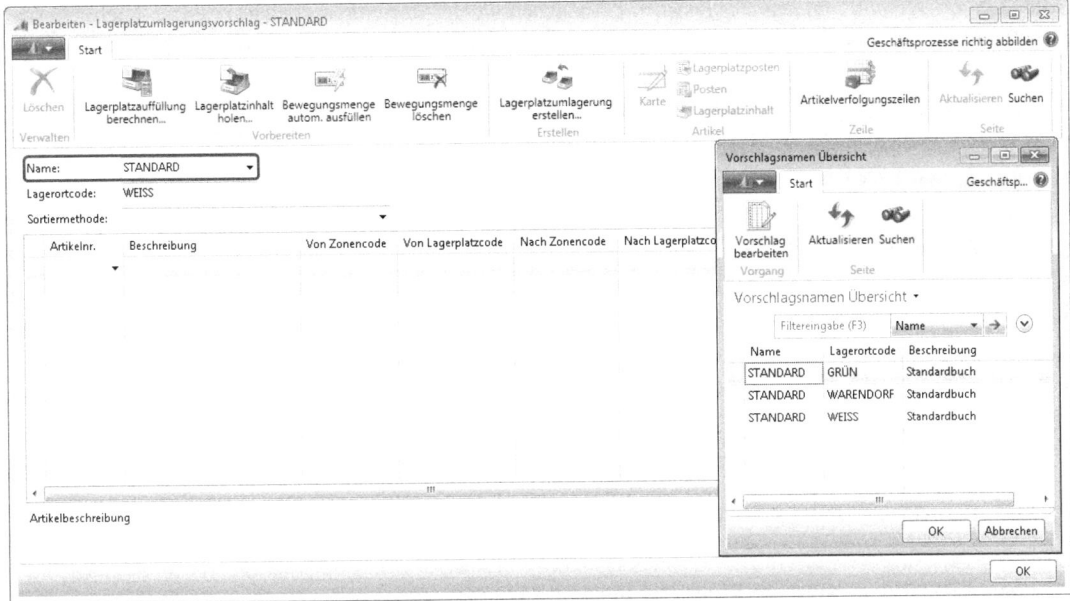

Abbildung 6.110 Auswahl des lagerortbezogenen Vorschlagsnamens

Im Fenster *Lagerplatzumlagerungsvorschlag* sind die entsprechenden Parameter wie *Artikelnummer*, *Von Lagerplatzcode*, *Nach Lagerplatzcode* etc. zu pflegen. Bei diesem Vorgang gibt Dynamics NAV nach Eingabe der Artikelnummer die Ursprungslagerplätze über den Lookup mit den dort befindlichen Mengen vor (siehe Abbildung 6.111).

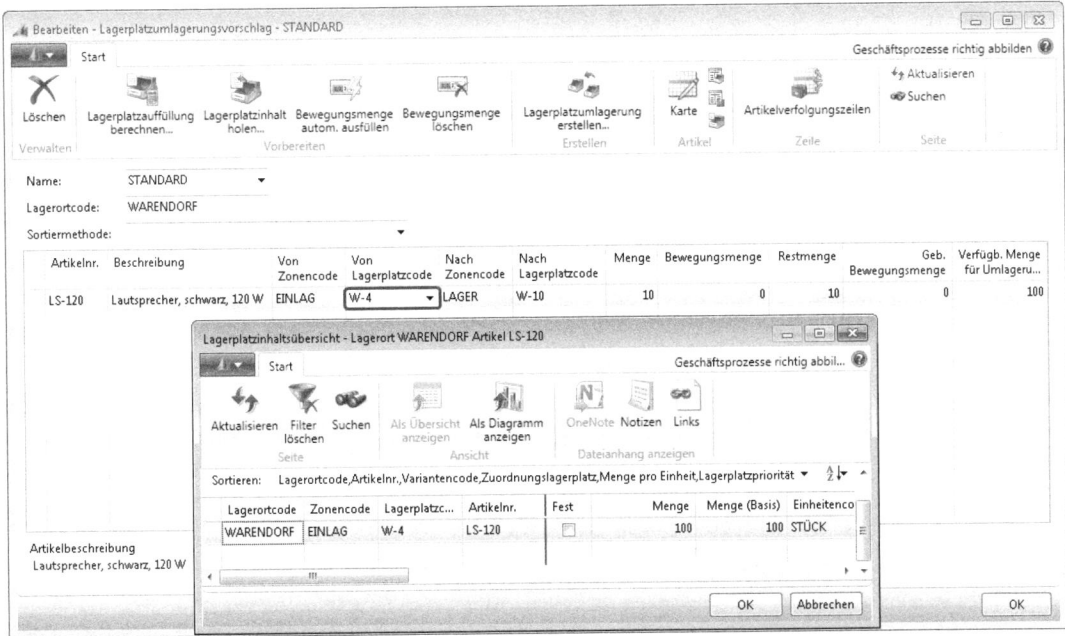

Abbildung 6.111 Eingabe der Artikelnummer und Auswahl des Ursprungslagerplatzes zur Umlagerung

Über die Aktion *Lagerplatzumlagerung erstellen* kann abschließend der Logistikbeleg erstellt werden. Hierbei hilfreiche Funktionen sind beispielsweise das Ausfüllen des Ursprungslagerorts und der Menge über die Aktion *Lagerplatzinhalt holen* oder das automatische Ausfüllen der Bewegungsmenge über die Aktion *Bewegungsmenge autom. ausfüllen* (siehe Abbildung 6.112).

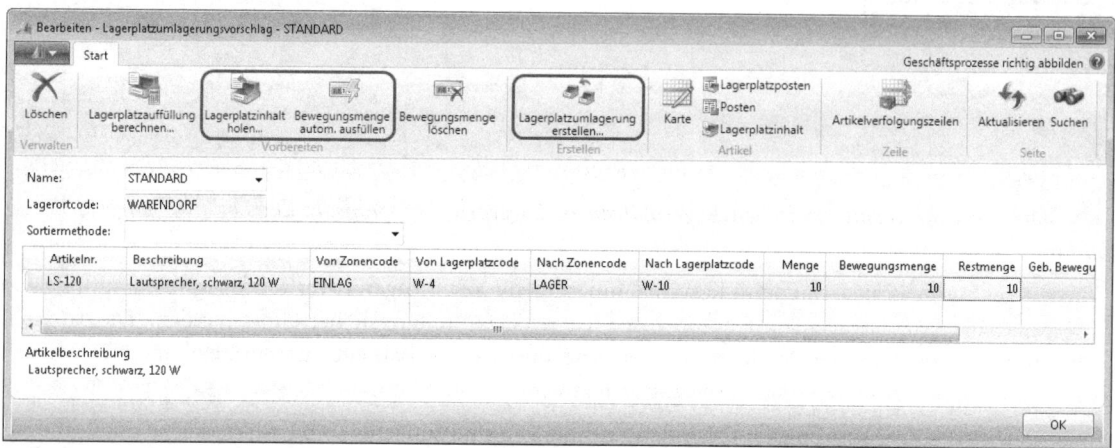

Abbildung 6.112 Eingabe der Menge und des Ziellagerplatzes, Erstellung des Lagerplatzumlagerungsbelegs

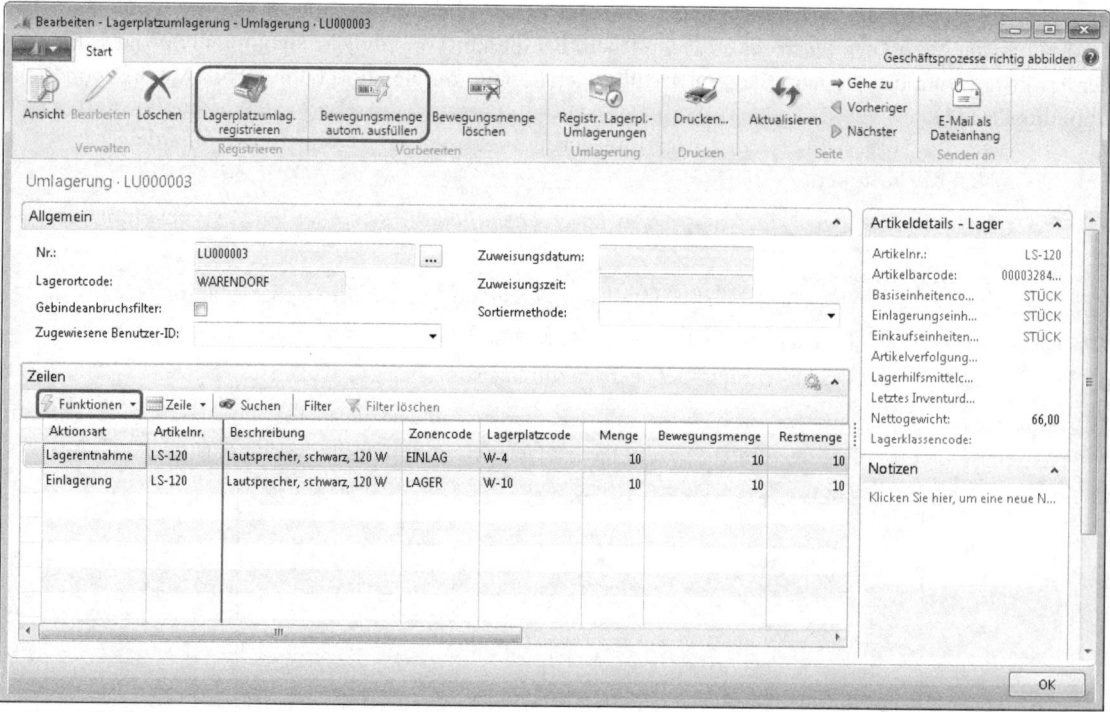

Abbildung 6.113 Logistikbeleg zur Lagerplatzumlagerung

Entsprechend der Erläuterung zur Erstellung von Kommissionierbelegen im Abschnitt »Registrierung der Kommissionierung im Kommissionierbeleg und Buchung des Warenausgangs im Warenausgangsbeleg« erfolgt dann durch Dynamics NAV die Erstellung eines Lagerplatzumlagerungsbelegs, welcher über den Link *Abteilungen/Lager/Logistikmanagement/Lagerplatzumlagerungen* abgerufen werden kann (siehe Abbildung 6.113). Im Beleg *Lagerplatzumlagerung* ist eine Änderung der Lagerplätze und -zonen möglich. Darüber hinaus sind die bekannten Funktionen zur Teilung der Zeilen (Inforegister *Zeilen*, Aktion *Funktionen*) und zum automatischen Ausfüllen der Bewegungsmenge über die Aktion *Bewegungsmenge autom. ausfüllen* verfügbar. Über die Aktion *Lagerplatzumlag. registrieren* erfolgt nach erfolgter Umlagerung die Erstellung der Lagerplatzposten.

Nach der Registrierung wird der Lagerplatzumlagerungsbeleg gelöscht. Der registrierte Umlagerungsbeleg wird über den Link *Abteilungen/Lager/Historie/Registrierte Belege/Registr. Lagerpl.-Umlagerungen* angezeigt.

Automatische Umlagerung zwischen Lagerplätzen in Lagerorten mit Einsatz der Logistik (Lagerplatzauffüllung)

Wird die gesteuerte Einlagerung und Kommissionierung für einen Lagerort verwendet, können mithilfe von Lagerplatzumlagerungsvorschlägen automatisch Lagerplatzauffüllungen berechnet werden. Die von der Anwendung vorgeschlagenen Auffüllungszeilen sind durch die Mitarbeiter überprüfbar und freizugeben, bevor eine Lagerplatzumlagerungsanweisung erstellt wird.

Zur automatischen Berechnung der Lagerplatzauffüllungen sind zunächst Standardlagerplätze und Mindestmengen für Artikel zu definieren, wie im Abschnitt »Grundlagen und Parameter der Lagerorteinrichtung« beschrieben. Der automatische Auffüllungsprozess muss manuell gestartet werden und identifiziert ungesperrte Standardlagerplätze mit nicht mehr ausreichender Mindestmenge. Zur Wiederauffüllung versucht Dynamics NAV dieselben Artikel derselben Variante zu finden und bestimmt die Entnahmelagerplätze entsprechend der definierten Lagerplatzpriorität (siehe hierzu auch den Abschnitt »Grundlagen und Parameter der Lagerorteinrichtung«). Je nach Initiierung des Auffüllungsprozesses (die möglichen Filterkriterien werden im Folgenden vorgestellt) werden Lagerumlagerungsbelege erstellt, welche die Standardlagerplätze bis zur Maximalgrenze auffüllen.

Die Lagerplatzauffüllung wird über die Aktion *Lagerplatzauffüllung berechnen* im Lagerplatzumlagerungsvorschlag gestartet.

Link: *Abteilungen/Lager/Planung & Ausführung/Lagerplatzumlag.-Vorschläge* (siehe Abbildung 6.114)

Das System schlägt automatisch die für den Artikel aufzufüllende Menge vor. Über die Aktion *Lagerplatzumlagerung erstellen* erfolgt die Erstellung des Lagerplatzumlagerungsbelegs.

Wie im vorherigen Abschnitt beschrieben, kann der Lagerplatzumlagerungsbeleg über den Link *Abteilungen/Lager/Logistikmanagement/Lagerplatzumlagerungen* aufgerufen und über die Aktion *Lagerplatzumlag. registrieren* nach Eingabe der Bewegungsmenge im Fenster *Lagerplatzumlagerung* erfasst werden (siehe auch Abbildung 6.113).

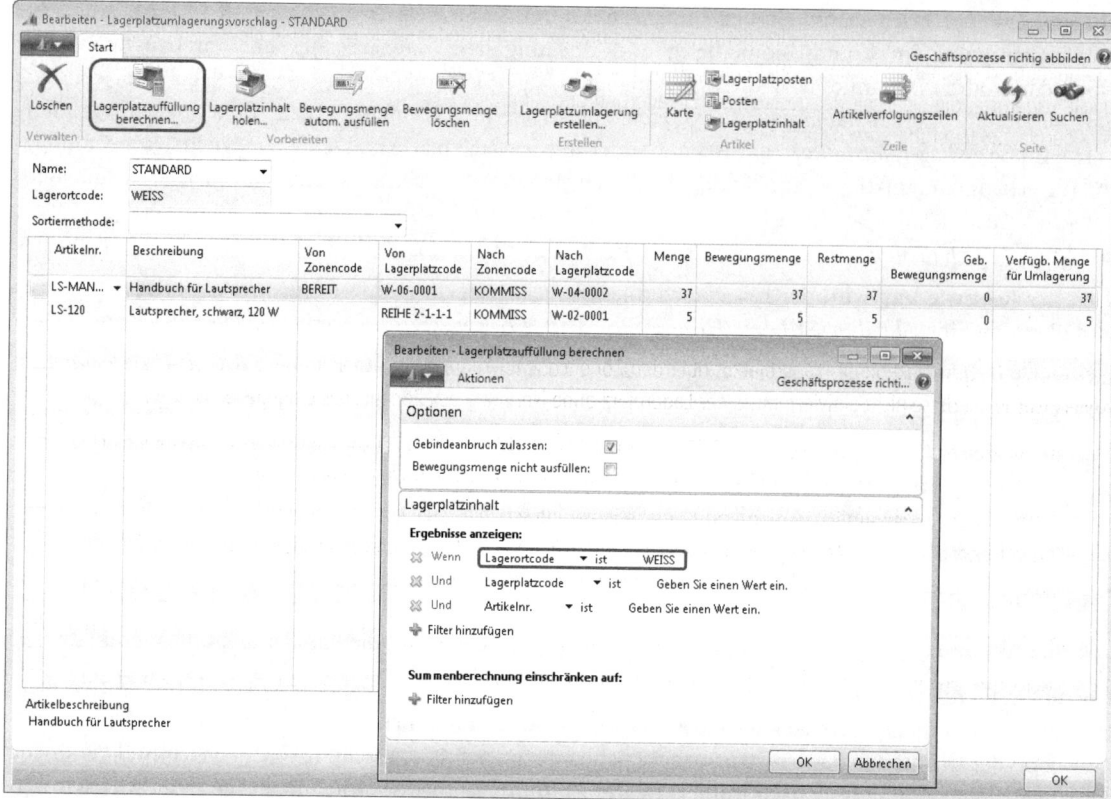

Abbildung 6.114 Initiierung der automatischen Lagerplatzauffüllung

Inhaltlich ist die automatische Lagerplatzauffüllung in das Thema Wiederbeschaffungsmanagement bzw. Planung einzugliedern, deren Methodik im Abschnitt »Methodik der automatischen Wiederbeschaffung« erläutert wird.

Interne Einlagerungs- und Kommissionierungsanforderung

In Lagerorten, welche die Einlagerungs- und Kommissionierbelege verwenden, können mithilfe von internen Einlagerungsanforderungen und Kommissionierungsanforderungen Anweisungen für die Einlagerung und Kommissionierung von Artikeln geplant und erstellt werden, ohne Herkunftsbelege wie Auftrag oder Bestellung angeben zu müssen. Dies ermöglicht die Abbildung spezieller Prozesse, z. B. das Bereitstellen von Artikeln für Präsentationszwecke oder im Rahmen der Qualitätskontrolle. In den Anforderungen werden lediglich die Informationen zum Artikel und Ziel-/Entnahmelagerplatz genannt, wenn die Artikel wiedereingelagert bzw. bereitgestellt werden sollen.

Die internen Kommissionier- und Einlagerungsanforderungen sind über das Lagermenü aufrufbar:

Link: *Abteilungen/Lager/Logistikmanagement/Periodische Aktivitäten/Lager – Interne Einlag.-Anforderungen*

Link: *Abteilungen/Lager/Logistikmanagement/Periodische Aktivitäten/Lager – Interne Kommiss.-Anforderungen*

Umlagerung, Umbuchung und Korrektur von Lagerbeständen

ACHTUNG Während die interne Einlagerungsanforderung bei Lagerorten anwendbar ist, die Einlagerungsbelege verwenden, funktioniert die interne Kommissionieranforderung nur bei Lagerorten mit gesteuerter Einlagerung und Kommissionierung. Für alle Lagerorte, die nicht mit der gesteuerten Einlagerung und Kommissionierung arbeiten, ist die interne Umlagerung oder der Lagerplatzumlagerungsvorschlag zu nutzen (siehe Erläuterungen oben).

Die Vorgehensweise bei internen Einlagerungs- und Kommissionieranforderungen sind identisch und werden hier am Beispiel der Einlagerung erläutert.

Über das Fenster *Interne Einlag.-Anforderung* können der/die wiedereinzulagernde(n) Artikel sowie Lagerort, Entnahmelagerzone und -lagerplatz definiert werden.

TIPP Die Selektion des Lagerplatzes über den Zonencode funktioniert nur, wenn im Lager die gesteuerte Einlagerung aktiviert wurde. Ist diese nicht aktiviert, muss der Lagerplatz ohne Nennung des Zonencodes eingegeben werden.

Es ist ratsam, sich die Felder *Lagerortcode, Von Zonencode, Von Lagerplatzcode* in der Zeile anzeigen zu lassen, da es bei Änderungen im Kopf zu Fehlermeldungen kommen kann, die anhand dieser Felder nachvollziehbar werden.

Für die Nutzung der internen Einlagerung und Kommissionierung ist zu empfehlen, zumindest eine interne Zone je Lagerort anzulegen, anhand welcher die Artikel leicht identifiziert werden können. Zur Erstellung von Lagerzonen und der Zuordnung von Lagerplätzen verweisen wir auf den Abschnitt »Grundlagen und Parameter der Lagerorteinrichtung«.

Über die Aktion *Freigeben* und *Einlagerung erstellen* wird anschließend die Einlagerungsanforderung freigegeben und der Einlagerungsbeleg erstellt (siehe Abbildung 6.115).

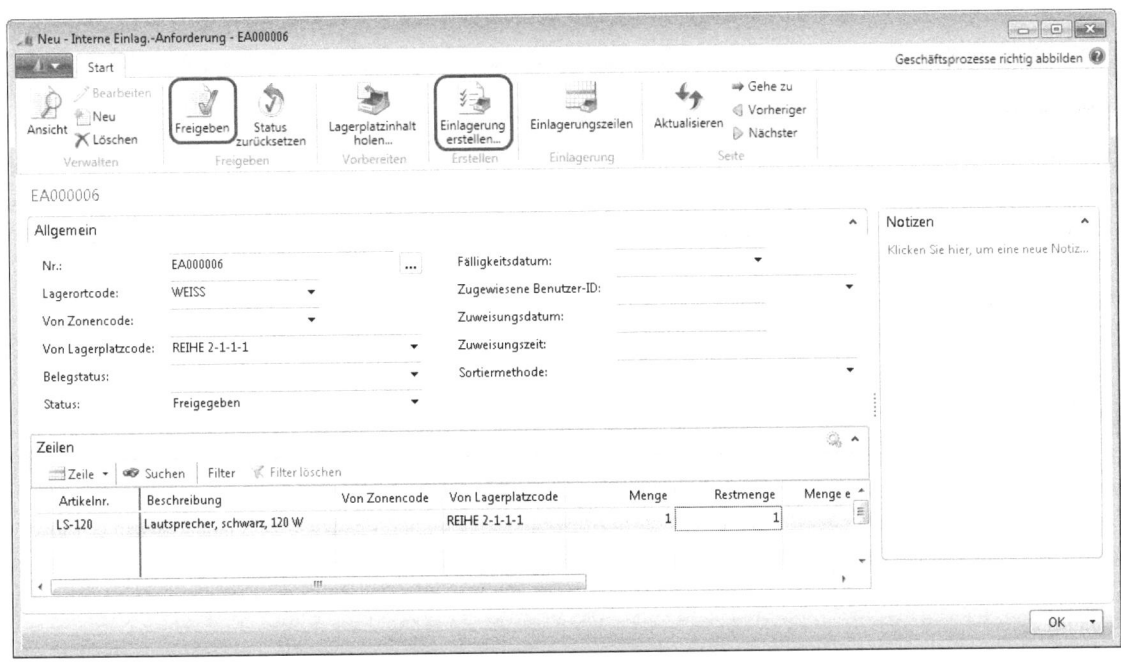

Abbildung 6.115 Erstellung einer internen Einlagerungsanforderung, Freigabe und Erstellung eines entsprechenden Einlagerungsbelegs

HINWEIS Die Anforderungen werden immer für das Standardlager des entsprechenden Lagermitarbeiters erstellt. Ist das Lager nicht entsprechend eingerichtet (d.h. sind keine Einlagerungs- und Kommissionierbelege notwendig), können keine Anforderungen erstellt werden bzw. muss vorher das Standardlager des Lagermitarbeiters geändert werden. In einer erstellten Anforderung kann dann im Kopf das Lager gewechselt werden.

Kommt es bezüglich der Entnahmelagerzone und des Entnahmelagerplatzes zu Abweichungen zwischen den Angaben im Kopf der Einlagerungsanforderung und der Zeile, übernimmt Dynamics NAV die Angaben der Zeile zur Erstellung des Einlagerungsbelegs.

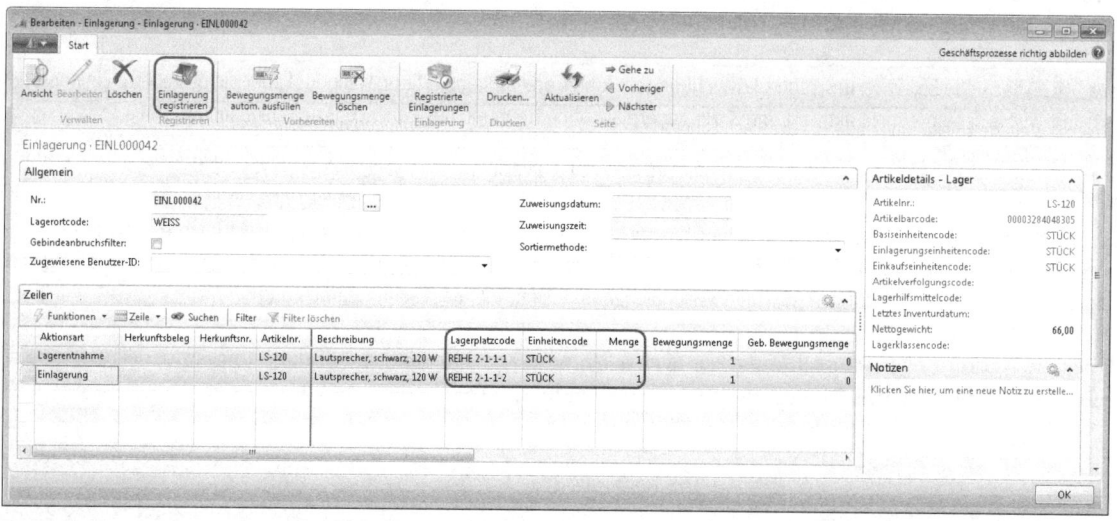

Abbildung 6.116 Einlagerungsbeleg mit automatischer Bestimmung des Einlagerungslagerplatzes

Wenn die gesteuerte Einlagerung und Kommissionierung verwendet wird, schlägt das System entsprechend der hinterlegten Regeln automatisch einen Einlagerungslagerplatz vor. Darüber hinaus unterstützt Dynamics NAV die Identifikation eines entsprechenden Lagerplatzpostens über den Lookup im Feld *Lagerplatzcode*. Über die Menüleiste stehen die unterstützenden Aktionen zum automatischen Ausfüllen der Bewegungsmenge und im Inforegister *Zeilen* über die Aktion *Funktionen* die Möglichkeit zum Teilen von Zeilen zur Verfügung. Nach der Umlagerung der Artikel kann über die Aktion *Einlagerung registrieren* die Einlagerung abgeschlossen werden.

HINWEIS Es ist in Dynamics NAV nicht möglich, interne Einlagerungen zu erzeugen, ohne einen Lagerplatz mit entsprechendem Bestand (existierender Lagerplatzposten) anzugeben. Analog ist es ebenfalls nicht möglich, eine interne Kommissionierung ohne existierenden Lagerplatzposten durchzuführen (es werden keine Artikelposten erzeugt, nur Lagerplatzposten). Eine Lagermengen-/Lagerwertmanipulation ist somit über die interne Einlagerung/Kommissionierung nicht möglich. Dennoch sollten diese Bestände gesondert analysiert werden, um die Werthaltigkeit der Posten sicherstellen zu können.

Sind die gebuchten Kommissionierungen real existent, müssen die gebuchten Einlagerungen wertmäßig angepasst werden, da eventuell Ausstellungsstücke mit Gebrauchsspuren nach Qualitätskontrolle nicht mehr nutzbar sind.

Umbuchung und Korrektur von Lagerbeständen

Bei Umbuchungen von Artikeln ist in Dynamics NAV das Vorgehen für Lagerorte ohne bzw. mit gesteuerter Einlagerung und Kommissionierung zu unterscheiden, wobei weiterhin zwischen Umbuchungen zwischen Lagerorten und zwischen Umbuchungen innerhalb eines Lagerorts zu differenzieren ist (siehe Tabelle 6.8). Von den Umbuchungen zu unterscheiden sind die Korrekturbuchungen, die den Lagerbestand/Lagerwert verändern. Auch hier unterscheiden sich die Vorgehensweisen bei Lagerorten mit und ohne gesteuerte Einlagerung und Kommissionierung.

Umbuchungen		
Lagerorteinrichtung	**Art der Umbuchung**	**Buchungs-Blätter**
Keine gesteuerte Einlagerung und Kommissionierung	Zwischen Lagerorten	*Umlagerungs Buchungs-Blatt*
	An einem Lagerort, zwischen Lagerplätzen	*Umlagerungs Buchungs-Blatt* oder *Logistik Umlagerungs Buchungs-Blatt*
Gesteuerte Einlagerung und Kommissionierung	Zwischen Lagerorten	*Umlagerungsauftrag*
	An einem Lagerort, zwischen Lagerplätzen	*Logistik Umlagerungs Buchungs-Blatt*
Korrekturbuchungen		
Lagerorteinrichtung	**Buchungs-Blätter**	
Keine gesteuerte Einlagerung und Kommissionierung	*Artikel Buchungs-Blatt*	
Gesteuerte Einlagerung und Kommissionierung	*Logistik Artikel Buchungs-Blatt*	

Tabelle 6.6 Belegarten bei Um- und Korrekturbuchungen

Die Verwendung der für die Inventurbuchungen relevanten Belege wird im Abschnitt »Inventur« erläutert.

Umbuchungsbelege für Lagerorte ohne gesteuerte Einlagerung und Kommissionierung

Für Umbuchungen zwischen und in Lagerorten ohne die Verwendung der gesteuerten Einlagerung und Kommissionierung wird das *Umlagerungs Buchungs-Blatt* verwendet. Bei Umbuchungen innerhalb eines Lagerorts kann auch das *Logistik Umlagerungs Buchungs-Blatt* verwendet werden.

Die Definition der Vorlagen erfolgt über die entsprechenden Fenster (zur Auswahl der Fenster siehe den nachfolgenden Link) über den Lookup im Feld *Buch.-Blattname*.

Link: *Abteilungen/Einkauf/Lager & Bewertung/Umlagerungs Buch.-Blätter*

Die Verwendung von *Umlagerungs Buchungs-Blättern* wurde im Abschnitt »Umlagerung zwischen Lagerplätzen« in den Ausführungen zu Umlagerungen zwischen Lagerplätzen in Lagerorten ohne Einsatz der Logistik dargestellt (siehe auch Abbildung 6.105 und Abbildung 6.106). Die Nutzung des *Umlagerungs Buchungs-Blatts* erzeugt mit Buchung Artikel-, Lagerplatz-, Wert- und Sachposten.

Bei Verwendung des *Logistik Umlagerungs Buchungs-Blatts* werden generell lediglich Lagerplatzposten erzeugt.

Link: *Abteilungen/Lager/Logistikmanagement/Logistik Umlagerungs Buch.-Blätter*

Die notwendigen lagerbezogenen Buchungsblattvorlagen können über den Link *Abteilungen/Verwaltung/Anwendung Einrichtung/Lager/Lager/Logistik Buch.-Blattvorlagen* abgerufen werden. Durch Auswahl des *Umlagerungs Buchungs-Blatts* UMLAG und über die Aktion *Buch.-Blattnamen* in der Registerkarte *Navigate* können lagerortspezifische Vorlagen erstellt werden (siehe Abbildung 6.117).

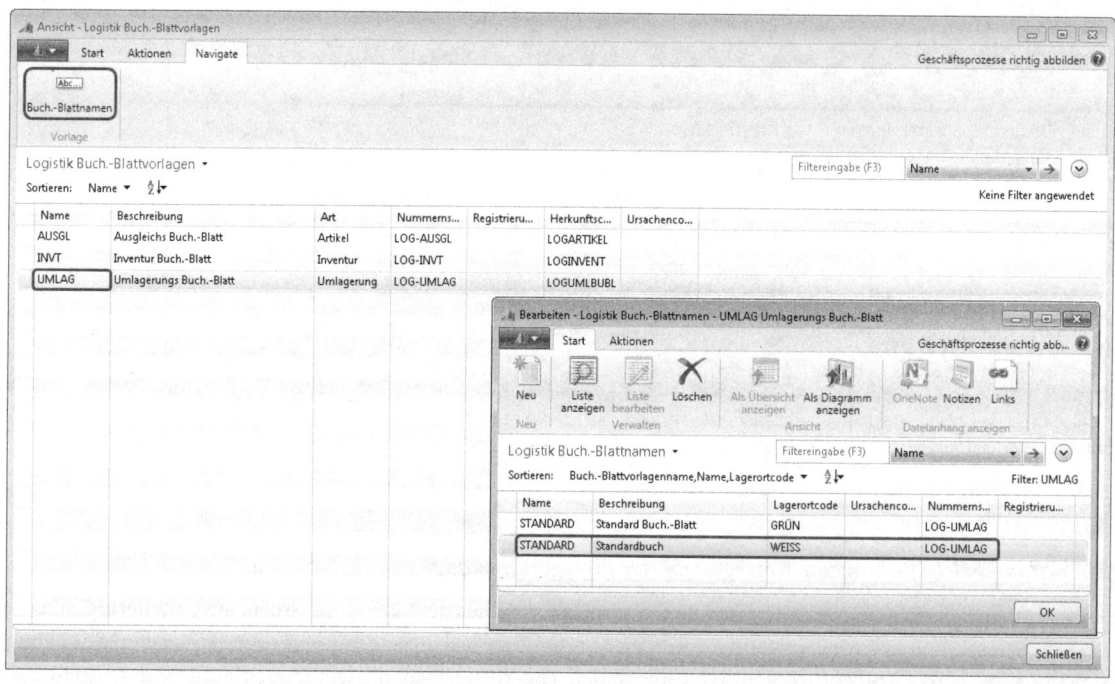

Abbildung 6.117   Einrichtung lagerspezifischer Logistik Umlagerungs Buchungs-Blattvorlagen

Über das *Logistik Umlagerungs Buchungs-Blatt* erfolgt dann die eigentliche Umbuchung. Über die Aktionen der Registerkarte *Start* können relevante Informationen abgerufen werden (in der Abbildung 6.118 beispielsweise die verfügbaren Artikel je Lagerplatz über die Aktion *Lagerplatzinhalt*). Über die Aktion *Registrieren* erfolgt die Registrierung der Umbuchung.

Umlagerung, Umbuchung und Korrektur von Lagerbeständen

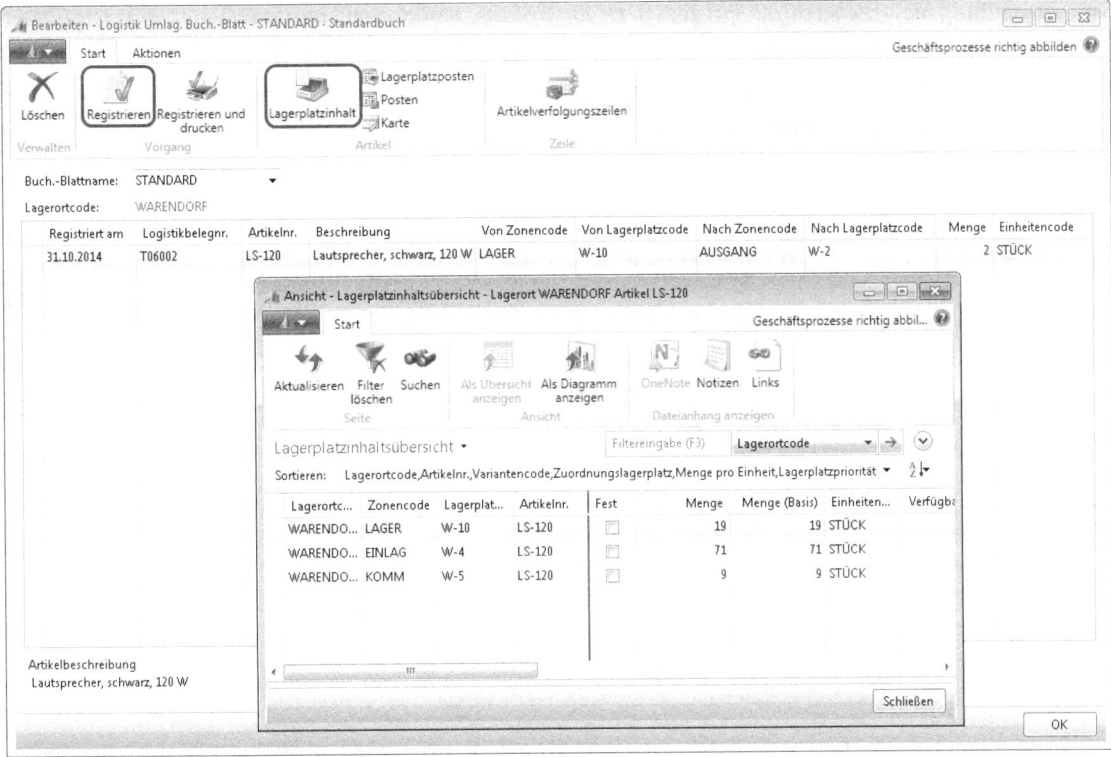

Abbildung 6.118 Umbuchung mittels Logistik Umlagerungs Buchungs-Blatt

Umbuchungsbelege für Lagerorte mit gesteuerter Einlagerung und Kommissionierung

Umbuchungen zwischen Lagerorten, bei denen mindestens einer der beiden Lagerorte die gesteuerte Einlagerung und Kommissionierung verwendet, sollten über den Umlagerungsauftrag erfolgen (ein weiteres denkbares Vorgehen wären Korrekturbuchungen an beiden Lagerorten, wovon wir jedoch aufgrund schlechterer Transparenz, möglicherweise abweichender Lagerwerte und erhöhtem Arbeitsaufwand abraten). Die Verwendung des Umlagerungsauftrags wurde bereits in Abschnitt »Umlagerung zwischen Lagerorten« beschrieben.

Werden Umbuchungen innerhalb eines Lagerorts mit gesteuerter Einlagerung und Kommissionierung erforderlich (beispielsweise Lagerplatzkorrekturen), hat dies über das *Logistik Umlagerungs Buchungs-Blatt* zu erfolgen (wie oben beschrieben).

Korrekturbuchungen bei Lagerorten ohne gesteuerte Einlagerung und Kommissionierung

Korrekturbuchungen, die beispielsweise bei identifiziertem Artikelschwund erforderlich sind, erfolgen über das Artikel Buchungs-Blatt. Die Verwendung des Artikel Buchungs-Blatts wurde bereits im Rahmen notwendiger Korrekturbuchungen (Berichtigung von Mengen und Werten) im Abschnitt »Umlagerung zwischen Lagerorten« beschrieben.

Korrekturbuchungen bei Lagerorten mit gesteuerte Einlagerung und Kommissionierung

Korrekturbuchungen, die Lagerorte mit gesteuerter Einlagerung und Kommissionierung betreffen, müssen über das *Logistik Artikel Buchungs-Blatt* erfolgen. Die Verwendung ist der des *Artikel-Buch.-Blatts* und der des *Logistik Umlagerungs Buchungs-Blatts* sehr ähnlich.

Die lagerspezifischen Buchungs-Blatt-Vorlagen sind über den Link *Abteilungen/Verwaltung/Anwendung Einrichtung/Lager/Lager/Logistik Buch.-Blattvorlagen* und dort über die Auswahl AUSGL (Ausgleichs Buchungs-Blatt) anzulegen. Über den Link *Abteilungen/Lager/Logistikmanagement/Logistik Artikel Buch.-Blätter* kann dann das *Logistik Artikel Buchungs-Blatt* geöffnet werden. Differenzen zwischen systemseitig erfassten und im Lager befindlichen Artikeln können über eine *Ausgleichsmenge* in der Buchungsblattzeile erfasst und registriert werden (siehe Abbildung 6.119).

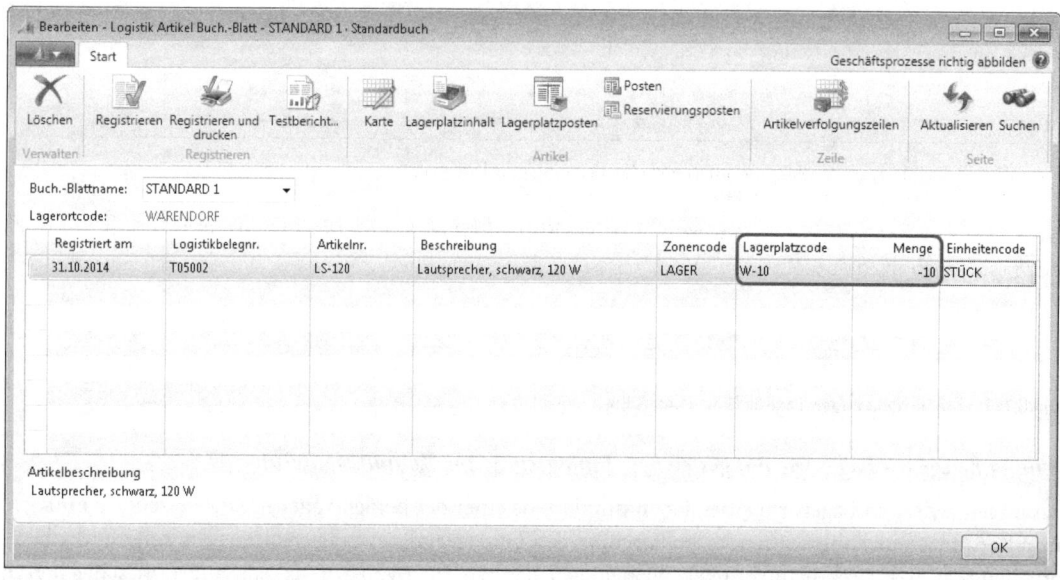

Abbildung 6.119 Buchung fehlender Mengeneinheiten

Durch die Registrierung bucht Dynamics NAV die entsprechenden Artikel auf den bzw. vom *Ausgleichslagerplatz*. Dies bedeutet, dass die Artikelmengen auf dem entsprechenden Lagerplatz korrigiert wurden (Korrektur auf Lagerplatzpostenebene). Die Buchung kann über das Logistikjournal nachverfolgt werden (siehe Abbildung 6.120).

Link: *Abteilungen/Lager/Historie/Journale/Logistikjournale*, dort die betreffende Zeile und über die Registerkarte *Navigate* die Aktion *Lagerplatzposten* auswählen

Der Lagerwert (Bericht Lagerwert, Link: *Abteilungen/Finanzmanagement/Lager/Berichte/Lagerwert*) berücksichtigt die Korrekturen nicht, da eine Korrektur der Sachposten nicht erfolgt ist. Um die Korrekturen auch in den Sachposten zu erfassen, ist der Artikelausgleich separat zu buchen, indem im *Artikel Buchungs-Blatt* die Funktion *Ausgleich berechnen* ausgeführt wird. Über die in Abbildung 6.121 dargestellten Parameter kann der Ausgleich auf Artikel, Lagerorte und Varianten begrenzt werden.

Umlagerung, Umbuchung und Korrektur von Lagerbeständen

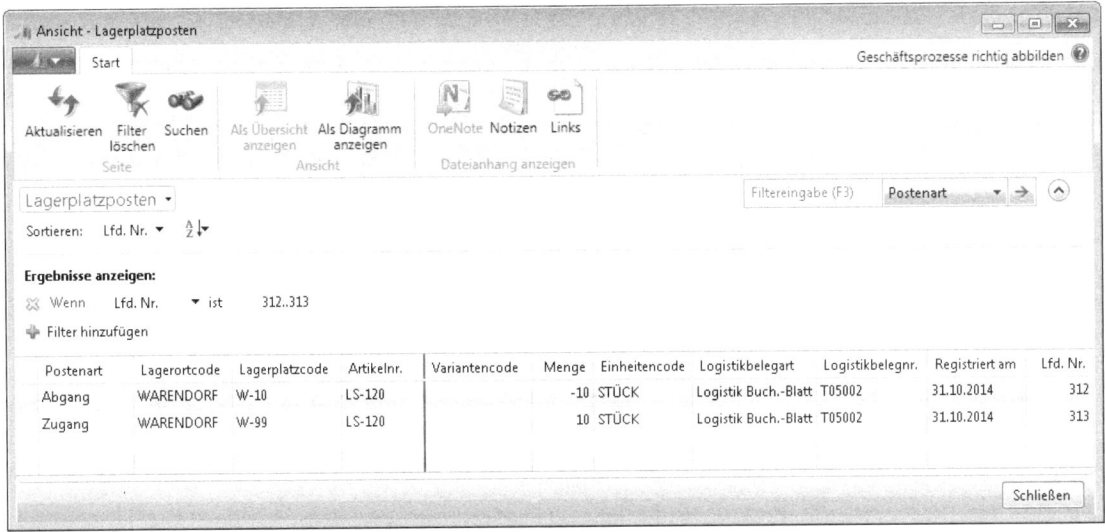

Abbildung 6.120 Lagerplatzposten bei Korrekturbuchung über den Ausgleichslagerplatz

Link: *Abteilungen/Einkauf/Lager & Bewertung/Artikel Buch.-Blätter*, Registerkarte *Start* und Aktion *Ausgleich berechnen* (siehe Abbildung 6.121)

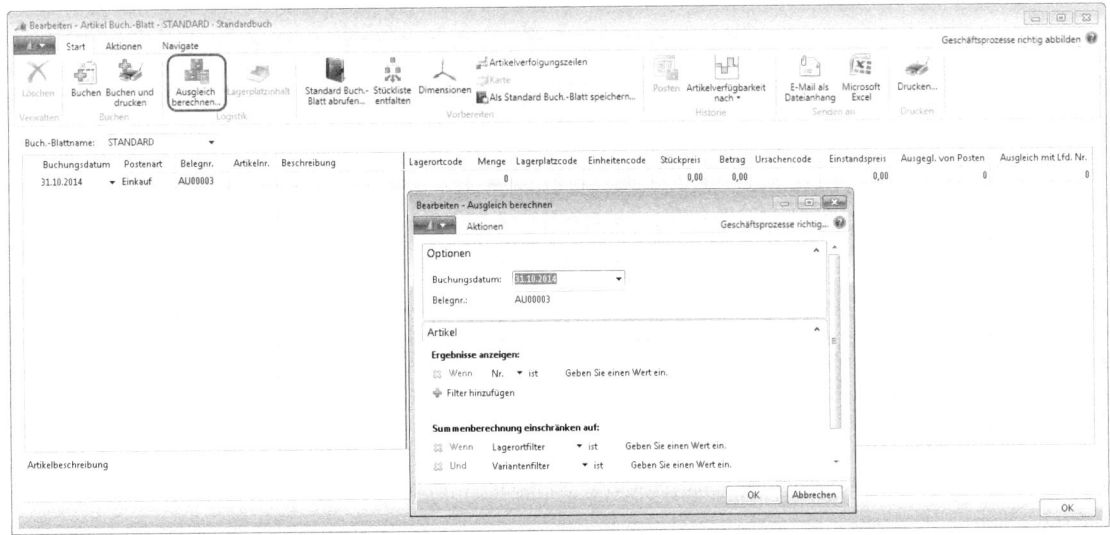

Abbildung 6.121 Berechnung des Ausgleichs von Logistik Artikel Buchungen

Der berechnete Ausgleich ist danach über die Aktion *Buchen* zu erfassen, was zu einer Korrektur der Artikel-, Wert- und Sachposten führt (siehe Abbildung 6.122 und Abbildung 6.123).

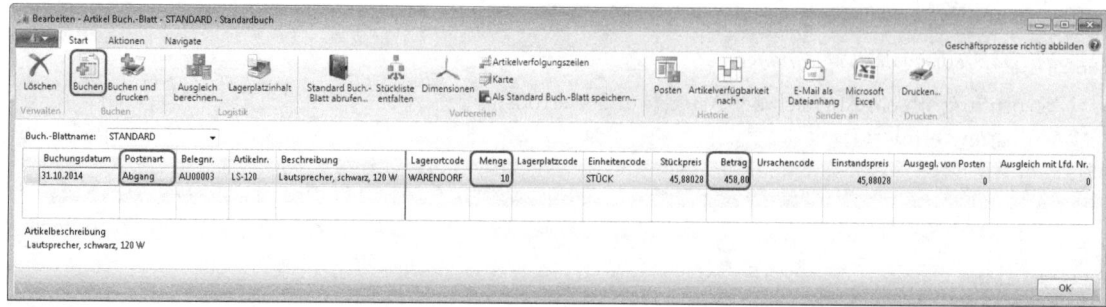

Abbildung 6.122 Buchung des Ausgleichs von Logistik Artikel Buchungen

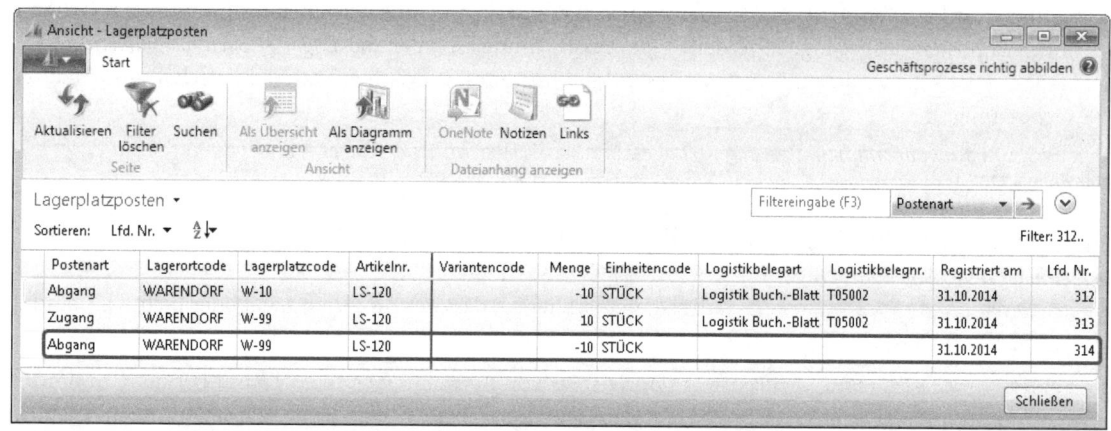

Abbildung 6.123 Logistikjournal mit Lagerplatzposten der Ausgleichsberechnung

Umlagerung, Umbuchung und Korrektur von Lagerbeständen aus Compliance-Sicht

Potenzielle Risiken

- Inkorrektes Mengengerüst, welches im Rahmen der Lagerbewertung herangezogen wird (Effectiveness, Integrity, Reliability)
- Nicht autorisierte Bestandsbuchungen und Bestandsbewegungen (Compliance)
- Fehlende Nachvollziehbarkeit der Lagerbestände (Effectiveness, Efficiency, Integrity, Reliability)

Prüfungsziel

- Korrekte Darstellung der Lagermengen (unter Berücksichtigung von Korrekturbuchungen, Artikeln in Transit, internen Kommissionierungen und Einlagerungen, durchgeführten Ausgleichen) in der Logistik und in der Finanzbuchhaltung
- Sicherstellung autorisierter Buchungen und Bestandsbewegungen sowie der Einhaltung der Funktionstrennung
- Sicherstellung der Nachvollziehbarkeit der Lagerbestände

Prüfungshandlungen

Korrekte Darstellung der Lagermengen

- Überprüfung, ob ein Abgleich der Artikel- und Wertposten der Logistik mit den Sachposten der Finanzbuchhaltung erfolgt. Dazu ist im ersten Schritt zu prüfen, ob die automatische Lagerbuchung aktiviert ist.

  Link: *Abteilungen/Finanzmanagement/Lager/Einrichtung/Lager Einrichtung*

  Darüber hinaus ist zu überprüfen, ob die Stapelverarbeitungen *Lagerregulierung fakt. Einst. Preise* und *Lagerreg. buchen* durchgeführt wurden.

  Feldzugriff: *Tabelle 27 Artikel/Felder Nr., Beschreibung, Einstandspreis ist reguliert*

  Für weitere Details verweisen wir auf Abschnitt »Buchungen in der Materialwirtschaft und Finanzbuchhaltung«. Ist bei allen Artikeln der Artikelpreis reguliert, kann von einer Übereinstimmung der Artikel- und Sachposten ausgegangen werden. Eine Überprüfung ist über die *Lager – Sachpostenabstimmung* möglich (siehe hierzu ausführlich den Abschnitt »Abstimmung zwischen Materialwirtschaft und Finanzbuchhaltung«).

  Link: *Abteilungen/Finanzmanagement/Lager/Analyse & Berichtswesen/Lager – Sachpostenabstimmung*

- Prüfung, ob der Ausgleich für erfasste Artikelkorrekturen berechnet wurde, falls die gesteuerte Einlagerung und Kommissionierung genutzt wird

  Link: *Lager/Logistikmanagement/Berichte/Ausgleichslagerplatz*

  Existieren Einträge im Bericht, lässt dies darauf schließen, dass der Ausgleich nicht oder nicht vollständig durchgeführt wurde.

- Analyse der Mengen und Verifizierung der Existenz von Artikeln, die sich in Transit befinden und/oder die im Rahmen der internen Kommissionierung ausgelagert wurden. Dies sollte sowohl zum Stichtag erfolgen, um die Lagerbewertung zu validieren, aber auch im Zeitablauf, um beispielsweise nicht autorisierte Bestandsbewegungen im Rahmen der internen Kommissionierung und Einlagerung identifizieren zu können.

  Link: *Abteilungen/Einkauf/Lager & Bewertung/Artikel*, Registerkarte *Navigate* und Aktion *Artikel nach Lagerort* und Option *Artikel in Transit anzeigen* wählen

  Feldzugriff: *Tabelle 5773 Reg. Lageraktivitätszeile* mit Tabellenfilter auf Aktivitätenart *Einlagerung* und/oder *Kommissionierung* und der Logistikbelegart *Interne Kommiss.-Anforderungen* und *Interne Einlag.-Anforderung* bzw. den für die interne Kommissionierung und Einlagerung zugeordneten Lagerplätzen über die Felder *Zonencode* und *Lagerplatzcode*

- Analyse offener Umlagerungsaufträge. Relevante Fragestellungen beziehen sich auf die Aktualität der offenen Umlagerungsaufträge und beispielsweise auf die Klärung, ob Umlagerungsaufträge existieren, bei denen der Wareneingang nicht gebucht wurde, obwohl der physische Wareneingang erfolgt ist.

  Feldzugriff: *Tabelle 5740 Umlagerungskopf/Felder Nr., Buchungsdatum, Warenausg.-Datum, Status, Letzte Lieferungsnr., Letzte Wareneingangsnr.* (wenn in den Feldern *Letzte Lieferungsnr., Letzte Wareneingangsnr.* Einträge vorhanden sind, wurden bereits Artikel versendet)

  Feldzugriff: *Tabelle 5741 Umlagerungszeile/Felder Belegnr., Artikelnr., Menge, Einheit, Zu liefern, Menge akt. Lieferung, Menge geliefert, Menge in Transit, Warenausg.-Datum*

Anhand der Abfrage können offene Umlagerungsaufträge speziell älteren Datums identifiziert werden. Generell sollten keine älteren offenen Umlagerungsaufträge vorhanden sein, da dies auf eine mangelnde Systemhygiene schließen lässt. Existieren ältere offene Umlagerungsaufträge mit Artikeln in Transit, sind die Sachverhalte zu klären (es liegt die Vermutung der fehlenden Wareneingangsbuchung nahe). Je nach Sachverhalt sind die offenen Umlagerungsaufträge zu bereinigen.

- Analyse nicht registrierter Lagerbestandsumlagerungen und Lagerplatzumlagerungen. Beide Belege werden indirekt erzeugt (über die Lagerplatz Umlagerungsvorschläge bzw. über die interne Umlagerung) und müssen separat registriert werden. Fehlt die Registrierung, ist die Lagerplatzzuordnung nicht korrekt.

    Link: *Abteilungen/Lager/Auftragsbezogene Logistik/Lagerbestandsumlagerungen*

    Link: *Abteilungen/Lager/Logistikmanagement/Lagerplatzumlagerungen*

    Alle in den Übersichten aufgeführten Zeilen sind nicht registrierte Umlagerungen, die folglich auch nicht korrekt im System dargestellt werden

Zur Analyse der Lagerbewertung und des korrekten Ausweises in der Finanzbuchhaltung verweisen wir auf den Abschnitt »Lagerbewertung aus Compliance-Sicht«.

Sicherstellung autorisierter Buchungen und Einhaltung der Funktionstrennung

- Wurden Korrekturbuchungen (*Artikel Buchungs-Blätter*) durch autorisierte Mitarbeiter im Rahmen des Vieraugenprinzips gebucht? Hierzu ist zu prüfen, wer Korrekturbuchungen durchführen darf und wer gleichzeitig Zugriff auf die Buchungs-Blätter zur Erfassung der Korrekturzeilen hat.

    Feldzugriff: *Tabelle 2000000005 Zugriffsrechte/Felder Rollen-ID, Objektart [Wert TableData], Objekt-ID [Wert 32], Einfügen Zugriffsrecht [Wert Indirekt|Ja]*

    in Verbindung mit

    Feldzugriff: *Tabelle 2000000003/2000000053 Zugriffssteuerung/Felder Benutzer-ID, Rollen-ID [Rollen-ID Werte], Mandant*

Online Im Begleitmaterial zu diesem Buch befindet sich ein Tool, welches zur Identifikation kritischer Benutzerrechte genutzt werden kann (siehe in Anhang A den Abschnitt »Kritische Benutzerrechtskombinationen«).

Die Begleitdateien stehen als Download zur Verfügung. Sie können diese wahlweise entweder von der Seite *www.microsoft-press.de/support/9783866455696* oder von der Seite *msp.oreilly.de/support/2272/803* herunterladen.

Ist eine Funktionstrennung in Dynamics NAV nicht effektiv verankert, ist zu klären, ob kompensierende organisatorische Regelungen existieren und deren Einhaltungen dokumentiert sind.

Gibt es bei Umlagerungen zwischen Lagerorten eine Dokumentation durch den Frachtführer, die den Warenaus- und -eingang, Schwund oder Bruch belegt? Gibt es derartige Dokumentationen bei Schwund oder Bruch im Lager? Existiert eine Richtlinie, wie bei Schwund oder Bruch zu verfahren ist?

Neben der Systemeinstellung bezüglich der Korrekturbuchungen ist eine Analyse der im zu prüfendem Zeitraum durchgeführten Korrekturbuchungen durchzuführen. Dies ist über die Analyse des *Artikeljournals* bzw. des *Logistikjournals* in Verbindung mit dem *Herkunftscode* ARTBUCHBL möglich, wie in Kapitel 4 im Abschnitt »Journal Entry Testing« dargestellt.

Link: *Abteilungen/Lager/Historie/Journale/Artikeljournale*

Link: *Abteilungen/Lager/Historie/Journale/Logistikjournale*

- Wurden die Bewegungen der internen Kommissionierung und Einlagerung autorisiert? Analyse der Benutzerrechte, wer interne Kommissionierungen erstellen kann.

    Feldzugriff: *Tabelle 2000000005 Zugriffsrechte/Felder Rollen-ID, Objektart [Wert TableData], Objekt-ID [Wert 7333|7334], Einfügen Zugriffsrecht [Wert Indirekt|Ja])*

    Ist in Dynamics NAV eine ineffektiv Funktionstrennung eingerichtet, muss geklärt werden, ob kompensierende organisatorische Regelungen existieren und ob deren Einhaltungen dokumentiert ist.

    Ist durch die Prozessgestaltung sichergestellt, dass interne Kommissionierungen nicht privat genutzt werden?

Online Im Begleitmaterial zu diesem Buch finden Sie ein Tool, welches zur Identifikation kritischer Benutzerrechte genutzt werden kann (siehe in Anhang A den Abschnitt »Kritische Benutzerrechtskombinationen«).

Die Begleitdateien stehen als Download zur Verfügung. Sie können diese wahlweise entweder von der Seite *www.microsoft-press.de/support/9783866455696* oder von der Seite *msp.oreilly.de/support/2272/803* herunterladen.

- Überprüfung von Umlagerungsbuchungen zwischen Lagerorten, bei denen eigentlich Logistikbelege erzeugt werden müssen, bei denen aber direkt im Umlagerungsauftrag sowohl Warenausgang als auch Wareneingang gebucht wurden. Hierzu sind zunächst über die Lagerortkarte die Lagerorte zu identifizieren, bei denen Logistikbelege verwendet werden.

    Link: *Abteilungen/Verwaltung/Anwendung Einrichtung/Lager/Lager/Lagerorte*, Inforegister *Logistik*

    Anschließend können gebuchte Umlagerungen über den Link *Abteilungen/Lager/Historie/Gebuchte Belege/Geb. Umlag.-Ausgänge* identifiziert werden. Über das Setzen eines Tabellenfilters auf die entsprechenden Lagerorte kann eine Liste der relevanten Umlagerungen erstellt werden. In der Tabelle der gebuchten Wareneingangs- und Warenausgangszeilen kann dann über die Herkunftsnummer analysiert werden, ob zum jeweiligen Wareneingang oder Warenausgang ein Logistikbeleg erzeugt wurde.

    Feldzugriff: *Tabelle 7319 Geb. Wareneingangszeile/7323 Geb. Warenausgangszeile/Felder Nr., Herkunftsart, Herkunftsnr. [Herkunftsnummern Werte], Herkunftsbeleg*

Online Zur Vereinfachung der Prüfungshandlung ist ein Report im Begleitmaterial enthalten, welche die Umgehung von Eingangs- und Ausgangsbelegen im Rahmen von Umlagerungen darstellt (siehe in Anhang A den Abschnitt »Analyse der Logistikbelegverwendung«).

Die Begleitdateien stehen als Download zur Verfügung. Sie können diese wahlweise entweder von der Seite *www.microsoft-press.de/support/9783866455696* oder von der Seite *msp.oreilly.de/support/2272/803* herunterladen.

- Prüfung, ob im Rahmen von Umlagerungen und Umbuchungen Änderungen im Bereich der Serien- oder Chargennummern und des Garantie- oder Ablaufdatums durchgeführt wurden.

    Die entsprechenden Prüfungshandlungen wurden im Abschnitt »Artikelverfügbarkeit, Artikelverfolgung, Reservierung und Zuordnung von Artikeln (Crossdocking) aus Compliance-Sicht« dargestellt.

Nachvollziehbarkeit der Lagerbestände

Im Rahmen einer effizienten und effektiven Lagerverwaltung ist eine jederzeitige Identifikation der Artikelbestände zu fordern. Neben Stichprobenprüfungen, ob Artikel auf den im System angegebenen Lagerplätzen gelagert werden, können Umlagerungsbuchungen speziell im Rahmen der Inventur ein Indiz dafür sein, dass es zu Abweichungen zwischen den Systeminformationen und den tatsächlichen Lagerplätzen gekommen ist. Eine Übersicht der Inventurposten inklusive der Abweichungen (Feld *Menge*) ist über den Link: *Abteilungen/Lager/Historie/Historie/Inventurposten* möglich.

Montageaufträge

Werden in einem Unternehmen Montageaufträge eingesetzt, können Artikel gefertigt werden, die aus mehreren Einzelartikeln und Ressourceneinsätzen bestehen. Montageaufträge sollten verwendet werden, wenn der Prozess über die Produktion zu umfangreich erscheint. Es werden zwei Geschäftstypen unterschieden, die leichte Fertigung (Montageaufträge haben in der Regel eine geringe Fertigungstiefe sowie keine Kapazitätsplanung) und das »Kitting« (Erstellung sogenannter Kits, beispielsweise manuelle Zusammenstellung eines Einkaufskorbs mit mehreren Einzelartikeln).

Nutzung von Montageaufträgen

Basis für die Nutzung von Montageaufträgen ist die NAV-Seite *Montageeinrichtung*, in welcher die grundlegenden Einstellungen festgelegt werden (siehe Abbildung 6.124).

Link: *Abteilungen/Lager/Montage/Einrichtung/Montageeinrichtung*

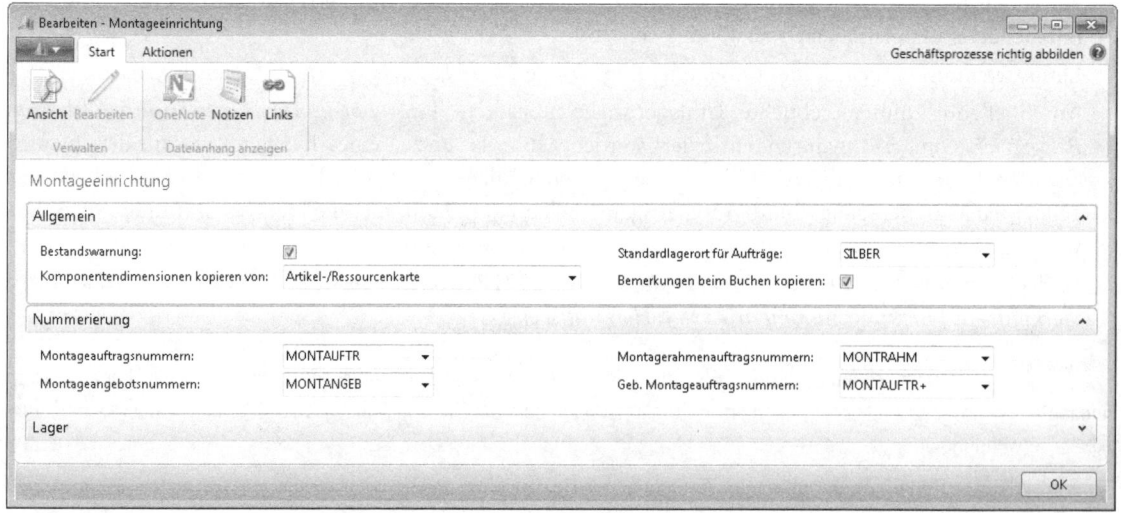

Abbildung 6.124 Montageeinrichtung

Die grundlegenden Einstellungen beinhalten im Wesentlichen eine *Bestandswarnung* bei fehlenden Komponenten, einen *Standardlagerort* für die Durchführung von Montageaufträgen sowie die Zuweisung von *Nummernserien*.

Grundsätzlich werden Montageaufträge auf Basis eines Kundenauftrags »Assembly to Order« (Auftragsmontage, siehe hierzu auch den Exkurs in Kapitel 7) oder vorbereitend ohne Kundenauftrag »Assembly to Stock« (Lagermontage, beispielsweise bei geplanten Kampagnen) angelegt. Die Montage kann an vorgegebenen Lagerplätzen erfolgen, was über die *Lagerortkarte* eingerichtet werden kann (siehe Abbildung 6.125).

Link: *Abteilungen/Verwaltung/Anwendung Einrichtung/Lager/Lager/Lagerorte* und dort über die Auswahl eines Lagerorts öffnen der *Lagerortkarte*

Im Inforegister *Lagerplätze* können dann Lagerplätze für die Bereitstellung der Stücklistenartikel definiert werden (Feld *Bis Montagelagerplatzcode*, resultierend aus einem Übersetzungsfehler des englischen Begriffs »to« als »bis«). Der Lagerplatz, auf welchem der montierte Artikel bereitgestellt wird, kann ebenfalls festgelegt werden (Feld *Von Montagelagerplatzcode*, siehe Abbildung 6.125).

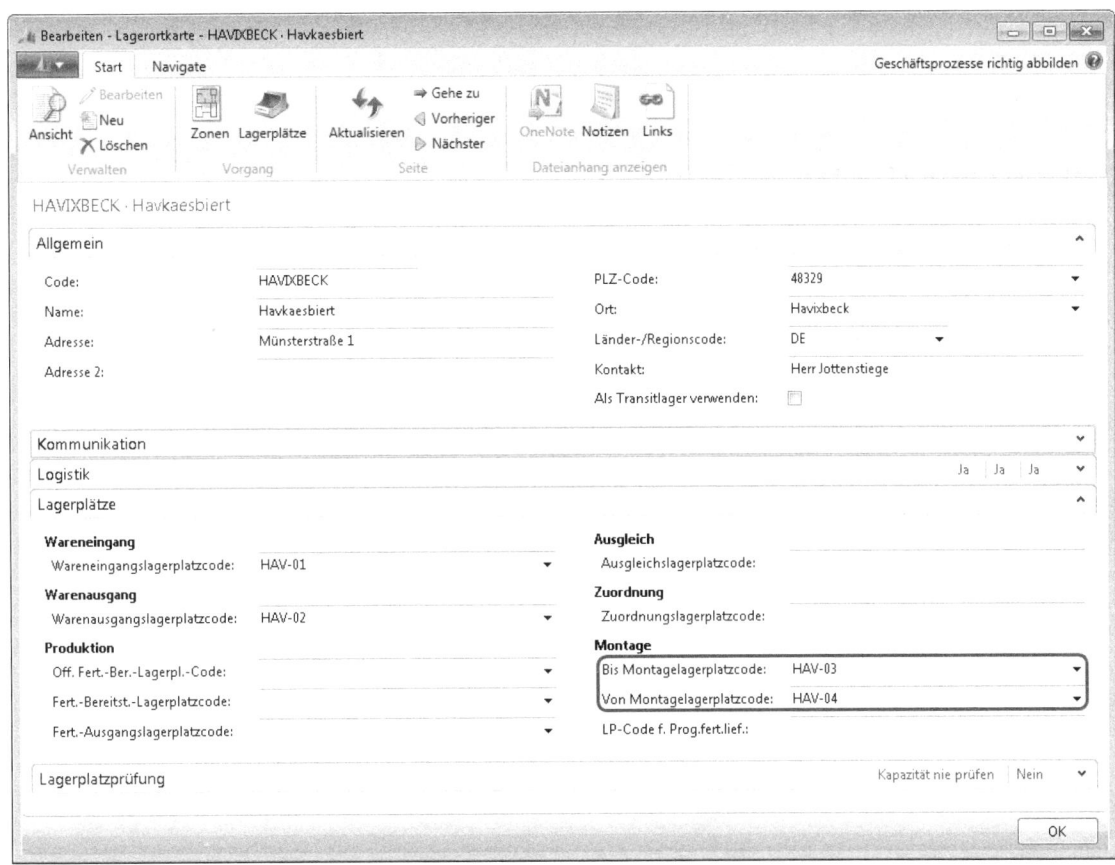

Abbildung 6.125 Zuordnung von Lagerplätzen für die Montage

Die Montagelagerplätze sind insbesondere bei gesteuerter Einlagerung und Kommissionierung zuzuweisen; bei nicht gesteuerter Einlagerung und Kommissionierung werden über die Zuordnung Standardlagerplätze definiert. Darüber hinaus kann über das Feld *Dediziert* bei der Lagerplatzeinrichtung eine Verwendung der auf dem Montageplatz gelagerten Artikel ausschließlich für Montageaufträge erreicht werden.

Über den Link *Abteilungen/Lager/Montage/Montageaufträge* können Montageaufträge aufgerufen und erstellt werden. Die *Auftragsnummer* ergibt sich entsprechend der *Montageeinrichtung* (siehe zugeordnete Nummernkreise in Abbildung 6.124), der *Lagerplatzcode* im Inforegister *Buchen* (gibt den Lagerplatz an, auf welchem der fertiggestellte Montageartikel bereitgestellt wird) wird über die Lagerortkarte identifiziert (siehe Abbildung 6.125). Je Artikel ergeben sich anhand der hinterlegten Montagestückliste die bereitzustellenden Artikelkomponenten und Mengen im Inforegister *Zeilen* (siehe Abbildung 6.126).

Kapitel 6: Logistik

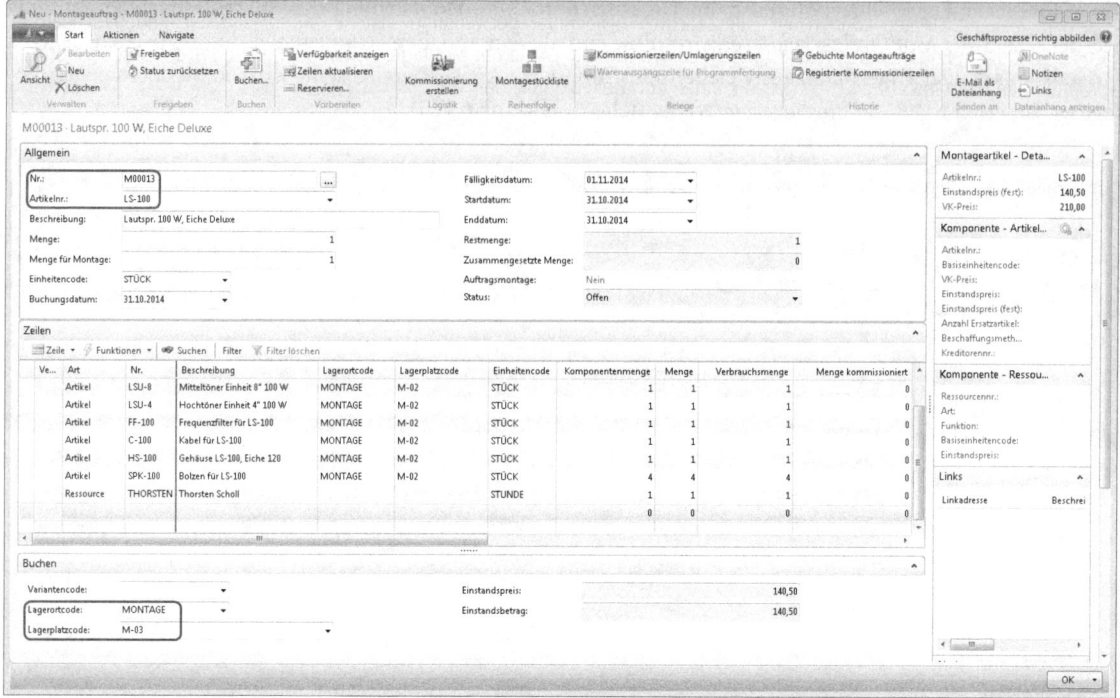

Abbildung 6.126 Montageauftrag

Die notwendigen Montagestücklisten sind über die Übersicht der Montageaufträge (Link *Abteilungen/Lager/Montage/Montageaufträge*, in der Registerkarte *Start* Aktion *Montagestückliste*) oder analog über einen Montageauftrag zu erstellen bzw. abzurufen. Die Stücklisten sind über die Eingabe der Komponenten in den Zeilen zu definieren (siehe Abbildung 6.127).

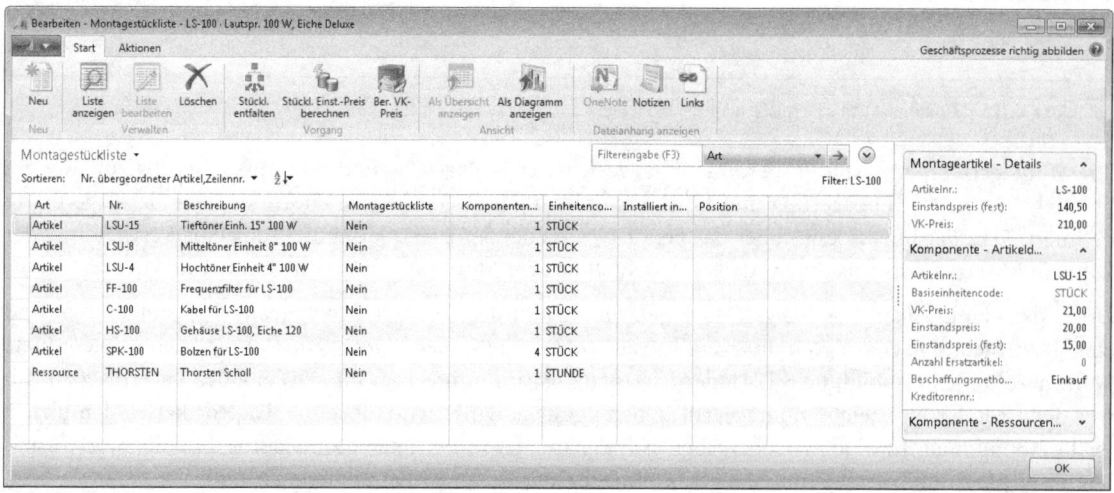

Abbildung 6.127 Montagestückliste

Montageaufträge

> **HINWEIS** Stücklisten können auch geschachtelt (also unter Verwendung weiterer Montageartikel) aufgebaut werden. Funktionalität zum Entfalten der Stückliste steht zur Verfügung. Die in der Montagestückliste definierten Artikel und Ressourcen werden in den Montageauftrag kopiert und können dort beliebig geändert werden.

Die im Montageauftrag im Inforegister *Zeilen* aufgeführten Lagerplatzcodes ergeben sich anhand der gepflegten Montagelagerplätze in der Lagerortkarte (Feld *Bis Montagelagerplatzcode*, siehe Abbildung 6.125). Da die Artikel in der Regel nicht auf diesen Lagerplätzen gelagert sind, muss eine Lagerbestandsumlagerung bzw. Kommissionierung (je nach Lagerorteinrichtung, in unserem Beispiel Kommissionierung) angestoßen werden (siehe Abbildung 6.128).

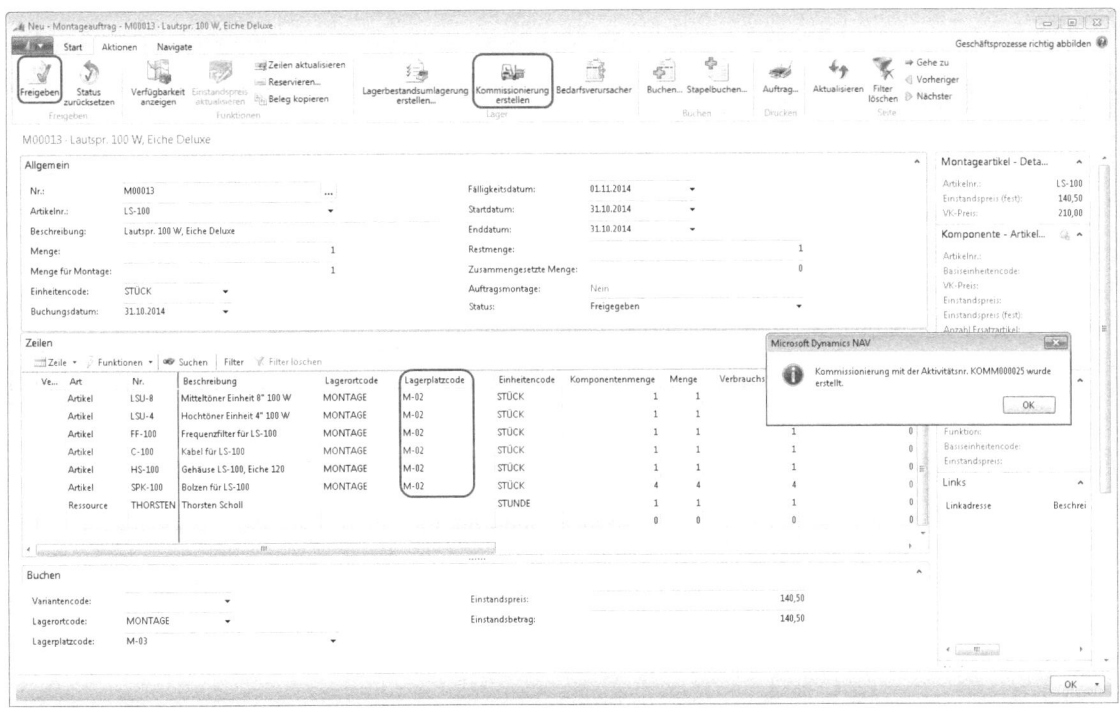

Abbildung 6.128 Freigegebener Montageauftrag, Kommissionierung erstellt

Der in unserem Beispielfall erstellte Kommissionierbeleg dient zur Selektion und Bereitstellung der Artikelkomponenten auf den Montagelagerplatz (siehe Abbildung 6.129).

Link: *Abteilungen/Lager/Logistikmanagement/Kommissionierungen* und Auswahl des entsprechenden Kommissionierbelegs

Nach der entsprechenden Kommissionierung muss die Bewegungsmenge gepflegt und der Kommissionierbeleg registriert werden (Registerkarte *Start* und Aktionen *Bewegungsmenge autom. ausfüllen*, *Kommissionierung registrieren*).

Nachdem die Artikelkomponenten auf dem Montagelagerplatz bereitstehen, kann die Montage erfolgen. Nach Abschluss der Montagearbeiten ist der Montageauftrag zu buchen.

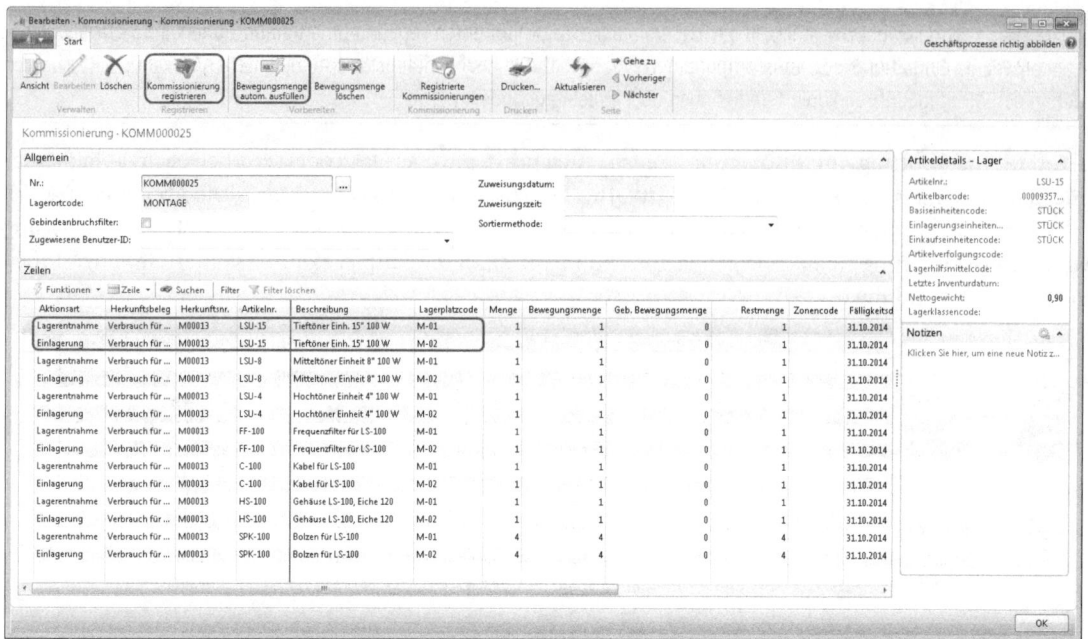

Abbildung 6.129 Kommissionierbeleg für Montagestücklistenartikel – Bereitstellung auf dem Montagelagerplatz

Link: *Abteilungen/Lager/Montage/Montageaufträge*, Auswahl des Montageauftrags und über die Registerkarte *Start* die Aktion *Buchen*

Anhand der erzeugten Artikel- und Lagerplatzposten wird ersichtlich, dass die Artikelkomponenten für den neu erstellten Montageartikel verbraucht und als Abgänge gebucht wurden.

Link: *Abteilungen/Lager/Historie/Gebuchte Belege/Gebuchte Montageaufträge*, hier Auswahl des Montageauftrags und über die Registerkarte *Aktion* die Aktion *Navigate*. Im sich öffnenden Fenster *Navigate* kann über die Selektion des *Tabellennamens* und der Aktion *Anzeigen* in der Registerkarte *Start* ein Überblick über die Artikel- und Wertposten erzeugt werden (siehe Abbildung 6.130 und Abbildung 6.131).

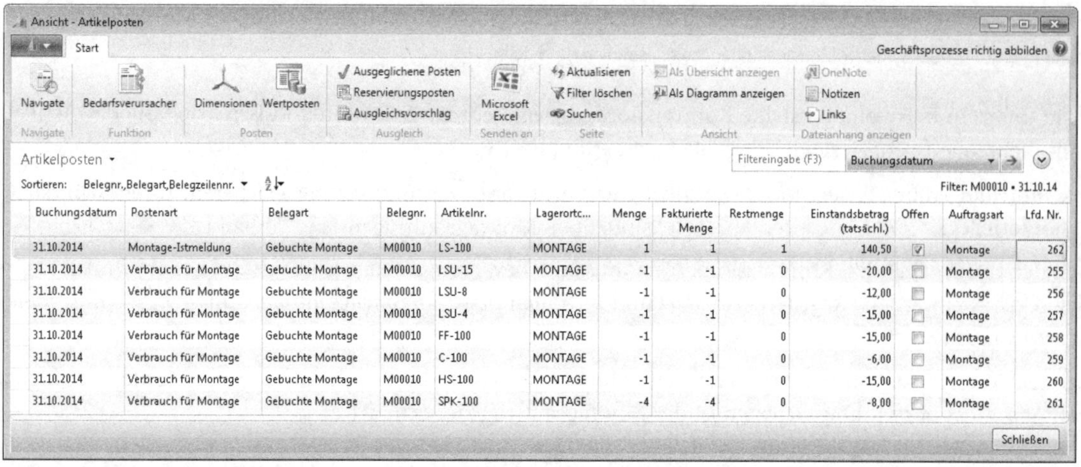

Abbildung 6.130 Erzeugte Artikelposten im Rahmen eines Montageauftrags

ACHTUNG Sind sowohl der Stücklistenartikel als auch die Komponenten seriennummerngeführt und wird mehr als Menge »1« produziert, ist eine Zuordnung von Komponenten und Fertigartikel auf Seriennummernebene nicht gegeben.

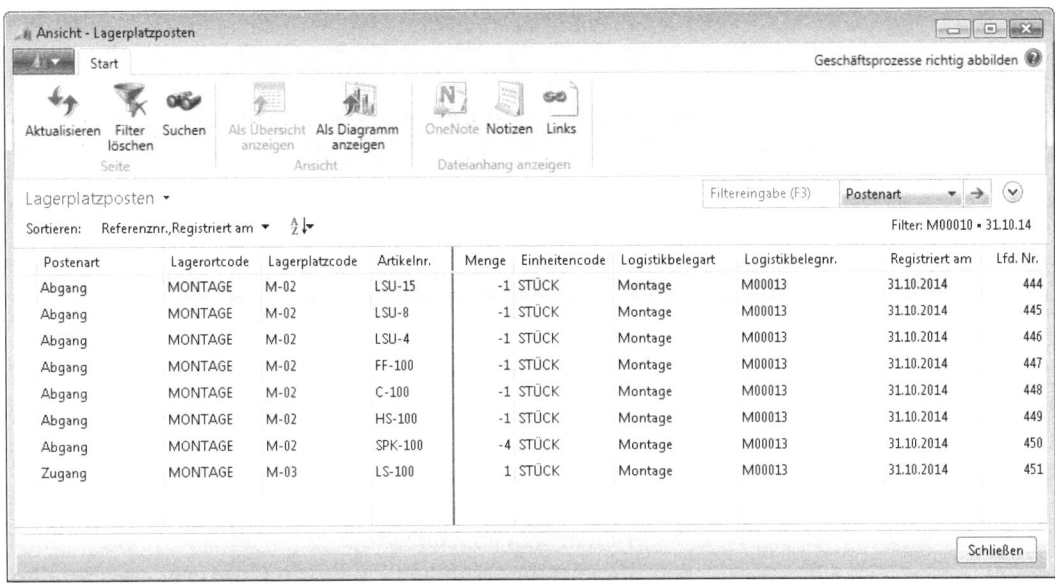

Abbildung 6.131 Erzeugte Lagerplatzposten im Rahmen eines Montageauftrags

Montageaufträge aus Compliance-Sicht

Potenzielle Risiken

- Finanzieller Verlust durch negative Deckungsbeiträge von Montageartikeln (Efficiency, Compliance)
- Falsche Bewertung der erstellten Artikel (Integrity, Compliance, Reliability)

Prüfungsziel

- Sicherstellung einer richtigen Preiskalkulation und Stücklistenzusammensetzung für Montageartikel
- Sicherstellung einer korrekten Bewertung der Montageartikel

Prüfungshandlungen

Analyse der Deckungsbeiträge

Grundsätzlich sollten keine Montageartikel mit negativem Deckungsbeitrag existieren, bzw. Gründe für derartige Artikel geklärt werden. In den gebuchten Montageaufträgen sind anhand der Stücklisten die Einstandspreise ermittelbar. Über die Artikelkarte ist der jeweilige Verkaufspreis zu erkennen und mit den Einstandspreisen abzugleichen.

Link: *Abteilungen/Lager/Montage/Gebuchte Montageaufträge*

Link: *Abteilungen/Lager/Planung & Ausführung/Artikel*, hier die Felder *Einstandspreis* und *VK-Preis* wählen

Änderungen von Komponenten in den Stücklisten

Um nachträgliche Änderungen von Artikelzeilen in Montageaufträgen zu analysieren, können diese mit den im Artikelstammsatz hinterlegten Stücklisten verglichen werden.

Link: *Abteilungen/Lager/Historie/Gebuchte Belege/Gebuchte Montageaufträge*

in Verbindung mit

Link: *Abteilungen/Verkauf & Marketing/Lager & Preise/Artikel/**Navigate**/Montage/Montagestückliste*

Bewertung

Montageartikel, die eingelagert werden, sind zu den Stichtagen entsprechend korrekt zu aktivieren. Dazu sind zum einen die eingeflossenen Artikel zu Einstandspreisen zu erfassen, es sind darüber hinaus aber auch die Eigenleistungen zu aktivieren, die den Montageartikel in einen verkaufsfähigen Zustand gebracht haben. Die Bewertung des Montageartikels ergibt sich über den gebuchten Montageauftrag. Dieser ist dann entsprechend HGB/IFRS zu würdigen.

Link: *Abteilungen/Lager/Historie/Gebuchte Belege/Gebuchte Montageaufträge*

Inventur

Gemäß § 240 HGB und §§ 140, 141 AO ist jeder Kaufmann im Rahmen der ordnungsmäßigen Buchführung zur Inventur verpflichtet. Zwingend ist eine Inventur durchzuführen, wenn ein Unternehmen gegründet, übernommen oder geschlossen wird sowie zum Bilanzstichtag. Für die Güter des Umlaufvermögens sind Vereinfachungsverfahren mit flexibleren Terminen zulässig. So sind beispielsweise Schätzungen erlaubt, wenn eine exakte Aufnahme wirtschaftlich nicht zumutbar ist, oder Stichprobeninventuren zulässig, wenn bestimmte Vorgaben eingehalten werden. Flexiblere Termine sind im Rahmen der zeitnahen Stichtagsinventur, der verlegten Inventur und der permanenten Inventur realisierbar.

In Dynamics NAV können zum einen Stichtagsinventuren oder individuell geplante Inventuren für spezielle Artikel oder Lagerplätze manuell durchgeführt werden. Zum anderen bietet es über *Inventuraufträge*, *Inventurerfassungen* und hinterlegte *Inventurhäufigkeiten* die Möglichkeit, Inventurvorgänge systemunterstützt zu managen und zyklisch zu planen.

HINWEIS Die Verwendung von *Inventuraufträgen* und *Inventurerfassungen* kann nicht bei der Verwendung der gesteuerten Einlagerung und Kommissionierung erfolgen.

Manuelle Durchführung der Inventur

Inventurvorgänge, die auf die Nutzung von Inventuraufträgen und Inventurerfassungen verzichten, werden über *Inventur Buchungs-Blätter* durchgeführt. Zu unterscheiden ist zwischen der Inventur in Lagern mit und ohne gesteuerter Einlagerung und Kommissionierung. Bei Nutzung der gesteuerten Einlagerung und Kommissionierung muss zunächst das *Logistik Inventur Buch.-Blatt* und später das *Artikel Buch.-Blatt* verwendet werden. Bei Lagern ohne gesteuerte Einlagerung und Kommissionierung erfolgt die Inventurdurchführung über das *Inventur Buch.-Blatt*. Im Folgenden wird das Vorgehen am Beispiel einer Logistik-Inventur dargestellt, wobei parallel die Menüpfade für das Durchführen einer Inventur mittels *Inventur Buch.-Blatt* angegeben werden.

Inventur

HINWEIS Zur Vorbereitung der Inventur sollte eine Bereinigung der Ausgleichslagerplätze erfolgen, um die durch die Inventur notwendigen Korrekturbuchungen separat analysieren zu können (dies ist bei der Inventur für Lagerorte ohne gesteuerte Kommissionierung und Einlagerung nicht notwendig). Zusätzlich wird empfohlen, die relevanten Lagerplätze zu sperren, um systemseitig Lagerbewegungen zu vermeiden (siehe hierzu den Abschnitt »Grundlagen und Parameter der Lagerorteinrichtung«).

Link: *Abteilungen/Lager/Lager/Artikel Buch.-Blätter* und in der Registerkarte *Start* die Aktion *Ausgleich berechnen* und anschließend die Aktion *Buchen* aufrufen

Zur Erstellung der Inventurlisten ist der Lagerbestand des Systems zu berechnen. Hierzu ist zunächst das *Logistik Inventur Buch.-Blatt* zu öffnen:

Link: *Abteilungen/Lager/Logistikmanagement/Logistik Artikel Buch.-Blätter*

Link: *Abteilungen/Lager/Lager/Inventur Buch.-Blätter* (ohne *Gest. Einlag. und Komm.*)

Nach Auswahl des Buchungsblattnamens für die Definition des entsprechenden Lagerorts (zur Anlage der Buchungsblattnamen siehe den Abschnitt »Umbuchung und Korrektur von Lagerbeständen«, hier Abbildung 6.117) erfolgt über die Registerkarte *Start* und die Aktion *Lagerbestand berechnen* die Definition der Inventurzeilen (siehe Abbildung 6.132).

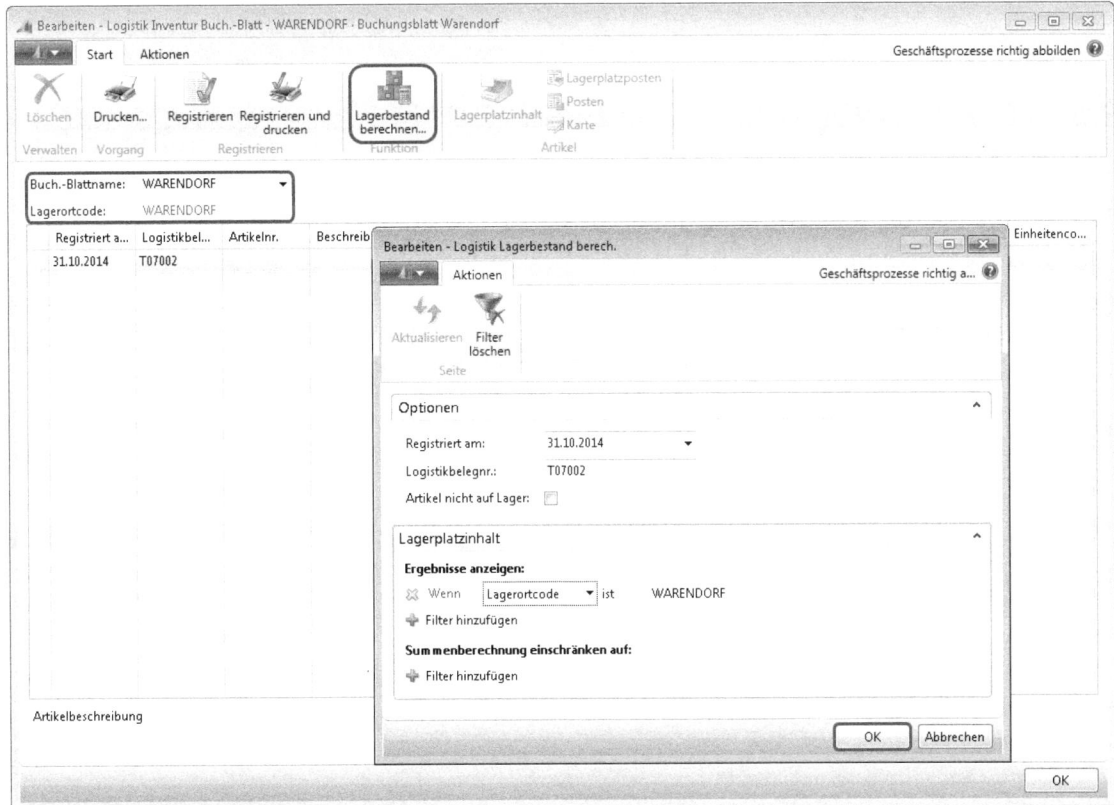

Abbildung 6.132 Berechnung des Lagerbestands

Je nach Definition des Filters wird der Bestand erstellt; eine Zeile pro Kombination aus Lagerort, Lagerplatz, Artikel, Variante und Einheit (siehe Abbildung 6.133). In der Registerkarte *Optionen* kann zudem das *Buchungsdatum* hinterlegt werden, zu welchem die Inventurposten gebucht werden sollen. Darüber hinaus ist über das Feld *Artikel nicht auf Lager* einstellbar, ob Zeilen für Artikel mit der Lagermenge Null erzeugt werden sollen.

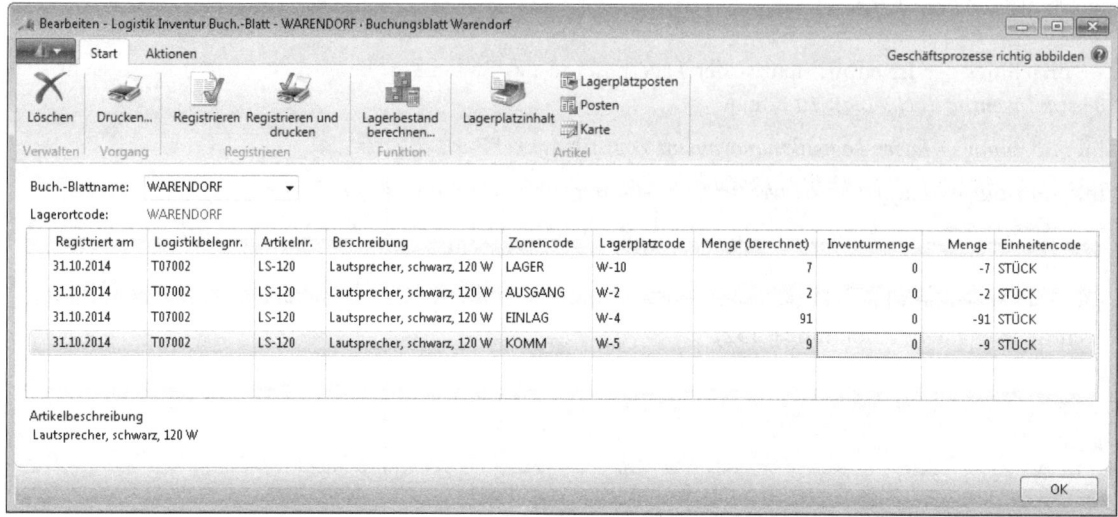

Abbildung 6.133 Lagerortbestand – Auswahl

Im Feld *Menge (berechnet)* wird die laut System vorliegende Artikelmenge angegeben. Im Feld *Inventurmenge* ist später die gezählte Menge einzugeben. Die daraus resultierende Differenz wird im Feld *Menge* angegeben.

Die Erstellung der Inventurlisten, die zur Zählung im Lager verwendet werden sollen, erfolgt über die Aktion *Drucken*. Wie in Abbildung 6.134 dargestellt, bezieht sich die Inventurliste auf das vorher generierte *Inventur Buch-Blatt*. Dies kann über das Inforegister *Logistik Buch.-Blattzeile* beispielsweise auf Zonen eingegrenzt werden und ermöglicht im Inforegister *Optionen* die Auswahl, ob errechnete Mengen angezeigt werden sollen. Die Anzeige der errechneten Mengen empfehlen wir auf den für die Zählung ausgegebenen Inventurlisten nicht, da dies zu »Soll-Zählungen« führen kann.

Die über die Schaltflächen *Drucken* erstellbare Inventurliste kann im Rahmen der physischen Bestandsaufnahme genutzt werden und dient als Grundlage bei der Eingabe der Inventurmengen (siehe Abbildung 6.135).

Inventur

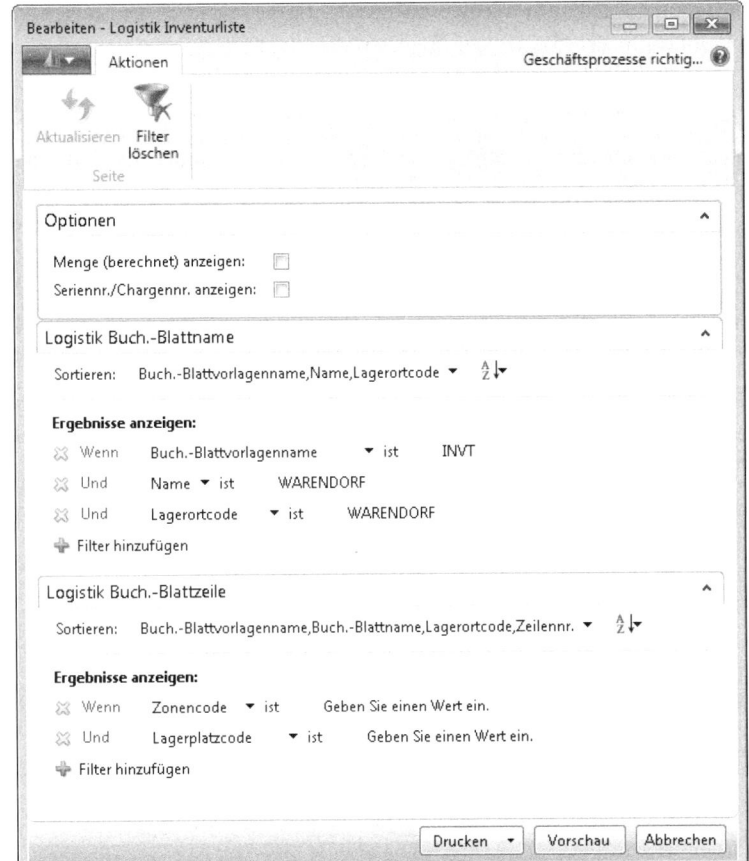

Abbildung 6.134 Erstellung der Inventurliste – Filtermöglichkeiten

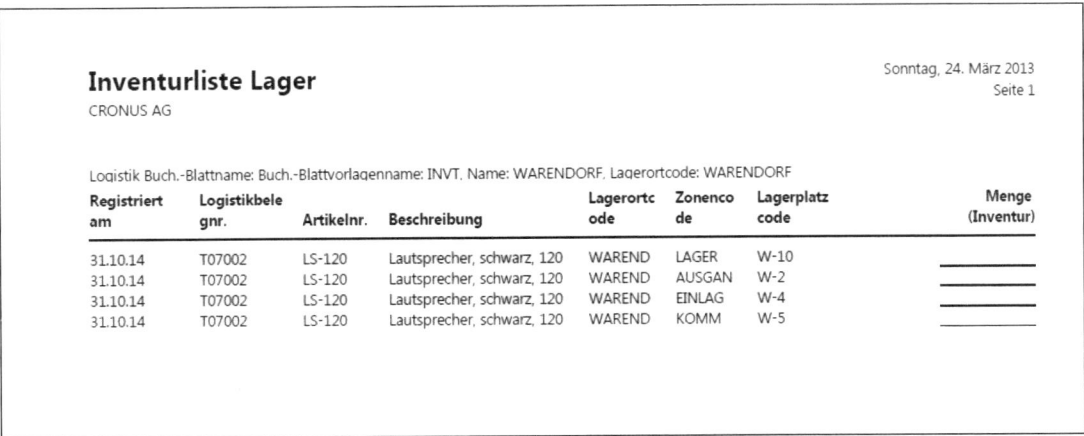

Abbildung 6.135 Inventurliste

HINWEIS Alternativ kann die Erstellung der Inventurliste auch über den Aufruf eines Berichts erfolgen:

Link: *Abteilungen/Lager/Logistikmanagement/Berichte/Logistik Inventurliste*

Link: *Abteilungen/Finanzmanagement/Lager/Berichte/Inventurliste* (ohne *Gest. Einlag. und Komm.*)

Beachten Sie hierbei bitte, dass der Filter auf das Inventurbuchungsblatt gesetzt wird, da der Bericht ansonsten Buchungsblattzeilen aller Buchungsblätter einliest, die zum Zeitpunkt der Erstellung existieren (beispielsweise auch Zeilen einer Umlagerungsbuchung, die noch nicht erfolgt ist).

Die Eingabe der gezählten Mengen erfolgt im *Logistik Inventur Buchungs-Blatt* (siehe Abbildung 6.136). Die Registrierung (bei der Nutzung von Inventur Buchungs-Blättern erfolgt die direkte Verbuchung über die Registerkarte *Start* Aktion *Buchen*) über die Aktion *Registrieren* schließt das Buchungsblatt ab und bucht die Korrektur-Lagerplatzposten über den Ausgleichslagerplatz.

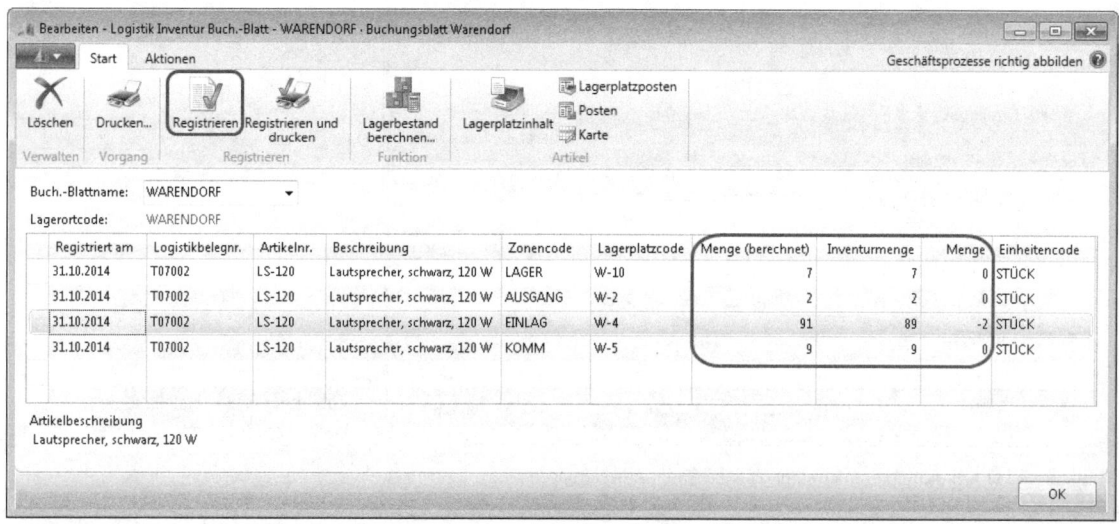

Abbildung 6.136 Eingabe der Inventurwerte und Registrierung des Buchungsblatts

Die Ausbuchung des Korrekturpostens auf dem Ausgleichslagerplatz erfolgt über den Link *Abteilungen/Lager/Lager/Artikel Buch.-Blätter*. Über die Registerkarte *Start* und die Aktion *Ausgleich berechnen* (bitte ggf. Filter entsprechend setzen) und die anschließende Buchung über die Aktion *Buchen*. Durch die Buchung entstehen die für die Bewertung der Inventurdifferenz notwendigen Artikel-, Wert- und Sachposten.

HINWEIS Durch dieses Vorgehen ist es nicht möglich, die erfassten Differenzen unmittelbar als Inventurdifferenzen zu identifizieren. Um eine Klassifizierung der erfassten Mengen und Differenzen als Inventurposten zu erreichen, ist anstelle der Ausgleichsberechnung und -buchung über den Link *Abteilungen/Lager/Lager/Inventur Buch.-Blätter* ein Inventurbuchungsblatt zu erstellen. Über die Registerkarte *Start* Aktion *Lagerbestand berechnen* sind anschließend die vorher selektierten Artikel zu filtern. Das System erfasst automatisch die über das *Logistik Inventur Buchungs-Blatt* erfasste Zählmenge im *Inventur Buchungs-Blatt*, die anschließende Buchung über die Aktion *Buchen* erzeugt die entsprechenden Inventurposten.

Im Sinne einer einfachen und vollständigen Nachverfolgung der Posten wäre die Erfassung des Herkunftscodes LOGINVENT in den entsprechenden Inventurposten wünschenswert. Dies erfolgt im Standard nicht, vielmehr wird der Herkunftscode INVEBUCHBL festgehalten. Eine Anpassung müsste im Programmcode erfolgen.

Inventurauftrag, Inventurerfassung, zyklische Inventuren

Mithilfe von Inventuraufträgen und Inventurerfassungen sowie der Hinterlegung von Inventurhäufigkeiten pro Jahr unterstützt Dynamics NAV die Handhabung und Umsetzung effektiver Inventurprozesse.

Inventurhäufigkeit

Die Einrichtung von Inventurhäufigkeiten erfolgt über Gruppen.

Link: *Abteilungen/Lager/Lager/Inventurhäufigkeiten* (siehe Abbildung 6.137)

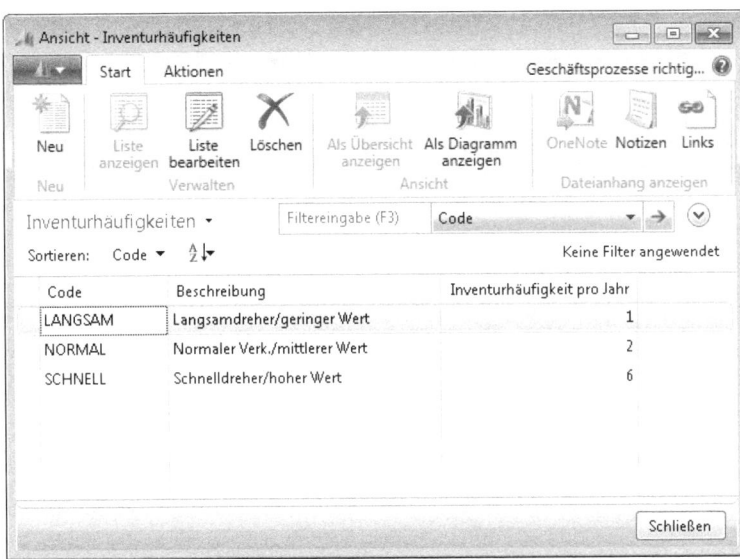

Abbildung 6.137 Einrichtung von Inventurhäufigkeiten für Artikelgruppen

Über das Fenster können neue Artikelgruppen mit diversen Inventurhäufigkeiten generiert werden.

Die Zuordnung der Inventurhäufigkeit zu den Artikeln erfolgt über die Artikelkarte.

Link: *Abteilungen/Lager/Planung* & *Ausführung/Artikel* und Selektion des entsprechenden Artikels

Im Inforegister *Lager* kann im Feld *Inventurhäufigkeitscode* die entsprechende Gruppe hinterlegt werden. Anhand des Arbeitsdatums wird dann das nächste Inventurdatum errechnet (siehe Abbildung 6.138).

Anhand der den Artikeln zugeordneten Inventurhäufigkeiten kann in den *Inventur Buchungs-Blättern* und im *Inventurauftrag* über die Registerkarte Aktionen und die Aktion *Inventurhäufigkeit berechnen* eine automatisierte Auswahl der zu zählenden Artikel erfolgen.

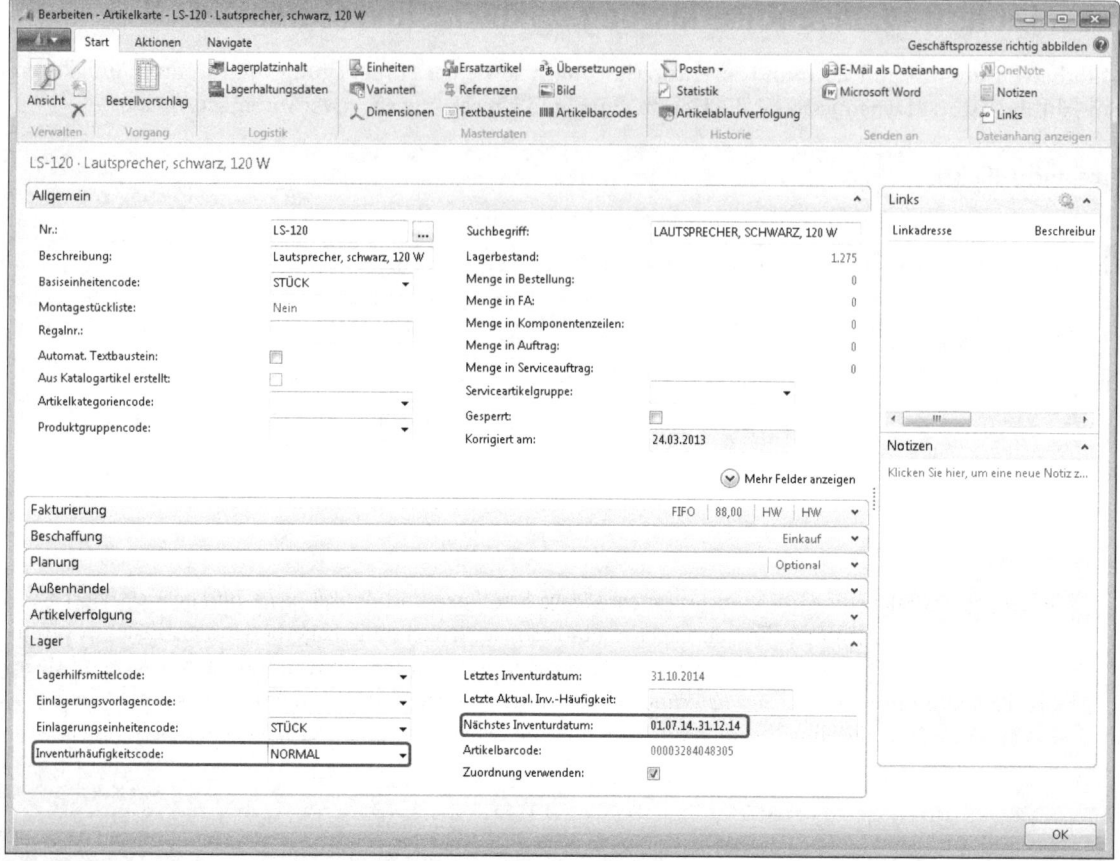

Abbildung 6.138 Zuordnung der Inventurhäufigkeit zum Artikel

Inventurauftrag und Inventurerfassung

Dynamics NAV bietet zur Verwaltung von Inventuren die Nutzung von *Inventuraufträgen* (nicht anwendbar, wenn in einem Lagerort die gesteuerte Einlagerung und Kommissionierung aktiviert ist). Der Inventurauftrag bestimmt, welche Artikel an welchem Lagerort/Lagerplatz gezählt werden sollen. Im Inventurauftragskopf (Inforegister *Allgemein*) werden Parameter gepflegt wie *Beschreibung*, *Lagerortcode*, *Verantwortlicher*, *Auftragsdatum* und *Buchungsdatum* sowie *Kostenstellen Code* und *Kostenträger Codes*, um die Korrekturbuchungen im Controlling zuordnen zu können (siehe Abbildung 6.139).

Das System nutzt die Kopfdaten als Standardwerte für die Auftragszeilen, die Parameter können in den Zeilen jedoch beliebig überschrieben werden. Die Auftragszeilen ergeben sich analog der *Inventur Buchungs-Blatt-Zeilen*, eine Zeile pro Kombination aus Lagerort, Lagerplatz, Artikel, Variante und Einheit. Zum Ausfüllen der Zeilen können in der Registerkarte *Aktionen* die Aktionen *Zeilen berechnen*, *Zeilen berechnen (Lagerplatz)*, *Inventurhäufigkeit berechnen* genutzt werden. Während die ersten beiden Möglichkeiten die Auftragszeilen entsprechend der Filterangaben aufbereitet, dient die Aktion *Inventurhäufigkeit berechnen* der Umsetzung zyklischer Inventuren. Dynamics NAV generiert dann eine Liste mit Artikeln, die gemäß der hinterlegten Inventurhäufigkeit und der Berechnung anhand des Arbeitsdatums zur Inventur anstehen.

Inventur

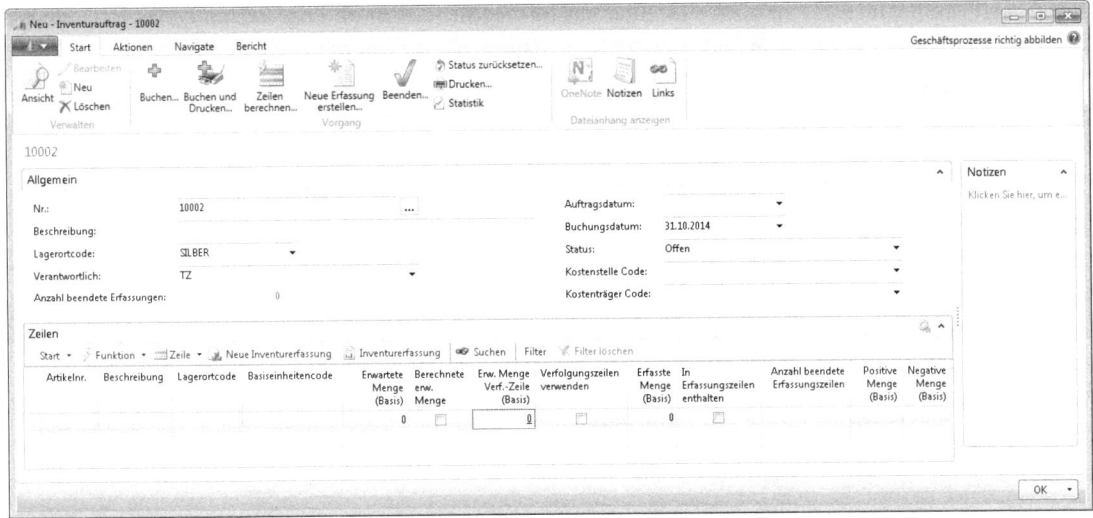

Abbildung 6.139 Inventurauftrag

Je nachdem, ob im Filter die Optionen *Erwartete Menge berechnen* und *Artikel nicht auf Lager* aktiviert wurden, werden die per System berechneten Lagerbestände sowie Artikel ohne Lagerbestand als Zeile im Inventurauftrag erstellt. Eine weitere Möglichkeit, die erwarteten Mengen im Inventurauftrag zu erfassen, ist die Nutzung der Aktion *Erwartete Menge berechnen* (in der Registerkarte *Aktionen* oder über die Aktion *Funktion* im Inforegister *Zeilen*), allerdings können hier nur einzelne Zeilen berechnet werden (siehe Abbildung 6.140).

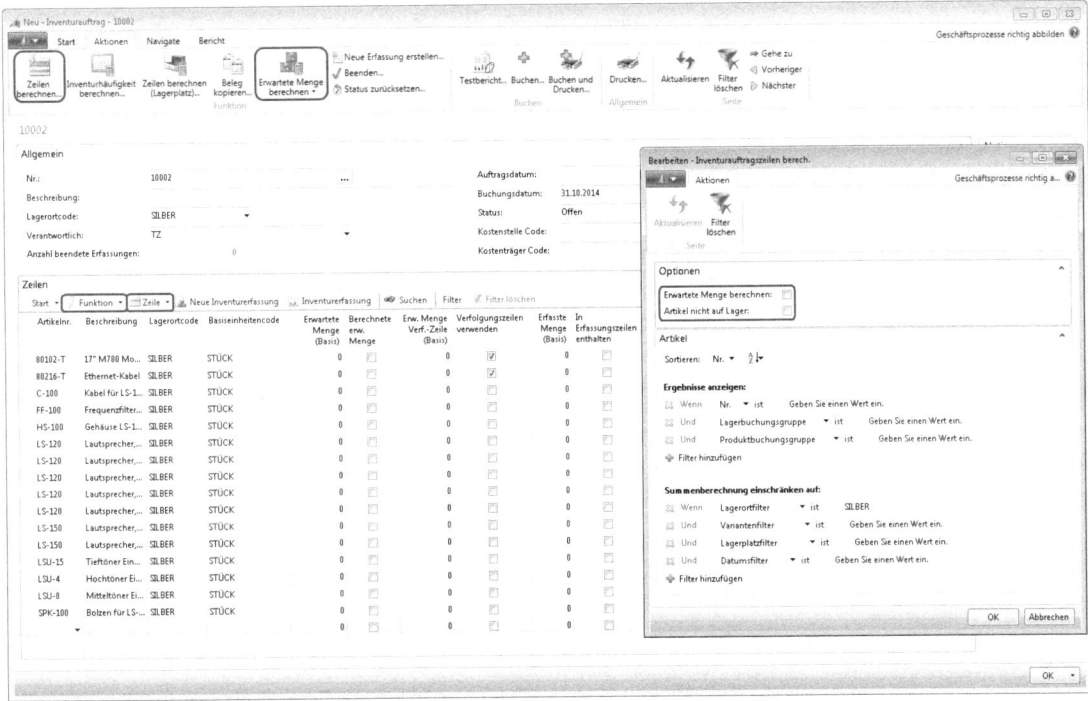

Abbildung 6.140 Inventurauftrag mit Zeilen für den Lagerort »Silber«

Als weitere Hilfsmittel bietet Dynamics NAV über das Inforegister *Zeilen* und die Aktion *Zeile* die Möglichkeit, sich in Bezug auf die selektierte Zeile weitere Informationen anzeigen zu lassen:

- Artikel- und Inventurposten
- Gleiche Artikeln auf weiteren Lagerplätzen
- Weitere Artikeln auf dem selektierten Lagerplatz
- Details zur Inventurerfassung

Jeder Inventurauftrag verfügt über eine oder mehrere Inventurerfassungen, die bestimmen, wie die Inventur im Detail durchzuführen ist. Denkbar ist, dass ein Unternehmen die Inventur nach Zonen oder Personen getrennt durchführen möchte und je Zone oder Person eine oder mehrere Inventurerfassungen erzeugt. Eine Inventurerfassung bezieht sich immer ausschließlich auf einen Inventurauftrag und besteht aus einem Inventurerfassungskopf und mindestens einer Inventurerfassungszeile. Der Inventurerfassungskopf enthält die Parameter, die für die Inventurerfassungszeilen gültig sind (siehe Abbildung 6.141).

Link: *Abteilungen/Lager/Lager/Inventurerfassung*

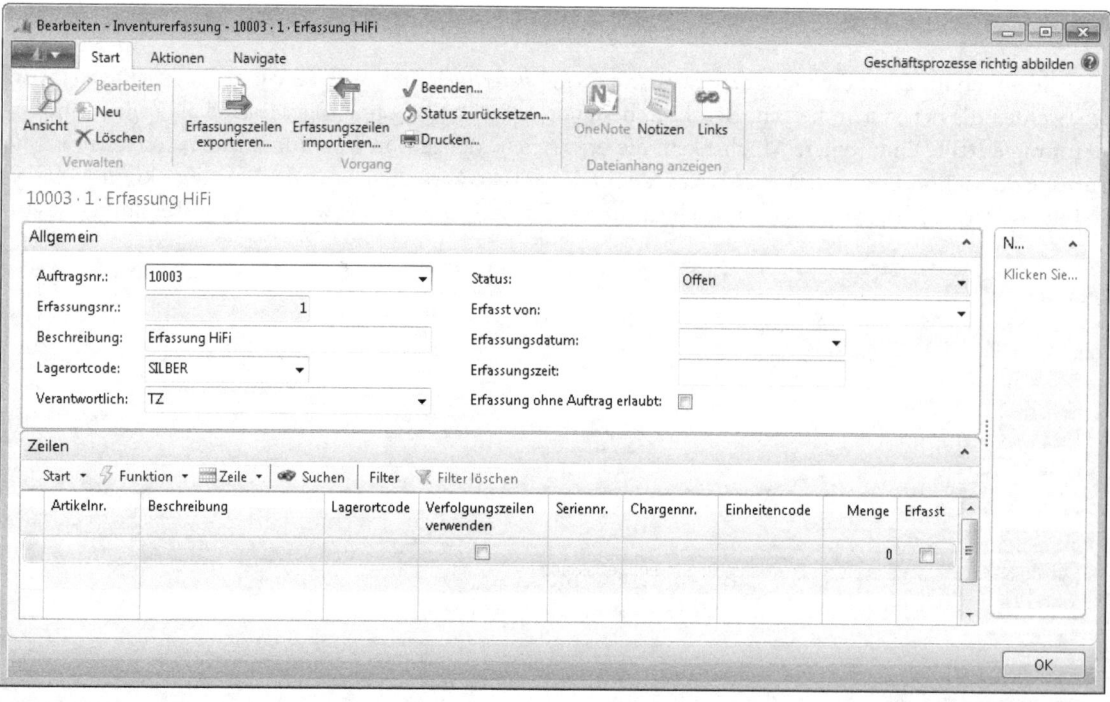

Abbildung 6.141 Inventurerfassung

Inventur

Die Erstellung der Inventurerfassung erfolgt entweder aus dem Inventurauftrag heraus über die Registerkarte *Start* und die Aktion *Neue Erfassung erstellen* oder über den Link *Abteilungen/Lager/Lager/Inventurerfassung*, dort über die Registerkarte *Start* und die Aktion *Neu*. Der Bezug zum Inventurauftrag erfolgt über das Feld *Auftragsnr.*

Es wird empfohlen, die *Inventurerfassung* über den *Inventurauftrag* zu erstellen, da hier direkt die Erfassungszeilen unter der Nutzung hilfreicher Filteroptionen je Inventurerfassung erzeugt werden können (siehe Abbildung 6.142).

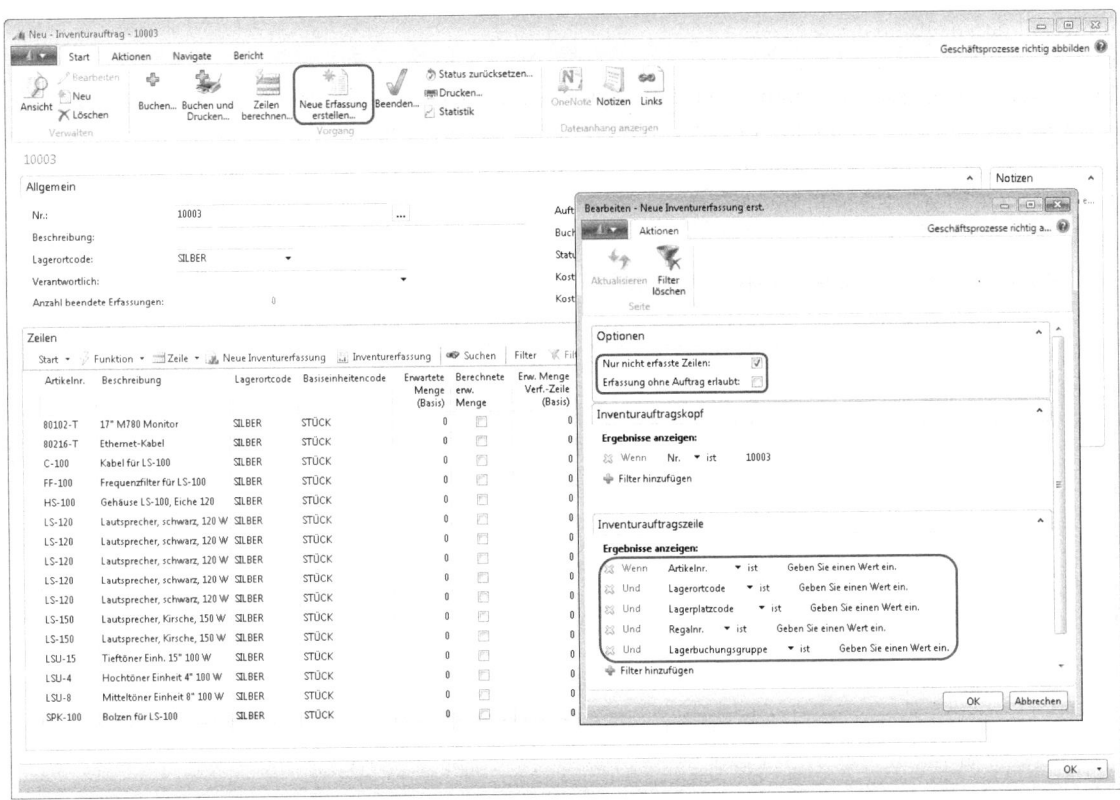

Abbildung 6.142 Filteroptionen zur Erstellung einer Inventurerfassung

Die Filteroption *Nur nicht erfasste Zeilen* ist hilfreich, wenn pro Inventurauftrag mehrere Inventurerfassungen erstellt werden, da bei Aktivierung nur Auftragszeilen exportiert werden, die in keiner anderen Inventurerfassung verwendet wurden. Bei der Aktivierung der Option *Erfassung ohne Auftrag* ist es möglich, Erfassungszeilen zu generieren, die nicht im Auftrag enthalten sind. Dies ist notwendig, um bei der Eingabe der gezählten Mengen auch Bestände zu erfassen, die nicht im ursprünglichen Auftrag enthalten waren (»gefundene Artikel«).

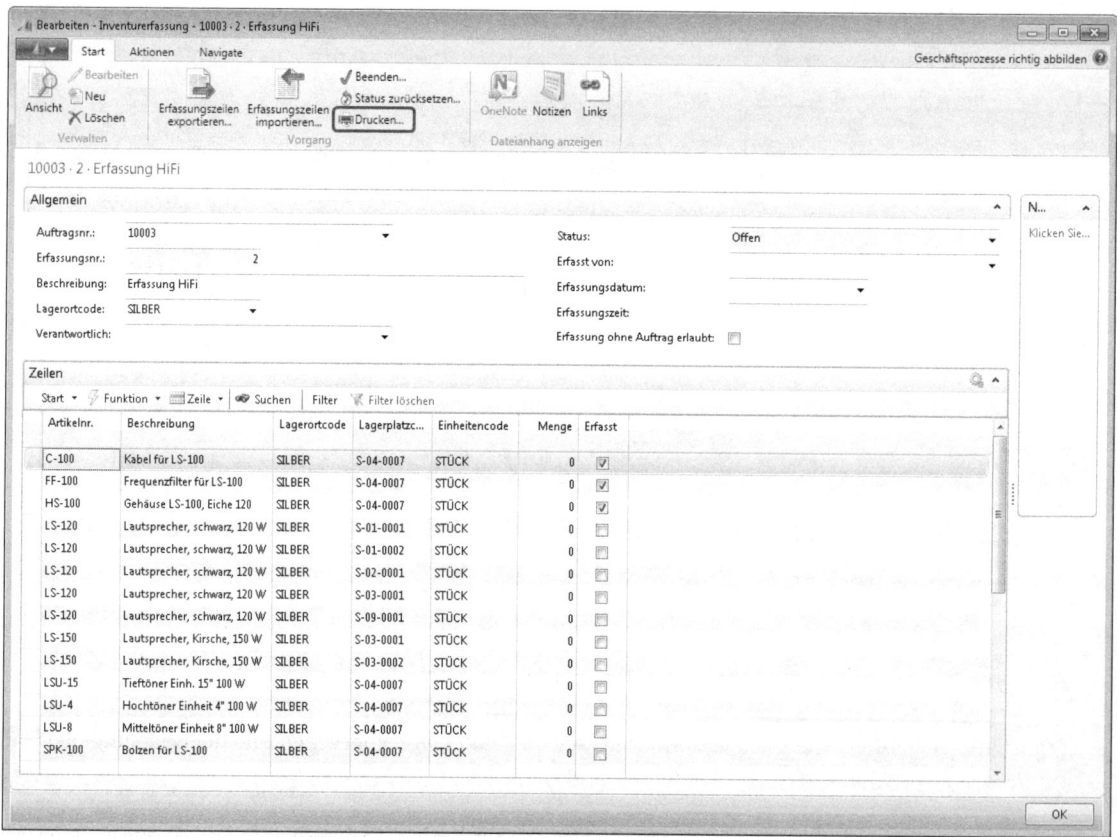

Abbildung 6.143 Inventurerfassung mit Erfassungszeilen

Die *Inventurerfassung* kann dann über die Aktion *Drucken* ausgedruckt werden (siehe Abbildung 6.143), um als Dokumentation der physischen Artikelaufnahme genutzt zu werden (siehe Abbildung 6.144).

Inventur

```
Inventurerfassung                                          24.03.2013 14:38
CRONUS AG                                                  Seite      1

Auftragsnr.        10003              Status          Open
Erfassungsnr.      2                  Verantwortlich
Beschreibung       Erfassung HiFi

Erfassungsdatum    _____          Erfasst von     _____
Erfassungszeit     _____

                Varianten-  Lagerort-   Lagerplatz-                      Einheiten-
Artikelnr.      code        code        code          Beschreibung       code        Menge

C-100                       SILBER      S-04-0007     Kabel für LS-100            STÜCK   _____
FF-100                      SILBER      S-04-0007     Frequenzfilter für LS-100   STÜCK   _____
HS-100                      SILBER      S-04-0007     Gehäuse LS-100, Eiche 120   STÜCK   _____
LS-120                      SILBER      S-01-0001     Lautsprecher, schwarz, 120 W STÜCK  _____
LS-120                      SILBER      S-01-0002     Lautsprecher, schwarz, 120 W STÜCK  _____
LS-120                      SILBER      S-02-0001     Lautsprecher, schwarz, 120 W STÜCK  _____
LS-120                      SILBER      S-03-0001     Lautsprecher, schwarz, 120 W STÜCK  _____
LS-120                      SILBER      S-09-0001     Lautsprecher, schwarz, 120 W STÜCK  _____
LS-150                      SILBER      S-03-0001     Lautsprecher, Kirsche, 150 W STÜCK  _____
LS-150                      SILBER      S-03-0002     Lautsprecher, Kirsche, 150 W STÜCK  _____
LSU-15                      SILBER      S-04-0007     Tieftöner Einh. 15" 100 W   STÜCK   _____
LSU-4                       SILBER      S-04-0007     Hochtöner Einheit 4" 100 W  STÜCK   _____
LSU-8                       SILBER      S-04-0007     Mitteltöner Einheit 8" 100 W STÜCK  _____
SPK-100                     SILBER      S-04-0007     Bolzen für LS-100           STÜCK   _____
```

Abbildung 6.144   Inventurliste zur Dokumentation der gezählten Artikel

Die erfassten Mengen werden in der *Inventurerfassung* im Feld *Menge* eingegeben und die Erfassung über die Aktion *Beenden* abgeschlossen (siehe Abbildung 6.145).

HINWEIS   Für Artikel mit Artikelverfolgung wird nur eine Erfassungszeile erstellt, auch wenn eine erwartete Menge von größer eins vorliegt. Mit der Funktion *Zeile kopieren* können entsprechend der gezählten Menge weitere Zeilen für diesen Artikel generiert werden, wobei die Serien- oder Chargennummer manuell eingegeben oder ausgewählt werden muss.

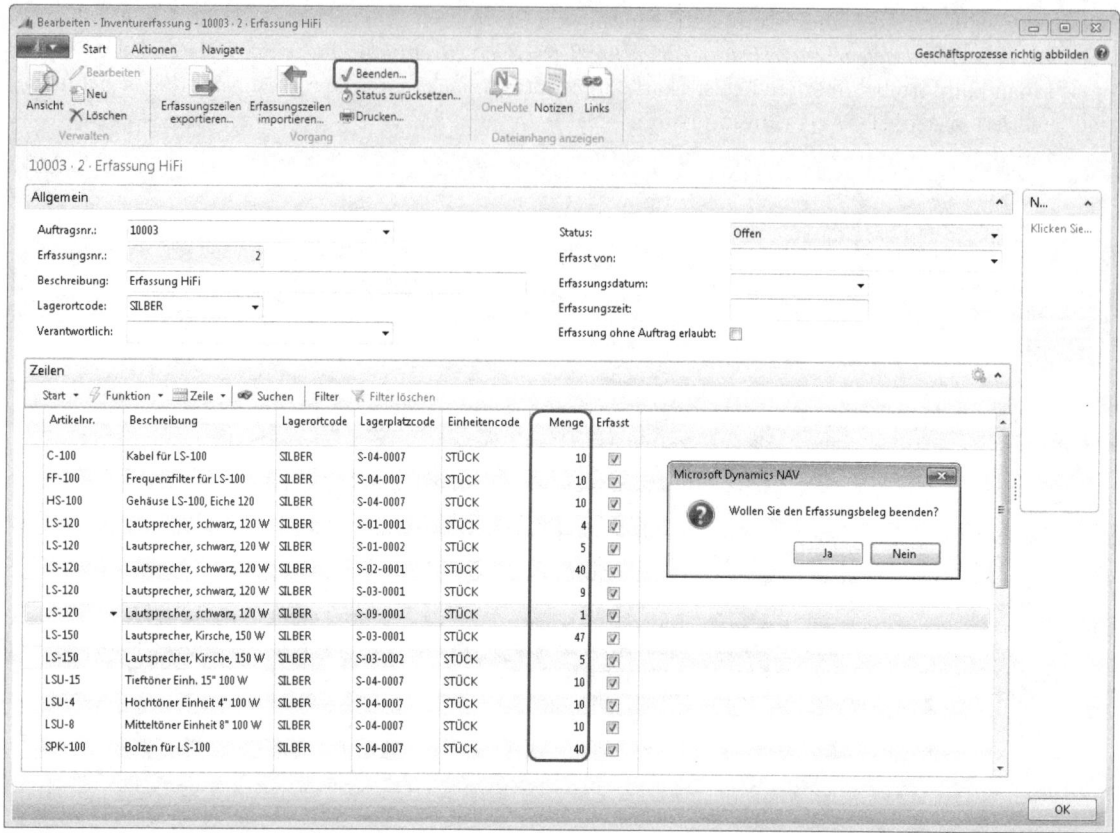

Abbildung 6.145 Beenden einer Inventurerfassung

Die Werte werden automatisch in den Inventurauftrag übertragen und als per Inventurerfassung registrierte Posten erfasst. Bei Abweichungen ist eine erneute Zählanweisung denkbar, die Selektion der entsprechenden Zeilen ist nach dem vorab beschriebenen Verfahren durchzuführen. Zu beachten ist, dass nur die Differenz zwischen der gezählten Menge der ersten Zählung und der zweiten Zählung erfasst werden darf, da Dynamics NAV die Mengen addiert. Die Anzahl der durchgeführten Erfassungen wird im Inventurauftrag im Feld *Anzahl beendete Erfassungen* angegeben.

Wurden alle Inventurauftragszeilen erfasst und alle Inventurerfassungen beendet, kann der Inventurauftrag über die Aktion *Beenden* in der Registerkarte *Start* oder *Aktionen* abgeschlossen werden. Die Buchung der Korrekturposten erfolgt über die Aktion *Buchen*.

Inventur

Neben der verbesserten Handhabung und Planung von Inventuren generiert ein Inventurauftrag, abrufbar über den Link *Abteilungen/Lager/Historie/Gebuchte Belege/Geb. Inventurauftrag*, einen eigenen Beleg, anhand dessen man komfortabel über die Registerkarte *Start* oder *Aktionen* und die Aktion *Navigate* die gebuchten und generierten Artikel-, Wert-, Inventur- und Lagerplatzposten aufrufen kann (siehe Abbildung 6.146 und Abbildung 6.147).

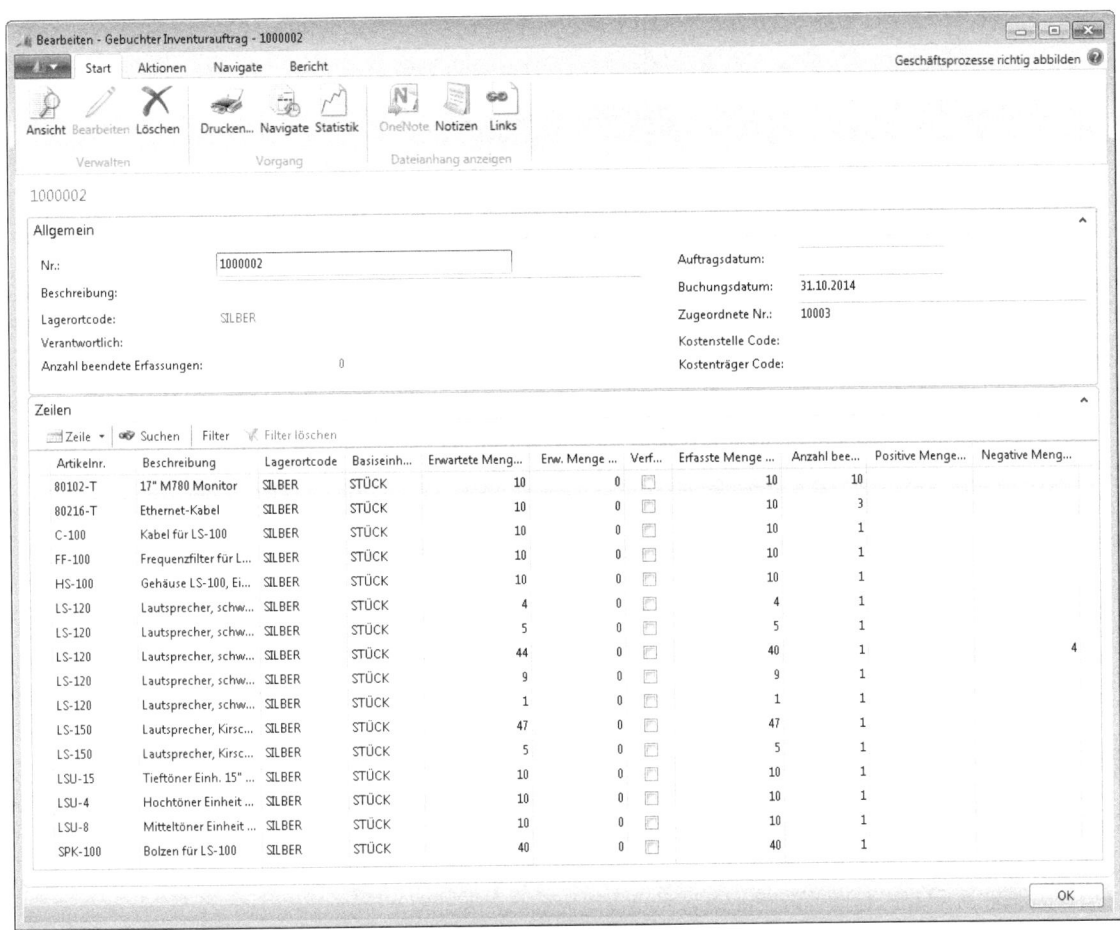

Abbildung 6.146 Gebuchter Inventurauftrag

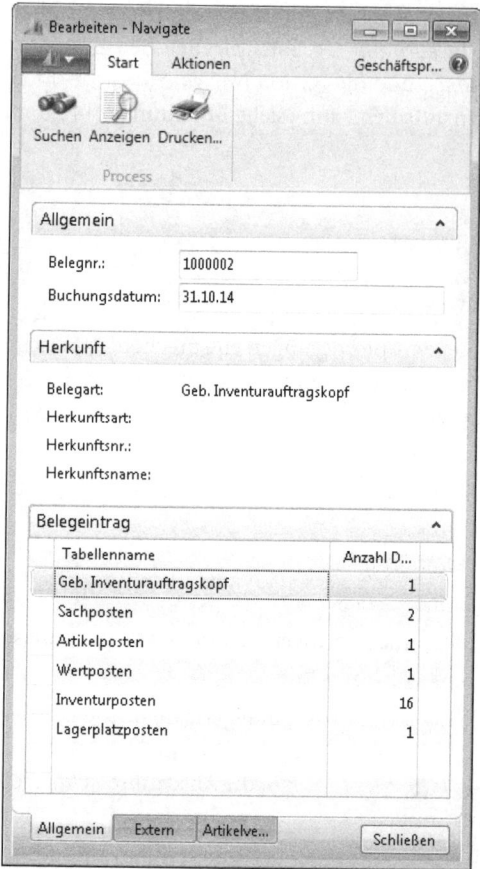

Abbildung 6.147 Im Rahmen des gebuchten Inventurauftrags erzeugte Posten

Inventur aus Compliance-Sicht

Potenzielle Risiken

- Inventurdurchführungen sind ineffektiv, ineffizient, entsprechen nicht den gesetzlichen Anforderungen (Effectiveness, Efficiency, Compliance)
- Inkorrektes Mengengerüst durch Fehler in der Inventurdurchführung (Effectiveness, Integrity, Compliance, Reliability)
- Vermögensverlust durch nicht autorisierte Vorratsentnahmen und Bestandsbuchungen (Compliance)

Prüfungsziel

- Sicherstellung einer effektiven und effizienten Inventurdurchführung
- Sicherstellung des Vermögensschutzes

Prüfungshandlungen

Zur Beurteilung des Inventurvorgehens sollte zunächst festgestellt werden, ob Richtlinien zur Inventurdurchführung existieren. Darauf aufbauend sollten die Richtlinien dahingehend analysiert werden, ob sie eine effektive und effiziente Inventurdurchführung unterstützen und den gesetzlichen Anforderungen entsprechen. Anschließend sollte geprüft werden, ob die Inventurdurchführung den Richtlinien und gesetzlichen Anforderungen genügen. Zähldifferenzen sind einheitlich zu bearbeiten, zu dokumentieren und deren Auswirkungen zu bewerten. Im Folgenden werden ausgesuchte Anforderungen an die Inventurdurchführung definiert, die anhand der Inventurdokumentation und Systemdaten zu überprüfen sind.

Relevante Fragestellungen

- Die Häufigkeit der Inventurdurchführung muss den gesetzlichen Anforderungen entsprechen. Aus Sicht des Unternehmens kann es für spezielle Artikel sinnvoll sein, häufigere Inventurzyklen zu etablieren. Entsprechende Richtlinien und Dokumentationen sollten vorliegen.
  Link: *Abteilungen/Lager/Lager/Inventurhäufigkeiten*
  Feldzugriff: *Tabelle 27 Artikel/Felder Nr., Beschreibung, Inventurhäufigkeitscode, Letzte Aktual. Inv.-Häufigkeit, Letztes Inventurdatum*
  Link: *Abteilungen/Lager/Historie/Gebuchte Belege/Geb. Inventurauftrag*
  Link: *Abteilungen/Lager/Historie/Gebuchte Belege/Geb. Inventurerfassung*
  Object Designer: *Run Page 390 Inventurposten* (Übersicht der erfassten Inventurposten mit Buchungsdatum)

- Prüfung, ob die Inventur vollständig durchgeführt und die Ergebnisse vollständig erfasst wurden. Wurden alle Lagerorte und -plätze berücksichtigt, wurden alle Artikel erfasst? Speziell sei auf die Artikel in Transit und in der internen Kommissionierung hingewiesen (wir verweisen auf die Abschnitte »Umlagerung zwischen Lagerorten« und »Interne Einlagerungs- und Kommissionierungsanforderung«).
  Object Designer: *Run Page 390 Inventurposten* (Übersicht der erfassten Inventurposten) und Abgleich mit den physischen Inventurlisten (Inventurlisten werden über den Link *Abteilungen/Finanzmanagement/Lager/Berichte/Inventurliste* erstellt)

- Analyse, ob die Korrekturbuchungen vollständig und zeitnah durchgeführt wurden. Gab es weitere Buchungen, die über die dokumentierten Inventurlisten hinausgehen? Hierbei ist auf *(Logistik) Inventur Buchungs-Blätter* zu achten, speziell wenn die Buchungen eigentlich über Inventuraufträge erfolgen sollten und umgekehrt.
  Analyse der Ausgleichslagerplätze über den Link *Abteilungen/Lager/Logistikmanagement/Berichte/Ausgleichslagerplatz*
  Analyse bezüglich Differenzen offener Inventuraufträge über Feldzugriff *Report 5005350 Inventurauftr.-Diff.-Übersicht*
  Object Designer: *Run Page 390 Inventurposten* (Übersicht der erfassten Inventurposten, Herkunftscodes INVEBUCHBL stehen für die Nutzung von *Inventur Buchungs-Blättern*, INVAUFTR für die Nutzung von *Inventuraufträgen*) und Abgleich mit den physischen Inventurlisten
  Feldzugriff: *Report 5005351 Geb. Inventurauftr.-Diff.* (Darstellung von gebuchten Inventurauftragsdifferenzen)
  Feldzugriff: *Report 5005354 Geb. Inventurerfassung* (Darstellung von gebuchten Inventurerfassungen)

- Prüfung, ob bei Differenzen Nachzählungen durchgeführt wurden, um die Differenzen zu bestätigen. Wurden die Nachzählungen ausreichend dokumentiert und im Rahmen der Funktionstrennung durch von den Erstzählern abweichenden Mitarbeiter durchgeführt? Wurden die Ergebnisse bei der Buchung der Inventurdifferenzen erfasst?

  Object Designer: *Run Page 390 Inventurposten* und Prüfung der dort aufgeführten Artikel mit Mengenabweichungen (die beiden vorherigen Prüfungshandlungen sind vorbereitend abzuschließen. Alternativ sind zusätzlich die physischen Inventurlisten zu analysieren und mit den Inventurposten abzugleichen, um eine vollständige Prüfung der Mengenabweichungen zu gewährleisten)

- Verifizierung, dass die Erstellung der Inventurlisten ohne die Angabe von Mengen erfolgt ist. Wurden die Inventurlisten vollständig von den zählenden Mitarbeitern unterschrieben? Erfolgt die Zählung der Artikel entsprechend des Vieraugenprinzips?

  Analyse der physischen Inventurlisten und Inventurunterlagen

- Kontrolle, ob während der Inventurdurchführung sichergestellt wurde, dass keine Warenbuchungen und -bewegungen erfolgen konnten

  Analyse der Verfahrensanweisungen und Analyse der Lagerplatzposten anhand des Datums (wenn beispielsweise am Tag der Inventur keine Lagerplatzposten außer durch die Inventur entstanden sein sollen) über den Feldzugriff *Tabelle 7312 Lagerplatzposten/Felder Registriert am [Inventurdatums Werte], Lagerortcode, Lagerplatzcode, Artikelnr., Menge, Herkunftscode, Herkunftsnr., Postenart, Benutzer-ID*

- Überprüfung, ob es zu nachträglichen Änderungen in den Belegen gekommen ist

  Analyse der physischen Inventurlisten und Inventurunterlagen

- Feststellung, wer die Inventur geleitet und wer die operative Umsetzung gemacht hat. Ist eine ausreichende Funktionstrennung sichergestellt und sind die ausgewählten Mitarbeiter adäquat selektiert worden? Wurde die Inventur durch den Wirtschaftsprüfer beaufsichtigt?

  Analyse der physischen Inventurlisten und Inventurunterlagen. Analyse der Benutzerrechte und der Inventuraufträge und -erfassungen, falls genutzt, bezüglich der eingetragenen Verantwortlichen.

  Feldzugriff: *Tabelle 2000000005 Zugriffsrechte/Felder Rollen-ID, Objektart [Wert TableData], Objekt-ID [Wert 5005350|5005351|5005352|5005353], Einfügen Zugriffsrecht [Wert Indirekt|Ja]*

  in Verbindung mit

  Feldzugriff: *Tabelle 2000000003/2000000053 Mitglied von/Windows Zugriffssteuerung/Felder Benutzer-ID, Rollen-ID [Rollen ID Werte], Mandant*

Online Im Begleitmaterial zu diesem Buch befindet sich ein Tool, welches zur Identifikation kritischer Benutzerrechte genutzt werden kann (siehe in Anhang A den Abschnitt »Kritische Benutzerrechtskombinationen«).

Die Begleitdateien stehen als Download zur Verfügung. Sie können diese wahlweise entweder von der Seite *www.microsoftpress.de/support/9783866455696* oder von der Seite *msp.oreilly.de/support/2272/803* herunterladen.

Link: *Abteilungen/Lager/Historie/Gebuchte Belege/Geb. Inventurauftrag* (die gebuchten Inventuraufträge werden angezeigt und können einzeln selektiert werden, um die eingetragenen Verantwortlichen zu identifizieren)

Link: *Abteilungen/Lager/Historie/Gebuchte Belege/Geb. Inventurerfassung* (die gebuchten Inventurerfassungen werden angezeigt und können einzeln selektiert werden, um die eingetragenen Verantwortlichen zu identifizieren)

Über die Inventurposten können die Benutzer-IDs identifiziert werden, welche die Buchungen durchgeführt haben.

Object Designer: *Run Page 390 Inventurposten/Felder Buchungsdatum, Postenart, Herkunftscode, Belegnr., Artikelnr., Lagerort, Menge, Betrag, Benutzer-ID*

- Gibt es bei den Korrekturbuchungen ein standardisiertes Vorgehen? Wurden Grenzwerte definiert, ist das Vieraugenprinzip eingehalten, werden die Korrekturbuchungen autorisiert, gibt es spezielle Kontrollen zur Sicherstellung der Korrektheit?

Analyse der Richtlinien, der Inventurlisten und der weiteren Inventurunterlagen. Systemseitig kann geprüft werden, welchen Benutzern die Rechte zur Pflege und zur Buchung der *(Logistik) Inventur Buchungs-Blätter* bzw. zur Anlage und Änderung von Inventuraufträgen und zur Pflege und Buchung von Inventurerfassungen zugeordnet wurden.

HINWEIS Die Möglichkeit, Betragsgrenzen in Buch.-Blättern über Genehmigungsregeln zu hinterlegen, besteht in Dynamics NAV standardmäßig nicht.

Feldzugriff: *Tabelle 2000000005 Zugriffsrechte/Felder Rollen-ID, Objektart [Wert TableData], Objekt-ID [Wert 7311|7312], Einfügen Zugriffsrecht [Wert Indirekt|Ja]*

in Verbindung mit

Feldzugriff: *Tabelle 2000000003/2000000053 Zugriffssteuerung/Felder Benutzer-ID, Rollen-ID [Rollen ID Werte], Mandant*

Online Im Begleitmaterial zu diesem Buch finden Sie ein Tool, welches zur Identifikation kritischer Benutzerrechte genutzt werden kann (siehe in Anhang A den Abschnitt »Kritische Benutzerrechtskombinationen«).

Die Begleitdateien stehen als Download zur Verfügung. Sie können diese wahlweise entweder von der Seite *www.microsoft-press.de/support/9783866455696* oder von der Seite *msp.oreilly.de/support/2272/803* herunterladen.

Über die Inventurposten können die Benutzer-IDs identifiziert werden, welche die Buchungen durchgeführt haben.

Object Designer: *Run Page 390 Inventurposten/Felder Buchungsdatum, Postenart, Herkunftscode, Belegnr., Artikelnr., Lagerort, Menge, Betrag, Benutzer-ID*

Beachten Sie bitte, dass es gemäß unserer Empfehlungen bezüglich der Einrichtung des Änderungsprotokolls zu Einträgen kommt, wenn Änderungen an gebuchten Inventurbelegen vorgenommen werden.

Lagerbewertung

Der systemgestützten Lagerbewertung kommt in integrierten Warenwirtschaftssystemen eine besondere Bedeutung zu, da die Mehrheit der Artikel des Vorratsvermögens typischerweise nicht einzeln, sondern über Verfahren der Bewertungsvereinfachung wie Durchschnitts- oder Verbrauchsfolgebewertung (z. B. FIFO oder LIFO) bewertet werden. Zur korrekten Anwendung müssen eingehenden Lagerpositionen ausgehende Lagertransaktionen zugeordnet werden, wodurch sich der Lagerwert bzw. der Einstandspreis der Artikel ergibt. In einem integrierten System wird so die Materialwirtschaft zum Nebenbuch der Finanzbuchhaltung. Neben der Notwendigkeit korrekter Einstandspreise oder Wareneinsätze im Rahmen der Lagerbewertung werden diese auch zur Berechnung transaktionsbezogener Deckungsbeiträge benötigt.

Technisch wird die Bewertung in Dynamics NAV dadurch gelöst, dass eine 1:n-Beziehung zwischen Artikelposten und Wertposten hergestellt wird. Artikelposten dokumentieren die mengenmäßigen Veränderungen im Lager, während die Wertposten die wertmäßige Veränderung abbilden. Die Bewertung eines Artikelpostens wird folglich durch neue Wertposten wie zusätzliche Anschaffungs- oder Herstellungskosten beeinflusst. Der Lagerwert in der Finanzbuchhaltung wird aus Sachposten gebildet, die auf Basis der Wertposten der Materialwirtschaft erzeugt werden.

Herausforderung der Lagerbewertung

Die Herausforderungen der Lagerbewertung liegen vorrangig in der nicht chronologischen Abfolge und Erfassung der Einkaufs- und Verkaufstransaktionen. Beispielsweise können Verkäufe gebucht werden, bevor entsprechende Eingangsrechnungsinformationen vorliegen, oder es ergeben sich später Anschaffungsnebenkosten, die bereits gebuchte Wareneinsätze nachträglich erhöhen. In beiden Fällen wären die Einstandspreise der Artikel zum Zeitpunkt des Verkaufs nicht korrekt ermittelt worden. Beispielhaft werden die Auswirkungen auf den Lagerwert und die Aufwendungen des Warenabgangs nach der Durchschnittsbewertung in Tabelle 6.7 und Tabelle 6.8 dargestellt, wobei von einer Nachbuchung von Anschaffungskosten ausgegangen wird (eine Korrektur des Warenausgangs findet nicht statt).

Periode	Transaktion	Artikelpreis/ Anschaffungskosten	Einstandspreis pro Einheit	Warenbewegung	Lagerbestand	Lagerwert
T=0	Bestand		2,00	–	1.000	2.000,00
T=1	Wareneingang	3,00	2,50	1.000	2.000	5.000,00
T=2	Warenausgang		2,50	1.000	1.000	2.500,00

Tabelle 6.7 Wareneingangs und -ausgangsbuchung in chronologisch korrekter Reihenfolge

Periode	Transaktion	Artikelpreis/ Anschaffungskosten	Einstandspreis pro Einheit	Warenbewegung	Lagerbestand	Lagerwert
T=0	Bestand		2,00	–	1.000	2.000,00
T=1	Wareneingang	2,00	2,00	1.000	2.000	4.000,00
T=2	Warenausgang		2,00	1.000	1.000	2.000,00
T=3	Nachträgliche Anschaffungskosten	1,00	3,00	0	1.000	3.000,00

Tabelle 6.8 Wareneingangs und -ausgangsbuchung in chronologisch nicht korrekter Reihenfolge

Neben Problemen aufgrund verspätet eintreffender Eingangsrechnungen, nachträglicher Anschaffungskosten oder nicht zeitnah korrigierter Eingabefehler können auch negative Lagerbestände zu falschen Artikelbewertungen führen. Ob das System negative Bestände zulässt, wird in den Systemeinstellung festgelegt (siehe Abbildung 6.148).

Lagerbewertung

Link: *Abteilungen/Finanzmanagement/Debitoren/Einrichtung/Debitoren* & *Verkauf Einr.*

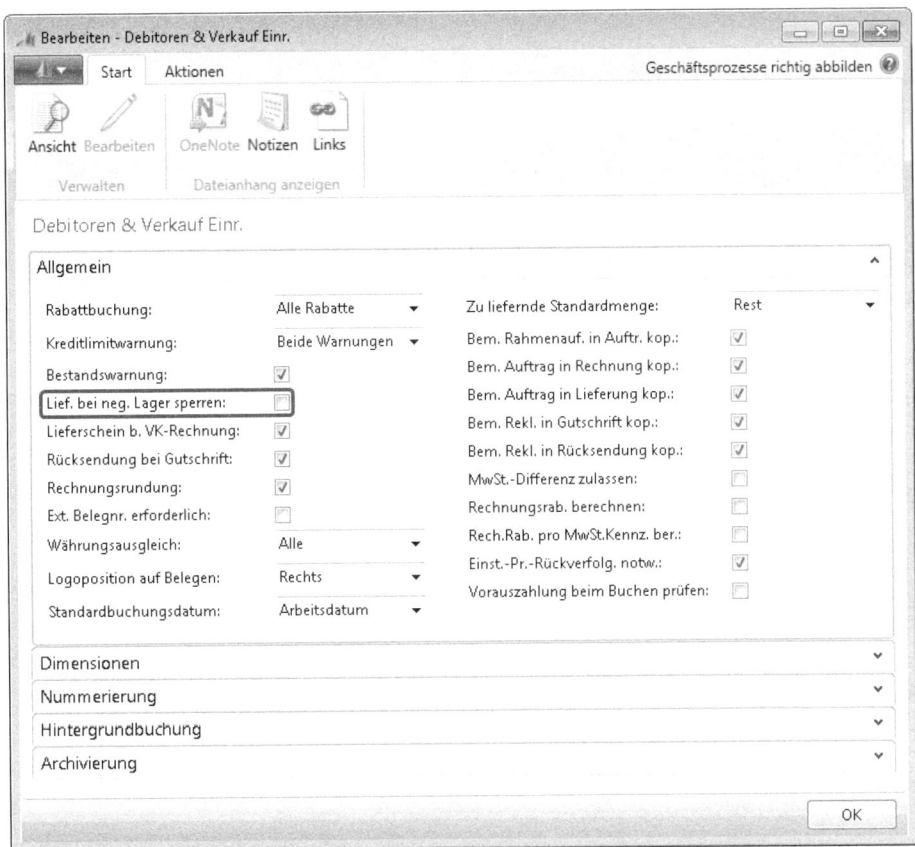

Abbildung 6.148 Systemeinstellung negative Bestände zulassen

Zusätzlich zu den oben dargestellten Gründen können auch Reklamationen und Gutschriften zu Bewertungsproblemen führen, wenn die Transaktionen nicht korrekt auf die ursprünglich gebuchten Artikelposten bezogen werden (sogenannter fester Ausgleich). Da die Buchungen von Reklamationen und Gutschriften die Rückbuchung der Artikel in den Lagerbestand beinhalten, führen Einstandspreise, die von den zum Zeitpunkt des ursprünglichen Verkauf geltenden Einstandspreisen abweichen, zu Gewinnverfälschungen und falschen Lagerwerten. In Dynamics NAV ist es deshalb möglich, Reklamationen und Gutschriften auf die vorangegangene Artikeltransaktionen zu referenzieren. Über das in der Verkaufsreklamation oder -gutschrift einzublendende Feld *Ausgegl. von Artikelposten* kann manuell der Bezug auf die ursprüngliche Lieferung hergestellt werden, sodass sich die Beschaffungs- und Verkaufspreise analog der Ursprungstransaktion ergeben (siehe Abbildung 6.149).

Link: *Abteilungen/Verkauf & Marketing/Auftragsabwicklung/Verkaufsreklamationen*

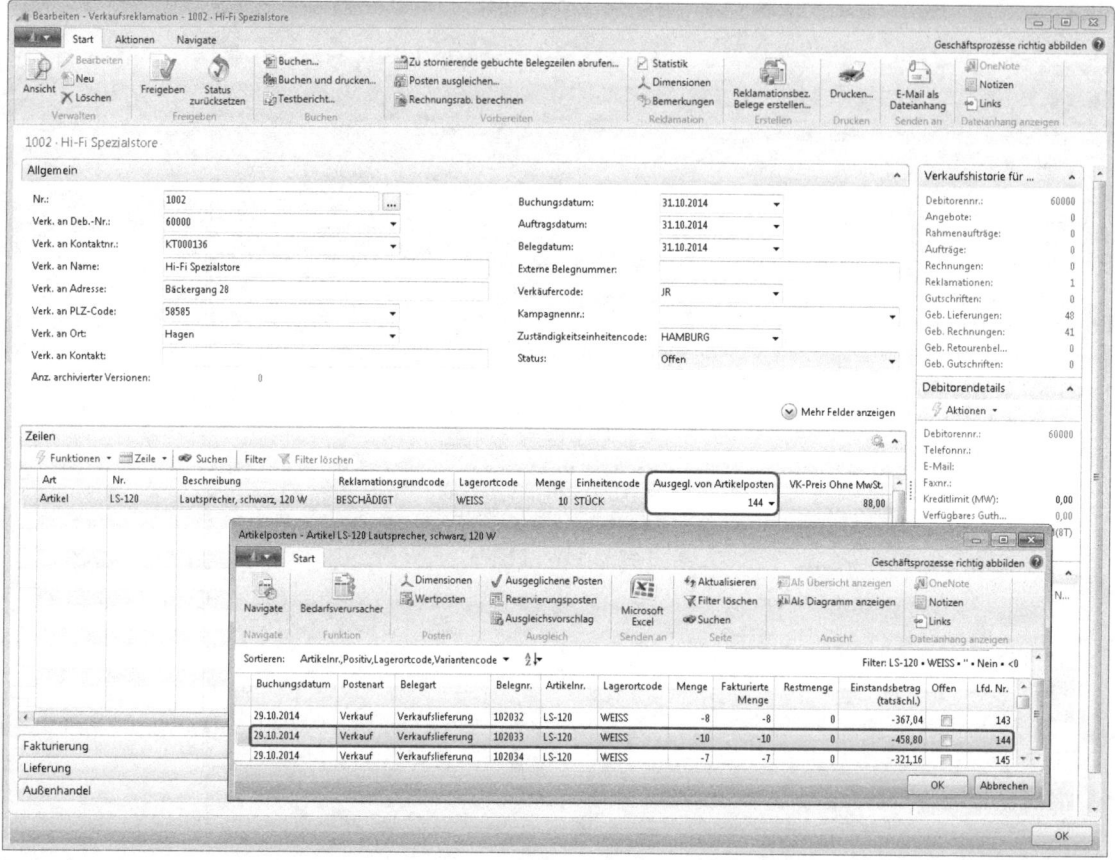

Abbildung 6.149 Verkaufsreklamation mit manueller Zuordnung der ursprünglichen Verkaufslieferung

Um sicherzustellen, dass Reklamationen und Gutschriften nur gebucht werden können, wenn ein Bezug auf die vorhergehende Artikelbuchung hergestellt wurde, ist das Feld *Einst.-Pr.-Rückverfolg. notw.* zu aktivieren, welches über den Link *Abteilungen/Finanzmanagement/Kreditoren/Einrichtung/Kreditoren & Einkauf Einr.* sowie in *Abteilungen/Finanzmanagement/Debitoren/Einrichtung/Debitoren & Verkauf Einr.* angezeigt wird (siehe Abbildung 6.150).

Lagerbewertung

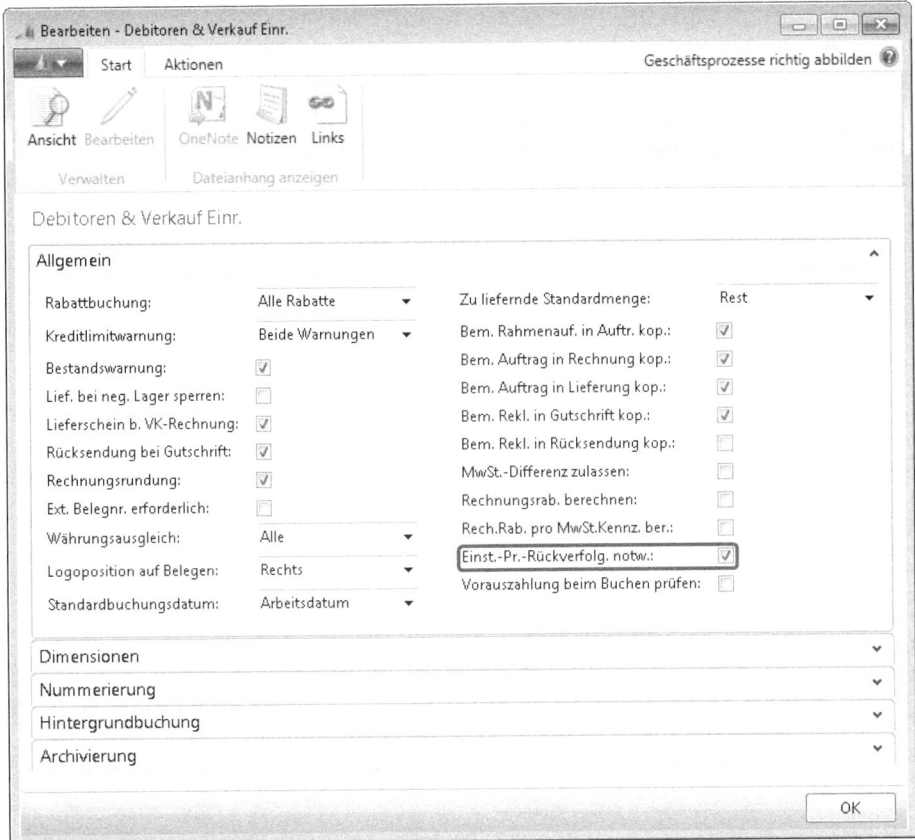

Abbildung 6.150 Feld zur obligatorischen Eingabe von Ausgleichspositionen bei Reklamationen etc.

Lagerabgangsmethoden

In Dynamics NAV wird die *Lagerabgangsmethode* und damit eines der Bewertungsvereinfachungsverfahren oder das Einzelbewertungsverfahren (*Ausgewählt*) pro Artikel festgelegt (siehe Abbildung 6.151). Bei den Bewertungsvereinfachungsverfahren kann der Benutzer zwischen den Verbrauchsfolgeverfahren First-in-First-out, Last-in-First-out sowie Standardpreis (*FIFO, LIFO, Standard*) und dem Durchschnittsverfahren (*Durchschnitt*) wählen (die Verfahren werden in Tabelle 6.9 beschrieben).

Link: *Abteilungen/Lager/Planung & Ausführung/Artikel* und hier Auswahl des entsprechenden Artikels

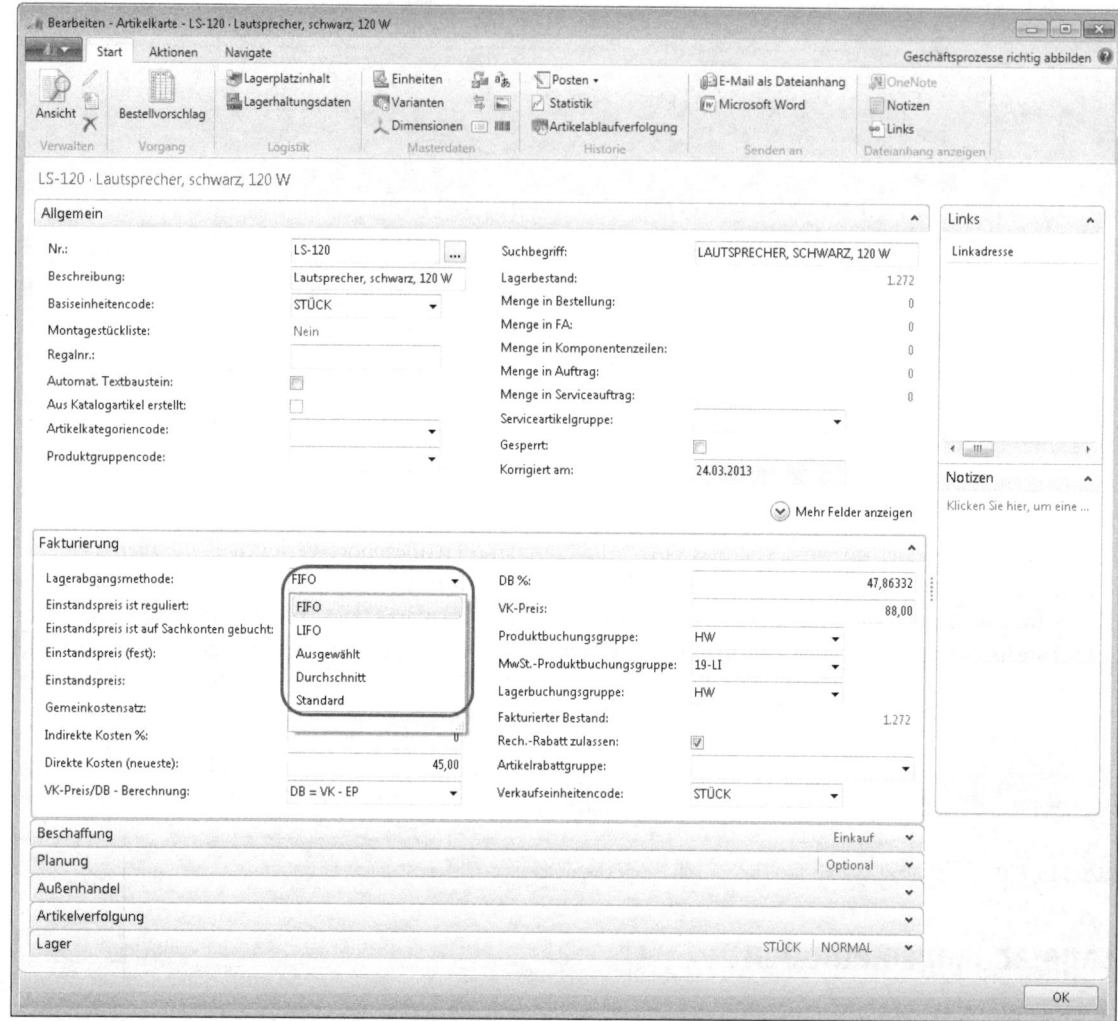

Abbildung 6.151   Einstellung der Lagerabgangsmethode je Artikel auf der Artikelkarte

Wie anhand der Tabelle 6.9 ersichtlich, kommt es teilweise zu einer Vermischung von Bewertungs- und Verbrauchsfolgeverfahren, was speziell im Rahmen der Durchschnittsbewertung erklärungsbedürftig ist.

Option	Beschreibung
First-in-First-out (*FIFO*)	Der Wareneinsatz zur Bewertung eines Abgangs wird berechnet mit dem Wert der frühesten, noch nicht verbrauchten Zugänge (FIFO ist zwar nach IFRS und HGB/BilMoG zulässig, nicht aber nach EStR)
Last-in-First-out (*LIFO*)	Der Wareneinsatz zur Bewertung eines Abgangs wird berechnet mit dem Wert der spätesten, noch nicht verbrauchten Zugänge (LIFO ist nach IFRS nicht zulässig, steuerrechtlich nur dann, wenn die Verbrauchsfolge nachweisbar ist oder im mechanischen Prinzip der Ein- und Auslagerung begründet liegt)

Tabelle 6.9   Lagerabgangsmethoden

Lagerbewertung

Option	Beschreibung
Durchschnittsbewertung (*Durchschnitt*)	Der Wareneinsatz wird entsprechend des per gewogenem Durchschnitt einer bestimmten Periode bewerteten Lagerbestands bestimmt. Der automatische Postenausgleich erfolgt nach dem FIFO-Prinzip. Eine detaillierte Erläuterung der Methode finden Sie nachfolgend unter der Überschrift »Die Durchschnittsbewertung in Dynamics NAV«.
Standardpreisbewertung (*Standard*)	Die Lagerabgangsmethode *Standard* bewertet Lagerzu- und -abgänge mit einem festen Wert, nicht mit den tatsächlichen Beschaffungskosten. Für auftretende Differenzen werden Wertposten der Postenart *Abweichung* erzeugt. Der automatische Postenausgleich erfolgt nach dem FIFO-Prinzip.
Einzelbewertung (*Ausgewählt*)	Der Ausgleich der Posten erfolgt über die Zuordnung von Serien- oder Chargennummern. Die Methode folgt dem allgemeinen Einzelbewertungsgrundsatz und ist dementsprechend uneingeschränkt zulässig.

Tabelle 6.9 Lagerabgangsmethoden *(Fortsetzung)*

Die Durchschnittsbewertung in Dynamics NAV

Die Durchschnittsbewertung in Dynamics NAV erfolgt anhand festzulegender Perioden (siehe hierzu und im Folgenden auch Abbildung 6.152. Zu den Einstellungen siehe die Ausführungen zum Feld *Durchschnittskostenperiode* im Abschnitt »Grundlagen und Parameter der Lagereinrichtung«). Alle Transaktionen im Rahmen von Artikelzugängen (Artikel- und Wertposten) werden Perioden zugeordnet und ergeben am Ende der Periode unter Berücksichtigung des Lagerbestands und -werts zu Beginn der Periode als gewogener Durchschnitt den Einstandspreis, zu welchem die Artikelabgänge der Periode als Wareneinsatz bewertet werden (siehe Tabelle 6.10).

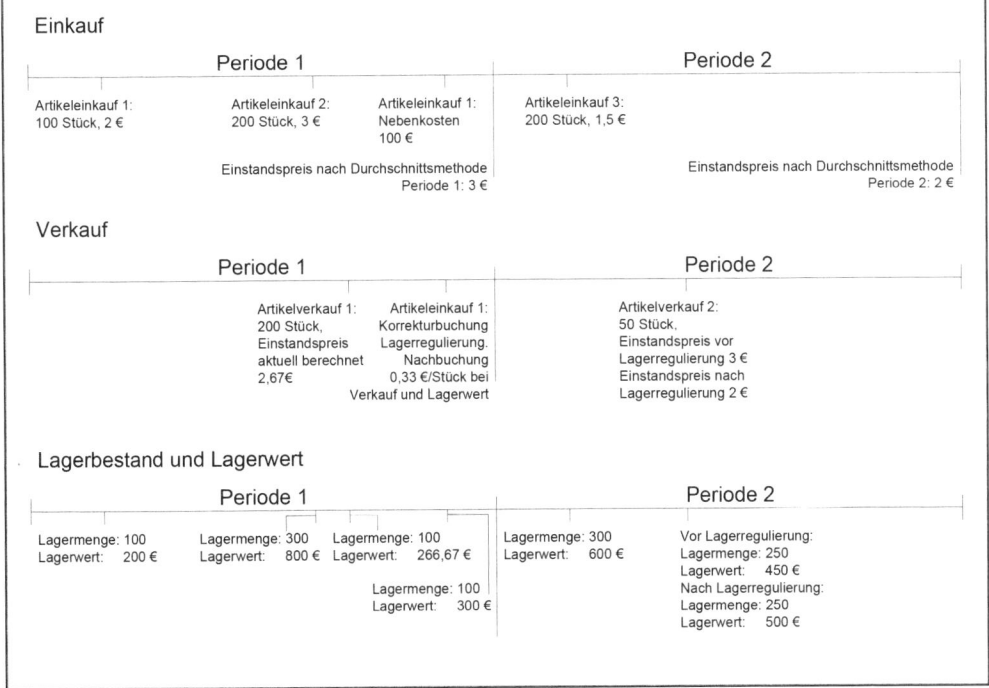

Abbildung 6.152 Durchschnittsbewertung mit Dynamics NAV

	Preis Einkauf/ Stück	Lager-bestand	Lagerwert	Theoretischer Einstandspreis zum Zeitpunkt der Transaktion	Einstandspreis Periode
Beginn Periode 1		0	0		
Artikeleinkauf 1	2	100	200	2	3
Artikeleinkauf 2	3	200	600	2,67	3
Artikeleinkauf 1 Nebenkosten	1		100	3	3
Werte zur Berechnung des Einstandspreises am Periodenende		300	900	3	3
Artikelverkauf 1		−200	−300	2,67	3
Beginn Periode 2		100	300	3	
Artikeleinkauf 3	1,5	200	300	2	2
Werte zur Berechnung des Einstandspreises am Periodenende		300	600	2	2
Artikelverkauf 2		−50	−100	2	2
Ende Periode 2		250	500	2	2

Tabelle 6.10 Berechnung des Einstandspreises nach dem Durchschnittspreisverfahren

Dynamics NAV bietet die Möglichkeit, die Durchschnittsbewertung für einen Artikel oder für die Kombination von Artikel, Lagerort und Variante zu berechnen (vergleiche die Ausführungen zum Feld *Einst.-Pr.(durchschn.) Ber.-Art* im Abschnitt »Grundlagen und Parameter der Lagereinrichtung«).

HINWEIS   Beachten Sie bitte, dass Artikelabgänge, die mit festem Ausgleich (siehe dazu die Anmerkungen im folgenden Abschnitt) auf einen bestimmten Artikelposten bezogen werden, nicht in die Durchschnittspreisberechnung einbezogen werden.

Da sich der Durchschnittspreis erst am Ende der definierten Periode ergibt, kann es zu notwendigen Korrekturbuchungen bei bereits gebuchten Auslieferungen kommen (siehe Abbildung 6.152 und Tabelle 6.10). Diese Korrekturbuchungen erfolgen im Rahmen der Lagerregulierung, welche im Abschnitt »Ablauf der Lagerwertbuchungen – Lagerregulierung« erläutert wird.

Fester Ausgleich – Übersteuern der Werteflussannahme

Die Werteflussannahme der jeweiligen Lagerabgangsmethode kann im System übersteuert werden, indem eine genaue Zuordnung der Posten (*fester Ausgleich*) erfolgt. In der Anwendung ist dies durch das Belegzeilenfeld *Ausgegl. von Artikelposten* (beispielsweise bei Verkaufsreklamationen) oder *Ausgleich mit Artikelposten* (beispielsweise bei Einkaufsreklamationen) möglich. Das gleiche gilt für Artikel, für die eine Artikelverfolgung eingerichtet ist (Seriennummern- oder Chargenverfolgung), wenn beim Verkauf die Artikelverfolgungsnummern ausgewählt werden. Hingegen führen Zuordnungen über Bedarfsverursacher oder Reservierungen nicht zu einem festen Ausgleich.

Die Durchführung von festen Zuordnungen sowie die Korrektur bzw. die Aufhebung erfolgt über das Fenster *Ausgleichsvorschlag*.

Link: *Abteilungen/Finanzmanagement/Lager/Bewertung/Ausgleichsvorschlag*

Werden Ausgleiche aufgehoben, so werden diese in der Tabelle *Historie Artikelausgleichsposten* abgelegt.

Feldzugriff: *Tabelle 343 Historie Artikelausgleichsposten*

Buchungen in der Materialwirtschaft und Finanzbuchhaltung

Im Folgenden wird die Logik der Erstellung von Artikel- und Wertposten in der Materialwirtschaft sowie von Sachposten in der Finanzbuchhaltung dargestellt. Die Buchung der Lieferung beeinflusst lediglich die Materialwirtschaft mit der Erstellung von Artikel- und Wertposten (wie nachfolgend im Abschnitt »Buchung von Soll-Kosten« beschrieben, können jedoch über die Soll-Kosten auch Sachposten in der Finanzbuchhaltung erstellt werden, was in Abbildung 6.153 jedoch nicht berücksichtigt wird). Durch die Buchung der Fakturierung erfolgt dann die Erstellung der Sachposten in der Finanzbuchhaltung. Falls die Kosten von denen in der Materialwirtschaft abweichen, werden zusätzliche Wertposten erstellt (siehe Abbildung 6.153).

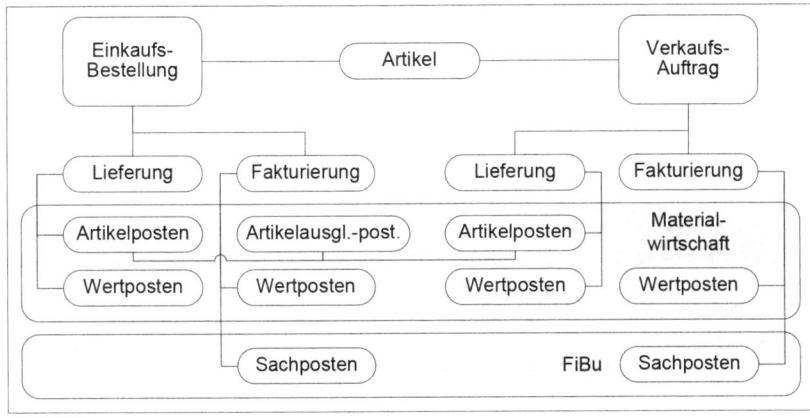

Abbildung 6.153 Erstellung von Artikel-, Wert- und Sachposten

Wertposten

Wertposten werden direkt als Wareneingangskosten (Anschaffungs- und Anschaffungsnebenkosten) oder in Form von zurechenbaren Kosten mittels absolut oder prozentual hinterlegter Gemeinkosten bei den Artikeln erfasst.

Die Beschaffungskosten werden in Einkaufszeilen der Art *Artikel* erzeugt, während Beschaffungsnebenkosten über die Art *Zu-/Abschlag (Artikel)* gebucht und entweder auf Einkaufszeilen desselben Einkaufsbelegs oder auf bereits gebuchte Einkaufslieferzeilen gebucht werden. Beide Kostenkomponenten erzeugen Wertposten der Postenart *Direkte Kosten*.

HINWEIS   Wird eine Einkaufszeile der Art *Zu-/Abschlag (Artikel)* auf eine Verkaufslieferzeile bezogen, handelt es sich also zum Beispiel um eine Ausgangsfracht, so hat diese Buchung keinen Einfluss auf den Lagerwert des Artikelpostens. Erkennbar sind diese Buchungen im Artikelpostenfeld *Einst.-Betr. (lagerwertunabh.)*.

Zurechenbare Kosten werden mit den Beschaffungskosten zusammen gebucht, resultierend in einer Abweichung der Einkaufszeilenfelder *Einstandspreis (MW)* und *EK-Preis ohne MwSt*. Diese Kostenkomponente erzeugt Wertposten der Postenart *Indirekte Kosten*.

Buchungslogik

Je nach Einstellung der Logistik (siehe hierzu die Erläuterungen im Abschnitt »Grundlagen und Parameter der Lagereinrichtung«) erzeugt die Buchung von Bestell- und Auftragslieferungen und -fakturierungen unterschiedliche Wareneinstandspreise und Sachposten. Darüber hinaus ist zu beachten, dass Korrekturbuchungen erforderlich werden, wenn sich Einstandspreise von Artikeln bereits gebuchter Aufträge ändern (beispielsweise im Rahmen der Durchschnittsbewertung oder bei nachträglichen Anschaffungsnebenkosten). Verdeutlicht werden soll die Buchungslogik am Beispiel einer Auftragsbuchung. Die folgenden Tabellen (Tabelle 6.11 bis Tabelle 6.14) führen die Buchungen auf, die je nach Einstellung automatisch erzeugt werden.

Modul	Buchung Lieferung	Buchung Fakturierung
Materialwirtschaft	Artikel- und Wertposten lt. Auftragszeile (letzter regulierter Einstandspreis)	
Finanzbuchhaltung		Umsatzerlöse und Forderungen lt. Auftragszeile (Verkaufspreis)

Tabelle 6.11 Buchungen ohne automatische Lagerbuchung, ohne Soll-Kosten-Buchungen und ohne automatische Lagerregulierung

Modul	Buchung Lieferung	Buchung Fakturierung
Materialwirtschaft	Artikel- und Wertposten lt. Auftragszeile (letzter regulierter Einstandspreis)	
Finanzbuchhaltung		Umsatzerlöse und Forderungen lt. Auftragszeile (Verkaufspreis) Wareneinsatz und Vorräte lt. Auftragszeile

Tabelle 6.12 Buchungen mit automatischer Lagerbuchung, ohne Soll-Kosten-Buchungen und ohne automatische Lagerregulierung

Modul	Buchung Lieferung	Buchung Fakturierung
Materialwirtschaft	Artikel- und Wertposten lt. Auftragszeile (letzter regulierter Einstandspreis)	
Finanzbuchhaltung	Wareneinsatz und Vorräte zu Soll-Kosten	Umsatzerlöse und Forderungen lt. Auftragszeile (Verkaufspreis) Wareneinsatz und Vorräte lt. Auftragszeile Stornierung der Soll-Kosten-Buchung

Tabelle 6.13 Buchungen mit automatischer Lagerbuchung, mit Soll-Kosten-Buchungen und ohne automatische Lagerregulierung

Modul	Buchung Lieferung	Buchung Fakturierung
Materialwirtschaft	Artikel- und Wertposten lt. Auftragszeile (**aktuell** regulierter Einstandspreis) ggf. Anpassung Wareneinsatz und Vorräte bereits gelieferter Aufträge (**aktuell** regulierter Einstandspreis)	
Finanzbuchhaltung	Wareneinsatz und Vorräte lt. Auftragszeile (Soll-Kosten)	Umsatzerlöse und Forderungen lt. Auftragszeile (Verkaufspreis) Wareneinsatz und Vorräte lt. Auftragszeile (aktueller Auftrag) ggf. Anpassung Wareneinsatz und Vorräte bereits gebuchter Aufträge (**aktuell** regulierter Einstandspreis) Stornierung der Soll-Kosten-Buchung

Tabelle 6.14 Buchungen mit automatischer Lagerbuchung, mit Soll-Kosten-Buchungen und mit automatischer Lagerregulierung

HINWEIS Wir empfehlen zur Sicherstellung der Integrität der Daten, die automatische Lagerbuchung immer zu aktivieren. Wie dargestellt, begründet die automatische Lagerbuchung bei Fakturierung die Buchung der Vorratsbewegungen in der Finanzbuchhaltung.

Beachten Sie weiterhin die Auswirkungen, die sich durch die Aktivierung der automatischen Lagerregulierung ergeben. Das System überprüft bei allen Buchungen, ob Artikeltransaktionen existieren, für die sich durch die durchgeführte Buchung veränderte Einstandspreise ergeben, einschließlich bereits verbuchter Transaktionen. Eine Aktivierung ist im Rahmen einer korrekten Lagerbewertung und Erfolgsermittlung somit wünschenswert. Die Anwendung der automatischen Lagerregulierung ist jedoch sehr ressourcenintensiv und in der Praxis deswegen kaum gebräuchlich. In der Regel erfolgt die Aktualisierung der Einstandspreise und Lagerwerte über die Stapelverarbeitungs-Aktionen *Lagerreg. fakt. Einst. Preise* (Link *Abteilungen/Finanzmanagement/Lager/Bewertung/Lagerreg. fakt. Einst. Preise*), die über die *Aufgabenwarteschlange* zeitlich so gesteuert werden können, dass die operative Nutzung des Systems nicht beeinflusst wird.

Die manuelle Lagerregulierung folgt der gleichen Buchungslogik wie die automatische Lagerregulierung. Zu weiteren Details siehe den Abschnitt »Ablauf der Lagerwertbuchungen – Lagerregulierung«. Für eine korrekte Vorrats- und Materialeinsatzbewertung ist im Rahmen der Monats- und Jahresabschlussarbeiten die Lagerregulierung erneut durchzuführen und zu buchen.

Buchung von Soll-Kosten

Soll-Kosten sind Schätzungen der Kosten, die beispielsweise für den Einkauf von Artikeln vorgenommen werden, wenn keine Rechnungen gebucht werden können. Soll-Kosten werden zunächst in der Materialwirtschaft erfasst. Immer wenn ein Beleg wie beispielsweise ein Auftrag, eine Bestellung oder ein Buchungsblatt als geliefert gebucht wird, wird eine Wertpostenzeile mit den Soll-Kosten generiert, die in den Lagerwert einfließt. Die Integration der Buchung in die Finanzbuchhaltung erfolgt mittels Aktivierung des Felds *Soll-Kosten buchen* über den Link *Abteilungen/Lager/Einrichtung/Lagerbestand/Lager Einrichtung*. Damit wird erreicht, dass die Lagerwerte in Finanzbuchhaltung und Materialwirtschaft jederzeit identisch sind.

Die erwarteten Kosten werden auf Interimskonten gebucht und diese Buchung bei der Faktura automatisch storniert und gegen die tatsächlichen Kosten ersetzt. Die Kontierung findet in der *Lagerbuchung Einrichtung* (Link *Abteilungen/Finanzmanagement/Einrichtung/Buchungsgruppen/Lagerbuchung Einrichtung*) in der Spalte *Lagerkonto (Interim)* (in diesem Konto werden die Änderungen im Vorratsvermögen erfasst) und in der Buchungsmatrix (Link *Abteilungen/Finanzmanagement/Einrichtung/Buchungsgruppen/Buchungsmatrix Einr.*) in den Spalten *Lagerverbrauchskonto (Interim)* und *Lagerzugangskonto (Interim)* (definieren die Gegenkonten zu den Änderungen im Vorratsvermögen) statt.

ACHTUNG Bei der Einrichtung und Prüfung der Gegenkonten in der Buchungsmatrix ist darauf zu achten, dass das Interimskonto für Wareneingänge ein Verbindlichkeitenkonto in der Bilanz, das Interimskonto bei Warenausgängen ein GuV-Konto zur Abbildung des Wareneinsatzes darstellen muss. Zur periodengerechten Abgrenzung der entsprechenden Umsatzerlöse sind darüber hinaus die gelieferten, nicht fakturierten Aufträge zu identifizieren und erfolgswirksam zu erfassen. Dies muss auch vor dem Hintergrund eines periodengerechten Umsatzsteuerausweises erfolgen (siehe hierzu auch die Ausführungen im Abschnitt »Lagerbewertung aus Compliance-Sicht« sowie in Kapitel 8).

Lagerbuchungsperioden

In Dynamics NAV können Lagerbuchungsperioden eingerichtet werden, mit denen die Buchung von Lagertransaktionen zeitlich eingeschränkt werden kann. Mit Abschluss einer Lagerbuchungsperiode können keine weiteren Zugänge und Wertänderungen in diese Periode gebucht werden, auch wenn weiterhin auf offene Artikelposten dieser Periode zugegriffen werden kann.

Link: *Abteilungen/Finanzmanagement/Lager/Bewertung/Lagerbuchungsperioden*

Das Schließen einer Lagerbuchungsperiode ist nur möglich, wenn bei allen Artikeln der Einstandspreis reguliert wurde. Das Schließen wird durch einen Lagerbuchungsperiodenposten dokumentiert, der auch die Nummer des letzten, einbezogenen Artikeljournals enthält. Eine Lagerbuchungsperiode kann erneut geöffnet werden, was durch einen weiteren Lagerbuchungsperiodenposten dokumentiert wird.

HINWEIS Die Aktion *Lagerregulierung buchen* beachtet ihrerseits die Buchhaltungsperioden der Finanzbuchhaltung. Wenn eine Regulierung für einen Wertposten vorgenommen wurde, dessen Buchungsdatum in einer nicht offenen Buchhaltungsperiode liegt, so bekommt der entsprechende Sachposten das erste Buchungsdatum der aktuell offenen Buchhaltungsperiode. Geprüft wird hierbei der zugelassene Buchungszeitraum, der in der *Finanzbuchhaltung Einrichtung* eingerichtet wurde, auch wenn der jeweilige Anwender über die *Benutzer Einrichtung* Rechte erhalten hat, auch in frühere Perioden zu buchen.

Bewertungsdatum

Im Zusammenhang mit der Lagerbewertung und der Durchschnittskostenberechnung gibt es in Dynamics NAV zwei Felder, die für die Vorratsbewertung und Einstandspreisberechnung von Bedeutung sind und den Namen »Bewertungsdatum« tragen. Zum einen existiert das Feld *Bewertungsdatum* in der *Tabelle 5802 Wertposten*, zum anderen in der *Tabelle 5804 Einst.-Pr. (durchschn.) Regul. Startzeitpunkt*. Da sich die folgenden Ausführungen auf die Durchschnittsbewertung beziehen, gehen wir vereinfachend von den folgenden Systemeinstellungen aus:

- *Automatische Lagerbuchung* ist aktiviert
- *Automatische Lagerregulierung* steht auf *Nie*
- *Einst.-Pr.(durchschn.) Ber.-Art* steht auf *Artikel*
- *Durchschnittskostenperiode* steht auf *Buchhaltungsperiode*
- *Lagerabgangsmethode* steht auf *Durchschnitt*

Das Bewertungsdatum zur Definition der Durchschnittskostenperiode

Das Bewertungsdatum, welches in der Tabelle *Einst.-Pr. (durchschn.) Regul. Startzeitpunkt* enthalten ist, dient dazu, den letzten Tag der Durchschnittskostenperiode festzuhalten, und ist somit für die Definition der Durchschnittskostenperiode relevant.

Das Bewertungsdatum zur Zuordnung von Wertposten zu Durchschnittskostenperioden

Das Bewertungsdatum der Tabelle *Wertposten* hält fest, welcher Periode Wertposten unabhängig vom Buchungsdatum zuzuordnen sind, was Auswirkungen auf die Durchschnittskostenberechnung hat. Die Verwendung eines vom Buchungsdatum abweichenden Bewertungsdatums ist notwendig, da das Buchungsdatum der Artikelposten (Lieferdatum) und das der Wertposten (Lieferdatum, Fakturadatum, Datum von Artikel-Zu- oder Abschlagsbuchungen) beispielsweise im Rahmen nachträglicher Lieferkosten zeitlich auseinander fallen können.

Das Bewertungsdatum bei Zugängen ist immer das Buchungsdatum der Lieferung. Die Wertposten, die bei der Buchung der Eingangsrechnung erstellt werden, besitzen ebenfalls das Bewertungsdatum des entsprechenden

Zugangs, das Buchungsdatum kann je nach Eingang der Rechnung später liegen. Werden weitere Artikel-Zu- und Abschläge gebucht, so entstehen dadurch Wertposten zu bereits vorhandenen Artikelposten. Das Bewertungsdatum dieser neuen Wertposten ist ebenfalls das Bewertungsdatum der zugrunde liegenden Lieferung.

Bei Abgängen ist das Bewertungsdatum prinzipiell das Buchungsdatum der ausgehenden Lieferung.

HINWEIS In Ausnahmen kann es dazu kommen, dass sich das Bewertungsdatum anhand der nach dem FIFO-Prinzip zugeordneten Zugangslieferung ergibt, beispielsweise wenn der Lagerbestand durch den Abgang negativ wurde.

In Einzelfällen kann das Bewertungsdatum auch zeitlich hinter dem Buchungsdatum liegen. Um zu verhindern, dass negative Lagerwerte auftreten (beispielsweise im Zuge einer rückdatierten Teilwertabschreibung (Neubewertung), siehe den Abschnitt »Neubewertung«), setzt Dynamics NAV das Bewertungsdatum auf das Buchungsdatum des zugehörigen Neubewertungs-Wertpostens.

Ablauf der Lagerwertbuchungen – Lagerregulierung

Wie bereits oben dargestellt, wird über die Aktivierung der automatischen Lagerbuchung erreicht, dass bei Fakturierung von Warenein- und -ausgängen in der Materialwirtschaft und in der Finanzbuchhaltung eine parallele Buchung der Vorräte erfolgt. Wurde zusätzlich die automatische Lagerregulierung auf *Immer* gestellt, erfolgt die Bewertung der Vorräte, Zugänge und Verbräuche in beiden Modulen automatisch zu den aktuellen Preisinformationen (Wertposten werden automatisch sowohl in der Materialwirtschaft als auch in der Finanzbuchhaltung bei allen relevanten Transaktionen berücksichtigt).

Diese aus Sicht jederzeit korrekt verfügbarer Lagerinformationen wünschenswerte Systemeinstellung ist aus Performancegründen in der Praxis jedoch nur in den seltensten Fällen realisierbar. Vielmehr ist zu erwarten, dass die Funktion der automatischen Lagerregulierung und teilweise auch die Funktion der automatischen Lagerbuchung durch die Stapelverarbeitungen *Lagerreg. fakt. Einst. Preise* und *Lagerreg. buchen* periodisch durchgeführt werden.

HINWEIS Die automatische Lagerbuchung erfasst die in den Belegen erfassten Einstandspreise zum Zeitpunkt der Erstellung der Sachposten. Bei der Durchführung der Stapelverarbeitungen werden die tatsächlichen Einstandspreise ermittelt und gegebenenfalls in den Wert- und Sachposten korrigiert.

Stapelverarbeitung Lagerregulierung fakturierte Einstandspreise

Die Lagerregulierung stellt eine Buchungs- und Kontrollinstanz dar, die die Einstandspreise zur Bewertung des Vorratsvermögens und von gebuchten Wareneinsätzen bei Lagerabgängen überprüft und neue Regulierungswertposten erstellt, falls es zu Buchungen gekommen ist, die die Einstandspreise verändert haben. Änderungsbedarfe können sich beispielsweise durch folgende Situationen ergeben:

- Zum Zeitpunkt der Ausgangsrechnung war der Einstandspreis des Artikels nicht reguliert, obwohl es zwischenzeitlich zu Änderungen des Einstandspreises gekommen ist
- Der Verkauf wurde fakturiert, bevor der betreffende Zugang fakturiert wurde, welcher zu einer Änderung des Einstandspreises führt
- Es ergeben sich höhere Wareneinsätze durch spätere Artikel-Zu- oder Abschläge
- Der Einstandspreis zum Zeitpunkt eines Verkaufs muss angepasst werden, weil sich durch weitere Zugänge der durchschnittliche Einstandspreis in der gleichen Durchschnittskostenperiode ändert
- Der Lagerbestand war zum Zeitpunkt der Buchung negativ

- Es wurde eine Neubewertung durchgeführt
- Es wurden Artikelausgleiche geändert

Werden Lagerbewegungen für einen Artikel gebucht, so entstehen neben den Artikelposten, die die Mengenveränderung im Lager beschreiben, auch Einträge in der *Tabelle 5804 Einst.-Pr. (durchschn.) Regul. Startzeitpunkt*, besser beschrieben durch die englische Bezeichnung *Avg. Cost Adjmt. Entry Points* (im Folgenden *Entry Points* genannt). Mithilfe dieser Einträge merkt sich die Anwendung, zu welchen Artikeln und Zeitpunkten die Lagerregulierung die Wareneinsätze bzw. die durchschnittlichen Einstandspreise der gebuchten Abgänge überprüfen muss (siehe Abbildung 6.154).

Feldzugriff: *Tabelle 5804 Einst.-Pr. (durchschn.) Regul. Startzeitpunkt*

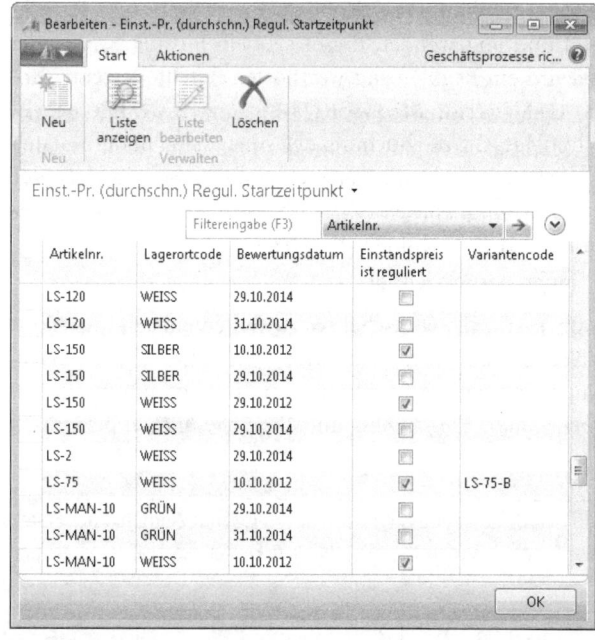

Abbildung 6.154 Einträge in der Tabelle *Entry Points* zur Identifikation von Artikeln zur Lagerregulierung

Die eigentliche Lagerregulierung erfolgt über den Link *Abteilungen/Finanzmanagement/Lager/Bewertung/Lagerreg. fakt. Einst. Preise* (siehe Abbildung 6.155).

Abbildung 6.155 Lagerregulierung durchführen

Lagerbewertung

Bei Durchführung überprüft die Anwendung die Tabelle mit den Entry Points auf Einträge, bei denen das Feld *Einstandspreis ist reguliert* nicht aktiviert ist und identifiziert für diese Artikel alle Entry Points, die noch nicht reguliert wurden. Zusätzlich testet Dynamics NAV, ob es Artikelposten gibt, bei denen das Feld *Ausgegl. Posten regul.* (auf Englisch *Applied Entry to Adjust*, Tabelle 32 Artikelposten) gefüllt ist. Dieses Kennzeichen wird für einen eingehenden Artikelposten gesetzt, wenn ein direkter Bezug (*Fester Ausgleich*) auf einen ausgehenden Artikelposten existiert.

HINWEIS Diese Art der Postenmarkierung zwecks späterer Regulierung erfolgt ferner für Artikel mit der zugeordneten Lagerabgangsmethode *Ausgewählt* sowie für Artikel, für die unabhängig von der Lagerabgangsmethode die Artikelverfolgung eingerichtet ist.

Für die so selektierten Artikelposten wird der durchschnittliche Einstandspreis neu errechnet (zur Berechnung siehe den Abschnitt »Lagerabgangsmethoden«) und angewendet. Ergibt sich ein Einstandspreis, der von dem des gebuchten Wareneinsatzes abweicht, so wird ein Regulierungswertposten erstellt, dessen Nummer in der Tabelle *Wertposten in Sachkonto buchen* (Feldzugriff: *Tabelle 5811*) abgelegt wird. Die Tabelle dient der Stapelverarbeitung *Lagerreg. buchen* als Grundlage, die die Buchung der Wertposten in der Finanzbuchhaltung vornimmt. Die Buchung der Lagerregulierung in der Finanzbuchhaltung lässt sich manuell oder automatisch durch das Setzen der Option *Auf Sachkonten buchen* (siehe Abbildung 6.155) zusammen mit der Lagerregulierung starten (wenn die automatische Lagerbuchung aktiviert ist).

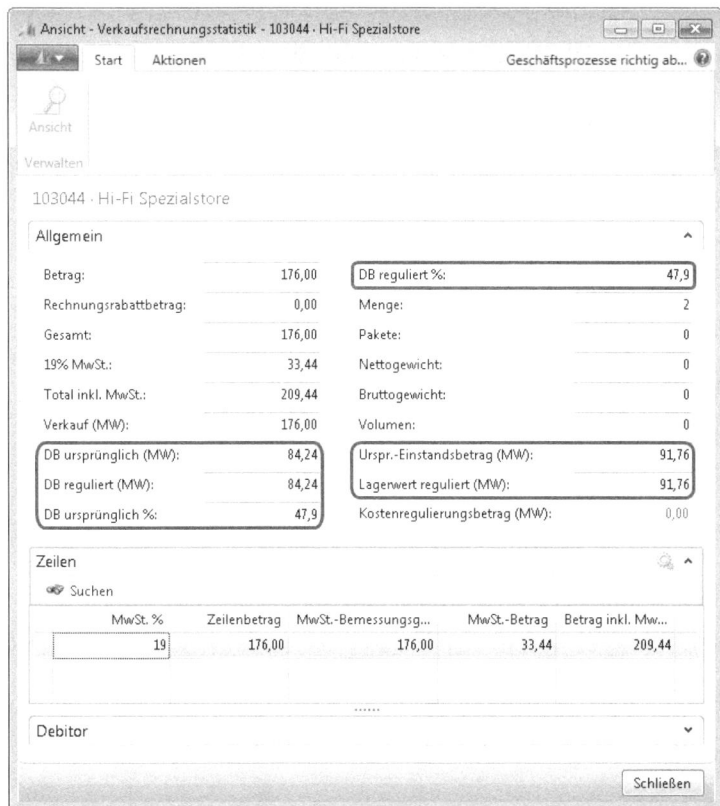

Abbildung 6.156 Übersicht über Lagerwert und Deckungsbeitrag vor und nach Lagerregulierung

Ändern sich Wareneinsätze von gebuchten Verkaufstransaktionen, werden auch die gebuchten Belegzeilen aktualisiert, um den geänderten Deckungsbeitrag der Transaktionen darzustellen. Über die Aktion *Verkaufsrechnungsstatistik* können Differenzen zwischen ursprünglichem und reguliertem Einstandspreis sowie im Deckungsbeitrag abgerufen werden.

Link: *Abteilungen/Finanzmanagement/Debitoren/Historie/Geb. Verkaufsrechnungen*, hier die entsprechende Rechnung und dann in der Registerkarte *Start* oder *Navigate* die Aktion *Statistik* auswählen (siehe Abbildung 6.156)

Nach erfolgreich durchgeführter Lagerregulierung wird das Feld *Einstandspreis ist reguliert* auf der Artikelkarte (siehe Abbildung 6.157) und in der Tabelle *Entry Points* aktualisiert (beziehungsweise die entsprechenden Merker in den Artikelposten zurückgesetzt). Wird eine neue Transaktion für den Artikel gebucht, so wird das Feld beim Buchen zurückgesetzt. Somit erfolgt die Lagerregulierung nur für Artikel, bei denen es zu potenziellen Änderungen des Einstandspreises gekommen ist.

Stapelverarbeitung Lagerregulierung Buchen

Nachdem die Lagerregulierung die Kosten für die gebuchten Abgänge aktualisiert hat, müssen diese Regulierungen noch in der Finanzbuchhaltung nachvollzogen werden.

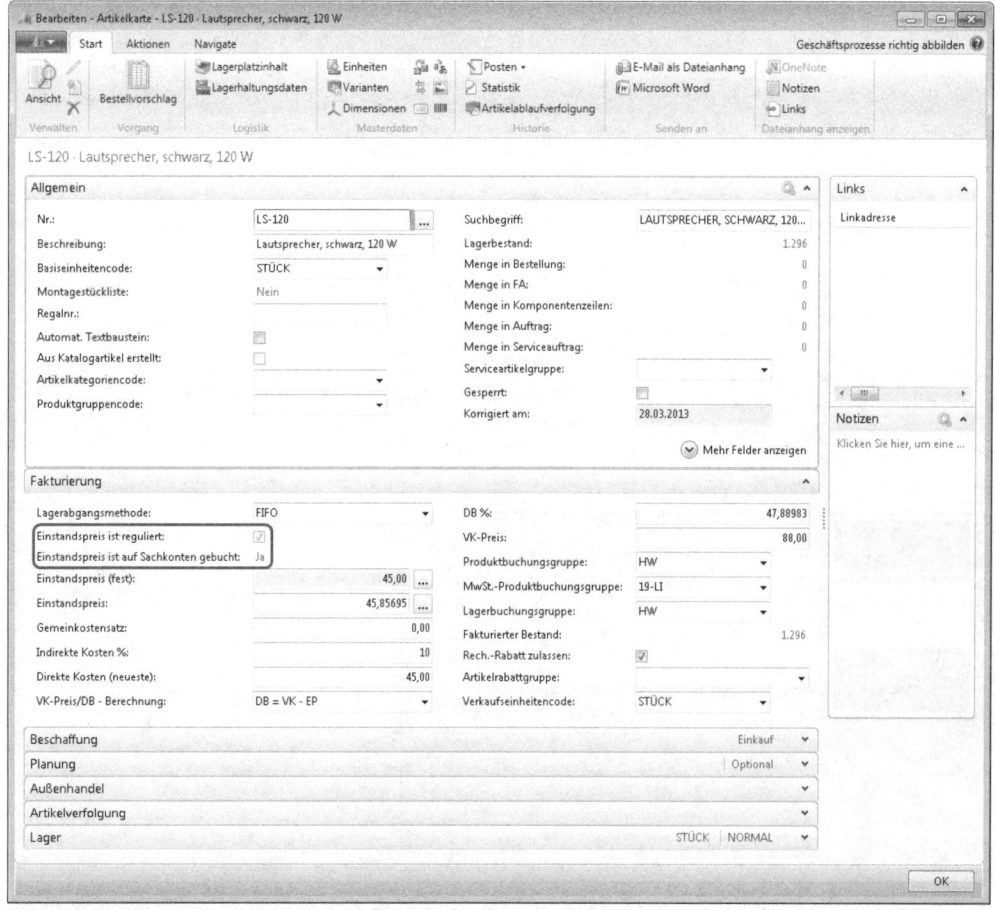

Abbildung 6.157 Anpassung der Artikelkarte nach Lagerregulierung

Die Stapelverarbeitung *Lagerreg. buchen* durchläuft die *Tabelle 5811 Wertposten in Sachkonto buchen*, um den Wertveränderungen der dort festgehaltenen Wertposten entsprechende Sachposten in der Finanzbuchhaltung entgegenzustellen. Die Buchung der entsprechenden Sachposten wird auf der Artikelkarte im Feld *Einstandspreis ist auf Sachkonten gebucht* festgehalten (siehe Abbildung 6.157).

Link: *Abteilungen/Lager/Planung & Ausführung/Artikel*

HINWEIS Ist die Lagereinrichtung *Automatische Lagerbuchung* aktiviert, übernimmt die Stapelverarbeitung lediglich die Verbuchung der Wareneinsatzkorrekturen durch die Lagerregulierung. Dies ist notwendig, falls beispielsweise die Einstandspreise auf den Buchungsbelegen manuell geändert wurden, da die Erstellung der Sachposten im Rahmen der automatischen Lagerbuchung die Belegwerte für die Sachpostenermittlung heranziehen. Weiterhin wird die Anpassung der Wareneinsätze notwendig, falls sich die Einstandspreise nachträglich geändert haben.

Ist die automatische Lagerbuchung nicht aktiviert, werden die Lagerwerte in der Finanzbuchhaltung erst durch die Stapelverarbeitung korrigiert.

Nachverfolgen von Einstandspreisänderungen

Dynamics NAV bietet die Möglichkeit, die Einstandspreise der Artikel vollständig nachvollziehen zu können. Über die Artikelkarte kann der Einstandspreis per Drilldown über die Entry Points nachvollzogen werden. Vom zusammengefassten Ultimoposten einer Durchschnittskostenperiode kann somit in die einzelnen Transaktionen navigiert werden, die zum durchschnittlichen Einstandspreis der Periode geführt haben.

Link: *Abteilungen/Lager/Planung & Ausführung/Artikel*, im entsprechenden Artikel über den Drilldown im Feld *Einstandspreis* (siehe Abbildung 6.158)

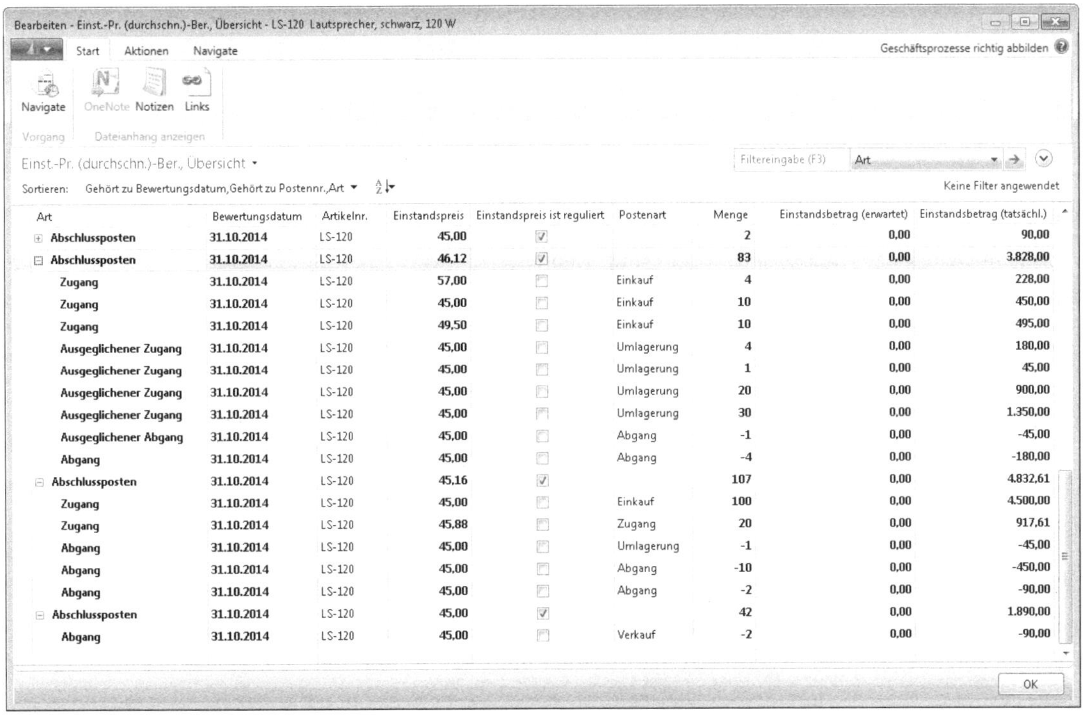

Art	Bewertungsdatum	Artikelnr.	Einstandspreis	Einstandspreis ist reguliert	Postenart	Menge	Einstandsbetrag (erwartet)	Einstandsbetrag (tatsächl.)
Abschlussposten	31.10.2014	LS-120	45,00	☑		2	0,00	90,00
Abschlussposten	31.10.2014	LS-120	46,12	☑		83	0,00	3.828,00
Zugang	31.10.2014	LS-120	57,00	☐	Einkauf	4	0,00	228,00
Zugang	31.10.2014	LS-120	45,00	☐	Einkauf	10	0,00	450,00
Zugang	31.10.2014	LS-120	49,50	☐	Einkauf	10	0,00	495,00
Ausgeglichener Zugang	31.10.2014	LS-120	45,00	☐	Umlagerung	4	0,00	180,00
Ausgeglichener Zugang	31.10.2014	LS-120	45,00	☐	Umlagerung	1	0,00	45,00
Ausgeglichener Zugang	31.10.2014	LS-120	45,00	☐	Umlagerung	20	0,00	900,00
Ausgeglichener Zugang	31.10.2014	LS-120	45,00	☐	Umlagerung	30	0,00	1.350,00
Ausgeglichener Abgang	31.10.2014	LS-120	45,00	☐	Abgang	-1	0,00	-45,00
Abgang	31.10.2014	LS-120	45,00	☐	Abgang	-4	0,00	-180,00
Abschlussposten	31.10.2014	LS-120	45,16	☑		107	0,00	4.832,61
Zugang	31.10.2014	LS-120	45,00	☐	Einkauf	100	0,00	4.500,00
Zugang	31.10.2014	LS-120	45,88	☐	Zugang	20	0,00	917,61
Abgang	31.10.2014	LS-120	45,00	☐	Umlagerung	-1	0,00	-45,00
Abgang	31.10.2014	LS-120	45,00	☐	Abgang	-10	0,00	-450,00
Abgang	31.10.2014	LS-120	45,00	☐	Abgang	-2	0,00	-90,00
Abschlussposten	31.10.2014	LS-120	45,00	☑		42	0,00	1.890,00
Abgang	31.10.2014	LS-120	45,00	☐	Verkauf	-2	0,00	-90,00

Abbildung 6.158 Übersicht der Entry Points im Rahmen der Durchschnittspreisberechnung

Weiterhin bietet Dynamics NAV die Möglichkeit, über den Bericht *Lagerbew. – Einst.-Pr.-Ermittl.* die Einstandspreisberechnungen von Artikeln für ein beliebiges Bewertungsdatum nachvollziehen zu können. Hierbei werden alle Kosten, sowohl tatsächliche als auch erwartete Kosten, berücksichtigt und dargestellt.

Link: *Abteilungen/Finanzmanagement/Lager/Berichte/Lagerbew.-Einst.-Pr.-Ermittl.* (siehe Abbildung 6.159)

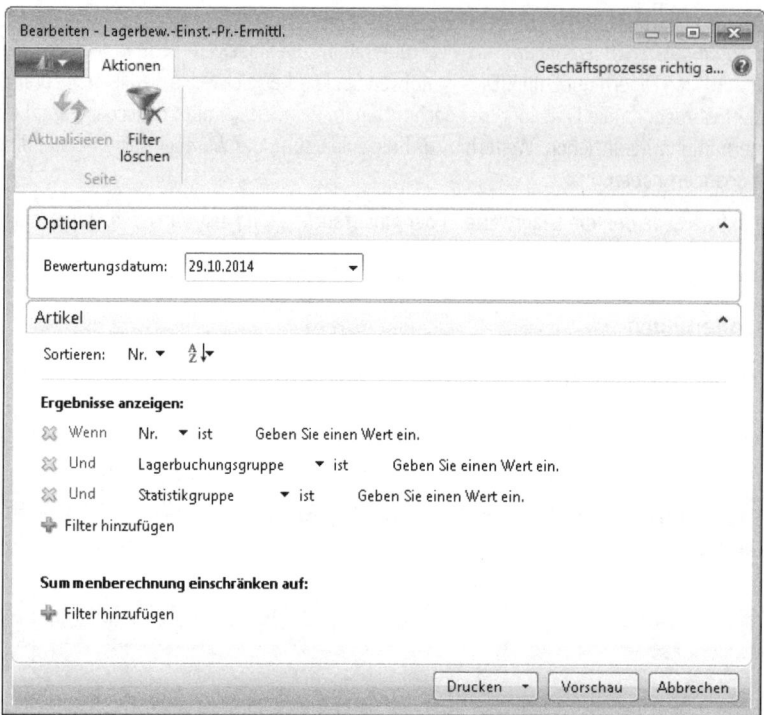

Abbildung 6.159 Selektionskriterien des Berichtes »Lagerbew.-Einst.-Pr.-Ermittl.«

Neubewertung

Ein weiterer Aspekt der Lagerbewertung sind Neubewertungen bzw. Teilwertabschreibungen, die im Rahmen des Jahresabschlusses bzw. der Monats- und Quartalsabschlüsse beispielsweise durch das strenge Niederstwertprinzip des HGB notwendig sein können. Dynamics NAV bietet hierfür das *Neubewertungs Buchungs-Blatt*, durch welches der Wert des Vorratsvermögens auch rückwirkend beeinflusst werden kann.

Link: *Abteilungen/Lager/Lager/Neubewertungs Buch.-Blätter*

Über die Registerkarte *Start* und die Aktion *Lagerwert berechnen* kann eine Neuberechnung des Lagerwerts unter Berücksichtigung bestimmter Selektionskriterien durchgeführt werden. So kann neben einer Selektion der Artikel und Lagerorte auch das Bewertungsdatum und der neu beizulegende Wert (im Beispiel wurde der letzte Einkaufspreis als neuer Bewertungspreis ausgewählt) bedarfsgerecht gewählt werden (siehe Abbildung 6.160).

Dynamics NAV erstellt daraufhin Buchungsblattzeilen, welche die entsprechend der Selektionskriterien notwendigen Korrekturbuchungen darstellen (siehe Abbildung 6.161).

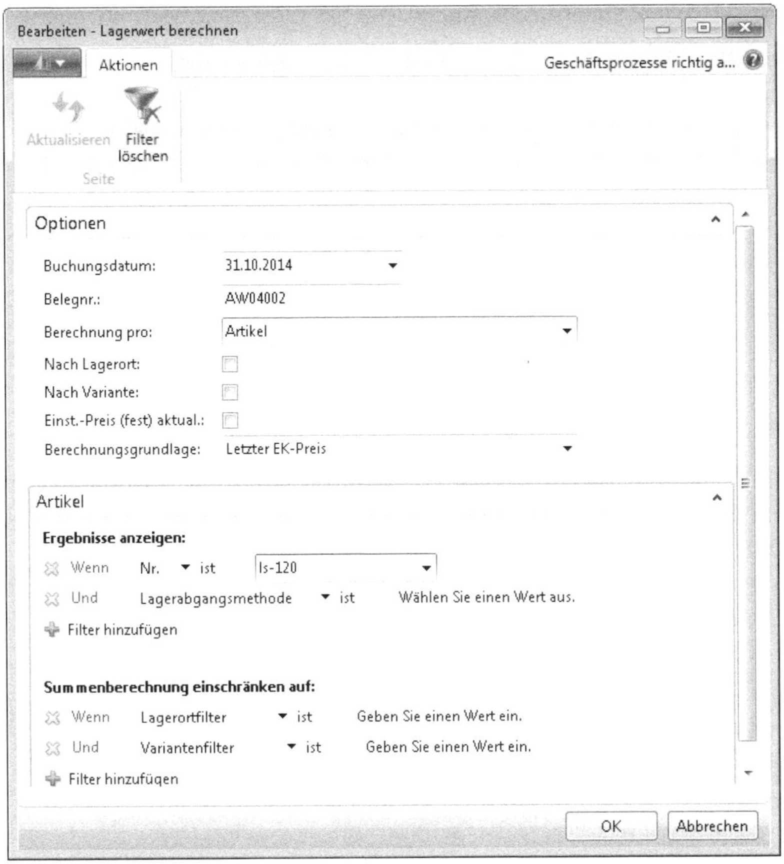

Lagerbewertung

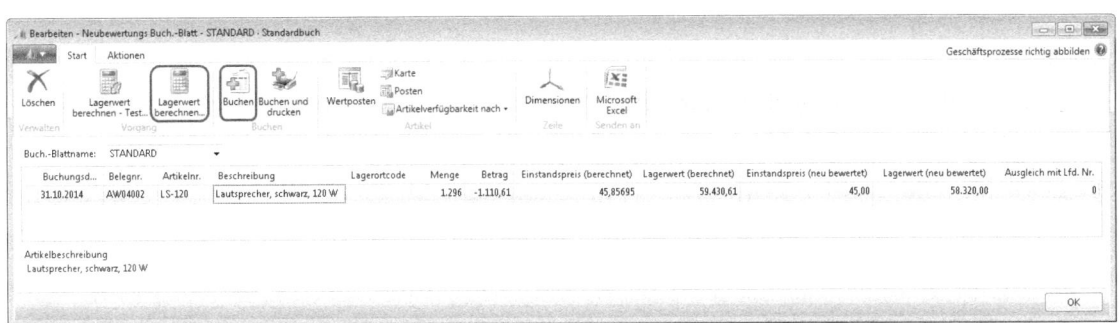

Abbildung 6.160 Neuberechnung des Lagerwerts (1/2)

Abbildung 6.161 Neuberechnung des Lagerwerts (2/2)

Im Feld *Lagerwert (neu bewertet)* wird pro Zeile der neue Wert zugeordnet. Beim Verbuchen des Neubewertungsbuchungsblatts werden entsprechende Wertposten erzeugt, um den eingegebenen Lagerwert zu erreichen. Sind hiervon auch bereits verkaufte Artikel betroffen, so werden diese Wareneinsätze durch die Lagerregulierung im Anschluss aktualisiert.

Abstimmung zwischen Materialwirtschaft und Finanzbuchhaltung

Um die Lagerwerte der Materialwirtschaft (die sich über die Wertposten berechnen) mit den Lagerwerten der Finanzbuchhaltung (die sich über die Sachposten berechnen) vergleichen zu können, kann die NAV-Seite *Lager – Sachpostenabstimmung* genutzt werden. Wie in Abbildung 6.153 und in Tabelle 6.11 bis Tabelle 6.14 dargestellt, kommt es beispielsweise bei als geliefert, aber nicht als fakturiert gebuchten Aufträgen und Bestellungen zu Differenzen zwischen den Lagerwerten in der Materialwirtschaft und der Finanzbuchhaltung, sofern keine Soll-Kosten gebucht werden. Darüber hinaus steht die Abfrage weitere Informationen und Selektionsmöglichkeiten zur Verfügung, wie im Folgenden beschrieben und in Abbildung 6.162 verdeutlicht wird.

Online Da die Zeilenbeschriftungen im ursprünglichen Fenster aufgrund von »Unschärfen« bei der Übersetzung ins Deutsche teilweise verwirrend sind, wurden für die Erläuterungen Anpassungen in der Feldbenennung vorgenommen. Wir verweisen auf das Begleitmaterial zu diesem Buch, in welchem die modifizierten Objekte enthalten sind, die zur Anschauung beispielsweise in die Testumgebung eingespielt werden können (siehe in Anhang A den Abschnitt »Modifizierte Lager – Sachpostenabstimmung«). Neben der Änderung der Zeilenbeschriftungen sind weitere nützliche Funktionalitäten wie die integrierte Möglichkeit einer ABC-Analyse auf Lagerwerte inklusive der automatischen Identifikation von Einstandspreisschwankungen ab einer definierbaren Höhe über die Seite abrufbar. Die dazu notwendige Anpassung des Reports zur Artikel-ABC-Analyse ist ebenfalls im Begleitmaterial enthalten (siehe in Anhang A den Abschnitt »Artikel-ABC-Analyse«).

Die Begleitdateien stehen als Download zur Verfügung. Sie können diese wahlweise entweder von der Seite *www.microsoftpress.de/support/9783866455696* oder von der Seite *msp.oreilly.de/support/2272/803* herunterladen.

ACHTUNG Der Abgleich der Lager- und Sachposten erfolgt durch den Vergleich der Wert- und Sachposten in den Modulen *Lager* und *Finanzbuchhaltung* zu einem definierbaren Zeitpunkt. Technisch erfolgt dies durch die Abfrage der Wertposten unter Berücksichtigung bestimmter Parameter wie Artikelpostenart und Postenart, bei den Sachposten durch die Analyse der Buchungsmatrix und der Selektion der Posten in den hinterlegten Konten. Da die NAV-Seite die Analyse aufgrund der aktuell gültigen Buchungsmatrix und Lagerbuchungseinrichtung vornimmt, kann es bei Änderungen in der Buchungsmatrix zu Analyseschwierigkeiten kommen, wenn Konten ersetzt und nicht mehr in der Buchungsmatrix oder Lagerbuchungseinrichtung aufgeführt werden. Es ist deshalb zu empfehlen, die ersetzten Konten über eine eigene Produkt- oder Lagerbuchungsgruppe in der Buchungsmatrix oder Lagerbuchungseinrichtung zu führen, zumindest bis keine Sachposten mehr in den entsprechenden Konten geführt werden.

Link: *Abteilungen/Finanzmanagement/Lager/Analyse & Berichtswesen/Lager – Sachpostenabstimmung*

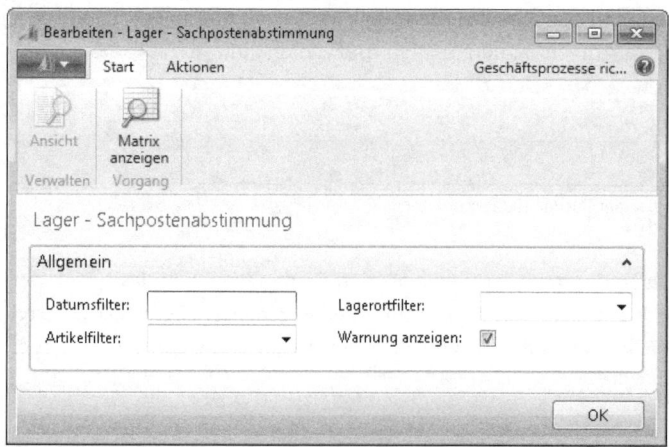

Abbildung 6.162 Filtermöglichkeiten für die Lager – Sachpostenabstimmung

Lagerbewertung

Über die Eingabe der Selektionskriterien bezüglich Datum, Artikel und Lagerort kann die Abstimmung bedarfsgerecht aufbereitet werden. Wurde die Option *Warnung anzeigen* aktiviert, erzeugt das System Warnmeldungen zu Systemeinstellungen und Abweichungen zwischen Materialwirtschaft und Finanzbuchhaltung (siehe den Abschnitt »Warnmeldungen« weiter unten).

Über die Registerkarte *Start* und die Aktion *Matrix anzeigen* kann die entsprechende Auswertung erzeugt werden (siehe Abbildung 6.163).

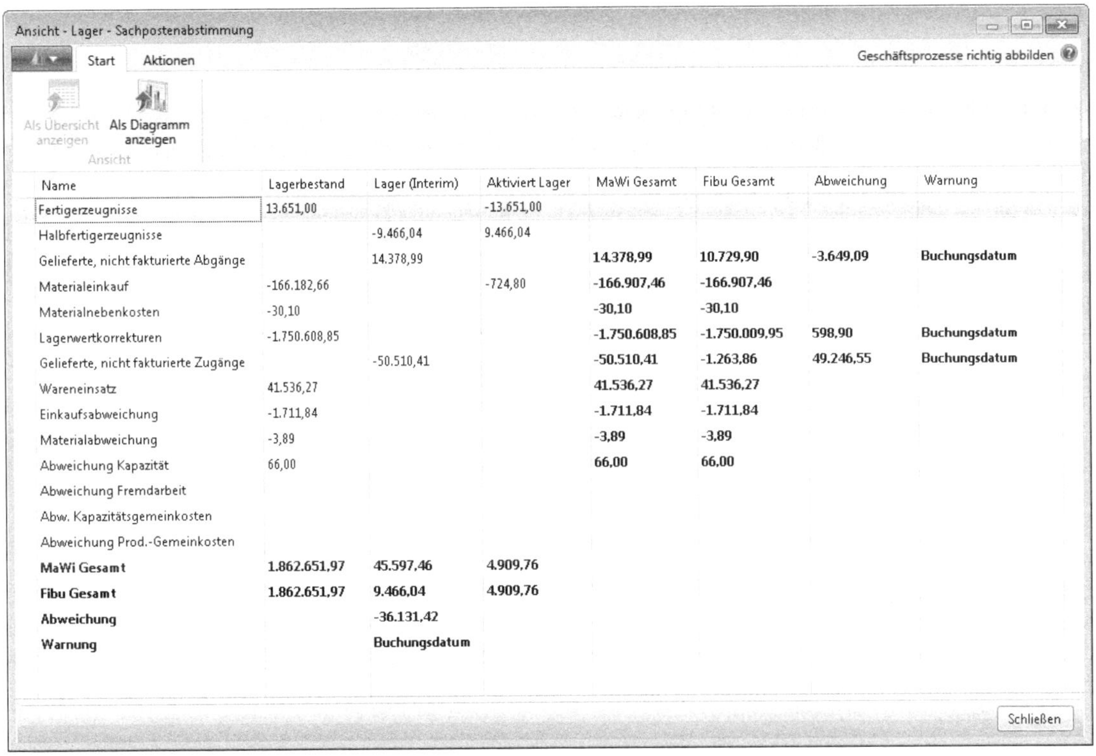

Name	Lagerbestand	Lager (Interim)	Aktiviert Lager	MaWi Gesamt	Fibu Gesamt	Abweichung	Warnung
Fertigerzeugnisse	13.651,00		-13.651,00				
Halbfertigerzeugnisse		-9.466,04	9.466,04				
Gelieferte, nicht fakturierte Abgänge		14.378,99		14.378,99	10.729,90	-3.649,09	Buchungsdatum
Materialeinkauf	-166.182,66		-724,80	-166.907,46	-166.907,46		
Materialnebenkosten	-30,10			-30,10	-30,10		
Lagerwertkorrekturen	-1.750.608,85			-1.750.608,85	-1.750.009,95	598,90	Buchungsdatum
Gelieferte, nicht fakturierte Zugänge		-50.510,41		-50.510,41	-1.263,86	49.246,55	Buchungsdatum
Wareneinsatz	41.536,27			41.536,27	41.536,27		
Einkaufsabweichung	-1.711,84			-1.711,84	-1.711,84		
Materialabweichung	-3,89			-3,89	-3,89		
Abweichung Kapazität	66,00			66,00	66,00		
Abweichung Fremdarbeit							
Abw. Kapazitätsgemeinkosten							
Abweichung Prod.-Gemeinkosten							
MaWi Gesamt	1.862.651,97	45.597,46	4.909,76				
Fibu Gesamt	1.862.651,97	9.466,04	4.909,76				
Abweichung		-36.131,42					
Warnung		Buchungsdatum					

Abbildung 6.163 Abstimmung zwischen Materialwirtschaft und Finanzbuchhaltung

Über den Drilldown in den jeweiligen Feldern bietet das System die Möglichkeit, detaillierte Informationen zu den einzelnen Werten abzurufen. Die Erläuterungen zu den Spalten und Zeilen sind in Tabelle 6.15 enthalten.

Feld	Erläuterung
Name	Die Zeilen entsprechen den in der Buchungsmatrix und Lagerbuchungseinrichtung dargestellten Konten, die durch den Report analysiert werden
Lagerbestand	Enthält die jeweiligen Summen der tatsächlichen Einstandsbeträge
Lager (Interim)	Enthält die jeweiligen Summen der erwarteten Einstandsbeträge, beispielsweise bei gelieferten, nicht fakturierten Zu- und Abgängen
Aktiviert Lager	Dient als Gegenkonto bei der Darstellung der Fertig- und Halbfertigerzeugnisse sowie als Sammelposten für verrechnete Kosten ohne Artikelbezug

Tabelle 6.15 Erläuterungen zu den Feldern des Fensters *Lager – Sachpostenabstimmung*

Feld	Erläuterung
MaWi Gesamt	Summe der jeweiligen Wertposten
FiBu Gesamt	Summe der jeweiligen Sachposten
Abweichung	Differenz zwischen Wert- und Sachposten
Warnung	Hinweis auf potenzielle Schwachstellen und Gründe für Abweichungen (siehe Tabelle 6.17).

Tabelle 6.15 Erläuterungen zu den Feldern des Fensters *Lager – Sachpostenabstimmung (Fortsetzung)*

Zur weiteren Verdeutlichung enthält die Tabelle 6.16 die technischen Bezeichnungen sowie die Berechnungsalgorithmen der verschiedenen Zeilen und Felder.

Name	Lagerbestand Summe: *Einstandsbetrag (tatsächlich.)* Tabelle *Wertposten*, Filter:	Lager (interim) Summe: *Einstandsbetrag (erwartet)* Tabelle *Wertposten*, Filter:	Aktiviert Lager Summe: Einstandsbetrag (tatsächl.) &* (erwartet) Tabelle *Wertposten*, Filter:
Lager auf WIP (Fertigerzeugnisse)	Artikelpostenart = <Istmeldung|Verbrauch> Postenart = <Direkte Kosten>		Artikelpostenart = <Verbrauch>, Postenart = <Direkte Kosten> & Artikelpostenart = <Istmeldung*>, Postenart = <Direkte Kosten (erw. – tats.)|Neubewertung (erw.)> & Artikelpostenart = <leer>, Postenart = <Direkte|Indirekte Kosten>
WIP auf Interim (Halbfertigerzeugnisse)		Artikelpostenart = <Istmeldung>, Postenart = <Direkte Kosten|Neubewertung>	Artikelpostenart = <Istmeldung>, Postenart = <Direkte Kosten|Neubewertung>
LAGERVERBR (Interim) (Gelieferte, nicht fakturierte Abgänge)		Artikelpostenart = <Verkauf>, Postenart = <Direkte Kosten|Neubewertung>	
Direkte Kosten verrechnet (Materialeinkauf)	Artikelpostenart = <Einkauf>, Postenart = <Direkte Kosten> & Artikelpostenart = <leer>, Auftragsart = Montage		Artikelnr. = <leer>, Artikelpostenart = <leer>, Postenart = <Direkte Kosten>
Gemeinkosten verrechnet (Materialnebenkosten)	Artikelpostenart = <Einkauf|Istmeldung|Montage-Istmeldung>, Postenart = <Indirekte Kosten> & Artikelpostenart = <leer>, Auftragsart = Montage		Artikelnr. = <leer>, Artikelpostenart = <leer>, Postenart = <Indirekte Kosten>
Lagerkorrektur (Lagerwertkorrekturen)	Artikelpostenart = <Zugang|Abgang|Montage-Istmeldung|Verbrauch für Montage|Umlagerung>, Postenart = <Direkte Kosten> & Postenart = <Rundung|Neubewertung> & Artikelpostenart = <leer>, Auftragsart = Montage		

Tabelle 6.16 Technische Bezeichnung und Erklärung der Berechnungen der Zeilen und Felder

Name	Lagerbestand Summe: *Einstandsbetrag (tatsächlich.)* Tabelle *Wertposten*, Filter:	Lager (interim) Summe: *Einstandsbetrag (erwartet)* Tabelle *Wertposten*, Filter:	Aktiviert Lager Summe: Einstandsbetrag *(tatsächl.) &* (erwartet)* Tabelle *Wertposten*, Filter:
Lagerzugang (Interim) (Gelieferte, nicht fakturierte Zugänge)		Artikelpostenart = <Einkauf>, Postenart = <Direkte Kosten>	
LAGERVERBR (Wareneinsatz)	Artikelpostenart = <Verkauf>, Postenart = <Direkte Kosten>		
Einkaufsabweichung	Artikelpostenart = <Einkauf>, Postenart = <Abweichung>		
Materialabweichung	Artikelpostenart = <Istmeldung|Montage-Istmeldung>, Postenart = <Abweichung>, Abweichungsart = <Material>		
Abweichung Kapazität	Artikelpostenart = <Istmeldung|Montage-Istmeldung>, Postenart = <Abweichung>, Abweichungsart = <Kapazität>		
Abweichung Fremdarbeit	Artikelpostenart = <Istmeldung|Montage-Istmeldung>, Postenart = <Abweichung>, Abweichungsart = <Fremdarbeitskosten>		
Abw. Kapazitätsgemeinkosten	Artikelpostenart = <Istmeldung|Montage-Istmeldung>, Postenart = <Abweichung>, Abweichungsart = <Kapazitätsgemeinkosten>		
Abweichung Prod.-Gemeinkosten	Artikelpostenart = <Istmeldung|Montage-Istmeldung>, Postenart = <Abweichung>, Abweichungsart = <Pro-duktionsgemeinkosten>		

Tabelle 6.16 Technische Bezeichnung und Erklärung der Berechnungen der Zeilen und Felder *(Fortsetzung)*

Warnmeldungen

Neben den Auswertungsmöglichkeiten zu Abweichungen zwischen Lager und Finanzbuchhaltung je Bereich sowie bezüglich der unterschiedlichen Bilanz- und GuV-Konten inklusive Mengen- und Bewertungskorrekturen (Feld *Lagerwertkorrekturen*) werden Warnungen angezeigt, zu denen über den Drilldown im entsprechenden Feld ausführlichere Warnmeldungen verfügbar sind (siehe Abbildung 6.164).

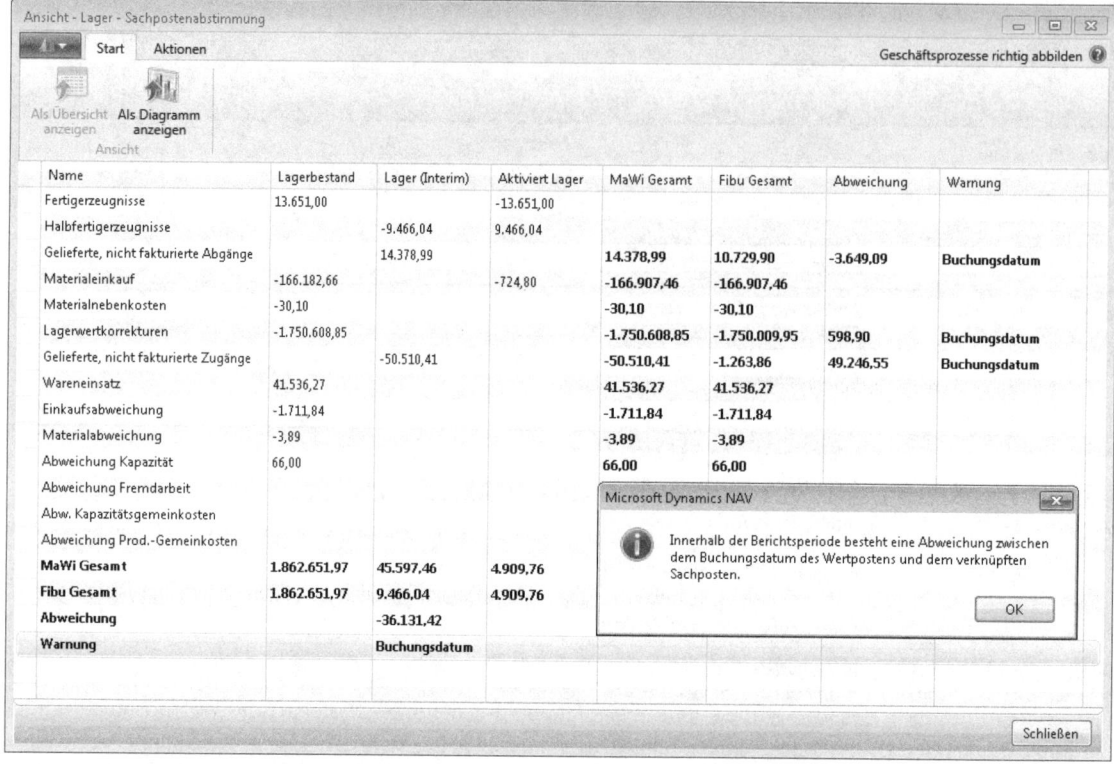

Abbildung 6.164 Warnungen und Warnmeldungen

Die im System hinterlegten Warnungen und Warnmeldungen werden in der Tabelle 6.17 aufgeführt.

Warnung	Warnmeldung
Einrichtung Soll-Kosten (prüft die Einstellung in der *Lager Einrichtung*)	Das Programm ist nicht für das Buchen von Soll-Kosten eingerichtet. Daher sind die temporären Lagersachkonten leer, und dies bewirkt einen Unterschied zwischen Lager- und Sachkontensumme.
Kosten auf Sachkonten buchen (prüft auf Wertposten mit *Einstandsbetrag (tatsächl.)* <> 0 & *Gebuchte Lagerregulierung* = 0)	Einige der Einstandsbeträge in den Inventurposten wurden nicht auf Sachkonten gebucht. Sie müssen die Stapelverarbeitung *Lagerregulierung buchen* ausführen, um die Posten abzustimmen.
Komprimierung (prüft auf ein *Datumskompr.-Journal* für Wert- und Sachposten im Betrachtungszeitraum)	Für einige der Lager- oder Sachkontoposten wurde Datumskomprimierung ausgeführt
Buchungsgruppe (Prüflogik unauffindbar)	Möglicherweise haben Sie den Kontenplan durch Neuzuweisungen von auf das Lager bezogenen Konten in der Allgemeinen und/oder Lagerbuchungseinrichtung umstrukturiert
Direktbuchung (prüft auf einen Matrix-Saldo ungleich Null)	Einige Lagerkosten wurden unter Umgehung des Lagerhilfsbuchs direkt auf ein Sachkonto gebucht

Tabelle 6.17 Warnungen und Warnmeldungen

Lagerbewertung

Warnung	Warnmeldung
Buchungsdatum (prüft die Summe der Wertposten gegen die Summe der Sachposten, aller in der Lagerbuchung Einrichtung hinterlegten Lagerwertkonten)	Innerhalb der Berichtsperiode besteht eine Abweichungen zwischen dem Buchungsdatum des Wertpostens und dem verknüpften Sachposten
Geschlossenes Geschäftsjahr (prüft auf Sachposten in einer geschlossenen Buchungsperiode, die in den Betrachtungszeitraum hineinfällt)	Einige der Einstandsbeträge wurden in einem geschlossenen Geschäftsjahr gebucht. Daher weichen die lagerbezogenen Summen in der GuV von den mit ihnen verknüpften Sachkonten ab.
Ähnliche Konten (Prüflogik unauffindbar)	Möglicherweise haben Sie ein Sachkonto für verschiedene Lagertransaktionen definiert
Gelöschte Konten (prüft auf Sachposten ohne *Sachkontonr.* im Betrachtungszeitraum)	Möglicherweise haben Sie den Kontenplan durch Löschen lagerbezogener Konten umstrukturiert

Tabelle 6.17 Warnungen und Warnmeldungen *(Fortsetzung)*

TIPP Die bereitgestellten Informationen der *Lager – Sachpostenabstimmung* inklusive der Warnmeldungen sollten bei jeder lagerbezogenen Prüfung genutzt werden. So sollten Abweichungen zwischen der Materialwirtschaft und Finanzbuchhaltung, Fehlermeldungen sowie Lagerwertkorrekturen über die Drilldownfunktion in den jeweiligen Feldern analysiert werden.

Kontenfindung in der Lagerbewertung

Die Kontenfindung in der Finanzbuchhaltung erfolgt entsprechend der Postenart des Wertpostens und der Artikelpostenart der Transaktion (siehe Tabelle 6.18).

Geschäftsvorfall	Wertpostenart	Konto (Soll)	Konto (Haben)
Einkaufsfakturierung von Artikeln	Direkte Kosten	*Lagerkonto* aus *Lagerbuchung Einrichtung* [Selektionskriterien: *Lagerortcode* und *Lagerbuchungsgruppe* des Artikels]	*Direkte Kosten Verrechn. Konto* aus *Buchungsmatrix* [Selektionskriterien: *Geschäftsbuchungsgruppe* des Kreditoren und *Produktbuchungsgruppe* des Artikels]
Verkaufsfakturierung von Artikeln	Direkte Kosten	*Lagerverbrauchskonto* aus der *Buchungsmatrix* [Selektionskriterien: *Geschäftsbuchungsgruppe* des Debitoren und *Produktbuchungsgruppe* des Artikels]	*Lagerkonto* aus *Lagerbuchung Einrichtung* [Selektionskriterien: *Lagerortcode* und *Lagerbuchungsgruppe* des Artikels]
Buchung von Gemeinkosten beim Einkauf	Indirekte Kosten	*Lagerkonto* aus *Lagerbuchung Einrichtung* [Selektionskriterien: *Lagerortcode* und *Lagerbuchungsgruppe* des Artikels]	*Gemeinkostenverrechnungskonto* aus der *Buchungsmatrix* [Selektionskriterien: *Geschäftsbuchungsgruppe* des Kreditoren und *Produktbuchungsgruppe* des Artikels]

Tabelle 6.18 Kontenfindung für Lagertransaktionen in der Finanzbuchhaltung

Geschäftsvorfall	Wertpostenart	Konto (Soll)	Konto (Haben)
Buchung von Eingangsfrachten	Direkte Kosten	Lagerkonto aus Lagerbuchung Einrichtung [Selektionskriterien: Lagerortcode und Lagerbuchungsgruppe des Artikelpostens]	Direkte Kosten Verrechn. Konto aus Buchungsmatrix [Selektionskriterien: Geschäftsbuchungsgruppe und Produktbuchungsgruppe des ersten Wertpostens des Artikelpostens]
Teilwertabschreibungen auf Vorratsvermögen	Neubewertung	Lagerkorrekturkonto aus Buchungsmatrix [Selektionskriterien: Geschäftsbuchungsgruppe und Produktbuchungsgruppe des ersten Wertpostens des Artikelpostens]	Lagerkonto aus Lagerbuchung Einrichtung [Selektionskriterien: Lagerortcode und Lagerbuchungsgruppe des Artikelpostens]
Umlagerungen und Lagerbestandskorrekturen (Zugang, Abgang)	Direkte Kosten	Lagerkonto aus Lagerbuchung Einrichtung bzw. Lagerkorrekturkonto aus Buchungsmatrix	Lagerkonto aus Lagerbuchung Einrichtung bzw. Lagerkorrekturkonto aus Buchungsmatrix
Artikel EK der Lagerabg.-meth. Standard über dem festen Einstandspreis	Abweichung	Lagerkonto aus Lagerbuchung Einrichtung [Selektionskriterien: Lagerortcode und Lagerbuchungsgruppe des Artikels]	Einkaufsabweichungskonto aus Buchungsmatrix [Selektionskriterien: Geschäftsbuchungsgruppe des Kreditoren und Produktbuchungsgruppe des Artikels]
Verbrauch von Artikeln in der Produktion	Direkte Kosten	Unf.-Arbeit-Konto aus Lagerbuchung Einrichtung [Selektionskriterien: Lagerortcode und Lagerbuchungsgruppe des Artikels]	Lagerkonto aus Lagerbuchung Einrichtung [Selektionskriterien: Lagerortcode und Lagerbuchungsgruppe des Artikels]

Tabelle 6.18 Kontenfindung für Lagertransaktionen in der Finanzbuchhaltung *(Fortsetzung)*

Lagerbewertung aus Compliance-Sicht

Potenzielle Risiken

- Inkorrekte Abbildung der Lagerbestände in der Finanzbuchhaltung (Effectiveness, Integrity, Compliance, Reliability)

Prüfungsziel

- Sicherstellung der korrekten Abbildung der Lagerbestände in der Finanzbuchhaltung

Prüfungshandlungen

Überleitung der Artikelposten zu Sachposten sowie die korrekte Einstandspreisermittlung sicherstellen

- Überprüfung, ob bei der Erstellung der Artikel- und Wertposten in der Logistik die entsprechenden Sachposten in der Finanzbuchhaltung generiert wurden. Dazu ist im ersten Schritt zu prüfen, ob die automatische Lagerbuchung aktiviert ist, die einen Abgleich der Sach- und Artikel-/Wertposten bei Fakturierung von Bestellungen/Aufträgen sicherstellt.

  Link: *Abteilungen/Finanzmanagement/Lager/Einrichtung/Lager Einrichtung* Feld *Automatische Lagerbuchung*

Darüber hinaus ist zu überprüfen, ob die Stapelverarbeitungen *Lagerregulierung fakt. Einst. Preise* und *Lagerreg. buchen* durchgeführt wurden.

Feldzugriff: *Tabelle 27 Artikel/Felder Nr., Beschreibung, Einstandspreis ist reguliert [Wert Nein]*

Feldzugriff: *Tabelle 5811 Wertposten in Sachkonten buchen* (Tabelle muss leer sein)

Ist bei allen Artikeln der Artikelpreis reguliert, kann von einer Übereinstimmung der Artikel- und Sachposten ausgegangen werden. Eine Überprüfung ist über den Link *Abteilungen/Finanzmanagement/Lager/Analyse & Berichtswesen/Lager – Sachpostenabstimmung* möglich.

- Analyse, ob gelieferte, aber nicht fakturierte Aufträge und Bestellungen existieren (Anlage von Artikel- und Wertposten, keine Anlage von Sachposten). Falls gelieferte, nicht fakturierte Auftrags- oder Bestellbelege identifiziert wurden, ist zu überprüfen, ob diese in der Finanzbuchhaltung korrekt abgebildet wurden (entweder im System über Soll-Kosten oder als manuelle Bilanzkorrektur).

Online Zur Identifikation der Aufträge und Bestellungen, die als geliefert aber nicht als fakturiert gebucht wurden, wurde ein Report erstellt, der im Begleitmaterial zu diesem Buch (siehe in Anhang A den Abschnitt »Gelieferte, nicht fakturierte Verkaufspositionen«) zur Verfügung steht.

Die Begleitdateien stehen als Download zur Verfügung. Sie können diese wahlweise entweder von der Seite *www.microsoftpress.de/support/9783866455696* oder von der Seite *msp.oreilly.de/support/2272/803* herunterladen.

Darüber hinaus ist es über den Link *Abteilungen/Finanzmanagement/Lager/Analyse & Berichtswesen/Lager – Sachpostenabstimmung* möglich, die gelieferten und nicht fakturierten Zu- und Abgänge zu identifizieren und im Detail über den Drilldown nachzuverfolgen. Zu beachten ist, dass die Einstandspreise der gelieferten Artikel angezeigt werden, nicht die Verkaufspreise, was bei der periodengerechten Abgrenzung von Umsätzen zu beachten ist.

Die Analyse der Einrichtung zur Verbuchung der Soll-Kosten erfolgt über den Link *Abteilungen/Finanzmanagement/Lager/Einrichtung/Lager Einrichtung*, Feld *Soll-Kosten buchen* (aktiviert).

Falls die automatische Soll-Kosten-Erfassung aktiviert ist, kann über den Link *Abteilungen/Verwaltung/Anwendung Einrichtung/Finanzmanagement/Buchungsgruppen/Lagerbuchung Einrichtung* überprüft werden, welches Konto zur Erfassung der Soll-Kosten zwecks Abbildung des Zugangs/Abgangs im Vorratsvermögen hinterlegt wurde. Die Gegenkonten sind in der Buchungsmatrix in den Feldern *Lagerverbrauchskonto (Interim)* und *Lagerzugangskonto (Interim)* hinterlegt und können über den Link *Abteilungen/Verwaltung/Anwendung Einrichtung/Finanzmanagement/Buchungsgruppen/Buchungsmatrix Einrichtung* angezeigt werden.

ACHTUNG Wie bereits im Abschnitt »Buchung von Soll-Kosten« erläutert, sollte es sich beim Lagerzugangskonto um ein Bilanzkonto handeln (Abbildung des Warenzugangs als *Vorratsvermögen*, Gegenkonto *Verbindlichkeiten*). Beim Lagerverbrauchskonto hingegen sollte es sich um ein GuV-Konto handeln, da die verkauften Waren als Aufwand dem entsprechenden Umsatz gegenüberzustellen sind (Abbildung des Warenabgangs als *Wareneinsatz*, Gegenkonto *Vorratsvermögen*).

Darüber hinaus ist zu beachten, dass die Buchung von Soll-Kosten lediglich die zu erfassenden Lagerzugänge oder Wareneinsätze berücksichtigen, nicht die entsprechenden Umsatzerlöse für gelieferte, nicht fakturierte Verkaufsaufträge. Zur Sicherstellung des periodengerechten Ausweises der entsprechenden Umsatzerlöse sind die gelieferten, aber nicht fakturierten Verkaufsaufträge in der Finanzbuchhaltung als *Forderungen* und *Umsatzerlöse* zu erfassen. Hierfür bietet Dynamics NAV keine automatische Buchungssatzerstellung an. Diese Buchungen sind somit im Rahmen des Monats- und Jahresabschlusses manuell durchzuführen.

> **Online** Zur Identifikation der entsprechenden Aufträge verweisen wir auf den im Begleitmaterial zu diesem Buch zur Verfügung stehenden Report (siehe in Anhang A den Abschnitt »Gelieferte, nicht fakturierte Verkaufspositionen«) sowie auf die Abfragemöglichkeiten im Rahmen des Fensters *Lager – Sachpostenabstimmung*.
>
> Die Begleitdateien stehen als Download zur Verfügung. Sie können diese wahlweise entweder von der Seite *www.microsoft-press.de/support/9783866455696* oder von der Seite *msp.oreilly.de/support/2272/803* herunterladen.

- Überprüfung, ob der Ausgleich für Artikelkorrekturen berechnet wurde

    Link: *Abteilungen/Lager/Logistikmanagement/Berichte/Ausgleichslagerplatz*

    Existieren Einträge im Bericht, lässt dies darauf schließen, dass der Ausgleich nicht oder nicht vollständig durchgeführt wurde.

    Überprüfung, ob Retouren immer mit Bezug zur originären Lieferung gebucht wurden. Hierzu ist im ersten Schritt die entsprechende Einrichtung zu analysieren.

    Link: *Abteilungen/Finanzmanagement/Debitoren/Einrichtung/Debitoren & Verkauf Einr.*, Feld *Einst.-Pr.- Rückverfolg. notw.* aktiviert

    Darüber hinaus ist zu prüfen, ob Retouren einen entsprechenden Ausgleichsposten aufweisen.

    Feldzugriff: *Tabelle 6651 Rücklieferzeile/Felder Belegnr., Eink. von Kred.-Nr., Nr., Lagerort, Einheit, Menge, Einstandspreis (MW), Ausgleich mit Artikelposten*

Analyse der verwendeten Lagerabgangsmethode

Die verwendeten Lagerabgangsmethoden sind zu identifizieren und mit den gesetzlichen Anforderungen abzugleichen.

Feldzugriff: *Tabelle 27 Artikel/Felder Nr., Beschreibung, Lagerabgangsmethode, Einstandspreis, Direkte Kosten (neuste)*

> **HINWEIS** Da ein fester Ausgleich zu einer Umgehung der hinterlegten Lagerabgangsmethode führt, sind entsprechende feste Zuordnungen für Artikel mit abweichenden Lagerabgangsmethoden und die Auswirkungen auf Lagerbewertung und GuV zu analysieren.

Analyse der Lagerbuchungsperioden

Eine Analyse der Pflege der Lagerbuchungsperioden kann über den Link *Abteilungen/Finanzmanagement/ Einrichtung/Buchhaltungsperioden* erfolgen. Generell sollten die Perioden zeitnah geschlossen werden, um Buchungen in alte Perioden zu vermeiden. Anhand der Lagerbuchungsperioden-Posten kann zusätzlich analysiert werden, ob, wann und durch wen es zu einer Öffnung bzw. Schließung der Lagerbuchungsperioden gekommen ist.

Link: *Abteilungen/Finanzmanagement/Einrichtung/Buchhaltungsperioden*, hier Aktion *Lagerbuchungsperiode*, dann Lagerbuchungsperiode und über die Registerkarte *Navigate* Aktion *Lagerperiodenposten* auswählen

Analyse der Kontenfindung

Im Rahmen der Lagerbewertung sind die in der Buchungsmatrix und in der Lagerbuchungseinrichtung hinterlegten Konten zu analysieren und bezüglich deren korrekten Ausweises in der Bilanz und GuV zu beurteilen. Von speziellem Interesse sind hier beispielsweise die Interimskonten (siehe Hinweis oben), die Einrichtungen der Transitlagerorte und die hinterlegten Konten für Mengen- und Wertkorrekturen, aber auch die hinterlegten Konten für die Standard-Geschäftsvorfälle wie Beschaffung und Verkauf (siehe die Tabelle 6.18, in Kapitel 4 den Abschnitt »Buchungsprozesse« und das Kapitel 8). Die Links zur Ansicht der Buchungsmatrix und der Lagerbuchungseinrichtung sind die folgenden:

Link: *Abteilungen/Verwaltung/Anwendung Einrichtung/Finanzmanagement/Buchungsgruppen/Buchungsmatrix Einrichtung*

Link: *Abteilungen/Verwaltung/Anwendung Einrichtung/Finanzmanagement/Buchungsgruppen/Lagerbuchung Einrichtung*

Einen guten Überblick über die Geschäftsvorfälle und Buchungen im Lager bietet die Auswertung *Lager – Sachposten*, Link *Abteilungen/Finanzmanagement/Lager/Analyse & Berichtswesen/Lager – Sachpostenabstimmung*.

Neben der Analyse der Einrichtung des Systems sollte auch geprüft werden, auf welche Konten tatsächlich gebucht wurde. Beispielsweise ist es denkbar, dass durch Belegänderungen im Bereich Geschäfts-, Lager-, Produktbuchungsgruppe vom Standard abweichende Konten genutzt wurden.

Journal Entry Testing

Als Basis für die Selektion der Posten für ein effektives Journal Entry Testing ist zunächst eine Übersicht über die wesentlichen Lagerposten und deren Bewertung notwendig, welche anhand verschiedener Basisreports gewonnen werden kann:

Link: *Abteilungen/Einkauf/Lager & Bewertung/Berichte/Lagerwert*

Link: *Abteilungen/Einkauf/Lager & Bewertung/Berichte/Lager – Verfügbarkeit*

Link: *Abteilungen/Einkauf/Lager & Bewertung/Berichte/Lager – Einst.-Preisabweichung*

Link: *Abteilungen/Einkauf/Lager & Bewertung/Berichte/Lagerbew.-Einst.-Pr.-Ermittl.*

Link: *Abteilungen/Einkauf/Lager & Bewertung/Berichte/Artikellagerzeit – Wert*

Link: *Abteilungen/Einkauf/Lager & Bewertung/Berichte/Artikeljournal – Wert*

Link: *Abteilungen/Einkauf/Lager & Bewertung/Berichte/Artikel-ABC-Analyse*

Beispielsweise kann anhand der ABC-Analyse eine Auswahl der wert- und mengenmäßig größten Artikeltransaktionen/-posten getroffen werden (denkbar wäre beispielsweise die Analyse der Artikel bezüglich der wert- oder mengenmäßig höchsten Beschaffungsvolumen oder bezüglich der stichtagsbezogenen Lagerwerte), die im Rahmen einer Stichprobenprüfung einer genauen Kontrolle der Einstandspreise (über die Analyse der Wertposten inklusive der Beschaffungskosten und Beschaffungsnebenkosten) und der physischen Existenz unterzogen werden.

Dies kann über die modifizierte ABC-Analyse durchgeführt werden, indem in den Optionen die entsprechenden Einstellungen vorgenommen werden (siehe Abbildung 6.165).

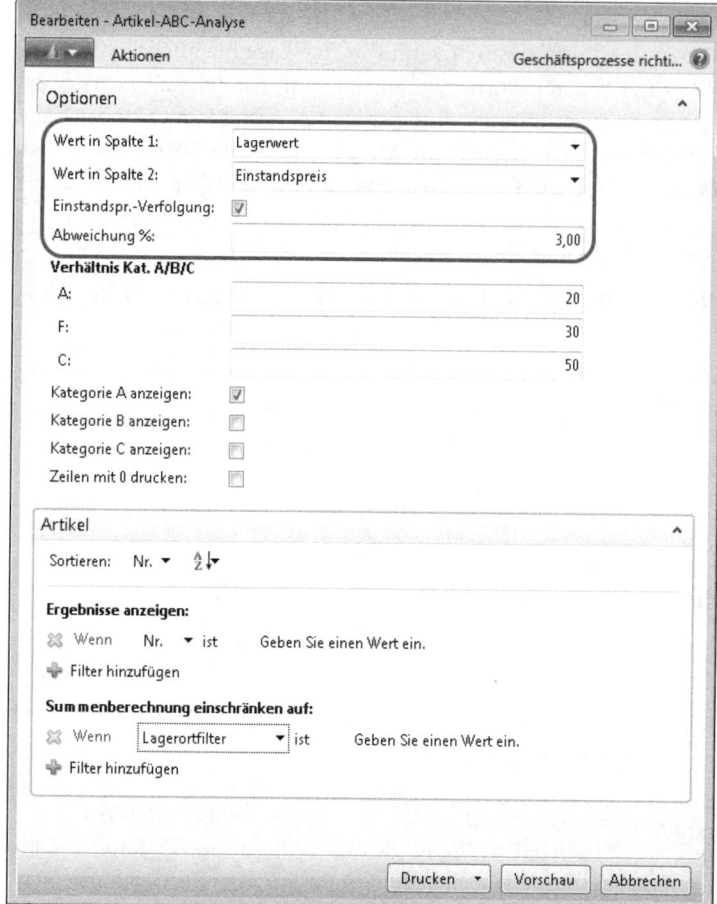

Abbildung 6.165 Relevante Selektionskriterien in der modifizierten ABC-Analyse

Alternativ ist es möglich, über die Artikelkarten der ausgewählten Artikel und einen Drilldown im Feld *Einstandspreis* die Historie der Einstandspreise zu öffnen (über die rechte Maustaste kann das entsprechende Kontextmenü geöffnet werden). Die Aktion *Navigate* führt anschließend zu den Belegen (siehe Abbildung 6.166).

Weitere Prüfungshandlungen in diesem Rahmen wären beispielsweise die Identifikation von Überbeständen inklusive potenziell notwendiger Wertminderungen oder Prüfungen der Werthaltigkeit von Artikeln über die Lagerzeiten (beispielsweise im Rahmen des Prinzips »Lower of cost or market«).

Auch sollten die über die *Artikel Buchungs-Blätter* im Rahmen der Neubewertung durchgeführten Anpassungen genauer untersucht werden, da es sich hierbei um Korrekturbuchungen im Mengen- und/oder Wertgerüst der Lagerbewertung handelt.

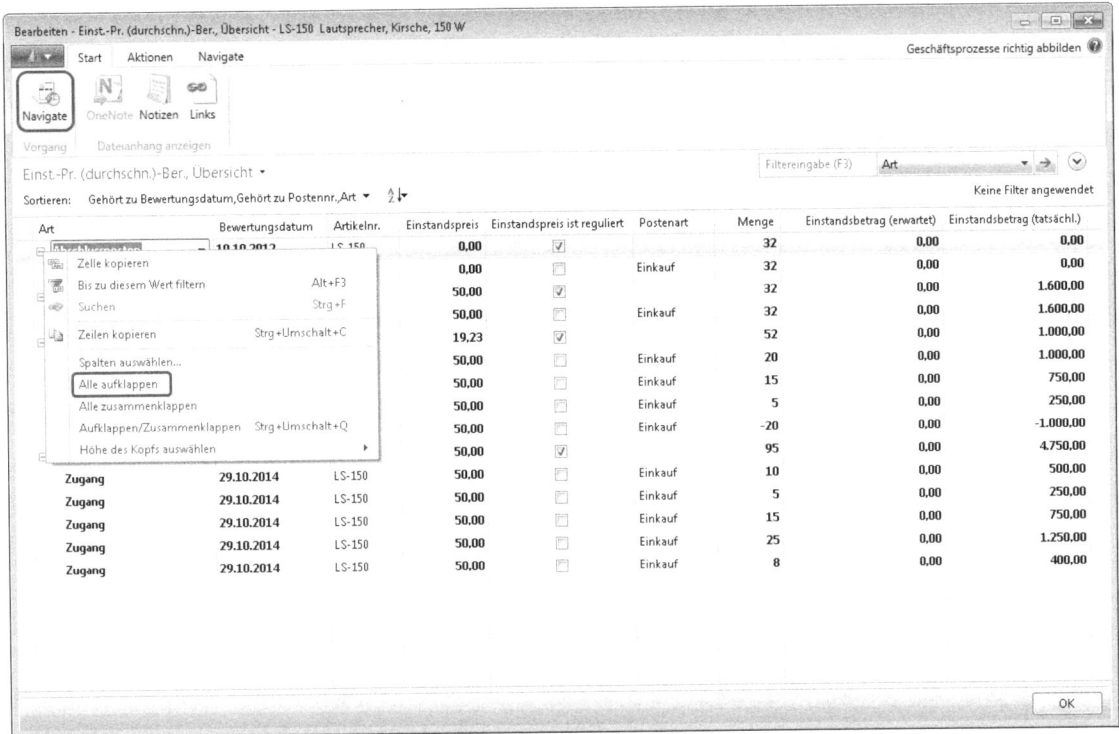

Abbildung 6.166 Einstandspreis-Historie

Das kann anhand einer Analyse des *Artikeljournals* (Link *Abteilungen/Lager/Historie/Journale/Artikeljournale*) in Verbindung mit dem *Herkunftscode* ARTBUCHBL|NEUBWBUBL erfolgen, wie in Kapitel 4 im Abschnitt »Buchungskontrolle« dargestellt wird (eine Validierung der Benennung der verwendeten Herkunftscodes kann über den Link: *Abteilungen/Verwaltung/Anwendung Einrichtung/Finanzmanagement/Verfolgungscodes/Herkunftscode Einrichtung* erfolgen).

Im Rahmen der Journal Entry Tests sollten ebenfalls negative Lagerbestände analysiert werden.

Link: *Abteilungen/Lager/Planung & Ausführung/Artikel* hier Registerkarte *Navigate* und Aktion *Artikel nach Lagerort, Matrix anzeigen* und dann Tabellenfilter *Lagerbestand "< 0"]*

Methodik der automatischen Wiederbeschaffung

Zur Vervollständigung des Systemverständnisses wird abschließend kurz auf die Methodik der Anforderungsverwaltung eingegangen. Die Anforderungsverwaltung dient der Beschaffung optimaler Artikelmengen, um einen reibungslosen Ablauf unter gleichzeitiger Kosteneffizienz zu gewährleisten.

Die Methodik des Systems sowie die wesentlichen Parameter sind in Abbildung 6.167 dargestellt.

Die Parameter sind über die Artikelkarte bzw. die Lagerhaltungsdaten im Inforegister *Planung* zu pflegen (siehe Abbildung 6.168) bzw. können über die Lagerhaltungsdaten abgerufen werden, wenn Lagerhaltungsdaten verwendet werden. Die Parameter werden in der Tabelle 6.19 erläutert.

Abbildung 6.167   Methodik der automatischen Wiederbeschaffung

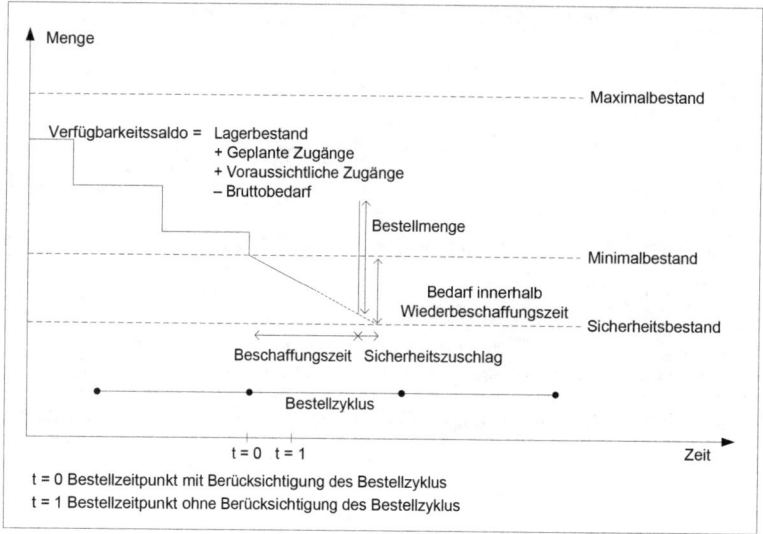

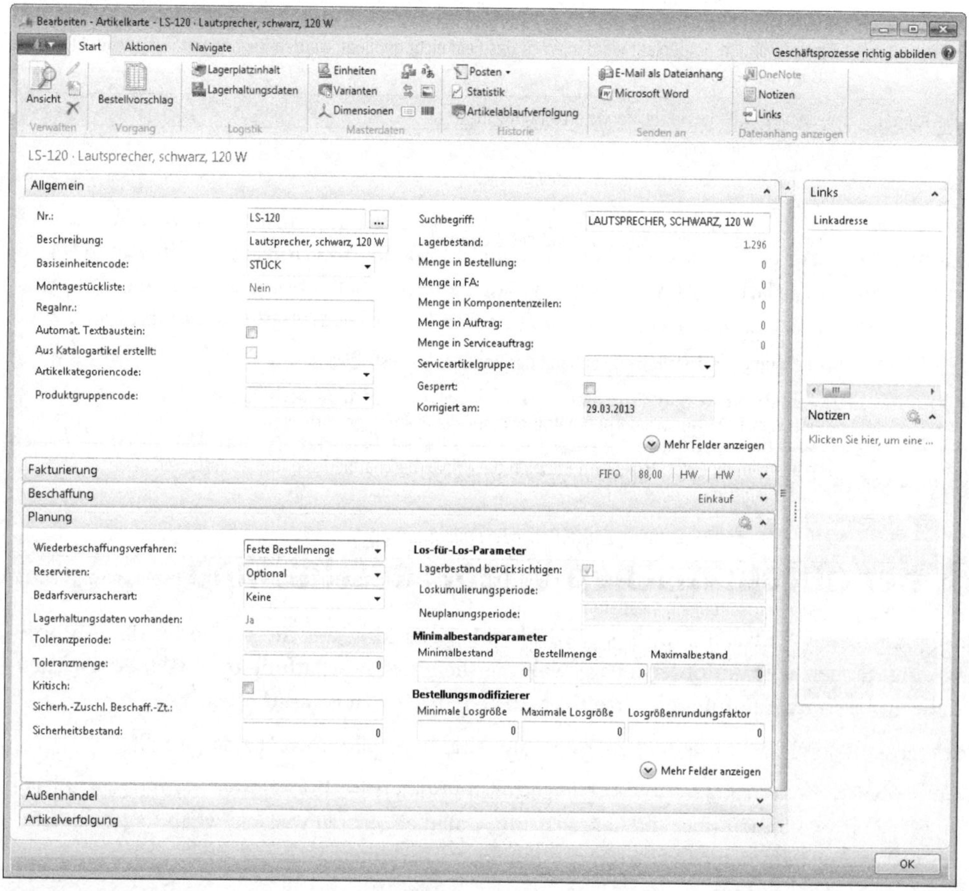

Abbildung 6.168   Parameter zur automatischen Wiederbeschaffung

Methodik der automatischen Wiederbeschaffung

Parameter	Beschreibung
Verfügbarkeitssaldo	Der Verfügbarkeitssaldo ergibt sich als *Lagerbestand* zuzüglich *Geplante Zugänge* zuzüglich *Voraussichtliche Zugänge* abzüglich *Bruttobedarf*
Lagerbestand	Summe aller gebuchten Artikelzugänge abzüglich aller gebuchten Abgänge. Entspricht der Menge der in den Lagerorten verfügbaren Artikel.
Geplante Zugänge	Fest geplante und freigegebene Fertigungsaufträge, Montageaufträge, Einkaufsbestellungen und Umlagerungsaufträge
Voraussichtliche Zugänge	Geplante Fertigungsaufträge, Planungs- und Bestellvorschläge
Bruttobedarf	Gesamter Bedarf eines Artikels, bestehend aus unabhängigem Bedarf (Verkaufs-, Service-, Umlagerungsaufträge und Absatzplanungen) und abhängigem Bedarf (Komponenten aus geplanten, fest geplanten und freigegebenen Fertigungsaufträgen, Montageaufträgen sowie aus Bestell- und Planungsvorschlägen)
Maximalbestand	Maximaler Lagerbestand. Dient, je nach *Wiederbeschaffungsverfahren*, der Berechnung der *Bestellmenge*.
Minimalbestand	Menge, bei deren Unterschreitung das System den Bedarf erkennt, den Artikel wiederzubeschaffen. Sollte so berechnet werden, dass der voraussichtliche Lagerbestand am Ende der *Beschaffungszeit* nicht unter den *Sicherheitsbestand* fällt.
Sicherheitsbestand	Bestand, der als Sicherheit für Nachfrageschwankungen während der *Beschaffungszeit* dienen soll
Bestellzyklus	Das Feld enthält die Datumsformel für den Planungszeitraum. Bedarfe innerhalb des Bestellzyklus werden aggregiert. Beschaffungsaufträge, die innerhalb des Bestellzyklus fällig sind, können gemäß den Anforderungen umgeplant werden. Wird das Feld nicht gepflegt, werden Bedarfe mit identischem Datum zusammengefasst.
Wiederbeschaffungsverfahren	Verfahren, wie die *Bestellmenge* errechnet wird: *<Feste Bestellmenge>* Ergibt sich aus der hinterlegten *Bestellmenge* *<Auffüllen auf Maximalbestand>* Errechnung der Bestellmenge anhand des *Maximalbestands* *<Auftragsmenge>* Es wird für jeden Bedarf ein Auftrag erstellt *<Los-für-Los>* Errechnung der Bestellmenge anhand der Bedarfe des Bestellzyklus *<Leer>* Keine Vorschläge für Wiederbeschaffung, manuelle Planung des Artikels
Bestellmenge	Die Bestellmenge des Artikels im Rahmen der Wiederbeschaffung, die für das Verfahren *Feste Bestellmenge* verwendet wird
Beschaffungsmethode	Art der Wiederbeschaffung, *Einkauf* oder *Fertigungsauftrag*
Beschaffungszeit	Notwendige Zeit zur Wiederbeschaffung. Das Bestelldatum zuzüglich der Beschaffungszeit entspricht dem geplanten Wareneingangsdatum.
Sicherh.Zuschl. Beschaff.-Zt.	Es kann ein Zeitpuffer hinterlegt werden, der mögliche Verzögerungen in der Beschaffungszeit berücksichtigt und der in der Bedarfsplanung berücksichtigt wird (»Erwartetes WE-Datum = Geplantes WE-Datum + Pufferzeit + Eingehende Lagerdurchlaufzeit«)
Toleranzperiode	Während dieses Zeitraums schlägt das Planungssystem aufgrund von späteren Bedarfszeitpunkten keine Änderungen von bestehenden Bestellungen und deren Zeitpunkten vor. Wird ein Bedarf vorverlegt, reagiert das Planungssystem stattdessen und die Toleranzperiode wird ignoriert. Diese Einstellung reduziert den Verwaltungsaufwand für unnötige Bestelländerungstransaktionen. (Nur für *Auftragsmenge*- und *Los-für-Los-Wiederbeschaffungsverfahren* verfügbar)

Tabelle 6.19 Definitionen im Rahmen der automatischen Wiederbeschaffung

Parameter	Beschreibung
Toleranzmenge	Innerhalb dieser *Toleranzmenge* werden Änderungen analog zur *Toleranzperiode* vom Planungssystem nicht vorgeschlagen. Diese Einstellung reduziert den Verwaltungsaufwand für unnötige Bestelländerungstransaktionen. (Bei *Auftragsmenge-Wiederbeschaffungsverfahren* nicht verfügbar)
Loskumulierungsperiode	Definiert beim *Los-für-Los-Wiederbeschaffungsverfahren* den Zeitrahmen: Bedarfe, die innerhalb des Zeitraums fällig sind, werden in einer Bestellung zusammengefasst
Neuplanungsperiode	Definiert beim *Los-für-Los-Wiederbeschaffungsverfahren* einen Zeitraum, in dem das Planungssystem für bestehende Bestellungen Änderungsvorschläge für Bestellungen macht, anstatt diese zu löschen und neu zu erstellen
Zeitrahmen	Definiert beim Wiederbeschaffungsverfahren *Feste Bestellmenge* und *Auffüllen auf Maximalbestand* die Häufigkeit, mit der das Planungssystem überprüft, ob der voraussichtliche Lagerbestand saldiert den Minimalbestand erreicht oder unterschreitet. Die Wiederbeschaffung erfolgt am Ende des Zeitrahmens.
Überlauflevel	Definiert beim Wiederbeschaffungsverfahren *Feste Bestellmenge* und *Auffüllen auf Maximalbestand* die Menge, die als nicht benötigte Verfügbarkeit akzeptiert wird, also keine Änderungsvorschläge vom Planungssystem unterbreitet werden, die Bestellung zu ändern oder zu stornieren
Minimale Losgröße	Mindestmenge für Wiederbeschaffungsvorschlagszeile
Maximale Losgröße	Höchstmenge für Wiederbeschaffungsvorschlagszeile
Losgrößenrundungsfaktor	Rundungsfaktor für die Vorschlagsmenge

Tabelle 6.19 Definitionen im Rahmen der automatischen Wiederbeschaffung *(Fortsetzung)*

Dynamics NAV berechnet entsprechend der Definition der Parameter die erforderlichen Bestellmengen, Umlagerungsaufträge und Zeitpunkte. Die Berechnungen werden im Bestellvorschlag über den Link *Abteilungen/Einkauf/Planung/Bestellvorschläge* angestoßen. Eine Überführung der errechneten Bestellvorschläge in Umlagerungen und Bestellungen erfolgt dann über die Aktion *Ereignismeldung durchführen* (siehe Abbildung 6.169).

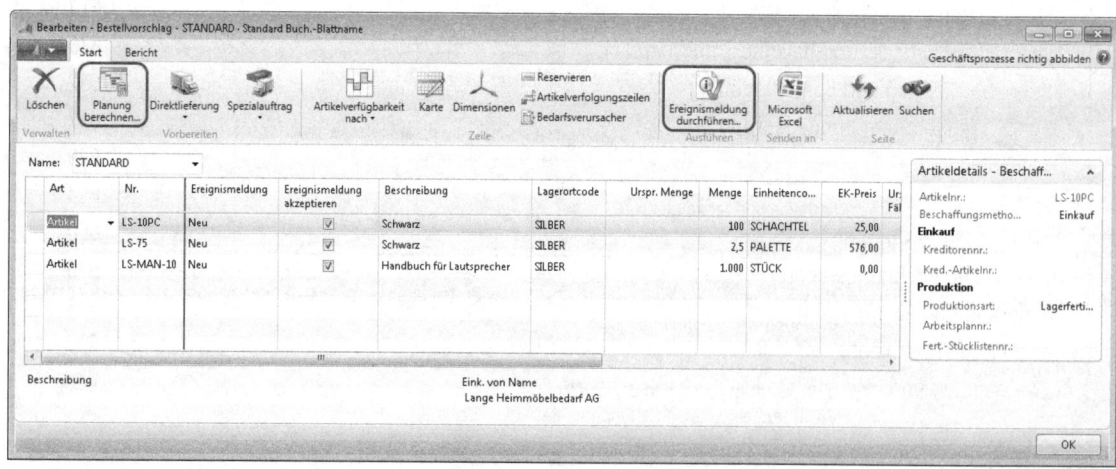

Abbildung 6.169 Bestellvorschlag berechnen und umsetzen

Mehr Informationen hierzu finden Sie in den Kapiteln 5 und 7.

Kapitel 7

Verkauf

In diesem Kapitel:

Organisationseinheiten des Verkaufs	596
Einrichtung des Verkaufs	602
Stammdaten im Verkauf	612
Der Verkaufsprozess und Belegfluss im Überblick	630
Kundenbestellung und Bonitätsprüfung	632
Kundenangebot und Kundenauftrag	637
Kreditlimit	649
Vorauszahlungen	654
Preise und Preisfindung	660
Zeilen- und Rechnungsrabatte	670
Lieferung und Fakturierung	683
Artikel-Zu-/Abschläge	698
Forderungen und offene Posten	704
Zahlungseingang	711
Mahnwesen	726
Reklamation und Gutschriften	735
Intercompany-Transaktionen	743

In Dynamics NAV werden die Prozesse und Funktionen des Vertriebs und des Verkaufs in dem Modul *Verkauf & Marketing* abgebildet. Im Folgenden werden die entsprechenden Organisationseinheiten, Einrichtungsparameter sowie die unterschiedlichen Verkaufsprozesse einschließlich des damit verbundenen Belegflusses dargestellt und unter Compliance-Gesichtspunkten analysiert.

Organisationseinheiten des Verkaufs

Zur Abbildung der Aufbauorganisation von Unternehmen bietet Dynamics NAV diverse Standardorganisationseinheiten, deren Nutzung generell optional und in Abhängigkeit von den individuellen Unternehmensanforderungen erfolgt. Obligatorisch ist der von der Verkaufsorganisation unabhängige Mandant als eigenständig bilanzierende Einheit. Sämtliche weiteren Organisationseinheiten des Verkaufs sind genau diesem einen Mandanten zugeordnet.

Darstellung der Verkaufsorganisation

Der Einsatz von Organisationseinheiten im Verkauf dient einer möglichst realitätsnahen Abbildung der realen Unternehmensorganisation im System. Die wichtigsten Möglichkeiten zur Strukturierung werden im Folgenden erläutert.

Zuständigkeitseinheit

Zuständigkeitseinheiten werden in Dynamics NAV für die Verwaltung und Strukturierung des Unternehmens eingesetzt. Aus Sicht des Verkaufs kann eine Zuständigkeitseinheit beispielsweise eine Vertriebsstelle oder einen Vertriebsbereich inklusive zugeordneten Mitarbeitern und Benutzern repräsentieren. Dazu kann neben einer vollständigen Zuordnung der Debitorenkonten auch, wie bereits in Kapitel 4 im Abschnitt »Grundeinrichtung« erläutert, in der Benutzereinrichtung der entsprechende Zuständigkeitseinheitenfilter hinterlegt werden.

Lagerort

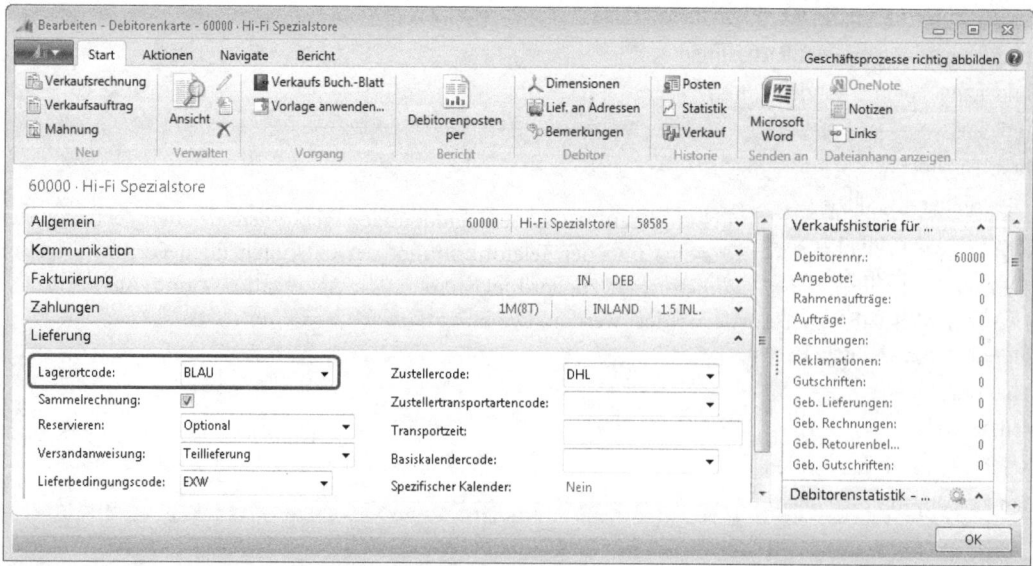

Abbildung 7.1 Lagerort im Verkauf

Organisationseinheiten des Verkaufs

Die organisatorische Einheit des Lagerorts entstammt eigentlich dem Bereich der Materialwirtschaft. Da ein Lagerort jedoch auch über die Debitorenkarte, Registerkarte *Lieferung*, einem Kunden direkt zugeordnet werden kann, spielt er auch in der Vertriebsstruktur eine Rolle. Durch die Zuordnung von Lagerorten zu Debitoren können Vertriebsstellen definiert werden, die standardmäßig als Auslieferungslager vorgeschlagen werden.

Link: *Abteilungen/Verkauf* & *Marketing/Verkauf/Debitoren*, Inforegister *Lieferung*, Feld *Lagerortcode* (siehe Abbildung 7.1)

Verkäufer

Im System lassen sich Verkäufer einrichten, um einerseits Verkaufsstatistiken für Vertriebsmitarbeiter erstellen zu können und andererseits Verkäufern individuelle Verkaufsprovisionen zuweisen zu können.

Link: *Abteilungen/Verkauf* & *Marketing/Verkauf/Verkäufer* (siehe Abbildung 7.2)

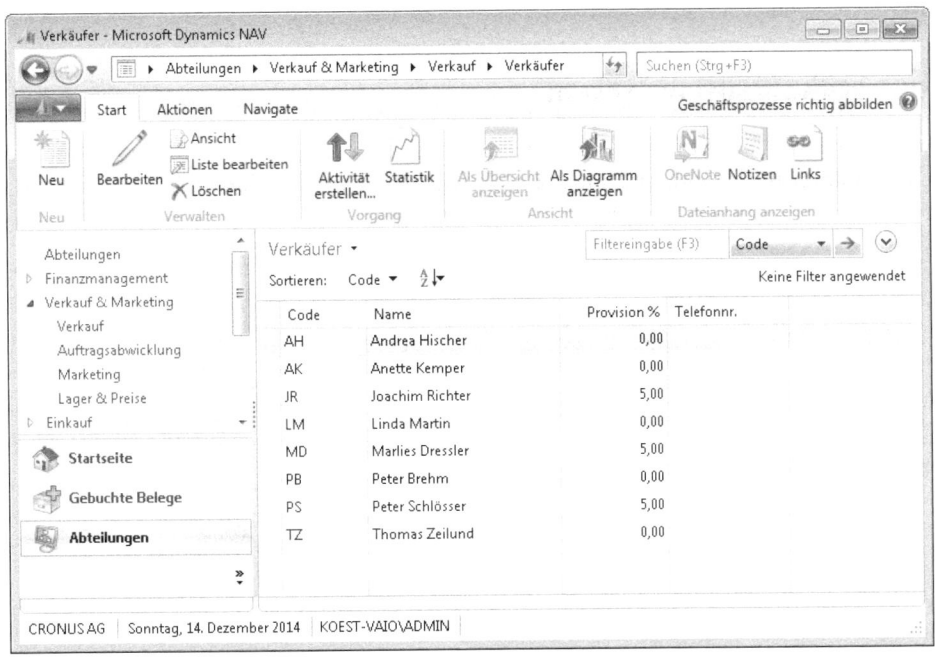

Abbildung 7.2 Verkäufer

Jeder Verkäuferdatensatz besteht unter anderem aus einem eindeutigen *Verkäufercode*, dem Namen, der Verkaufsprovision (ausgedrückt in Prozent) und der Telefonnummer der entsprechenden Person. Darüber hinaus können Verkäufern *Vorgabedimensionen* zugeordnet werden. Zu Aggregations- und Auswertungszwecken können Verkäufer zu Teams gruppiert werden. Die Hauptaufgabe von Teams besteht in der gemeinschaftlichen Zuordnung von Vertriebsaufgaben. Dazu muss im ersten Schritt der Verkäufer markiert werden, der einem Team zugeordnet werden soll und anschließend über die Aktion *Teams* aufgerufen werden.

Link: *Abteilungen/Verkauf* & *Marketing/Verkauf/Verkäufer/**Navigate**/Teams* (siehe Verkäuferteams)

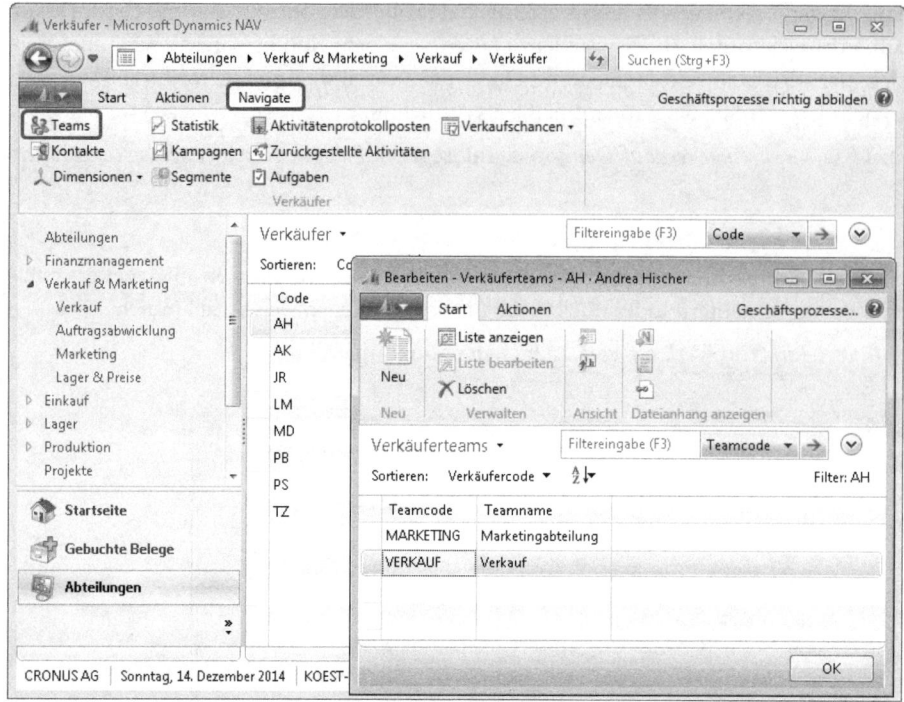

Abbildung 7.3 Verkäuferteams

Für dieses Beispiel ist die ausgewählte Verkäuferin »AH« dem Team *Marketing* und dem Team *Verkauf* zugeordnet. Alle im Verkauf vorhandenen Teams lassen sich darüber hinaus in einer Übersicht darstellen.

Link: *Abteilungen/Verkauf & Marketing/Verkauf/Teams* (siehe Abbildung 7.4)

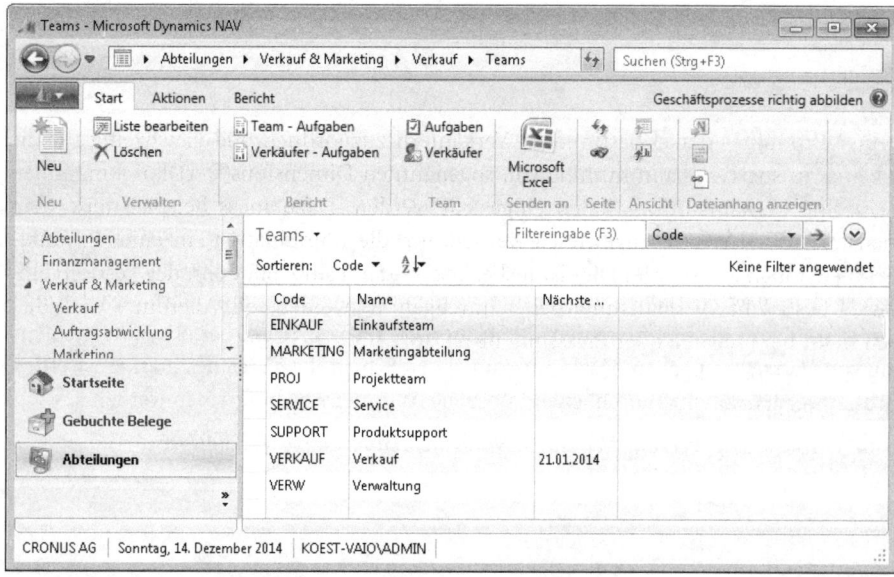

Abbildung 7.4 Übersicht zum Verkäuferteam

Organisationseinheiten des Verkaufs

Auf Ebene des einzelnen Verkäufers können *Aufgaben* zugeordnet (z. B. Erstellung eines Verkaufsangebots) und *Aktivitäten* protokolliert werden.

Link: *Abteilungen/Verkauf & Marketing/Verkauf/Verkäufer/**Aktion**/Statistik* bzw. *Aktivität erstellen* (siehe Abbildung 7.5)

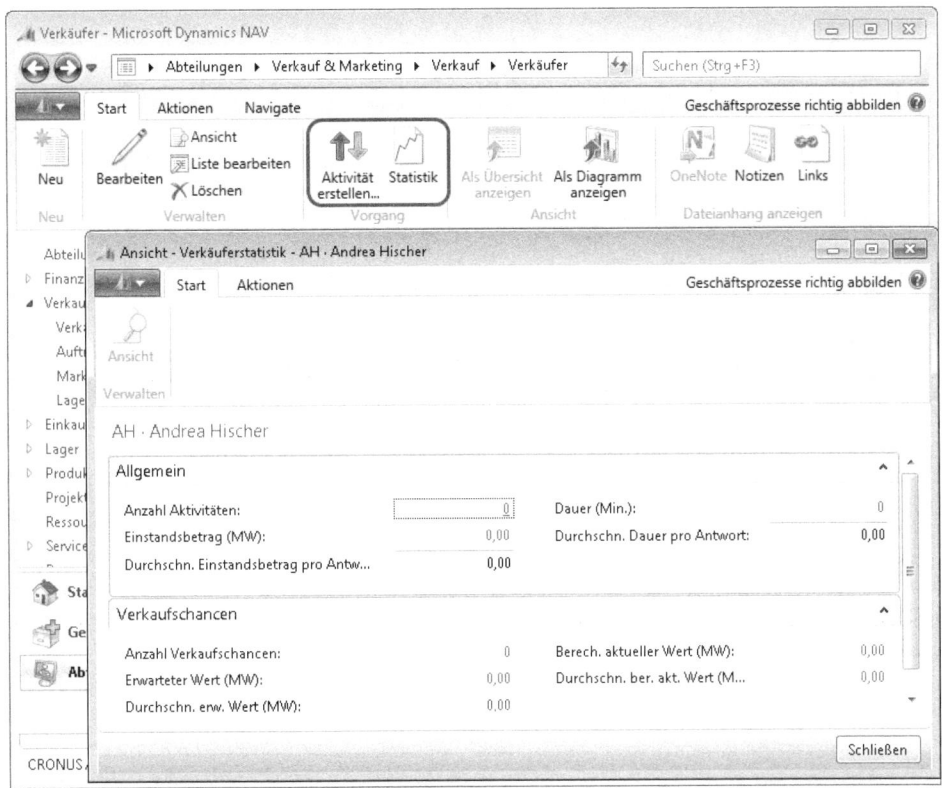

Abbildung 7.5   Verkäufer – Aktivitäten und Statistik

Um den Vertrieb einzelner Produkte/Artikel bestimmten Verkäufern zuzuordnen und gleichzeitig für die übrigen Vertriebsmitarbeiter zu sperren, kann mithilfe von sogenannten Dimensions(wert)kombinationen die Berechtigung für einzelne Verkaufstransaktionen eingestellt werden. Dazu muss beispielsweise dem *Verkäufercode* die Dimension VERKÄUFER zugewiesen werden, um die Kombination einzelner Produktgruppen mit Verkäuferdimensionen zu sperren. Dies ist insbesondere dann sinnvoll, wenn der Vertrieb einzelner Produkte nur durch bestimmte Verkaufsmitarbeiter durchgeführt werden soll. Allerdings wird dies erst bei Buchung, jedoch nicht bei Freigabe oder Erfassung überprüft. Für die Beleg- bzw. Prozesssteuerung sind Dimensions(wert)kombinationen insofern nur bedingt geeignet.

Link: *Abteilungen/Finanzmanagement/Einrichtung/Dimensionen/Dimensionskombinationen* (siehe Abbildung 7.6)

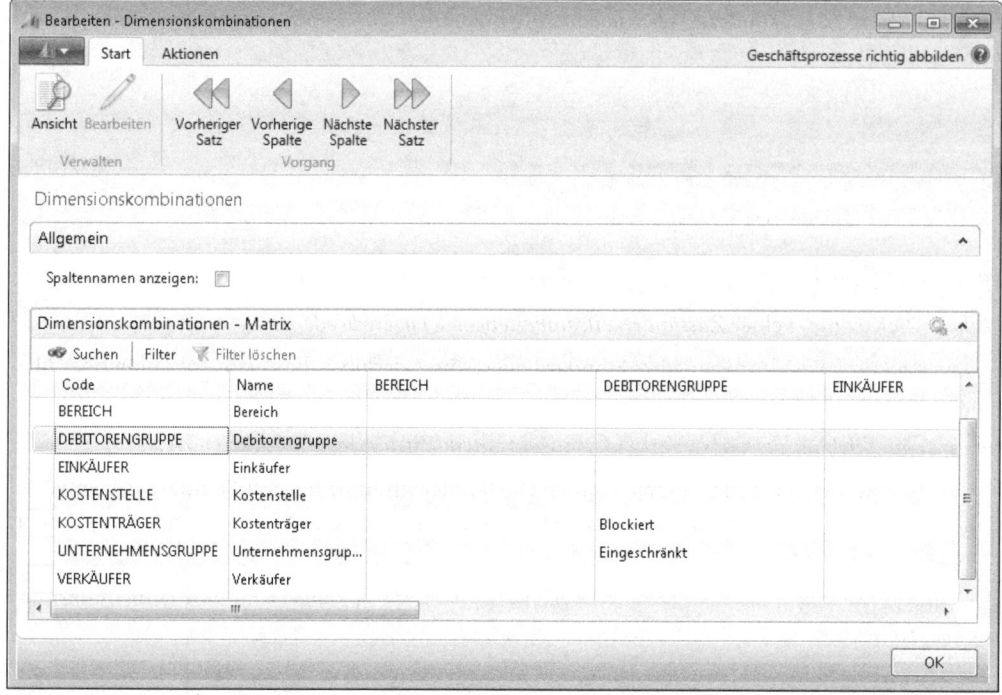

Abbildung 7.6 Dimensionskombinationen

Verkaufsorganisation aus Compliance-Sicht

Potenzielle Risiken

- Prozessineffizienzen durch fehlende oder falsche Einrichtung von Zuständigkeitseinheiten, fehlende oder falsche Zuordnung von Standardlagerortcodes
- Fehlende Nachvollziehbarkeit von Vertriebstätigkeiten durch fehlende Einrichtung von Verkäufercodes und Teams
- Nicht zielgerichteter Informationsfluss im Vertrieb
- Falsche oder unstimmige Provisionsprozentsätze
- Nicht autorisierte Verkaufstransaktionen

Prüfungsziel

- Sicherstellung einer adäquaten Abbildung der Verkaufsorganisation in Dynamics NAV
- Sicherstellung der Nachvollziehbarkeit von Verkaufstransaktionen
- Sicherstellung korrekter und nachvollziehbarer Provisionssätze
- Sicherstellung der Berechtigung für autorisierte Verkaufstransaktionen

Prüfungshandlungen

Sicherstellung einer adäquaten Einrichtung der Zuständigkeitseinheiten

Zuständigkeitseinheiten sollten grundsätzlich vollständig gepflegt sein (Adressdaten, Ansprechpartner etc.). Darüber hinaus sollte überprüft werden, ob den Einheiten jeweils ein Standardlagerortcode zugewiesen wurde bzw. warum dies nicht erfolgt ist.

Feldzugriff: *Tabelle 5714 Zuständigkeitseinheit*, Feld *Lagerortcode*

Erfolgt eine Zuweisung der Lagerorte über Personenkonten, muss ebenfalls die Vollständigkeit der Zuordnung nachgewiesen werden. Gleichzeitig kann die vollständige Zuordnung von Zuständigkeitseinheiten in den Personenkonten überprüft werden.

Feldzugriff: *Tabelle 18 Debitor*, Felder *Zuständigkeitseinheitencode, Lagerortcode*

Feldzugriff: *Tabelle 23 Kreditor*, Felder *Zuständigkeitseinheitencode, Lagerortcode*

Es ist darauf zu achten, dass die Zuordnung des Standardlagers entweder über die Personenkonten oder über die Zuständigkeitseinheitenkarte erfolgen sollte.

Sicherstellung ausschließlich autorisierter Verkaufstransaktionen (Zuständigkeitseinheits-Werte)

Über die Einstellung von Vorgabedimensionen können Zuständigkeitseinheiten mit Standardwerten versehen werden, die in Abhängigkeit von den Einstellungen transaktionsbezogen geändert oder nicht geändert werden können.

Feldzugriff: *Tabelle 352 Vorgabedimension*, Felder *Tabellen-ID (Wert 5714), Dimensionscode, Dimensionswertcode, Dimensionswertbuchung*

> **HINWEIS** Da die *Tabelle 352* sämtliche Vorgabedimensionen enthält und nicht nur auf die Zuständigkeitseinheiten beschränkt ist, sollte das Feld *Tabellen-ID* auf den Wert der Tabelle der Zuständigkeitseinheiten (5714) beschränkt bzw. gefiltert werden, um ausschließlich die relevanten Informationen zu selektieren.

Sicherstellung einer adäquaten Einrichtung der Verkäufer

Es sollte eine Überprüfung der Vollständigkeit und Richtigkeit der Verkäuferdaten erfolgen, d.h. sind alle Verkäufer mit den korrekten Daten erfasst, sind die Provisionen richtig hinterlegt und ist – sofern das Konstrukt von Verkäuferteams genutzt wird – jeder Verkäufer einem Team zugeordnet. Darüber hinaus sollte geprüft werden, ob Verkäufer doppelt angelegt wurden oder bereits ausgeschiedene Verkaufsmitarbeiter im System noch aktiv sind.

Feldzugriff: *Tabelle 13 Verkäufer/Einkäufer*

Feldzugriff: *Tabelle 5083 Team*

Feldzugriff: *Tabelle 5084 Team Einkäufer/Verkäufer*

Verkaufsstatistik und erhaltene Provisionen

Zur Auswertung der Verkaufstransaktionen und der erhaltenen Provisionen stellt Dynamics NAV diverse Reports bereit, beispielsweise Verkäufer – Provisionen oder Verkäufer – Verkäuferstatistik.

Link: *Abteilungen/Finanzmanagement/Debitoren/Berichte und Analysen*

Alternativ können diese Reports über den Object Designer gestartet werden.

Object Designer: *Run Report 114 Verkäufer – Verkäuferstatistik)*

Object Designer: *Run Report 115 (Verkäufer – Provision)*

Sicherstellung ausschließlich autorisierter Verkaufstransaktionen (Verkäufer)

Wird die Autorisierung von Verkaufstransaktionen über die Verkäufer/Dimensionswertkombinationen eingeschränkt, sollte die Zweckmäßigkeit der vorgenommen Beschränkungen überprüft werden.

Feldzugriff: *Tabelle 351 Dimensionswertkombination*

> **HINWEIS** Alle in dieser Tabelle abgelegten Datensätze stellen gesperrte Dimensionswertkombinationen dar.

Menüoption: *Finanzmanagement/Einrichtung/Dimensionen/Dimensionskombinationen*

Einrichtung des Verkaufs

Um das Verkaufsmodul möglichst eng an die individuellen Unternehmensanforderungen anpassen zu können, bietet Dynamics NAV eine Reihe von Einstellungsparametern, die übergreifend für das gesamte Verkaufsmodul Gültigkeit besitzen. Dabei wird grundsätzlich zwischen zwei Teilbereichen unterschieden: den Einrichtungsparametern für Marketing und Vertrieb und denen für Debitoren und Verkauf. Die Marketing- und Vertriebseinstellungen beziehen sich im Wesentlichen auf die Kontaktdaten im Vertrieb, wohingegen die Debitoren- und Verkaufseinrichtung die Kunden, mit denen Verkaufstransaktionen abgewickelt werden, betrifft.

Einrichtungsparameter Marketing & Vertrieb (Kontaktdaten)

Im Rahmen der Konfiguration der Verkaufsverwaltung bietet Dynamics NAV einige übergreifende Einstellungsmöglichkeiten, die in der Marketing- und Vertriebseinrichtung gepflegt werden können. Im Folgenden sollen die wichtigsten Parameter dargestellt und deren Konsequenzen für den Geschäftsprozess erläutert werden.

Link: *Abteilungen/Verwaltung/Anwendung Einrichtung/Verkauf & Marketing/Marketing/Marketing Vertrieb Einr.* (siehe Abbildung 7.7)

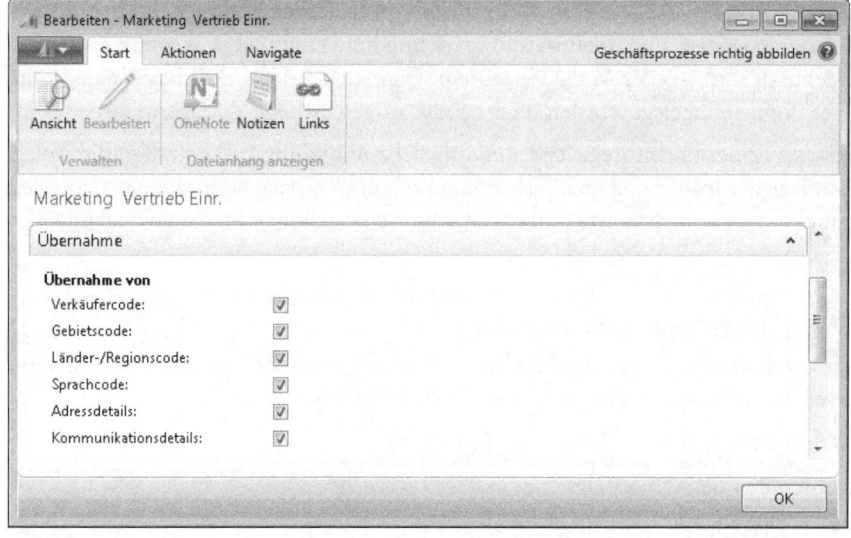

Abbildung 7.7 Einrichtung Marketing & Vertrieb (Übernahme)

Einrichtung des Verkaufs

Für jedes der einzelnen Felder gilt bei entsprechender Markierung, dass die Daten (Verkäufercode, Gebietscode etc.) aus der Kontaktkarte eines Unternehmens in die Kontaktkarte der einzelnen Kontaktpersonen übernommen werden.

Wenn also einem Unternehmen eine neue Kontaktperson hinzugefügt wird, wird der Inhalt des Felds von der Kontaktkarte des Unternehmens in die Kontaktkarte der Person kopiert. Aus Compliance-Sicht ist diese Einstellungsmöglichkeit zwar nicht als kritisch zu betrachten, eine generelle Übernahme der Felder fördert jedoch die Nachvollziehbarkeit der Systeminformationen und sollte demnach möglichst aktiviert sein, sofern nicht andere Gründe explizit dagegen sprechen.

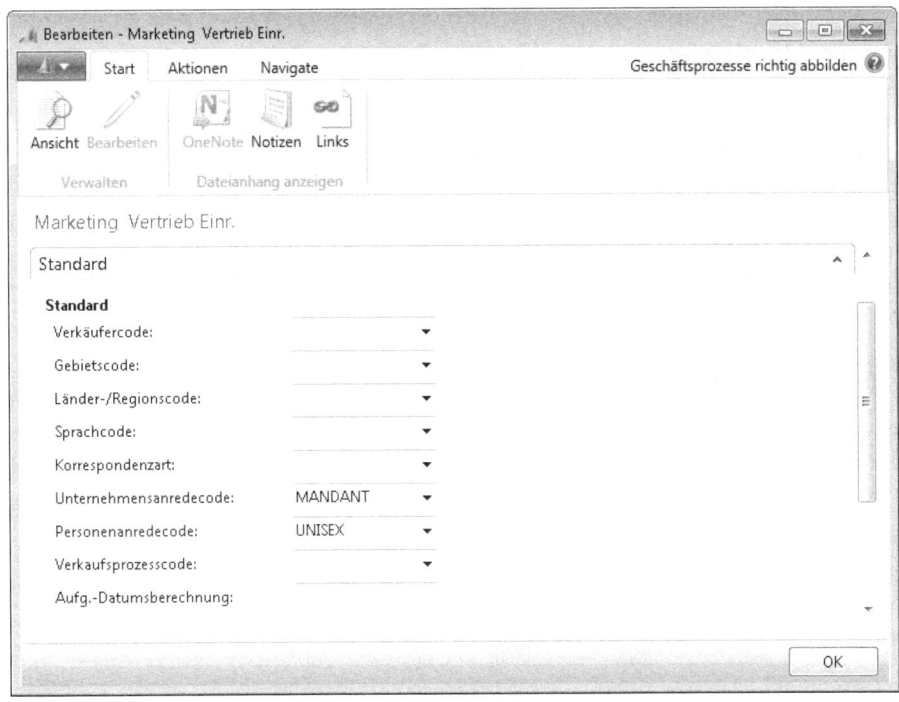

Abbildung 7.8 Einrichtung Marketing & Vertrieb (Standards)

Die Werte der hier aufgeführten Felder im Inforegister *Standard* (siehe Abbildung 7.8) betreffen die Anlage von Kontakten sowie den Prozess der Initiierung von Verkäufen (*Verkaufschancen*), wenn diese neu angelegt werden. Es handelt sich dabei um optionale Einstellungen, die die Neuerstellung von Kontakten und Verkaufsbelegen erleichtern, indem sie vorbelegt werden.

Auf dem Inforegister *Synchronisation* (siehe Abbildung 7.9) wird der Abgleich der Debitoren-, Kreditoren und Bankdaten zwischen der Einkaufs- und der Verkaufssicht und der Finanzbuchhaltungssicht adressiert. Hierzu wird das Konstrukt des *Geschäftsbeziehungscodes* genutzt, welches die Beziehung zwischen Kontakten (Vertriebssicht, siehe den Abschnitt »Anlage und Pflege von Kontaktstammdaten« in diesem Kapitel) und den drei oben genannten Arten von Geschäftspartnern (Finanzbuchhaltungssicht) regelt. Darüber hinaus können weitere Arten von Geschäftspartnern definiert werden. Durch die Betätigung der Lookup-Schaltfläche neben den Debitoren bzw. über den direkten Link

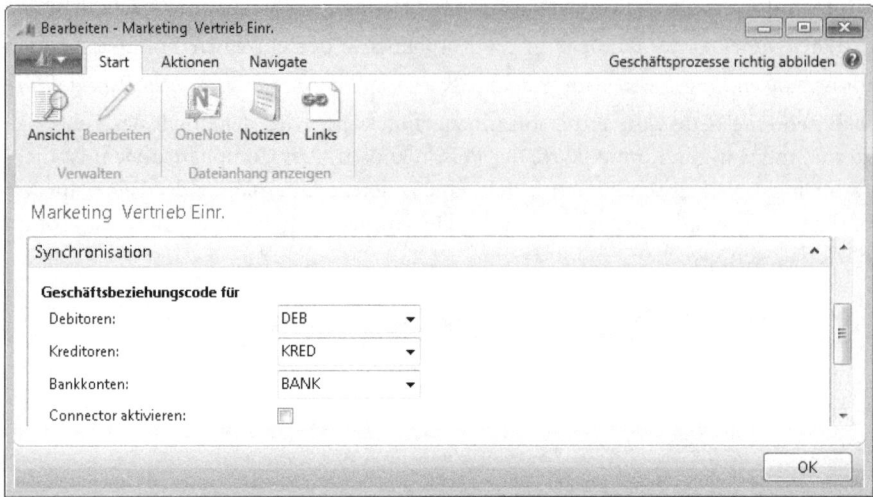

Abbildung 7.9 Einrichtung Marketing & Vertrieb (Synchronisation)

Link: *Abteilungen/Verwaltung/Anwendung Einrichtung/Verkauf & Marketing/Marketing/Geschäftsbeziehungen* (siehe Abbildung 7.10)

lassen sich die hinterlegten Arten von Geschäftsbeziehungen bzw. Geschäftspartnern anzeigen. Um Daten zwischen Microsoft Dynamics NAV und Microsoft Dynamics CRM und Microsoft Dynamics zu integrieren bzw. zu synchronisieren, muss der Connector for Microsoft Dynamics aktiviert sein. Im Rahmen dieses Abschnitts wird nicht weiter auf die Integration von Dynamics CRM eingegangen.

Abbildung 7.10 Geschäftsbeziehungsarten

In der dritten Spalte *Anzahl Kontakte* lässt sich erkennen, wie viele Kontakte dem entsprechenden Geschäftsbeziehungscode zugeordnet sind. 68 Kontakte sind beispielsweise der Geschäftsbeziehung *Debitor* zugeordnet. Schließlich lassen sich noch die einzelnen Kontakte anzeigen, die dem entsprechenden Geschäftsbeziehungscode zugeordnet sind.

Link: *Abteilungen/Verwaltung/Anwendung Einrichtung/Verkauf & Marketing/Marketing/**Geschäftsbeziehungen**/Navigate/Kontakte* (siehe Abbildung 7.11)

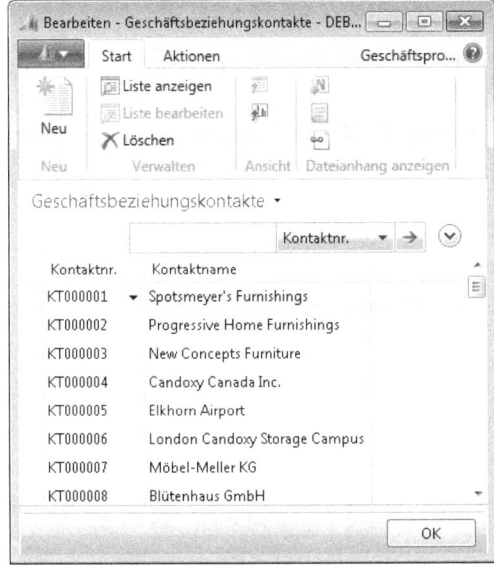

Abbildung 7.11 Geschäftsbeziehungskontakte

Sind auf dem Inforegister *Synchronisation* Werte hinterlegt, werden die Stammdaten zwischen Kontakt und dem hinterlegten Geschäftspartner automatisch synchronisiert. Ist beispielsweise dem Feld *Debitor* der Wert *Debitor* als Kontakt in der Geschäftsbeziehung zugeordnet, werden Kontaktdaten und Debitorendaten synchronisiert, sofern diese entweder in der Kontaktkarte oder in der Debitorenkarte geändert wurden. Da die Nutzung von Kontaktdaten vor allem dem Vertrieb obliegt, das Rechnungswesen hingegen den Debitoren als Personenkonto nutzt, ist eine Synchronisation unter dem Gesichtspunkt einer konsistenten Datenhaltung sinnvoll.

Abbildung 7.12 Einrichtung Marketing & Vertrieb (Nummerierung)

Über das Inforegister *Nummerierung* (siehe Abbildung 7.12) können Nummernkreise und die Art der Nummernvergabe für Stammdaten des Verkaufs (Kontaktnummern, Kampagnennummern etc.) gesteuert werden.

Lookup-Schaltfläche: *Nummernseriencodes/Erweitert* (siehe Abbildung 7.13)

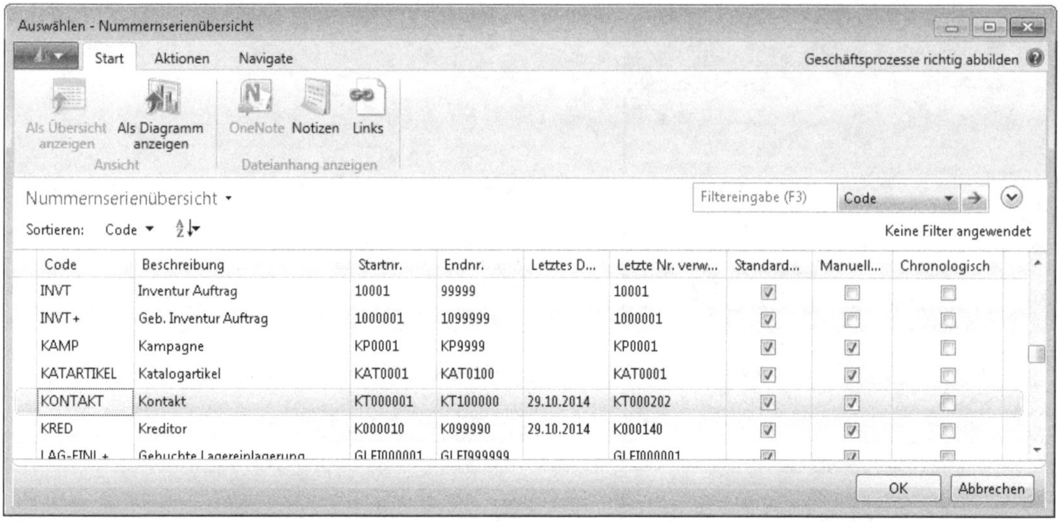

Abbildung 7.13 Einrichten von Nummernserien (Vertriebsstammdaten)

Mehr über die detaillierte Analyse von Nummernkreisen erfahren Sie in Kapitel 4 im Abschnitt »Grundeinrichtung«.

Auf dem Inforegister *Dubletten* können grundsätzliche Einstellungen vorgenommen werden, die die Anlage von Dubletten im Debitorenbereich betreffen bzw. diese verhindern sollen. Das Thema Kontaktdubletten wird ausführlich im Abschnitt »Stammdaten im Verkauf« in diesem Kapitel behandelt.

Einrichtungsparameter Marketing & Vertrieb aus Compliance-Sicht

Im erklärenden Teil zu den Einrichtungsparametern wurde bereits auf die aus Compliance-Sicht wünschenswerten Einstellungen zur Sicherung konsistenter Daten hingewiesen. Für die Steuerung der Belegnummernvergabe und der Kunden- und Kontaktstammdaten sind in diesem Buch – wie bereits oben erwähnt – eigene ausführliche Kapitelabschnitte vorgesehen, die die jeweiligen Prozesse auch aus Compliance-Sicht erfassen.

Einrichtungsparameter zu Debitoren & Verkauf

Übergreifende Einstellungsmöglichkeiten, die den Marketing- und Vertriebsaktivitäten nachgelagert sind, werden in den Parametern zu *Debitoren* & *Verkauf* eingerichtet. Während sich die Marketing- und Vertriebsparameter im Wesentlichen auf die Anlage und Pflege von Kontaktdaten beschränken, beziehen sich die Verkaufs- und Debitoreneinstellungen auf den Verarbeitungsprozess von Kundentransaktionen.

Einrichtung des Verkaufs

Link: *Abteilungen/Verkauf & Marketing/Einrichtung/Debitoren & Verkauf Einr.* (siehe Abbildung 7.14)

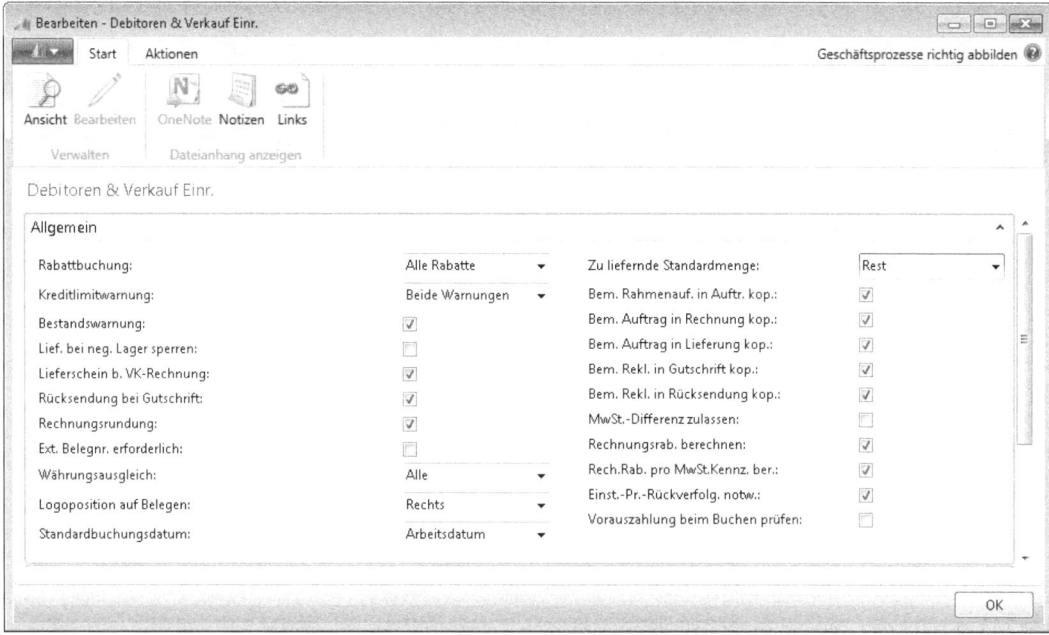

Abbildung 7.14 Einrichtung Debitoren & Verkauf (Allgemein)

Die Bedeutung der einzustellenden Parameter wird in der folgenden Tabelle erläutert (siehe Tabelle 7.1).

Feld	Bedeutung
Rabattbuchung	Regeln für die Verbuchung von Rabatten in der Finanzbuchhaltung. Wird hier *Keine Rabatte* ausgewählt, wird kein gesondertes Rabattkonto (vgl. Buchungsmatrix) gebucht, sondern der Rabatt vor dem Buchen vom Rechnungsbetrag der Zeile abgezogen und damit der rabattierte Zeilenbetrag auf das Erlöskonto gebucht. **Hinweis:** Durch die separate Buchung von Erlös und Erlösschmälerung teilt sich auch die Mehrwertsteuerbemessungsgrundlage auf zwei oder mehr Sachposten auf.
Kreditlimitwarnung	Regeln für die Ausgabe von Kreditlimitwarnungen auf Basis des Kreditlimits oder eines bestehenden offenen und fälligen Postens bei Eingabe des Debitoren in Verkaufsbelegen. Es kann auch für beide Fälle eine Warnung ausgegeben bzw. die Warnungsmeldung deaktiviert werden.
Bestandswarnung	Bei Aktivierung wird für den Fall, dass der Verkauf zu einem negativen Lagerbestand führen würde, eine Warnmeldung ausgegeben
Lief. bei neg. Lager sperren	Bei Aktivierung kann ein Lagerartikel ohne Bestand nicht verkauft bzw. geliefert werden
Lieferschein b. VK-Rechnung	Bei Aktivierung wird zu einer gebuchten Rechnung automatisch ein gebuchter Lieferbeleg erstellt, ansonsten erfolgt lediglich die Buchung der Rechnung. **Hinweis:** Artikelposten werden für Zeilen der Art *Artikel* in jedem Fall gebucht.
Rücksendung bei Gutschrift	Bei Aktivierung wird zu einer gebuchten Verkaufsgutschrift automatisch eine gebuchte Rücksendung erstellt, ansonsten erfolgt lediglich die Buchung der Gutschrift

Tabelle 7.1 Einrichtung Debitoren & Verkauf (Allgemein)

Feld	Bedeutung
Rechnungsrundung	Bei Aktivierung rundet die Anwendung Beträge in Verkaufsrechnungen. Rundungsregeln werden in der Einrichtung der Finanzbuchhaltung festgelegt (siehe hierzu auch das Kapitel 8).
Ext. Belegnr. erforderlich	Bei Aktivierung muss eine externe Belegnummer (beispielsweise die Kundenbestellnummer) in dem Feld *Externe Belegnummer* im Verkaufskopf bzw. in einer Fibu Buch.-Blattzeile hinterlegt werden
Währungsausgleich	Festlegung, in welcher Form der Postenausgleich in unterschiedlichen Währungen im Anwendungsbereich Debitoren erfolgen kann
Logoposition auf Belegen	Festlegung der Position des Firmenlogos (aus den Firmendaten) auf unterschiedlichen Geschäftsdokumenten
Standardbuchungsdatum	Die Einrichtung steuert, ob das Feld *Buchungsdatum* im Verkaufskopf bei Neuanlage eines Belegs mit dem Arbeitsdatum gefüllt wird oder leer bleibt und vor der Buchung manuell gepflegt werden muss
Zu liefernde Standardmenge	Legt fest, ob die zu liefernde Standardmenge (z. B. nach gebuchten Teillieferungen) automatisch die verbleibende Restmenge sein soll oder nicht
Bem. Rahmenauf. in Auftr. kop.	Bei Aktivierung werden Bemerkungen von Rahmenaufträgen in Verkaufsaufträge kopiert
Bem. Auftrag in Rechnung kop.	Bei Aktivierung werden Bemerkungen von Verkaufsaufträgen in Verkaufsrechnungen kopiert
Bem. Auftrag in Lieferung kop.	Bei Aktivierung werden Bemerkungen von Verkaufsaufträgen in Lieferungen kopiert
Bem. Rekl. in Gutschrift kop.	Bei Aktivierung werden Bemerkungen von Reklamationen in Gutschriften kopiert
Bem. Rekl. in Rücksendung kop.	Bei Aktivierung werden Bemerkungen von Reklamationen in Lieferungen kopiert
MwSt.-Differenz zulassen	Bei Aktivierung ist die manuelle Anpassung von Mehrwertsteuerbeträgen in Verkaufsbelegen zulässig, speziell kann dies in der Mehrwertsteuerbetragszeile der Verkaufsstatistik durchgeführt werden (sinnvoll bei Ausgangsrechnungen in Fremdsystemen)
Rechnungsrab. berechnen	Bei Aktivierung wird der Rechnungsrabattbetrag auf Verkaufsbelegen automatisch berechnet und nicht durch manuellen Anstoß
Rech.Rab. pro MwSt.Kennz. ber.	Bei Aktivierung wird der Rechnungsrabatt pro MwSt.-Kennzeichen der Zeile berechnet, um so die Bemessungsgrundlage auf Verkaufsbelegen für Umsatzsteuerberechnungen besser nachvollziehen und Rechnungsdifferenzen umgehen zu können
Einst.-Pr.-Rückverfolg. notw.	Bei Aktivierung lässt die Anwendung keine Buchung einer Rücksendung zu, wenn nicht das Feld *Ausgegl. von Artikelposten* in der Verkaufsauftragszeile einen Wert enthält. Dadurch wird bei Rücklieferungen sichergestellt, dass die Ware mit dem gleichen Wert wie im Verkaufsauftrag zurück in das Lager gebucht wird. Außerdem bleiben beide Transaktionen in der Durchschnittskostenberechnung unberücksichtigt.
Vorauszahlung beim Buchen prüfen	Bei Aktivierung kann ein Auftrag, für den ein unbezahlter Vorauszahlungsbetrag offen ist, nicht ausgeliefert oder fakturiert werden

Tabelle 7.1 Einrichtung Debitoren & Verkauf (Allgemein) *(Fortsetzung)*

Auf dem Inforegister *Dimensionen* werden die einzelnen Dimensionscodes für Debitorengruppen und Verkäufer für die Verwendung in *Verkaufsanalyseberichten* gepflegt (siehe Abbildung 7.15).

Die Belegnummern für Verkaufsbelege werden im Inforegister *Nummerierung* (siehe Abbildung 7.16) hinterlegt.

Einrichtung des Verkaufs

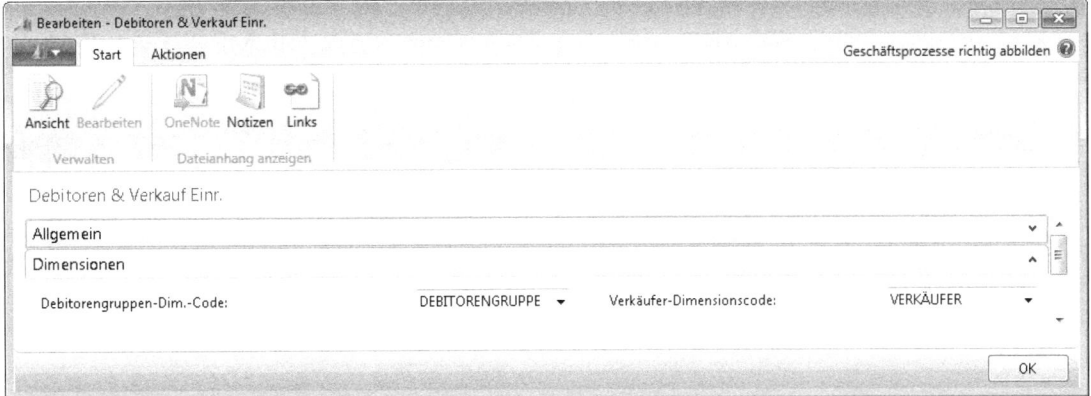

Abbildung 7.15   Einrichtung Debitoren & Verkauf (Dimensionen)

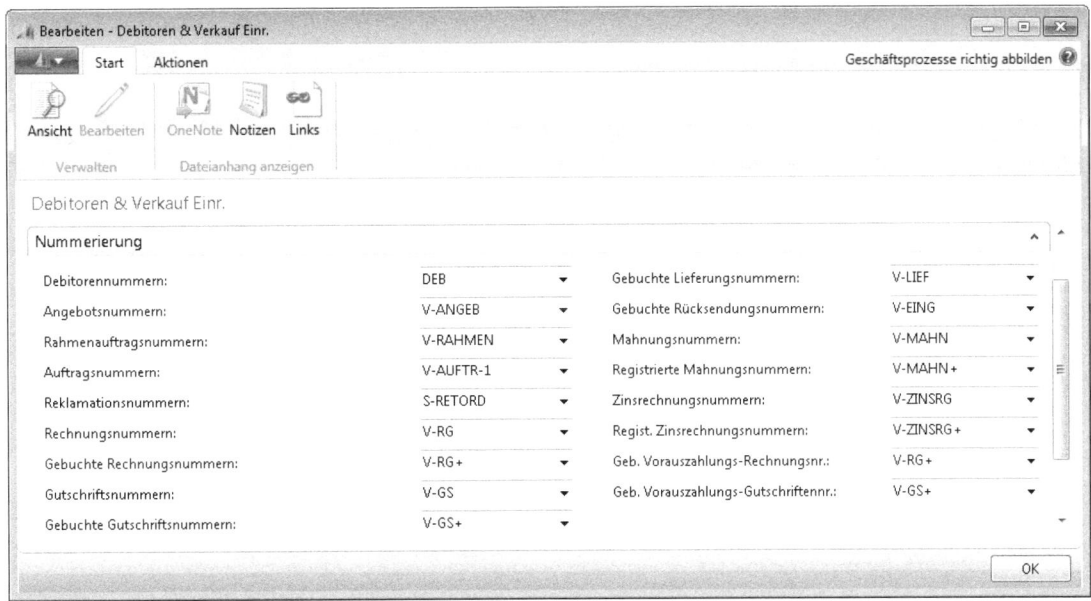

Abbildung 7.16   Einrichtung Debitoren & Verkauf (Nummerierung)

Über die Auswahl *Angebot archivieren* (siehe Abbildung 7.17) wird festgelegt, ob Verkaufsangebote automatisch archiviert werden sollen, wenn ein Angebot nach der Umwandlung in einen Verkaufsauftrag gelöscht oder ein Angebot manuell über die Tastenkombination [Strg]+[Entf] im Angebotskopf gelöscht wurde. Darüber hinaus kann über die Aktivierung der Kontrollkästchen *Rahmenauftrag archivieren* gesteuert werden, ob ein Rahmenauftrag bei seiner Löschung automatisch archiviert werden soll. Ist das Kontrollkästchen *Auftrag archivieren* markiert, werden Verkaufsaufträge automatisch archiviert, wenn diese nach der vollständigen Buchung gelöscht, abgeschlossene Aufträge per Stapelverarbeitung gelöscht oder Aufträge manuell mit der Tastenkombination [Strg]+[Entf] im Verkaufsauftragskopf gelöscht werden.

Außerdem wird die Druckoption *Angebot archivieren* bei Ausgabe des Angebots vorbelegt, sodass die gedruckte Version automatisch archiviert wird (siehe dazu insbesondere auch in Kapitel 4 den Abschnitt »Belegfluss und Beleggenehmigung«).

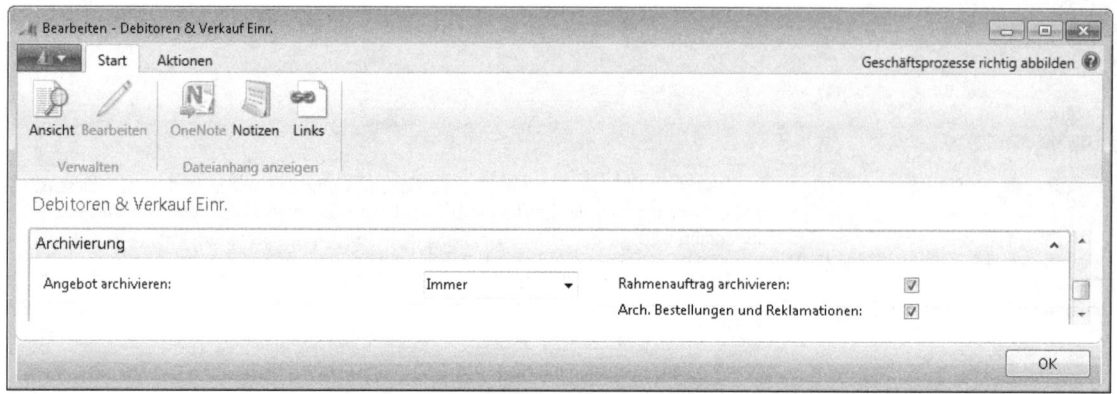

Abbildung 7.17 Einrichtung Debitoren & Verkauf (Archivierung)

Darüber hinaus lassen sich im Inforegister *Hintergrundbuchung* (siehe Abbildung 7.18) Einstellungen in Bezug auf die Verbuchung von Belegdaten im Dialogfeld bzw. im Hintergrund vornehmen. Buchungsprozesse und Hintergrundbuchungen werden ausführlich in Kapitel 4 im Abschnitt »Buchungsprozess« erläutert.

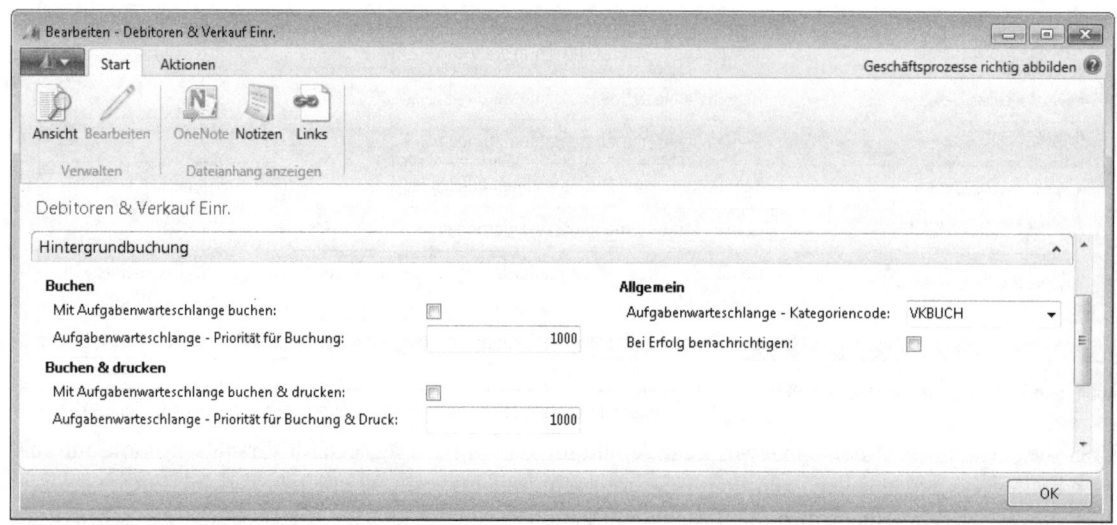

Abbildung 7.18 Hintergrundbuchungen im Verkauf

Einrichtungsparameter zu Debitoren & Verkauf aus Compliance-Sicht

Für die allgemeinen Einstellungen zu Debitoren und zum Verkauf sind aus Compliance-Sicht folgende Parametereinstellungen vorzunehmen, sofern keine unternehmensindividuellen Gründe dagegen sprechen (siehe Tabelle 7.2).

Feld	Empfehlung
Rabattbuchung	Die Verbuchung einzelner Rabattarten sollte auf separaten Konten erfolgen, um die Nachvollziehbarkeit der Rabattpolitik und der gewährten Rabatte zu gewährleisten. Ein Nettoausweis durch einfachen Abzug des Rabatts vom Bruttobetrag sollte vermieden werden. Wichtig ist in diesem Zusammenhang, dass die Struktur der Erlöskonten bei der Struktur der Erlösschmälerungen fortgeführt wird.
Kreditlimitwarnung	Kreditlimitwarnungen sollten auf Basis des Kreditlimits und bestehender fälliger Posten erfolgen
Bestandswarnung	Aktiviert
Lief. bei neg. Lager sperren	Aktiviert, um Situationen mit Negativbeständen und der damit verbundenen Bewertungsproblematik zu vermeiden
Lieferschein b. VK-Rechnung	Gemäß den Unternehmensanforderungen, die Aktivierung ermöglicht eine vollständige Lieferscheinhistorie.
Rücksendung bei Gutschrift	Gemäß den Unternehmensanforderungen, die Aktivierung ermöglicht eine vollständige Gutschriftenhistorie.
Rechnungsrundung	Gemäß den Unternehmensanforderungen
Ext. Belegnr. erforderlich	Gemäß den Unternehmensanforderungen, aktiviert für den Fall, dass Kundenbestellungen vorwiegend in schriftlicher Form vorliegen
Währungsausgleich	Gemäß den Unternehmensanforderungen
Logoposition auf Belegen	Gemäß den Unternehmensanforderungen
Standardbuchungsdatum	Kein Datum, damit Buchungsdaten bei den jeweiligen Buchungen explizit gesetzt werden
Zu liefernde Standardmenge	Gemäß den Unternehmensanforderungen
Bem. Rahmenauf. in Auftr. kop.	Gemäß den Unternehmensanforderungen, eine Aktivierung fördert die Nachvollziehbarkeit der Transaktion
Bem. Auftrag in Rechnung kop.	Gemäß den Unternehmensanforderungen, eine Aktivierung fördert die Nachvollziehbarkeit der Transaktion
Bem. Auftrag in Lieferung kop.	Gemäß den Unternehmensanforderungen, eine Aktivierung fördert die Nachvollziehbarkeit der Transaktion
Bem. Rekl. in Gutschrift kop.	Gemäß den Unternehmensanforderungen, eine Aktivierung fördert die Nachvollziehbarkeit der Transaktion
Bem. Rekl. in Rücksendung kop.	Gemäß den Unternehmensanforderungen, eine Aktivierung fördert die Nachvollziehbarkeit der Transaktion
MwSt.-Differenz zulassen	Nicht aktiviert

Tabelle 7.2 Einrichtungsparameter Debitoren & Verkauf aus Compliance-Sicht

Feld	Empfehlung
Rechnungsrab. berechnen	Aktiviert
Rech.Rab. pro MwSt.Kennz. ber.	Aktiviert
Einst.-Pr.-Rückverfolg. notw.	Aktiviert, sofern nicht unternehmensindividuelle Gründe dagegen sprechen
Vorauszahlung beim Buchen prüfen	Aktiviert

Tabelle 7.2 Einrichtungsparameter Debitoren & Verkauf aus Compliance-Sicht *(Fortsetzung)*

Im Rahmen der Einstellungen zu den Dimensionen und Nummernkreisen ist darauf zu achten, dass zum einen für alle Verkaufsbelegarten entsprechende Nummernserien erstellt wurden und deren Zuordnung zu den Belegarten korrekt erfolgt ist. Darüber hinaus gelten die allgemeinen Grundsätze zur Einrichtung und Pflege von Nummernserien (siehe hierzu in Kapitel 4 den Abschnitt »Grundeinrichtung«). Die Parameter der Archivierung müssen sicherstellen, dass zu löschende Angebote, Aufträge und Rahmenverträge vor deren Löschung archiviert werden. Insofern bietet es sich an, die bereitgestellten Archivierungsfunktionen zu aktivieren.

Eine detaillierte Beschreibung einzelner Parameter (Kreditlimit, Rabatte etc.) und deren Auswirkungen auf die systemseitige Revisionssicherheit erfolgt in den einzelnen Abschnitten zum Verkaufsprozess.

Stammdaten im Verkauf

Stammdaten dienen allgemein der Identifikation und Klassifizierung von Sachverhalten, die im Gegensatz zu Bewegungsdaten einer gewissen Konstanz unterliegen und nicht permanent geändert werden. Aus Sicht des Vertriebs handelt es sich dabei insbesondere um Kontakt- und Kundendaten sowie Produkt- oder Artikeldaten. Während Kontakt- und Kundendaten sich ausschließlich auf den Absatzbereich beziehen, existiert für Artikeldaten zusätzlich eine Beschaffungssicht, die den Einkaufsprozess für Artikel widerspiegelt.

Der Prozess im Überblick

Im Bereich der Kundenstammdaten gibt es zwei relevante Kategorien, Kontaktstammdaten und Kundenstammdaten. Kontaktdaten sind dabei im Wesentlichen dem Bereich CRM (Customer Relationship Management) zuzuordnen, wohingegen Kundenstammdaten in der Debitorenbuchhaltung gepflegt werden. Üblicherweise arbeitet der Vertrieb mit dem Kontaktstamm und die Personenbuchhaltung mit Debitoren. Das System bietet die Möglichkeit, den Debitor aus dem Kontakt automatisiert anzulegen, daher existiert der Kontakt in aller Regel vor dem Debitor. Dem Prozess der Kundenstammdatenanlage ist besondere Aufmerksamkeit zu widmen, da mit dem Vorgang des Anlegens wesentliche Kundenparameter festgelegt werden, die im weiteren Verlauf der Geschäftsbeziehung auch buchhalterische Abläufe betreffen. So sind im Kundenstamm-Parameter wie Zahlungsbedingungen, Kreditlimits, Mahnverfahren oder Rabattkonditionen hinterlegt. Aus diesem Grund muss der Stammdaten-Anlageprozess so strukturiert sein, dass zum einen die Vollständigkeit und Richtigkeit der Daten gewährleistet werden kann, zum anderen dürfen einmal angelegte Daten nicht beliebig geändert werden. Dabei sind insbesondere sensible Felder zu beachten, die den späteren Kundenbearbeitungsprozess mit Cashflow-Relevanz ändern (Zahlungsbedingungen, Kreditlimit etc.). Ein typischer Prozess zur Erstellung von Kundenstammdaten wird in Abbildung 7.19 dargestellt.

Stammdaten im Verkauf

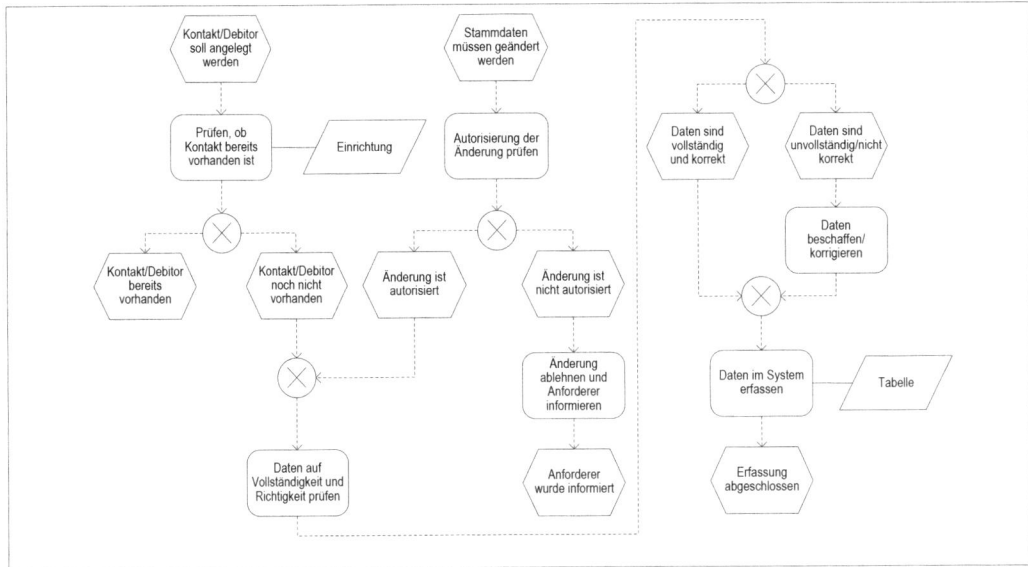

Abbildung 7.19 Prozess zum Anlegen von Kundenstammdaten

Anlage und Pflege von Kontaktstammdaten

Kontaktdaten werden in der Regel vor oder kurz nach dem Erstkontakt zu einem potenziellen Kunden erstellt und enthalten Kommunikations- und Verwaltungsdaten, die notwendig sind, um eine neue Geschäftsbeziehung zu einem Kunden aufbauen zu können. Sie werden üblicherweise vom Vertrieb genutzt und im Modul *Verkauf* & *Marketing* angelegt.

Es werden zwei Kontaktarten unterschieden, Unternehmens- und Personenkontakte (in der Übersicht zu den Kontakten werden Unternehmenskontakte in fetter Schrift dargestellt, siehe Abbildung 7.20).

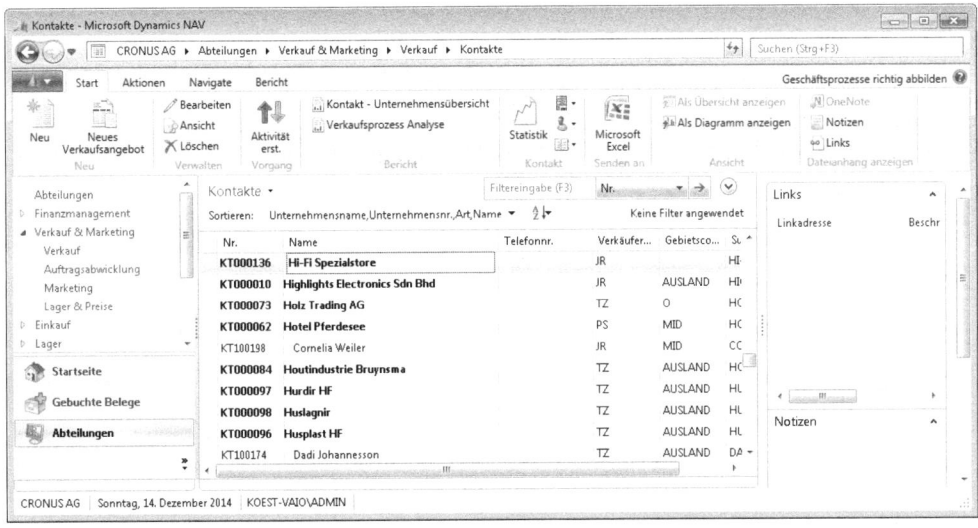

Abbildung 7.20 Personen- und Unternehmenskontakte im Verkauf

Personenkontakte werden über das Feld *Unternehmensnummer* einem Unternehmenskontakt zugeordnet. Unternehmenskontakte können in Personenkonten (Stammdaten) umgewandelt werden. Über die Geschäftsbeziehung ist der Zugriff von den Personenkonten auf den Unternehmenskontakt und die zugehörigen Personenkontakte möglich.

Eine Kontaktkarte besteht aus vier Inforegistern, auf denen – nach Themengebieten gegliedert – die verfügbaren Informationen zum Kontakt gespeichert werden. Die einzelnen Datenfelder sind in der Regel selbsterklärend, die wichtigsten sollen im Folgenden erläutert werden. Der Positionsbereich der Kontaktkarte wird aus den Antworten der Profilbefragung gebildet, die über *Kontakte/Profile* erfasst werden. Es können verschiedene Profilbefragungen angelegt und Personen- und Unternehmenskontakten sowie Geschäftsbeziehungen zugeordnet werden. Über automatische Kontaktklassifizierungen können bestimmte Fragen automatisiert über eine Routine beantwortet werden, wenn die Anwendung diese Daten bereits verwaltet.

Link: *Abteilungen/Verkauf & Marketing/Marketing/Einrichtung/Profil/Befragung Einrichtung* (siehe Abbildung 7.21)

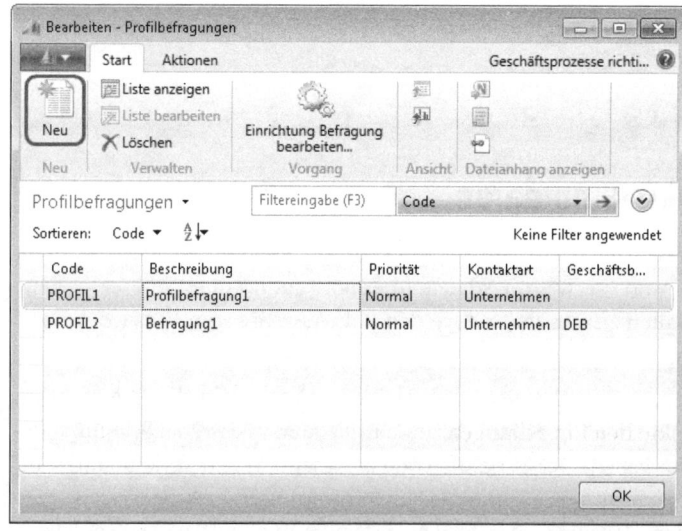

Abbildung 7.21 Profilbefragungen einrichten

In diesem Beispiel beschränkt sich das Profil auf die Abfrage der Gesellschaftsform.

Link: *Abteilungen/Verkauf & Marketing/Marketing/Kontakte* (siehe Abbildung 7.22)

Stammdaten im Verkauf

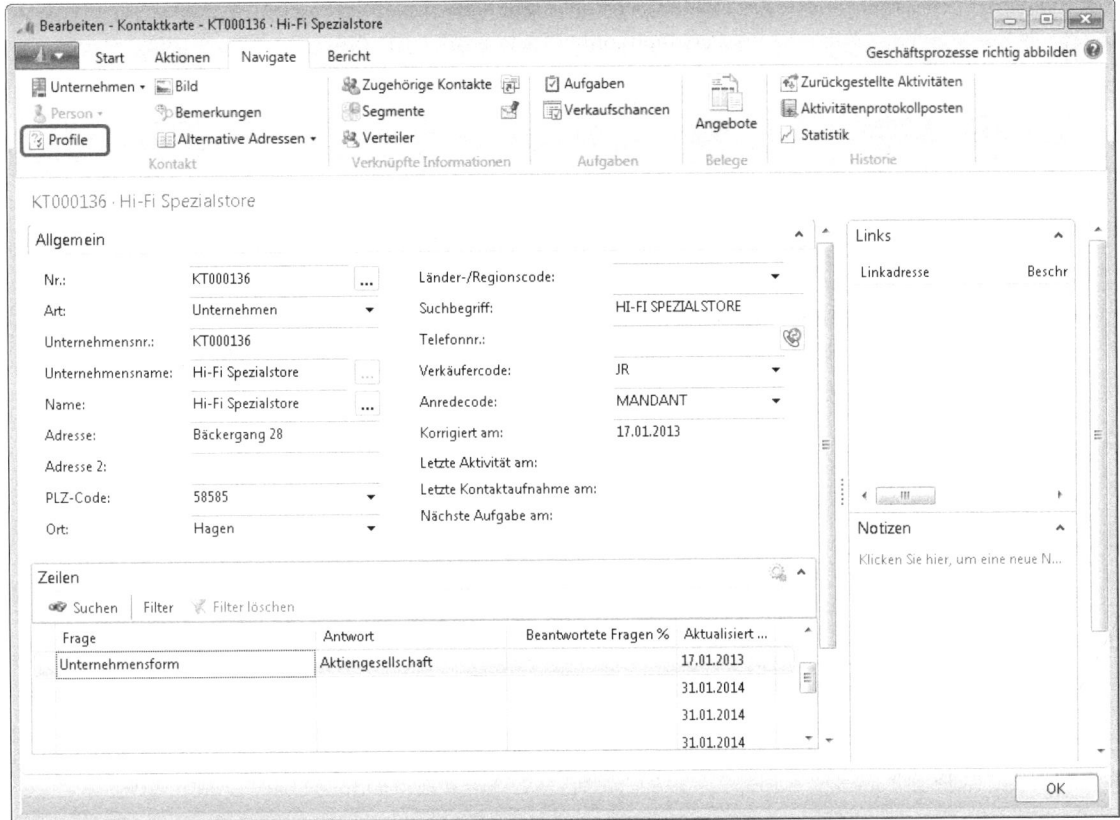

Abbildung 7.22 Kontaktkarte (allgemeine Daten)

Die Kontaktnummer wird in Abhängigkeit von den Einstellungen zur Nummernserie automatisch durch das System oder manuell durch den Benutzer vergeben. Der Verkäufercode repräsentiert den Verkäufer, der für die Bearbeitung dieses Kontakts verantwortlich ist. Die darunter liegenden Datumsfelder zeigen den letzten Änderungszeitpunkt der Kontaktdaten, den Zeitpunkt der letzten Kontaktaufnahme sowie den letzten zurückliegenden und den nächsten in der Zukunft liegenden Aktivitätszeitpunkt zu diesem Kontakt.

Auf dem Inforegister *Kommunikation* (siehe Abbildung 7.23) werden neben den Daten zu einzelnen Kommunikationswegen auch der Sprach- und Anredecode sowie eine Standardkorrespondenzart zu diesem Kontakt gepflegt.

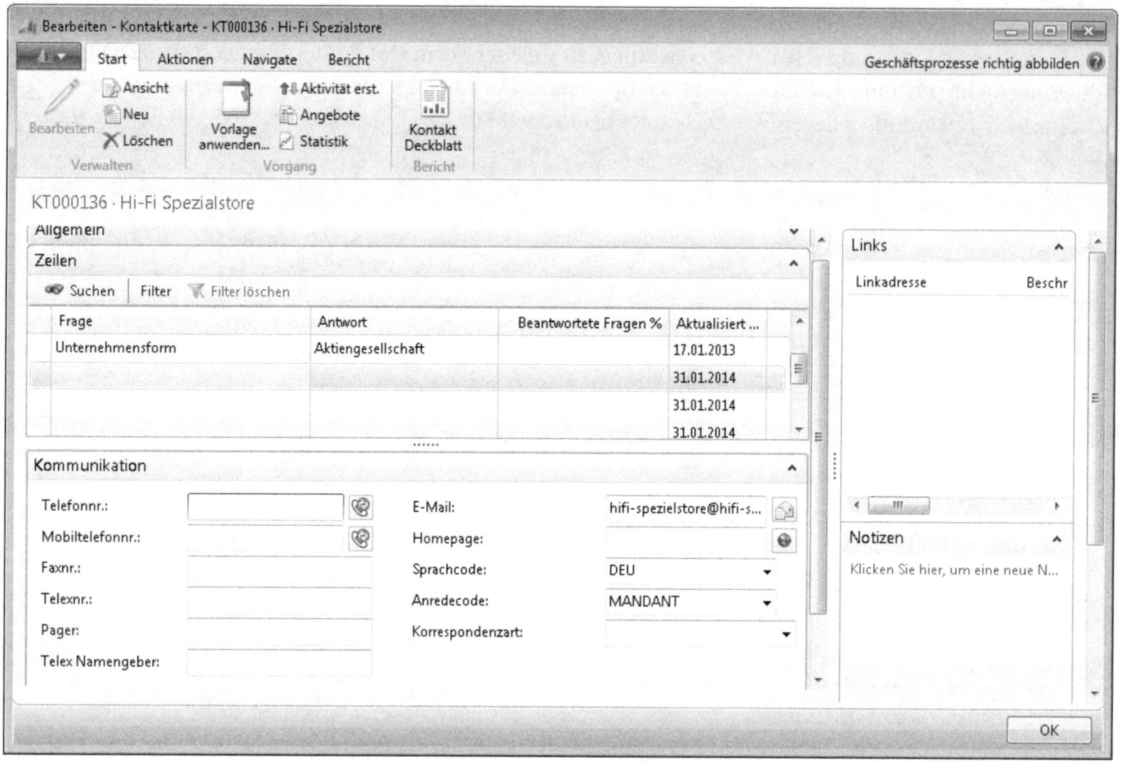

Abbildung 7.23 Kontaktkarte (Kommunikation)

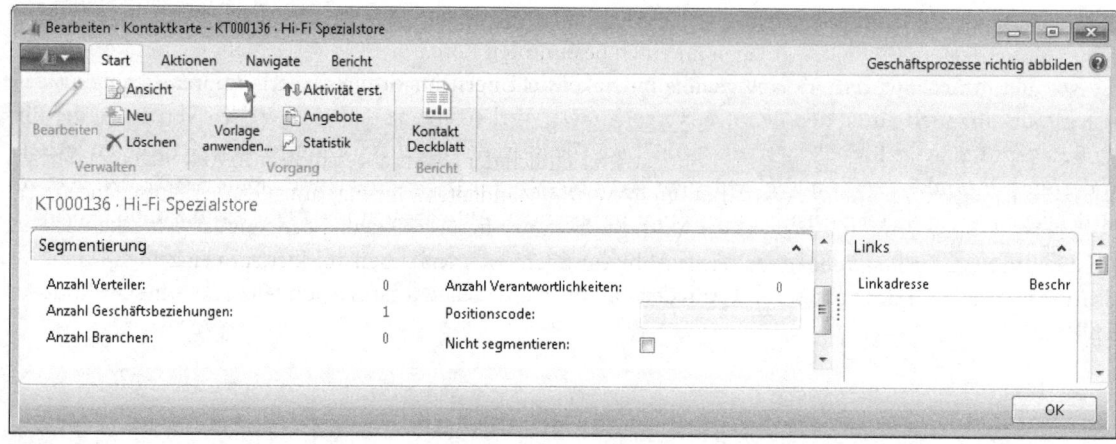

Abbildung 7.24 Kontaktkarte (Segmentierung)

Auf dem Inforegister *Segmentierung* (siehe Abbildung 7.24) ist vor allem das Feld *Anzahl der Geschäftsbeziehungen* von Bedeutung. Hier wird ersichtlich, in welcher Form der Kontakt mit dem Unternehmen in Beziehung steht (Debitor, Kreditor, Bank, Behörde etc.). Ein Kontakt kann dabei auch mehrere Geschäftsbeziehungen gleichzeitig pflegen, beispielsweise also sowohl Debitor als auch Kreditor des Unternehmens sein. Im Feld *Anzahl Branchen* wird angezeigt, wie viele Branchenzugehörigkeiten für den Kontakt gepflegt wurden. Diese und weitere Daten können für die Segmentierung (Zielgruppendefinition) im Rahmen von Vertriebsaktivitäten genutzt werden.

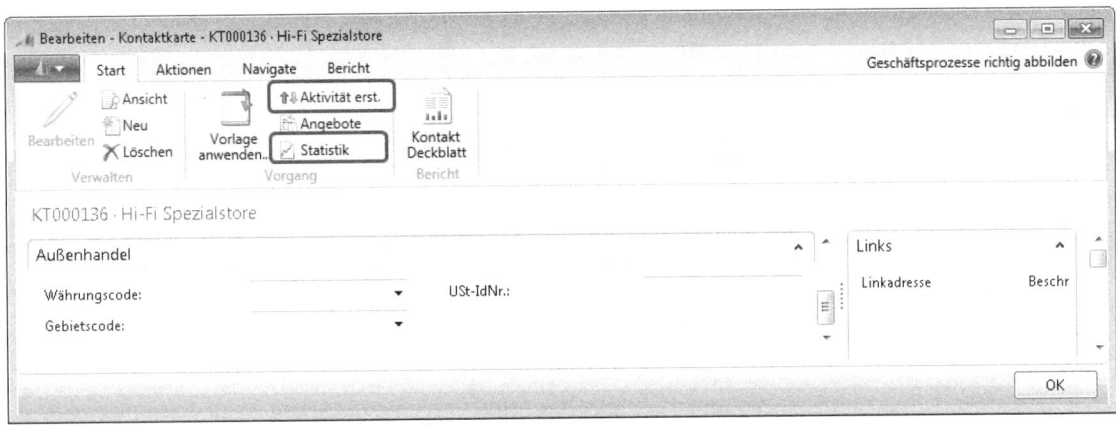

Abbildung 7.25 Kontaktkarte (Außenhandel)

In den Außenhandelsdaten (siehe Abbildung 7.25) werden die Währung des Kontaktes sowie der Gebietscode und die Umsatzsteuer-ID gepflegt.

Über die Aktion *Aktivität erstellen* lassen sich Aktivitäten zum Kontakt dokumentieren. Dazu können alle im System hinterlegten Aktivitätenvorlagen für einen bestimmten Kontakt zur Dokumentation einer Kontaktaufnahme ausgewählt und später im Aktivitätenprotokoll in Übersichtsform als eine Form der Kundenhistorie dargestellt werden.

Über die Aktion *Statistik* lassen sich die Kontakte hinsichtlich der bereits abgeschlossenen Aktivitäten und deren Kosten sowie der Verkaufschancen (Anzahl und Wert in Mandantenwährung) aufrufen. Verkaufschancen sind ein optionales Konstrukt und stellen den Auftragswert unter Berücksichtigung der Auftragswahrscheinlichkeit (abgeleitet aus den unterschiedlichen Verkaufsprozessstufen) während der Akquisitionsphase dar.

Link: *Abteilungen/Verkauf* & *Marketing/Marketing/**Kontakte**/Statistik* (siehe Abbildung 7.26)

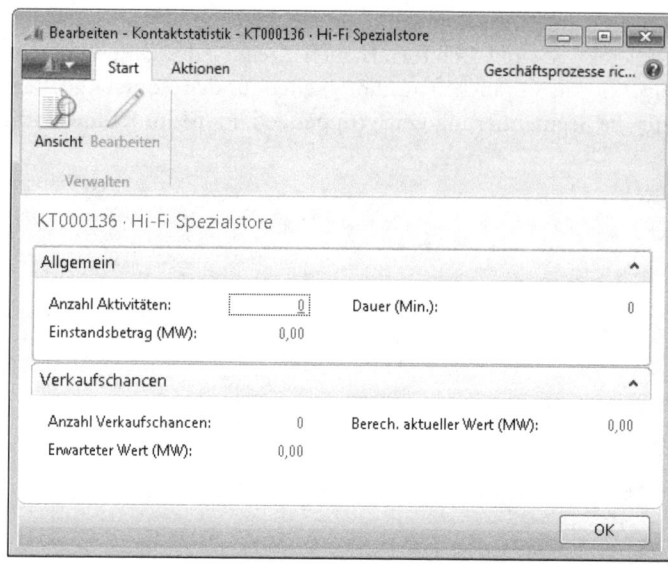

Abbildung 7.26   Kontaktstatistik

Ebenso können die Verkaufschancen im Detail über das Inforegister *Verkaufschancen* analysiert werden, alle zum Kontakt dokumentierten Aktivitäten über *Aktivitätenprotokollposten*.

Link: *Abteilungen/Verkauf* & *Marketing/Marketing/**Kontakte**/Navigate/Aktivitätenkontrollposten*

Mithilfe der Aktionen *Erstellen als* und *Verknüpfen mit* können aus den Kontaktdaten entweder direkt Personenkonten (Debitor, Kreditor) oder aber eine Verknüpfung zu diesen erstellt werden.

Link: *Abteilungen/Verkauf* & *Marketing/Marketing/**Kontakte**/Aktionen/Erstellen als* bzw. *Verknüpfen mit* (siehe Abbildung 7.27)

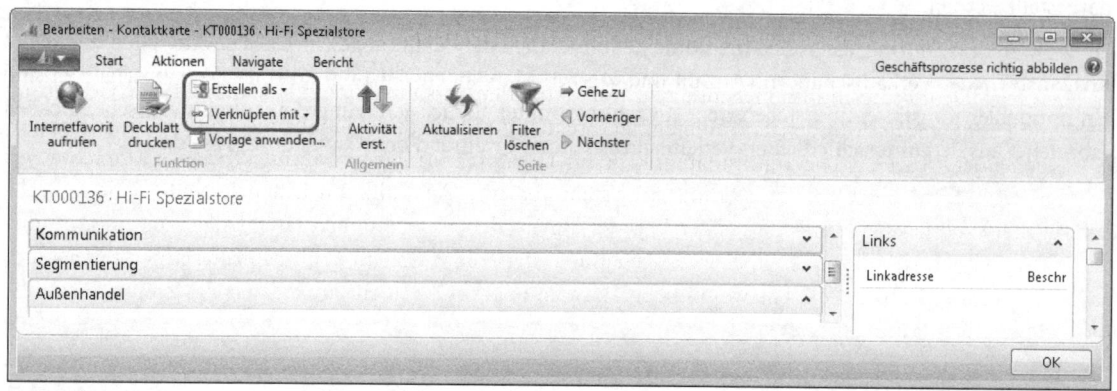

Abbildung 7.27   Kontaktdaten verknüpfen

Mithilfe von *Aufgaben* können geplante, kontaktbezogene Aktivitäten entweder einem Verkäufer oder einem Verkaufsteam zeitlich zugeordnet werden. Aufgaben können über die Aktion *Aufgabe erstellen* erzeugt und zugeordnet werden.

Link: *Abteilungen/Verkauf* & *Marketing/Marketing/***Kontakte**/*Navigate/Aufgaben/Aufgabe erstellen* Abbildung 7.28)

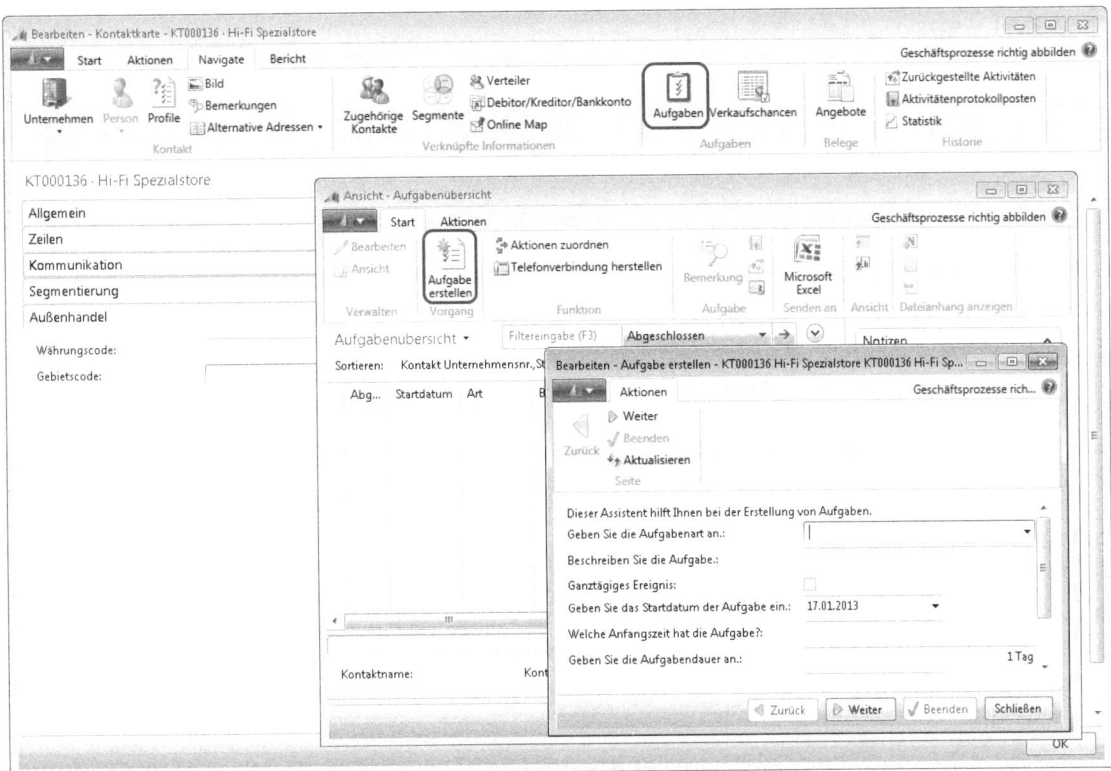

Abbildung 7.28 Kontakt – Aufgaben erstellen

Anlage und Pflege von Debitorenstammdaten

Kunden bzw. Debitoren sind im Gegensatz zu Kontakten den Personenkonten zuzuordnen. Die Gestaltung einzelner Parameter der Kundenstammdaten hat direkten Einfluss auf die Finanzbuchhaltung und die damit einhergehenden Prozesse. Die Stammdatenpflege für Debitoren erfolgt im Modul *Verkauf & Marketing* auf der Debitorenkarte. Jeder Kundenstammsatz besteht aus einer Vielzahl von Datenelementen, die in sechs Inforegistern segmentiert sind. Einige der Register ähneln denen der Kontaktdaten (Allgemein, Kommunikation, Außenhandel), enthalten aber weitergehende Daten, die vor allem den buchhalterischen Bereich der Kundenstammdaten betreffen. Die wesentlichen Bestandteile von Kundenstammdaten werden im Folgenden beschrieben. Kommunikations- und Außenhandelsdaten werden nicht näher erläutert, da sich diese nur unwesentlich von den Kontaktstammdaten unterscheiden. Bestimmte Felder innerhalb des Kundenstammsatzes (z. B. Kreditlimit, Zahlungsbedingung) werden in den einzelnen Teilbereichen des Verkaufsprozesses detailliert behandelt und daher in diesem Abschnitt nur kurz erwähnt.

Link: *Abteilungen/Verkauf & Marketing/Verkauf/Debitoren* (siehe Abbildung 7.29)

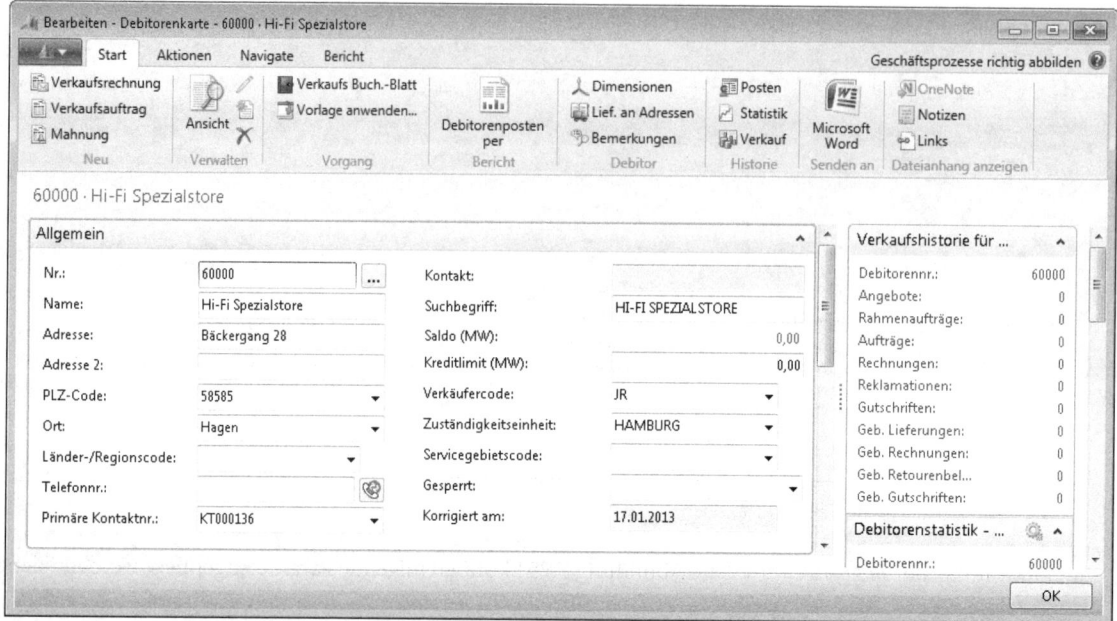

Abbildung 7.29 Debitorenkarte (allgemeine Daten)

Neben den Adress- und Kontaktdaten enthält das Inforegister *Allgemein* weitere Steuerungsparameter, die den Verkaufsprozess beeinflussen (siehe Tabelle 7.3).

Feld	Beschreibung
Saldo (MW)	Der aktuelle Saldo des Kunden in Mandantenwährung (FlowField)
Kreditlimit	Kundenindividuelles Kreditlimit, bei dessen Überschreitung eine Kreditlimitwarnung durch das System erzeugt wird
Verkäufercode	Code des Verkäufers, der diesen Debitor betreut
Zuständigkeitseinheit	Zuständigkeitseinheit, die den Debitor standardmäßig betreut
Servicegebietscode	Standardservicegebiet, die den Zielmarkt des Unternehmens in geografische Regionen einteilt
Gesperrt	Einschränkung von Transaktionen, die mit dem Kunden durchgeführt werden: *<Leer>* Keine Einschränkungen *<Liefern>* Keine neuen Aufträge und Lieferungen *<Fakturieren>* Keine neuen Aufträge, Lieferungen und Rechnungen *<Alle>* Keine Transaktion zulässig
Korrigiert am	Letztes Änderungsdatum des Kundenstammsatzes

Tabelle 7.3 Debitorenkarte (allgemeine Daten)

Stammdaten im Verkauf

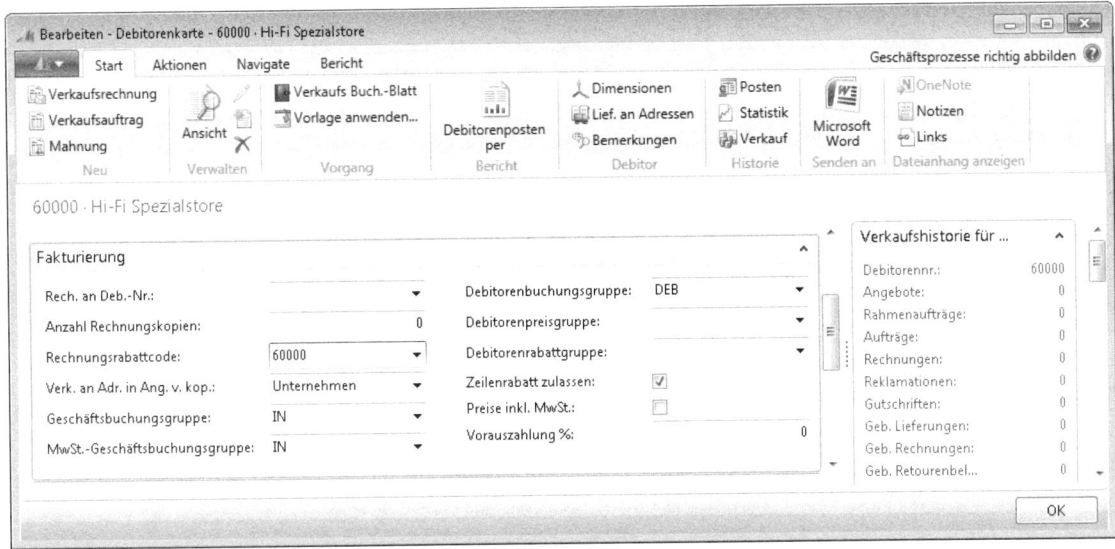

Abbildung 7.30 Debitorenkarte (Fakturierung)

Auf dem Inforegister *Fakturierung* (siehe Abbildung 7.25) können folgende Parameter gepflegt werden (siehe Tabelle 7.4):

Feld	Beschreibung
Rech. an Deb.-Nr.	Ist der Debitor, an den die Lieferung erfolgt, nicht identisch mit dem Rechnungsempfänger, kann in diesem Feld ein abweichender Rechnungsempfänger hinterlegt werden. Zusätzlich können Lieferadressen gepflegt werden (*Debitor/Lief. an Adressen*).
Rechnungsrabattcode	Hinterlegung eines für den Debitoren gültigen Rechnungsrabatts über den entsprechenden Rechnungsrabattcode
Geschäftsbuchungsgruppe	Code, der Debitoren nach bestimmten Kriterien (z. B. Gebiet oder Unternehmenstyp) segmentiert. Dieser Code wird zusammen mit der Produktbuchungsgruppe in der Buchungsmatrix zur Kontenfindung genutzt.
MwSt.-Geschäftsbuchungsgruppe	Der Code wird in Kombination mit der MwSt.-Produktbuchungsgruppe dazu genutzt, den Mehrwertsteuersatz und die MwSt.-Berechnungsart zu ermitteln sowie die MwSt.-Konten in der MwSt.-Buchungsmatrix auszuwählen
Debitorenbuchungsgruppe	Die Debitorenbuchungsgruppe dient in erster Linie dazu, die Forderungen eines Debitors auf das entsprechende Hauptbuchkonto (Forderungssammelkonto) zu buchen. Dieses wird im Feld *Debitorensammelkonto* in der Tabelle *Debitorenbuchungsgruppe* hinterlegt.
Debitorenpreisgruppe	Hier kann eine Preisgruppe hinterlegt werden, über die die VK-Preise der Artikel je nach Preisgruppe unterschiedlich gesteuert und definiert werden können. Bei Angeboten, Aufträgen und Rechnungen wird dann nicht auf die normalen, sondern die alternativen VK-Preise zugegriffen.
Debitorenrabattgruppe	Hier kann eine Rabattgruppe hinterlegt werden, über die Zeilenrabatte der Artikel je nach Rabattgruppe unterschiedlich gesteuert und definiert werden können. Bei Angeboten, Aufträgen und Rechnungen wird dann nicht der normale, sondern der rabattierte VK-Preise verwendet.
Zeilenrabatt zulassen	Bei Aktivierung werden Zeilenrabatte für diesen Kunden automatisch in die Verkaufsbelege übernommen

Tabelle 7.4 Debitorenkarte (Fakturierung)

Feld	Beschreibung
Preise inkl. MwSt.	Bei Aktivierung werden die Verkaufspreise inkl. der Umsatzsteuer ausgewiesen, d.h., die hinterlegten Verkaufspreise werden inkl. Umsatzsteuer gepflegt
Vorauszahlung %	Prozentuale Vorauszahlung vom Rechnungsbetrag, die im Rahmen der Auftragsabwicklung vom Kunden zu leisten ist

Tabelle 7.4 Debitorenkarte (Fakturierung) *(Fortsetzung)*

Auf dem Inforegister *Zahlungen* können folgende Parameter gepflegt werden (siehe Abbildung 7.31 und Tabelle 7.5):

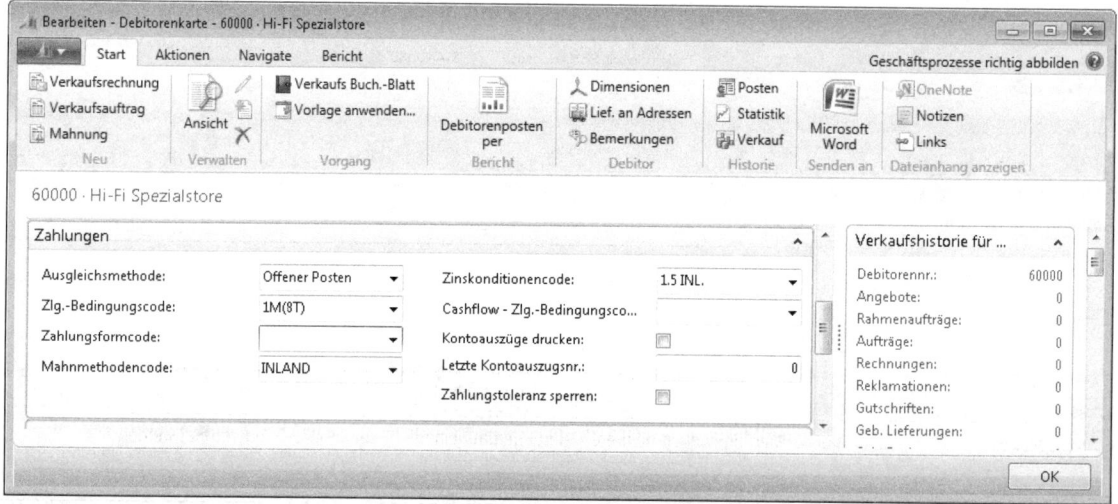

Abbildung 7.31 Debitorenkarte (Zahlung)

Feld	Beschreibung
Ausgleichsmethode	Ausgleichsmethode für offene Posten: *<Offener Posten>* Eine auf dem Debitorenkonto gebuchte Zahlung wird nicht automatisch mit einer Rechnung ausgeglichen, sondern verbleibt bis zum manuellen Ausgleich als offene Zahlungsposition auf dem Konto *<Saldomethode>* Mit der Zahlung wird automatisch der älteste offene Posten des Debitoren ausgeglichen.
Zlg.-Bedingungscode	Hinterlegung einer Zahlungsbedingung für den Kunden
Zahlungsformcode	Hinterlegung der Zahlungsform für den Kunden. Hierbei ist zu beachten, dass bei Verwendung einer Zahlungsform mit einem Gegenkonto der bei der Buchung entstehende Debitorenposten automatisch ausgeglichen wird.
Mahnmethodencode	Hinterlegung der Mahnmethode für den Kunden für den Fall des Zahlungsverzugs
Zinskonditionencode	Hinterlegung der Methode zur Berechnung von Verzugszinsen
Cashflow - Zlg.-Bedingungscode	Zahlungsbedingungscode, der für die Liquiditätsprognose herangezogen wird
Zahlungstoleranz sperren	Bei Aktivierung werden für diesen Kunden keine Zahlungstoleranzen akzeptiert

Tabelle 7.5 Debitorenkarte (Zahlung)

Auf der Inforegister *Lieferung* können folgende Parameter gepflegt werden (siehe Abbildung 7.32 und Tabelle 7.6):

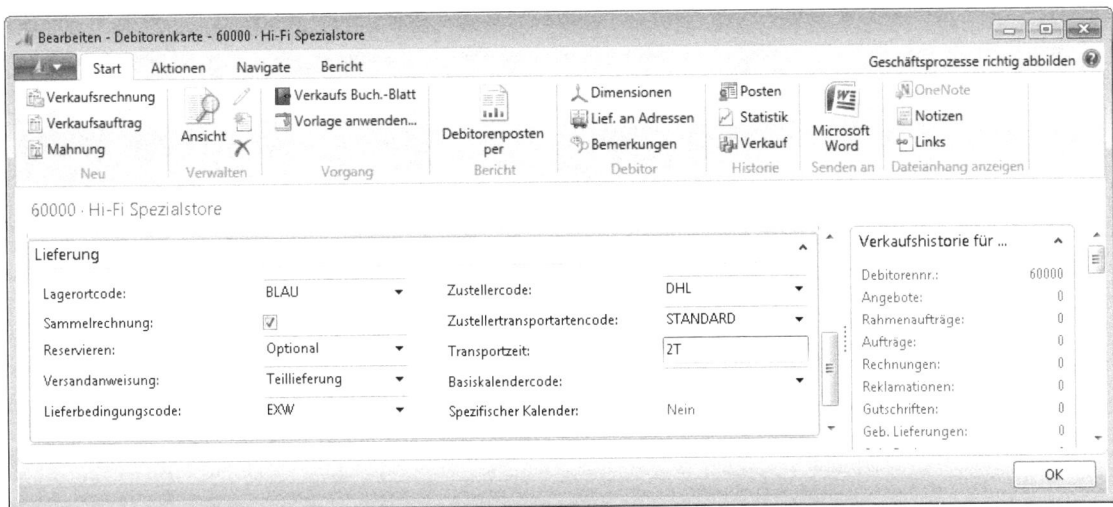

Abbildung 7.32 Debitorenkarte (Lieferung)

Feld	Beschreibung
Lagerortcode	Liefernder Lagerort, der für den Kunden standardmäßig verwendet werden soll
Sammelrechnung	Bei Aktivierung können mehrere Lieferungen mit einer Sammelrechnung abgerechnet werden
Reservieren	Festlegung, ob und wie Artikel für den Kunden zur Lieferung reserviert werden
Versandanweisung	Definiert, ob für den Kunden generell Teillieferungen oder nur Komplettlieferungen zulässig sind
Lieferbedingungscode	Code für die Lieferbedingung des Kunden
Zustellercode	Code für den Zusteller (Dienstleister für die Zustellung einschließlich Hinterlegung der Webseite für die Paketverfolgung)
Zustellertransportartencode	Code für die zu verwendende Transportart
Transportzeit	Geplante Zeit zwischen Warenausgang aus dem Lager und Wareneingang beim Kunden
Basiskalendercode	Definition eines Kalenders (Hinterlegung von Feiertagen, Sonn- und Samstagen)
Spezifischer Kalender	Unternehmensspezifischer Kalender als Variante zum Basiskalender

Tabelle 7.6 Debitorenkarte (Lieferung)

Abschließend sei erwähnt, dass in den Stammdaten über die Aktion *Bankkonten* die zum Debitor gehörenden Bankverbindungen gepflegt werden können.

Link: *Abteilungen/Verkauf* & *Marketing/Verkauf/**Debitoren**/Navigate/Bankkonten* (siehe Abbildung 7.33)

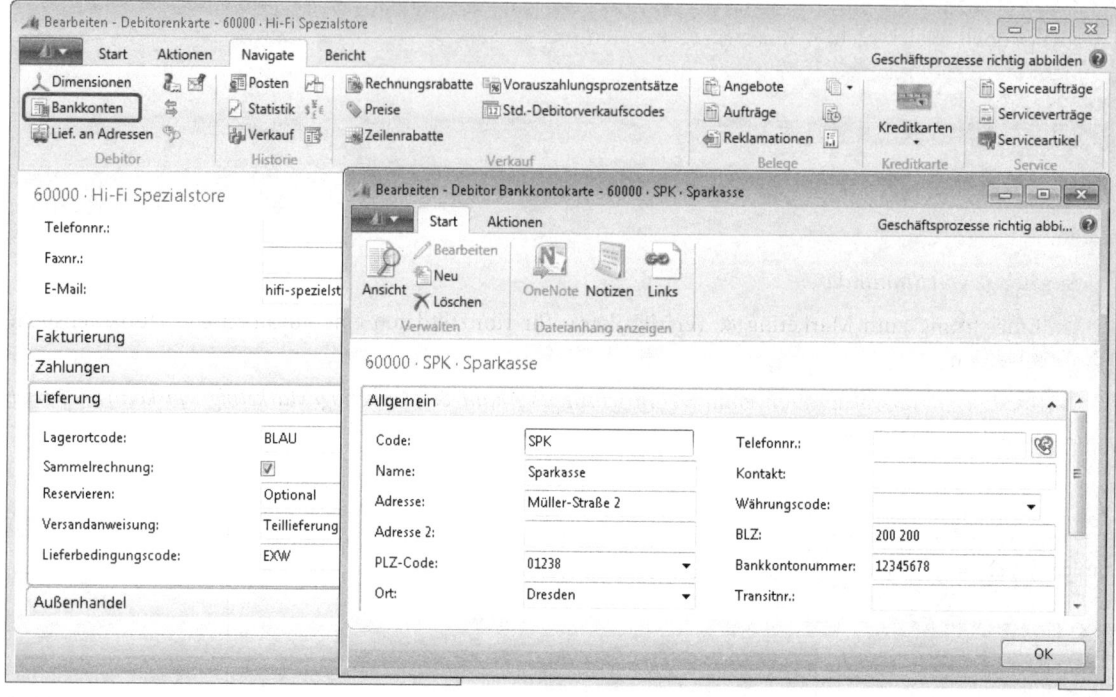

Abbildung 7.33   Debitor Bankkontokarte

Anlage und Pflege von Kontakt- und Debitorenstammdaten aus Compliance-Sicht

Potenzielle Risiken

- Ungewünschte Kontaktdaten werden bewusst oder unbewusst angelegt (Effectiveness, Compliance)
- Erstellung von Stammdaten für ungewünschte Kunden (Effectiveness, Compliance)
- Doppelanlage von Stammdaten und damit verbunden die Aushebelung kundenspezifischer Kontrollen (Kreditlimitprüfung, Mahnwesen etc.) sowie redundante Datenhaltung (Efficiency, Integrity, Reliability)
- Unvollständige und falsche Daten (Efficiency, Integrity, Reliability, Compliance)
- Nicht autorisierte Änderung von Stammdaten, insbesondere sensibler Felder (Integrity, Reliability, Compliance)

Prüfungsziel

- Sicherstellung, dass nur zuvor überprüfte und »gute« Kunden in der Anwendung angelegt werden
- Sicherstellung der Vollständigkeit und Richtigkeit von Stammdaten
- Sicherstellung einer konsistenten Datenhaltung und klarer Verantwortlichkeiten für das Anlegen von Stammdaten

Prüfungshandlungen

Unerwünschte Kunden

Hierbei handelt es sich nicht primär um eine systemtechnisches, sondern vielmehr um ein organisatorisches Problemfeld. Der Prozess sollte bestimmte Prüfroutinen vorsehen, die sicherstellen, dass nur Kunden im System angelegt werden, mit denen das Unternehmen tatsächlich eine Geschäftsbeziehung eingehen will. So sollte beispielsweise grundsätzlich eine Kreditauskunft eingeholt werden, eine Blacklistprüfung vorgenommen werden (gegebenenfalls Embargolisten, vgl. dazu EU Antiterrorismusverordnung) und in Abhängigkeit von den Unternehmensanforderungen weitere Auskünfte eingeholt werden. In Stichproben kann geprüft werden, ob diese Unterlagen zu Kunden im Unternehmen vorliegen.

Doppelanlage von Stammdaten

In der Einrichtung zum Marketing & Vertrieb kann für Kontaktdaten eine automatische Dublettensuche aktiviert werden.

Link: *Abteilungen/Verwaltung/Anwendung Einrichtung/Verkauf & Marketing/Marketing/Marketing Vertrieb Einr.* (siehe Abbildung 7.34)

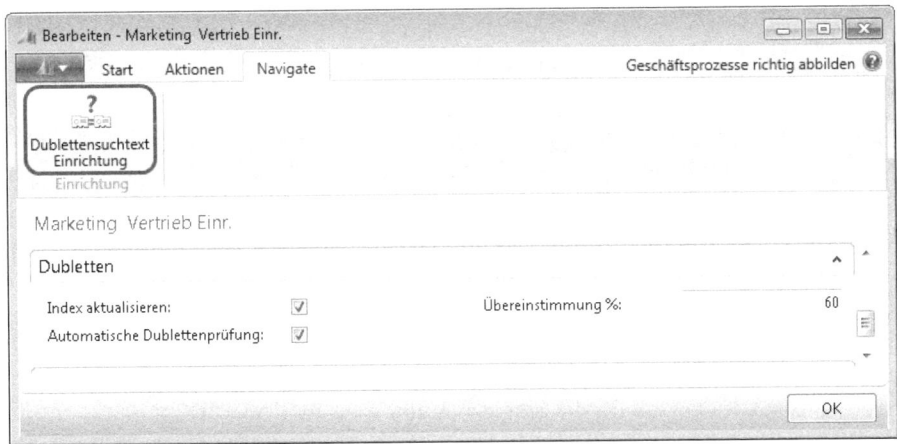

Abbildung 7.34   Kontaktdublettensuche

Dazu wird ein Matchcode berechnet, dessen Inhalt über die Schaltfläche *Suchtexte* definiert werden kann. Zusätzlich kann die prozentuale Übereinstimmung festgelegt werden, um eine Dublette zu identifizieren.

Link: *Abteilungen/Verwaltung/Anwendung Einrichtung/Verkauf & Marketing/Marketing/***Marketing Vertrieb Einr.***/Navigate/Dublettensuchtext Einrichtung/Neu* (siehe Abbildung 7.35)

Der Name wird in diesem Beispiel innerhalb der ersten und letzten fünf Buchstaben verprobt und bei Übereinstimmung auch weiterer Suchkriterien eine Systemmeldung ausgegeben.

Aus Compliance-Sicht sollte die Dublettenprüfung für Kontaktdaten aktiviert sein. Über die NAV-Seite *Kontaktdubletten* können die potenziellen Dubletten angezeigt und bearbeitet werden.

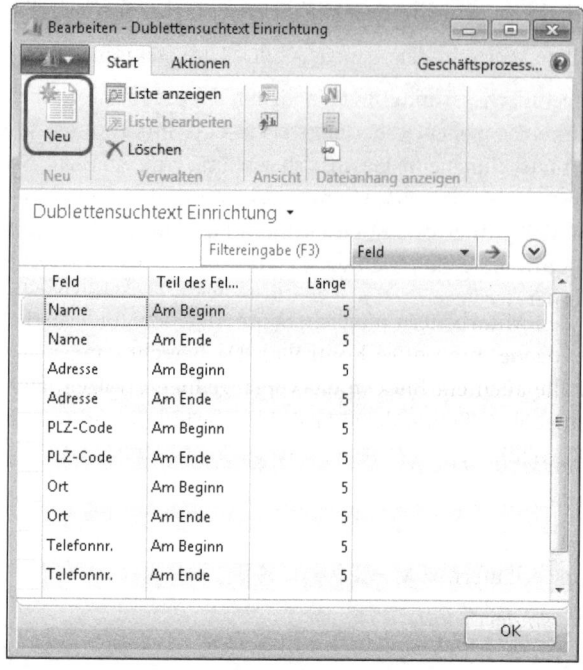

Abbildung 7.35 Einrichtung Dublettensuchtexte

Link: *Abteilungen/Verkauf & Marketing/Marketing/Periodische Aktivitäten/Kontaktdubletten*

Diese Funktionalität steht für Kundenstammdaten nicht zur Verfügung, d.h., es kann keine präventive systemtechnische Kontrolle implementiert werden. Es sind also organisatorische Regelungen zu treffen (z. B. Suche nach einem Kunden im System zur Überprüfung, ob dieser schon angelegt wurde). Darüber hinaus kann die Tabelle der Kundenstammdaten daraufhin untersucht werden, ob sich darin potenzielle Dubletten finden (insbesondere in Bezug auf kritische Datenfelder wie z. B. Bankverbindung etc.). Dazu bietet es sich an, die Debitorenübersicht über die Excel-Übergabefunktion in der Toolbar in Excel zu importieren, um die dortige Dublettensuche zu nutzen. Gleiches gilt für die gängigen Audit-Tools ACL oder IDEA.

Feldzugriff: *Tabelle 18 Kunde*

Online Im Begleitmaterial zu diesem Buch befindet sich ein Report, der analog zu den Kontakten Debitorendubletten sucht und ausgibt.

Die Begleitdateien stehen als Download zur Verfügung. Sie können diese wahlweise entweder von der Seite *www.microsoft-press.de/support/9783866455696* oder von der Seite *msp.oreilly.de/support/2272/803* herunterladen.

Vollständigkeit und Richtigkeit der Daten

Innerhalb der Stammdaten wird eine Vielzahl von kritischen Feldern mit Werten belegt, die für den späteren Verkaufsprozess mit Auswirkung auf den Cashflow von großer Bedeutung sind (Zahlungsbedingungen, Kreditlimits, Mahnverfahren, Zinskonditionen, Rabattcodes, Preisgruppen, Aktivierung von Zeilenrabatten und Zahlungstoleranzen etc.). Die Stammdaten müssen auf Vollständigkeit und Unternehmensrichtlinienkonformität überprüft werden. Im Wesentlichen sind drei Fragen zu beantworten:

- Gibt es kritische Felder in den Stammdaten, die bei einzelnen oder bei allen Kunden fehlende Werte aufweisen?

Stammdaten im Verkauf

- Gibt es kritische Felder, die mit Werten belegt sind, die unplausibel oder nicht richtlinienkonform sind?
- Gibt es Testdaten im Produktivsystem, d.h. auffällige Werte in den Namens- oder Adressfeldern (*test*, *1234* etc.)?

Feldzugriff: *Tabelle 18 Kunde*

Nicht autorisierte Änderung von Stammdaten

Die Prüfung von Stammdaten ist ein mehrstufiger Prozess. Zunächst ist aus organisatorischer Sicht zu klären, welche Mitarbeiter für den Änderungsprozess verantwortlich sind und ob dazu eine festgeschriebene Vorgehensweise existiert. Diese ist anschließend mit dem aktuellen Berechtigungskonzept zu vergleichen, d.h., ist es aus Anwendungssicht eben nur dem oder den Mitarbeitern möglich, Stammdaten zu ändern, die für diesen Prozess verantwortlich sind (zeitpunktbezogene, präventive Kontrolle). Da Berechtigungen im System jedoch jederzeit geändert werden können, sollte auch ein Blick in die Vergangenheit erfolgen, also wer hat in einem festzulegenden Zeitraum der Vergangenheit Stammdaten tatsächlich geändert und war er dazu berechtigt (zeitraumbezogene, entdeckende Kontrolle).

Prüfung des Berechtigungskonzeptes in Bezug auf Kundenstammdaten

Die Einrichtung und Verwaltung von Berechtigungen wird ausführlich in Kapitel 2 (aus technischer Sicht) und in Kapitel 4 im Abschnitt »Benutzerzugriffsrechte« erläutert.

Prüfung des Zeitpunkts, wann ein Stammsatz zuletzt geändert wurde

Feldzugriff: *Tabelle 18 Kunde*, Feld 54 Korrigiert am

Prüfung, wer den Stammsatz geändert hat

Feldzugriff: *Tabelle 405 Änderungsprotokollposten*, Felder *Tabellennummer, BenutzerID, Alter Wert, Neuer Wert*

Einrichtung prüfen, ob Änderungen in Kundenstammdaten im Change Log aufgezeichnet werden

Link: *Abteilungen/Verwaltung/IT-Verwaltung/Allgemein/**Änderungsprotokoll Einrichtung**/Aktionen/Tabellen (Tabelle 18 Kunde: Einrichtung analysieren)*

Eine detaillierte Beschreibung zur Auswertung und Einrichtung des Änderungsprotokolls finden Sie in Kapitel 4 im Abschnitt »Änderungsprotokoll«.

Einrichtung von Stammdatenvorlagen

In der Regel werden bestimmte Felder von Kundenstammdaten mit Standardwerten besetzt, z. B. wenn das Unternehmen ein einheitliches Kreditlimit oder einheitliche Zahlungskonditionen für bestimmte Kunden oder Kundengruppen vorsieht. In solchen Fällen bietet es sich an, Vorlagen mit Standardwerten zu erstellen, aus denen die Werte bei der Neuanlage von Kundenstammdaten automatisch kopiert werden. Dynamics NAV bietet mit der Einrichtung von Stammdatenvorlagen die Möglichkeit der Vorbelegung bestimmter Stammdatenfelder. Im Folgenden soll gezeigt werden, wie Feldvorbelegungen erzeugt und Wertgrenzen für Felder festgelegt werden können. Dies wird anhand der Felder *Zahlungskonditionen* und *Kreditlimit* beispielhaft verdeutlicht. Die Funktion zur Erstellung von Vorlagen befindet sich im Verwaltungsmenü.

Link: *Abteilungen/Verwaltung/Anwendung Einrichtung/Allgemein/Stammdatenvorlagen einrichten* (siehe Abbildung 7.36)

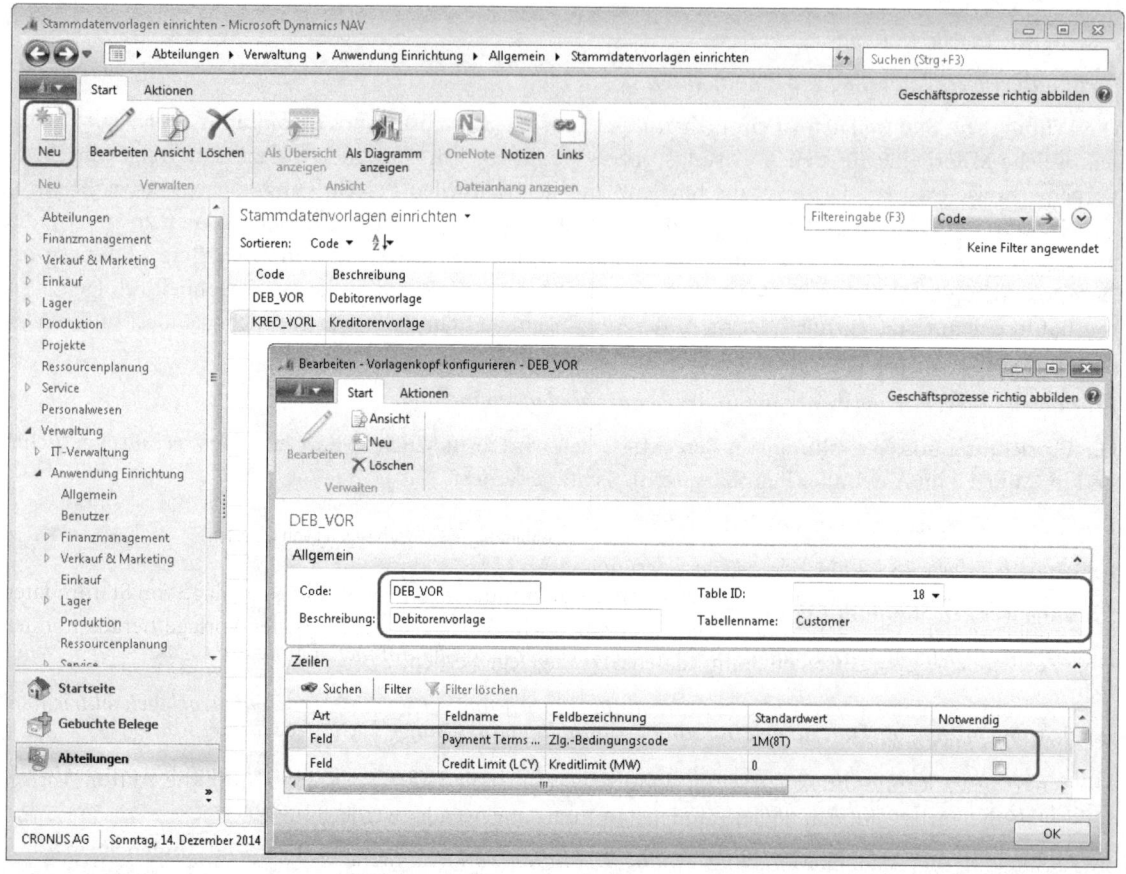

Abbildung 7.36 Einrichtung Debitorenstammdatenvorlagen

Dem Feld *Code* muss eine eindeutige Kennung für die Stammdatenvorlage zugewiesen sein, im Feld *Beschreibung* kann ein benutzerdefinierter Text hinterlegt werden. In diesem Beispiel wurde der *Code* DEB_VOR mit der *Beschreibung* Debitorenvorlage gewählt. Über das Feld *TableID* ist auszuwählen, in welcher Tabelle sich das mit einem Wert vorzubelegende Feld befindet. Durch einen Mausklick auf die Lookup-Schaltfläche öffnet sich ein Fenster, das die im System definierten Objekte (Tabellen) enthält. Sobald die Tabelle ausgewählt wird, können in den Vorlagenzeilen die Felder dieser Tabelle vorbelegt werden. Dazu ist über den Lookup des Felds *Feldname* das entsprechende Feld auszuwählen.

In diesem Beispiel werden die Felder *Zahlungsbedingungscode* (Payment Terms Code) und *Kreditlimit* (Credit Limit, LCY) ausgewählt. Anschließend kann über das Feld *Standardwert* ein Feldwert eingetragen werden. Neben dem Standardwert im Debitorenvorlagenkopf findet sich das Feld *Notwendig*. Dieses Feld wird im Prozess der Stammdatenanlage nicht evaluiert, d.h., auch wenn das Kennzeichen *notwendig* gesetzt wurde, kann der Stammsatz auch dann gespeichert und genutzt werden, wenn dem entsprechenden Feld kein Wert zugewiesen wurde. Die Bedeutung des Felds *Notwendig* beschränkt sich damit auf eine Erinnerungsfunktion in der Vorlage, dass dieses Feld zu füllen ist.

Stammdaten im Verkauf

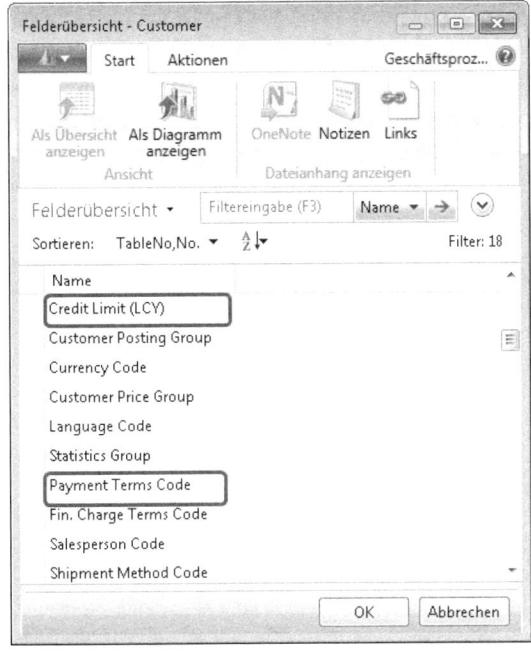

Abbildung 7.37 Vorbelegung von Objekten

Sind alle vorzubelegenden Felder definiert, kann die Stammdatenvorlage für die Neuanlage von Stammdaten verwendet werden. Dies kann über zwei unterschiedliche Wege erfolgen. Aus der Vorlage heraus können über *Funktionen/Instanz* erstellen Stammdatensätze angelegt werden.

Menüoption: *Abteilungen/Verwaltung/Anwendung Einrichtung/Allgemein/**Stammdatenvorlagen einrichten**/ Aktionen/Instanz erstellen*

Wird ein neuer Kunde direkt aus der Debitorenkarte erstellt [Strg]+[N], kann über die Aktion *Vorlage anwenden* die Vorlage auf den neuen Kundenstammsatz angewendet werden.

Link: *Abteilungen/Verkauf & Marketing/Verkauf/**Debitoren**/Vorlage anwenden*

Stammdatenvorlagen sind nicht zu verwechseln mit Debitorenvorlagen, die in der Einrichtung des Verkaufs im Marketing-Modul gepflegt werden können.

Link: *Abteilungen/Verkauf & Marketing/Verkauf/Debitorenvorlagen*

Hierbei handelt es sich um Vorlagen, die im Rahmen des Kontaktmanagements für die Erstellung von Verkaufsangeboten genutzt werden können; einen Einfluss auf die Anlage von Kundenstammdaten haben sie nicht.

Aus Compliance-Sicht sollten Debitorenvorlagen (*Tabelle 5105*) daraufhin überprüft werden, ob die Standardwerte, die bei der Erstellung einer einzelnen Instanz aus der Vorlage heraus kopiert werden, den Anforderungen des Unternehmens entsprechen. So kann verhindert werden, dass falsche Daten in den Stammsatz übernommen werden.

Der Verkaufsprozess und Belegfluss im Überblick

Im Folgenden wird der Verkaufsprozess in seiner Standardvariante vorgestellt, die einzelnen Teilprozesse detailliert beschrieben sowie unterschiedliche Konfigurationsvarianten analysiert. Anschließend erfolgt die Betrachtung des Verkaufs aus Compliance-Sicht, der die Konsequenzen einzelner Einstellungen und mögliche Kontrollmaßnahmen während der Implementierung und des operativen Betriebs aufzeigt. Abhängig von den Anforderungen des einzelnen Unternehmens an die Verkaufsprozesse können Teilprozesse von den hier beschriebenen Prozessen abweichen, entfallen oder durch entsprechende Maßnahmen erweitert werden. Darüber hinaus wird beispielhaft ein Bonitätsprüfungsprozess dargestellt, der allerdings nicht Bestandteil von NAV Standard ist.

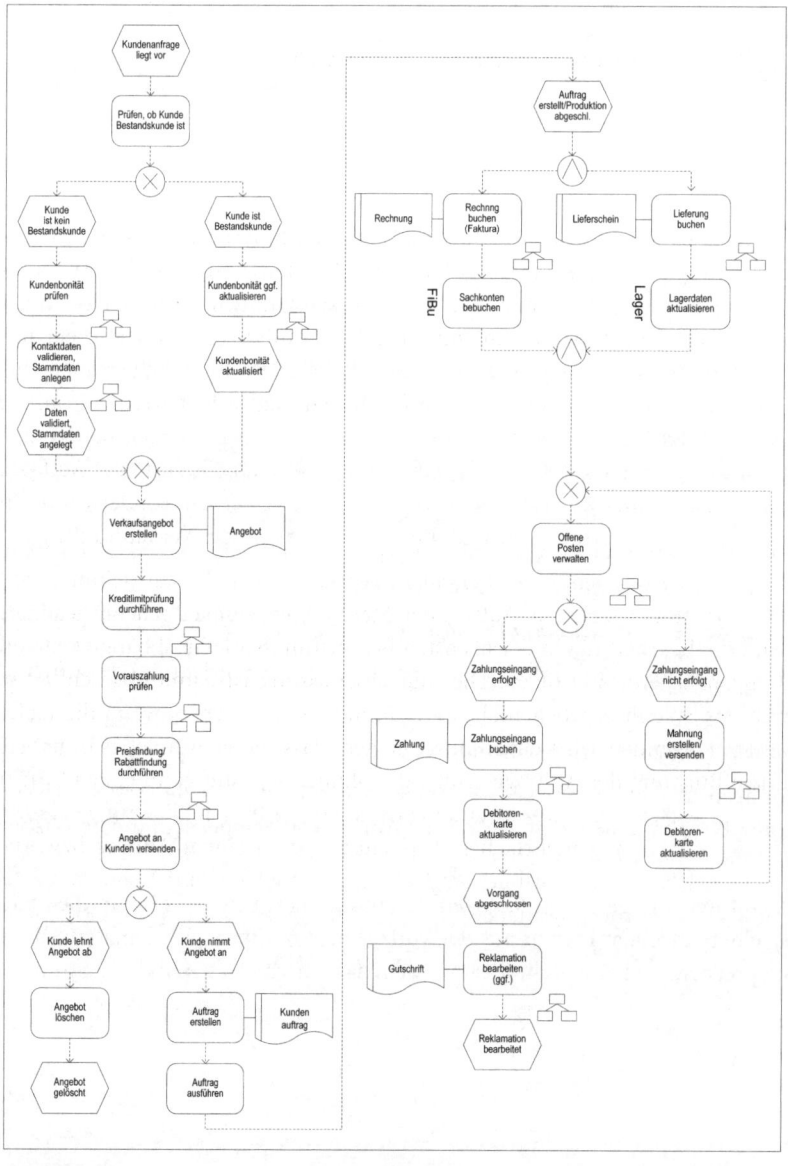

Abbildung 7.38 Der Verkaufsprozess und sein Belegfluss

Der Verkaufsprozess und Belegfluss im Überblick

Ein in Dynamics NAV abgebildeter Verkaufsprozess durchläuft in der Regel eine Reihe von standardisierten Bearbeitungsschritten, wobei die unterschiedlichen Anwendungsbereiche und Module des Systems interagieren. Aus den Nebenbüchern des Einkaufs, des Lagers, der Produktion und des Verkaufs sowie des Services (analog zum Verkauf) werden Informationen an die Finanzbuchhaltung übergeben und umgekehrt. Die dazu erforderlichen Datenflüsse werden mithilfe von Belegen verbucht. Die folgende Abbildung stellt einen Standardverkaufsprozess in Dynamics NAV in vereinfachter Form dar:

Der Abbildung 7.39 ist zu entnehmen, dass dem Standardprozess ein Standardbelegfluss folgt, der aus folgenden Einzelbelegen besteht:

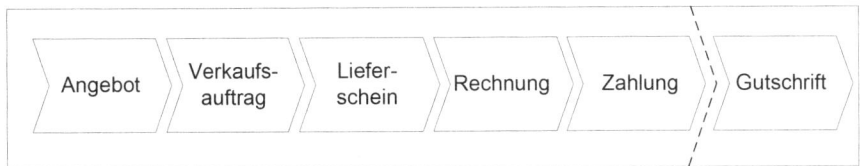

Abbildung 7.39 Belegfluss des Verkaufsprozesses

Für jeden vollständig durchlaufenen Geschäftsvorfall (Prozessinstanz) müssen mit Ausnahme des Gutschriftenbelegs alle Belege erstellt, im System vorhanden sein und auf den jeweils zuletzt erstellten Beleg referenzieren. Gutschriften werden in der Regel nur dann benötigt, wenn Reklamationen vorliegen oder der Rechnungsbetrag nicht korrekt war. Der Belegfluss beginnt mit einem Verkaufsangebot oder direkt mit einem Auftrag. Angebote und Aufträge müssen zwingend einem Kontakt bzw. Debitoren zugeordnet werden. Verkaufsangebote entsprechen dabei Auftragsentwürfen, die Kontakten zugeordnet werden können. Kommt es auf Basis des Angebots zu einem Auftrag, wird zur Weiterverarbeitung eines freigegebenen Auftrags immer ein Debitor benötigt. Sowohl Verkaufsangebote als auch Kontakte sind per Funktion in Aufträge bzw. Debitoren umwandelbar. Angebote können für sich nicht weiterverarbeitet werden, sondern müssen dazu zwingend in einen Auftrag umgewandelt werden. Zentrales Konstrukt ist damit der Verkaufsauftrag.

Verkaufsaufträge enthalten Kopf- (Daten zum Debitoren, Verkäufer, verantwortliche Verkaufseinheit etc.) und Positionsdaten (z. B. Artikelinformationen). Hat ein Auftrag den Status *Offen*, kann er beliebig geändert werden, im Status *Freigegeben* kann die Bearbeitung in der nächsten Bearbeitungsstufe in Abhängigkeit von der Logistikeinrichtung des jeweiligen Lagerorts erfolgen. Die Auftragserfassung ist damit abgeschlossen. Der Status *Freigegeben* wird durch das System gegebenenfalls auch automatisch vergeben, wenn die Lieferung zum Auftrag gebucht wird. Im Folgenden wird davon ausgegangen, dass die verwendeten Lagerorte keine Logistikschritte enthalten. Die Buchung der Aufträge erfolgt gewöhnlich zweistufig, im ersten Schritt die Lieferung und anschließend die Fakturierung. Die Anwendung ermöglicht damit Teillieferungen sowie Teil- und Sammelrechnungen, also die Buchung mehrfacher Warenausgänge zu einem Auftrag bzw. die Abrechnung mehrerer Aufträge mit einer Faktura. Bei gebuchter Rechnung ermöglicht das System die Beobachtung des Zahlungseingangs mithilfe des Forderungsmanagements. Bei Zahlungseingang erfolgt die Aktualisierung des Debitorenkontos sowie der Kundenhistorie. Kommt es im weiteren Verlauf zu Reklamationen und der Kunde schickt erhaltene Waren an das Unternehmen zurück, kann von der Anwendung eine Kundengutschrift bzw. Reklamation erzeugt werden (lesen Sie dazu auch den Abschnitt »Reklamation und Gutschriften« in diesem Kapitel).

Neben dem standardisierten Verkaufsprozess existiert in Dynamics NAV auch die Möglichkeit der Direktlieferung, bei der es sich um die Abbildung des klassischen Streckengeschäfts handelt.

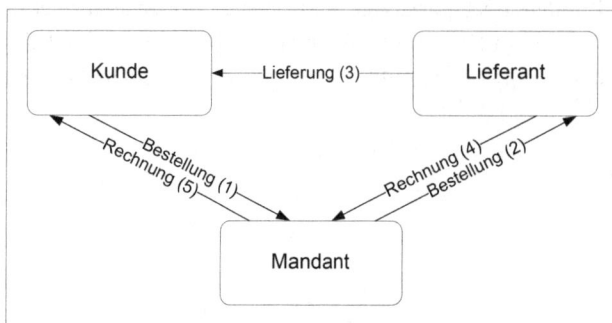

Abbildung 7.40 Direktlieferung

Der Unterschied zum regulären Verkaufsprozess besteht darin, dass das verkaufende Unternehmen keinen Warenein- und -ausgang bucht. Der Kunde bestellt die Ware bei dem Unternehmen, das wiederum die Artikel bei seinem Lieferanten bestellt und die direkte Lieferung an den Kunden veranlasst, ohne dass die Ware zwischenzeitlich im Unternehmen eingelagert wird. Die Bestellung und Fakturierung unterscheidet sich nicht vom herkömmlichen Distributionsprozess. Der Warenfluss wird mengen- und wertmäßig in der Materialwirtschaft und Finanzbuchhaltung erfasst.

HINWEIS Liefert der Lieferant den Artikel zunächst an das Unternehmenslager und wird der Artikel anschließend an den Kunden weitergeleitet, kann dazu das Konstrukt des *Spezialauftrags* genutzt werden.

Wie bereits zuvor erwähnt, gehört zur vollständigen Verkaufstransaktion auch ein vollständig abgeschlossener Belegfluss, d.h., für jede Transaktion gibt es einen Auftragsbeleg (optional auch ein Angebotsbeleg), einen oder bei Teillieferung mehrere Lieferbelege, einen oder mehrere Fakturabelege sowie einen oder mehrere Belege für den Zahlungseingang. Bei Reklamationsvorgängen kommt neben den Rücksendungsbelegen gegebenenfalls der Gutschriftsbeleg hinzu. Die fiktive Situation, dass ein Unternehmen zu einem bestimmten Zeitpunkt alle Verkaufsprozesse abgeschlossen hat, würde voraussetzen, dass zu jedem initialen Auftragsbeleg der den Prozess abschließende Zahlungsbeleg vorliegt und alle offenen Debitorenposten ausgeglichen sind. In der Realität wird eine derartige Situation nicht vorzufinden sein, allerdings sollten Unternehmen ihren Belegfluss im Hinblick auf Vollständigkeit regelmäßig überprüfen. Offene Anfragen, Aufträge, Lieferungen ohne Fakturen oder offene Posten, die den Zeitraum eines typischen Verkaufsprozesses überschreiten, deuten auf Prozessineffizienzen oder mangelnde Pflege offener Vorgänge hin, die letztlich bis hin zu finanziellen Verlusten führen können (z. B. unbearbeitete Aufträge oder nicht fakturierte Lieferungen).

Kundenbestellung und Bonitätsprüfung

Der Verkaufsprozess beginnt in der Regel mit der Bestellung bzw. der Kundenanfrage zu einem Produkt oder einer Dienstleistung durch einen Bestands- oder Neukunden. Bevor seitens des verkaufenden Unternehmens ein Verkaufsprozess initiiert wird, sollte geprüft werden, ob der potenzielle Kunde eine ausreichende Bonität besitzt, sodass nach Lieferung oder Leistung mit einem entsprechenden Zahlungseingang gerechnet werden kann.

Der Prozess im Überblick

Zur Bonitätsauskunft werden in der Regel externe, auf Bonitätsauskünfte spezialisierte Dienstleister (beispielsweise Creditreform oder Schufa) genutzt, die über eine geeignete Schnittstelle diese Daten kostenpflichtig zur Verfügung stellen. Aufgrund der Daten entscheidet das Unternehmen, ob dem Kunden ein entsprechendes Verkaufsangebot gemacht bzw. ein Kundenauftrag angelegt oder aber die Anfrage abgelehnt wird. Verkaufsanfragen und Kundenbestellungen werden in Dynamics NAV nicht als Beleg erfasst, erst das später gegebenenfalls folgende Kundenangebot bzw. der Kundenauftrag erzeugen einen entsprechenden Beleg. Im Folgenden wird beispielhaft eine Möglichkeit des Ablaufs einer Bonitätsprüfung anhand des Produkts der Creditreform dargestellt (siehe Abbildung 7.41).

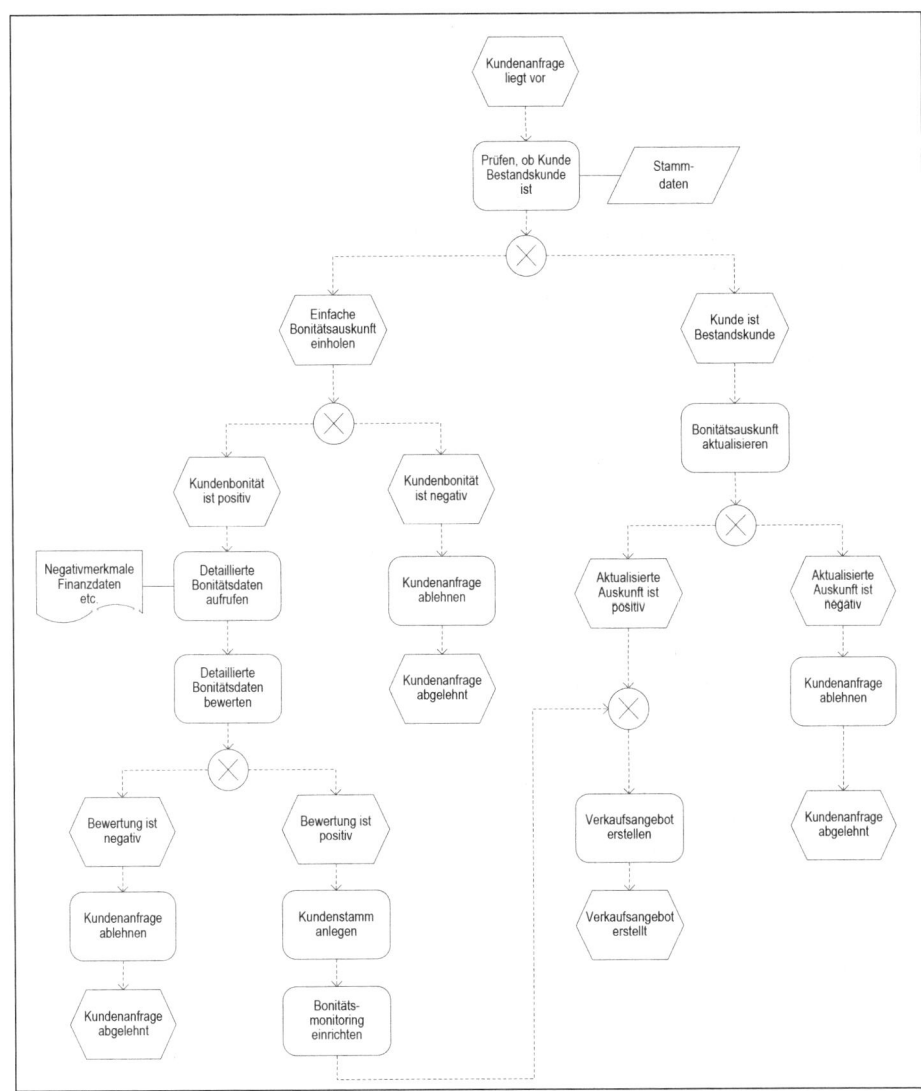

Abbildung 7.41 Bonitätsprüfung im Verkauf

Im oben aufgeführten Prozessbeispiel wird die Bonitätsprüfung an unterschiedlichen Stellen durchgeführt. Bei Neukunden sollte eine einfache Bonitätsprüfung durchgeführt werden, bevor ein entsprechender Debitorenstammsatz im System angelegt wird. Dadurch wird verhindert, dass nicht solvente Personen oder Unternehmen überhaupt erst in den Kundenstamm des Unternehmens aufgenommen werden. Ist die Auskunft positiv, sollten detaillierte Bonitätsdaten abgerufen und ausgewertet werden, die z. B. die Finanzlage oder das Zahlungsverhalten aus der Vergangenheit betreffen. Auch an dieser Stelle kann es nach erfolgreicher, einfachen Erstprüfung noch dazu kommen, dass ein potenzieller Kunde unter Abwägung des Zahlungsausfallrisikos abgelehnt wird. Die beschriebene Vorgehensweise betrifft lediglich Neukunden. Es ist weiterhin zu beachten, dass sich die Bonität von Bestandskunden im Verlauf der Geschäftsbeziehung ebenfalls ändern kann. So ist es sinnvoll, verkaufsvorgangsbezogene Bonitätsprüfungen durchzuführen und ein Kundenmonitoring zu etablieren. Kunden, deren Bonität sich verschlechtert, müssen dann für zukünftige Verkaufsvorgänge gesperrt werden.

Ablauf und Einrichtung der Bonitätsprüfung

Abbildung 7.42 Bonitätsauskunft

Kundenbestellung und Bonitätsprüfung

Da die Creditreform nur einer von diversen am Markt agierenden Unternehmen im Bereich der Bonitätsauskunft ist und die Integration dieser Funktionalität nicht zum Standard gehört, sondern Teil einer zertifizierten Speziallösung für Dynamics NAV ist, kann an dieser Stelle nur eine mögliche Art der Implementierung dargestellt werden. Auf Angaben von Links oder systemspezifischen Einstellungsoptionen wird aus diesem Grund in diesem Abschnitt verzichtet.

Auskünfte der Creditreform können in unterschiedlichem Detaillierungsgrad abgerufen werden, die von einfachen Stammdateninformationen (Adresse, Handelsregistereintrag etc.) bis hin zu komplexeren Bonitätseinschätzung aufgrund diverser Kennzahlen reichen. Die Premiumauskunft enthält alle bonitätsrelevanten Informationen der Creditreform über das selektierte Unternehmen. Die Abbildung 7.42 zeigt beispielhaft die Premiumauskunft mit den relevanten Bonitätsdaten als Erstauskunft für einen neuen potenziellen Kunden.

Über das Inforegister *Bonitätsindex* wird neben der aktuellen Bonitätseinschätzung die Bonitätshistorie der letzten 12 Monate angezeigt. Aus dem Kurvenverlauf ergibt sich eine leicht verschlechterte Bonität des Kunden im Verlauf des letzten Jahres. Darüber hinaus sind in der Infobox *Ampelbewertungen* einzelne Bonitätskriterien nach dem Ampelprinzip (grün für gute, gelb für mittlere und rot für schlechte Bonität) bewertet.

Nach der Erstauskunft muss darüber entschieden werden, ob der Kunde eine ausreichende Bonität besitzt und als Debitor im System erstellt wird. Da sich im weiteren Verlauf einer Kundenbeziehung die Bonität des Debitoren ändern kann, sollten Änderungen in der Kreditwürdigkeit beobachtet und in den zukünftigen Verkaufsprozessen entsprechend berücksichtigt werden. Creditreform stellt dazu eine in Dynamics NAV integrierte Mailbox, vergleichbar mit einem E-Mail-Postfach, zur Verfügung, die Bonitätsänderungen dokumentiert und aktualisiert (siehe Abbildung 7.43 und Abbildung 7.44).

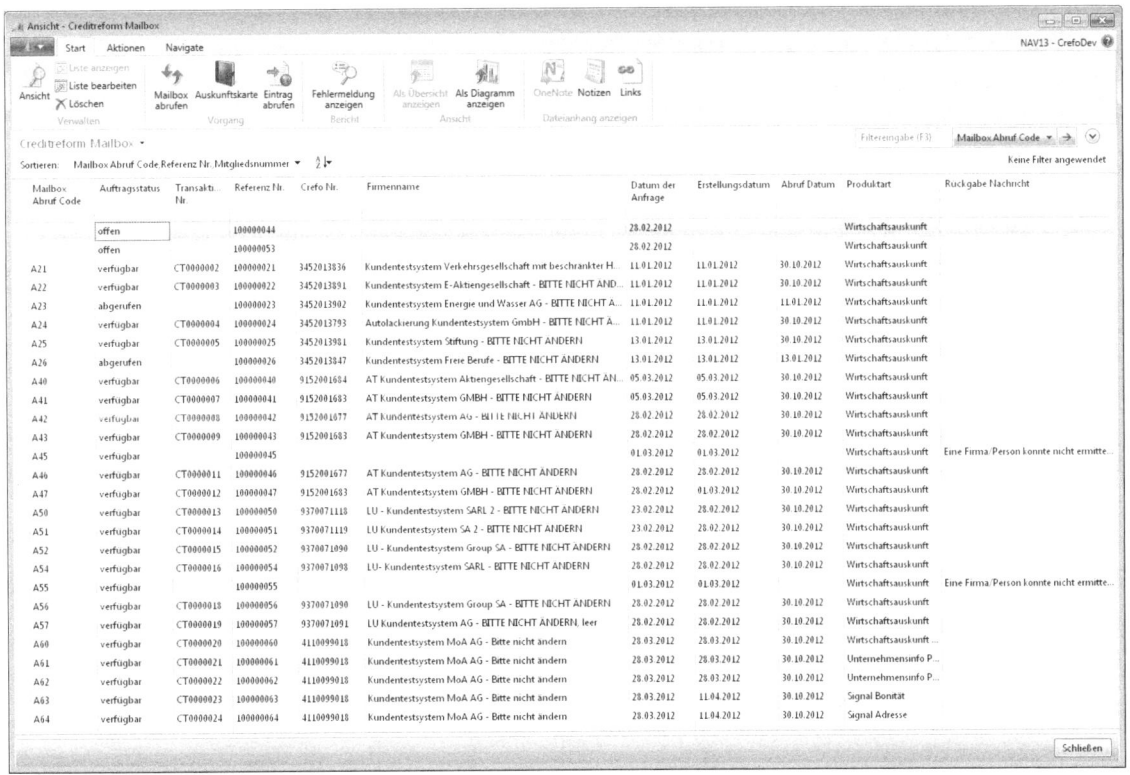

Abbildung 7.43 Bonitätsmonitoring 1/2

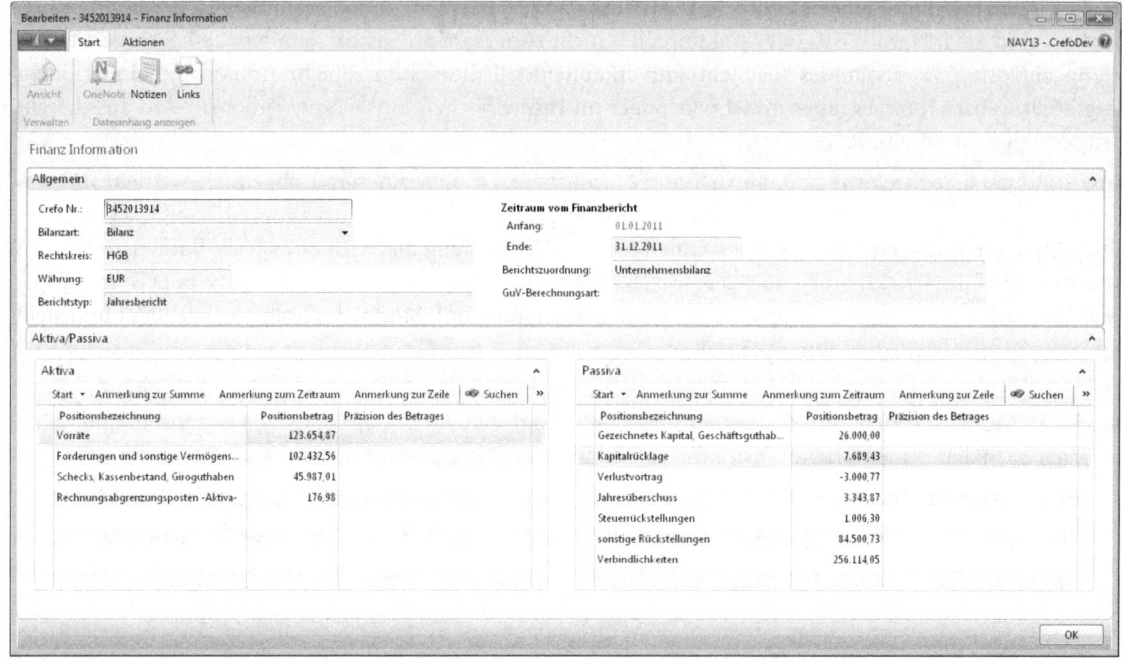

Abbildung 7.44 Bonitätsmonitoring 2/2

Bonitätsprüfung aus Compliance-Sicht

Potenzielle Risiken

- Finanzieller Verlust durch Forderungsausfall (Effectiveness, Compliance)

Prüfungsziel

- Sicherstellung, dass nur Kunden mit einer angemessenen Bonität akzeptiert werden und entsprechende Stammdaten im System angelegt werden
- Sicherstellung der Einhaltung der durch das Unternehmen vorgegebenen Bonitätsvorgaben

Prüfungshandlungen

Analyse von aktiven Kunden mit unzureichender Bonität

Im ersten Schritt sollte geprüft werden, welche internen Richtlinien zu Bonitätsvorgaben des Unternehmens existieren. In der Regel sind diese eng verknüpft mit den Anforderungen an die Kreditlimitvergabe. Gewöhnlich ist eine geringe Bonität mit einem restriktiven Kreditlimit verknüpft. Über Bonitätsauskünfte kann ein Abgleich der Kunden erfolgen, die gemäß der Unternehmensanforderungen keine ausreichende Bonität besitzen. Derartige Kunden sollten für weitere Verkaufstransaktionen gesperrt bzw. entsprechend gekennzeichnet werden. Fälle, in denen Kunden mit fehlender Bonität laufende Verkaufstransaktionen vorweisen, sollten einzeln analysiert werden.

Kundenangebot und Kundenauftrag

Der eigentliche Verkaufsprozess aus Sicht des verkaufenden Unternehmens beginnt in der Regel mit einem Angebot, das dem Kunden unterbreitet wird, oder im Falle einer bereits länger bestehenden Geschäftsbeziehung auch direkt mit einem Kundenauftrag ohne ein vorheriges Angebot. Der folgende Abschnitt behandelt den Ablauf und die Einrichtung eines standardisierten Angebots- und Auftragsprozesses.

Der Prozess im Überblick

Der Prozess der Angebotserstellung wird im Wesentlichen im CRM-Modul des Systems abgebildet und stellt sich entsprechend der Abbildung 7.45 dar.

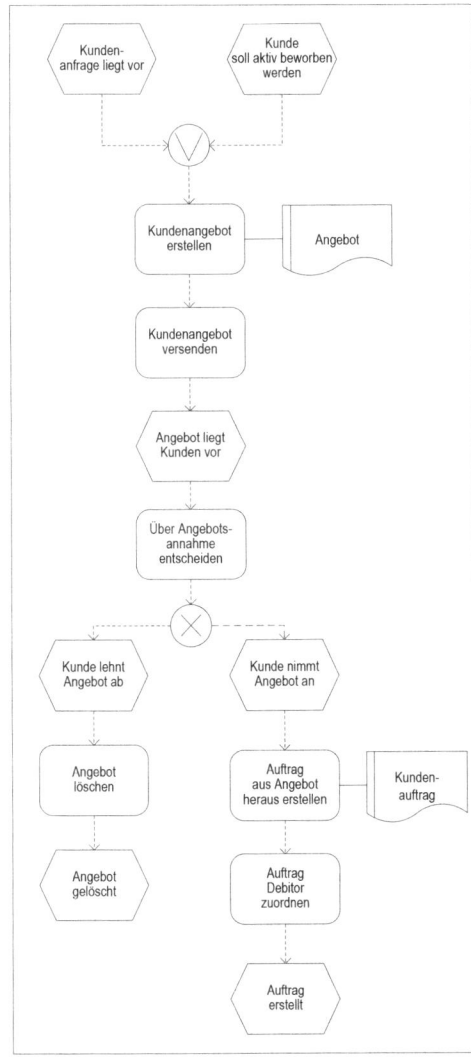

Abbildung 7.45 Kundenangebots- und Kundenauftragsprozess

Kundenangebote können vom Vertrieb – z. B. im Rahmen einer Kampagne – aus eigener Initiative an den Kunden versendet werden oder beruhen auf einer Kundenanfrage. Wenn der Kunde das Angebot annimmt, wird das Angebot in einen Auftrag umgewandelt und durchläuft anschließend den standardisierten Auftragsbearbeitungsprozess. Aus Sicht des Belegflusses werden also innerhalb dieses Prozesses Angebote und Aufträge erstellt, wobei auch durchaus Verkaufsaufträge im System existieren können, denen kein zuvor erstelltes Angebot zugrunde liegt und umgekehrt.

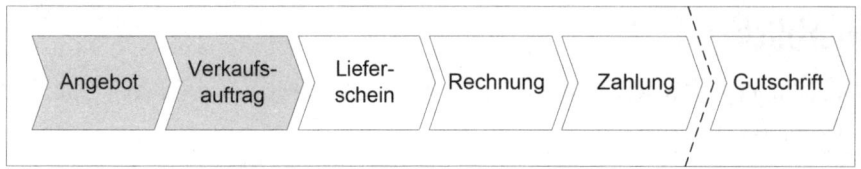

Abbildung 7.46 Belegfluss Angebots- und Auftragsprozess

Ablauf und Einrichtung des Angebots/Auftrags

Ein Kundenangebot stellt den ersten Beleg im Rahmen eines regulären Verkaufsprozesses dar. Es handelt sich dabei um einen optionalen Beleg, da Kundenaufträge auch ohne Bezug zu einem Kundenangebot erstellt werden können. Ein Kundenangebot kann sowohl für einen Kontakt als auch für einen Debitor erstellt werden. Für den Kontakt muss dazu eine Debitorenvorlage ausgewählt werden, die die notwendigen Buchungsgruppen vorgibt, der der Kontakt nicht verwaltet. Um nicht im Sinne des Handelsrechts verbindliche Angebote an Kunden mit fehlender oder nicht ausreichender Bonität abzugeben, ist – wie bereits zuvor beschreiben – eine vorherige Bonitätsprüfung durchzuführen.

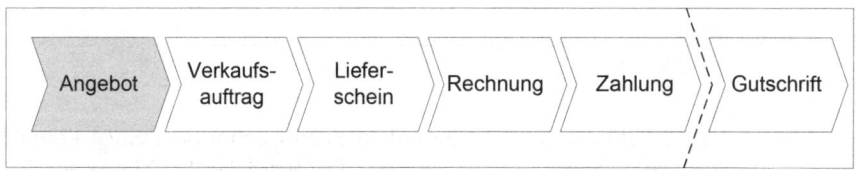

Abbildung 7.47 Beleg Kundenangebot

Erst wenn der Kunde das Angebot annimmt und die entsprechenden Auftragsdaten im System erfasst werden müssen, ist ein Debitor, auf den sich der Auftrag bezieht, zwingend erforderlich. Ein Auftrag zu einem Kontakt kann nicht angelegt werden, da dem Kontakt die notwendigen Datensegmente für die spätere Verbuchung von Lieferung, Fakturierung und Zahlung in der Finanzbuchhaltung fehlen. Debitoren können direkt aus dem Angebot (über die Aktion *Debitor erstellen*) oder über den Umwandlungsprozess des Angebots in einen Auftrag (Aktion *Auftrag erst.*) erzeugt werden.

Link: *Abteilungen/Verkauf & Marketing/Auftragsabwicklung/Angebote* (siehe Abbildung 7.48)

Kundenangebot und Kundenauftrag

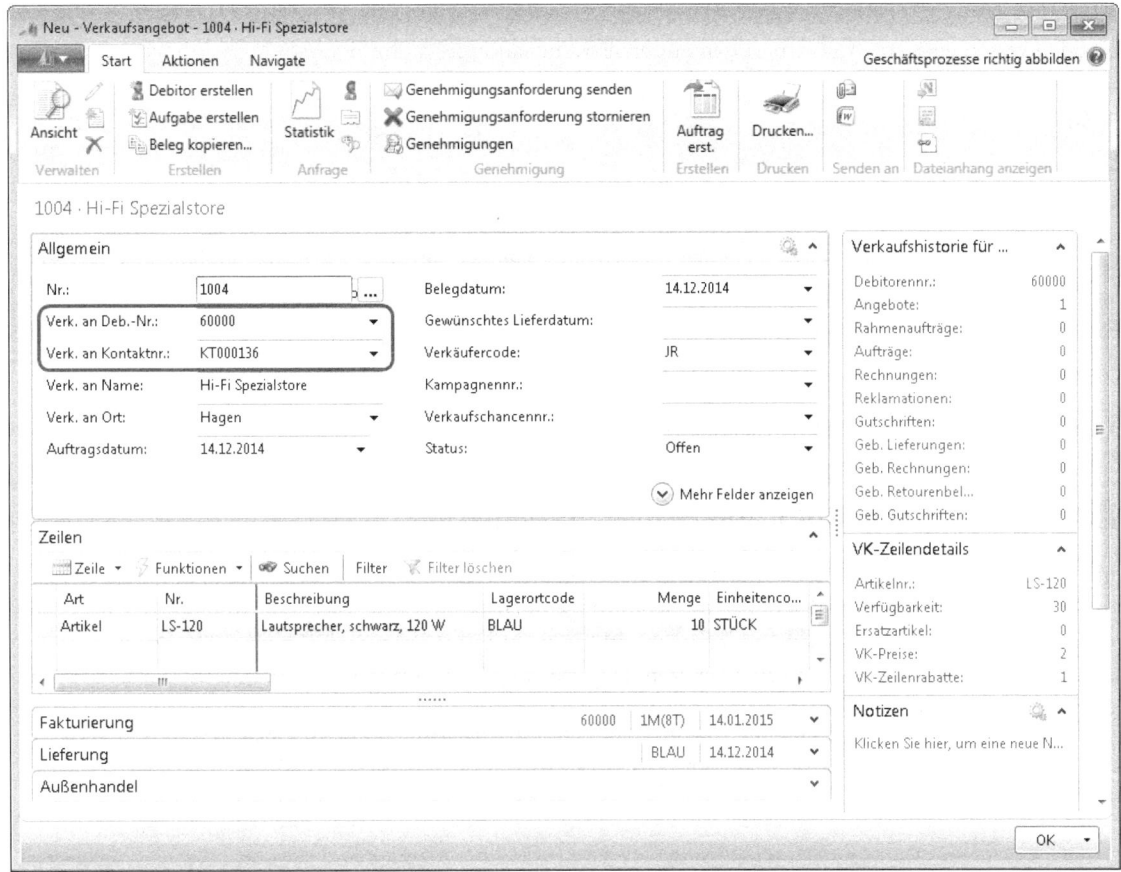

Abbildung 7.48 Verkaufsangebot

Im Angebot kann entsprechend der Feldauswahl ein Verkaufsangebot an einen Debitor oder einen Kontakt erfolgen. Um für offene Angebote Verantwortlichkeiten festzulegen, kann dem Beleg darüber hinaus ein Verkäufercode, ein Benutzer und/oder eine Zuständigkeitseinheit zugeordnet werden. Sind die Artikel des Angebots in den Positionszeilen erfasst, kann der Status auf *Freigegeben* gesetzt werden. Unabhängig vom Status kann aus dem Angebot direkt ein Auftrag erzeugt werden. Es handelt sich bei diesem Vorgang um eine Umwandlung, d.h., der Angebotsbeleg (Angebotsnummer 1004) ist zu einem Auftragsbeleg (Auftragsnummer 1010) mit neuer Belegnummer geworden und in Abhängigkeit von der Einrichtung des Verkaufs nur noch als archiviertes Angebot vorhanden.

Link: *Abteilungen/Verkauf* & *Marketing/Auftragsabwicklung/**Angebote**/Auftrag erst.*

Der Verkaufsauftrag ist im weiteren Verlauf des gesamten Verkaufsprozesses das zentrale Dokument, über den auch die Lieferung und die Rechnungserstellung gesteuert werden.

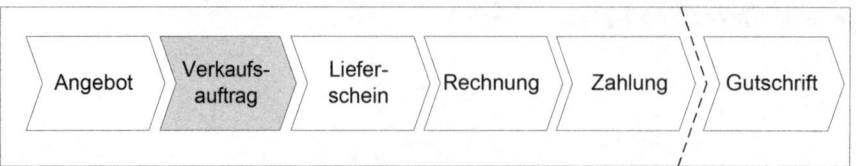

Abbildung 7.49   Beleg Verkaufsauftrag

Damit ist der Auftrag gleichzeitig das Dokument, das direkten Einfluss auf die Finanzbuchhaltung hat. Um einen Auftrag für den weiteren Prozess der Bearbeitung freizugeben, müssen die entsprechenden Kopf- und Positionsdaten im Auftrag erfasst werden. Solange der Auftragsstatus *Offen* und nicht *Freigegeben* ist, kann dieser geändert werden.

ACHTUNG   Im Status *Freigegeben* können lediglich Zeilen der Art *Artikel* oder *WG/Anlage* sowie bestimmte Kopffelder nicht editiert werden.

Sofern das Warenausgangs- oder Kommissionierungsmodul im Einsatz ist, kann ein Auftrag erst im freigegebenen Status weiterbearbeitet werden.

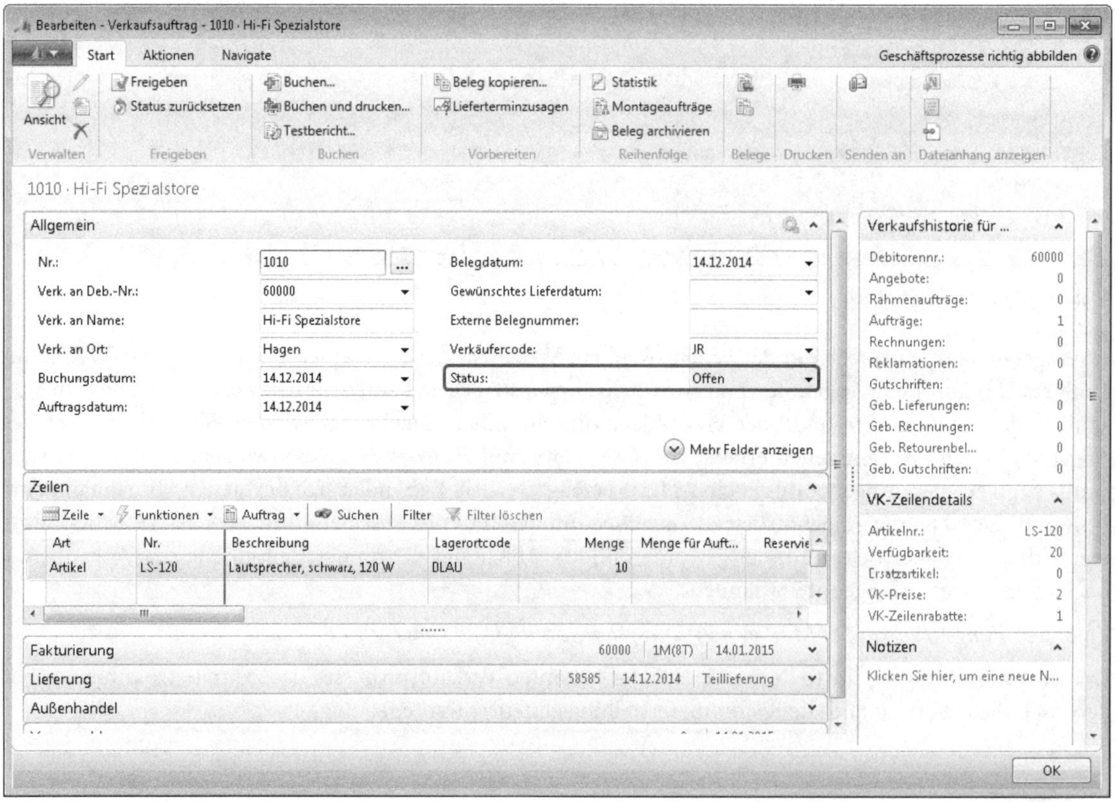

Abbildung 7.50   Status Verkaufsauftrag

Ablauf und Einrichtung des Auftrags aus Compliance-Sicht

Potenzielle Risiken

- Angebotsabgabe an nicht ausreichend solvente Kunden (Efficiency, Compliance)
- Kundenaufträge werden nicht oder falsch erfasst bzw. nicht oder nicht zeitnah bearbeitet, was zu einer potenziellen Vermögensschädigung führen kann (Effectiveness, Efficiency)
- Daten, die aus den Kundenstammdaten in den Belegkopf kopiert werden (Zahlungsbedingungen, Mahnmethode etc.) werden im Beleg manuell überschrieben bzw. entsprechen nicht den Vorgaben (Integrity, Compliance)
- Es werden imaginäre Kundenaufträge angelegt und freigegeben (Effectiveness, Integrity, Reliability, Compliance)

Prüfungsziel

- Sicherstellung einer ausreichenden Kundenbonität
- Sicherstellung eines Prozesses zur vollständigen, konsistenten und zeitnahen Auftragsbearbeitung, Verhinderung von imaginären Aufträgen
- Sicherstellung der korrekten Übernahme von Stamm- in Belegdaten

Prüfungshandlungen

Sicherstellung einer ausreichenden Kundenbonität

Jeder Kunde sollte vor Abgabe eines Angebots oder Aufnahme in die Kundenstammdaten einer Bonitätsprüfung unterzogen werden.

Vollständige und zeitnahe Bearbeitung

Es sollte überprüft werden, ob sich ältere Angebote im System befinden, die nicht in Aufträge umgewandelt wurden. Dazu muss zunächst die Übersicht aller Angebote angezeigt werden.

Link: *Abteilungen/Verkauf & Marketing/Auftragsabwicklung/Angebote* (siehe Abbildung 7.51)

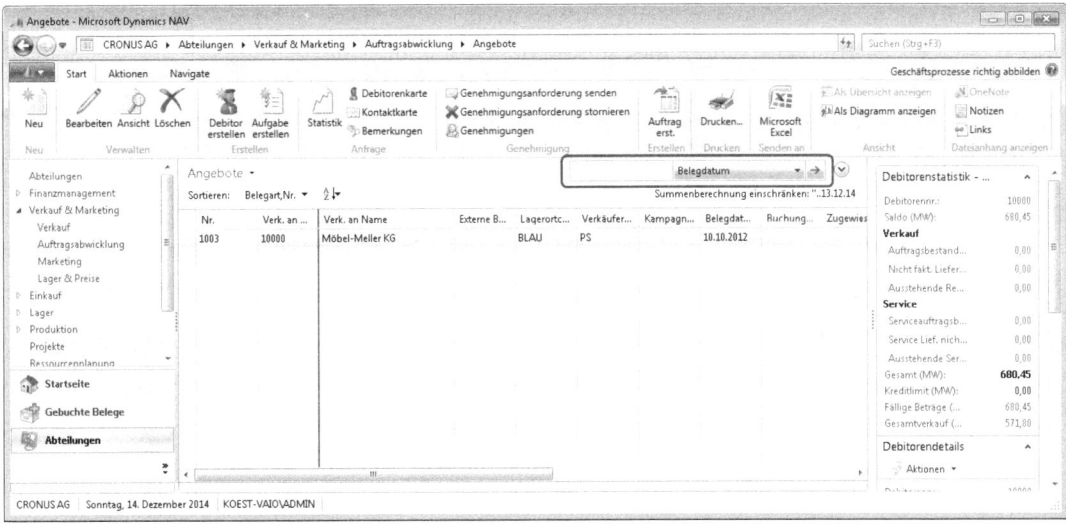

Abbildung 7.51 Angebot (Verkaufsübersicht)

Über den Schnellfilter können hier Angebote, die zu einer bestimmten Zeit (beispielsweise länger als ein Jahr zurückliegend) erstellt wurden, selektiert und anschließend näher analysiert werden.

Dazu ist eine Einschränkung des Belegdatums vorzunehmen. Durch Bestätigung werden nur noch die Angebote angezeigt, die den Filterkriterien entsprechen.

Manuelle Änderung von Belegdaten

Über NAV-Seiten und den Page Designer ist es grundsätzlich möglich, die Änderung von Belegen in Feldern zu steuern und auch zu unterbinden. So können Feldwerte fixiert und präventiv gegen manuelle Änderung geschützt werden (siehe dazu insbesondere auch in Kapitel 2 den Abschnitt »Dynamics NAV-Datenbankobjekte«). Darüber hinaus kann in der Tabelle der Verkaufsbelegkopfdaten geprüft werden, ob die dort enthaltenen Feldwerte für kritische Felder von denen der Stammdaten abweichen (durch Verknüpfen der Tabellen über den Primärschlüssel Kundennummer) bzw. ob Werte existieren, die eigentlich weder in den Stamm- noch in den Belegdaten existieren dürften.

Feldzugriff: *Tabelle 18 Debitor*, Feld beispielsweise *Zlg.-Bedingungscode*

Feldzugriff: *Tabelle 36 Verkaufskopf*, Feld beispielsweise *Zlg.-Bedingungscode*

Online Im Begleitmaterial zu diesem Buch befindet sich ein Query-Objekt, das abweichende Zahlungsbedingungen selektiert und ausgibt.

Die Begleitdateien stehen als Download zur Verfügung. Sie können diese wahlweise entweder von der Seite *www.microsoftpress.de/support/9783866455696* oder von der Seite *msp.oreilly.de/support/2272/803* herunterladen.

Über die Verknüpfung der beiden Tabellen anhand der Debitorennummer kann auch überprüft werden, ob Kundendaten (Name, Anschrift etc.) verändert und somit dazu genutzt wurden, Waren an Kunden zu liefern, die im System nicht angelegt wurden.

Exkurs Montageaufträge

In Dynamics NAV 2013 wurde der Montageauftrag als ein Sonderbestandteil des Verkaufsauftrags eingeführt. Artikel, die aus mehreren Komponenten bestehen, werden bedarfsgerecht bei Vorliegen eines entsprechenden Verkaufsauftrags mithilfe von Montageaufträgen gefertigt und dann als fertiges Gesamtprodukt an den Kunden geliefert. Montageaufträge entsprechen damit der Stücklistenfertigung und ersetzen die in Dynamics NAV 2009 eingesetzten Stücklisten-Buchungsblätter. Montageaufträge bzw. Stücklisten bieten den Vorteil, dass die dazugehörigen Komponenten bis zum Verkauf des Gesamtprodukts getrennt und damit effizienter gelagert und flexibler disponiert werden können. Ein typisches Beispiel ist die kundenindividuelle Konfiguration von Heimcomputern über das Internet, die dann durch das Unternehmen zusammengebaut und als vollständiges Produkt an den Kunden geliefert und fakturiert werden. An dieser Stelle wird als Beispiel das Lautsprechersystem »LS-100« zugrunde gelegt, das aus mehreren Einzelteilen montiert wird. Es wird angenommen, dass bei Kundenbestellung aus einem Verkaufsauftrag heraus der Montageauftrag erstellt werden soll. Dazu muss in der Artikelkarte im Inforegister *Beschaffung* die Montagerichtlinie auf *Programmfertigung* (Assembly to Order) und die Beschaffungsmethode auf *Montage* eingestellt sein.

Kundenangebot und Kundenauftrag

Link: *Abteilungen/Verkauf & Marketing/Lager & Preise/Artikel* (siehe Abbildung 7.52)

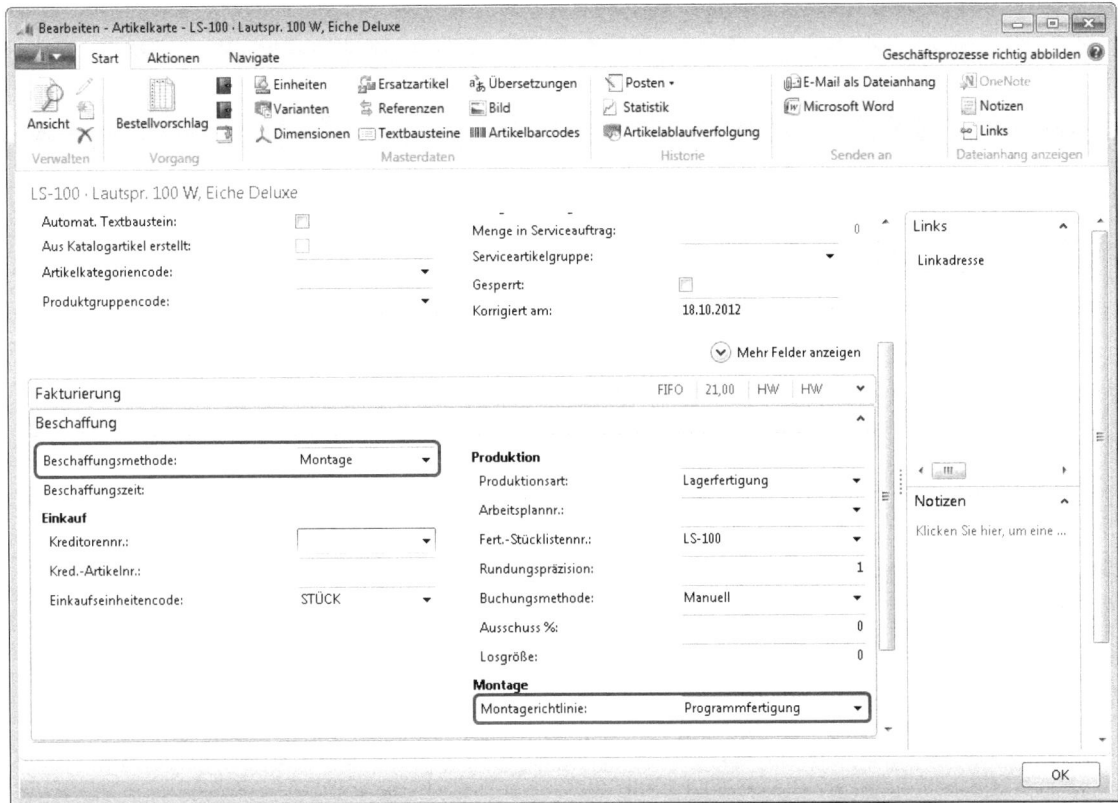

Abbildung 7.52 Montageaufträge – Artikelkarte

Wird dann im Verkaufsauftrag ein Artikel mit der Beschaffungsmethode »Montage« und der Montagerichtlinie »Programmfertigung« in der Verkaufszeile erfasst, können die einzelnen Komponenten für die Fertigstellung des Gesamtartikels als Programmfertigungszeilen angezeigt werden.

Link: *Abteilungen/Verkauf & Marketing/Auftragsabwicklung/**Aufträge**/Zeile/Auftragsmontage/Programmfertigungszeilen* (siehe Abbildung 7.53)

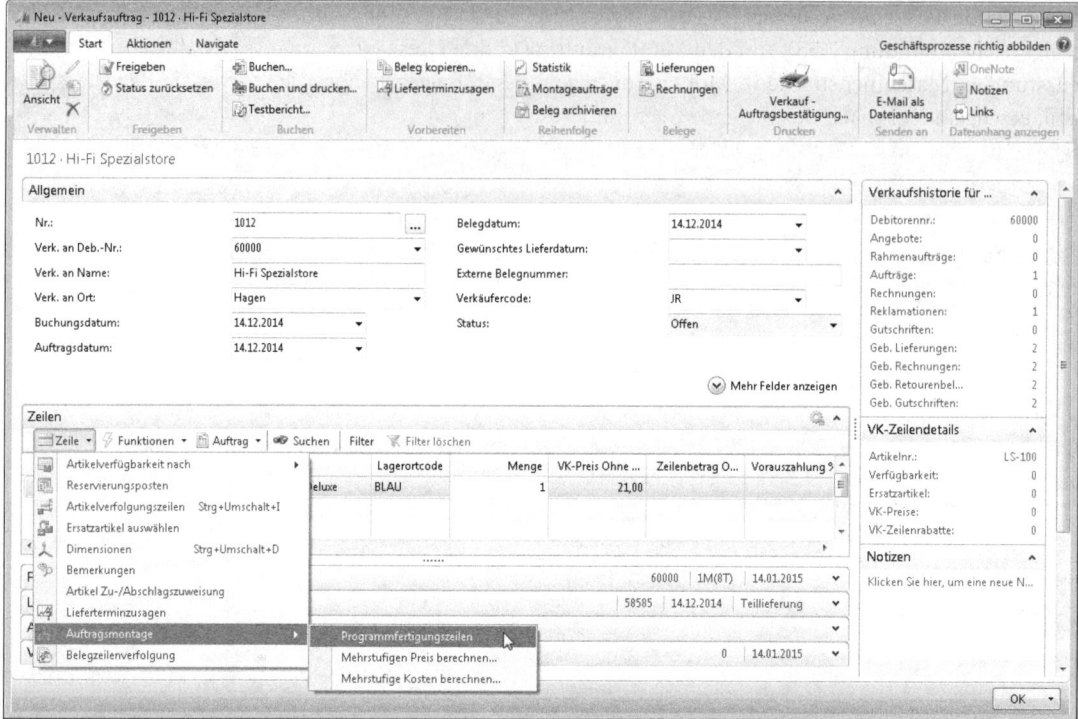

Abbildung 7.53 Programmfertigungszeilen aufrufen

Auf der NAV-Seite *Programmfertigungszeilen* wird die Stückliste zur Fertigung des Artikels angezeigt. Hier können gegebenenfalls noch Anpassungen vorgenommen werden, beispielsweise weitere Komponenten hinzufügen oder löschen oder die Anzahl bestimmter Komponenten ändern (siehe Abbildung 7.54).

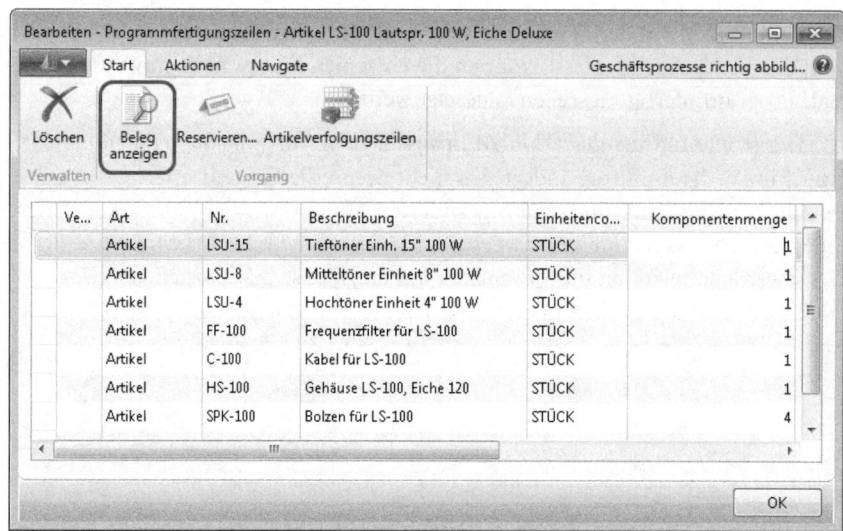

Abbildung 7.54 Montageauftrag – Programmfertigungszeilen

Kundenangebot und Kundenauftrag

Über die Aktion *Beleg anzeigen* wird der Montageauftrag zu der Verkaufsposition mit aufgelöster Stückliste angezeigt (siehe Abbildung 7.55). Auf den Montageauftrag können Ressourcen gebucht werden (beispielsweise Arbeitsstunden, Maschinenstunden). Montageaufträge müssen freigegeben werden, bevor sie Bedarfe in der Logistik erzeugen. Falls nach der Freigabe noch Änderungen an dem Montageauftrag vorgenommen werden müssen (z. B. Auswahl einer anderen Komponente), muss der Montageauftrag zurückgesetzt werden.

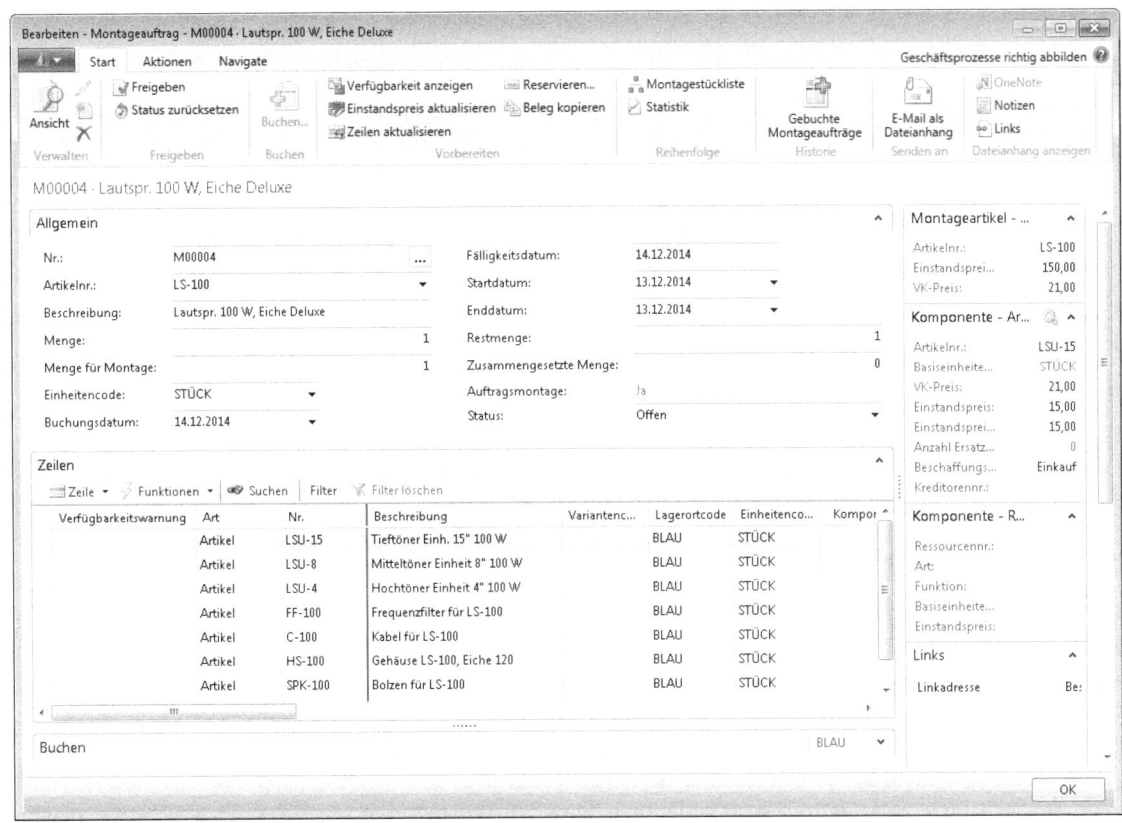

Abbildung 7.55 Montageauftrag

Die entsprechende Verkaufszeile im Verkaufsauftrag ändert sich nicht, wenn die Programmfertigungszeilen geändert wurden (z. B. Preisänderungen aufgrund einer geänderten Komponentenzusammensetzung). Allerdings kann über die Funktion *Mehrstufigen Preis berechnen* bzw. *Mehrstufige Kosten berechnen* eine Plausibilitätsprüfung vorgenommen werden, inwieweit die Summe der Verkaufspreise bzw. Kosten der einzelnen Komponenten den Verkaufspreis des Montageartikels in der Verkaufszeile überschreiten.

Link: *Abteilungen/Verkauf* & *Marketing/Auftragsabwicklung/**Aufträge**/Zeile/Auftragsmontage/Mehrstufigen Preis berechnen* bzw. *Mehrstufige Kosten berechnen* (siehe Abbildung 7.56)

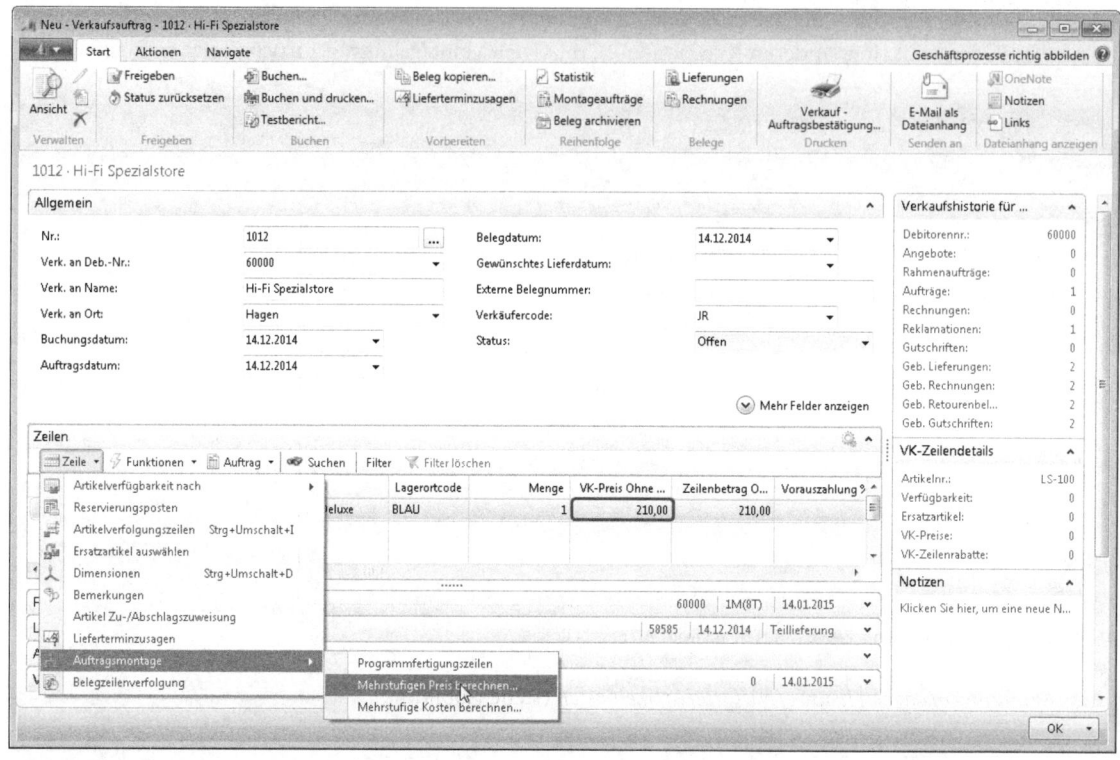

Abbildung 7.56 Montageauftrag – Mehrstufige Preise / Kosten berechnen

Bei Freigabe des Verkaufsauftrags wird der dazugehörige Montageauftrag automatisch mit freigegeben, sofern dies zuvor nicht separat geschehen ist. Wenn dann der Status des Montageauftrags zurückgesetzt wird, um nachträgliche Änderungen vorzunehmen, wird der dazugehörige Verkaufsauftrag nicht gleichzeitig automatisch zurückgesetzt.

ACHTUNG Wenn ein Verkaufsauftrag mit Montageartikeln freigegeben wurde und der Montageauftrag nachträglich geändert wird, werden Verkaufspreisänderungen, die sich beispielsweise aus Änderungen der Komponentenzusammensetzung ergeben müssten, im Verkaufsauftrag nicht berücksichtigt. Wird eine Komponente durch eine deutlich teurere Komponente ersetzt oder zusätzliche Komponenten in die Stückliste eingefügt, kann das potenziell zu Vermögensschäden für das Unternehmen führen. Zwar können auf Ebene der Verkaufsrechnungsstatistik oder des Artikelpostens nach durchgeführter Lagerregulierung Verkaufspositionen mit negativem Deckungsbeitrag nachvollzogen werden, allerdings ist der Verkaufsauftrag dann bereits abgeschlossen und der Vermögensverlust damit realisiert.

Link: *Abteilungen/Verkauf & Marketing/Historie/Geb. Verkaufsrechnungen/Statistik* (siehe Abbildung 7.57)

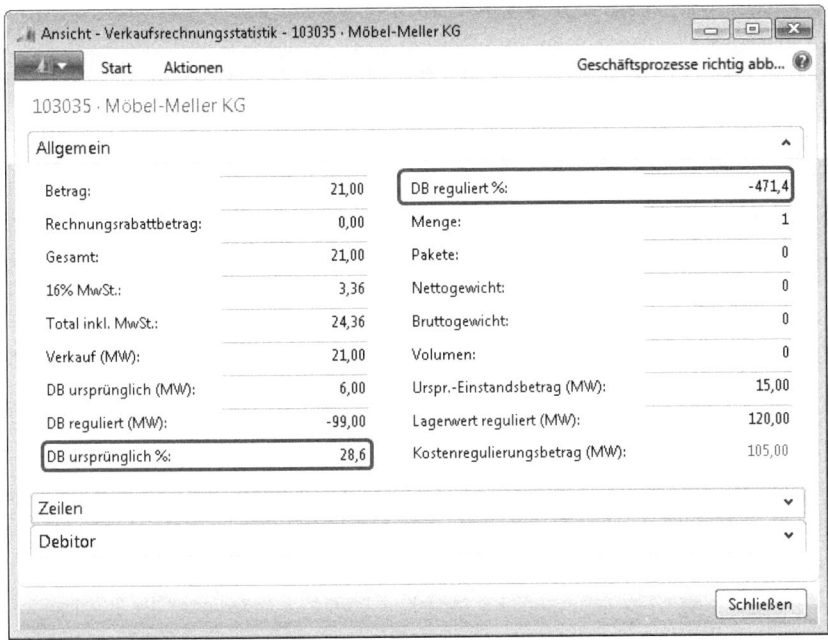

Abbildung 7.57 Verkaufsrechnungsstatistik – negativer Deckungsbeitrag

Link: *Abteilungen/Lager/Historie/Historie/Artikelposten* (siehe Abbildung 7.58)

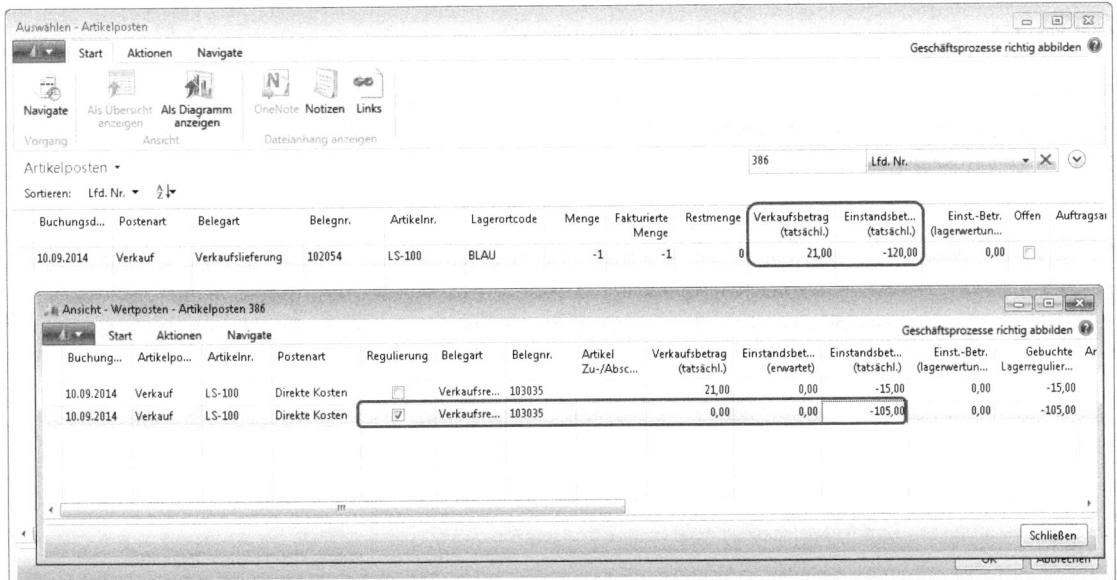

Abbildung 7.58 Artikelposten – negative Deckungsbeiträge

> **HINWEIS** Neben der geschilderten Problematik enthält die Funktionalität der Montageaufträge im Bezug auf die Programmfertigung (Assembly to Order) weitere Schwachstellen, die im Folgenden nur stichpunktartig aufgeführt werden:

- Angebotsspezifische Stücklisten können geändert werden, ebenso können Angebote archiviert werden, allerdings werden Änderungen in den Programmfertigungszeilen nicht archiviert, sodass der Zusammenhang zwischen geänderten Angeboten und Programmfertigungszeilen intransparent ist
- Die Buchung von Montageaufträgen erfolgt nur über die Lieferung des Auftrags. Eine getrennte Buchung von Montageauftrag und Lieferung ist nicht möglich. De facto ist damit der Zustand »Montageauftrag produziert, aber noch nicht ausgeliefert« im System ohne Einsatz der Logistik nicht effizient abbildbar: In diesem Fall müssen die für die Montage notwendigen Komponenten manuell für jede Programmfertigungszeile reserviert werden, da sonst die Gefahr besteht, dass die einzelnen Artikel anderweitig disponiert werden, obwohl diese schon verbaut sind.
- Wurde eine Verkaufslieferung durchgeführt, die anschließend storniert werden soll, dann wird über die Funktion *Warenausgang stornieren* im Lieferschein auch der Montageartikel systemseitig wieder in seine Komponenten zerlegt. Wurde aber bereits eine Faktura erstellt, ist dies nicht mehr möglich und der fertig montierte Artikel kann nur als Ganzes zurückgenommen und nicht programmunterstützt demontiert werden.
- Bei Reklamationen bzw. Verkaufsgutschriften funktioniert die Aktion *Zu stornierende Belegzeilen abrufen* bezogen auf eine geb. Verkaufsrechnung nur, wenn die Montagemenge = 1 ist
- Sind sowohl der Stücklistenartikel als auch die Komponenten seriennummerngeführt und wird mehr als Menge »1« produziert, ist eine Zuordnung von Komponenten und Fertigartikel auf Seriennummernebene nicht gegeben
- Montageaufträge unterstützen keine echte Stücklisten-Mehrstufigkeit. Angebotsspezifische Änderungen der Stückliste auf unterster Ebene sind nicht möglich. Das alternative *Entfalten der Stückliste* in den Programmfertigungszeilen führt zu Informationsverlust im übergeordneten Artikel und Dimensionswerte werden nicht übernommen.

Montageaufträge aus Compliance-Sicht

Potenzielle Risiken

- Finanzieller Verlust durch negative Deckungsbeiträge von Montageartikeln (Efficiency, Compliance)
- Lieferverzögerungen aufgrund fehlender Reservierung von Stücklistenartikeln zur Fertigung von Montageartikeln (Efficiency, Availability)

Prüfungsziel

- Sicherstellung einer richtigen Preiskalkulation für Montageartikel
- Sicherstellung der Reservierung von Stücklistenartikeln zur Fertigung von Montageartikeln

Kreditlimit

Prüfungshandlungen

Analyse der Deckungsbeiträge

Grundsätzlich sollten keine Verkaufszeilen mit negativem Deckungsbeitrag existieren, bzw. Gründe für derartige Verkaufstransaktionen geklärt werden. In den Artikelposten können die Deckungsbeiträge von Verkaufstransaktionen analysiert werden.

Link: *Abteilungen/Lager/Historie/Historie/Artikelposten*

Änderungen von Komponenten in den Stücklisten

Um nachträgliche Änderungen von Programmfertigungszeilen in Montageaufträgen zu analysieren, können diese mit den im Artikelstammsatz hinterlegten Programmfertigungszeilen verglichen werden.

Link: *Abteilungen/Lager/Historie/Gebuchte Belege/Gebuchte Montageaufträge*

in Verbindung mit

Link: *Abteilungen/Verkauf & Marketing/Lager & Preise/Artikel/**Navigate**/Montage/Montagestückliste*

Reservierung

Stichprobenhaft können offene Montageaufträge daraufhin untersucht werden, ob die entsprechenden Artikel für den Montageauftrag reserviert wurden, sofern die Logistik nicht im Einsatz ist.

Kreditlimit

Der Prozess der Kreditlimitprüfung dient dazu, die Auftragsannahme hinsichtlich offener Debitorenposten oder der Überschreitung eines bestimmten Auftragswerts zu prüfen. Das soll die Möglichkeit einer potenziellen Vermögensschädigung des Unternehmens minimieren.

Der Prozess im Überblick

Standardmäßig stellt sich der Prozess der Kreditlimitprüfung entsprechend der Abbildung 7.59 dar.

Um die Kreditlimitprüfung für den operativen Geschäftsprozess zu aktivieren, bedarf es der Einrichtung im Bereich *Debitoren* & *Verkauf* sowie der Hinterlegung eines Kreditlimitwerts in den Kundenstammdaten. Die entsprechenden Schritte zur Konfiguration werden im Folgenden detailliert erläutert. Das Kreditlimit muss entsprechend der Kundenbonität vergeben und laufend überprüft und angepasst werden. Sind die Kriterien zur Prüfung erfüllt, wird im Falle einer Überschreitung eine Warnmeldung durch das System erzeugt.

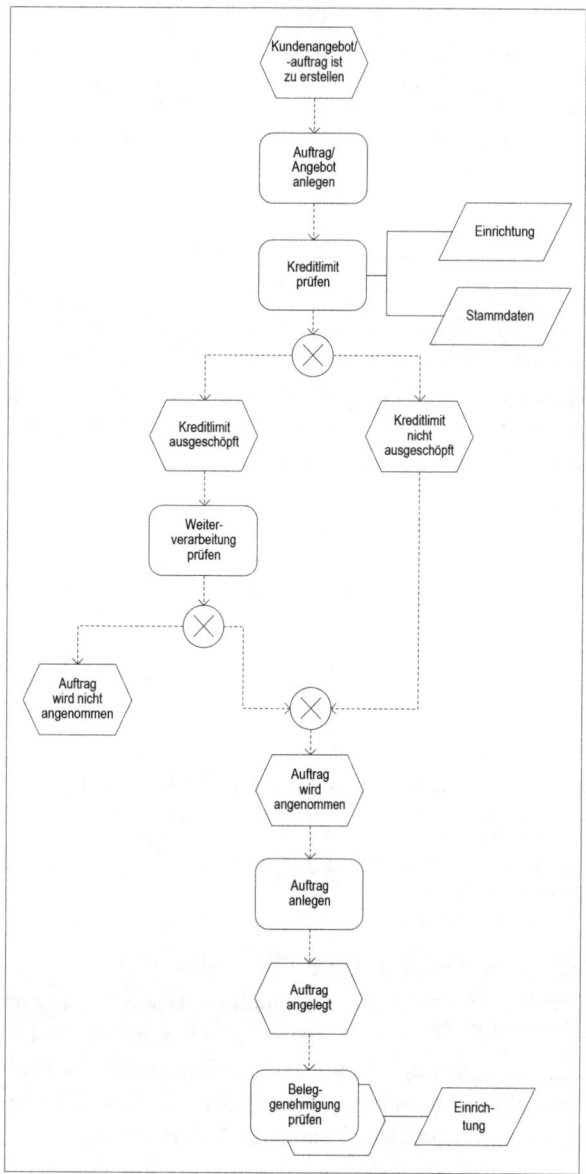

Abbildung 7.59 Kreditlimitprüfungsprozess

Aus Sicht des Belegflusses erfolgt die Prüfung bei der Erstellung von Angebots-, Auftrags- und Rechnungsbelegen.

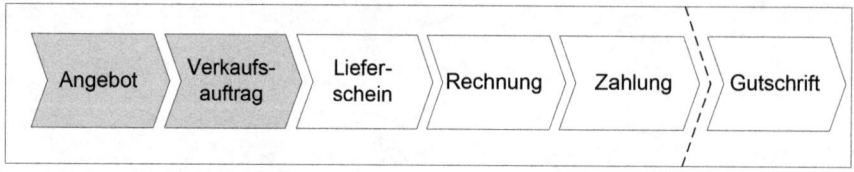

Abbildung 7.60 Belege in der Kreditlimitprüfung

Darüber hinaus können im System *Beleggenehmigungsregeln* auf Basis des Kreditlimits hinterlegt werden, die die Auftragsweiterverarbeitung prüfen und die Freigabe gegebenenfalls einschränken. Da sich Beleggenehmigungsregeln nicht nur auf das Kreditlimit, sondern auch auf andere Prüfkriterien beziehen können, ist dieser Thematik ein eigener, ausführlicher Abschnitt gewidmet. Wir verweisen in diesem Zusammenhang insbesondere in Kapitel 4 auf den Abschnitt »Belegfluss und Beleggenehmigung«.

Ablauf und Einrichtung des Kreditlimits

Die Nutzung von im System hinterlegten Kundenkreditlimits ermöglicht dem Unternehmen die Kontrolle über offene Debitorenposten und verhindert, dass Kundenaufträge weiterhin ausgeführt werden, obwohl der Kunde ausstehende Zahlungen hat, die das festzusetzende Limit überschreiten. Dynamics NAV bietet die Möglichkeit, kundenindividuelle Kreditlimits zu pflegen und diese bei der Auftragsanlage oder -erweiterung automatisch durch das System überprüfen zu lassen. Im ersten Schritt muss dazu in der Einrichtung der Debitoren und des Verkaufs die kundenübergreifende Kreditlimitprüfung aktiviert sein.

Link: *Abteilungen/Verkauf & Marketing/Einrichtung/Debitoren & Verkauf Einr.* (siehe Abbildung 7.61)

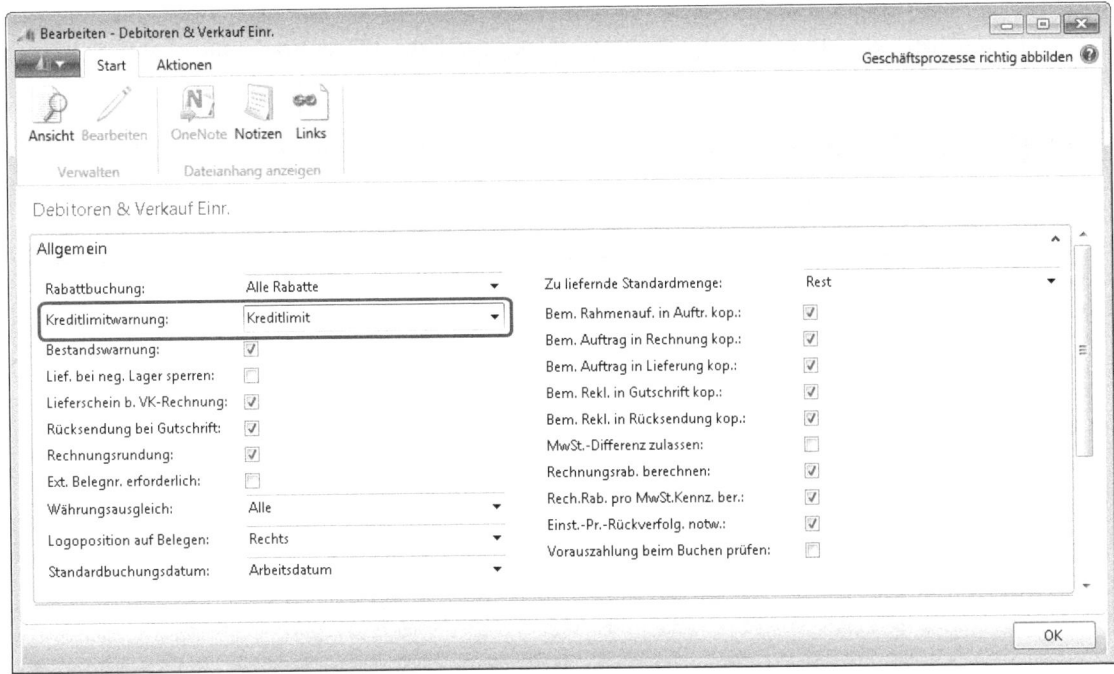

Abbildung 7.61 Einrichtung der Kreditlimitwarnung

Die Feldbelegung im Feld *Kreditlimitwarnung* kann vier unterschiedliche Ausprägungen annehmen (siehe Tabelle 7.7).

Feldwert	Beschreibung
Kreditlimit	Das Obligo des Debitoren wird mit dem auf der Debitorenkarte hinterlegten Kreditlimit (in Mandantenwährung) verglichen. Im Falle einer Überschreitung gibt das System eine Warnmeldung aus.
Fälliger Saldo	Das System prüft, ob der Debitor einen Saldo in der Debitorenkarte aufweist und sich damit in Zahlungsrückstand befindet. Im Falle eines offenen, fälligen Saldos gibt das System eine Warnmeldung aus.
Beide Warnungen	Das System vollzieht beide oben genannten Prüfungsschritte und gibt eine Warnmeldung aus, sobald eines der beiden Kriterien erfüllt ist
Keine Warnung	Bei einer Überschreitung des Kreditlimits bzw. eines Debitorensaldos gibt das System keine Warnmeldungen aus

Tabelle 7.7 Einrichtung der Kreditlimitwarnung

Das System berücksichtigt bei der Berechnung der Inanspruchnahme des Kreditlimits zu dem gebuchten Saldo des Kunden den Restauftragsbetrag (noch nicht gelieferte Verkaufszeilenpositionen), nicht fakturierte Lieferungen und den Betrag des aktuellen Auftrags.

Wichtig zu beachten ist allerdings, dass die Kreditlimitwarnung gemäß ihres Namens den Charakter einer Warnmeldung hat, nicht jedoch den einer Fehlermeldung. Das bedeutet, dass der Auftrag trotz Überschreitung des Kreditlimits angelegt werden kann. Eine automatische Sperre von Aufträgen bzw. von kompletten Kundenstammdaten sieht Dynamics NAV nicht vor. Eine Sperre der Weiterverarbeitung kann nur durch Beleggenehmigungsregeln erfolgen (siehe in Kapitel 4 den Abschnitt »Belegfluss und Beleggenehmigung«).

Abbildung 7.62 Kreditlimit-Warnmeldung

Die Hinterlegung kundenindividueller Kreditlimits erfolgt über die Debitorenkarte.

Link: *Abteilungen/Verkauf & Marketing/Auftragsabwicklung/Debitoren* (siehe Abbildung 7.63)

Darüber hinaus ist es möglich, für das Feld *Kreditlimit* bestimmte Voreinstellungen vorzunehmen, indem die »Field Properties« entsprechend den Anforderungen des Unternehmens angepasst werden. So ist es beispielsweise möglich, dem Feld *Kreditlimit* einen kundenübergreifenden Initialwert als Standard zuzuordnen, das Feld als Pflichtfeld zu definieren und den Wert des Felds nach oben und unten zu begrenzen. In Kapitel 2 gehen wir im Abschnitt »Dynamics NAV-Datenbankobjekte« ausführlich darauf ein.

Kreditlimit

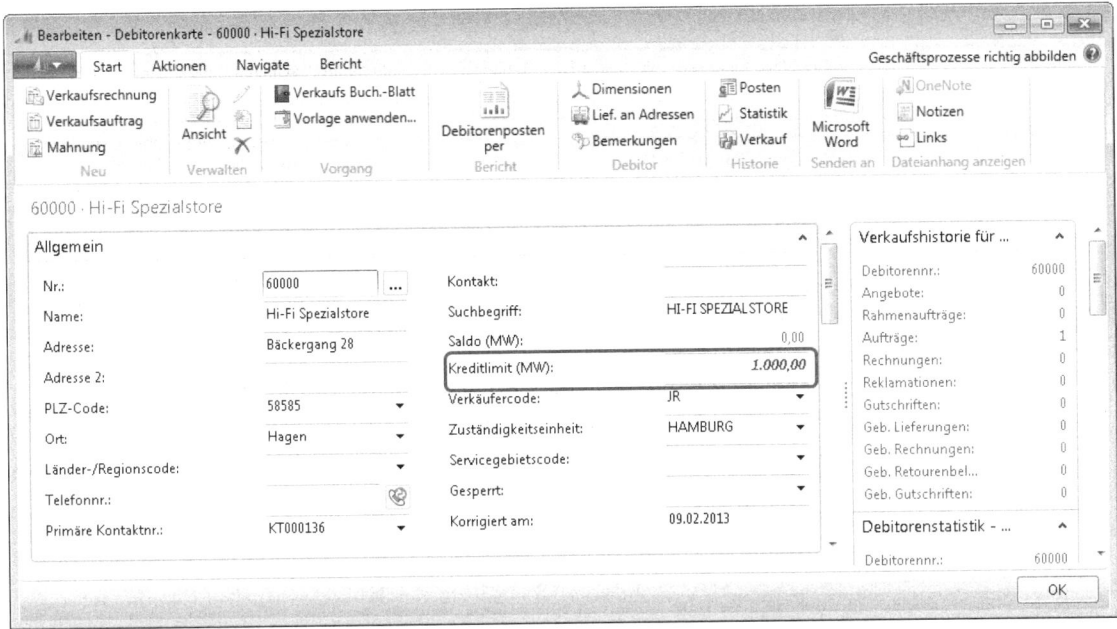

Abbildung 7.63 Kreditlimit auf der Debitorenkarte

Object Designer: *Design Table 18 Debitor* (Properties-Feld *20*)

Kreditlimit aus Compliance-Sicht

Potenzielle Risiken

- Finanzieller Verlust durch Forderungsausfall (Effectiveness, Compliance)
- Ineffizienter Prozess der Pflege von Kreditlimits (Efficiency)

Prüfungsziel

- Sicherstellung eines Prozesses zur konsistenten Vergabe und Aktualisierung des Kreditlimits
- Sicherstellung der Einhaltung der durch das Unternehmen vorgegebenen Kreditlimitvorgaben

Prüfungshandlungen

Analyse der Einrichtung der Kreditlimitparameter (Deb. & Verkauf)

Die Kreditlimitwarnung sollte aus Compliance-Sicht sowohl für offene Posten als auch für die Überschreitung des Kreditlimits aktiviert sein, um eine möglichst genaue Kontrolle über Kunden mit ausstehenden Zahlungen oder ausgeschöpftem Kreditlimit sicherzustellen.

Link: *Abteilungen/Verkauf & Marketing/Einrichtung/Debitoren & Verkauf Einr.*

Analyse der Field Properties

Die Einstellungen des Felds *Kreditlimit* der Tabelle *Kunde* sollten in Bezug auf die Definition als Pflichtfeld mit Vorgabe eines Standardwerts überprüft werden (siehe Tabelle 7.8).

Feldeigenschaft	Bedeutung	Empfohlener Wert
InitValue	Vorgabe eines Initialwerts als Standard	Gemäß Anforderungen
MinValue	Vorgabe eines Minimalwerts	Gemäß Anforderungen
MaxValue	Vorgabe eines Maximalwerts	Maximalwert sollte gepflegt sein
NotBlank	Vorgabe, ob ein Feld leer bleiben darf oder nicht	TRUE

Tabelle 7.8 Field Properties zum Kreditlimit

Project Designer: *Design Table 18 Debitor* (Properties-Feld *20*)

Überprüfung der tatsächlich vergebenen Kreditlimits

In der Kundenstammdatentabelle ist ersichtlich, welche Kreditlimits den Kunden tatsächlich zugewiesen wurden. Diese können mit den internen organisatorischen Regelungen abgeglichen werden. Wurde darüber hinaus ein Höchstwert in den Feldeinstellungen zum Kreditlimit eingestellt, kann eine Überschreitung anhand eines einfachen Wertevergleichs nachvollzogen werden.

Feldzugriff: *Tabelle 18 Debitor*, Feldauswahl *20 Kreditlimit (MW)*

Online Im Begleitmaterial zu diesem Buch befinden sich entsprechende Reports, die zum einen den aktuellen Debitorensaldo mit dem Kreditlimit vergleichen und zum anderen das Obligo dokumentieren sowie Überschreitungen in der Vergangenheit (sofern über das Änderungsprotokoll eingerichtet) bezogen auf den jeweils offenen Saldo analysieren.

Die Begleitdateien stehen als Download zur Verfügung. Sie können diese wahlweise entweder von der Seite *www.microsoftpress.de/support/9783866455696* oder von der Seite *msp.oreilly.de/support/2272/803* herunterladen.

Überprüfung der offenen Posten

Eine Auswertung der offenen Debitorenposten gibt Aufschluss darüber, ob Kreditlimitwarnungen übergangen wurden und welche Kunden ihr im Stammsatz hinterlegtes Kreditlimit (unberücksichtigt bleiben weitere obligorelevante Sachverhalte wie Aufträge oder Angebote) überschritten haben. Dazu kann das FlowField *Bewegung (MW)* verwendet werden, das für ein frei definierbares Buchungsdatum die offenen Posten des Debitors darstellt.

TIPP Um das FlowField zeitlich zu steuern, lässt sich der FlowFilter *Datumsfilter* verwenden (z. B. »..31.12.12« entspricht »bis einschließlich 31.12.2012«). Als Ergebnis wird die Kontenbewegung auf dem Debitorenkonto für die im Feld *Datumsfilter* eingegebene Periode in Mandantenwährung angezeigt.

Feldzugriff: *Tabelle 18 Debitor*, Feld *Kreditlimit (MW)*, *Bewegung (MW)* (FlowFilter auf gewünschten Zeitraum einstellen)

Anschließend können die Felder direkt miteinander verglichen werden.

Vorauszahlungen

Dynamics NAV bietet die Möglichkeit, für einzelne Debitoren Vorauszahlungen zu definieren. Zahlungsvorauszahlungen können generell für Debitoren, Kreditoren und Artikel gepflegt werden und dienen in der Regel dazu, Verkaufsaufträge in einer gewissen Form abzusichern, d.h. möglichen Bonitätsrisiken proaktiv entgegenzuwirken. Vorauszahlungen werden vor der Lieferung verbucht und erst mit Eingang der Vorauszahlung werden der eigentliche Warenausgang und die Rechnungsstellung vorgenommen. Um das Konstrukt der Vorauszahlung nutzen zu können, müssen die entsprechenden Sachkonten und Buchungsgruppen, Nummernserien für Vorauszahlungsbelege und die Vorauszahlungslogik (Prozentsätze, Gültigkeit für Kunden, Lieferanten und Artikel) definiert werden. Um den Prozess effektiv zu gestalten, muss darüber hinaus mithilfe der Einstellungen im Bereich *Debitoren* & *Verkauf* geregelt werden, dass die Lieferung tatsächlich erst erfolgt, wenn der Vorauszahlungsbetrag eingegangen ist. Generelle Einstellungen zur Einrichtung von Sachkonten, Buchungsgruppen und Nummernserien wurden bereits in Kapitel 2 erläutert, sodass hier die Ausführungen auf die Kernmerkmale der Vorauszahlung beschränkt werden.

Der Prozess im Überblick

Der Prozess der Vorauszahlung wird im Verkauf über den Verkaufsauftrag gesteuert und stellt sich im Standard entsprechend der Abbildung 7.64 dar.

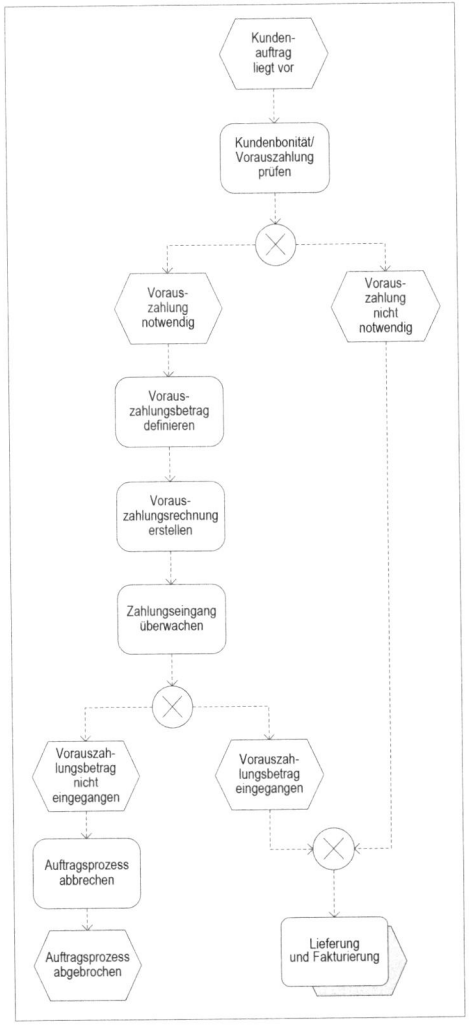

Abbildung 7.64 Vorauszahlungsprozess

Aus Sicht des Belegflusses lässt sich die Vorauszahlung zwischen dem Verkaufsauftrag und der Lieferung einordnen. In der Regel wird die Ware erst ausgeliefert, wenn die Vorauszahlung durch den Kunden tatsächlich erfolgt ist. Die Vorauszahlung selbst ist wie ein eigener Rechnungsbeleg anzusehen, der durch den Zahlungseingang ausgeglichen wird.

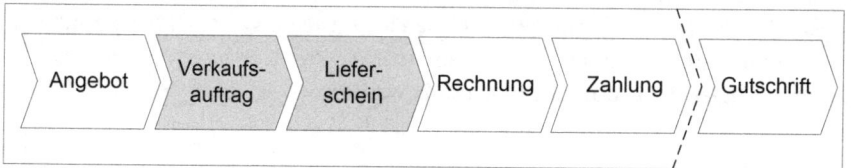

Abbildung 7.65 Belege in der Vorauszahlung

Ablauf und Einrichtung der Vorauszahlung

Die Einrichtung von Vorauszahlungen ist prinzipiell nur dann sinnvoll, wenn das System so konfiguriert ist, dass eine Auslieferung der Artikel an den Kunden erst dann möglich ist, wenn der entsprechende Zahlungseingang verbucht worden ist. Dazu muss die Vorauszahlungsprüfung der Einrichtung *Debitoren & Verkauf Einr.* aktiviert sein.

Link: *Abteilungen/Verkauf & Marketing/Einrichtung/Debitoren & Verkauf Einr.* (siehe Abbildung 7.66)

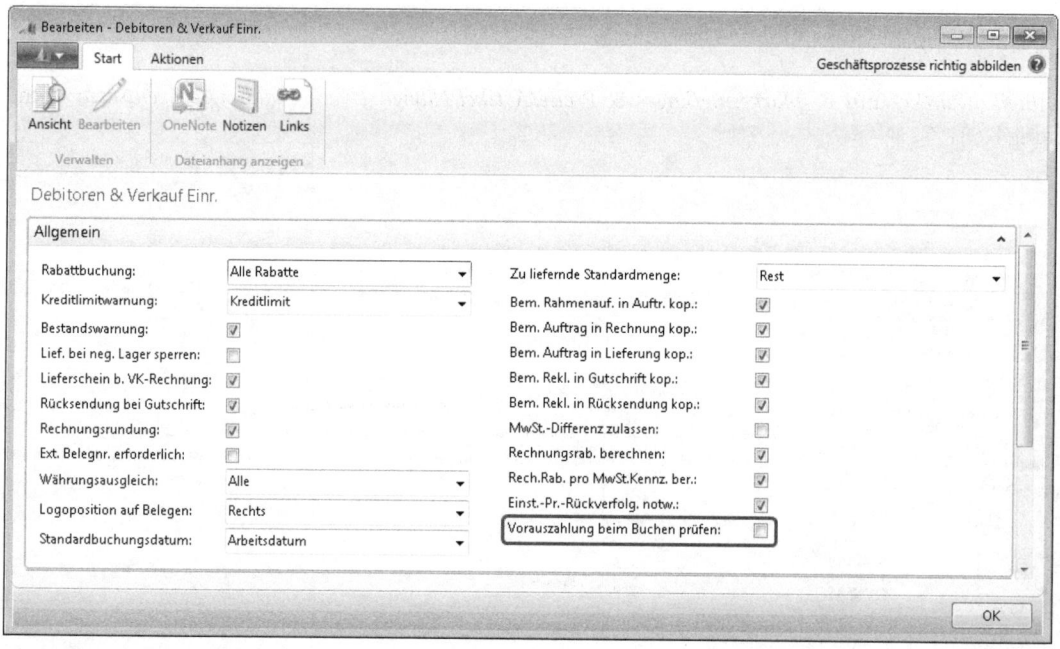

Abbildung 7.66 Einrichtung Vorauszahlungen

Wird das Kontrollkästchen *Vorauszahlung beim Buchen prüfen* aktiviert, kann sichergestellt werden, dass die Lieferung nicht vor Vorauszahlungseingang erfolgt. Die »TestSalesPayment«-Routine durchsucht alle gebuchten Vorauszahlungsrechnungen zu einem Auftrag und gibt eine Fehlermeldung aus, sobald es einen zugehörigen Debitorenposten gibt, der noch einen offenen Restbetrag aufweist.

Vorauszahlungen

Die eigentliche Definition der Vorauszahlungsparameter erfolgt im System an unterschiedlichen Stellen. Auf der Debitorenkarte können über das Inforegister *Fakturierung*, auf der Artikelkarte über die Schaltfläche *Funktion* und die Auswahl *Vorauszahlungsprozentsätze* entsprechende Vorauszahlungsparameter hinterlegt werden.

Link: *Abteilungen/Verkauf & Marketing/Verkauf/Debitoren* (siehe Abbildung 7.67)

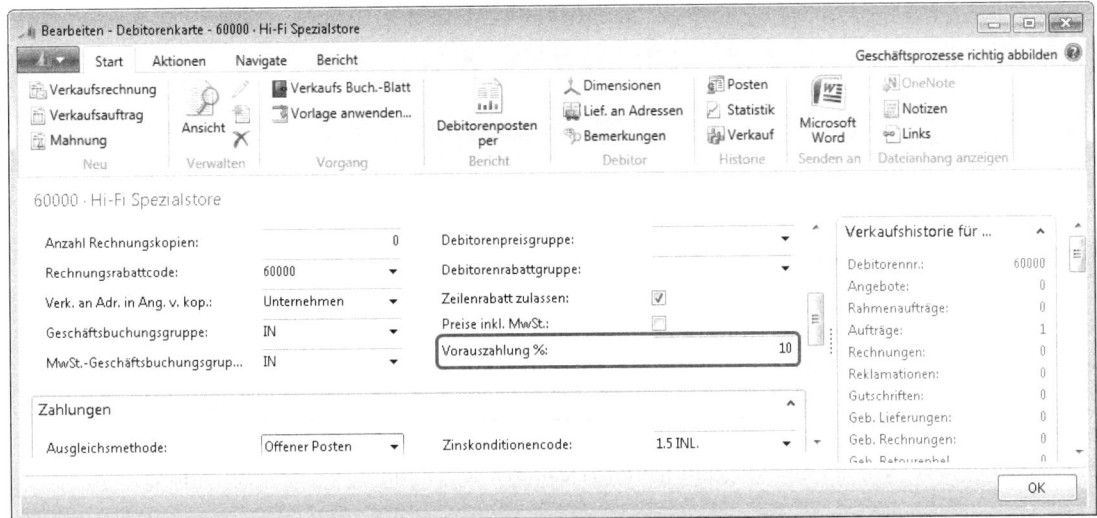

Abbildung 7.67 Vorauszahlungseinstellungen der Debitorenkarte

Link: *Abteilungen/Verkauf & Marketing/Lager & Preise/**Artikel**/Navigate/Vorauszahlungsprozentsätze* (siehe Abbildung 7.68)

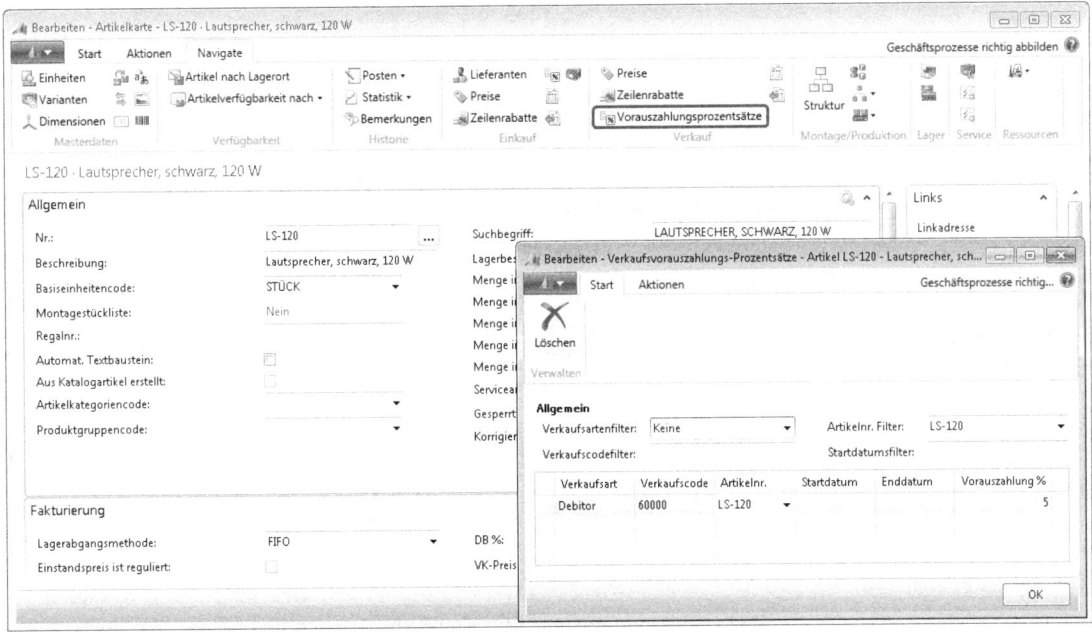

Abbildung 7.68 Vorauszahlungseinstellungen der Artikelkarte

Die Prozentsätze auf der Artikelkarte können auf einzelne Debitoren und Gültigkeitszeiträume beschränkt werden. Über die Verkaufsart kann die Gültigkeit – wie in diesem Fall – auf einen Debitoren beschränkt werden, ebenso können hier eine Debitorenpreisgruppe oder alle Debitoren ausgewählt werden. Bei der Anlage eines Verkaufsauftrags werden die Vorauszahlungsprozentsätze aus den Stammdaten in den Verkaufsbeleg kopiert. Grundsätzlich ist es dabei möglich, dass die hinterlegten Prozentsätze miteinander kollidieren (beispielsweise Debitorenkarte 10 %, Artikelkarte für den Artikel und den Debitoren 5 %). Das System wählt dann den Prozentsatz in der folgenden Prioritätenreihenfolge aus:

- Prozentsatz aus der Kombination eines Artikels mit genau einem Debitor
- Prozentsatz aus der Kombination eines Artikels mit einer Debitorenpreisgruppe
- Prozentsatz aus der Kombination eines Artikels mit allen Debitoren
- Prozentsatz aus dem Verkaufskopf, der aus der Debitorenkarte in den Beleg kopiert wird

In diesem Beispiel war für den Debitoren »60000« ein Prozentsatz von zehn auf der Debitorenkarte hinterlegt, in der Artikelkarte war für den Artikel »LS-120« in Kombination mit dem Debitoren »60000« (Verkaufscode »60000«) ein Prozentsatz von fünf hinterlegt. Wird nun ein Auftrag für diesen Artikel und diesen Debitor angelegt, finden sich im Verkaufskopf und Verkaufszeilen folgende Einstellungen wieder:

Link: *Abteilungen/Verkauf & Marketing/Auftragsabwicklung/Aufträge* (siehe Abbildung 7.69)

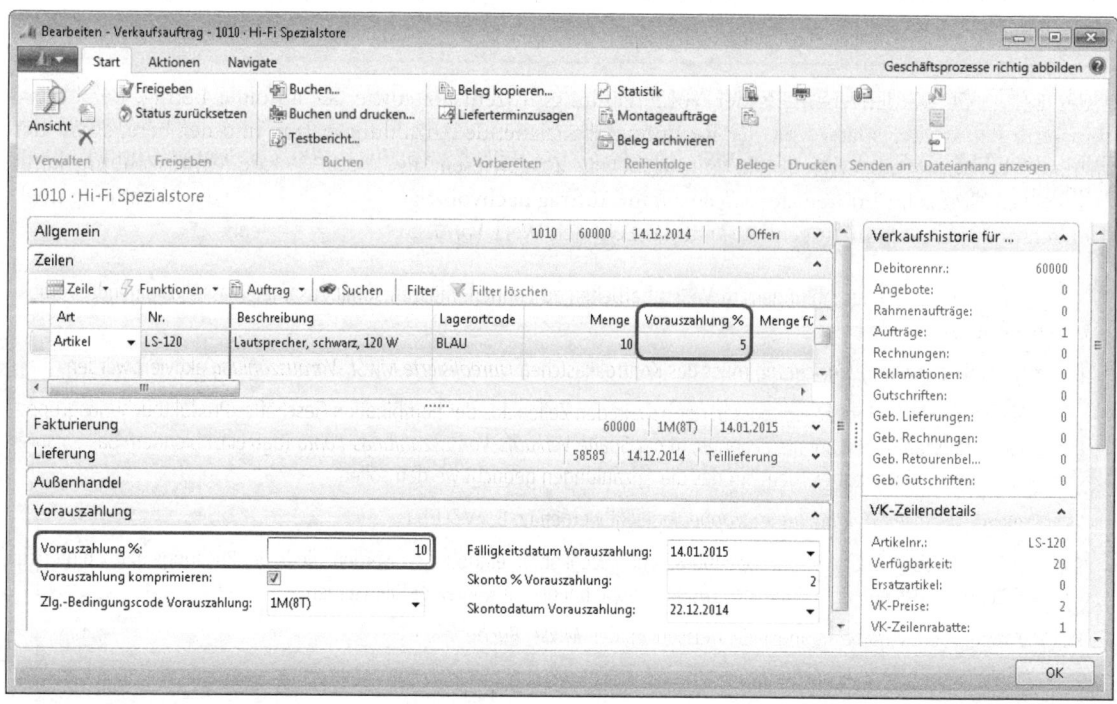

Abbildung 7.69 Vorauszahlungsprozentsätze im Verkaufsbeleg

Aus der Debitorenkarte wurde der Prozentsatz in den Verkaufsauftragskopf kopiert. Allerdings gilt für die Auftragszeile (Artikel ist »LS-120«) der Prozentsatz, der aus der Artikel-/Debitorenkombination der Artikelkarte gezogen wurde. Für den weiteren Verkaufsprozess wird aus Vereinfachungsgründen für den Debitor »60000« keine Vorauszahlung benötigt. Bezüglich des Auftragskopfs sind folgende Felder von Bedeutung (siehe Tabelle 7.9):

Feld	Beschreibung
Vorauszahlung %	Vorauszahlungsprozentsatz, der aus der Debitorenkarte in den Beleg kopiert wird
Vorauszahlung komprimieren	Bei Aktivierung wird die Vorauszahlung unter zwei Voraussetzungen zu einer Position auf der Rechnung zusammengefasst; die Vorauszahlungen betreffen das identische Sachkonto und es wurden die identischen Dimensionen und keine unterschiedlichen Projektnummern verwendet. Ist das Feld nicht aktiviert, erfolgt ein separater Ausweis für jede Zeile der Rechnung.
Zlg.-Bedingungscode Vorauszahl.	Ebenso wie für normale Rechnungen kann auch für Anzahlungen eine Zahlungsbedingung definiert werden
Fälligkeitsdatum Vorauszahlung	Hinterlegung der Fälligkeitsformel für die Berechnung der Zahlungsfälligkeit
Skonto % Vorauszahlung	Ebenso wie formale Rechnungen kann auch für Anzahlungen ein Skonto gewährt werden, da die Anzahlung letztendlich ein Bestandteil der Artikelfakturierung ist
Skontodatum Vorauszahlung	Datum, bis zu dem der Abzug des Skontos gewährt wird

Tabelle 7.9 Vorauszahlungsparameter im Verkaufsauftragskopf

In der Belegzeile werden ebenfalls der Vorauszahlungsprozentsatz sowie der absolute Betrag, der bereits fakturierte Betrag, der später von der Rechnung abzuziehende Anzahlungsbetrag und der bereits von der normalen Rechnung abgezogene Anzahlungsbetrag ausgewiesen. Eine ausstehende Vorauszahlung kann über das Feld *Status* im Inforegister *Allgemein* im Auftrag nachvollzogen werden. Wurde die Anzahlung noch nicht getätigt bzw. noch nicht gebucht, hat das Feld den Wert *Vorauszahlung ausstehend*.

TIPP Um mit Vorauszahlungen im Verkauf arbeiten zu können, müssen somit zusammenfassend folgende Voraussetzungen erfüllt sein:

- In der *Finanzbuchhaltung Einrichtung* muss das Kontrollkästchen *Unrealisierte MwSt.-Vorauszahlung* aktiviert werden
- In der *Buchungsmatrix Einrichtung* muss in der bzw. in den Zeilen aus der Kombination Geschäfts-/Produktbuchungsgruppe, bei denen Vorauszahlungen anfallen können, in der Spalte *Verkaufs-Vorauszahlungs-Konto* (ggf. einzublenden) das entsprechende Sachkonto hinterlegt werden, auf das die Anzahlungen gebucht werden sollen
- Es sollte eine *MwSt.-Produktbuchungsgruppe* angelegt werden (z. B. »VZ-19«)
- Die neue *MwSt.-Produktbuchungsgruppe* muss in den Sachkonten eingetragen werden, die in der Buchungsmatrix hinterlegt wurden. Zudem muss auch die *Produktbuchungsgruppe* bei diesen Konten gefüllt werden.
- Für die möglichen Vorauszahlungsfälle müssen in der *MwSt.-Buchungsmatrix Einr.* die entsprechenden Kombinationen angelegt werden. Hier müssen dann in folgenden Spalten Eintragungen vorgenommen werden:
    - **Unreal. Umsatzsteuerkonto**   Hier muss das Konto eingetragen werden, welches auch in der Buchungsmatrix eingetragen wurde
    - **Unrealisierte MwSt Art**   Hier ist »Prozent« einzutragen
    - **Umsatzsteuerkonto**   Hier das entsprechende Umsatzsteuerkonto eintragen

Vorauszahlung aus Compliance-Sicht

Potenzielle Risiken

- Unzureichende Absicherung von Verkaufstransaktionen (Effectiveness, Compliance)
- Falsche oder im Beleg geänderte Vorauszahlungsprozentsätze (Effectiveness, Compliance)

Prüfungsziel

- Abgleich der Absicherungspolitik des Unternehmens mit den im System hinterlegten Vorauszahlungsdaten
- Vergleich der Vorauszahlungsdaten in den Artikel- und Kundenstammdaten mit in den Belegen hinterlegten Daten

Prüfungshandlungen

Im ersten Schritt sollte die Absicherungspolitik des Unternehmens abgefragt werden, d.h., welche Kunden bzw. Kundengruppen werden zu Anzahlungen verpflichtet und wie hoch sind die jeweiligen Vorauszahlungsprozentsätze. Dazu müssen die Richtlinien den Systemeinstellungen gegenübergestellt werden.

Feldzugriff: *Tabelle 18 Debitor*, Feld *Vorauszahlung %*

Feldzugriff: *Tabelle 459 Verkaufsvorauszahlung %*

Feldzugriff: *Tabelle 37 Verkaufszeile*, Feld *Vorauszahlung %, Vorauszahlungszeilenbetrag, Vorauszahlungsbetrag*

ACHTUNG In der *Buchungsmatrix Einr.* kann nur ein Vorauszahlungskonto hinterlegt werden. Das ist insofern problematisch, als dass im Ausweis in der Bilanz zwischen angeforderten Anzahlungen (die ohne Umsatzsteuer ausgewiesen werden) und den schon eingegangenen Anzahlungen (die nur noch netto auf einem Konto ausgewiesen werden) unterschieden werden muss und somit auf unterschiedlichen Konten gebucht werden sollte. Dynamics NAV »vermischt« dadurch die beiden Buchungsarten, sodass zu Bilanzierungszwecken eine manuelle Umgliederung erforderlich ist.

Darüber hinaus zieht das System bei der Berechnung der Schlussrechnung die gebuchten Vorauszahlungs-Rechnungsbeträge, nicht aber die tatsächlich geleisteten Vorauszahlungen heran. Für die Schlussrechnung sind allerdings einzig die tatsächlich geleisteten Anzahlungen relevant.

Preise und Preisfindung

Die Anwendung ermöglicht die kunden- oder kundengruppenindividuelle Gestaltung von Artikel- und Ressourcenpreisen über sogenannte *alternative Preise*. Der Prozess der Preisfindung und deren Einrichtung werden im Folgenden erläutert. Darüber hinaus können auch unterschiedliche Kundenrabatte gewährt werden, die im Abschnitt »Zeilen- und Rechnungsrabatte« in diesem Kapitel erläutert werden.

Der Prozess im Überblick

Der Ablauf der Preisfindung im System läuft standardmäßig entsprechend der Abbildung 7.70 ab.

Auf Positionsebene kann nach Preisen gemäß Artikel-/Kundenkombination gesucht werden, die in einer Preistabelle hinterlegt sind und unter bestimmten Rahmenbedingungen (Zeiträume, Artikelmengen), die die Anwendung automatisch prüft, zur Geltung kommen. Sind keine alternativen Preise im System gepflegt, werden diese aus der Artikelkarte in die Positionsdaten des Angebots oder Auftrags kopiert.

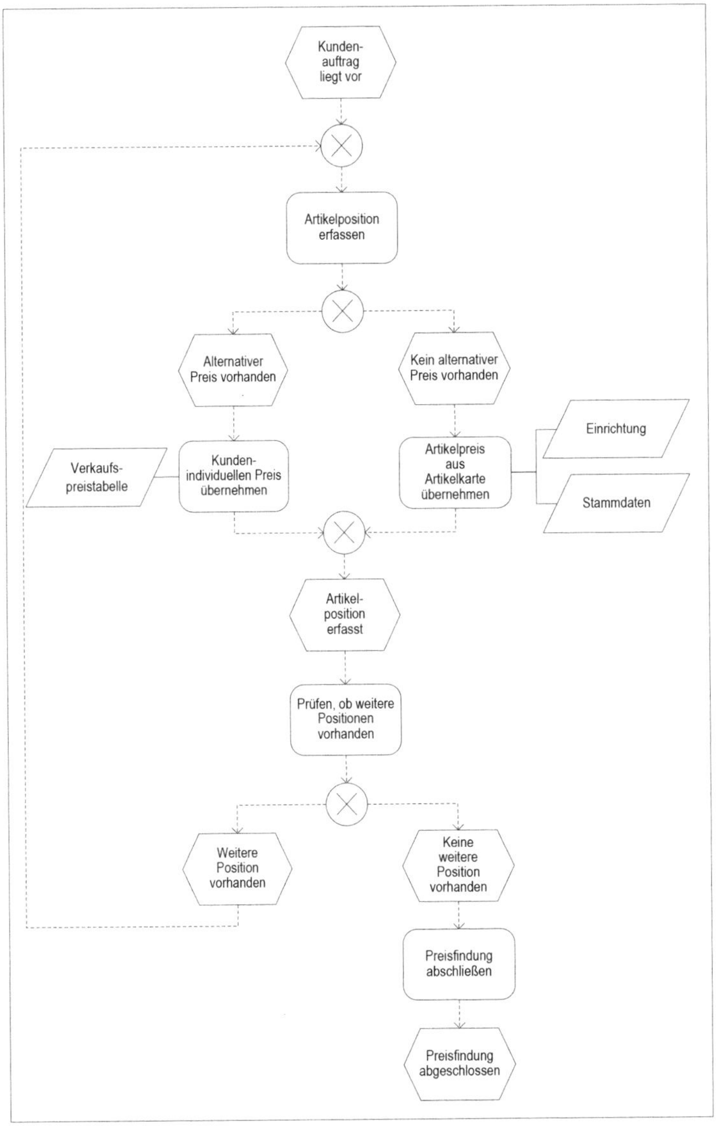

Preise und Preisfindung

Abbildung 7.70 Preisfindungsprozess

Aus Sicht des Belegflusses erfolgt die Verwendung alternativer Preise bei der Erstellung von Angebots- und Auftragsbelegen.

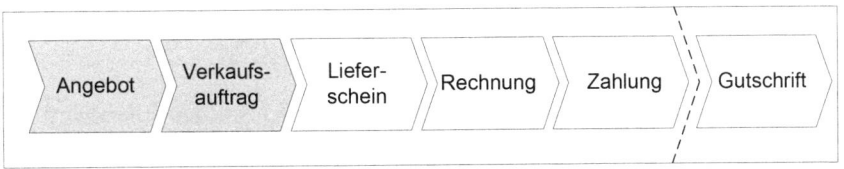

Abbildung 7.71 Belege in der Preisfindung

Die alternative Preisfindung erfolgt auf Belegpositionsebene und ist ein optionaler Vorgang.

Ablauf und Einrichtung der Preise und Preisfindung

Die Preisfindung erfolgt auf zwei Ebenen, der Preis- und der Rabattebene. Preise wiederum können an unterschiedlichen Stellen im System gepflegt werden. Ein übergreifender, von der jeweiligen Verkaufssituation unabhängiger Artikelpreis wird in den Artikelstammdaten der Artikelkarte gepflegt.

Preisfindung auf Basis der Artikelkarte ohne alternative VK-Preise

Link: *Abteilungen/Verkauf* & *Marketing/Lager* & *Preise/Artikel* (siehe Abbildung 7.72)

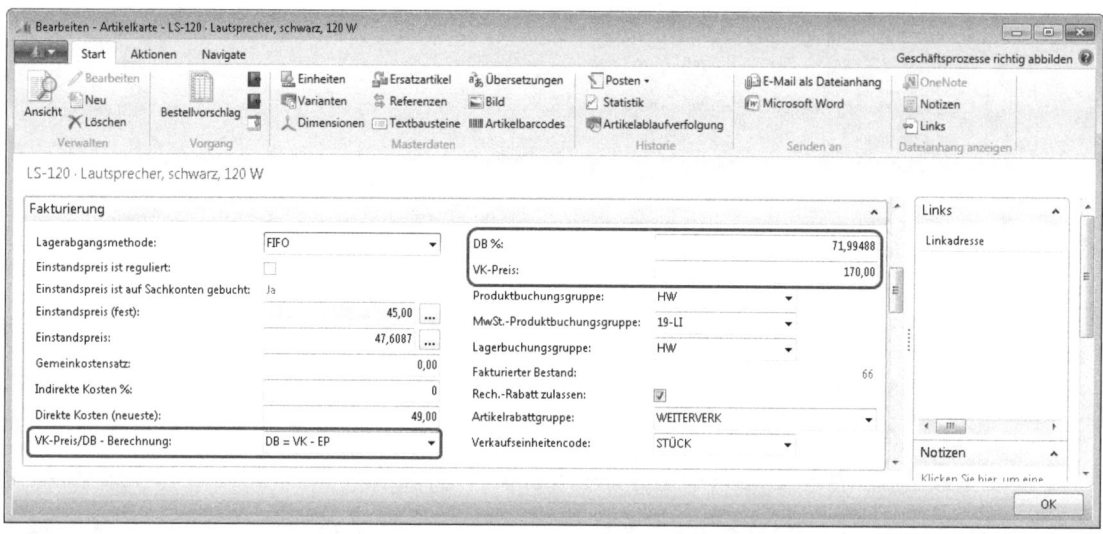

Abbildung 7.72 Verkaufspreis Artikelkarte

Der Verkaufspreis kann manuell gepflegt oder anhand der Größen Deckungsbeitrag und Einstandspreis berechnet werden. Die Art der Berechnung wird im Feld *VK-Preis/DB-Berechnung* hinterlegt.

Wird die Methode »DB = VK – EP« ausgewählt, wird auf Basis eines manuell vorgegebenen Verkaufspreises automatisch der prozentuale Deckungsbeitrag berechnet und im Feld *DB %* eingetragen. Demgegenüber kann aus der Vorgabe eines prozentualen Deckungsbeitrags der Verkaufspreis ermittelt werden. Dazu ist im Feld *DB %* ein Wert und im Feld *VK-Preis/DB-Berechnung* die Methode »VK = EP + DB« einzutragen. Soll keine Berechnung erfolgen, muss das Feld *VK-Preis/DB-Berechnung* den Wert *kein Bezug* aufweisen.

Im Verkaufsauftrag wird der Verkaufspreis aus der Artikelkarte direkt in die Verkaufszeile des jeweiligen Artikels kopiert. Der Verkaufspreis in der Artikelkarte wird weder fortgeschrieben noch kann dazu eine Historie angezeigt werden (außerhalb des Änderungsprotokolls). Ebenso können keine weiteren Kriterien zur Preisfindung berücksichtigt werden. Der auf dieser Ebene definierte Verkaufspreis gilt somit einheitlich für alle Kunden des Mandanten.

Preisfindung auf Basis alternativer VK-Preise

Eine kundenübergreifende Preispolitik ist in der Realität eher selten anzutreffen. In der Praxis wird der Vertrieb kundenindividuelle und kundengruppenbezogene Preise vereinbaren, die von unterschiedlichen Parametern abhängen wie beispielsweise:

- Allgemeine Qualität der Kundenbeziehung
- Verkaufsvolumen des Kunden

Preise und Preisfindung

- vereinbarte Mindestmengen
- Transaktionswährung
- unterschiedliche Artikelvarianten

Darüber hinaus können Preise innerhalb bestimmter Zeitintervalle, beispielsweise im Rahmen einer Kampagne oder anderer zeitlich begrenzter Aktionen, variabel sein. Das System bietet zur Umsetzung von Preisdiversifikationen die Pflege alternativer Verkaufspreise an. Alternative Verkaufspreise können in der Verkaufspreistabelle gepflegt werden.

Link: *Abteilungen/Verkauf* & *Marketing/Verkauf/Debitoren* (siehe Abbildung 7.73)

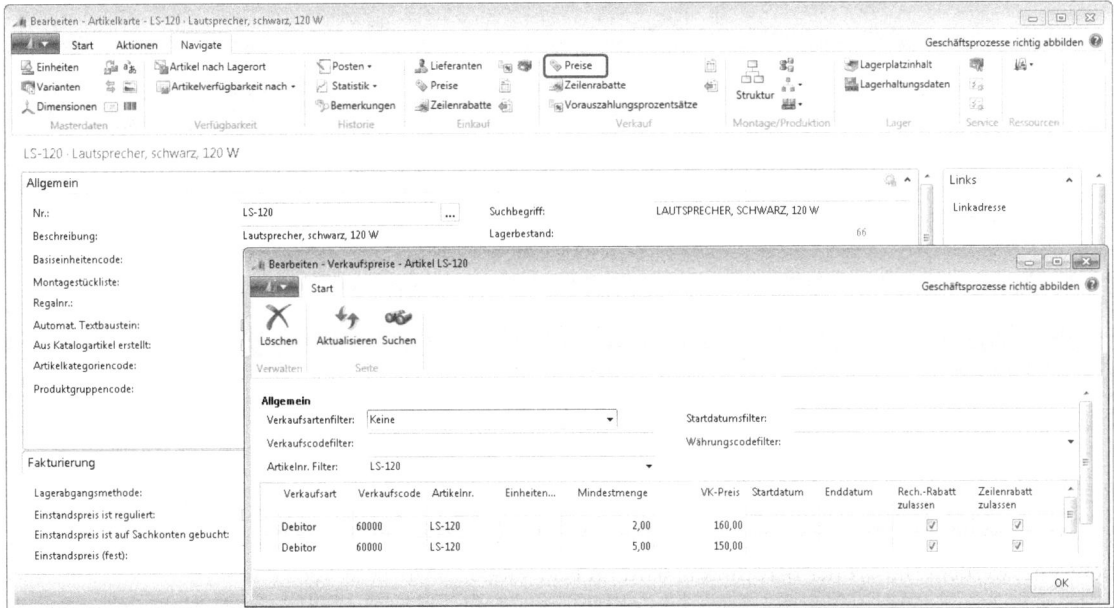

Abbildung 7.73 Debitor Verkaufspreise

Über die Felder *Verkaufsart* und *Verkaufscodefilter* lässt sich der Bezugsrahmen der festzulegenden Preise erstellen. Die Verkaufsart kann sich auf einen einzelnen Debitor, auf eine Debitorenpreisgruppe, alle Debitoren, eine Kampagne oder auf keines der genannten Objekte beziehen. Gemäß der Auswahl lassen sich im Verkaufscodefilter die entsprechenden Elemente (z. B. Debitor oder Kampagne) auswählen.

In den einzelnen Zeilen werden anschließend die Bedingungen definiert, unter denen ein bestimmter Verkaufspreis für einen bestimmten Artikel in Angeboten, Aufträgen, Rechnungen und Gutschriften gewährt wird. Folgende Bedingungen können dabei genutzt und kombiniert werden (siehe Tabelle 7.10):

Feld	Beschreibung
Verkaufsart	Bezugsrahmen für den Preis: Debitor, Debitorenpreisgruppe, Kampagne oder alle Debitoren
Verkaufscode	Auswahlfeld für die einzelnen Elemente der Verkaufsart
Artikelnr.	Artikel, für den der Preis gelten soll

Tabelle 7.10 Festlegung alternative Verkaufspreise

Feld	Beschreibung
Währungscode	Währung, für die der Preis gelten soll
Einheiten	Einheitencode, für den der Verkaufspreis gültig sein soll, wenn der Artikel in dieser Einheit verkauft wird
Mindestmenge	Menge, ab der ein bestimmter Preis gilt
VK-Preis	Gültiger Verkaufspreis unter den gesetzten Bedingungen
Startdatum	Beginn des Gültigkeitszeitraums für den Preis
Enddatum	Ende des Gültigkeitszeitraums für den Preis
VK-Preis inkl. MwSt.	Bei Aktivierung enthält der Verkaufspreis bereits die Mehrwertsteuer
Zeilenrabatt zulassen	Bei Aktivierung erlaubt das System einen zusätzlichen Zeilenrabatt, wenn der Verkaufspreis angeboten wird
Rechnungsrabatt zulassen	Bei Aktivierung erlaubt das System einen zusätzlichen Rechnungsrabatt, wenn der Verkaufspreis angeboten wird
MwSt.-Geschäftsbuch.-G (Preis)	MwSt-Geschäftsbuchungsgruppe, um bei Bruttopreisen den Anteil der Umsatzsteuer berechnen zu können

Tabelle 7.10 Festlegung alternative Verkaufspreise *(Fortsetzung)*

Wird ein Verkaufsauftrag erstellt, erfolgt die Preisermittlung anhand der zuvor festgelegten Kriterien (siehe Abbildung 7.74).

Abbildung 7.74 Preisfindung im Verkaufsauftrag

Die systemgesteuerte Preisfindung erfolgt automatisch, kann aber auch über die Funktion *Preis abrufen* gestartet werden.

Preise und Preisfindung

Link: *Abteilungen/Verkauf & Marketing/Auftragsabwicklung/**Aufträge**/Zeilen/Funktionen/Preis abrufen*

Im ersten Schritt ermittelt die Anwendung, ob für einen bestimmten Artikel ein Verkaufspreis eingerichtet wurde. Ist dies der Fall, werden die Bedingungen geprüft, anhand derer ein bestimmter Preis einem Kunden gewährt wird. Ist die Prüfung erfolgreich, fügt das System den Verkaufspreis in die Belegzeile ein. Ist dies nicht der Fall, wird der Verkaufspreis aus der Artikelkarte in die Belegzeile kopiert.

Abbildung 7.75 Verkaufspreis holen

An dem Beispiel ist zu erkennen, dass der Basispreis aus der Artikelkarte 120 Euro beträgt (siehe Abbildung 7.72). In der ersten Verkaufszeile des Verkaufsauftrags wird dieser Preis aus der Artikelkarte in den Auftrag übernommen. In der zweiten Auftragszeile sind zwei Artikel »LS-120« eingetragen. In diesem Fall wird der Preis aus der Verkaufspreistabelle kopiert, da für die Mindestanzahl von zwei Stück der Preis von 160,00 gilt (siehe Abbildung 7.73). Analog verhält es sich bei der Preisfindung für fünf Einheiten des Artikels »LS-120«, bei dem die Mengenstaffel einen Preis von 150,00 vorsieht.

Im rechten unteren Bereich des Auftragserfassungsfensters, der sogenannten Infobox, werden Informationen zum Artikel angezeigt, die neben der Artikelverfügbarkeit auch Informationen zu Verkaufspreisen enthalten. In diesem Beispiel sind vom Artikel 22 Stück verfügbar und es existieren zwei alternative Verkaufspreise. Mit dem Drilldown auf die Anzahl der *VK-Preise* in der Infobox wird die Aktion *Preis abrufen* ausgeführt.

HINWEIS Der alternative Preis für einen Artikel bezieht sich immer auf den *Einheitencode*, der in der Verkaufspreistabelle hinterlegt wird. In der Artikeleinheitentabelle wird der Bezug zwischen der Verkaufseinheit und der Basiseinheit hergestellt (z. B. zehn Stück pro Palette). Entsprechende Berechtigungen vorausgesetzt, kann in dieser Tabelle das Feld *Menge pro Einheit* geändert werden. Dadurch ist es beispielsweise vor der Erstellung der Verkaufsauftragszeile möglich, die Menge pro Palette zu verändern, ohne dass sich der alternative Preis ändert. Würde z. B. die Menge pro Palette auf 20 erhöht, würde der Kunde gegebenenfalls zehn Einheiten ohne entsprechende Erhöhung des Gesamtpreises erhalten.

Preise unterliegen grundsätzlich Schwankungen oder kurzfristigen Änderungen. Dem Vertrieb obliegt die Pflicht, Preise regelmäßig zu prüfen und Preisänderungen in der Anwendung zu pflegen. Dynamics NAV bietet zwei unterschiedliche Möglichkeiten der Verkaufspreisverwaltung. Mithilfe der Stapelverarbeitung *Artikelpreise justieren* können bestimmte Felder in der Artikelkarte bzw. Lagerhaltungsdatenkarte aktualisiert werden. Die zu aktualisierenden Datensätze können über die Filterfunktion selektiert werden. Die vorgenommenen Änderungen wirken sich nicht auf die alternativen Verkaufspreise aus.

Link: *Abteilungen/Verkauf* & *Marketing/Lager* & *Preise/Artikelpreise justieren* (siehe Abbildung 7.76)

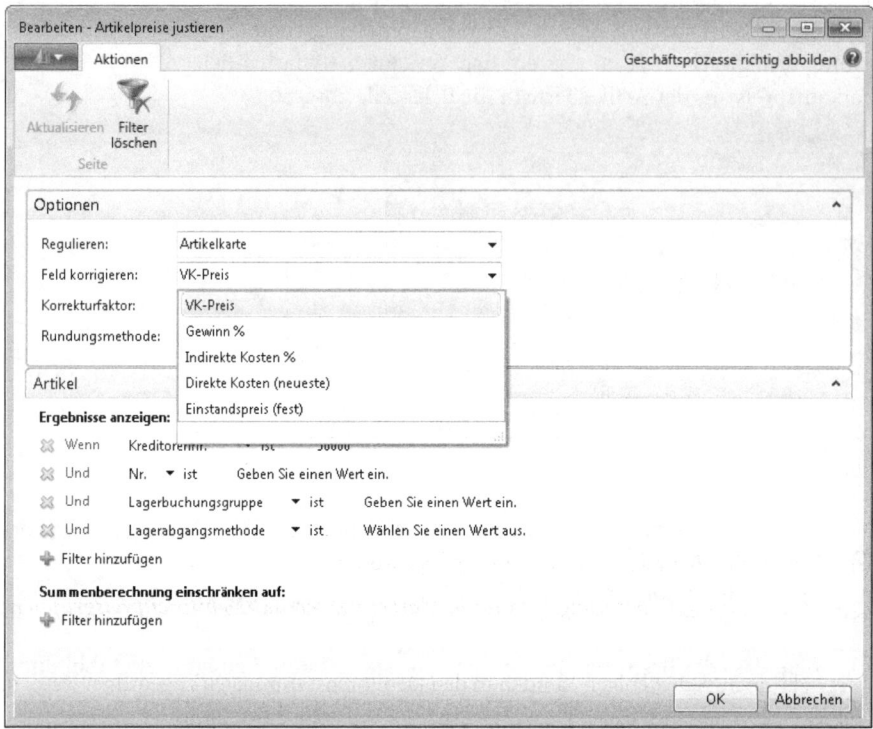

Abbildung 7.76 Artikelpreise justieren

Mithilfe der Funktion *VK-Preisvorschläge* können alternative Preise geändert werden. Die Funktion ist im Wesentlichen identisch mit der Verkaufspreispflege von Debitoren oder Debitorenpreisgruppen und wird aus diesem Grund an dieser Stelle nicht erläutert.

Link: *Abteilungen/Verkauf* & *Marketing/Lager* & *Preise/VK-Preisvorschlag*

Wichtig zu bemerken ist, dass die Preise erst dann aktualisiert werden, wenn die Aktion *Preisvorschlag übernehmen* ausgeführt wurde.

Link: *Abteilungen/Verkauf* & *Marketing/Lager* & *Preise/**VK-Preisvorschlag**/Start/Preisvorschlag übernehmen*

Verkaufsarten – Debitorenpreisgruppen und Kampagnen

Debitorenpreisgruppen

Mithilfe von *Debitorenpreisgruppen* lassen sich Debitoren in Bezug auf die Preisgestaltung segmentieren. Um nicht für jede Kombination von Debitor und Artikel Verkaufspreise pflegen zu müssen, können Konditionen für eine Debitorenpreisgruppe festgelegt werden. Soll beispielsweise bei der Preisgestaltung zwischen Groß- und Einzelhändlern unterschieden werden, bietet es sich an, zwei Debitorenpreisgruppen »Großhandel« und »Einzelhandel« anzulegen, für die Gruppen jeweils die Verkaufspreise zu pflegen und in einem letzten Schritt alle Großhändler und Einzelhändler im Kundenstamm die jeweilige Preisgruppe zuzuordnen. Zunächst müssen dazu die Debitorenpreisgruppen gepflegt werden.

Preise und Preisfindung

Link: *Abteilungen/Verwaltung/Anwendung Einrichtung/Verkauf & Marketing/Verkauf/Debitorenpreisgruppen* (siehe Abbildung 7.77)

Abbildung 7.77 Debitorenpreisgruppen

Über die Registerkarte *Navigate* und die Aktion *VK-Preise* können schließlich die Preise analog zu der Vorgehensweise bei Verkaufspreisen in den Kundenstammdaten gepflegt werden.

Link: *Abteilungen/Verwaltung/Anwendung Einrichtung/Verkauf & Marketing/Verkauf/**Debitorenpreisgruppen**/Navigate/VK-Preise*

Sind die Preisgruppen gepflegt, können sie beliebigen Kunden in den Debitorenstammdaten zugeordnet werden.

Link: *Abteilungen/Verkauf & Marketing/Verkauf/Debitoren* (Inforegister *Fakturierung*, Feld *Debitorenpreisgruppe*)

Kampagnen

Bei Preiskampagnen handelt es sich um zeitlich begrenzte Aktionen, bei denen Artikel allen oder einem Kreis von Kunden zu vergünstigten Konditionen angeboten werden. Es können beliebig viele Kampagnen im System verwaltet werden.

Link: *Abteilungen/Verkauf & Marketing/Marketing/Kampagnen* (siehe Abbildung 7.78)

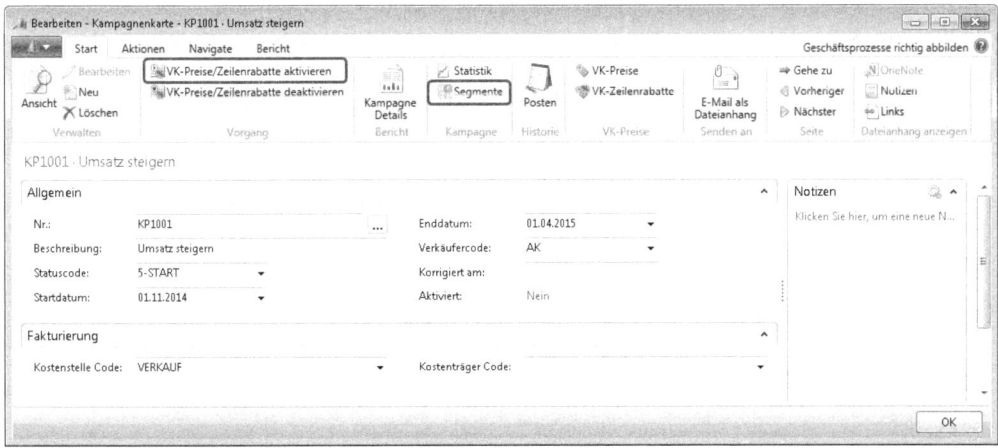

Abbildung 7.78 Kampagnen

Den Kampagnen kann ein *Segment* zugeordnet werden, dem wiederum die Kontaktstammdaten zugeordnet werden, die durch die Kampagne angesprochen werden sollen.

Link: *Abteilungen/Verkauf & Marketing/Marketing/Kampagnen/Segmente*

Analog zu den Debitorenpreisgruppen können für die Kampagne die Verkaufspreise hinterlegt werden.

Link: *Abteilungen/Verkauf & Marketing/Marketing/Kampagnen/VK-Preise*

Um Kampagnenpreise und -konditionen zu aktivieren, muss der Kampagne ein Segment mit Kontakten zugeordnet werden. Preise und Konditionen können für das gesamte Segment oder Teile des Segments aktiviert werden. Dazu wird das Feld *Kampagnenziel* aktiviert (auf Kopf- bzw. Zeilenebene) und anschließend auf der Kampagnenkarte die Aktion *VK-Preise/Zeilenrabatte aktivieren* ausgeführt.

Link: *Abteilungen/Verkauf & Marketing/Marketing/Kampagnen/Kampagne/Segmente* (siehe Abbildung 7.79)

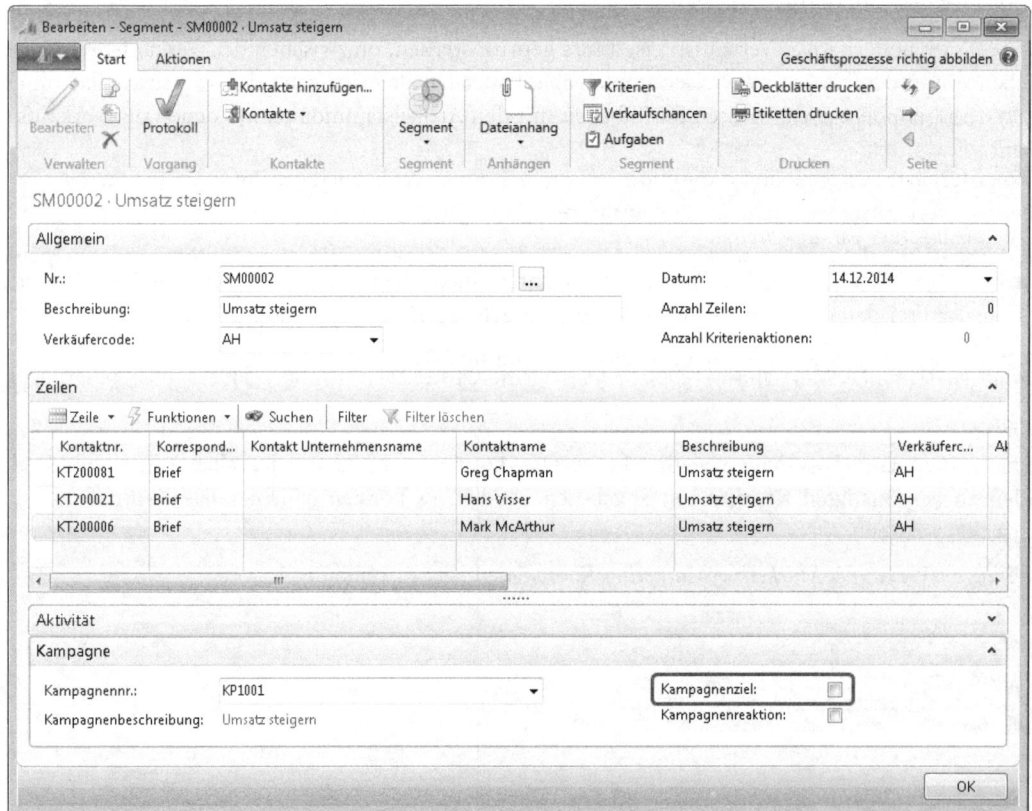

Abbildung 7.79   Kampagne – Segmente

Preise und Preisfindung aus Compliance-Sicht

Potenzielle Risiken

- Falsche Preise führen zu Vermögensverlust des Unternehmens (Effectiveness, Compliance)
- Falsche Preise haben mögliche negative Auswirkungen auf die Kundenzufriedenheit (Effectiveness, Compliance)

Preise und Preisfindung

Prüfungsziel

- Abgleich der Preispolitik des Unternehmens mit den im System hinterlegten Preisdaten
- Vergleich der Preise in den Artikelstammdaten mit alternativen Preisen

Prüfungshandlungen

Im ersten Schritt sollte sich ein Überblick der vom Unternehmen betriebenen Preispolitik verschafft werden. Dazu gehört insbesondere die Analyse der dazugehörigen Dokumentation (Preislisten, Mengenstaffelungen, gegebenenfalls Verträge mit Kunden etc.). Anschließend sollte geprüft werden, ob die dokumentierten Preise mit den Basispreisdaten in der Anwendung übereinstimmen.

Preisprüfung auf Basis der Artikelkarte ohne alternative VK-Preise

Feldzugriff: *Tabelle 27 Artikel*, Feld *VK-Preis*

Preisprüfung auf Basis alternativer VK-Preise

Bei der Verwendung alternativer Verkaufspreise muss geprüft werden, ob zwischen den Verkaufspreisen in der Artikelkarte und den alternative Preisen unplausible Unterschiede existieren oder ob sich Artikel ohne Preise im System befinden. Dazu müssen die Tabellen mit den Artikelstammdaten mit denen der Verkaufspreise verglichen werden.

Feldzugriff: *Tabelle 27 Artikel*, Feld *VK-Preis*

Feldzugriff: *Tabelle 7002 Verkaufspreis*

Zusätzlich kann über den Report *VK-Preisliste* nach unterschiedlichen Kriterien Verkaufspreise selektiert und eine Liste der Preisdaten für unterschiedliche Verkaufsarten/Verkaufscodes ausgegeben werden.

Object Designer: *Run Report 715 VK-Preisliste* (siehe Abbildung 7.80)

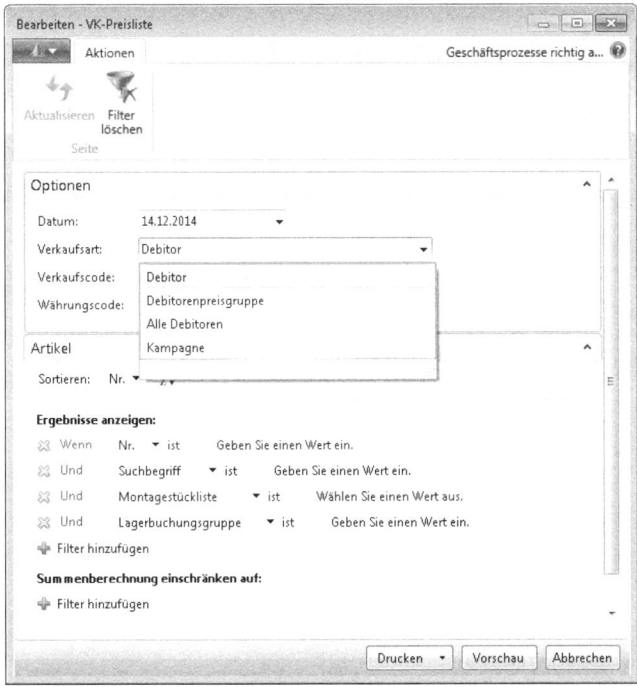

Abbildung 7.80 Report VK-Preisliste

Zeilen- und Rechnungsrabatte

Neben der Möglichkeit, kundenindividuelle Preise im System zu hinterlegen, bietet Dynamics NAV auch die Möglichkeit, in Abhängigkeit von unterschiedlichen Parametern (z. B. Abnahmemengen und Höhe des Rechnungsbetrags) Zeilen- und Rechnungsrabatte zu pflegen. Im folgenden Abschnitt wird die Rabattlogik beschrieben und erläutert, wie das System konfiguriert werden muss.

Der Prozess im Überblick

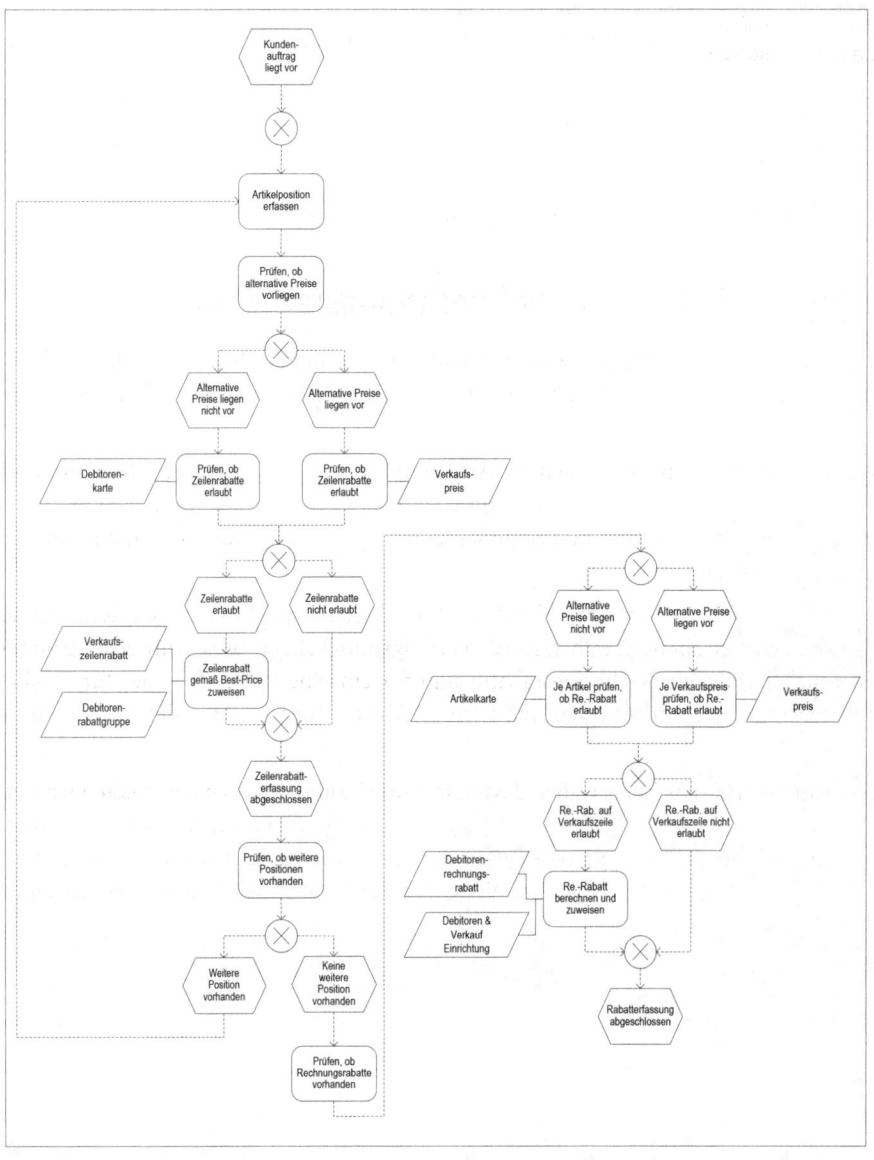

Abbildung 7.81 Rabattfindungsprozess

Zeilen- und Rechnungsrabatte

Die Anwendung ermöglicht die Vergabe kunden- und artikelabhängiger Rabatte auf Positionsebene (Zeilenrabatte) und auf Ebene der Gesamtrechnung (Rechnungsrabatt). Standardmäßig stellt sich die Rabattfindung entsprechend der Abbildung 7.81 dar.

In Abhängigkeit von unterschiedlichen Parametern (Zeiträume, Artikelmengen), die die Anwendung automatisch prüft, erfolgt die Gewährung unterschiedlicher Rabatte, die in Zeilenrabatten, Rechnungsrabatten und Gruppenrabatten (Debitoren- und Artikelgruppen) im System hinterlegt werden können.

Aus Sicht des Belegflusses erfolgt die Rabattgewährung auf der Ebene des Angebots und Auftrags.

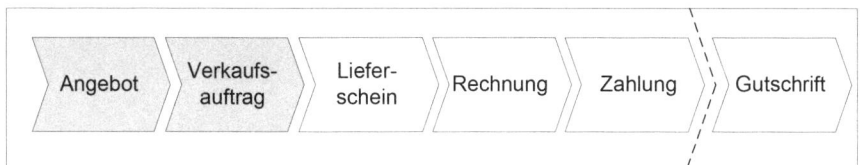

Abbildung 7.82 Belege in der Rabattfindung

Es handelt sich dabei um einen optionalen Prozessschritt innerhalb des Verkaufs.

Ablauf und Einrichtung von Zeilen- und Rechnungsrabatten

Neben der kundenindividuellen Preisgestaltung durch alternative Preise bietet Dynamics NAV auch die Möglichkeit unterschiedlicher Arten der Rabattgewährung und -buchung. Dabei lassen sich drei wesentliche Arten von Rabatten unterscheiden:

- **Zeilenrabatte** Positionsbezogene Rabatte können für Artikel und Artikelrabattgruppen, für Debitoren und Debitorenrabattgruppen, und für alle Debitoren und Kampagnen in Abhängigkeit von Mindestmengen, Einheiten, Währungen und Zeiträumen eingerichtet werden. Zeilenrabatte sind damit ähnlich konstruiert wie alternative Verkaufspreise.

- **Rechnungsrabatte** Beziehen sich nicht auf den einzelnen Artikel (Artikelpositionen), sondern werden in Abhängigkeit von der Rechnungshöhe gewährt. Es ist allerdings möglich, einzelne Auftragspositionen vom Rechnungsrabatt auszuschließen. Rechnungsrabatte sind für einzelne Debitoren oder für Debitorengruppen (Debitorenrechnungsrabatt) pflegbar und können darüber hinaus mit Zeilenrabatten kombiniert werden.

- **Skonti** Werden dem Kunden für den Fall gewährt, dass bestimmte Zahlungsfristen eingehalten werden. Erfolgt eine fristgerechte Zahlung, ist der Kunde in der Regel berechtigt, einen bestimmten Prozentsatz des Rechnungsbetrags abzuziehen. Da Skonti Bestandteil der Zahlungsbedingungen sind und erst bei Zahlungseingang gebucht werden, erfolgt eine detaillierte Betrachtung dieses Themas im Abschnitt »Zahlungseingang« in diesem Kapitel.

Um Rabatte anwenden und buchen zu können, muss im ersten Schritt die allgemeine Rabatteinrichtung auf Ebene des Mandanten erfolgen (siehe Tabelle 7.11 und Tabelle 7.12).

Link: *Abteilungen/Verkauf & Marketing/Einrichtung/Debitoren & Verkauf Einr.* (siehe Abbildung 7.83)

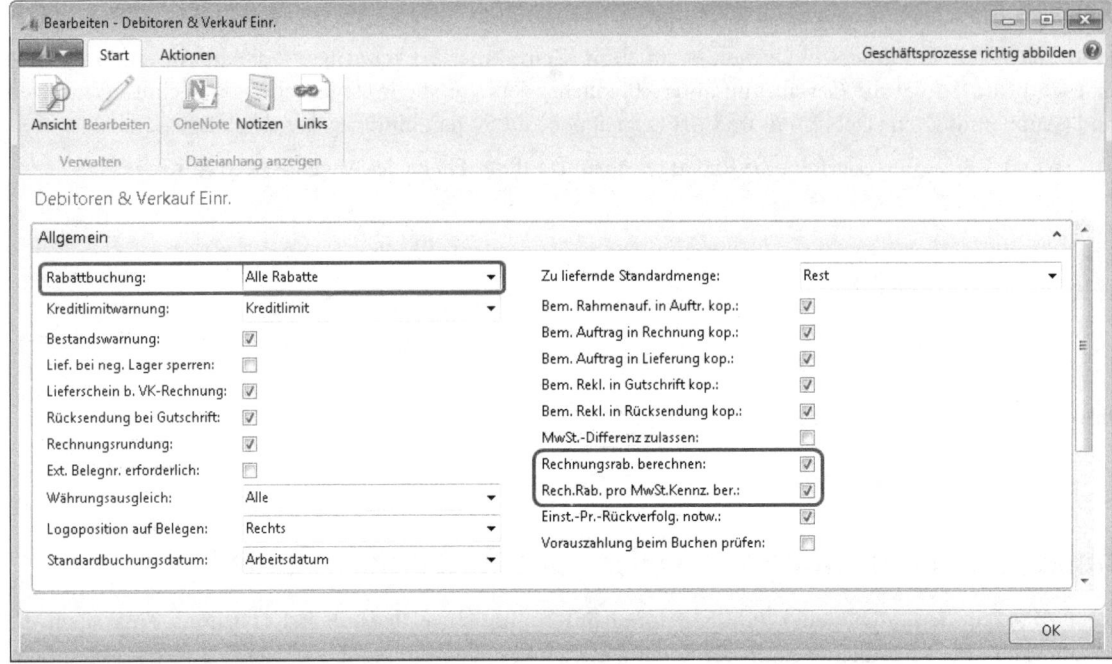

Abbildung 7.83 Rabatteinrichtung

Feld	Beschreibung
Rechnungsrab. berechnen	Bei Aktivierung wird der Rechnungsrabattbetrag auf Verkaufsbelegen automatisch durch die Anwendung berechnet
Rech.Rab. pro MwSt Kennz ber.	Bei Aktivierung wird der Rechnungsrabatt pro MwSt.-Kennzeichen berechnet

Tabelle 7.11 Rabatteinrichtung (1/2)

Über das Feld *Rabattbuchung* können Regeln für die Buchungssteuerung festgelegt werden, wobei vier Optionen möglich sind (siehe Tabelle 7.12).

Feldwert	Beschreibung
Rechnungsrabatte	Rechnungsrabatt und Rechnungsbetrag werden auf separaten Konten gebucht (Bruttomethode). Dabei wird das Rechnungsrabattkonto verwendet, das in der Buchungsmatrix eingerichtet sein muss. Gewährte Rabattbeträge können so später im Kontenplan auf separaten Erlösschmälerungskonten nachvollzogen werden
Zeilenrabatte	Zeilenrabatt und Rechnungsbetrag werden auf separaten Konten gebucht (Bruttomethode). Dabei wird das Zeilenrabattkonto verwendet, das in der Buchungsmatrix eingerichtet sein muss

Tabelle 7.12 Rabatteinrichtung (2/2)

Zeilen- und Rechnungsrabatte

Feldwert	Beschreibung
Alle Rabatte	Zeilenrabatt, Rechnungsrabatt und Rechnungsbetrag werden auf separaten Konten gebucht (Bruttomethode). Dabei wird das Zeilenrabattkonto verwendet, das in der Buchungsmatrix eingerichtet sein muss. Gewährte Rabattbeträge können später im Kontenplan nachvollzogen werden
Keine Rabatte	Rabatte werden nicht getrennt gebucht, sondern direkt vom Rechnungsbetrag abgezogen (Nettomethode). Rabattbeträge können im Kontenplan somit nicht separat nachvollzogen werden

Tabelle 7.12 Rabatteinrichtung (2/2) *(Fortsetzung)*

Im Rahmen der GuV-Kontenfindung werden die Geschäftsbuchungsgruppe des Kunden sowie die Produktbuchungsgruppe des Artikels herangezogen, um die Buchung gemäß der Einrichtung der Buchungsmatrix vornehmen zu können. Wird bei der Rabatteinrichtung der Wert *Keine Rabatte* verwendet, wird nur auf das Warenverkaufskonto gebucht.

Link: *Abteilungen/Finanzmanagement/Einrichtung/Buchungsgruppen/Buchungsmatrix Einr.* (siehe Abbildung 7.84)

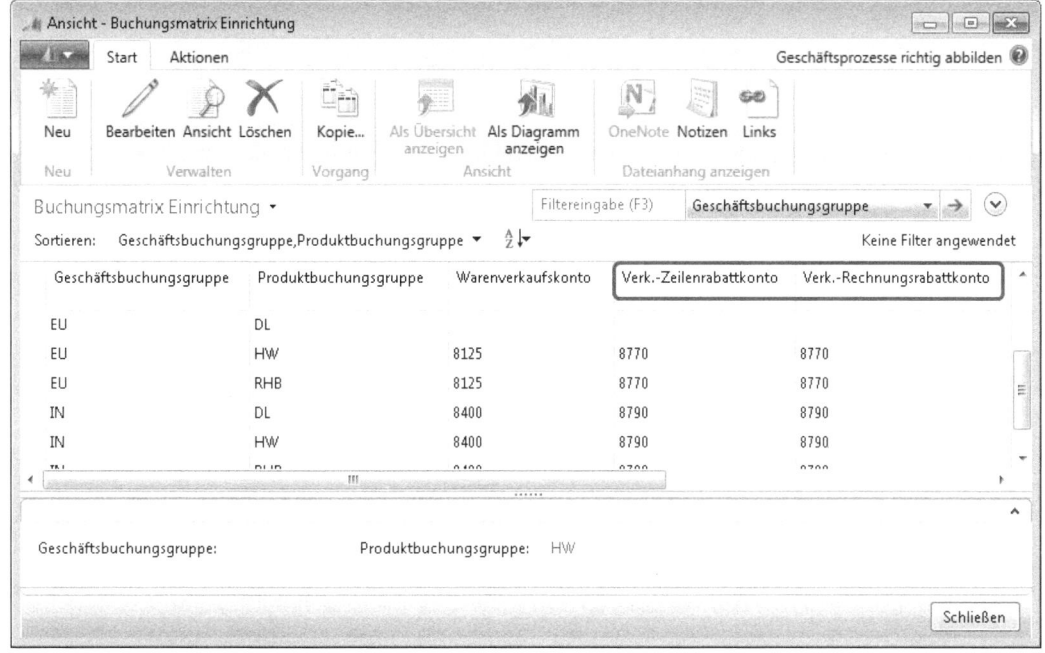

Abbildung 7.84 Buchungsmatrix Rabattkonten

Aktivierung der Rabatte auf Ebene der Artikel- und Debitorenkarte (ohne Berücksichtigung alternativer VK-Preise)

Die Aktivierung der Zeilen- und Rechnungsrabatte erfolgt zum einen in der Artikel- und zum anderen in der Debitorenkarte. Auf der Artikelkarte kann festgelegt werden, ob ein Material bzw. Verkaufsprodukt für die Berechnung des Rechnungsrabatts berücksichtigt werden soll oder nicht.

Link: *Abteilungen/Verkauf & Marketing/Lager & Preise/Artikel* (siehe Abbildung 7.85)

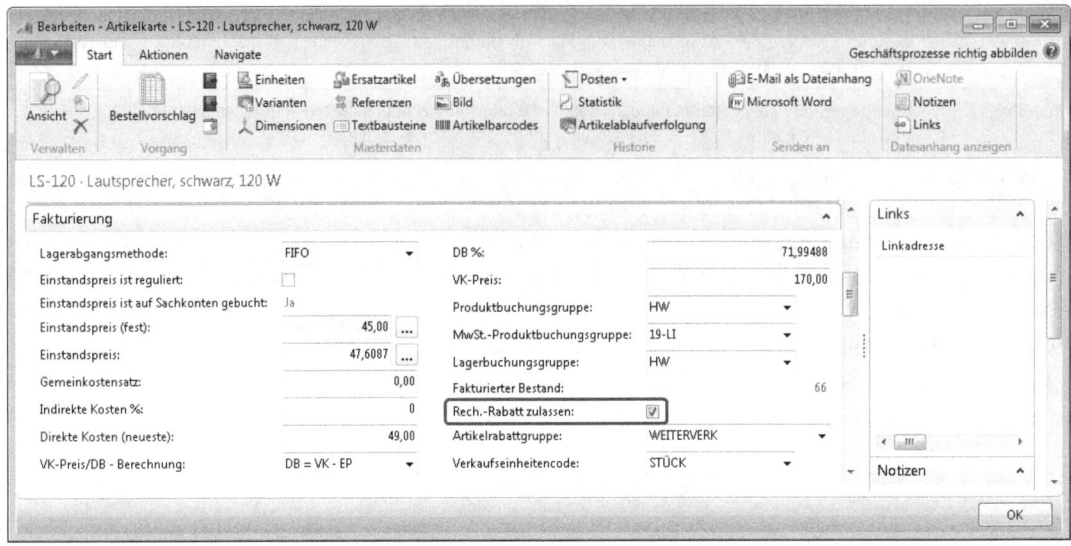

Abbildung 7.85   Rechnungsrabatt zulassen (Artikelkarte)

Auf dem Inforegister *Fakturierung* der Debitorenkarte erfolgt diese Einstellung für Zeilenrabatte.

Link: *Abteilungen/Verkauf & Marketing/Verkauf/Debitoren* (siehe Abbildung 7.86)

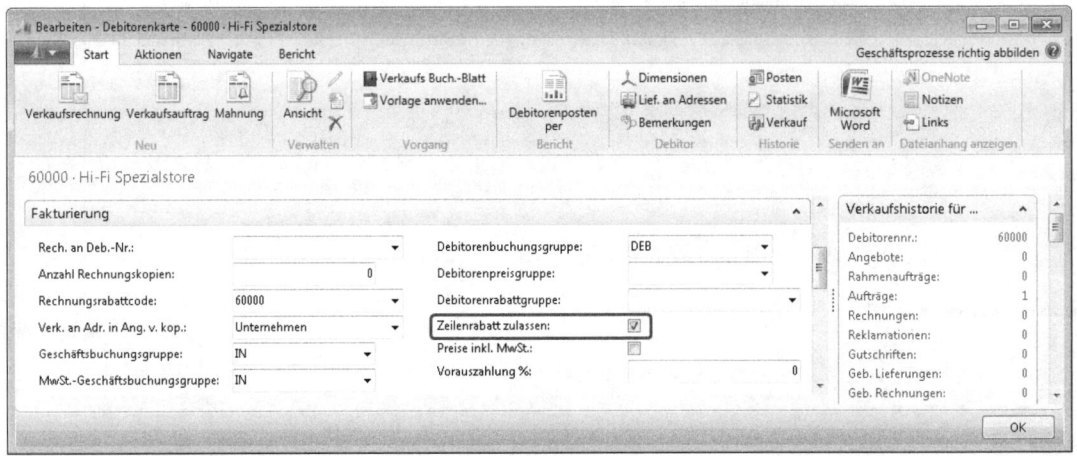

Abbildung 7.86   Zeilenrabatt zulassen (Debitorenkarte)

Aktivierung der Rabatte auf Ebene der Verkaufspreistabelle (mit Berücksichtigung alternativer VK-Preise)

Um eine kombinierte Nutzung von Rabatten und alternativen Verkaufspreisen zu ermöglichen, müssen Zeilen- und Rechnungsrabatte in den Verkaufspreisen für einen Artikel zusätzlich erlaubt sein.

Link: *Abteilungen/Verkauf & Marketing/Verkauf/**Debitoren**/Navigate/Preise* (siehe Abbildung 7.87)

Nur wenn die Rabatte aktiviert sind, berechnet die Anwendung einen Zeilenrabatt bzw. Rechnungsrabatt, wenn der alternative Verkaufspreis angeboten wird.

Zeilen- und Rechnungsrabatte

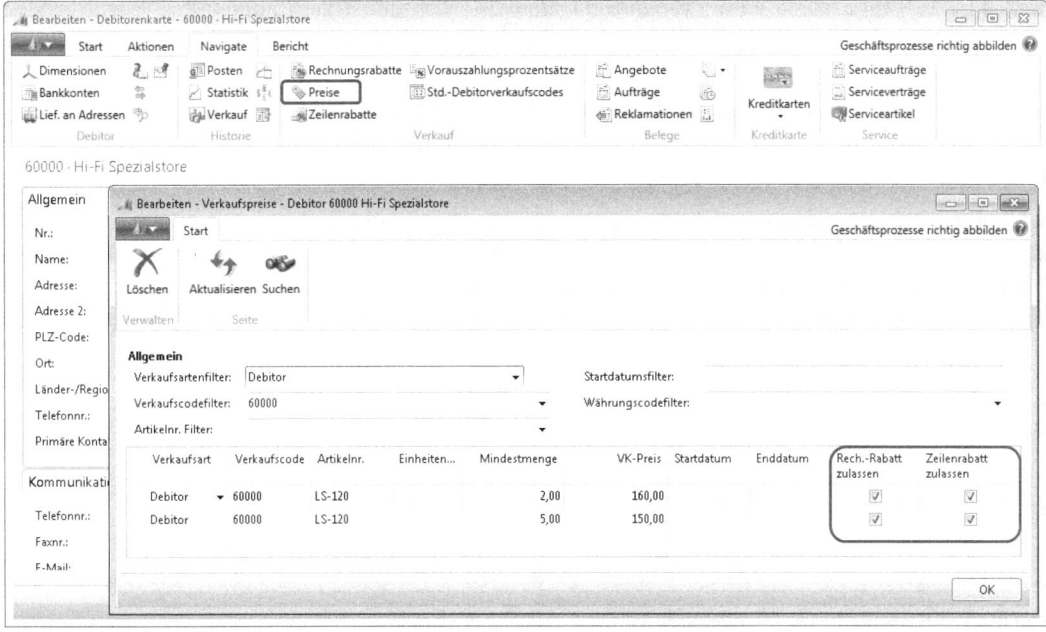

Abbildung 7.87 Rabatte zulassen (Verkaufspreise)

Definition von Zeilen- und Rechnungsrabatten

Die eigentliche Definition von Zeilenrabatten erfolgt gesondert in einem eigenen Fenster.

Link: *Abteilungen/Verkauf* & *Marketing/Verkauf/**Debitoren**/Navigate/Zeilenrabatte* (siehe Abbildung 7.88)

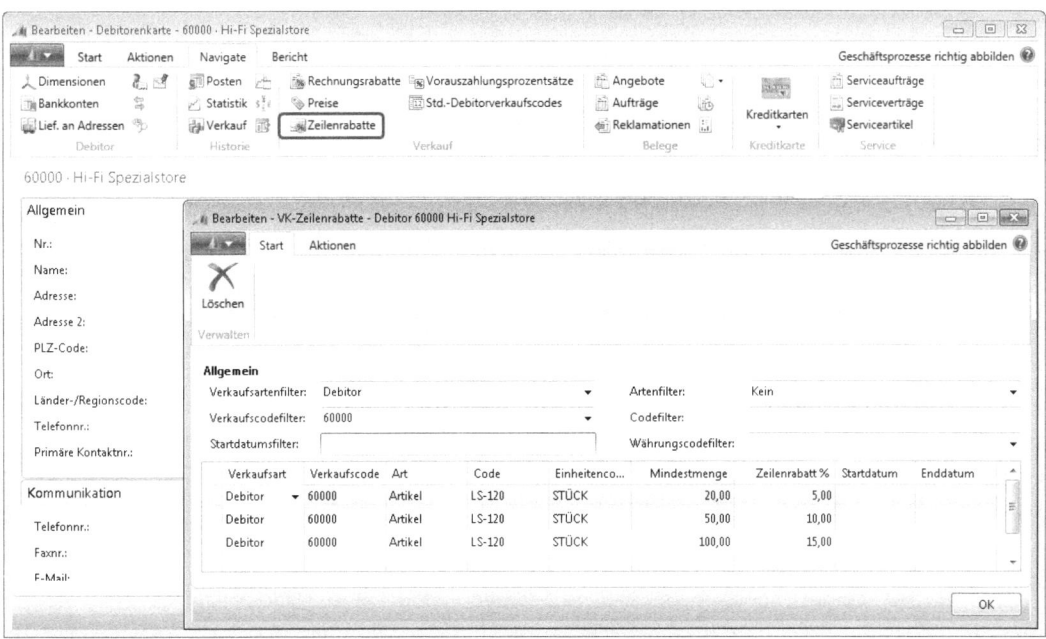

Abbildung 7.88 Zeilenrabatte (Debitor)

Über die Felder *Verkaufsartenfilter* und *Verkaufscodefilter* lässt sich der Bezugsrahmen der festzulegenden Rabatte erstellen. Die Verkaufsart kann sich auf einen einzelnen Debitor, auf eine Debitorenpreisgruppe, alle Debitoren, eine Kampagne oder auf keines der genannten Elemente beziehen. Gemäß der Auswahl lassen sich im Verkaufscodefilter die entsprechenden Elemente (z. B. Debitor oder Kampagne) auswählen. Über den *Artenfilter*, *Codefilter*, *Startdatumsfilter* sowie *Währungscodefilter* im Inforegister *Allgemein* kann die Gültigkeit der Zeilenrabattregeln darüber hinaus weiterhin eingeschränkt werden.

In den einzelnen Zeilen werden anschließend die Bedingungen definiert, unter denen einem Kunden ein bestimmter Rabatt für einen bestimmten Artikel in Angeboten, Aufträgen, Rechnungen und Gutschriften gewährt wird. In diesem Beispiel wird dem Kunden ein Zeilenrabatt von 10 % bei einer Mindestmenge von 20 Stück gewährt, ohne dass der Zeitraum des Angebots zeitlich eingeschränkt ist. Folgende Bedingungen können dabei genutzt und kombiniert werden (siehe Tabelle 7.13):

Feld	Beschreibung
Verkaufsart	Bezugsrahmen für den Preis: Debitor, Debitorenpreisgruppe, Kampagne oder alle Debitoren
Verkaufscode	Auswahlfeld für die einzelnen Instanzen der Verkaufsart
Artikel	Artikel oder Artikelgruppe, für den/die der Zeilenrabatt gelten soll
Code	Auswahlfeld für die einzelnen Instanzen des Artikels/der Artikelgruppe
Variante	Variantencode des Artikels, für den der Rabatt gelten soll. Ist das Feld ohne Wert, ist der Verkaufszeilenrabatt für den Artikel und sämtliche Varianten des Artikels gültig.
Währungscode	Währung, für die der Rabatt gelten soll
Einheiten	Einheitencode, für den der Rabatt gültig sein soll, wenn der Artikel in dieser Einheit verkauft wird
Mindestmenge	Menge, ab der ein bestimmter Preis gilt
Zeilenrabatt	Gültiger Zeilenrabatt in Prozent unter den gesetzten Bedingungen
Startdatum	Beginn des Gültigkeitszeitraums für den Rabatt
Enddatum	Ende des Gültigkeitszeitraums für den Rabatt

Tabelle 7.13 Zeilenrabatte

Berechnung des besten Preises

Der beste Preis ergibt sich aus der preisoptimalen Kombination von alternativen Verkaufspreisen und Zeilenrabatten. Der beste Preis bezieht sich somit ausschließlich auf Zeilen-, jedoch nicht auf Rechnungsrabatte. Auch der Verkaufspreis auf der Artikelkarte wird bei der Berechnung des besten Preises nicht berücksichtigt.

Definition von Rechnungsrabatten

Im Gegensatz zum Zeilenrabatt ist der Rechnungsrabatt nicht artikelbezogen, sondern bezieht sich auf den vollständigen Rechnungsbetrag. Dabei ist zu beachten, dass einzelne Artikel von der Berechnung des Rechnungsrabatts ausgeschlossen werden können.

Zeilen- und Rechnungsrabatte

Link: *Abteilungen/Verkauf & Marketing/Verkauf/**Debitoren**/Navigate/Rechnungsrabatte* (siehe Abbildung 7.89)

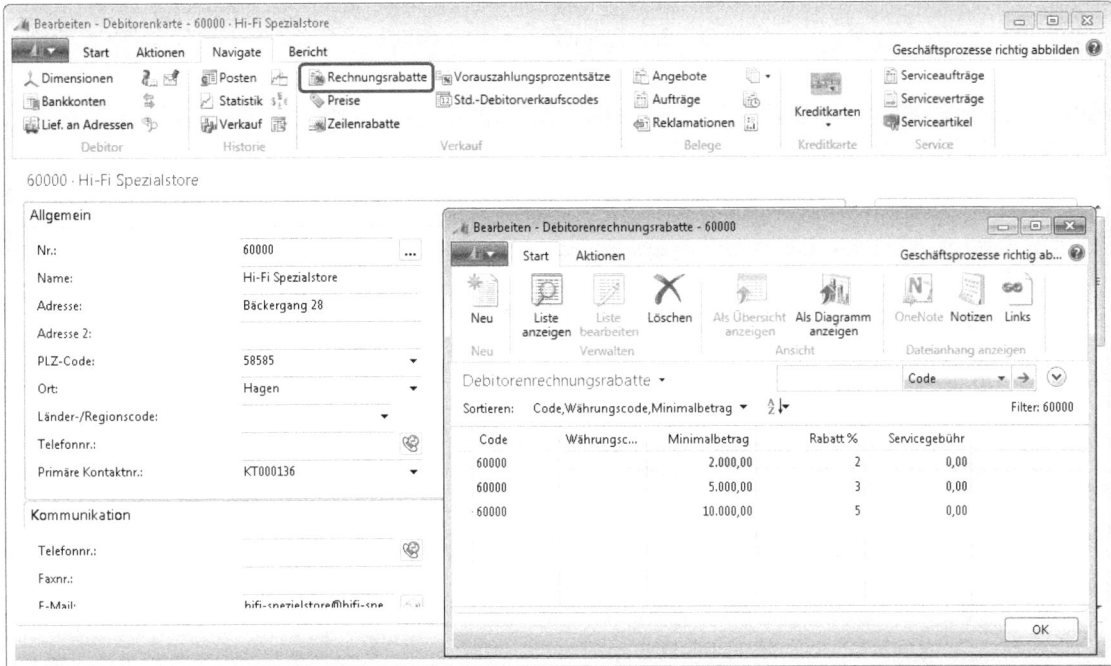

Abbildung 7.89 Debitorenrechnungsrabatte

Rechnungsrabatte sind durch die in Tabelle 7.14 aufgeführten Eigenschaften gekennzeichnet.

Feld	Beschreibung
Code	Eindeutiger Code für den Rechnungsrabatt
Währungscode	Währungscode, für den die Rechnungsrabattbedingung gelten soll. Eventuelle Servicegebühren oder Minimalbeträge für diese Rechnungsrabattbedingungen werden in der entsprechenden Währung angezeigt.
Minimalbetrag	Minimalbetrag, ab dem ein bestimmter Rabattprozentsatz gelten soll
Rabatt %	Rabatt in Prozent vom Rechnungsbetrag
Servicegebühr	Servicegebühr, die der Debitor entrichten muss, wenn der Rechnungsbetrag einen bestimmten Minimalbetrag nicht übersteigt

Tabelle 7.14 Konfiguration Rechnungsrabatte

Die Zuordnung eines Rechnungsrabatts zu einem Kunden erfolgt über die Hinterlegung eines Codes im Feld *Rechnungsrabattcode* auf dem Inforegister *Fakturierung* der Debitorenkarte bei gleichzeitiger Verwendung in der Tabelle *Debitorenrechnungsrabatte*.

Link: *Abteilungen/Verkauf & Marketing/Verkauf/Debitoren* (siehe Abbildung 7.90)

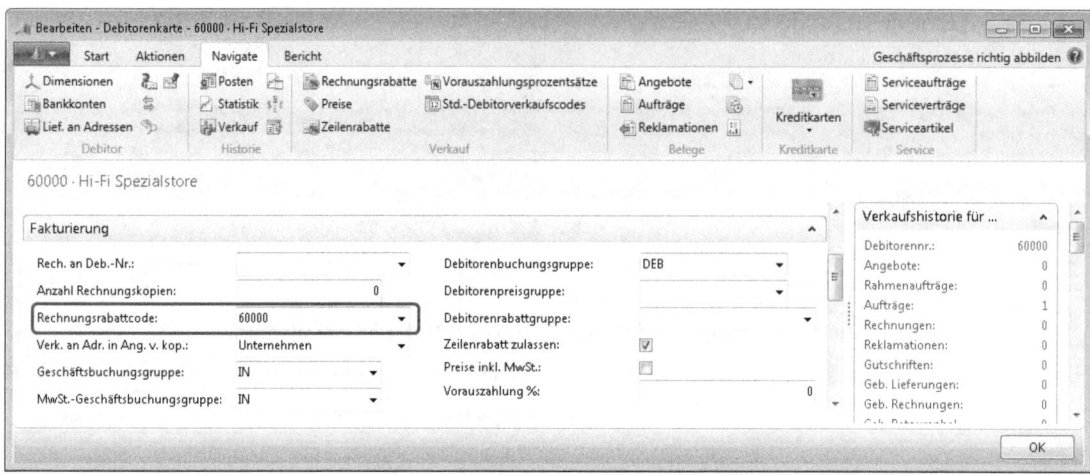

Abbildung 7.90   Rechnungsrabattcodes (Debitor)

Bei der Auftragsanlage wird gemäß den zuvor getroffenen Einstellungen überprüft, ob dem Kunden ein bestimmter Rabatt gewährt werden kann (siehe Abbildung 7.91).

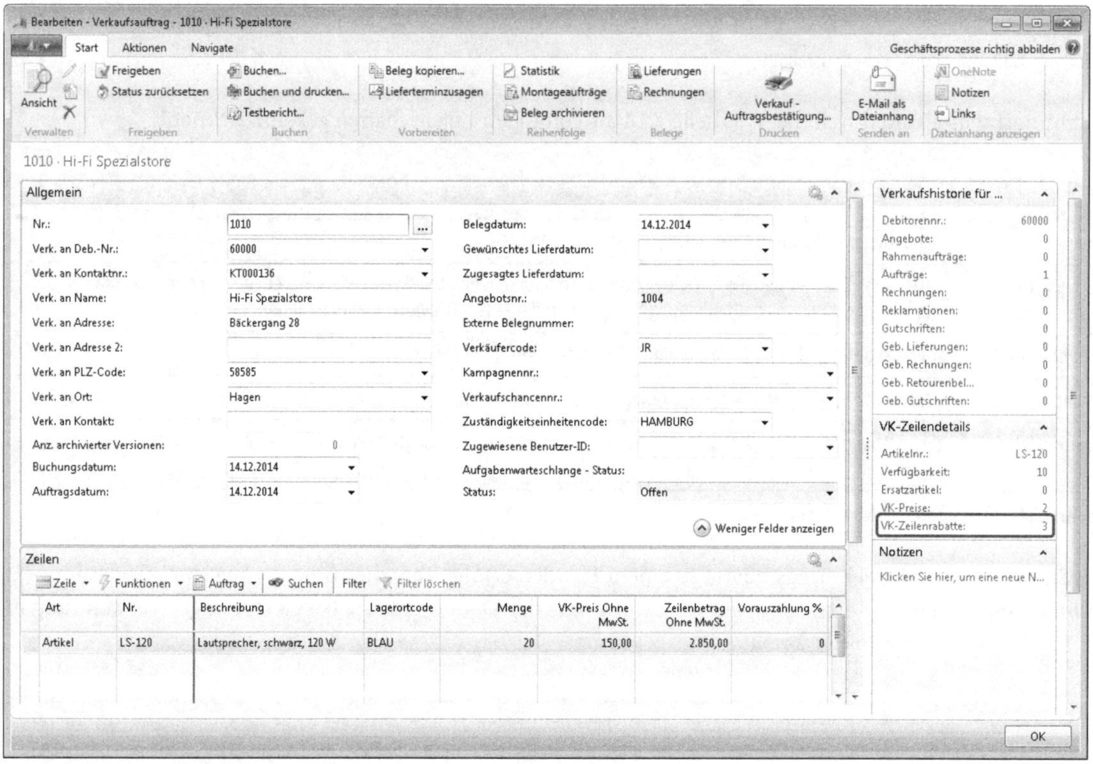

Abbildung 7.91   Rabatte im Auftrag

Zeilen- und Rechnungsrabatte

Wie bei der Preisfindung wird in der Infobox rechts unten im Verkaufsauftrag angezeigt, ob ein Zeilenrabatt für den Artikel möglich ist. Durch Drilldown auf der Anzahl der *VK-Zeilenrabatte* lassen sich diese anzeigen und auswählen. In den Positionsdaten wird der gewährte Zeilen- und Rechnungsrabatt angezeigt, sofern diese Felder eingeblendet sind.

Debitoren-, Artikelrabattgruppen und Kampagnen

Mithilfe von Debitoren- und Artikelrabattgruppen lassen sich Debitoren und Artikel in Bezug auf die Rabattgestaltung segmentieren. Um nicht für jede Kombination von Debitor und Artikel Verkaufspreise pflegen zu müssen, können Rabatte für diese Gruppen festgelegt werden und anschließend in den Kunden- bzw. Artikelstammdaten hinterlegt werden. Im Folgenden wird die Vorgehensweise anhand von Debitorenrabattgruppen erläutert, die Einrichtung von Artikelrabattgruppen erfolgt auf die gleiche Weise.

Link: *Abteilungen/Verkauf & Marketing/Auftragsabwicklung/Einrichtung/Debitorenrabattgruppen (bzw. Artikelrabattgruppen)* (siehe Abbildung 7.92)

Abbildung 7.92 Debitorenrabattgruppen

Über die Schaltfläche *Debitorenrabattgruppe* kann der Rabatt analog zu der Vorgehensweise bei VK-Zeilenrabatten eingerichtet werden.

Link: *Verkauf & Marketing/Auftragsabwicklung/Einrichtung/**Debitorenrabattgruppen**/Navigate/VK-Zeilenrabatte* (siehe Abbildung 7.93)

Sind die Rabattgruppen gepflegt, können sie beliebigen Kunden in den Debitorenstammdaten im entsprechenden Feld des Inforegisters *Fakturierung* zugeordnet werden.

Link: *Abteilungen/Verkauf & Marketing/Verkauf/Debitoren*

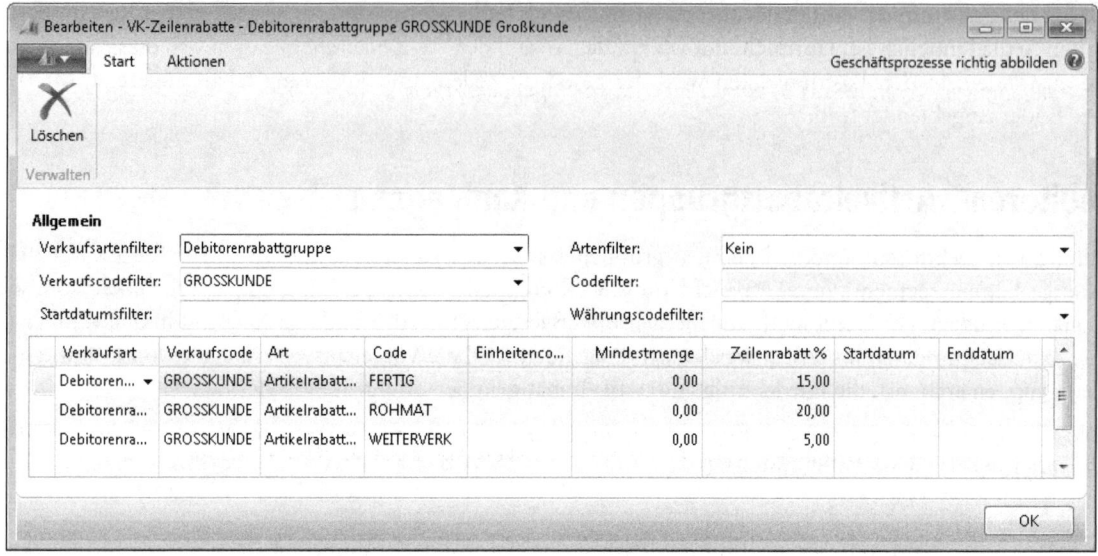

Abbildung 7.93 VK-Zeilenrabatte Debitorenpreisgruppen

Kampagnen

Bei Kampagnen handelt es sich um zeitlich begrenzte Aktionen, bei denen Artikel allen oder einem Kreis von Kunden zu vergünstigten Konditionen angeboten werden.

Link: *Abteilungen/Verkauf & Marketing/Marketing/Kampagnen* (siehe Abbildung 7.94)

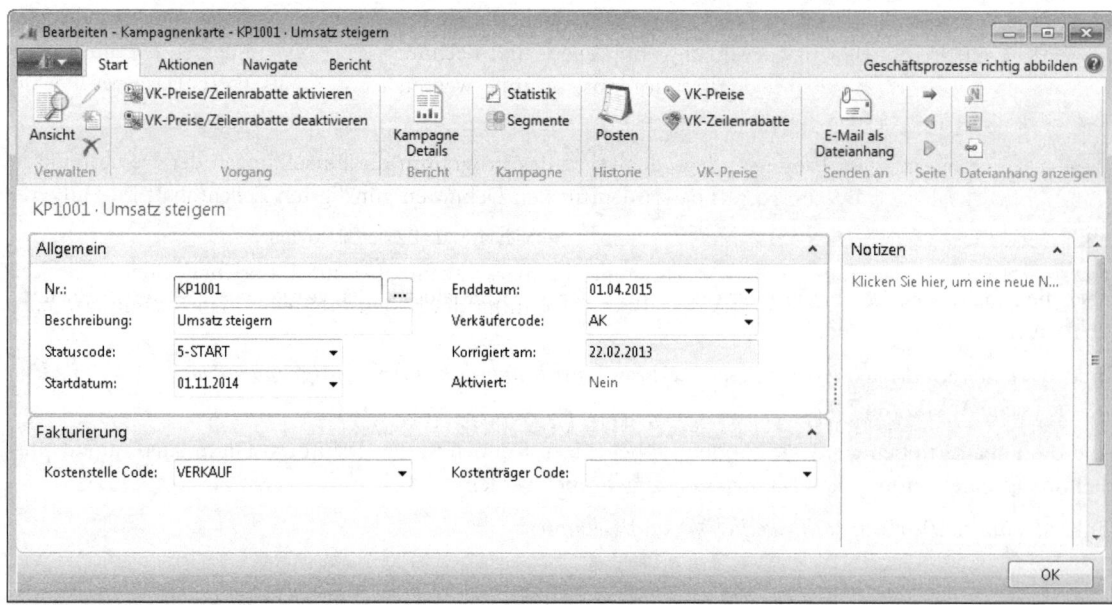

Abbildung 7.94 Kampagnen (Rabatte)

Den Kampagnen wird ein *Segment* zugeordnet, dem wiederum die Kontaktstammdaten zugeordnet werden, die durch die Kampagne angesprochen werden sollen.

Link: *Abteilungen/Verkauf & Marketing/Marketing/Kampagnen/Segmente*

Analog zu den Debitorenrabattgruppen können für die Kampagne die Zeilenrabatte hinterlegt werden.

Link: *Abteilungen/Verkauf & Marketing/Marketing/Kampagnen/VK-Zeilenrabatte*

Um Kampagnenrabatte zu aktivieren, muss der Kampagne ein Segment mit Kontakten zugeordnet werden. Preise und Konditionen können für das gesamte Segment oder Teile des Segments aktiviert werden. Dazu wird das Feld *Kampagnenziel* aktiviert (auf Kopf- bzw. Zeilenebene) und anschließend auf der Kampagnenkarte die Aktion *VK-Preise/Zeilenrabatte aktivieren* ausgeführt.

Link: *Abteilungen/Verkauf & Marketing/Marketing/Kampagnen/Segmente*

Prioritäten bei der Vergabe und Berechnung von Zeilen- und Rechnungsrabatten

Aus der obigen Beschreibung der Konfiguration der Zeilen- und Rechnungsrabatte wurde deutlich, dass diese an unterschiedlichen Stellen in Kombination mit alternativen Verkaufspreisen konfiguriert werden können. Im Einzelnen handelt es sich dabei um die

- Konfiguration von alternativen Preisen und Rabatten auf Ebene der VK-Preistabelle
- Konfiguration über die Debitorenstammdaten und Debitorenpreis- und -rabattgruppen
- Konfiguration über die Artikelstammdaten und Artikelrabattgruppen

Die Option der Gewährung von Zeilenrabatten steht in der Debitorenkarte, in den Debitorenpreisgruppen und in der Verkaufspreistabelle zur Verfügung. Werden alternative Preise verwendet, haben die Einstellungen in der Verkaufspreistabelle zur Gewährung von Zeilen- und Rechnungsrabatten Gültigkeit. Die Einstellungen aus der Debitorenkarte und der Debitorenpreisgruppe werden lediglich als Vorschlagswerte bei der Anlage der Verkaufspreistabelle übernommen.

Werden keine alternativen Preise gepflegt, analysiert das Programm die Einstellungen der Debitorenkarte und Debitorenrabattgruppe und identifiziert den für den Debitoren günstigsten Zeilenrabatt im Sinne der Logik des besten Preises.

Die Ermittlung von Rechnungsrabatten erfolgt gleichermaßen, kann aber auf Artikelebene oder in der Verkaufspreistabelle ausgeschlossen werden. Bei der Ermittlung des besten Preises werden Rechnungsrabatte nicht berücksichtigt.

Zeilen- und Rechnungsrabatte aus Compliance-Sicht

Potenzielle Risiken

- Falsche oder zu hohe Rabatte führen zu Vermögensverlust des Unternehmens (Effectiveness, Compliance)
- Falsche Berechnung von Rabatten kann negative Auswirkungen auf die Kundenzufriedenheit haben (Effectiveness, Compliance)

- Nettobuchungen von Rabatten führen zu fehlender Transparenz und Nachvollziehbarkeit in der Finanzbuchhaltung (Integrity)
- Falsche oder fehlende Hinterlegung von Rabattkonten führt zu falschem Ausweis in der Bilanz bzw. fehlender Transparenz (Integrity, Reliability)

Prüfungsziel

- Überprüfung der Mandanteneinstellungen zu den Rabattbuchungsprozessen
- Abgleich der Rabattpolitik des Unternehmens mit den im System im Rahmen der Preisfindung hinterlegten Preisdaten
- Abgleich der in den Belegen gewährten Rabatten mit den im System eingerichteten Rabatten
- Überprüfung der Kontenfindung für die Buchung von Rabatten in der Buchungsmatrix

Prüfungshandlungen

Im ersten Schritt sollte sich ein Überblick der vom Unternehmen betriebenen Rabattpolitik verschafft werden. Dazu gehört insbesondere die Analyse der dazugehörigen Dokumentation (Rabattvereinbarungen, Mengenstaffelungen, gegebenenfalls Verträge mit Kunden etc.). Dazu zählen ebenso die generellen Systemeinstellungen zur Rabattpolitik, die den gesamten Mandanten betreffen.

Menüoption: *Verkauf & Marketing/Einrichtung/Debitoren & Verkauf Einrichtung* (siehe Abbildung 7.95)

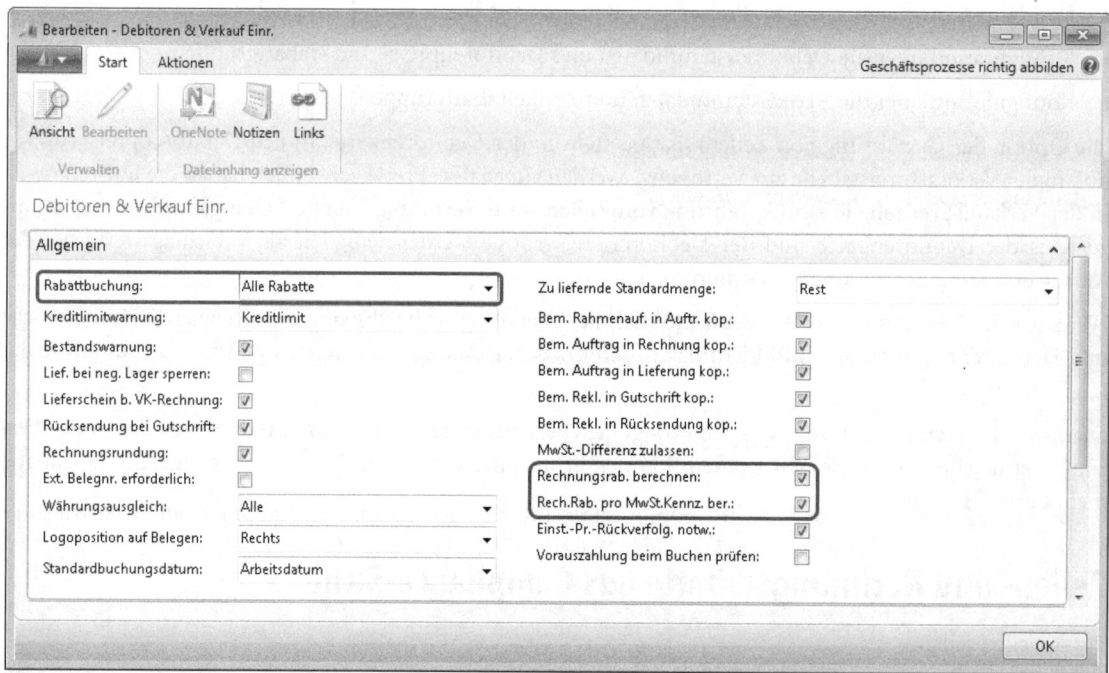

Abbildung 7.95 Rabatteinrichtung (Prüfung)

Aus Compliance-Sicht gelten folgende Empfehlungen bezüglich der allgemeinen Einstellungsparameter zu Rabatten (siehe Tabelle 7.15):

Feld	Empfohlener Wert
Rabattbuchung	*<Alle Rabatte>*
	Zeilenrabatt, Rechnungsrabatt und Erlös werden auf separaten Konten gebucht (Bruttomethode). Dabei werden Rabattkonten verwendet, die in der Buchungsmatrix eingerichtet sind. Gewährte Rabattbeträge können später im Kontenplan nachvollzogen werden.
Rechnungsrab. berechnen	*<Aktiviert>*
	Der Rechnungsrabattbetrag auf Verkaufsbelegen wird automatisch durch die Anwendung berechnet. Bei Deaktivierung muss die Berechnung manuell angestoßen werden.
Rech,Rab. pro MwSt.Kennz. ber.	*<Aktiviert>*
	Bei Aktivierung wird der Rechnungsrabatt pro MwSt.-Kennzeichen berechnet, um so die Bemessungsgrundlage für Umsatzsteuerberechnungen besser nachvollziehen und Rundungsdifferenzen umgehen zu können

Tabelle 7.15 Rabatteinrichtung (Prüfung)

Feldzugriff: *Tabelle 27 Artikel*, Feld *VK-Preis*

Im zweiten Schritt muss geprüft werden, ob es zwischen den Verkaufspreisen in der Artikelkarte bzw. in der Verkaufspreistabelle und den Verkaufspreisen in den Belegen nicht plausible Unterschiede existieren. Bei fehlenden alternativen Verkaufspreisen können die Preise laut Artikelkarte mit den in den Belegen ausgewiesenen Verkaufspreisen verglichen werden.

Feldzugriff: *Tabelle 27 Artikel*, Feld *VK-Preis*

Feldzugriff: *Tabelle 7002 Verkaufspreis*

Feldzugriff: *Tabelle 7004 Verkaufszeilenrabatt*

Feldzugriff: *Tabelle 19 Debitorenrechnungsrabatt*

Feldzugriff: *Tabelle 113 Verkaufsrechnungszeile*

Feldzugriff: *Tabelle 5993 Servicerechnungszeile*

Die Überprüfung der Kontendefinition für Rabattbuchungen erfolgt über die Buchungsmatrix. Für die einzelnen Arten von Rabattbuchungen (Zeilen- und Rechnungsrabatte) sollten unterschiedliche Konten gepflegt sein.

Link: *Abteilungen/Finanzmanagement/Einrichtung/Buchungsgruppen/Buchungsmatrix Einr.*

Lieferung und Fakturierung

Nach Abschluss der Preis- und Rabattfindung erfolgen die Lieferung und die anschließende Fakturierung der Artikel und/oder Leistungen. Im Folgenden werden die unterschiedlichen Varianten der Lieferung und Fakturierung sowie die systemseitigen Einstellungen dazu ausführlich erläutert.

Der Prozess im Überblick

Grundlage für die Lieferung und Fakturierung von Artikelpositionen ist der Kundenauftrag. Lieferungen beziehen sich dabei immer auf einen Auftrag, wohingegen Fakturen sich nicht zwangsläufig auf nur einen Auftrag beziehen müssen. Ein Auftrag kann durch mehrere Teillieferungen bzw. Teilrechnungen oder mehrere Aufträge über eine Sammelrechnung verarbeitet werden. Die Anwendung ermöglicht es, Lieferungen und Rechnungen getrennt voneinander oder in einem Arbeitsschritt zu buchen. Ein Auftrag kann dabei in beliebig viele Lieferungen und Rechnungen aufgeteilt werden, Teillieferungen und -rechnungen werden in den Feldern *Menge geliefert* und *Menge fakturiert* angedeutet. Die detaillierte Anzeige erfolgt über *Auftrag/ Lieferungen* bzw. *Auftrag/Rechnungen*. Ein standardisierter Lieferungs- und Fakturierungsprozess stellt sich wie folgt dar (siehe Abbildung 7.96):

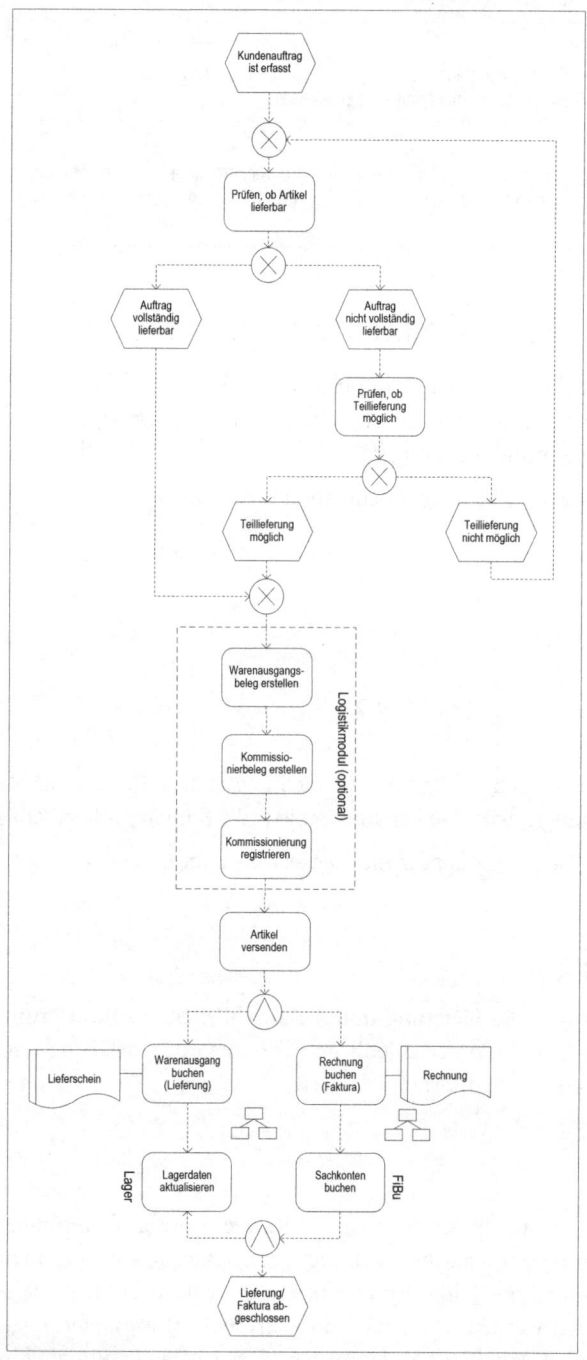

Abbildung 7.96 Liefer- und Fakturaprozess

Lieferung und Fakturierung

Um die Lieferung und Fakturierung durchführen zu können, muss der Auftrag (bei Einsatz von Logistikbelegen) freigegeben werden bzw. wird durch die Lieferung und Fakturierung automatisch durch das System freigegeben. Ist der Beleg hingegen offen, kann er noch geändert werden und ist für die nächste Bearbeitungsstufe gesperrt. Ist die Logistik nicht im Einsatz, kann der Beleg – wie oben erwähnt – auch im offenen Status geliefert und fakturiert werden. In diesem Fall setzt das System den Status des Belegs automatisch auf *Freigegeben*.

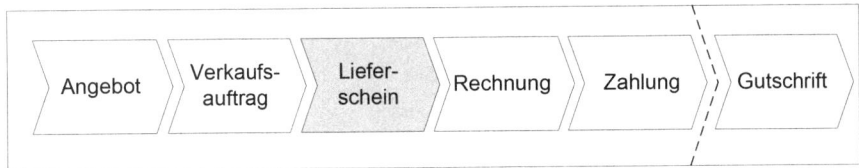

Abbildung 7.97 Belege im Liefer- und Fakturaprozess

Ablauf und Einrichtung des Lieferungs- und Fakturierungsprozesses

In Dynamics NAV werden Aufträge in der Regel zweistufig verbucht, um eine Trennung von Lieferung und Fakturierung zu erreichen. Das Vorgehen ermöglicht zum einen die Abbildung von Teillieferungen, zum anderen die Abbildung und Buchung von Teil- oder Sammelrechnungen.

Link: *Abteilungen/Verkauf & Marketing/Auftragsabwicklung/Aufträge* (siehe Abbildung 7.98)

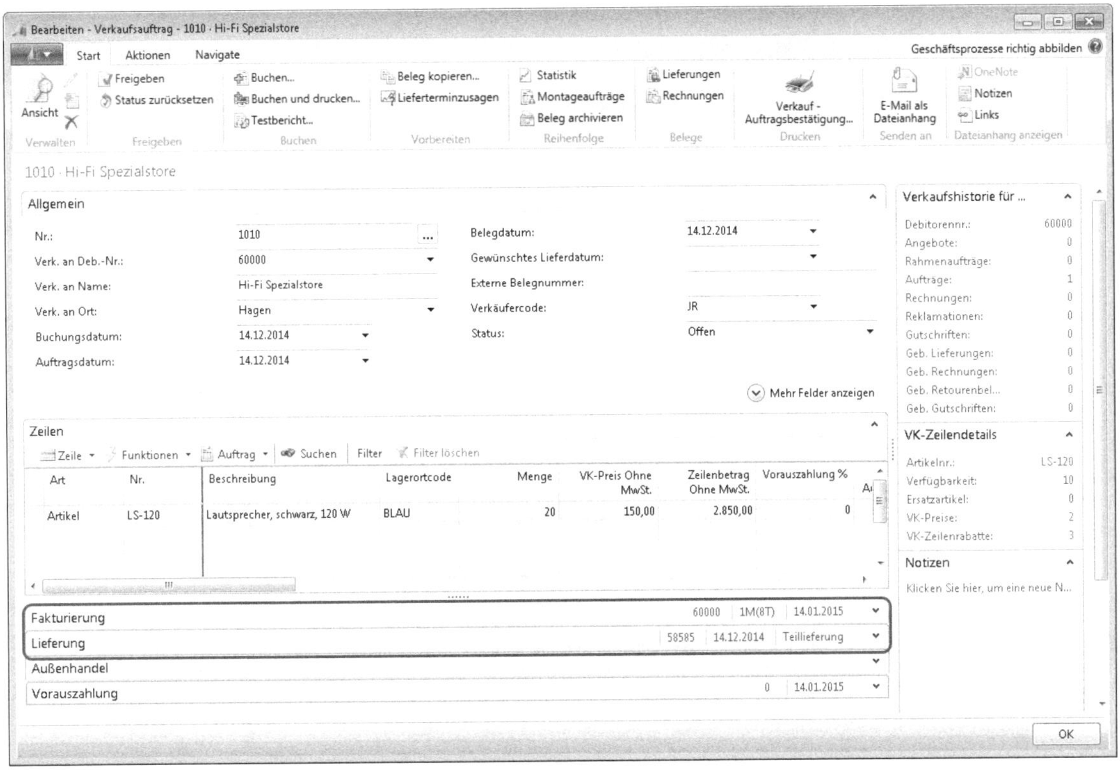

Abbildung 7.98 Lieferung und Fakturierung (Verkaufsauftrag)

Neben den allgemeinen Auftragsdaten enthält jeder Auftrag jeweils ein eigenes Inforegister für lieferungs- und fakturarelevante Sachverhalte, von denen die wichtigsten im Folgenden erläutert werden (siehe Tabelle 7.16 und Tabelle 7.17).

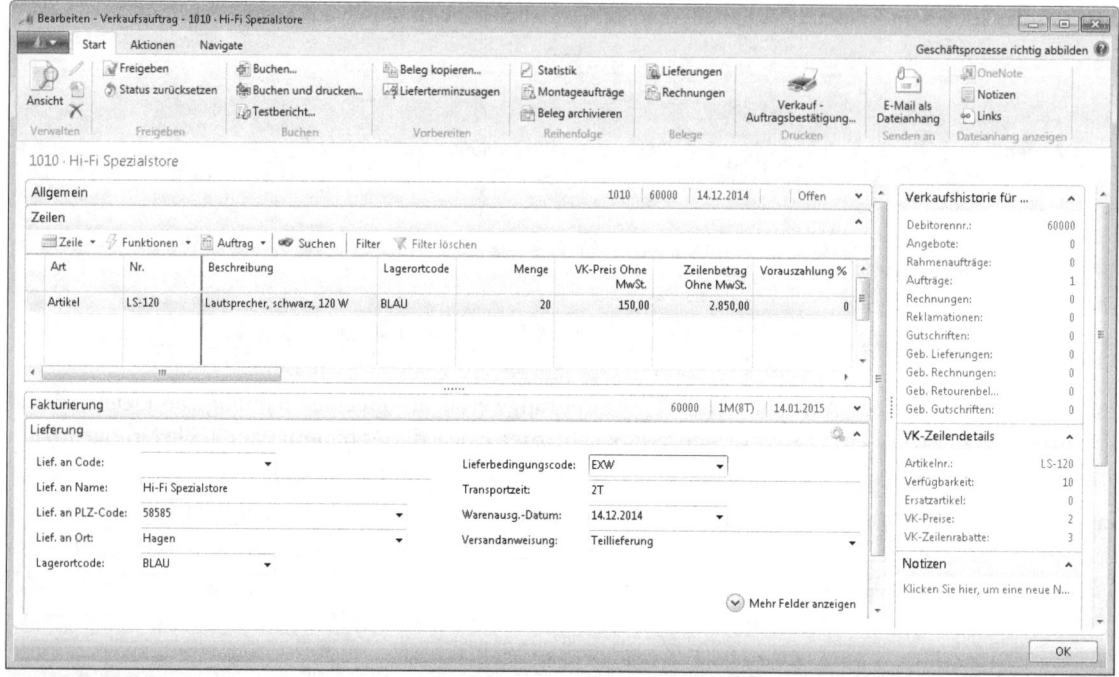

Abbildung 7.99   Lieferung (Verkaufsauftrag)

Feld	Beschreibung
Lief. an Code	Code für die Versandadresse des Kunden (abweichende Lieferungsadresse)
Lagerortcode	Code des Lagerorts, von dem aus die Auslieferung erfolgt
Lieferbedingungscode	Code für Art der Lieferung
Zustellercode	Code für den Zusteller/Dienstleister und damit verbunden die Möglichkeit der Paketverfolgung über die Hinterlegung einer Webseite
Zustellertransportartencode	Mögliche Transportarten des Zustellers sowie die damit verbundenen Zustellungszeiten
Fällige Lieferung	Wenn das Wareausgangsdatum einer Verkaufszeile mit einer Restauftragsmenge in der Vergangenheit (Datumsfilter) liegt, wird im Belegkopf dieses Flag gesetzt. Im Verkaufsauftrag wird dazu der Datumsfilter standardmäßig per C/AL-Code auf »..WORKDATE −1T« (gleichbedeutend mit »bis gestern«) gesetzt. Dieser Datumsfilter kann durch den Anwender nicht überschrieben werden.
Versandanweisung	Steuerung, ob Teillieferungen oder nur Komplettlieferungen möglich sind. Wird hier Komplettlieferung ausgewählt, können Teillieferungen für den Auftrag nicht gebucht werden.

Tabelle 7.16   Lieferung (Verkaufsauftrag)

Lieferung und Fakturierung

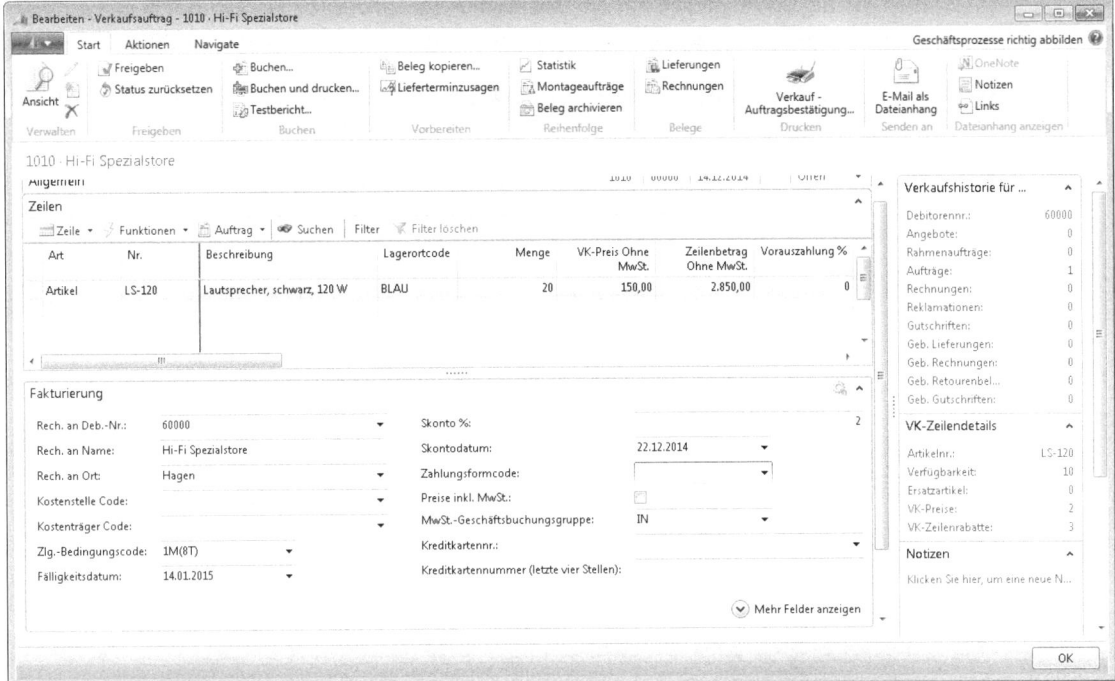

Abbildung 7.100 Fakturierung (Verkaufsauftrag)

Feld	Beschreibung
Rech. an Deb.-Nr.	Hier kann gegebenenfalls ein abweichender Rechnungsempfänger hinterlegt werden. Möglicherweise wird die Preisfindung neu durchgeführt, da für die Preisfindung der Rechnungsempfänger entscheidend ist. Der entstandene offene Posten wird entsprechend dann diesem Debitor zugeordnet.
Zlg.-Bedingungscode	Über die Zahlungsbedingung wird, ausgehend vom Belegdatum, das Fälligkeits- und gegebenenfalls das Skontodatum und der prozentuale Skontowert zugewiesen. Die Werte können allerdings standardmäßig im Belegkopf manuell überschrieben werden.
Fälligkeitsdatum	Datum, an dem die Rechnung zur Zahlung fällig wird
Skonto %	Gewährter Skontoprozentsatz; ergibt sich aus der Zahlungsbedingung
Skontodatum	Zeitpunkt, bis zu dem Skonto gewährt wird; ergibt sich aus der Zahlungsbedingung
Zahlungsformcode	Zahlungsweg des Kunden (Bar, Überweisung, Einzug etc.). In der Tabelle Zahlungsform kann ein Gegenkonto für die Zahlungsform gepflegt werden. Hierbei ist zu beachten, dass bei Verwendung einer Zahlungsform mit einem Gegenkonto (gedacht z. B. für Barverkauf) der bei der Buchung entstehende Debitorenposten automatisch ausgeglichen wird.

Tabelle 7.17 Fakturierung (Verkaufsauftrag)

Damit abschließend die Lieferung und Fakturierung gebucht werden kann, muss der Verkaufsauftrag freigegeben werden.

Link: *Abteilungen/Verkauf* & *Marketing/Auftragsabwicklung/Aufträge/Freigeben* (siehe Abbildung 7.101)

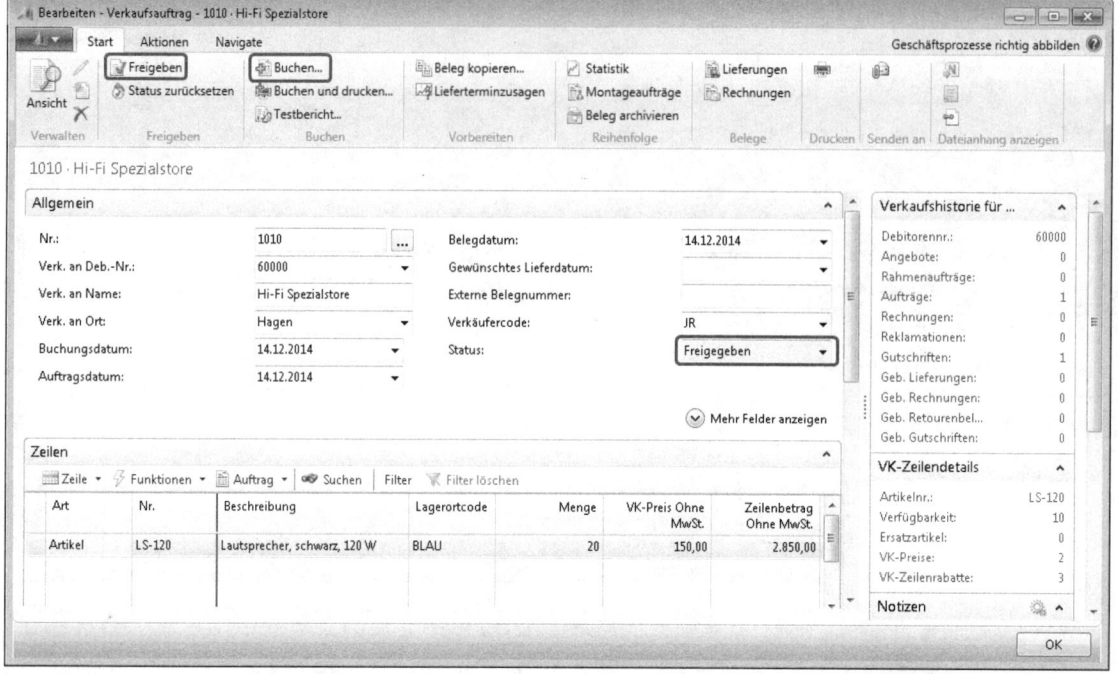

Abbildung 7.101 Verkaufsauftrag freigeben

Sobald die Freigabe erfolgt ist, ändert sich das Statusfeld von *Offen* auf *Freigegeben*. Der Verkaufsauftrag kann nun gebucht (*Liefern* bzw. *Liefern und fakturieren*) werden.

Exkurs: Verkaufsaufträge stornieren

Ein fakturierter Verkaufsauftrag kann nachträglich durch den Anwender nicht mehr geändert werden. In der Praxis kann es jedoch notwendig sein, einen Verkaufsauftrag zu stornieren, beispielsweise wenn ein Käufer vom Vertrag zurücktritt. In einem solchen Fall muss die Verkaufstransaktion aus Buchhaltungssicht rückabgewickelt werden, indem die entsprechenden Buchhaltungsposten storniert werden.

ACHTUNG Dynamics NAV bildet die Stornierung fakturierter Verkaufsaufträge per Gutschriftsbeleg bzw. -prozess ab, da systemseitig derzeit standardmäßig keine eigene Stornofunktionalität zur Verfügung steht. Buchungstechnisch bedeutet dies, dass die gebuchten Rechnungsposten durch eine entsprechende Gegenbuchung und nicht durch eine Stornierung im engeren Sinne ausgeglichen werden. Dadurch werden zusätzliche Soll- und Habenposten erzeugt, die bei einem korrekten Stornierungsprozess nicht entstehen würden. Der Kontosaldo bleibt davon unberührt.

Der Prozess wird im Folgenden anhand der Stornierung eines Verkaufsauftrages über zwei Artikel vom Typ »S-120, Lautsprecher, schwarz, 120 W« des Debitoren »60000 Hi-Fi Spezialstore« dargestellt. Im ersten Schritt wird in der Verkaufsgutschrift über die Aktion *Zu stornierende gebuchte Belegzeilen abrufen* der entsprechende zu stornierende Posten des Verkaufsauftrages in die Gutschrift kopiert und anschließend gebucht (siehe Abbildung 7.102).

Um die dahinter liegende Buchungslogik zu analysieren, kann das entsprechende *Fibujournal* aufgerufen werden.

Lieferung und Fakturierung

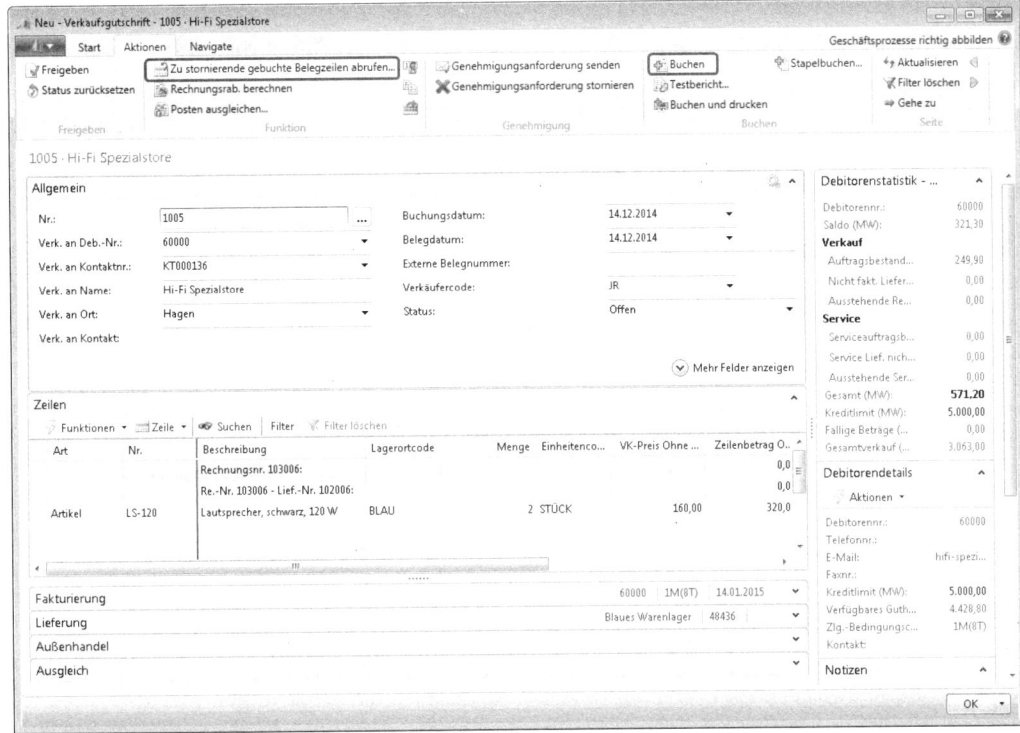

Abbildung 7.102 Storno Verkaufsauftrag über Gutschrift

Link: *Abteilungen/Finanzmanagement/Finanzbuchhaltung/Historie/Fibujournale* (siehe Abbildung 7.103)

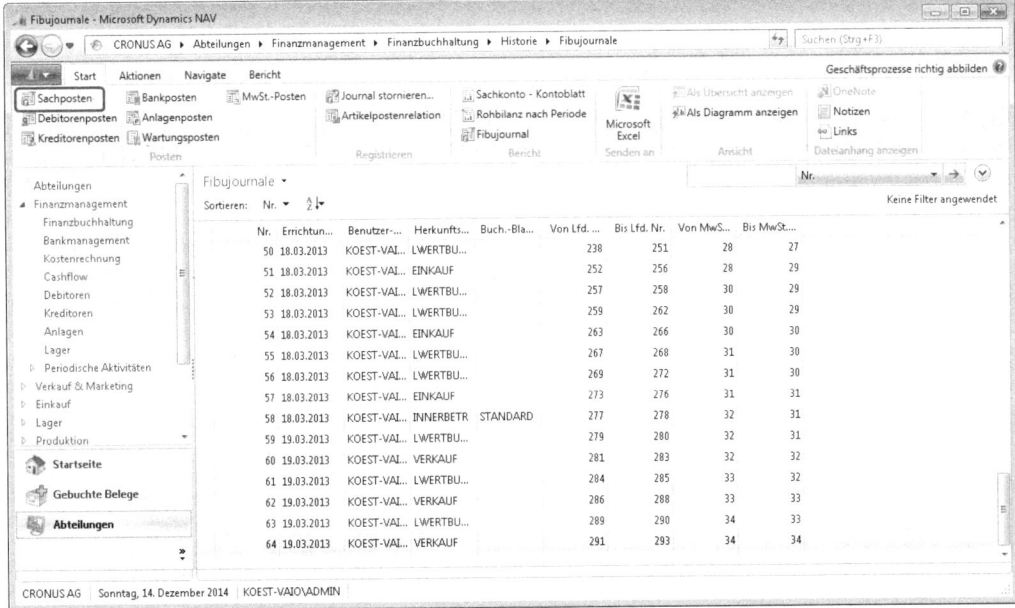

Abbildung 7.103 Fibujournale – Sachposten anzeigen

Wie bereits erläutert, werden Sollbuchungen der Verkaufsrechnung durch Habenbuchungen der Gutschrift bzw. Habenbuchungen der Verkaufsrechnung durch Sollbuchungen der Gutschrift ausgeglichen (siehe Abbildung 7.104).

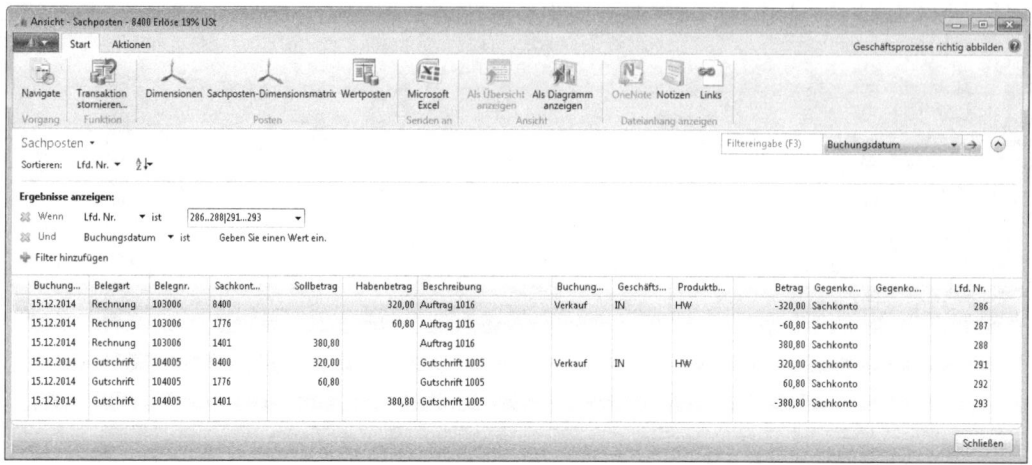

Abbildung 7.104 Postenausgleich durch Gutschrift

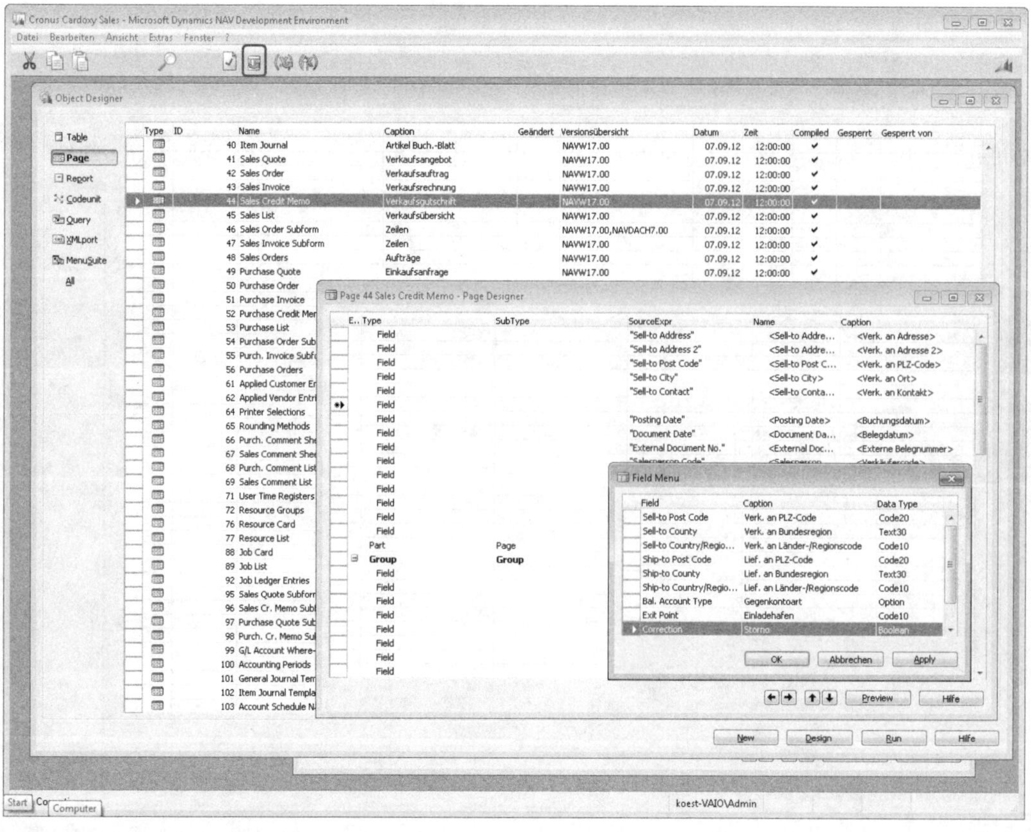

Abbildung 7.105 Object Designer – Stornofeld einfügen

Lieferung und Fakturierung

Mit einigen manuellen Anpassungen lässt sich die Buchungslogik der Gutschrift so umstellen, dass sie der einer tatsächlichen Stornierung entspricht. Dazu muss im Object Designer die NAV-Seite *22 Sales Credit Memo* im Designmodus gestartet werden und mithilfe der Schaltfläche *Field Menu* in der *Toolbox* das Feld mit dem Namen *Correction* und der deutschen »Caption« *Storno* hinzugefügt werden (siehe Abbildung 7.105).

Wird nun eine neue Verkaufsgutschrift erstellt, erscheint das Feld *Storno* in einem der Inforegister (in Abhängigkeit davon, an welche Stelle es im Object Designer in die NAV-Seite eingefügt wurde). Wird das *Storno*-Kontrollkästchen aktiviert, ändert sich die Buchungslogik (siehe Abbildung 7.106).

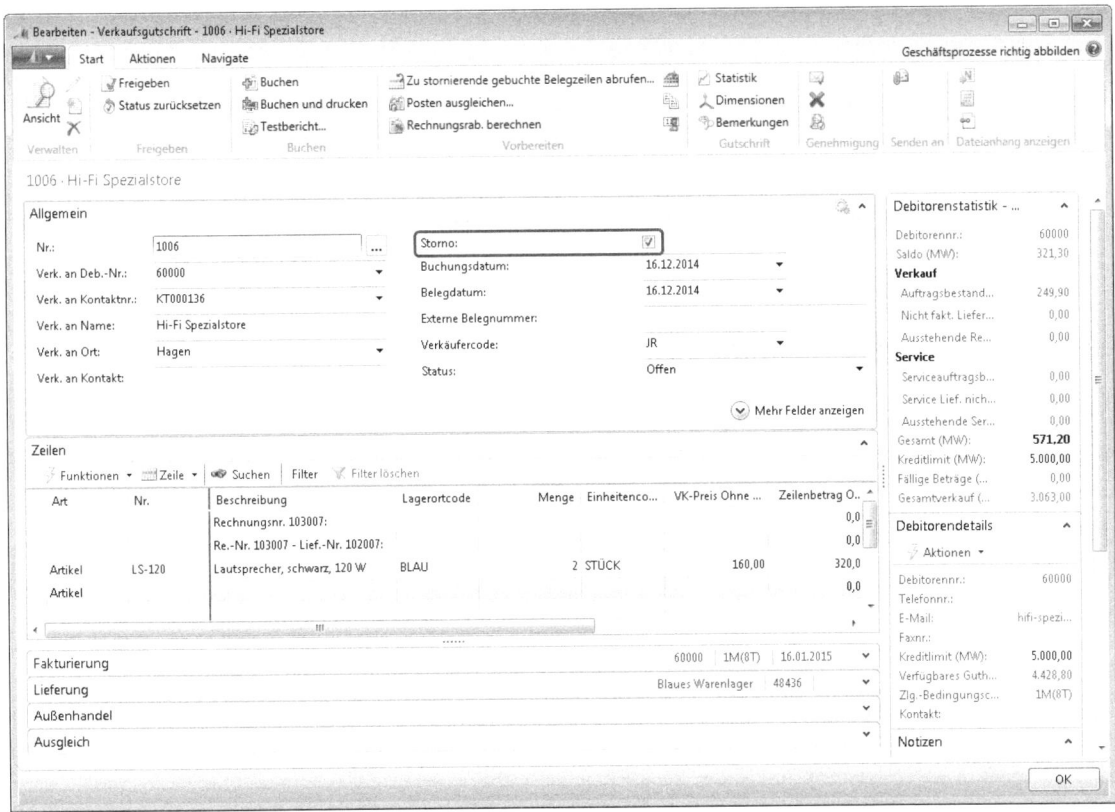

Abbildung 7.106 Verkaufsgutschrift – Kontrollkästchen *Storno*

In diesem Fall werden Soll- und Habenbuchungen der Verkaufsrechnung durch negative Soll- und Habenbuchungen der Stornierung aufgehoben (siehe Abbildung 7.107).

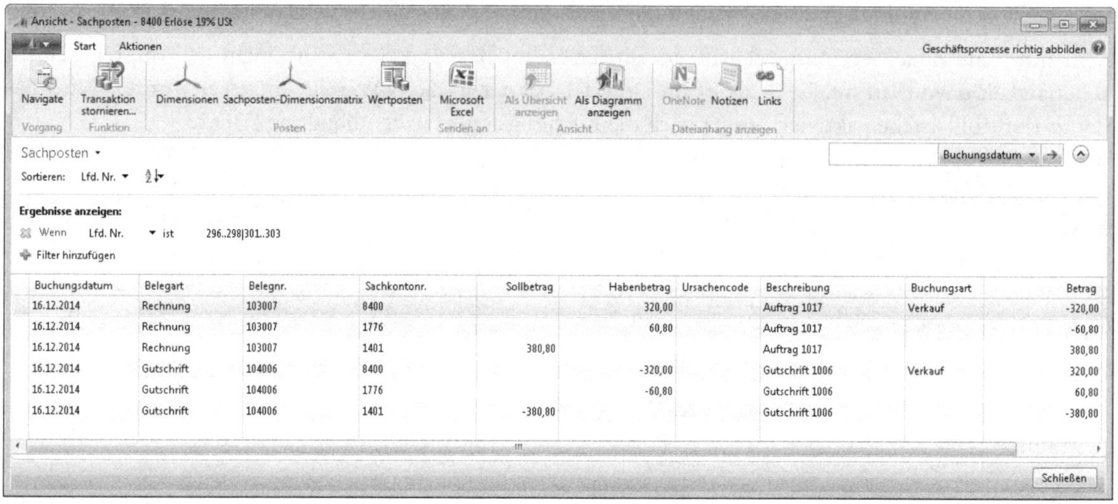

Abbildung 7.107 Postenausgleich durch Storno

Die Verkaufsgutschriften, die mit der Stornofunktionalität gebucht wurden, sind in den gebuchten Verkaufsgutschriften durch das aktivierte Kontrollkästchen *Storno* entsprechend gekennzeichnet (siehe Abbildung 7.108).

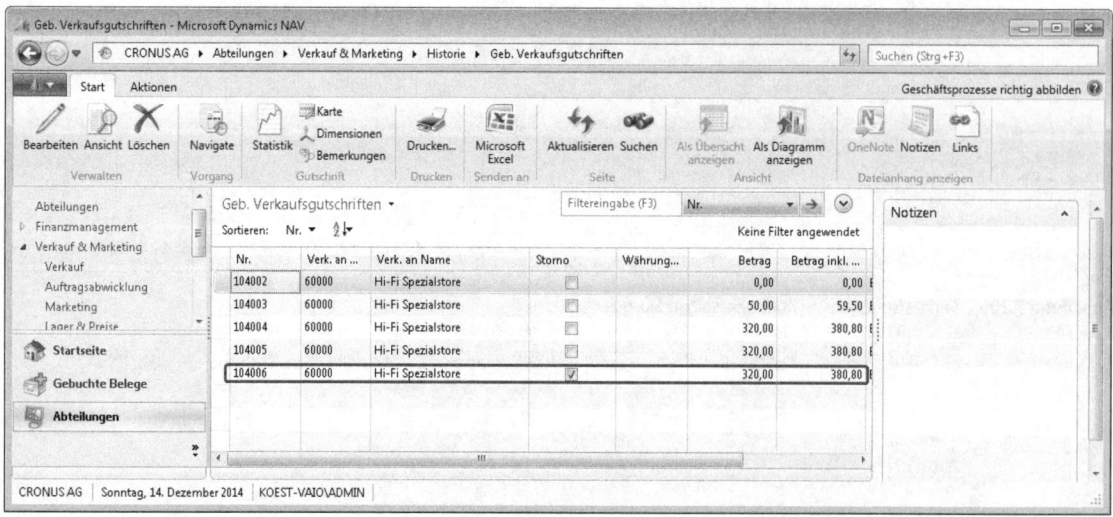

Abbildung 7.108 Gebuchte Stornierungen

Lieferung und Fakturierung

Um Stornobuchungen aus den gebuchten Verkaufsgutschriften zu selektieren, kann über die Seitentitel-Schaltfläche der erweiterte Filter aufgerufen und das entsprechende Filterkriterium *Storno* ist »Ja« hinterlegt werden (siehe Abbildung 7.109).

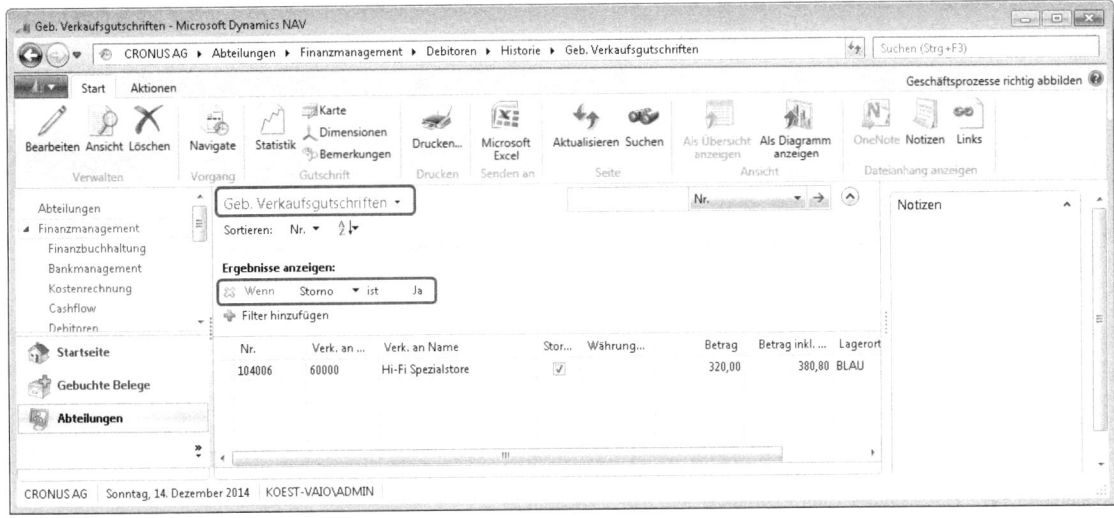

Abbildung 7.109 Filtern von Stornierungen

An dieser Stelle bietet das System auch die Möglichkeit, den Filter über die Seitentitel-Schaltfläche als personalisierte Ansicht im Navigationsbereich hinzuzufügen (siehe Abbildung 7.110).

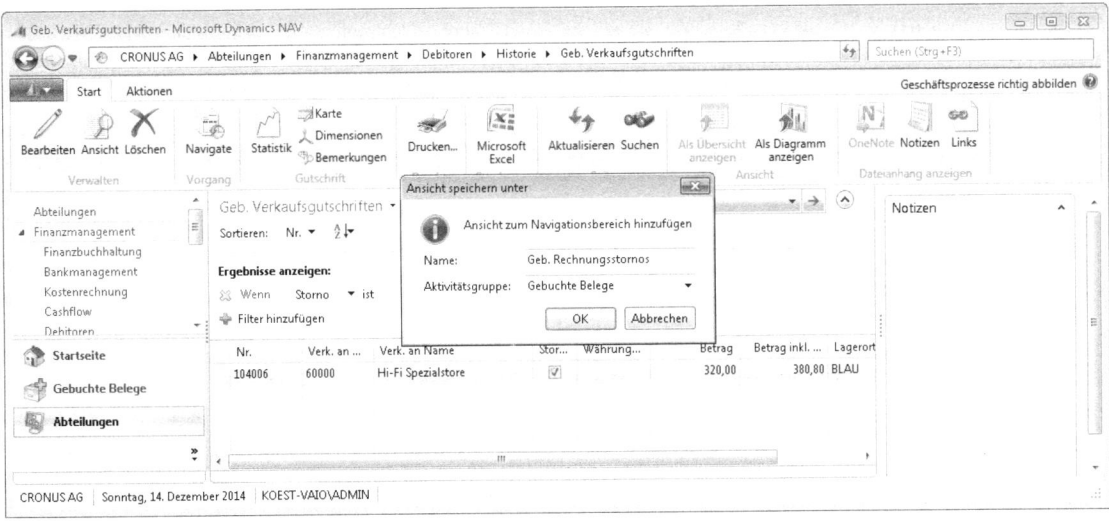

Abbildung 7.110 Ansicht zum Navigationsbereich hinzufügen

Die Übersicht über gebuchte Rechnungsstornos kann anschließend durch den Benutzer direkt über den Navigationsbereich aufgerufen werden (siehe Abbildung 7.111).

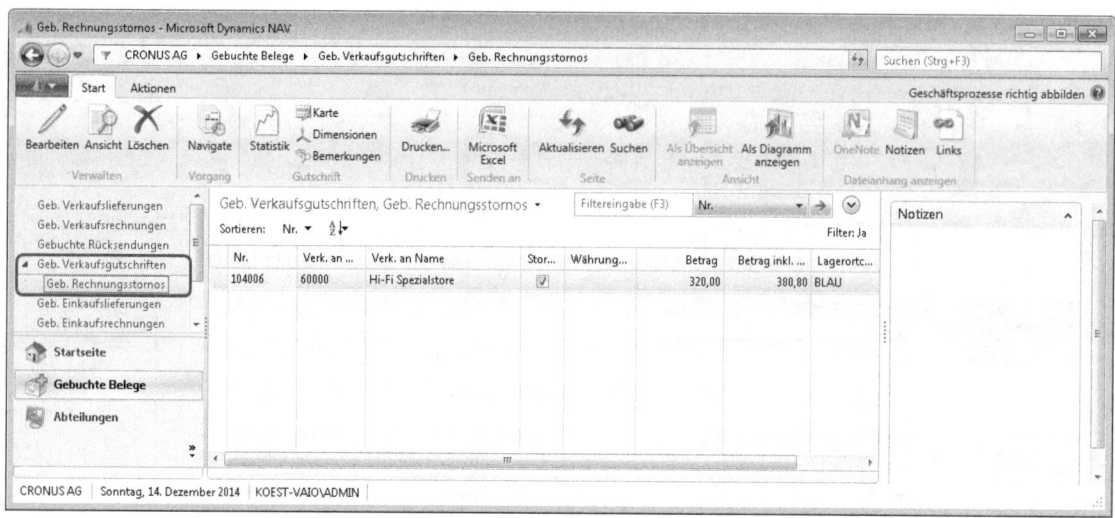

Abbildung 7.111 Navigationsbereich – Ansicht gebuchte Rechnungsstornos

HINWEIS Auch wenn die Buchungslogik der eines Stornierungsbelegs entspricht, handelt es sich aus Systemsicht weiterhin um eine Gutschrift, die auch auf dem Ausdruck entsprechend bezeichnet wird. Dazu lässt sich Folgendes feststellen: Stellt nicht der leistende Unternehmer an den Leistungsempfänger eine Rechnung über die erbrachten Leistungen aus, sondern wurde die Abrechnung im Gutschriftsverfahren nach § 14 Abs. 2 Satz 2 UStG vereinbart, ist das Abrechnungsdokument nach § 14 Abs. 4 Nr. 10 UStG-E zwingend mit der Angabe „Gutschrift" zu kennzeichnen. Daher ist zu empfehlen, sog. kaufmännische Gutschriften, die üblicherweise zur Rechnungskorrektur ausgestellt werden, künftig nicht mehr als „Gutschrift" zu bezeichnen, sondern z. B. als „Stornorechnung" oder „Rechnungskorrektur". Ob die Angaben zwingend in deutscher Sprache erfolgen müssen oder auch eine Fremdsprache zulässig ist (z. B. „self-billing invoice" für umsatzsteuerliche Gutschriften oder „credit note" für kaufmännische Gutschriften), ist derzeit nicht abschließend geklärt. Rechtsgrundlage für die geplante, aber noch nicht erfolgte Umsetzung in nationales Recht ist Art. 226 Nr. 10a MwStSystRL. Auch der vom System generierte Belegdruck ist diesbezüglich zumindest missverständlich (siehe Abbildung 7.112).

Lieferung und Fakturierung

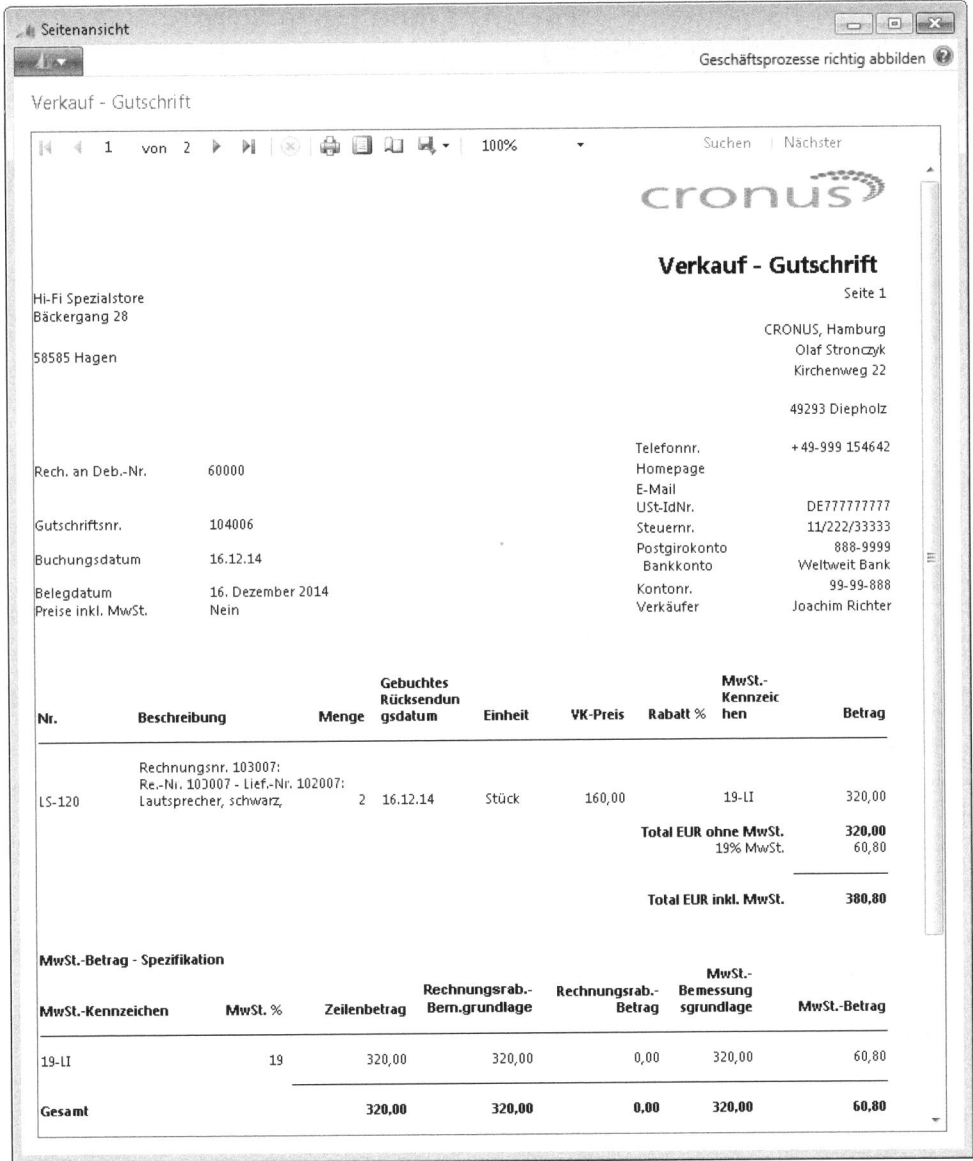

Abbildung 7.112   Stornierung fakturierte Verkaufsaufträge – Druckansicht

Lieferung und Fakturierungsprozesses aus Compliance-Sicht

Potenzielle Risiken

- Lieferung trotz Liefersperre (Effectiveness, Compliance)
- Falsche Umsatzrealisierung durch nicht fakturierte, aber gelieferte Aufträge (Effectiveness, Compliance, Reliability)
- Unzufriedene Kunden durch hohe Lieferrückstände und ausstehende Lieferungen (Efficiency)
- Unberechtigter Leistungsbezug bzw. falscher Rechnungsausgleich (Effectiveness, Compliance)
- Vermögensverlust durch die Verwendung von Gegenkonten bei Zahlungsformen (Effectiveness, Compliance), da bei Verwendung einer Zahlungsform mit einem Gegenkonto der bei der Buchung entstehende Debitorenposten automatisch ausgeglichen wird

Prüfungsziel

- Überprüfung der Einhaltung der Liefersperre für entsprechend markierte Kunden
- Überprüfung der korrekten Umsatzrealisierung/der periodengerechten Erfolgsermittlung und des periodengerechten Umsatzsteuerausweises
- Überblick der zeitnahen Auslieferung bestehender Aufträge (Kundenzufriedenheit und Prozesseffizienz)
- Sicherstellung der konsistenten Verwendung von Zahlungsformen

Prüfungshandlungen

Lieferung trotz Liefersperre

Für gesperrte Kunden können keine neuen Aufträge und Lieferungen im System angelegt werden. Allerdings besteht bei entsprechender Berechtigung die Möglichkeit, die Liefersperre kurzzeitig zu entfernen, einen neuen Auftrag anzulegen und abzuwickeln und damit diese Kontrolle zu umgehen. Nach Auftragslieferung kann die Sperre wieder gesetzt werden.

Online Im Begleitmaterial zu diesem Buch befindet sich ein Report, der die Änderungsprotokollposten (sofern eingerichtet) auf kurzfristige Änderungen der Liefersperre in den Stammdaten analysieren kann.

Die Begleitdateien stehen als Download zur Verfügung. Sie können diese wahlweise entweder von der Seite *www.microsoftpress.de/support/9783866455696* oder von der Seite *msp.oreilly.de/support/2272/803* herunterladen.

Periodengerechter Ausweis

Probleme beim periodengerechten Ausweis des Erfolgs und der Umsatzsteuer ergeben sich bei gelieferten, nicht fakturierten Aufträgen. Gemäß des Realisierungsprinzips muss der Erfolg dann gebucht werden, wenn die Leistung erbracht wurde (Zeitpunkt des Gefahrenübergangs). Aus Systemsicht ist dieser Zeitpunkt annahmegemäß dann erreicht, wenn die Lieferung des Artikels oder die Ressourcenverwendung gebucht ist. Standardmäßig werden in Dynamics NAV mit der Lieferung in der Finanzbuchhaltung weder Forderungen, noch Erlöse und Umsatzsteuer gebucht, sondern es wird lediglich der mengenmäßige Material-/Ressourcenverbrauch gebucht. Wird das Konstrukt der *Sollkosten* angewendet (siehe dazu insbesondere in Kapitel 6 den Abschnitt »Lagerbewertung«), kann ein Aktivtausch zwischen Forderungen und Lager vorgenommen werden, Umsatzsteuer und Erlöse werden auch hier nicht berücksichtigt. Somit ist eine zeitnahe, zumindest zum Monatsultimo vollzogene, Abgrenzungsbuchung erforderlich. Manuell lassen sich gelieferte, nicht fakturierte Aufträge über *Tabelle 37* auswerten.

Lieferung und Fakturierung

Feldzugriff: *Tabelle 37 und 5902 Verkaufszeile und Servicezeile*, Feld *Nicht fakt. Lieferungen (MW)*

Online Das Feld muss nach Einträgen ungleich Null gefiltert werden. Im Begleitmaterial zu diesem Buch befindet sich dazu ein entsprechender Report.

Die Begleitdateien stehen als Download zur Verfügung. Sie können diese wahlweise entweder von der Seite *www.microsoftpress.de/support/9783866455696* oder von der Seite *msp.oreilly.de/support/2272/803* herunterladen.

Zeitnahe Auftragsabwicklung und Auslieferung

Das Alter der Aufträge, die weder geliefert noch fakturiert wurden, kann – nach Altersstruktur gegliedert – mithilfe der *Tabelle 36/5900* ausgewertet werden.

Feldzugriff: *Tabelle 36 und 5900 Verkaufskopf und Servicekopf*, Feld *Auftragsdatum*

Feldzugriff: *Tabelle 36 Verkaufskopf*, Feld *Fällige Lieferung*

Da es sich beim Feld *Fällige Lieferung* um ein stichtagsbezogenes FlowField handelt, wird der Datumsfilter (FlowFilter) auf das Verkaufszeilenfeld *Warenausg.-Datum* angewendet.

Lieferung ohne Fakturierung

Um sich einen schnellen Überblick über gelieferte, aber nicht fakturierte Artikelpositionen zu verschaffen, können die Artikelposten der Postenart *Verkauf* über das Feld *Komplett fakturiert* selektiert werden und so nicht fakturierte, gelieferte Positionen sowie deren Alter (Buchungsdatum der Lieferung) analysiert werden.

Feldzugriff: *Tabelle 32 Artikelposten*, Felder *Buchungsdatum, Postenart [Filter Verkauf], Belegart, Belegnummer, Artikelnummer, Menge, Verkaufsbetrag (erwartet), Komplett fakturiert [Filter Nein]*

Sicherstellung der konsistenten Verwendung von Zahlungsformen

Link: *Finanzmanagement/Debitoren/Einrichtung/Zahlungsformen* (siehe Abbildung 7.113)

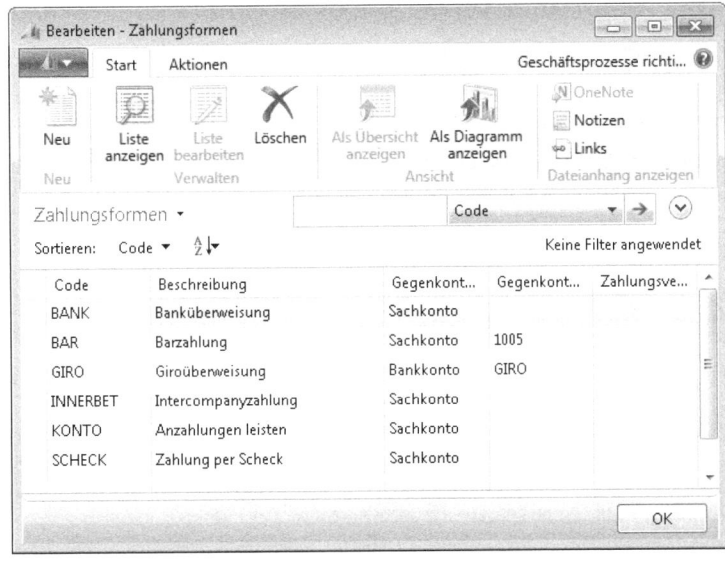

Abbildung 7.113 Zahlungsformen Verkauf

Hier sollte geprüft werden, ob Gegenkonten verwendet werden und gegebenenfalls die Gründe für die Hinterlegung analysiert werden.

Artikel-Zu-/Abschläge

Durch die Verwendung von Artikel-Zu-/Abschlägen können in Dynamics NAV bereits gebuchte Artikelposten kostenmäßig neu bewertet werden oder im selben Beleg Kostenpositionen auf ein oder mehrere Artikelbelegzeilen verteilt werden. Bei der Buchung von Belegzeilen der Art *Zu-/Abschlag (Artikel)* werden neue Wertposten mit Bezug auf einen oder mehrere Artikelposten gebildet, um beispielsweise eine Wertgutschrift oder Wertbelastung durchzuführen. Wertposten beziehen sich dabei immer auf einen Artikelposten (»n zu 1«).

Artikel-Zu-/Abschläge, die im Einkauf beispielsweise für die Verbuchung von Eingangsfrachten (im Sinne von Bezugsnebenkosten) benutzt werden, erhöhen den Lagerwert des Artikelpostens und gegebenenfalls den Wareneinsatz, wenn der Artikelposten bereits aus Sicht des Verkaufs ganz oder teilweise ausgeglichen wurde.

In Bezug auf Verkaufslieferungen haben Artikel-Zu-/Abschläge keinen Einfluss auf den Lagerwert, sondern nur auf den Deckungsbeitrag der Verkaufstransaktion bzw. die Forderungen. So mindert beispielsweise die Buchung von Ausgangsfrachten für bereits verbuchte Verkaufsbelege deren Deckungsbeitrag.

Der Prozess im Überblick

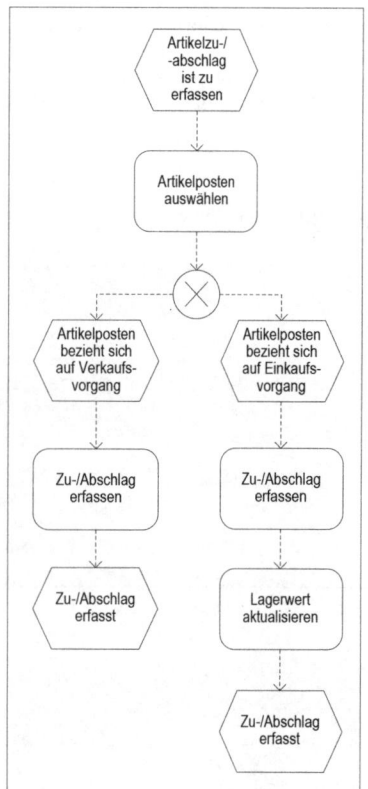

Abbildung 7.114 Prozess der Zu-/Abschlagszuweisung

Im eigentlichen Sinn handelt es sich bei Zu-/Abschlägen nicht um einen eigenen Prozess, da diese häufig bei der Erstellung des Verkaufsauftrags bzw. der Einkaufsbestellung in Form einer Belegzeile erfasst werden. Aus diesem Grund wurden Zu-/Abschläge auch nicht in den dargestellten Belegfluss integriert. Da sich jedoch

Artikel-Zu-/Abschläge

auch bei bereits abgeschlossener Lieferung und Fakturierung die Möglichkeit ergibt, nachträglich Zu- und Abschläge zu erfassen, wird der Prozess im Folgenden kurz beschrieben und die Möglichkeit der Verbuchung im gleichen Beleg oder nachträglich über einen eigenen Beleg erläutert.

Ablauf und Einrichtung von Zu- und Abschlägen

Im Folgenden werden beide Beispiele zur Nutzung von Zu- und Abschlägen im gleichen Verkaufsbeleg wie auch nachträglich in einem separaten Beleg kurz erläutert. Dabei ist insbesondere die zweite Variante aufgrund der im Nachhinein geänderten Wertposten aus Compliance-Sicht von besonderer Bedeutung.

Im ersten Beispiel werden dem Kunden für den Verkaufsauftrag »1010« Frachtkosten in Höhe von 60 Euro in Rechnung gestellt.[1] Über den Artikel-Zu-/Abschlag wird dieser Betrag im selben Beleg erfasst (siehe Abbildung 7.115).

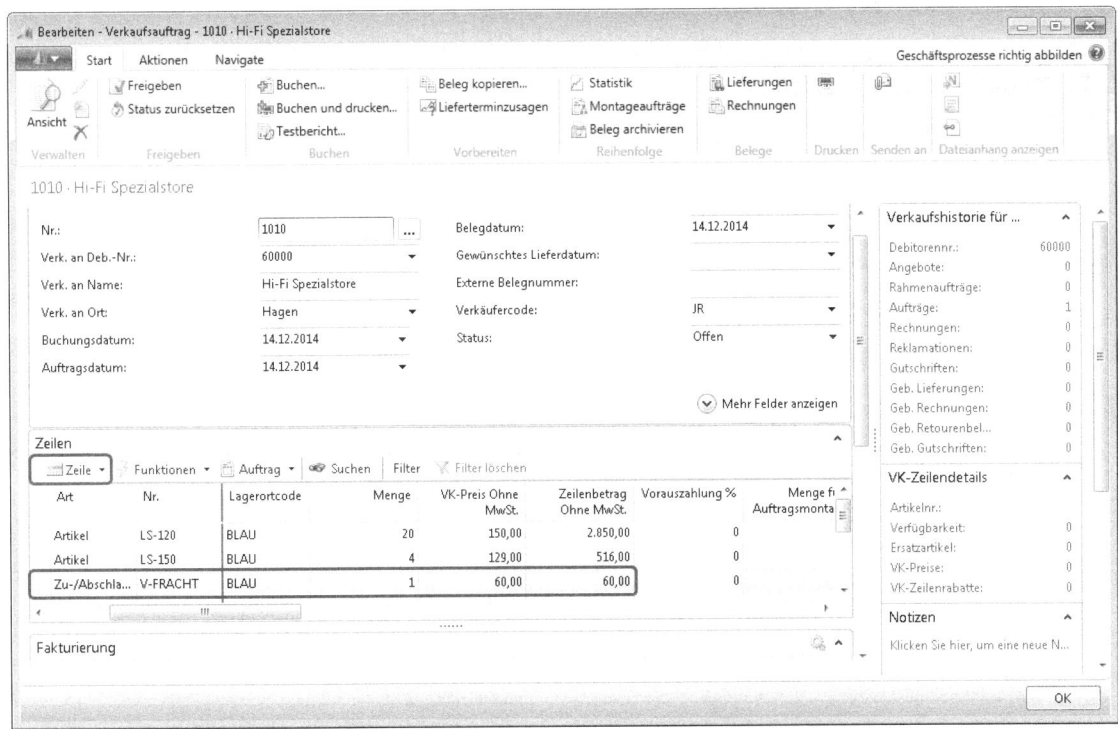

Abbildung 7.115 Artikel-Zu-/Abschlag im Verkaufsauftrag

Über das Menü *Zeile* in der Symbolleiste *Zeilen* und *Artikel Zu-/Abschlagszuweisung* werden die Artikelzeilen des Belegs vorgeschlagen. Enthält der Beleg mehr als eine Lieferzeile, kann die Anwendung eine Aufteilung des Betrags zu gleichen Teilen oder gewichtet nach dem Betrag der Zeilen vornehmen. Alternativ kann die

---

[1] Um die Aufteilung von Frachtkosten auf mehrere Verkaufszeilen darzustellen, wurde eine zweite Verkaufszeile mit dem Artikel »LS-150« hinzugefügt, die in den vorherigen wie auch folgenden Verkaufsprozessschritten aus Vereinfachungsgründen im Verkaufsauftrag nicht berücksichtigt wird.

Verteilung auch manuell über die Felder *Menge für Zuweisung* erfolgen. Die Zuteilung erfolgt dann im Verhältnis der Belegzeilen Menge zu dem eingegebenen Wert (siehe Abbildung 7.116).

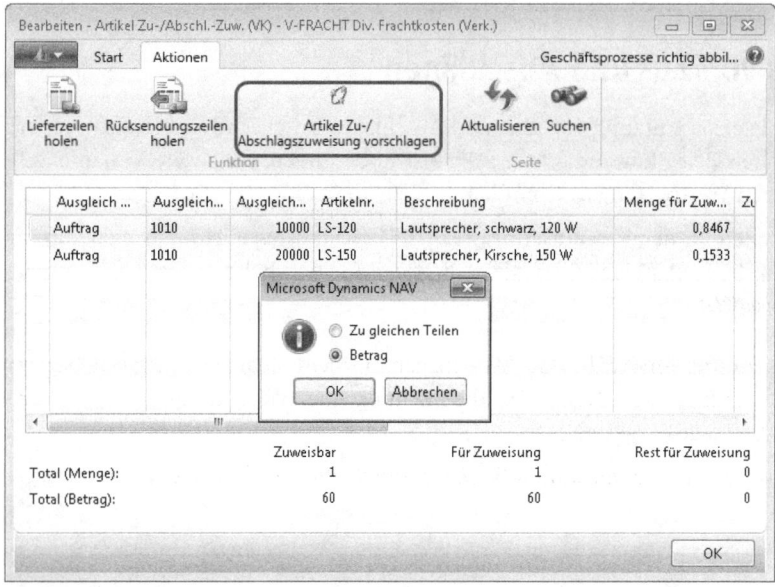

Abbildung 7.116   Artikel Zu-/Abschlagszuweisung vorschlagen

Es können beliebig viele Artikel-Zu-/Abschläge eingerichtet werden, um die unterschiedlichen Kosten bzw. Kostenminderungen über die *Nr.* des Artikel-Zu-/Abschlags selektieren und deren Kontierung steuern zu können.

Link: *Abteilungen/Verkauf* & *Marketing/Auftragsabwicklung/Einrichtung/Artikel Zu-/Abschläge* (siehe Abbildung 7.117)

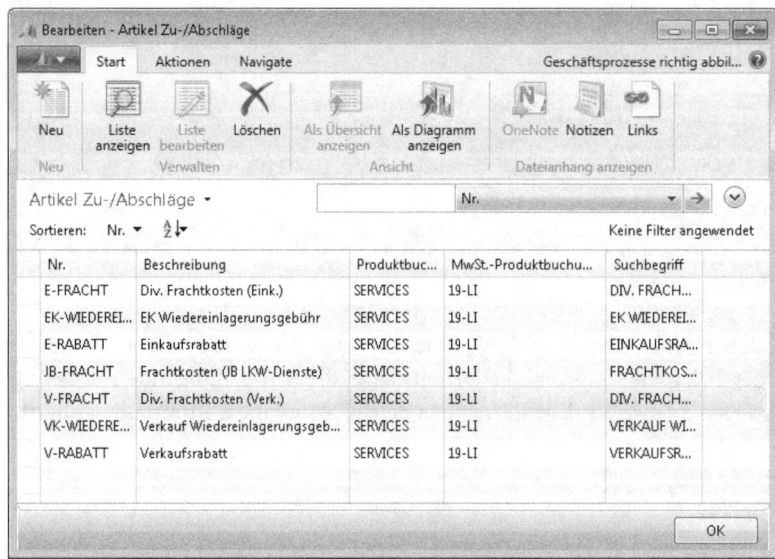

Abbildung 7.117   Einrichtung *Artikel Zu-/Abschläge* (1/2)

Artikel-Zu-/Abschläge

Für Abschläge können die in Tabelle 7.18 aufgeführten Felder gepflegt werden.

Feld	Beschreibung
Nr.	20-stelliger Code für den Zu-/Abschlag (Artikel)
Beschreibung	Beschreibung des Zu-/Abschlagartikels
Produktbuchungsgruppe	Gruppenzuweisung, in deren Kombination mit der Geschäftsbuchungsgruppe der Belegzeile die Kontenfindung in der Buchungsmatrix erfolgt
MwSt.-Produktbuchungsgruppe	Gruppenzuweisung, in deren Kombination mit der MwSt.-Geschäftsbuchungsgruppe der Belegzeile die Parameter und Konten für die Mehrwertsteuerverbuchung ermittelt werden
Suchbegriff	Matchcode für die alternative Eingabe in Belegzeilen

Tabelle 7.18 Einrichtung *Artikel-Zu-/Abschläge* (2/2)

Im zweiten Beispiel erfolgt die Zuordnung von Artikel-Zu-/Abschlägen in einem separaten Beleg und bezieht sich damit auf bereits vorhandene Artikelposten. Dazu wird die Buchung einer Wertgutschrift von 50 Euro über verkaufsseitige Artikel-Zu-/Abschläge dargestellt.

Link: *Abteilungen/Verkauf & Marketing/Auftragsabwicklung/**Verkaufsgutschriften**/Zeile/Artikel Zu-/Abschlagszuweisung* (siehe Abbildung 7.118)

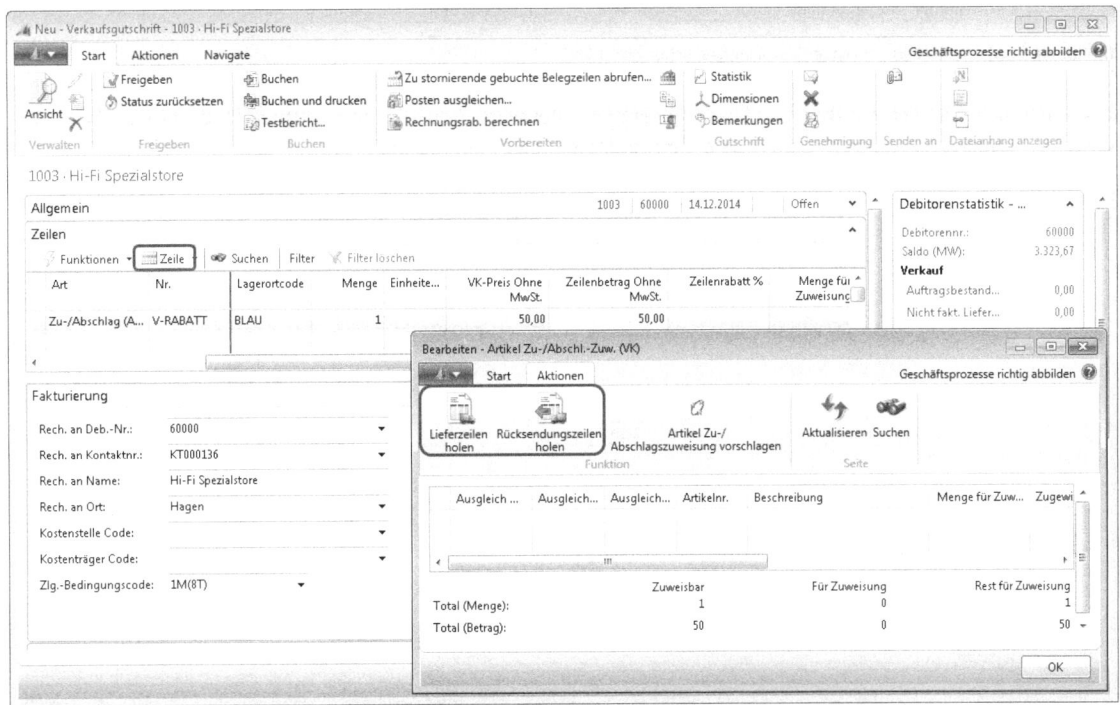

Abbildung 7.118 Artikel Zu-/Abschlagszuweisung in Verkaufsgutschrift

Die Erfassung von Artikel-Zu-/Abschlägen erfolgt über die Belegzeilenart *Zu-/Abschlag (Artikel)*, die Auswahl des Artikel-Zu-/Abschlags über das Feld *Nr.* Ferner erfolgt die Zuweisung der Menge und des VK-Preises.

Der Bezug auf die Artikeltransaktion erfolgt über das Fenster *Artikel Zu-/Abschlagszuweisung* durch die Funktionen *Lieferzeilen holen* oder *Rücksendungszeilen holen*, mit denen der Anwender die Lieferbelegzeilen referenzieren kann, um den Bezug auf einen oder mehrere Artikelposten herzustellen.

Link: *Abteilungen/Verkauf & Marketing/Auftragsabwicklung/**Verkaufsgutschriften**/Zeile/Artikel Zu-/Abschlagszuweisung/Aktionen/Lieferzeilen holen* (siehe Abbildung 7.119)

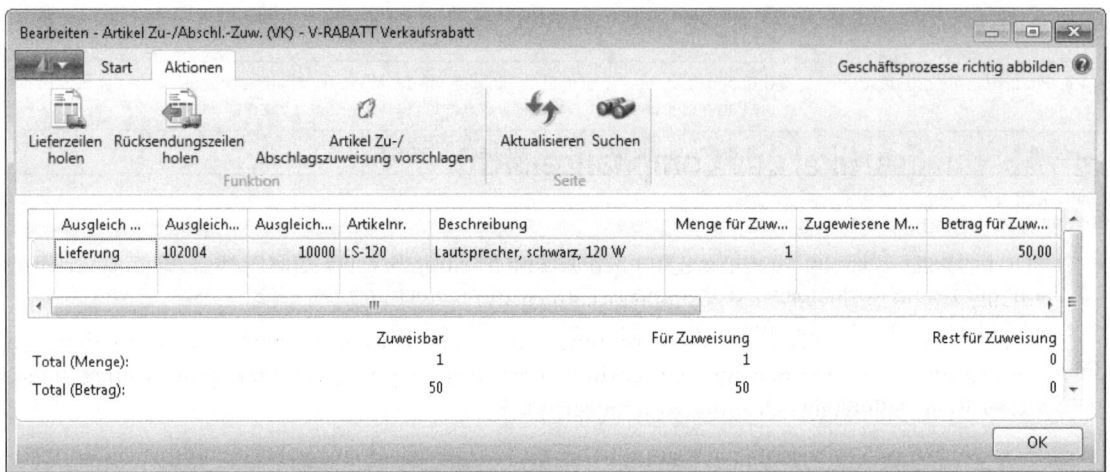

Abbildung 7.119 Artikel Zu-/Abschlagszuweisung in separatem Beleg

Bei mehr als einer Lieferzeile erfolgt – wie bereits weiter oben beschrieben – eine Aufteilung des Betrags zu gleichen Teilen oder gewichtet nach dem Betrag der Zeilen bzw. manuell.

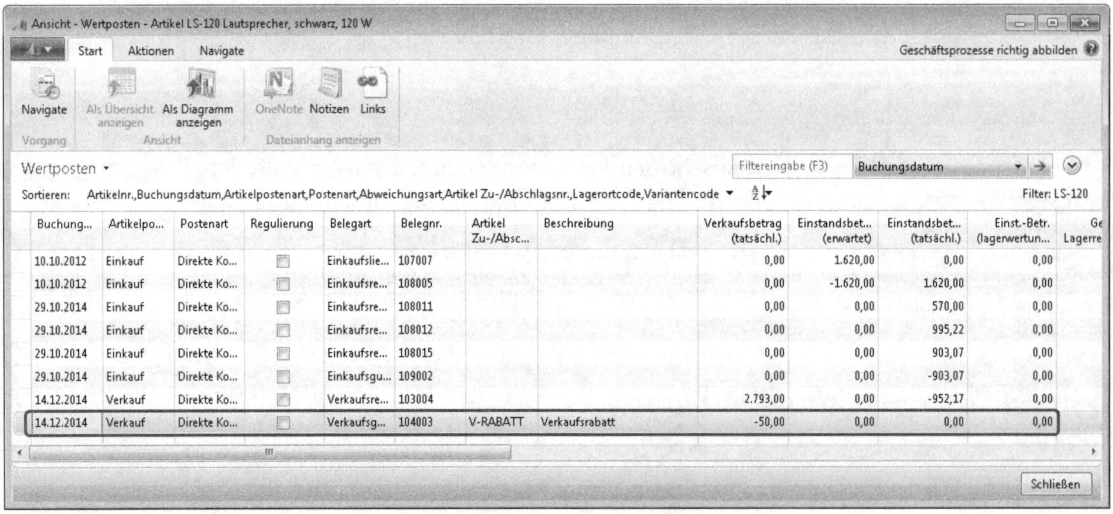

Abbildung 7.120 Wertposten des Artikelpostens nach Verbuchung der Wertgutschrift

Kontenfindung für Zu-/Abschlagsartikel

Die Anwendung ermittelt das Sachkonto für die Buchung eines Artikel-Zu-/Abschlags analog zum Artikel über die Kombination aus Geschäftsbuchungsgruppe des Belegs und der Produktbuchungsgruppe des Artikel-Zu-/Abschlags aus der Buchungsmatrix.

Bei Zu-/Abschlagsbuchungen in Bezug auf Einkaufslieferungen ermittelt die Anwendung das Sachkonto für den Lagerwert und das Gegenkonto, in dem die Kombination aus *Lagerbuchungsgruppe* und *Lagerortcode* aus dem ersten Wertposten des referenzierten Artikelpostens (also die *Automatische Lagerbuchungs*-Kontierung der ersten Lieferung) verwendet wird.

Zu-/Abschlagsartikel aus Compliance-Sicht

Potenzielle Risiken

- Durch nachträgliche Wertgutschriften können deckungsbeitragsbezogene Beleggenehmigungsverfahren unterlaufen werden (Effectiveness, Compliance, Integrity)
- Es gibt keine betragsmäßigen Konsistenzprüfungen bei nachträglichen Wertgutschriften im Sinne von Verkaufsrabatten. So könnten Wertgutschriften über den ursprünglichen Rechnungsbetrag hinaus erstellt werden (Effectiveness, Compliance, Integrity).
- Mithilfe von Zu-/Abschlagsartikeln kann durch eine Wertgutschrift eine gebuchte und zunächst fakturierte Lieferung wieder in den Zustand: »geliefert, aber nicht fakturiert« versetzt werden, ohne dass dieses über die üblichen Verfahren offensichtlich wäre (Effectiveness, Compliance, Integrity)

Prüfungsziel

- Überprüfung der korrekten Umsatzrealisierung/der periodengerechten Erfolgsermittlung und des periodengerechten Umsatzsteuerausweises
- Überprüfung eines konsistenten Beleggenehmigungsverfahrens

Prüfungshandlungen

Unterlaufen von Beleggenehmigungsverfahren

Es soll geprüft werden, ob es Wertgutschriften für Debitoren gibt, deren Verkäufe eine Beleggenehmigung vorgesehen hatten. Dazu ist die Aktivierung der Beleggenehmigung für Verkaufsaufträge und Verkaufsgutschriften zu prüfen.

Feldzugriff: *Tabelle 464 Genehmigungsvorlagen*, Felder *Tabellen-ID [Wert 36], Genehmigungscode, Belegart, Einschränkungsart [Wert Genehmigungsgrenzwerte], Aktiviert [Wert Ja]*

Im zweiten Schritt sollte geprüft werden, ob Wertgutschriften über Sachkonten erfasst wurden.

Feldzugriff: *Tabelle 115 Verkaufsgutschrifszeile*, Felder *Verk. an Deb.-Nr., Rech. an Deb.-Nr., Art [Wert Sachkonto], Belegnr., Buchungsdatum, Zeilenbetrag*

Existieren solche Belege (auch bei nicht aktivierten Beleggenehmigungen), muss deren Grundlage erläutert werden. Darüber hinaus sollte sich ein Überblick der Wertgutschriften über Zu-/Abschlagsartikel verschafft werden.

Feldzugriff: *Tabelle 5802 Wertposten*, Felder *Belegart [Wert Verkaufsgutschrift], Buchungsdatum, Belegnr., Herkunftsnr., Artikel Zu-/Abschlagsnr. [Wert <> leer], Verkaufsbetrag (tatsächl.)*

Wertgutschriften können auch durch positive und negative Mengenzeilen in einem Beleg erzeugt werden. Als Indiz lassen sich Verkaufsgutschriftzeilen mit negativen Mengen analysieren.

Feldzugriff: *Tabelle 115 Verkaufsgutschriftszeile*, Felder *Art [Wert Artikel], Nr., Buchungsdatum, Belegnr., Menge (Basis) [Wert <0]*

Die selektierten Wertgutschriften können anschließend auf die Existenz von gebuchten Beleggenehmigungen analysiert werden. Da die gebuchten Beleggenehmigungen lediglich Belegnummern enthalten, müssen diese mit den entsprechenden Belegköpfen verknüpft werden.

Feldzugriff: *Tabelle 456 Gebuchte Genehmigung*, Felder *Tabellen-ID [Wert 112], Belegnr., Status [Wert Genehmigt], Einschränkungsart [Wert Genehmigungsgrenzwerte]*

in Verbindung mit

Feldzugriff: *Tabelle 112 Verkaufsrechnungskopf*, Felder *Verk. an Deb.-Nr., Rech. an Deb.-Nr., Nr.*

Prüfung auf inkonsistente Verkaufswerte

Prüfung auf Verkaufslieferungs-Artikelposten, deren *Verkaufsbetrag (tatsächl.)* gleich oder kleiner als Null beträgt. Im Standard ist es möglich, den ursprünglichen Rechnungsbetrag mit einer oder mehreren Wertgutschriften zu überkompensieren.

Feldzugriff: *Tabelle 32 Artikelposten*, Felder *Artikelnr., Buchungsdatum, Postenart [Wert Verkauf], Belegart [Wert Verkaufslieferung], Herkunftsnr., Belegnr., Komplett fakturiert [Wert Ja], Verkaufsbetrag (tatsächl.) [Wert <=0]*

Betragsmäßige Konsistenzprüfung von Wertgutschriften

Um die Plausibilität von Wertgutschriften über Artikel-Zu-/Abschläge zu prüfen, sollte ein Vergleich der saldierten Verkaufsbeträge der Artikelposten dividiert durch die *Nicht zurückgelieferte Liefermenge* z. B. mit dem Standardverkaufspreis erfolgen und bei unverhältnismäßigen Abweichungen eine detailliertere Analyse erfolgen.

Feldzugriff: *Tabelle 32 Artikelposten*, Felder *Artikelnr., Buchungsdatum, Postenart [Wert Verkauf], Herkunftsnr., Belegnr., Komplett fakturiert [Wert Ja], Verkaufsbetrag (tatsächl.), Nicht zurückgelieferte Liefermenge*

in Verbindung mit

Feldzugriff: *Tabelle 27 Artikel*, Felder *Nr., VK-Preis*

Online Im Begleitmaterial zu diesem Buch befindet sich ein Report, der Wertgutschriften entsprechend der letzten beschriebenen Prüfungshandlung analysiert.

Die Begleitdateien stehen als Download zur Verfügung. Sie können diese wahlweise entweder von der Seite *www.microsoft-press.de/support/9783866455696* oder von der Seite *msp.oreilly.de/support/2272/803* herunterladen.

Forderungen und offene Posten

Die Verwaltung offener Posten ist dem Prozess des Zahlungseingangs und Mahnwesens vorgelagert. Mit der Erstellung der Faktura wird eine Forderung gegenüber dem Kunden gebucht, die mit dem Zahlungseingang ausgeglichen wird. Erfolgt der Eingang nicht innerhalb der vereinbarten Fristen, wird der Mahnprozess angestoßen.

Forderungen und offene Posten

Der Prozess im Überblick

Der Prozess der Überwachung offener Posten bzw. des Zahlungseingangs stellt sich standardmäßig gemäß Abbildung 7.121 dar.

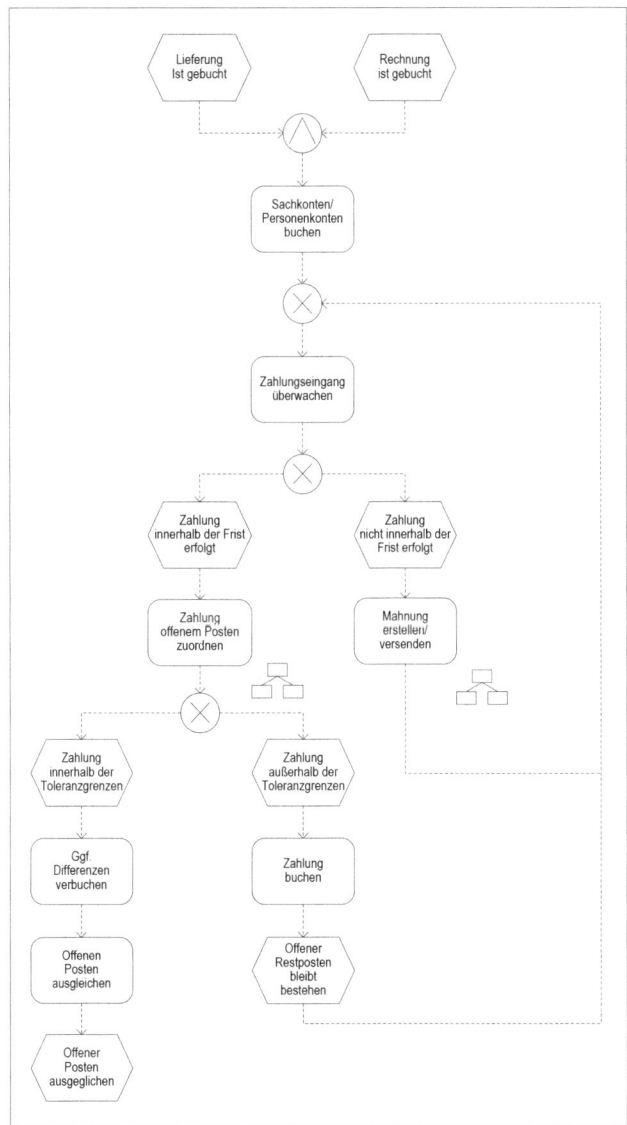

Abbildung 7.121 Ablauf der Verwaltung offener Posten

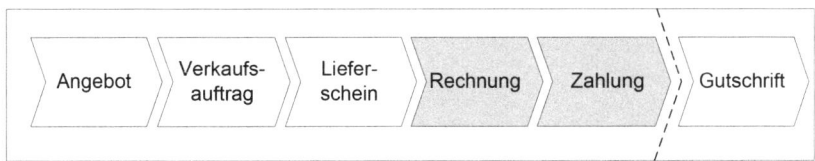

Abbildung 7.122 Belege in der Verwaltung offener Posten

Ablauf und Einrichtung der Forderungsüberwachung

Im Rahmen der Verwaltung offener Posten werden fakturierte, aber noch nicht ausgeglichene Kundenpositionen analysiert. Erfolgt die Kundenzahlung innerhalb der festgelegten Fristen und bewegt sich der Ausgleichsbetrag innerhalb der im System festgelegten Toleranzgrenzen, wird der offene Kundenposten ausgeglichen und der Geschäftsprozess ist damit abgeschlossen. Der Zahlungsprozess wird ausführlich im Abschnitt »Zahlungseingang« in diesem Kapitel behandelt. Erfolgt keine fristgerechte Zahlung, wird der Vorgang an das Mahnwesen übergeben. Prozesse des Mahnwesens werden ebenfalls in diesem Kapitel ausführlich im Abschnitt »Mahnwesen« dargestellt. Grundlage für effizient gestaltete Zahlungs- und Mahnprozesse bildet die regelmäßige Überwachung und Analyse der offenen Posten sowie eine korrekte Zuordnung zum Zahlungseingang. Das Mahnwesen mündet entweder in einem Zahlungseingang, der einem offenen Posten zugeordnet werden kann, oder in einer Einzelwertberichtigung der Forderung. Um sich Details über Ausgleichsvorgänge des Debitorenpostens anzeigen zu lassen, können die detaillierten Debitorenposten analysiert werden.

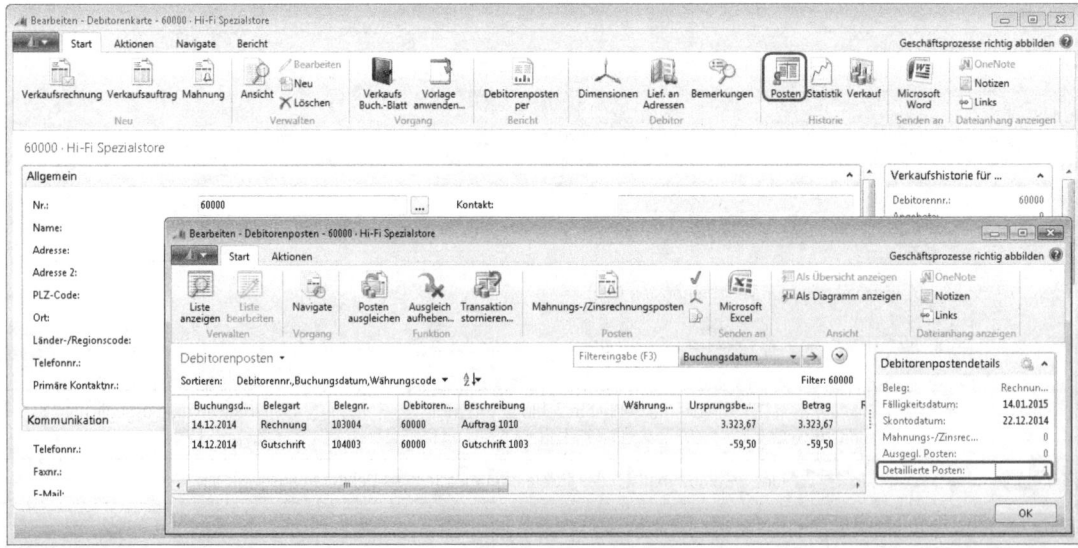

Abbildung 7.123 Debitorenposten

Abbildung 7.124 Detaillierte Debitorenposten

Forderungen und offene Posten

Link: *Abteilungen/Finanzmanagement/Debitoren/**Debitoren**/Navigate/Posten/Detaillierte Posten* (siehe Abbildung 7.123 und Abbildung 7.124)

Die Ausgleichmethode für offene Posten wird in den Kundenstammdaten auf der Registerkarte *Zahlung* festgelegt (siehe Tabelle 7.19).

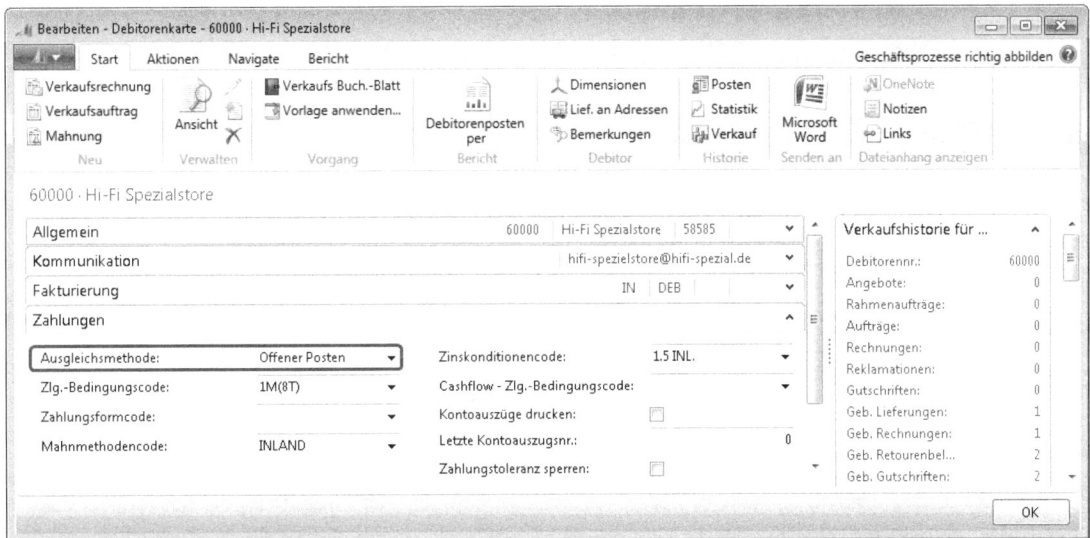

Abbildung 7.125 Ausgleichsmethoden für Debitorenposten (1/2)

Ausgleichsmethode	Beschreibung
Offene Posten	Eine auf dem Debitorenkonto gebuchte Zahlung wird nicht automatisch mit einer Rechnung ausgeglichen, sondern verbleibt bis zur manuellen Auszifferung als offene Zahlungsposition auf dem Konto
Saldomethode	Mit der Zahlung wird automatisch der älteste offene Posten des Debitoren ausgeglichen

Tabelle 7.19 Ausgleichsmethoden für Debitorenposten (2/2)

Ab einem durch das Unternehmen festzulegenden Obligo sollte sichergestellt werden, dass für den Kunden keine weiteren Aufträge angenommen werden bzw. keine weiteren Auslieferungen erfolgen. In Dynamics NAV ist es möglich, Liefersperren zu setzen. Eine Auftragssperre, die schon zu einem früheren Zeitpunkt die Freigabe von weiteren Kundenaufträgen unterbindet, wäre wünschenswert, ist in Dynamics NAV allerdings standardmäßig nicht vorgesehen. Diese Funktionalität kann allerdings über die Beleggenehmigung realisiert werden (siehe dazu insbesondere in Kapitel 4 den Abschnitt »Belegfluss und Beleggenehmigung«).

Link: *Abteilungen/Finanzmanagement/Debitoren/Debitoren* (siehe Abbildung 7.126)

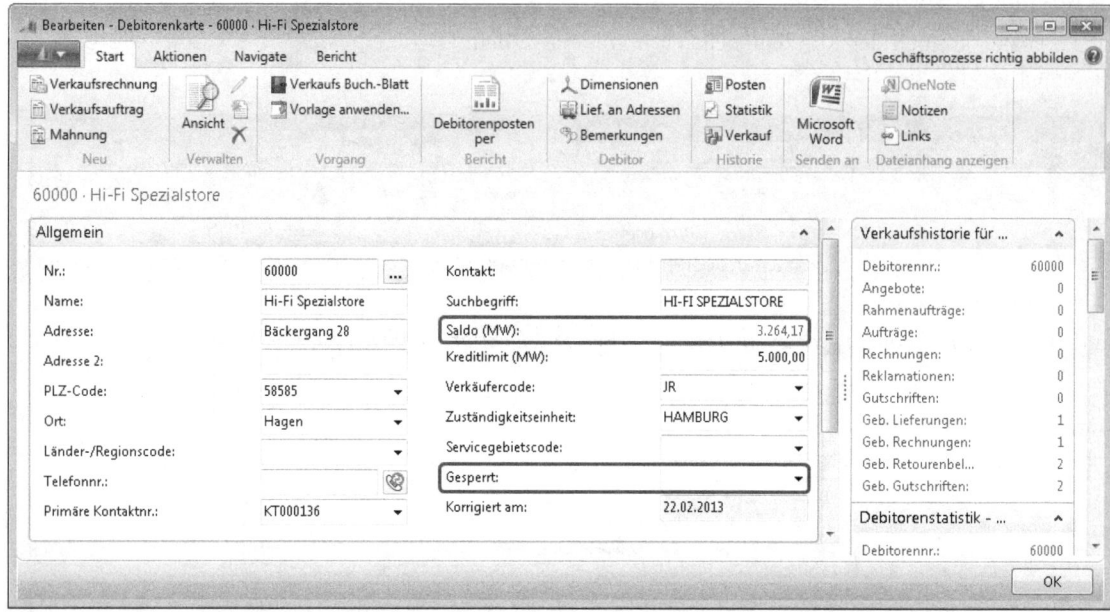

Abbildung 7.126 Debitorensaldo (Debitorenkarte)

Sobald für einen Debitoren eine Liefersperre gesetzt wurde, können für diesen Kunden keine neuen Lieferbelege angelegt werden.

Forderungen und offene Posten aus Compliance-Sicht

Potenzielle Risiken

- Vermögensverlust durch ausbleibenden Zahlungseingang (Effectiveness, Efficiency)
- Falscher Ausweis von Forderungen durch fehlende Wertberichtigung (Integrity, Reliability)
- Fehlende Prozesstransparenz durch fehlende oder falsche Zuordnung von Zahlungen zu offenen Posten (Integrity, Reliability)

Prüfungsziel

- Überprüfung fälliger und überfälliger Posten und Klärung der Gründe für überfällige Posten
- Überprüfung der Altersstruktur von Forderungen und Klärung der Grundlage für die Bildung von Wertberichtigungen
- Analyse der Einrichtungsparameter für die Zuordnung von Zahlungen zu offenen Posten
- Analyse des Aktivierungsprozesses für Liefersperren

Forderungen und offene Posten

Prüfungshandlungen

Überprüfung der offenen Posten

Offene Posten können der Kundentabelle entnommen werden. Dazu kann das FlowField *Bewegung (MW)* verwendet werden, das für ein frei definierbares Buchungsdatum die offenen Posten des Debitors darstellt. Um das FlowField zeitlich zu steuern, ist der FlowFilter *Datumsfilter* (*Summenberechnung einschränken auf*) zu verwenden (z. B. »..31.12.14« bedeutet »bis einschließlich 31.12.2014«). Als Ergebnis wird die Bewegung auf dem Debitorenkonto für die im Feld *Datumsfilter* eingegebene Periode in Mandantenwährung angezeigt.

Feldzugriff: *Tabelle 18 Debitor*, Feld *Bewegung (MW)* (Schnellfilter auf gewünschten Zeitraum einstellen)

Einfacher ist es, die offenen Debitorenposten über verschiedene Reports zu analysieren, die das System standardmäßig bereitstellt.

Link: *Abteilungen/Finanzmanagement/Debitoren/Berichte/Debitor – Fällige Posten* (siehe Abbildung 7.127)

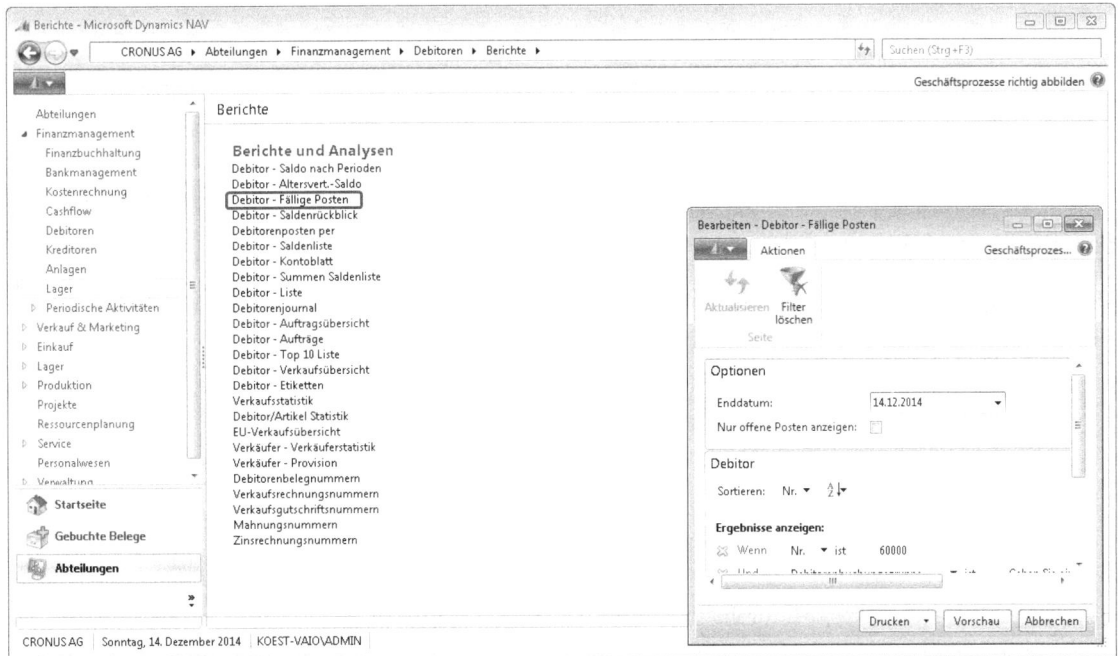

Abbildung 7.127 Fällige Debitorenposten

Der Report weist fällige Posten mit den dazugehörigen Buchungsdaten und Belegnummern aus. Die Auswahl der Debitoren kann dabei nach verschieden Kriterien eingeschränkt werden und neue Selektionsparameter hinzugefügt werden.

Link: *Abteilungen/Finanzmanagement/Debitoren/Berichte/Altersvert.-Saldo* (siehe Abbildung 7.128)

Der Report liefert eine Übersicht aller Debitoren mit offenen Posten, gestaffelt nach nicht fälligen Posten und Posten mit einer Überfälligkeit von »1-30«, »31-60«, »61-90« und »über 90 Tagen«. Über die Registerkarte kann das Startdatum für die Auswertung festgelegt werden. Über die Selektionsfilter kann die Auswahl der zu analysierenden Kunden beliebig eingeschränkt werden.

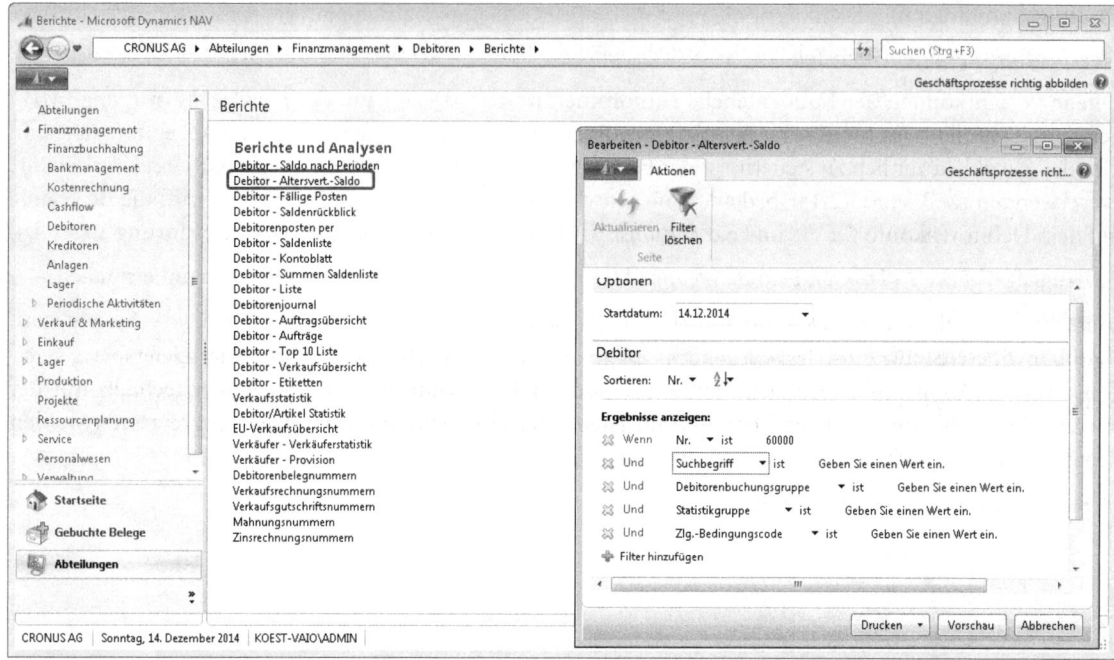

Abbildung 7.128 Altersstruktur Forderungen

Menüoption: *Finanzmanagement/Debitoren/Berichte/Debitor/Saldo nach Perioden* (siehe Abbildung 7.129)

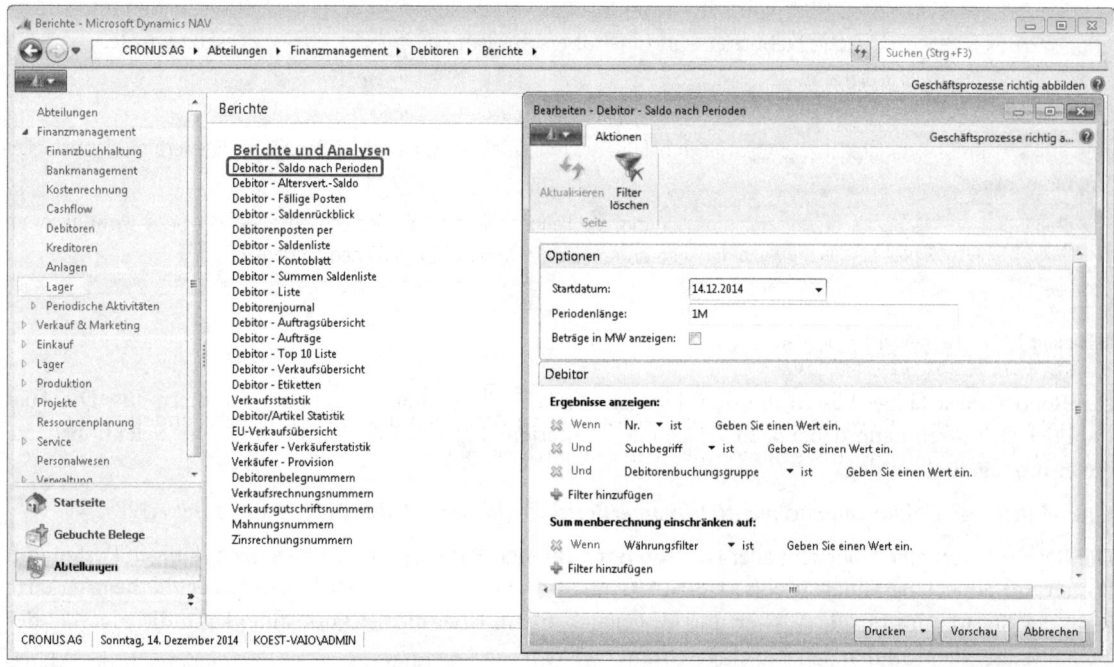

Abbildung 7.129 Debitorensaldo nach Perioden

Der Report enthält alle Debitoren, die gemäß des Selektionsfilters ausgewählt wurden und weist für diese den Saldo nach Perioden aus. Über die Registerkarte *Optionen* kann das Startdatum und das Periodenintervall für die Auswertung festgelegt werden.

Aus Compliance-Sicht sollten Zahlungen immer direkt den offenen Posten zugeordnet und nicht gegen den Saldo verrechnet werden, da sonst die Transparenz einzelner Zahlungsvorgänge nicht gegeben ist und z. B. das gesamte Mahnwesen nicht mehr korrekt arbeiten würde. Die Ausgleichsmethode in den Kundenstammdaten sollte aus diesem Grund immer *offener Posten* sein.

Feldzugriff: *Tabelle 18 Debitor*, Feld *Ausgleichsmethode*

Prozess der Aktivierung von Liefersperren

Kunden, die ein bestimmtes, festzulegendes Obligo überschritten haben, sollten mit einer Liefersperre versehen werden. Aus Compliance-Sicht sollte das Kundenobligo zum aktuellen Stichtag errechnet, mit den Unternehmensrichtlinien abgeglichen und im Falle einer Überschreitung eine Liefersperre gesetzt werden. Das Obligo ergibt sich aus folgenden Positionen der Tabelle *Debitor*:

Feldzugriff: *Tabelle 18 Debitor*, Felder siehe unten

- 67 *Fälliger Saldo (MW)*
- 113 *Auftragsbestand (MW)*
- 114 *Nicht fakt. Lieferungen (MW)*
- 125 *Ausstehende Rechnungen (MW)*
- 5910 *Serviceauftragsbestand (MW)*
- 5911 *Service Lief. nicht fakt. Betrag (MW)*

Die Summe aus den Kennzahlen muss im Anschluss mit dem festgelegten Obligolimit verglichen und zudem analysiert werden, für welche Debitoren mit Limitüberschreitung keine Liefersperre gesetzt wurde.

Feldzugriff: *Tabelle 18 Debitor*, Feld *Gesperrt*

Online Im Begleitmaterial zu diesem Buch befindet sich dazu ein entsprechender Report zur Auswertung des aktuellen Debitorenobligos.

Die Begleitdateien stehen als Download zur Verfügung. Sie können diese wahlweise entweder von der Seite *www.microsoft-press.de/support/9783866455696* oder von der Seite *msp.oreilly.de/support/2272/803* herunterladen.

Zahlungseingang

Mit dem Zahlungseingang und dem damit verbundenen Ausgleich des offenen Postens endet in der Regel der Standardverkaufsprozess, sofern es nicht zu Reklamationen kommt.

Der Prozess im Überblick

Wesentliche Parameter zur Abwicklung des Zahlungseingangs werden in den Einrichtungsparametern der Finanzbuchhaltung sowie in den Debitorenstammdaten der Debitorenkarte gepflegt. Dabei geht es insbesondere um die Festlegung von Zahlungsbedingungen und Zahlungstoleranzen, dem Bereich des Mahnwesens ist ein eigener Abschnitt gewidmet. Der Verbuchungsprozess von Zahlungen erfolgt über sogenannte *Zahlungseingangsbuchungsblätter*. Im Folgenden wird erst der Prozess des Zahlungseingangs dargestellt, bevor die Einstellungen zu den Zahlungsbedingungen und -toleranzen erläutert werden.

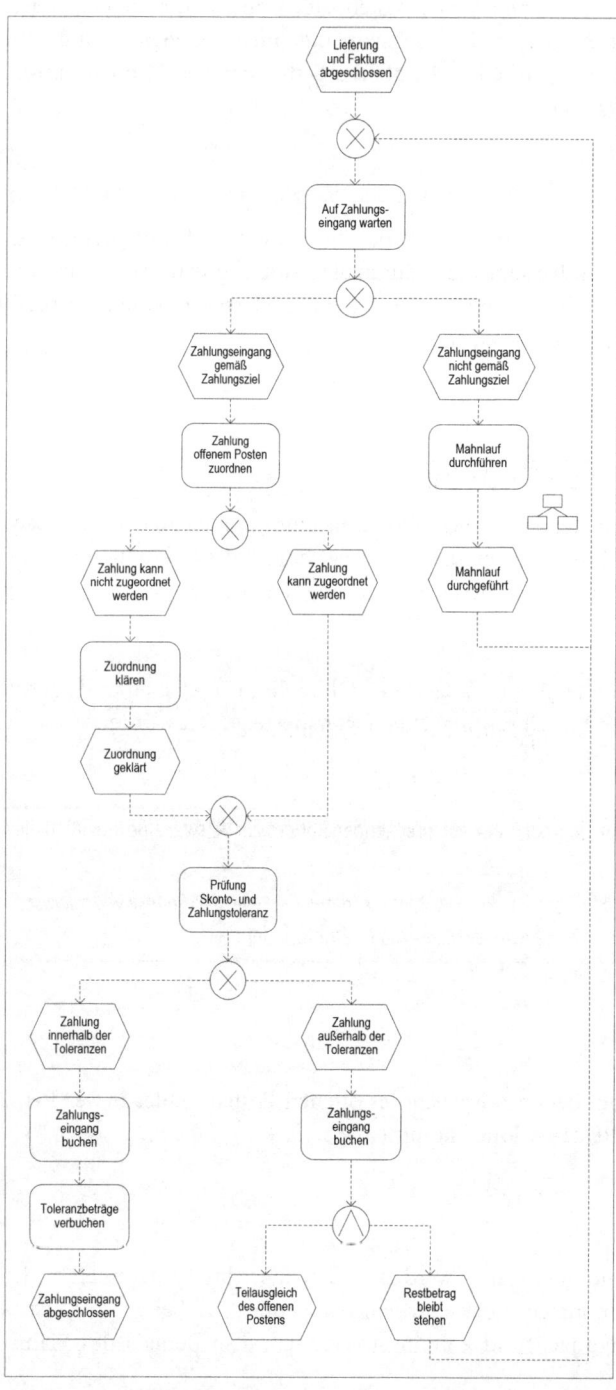

Abbildung 7.130 Zahlungseingangsprozess

Zahlungseingang

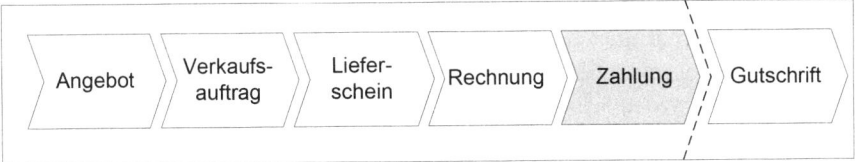

Abbildung 7.131 Belege im Zahlungseingangsprozess

Weicht der Zahlungseingangsbetrag vom Rechnungsbetrag ab, entsteht zunächst ein *Restbetrag*. Liegt der Betrag innerhalb der definierten Toleranzgrenzen, wird er auf die hinterlegten Soll- bzw. Habenkonten für Skonto- und/oder Toleranzabweichungen gebucht. Die entsprechenden Sachkonten hierfür sind in der Buchungsmatrix zu hinterlegen.

Überschreitet der Betrag hingegen die Grenzen, muss er entweder durch eine Korrekturbuchung oder eine weitere Debitorenzahlung ausgeglichen werden.

Wenn eine Zahlung ohne Ausgleich eines offenen Debitorenpostens gebucht wurde, muss der Ausgleich zu einem späteren Zeitpunkt vom Fenster *Debitorenposten* aus vorgenommen werden.

Ablauf und Einrichtung des Zahlungseingangs

Neben dem eigentlichen Verbuchungsvorgang bietet Dynamics NAV Einstellungsmöglichkeiten zu Zahlungsbedingungen, Zahlungstoleranzen und Zahlungsformen, die sich direkt oder indirekt auf die Buchung auswirken und aus diesem Grund in den folgenden Abschnitten detailliert erläutert werden.

Verbuchung von Zahlungseingängen

Zur Verbuchung von Kundenzahlungen werden Zahlungseingangsbuchungsblätter verwendet, die entweder über das Bankmanagement oder über die Debitoren aufgerufen werden können.

Link: *Abteilungen/Finanzmanagement/Bankmanagement/Zlg.-Eing. Buch.-Blätter*

Link: *Abteilungen/Finanzmanagement/Debitoren/Zlg.-Eing. Buch.-Blätter* (siehe Abbildung 7.132)

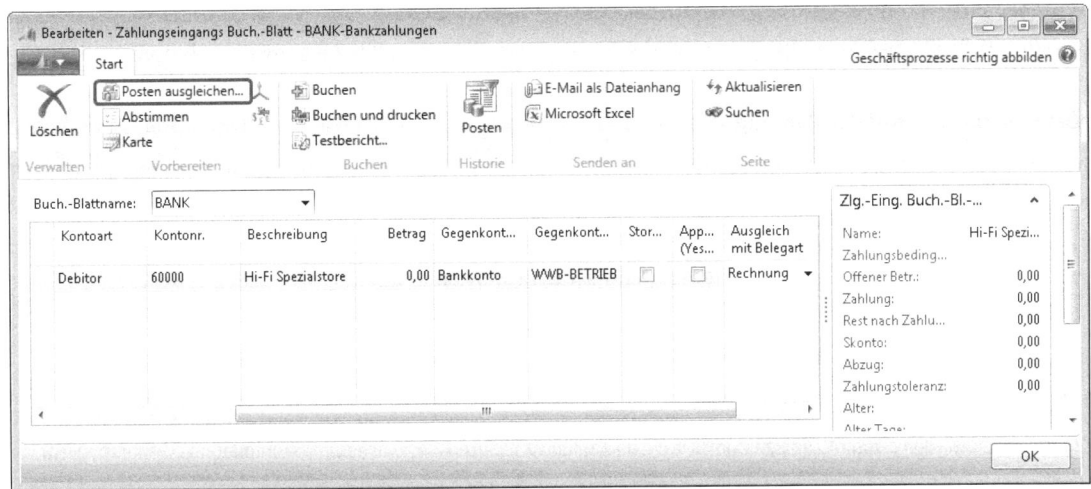

Abbildung 7.132 Zahlungseingangsbuchungsblatt

Die zu buchende Zahlung bzw. Teilzahlung kann sich dabei auf eine oder mehrere Rechnungen beziehen. Entscheidend für einen reibungslosen Prozessablauf ist die korrekte Zuordnung der Zahlung zu den betroffenen offenen Debitorenposten. Dies muss nicht sofort bei Zahlungseingang erfolgen. Die Zahlung kann zunächst auch ohne Bezug gebucht und in einem zweiten Schritt mit dem offenen Posten ausgeglichen werden. Dabei existieren zwei Methoden, wie Zahlungen ohne Bezug zu einem offenen Posten zu behandeln sind. Die sogenannte *Ausgleichsmethode* muss auf der Debitorenkarte festgelegt werden. In dem Beispiel ist ein Zahlungseingang in Höhe von 3.257,20 Euro zu verbuchen, der anschließend einem offenen Debitorenposten zugeordnet werden muss – sofern in der Debitorenkarte die Ausgleichmethode *Offener Posten* hinterlegt wurde.

Menüoption: *Abteilungen/Finanzmanagement/Debitoren/Debitoren* (siehe Abbildung 7.133)

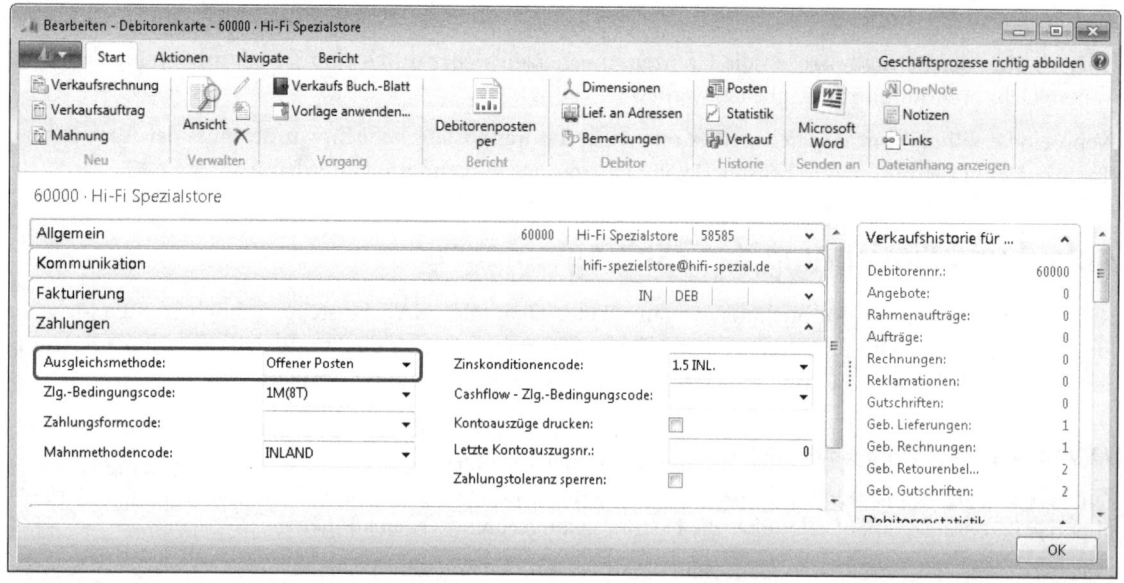

Abbildung 7.133 Ausgleichsmethoden für offene Posten

- **Offener Posten** Eine auf dem Debitorenkonto gebuchte Zahlung wird nicht automatisch mit einer Rechnung ausgeglichen, sondern verbleibt bis zum manuellen Ausgleich als offene Zahlungsposition auf dem Konto

- **Saldomethode** Mit der Zahlung wird automatisch der älteste offene Posten des Debitoren ausgeglichen

Um den Bezug zwischen Zahlungen und offenen Posten herzustellen, muss die Ausgleichsmethode *Offener Posten* aktiviert sein.

Im Zahlungseingangsbuchungsblatt kann über die Aktion *Posten ausgleichen* die auszugleichende Position über die *Ausgleichs-ID* markiert und anschließend gebucht werden.

Link: *Abteilungen/Finanzmanagement/Debitoren/**Zlg.-Eing. Buch.-Blätter**/Posten ausgleichen/Ausgleichs-ID setzen* (siehe Abbildung 7.134)

HINWEIS In den einzelnen Debitorenposten können Parameter, die durch die Systemeinstellungen vorgegeben sind, manuell überschrieben werden (Skontotoleranzdatum, Maximale Zahlungstoleranz, Fälligkeitsdatum, Skontodatum, Skonto möglich).

Zahlungseingang

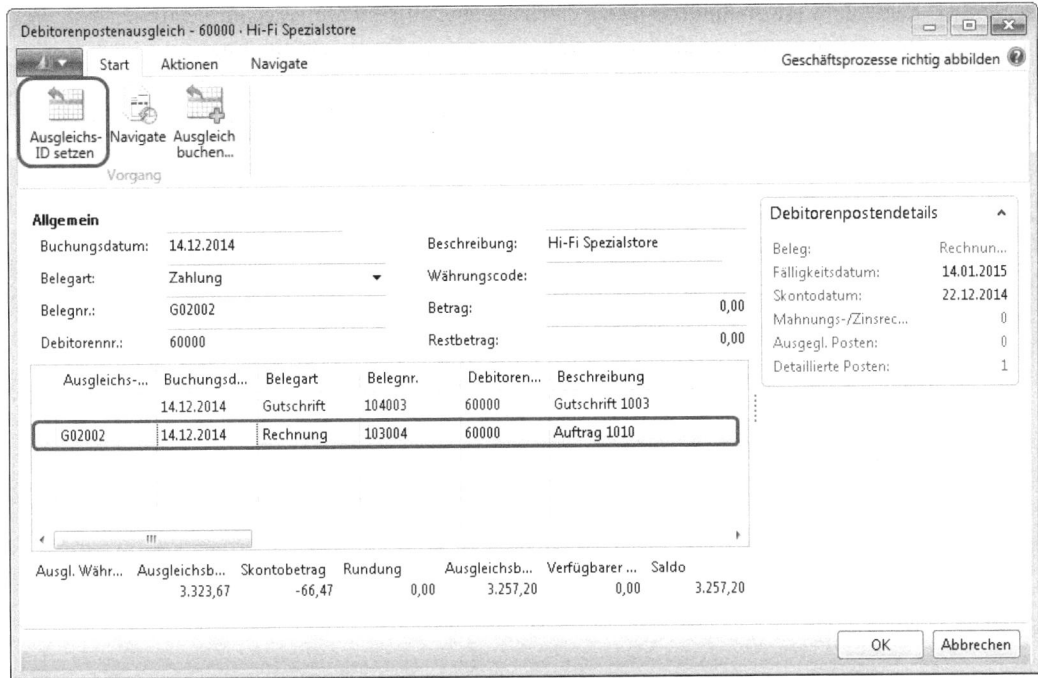

Abbildung 7.134 Debitorenpostenausgleich

Wurden einzelne Posten nicht korrekt ausgeglichen, kann der Vorgang rückgängig gemacht werden (*Ausgleich aufheben*) und eine erneute Zuordnung des Postens erfolgen.

Link: *Abteilungen/Finanzmanagement/Debitoren/Debitoren/Posten/Ausgleich aufheben* (siehe Abbildung 7.135)

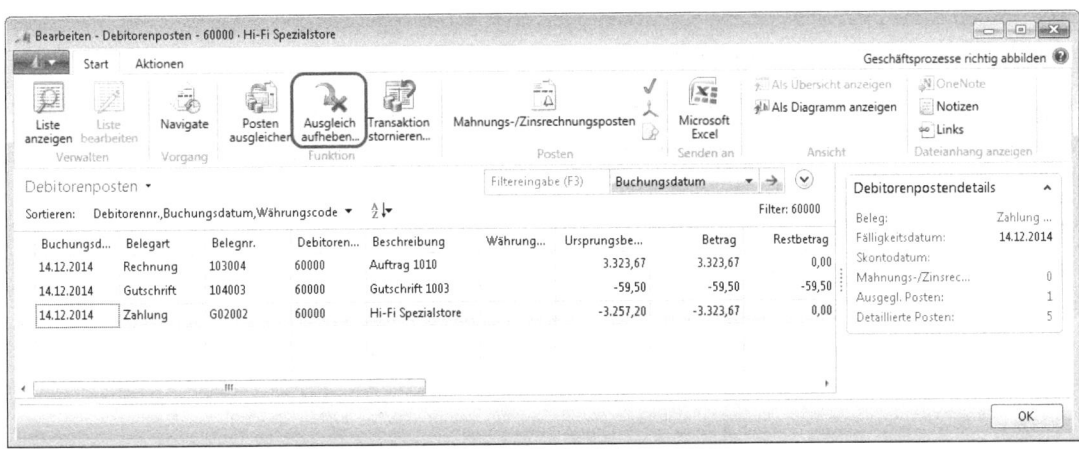

Abbildung 7.135 Debitorenpostenausgleich stornieren

Die betroffene Zahlung kann markiert und anschließend der Ausgleich aufgehoben werden, wenn die Zuordnung bei der Auszifferung nicht korrekt war. Wurde der Zahlungsbeleg nicht korrekt gebucht, muss nach der Aufhebung der Zuordnung eine Stornierung erfolgen (Transaktion stornieren).

Zahlungstoleranzen und Zahlungsbedingungen

Grundlegende Parameter zu Zahlungsbedingungen und Zahlungstoleranzen werden zum einen in den Einrichtungsparametern der Finanzbuchhaltung, zum anderen in den Stammdaten der Debitorenkarte gepflegt und im Folgenden beschrieben.

Link: *Abteilungen/Finanzmanagement/Einrichtung/Finanzbuchhaltung Einrichtung* (siehe Abbildung 7.136)

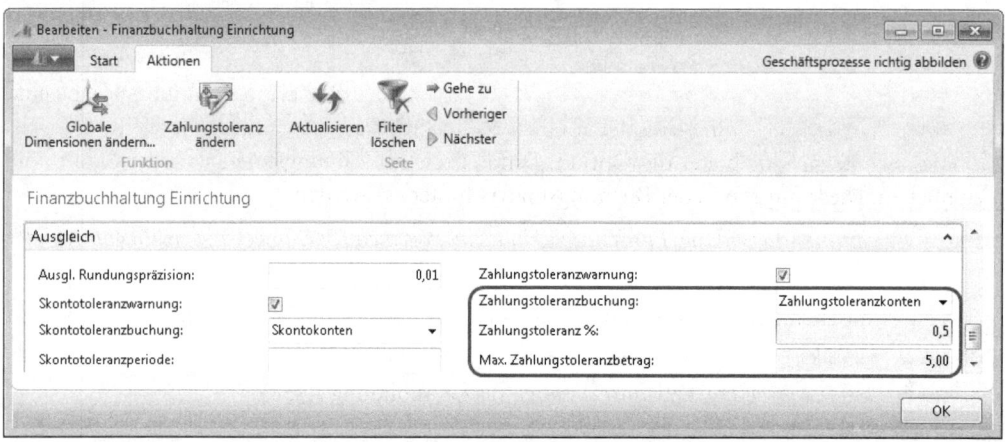

Abbildung 7.136 Einrichtung Zahlungsbedingungen und -toleranzen

Zahlungstoleranzen

Das Feld *Zahlungstoleranz %* enthält die maximal erlaubte prozentuale Abweichung der Zahlung vom Rechnungsbetrag. Das Feld *Max. Zahlungstoleranzbetrag* hat die gleiche Funktion, bezieht sich allerdings auf die absolute Abweichung. Zu beachten ist, dass die Anwendung die Werte der beiden genannten Felder in die Stapelverarbeitung *Zahlungstoleranz ändern* kopiert. Eine automatische Änderung aller offenen Posten in Bezug auf in diesen Parametern geänderte Einstellungen erfolgt nicht automatisch. Dazu muss die Stapelverarbeitung gestartet werden.

Link: *Abteilungen/Finanzmanagement/Einrichtung/**Finanzbuchhaltung Einrichtung**/Aktionen/Zahlungstoleranz ändern* (siehe Abbildung 7.137)

Abbildung 7.137 Stapelverarbeitung Zahlungstoleranz ändern

Das Feld *Alle Währungen* muss markiert werden, wenn die Toleranzen sowohl für die Mandanten- wie auch die Fremdwährungen geändert werden sollen. Die Werte für die Felder *Zahlungstoleranz %* und *Max. Zahlungstoleranzbetrag* werden aus der vorherigen NAV-Seite *Finanzbuchhaltung Einrichten* automatisch übernommen. Mit der Bestätigung der Schaltfläche *OK* werden die offenen Posten aller nicht gesperrten Debitoren und Kreditoren durch die Stapelverarbeitung geändert.

Zu beachten ist, dass bei der Verbuchung von Zahlungstoleranzen die Umsatzsteuer (wie auch bei der Skontogewährung) korrigiert werden muss. Dazu ist das Flag *Skonto berichtigen* in der *Finanzbuchhaltung Einrichtung* und in der entsprechenden Zeile der Buchungsmatrix zu setzen.

Das Feld *Zahlungstoleranzwarnung* in der Einrichtung der Finanzbuchhaltung ermöglicht die Ausgabe einer Warnmeldung, wenn ein *Offener-Posten*-Ausgleich einen Saldo innerhalb des Toleranzbereiches aufweist. Das Feld *Zahlungstoleranzbuchung* bietet die Option, Differenzen auf Zahlungstoleranz- oder Skontotoleranzkonten zu buchen. Diese müssen in der Buchungsmatrix hinterlegt werden.

Link: *Abteilungen/Verwaltung/Anwendung Einrichtung/Finanzmanagement/Buchungsgruppen/Buchungsmatrix Einrichtung*

Darüber hinaus ist es möglich, Kunden für Zahlungstoleranzen generell zu sperren, indem auf dem Inforegister *Zahlungen* der Debitorenkarte eine entsprechende Markierung vorgenommen wird.

Link: *Abteilungen/Verkauf & Marketing/Verkauf/Debitoren* (siehe Abbildung 7.138)

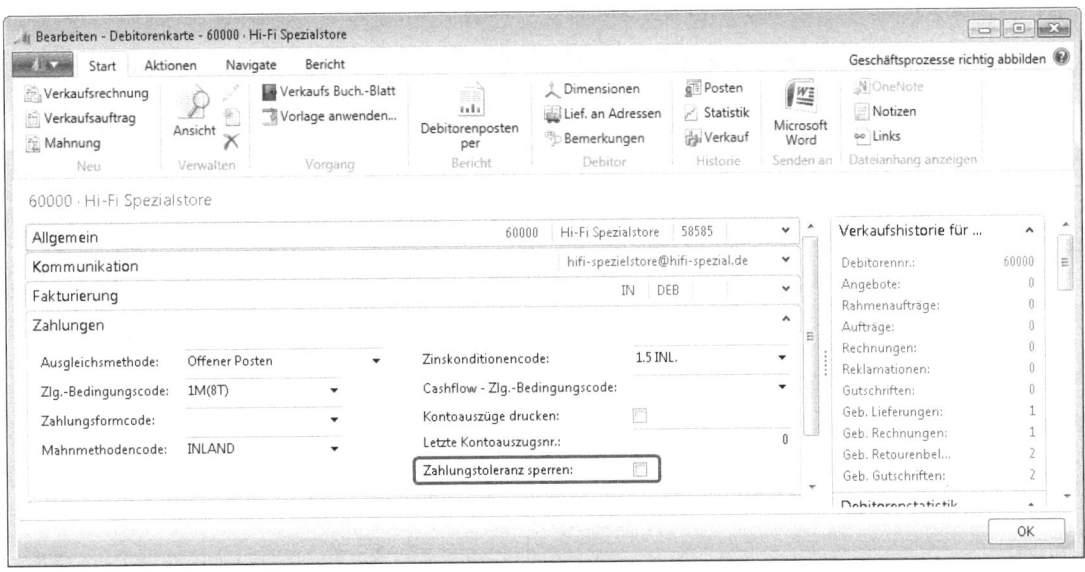

Abbildung 7.138   Zahlungstoleranz sperren

Skonto

In Bezug auf Skontotoleranzen bietet die NAV-Seite *Finanzbuchhaltung Einrichtung* analog Einstellungsmöglichkeiten zu Warnmeldungen und Verbuchungskonten. Darüber hinaus kann eine *Skontotoleranzperiode* hinterlegt werden, die die Anzahl der Tage festlegt, die eine Zahlung oder Erstattung über der Skontofälligkeit liegen darf, und dennoch Skonto gewährt wird.

Auf Inforegister *Allgemein* der *Finanzbuchhaltung Einrichtung* finden sich zwei weitere Einstellungsparameter, die den Verbuchungsprozess von gewährten Skonti betreffen.

Link: *Abteilungen/Finanzmanagement/Einrichtung/Finanzbuchhaltung Einrichtung* (siehe Abbildung 7.139)

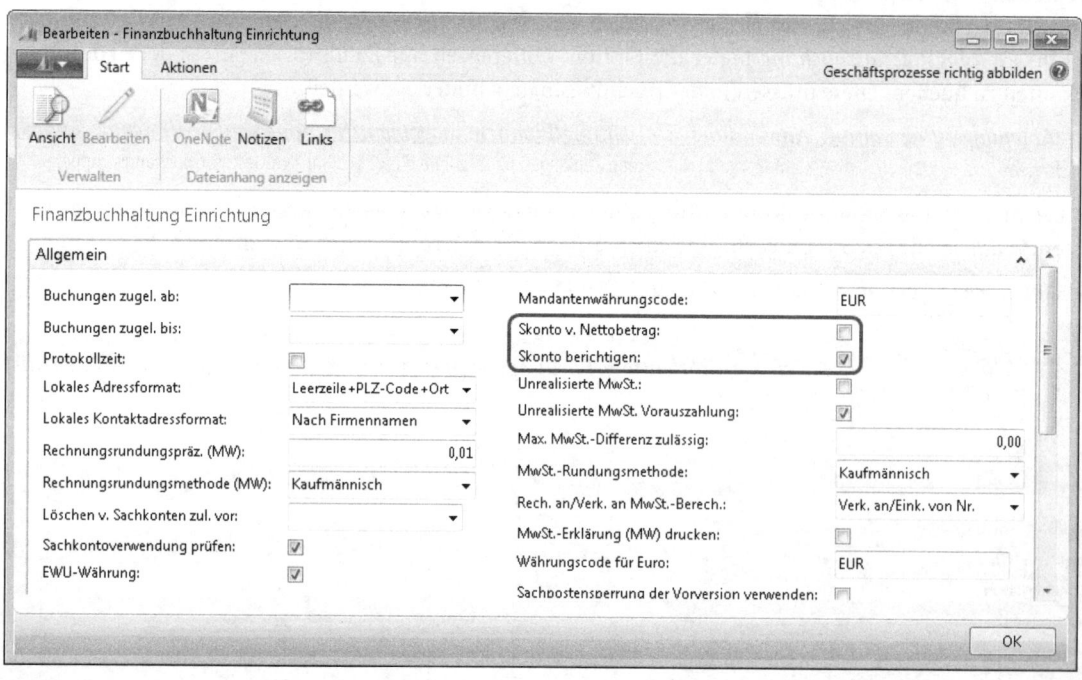

Abbildung 7.139 Verbuchungsarten von Skontobeträgen

Über die beiden Felder *Skonto v. Nettobetrag* und *Skonto berichtigen* wird festgelegt, ob der Skonto vom Brutto- oder Nettobetrag berechnet werden soll und ob die Anwendung die Steuerbeträge erneut berechnet, wenn Zahlungen unter Skontoabzug erfolgen.

HINWEIS Das Feld *Verkauf/Einkauf (MW)* wird in der Regel nur verwendet, um die statistischen Informationen zu erhalten. Wenn jedoch das Feld *Skonto v. Nettobetrag* mit einem Häkchen versehen wird, ist es wichtig, das Feld *Verkauf/Einkauf (MW)* zu füllen, da sonst der Skontobetrag Null beträgt.

Die Option *Skonto berichtigen* kann nicht verwendet werden, wenn das Kontrollkästchen *Skonto v. Nettobetrag* aktiviert ist (wenn auf Skonto keine MwSt. berechnet wird, muss gegebenenfalls auch keine Korrektur erfolgen). Die Option *Skonto v. Nettobetrag* entspricht nicht den Grundsätzen ordnungsmäßiger Buchführung und darf daher in Deutschland nicht verwendet werden.

Zahlungseingang

Abhängig von der gewählten Buchungsmethode müssen in der Buchungsmatrix unterschiedliche Konten gepflegt werden (siehe Tabelle 7.20 und Tabelle 7.21).

Feld	Beschreibung (Skonto v. Nettobetrag) (Kreditoren- und Debitorenbuchungsgruppe)
Skonto Sollkonto	Konto für Verkaufsskontobeträge, wenn Zahlungen für Verkäufe dieser bestimmten Geschäftsbuchungsgruppe gebucht werden
Skonto Habenkonto	Konto für Minderungen der Verkaufsskontobeträge, wenn Zahlungen für Verkäufe dieser bestimmten Geschäftsbuchungsgruppe gebucht werden

Tabelle 7.20 Skonto von Nettobetrag

Feld	Beschreibung (Skonto berichtigen) (Buchungsmatrix)
Verk.-Skonto Sollkonto	Konto für Verkaufsskontobeträge, wenn Zahlungen für Verkäufe dieser bestimmten Geschäftsbuchungsgruppe gebucht werden
Verk.-Skonto Habenkonto	Konto für Minderungen der Verkaufsskontobeträge, wenn Zahlungen für Verkäufe dieser bestimmten Geschäftsbuchungsgruppe gebucht werden

Tabelle 7.21 Skonto berichtigen

Link: *Abteilungen/Finanzmanagement/Einrichtung/Buchungsgruppen/Debitorenbuchungsgruppen* bzw. *Kreditorenbuchungsgruppen* (siehe Abbildung 7.140)

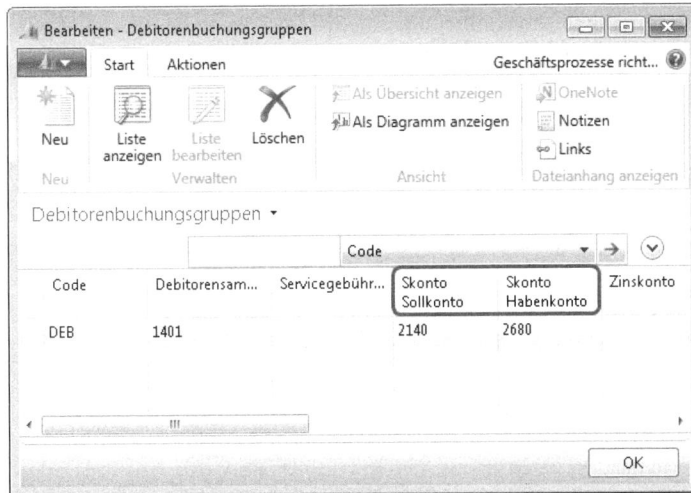

Abbildung 7.140 Skontokonten Kreditoren/Debitoren

Link: *Abteilungen/Finanzmanagement/Einrichtung/Buchungsgruppen/Buchungsmatrix Einr.* (siehe Abbildung 7.141)

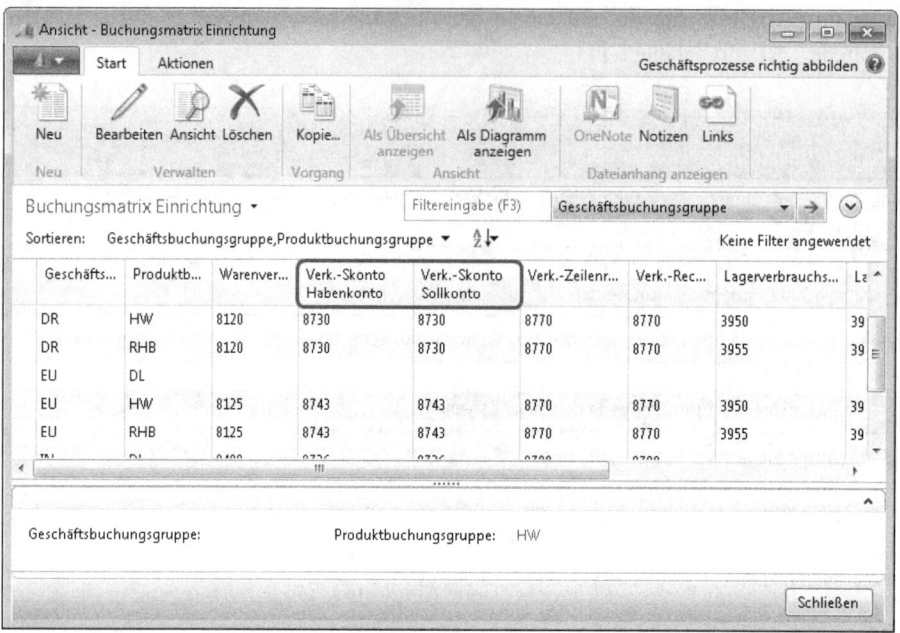

Abbildung 7.141 Skontokonten Buchungsmatrix

Da sich die beiden Verbuchungsmethoden gegenseitig ausschließen, können in der Buchungsmatrix immer nur die beiden Konten hinterlegt werden, die für die Methode benötigt werden.

Nach der Erläuterung grundlegender Einstellungen zu Skontobuchungen wird im Folgenden die eigentliche Pflege der Zahlungsbedingungen dargestellt.

Link: *Abteilungen/Finanzmanagement/Debitoren/Einrichtung/Zahlungsbedingungen* (siehe Abbildung 7.142)

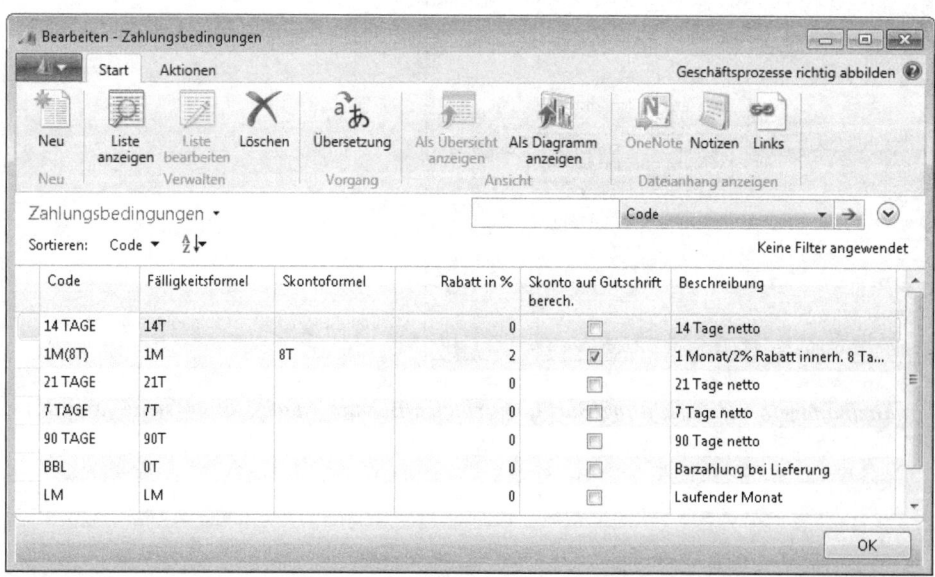

Abbildung 7.142 Zahlungsbedingungen

Zahlungseingang

Jede Zahlungsbedingung ist durch die in Tabelle 7.22 aufgeführten Felder definiert.

Feld	Beschreibung
Code	Eindeutige Kennung für eine Zahlungsbedingung
Fälligkeitsformel	Formel für die Berechnung des Fälligkeitsdatums (z. B. 30T für 30 Tage oder 1M für einen Monat)
Skontoformel	Datumsformel für die Berechnung des Skontodatums (z. B. 8T für acht Tage oder 1W für eine Woche)
Rabatt in %	Zu gewährender Skonto in Prozent
Skonto auf Gutschrift berech.	Ist dieses Feld markiert, errechnet die Anwendung auch auf Gutschriften mit dieser Zahlungsbedingung Skonto. Dies ist insbesondere dann wichtig, wenn die Rechnung bereits unter Skontozuordnung ausgeglichen wurde.
Beschreibung	Beschreibung/Umschreibung der Zahlungsbedingung

Tabelle 7.22 Einrichtung Zahlungsbedingungen

Die Zuweisung der Zahlungsbedingung erfolgt in den Kundenstammdaten über die Registerkarte *Zahlung* der Debitorenkarte.

Link: *Abteilungen/Verkauf & Marketing/Verkauf/Debitoren* (siehe Abbildung 7.143)

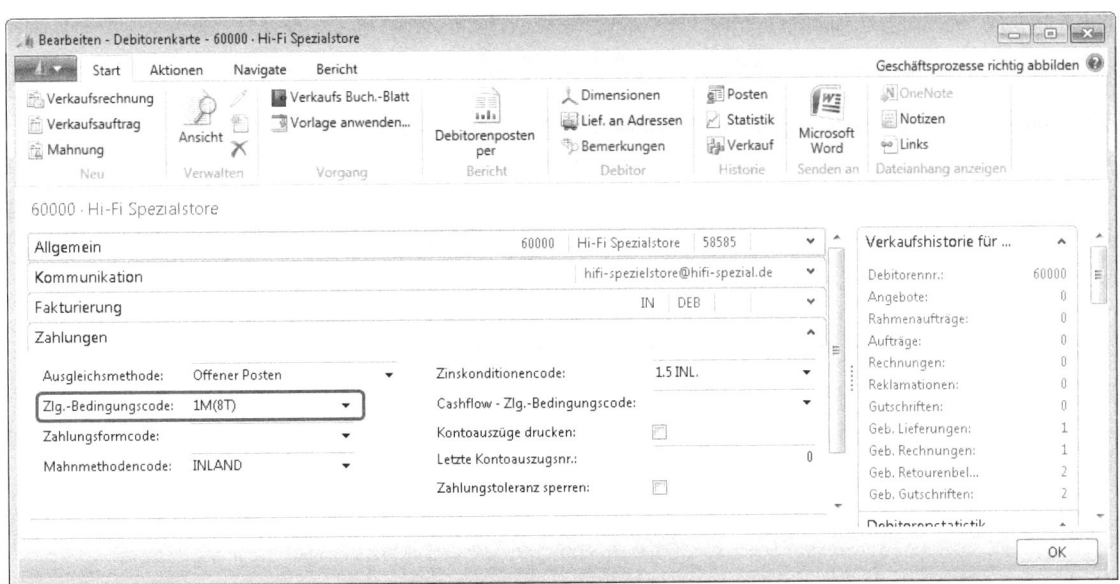

Abbildung 7.143 Zuordnung Zahlungsbedingungscode Debitorenkarte

Zahlungsformen

Bei Zahlungsformen handelt es sich um unterschiedliche Arten von Zahlungswegen, mit denen Kunden ihre offenen Rechnungen ausgleichen können. Beispielsweise können Banküberweisungen, Barzahlung, Lastschrifteneinzug und Scheck unterschieden werden. Die Zahlungsform wird in der Debitorenkarte hinterlegt, kann auf Belegebene jedoch manuell überschrieben werden.

Link: *Abteilungen/Verkauf & Marketing/Verkauf/Debitoren* (siehe Abbildung 7.144)

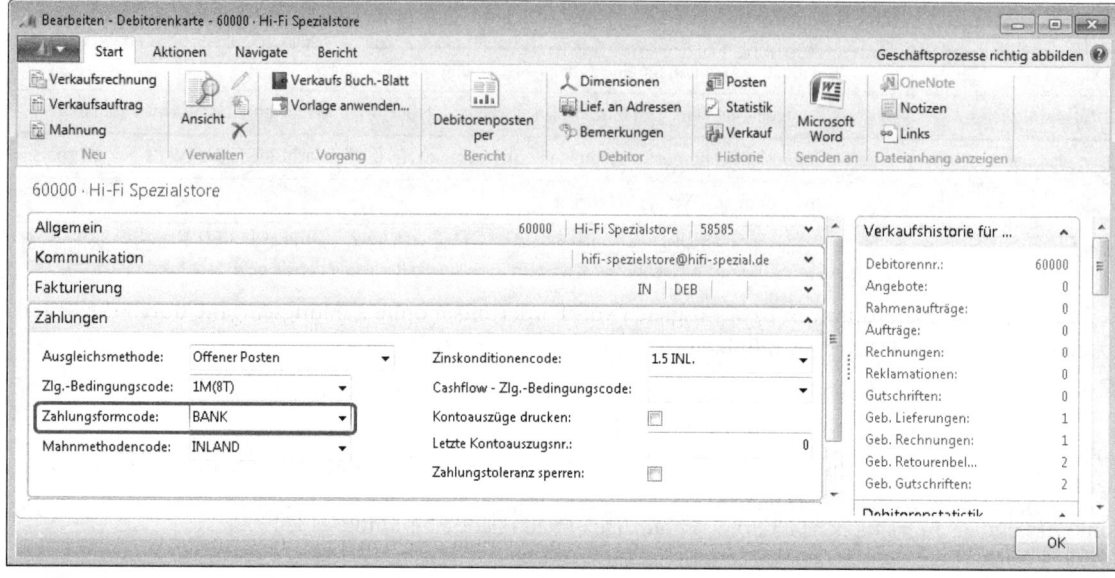

Abbildung 7.144   Zahlungsformcode

Grundsätzlich hat das Feld informativen Charakter und bietet die Möglichkeit der Selektion einzelner Kunden nach Zahlungsweg. Dies kann z. B. im Zahlungsvorschlag im Rahmen des Lastschriftverfahrens genutzt werden.

Neben diesen Funktionen hat die Zuweisung einer Zahlungsform Auswirkungen auf den Ausgleichsvorgang der Forderungen, wenn für die Zahlungsform ein Gegenkonto hinterlegt ist.

Link: *Abteilungen/Finanzmanagement/Debitoren/Einrichtung/Zahlungsformen* (siehe Abbildung 7.145)

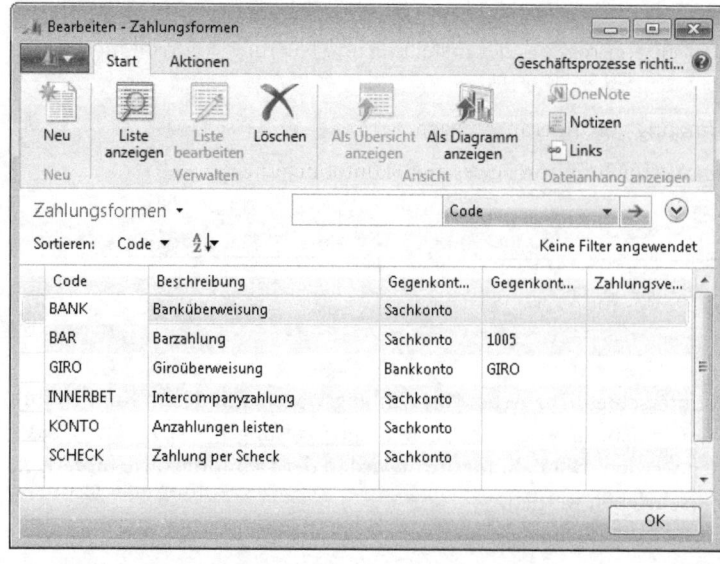

Abbildung 7.145   Zahlungsformen

Ist ein Gegenkonto hinterlegt, so wird dieses in den Kopf des Verkaufsbelegs übernommen und führt bei der Verbuchung dazu, dass die Forderung unmittelbar gegen dieses Konto ausgeglichen wird. Dadurch entstehen bei der Buchung zwei Debitorenposten, die sich gegenseitig ausgleichen. Dieses Verfahren ist insbesondere für Barverkäufe und innerbetriebliche Forderungen konzipiert worden.

Zahlungseingang aus Compliance-Sicht

Potenzielle Risiken

- Fehlende Kontrolle über Forderungen durch fehlende oder falsche Zuordnung von Zahlungen (Effectiveness, Efficiency, Reliability)
- Bewusste Falschzuordnungen bzw. Ausgleich von Forderungen ohne Zahlungseingang durch die Mitarbeiter (Reliability, Integrity, Compliance)
- Vermögensverlust durch unberechtigten, systemtechnischen Forderungsausgleich (Zahlungsform Gegenkonto), (Effectiveness, Reliability, Compliance)
- Die systemseitigen Zahlungstoleranzen sind falsch konfiguriert (zu hohe Prozentansätze bzw. absolute Beträge), (Effectiveness, Compliance)
- Es erfolgt keine Zahlungstoleranzwarnung bei Zahlungseingängen, deren Betrag geringer ist als der Rechnungsbetrag (Efficiency)
- Im System existieren Zahlungsbedingungen mit falsch konfigurierten Parametern (exzessive Skontoprozentsätze, Skontofristen), (Effectiveness, Compliance)
- Die Zuordnung von Zahlungsbedingungen zu Debitoren ist falsch oder unvollständig (Effectiveness, Compliance)
- Zahlungsbedingungen oder Skontotoleranzen werden auf Belegebene überschrieben (Integrity, Compliance)

Prüfungsziel

- Sicherstellung eines effektiven und effizienten Prozesses zur Überwachung und zum Ausgleich offener Posten
- Sicherstellung eines effektiven und effizienten Prozesses der Erstellung und Nutzung von Zahlungsbedingungen
- Sicherstellung einer angemessenen Nutzung von Toleranzgrenzen
- Sicherstellung eines ordnungsmäßigen Verbuchungsprozesses von Skontobuchungen

Prüfungshandlungen

Analyse des Ausgleichs offener Posten

Im Rahmen der Analyse des Ausgleichsprozesses für offene Posten sollte geprüft werden, wie die Zuordnung von Zahlungen zu offenem Posten organisiert ist und wie nicht zuzuordnende Zahlungen buchhalterisch erfasst werden. Eine effiziente und zeitnahe Zuordnung sollte durch den Prozess sichergestellt werden.

Analyse der Einrichtung für Zahlungstoleranzen/Toleranzwarnungen

Für Zahlungstoleranzen sollten grundsätzlich zentrale Vorgaben zu Prozentsätzen und maximal zulässigen Höchstbeträgen existieren. Darüber hinaus sollte der Mechanismus der Toleranzwarnmeldung aktiviert sein.

Link: *Abteilungen/Finanzmanagement/Einrichtung/Finanzbuchhaltung Einrichtung*

Das Feld *Zahlungstoleranzwarnung* sollte aktiviert sein, die Toleranzgrenzen *Zahlungstoleranz %* und *Max. Zahlungstoleranzbetrag* müssen auf ihre Konformität mit den Unternehmensrichtlinien hin überprüft werden (siehe Abbildung 7.146).

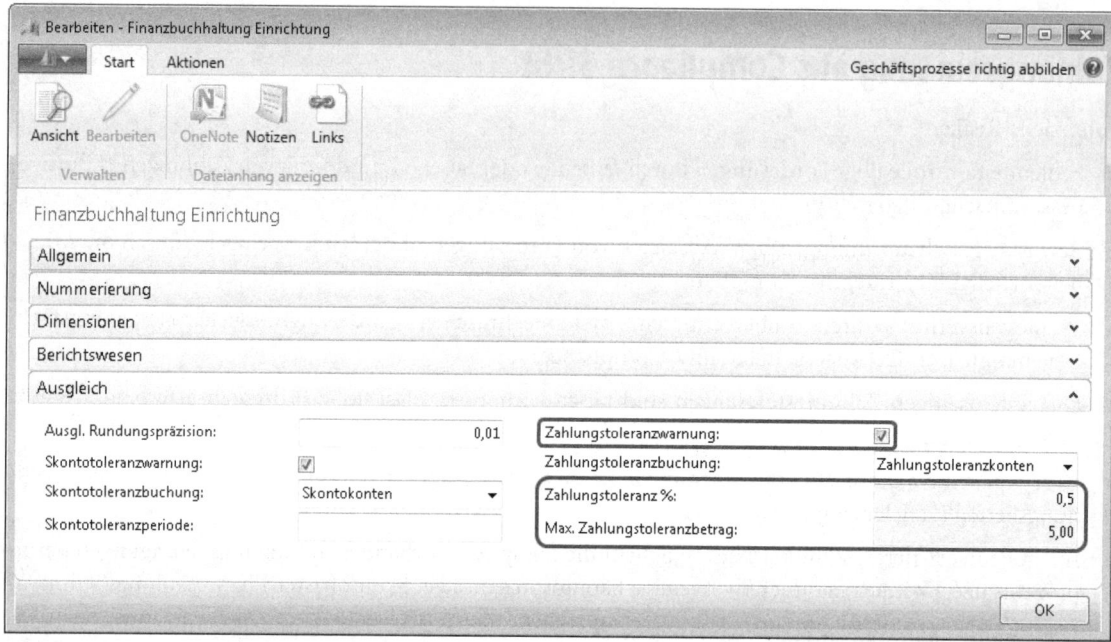

Abbildung 7.146 Zahlungstoleranzen aus Compliance-Sicht

Überprüfung von Zahlungstoleranzen in Belegen

Die einzelnen Debitorenposten sollten daraufhin geprüft werden, ob die maximale Zahlungstoleranz in den Posten überschrieben und damit von den zentralen Vorgaben der Einrichtung der Finanzbuchhaltung abgewichen wurde.

Feldzugriff: *Tabelle 21 Debitorenposten*, Feld *Max. Zahlungstoleranzbetrag*

Überprüfung des Verbuchungsprozesses von Zahlungstoleranzen

In der Buchungsmatrix sollte geprüft werden, ob für die Verbuchung von Zahlungstoleranzen innerhalb des Zahlprozesses die aus Unternehmenssicht korrekten Konten hinterlegt wurden und damit ein korrekter Prozessablauf sichergestellt ist.

Link: *Abteilungen/Finanzmanagement/Einrichtung/Buchungsgruppen/Buchungsmatrix Einr.* (siehe Abbildung 7.147)

Über einen Rechtsklick im Spaltenkopf (*Spalten auswählen*) können gegebenenfalls ausgeblendete Felder durch die Schaltfläche *Hinzufügen* angezeigt werden.

Darüber hinaus sollte überprüft werden, welche Buchungen in welcher Höhe auf diesen Konten verbucht wurden.

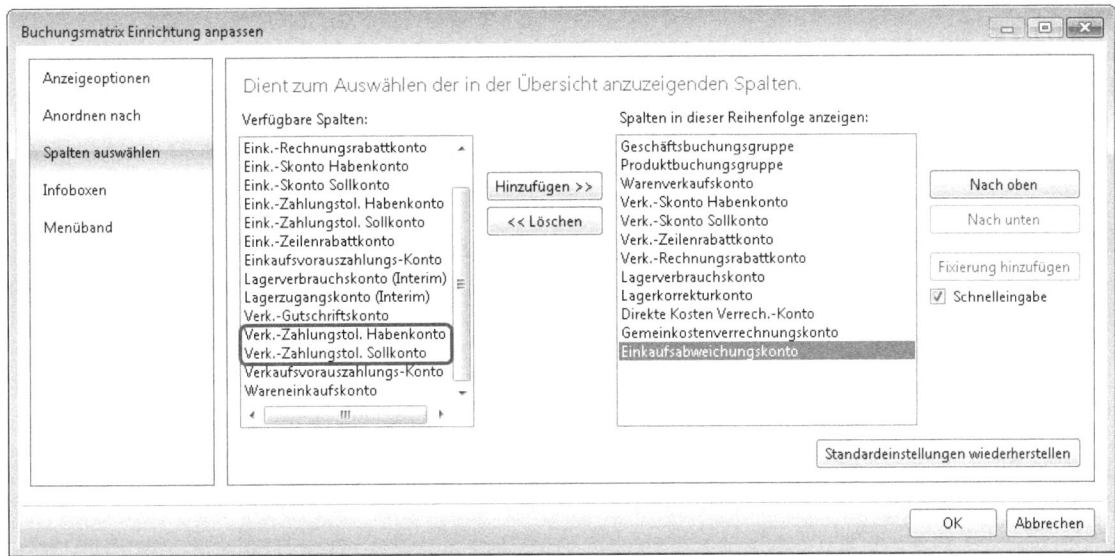

Abbildung 7.147 Zahlungstoleranzen-Konten anzeigen

Prüfung der Zahlungsbedingungen

Im Rahmen der Prüfung sollten im ersten Schritt die im System vorhandenen Zahlungsbedingungen bezüglich falsch konfigurierter Parameter (exzessive Skontoprozentsätze, Skontofristen) bzw. Zahlungsbedingungen, die nicht den Unternehmensrichtlinien entsprechen, überprüft werden. Anschließend muss analysiert werden, welche dieser Zahlungsbedingungen den Kunden zugeordnet werden.

Feldzugriff: *Tabelle 3 Zahlungsbedingung*

Feldzugriff: *Tabelle 18 Debitor*, Feld *Zlg.-Bedingungscode*

Zahlungsbedingungen werden bei der Anlage von Verkaufsbelegen aus der Debitorenkarte in den Beleg kopiert, können allerdings manuell überschrieben werden. Aus diesem Grund sollte der Zahlungsbedingungscode in den Belegen mit den Vorgabewerten der jeweiligen Debitorenkarte verglichen werden.

Feldzugriff: *Tabelle 18 Debitor*, Feld *Zlg.-Bedingungscode*

Feldzugriff: *Tabelle 36 und 5900 Verkaufskopf und Servicekopf*, Feld *Zlg.-Bedingungscode*

Feldzugriff: *Tabelle 112 und 5992 Verkaufsrechnungskopf und Servicerechnungskopf*, Feld *Zlg.-Bedingungscode*

Darüber hinaus sind Parameter (Fälligkeitsdatum, Skontodatum, Skontoprozentsatz), die über das Feld *Zahlungsbedingungscode* festgelegt werden, manuell änderbar, ohne dass der Zahlungsbedingungscode im Beleg geändert wird. Aus Compliance-Sicht sollten die Parameter nicht manuell überschreibbar sein und gegen manuelle Änderung geschützt werden. Dazu müssen die Felder der Verkaufskopftabelle (*Tabelle 36*) auf *Editable="No"* gesetzt werden (siehe dazu insbesondere in Kapitel 2 den Abschnitt »Dynamics NAV-Datenbankobjekte«).

Online Im Begleitmaterial zu diesem Buch befindet sich ein Report, der Belege auf geänderte Zahlungsbedingungen und die zugehörigen Parameter hin überprüft.

Die Begleitdateien stehen als Download zur Verfügung. Sie können diese wahlweise entweder von der Seite *www.microsoft-press.de/support/9783866455696* oder von der Seite *msp.oreilly.de/support/2272/803* herunterladen.

Mahnwesen

Der Mahnprozess in Form der Erstellung und des Versands von Zahlungserinnerungen erfolgt im Anschluss an die Ausgangsrechnung für den Fall, dass vereinbarte Zahlungsfristen nicht eingehalten werden. Im Folgenden werden der Ablauf sowie grundsätzliche Einstellungen zum automatisierten Mahnprozess erläutert.

Der Prozess im Überblick

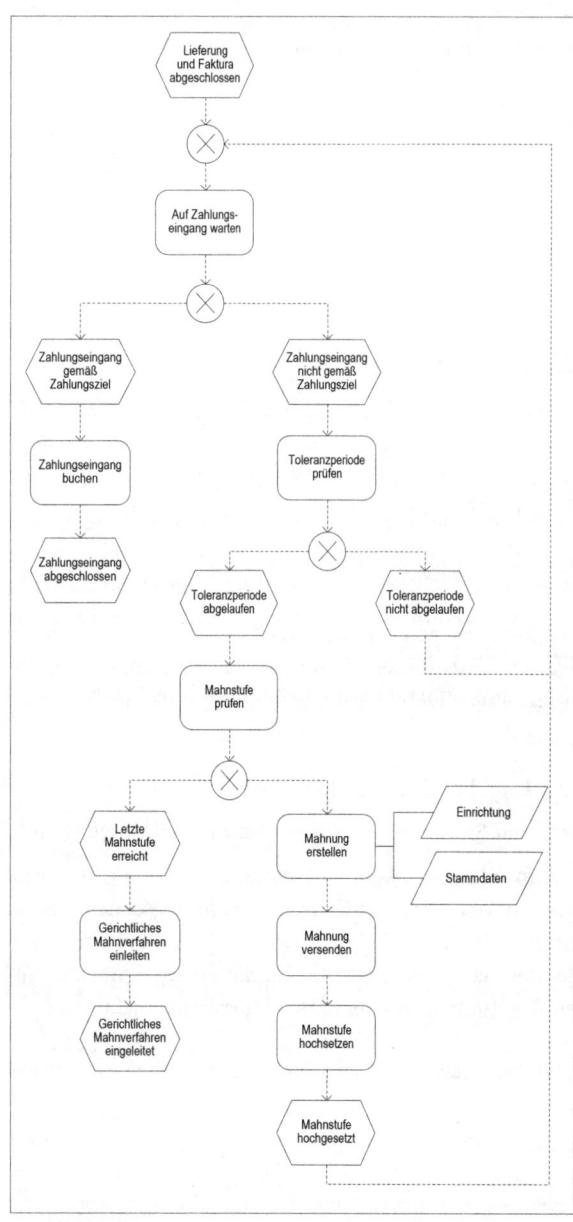

Abbildung 7.148 Mahnprozess

Wurde die Leistung erbracht, erfolgt die Überwachung des Zahlungseingangs. Geht die Zahlung fristgerecht ein, wird der Zahlungseingang gebucht und der Prozess ist abgeschlossen. Erfolgt die Zahlung hingegen nicht fristgerecht, kann der automatisierte Mahnprozess angestoßen werden, der sich generell entsprechend der Abbildung 7.148 darstellt.

Dazu können in der Anwendung Mahnverfahren und Mahnstufen definiert, Mahngebühren und Verzugszinsen berechnet, Mahnungen erstellt und an den Kunden versendet werden.

Der Mahnbeleg ist – sofern man davon ausgeht, dass im normalen Geschäftsablauf nicht jeder Kunde gemahnt werden muss – nicht Bestandteil des standardisierten Belegflusses, sondern vielmehr ein Beleg, der in Ausnahmen erstellt wird. Er ist zwischen Rechnungsausgang und Zahlungseingang einzuordnen. Die Leistung wurde erbracht und fakturiert, die Gegenleistung des Kunden in Form der Zahlung nicht.

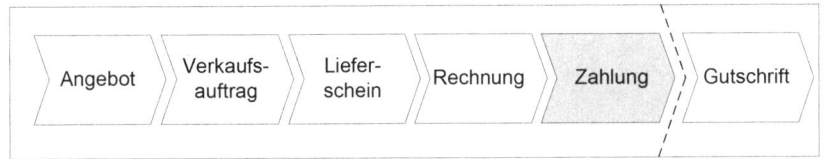

Abbildung 7.149 Belege im Mahnwesen

Ablauf und Einrichtung des Mahnwesens

Überfällige offene Posten sollten im Rahmen eines effektiven Mahnwesens regelmäßig gemahnt und letztendlich zum Inkasso weitergeleitet bzw. zwecks gerichtlicher Schritte juristisch weiterverfolgt werden. Das eigentliche Mahnwesen kann durch das System gesteuert werden, indem unterschiedliche Mahnverfahren definiert und den Debitoren zugeordnet werden. Einzelne Kundenposten können darüber hinaus vom Mahnverfahren ausgeschlossen werden. Mittels des Mahnlaufs werden alle offenen Posten der selektierten Debitoren analysiert, die zu mahnenden Posten selektiert, die Mahnstufe ermittelt und der entsprechende Mahnbrief generiert. Die Festlegung der Mahnparameter und Mahnverfahren obliegt dem Unternehmen. In Dynamics NAV lassen sich benutzerdefinierte Mahnmethoden erstellen.

Link: *Abteilungen/Finanzmanagement/Debitoren/Einrichtung/Mahnmethoden* (siehe Abbildung 7.150)

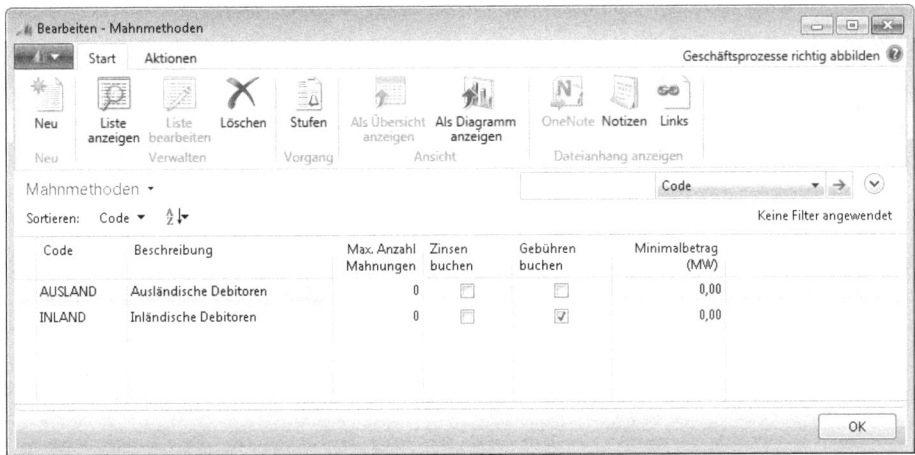

Abbildung 7.150 Anlage von Mahnmethoden

Jede Mahnmethode wird durch sechs Felder definiert (siehe Tabelle 7.23).

Feld	Beschreibung
Code	Eindeutige Kennung für eine Mahnmethode
Beschreibung	Benutzerdefinierte Bezeichnung der Mahnmethode
Max. Anzahl Mahnungen	Maximale Anzahl von Mahnungen, die für eine Rechnung erstellt werden soll (Standardwert ist »0« und bedeutet uneingeschränkte Anzahl von Mahnungen möglich). Die Anzahl ist dabei unabhängig von der Anzahl der Mahnstufen, die einer Mahnmethode zugeordnet werden. Dies kann in bestimmten Konstellationen problematisch sein. Sind beispielsweise drei Mahnstufen eingerichtet, die maximale Anzahl von Mahnungen ist allerdings auf »1« begrenzt, erscheint die Rechnung nach der ersten Mahnung nicht mehr im Mahnlauf und der offene Rechnungsbetrag wird, sofern nicht andere kompensierende Kontrollen greifen, nicht weiter angemahnt und im schlechtesten Fall durch den Debitoren auch nicht ausgeglichen.
Zinsen buchen	Im Falle der Aktivierung dieses Felds müssen Mahnzinsen auf entsprechenden Sach- und Debitorenkonten verbucht werden. Die Buchung der Zinsen erfolgt erst bei Registrierung der Mahnung.
Gebühren buchen	Im Falle der Aktivierung dieses Felds müssen Gebühren, die auf der Mahnung beruhen, auf entsprechenden Sach- und Debitorenkonten verbucht werden
Minimalbetrag (MW)	Betrag für den minimal fälligen Saldo, der existieren muss, damit eine Mahnung erstellt wird

Tabelle 7.23 Einstellungen der Mahnmethode

Jeder Mahnmethode können unterschiedliche Mahnstufen zugeordnet werden.

Link: *Abteilungen/Finanzmanagement/Debitoren/Einrichtung/Mahnmethoden/Aktionen/Stufen* (siehe Abbildung 7.151)

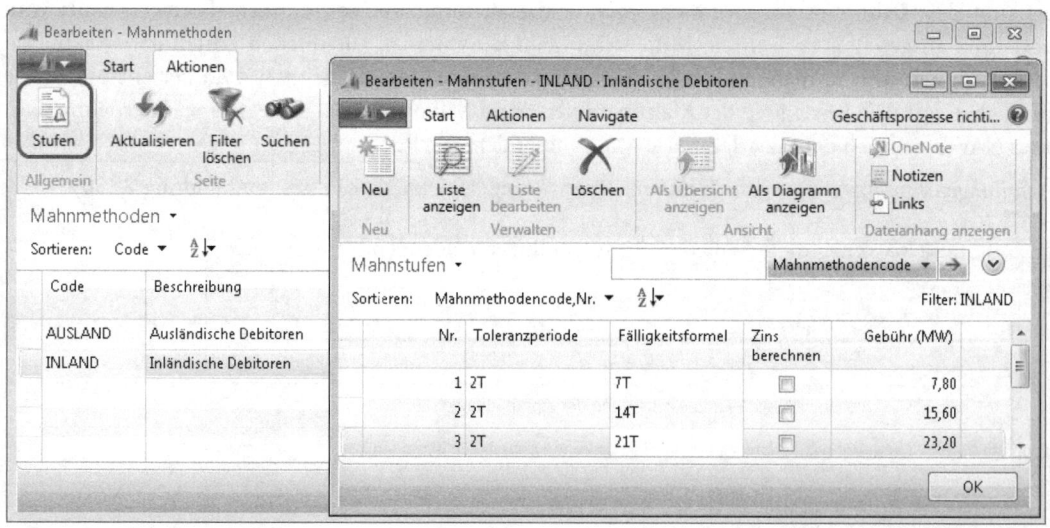

Abbildung 7.151 Mahnstufen

Jede Mahnstufe steuert dann mit unterschiedlichen Parametern die Erstellung der eigentlichen Mahnung (siehe Tabelle 7.24).

Zinskonditionen werden nicht in den Mahndaten gepflegt, sondern in der Debitoreneinrichtung erstellt.

Mahnwesen

Feld	Beschreibung
Mahnmethode	Zeigt die aktuelle Mahnmethode, auf die sich die Mahnstufe bezieht
Mahnstufe, Nr.	Bei Mahnungserstellung wird der aktuelle Mahnstatus gespeichert und beim nächsten Mahnlauf um den Wert 1 erhöht. Ist die letzte Mahnstufe erreicht, gelten für alle weiteren Mahnungen die Bedingungen der letzten Mahnstufe.
Toleranzperiode	Toleranzzeitraum, bevor eine Mahnung für einen offenen Posten erstellt wird. Für die erste Mahnstufe errechnet sich das Mahndatum aus dem Fälligkeitsdatum des offenen Postens zzgl. der Toleranzzeit. Für alle folgenden Mahnstufen ist das Belegdatum der letzten Mahnung zzgl. der Toleranzperiode relevant.
Fälligkeitsformel	Formel für die Berechnung der Fälligkeit der nächsten Mahnung (z. B. 14T für zwei Wochen oder 2W für 14 Tage) und ist nicht zu verwechseln mit der Fälligkeit des offenen Rechnungsbetrags (Postens)
Zins berechnen	Bei Aktivierung erfolgt die Berechnung von Zinsen. Zinsen werden über eigene Zinskonditionen festgelegt (siehe unten).
Gebühr (MW)	Gibt den Betrag für eine Mahngebühr in Mandantenwährung an

Tabelle 7.24 Einstellungen der Mahnstufe

Link: *Abteilungen/Finanzmanagement/Debitoren/Einrichtung/Zinskonditionen* (siehe Abbildung 7.152)

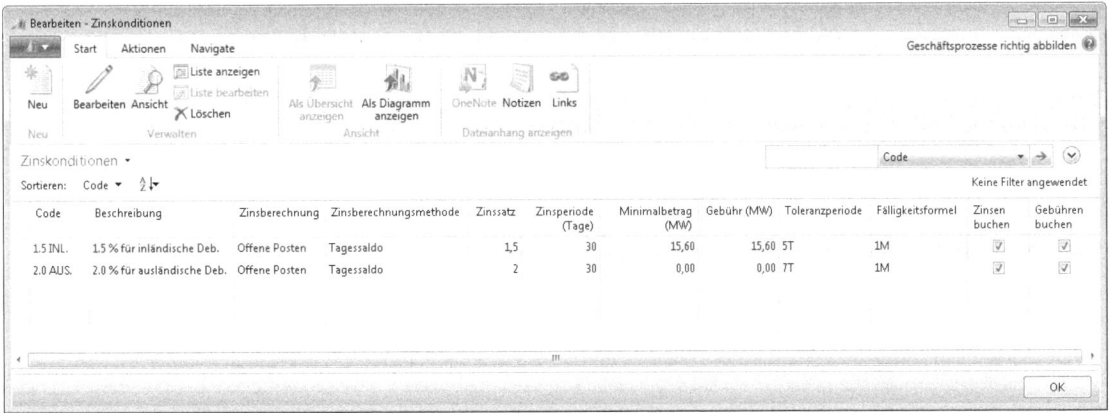

Abbildung 7.152 Zinskonditionen

Für Zinskonditionen können die in Tabelle 7.25 aufgeführten Felder gepflegt werden.

Feld	Bedeutung
Code	Eindeutiger Code für die Zinsregel
Beschreibung	Frei zu wählende Kurzbeschreibung der Zinskonditionen
Zinsberechnung	Legt fest, welche Posten in Zinsberechnung mit einfließen sollen. *<Offene Posten>* *<Geschlossene Posten>* *<Alle Posten>* In der Regel ergibt es Sinn, die Berechnung auf die offenen Posten einzuschränken. Werden alle Posten oder geschlossene Posten ausgewählt, werden auch Zinsen für bereits ausgeglichene Debitorenposten in Rechnung gestellt, wenn diese zum Zeitpunkt des Ausgleichs überfällig waren. Auch wenn die Logik dahinter verständlich und richtig ist, dürfte es in der Realität gegenüber dem Kunden schwierig zu vermitteln sein, Zinsen für bereits ausgeglichene Posten separat in Rechnung zu stellen. Im Zweifel ist der Einzelfall abzuwägen.

Tabelle 7.25 Zinskonditionen

Feld	Bedeutung
Zinsberechnungsmethode	Legt die Basis für die zu berechnenden Zinsen fest: *<Fälliger Saldo>* Überfälliger Betrag * Zinssatz *<Tagessaldo>* Überfälliger Betrag * (Überfälligkeitstage/Zinsperiode) * Zinssatz. Die rechnerisch richtige Methode ist der Tagessaldo, da in dieser Rechnung die Überfälligkeitstage berücksichtigt werden.
Zinssatz	Nominalzinssatz für die Berechnung der Zinsen
Zinsperiode (Tage)	Gibt die Periode an, auf die sich der Zinssatz bezieht (z. B. 3 % 30 Tage oder 10 % 180 Tage). Aus der Kombination des Nominalzinssatzes mit der Zinsperiode lässt sich der jährliche Realzins ermitteln.
Minimalbetrag (MW)	Minimalbetrag für die Erstellung einer Zinsrechnung. Minimalbeträge werden hinterlegt, um unnötigen Aufwand zu verhindern, der beispielsweise durch die Erstellung einer Zinsrechnung über 1 MW entstehen würde.
Gebühr (MW)	Gebühr, die zusätzlich zum Zins in Rechnung gestellt wird
Toleranzperiode	Toleranzzeitraum, bevor eine Zinsrechnung für einen offenen Posten erstellt wird
Fälligkeitsformel	Formel für die Berechnung des nächsten Fälligkeitsdatums (z. B. 14T für zwei Wochen oder 2W für 14 Tage). Als Basis dient das Belegdatum.
Zinsen buchen	Bei Aktivierung erfolgt die Buchung des Zinspostens auf Debitoren- und das Sachkonto, das entsprechend gepflegt sein muss
Gebühr buchen	Bei Aktivierung erfolgt die Buchung des Gebührenpostens auf Debitoren- und das Sachkonto, das entsprechend gepflegt sein muss

Tabelle 7.25 Zinskonditionen *(Fortsetzung)*

Für die Erstellung von Verzugszinsen steht mit der Zinsrechnung ein eigener Beleg zur Verfügung, mit dessen Hilfe – analog zum Mahnwesen – eine Zinsrechnung vorgeschlagen und anschließend registriert werden kann.

Die Zuordnung des Zinskonditionencodes erfolgt anschließend in der Debitorenkarte im Inforegister *Zahlungen*.

Link: *Abteilungen/Verkauf & Marketing/Verkauf/Debitoren* (siehe Abbildung 7.153)

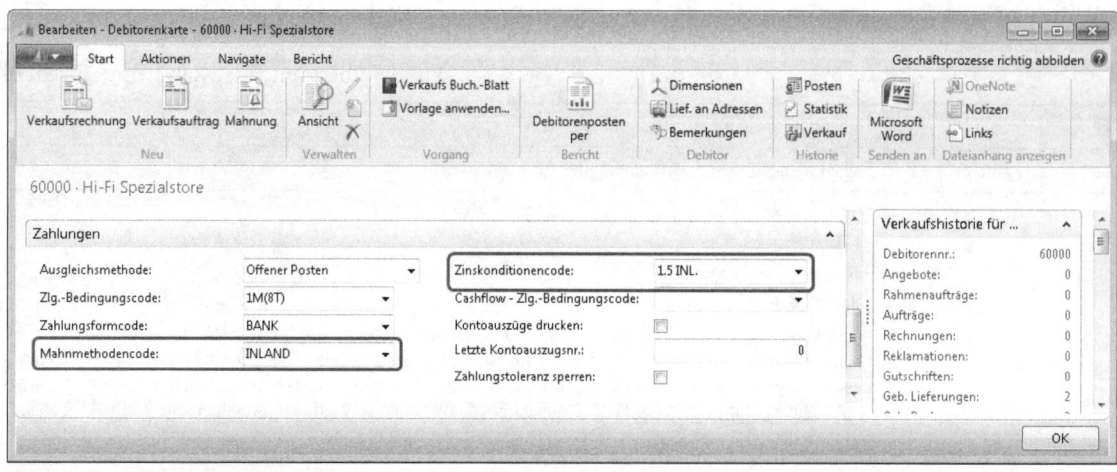

Abbildung 7.153 Mahndaten Debitorenkarte

Mahnwesen

Ebenso wie die Zinskonditionen wird auch die Mahnmethode auf dem Inforegister *Zahlungen* des Debitoren zugeordnet. Mit der Erstellung einzelner Mahnverfahren und deren Zuordnung zu den unterschiedlichen Debitoren ist die Konfiguration des Mahnwesens abgeschlossen. Der eigentliche Mahnprozess wird über den Mahnvorschlagslauf angestoßen.

Hierbei bietet das System grundsätzlich die Möglichkeit, einzelne zu mahnende Positionen eines Kunden vorzuschlagen oder kundenübergreifend einen Mahnlauf zu starten. Kundenindividuelle Mahnvorschlagspositionen ergeben nur in bestimmten Konstellationen Sinn, z. B. wenn es sich um einen sehr wichtigen Kunden handelt, bei dem vor Erstellung der Mahnung eine individuelle Überprüfungen erfolgen sollte.

Link: *Abteilungen/Finanzmanagement/Periodische Aktivitäten/Debitoren/**Mahnungen**/Neu/Mahnungszeilen vorschlagen* (siehe Abbildung 7.154)

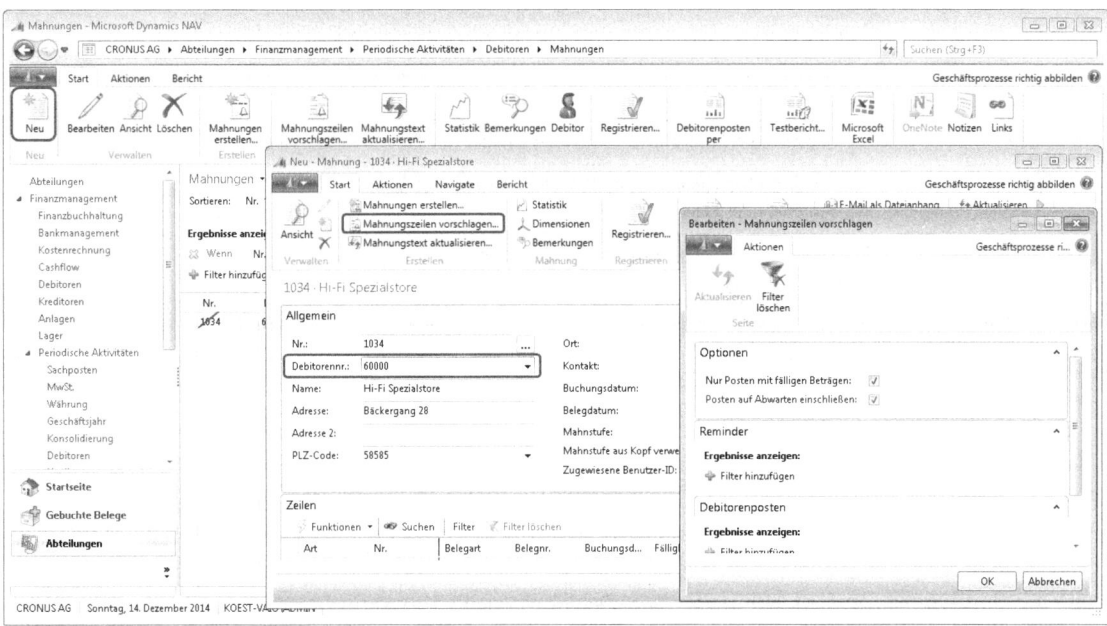

Abbildung 7.154 Mahnungszeilen vorschlagen

Der in der Praxis übliche Weg hingegen dürfte darin bestehen, kundenübergreifende Mahnläufe durchzuführen.

Link: *Abteilungen/Finanzmanagement/Periodische Aktivitäten/Debitoren/**Mahnungen**/Mahnungen erstellen* (siehe Abbildung 7.155).

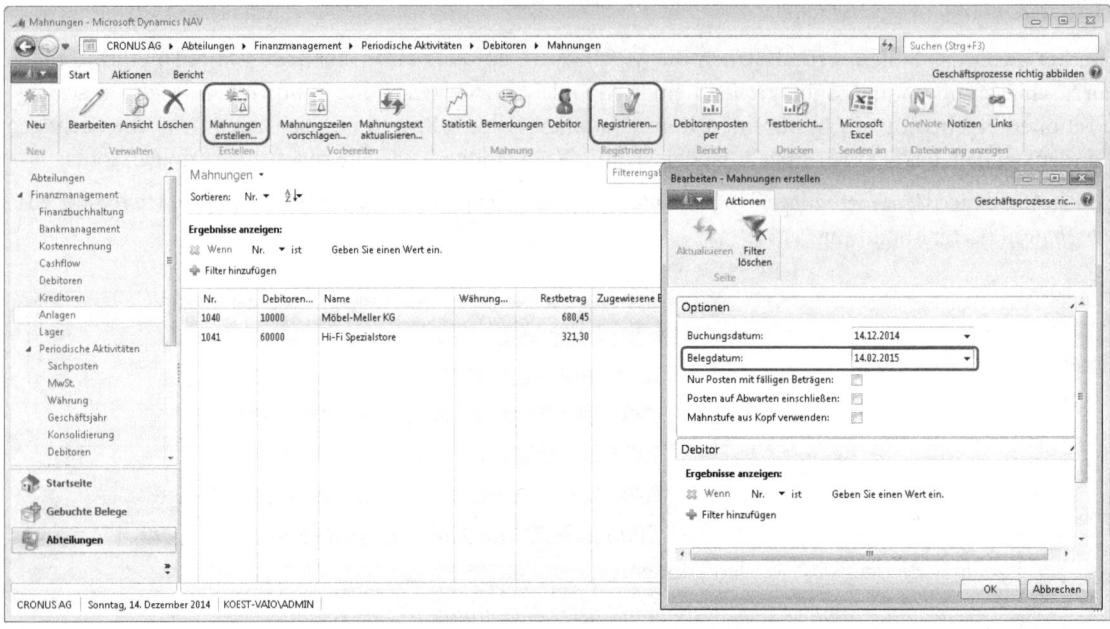

Abbildung 7.155   Mahnungen erstellen

In der obigen Abbildung ist zu erkennen, dass das System zwei Mahnungen für die Debitoren »10000« und »60000« erstellt hat. Für die Selektion der zu mahnenden Posten ist nicht das *Arbeitsdatum*, sondern das *Belegdatum* entscheidend. Nach Erstellung des Mahnungskopfs und der dazugehörigen Mahnungszeilen muss die Mahnung registriert werden, damit entsprechende Posten (insbesondere Gebühren und Zinsen auf den entsprechenden Sach- und Debitorenkonten) gebucht und die Mahnung gedruckt werden kann. Nicht registrierte Mahnungen sind als Vorschlag zu verstehen und können jederzeit gelöscht werden.

Link: *Abteilungen/Finanzmanagement/Periodische Aktivitäten/Debitoren/**Mahnungen**/Registrieren*

Auf Ebene des Debitorenpostens können Belege vom Mahnlauf ausgeschlossen werden, indem das Feld *Abwarten* mit einem Kennzeichen versehen ist; das Kennzeichen kann beliebig gewählt werden.

Link: *Abteilungen/Verkauf & Marketing/Historie/Debitorenposten/Liste bearbeiten* (siehe Abbildung 7.156)

TIPP   Bei der Einrichtung der Mahnstufen ist es empfehlenswert, nach dem Versand der letzten Kundenmahnung eine weitere interne Mahnstufe einzurichten, die als Grundlage zur weiteren Bearbeitung der Kundenforderung dient (z. B. Übergabe an Inkasso, gerichtliches Mahnverfahren).

Mahnwesen

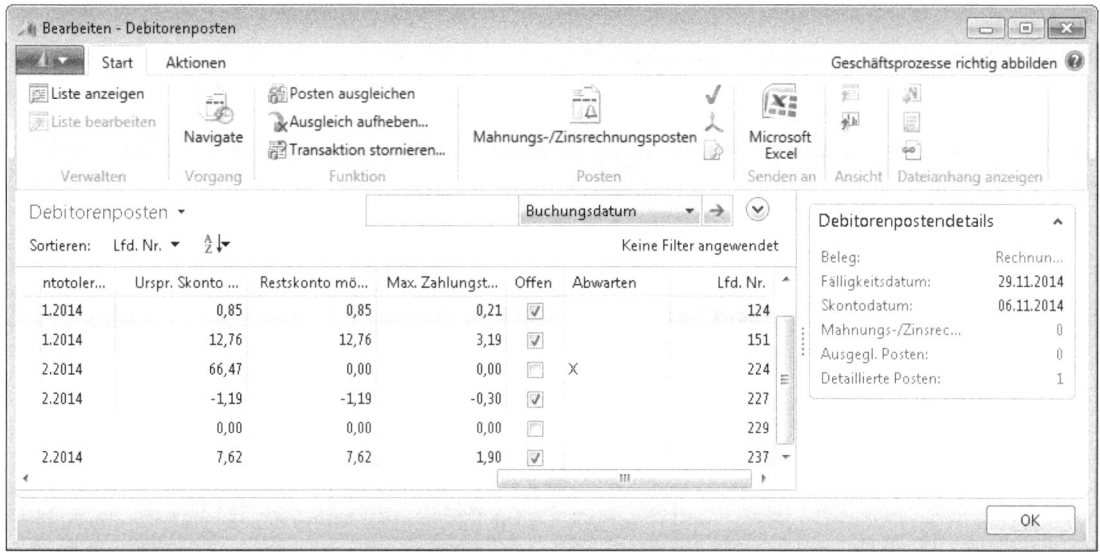

Abbildung 7.156 Mahnsperre

Die Mahnhistorie wird zusätzlich über die *Mahnungs-/Zinsrechnungsposten* abgebildet, die über die NAV-Seite *Debitorenposten* analysiert werden können.

Link: *Abteilungen/Finanzmanagement/Debitoren/Historie/Mahnungs-/Zinsrechnungsposten*

Die Mahnhistorie kann anhand folgender Tabellen analysiert werden.

Feldzugriff: *Tabelle 297 Registrierter Mahnungskopf*

Feldzugriff: *Tabelle 298 Registrierte Mahnungszeile*

Feldzugriff: *Tabelle 300 Mahnungs-/Zinsrechnungsposten*

Ebenso ist es möglich, die NAV-Seite *Mahnungs- und Zinsrechnungsposten* zu starten.

Object Designer: *Run Page 444 Mahnungs- und Zinsrechnungsposten*

Mahnwesen aus Compliance-Sicht

Potenzielle Risiken

- Ineffektives Mahnwesen; fällige offene Posten werden unberechtigter Weise nicht gemahnt, Kunden fallen durch das Mahnraster (Effectiveness)
- Ineffizientes Mahnwesen, bedingt durch Anzahl der Mahnstufen, Regelmäßigkeit der Mahnläufe (Efficiency)
- Fehlende Kontrolle über Mahnverfahren, falsche Konfiguration von Mahnparametern (Effectiveness, Efficiency, Compliance)
- Mangelnde oder fehlende Kontrolle über Debitoren mit erheblicher Anzahl gemahnter Posten (Effectiveness, Compliance)

Prüfungsziele

- Analyse der organisatorischen Gestaltung des Mahnwesens
- Vollständigkeit und korrekte Durchführung des Mahnverfahrens (Mahnlauf)
- Identifikation nicht gemahnter Kunden (z. B. Mahnsperre, fehlende Zuordnung von Mahnverfahren) und Beurteilung
- Mahnhistorie überprüfen

Prüfungshandlungen

Analyse der Mahnmethoden und Mahnstufen

Die Mahnmethoden lassen sich in der Übersicht darstellen:

Feldzugriff: *Tabelle 292 Mahnmethode*

Object Designer: *Run Page 431 Mahnmethode*

Im ersten Schritt sollten auffällige Mahnverfahren einer näheren Untersuchung unterzogen werden. Dazu zählen beispielsweise Mahnmethoden mit hohen Werten im Tabellenfeld *Minimalbetrag* oder ein geringerer Wert im Feld *Maximale Anzahl der Mahnungen* als Anzahl der Mahnstufen. Darüber hinaus sollten Mahngebühren und Verzugszinsen hinsichtlich ihrer Plausibilität geprüft werden. Die im Rahmen der Mahnverfahren verwendeten Mahnstufen sollten hinsichtlich unverhältnismäßiger Toleranzperioden analysiert werden.

Feldzugriff: *Tabelle 293 Mahnstufe*

Object Designer: *Run Page 432 Mahnstufe*

Analyse der Vollständigkeit

In der Tabelle der Debitoren sollte geprüft werden, ob allen Debitoren ein entsprechendes Mahnverfahren zugeordnet wurde und welche Systematik im Falle unterschiedlicher Zuweisung von Mahnmethodencodes existiert. Im Falle einer fehlenden Zuordnung sollten die Gründe hierfür geklärt werden.

Feldzugriff: *Tabelle 18 Debitor*, Feld *Mahnmethodencode*

Analyse von Mahnsperren

Debitoren können generell aus einem Mahnlauf oder dem gesamten Mahnprozess ausgeschlossen werden, indem in den Debitorenposten das Feld *Abwarten* mit einem beliebigen Wert gefüllt wird.

Feldzugriff: *Tabelle 21*, Feld *Abwarten*

Kundenanalyse der gemahnten Beträge und Posten

Die zuvor genannten Prüfungsschritte betreffen die Einrichtung des Mahnwesens, liefern aber keine Aussage darüber, wie sich das Mahnverhalten und die Mahnbeträge je Kunde in der Vergangenheit auf Kundenebene tatsächlich dargestellt haben. Dazu müssen die Verkehrszahlen auf Belegebene analysiert werden. Dazu sind im Wesentlichen vier Tabellen zu betrachten.

Feldzugriff: *Tabelle 295 Mahnungskopf*

Feldzugriff: *Tabelle 297 Registrierter Mahnungskopf*

Feldzugriff: *Tabelle 296 Mahnungszeile*

Feldzugriff: *Tabelle 298 Registrierte Mahnungszeile*

Aus den Mahnungsbelegköpfen ist der Debitor mit dem Gesamtmahnbetrag für den jeweiligen Beleg ersichtlich, aus den Positionen die dazugehörigen Belegpositionen.

Analyse erstellter Mahnvorschläge, die nicht registriert wurden

Mahnvorschläge, die nicht registriert wurden, können über die *Tabelle 295* ausgewertet werden.

Feldzugriff: *Tabelle 295 Mahnungskopf*

Unregistrierte Mahnungen der Mahnvorschlagslisten können allerdings manuell durch den Anwender gelöscht werden. Aus Compliance-Sicht sollte für die Löschung von Mahnvorschlägen das Änderungsprotokoll aktiviert sein. Darüber hinaus bietet sich dem Prüfer die Möglichkeit, den Mahnlauf zu einem bestimmten Zeitpunkt erneut zu starten, um auffällige Daten zu analysieren.

Abschließend ist darauf hinzuweisen, dass das Mahnwesen dem Wirtschaftlichkeitsgedanken Rechnung tragen muss, d.h., es ist einer Kosten-Nutzen-Analyse zu unterziehen. Die Kosten für einen Mahnvorgang sollten die Höhe eines möglichen Zahlungseingangs nicht übersteigen (Mindestmahnbeträge). Darüber hinaus kann die Effizienz des Mahnwesens überprüft werden, indem gemahnte Zahlungen nach Mahnstufe analysiert werden. In Dynamics NAV können dazu zwei Prüfungsschritte vorgenommen werden.

Mahnbeträge können in der *Tabelle 300* analysiert werden.

Feldzugriff: *Tabelle 300 Mahnungs-/Zinsrechnungsposten*, Feld *Restbetrag*

Eingegangene Debitorenzahlungen nach Mahnungsausgang können in den Debitorenposten analysiert werden.

Feldzugriff: *Tabelle 21 Debitorenposten*, Feld *Letzte registrierte Mahnstufe*

Um die Posten zu selektieren, die nach Mahnung eingegangen sind, kann nach Posten mit *Letzte registrierte Mahnstufe* <> "0" und *Offen*="Nein" gefiltert werden.

Reklamation und Gutschriften

Der Reklamationsprozess ist im eigentlichen Sinne nicht Bestandteil des Standardverkaufsprozesses, da er nur in Fällen einer falschen oder mangelhaften Lieferung angestoßen wird. In diesem Fall kommt es zu einer Wandlung oder Minderung für die betroffene Bestellung bzw. die betroffenen Artikel. Im Folgenden werden der Prozess der Reklamation und der damit verbundene Gutschriftenprozess erläutert.

Der Prozess im Überblick

Die Reklamationsverwaltung bildet den Prozess des Austausches beschädigter Artikel bzw. deren Reparatur sowie die Erstellung der entsprechenden Kundengutschriften ab. Innerhalb des Prozesses kann die Prüfung des beschädigten Artikels, die Aktualisierung der Lagerbestandsdaten und Debitorensalden sowie gegebenenfalls die Erstellung von Kundengutschriften erfolgen.

Kommt es zu einer Artikelreklamation des Kunden, wird der Vorgang zunächst auf einem Reklamationsbeleg erfasst. Erfolgt die Rücksendung der Artikel, wird darüber hinaus ein Einlagerungsbeleg erzeugt, der Bestandsdaten wert- und/oder mengenmäßig aktualisiert. Anschließend erfolgt entweder eine Kundengutschrift oder eine Reparatur/Ersatzlieferung. Für den Fall, dass die Ware nicht zurückgeschickt wird, sondern der Kunde lediglich eine Verkaufsminderung wünscht, erfolgt lediglich die Buchung einer Wertgutschrift. Eine Wertgutschrift wird über einen *Zu-/Abschlag (Artikel)* erstellt und bezieht sich auf die ursprüngliche Verkaufslieferzeile (der Abschnitt »Artikel-Zu-/Abschläge« in diesem Kapitel geht ausführlich darauf ein). Eine Reklamation unterscheidet sich von einer Gutschrift insofern, als dass für die Reklamation die Lieferung und Fakturierung separat durchgeführt werden kann. Dadurch können die Logistikschritte in einer Reklamation – im Gegensatz zur Gutschrift – abgebildet werden.

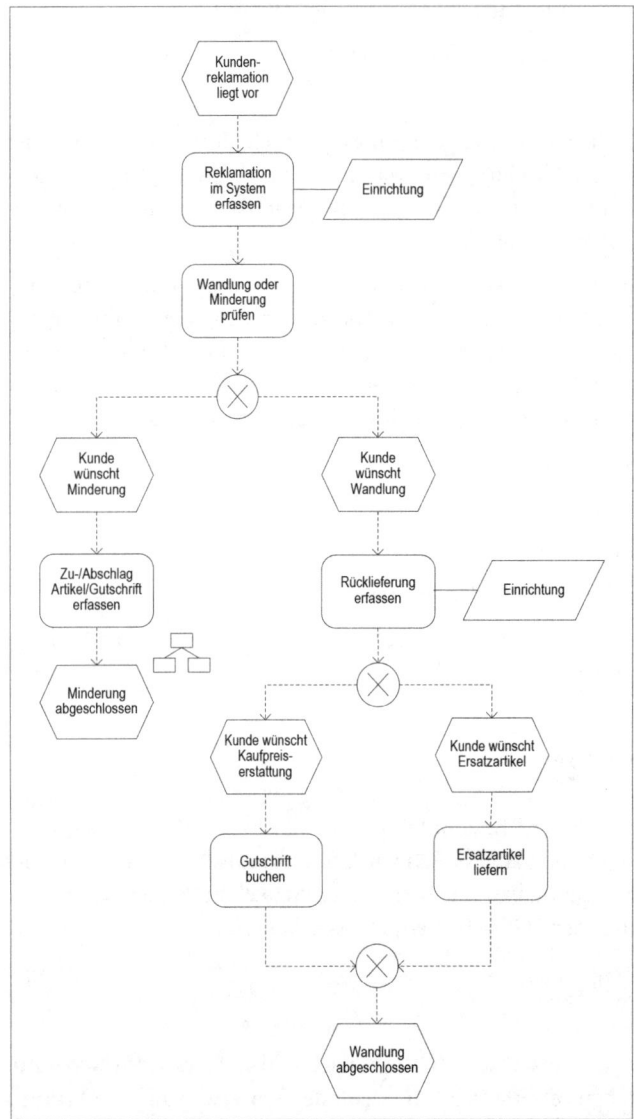

Abbildung 7.157 Reklamationsprozess

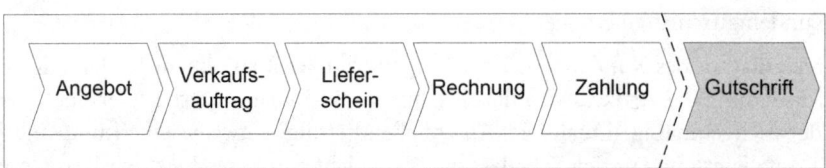

Abbildung 7.158 Belege in der Reklamationsbearbeitung

Für Handelsartikel besteht die Möglichkeit, aus der Verkaufsreklamation über die Aktion *Reklamationsbez. Belege erst.* für den Lieferanten eine Einkaufsreklamation zu erstellen.

Link: *Abteilungen/Verkauf & Marketing/Auftragsabwicklung/**Verkaufsreklamationen**/Neu/Aktionen/Reklamationsbez. Belege erst.*

Ablauf und Einrichtung von Reklamationen und Gutschriften

Die allgemeine Einrichtung der Reklamationsverwaltung für Debitoren erfolgt in der Einrichtung *Debitoren & Verkauf*.

Link: *Abteilungen/Finanzmanagement/Debitoren/Einrichtung/Debitoren & Verkauf Einr.* (siehe Abbildung 7.159)

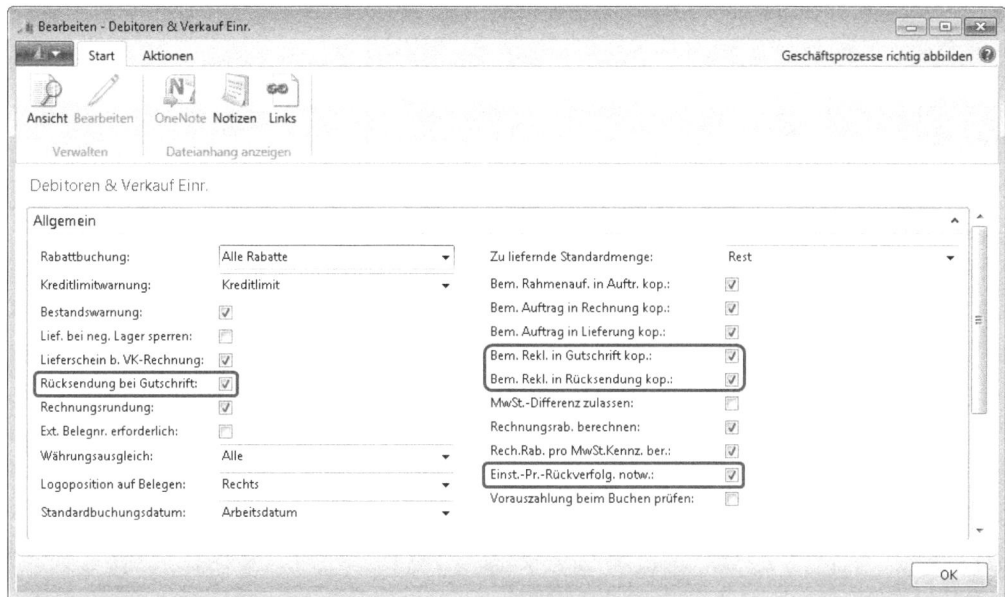

Abbildung 7.159 Allgemeine Reklamationseinrichtung

Die in Abbildung 7.159 markierten Felder betreffen die Einstellungen zu Reklamationen (siehe Tabelle 7.26).

Feld	Beschreibung
Rücksendung bei Gutschrift	Bei Aktivierung wird neben der gebuchten Verkaufsgutschrift automatisch eine gebuchte Rücksendung erstellt
Bem. Rekl. in Rücksendung kop.	Bei Aktivierung kopiert die Anwendung Bemerkungen aus einer Verkaufsgutschrift in die gebuchte Rücksendung
Bem. Rekl. in Gutschrift kop.	Bei Aktivierung kopiert die Anwendung Bemerkungen aus einer Verkaufsgutschrift in die gebuchte Gutschrift
Einst.-Pr. Rückverfolg. notw.	Auf dieses Weise wird sichergestellt, dass die Verkaufsrücksendung den gleichen Einstandspreis wie der ursprüngliche Verkauf erhält, wenn sie in das Lager zurückgebucht wird. Bei Aktivierung lässt das System keine Buchung einer Rücksendung zu, wenn das Feld *Ausgegl. von Artikelposten* in der Verkaufsauftragszeile keinen Wert enthält.

Tabelle 7.26 Reklamationseinrichtung

Neben der allgemeinen Einrichtung können im System *Reklamationsgründe* gepflegt werden, die typische Reklamationsprozesse bzw. -gründe abbilden. Im weiteren Reklamationsprozess wird der Reklamationsgrund aufgrund einer erhöhten Transparenz sowie zu späteren Auswertungszwecken in die Artikelposition kopiert.

Link: *Abteilungen/Verkauf & Marketing/Auftragsabwicklung/Einrichtung/Reklamationsgründe* (siehe Abbildung 7.160)

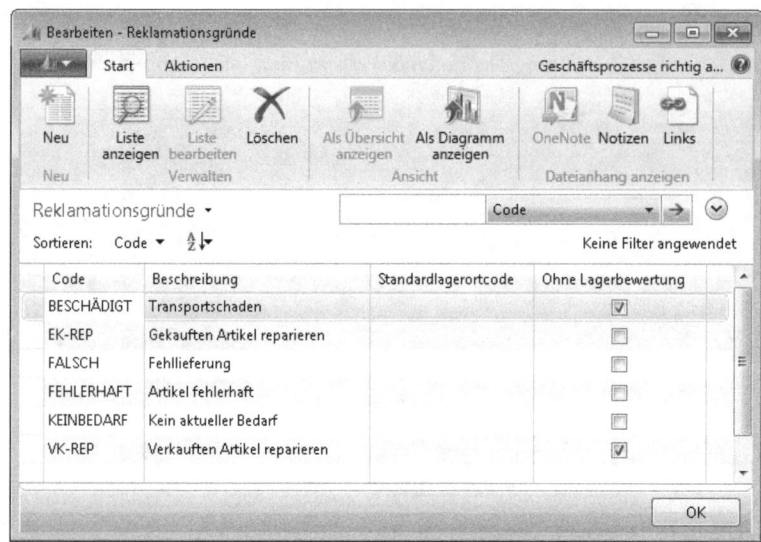

Abbildung 7.160 Reklamationsgründecodes

Die Tabelle 7.27 zeigt, welche Einstellungen sich zu Reklamationsgründen vornehmen lassen.

Feld	Beschreibung
Code	Eindeutiger Code des Reklamationsgrunds
Beschreibung	Frei wählbare Beschreibung des Reklamationsgrunds
Standardlagerortcode	Artikel, die mit dem entsprechenden Reklamationsgrund zurückgesendet werden, werden standardmäßig in diesem Lager aufbewahrt. Dies kann z. B. dafür genutzt werden, einen separaten Lagerortcode für Reparaturartikel zu definieren
Ohne Lagerbewertung	Bei Aktivierung erfolgt die Einlagerung mit dem Einstandspreis von Null, d.h., der mengenmäßige Bestand erhöht sich, der wertmäßige nicht, da die Artikel zum einen (noch) kein Eigentum des Unternehmens darstellen und zum anderen nicht automatisch bewertet werden sollten

Tabelle 7.27 Einrichtung Reklamationsgründecodes

HINWEIS Für den Fall, dass für Artikel die Lagerabgangsmethode *Standard* hinterlegt wird, werden Lagerabgänge mit dem Standardpreis und nicht mit dem tatsächlichen Einstandspreis bewertet. Für diesen Fall ist zu beachten, dass das Feld *Ohne Lagerbewertung* vom System ignoriert wird.

Die Erfassung von Reklamationen im operativen Betrieb erfolgt über die *Auftragsabwicklung*.

Link: *Abteilungen/Verkauf & Marketing/Auftragsabwicklung/Verkaufsreklamationen* (siehe Abbildung 7.161)

Wie in allen Verkaufsbelegarten erfolgt auch hier die Erfassung von Kopf- und Positionsdaten, die durch den Kunden reklamiert wurden. Das Feld *Externe Belegnummer* sollte grundsätzlich gepflegt sein, um darüber entweder auf die Kundenbelege oder die eigenen zugehörigen Verkaufsbelege referenzieren und diese im System leichter wiederfinden zu können. Um die Verkaufszeilen, auf die sich die Reklamation bezieht, zu finden und damit die Reklamationszeilen vom System erzeugen zu lassen, kann die Aktion *Zu stornierende gebuchte Belegzeilen abrufen* gestartet werden.

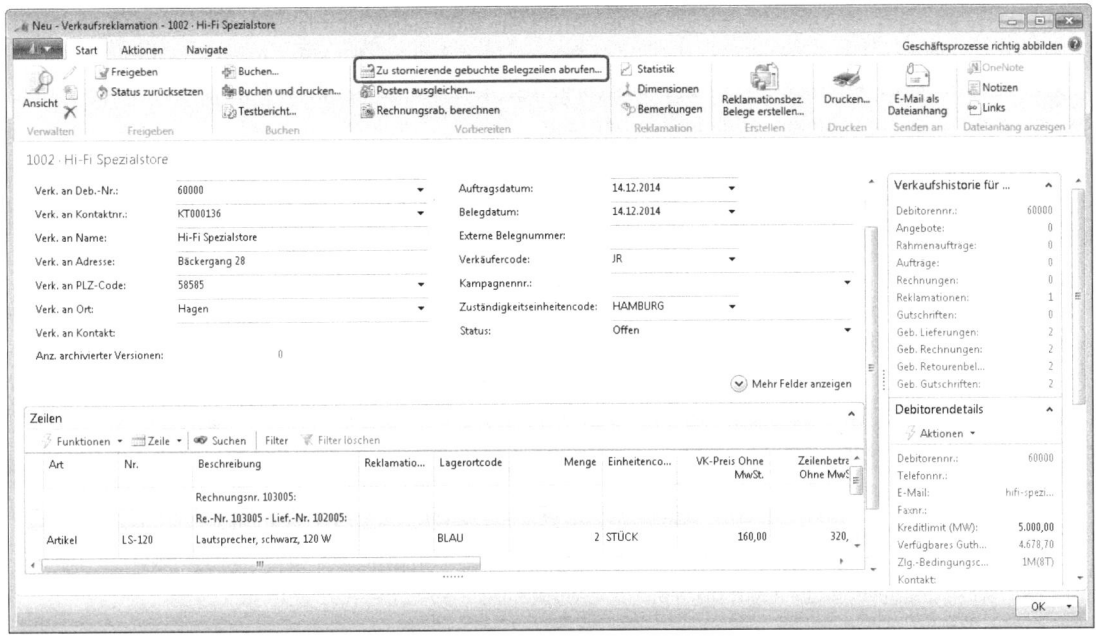

Abbildung 7.161 Erfassung von Reklamationen

Link: *Abteilungen/Verkauf & Marketing/Auftragsabwicklung/**Verkaufsreklamationen**/Neu/Zu stornierende gebuchte Belegzeilen abrufen* (siehe Abbildung 7.162)

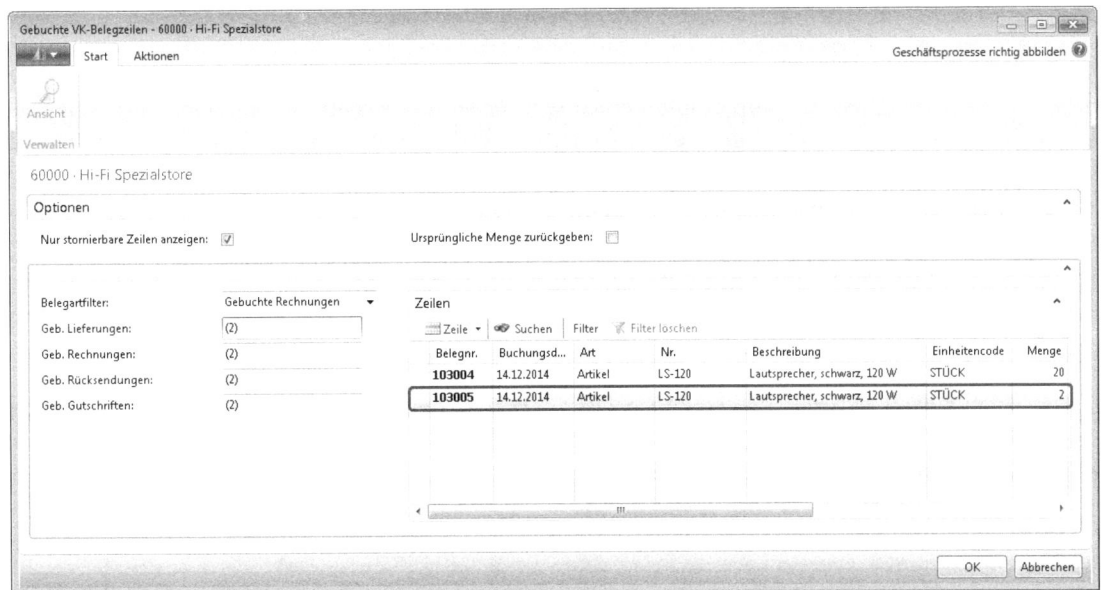

Abbildung 7.162 Zu stornierende gebuchte Belegzeilen abrufen

Die entsprechenden Daten werden dann aus dem Verkaufsbeleg in den Reklamationsbeleg übernommen. Ist in den allgemeinen Einstellungen zur Reklamationsverwaltung die *Einstandspreisrückverfolgung* als notwendig markiert worden, wird das Belegzeilenfeld *Ausgeglichen von Artikelposten* automatisch gefüllt. Im linken oberen Fensterbereich *Gebuchte VK-Belegzeilen* kann die Auswahl der angezeigten Positionen auf *Nur stornierbare Zeilen anzeigen* beschränkt werden. In den Posten wird darüber hinaus durch das Feld *Menge nicht zurückgesendet* die stornierbare Menge eines Artikels gespeichert, sodass verhindert wird, dass die Reklamationsmenge die ursprüngliche Verkaufsmenge übersteigt.

Um die Reklamation automatisch zu erstellen, kann alternativ auch die Aktion *Beleg kopieren* genutzt werden. Für Verkaufsreklamationen kann es sich dabei um gebuchte Lieferungen oder gebuchte Rechnungen handeln. Ist hierbei die Einstandspreisrückverfolgung in der Verkaufseinrichtung aktiviert, erstellt die Anwendung automatisch den wertmäßigen Bezug zur Ursprungslieferung (Herkunftsbeleg).

Bei der Erstellung und Buchung von Reklamationen können sich systemseitig mehrere Probleme in Bezug auf die Gutschrift ergeben (siehe Tabelle 7.28).

Art der Reklamationserfassung	Automatische Referenz zum Herkunftsbeleg	Automatischer Preisbezug
Manuelle Reklamationserfassung	Keiner	Keiner
Beleg kopieren – Bezug zur gebuchten Rechnung	Ja	Ja, tatsächlich gewährte Zeilen- und Rechnungsrabatte werden berücksichtigt, tatsächlich gewährtes Skonto jedoch nicht
Beleg kopieren – Bezug zur gebuchten Lieferung	Ja	Keiner, aber Hinweis auf fehlenden Bezug
Zu stornierende gebuchte Belegzeilen abrufen – Bezug auf gebuchte Rechnung	Ja	Ja, tatsächlich gewährte Zeilen- und Rechnungsrabatte werden berücksichtigt, tatsächlich gewährtes Skonto jedoch nicht
Zu stornierende gebuchte Belegzeilen abrufen – Bezug auf gebuchte Lieferung	Ja	Keiner

Tabelle 7.28 Probleme bei Buchung von Gutschriften

Für bestimmte Konstellationen kann es erforderlich sein, neben der eigentlichen Reklamation bestimmte Zu- oder Abschläge zu erfassen. Wenn beispielsweise eine Falschlieferung eines Artikels erfolgt ist, die der Kunde zu verantworten hat, kann eine Wiedereinlagerungsgebühr im Rahmen der Erstattung der angefallenen Arbeitsaufwände vereinbart werden. Dazu muss in den Positionsdaten eine Zeile mit der Art *Zu-/Abschlag (Artikel)* mit einem negativen Betrag erstellt werden, um eine *Wiedereinlagerungsgebühr* zu erfassen.

Sind alle Positionsdaten erfasst, kann der Prozess durch die Buchung der entsprechenden Buchhaltungsbelege abgeschlossen werden.

Link: *Abteilungen/Verkauf & Marketing/Auftragsabwicklung/Verkaufsreklamationen/Buchen*

Bei der Buchung kann zwischen den Optionen *Liefern*, *Fakturieren* sowie *Liefern und fakturieren* gewählt werden. Die Lieferung spiegelt im Reklamationsprozess die Rücklieferung bzw. Wiedereinlagerung wieder, die Fakturierung die Gutschrift an den Kunden.

Reklamationen und Gutschriften aus Compliance-Sicht

Potenzielle Risiken

- Fehlende Transparenz durch fehlende Informationen in den Reklamationsbelegen (Efficiency, Integrity, Availability, Reliability)
- Erstellung unberechtigter Gutschriften und Gutschriften ohne Bezug zu Verkaufsbelegen (Integrity, Compliance), Berücksichtigung falscher Preise
- Falsche Lagerortbuchungen (Effectiveness)
- Falsche oder ungewollte Einlagerung und Aktivierung von Reklamationsposten (Effectiveness, Integrity, Reliability)

Prüfungsziele

- Richtige Einrichtung der Parameter für Reklamationen
- Überprüfung der korrekten Einrichtung und Verwendung von Reklamationsgründen, Lagerorten und Aktivierungsoptionen
- Sicherstellung eines konsistenten Prozesses der Reklamations- und Gutschrifterstellung

Prüfungshandlungen

Einrichtung der Parameter

Um eine Rückverfolgung der Artikeleinstandspreise zu gewährleisten und den Prozess durch Kopieren von Beleginformation in die jeweiligen Folgebelege transparent zu gestalten, empfehlen sich folgende Werte für die Einrichtungsparameter der Reklamationsverwaltung (siehe Tabelle 7.29):

Menüoption: *Verkauf & Marketing/Einrichtung/Debitoren & Verkauf Einrichtung*

Feld	Empfohlener Wert
Rücksendung bei Gutschrift	Gemäß Anforderungen
Einstandspreis Rückverfolgung notwendig	Aktiviert
Bemerkung Reklamation in Rücksendung kopieren	Aktiviert
Bemerkung Reklamation in Gutschrift kopieren	Aktiviert

Tabelle 7.29 Einrichtung der Reklamationsverwaltung aus Compliance-Sicht

Zur Überprüfung von Reklamationsgründen und deren Einstellungen bzgl. des Lagerorts und der Lagerbewertung kann die *Tabelle 6635 Reklamationsgrund* herangezogen werden.

Feldzugriff: *Tabelle 6635 Reklamationsgrund*

So ist es beispielsweise sinnvoll, beschädigte Artikel, die untersucht und anschließend gegebenenfalls repariert werden müssen, in einen eigens dafür vorgesehenen Lagerort zu buchen, ohne dass der wertmäßige Bestand zunächst erhöht wird. Später kann gegebenenfalls eine Neubewertung vorgenommen werden.

Um festzustellen, ob für alle Reklamationsbelege eine konsistente Verwendung externer Belegnummern genutzt wurde, können die Belegkopftabellen für Gutschriften und Rücklieferungen analysiert werden.

Feldzugriff: *Tabelle 114 Verkaufsgutschriftskopf*

Feldzugriff: *Tabelle 6660 Rücksendungskopf*

Konsistenter Prozess der Reklamations- und Gutschrifterstellung

Um einen konsistenten Prozess der Reklamations- und Gutschrifterstellung sicherzustellen, sollte das Unternehmen gewährleisten, Reklamationen und Gutschriften immer unter Bezug auf die jeweiligen Ursprungsbelege zu erstellen. Hierbei wird empfohlen, über die Funktionen *Beleg kopieren* oder *Zu stornierende gebuchte Belegzeilen abrufen* auf die Rechnungen Bezug zu nehmen, da hier die tatsächlich fakturierten Werte und abgegangenen Lagerwerte zur Verfügung stehen. Unberücksichtigt bleibt die tatsächliche Gewährung von Skonto, da Dynamics NAV nur Rückgriff auf die im Beleg eingestellte Zahlungsbedingung ermöglicht. Verfahrensanweisungen sind zu prüfen, Prozessbeobachtungen können als zusätzliche Kontrolle erfolgen. Eine Analyse der Art der Reklamationserstellung (Nutzung welcher Funktion) ist in Dynamics NAV nicht möglich.

Ergänzend sollte geprüft werden, ob etwaige in Verkaufsbelegen gebuchte Skonti auch für die Gutschrift korrekt zurückgebucht wurden.

In den Zahlungsbedingungen sollte dazu das Feld *Skonto auf Gutschrift berechnen* immer aktiviert ein.

Link: *Abteilungen/Verkauf & Marketing/Auftragsabwicklung/Einrichtung/Zahlungsbedingungen* (siehe Abbildung 7.163)

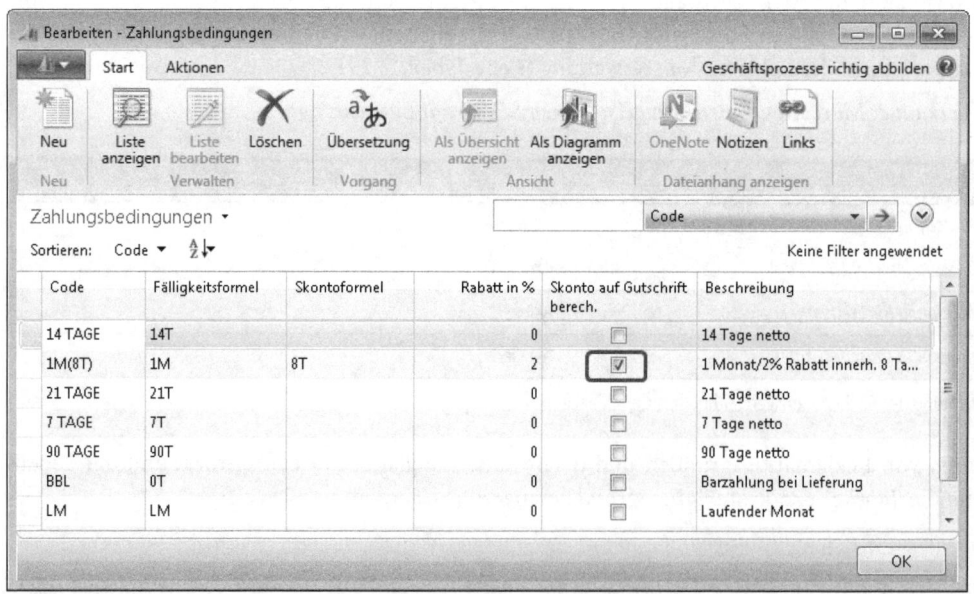

Abbildung 7.163 Skonto auf Gutschrift berechnen

Intercompany-Transaktionen

Wenn mit Dynamics NAV mehrere Mandanten verwaltet werden, die untereinander Leistungen austauschen, können Intercompany-Transaktionen genutzt werden, um die jeweiligen Gegenbelege im anderen Mandanten systemunterstützt zu erzeugen. Wenn beispielsweise ein Artikel bei einem Partnerunternehmen eingekauft wird, kann der korrespondierende Verkaufsauftrag in diesem Mandanten mithilfe der Intercompany-Funktionalität automatisiert erstellt werden. Wird der Verkaufsbeleg fakturiert, entsteht in der Folge eine entsprechende Einkaufsrechnung im anfordernden Partnerunternehmen. Vor jeder Belegerstellung muss das Senden und Akzeptieren der Intercompany-Transaktion in beiden Mandanten bestätigt werden.

Intercompany-Transaktionen können sowohl über Belege als auch über spezielle *Fibu Buch.-Blätter* erzeugt werden. Neben dem Wegfall redundanter Dateneingaben ergeben sich durch die Nutzung Erleichterungen bei der Konsolidierung sowie eine bessere Nachvollziehbarkeit von Intercompany-Geschäftsvorfällen.

HINWEIS Bezüglich des Zusammenhangs von Intercompany-Transaktionen und Konsolidierung sowie der Eliminierung von Zwischenergebnissen verweisen wir auf Kapitel 8.

In diesem Abschnitt werden folgende Themen behandelt:

- Einrichtung
- Intercompany-Belege
- Intercompany-Buch.-Blätter

Einrichtung

In diesem Abschnitt werden die folgenden grundsätzlichen Einrichtungsparameter erläutert:

- Intercompany-Partner
- Kreditoren- und Debitorenzuordnung
- Firmendaten
- Intercompany-Kontenplan
- Intercompany-Dimensionen

IC-Partner

Intercompany-Transaktionen basieren auf sogenannten IC-Partnern, die sowohl Debitoren als auch Kreditoren zugeordnet werden können.

Link: *Abteilungen/Finanzmanagement/Einrichtung/Intercompanybuchungen/IC-Partner* (siehe Abbildung 7.164)

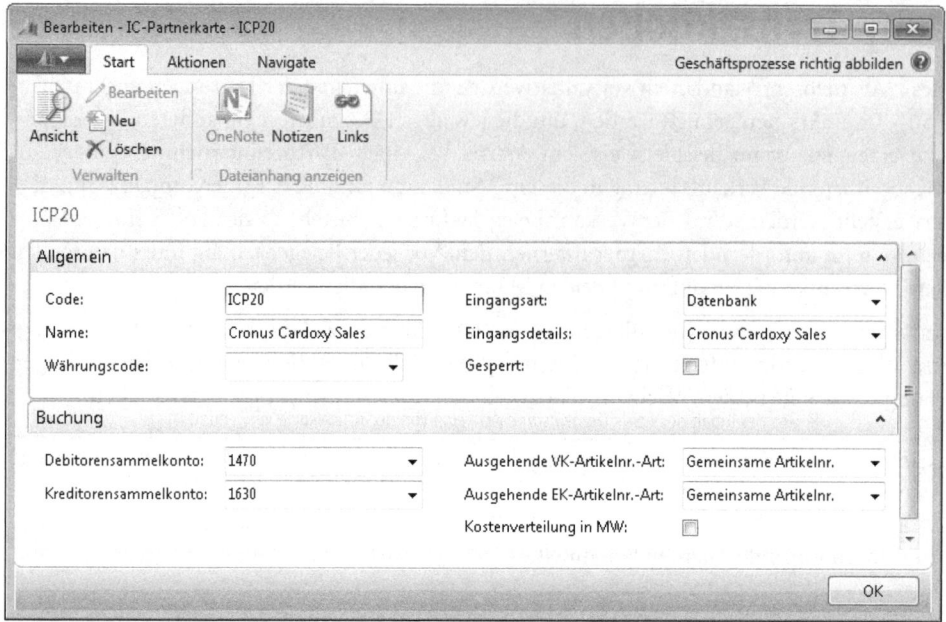

Abbildung 7.164   IC-Partner-Karte (allgemeine und Buchungsdaten)

Auf dem Inforegister *Allgemein* sind folgende Einrichtungen sind vorzunehmen (siehe Tabelle 7.30):

Feld	Beschreibung
Code	Eindeutiger Code für den Intercompany-Partner
Name	Name des Intercompany-Partnerunternehmens
Währungscode	Währungscode des Intercompany-Partners bei Verwendung in *IC-Fibu Buch.-Blätter*
Eingangsart	Diese Feld steuert, wie die Intercompany-Transaktionsdaten zum *IC-Partner* übermittelt werden und unterscheidet folgende Optionswerte: *<Dateispeicherort>* Der IC-Partner-Mandant befindet sich nicht in derselben Datenbank, sodass die Daten in eine Datei exportiert werden, die dem Partnerunternehmen zur Verfügung gestellt wird. *<Datenbank>* Der IC-Partner-Mandant befindet sich in derselben Datenbank. Wenn die Transaktionen per E-Mail an den Partner gesendet wird, enthält das Feld den entsprechenden Eintrag. *<E-Mail>* Der *IC-Partner*-Mandant befindet sich nicht in derselben Datenbank und die Daten werden per E-Mail versendet. *<Keine IC-Übertragung>* Es werden keine Daten zwischen den Mandanten ausgetauscht.
Eingangsdetails	Abhängig von der Eingangsart wird in diesem Feld der Pfad für die Datei, der Mandantenname oder die E-Mail-Adresse des Partnerunternehmens angegeben
Gesperrt	Bei Aktivierung ist der *IC-Partner* gesperrt. Ungeachtet davon können verbundene Debitoren und Kreditoren weiterhin verwendet werden.

Tabelle 7.30   Felder der *IC-Partner*-Karte (Inforegister *Allgemein*)

Auf dem Inforegister *Buchung* sind folgende Einrichtungen vorzunehmen (siehe Tabelle 7.31):

Feld	Beschreibung
Debitorensammelkonto	Dieses Feld enthält das Forderungskonto, das für den Intercompany-Partner gültig ist, wenn in IC-Fibu Buch.-Blättern die Kontoart IC-Partner verwendet wird
Kreditorensammelkonto	Dieses Feld enthält das Verbindlichkeitskonto, das für den Intercompany-Partner gültig ist, wenn in IC-Fibu Buch.-Blättern die Kontoart IC-Partner verwendet wird
Ausgehende VK-Artikelnr.-Art	Dieses Feld steuert, wie welche Artikelnummern für verkaufsseitige Intercompany-Belege verwendet werden. *<Interne Nr.>* Es werden die *Nr.* aus der Belegzeile (Einkaufs- bzw. Verkaufszeile) verwendet. *<Gemeinsame Artikelnr.>* Es wird der Inhalt des Felds *Gemeinsame Artikelnr.* von der Artikelkarte verwendet. *<Referenz>* Es wird die *Referenznr.* aus der Tabelle *Artikelreferenz* verwendet, die für den Partner und den Artikel hinterlegt wurde.
Ausgehende EK-Artikelnr.-Art	Dieses Feld steuert, wie welche Artikelnummern für einkaufsseitige Intercompany-Belege verwendet werden. *<Interne Nr.>* Es werden die Nummern aus der Belegzeile (Einkaufs- bzw. Verkaufszeile) verwendet. *<Gemeinsame Artikelnr.>* Es wird der Inhalt des Felds *Gemeinsame Artikelnr.* von der Artikelkarte verwendet. *<Referenz>* Es wird die *Referenznr.* aus der Tabelle *Artikelreferenz* verwendet, die für den Partner und den Artikel hinterlegt wurde. *<Kred.-Artikelnr.>* Es wird die *Kred.-Artikelnr.* von der Artikelkarte bzw. aus der Tabelle *Artikellieferant* verwendet.

Tabelle 7.31 Felder der *IC-Partner*-Karte (Inforegister *Buchung*)

HINWEIS Über die Menüschaltfläche *IC-Partner* können dem Intercompany-Partner für die Verwendung in *IC-Fibu Buch.-Blättern* Vorgabedimensionen zugeordnet werden. Diese Vorgabedimensionen werden in Intercompany-Belegen nicht verwendet, da die Kontoart *IC-Partner* in Belegen nicht zur Verfügung steht. In IC-Fibu Buch.-Blättern kann der IC-Partner über eine eigene Kontoart (*IC-Partner*) oder über die Kontoarten *Debitor/Kreditor* selektiert werden, sofern der IC-Partnercode dem Debitoren bzw. Kreditoren zugewiesen ist. Die Vorgabedimensionen werden allerdings nur bei der Auswahl über die Kontoart *IC-Partner* berücksichtigt.

Die Zuweisung der IC-Partnercodes zu den Personenkonten (Debitoren/Kreditoren) erfolgt über das Inforegister *Kommunikation* in den Kreditoren- bzw. Debitorenstammdaten.

Link: *Abteilungen/Finanzmanagement/Debitoren/Debitoren*

Link: *Abteilungen/Finanzmanagement/Kreditoren/Kreditoren* (siehe Abbildung 7.165)

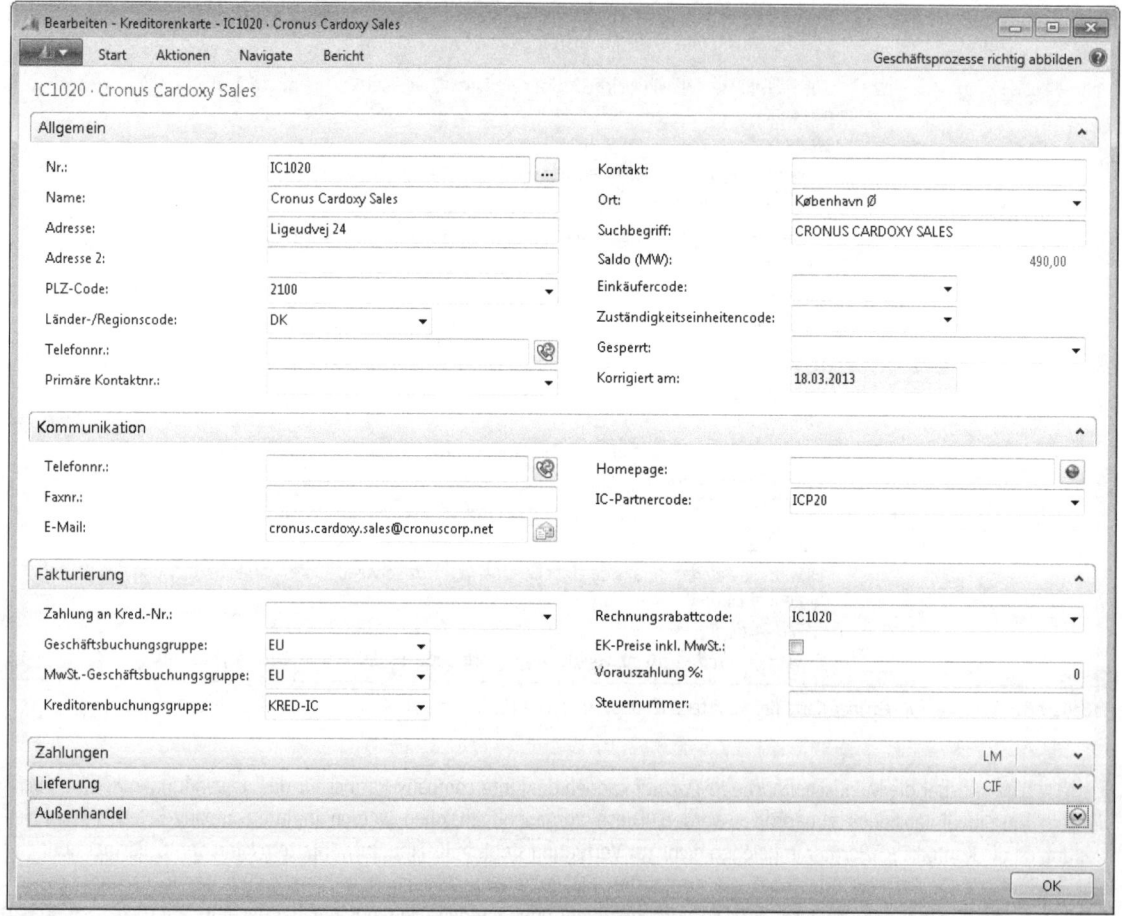

Abbildung 7.165 Zuordnung des Intercompany-Partnercodes auf der Kreditorenkarte

Firmendaten

Um den »sendenden« Mandanten zu kennzeichnen, enthält die Tabelle *Firmendaten* ebenfalls einen IC-Partnercode, mit dem der Ursprung der Transaktion zugeordnet werden kann. Dieser Code ist als IC-Partner nur in den anderen Mandanten angelegt.

Link: *Abteilungen/Verwaltung/Anwendung Einrichtung/Allgemein* (siehe Abbildung 7.166)

Intercompany-Transaktionen

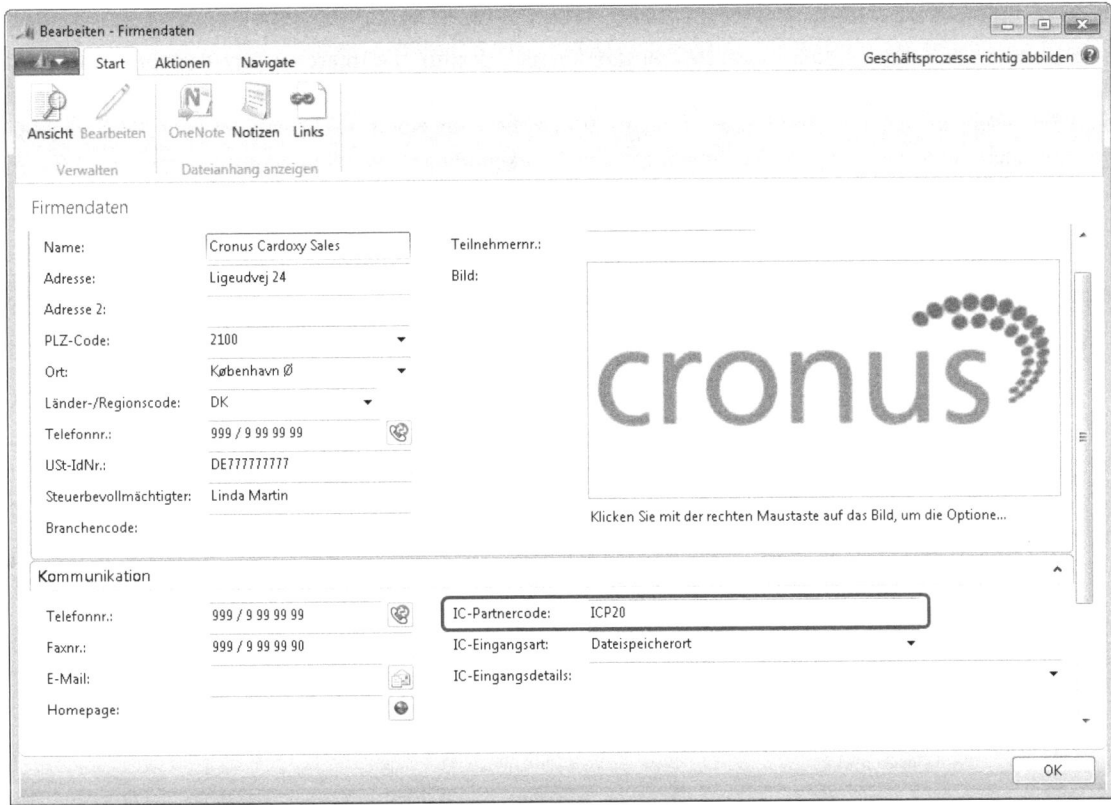

Abbildung 7.166 IC-Partner-Einrichtung in den Firmendaten

In Tabelle 7.32 sind die Felder aufgelistet, die in der IC-Partner-Einrichtung in den Firmendaten gepflegt werden können.

Feld	Beschreibung
IC-Partnercode	Intercompany-Partnercode des eigenen Unternehmens, der in den Partnermandanten als *IC-Partner* angelegt und mit den entsprechenden Personenkonten verbunden sein muss
IC-Eingangsart	Dieses Feld steuert analog zu der Eingangsart auf IC-Partnerebene, ob dieser Mandant Intercompany-Transaktionsdaten in Form einer Datei empfängt (*Dateispeicherort*) oder sich zusammen mit den Partnermandanten in derselben Datenbank (*Datenbank*) befindet
IC-Eingangsdetails	Dieses Feld wird nur gepflegt, wenn die *IC-Eingangsart* = *Dateispeicherort* ist und enthält in diesem Fall den Pfad für die Datei. Für die *IC-Eingangsart* = *Datenbank* ist das Feld leer zu lassen.

Tabelle 7.32 IC-Partner-Informationen der Firmendatenkarte

HINWEIS Im weiteren Verlauf wird davon ausgegangen, dass die Mandanten der IC-Partner in derselben Datenbank verwaltet werden.

IC-Kontenplan

Der Intercompany-Kontenplan ist ein Referenzkontenplan, der für alle Intercompany-Partner identisch ist. Die Konten des IC-Kontenplans werden den Sachkonten des mandantenbezogenen Kontenplans zugeordnet. Beim Verarbeiten einer Sachkonten-Eingangstransaktion aus einem IC-Beleg oder einer IC-Buchungszeile wandelt die Anwendung die *IC-Kontonr.* in eine *Sachkontonr.* des Mandanten um.

Link: *Abteilungen/Verwaltung/Anwendung Einrichtung/Finanzmanagement/Intercompanybuchungen/IC-Kontenplan* (siehe Abbildung 7.167)

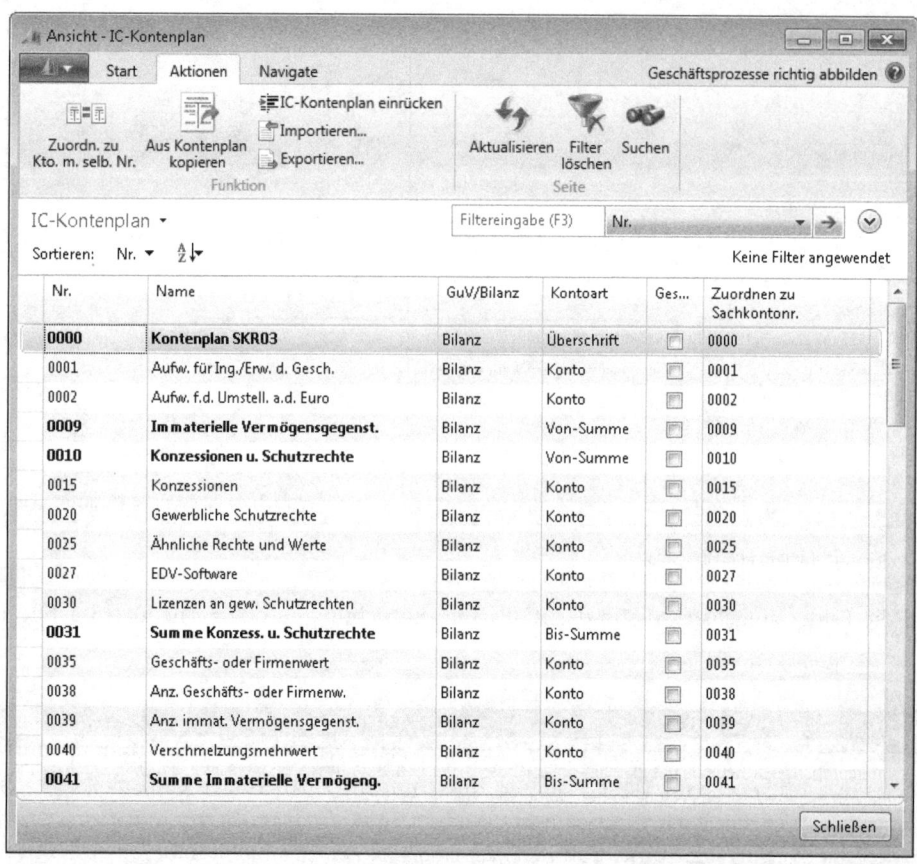

Abbildung 7.167 Intercompany-Kontenplan

IC-Dimensionen

Analog zum IC-Kontenplan ist es mit IC-Dimensionen möglich, über eine IC-Dimensionseinrichtung abweichende Dimensionen und Dimensionswerte zu verknüpfen. Auf diese Weise können IC-Transaktionen mit Dimensionsinformationen aus anderen Mandanten in die eigenen Dimensionen übersetzt werden.

Link: *Abteilungen/Verwaltung/Anwendung Einrichtung/Finanzmanagement/Intercompanybuchungen/IC-Dimensionen* (siehe Abbildung 7.168)

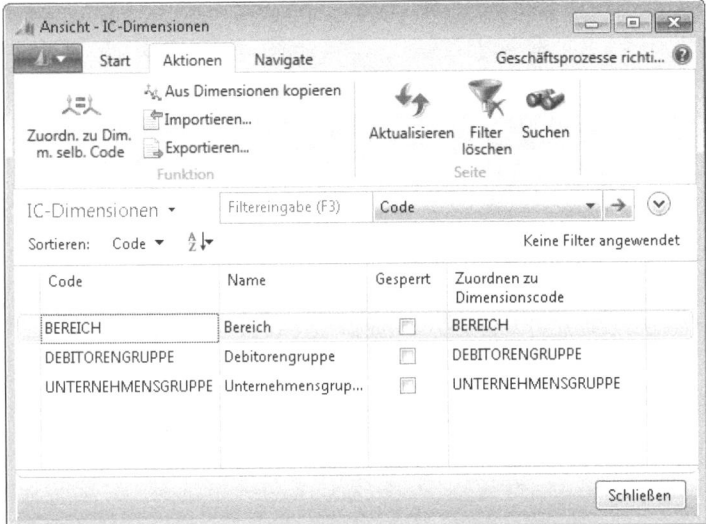

Abbildung 7.168 Intercompany-Dimensionen

HINWEIS Nähere Informationen bezüglich der Verwendung von Dimensionen finden Sie in Kapitel 4 im Abschnitt »Dimensionen«.

Intercompany-Belege

Die Funktionalität der Intercompany-Belege erlaubt die elektronische Übertragung von Ein- und Verkaufsbelegen in entsprechende Gegenbelege im Mandanten des Intercompany-Partnerunternehmens. Vor jeder Übertragung bzw. Übernahme ist das Senden (Ausgangstransaktion *An IC-Partner senden* sowie *Zeilenaktion abschließen*) bzw. Akzeptieren (Eingangstransaktion *Akzeptieren* sowie *Zeilenaktion abschließen*) der Intercompany-Transaktion in beiden Mandanten zu bestätigen. In Bestellungen, Aufträgen und Reklamationen kann die Übertragung zu einem beliebigen Zeitpunkt und – sofern notwendig – mehrmals angestoßen werden, während Rechnungen und Gutschriften erst übertragen werden können, nachdem diese gebucht sind.

Der Prozess im Überblick

Im Folgenden wird der Prozess einer Intercompany-Bestellung schematisch dargestellt, bei der »Mandant A« Leistungen von »Mandant B« bezieht.

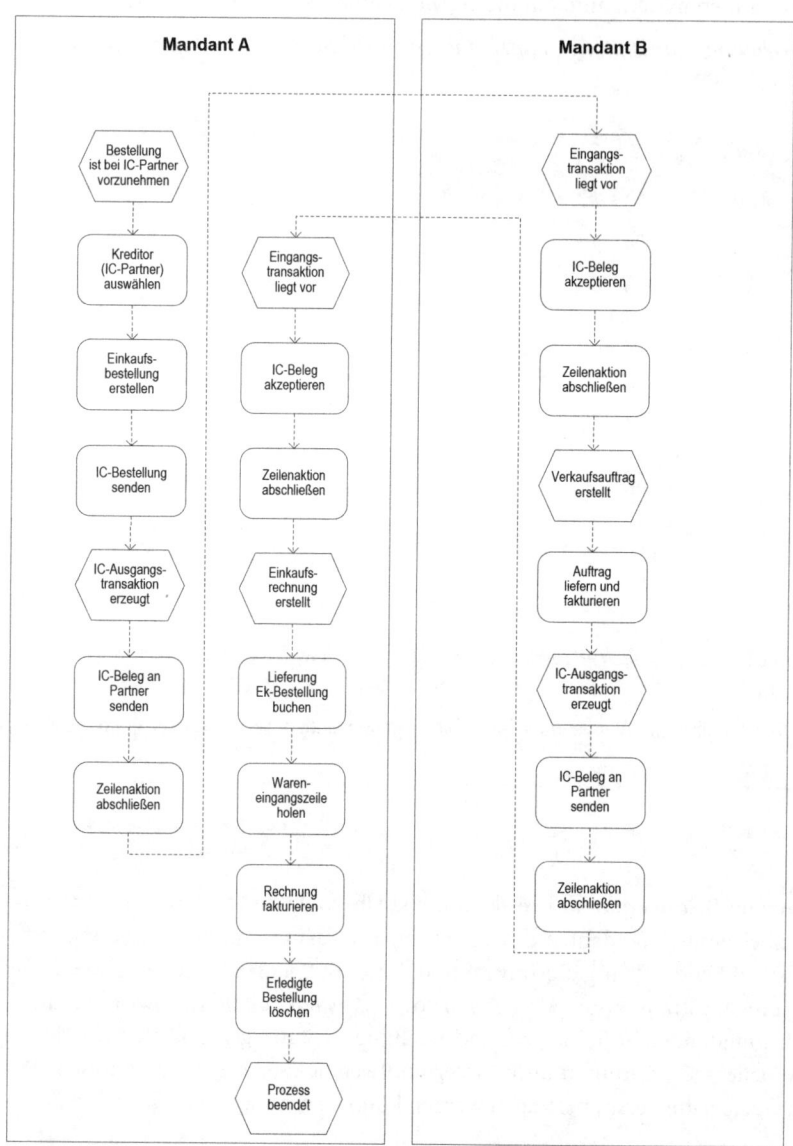

Abbildung 7.169 Der Intercompany-Belegprozess im Überblick

> **HINWEIS** Zu beachten ist, dass die Lieferung in »Mandant B« keine separate Intercompany-Transaktion auslöst, sondern erst das Fakturieren des Verkaufsauftrags. Durch diese Fakturierung entsteht in »Mandant A« mit der (ungebuchten) Einkaufsrechnung ein zusätzlicher Beleg zur anfänglichen Einkaufsbestellung. In Abbildung 7.169 wird der Wareneingang in »Mandant A« in der Bestellung über *Liefern* gebucht und in der Rechnung entsprechend die Funktion *Wareneingangszeilen holen* verwendet, um den Bezug zu dieser Lieferung herzustellen. Mit der Stapelverarbeitung *Erledigte Bestellungen löschen* wird die überflüssige Bestellung schließlich gelöscht. Dieser Prozess wird im nächsten Abschnitt ausführlich beschrieben.

Ablauf und Einrichtung

Zuvor wurde erläutert, wie Kreditoren mit IC-Partnercodes verknüpft werden. Im folgenden Prozessbeispiel wird im Mandant CRONUS AG der Artikel »LS-120, Lautsprecher, schwarz, 120 W« beim dänischen Partnerunternehmen »Cronus Cardoxy Sales« bestellt, der als Kreditor mit der Nummer »IC1020« verwaltet wird.

Link: *Abteilungen/Einkauf/Bestellungsabwicklung/Bestellungen* (siehe Abbildung 7.170)

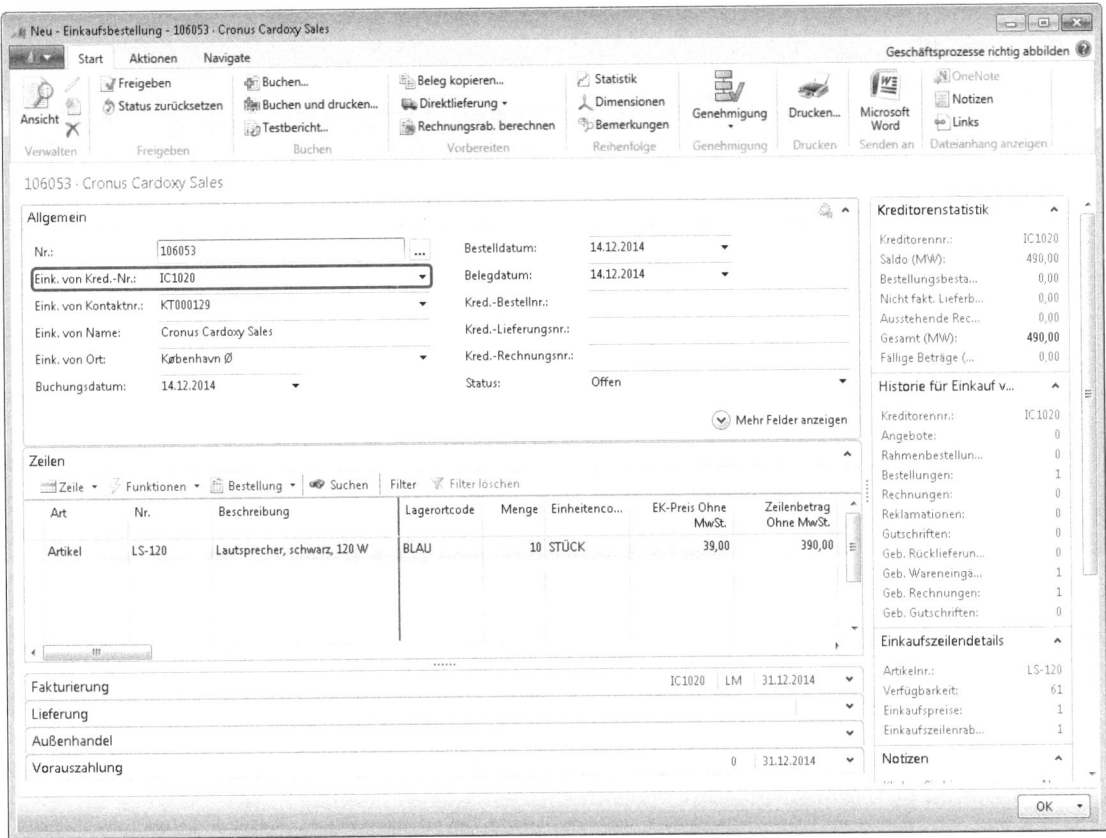

Abbildung 7.170 Einkaufsbestellung bei einem Intercompany-Partner

Nach der Erfassung kann die Bestellung über die Funktion *IC-Bestellung senden* in die Intercompany-Ausgangstransaktionen überstellt werden.

Link: *Abteilungen/Einkauf/Bestellungsabwicklung/**Bestellungen**/Aktionen/IC-Bestellung senden* (siehe Abbildung 7.171)

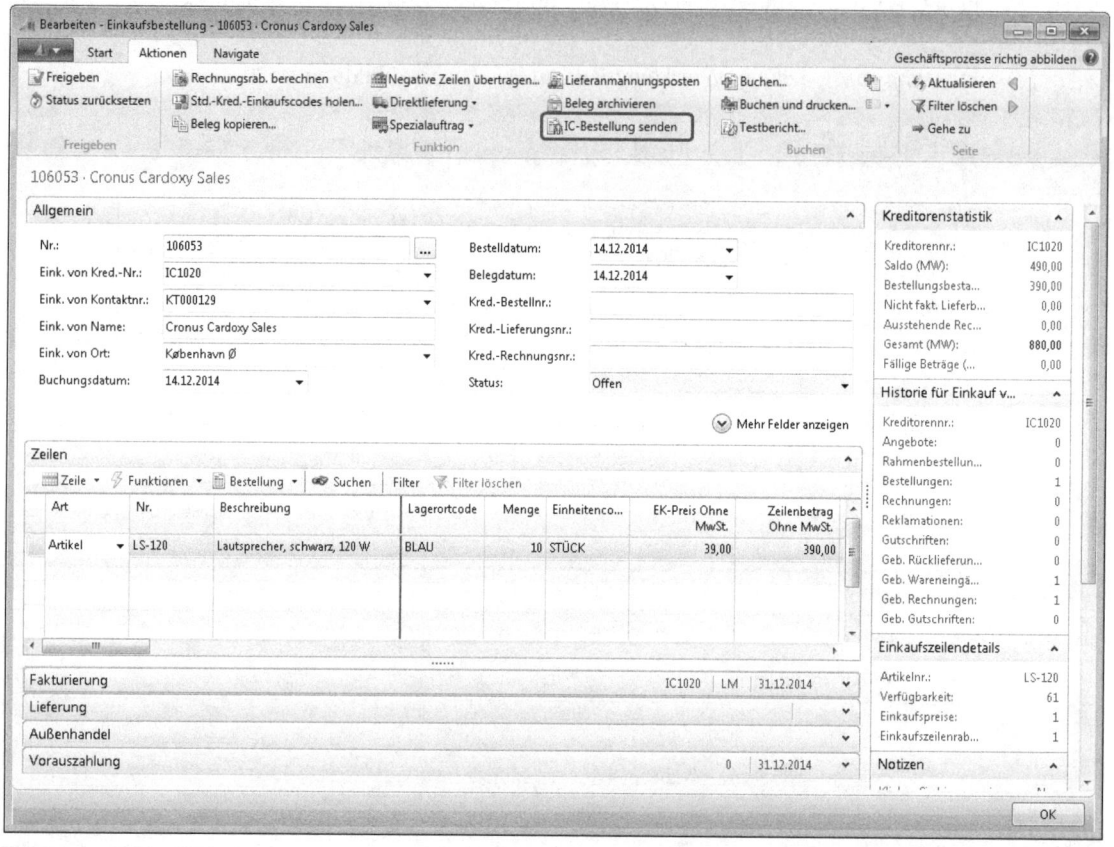

Abbildung 7.171   Aktion zum Überstellen der Intercompany-Bestellung in die IC-Ausgangstransaktionen

HINWEIS   Das Senden einer IC-Bestellung kann dabei auch mehrmals erfolgen, wenn z. B. eine Änderung der Bestellung notwendig wird und der IC-Partner den Auftrag noch nicht geliefert hat.

Ausgangstransaktionen

Im Fenster *IC-Ausgangstransaktionen* werden alle Intercompany-Transaktionen zwischengespeichert, die von Anwendern gesendet wurden. Jede Zeile entspricht einem Intercompany-Beleg oder einer Intercompany-Buch.-Blatt-Transaktion. Das Übertragen in den (oder die) anderen Mandanten erfolgt über die Stapelverarbeitung *Zeilenaktionen abschließen*, die alle Zeilen mit der Zeilenaktion *An IC-Partner senden* überträgt. Die Zeilenaktion kann manuell oder über die Routine *Zeilenaktion festlegen* für markierte Zeilen geändert werden.

Link: *Finanzmanagement/Finanzbuchhaltung/Intercompanybuchungen/Ausgangstransaktionen* (siehe Abbildung 7.172)

Intercompany-Transaktionen

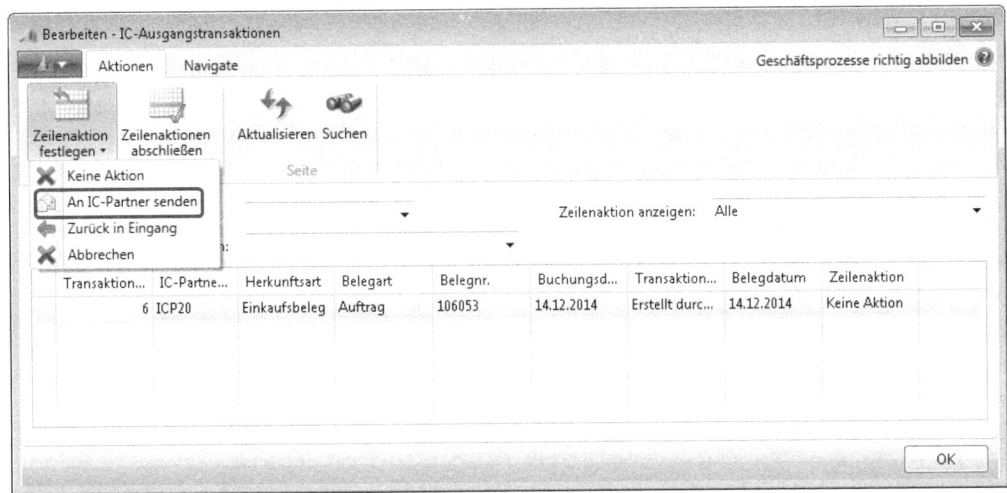

Abbildung 7.172 Fenster der Intercompany-Ausgangstransaktionen

Für jede Ausgangstransaktion müssen die in Tabelle 7.33 aufgeführten Parameter gepflegt werden.

Feld	Beschreibung
Transaktionsnr.	Fortlaufende Nummer für Transaktionen
IC-Partnercode	IC-Partnercode des empfangenden Partnerunternehmens
Herkunftsart	Art der Intercompany-Transaktion (*Buch.-Blattzeile, Verkaufsbeleg, Einkaufsbeleg*)
Belegart	Belegart der Intercompany-Transaktion (*Leer, Zahlung, Rechnung, Gutschrift, Erstattung, Auftrag, Reklamation*)
Belegnr.	Belegnummer der Transaktion
Buchungsdatum	Buchungsdatum des Ursprungsbelegs
Transaktionsursprung	Angabe, von welchem Mandanten die Transaktion ausging
Belegdatum	Datum des Ursprungsbelegs
Zeilenaktion	Mit der Zeilenaktion wird pro Zeile festgelegt, was passiert, wenn die Stapelverarbeitung *Zeilenaktionen abschließen* gestartet wird. *<Keine Aktion>* Die Zeile wird von der Stapelverarbeitung übersprungen und verbleibt im Ausgang. *<An IC-Partner senden>* Die Zeile wird von der Stapelverarbeitung in die Eingangstransaktionen des Intercompany-Partners überstellt. *<Zurück in Eingang>* Die Zeile wird zurück in den Eingang verschoben, sofern diese vom aktuellen Mandanten zunächst abgelehnt wurde und neu verarbeitet werden soll. *<Stornieren bzw. Abbrechen>* Die Zeile wird aus dem Ausgang gelöscht.

Tabelle 7.33 Felder der Intercompany-Ausgangstransaktion

Nach der Zuweisung der Zeilenaktion *An IC-Partner senden* wird die Übertragung über die Aktion *Zeilenaktionen abschließen* gestartet. Der Gegenbeleg steht damit in den Eingangstransaktionen des Mandanten »Cronus Cardoxy Sales« zur Verfügung.

IC-Eingangstransaktionen

Im Fenster *IC-Eingangstransaktionen* finden sich alle Transaktionen, die von Intercompany-Partnern empfangen wurden. Vor der Übernahme der Transaktion in entsprechende Gegenbelege können diese Transaktionen geprüft und entsprechend akzeptiert oder abgelehnt werden. Analog zur Steuerung der Ausgangstransaktionen erfolgt die Verarbeitung über die Stapelverarbeitung *Zeilenaktionen abschließen*.

HINWEIS Im Eingang können sich auch von Intercompany-Partnern abgelehnte Transaktionen befinden, die im aktuellen Mandanten ihren Ursprung hatten. Wenn eine Transaktion abgelehnt wird, überstellt die Stapelverarbeitung die Transaktion in den Ausgang und sendet sie so an den IC-Partner zurück.

Der *IC-Partnercode* (»ICP01«) der Eingangstransaktionszeile entspricht dem *IC-Partnercode*, der in der Tabelle *Firmendaten* des sendenden Mandanten hinterlegt wurde. Im empfangenden Mandanten muss dieser *IC-Partnercode* in der Tabelle *IC-Partner* vorhanden und mit einem Debitorenstammsatz verknüpft sein.

Zur Prüfung der Intercompany-Transaktion lassen sich die *Details* jeder Zeile anzeigen.

Link: *Abteilungen/Finanzmanagement/Finanzbuchhaltung/Intercompanybuchungen/**IC-Eingangstransaktionen**/Navigate/Details* (siehe Abbildung 7.173)

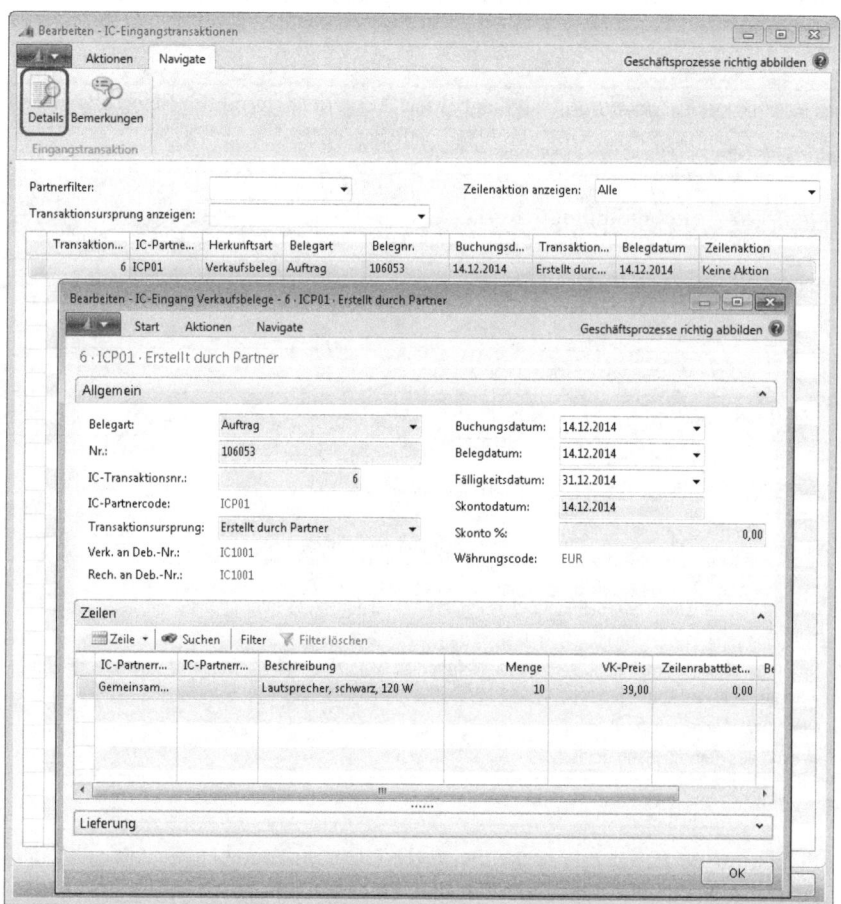

Abbildung 7.173 Kartendarstellung der Intercompany-Eingangstransaktion

Intercompany-Transaktionen

Im Prozessbeispiel wurde der »Lautsprecher, schwarz, 120 W« zum Preis von 39 Euro bestellt, der Preis wird dem Intercompany-Partnerunternehmen in Rechnung gestellt.

HINWEIS Da Artikel in den Mandanten der Partnerunternehmen mit abweichenden Artikelnummern verwaltet werden können, gibt es verschiedene Möglichkeiten (siehe auch Tabelle 7.31) zur Verwendung in Intercompany-Belegen. Im Prozessbeispiel wird die Option der *Gemeinsamen Artikelnr.* (Feld auf der Artikelkarte des Ursprungsmandanten) als Übersetzung verwendet.

Die Felder des Fensters *IC-Eingangszeilentransaktionen* sind analog zum Fenster *IC-Ausgangstransaktionen* aufgebaut. Folgende Zeilenaktionen stehen zur Verfügung (siehe Tabelle 7.34):

Zeilenaktion	Beschreibung
Keine Aktion	Die Zeile wird von der Stapelverarbeitung ignoriert und verbleibt im Eingang
Akzeptieren	Die Zeile wird von der Stapelverarbeitung in einen entsprechenden Beleg konvertiert
Zurück an IC-Partner	Die Zeile wird in den Ausgang verschoben, von wo sie an den sendenden IC-Partner als »Abgelehnt« zurückgesendet wird
Abbrechen	Die Zeile wird aus dem Eingang gelöscht. Stellt die Zeile eine abgelehnte Transaktion seitens eines IC-Partners dar, wird *Abbrechen* ausgewählt und eine Korrektur des Ursprungsbelegs bzw. der Buchung vorgenommen

Tabelle 7.34 Zeilenaktionen in IC-Eingangstransaktionen

Nach der Prüfung des IC-Belegs wird die *Zeilenaktion* festgelegt (hier: *Akzeptieren*) und der Beleg übernommen, indem die Stapelverarbeitung *IC-Eingangsvorgang abschl.* ausgeführt wird.

Link: *Abteilungen/Finanzmanagement/Finanzbuchhaltung/Intercompanybuchungen/IC-Eingangstransaktionen/Aktionen/Zeilenaktionen festlegen* (siehe Abbildung 7.174).

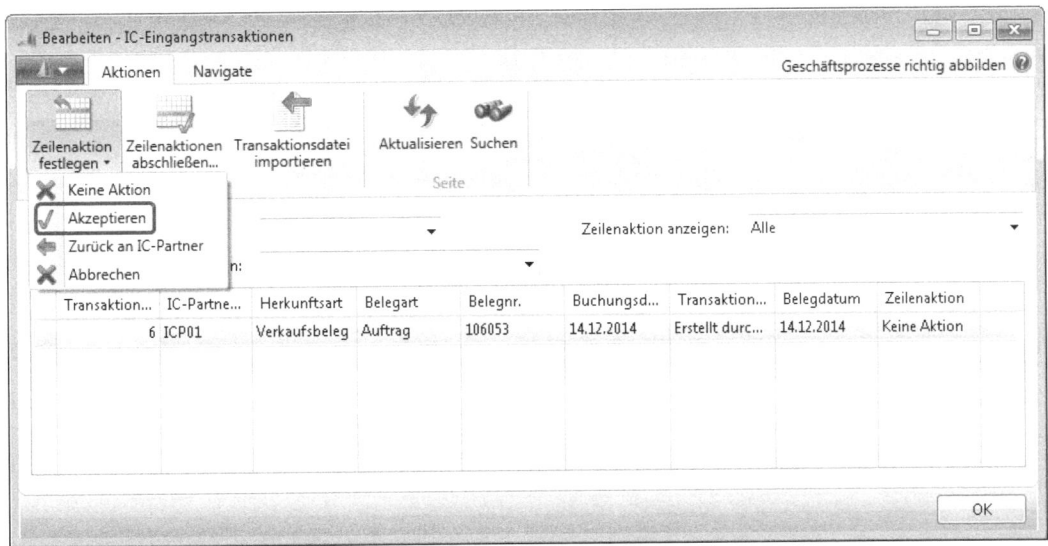

Abbildung 7.174 IC-Eingangstransaktionen bearbeiten

IC-Eingangsvorgang abschließen

Die Stapelverarbeitung verarbeitet Eingangszeilen nach deren festgelegter Zeilenaktion. Wenn nur bestimmte Eingangszeilen verarbeitet werden sollen, können Filter verwendet werden, um die Zeilen zu selektieren, die von der Stapelverarbeitung bearbeitet werden sollen.

Link: *Abteilungen/Finanzmanagement/Finanzbuchhaltung/Intercompanybuchungen/IC-Eingangstransaktionen/ Aktionen/Zeilenaktionen abschließen* (siehe Abbildung 7.175)

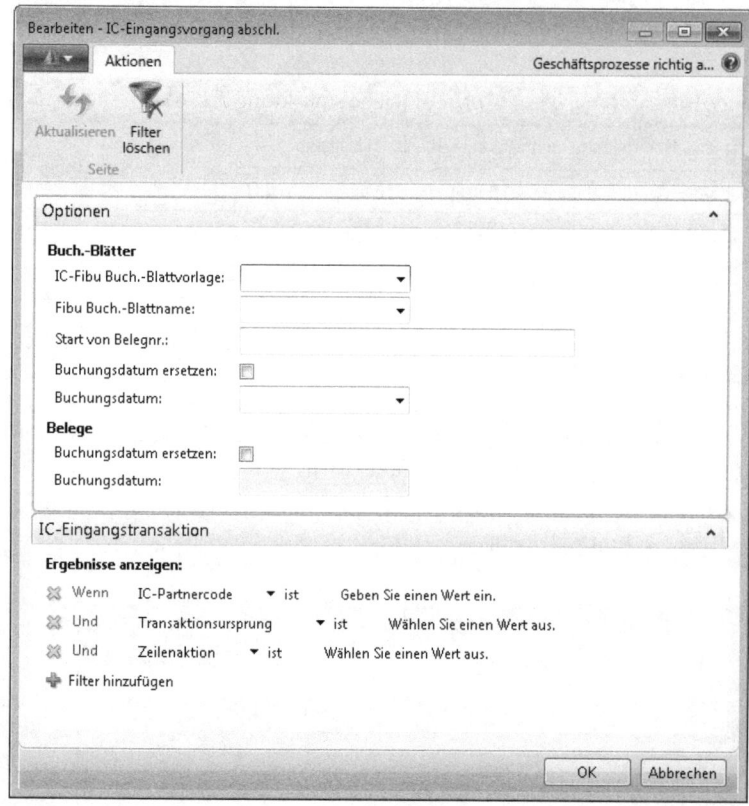

Abbildung 7.175 Intercompany-Eingangstransaktionen abschließen

Über das Inforegister *Optionen* der Stapelverarbeitung können für Buch.-Blatt- sowie Beleg-Transaktionen folgende Einstellungen vorgenommen werden (siehe Tabelle 7.35 und Tabelle 7.36):

Buch.-Blätter-Optionen	Beschreibung
IC-Fibu Buch.-Blattvorlage	Buch.-Blattvorlage, in der die Buch.-Blattzeilen erstellt werden sollen
Fibu Buch.-Blattname	Buch.-Blatt, in dem die Buch.-Blattzeilen erstellt werden sollen
Start von Belegnr.	Belegnummer, von der die Belegnummern für die Buch.-Blattzeilen hochgezählt werden sollen
Buchungsdatum ersetzen	Ermöglicht die Verwendung eines vom Buchungsdatum der IC-Buch.-Blattzeile abweichenden Buchungsdatums. Das zu verwendende Datum wird im Feld *Buchungsdatum* eingegeben.
Buchungsdatum	Zu verwendendes Buchungsdatum, welches vom Buchungsdatum der IC-Buch.-Blattzeile abweicht (siehe Feld *Buchungsdatum ersetzen*)

Tabelle 7.35 Buch.-Blattbezogene Optionen der Stapelverarbeitung *IC-Eingangsvorgang abschließen*

Intercompany-Transaktionen

Beleg-Optionen	Beschreibung
Buchungsdatum ersetzen	Ermöglicht die Verwendung eines vom Buchungsdatum des IC-Belegs abweichenden Buchungsdatums. Das zu verwendende Datum wird im Feld *Buchungsdatum* eingegeben.
Buchungsdatum	Zu verwendendes Buchungsdatum, welches vom Buchungsdatum des IC-Belegs abweicht (siehe Feld *Buchungsdatum ersetzen*)

Tabelle 7.36 Belegbezogene Optionen der Stapelverarbeitung *IC-Eingangsvorgang abschließen*

Die Stapelverarbeitung erstellt im Prozessbeispiel einen Verkaufsauftrag als Gegenbeleg zu der Intercompany-Bestellung.

Link: *Abteilungen/Verkauf & Marketing/Auftragsabwicklung/Aufträge* (siehe Abbildung 7.176)

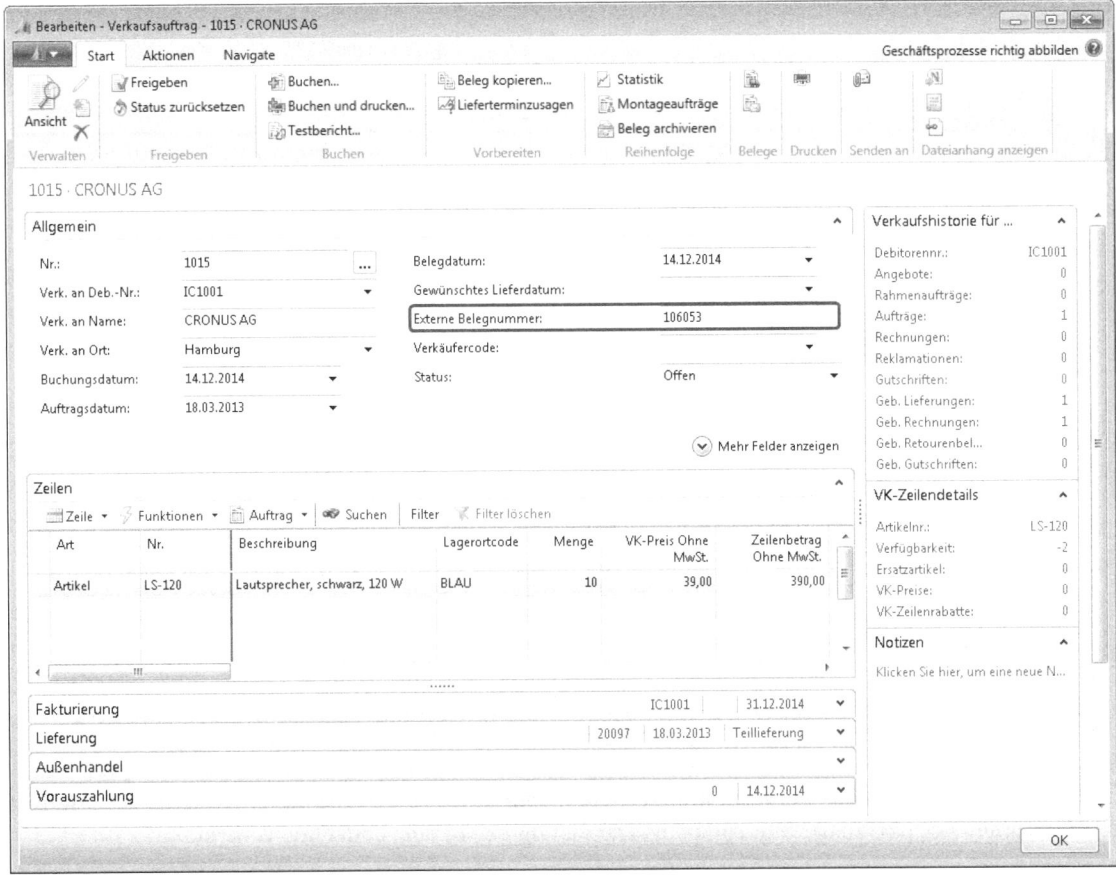

Abbildung 7.176 Korrespondierender Verkaufsauftrag im Mandant »Cronus Cardoxy Sales«

Im Feld *Externe Belegnummer* ist die Bestellnummer aus dem CRONUS AG-Mandanten zu sehen. Der IC-Partnercode selbst und eine Reihe weiterer Felder sind nicht im Verkaufsauftrag eingeblendet, können aber (entsprechende Zugriffsrechte vorausgesetzt) über das Menü *Anwendung* unter *Hilfe/Info zu dieser Seite* angezeigt werden.

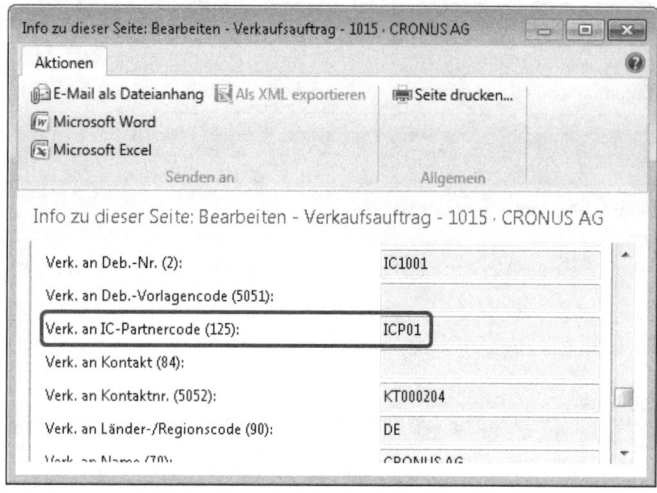

Abbildung 7.177 Intercompany-Informationen im Verkaufskopf

HINWEIS Im Prozessbeispiel wurde das Intercompany-Geschäft mit einer Einkaufsbestellung begonnen. Daher ist die *IC-Richtung = Eingehend*. Wird der Prozess vom Verkaufsauftrag heraus gestartet, so ist die *IC-Richtung = Ausgehend*. Nur in ausgehenden IC-Belegen ist es dem Anwender möglich, einen IC-Beleg (Bestellung oder Reklamation bzw. Auftragsbestätigung oder Reklamationsbestätigung) über die entsprechende *Senden*-Funktion im Ausgang zu erstellen. Daher ist es im Prozessbeispiel nicht möglich, eine Auftragsbestätigung als Intercompany-Beleg zu senden, in dem der abweichende Preis kommuniziert wird.

Der zuständige Bearbeiter weist den gültigen Verkaufspreis zu und veranlasst die Lieferung. Mit der Fakturierung des Auftrags entsteht automatisch ein weiterer IC-Beleg für die Rechnung im Ausgang.

ACHTUNG Die gebuchte Lieferung erzeugt selbst keinen IC-Beleg. Entsprechend ist der Wareneingang im Partnermandanten bei Eingang zu erfassen bzw. aus der Einkaufsbestellung heraus manuell zu erfassen und zu buchen.

Auch im Ausgang besteht die Möglichkeit, sich die Details des IC-Belegs anzeigen zu lassen, bevor die Übertragung erfolgt. Im Prozessbeispiel kann dort noch einmal überprüft werden, ob der korrekte Verkaufspreis zugewiesen ist.

Link: *Abteilungen/Finanzmanagement/Finanzbuchhaltung/Intercompanybuchungen/IC-Ausgangstransaktionen/Navigate/Details* (siehe Abbildung 7.178)

Nach der Übertragung durch die Stapelverarbeitung entsteht erneut eine Eingangstransaktion von der Belegart *Rechnung* im Mandanten CRONUS AG.

Akzeptiert der Benutzer diese Eingangstransaktion, indem er die entsprechende *Zeilenaktion* zuweist, folgt ein Systemhinweis, dass zu der Intercompany-Transaktion bereits eine Bestellung vorliegt.

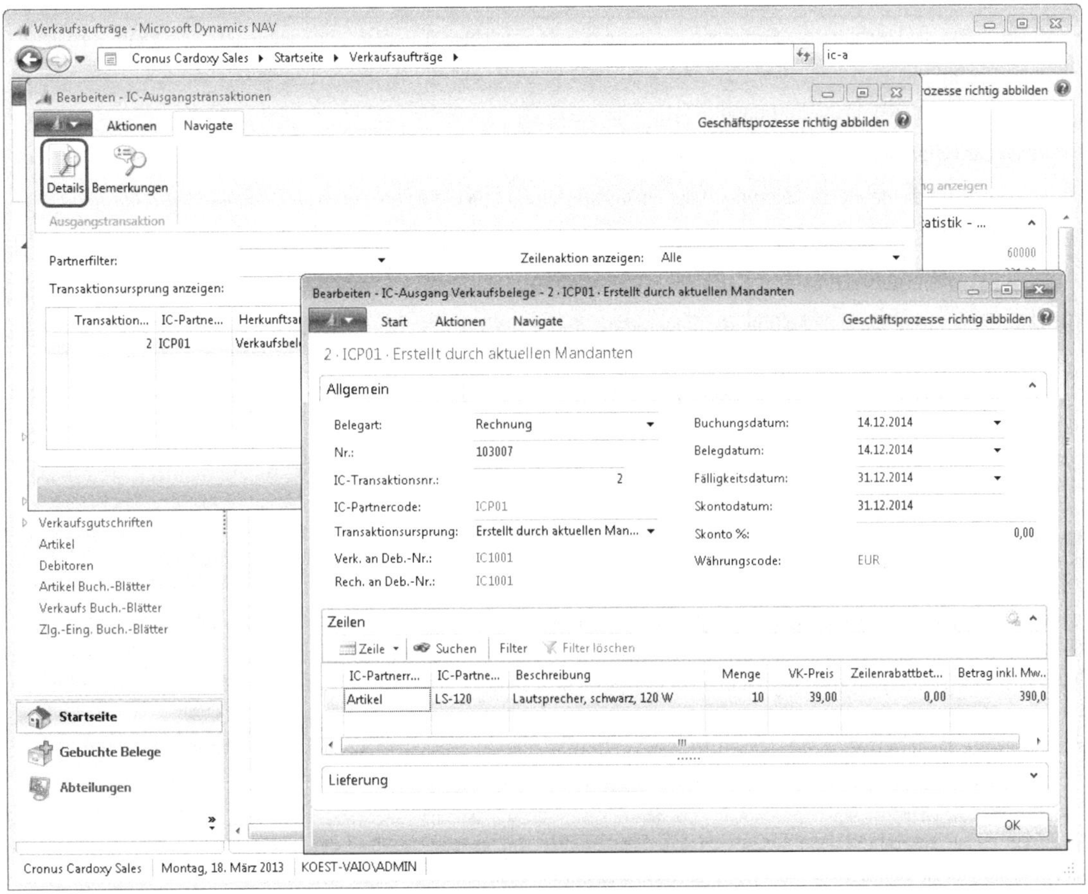

Intercompany-Transaktionen

Abbildung 7.178 Detailansicht der ausgehenden Intercompany-Rechnung

Abbildung 7.179 Hinweis beim Akzeptieren der Intercompany-Eingangsrechnung

ACHTUNG   Da die Löschung der Bestellung aufgrund bereits gebuchter Wareneingänge unmöglich sein kann, wird im Prozessbeispiel eine alternative Vorgehensweise verwendet. Dabei werden folgende Schritte durchgeführt:

- Übernahme der Intercompany-Rechnung
- Buchung der Lieferung aus der Einkaufsbestellung (ohne *Fakturieren*) oder aus Wareneingangsbeleg
- Bezugnahme auf die gebuchte Lieferung in der Einkaufsrechnung durch die Funktion *Wareneingangszeilen abrufen*
- Übernahme der Werte aus der Rechnungszeile für die neu erzeugte Belegzeile und Löschen der bestehenden Zeile
- Fakturieren der Einkaufsrechnung
- Löschen der obsoleten Bestellung über die Stapelverarbeitung *Erledigte Bestellungen löschen*

Nachdem die Stapelverarbeitung die akzeptierte IC-Eingangstransaktion verarbeitet hat, entsteht eine (ungebuchte) Einkaufsrechnung.

Link: *Abteilungen/Einkauf/Bestellungsabwicklung/Einkaufsrechnungen* (siehe Abbildung 7.180)

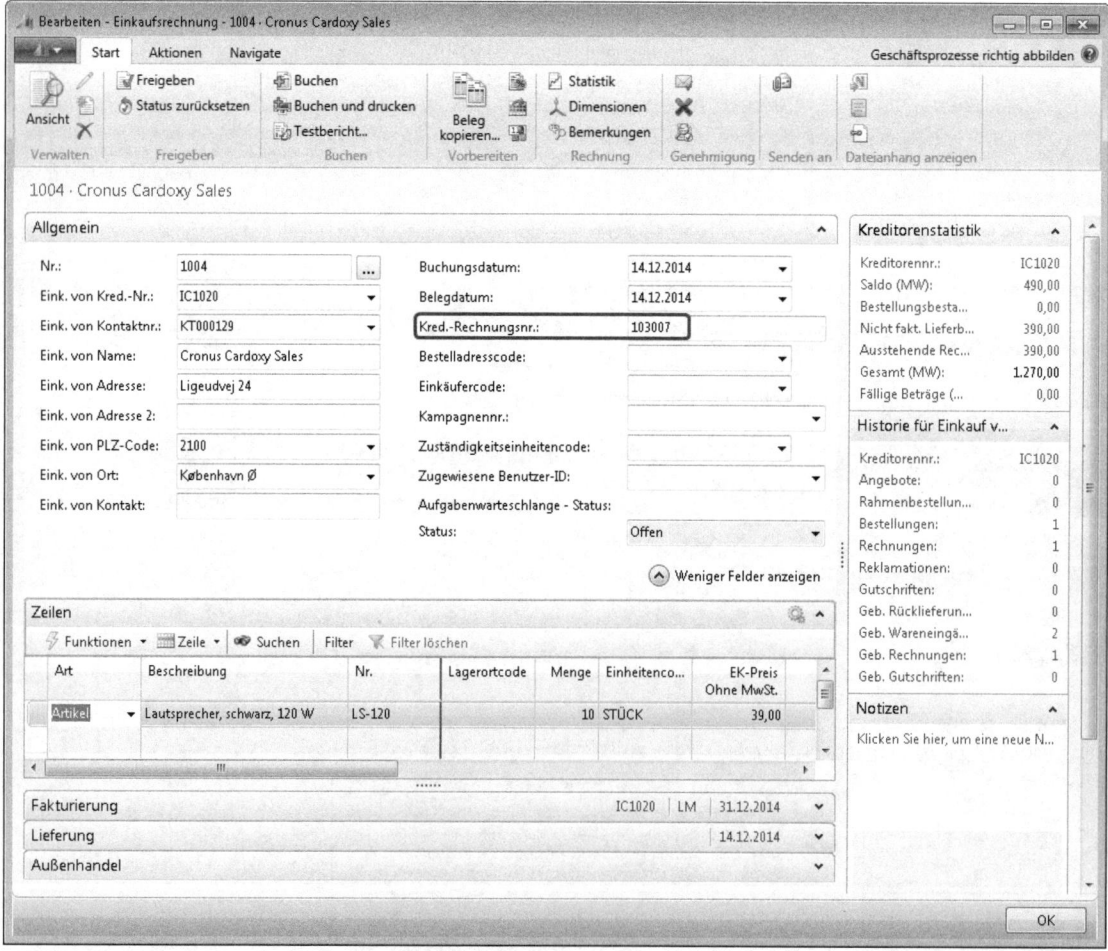

Abbildung 7.180   Intercompany-Eingangsrechnung

Bei einem Wareneingang erfolgt die Buchung der Lieferung aus der Einkaufsbestellung. Bei der Buchung erscheint ein Hinweis, dass doppelte Buchungen entstehen können, wenn beide Belege gebucht werden.

HINWEIS Dieser Hinweis erscheint auch, wenn nur die Lieferung, nicht aber die Fakturierung gebucht wird. Für das Prozessbeispiel wird diese Rückfrage entsprechend dem oben vorgestellten Verfahren bestätigt und die Lieferung gebucht.

Die Fakturierung erfolgt nicht aus der Bestellung, sondern aus der Einkaufsrechnung heraus. Damit keine weiteren Artikelposten entstehen, verwendet das Prozessbeispiel die Funktion *Wareneingangszeilen abrufen*, um den Bezug auf die gebuchte Lieferung herzustellen.

Link: *Abteilungen/Einkauf/Bestellungsabwicklung/**Einkaufsrechnungen**/Zeilen/Funktionen/Wareneingangszeilen abrufen* (siehe Abbildung 7.181)

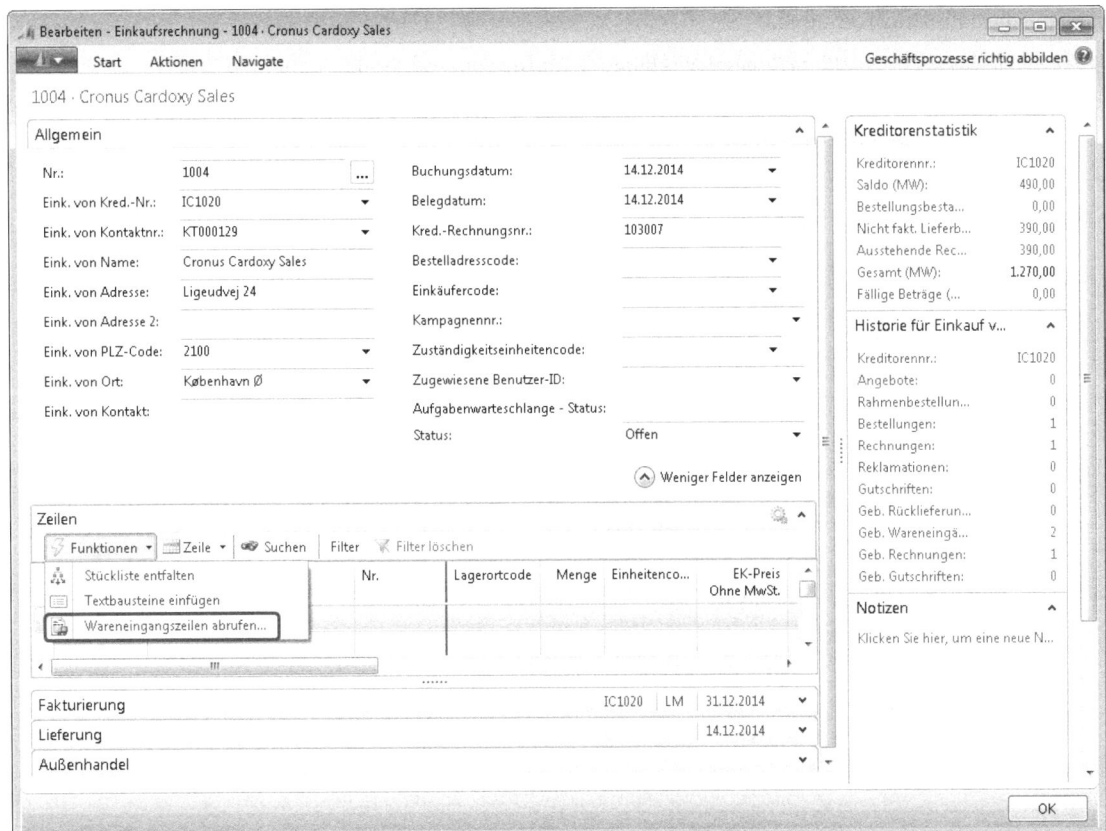

Abbildung 7.181 Funktion *Wareneingangszeilen abrufen* in der Intercompany-Eingangsrechnung

ACHTUNG Durch die Verwendung der Funktion *Wareneingangszeilen abrufen* entstehen neue Belegzeilen auf Basis der Bestellzeilen, auf die die Werte der Rechnungszeile bei Abweichungen übertragen werden müssen. Die dadurch überflüssig gewordene Rechnungszeile wird daraufhin gelöscht.

Die Einkaufsrechnung wird fakturiert und die obsolet gewordene Einkaufsbestellung mittels der Stapelverarbeitung (Link: *Abteilungen/Verwaltung/IT-Verwaltung/Daten löschen/Einkaufsbelege/Erledigte Bestellungen löschen*) gelöscht. Der Prozess ist damit abgeschlossen und kann über die gebuchten Belege sowie die bearbeiteten Eingangs- und Ausgangstransaktionen nachverfolgt werden.

Link: *Abteilungen/Einkauf/Historie/**Geb. Einkaufsrechnungen**/Zeilen/Zeile/Belegzeilenverfolgung* (siehe Abbildung 7.182)

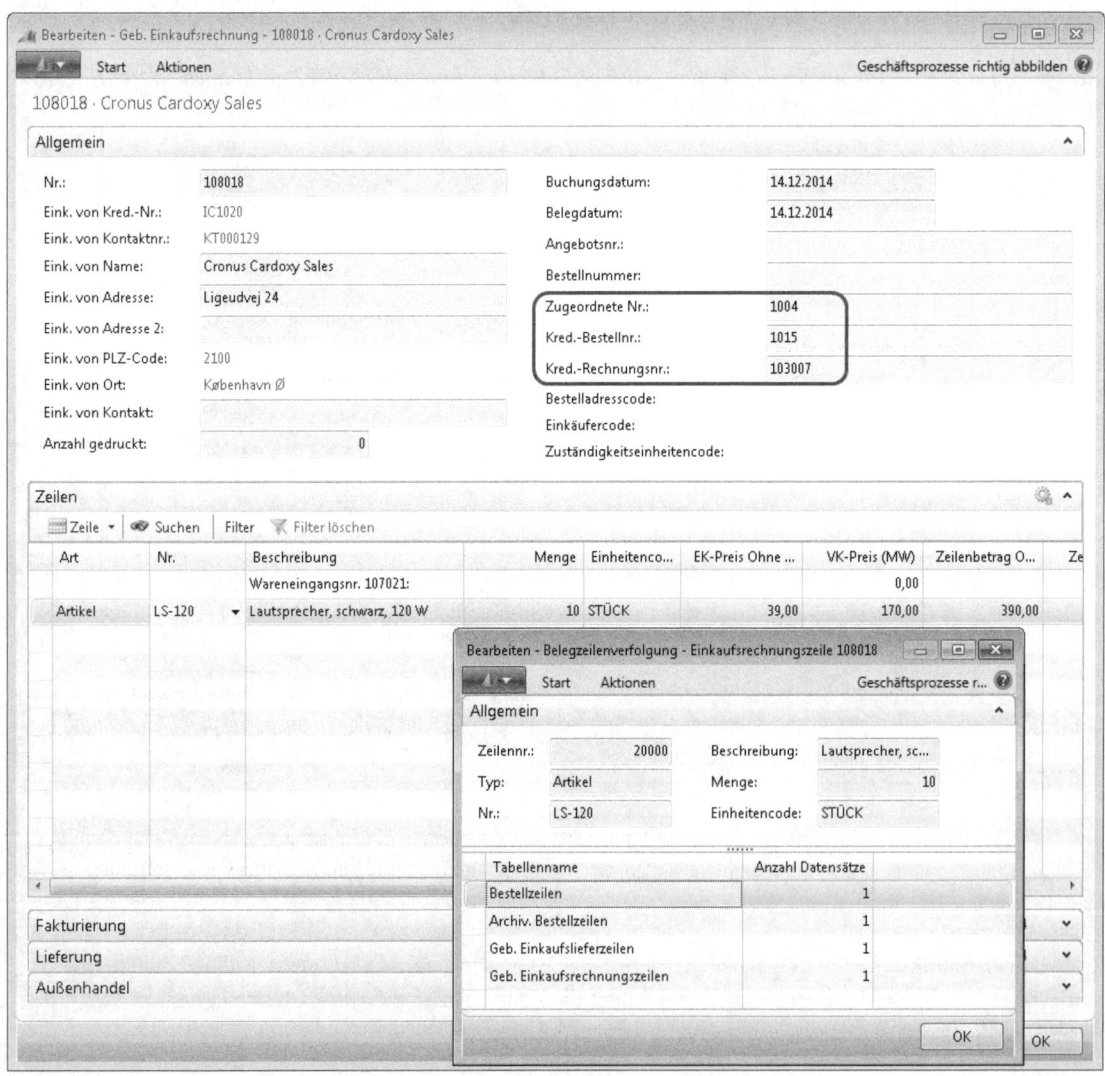

Abbildung 7.182 Belegzeilenverfolgung in der gebuchten Eingangsrechnung

Intercompany-Transaktionen

HINWEIS Der Bezug zur Einkaufsbestellung kann auf Belegzeilenebene über das Menü *Anwendung* und *Hilfe/Info zu dieser Seite* bzw. [Strg]+[Alt]+[F1] hergestellt werden, wo *Bestellnr.* und *Bestellzeilennr.* zu finden sind. Mit der *Kred.-Rechnungsnr.* kann der Bezug zur gebuchten Verkaufsrechnung im Partnermandanten und zur bearbeiteten Intercompany-Transaktion hergestellt werden.

Link: *Abteilungen/Finanzmanagement/Finanzbuchhaltung/Intercompanybuchungen/Bearbeitete IC-Eingangstrans.* (siehe Abbildung 7.183)

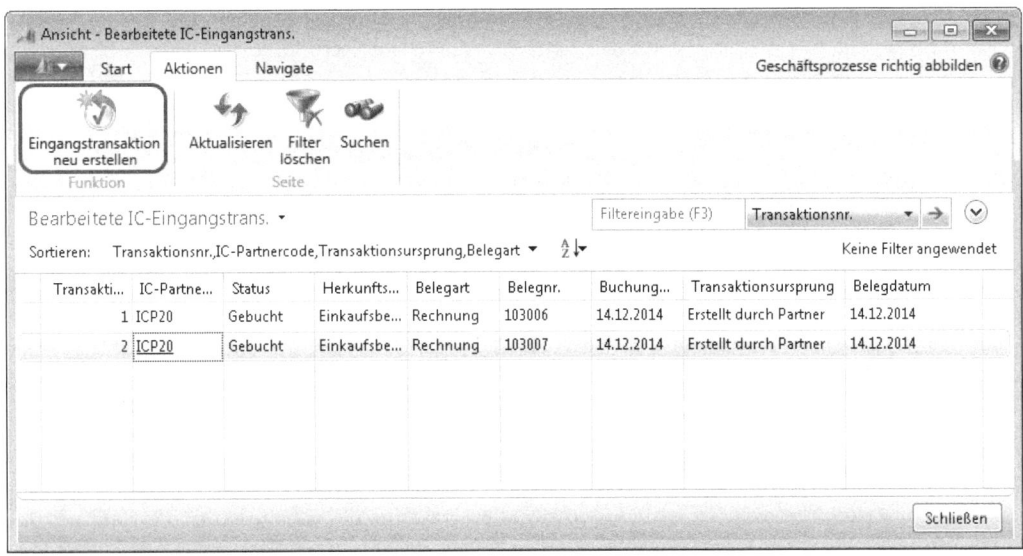

Abbildung 7.183 Nachverfolgbarkeit von bearbeiteten Intercompany-Transaktionen

HINWEIS Über das Feld *IC-Transaktionsnr.* sowie den jeweiligen IC-Partnercode lassen sich die bearbeiteten Intercompany-Transaktionen beider Mandanten verknüpfen. Die Transaktionsnummer wird in der *Finanzbuchhaltung Einrichtung* hochgezählt und ist in beiden beteiligten Mandanten identisch.

ACHTUNG Im Fenster *Bearbeitete IC-Eingangstrans.* kann eine bearbeitete Eingangstransaktion wieder in den Eingang zurückverschoben und damit neu übernommen werden, wenn z. B. der Beleg oder die Buch.-Blattzeilen versehentlich gelöscht wurden.

Enthalten die auszutauschenden Belege andere Belegzeilenarten als *Artikel*, werden diese Belegzeilen über IC-Sachkonten abgewickelt. Eine Ausnahme bildet die Zeilenart *Zu-/Abschlag (Artikel)*, die genauso wie der Artikel als eigene *IC-Partnerref.-Art* vorhanden ist (siehe Abbildung 7.184).

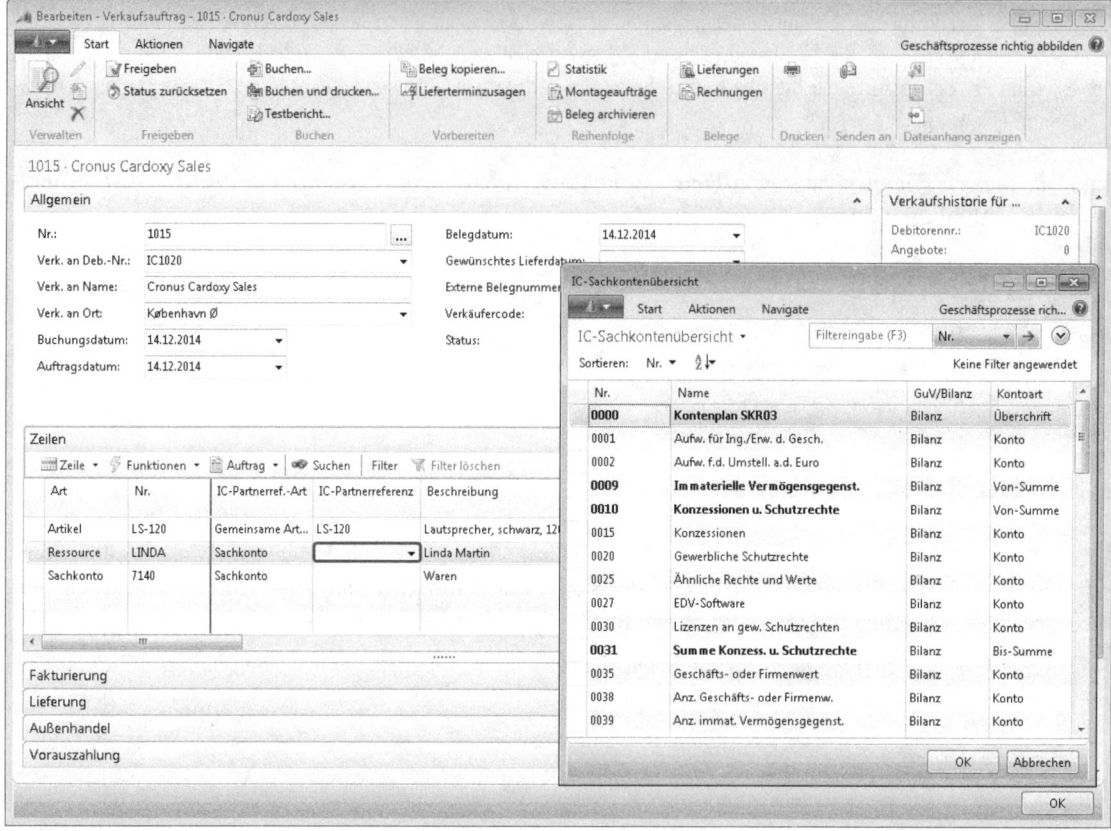

Abbildung 7.184 Zugriff auf den Intercompany-Kontenplan von der Verkaufszeile aus

Über das Feld *IC-Partner Eink.-Sachkontonr.* können Ressourcen im Stammsatz fest mit einer *IC-Sachkontonr.* verbunden werden. Bei Sachkonten erfolgt diese Zuordnung über das Feld *Vorg.-IC-Partner Sachkontonr.*

Intercompany-Buch.-Blätter

Mit den *Intercompany Fibu Buch.-Blättern* können auch Buchungszeilen elektronisch ausgetauscht werden. Die Zuordnung der gegebenenfalls abweichenden Kontenpläne erfolgt wie oben erläutert über einen Intercompany-Kontenplan, der für alle Mandanten identisch ist.

Ablauf und Einrichtung

Nachdem ein *IC-Fibu Buch.-Blatt* gebucht ist, entsteht automatisch eine Intercompany-Ausgangstransaktion, die alle gebuchten Buchungsblattzeilen enthält und nach den oben beschriebenen Schritten an den IC-Partner übertragen wird.

Link: *Abteilungen/Finanzmanagement/Finanzbuchhaltung/Intercompanybuchungen/IC-Fibu Buch.-Blätter* (siehe Abbildung 7.185).

Intercompany-Transaktionen

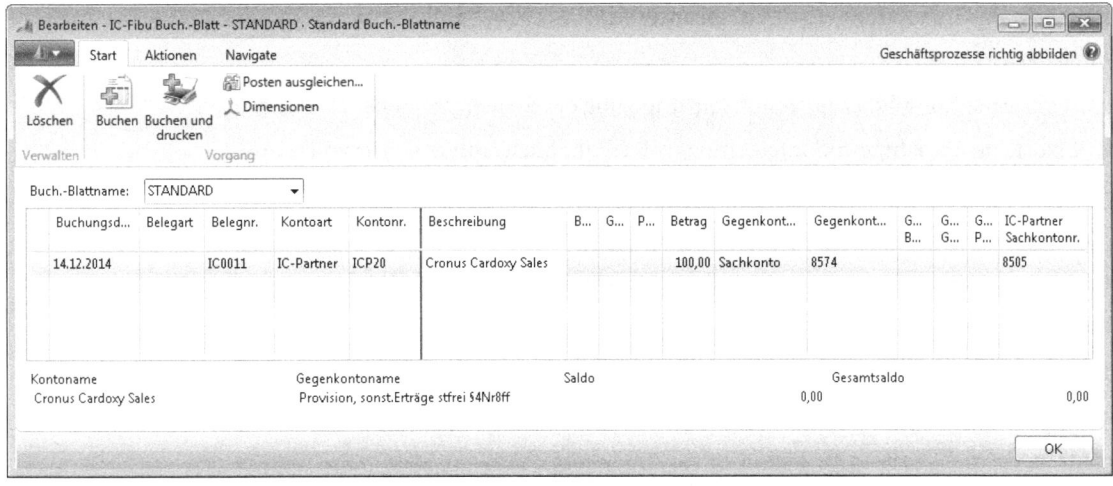

Abbildung 7.185 Intercompany-Buch.-Blattzeile

Nach der Prüfung im Partnermandanten (siehe Abbildung 7.186) wird die Eingangstransaktion übernommen und in das Buch.-Blatt überstellt, das bei der Stapelverarbeitung *IC-Eingangsvorgang abschl.* spezifiziert wurde. Nach der Buchung der übernommenen Buch.-Blattzeilen ist der Prozess abgeschlossen.

Link: *Abteilungen/Finanzmanagement/Finanzbuchhaltung/Intercompanybuchungen/**Bearbeitete IC-Eingangstrans.**/Navigate/Details* (siehe Abbildung 7.186)

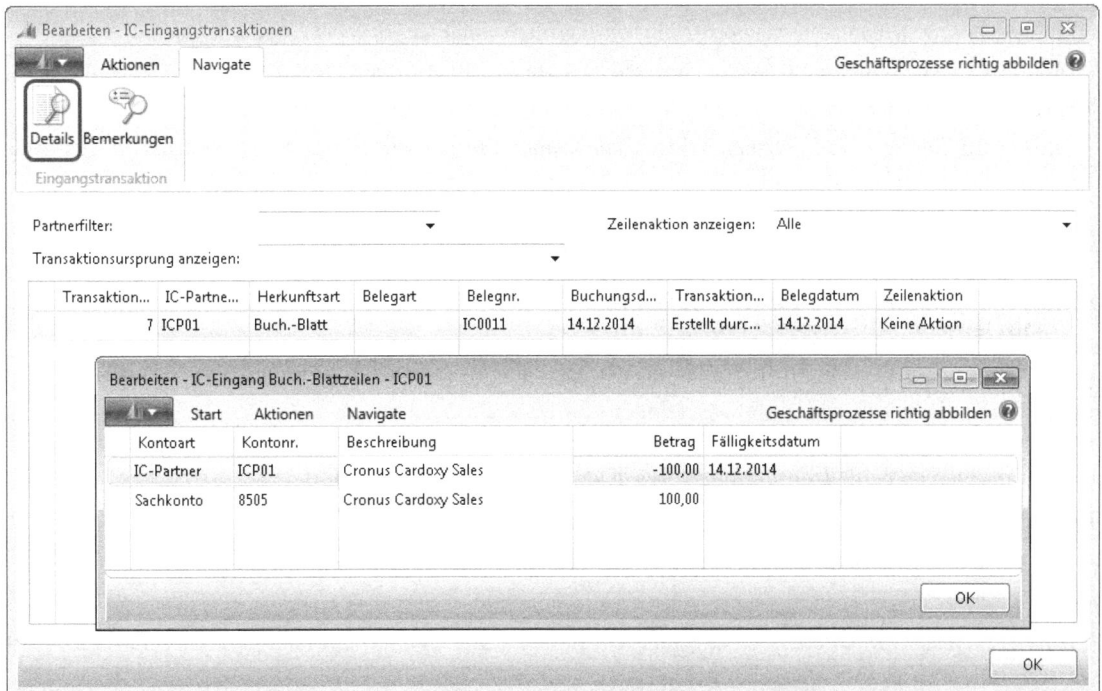

Abbildung 7.186 Detailansicht einer Intercompany-Eingangstransaktion der Herkunftsart *Buch.-Blatt*

Intercompany-Transaktionen aus Compliance-Sicht

Potenzielle Risiken

- Ineffiziente Konsolidierung durch Nichtnutzung der Systemfunktionalität (Efficiency)
- Inkorrekte Abbildung von Intercompany-Transaktionen (Integrity, Compliance)
- Fehlende Nachvollziehbarkeit in Intercompany-Transaktionen (Integrity, Compliance)

Prüfungsziele

- Sicherstellung einer angemessenen Einrichtung der Intercompany-Funktionalität

Prüfungshandlungen

Analyse der Einrichtung

- Prüfung der Richtigkeit und Vollständigkeit der IC-Partner-Einrichtung anhand der Konzernstruktur
  Feldzugriff: *Tabelle 413 IC-Partner*
  Link: *Abteilungen/Verwaltung/Anwendung Einrichtung/Allgemein/Firmendaten*

- Die Debitoren und Kreditorenstammdaten sind anhand der Konzernstruktur auf Konzernpartner zu überprüfen. Die relevanten Stammdaten (Kreditoren/Debitoren) sind auf Existenz von IC-Partnercodes zu überprüfen.
  Feldzugriff: *Tabelle 21 Debitor*, Felder *Nr., Name, Ort, IC-Partnercode*
  Feldzugriff: *Tabelle 23 Kreditor*, Felder *Nr., Name, Ort, IC-Partnercode*

- Abgleich und Überprüfung der vollständigen Zuordnung des internen Kontenplans mit dem IC-Kontenplan
  Link: *Abteilungen/Finanzmanagement/Einrichtung/Intercompanybuchungen/IC-Kontenplan*

- Überprüfen der Artikelstammdaten inkl. Zu-/Abschlagsartikel bezüglich der korrekten Zuordnung zu IC-Partnern und deren ausgehende Verkaufs- und Einkaufs Artikelnummern-Art
  Feldzugriff: *Tabelle 413 IC-Partner*, Felder *Code, Name, Eingangsart, Ausgehende VK-Artikelnr.-Art, Ausgehende EK-Artikelnr.-Art*
  Feldzugriff: *Tabelle 27 Artikel*, Felder *Nr., Beschreibung, Gemeinsame Artikelnr.*
  Feldzugriff: *Tabelle 5717 Artikelreferenz*

Analyse der Eingangs- und Ausgangstransaktionen

Prüfung auf nicht zeitnah verarbeitete Eingangs- bzw. Ausgangstransaktionen

Link: *Abteilungen/Finanzmanagement/Finanzbuchhaltung/Intercompanybuchungen/IC-Eingangstransaktionen*

Link: *Abteilungen/Finanzmanagement/Finanzbuchhaltung/Intercompanybuchungen/IC-Ausgangstransaktionen*

Analyse von Intercompany-Transaktionen ohne Nutzung der IC-Funktionalität

Überprüfung der Intercompany Debitoren- und Kreditorenposten auf fehlende IC-Partnercodes

Feldzugriff: *Tabelle 21 Debitorenposten*, Felder *Kreditorennr., Buchungsdatum, Belegart, Belegnr., IC-Partnercode[Wert leer]*

Feldzugriff: *Tabelle 25 Kreditorenposten*, Felder *Kreditorennr., Buchungsdatum, Belegart, Belegnr., IC-Partnercode[Wert leer]*

Analyse gebuchter Intercompany-Transaktionen

Mithilfe des Reports *IC-Transakionen* können gebuchte Intercompany-Transaktionen und die daraus resultierenden, entsprechenden Sach-, Debitoren- und Kreditorenposten ausgegeben werden.

Link: *Abteilungen/Finanzmanagement/Finanzbuchhaltung/Berichte/Intercompanybuchungen/Transaktionen*

Kapitel 8

Finanzmanagement

In diesem Kapitel:

Grundeinrichtungen	770
Kontenplan und Sachkonten	779
Verwendung von Buchungsgruppen	785
Dimensionen	800
Sonstige Einrichtungen und Stammdaten	809
Das Arbeiten mit Buch.-Blättern	813
Storno- und Korrekturbuchungen	823
Die Anlagenbuchhaltung	830
Bankmanagement	848
Arbeiten mit Währungen	851
Periodische Aktivitäten	863

Dem Finanzmanagement kommt in Dynamics NAV 2013 eine besondere Bedeutung zu. Zum einen als eigenständige Organisationseinheit mit einer Vielzahl von Prozessen ohne Berührungspunkte zu anderen Bereichen im System, zum anderen werden im Bereich des Finanzmanagements Einrichtungen vorgenommen, die wesentliche Auswirkungen auf alle anderen Bereiche des Systems und auf den gesamten Buchungsprozess des Unternehmens haben.

Umso wichtiger ist es, die Grundeinrichtungen und Prozessabläufe innerhalb des Finanzmanagements zu kennen und zu verstehen.

Diese Kenntnis ist gerade im Hinblick auf die Grundsätze ordnungsmäßiger DV-gestützter Buchführungssysteme (GoBS) wichtig.[1]

Die GoBS stellen eine Konkretisierung insbesondere der §§ 145 bis 147 Abgabenordnung sowie des § 239 Abs. 4 HGB in Bezug auf die Grundsätze ordnungsmäßiger Buchführung (GoB) und der Aufbewahrungspflichten bei Einsatz von DV-gestützten Buchführungssystemen dar (siehe hierzu auch in Kapitel 1 den Abschnitt »Rechtliche Grundlagen«). Ein wesentlicher Kernpunkt der GoBS ist ein effektives internes Kontrollsystem (IKS).

Im Folgenden werden zunächst die notwendigen Grundeinrichtungen und Stammdaten detailliert beschrieben und im Hinblick auf unterschiedliche Konfigurationsvarianten analysiert. Anschließend erfolgt die Beschreibung und Analyse wichtiger (Teil-)Prozesse, bevor abschließend noch auf periodische Aktivitäten wie z. B. die Jahresabschlussarbeiten eingegangen wird.

Auf Einrichtungen, Stammdaten und Prozesse aus den Bereichen *Verkauf & Marketing*, *Einkauf* und *Lager*, die gleichwohl Auswirkungen auf das Finanzmanagement haben, wird in diesem Kapitel nicht mehr eingegangen, vielmehr wird auf die Kapitel 5, 6 und 7 verwiesen.

Jeder der beschriebenen Punkte wird auch aus Compliance-Sicht im Hinblick auf die Konsequenzen einzelner Einstellungen und möglicher Kontrollmaßnahmen und Prüfungshandlungen betrachtet und bietet so eine Grundlage für ein internes Kontrollsystem.

Abhängig von der Aufbau- und Ablauforganisation eines Unternehmens können die im Folgenden beschriebenen Einrichtungen, Stammdaten und Prozesse von den unternehmensspezifischen Anforderungen abweichen, entfallen oder durch entsprechende Maßnahmen erweitert werden.

Grundeinrichtungen

Mit Grundeinrichtungen sind die Einrichtungen gemeint, die übergreifende Auswirkungen auf alle Teilbereiche des Systems haben, jedoch nicht allein von der Aufbau- und Ablauforganisation eines Unternehmens abhängen.

Dieses betrifft die *Finanzbuchhaltung Einrichtung* sowie die *Buchhaltungsperioden*.

Weitere Einrichtungsparameter, die für die (Teil-)Prozesse des Finanzmanagements von Bedeutung sind, werden in den nachfolgenden Abschnitten dieses Kapitels erläutert.

---

[1] Die Grundsätze ordnungsmäßiger DV-gestützter Buchführungssysteme (GoBS) sind von der Arbeitsgemeinschaft für wirtschaftliche Verwaltung e.V., Eschborn, ausgearbeitet worden und mit dem Begleitschreiben des Bundesministeriums der Finanzen vom 07.11.1995 erlassen worden (1995 – IV A 8 – S 0316 – 52/95 – BStBl 1995 I S. 738).

Grundeinrichtungen

Finanzbuchhaltung Einrichtung

Auf Mandantenebene sind zunächst grundlegende Vorgaben für das Finanzmanagement zu hinterlegen. Diese Vorgaben haben weitreichenden Einfluss auf die Buchungslogik und müssen vor der Inbetriebnahme eines Mandanten festgelegt werden.

Link: *Abteilungen/Verwaltung/Anwendung Einrichtung/Finanzmanagement/Finanzen/Finanzbuchhaltung Einrichtung* (siehe Abbildung 8.1)

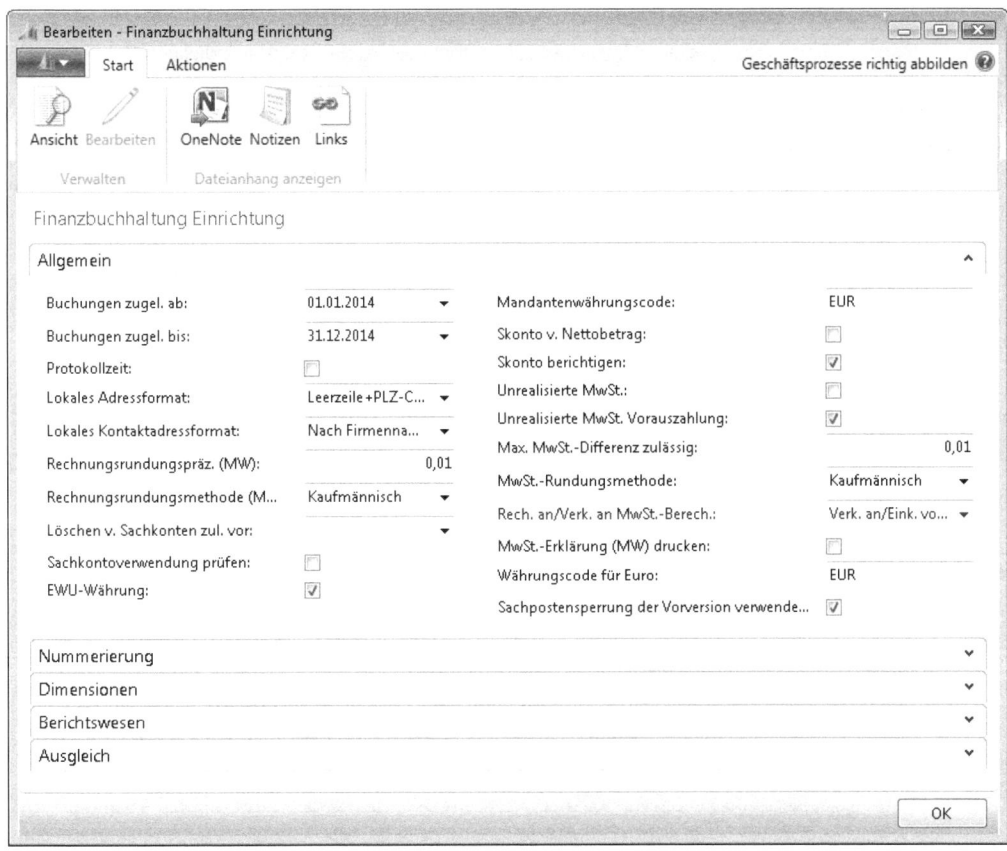

Abbildung 8.1 Die Finanzbuchhaltung Einrichtung

Einrichtungsparameter

Zwingend sind Einrichtungen in den Inforegistern *Allgemein* und *Ausgleich* vorzunehmen. Die Inforegister *Nummerierung*, *Dimensionen* und *Berichtswesen* sind dagegen nur optional einzurichten. Die wichtigsten Einrichtungsparameter ausgewählter Felder des Inforegisters *Allgemein* sind (siehe Tabelle 8.1):

Feldbezeichnung	Beschreibung
Buchungen zugel. ab *Buchungen zugel. bis*	Zulässiger Datumsbereich für Buchungen aller Anwender. Anwenderspezifische Buchungsdaten werden in der Benutzereinrichtung definiert. Sind keine benutzerspezifischen Daten definiert, gelten die hier hinterlegten Werte. Werden keine Werte hinterlegt, existieren auf Mandantenebene keine zeitlichen Buchungsbeschränkungen.
Protokollzeit	Die Aktivierung dieses Kontrollkästchens bewirkt die Protokollierung der Bearbeitungszeit des Benutzers
Rechnungsrundungspräz. (MW)	Größe des Intervalls bei Rundung von Beträgen in der Mandantenwährung
Rechnungsrundungsmethode (MW)	Auswahl der Methode der Rundungsberechnung. Die Auswahlmöglichkeiten sind *<Kaufmännisch>*, *<Aufrunden>* oder *<Abrunden>*.
Löschen v. Sachkonten zul. vor	Wird in diesem Feld ein Datum eingegeben, können Sachkonten mit Posten an oder nach diesem Datum nicht gelöscht werden
Sachkontenverwendung prüfen	Sachkonten, die in Einrichtungstabellen verwendet werden, sind bei Aktivierung des Felds vor dem Löschen geschützt
EWU-Währung	Gibt an, ob die Mandantenwährung eine EWU-Währung ist
Mandantenwährungscode	Eingabe der Mandantenwährung
Skonto v. Nettobetrag	Ist das Kontrollkästchen aktiviert, wird ein Skontoabzug ohne die Berichtigung der Umsatzsteuer gebucht
Skonto berichtigen	Ist das Kontrollkästchen aktiviert, wird beim Skontoabzug die Umsatzsteuer neu berechnet und entsprechend dem Skontobetrag berichtigt
Unrealisierte MwSt.	Dieses Feld ist zu aktivieren, wenn die Umsätze nach vereinnahmten Entgelten versteuert werden
Unrealisierte MwSt. Vorauszahlung	Bei Aktivierung wird die Umsatzsteuer für angeforderte Vorauszahlungen auf ein separates Sachkonto gebucht. Eine Berücksichtigung in der MwSt.-Abrechnung erfolgt nicht. Erst bei Zahlungseingang wird auf das eigentliche Umsatzsteuerkonto gebucht und die Umsatzsteuer wird in der MwSt.-Abrechnung berücksichtigt.
Max. MwSt.-Differenz zulässig	In diesem Feld wird die maximal zulässige MwSt.-Korrektur für die Mandantenwährung eingegeben
MwSt.-Rundungsmethode	Auswahl der Methode der MwSt.-Rundung
MwSt.-Erklärung (MW) drucken	Wird das Feld aktiviert, wird bei Belegen in Fremdwährung eine zusätzliche MwSt.-Angabe in Landeswährung eingefügt
Währungscode für Euro	Eingabe des Währungscodes für den Euro
Sachpostensperrung der Vorversion verwenden	Gibt an, zu welchem Zeitpunkt die Tabelle Sachposten während Verkaufs-, Einkaufs- und Servicetransaktionen gesperrt wird. Ist das Kontrollkästchen aktiviert, erfolgt eine Sperrung der Tabelle Sachposten zu Beginn einer Buchung mit der Folge längerer Buchungszeiten. Das Feld ist zu aktivieren, wenn in der *Lager Einrichtung* das Feld *Automatische Lagerbuchung* aktiviert ist.

Tabelle 8.1 Felder des Inforegisters Allgemein

Grundeinrichtungen

> **HINWEIS** Die Felder *Buchungen zugel. ab* und *Buchungen zugel. bis* beziehen sich auf das Buchungsdatum. Neben dem Buchungsdatum werden im System noch das Belegdatum, das Arbeitsdatum, das Errichtungsdatum und das Ultimodatum verwendet. Die verschiedenen Datumsangaben haben folgende Bedeutung:
>
> - **Buchungsdatum** Bezieht sich auf einen Tag innerhalb einer Buchhaltungsperiode, an dem ein Geschäftsvorfall gebucht werden soll. Es steuert somit die periodengerechte Zuordnung sämtlicher Geschäftsvorfälle.
> - **Belegdatum** Ist das Datum eines Belegs, z. B. das Rechnungsdatum einer Eingangsrechnung. Vom Belegdatum aus wird in diesem Beispiel die Fälligkeit und die Skontofrist der Rechnung in Verbindung mit den Zahlungsbedingungen berechnet.
> - **Arbeitsdatum** NAV verwendet das Systemdatum als standardmäßiges Arbeitsdatum. Dieses Datum hat Auswirkungen z. B. bei der Verwendung von Nummernserien. Wird für eine Nummernserie mit verschiedenen Startdaten gearbeitet, erfolgt die systemabhängige Auswahl der Nummernserie anhand des Arbeitsdatums.
> - **Errichtungsdatum** Zeigt an, an welchem Datum eine Buchung tatsächlich erfolgt ist. Das Datum wird vom System automatisch vergeben und entspricht dem Systemdatum. Das Datum ist in den Fibujournalen auswertbar. Zusammen mit der *Benutzer-ID* kann so ausgewertet werden, welcher Benutzer wann eine Buchung ausgeführt hat.
> - **Ultimodatum** Wird bei der GuV-Konten Nullstellung verwendet (für ausführliche Informationen zur GuV-Kontennullstellung siehe den Abschnitt »GuV-Konten Nullstellung«). Es handelt sich um ein fiktives Datum, das zwischen zwei Geschäftsjahren liegt. Dabei wird ein »U« vor das Buchungsdatum gesetzt.

Die Einrichtungsparameter des Inforegisters *Ausgleich* listet die Tabelle 8.2 auf.

Feldbezeichnung	Beschreibung
Ausgl. Rundungspräzision	Größe des Intervalls zulässiger Rundungsdifferenzen, wenn ein Posten in Mandantenwährung mit einem Posten in anderer Währung ausgeglichen werden soll
Skontotoleranzwarnung	Erfolgt der Ausgleich eines Saldos innerhalb der Toleranzperiode, die im Feld *Skontotoleranzperiode* eingegeben ist, erscheint eine Warnmeldung
Skontotoleranzbuchung	Auswahl der Buchungsmethode von Skontotoleranzen. Die Buchung kann entweder auf *Zahlungstoleranzkonten* oder *Skontokonten* erfolgen. Diese Konten sind Bestandteil der *Buchungsmatrix Einrichtung* und können dort hinterlegt werden.
Skontotoleranzperiode	Anzahl der Tage, die eine Zahlung oder Erstattung über dem Skontofälligkeitsdatum liegen darf. Bei Aktivierung des Felds *Skontotoleranzwarnung* erscheint eine Meldung, die dem Anwender die Möglichkeit gibt, zu entscheiden, ob Skonto gezogen werden darf oder ein offener Posten entstehen soll.
Zahlungstoleranzwarnung	In Abhängigkeit der Felder *Zahlungstoleranz %* und *Max. Zahlungstoleranzbetrag* erfolgt beim Ausgleich eines Saldos innerhalb des Toleranzbereichs eine Warnmeldung
Zahlungstoleranzbuchung	Auswahl der Buchungsmethode von Zahlungstoleranzen. Die Buchung kann entweder auf Zahlungstoleranzkonten oder *Skontokonten* erfolgen. Diese Konten sind Bestandteil der *Buchungsmatrix Einrichtung* und können dort hinterlegt werden.
Zahlungstoleranz %	Festlegung des Prozentsatzes, um den eine Zahlung oder Erstattung vom ursprünglichen Rechnungs- oder Gutschriftsbetrags abweichen darf. Ist das Feld *Zahlungstoleranzwarnung* aktiviert, erscheint bei Buchung einer Zahlung eine Meldung, die dem Anwender die Möglichkeit gibt, zu entscheiden, ob der zu viel abgezogene Betrag als Zahlungstoleranz gebucht werden soll oder ob ein offener Posten entsteht.
Max. Zahlungstoleranzbetrag	Festlegung des maximalen Betrags, um den eine Zahlung oder Erstattung vom ursprünglichen Rechnungs- oder Gutschriftsbetrag abweichen darf

Tabelle 8.2 Felder des Inforegisters *Ausgleich*

Einrichtungsparameter aus Compliance-Sicht

Potenzielle Risiken

- Die Erfassung und Verbuchung von Geschäftsvorfällen in eigentlich schon abgeschlossenen Perioden, wodurch sich Bilanz- und GuV-Ansätze im nachhinein ändern (Compliance, Integrity, Reliability)
- Falsche/nicht nachvollziehbare Bilanzansätze durch das Löschen von Sachkonten und Sachposten (Compliance, Integrity, Reliability)
- Abgabe falscher Umsatzsteuervoranmeldungen/-jahreserklärungen durch falsche Einrichtungsparameter (Compliance, Integrity, Reliability)
- Vermögensverlust durch Gewährung von Skonto nach Ablauf der eigentlichen Skontofrist (Compliance, Efficiency)
- Vermögensverlust durch das grundsätzliche Zulassen von Zahlungstoleranzen bzw. die Gewährung zu hoher Zahlungstoleranzen (Compliance, Efficiency)

Prüfungsziele

- Analyse einer den gesetzlichen und organisatorischen Regelungen entsprechenden Einrichtung für das Finanzmanagement
- Prüfung der eingestellten Parameter auf deren Wirtschaftlichkeit
- Prüfung der richtigen Einstellung zur Verbuchung von Zahlungs- und Skontotoleranzen

Prüfungshandlungen

Als Prüfungshandlung wird für die oben genannten Einrichtungsparameter ein unserer Meinung nach aus Compliance-Sicht möglicherweise angemessener Konfigurationsvorschlag für die Anforderungen der CRONUS AG dargestellt (siehe Tabelle 8.3).

Feld	Beschreibung
Buchungen zugel. ab Buchungen zugel. bis	Der Zeitraum sollte grundsätzlich auf die aktuelle Buchhaltungsperiode beschränkt sein. Für Anwender, die in eine vorherige Periode buchen müssen, ist die abweichende Berechtigung in der *Benutzereinrichtung* vorzunehmen.
Protokollzeit	Sollte aktiviert werden, um die Bearbeitungszeit der einzelnen Benutzer zu protokollieren
Rechnungsrundungspräz. (MW)	0,01
Rechnungsrundungsmethode (MW)	Kaufmännisch
Löschen v. Sachkonten zul. vor	Nicht zulassen
Sachkontenverwendung prüfen	Aktivieren
EWU-Währung	Aktivieren
Mandantenwährungscode	EUR
Skonto v. Nettobetrag	Nicht aktivieren
Skonto berichtigen	Aktivieren
Unrealisierte MwSt.	Nicht aktivieren
Unrealisierte MwSt. Vorauszahlung	Aktivieren, wenn mit Vorauszahlungen gearbeitet wird

Tabelle 8.3 Konfigurationsvorschlag ausgewählter Felder der Finanzbuchhaltung Einrichtung

Grundeinrichtungen

Feld	Beschreibung
Max. MwSt.-Differenz zulässig	0,01 Bei Bedarf kann dieser Wert geändert werden. Typischer Anwendungsfall ist der auf einer Eingangsrechnung ausgewiesene Umsatzsteuerbetrag, der von der Umsatzsteuerberechnung der Anwendung abweicht.
MwSt.-Rundungsmethode	Kaufmännisch
MwSt.-Erklärung (MW) drucken	Eine Aktivierung ist nicht notwendig
Währungscode Euro	EUR
Sachpostensperrung der Vorversion verwenden	Das Kontrollkästchen ist zu aktivieren, wenn in der *Lager Einrichtung* das Kontrollkästchen *Automatische Lagerbuchung* aktiviert ist
Ausgl. Rundungspräzision	Gemäß interner Regelung
Skontotoleranzwarnung	Aktivieren
Skontotoleranzbuchung	*<Skontokonten>* Hinterlegung der entsprechenden Konten in der *Buchungsmatrix Einrichtung*
Skontotoleranzperiode	Gemäß interner Regelung, in der Praxis zwischen zwei und fünf Tagen
Zahlungstoleranzwarnung	Aktivieren
Zahlungstoleranzbuchung	*<Skontokonten>* Hinterlegung der entsprechenden Konten in der *Buchungsmatrix Einrichtung*
Zahlungstoleranz %	Gemäß interner Regelung
Max. Zahlungstoleranzbetrag	Gemäß interner Regelung

Tabelle 8.3 Konfigurationsvorschlag ausgewählter Felder der Finanzbuchhaltung Einrichtung *(Fortsetzung)*

Buchhaltungsperioden

Um Buchungen durchführen und auswerten zu können, müssen Buchhaltungsperioden eingerichtet werden. Die Einrichtung von Buchhaltungsperioden und das Arbeiten mit Buchhaltungsperioden aus Compliance-Sicht werden im Folgenden beschrieben.

Einrichtung von Buchhaltungsperioden

Buchhaltungsperioden werden eingerichtet, indem ein Geschäftsjahr eröffnet und die dazugehörigen Buchhaltungsperioden definiert werden.

Link: *Abteilungen/Finanzmanagement/Periodische Aktivitäten/Geschäftsjahr*/**Buchhaltungsperioden**/*Start/Jahr erstellen* (siehe Abbildung 8.2)

Im Feld *Startdatum* ist das Startdatum des neu zu eröffnenden Geschäftsjahrs einzutragen.

Die *Anzahl Perioden* beträgt in der Regel »12« (Müsste ein Rumpfwirtschaftsjahr errichtet werden, wären entsprechend weniger Perioden einzugeben).

Die *Periodenlänge* beträgt »1M« für einen Monat.

Abbildung 8.2 Geschäftsjahr eröffnen

Eine Übersicht über alle in der Anwendung eröffneten Geschäftsjahre erhält man im Fenster *Buchhaltungsperioden*.

Link: *Abteilungen/Finanzmanagement/Periodische Aktivitäten/Geschäftsjahr/Buchhaltungsperioden* (siehe Abbildung 8.3)

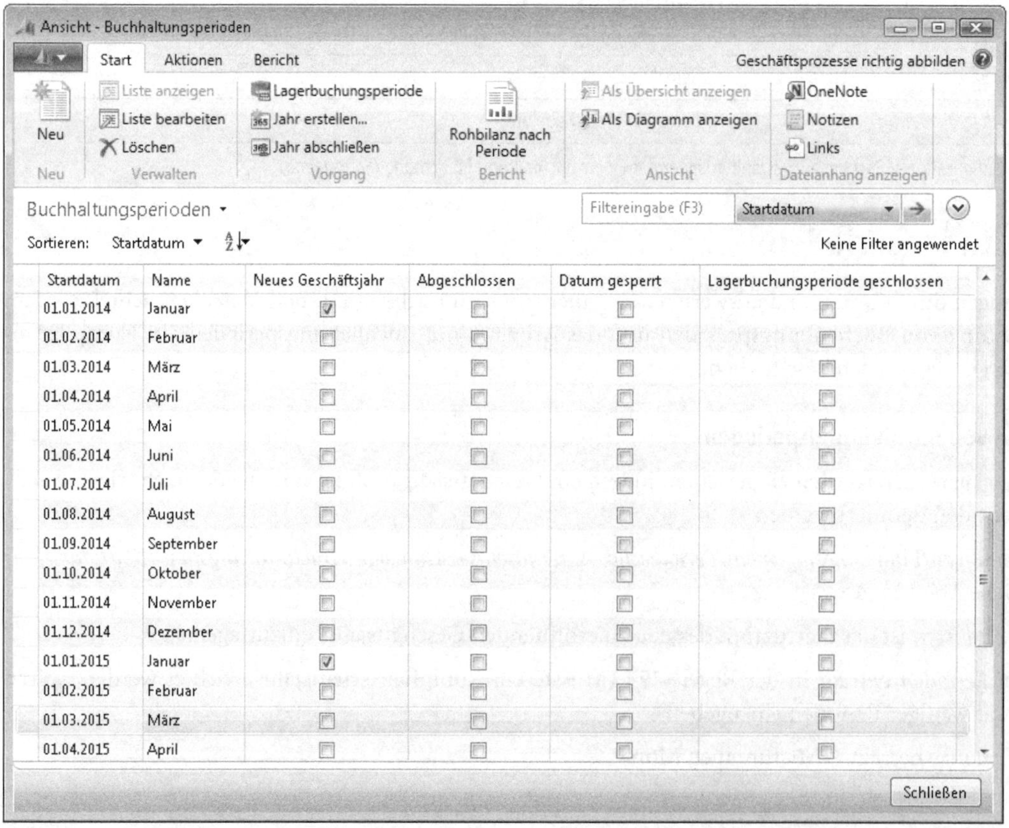

Abbildung 8.3 Ausschnitt der eingerichteten Buchhaltungsperioden

Grundeinrichtungen

Ist ein Geschäftsjahr beendet, sollte es geschlossen werden. Wie ein Geschäftsjahr geschlossen wird, ist ausführlich im Abschnitt »Das Jahr abschließen« erläutert.

HINWEIS Ist ein Geschäftsjahr eröffnet, können sofort Buchungen vorgenommen werden.

Saldenvorträge sind nur beim Echtstart einmalig zu erfassen und zu buchen. In den folgenden Jahren werden in Auswertungen sämtliche Salden automatisch als Saldovortrag dargestellt.

ACHTUNG Auch ohne dass ein neues Geschäftsjahr eröffnet wird, können Buchungen grundsätzlich vorgenommen werden, jedoch sind dann nicht alle Systemfunktionen durchgängig verfügbar. Beispiel: Obwohl das Geschäftsjahr 2015 noch nicht eröffnet wurde, wurde mit Buchungsdatum 05.01.2015 eine Verkaufsrechnung für den Debitor »63000« gebucht (siehe Abbildung 8.4):

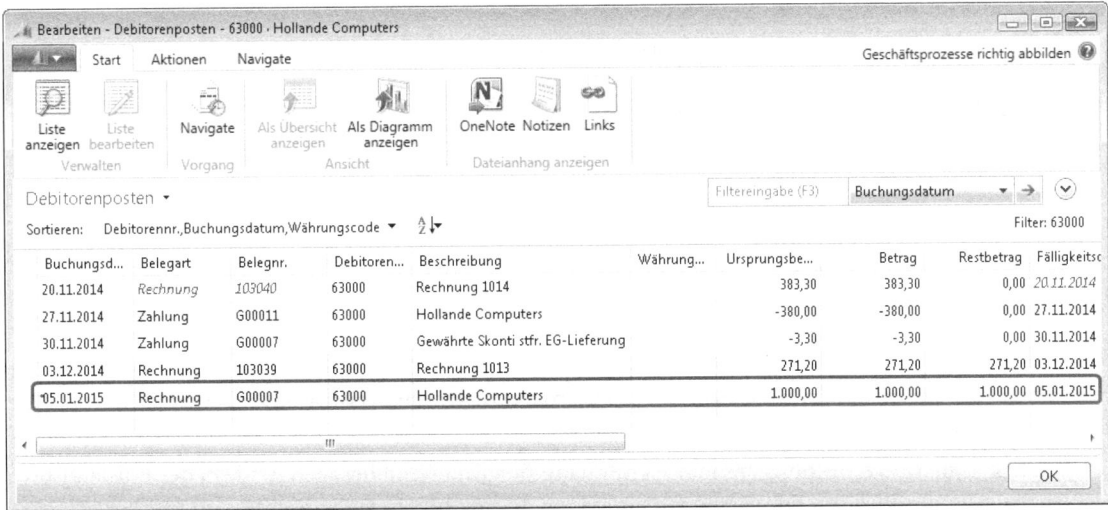

Abbildung 8.4 Debitorenposten des Debitors »63000«

Will man beispielsweise eine Debitor-Summen Saldenliste für das Kalenderjahr 2015 drucken, erscheint die Fehlermeldung aus Abbildung 8.5.

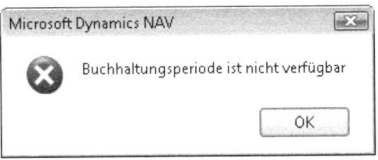

Abbildung 8.5 Fehlermeldung beim Ausdruck der Debitor-Summen Saldenliste bei nicht eröffnetem Geschäftsjahr

Neben den eigentlichen Buchhaltungsperioden können auch Lagerbuchungsperioden eingerichtet werden.

Link: *Abteilungen/Finanzmanagement/Periodische Aktivitäten/Geschäftsjahr/**Buchhaltungsperioden**/Start/ Lagerbuchungsperiode*

Mit der Einrichtung von Lagerbuchungsperioden können Buchungen von Lagertransaktionen zeitlich eingeschränkt werden (siehe Abbildung 8.6).

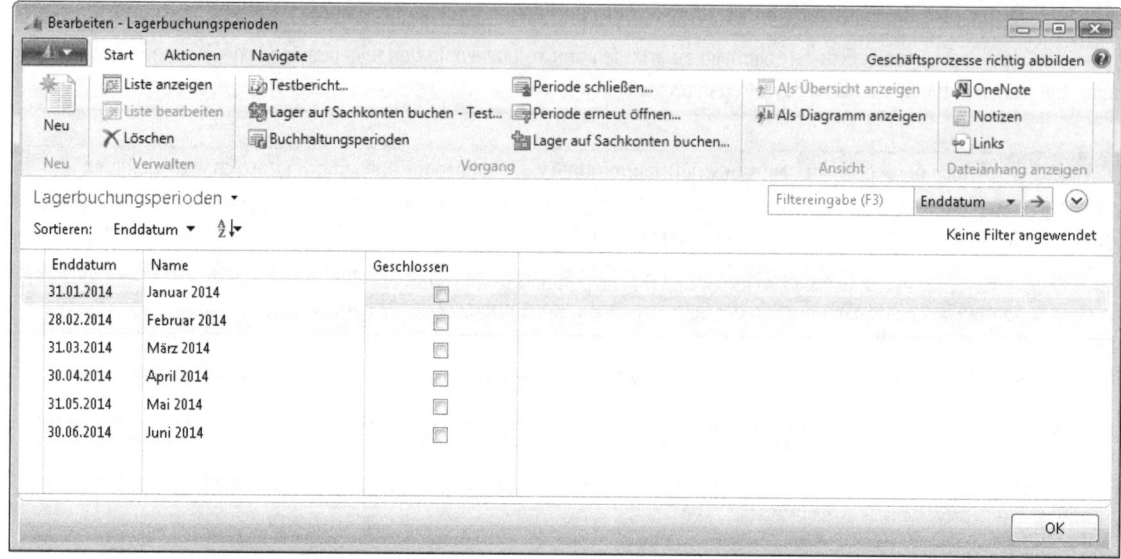

Abbildung 8.6 Lagerbuchungsperioden

Mit Abschluss einer Lagerbuchungsperiode können keine weiteren Zugänge und Wertänderungen von Artikeln in diese Periode gebucht werden, auch wenn weiterhin auf offene Artikelposten dieser Periode zugegriffen werden kann.

Das Schließen einer Lagerbuchungsperiode ist nur dann möglich, wenn bei allen Artikeln der Einstandspreis reguliert wurde (ausführliche Informationen zu diesem Thema finden Sie in Kapitel 6 »Lagerbewertung«). Das Schließen wird durch einen Lagerbuchungsperiodenposten dokumentiert, der auch die Nummer des letzten, einbezogenen Artikeljournals enthält. Eine geschlossene Lagerbuchungsperiode kann erneut geöffnet werden, was durch einen weiteren Lagerbuchungsperiodenposten dokumentiert wird.

Buchhaltungsperioden aus Compliance-Sicht

Potenzielle Risiken

- Fehlerhafte Bilanzen, wenn das Startdatum und die Einrichtung eines Geschäftsjahrs in Dynamics NAV 2013 nicht dem tatsächlichen Geschäftsjahr entspricht (Compliance, Integrity, Reliability)
- Fehlerhafte Informationen und Auswertungen, da beispielsweise Buchungen in nicht abgeschlossene Geschäftsjahre zu falschen Aussagen in bereits erstellten Berichten führen können (Compliance, Integrity, Reliability)

Prüfungsziele

- Analyse der organisatorischen Regelungen und der Zugriffsberechtigungen hinsichtlich der Einrichtung und des Abschlusses eines Geschäftsjahrs
- Prüfung der in der Anwendung eingerichteten Buchhaltungsperioden

Prüfungshandlungen

Analyse der Zugriffsberechtigungen

Eine Analyse der Zugriffsberechtigungen bezieht sich auf die Frage, welche Anwender Geschäftsjahre anlegen können. Grundsätzlich sollte dieses Zugriffsrecht nur einem kleinen, ausgewählten Anwenderkreis zur Verfügung stehen, z. B. dem Leiter Finanzen und seinem Stellvertreter.

Die Einrichtung und Verwaltung von Berechtigungen wird ausführlich in Kapitel 2 (aus technischer Sicht) und Kapitel 4 im Abschnitt »Benutzerzugriffsrechte« erläutert.

Online   Im Begleitmaterial zu diesem Buch befindet sich ein Tool, welches die Tabellenzugriffsrechte anzeigt (siehe in Anhang A Abschnitt »Tabellenzugriffsrechts-Übersicht«).

Die Begleitdateien stehen als Download zur Verfügung. Sie können diese wahlweise entweder von der Seite *www.microsoftpress.de/support/9783866455696* oder von der Seite *msp.oreilly.de/support/2272/803* herunterladen.

Prüfung der Buchhaltungsperioden

Bei der Prüfung der Buchhaltungsperioden sind insgesamt die korrekte Einrichtung der Buchhaltungsperioden hinsichtlich Startdatum und Enddatum eines Geschäftsjahrs sowie die schon abgeschlossenen Geschäftsjahre zu prüfen.

Link: *Abteilungen/Finanzmanagement/Periodische Aktivitäten/Geschäftsjahr/Buchhaltungsperioden*

Kontenplan und Sachkonten

Der Kontenplan ist das Verzeichnis aller Konten eines Unternehmens. Er ist elementarer Bestandteil der doppelten Buchführung und orientiert sich stets am Kontenrahmen des jeweiligen Wirtschaftszweiges. Basis für den Kontenplan ist der Kontenrahmen. Der Kontenplan weicht fast immer vom Kontenrahmen ab, weil ein Unternehmen im Kontenrahmen vorgesehene Konten bei seiner Tätigkeit entweder nicht braucht oder zusätzliche, individuelle Konten benötigt (Beispiel für die Einrichtung und Nutzung zusätzlicher Konten sind z. B. die Konten, die im Rahmen von Intercompany-Transaktionen benötigt werden). Kleinste Einheit des Kontenplans ist das Sachkonto.

Auch in Dynamics NAV 2013 ist der Kontenplan das zentrale Element, mit dem alle Geschäftsvorfälle buchhalterisch erfasst werden. Dabei ist es jedem Unternehmen selbst überlassen, welcher Kontenrahmen und folglich welcher Kontenplan zum Einsatz kommen soll. Vorgaben oder ein schon eingerichteter Kontenplan existieren in Dynamics NAV 2013 nicht.

Im Hinblick auf die elektronische Übermittlung der Bilanz (siehe hierzu ausführlich den Abschnitt »E-Bilanz«) wird aus Compliance-Gesichtspunkten empfohlen, einen standardisierten Kontenrahmen zu nutzen und individuelle Konten soweit möglich zu vermeiden. Auch die CRONUS AG hat einen standardisierten Kontenrahmen gewählt und arbeitet mit dem SKR 03.[2]

Zu beachten ist, dass ein Kontenrahmen bei Systemstart durch den Systempartner in der Anwendung z. B. durch Anwendung eines entsprechenden RapidStart-Pakets bereitgestellt werden kann. Die Pflege des Kontenplans, gerade im Hinblick auf gesetzliche Änderungen, obliegt jedoch dem Anwender selbst.

Im Folgenden werden die wichtigsten Elemente und Funktionen des Kontenplans und der Sachkontokarte in Dynamics NAV erläutert.

---

[2]   Der SKR 03 wird im Begleitmaterial zu diesem Buch bereitgestellt.

Kontenplan

Der Kontenplan in Dynamics NAV besteht aus einzelnen Sachkonten, die dem Anwender in Tabellenform angezeigt werden.

Link: *Abteilungen/Finanzmanagement/Finanzbuchhaltung/Kontenplan* (siehe Abbildung 8.7)

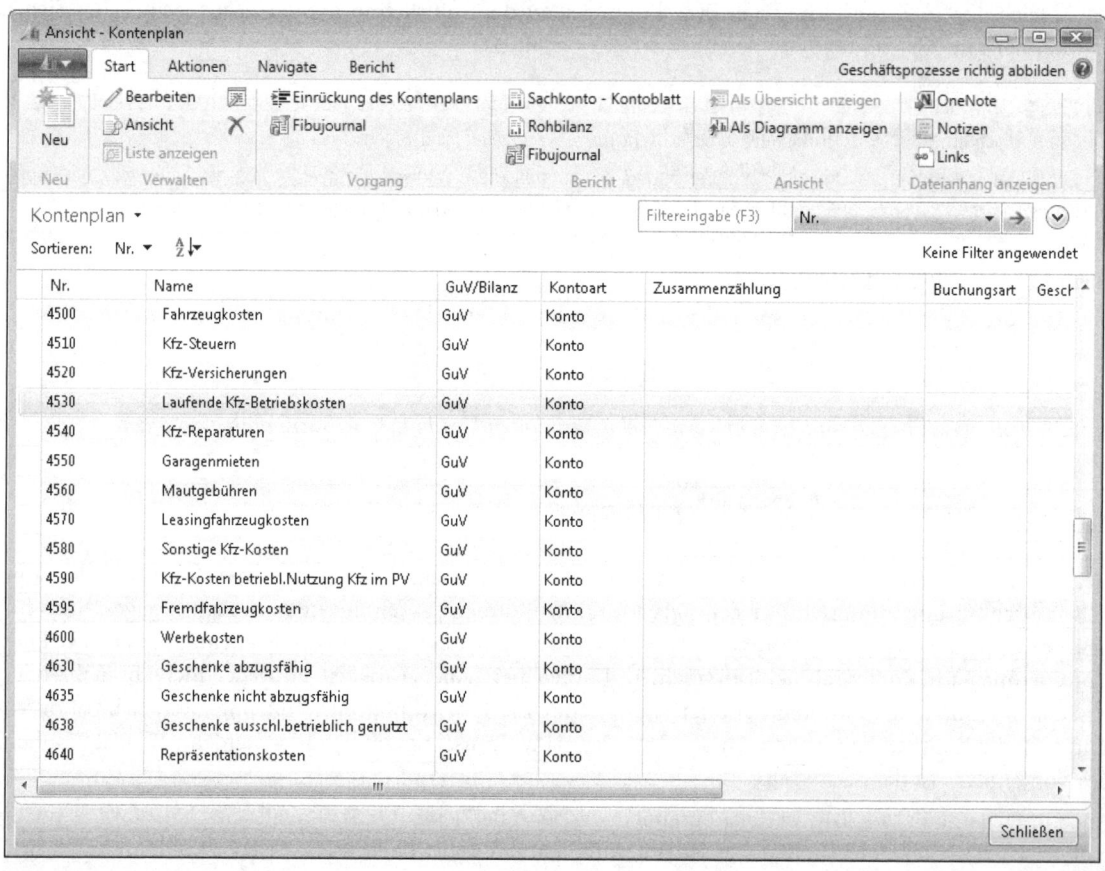

Abbildung 8.7 Ausschnitt des Kontenplans

Der Kontenplan enthält alle wesentlichen Felder der Sachkontokarte, die im nachfolgenden Abschnitt »Sachkontokarte« ausführlich erläutert werden. Darüber hinaus bietet das Fenster mehrere Registerkarten mit weiteren Optionen, die vom Anwender genutzt werden können. Die wichtigsten Optionen werden im Folgenden vorgestellt.

Kontenplan und Sachkonten

Auf der Registerkarte *Start* befinden sich unter anderem die in Tabelle 8.4 aufgelisteten Optionen.

Option	Bemerkung
Neu	Öffnet eine neue Sachkontokarte, um ein neues Sachkonto anzulegen
Bearbeiten	Öffnet die Sachkontokarte des markierten Sachkontos zur weiteren Bearbeitung
Liste bearbeiten	Öffnet den Kontenplan in einem neuen Fenster zur Bearbeitung
Einrückung des Kontenplans	Die Aktion wird verwendet, um die Felder *Zusammenzählung*, *Von-Summe* und *Bis-Summe* zu formatieren und die Konten gemäß der definierten Hierarchie einzurücken
Sachkonto – Kontoblatt	Öffnet den Bericht *Sachkonto – Kontoblatt* mit der Möglichkeit der Eingabe von Filtern für den Druck eines oder mehrerer ausgewählter Kontoblätter
Fibujournal	Öffnet den Bericht *Fibujournal* mit der Möglichkeit der Eingabe von Filtern für den Druck eines Fibujournals

Tabelle 8.4 Optionen der Registerkarte *Start* im Kontenplan

Auf der Registerkarte *Navigate* befinden sich unter anderem die in Tabelle 8.5 aufgelisteten Optionen.

Option	Bemerkung
Posten	Zeigt die Sachposten des ausgewählten Sachkontos an
Dimensionen/Zuordnung für aktuellen Datensatz	Erlaubt die Zuweisung von Vorgabedimensionen zum ausgewählten Sachkonto
Dimensionen/Zuordnung für markierte Datensätze	Dient der Zuweisung der gleichen Vorgabedimension zu mehreren markierten Konten
Verwendungsübersicht	Zeigt an, in welchen Tabellen das ausgewählte Sachkonto verwendet wird
Sachkontensaldo	Öffnet ein neues Fenster, das die Soll- und Habenbuchungen des gewählten Sachkontos für jede ausgewählte Periode anzeigt. Dabei kann festgelegt werden, ob Ultimoposten enthalten sein sollen oder nicht.
Saldo nach Dimensionen	Öffnet ein neues Fenster, das eine Zusammenfassung der Salden für alle Konten des Kontenplans enthält. Die Zusammenfassung wird in einer Matrix gezeigt, die über *Matrix anzeigen* geöffnet werden kann. Bevor die Matrix geöffnet werden kann, sind die Felder in den Inforegistern zu pflegen. Indem die Felder *Zeilenansicht* und *Spaltenansicht* verwendet werden, wird bestimmt, wie die Übersicht der Salden in der Matrix dargestellt werden soll. Des Weiteren können in den anderen Inforegistern alternative Filter angegeben werden.

Tabelle 8.5 Optionen der Registerkarte *Navigate*

Sachkontokarte

Eine Sachkontokarte (siehe Abbildung 8.8) kann aus dem Fenster *Kontenplan* heraus geöffnet werden. Dabei ist zu unterscheiden, ob ein neues Sachkonto angelegt werden muss (Link: *Abteilungen/Finanzmanagement/ Finanzbuchhaltung/**Kontenplan**/Start/Neu*) oder ob ein schon bestehendes Sachkonto zur Bearbeitung geöffnet werden soll (Link: *Abteilungen/Finanzmanagement/Finanzbuchhaltung/**Kontenplan**/Start/Bearbeiten*).

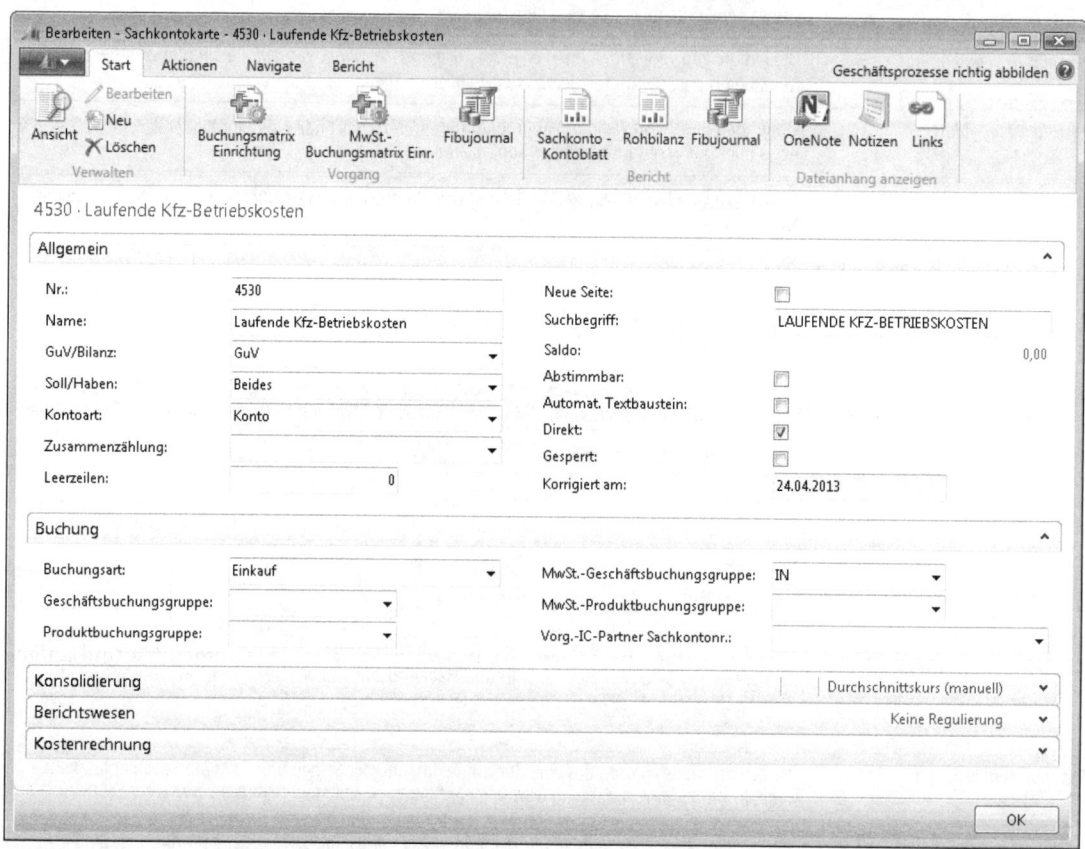

Abbildung 8.8 Sachkontokarte des Sachkontos »4530 Laufende Kfz-Betriebskosten«

Die Sachkontokarte besteht aus mehreren Inforegistern. Die Pflege der Inforegister *Allgemein* und *Buchung* ist zwingend notwendig, um überhaupt Buchungen vornehmen zu können. Die zu pflegenden Kriterien werden im Folgenden vorgestellt (siehe Tabelle 8.6 und Tabelle 8.7).

Feld im Inforegister *Allgemein*	Beschreibung
GuV/Bilanz	Gibt an, ob es sich bei diesem Konto um ein GuV- oder ein Bilanzkonto handelt. Dieses Feld definiert, welche Konten am Ende eines Geschäftsjahrs durch die Stapelverarbeitung *Jahr abschließen* geschlossen werden.
Soll/Haben	Gibt an, welche Buchungsart für dieses Konto in der Regel verwendet werden soll. Die Eingabe dient allerdings nur dazu, die Möglichkeiten des Berichtswesens zu verbessern und nicht zur Einschränkung der Buchungsart.

Tabelle 8.6 Ausgewählte Felder des Inforegisters *Allgemein* der Sachkontokarte

Kontenplan und Sachkonten

Feld im Inforegister *Allgemein*	Beschreibung
Kontoart	Dieses Feld zeigt die Art des Kontos an. Es stehen die folgenden Optionen zur Verfügung: *<Konto>* Das Konto steht zur Erfassung von Buchungen zur Verfügung. *<Überschrift>* Verwendung nur zu Dokumentationszwecken. *<Summe>* Verwendung zur Zusammenfassung eines Kontobereichs, der im Feld *Zusammenzählung* definiert wird. Diese Option ist nützlich, um Sachkontengruppen zu summieren, die nicht identisch klassifiziert sind. *<Von-Summe/Bis-Summe>* Die *Von-Summe* markiert den Anfang und die *Bis-Summe* das Ende eines Kontenbereichs. Jede *Bis-Summe* hat einen Kontenbereich im Feld *Zusammenzählung*.
Zusammenzählung	Legt fest, welche Konten bei der Berechnung von Summen einfließen oder eine Gesamtsumme bilden sollen
Abstimmbar	Legt fest, ob das Sachkonto in das Fenster *Abstimmung* des Fibu Buch.-Blatts aufgenommen werden soll. Das Fenster *Abstimmen* wird verwendet, nachdem im Fibu Buch.-Blatt Buchungssätze erfasst, aber noch nicht gebucht worden sind. Das Fenster zeigt den Saldo des Kontos, der sich nach der Buchung ergeben würde.
Direkt	Gibt an, ob es möglich sein soll, ein Konto aus einer Buch.-Blattzeile zu buchen. Wird ein neues Konto erstellt, so ist dieses Feld automatisch aktiviert. Sachkonten, die mit Nebenbüchern abgestimmt werden (z. B. Umsatzsteuerkonten oder Forderungssammelkonten), sollten nicht auf *Direkt* gesetzt werden.
Gesperrt	Durch die Aktivierung wird ein Konto für Buchungen gesperrt
Korrigiert am	Das Feld wird von der Anwendung automatisch gefüllt und gibt an, wann das Konto zum letzten Mal geändert wurde

Tabelle 8.6 Ausgewählte Felder des Inforegisters *Allgemein* der Sachkontokarte *(Fortsetzung)*

Über das Inforegister *Buchung* wird festgelegt, wie Sach- und MwSt.-Transaktionen ausgeführt und aufgezeichnet werden sollen (siehe Tabelle 8.7).

Feld im Inforegister *Buchung*	Beschreibung
Buchungsart	Legt fest, ob das Konto für eine Buchung im *<Einkauf>*, *<Verkauf>* oder für beides *<leer>* verwendet werden soll. Daraus bestimmt sich auch, ob Vorsteuer (Einkauf) oder Umsatzsteuer (Verkauf) berechnet wird. In Kombination mit den Feldern *MwSt.-Geschäftsbuchungsgruppe* und *MwSt.-Produktbuchungsgruppe* wird das Konto definiert, auf das die Mehrwertsteuer gebucht wird. Grundsätzlich sollte dieses Feld nur für Konten verwendet werden, die mit Mehrwertsteuer gebucht werden.
MwSt.-Geschäftsbuchungsgruppe	Stellt die Vorgabe-MwSt.-Geschäftsbuchungsgruppe dar. Das Feld wird zusammen mit der *MwSt.-Produktbuchungsgruppe* und der *Buchungsart* verwendet, um den MwSt.-Prozentsatz und die MwSt.-Berechnungsart zu bestimmen und somit die Konten, auf die die Mehrwertsteuer gebucht wird.
MwSt.-Produktbuchungsgruppe	Stellt die vorgegebene MwSt.-Produktbuchungsgruppe dar. Das Feld wird zusammen mit der *MwSt.-Geschäftsbuchungsgruppe* und der *Buchungsart* verwendet, um den MwSt.-Prozentsatz und die MwSt.-Berechnungsart zu bestimmen und somit die Konten, auf die die Mehrwertsteuer gebucht wird.
Vorg.-IC-Partner Sachkontonr.	Dieses Feld enthält die Kontonummer des Intercompany-Kontenplans, das mit dem Sachkonto verbunden sein soll. Das Feld kann für Intercompany-Buchungen in *IC-Fibu Buch.-Blättern* genutzt werden.

Tabelle 8.7 Ausgewählte Felder des Inforegisters *Buchung* der Sachkontokarte

Die in der Registerkarte *Buchung* eingegebenen Werte werden automatisch in eine Buch.-Blatt-, Verkaufs- oder Einkaufszeile übernommen, sobald ein Konto ausgewählt wird. Allerdings handelt es sich hierbei immer um Vorschläge, die vor der Buchung geändert werden können. Auf Sachkontenebene sollten die Felder immer mit den Werten vorbelegt werden, die am häufigsten gebucht werden. Wird ein Sachkonto einkaufsseitig zumeist mit 7 % Mehrwertsteuer gebucht, sollte dies im Feld *MwSt.-Produktbuchungsgruppe* entsprechend vorbelegt werden. Liegt dann jedoch eine Rechnung mit 19 % MwSt. vor, kann bei der Erfassung der Rechnung die *MwSt.-Produktbuchungsgruppe* manuell geändert werden.

Kontenplan und Sachkontokarte aus Compliance-Sicht

Potenzielle Risiken

- Falsche Bilanzansätze durch fehlerhaft/unvollständig eingerichtete Sachkonten (Compliance, Integrity, Reliability)
- Falsche Bilanzansätze durch Fehlbuchungen aufgrund fehlerhaft eingerichteter Sachkonten (Compliance, Integrity, Reliability)

Prüfungsziele

- Analyse der organisatorischen Regelungen und der Zugriffsberechtigungen hinsichtlich der Anlage und des Bearbeitens von Sachkonten
- Prüfung des Sachkontenplans

Prüfungshandlungen

Analyse der Zugriffsberechtigungen

Eine Analyse der Zugriffsberechtigungen bezieht sich auf die Frage, welche Anwender den Kontenplan bearbeiten und neue Sachkonten anlegen und bearbeiten können. Grundsätzlich sollte dieses Recht nur einem kleinen Anwenderkreis, z. B. den Mitarbeitern der Finanzbuchhaltung, zur Verfügung stehen.

Die Einrichtung und Verwaltung von Berechtigungen wird ausführlich in Kapitel 2 (aus technischer Sicht) und Kapitel 4 im Abschnitt »Benutzerzugriffsrechte« erläutert.

Online Im Begleitmaterial zu diesem Buch befindet sich ein Tool, welches die Tabellenzugriffsrechte anzeigt (siehe in Anhang A Abschnitt »Tabellenzugriffsrechts-Übersicht«).

Die Begleitdateien stehen als Download zur Verfügung. Sie können diese wahlweise entweder von der Seite *www.microsoftpress.de/support/9783866455696* oder von der Seite *msp.oreilly.de/support/2272/803* herunterladen.

Analyse der Sachkonten

Die bisher angelegten Sachkonten sollten auf die Korrektheit der Einrichtung geprüft werden. Hier geht es hauptsächlich um die Frage, ob die Sachkonten korrekt als Bilanz- oder GuV-Konto angelegt sind, ob Sachkonten direkt gebucht werden dürfen und ob die hinterlegten MwSt.-Geschäftsbuchungsgruppen und MwSt.-Produktbuchungsgruppen zum Kontenzweck passen.

Feldzugriff: *Tabelle 15 Sachkonto*, Felder *GuV/Bilanz, Direkt, MwSt.-Geschäftsbuchungsgruppe, MwSt.-Produktbuchungsgruppe*

Verwendung von Buchungsgruppen

Aufbauend auf der im Kapitel 4 im Abschnitt »Buchungsprozess« beschriebenen Verwendung von Buchungsgruppen werden an dieser Stelle weitere praxisrelevante Details zur Einrichtung und Nutzung von Buchungsgruppen erläutert. Die nachfolgend beschriebenen Überlegungen und Beispiele sollen lediglich die Funktionsweise der Buchungsgruppen vertiefend vermitteln, sie besitzen keinen allgemeingültigen oder abschließenden Charakter. Vielmehr ist der Aufbau von Geschäfts- und Produktbuchungsgruppen für jedes Unternehmen individuell zu überlegen und zu gestalten.

Die Einrichtung von Buchungsgruppen ist dann nicht erforderlich, wenn in Dynamics NAV 2013 nur der Anwendungsbereich der Finanzbuchhaltung genutzt wird. Sobald jedoch die anderen Anwendungsbereiche genutzt werden (als Beispiel sei hier der Einkauf eines Artikels von einem Kreditor oder der Verkauf einer Ressource an einen Debitor genannt), muss eine Verknüpfung zwischen diesen Konten und den Sachkonten eingerichtet werden.

Diese Verknüpfung wird mithilfe von Buchungsgruppen erstellt.

In der Anwendung unterscheidet man drei Hauptarten von Buchungsgruppen, die im Folgenden näher erläutert werden:

- Allgemeine Buchungsgruppen
- Spezielle Buchungsgruppen
- MwSt.-Buchungsgruppen

Allgemeine Buchungsgruppen

Als *Allgemeine Buchungsgruppen* werden die *Geschäftsbuchungsgruppe* und die *Produktbuchungsgruppe* bezeichnet. Die allgemeinen Buchungsgruppen werden unter anderem in den Stammdaten von Debitoren, Kreditoren, Artikeln und Ressourcen hinterlegt, um Artikel- und/oder Ressourcentransaktionen aus Verkaufs- und Einkaufsbelegen sowie aus *Buch.-Blättern* mit der Finanzbuchhaltung zu verknüpfen.

Die Verknüpfung erfolgt in der *Buchungsmatrix Einrichtung*. Für jede Kombination aus Geschäfts- und Produktbuchungsgruppe kann dort bestimmt werden, auf welche Sachkonten Verkäufe und Einkäufe und damit zusammenhängende Rabatte und Skonti sowie Lagerbewegungen gebucht werden sollen.

Geschäftsbuchungsgruppen

Geschäftsbuchungsgruppen sind in den Stammdaten von Debitoren und Kreditoren zu hinterlegen. Sie beantworten die Frage, »von wem etwas eingekauft wird« (Kreditoren) und »an wen etwas verkauft wird« (Debitoren).

Die Anzahl der einzurichtenden *Geschäftsbuchungsgruppen* ist hauptsächlich abhängig von der Ausgestaltung des Kontenplans. Bezug nehmend auf die Anforderungen der E-Bilanz[3] ist der Kontenplan so einzurichten, dass sowohl auf Einkaufs- als auch auf Verkaufsseite eine Trennung der Einkäufe und Verkäufe hinsichtlich umsatzsteuerlicher Tatbestände stattfindet.

---

[3] Vgl. BMF v. 28.09.2011, IV C 6 – S2133-b/11/10009.

Für die Umsetzung in Dynamics NAV 2013 bedeutet dies, dass die Einrichtung von drei *Geschäftsbuchungsgruppen* (z. B. »IN« für inländische Debitoren oder Kreditoren, »EU« für Debitoren und Kreditoren aus der Europäischen Union und »DR« für Debitoren und Kreditoren aus dem umsatzsteuerlichen Drittland) zunächst ausreichend ist. Bei Bedarf und Notwendigkeit (z. B. im Rahmen von Intercompany-Transaktionen) können zusätzliche *Geschäftsbuchungsgruppen* angelegt werden.

Die Einrichtung von *Geschäftsbuchungsgruppen* erfolgt im Fenster *Geschäftsbuchungsgruppen*.

Link: *Abteilungen/Verwaltung/Anwendung Einrichtung/Finanzmanagement/Buchungsgruppen/Geschäftsbuchungsgruppen* (siehe Abbildung 8.9)

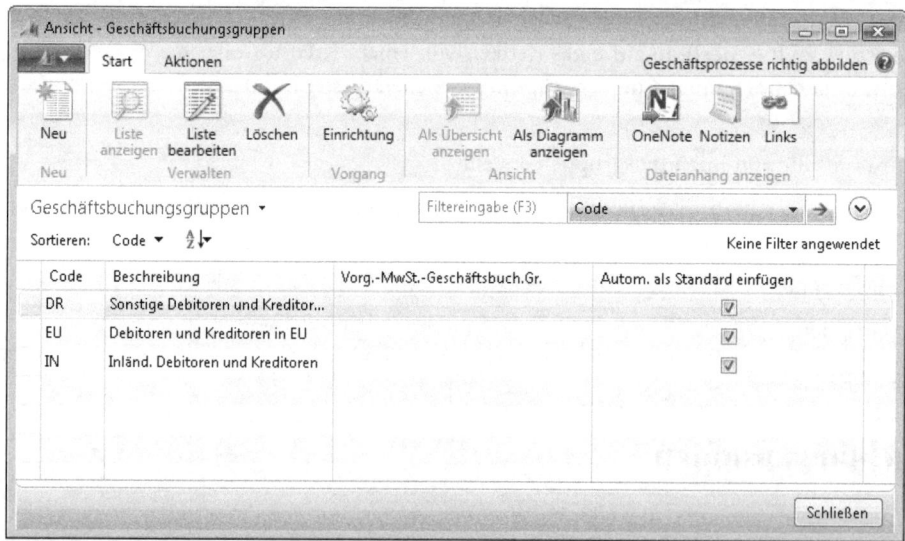

Abbildung 8.9 Geschäftsbuchungsgruppen

Natürlich ist auch eine andere Aufteilung denkbar, beispielsweise indem anstatt der *Geschäftsbuchungsgruppe* »IN« jeweils eine Geschäftsbuchungsgruppe für jedes Bundesland angelegt wird. Zu bedenken ist dabei allerdings der erhöhte Einrichtungs- und Pflegeaufwand in der *Buchungsmatrix Einrichtung*.

Produktbuchungsgruppen

Produktbuchungsgruppen werden in den Stammdaten von Artikeln und Ressourcen hinterlegt. Sie beantworten die Frage, »was eingekauft wird« (Artikel) und »was verkauft wird« (Artikel und Ressourcen).

Auch hier hängt die Anzahl der einzurichtenden Produktbuchungsgruppen von der Ausgestaltung des Kontenplans ab. Bezug nehmend auf die Anforderungen der E-Bilanz[4] ist für die Frage, was eingekauft wird, eine Trennung zwischen (Handels-)waren und Roh-/Hilfs- und Betriebsstoffen vorzunehmen.

Für die Umsetzung in Dynamics NAV 2013 bedeutet dies, dass die Einrichtung von zwei Produktbuchungsgruppen (z. B. »HW« für Handelsware und »RHB« für Roh-/Hilfs- und Betriebsstoffe) ausreichend wäre. Allerdings ist mindestens eine weitere Produktbuchungsgruppe anzulegen, die den Sachkonten zuzuordnen ist (z. B. »SK« für Sachkonto). Diese Produktbuchungsgruppe wird benötigt, wenn in Belegen (z. B. Einkaufsrechnungen) Sachkonten direkt angesprochen werden.

---

[4] Vgl. BMF v. 28.09.2011, a. a. O.

Verwendung von Buchungsgruppen

Wird auch das Anlagevermögen über das System verwaltet und sollen Anlageneinkäufe und Anlagenverkäufe direkt in die Finanzbuchhaltung integriert werden (siehe hierzu ausführlich Abschnitt »Die Anlagenbuchhaltung«), sollten noch weitere Produktbuchungsgruppen angelegt werden. So könnte z. B. dem Sachkonto »0400 Betriebs- und Geschäftsausstattung« die Produktbuchungsgruppe »BGA« zugeordnet werden. In diesem Fall könnten einkaufsseitig gewährte Skonti für den Einkauf von Betriebs- und Geschäftsausstattung direkt auf das in den Feldern *Eink-Skonto Sollkonto* und *Eink.-Skonto Habenkonto* angegebene Sachkonto gebucht werden.

Die Einrichtung von *Produktbuchungsgruppen* erfolgt im Fenster *Produktbuchungsgruppen*.

Link: *Abteilungen/Verwaltung/Anwendung Einrichtung/Finanzmanagement/Buchungsgruppen/Produktbuchungsgruppen* (siehe Abbildung 8.10)

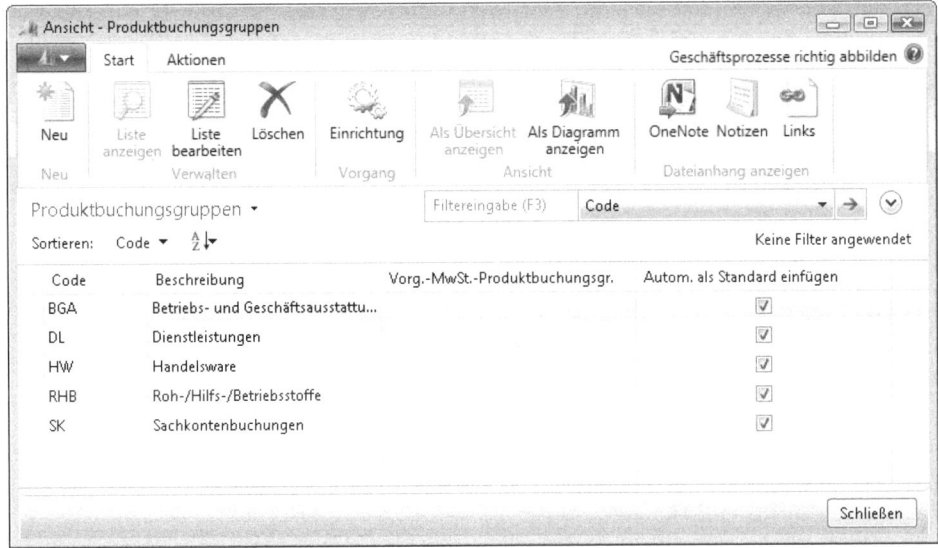

Abbildung 8.10 Produktbuchungsgruppen

ACHTUNG Zwei bzw. drei *Produktbuchungsgruppen* sind immer dann ausreichend, wenn das Unternehmen im Wareneinkaufs- und Warenverkaufsbereich entweder nur mit dem umsatzsteuerlichen Regelsteuersatz oder dem ermäßigten Umsatzsteuersatz handelt. Handelt das Unternehmen mit Artikeln, die sowohl dem ermäßigten als auch dem Regelsteuersatz unterliegen, ist zu überlegen, ob die *Produktbuchungsgruppen* gedoppelt werden sollten. Anstatt nur einer Produktbuchungsgruppe »HW« könnten zwei *Produktbuchungsgruppen* (»HW7« und »HW19«) angelegt werden.

Buchungsmatrix Einrichtung

Die *Buchungsmatrix Einrichtung* kann als Kontierungstabelle verstanden werden, in der Sachkonten für jede benötigte Kombination aus Geschäfts- und Produktbuchungsgruppen hinterlegt werden können.

Link: *Abteilungen/Verwaltung/Anwendung Einrichtung/Finanzmanagement/Buchungsgruppen/Buchungsmatrix Einrichtung* (siehe Abbildung 8.11)

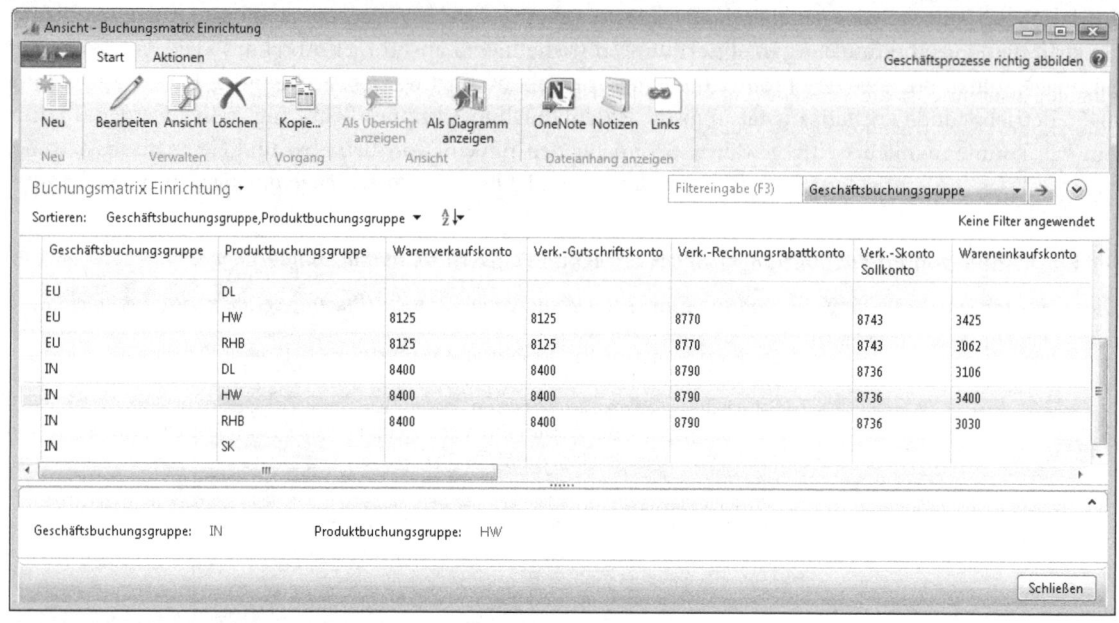

Abbildung 8.11 Ausschnitt der Buchungsmatrix Einrichtung

Die Buchungsmatrix kombiniert *Geschäftsbuchungsgruppen* und *Produktbuchungsgruppen* und steuert in deren Kombination die Kontierung der folgenden Geschäftsvorfälle:

- Wareneinkauf und Warenverkauf (Rechnungen und Gutschriften)
- Zeilenrabatt, Rechnungsrabatt, Skonto und Zahlungstoleranzen für Einkäufe und Verkäufe
- Wareneinsatz und Bestandsveränderungen

Neben der Eingabe jeder möglichen Kombination aus *Geschäfts-* und *Produktbuchungsgruppe* sollte eine Zeile für jede *Produktbuchungsgruppe* eingegeben werden, der eine leere *Geschäftsbuchungsgruppe* zugewiesen ist. Diese Kombination ist beispielsweise dann erforderlich, wenn Lageraktivitäten ohne Debitor oder Kreditor gebucht werden. Als Beispiel hierfür sei die Buchung von Inventurdifferenzen genannt.

Die Eingabe jeder möglichen Kombination aus *Geschäfts-* und *Produktbuchungsgruppe* bedeutet nicht, dass in jedem Feld der Buchungsmatrix ein Sachkonto angegeben werden muss. Um Buchungsfehler zu vermeiden, sollten nur in den Feldern Sachkonten hinterlegt werden, die auch in dieser Kombination gebucht werden. Werden beispielsweise Artikel nur an Debitoren aus dem umsatzsteuerlichen Drittland verkauft, aber nicht von dort eingekauft, sollten dementsprechend die Felder des Wareneinkaufs nicht mit Sachkonten gefüllt werden, da hierdurch eine Buchung verhindert wird.

HINWEIS In einigen Buchungsfällen prüft das System lediglich, ob die Kombination aus Geschäfts- und Produktbuchungsgruppe in der Buchungsmatrix angelegt ist. Ein typisches Beispiel hierfür ist die Buchung eines Sachkontos aus einem Beleg heraus. Obwohl die Kombination aus Geschäftsbuchungsgruppe und Produktbuchungsgruppe geprüft wird, findet keine Kontenfindung in der Buchungsmatrix statt. Die Buchung erfolgt auf das in der Belegzeile angegebene Konto.

Verwendung von Buchungsgruppen

Grundsätzlich sollten in der *Buchungsmatrix Einrichtung* nur GuV-Konten für die jeweilige Kombination aus Geschäfts- und Produktbuchungsgruppe hinterlegt werden.

Einzige Ausnahme ist die Verwendung von Soll-Kosten: Hier sollte im Feld *Lagerzugangskonto (Interim)* ein Bilanzkonto eingetragen werden (siehe hierzu die ausführlichen Erläuterungen in Kapitel 6 Abschnitt »Buchung von Soll-Kosten«).

Sind die meisten Felder der Buchungsmatrix selbsterklärend, sollen im Folgenden die Felder näher erläutert werden, die sich für den Anwender nicht sofort erschließen (siehe Tabelle 8.8):

Feld	Beschreibung
Lagerverbrauchskonto	Sachkonto, auf das der Wert der verkauften (gelieferten und fakturierten) Ware für die Kombination aus *Geschäfts-* und *Produktbuchungsgruppe* gebucht werden soll. Die Buchung erfolgt mithilfe des Batchauftrags *Lagerregulierung buchen*. Soll das Lager und die Finanzbuchhaltung bei jeder artikelbezogenen Buchung aktualisiert werden, muss im Fenster *Lager Einrichtung* das Feld *Automatische Lagerbuchung* aktiviert werden.
Lagerverkaufskonto (Interim)	Sachkonto, auf das der erwartete Wert der verkaufsseitig gelieferten, aber noch nicht fakturierten Ware für die Kombination aus *Geschäfts-* und *Produktbuchungsgruppe* gebucht werden soll. Um erwartete Werte auf Interimskonten buchen zu können, muss zunächst im Fenster *Lager Einrichtung* das Feld *Soll-Kosten buchen* aktiviert werden.
Lagerkorrekturkonto	Sachkonto, auf das z. B. Inventurdifferenzen gebucht werden. Dieses Konto wird immer dann angesprochen, wenn eine Artikelbewegung aus einem Artikel Buch.-Blatt heraus gebucht wird, ohne dass ein Debitor oder Kreditor angesprochen wird.
Direkte Kosten Verrech.-Konto	Sachkonto, auf das der Wert der eingekauften (gelieferten und fakturierten) Ware für die Kombination aus Geschäfts- und Produktbuchungsgruppe gebucht werden soll. Im Gegensatz zu den anderen Feldern handelt es sich bei dieser Systembuchung nicht um eine Aufwands-, sondern um eine Ertragsbuchung. Bei Fakturierung des Wareneingangs werden systemseitig zwei Buchungssätze erzeugt. Beim ersten Buchungssatz wird das im Feld *Wareneinkaufskonto* hinterlegt Sachkonto im Soll gebucht (*Wareneinkaufskonto* an Verbindlichkeiten) und beim zweiten Buchungssatz das hier hinterlegte Sachkonto im Haben gebucht (Warenbestand an *Direkte Kosten Verrech.-Konto*).
Lagerzugangskonto (Interim)	Sachkonto, auf das der erwartete Wert der einkaufsseitig gelieferten, aber noch nicht fakturierten Ware für die Kombination aus *Geschäfts-* und *Produktbuchungsgruppe* gebucht werden soll. Um erwartete Werte auf Interimskonten buchen zu können, muss zunächst im Fenster *Lager Einrichtung* das Feld *Soll-Kosten buchen* aktiviert werden.
Gemeinkostenverrechnungskonto	Sachkonto, auf das für die Kombination aus Geschäfts- und Produktbuchungsgruppe die Gemeinkostenverrechnungskosten gebucht werden sollen. Der Gemeinkostensatz selbst ist im Artikelstamm zu hinterlegen.
Einkaufsabweichungskonto	Die Angabe eines Sachkontos ist nur dann relevant, wenn Artikel mit der Lagerabgangsmethode »Standard« eingerichtet sind. Auf dieses Sachkonto werden die Differenzen zwischen dem *Einstandspreis (fest)* und dem aktuellen Einkaufspreis gebucht.
Verkaufsvorauszahlungs-Konto	Sachkonto, auf das im Fall von Vorauszahlungsrechnungen die angeforderte Vorauszahlung gebucht werden soll
Eink.-Anlagenrabattkonto	Werden für den Einkauf von Anlagegütern einkaufsseitig Rabatte gewährt und sollen diese auch gezeigt und gebucht werden, ist hier das Sachkonto anzugeben, auf das diese Rabatte gebucht werden sollen

Tabelle 8.8 Ausgewählte Felder der Buchungsmatrix Einrichtung

ACHTUNG Buchungen, die aufgrund der Kontenfindung der *Buchungsmatrix Einrichtung* stattfinden, sind immer Nettobuchungen.

Beispiel: An einen inländischen Debitor wird ein Artikel (Handelsware) geliefert und fakturiert. Durch die Kombination aus *Geschäftsbuchungsgruppe* (IN) und *Produktbuchungsgruppe* (HW) wird in der Buchungsmatrix im Feld *Warenverkaufskonto* das Sachkonto »8400 Umsatzerlöse 19%« gefunden (siehe Abbildung 8.11). Auf dieses Sachkonto wird der Nettobetrag aus dem Verkauf gebucht. Die anfallende Umsatzsteuer wird an dieser Stelle nicht berücksichtigt. Auch ein Verkauf mit 7 % Umsatzsteuer würde auf dieses Sachkonto gebucht werden. Die Sachkontenbezeichnung selbst lässt also bei Buchungen, die über die Buchungsmatrix erfolgen, keinen Rückschluss auf den eigentlichen Umsatzsteuersatz der jeweiligen Buchung zu (siehe hierzu auch die Überlegungen im vorherigen Abschnitt »Produktbuchungsgruppen«).

Spezielle Buchungsgruppen

Spezielle Buchungsgruppen werden benötigt, um Geschäftsvorfälle, die in der Nebenbuchhaltung erfasst und gebucht werden, mit der Hauptbuchhaltung zu verknüpfen.

Die Nebenbuchhaltung stellt die organisatorische Ausgliederung eines bestimmten Teilbereichs der Hauptbuchhaltung (Finanzbuchhaltung) dar. Damit wird die Hauptbuchhaltung von Einzelaufschreibungen entlastet, die sie unübersichtlich machen würde.

Für die folgenden Teilbereiche der Anwendung sind spezielle Buchungsgruppen vorhanden, diese werden im Folgenden kurz erläutert:

- Debitoren
- Kreditoren
- Bankkonten
- Lager
- Anlagen

Debitorenbuchungsgruppen

Debitorenbuchungsgruppen werden im Fenster *Debitorenbuchungsgruppen* eingerichtet.

Link: *Abteilungen/Verwaltung/Anwendung Einrichtung/Finanzmanagement/Buchungsgruppen/Debitorenbuchungsgruppen* (siehe Abbildung 8.12)

Eine Debitorenbuchungsgruppe verknüpft Debitoren mit Forderungs-, Skonto-, Rechnungs- und Ausgleichsrundungskonten sowie Zins- und Gebührenkonten. Um die Verknüpfung herzustellen, muss jedem Debitor in seinen Stammdaten eine Debitorenbuchungsgruppe zugeordnet werden.

Grundsätzlich können beliebig viele Debitorenbuchungsgruppen angelegt werden. Die Strukturierung der Debitorenbuchungsgruppen sollte sich aber an der Anzahl der im Sachkontenplan eingerichteten Forderungssammelkonten orientieren, um diese über die Personenkonten korrekt steuern zu können. Unter der Annahme, dass mit Geschäfts- und Produktbuchungsgruppen gearbeitet wird, dient die Buchungsgruppe im Wesentlichen der Hinterlegung des entsprechenden Sachkontos für die Forderungen.

Verwendung von Buchungsgruppen

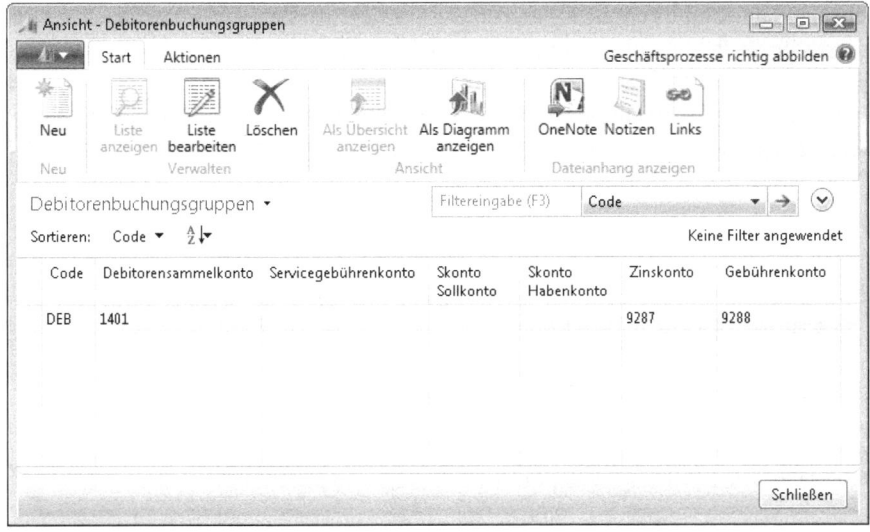

Abbildung 8.12 Debitorenbuchungsgruppen

Kreditorenbuchungsgruppen

Kreditorenbuchungsgruppen werden im Fenster *Kreditorenbuchungsgruppen* eingerichtet.

Link: *Abteilungen/Verwaltung/Anwendung Einrichtung/Finanzmanagement/Buchungsgruppen/Kreditorenbuchungsgruppen* (siehe Abbildung 8.13)

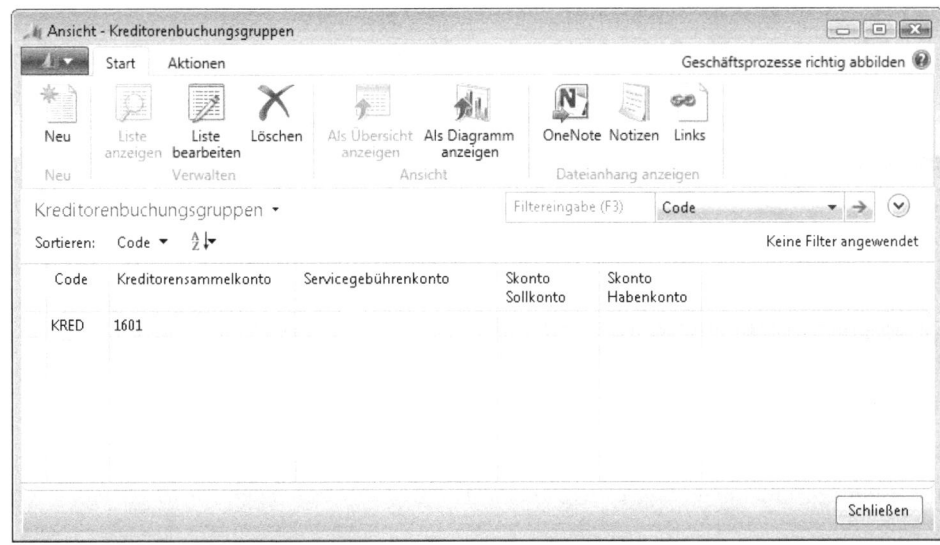

Abbildung 8.13 Kreditorenbuchungsgruppen

Eine Kreditorenbuchungsgruppe verknüpft Kreditoren mit Verbindlichkeits-, Skonto-, Rechnungs- und Ausgleichsrundungskonten sowie Gebührenkonten. Um die Verknüpfung herzustellen, muss jedem Kreditor in seinen Stammdaten eine Kreditorenbuchungsgruppe zugeordnet werden.

Grundsätzlich können beliebig viele Kreditorenbuchungsgruppen angelegt werden. Die Strukturierung der Kreditorenbuchungsgruppen sollte sich aber an der Anzahl der im Sachkontenplan eingerichteten Verbindlichkeitssammelkonten orientieren, um diese über die Personenkonten korrekt steuern zu können. Unter der Annahme, dass mit Geschäfts- und Produktbuchungsgruppen gearbeitet wird, dient die Buchungsgruppe im Wesentlichen der Hinterlegung des entsprechenden Sachkontos für die Verbindlichkeiten.

Bankkontobuchungsgruppen

Bankkontenbuchungsgruppen werden für die Zuordnung der Bankkonten eines Unternehmens zu den Sachkonten benötigt und werden im Fenster *Bankkontobuchungsgruppen* eingerichtet.

Link: *Abteilungen/Verwaltung/Anwendung Einrichtung/Finanzmanagement/Buchungsgruppen/Bankkontobuchungsgruppen* (siehe Abbildung 8.14)

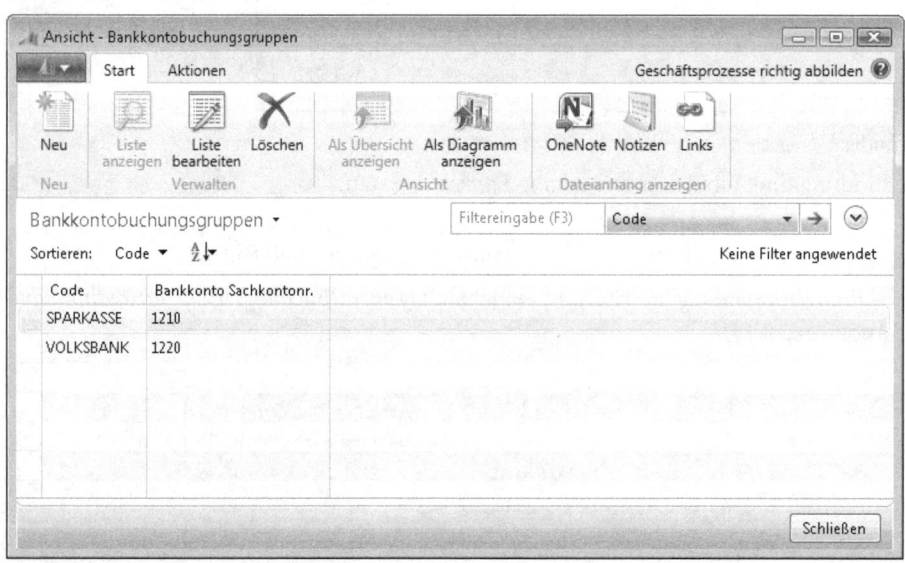

Abbildung 8.14   Bankkontobuchungsgruppen

Die Anzahl der Bankkontenbuchungsgruppen sollte von der Anzahl der Banksachkonten im Sachkontenplan abhängen. Jedem Bankkonto sollte mithilfe einer Bankkontobuchungsgruppe ein eindeutiges Sachkonto zugeordnet werden.

Lagerbuchungsgruppen

Lagerbuchungsgruppen werden im Fenster *Lagerbuchungsgruppen* eingerichtet.

Link: *Abteilungen/Verwaltung/Anwendung Einrichtung/Finanzmanagement/Buchungsgruppen/Lagerbuchungsgruppen* (siehe Abbildung 8.15)

Mithilfe von Lagerbuchungsgruppen wird die Verknüpfung von Artikelbuchungen mit der Finanzbuchhaltung hergestellt. Dazu muss jedem Artikel eine Lagerbuchungsgruppe zugewiesen werden.

Grundsätzlich können beliebig viele Lagerbuchungsgruppen angelegt werden. Die Strukturierung kann sich an den Warenbestandskonten des Kontenrahmens orientieren, allerdings können Lagerbuchungsgruppen auch dazu genutzt werden, das Lager zu organisieren.

Verwendung von Buchungsgruppen

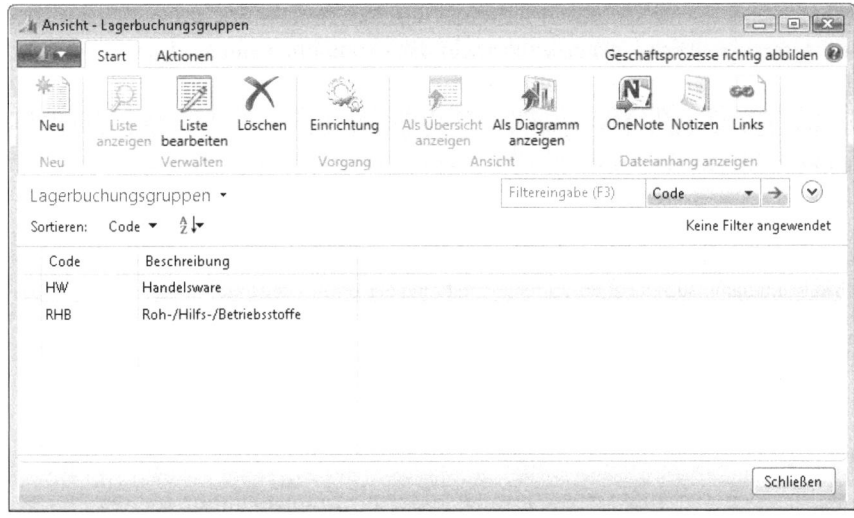

Abbildung 8.15 Lagerbuchungsgruppen

Die eigentliche Kontenfindung findet in der *Lagerbuchung Einrichtung* statt.

Link: *Abteilungen/Verwaltung/Anwendung Einrichtung/Finanzmanagement/Buchungsgruppen/Lagerbuchung Einrichtung* (siehe Abbildung 8.16)

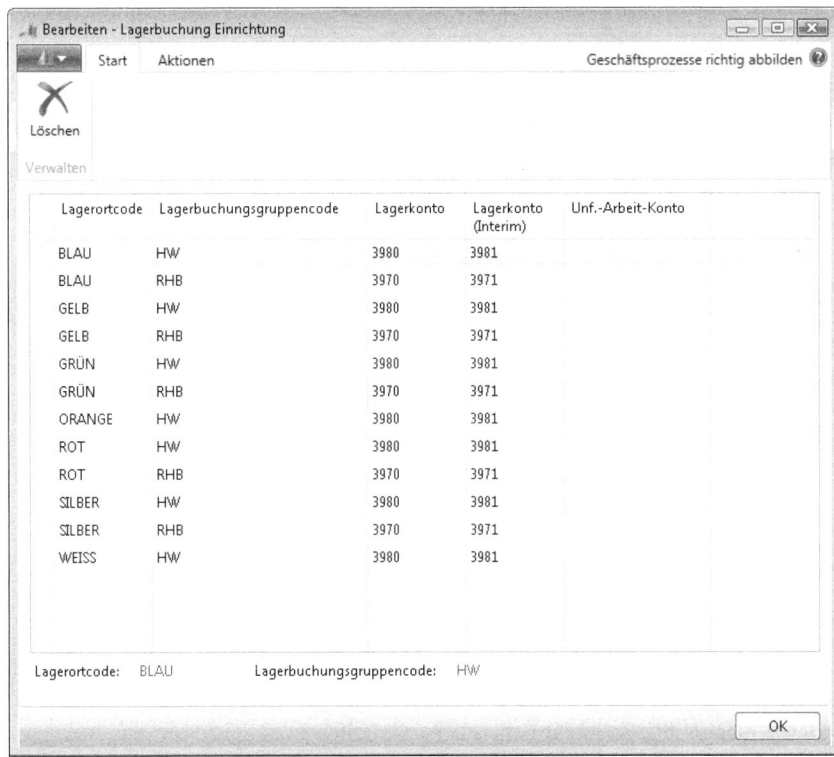

Abbildung 8.16 Lagerbuchung Einrichtung

In der *Lagerbuchung Einrichtung* wird die Verknüpfung zwischen den Lagerbuchungsgruppen, Lagerorten und Sachkonten eingerichtet. Artikelspezifische Posten werden auf das Sachkonto gebucht, das für die Kombination aus *Lagerort* und *Lagerbuchungsgruppe* eingerichtet wird.

Dabei sind zunächst nur Sachkonten für die Felder *Lagerkonto* und *Lagerkonto (Interim)* einzurichten. Die Einrichtung von Sachkonten im Feld *Lagerkonto (Interim)* ist allerdings nur dann vorzunehmen, wenn mit Soll-Kosten gearbeitet wird.

HINWEIS Die Einrichtung von Soll-Kosten deckt allerdings nicht die notwendige Abgrenzung von verkaufsseitig gelieferter, aber noch nicht berechneter Ware und damit auch nicht die korrekte Ermittlung der Umsatzsteuer ab.

In den anderen Feldern brauchen keine Sachkonten hinterlegt zu werden. Diese können vielmehr bei Bedarf eingerichtet werden.

Anlagenbuchungsgruppen

Anlagenbuchungsgruppen werden benötigt, um die Verknüpfung der Anlagenbuchhaltung mit der Finanzbuchhaltung herzustellen und werden im Fenster *Anlagenbuchungsgruppen* eingerichtet.

Link: *Abteilungen/Verwaltung/Anwendung Einrichtung/Finanzmanagement/Buchungsgruppen/Anlagenbuchungsgruppen* (siehe Abbildung 8.17)

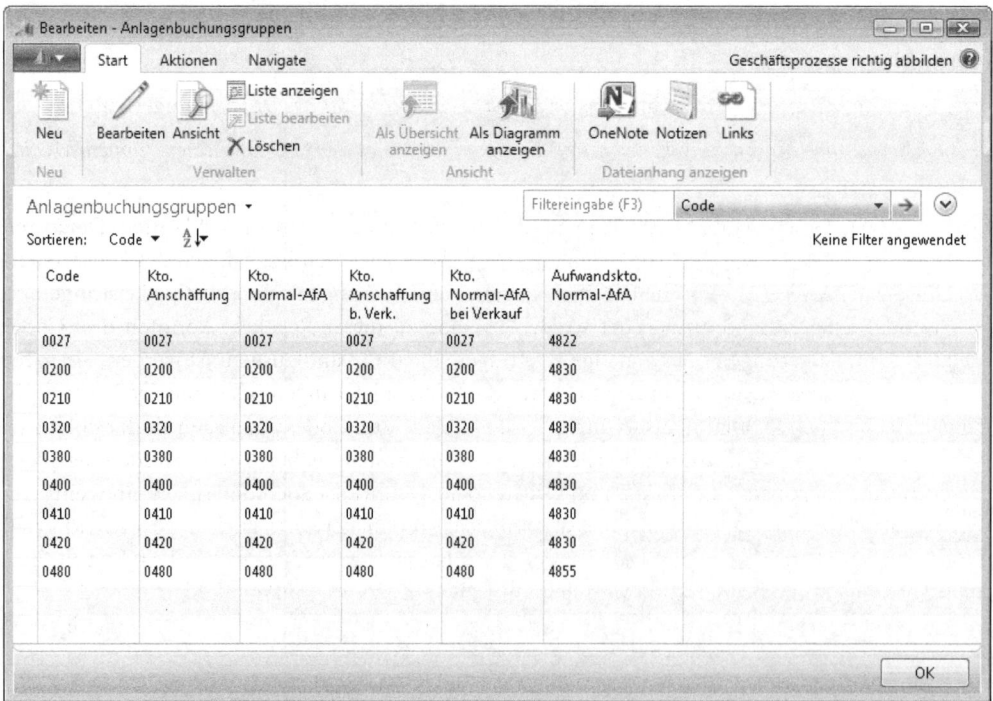

Abbildung 8.17 Anlagenbuchungsgruppen

Die Anzahl der einzurichtenden Anlagenbuchungsgruppen ist grundsätzlich abhängig von den Anlagensachkonten der Finanzbuchhaltung. Es reicht aber aus, Anlagenbuchungsgruppen nur für die tatsächlich genutzten Anlagensachkonten anzulegen.

Für jede angelegte Anlagenbuchungsgruppe können eine Vielzahl von Sachkonten hinterlegt werden. Da im Fenster *Anlagenbuchungsgruppen* nicht alle Felder angezeigt werden, sollte über *Bearbeiten* auf der Registerkarte *Start* auf die Anlagenbuchungsgruppenkarte der jeweiligen Anlagenbuchungsgruppe gewechselt werden. Für weiterführende Erläuterungen zu den Anlagenbuchungsgruppen siehe den Abschnitt »Die Anlagenbuchhaltung«.

Mehrwertsteuer-Buchungsgruppen

MwSt.-Buchungsgruppen werden für die korrekte Verbuchung von Umsatzsteuer und Vorsteuer benötigt. Das Verfahren für die Einrichtung von MwSt.-Buchungsgruppen ähnelt dem Verfahren bei der Einrichtung *Allgemeiner Buchungsgruppen.*

Als MwSt.-Buchungsgruppen werden die MwSt.-Geschäftsbuchungsgruppe und die MwSt.-Produktbuchungsgruppe bezeichnet. MwSt.-Buchungsgruppen werden in den Stammdaten von Sachkonten, Debitoren, Kreditoren, Artikeln und Ressourcen hinterlegt, um Artikel- und/oder Ressourcentransaktionen aus Verkaufs- und Einkaufsbelegen sowie aus Buch.-Blättern mit der Finanzbuchhaltung zu verknüpfen und um Vorsteuer- bzw. Umsatzsteuerbeträge korrekt zu berechnen.

Die Verknüpfung erfolgt in der *MwSt.-Buchungsmatrix Einrichtung*. Für jede Kombination aus *MwSt.-Geschäftsbuchungsgruppe* und *MwSt.-Produktbuchungsgruppe* kann der entsprechende MwSt.-Prozentsatz und die MwSt.-Berechnungsart sowie die Sachkonten, auf die Vorsteuer und Umsatzsteuer gebucht werden soll, eingerichtet werden.

MwSt.-Geschäftsbuchungsgruppen

MwSt.-Geschäftsbuchungsgruppen werden im Fenster *MwSt.-Geschäftsbuchungsgruppen* eingerichtet.

Link: *Abteilungen/Verwaltung/Anwendung Einrichtung/Finanzmanagement/MwSt.-Buchungsgruppen/MwSt.-Geschäftsbuchungsgruppen*

Bei der Anlage von MwSt.-Geschäftsbuchungsgruppen, die in den Stammdaten von Sachkonten, Debitoren und Kreditoren zu hinterlegen sind, richtet man sich am sinnvollsten nach den Regelungen des Umsatzsteuergesetzes. Das Umsatzsteuergesetz unterscheidet dahingehend, ob Lieferungen oder sonstige Leistungen im Inland, in der EU oder im Drittland ausgeführt werden. Analog zu dieser Regelung könnten drei Codes angelegt werden. »IN« für Lieferungen oder sonstige Leistungen, die im Inland ausgeführt werden, »EU« für Lieferungen oder sonstige Leistungen, die in der EU sowie »DR« für Lieferungen oder sonstige Leistungen, die im umsatzsteuerrechtlichen Drittland ausgeführt werden. Ob alle drei Codes anzulegen sind, richtet sich nach der Analyse der Geschäftstätigkeit des Unternehmens im umsatzsteuerlichen Sinne. Werden beispielsweise keine Lieferungen oder sonstige Leistungen im Drittland ausgeführt, ist auch die Anlage eines entsprechenden Codes nicht notwendig. Durch die Analyse ergibt sich möglicherweise auch die Notwendigkeit, weitere Codes anlegen zu müssen. Beispiel hierfür ist der § 13b Umsatzsteuergesetz (§ 13b UStG regelt, dass bei bestimmten Leistungen die Steuerschuldnerschaft auf den Leistungsempfänger übergeht). Um die umsatzsteuerlichen Besonderheiten des § 13b Umsatzsteuergesetz korrekt abbilden zu können, sollte eine eigene MwSt.-Geschäftsbuchungsgruppe mit dem Code »13B« eingerichtet werden.

Eine entsprechende Einrichtung der MwSt.-Geschäftsbuchungsgruppen ergibt sich dann wie folgt (siehe Abbildung 8.18).

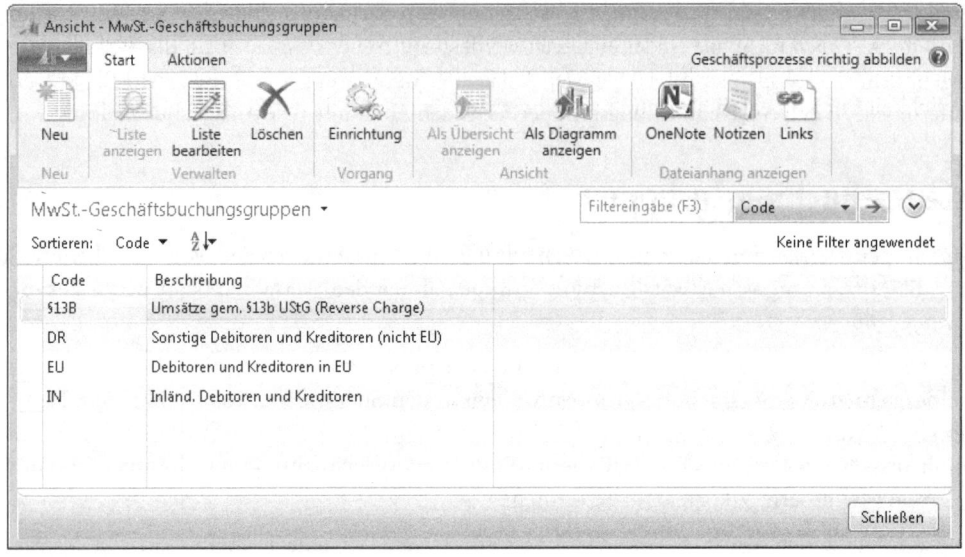

Abbildung 8.18 MwSt.-Geschäftsbuchungsgruppen

MwSt.-Produktbuchungsgruppen

MwSt.-Produktbuchungsgruppen werden im Fenster *MwSt.-Produktbuchungsgruppen* eingerichtet.

Link: *Abteilungen/Verwaltung/Anwendung Einrichtung/Finanzmanagement/MwSt.-Buchungsgruppen/MwSt.-Produktbuchungsgruppen*

Grundlage für die Einrichtung ist das Umsatzsteuergesetz im Hinblick auf die aktuell gültigen Umsatzsteuersätze. Hinterlegt werden die MwSt.-Produktbuchungsgruppen unter anderem in den Stammdaten von Sachkonten, Artikeln und Ressourcen. Aktuell gibt es zwei Steuersätze (den allgemeinen Steuersatz (19 %) und den ermäßigten Steuersatz (7 %)). Da im Normalfall beide Steuersätze, zumindest einkaufsseitig, benötigt werden, sollten auf jeden Fall zwei MwSt.-Produktbuchungsgruppen angelegt werden.

Die Codes für die MwSt.-Produktbuchungsgruppen könnten aus Vereinfachungsgründen und aufgrund der einfachen Eingabemöglichkeit kurz mit »7« und mit »19« benannt werden.

Da im täglichen Geschäft auch Geschäftsvorfälle ohne Steuer gebucht werden, sollte zusätzlich eine MwSt.-Produktbuchungsgruppe für diese Buchungen angelegt werden. Der Code hierfür könnte entsprechend mit »0« benannt werden.

Weitere MwSt.-Produktbuchungsgruppen können nach Bedarf angelegt werden. Als Beispiel sei die Einfuhrumsatzsteuer genannt. Hierfür könnte ein Code »EUST« angelegt werden.

Des Weiteren muss die Geschäftstätigkeit des Unternehmens aus umsatzsteuerlicher Sicht darauf hin analysiert werden, ob das Unternehmen verkaufsseitig nur Handel betreibt oder ob auch Dienstleistungen erbracht werden. Werden Dienstleistungen erbracht, ist zu prüfen, ob diese nur im Inland oder auch im umsatzsteuerlichen EU-Ausland erbracht werden. Die Analyse ist notwendig, weil in der zusammenfassenden Meldung Warenverkäufe und Dienstleistungen an Abnehmer mit USt-ID-Nummer getrennt ausgewiesen werden müssen.[5]

---

[5] Siehe BMF vom 05. Mai 2010, IV D 3 – S 7427/08/10003-03.

Werden Dienstleistungen auch im EU-Ausland erbracht, müssen die MwSt.-Produktbuchungsgruppen weiter verfeinert werden. In diesem Fall sollten pro Steuersatz (soweit notwendig) zwei Codes angelegt werden, z. B. »19L« für Lieferungen und »19SL« für Dienstleistungen, die dem allgemeinen Steuersatz unterliegen. Eine andere Möglichkeit zur korrekten Trennung zwischen Lieferungen und sonstigen Leistungen (Dienstleistungen) bietet das System nicht.

Die Einrichtung der MwSt.-Produktbuchungsgruppen könnte somit entsprechend der Abbildung 8.19 aussehen.

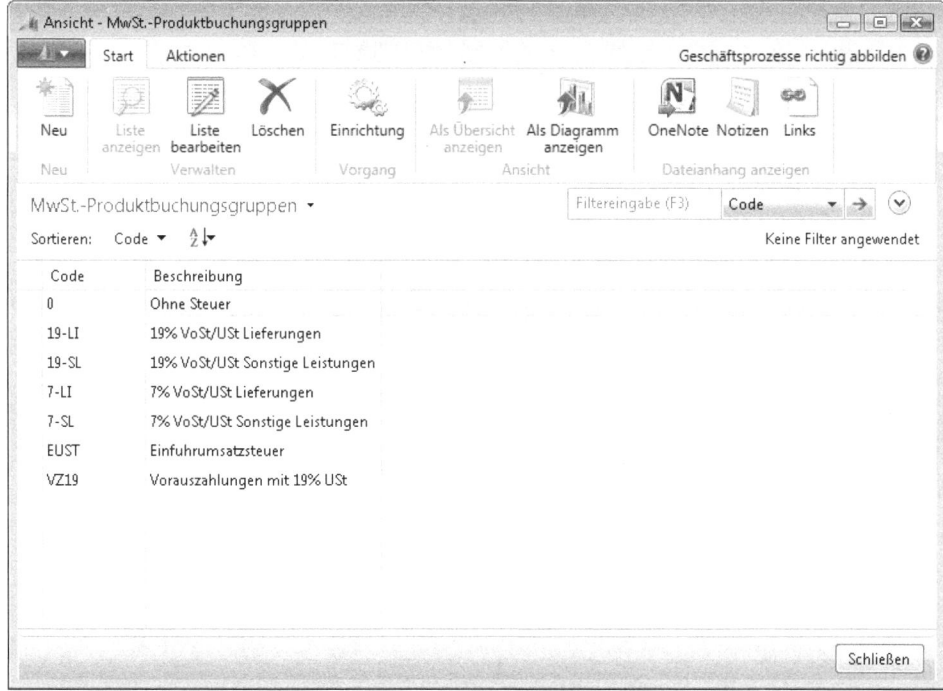

Abbildung 8.19 MwSt.-Produktbuchungsgruppen

MwSt.-Buchungsmatrix Einrichtung

Im Fenster *MwSt.-Buchungsmatrix Einr.* wird bestimmt, mit welchem Steuersatz auf welche Sachkonten Vorsteuer- und Umsatzsteuerbeträge gebucht werden. An dieser Stelle werden die angelegten MwSt.-Geschäftsbuchungsgruppen mit den angelegten MwSt.-Produktbuchungsgruppen kombiniert.

Link: *Abteilungen/Verwaltung/Anwendung Einrichtung/Finanzmanagement/MwSt.-Buchungsgruppen/MwSt.-Buchungsmatrix Einr.* (siehe Abbildung 8.20)

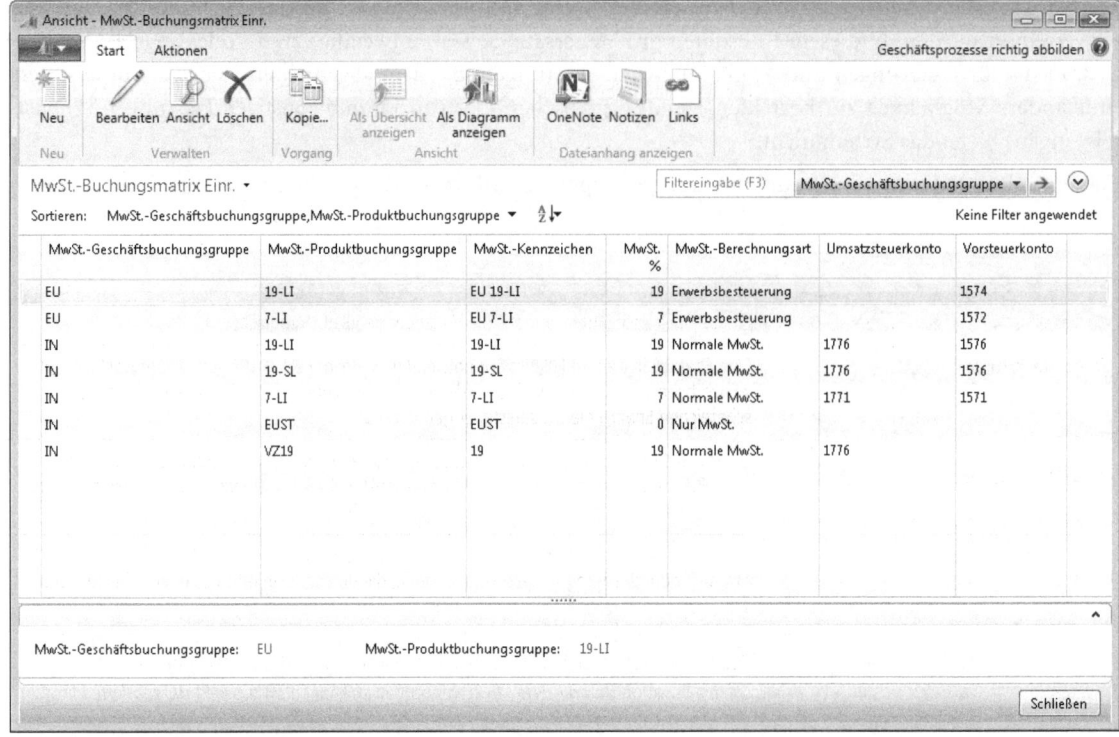

Abbildung 8.20 Ausschnitt der MwSt.-Buchungsmatrix Einr.

Im Folgenden werden die Spalten der *MwSt.-Buchungsmatrix Einr.* und damit die Frage nach der korrekten Einrichtung näher erläutert (siehe Tabelle 8.9):

Feld	Beschreibung
MwSt.-Geschäftsbuchungsgruppe	Eingabe der Codes der angelegten MwSt.-Geschäftsbuchungsgruppen
MwSt.-Produktbuchungsgruppe	Eingabe der Codes der angelegten MwSt.-Produktbuchungsgruppen
MwSt.-Kennzeichen	Eingabe eines frei wählbaren Codes, um mehrere MwSt.-Geschäfts- und MwSt.-Produktbuchungsgruppen mit ähnlichen Eigenschaften, wie z. B. dem MwSt.-Prozentsatz, zu gruppieren
MwSt. %	Eingabe des MwSt.-Prozentsatzes für die Kombination aus MwSt.-Geschäfts- und MwSt.-Produktbuchungsgruppe
MwSt.-Berechnungsart	Eingabe der MwSt.-Berechnungsart für die Kombination aus MwSt.-Geschäfts-, MwSt.-Produktbuchungsgruppe und MwSt.-Prozentsatz. Die verfügbaren Optionen sind: *<Normale MwSt.>* Berechnet für Einkäufe Vorsteuer und für Verkäufe Umsatzsteuer in Abhängigkeit vom MwSt.-Prozentsatz. *<Erwerbsbesteuerung>* Diese Option ist immer dann zu wählen, wenn Verkäufe ohne die Berechnung von Umsatzsteuer ausgeführt werden und bei Einkäufen sowohl Vorsteuer als auch Umsatzsteuer berechnet werden soll. Typische Anwendungsfälle sind innergemeinschaftliche Lieferungen und innergemeinschaftliche Erwerbe sowie Fälle nach § 13b UStG.

Tabelle 8.9 Spalten der MwSt.-Buchungsmatrix Einr.

Feld	Beschreibung
	<Nur MwSt.> Für die Kombination aus MwSt.-Geschäfts- und MwSt.-Produktbuchungsgruppe ist diese Option zu wählen, wenn es sich bei dem zu buchenden Betrag nur um Steuer handelt. Typisches Anwendungsbeispiel ist die Verbuchung von Einfuhrumsatzsteuer. Wird diese Option gewählt, wird eine Eingabe im Feld *MwSt. %* nicht berücksichtigt. *<Verkaufssteuer>* Dieses Feld gehört zum Modul US Sales Tax und ist hier nicht von Bedeutung.
Umsatzsteuerkonto	Eingabe des Sachkontos, auf das die Umsatzsteuer gebucht werden soll
Vorsteuerkonto	Eingabe des Sachkontos, auf das die Vorsteuer gebucht werden soll
Erwerbsteuerkonto	Eine Eingabe in diesem Feld ist nur notwendig, wenn im Feld *MwSt.-Berechnungsart* die Option *<Erwerbsbesteuerung>* gewählt wurde. Auf das Sachkonto wird bei einem innergemeinschaftlichen Erwerb die Umsatzsteuer gebucht.
EU-Service	Dieses Feld ist zu aktivieren, wenn bei der Kombination aus MwSt.-Geschäfts- und MwSt.-Produktbuchungsgruppe verkaufsseitig eine sonstige Leistung (Dienstleistung) fakturiert wird, die in einer zusammenfassenden Meldung angegeben werden muss
Unreal. Umsatzsteuerkonto	Gibt die Nummer des Sachkontos an, auf das für die Kombination aus MwSt.-Geschäfts- und MwSt.-Produktbuchungsgruppe verkaufsseitig die unrealisierte Umsatzsteuer gebucht werden soll. Der auf das angegebene Konto gebuchte Steuerbetrag verbleibt dort, bis die Zahlung des Debitors gebucht wird. Er wird dann auf das Sachkonto für Umsatzsteuer transferiert. Um die Funktion *Unrealisierte MwSt.* verwenden zu können, ist das Feld *Unrealisierte MwSt.* in der Tabelle *Finanzbuchhaltung Einrichtung* zu aktivieren. Zudem ist eine der Optionen im Feld *Unreal. MwSt.-Art* auszuwählen.
Unreal. MwSt.-Art	Von den hier zur Verfügung stehenden Optionen sind nur die Optionen *<Leer>* und *<Prozent>* von Bedeutung. *<Leer>* ist dann zu wählen, wenn nicht mit unrealisierter Mehrwertsteuer gearbeitet wird. *<Prozent>* ist immer dann zu wählen, wenn mit unrealisierter Mehrwertsteuer gearbeitet wird. In diesem Fall wird mit einer Zahlung die Mehrwertsteuer und der Rechnungsbetrag prozentual zum Gesamtrechnungsbetrag beglichen und der Anteil der unrealisierten Mehrwertsteuer auf das Steuerkonto umgebucht.

Tabelle 8.9 Spalten der MwSt.-Buchungsmatrix Einr. *(Fortsetzung)*

Die Verwendung von Buchungsgruppen aus Compliance-Sicht

Potenzielle Risiken

- Falsche Bilanzansätze/GuV-Werte durch fehlerhaft eingerichtete Buchungsgruppen (Compliance, Integrity, Reliability)
- Vermögensverlust aufgrund einer fehlerhaft eingerichteten MwSt.-Buchungsmatrix (Compliance, Integrity, Reliability, Efficiency)

Prüfungsziele

- Sicherstellung, dass die Anlage und das Bearbeiten von Buchungsgruppen nur von autorisierten Personen nach dem Least-Privilege-Prinzip erfolgt
- Prüfung sämtlicher Buchungsgruppen auf Korrektheit und Vollständigkeit

Prüfungshandlungen

Analyse der Zugriffsberechtigungen

Eine Analyse der Zugriffsberechtigungen bezieht sich auf die Frage, welche Anwender Buchungsgruppen bearbeiten und neue Buchungsgruppen anlegen und bearbeiten können.

Die Einrichtung und Verwaltung von Berechtigungen wird ausführlich in Kapitel 2 (aus technischer Sicht) und Kapitel 4 im Abschnitt »Benutzerzugriffsrechte« erläutert.

Online Im Begleitmaterial zu diesem Buch befindet sich ein Tool, welches die Tabellenzugriffsrechte anzeigt (siehe in Anhang A Abschnitt »Tabellenzugriffsrechts-Übersicht«).

Die Begleitdateien stehen als Download zur Verfügung. Sie können diese wahlweise entweder von der Seite *www.microsoftpress.de/support/9783866455696* oder von der Seite *msp.oreilly.de/support/2272/803* herunterladen.

Analyse der Buchungsmatrix Einrichtung

Die *Buchungsmatrix Einrichtung* ist dahin gehend zu prüfen, ob in den einzelnen Spalten die richtigen Konten hinterlegt sind (beispielsweise Analyse, ob nur und welche GuV-Konten hinterlegt sind. Einzige Ausnahme: Das *Lagerzugangskonto (Interim)* sollte ein Bilanzkonto enthalten).

Analyse der Debitorenbuchungsgruppe

Die Debitorenbuchungsgruppe ist dahin gehend zu prüfen, ob es sich bei den in der Spalte *Debitorensammelkonto* eingetragenen Sachkonten tatsächlich um die Forderungssammelkonten aus dem Sachkontenplan handelt. Zudem ist zu prüfen, ob in den Stammdaten dieser Sachkonten das Kontrollkästchen *Direkt* deaktiviert wurde.

Analyse der Kreditorenbuchungsgruppe

Die Kreditorenbuchungsgruppe ist dahin gehend zu prüfen, ob es sich bei den in der Spalte *Kreditorensammelkonto* eingetragenen Sachkonten tatsächlich um die Verbindlichkeitssammelkonten aus dem Sachkontenplan handelt. Zudem ist zu prüfen, ob in den Stammdaten dieser Sachkonten das Kontrollkästchen *Direkt* deaktiviert wurde.

Analyse der Lagerbuchung Einrichtung

Die *Lagerbuchung Einrichtung* ist dahin gehend zu prüfen, ob in den Spalten *Lagerkonto* und *Lagerkonto (Interim)* die entsprechenden Warenbestandskonten aus dem Sachkontenplan eingetragen sind.

Analyse der MwSt. Buchungsmatrix-Einrichtung

Die MwSt.-Buchungsmatrix-Einr. ist dahingehend zu prüfen, ob in den Spalten *MwSt. %* der richtige Steuersatz und in den Spalten *Umsatzsteuerkonto*, *Vorsteuerkonto* und *Erwerbssteuerkonto* die richtigen Bilanzkonten aus dem Sachkontenplan eingetragen sind. Zudem ist in den Stammdaten dieser Konten zu prüfen, ob das Feld *Direkt* deaktiviert wurde.

Dimensionen

Grundlage für die im Folgenden dargestellten praxisbezogenen Details zu Dimensionen ist der Abschnitt »Dimensionen« im Kapitel 4. Für grundsätzliche bzw. weiterführende Fragen die sich aus den nachfolgenden Erläuterungen ergeben, wie z. B. nach notwendigen Einrichtungsparametern oder technischer Details, wird insofern immer auf dieses Kapitel verwiesen.

Dimensionen und Dimensionswerte

Eine Dimension ist eine Information, die einem Buchungssatz hinzugefügt und auf verschiedene Weisen ausgewertet werden kann.

Grundsätzlich könnten unendlich viele Dimensionen angelegt werden. Die tatsächliche Anzahl benötigter Dimensionen jedoch sollte abhängig sein von den für den Unternehmensprozess benötigten Informationen. Die benötigten Informationen spiegeln sich regelmäßig in den Auswertungen eines Unternehmens wieder, sodass diese immer Grundlage für den Aufbau eines schlüssigen Dimensionskonzepts sein sollten.

Die Einrichtung von Dimensionen ist kein Muss. Können die benötigten Informationen auch aus den anderen Bereichen des Systems gewonnen werden, kann auf das Anlegen von Dimensionen verzichtet werden.

Die Anlage von Dimensionen erfolgt im Fenster *Dimensionen*

Link: *Abteilungen/Verwaltung/Anwendung Einrichtung/Finanzmanagement/Dimensionen/Dimensionen* (siehe Abbildung 8.21)

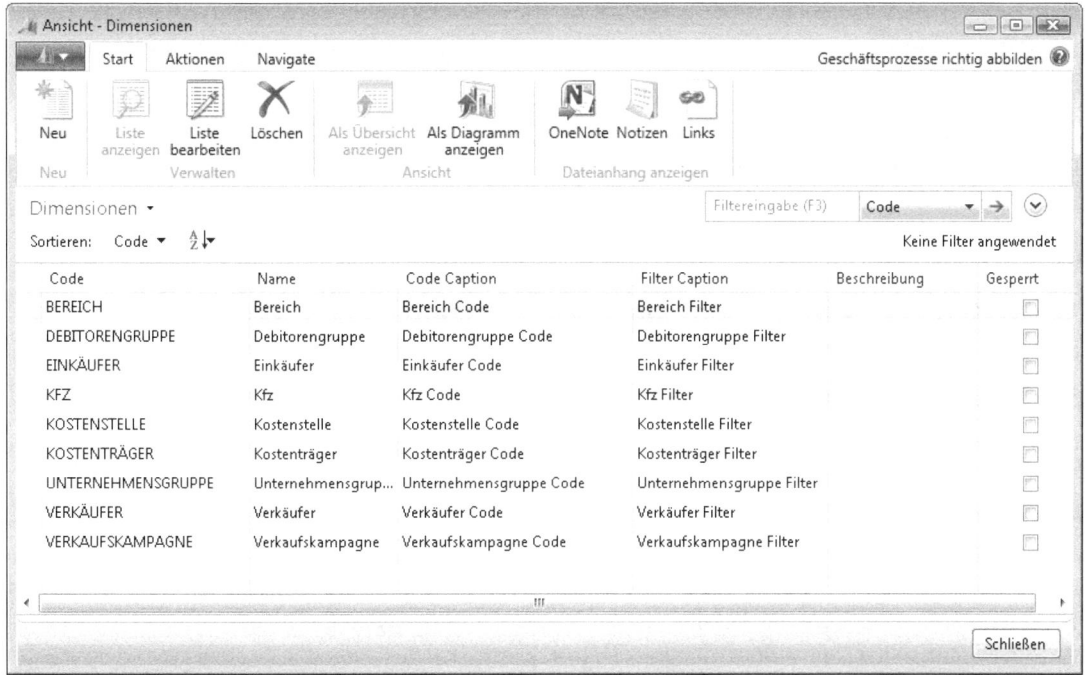

Abbildung 8.21 Dimensionen

Eine Dimension ist also immer der Oberbegriff für eine benötigte Information, während die Dimensionswerte die einzelnen Informationen selbst darstellen.

Sollen beispielsweise die Kosten für die betrieblichen Fahrzeuge eines Unternehmens ausgewertet werden können, könnte eine Dimension (Oberbegriff) mit dem Code KFZ oder FAHRZEUGE angelegt werden. Die einzelnen Kfz-Kennzeichen würden dann als Dimensionswerte angelegt. Die Dimensionswerte lassen sich wie die Sachkonten im Kontenplan über Überschriften und Summenbildungen strukturieren.

Link: *Abteilungen/Verwaltung/Anwendung Einrichtung/Finanzmanagement/Dimensionen/**Dimensionen**/Link/ Dimensionswerte* (siehe Abbildung 8.22)

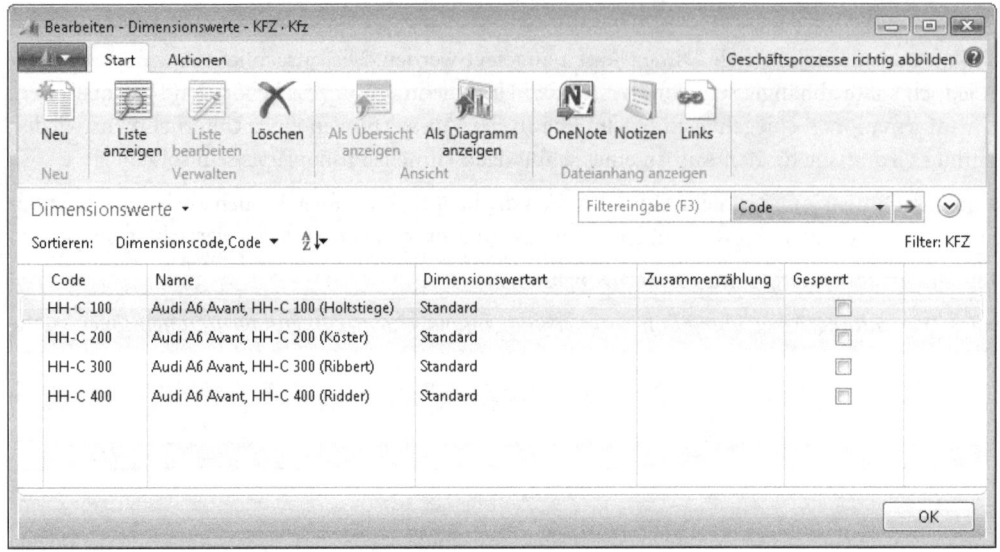

Abbildung 8.22 Dimensionswerte der Dimension »Kfz«

Dimensionsarten

In Dynamics NAV 2013 werden drei Arten von Dimensionen unterschieden:

- Globale Dimensionen
- Shortcutdimensionen
- Budgetdimensionen

Globale Dimensionen

Als globale Dimension sollten die Informationen und damit die Dimensionen definiert werden, die direkt in Berichten angezeigt oder als Filterkriterium verwendet werden sollen. Da nur zwei globale Dimensionen in der *Finanzbuchhaltung Einrichtung* definiert werden können, muss analysiert werden, welche beiden Dimensionen dieses sein sollen. Für Unternehmen, die eine Kostenstellen- und/oder Kostenträgerrechnung im Einsatz haben, sind dieses immer die Dimensionen für die Kostenstellen und für die Kostenträger (siehe Abbildung 8.23).

Automatisch werden auch der *Shortcutdimensionscode 1* und der *Shortcutdimensionscode 2* mit den globalen Dimensionen vorbelegt.

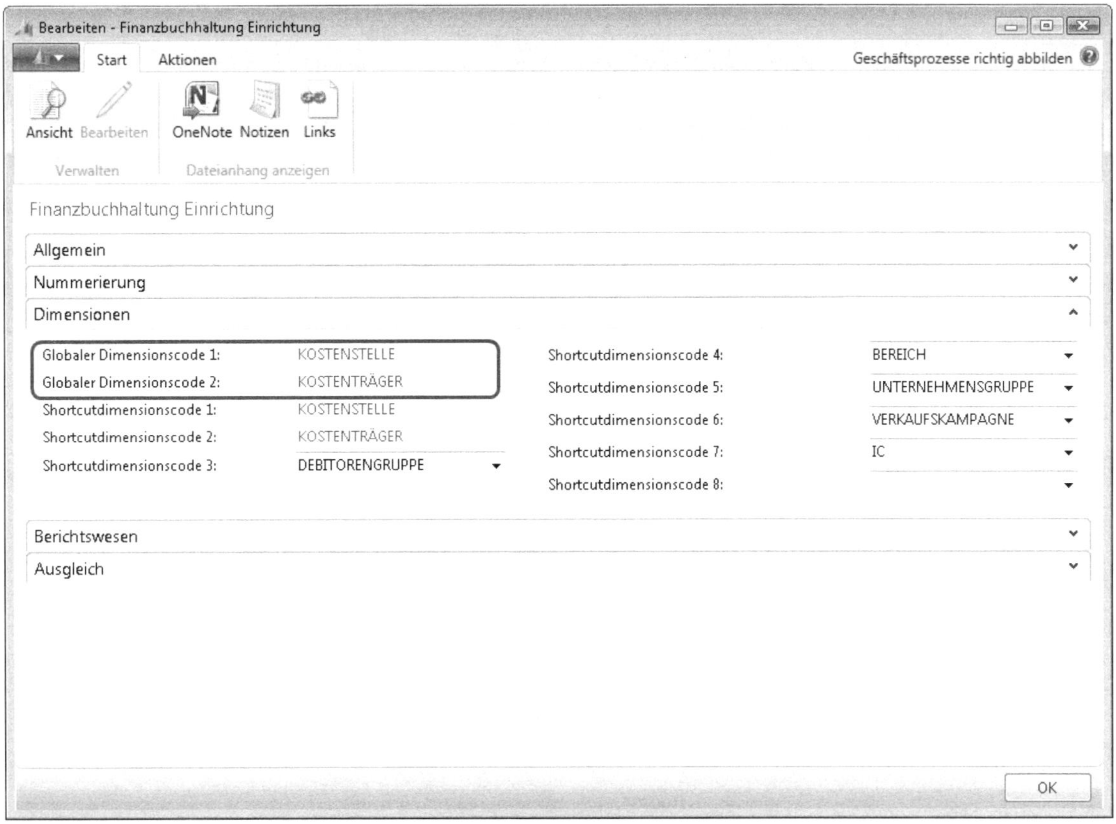

Dimensionen

Abbildung 8.23 Das Inforegister *Dimensionen* des Fensters *Finanzbuchhaltung Einrichtung*

Wenn möglich, sollten die globalen Dimensionen bei Systemstart definiert und hinterlegt werden. Die Eingabe ist in den Feldern selbst nicht möglich. Um die globalen Dimensionen anzulegen, muss die Funktion *Globale Dimensionen ändern* auf der Registerkarte *Aktionen* verwendet werden (siehe Abbildung 8.24).

Abbildung 8.24 Die Funktion *Globale Dimensionen ändern*

HINWEIS Werden die globalen Dimensionen erst zu einem späteren Zeitpunkt hinterlegt oder soll eine Änderung der bisher als globale Dimensionen eingerichteten Dimensionen erfolgen, kann dieser Vorgang je nach Anzahl der im System vorhandenen Posten sehr lange dauern. Da zudem die anderen Anwender bei diesem Vorgang gesperrt werden, wird empfohlen, die Funktion außerhalb der regulären Arbeitszeit zu starten.

Shortcutdimensionen

Die Dimensionen, die direkt in *Buch.-Blättern* oder Einkaufs- und Verkaufszeilen eingegeben werden sollen, werden im System als *Shortcutdimensionen* bezeichnet. Durch die Hinterlegung der Shortcutdimensionen in der Finanzbuchhaltung Einrichtung (siehe Abbildung 8.23) kann der Prozess der Erfassung von Geschäftsvorfällen beschleunigt werden. Da die ersten beiden Shortcutdimensionen bereits durch die globalen Dimensionen vorbelegt sind, können noch sechs weitere Dimensionen als Shortcutdimensionen definiert werden. Eine Änderung der Shortcutdimensionen kann jederzeit erfolgen.

TIPP Als Shortcutdimensionen sollten diejenigen Dimensionen definiert werden, die vorgangsindividuell zugeordnet werden müssen und nicht über Stammdaten vorbelegt werden können.

Budgetdimensionen

Werden Planungen erstellt, können durch die Verwendung von Budgetdimensionen Planungen dimensionswertgenau ausgewertet werden. Für jedes Budget können zusätzlich zu den beiden globalen Dimensionen vier weitere Dimensionen definiert werden (siehe Abbildung 8.25):

Link: *Abteilungen/Finanzmanagement/Finanzbuchhaltung/Fibu-Budgets*

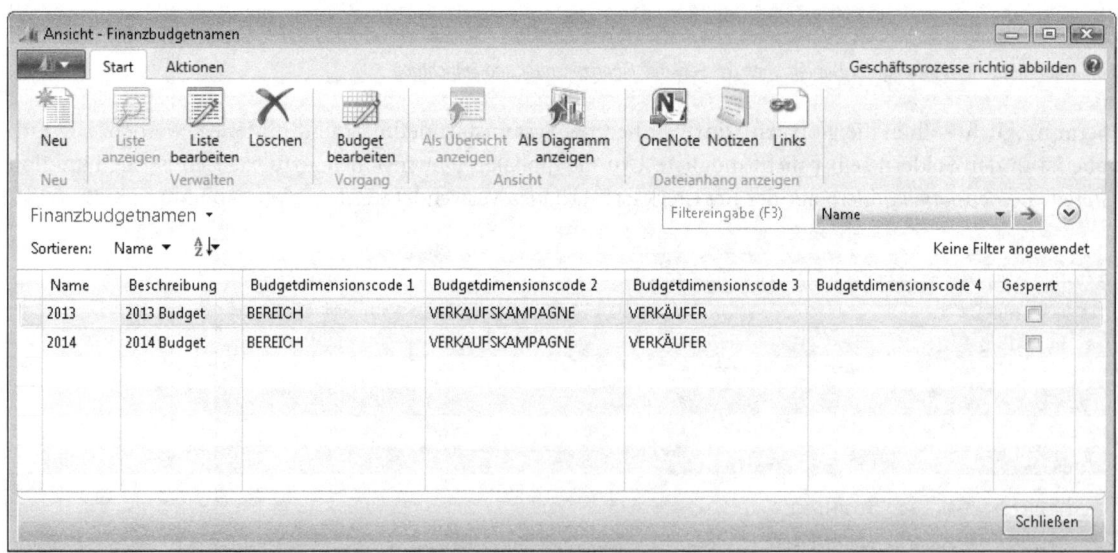

Abbildung 8.25 Finanzbudgets mit Budgetdimensionen

Vorgabedimensionen

Wenn möglich, sollten im System Vorgabedimensionen genutzt werden.

Zum einen kann mit der Nutzung von Vorgabedimensionen die Erfassung eines Buchungssatzes beschleunigt werden. Zum anderen können Vorgabedimensionen genutzt werden, um Pflichtdimensionen zu definieren, wenn kein fester Vorgabedimensionswert hinterlegt werden kann.

Sinnvoll ist die Nutzung von Vorgabedimensionen für die Dimensionen, die als globale Dimensionen definiert wurden.

Für ein Unternehmen, das eine Kostenstellen- und Kostenträgerrechnung im Einsatz hat, ist es zwingend erforderlich, dass sämtliche Aufwendungen und Erträge mit einer Kostenstelle und/oder einem Kostenträger gebucht werden. Werden keine Vorgabedimensionen, zumindest als Pflichtdimension, definiert, kann bei der Erfassung und Buchung eines Geschäftsvorfalls die Eingabe beispielsweise einer Kostenstelle vergessen werden. In der Kostenstellen- und Kostenträgerrechnung würde dieser Posten für Auswertungszwecke nicht zur Verfügung stehen.

Für sämtliche GuV-Konten im Sachkontenplan sollten folglich Vorgabedimensionen hinterlegt werden. Dieses soll am Beispiel des Sachkontos »4930 (Bürobedarf)« erläutert werden.

Die Einrichtung der Vorgabedimension kann direkt im Kontenplan erfolgen.

Link: *Abteilungen/Finanzmanagement/Finanzbuchhaltung/**Kontenplan**/Navigate/Dimensionen/Zuordnung für aktuellen Datensatz* (siehe Abbildung 8.26)

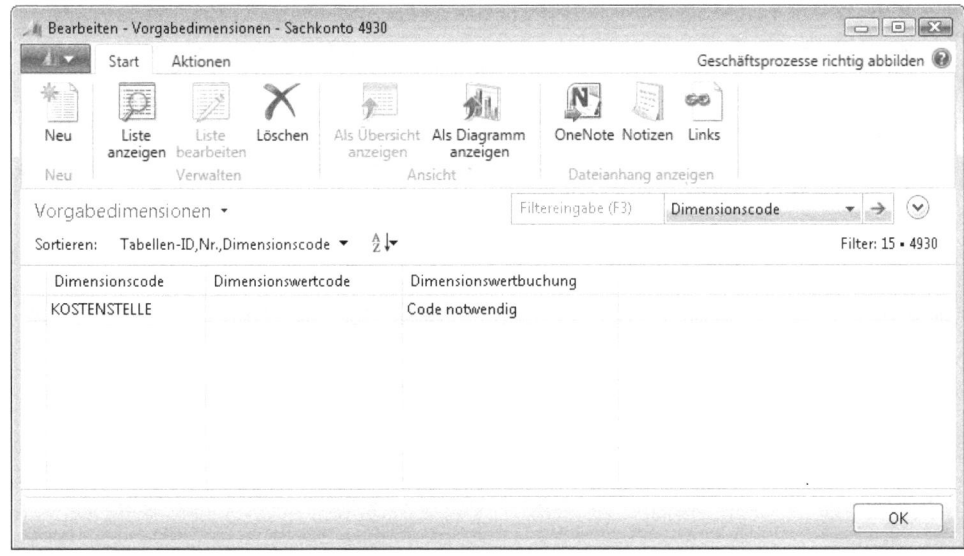

Abbildung 8.26 Das Fenster *Vorgabedimension*

Da für das Sachkonto »4930 (Bürobedarf)« kein fester Dimensionswertcode hinterlegt werden kann (das Sachkonto kann mit unterschiedlichen Kostenstellen gebucht werden), ist hinterlegt, dass bei Buchung ein Dimensionswert für die Dimension *Kostenstelle* notwendig ist.

Beim Versuch, eine Buchung ohne Kostenstelle durchzuführen, erscheint eine Fehlermeldung (siehe Abbildung 8.27).

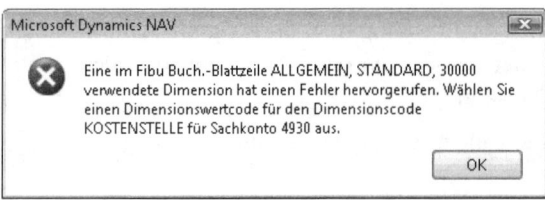

Abbildung 8.27 Fehlermeldung bei Buchung ohne Kostenstelle

Die Einrichtung für das Sachkonto 4930 muss nun auch für alle anderen Konten vorgenommen werden. Dieses kann durch die einzelne Zuweisung pro Sachkonto oder über die Mehrfachzuweisung erfolgen.

ACHTUNG   In früheren Versionen wurde in der Mehrfachzuweisung von Vorgabedimensionen angezeigt, wenn es Konflikte bei den bestehenden Vorgabedimensionen gab. Da diese Anzeige nicht mehr existiert, können Daten überschrieben werden, ohne dass der Benutzer darüber informiert wird.

Analyse nach Dimensionen

Die gebuchten Dimensionen können unter anderem über die Funktion *Analyse nach Dimensionen* ausgewertet werden.

Dazu muss zunächst eine Analyseansicht angelegt werden. Analyseansichten werden im Fenster *Analysenansichtenübersicht* angelegt.

Link: *Abteilungen/Finanzmanagement/Finanzbuchhaltung/Analyse & Berichtswesen/Analyse nach Dimensionen* (siehe Abbildung 8.28).

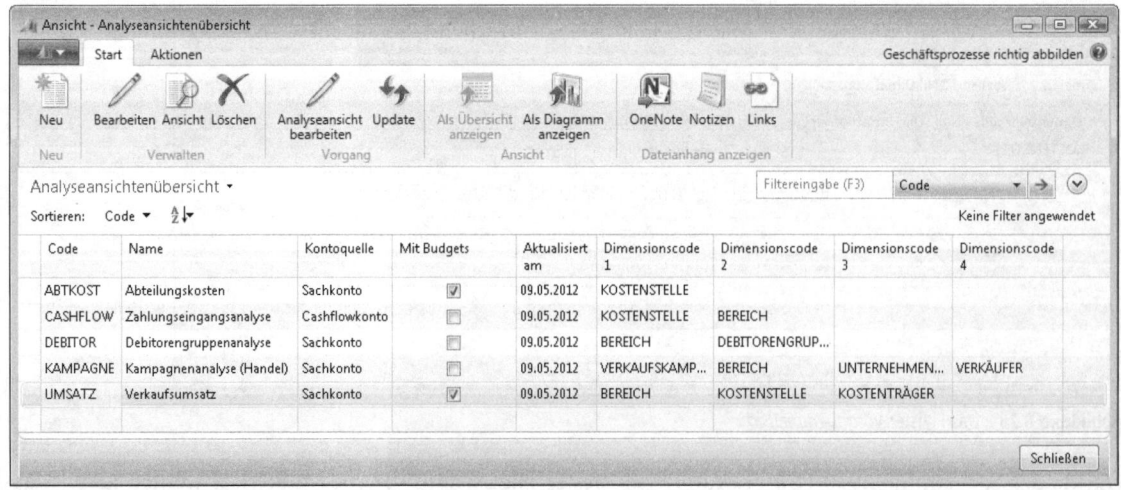

Abbildung 8.28   Das Fenster *Analysenansichtenübersicht*

Dimensionen

Für eine Analyseansicht sind zunächst einige Einrichtungen vorzunehmen (siehe Abbildung 8.29).

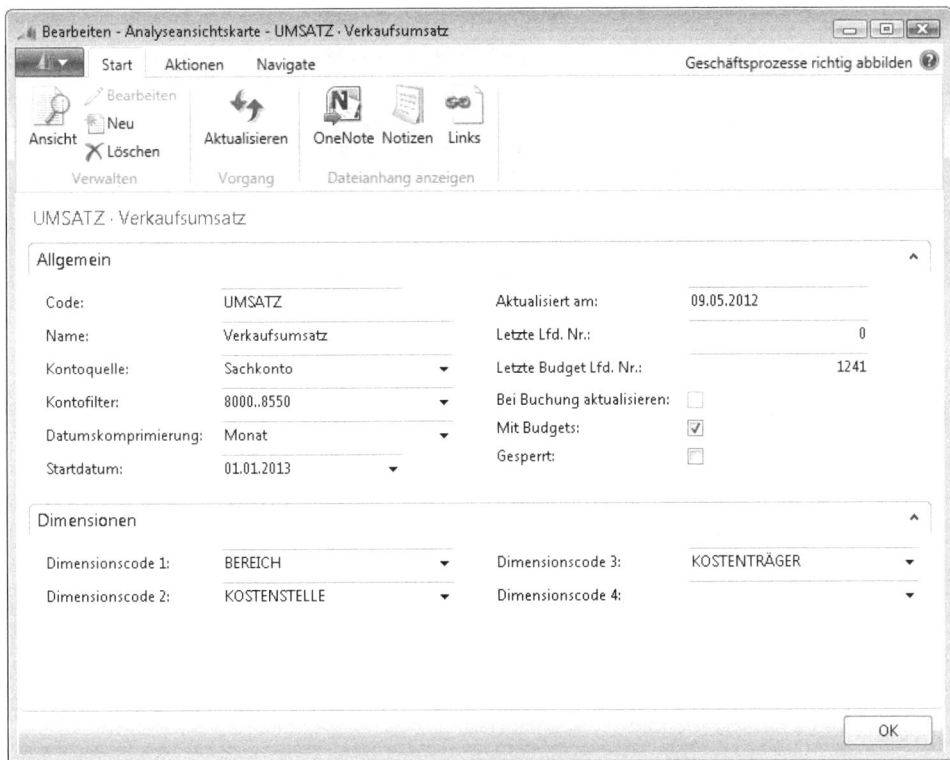

Abbildung 8.29 Die Analyseansichtskarte

Auf dem Inforegister *Allgemein* sind die Einstellungen entsprechend der Tabelle 8.10 vorzunehmen.

Feld	Beschreibung
Code	Eingabe eines Codes für die Analyseansicht
Name	Eingabe eines eindeutigen Namens für die Analyseansicht
Kontoquelle	Gibt die Quelle an, aus der die Daten gewonnen werden sollen. Die Auswahlmöglichkeiten sind <*Sachkonto*> und <*Cashflowkonto*>.
Kontofilter	Soll nur ein bestimmter Kontenbereich analysiert werden, kann dieser Bereich an dieser Stelle als Filter eingerichtet werden
Datumskomprimierung	Gibt an, ob und wie Daten komprimiert werden sollen. Die Auswahlmöglichkeiten sind <*Keine*>, <*Tag*>, <*Woche*>, <*Monat*>, <*Quartal*>, <*Jahre*> und <*Periode*>. Die für die Analyseansicht benötigten Posten werden in Abhängigkeit der Auswahl komprimiert. Bei Auswahl der Option <*Monat*> beispielsweise werden sämtliche Posten eines Sachkontos zu einem Posten zusammengefasst.
Startdatum	Eingabe des Datums, ab das Posten berücksichtigt werden sollen
Aktualisiert am	Wird systemseitig gefüllt und gibt Aufschluss über die letzte Aktualisierung

Tabelle 8.10 Felder des Inforegisters *Allgemein* der Analyseansichtskarte

Feld	Beschreibung
Letzte Lfd. Nr.	Wird systemseitig gefüllt und enthält die Nummer des letzten Sachpostens, der vor der Aktualisierung der Analyseansicht gebucht wurde
Letzte Budget Lfd. Nr.	Wird systemseitig gefüllt und enthält die Nummer des letzten Budgetpostens, der vor der Aktualisierung der Analyseansicht eingegeben wurde
Bei Buchung aktualisieren	Ist das Kontrollkästchen aktiviert, wird die Analyseansicht mit jeder Buchung aktualisiert
Mit Budgets	Ist das Kontrollkästchen aktiviert, werden bei der Aktualisierung der Analyseansicht auch die Analyseansichts-Budgetposten aktualisiert
Gesperrt	Soll die Analyseansicht nicht mehr verwendet werden, kann diese durch Aktivierung des Kontrollkästchen gesperrt werden

Tabelle 8.10 Felder des Inforegisters *Allgemein* der Analyseansichtskarte *(Fortsetzung)*

Im Inforegister *Dimensionen* können die Dimensionen hinterlegt werden, die mit dieser Analyseansicht ausgewertet werden sollen.

Ist eine Analyseansicht definiert und eingerichtet, kann über *Analyseansicht bearbeiten* auf der Registerkarte *Start* die Funktion *Analyse nach Dimensionen* aufgerufen werden (siehe Abbildung 8.30).

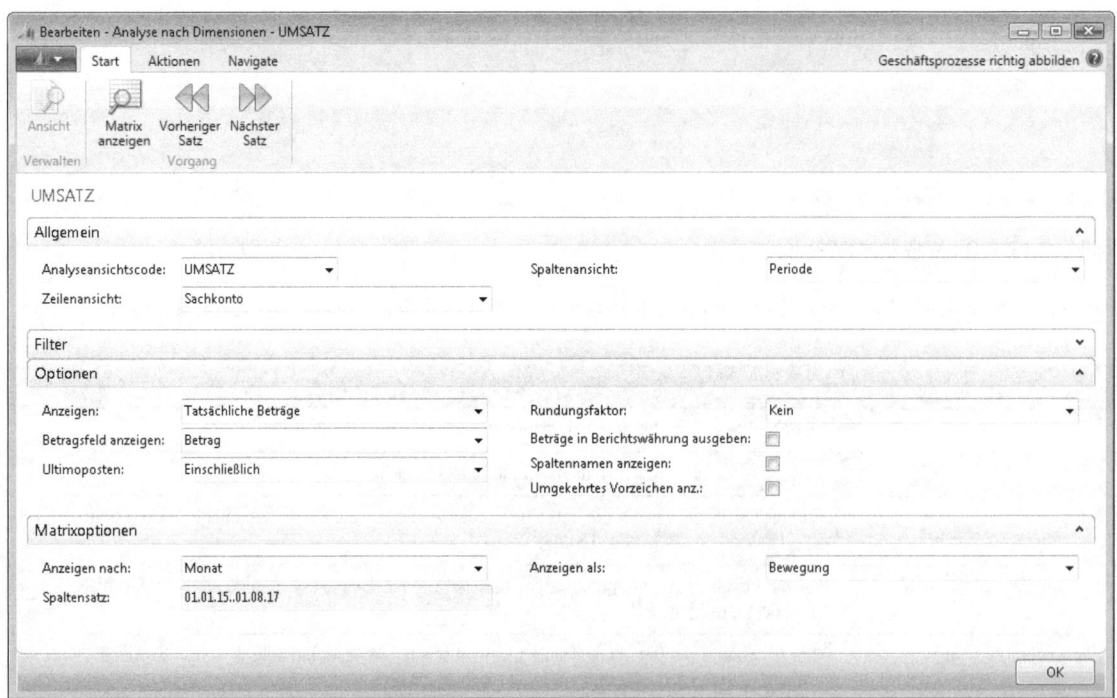

Abbildung 8.30 Die Funktion Analyse nach Dimensionen

Über die Aktion *Matrix anzeigen* auf der Registerkarte *Start* wird die Auswertung in Matrixform aufgerufen. Die angezeigten Posten können dann in Abhängigkeit der eingegebenen Filter und Eingaben analysiert werden.

Sonstige Einrichtungen und Stammdaten

In diesem Abschnitt wird abschließend auf weitere Einrichtungen und Stammdaten eingegangen, die für (Teil-)Prozesse des Finanzmanagements, aber auch übergreifend für alle anderen Anwendungsbereiche von Bedeutung sind. Das betrifft Verfolgungscodes, Buch.-Blattvorlagen, MwSt.-Abrechnung Vorlagen, Währungen und Datenexporte.

Verfolgungscodes

Zu der Einrichtung der Verfolgungscodes gehören die Einrichtung der Herkunftscodes sowie der Ursachencodes. Herkunftscodes und die Herkunftscode Einrichtung wurden in Kapitel 4 beschrieben, sodass an dieser Stelle nur auf die Einrichtung von Ursachencodes eingegangen wird.

Ursachencodes können verwendet werden, um auf den Grund einer Buchung hinzuweisen.

Link: *Abteilungen/Verwaltung/Anwendung Einrichtung/Finanzmanagement/Verfolgungscodes/Ursachencodes* (siehe Abbildung 8.31)

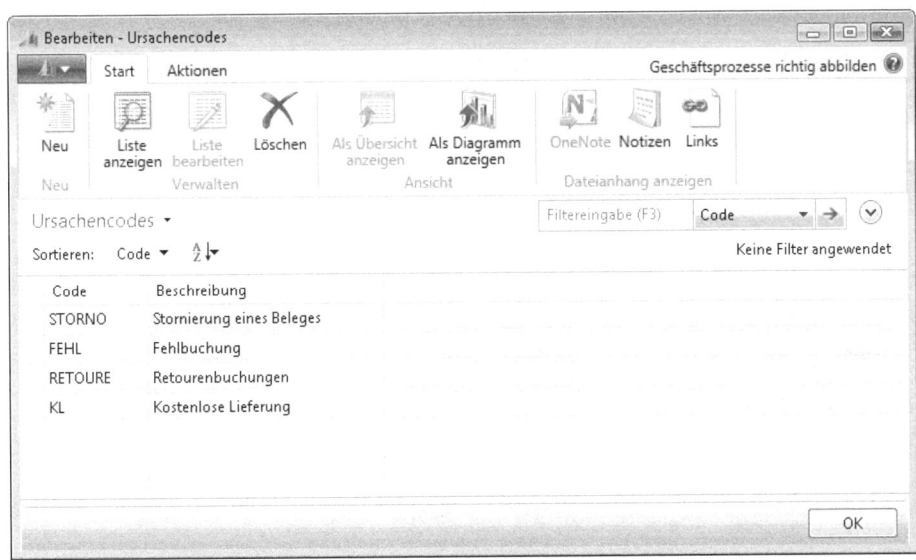

Abbildung 8.31 Ursachencodes

Ursachencodes sind als zusätzliche Information zu verstehen, die in einem Buchungssatz verwendet werden können.

Ursachencodes können in Buch.-Blättern sowie in Einkaufs- und Verkaufsbelegen verwendet werden. Wird beispielsweise ein Ursachencode beim Buchen einer Ausgangsrechnung verwendet, wird der Ursachencode in jeden Sach- und Debitorenposten kopiert und steht somit für Auswertungszwecke zur Verfügung.

Buch.-Blattvorlagen

Buch.-Blätter werden für die Erfassung von Buchungssätzen verwendet, beispielsweise für die Erfassung von Einkäufen, Zahlungen, Verkäufen oder Jahresabschlussbuchungen. Für jede Art von Geschäftsvorfall ist eine eigene Buch.-Blattvorlage einzurichten. Mithilfe dieser Vorlagen wird die grundlegende Struktur eines Buch.-Blatts bereitgestellt.

Im Folgenden werden die Einrichtung von Buch.-Blattvorlagen sowie die Verwendung von Buch.-Blattvorlagen aus Compliance-Sicht beschrieben.

Einrichtung von Buch.-Blattvorlagen

Mit Buch.-Blattvorlagen können Standardinformationen für alle Buch.-Blattnamen angegeben werden, die aus einer Vorlage heraus erstellt werden.

Bei Systemstart werden ausgewählte Buch.-Blattvorlagen standardmäßig erstellt.

Link: *Abteilungen/Verwaltung/Anwendung Einrichtung/Finanzmanagement/Allgemein/Buch.-Blattvorlagen* (siehe Abbildung 8.32).

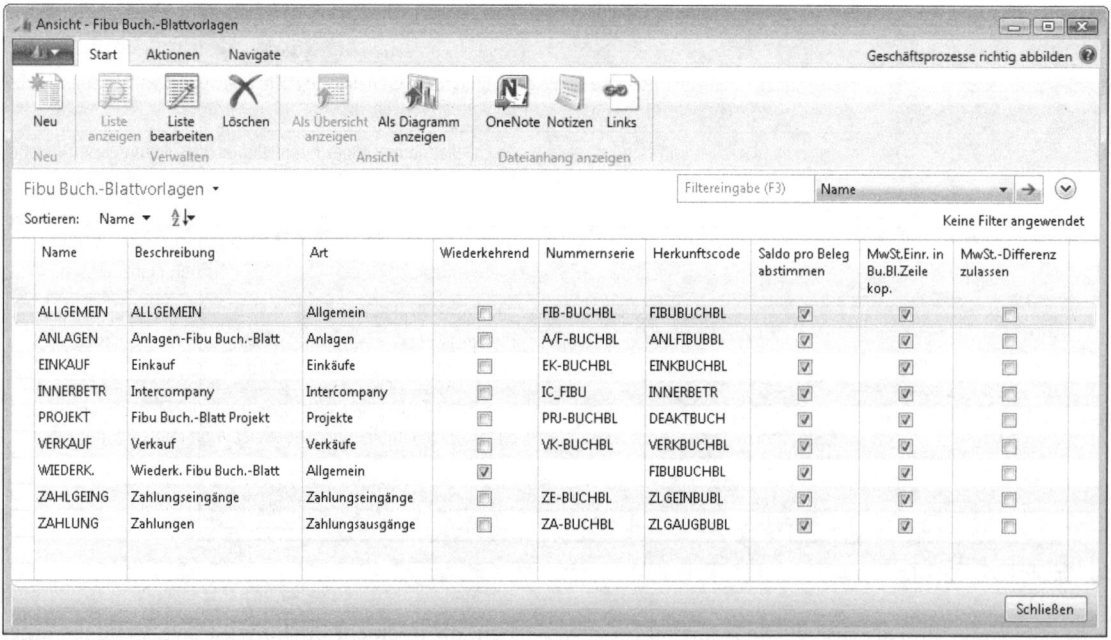

Abbildung 8.32 Fibu Buch.-Blattvorlagen

Die schon erstellten Buch.-Blattvorlagen decken die gebräuchlichsten Buchungsvorgänge ab, zusätzlich können aber auch weitere Vorlagen eingerichtet werden.

Die in einer Buch.-Blattvorlage definierten Felder entsprechen genau denen, die für diesen bestimmten Bereich der Anwendung benötigt werden. So werden beispielsweise zum Buchen einer Verkaufsrechnung nicht genau dieselben Felder wie zum Buchen einer Zahlung benötigt.

In der Tabelle der Buch.-Blattvorlagen sind unter anderem die folgenden Felder enthalten (siehe Tabelle 8.11).

Feld	Beschreibung
Name	Eindeutige Bezeichnung der Vorlage
Beschreibung	Beschreibung der Vorlage
Art	Die gewählte Art bestimmt die Struktur des Buch.-Blattfensters. Die Arten sind systemseitig vordefiniert.
Wiederkehrend	Dieses Kontrollkästchen bestimmt, ob aus einer Buch.-Blattvorlage ein wiederkehrendes Buch.-Blatt werden soll. Um das Buchungsblatt in ein wiederkehrendes Buchungsblatt zu ändern, ist das Kontrollkästchen zu aktivieren. Die Besonderheit eines wiederkehrenden Buch.-Blatts ist, dass zusätzlich zu den Standardfeldern eines Buch.-Blatts weitere spezielle Felder enthalten sind. Ist das Kontrollkästchen aktiviert, muss das Feld *Nummernserie* leer sein, da eine Buchungsnummernserie erforderlich ist.
Gegenkontoart	Auswahl einer Gegenkontoart, die in sämtlichen Buch.-Blattzeilen der Buch.-Blätter automatisch eingefügt wird, die mit dieser Vorlage erstellt wurden
Gegenkontonr.	In Abhängigkeit von der gewählten Gegenkontoart kann eine Gegenkontonummer ausgewählt werden, die in sämtlichen Buch.-Blattzeilen der Buch.-Blätter eingefügt wird, die mit dieser Vorlage erstellt wurden
Nummernserie	Hier kann eine Nummernserie definiert werden, die zum Zuweisen von Belegnummern für Buch.-Blattzeilen eines Buch.-Blatts verwendet wird, das mithilfe einer Vorlage erstellt wurde. Ist das Feld leer, müssen bei der Erfassung von Buchungssätzen Belegnummern manuell eingegeben werden. Ist im Feld *Buchungsnr.-Serie* eine Nummernserie eingerichtet, wird die hier hinterlegte Nummern-serie nur dazu verwendet, um eine vorläufige Nummer zu vergeben. Die vorläufige Nummer wird dann beim Buchen überschrieben.
Buchungsnr.-Serie	Eingabe einer Nummernserie für Belegnummern, die für gebuchte Posten verwendet werden soll, die aus Buch.-Blättern gebucht werden, die diese Vorlage verwenden
Herkunftscode	Auswahl des Herkunftscodes, der allen Buch.-Blattnamen zugewiesen werden soll, die mit dieser Vorlage erstellt werden. Ein Herkunftscode ist eine zusätzliche Information, mit der gebuchte Posten identifiziert werden können.
Ursachencode	Möglichkeit zur Eingabe eines Ursachencodes, der in Buch.-Blattzeilen als weitere, zusätzliche Information erscheinen soll. Ursachencodes werden verwendet, um auf den Grund einer Buchung hinzuweisen.
Saldo pro Beleg abstimmen	Hier wird festgelegt, ob die über diese Fibu Buch.-Blattvorlage gebuchten Belege auf Grundlage ihrer Belegnummer und Belegart saldiert und abgestimmt werden sollen. Ist das Feld leer, wird das Buch.-Blatt nur nach Datum abgestimmt. Dieses Kontrollkästchen sollte grundsätzlich aktiviert sein.
MwSt.Einr. in Bu.Bl.Zeile kop.	Ist das Feld aktiviert, werden die Fibu Buch.-Blattart und die MwSt.-Buchungsgruppen der in den Buch.-Blattzeilen verwendeten Konten und Gegenkonten automatisch mit den in diesen Konten hinterlegten Werten gefüllt.
MwSt.-Differenzen zulassen	Falls aktiviert, ist die manuelle Anpassung von MwSt.-Beträgen in Buch.-Blättern zulässig.

Tabelle 8.11 Felder der Tabelle Fibu Buch.-Blattvorlage

HINWEIS Sämtliche Vorbelegungen in den Feldern der Tabelle können sowohl in einem Buch.-Blatt als auch in Buch.-Blattzeilen geändert werden.

Buch.-Blattvorlagen in der Finanzbuchhaltung aus Compliance-Sicht

Potenzielle Risiken

- Falsche Bilanzansätze beispielsweise durch Fehlbuchungen aufgrund von Änderungen in den Feldern der schon vorhandenen Vorlagen bzw. aufgrund nicht korrekter Eingaben bei neu erstellten Buch.-Blattvorlagen (Compliance, Integrity, Reliability)

- Falsche Bilanzansätze beispielsweise durch Änderungen in Buch.-Blattnamen oder Buch.-Blattzeilen hinsichtlich der vorgegebenen Einrichtungen, die dann zu Fehlbuchungen bzw. zu nicht vollständigen Informationen führen (Compliance, Integrity, Reliability)
- Prozessineffizienzen bei fehlerhaften Vorbelegungen (Efficiency)

Prüfungsziel

- Sicherstellung einer korrekten Einrichtung der Buch.-Blattvorlagen aufgrund der unternehmensinternen Regelungen
- Überprüfung von Buch.-Blattnamen hinsichtlich Abweichungen in der Einrichtung in Bezug auf die Buch.-Blattvorlage

Prüfungshandlungen

Prüfung der Buch.-Blattvorlage auf korrekte Einrichtung

Die Einrichtung der Buch.-Blattvorlagen ist insbesondere daraufhin zu prüfen, ob für alle Vorlagen das Feld *Herkunftscode* gefüllt ist und ob die Felder *MwSt.Einr. in Bu.Bl.Zeile kop.* sowie *Saldo pro Beleg abstimmen* aktiviert sind.

Feldzugriff: *Tabelle 80 Fibu Buch.-Blattvorlage*, Feld *Herkunftscode, MwSt.Einr. in Bu.Bl.Zeile kop., Saldo pro Beleg abstimmen*

Prüfung der Buch.-Blattnamen auf abweichende Einrichtung

Die Prüfung sollte daraufhin ausgerichtet sein, Abweichungen in den Einrichtungen eines Buch.-Blattnamens zu den Einrichtungen der Vorlage, aus der er erstellt wurde, zu analysieren. Eventuelle Abweichungen wie z. B. der *Herkunftscode* müssen dokumentiert sein.

Feldzugriff: *Tabelle 80 Fibu Buch.-Blattvorlage*, Feld *Name*

Feldzugriff: *Tabelle 232 Fibu Buch.-Blattname*, Feld *Buch.-Blattvorlagenname*

MwSt.-Abrechnung Vorlagen

Die Einrichtung von *MwSt.-Abrechnung Vorlagen*, die Grundlage für die Erstellung von Umsatzsteuer-Voranmeldungen sind, wird detailliert im Abschnitt »Umsatzsteuer-Voranmeldungen und zusammenfassende Meldungen« in diesem Kapitel erläutert.

Währungen

Durch die auch für mittelständische Unternehmen spürbar zunehmende Globalisierung ist es wichtig, dass Finanzdaten in mehreren Währungen erfasst und angezeigt werden können. Dynamics NAV 2013 bietet für diese Fälle Funktionalitäten, die Unternehmen bei der Buchung und korrekten Wertermittlung von Transaktionen in verschiedenen Währungen unterstützen. Weiterführende Informationen zu der Einrichtung und dem Arbeiten mit Währungen finden Sie im Abschnitt »Arbeiten mit Währungen«.

Datenexport

Im Rahmen von Betriebsprüfungen ist es unerlässlich, Daten zu exportieren, um diese in einem bestimmten Format einem Betriebsprüfer zur Verfügung zu stellen. Wie ein Datenexport einzurichten ist und wie die Daten exportiert werden, wird ausführlich im Abschnitt »GDPdU« erläutert.

Das Arbeiten mit Buch.-Blättern

Buch.-Blätter im Bereich des Finanzmanagements werden immer dann genutzt, wenn Buchungssätze direkt erfasst und gebucht werden sollen. Man spricht in diesem Fall auch von direkten Buchungen, da diese nicht aus anderen Bereichen des Systems über Belege in die Finanzbuchhaltung fließen.

Die Abbildung 8.33 stellt den Buchungsprozess von direkten Buchungen im Finanzmanagement in vereinfachter Form dar.

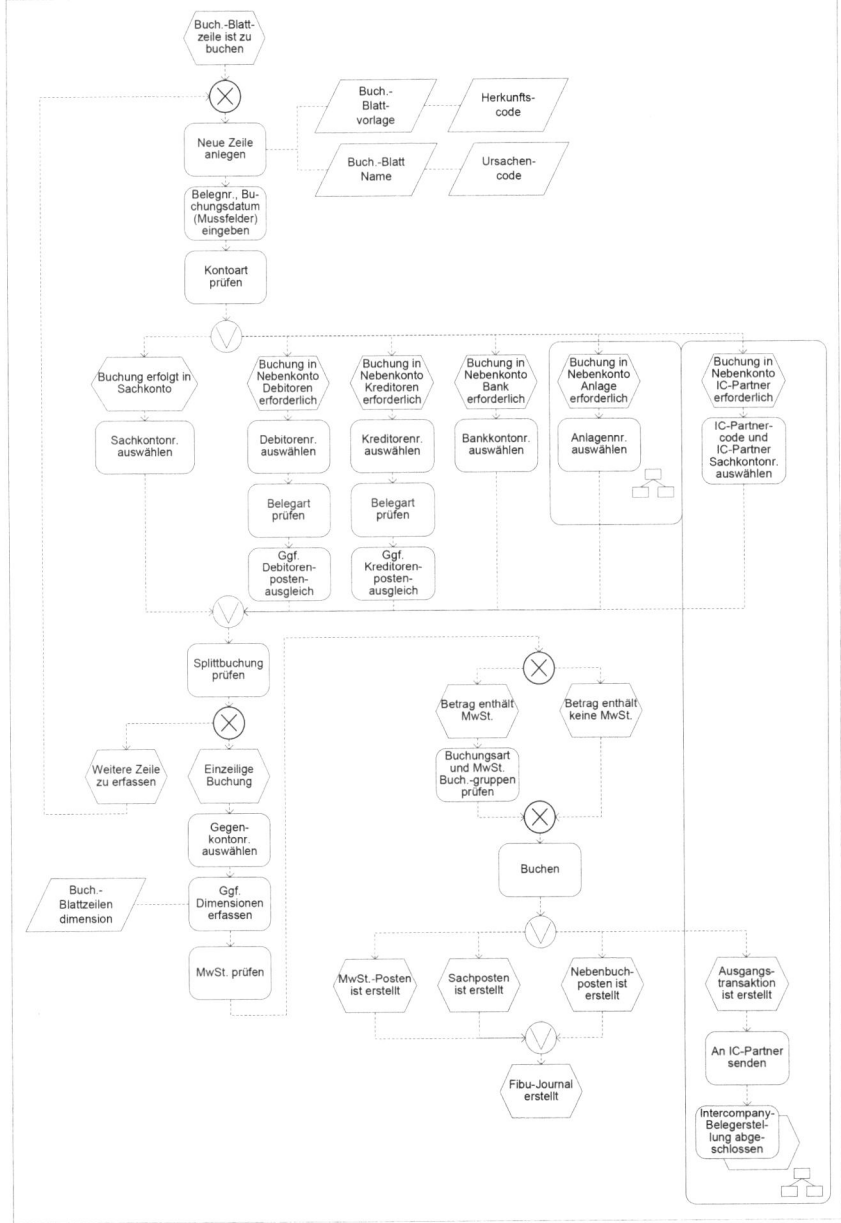

Abbildung 8.33 Buchungsprozess direkter Buchungen im Finanzmanagement

Buchungssätze erfassen und buchen

Buchungssätze werden in Buch.-Blättern erfasst. In Dynamics NAV 2013 stehen dafür mehrere Möglichkeiten zur Verfügung, die im Folgenden näher beschrieben werden.

Fibu Buch.-Blätter

Zur Erfassung direkter Buchungen werden *Fibu Buch.-Blätter* verwendet.

Link: *Abteilungen/Finanzmanagement/***Finanzbuchhaltung**/*Fibu Buch.-Blätter*

Ein *Fibu Buch.-Blatt* besteht aus einem *Buch.-Blattnamen* sowie den dazugehörigen *Buch.-Blattzeilen* (siehe Abbildung 8.34).

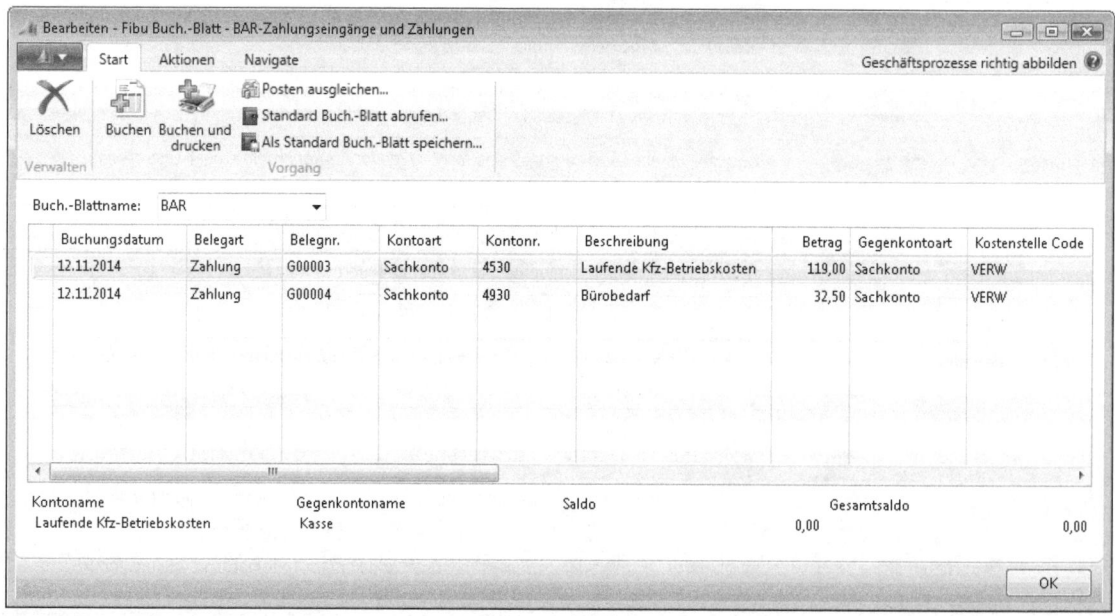

Abbildung 8.34 Fibu Buch.-Blatt

Buch.-Blattnamen werden auf Grundlage von *Buch.-Blattvorlagen* erstellt. Für einen Buch.-Blattnamen können grundsätzliche Vorgaben eingerichtet werden. Diese entsprechen im Wesentlichen den Vorgaben, die schon im Abschnitt »Buch.-Blattvorlagen« beschrieben wurden, sodass an dieser Stelle nicht noch einmal näher darauf eingegangen wird.

> **HINWEIS** Grundsätzlich würde es ausreichen, pro Buch.-Blattvorlage nur einen Buch.-Blattnamen zu verwenden. Verschiedene Gründe sprechen jedoch dafür, mehrere Buch.-Blattnamen einzurichten:

- Sind in der Finanzbuchhaltung mehrere Mitarbeiter beschäftigt, ist es aus arbeitstechnischer Sicht unerlässlich, mit mehreren *Buch.-Blattnamen* zu arbeiten. Erfasst ein Mitarbeiter in einem *Buch.-Blatt* Geschäftsvorfälle, sollte kein anderer Mitarbeiter gleichzeitig in diesem *Buch.-Blatt* arbeiten, da sonst z. B. Eingaben überschrieben werden könnten. Damit parallel gearbeitet werden kann, könnten beispielsweise die Namen der Mitarbeiter als Buch.-Blattnamen angelegt werden.

Das Arbeiten mit Buch.-Blättern

- Aufgrund der Möglichkeit, für ein Buch.-Blatt ein Gegenkonto zu hinterlegen, kann der Prozess der Erfassung von Geschäftsvorfällen vereinfacht und verkürzt werden. Werden beispielsweise drei Bankkonten genutzt, sollten hierfür auch drei Buch.-Blattnamen angelegt und mit entsprechenden Gegenkonten versehen werden.
- Buch.-Blattnamen sind Bestandteil eines Journals und damit auswertbar. Insofern ist es sinnvoll, für jeden Buchungskreis einen eigenen Buch.-Blattnamen zu vergeben, um für Auswertungszwecke Buchungen noch weiter eingrenzen zu können.

In den *Buch.-Blattzeilen* erfolgt die eigentliche Buchungssatzerfassung. Um eine korrekte Buchungssatzerfassung zu gewährleisten, sollten die folgenden Felder eingeblendet werden (siehe Tabelle 8.12).

Feld	Beschreibung
Buchungsdatum	Eingabe des Buchungsdatums
Belegart	In Abhängigkeit vom zu erfassenden Geschäftsvorfall sind die Arten *<leer>*, *<Zahlung>*, *<Rechnung>*, *<Gutschrift>* oder *<Erstattung>* wählbar
Belegnr.	Wird automatisch vorbelegt, wenn für den Buch.-Blattnamen eine Nummernserie hinterlegt ist. Ansonsten sollte eine aussagekräftige Belegnr. vergeben werden.
Kontoart	Auswahl, ob ein *<Sachkonto>*, *<Debitor>*, *<Kreditor>*, *<Bankkonto>*, oder eine *<Anlage>* gebucht werden soll
Kontonr.	Auswahl des jeweiligen Kontos in Abhängigkeit von der Kontoart
Beschreibung	Das Feld wird automatisch gefüllt, kann aber geändert werden
Buchungsart	Auswahl, ob für die gewählte *Kontonr.* ein *<Einkauf>* oder *<Verkauf>* gebucht werden soll
Geschäftsbuchungsgruppe	Wird in Abhängigkeit der gewählten *Kontoart* und *Kontonr.* automatisch gefüllt, wenn in den Stammdaten vorbelegt, ansonsten hat eine manuelle Eingabe zu erfolgen
Produktbuchungsgruppe	Wird in Abhängigkeit der gewählten *Kontoart* und *Kontonr.* automatisch gefüllt, wenn in den Stammdaten vorbelegt, ansonsten hat eine manuelle Eingabe zu erfolgen
MwSt.-Geschäftsbuchungsgruppe	Wird in Abhängigkeit der gewählten *Kontoart* und *Kontonr.* automatisch gefüllt, wenn in den Stammdaten vorbelegt, ansonsten hat eine manuelle Eingabe zu erfolgen
MwSt.-Produktbuchungsgruppe	Wird in Abhängigkeit der gewählten *Kontoart* und *Kontonr.* automatisch gefüllt, wenn in den Stammdaten vorbelegt, ansonsten hat eine manuelle Eingabe zu erfolgen
Betrag	Eingabe des zu buchenden Betrags
Gegenkontoart	Auswahl, ob ein *<Sachkonto>*, *<Debitor>*, *<Kreditor>*, *<Bankkonto>*, oder eine *<Anlage>* gebucht werden soll
Gegenkontonr.	Auswahl des jeweiligen Kontos in Abhängigkeit der *Gegenkontoart*
Gegenkonto Buchungsart	Auswahl, ob für die gewählte *Gegenkontonr.* ein *<Einkauf>* oder *<Verkauf>* gebucht werden soll
Gegenkonto Geschäftsbuchungsgruppe	Wird in Abhängigkeit der gewählten *Gegenkontoart* und *Gegenkontonr.* automatisch gefüllt, wenn in den Stammdaten vorbelegt, ansonsten hat eine manuelle Eingabe zu erfolgen
Gegenkonto Produktbuchungsgruppe	Wird in Abhängigkeit der gewählten *Gegenkontoart* und *Gegenkontonr.* automatisch gefüllt, wenn in den Stammdaten vorbelegt, ansonsten hat eine manuelle Eingabe zu erfolgen
Gegenkonto MwSt.-Geschäftsbuchungsgruppe	Wird in Abhängigkeit der gewählten *Gegenkontoart* und *Gegenkontonr.* automatisch gefüllt, wenn in den Stammdaten vorbelegt, ansonsten hat eine manuelle Eingabe zu erfolgen
Gegenkonto MwSt.-Produktbuchungsgruppe	Wird in Abhängigkeit der gewählten *Gegenkontoart* und *Gegenkontonr.* automatisch gefüllt, wenn in den Stammdaten vorbelegt, ansonsten hat eine manuelle Eingabe zu erfolgen

Tabelle 8.12 Einzublendende Felder eines Fibu Buch.-Blatts

HINWEIS Im Feld *Belegart* ist *<leer>* zu wählen, wenn eine Umbuchung (z. B. von Sachkonto zu Sachkonto) erfasst und gebucht werden soll. Bei allen Arten von Zahlungsvorgängen ist *<Zahlung>* zu wählen. Ausnahme: Das Unternehmen überweist Geld an einen Debitor oder bekommt Geld von einem Kreditor. In diesen Fällen ist *<Erstattung>* zu wählen. Wird eine Rechnung erfasst und gebucht ist *<Rechnung>* zu wählen, bei der Erfassung und Buchung einer Gutschrift *<Gutschrift>*.

Die Auswahl der *Buchungsart* steuert, ob Vorsteuer (*<Einkauf>*) oder Umsatzsteuer (*<Verkauf>*) gebucht wird.

Sind die Felder *Geschäftsbuchungsgruppe*, *Produktbuchungsgruppe*, *Mwst.-Geschäftsbuchungsgruppe* und *MwSt.-Produktbuchungsgruppe* nicht automatisch gefüllt, hat die Eingabe manuell zu erfolgen. Zu beachten ist, dass eine Buchung nur unter folgenden Voraussetzungen ausgeführt werden kann:

- Die Felder *Buchungsart, Geschäftsbuchungsgruppe, Produktbuchungsgruppe, Mwst.-Geschäftsbuchungsgruppe* und *MwSt.-Produktbuchungsgruppe* sind nicht gefüllt
- Nur die Felder *Buchungsart, Mwst.-Geschäftsbuchungsgruppe* und *MwSt.-Produktbuchungsgruppe* sind gefüllt
- Alle fünf Felder sind gefüllt

Die vorstehend beschriebene Vorgehensweise gilt genauso für die Felder *Gegenkonto Buchungsart, Gegenkonto Geschäftsbuchungsgruppe, Gegenkonto Produktbuchungsgruppe, Gegenkonto Mwst.-Geschäftsbuchungsgruppe* und *Gegenkonto MwSt.-Produktbuchungsgruppe*.

Der Betrag ist stets Brutto einzugeben.

Die erfassten Daten sind vorläufig und können bis zur endgültigen Buchung des Buch.-Blatts geändert werden.

Ist das Buch.-Blatt gebucht, werden die gebuchten Positionen aus der Anzeige gelöscht und auf die entsprechenden Konten erfasst. Die Ergebnisse der Buchung können in den Journalen oder Postenfenstern eingesehen werden.

Standard Fibu Buch.-Blätter

Wird ein Buch.-Blatt häufig zur Erfassung und Buchung gleicher oder zumindest ähnlicher Geschäftsvorfälle verwendet, kann das sogenannte Standard Buch.-Blatt verwendet werden. Mithilfe von Standard Buch.-Blättern kann die Erfassung und Buchung von gleichartig wiederkehrenden Geschäftsvorfällen vereinfacht werden.

Um ein Buch.-Blatt als Standard Buch.-Blatt nutzen zu können, müssen zunächst die Buchungssätze im Buch.-Blatt erfasst werden. Mithilfe der Funktion *Als Standard Buch.-Blatt speichern* kann das Buch.-Blatt dann als Standard Fibu Buch.-Blatt gespeichert werden.

Link: *Abteilungen/Finanzmanagement/**Finanzbuchhaltung**/Fibu Buch.-Blätter/Start/Als Standard Buch.-Blatt speichern* (siehe Abbildung 8.35)

Im Feld *Code* ist ein eindeutiger Name für das *Standard Fibu Buch.-Blatt* zu vergeben. Die Beschreibung zu diesem Code ist im Feld *Beschreibung* vorzunehmen. Sollen auch die erfassten Beträge gespeichert werden, ist das Feld *Betrag speichern* zu aktivieren.

Das Arbeiten mit Buch.-Blättern

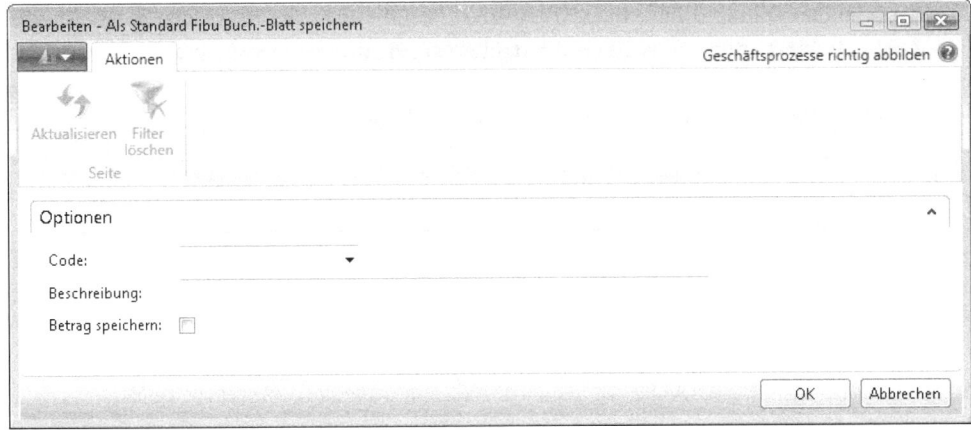

Abbildung 8.35 Funktion *Als Standard Fibu Buch.-Blatt speichern*

Ist ein Fibu Buch.-Blatt als Standard Fibu Buch.-Blatt gespeichert, kann es jederzeit über die Funktion *Standard Buch.-Blatt abrufen* aus einem Buch.-Blatt heraus aufgerufen werden.

Link: *Abteilungen/Finanzmanagement/**Finanzbuchhaltung**/Fibu Buch.-Blätter/Start/Standard Buch.-Blatt abrufen* (siehe Abbildung 8.36)

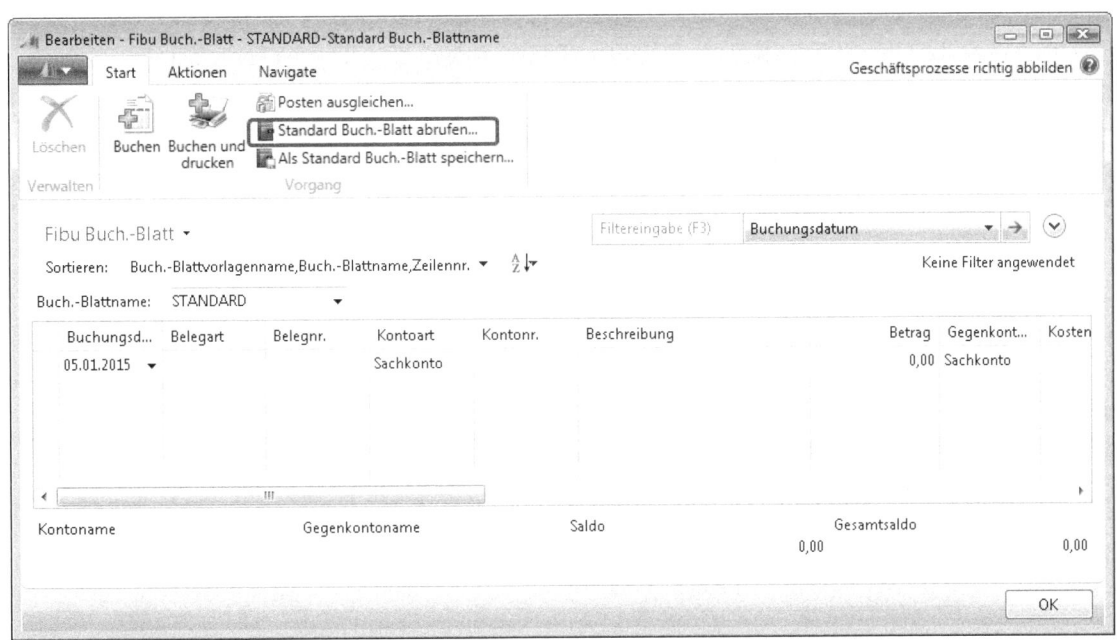

Abbildung 8.36 Aufruf eines Standard Buch.-Blatts

Nach Auswahl des betreffenden Standard Fibu Buch.-Blatts und Bestätigung mit *OK* werden die Zeilen des gewählten Standard Fibu Buch.-Blatts in das Buch.-Blatt übertragen und können gebucht werden. Sind grundsätzliche Änderungen an den gespeicherten Zeilen eines Standard Fibu Buch.-Blatts notwendig, können diese über die Aktion *Bearbeiten* vorgenommen werden (siehe Abbildung 8.37).

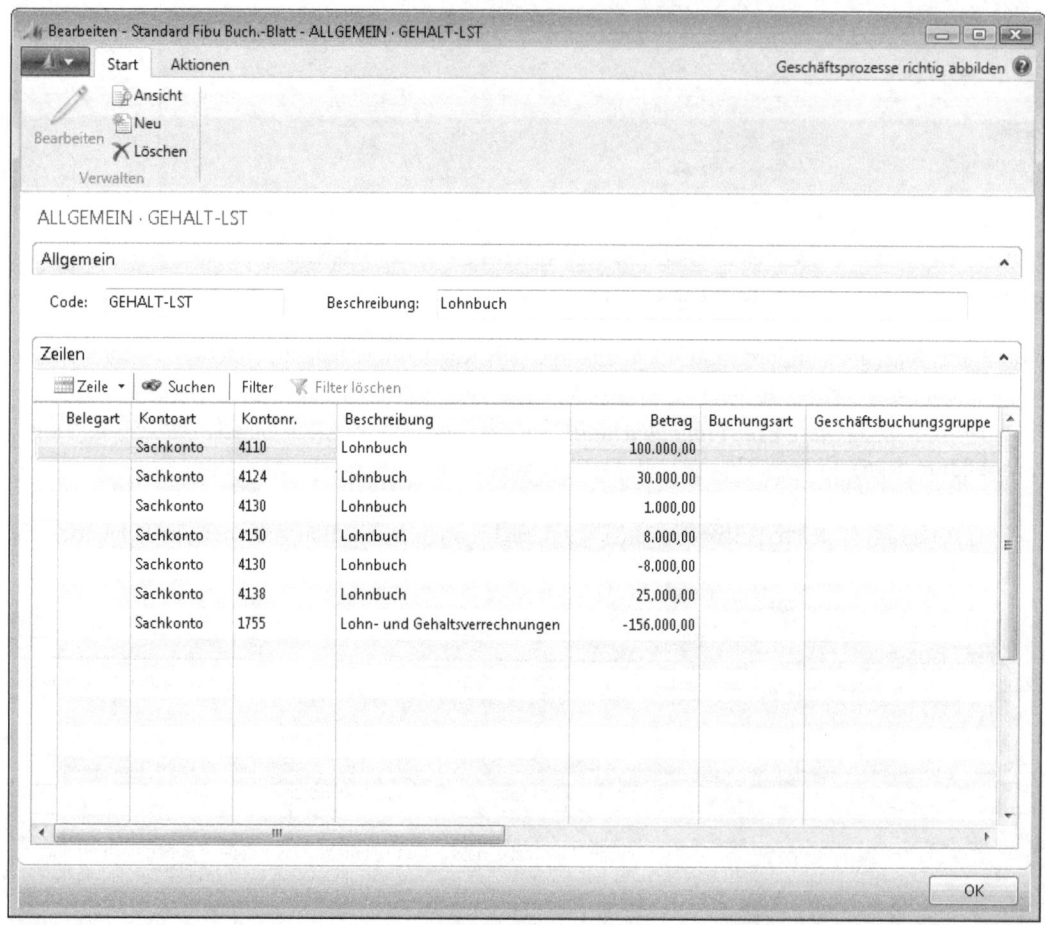

Abbildung 8.37 Bearbeiten eines Standard Fibu Buch.-Blatts

Wiederkehrende Buch.-Blätter

Eine weitere Möglichkeit zur Erfassung regelmäßig wiederkehrender Vorgänge ist die Verwendung von sogenannten *Wiederk. Buch.-Blättern*. Bei einem Wiederk. Buch.-Blatt handelt es sich um ein Fibu Buch.-Blatt mit speziellen Funktionen für die Verarbeitung wiederkehrender Buchungen. Zudem können Wiederk. Buch.-Blätter verwendet werden, um einen Geschäftsvorfall auf verschiedene Sachkonten aufzuteilen.

Link: *Abteilungen/Finanzmanagement/Periodische Aktivitäten/**Sachposten**/Wiederk. Buch.-Blätter* (siehe Abbildung 8.38)

Das Arbeiten mit Buch.-Blättern

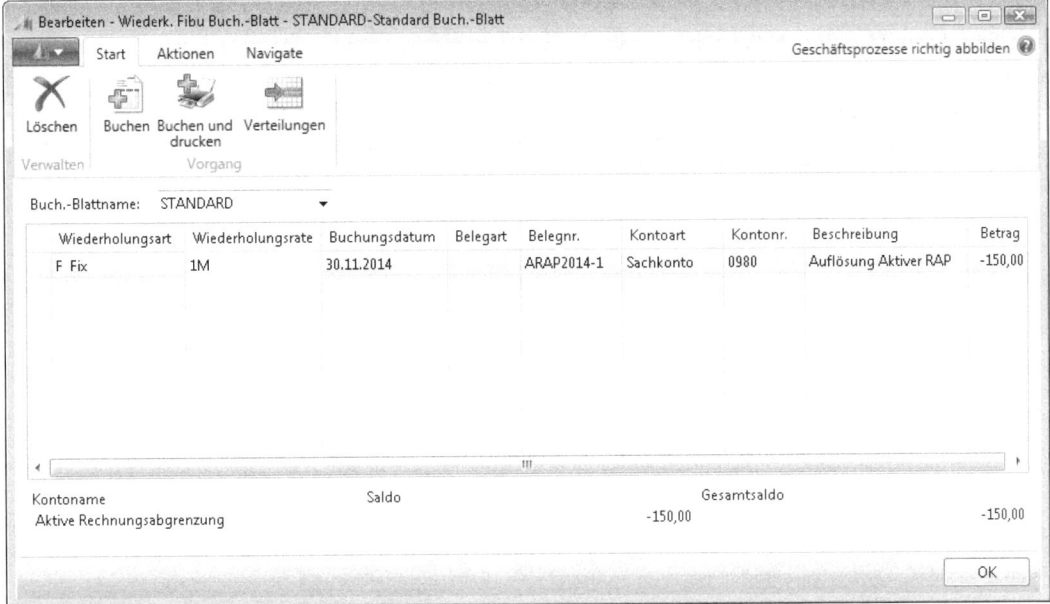

Abbildung 8.38 Wiederk. Fibu Buch.-Blatt

Zum besseren Verständnis der Arbeitsweise eines wiederkehrenden Buch.-Blatts werden im Folgenden die wichtigsten Felder erläutert (siehe Tabelle 8.13).

Feld	Beschreibung
Wiederholungsart	Die Wiederholungsart legt fest, wie der in der Buch.-Blattzeile angegebene Betrag nach einer Buchung bearbeitet werden soll: *<Fix>* Die Verwendung dieser Wiederholungsart führt dazu, dass der im Feld *Betrag* eingegebene Betrag nach erfolgter Buchung nicht gelöscht wird. Sinnvoll bei gleichbleibenden Buchungen, beispielsweise bei Mieten. *<Variabel>* Die Verwendung dieser Wiederholungsart führt dazu, dass der im Feld *Betrag* eingegebene Betrag nach erfolgter Buchung gelöscht wird. Sinnvoll bei sich wiederholenden Buchungen mit variierenden Beträgen, beispielsweise Telefonkosten. *<Ausgleich>* Der Saldo des Kontos in der Zeile wird auf die im Fenster *Verteilungen* festgelegten Konten verteilt. Der Saldo auf dem Konto beträgt folglich Null. *<Umgekehrt Fix>* Der gebuchte Betrag in der Buch.-Blattzeile bleibt nach der Buchung erhalten. Am folgenden Tag wird ein Gegenposten gebucht. Diese Art wird beispielsweise für Abgrenzungsbuchungen verwendet, die automatisch wieder aufgelöst werden sollen. *<Umgekehrt Variabel>* Der gebuchte Betrag in der Buch.-Blattzeile wird nach der Buchung gelöscht. Am folgenden Tag wird ein Gegenposten gebucht. Diese Art wird beispielsweise für Abgrenzungsbuchungen verwendet, die automatisch wieder aufgelöst werden sollen. Sinnvoll bei Abgrenzungsbuchungen beispielsweise für nicht abgerechnete Lieferungen und Leistungen. *<Umgekehrt Ausgleich>* Diese Option bucht einen möglichen Saldo des angegebenen Kontos auf die Sachkonten, die im Fenster *Verteilungen* hinterlegt wurden. Nach Buchung beträgt der Saldo des Konto Null. Am Folgetag wird die Buchung rückgängig gemacht.

Tabelle 8.13 Ausgewählte Felder eines Wiederk. Buch.-Blatts

Feld	Beschreibung
Wiederholungsrate	In diesem Feld ist eine Berechnungsformel einzugeben, die festlegt, wie oft der Posten der Buch.-Blattzeile gebucht werden soll. Die Formel kann bis zu 20 Zeichen enthalten und aus Ziffern und Buchstaben bestehen. Diese werden als Abkürzung für Zeitabgaben erkannt. Ist beispielsweise »1M« eingegeben und das Buchungsdatum ist der 31.03.13, so wird das Datum nach Buchung des Buch.-Blatts auf den 30.04.13 geändert. Soll jeweils am letzten Tag eines Monats ein Posten gebucht werden, ist die folgende Formel zu verwenden: »1T+1M-1T«. Diese Formel ist besonders wichtig, wenn mit den Wiederholungsarten <Umgekehrt Fix> oder <Umgekehrt Variabel> gearbeitet wird. Die erste Buchung muss immer am letzten Tag eines Monats erfolgen. Nur mit Eingabe der oben dargestellten Formel ist sichergestellt, dass die Umkehrbuchung am ersten Tag des Folgemonats ausgeführt wird.
Buchungsdatum	Eingabe des Buchungsdatums, an dem die Buch.-Blattzeile das erste Mal gebucht werden soll
Beschreibung	Eingabe einer aussagekräftigen Beschreibung
Ablaufdatum	In diesem Feld kann ein Ablaufdatum eingegeben werden. Dieses Feld sollte verwendet werden, um das Datum festzulegen, an dem der erfasste Buchungssatz das letzte Mal gebucht werden soll. Ist das Feld nicht gefüllt, wird der erfasste Buchungssatz solange gebucht, bis er aus dem Buch.-Blatt gelöscht wird.
Verteilungen	Verteilungen werden dazu verwendet, um einen Betrag einer wiederkehrenden Buch.-Blattzeile auf ein oder mehrere Konten und/oder Dimensionen zu verteilen. Die Verteilung entspricht somit einer Gegenkontozeile für die wiederkehrende Buch.-Blattzeile, da diese selbst über kein Gegenkonto verfügt. Die Erfassung der Verteilungen erfolgt über das Feld Zugeordneter Betrag (MW) oder über die Aktion Verteilungen.

Tabelle 8.13 Ausgewählte Felder eines Wiederk. Buch.-Blatts *(Fortsetzung)*

HINWEIS Bei der Nutzung Wiederk. Buch.-Blätter ist zu beachten, dass die Buchung der erfassten Buchungssätze nicht automatisch erfolgt. Die Buchung muss auf jeden Fall manuell ausgeführt werden. Zudem kann eine Buchung frühestens am Tag des Buchungsdatums ausgeführt werden. Ist das Buchungsdatum z. B. der 31.03.14, kann die Buchung in Abhängigkeit vom Arbeitsdatum der Anwendung auch erst am 31.03.14 oder später ausgeführt werden.

Buchungssätze erfassen und buchen aus Compliance-Sicht

Potenzielle Risiken

- Falsche Bilanzansätze durch fehlerhafte/unvollständige Buchungen aufgrund nicht korrekt eingerichteter Buch.-Blattnamen (Compliance, Integrity, Reliability)
- Falsche Bilanzansätze durch Fehlbuchungen aufgrund fehlerhafter Eingaben in den Buch.-Blattzeilen (Compliance, Integrity, Reliability)
- Falsche Bilanzansätze durch fehlerhafte/unvollständige Buchungen aufgrund ungeprüften Buchens von Standard Buch.-Blättern (Compliance, Integrity, Reliability)
- Falsche Bilanzansätze durch fehlerhafte/unvollständige Buchungen aufgrund fehlerhafter Erfassungen in Wiederk. Buch.-Blättern (Compliance, Integrity, Reliability)

Prüfungsziele

- Sicherstellung einer korrekten Einrichtung von Buch.-Blattnamen
- Auffinden von möglichen Fehlbuchungen
- Sicherstellung der korrekten Verwendung von Standard Buch.-Blättern
- Sicherstellung der korrekten Erfassung von Geschäftsvorfällen in Wiederk. Buch.-Blättern

Das Arbeiten mit Buch.-Blättern

Prüfungshandlungen

Prüfung der eingerichteten Buch.-Blattnamen

Die Einrichtung der Buch.-Blattnamen ist insbesondere daraufhin zu prüfen, ob für Buch.-Blattnamen das Feld *MwSt.Einr. in Bu.Bl.Zeile kop.* aktiviert wurde. Zudem ist ein möglicherweise eingegebenes Gegenkonto auf seine Richtigkeit zu überprüfen. Grundsätzlich sollte die Prüfung so ausgerichtet sein, dass Abweichungen in den Einrichtungen eines Buch.-Blattnamens zu den Einrichtungen der Vorlage, aus der er erstellt wurde, zu analysieren sind. Mögliche notwendige Abweichungen sollten autorisiert und dokumentiert sein.

Feldzugriff: *Tabelle 232 Fibu Buch.-Blattname*, Felder *MwSt.Einr. in Bu.Bl.Zeile kop., Gegenkontoart, Gegenkontonr.*

Feldzugriff: *Tabelle 80 Fibu Buch.-Blattvorlagen*, Feld *Name*

Feldzugriff: *Tabelle 232 Fibu Buch.-Blattname*, Feld *Buch.-Blattvorlagenname*

Prüfung der Buchungen

Zur Prüfung der bisherigen Buchungen gehört insbesondere die Prüfung der Sachposten. Hierzu stehen unter anderem die folgenden Berichte zur Verfügung:

Link: *Abteilungen/Finanzmanagement/Finanzbuchhaltung/Berichte/Posten/Fibujournal* (siehe Abbildung 8.39)

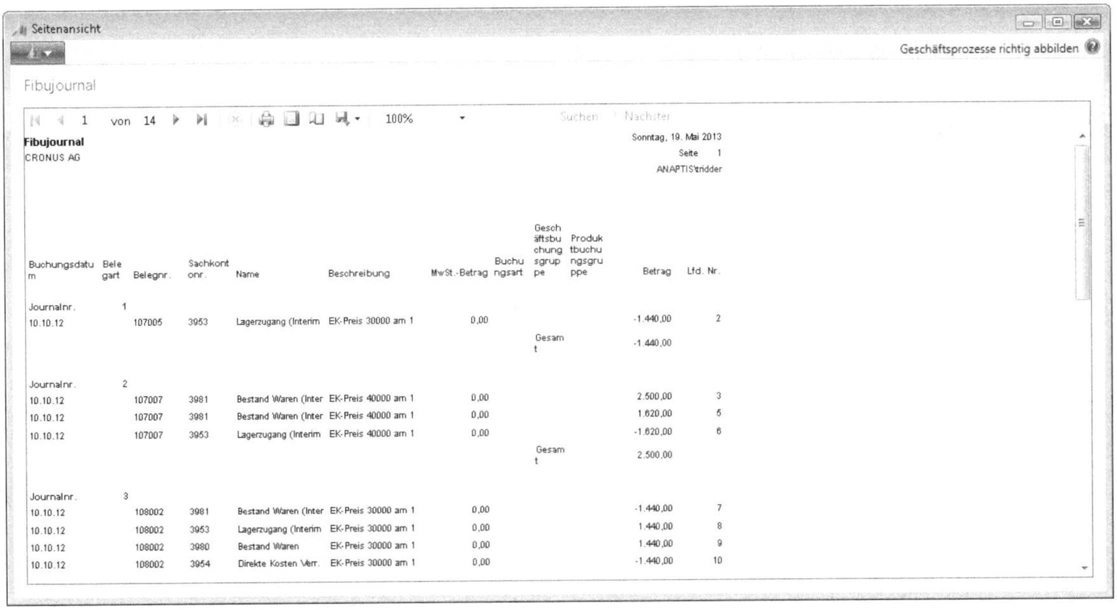

Abbildung 8.39 Ausschnitt des Berichts *Fibujournal*

Der Bericht dient als Beleg für gebuchte Posten oder kann für Kontoabstimmungen verwendet werden. Die gebuchten Sachposten können sortiert und nach einzelnen Journalen gegliedert angezeigt werden. Durch die Eingabe einer oder mehrerer Nummern können das oder die Journale festgelegt werden, deren Posten enthalten sein sollen. Die existierenden Journalnummern können mit dem Lookup eingesehen werden.

Kapitel 8: Finanzmanagement

> **HINWEIS** Ein Filter sollte auf jeden Fall gesetzt werden, da der Bericht ansonsten sehr viele Daten enthalten kann.

Sollen Filter auf andere Felder gesetzt werden (z. B. *Benutzer* oder *Errichtungsdatum*), so können diese Felder über *Filter hinzufügen* zur Auswahl hinzugefügt werden.

Link: *Abteilungen/Finanzmanagement/Finanzbuchhaltung/Berichte/Posten/Sachkonto – Kontoblatt* (siehe Abbildung 8.40)

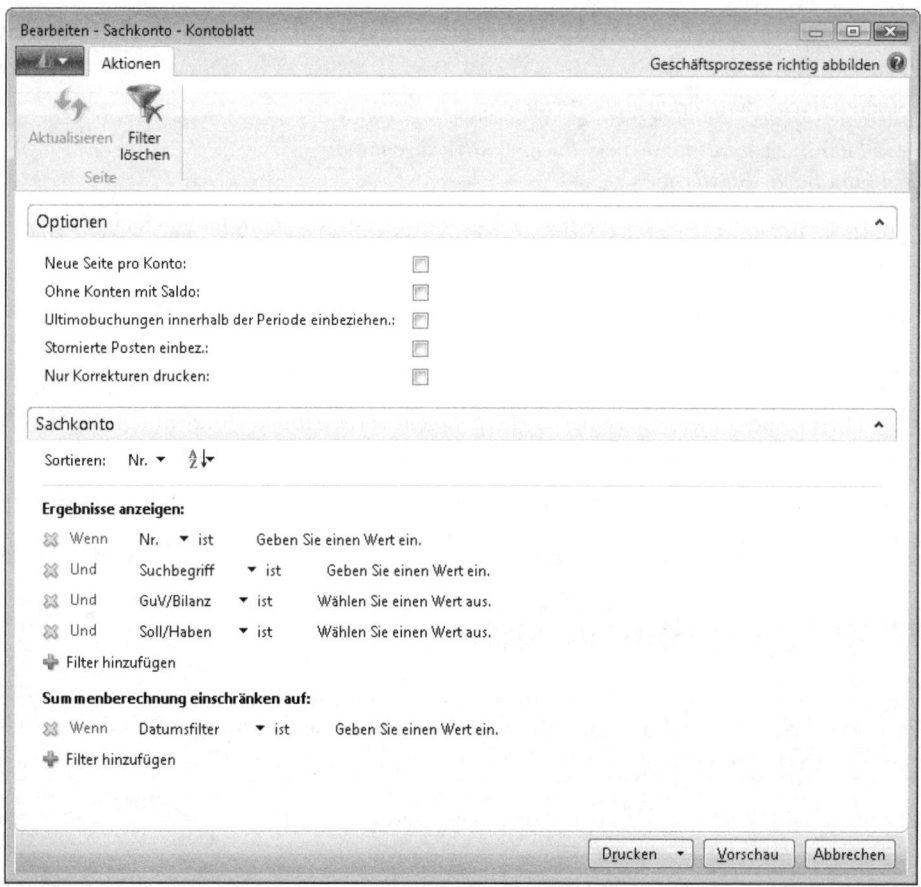

Abbildung 8.40 Aufruf des Berichts *Sachkonto – Kontoblatt*

Mit diesem Bericht kann ein Kontoblatt für ausgewählte Sachkonten angezeigt werden. Die Konten, die im Bericht enthalten sein sollen, können durch das Setzen von Filtern im Inforegister *Sachkonto* ausgewählt werden.

Im Inforegister *Optionen* können Angaben gemacht werden, die im Folgenden erläutert werden (siehe Tabelle 8.14).

Feld	Beschreibung
Neue Seite pro Konto	Ist zu aktivieren, wenn für jedes Sachkonto eine neue Seite gedruckt werden soll
Ohne Konten mit Saldo	Wenn aktiviert, werden Sachkonten mit einem Saldo, aber ohne Bewegung in der Periode, die im Feld *Datumsfilter* definiert wurde, nicht im Bericht berücksichtigt
Ultimobuchungen innerhalb der Periode einbeziehen	Wenn aktiviert, werden Abschlussposten mit berücksichtigt
Stornierte Posten einbez.	Ist zu aktivieren, wenn stornierte Posten mit angezeigt werden sollen
Nur Korrekturen drucken	Ist zu aktivieren, wenn der Bericht nur stornierte Posten und die dazugehörigen Korrekturposten enthalten soll.

Tabelle 8.14 Felder des Inforegisters *Optionen* des Berichts *Sachkonto – Kontoblatt*

Prüfung von Standard Fibu Buch.-Blättern

Werden Standard Fibu Buch.-Blätter benutzt, sollten die erfassten Buchungssätze im Hinblick auf ihre Gültigkeit, insbesondere der erfassten Beträge, geprüft werden.

Feldzugriff: *Tabelle 751 Standard Fibu Buch.-Blattzeile*, Feld *Betrag*

Prüfung der Wiederkehrenden Buch.-Blätter

Bei der Prüfung der Wiederk. Buch.-Blätter ist insgesamt auf eine korrekte Erfassung der Buchungssätze zu achten. Im Fokus sollten hier insbesondere die Felder *Wiederholungsart*, *Wiederholungsrate* und *Ablaufdatum* stehen, da nicht korrekte bzw. fehlende Eingaben in diesen Feldern zu Fehlbuchungen führen können.

Feldzugriff: *Tabelle 81 Fibu Buch.-Blattzeile*, Felder *Buch.-Blattvorlagenname [Wert WIEDERK.]*, *Wiederholungsart*, *Wiederholungsrate*, *Ablaufdatum*

Storno- und Korrekturbuchungen

Bei der Erfassung und Buchung von Geschäftsvorfällen ist es nahezu ausgeschlossen, dass diese zu 100 % korrekt durchgeführt werden. Solange ein Buchungssatz nur erfasst ist, ist eine Änderung der bis dato erfassten Daten jederzeit möglich. Da es in Dynamics NAV 2013 grundsätzlich nicht möglich ist, gebuchte Posten zu ändern oder zu löschen, muss es zwangsläufig zu Stornierungen oder Korrekturbuchungen kommen. Welche Möglichkeiten das System bietet, soll im Folgenden näher erläutert werden.

Ablauf und Einrichtung von Storno- und Korrekturbuchungen

In Dynamics NAV 2013 stehen zum Korrigieren und Stornieren fehlerhafter Buchungen, die in einem Buch.-Blatt erfasst und gebucht wurden, zwei Funktionen zur Verfügung: das grundsätzliche *Stornieren* und bei Debitoren- und Kreditorenposten das *Aufheben*.

Des Weiteren können Stornierungen auch über die Funktionalität des Kopierens eines bereits gebuchten Belegs oder durch manuelle Korrekturbuchungen erfolgen.

Stornieren von Buch.-Blattbuchungen

Storniert werden können nur Posten, die in einer Fibu.-Buchblattzeile erfasst und gebucht wurden.

Nicht storniert werden können:

- Datumskomprimierte Posten
- Buch.-Blattposten aus einer nicht ausgeglichenen Transaktion
- Geschlossene oder mit einem Scheckposten verknüpfte Bankkontoposten
- Geschlossene MwSt.-Posten
- Anlagenposten, wenn eine Anlage verkauft wurde
- Anlagenposten, wenn sich durch die Stornierung ein negativer Buchwert ergibt

Das Stornieren eines ausgewählten Postens kann direkt aus den Posten (z. B. Sachposten, Debitorenposten oder Kreditorenposten) heraus geschehen. Soll ein Sachposten storniert werden, erfolgt der Aufruf wie folgt:

Link: *Abteilungen/Finanzmanagement/Finanzbuchhaltung/**Kontenplan**/Navigate/Posten* (siehe Abbildung 8.41)

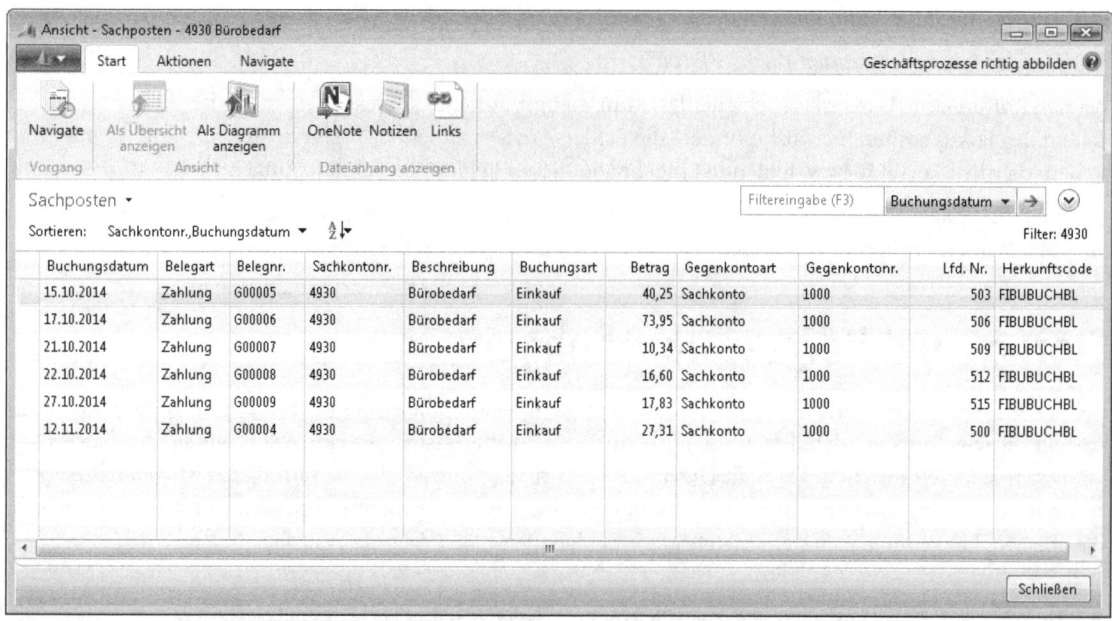

Abbildung 8.41 Posten des Kontos *4930 Bürobedarf*

Zunächst ist der zu stornierende Posten auszuwählen (siehe Abbildung 8.42).

Storno- und Korrekturbuchungen

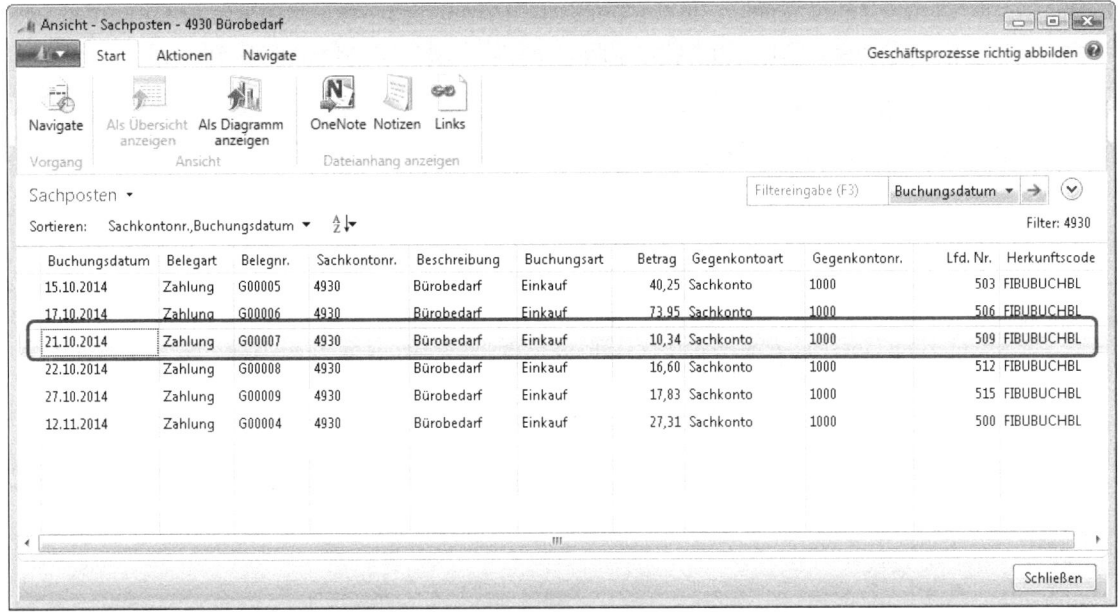

Abbildung 8.42   Zu stornierender Posten des Kontos *4930 Bürobedarf*

Die eigentliche Stornierung erfolgt über *Aktionen/Transaktion stornieren*. Es öffnet sich das in Abbildung 8.43 gezeigte Fenster.

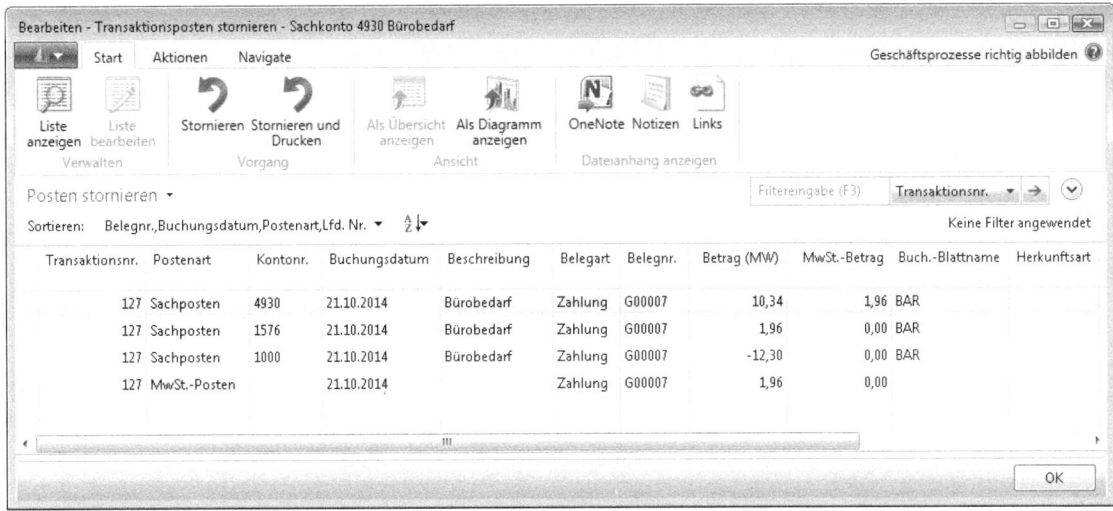

Abbildung 8.43   Transaktionsposten stornieren

Das Fenster enthält eine Zeile für jeden mit der Transaktion verbundenen Posten, der storniert werden soll. Bis auf das Feld *Beschreibung* können die Informationen in den Feldern nicht geändert werden.

Das eigentliche Stornieren erfolgt über *Start/Stornieren* (siehe Abbildung 8.44)

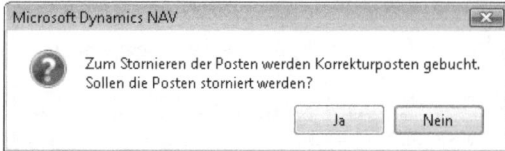

Abbildung 8.44 Stornieren eines Postens

Neben der Stornierung eines einzelnen Postens können fehlerhafte Buchungen auch aus einem Fibujournal heraus storniert werden. Dabei wird jedoch das gesamte Journal mit allen Buchungen storniert.

Link: *Abteilungen/Finanzmanagement/Finanzbuchhaltung/Historie/**Fibujournale**/Start/Journal stornieren* (siehe Abbildung 8.45)

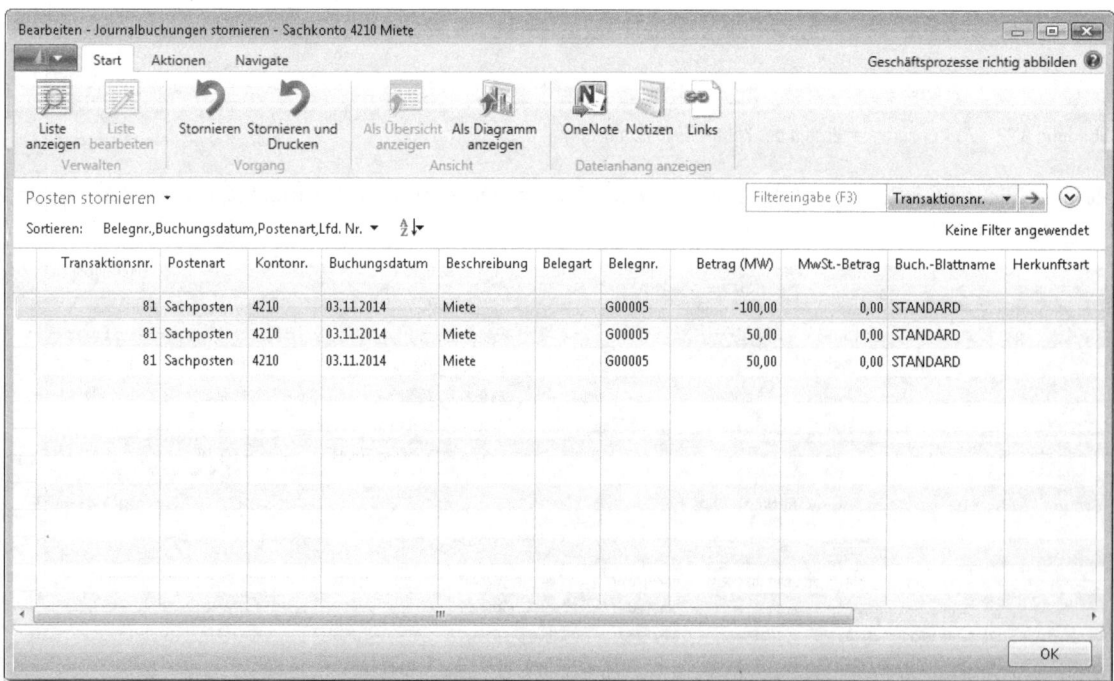

Abbildung 8.45 Journalbuchungen stornieren

Das eigentliche Stornieren erfolgt über *Start/Stornieren*.

Wird storniert, bucht die Anwendung Korrekturposten mit derselben Belegnummer und demselben Belegdatum des ursprünglichen Postens. Der Korrekturposten ist also mit dem ursprünglichen Posten identisch, weist im Betragsfeld jedoch ein umgekehrtes Vorzeichen auf. Zudem wird der Herkunftscode »Storno« automatisch vom System vergeben.

Storno- und Korrekturbuchungen

HINWEIS Ein Posten kann nur einmal separat (Transaktion stornieren) oder als Teil eines ganzen Journals storniert werden. Wurde ein Posten separat storniert, kann das dazugehörige Journal nicht mehr als Ganzes, sondern nur noch transaktionsweise storniert werden.

Aufheben eines Ausgleichs

Das Aufheben eines Ausgleichs bedeutet, den Ausgleich (also die Verknüpfung einer Rechnung/Gutschrift mit einer Zahlung/Erstattung) von Debitoren- oder Kreditorenposten zurückzunehmen.

Das Aufheben eines Ausgleichs ist immer dann notwendig, wenn ein fehlerhaft durchgeführter Ausgleich wieder rückgängig gemacht werden soll oder eine Buchung storniert werden soll.

Durch das Aufheben des Ausgleichs von Posten werden geschlossene Posten wieder geöffnet. Zudem werden alle Sachposten, die sich aus dem fehlerhaften Ausgleich ergeben haben, korrigiert.

Um z. B. den Ausgleich eines Kreditorenpostens aufzuheben, ist wie folgt vorzugehen:

Link: *Abteilungen/Finanzmanagement/Kreditoren/**Kreditoren**/Start/Posten* (siehe Abbildung 8.46)

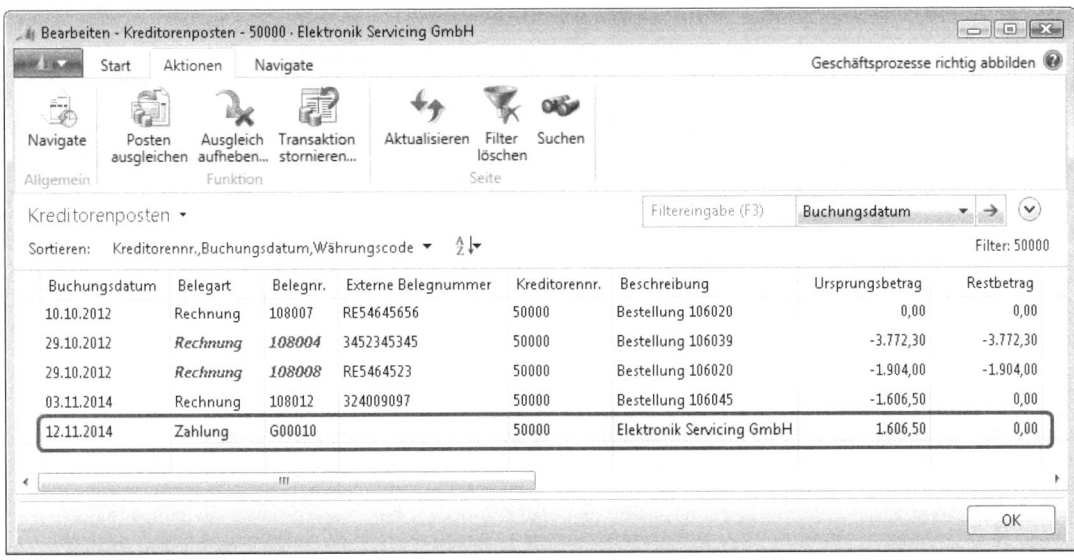

Abbildung 8.46 Aufheben eines Ausgleichs

Über *Aktionen/Ausgleich aufheben* kann ein Ausgleich aufgehoben werden.

Da bei diesem Ausgleich keine Sachposten korrigiert werden mussten, sind nur neue detaillierte Kreditorenposten mit entgegengesetztem Vorzeichen im Feld *Betrag* entstanden. Zudem wurden die Felder *Ausgleich aufgehoben* und *Ausgleich aufgehoben von Lfd. Nr.* gefüllt (siehe Abbildung 8.47).

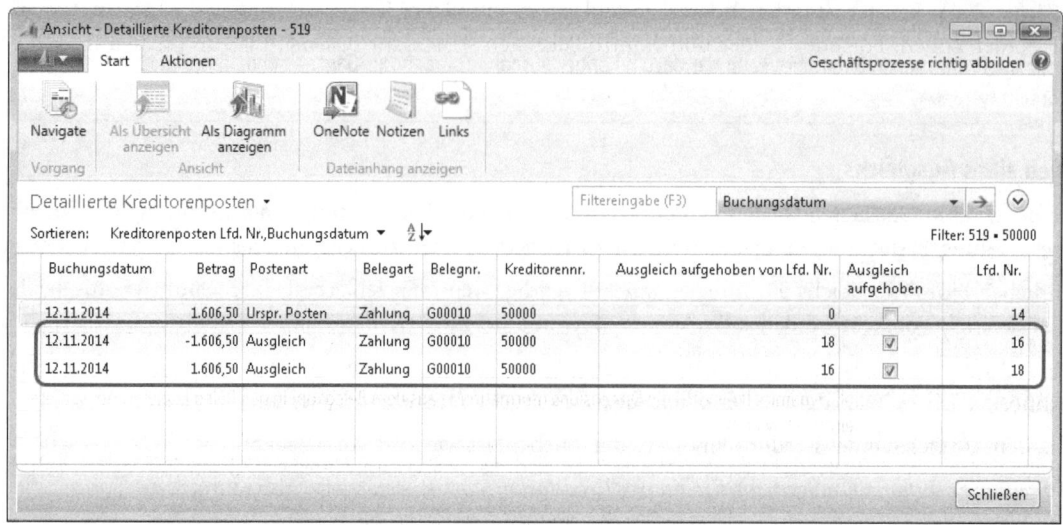

Abbildung 8.47 Detaillierte Kreditorenposten nach dem Aufheben eines Ausgleichs

Belege kopieren

Um die Funktionalität *Beleg kopieren* zu verdeutlichen, soll davon ausgegangen werden, dass im Bereich des Einkaufs eine Einkaufsrechnung falsch gebucht wurde. Da die Rechnung nicht über ein Fibu Buch.-Blatt erfasst und gebucht wurde, scheiden die oben beschriebenen Möglichkeiten der Stornierung/Korrektur aus. Allerdings kann mithilfe der Funktion *Belege kopieren* auf einfache Art und Weise die Stornierung der Rechnung erfolgen.

Hierfür muss zunächst eine Einkaufsgutschrift angelegt werden. Ist diese angelegt, kann über *Start* die Aktion *Beleg kopieren* genutzt werden, um das Ausfüllen der Inforegister der angelegten Gutschrift zu unterstützen (siehe Abbildung 8.48).

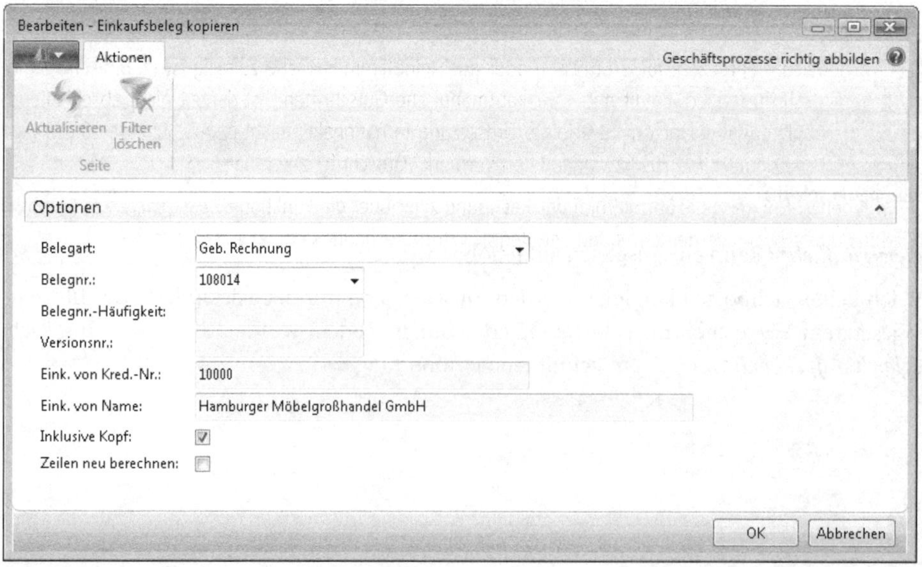

Abbildung 8.48 Die Funktion *Einkaufsbeleg kopieren*

Im Dynamics NAV-Fenster ist unter anderem festzulegen, von welcher Einkaufsrechnung die Informationen kopiert werden sollen. Folgende Felder und Kontrollkästchen stehen zur Bearbeitung zur Verfügung (siehe Tabelle 8.15).

Feld	Beschreibung
Belegart	Auswahl der Belegart, von der kopiert werden soll
Belegnr.	In Abhängigkeit von der gewählten Belegart kann hier die Belegnummer des Belegs gewählt werden, der kopiert werden soll
Eink. von Kred.-Nr.	Wird automatisch gefüllt
Eink. von Name	Wird automatisch gefüllt
Inklusive Kopf	Soll Dynamics NAV 2013 die Dimensionsinformationen aus dem Belegkopf in den Beleg kopieren, so ist dieses Feld zu aktivieren
Zeilen neu berechnen	Ist das Feld aktiviert, werden die Zeilen durch die Preisfindung neu berechnet. Bei einer Stornierung sollte dieses Feld auf keinen Fall aktiviert werden, da ansonsten die Möglichkeit besteht, dass in der Gutschrift andere Preise gebucht werden als in der zugehörigen Rechnung.

Tabelle 8.15 Ausgewählte Felder der Funktion *Einkaufsbeleg kopieren*

HINWEIS Beim Kopieren von Daten aus gebuchten Rechnungen oder Gutschriften werden alle relevanten Rechnungs- oder Zeilenrabatte aus der Originalbelegzeile in die neue Belegzeile kopiert. Ist die Option *Rechnungsrab. berechnen* in der *Kreditoren & Einkauf Einr.* aktiviert (siehe hierzu ausführlich Kapitel 5), wird der Rechnungsrabatt neu berechnet, wenn die neue Belegzeile gebucht wird. Es ist daher möglich, dass der Zeilenbetrag der neuen Zeile vom Zeilenbetrag der Originalbelegzeile abweicht.

ACHTUNG Stellt nicht der leistende Unternehmer an den Leistungsempfänger eine Rechnung über die erbrachten Leistungen aus, sondern wurde die Abrechnung im Gutschriftsverfahren nach § 14 Abs. 2 Satz 2 UStG vereinbart, ist das Abrechnungsdokument nach § 14 Abs. 4 Nr. 10 UStG-E zwingend mit der Angabe »Gutschrift« zu kennzeichnen. Daher ist zu empfehlen, sogenannte kaufmännische Gutschriften, die üblicherweise zur Rechnungskorrektur ausgestellt werden, künftig nicht mehr als »Gutschrift« zu bezeichnen, sondern z. B. als »Stornorechnung« oder »Rechnungskorrektur«.

Ob die Angaben zwingend in deutscher Sprache erfolgen müssen oder auch eine Fremdsprache zulässig ist (z. B. »self-billing invoice« für umsatzsteuerliche Gutschriften oder »credit note« für kaufmännische Gutschriften), ist derzeit nicht abschließend geklärt. Rechtsgrundlage für die geplante, aber noch nicht erfolgte Umsetzung in nationales Recht ist Art. 226 Nr. 10a MwSt-SystRL. Danach hat eine Gutschrift seit dem 01. 01. 2013 zwingend den Vermerk »Gutschrift« zu enthalten.

Das bedeutet für den beschriebenen Fall, dass die Stornierung der Rechnung zwar über die Funktion *Beleg kopieren* ausgeführt werden kann, der Beleg jedoch überarbeitet werden muss und den Begriff »Stornorechnung« enthalten sollte.

Manuelle Korrekturbuchungen

Anstatt Posten über die vorangehend beschriebenen Funktionen zu korrigieren oder zu stornieren, können Fehlbuchungen auch durch eine Korrekturbuchung in einem Buch.-Blatt korrigiert bzw. storniert werden.

Um eine Korrekturbuchung auch als solche zu kennzeichnen, ist das Feld *Storno* der Fibu Buch.-Blattzeile zu aktivieren. Ist das Kontrollkästchen aktiviert, wird beim Buchen ein negativer Sollbetrag anstelle eines Habenbetrags bzw. ein negativer Habenbetrag anstelle eines Sollbetrags gebucht. Im Feld *Sollbetrag* bzw. *Habenbetrag* des entsprechenden Sachkontos werden sowohl der ursprüngliche Posten als auch der Stornoposten dargestellt. Die Posten gleichen sich aus, sodass der Soll- bzw. Habensaldo des Kontos nicht beeinflusst wird.

ACHTUNG Der in der Buch.-Blattzeile eingegebene Buchungssatz, der den ursprünglichen Buchungssatz korrigieren bzw. stornieren soll, muss auf jeden Fall mit umgekehrtem Vorzeichen eingegeben werden. Das Feld *Storno* hat nur die oben beschriebenen Auswirkungen und keine anderen Funktionalitäten im Hinblick auf den Buchungssatz selbst.

Storno- und Korrekturbuchungen aus Compliance-Sicht

Potenzielle Risiken

- Falsche Bilanzansätze durch unbeabsichtigtes oder fehlerhaftes Stornieren (Compliance, Integrity, Reliability)
- Vermögensverluste durch unbeabsichtigtes oder fehlerhaftes Aufheben von Ausgleichen (Compliance, Integrity, Reliability)
- Falsche Bilanzansätze durch manuelle Korrekturbuchungen (Compliance, Integrity, Reliability)

Prüfungsziele

Es ist sicherzustellen, dass die getätigten Korrektur- und Stornobuchungen zu Recht erfolgt sind.

Prüfungshandlungen

Prüfung der Sachposten auf stornierte Buchungen

Um sicherzustellen, dass alle stornierten Buchungen zu Recht erfolgt sind, sollte eine Überprüfung der Sachposten stattfinden.

Feldzugriff: *Tabelle 17 Sachposten*, Feld *Herkunftscode [Feldfilter auf STORNO]*

Prüfung von Posten auf aufgehobene Ausgleiche

Um sicherzustellen, dass alle aufgehobenen Postenausgleiche zu Recht erfolgt sind, sollten Kreditorenposten und Debitorenposten daraufhin überprüft werden.

Feldzugriff: *Tabelle 380 Detaillierte Kreditorenposten*, Feld *Herkunftscode [Wert NIGEBEKABG]*

Feldzugriff: *Tabelle 379 Detaillierte Debitorenposten*, Feld *Herkunftscode [Wert NIGEBEKABG]*

Prüfung von manuellen Korrekturbuchungen

Um sicherzustellen, dass es sich bei allen Buchungen, bei denen das Feld *Storno* in einer Fibu Buch.-Blattzeile aktiviert wurde, auch um tatsächliche Korrektur- bzw. Stornobuchungen handelt, sollten die Sachposten daraufhin überprüft werden, ob es Beträge in den Feldern *Sollbetrag* und *Habenbetrag* mit negativem Vorzeichen gibt.

Feldzugriff: *Tabelle 17 Sachposten*, Felder *Sollbetrag, Habenbetrag*

Die Anlagenbuchhaltung

In der vollständig in die anderen Anwendungsbereiche integrierten Anlagenbuchhaltung finden sich alle wesentlichen Funktionalitäten für die Verwaltung von Anlagegütern. Hierzu gehören alle Vorgänge bezüglich der Anschaffung und des Verkaufs sowie der Abschreibungen. Durch die Möglichkeit, beliebig viele AfA-Bücher führen zu können (d.h., für eine Anlage können verschiedene Abschreibungsarten und Laufzeiten hinterlegt werden), können beispielsweise lokale, internationale und abweichende steuerliche Vorschriften parallel berücksichtigt werden. Zudem hat der Anwender die Möglichkeit, zu den üblichen AfA-Methoden weitere benutzerdefinierte AfA-Methoden zu erstellen.

Weiterhin besteht die Möglichkeit, Versicherungspolicen und Wartungsarbeiten für die Anlagen zu verwalten.

Aufgrund des Umfangs der Anlagenbuchhaltung soll an dieser Stelle nur der Prozess von der Anschaffung bis zur Abschreibung einer Anlage betrachtet werden, wobei von einer mit der Finanzbuchhaltung integrierten Verwendung der Anlagenbuchhaltung ausgegangen wird.

Die Abbildung 8.49 stellt dabei den im Folgenden beschriebenen Prozess in vereinfachter Form dar.

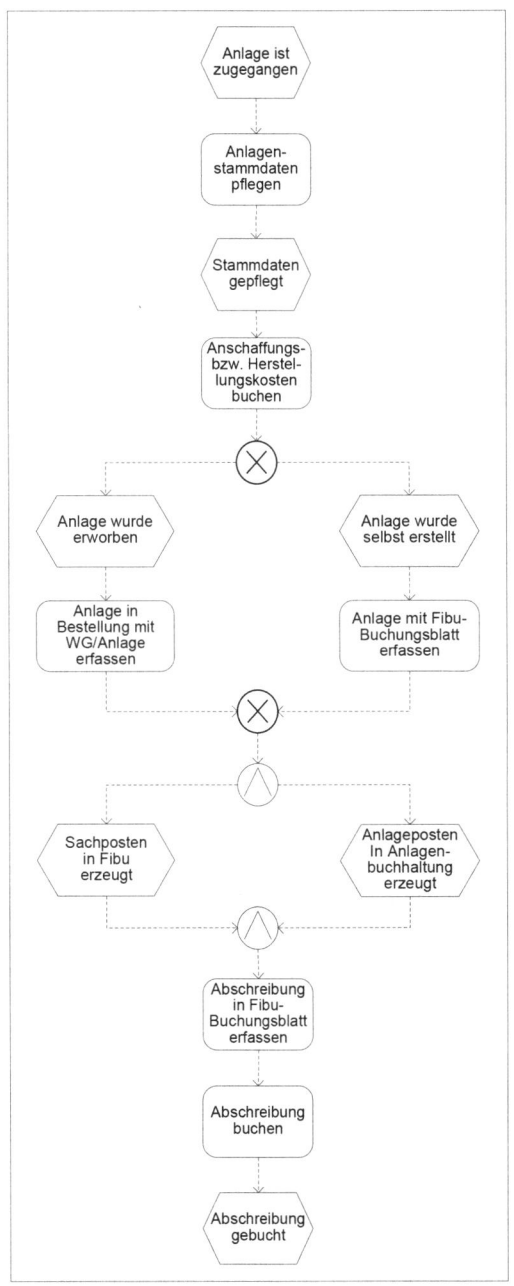

Abbildung 8.49 Prozess von der Anschaffung bis zur Abschreibung einer Anlage

Einrichtungen und Stammdaten der Anlagenbuchhaltung

Im Folgenden werden die notwendigen Einrichtungen und der Prozess von der Anschaffung einer Anlage bis zur Abschreibung beschrieben. Auf die Verwaltung von Versicherungspolicen und die Wartung wird nicht eingegangen.

Anlageneinrichtung

Zunächst muss die Einrichtung der Anlagen vorgenommen werden. Die Einrichtung ist für das weitere Arbeiten mit der Anlagenbuchhaltung von grundsätzlicher Bedeutung.

Link: *Abteilungen/Finanzmanagement/Anlagen/Einrichtung/Anlageneinrichtung* (siehe Abbildung 8.50)

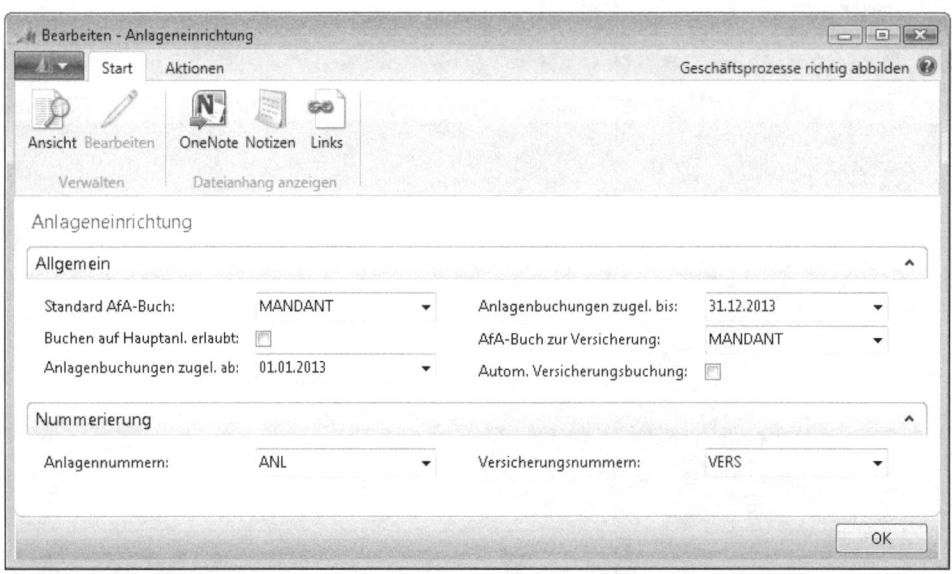

Abbildung 8.50 Anlageneinrichtung

Die Tabelle 8.16 erläutert die wesentlichen Felder der Anlageneinrichtung.

Feld	Beschreibung
Standard AfA-Buch	Eingabe des AfA-Buchs, welches die grundsätzlichen Informationen für das Arbeiten mit Anlagen und deren Verknüpfung in die Finanzbuchhaltung bereitstellt. Darüber hinaus können weitere AfA-Bücher definiert und verwendet werden, jedoch ohne Verknüpfung in die Finanzbuchhaltung.
Buchen auf Hauptanl. erlaubt	Anlagen können in Hauptanlagen und Unteranlagen unterteilt werden. Sollen auch Buchungen auf eine Hauptanlage möglich sein, ist dieses Kontrollkästchen zu aktivieren
Anlagenbuchungen zugel. ab	Ab diesem Datum sind Anlagenbuchungen möglich. Dieses Feld entspricht in seiner Funktionsweise dem Feld *Buchungen zugel. ab* der *Finanzbuchhaltung Einrichtung*.
Anlagenbuchungen zugel. bis	Bis zu diesem Datum sind Anlagenbuchungen möglich. Dieses Feld entspricht in seiner Funktionsweise dem Feld *Buchungen zugel. bis* der *Finanzbuchhaltung Einrichtung*.

Tabelle 8.16 Ausgewählte Felder der Anlageneinrichtung

Die Anlagenbuchhaltung

AfA-Bücher

Die Parameter, die für die Verwaltung der Abschreibungen des Anlagevermögens gelten sollen, sind in AfA-Büchern zu hinterlegen.

Link: *Abteilungen/Verwaltung/Anwendung Einrichtung/Finanzmanagement/Anlagen/**AfA-Bücher**/Start/Bearbeiten* (siehe Abbildung 8.51)

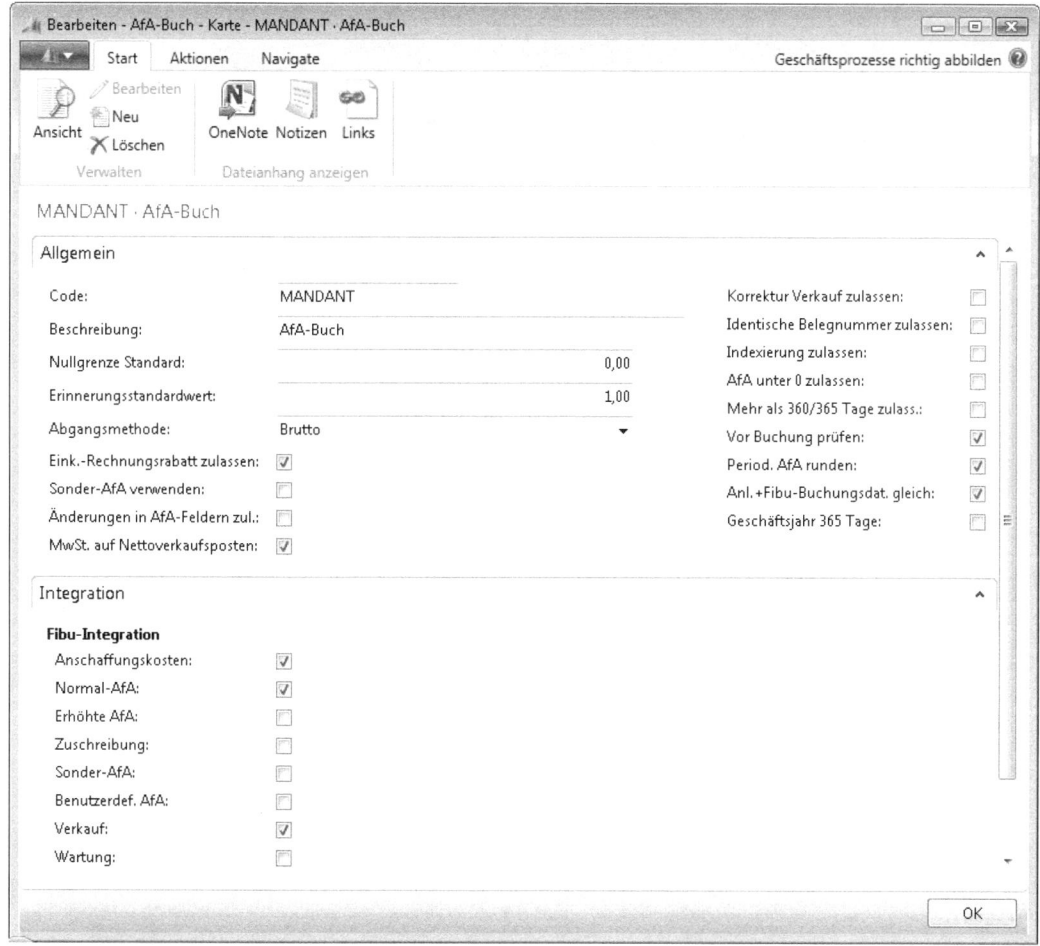

Abbildung 8.51 AfA-Buch

Grundsätzlich können mehrere AfA-Bücher angelegt und verwaltet werden. Ob die Verwendung eines AfA-Buchs ausreichend ist oder ob mehrere AfA-Bücher angelegt werden müssen, ist im Einzelfall zu entscheiden. Zwei AfA-Bücher sind immer dann notwendig, wenn sich für eine Anlage Unterschiede zwischen der handelsrechtlichen Abschreibung und der steuerrechtlich zulässigen Abschreibung ergeben. Zudem bietet sich die Anlage mehrerer AfA-Bücher an, wenn neben der eigentlichen Finanzbuchhaltung noch eine Betriebsrechnung (Kostenrechnung) eingesetzt wird, in der andere Nutzungsdauern und Abschreibungssätze verwendet werden.

Im Inforegister *Allgemein* sind die in Tabelle 8.17 dargestellten ausgewählten Felder zu pflegen.

Feld	Beschreibung
Code	Eingabe eines möglichst aussagekräftigen Codes für das AfA-Buch
Beschreibung	Eingabe der Beschreibung des AfA-Buchs
Nullgrenze Standard	Ist der verbleibende Buchwert nach der zuletzt berechneten Abschreibung geringer als der Betrag in diesem Feld, wird der verbleibende Wert zur letzten Abschreibung hinzuaddiert. Damit wird sichergestellt, dass die Anlage zu 100 % abgeschrieben wird.
Erinnerungsstandardwert	In diesem Feld kann der Betrag eingegeben werden, der als Erinnerungswert nach vollständiger Abschreibung in den Büchern erhalten bleiben soll
Abgangsmethode	*<Netto>* Der Gewinn oder Verlust aus dem Anlagenabgang wird aus der Differenz zwischen dem Verkaufsbetrag und dem aktuellen Restbuchwert ermittelt. Es erfolgt also eine Saldierung des Verkaufsbetrags mit dem Restbuchwert. Der Differenzbetrag wird auf das in den Anlagenbuchungsgruppen hinterlegte Sachkonto gebucht. *<Brutto>* Wird diese Methode gewählt, wird der Gewinn oder Verlust nicht als einzelner Betrag gebucht. Stattdessen stellt der Gewinn oder Verlust die Differenz zwischen dem Verkaufserlös und dem Restbuchwert der Anlage zum Zeitpunkt des Abgangs dar. Die Beträge werden nicht saldiert, sondern auf unterschiedliche Konten gebucht. Aufgrund der handelsrechtlichen Vorschriften ist *<Brutto>* zu wählen.
Eink.-Rechnungsrabatt zulassen	Ist dieses Kontrollkästchen aktiviert, werden Zeilen- und Rechnungsrabatte von den gebuchten Anschaffungskosten der Anlage abgezogen. Die Buchung erfolgt auf das im Feld *Eink.-Anlagenrabattkonto* in der Tabelle *Buchungsmatrix Einrichtung* hinterlegte Sachkonto.
Sonder-AfA verwenden	Sollen Sonderabschreibungen verwendet werden können, ist dieses Feld zu aktivieren
Änderungen in AfA-Feldern zul.	Die Aktivierung dieses Kontrollkästchens bewirkt, dass auch nach der ersten Abschreibung einer Anlage die AfA-Felder im *Anlagen-AfA-Buch* verändert werden dürfen. Erfolgt keine Aktivierung, können die AfA-Felder nach der Buchung einer AfA, einer erhöhten AfA, einer Zuschreibung, einer Sonder-AfA, einer benutzerdefinierten AfA oder eines Verkaufs nicht mehr geändert werden. Aus Compliance-Sicht sollte dieses Feld nicht aktiviert werden.
Korrektur Verkauf zulassen	Ist dieses Kontrollkästchen aktiviert, können Anlagenposten vom Typ »Verkauf« korrigiert werden
AfA unter 0 zulassen	Ist dieses Kontrollkästchen aktiviert, wird die Berechnung der Abschreibungen auch dann fortgesetzt, wenn der Buchwert der Anlage Null oder kleiner als Null ist
Vor Buchung prüfen	Ist dieses Kontrollkästchen aktiviert, werden systemintern Prüfungen vor der Buchung durchgeführt
Period. AfA runden	Sollen die Abschreibungen auf ganze Zahlen gerundet werden, ist dieses Feld zu aktivieren. Achtung: Die Abschreibung wird gerundet, nicht der sich ergebende Restbuchwert.
Anl.+Fibu-Buchungsdat. gleich	Ist dieses Kontrollkästchen aktiviert, muss in beiden Datumsfeldern das gleiche Datum eingegeben sein
Geschäftsjahr 365 Tage	Dieses Kontrollkästchen ist zu aktivieren, wenn Abschreibungen auf Grundlage eines 365-tägigen Geschäftsjahrs berechnet werden sollen. Ist das Kontrollkästchen nicht aktiviert, erfolgt die Berechnung auf Basis eines 360-tägigen Geschäftsjahrs (Normalfall).

Tabelle 8.17 Felder des Inforegisters *Allgemein* der AfA-Buch-Karte

Im Inforegister *Integration* wird festgelegt, welche Teilbereiche des Anlagevermögens in die Finanzbuchhaltung integriert werden sollen. Definition, für welche Buchungen sowohl Anlagenposten als auch Sachposten entstehen sollen.

Beispiel: Ist das Kontrollkästchen *Anschaffungskosten* aktiviert, kann die Anschaffung einer Anlage sowohl in der Finanzbuchhaltung als auch in der Anlagenbuchhaltung gebucht werden. In beiden Fällen werden Posten in beiden Teilbereichen der Anwendung erzeugt. Abschreibungen dagegen werden führend in der Anlagenbuchhaltung gebucht. Eine Aktivierung des Felds *Normal-AfA* bewirkt, dass die Abschreibungsbeträge sowohl in der Anlagenbuchhaltung als auch in der Finanzbuchhaltung gebucht werden.

Anlagenbuchungsgruppen

Für die Durchführung von Anlagenbuchungen müssen Anlagenbuchungsgruppen angelegt und eingerichtet werden.

Link: *Abteilungen/Verwaltung/Anwendung Einrichtung/Finanzmanagement/Buchungsgruppen/Anlagenbuchungsgruppen* (siehe Abbildung 8.52)

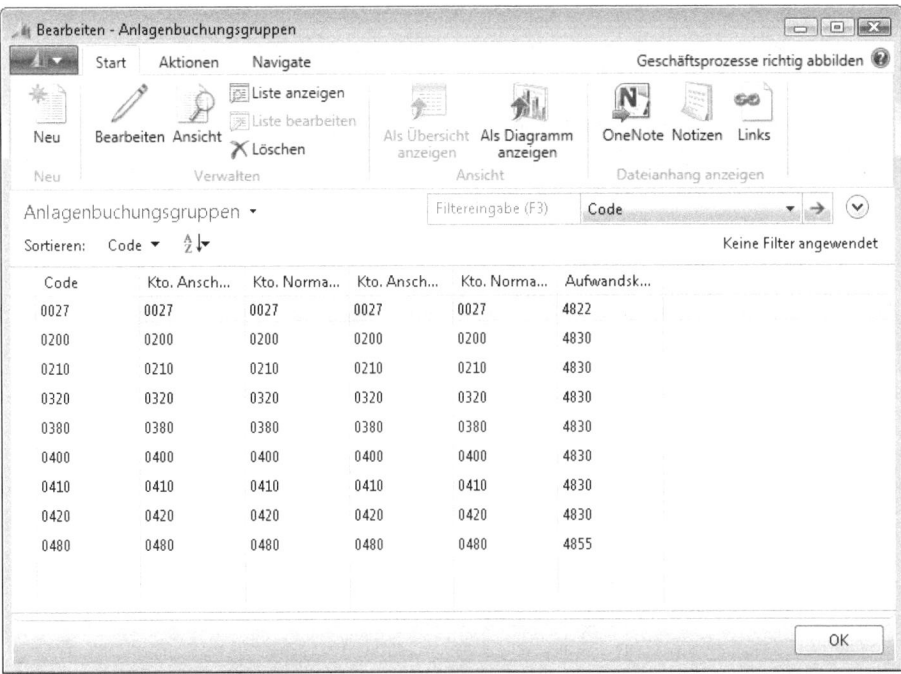

Abbildung 8.52   Anlagenbuchungsgruppen

Für jede Anlagenbuchungsgruppe sind Sachkonten zu hinterlegen. Ist die Integration der Anlagenbuchhaltung in die Finanzbuchhaltung vollständig oder teilweise (nur die ausgewählten Sachverhalte werden integriert) aktiviert, werden Buchungen aufgrund von Anlagebewegungen auf die hinterlegten Sachkonten gebucht.

Da im Fenster *Anlagenbuchungsgruppen* nicht alle Felder angezeigt werden, sollte für die Hinterlegung der Sachkonten auf die Karte der jeweiligen Anlagenbuchungsgruppe gewechselt werden, um alle verfügbaren Felder im Zugriff zu haben.

Link: *Abteilungen/Finanzmanagement/Einrichtung/Buchungsgruppen/***Anlagenbuchungsgruppen***/Start/Bearbeiten*

Im Inforegister *Allgemein* (siehe Abbildung 8.53) werden Bilanzkonten hinterlegt, die beim Buchen von Anschaffungskosten, Abschreibungen oder Verkäufen verwendet werden sollen. Ausreichend ist, Sachkonten in den folgenden Feldern zu hinterlegen:

Kto. Anschaffung, Kto. Normal-AfA, Kto. Anschaffung b. Verkauf, Kto. Normal-AfA bei Verkauf

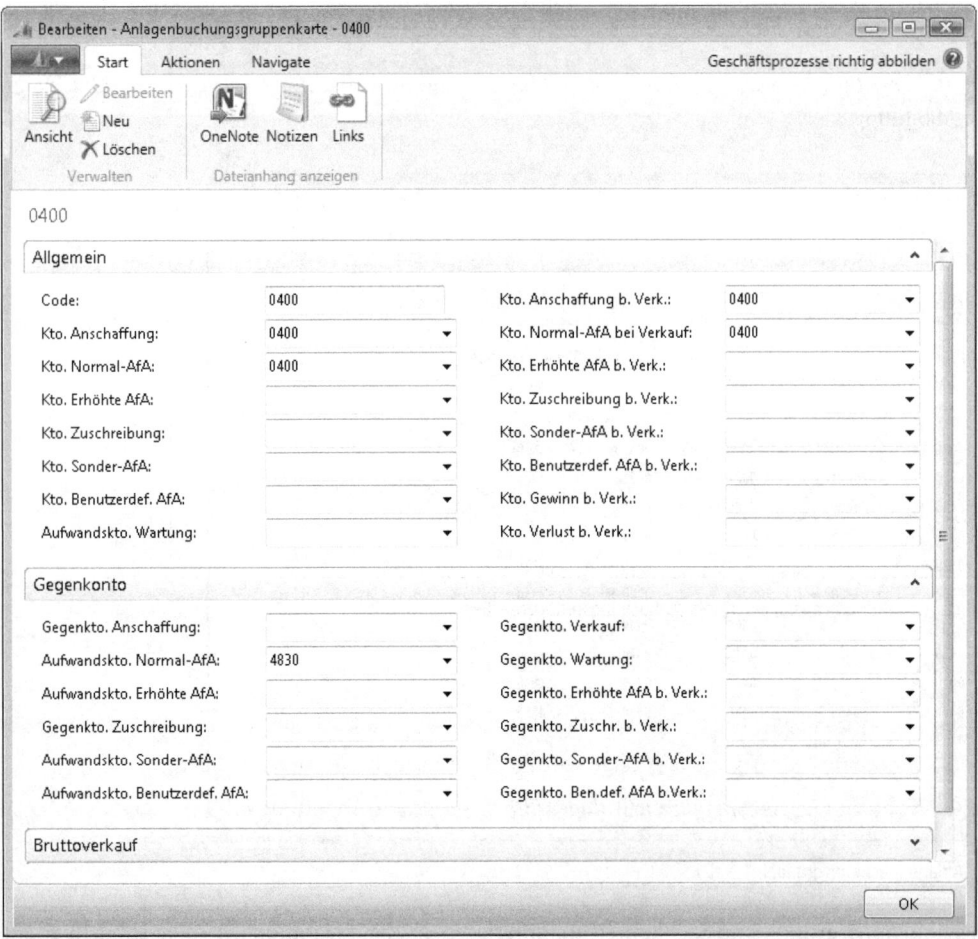

Abbildung 8.53 Inforegister *Allgemein* und Gegenkonto einer Anlagenbuchungsgruppenkarte

Die Anlagenbuchhaltung

Auf dem Inforegister *Gegenkonto* (siehe Abbildung 8.53) werden die Sachkonten (GuV-Konten) hinterlegt, auf die Buchungen im Zusammenhang mit Abschreibungen ausgeführt werden sollen.

Auf dem Inforegister *Bruttoverkauf* (siehe Abbildung 8.54) werden die Sachkonten hinterlegt, die im Zusammenhang mit dem Verkauf einer Anlage gebucht werden sollen. Eintragungen auf diesem Register sind dann vorzunehmen, wenn für Anlagenverkäufe im AfA-Buch die Methode <*Brutto*> gewählt wurde.

Werden Dimensionen genutzt, kann es notwendig sein, Bewegungen einer Anlage auf unterschiedliche Dimensionswerte zu verteilen. Hierzu können die Aktion *Verteilungen* auf der Registerkarte *Navigate* genutzt werden.

Für jede Art von Buchung kann an dieser Stelle eine entsprechende Verteilung vorgenommen werden.

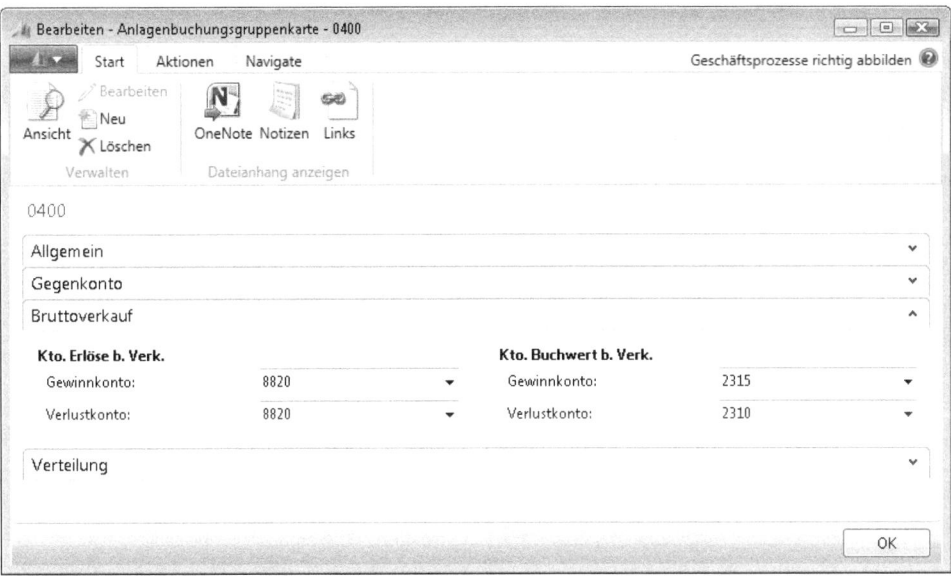

Abbildung 8.54 Inforegister *Bruttoverkauf* einer Anlagenbuchungsgruppenkarte

Anlagenstammdaten

Sind alle notwendigen Einrichtungen vorgenommen, kann eine neue Anlage angelegt und verwaltet werden.

Die Eingabe von Stammdaten für eine neue Anlage wird in der Anlagenkarte vorgenommen.

Link: *Abteilungen/Finanzmanagement/Anlagen/**Anlagen**/Start/Neu* (siehe Abbildung 8.55)

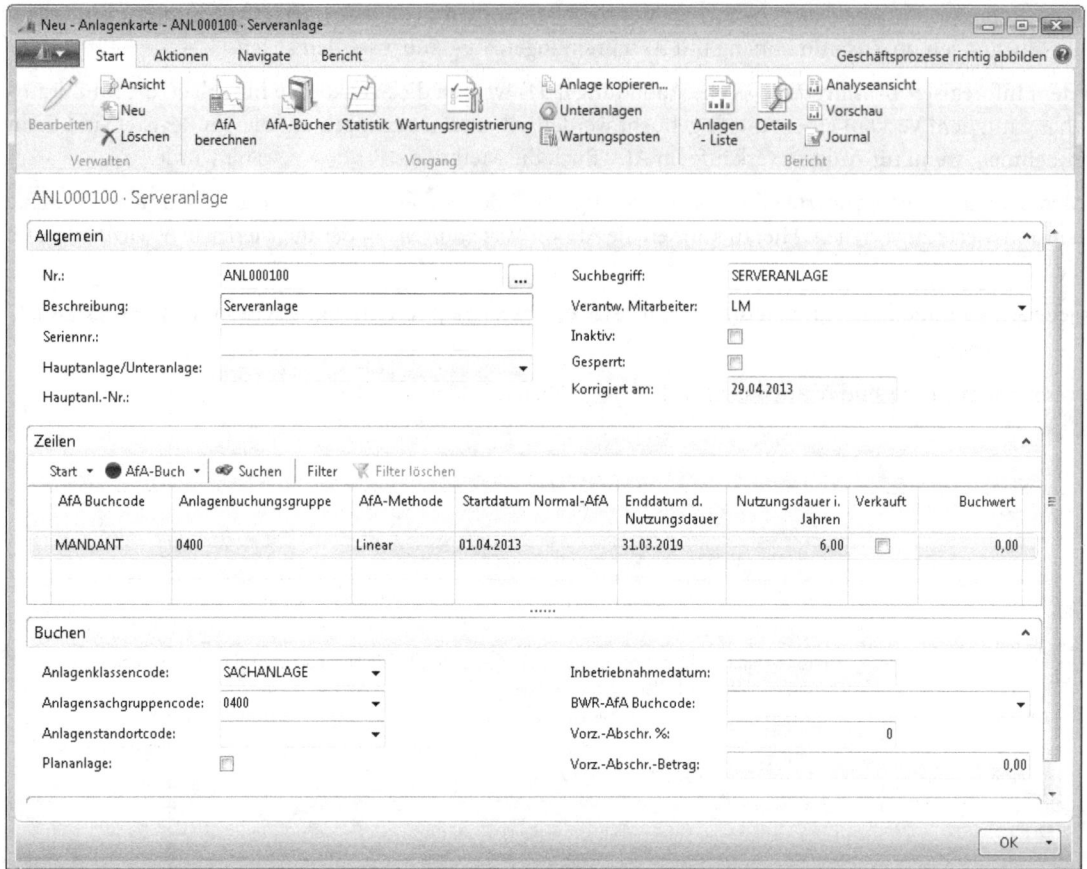

Abbildung 8.55 Anlagenkarte

Im Inforegister *Allgemein* sind die in Tabelle 8.18 aufgelisteten Informationen zu hinterlegen.

Feld	Beschreibung
Nr.	Eingabe der Anlagennummer. Dieses Feld kann mit einer Nummernserie verknüpft werden, welche in der Anlageneinrichtung hinterlegt wird.
Beschreibung	Beschreibung der Anlage
Seriennr.	Besitzt die Anlage eine Seriennummer, kann diese hier hinterlegt werden
Hauptanlage/Unteranlage	Gibt an, ob es sich um eine Hauptanlage oder eine Unteranlage handelt. Dieses Feld wird automatisch gefüllt, wenn die Tabelle *Unteranlage* gepflegt ist. Beispiel für eine Hauptanlage ist eine Serveranlage, die aus mehreren Hardwarekomponenten besteht, die als Unteranlagen verwaltet werden können.
Hauptanl.-Nr.	Enthält die Nummer der Hauptanlage, wenn es sich bei dieser Anlage um eine Unteranlage handelt, oder die Nummer der Anlage, wenn es sich um eine Hauptanlage handelt

Tabelle 8.18 Felder des Inforegisters *Allgemein* der Anlagenkarte

Die Anlagenbuchhaltung

Feld	Beschreibung
Verantw. Mitarbeiter	Einer Anlage kann ein Mitarbeiter zugeordnet werden, der für diese Anlage verantwortlich ist. Die Hinterlegung erfolgt in diesem Feld.
Inaktiv	Ist dieses Feld aktiviert, können für diese Anlage keine Buchungen mehr vorgenommen werden. Zudem kann die Anlage auch nicht in Stapelverarbeitungen und Berichten aufgerufen werden.
Gesperrt	Ist eine Anlage gesperrt, können für diese keine Buchungen mehr vorgenommen werden.

Tabelle 8.18 Felder des Inforegisters *Allgemein* der Anlagenkarte *(Fortsetzung)*

Im Inforegister *Zeilen* sind Informationen zur Abschreibungsart, Abschreibungsdauer und zum AfA-Buchcode einzugeben.

Im Inforegister *Zeilen* sind die in Tabelle 8.19) aufgeführten Felder zu füllen.

Feld	Beschreibung
AfA Buchcode	Eingabe des AfA-Buchcodes, für den die weiteren Informationen in dieser Zeile gelten sollen
Anlagenbuchungsgruppe	Zuordnung einer Anlagenbuchungsgruppe zur Anlage
AfA-Methode	Auswahl der AfA-Methode, nach der die Anlage abgeschrieben werden soll: *<Tabelle>* Auswahlmöglichkeit einer individuell angelegten AfA-Tabelle, in der individuelle Abschreibungszeiten und -beträge festgelegt werden können. *<Manuell>* Manuell wird immer dann eingegeben, wenn eine Anlage nicht abgeschrieben werden soll, wie es z. B. bei Grund und Boden der Fall ist. *<Linear>* Die Anlage wird gleichmäßig über die Nutzungsdauer abgeschrieben.
Startdatum Normal-AfA	Eingabe des Beginns der Abschreibung
Enddatum d. Nutzungsdauer	Eingabe des Endes der Abschreibung
Nutzungsdauer in Jahren	Dieses Feld wird automatisch in Abhängigkeit vom Start und Enddatum der Nutzungsdauer gefüllt
Verkauft	Dieses Kontrollkästchen ist automatisch aktiviert, wenn die Anlage verkauft wurde
Buchwert	Dieses Feld zeigt den aktuellen Buchwert der Anlage zur Laufzeit

Tabelle 8.19 Felder des Inforegisters *Zeilen* der Anlagenkarte

HINWEIS Für geringwertige Wirtschaftsgüter oder den steuerrechtlichen Sammelposten sollte die AfA-Methode *<linear>* gewählt werden. Über die gewählte Laufzeit werden die Abschreibungen korrekt verwaltet und gebucht. Wird in einem Wirtschaftsjahr das steuerliche Wahlrecht des Sammelpostens in Anspruch genommen, empfiehlt es sich, jede Anlage, die zu dem Sammelposten des Jahrs gehört, einzeln anzulegen und über die Anlagenbuchungsgruppe mit dem entsprechenden Sachkonto in der Finanzbuchhaltung zu verknüpfen.

Wird nur eine Anlage für den Sammelposten angelegt und werden mehrere Wirtschaftsgüter angeschafft, die zu dem Sammelposten gehören, kann es bei unterjähriger AfA-Berechnung schnell zu einer fehlerhaften Berechnung der Abschreibungen kommen, wenn bei der Buchung der Anschaffungskosten nicht darauf geachtet wird, welche Felder zu aktivieren sind (siehe hierzu auch den folgenden Abschnitt »Anschaffung und Abschreibung einer Anlage«).

Im Inforegister *Buchen* können weitere Stammdaten der Anlage hinterlegt werden. Dieses Inforegister hat jedoch nichts mit dem eigentlichen Buchungsvorgang zu tun. Die Felder *Anlagenklassencode*, *Anlagensachgruppencode* und *Anlagenstandortcode* dienen ausschließlich der Klassifizierung einer Anlage. Gleichzeitig können die dort hinterlegten Informationen als Filterkriterium und zur Bildung von Gruppensummen in Berichten verwendet werden.

Anschaffung und Abschreibung einer Anlage

Ist eine Anlagennummer vergeben und sind die notwendigen Stammdaten der neuen Anlage hinterlegt, kann die Anschaffung der Anlage gebucht werden.

Die Anschaffung (also der Einkauf) einer Anlage kann durch Nutzung eines Einkaufsbelegs geschehen (der eigentliche Einkaufsprozess ist ausführlich in Kapitel 5 beschrieben).

Link: *Abteilungen/Finanzmanagement/Kreditoren/**Einkaufsrechnungen**/Start/Neu* (siehe Abbildung 8.56)

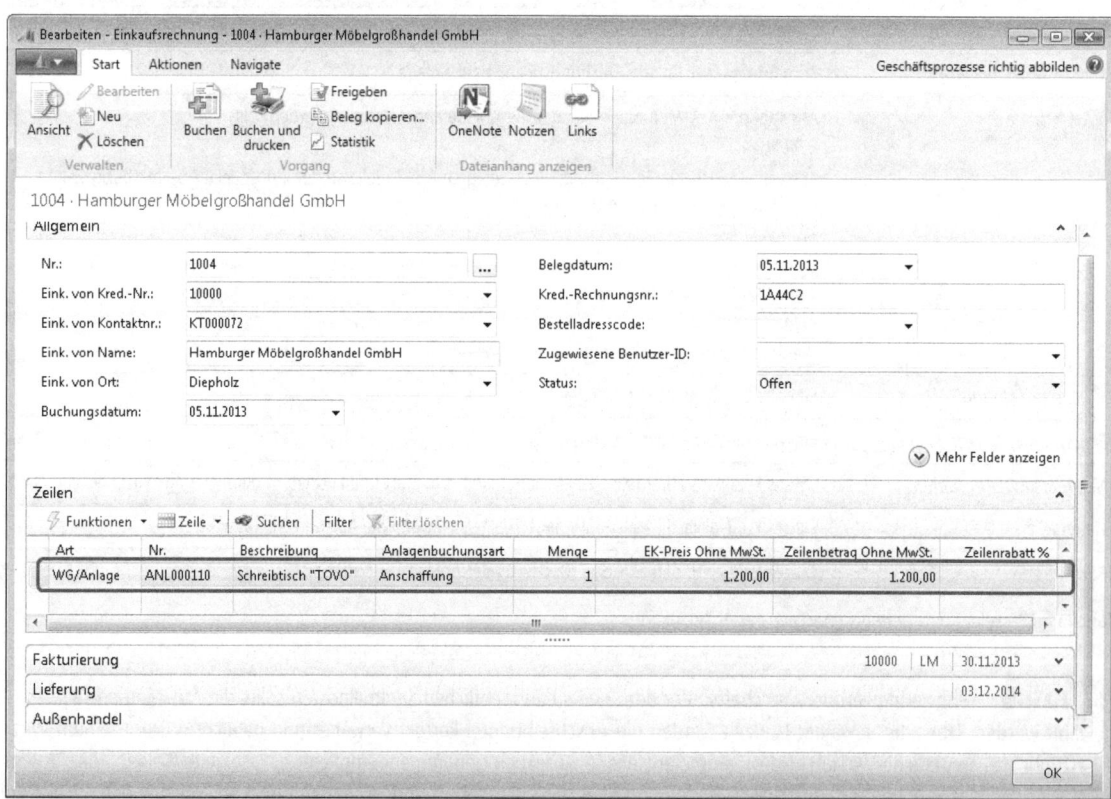

Abbildung 8.56   Einkaufsrechnung über ein neues Anlagengut

Abweichend zum Einkaufsprozess eines Artikels ist beim Einkauf einer Anlage zu beachten, dass im Inforegister *Zeilen* die *Art* »WG/Anlage« zu wählen ist. Erst dann kann im Feld *Nr.* Bezug auf das Anlagevermögen genommen werden (siehe Abbildung 8.56). Handelt es sich beim Einkauf um die Buchung nachträglicher Anschaffungskosten, sind zudem die Felder *AfA bis Anlagdatum* und *Rückw. AfA-Korr. b. Anschaff.* zu pflegen. Zu beachten ist, dass diese beiden Felder erst eingeblendet werden müssen.

Die Anlagenbuchhaltung

Wird der Einkauf gebucht, entstehen Sachposten in der Finanzbuchhaltung und Anlageposten in der Anlagenbuchhaltung.

Die Anschaffung einer Anlage kann auch über die Anlagen Fibu Buch.-Blätter abgewickelt werden. Die Buchung der Anschaffung in diesen Buchblättern ist immer dann notwendig, wenn es sich bei dem zu aktivierenden Anlagegut um ein selbst hergestelltes Anlagegut handelt.

Link: *Abteilungen/Finanzmanagement/Anlagen/Anlagen Fibu Buch.-Blätter* (siehe Abbildung 8.57)

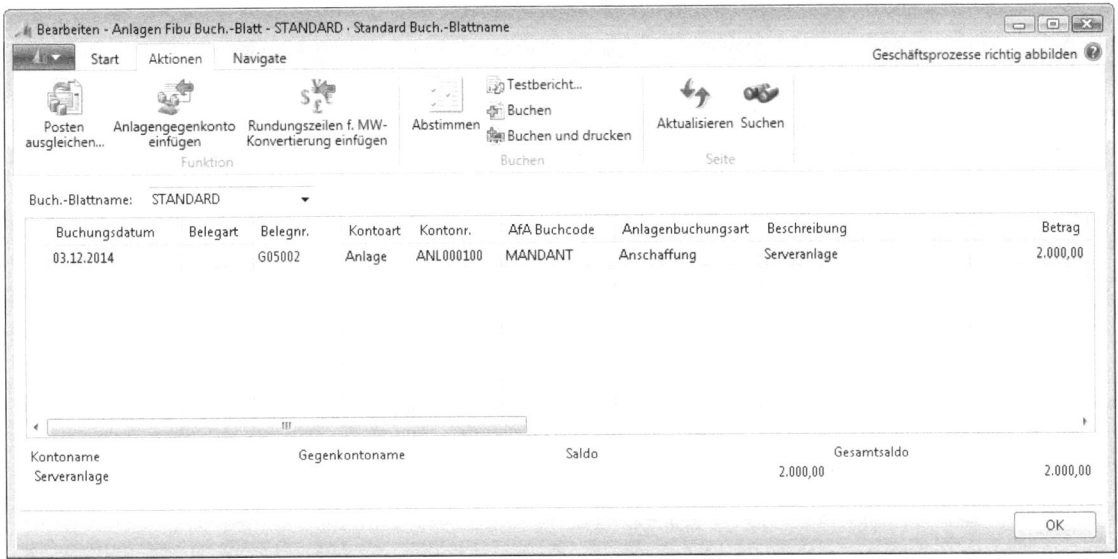

Abbildung 8.57 Anlagen Fibu Buch.-Blatt

An Stelle der manuellen Eingabe des Gegenkontos kann auf der Registerkarte *Aktionen* die Option *Anlagengegenkonto einfügen* genutzt werden. Das Gegenkonto wird aus den hinterlegten Sachkonten der für diese Anlage ausgewählten Anlagebuchungsgruppe gezogen.

Um eine Anlage abzuschreiben, stehen dem Anwender zwei Möglichkeiten zur Verfügung:

- Die manuelle Abschreibung unter Nutzung des Anlagen Fibu Buch.-Blatts
- Die automatisierte Abschreibung durch das Ausführen der Funktion *AfA berechnen*

Da aus Compliance-Sicht grundsätzlich die Ausführung der Funktion vorgeschlagen wird und die manuelle Erfassung von Abschreibungsbeträgen nur in Ausnahmen angewendet werden sollte, wird nachfolgend nur die Vorgehensweise bei Nutzung der Funktion betrachtet.

Die Funktion kann monatlich oder bei Bedarf ausgeführt werden. Verkaufte, gesperrte, inaktive oder Anlagen, die die AfA-Methode *Manuell* verwenden, werden dabei nicht berücksichtigt.

Link: *Abteilungen/Finanzmanagement/Anlagen/Periodische Aktivitäten/AfA berechnen* (siehe Abbildung 8.58)

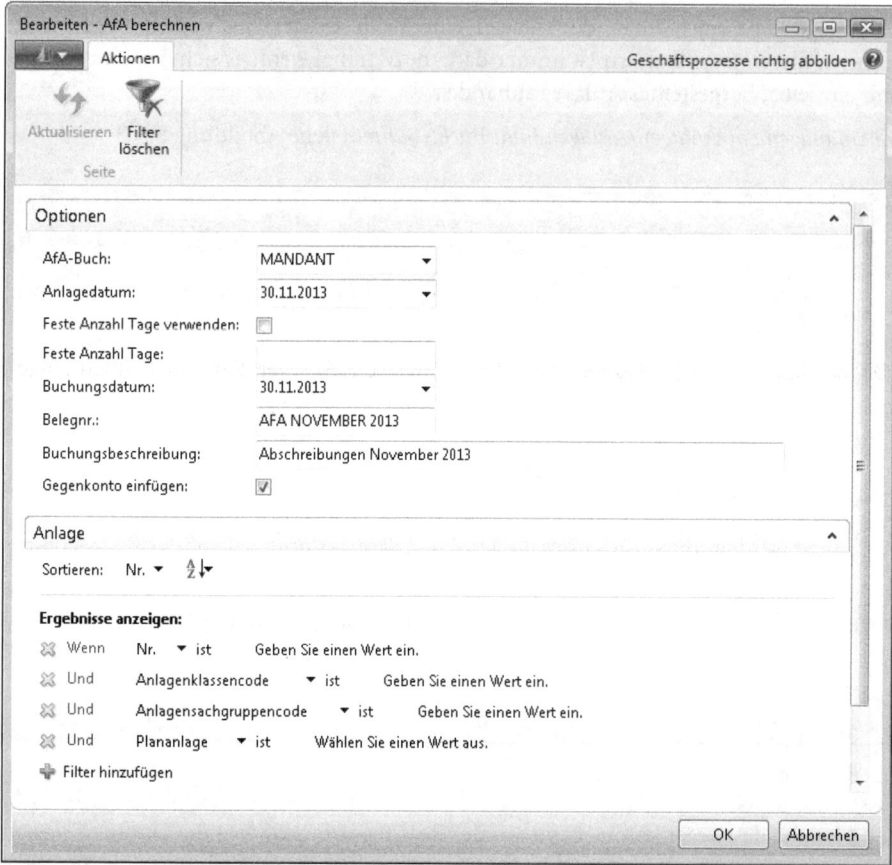

Abbildung 8.58 Die Funktion *AfA berechnen*

Im Inforegister *Optionen* sind die Felder entsprechend der Tabelle 8.20 zu füllen.

Feld	Beschreibung
AfA-Buch	Auswahl des AfA-Buchs, für welches die Abschreibungen berechnet werden sollen
Anlagedatum	Eingabe des Datums, welches als Enddatum für die Berechnung der Abschreibungen verwendet werden soll. Sind für eine Anlage in der gewählten Periode schon Abschreibungen gebucht worden, so wird das letzte Anlagenbuchungsdatum des letzten AfA-Postens als Startdatum für die Berechnung der aktuellen Abschreibung herangezogen. Ansonsten wird Bezug auf das in der Anlagenkarte eingegebene Datum im Feld *Startdatum Normal-AfA* genommen.
Feste Anzahl Tage verwenden	Soll eine feste Anzahl von Tagen für die Berechnung der Abschreibung verwendet werden, ist dieses Kontrollkästchen zu aktivieren
Feste Anzahl Tage	Ist das Kontrollkästchen *Feste Anzahl Tage verwenden* aktiviert, ist hier die Anzahl der Tage einzugeben, für die die Abschreibung berechnet werden soll

Tabelle 8.20 Felder des Inforegisters *Optionen*

Die Anlagenbuchhaltung

Feld	Beschreibung
Buchungsdatum	Eingabe des Buchungsdatums, mit dem die berechnete Abschreibung gebucht werden soll
Belegnr.	Wird für Anlagen Buch.-Blätter eine Nummernserie verwendet, ist dieses Feld leer zu lassen, ansonsten ist eine eindeutige Belegnummer einzugeben
Buchungsbeschreiung	Eingabe einer eindeutigen Buchungsbeschreibung
Gegenkonto einfügen	Ist dieses Feld aktiviert, werden automatisch die in der Tabelle *Anlagenbuchungsgruppen* definierten Gegenkonten in das Buch.-Blatt eingefügt

Tabelle 8.20 Felder des Inforegisters *Optionen (Fortsetzung)*

Im Inforegister *Anlage* können Filter zur Auswahl der Anlagen angegeben werden, die abgeschrieben werden sollen.

Durch Bestätigen mit *OK* werden die Abschreibungen berechnet und in das Anlagen Fibu Buch.-Blatt eingestellt, wo sie dann gebucht werden müssen.

Stornierungen in der Anlagenbuchhaltung

Müssen Anlageposten storniert werden, muss dies über die Funktion *Posten stornieren* auf der Registerkarte *Aktionen* der Anlagenposten geschehen.

Link: *Abteilungen/Finanzmanagement/Anlagen/**Anlagen**/Navigate/Posten* (siehe Abbildung 8.59)

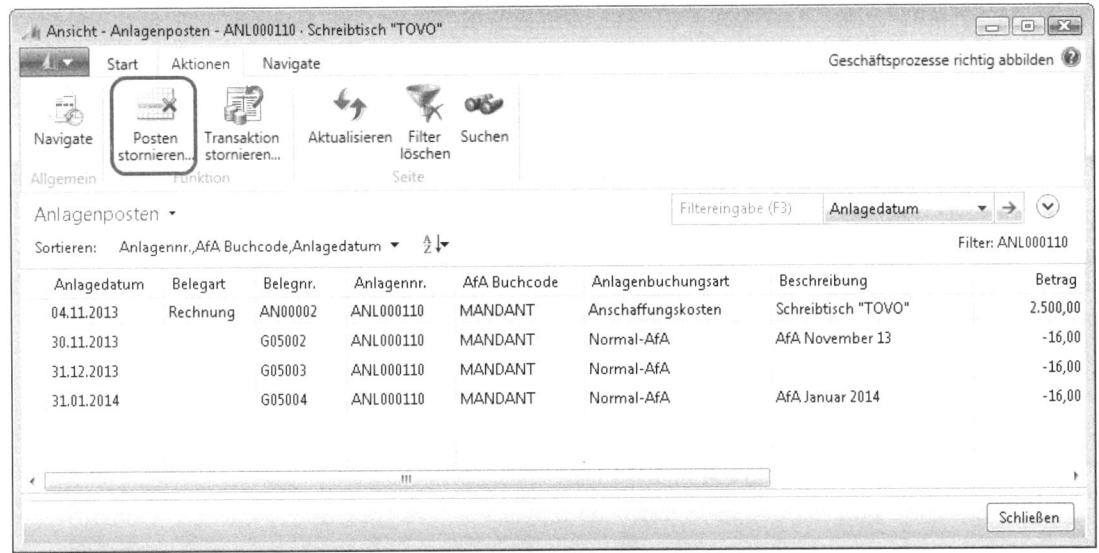

Abbildung 8.59 Ausschnitt des Fensters Anlagenposten, Funktion Posten stornieren

HINWEIS Nur diese Vorgehensweise storniert alle Buchungen sowohl in der Anlagenbuchhaltung als auch in der Finanzbuchhaltung vollständig.

Wird die Abschreibung für den Januar 2014 über die Funktion storniert, werden die Posten im Anlagen Fibu Buch.-Blatt bereitgestellt (siehe Abbildung 8.60).

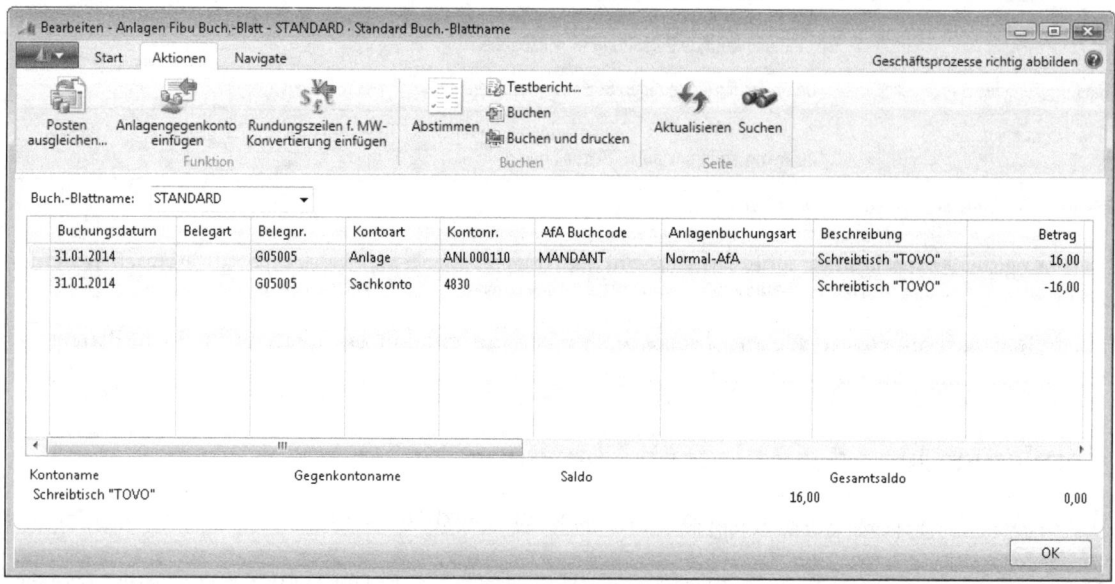

Abbildung 8.60   Ausschnitt des Anlagen Fibu Buch.-Blatts mit zu stornierenden Posten

Wird das Buch.-Blatt gebucht, sind die Posten sowohl in der Anlagenbuchhaltung als auch in der Finanzbuchhaltung vollständig storniert.

ACHTUNG   Die Verwendung der ebenfalls verfügbaren Funktion *Transaktion stornieren* (siehe Abbildung 8.61) ist nicht zu empfehlen, da dadurch die Anlagenbuchhaltung nicht vollständig in den ursprünglichen Zustand zurückversetzt wird.

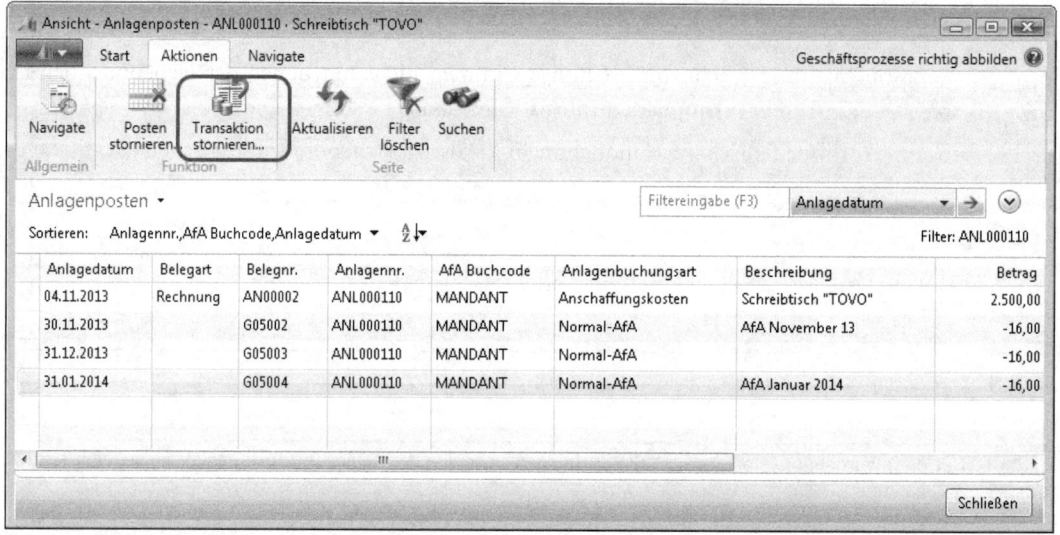

Abbildung 8.61   Ausschnitt des Fensters *Anlagenposten*, Funktion *Transaktion stornieren*

Die Anlagenbuchhaltung

Führt man diese Funktion aus, wird in der Anlagenbuchhaltung auch eine Stornierung vorgenommen (siehe Abbildung 8.62).

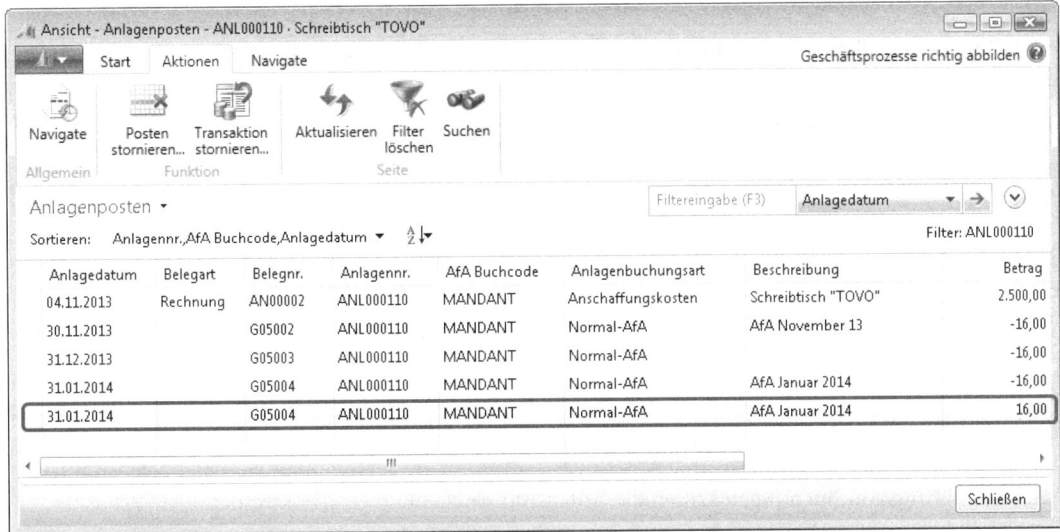

Abbildung 8.62 Anlagenposten nach Ausführung der Funktion *Transaktion stornieren*

Wenn jedoch erneut der AfA-Lauf für den Januar ausgeführt wird, wird kein neuer Buchungssatz im Anlagen-Fibu-Buch.-Blatt erzeugt. Erst im AfA-Lauf für den Februar wird die Anlage wieder berücksichtigt – mit der Folge, dass die Anlage mit dem falschen Buchwert weitergeführt wird.

Anschaffung und Abschreibung einer Anlage aus Compliance-Sicht

Potenzielle Risiken

- Berechnung und Buchung von gesetzlich nicht zulässigen Abschreibungen (Compliance, Integrity, Reliability)
- Werte der Hauptbuchhaltung (Finanzbuchhaltung) stimmen nicht mit denen der Nebenbuchhaltung (Anlagenbuchhaltung) überein (Compliance, Integrity, Reliability)
- Falsche Bilanzansätze durch fehlerhafte Handhabung und falsche Sachkontenzuordnungen (Compliance, Integrity, Reliability)

Prüfungsziele

- Analyse einer den gesetzlichen und organisatorischen Regelungen entsprechenden Verwaltung der Anlagengüter
- Sicherstellung der korrekten Erfassung und Buchung von Anlagegütern

Prüfungshandlungen

Prüfung der Zugriffsrechte bei der Anlage von Anlagegütern

Hier ist zu prüfen, wer Anlagen anlegen und verwalten darf.

Die Einrichtung und Verwaltung von Berechtigungen wird ausführlich in Kapitel 2 (aus technischer Sicht) und Kapitel 4 im Abschnitt »Benutzerzugriffsrechte« erläutert.

Online Im Begleitmaterial zu diesem Buch befindet sich ein Tool, welches die Tabellenzugriffsrechte anzeigt (siehe in Anhang A Abschnitt »Tabellenzugriffsrechts-Übersicht«).

Die Begleitdateien stehen als Download zur Verfügung. Sie können diese wahlweise entweder von der Seite *www.microsoftpress.de/support/9783866455696* oder von der Seite *msp.oreilly.de/support/2272/803* herunterladen.

Prüfung der Dokumentation von Anlagenbuchungen

Allen in AfA-Büchern gebuchten Posten werden automatisch aufeinander folgende Postennummern zugewiesen. In den Anlagenjournalen, die bei jeder Buchung automatisch erstellt werden, werden die Posten unabhängig von den Anlagenummern und AfA-Buch-Nummern in der Reihenfolge der Postennummern geordnet. Zur Prüfung von Buchungen sollten die Anlagenjournale herangezogen werden.

Menüoption: *Finanzmanagement/Anlagen/Historie/Anlagenjournale*

Prüfung der Anlagenbuchungsgruppen

Die Anlagenbuchungsgruppen sollten im Hinblick auf die hinterlegten Sachkonten geprüft werden. Es ist zu prüfen, ob pro Anlagenbuchungsgruppe die korrekten Bilanz- und GuV-Konten hinterlegt worden sind.

Object Designer: *Run Table 5606 Anlagenbuchungsgruppe*

Prüfung der Anlagen/Anlagenbuchungen

Prüfungshandlungen in Bezug auf die Anlagen selbst können vielfältig sein. An erster Stelle steht die Prüfung der Abschreibungsart. Auch sollte beispielsweise die Nutzungsdauer einer Anlage mit den amtlichen AfA-Tabellen verglichen und abgestimmt werden. Darüber hinaus sollten die für eine Anlage vorgenommenen Buchungen geprüft werden. Um Anlagen mit den dazugehörigen Posten auswerten zu können, stehen verschiedene Berichte zur Verfügung:

Link: *Abteilungen/Finanzmanagement/Anlagen/Berichte/Anlagen/Anl.-Buchungsgruppe – Bewegung* (siehe Abbildung 8.63)

Dieser Bericht zeigt die Bewegungen der gebuchten Anlagenposten pro Anlagenbuchungsgruppe. Wenn die Fibu-Integration für das AfA-Buch aktiviert ist, sollten die Beträge im Bericht den Bewegungen auf den Sachkonten entsprechen, die den Anlagenbuchungsgruppen zugewiesen wurden. Entsprechend kann der Bericht bei der Abstimmung der Anlagenbuchhaltung mit der Finanzbuchhaltung eingesetzt werden.

Auf dem Inforegister *Optionen* sind das Startdatum und das Enddatum zu definieren und damit der Zeitraum, für welchen die Bewegungen angezeigt werden sollen. Auf dem Optionsregister *Anlagen-AfA-Buch* können Filter gesetzt werden, wenn der Bericht nur bestimmte AfA-Bücher, Anlagen oder Anlagenbuchungsgruppen enthalten soll. Ein Filter auf eine einzelne Anlage ist jedoch nicht zu empfehlen, da in diesem Fall der Vergleich mit den Sachkonten nicht stimmen wird.

Die Anlagenbuchhaltung

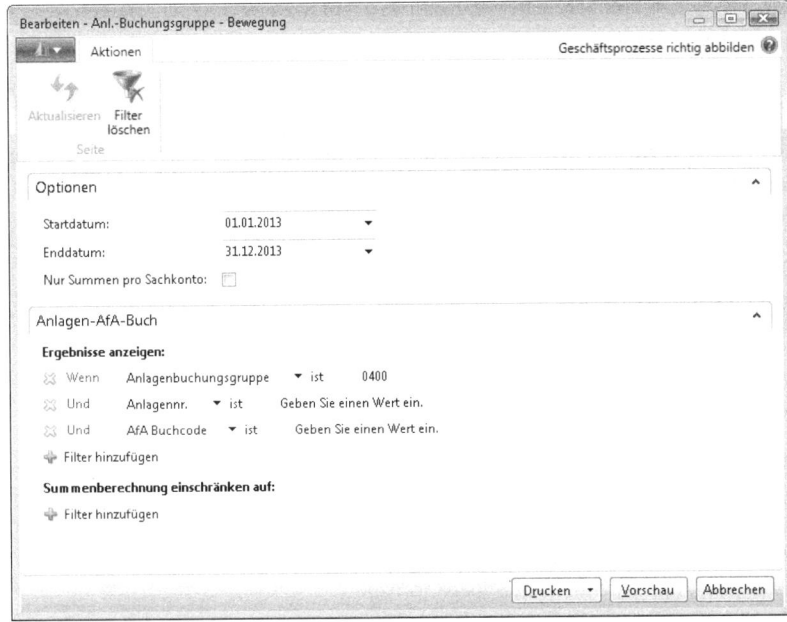

Abbildung 8.63 Bericht *Anl.-Buchungsgruppe – Bewegung*

Link: *Abteilungen/Finanzmanagement/Anlagen/Berichte/Anlagen/Anlagenspiegel ohne Umbuchung* (siehe Abbildung 8.64)

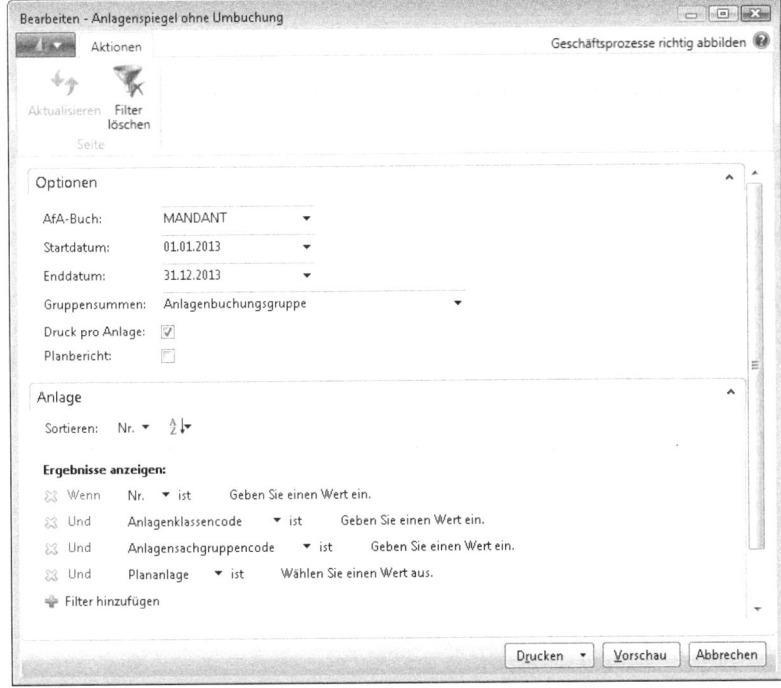

Abbildung 8.64 Bericht *Anlagenspiegel ohne Umbuchung*

Dieser Bericht entspricht dem vom HGB in § 268 geregelten Aufbau des Anlagevermögens (Anlagengitter) und zeigt die Entwicklung der Posten des Anlagevermögens.

In Abhängigkeit vom gewählten Datumsfilter zeigt dieser Bericht unter anderem die Anschaffungskosten zum letzten Stichtag der Vorperiode, den Zugang und Verkauf der gewählten Periode, die Anschaffungskosten zum Ende der Periode, die Abschreibungen der Vorperiode und die Abschreibungen der Periode sowie die Buchwerte zum Ende der Vorperiode und zum Ende der aktuellen Periode. Die Darstellung erfolgt je nach Auswahl entweder für jedes Anlagegut oder aber summiert.

Bankmanagement

Im operativen Geschäft werden über das Bankmanagement Zahlungseingänge und Zahlungsausgänge abgewickelt. Auch die sogenannte Bankkontoabstimmung kann über das Bankmanagement vorgenommen werden.

Da der Bereich der Zahlungsausgänge bereits in Kapitel 5 und der Bereich der Zahlungseingänge in Kapitel 7 ausführlich betrachtet wurde, wird an dieser Stelle nicht mehr darauf eingegangen. Der Prozess der Bankkontoabstimmung selbst hat aufgrund der Umständlichkeit dieses Moduls keine Praxisrelevanz. Vielmehr wird das Buchen von Bewegungen auf einem Bankkonto in der Praxis über ein Fibu Buch.-Blatt oder über die Zahlungseingangs- bzw. Zahlungsausgangs-Buch.-Blätter vorgenommen.

An dieser Stelle wird daher nur noch die Einrichtung einer Bankkontokarte als Voraussetzung für die Durchführung von Zahlungsausgängen und Zahlungseingängen mit den Auswirkungen für die Finanzbuchhaltung näher betrachtet.

Einrichten eines Bankkontos

Bevor die Funktionalitäten des Bankmanagements, also die Funktionalitäten zur Erstellung von Zahlungsausgängen und Zahlungseingängen, genutzt werden können, sind zunächst Bankkonten einzurichten. Jeder eine Bank betreffenden Geschäftsvorfall erzeugt in Dynamics NAV 2013 einen Bankposten. Über die Bankkontobuchungsgruppe, die jedem Bankkonto zugeordnet sein muss, erfolgt die Steuerung der Buchung auf die entsprechenden Sachkonten in der Finanzbuchhaltung.

Im Folgenden wird die Einrichtung eines neuen Bankkontos mit den zu hinterlegenden Stammdaten näher erläutert.

Link: *Abteilungen/Finanzmanagement/Bankmanagement/**Bankkonten**/Start/Neu* (siehe Abbildung 8.65)

Das Inforegister *Allgemein* enthält Informationen über die Bank, bei der das Konto geführt wird. Hierzu gehören beispielsweise der Name und die Adresse der Bank sowie Kontonummer und Bankleitzahl.

Zu beachten ist, dass im Feld *Nr.* eine eindeutige Nummer aus einer eingerichteten Nummernserie einzugeben ist, die das Bankkonto identifiziert. Dieses Feld wird nicht zur Eingabe der Bankkontonummer verwendet.

Im Inforegister *Kommunikation* werden u.a. Informationen zu Telefon- und Faxnummer der Bank hinterlegt.

Bankmanagement

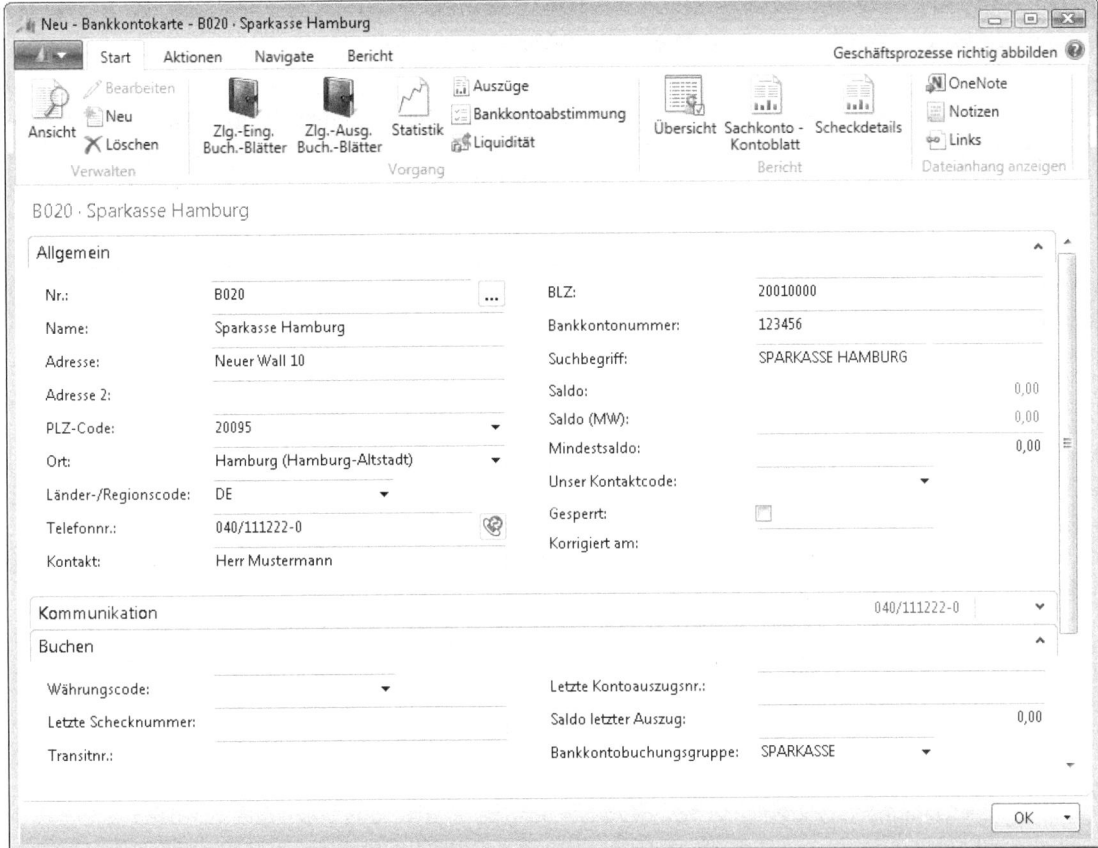

Abbildung 8.65 Bankkontokarte

Im Inforegister *Buchen* befinden sich folgende ausgewählte Felder, die näher erläutert werden sollen (siehe Tabelle 8.21).

Feld	Beschreibung
Währungscode	Hier wird die Währung hinterlegt, in der das Bankkonto geführt wird. Wenn ein Währungscode eingetragen ist, kann dieses Bankkonto nur für Zahlungseingänge und Zahlungsausgänge in der entsprechenden Währung verwendet werden. Ist kein Währungscode eingetragen, können Zahlungseingänge und Zahlungsausgänge in jeder Währung vorgenommen werden.
Transitnr.	Hier ist die Transitnummer der Bank einzutragen. Hierbei handelt es sich um einen alphanumerischen Code, der die Bank, bei der das Konto besteht, repräsentiert.
Bankkontobuchungsgruppe	Hier ist die Buchungsgruppe, die dem Bankkonto zugeordnet wurde, einzutragen. Dynamics NAV 2013 verwendet die Buchungsgruppe, um die entsprechenden Sachposten für jede Bankkontotransaktion zu erzeugen.

Tabelle 8.21 Felder des Inforegisters *Buchen* einer Bankkontokarte

SEPA

SEPA steht für den einheitlichen Euro-Zahlungsverkehrsraum (Single Euro Payments Area), in dem alle Euro-Zahlungen wie inländische Zahlungen behandelt werden. Bisher ist der europäische Zahlungsverkehrsmarkt stark fragmentiert. Jedes Land verfügt über eigene technische Standards, z. B. in Bezug auf die Kontonummern-Systematik oder das Datenformat für den Zahlungsaustausch. Auch die Zahlungsverfahren selbst sind in jedem Land unterschiedlich ausgestaltet. Mit SEPA stehen nun einheitliche Verfahren und Standards zur Verfügung. Die gesetzlich vorgeschriebene Umstellung auf die SEPA-Verfahren besteht bis zum 01. Februar 2014.[6]

Dass zukünftig alle Eurozahlungen innerhalb des EU-Zahlungsverkehrsraums wie inländische Zahlungen behandelt werden, bedeutet, dass auch im inländischen Zahlungsverkehr zukünftig mit IBAN- und BIC-Codes zu arbeiten ist.

Für Anwender, die den Standard Zahlungsverkehr von Dynamics NAV 2013 nutzen, ist es bereits jetzt möglich, XML-Dateien im SEPA-Format zu erstellen.

Angekündigt ist ein neues Update, in dem folgende Funktionalitäten vorhanden sind:

- Erzeugen von Anschreiben für die Mandatserteilung
- Verwaltung der Mandate inkl. Informationen über das Verfahren, seiner Gültigkeit, Datum und Art des letzten Einzugs
- Verwaltung aller Mandatsänderungen in Versionen
- Berechnung des Einzugsdatums anhand der geltenden Fristen
- Anpassung des Lastschriftvorschlags bezüglich der Fristenregelung und des Verfahrens
- Verwaltung kreditorischer Mandate
- Prüfung der Gültigkeit der kreditorischen Mandate bei der Verarbeitung von Kontoauszügen
- Verwaltung der Gläubiger-ID mit Längenprüfung mit Längenprüfung für die einzelnen Länder
- Speicherung von Adressen von abweichenden Kontoinhabern

Einrichtung eines Bankkontos aus Compliance-Sicht

Potenzielle Risiken

- Falsche Bilanzansätze aufgrund fehlerhafter Einrichtung (Compliance, Integrity, Reliability)
- Falsche Bilanzansätze aufgrund nicht erfasster Bankkonten (Compliance, Integrity, Reliability)
- Vermögensverluste aufgrund nicht korrekten Umgangs mit den Bankkonten (Efficiency, Effectiveness)

Prüfungsziel

- Analyse einer den gesetzlichen und organisatorischen Regelungen entsprechenden Verwaltung der Bankkonten
- Sicherstellung der korrekten Einrichtung eines Bankkontos

---

[6] Vgl. SEPA-Migrationsplan Deutschland, Herausgeber: Deutscher SEPA-Rat.

Prüfungshandlungen

Eröffnung und Löschung von Bankkonten

Zu prüfen ist, ob das Anlegen bzw. das Löschen von Bankkonten durch die für den Zahlungsverkehr verantwortlichen Stellen gemäß des Vier-Augen-Prinzips erfolgt. Hierfür sind die für diesen Bereich geltenden Zugriffsberechtigungen zu prüfen.

Die Einrichtung und Verwaltung von Berechtigungen wird ausführlich in Kapitel 2 (aus technischer Sicht) und Kapitel 4 im Abschnitt »Benutzerzugriffsrechte« erläutert.

Abstimmung der Bankkonten mit dem Kontenplan

Zu prüfen ist das aktuelle Verzeichnis der Bankkonten einschließlich sämtlicher Unterkonten mit denen im Bankmanagement angelegten Bankkonten. Des Weiteren muss dieses Verzeichnis mit den in der Finanzbuchhaltung angelegten Sachkonten abgestimmt werden. Nur so kann sichergestellt werden, dass alle vorhandenen Bankkonten in Dynamics NAV 2013 angelegt und diese auch als Sachkonto in der Finanzbuchhaltung vorhanden sind.

Kontrolle der Zins-, Provisions- und Gebührenbelastungen

Für jedes Bankkonto sollten Informationen zu den aktuell gültigen Zins-, Provisions- und Gebührenkonditionen hinterlegt werden. Diese Hinterlegung kann sinnvoller Weise in den Bemerkungen zu jedem Bankkonto erfolgen.

Zudem sollten die in der Finanzbuchhaltung gebuchten Zinsen und Gebühren mit den entsprechenden Konditionen abgeglichen werden.

Überprüfung der Bankkontobuchungsgruppe

Die Bankkontobuchungsgruppen sind generell auf die dort hinterlegten Sachkonten zu prüfen.

Object Designer: *Run Table 277 Bankkontobuchungsgruppe*

Arbeiten mit Währungen

NAV 2013 bietet die Möglichkeit, Finanzdaten in mehreren Währungen zu erfassen und anzuzeigen. Dafür gibt es Funktionalitäten, die den Anwender bei der Buchung und korrekten Wertermittlung von Transaktionen in verschiedenen Währungen unterstützen. Zudem können Finanzbuchhaltungsergebnisse in mehreren Währungen angezeigt und Mandanten konsolidiert werden, die verschiedene Währungen nutzen.

Dieser Abschnitt umfasst sowohl die Einrichtungsparameter, die für das Arbeiten mit mehreren Währungen notwendig sind als auch die Erläuterung verschiedener Prozesse aus diesem Bereich.

Einrichtung und Ablauf beim Arbeiten mit Fremdwährungen

Die notwendigen Einrichtungsparameter für die Mehrwährungsfunktionalität in Dynamics NAV 2013 werden in den *Währungen* und in den *Wechselkursen* hinterlegt.

Währungen

Das Fenster *Währungen* dient zur Verwaltung verschiedener Währungen.

Link: *Abteilungen/Finanzmanagement/Periodische Aktivitäten/Währung/Währungen* (siehe Abbildung 8.66)

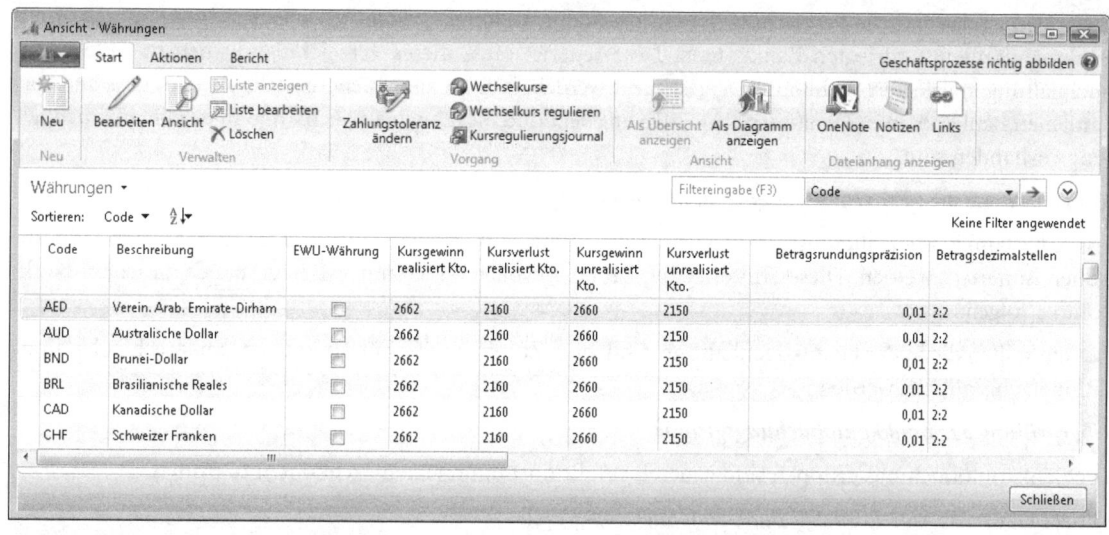

Abbildung 8.66 Ausschnitt des Währungsfensters

Hier können neue Währungen angelegt oder bereits angelegte Währungen bearbeitet werden. Die Bearbeitung erfolgt auf der Währungskarte einer Währung.

Link: *Abteilungen/Finanzmanagement/Periodische Aktivitäten/Währung/***Währungen***/Start/Bearbeiten* (siehe Abbildung 8.67)

Die Einrichtung einer Währungskarte umfasst unter anderem:

- Bereitstellung grundlegender Daten zu der Währung einschließlich der Konten, auf die Gewinne oder Verluste aus Wechselkursschwankungen gebucht werden
- Festlegen von Regeln zur Rundung von Beträgen, Rechnungen und Stückpreisen bei Transaktionen in verschiedenen Währungen

Arbeiten mit Währungen

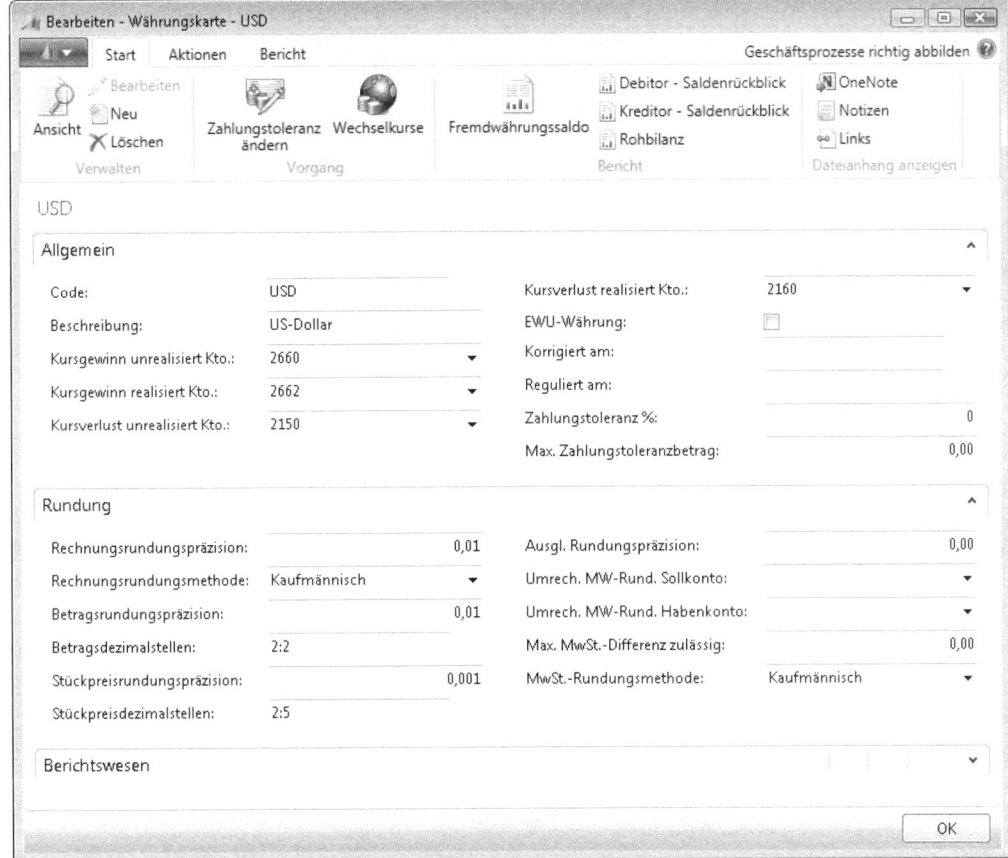

Abbildung 8.67 Währungskarte der Währung *US-Dollar*

Auf dem Inforegister *Allgemein* sind die in Tabelle 8.22 dargestellten Informationen zu hinterlegen.

Feld	Beschreibung
Code	Eindeutige Bezeichnung der Währung. Hier macht es Sinn, die international gängigen Währungsabkürzungen zu verwenden.
Beschreibung	Beschreibung der Währung
Kursgewinn unrealisiert Kto.	Eingabe des Sachkontos, auf das die durch die Stapelverarbeitung *Wechselkurse regulieren* berechneten unrealisierten Kursgewinne gebucht werden sollen
Kursgewinn realisiert Kto.	Eingabe des Sachkontos, auf das die realisierten Kursgewinne gebucht werden sollen. Ist zuvor ein entsprechender unrealisierter Kursgewinn gebucht worden, wird an dieser Stelle die Gegenbuchung vorgenommen.
Kursverlust unrealisiert Kto.	Eingabe des Sachkontos, auf das die durch die Stapelverarbeitung *Wechselkurse regulieren* berechneten unrealisierten Kursverluste gebucht werden sollen

Tabelle 8.22 Felder des Inforegisters *Allgemein* einer Währungskarte

Feld	Beschreibung
Kursverlust realisiert Kto.	Eingabe des Sachkontos, auf das die realisierten Kursverluste gebucht werden sollen. Ist zuvor ein entsprechend unrealisierter Kursverlust gebucht worden, wird an dieser Stelle die Gegenbuchung vorgenommen.
EWU-Währung	Handelt es sich bei der Währung um eine Währung der Europäischen Wirtschaftsunion, ist dieses Feld zu aktivieren
Zahlungstoleranz %	Zeigt den Prozentsatz an, um den eine Zahlung oder Erstattung von einem Rechnungs- oder der Gutschriftsbetrag abweichen darf. Eine Änderung in diesem Feld erfolgt über *Start/Zahlungstoleranz ändern*.
Max. Zahlungstoleranzbetrag	Zeigt den maximal erlaubten Betrag, um den eine Zahlung oder Erstattung von einem Rechungs- oder Gutschriftsbetrag abweichen darf. Eine Aktualisierung dieses Felds kann über *Start/Zahlungstoleranz ändern* vorgenommen werden.

Tabelle 8.22 Felder des Inforegisters *Allgemein* einer Währungskarte *(Fortsetzung)*

Das Inforegister *Rundung* enthält die in Tabelle 8.23 aufgelisteten Felder.

Feld	Beschreibung
Rechnungsrundungspräzision	Festlegung der Rundungsgenauigkeit auf Rechnungen
Rechnungsrundungsmethode	Bestimmung der Rundungsmethode, die bei Rechnungen angewandt werden soll unter Bezugnahme auf das Feld *Rechungsrundungspräzision*
Betragsrundungspräzision	Festlegung der Rundungsgenauigkeit für die Währung selbst
Betragsdezimalstellen	Festlegung der Anzahl der Dezimalstellen, die für die Währung angezeigt werden sollen. Die Mindest- und Höchstzahl an Dezimalstellen werden durch einen Doppelpunkt getrennt. Die Zahl vor dem Doppelpunkt ist die Mindestzahl an Dezimalstellen, die Zahl hinter dem Doppelpunkt ist die Höchstzahl an Dezimalstellen.
Stückpreisrundungspräzision	Festlegung der Rundungsgenauigkeit für Stückpreise von Artikeln auf Verkaufs- oder Einkaufsrechnungen
Stückpreisdezimalstellen	Festlegung der Mindest- und Höchstanzahl der Dezimalstellen, mit denen Einkaufs- und Verkaufspreise für Artikel oder Ressourcen in der jeweiligen Währung angezeigt werden sollen. Die Mindest- und Höchstzahl an Dezimalstellen werden durch einen Doppelpunkt getrennt. Die Zahl vor dem Doppelpunkt ist die Mindestzahl an Dezimalstellen, die Zahl hinter dem Doppelpunkt ist die Höchstzahl an Dezimalstellen.
Ausgl. Rundungspräzision	Festlegung des für Rundungsdifferenzen zulässigen Betrags, der gelten soll, wenn mit einem Posten in dieser Währung ein Posten in einer anderen Währung ausgeglichen werden soll
Umrech. MW.-Rund. Sollkonto	Festlegung des Sollkontos für Rundungsdifferenzen bei Verwendung der Funktion *Rundungszeilen f-MW-Konvertierung einfügen* in einem Fibu.-Buchblatt
Umrech. MW.-Rund. Habenkonto	Festlegung des Habenkontos für Rundungsdifferenzen bei Verwendung der Funktion *Rundungszeilen f-MW-Konvertierung einfügen* in einem Fibu.-Buchblatt
Max. MwSt.-Differenz zulässig	Festlegung der maximal erlaubten MwSt.-Korrektur für die Währung
MwSt.-Rundungsmethode	Bestimmung, wie Mehrwertsteuer für diese Währung gerundet werden soll

Tabelle 8.23 Felder des Inforegisters *Rundung* der Währungskarte

Arbeiten mit Währungen

Währungswechselkurse

Die meisten Währungswechselkurse unterliegen ständigen (täglichen) Schwankungen. Das Fenster Währungswechselkurse wird daher verwendet, um Wechselkurse zu hinterlegen und die Historie der erfassten Wechselkurse bereit zu stellen.

Link: *Abteilungen/Finanzmanagement/Periodische Aktivitäten/Währung/**Währungen**/Start/Wechselkurse* (siehe Abbildung 8.68)

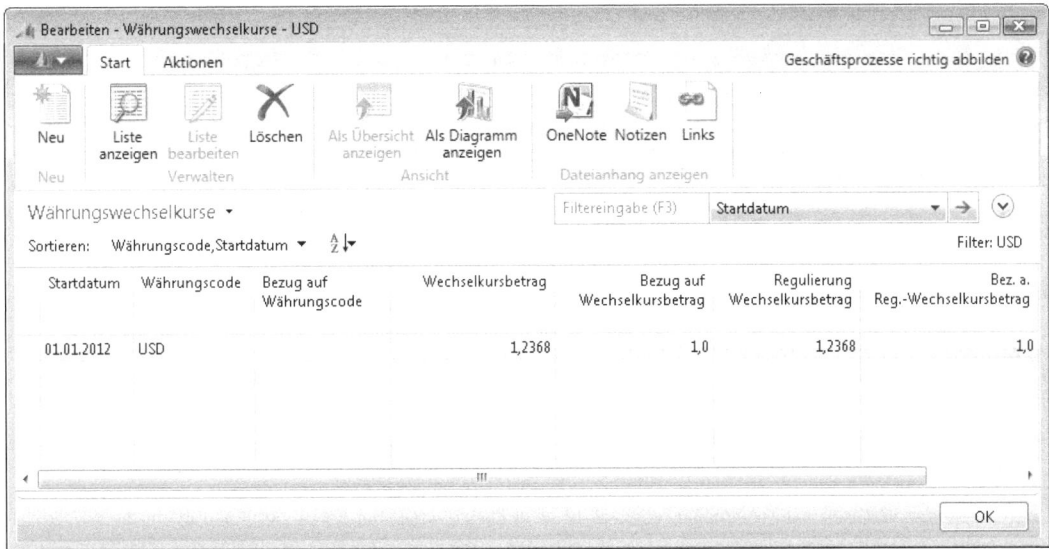

Abbildung 8.68   Ausschnitt des Fensters *Währungswechselkurse*

Wird ein Geschäftsvorfall erfasst und gebucht, werden die aktuellen Wechselkurse aus dem Fenster *Währungswechselkurse* der entsprechenden Währung verwendet. Zudem werden die Daten in dieser Tabelle bei Ausführung der Funktion *Wechselkurs regulieren* dazu verwendet, (unrealisierte) Gewinne oder Verluste aufgrund von Wechselkursschwankungen zu berechnen (siehe hierzu das Beispiel im Abschnitt »Beispiel für Fremdwährungsrechnungen«).

Um den aktuellen Wechselkurs verwenden zu können, sollten die Kurse möglichst täglich aktualisiert werden. Zu beachten ist, dass die Aktualisierung standardmäßig manuell vorgenommen werden muss.

Das Fenster enthält die in Tabelle 8.24 aufgeführten Felder.

Feld	Beschreibung
Startdatum	Datum, ab dem dieser Wechselkurs gelten soll. Für jedes neue Gültigkeitsdatum ist eine neue Zeile mit entsprechendem Startdatum anzulegen.
Währungscode	Zeigt den Code für die ausgewählte Währung an
Bezug auf Währungscode	Dieses Feld ist leer zu lassen, wenn Bezug auf die Hauswährung des Unternehmens (Mandantenwährung) genommen werden soll. Ansonsten ist der Währungscode einzugeben, auf den bei der Umrechnung des Wechselkurses Bezug genommen werden soll.

Tabelle 8.24   Felder der Tabelle *Währungswechselkurse*

Feld	Beschreibung
Wechselkursbetrag	Festlegung des Kurses für die Währung. Dieses Feld wird zusammen mit dem Feld *Bezug auf Währungscode* bei der Erfassung von Geschäftsvorfällen verwendet. Die Einträge in diesen Feldern bestimmen, wie Beträge für die ausgewählte Währung zu berechnen sind.
Bezug auf Wechselkursbetrag	Eingabe des Verhältnisses, das für die Währung im Feld *Bezug auf Währungscode* verwendet werden soll. Dieses Feld und das Feld *Wechselkursbetrag* werden bei der Erfassung von Geschäftsvorfällen verwendet. Die Einträge in diesen Feldern bestimmen, wie Beträge für die ausgewählte Währung zu berechnen sind.
Regulierung Wechselkursbeitrag	Eingabe des Kurses, der für die Währung bei Ausführung der Stapelverarbeitung *Wechselkurse regulieren* zusammen mit den Informationen im Feld *Bez. A. Reg.-Wechselkursbetrag* verwendet werden soll. Der hier eingegebene Kurs sollte dem Kurs im Feld *Wechselkursbetrag* entsprechen.
Bez. a. Reg.-Wechselkursbetrag	Eingabe des Kurses, der für die Währung im Feld *Bezug auf Währungscode* verwendet werden soll. Dieses Feld und das Feld *Regulierung Wechselkursbetrag* werden bei der Ausführung der Stapelverarbeitung *Wechselkurse regulieren* verwendet.
Fester Wechselkursbetrag	Hier wird festgelegt, ob Währungswechselkurse oder der Bezug auf Währungswechselkurse auf Rechnungen, Buch.-Blattzeilen und Stapelverarbeitungen veränderbar sein sollen oder nicht.

Tabelle 8.24 Felder der Tabelle *Währungswechselkurse (Fortsetzung)*

HINWEIS In den Feldern *Wechselkursbetrag* und *Regulierung Wechselkursbetrag* können unterschiedliche Wechselkurse eingegeben werden. So kann das Feld *Wechselkursbetrag* täglich aktualisiert werden, während das Feld *Regulierung Wechselkursbetrag* nur am Monatsende aktualisiert wird.

ACHTUNG Werden Wechselkurse regelmäßig reguliert, ist es empfehlenswert, für Kursänderungen immer neue Wechselkurszeilen im Fenster *Währungswechselkurse* zu erstellen. Zudem wird empfohlen, keine Einträge im Fenster *Währungswechselkurse* zu löschen oder zu überschreiben. Dieses ermöglicht das Nachvollziehen von Wechselkursregulierungen für eine bestimmte Währung im Zeitablauf.

Zusätzlich zu den beschriebenen Einrichtungen sind auch in anderen Bereichen des Finanzmanagements Einstellungen vorzunehmen, um Geschäftsvorfälle in verschiedenen Währungen abbilden zu können:

- **Finanzbuchhaltung Einrichtung**   Hinterlegung der Mandantenwährung
- **Debitoren & Verkauf Einr.**   Felder *Rechnungsrundung* und *Währungsausgleich* (vergleiche hierzu Kapitel 7)
- **Kreditoren & Einkauf Einr.**   Felder *Rechnungsrundung* und *Währungsausgleich* (vergleiche hierzu Kapitel 5)
- **Debitoren**   Hinterlegung eines Währungscodes auf dem Inforegister *Außenhandel*
- **Kreditoren**   Hinterlegung eines Währungscodes auf dem Inforegister *Außenhandel*
- **Bankkonto**   Hinterlegung eines Währungscodes auf dem Inforegister *Buchen*

HINWEIS Da einzelne Transaktionen in Fremdwährung ausgeführt werden können, ist die Hinterlegung eines Währungscodes in den Debitoren-, Kreditoren- und Bankstammdaten nicht unbedingt notwendig.

Sind die Einrichtungsarbeiten für die Mehrwährungsfähigkeit abgeschlossen, entspricht die Erfassung und das Buchen von Verkaufs- und Einkaufsbelegen in Fremdwährung im Wesentlichen der Vorgehensweise beim Erstellen und Buchen von Belegen in Mandantenwährung (detaillierte Informationen hierzu enthalten die Kapitel 5 und 7). Zusätzlich dazu bietet die Anwendung die folgenden Möglichkeiten:

Arbeiten mit Währungen

- Aktualisierung des Währungscodes bei der Erfassung von Belegen
- Bearbeitung des Währungswechselkurses, falls die Einrichtung dieses zulässt
- Anzeigen von Beträgen in Mandantenwährung und in Fremdwährung in Statistikfenstern
- Betrachtung von gebuchten Beträgen in Mandantenwährung und in der entsprechenden Fremdwährung

Wechselkurse regulieren

Mit der Funktion *Wechselkurse regulieren* werden Beträge gebuchter Posten in Mandantenwährung reguliert. Die Funktion aktualisiert Sach-, Debitoren-, Kreditoren und Bankposten, wenn sich der Wechselkurs seit Buchung der Posten geändert hat. Voraussetzung für die Regulierung ist, dass der Regulierungswechselkursbetrag der gewählten Währung erfasst wird (vgl. hierzu den vorherigen Abschnitt).

Link: *Abteilungen/Finanzmanagement/Periodische Aktivitäten/Währung/Wechselkurse regulieren* (siehe Abbildung 8.69)

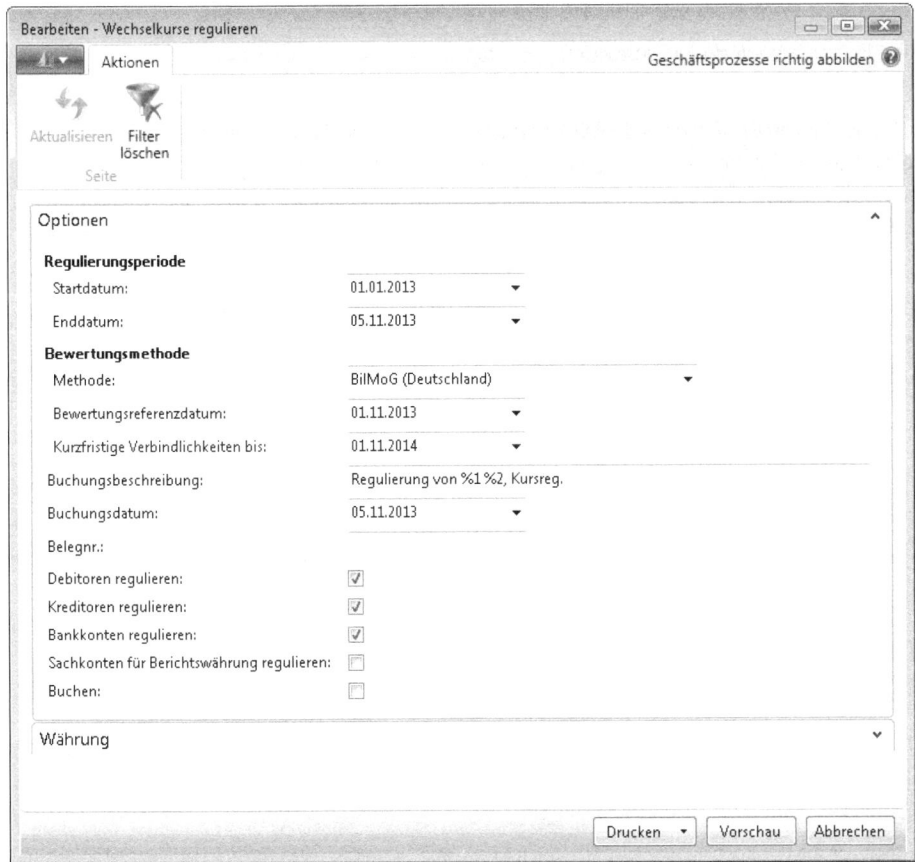

Abbildung 8.69 Die Funktion *Wechselkurse regulieren*

Das Inforegister *Optionen* ist entsprechend der Tabelle 8.25 zu füllen.

Feld	Beschreibung
Startdatum	Legt das Startdatum fest, das für die Auswahl und Regulierung von Geschäftsvorfällen verwendet werden soll. Dieses Feld sollte leer gelassen werden, damit alle Geschäftsvorfälle reguliert werden.
Enddatum	Legt das letzte Datum fest, das für die Auswahl und Regulierung von Geschäftsvorfällen verwendet werden soll. Dieses Datum entspricht in der Regel dem *Buchungsdatum*. Das *Enddatum* wird auch dazu verwendet, den Regulierungswechselkurs im Fenster *Währungswechselkurse* zu ermitteln.
Methode	Auswahl der Bewertungsmethode als Grundlage der Regulierung. Zwingend ist hier »BilMoG (Deutschland)« zu wählen.
Bewertungsreferenzdatum	Auswahl eines Bewertungsreferenzdatums. Dieses Datum ist zusammen mit dem Feld *Kurzfristige Verbindlichkeiten bis* zu verwenden und ist für die korrekte Bewertung zuständig. Korrekte Bewertung bedeutet in diesem Fall die korrekte Bewertung nach BilMoG. Kurzfristige Verbindlichkeiten und Forderungen mit einer Restlaufzeit bis zu einem Jahr werden mit dem tatsächlichen Wechselkurs bewertet, langfristige Forderungen und Verbindlichkeiten werden nach dem Niederstwertprinzip bewertet, wobei eine Wertaufholung bis zum Ausgangswert möglich ist.
Kurzfristige Verbindlichkeiten bis	Auswahl des Datums, bis zu dem in Abhängigkeit vom gewählten *Bewertungsreferenzdatum* Verbindlichkeiten als kurzfristig anzusehen sind
Buchungsbeschreibung	Hier kann ein Text eingegeben werden, der in den von der Stapelverarbeitung erzeugten Sachposten angezeigt werden soll. Standardmäßig wird der Text »Kursregulierung von %1 %2« verwendet, wobei »%1« für den Währungsbetrag und » %2« für den Währungscode steht, der reguliert wird.
Buchungsdatum	Eingabe des Datums, an dem die Regulierungsposten gebucht werden sollen
Belegnr.	Eingabe einer Belegnr. für die zu buchenden Regulierungen
Debitoren regulieren	Sollen Wechselkursschwankungen für Debitoren reguliert werden, ist dieses Kontrollkästchen zu aktivieren
Kreditoren regulieren	Sollen Wechselkursschwankungen für Kreditoren reguliert werden, ist dieses Kontrollkästchen zu aktivieren
Bankkonten regulieren	Sollen Wechselkursschwankungen für Bankkonten reguliert werden, ist dieses Kontrollkästchen zu aktivieren
Sachkonten für Berichtswährung regulieren	Dieses Kontrollkästchen ist zu aktivieren, wenn in einer Berichtswährung gebucht wird und Sachkonten bei Wechselkursschwankungen zwischen Mandantenwährung und Berichtswährung reguliert werden sollen. Dieses ist nur dann relevant, wenn eine variable Berichtswährung (d.h. eine Währung mit Wechselkursschwankungen) verwendet wird.
Buchen	Dieses Kontrollkästchen ist dann zu aktivieren, wenn tatsächlich gebucht werden soll. Ansonsten wird nur ein Testbericht angezeigt.

Tabelle 8.25 Felder des Inforegisters *Optionen* der Funktion *Wechselkurse regulieren*

Im Inforegister *Währung* können durch das Setzen von Filtern weitere Einschränkungen vorgenommen werden.

HINWEIS Wenn notwendig, kann die Funktion erneut ausgeführt werden, beispielsweise wenn nach einer Wechselkursregulierung festgestellt wird, dass der für die Regulierung verwendete Wechselkursbetrag falsch war. In diesem Fall sind die entsprechenden Felder (siehe oben) mit den korrekten Werten zu füllen. Die Anwendung bucht die erneute Regulierung auf Grundlage der bereits durchgeführten Regulierung.

Arbeiten mit Währungen

Wird die Funktion für Debitoren und Kreditoren ausgeführt,

- wird der Posten unter Verwendung des Wechselkurses, der zum Zeitpunkt des in der Stapelverarbeitung angegebenen Buchungsdatums gültig ist, reguliert
- werden die Beträge auf die Sachkonten gebucht, die im Fenster *Währungskarte* in den Feldern *Kursgewinn unrealisiert Kto.* und *Kursverlust unrealisiert Kto.* hinterlegt sind
- werden die Ausgleichsposten automatisch auf die Debitoren- und Kreditorensammelkonten in der Finanzbuchhaltung gebucht

Es werden alle offenen Debitoren- und Kreditorenposten verarbeitet. Ist eine Wechselkursdifferenz für einen Posten vorhanden, erstellt die Anwendung einen neuen detaillierten Debitoren- oder Kreditorenposten mit dem regulierten Betrag.

Beispiel für Fremdwährungsrechnungen

Die Arbeitsweise des Systems soll am Beispiel einer Einkaufsrechnung in US-Dollar erläutert werden. Die Lieferung der Ware und Buchung der Rechnung erfolgt zum 10.12.2014. Der Wechselkurs beträgt zu diesem Zeitpunkt 1 Euro = 1,2839 US-Dollar.

Der Einkauf erfolgt vom Kreditor »01863656«, eingekauft wird ein Artikel zu 185,78 US-Dollar.

Nach Buchung der Rechnung ist folgender Kreditorenposten entstanden (siehe Abbildung 8.70).

Abbildung 8.70 Kreditorenposten nach Buchung der Eingangsrechnung

Zum 30.12.2014 hat sich der Wechselkurs geändert, er beträgt nunmehr 1 Euro = 1,30 US-Dollar (siehe Abbildung 8.71).

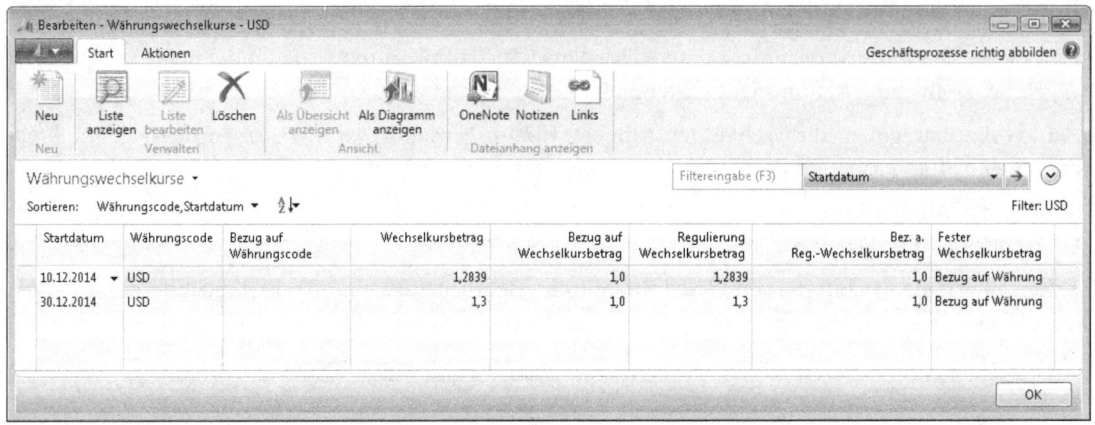

Abbildung 8.71 Das Fenster Währungswechselkurse für den US-Dollar

Zum Monats- und Geschäftsjahresende am 31.12.2014 wird die Funktion *Wechselkurse regulieren* ausgeführt (siehe Abbildung 8.72).

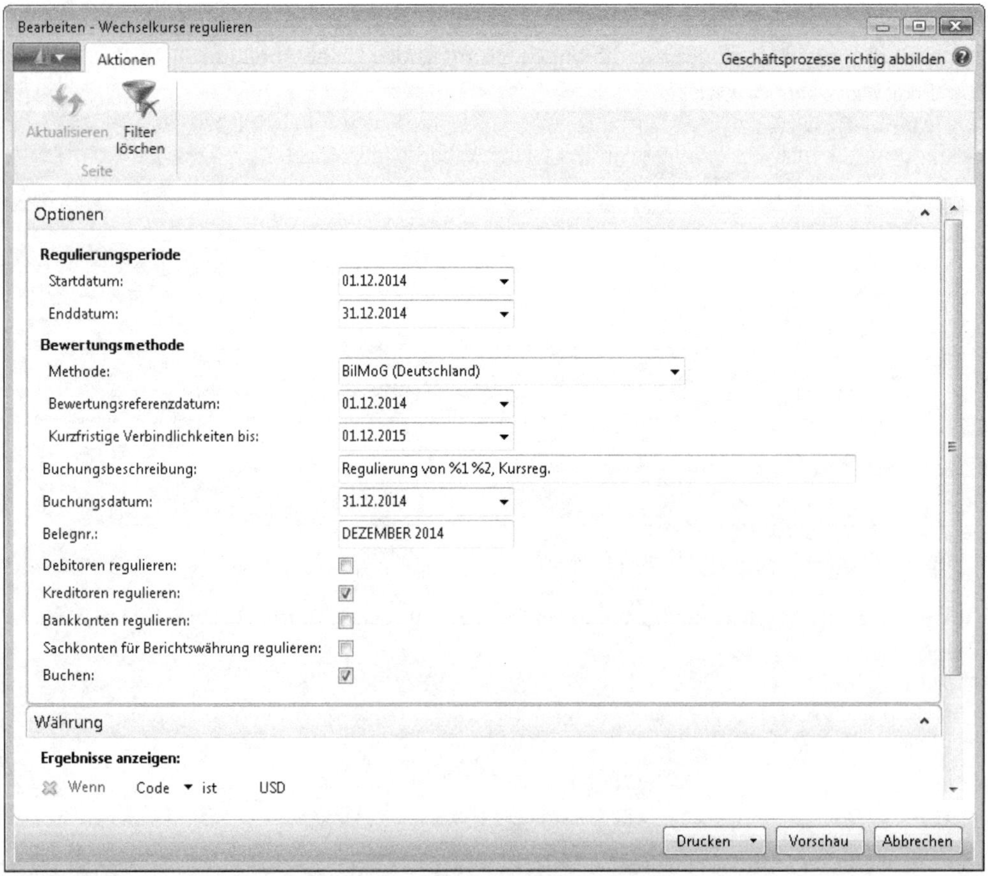

Abbildung 8.72 Die Funktion Wechselkurse regulieren vor Ausführung am 31.12.2014

Arbeiten mit Währungen

Das Ergebnis wird im Bericht *Wechselkurse regulieren* gezeigt (siehe Abbildung 8.73).

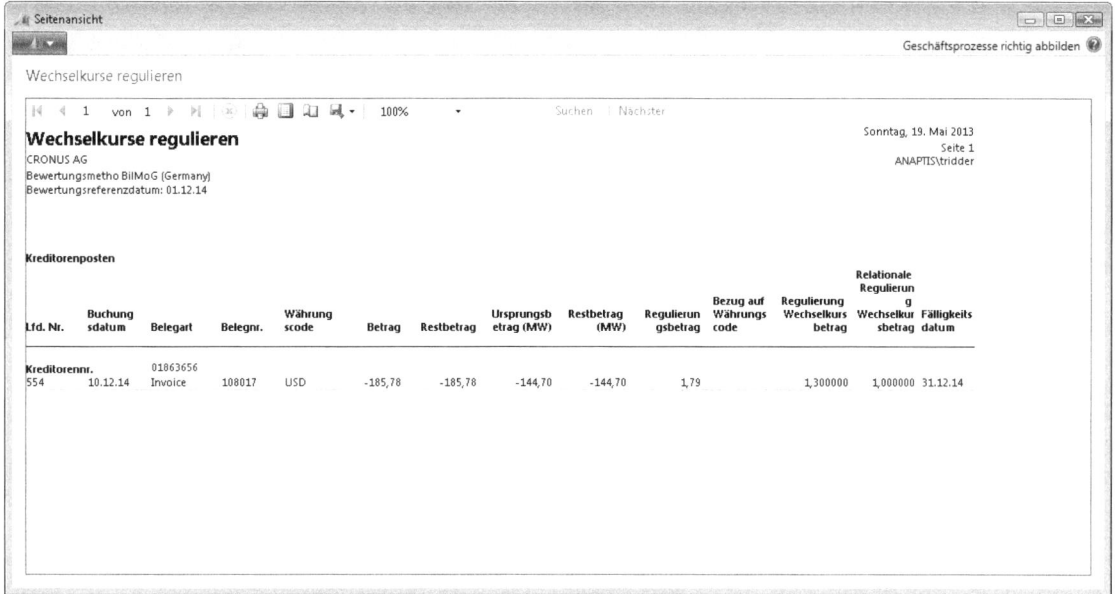

Abbildung 8.73 Der Bericht *Wechselkurse regulieren*

Die Posten des Kreditors haben sich wie folgt geändert (siehe Abbildung 8.74).

Abbildung 8.74 Kreditorenposten nach Regulierung

Der *Restbetrag (MW)* beträgt nach Regulierung nur noch 142,91 Euro, ursprünglich betrug dieser 144,70 Euro.

Folgende Buchungen haben in der Finanzbuchhaltung stattgefunden (siehe Abbildung 8.75).

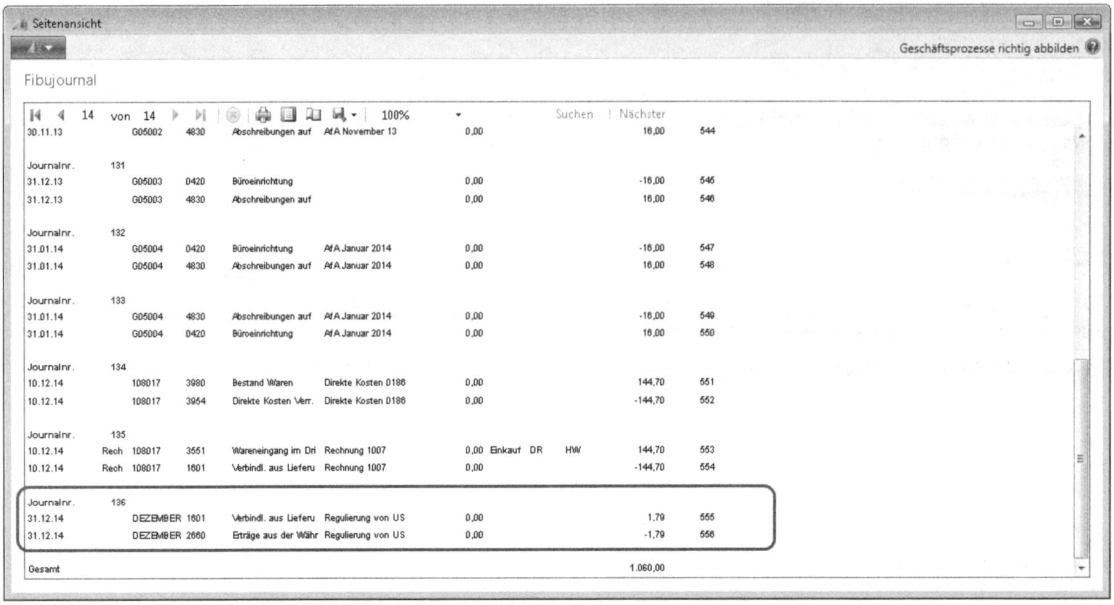

Abbildung 8.75 Fibujournal nach Regulierung

Es wurde ein Ertrag aus der Währungsumrechnung gebucht. Die Verbindlichkeiten aus Lieferungen und Leistungen wurden entsprechend vermindert.

Dieses entspricht den gesetzlichen Regelungen gem. § 256a HGB. Danach sind bei Fremdwährungsgeschäften mit einer Restlaufzeit von maximal einem Jahr Kursgewinne auf Basis des Stichtagskurses am Bilanzstichtag erfolgswirksam zu erfassen.

Arbeiten mit Fremdwährungen aus Compliance-Sicht

Potenzielle Risiken

- Vermögensverluste durch falsche Handhabung von Fremdwährungen (Effectiveness, Efficiency, Integrity, Compliance, Reliability)
- Falsche Bilanzansätze und GuV-Werte durch die falsche Handhabung von Fremdwährungen (Compliance, Integrity, Reliability)

Prüfungsziele

- Analyse einer den gesetzlichen und organisatorischen Regelungen entsprechenden Verwaltung der Fremdwährungen
- Sicherstellung der korrekten Erfassung und Buchung von Währungen und Wechselkursen

Prüfungshandlungen

Prüfung der Anlage von Währungen und Wechselkursen

Prüfung der organisatorischen Regelungen im Hinblick auf die Frage, wie und wann Währungen und Wechselkurse im System angelegt und gepflegt werden

Die Einrichtung und Verwaltung von Berechtigungen wird ausführlich in Kapitel 2 (aus technischer Sicht) und Kapitel 4 im Abschnitt »Benutzerzugriffsrechte« erläutert.

Prüfung der hinterlegten Wechselkurse auf Plausibilität

Für die eingerichteten Währungen sind die hinterlegten Wechselkurse und der Bezug, auf welchen Wechselkurs sich bezogen wird, auf Plausibilität zu prüfen. Zu vergleichen ist grundsätzlich ein zu einem ausgewählten Stichtag hinterlegter Wechselkurs mit dem offiziellen Wechselkurs. Zudem sind die übrigen Wechselkurse auf auffällige Schwankungen zu überprüfen. Auch ist zu prüfen, auf welchen Währungscode und auf welchen Wechselkursbetrag Bezug genommen wird, um die korrekte Berechnung sicherzustellen.

Feldzugriff: *Tabelle 330 Währungswechselkurs*, Felder *Wechselkursbetrag, Bezug auf Währungscode, Bezug auf Wechselkursbetrag*

Prüfung der für die Regulierung eingetragenen Wechselkurse

Die in den Feldern *Wechselkursbetrag* und *Regulierung Wechselkursbetrag* hinterlegten Beträge sollten zumindest zum Periodenende identisch sein. Diese Felder sind auf Differenzen hin zu überprüfen.

Feldzugriff: *Tabelle 330 Währungswechselkurs*, Felder *Wechselkursbetrag, Regulierung Wechselkursbetrag*

Prüfung der bisher gebuchten Kursregulierungen

Zur Überprüfung der bisher gebuchten Kursregulierungen kann das Kursregulierungsjournal genutzt werden.

Link: *Abteilungen/Finanzmanagement/Periodische Aktivitäten/Währung/Kursregulierungsjournal*

Prüfung von Debitoren- und Kreditorenposten in Fremdwährung

Zur Prüfung von Debitoren- und Kreditorenposten in Fremdwährung kann der Report *Fremdwährungssaldo* genutzt werden.

Link: *Abteilungen/Finanzmanagement/Finanzbuchhaltung/Berichte/Sonstiges/Fremdwährungssaldo*

In diesem Bericht werden die Salden aller Debitoren und Kreditoren in der ausgewählten Fremdwährung sowie in Mandantenwährung angezeigt. In Mandantenwährung werden zwei Salden angezeigt. Zum einen der Fremdwährungssaldo in Mandantenwährung mit dem Kurs zum Zeitpunkt der Transaktion sowie der Fremdwährungssaldo in Mandantenwährung mit dem Kurs zum aktuellen Arbeitsdatum (das Datum, an dem der Bericht aufgerufen wird).

Periodische Aktivitäten

Mit periodischen Aktivitäten sind die Aktivitäten gemeint, die zwar regelmäßig wiederkehrend stattfinden, jedoch nichts mit dem typischen Tagesgeschäft zu tun haben. Periodische Aktivitäten können beispielsweise sein:

- Erstellung von Monatsabschlüssen
- Abgabe der Umsatzsteuervoranmeldung und der zusammenfassenden Meldung
- Erstellung des Jahresabschlusses

- Konsolidierung mehrerer Mandanten
- Bereitstellung von Daten im Rahmen einer Betriebsprüfung
- Datenexport im Rahmen der E-Bilanz

Monatsabschlussarbeiten

Im Rahmen der Erstellung eines Monatsabschlusses sollten einige Verfahrensanalysen in den einzelnen Bereichen des Finanzmanagements stattfinden, die im Folgenden beschrieben sind. Hierbei handelt es sich um Anhaltspunkte und nicht um eine abschließende Aufzählung.

Die beschriebenen Verfahren sind gleichzeitig auch Bestandteil von Abstimmungsarbeiten im Rahmen eines Jahresabschlusses.

Verfahrensanalysen im Rahmen eines Monatsabschlusses

Die dargestellten Verfahrensanalysen in den einzelnen Bereichen des Finanzmanagements ermöglichen es, einen aussagekräftigen und ordnungsgemäßen Monatsabschluss erstellen zu können. Die Verfahren sollten in den Bereichen Finanzen, Debitoren, Kreditoren, Anlagen und Lager durchgeführt werden.

Bereich Finanzen:

- Überprüfung sämtlicher Buch.-Blätter: Wurden die in den Buch.-Blättern erfassten Buchungssätze gebucht?
- Aktualisierung und Buchung der wiederkehrenden Buch.-Blätter
- Abrechnung und Buchung der Mehrwertsteuer

Bereich Debitoren

- Überprüfung von Aufträgen, Reklamationen, Rechnungen und Gutschriften: Wurden sämtliche Geschäftsvorfälle der Periode gebucht?
- Überprüfung der Zahlungseingangs-Buch.-Blätter. Wurden alle Zahlungseingänge gebucht?
- Aktualisierung und Buchung der wiederkehrenden Buch.-Blätter, die sich auf diesen Bereich beziehen
- Abstimmung der Hauptbuchhaltung mit der Nebenbuchhaltung
- Ausführung der Stapelverarbeitung *Erledigte Aufträge löschen*, falls die Funktion der Sammelrechnung genutzt wird
- Prüfung der offenen Aufträge auf gelieferte, aber noch nicht berechnete Warenausgänge zwecks Abgrenzungsbuchungen in der Finanzbuchhaltung

Online Im Begleitmaterial zu diesem Buch befindet sich ein Report, der gelieferte, aber noch nicht fakturierte Verkaufspositionen anzeigt und der zur Prüfung genutzt werden kann (siehe in Anhang A den Abschnitt »Reports«).

Die Begleitdateien stehen als Download zur Verfügung. Sie können diese wahlweise entweder von der Seite *www.microsoftpress.de/support/9783866455696* oder von der Seite *msp.oreilly.de/support/2272/803* herunterladen.

Bereich Kreditoren

- Überprüfung von Bestellungen, Reklamationen, Rechnungen und Gutschriften: Wurden sämtliche Geschäftsvorfälle der Periode gebucht?
- Überprüfung der *Zahlungsausgangs-Buch.-Blätter*. Wurden alle Zahlungsausgänge gebucht?
- Aktualisierung und Buchung der wiederkehrenden Buch.-Blätter, die sich auf diesen Bereich beziehen
- Abstimmung der Hauptbuchhaltung mit der Nebenbuchhaltung
- Ausführung der Stapelverarbeitung *Erledigte Bestellungen löschen*, falls die Funktion der Sammelrechnung genutzt wird
- Prüfung der offenen Bestellungen auf gelieferte, aber noch nicht berechnete Wareneingänge zwecks Abgrenzungsbuchungen in der Finanzbuchhaltung

Bereich Anlagen

- Überprüfung der Sachkonten für das Anlagevermögen: Wurden die in der Periode getätigten Anschaffungen vollständig und korrekt in der Anlagenbuchhaltung aktiviert?
- Überprüfung, ob alle notwendigen Buchungen (Abschreibungen, Zuschreibungen, Abgänge usw.) durchgeführt wurden
- Abstimmung der Hauptbuchhaltung mit der Nebenbuchhaltung

Bereich Lager

Je nachdem, welche Einrichtungen im Bereich des Lagers vorgenommen wurden, kann es notwendig sein, folgende Punkte zu überprüfen und auszuführen:

- Ausführung der Stapelverarbeitung *Lagerreg. Fakt. Einst. Preise*
- Ausführung der Stapelverarbeitung *Lagerregulierung buchen*
- Abstimmung des Lagerbestands und des Lagerverbrauchs mit den Sachkonten in der Finanzbuchhaltung
- Buchung von Inventurdifferenzen nach Durchführung einer Inventur
- Überprüfung des Artikelbestands hinsichtlich Menge und Wert: Sind Neubewertungen vorzunehmen?

ACHTUNG Ist ein Monatsabschluss erstellt, können rein technisch gesehen noch immer Buchungen in der (aus buchhalterischer Sicht) geschlossenen Periode durchgeführt werden. Um dieses zu verhindern, muss der zugelassene Buchungszeitraum angepasst werden.

Die Monatsabschlussarbeiten aus Compliance-Sicht

Potenzielle Risiken

- Falsche Bilanzansätze und GuV-Werte durch nicht oder nicht korrekt durchgeführte Abschlussarbeiten (Compliance, Integrity, Reliability)
- Falsche Bilanzansätze und GuV-Werte durch eine nicht periodengerechte Zuordnung von Buchungen (Compliance, Integrity, Reliability)

Prüfungsziele

- Sicherstellung periodengerechter Ergebnisse und richtiger Bilanzansätze
- Prüfung der organisatorischen Regelungen in Bezug auf (Monats-)abschlussarbeiten

Prüfungshandlungen

Im Bereich der Prüfungshandlungen kann eine Vielzahl von Tätigkeiten ausgeführt werden, die auch teilweise schon in den einzelnen Abschnitten dieses Kapitels näher beschrieben wurden.

Als weitere Prüfungshandlungen können, je nach Konfigurierung der Anwendung, die folgenden Punkte aufgeführt werden:

- Die Ermittlung gelieferter, aber noch nicht berechneter Wareneingänge und Warenausgänge
- Prüfung, ob und in welchem Rhythmus die Funktion *Lagerreg. fakt. Einst. Preise* ausgeführt wird/wurde (siehe hierzu auch Kapitel 6)
- Prüfung, ob und in welchem Rhythmus die Funktion *Lagerregulierung buchen* ausgeführt wird (siehe hierzu auch Kapitel 6)
- Prüfung, ob und in welchem Rhythmus eine Inventur durchgeführt wird
- Abstimmung der Hauptbuchhaltung mit der Nebenbuchhaltung. Hierzu kann der Bericht *Deb.- & Kred.-Konten abstimmen* verwendet werden. Link: *Abteilungen/Finanzmanagement/Finanzbuchhaltung/Berichte/Sonstiges/Deb.- & Kred.-Konten abstimmen*. Der Bericht wird verwendet, um zu analysieren, ob der Saldo eines Sachkontos zu einem bestimmten Datum dem Saldo der entsprechenden Buchungsgruppe entspricht. Der Bericht zeigt die in der Abstimmung enthaltenen Sachkonten mit ihrem Saldo sowie die Debitoren- und Kreditorensalden für jedes Konto. Für jedes Konto wird eine Auflistung aller Teilsummen der Debitoren- und Kreditorenbuchhaltung angezeigt. Jede Differenz zwischen dem Sachkontosaldo und dem Debitoren- und Kreditorensaldo wird angezeigt.

Umsatzsteuer-Voranmeldungen und zusammenfassende Meldungen

In diesem Abschnitt wird beschrieben, welche Einrichtungen notwendig sind, um eine Umsatzsteuer-Voranmeldung erstellen und über ELSTER an die Finanzverwaltung übermitteln zu können. Zudem wird die Vorgehensweise bei der Erstellung zusammenfassender Meldungen beschrieben.

Einrichten von Umsatzsteuer-Voranmeldungen für ELSTER

Um korrekte Umsatzsteuer-Voranmeldungen an das ElsterOnline-Portal übermitteln zu können, sind folgende Einrichtungen vorzunehmen:

- Einrichtung von Firmendaten und Finanzamtsinformationen
- Einrichtung einer Nummernserie
- Benutzerauthentifizierung
- Einrichtung der MwSt.-Abrechnung.

Firmendaten und Finanzamtsinformationen

Firmendaten werden im Fenster *Firmendaten* eingerichtet.

Link: *Abteilungen/Verwaltung/Anwendung Einrichtung/Allgemein/Firmendaten*

Im Inforegister *Allgemein* ist im Feld *Steuerbevollmächtigter* der Mitarbeiter anzugeben, der für die steuerlichen Belange des Unternehmens zuständig ist (siehe Abbildung 8.76).

Im Inforegister *Steuerbehörde* sind mindestens die Felder *Finanzamtsnr.* und *Steuernummer* zu füllen (siehe Abbildung 8.77).

Periodische Aktivitäten

Abbildung 8.76 Das Fenster *Firmendaten*, Inforegister *Allgemein*

Abbildung 8.77 Das Fenster *Firmendaten*, Inforegister *Steuerbehörde*

Nummernserie

Die Einrichtung einer Nummernserie für Umsatzsteuer-Voranmeldungen erfolgt in der im Inforegister *Nummerierung* des Fensters *Finanzbuchhaltung Einrichtung* (siehe Abbildung 8.78).

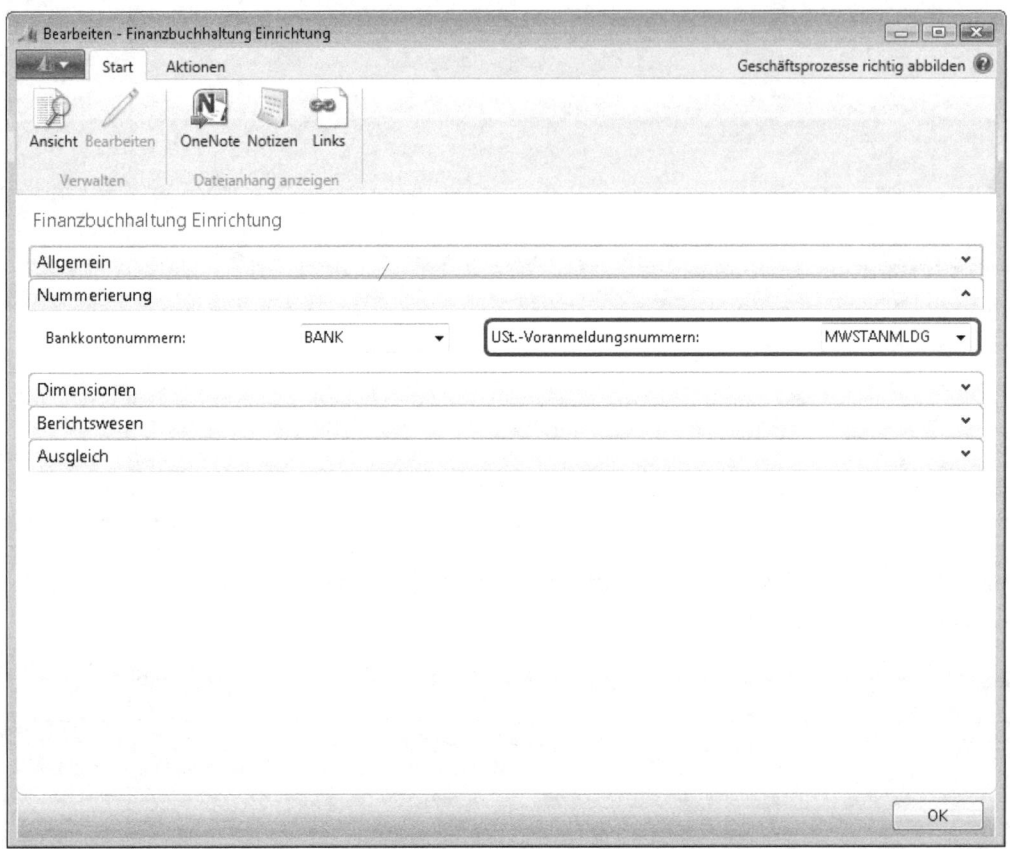

Abbildung 8.78 Fenster *Finanzbuchhaltung Einrichtung*, Inforegister *Nummerierung*

ELSTER-Benutzerauthentifizierung

Seit dem 01.01.2013 müssen Umsatzsteuer-Voranmeldungen zwingend authentifiziert an die Finanzverwaltung übermittelt werden. Dies ergibt sich aus der ab 01. Januar 2013 geltenden Fassung des § 6 Abs. 1 Steuerdaten-Übermittlungsverordnung in Verbindung mit § 15 Abs. 6 AO. Für die authentifizierte Übermittlung wird ein elektronisches Zertifikat benötigt. Dieses erhält man durch eine Registrierung im ElsterOnline-Portal.

Die Einrichtung der Benutzerauthentifizierung für ELSTER erfolgt im Fenster *Elektronische Umsatzsteuererklärung – Einrichtung*.

Periodische Aktivitäten

Link: *Abteilungen/Verwaltung/Anwendung Einrichtung/Finanzmanagement/Finanzen/Elektronische Umsatzsteuererklärung – Einrichtung* (siehe Abbildung 8.79)

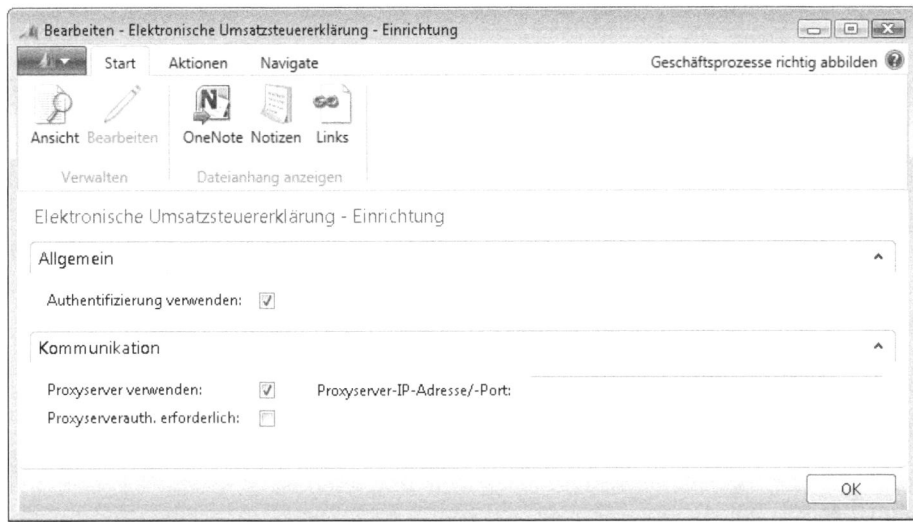

Abbildung 8.79 Das Fenster *Elektronische Umsatzsteuererklärung – Einrichtung*

Im Inforegister *Allgemein* ist das Feld *Authentifizierung verwenden* zu aktivieren.

Im Inforegister *Kommunikation* sind die Felder entsprechend der Tabelle 8.26 zu füllen.

Feld	Beschreibung
Proxyserver verwenden	Ist zu aktivieren, wenn ein Proxyserver (ein Server, der über seine eigene IP-Adresse als Vermittler für Anfragen von Usern eine Verbindung zu anderen Servern aufbaut) für die Kommunikation mit den Finanzbehörden verwendet wird
Proxyserverauth. erforderlich	Um einen dedizierten Proxyserver für die Authentifizierung zu verwenden, ist dieses Feld zu aktivieren. Wird ein Proxyserver und die dedizierte Authentifizierung verwendet, müssen vor der Übertragung das Benutzerkonto und das Kennwort angegeben werden. Dieses Feld ist nicht zu aktivieren, wenn im Unternehmen die Windows-Authentifizierung genutzt wird.
Proxyserver-IP-Adresse/-Port	Hinterlegung der IP-Adresse bzw. des IP-Ports des verwendeten Proxyservers

Tabelle 8.26 Felder des Inforegisters *Kommunikation* des Fensters *Elektronische Umsatzsteuererklärung – Einrichtung*

Als Nächstes sind die Benutzer anzugeben, die Daten an das ElsterOnline-Portal übermitteln dürfen. Die Angabe der Benutzer erfolgt auf der Registerkarte *Navigate* unter *Zertifikate*. Hier wird auch das über das ElsterOnline-Portal erstellte elektronische Zertifikat hinterlegt (siehe Abbildung 8.80).

ACHTUNG Das ElsterOnline-Portal bietet drei Zertifizierungsmethoden. Dynamics NAV 2013 unterstützt nur das Softwarezertifikat, das in der ElsterBasis-Zertifizierungsmethode enthalten ist. Die Elster-Spezial- und ElsterPlus-Methoden werden nicht unterstützt.

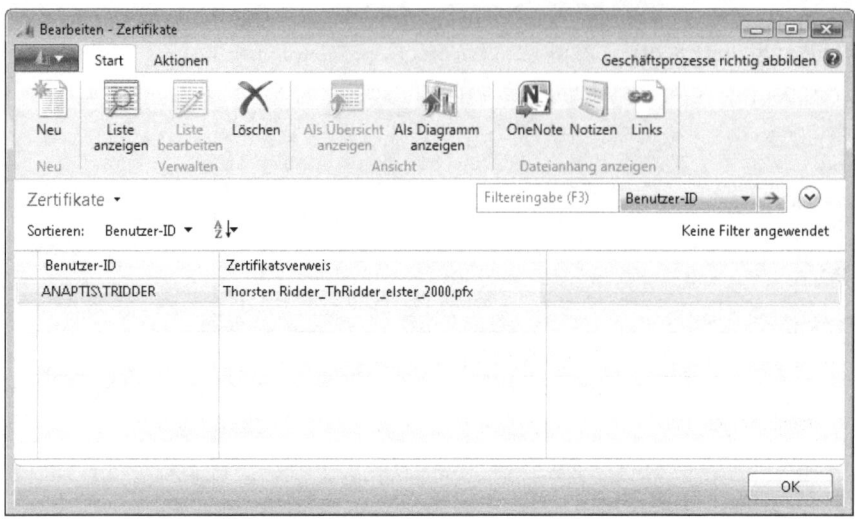

Abbildung 8.80 Das Fenster *Zertifikate*

Die MwSt.-Abrechnung (Theorie)

Die MwSt.-Abrechnung ist Grundlage für die Erstellung einer Umsatzsteuer-Voranmeldung. Sie dient dazu, umsatzsteuerliche Bemessungsgrundlagen und Steuerbeträge zu ermitteln.

Die Einrichtung erfolgt im Fenster *MwSt.-Abrechnung*.

Link: *Abteilungen/Finanzmanagement/Periodische Aktivitäten/MwSt./MwSt.-Abrechnung*

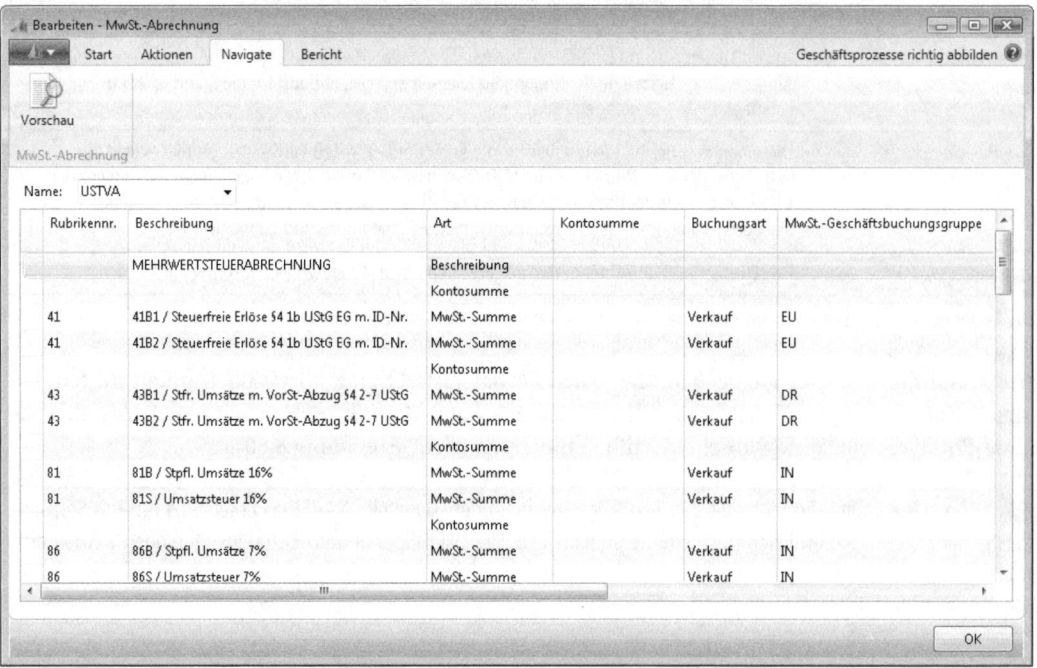

Abbildung 8.81 Ausschnitt des Fensters *MwSt.-Abrechnung*

Periodische Aktivitäten

Im Feld *Name* ist über den Lookup USTVA auszuwählen. Unter diesem Namen ist eine Vorlage für die Erstellung einer deutschen Umsatzsteuer-Voranmeldung eingerichtet (siehe Abbildung 8.81).

Die Vorlage entspricht vom Aufbau dem amtlichen Vordruck der Umsatzsteuer-Voranmeldung. Als *Rubrikennr.* werden die Kennziffern des amtlichen Vordrucks verwendet. Da die MwSt.-Abrechnung vom Anwender selbst zu pflegen ist, werden in Tabelle 8.27 die einzelnen Felder des Fensters ausführlich erläutert.

Feld	Beschreibung
Rubrikennr.	Eingabe einer eindeutigen Nummer für eine Zeile. Eine Eingabe ist notwendig, wenn Zeilen summiert werden sollen.
Beschreibung	Beschreibung der MwSt.-Abrechnungszeile
Art	Durch die Auswahl der Art wird festgelegt, zu welchem Zweck die Zeile genutzt wird. Die Auswahlmöglichkeiten sind: *<Kontosumme>* Zur Berechnung der Bemessungsgrundlage und der Steuerbeträge werden Sachposten verwendet. Ist diese Option gewählt, müssen im Feld *Kontosumme* die Sachkonten angegeben werden, auf die die Nettobeträge oder die Steuerbeträge gebucht worden sind. *<MwSt.-Summe>* Zur Berechnung der Bemessungsgrundlage oder der Steuerbeträge werden MwSt.-Posten verwendet. Ist diese Option gewählt, müssen auch die Felder *Buchungsart*, *MwSt.-Geschäftsbuchungsgruppe*, *MwSt.-Produktbuchungsgruppe* und *Betragsart* gefüllt werden, um die Beträge ermitteln zu können. *<Rubrikensumme>* Diese Option wird verwendet, um einzelne Zeilen der MwSt.-Abrechnung zu summieren. Ist diese Option gewählt, müssen im Feld *Rubrikensumme* die Rubrikennummern eingeben werden, die summiert werden sollen. *<Beschreibung >* Soll die Zeile nur Text oder Symbole enthalten, ist diese Option zu wählen.
Kontosumme	Auswahl der Sachkonten, wenn im Feld *Art* die Option *<Kontosumme>* gewählt wurde
Buchungsart	Eine Eingabe ist nur erforderlich, wenn im Feld *Art* die Option *<MwSt.-Summe>* gewählt wurde. *<Einkauf>* ist zu wählen, wenn in der Zeile Vorsteuerbeträge angezeigt werden sollen. *<Verkauf>* ist zu wählen, wenn in der Zeile Umsatzsteuerbeträge angezeigt werden sollen. In Verbindung mit den Feldern *MwSt.-Geschäftsbuchungsgruppe* und *MwSt.-Produktbuchungsgruppe* wird bestimmt, welche Beträge angezeigt werden.
MwSt.-Geschäftsbuchungsgruppe	Dieses Feld ist nur auszufüllen, wenn im Feld *Art* die Option *<MwSt.-Summe>* gewählt wurde. In Verbindung mit den Feldern *Buchungsart* und *MwSt.-Produktbuchungsgruppe* wird bestimmt, welche Beträge angezeigt werden.
MwSt.-Produktbuchungsgruppe	Dieses Feld ist nur auszufüllen, wenn im Feld *Art* die Option *<MwSt.-Summe>* gewählt wurde. In Verbindung mit den Feldern *Buchungsart* und *MwSt.-Geschäftsbuchungsgruppe* wird bestimmt, welche Beträge angezeigt werden.

Tabelle 8.27 Felder der Tabelle *MwSt.-Abrechnung*

Feld	Beschreibung
Betragsart	Eine Eingabe ist nur erforderlich, wenn im Feld *Art* die Option *<MwSt.-Summe>* ausgewählt wurde. Die *Betragsart* legt fest, ob die umsatzsteuerliche Bemessungsgrundlage oder die Steuerbeträge angezeigt werden. Folgende Auswahlmöglichkeiten stehen zur Verfügung: *<Leer>* Es wird kein Betrag angezeigt. *<Betrag>* Es erfolgt die Anzeige der Steuerbeträge. *<Bemessungsgr.>* Es erfolgt die Anzeige der umsatzsteuerlichen Bemessungsgrundlage. Die Auswahlmöglichkeiten *<Unrealisierte MwSt.-Betrag>* und *<Unrealisierte Bemessungsgrundlage>*, haben keine Relevanz.
Rubrikensumme	Wurde im Feld *Art* die Option *<Rubrikensumme>* ausgewählt, sind hier die Rubrikennummern anzugeben, die summiert werden sollen
Berechnen mit	Festlegung, ob die MwSt.-Posten mit dem gebuchten oder mit dem umgekehrtem Vorzeichen der Ursprungsbuchung berechnet werden sollen
Drucken	Soll die Zeile in einem Bericht angezeigt und gedruckt werden, ist dieses Feld zu aktivieren
Drucken mit	Festlegung, ob die Beträge beim Druck mit ihrem ursprünglich gebuchten oder mit umgekehrtem Vorzeichen gedruckt werden sollen
Neue Seite	Soll beim Druck der MwSt.-Abrechnung nach der Zeile eine neue Seite angedruckt werden, ist dieses Feld zu aktivieren

Tabelle 8.27 Felder der Tabelle *MwSt.-Abrechnung (Fortsetzung)*

ACHTUNG Welche MwSt.-Abrechnung elektronisch an die Finanzverwaltung übermittelt wird, ist abhängig von der Aktivierung des Felds *USt.-Voranmeldung* im Fenster *MwSt.-Abrechnungsnamen* (siehe Abbildung 8.82).

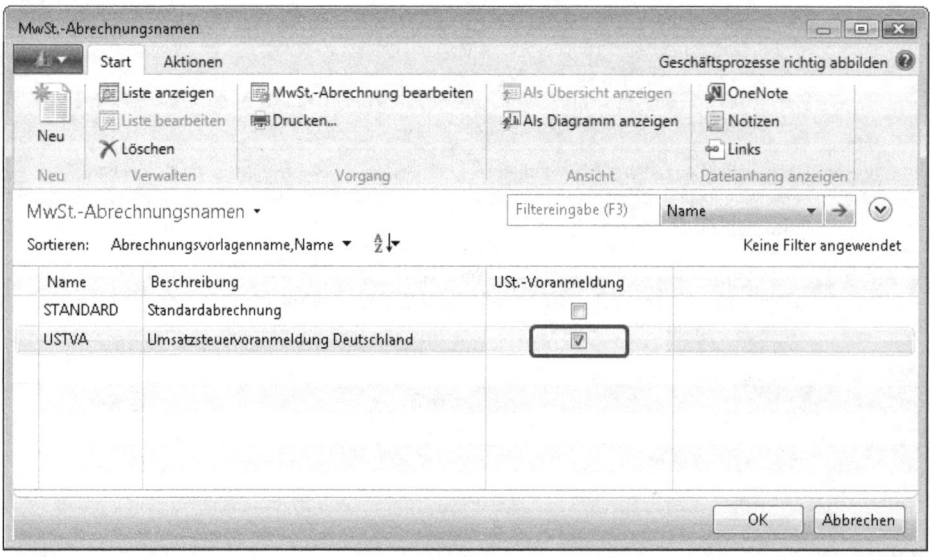

Abbildung 8.82 Das Fenster *MwSt.-Abrechnungsnamen*

Periodische Aktivitäten

Die MwSt.-Abrechnung (Praxis)

Die Einrichtung der MwSt.-Abrechnung wird nun anhand eines Beispiels beschrieben. Dabei sind folgende Vorüberlegungen zu berücksichtigen:

- Für jede gebuchte Transaktion mit Mehrwertsteuer entstehen sowohl Sachposten als auch Mehrwertsteuerposten. Wie im Abschnitt »Buchungsmatrix Einrichtung« beschrieben, kann aufgrund der Buchungslogik des Systems von der Bezeichnung des Sachkontos nicht auf die Mehrwertsteuer geschlossen werden (theoretisch könnten auf dem Sachkonto »8400 Umsatzerlöse 19 %« auch Umsätze mit 7 % Umsatzsteuer gebucht worden sein). Aus diesem Grund sollten immer die Mehrwertsteuerposten Grundlage für die Ermittlung der Beträge sein.

- Grundsätzlich kann die vorhandene Vorlage für die Erstellung einer Umsatzsteuer-Voranmeldung verwendet werden. Allerdings macht das nur Sinn, wenn die eingerichteten MwSt.-Geschäftsbuchungsgruppen und MwSt.-Produktbuchungsgruppen mit denen aus der Vorlage übereinstimmen. Bevor die Zeilen mit viel Aufwand geändert werden, sollte besser ein neuer Name (beispielsweise »UStVA-2013«) angelegt und für die Einrichtung genutzt werden.

Grundlage für das Beispiel ist das Umsatzsteuer-Voranmeldungsformular für das Kalenderjahr 2013.

Exemplarisch soll die Einrichtung für innergemeinschaftliche Lieferungen an Abnehmer mit einer Umsatzsteuer-Identifikationsnummer dargestellt werden (siehe Abbildung 8.83).

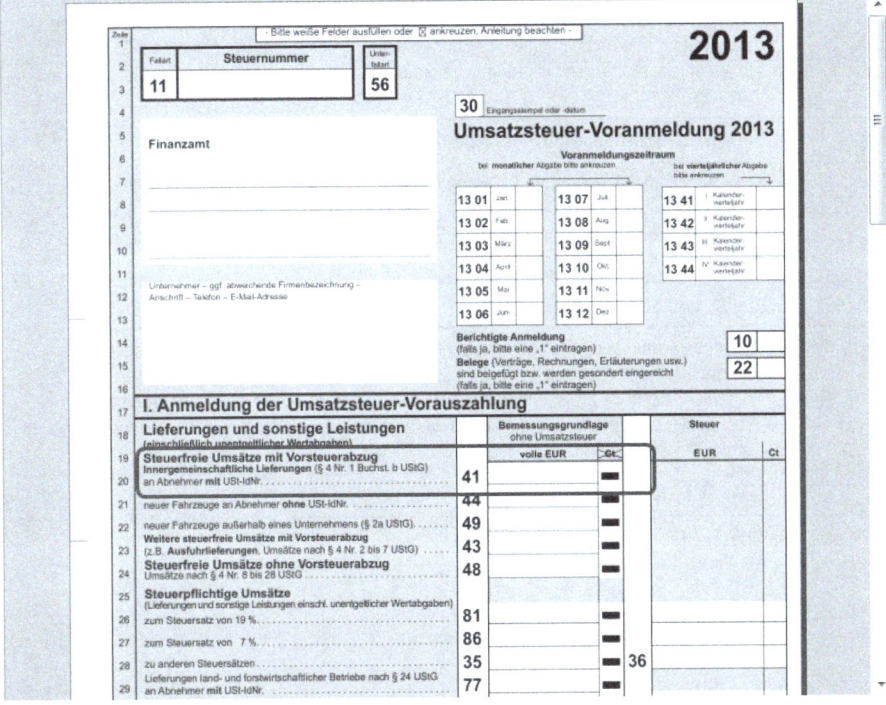

Abbildung 8.83 Ausschnitt des Umsatzsteuer-Voranmeldungsformulars 2013

Für die zu erstellende *MwSt.-Abrechnungszeile* sind folgende Überlegungen und Eintragungen vorzunehmen (siehe Tabelle 8.28).

Feld	Beschreibung
Rubrikennr.	Innergemeinschaftliche Lieferungen an Abnehmer mit Umsatzsteuer-Identifikationsnummer werden im Voranmeldungsformular in Zeile 20 bzw. Kennziffer 41 eingetragen. Ob die Zeilennummer oder die Kennziffer als Rubrikennr. verwendet wird ist egal, im Beispiel wird die Kennziffer verwendet.
Beschreibung	Der Text aus dem Formular wird übernommen. Da nur 50 Zeichen zur Verfügung stehen, muss eventuell abgekürzt werden.
Art	Es ist die Option <*MwSt.-Summe*> zu wählen
Kontosumme	Eintragungen sind nicht vorzunehmen
Buchungsart	Die Auswahlmöglichkeit sind <*Einkauf*> und <*Verkauf*>. Da die innergemeinschaftliche Lieferung einen Verkauf repräsentiert, ist <*Verkauf*> zu wählen.
MwSt.-Geschäftsbuchungsgruppe MwSt.-Produktbuchungsgruppe	Zunächst ist zu analysieren, durch welche Kombination aus MwSt.-Geschäftsbuchungsgruppe und MwSt.-Produktbuchungsgruppe innergemeinschaftliche Lieferungen abgebildet werden. Grundlage der Analyse ist die *MwSt.-Buchungsmatrix Einr.*, in der die Kombinationen eingerichtet sind (siehe hierzu den Abschnitt »MwSt.-Buchungsmatrix Einrichtung«). Danach ist die einzutragende MwSt.-Geschäftsbuchungsgruppe »EU« und die einzutragende MwSt.-Produktbuchungsgruppe »19-LI«.
Betragsart	Die infrage kommenden Auswahlmöglichkeiten sind <*Betrag*> und <*Bemessungsgr.*>. In der Umsatzsteuer-Voranmeldung ist die Eintragung der Bemessungsgrundlage für die innergemeinschaftlichen Lieferungen gefordert, die Auswahl hier ist entsprechend <*Bemessungsgr.*>.
Rubrikensumme	In diesem Feld ist kein Eintrag vorzunehmen
Berechnen mit	Die Auswahlmöglichkeiten sind <*Vorzeichen*> und <*Umgekehrtes Vorzeichen*>. Bei allen Buchungsvorgängen werden Aufwendungen ohne Vorzeichen und Erträge mit Vorzeichen (»-«) gebucht. Berechnungen sollen mit dem Vorzeichen der Buchung stattfinden, entsprechend ist <*Vorzeichen*> auszuwählen.
Drucken	Dieses Feld ist zu aktivieren
Drucken mit	Sollen Berechnungen mit dem Vorzeichen der Buchung vorgenommen werden, sollte der Ausdruck mit umgekehrten Vorzeichen stattfinden. Umsätze aus innergemeinschaftlichen Lieferungen sind als Ertrag mit Vorzeichen, also mit »-« gebucht worden. Im Umsatzsteuer-Voranmeldungsformular allerdings sind die Umsätze ohne Vorzeichen darzustellen. Aus diesem Grund ist <*Umgekehrtes Vorzeichen*> auszuwählen.
Neue Seite	Eine Aktivierung ist nicht vorzunehmen

Tabelle 8.28 Felder der Tabelle *MwSt.-Abrechnung*, Einrichtung praktisches Beispiel

Die erste eingerichtete Zeile der neu angelegten MwSt.-Abrechnung sieht entsprechend der Abbildung 8.84 aus.

Abbildung 8.84 Ausschnitt des Fensters *MwSt.-Abrechnung* der neu angelegten MwSt.-Abrechnung *USTVA-2013*

Für die weitere Einrichtung sind folgende Punkte zu berücksichtigen:

- Da ein neuer Name angelegt wurde, der Grundlage für die Übermittlung der Daten an die Finanzverwaltung sein soll, ist im Fenster *MwSt.-Abrechnungsnamen* das Feld *USt.-Voranmeldung* zu aktivieren
- Je nach Einrichtung der *MwSt.-Buchungsmatrix Einr.* könnten für eine Voranmeldungszeile des Umsatzsteuer-Voranmeldungsformulars möglicherweise mehrere Zeilen in der MwSt.-Abrechnung notwendig sein. In diesem Fall sollten die Rubrikennummern entsprechend untergliedert werden. Bezogen auf das Beispiel könnte die erste Rubrikennr. 41A, die zweite 41B lauten.
- Sind mehrere Zeilen notwendig, ist auf jeden Fall eine Summenzeile anzulegen, die die Ergebnisse der einzelnen Zeilen zusammenfasst
- In der MwSt.-Abrechnung sollten nur die Rubriken aus dem Umsatzsteuer-Voranmeldungsformular berücksichtigt werden, für die auch tatsächlich Geschäftsvorfälle gebucht werden
- Sind alle Zeilen erfasst, sollte zum Schluss eine Verprobung eingerichtet werden. In der Verprobung sind alle Sachkonten aus der Finanzbuchhaltung aufzuführen, auf die Umsatzsteuer gebucht wird. So erhält man auf eine sehr einfache Art und Weise einen schnellen Abgleich zwischen den MwSt.-Posten und den Sachposten (siehe Abbildung 8.85).

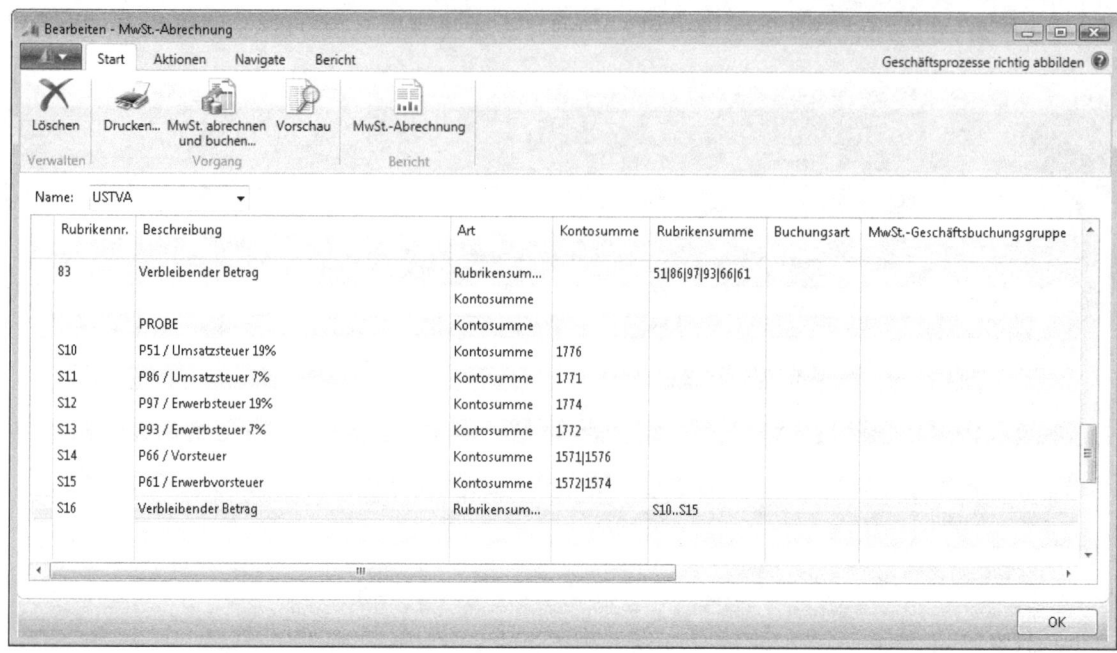

Abbildung 8.85 Verprobung aus der MwSt.-Abrechnung USTVA

ACHTUNG Der Aufbau der Umsatzsteuer-Voranmeldungsformulare kann sich jedes Jahr ändern. Daher sollte für jedes Kalenderjahr eine neue MwSt.-Abrechnung angelegt werden. Zu beachten ist dann, dass das Feld *USt.-Voranmeldung* im Fenster *MwSt.-Abrechnungsnamen* entsprechend aktiviert wird.

Mehrwertsteuer abrechnen und buchen

Bevor die Umsatzsteuer-Voranmeldung an das Finanzamt übermittelt wird, sollte die entsprechende Buchhaltungsperiode endgültig für die Buchung von Geschäftsvorfällen geschlossen werden (siehe hierzu den Abschnitt »Finanzbuchhaltung Einrichtung«). Zu überlegen ist, ob vorab die gebuchten Mehrwertsteuerbeträge in der Finanzbuchhaltung auf das Verrechnungskonto für die Umsatzsteuer gebucht werden sollen. Vorteil der Umbuchung ist, dass die Zahllast oder der Erstattungsbetrag der Periode summiert auf einem Sachkonto zu sehen ist. Bei Abbuchung bzw. Zahlungseingang durch das Finanzamt kann somit eine schnelle Kontrolle stattfinden, ob der korrekte Betrag abgebucht oder erstattet wurde.

Für die Umbuchung steht im System die Funktion *MwSt. abrechnen und buchen* zur Verfügung.

Link: *Abteilungen/Finanzmanagement/Periodische Aktivitäten/MwSt./MwSt. abrechnen und buchen* (siehe Abbildung 8.86)

Periodische Aktivitäten

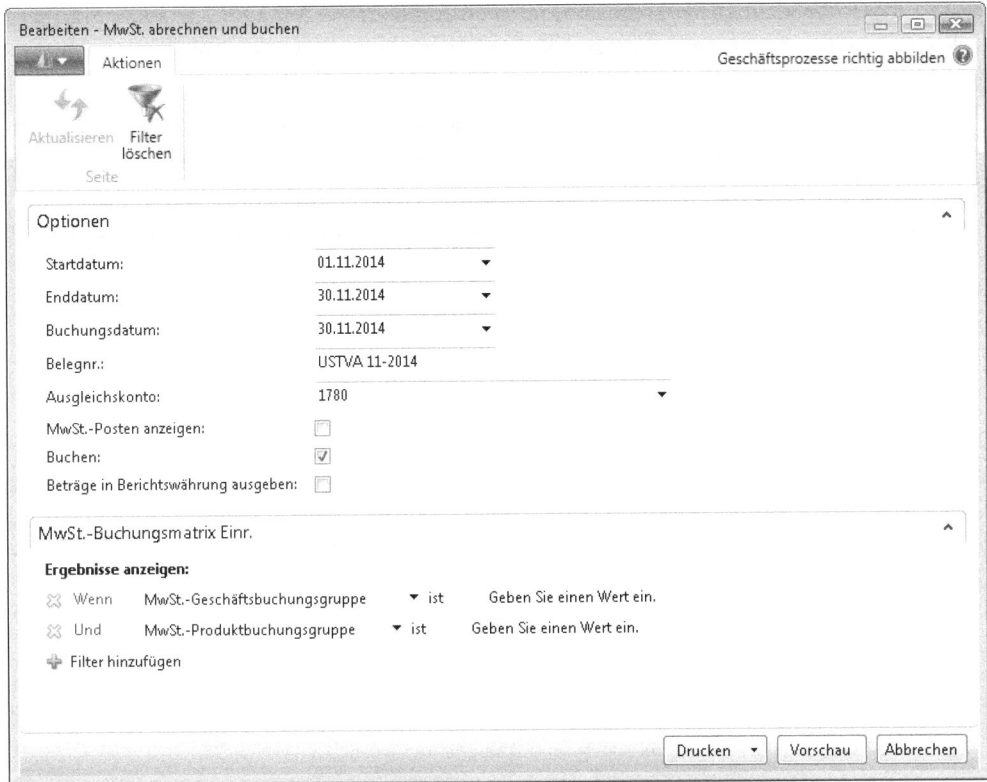

Abbildung 8.86 Funktion *MwSt. abrechnen und buchen*

Wie die Felder des Inforegisters *Optionen* auszufüllen sind, zeigt die Tabelle 8.29.

Feld	Beschreibung
Startdatum	Eingabe des Startdatums der Periode, für die die Beträge umgebucht werden sollen
Enddatum	Eingabe des Enddatums der Periode, für die die Beträge umgebucht werden sollen
Buchungsdatum	Buchungsdatum, mit dem die Beträge umgebucht werden sollen
Belegnr.	Eingabe einer aussagekräftigen Belegnummer
Ausgleichskonto	Eingabe des Sachkontos, auf das die Beträge gebucht werden sollen
MwSt.-Posten anzeigen	Sollen die MwSt.-Posten, die umgebucht und geschlossen werden, angezeigt werden, ist dieses Feld zu aktivieren
Buchen	Sollen die Posten bei Aufruf der Stapelverarbeitung direkt gebucht werden, ist dieses Feld zu aktivieren. Wird das Feld nicht aktiviert, werden die Posten nur angezeigt.

Tabelle 8.29 Felder des Inforegisters *Optionen* der Funktion *MwSt. abrechnen und buchen*

Im Inforegister *MwSt.-Buchungsmatrix Einr.* können weitere Filter gesetzt werden, wenn die Buchungen nur für bestimmte Kombinationen aus den MwSt.-Geschäftsbuchungsgruppen und MwSt.-Produktbuchungsgruppen ausgeführt werden sollen.

Wird die Funktion ausgeführt, werden die Sachposten der ausgewählten Periode auf das angegebene Ausgleichskonto umgebucht. Entlastet werden die Sachkonten, auf die Vorsteuer- und Umsatzsteuerbeträge gebucht wurden. Es handelt sich um die Konten, die in der MwSt.-Buchungsmatrix Einr. für die Kombinationen aus MwSt.-Geschäftsbuchungsgruppe und MwSt.-Produktbuchungsgruppe hinterlegt sind. Zudem wird das Feld *Abgeschlossen* in der Tabelle *MwSt.-Posten* für die gewählten Kombinationen aus MwSt.-Geschäftsbuchungsgruppe und MwSt.-Produktbuchungsgruppe mit einem Häkchen versehen.

Erstellen und Senden von Umsatzsteuer-Voranmeldungen

Die Erstellung und Übermittlung der für eine Periode berechneten Steuerbeträge erfolgt mithilfe der USt.-Voranmeldungskarte.

Link: *Abteilungen/Finanzmanagement/Periodische Aktivitäten/MwSt./**Umsatzsteuervoranmeldung**/Start/Neu* (siehe Abbildung 8.87)

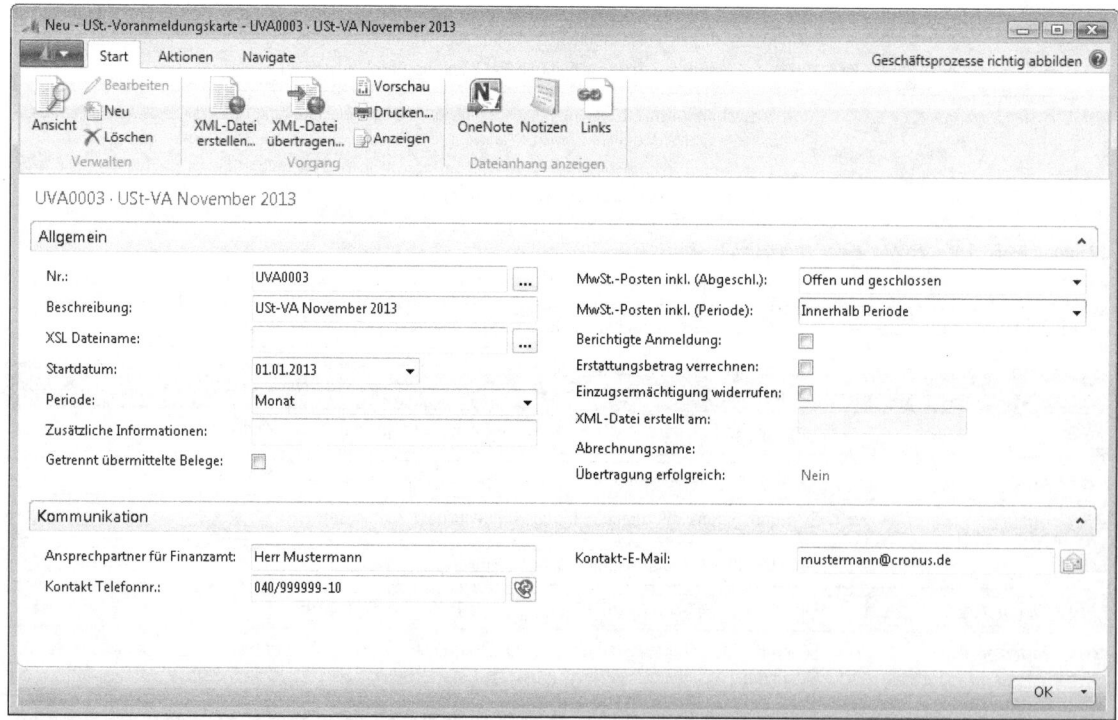

Abbildung 8.87 Die USt-Voranmeldungskarte

Auf dem Inforegister *Allgemein* sind die in Tabelle 8.30 aufgeführten Informationen zu hinterlegen.

Feld	Beschreibung
Beschreibung	Eingabe einer Beschreibung für die aktuell zu übermittelnde Umsatzsteuervoranmeldung
XSL Dateiname	Eingabe des Pfads der Formatvorlage, die vom Finanzamt bereitgestellt wird und im Vorfeld gespeichert werden muss. Die Formatvorlage wird vom Systempartner bereitgestellt. Zu beachten ist, dass sich die Formatvorlage jedes Jahr ändern kann, sodass sichergestellt werden muss, das die korrekte Formatvorlage verwendet wird.
Startdatum	Eingabe des Startdatums für die Voranmeldungsperiode
Periode	Angabe, ob es sich um eine monatliche oder vierteljährliche Umsatzsteuervoranmeldung handelt
Zusätzliche Informationen	Eingabemöglichkeit von zusätzlichem Text, der an die Finanzbehörden übermittelt werden soll. Der Text kann bis zu 250 Zeichen lang sein.
Getrennt übermittelte Belege	Ist zu aktivieren, wenn zusätzlich zur Voranmeldung Belege eingereicht werden (z. B. Rechnungskopien bei einem hohen Guthaben)
MwSt.-Posten inkl. (Abgeschl.)	Auswahlmöglichkeit, welche Posten in der Voranmeldung berücksichtigt werden sollen. Auswahlmöglichkeiten sind: *<Offen>*, wenn die Funktion *MwSt. abrechnen und buchen* noch nicht ausgeführt wurde. *<Geschlossen>*, wenn die Funktion *MwSt. abrechnen und buchen* bereits ausgeführt wurde. *<Offen und Geschlossen>*, wenn die Funktion *MwSt. abrechnen und buchen* schon ausgeführt wurde, mögliche Nachbuchungen aber auch in der Voranmeldung berücksichtigt werden sollen. Aus Compliance-Sicht ist zwingend *<Offen und Geschlossen>* zu wählen.
MwSt.-Posten inkl. (Periode)	Auswahlmöglichkeit, welche Posten einer Periode bei der Erstellung berücksichtigt werden sollen. Es stehen zwei Möglichkeiten zur Auswahl: *<Vor und innerhalb Periode>* ist zu wählen, wenn abhängig vom Startdatum auch Posten der Vorperioden mit einbezogen werden sollen. *<Innerhalb Periode>*, wenn nur Posten innerhalb der gewählten Periode mit einbezogen werden sollen. Aus Compliance-Sicht ist zwingend *<Innerhalb Periode>* zu wählen.
Berichtigte Anmeldung	Handelt es sich um eine berichtigte Voranmeldung, ist dieses Feld zu aktivieren
Erstattungsbetrag verrechnen	Soll ein Erstattungsbetrag mit anderen Steuerlasten verrechnet werden, ist dieses Feld zu aktivieren
Einzugsermächtigung widerrufen	Soll die dem Finanzamt erteilte Einzugsermächtigung widerrufen werden, ist dieses Feld zu aktivieren
XML-Datei erstellt am	Wird automatisch gefüllt, wenn die Datei erstellt wurde
Abrechnungsname	Eingabe des Abrechnungsnamens
Übertragung erfolgreich	Wird automatisch gefüllt, wenn die Übertragung erfolgreich ist

Tabelle 8.30 Felder des Inforegisters *Allgemein* der USt.-Voranmeldungskarte

Im Inforegister *Kommunikation* sind weitere Informationen zu hinterlegen. Da diese aber selbsterklärend sind, erfolgt keine weitere Erläuterung.

Die Erstellung der XML-Datei erfolgt über die Registerkarte *Start* in der Gruppe *Vorgang* unter *XML-Datei erstellen*. Die Funktion *XML-Datei für USt.-VA erst.* (siehe Abbildung 8.88) berechnet die Steuerbeträge und Bemessungsgrundlagen und erstellt das Umsatzsteuervoranmeldungs-XML-Dokument, das an die Finanzverwaltung übermittelt wird.

Abbildung 8.88 Die Funktion *XML-Datei für USt.-VA erst.*

Im Inforegister *Optionen* wird im Feld *XML-Datei* festgelegt, ob die Datei nur erstellt, erstellt und angezeigt oder erstellt und übertragen werden soll.

Ist die Option *Erstellen* oder *Erstellen und Anzeigen* gewählt worden, muss die XML-Datei noch an ELSTER übertragen werden. Die Übertragung kann aus der USt.-Voranmeldungskarte heraus geschehen, und zwar auf der Registerkarte *Start* in der Gruppe *Vorgang* unter *XML-Datei übertragen*.

HINWEIS   Werden Benachrichtigungen an das Finanzamt übertragen, wird ein Eintrag in der *Übertragungsprotokollposten*-Tabelle erstellt. War die Übertragung nicht erfolgreich, muss das XML-Dokument zuerst gelöscht werden, danach muss das Benachrichtigungsdokument geändert, ein neues XML-Dokument erstellt und anschließend erneut gesendet werden.

Zusammenfassende Meldungen (ZM)

Die zusammenfassende Meldung kann auf unterschiedliche Weise erstellt und an die Finanzverwaltung übermittelt werden. Welche grundsätzliche Möglichkeiten bestehen und welche Schritte dafür im Vorfeld notwendig sind, erläutert eine Übersicht vom Bundeszentralamt für Steuern[7]. Dynamics NAV 2013 unterstützt ab 2013 nur noch das ELMA5-Verfahren, mit dem mehr als 1.000 Meldezeilen an die Finanzverwaltung übertragen werden können. Die Erstellung einer XML-Datei ist grundsätzlich nur noch bis August 2013 möglich, danach wird der Formularserver abgeschaltet[8]. Welche Einrichtungen im Hinblick auf das ELMA5-Verfahren vorzunehmen sind und wie die Erstellung der zusammenfassenden Meldung erfolgt, wird im Folgenden beschrieben.

WICHTIG   Um Daten im ELMA5-Verfahren übermitteln zu können, sind folgende Voraussetzungen notwendig:

- Beantragung eines ElsterOnline-Zertifikats (siehe hierzu auch den Abschnitt »Umsatzsteuer-Voranmeldungen und zusammenfassende Meldungen«)
- Registrierung am BZStOnline-Portal

---

[7] Vgl. hierzu Bundeszentralamt für Steuern, Elektronische Abgabe der Zusammenfassenden Meldung (http://www.bzst.de/DE/Steuern_International/USt_Kontrollverfahren_ZM_eCommerce/Zusammenfassende_Meldungen/Merkblaetter/Elektronische_Abgabe_ZM.html?nn=39290#download=1).

[8] Bisher wurde von NAV die Erstellung einer XML-Datei unterstützt. Mit Update aus Mai 2013 ist jetzt die Erstellung einer EGP- bzw. EGT-Datei (ELMA5 Verfahren) möglich.

Periodische Aktivitäten

Einrichtung

Die Einrichtung erfolgt im Fenster *MwSt.-Bericht – Einrichtung*.

Link: *Abteilungen/Verwaltung/Anwendung Einrichtung/Finanzmanagement/Aufgaben/MwSt.-Bericht – Einrichtung* (siehe Abbildung 8.89)

Abbildung 8.89 Das Fenster *MwSt.-Bericht – Einrichtung*

Die Felder der Inforegister sind entsprechend der Tabelle 8.31 auszufüllen.

Feld	Beschreibung
Übermittelte Berichte ändern	Durch Aktivierung des Felds können Erklärungen, die bereits an die Finanzverwaltung übermittelt wurden, geändert werden. Wird das Feld nicht aktiviert, müssen bei Änderungen korrigierte Erklärungen übermittelt werden. Aus Compliance-Sicht wird empfohlen, dieses Feld nicht zu aktivieren.
Stornozeilen exportieren	Durch Aktivierung des Felds werden Stornozeilen in die zu erstellende Datei geschrieben. Als Standardeinstellung wird empfohlen, dieses Feld zu aktivieren.
Standardordner für Export	Hinterlegung des Pfads und Ordners, in dem die Datei erstellt werden soll.
Nummernserie	Angabe einer internen Nummernserie für die Meldungen.
BZSt-Nummer	Eingabe der BZSt-Nummer. Hierbei handelt es sich um eine 11-stellige Nummer, die das Unternehmen im Laufe des Registrierungsprozesses per E-Mail bekommen hat.

Tabelle 8.31 Felder der Inforegister des Fensters *MwSt.-Bericht – Einrichtung*

Feld	Beschreibung
Übertragungsprozess-ID	Eingabe eines 3-stelligen Codes, den das Unternehmen selbst vergeben kann
Lieferanten-ID	Eingabe eines 3-stelligen Codes, den das Unternehmen selbst vergeben kann
Codepage	Auswahl der Codepage (Angabe der Zeichen, die in der Datei verwendet werden dürfen). Auszuwählen ist <IBM-850>.
Registrierungs-ID	Eingabe der 6-stelligen Registrierungs-ID, die während des Registrierungsprozesses per Post zugesandt wurde

Tabelle 8.31 Felder der Inforegister des Fensters *MwSt.-Bericht – Einrichtung (Fortsetzung)*

Erstellung der Meldung

Die Erstellung der Meldung erfolgt im Fenster *MwSt.-Bericht – Liste* (Page ID 744).

Link: *Abteilungen/Finanzmanagement/Finanzbuchhaltung/Berichte/MwSt.-Abrechnung/MwSt.-Berichte* (siehe Abbildung 8.90)

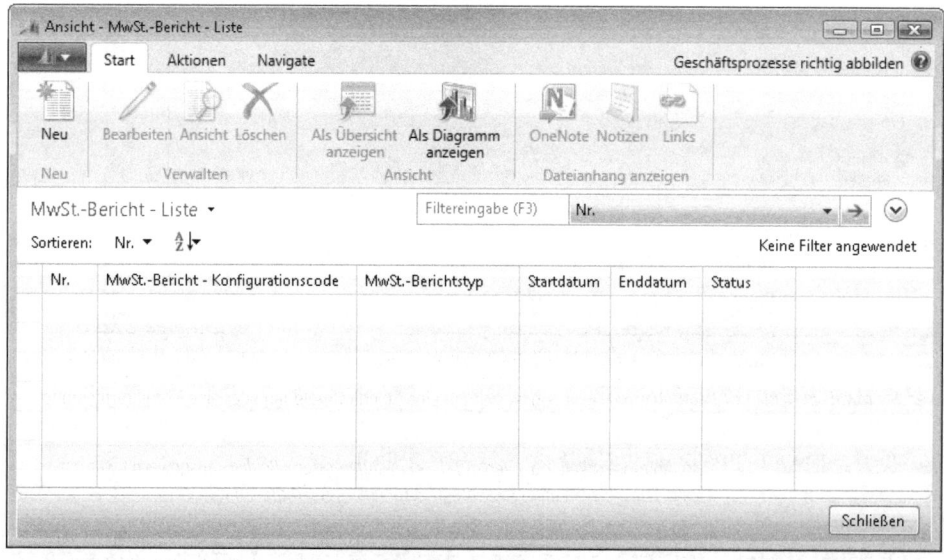

Abbildung 8.90 Das Fenster des Berichts *MwSt.-Berichte – Liste*

Über die Registerkarte *Start/Neu* können die zusammenfassenden Meldungen erstellt werden. Zunächst sind die Kopfdaten für die aktuelle zusammenfassende Meldung zu erfassen (siehe Abbildung 8.91).

Die Kopfdaten werden im Inforegister *Allgemein* eingetragen. Die Eintragungen sind entsprechend der Tabelle 8.32 vorzunehmen.

Periodische Aktivitäten

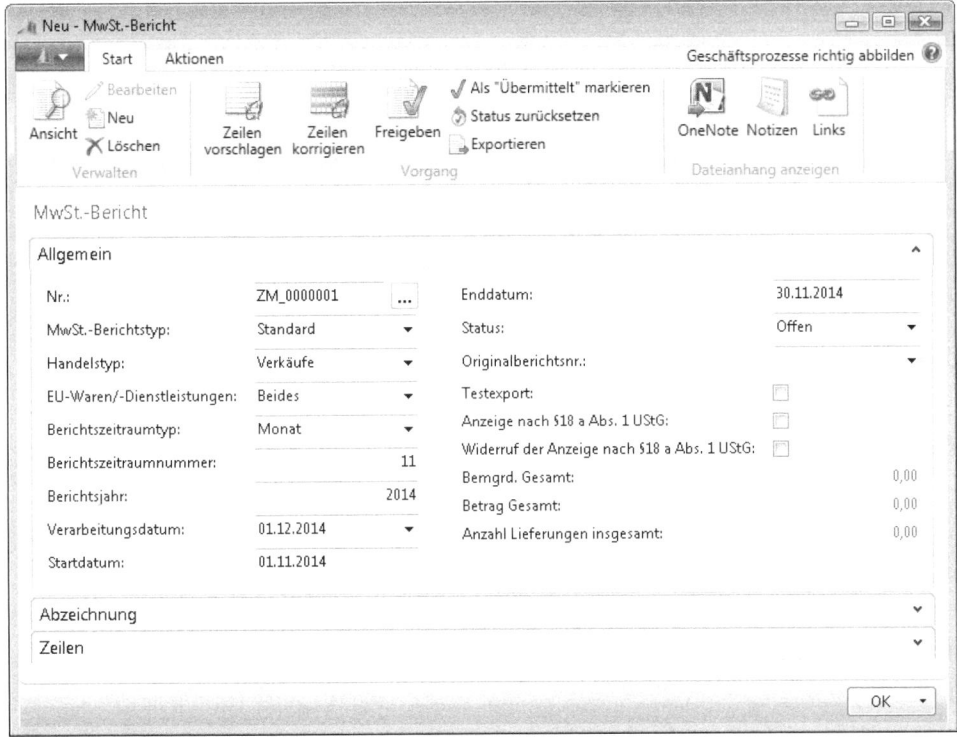

Abbildung 8.91 Das Fenster *MwSt.-Bericht*

Feld	Beschreibung
Nr.	Durch die definierte Nummernserie wird die eindeutige Nummer für die Meldung angegeben
MwSt.-Berichtstyp	Auswahlmöglichkeit, ob es sich um eine Standardmeldung oder eine Korrekturmeldung handelt
Handelstyp	Auswahlmöglichkeit, ob <*Verkäufe*>, <*Einkäufe*> oder <*Beides*> ausgewertet werden sollen. Für die zusammenfassende Meldung ist <*Verkäufe*> zu wählen.
EU-Waren-/Dienstleistungen	Auswahlmöglichkeit, ob Warenlieferungen, Dienstleistungen oder beides ausgewertet werden sollen. Da in einer zusammenfassenden Meldung sowohl Warenlieferungen als auch Dienstleistungen gemeldet werden müssen, ist <*Beides*> zu wählen.
Berichtszeitraumtyp	Folgende Optionen stehen zur Auswahl: <*Monat*>, <*Quartal*>, <*Jahr*>, <*Zweimonatig*> Die Auswahl erfolgt in Abhängigkeit vom Abgaberhythmus der zusammenfassenden Meldung des Unternehmens.
Berichtszeitraumnummer	In Abhängigkeit vom *Berichtszeitraumtyp* ist die Berichtszeitraumnummer einzugeben. Erfolgt die Abgabe monatlich, entspricht die Nummer dem abzugebenden Monat. Wird die Meldung quartalsweise abgegeben, entspricht die Nummer dem abzugebenden Quartal.
Berichtsjahr	Eingabe des Jahrs, für das die Meldung erstellt wird. Nach Eingabe des Berichtsjahrs werden die Felder *Startdatum* und *Enddatum* in Abhängigkeit der Felder Berichtszeitraumtyp und Berichtszeitraumnummer gefüllt.

Tabelle 8.32 Felder des Inforegisters *Allgemein* des Fensters *MwSt.-Bericht*

Feld	Beschreibung
Verarbeitungsdatum	Entspricht dem Datum der Meldung. Vorgeschlagen wird zunächst das Enddatum der aktuell ausgewählten Periode. Das Datum sollte aber auf das Datum geändert werden, an dem die Datei erstellt und an die Finanzverwaltung übermittelt wird.
Startdatum	Das Datum ergibt sich in Abhängigkeit des Berichtszeitraumtyps, der Berichtszeitraumnummer und des Berichtsjahrs und ist nicht editierbar
Enddatum	Das Datum ergibt sich in Abhängigkeit des Berichtszeitraumtyps, der Berichtszeitraumnummer und des Berichtsjahrs und ist nicht editierbar
Status	Das Feld wird in Abhängigkeit vom Arbeitsfortschritt der Erstellung der zusammenfassenden Meldung vom System automatisch erstellt und ist nicht editierbar
Originalberichtsnr.	Wird eine Korrekturmeldung erstellt, kann die Datei ausgewählt werden, die korrigiert werden soll
Testexport	Handelt es sich nur um einen Testexport, ist dieses Feld zu aktivieren. Handelt es sich um einen Testexport, endet der Dateiname auf *.egt*, ansonsten auf *.egp*.
Anzeige nach §18 a Abs. 1 UStG	Wird eine zusammenfassende Meldung in Zukunft monatlich abgegeben, ist dieses Feld zu aktivieren
Widerruf der Anzeige nach §18 a Abs. 1 UStG	Durch die Aktivierung dieses Felds wird die gemeldete, monatliche Abgabe der zusammenfassenden Meldung widerrufen

Tabelle 8.32 Felder des Inforegisters *Allgemein* des Fensters *MwSt.-Bericht (Fortsetzung)*

Nachdem die Kopfdaten eingegeben wurden, müssen nun die sogenannten Meldezeilen erstellt werden. Die Erstellung der Meldezeilen erfolgt über die Funktion *MwSt.-Bericht – Zeilen vorschlagen*, die über die Registerkarte *Start/Zeilen vorschlagen* aufgerufen wird (Abbildung 8.92).

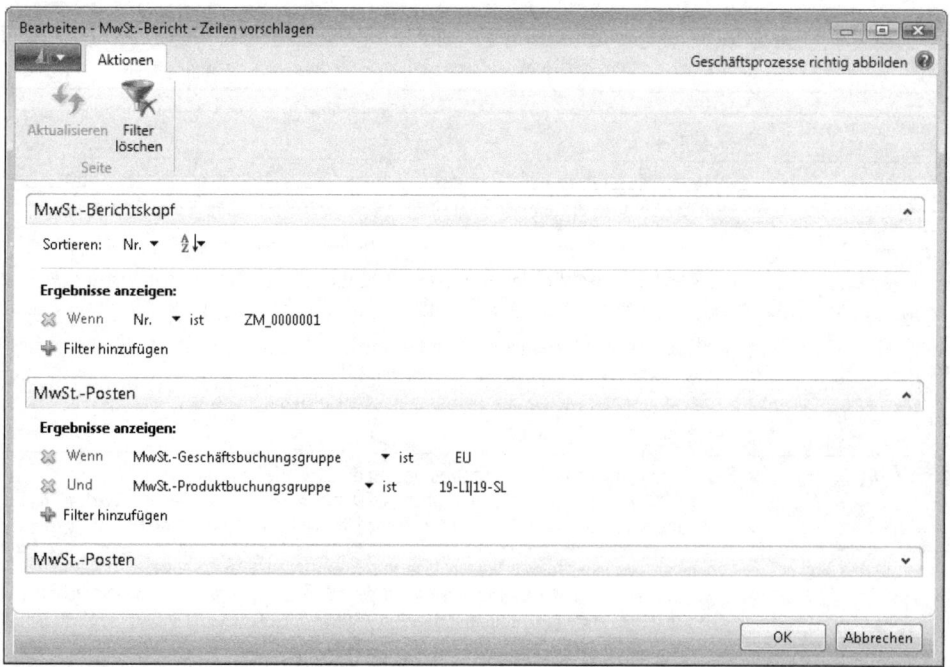

Abbildung 8.92 Das Fenster *MwSt.-Bericht – Zeilen vorschlagen*

Periodische Aktivitäten

HINWEIS Das Inforegister *MwSt.-Posten* ist doppelt vorhanden. Das erste Inforegister bezieht sich auf MwSt.-Posten der Art *Verkauf*, das zweite Inforegister bezieht sich auf MwSt.-Posten der Art *Einkauf*. Da für eine zusammenfassende Meldung nur Verkäufe zu melden sind, ist eine Filtereingabe auch nur in diesem Inforegister vorzunehmen.

Nach Ausführung der Funktion werden die erstellten Zeilen im Fenster *MwSt.-Bericht* im Inforegister *Zeilen* zur Überprüfung bereitgestellt (siehe Abbildung 8.93).

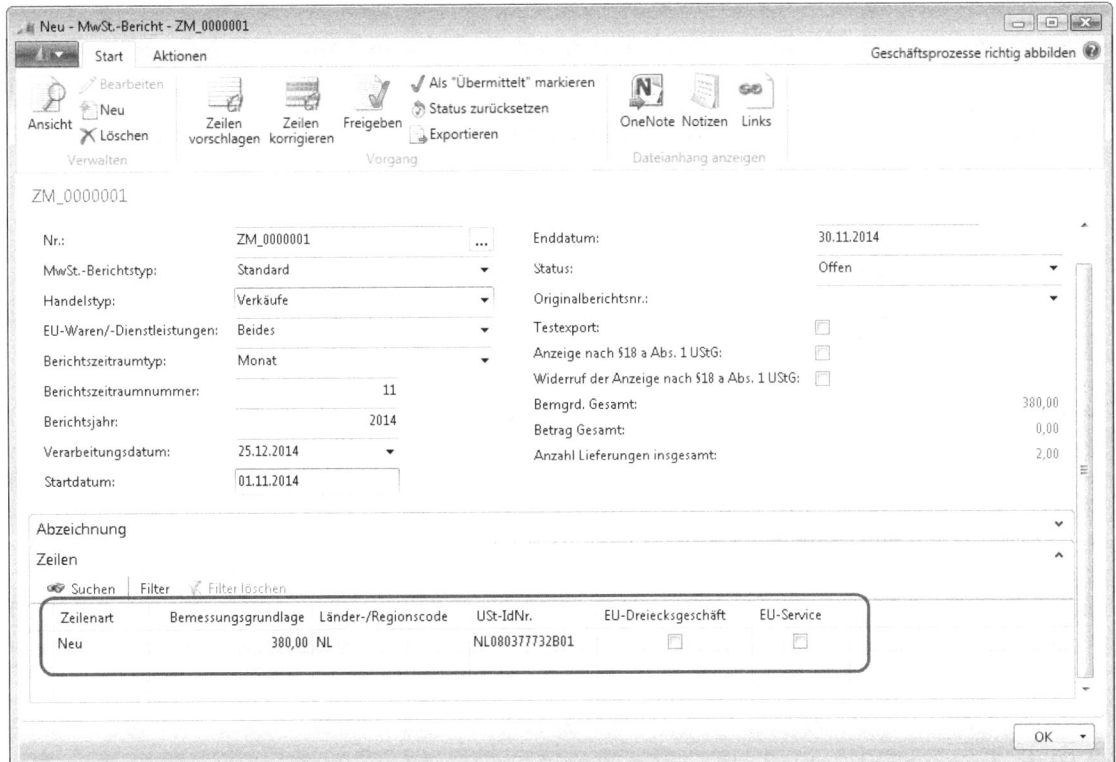

Abbildung 8.93 Das Fenster *MwSt.-Bericht* mit vorgeschlagenen Meldezeilen

Für den Monat November 2014 wird genau eine Meldezeile vorgeschlagen. Im Meldekopf wird im Feld *Bemgrd. Gesamt* der Gesamtbetrag der vorgeschlagenen Meldezeilen angezeigt. Im Feld *Anzahl Lieferungen insgesamt* werden die Lieferungen bzw. Buchungen summiert, die Grundlage für die ermittelte Bemessungsgrundlage sind. Welche Lieferungen pro Meldezeile ausgeführt wurden, lässt sich durch den Aufruf von *AssistEdit* im Feld *Bemessungsgrundlage* der jeweiligen Meldezeile überprüfen (siehe Abbildung 8.94).

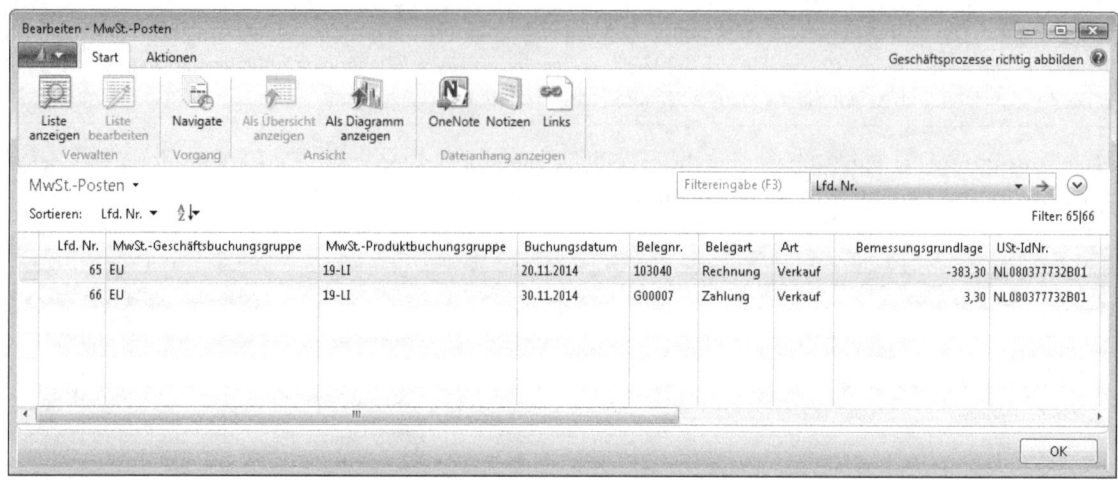

Abbildung 8.94   MwSt.-Posten für die USt-IdNr. »NL080377732B01«

Zu erkennen ist, dass nicht etwa zwei Lieferungen ausgeführt wurden, sondern dass die Bemessungsgrundlage Ergebnis von zwei Buchungen (Erstellung einer Verkaufsrechnung und Verbuchung des Zahlungseingangs unter Abzug von Skonto) ist.

HINWEIS   Wird bei der Prüfung festgestellt, dass die USt-IdNr. fehlerhaft ist, kann diese direkt in den MwSt.-Posten geändert werden. Das war in den bisherigen Versionen nicht möglich und ist eine wesentliche Hilfe bei der Erstellung einer zusammenfassenden Meldung. Wurden Korrekturen vorgenommen, müssen die vorgeschlagenen Meldezeilen komplett gelöscht und neu vorgeschlagen werden.

Sind alle Zeilen geprüft, kann die Funktion *Freigeben* auf der Registerkarte *Start* ausgeführt werden. Durch die Funktion werden noch einmal systeminterne Prüfungen ausgeführt. Werden keine Fehler gefunden, wird der *Status* im Meldekopf auf <*Freigegeben*> gesetzt (siehe Abbildung 8.95).

Im nächsten Schritt können die Meldedaten in die ELMA5-Datei geschrieben werden. Diese geschieht über die Funktion *Exportieren* auf der Registerkarte *Start* (siehe Abbildung 8.96).

Im Feld *Export Folder* ist der Dateipfad einzugeben, auf dem die erstellte ELMA5-Datei gespeichert werden soll, danach kann die Datei übermittelt werden.

ACHTUNG   Die Übermittlung der Datei erfolgt nicht direkt aus Dynamics NAV 2013 heraus, sondern ist nach der Erstellung manuell vorzunehmen. Dazu muss die Datei auf den Server des Bundeszentralamts für Steuern hochgeladen werden.

Wurde die Datei übermittelt, wird der *Status* im Meldekopf auf <*Übermittelt*> gesetzt.

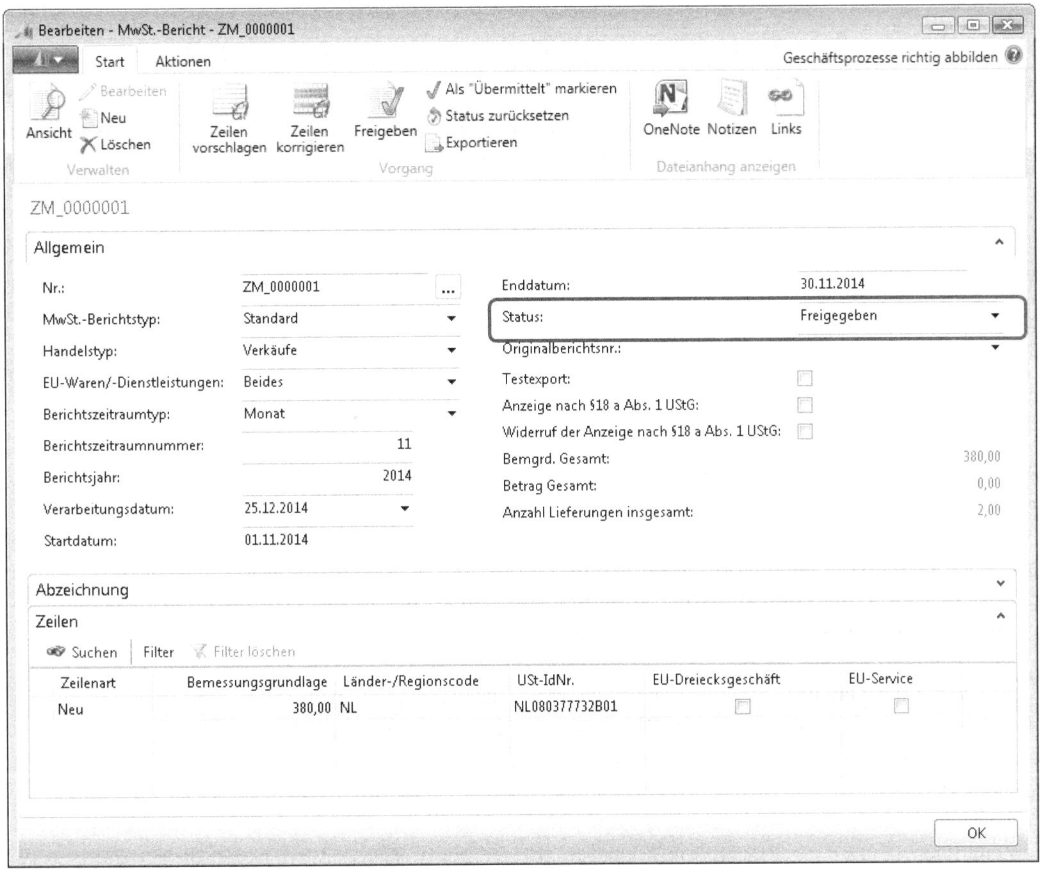

Periodische Aktivitäten

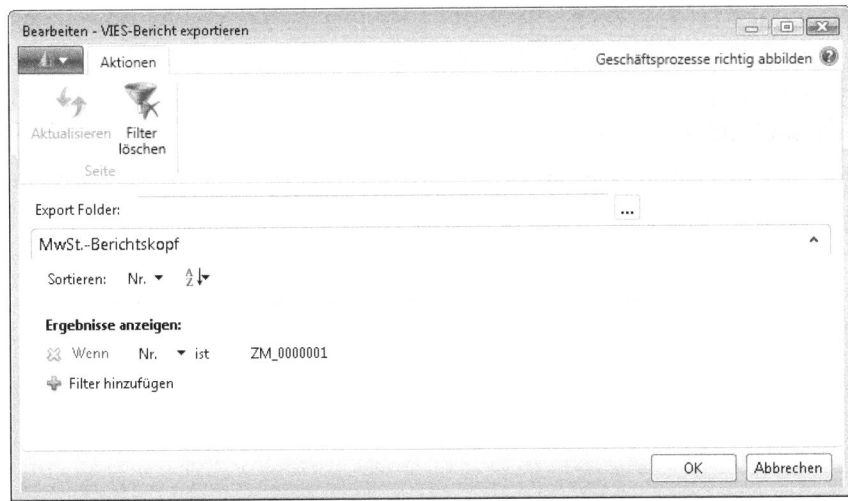

Abbildung 8.95 Das Fenster *MwSt.-Bericht* nach Ausführung der Funktion *Freigeben*

Abbildung 8.96 Die Funktion *VIES-Bericht exportieren*

Korrekturmeldungen

Um Korrekturen durchführen zu können, muss für die zu korrigierende Periode grundsätzlich ein neuer MwSt.-Bericht erstellt werden. Im Bericht ist im Feld *MwSt.-Berichtstyp* die Option *<Korrektur>* auszuwählen. Im Feld *Originalberichtsnr.* ist der Bericht auszuwählen, der korrigiert werden soll, zudem ist das Datum im Feld *Verarbeitungsdatum* anzupassen (siehe Abbildung 8.97).

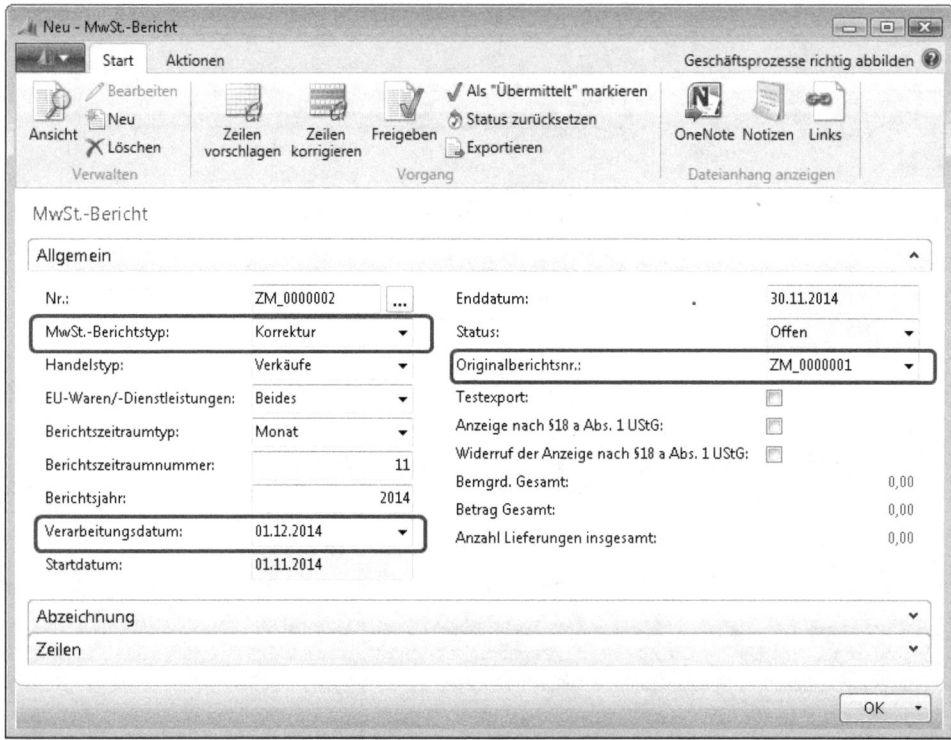

Abbildung 8.97   Das Fenster *MwSt.-Bericht* bei der Erstellung einer Korrektur

Anschließend ist die Funktion *Zeilen korrigieren* auf der Registerkarte *Start* auszuführen. Es öffnet sich das Fenster *MwSt.-Bericht Linien* (siehe Abbildung 8.98).

Die zu korrigierenden Meldezeilen sind auszuwählen und zu bestätigen. Es werden zwei Zeilen angelegt, eine Stornierungszeile und eine Korrekturzeile (siehe Abbildung 8.99).

Periodische Aktivitäten

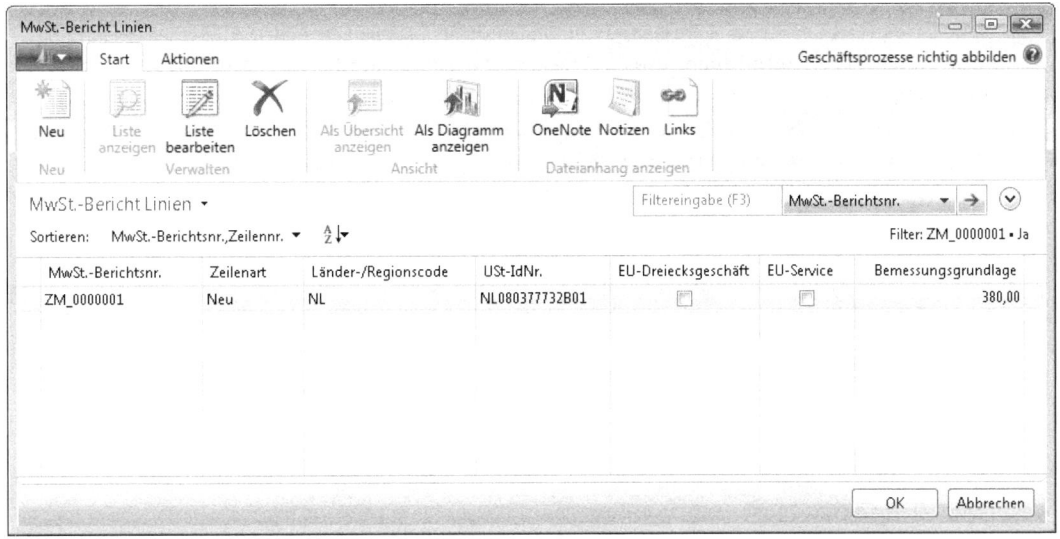

Abbildung 8.98 Das Fenster *MwSt.-Bericht Linien*

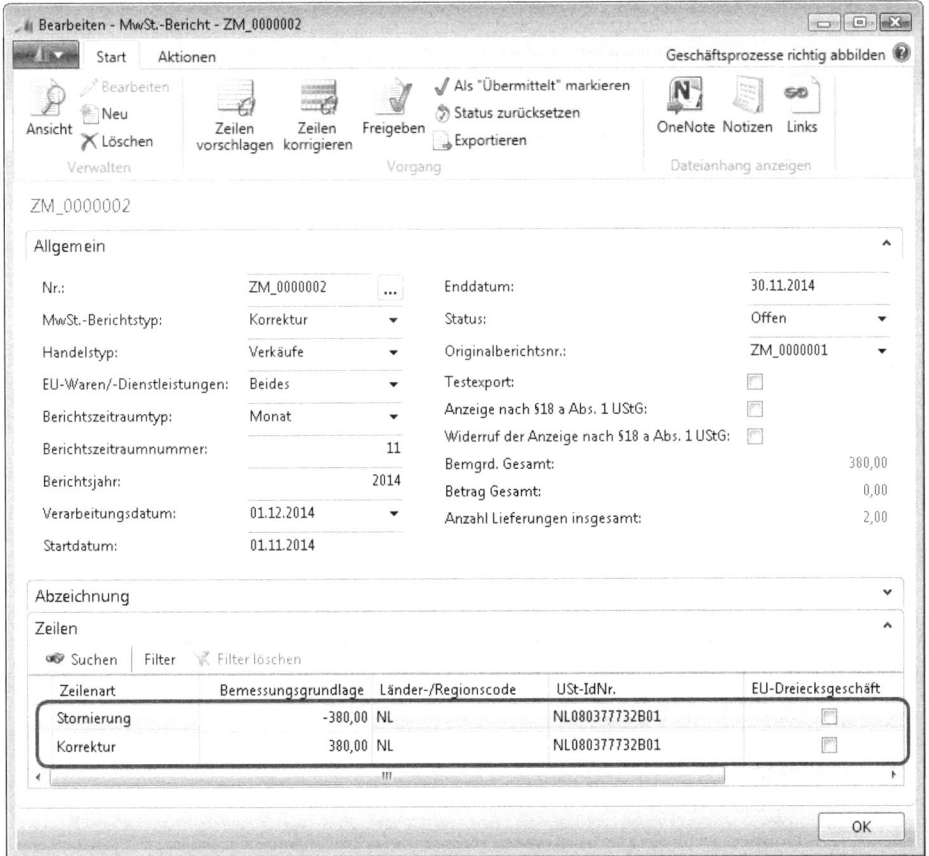

Abbildung 8.99 Das Fenster *MwSt.-Bericht* nach Erstellung von Korrekturzeilen

ACHTUNG   An dieser Stelle kann nur die Bemessungsgrundlage geändert werden. Eine Änderung der Bemessungsgrundlage ist aus Compliance-Sicht jedoch nicht zu empfehlen. Vielmehr muss eine Korrekturbuchung vorgenommen werden, sollte die Bemessungsgrundlage tatsächlich geändert werden müssen. Problematisch war im Test auch die Änderung der Umsatzsteuer-Identifikationsnummer, obwohl die Änderung in der Praxis der wohl am häufigsten anzutreffende Fall ist. Aufbauend auf der für November 2013 übermittelten zusammenfassenden Meldung ist eine Änderung der Umsatzsteuer-Identifikationsnummer notwendig. Anstatt der »NL080377732B01« hätte die »NL060377732B01« gemeldet werden müssen. Da eine Änderung über die gerade vorgestellte Vorgehensweise nicht möglich ist, wurde die Umsatzsteuer-Identifikationsnummer direkt in den MwSt.-Posten korrigiert. Doch selbst diese Änderung führt nicht zu einem korrekten Ergebnis. Wird die oben beschriebene Vorgehensweise über die Funktion *Zeilen korrigieren* ausgeführt, werden die gleichen Storno- und Korrekturzeilen vorgeschlagen wie vor der Änderung (siehe Abbildung 8.100).

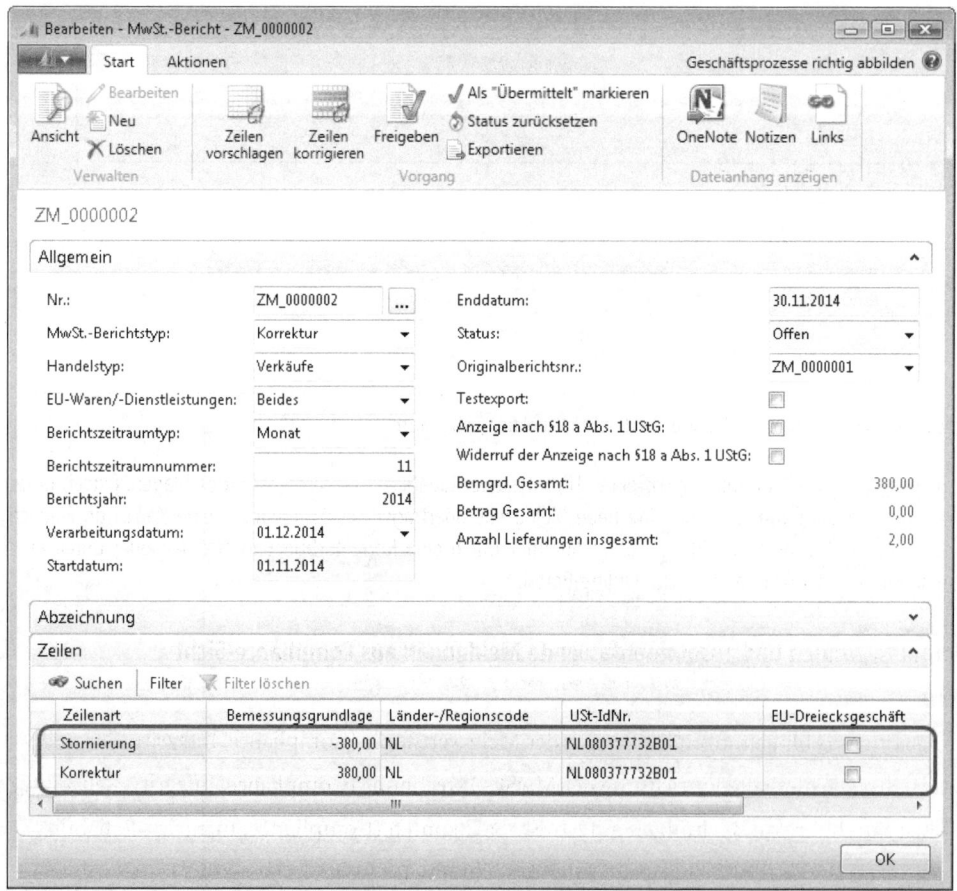

Abbildung 8.100   Das Fenster *MwSt.-Bericht* nach Korrektur der Umsatzsteuer-Identifikationsposten in den MwSt.-Posten

Auch der Aufruf der Funktion *Zeilen vorschlagen* auf der Registerkarte *Start* führt nicht zu dem gewünschten Ergebnis (siehe Abbildung 8.101).

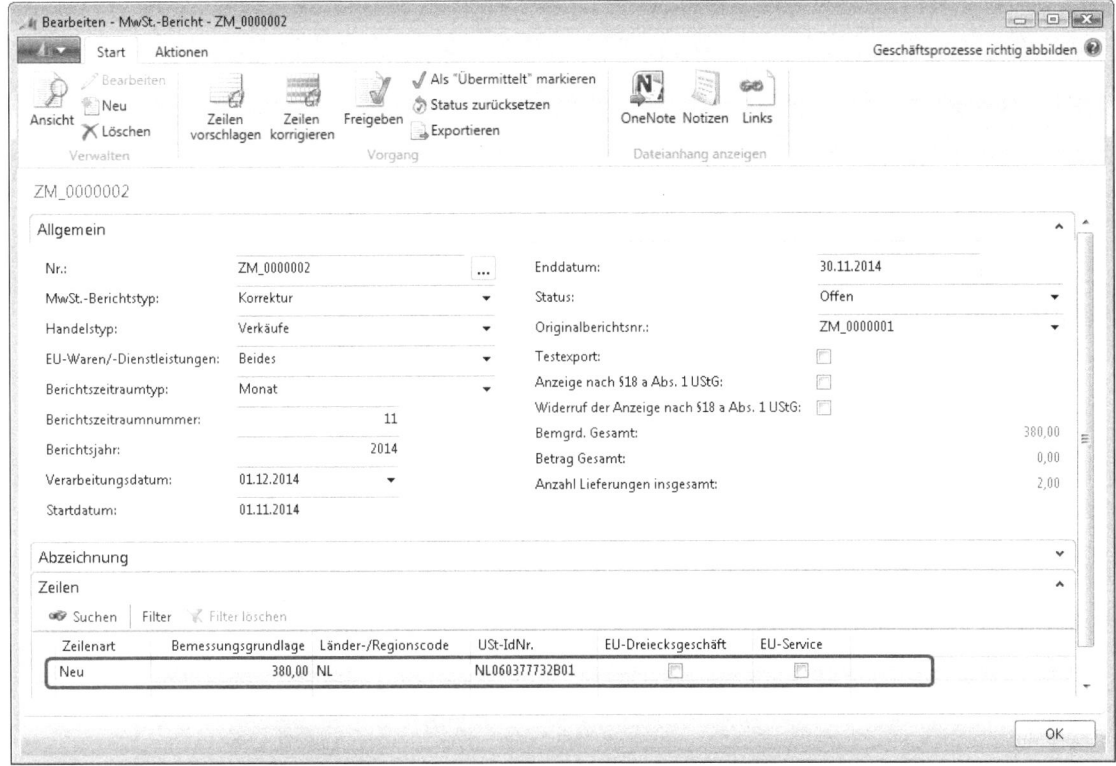

Abbildung 8.101 Das Fenster *MwSt.-Bericht* nach Korrektur durch die Funktion *Zeilen vorschlagen*

Zwar wird jetzt die Bemessungsgrundlage mit der korrekten Umsatzsteuer-Identifikationsnummer vorgeschlagen, jedoch unter der Zeilenart *<Neu>*. Bei der Übermittlung würde eine neue Meldezeile übertragen werden, jedoch keine Korrektur. Folglich muss auch die Änderung einer Umsatzsteuer-Identifikationsnummer durch eine Korrekturbuchung erfolgen oder durch eine manuelle Korrekturmeldung, z. B. direkt über das ElsterOnline-Portal.

Umsatzsteuer-Voranmeldungen und zusammenfassende Meldungen aus Compliance-Sicht

Potenzielle Risiken

- Vermögensverlust durch Fehlbuchungen im Bereich der Mehrwertsteuer (Compliance, Integrity, Reliability)
- Vermögensverlust durch fehlerhafte Einrichtung der MwSt.-Abrechnung (Compliance, Integrity, Reliability)
- Vermögensverlust durch direkte Buchungen auf MwSt.-Sachkonten (Compliance, Integrity, Reliability)
- Falscher Bilanzausweis durch Fehlbuchungen in der Abrechnung und Buchung von MwSt. (Compliance, Integrity, Reliability)
- Fehlerhafte Umsatzsteuervoranmeldungen und zusammenfassende Meldungen durch fehlerhafte Einrichtungen (Compliance, Integrity, Reliability)

Prüfungsziele

- Analyse der MwSt.-Posten
- Sicherstellung einer korrekten Einrichtung der MwSt.-Abrechnung
- Analyse der MwSt.-Sachkonten
- Analyse der Sachposten im Hinblick auf Fehlbuchungen bei der Abrechnung der Mehrwertsteuer
- Stichprobenhafte Überprüfung der abgegebenen Umsatzsteuervoranmeldungen und zusammenfassenden Meldungen

Prüfungshandlungen

Grundsätzliche Analysemöglichkeiten im Bereich der MwSt.

Grundsätzlich sollten die MwSt.-Buchungen und die dadurch entstandenen MwSt.-Posten (stichprobenartig) auf Fehler überprüft werden. Hierzu können folgende Berichte genutzt werden:

Link: *Abteilungen/Finanzmanagement/Finanzbuchhaltung/Berichte/MwSt.-Abrechnung/MwSt.-Journal* (siehe Abbildung 8.102)

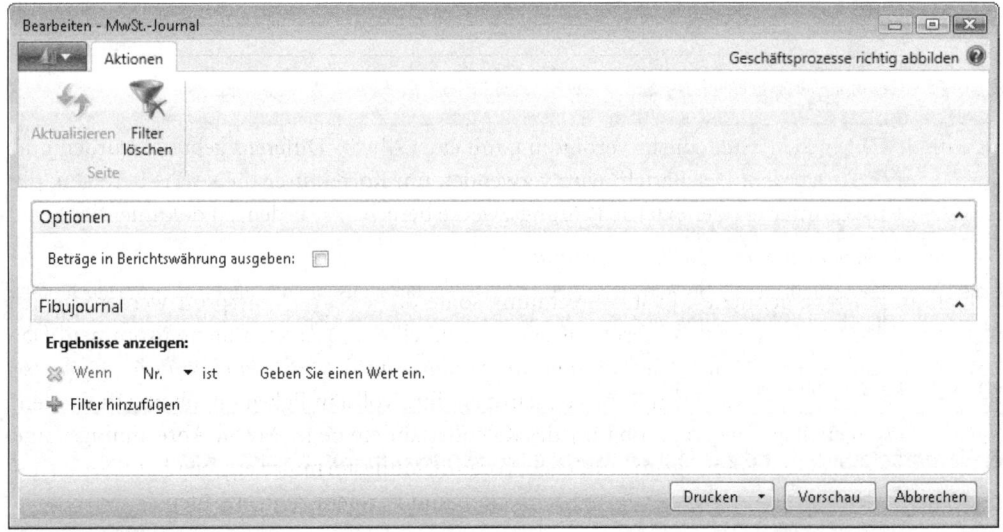

Abbildung 8.102 Der Bericht *MwSt.-Journal*

Der Bericht kann für interne oder externe Buchprüfungen verwendet werden. Er enthält die MwSt.-Posten, die beim Buchen in einem MwSt.-Journal errichtet wurden. Die MwSt.-Posten werden dabei nach Fibujournal getrennt sortiert. Durch das Setzen eines Filters können exakt die MwSt.-Posten ausgewählt werden, die zu einem bestimmten Fibujournal gehören.

Link: *Abteilungen/Finanzmanagement/Finanzbuchhaltung/Berichte/MwSt.-Abrechnung/MwSt.-Ausnahmefälle* (siehe Abbildung 8.103)

Abbildung 8.103 Der Bericht *MwSt.-Ausnahmefälle*

Dieser Bericht enthält die MwSt.-Posten, die in Verbindung mit einer MwSt.-Differenz gebucht wurden und im MwSt.-Journal angezeigt werden. Der Bericht wird verwendet, um Korrekturen an MwSt.-Beträgen, die von Dynamics NAV 2013 für interne oder externe Prüfungszwecke berechnet wurden, zu dokumentieren.

Prüfung der korrekten Einrichtung der MwSt.-Abrechnung

Die für Voranmeldungszwecke genutzte MwSt.-Abrechnung sollte dahingehend überprüft werden, inwieweit die dort in den Rubriken hinterlegten Werte mit den tatsächlich eingerichteten übereinstimmen. Das betrifft insbesondere die Felder *MwSt.-Geschäftsbuchungsgruppe* und *MwSt.-Produktbuchungsgruppe*. Zudem sollten die in der Vorlage verwendeten Rubriken selbst auf ihre Vollständigkeit hin überprüft werden. Diese Prüfung bezieht sich auch auf die Frage, ob für jedes Kalenderjahr ein neuer MwSt.-Abrechnungsname angelegt wurde, in dem sich eine Änderung am amtlichen Voranmeldungsformular ergeben hat. Des Weiteren sind die im Bereich der Verprobung hinterlegten Sachkonten und Formeln zu überprüfen.

Feldzugriff: *Tabelle 256 MwSt.-Abrechnungszeile*, Felder *Rubrikennr., Kontosumme, MwSt.-Geschäftsbuchungsgruppe* und *MwSt.-Produktbuchungsgruppe*

Prüfung der Sachkonten

Was die Prüfung der Sachkonten anbelangt, sollten die Sachkonten geprüft werden, auf die Umsatzsteuer- und Vorsteuerbeträge gebucht werden. Diese Konten sollten nicht direkt buchbar sein, da diese Buchungen nicht mit in der MwSt.-Abrechnung vorhanden sind und nur bei korrekter Einrichtung der Verprobung eine Differenz zwischen MwSt.-Posten und Sachposten auffällt.

Feldzugriff: *Tabelle 15 Sachkonto*, Feld *Direkt*

Prüfung der Sachposten

Auch die Sachposten sollten daraufhin geprüft werden, ob es auf den Vorsteuer- und Umsatzsteuerkonten Buchungen gibt, die nicht systemtechnisch ausgeführt wurden.

Feldzugriff: *Tabelle 17 Sachposten*, Felder *Sachkontonr., Systembuchung [Wert "Nein"]*

Prüfung der abgegebene Umsatzsteuervoranmeldungen und zusammenfassenden Meldungen

Die für die Umsatzsteuervoranmeldungen und zusammenfassenden Meldungen gespeicherten Dateien sollten analysiert und stichprobenartig geprüft werden. Gerade für vorangegangene Meldezeiträume ist die Frage interessant, ob bei aktueller Erstellung neue Werte gemeldet werden würden. Sollten abweichende Werte zu den ursprünglich gemeldeten angezeigt werden, lässt dies auf nicht gemeldete Nachbuchungen oder falsche Filtersetzung schließen. Zudem sollte im Bereich der zusammenfassenden Meldungen die Vorgehensweise bei der Erstellung von Korrekturen geprüft werden, um sicherzustellen, dass keine fehlerhaften Daten übermittelt werden.

Jahresabschlussarbeiten

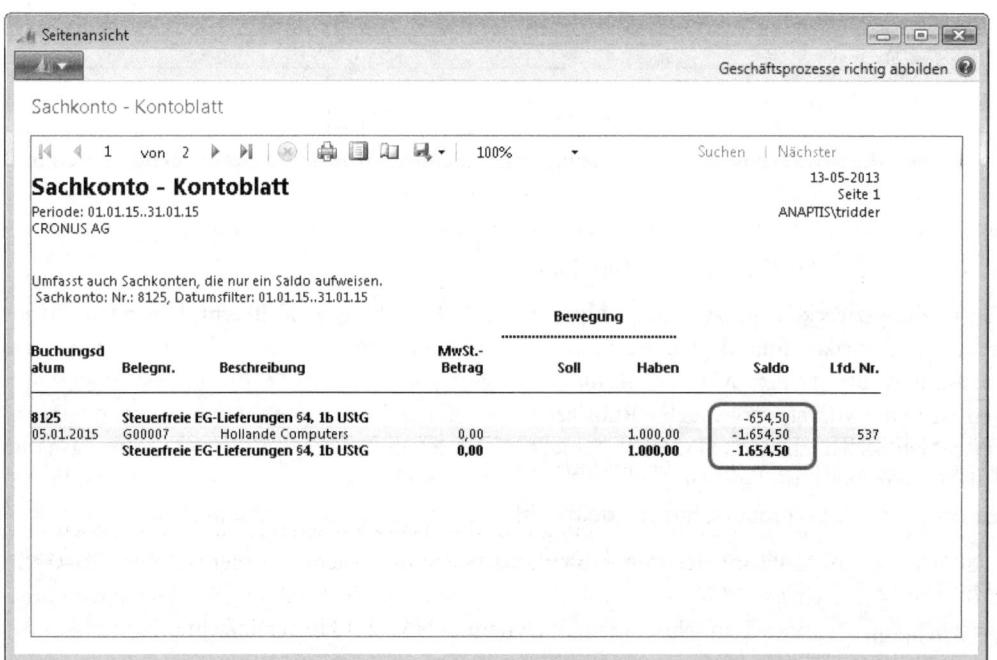

Abbildung 8.104 Der Bericht *Sachkonto – Kontoblatt*, ohne dass das Geschäftsjahr abgeschlossen wurde

Technisch gesehen ist es in Dynamics NAV 2013 nicht erforderlich, ein Geschäftsjahr abzuschließen, da Geschäftsvorfälle des Folgejahrs erfasst und gebucht werden können. Sollen die Buchungen des Folgejahrs jedoch z. B. mit den systemseitig zur Verfügung gestellten Berichten ausgewertet werden, ist hierfür zwingend der Abschluss des vorherigen Geschäftsjahrs notwendig. Wird das Geschäftsjahr nicht abgeschlossen, wird z. B. im Bericht *Sachkonto – Kontoblatt* der in den Vorjahren gebuchte Aufwand oder Ertrag als Saldovortrag dargestellt und mit in den Endsaldo gerechnet (siehe Abbildung 8.104).

Der Bericht *Sachkonto – Summen Saldenliste* zeigt im Saldovortrag (Anfangssaldo) das letzte abgeschlossene Jahr, im Beispielsfall das Jahr 2015. Die in 2014 gebuchten Werte werden nur im Endsaldo berücksichtigt (siehe Abbildung 8.105).

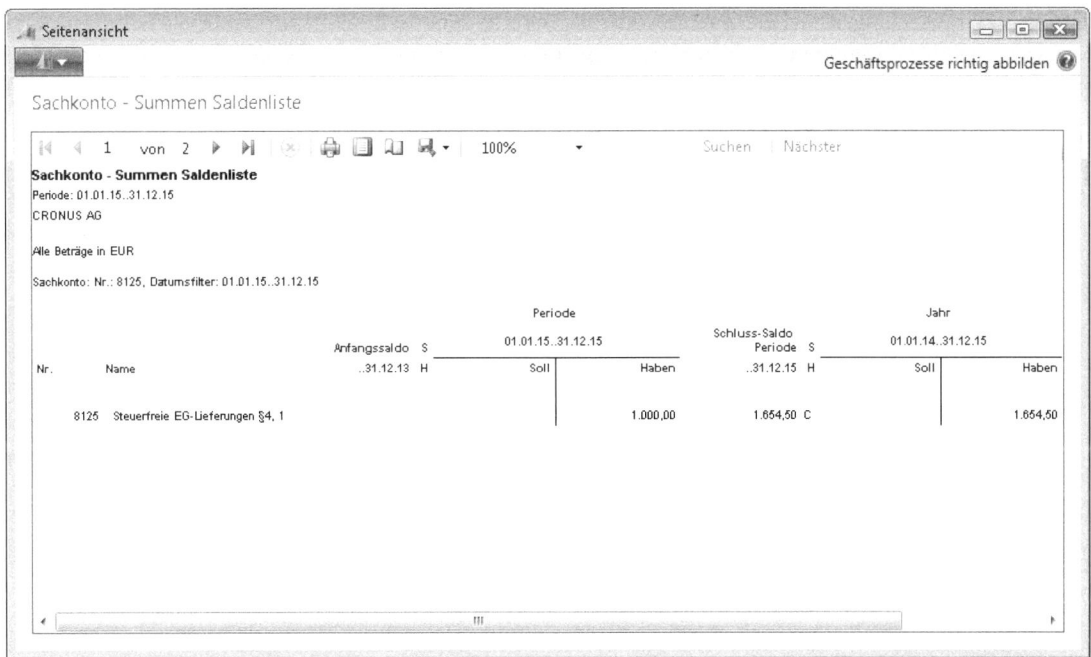

Abbildung 8.105   Ausschnitt des Berichts *Sachkonto – Summen Saldenliste*

Da die Berichte wiederum Grundlage für die Erstellung von Monatsabschlüssen und Jahresabschlüssen sind, werden die systemseitig durchzuführenden Jahresabschlussarbeiten im Folgenden näher erläutert. Auf buchhalterisch durchzuführende Abschlussarbeiten wird nicht eingegangen. Die Abbildung 8.106 stellt die Vorgehensweise bei der Erstellung eines Jahresabschlusses in Dynamics NAV 2013 in vereinfachter Form dar.

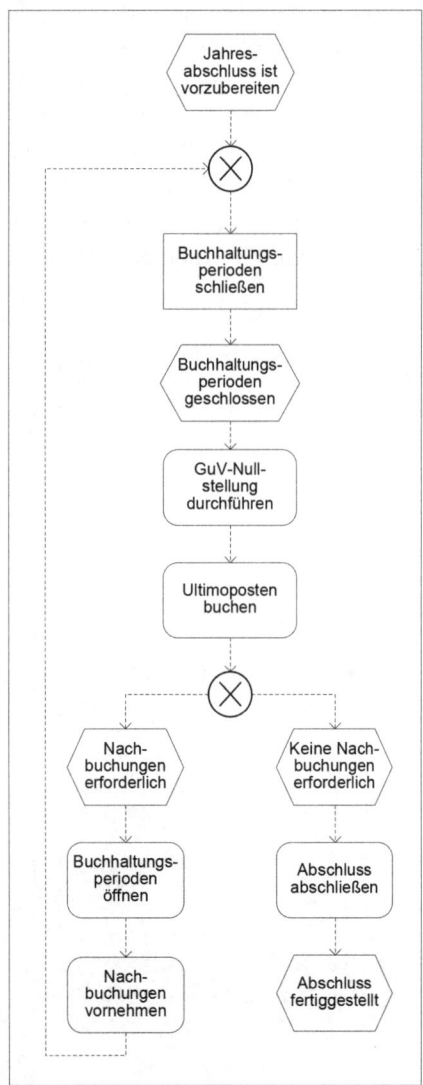

Abbildung 8.106 Vorgehensweise bei der Erstellung eines Jahresabschlusses in Dynamics NAV 2013

Ablauf und Einrichtung der Jahresabschlussarbeiten

Der systemtechnische Jahresabschluss erfolgt in drei Schritten:

1. Abschluss des Geschäftsjahrs mithilfe der Funktion *Jahr abschließen*
2. Ausführung der *GuV-Konten Nullstellung*
3. Verbuchung der durch die *GuV-Konten Nullstellung* erzeugten Buchungssätze

Das Jahr abschließen

Um ein Jahr abzuschließen, ist die Funktion *Jahr abschließen* zu nutzen.

Link: *Abteilungen/Finanzmanagement/Periodische Aktivitäten/Geschäftsjahr/**Buchhaltungsperioden**/Start/Jahr abschließen*

Der folgende Hinweis ist mit *Ja* zu bestätigen. Nach der Bestätigung ist das Jahr abgeschlossen.

ACHTUNG   Der Hinweis, dass abgeschlossene Geschäftsjahre nicht wieder geöffnet und ihre Perioden nicht geändert werden können, bezieht sich ausschließlich auf die Perioden selbst. Für ein abgeschlossenes, zwölf Monate umfassendes Geschäftsjahr könnte folglich nachträglich kein Rumpfwirtschaftsjahr erstellt werden. Es können jedoch Buchungen in bereits abgeschlossenen Geschäftsjahren ausgeführt werden. Diese Buchungen werden vom System als *Nachbuchung* gekennzeichnet und können so identifiziert und ausgewertet werden.

Nach Abschluss des Geschäftsjahrs sind die Kontrollkästchen der Felder *Abgeschlossen* und *Datum gesperrt* für sämtliche Perioden dieses Geschäftsjahrs aktiviert. Zudem kann das Startdatum des nachfolgenden Geschäftsjahrs nicht mehr geändert werden (siehe Abbildung 8.107).

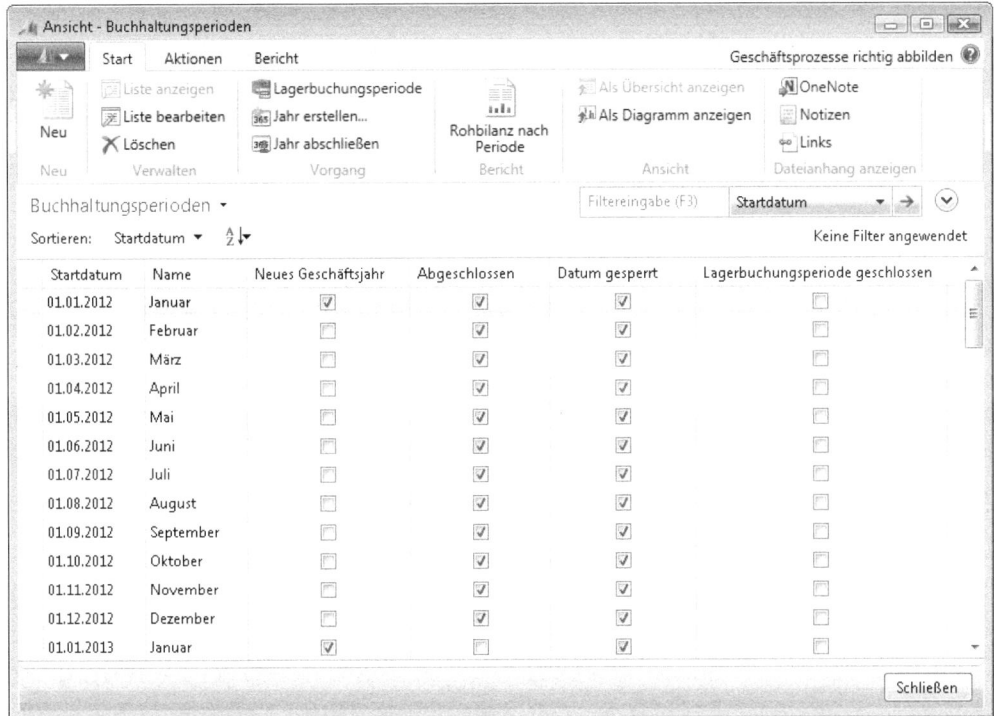

Abbildung 8.107   Ausschnitt des Fensters *Buchhaltungsperioden*

GuV-Konten Nullstellung

Die Funktion *GuV-Konten Nullstellung* erstellt in einem definierten Fibu Buch.-Blatt eine Splittbuchung für alle in dem Geschäftsjahr gebuchten GuV-Konten. Auf der einen Seite werden die GuV-Konten entlastet, auf der anderen Seite wird der Jahresüberschuss/-fehlbetrag auf ein vom Anwender definiertes Sachkonto (Bilanzkonto) gebucht.

Link: *Abteilungen/Finanzmanagement/Periodische Aktivitäten/**Geschäftsjahr**/GuV-Konten Nullstellung* (siehe Abbildung 8.108)

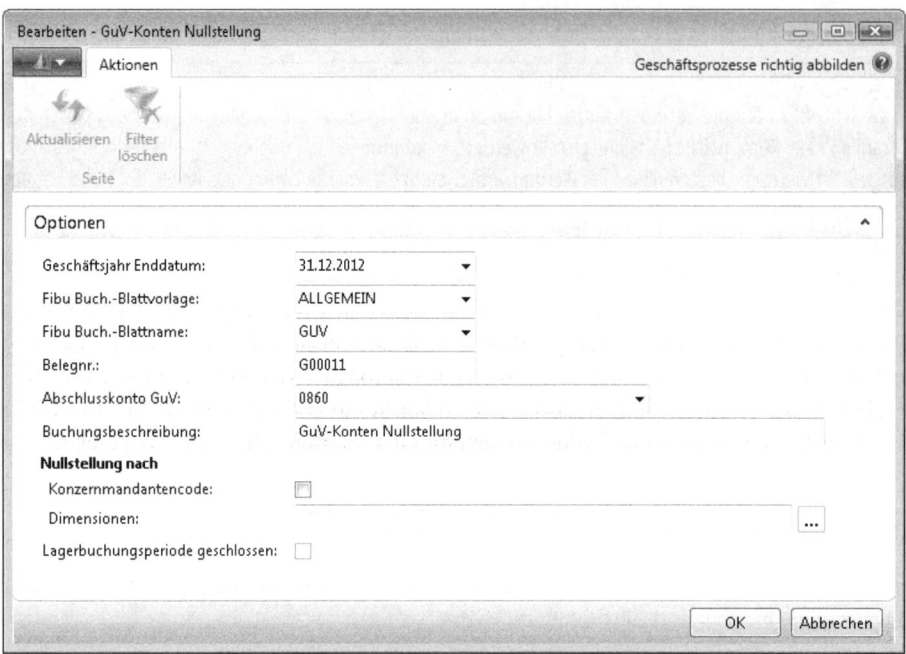

Abbildung 8.108 Die Funktion *GuV-Konten Nullstellung*

Die Felder im Inforegister *Optionen* sind entsprechend der Tabelle 8.33 zu füllen.

Feld	Beschreibung
Geschäftsjahr Enddatum	Enddatum des Geschäftsjahrs, welches geschlossen werden soll
Fibu Buch.-Blattvorlage	Auswahl der Buch.-Blattvorlage, in welche die Buchungssätze übernommen werden sollen
Fibu Buch.-Blattname	Auswahl des Buch.-Blattnamens, in den die Buchungssätze übernommen werden sollen
Belegnr.	Ist für den ausgewählten Fibu Buch.-Blattnamen eine Nummernserie hinterlegt, wird das Feld automatisch gefüllt. Ansonsten ist eine Belegnr. manuell einzugeben.
Abschlusskonto GuV	Zu hinterlegen ist das Bilanzkonto, auf welches der Jahresüberschuss/-fehlbetrag gebucht werden soll
Buchungsbeschreibung	Standardmäßig ist *GuV-Konten Nullstellung* hinterlegt. Dieser Text kann bedarfsweise geändert werden.
Nullstellung nach Konzernmandantencode	Eine Aktivierung bewirkt, dass ein Buchungssatz für jeden pro Sachkonto verwendeten Konzernmandantencode erstellt wird. Erfolgt keine Aktivierung, wird nur ein Buchungssatz pro Sachkonto erstellt.
Nullstellung nach Dimensionen	Soll für jede bzw. bestimmte pro Sachkonto verwendeten Dimensionen ein Buchungssatz erstellt werden, sind über den AssistEdit die entsprechenden Dimensionen auszuwählen

Tabelle 8.33 Felder im Fenster *GuV-Konten Nullstellung*

Wird mit *OK* bestätigt, wird die Stapelverarbeitung ausgeführt und die Buchungssätze werden im angegebenen Fibu Buch.-Blatt erstellt.

> **HINWEIS** Wird eine Berichtswährung verwendet, erfolgt die Buchung direkt. Die Buchungssätze werden nicht in dem angegebenen Fibu Buch.-Blatt erstellt.

Die GuV-Konten Nullstellung kann mehrfach ausgeführt werden. Ein erneuter Aufruf der Funktion hat zwingend immer dann zu erfolgen, wenn nach erfolgter GuV-Konten Nullstellung weitere Buchungssätze im schon abgeschlossenen Geschäftsjahr erfasst und gebucht werden.

Buchen des Fibu Buch.-Blatts

Im letzten Schritt müssen die im hinterlegten Fibu Buch.-Blatt bereitgestellten Buchungssätze gebucht werden. Das durch die Stapelverarbeitung verwendete Buchungsdatum ist in diesem Beispiel der *U31.12.2012*, das sogenannte Ultimodatum (siehe hierzu auch den Abschnitt »Finanzbuchhaltung Einrichtung«). Ist das Buch.-Blatt gebucht, ist der Jahresüberschuss/-fehlbetrag auf das angegebene Bilanzkonto gebucht worden. Zudem wird für das nachfolgende Geschäftsjahr in Berichten mit Saldovorträgen für GuV-Konten kein Vortrag angezeigt.

Konsolidierung

Konsolidierung bedeutet die Zusammenfassung von Einzelabschlüssen zu einem aussagekräftigen Konzernabschluss. Die Rechtsgrundlage hierfür sind die §§ 290 ff HGB.

> **HINWEIS** Auch für Unternehmen, die nicht aufgrund gesetzlicher Vorschriften verpflichtet sind, einen Konzernabschluss zu erstellen, kann es sinnvoll sein, zu konsolidieren. Da die Einzelabschlüsse der Tochterunternehmen durch die Verflechtungen innerhalb des Konzerns eine eingeschränkte Aussagekraft haben, kann der Konzernabschluss eine objektive Darstellung der Konzernlage geben.

Zu beachten ist, dass der Konzernabschluss keine Grundlage für die Besteuerung ist, sondern ausschließlich der Information dient, indem er die Vermögens-, Finanz- und Ertragslage des Konzerns wiedergibt. Im Konzernabschluss werden also die Unternehmen zu einem fiktiven, einheitlichen Unternehmen zusammengefasst. Dafür müssen die inneren Verflechtungen herausgerechnet werden, dies erfolgt durch folgende Konsolidierungen:

- Kapitalkonsolidierung

  Verrechnungen der Beteiligungen des Mutterunternehmens mit dem Eigenkapital der Tochterunternehmen

- Schuldenkonsolidierung

  Konzerninterne Verbindlichkeiten und Forderungen werden herausgerechnet

- Zwischenerfolgskonsolidierung

  Hierbei handelt es sich um die Herausrechnung von Gewinnen konzerninterner Lieferungen und Leistungen. Dadurch wird gewährleistet, dass nur realisierte Gewinne im Konzernabschluss enthalten sind. Gewinne, die durch Geschäfte von den Tochtergesellschaften untereinander entstanden sind, werden herausgerechnet.

- Aufwands- und Ertragskonsolidierung

  Erträge und Aufwände von Tochtergesellschaften werden im Konzern gegeneinander verrechnet. Durch die Verrechnung wird die Konzern-GuV um solche Beträge bereinigt.

In Dynamics NAV 2013 können die Daten mehrerer Mandanten (Unternehmen) konsolidiert werden. Die Daten werden in einem neuen Mandanten, dem sogenannten Konsolidierungsmandaten, zusammengeführt. Die an der Konsolidierung beteiligten Unternehmen werden als Konzernmandant bezeichnet. Die zu konsolidierenden

Mandanten können aus derselben Datenbank oder aus verschiedenen Dynamics NAV-Datenbanken heraus (über den Export und Import einer XML-Datei) konsolidiert werden. Zudem besteht bei Vorliegen eines entsprechenden Formates die Möglichkeit, Daten aus anderen Buchhaltungssystemen zu konsolidieren. Im Folgenden wird der Ablauf der Konsolidierung von Mandanten beschrieben, die sich in der gleichen Datenbank befinden.

Einrichtung und Ablauf einer Konsolidierung

Zunächst muss der Konsolidierungsmandant (also der Mandant, in dem die Daten zusammengeführt werden sollen) angelegt und eingerichtet werden. Dieser ist wie jeder andere neue Mandant auch einzurichten, also mit einem eigenen Kontenplan und z. B. eigenen Dimensionen. Danach müssen in den Konzernmandanten (also den Mandanten, die konsolidiert werden sollen) verschiedene Informationen hinterlegt werden. Erst wenn alle Einrichtungsarbeiten abgeschlossen sind, kann der eigentliche Prozess der Konsolidierung gestartet werden.

Konsolidierungsdaten auf Sachkonten

Ist im Konsolidierungsmandant ein Kontenplan eingerichtet, müssen auf Konzernmandantenebene Verknüpfungen geschaffen werden, die sicherstellen, dass die Daten der Konzernmandanten auf das entsprechende Sachkonto im Konsolidierungsmandant fließen. Dies geschieht dadurch, dass auf jeder Sachkontokarte das entsprechende Sachkonto aus dem Konsolidierungsmandant hinterlegt wird. Die Hinterlegung erfolgt im Inforegister *Konsolidierung* der *Sachkontokarte* (siehe Abbildung 8.109).

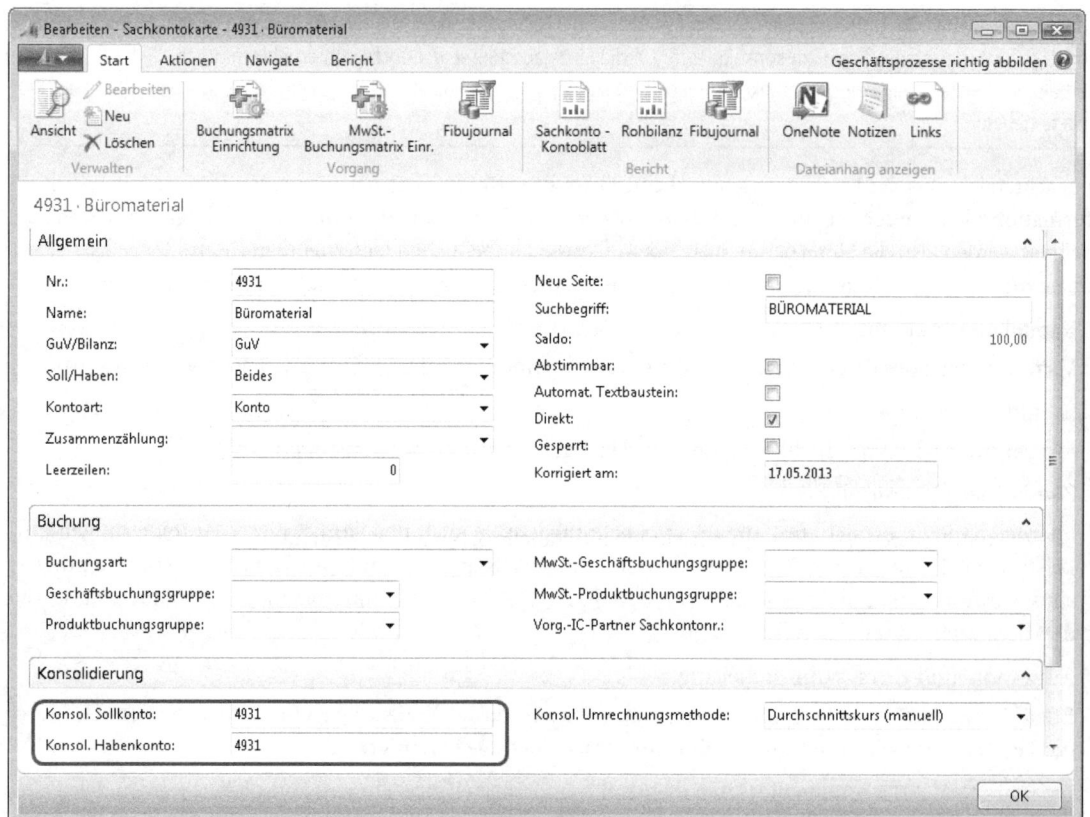

Abbildung 8.109   Die Sachkontokarte für Zwecke der Konsolidierung

Periodische Aktivitäten

> **HINWEIS** Eine Vorgabe für den im Konsolidierungsmandanten anzulegenden und einzurichtenden Sachkontenplan gibt es nicht. Wird auf Konzernmandantenebene für alle Mandanten mit dem gleichen Kontenplan gearbeitet, macht es eventuell Sinn, die Funktionalität des IC-Kontenplans zu prüfen (Link: *Abteilungen/Finanzmanagement/Einrichtung/Intercompanybuchungen/IC-Kontenplan*).

Das Feld *Konsol. Umrechnungsmethode* im Inforegister *Konsolidierung* einer Sachkontokarte ist nur dann von Bedeutung, wenn Mandanten in unterschiedlichen Währungen konsolidiert werden sollen.

Einrichtung von Konzernmandantendaten

Für einen Mandanten, der konsolidiert werden soll, ist zu hinterlegen, in welchem Umfang die zu konsolidierenden Daten berücksichtigt werden sollen.

Link: *Abteilungen/Finanzmanagement/Periodische Aktivitäten/Konsolidierung/**Konzernmandanten**/Start/Neu* (siehe Abbildung 8.110)

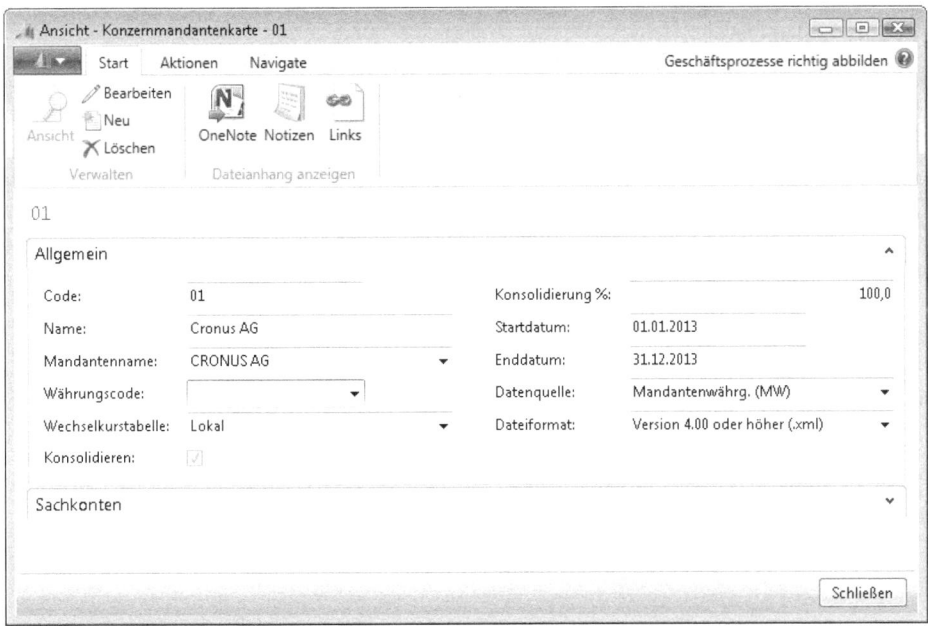

Abbildung 8.110 Die Konzernmandantenkarte

Im Inforegister *Allgemein* sind die Informationen aus Tabelle 8.34 zu hinterlegen.

Feld	Beschreibung
Code	Eingabe eines Codes für den Konzernmandanten. Dieser Code wird auch in Berichten und anderen Belegen des Konsolidierungsmandanten verwendet.
Name	Eingabe des Namens des Konzernmandanten
Mandantenname	Auswahl des Mandanten, der konsolidiert werden soll
Konsolidieren	Soll der Mandant in der Konsolidierung berücksichtigt werden, ist dieses Feld zu aktivieren

Tabelle 8.34 Ausgewählte Felder des Inforegisters *Allgemein* der Konzernmandantenkarte

Feld	Beschreibung
Konsolidierung %	Sollen die gebuchten Werte nicht zu 100 % konsolidiert werden, ist hier der Prozentsatz anzugeben, mit dem die Daten in den Konsolidierungsmandanten fließen sollen
Startdatum	Gibt das Startdatum des Geschäftsjahrs des Mandanten an. Es sollte nur dann ein Startdatum angegeben werden, wenn das Geschäftsjahr des Konzernmandanten nicht mit dem Geschäftsjahr des Konsolidierungsmandanten übereinstimmt.
Enddatum	Gibt das Enddatum des Geschäftsjahrs des Mandanten an. Es sollte nur dann ein Enddatum angegeben werden, wenn das Geschäftsjahr des Konzernmandanten nicht mit dem Geschäftsjahr des Konsolidierungsmandanten übereinstimmt.
Datenquelle	Gibt an, ob die Daten des Konzernmandanten in der Mandantenwährung (MW) des Konzernmandanten oder in dessen Berichtswährung (BW) abgerufen werden
Dateiformat	Gibt an, in welchem Dateiformat der Konzernmandant die Daten übermittelt

Tabelle 8.34 Ausgewählte Felder des Inforegisters *Allgemein* der Konzernmandantenkarte *(Fortsetzung)*

Prüfung der zu konsolidierenden Daten

Vor der eigentlichen Konsolidierung sollte geprüft werden, ob zwischen den Basisdaten in den Konzernmandanten und dem Konsolidierungsmandanten Abweichungen vorliegen. Dafür stehen die Funktionen *Datenbank prüfen* (die Daten befinden sich in der gleichen Datenbank) oder *Datei prüfen* (die Daten befinden sich in verschiedenen Datenbanken) zur Verfügung. Der Aufruf erfolgt über eine Konzernmandantenkarte auf der Registerkarte *Aktionen*. Es öffnet sich das Fenster *Konsolidieren – DB prüfen* (siehe Abbildung 8.111).

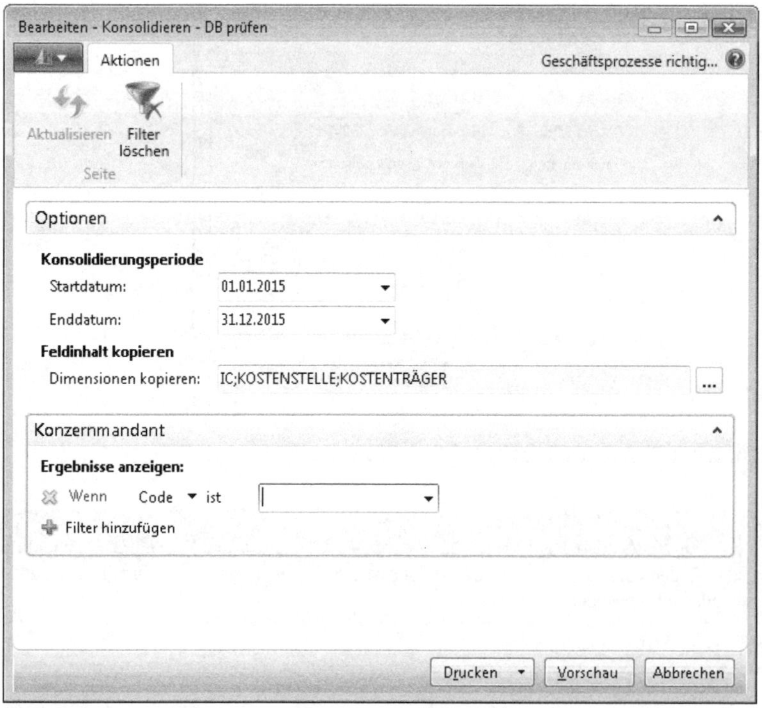

Abbildung 8.111 Die Funktion *Konsoldieren – DB prüfen*

Periodische Aktivitäten

Im Inforegister *Optionen* sind die Informationen entsprechend der Tabelle 8.35 einzugeben.

Feld	Beschreibung
Startdatum	Eingabe des Startdatums, ab dem die Posten des Konzernmandanten getestet werden sollen
Enddatum	Eingabe des Datums, bis zu dem die Posten des Konzernmandanten getestet werden sollen
Dimensionen kopieren	Auswahl der Dimensionen, die im Konsolidierungsmandanten enthalten sein sollen

Tabelle 8.35 Felder des Inforegisters *Optionen* der Funktion *Konsolidieren – DB prüfen*

Die Anwendung prüft nun, ob Sachkontonummern oder Dimensionen verwendet werden, die nicht im Konsolidierungsmandanten enthalten sind. Werden Fehler gefunden, werden diese in einem Bericht angezeigt. Enthält der Bericht Fehler, müssen diese zunächst behoben werden, bevor die Konsolidierung durchgeführt werden kann.

Konsolidierung der Daten

Nachdem die Daten getestet wurden, kann die Konsolidierung gestartet werden. Dabei ist zu beachten, dass die Konsolidierung aus dem Konsolidierungsmandanten heraus ausgeführt werden muss. Die Konsolidierung erfolgt über die Funktion *Datenbank importieren*.

Link: *Abteilungen/Finanzmanagement/Periodische Aktivitäten/Konsolidierung/**Konzernmandanten**/Aktionen/Datenbank importieren*

Es öffnet sich das Fenster *Konsol. von DB importieren* (siehe Abbildung 8.112).

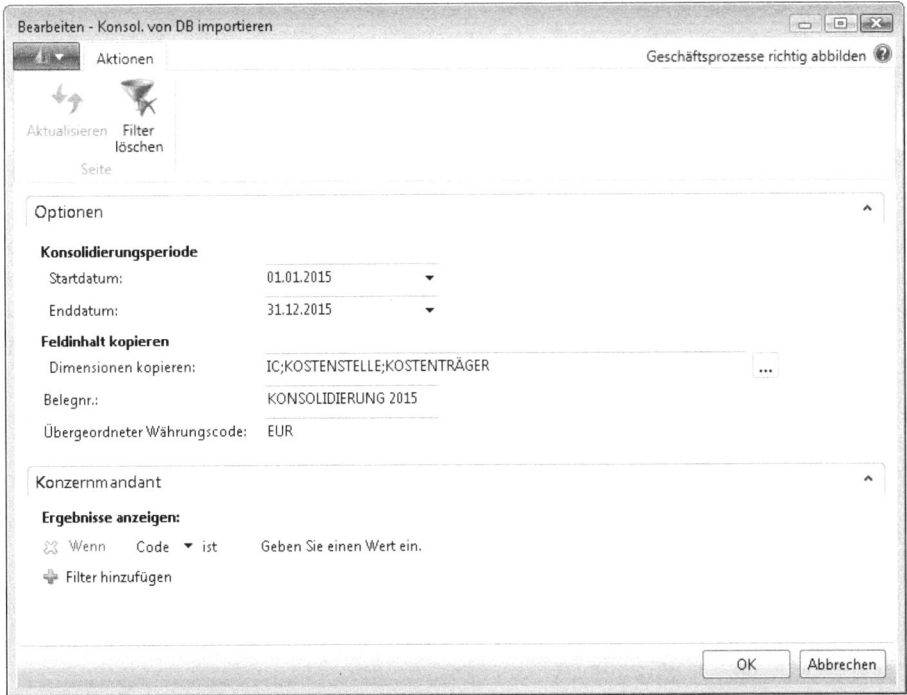

Abbildung 8.112 Die Funktion *Konsol. von DB importieren*

Im Inforegister *Optionen* sind die Informationen entsprechen der Tabelle 8.36 zu hinterlegen.

Feld	Beschreibung
Startdatum	Eingabe des Startdatums einer Periode, aus der Posten importiert werden
Enddatum	Eingabe des Enddatums einer Periode, bis zu dem Posten importiert werden
Dimensionen kopieren	Auswahl und Eingabe der Dimensionen, nach denen die Posten beim Datentransfer klassifiziert werden sollen
Belegnr.	Eingabe einer Belegnr. für alle Posten, die importiert werden
Übergeordneter Währungsode	Dieses Feld enthält den Währungscode der Muttergesellschaft

Tabelle 8.36 Felder des Inforegisters *Optionen* der Funktion *Konsol. von DB importieren*

Die Funktion wertet alle Posten der Konzernmandanten aus, die konsolidiert werden sollen. Der Prozess aktualisiert die Tabelle *Sachposten* direkt, Buchungen sind im Konsolidierungsmandanten nicht durchzuführen. Die systemseitig gebuchten Posten können angezeigt und ausgewertet werden.

Konsolidierungseliminierungen

Sind sämtliche Buchungen aus den Konzernmandanten in den Konsolidierungsmandaten übertragen, ist zu prüfen, ob Konsolidierungseliminierungen stattfinden müssen. Diese Prüfung muss manuell erfolgen.

Um die Prüfung schnell und effizient abwickeln und falls nötig Umbuchungen vornehmen zu können, sollten die Möglichkeiten des Systems genutzt werden, um die Buchungen und Posten, die aus Geschäften zwischen den einzelnen Konzerngesellschaften entstanden sind, herauszufiltern.

Hierzu gehören:

- Intercompany-Sachkonten
- Intercompany-Debitoren/Kreditoren
- Intercompany-Buchungsgruppen
- Dimensionen

Wird eine extra eingerichtete Dimension speziell für Transaktionen zwischen den einzelnen Konzerngesellschaften genutzt (diese könnte z. B. »IC« für Intercompany-Buchungen genannt werden), kann diese bei der Datenübergabe an den Konsolidierungsmandanten ausgewählt werden. Das hat zur Folge, dass die Buchungen gesammelt nun auch im Konsolidierungsmandanten mit den entsprechenden Dimensionswerten für weitere Auswertungszwecke zur Verfügung stehen.

HINWEIS Um Intercompany-Transaktionen über die Sachposten filtern zu können, kann auch das Feld *IC-Partnercode* ausgewertet werden, das beim Buchen von Transaktionen über die Intercompany-Funktionalität von Dynamics NAV 2013 automatisch gefüllt wird.

Müssen im Konsolidierungsmandanten aufgrund von Eliminierungen Umbuchungen vorgenommen werden, können diese dort in einem Fibu Buch.-Blatt erfasst und gebucht werden. Bevor die Eliminierungen gebucht werden, sollten die Auswirkungen auf die Rohbilanz im Konsolidierungsmandanten geprüft werden. Hierzu kann der Bericht *Konsolidierungseliminierungen* verwendet werden.

Link: *Abteilungen/Finanzmanagement/Finanzbuchhaltung/Berichte/Konsolidierung/Konsolidierungseliminierungen* (siehe Abbildung 8.113)

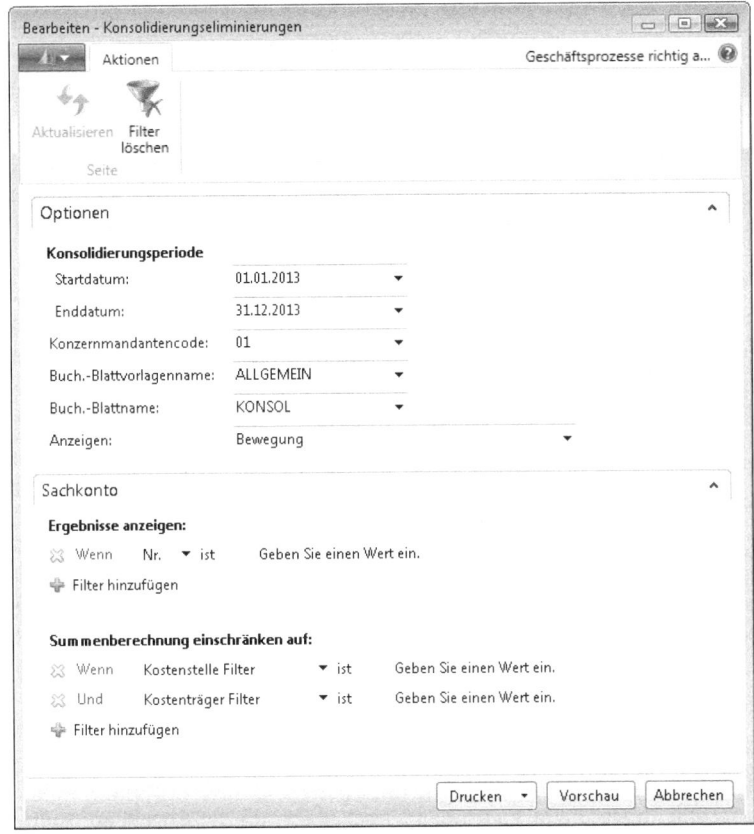

Abbildung 8.113 Der Bericht *Konsolidierungseliminierungen*

Der Bericht enthält eine vorläufige Rohbilanz und zeigt die aus der Eliminierung der Posten hervorgegangenen Ergebnisse an. Hierzu werden die Posten des Konsolidierungsmandanten mit denen der Eliminierungen verglichen, die im Fibu Buch.-Blatt erfasst wurden und nachfolgend gebucht werden sollen.

TIPP Die Konsolidierung von Dynamics NAV 2013 kann nicht nur für die eben beschriebenen Zwecke verwendet werden. Denkbar ist auch die Nutzung der Funktionalität beispielsweise zur Unterstützung von IFRS-Abschlüssen. Die originären Buchhaltungsdaten, also der HGB-Abschluss, könnten an einen Konsolidierungsmandanten übertragen werden und dort weiterverarbeitet werden. In diesem Fall könnten auf der Ebene des Konsolidierungsmandanten die notwendigen IFRS-Buchungen vorgenommen und der IFRS-Abschluss erstellt werden.

Konsolidierung aus Compliance-Sicht

Potenzielle Risiken

- Falsche Bilanz- und GuV-Werte durch fehlerhaftes Konsolidieren (Compliance, Integrity, Reliability)

Prüfungsziele

- Sicherstellung einer korrekten Einrichtung und Durchführung der Konsolidierung

Prüfungshandlungen

Zunächst sind die entsprechenden Einrichtungen zu prüfen. In einem ersten Schritt sollten die eingerichteten *Konsol. Sachkonten* in den einzelnen Konzernmandanten auf Plausibilität hin überprüft werden.

Feldzugriff: *Tabelle 15 Sachkonto,* Felder *Konsol. Sollkonto, Konsol. Habenkonto*

In einem zweiten Schritt sollte die Einrichtung der Konzernmandantenkarte für die einzelnen Konzernmandanten geprüft werden.

Link: *Finanzmanagement /Periodische Aktivitäten/Konsolidierung/Konzernmandanten*

Die Ergebnisse einer Konsolidierung können mit Konsolidierungsberichten angezeigt werden. Hierzu stehen zwei Berichte zur Verfügung:

Link: *Finanzmanagement/Finanzbuchhaltung/Berichte/Finanzauswertung/Konsolidierung Rohbilanz*

Dieser Bericht wird für einen Konsolidierungsmandanten empfohlen, der mehr als vier Konzernmandanten hat. Es werden die Daten zu Bewegungen und Salden für jedes Konto vor und nach den Eliminierungen sowie die gebuchten Eliminierungen für jedes Konto angezeigt. Die Salden jedes Konzernmandanten werden für ein bestimmtes Konto auf Extrazeilen angezeigt.

Link: *Finanzmanagement/Finanzbuchhaltung/Berichte/Finanzauswertung/Konsolidierung Rohbilanz (4)*

Dieser Bericht wird für einen Konsolidierungsmandanten empfohlen, der höchstens vier Konzernmandanten hat. Daten zu jedem Konto werden auf einer Zeile angezeigt. Die Salden jedes Konzernmandanten für ein bestimmtes Konto werden in getrennten Spalten angezeigt. Aufgrund der begrenzten Seitenbreite kann entweder *Saldo* oder *Bewegung* gewählt werden, aber nicht beides. Die gewählten Informationen werden für jedes Konto vor und nach den Eliminierungen zusammen mit den gebuchten Eliminierungen angezeigt.

GDPdU

Nach § 147 (6) AO ist den Finanzbehörden das Recht eingeräumt, die mithilfe eines Datenverarbeitungssystems erstellte Buchführung des Steuerpflichtigen digital zu prüfen. Dieser Abschnitt der Abgabenordnung wird »Grundsätze zum Datenzugriff und zur Prüfbarkeit digitaler Unterlagen« (GDPdU) genannt.

Für diese Zwecke nutzen die Finanzbehörden das Computerprogramm IDEA. Auf Basis der Beschreibungsstandards für die Datenträgerüberlassung und den Erläuterungen zur Speicherung und Beschreibung von Daten im Rahmen der Grundsätze zum Datenzugriff und zur Prüfbarkeit digitaler Unterlagen wurde der GDPdU-Export für Dynamics NAV erstellt.

Der Zugriff der Finanzbehörde auf die Daten des elektronischen Buchführungssystems erfolgt durch Datenträgerüberlassung und/oder durch mittelbaren bzw. unmittelbaren Zugriff. Für die Datenträgerüberlassung ist es notwendig, dass die Daten von einem Unternehmen in maschinell auswertbarer Form auf geeigneten Datenträgern bereitgestellt werden. Unter dem Begriff maschineller Auswertbarkeit versteht die Finanzbehörde den wahlfreien Zugriff auf alle gespeicherten Daten einschließlich der Stammdaten und Verknüpfungen mit Sortier- und Filterfunktionen. Um eine solche Aus- und Verwertbarkeit zu erreichen, sind definierte und standardisierte Dateiformate für die Datenträgerüberlassung notwendig. Diesen Anforderungen kommt Dynamics NAV 2013 entsprechend nach. Dazu kann das System so konfiguriert werden, dass die GDPdU-

Daten gemäß den Anforderungen eines Prüfers exportiert werden können. Für jeden Datenexport sind Tabellen und Felder zu definieren, die exportiert werden sollen. Um welche Tabellen und Felder es sich handelt, hängt von den Anforderungen des Prüfers ab. Die ausgewählten Informationen werden in ASCII-Dateien exportiert. Zudem wird eine XML-Datei (*INDEX.XML*) erstellt, um die ASCII-Dateistruktur zu beschreiben. Die Elemente in der *INDEX.XML*-Datei definieren die Namen der Tabellen und der Felder, die exportiert werden. Da das aktuelle Prüfungs-Tool Einschränkungen bezüglich der Länge und verwendeten Zeichen für die Feldnamen aufweist, entfernt Dynamics NAV 2013 Leerzeichen und Sonderzeichen und kürzt die Namen, um der Beschränkung von 20 Zeichen zu entsprechen.

In den meisten Fällen wird ein GDPdU-Datenexport nur einmal eingerichtet und kann danach immer wieder ausgeführt werden. Aus Compliance-Sicht wird deshalb empfohlen, die Einrichtung nicht nur von Personen mit einem Verständnis für die Datenbankstruktur und der technischen Hardware durchführen zu lassen, sondern gemeinsam mit Personen, die die Geschäftsdaten kennen und verstehen, wie zum Beispiel dem Buchhalter eines Unternehmens. Im Folgenden wird näher beschrieben, wie ein Datenexport eingerichtet und ausgeführt wird.

Einrichtung eines GDPdU-Datenexports

Die Einrichtung eines GDPdU-Datenexports erfolgt im Fenster *Datenexporte*.

Link: *Abteilungen/Verwaltung/Anwendung Einrichtung/Finanzmanagement/Allgemein/Datenexporte* (siehe Abbildung 8.114)

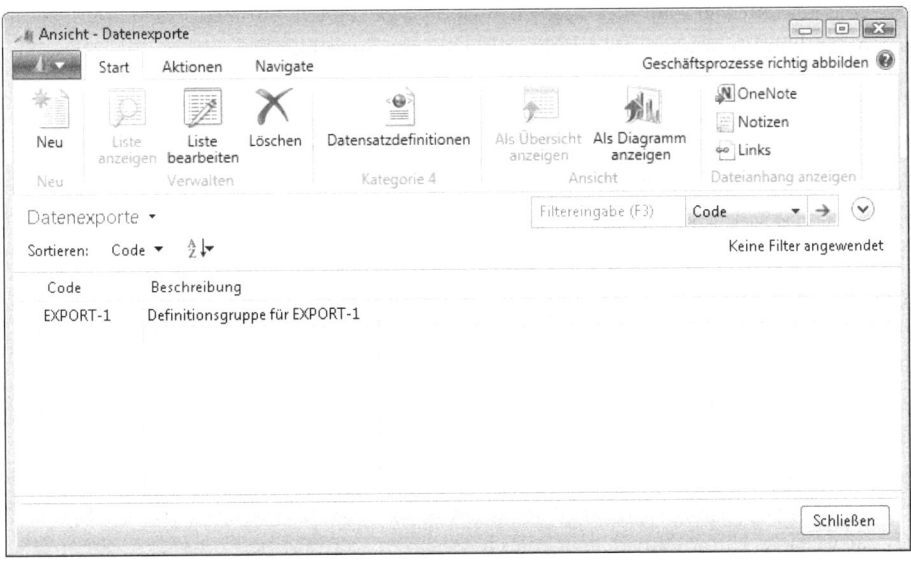

Abbildung 8.114 Das Fenster *Datenexporte*

Für den einzurichtenden Datenexport ist ein eindeutiger, aussagekräftiger Code anzugeben sowie die entsprechende Beschreibung. Im nächsten Schritt sind für den angelegten Datenexport sogenannte Datensatzdefinitionen hinzuzufügen. Eine Datensatzdefinition kann man als Oberbegriff für den Grund des Datenexports verstehen. Bezogen auf Prüfungen der Finanzbehörden kann man z. B. zwischen einer normalen

Betriebsprüfung, einer Lohnsteuerprüfung und einer Umsatzsteuersonderprüfung unterscheiden. Folglich könnten drei Datensatzdefinitionen eingerichtet werden. Die Einrichtung der Datensatzdefinitionen erfolgt im Fenster *Datenexport – Datensatzdefinitionen*.

Link: *Abteilungen/Verwaltung/Anwendung Einrichtung/Finanzmanagement/ Allgemein/**Datenexporte**/Start/ Datensatzdefinitionen* (siehe Abbildung 8.115)

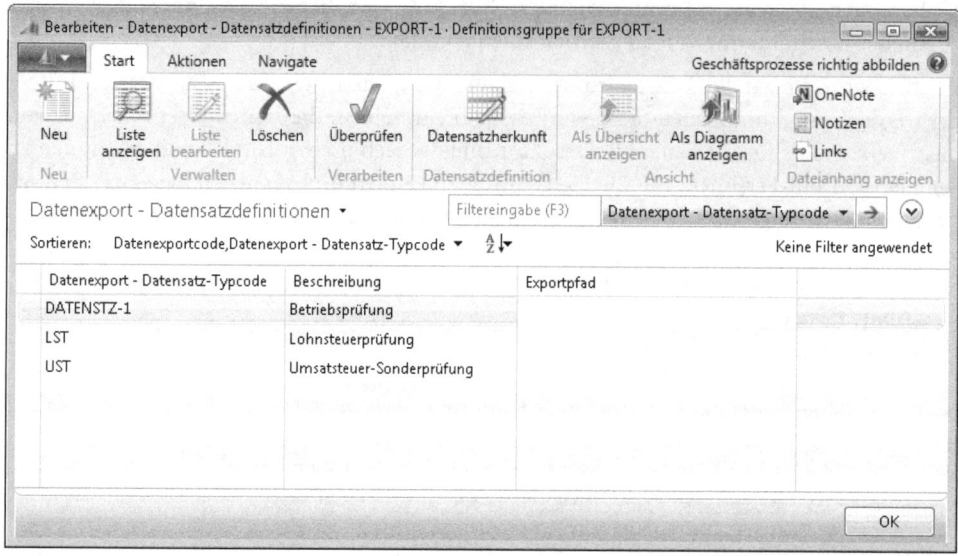

Abbildung 8.115 Das Fenster *Datenexport – Datensatzdefinitionen*

Folgende Informationen sind in den Feldern zu hinterlegen (siehe Tabelle 8.37):

Feld	Beschreibung
Datenexport – Datensatz-Typcode	Eingabe des Namens der Datensatzdefinition
Beschreibung	Eingabe einer Beschreibung der Datensatzdefinition
Exportpfad	Angabe des Pfads, in dem die exportierten Daten gespeichert werden sollen

Tabelle 8.37 Felder des Fensters *Datenexport – Datensatzdefinitionen*

Im nächsten Schritt ist für jede angelegte Datensatzdefinition anzugeben, welche Daten aus welchen Tabellen exportiert werden sollen. Dazu wählt man im Fenster *Datenexport – Datensatzdefinition* auf der Registerkarte *Navigate* den Befehl *Datensatzherkunft*. Es öffnet sich das Fenster *Datenexport – Datensatzherkunft* (siehe Abbildung 8.116).

Für jede Tabelle, die exportiert werden soll, ist eine eigene Zeile anzulegen. Für jede angelegte Zeile sind die Informationen entsprechend der Tabelle 8.38 zu hinterlegen.

Periodische Aktivitäten

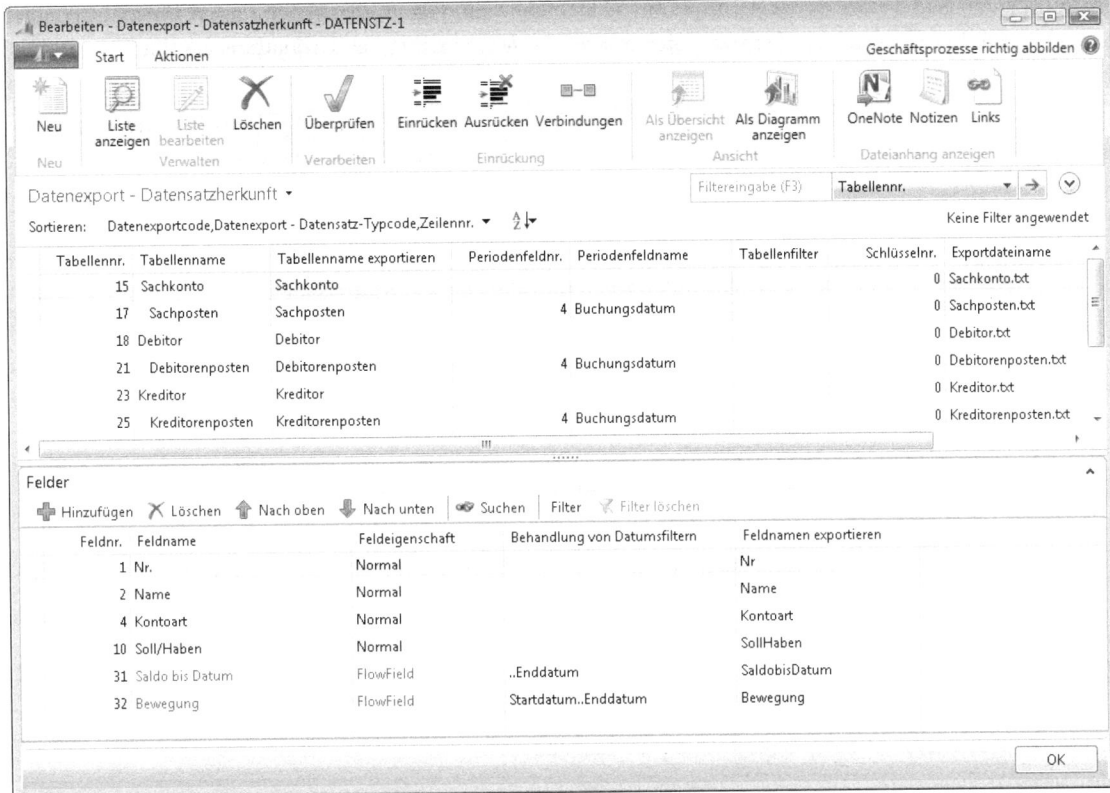

Abbildung 8.116 Das Fenster *Datenexport – Datensatzherkunft*

Feld	Beschreibung
Tabellennr.	Auswahl der Tabelle, die exportiert werden soll
Tabellename	Name der Tabelle, die exportiert werden soll. Dieses Feld wird automatisch gefüllt.
Tabellenname exportieren	Tabellenname für den Export. Dieses Feld wird automatisch gefüllt, kann aber optional geändert werden. Der Wert des Felds wird verwendet, um die Datei *INDEX.XML* während des GDPdU-Datenexports zu erstellen.
Periodenfeldnr.	Eingabe der Nummer des Datumsfelds (Buchungsdatum) der entsprechenden Tabelle. Das Feld wird verwendet, um den Zeitraum für den Datenexport eingrenzen zu können. Wird der Export ausgeführt, werden die Daten der Tabelle aufgrund des eingegebenen Datums gefiltert.
Periodenfeldname	Der Name wird vom System automatisch vergeben und ist der Name der Tabelle, die im Feld *Periodenfeldnr.* angegeben wurde
Tabellenfilter	Über den AssistEdit wird das Fenster *Tabellenfilter* aufgerufen, in dem Filter für die zu exportierende Tabelle hinterlegt werden können
Schlüsselnr.	Optional kann das Schlüsselfeld der Tabelle angegeben werden
Exportdateiname	Sollte dem Tabellennamen im Feld *Tabellenname exportieren* entsprechen und endet mit *.txt*

Tabelle 8.38 Felder des Fensters *Datenexport – Datensatzherkunft*

Im Inforegister *Felder* sind mit *Hinzufügen* für jede Tabelle die Felder anzugeben, deren Daten exportiert werden sollen. Es öffnet sich das Fenster *Datenexport – Felderübersicht* (siehe Abbildung 8.117).

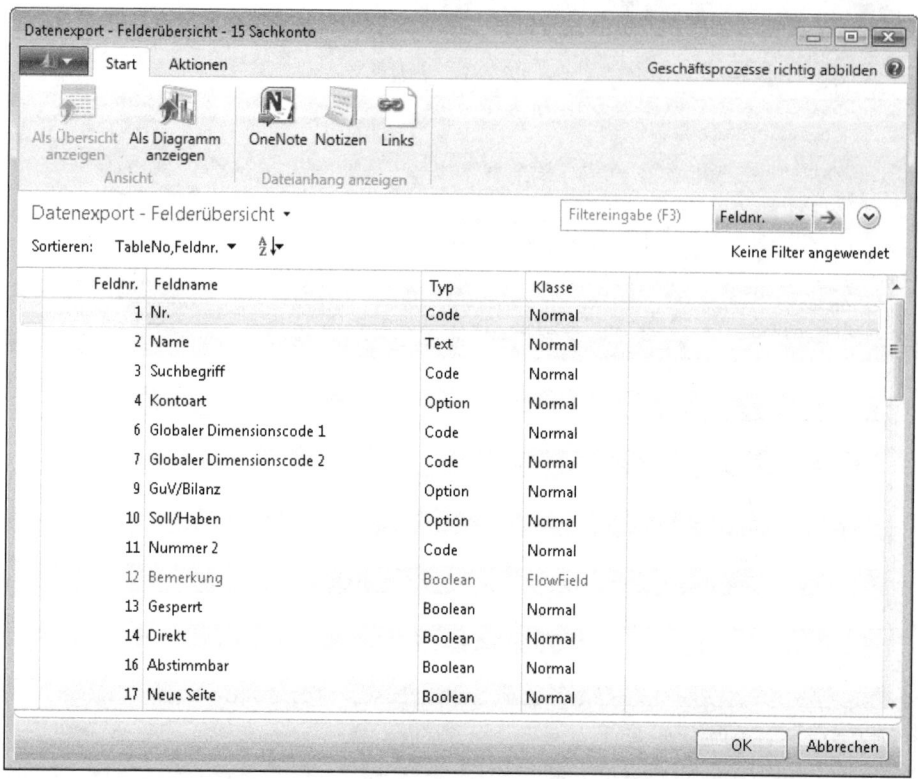

Abbildung 8.117 Ausschnitt des Fensters *Datenexport – Felderübersicht* der Tabelle *Sachkonto*

Die zu exportierenden Felder sind auszuwählen. Sind die Felder ausgewählt, ist mit *OK* zu bestätigen. Soll ein ausgewähltes Feld wieder gelöscht werden, erfolgt dies im Inforegister *Felder* mit *Löschen*. Zu jeder so ausgewählten Tabelle (man spricht hier auch von den Haupttabellen) können optional weitere, mit der Haupttabelle verknüpfte, Tabellen hinzugefügt werden. Dazu sind im Fenster *Datenexport – Datensatzherkunft* unterhalb der Zeile für die Haupttabelle die Tabellen hinzuzufügen, die verknüpft werden sollen. Die hinzugefügte Tabelle ist einzurücken (Registerkarte *Start/Einrückung*) und muss mit der Haupttabelle verbunden werden (Registerkarte *Start/Verbindung*). Es öffnet sich das Fenster *Datenexport – Tabellenbeziehung* (siehe Abbildung 8.118).

Periodische Aktivitäten

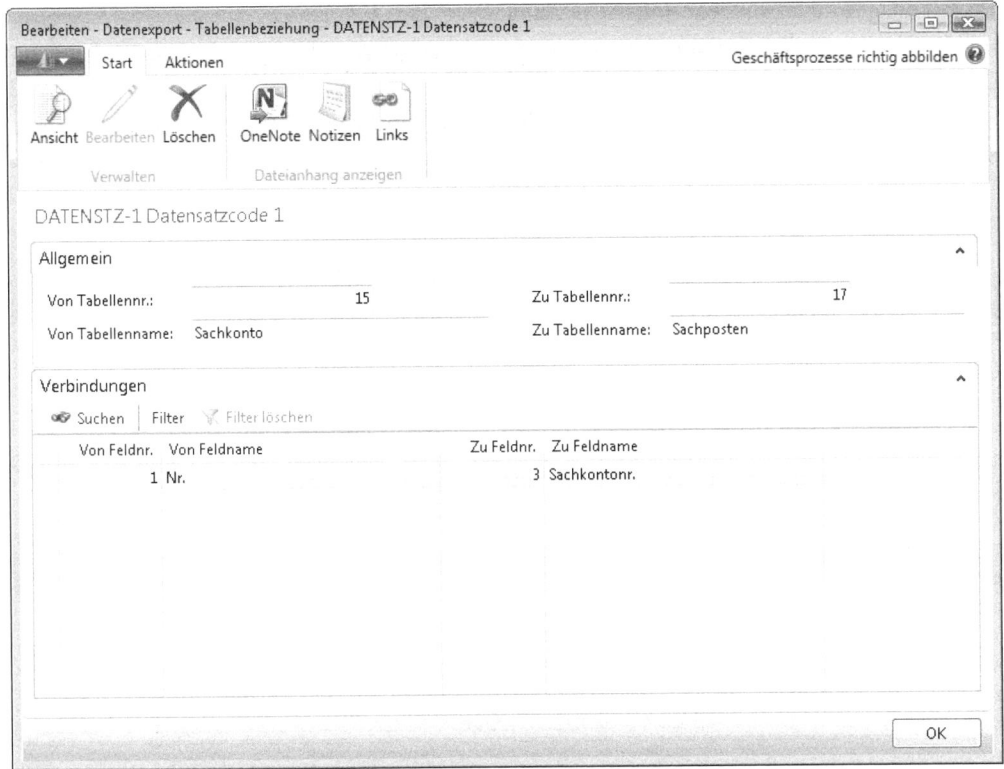

Abbildung 8.118 Das Fenster Datenexport – Tabellenbeziehung

Im Inforegister *Verbindungen* sind die Felder entsprechend der Tabelle 8.39 zu füllen.

Feld	Beschreibung
Von Feldnr.	Enthält die Nummer des Felds der Haupttabelle, über das eine Verknüpfung zur verbundenen Tabelle hergestellt werden soll
Von Feldname	Wird automatisch mit dem entsprechenden Feldnamen gefüllt
Zu Feldnr.	Enthält die Nummer des Felds der verbundenen Tabelle, das der Nr. der Haupttabelle entspricht und über das eine Verknüpfung herstellt werden soll
Zu Feldname	Wird automatisch mit dem entsprechenden Feldnamen gefüllt

Tabelle 8.39 Felder des Inforegisters *Verbindungen* im Fenster *Datenexport – Tabellenbeziehung*

Der Vorgang ist mit *OK* zu bestätigen. Nachdem alle Tabellen und Felder hinzugefügt wurden, muss überprüft werden, ob die Struktur des Datenexports korrekt ist. Die Prüfung erfolgt im Fenster *Datenexport – Datensatzherkunft* auf der Registerkarte *Start* mit *Überprüfen*.

Konfigurationsvorschlag für Zwecke einer Betriebsprüfung

Nachfolgend werden die Tabellen und Feldern aufgeführt, die im Rahmen einer Betriebsprüfung exportiert werden sollten. Hierbei handelt es sich um einen Vorschlag, der so auch von der Finanzverwaltung in Nordrhein-Westfalen empfohlen wird[9]. Sollten im Rahmen einer Prüfung weitere Daten zur Verfügung gestellt werden müssen, können die Tabellen entsprechend ergänzt werden.

Erforderliche Tabellen und Felder für die Aufbereitung der Sach- und Personenkonten

Tabellennr.	Tabellenname	Dateiname	Feldnummer	Feldname	Filter
9	Land/Region	Land.txt	1	Code	
			2	Name	
			6	EU-Länder-/Regionscode	

Tabelle 8.40 Konfigurationsvorschlag der *Tabelle 9 Land/Region*

Tabellennr.	Tabellenname	Dateiname	Feldnummer	Feldname	Filter
15	Sachkonto	Sachkonto.txt	1	Nr.	
			2	Name	
			4	Kontoart	
			9	GuV/Bilanz	
			14	Direkt	
			31	Saldo bis Datum	..Enddatum
			32	Bewegung	Startdatum..Enddatum

Tabelle 8.41 Konfigurationsvorschlag der *Tabelle 15 Sachkonto*

---

[9] Vgl. hierzu Kai Koslowski, Großkonzern BP Bergisches Land, NRW.

Periodische Aktivitäten

Tabellennr.	Tabellenname	Dateiname	Feldnummer	Feldname	Filter
17	Sachposten	Sachposten.txt	1	Lfd. Nr.	
			3	Sachkontonr.	
			4	Buchungsdatum	
			5	Belegart	
			6	Belegnr.	
			7	Beschreibung	
			10	Gegenkontonr.	
			17	Betrag	
			23	Globaler Dimensionscode 1	
			24	Globaler Dimensionscode 2	
			27	Benutzer-ID	
			29	Systembuchung	
			43	MwSt.-Betrag	
			51	Gegenkontoart	
			52	Transaktionsnr.	
			53	Sollbetrag	
			54	Habenbetrag	
			55	Belegdatum	
			56	Externe Belegnr.	
			57	Herkunftsart	
			58	Herkunftsnr.	
			64	MwSt.-Geschäftsbuchungsgruppe	
			65	MwSt.-Produktbuchungsgruppe	

Tabelle 8.42 Konfigurationsvorschlag der *Tabelle 17 Sachposten*

Tabellennr.	Tabellenname	Dateiname	Feldnummer	Feldname	Filter
18	Debitor	Debitor.txt	1	Nr.	
			2	Name	
			4	Name 2	
			5	Adresse	
			6	Adresse 2	
			7	Ort	
			35	Länder-/Regionscode	
			45	Rech. an Deb.-Nr.	
			61	Bewegung (MW)	Startdatum..Enddatum
			86	USt-IdNr.	
			91	PLZ Code	
			99	Sollbetrag (MW)	..Enddatum
			100	Habenbetrag (MW)	..Enddatum
			108	Steuergebietscode	

Tabelle 8.43 Konfigurationsvorschlag der *Tabelle 18 Debitor*

Tabellennr.	Tabellenname	Dateiname	Feldnummer	Feldname	Filter
21	Debitorenposten	Debitorenposten.txt	1	Lfd. Nr.	
			3	Debitorennr.	
			4	Buchungsdatum	
			5	Belegart	
			6	Belegnr.	
			7	Beschreibung	
			16	Restbetrag (MW)	
			17	Betrag (MW)	
			23	Globaler Dimensionscode 1	
			24	Globaler Dimensionscode 2	
			27	Benutzer-ID	
			37	Fälligkeitsdatum	
			45	Geschlossen am	
			51	Gegenkontoart	
			52	Gegenkontonr.	
			53	Transaktionsnr.	
			60	Sollbetrag (MW)	
			61	Habenbetrag (MW)	
			62	Belegdatum	

Tabelle 8.44 Konfigurationsvorschlag der *Tabelle 21 Debitorenposten*

Tabellennr.	Tabellenname	Dateiname	Feldnummer	Feldname	Filter
23	Kreditor	Kreditor.txt	1	Nr.	
			2	Name	
			4	Name 2	
			5	Adresse	
			6	Adresse 2	
			7	Ort	
			35	Länder-/Regionscode	
			45	Zahlung an Kred.-Nr.	
			61	Bewegung (MW)	Startdatum..Enddatum
			86	USt-IdNr.	
			91	PLZ Code	
			99	Sollbetrag (MW)	..Enddatum
			100	Habenbetrag (MW)	..Enddatum
			108	Steuergebietscode	

Tabelle 8.45 Konfigurationsvorschlag der *Tabelle 23 Kreditor*

Periodische Aktivitäten

Tabellennr.	Tabellenname	Dateiname	Feldnummer	Feldname	Filter
25	Kreditorenposten	Kreditorenposten.txt	1	Lfd. Nr.	
			3	Kreditorennr.	
			4	Buchungsdatum	
			5	Belegart	
			6	Belegnr.	
			7	Beschreibung	
			16	Restbetrag (MW)	
			17	Betrag (MW)	
			23	Globaler Dimensionscode 1	
			24	Globaler Dimensionscode 2	
			27	Benutzer-ID	
			37	Fälligkeitsdatum	
			45	Geschlossen am	
			51	Gegenkontoart	
			52	Gegenkontonr.	
			53	Transaktionsnr.	
			60	Sollbetrag (MW)	
			61	Habenbetrag (MW)	
			62	Belegdatum	

Tabelle 8.46 Konfigurationsvorschlag der *Tabelle 25 Kreditorenposten*

Tabellennr.	Tabellenname	Dateiname	Feldnummer	Feldname	Filter
45	Fibujournal	Fibujournal.txt	2	Von Lfd. Nr.	
			3	Bis Lfd. Nr.	
			4	Errichtungsdatum	
			6	Benutzer ID	

Tabelle 8.47 Konfigurationsvorschlag der *Tabelle 45 Fibujournal*

Tabellennr.	Tabellenname	Dateiname	Feldnummer	Feldname	Filter
98	Finanzbuchhaltung Einrichtung	Finanzbuchhaltung Einrrichtung.txt	71	Mandantenwährungscode	

Tabelle 8.48 Konfigurationsvorschlag der *Tabelle 98 Finanzbuchhaltung Einrichtung*

Tabellennr.	Tabellenname	Dateiname	Feldnummer	Feldname	Filter
254	MwSt.-Posten	MwSt.-Posten.txt	4	Buchungsdatum	
			5	Belegnr.	
			9	Betrag	

Tabelle 8.49 Konfigurationsvorschlag der *Tabelle 254 MwSt.-Posten*

Tabellennr.	Tabellenname	Dateiname	Feldnummer	Feldname	Filter
325	MwSt.-Buchungsmatrix Einr.	MwSt.-Buchungsmatrix Einrir.txt	1	MwSt.-Geschäftsbuchungsgruppe	
			2	MwSt.-Produktbuchungsgruppe	
			3	MwSt.-Berechnungsart	
			4	MwSt %	
			7	Umsatzsteuerkonto	
			9	Vorsteuerkonto	

Tabelle 8.50 Konfigurationsvorschlag der *Tabelle 325 MwSt.-Buchungsmatrix Einrichtung*

Tabellennr.	Tabellenname	Dateiname	Feldnummer	Feldname	Filter
349	Dimensionswert	Dimensionswert.txt	1	Dimensionscode	
			2	Code	
			3	Name	
			4	Dimensionswertart	
			5	Zusammenzählung	
			7	Konsolidierungscode	
			8	Einrückung	
			9	Globale Dimensionsnr.	

Tabelle 8.51 Konfigurationsvorschlag der *Tabelle 349 Dimensionswert*

Periodische Aktivitäten

Tabellennr.	Tabellenname	Dateiname	Feldnummer	Feldname	Filter
379	Detaillierte Debitorenposten	Detaillierte Debitorenposten.txt	1	Lfd. Nr.	
			2	DebitorenpostenLfd. Nr.	
			3	Postenart	
			4	Buchungsdatum	
			5	Belegart	
			7	Betrag	
			8	Betrag (MW)	
			9	Debitorennr.	
			35	Urspr. Belegart	
			36	Ausgegl. Debitorenposten Lfd. Nr.	

Tabelle 8.52 Konfigurationsvorschlag der *Tabelle 379 Detaillierte Debitorenposten*

Tabellennr.	Tabellenname	Dateiname	Feldnummer	Feldname	Filter
380	Detaillierte Kreditorenposten	Detaillierte Kreditorenpostenn.txt	1	Lfd. Nr.	
			2	Kreditorenposten Lfd. Nr.	
			3	Postenart	
			4	Buchungsdatum	
			5	Belegart	
			7	Betrag	
			8	Betrag (MW)	
			9	Kreditorennr.	
			35	Urspr. Belegart	
			36	Ausgegl. Kreditorenposten Lfd. Nr.	

Tabelle 8.53 Konfigurationsvorschlag der *Tabelle 380 Detaillierte Kreditorenposten*

Erforderliche Tabellen und Felder für die Aufbereitung der Anlagenbuchhaltung

Tabellennr.	Tabellenname	Dateiname	Feldnummer	Feldname	Filter
5601	Anlageposten	Anlagenposten.txt	3	Anlagennr.	
			5	Buchungsdatum	
			10	Beschreibung	
			11	AfA Buchcode	
			13	Anlagenbuchungsart	
			14	Betrag	
			27	Anlagenbuchungsgruppe	
			33	AfA-Methode	

Tabelle 8.54 Konfigurationsvorschlag der Tabelle *5601 Anlageposten*

Tabellennr.	Tabellenname	Dateiname	Feldnummer	Feldname	Filter
5606	Anlagenbuchungsgruppe	Anlagenbuchungsgruppe.txt	1	Code	
			2	Kto. Anschaffung	
			3	Kto. Normal-AfA	
			4	Kto. Erhöhte AfA	
			5	Kto. Zuschreibung	
			6	Kto. Sonder-AfA	
			7	Kto. Benutzerdef. AfA	
			9	Kto. Normal-AfA bei Verkauf	

Tabelle 8.55 Konfigurationsvorschlag der *Tabelle 5606 Anlagenbuchungsgruppe*

Tabellennr.	Tabellenname	Dateiname	Feldnummer	Feldname	Filter
5612	Anlagen-AfA-Buch	Anlagen-AfA-Buch.txt	1	Anlagennr.	
			2	AfA Buchcode	
			4	Startdatum Normal-AfA	
			5	Lineare AfA %	
			6	Nutzungsdauer i. Jahren	
			7	Nutzungsdauer i. Monaten	
			9	Degressive AfA %	
			13	Anlagenbuchungsgruppe	
			15	Anschaffungskosten	
			17	Buchwert	..Enddatum
			18	Verkaufspreis	
			19	Gewinn/Verlust	
			24	Grundlage für AfA	
			30	Anschaffungsdatum	
			31	Fibu-Anschaffungsdatum	
			32	Verkaufsdatum	
			55	Beschreibung	

Tabelle 8.56 Konfigurationsvorschlag der *Tabelle 5612 Anlagen-AfA-Buch*

Erforderliche Tabellen und Felder für die Aufbereitung der Artikel- und Fakturadaten

Tabellennr.	Tabellenname	Dateiname	Feldnummer	Feldname	Filter
27	Artikel	Artikel.txt	1	Nr.	
			3	Beschreibung	
			70	Bewegung	..Enddatum
			90	MwSt.-Geschäfts-buch.-G.(Preis)	
			99	MwSt.-Produktbuchungsgruppe	

Tabelle 8.57 Konfigurationsvorschlag der *Tabelle 27 Artikel*

Tabellennr.	Tabellenname	Dateiname	Feldnummer	Feldname	Filter
32	Artikelposten	Artikelposten.txt	2	Artikelnr.	
			3	Buchungsdatum	
			4	Postenart	
			5	Herkunftsnr.	
			6	Belegnr.	
			12	Menge	
			41	Herkunftsart	
			52	Länder-/Regionscode	
			60	Belegdatum	
			5816	Verkaufsbetrag (tatsächl.)	

Tabelle 8.58 Konfigurationsvorschlag der *Tabelle 32 Artikelposten*

Tabellennr.	Tabellenname	Dateiname	Feldnummer	Feldname	Filter
112	Verkaufsrechnungs-kopf	Verkaufrechnungs-kopf.txt	3	Nr.	
			2	Verk. an Deb.-Nr.	
			4	Rech. an Deb.-Nr.	
			5	Rech. an Name	
			20	Buchungsdatum	
			27	Lieferbedingungscode	
			60	Betrag	
			61	Betrag inkl. MwSt.	
			70	USt-IdNr.	
			78	MwSt.-Länder-/Regionscode	
			87	Rech. an Länder-/Regionscode	
			93	Lief. an Länder-/Regionscode	

Tabelle 8.59 Konfigurationsvorschlag der *Tabelle 112 Verkaufsrechnungskopf*

Tabellennr.	Tabellenname	Dateiname	Feldnummer	Feldname	Filter
114	Verkaufsgutschriftskopf	Verkaufsgutschriftskopf.txt	3	Nr.	
			2	Verk. an Deb.-Nr.	
			4	Rech. an Deb.-Nr.	
			5	Rech. an Name	
			20	Buchungsdatum	
			27	Lieferbedingungscode	
			60	Betrag	
			61	Betrag inkl. MwSt.	
			70	USt-IdNr.	
			78	MwSt.-Länder-/Regionscode	
			87	Rech. an Länder-/Regionscode	
			93	Lief. an Länder-/Regionscode	

Tabelle 8.60 Konfigurationsvorschlag der *Tabelle 114 Verkaufsgutschriftskopf*

Der Export von GDPdU-Daten

Der Export der GDPdU-Daten erfolgt mit der Funktion *Geschäftsdaten exportieren*.

Link: *Abteilungen/Finanzmanagement/Periodische Aktivitäten/Sachposten/Geschäftsdaten exportieren* (siehe Abbildung 8.119)

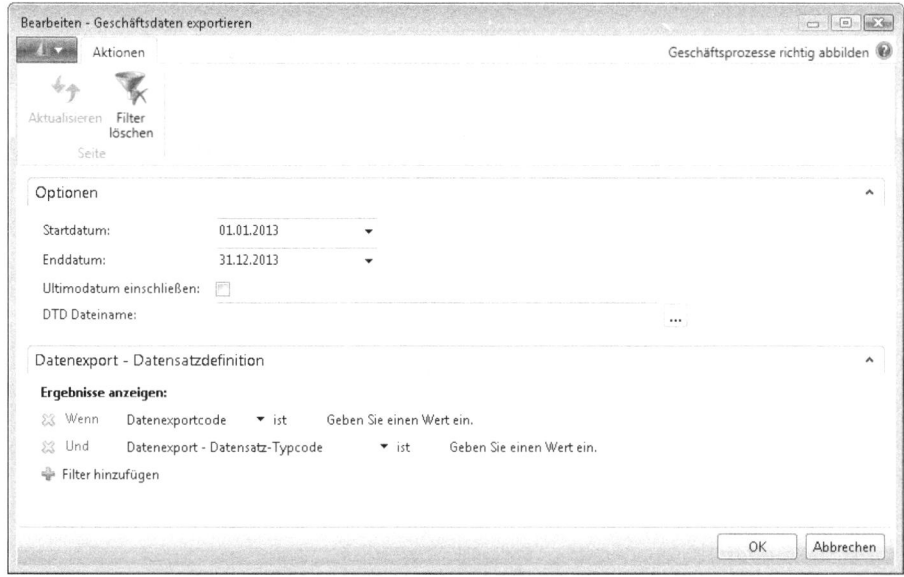

Abbildung 8.119 Die Funktion *Geschäftsdaten exportieren*

Im Inforegister *Optionen* sind die Felder entsprechend der Tabelle 8.61 zu füllen.

Feld	Beschreibung
Startdatum	Eingabe des Startdatums für den Datenexport
Enddatum	Eingabe des Enddatums für den Datenexport
Ultimodatum einschließen	Gibt an, ob der Datenexport das Ultimodatum der Periode enthalten soll
DTD Dateiname	Angabe des vollständigen Pfads und den Namen der DTD-Datei. Diese Definitionsdatei wird vom Softwarepartner zur Verfügung gestellt.

Tabelle 8.61   Felder des Inforegisters *Optionen* im Fenster *Geschäftsdaten exportieren*

Im Inforegister *Datenexport – Datensatzdefinition* ist der entsprechende Filter auszuwählen, um den Datenexport und den Datensatztyp des Datenexports zu identifizieren. Zum Exportieren der Daten ist mit *OK* zu bestätigen.

ACHTUNG   Während des Exports werden alle vorhandenen Dateien einschließlich der Protokolldatei überschrieben. Wenn identische Daten mehrfach exportiert werden müssen, werden die Dateien aus dem ersten Export überschrieben.

E-Bilanz

Durch das Steuerbürokratieabbaugesetz (SteuBAG) müssen zukünftig Jahresabschlüsse elektronisch an die Finanzverwaltung übermittelt werden (E-Bilanz). Hiervon werden alle bilanzierenden Unternehmen betroffen sein. Gesetzliche Grundlage ist § 5b EStG. Dieser regelt die elektronische Übermittlung der Bilanz, Gewinn- und Verlustrechnung bzw. Überleitungsrechnung auf Basis des XBRL-Standards. XBRL (eXtensible Business Reporting Language) ist ein weltweit verwendeter Standard, um Daten in einem einheitlichen Format auszutauschen. So kommt dieser Standard z. B. schon bei der Veröffentlichung von Jahresabschlüssen im Bundesanzeiger zum Einsatz. Die elektronische Abgabe ist erstmals verpflichtend anzuwenden auf Jahresabschlüsse für Wirtschaftsjahre, die nach dem 31.12.2012 beginnen. Bezüglich der Übermittlung des Jahresabschlusses gibt es Vorgaben über den Aufbau (Taxonomie) sowie über Mindestpositionen (Mussfelder) der Daten, die übermittelt werden müssen.[10]

Was die Umsetzung der Anforderungen in Dynamics NAV 2013 anbelangt, müssen folgende Punkte berücksichtigt werden:

- Zur Vorbereitung auf die E-Bilanz sollte ein Kontenmapping durchgeführt werden. Dabei wird der von dem Unternehmen verwendete handelsrechtliche Kontenplan mit dem der Steuertaxonomie abgeglichen (Soll-Ist-Analyse). Anschließend muss geprüft werden, ob neue Konten in den Kontenrahmen eingefügt werden müssen. Das Mapping hat somit zwei Ziele. Zum einen sollen die unternehmensindividuellen Konten den Taxonomiepositionen zugeordnet werden. Zum anderen stellt das Mapping eine Bestandsaufnahme dar, inwieweit Anpassungen im Rechnungswesen erforderlich sind.

---

[10] Vgl. BMF vom 28.09.2011, BStBl 2011 I, S. 855.

- Zuordnungsprobleme hinsichtlich der Einrichtung der Buchungsmatrix Einrichtung kann es bei der Verbuchung des Materialaufwands und der Umsatzerlöse geben. Bei dem GuV-Posten »Aufwendungen für Roh-, Hilfs- und Betriebsstoffe und für bezogene Waren« muss zukünftig eine Unterscheidung zwischen den Aufwendungen für Roh-, Hilfs- und Betriebsstoffe und bezogene Waren erfolgen. Nach der Steuer-Taxonomie erfolgt nun eine Unterteilung in drei Bestandteile. Insgesamt wird der Materialaufwand in Aufwendungen für Roh-, Hilfs- und Betriebsstoffe, Aufwendungen für bezogene Waren und Aufwendungen für bezogene Leistungen aufgegliedert. Diese drei Positionen werden anschließend weiter nach den entsprechenden Umsatzsteuertatbeständen differenziert. Die Umsatzerlöse müssen nach der steuerlichen Taxonomie in die einzelnen Umsatzsteuertatbestände zerlegt werden. In der Buchungsmatrix Einrichtung muss insofern geprüft werden, ob die vorgegebene Gliederung mit den bisher eingerichteten Geschäfts- und Produktbuchungsgruppen erreicht werden kann oder ob entsprechenden Änderungen vorzunehmen sind.

- Die an die Finanzverwaltung zu übermittelnden Daten betreffen den steuerlichen Jahresabschluss (Handelsbilanz + steuerliche Überleitungsrechnung oder Steuerbilanz). In Dynamics NAV 2013 wird für gewöhnlich ein handelsrechtlicher Jahresabschluss erstellt, da auch die Bewertungsmethoden (siehe hierzu z. B. den Abschnitt »Arbeiten mit Währungen«) den handelsrechtlich zulässigen Methoden entsprechen.

- In Dynamics NAV 2013 besteht zwar die Möglichkeit zur Erstellung von Taxonomien und der Auslesung von Daten für die E-Bilanz. Die Daten können jedoch nicht direkt an die Finanzverwaltung übermittelt werden, sondern nur dem Steuerberater/Wirtschaftsprüfer zur Überarbeitung und Übertragung überlassen werden.

HINWEIS Die genannten Punkte, insbesondere die letzten beiden Punkte, führen dazu, dass wir empfehlen, die Übermittlung der Daten durch den Steuerberater/Wirtschaftsprüfer vornehmen zu lassen. Anstatt die Taxonomien in Dynamics NAV 2013 einzulesen und zu bearbeiten, können die Jahresabschlussdaten dem Steuerberater/Wirtschaftsprüfer zur Verfügung gestellt werden, der diese dann in seiner Software weiterverarbeiten und E-Bilanz-konform an die Finanzverwaltung übermitteln kann.

Anhang A
Begleitmaterial zum Buch

In diesem Kapitel:

Verwenden der Objekte des Begleitmaterials	928
Kritische Benutzerrechtskombinationen	931
Tabellenzugriffsrechts-Übersicht	934
Dublettensuche für Debitoren und Kreditoren	935
Konsistenzanalyse	937
Analyse von kurzfristigen Änderungen	938
Reports	940
Modifizierte Lager – Sachpostenabstimmung	945
Analyse der Logistikbelegverwendung	946
Fehlende Postennummern	947
Übersicht der lizenzierten Objekte	950

Viele Prüfungshandlungen lassen sich durch einfache Feldzugriffe und entsprechende Filterung durchführen. Andere Prüfungen erfordern mehrere Feld- bzw. Tabellenzugriffe oder die Weiterverarbeitung von Zwischenergebnissen. Derartige Prüfungshandlungen lassen sich zumeist nur durch entsprechende Reports oder andere Analysetools effizient durchführen. Das vorliegende Begleitmaterial enthält einige dieser Tools und Reports, die in Dynamics NAV erstellt wurden, um verschiedene, im Buch vorgestellte Prüfungshandlungen wesentlich zu vereinfachen.

> **Online** Die Begleitdateien zu diesem Buch stehen als Download zur Verfügung. Sie können diese wahlweise entweder von der Seite *www.microsoft-press.de/support/9783866455696* oder von der Seite *msp.oreilly.de/support/2272/803* herunterladen.

Das in diesem Begleitmaterial enthaltene Programmmaterial ist mit keiner Verpflichtung, Garantie oder zugesicherten Eigenschaften irgendeiner Art verbunden. Autoren, Übersetzer und der Verlag übernehmen folglich keine Verantwortung und keine daraus folgende oder sonstige Haftung, die auf irgendeine Art aus der Benutzung dieses Programmmaterials oder Teilen davon entsteht. Das Werk einschließlich aller Teile ist urheberrechtlich geschützt. Jede Verwertung außerhalb der engen Grenzen des Urheberrechtsgesetzes ist ohne Zustimmung des Verlags nicht zulässig. Das gilt insbesondere für Vervielfältigung, Übersetzung, Mikroverfilmung und die Einspeicherung und Verarbeitung in elektronischen Systemen.

> **Online** Das Begleitmaterial zu diesem Buch wurde unter Nutzung der neuen technologischen Möglichkeiten (z. B. Queries) von Dynamics NAV 2013 erstellt und ist daher nicht abwärtskompatibel. Das weitgehend vergleichbare Begleitmaterial zum Vorgängerbuch (NAV 2009) kann unter folgendem Link heruntergeladen werden:
>
> *http://go.microsoft.com/fwlink/?LinkID=153144*

Verwenden der Objekte des Begleitmaterials

Im folgenden Abschnitt wird zunächst auf die Lizenzierung sowie den Import der Objekte des Begleitmaterials eingegangen. Anschließend werden die Startanweisungen der Objekte erläutert.

Lizenzierung der Objekte des Begleitmaterials

Da es sich bei den hier beschriebenen Tools um neue Datenbankobjekte handelt, müssen diese in der Unternehmenslizenz freigeschaltet werden. Neue NAV-Datenbankobjekte müssen grundsätzlich kostenpflichtig bei Microsoft erworben und damit lizenziert werden. Häufig sind noch nicht alle lizenzierten Objekten auch individuelle Objekt IDs zugewiesen. In diesem Fall können dem NAV-Partner die Objektnummern genannt werden, die freigeschaltet werden sollen und es entstehen keine Kosten für die Nutzung der Objekte des Begleitmaterials. Gibt es keine freien Objekte, müssen die benötigten Objektnummernbereiche bei Microsoft lizenziert und freigeschaltet werden.

> **HINWEIS** Im Begleitmaterial zu diesem Buch ebenfalls enthalten ist eine Page (ID 50090), mit der sich die freien Objektnummernbereiche auslesen lassen (siehe auch den Abschnitt »Übersicht der lizenzierten Objekte« weiter hinten in diesem Anhang).

Verwenden der Objekte des Begleitmaterials

Für den Fall, dass keine freien Objektnummern in der Unternehmenslizenz enthalten sind, kann der Tabelle A.1 entnommen werden, welche Objekte über den Microsoft Dynamics-Partner bestellt und freigeschaltet werden müssen, um die Tools nutzen zu können (siehe hierzu auch das Formular *Object-Order-Sheet.pdf* im Begleitmaterial).

Granule-ID	Beschreibung	Anzahl Objekte	Dateiname
CT1100	Kritische Benutzerrechtskombinationen	4 Tabellen, 4 Pages, 1 Codeunit, 1 Query	CT1100.fob
CT1200	Dublettensuche für Debitoren und Kreditoren	4 Tabellen, 5 Pages, 1 Codeunit, 1 Report	CT1200.fob
CT1300	Diverse Prüfungsabfragen: Abweichende Zahlungsbedingungen Zugriffsrechtsprüfung Analyse der Logistikbelegverwendung	5 Queries, 1 Tabelle, 1 Page, 1 Codeunit	CT1300.fob
CT1400	Analyse von kurzfristigen Änderungen	1 Tabelle, 1 Pages, 1 Query	CT1400.fob
CT1500	Tabellenzugriffsrechts-Übersicht	2 Tabellen, 2 Codeunits, 5 Pages, 2 Queries	CT1500.fob
CT1600	Fehlende Postennummern	1 Tabelle, 1 Report, 1 Page	CT1600.fob
CT2000	Diverse Reports: Gelieferte, nicht fakturierte Posten Kreditlimit Überschreitungen Obligo Analyse Wertgutschriften-Analyse Artikel-ABC-Analyse	5 Reports	CT2000.fob

Tabelle A.1 Granule-Übersicht *Prüfungs- und Analysetools*

Die hier beschriebenen Granules stehen im Ordner *Objekte* des Begleitmaterials zu Verfügung. Der Dateiname wird gebildet aus der Granule-ID und der Versionsnummer (siehe Tabelle A.1 und Tabelle A.2). Neben den fünf Granule-Objektdateien enthält der Ordner noch weitere Dateien, deren Bedeutung Sie der folgenden Tabelle entnehmen können.

Dateiname	Inhalt
CTLON_V2.fob	Page zur Anzeige freier Objektnummernbereiche in der Dynamics NAV Unternehmenslizenz
CTCLS.rapidstart	RapidStart-Datei mit beispielhaften Änderungsprotokoll-Einrichtung (siehe auch den Abschnitt »Änderungsprotokoll« in Kapitel 4 und den Abschnitt »RapidStart-Dienste« in Kapitel 2)
CTMod_InvGLReconc.fob	Modifizierte Standardobjekte bezüglich der *Lager – Sachpostenabstimmung* zum Import in eine Demo- oder Testdatenbank (siehe auch den Abschnitt »Modifizierte Lager – Sachpostenabstimmung« weiter hinten in diesem Anhang)
ObjectLog.zip	SQL-Skript zur Historisierung von Objektänderungen
RDLC2008SampleReport.fob	Beispielreport *Debitoren mit fälligen Posten* aus Kapitel 2
Object-Order-Sheet.pdf	Das Formular *Object-Order-Sheet.pdf* enthält alle notwendigen Informationen für den zuständigen Dynamics-Partner, um die entsprechenden Objekt-IDs freizuschalten oder ggf. zu lizenzieren

Tabelle A.2 Beschreibung der Granule-unabhängigen Dateien im Ordner *Objekte* des Begleitmaterials

Importieren der Objekte des Begleitmaterials

Das Importieren von Datenbankobjekten muss in Übereinstimmung mit den unternehmensindividuellen Regelungen erfolgen. Insbesondere ist darauf zu achten, welchen standardisierten Weg Objekte nehmen, die in die Produktivdatenbank eingespielt werden sollen. Der Import erfolgt in der Entwicklungsumgebung von Dynamics NAV über den Object Designer. Über den Menübefehl *Datei/Import* können die Objekte in das *Import Worksheet* übernommen, die *Import Action* pro Zeile geprüft und entsprechend abgeschlossen werden.

ACHTUNG Vor dem Importieren von Objekten ist grundsätzlich eine Daten- und Objektsicherung durchzuführen, um die Wiederherstellbarkeit des Systems zu gewährleisten. Die *Action* »Replace« im *Import Worksheet* bedeutet, dass ein Objekt durch den Import überschrieben wird. Objektimporte sollten grundsätzlich nur durch dafür autorisierte Mitarbeiter durchgeführt werden.

Starten der Objekte des Begleitmaterials

Die im Begleitmaterial enthaltenen Objekte können nach dem Import in die Datenbank (wegen des Verzichts auf eine MenuSuite) entweder vom Object Designer der Entwicklungsumgebung oder über das *Ausführen*-Dialogfeld von Windows (Tastenkombination ⊞+R) gestartet werden. Zum Starten von Datenbankobjekten aus dem Object Designer verweisen wir auf den entsprechenden Abschnitt in Kapitel 2. Die *Object-IDs* der Begleitmaterialobjekte liegen im Nummernbereich ab »74000«.

Starten einer Page

Die Anweisung zum Starten einer Page aus dem Object Designer der Entwicklungsumgebung wird wie folgt angegeben:

Object Designer: Run Page 74000 *Kritische Zugriffsrechte Übersicht*

Alternativ kann die NAV-URL genutzt werden, die für die gleiche Page wie folgt lautet:

⊞+R: *microsoft.dynamics.nav.client.exe dynamicsnav:////runpage?page=74000*

TIPP Nutzer der E-Book-Variante dieses Buchs können ggf. die jeweils hinter der Object Designer-Anweisung angegebene NAV-URL benutzen, um diese per Kopieren und Einfügen über das *Ausführen*-Dialogfeld zu starten.

Starten einer Query

Analog zur Startanweisung einer Page lautet die Anweisung zum Starten einer Query beispielsweise:

Object Designer: Run Query 74007 *Prüfe Geb. WA-Zeilen (VK)*

⊞+R: *microsoft.dynamics.nav.client.exe dynamicsnav:////runquery?query=74007*

Starten eines Reports

Analog zur den obigen Startanweisungen lautet die Anweisung zum Starten eines Reports:

Object Designer: Run Report 74000 *Obligo Analyse*

⊞+R: *microsoft.dynamics.nav.client.exe dynamicsnav:////runreport?report=74000*

HINWEIS Die Syntax für die »runpage/runquery/runreport«-Befehle über das *Ausführen*-Dialogfeld unter Angabe eines bestimmten Servers und eines Mandantennamens lautet: *dynamicsnav://<server/instance>/<company>/runpage?page=xxxxx*.

Support zum Begleitmaterial

Hinweise und Feedback zu den vorliegenden Prüfungs- und Analysetools sind jederzeit herzlich willkommen und können an folgende E-Mail-Adresse gerichtet werden:

tools@nav-compliance.de

Die Autoren sind bemüht, die vorliegenden Tools zu erweitern und an zukünftige Releases von Dynamics NAV anzupassen. Eine Verpflichtung ergibt sich daraus jedoch nicht. Hinweise zu Compliance-Themen finden Sie dazu auch unter *www.nav-compliance.de*. Bei Bedarf können Supportanfragen auch telefonisch an die anaptis GmbH unter der Rufnummer +49 (0)700 0700 7008 gestellt werden. Die im Zusammenhang mit Supportanfragen geleistete Dienstleistung ist grundsätzlich kostenpflichtig.

Kritische Benutzerrechtskombinationen

Im Rahmen der Prüfung des Berechtigungskonzepts sollte die Existenz inadäquater Kombinationen von Benutzerzugriffsrechten (z. B. das Veranlassen von Zahlungsausgängen und gleichzeitige Bearbeiten von Kreditor-Bankkonten) geprüft werden. Bei der Prüfung und Bewertung müssen die unternehmensindividuellen Gegebenheiten sowohl bei der Definition der kritischen Benutzerrechtskombinationen als auch bezüglich kompensierender Kontrollen berücksichtigt werden. Das Granule »CT1100« – *Kritische Benutzerrechtskombinationen* – erleichtert die Identifizierung potenziell kritischer Benutzerrechtskombinationen. Die entsprechende Prüfungshandlung ist beispielsweise in Kapitel 4 im Abschnitt »Benutzerzugriffsrechte aus Compliance-Sicht« beschrieben.

HINWEIS Mit diesem Tool wird geprüft, ob Benutzer tabellenbezogene Zugriffsrechte besitzen, die als potenziell kritisch eingestuft werden. Liegen entsprechende direkte oder auch indirekte Zugriffsrechte auf Tabellenebene vor, wird grundsätzlich davon ausgegangen, dass auch der Zugriff auf Pages besteht, über die diese Rechte ausgeübt werden. Dies ist gegebenenfalls im Einzelfall zu überprüfen.

Einrichtung zu prüfender Zugriffsrechtskombinationen

Es können beliebig viele Kombinationen von tabellenbezogenen Zugriffsrechten (siehe Abbildung A.1 und Tabelle A.3) angelegt werden, deren gleichzeitige Zuweisungen zu Benutzern von der Routine *Überprüfe Benutzerrechte* analysiert werden.

HINWEIS Beispiele für potenziell kritische Berechtigungskombinationen können der Tabelle 4.20 »Beispiele potenziell kritischer Berechtigungskombinationen« in Kapitel 4 entnommen werden.

Object Designer: Run Page 74000 *Kritische Zugriffsrechte Übersicht* (siehe Abbildung A.1)

⊞+R: *microsoft.dynamics.nav.client.exe dynamicsnav:////runpage?page=74000*

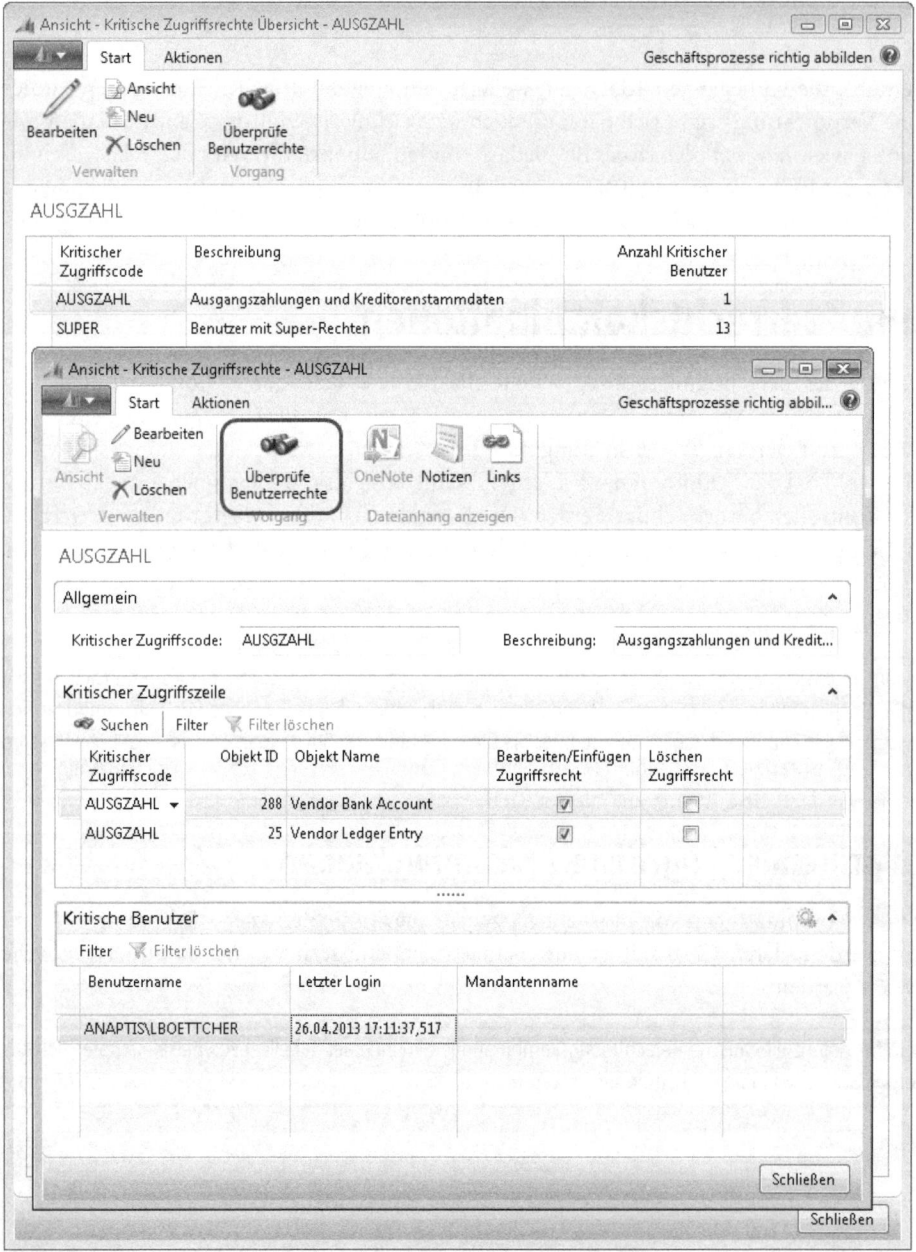

Abbildung A.1   Einrichtung der potenziell kritischen Benutzerrechtskombinationen

Inforegister	Feldname	Beschreibung
Allgemein	Kritischer Zugriffscode	20-stelliger eindeutiger Code für die Kombination
	Beschreibung	Beschreibung der angelegten Rechtekombination
Kritische Zugriffszeile	Objekt ID	Objektnummer der zu prüfenden Tabelle
	Bearbeiten/Einfügen Zugriffsrecht	Definition des kritischen Zugriffsrechts. Eine Aktivierung bedeutet, dass die Anwendung nach direkten und indirekten Bearbeiten- und Einfügen-Rechten auf diese Tabelle sucht.
	Löschen Zugriffsrecht	Definition des kritischen Zugriffsrechts. Eine Aktivierung bedeutet, dass die Anwendung nach direkten und indirekten Löschen-Rechten in dieser Tabelle sucht.
Kritische Benutzer	Benutzername	Windows-Login der Benutzer, für die die zu prüfende Benutzerrechtskombination vorliegt
	Letzter Login	Datum und Uhrzeit der letzten Benutzeranmeldung (aus Tabelle *Zeitprotokoll* bzw. *Sessionereignis*)
	Mandantenname	Name des Mandanten, falls das Benutzerrecht auf Mandantenebene eingeschränkt ist

Tabelle A.3 Felder für die Definition kritischer Zugriffsrechte

Nach der Einrichtung der kritischen Benutzerrechtskombinationen wird die Analyse über die Aktion *Start/Überprüfe Benutzerrechte* gestartet, die immer alle eingerichteten Prüfungen durchführt. Die Aktion kann auch von der Übersicht aus gestartet werden.

Superbenutzerprüfung

Neben der Identifizierung potenziell kritischer Benutzerrechtskombinationen kommt der Prüfung von Superbenutzern eine besondere Bedeutung zu. Neben den Standardsicherheitsrollen für Superbenutzer SUPER und SUPER (DATEN) können auch weitere Sicherheitsrollen erstellt werden, um die entsprechende vollständige Zugriffsrechte enthalten. Die *Objekt-ID* Null (Zero Permission) bedeutet in diesem Zusammenhang, dass auf alle Objekte der angegebenen *Objektart* zugegriffen werden darf. Eine Zugriffsrechtszeile mit der *Objektart = Table Data* und *Objekt-ID* Null räumt das in der Zeile spezifizierte Zugriffsrecht somit auf alle Tabellendaten ein.

Beim ersten Öffnen der Seite *Kritische Benutzerrechte Übersicht* wird daher automatisch der *Kritische Zugriffscode* SUPER angelegt, mit dem alle Superbenutzer des Systems analysiert werden können (siehe Abbildung A.1).

HINWEIS Da die Kontrollen zum Berechtigungskonzept zeitpunktbezogen sind und nicht zwangsläufig die Vergangenheit wiedergeben, ist es zusätzlich ratsam, im Änderungsprotokoll die tatsächliche Umsetzung des Berechtigungskonzepts zeitraumbezogen zu verifizieren (siehe in Kapitel 4 den Abschnitt »Änderungsprotokoll«). Ferner können Zugriffsbeschränkungen über Stichprobenprüfungen verifiziert werden, indem beispielsweise Postentabellen auf Benutzer-IDs gefiltert werden, die laut Berechtigungskonzept keine Zugriffsrechte zum Erzeugen dieser Posten besitzen.

Je nach Größe und zu berücksichtigenden Rahmenbedingungen des Unternehmens sind organisatorische Regelungen beim Vorliegen potenziell kritischer Berechtigungskombinationen grundsätzlich dazu geeignet, ein diesbezüglich mangelhaftes Benutzerkonzept als kompensierende Kontrolle zu heilen.

Tabellenzugriffsrechts-Übersicht

Im Rahmen von Prüfungshandlungen muss häufig geprüft werden, welche Zugriffsrechte auf bestimmte Tabellendaten im System eingerichtet sind. Aufgrund der mehrstufigen Struktur des Zugriffsrechtssystems in Dynamics NAV ist dies manuell zwar möglich, jedoch relativ aufwendig. In der *Tabellenzugriffsrechts-Übersicht* (Granule »CT1500«) wird pro Tabelle in vier Infoboxen angezeigt, welche Benutzer zum direkten Lesen, Einfügen, Bearbeiten und Löschen berechtigt sind (siehe Abbildung A.2).

HINWEIS Indirekter Zugriff (z. B. durch eine Buchungsroutine) wird in der Tabellenzugriffsrechts-Übersicht nicht berücksichtigt.

Object Designer: Run Page 75000 *Tabellendaten Zugriffsrechte (Direkter Zugriff)*

⊞ + R : *microsoft.dynamics.nav.client.exe dynamicsnav:////runpage?page=75000*

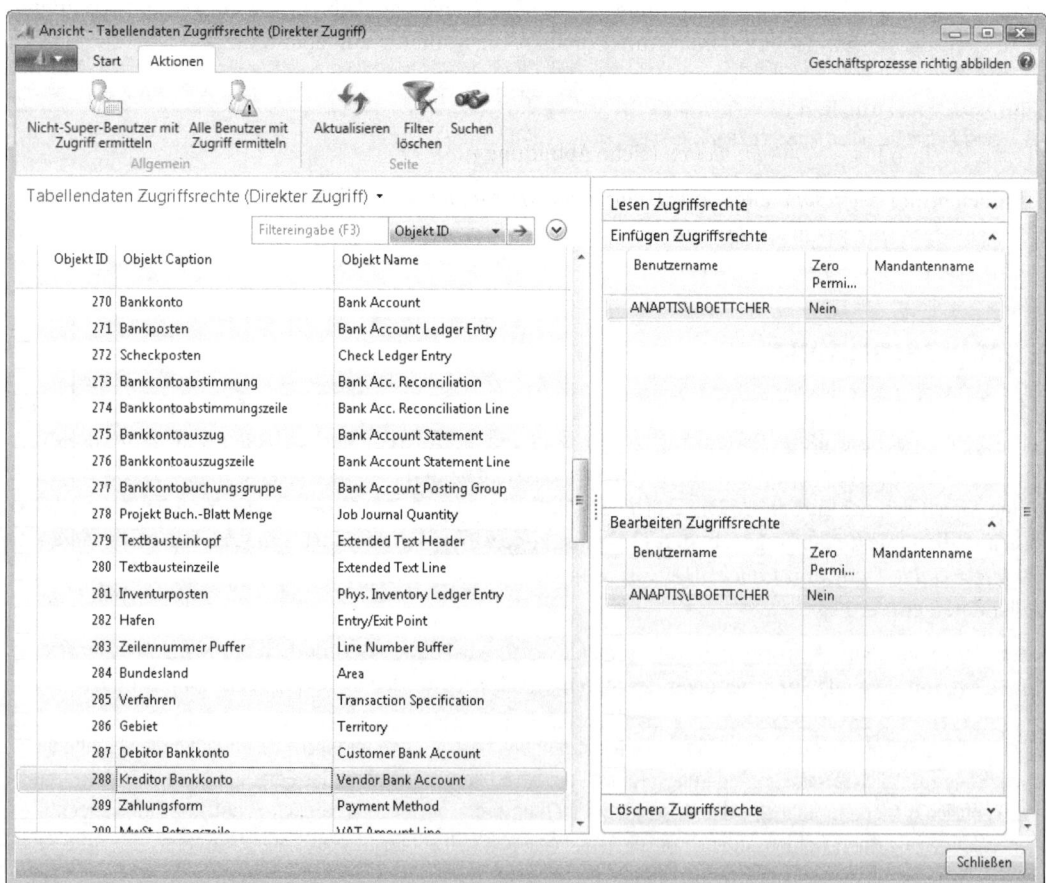

Abbildung A.2 Tabellenzugriffsrechts-Übersicht

Beim Öffnen der Übersicht werden automatisch alle Tabellendaten des Systems zusammengestellt und die dafür konfigurierten Zugriffsrechte analysiert. In den jeweiligen Infoboxen (*Lesen*, *Einfügen*, *Bearbeiten* und *Löschen Zugriffsrechte*) werden alle berechtigten Benutzer (standardmäßig auch Superbenutzer) für die jeweilige Tabelle angezeigt. Das Felder *Mandantenname* und *Zero Permission* geben Auskunft darüber, ob das Zugriffsrecht nur für einem bestimmten Mandanten gilt und ob sich das Zugriffsrecht aus einer Superbenutzerrolle (Objekt ID = Null) ableitet. Die *Rollen-ID* lässt sich ebenfalls einblenden. Die Analyse der Zugriffsrechtseinstellungen kann über die Aktionen inklusive der Superbenutzer (*Alle Benutzer mit Zugriff ermitteln*) oder ohne Superbenutzer (*Nicht-Super-Benutzer mit Zugriff ermitteln*) ausgeführt werden (siehe Abbildung A.2).

HINWEIS   Nähere Hinweise zum Zugriffsrechtskonzept in Dynamics NAV sind in Kapitel 2 (aus technischer Sicht) sowie Kapitel 4 (inhaltlich) zu finden.

Dublettensuche für Debitoren und Kreditoren

Die Dublettensuche überprüft Debitoren, Kreditoren und optional Bankkonten auf mögliche Dubletten und stellt diese Dublettenvorschläge in einem Fenster zusammen, in dem diese vom Anwender geprüft und weiterbearbeitet werden können. Das Granule »CT1200«: *Dublettensuche für Debitoren und Kreditoren* wurde analog zu der vorhandenen Standardfunktionalität für Kontakte aufgebaut, um die Handhabung zu vereinheitlichen. Insofern ist Voraussetzung für die Nutzung dieses Tools, dass das *Marketing*-Modul in der Unternehmenslizenz enthalten ist.

Object Designer: Run Page 74008 *Dubletten* (siehe Abbildung A.3)

⊞+R: *microsoft.dynamics.nav.client.exe dynamicsnav:////runpage?page=74008*

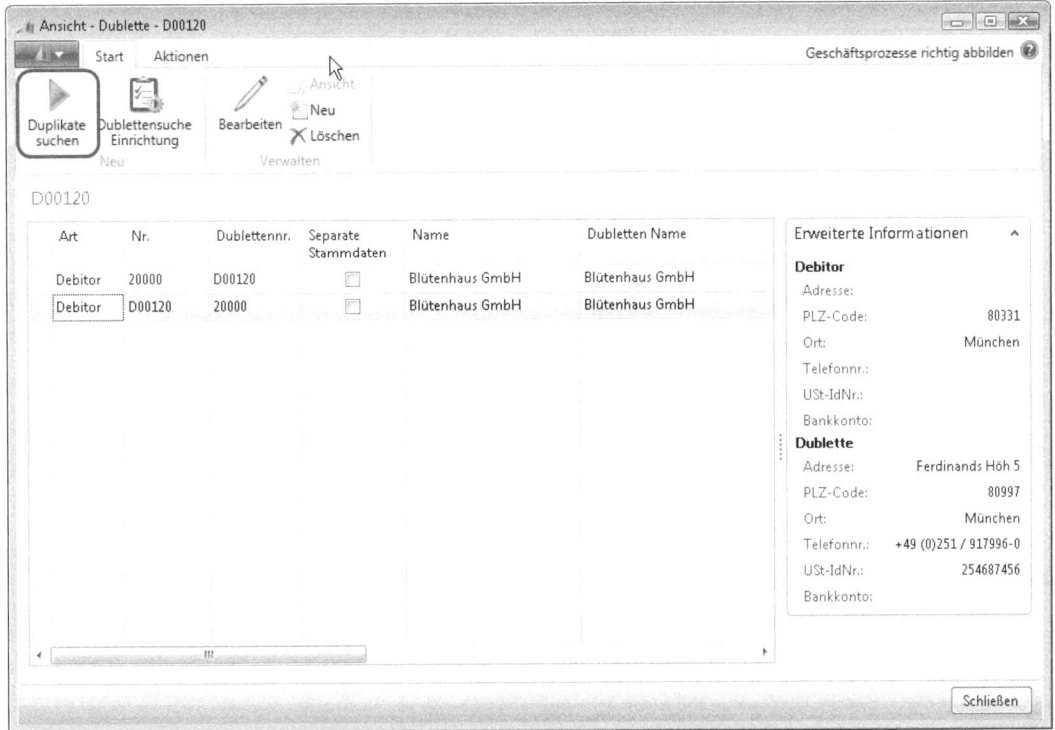

Abbildung A.3   Dublettensuche für Debitoren und Kreditoren

Beim Starten der Dublettensuche (*Start/Duplikate suchen*) steht neben den Optionen *Debitoren durchsuchen* und *Kreditoren durchsuchen* auch die Option *Dubl. über Bankkonten* zur Verfügung. Bei deren Aktivierung erfolgt eine weitere Prüfung über identische Kontoverbindungen auf Ebene der Debitoren- und Kreditoren-Bankkontentabellen. Die Kontoverbindung (Kontonummer und Bankleitzahl) wird unabhängig von Suchtexten und prozentualer Übereinstimmung auf Identität geprüft.

Um Dublettenvorschläge abzulehnen, kann das Feld *Separate Stammdaten* aktiviert werden, das beide Datensätze als nicht redundante Stammdaten charakterisiert. So gekennzeichnete Datensätze werden bei einer erneuten Suche zwar neu vorgeschlagen, aber automatisch wieder mit dem Kennzeichen versehen.

HINWEIS   Um auf die jeweiligen Stammdatenkarten zu navigieren, können die Lookup-Funktionen ([Strg]+[F4] bzw. [F4]) der jeweiligen Nummernfelder (Debitoren/Kreditoren) sowie der Bankkontocodes verwendet werden.

Einrichtung der Dublettensuche

Die Einrichtung kann getrennt nach Debitoren und Kreditoren erfolgen und basiert auf folgenden Parametern:

- Einrichtung der Dublettensuchtexte
- Bestimmung der Dublettensensibilität

Die Einrichtung wird über die Aktion *Start/Dublettensuche Einrichtung* gestartet (siehe Abbildung A.4).

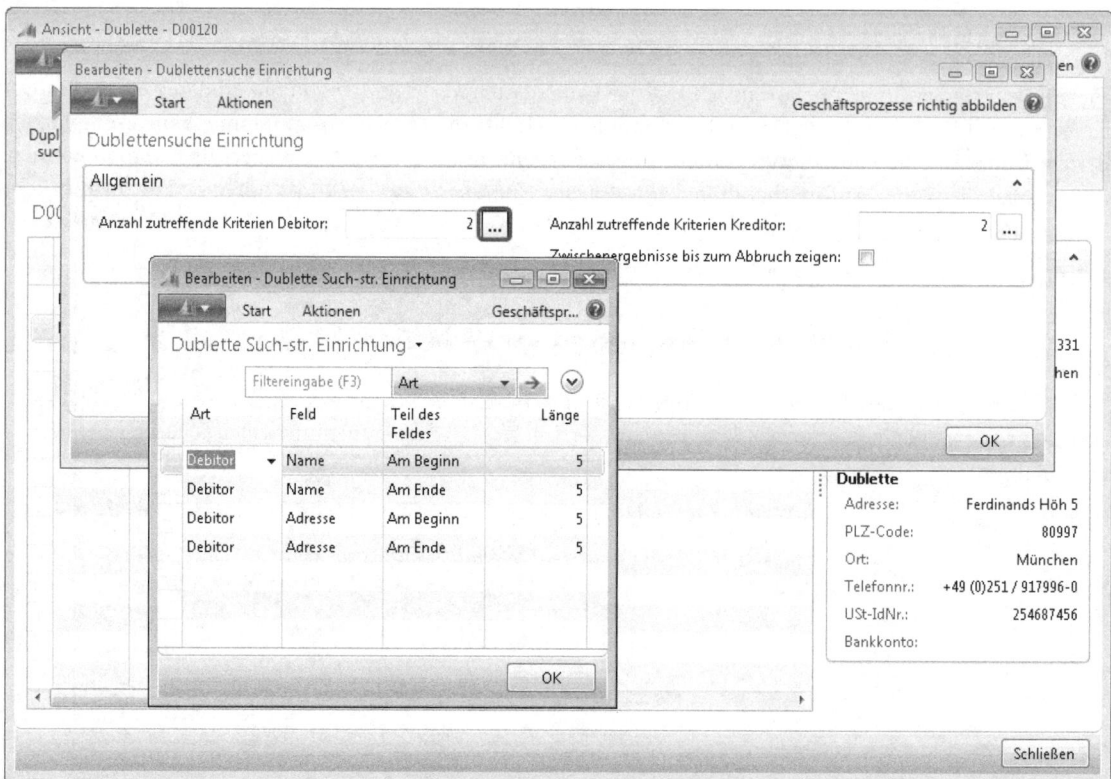

Abbildung A.4   Einrichtung der Dublettensuche

Für die Suche nach Dubletten werden benutzerdefinierte Suchtexte verwendet, in denen folgende Felder für die Einrichtung von Suchtexten verwendet werden können:

- Name
- Name 2
- Adresse
- Adresse 2
- PLZ-Code
- Ort
- Telefonnr.
- USt-IdNr.

Die Suche kann jeweils *Am Beginn* oder *Am Ende* des Felds mit der angegebenen *Länge* von Zeichen erfolgen. Basierend auf der Einrichtung der Suchtexte wird die Anzahl der zutreffenden Kriterien mit vorhandenen Stammdatensätzen für die Identifizierung von Dubletten festgelegt.

> **HINWEIS** Für die Bewertung einer Übereinstimmung werden auch leere mit nicht leeren Feldwerten verglichen und somit als negative Übereinstimmung gewertet.

Konsistenzanalyse

Viele Prüfungshandlungen befassen sich mit der konsistenten Verwendung von Stammdaten in rechnungslegungsrelevanten Transaktionsdaten. Das Granule »CT1300« stellt in diesem Zusammenhang exemplarisch dar, wie mit der Hilfe von Queries Abweichungen effizient und komfortabel durchgeführt werden können. Als Beispiel dient die Prüfungshandlung *Abweichende Zahlungsbedingungen im Verkauf*. Für ausführliche Erläuterungen zum Query-Objekt verweisen wir auf den Abschnitt »Dynamics NAV-Datenbankobjekte« in Kapitel 2.

Abweichende Zahlungsbedingungen

Mit dem Prüfungstool *Abweichende Zahlungsbedingungen* werden Verkaufsbelege analysiert und gefiltert, bei denen die verwendete Zahlungsbedingung von der im Debitorenstamm hinterlegten Zahlungsbedingung abweicht.

Object Designer: Run Page 74011 *Abweichende Zlg.-Bedingungen* (siehe Abbildung A.3)

⊞+R: *microsoft.dynamics.nav.client.exe dynamicsnav:////runpage?page=74011*

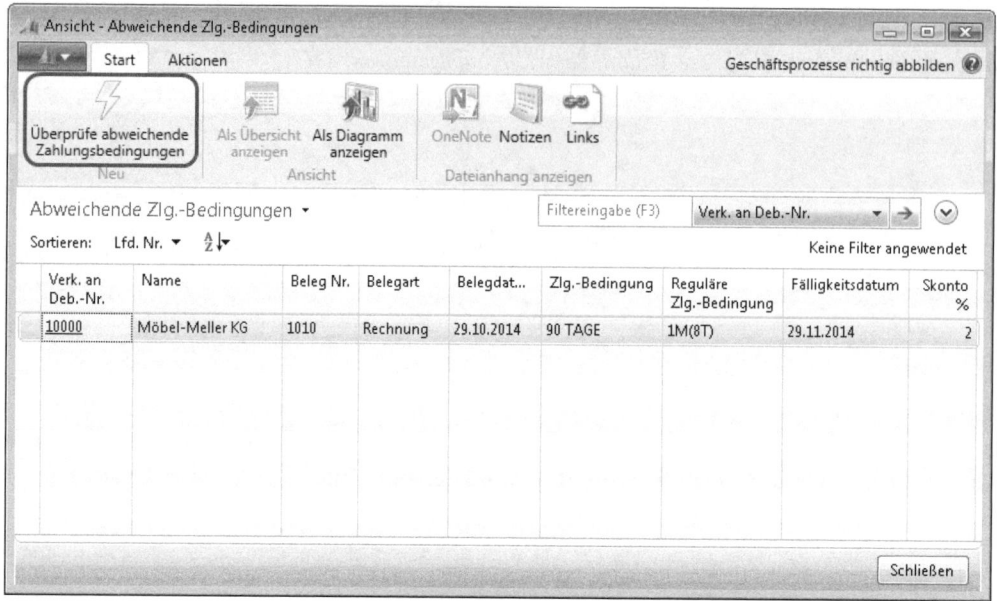

Abbildung A.5 Abweichende Zahlungsbedingungen in Verkaufsbelegen

Die Prüfung wird über die Aktion *Start/Überprüfe abweichende Zahlungsbedingungen* gestartet.

ACHTUNG Wir empfehlen, die Verkaufskopffelder *Fälligkeitsdatum* und *Skontodatum* gegen Änderungen zu schützen, was in der Standardeinstellung von Dynamics NAV 2013 nicht der Fall ist. Sind diese Felder editierbar, reicht eine Prüfung auf abweichende Zahlungsbedingungen nicht aus. In diesem Fall müssen die Datumsangaben mit den hinterlegten Formeln ausgehend vom *Belegdatum* zusätzlich verifiziert werden.

Analyse von kurzfristigen Änderungen

Eine wichtiges Prüfungsgebiet sind kurzfristige Änderungen von Stammdaten. Es wird dabei geprüft, ob es Änderungen an Stammdaten gab, die kurz darauf wieder rückgängig gemacht wurden, um z. B. nur eine Transaktion auf Basis geänderter Stammdatenkonstellationen buchen zu können. Unter der Voraussetzung, dass das Änderungsprotokoll für die zu betrachtende Tabellen entsprechend eingerichtet und aktiv gewesen ist, können derartige kurzfristige Änderungen mit dem Granule »CT1400« – *Kurzfriständerungs-Analyse* – ausgewertet werden. Das Tool prüft dabei auf das Vorhandensein von kurz aufeinander folgenden Änderungsprotokollposten für denselben Datensatz, bei dem ein Wert nach Änderung auf den alten Wert zurückgeändert wurde.

ACHTUNG Diese Analyse stellt auf zwei korrespondierende Änderungsprotokollposten innerhalb eines Zeitraums ab, bei der das Feld *Alter Wert* des ersten Postens identisch ist mit dem Feld *Neuer Wert* eines weiteren Postens. Damit ist gewährleistet, dass auch Zwischenänderungen das Prüfergebnis nicht verfälschen.

Analyse von kurzfristigen Änderungen

Object Designer: Run Page 74012 *Kurzfriständerungen* (siehe Abbildung A.6)

⊞+R: *microsoft.dynamics.nav.client.exe dynamicsnav:////runpage?page=74012*

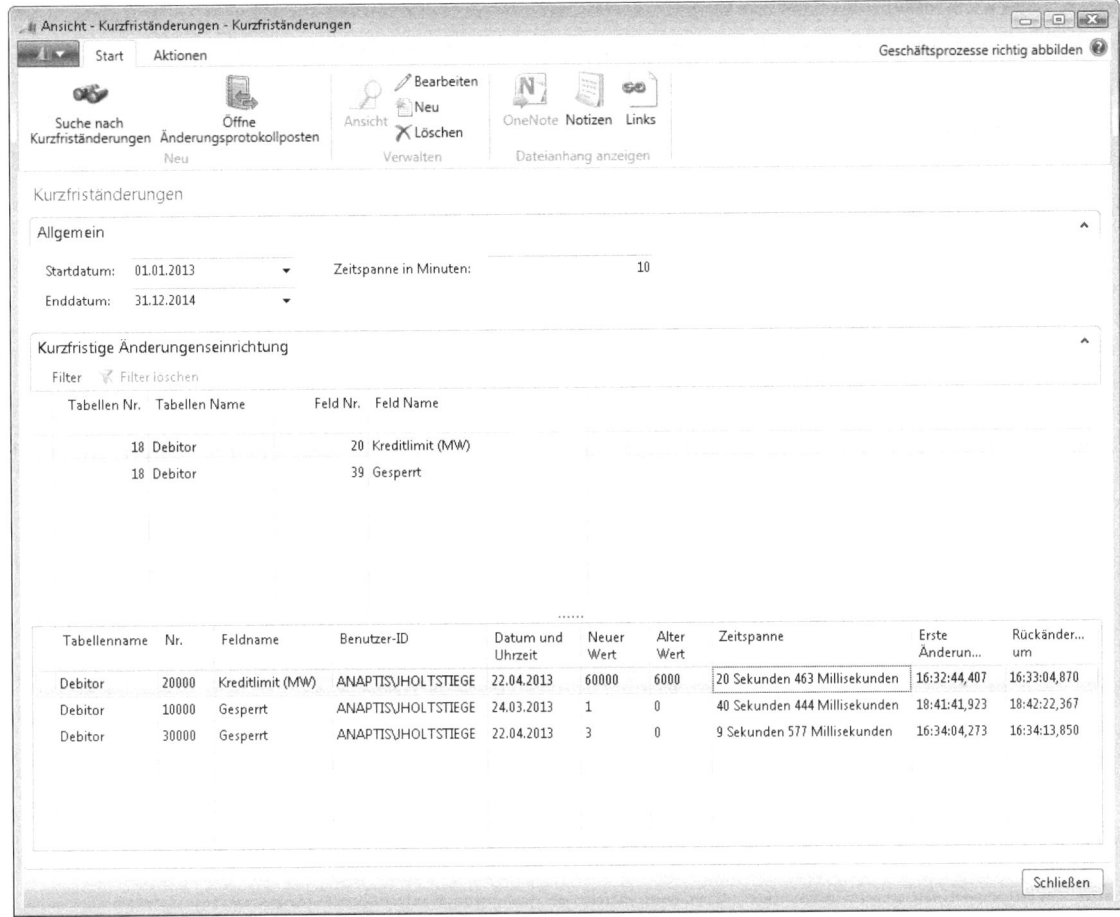

Abbildung A.6 Identifizieren von Kurzfriständerungen

Im ersten Schritt wird ein Zeitraum (*Startdatum* sowie *Enddatum*) ausgewählt, in dem nach Kurzfriständerungen innerhalb der *Zeitspanne in Minuten* gesucht werden soll. Danach werden die Tabellenfelder definiert, auf die sich die Prüfung bezieht. Im Beispiel werden die Felder *Kreditlimit (MW)* und *Gesperrt* des Debitorenstamms (*Tabelle 18*) auf kurzfristige Änderungen analysiert. Über die Aktion *Start/Suche nach Kurzfriständerungen* wird die Prüfung gestartet. Existierende Kurzfriständerungen werden im unteren Teil der Dynamics NAV-Seite dargestellt.

> **HINWEIS** Das Vorliegen von kurzfristigen Änderungen kann auch durch versehentliche Änderungen von Datensätzen entstehen. Weitergehende Prüfungen sollten in diesen Fällen Aufschluss darüber geben, ob zwischen den Wertänderungen Transaktionen durchgeführt wurden.

Reports

Das Granule »CT2000« enthält folgende Reports, die entwickelt wurden, um verschiedene Prüfungshandlungen zu unterstützen:

- Gelieferte, nicht fakturierte Verkaufspositionen
- Kreditlimit-Überschreitungen
- Obligo-Analyse
- Wertgutschriften-Analyse
- Artikel-ABC-Analyse

Gelieferte, nicht fakturierte Verkaufspositionen

Der Report gibt Verkaufs- und Servicebelege aus, die gelieferte, aber noch nicht fakturierte Positionen enthalten. Dabei nutzt der Report das Belegzeilenfeld *Lief. nicht fakt. Betrag (MW)*, welches die Forderungen (inklusive entsprechender MwSt.) aus gebuchten, nicht fakturierten Lieferungen enthält. Der Report berücksichtigt Teillieferungen und Teilrechnungen sowie Fremdwährungen und MwSt.-Beträge. Der Ausweis des *Lief. nicht fakt. Betrags* erfolgt inklusive der anzuwendenden Umsatzsteuer.

Der Report kann im Rahmen des Monats- bzw. Jahresabschlusses genutzt werden, um die gelieferten, nicht fakturierten Verkaufspositionen mit Hinblick auf die Umsatzsteuer und die Forderungen korrekt auszuweisen (siehe hierzu auch die Verwendung von Soll-Kosten in Kapitel 6 und 8).

Object Designer: Run Report 74002 *Gelieferte, nicht fakt. Posten* (siehe Abbildung A.7)

⊞+R: *microsoft.dynamics.nav.client.exe dynamicsnav:////runreport?report=74002*

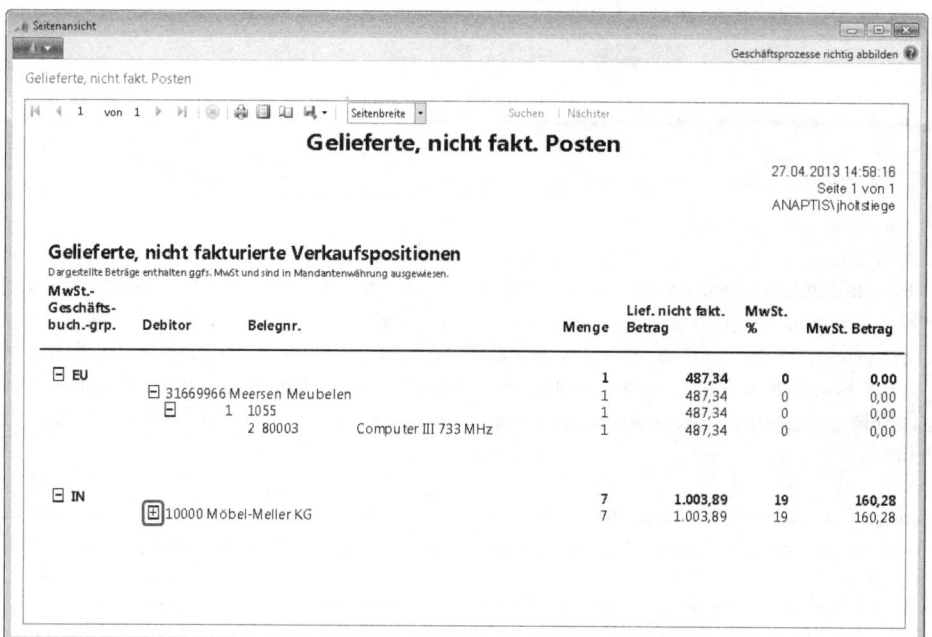

Abbildung A.7 Report *Gelieferte, nicht fakt. Posten*

HINWEIS In der Vorschau können in dem Report *Gelieferte, nicht fakt. Posten* optionale Detailebenen (Kunden, Aufträge sowie Auftragspositionen) auf Wunsch eingeblendet werden.

Kreditlimit Überschreitungen

Wenn in Dynamics NAV keine Beleggenehmigungsregeln für Kreditlimitüberschreitungen eingerichtet sind, kann der Anwender Kreditlimitwarnungen standardmäßig übergehen. Der Report *Kreditlimit Überschreitungen* unterstützt die Prüfung solcher Überschreitungen, indem sowohl der aktuelle Status als auch Überschreitungen in der Vergangenheit analysiert werden. Dazu muss das Änderungsprotokoll für das Debitorenkreditlimit aktiviert sein. Sowohl bei der zeitpunkt- als auch bei der zeitraumbezogenen Analyse geht der Report vom Arbeitsdatum aus, sodass keine Buchungen nach dem gewählten Arbeitsdatum berücksichtigt werden.

Object Designer: Run Report 74004 *Kreditlimit Überschreitungen* (siehe Abbildung A.8)

⊞+R: *microsoft.dynamics.nav.client.exe dynamicsnav:////runreport?report=74004*

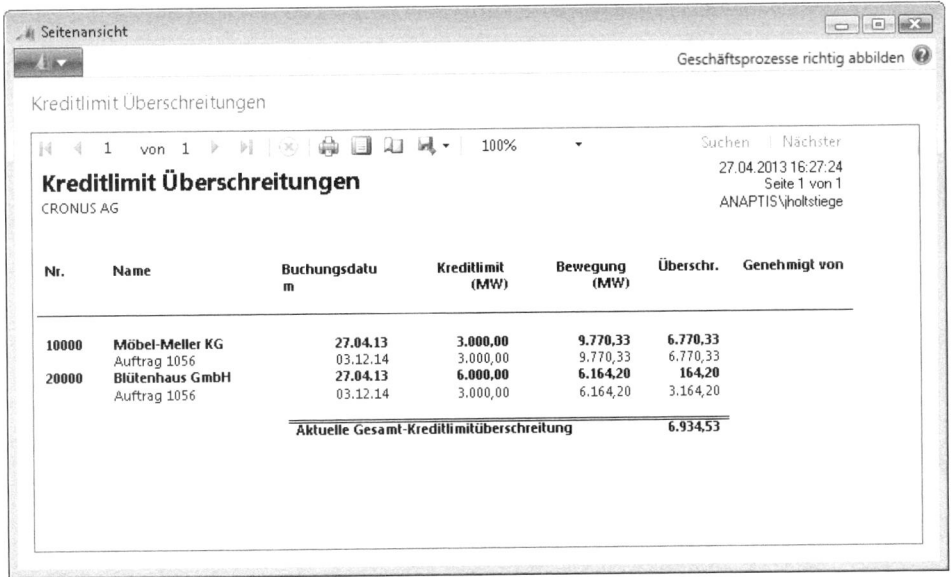

Abbildung A.8 Report *Kreditlimit Überschreitungen*

Bei einer zeitraumbezogenen Analyse (*Rückblickend bis Datum*) kann die Betrachtungsperiode über das Datumsfeld definiert werden. Innerhalb des Zeitraums werden alle Rechnungen ausgegeben, die das jeweils gültige Kreditlimit pro Buchungstag überschritten haben.

HINWEIS Die Kreditlimitüberschreitung wird analysiert, indem das Feld *Bewegung (MW)* mit dem jeweils am Buchungstag gültigen Kreditlimit verglichen wird. Die Kreditlimitüberschreitungen, die bereits mit Auftragserfassung im Sinne eines »Obligos« erfolgt sind (also noch nicht in die *Bewegung (MW)* eingegangen sind), können auf diese Weise nicht rekonstruiert werden.

Obligo Analyse

Wenn neben den gebuchten Transaktionen auch offene Belege in die Analyse eingehen sollen, kann der Report *Obligo Analyse* verwendet werden. Das Obligo wird dabei errechnet aus dem *Saldo (MW)* sowie den Beträgen aus offenen Belegen wie Aufträgen oder Gutschriften. Der Report gibt alle Debitoren aus, deren zugewiesenes Kreditlimit durch das Obligo überschritten wird oder deren Obligo ein auf Unternehmensebene definiertes maximales Obligo überschreitet.

Object Designer: Run Report 74000 *Obligo Analyse* (siehe Abbildung A.9)

[⊞]+[R]: *microsoft.dynamics.nav.client.exe dynamicsnav:////runreport?report=74000*

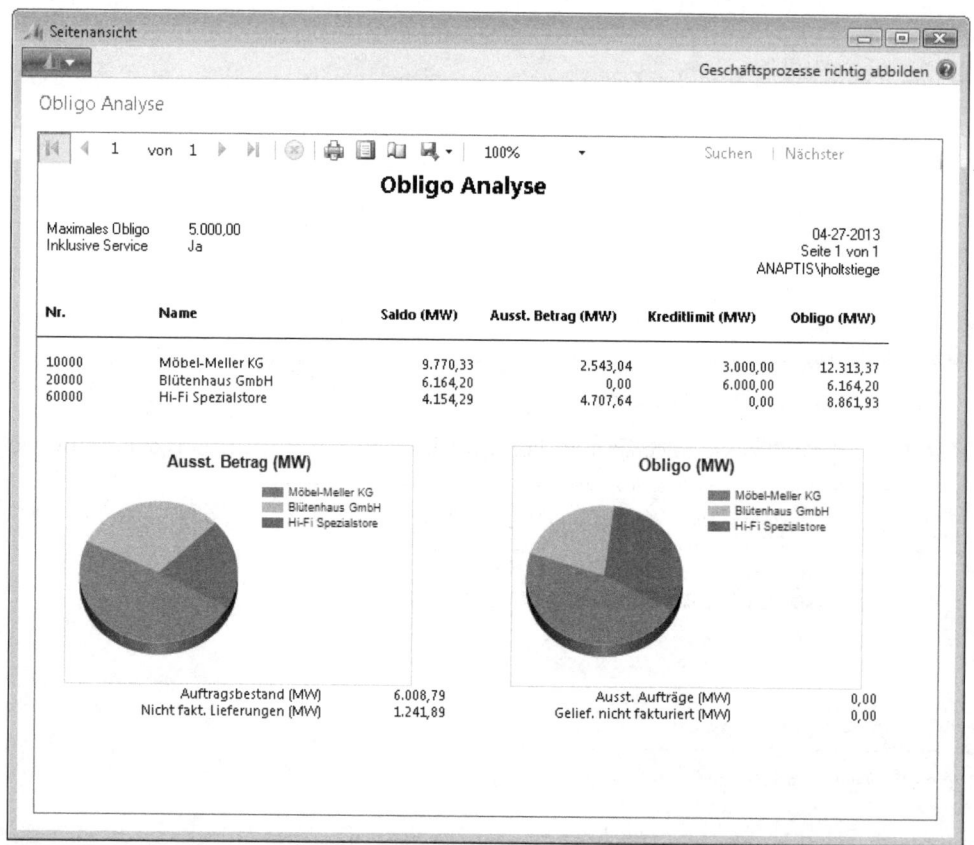

Abbildung A.9 Report *Obligo Analyse*

Wertgutschriften Analyse

Mit *Artikel Zu-/Abschläge* können Wertgutschriften für gebuchte Artikelverkäufe erstellt werden, die deren Erlöse nachträglich reduzieren oder sogar überkompensieren. Mit dem Report *Wertgutschriften Analyse* können derartige inadäquate Abweichungen vom ursprünglichen Verkaufsbetrag identifiziert werden. Der Report gibt alle entsprechenden Transaktionen aus, deren Abweichung vom ursprünglichen Verkauf den definierten Prozentwert (*Diskrepanz Wertposten/Artikelposten in %*) übersteigen.

Object Designer: Run Report 74001 *Wertgutschriften Analyse* (siehe Abbildung A.10)

⊞+R: *microsoft.dynamics.nav.client.exe dynamicsnav:////runreport?report=74001*

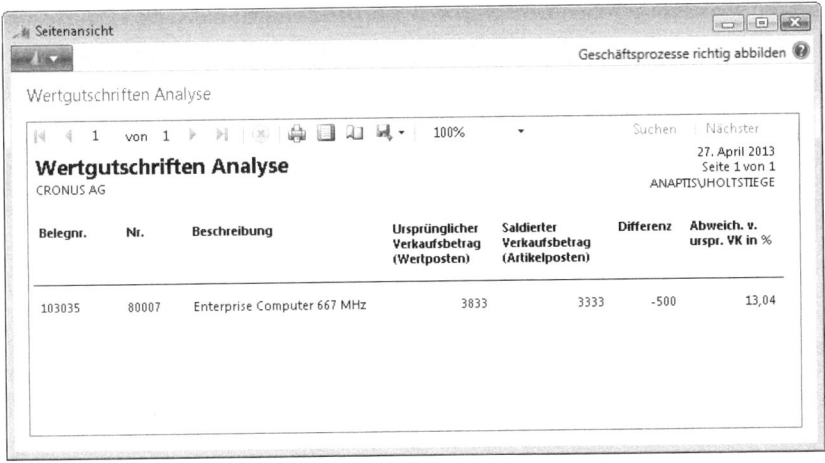

Abbildung A.10   Report: Wertgutschriften Analyse

Artikel-ABC-Analyse

Mit der modifizierten *Artikel-ABC-Analyse* besteht die Möglichkeit, eine ABC-Analyse nach *Lagerwert* durchzuführen und zusätzlich die zweite Auswertungskomponente *Einstandspreis* über die Tabelle *Einst.-Pr. (durchschn.) Regul. Startzeitpunkt* zu verfolgen. Dabei können alle Abweichungen des Einstandspreises ab einer prozentualen Abweichung (*Abweichung %*) ausgegeben werden.

Object Designer: Run Report 74098 *Artikel-ABC-Analyse* (siehe Abbildung A.11 und Abbildung A.12)

⊞+R: *microsoft.dynamics.nav.client.exe dynamicsnav:////runreport?report=74098*

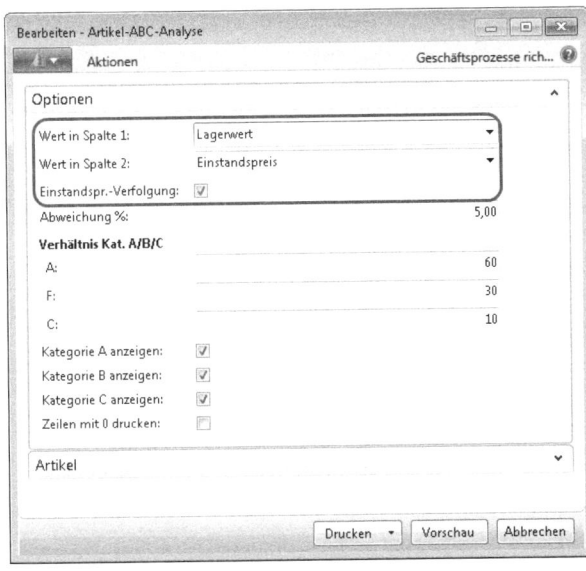

Abbildung A.11   Report Request Page der modifizierten Artikel-ABC-Analyse

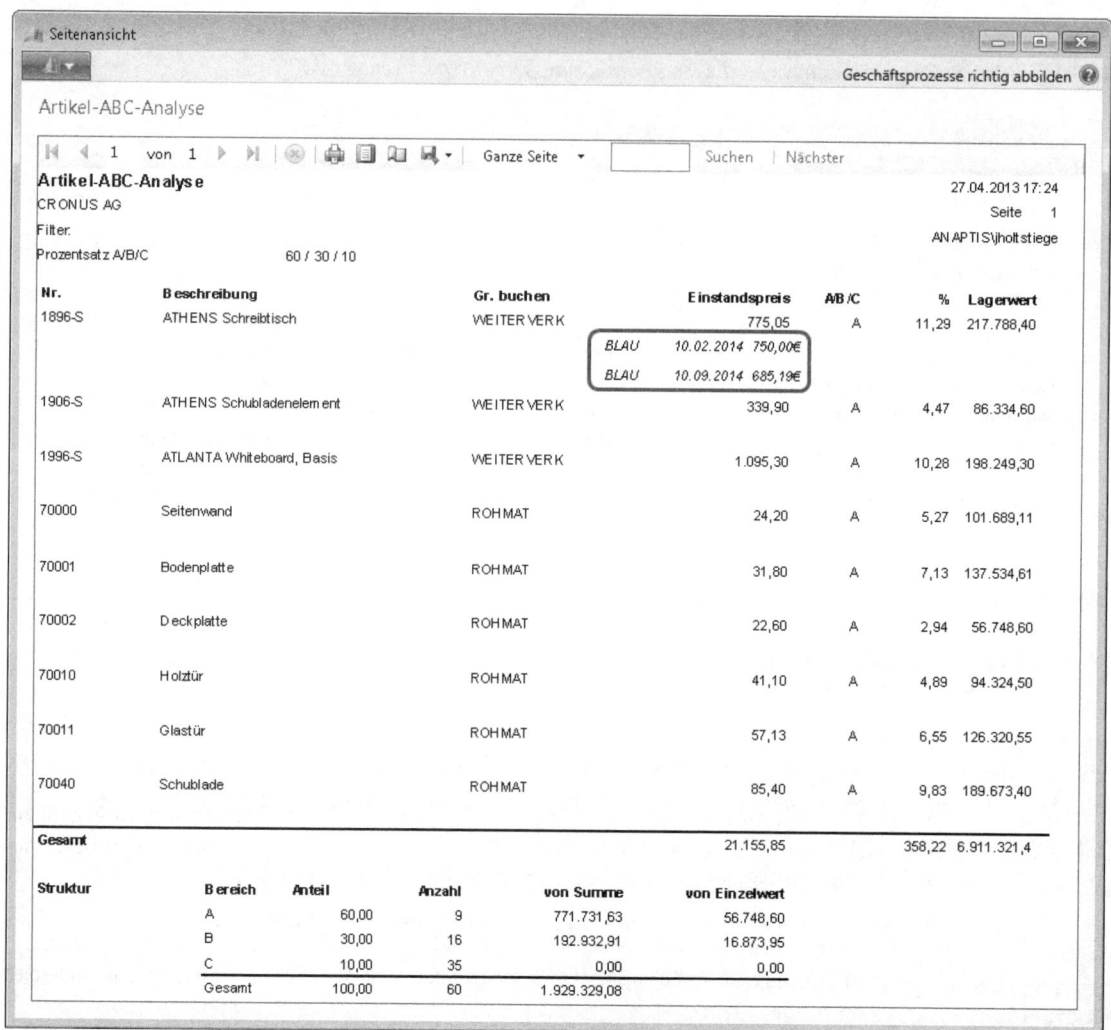

Abbildung A.12 Vorschau der modifizierten Artikel-ABC-Analyse

HINWEIS Die hier vorgestellte modifizierte *Artikel-ABC-Analyse* ist aus dem Standard-Report ID »11503« (Link: *Abteilungen/Einkauf/Lager & Bewertung/Berichte/Artikel-ABC-Analyse*) abgeleitet. Die Verwendung setzt daher die Lizenzierung des Standardreports voraus, welche durch den Aufruf des angegebenen Links überprüft werden sollte.

Die ausgegebenen Einstandspreisschwankungen können auch über den AssistButton vom Artikelkartenfeld *Einstandspreis* nachvollzogen werden (siehe Abbildung A.13).

Modifizierte Lager – Sachpostenabstimmung

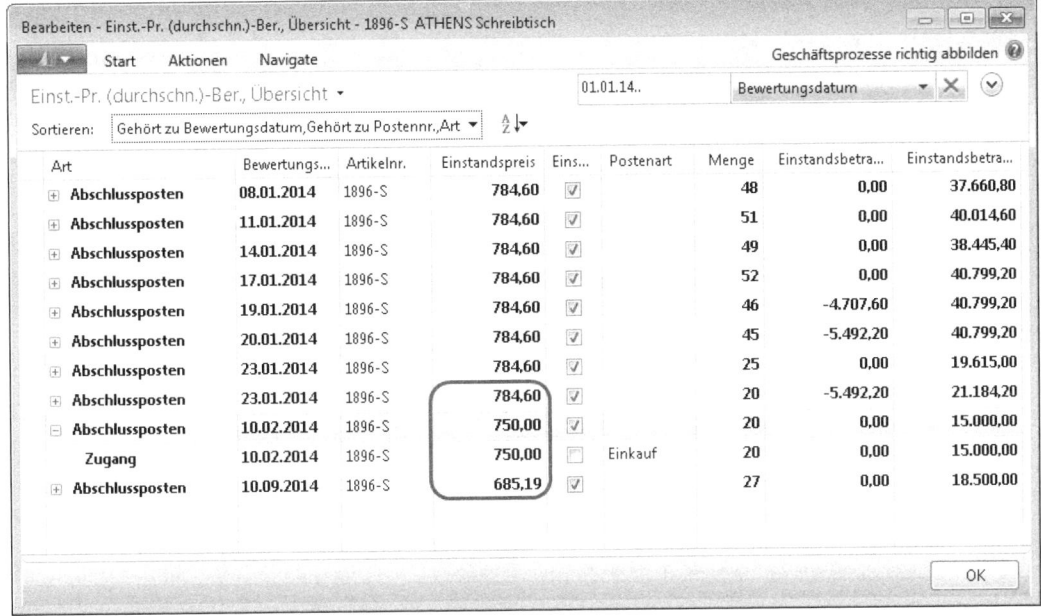

Abbildung A.13 Einstandspreisrückverfolgung von der Artikelkarte

Modifizierte Lager – Sachpostenabstimmung

In Kapitel 6 wird auf die Abstimmung der Materialwirtschaft mit der Finanzbuchhaltung eingegangen. Dabei werden die Möglichkeiten in Dynamics NAV durch eine modifizierte Standardfunktionalität beschrieben, die zum Zwecke der Nachvollziehbarkeit ebenfalls im Begleitmaterial enthalten ist.

> **ACHTUNG** Da es sich hier um modifizierte Standardobjekte handelt, sollten diese nicht ungeprüft (vorhandene Anpassungen könnten dadurch verloren gehen) in die Produktivdatenbank, sondern nur in eine Demo- oder Testdatenbank eingespielt werden.

Die durchgeführten Änderungen beziehen sich auf folgende Punkte:

- Verbesserte Feldübersetzung der Zeilendefinition
- Verbesserte Übersichtlichkeit durch Hervorhebung der Sachposten-basierten Werte (*FiBu Gesamt*)
- Erleichterter Zugriff auf den erweiterten Report *Artikel-ABC-Analyse*

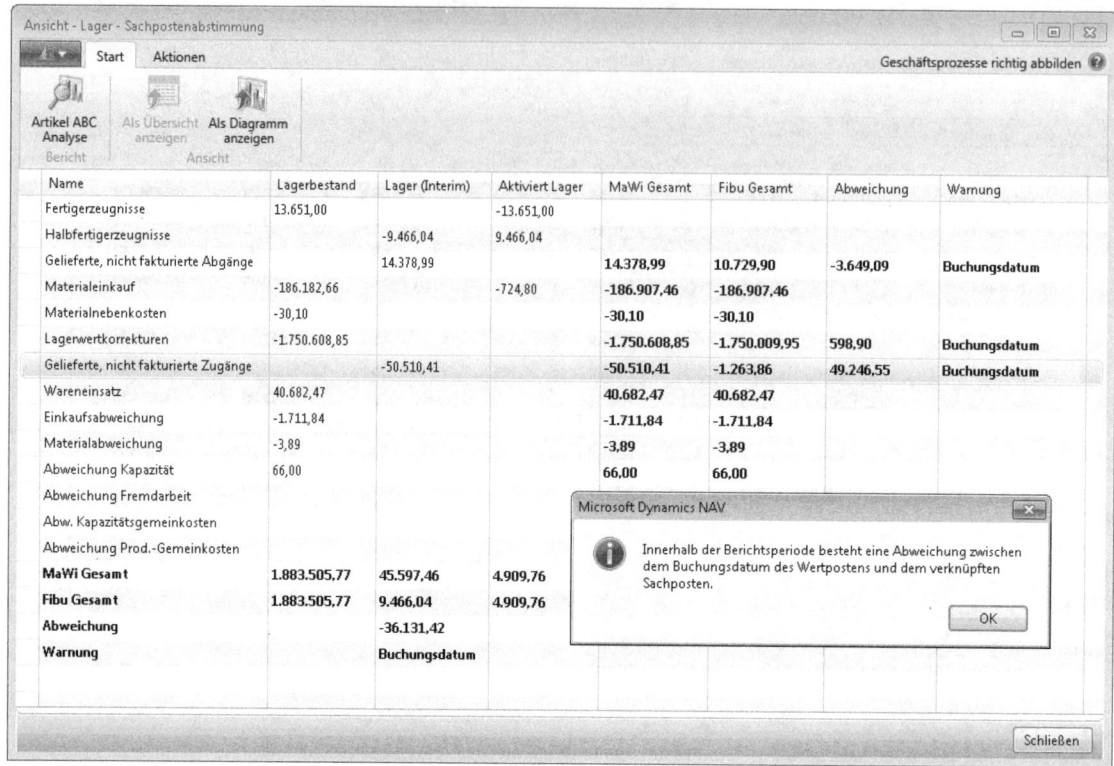

Abbildung A.14 Modifizierte Lager – Sachpostenabstimmung

Analyse der Logistikbelegverwendung

Die Verwendung von Logistikbelegen stellt eine wesentliche Funktionstrennung innerhalb der Lagerprozesse dar. Wurde die Verwendung von Logistikbelegen für Lagerorte eingerichtet, sollte demnach geprüft werden, ob eine konsistente Verwendung der Logistikbelege vorliegt. Hintergrund ist die Möglichkeit in Dynamics NAV, die Logistikbelege (bei nicht gesteuerter Einlagerung und Kommissionierung) zu übergehen, indem das Positionsfeld *Zu liefern* in Einkaufs-, Verkaufs- und Umlagerungstransaktionen manuell gefüllt wird. Zur Prüfung einer konsistenten Verwendung von Warenausgangs- und Wareneingangsbelegen stehen die folgenden drei Queries zur Verfügung, die zu den jeweiligen gebuchten Transaktionen die Existenz von gebuchten Wareneingangs- bzw. Warenausgangszeilen prüfen:

- Prüfe Geb. WE/WA-Zeilen (VK)(74007)
- Prüfe Geb. WE/WA-Zeilen (EK)(74008)
- Prüfe Geb. WE/WA-Zeilen (Umlagerung)(74009)

Object Designer: Run Query 74007 *Prüfe Geb. WA-Zeilen (VK)* (siehe Abbildung A.15)

⊞+R: *microsoft.dynamics.nav.client.exe dynamicsnav:////runquery?query=74007*

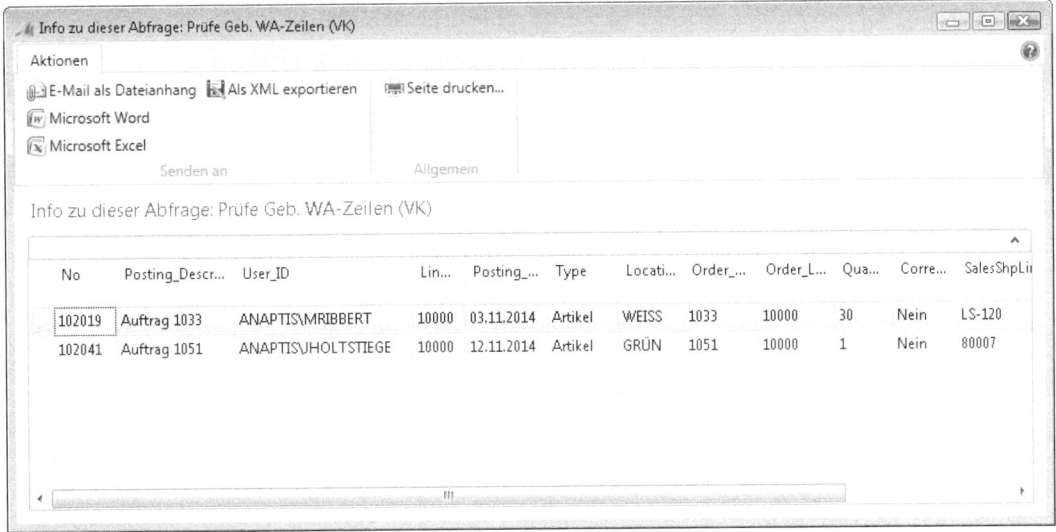

Abbildung A.15 Query *Prüfe Geb. WA-Zeilen*

HINWEIS Für ausgegebene Datensätze konnten keine gebuchten Warenausgangs- bzw. Wareneingangszeilen gefunden werden. Weitergehende Prüfungen können über die *Navigate*-Funktion mithilfe der Feldwerte *Buchungsdatum* und *Belegnr.* erfolgen.

Fehlende Postennummern

In Dynamics NAV-Postentabellen ist der Primärschlüssel eine Ganzzahl, die bis auf einige Ausnahmen fortlaufend vergeben wird. Grundsätzlich dürfen Datensätze in Postentabellen nicht geändert werden. Bei entsprechender Berechtigungen und Lizenzierung lassen sich Postentabellen jedoch theoretisch manipulieren. Ein Indiz für unautorisierte Löschungen sind fehlende *Lfd. Nummern*.

Mit dem Analysetool *Fehlende Postennummern* (Granule »CT1600«) können die folgenden Dynamics NAV-Postentabellen auf Unregelmäßigkeiten bei der *Lfd. Nr.* überprüft werden:

- Sachposten
- Fibu Journale
- Änderungsprotokollposten
- Detaillierte Debitorenposten
- Detaillierte Kreditorenposten
- Artikelposten
- Wertposten
- Artikel Journale

HINWEIS Nummernlücken sind nicht in jeder Postentabelle automatisch mit einer Verletzung des Radierverbots verbunden. In einigen Postentabellen können Nummernlücken auch systembedingt vorkommen.

Object Designer: Run Report 75000 *Fehlende Postennummern* (siehe Abbildung A.16)

⊞ + R : *microsoft.dynamics.nav.client.exe dynamicsnav:////runreport?report=75000*

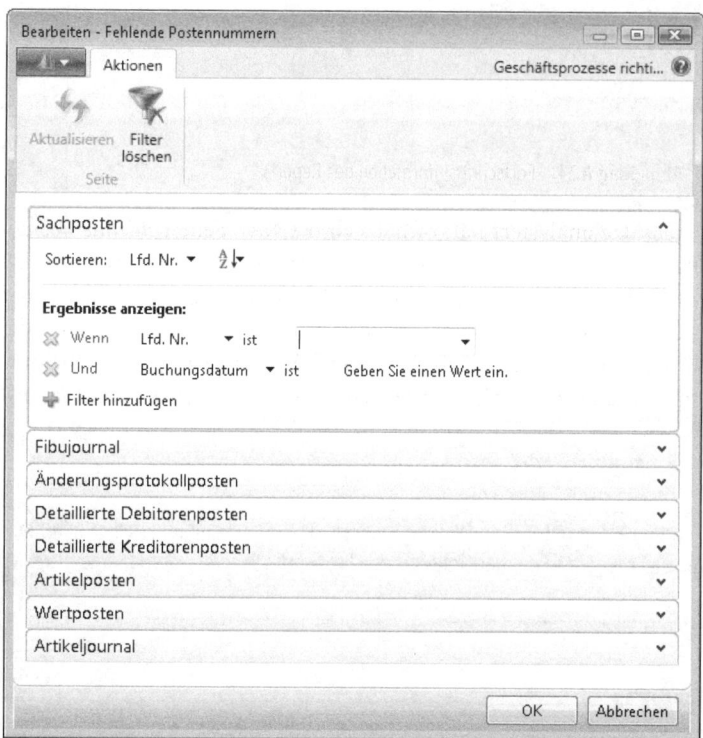

Abbildung A.16 Request Option Page des Reports *Fehlende Postennummern*

Über die Request Option Page (siehe Abbildung A.16) des Reports können die zu prüfenden Datensätze in den verschiedenen Tabellen durch Filter selektiert werden, um z. B. nur einen bestimmten Zeitraum zu überprüfen.

TIPP Um eine Tabelle von der Prüfung auszuschließen, kann ein Filter z. B. auf die *Lfd. Nr.* = Null definiert werden.

HINWEIS Ohne Eingrenzung der Datensätze kann eine Überprüfung sehr viel Zeit in Anspruch nehmen, da jeder einzelne Postendatensatz geprüft wird. Über das Dialogfeld (siehe Abbildung A.17), das den Fortschritt der Prüfung angezeigt, kann die Prüfung gegebenenfalls auch abgebrochen werden.

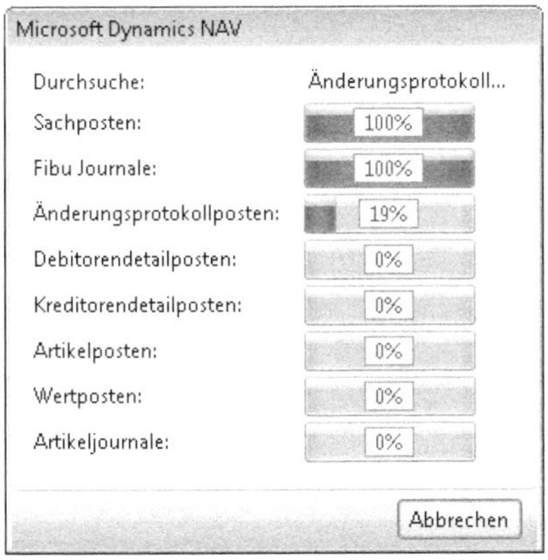

Fehlende Postennummern

Abbildung A.17 Fortschrittsinformation des Reports

Nachdem der Report alle selektierten Datensätze analysiert hat, öffnet sich die NAV-Seite *Fehlende Postennummern* (siehe Abbildung A.18) mit gegebenenfalls fehlenden Postennummern. Im Beispiel wurde mithilfe einer Entwicklerlizenz der Sachposten mit der *Lfd. Nr.* »4« gelöscht. Ist das Änderungsprotokoll für das Löschen der Tabelle aktiviert, wird darüber der betreffende Benutzer sowie das Datum und die Uhrzeit des Löschvorgangs angezeigt. Für Sach- und Artikelposten wird außerdem der Bezug zu dem jeweiligen Journaleintrag hergestellt. Es wird das *Errichtungsdatum* des fehlenden Postens sowie *Herkunftscode* und *Benutzer-ID* der ursprünglichen Buchung angezeigt.

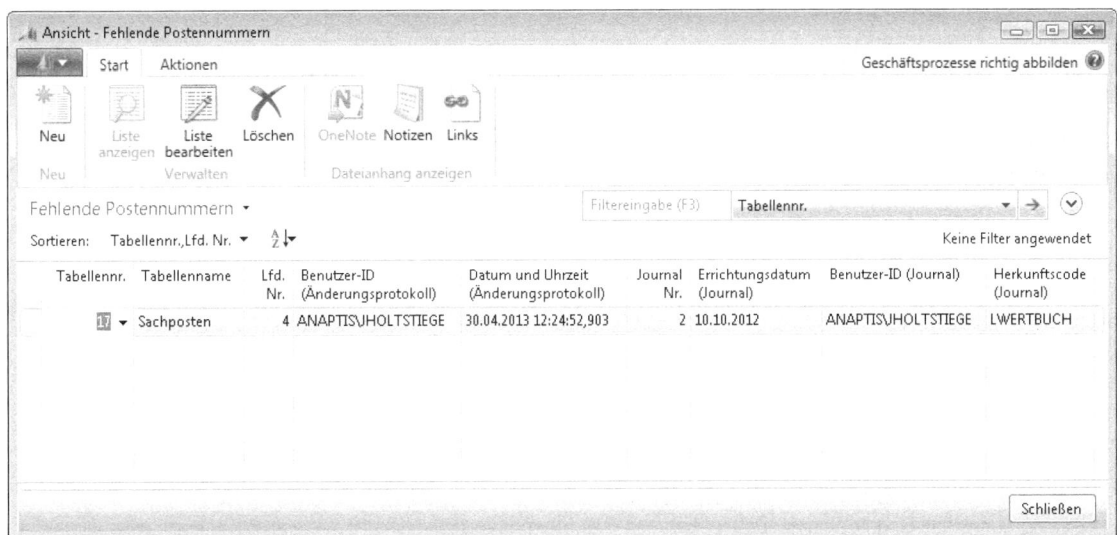

Abbildung A.18 Ergebnis der Prüfung auf fehlende Postennummern

Übersicht der lizenzierten Objekte

In der Dynamics NAV-Unternehmenslizenz freigeschaltete Objektnummernbereiche können mithilfe der NAV-Seite »50090« *Lizenzierte Objekt-Nummernkreise* identifiziert werden. Die NAV-Seite zeigt darüber hinaus die nächsten fünf freien lizenzierten Objekt-IDs an (siehe Abbildung A.19).

HINWEIS Damit die Dynamics NAV-Unternehmenslizenz ausgelesen werden kann, muss der NAV Service Tier mit dieser Lizenz gestartet sein.

Object Designer: Run Page 50090 *Lizenzierte Objekt-Nummernbereiche*

⊞+R: *microsoft.dynamics.nav.client.exe dynamicsnav:////runpage?page=50090*

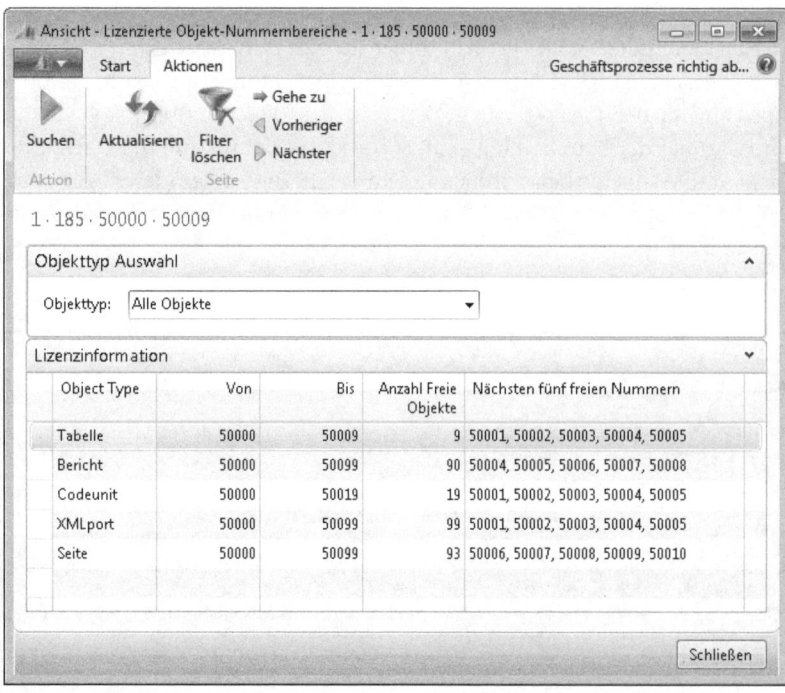

Abbildung A.19 Lizenzierte, freigeschaltete Objektnummernbereiche

Anhang B

Glossar

Begriff	Erläuterung
.NET Framework	Eine Entwicklungsumgebung, die es verschiedenen Programmiersprachen und Systembibliotheken erlaubt, nahtlos zusammenarbeiten, um Windows-basierte Anwendungen zu schaffen, die einfach zu erstellen, zu verwalten, anzuwenden und mit anderen Anwendungen zu integrieren sind
Abgang	Verringerung des Lagerbestands, die nicht durch einen Verkaufsvorgang ausgelöst wurde
Abschreibung (AfA)	Absetzung für Abnutzung (steuerlich), Abschreibungen für die Verbuchung von Wertverlusten von Gegenständen des Anlagevermögens
Active Directory	Der Windows-Verzeichnisdienst wird als Active Directory (AD) bezeichnet. Dieser speichert Informationen über Objekte in einem Netzwerk und stellt diese Anwendern und Netzwerkadministratoren zur Verfügung. Dadurch können Benutzer nach einer einzigen Anmeldung auf frei gegebene Ressourcen im Netzwerk zugreifen, die vom Administrator zentral verwaltet werden können.
Add-In (Control Add-In)	Grafische Erweiterungen in der Benutzeroberfläche von Dynamics NAV
Aktion	Siehe *Kampagne*
Aktion (im NAV Kontext)	Menübefehl im Dynamics NAV Menüband oder Symbolleiste, durch ein Icon symbolisiert
Alternativer Preis	Siehe *Verkaufspreis*
Analyseberichte	Analyseberichte bieten eine anpassbare Analyseansicht, in der Benutzer Debitoren-, Artikel- und Kreditorenpostendaten verwenden und kombinieren können. Die Zahlen können in Beträgen und Mengen dargestellt werden und ermöglichen Drilldownfunktionalitäten bis in die Ursprungsbelege. Sie können zudem nach Zeiträumen und gegen das Budget verglichen und in Formeln verwendet werden.
Änderungsprotokoll	Systemprotokoll zur Aufzeichnung von direkten Datenänderungen an Tabellen/Tabellenfeldern bzw. zur Protokollierung von Nutzeraktivitäten
Anfrage	Aufforderung an den Lieferanten, über eine bestimmte Artikellieferung oder Dienstleistung ein Angebot abzugeben
Angebot	Willenserklärung, bestimmte Dienstleistungen oder Waren zu angebotenen Konditionen zu liefern
Anlagenklasse	Möglichkeit zur Klassifizierung und Gruppierung von Einzelanlagen anhand bestimmter Merkmale (z. B. materielle und immaterielle Anlagen)
Anpassen	Befehl im Menü *Anwendung*, um die Benutzeroberfläche zu personalisieren
Anpassungsarten	In Dynamics NAV werden drei Anpassungsarten unterschieden: Personalisierung (individuelle Änderungen), Konfiguration (Änderungen für Benutzerrollen) und Modifikation (datenbankweite Objektänderungen)
Anwendungsfenster	Das Fenster in der Anwendung, auf dem die gesamte Arbeit in der Anwendung basiert. In Dynamics NAV handelt es sich um den leeren Bereich, in dem alle Fenster geöffnet werden und in dem die Namen der Anwendung, des Unternehmens und der Datenbank angezeigt werden sowie die Menüleiste und die Symbolleiste.
Arbeitsdatum	Ein vom Systemdatum abweichendes Datum, um nicht zeitnahe Transaktionen zu erfassen. Die Einstellung erfolgt über *Extras/Arbeitsdatum* und wird in der Statusleiste angezeigt. Wenn Sie das Arbeitsdatum nicht ändern, wird standardmäßig das Systemdatum verwendet.
Archivierung	Speicherung von Belegdaten in speziell dafür vorgesehene Tabellen
Artikel(karte)	Physisches Produkt, in der Regel identisch mit einem Einkaufs- oder Verkaufsartikel. Die den Artikel betreffenden Informationen (Name, Bestand etc.) werden in der Artikelkarte dargestellt.

Glossar

Begriff	Erläuterung
Artikelposten	Mengenmäßige Veränderungen im Lager
Artikelvariante	Artikel, der in seiner Kerneigenschaft nicht von einem anderen abweicht, allerdings geringfügig andere Eigenschaften (z. B. Farbe) hat. Für diese Artikel muss nicht jeweils ein neuer Artikelstammsatz angelegt werden, sondern lediglich eine Artikelvariante.
Artikelverfolgung	Mit dieser Funktionalität lassen sich Serien- und Chargennummern bearbeiten und nachverfolgen. Serien- und Chargennummern können manuell oder automatisch zugewiesen werden. Die Funktion erlaubt dem Benutzer, aus einer einzelnen Auftragszeile Mehrfachmengen an Eingangs- und Ausgangslieferungen, versehen mit Seriennummern und Chargennummern, zu erstellen.
Artikelverfügbarkeit	Die Berechnung der aktuellen Artikelverfügbarkeit erfolgt über die Elemente Lagerbestand zuzüglich offene eingehende Aufträge abzüglich Zuordnungen
Artikelzuschlag/-abschlag	Einkaufs- und Verkaufszeilenart, über die zusätzliche Kostenkomponenten in den Einstandspreis eines Artikelpostens aufgenommen werden können. Dies können z. B. Bezugsnebenkosten wie Eingangsfracht, aber auch Wiedereinlagerungsgebühren oder nachträgliche Rabatte sein.
Assembly to Order (ATO)	Montageauftrag, der auftragsbezogen erzeugt und durch die Verkaufslieferung gebucht wird
Assembly to Stock (ATS)	Montageauftrag, der zur Lagerproduktion erstellt wird, um Bestand der Montagestücklistenkomponenten in Bestand für den Montageartikel umzuwandeln
AssistButton	Eine von vier Schaltflächen, auf die Sie mit der Funktionstaste [F4] zugreifen: *Drilldown, Lookup, Dropdown* und *AssistButton*. Mit den *AssistButton*-Schaltflächen werden durch das System vorgefilterte Optionen angezeigt. Bei Kombination von Dropdown und AssistButton gilt [⇧]+[F4] für den AssistButton.
Audit-Trail	Siehe *Änderungsprotokoll*
Aufgabe	Zuweisung bestimmter Tätigkeiten, die von Einkäufern bzw. Verkäufern durchzuführen sind
Aufgabenseite	Siehe *Listenplatz*
Aufgabenwarteschlange	(zuvor Projektwarteschlage, englisch: Job Queue) Ermöglicht, Prozesse und Stapelverarbeitungen zeitgesteuert über NAS protokolliert ausführen zu lassen
Auftrag	Siehe *Verkaufsauftrag*
Auftragsdatum	Datum der Erstellung eines Verkaufsbelegs
Auftragsfertigung	Siehe *Produktionsart*
Ausgleichsmethode	Dynamics NAV-spezifische Methode zum Ausgleich offener Kreditoren- oder Debitorenposten (manueller Einzelausgleich oder automatischer Ausgleich des ältesten offenen Postens)
Authentifizierung	Verifizierung eines bestimmten Objektes/einer bestimmten Person anhand bestimmter Merkmale (z. B. Kennwort beim Login)
Availability	COBIT-Kriterium der Verfügbarkeit, das sich auf die Anforderung der Informationsverfügbarkeit bezieht
Backup	Sicherung von Datenbeständen des Systems auf externe Speichermedien
Basiseinheitencode	Einheit, in der ein Artikel bestandsmengenmäßig am Lager geführt wird (z. B. Stück, Karton etc.)
Batchjob	Siehe *Stapelverarbeitung*
Bedarfsverursacher	Der Bedarfsverursacher erstellt eine Verbindung zwischen einem Bedarf sowie einem dazu passenden Angebot und liefert damit Informationen über eine mögliche Auftragserfüllung

Begriff	Erläuterung
Befehlsschaltfläche	Schaltfläche, über die eine Funktion, eine Stapelverarbeitung oder ein Bericht aufgerufen wird
Beleg	Buchungsnachweis für einen im System erfassten Geschäftsvorfall (z. B. Bestellung, Lieferung oder Zahlung)
Belegdatum	Datum, an dem ein bestimmter Geschäftsvorfall abgewickelt wurde. Die Verbuchung im System erfolgt unter Verwendung eines Belegdatums und eines Buchungsdatums.
Beleggenehmigung	Regeln, die beschreiben, wie ein bestimmter Geschäftsvorfall anhand des Belegs freizugeben ist (z. B. Einkaufsvorgänge über 1.000 Euro müssen durch den Geschäftsführer genehmigt werden). Die Regeln können im System hinterlegt werden.
Belegkopf	Der Teil des Belegs, der für alle Positionsdaten eines Belegs gültig ist (z. B. die Lieferadresse bei einer Einkaufsbestellung)
Belegstatus	Der Belegstatus gibt an, in welcher Bearbeitungsphase sich ein Beleg derzeit befindet (steht zur Genehmigung aus, ist freigegeben, es wird noch auf eine Vorauszahlung gewartet etc.)
Belegzeile	Eine Belegposition, die zu einem Beleg gehört. Ein Beleg hat immer mindestens eine, üblicherweise mehrere Belegzeilen (z. B. die einzelnen Bestellpositionen in einer Einkaufsbestellung).
Benutzer	Person, die das System zur Datenerfassung und Abwicklung von Geschäftsvorfällen nutzt. Jedem Benutzer sind eine eindeutige Benutzerkennung und ein Kennwort zugeordnet, mit deren Hilfe er sich am System anmelden kann (Authentifizierung).
Berechtigung	Systemtechnische Zuweisung von Rechten, um bestimmte Transaktionen im System durchführen zu können (Autorisierung), die in der Regel durch den Systemadministrator verwaltet und zugewiesen werden
Bericht	Der Ausdruck von Daten aus der Datenbank. Berichte sind im Allgemeinen für die interne Nutzung durch das Management gedacht. Einer von sieben Objekttypen in Dynamics NAV.
Beschaffungszeit	Zeitspanne zwischen der Bedarfsanzeige und dem Wareneingang
Bestand	Die Menge eines Artikels, die im Lager zum Verkauf oder zur Produktion zur Verfügung steht
Bestandswarnung	Warnmeldung des Systems, wenn der Lagerbestand eines bestimmten Artikels nicht ausreicht, um einen vorliegenden Auftrag erfüllen zu können
Bestelldatum	Datum, zu dem der Kreditor die Artikel bei sich abschicken muss, um das geplante Wareneingangsdatum einhalten zu können.
Bewegungsdaten	Vorgangsbezogene oder geschäftsprozessbezogene Transaktionsdaten, die häufig kurzlebiger Natur, immer bestimmten Stammdaten zugeordnet und häufig Gegenstand von Buchungsprozessen sind, mit denen diese Daten unveränderbar gespeichert und dokumentiert werden (z. B. Verkaufsauftrag oder Einkaufsbestellung)
Bewertungsdatum	Identifiziert zum einen den letzten Tag der Durchschnittskostenperiode. Zum anderen hält es fest, welcher Periode Wertposten unabhängig vom Buchungsdatum zuzuordnen sind.
BLOB	Feldtyp und Abkürzung für *Binary Large Object*, mit dem Bitmaps wie z. B. Logos in Tabellenfeldern gespeichert werden
Boolesch/Boolean	Ein Feldtyp, bei dem einer von folgenden Werten angegeben wird: *TRUE* oder *FALSE*. Siehe auch *Kontrollkästchen*.
Breadcrumb-Trail	Adressleiste im rollenbasierten Client, die die aktuelle Position in der Anwendung in einem horizontalen Befehlspfad darstellt

Glossar

Begriff	Erläuterung
Buchhaltungsperiode	Gliederung eines Geschäftsjahrs in unterschiedliche Perioden, um die Buchungen für bestimmte Perioden zu ermöglichen bzw. zu sperren und buchungsperiodenspezifische Auswertungen durchführen zu können
Buchungsblatt	Buchungsblätter werden in Dynamics NAV dazu verwendet, Transaktionen bzw. Bewegungsdaten zu erfassen und Stammdaten zugeordnet zu verbuchen
Buchungsgruppe	Mithilfe von Buchungsgruppen werden an verschiedenen Stellen im System Kontierungen vorgegeben, die sich durch die Buchungsgruppe des Nebenkontos (Debitoren, Kreditoren, Anlagen, Bankkonto) oder durch die Kombination von Buchungsgruppen der Nebenkonten (Debitoren/Artikel, Kreditoren/Artikel, Debitoren/Ressource) ergeben
Buchungsmatrix	Die Buchungsmatrix kombiniert Geschäftsbuchungsgruppen und Produktbuchungsgruppen und steuert in deren Kombination die Kontierung von bestimmten Geschäftsvorfällen. Sie ist somit für die korrekte Abwicklung von indirekten Buchungen zuständig.
C/AL	Dynamics NAV-spezifische Programmiersprache
C/AL-Editor	Siehe *Trigger*
C/OCX	Eine Schnittstelle, über die die C/SIDE-Entwicklungsumgebung erweitert wird. Diese Schnittstelle kann OLE- oder OCX-Steuerelemente enthalten.
C/SIDE	Abkürzung für Client/Server Integrated Development Environment, der Dynamics NAV-eigenen Entwicklungsumgebung
Change Log	Siehe *Änderungsprotokoll*
Change Request	Detaillierte, schriftliche Änderungsanforderung bezüglich einer Funktion oder eines Systemprozesses, die den Prozess des Change-Managements durchläuft
Charge	Kennzeichnung von zusammengehörigen Einheiten mit einer vorgegebenen Nummerierung für eine Güter- oder Artikelmenge mit gleichen Eigenschaften
ClickOnce	ClickOnce ist eine Bereitstellungstechnologie, mit der selbstaktualisierende Windows-basierte Anwendungen erstellt werden können, für deren Installation und Ausführung sehr wenig Benutzerinteraktion erforderlich ist
Cloud Computing	Modell der Softwarebereitstellung, bei dem entweder auf eine gehostete Hardwareplattform oder auf eine Software in einem »On-Demand«-Modell über das Internet zugegriffen wird
COBIT	Abkürzung für Control Objectives for Information and Related Technology, einem von der ISACA erstellten Framework zur IT-Compliance, das unter anderem Anforderungen an Informationen und die Informationsverarbeitung definiert
Codeunits	Der Dynamics NAV-spezifische C/AL-Quellcode wird meist in Codeunit-Objekte ausgelagert, auf die von beliebigen Objekten aus zugegriffen werden kann
Compliance	Compliance bezeichnet die Einhaltung von gesetzlichen und unternehmensspezifischen Anforderungen im Rahmen der Abwicklung von Geschäftsprozessen
Confidentiality	COBIT-Kriterium der Vertraulichkeit, das sich auf den Schutz von sensitiven Informationen gegen unberechtigte Offenlegung bezieht
Controlling	Umfassendes Steuerungs-, Koordinations- und Kontrollkonzept, das einerseits die Informationsversorgung und Entscheidungsvorbereitung sicherstellt, und andererseits Ex-post-Kontrollen und Analysen von Geschäftsprozessen und deren (finanziellen) Auswirkungen ermöglicht
COSO-ERMF	Abkürzung für das vom Committee of Sponsoring Organizations of the Treadway Commission erstellte Enterprise Risk Management Framework, das einen Bezugsrahmen für den Aufbau eines Risikomanagementsystems beinhaltet

Begriff	Erläuterung
CRM	Abkürzung für Customer Relationship Management, das die Ausrichtung der Geschäftsprozesse am Kunden mit dem Ziel der Befriedigung der Kundenbedürfnisse beinhaltet
CRONUS AG	Unternehmensname des Demomandanten von Dynamics NAV
Cross Docking	Siehe *Zuordnung*
Cues	Siehe *Dokumentenstapel*
Cursor	Die Stelle, an die der Mauszeiger in Microsoft Dynamics NAV gesetzt wird. Wird häufig auch Einfügemarke genannt.
Dataport	Dataport-Objekte dienen dem Im- und Export von Daten von und nach Dynamics NAV und können nur im Classic-Client genutzt werden
DataSet	Ergebnis einer Datenbankabfrage. Im Bezug auf Dynamics NAV 2013 Reports: Anzahl von Datensätzen, die die Datenbasis für den zu druckenden Report bildet und dabei häufig mehr als eine Herkunftstabelle hat.
Datenbank	Die physische Datei oder Summe von Dateien auf einem Server, in der alle Dynamics NAV-Daten und -Datenbankobjekte gespeichert werden
Datenbankobjekt	Siehe *Objekt*
Datensatz	Eine Zeile einer Tabelle, z. B. ein einzelner Debitor in einer Auflistung. Ein Datensatz besteht aus mehreren Feldern, und eine Tabelle enthält mehrere Datensätze.
Debitor	Kunde, an den Waren oder Dienstleistungen geliefert werden
Debugger	Ein Tool, mit dem durchlaufener C/AL-Programmcode sowie Variablenwerte zur Laufzeit betrachtet werden können, um Anwendungsverhalten nachzuvollziehen
Dedizierte Lagerplätze	Spezifiziert Lagerplätze, aus denen nur für bestimmte Bedarfe kommissioniert werden kann. Schützt so den Lagerplatzinhalt vor ungewollter Disposition in Lagern, für die keine gesteuerte Einlagerung und Kommissionierung aktiviert ist. Dort wird diese Funktion von den Lagerplatzarten übernommen.
Deployment	Siehe *Softwarebereitstellung*
Designer	Die Oberfläche, in der zusätzliche Forms, Berichte bzw. Reports, Tabellen, Dataports, XMLports, Codeunits und MenuSuites für Microsoft Dynamics NAV bearbeitet oder entworfen werden
Designmodus	Modus, in dem das jeweilige Objekt vom Object Designer aus modifiziert werden kann. Von dort können Objekte auch im Runmodus gestartet werden.
Detaillierte Posten	Abbildung von sukzessiven Änderungen im Zusammenhang mit bereits gebuchten Posten (z. B. die Historie des Ausgleichs eines offenen Debitorenposten)
Dialogfeld	Fenster, in dem Sie weitere Informationen zu einer von Ihnen gewünschten Aktion angeben können
Dimension	Dimensionen sind Merkmale bzw. Auswertungskriterien, die einem Posten angefügt werden können, um im Anschluss flexible Auswertungen unter Selektion der gewünschten Dimension(en) durchführen zu können
Direktlieferung	Geschäftsprozess, bei dem das Unternehmen als Intermediär auftritt, ohne dass die Ware im Unternehmen eingelagert wird
Dirty Reads	Bei einer Abfrage liefert das System auch Ergebnisse aus noch nicht abgeschlossenen (bzw. an die Datenbank zurückgeschriebenen) Transaktionen
Dokumentenstapel	Dokumentenstapel (Cues) visualisieren durch die Höhe des Stapels die Anzahl der benutzerrollenabhängig zu bearbeitenden Dokumente im Aktivitätenbereich des Rollencenters

Glossar

Begriff	Erläuterung
Drei-Schicht-Architektur	Bei der Drei-Schicht-Architektur befindet sich eine Ebene zwischen Client und Datenbank – das »Middletier« – oder Serviceschicht. Der Client wird lediglich als Präsentationsschicht verwendet, die gesamte Businesslogik und alle Berechnungen werden auf der die Serviceschicht durchgeführt.
Drilldown	Einer von vier AssistButtonTypen«. Der nach unten gerichtete Pfeil zeigt an, dass der Wert in dem Feld aus einer anderen Tabelle berechnet wird. Durch Klicken auf den Pfeil öffnen Sie die betreffende Tabelle.
Drillthrough (Reports)	Hyperlink in einem RDLC-Report, mit dem sich aus der Vorschau zu einem Reportelement ein weiterer Report mit Detailinformationen zu diesem Datensatz öffnen lässt
Dropdownliste	Einer von vier AssistButton-Typen. Es handelt sich um eine kurze, vordefinierte Liste, aus der der Benutzer die gewünschte Option auswählen kann.
Durchlaufzeit	Die Zeitspanne, die ein bestimmtes Objekt benötigt, um einen bestimmten Prozess zu durchlaufen (z. B. Transport, Einlagerung, Wareneingang etc.)
Durchschnittspreis (gleitender)	Der gleitende Durchschnittspreis dient der Bestandsbewertung von gleichen Artikeln, die zu unterschiedlichen Zeitpunkten und Preisen eingekauft wurden. Dabei wird die Methode des gleitenden Mittels genutzt, um den durchschnittlichen Preis zu berechnen. Er entspricht damit den mengengewichteten Einstandspreisen der einzelnen Beschaffungsvorgängen
Dynamics NAV-Manager	Bezeichnung für den Hauptverantwortlichen für das Dynamics NAV-System auf Anwenderseite
E-Bilanz	Auch »Elektronische Bilanz« genannt, bezeichnet die elektronische Übermittlung der Unternehmensbilanz an das Finanzamt, sofern die Gewinnermittlung nach § 4 Absatz 1,5 oder § 5a EStG erfolgt
Effectiveness	COBIT-Kriterium der Wirksamkeit, das sich auf die Angemessenheit und Relevanz von Informationen für Abwicklung von Geschäftsprozessen bezieht
Efficiency	COBIT-Kriterium der Wirtschaftlichkeit, das sich auf effiziente Bereitstellung von Informationen bezieht
Eingang	Der physische Eingang von Artikeln, der Abgleich dieser Artikel mit der Bestellung (Menge und Unversehrtheit), die Einlagerung der Artikel und die Vorbereitung des Wareneingangsberichts
Einkauf	Organisationseinheit, die für die Beschaffung von Artikeln und Material verantwortlich ist
Einkäufer/Verkäufer	Organisationseinheit in Form von Benutzern, die als Einkäufer oder Verkäufer im System deklariert werden
Einkaufsbestellung	Aufforderung des Unternehmens an einen Lieferanten, bestimmte Waren oder Dienstleitungen zu liefern
Einlagerung	Transport eines Artikels aus dem Wareneingangsbereich in das Lager und Erfassung der Bewegung und des Lagerorts/Lagerplatzes, an dem der Artikel eingelagert wird
Einlagerungsvorlage	Fenster für die Einrichtung von Parametern, die beim Einlagerungsvorgang berücksichtigt werden sollen
Einstandspreis	Der Einstandspreis ist der Beschaffungspreis inkl. aller Bezugsnebenkosten für einen bestimmten Artikel. Der Einstandspreis dient vor allem der Bewertung des Vorratsvermögens. Wird ein Bewertungsvereinfachungsverfahren (z. B. Durchschnittsbewertung) genutzt, kann der Lagerwert von dem jeweiligen Beschaffungspreis abweichen.
Einstandspreisrückverfolgung	Die Einstandspreisrückverfolgung stellt sicher, dass mögliche Rücklieferungen an den Lieferanten den gleichen Einstandspreis haben, den auch der ursprüngliche Einkaufsbeleg hat, um eine konsistente Bestandsbewertung zu gewährleisten

Begriff	Erläuterung
Enterprise Design Document (EDD)	Im EDD wird schriftlich dokumentiert, wie die Umsetzung (Software Architektur) der Anforderungen eines Unternehmens in Dynamics NAV vorgenommen werden soll, die im »Functional Requirements Document« (FRD) niedergelegt wurden
Enterprise Resource Planning (ERP)	Betriebswirtschaftliche Softwarelösungen, die Unternehmen systemtechnisch bei der Abwicklung von Geschäftsprozessen in (nahezu) allen Unternehmensbereichen unterstützen
Entwicklungsumgebung	Klassische Dynamics NAV-Runtime, über die auf den Object Designer zugegriffen wird
Ereignisgesteuerte Prozesskette (EPK)	Technik zur Modellierung von Geschäftsprozessen
Ersatzartikel	Artikel, der einem Debitor als Ersatz für einen nicht verfügbaren Artikel angeboten werden kann
Erwartetes Wareneingangsdatum	Das Datum, zu dem der Artikel für die Kommissionierung verfügbar sein soll. Das Datum wird unter Berücksichtigung des Bestelldatums/Lieferdatums, der Wiederbeschaffungszeit und der eingehenden Lagerdurchlaufzeit von der Anwendung berechnet.
Erweiterter Filter	Erlaubt die Kombination einzelner Feldfilter auf Tabellen
Fact Box	Siehe *Infobox*
Fakturierung	Erstellung und Versand der Rechnung von einem Lieferanten oder an einen Kunden für eine erbrachte Lieferung oder Leistung
Fälligkeit	Datum, an dem ein bestimmtes (vertraglich vereinbartes) Ereignis eintreten soll (Zahlungseingang, Lieferung etc.)
Feld	Ein Feld ist Bestandteil einer Tabelle bzw. eines Datensatzes, z. B. ist der Name eines Kunden im Feld *Name* der Debitorentabelle abgelegt
Feldeigenschaft	Felder einer Tabelle können bestimmte Eigenschaften haben, die das Verhalten des Felds steuern (z. B. nicht änderbar oder Minimal- und Maximalwert etc.)
Feldfilter	Filter, der auf ein einzelnes Tabellenfeld gesetzt wird, sodass die Menge angezeigter bzw. gedruckter Informationen eingeschränkt wird
FIFO	Abkürzung für First-In-First-Out, einem Verbrauchsfolgeverfahren für Bestände des Vorratsvermögens, das bei der Bewertung davon ausgeht, dass die zuerst ins Lager gebuchten Zugänge zuerst aus dem Lager entnommen werden
Filter	Eine Funktion, mit dem der Benutzer den Umfang der angezeigten bzw. gedruckten Informationen einschränken kann. Es gibt Feldfilter, Tabellenfilter und FlowFilter.
Filter Variable	Erlaubt die Filterung mittels eines programmierten und mit % beginnenden Filtertexts, der zur Laufzeit über eine Codeunit in z. B. UND verknüpfte Filterkriterien umgewandelt wird. Beispiel: %MEINEDEBITOREN
Flag	Siehe *Kontrollkästchen*
FlowField	Ein Feld, das Werte aus meist anderen Tabellen zur Laufzeit für die aktuelle Bildschirmanzeige anzeigt oder summiert. Die Definition des FlowFields befindet sich in der Feldeigenschaft *CalcFormula*.
FlowFilter	Ein Filter, der auf Grundlage eines mit den Posten gebuchten Werts die angezeigte Informationsmenge oder Summenberechnung einschränkt. Der auf FlowFields angewandte FlowFilter (z. B. der Datumsfilter) wirkt dabei auf die Tabelle, über die das FlowField berechnet wird.
Freigeben	Durch die Freigabe eines Dokuments wird dieses für die Verarbeitung in der nächsten Abteilung/im nächsten Arbeitsschritt kenntlich gemacht. Freigegebene Dokumente können nicht verändert werden, sie müssen in den Status »Offen« zurückversetzt werden.

Begriff	Erläuterung
Funktionstrennung	Sicherstellung, dass kritische Aktivitäten durch unterschiedliche Funktionsträger im Unternehmen ausgeführt werden (z. B. Änderung von Bankdaten und Durchführung von Zahlläufen)
GDPdU	Abkürzung für »Grundsätze zum Datenzugriff und zur Prüfbarkeit digitaler Unterlagen«. Nach § 147 Abs. 6 AO ist es der Finanzverwaltung möglich, die Daten von elektronischen Buchführungssystemen »digital« zu prüfen, entweder durch Datenträgerüberlassung und/oder durch mittelbaren bzw. unmittelbaren Zugriff. Für die Datenträgerüberlassung ist es notwendig, dass die Daten vom steuerpflichtigen Unternehmen (oder dem beauftragten Steuerberater, buchführenden (Sub-)Unternehmen, etc.) in »maschinell auswertbarer Form« auf geeigneten Datenträgern bereitgestellt werden. Unter dem Begriff »maschineller Auswertbarkeit« versteht die Finanzverwaltung den wahlfreien Zugriff auf alle gespeicherten Daten einschließlich der Stammdaten und Verknüpfungen mit Sortier- und Filterfunktionen. Um eine solche Auswertbarkeit oder Verwertbarkeit zu erreichen, ist es notwendig, dass die Dateiformate für die Datenträgerüberlassung definiert und standardisiert werden.
Gebindeanbruch	Dies bedeutet, dass beim Kommissionieren einer kleinen Mengeneinheit eine größere Mengeneinheit angebrochen werden muss, um die richtige Menge für den Auftrag liefern zu können
Gemeinkostensatz	Der Gemeinkostensatz kann als absoluter Betrag beim Artikel hinterlegt werden und bezieht sich auf die Basiseinheit. Dieser Betrag soll indirekte Kosten (Gemeinkosten) eines Artikels abdecken.
Generisches Diagramm	Statische, über XML definierte Diagramme in Dynamics NAV
Geschäftsbeziehung	Geschäftsbeziehungscodes gruppieren externen Firmen oder Personen in Geschäftsbeziehungen wie Debitoren, Kreditoren, Banken, Rechtsanwälte, Wettbewerber, etc. Neben dieser Segmentierung werden diese Codes benutzt, um Kontakte mit Debitoren, Kreditoren und Bankkonten zu verknüpfen.
Geschäftsprozess	Betriebswirtschaftlicher Ablauf von Funktionen und Tätigkeiten mit einem zuvor definierten Start- und Endpunkt zur Erreichung der definierten Unternehmensziele
Globale Dimension	In Dynamics NAV können zwei globale Dimensionen definiert werden, die abweichend von den weiteren Dimensionen bei Buchung in den verschiedenen Postentabellen abgespeichert werden und somit schon direkt für Auswertungszwecke zur Verfügung stehen. Nicht globale Dimensionen werden in separaten Postendimensionstabellen abgelegt.
GoBS	Abkürzung für Grundsätze ordnungsmäßiger DV-gestützter Buchführungssysteme
Granule	Granules sind kleine, einzeln lizenzierbare Untereinheiten von Dynamics NAV-Modulen
Gutschrift	Beleg für die Erstattung eines Betrags von einem Lieferanten oder an einen Kunden (z. B. aufgrund einer Mängellieferung oder einer Rücksendung)
Hauptbuchhaltung	Die Hauptbuchhaltung ist die zentrale Komponente des Finanzmanagements und nimmt die Verkehrszahlen der Sachkonten in Hinblick auf den gesetzlich geforderten Einzelabschluss auf. Geschäftsvorfälle können über die Nebenbücher oder direkt in das Hauptbuch gebucht werden.
Herkunftsbeleg	Der ursprüngliche Beleg einer Transaktion, die zu der Buchung eines Postens in der Finanzbuchhaltung führt (z. B. Verkaufsrechnung)
Herkunftscode	Herkunftscodes geben an, wo ein Buchungsposten erzeugt wurde und bilden damit die Basis für Buchungskontrollen im System
Hintergrundbuchung	Möglichkeit, das Buchen von Belegen im Ein- und Verkauf auf den Service Tier zu verlagern, um den Prozess zu beschleunigen
HTML	Abkürzung für Hypertext Markup Language, einer Dokumentenbeschreibungssprache, die z. B. für die Erstellung von Webseiten genutzt wird

Begriff	Erläuterung
Info Part	Die Info Parts sind anpassbare Elemente des Rollencenters. Es gibt fünf Arten von Info Parts: *Aktivitäten*, *Microsoft Outlook*, *Eigene Listen*, *Benachrichtigungen* und *Diagramme*.
Info zu dieser Seite	Zeigt bei entsprechender Berechtigung die Tabelleninformationen zum aktuellen Datensatz mit allen Feldern an. In früheren Versionen »Zoom« genannt.
Infobox	Fenster im rechten Bereich von NAV-Seiten, die zusätzliche Informationen im Kontext des aktuellen Datensatzes liefern. Infoboxen werden genutzt, um in Listenplätzen häufig angezeigte Zusatzinformationen (z. B. eine Liste von FlowFields) zum jeweils markierten Datensatz rechts neben der Liste in einem eigenen Bereich anzuzeigen, der benutzerdefiniert ein- oder ausgeblendet werden kann.
Inforegister	Vertikale Registerkarten auf Aufgabenseiten
Institut deutscher Wirtschaftsprüfer (IDW)	Freiwilliger Zusammenschluss von Wirtschaftsprüfern und Wirtschaftsprüfungsgesellschaften in Deutschland mit dem Ziel der Interessensvertretung, Facharbeit und Ausbildung sowie Unterstützung der Mitglieder
Institute of Internal Auditors (IIR)	Internationale Vereinigung für Revisoren
Integrity	COBIT-Kriterium der Integrität, das sich auf die Richtigkeit und Vollständigkeit von Informationen bezieht
Intercompanybuchungen (IC)	Intercompanybuchungen sind für Unternehmen gedacht, die mehr als einen Mandanten verwalten. Mithilfe von Intercompanybuchungen können Sie die Geschäftsvorgänge und -transaktionen zwischen diesen Unternehmen vereinfachen und rationalisieren, indem ein IC-Beleg nur einmalig erfasst und vom System im jeweils anderen Mandanten erzeugt wird. Mithilfe der Zuordnungsfunktionen für den Kontenplan und für Dimensionen kann sichergestellt werden, dass die Informationen an der richtigen Stelle angezeigt werden.
Interface	Programmierte Schnittstelle zwischen Systemen
Interne Einlagerungs- und Kommissionierungsanforderung	Anweisungen für die Einlagerung und Kommissionierung von Artikeln ohne Herkunftsbelege wie Auftrag oder Bestellung. Dies ermöglicht die Abbildung spezieller Zwecke, z. B. das Bereitstellen von Artikeln für Präsentationszwecke oder im Rahmen einer Stichprobe für die Qualitätskontrolle.
Interne Umlagerung	Neuer Logistikbeleg für die Umlagerung von Lagerplatzinhalten in einem Lager, für das die gesteuerte Einlagerung und Kommissionierung nicht aktiviert ist
Inventar	Genaues Bestandsverzeichnis aller Gegenstände zu einem bestimmten Zeitpunkt als Ergebnis einer Inventur
Inventur	Physische Bestandsaufnahme der im Lager vorhandenen Artikel, die permanent, jährlich oder in anderen festgelegten Abständen erfolgt
Inventurauftrag	Bestimmt, welcher Artikel an welchem Lagerort/Lagerplatz gezählt werden soll
Job Queue	Siehe *Aufgabenwarteschlange*
Journal	Journale dokumentieren in Dynamics NAV die Buchungstransaktionen, um nachzuvollziehen, wann etwas gebucht wurde, in welchem Programmteil, durch wen und welche Posten dadurch entstanden sind. In jedem Journal werden die ersten und letzten Postennummern der Posten, die Benutzer-ID sowie das Errichtungsdatum festgehalten und damit das Datum, an dem die Transaktion (ggf. abweichend vom Buchungsdatum) tatsächlich gebucht wurde.
Journal Entry Test	Im Rahmen des Journal Entry-Tests wird das Hauptbuch auf Buchungssätze hin analysiert, die gegebenenfalls eine detaillierte Prüfung erforderlich machen
Kampagne	Eine Kampagne ist eine Verkaufsförderungsmaßnahme, die sich auf alle oder eine Teilmenge von Vertriebskontakten bezieht

Begriff	Erläuterung
Karte	Eine Datenansicht, die Informationen zu einem Debitor, Kreditor, Artikel usw. enthält. Die entsprechenden Fenster weisen in der Regel oben eine Reihe von Registerkarten auf. Siehe *Tabellenfenster*.
Katalogartikel	Mit dieser Funktionalität können Sie Artikel anbieten, die nicht Teil des Lagerbestands sind, die jedoch bei einem externen Kreditor oder Hersteller bestellt werden können. Solche Artikel werden als Katalogartikel erfasst, jedoch wie jeder andere Artikel behandelt.
Key Tips	Siehe *Zugrifftasteninformation*
Keyuser	Als Keyuser werden Personen auf Anwenderseite bezeichnet, die entweder Bereichsverantwortung bei der Anforderungsdefinition besitzen oder »First Level Support«-Funktionen übernehmen, indem diese Mitarbeitern derselben Abteilung bei programmbezogenen Fragestellungen helfen bzw. diese eskalieren.
Kommissionierung	Kommissionierung ist die auftragsbezogene, termingerechte Bereitstellung von Artikeln in richtiger Menge und Qualität für den Versand oder die Produktion
Kompensierende Kontrolle	Kontrolle, die Fehler oder Schwächen in Systemen, Prozessen etc. kompensiert, jedoch nicht präventiv davor schützt
Konfiguration	Siehe *Anpassungsarten*
Konsolidierung	Unter einer Konsolidierung versteht man die Zusammenführung der Einzelabschlüsse der Konzernmandanten zum Konzernabschluss im Konsolidierungmandanten
Konsolidierungsmandant	Der Konsolidierungsmandant enthält die kombinierten Verkehrszahlen (Sachposten) der ihm zugehörigen Konzernmandanten (Einzelunternehmen)
Kontakt	Kontaktdaten zu einem Geschäftspartner. Im Gegensatz zu Lieferanten- oder Kundenstammdaten fehlen den Kontakten die Daten der Finanzbuchhaltung, die zur Abwicklung und Verbuchung einer Transaktion (Einkauf, Verkauf) notwendig sind.
Kontenfindung	Die Kontenfindung ist ein belegbasiertes Verfahren, um für jede Transaktion automatisch den entsprechenden Buchungssatz im Hauptbuch ableiten zu können. In Dynamics NAV erfolgt die Kontenfindung über Buchungsgruppen und die Buchungsmatrizen.
Kontrollkästchen	Boolesche Felder, die anzeigen, ob eine Funktion aktiviert (Häkchen/Flag) oder deaktiviert (kein Häkchen/kein Flag) ist
Konzernmandant	Siehe *Konsolidierung* und *Konsolidierungsmandant*
Kreditlimit	Der einem Kunden eingeräumte Höchstbetrag für die Gewährung eines Kundenkredits
Kreditor	Lieferant, bei dem Waren oder Dienstleistungen bezogen werden
Kunde	Siehe *Debitor*
Kurzfriständerungen	Änderungen beispielsweise an Objekten oder Tabellen, die nur vorübergehend erfolgen und anschließend wieder in ihren Ursprungszustand zurückversetzt werden
Lager	Ein Gebäude oder Gebäudeteil für die Annahme, Lagerung und Auslieferung von Artikeln und damit eine spezielle Art Lagerort
Lagerabgangsmethode	Die Lagerabgangsmethode definiert, ob die Verbrauchsfolgeverfahren *FIFO* (First-In-First-Out) bzw. *LIFO* (Last-In-First-Out) für den Artikelpostenausgleich verwendet werden oder eine manueller Ausgleich (*Ausgewählt*) erfolgt. *Durchschnitt* und *Standard* arbeiten bezogen auf den Artikelpostenausgleich wie *FIFO*, beeinflussen aber die Berechnung des Einstandspreises und damit die Bewertung des Vorratsvermögens (Bewertungsvereinfachungsverfahren).

Begriff	Erläuterung
Lageraktivität	Dies ist der Oberbegriff für Einlagerungs-, Kommissionier- und Umlagerungsaktivitäten innerhalb des Lagers. Die Aktivitäten werden zentral über das Menü *Logistikmanagement* gesteuert.
Lagerbestand	Umfasst Artikel, die in einem Lager aufbewahrt und zum Wiederverkauf eingekauft wurden, Artikel, die für die Produktion benötigt werden (Rohmaterialien und Halbzeuge) sowie Artikel für Wartungstätigkeiten (Austauschteile und Betriebsmittel). Das Programm berechnet den Lagerbestand als Menge eines im Lager verfügbaren Artikels.
Lagerbestandsumlagerung	Neuer Logistikbeleg für die Umlagerung von Lagerplatzinhalten in Lagern, für die die gesteuerte Einlagerung und Kommissionierung nicht aktiviert ist
Lagerbuchungsperiode	Mit Lagerbuchungsperioden kann das Buchen von Lagertransaktionen zeitlich eingeschränkt werden. Siehe auch *Buchhaltungsperiode*.
Lagerfertigung	Siehe *Produktionsart*
Lagerhaltungsdaten	Diese Funktionalität ermöglicht es, dass identische Artikel mit derselben Artikelnummer an verschiedenen Lagerorten gespeichert und an jedem Lagerort individuell verwaltet werden können. Der Benutzer kann Einstandspreise, Beschaffungs- und Produktionsinformationen usw. auf Basis des Lagerorts hinzufügen.
Lagerhilfsmittel	Artikel- oder lagerortspezifische Hilfsmittel für die Ein- bzw. Auslagerung
Lagerklasse	Bedingungen oder Lagerhilfsmitteln, die für die Lagerung von Artikeln erforderlich sind. Beispiele für Lagerklassen sind Tiefkühlbereich, Trockenbereich und Gefahrgut.
Lagermitarbeiter	Benutzereinrichtung für Anwender, die an den Dynamics NAV-Logistikprozessen beteiligt sind
Lagerort	Gebäude oder Ort, an dem Artikel physisch gelagert und ihre Mengen verwaltet werden können. Ein Lagerort kann ein Lager, ein Servicemobil, ein Showroom, eine Fabrik oder ein Bereich innerhalb einer Fabrik sein.
Lagerplatz	Ein Lagerplatz ist eine Untereinheit des Lagerortes, auf die sich die Anwendung bezieht, wenn z. B. Vorschläge zur Einlagerung von Artikeln gemacht werden
Lagerplatzart	Ermöglichen die Zuordnung von Verarbeitungsschritten zu Lagerplätzen
Lagerplatzinhalt	Dies ist der Inhalt, der sich an einem Lagerplatz befindet, einschließlich der physischen Artikelanzahl am Lagerplatz wie auch Informationen zu Volumen und Status (z. B. beschädigt). Der Lagerplatzinhalt ist die Grundlage für die Erstellung von Einlagerungen und Kommissionierungen in der Anwendung.
Lagerplatzposten	Kombination von Artikel- und Lagerplatz. Menge, die im Lagerplatzinhalt aufgeführt wird
Lagerplatzpriorität	Dies ist ein Mittel für die Priorisierung von Umlagerungen zur Auffüllung von Lagerplätzen. Hier wird angegeben, welcher Lagerplatz zuerst wieder aufgefüllt werden soll. Je höher die Nummer, desto höher ist die Priorität. Die Anwendung füllt z. B. einen Lagerplatz mit der Priorität 200 vor einem Lagerplatz mit der Priorität 100 auf.
Lagerregulierung	Die Lagerregulierung stellt eine Buchungs- und Kontrollinstanz dar, die die Einstandspreise zur Bewertung des Vorratsvermögens und von gebuchten Wareneinsätzen bei Lagerabgängen überprüft und neue Regulierungswertposten erstellt, falls es zu Buchungen gekommen ist, die die Einstandspreise verändert haben
Lagerzone	Gruppierungsebene des Lagerplatzes und nächste Hierarchieebene in Lagerorten
Laufzeit	Die Laufzeit ist die Zeitspanne in der ein angestoßener Prozess von einem Rechner abgearbeitet wird. Der Begriff »Zur Laufzeit« bedeutet also, dass bestimmte Rechenoperationen erst nach Benutzerinitiierung ausgeführt werden und somit Teil des Prozesses sind.
Lieferanmahnung	Liefererinnerung an einen Kreditor, wenn dieser mit der bestellten Lieferung in Verzug ist

Glossar

Begriff	Erläuterung
Lieferant	Siehe *Kreditor*
Lieferbedingung	Regeln zum Gefahrenübergang und der Versandkostenübernahme
Lieferterminzusagen	Mit dieser Funktionalität können Sie Verfügbarkeits- und Liefertermine berechnen. Wenn der Debitor nach einem Lieferdatum fragt, können Sie herausfinden, ob die Lieferung zum angegebenen Termin möglich ist. Außerdem können Sie ein mögliches Lieferdatum basierend auf der Beschaffungszeit oder Fertigungszeit berechnen, wenn Sie keine entsprechenden Artikel im Lager haben.
Lieferung	Vollständiger (Komplettlieferung) oder unvollständiger (Teillieferung) physischer Wareneingang oder Fertigstellung einer Leistung, die bei einem Lieferanten bestellt oder an einen Kunden verkauft wurde
LIFO	Abkürzung für Last-In-First-Out, einem Verbrauchsfolgeverfahren für Bestände des Vorratsvermögens, das bei der Bewertung davon ausgeht, dass die zuletzt ins Lager gebuchten Zugänge zuerst aus dem Lager entnommen werden
Link	Aufruf von Funktionen und Fenstern in Dynamics NAV 2013 entsprechend der Adressleiste
Listen Links	Aufruf von Listenplätzen aus dem Navigationsbereich
Listenplatz	Tabellarische Ansicht im rollenbasierten Client, um einzelne Datensätze zur Bearbeitung in der *Aufgabenseite* aufrufen zu können
Live-Datenbank	(Produktionsdatenbank) Datenbank, in der die Echtdaten erfasst und verbucht werden. Parallel zur Live-Datenbank existieren typischerweise eine Entwicklungs- und ggf. eine weitere Testdatenbank.
Lizenz	Eine Datei, in der alle von Ihrem Unternehmen erworbenen Dynamics NAV-Granules aufgeführt sind. Die Datei besitzt die Endung *.flf.*
Logistik	Die Menge aller planenden und steuernden Prozesse zur Sicherstellung der Realgüterversorgung einschließlich des Materialflusses im Unternehmen
Logistikbeleg	Optionaler Beleg (Wareneingangsbeleg, Kommissionierbeleg etc.) in Dynamics NAV, der nur für Läger mit Logistikeinrichtung erzeugt wird und die Prozess der Lieferung in Wareneingang und Einlagerung bzw. Kommissionierung und Warenausgang strukturieren kann
Lookup	Einer von vier AssistButton-Typen. Der nach oben gerichtete Pfeil weist darauf hin, dass eine weitere Tabelle angezeigt werden kann. Aus dieser können Sie Daten in das Feld einfügen, von dem aus Sie auf die Tabelle zugegriffen haben.
Losgröße	Zu fertigende oder zu beschaffende Menge eines Artikels
Loskumulierungsperiode	Definiert beim Los-für-Los-Wiederbeschaffungsverfahren den Zeitrahmen: Bedarfe, die innerhalb des Zeitraums fällig sind, werden in einer Bestellung zusammengefasst
Lync	Microsoft Lync ist eine Kommunikationssoftware, die Instant Messaging, Kontakt-Präsenzinformationen, Telefonie und Audio-/Videokonferenzen sowie Voicemail auf einer einheitlichen Plattform vereint und somit zusammen mit Microsoft Exchange eine Unified Communications-Lösung bildet
Main/Sub Form	Formobjekt, welches aus einem Hauptform (Kopf) und einem verbundenen Unterform (Positionen) besteht, welches über die Kopfdaten fest gefiltert wird. Ein Beispiel für ein Main/Sub-Form ist der Verkaufsauftrag, bestehend aus einem Kartenform, das den Verkaufskopf und einem verbundenen Tabellenform, das die Verkaufszeilen anzeigt.
Mandant	Höchste organisatorische Ebene in Dynamics NAV, die das Unternehmen und die selbständig bilanzierende Einheit im System abbildet

Begriff	Erläuterung
Mandantenübergreifend	Daten, die allen Mandanten einer Datenbank in nicht redundanter Form zur Verfügung stehen, nennt man mandantenübergreifende Daten. Technisch wird dies auf Tabellenobjektebene über die Eigenschaft »DataPerCompany« erreicht. Bestimmte, standardmäßige Konsistenzprüfungen (wie Prüfungen beim Löschen von Stammdaten) werden u.U. mit der Freigabe von Tabellendaten für alle Mandanten unterlaufen.
Marketing	Summe der Verkaufsförderungsmaßnahmen eines Unternehmens einschließlich des Customer Relationship Managements (CRM)
Maximalbestand	Maximaler Lagerbestand, bis zu dem das Lager aufgefüllt wird, wenn das Verfahren *Auffüllen auf Maximalbestand* ausgewählt wurde
Menü *Anwendung*	Das Menü *Anwendung* ist auf jeder NAV-Seite links neben der ersten Registerkarte des Menübands verfügbar und enthält Client-bezogene Befehle wie die Auswahl des Arbeitsdatum, der Applikationssprache, des Servers oder Mandanten sowie die Hilfe und die Personalisierungsmöglichkeiten
Menüband	Das unterhalb der Adressleiste angeordnete horizontale Menüband enthält die Aktionen einer NAV-Seite und ist in Registerkarten und Gruppen unterteilt
Menüoption	Eine Menüoption ist die kleinste Einheit im Navigationsbereich, der aus Menüs und Menügruppen sowie den einzelnen Menüoptionen besteht
Menüschaltfläche	Auf den Menüschaltflächen, die in den meisten Fenstern der Anwendung angezeigt werden, wird ein nach unten gerichtetes Dreieck angezeigt. Durch Klicken wird eine Auswahl angezeigt, aus der Sie zum Beispiel eine Funktion, ein anderes Fenster oder ein Untermenü auswählen können. Siehe auch *Schaltfläche*.
MenuSuite	Das *MenuSuite*-Objekt enthält die Menüs, die im Navigationsbereich und im Navigationsbereich-Designer angezeigt werden. Alle Menüs enthalten Elemente für einen bestimmten Unternehmensbereich, z. B. für das Finanzmanagement oder den Einkauf.
Mindestmenge	Menge im Einkaufs- oder Verkaufsbereich, ab der ein bestimmter, im System hinterlegter, Preis gilt
Minimalbestand	Der Bestand, bei dessen Unterschreitung das System den Wiederbeschaffungsvorgang anstößt
Modifikation	Siehe *Anpassungsarten*
Modul	Ein grundlegender Baustein von Dynamic NAV, der es Unternehmen ermöglicht, nur die tatsächlich benötigte Funktionalität zu erwerben
Montageauftrag	Dieser in Dynamics NAV 2013 eingeführte interne Beleg ermöglicht das auftrags- oder lagerbezogene Produzieren eines Montageartikels bei gleichzeitigem Verbrauch der Komponenten seiner Montagestückliste. Siehe auch *Assembly to Order* und *Assembly to Stock*.
Multi-Tenancy	Bezeichnung aus dem Cloud-Computing, nach dem alle Nutzer dieselbe Infrastruktur nutzen
MW	Abkürzung für Mandantenwährung. Dezimalfelder mit dem Nachsatz »(MW)« lauten unabhängig von der Währung, in der Transaktionen durchgeführt wurden, auf die in der *Finanzbuchhaltung Einrichtung* hinterlegte Mandantenwährung.
NAV Easy Security	Die Zusatzsoftware »Easy Security« ist eine für Dynamics NAV 2013 mit dem CfMD-Logo zertifizierte Speziallösung für den Bereich Berechtigungen in NAV und ermöglicht die Zuweisung von Benutzerrechten auf Feldebene
Navigate	Eine Funktion, über die der Benutzer eine Zusammenfassung von Anzahl und Art der mit einem gebuchten Beleg verknüpften Posten anzeigen kann. Wenn Sie in einer Tabelle einen Posten auswählen und auf *Navigate* klicken, werden alle gebuchten Datensätze angezeigt, die dieselbe Belegnummer und dieselbe Buchungsnummer wie der von Ihnen gewählte Posten haben.

Glossar

Begriff	Erläuterung
Navigationsbereich	Wenn Sie Dynamics NAV öffnen, wird der Navigationsbereich auf der linken Seite des Anwendungsfensters angezeigt. Der Navigationsbereich, der über *Ansicht/Navigationsbereich* ein- und ausgeblendet werden kann, enthält eine Liste mit Menüoptionen, die Sie verwenden können, um den jeweiligen Anwendungsbereich auszuwählen.
NAV-Seite	Bezeichnet im Zusammenhang dieses Buchs das Datenbankobjekt Page bzw. Seite, welches sich als Fenster im Dynamics NAV-Windows-Client präsentiert
Nebenbuchhaltung	Die Nebenbuchhaltung (Debitoren-, Kreditoren- oder Anlagenbuchhaltung) erläutert die Abstimmkonten der Hauptbuchhaltung
Neubewertung	Neubewertung bzw. Teilwertabschreibung, die im Rahmen des Jahresabschlusses bzw. der Monats- und Quartalsabschlüsse beispielsweise durch das strenge Niederstwertprinzip des HGB notwendig sein kann. Dynamics NAV bietet hierfür das Neubewertungsbuchungsblatt, durch welches der Wert des Vorratsvermögens auch rückwirkend beeinflusst werden kann.
Neuplanungsperiode	Definiert beim Los-für-Los-Wiederbeschaffungsverfahren einen Zeitraum, in dem das Planungssystem bestehende Bestellungen Änderungsvorschläge für Bestellungen macht, anstatt diese zu löschen und neu zu erstellen
NST	Abkürzung für NAV Service Tier. Siehe *Drei-Schicht-Architektur*.
Nummernserie	Eine Nummernserie enthält Regeln für die Nummernvergabe für Stamm- oder Transaktionsdaten
Object Designer	Der Object Designer (Classic-Client) ermöglicht den Zugang zu C/SIDE, der Entwicklungsumgebung von Dynamics NAV. Von dort kann auf alle Datenbankobjekte zugegriffen werden.
Objekt	Businesslogikbaustein und Gegenstand der Entwicklungsumgebung in Dynamics NAV. Es gibt acht verschiedene Arten von Objekten: *Forms* und *Pages*, *Tabellen*, *Berichte* (Reports), *Dataports*, *Codeunits*, *XMLports* und *MenuSuites*.
OCX	Ein OCX ist ein COM-Objekt, das prozessintern läuft, ohne dabei ein eigenständiges Programm zu sein. Ein OCX enthält beispielsweise eine mathematische Funktionsbibliothek oder eine Schnittstelle zu einem externen Gerät.
OData	Das Open Data Protocol (OData) ist ein weit verbreiteter Industriestandard für den Datenaustausch über das Internet, der sich am Architekturstil des REpresentational State Transfer (REST) Web Service orientiert
ODBC	Abkürzung für Open Database Connectivity. ODBC ist eine Anwendungsprogrammierschnittstelle von Microsoft, die es Ihnen ermöglicht, auf Datenbanken in Netzwerken zuzugreifen, die einen entsprechenden, gleichartigen Zugriff erlauben. Um ODBC mit Dynamics NAV nutzen zu können, benötigen Sie das Modul C/ODBC. Für jeden weiteren Aufruf von C/ODBC wird eine weitere Session belegt.
On-Premise	Bezeichnung aus dem Cloud Computing, bei der eine Software auf einem lokalen Server installiert ist und nicht in der Cloud
Optimistic Concurrency Principle	Prinzip der nativen Datenbank in Dynamics NAV, welches davon ausgeht, dass Zugriffe generell mehrheitlich lesend erfolgen, und Benutzer Datenänderungen stets mit der aktuellen Version der Daten beginnen. So lässt es Dynamics NAV zu, dass mehrere Benutzer gleichzeitig auf dieselben Datensätze zugreifen können.
Organisationseinheit	Eine Organisationseinheit stellt als Element der Aufbauorganisation eine beliebige organisatorische Einheit dar, deren Aufgabe es ist, bestimmte Funktionen innerhalb eines Unternehmens zu übernehmen und auszuführen
Page	Pages sind die Fenster des rollenbasierten Clients und somit das Gegenstück zu den Forms des Classic-Clients. Siehe auch *Form*.

Begriff	Erläuterung
Personalisierung	Siehe *Anpassungsarten*
Policy	Rahmen- oder Regelwerk zu Verhaltensweisen, Prozessen etc. in einem Unternehmen
Posten	Ein Posten stellt in Dynamics NAV eine gebuchte Transaktion dar, der immer einer oder mehreren Stammdaten zugeordnet ist (Sachkonto, Artikel, Debitor, Kreditor, Anlage, Ressource, Projekt usw.) und nicht mehr änderbar ist
PowerPivot	Microsoft PowerPivot für Excel ist ein Add-In, mit dem Sie in Microsoft Excel 2010 leistungsfähige Datenanalysen erstellen und Self-Service Business Intelligence auf Ihren Desktop bringen können
Preisfindung	Prozess, der im Rahmen des Einkaufs oder Verkaufs durchlaufen wird, um den für das Unternehmen oder den Kunden optimalen Preis zu ermitteln
Primärschlüssel	Ein Feld oder eine Kombination von Feldern in einer Tabelle, auf dessen Grundlage der Datensatz in der Tabelle identifiziert wird. Der Wert muss deshalb eindeutig sein.
Private Cloud	Bezeichnet eine individuelle Hostinglösung, die über das Internet zur Verfügung gestellt wird, aber im Gegensatz zur Public Cloud keine Multi-Tenancy-Architektur verfolgt
Produktionsart	Dynamics NAV unterscheidet die Produktionsarten *Lagerfertigung* und *Auftragsfertigung*. Bei der *Lagerfertigung* wird nur ein Fertigungsauftrag für den Fertigungsartikel (typischerweise ein Lagerartikel oder Baugruppen) erzeugt und nicht etwa für verknüpfte Komponenten, die selbst produziert werden müssen. Bei der *Auftragsfertigung* erzeugt die Anwendung eine zusätzliche Fertigungsauftragszeile (oder eine Vorschlagszeile) für jede Ebene in der Stücklistenstruktur, in der der jeweilige Artikel auch die Produktionsart »Auftragsfertigung« hat. Für derartige mehrstufige Fertigungsaufträge muss der Fertigungsartikel sowie alle Komponenten in allen Ebenen die Produktionsart *Auftragsfertigung* haben.
Profil	Profile stellen in Dynamics NAV 2013 einen Zusammenhang zwischen Benutzern und Rollencentern her und enthalten konfigurierte NAV-Seiten für die betreffende Nutzerrolle
Prozess	Zeitliche Abfolge von Funktionen, die zur Bearbeitung eines betriebswirtschaftlichen Objekts erforderlich sind
Public Cloud	Siehe *Private Cloud*
Query	Dieses in NAV 2013 neu eingeführte Datenbankobjekt dient als Abfragegenerator innerhalb der Entwicklungsumgebung
Rabattgruppe	Zusammenfassung von Kreditoren oder Debitoren in Gruppen, denen eine bestimmte Rabattkondition zugeordnet wird
Rahmenvertrag	Langfristige Vereinbarung zwischen zwei Vertragspartnern über die Lieferung von Waren oder Erbringung von Leistungen zu festgelegten Konditionen
RapidStart-Dienste	Sammlung von Tools innerhalb von NAV 2013, mit der die Einrichtung der Anwendung strukturiert und nachverfolgt werden kann sowie Unterstützung bei Datenübernahmen leistet
Rechnungsrabatt	Positionsunabhängiger Rabatt, der sich auf die gesamte Bestellung oder den gesamten Verkaufsauftrag bezieht
Registrieren	Erstellen eines Postens in der Anwendung, um einen im Lager abgeschlossenen Vorgang aufzuzeichnen. Sie können zum Beispiel die Einlagerung, Kommissionierung oder Umlagerung eines Artikels an einem bestimmten Lagerplatz registrieren. Anders als beim Buchen eines Artikels werden beim Registrieren keine Posten in den Sachposten oder Artikelposten für den Lagerbestand erstellt.
Reklamation	Einrede über die gelieferte Ware aufgrund vorhandener Mängel (z. B. Falschlieferung oder Schlechtlieferung durch beschädigte Ware)

Glossar

Begriff	Erläuterung
Release	Freigegebene Version einer Software
Release Management	Release Management ist ein Prozess, welcher die Bündelung von Änderungsanforderungen (Change Requests) zeitlich und inhaltlich in ein oder mehrere zukünftige Releases einordnet und kommuniziert. Die zu diesem Zweck modifizierten Datenbankobjekte bilden zusammen mit der entsprechenden Dokumentation das Release. Typischerweise wird die Releasenummer in der *Version List* eines jeden Objekts vermerkt, ein einheitliches Objektdatum und -uhrzeit zugewiesen und das *Modified*-Flag deaktiviert. Alle Objekte eines jeden Releasestands sollten außerhalb der Datenbank gesichert sein.
Reliability	COBIT-Kriterium der Verlässlichkeit, das sich auf die Angemessenheit von Informationen bezieht
Report	Mithilfe von Reports können selektiv Informationen aus der Datenbank strukturiert ausgelesen und verfügbar gemacht werden, die zu Auswertungszwecken in den Unternehmensteilbereichen genutzt werden können. Siehe auch *Bericht*.
Reservierung	Festlegung einer bestimmten Menge eines Lagerbestands für einen vorliegenden Verkaufs- oder Fertigungsauftrag. Diese Menge steht für andere Verkaufsaufträge dann nicht mehr zur Verfügung.
Ressource	In Dynamics NAV werden Angestellte, Maschinen oder andere Unternehmensdienstleistungen, die kapazitäts-, aber nicht bestandsmäßig betrachtet werden, über Ressourcen abgebildet
Risikomanagement	Risikomanagement dient der Risikofrüherkennung, -steuerung und -überwachung im Unternehmen
Risikomanagementprozess	Der Risikomanagementprozess beinhaltet die Implementierung, Überwachung, Dokumentation und Anpassung des Risikomanagementsystems
Risikomanagementsystem	Das Risikomanagementsystem umfasst alle organisatorischen Regeln und Maßnahmen zur Risikofrüherkennung, -steuerung und -überwachung im Unternehmen
RoleTailored Client	In Dynamics NAV 2009 eingeführter spezifischer Client, der auf einer Drei-Schicht-Architektur beruht und dessen Benutzeroberfläche mithilfe vordefinierter Rollen an die Tätigkeitsschwerpunkte des jeweiligen Anwenders angepasst ist
Roll-back	Bezeichnung für den Vorgang, wenn eine Transaktion im System rückgängig gemacht wird, wenn zum Beispiel eine Konsistenzprüfung fehlschlägt. Dadurch wird verhindert, dass unvollständige Buchungen in Ihrem System abgespeichert werden.
Rolle	Zusammenfassung von Berechtigungen, die im Rahmen der Durchführung einer bestimmten Funktion im Unternehmen notwendig sind (z. B. Einkäufer, Lagerist etc.) und die die Vergabe und Verwaltung von objektbezogenen Zugriffsrechten systemtechnisch erheblich vereinfachen
Rollenbasierter Client	Siehe *RoleTailored Client*
Rollencenter	(RoleCenter) Benutzerrollenspezifische Startseite im rollenbasierten Dynamics NAV-Client
Rücklieferung	Rücksendung bestellter Ware an den Lieferanten aufgrund fehlerhafter oder falscher Lieferungen
Sachkonto	Hauptbuchkonto im Kontenplan, in das Sachposten gebucht werden können und die Bestandteil der Bilanz und Gewinn- und Verlustrechnung sind
Sachposten	Sachkontobuchungen erzeugen Sachposten, die im Kontenplan aufgerufen werden können
Saldo	Differenz zwischen den Soll- und Habenbuchungen eines Kontos (z. B. offene Verbindlichkeiten bei einem Lieferanten oder offene Forderungen gegenüber einem Kunden)
Sammelrechnung	Fakturierung mehrerer Bestellungen/Verkaufsaufträge mit einer Rechnung

Begriff	Erläuterung
Satzmarke	Eine Funktion, mit der Sie bestimmte Datensätze für die Anzeige, Buchung usw. auswählen können. Ist diese Funktion aktiviert, wird vor dem Datensatzindikator des Datensatzes eine rautenförmige Markierung angezeigt. Diese Markierung bleibt beim Wechsel zum nächsten Datensatz erhalten. Um nur die markierten Datensätze anzuzeigen, klicken Sie auf *Ansicht/ Nur satzmarkierte*.
Schaltfläche	Schaltflächen (oder auch Befehlsschaltflächen) sind Tasten, die eine Funktion in Dynamics NAV auslösen. Dies kann eine Bestätigung sein oder ein Bericht, eine Stapelverarbeitung oder eine andere Routine. Darüber hinaus gibt es Menüschaltflächen, die ein nach unten gerichtetes Dreieck aufweisen und ein eigenes Menü und mehrere Funktionen beherbergen.
Schellfilter	Filterbereich auf Listenplätzen, der eine Filterung auf Datensätze über ein Feld zulässt
Schlüssel	Ein Feld oder eine Feldkombination in einer Tabelle, nach dem die Datensätze der Tabelle sortiert werden können
Schnelleingabe	Neue Personalisierungsmöglichkeit, um häufig benötigte Felder zu kennzeichnen, die über die Enter-Taste nacheinander aktiviert werden, wobei nicht aktivierte Felder übersprungen werden
SCM	Abkürzung für Supply Chain Management, das den Wertschöpfungsprozess zur Befriedigung der Bedürfnisse von Endkunden beinhaltet
SDI-Umgebung	Abkürzung für Single Document Interface-Umgebung. Dieses Bedienungskonzept sieht vor, dass Vorgänge in neuen Fenstern bearbeitet werden, ohne dass eine neue Programminstanz gestartet wird, obwohl diese Fenster als eigene Windows-Tasks angezeigt werden.
Seitentitel-Schaltfläche	Schaltfläche auf Listenplätzen, die erweiterte Filtermöglichkeiten enthält
Seriennummer	Nummer, mit der ein Artikel eindeutig identifiziert werden kann
SharePoint-Client	Mit dem SharePoint-Client wird die dritte Art von Dynamics NAV-Client bezeichnet, dem Microsoft Dynamics Client for Microsoft Office and Windows SharePoint Services (DCO – WSS). Dieser erlaubt den Zugriff auf Microsoft Dynamics NAV-Daten über die Schnittstelle anderer Anwendungen (z. B. über SharePoint, Office, Web- oder Drittanbieterlösungen).
Shortcut	Eine Taste oder Tastenkombination, mit deren Hilfe Sie zu einem anderen Fenster oder einer anderen Funktion in Microsoft Dynamics NAV wechseln
Shortcutdimensionen	Shortcutdimensionen sind bis zu acht benutzerdefinierte Dimensionen, die in Buchungsblättern und Verkaufs- und Einkaufsbelegen als Felder einblendbar sind und so direkt in den Zeilen eingegeben werden können
Sicherheitsbestand	Bestand, der als Sicherheit für Nachfrageschwankungen während der Beschaffungszeit dienen soll
Sicherheitsfilter	Der Sicherheitsfilter ermöglicht in der SQL Server-Option von Dynamics NAV eine Einrichtung von Zugriffsrechten auf Datensatzebene. Dieses ist hilfreich, wenn bestimmte Benutzer grundsätzlich Zugriff auf eine Tabelle haben, aber bestimmte sensitive Daten ausgeschlossen werden sollen.
Sicherheitszuschlag Beschaffungszeit	Ein zeitlicher Puffer, der zur regulären Beschaffungszeit hinzugefügt wird und Schutz gegen Fluktuationen bei der Beschaffungszeit bietet, damit Aufträge vor dem tatsächlichen Bedarfszeitpunkt abgewickelt werden können
Single Sign-On	Mechanismus, durch den der Benutzer nicht mehr für jedes System, an dem er sich anmeldet, ein Kennwort eingeben muss
SMTP-Mail	Abkürzung für Simple Mail Transfer-Protokoll, einem Protokoll für den das Hochladen von E-Mails von der Anwendung zum Mailserver

Glossar

Begriff	Erläuterung
Softwarebereitstellung	Bezeichnet, wie eine Software für die Nutzer verfügbar gemacht wird. Modelle der Softwarebereitstellung sind z. B. On-Premise oder in der Cloud.
Soll-Kosten	Soll-Kosten sind die erwarteten Kosten, die Sie z. B. für den Einkauf eines Artikels annehmen, bevor sich diese durch die Eingangsrechnung dokumentieren
Spezialauftrag	Verbindung zwischen Verkaufs- und Einkaufsvorgang ähnlich der Direktlieferung, bei der jedoch die Ware nicht direkt vom Lieferanten zum Kunden geliefert wird, sondern durch das eigene Lager läuft
Splittbuchung	Buchung von mehr als einer Buchblattzeile bei gleichem Buchungsdatum und gleicher Belegnummer
SQL	Abkürzung für Standard Query Language, einer strukturierten Abfragesprache für relationale Datenbanksysteme
Stammdaten	Meist zeitunabhängige Bestandsdaten, die in der Regel einmal angelegt werden und in der Zukunft nur im Bedarfsfall geändert werden. (z. B. Kunden- oder Lieferantendaten)
Standardlagerplatz	Dabei handelt es sich um einen Lagerplatz, der Artikel enthalten soll, die immer an diesem bestimmten Lagerplatz eingelagert werden müssen. Diese Lagerplatzart wird nicht als freier Lagerplatz verwendet.
Stapelverarbeitung	Stapelverarbeitungen sind Reportobjekte, die keine Druckausgabe, sondern eine Aktualisierung oder Erzeugung von Datensätzen in meist größerem Umfang zum Ziel haben
Statusleiste	Diese Leiste wird am unteren Rand des Anwendungsfensters angezeigt. Sie enthält Name und Inhalt des aktiven Felds, Arbeitsdatum, Benutzer-ID sowie Angaben dazu, ob ein Filter eingerichtet ist (FILTER) und ob Sie im Einfügemodus (EINFG) oder Überschreibmodus (ÜBER) arbeiten oder eine Datensatzverknüpfung (LINKS) vornehmen.
Streckengeschäft	Siehe *Direktlieferung*
Stückliste	Strukturierte Anordnung von Teilen, Baugruppen oder anderen Artikeln, die zur Herstellung eines übergeordneten Produkts benötigt werden
Suchfeld	Feld im rechten Bereich der Adressleiste, über das per Textsuche nach Funktionalitäten des Abteilungsmenüs gesucht werden kann
Sure Step	Die »Sure Step« Methodologie ist die offizielle Implementierungsmethodik von Microsoft für Dynamics-Produkte, mit der das Projektmanagement und die Implementierung durch Vorlagen und produktspezifische Tools wie die »Rapid Implementation Methodology« (RIM) unterstützt wird. Den Rahmen bildet ein HTML-basiertes Tool, dessen Inhalte über den »Sure Step Editor« projektspezifisch angepasst werden können.
Symbolleiste	Die Symbolleiste befindet sich direkt unter der Menüleiste und enthält eine Reihe von Symbolschaltflächen zum schnellen Abruf häufig verwendeter Funktionen zum Bearbeiten, Filtern und Suchen von Daten
Tabelle	Eine Tabelle besteht aus einer Gruppe zusammengehöriger Datensätze, wobei jeder Datensatz aus Feldern besteht und jedes Feld eine Information und Feldeigenschaften enthält. Zusätzlich werden im Objekttyp *Tabelle* auch die Sekundärschlüssel verwaltet.
Tabellenfenster	Eine Datenansicht mit mehreren Datensätzen pro Fenster, in der Informationen zu verschiedenen Debitoren, Kreditoren, Artikeln usw. angezeigt werden. Siehe auch *Karte*.
Tabellenfilter	Mit dieser Option können Sie mehrere Feldfilter in einer Tabelle setzen, um die Menge angezeigter bzw. gedruckter Informationen einzuschränken
Team	Organisatorische Einheit, die mehrere Einkäufer oder Verkäufer gruppiert und damit hinterher teamspezifische Analysen ermöglicht

Begriff	Erläuterung
Teillieferung	Unvollständige Lieferung/Auslieferung einer Bestellung/eines Verkaufsauftrags
Toleranzperiode	Während dieses Zeitraums schlägt das Planungssystem aufgrund von späteren Bedarfszeitpunkten keine Änderungen von bestehenden Bestellungen und deren Zeitpunkten vor
Transaktion	Gegenwartsorientierte Abbildung eines Geschäftsvorfalls, durch den im System Bewegungsdaten zu bestehenden Stammdaten entstehen. Datenbanktechnisch: Eine Transaktion in der nativen Datenbank von Dynamics NAV erzeugt eine Version der Datenbank für die Dauer der Transaktion bis zum Rückschreiben an die Datenbank.
Transaktionssicherheit	Erst wenn alle Berechnungen ohne Fehler abgeschlossen werden konnten, wird ein Datensatz vom Client an den Server versendet und in die Datenbank geschrieben. Siehe auch *Dirty Reads*.
Transitlager	Temporäre Lagerorte, die zur Umlagerung zwischen Lagerorten genutzt werden, insbesondere Transportmittel (wie z. B. ein LKW, der die Ware zwischen Lagerorten transportiert)
Transportzeit	Üblicherweise verstreichende Zeit vom ausgehenden Lagerort zur Lieferadresse
Travel Button	Internetbrowser-übliche Vorwärts- und Zurück Schaltfläche in der Adressleiste des rollenbasierten Clients
Trigger	Trigger sind vordefinierte, objektbezogene Funktionen, die bei bestimmten Ereignissen (z. B. Datensatzänderung) ausgeführt werden und im C/AL-Editor bearbeitet werden können. Ein Beispiel ist der »OnModify«-Trigger der Tabelle 18 (Debitor). Beispielsweise würde ein dort hinterlegter MESSAGE-Befehl allen Benutzern bei jeder durch ihn veranlassten Änderung eines Debitorendatensatzes eine Meldung ausgeben.
Überlauflevel	Definiert beim Wiederbeschaffungsverfahren »Feste Bestellmenge und Auffüllen auf Maximalbestand« die Menge, die als nicht benötigte Verfügbarkeit akzeptiert wird, also keine Änderungsvorschläge vom Planungssystem unterbreitet werden, die Bestellung zu ändern oder zu stornieren
UI-Part	Siehe *Info Part*
Umbuchung	Buchhalterische Transaktionen beispielsweise im Rahmen der Lagerbestandsführung und -bewertung
Umlagerung	Physischer Lagerplatzwechsel innerhalb eines Lagerorts oder zwischen unterschiedlichen Lagerorten
Umlagerungsauftrag	Ein Auftrag zur Umlagerung von Ware von einem Lagerort auf einen anderen
Umlagerungsroute	Hinterlegung von Zustellern, Transportarten und Transportzeiten, anhand derer die Wareneingangszeiten bei Umlagerungen zwischen Lagerorten berechnet werden können
Unicode	Internationaler Zeichenstandard, der alle sinntragenden Schriftzeichen und Textelemente aller bekannten Schriftkulturen vereinigt
Update	Objektlieferung, die eine Teilmenge der Datenbankobjekte enthält und eine Aktualisierung der vorhandenen Objekte darstellt
Upgrade	Kompletter Wechsel von einem älteren auf einen neueren Softwarestand. Das Upgrade betrifft in der Regel sowohl die Server- und Clientkomponente als auch die Datenbankobjekte.
Ursachencode	Ursachencodes werden verwendet, um die Ursache für die Existenz eines Postens zu dokumentieren und können einzelnen Transaktionen oder Buchungsblattvorlagen oder -namen zugeordnet werden
Verfolgungscode	Überbegriff für Herkunfts- und Ursachencodes, die in Dynamics NAV für die Buchungskontrolle verwendet werden

Glossar

Begriff	Erläuterung
Verfügbarer Lagerbestand	Der vorrätige Lagerausgleich minus Verteilungen. Derartige Verteilungen sind zum Beispiel Artikel, die geprüft werden oder sich in Quarantäne befinden, sowie Reservierungen und nachbestellte Artikel.
Verkauf	Organisationseinheit, die für den Verkauf von Waren und Dienstleistungen verantwortlich ist
Verkaufsart	Die Verkaufsart gibt an, ob sich ein Preis oder ein Rabatt auf einen einzelnen Kunden, eine Kundengruppe, auf alle Kunden oder eine Kampagne bezieht
Verkaufsauftrag	Auftrag eines Kunden, eine bestimmte Dienstleitung oder Ware zu festgelegten Konditionen zu liefern
Verkaufschance	Verkaufskontaktbezogene Einschätzung über die Realisierung eines Auftragseingangs
Verkaufspreis	Preis, der gegenüber für die Fakturierung von Waren oder Leistungen gegenüber Kunden in Rechnung gestellt wird und kundenindividuell in der Verkaufspreistabelle hinterlegt werden kann
Vertrieb	Zusammenfassung von Aufgaben und/oder Personen in Form einer Abteilung, die für die Kundenakquisition und Absatzdurchführung verantwortlich sind
Vier-Augen-Prinzip	Siehe *Funktionstrennung*
Vorauszahlung	Betrag, der von einem Kunden eingefordert oder einem Lieferanten angefordert wird, bevor die Warenauslieferung erfolgt
Vorgabedimension	Mithilfe von Vorgabedimensionen können Dimensionswerte und Kriterien (Dimensionswertbuchung) bezüglich deren Verbuchung an Stammdaten hinterlegt werden
Warenausgang	Bezeichnet den Versand der Artikel aus dem Lager und die Erfassung des Warenausgangs in der Anwendung
Warenausgangsdatum	Das Datum, an dem die Ware das Lager verlässt, um mit einem Zusteller oder eigenen Lieferfahrzeugen an den Kunden geliefert zu werden
Wareneingang	Zeitpunkt, an dem der physische Wareneingang im Unternehmen erfolgt
Webclient	Webbrowser-Funktion, die Benutzern einen rollenbasierten Zugriff auf Dynamics NAV über das Internet gewährt
Web Services	Web Services ist ein weit verbreiteter Integrationsstandard zwischen Softwaresystemen, der es erlaubt, zum Beispiel über das Standardinternetprotokoll (SOAP »Simple Object Access Protocol«) zu kommunizieren
Wertposten	Wertmäßigen Buchungen im Lager, umfassen alle Veränderungen des Lagerwerts
Windows Azure	Eine Microsoft-eigene Cloud Computing-Plattform
XBRL	XBRL ist eine XML-basierte Spezifikation für das Financial Reporting, also den Austausch von Informationen von und über Unternehmen, insbesondere von Jahresabschlüssen
XML	XML ist eine für die Anwendung im World Wide Web entwickelte Sprache zur hierarchisch strukturierter Darstellung von Textdaten, um diese zwischen Computersystemen in einfacherer Form austauschen zu können, als unstrukturiert (flat file) Textdateien
XML-Dokument	eXtensible Markup Language- Dokumente bestehen aus Entitäten, die entweder analysierte (parsed) oder nicht analysierte (unparsed) Daten enthalten
XMLport	XMLports dienen dem Im- und Export von im XML-Format strukturierten Daten von und nach Dynamics NAV
Zahlung	Geldeingang oder Geldausgang für den Einkauf oder Verkauf von Waren oder Leistungen

Begriff	Erläuterung
Zahlungsbedingung	Die Bedingungen, unter der eine Zahlung an einen Lieferanten oder durch einen Kunden zu tätigen ist (Zahlungsfristen, Skontogewährung etc.)
Zahlungstoleranz	Toleranzgrenzen, innerhalb derer der Zahlungseingang oder -ausgang von dem in Rechnung gestellten Betrag abweichen darf, ohne dass der offene Posten nur als teilausgeglichen gilt
Zeilenrabatt	Rabatt, der sich auf eine Einkaufs- oder Verkaufsposition bezieht
Zeitrahmen	Definiert beim Wiederbeschaffungsverfahren »Feste Bestellmenge und Auffüllen auf Maximalbestand« die Häufigkeit, mit der das Planungssystem überprüft, ob die voraussichtliche Lagerbestand saldiert den Minimalbestand erreicht oder unterschreitet
Zone	Siehe *Lagerzone*
Zugriffstasteninformation	Über die [Alt]-Taste aktivierte Tastenkombinationen, mit der auf alle Aktionen des Menübands zugegriffen werden kann
Zuordnung	Sofern Artikel nach der Warenannahme direkt für einen Verkaufs- oder Fertigungsauftrag benötigt werden (Crossdocking), können diese vom Wareneingangsbereich direkt in die Bereitstellungzone transportiert werden, ohne eingelagert zu werden
Zuständigkeitseinheit	Flexible Organisationseinheit, mit der z. B. die Einkaufsabteilung oder der Vertrieb im System strukturiert und abgebildet werden kann
Zusteller	Interner oder externer Dienstleister, der für die Auslieferung oder Anlieferung von Waren genutzt wird und für den individuelle Transportzeiten hinterlegt werden können
Zwei-Schicht-Architektur	In der vom Classic-Client von Dynamics NAV genutzten Zwei-Schicht-Architektur werden sowohl die grafische Präsentation (Benutzeroberfläche) als auch die Businesslogik (Runtime) auf dem Client-PC ausgeführt, da es keine Serviceschicht zwischen Datenbank- und Clientschicht gibt
Zyklische Inventur	Lagerbestandsverfolgungsmethode, bei der der Lagerbestand nach einem bestimmten Zeitplan in wiederkehrenden Zyklen gezählt wird. Eine Inventurhäufigkeit wird meist mit regelmäßigen Abständen definiert und ausgeführt.

Stichwortverzeichnis

.NET 136
    Datentyp 139
    Interop 139

A

ABC-Analyse 486, 589, 943
Abgabenordnung 36, 770
Abgangsmethode 834
Ablaufdatum 494
Abschreibung 830
    berechnen 841
Abstimmung
    Haupt- und Nebenbuch 580
    Lagerwerte 580
    Materialwirtschaft Buchhaltung 945
Abteilungsmenü 46, 51
    Unterabteilungen 52
Action Pane Strip 51
ADO.NET 136
AfA-Buch 830, 833
AfA-Methode 830
Akontozahlungen 385, 391
Aktionen 44
Analyseansicht 807
Analysetools 928
Änderungsprotokoll 297, 933
    aus Compliance-Sicht 303
    auswerten 302
    Einrichtung 297
    Funktion 297
Änderungsprotokollposten 297
    archivieren 302
    schützen 300
Angebot 339
    archivieren 609
    Umwandlung in Auftrag 639
Anlagegut 830
Anlagenbuchhaltung 830
    aus Compliance-Sicht 845
    Integration Finanzbuchhaltung 835
    Stammdaten 832
Anlagenbuchungsgruppe 273, 794, 835
Anlageneinrichtung 832
Anlagengegenkonto 841
Anlagengitter 848
Anlagenkarte 837
Anlagennummer 840
Anlagenspiegel 847

Anlagenstammdaten 837
Anlageposten 843
    Stornierung von 843
Anlagevermögen 848
Anwendungsbezogene Kontrollen 31
Anwendungsfenster 46
Application Server 141
Applikationsstruktur 42
Arbeitsblattdarstellung *siehe* Worksheet
Arbeitsdatum 271, 773
Archivierung
    Anforderungen 36
    Prüfleitfaden 37
    revisionssichere 36
Artikel 324
    ABC-Analyse 486
    aus Compliance-Sicht 332
    Direkte Kosten (neuste) 347
    in Transit 517
    Lagerhaltungsdaten 347
    Rechnungsrabatte 355
    Zeilenrabatte 358
Artikel Zu-/Abschläge
    Ablauf und Einrichtung im Verkauf 699
    aus Compliance-Sicht 703
    Einfluss auf Lagerwert 698
    im Einkauf 377
    im Verkauf 698
    Kontenfindung 703
    Prozess im Verkauf 698
    separater Beleg 701
    Wertgutschriften 704
Artikel-ABC-Analyse 943
Artikelkomponenten 539
Artikelpreis 350
    justieren 350
Artikelstammdaten 317, 324
Artikelverfolgung 492
    aus Compliance-Sicht 506
    Auswirkung Lagerbewertung 498
    Serien- und Chargennummern 492
Artikelverfolgungscode 494
Artikelverfügbarkeit 489
    aus Compliance-Sicht 506
    nach Lagerort 491
    nach Zeitachse 199
Assembly to order 642
Aufbauprüfung 31
Aufbewahrungsfristen 35

Aufgabenseiten 50
Aufgabenwarteschlange 141, 283, 286
    Benutzersession 288, 290
    Posten 288
    Protokolleinträge 289
    Rollencenter 284
    Status 283
    Zugriffsrechte 288
Aufwands- und Ertragskonsolidierung 899
Ausgleichslagerplatz 545, 548
Ausgleichsmethode
    Offene Posten 380, 707, 711
    Saldomethode 380, 707
    Verbindlichkeiten 379
Authentifizierung 145
    ACS 147
    aus Compliance-Sicht 147
    Benutzername 146
    Methoden 145
    NAV-Kennwort 146
    Windows 146
Automated Data Capture System 138
Automation Server 138
Azure 142

B

Backup 162
Bankkontenbuchungsgruppe 273, 792
Bankkonto 848
    aus Compliance-Sicht 850
    einrichten 848
Bankkontoabstimmung 848
Bankmanagement 713, 848
Batch Jobs 141
Bedarf
    Toleranzmenge 329, 594
    Toleranzperiode 329, 593
Bedarfsverursacher 500
Bedarfsverursacherart 329
Bedienung 54
    Grundlagen 54
Beispielszenario 202
Beleg
    Arbeitsdatum 271
    archivieren 229
    Archivierung 315, 610
    Belegdatum 272
    Datumsangaben 271
    Erfassungsdatum 271
    gebucht 228
    Intercompany 749
    kopieren 828
    löschen 229

    manuelle Änderung 642
    offen 228
    schützen 343
Belegaufbau 226
Belegdarstellung *siehe* Document
Belegdatum 272, 773
Belegdruck 232
    im Hintergrund 235
Belegfluss 226, 237
    aus Compliance-Sicht 240
    ausgangsseitig 237
    eingangsseitig 238
Beleggenehmigung 240
    aus Compliance-Sicht 254
    Beispiel 246
    Benachrichtigungssystem 244
    Benutzerhierarchien 242
    einrichten 241
    Genehmigungsposten 244
    Genehmigungssystem 241
    Genehmigungsvorlagen 241
    Stellvertreterregelungen 242
Belegkopf 226
Belegnummer 221
Belegnummernlücke 224
Belegstatus 232
Belegzeile 227
Benutzer Einrichtung 294
Benutzeranpassung 44, 293
Benutzeranpassungskarte 44
Benutzerkarte 291
Benutzeroberfläche 43, 45
    Gruppen 49
    Menü 46
    Menüband anpassen 49
    Seitenbereich 46
Benutzerrechtskombinationen
    kritische 295, 931
Benutzerzugriffsrechte 117, 290
    aus Compliance-Sicht 295
Benutzerzugriffsrechtsätze 291
Berechtigungen
    auf Datensatzebene 151
    auf Tabellenebene 150
    prozessorientiert 156
Berechtigungskonzept 295–296, 931
Berechtigungssystem 144, 149
Beschaffungskosten 569
Beschaffungsmethode 326
Beschaffungszeiten 326, 363
    lieferantenbezogen 364
Bestandsaufnahme 546
Bestellmenge 329
Betriebsprüfung 812
    Export von Tabellen 912

Bewegungsmenge 465, 480
Bewertungsgrundsätze 34
Bezugsnebenkosten 377, 698
BilMoG 26, 37
BizTalk 429
Blacklist-Prüfung *siehe* Embargoliste
Bonitätsauskunft 632
Bonitätsindex 635
Bonitätsprüfung 632
Bruttobedarf 492
Buchführungspflicht 33
Buchhaltungsperioden 775
    aus Compliance-Sicht 778
    Einrichtung 775
Buchungsart 783
Buchungsblätter 813
    arbeiten mit 813
    wiederkehrend 818
Buchungsblattvorlagen 810
    aus Compliance-Sicht 811
    Einrichtung 810
Buchungsdatum 773
Buchungsgruppen 272
    allgemeine 785
    aus Compliance-Sicht 799
    Geschäftsbuchungsgruppen 785
    Produktbuchungsgruppen 786
    spezielle 790
    Verwendung von 785
Buchungskontrolle 277
    Fibujournale 277
    Navigate 277
    Verfolgungscodes 277
Buchungslogik 771
Buchungsmatrix 274
    Buchungslogik 788
    Einrichtung 787
    Kontenfindung 274
    Rabattkonten 355
    Skontokonten 388
    Soll-Kosten 789
Buchungsprozess 271
Budgetdimensionen 259, 804
Business Chart Control Add-In 198
Business Diagramme 198
Business Ready Enhancement Plan 179

C

C/AL-Programmierung
    ausgewählte Befehle 113
    Einsatz von Queries 113
Card (Kartendarstellung) 50
CfMD 43

Change Log *siehe* Änderungsprotokoll
Change Request
    Document 175
    Freigabeprozess 180
Chaotische Lagerhaltung 432
Chargennummer 492, 495
Classic Client 54, 64
ClickOne Installer Tools 138
Client Add-Ins 194
Client Extensibility 136
Client-Schicht 136
Cloud Computing 142, 208
    Hybrid Clouds 210
    IaaS 209
    internationale Prüfungsstandards 211
    PaaS 209
    Private Cloud 209
    Public Cloud 209
    rechtliche Rahmenbedingungen 210
    Risiken 210
    SaaS 209
    Vorteile 142
Cloud-Lösung 42
COBIT 16, 27, 29
COBIT 4.1 27
COBIT 5 27
    Governance-Prozesse 28
    Kernelemente 27
Code of Conduct 37
Codeunit 66–67, 104
    C/AL-Quellcode 104
    Permissions 150
Commerce Gateway 183
Compliance 14, 22
Component Object Model Technologies (COM) 138
Control Add-Ins 139
COSO 16
COSO I 26
COSO II 25
COSO-ERMF 25
CRONUS AG
    Unternehmensinformationen 202
Crossdocking 434, 502
    Zuordnung 504
Customizing 32

D

Data Access Layer 137
Datacenter 142
Dataports 183
Datenbank prüfen 163
    SQL Server database consistency checker 164

Datenbankabfragen 121
　　mit Queries 121
　　Prüfungshandlungen 121
Datenbankadministration 144, 158
Datenbankeigenschaften 160
　　Start-ID (UidOffset) 179
Datenbankinformationen 158
Datenbankobjekte 66
　　sperren 177
Datenbankrolle 117
　　db_owner 117
Datenbankschlüssel 57
Datenbankverwaltung 158
Datensatz
　　alle Felder anzeigen 63
　　bearbeiten 299
　　einfügen 299
　　erweiterter Filter 54
　　Filterkriterien 58
　　Schnellfilter 54
　　sortieren 62
　　suchen und filtern 54
Datensatznotizen 190
Datenschicht 138
Datensicherung 162, 179
　　aus Compliance-Sicht 163
DBCC 164
DCGK 37
Debitoren
　　aus Compliance-Sicht 624
　　Karte 620
　　Liefersperre 711
　　Saldo 710
　　Stammdaten 619
Debitoren und Verkauf
　　Einrichtung 606
　　Einrichtung aus Compliance-Sicht 611
Debitorenbuchungsgruppe 273, 790
Debitorengruppen 608
Deckungsbeitrag 662
Deployment 42
Development Environment (C/SIDE) 138
Diagramm-Assistent 197
Dimensionen 220, 254–255, 800
　　Analyse 806
　　Budget 259
　　global 258
　　Shortcut 258
　　Speicherung 266
　　Vorgabe 259
　　Vorgabekonflikt 263
Dimensionsarten 257, 802
　　Budgetdimension 804
　　globale Dimension 802

　　Shortcutdimension 804
　　Vorgabedimension 805
Dimensionskombinationen 221, 264, 310, 599
　　Beschränkung 264
Dimensionskonzept 254
Dimensionssatz
　　Referenzierung 267
　　Strukturknoten 269
Dimensionssatzposten 266
Dimensionstabellen 266
Dimensionswertart 256
Dimensionswerte 255, 801
Direktlieferung 342, 631
Dirty reads 103
Document (Belegdarstellung) 50
Dokumentenstapel 44
Doppelte Buchführung 779
Dreidimensionale Diagramme 196
Drei-Schicht-Architektur 138
Drilldown 51
Dropdown 51
Dropdownliste 51
Dropdownlistenfelder 56
Druckerauswahloptionen 235
Dubletten
　　automatische Suche 625
　　Debitoren 626
　　Kontakte 606, 625
　　Kreditoren 331
　　Suchtext 625
Dublettensuche 935
　　Debitoren und Kreditoren 935
　　Einrichtung 936
　　Kontakte 935
Durchschnittsbewertung 567
　　in Dynamics NAV 567
Durchschnittskostenperiode 572
Durchschnittsverfahren 565
Dynamics NAV
　　Applikationsstruktur 42
　　Client Schicht 136
　　Datenbankobjekte 66
　　Datenschicht 138
　　Entwicklungsumgebung 66
　　Erweiterung 138
　　Extended Pack 43
　　Fakten 42
　　Module 42
　　Namenskonventionen 178
　　Personalisierung 126
　　Server 66
　　Service Schicht 136
　　SharePoint Client 141
　　Starter Pack 43
　　Systemarchitektur 136

Stichwortverzeichnis

Dynamics NAV *(Fortsetzung)*
    Web Client 140
        Weiterentwicklung 175
        Zugriffsarten 140
        Zusatzkomponenten 138
Dynamics NAV Web Client 140
    Limitationen 140

E

Easy-Security-Tool 332
E-Bilanz 924
Eingangsfrachten 377
Einkauf
    Belegfluss 335, 337
    Einrichtung Kreditoren und Einkauf 312
    Prozess 335
    Stammdaten 316
Einkäufer 308
Einkaufsanfrage 338, 340
Einkaufsbestellung
    Ablauf und Einrichtung 339
    aus Compliance-Sicht 342
Einkaufsbuchungsblatt 375
Einkaufsorganisation 306
    aus Compliance-Sicht 311
Einkaufspolitik 351
Einkaufspreis
    alternativer 345, 347
    bester Preis 347
    festlegen 347
    neuester 326
Einkaufspreistabelle 345, 359
Einkaufsstatistik 361
Einkaufszeilendetails 350, 359
Einlagerung 429
    Prozess 452
Einlagerungsanforderung 526
Einlagerungsbeleg 429
Einlagerungsvorlagen 445
Einlagerungsvorschlag 432, 469
Einrichtungscheckliste 166
Einstandspreis 350, 570
    Berechnung 578
Einstandspreisänderungen 577
Einstandspreisrückverfolgung 404, 406, 737, 740
Einzelbewertung 567
Einzelbewertungsverfahren 565
ELMA5-Verfahren 880
ELSTER 866
    Onlineportal 868
    Zertifikate 869
Embargoliste 331
Employee Portal 184

Entnahmelagerplatz 528
Entnahmelagerzone 528
Entwicklerlizenz 151
Entwicklungsumgebung 66
    Object Designer 66
    objekt-basierte 66
EPK 17
Erfassungsdatum 271
Errichtungsdatum 773
Ersatzlieferung 406, 410
Excel-Export 64, 73
Excel-Integration 187

F

Fakturierung Verkauf 683
    Ablauf und Einrichtung 685
    aus Compliance-Sicht 696
    Prozess 683
Fehlmenge 516
Feldebenensicherheit 154
Feldfilterwechsel 56
Feldnummernbereiche 179
Feldzugriff
    auf Tabelleninhalte 116
    auf Tabelleninhalte mit Pages 118
Fibu Buch.-Blätter 814
FIFO 561, 566
Filter
    erweiterter 57
    Operationen 58
    Variablen 59
Filterbereich 54
Finanzbuchhaltung 771
    Einrichtung 771
    Einrichtung aus Compliance-Sicht 774
Finanzmanagement 770
    Grundeinrichtung 770
finsql.exe 66
Firmendaten 746
FlowField 57, 60, 220
    CalcFormula 62
FlowFilter 60
    Summenberechnung einschränken 60
Forderungen 704
    Altersstruktur 710
    aus Compliance-Sicht 708
    Fälligkeit 709
    Prozess 705
    Überfälligkeit 709
Forderungsüberwachung 706
    Ablauf und Einrichtung 706
Forms 46
Formulare 46

Fremdwährungen 852
    aus Compliance-Sicht 862
Fremdwährungsrechnungen 859
Functional Requirements Document 175
Funktionstrennung
    in der Logistik 461, 478
    kritische Zugriffsrechte 295
    prüfen in der Logistik 487

G

GDPdU 906
    Datenexport 907, 923
Gebinde 448
Gebindeanbruchsfilter 480
Gelieferte, nicht fakturierte Verkaufspositionen 940
Generisches Diagramm 49, 108, 195
    Einrichtung 195
Geschäftsbeziehung 603
Geschäftsbuchungsgruppe 272, 785
Geschäftslogik 66
Geschäftsprozess 14
    Modellierung 17
Geschäftsvorfall
    Posten anzeigen 277
    Postentabelle 277
Globale Dimension 802
Globale Dimensionen 218, 258
GoB 770
GoBS 770
Granule 43, 52
Grundeinrichtung 211
Gutschriften
    Ablauf und Einrichtung im Einkauf 404
    Ablauf und Einrichtung im Verkauf 737
    Altersstruktur im Einkauf 411
    aus Compliance-Sicht 411, 741
    im Einkauf 402
    im Verkauf 735
    Prozess im Einkauf 402
    Prozess im Verkauf 735
    unberechtigte 411
GuV-Konten Nullstellung 897

H

Haftung des Geschäftsführers 38
Hauptbuch 272
Herkunftsbeleg 458, 463
Herkunftscode 214, 279
Hintergrundbuchungen 281, 315, 610
    Aufgabenwarteschlange 283
    aus Compliance-Sicht 289
    Fehlerbehandlung 283
Hybrid Clouds 210

I

IC-Ausgangstransaktionen 752
IC-Dimensionen 749
IC-Eingangstransaktionen 754
IC-Kontenplan 748
IC-Partner 743
IC-Transaktionsnummer 763
IDW 30
    Prüfungsstandards 30
Include Captions-Feature 80
Infobox 48
Informationsanforderungen 28
Informationsrisiken 28
Infrastructure-as-a-Service 142, 209
Integrationstest 178
Interactive Timeline Visualization Add-In 199
Intercompany-Belege 749
    Ablauf und Einrichtung 751
    Prozess 750
Intercompany-Buch.-Blätter 764
    Ablauf und Einrichtung 764
Intercompany-Transaktionen 743
    aus Compliance-Sicht 766
    Einrichtung 743
Interne Revision 23–24, 30
    Revisionsstandard 30
Internes Kontrollsystem 24, 37
Internetinformationsdienste (IIS) 136
Inventur 544
    aus Compliance-Sicht 558
    Häufigkeit 549
    Inventurauftrag 549
    Inventurerfassung 549
    Listen 546
    manuelle Durchführung 544
    Vereinfachungsverfahren 544
    zyklische 549
Inventur und Inventar 34
Inventurauftrag 544, 550
    buchen 557
Inventurdifferenz 548
Inventurerfassung 550
    abschließen 555
Inventurposten 546
ISACA 27
ISAE 3402 211
IT-Outsourcing 210

J

Jahresabschluss 895
    Ablauf 896
    Einrichtung 896
    Schritte 896

Job queue *siehe* Aufgabenwarteschlange
Journal Entry Testing 280, 589
Journalbuchung
    stornieren 826
Journale 279
    Buchungstransaktion 279

K

Kampagne 667
    Segment 668
Kapitalkonsolidierung 899
Kartendarstellung 129
    Optionen 129
Kartendarstellung *siehe* Card
Katalogartikel 330
Kerberos/NTLM 146
Keyuser 178
Kommissionierbeleg 430, 473
    registrieren 480
    Registrierung 477
Kommissionierung 430
    Prozess 471
Kommissionierung und Warenausgang
    Buchung im Auftragsbeleg 471
    Buchung im Kommissionierbeleg 473
    Buchung im Warenausganagsbeleg 475
Kommissionierungsanforderung 526
Kommissioniervorschlag 430, 481
Konfigurationsfragebögen 167
Konfigurationspakete 168
    aus Compliance-Sicht 174
Konfigurationsvorschlag 166
Konsistenzanalyse
    Beleg- und Stammdaten 937
    Zahlungsbedingungen 937
Konsolidierung 899
    aus Compliance-Sicht 905
    Einrichtung 900
    Prüfung 902
Konsolidierungseliminierungen 904
Konsolidierungsmandant 212, 900
Kontakt 602
    Aktivitäten 617
    aus Compliance-Sicht 624
    Karte 615
    Stammdaten 613
    Statistik 617
Kontenfindung 273
Kontenplan 779–780
    aus Compliance-Sicht 784
    Sachkonten 219
    Sachkontokarte 780
Kontenrahmen 779
    SKR 03 779

KonTraG 32
Konzernmandant 212
Korrekturbuchung 823
    aus Compliance-Sicht 830
    manuell 829
Kostenstellencode 218
Kostenstellenrechnung 805
Kostenträgercode 218
Kostenträgerrechnung 805
Kreditlimit 620, 649
    Ablauf und Einrichtung 651
    aus Compliance-Sicht 653
    Prozess 649
    Überschreitung 941
Kreditlimitwarnung 611, 651
Kreditoren
    aus Compliance-Sicht 330
    Bankkonten 323
    fällige Posten 393
    Karte 318
    Sperre 319, 402
Kreditoren und Einkauf
    Einrichtung aus Compliance-Sicht 315
    Einrichtungsparameter 312
Kreditorenbuchungsgruppe 273, 791
Kreditorenposten
    offene 382
    Status 384
Kreditorenstammdaten 316
Kreditorenstatistik 319
Kundenangebot 637
Kundenauftrag 637
Kundenbestellung 632

L

Label Designer 85
Lager – Sachpostenabstimmung 580, 945
Lagerabgangsmethoden 426, 565
Lagerbestand
    Abbildung in der FiBu 488
    Nachvollziehbarkeit 537
    umbuchen 529
Lagerbestandskorrektur 535
    aus Compliance-Sicht 534
Lagerbewertung
    Abstimmung MaWi und FiBu 580
    aus Compliance-Sicht 586
    Bewertungsdatum 572
    Bewertungsvereinfachung 561
    Buchung in der FiBu 569
    Buchung in der Materialwirtschaft 569
    Buchungslogik 570
    Herausforderungen 562

Lagerbewertung *(Fortsetzung)*
    Kontenfindung 585
    Neubewertung 578
    Soll-Kosten 571
    Warnmeldungen 583
Lagerbuchung 571
    automatisch 571
    Einrichtung 794
Lagerbuchung Einrichtung 276
Lagerbuchungsgruppe 273, 792
Lagerbuchungsperioden 572, 588, 778
Lagerdaten Artikel 432
Lagereinlagerungsbeleg 463
Lagereinrichtung 423
    aus Compliance-Sicht 427
Lagerhaltung chaotisch 432
Lagerhaltungsdaten 417
Lagerhilfsmittel 447
Lagerhilfsmittelcode 437
Lagerklasse 436
    Zuordnung Artikel 436
Lagermitarbeiter 421
Lagerort 218, 415
    Einkauf 308
    Einrichtung 431
    Einrichtung aus Compliance-Sicht 448
    Verkauf 596
Lagerortkarte 433
    Standardlagerplatz 433
Lagerplatz 416
    Auffüllung 525
    automatische Erstellung 444
    Lagerplatzart 416, 435
    Lagerplatzfindung 446
    Lagerplatzinhalte 438
    Lagerplatzposten 429, 444
    Lagerplatzprüfung 447
    Lagerplatzvorlagen 440
    Lagerplatzvorschlag 432
    sperren 444
Lagerregulierung 424, 573
    automatisch 425, 571
    durchführen 574
    manuell 571
    Stapelverarbeitung 573, 576
Lagerverwaltung
    Prozess aus Compliance-Sicht 484
    Prozesse 450
Lagerverwaltungssystem 432
Lagerzone 416, 434
Lieferadresse 374
    abweichende 374
Lieferanmahnung 396
    registrieren 399

Lieferant 339
    Kontakt 340
Lieferantenanfrage 338
Lieferantenstammdaten 316
Lieferkonditionen 338
Lieferung Einkauf 370
    Ablauf und Einrichtung 372
    aus Compliance-Sicht 375
    Prozess 370
Lieferung Verkauf 683
    Ablauf und Einrichtung 685
    aus Compliance-Sicht 696
    Prozess 683
LIFO 561, 566
Link 51, 53, 114
    erweitert 56
    neu 56
Linkkategorie 53
    Symbole 53
Listenplatz 44, 47
    als Diagramm anzeigen 197
    Optionen 128
Lizensierte Objekte 950
Lizenzinformationen 43
Logistik
    auftragsbezogene 461
    Einrichtung 423, 428
    Einrichtung aus Compliance-Sicht 430
    Logistikeinrichtung 428
    Vorschlagsvorlagen 483
Logistikbelegverwendung 946
Logistikmanagement 461
Logistikorganisation 415
    aus Compliance-Sicht 422
Logistikprozess 451
    Belege 451
Lookup 51
Losgröße
    maximal 330
    minimal 330
Lync 79
    Command-Line Parameter 79
    Integration 192

M

Mahnlauf 727
Mahnmethoden 396, 399, 727–728
Mahnstufen 397, 727–728
Mahnung
    erstellen 732
    registrieren 732
Mahnvorschlagslauf 731
Mahnvorschlagsliste 401

Mahnwesen
    Ablauf und Einrichtung im Einkauf 396
    Ablauf und Einrichtung im Verkauf 727
    aus Compliance-Sicht 401, 733
    Gebühren 728
    im Einkauf 394
    im Verkauf 726
    Prozess im Einkauf 394
    Prozess im Verkauf 727
    Zinsen 729
Mandant 212
Maximalbestand 330
Mehrmandantenfähigkeit 212
Mehrwertsteuer
    abrechnen 876
Menüband 44, 49
MenuSuite 66
Microsoft Developer Network 93
Microsoft Dynamics CRM Connector 184
Microsoft Dynamics Mobile 184
Microsoft Dynamics NAV Server Administration Tool 138
Microsoft Lync/Skype Integration 184
Microsoft Office Fluent 44, 49
Microsoft Office-Integration 184, 186
Microsoft Office-Outlook-Integration 138
Microsoft Official Courseware 43
Microsoft Outlook 46, 50
Microsoft SharePoint 2010 Integration 184
Microsoft SQL Server PowerPivot 105
Minderung 403
Minimalbestand 329
Monatsabschluss 864
    aus Compliance-Sicht 865
    Verfahrensanalysen 864
Montageartikel 327, 645
Montageauftrag 538, 642
    aus Compliance-Sicht 543, 648
    Beschaffungsmethode 642
    Bewertung 544
    Deckungsbeitrag 543, 646
    kommissionieren 541
    Lagerplatz 539
    mehrstufige Kosten berechnen 645
    mehrstufigen Preis berechnen 645
    Programmfertigungszeilen 643
    Ressourcen 645
    Schwachstellen 648
    Stückliste 540
Montageeinrichtung 539
Montagerichtlinie 327, 643
Montagestückliste 539
Multiple Active Result Sets 138
Multi-Tenancy Risiken 210
MwSt.-Abrechnung 870, 873

MwSt.-Abrechnung Vorlagen 812
MwSt.-Buchungsgruppe 795
MwSt.-Buchungsmatrix 275, 797
    Einrichtung 797
MwSt.-Geschäftsbuchungsgruppe 273, 795
MwSt.-Produktbuchungsgruppe 273, 796

N

Namenskonventionen 178
    Feldnamen 178
    Pages 178
    Tabellennamen 178
NAS-Diensteclient 141
NAV 2009 und 2013
    Unterschiede 136
NAV Easy Security 144, 152
    Beispielszenario 152
    Überblick 157
NAV Portal Framework for Microsoft SharePoint 138
NAV Service Tier 73
Navigate-Funktion 277
Navigationsbereich 44–45
Navigationspfade 42, 114
    mehrstufige 115
    mit Subform-Aktionen 116
NAV-Seite *siehe* Page
Nebenbuch 272
Niederstwertprinzip 578
NST 136
Nummernkreise 221
    Einrichtung 221
    Parameter 221
Nummernserie 221
    aus Compliance-Sicht 225
    Einkauf 314
    Lager 426
    Lücken 224
    Standardberichte 225
    Überschneidungsfreiheit 225
    Verkauf 605, 609
Nummernserienverbindungen 223

O

Object Designer 66
    Run Table 118
Objektänderungen
    aus Compliance-Sicht 180
    Import Produktivdatenbank 179
Objektänderungsprozess 175
    Change Request 176
    Entwicklung 177
    Testen 178

Objektart 292
Objekte 292
    Lizenzierung 928
Objektebenen-Sicherheit 155
Objekt-ID 292, 950
Objektimport 930
Objektnummernbereich 120
Objektsicherung 179
Obligo 707
Obligo Analyse 942
OData-Webdienstclient 141
OData-Webdienste 105, 185
ODBC 136
Offene Posten 704
    ausgleichen 381
    Ausgleich-ID 381
    Einzelwertberichtigung 706
    überfällige 382
    Überwachung 706
OneNote Integration 189
    aus Compliance-Sicht 192
Ordnungswidrigkeitengesetz 38
Organisationseinheiten 212
    Einkauf 306
    globale Dimensionen 218
    Herkunftscode 214
    Konsolidierungsmandant 212
    Lagerort 218
    Logistik 414
    Mandant 212
    Team 219
    Verkauf 596
    Zuständigkeitseinheit 216
Outlook
    Integration 188
    Synchronisieren 189

P

Page 46, 66–67
    Element 72
    starten 930
    Typen 71
Page Designer 72
PDF-Export 73
Periodischen Aktivitäten 863
Permissions 292
Personalisierung 126
    aus Compliance-Sicht 135
    Benutzeroberfläche 127
    Kartendarstellungen 127
    Listenplätze 127
    Rollencenter 127
    Unterbindung auf Client-Ebene 132
    Unterbindung auf Profil-Ebene 132
    Unterbindung von 132
    zurücksetzen 133
Personenkontakte 614
Phantom reads 103
Planungsflexibiliät 342
Platform-as-a-Service 142, 209
Postenerstellung 237
    ausgangsseitig 238
    eingangsseitig 238
Postennummern 947
PowerPivot 105, 187
Preisfindung im Einkauf
    Ablauf und Einrichtung 345
    aus Compliance-Sicht 351
    Prozess 344
Preisfindung im Verkauf 660
    Ablauf und Einrichtung 662
    alternative VK-Preise 662
    Artikelkarte 662
    aus Compliance-Sicht 668
    Ermittlung 665
    Preis holen 664
    Prozess 660
Preisminderung 406
Private Cloud 142, 209
Produktbuchungsgruppe 273, 786
Produktion 327
Produktionsart 327
Profilbefragung 614
Profil-ID 293
Profilzuordnung 44
Provisionen 601
Public Cloud 142, 209

Q

Quellcode 66
Queries 66–67, 104, 121
    aus Compliance-Sicht 114
    Einsatzmöglichkeiten 105
    Export 105
Query
    starten 930
Query Designer 109
Query-Definition 109
QuickInfo-Text 78

R

Rabatte im Einkauf 352
    Ablauf und Einrichtung 353
    aus Compliance-Sicht 361, 365
    Prozess 353

Rabatte im Verkauf 670
    Ablauf und Einrichtung 671
    Aktivierung 673
    aus Compliance-Sicht 681
    Parameter 671
    Prozess 671
    Rechnungsrabatte 671
    Zeilenrabatte 671
Rabatteinrichtung
    Buchung 313
    im Einkauf 353
Radierverbot 33, 292, 297, 948
Rahmenbestellungen 342
Rahmenverträge 338
Rapid Implementation Toolkit 165
RapidStart
    aus Compliance-Sicht 167
    Dienste 165
    Excel-Vorlagen 170
    Rollencenter 165
RDLC 73, 92
Rechnungseingang 370
    Ablauf und Einrichtung 372
    aus Compliance-Sicht 375
    Prozess 370
Rechnungseingangsbuch 370
Rechnungsrabatte
    Artikelkarte 355
    Debitoren 677
    Definition 676
    im Einkauf 353
    im Verkauf 675
    Kreditoren 355
Referenzdatenbank 168
Registerkarten 47
Reklamationen
    Ablauf und Einrichtung im Einkauf 404
    Ablauf und Einrichtung im Verkauf 737
    aus Compliance-Sicht 411, 741
    Erfassen im Verkauf 740
    im Einkauf 402
    im Verkauf 735
    Prozess im Einkauf 402
    Prozess im Verkauf 735
Reklamationsgründe 405, 737
Release-Management 179
Report 66–67, 73
    aus Compliance-Sicht 103
    Ausgabeoptionen 73
    Beispielerstellung 81
    Datenverdichtung 77
    Design Guidelines 93
    Diagramm-Visualisierungen 77
    Dokumentenstruktur 76, 99
    Drillthrough-Reports 78, 102

    grafische Gestaltung 97
    Hyperlinks 100
    Include Captions 80
    Interaktive Sortierung 100
    Interaktive Sortierungen 76
    Label Designer 85
    Mail-to Funktion 79
    NAV-Seiten Links 79
    Optionale Detailebenen 77
    Page Links 100
    Report Dataset Designer 80
    starten 930
    Textfelder 92
    XML-Export 80
Report UX Guideline 93
Report Wizard 73
Reservierung 328, 498
    aus Compliance-Sicht 506
RIM 165
Risikomanagement 22
    Ziele 22
Risikomanagementprozess 22
    Risikobewertung 23
    Risikodokumentation 23
    Risikoidentifikation 22
    Risikosteuerung 23
Risikomanagementstrategie 22
Risikomanagementsystem 22
    Prüfung 30
Risk Exposure 23
Risk IT Framework 28
RoleTailored Client 42
Rolle 291
Rollenbasierter Client 126
Rollencenter 44–45, 51
    Optionen 131
    Outlook 188
    Profil 44
    Standard 44
Rücksendung 403
Rumpfwirtschaftsjahr 775

S

Sachkonto 272, 779
    einrichten 782
    GuV/Bilanz 782
    Kontoart 783
    Soll/Haben 782
Sachkontokarte 780, 782
Sachposten 219
    Dimensionen 220
    FlowField 220
Sammelrechnung 370, 623, 685

Sarbanes Oxley Act 26, 37–38
SAS 70 211
Schuldenkonsolidierung 899
Securities Exchange Commission 38
Seiteninformationen 64
Seitennotizen 191
Seitentitel-Schaltfläche 48
SEPA 850
Seriennummer 492, 495
Server Administration Tool 141
Serviceschicht 136
Service-Type Dynamics NAV Clients 141
SharePoint-Integration 42
Shortcutdimensionen 258, 804
Sicherheitsbestand 329
Sicherheitsmodell 137
Sicherheitsrollen 933
Sicherheitsstufe 149
    Datenbankebene 149
    Datensatzebene 149
    Tabellenebene 149
Single Document Interface 50
Single Euro Payments Area 850
Skonto
    Abzüge analysieren 392
    berichtigen 718
    Fälligkeitsformel 389
    im Einkauf 353, 385
    im Verkauf 718
    Konten 720
    Skontoformel 389
    Toleranzperiode 385
    vom Nettobetrag 718
Skype 79
    Integration 192
Snapshot 103
SOAP
    Protokoll 105
    Webdienstclient 141
    Webdienste 185
Software-as-a-Service 142, 209
Softwarebereitstellung 208
    On-Demand 208
    On-Premise 208
Softwarewartungsvertrag 179
Soll-Kosten 425, 571
    Buchungsmatrix 571
    Interimskonten 425, 571
Sprachcodes 58
SQL
    Datenbankrolle 66
    JOIN-Operationen 67
    Programmierung 139
    Server 136, 183
    Server Profiler 156

Server-Datensicherung 162
Service Account 137
Stored Procedures 139
Verbindungen 136
SSAE 16 211
SSRS 73
Stammdaten
    Änderungen 332
    Änderungsdatum 332, 620
    Änderungsprotokoll 332
    kurzfristige Änderungen 938
    nicht autorisierte Änderung 627
    Prozess 316, 612
    Standardwerte 334
    Vorlagen 333, 627
Stammdatenanlage 318
    Kreditoren 317
Stammdatenvorlagen 172
    Feldinhalte vorgeben 172
Standard-Benutzerprofile 44
Standardbuchungsblatt 816
Standardfilterspalte 56
Standardlagerort 420
Standardobjekte 179
    Änderung 179
Standardpreisbewertung 567
Standard-Registerkarten 49
Standardtabellen 179
    neue Felder 179
Stapelverarbeitung 173
Startseite 46
    Begriffe 46
SteuBAG 924
Steuerbürokratieabbaugesetz 924
Steuerschuldnerschaft 795
Stichprobeninventuren 544
Stornierung 688
    Buchungslogik 688
    Feld Correction 691
    Kommissionierung 481
    von Buchungsblattbuchungen 824
Stornobuchung 823
    aus Compliance-Sicht 830
Streckengeschäft 342, 631
Stückliste 434
Stücklistenbuchungsblätter 642
Stücklistenfertigung 642
Subform 46
Suchfeld
    Adressleiste 53
    Auswahlfenster 53
Superbenutzer 933
Synchronisation
    Lager- und Finanzmodul 428
Systemarchitektur 136

Systemintegration 183
    aus Compliance-Sicht 194
Systemsicherheit 144
Systemzugriff 295

T

Tabelle 67
    Eigenschaften von Tabellenfeldern 68
    Feldeigenschaften 70
    Feldzugriff 116
    Properties 69
Tabellenprotokollierung 298
Tabellenzugriffsrechte 934
Tables *siehe* Tabelle
Tastenkombinationen 64
Teams 219
    Einkauf 309
    Verkauf 597
Technologie 126
Technologien zur Erweiterung
    .NET Datentyp 139
    Automation Server 138
    Control Add-Ins 139
    SQL-Programmierung 139
Teillieferung 370–371, 685
Teilrechnung 370
Teilzahlung 379
Testdatenbank 178
TestSalesPayment-Routine 656
Testverfahren 179
ToggleItems 77
Torten-Diagramme 77
Transaktionsnummer 279
Transitlager 432, 508

U

Ultimodatum 773
Umbuchung 529
    aus Compliance-Sicht 534
Umlagerung 507
    Arten und Belege 507
    Aufträge 510
    aus Compliance-Sicht 534
    Korrekturen 513
    Routen 509
    über internen Umlagerungsbeleg 519
    zwischen Lagerorten 507–508
    zwischen Lagerplätzen 507, 518
Umsatzsteuergesetz 795
Umsatzsteuersätze 796
Umsatzsteuer-Voranmeldung 866
    aus Compliance-Sicht 891

Authentifizierung 868
    Einrichtung ELSTER 866
    Korrekturmeldungen 888
    Nummernserie 868
    senden 878
Unicode 136
Unified Resource Identifiers 105
Unternehmenskontakte 614
Upgradefähigkeit 179, 182
Ursachencode 214, 280

V

Verband der Organisations- und Informationssysteme 36
Verbindlichkeiten 377
    aus Compliance-Sicht 390
    Prozess 377
Verbrauchsfolgebewertung 561
Verbrauchsfolgeverfahren 565
    Arten 565
Verfolgungscodes 279, 809
    Herkunftscode 279
    Ursachencode 280
Verfügbarkeitssaldo 492
Verkauf
    Einrichtung 602
    Einrichtung Debitoren & Verkauf 606
    Einrichtung Marketing & Vertrieb 602
    Prozess 630
    Stammdaten 612
Verkäufer 597
Verkaufsarten
    Debitorenpreisgruppen 666
    Kampagnen 667
Verkaufsauftrag
    Ablauf und Einrichtung 638
    archivieren 609
    aus Compliance-Sicht 641
    freigeben 687
    Prozess 637
    stornieren 688
Verkaufschancen 603
Verkaufsorganisation 596
    aus Compliance-Sicht 600
Verkaufspreis 660
    alternativer 662, 665
    Artikelkarte 662
    bester Preis 676
    holen 665
    justieren 665
Verkaufsprovision 597
Verkaufsrabatte
    Buchung 672
    Prioritäten 681

Verkaufsrabattgruppen
    Artikel 679
    Debitoren 679
    Kampagne 680
Versandanweisung 472
Vertriebsmitarbeiter 597
Vier-Augen-Prinzip 246, 430
Virtualisierung 209
Visual Studio 73
    RecordID 100
    Report Designer 85
Visualisierungen 194
    Generische Diagramme 195
Vorauszahlung
    Ablauf und Einrichtung im Einkauf 367
    Ablauf und Einrichtung im Verkauf 656
    aus Compliance-Sicht 370, 660
    Ausweis in Bilanz 660
    im Einkauf 366
    im Verkauf 654
    Prioritäten 658
    Prozess im Einkauf 366
    Prozess im Verkauf 655
    Schlussrechnung 660
    Voraussetzungen Einrichtung 659
Vorgabedimensionen 221, 259, 805
    Zuweisung 260

W

Währungen 812, 851
Währungskarte 852
Währungswechselkurse 855
Wandlung 403
Warenausgang 430
    Buchungsmethode 430
    Prozess 471
    Stornierung 477, 481
Wareneingang 429
    Buchung 429
    Buchungsmethode 430
    Prozess 452
    stornieren 461
    Stornierung 456
Wareneingang und Einlagerung
    Buchung im Bestellbeleg 452
    Buchung im Lagereinlagerungsbeleg 461
    Buchung im Wareneingangsbeleg 456
    Registrierung 466
Wareneingangsdatum 364, 373
Wareneinsatzkorrektur 577
WDSL 184
Web Server Components 138
Webbrowser 42

Webdienste 136, 184
    (OData/REST) 183
    (SOAP) 183
Wechselkurse 855
    regulieren 857
Werteflussannahme 568
Wertgutschrift 403
Wertgutschriften-Analyse 942
Wertposten 569
Wiederbeschaffung 591
    automatische 591
Wiederbeschaffungsmanagement 526
Wiederbeschaffungsverfahren 328
Wiedereinlagerungsgebühren 411
Windows API 136
Windows Azure 142, 211
Windows Azure Access Control Service 147
Windows Communication Framework 141
Windows Server Collation 136
Word Integration 188
Word-Export 73
Worksheet 50

X

XBRL 183
XML-Ablaufverfolgungsdatei 156
XMLports 66–67, 114, 183

Z

Zahlungsausfallrisiko 634
Zahlungsausgang 377
    Ablauf und Einrichtung 379
    aus Compliance-Sicht 390
    Fälligkeit 383
    Prozess 377
    Verbuchung 379
Zahlungsausgangsbuchungsblatt 381
Zahlungsbedingungen
    im Einkauf 385
    im Verkauf 716
Zahlungseingang 711
    Ablauf und Einrichtung 713
    aus Compliance-Sicht 723
    Prozess 711
    Verbuchung 713
Zahlungseingangsbuchungsblatt 713
Zahlungsformen 721
Zahlungstoleranzen 716
Zahlungstoleranzwarnung 717
Zahlungsvorschlag 383
    abwarten 374

Zeilenrabatte
   im Einkauf 358
   im Verkauf 675
Ziellagerplatz 469
Zinskonditionen 728
Zone 434
Zonenpriorität 438
Zugriffsarten 140, 150
Zugriffsrechte 137, 150
   Arten 292
   auf Feld- und Aktionsebene 152
   direkt 292
   für Prüfer 117
   indirekt 292
   redundante 137
   Sicherheitsmodell 137
Zugriffsrechtsätze 150

Zugriffsrechts-Aufzeichnung 156
Zugriffsrechtskombinationen
   prüfen 931
Zugriffsrechtsätze 291
   Standard 292
   SUPER 292
Zugriffstasteninformationen 64
Zuordnung 502
Zuordnungslagerplatzzone 437
Zusatzkomponenten 138
Zuständigkeitseinheit 216
   Einkauf 306
   Lager 420
   Lagerort 306
   Verkauf 596
Zuständigkeitseinheitenfilter 216
Zwischenerfolgskonsolidierung 899

Über die Autoren

Jürgen Holtstiege

... ist Microsoft Certified Professional für Dynamics NAV (Applications for Dynamics NAV sowie Developer for Dynamics NAV) und Geschäftsführer des Microsoft Gold Certified Dynamics-Partners anaptis GmbH in Münster. Der Dipl.-Betriebswirt der Verwaltungs- und Wirtschaftsakademie Münster greift auf mehr als 15 Jahre internationale Dynamics NAV-Projekterfahrung zurück. Nach acht Jahren Unternehmensberatungstätigkeit im Bereich NAV – zuletzt bei Ernst & Young – gründete er 2005 mit der anaptis GmbH ein eigenes Beratungsunternehmen, welches auf Microsoft Dynamics NAV spezialisiert ist und zu dessen Kunden international renommierte Firmen zählen.

Dr. Christoph Köster

... ist Microsoft Certified Professional für Dynamics NAV (Applications for Dynamics NAV) und Mitarbeiter der Corporate Audit and Consulting Division der Bertelsmann SE & Co. KGaA. Nach seinem betriebswirtschaftlichen Studium an der Westfälischen Wilhelms-Universität Münster mit den Schwerpunkten internationales Rechnungswesen sowie internationales Konzerncontrolling hat er am European Research Center for Information Systems (ERCIS) im Bereich Wirtschaftsinformatik promoviert. Im Rahmen seiner Tätigkeit in der Bertelsmann Konzernrevision hat er sich mit unterschiedlichen IT-Systemen sowie kaufmännischen Themen und Geschäftsprozessen auseinandergesetzt.

Dr. Michael Ribbert

... ist Microsoft Certified Professional für Dynamics NAV (Applications for Dynamics NAV) und Mitarbeiter der Corporate Audit and Consulting Division der Bertelsmann SE & Co. KGaA. Nach seiner Ausbildung zum Bankkaufmann hat er an der Westfälischen Wilhelms-Universität Münster Betriebswirtschaftslehre mit den Schwerpunkten Wirtschaftsprüfung, Finanzen sowie Rechnungswesen/Controlling studiert und im Anschluss am European Research Center for Information Systems (ERCIS) im Bereich Wirtschaftsinformatik promoviert. Im Rahmen seiner mehrjährigen internationalen Tätigkeit in der Bertelsmann Konzernrevision hat er sich mit unterschiedlichen IT-Systemen sowie kaufmännischen Themen, Geschäftsprozessanalysen und Risikomanagementsystemen auseinandergesetzt.

Thorsten Ridder

... ist seit 13 Jahren als Anwender und Berater im Bereich Finanzmanagement, Kostenrechnung und Lohn/Gehalt für Dynamics NAV tätig. Nach seiner Ausbildung zum Fachangestellten in steuer- und wirtschaftsberatenden Berufen hat er an der FHDW in Paderborn Betriebswirtschaftslehre mit den Schwerpunkten Steuer- und Revisionswesen studiert und in 2006 die Steuerberaterprüfung abgelegt. Er ist Partner einer Steuerberatersozietät und dort insbesondere für alle Themen rund um Dynamcis NAV zuständig. Zudem ist er als Prokurist und Bereichsleiter für den Finanz- und IT-Bereich eines mittelständischen Unternehmens, welches selbst Dynamics NAV im Einsatz hat, verantwortlich. Darüber hinaus arbeitet er als Dozent u.a. in der steuerlichen Fortbildung für das Studienwerk der Steuerberater in Münster.

Hannes Oenning

... setzt sich als Jurist und Konzerndatenschutzbeauftragter eines SOX-pflichtigen Unternehmensverbunds permanent mit Fragen der rechtlichen Zulässigkeit und des erforderlichen Umfangs von Datenverarbeitung und hiermit einhergehenden Prüfprozessen auseinander. Nach Abschluss des rechtswissenschaftlichen Studiums an der Universität Bielefeld mit den Schwerpunkten Wirtschaftsstrafrecht und Datenschutz und erfolgreichem zweiten Staatsexamen hat er als Senior Auditor und Datenschutzbeauftragter von ca. 50 Unternehmen der Bertelsmann SE & Co. KGaA intensive praktische Erfahrungen bei Planung, Umsetzung und Prüfung von IT-Systemen und Geschäftsprozessen gemacht. Seit 2012 betreut er in gleichem Umfang die deutschen Unternehmen der WPP-Group.